U0390058

分析化学手册

第三版

⑤

气相色谱分析

许国旺　主编

侯晓莉　朱书奎　副主编

化学工业出版社

·北京·

本书是《分析化学手册》（第三版）第 5 分册，本分册内容由三篇构成：第一篇是气相色谱方法，包括气相色谱概论和基本术语、色谱仪、流动相、固定相、色谱柱、检测器、定性分析、定量分析、数据处理、柱系统的选择和操作条件的优化、多维气相色谱、联用技术、手性分离、常用的预处理技术、调试与故障分析、常用的辅助技术及数据等；第二篇是气相色谱定性用数据选集，收录了国内外色谱工作者至 2016 年为止发表的用于定性的保留指数数据数千个；第三篇是色谱图选集，收集了典型的重要色谱分离谱图近千张。

修订后，本书进一步贴近学科发展实际，增强了实用性，可为色谱工作者提供分析各类样品的方法途径及参考数据，内容丰富，资料翔实，可供各行业从事色谱分析工作的人员查阅参考。

图书在版编目（CIP）数据

分析化学手册. 5.气相色谱分析/许国旺主编. —3 版.
北京：化学工业出版社，2016.12（2022.11 重印）
ISBN 978-7-122-28553-9

Ⅰ.①分…　Ⅱ. ①许…　Ⅲ. ①分析化学-手册②气相色谱-手册　Ⅳ. ①O65-62

中国版本图书馆 CIP 数据核字（2016）第 280864 号

责任编辑：傅聪智　李晓红　任惠敏　　文字编辑：陈　雨　孙凤英
责任校对：王　静　　装帧设计：王晓宇

出版发行：化学工业出版社（北京市东城区青年湖南街 13 号　邮政编码 100011）
印　　装：北京虎彩文化传播有限公司
787mm×1092mm　1/16　印张 72¾　彩插 2　字数 1838 千字　2022 年 11 月北京第 3 版第 4 次印刷

购书咨询：010-64518888　　售后服务：010-64518899
网　　址：http://www.cip.com.cn
凡购买本书，如有缺损质量问题，本社销售中心负责调换。

定　　价：398.00 元

《分析化学手册》(第三版)编委会

序

分析化学是人们获得物质组成、结构及相关信息的科学，即测量与表征的科学。其主要任务是鉴定物质的化学组成及含量测定、确定物质的结构形态及其与物质性质之间的关系。分析化学是一门社会和科技发展迫切需要的、多学科交叉结合的综合性科学。现代分析化学必须回答当代科学技术和社会需求对现存的方法和技术的挑战，因此实际上已发展成为“分析科学”。

《分析化学手册》是一套全面反映现代分析技术，供化学工作者使用的专业工具书。《分析化学手册》第一版于1979年出版，有6个分册；第二版扩充为10个分册，于1996年至2000年陆续出版。手册出版后，受到广大读者的欢迎，成为国内很多分析化验室和化学实验室的必备图书，对我国科技进步和社会发展都产生了重要作用。

进入21世纪，随着科技进步和社会发展对分析化学提出的种种要求，各种新的分析手段、仪器设备、信息技术的出现，极大地丰富了分析化学学科的内涵、促进了学科的发展。为更好总结这些进展，为广大读者服务，化学工业出版社自2010年起开始启动《分析化学手册》（第三版）的修订工作，成立了由分析化学界30余位专家组成的编委会，这些专家包括了10位中国科学院院士、中国工程院院士和发展中国家科学院院士，多位长江学者特聘教授和国家杰出青年基金获得者，以及各领域经验丰富的专家。在编委会的领导下，作者、编辑、编委通力合作，历时六年完成了这套1800余万字的大型工具书。

本次修订保持了第二版10分册的基本架构，将其中的3个分册进行拆分，扩充为6册，最终形成10分册13册的格局：

1	基础知识与安全知识	7A	氢-1核磁共振波谱分析
2	化学分析	7B	碳-13核磁共振波谱分析
3A	原子光谱分析	8	热分析与量热学
3B	分子光谱分析	9A	有机质谱分析
4	电分析化学	9B	无机质谱分析
5	气相色谱分析	10	化学计量学
6	液相色谱分析		

其中，原《光谱分析》拆分为《原子光谱分析》和《分子光谱分析》;《核磁共振波谱分析》拆分为《氢-1核磁共振波谱分析》和《碳-13核磁共振波谱分析》;《质谱分析》新增加了无机质谱分析的内容，拆分为《有机质谱分析》和《无机质谱分析》，并对仪器结构及方法原理进行了全面的更新。另外，《热分析》增加了量热学方面的内容，分册名变更为《热分析与量热学》。

本版修订秉承的宗旨：一、保持手册一贯的权威性和典型性，体现预见性和前瞻性，突出新颖性和实用性；二、继承手册的数据查阅功能，同时注重对分析方法和技术的介绍；三、着重收录了基础性理论和发展较成熟的方法与技术，删除已废弃的或过时的内容，更新有关数据，增补各领域近十年来的新方法、新成果，特别是计算机的应用、多种分析技术联用、分析技术在生命科学中的应用等方面的内容；四、在编排方式上，突出手册的可查阅性，各分册均编排主题词索引，与目录相互补充，对于数据表格、图谱比较多的分册，增加表索引和谱图索引，部分分册增设了符号与缩略语对照。

手册第三版获得了国家出版基金项目的支持，编写与修订工作得到了我国分析化学界同仁的大力支持，全套书的修订出版凝聚了他们大量的心血和期望，在此谨向他们，以及在编写过程中曾给予我们热情支持与帮助的有关院校、科研院所及厂矿企业的专家和同行，致以诚挚的谢意。同时我们也真诚期待广大读者的热情关注和批评指正。

《分析化学手册》(第三版)编委会

2016年4月

前　言

气相色谱是20世纪50年代出现的一项重大科学技术成就，是一种非常有用的分离、分析复杂样品的技术。《分析化学手册》第一版的《气相色谱分析》是作为第四分册的上册出现的，由成都科技大学分析化学教研室编写。在1999年出版的《分析化学手册》第二版中，《气相色谱分析》已作为第五分册独立成册，由中国科学院大连化学物理研究所李浩春研究员主编。

经过10多年的发展，气相色谱出现了新颖的仪器设备、联用技术及更高分辨、高效的分离检测技术，在工业、农业、民生、国防、科研等各方面也有了更广泛、深入的应用，同时，一些老旧的技术、设备也被逐渐淘汰，《气相色谱分析》已不能满足读者的需求，有必要在第二版的基础上进行修订。受《分析化学手册》（第三版）编委会和化学工业出版社的委托，本分册由中国科学院大连化学物理研究所国家色谱中心组织编修，许国旺研究员任主编，侯晓莉、朱书奎任副主编。第二、三、二十四章由路鑫研究员编写，第四章由许国旺研究员编写，第九、十二、三十六章由孔宏伟副研究员编写，第十、十三、二十六、三十二章由赵春霞副研究员编写，第十七、二十三章由胡春秀副研究员编写，第十八、三十五章由周丽娜博士编写，第二十五章由赵欣捷副研究员编写，第二十八、三十一章由石先哲副研究员编写。还有多位曾在大连化学物理研究所从事气相色谱研究、毕业后就职于其他单位的专业人员参加了此次编修：第五、三十章由梅素容教授（华中科技大学）编写，第六、二十九章由马晨菲博士（中国石油天然气股份有限公司石油化工研究院）编写，第八、二十一、二十七章由周佳博士（浙江中医药大学）编写，第十一、十五、二十章由朱书奎教授［中国地质大学（武汉）］编写，第十四、十九章由王媛博士（Analsoft Consulting Inc.，Canada）编写，第十六、二十二章由王畅副教授（苏州大学）编写，第三十三章由翁前锋副教授（辽宁师范大学）编写。中粮集团营养健康研究院的杨永坛研究员也被邀请编写第一、七、三十四章。全书由主编们汇总定稿。

本分册内容由三篇构成，第一篇是气相色谱方法，包括气相色谱概论和基本术语、色谱仪、流动相、固定相、色谱柱、检测器、定性分析、定量分析、数据处理、柱系统的选择和操作条件的优化、多维气相色谱、联用技术、手性分离、常用的预处理技术、调试与故障分析、常用的辅助技术及数据等。此部分与第二版相比，柱系统的选择和操作条件的优化、多维气相色谱、联用技术、手性分离、常用的预处理技术是新增的五章，更加详细地突出了气相色谱备受关注的内容。

第二篇是文献中报道的用于气相色谱分析定性的保留指数数据。与第二版相比，去掉了定量校正因子数据，删减了已废弃的气相色谱方法测定的保留指数数据，增补收集了 1997 年以来各种物质保留指数的实验值，这些化合物的保留指数可用于色谱峰的定性。汇编时按照表中化合物类别或产品类别安排。

第三篇删减了第二版中不再先进的气相色谱方法所得之色谱图，增补了 1997 年以来报道的相关典型色谱图。色谱图分类是以其主要组分的类别或样品来源为依据。

本分册引用来源为国内外出版的气相色谱书籍、杂志、会议论文集及一些大色谱公司发行的资料，力求具有实用性、先进性和代表性，满足各层次色谱工作者查阅参考的需要。

感谢第二版各位编者给本分册打下的良好基础，使本次修订能在较高的起点上完成。在本手册的修订过程中，相关作者部门的职工李艳丽，研究生刘心昱、李丽丽、王利超、邵亚平、赵洁妤、赵燕妮、轩秋慧、王霜原、秦倩、王博弘、傅燕青、王志超、罗萍、颜敏、赵明晓、庞丽玲、陶芸等也参与了文献查阅、翻译工作，吕世峰、于淑新等也在前期参加了部分的数据采集工作，在此一并致谢。

在修订过程中化学工业出版社责任编辑为本次再版倾注了大量时间和精力，组织审稿，提出许多宝贵意见，在此对本书责任编辑及审稿者表示衷心感谢。

因编撰者在专业知识面及学术水平上的局限，本书不当及疏漏之处在所难免，切望广大读者批评指正。

编　者

2016 年 10 月于大连

目　录

第一篇　气相色谱方法

第二篇　定性、定量用数据选集

第三篇　谱图选集

第一篇
气相色谱方法

第一章　气相色谱概论和基本术语

第一节　色谱法历史与色谱法的发展

我们生活中遇到的物质，多数是混合物。欲知其中各组分为何种物质及其含量是多少，通常有两种方法：一种是先将各组分分离开，然后对已分离的组分进行测定；另一种是不需将组分分离开，直接对感兴趣的组分进行测定。色谱法是属于前者的分离、分析方法，其原理可比喻为一群运动员在一条泥泞的道路顺风赛跑，他们同时起跑后，因本身体力差异及道路、风力的影响，相互间的距离逐渐增大，最后于不同的时间到达终点。若把欲分离的组分视为运动员，固定相与流动相各为道路上的泥泞与顺风，色谱柱为道路，那么可以将色谱法分离、分析的原理写成：利用组分在体系中固定相与流动相的分配有差异，当组分在两相中反复多次进行分配并随流动相向前移动，各组分沿色谱柱运动的速度就不同，分配系数小的组分较快地从色谱柱流出。我们还可以进一步写出色谱法的定义：依此原理将混合物组分进行分离和测定的方法，称为色谱法。

据考证，古罗马人曾利用此原理的技术分析过染料与色素[1]。1850 年德国染料化学家 F. F. Runge 撰写的《染料化学》（*Farbenchemie*）中，所叙述的检查染料成分的方法，就与现在的纸色谱法类似[2]。色谱法是一种重要的分离分析方法，它是根据不同物质在两相中具有不同的分配系数（或吸附系数）而实现分离的。在色谱技术中，流动相为气体的称为气相色谱，流动相为液体的称为液相色谱。固定相可以装在柱内也可以做成薄层，前者称为柱色谱，后者称为薄层色谱。根据色谱法原理制成的仪器称为色谱仪，目前，主要有气相色谱仪和液相色谱仪。

近代首先认识到这种分离现象和分离方法大有可为的是俄国的植物学家茨维特。1903 年 3 月 21 日他在华沙自然科学学会会议上，提出题目为“一种新型吸附现象及其在生化分析上的应用”论文，叙述了应用吸附剂分离植物色素的新方法。他将叶绿体色素的石油醚抽提液倾入装有碳酸钙的吸附剂的玻璃柱管上端，然后用纯石油醚进行淋洗，结果不同色素按吸附顺序在管内形成相应的彩色环带，就像光谱一样。他在 1906 年《德国植物学杂志》上发表的另一篇文章中，命名这些光带为色谱图，玻璃管称为“色谱柱”，碳酸钙称为“固定相”，石油醚称为“流动相”[3]。Tswett 开创的方法叫作“液固色谱法”，这就是色谱法的起源。在 1907 年的德国生物学会会议上，展示过有植物色带的柱管和提纯的植物色谱溶液[4]。

这是最初的色谱法，色谱一词也由此得名。1941 年，英国科学家 Martin 和 Synge 提出了液液分配色谱法，他们以水饱和的硅胶为固定相，以氯仿和乙醇混合液为流动相，分离了乙酰基氨基酸，这是基于分配原理分离的分配色谱法[5]。并且在研究液液分配色谱时，预言可以使用气体作为流动相，即气液色谱法；并在此基础上提出了塔板理论。色谱法真正作为一种技术在 20 世纪 50 年代有了很大的发展。1950 年，Martin 和 James 使用硅藻土助滤剂做载体，硅油为固定相，用气体流动相对脂肪酸进行精细分离，这就是气液分配色谱的起源。后来，他们在 1952 年的 Biochemical Journal 上又连续发表了 3 篇论文，叙述了用气相色谱分离低碳数脂肪酸、挥发性胺和吡啶类同系物的方法，这标志着气相色谱法正式进入历史舞台，James 与 Martin 在提出气相色谱法的同时，发明了世界上第一台气相色谱检测器，它是一个接在填充柱出口的滴定装置。在报道用气相色谱法分析低沸点脂肪酸、胺类、吡啶同系物结果的同时，又在理论上对色谱流出曲线形成的形状、色谱的定性指标、影响色谱柱柱效的因素做了粗略的说明，奠定了气相色谱大发展的基础。

1954 年，Ray 发明了热导池检测器，开创了现代气相色谱检测器的时代。1958 年，McWillian 和 Harley 同时发明了氢火焰离子化检测器，这也是现在应用最为广泛的检测器之一[6,7]。同年，Lovelock 发明了氩离子化检测器，灵敏度提高了 2～3 个数量级[8]。20 世纪 60～70 年代，由于气相色谱痕量分析的需求，一些高灵敏度、高选择性检测器陆续出现。1960 年，Lovelock 发明电子俘获检测器[9]；1966 年，Brody 发明了火焰光度检测器[10]；1974 年，Kolb 和 Bischoff 提出了电加热的氮磷检测器[11]。同时，电子技术的发展也使得原有检测器在结构和电路上得到重大改进，性能得到相应提高。20 世纪 80 年代，弹性石英毛细管柱的广泛应用使检测器的发展呈现出体积小、响应快、灵敏度高、选择性好的趋势。计算机和软件的发展也使传统检测器的灵敏度和稳定性得到很大提高。此外还出现了一些新型的检测器，如化学发光检测器、傅里叶红外光谱检测器、质谱检测器、原子发射光谱检测器等[12~18]。进入 20 世纪 90 年代后，质谱检测器成为气相色谱通用检测器之一，它将色谱的高分离能力与质谱的结构鉴定能力结合在一起，定性准确，定量精度高，与其他检测器相比优势明显。此外,这一时期快速气相色谱和全二维气相色谱等快速分离技术的发展，进一步促使快速检测方法走向成熟。目前，由于高效能的色谱柱、高灵敏的检测器及微处理机的使用，使得色谱仪已成为一种分析速度快、灵敏度高、应用范围广的分析仪器。

我国气相色谱法起步于 1954 年[19]。中国科学院大连化学物理研究所（其前身为中国科学院石油研究所）的同志们先后作出我国气固色谱法、气液色谱法填充柱和毛细管柱的首张色谱图，并进行了早期的色谱理论和技术研究工作。之后，中科院在北京、上海和长春的一些研究所也参与进来，几年之后气相色谱的研究和应用便普及开来。1958 年，中科院大连石油研究所一分为三，分别成立了中科院大连化学物理研究所、中科院兰州化学物理研究所和中科院太原煤炭化学研究所。拆分后，三个研究所都进行各自所关心的气相色谱研究，如色谱条件的优化、色谱固定相的研究、色谱仪各种配件的研制。在此阶段，中国高校除进行气相色谱的教学之外，也进行气相色谱的专业研究和基础数据的编纂，出版了 10 多本有关气相色谱的教科书、手册。此外，在之后的 20 年中，我国科学界举办了三次气相色谱学术会议。第一次全国色谱报告会于 1961 年 10 月在大连举行，共收到 45 篇报告。4 年后在兰州举行了第二次全国色谱报告会，发表的报告数达到 100 篇。1979 年，在大连召开了第 3 届全国色谱报告会（包括气相色谱、液相色谱和薄层色谱），出席会议宣读气相色谱法方面论文的就有 40 多个单位，论文内容包括气相色谱理论的研究、色谱仪器设备的试制研究以及在石油、化工、生化、医药、环境监测、商品检验、气体分析等方面的研究。这表明当时我国已经有了一支较庞大的气相色谱法研究队伍，并且在色谱的基础理论和应用研究方面已经取得一批接近国际先进水平的成果。其后我国气相色谱法的发展更加迅速，现在我国气相色谱工作者已发展壮大成人数众多的群体，分布在全国各地各行各业中，累累成果发表于全国色谱学术报告会、毛细管色谱学术报告会、石油化工色谱学术报告会等全国性会议和各省市范围的色谱学术报告会上，亦有很多发表在《色谱》、《分析测试学报》、《分析化学》等刊物中，其中不少成果已与世界同步。

进入 21 世纪以来，全国色谱会的规模达到 1000 多人，表明我国色谱队伍的壮大。随着质谱检测器的普及和串联质谱的使用，我国学者在气相色谱基础理论和应用方面做了大量有意义的工作，多数论文发表在国外杂志，如 Joural of Chromatography A、Analytica Chimca Acta、Chromatographia 等刊物上，Analytical Chemistry 刊物上也有很多中国学者的文章，国际色谱会议上也有很多中国学者的身影。

第二节 气相色谱的分类和基本原理

气相色谱法是以惰性气体（又称载气）作为流动相，以固定液或固体吸附剂作为固定相的色谱法。气相色谱法按不同的分类方式可分为不同的类别。气相色谱法按使用固定相的类型分为气液色谱法和气固色谱法。以固相液（如聚甲基硅氧烷类、聚乙二醇类等固定液）作为固定相的色谱法称为气液色谱法，以固体吸附剂（如分子筛、硅胶、氧化铝、高分子小球等）作为固定相的色谱法称为气固色谱法。按照使用的色谱柱的内径可分为填充柱色谱法、毛细管柱色谱法以及大口径柱色谱法。填充柱色谱法一般采用内径为 3mm 或 2mm 的不锈钢柱或玻璃柱作为分离柱，填充柱色谱法有较好的柱容量，但柱效相对较低，适用于较简单组分的分离测定；毛细管柱色谱法一般采用内径为 0.2mm、0.25mm、0.32mm 的石英柱作为分离柱，现在也有采用 0.1mm 内径的石英柱作为分离柱用于复杂组分的分析。用于高温分析的色谱柱一般使用不锈钢柱。在毛细管气相色谱柱中，使用的色谱柱柱长一般在 15～30m，复杂的石油组分分析一般采用 50m 的柱长，有的色谱柱长达到 100m。毛细管柱色谱法有较高的柱效，但柱容量低。大口径柱一般为 0.53mm 内径的毛细管柱，柱效和柱容量介于填充柱色谱法和毛细管柱色谱法之间，适用于复杂组分的分析。

在气液色谱法中，基于不同的组分在固定液中溶解度的差异实现组分的分离。当载气携带被测样品进入色谱柱后，气相中的被测组分就溶解到固定液中。载气连续流经色谱柱，溶解在固定液中的组分会从固定液中挥发到气相中，随着载气的流动，挥发到气相中的组分又会溶解到前面的固定液中。这样反复多次溶解、挥发，实现被测组分的分离。由于各组分在固定液中的溶解度不同，溶解度大的组分较难挥发，停留在色谱柱中的时间就长些；而溶解度小的组分易挥发，停留在色谱柱中的时间就短些，经过一定时间后，各组分就彼此分离并依次流出色谱柱被检测器检测。

在气固色谱法中，主要是基于不同的组分在固体吸附剂上吸附能力的差别实现组分的分离。气固色谱中的固定相是一种具有多孔性及比表面积较大的吸附剂。样品由载气携带进入色谱柱时，立即被吸附剂所吸附。载气不断通过吸附剂，使吸附的被测组分被洗脱下来，洗脱的组分随载气流动，又被前面的吸附剂所吸附。随着载气的流动，被测组分在气固吸附剂表面进行反复的吸附、解吸。由于各被测组分在气固吸附剂表面吸附能力不同，吸附能力强的组分停留在色谱柱中的时间就长些；而吸附能力弱的组分停留在色谱柱中的时间就短些，经过一定时间后，各组分就彼此分离并依次流出色谱柱被检测器检测。被测组分在流动相与固定相之间的吸附、解吸和溶解、挥发的过程，称为分配过程。气相色谱分离的基本原理即是基于被测组分在色谱柱内流动相和固定相分配系数的不同而实现分离的。当载气携带样品进入色谱柱后，样品中的各个组分就在两相间进行多次的分配，即使原来分配系数相差较小的组分也会在色谱分离过程中分离开来。

填充柱气液色谱法中，一般需要将固定液涂在化学惰性的固体微粒（此固体用来支持固定液，称为担体或载体）表面上，常用的载体包括硅藻土载体和非硅藻土载体，多数使用硅藻土载体。硅藻土载体包括红色载体和白色载体，红色载体结合非极性固定液使用，白色载体结合极性固定液使用。非硅藻土载体包括氟载体、玻璃微珠及高分子小球等。在填充柱气液色谱中，使用的固定液包括非极性的固定液（如聚甲基硅氧烷类固定液）、极性的固定液（如聚乙二醇类固定液）和用于手性化合物分离的环糊精类固定相等。而气液毛细管色谱法则是直接涂一层高沸点有机化合物并形成一层均匀的液膜，涂柱的方式包括涂覆法、化学键合法和交联法，在填充柱气液色谱中使用的固定相也适用于气液毛细管色谱法中。

在气固色谱法中，一般使用固体吸附剂作为固定相，包括填充柱气固色谱法和毛细管PLOT 柱（多孔层开管毛细管色谱柱）法。对于填充柱气固色谱法，一般将固体吸附剂装填在玻璃或不锈钢柱内，常用的固体吸附剂包括分子筛（常用的有5A分子筛和13X分子筛）、硅胶、氧化铝、碳分子筛以及高分子小球等，高分子小球一般多用苯乙烯和二乙烯基苯的聚合物。毛细管PLOT柱色谱法中，使用的固定相与填充柱气固色谱法使用的固定相类型一致。由于活性（或极性）分子在吸附剂上的半永久性滞留（吸附-脱附过程为非线性的），导致色谱峰严重拖尾，气固色谱法的应用领域相对气液色谱法要窄，一般多用于较低分子量和低沸点气体组分或相对较简单组分的分析。

第三节 气相色谱的基本术语

本章的术语是基于1991年IUPAC（International Union of Pure and Applied Chemistry，国际纯粹和应用化学联合会）分析化学部（Analytical Chemistry Division）制定的标准。图1-1是典型的色谱图及相关术语的示意图。

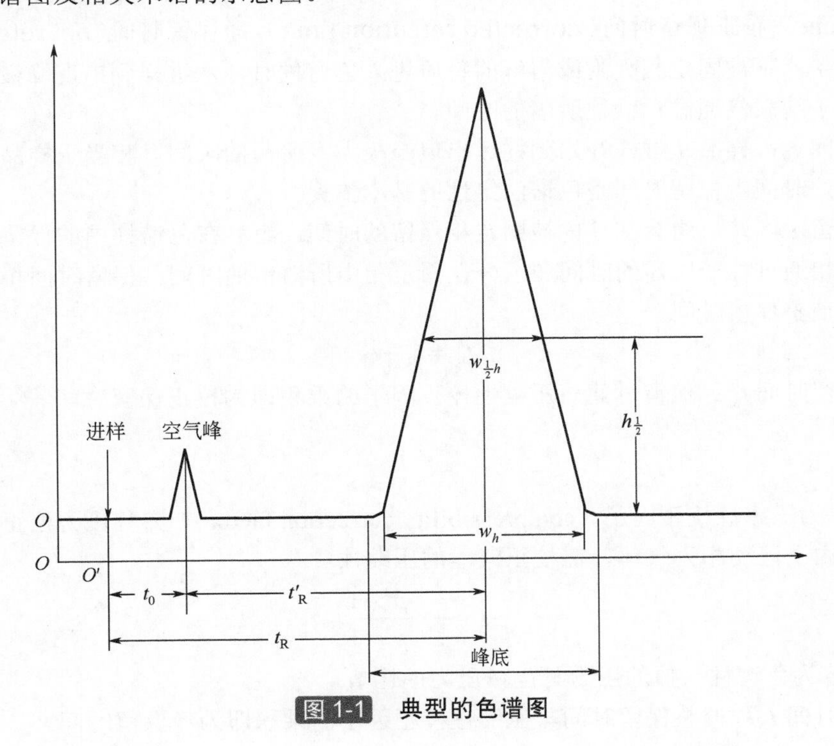

图1-1 典型的色谱图

1. 基线（baseline）

色谱柱中仅有流动相（载气）通过时，检测器响应信号的记录值即为基线，稳定的基线应是一条平滑的直线。

2. 流动相（mobile phase）的流速（flow rate）和线速度（velocity）

流动相的流速又称流量，即单位时间内通过流动相的体积，一般以 mL/min 计。一般提到的流动相流速又称视流动相流速，用 F 表示，即在柱出口处，在室温和大气压下用泡沫流量计或电子流量计测得的载气的流速。

F_a 为经过校正的干气在室温的载气流速：

$$F_a = F\left(1-\frac{p_w}{p_a}\right) \tag{1-1}$$

式中，p_w 为水蒸气分压；p_a 为大气压。

F_c 为经过校正到色谱柱温 T_c 时的载气流速：

$$F_c = F_a\left(\frac{T_c}{T_a}\right) \tag{1-2}$$

线速度是流动相通过色谱柱平均横截面的速度，一般以 cm/s 或 m/s 计。当色谱柱压力确定后，流速与线速度可互相转化。u_0 一般为色谱柱出口载气的线速度：

$$u_0 = \frac{F_c}{\varepsilon A_c} \tag{1-3}$$

式中，A_c 为色谱柱的横截面积；ε 为颗粒间孔隙率（在毛细管色谱柱中，ε取 1）。

3. 死时间（dead retention time）、保留时间（retention time）、调整保留时间（adjusted retention time）、校正保留时间（corrected retention time）、净保留时间（net retention time）

死时间 t_0：不被固定相吸附或溶解的物质进入色谱柱时，从进样到出现峰极大值所需的时间，相当于纯载气通过色谱柱所需的时间。

保留时间 t_R：样品从进样开始到柱后出现峰极大点所需的时间。相当于样品到达柱末端检测器所需的时间。保留时间是色谱法定性的基本依据。

调整保留时间 t'_R：组分在柱内被固定相保留的时间。组分在色谱柱中的保留时间包含了组分随流动相通过柱子所需的时间和组分在固定相中所滞留的时间。保留时间扣除死时间，为该组分的调整保留时间。

$$t'_R = t_R - t_0 \tag{1-4}$$

校正保留时间 t_R^0：保留时间与压缩性校正因子的乘积即为校正保留时间。

$$t_R^0 = jt_R \tag{1-5}$$

式中，j 为压缩性校正因子（compressibility correction factor），亦称压力校正因子。在气相色谱中，由于流动相为气体，需校正气体的压缩性。

$$j = \frac{3}{2}\times\frac{p^2-1}{p^3-1} \tag{1-6}$$

式中，p 为色谱柱入口的压力与出口压力的比值。

净保留时间 t_N：调整保留时间与压缩性校正因子的乘积即为净保留时间。

$$t_N = jt'_R \tag{1-7}$$

4. 死体积（dead retention volume）、保留体积（retention volume）、调整保留体积（adjusted retention volume）、校正保留体积（corrected retention volume）、净保留体积（net retention volume）

在色谱中，由于压力和流速的微小波动，造成保留时间的波动，给色谱的定性带来一定困难和偏差。在保留时间的基础上乘以流动相的流速得到一组保留体积的概念。

死体积 V_0：不被固定相吸附或溶解的物质进入色谱柱时，从进样到出现峰极大值所通过的流动相体积。

保留体积 V_R：样品从进样开始到柱后出现峰极大值所需的流动相的体积。相当于样品到达柱末端检测器所通过的流动相体积。

调整保留体积 V'_R：保留体积扣除死体积，为该组分的调整保留体积。组分在色谱柱中的保留体积包含了组分通过柱子所需随流动相的体积和组分在固定相中所滞留的体积。

$$V'_R = V_R - V_0 \tag{1-8}$$

校正保留体积 V_R^0：保留体积与压缩性校正因子的乘积即为校正保留体积。

$$V_R^0 = jV_R = jF_c t_R \tag{1-9}$$

净保留体积 V_N：调整保留体积与压缩性校正因子的乘积即为净保留体积。

$$V_N = jV'_R = jF_c t'_R \tag{1-10}$$

5. 比保留体积（specific retention volume）

即每克固定液（气固色谱中称固体吸附剂）的净保留体积，它消除了固定液（或固体吸附剂）用量对保留值的影响，又对柱温和压力做了校正，便于不同实验室、不同仪器和不同固定液（或固体吸附剂）用量间保留值的相互比较。

6. 相对保留值（relative retention value）*r*

为更准确定性，引入相对保留值的概念。组分 2 的调整保留时间与组分 1 的调整保留时间的比值为相对保留值。

$$r = \frac{V'_{R_2}}{V'_{R_1}} = \frac{t'_{R_2}}{t'_{R_1}} \tag{1-11}$$

由于相对保留值只与柱温和固定相有关，与柱径、柱长、填充情况及流动相流速无关，只要固定相类型、载气类型和柱温相同，相对保留值就可以作为实验室间相比较的数据，因而它是气相色谱中广泛使用的定性数据之一。

7. 分离因子（separation factor）*α*

又称选择因子，是指两个相邻色谱峰的调整保留体积（或时间）的比值。

$$\alpha = \frac{V'_{R_2}}{V'_{R_1}} = \frac{t'_{R_2}}{t'_{R_1}} \tag{1-12}$$

这里 $V'_{R_2} > V'_{R_1}$，所以 $\alpha > 1$。分离因子 α 经常用于表示相邻峰的分离选择性，也是选择色谱条件的重要依据。

8. 峰高（peak height）*h*

色谱峰的顶点与基线之间的垂直距离。

9. 区域宽度

色谱峰的区域宽度是组分在色谱柱谱带扩张的函数，反映了色谱操作条件的动力学因素。度量色谱峰区域宽度有以下三种方法。

标准偏差σ：0.607 倍峰高处色谱峰宽的一半。

半峰宽 $w_{\frac{1}{2}h}$：峰高一半处对应的峰宽。

峰宽 w_h：色谱峰拐点处的两条切线与基线的两个交点之间的距离。

10. 峰面积（peak area）A

色谱定量的依据，对一个规则的对称峰，A=1.065×半峰宽×峰高。

11. 保留指数（retention index）I

又称 Kovats 指数，1958 年由 Kovats 引入，是在待测组分的前后流出的两个相邻碳数正构烷烃调整保留时间的对数内插值，再乘以 100 计算得到，由此把待测组分的保留行为与正构烷烃的保留值联系起来。一般而言，保留指数只与色谱柱和柱温有关，与色谱柱的规格、载气的种类和流速、使用的检测器类型等无关，因此保留指数是可用于实验室间进行比对的通用数据，是气相色谱定性和色谱柱评价的重要依据。根据所用色谱条件的不同，分为恒温保留指数和程序升温条件下的保留指数。

（1）恒温保留指数

$$I = 100\left[\frac{\lg t'_{\mathrm{R}} - \lg t'_n}{\lg t'_{n+1} - \lg t'_n} + n\right] \tag{1-13}$$

式中，t'_{R} 为待测组分的调整保留时间；n 为待测组分之前流出的正构烷烃的碳数；n+1 为待测组分之后流出的正构烷烃的碳数；t'_n 为待测组分之前流出的正构烷烃的调整保留时间；t'_{n+1} 为待测组分之后流出的正构烷烃的调整保留时间。

（2）程序升温条件下的保留指数 I^T

实际样品分析中，多数情况下采用程序升温条件进行。1963 年，van den Dool 提出了保留温度代替保留时间的程序升温保留指数，公式如下：

$$I^T = 100\left[\frac{T_{\mathrm{R},i} - T_{\mathrm{R},n}}{T_{\mathrm{R},n+1} - T_{\mathrm{R},n}} + n\right] \tag{1-14}$$

式中，$T_{\mathrm{R},i}$ 为程序升温条件下待测组分最大峰值流出时的温度（称保留温度）；n 为待测组分之前流出的正构烷烃的碳数；n+1 为待测组分之后流出的正构烷烃的碳数；$T_{\mathrm{R},n}$ 为待测组分之前流出的正构烷烃的保留温度；$T_{\mathrm{R},n+1}$ 为待测组分之后流出的正构烷烃的保留温度。

程序升温条件下的保留指数 I^T 的影响因素较多，除了与色谱柱类型、柱温等因素有关外，还与色谱柱的规格、升温程序以及载气的流速等因素有关。另外需要注意的是：该式只适用于计算线性程序升温条件下的保留指数。多阶程序升温条件下的保留指数的计算可参考有关文献。

第四节　气相色谱基本理论

一、色谱热力学理论

（一）概述

由色谱流出曲线可知，为了获得最佳分离结果，应满足的条件是：①最难分离的两个组分的色谱峰的位置相隔足够远；②两色谱峰的峰宽很窄。要满足这些条件，必须有最佳的色谱分离选择性和色谱柱的高效率。由于色谱操作条件改变会引起混合物组分诸色谱峰位置和峰宽的相对变化，这就促使人们要在理论上了解组分色谱峰位置的移动规律（位置的确定与定性）和峰宽变化的规律。色谱理论在这些方面给出了许多启示。色谱理论包括色谱热力学理论和色谱动力学理论。

在气相色谱过程热力学理论范畴，研究的是组分之间能否分离的问题，除此之外，人们还研究组分保留值与热力学参数的关系、组分与固定液分子结构的关系、色谱定性等。如Littlewood等推导出组分在0℃时的比保留体积（V_g）与溶解热（ΔH）的关系式为：

$$\lg V_g = -\frac{\Delta H}{2.30RT_c} + A_1 = A_1 + B_1\left(\frac{1}{T_C}\right) \tag{1-15}$$

色谱热力学包括分配系数和分配比两个重要的概念。

（二）分配系数

分配系数也可称为分配常数（distribution constants），是指在一定温度和压力下，在达到平衡状态下，组分在固定相中的浓度（c_s）与流动相中的浓度（c_m）的比值，它有几种表达方式，如果在固定相和流动相中的浓度以单位体积中在固定相和流动相的量表示，则：

$$K = \left[\frac{\text{组分在固定相中的量}}{\text{固定相的体积}}\right] : \left[\frac{\text{组分在流动相中的量}}{\text{流动相的体积}}\right] \tag{1-16}$$

在气固色谱法中，对固体吸附剂固定相而言，固定相或流动相的浓度是以单位质量中的固定相或流动相的量表示：

$$K = \left[\frac{\text{组分在固定相中的量}}{\text{固定相的质量}}\right] : \left[\frac{\text{组分在流动相中的量}}{\text{流动相的质量}}\right] \tag{1-17}$$

从分配系数的定义可知：不同的组分在分离过程中，只有分配系数不同，才有可能实现分离，不同组分的分配系数差别越大，越容易实现分离；如果不同组分有相同的分配系数，无论仪器设备多么先进，无论如何选择优化色谱条件，也无法实现被测组分的分离。也就是说，不同组分具有不同的分配系数，是组分能否实现色谱分离的热力学基础。

（三）分配比

分配系数K为从理论上得出的影响色谱分离的一个重要参数，但在实际应用中，组分在固定相中的浓度与在流动相中的浓度无法得出，为此引出了“分配比”的概念，分配比也称容量因子（capacity factor）、容量比（capacity ratio）、保留因子（retention factor），是组分的调整保留时间与死时间的比值。

$$k = \frac{t'_R}{t_0} = \frac{V'_R}{V_0} \tag{1-18}$$

分配比k相当于在一定温度和压力下，达到平衡时组分在固定相中的量与流动相中的量的比值。

$$k = \frac{\text{组分在固定相中的量}}{\text{组分在流动相中的量}} \tag{1-19}$$

通过引入“分配比”的概念，将分散在固定相与流动相之间分配情况与色谱图中的“保留时间”、“死时间”、“保留体积”、“死体积”等概念联系起来。

（四）分配系数和分配比的关系

由上面的分配系数K的定义式可推出：

$$K=\left[\frac{\text{组分在固定相中的量}}{\text{固定相的体积}}\right]:\left[\frac{\text{组分在流动相中的量}}{\text{流动相的体积}}\right]$$
$$=\left[\frac{\text{组分在固定相中的量}}{\text{组分在流动相中的量}}\right]\left[\frac{\text{流动相的体积}}{\text{固定相的体积}}\right]=k\beta \tag{1-20}$$

式中，k 为分配比；β 为相比，表示色谱柱内流动相的体积与固定相的体积的比值。该式表示了分配系数与分配比之间的正比关系。例如，对填充柱，其 β 值一般为 6～35；对毛细管柱，其 β 值为 60～600。

分配比 k 值越大，说明组分在固定相中的量越多，相当于柱的容量大。它是衡量色谱柱对被分离组分保留能力的重要参数。k 值也取决于组分及固定相热力学性质。它不仅随柱温、柱压变化而变化，而且还与流动相及固定相的体积有关。

二、塔板理论

塔板理论是在 Wilson 平衡色谱理论的基础上发展起来的。色谱发展的早期，Wilson 将色谱分离看成是气液两相间的瞬间分配，在此基础上做了两点假设：色谱分离过程中由组分浓度差引起的扩散效应可以忽略，组分在流动相和固定相之间的分配能瞬间完成（在色谱柱内任何位置、任何时间平衡都能在瞬间完成）。该假设中，既没有扩散效应，传质速率又无限快。由此，可得出两点结论：①当色谱峰呈对称分布时，组分的中心时间即为组分的保留时间 t_R，保留时间在一定条件下取决于待测组分在气液两相间的分配系数，即由热力学性质决定，要得到好的分离，分配系数必须有差别；②由于色谱分离在气液两相间瞬间完成，待测组分在色谱分离过程中引起的宽度变化为零，即色谱峰宽为零。第一条结论给出了“保留时间”的概念，并能够从理论上解释不同组分在色谱分离中有不同的保留时间；第二条得到的“色谱峰宽为零”结论显然是错误的，这是由于组分的分离过程不是在气液两相之间瞬间完成的。基于此，1941 年 Martin 和 Synge 提出用塔板的概念描述色谱柱中的分离过程，借助化学过程领域“精馏塔”的概念，将平衡能瞬间达成的概念推广到“统计地看两相间的平衡只能在一个 ΔX 小单元内达成”，即将连续的色谱过程看作是许多小段平衡过程的重复。这样，色谱柱可看作是由许多假想的塔板组成（即色谱柱可分成许多段 ΔX 小单元），每一 ΔX 小单元内，一部分空间为涂在载体上的固定液（或涂在毛细管柱上的固定液）或固体吸附剂占据，另一部分空间充满了载气（即流动相），载气占据的空间即为塔板体积。当欲分离的组分随载气进入色谱柱后，就在两相间进行分配，组分就在这些塔板间隔的流动相和固定相之间不断地达到分配平衡。ΔX 小单元即理论塔板高度，这就是塔板理论。

塔板理论在平衡色谱理论的基础上，做了四点假设：①被分离组分在色谱柱内一小段长度 H（ΔX 小单元）内，可在流动相和固定相两相间迅速达到平衡；②进入色谱柱内的载气不是连续进入色谱柱的，而是脉动式地进入到色谱柱内，每次进入的气体体积为一个塔板体积 ΔV；③所有组分在开始时，都存在于 0 号塔板上，被分离组分沿色谱柱轴向的扩散和组分在流动相与固定相两相间的传质忽略不计；④分配系数在所有塔板上为常数，与组分在某一塔板上的量无关。

为简单起见，假定色谱柱由 5 块塔板（n=5，n 为色谱柱的塔板数）组成，并以 r 表示塔板编号，r 为 0，1，2，…，n−1，某组分的分配比 k=1，基于上述假定，在色谱分离过程中该组分的分布可计算如下：

开始分配时，如果组分为单位质量，即 m=1（1mg 或 1μg）的该组分加到第 0 号塔板上，当在 0 号塔板上达到平衡后，由于 k=1，即 p=q（p 为组分在固定相中的份数，q 为组分在流动相中的份数），所以 p=q=0.5。

当一个板体积（$1\Delta V$）的载气以脉动方式进入 1 号塔板时，就将流动相中含有 q 份数的组分带到 1 号塔板上，此时 0 号塔板固定相中 p 份数的组分及 1 号塔板上气相中 q 份数的组分，将分别在 1 号塔板上流动相和固定相之间重新分配，故 0 号塔板上所含组分的量为 0.5，其中在流动相和固定相两相间各为 0.25，而 1 号塔板上所含组分的量同样为 0.5，在流动相和固定相两相间也是各为 0.25。

按照上述分配过程，对于 n=5、k=1、m=1 的分离体系，随着脉动式进入柱中板体积载气的增加，组分分布在色谱柱内任一塔板上的量（在流动相和固定相中的总重量）见表 1-1。

表 1-1 在 n=5、k=1、m=1 的分离体系下，色谱柱内任一塔板上组分在流动相和固定相上的分配表

载气塔板体积的倍数 \ 塔板数	0	1	2	3	4	5
N=0	1	0	0	0	0	0
1	0.5	0.5	0	0	0	0
2	0.25	0.5	0.25	0	0	0
3	0.125	0.375	0.375	0.125	0	0
4	0.063	0.25	0.375	0.25	0.063	0
5	0.032	0.157	0.313	0.313	0.157	0.032
6	0.016	0.095	0.235	0.313	0.235	0.079
7	0.008	0.056	0.165	0.274	0.274	0.118
8	0.004	0.032	0.111	0.22	0.274	0.138
9	0.002	0.018	0.072	0.166	0.247	0.138
10	0.001	0.010	0.045	0.094	0.207	0.124
11	0	0.005	0.028	0.070	0.151	0.104
12	0	0.002	0.016	0.049	0.110	0.076
13	0	0.001	0.010	0.033	0.008	0.056
14	0	0	0.005	0.022	0.057	0.040
15	0	0	0.002	0.014	0.040	0.028

由表 1-1 中数据可以看出，当 N=5 时，即 5 个塔板体积载气进入色谱柱后，组分就出现在色谱柱出口，进入检测器产生信号。

组分从具有 5 个塔板的色谱柱中洗脱出来的最大浓度出现在 8 个和 9 个塔板体积通过时，但流出曲线不对称，这是由于设定的色谱柱的塔板数太少的缘故。在气相色谱中，一般 n 值在 10^3～10^6，流出的曲线可近似为正态分布曲线，流出曲线上的浓度 c 与时间 t 的关系表示如下：

$$c=\frac{c_0T}{\sigma\sqrt{2\pi}}\mathrm{e}^{-\frac{(t-t_R)^2}{2\sigma^2}} \tag{1-21}$$

式中，c_0 为被分离组分的浓度；t_R 为保留时间；σ 为标准偏差；c 为时间 t 时的瞬时浓度；T 为进样时间。此式即为被测组分的流出曲线。

上面讨论了单一组分在色谱柱内的分配过程。一般色谱分离的试样多为多组分的混合物，在经过多次的分配平衡后，由于各组分的分配系数有一定的差异，则在色谱柱出口处出现最大浓度时所有的载气塔板体积也将不同（此理论也就解释了不同组分由于在流动相和固定相中分配系数的不同，保留时间而不同）。由于色谱柱的塔板数很多，因此即使分配系数有较小差异，仍可得到好的分离效果。

在此基础上，可导出色谱柱塔板数的表达式：

$$n = 5.545\left(\frac{t_R}{w_{\frac{1}{2}h}}\right)^2 \tag{1-22}$$

式中，t_R 为被测组分的保留时间；$w_{\frac{1}{2}h}$ 为半峰宽；n 为理论塔板数。

如果以峰宽计算理论塔板数，那么柱效的计算可表示为：

$$n = 16\left(\frac{t_R}{w_h}\right)^2 \tag{1-23}$$

理论塔板数又称柱效，是一个无量纲单位。在计算 n 时，被测组分的保留时间和峰宽（或半峰宽）的单位一般用时间或通过流动相的体积表示，要求这两项的单位必须保持一致。

理论塔板高度由柱长与柱效的比值得到：

$$H = \frac{L}{n} \tag{1-24}$$

由上式可得：保留时间越长，色谱峰越窄，得到的塔板数就越大，理论塔板高度就越小，柱效就越高，因此 n 或 H 可作为色谱柱效能的一个指标。

在计算 n 时采用的 t_R 包括了在分离过程中不起作用的死时间（或死体积），而死时间（或死体积）不参与色谱柱内的分配，所以有时尽管计算的 n 值很大，H 很小，但实际分离效果并不好，特别是对保留较弱的组分更是如此，因而理论塔板数 n、理论塔板高度 H 并不能真实反映色谱柱分离的好坏，因此提出了用调整保留时间代替保留时间计算，从而引出有效塔板高度和有效塔板数作为色谱柱效能的指标。

$$n_{有效} = 5.545\left(\frac{t'_R}{w_{\frac{1}{2}h}}\right)^2 = 16\left(\frac{t'_R}{w_h}\right)^2 \tag{1-25}$$

$$H_{有效} = \frac{L}{n_{有效}} \tag{1-26}$$

有效塔板数和有效塔板高度消除了死时间的影响，可较真实地反映色谱柱的柱效。同时应该注意的是：有效塔板数可用于说明两个组分在柱中分离的情况，$N_{有效}$愈大分离情况愈佳。除 k 值很大即 $t'_R \geqslant t_0$ 外，塔板数只能表征某组分色谱峰扩张的程度（t_0、N 值相同，$N_{有效}$不相同的色谱柱，两组分分离的情况会不同）。

塔板理论形象地描述了被分离组分在色谱柱中的分配平衡和分离过程，提出了柱效、塔板高度的概念，可以解释影响色谱峰的保留时间的因素和色谱峰的宽度，但不能解释色谱峰展宽的原因及影响塔板高度的各种因素，也不能解释不同载气流速下，所测得的塔板数不同的原因。从塔板理论假设中可知，没有考虑沿柱流动方向的纵向扩散效应和两相间交换的传质阻力问题，为此，荷兰化学家 van Deemter 于 1956 年提出速率理论。

三、速率理论

荷兰化学家 van Deemter 在塔板理论的基础上，考虑沿柱流动方向的纵向扩散效应和两相间交换的传质阻力对柱效的影响，提出了色谱分离过程中的动力学理论，即速率理论：

$$H = A + \frac{B}{u} + Cu \tag{1-27}$$

式中，A、B、C 为三个常数；H 为理论塔板高度；u 为载气线速。A 为涡流扩散系数，B 为分子扩散系数，C 为传质阻力系数，上式为速率方程的简化式。影响 H 的三项因素为：涡流扩散项，分子扩散项，传质阻力项。在流动相流速 u 一定时，只有 A、B、C 较小时，H 才能较小，柱效才能较高。

（1）涡流扩散项（A）　当流动相碰到固定相颗粒时（对气液色谱，固定相颗粒指担体和固定液），不断地改变载气的流动方向，不是理想地沿色谱柱中心轴向流动，使被测组分在气相中形成类似“涡流”流动，从而引起色谱峰的扩张。涡流扩散项与固定相的平均粒径（d_p）的大小和填充柱子的均匀性有关，而与载气的类型、流速和被测组分性质等无关。涡流扩散项影响因素的表达式为：

$$A = 2\lambda d_p \tag{1-28}$$

由式（1-28）看出：对填充柱而言，使用细而填充均匀的颗粒，可降低涡流扩散项，提高填充柱的柱效。对毛细管色谱而言，涡流扩散项 A 为零。

（2）分子扩散项（B/u）　分子扩散项包括纵向扩散项和横向扩散项，纵向扩散项是由被测组分在色谱柱内分离过程中沿色谱柱中心轴向引起的组分浓度梯度形成的，被测组分被载气带入色谱柱后，以“塞子”的形式存在于色谱柱内很小的一段空间内，在“塞子”前后因存在浓度差而形成浓度梯度，自发地向前、向后扩散，使被测组分产生浓度差，而造成谱带展宽。横向扩散项是指被测组分沿色谱柱截面的扩散。一般而言，分子扩散项是指纵向分子扩散项，而横向扩散项忽略不计。

分子扩散项系数 $B=2\gamma D_g$，γ 为弯曲因子，为流动相因填充柱内载体而引起的气体扩散路径弯曲的因子，D_g 为气相分子的扩散系数，对低密度气体，如氢气、氦气，扩散系数大，分子扩散项对柱效的影响较大；对高密度气体，如氮气、氩气，扩散系数小，分子扩散项对柱效的影响较小。

另外，纵向扩散项与组分在色谱柱内的保留时间有关，保留时间越长，分子扩散项对色谱峰扩张的影响就越显著。纵向扩散项还与组分在载气流中的分子扩散系数 D_g 的大小成比例。D_g 与组分和载气的性质有关，分子量大的组分其 D_g 小，使用的载气的分子量大，则 D_g 小，因此在实际应用中，使用分子量大的载气即高密度载气，可降低分子扩散项。

弯曲因子 γ 与色谱柱类型等因素有关。弯曲因子的意义为：由于在色谱柱内固定相颗粒的存在，使分子不能自由扩散，从而使扩散程度降低。对于毛细管色谱柱，由于没有固定相颗粒的阻碍，扩散程度最大，这时 $\gamma=1$。对于填充柱色谱，由于固定相颗粒的存在，使组分的扩散路径发生弯曲，扩散程度降低，$\gamma<1$，大多数填充柱色谱中使用的硅藻土载体，γ 值在 0.5～0.7。因此填充柱色谱中的纵向分子扩散项要小于毛细管色谱中的纵向分子扩散项。

（3）传质阻力项（Cu）　被测组分在两相间进行分配、交换、平衡时，被测组分被载气带入，从气相进入液相，并从液相返回气液界面，这个过程不是瞬间完成的，需要一定时间，例如被测组分从气相进入液相时，可能还没有来得及到达液相参与分配就被载气带回，或者被测组分从气相进入液相后，参与气液分配后不能立即从液相中返回气相；同样，被测组分从液相被载气带进入气相并从气相返回的过程也不是瞬间完成的，这就是传质阻力项。传质阻力项包括气相传质阻力项和液相传质阻力项。C 为传质阻力系数，对气液色谱，传质阻力系数 C 包括气相传质阻力系数 C_g 和液相传质阻力系数 C_l，即 $C=C_g+C_l$。

气相传质阻力项涉及被测组分随载气带入并从气相流动相到固定相表面参与分离的过程，被测组分将在气液两相间进行分离，即进行浓度分配。这个分配过程如果进展缓慢，表明分离过程中的气相传质阻力大，就会引起色谱峰的扩张。

对填充柱色谱，气相传质阻力系数 C_g 可表示为：

$$C_g=\frac{0.01k^2}{(1+k)^2}\times\frac{d_p^2}{D_g} \tag{1-29}$$

式中，k 为容量因子；d_p 为填充物的粒径；D_g 为载气的纵向分子扩散系数。从式（1-29）知：气相传质阻力与填充物颗粒粒径的平方成比例。在填充柱色谱中，使用颗粒粒径小的填充物和分子量小的低密度气体作为载气可使 C_g 减小，提高柱效；在毛细管色谱中，使用薄液膜厚度的毛细管柱，可降低气相传质阻力项。

液相传质阻力项涉及被测组分从固定相的气液界面移动到液相内部，并发生组分浓度交换，以达到分配平衡并又返回气液界面的传质过程。液相传质阻力系数 C_l 可表示为：

$$C_l=\frac{2}{3}\times\frac{k}{(1+k)^2}\times\frac{d_f^2}{D_l} \tag{1-30}$$

式中，k 为容量因子；d_f 指毛细管色谱中的固定液的液膜厚度；D_l 为被测组分在液相中的扩散系数。从式（1-30）知：液相传质阻力与固定相的液膜厚度、被测组分在液相中的扩散系数成比例。

对填充柱色谱而言，因使用固定液（或固体吸附剂）含量较毛细管色谱高得多，影响塔板高度的传质阻力项主要是液相传质项，而气相传质阻力项很小，可忽略不计；如果使用的是低固定液（或固体吸附剂）的色谱柱，C_g 对传质阻力的贡献可能会较大，应引起注意。

将各项关系式整理，可得速率方程的关系式：

$$H=2\lambda d_p+\frac{2\gamma D_g}{u}+\left[\frac{0.01k^2}{(1+k)^2}\times\frac{d_p^2}{D_g}+\frac{2}{3}\times\frac{k}{(1+k)^2}\times\frac{d_f^2}{D_l}\right]u \tag{1-31}$$

速率方程式（1-31）对色谱条件的选择具有意义，速率理论解释了塔板理论所不能解释的色谱峰展宽的原因及柱效与载气流速有关的原因。它解释了色谱柱填充均匀程度、固定液（或固体吸附剂）的量、担体的粒径大小及均匀性、毛细管柱涂柱均匀性、载气流速等因素对柱效即色谱峰展宽的影响。

四、分离度

分离度反映的是被测组分分离的程度。仅从柱效或选择性不能反映组分在色谱柱中的分离情况，为此，引入“分离度”的概念，既反映柱效又反映选择性的指标。

分离度为相邻两组分色谱峰保留值之差与两组分色谱峰底宽总和之半的比值，即：

$$R=\frac{t_{R_2}-t_{R_1}}{\frac{1}{2}(w_1+w_2)}=\frac{2(t_{R_2}-t_{R_1})}{(w_1+w_2)} \tag{1-32}$$

上式为分离度的定义式，主要用于难分离物质对分离度的计算，为优化色谱分离条件提供依据。R 达到 1.5 时，两个峰的分离程度可达到 99.7%。一般将 R=1.5 作为相邻两组分是否完全分离的标志。

从色谱理论上讲，分离度（R）受柱效（n）、选择因子（α）、容量因子（k）的影响，对难分离物质对，假设 $K_1=K_2=K$，$w_1=w_2=w$，可得：

$$R=\frac{\sqrt{n}}{4}\left(\frac{\alpha-1}{\alpha}\right)\left(\frac{K}{1+K}\right) \tag{1-33}$$

上式为基本色谱分离方程式，主要用于色谱分离条件的选择，n 为柱效，α为选择因子，K 为分配系数，一般用分配比 k 代替。

参考文献

[1] Persok R L,Shieds L D, Caima T, et al. Modern Methods of Chemical Analysis. 2nd ed. New York: Wilsons,1976.

[2] Nogare S D, Juvet R S Jr. Gas-Liquid Chromatography. New York: Intercsci Pub, 1962.

[3] Tswett M. Ber Ber deutsch botan Gas, 1906, 24: 316.

[4] Tswett M. Ber Ber deutsch botan Gas, 1907, 25: 217.

[5] Martin J P, Synge R L M. Biochem J, 1941, 35: 1358.

[6] McWilliam J G, Dewar R A. Nature (London), 1958, 181: 760.

[7] Harley J, Nell W, Pretorius V. Nature(London), 1958, 181: 177.

[8] Lovelock J E. J Chromatogr, 1958, 35(1): 1.

[9] Lovelock J E,Lipsky S R. J Am Chem Soc, 1960, 82: 431.

[10] Brody S S, Chaney J E. J.Gas Chromatogr, 1966, 42: 6.

[11] Kolb B, Bischoff. J Chromatogr Sci, 1974, 12: 625.

[12] Ray J D, Stedman D H, Wenel G J. Anal Chem, 1985, 58: 598.

[13] Bruening W,Concha J M. J Chromatogr, 1975, 112: 253.

[14] Griffiths P R, Pentoney S L,Giorgetti Jr A, Shafer K H. Anal Chem, 1986, 58: 1349A.

[15] Fuoco R,Shafer K H,Griffiths P R. Anal Chem, 1986, 58: 3249.

[16] Campanan J E. Int J Mass Spectrom Ion Phys, 1980, 33: 101.

[17] Ebdon L,Hill S, Ward R W. Analyst, 1986, 111: 1113.

[18] Ebdon L,Hill S, Ward R W. Analyst, 1986, 112: 1.

[19] 卢佩章，李浩春. 分析化学，1979，7: 357.

第二章　气相色谱仪

第一节　概　述

气相色谱技术由于具有分离效率高、灵敏度高、分析速度快等优点，已被广泛用于能源、化工、制药、环境、食品等多个领域。自 1955 年 Perkin Elmer 公司推出世界上第一台商品化气相色谱仪以来，经过 60 多年的不断发展，气相色谱技术已较为成熟，目前气相色谱仪新产品主要向网络化、模块化、优异的综合性能、便携式、多维和专业分析系统等方面发展[1~3]。各种类型的气相色谱仪均包括五个基本部分：气路系统、进样系统、分离系统、检测系统和数据处理系统。

第二节　填充柱气相色谱仪

填充柱气相色谱仪是采用填充柱进行组分分析的色谱仪器，图 2-1 给出了典型的配有氢火焰离子化检测器的填充柱气相色谱仪流程。

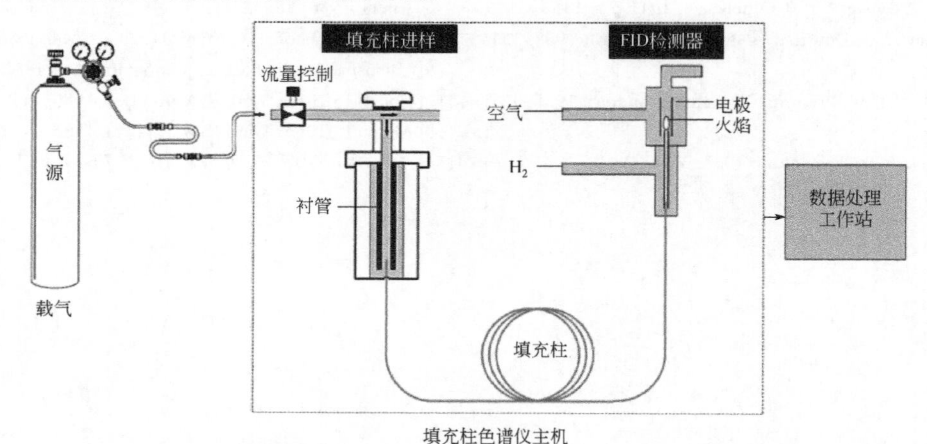

图 2-1　填充柱气相色谱仪（配置 FID）示意图
（图片改编自文献［4］）

气路系统：气路系统包括气体、气体净化管、气体流量控制。常用的气体有氮气、氢气和空气等。填充柱气相色谱仪多用氮气作载气，配置氢火焰离子化检测器（FID），需使用氢气和空气分别作燃烧气和助燃气。载气由高压钢瓶或其他高压气源经减压阀进入净化及干燥管，再经稳压阀、稳流阀后以一定的流速通过气化室、色谱柱、检测器，最后被放空。气体的纯度和气体流速控制的精度均对气相色谱稳定性有较大的影响。目前气相色谱仪多采用电子气路控制技术，可对气相色谱仪的气路参数（压力和流量）进行全面自动化控制。电子气路控制技术的采用还极大地提高了分析的重现性、稳定性、灵敏度和分析速度，同时也能有效地减少气体消耗和降低操作费用。

进样系统：将样品定量地引入色谱系统，使之瞬间气化，并用载气将气化样品快速带入色谱柱。进样系统包括进样器和气化室，根据样本的性质可分为气体进样器（阀进样）和液体进样器。为了提高进样的重复性，自动化进样技术（液体自动进样、顶空进样、吹扫-捕集、热脱附进样）被越来越多地采用。

分离系统：主要包括填充柱和温控系统。填充柱通常为内径 2～4mm、长 1～3m 的不锈钢或玻璃柱，内装填固定相。温控系统主要用来控制柱温箱、气化室和检测器的温度。升温和降温的速度、温度控制精度对分析通量和重复性均有较大的影响。

检测系统：检测经色谱柱分离的组分。组分在检测器中被测量并转化成电信号，经微电流放大器放大后送到数据处理系统。通常的气相色谱检测器包括火焰离子化检测器（FID）、热导检测器（TCD）、电子捕获检测器（ECD）、氮磷检测器（NPD）、火焰光度检测器（FPD）、光离子化检测器（PID）、脉冲火焰光度检测器（PFPD）和硫化学发光检测器（SCD）等。

数据处理系统：处理检测器输出的信号，给出分析结果。目前气相色谱仪主要采用色谱数据工作站。现代色谱工作站功能更为强大，可以控制多台仪器、编辑方法、采集数据、完成后续的积分、定量等功能。

第三节　毛细管柱气相色谱仪

毛细管气相色谱法是采用毛细管柱进行高效分析的色谱方法。采用的毛细管柱为内径较细的开管柱。与填充柱相比，毛细管柱具有分离效能高、分析速度快和样本用量少的特点[5]。常用的毛细管柱一般柱长在 15～60m，内径为 0.1～0.53mm，柱流量为 0.5～2mL/min，进样量为 10ng～1μg。为了充分利用毛细管柱的高效分离特性，需采用与之配套的进样和检测系统。毛细管柱气相色谱仪的进样系统和检测系统均与填充柱系统不同。常用的进样方式有：分流进样，不分流进样，柱头进样，直接进样，程序升温气化进样等（图 2-2）。尽管每种进样系统设计原理不同，

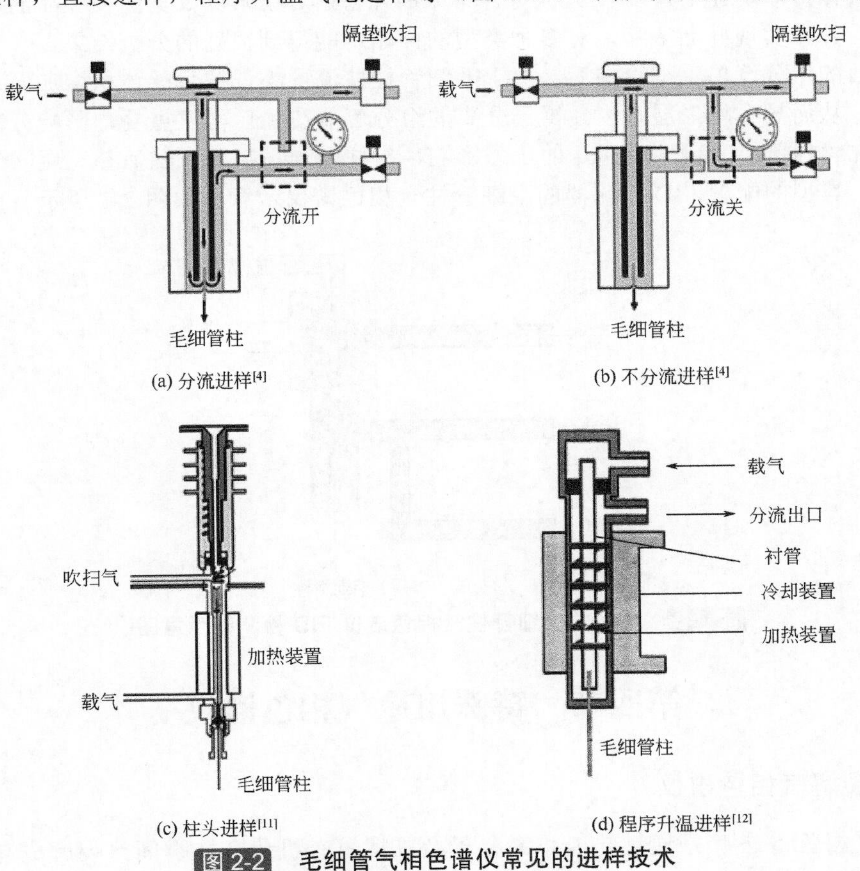

图 2-2　毛细管气相色谱仪常见的进样技术

但均是为了有效地抑制进样峰展宽，避免进样歧视效应以及保持毛细管柱的高分离效能。

分流进样：最经典的毛细管气相色谱进样方式，解决了由于毛细管柱柱容量有限，微量进样器无法准确重复进样 nL 级样品的问题。具体如图 2-2（a）所示，载气经进样口流量控制后进入进样系统，一部分载气用于进样隔垫吹扫，另一部分载气高速进入气化室。样品注入气化室内瞬间气化后与载气在衬管中混合。分流进样方式常被用于浓度较高的样品，对于常规的毛细管柱（0.25mm，I.D.），分流比一般为（1∶30）～（1∶100），大口径厚液膜毛细管柱（0.53mm，I.D.）的分流比通常设置为（1∶5）～（1∶10），用以避免初始谱带的扩展，保证得到较尖锐的峰形。

不分流进样：进样时没有分流［图 2-2（b）］，当大部分样品进入柱子后，打开分流阀，对进样器进行吹扫。这种形式进样，几乎所有样品都进入柱子，适用于痕量分析。但进样时间较长（30~90s），导致初始谱带严重扩展[6]；必须采用冷阱或溶剂效应消除初始谱带的扩展。该种进样方式有很好的定量精度和准确度，比分流进样的灵敏度大大提高，通常用于痕量分析。

冷柱头进样：柱头进样由 Zlatkis 于 1959 年首次提出[7]，适用于大口径毛细管柱。该方式可有效避免分流引起的歧视效应。采用该方式时，进样部分应采用低温，以防溶剂在进样针头气化，是分析较高沸点和热不稳定样品最常用的进样方式。

程序升温进样：程序升温的概念最早于 1964 年由 Abel[8]提出，并由 Vogt 等[9,10]首先实现，该方式主要为了改善大体积进样的色谱峰形、改善分离。通过进样器冷进样，以弹道式快速程序升温方式使样品在气化室内迅速气化，并可以按分流、不分流、直接或冷柱头等方式进样。其中，冷柱上程序升温进样是公认的样品失真较小的进样方式，可实现样品低温捕集和快速气化，有效避免分流/不分流进样带来的热降解、吸附以及宽沸程样品的进样失真和分流歧视，并可实现样品浓缩，对多种类型的样品均能得到很好的分析结果。

分离后的组分流出毛细管柱后，由于毛细管柱柱流量小，柱后死体积增加而发生严重的纵向扩散，从而导致峰形展宽，使得已分离的组分可能在柱后再次重叠，影响分离效果。在使用 FID 检测器时，受燃烧气 H_2 的压力影响，出柱困难，需要在柱后补充尾吹气减少柱后谱带扩展。典型的配置 FID 检测器的毛细管柱气相色谱仪示意图如图 2-3 所示。

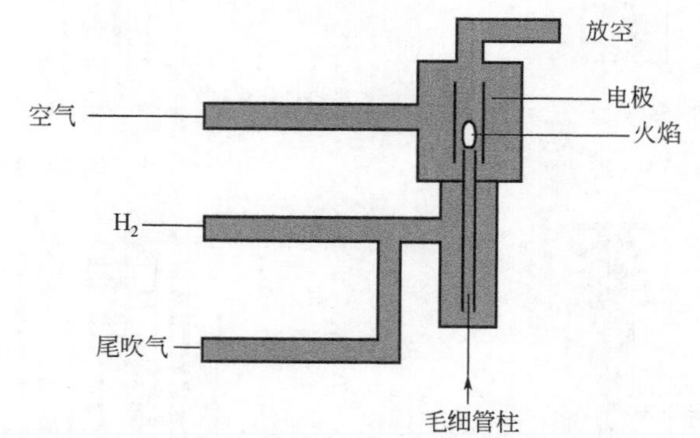

图 2-3 典型的毛细管柱气相色谱仪 FID 检测器示意图[4]

第四节 特殊用途气相色谱仪

一、裂解气相色谱仪

裂解气相色谱法[13]是通过热能将高分子及难挥发有机化合物瞬间热裂解成易挥发的小

分子，再经载气带入气相色谱系统对裂解产物进行分离和检测，通过分析热裂解产物的色谱信息，来确定或推测原始样品的组成或结构。热裂解技术与气相色谱和/或质谱联用（PY-GC/MS）已成为非挥发性、复杂异质样品表征的有力手段。裂解气相色谱既具有气相色谱法本身特有的分离效率高、灵敏度高、分析速度快等优点，同时还可对气相色谱法无法检测的天然和合成大分子、生物大分子、有机地质大分子等非挥发性有机分子进行检测；同时该方法简单、容易操作。近 30 年来，随着裂解技术和气相色谱技术的快速发展，裂解气相色谱已广泛用于聚合物、生物医药、环境科学、微生物、考古学和司法鉴定等多个领域[13~15]。

裂解器是裂解气相色谱仪的核心部件，其可看作是裂解气相色谱仪的特殊进样系统，图 2-4 为典型的裂解气相色谱仪接口示意图[16]，裂解器放置在气相色谱系统外部，通过接口与气相色谱进样口相连。理想的裂解器要能够精确控制裂解平衡温度且重复性好，裂解温度可调范围宽，热容量大，升温速度快，且材料无催化效应，裂解器与接口连接死体积小，无歧化效应和二次反应，适合各类样本形态，设备简单，操作方便等。常用裂解器按加热机制可分为：间歇式裂解器［如热丝（带）裂解器、居里点裂解器、激光裂解器］和连续式裂解器（如管式炉裂解器和微炉裂解器等）。各种裂解器的性能比较见表 2-1。热丝裂解器是出现最早且应用最为广泛的一种裂解装置，图 2-5 为常见的热丝裂解器的结构示意图[17]，其具有设备简单、裂解温度范围宽（一般为室温～1100℃），且可连续调节、重复性较好、温升时间短(带式裂解探头为 10ms)、二次反应少等优点；其缺点主要为铂丝或铂带经多次使用后，表面沉积的样品残留物会影响平衡温度的准确性，且裂解温度不易测量。居里点裂解器具有平衡温度精度高（±0.1℃）、重复性好且无需校正，温升时间短（70ms），死体积小、二次反应少等优点；其缺点主要为平衡温度主要由铁磁材料的种类决定，不能连续调节，也不能进行梯度裂解，且铁磁材料对裂解反应有一定的催化活性。微炉裂解器的平衡温度连续可调，且易于控制，可适合各类形态的样品，也可使用较大样品量，但与其他类型裂解器相比，微炉裂解器温升时间较长，二次反应较为严重。激光裂解器样品处理简单，温升时间极短（10μs），且冷却极快，但由于温升时间短，裂解温度或平衡温度很难精确测定和控制，且其结构较复杂，成本高。上述裂解器由于均为外置在气相色谱系统的外部，高沸点的裂解产物容易在与 GC 连接的传输线上沉积，导致样本损失以及对高沸点产物的歧视。

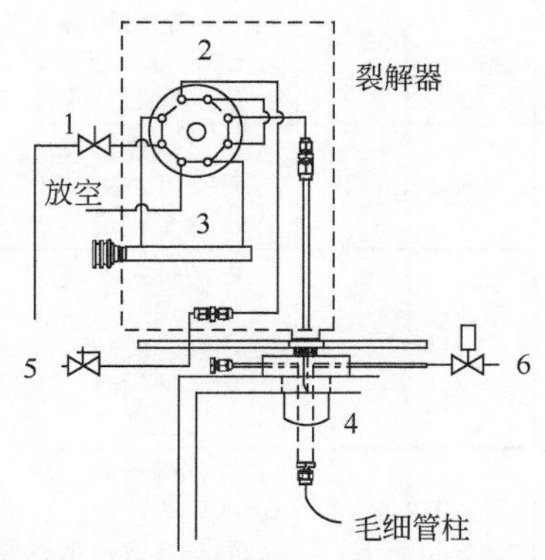

图 2-4　典型的裂解气相色谱仪接口示意图[16]

1—捕集气；2—八通阀；3—裂解区；4—气相色谱进样口；5—载气；6—分流阀

表 2-1 常用裂解器性能比较[17]

裂解器	居里点	热丝	微炉	激光
最高温度/℃	1128	1100	1500	高
温度控制	不连续	连续	连续	不能控制
温度梯度	不可用	可以		可以
最小温升时间	70ms	10ms	0.2s~1min	10μs
对样品的催化作用	有	低	低	非常低
样品量/μg	10～1000	10～1000	50～5000	20～500
重复性	很好	很好	好	差
二次反应	少	少	多	较少

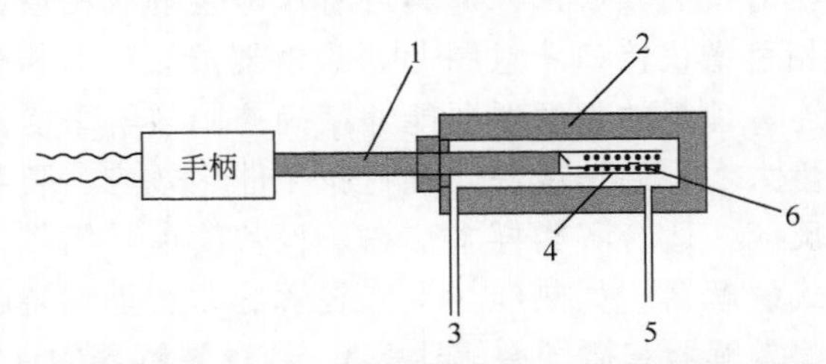

图 2-5 最常见的热丝裂解器的结构示意图[17]

1—推杆；2—裂解器加热区；3—载气入口；4—电热丝；5—裂解器出口；6—样本架

表 2-2 给出了部分商品化裂解装置的性能指标，商品化裂解器的类型主要包括热丝、微炉式和居里点式。近年来，裂解器技术不断发展，如日本 JAI 公司将热箔片应用于居里点裂解器，将其用于固、液态样品的承载，使用该技术降低了背景干扰，可用于纳克（ng）级分析。有关裂解色谱更详细的介绍可查阅文献[13~15]。

表 2-2 部分商品化裂解器一览表

厂家	类型	裂解器型号	主要技术指标
日本 Frontier	微炉式	PY-2020	裂解温度：40～800℃，±1℃ 裂解温度程序：可编程 4 步升温（1～100℃/min；1℃/步） 裂解炉冷却：30min 内从 800℃冷却到 50℃（液氮或液空为冷却剂） 温度控制范围：40～400℃（1℃/步） 重现性：RSD<3%
		PY-3030	重现性：RSD≤2%，（聚苯乙烯样品，550℃裂解，三聚体和硬脂酸甲酯的峰面积比） EGA 重现性：聚苯乙烯 EGA 峰最高点温度 RSD≤0.3% 裂解温度：室温+10～1050℃（1℃/步）/±0.1℃
SGE	微炉式	Pyrojector Ⅱ	最高温度：900℃ 重现性：RSD 可达 0.4% 样品直接进到加热炉中裂解迅速
日本 JAI	居里点式（高频诱导加热）	JHP-22	样品管：石英管、内径 4.5mm（热裂解室） 保温炉：室温～200℃ 热裂解时间：1～9s 保温传输管：室温～300℃，管长 0.7m 高周波功率：48W
		JHP-5	热分解时间：1s～99h 高周波功率：600kHz、48W 流路切换：电磁阀
美国 CDS	热丝式（白金灯丝）	CDS 5000	脉冲裂解：灯丝温度 1~1400℃，0.01~20.0℃/ms 程序裂解：加热速率 0.01~999.9℃/s

二、制备气相色谱仪

目前，色谱技术已在复杂混合物分离分析方面应用十分广泛，但在色谱技术发展初期其主要用于样本的制备，但受气相色谱本身技术特点的限制，制备气相色谱的应用范围不如制备液相色谱广泛，但其仍在挥发性组分的分离、制备方面发挥了重要作用。制备气相色谱仪与分析气相色谱仪在处理样品时都需要先分离样品，两种方法的主要差别在于制备气相色谱仪经色谱柱分离出来的单个馏分绝大部分在冷阱中被收集下来，只有极小的一部分被送入检测器检测。为了提高制备效率，要求进样量大，且色谱柱在保持一定柱效的同时还应有较大的柱容量，并可实现自动操作。图 2-6 是典型的制备气相色谱仪的流程图。

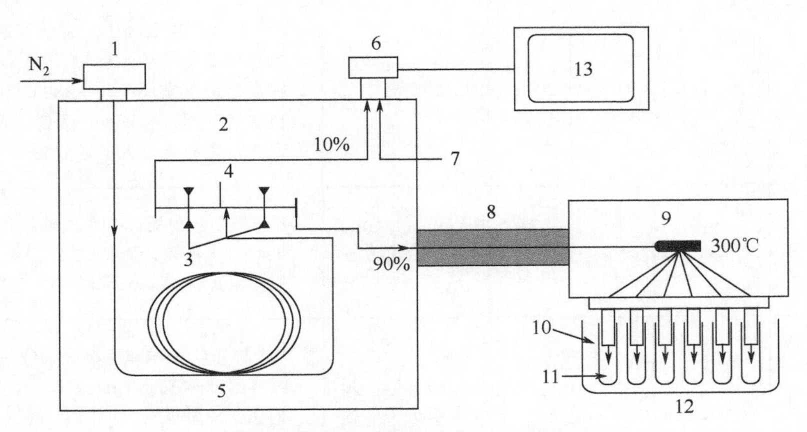

图 2-6 制备气相色谱示意图[18]

1—进样器；2—柱温箱；3—限流阀；4—分流阀；5—填充柱；6—检测器；7—补充气；8—传输线；9—馏分收集器；10—制冷系统；11—有机溶剂；12—捕集阱；13—工作站

小规模制备气相色谱通常采用分析级气相色谱系统，通过在柱出口与馏分收集系统相连，采用重复注射或在色谱柱上上样大体积样品实现微量/毫克级的组分制备。目前填充柱仍被用于制备气相色谱，与毛细管柱相比它具较大的柱容量，但色谱峰较宽，保留时间长和分辨率较低；毛细管柱具有较高的柱效和分辨率，但柱容量较低，制备量有限。馏分收集系统是制备气相色谱的核心部件，它必须能够有效地捕集/浓缩载气中高度稀释的组分。馏分收集过程是影响挥发性组分回收率的关键步骤，已发展了多种技术用于挥发性化合物的捕集，如采用大口径毛细管柱短柱[19]，商品化的制备级馏分收集器常使用吸附剂或冷阱[20]。挥发性馏分的回收率与操作条件密切相关，其中捕集温度是最重要的参数。对于大多数挥发性组分的捕集需要在低温条件下（−10℃/−5℃），当采用环境温度（20℃）或更高温度（45℃）时，馏分损失严重。对于高沸点组分，采用室温或更高温度（45℃），回收率仍可达到 80%～90%。高沸点组分的回收率受收集条件的影响较小，可无需冷阱系统直接采用空捕集管捕集。除通过最佳化捕集温度进行馏分收集外，也有文献报道采用填充溶剂（甲醇、二氯甲烷或戊烷）捕集阱进行馏分制备[20,21]。

德国 Gerstel PFC 是应用较为广泛的商品化气相色谱专用馏分收集器，可对经气相色谱分离的各组分进行自动收集。该系统配置六个温度控制捕集阱和一个废弃物捕集阱，捕集阱体积为 1μL 或 100μL，为了提高化合物的回收率，可选配液氮冷却或低温冷阱冷却。其可以将化学性质接近的化合物收集在一起，也可数百次进样对某个目标化合物进行重复收集，实现痕量富集。其采用微处理控制器，捕集阱可以在 0.01min 内实现切换，保证相邻的目标化合物也能得到很好的收集。系统可靠性和重复性好，可确保在数百次进样后仍能有效捕集目标化合物。使用该装置可得到相对较大的样本量，用于进一步结构确认分析如 NMR 和 IR。表 2-3 给出了部分商品化气相色谱馏分收集器。

表 2-3 部分商品化气相色谱馏分收集器

厂家	型号	仪器成套性	主要技术指标
荷兰 GL Science	VPS 2800	适合于 Shimadzu GC-2010 plus 毛细管柱气相色谱仪	6 个样品收集器和 1 个废液收集器 传输线温度：60～380℃ 捕集器加热模块：60～380℃ 自由活塞斯特林制冷，无需液氮（−30～0℃） 无阀，无冷点，无记忆效应
德国 JAS	JAS EzPrep	适合于 Agilent7890 和 6890 毛细管柱/填充柱气相色谱仪	8 个样品收集器和 1 个废液收集器 无阀，无冷点，无记忆效应 捕集器加热模块：室温+20～320℃
德国 Gerstel PFC	Gerstel PFC	与大多数标准 GC 相容；适合大部分 GC 检测器包括质谱检测器	6 个样品收集器和 1 个废液收集器 收集器的体积为 1μL 或 100μL 捕集器冷阱模块：−150℃(液氮) 捕集器加热模块：最高 250℃ 传输线温度：最高 350℃
法国 Chopper	View Prep Station	与毛细管柱/填充柱气相色谱仪相容	6 个样品收集器和 1 个废液收集器 捕集器冷阱模块：0℃～室温（半导体制冷） 捕集器加热模块：40～300℃ 传输线温度：40～300℃

三、过程气相色谱仪

过程气相色谱[22]是一种用于化学工业在线分离和测量混合物中不同组分的分析技术，常用于工业过程的在线监测、自动循环分析等，又被称为流程气相色谱仪或在线气相色谱仪。从气相色谱技术诞生的 20 世纪 50 年代，气相色谱系统就已从实验室进入到工厂生产过程的控制，包括对原料、中间产物及产品的组成、质量和收率进行分析，关键生产过程的监控，工业装置异常现象的监控，以及在生产过程中发现异常现象时，报警或者及时反馈调整等。目前，过程气相色谱已广泛用于石油炼制、石油化工、化肥、环保和医药等行业。

过程气相色谱仪与普通实验室气相色谱仪的主要区别在于：过程气相色谱仪可看作是在线分析仪表，可对工艺操作进行开环指导或参与系统的闭环控制。过程气相色谱仪的分析对象已知，功能专一，自动化程度高，重复性和可靠性好，从取样一直到数据处理全部自动化操作；同时其必须可靠、长期连续低成本运行，且系统维护尽可能少，无需人工干预。而实验室气相色谱仪可以分析多种样品，分析对象包括已知和未知样本，经常需要人工更换柱系统和分析条件等。此外，过程气相色谱仪需要有程序控制器控制仪器自动连续运转；同时还要有信号处理器，参与控制。

典型的过程工业色谱仪如图 2-7 所示，主要包括样品处理系统、分析系统以及网络通信系统，还需根据样品的状态与组成安装相应的取样和样品纯化装置。分析器配备高效、耐用的色谱柱及可能需要用到的柱切换部件，选用适当的检测器。近年来过程气相色谱技术向智能化、模块化、网络化、微型化等方面发展，在设备硬件技术和网络通信技术等方面均取得了很大的进步。如西门子公司发展出的 50 型膜片阀，采用气压驱动，无可动部件，可以连续运行 1000 万次，无需维护；增加了模块化柱箱选项，将色谱元件集成在模块上，可在几分钟内实现整个更换，有效地降低用户运行成本和维护需求；开发的智能样品系统接口（SSSI），可自动收集样品系统的动态信息，并将这些信息传递到远程维护工作站，用于自动统计监测分析仪状态，从而降低维护需求，提高分析仪的在线时间；发展的 8 通道热导检测器（TCD），可实现并行色谱检测，缩短了分析时间且降低了色谱复杂性；色谱与以太网完全兼容，提供对所有测量结果、诊断数据和关键性能指标的访问。色谱内置数据交换机，多台色谱不需要任何外部交换机就可连接到一起组成网络，满足工业用户对安全控制的需要。

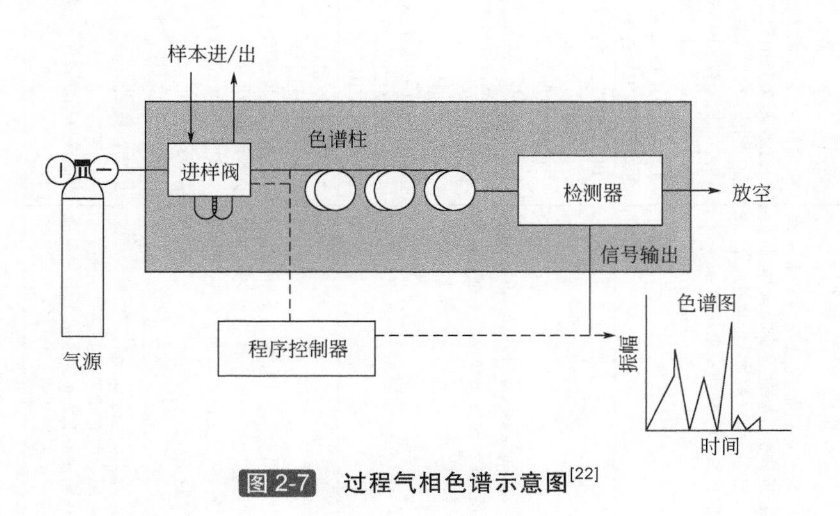

图 2-7　过程气相色谱示意图[22]

第五节　常见商用气相色谱仪的性能参数

气相色谱仪根据其功能不同，可以分成诸多不同的类型，表 2-4 给出了国内外一些厂家和气相色谱仪的一般情况。

表 2-4 常用的气相色谱仪一览表[①]

厂家	仪器型号	性能与特点	主要技术指标	仪器成套性	适用范围
岛津	GC-2010 Plus	通过先进的流量控制技术实现痕量分析和快速分析，操作简便，为痕量化合物的分析提供了高效的分离、定性和定量功能	FID：温度范围约 450℃；最低检测限 C 1.5pg/s（十二烷）；动态范围 10^7 TCD：温度范围约 400℃；灵敏度 20000mV · mL/mg（癸烷）；动态范围 10^5 ECD：温度范围约 400℃；最低检测限 6fg/s（γ-BHC）；动态范围 10^4 FPD：温度范围约 350℃；最低检测限 P 55fg/s（磷酸三丁酯），S 3pg/s（十二烷硫醇）；动态范围 P 10^4，S 10^3 FTD, NPD, TSD：温度范围约 450℃；检测下限 N 0.1pg/s（偶氮苯），P 0.03pg/s（马拉硫磷）；动态范围 N 10^3、P 10^3	最多可安装 4 个检测器，每个单元进行独立温控	适合痕量分析
岛津	GC-2014	灵活多样的进样单元和检测器系统，同时安装和使用毛细管柱和填充柱	FID：温度范围约 400℃；最低检测限 C 3pg/s（十二烷）；动态范围 10^7 TCD：温度范围约 400℃；灵敏度 4000mV · mL/mg；动态范围 10^5 ECD：温度范围约 400℃；最低检测限 10fg/s（γ-BHC）；动态范围 10^4 FPD：温度范围 350℃；最低检测限 P 0.5pg/s（磷酸三丁酯），S 8pg/s（十二烷硫醇）；动态范围 P 10^4，S 10^3 FTD：最高使用温度 400℃；最低检测限 N 0.4pg/s，P 8pg/s；动态范围 N 10^3，P 10^3	最多可同时安装 3 个进样单元和 4 个检测器（FID、TCD、ECD、FPD 和 FTD 可选）	通用型
岛津	GC-2014C	机型灵活多样，既有全手动流量控制机型，也有全自动流量控制机型；全中文操作界面、全中文操作软件	FID：温度范围约 400℃；最低检测限 C 3pg/s（十二烷）；动态范围 10^7 TCD：温度范围约 400℃；灵敏度 4000mV · mL/mg；动态范围 10^5 ECD：温度范围约 400℃；最低检测限 0.1pg/s（γ-BHC）；动态范围 10^4 FPD：温度范围 350℃；最低检测限 P 0.5pg/s（磷酸三丁酯），S 5pg/s（十二烷硫醇）	最多可同时安装 4 个进样单元和 4 个检测器	适合石油化工、食品分析、环境监测等领域
岛津	Tracera	适合气体中痕量物质的分析，可以满足 0.1μg/g 含量水平上痕量成分的分析需求	BID 检测器最低检测限 C 1pg/s（十二烷）；动态范围 10^5	单一检测器	石化行业专用
岛津	GC-smart（GC-2018）	适用于常规检测需求的气相色谱仪。简单易用，数字化显示流量，手动调节气路旋钮		可选配填充柱/毛细管柱进样口、FID 和 TCD 检测器。最多可同时装载 2 个进样口和 2 个检测器（FID 和 TCD 可选）	石油化工、食品安全、环境监测、质量检验、生物化工和医药卫生等领域中的常规分析

续表

厂家	仪器型号	性能与特点	主要技术指标	仪器成套性	适用范围
Agilent	Intuvo 9000	无密封垫圈的快速接头实现完全无泄漏的连接；芯片式保护柱可防止污染，可使色谱柱无需维护；直接加热节省能耗。关键流路组件配备的智能 ID 钥匙提供了配置和色谱柱使用寿命等相关信息；智能的故障排除程序能提供逐步的解决方案指南；兼容各种自动进样器		支持一个进样口和两个检测器	特别适用于环境、食品、法医等领域复杂基质样品的分析
Agilent	7890B	EPC 控制精度达 0.001psi,高精度保留时间锁定和快速柱箱降温。微板流路控制技术，Dean Switch 切换技术等，有助于缩短样品前处理的时间；内置氢气安全功能和氮气保存模式	FID：最高使用温度 450℃；最低检测限 C<1.4pg/s（对十三烷）；线性动态范围$>10^7$（±10%） TCD：最高使用温度 400℃；最低检测限 400pg（十三烷）/mL（载气 He）；线性动态范围$>10^5\pm5\%$ Micro-ECD：最高使用温度 400℃；最低检测限 林丹<4.4fg/mL；线性动态范围 对林丹$>5\times10^4$ NPD：最高温度 400℃；最低检测限 N<0.08pg/s，P<0.01pg/s（偶氮苯/马拉硫磷/十八烷混合物）；动态范围 N$>10^5$，P$>10^5$；选择性>25000∶1（N/C），>200000∶1（P/C） FPD+Plus：最高传输线温度 400℃；最低检测限 P<45fg/s，S<2.5pg/s（甲基对硫磷）；动态范围 S$>10^3$，P$>10^4$；选择性 10^6（S/C），10^6（P/C） SCD（8355 型）：最低检测限 通常<0.5pg/s（溶于二甲硫醚的甲苯溶液）；线性动态范围$>10^4$；选择性$>2\times10^7$（S/C） NCD（8255 型）：最低检测限 N<3pg/s（在 N 和亚硝胺模式下）；25mg/kg N（溶于甲苯中的硝基苯）；线性动态范围$>10^4$；选择性$>2\times10^7$（N/C）	可同时安装 2 个进样单元和 3 个检测器（FID、TCD、FPD、NPD、micro-ECD、SCD 和 NCD）；多模式进样口	通用/痕量分析
Agilent	7820A	EPC 控制精度为 0.01psi	FID：最高使用温度 425℃；最低检测限 C<3 pg/s（对十三烷）；线性动态范围$>10^7$ TCD：温度范围 400℃；最低检测限丙烷 800pg /mL；动态范围$>10^5$ ECD：温度范围 400℃；最低检测限 林丹<0.02pg/mL；线性范围林丹$>10^4$ NPD：温度范围 400℃；最低检测限 N<0.4pg/s，P<0.2pg/s(用偶氮苯/马拉硫磷)；动态范围 N $>10^4$，P $>10^4$（偶氮苯/马拉硫磷）；选择性 25000∶1（N/C），75000∶1（P/C）（偶氮苯/马拉硫磷）	可同时配置 2 个进样口和 2 个检测器（可选配 FID、TCD、NPD 或 ECD）	适用于主要使用标准气相色谱方法进行常规的中、小型实验室

续表

厂家	仪器型号	性能与特点	主要技术指标	仪器成套性	适用范围
珀金埃尔默	Clarus 680	分析快速、样品处理量大，分析周期短；降温速度快	FID：最高温度约 450℃，最低检测限 C<3pg/s（壬烷）；线性范围>10^6 ECD：最高温度约 450℃，最低检测限<0.05pg（全氯乙烯）；线性范围>10^4 TCD：最高温度约 350℃，最低检测限<1μg/g（壬烷）；线性范围>10^5 NPD：最高温度约 450℃，最低检测限 N 5×10^{-13}g/s（2,4-二甲基苯胺），P 5×10^{-14}g/s（磷酸三正丁酯）；线性范围>10^4；选择性 50000∶1（N/C），10∶1（P/N） PID：最高温度约 250℃；最低检测限 苯<10pg；线性范围>10^7 FPD：最高温度约 450℃；最低检测限 S 10^{-11}g/s（噻吩），P 10^{-12}g/s（磷酸三正丁酯）；选择性 10000∶1（S/C），100000∶1（P/C）	可同时安装 2 个进样单元和 2 个检测器	可用于环境、食品、饮料、法医鉴定、石油化工、材料测试和教学等领域
珀金埃尔默	Clarus 580	耐用	FID：最高温度约 450℃，最低检测限 C<3pg/s（壬烷）；线性范围>10^6 ECD：最高温度约 450℃，最低检测限<0.05pg（全氯乙烯）；线性范围>10^4 TCD：最高温度约 350℃，最低检测限<1μg/g（壬烷）；线性范围>10^5 NPD：最高温度约 450℃，最低检测限 N 5×10^{-14}g/s（2,4-二甲基苯胺），P 5×10^{-14}g/s（磷酸三正丁酯）；线性范围>10^4；选择性 50000∶1（N/C），10∶1（P/N） PID：最高温度约 250℃；最低检测限<10 pg（苯）；线性范围>10^7 FPD：最高温度约 450℃；最低检测限 S 10^{-11} g/s（噻吩），P 10^{-12} g/s（磷酸三正丁酯）；线性范围 S 10^2，P 10^3；选择性 10000∶1（S/C），100000∶1（P/C）	可同时安装 2 个进样单元和 4 个检测器	适用于石油化工、替代能源、环境检测和法医鉴定等领域的常规分析或方法研发
珀金埃尔默	Clarus 480	手动气体调节，有单通道或双通道两种配置	FID：最高温度约 450℃，最低检测限 C<3×10^{-12}g/s（壬烷）；线性范围>10^6 ECD：最高温度约 450℃，最低检测限<0.05 pg（全氯乙烯）；线性范围>10^4 TCD：最高温度约 350℃，最低检测限<1μg/g（壬烷）；线性范围>10^5 NPD：最高温度约 450℃，最低检测限 N 5×10^{-14}g/s（2,4-二甲基苯胺），P 5×10^{-14}g/s（磷酸三正丁酯）；线性范围>10^4；选择性 50000∶1（N/C），10∶1（P/N）	可装 2 个进样口，检测器（可选 FID、TCD、ECD、NPD）	适合环境、食品、饮料、法医鉴定、石油化工、材料测试和教学等领域

续表

厂家	仪器型号	性能与特点	主要技术指标	仪器成套性	适用范围
赛默飞/Thermo Fisher	Trace 1300	可直接更换即时连接的模块化进样口和检测器，减少仪器的维护时间	FID：最高温度约 450℃；最低检测限 C＜1.4pg/s；线性范围>10^7 ECD：最高温度约 400℃；最低检测限 林丹＜4.5fg/s；线性范围>10^4 TCD：最高温度约 400℃；最低检测限 十三烷＜400pg/mL；线性范围>10^5 NPD：最高温度约 450℃；最低检测限 P<20fg/s，N 100fg/s；线性范围>10^4；选择性 200000∶1（P/C），80000∶1（N/C） FPD：最高温度约 450℃；最低检测限 P 100fg/s，S 5fg/s（甲基对硫磷）；线性范围 P>10^4，S>10^3；选择性 1000000∶1（S/C），1000000∶1（P/C）	模块化进样口和检测器，可实现快速更换	常规实验室
赛默飞/Thermo Fisher	Trace GC Ultra	可实现快速、高灵敏度分析	FID：最高温度约 450℃；最低检测限 C＜2×10^{-12}g/s；线性范围>10^7 TCD：最高温度约 400℃；最低检测限 乙烷＜600pg/mL；线性范围>10^6 ECD：最高温度约 400℃；最低检测限 林丹＜10fg/s；线性范围>10^4 NPD：最高温度约 450℃；最低检测限 N 5×10^{-14} g/s，P 2×10^{-14}g/s；线性范围>10^4；选择性 10^5∶1（N/C）；2×10^5∶1（P/C） FPD：最高温度约 450℃；最低检测限 P 1×10^{-13}g/s，S 5×10^{-12}g/s（马拉硫磷）；线性范围 S>10^3；选择性 10^6∶1（P/C）；10^5∶1（S/C） PID：最高温度约 400℃；最低检测限 苯 1×10^{-12}g，甲苯 1.3×10^{-12}g；线性范围>10^5	能够配置多达两个进样口和三个检测器	分析原油、农药、碳水化合物以及食品和香料鉴定
天美	SCION 456-GC	快速、灵活检测	FID：最高温度约 450℃；最低检测限 C＜2pg/s；线性范围>10^7 TCD：最高温度约 450℃；最低检测限 丁烷＜300pg/mL；线性范围>10^6 ECD：最高温度约 450℃；最低检测限 林丹＜7fg/s；线性范围>10^4 NPD：最高温度约 450℃；最低检测限 N 100fg/s（偶氮苯），P 100fg/s（马拉硫磷）；线性范围 N 10^5，P 10^4；选择性 10^5∶1（N/C）；2×10^5∶1（P/C） PFPD：最高温度约 450℃；最低检测限 S＜1pg/s（S/P），P 100fg/s（S/P），N 20pg/s（S/P/N）；线性范围 S>10^3，P 10^4，N 10^2 PDHID：最低检测限 50×10^{-9}（甲烷），线性范围>10^4（甲烷）	最多可安装 3 个进样口，3 个检测器和 1 个质谱检测器（FID、TCD、ECD、NPD、PFPD、PDHID 可选）	适用于食品、法医学、环境、临床检验/毒物检测、石化等领域

续表

厂家	仪器型号	性能与特点	主要技术指标	仪器成套性	适用范围
天美	SCION 436-GC	适用于GC常规应用领域更小的占用空间	检测器性能参数同上	可安装两个进样口，1个气相检测器（FID、TCD、ECD、NPD、PFPD、PDHID可选）以及质谱	石油化工、环境环保和食品医药等
北京北分瑞利	SP-1000	单检测器型，全微机控制	TCD：灵敏度 $S\geq 4500mV\cdot mL/mg$（丁烷） FID：检测限 $D\leq 1.5\times 10^{-11}g/s$（$n$-$C_{16}$）	单检测器	常规分析
北京北分瑞利	SP-3420A	具有自诊断，操作简便、自动化程度高	TCD：灵敏度$\geq 5000mV\cdot mL/mg$（丁烷） FID：最低检测限$\leq 8\times 10^{-12}g/s$（n-C_{16}） ECD：最低检测限$\leq 2\times 10^{-13}g/mL$（γ-666） TSD：最低检测限 $N\leq 2\times 10^{-13}g/s$（偶氮苯），$P\leq 1\times 10^{-13}g/s$（马拉硫磷） FPD：最低检测限 $S\leq 2\times 10^{-10}g/s$（甲基对硫磷），$P\leq 2\times 10^{-12}g/s$（甲基对硫磷）	TCD、FID、ECD、FPD、TSD 五种检测器可选择安装	用于石油、化工、环保、医药、电力、矿上、科研及教育等众多领域
北京北分瑞利	SP-2020	EPC控制，全微机反控	FID：最高温度约400℃；最低检测限 $1\times 10^{-12}g/s$，线性范围：10^7 TCD：最高温度约350℃；灵敏度$\geq 10000mV\cdot mL/mg$；线性范围 10^5 ECD：最高温度约400℃；最低检测限$\leq 1\times 10^{-14}$ g/s；线性范围 10^4 FPD：最高温度约400℃；最低检测限 $P\leq 5\times 10^{-13}g/s$；$S\leq 8\times 10^{-12}g/s$；线性范围 P 10^5，S 10^3	TCD、FID、ECD、FPD、TSD 五种检测器可选择安装	
北京北分瑞利	SP-2100A	操作简单，全微机控制	FID：最低检测限$\leq 1\times 10^{-11}g/s$（n-C_{16}） TCD：灵敏度$\geq 5000mV\cdot mL/mg$（n-C_{16}） ECD：最低检测限$\leq 4\times 10^{-13}g/s$（六氯化苯） FPD：最低检测限 $P\leq 5\times 10^{-12}g/s$（甲基对硫磷），最低检测限 $S\leq 1\times 10^{-10}g/s$（甲基对硫磷）	环境保护、环境监测、农业、石油化工企业中控制及检测的常规分析	
北京东西分析	GC-4100	全自动EPC控制流量	FID：最低检测限$\leq 1\times 10^{-11}g/s$（n-C_{16}）；线性范围 10^7 ECD：最低检测限$\leq 1\times 10^{-13}g/mL$（γ-666）；线性范围 10^4 微型ECD：最低检测限$\leq 2\times 10^{-14}g/mL$（γ-666） TCD：灵敏度 $S\geq 8000mV\cdot mL/mg$（苯） NPD：最低检测限 $N\leq 5\times 10^{-13}g/s$，$P\leq 5\times 10^{-12}g/s$；线性范围 10^4 FPD：最低检测限 $P\leq 2\times 10^{-12}g/s$，$S\leq 5\times 10^{-11}g/s$（噻吩）；线性范围 10^4	可最多安装4种检测器（5种检测器任选）和3个进样口	常规分析

续表

厂家	仪器型号	性能与特点	主要技术指标	仪器成套性	适用范围
北京东西分析	GC-4000A	灵活	FID：最低检测限≤1×10^{-11}g/s（n-C_{16}）；线性范围 10^7 TCD：灵敏度 S≥5000mV·mL/mg（苯） ECD：最低检测限≤1×10^{-14}g/mL（γ-666）；线性范围 10^4 FPD：最低检测限 P≤2×10^{-12}g/s，S≤5×10^{-11}g/s（噻吩）；线性范围 10^4 NPD：最低检测限 N≤5×10^{-13}g/s，P≤1×10^{-12}g/s；线性范围 10^4	可同时安装 3 个进样口和 3 种检测器	常规分析
浙江福立	GC9790	双气路、多检测器气相色谱仪	FID：最高温度 400℃；最低检测限≤1×10^{-11}g/s（n-C_{16}）；线性范围≥10^6 ECD：最高温度 350℃；最低检测限≤1×10^{-13}g/mL（γ-666）；线性范围≥10^4 TCD：最高温度 400℃；灵敏度≥2500mV·mL/mg（n-C_{16}）；线性范围≥10^4 NPD：最高温度 400℃；最低检测限 N≤1×10^{-12}g/s，P≤5×10^{-13}g/s；线性范围 P 10^3 FPD：最高温度 400℃；最低检测限 P≤1.4×10^{-12}g/s，S≤5×10^{-11}g/s；线性范围 P 10^3，S 10^2	可同时安装任意 3 种检测器（FID、TCD、FPD、ECD、NPD 可选）、2 个进样口	
浙江福立	9790 Ⅱ	性能稳定、操作简便	FID：最高温度 400℃；最低检测限≤5×10^{-12}g/s（n-C_{16}）；线性范围≥10^6 ECD：最高温度 350℃；最低检测限≤3×10^{-14}g/mL（γ-666）；线性范围≥10^4 TCD：最高温度 400℃；灵敏度≥8000mV·mL/mg（n-C_{16}）；线性范围≥10^4 NPD：最高温度 400℃；最低检测限 N≤1×10^{-12}g/s，P≤5×10^{-13}g/s；线性范围 P 10^3 FPD：最高温度 400℃；最低检测限 P≤1.4×10^{-12}g/s，S≤5×10^{-11}g/s；线性范围 P 10^3，S 10^2	有 TCD、FID、FPD、ECD、NPD 等检测器可选	常量分析
浙江福立	9720	全气路 EPC、AFC 流量控制	FID：最高温度 420℃；最低检测限≤3.0×10^{-12}g/s（n-C_{16}）；线性动态范围≥10^7 ECD：最高温度 350℃；最低检测限≤3×10^{-14} g/mL（γ-666）；线性动态范围≥10^4 TCD：最高温度 400℃；灵敏度≥10000mV·mL/mg（n-C_{12}） NPD：最高温度 400℃；最低检测限 N≤1×10^{-12}g/s（偶氮苯），P≤5×10^{-13}g/s（马拉硫磷） FPD：最高温度 400℃；最低检测限 P≤1.4×10^{-12}g/s，S≤5×10^{-11}g/s（甲基对硫磷）	可同时安装 3 种检测器（TCD、FID、ECD、FPD、NPD 可选）	常规分析

续表

厂家	仪器型号	性能与特点	主要技术指标	仪器成套性	适用范围
浙江福立	9750	普及型、多用途	FID：最高温度 400℃；最低检测限≤5×10^{-12}g/s（n-C_{16}）；线性范围≥10^6 ECD：最高温度 350℃；最低检测限≤1×10^{-13}g/mL（γ-666）；线性范围≥10^4 TCD：最高温度 400℃；灵敏度≥2500mV·mL/mg（n-C_{16}）；线性范围≥10^4 NPD：最高温度 400℃；最低检测限 N≤1×10^{-12}g/s，P≤5×10^{-13}g/s；线性范围 P 10^3 FPD：最高温度 400℃；最低检测限 P≤1.4×10^{-12}g/s，S≤5×10^{-11}g/s；线性范围 P 10^3，S 10^2	配置各种不同性能的检测器（FID、TCD、ECD、FPD、NPD 等）	通用型
上海仪电	GC-128	自动气相色谱仪，气路采用 EPC 控制，检测器采用 PPC 控制	FID：最低检测限≤3×10^{-12}g/s（n-C_{16}），动态范围 10^7 TCD：灵敏度 12000mV·mL/mg；动态范围 10^5 ECD：最低检测限≤8×10^{-14}g/s（γ-666）；动态范围 10^3	可同时安装 2 个进样口和 2 个检测器（FID、TCD、ECD 任选 2 个）	常规分析
上海仪电	GC-126	可安装填充柱、分流/不分流进样器	FID：最低检测限≤3×10^{-12}g/s（n-C_{16}）；动态范围 10^7 TCD：灵敏度 5000mV·mL/mg；动态范围 10^5 FPD：最低检测限 P≤1×10^{-11}g/s，S≤1×10^{-10}g/s（甲基对硫磷） ECD：最低检测限≤8×10^{-14}g/s 样品（γ-666）；动态范围 10^3	最多可同时安装 3 个检测器，标配 FID，TCD、ECD、FPD 选配	常规分析
上海仪电	上分 GC112A	检测器气体采用 APC 控制	FID：最低检测限≤3×10^{-12}g/s（n-C_{16}）；动态范围 10^7 TCD：灵敏度 6000mV·mL/mg；动态范围 10^5	单进样口和单检测器（FID、TCD 任选一个）	常规分析
上海仪电	上分 GC122	独立毛细管进样系统	FID：最低检测限≤5×10^{-12}g/s（n-C_{16}） TCD：灵敏度 2500mV·mL/mg（n-C_{16}）；动态范围 10^4 ECD：最低检测限 8×10^{-14}g/s（γ-666）；动态范围 10^3 FPD：最低检测限 P≤1×10^{-11}g/s，S≤1×10^{-10}g/s（甲基对硫磷）；线性范围对 P≥10^3，对 S≥10^2 ECD：最低检测限≤2×10^{-13}g/s（γ-666），动态范围 10^3	可选配 5 种检测器（FID、TCD、ECD、FPD 和 NPD）	常规分析
上海科创	GC9800N		FID：最低检测限≤1×10^{-11}g/s（n-C_{16}）		石化行业专用，用于热（裂）解毛细柱色谱分析

续表

厂家	仪器型号	性能与特点	主要技术指标	仪器成套性	适用范围
上海科创	GC9800	全微机控制系统，可实现对仪器的远程控制和远程数据传输处理及监管	FID：最低检测限≤1×10^{-11}g/s（n-C_{16}） TCD：灵敏度 3000mV·mL/mg（苯）；动态范围 10^5 最小检测浓度：TCD H_2 0.5×10^{-6}、O_2 1.5×10^{-6}、N_2 2×10^{-6}；FID CO 0.1×10^{-6}～0.2×10^{-6}、CH_4 0.1×10^{-6}～0.2×10^{-6}、CO_2 0.2×10^{-6}～0.5×10^{-6}	热导检测器+氢焰检测器+Ni 转化炉+气体进样系统+色谱柱系统、网络化电控系统、内置工作站	高纯气体分析专用
天美	GC7980	可实现全 EPC 电子流量控制	FID：最低检测限≤5pg/s（n-C_{16}） 微型 ECD：最低检测限≤30fg/mL（γ-BHC） TCD：灵敏度 S≥10000mV·mL/mg（n-C_{16}） NPD：最低检测限 N≤5pg/s（偶氮苯），P≤0.5pg/s（马拉硫磷） FPD：最低检测限 S≤80pg/s（甲基对硫磷），P≤0.8pg/s（甲基对硫磷） PID：最低检测限≤5pg/mL（苯）	最多可安装 3 个进样口和 3 个检测器	常规分析
天美	GC7900	多种进样器和检测器可选，仪器结构紧凑	FID：最低检测限≤5×10^{-12}g/s（n-C_{16}） ECD：最低检测限≤3×10^{-14} g/mL（γ-BHC） TCD：灵敏度≥10000mV·mL/mg（n-C_{16}） NPD：最低检测限 N≤5×10^{-12}g/s（偶氮苯），P≤5×10^{-13}g/s（马拉硫磷） FPD：最低检测限 S≤1×10^{-10}g/s（甲基对硫磷），P≤1×10^{-11}g/s（甲基对硫磷）	最多可安装 3 个进样口和 3 个检测器（FID、TCD、ECD、FPD、NPD、PID、微型 TCD 7 种检测器可选）	常规分析
上海色谱仪器有限公司	GC9310-A		FID：最低检测限≤8×10^{-12}g/s	双填充柱进样器+双氢火焰检测器	常规分析
上海舜宇恒平科学仪器有限公司	GC1290	全盘自动化，一体化 EPC 控制流量和压力	FID：最低检测限≤8×10^{-12}g/s（n-C_{16}） ECD：最高使用温度 350℃；最低检测限≤1×10^{-13}g/mL（γ-BHC） TCD：灵敏度≥5000mV·mL/mg（n-C_{16}） NPD：最低检测限 N≤5×10^{-12}g/s（偶氮苯），P≤5×10^{-13}g/s（马拉硫磷） FPD：最低检测限 S≤1×10^{-10}g/s（甲基对硫磷），P≤1×10^{-11}g/s（甲基对硫磷）	可选配 5 种检测器（FID、TCD、FPD、ECD 和 NPD）	常规分析

续表

厂家	仪器型号	性能与特点	主要技术指标	仪器成套性	适用范围
上海舜宇恒平科学仪器有限公司	GC1120	手动气体流量控制，操作简单	FID：最低检测限≤8×10^{-12}g/s（n-C_{16}） ECD：最高使用温度350℃；最低检测限≤1×10^{-13}g/mL（γ-BHC） TCD：灵敏度≥5000mV·mL/mg（n-C_{16}） NPD：最低检测限 N≤5×10^{-12}g/s（偶氮苯），P≤5×10^{-13}g/s（马拉硫磷） FPD：最低检测限 S≤1×10^{-10}g/s（甲基对硫磷），P≤1×10^{-11}g/s（甲基对硫磷）	双进样口和双检测器	常规分析
滕州鲁南分析仪器有限公司	GC-6890A		FID：最低检测限≤2×10^{-11}g/s（n-C_{16}）；线性范围≥10^7 TCD：灵敏度≥4000mV·mL/mg（苯/甲苯）；线性范围≥10^5 FPD：最低检测限 P≤1×10^{-11}g/s（甲基对硫磷），S≤2×10^{-11}g/s（甲基对硫磷）；线性范围 P 10^4，S 10^3		通用型
滕州鲁南分析仪器有限公司	GC-7820	采用互联网通信技术，可轻松组成局域网；互联网实现远距离数据传输、远程控制、远程诊断、程序可进行自动升级	FID：最低检测限≤2×10^{-11}g/s（n-C_{16}）；线性范围≥10^7 TCD：灵敏度≥4000mV·mL/mg（苯/甲苯）；线性范围≥10^5 FPD：最低检测限 P≤1×10^{-11}g/s（甲基对硫磷），S≤2×10^{-11}g/s（甲基对硫磷）；线性范围 P 10^4，S 10^3	可同时配置2个进样口和2个检测器（FID、TCD、ECD、FPD可选）	常规分析
滕州鲁南分析仪器有限公司	GC-2060	操作简单	FID：最低检测限≤5×10^{-11}g/s（n-C_{16}）；线性范围≥10^7 TCD：灵敏度≥3000mV·mL/mg（苯/甲苯）；线性范围≥10^5 ECD：最低检测限 N≤1×10^{-13}g/s（γ-666）；线性范围≥10^4 FPD：最低检测限 P≤1×10^{-11}g/s（甲基对硫磷），S≤2×10^{-11}g/s（噻吩）；线性范围 P 10^4，S 10^3	可同时配置3个进样口和2个检测器	常规分析
武汉泰特沃斯科技有限公司	GC2030	全微机化按键操作	FID：最低检测限≤5×10^{-12}g/s（n-C_{16}）；线性范围≥10^6 TCD：敏感度≥10000mV·mL/mg（n-C_{16}） ECD：最低检测限 N≤5×10^{-12}g/s（γ-666） FPD：最低检测限 N≤5×10^{-12}g/s NPD：最低检测限 N≤5×10^{-12}g/s	可最多安装3个进样口和2个检测器（可选配TCD、ECD、NPD、FPD）	常规分析

续表

厂家	仪器型号	性能与特点	主要技术指标	仪器成套性	适用范围
武汉泰特沃斯科技有限公司	GC2020	全微机化按键操作	FID：≤5×10^{-12}g/s（n-C_{16}） TCD：灵敏度≥5000mV·mL/mg（苯） ECD：最低检测限 N≤5×10^{-12} g/s（γ-666） FPD：最低检测限 S≤5×10^{-11}g/s（甲基对硫磷） NPD：最低检测限 P≤5×10^{-12}g/s（甲基对硫磷）	可最多安装 2 个进样口和 2 个检测器（可选配 TCD、ECD、NPD、FPD）	常规分析
山东鲁创分析仪器有限公司	GC-9860 plus	EPC 控制	FID：最高使用温度≤450℃；检测限≤3×10^{-12}g/s（n-C_{16}）；线性范围≥10^6 TCD：灵敏度≥3500mV·mL/mg（n-C_{16}）；线性范围≥10^4 ECD：最低检测限 N≤1×10^{-14}g/s（γ-666）；线性范围≥10^4 FPD：最低检测限 P≤1×10^{-12}g/s（甲基对硫磷），S≤5×10^{-11}g/s（甲基对硫磷）；线性范围 P 10^2，S 10^3 NPD：最低检测限 N≤1×10^{-13}g/s；P≤5×10^{-14}g/s（偶氮苯-马拉硫磷）；线性范围 N≥10^2，P 10^3	最多可安装 3 个检测器（可选配 FID、TCD、ECD、FPD、NPD）	常规分析

① 部分数据来源 http://www.chemalink.net 和 http://www.instrument.com.cn/。

注：1 psi=6894.76Pa。

参考文献

[1] Dorman F L, Whiting J J, Cochran J W, et al. Anal Chem, 2010, 82 (12): 4775.
[2] Dorman F L, Overton E B, Whiting J J, et al. Anal Chem, 2008, 80 (12): 4487.
[3] 傅若农. 色谱, 2009, 27 (5): 584.
[4] Agilent Gas Chromatographs-Fundamentals of Gas Chromatography. Wilmington: Agilent Technologies, Inc. 2002.
[5] Lovelock J E. Nature, 1958, 182 (4650): 1663.
[6] Grob K. J Chromatogr, 1981, 213 (1): 3.
[7] Zlatkis A, Kaufman H R. Nature, 1959, 184 (4704): 2010.
[8] Abel K. J Chromatogr, 1964, 13 (1): 14.
[9] Vogt W, Jacob K, Obwexer H W. J Chromatogr, 1979, 174 (2): 437.
[10] Vogt W, Jacob K, Ohnesorge A B, et al. J Chromatogr, 1979, 186: 197.
[11] GC Inlets An Intruduction.Wilmington: Agilent Technologies, Inc. 2005: 90.
[12] Engewald W, Teske J, Efer J. J Chromatogr A, 1999, 856 (1-2): 259.
[13] Sobeih K L, Baron M, Gonzalez-Rodriguez J. J Chromatogr A, 2008, 1186 (1-2): 51.
[14] Ma X M, Lu R, Miyakoshi T. Polymers, 2014, 6 (1): 132.
[15] Akalin M K, Karagoz S. Trac-Trends Anal Chem, 2014, 61: 11.
[16] Wampler T P. J Chromatogr A, 1999, 842 (1-2): 207.
[17] Moldoveanu S C. Analytical Pyrolysis of Synthetic Organic Polymers,Volume 25.Techniques and Instrumentation in Analytical Chemistry. Netherlands: Elsevier, 2005: 109-143.
[18] Yang F Q, Wang H K, Chen H, et al. J Autom Method Manag, 2011: 942467.
[19] Poole C F. Gas Chromatography. Waltham: Elsevier Inc, 2012: 395-414.
[20] Sciarrone D, Panto S, Rotondo A, et al. Anal Chim Acta, 2013, 785: 119.
[21] Meinert C, Brack W. Chemosphere, 2010, 78 (4): 416.
[22] Clemons J M. Chromatography in Process Analysis. Encyclopedia of Analytical Chemistry. New Jersey: John Wiley & Sons, Ltd, 2011:1-26.

第三章　气相色谱流动相

第一节　常用载气及性质

在气相色谱法中，流动相为气体，称其为载气。作为载气的气体必须是惰性气体（不与样品或固定相反应），气体扩散小，容易获得和纯化，且满足检测器要求。常用的载气为氢气、氮气、氦气、氩气；此外还有助燃的空气等。这些气体一般由高压钢瓶供气，需经过净化、稳压、流量控制和测量后进入气相色谱系统。

常用载气的物化性质如表 3-1 所示。

表 3-1　色谱常用气体的物理化学性质[1,2]

气体	相对分子质量	熔点/℃	沸点(101.1kPa)/℃	临界温度/℃	临界压力/atm②	密度①/(kg/m³)	黏度(400K)/mPa・s	热导率λ(48.9℃)/[10⁻²W/(m・K)]	电离能 E/eV	比热容 c/[J/(kg・K)]
H_2	2.016	−259.34	−252.87	−240.17	12.8	0.08988	0.0109	19.71	15.43	14113
He	4.003	—	−268.90	−267.96	2.26	0.17847	0.0243	15.74	24.59	5331
Ar	39.94	−189.35	−185.87	−122.29	48.0	1.78370	0.0289	1.90	15.76	524
N_2	28.016	−210.0	−195.80	−147.10	33.5	1.25055	0.0223	2.75	15.58	1031
空气	28.96	—	−194.40	−140.70	37.2	1.29280	0.0231	2.80	12.80	1014
CO_2	44.01	—	−78.50	31.10	32.2	1.97690	0.0196	1.83	13.77	837

① 0℃、101325Pa 时的密度。

② 1atm=101.325kPa。

第二节　载气的纯化方法

载气的纯度对于气相色谱分析至关重要，载气中的杂质是固定液降解和检测器噪声的主要来源。高纯度的载气可显著提高检测的灵敏度和重复性，延长色谱柱的使用寿命。载气纯度的要求与检测器、色谱柱的类型，分析对象和分析条件密切相关，建议在满足分析要求的前提下，尽可能选择高纯度的载气。通常来说，微量或痕量分析比常量分析要求高；毛细管柱气相色谱分析比填充柱分析要求高；采用程序升温比恒温分析要求高；浓度型检测器比质量型检测器要求高；高灵敏度气相色谱仪比普通仪器要求高[3]。FID 检测器须严格控制载气和检测器气体中碳氢化合物含量；电子捕获检测器须除去载气中电负性较强的杂质，以提高检测器的灵敏度。

为了增加气体的纯度，载气流路以及辅助气路通常需使用气体净化器去除其中的杂质，最常用的是除水、除氧、除烃净化器。图 3-1 中显示了气相色谱中常用的气体净化器的安装顺序。

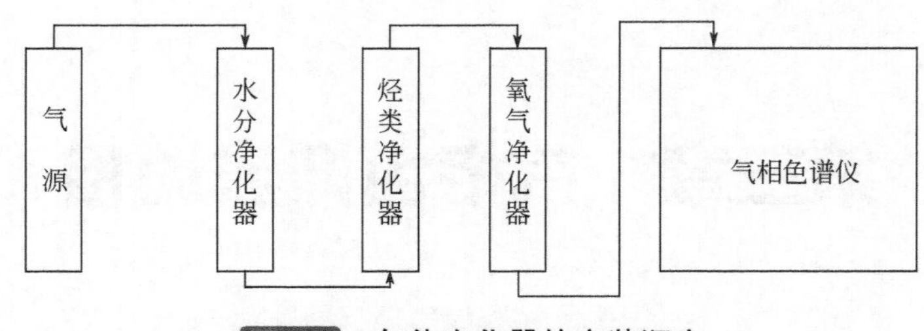

图 3-1 气体净化器的安装顺序

一般情况下，水分净化器内装硅胶、5A 或 13X 分子筛，净化后气体的含水量可控制在几十微克/升；烃类净化器通常使用活性炭或含碳过滤介质；氧气净化器通常采用活性金属催化剂等介质，大部分氧气净化器可以将气体中的氧含量降至几十微克/升。

第三节 载气对分离和检测的影响

一、载气的选择

载气类型的选择主要考虑的影响因素包括：检测器的要求以及载气对柱效和分析时间的影响。同时，还需考虑载气的安全性、经济性以及是否容易获得等因素。表 3-2 中给出了毛细管气相色谱常用检测器所需的载气和检测器气体类型。如热导检测器需要使用热导率较大的氢气，有利于提高检测灵敏度。H_2、N_2 是氢焰检测器的载气首选。

表 3-2 毛细管气相色谱常用检测器的载气和检测器气体类型

检测器	载气	尾吹气	吹扫或参比气
火焰离子化检测器	H_2，N_2，He	N_2	检测器用 H_2 和空气
热导检测器	H_2，He，N_2		参比气与载气相同
电子捕获检测器	H_2，He，N_2，Ar/CH_4	Ar/CH_4，N_2	阳极吹扫气与尾吹相同
火焰光度检测器	H_2，He，N_2，Ar	N_2	检测器用 H_2 和空气
氮磷检测器	He，N_2	N_2	
质谱检测器	He		

二、载气与柱效

载气及其线速是影响色谱分离的重要因素之一，其选择应满足分离效能高、分析时间短两个条件。根据速率方程，气相色谱的载气线速与理论塔板高度之间的关系如下：

$$H=A+B/u+Cu\text{（填充柱气相色谱）}$$

$$H=B/u+Cu\text{（毛细管气相色谱）}$$

式中，A 为涡流扩散项；B 为分子扩散项；C 为传质阻力项；u 为平均线速。涡流扩散项与载气无关，从图 3-2 中可以看出，当线速较低时分子扩散项是影响塔板高度的主要因素，组分在载气中的扩散系数与载气分子量的平方根成反比，适合采用分子量大的载气如 N_2、Ar。随载气线速的增加，传质阻力项增加，适合选用高扩散系数和低黏度的气体，如 H_2、He，使组分有较大的扩散系数，提高柱效。在最佳线速下，虽柱效较高，但分析时间较长，通常选取的最佳实用线速大于最佳线速。

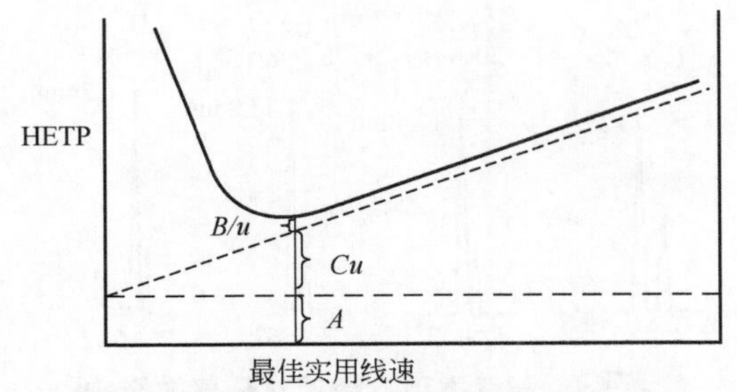

图 3-2　载气线速与理论塔板高度的关系

从速率方程可知，分子扩散项与载气线速成反比，传质阻力项与载气线速成正比。图 3-3 给出了选定色谱柱条件下，不同类型载气的线速与理论塔板高度的关系。由图可知，曲线上的最低点，对应的塔板高度最小，柱效最高。该点所对应的流速即为最佳载气流速。在实际分析中，为了缩短分析时间，选用的载气流速稍高于最佳流速。在图中的色谱柱条件下，N_2 最佳实用线速为 12～20cm/s，He 为 22～35cm/s，H_2 为 35～60cm/s（图中虚线部分）。

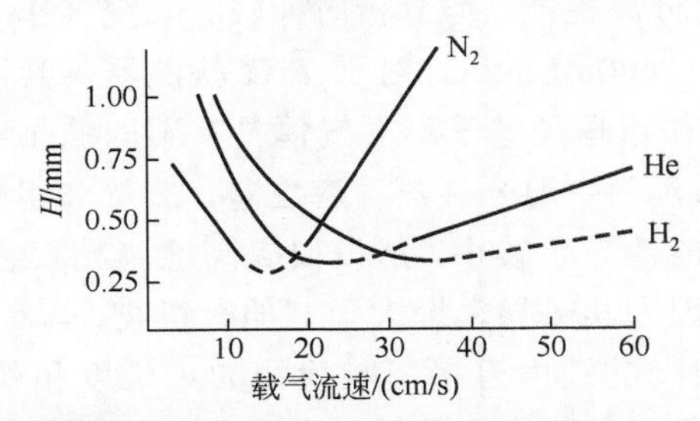

图 3-3　载气类型、流速与柱效的关系

图 3-4 给出了载气线速对难分离物质对分离的影响，随着 He 线速由 30cm/s 增加至 40cm/s，保留时间从 4.5min 缩短至 3.36min，但由于柱效下降，难分离物质对的分辨率由 1.46 下降至 0.97。载气的类型也影响塔板高度，图 3-5 比较了载气的类型和线速对分离的影响，三种载气 N_2、He 和 H_2 均选取各自的最佳实用线速，从图中可知 N_2 的分离效能略优于 He 和 H_2，但其所需的分析时间最长，约是 H_2 的 4 倍；同样随着 N_2 线速的增加，分离度下降。尽管在使用最佳线速下 N_2 能比 H_2 或 He 提供更高的柱效，但后者能提供的实用线速范围内没有显著降低柱效。因此，为了获得最大的分离效能并兼顾分析速度，通常使用 He 或 H_2 代替 N_2 或 Ar 作载气，在气路中使用净化器消除载气中杂质的影响，同时还需优化载气的线速。

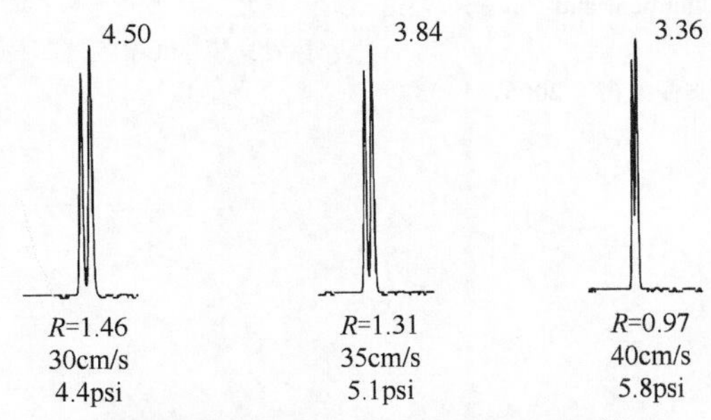

图 3-4　载气线速对分离的影响[4]

（载气 He；色谱柱 DB-1，15m×0.32mm×0.25μm；柱温 60℃恒温；化合物 1,3-二氯甲苯和1,4-二氯甲苯）

（1psi=6894.76Pa，下同）

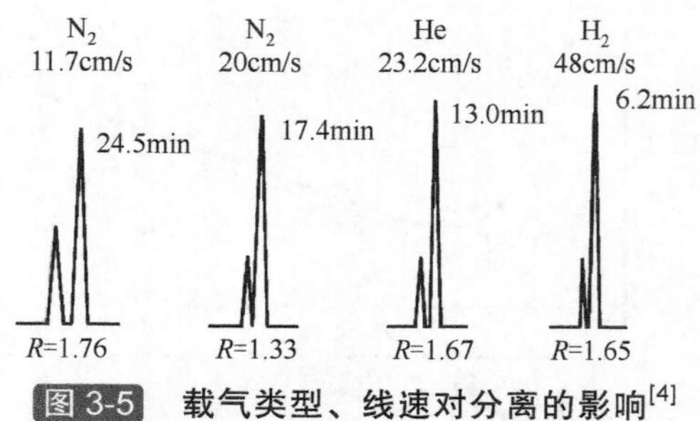

图 3-5 载气类型、线速对分离的影响[4]

三、载气与检测器

载气流速对不同类型检测器的响应影响不同，对于浓度型检测器如热导检测器，其峰高正比于流出组分的浓度，与流速无关（在一定的流速范围内），但峰面积与流速成反比；对于质量型检测器，对于给定进样量，峰高正比于载气流速，峰面积保持不变。

氢火焰离子化检测器（FID）对 N_2、Ar、He、H_2 都不敏感，这些气体均可作为载气。N_2 作为载气可以获得最佳的分离性能，但分析时间较长。空气作为氢火焰离子化检测器的助燃气，一般空气流量在 250～400mL/min。对于 FID 检测器，其所用气体的碳氢化合物含量必须很低。热导检测器的工作原理是基于不同气体具有不同的热导率。热导检测器用来测量“参考池”中的载气和“测量池”中混合气热导率之差。载气和组分的热导率差别越大，电桥输出信号越强。通常有机物的热导率较小，所以要提高检测灵敏度需选用热导率大的气体[5]，通常选取 H_2 或 He 作载气，因为其热导率远大于其他有机物，具有较高的灵敏度且稳定性好。对于高灵敏度的热导池，载气的纯度直接影响检测的灵敏度和稳定性，载气的纯度需高于 99.995%，如载气中含氧量高，会使热敏元件长期受到氧化，缩短其使用寿命，降低检测灵敏度，所以使用热导检测器时，应安装净化装置去除痕量 O_2 和 H_2O。载气的纯度会影响 TCD 的灵敏度。在桥流 160～200mA 的范围内，99.999%的超纯氢气比用 99%的普通氢气的灵敏度高 6%～13%[6]。此外，微量分析对载气的纯度要求更高，如采用 TCD 分析含量低于 10μg/g 的痕量组分时，载气纯度应高于 99.999%。电子捕获 ECD 检测器最常用的载气是 N_2 或 Ar，载气中若含有 O_2 和 H_2O 等，对检测器的灵敏度有较大的影响，需要使用高纯载气。

参考文献

[1] Perry R H. Perry's Chemical Engineers' Handbook. 5th ed. New York: Mc Graw-Hill Co, 1984.
[2] Lide D R. CRC Handbook of Chemical and Physics. 73rd ed. Florida: CRC Press, 1992.
[3] 张彬，姜淑芬，陈清让. 山东食品发酵，2006，1: 38.
[4] www.agilent.com/cs/library/eseminars/Public/carrier gas.pdf.
[5] Scott B A, Williamson A G. Nature, 1959, 183(4671): 1322.
[6] 周良模. 气相色谱新技术. 北京：科学出版社，1994.

第四章　气相色谱固定相

在气相色谱中对分离起主要作用的是固定相，可分为固体固定相和液体固定相，分别对应气固色谱法和气液色谱法，前者主要用于气体和低沸点化合物的分离。

第一节　固体固定相

固体固定相有两类，分别由无机材料（包括以其为基质用化学键合方法制备的键合固定相）和有机化合物聚合制成。固体固定相的保留和选择性取决于两个因素：

① 材料的化学结构（极性），即表面官能团的类型和数目，与分子间相互作用有关。

② 几何结构（孔结构和分布），也即比表面积。

在使用固体固定相时，应注意三个方面：

① 使用前要进行活化，使用时要避免一些有反应性或腐蚀性的气体使之失活。

② 对组分吸附性太强时，会发生不可逆吸附。在某些情况下，在固体固定相表面上涂渍少量固定液，不仅可减少吸附，而且可改变选择性，改进特定组分的分离。

③ 不同批次的产品色谱性能有差异（特别是无机材料制成的产品）。

一、无机吸附剂

由无机材料制成的吸附剂，用于色谱法的有分子筛、硅胶、氧化铝和碳素。

（一）分子筛

分子筛是天然或人工合成的硅铝酸盐，化学组成是$[M_2M']O \cdot Al_2O_3 \cdot xSiO_2 \cdot yH_2O$，其中M为$Na^+$、$K^+$、$Li^+$等一价阳离子，M′是$Ca^{2+}$、$Ba^{2+}$、$Sr^{2+}$等二价阳离子，分子筛Na型与Ca型之分在于前者1/4～3/4的Na^+被Ca^{2+}置换[1]；X、Y型之分是Al_2O_3与SiO_2的比例有不同，其中数字表明平均孔径的大小（单位为Å，1Å=0.1nm，下同）。气相色谱中最常用的分子筛为5A与13X型分子筛，前者由Ca-Al-Si的氧化物组成，有效孔径为5Å；后者则由Na-Al-Si的氧化物组成，有效孔径为10Å。分子筛可能是吸附剂中极性最强的，因此CO_2、H_2O应从载气中除去。同时使用前要活化好，否则分离性能不好，柱中的水量将影响CO和CH_4的分离状况及流出次序。活化方法是在550℃活化2h（或在减压下于350℃活化2h；300℃活化4h；250℃活化12h）。分子筛因吸水而失活，在250℃通载气一夜可除去吸附水。

分子筛受欢迎是由于它们分离O_2/N_2的独特能力（表4-1），在通常的长度（1～2m）和正常的操作温度（室温～100℃）即可。它们也能用于分离H_2、CH_4、CO、NO和惰性气体He、Ne、Ar、Kr、Xe等。5A分子筛适于分离Ar与O_2，13X分子筛则特别适于C_6～C_{11}烃的族分析。

有两种机理用来解释分子筛的保留作用。第一种机理与分子的大小有关，就5A分子筛来说，如果被分离组分分子小于5Å，就可扩散进入孔内，较大的分子如SF_6不能进去，没有保留而流出，这种作用将分子大于5Å和小于5Å的组分分开。第二种机理与发生在孔内外表面的吸附动力学有关，分子筛有较大的表面积和较强的极性，使得具有偶极相互作用的化合物如 CO_2、H_2O 等，在分子筛上的保留变得相当高，在通常的操作温度下被不可逆地吸附，只有通过升温才可能赶出。相比之下，13X 比 5A 具有更强的抵抗 CO_2 和 H_2O 的能力。由于 5A 的小孔径，对大多数气体有较长的保留，因此可使用较短的柱子。

不同分子筛可吸附的物质见表 4-1。商品分子筛有关的数据列在表 4-2。

表 4-1　分子筛的吸附能力与应用范围[1]

分子筛	可吸附的物质①	应用范围
4A	He，Ne，Ar，Kr，Xe，H_2，O_2，N_2，CH_4，CO，CO_2，H_2O，NH_3，H_2S，CS_2，N_2O_2，C_2H_6，C_2H_4，C_2H_2，CH_3OH，CH_3CN，CH_3NH_2，CH_3Cl，CH_3Br	除去有机溶剂中微量水； 分离 C_2H_6、C_2H_4 与 C_3H_6； 分离 C_2H_6 与分子量更大的正构烷烃
5A	C_3H_8，C_4 以上正构烷、烯烃，C_2H_5Cl，C_2H_5OH，CH_2Cl_2 及 4A 分子筛可吸附者	分离正构烷烃与异构烷烃； 分离正构烷烃与环烷烃、芳烃； 分离正构烷、烯烃与酯类、酮类、醚类、卤代烃； 分离 He、H_2、Ar、O_2、Kr、N_2、CH_4、Xe； 分离 H_2、O_2、N_2、CH_4、CO； 分离 He、Ne、H_2、O_2、N_2； 分离 SF_6、Ne、H_2、O_2、N_2
13X	异构烷/烯烃，异构醇类，苯类，环烷类及 5A 分子筛可吸附者	分离环烷、异构烷烃、正构烷烃； 分离 Ar、N_2、Kr、CH_4、CO、Xe； 分离 He、H_2； 分离 H_2、O_2、N_2、CH_2、CO； 分离 O_2、N_2、NO、CO

① 其中有些物质属于不可逆吸附。

表 4-2　分子筛吸附剂

名称	结构说明	比表面积/(m^2/g)	孔径/nm	最高使用温度/℃	供应者	备注
5A 分子筛		800	0.5	400	天津博瑞色谱	
13X 分子筛		1000	1.0	400	天津博瑞色谱	
Linde 3A	(KA 型)	500～700	0.32	400	Linde	
Linde 4A	(NaA 型)	800	0.48	400	Linde	
Linde 5A	(CaA 型)	750～800	0.55	400	Linde	
Linde 10X	(CaX 型)	1030	0.9	400	Linde	
Linde 13X	(NaX 型)	1030	1.0	400	Linde	
Linde NaY	(NaY 型)	—	0.9～1.0	—	Linde	
Linde CaY	(CaY 型)	—	0.9～1.0	—	Linde	
LindeKL	(KL 型) $K_2O \cdot Al_2O_3 \cdot (3\sim6)SiO_2 \cdot nH_2O$	—	—	—	Linde	
LindeKF	(KF 型) $6K_2O \cdot 6Al_2O_3 \cdot 12SiO_2 \cdot nH_2O$	—	—	—	Linde	
Davison 3A	(KA 型)	—	0.3	400	美国	
Davison 4A	(NaA 型)	—	0.4	400	美国	
Davison 5A	(CaA 型)	—	0.5	400	美国	
Davison 10A	(NaX 型)	—	1.0	400	美国	相当于 13X 型
Zeolon Na	(NaA 型)	—	—	—	美国	类似丝光沸石
Zeolon H	含 H 离子的分子筛	500	—	—	美国	类似丝光沸石

注：此表在文献［1］基础上编辑而成。

5A PLOT 柱[2,3]兼具毛细管柱和分子筛吸附色谱的优点，分离效能大大增加，它能用于 H_2、D_2、T_2、HD、HT、DT、He、Ne、Ar、Kr、Xe、Rn、CO、NO、N_2O、O_2、N_2、CH_4、CD_4、C_2H_6、C_2D_6 等永久性气体的分析，O_2/Ar 在常温下即可分开。13X PLOT 可用于烷烃/环烷烃的族分离。

（二）硅胶

硅胶由硅酸凝胶制成，化学成分是 $SiO_2 \cdot nH_2O$，分析 C_1～C_4烷烃和 SO_2、H_2S、COS、SF_6 等气体硫化物。新购入的硅胶要用盐酸(1∶1)浸泡 2h，然后用水洗涤至无 Cl^-。使用前于160℃左右活化 2h。硅胶的缺点是分离性能不稳定，不同批次生产的性能不一样。

硅胶曾用于分离 CO_2 和其他永久性气体，CO_2 在 C_2H_6 后流出，因而在多柱系统中很有用。但是，现在这方面的应用大多数已由多孔聚合物代替。新一代硅胶基质的固定相如 Spherosil 和 Porasil 有较好的标准化的色谱性能，这些材料是多孔小球，无论是否涂固定液均可使用。Chromosil 特别适于痕量硫化物的分析。

国产 DG 系列和国外 Porasil、Chromosil 系列等产品的性质见表 4-3。表 4-4 中为含硫化合物在 Chromosil 等固定相上的保留指数。

表 4-3　硅胶吸附剂

名称	结构说明	比表面积/(m^2/g)	孔径/nm	最高使用温度/℃	供应者	备注
DG-1	球形多孔二氧化硅	350～500	6.5	300	天津博瑞色谱	相当 Porasil A
DG-2	球形多孔二氧化硅	125～250	16	300	天津博瑞色谱	相当 Porasil B
DG-3	球形多孔二氧化硅	50～100	36	300	天津博瑞色谱	相当 Porasil C
DG-4	球形多孔二氧化硅	25～45		300	天津试剂二厂	相当 Porasil D
Porasil A	球形多孔二氧化硅	350～500	8	400	Rhone Poulenc, Waters Associates	分离永久性气体
Porasil B	球形多孔二氧化硅	125～200	10～20	400	Waters Associates	分离永久性气体
Porasil C	球形多孔二氧化硅	50～100	20～40	400	Supelco	分离低级烃类
Porasil D	球形多孔二氧化硅	25～45	40～80	400	Applied Sci Labs, Waters Associates	分离低级烃类
Porasil E	球形多孔二氧化硅	6～10	80～150	400	Analabs	分离高沸点化合物
Porasil F	球形多孔二氧化硅	2～6	150	400	Analabs	分离高沸点化合物
Porasil S	球形多孔二氧化硅	300	—	—	Waters Associates	
Unibeads 1S	球形多孔二氧化硅		22A		Alltech	
Unibeads 2S	球形多孔二氧化硅		60A		Alltech	相当 Porasil A
Unibeads 3S	球形多孔二氧化硅		100A		Alltech	相当 Porasil B 和 Spherosil XOA 200
Silica Gel Grade 12	胶态硅胶	—	—	—	美国	分离永久性气体及低沸点烃
Silica Gel Grade 15	胶态硅胶	—	—	—	美国	分离永久性气体及低沸点烃
Chromosil 310	多孔硅球	约 500	—	100	Supelco	专用于 COS、H_2S、CS_2 和 SO_2 的分离，堆积密度 0.39g/cm^3
Chromosil 330	多孔硅球	约 450	—	100	Supelco	专用于 COS、H_2S、CS_2、SO_2 和硫醇的分离，堆积密度 0.38g/cm^3
Spherosil XOA 400	球形多孔二氧化硅	350～500	8	600	Pechiney-Saint Gabain	分离 CO、CO_2、C_1～C_2 烃
Spherosil XOA 200	球形多孔二氧化硅	140～230	15	600	Pechiney-Saint Gabain	分离永久性气体、C_2 烃

续表

名称	结构说明	比表面积/(m^2/g)	孔径/nm	最高使用温度/℃	供应者	备注
Spherosil XOB 075	球形多孔二氧化硅	75～125	30	600	Rhone-Poukne	分离低级芳烃、环烷烃、卤代烃
Spherosil XOB 030	球形多孔二氧化硅	37～62	60	600	Analabs, Supelco	分离低级芳烃、烷烃
Spherosil XOB 015	球形多孔二氧化硅	18～31	125	600	Analabs, Supelco	分离高沸点化合物
Spherosi1 XOC 005	球形多孔二氧化硅	5～15	300	600	Analabs, Supelco	分离高沸点烃、低沸点卤代烃

注：此表在文献［1,4,33］基础上编辑而成。

表 4-4 含硫化合物保留指数[5]

组分	色谱柱①						组分	色谱柱①					
	A	B	C	D	E	F		A	B	C	D	E	F
甲烷	100	100	100	100	100	100	异戊烷	489	485	474	472	507	
六氟化硫	—	—	—	105	200	—	1-戊烯	—	507	483	480	507	488
乙烷	200	200	200	200	200	200	2-甲基戊烷	—	580	—	—	587	585
乙烯	239	200	174	167	200	186							
丙烷	300	300	300	300	300	300	乙基硫醇	—	529	390	343	588	400
丙烯	406	310	294	289	317	296	正己烷	600	600	600	600	600	600
硫化氢	364	310	174	78	327	257	1-己烯	—	607	571	—	604	600
硫化羰	343	291	245	151	327	284	二甲硫	—	5t3	395	349	611	500
异丁烷	391	375	375	377	348	—	二硫化碳	450	472	406	357	617	488
正丁烷	400	400	400	400	400	400	正丙基硫醇		631	490	474	656	618
1-丁烯	510	410	386	384	407	400	2,4-二甲基戊烷		652	—	—	660	668
顺-2-丁烯	562	415	417	415	433	—	二乙硫	—	—	566	—	696	—
反-2-丁烯	548	415	417	415	433	—	正庚烷	700	700	700	700	700	700
二氧化硫	539	—	254	187	445	355	正丁基硫醇		734	580	502	702	735
异丁烯	406	400	396	397	445	—	二甲二硫		743	536		736	735
正戊烷	500	500	500	500	500	500	甲苯		773			741	751
甲基硫醇	—	443	298	235	507	500	正辛烷	800	800	800	800	800	800

① 色谱条件：

柱	固定相	柱尺寸	载气（He）量/(mL/min)	柱温
A	Chromosil 310	1.8m×3mm	30	40℃
B	Chromosil 330	1.8m×3mm	15	40℃
C	Carbopack B HT 100	1.4m×3mm	20	35℃(2min)→100℃，4℃/min
D	Carbopack B/1.5%×E.60/1.0%H_3PO_4	1.8m×3mm	25	50℃(2min)→100℃，4℃/min
E	Polyphenyl ether/Chromosorb T	11m×2mm	100	35℃(2min)→100℃，4℃/min
F	Supelpak S	5.5m×3mm	40	400℃(1min)→200℃，4℃/min

由于硅胶的吸附性能很强，应用范围受限，故而 Halasz 等[36]以前述多孔硅珠为基质，表面用有机物（正辛烷、氧代丙腈、聚乙二醇、苯基异氰酸酯）改性（化学键合）做成硅胶键合相（见表 4-5），通过改变改性剂的种类和含量，可在很大范围内调节分离的选择性。

表 4-5 化学键合固定相

名称	官能团	基质	比表面积/(m^2/g)	最高使用温度/℃	供应者	应用范围
HDG-201A	苯基异氰酸酯	DG-2	160	60	天津试剂二厂，天津博瑞色谱	分析低沸点烷、烯、炔烃，CO_2
HDG-201B	苯甲醇	DG-2	—	—	天津试剂二厂	
HDG-202A	十二醇	DG-2	160	120	天津试剂二厂，天津博瑞色谱	
HDG-202B	十八醇	DG-2	—		天津试剂二厂	
HDG-203A	聚乙二醇 400	DG-2	160	135	天津试剂二厂，天津博瑞色谱	分析低沸点烃、有机含氧化合物、卤代烃
Durapak-ODPN/Porasil C	氧二丙腈	Porasil C	50	130	Waters Associated Inc.	C_1～C_3烃、酯、醛、酸、饱和与不饱和烃的分析
Durapak-PEG 400/Porasil C	聚乙二醇 400	Porasil C	50	180	Waters Associated Inc.	分析脂肪酸、醇、酮、醛、烃
Durapak-PEG 400/Porasil C	聚乙二醇 400	Porasil C	300	200	Waters Associated Inc.	分析脂肪酸、醇、酮、醛、烃
Durapak-PEG 400/Corasil	聚乙二醇 400	Corasil	—	—	Waters Associated Inc.	分析脂肪酸、醇、酮、醛、烃
Durapak-PEG 4000/Porasil C	聚乙二醇 4000	Porasil C	300	200	Waters Associated Inc.	分析极性化合物
Durapak-*n*-octane/Porasil C	正辛烷	Porasil C	50	160	Waters Associated Inc.	分析低沸点烃
Durapak-Phenyl isocyanate/Porasil C	苯基异氰酸酯	Porasil C	50	120	Waters Associated Inc.	烃类异构体
Bondapak-C18/Corasn	十八烷	Corasil		320	Waters Associated Inc.	分析 C_5～C_{10}烃
Bondapak-phenyl/Corasil	苯基	Corasil			Waters Associated Inc.	分析 C_5～C_{10}烃
Durapak 3-hydroxypropionitrile/Porasil C	3-羟基丙腈	Porasil C	50	180	Waters Associated Inc.	
Ultra-Bond 20M	聚乙二醇 20M	硅胶		250	Alltech	分析氨基甲酸酯
Chemipack C18	十八醇	硅胶		320	Alltech	分析溶剂类
GC-Bondapack	十八醇	Porasil C	50	200	Alltech	分析芳烃、农药
Durapak-PEG 400/Porasil F	聚乙二醇 400	Porasil F	6	200	Alltech	分析多核芳烃、甾族化合物

注：此表在文献［1］基础上编辑而成。

（三）氧化铝

氧化铝的化学组成是 Al_2O_3，其晶型有五种，气相色谱法常用的为 γ 型，其次为 α 型。使用前要使用水、液体固定相或无机盐（如 KCl 或 Na_2SO_4）失活。氧化铝是轻烃分析的理想色谱柱，缺点是对极性化合物如醇、醛、酮等有很强的保留，即使在 200℃，它们仍流不出来。因此，要防止高沸点化合物或极性不纯物进入柱子。即使用了 KCl 失活，H_2O 和 CO_2 仍被 Al_2O_3 吸附导致保留时间减小。如果样品中水含量大于 1μL/L，保留时间将减少，选择性发生变化。此时，柱子可在 200℃以上活化 15～30min 再生柱子。第一次使用时需在 450～1350℃活化 2h。

氧化铝具有中等吸附性，主要用于分离烃，它对不饱和烃异构体如 C_4 不饱和烃有独特的分离能力。经 KCl 改性的 Al_2O_3 PLOT 柱稳定性大大提高，可进行 C_1～C_9烃的分离分析。此外，Al_2O_3 还能用于分离氢的自旋异构体。表 4-6 列出一些商品氧化铝的有关数据。

表 4-6 氧化铝吸附剂[1]

名称	结构说明	比表面积/(m^2/g)	孔径/nm	最高使用温度/℃	供应者	备注
氧化铝	γ型，α型	200～300	—	500	国产	分析低沸点烃
Alumino silica gel	硅铝胶	<100	70~25		美国	化学组成类似分子筛的胶态物质
Baymal	丝状氧化铝	—	—		美国	
Bochmite	纤维状氧化铝	约 275			美国	
Fibrillar alumina	丝状氧化铝	—	—		美国	
Alumina F-1		—	—		美国	体积密度 1.01g/cm^3
Unibeads-A	球形活性氧化铝		0.8	400	美国	体积密度 0.72g/mL，柱压降较小，柱效较高

（四）碳素

碳素的化学组成是碳，气相色谱法使用的有活性炭、碳分子筛及石墨化炭黑。

活性炭由果壳或木材烧制而成，结构为无定形碳(微晶碳)，具高比表面积（800～1500m^2/g），用于分析永久性气体及 C_1～C_2 烃类。新购的活性炭要用等体积的苯冲洗 3 次，通空气吹干后，改用水蒸气于 450℃活化 2h，降温至 150℃用空气再吹干。再生时可不用苯处理。活性炭由于宽的孔分布和组成差异，制备重复性差使得色谱性能难重复，其吸附性能强使分离的组分拖尾严重，不太适合做气相色谱固定相。

活性炭由于其批与批之间再现性差，在色谱上使用有限。Kaiser[6] 利用聚偏二氯乙烯高温热解灼烧后得到的残留物，发展了一个类似于分子筛孔结构的碳材料，称为碳分子筛，比表面积一般在 400～1200m^2/g。与活性炭相反，孔径分布较窄。活化方法为在 180℃通氮气 4h。它对分离气体和很短链化合物有用。一根单柱就能分离永久性气体和 C_1～C_3 烃。分离 O_2、N_2、CO_2 具独特能力，也能用于 H_2O、SO_2、H_2S 等气体的分析，特别适于分析在有机物之前流出的微量水。烃根据其不饱和程度分离，饱和烃后出峰。

石墨化炭黑是炭黑在惰性气体中于 2500～3000℃煅烧而成的结晶形碳，比表面积为 5～260m^2/g。活化方法与活性炭相同。表面几乎完全除去了不饱和键、弧电子对、自由基和离子。吸附主要由色散力引起，其大小很大程度上取决于吸附剂表面和被吸附分子间的距离。因此，石墨化炭黑尤其适合于分离几何结构和极化率上有差异的分子。如用 Carbopack C 或 F-SL 可将 8 个 C_5 醇异构体分离开；用 Carbograph ISC 可把 SF_6、SO_2、H_2S、COS、硫醇、二硫化合物很好地分离开。能使难分离化合物如间/对二甲酚、戊醇的所有八个异构体得以分离，同时对 C_1～C_{10} 范围的有机物如游离脂肪酸、醇、胺、烃等有杰出的分离能力，也能分离含硫小分子，许多在普通条件下易被吸附的痕量化合物可流出，出峰次序取决于几何结构和极化率。石墨化炭黑的缺点是机械强度较低。

石墨化炭黑的吸附性能比活性炭小，最好在分析酸性物质时，用磷酸作削尾处理；分析碱性物质时，用碳酸钠处理。还可以用苦味酸、Carbowax 1500、Carbowax 20M 改性。商品碳素吸附剂的情况列入表 4-7。

表 4-7 碳素吸附剂

名称	结构说明	比表面积 /(m^2/g)	最高使用温度/℃	视密度 /(g/cm^3)	孔径 /nm	供应者	应用范围
活性炭	炭（微晶碳）	1000	220	0.83	—	天津博瑞色谱	
TDX-01	碳分子筛	800	300	0.6（堆积密度）	1.5～2.0	天津博瑞色谱	适于分离各种气体及 C_1～C_4 烃
TDX-02	碳分子筛	—	300	0.6	1	天津博瑞色谱	
TDX-02B	碳分子筛	—	300	0.6	1	天津博瑞色谱	
TDX-03	碳分子筛	—	300	0.6	1	天津博瑞色谱	
Carbosieve B	碳分子筛	100	400	0.12～0.14	—	Supelco	
Carbosieve C	碳分子筛	560		0.5～0.7	—	Supelco	
Carbosieve G	碳分子筛	910	225	0.24	—	Supelco	用于 C_1～C_3 烃分离
Carbosphere	碳分子筛	1000		0.4～0.45	1.3	Chrompack	分析乙烷中微量甲烷、乙炔乙烯及空气中 CO、CH_4、CO_2
Carboxen-1000	碳分子筛	>1200	225	0.44	7.0	Supelco	永久性气体、低沸点烃、低沸点极性化合物，代替 Carbosieve S-Ⅱ
Carboxen-1004	碳分子筛	1100	225	0.45	—	Supelco	永久性气体、低沸点烃、低沸点极性化合物，代替 Carbosieve S-Ⅱ
Superocarb	碳分子筛	1200	—	0.5	—	Analabs	永久性气体、低沸点烃、低沸点极性化合物
Unibeads C	球形高纯碳分子筛	—	—	—	1.5	DiKMA	分析乙烷中微量甲烷、乙炔乙烯及空气中 CO、CH_4、CO_2
Sterling FT2700	石墨化炭黑	89.4	500	—	—	Cabot Corp	
Sterling FT 2800	石墨化炭黑	89.4	500	—	—	Cabot Corp	
Sterling MT3100	石墨化炭黑	7.6	500	—	—	Cabot Corp	
石墨化炭黑	石墨化炭黑	100	500	0.83		天津博瑞色谱	
Carbopack B	石墨化炭黑	100～110	>500	0.34	—	Supelco	分析 C_1～C_{10} 醇、胺、酮、酸、烃类
Carbopack BHT	石墨化炭黑	100	225	0.38	—	Supelco	用氢脱活，分析气体硫化物
Carbopack C	石墨化炭黑	9～12	>500	0.66	—	Supelco	C_1～C_5 醇、低沸点酮、酯
Carbopack CHT	石墨化炭黑	10	225	0.72	—	Supelco	用氢脱活
Carbopack F-SL	石墨化炭黑	6	250	—	—	Supelco	C_1～C_5 醇、低沸点酮、酯
Carbograph 3	石墨化炭黑	8	—	—	—	Alltech	类似 Sterling MT 快速分析
Carbograph 1	石墨化炭黑	100	—	—	—	Alltech	类似 Vulcan、Spheron、Carbopack B
Carbograph 1SC	从 Carbograph1 制备	—	—	—	—	Alltech	专用于 SF_6、SO_2、H_2S、COS、硫醇、二硫化合物分析，类似于 Carbopack BHT
Carbograph 2	石墨化炭黑	10	—	—	—	Alltech	类似于 Sterling FT 或 Carbopack C，用于挥发性化合物分析
Graphac GB	石墨化炭黑	100～110	—	—	—	Alltech	非极性，可用<0.2%的固定液使其改性
Graphac GC	石墨化炭黑	10～13	—	—	—	Alltech	

注：此表在文献［1,4,33］基础上编辑而成。

二、多孔聚合物

多孔聚合物是 Hollis 等[7,8]最早开发的有机化合物吸附剂，是二乙烯苯同另一种芳烯的共聚物。由于合成条件和添加剂的差异，因此有许多不同极性的产品规格，它们具有特殊的表面孔径结构、大的表面积和一定的机械硬度，以微球形式使用。比表面积一般在 30～800m^2/g，最大使用温度在 190～275℃之间。明显的特性是对羟基化合物的低亲和性，水从疏水性聚合物柱子中以对称尖峰很快流出。极性化合物如甲醛、醇、酮、羧酸等也可没有困难地被分析。

国外广泛使用的有 Chromosorb、Porapak 和 Hayesep 系列产品，国产的为 GDX 系列和 40X 系列。其中 Porapaks 和 Chromosorb 102 在气体分析中用得最多。Chromosorb 103 专门被发展出用于碱性化合物如氨和胺的分离。Hayesep 系列[9]改进了批与批之间的性能，没有收缩，流失极小，适合于气体、水、胺、氨、低脂肪烃、溶剂等的分析。

依据合成载体的组成，这些聚合物的极性也有所不同。表 4-8、表 4-9 给出了弱或非极性和极性聚合物多孔微球的性质，在表 4-10、表 4-11 给出了它们的典型应用。

表 4-8 弱或非极性聚合物多孔微球的性质

名称	组成	来源	比表面积/(m^2/g)	平均孔径/nm	等温时的最高使用温度/℃	堆积密度/(g/cm^3)
Porapak P	乙基乙烯苯-苯乙烯-二乙烯苯	Waters Associates	70～200	7.5～10	250	0.27～0.43
Porapak Q	乙基乙烯苯-二乙烯苯	Ditto	500～850	7.5～10	250	0.35
Gas Chrom 254		Alltech	1000	3000	275～310	
Gas Chrom 220		Alltech	450	10	250～300	
Super Q		Alltech			250	
Chromosorb 101	苯乙烯-二乙烯苯	Johns-Manville	30～40	300～400	275	0.25～0.34
Chromosorb 102	苯乙烯-二乙烯苯	Ditto	300～400	8.5～9.5	250	0.25～0.34
Chromosorb 103	苯乙烯交联	Ditto	15～25	300～400	250～275	0.25～0.34
Chromosorb 105	多芳烃	Ditto	600～700	40～60	200～250	0.25～0.34
Chromosorb 106	苯乙烯交联	Ditto	700～800	5	250	0.25～0.34
Polysorb-1	苯乙烯-二乙烯苯（60：40）	U.S.S.R.	200～400	13	250	0.2～0.3
Cekachrom 1	乙基乙烯苯-二乙烯苯	Chemiekombinat, Bitterfeld	400～550	35	250	0.2～0.5
Cekachrom 2	乙基乙烯-二乙烯	Ditto	250～350	130	250	0.2～0.5
Cekachrom 3	苯乙烯-乙基乙烯苯-二乙烯	Ditto	100～150	160	250	0.2～0.5
Tenax	2,6-二苯-*p*-苯乙烯氧化物	Akzo Research Lab. Enka N.V.	19～30	25～7500	375	0.37
Tenax-TA	2,6-二苯基-*p*-苯醚	Buchem B.V.	35	200	375	0.25
Tenax-GR	含 23%石墨化炭	Buchem B.V.	35	200	375	0.55
Synachrom	苯乙烯-二乙烯苯-乙基乙烯苯	Lachema Brno	520～620	4.5	300	

注：此表在文献［4,33,35］基础上编辑而成。

表 4-9 极性多孔聚合物的性质

名称	组成①	供应商	比表面积 /(m^2/g)	平均孔径 /nm	等温时的最高使用温度/℃	堆积密度 /(g/cm^3)
Porapak R	Sty-DVB 与乙烯四氢化吡咯	Waters Associates	450～750	7～10	250	0.27～0.43
Porapak S	Sty-DVB 与乙烯吡啶	Waters Associates	300～590	7～9	250	0.27～0.43
Porapak T	二甲基丙烯酸乙二醇酯	Waters Associates	200～450	7～9	190	0.27～0.43
Porapak N	Sty-DVB 与乙烯四氢化吡咯	Waters Associates	225～500	9	190	0.27～0.43
Chromosorb 104	DVB-丙烯腈	Johns-Manville	100～200	60～80	250	0.28～0.32
Chromosorb 107	丙烯酸酯交联	Johns-Manville	400～500	8～9	225	0.28～0.32
Chromosorb 108	丙烯酸酯交联	Johns-Manville	100～200	23～25	225	0.28～0.32
Cekachrom 4	EVB-DVB 与丙烯酸甲酯	Chemiekombinat Bitterfeld	150～250	85	200	
Cekachrom 5	EVB-DVB 与丙烯酸甲酯	Ditto	20～50	135	200	
Cekachrom 6	EVB-DVB-丙烯腈共聚	Ditto	250～350	25	200	
Spheron MD 30170	甲基丙烯酸-乙二醇-二乙烯苯	Laboratomi Pfistroje	130～320	32～40	230	
Spheron SE	苯乙烯-乙二醇二甲基丙烯酸酯	Laboratomi Pfistroje	70		280	
Separon SE	Sty-二甲基丙烯酸酯	Laboratomi Pfistroje	70		230	
Separon AE	Sty-二甲基丙烯酸酯	Laboratomi Pfistroje	50		230	
Polyimide	聚酰亚胺		50			
Polyphenylquinoxalene	Polyphenylquinoxalene			50	320	
SD-NO2	DVB-EVB-4-硝基苯乙烯（50∶5∶45）		81		300	
ED-NO2	EVB-DVB（50∶50）用发烟硝酸硝化		354		300	
CEM	聚（2-氰乙基甲基丙烯酸酯）		24	76	190	
HEM	聚（2-羟乙基甲基丙烯酸酯）		15	61	220	
PYR	聚（4-乙烯吡啶）		51	80	250	
PON	聚（*N*-乙烯四氢化吡咯）		50	58	220	

① Sty—苯乙烯；EVB—乙基乙烯苯；DVB—二乙烯苯。

注：此表在文献［4］基础上编辑而成。

表 4-10 弱或非极性聚合物多孔微球的应用

类型	应用
Chromosorb 101，Porapak P	永久性气体，醇，酮，醛，酯，乙二醇类，烷烃
Chromosorb 106，Porapak Q	气体，低分子量氧化物，C_2～C_5醇，C_2～C_5脂肪酸，硫化物，氮化物，氮氧化物
Cekachrom 1	水中有机物，有机物中水的测定，有机硅的痕量富集
Chromosorb 103	碱性化合物（NH_3、胺、酰胺、肼、PH_3、AsH_3），醇，酮。不适于乙二醇类、硝基化合物
Chromosorb 102，105，Cekachrom 2	含水甲醛溶液，含水丙烯酸衍生物，乙炔痕量富集
Cekachrom 3	醇、胺、低分子量羧酸的含水混合物
Tenax	羧酸，羟基羧酸，脂肪和芳香胺，硝基苯胺，邻苯二甲酸酯，乙烯甘油（到13个EO单元），痕量富集、柱上富集和预柱最好的多孔聚合物

注：此表在文献［4］基础上编辑而成。

表 4-11 极性聚合物多孔微球的应用

类型	应用
Porapak R	醚，酯，腈，硝基化合物，胺，无机化合物中的水
Porapak S	羰基化合物，醇，卤化物，非硝基化合物
Porapak T	含氧化合物，水中甲醛
Porapak N	C_2 烃中乙炔，NH_3，CO_2，H_2O 的分离
Chromosorb 104	最极性的商品多孔聚合物，腈，硝基烷，氯化乙烯，二甲苯酚，NH_3，SO_2，CO_2，溶剂中水分
Chromosorb 107	甲醛，硫化物，中等极性化合物
Chromosorb 108	气体，极性化合物（醇、醛、酮、二醇、水）
Cekachrom 4	极性化合物（水、醇、醛、酮、酯），水中芳烃和脂肪烃，氯乙酸衍生物
Cekachrom 6	腈，硝基烷，H_2S 水溶液，NH_3，N、S、C 的氧化物，芳烃中痕量水
Spheron SE	烃，醇，二醇，羧酸
Separon SE	醇，酯
Separon AE Polyimide	高沸点化合物，极性化合物（醇、酯、醛、酮、吡咯烷酮、与不饱和和极性化合物特定的相互作用）
SD-NO2 ED-NO2	芳烃，硝基芳烃，酚，苯胺衍生物
CEM	脂肪酸，羰基化合物中的水
HEM	与被分离物质有氢键相互作用
PYR	苯胺溶液中水，苯胺衍生物的分离
PON	最极性的多孔聚合物，电荷转移结合性质，芳烃中痕量非芳族组成分析

注：此表在文献［4］基础上编辑而成。

Tenax（聚 2,6-二苯-*p*-苯乙烯氧化物），是一种疏水的非多孔材料，低比表面积（20～30m^2/g），具高热稳定性（到 375℃）。属于弱到非极性吸附剂，能被用于分离高沸点化合物，如醇、醛、酮、酚等。Tenax TA 用得最广泛，尤其在痕量物质富集中。

多孔聚合物材料的特点[10]：①无论非极性还是极性物质，在这种固定相上的拖尾现象都降到最低限度；②和含羟基化合物的亲和力极小，因而可使水、醇类等大大提前流出色谱柱，且水样可直接进样；③氧化氮、HCN、NH_3、SO_2、COS 等活泼气体在这种柱上可很快流出，而且彼此分离，其出峰次序也与一般气固色谱有所差异。因此，它们在许多应用中可代替吸附剂和气液柱使用。

当在 50℃左右时，多孔微球将分离 H_2、(O_2+N_2+Ar+NO+CO)、CH_4、CO_2、N_2O 和 C_2H_6。低于室温允许 O_2、N_2、Ar、NO 和 CO 组分开。在 100~150℃，C_3、C_4 和 C_5 烃及 H_2S、COS 和 SO_2 等能被分析。靠近上限（约 240℃），C_7、C_8 甚至 C_9 烃也可分析。

表 4-12 列出这些产品的规格和性能，如 Hayesep A 可在室温分离 N_2、O_2、Ar、CO；Hayesep R 可用于测定 HCl、Cl_2 中痕量水等。其色谱峰形尖陡、对称。

表 4-13 总结了使用固体吸附剂做成 PLOT 柱的资料。

表 4-12 多孔聚合物吸附剂

名称	结构说明	供应者	堆密度/(g/cm^3)	比表面积/(m^2/g)	孔径/nm	颜色	极性[①]	最高使用温度/℃	应用范围
GDX-101	苯乙烯、二乙烯苯等共聚物	天津试剂二厂，天津博瑞色谱	0.28	330，590	—	白色	非极性	270	气体和低沸点化合物的分析，还适于分析烷烃、芳烃、含氧有机化合物、卤代烷、胺、腈等
GDX-102	苯乙烯、二乙烯苯等共聚物	天津试剂二厂，天津博瑞色谱	0.20	680	—	白色	非极性	270	分析高沸点化合物
GDX-103	苯乙烯、二乙烯苯等共聚物	天津试剂二厂，天津博瑞色谱	0.18	670	—	白色	非极性	270	分析高沸点化合物，还可分离正丙醇、叔丁醇
GDX-104	苯乙烯、二乙烯苯等共聚物	天津试剂二厂，天津博瑞色谱	0.22	590	—	半透明	非极性	270	气体分析
GDX-105	苯乙烯、二乙烯苯等共聚物	天津试剂二厂，天津博瑞色谱	0.44	610	—	白色	非极性	270	惰性气体分析，烯烃气体中微量水的分析
GDX-201	苯乙烯、二乙烯苯等共聚物	天津试剂二厂，天津博瑞色谱	0.21	510	—	白色	非极性	270	性能与 GDX-102 相同，但效能差
GDX-203	苯乙烯、二乙烯苯等共聚物	天津试剂二厂，天津博瑞色谱	0.09	800	—	白色	非极性	270	分离高沸点化合物时，所需时间最短，还可分离乙酸、苯、乙酐
GDX-301	三氯乙烯、二乙烯苯共聚物	天津试剂二厂，天津博瑞色谱	0.24	460	—	白色	弱	250	分析乙炔、氯化氢
GDX-303	三氯乙烯、二乙烯苯共聚物	天津试剂二厂，天津博瑞色谱	0.10	700		白色	弱极性	250	
GDX-401	含氮杂环单体、二乙烯苯共聚物	天津试剂二厂，天津博瑞色谱	0.25	370	—	乳白色	中等	250	乙炔、水、氯化氢分析。甲醛水溶液，氨水
GDX-403	含氮杂环单体、二乙烯苯共聚物	天津试剂二厂，天津博瑞色谱	0.22	280	—	乳白色	中等	250	低级胺中的水分析，水中氨和甲醛的分析
GDX-501	含氮杂环单体、二乙烯苯共聚物	天津试剂二厂，天津博瑞色谱	0.33	80	—	淡黄色	较强	250	C_4 烯烃异构体的分析
GDX-502	含氮杂环单体、二乙烯苯共聚物	天津试剂二厂，天津博瑞色谱	0.2	170	—	白色	较强	250	C_1～C_2 烃、CO、CO_2 的分析
GDX-601	含强极性基团的聚二烯苯	天津博瑞色谱	0.3	90	—	黄色	强	200	分离环己烷和苯
401 有机载体	苯乙烯、二乙烯苯等共聚物	上海试剂一厂	0.32	300～400	—	白色	非极性	270	类似于 GDX-101
402 有机载体	苯乙烯、二乙烯苯等共聚物	上海试剂一厂	0.27	400～500	—	白色	非极性	270	类似于 GDX-102
403 有机载体	苯乙烯、二乙烯苯等共聚物	上海试剂一厂	0.21	300～500	—	白色	非极性	270	类似于 GDX-103
404 有机载体	二乙烯苯、含氮极性单体（丙烯腈）共聚物	上海试剂一厂	—	<80	—	白色	较强	270	类似于 GDX-105
405 有机载体	二乙烯苯、三氯乙烯共聚物	上海试剂一厂	—	<150	—	—	—	—	
406 有机载体	苯乙烯、二乙烯苯共聚物	上海试剂一厂	—	—	—	—	—	—	类似于 Porapak P

续表

名称	结构说明	供应者	堆密度/(g/cm³)	比表面积/(m²/g)	孔径/nm	颜色	极性[①]	最高使用温度/℃	应用范围
407有机载体	二乙烯苯、乙基乙烯共聚物	上海试剂一厂	—	—	—	—	—	—	与Porapak Q相似
408有机载体	二乙烯苯、苯乙烯、极性单体共聚物	上海试剂一厂	—	—	—	—	—	—	与Porapak R相似
Chromosorb 101	苯乙烯、二乙烯苯共聚物	Johns-Manville	0.30	30～40	350	白色	弱	275	分离酸、醇、二元醇、烷、酯、酮、醛、醚、碳氢化合物
Chromosorb 102	苯乙烯、二乙烯苯共聚物	Johns-Manville	0.29	300～400	8.5	白色	中等	250	分析惰性气体、低沸点气体、醇及水
Chromosorb 103	交联聚苯乙烯	Johns-Manville	0.32	15～25	350	白色	弱	275	胺类、酰胺、醇、醛、肼、酮
Chromosorb 104	丙烯腈、二乙烯苯共聚物	Johns-Manville	0.32	100～200	60～80	白色（用时变褐色）	强	250	分析腈类、硝基烷、硫化氢水溶液、二酚、氮的氧化物、氨
Chromosorb 105	芳烃高聚物	Johns-Manville	0.34	600～700	40～60	白色	中等	250	分析低级烃中甲醛、乙炔及沸点低于200℃的有机物
Chromosorb 106	交联聚苯乙烯	Johns-Manville	0.28	700～800	5.0	白色	弱	225	分离 C_2～C_8 脂肪醇、气体
Chromosorb 107	交联聚丙烯酸酯	Johns-Manville	0.30	400～500	8.0	白色	中等	225	分离甲醛、含硫气体、中等极性化合物
Chromosorb 108	交联聚丙烯酸酯	Johns-Manville	0.30	100～200	25.0	白色	中等	225	气体、水、醇、醛、酮、二元醇
Cekachrom 3	苯乙烯、乙基苯乙烯、二乙烯苯共聚物	Chemiekombinat Bitterfeld	—	100～150	—	—	—	250	分析醇、胺、水中低分子量酸
Cekachrom 4	乙基苯乙烯、二乙烯苯、甲基丙烯酸酯共聚物	Chemiekombinat Bitterfeld	—	150～250	—	—	—	200	分析气体、极性混合物(水、醇、醛、酮、酯)
Cekachrom 5	乙基苯乙烯、二乙烯苯、甲基丙烯酸酯共聚物	Chemiekombinat Bitterfeld	—	20～50	—	—	—	200	
Cekachrom 6	乙基苯乙烯、二乙烯苯、丙烯腈共聚物	Chemiekombinat Bitterfeld	—	250～350	—	—	—	200	分析腈类、H_2S 水溶液、芳烃中微量水
Spheron SE	苯乙烯、二甲基丙烯酸乙烯酯聚合物	Laboratornipristroje	—	70	—	—	—	280	分析烃类、醇、乙二醇、酸
Separon SE	苯乙烯、二甲基丙烯酸酯共聚物	Laboratornipristroje	—	70	—	—	—	230	分析醇、酯
Separon AE	苯乙烯、二甲基丙烯酸酯共聚物	Laboratornipristroje	—	50	—	—	—	230	
Hayesep A	高纯二乙烯苯	Hayes Separation Inc.	0.356	526	—	—	7	165	室温下分析永久性气体，在较高温下适于分离 C_2 烃、H_2S 和 H_2O
Hayesep B	二乙烯苯、聚乙二胺	Hayes Separation Inc.	0.330	608	—	—	8	190	适于分离 C_1 和 C_2 胺以及水中氨

续表

名称	结构说明	供应者	堆密度/(g/cm³)	比表面积/(m²/g)	孔径/nm	颜色	极性[①]	最高使用温度/℃	应用范围
Hayesep C	二乙烯苯丙烯腈	Hayes Separation Inc.	0.332	442	—	—	6	250	适于极性物质，如 HCN、NH_3、H_2S 和 H_2O，类似于 Chromosorb 104
Hayesep D	高纯二乙烯苯共聚物	Hayes Separation Inc.	0.331	795	790～800	—	1	290	适于空气中 CO 和 CO_2 分析。特别适于 H_2O 和 H_2S 的分离分析、乙炔在其他 C_2 烃前出峰
Hayesep N	二乙烯苯、乙二醇二甲腈酯	Hayes Separation Inc.	0.355	405	—	—	9	165	类似于 Porapak N。分离乙烯、乙炔
Hayesep P	二乙烯苯、苯乙烯	Hayes Separation Inc.	0.420	165	—	—	3	250	类似于 Porapak P。分离水中氨、醇
Hayesep Q	二乙烯苯	Hayes Separation Inc.	0.351	582	—	—	2	275	类似于 Porapak Q。分离烃类、含硫气体
Hayesep R	二乙烯苯、*N*-2-烯基-2-吡咯	Hayes Separation Inc.	0.324	344	—	—	5	250	类似于 Porapak R。分离盐酸、氯气中水
Hayesep S	二乙烯苯、4-乙烯基吡啶	Hayes Separation Inc.	0.334	583	—	—	4	250	类似于 Porapak S。分离 C_2、C_3 烃
Hayesep T	乙二醇二甲腈酯	Hayes Separation Inc.	0.381	250	—	—	10	165	类似于 Porapak T。分离水中氨、酸、甲醛
Hayesep DIP	二乙烯苯	Hayes Separation Inc.	0.328	774				290	同 Hayesep D，选择性不同
Hayesep DB	二乙烯苯	Hayes Separation Inc.	0.383	781				290	同 Hayesep D，选择性不同

① Hayesep 系列固定相极性大小次序为：1—最弱，10—最强。

注：此表在文献［1,35］基础上编辑而成。

表 4-13 部分国外商品化 PLOT 柱及其典型应用

涂层	Agilent		Alltech	Restek	Supelco	Thermo	应用
	HP/J&W	Varian/ChromPack					
Alumina/Na_2SO_4	GS-Alumina HP PLOT S HP PLOT M	CP-Al_2O_3/Na_2SO_4	AT-Alumina	Rt-Alumina BOND/Na_2SO_4	Alumina-sulfate	TR-Bond Alumina/Na_2SO_4	分析 C_1～C_4 饱和、不饱和烃，比相应的填充柱快速和高效
Alumina/KCl	GS-Alumina KCl	CP- Al_2O_3/KCl		Rt-Alumina BOND/KCl	Alumina-chloride	TR-BOND Alumina/KCl	分析永久性气体；C_3～C_5 烃异构体；乙烯、丙烯中杂质；卤代烃；C_3～C_{10} 烃
分子筛 5A	GS-Molsieve HP PLOT Molsieve	CP-Molsieve 5A	AT-Mole Sieve	Rt-Msieve 5A MXT-Molsieve 5A	Molsieve 5A PLOT	TR-BOND Msieve 5A	分析稀有气体；空气中 SF_6；氢的同位素；甲烷、乙烷。或分析同位素；室温下分析 Ne、O_2、N_2、CH_4、CO

续表

涂层	Agilent		Alltech	Restek	Supelco	Thermo	应用
	HP/J&W	Varian/ChromPack					
键合硅胶	GS-GasPro CP-Silica PLOT						C_1～C_{10}烃，无机气体CO_2的分离，-80～260℃稳定，流出次序不同于Al_2O_3或多孔聚合物。烃、惰性气体、含氧化合物（CO、CO_2、环氧乙烯、SO_2、N_2O、硫化物）、卤碳等都在室温下保留，在室温或加温下流出
碳分子筛	GS-CarbonPLOT	CarbographVOC CP-Carbo-BOND	Carbograph VOC			碳分子筛	挥发性有机物，中等沸点的烃和溶剂
DVB 多孔聚合物	HP PLOT Q	CP-PoraPlot Q CP-PoraBond Q	AT-Q	Rt-Q-BOND MXT-Q-Bond	Supel-Q-PLOT	TR-BOND Q	分析低沸点烃；极性挥发物；醇与水；甲烷；氟利昂，1,2-环氧乙烷
二乙烯基苯均聚物	GS-Q			Rt-QS-BOND			1,2-环氧乙烷，分离乙烷、乙烯、乙炔
DVB 乙烯吡啶聚合物		CP-PoraPlot S		Rt-S-BOND MXT-S-Bond		TR-BOND S	永久性气体，低分子量烃异构体，挥发性极性化合物，反应性分析物如含硫气体、胺类、氢化物
DVB 乙二醇二甲丙烯酸酯聚合物	HP PLOT U HP PLOT Q	CP-PoraPlot U PoraBond U		Rt-U-BOND		TR-BOND U	永久性气体，低分子量烃异构体，挥发性极性化合物，反应性分析物如含硫气体、胺类、氢化物
二乙烯基苯/乙烯基吡啶聚合物	Pora PLOT S						分析中等挥发性化合物，包括酮、酯、卤代烃、C_1～C_6烃类、溶剂

续表

涂层	Agilent		Alltech	Restek	Supelco	Thermo	应用
	HP/J&W	Varian/ChromPack					
二乙烯基苯/乙二醇二甲基丙烯酸酯聚合物	Pora PLOT U						永久性气体及 C_1、C_2 烃、CO_2，C_2 烃中微量水；气体硫化物，腈化合物；硝基化合物；各种极性化合物
	Pora PLOT amines						专门为分析高保留、强挥发性的胺设计。对胺类化合物、氨气分析具有高灵敏度

注：此表根据文献［31,33,34,35］整理。

第二节 液体固定相

液体固定相由固定液与载体制成。填充柱用的载体是固体颗粒，空心管柱则是其管柱的内壁。

一、载体

载体的作用是使固定液均匀地涂敷于其表面，以创建流动相和固定相间合适的气液界面。载体最基本的要求如下。

颗粒大小：30～200μm，粒度分布窄，如(100±15)μm。

颗粒形状：粒度均匀、形状规则（球形较好）。

孔径：孔径分布均匀，孔结构利于组分传质，大小以 0.2～2μm 为主。

表面：比表面应足够大以负荷较多的固定液，一般在 0.5～3m^2/g。B、Al、Fe、Ca、Mg 等应基本不存在，只有 Si-O-Si 桥、SiOH 基或转变的 SiOH 基(如 Si-O-Si-C 链接)存在。

润湿性：载体容易润湿，当涂极性固定液时，表面应该是亲水性的，而涂非极性固定相时，表面应是疏水性的。

稳定性：化学惰性、机械和热稳定性好，在筛分、涂渍、填充时不应粉碎，材料在 300℃时应是热稳定的。

浸渍率：材料应允许低（2%～3%，质量分数）或高（20%，质量分数）的浸渍。

惰性：材料应是惰性的以避免固体载体对保留的贡献。

硅藻土仍是气相色谱法最佳的载体，特殊情况时才使用氟化物、玻璃微球作载体。

（一）硅藻土类载体

硅藻土主要由二氧化硅（90%）组成，其余为金属氧化物和水。这些金属氧化物（Al、Fe、Mg、Ca、Na、K 等）是影响表面惰性的主要原因。

将硅藻土与一定量黏合剂在 900℃左右煅烧，粉碎成颗粒就得到红色的硅藻土载体。表

面积接近 $4m^2/g$，填充密度 $0.47g/cm^3$，最大涂渍量为 30%（质量分数）。适于分析烃和低极性物质，但不适于极性样品的分析。

若是添加碳酸钠在 900℃以上煅烧，则得到白色的硅藻土载体。此种载体易碎，比表面积接近 $1m^2/g$，填充密度 $0.3g/cm^3$，最大涂渍量为 25%（质量分数）。白色硅藻土比红色的具有较低的吸附性能，可用于分析极性化合物。红色硅藻土有相当于 6 倍白色硅藻土的单位体积的表面积。

上述方法制得的载体都有吸附性和催化性能，这是由于载体表面上无机杂质生成的酸性或碱性活性基团和表面上硅醇基团所致，在使用时要作进一步处理，如用酸洗除去载体表面上铁等金属氧化物，碱洗除去表面 Al_2O_3 等酸性杂质，用硅烷试剂将硅醇基团进行硅烷化反应，用脱活剂（如胺、氨基醇、甲酰胺、小量极性液相等）饱和（键合）载体表面的吸附中心，用釉化方法堵塞载体表面的微孔，改变载体的表面性质，以利于色谱分离。白色硅藻土载体的惰性比红色载体好，惰性程度按未处理、酸处理、酸及硅烷化处理的载体依次变好。

表 4-14、表 4-15 给出了常见硅藻土载体的性质及国产单体气相色谱固定相理化参数。

表 4-14 硅藻土载体的性质

商品名	预处理或预处理类型，标记①	比表面积/(m^2/g)	填充密度/(g/mL)	孔径/μm	最大负荷(质量分数)/%
白色载体 101	酸洗、碱洗、硅烷化				
Chromosorb W	AW，AW-DMCS，HP	1	0.22～0.24	1～3.5	15
Chromosorb 750	AW-DMCS	0.75	0.4	1～3	12
Chromosorb G	AW，AW-DMCS，HP	0.5	0.58		5
Chromosorb A		2.7	0.48		25
Chromosorb R-6470-1	细颗粒硅藻土(d_p 1～4μm)用于 PLOT 柱	6			
Chromosorb P	NAW，AW	4	0.47	0.5～1	30
Gas-Chrom R					
Gas-Chrom S					
Gas-Chrom A	未处理，AW	4	0.48		
Gas-Chrorn Z	AW-DMCS				
Gas-Chrom Q	AW-DMCS（较好质量）	2			20
Supelcon AW	AW，AW-DMCS				
Supelcoport	AW-DMCS				
Anakrom AS	AW-DMCS				25
Anakrorn Q	AW-DMCS	1.4	0.3	1	
Anakrom A	AW				25
Anakrom C22	NAW, AW(C22 A), AW-DMCS (C22 AS)				30
Embacel		1.1	0.26		30
Celite 545		1.14		1～3.5	30
Celite C29 924		0.45		1.5	30
Phase Sep P		5	0.6		25
INS-600		10			
Sterchamol	仅含 68% SiO_2	5.83		0～2	25
Johns-Manville C22 fire-brick		3～4.9		0.6	30
Chezasorb		1.4～2.4	0.67		
Chromaton N		1	0.24		

续表

商品名	预处理或预处理类型，标记[①]	比表面积/(m^2/g)	填充密度/(g/mL)	孔径/μm	最大负荷(质量分数)/%
Inerton		0.4～0.6			
Sil-O-Cel C-22	AW，DMCS	4.1			25
Celite 54		1	0.3		30
Spherochrom 1		0.8～2.1			
Spherochrom 2,3		4～15			
Porochrom-Ⅰ		0.1～1.5			
Porochrom-Ⅱ		0.5～2			
Rysorb BLK	仅含 72% SiO_2（21% Al_2O_3）	7			
Porovina	仅含 63% SiO_2（33% Al_2O_3）	0.8～2.5			
Porolith	仅含 60% SiO_2（30% Al_2O_3）				

① AW—酸洗；AW-DMCS—酸洗加二甲基二氯硅烷处理；HP—高性能（优级 AW-DMCS）；NAW—非酸洗。

注：本表根据文献［4］整理。

表 4-15 国产单体气相色谱固定相理化参数

品名	颜色	极性	堆密度/(g/mL)	比表面积/(m^2/g)	孔容/(mL/g)	活化温度/℃	最高使用温度/℃	生产商
101 白色载体	白色	弱极性	0.345	1.3	1.75	180	200	天津博瑞色谱
101 酸洗载体	白色	极性	0.33	1.2	1.8	180	200	天津博瑞色谱
101 酸洗硅烷化载体	白色	非极性	0.345	1.3	1.75	120	120	天津博瑞色谱
102 白色载体	白色	弱极性	0.345	1.3	1.75	180	200	天津博瑞色谱
102 酸洗载体	白色	极性	0.33	1.2	1.8	180	200	天津博瑞色谱
102 酸洗硅烷化载体	白色	非极性	0.345	1.3	1.75	120	120	天津博瑞色谱
201 红色载体	粉红色	弱极性	0.48	2.5	1.2	250	300	天津博瑞色谱
201 酸洗载体	粉红色	极性	0.48	2.5	1.2	250	300	天津博瑞色谱
201 酸洗硅烷化载体	粉红色	非极性	0.48	2.5	1.2	180	200	天津博瑞色谱
6201 红色载体	粉红色	弱极性	0.42	5	1.9	250	300	天津博瑞色谱
6201 酸洗载体	粉红色	极性	0.42	5	1.9	250	300	天津博瑞色谱
6201 酸洗硅烷化载体	粉红色	非极性	0.42	5	1.9	180	200	天津博瑞色谱
6201 釉化载体	浅红色	非极性	0.58	20	0.2	250	300	天津博瑞色谱
玻璃微球载体	白色	极性	1.43	10	0	180	200	天津博瑞色谱
硅烷化玻璃微球载体	白色	非极性	1.43	10	0	180	200	天津博瑞色谱

注：来自于天津博瑞色谱公司。

（二）氟化合物类载体和有机载体

这类载体主要是聚四氟乙烯和聚三氟氯乙烯两个品种，用于分析强极性或反应性化合物。这些载体比较软，带静电，容易成团，或黏到柱壁上。使用前将载体冷却到 0℃或用塑料管可避免这种现象。表 4-16 给出了常见的聚四氟乙烯的固体载体，表 4-17 则给出了国产的有机单体。

表 4-16 基于聚四氟乙烯的固体载体

商品名	供应商	比表面积/(m^2/g)	填充密度/(g/cm^3)	备注
Teflon-1	DuPont de Nemours,U.S.A.	0.23		不适于 GC
Teflon-6	DuPont de Nemours,U.S.A.	11	0.49	适于 GC
Chrormosorb T	Johns-Manville, U.S.A.	7.8	0.49	从 Teflon-6 中筛选
Haloport-F	Hewlett-Packard, U.S.A.	7.8	0.5	从 Teflon-6 中筛选
Fluoropack-80	Fluorocarbon, U.S.A.	0.64	0.7	
Chrompack-T	Fisher Scientific, U.S.A.	4.8		
Anaport Tee Six	Analytical Eugineering,U.S.A.	1.1		特殊筛选和处理的 PTFE
T-Port-F	Alltech		0.5	
Gas-Pak F	Chemical Research Service,U.S.A.			
Phase Sep T 6				
Polychrom-1	Phase Separations, U.K. U.S.S.R.	3.6	0.7	烧结的 PTFE 颗粒，比其他强度更大
Hostaflon TF	Hoechst, F.R.G.			
Teflon powder	Becker, The Netherlands			
Shimalite F	Shimadzu Seisakusho, Japan			
Kel-F300	Applied Science Laboratories Inc			
Haloport-F	Hewlett-Packard	7.8	0.5	
Anaport Tee Six	Analubs Inc			
Chromosorb T	John-Manville	7	0.43	
Fluoropak-80	Fluorocarbon Co	0.64	0.7	
Fluoroport T	Applied Sci Labs			

注：本表根据文献［4］整理。

表 4-17 国产有机单体气相色谱固定相理化参数

品名（替代品）	颜色	极性	堆密度/(g/mL)	比表面积/(m^2/g)	活化温度/℃	最高使用温度/℃	生产商
401 有机载体	白色	非极性	0.32	300～400	230	270	天津博瑞色谱
402 有机载体	白色	非极性	0.27	400～500	230	270	天津博瑞色谱
403 有机载体	白色	非极性	0.21	300～500	230	270	天津博瑞色谱
404 有机载体	白色	较强极性	0.20	100～200	210	250	天津博瑞色谱
405 有机载体	白色	较强极性	0.25	400～500	210	250	天津博瑞色谱
406 有机载体	白色	非极性	0.10	700～900	230	270	天津博瑞色谱
407 有机载体	白色	极性	0.12	600～800	210	250	天津博瑞色谱
408 有机载体	白色	极性	0.25	300～400	210	250	天津博瑞色谱

注：本表来自于天津博瑞色谱公司。

（三）玻璃微球载体

玻璃微球一般认为是惰性的，但吸附作用仍然不能被忽视。由于低的比表面积，固定液的最大涂渍量在 0.05%～0.5%。所以，进样量应该比通常小以避免超载。

国内外常用玻璃微球类载体的情况列入表 4-18，可根据情况选用。

表 4-18 常用玻璃微球类一览表[1]

名称	颜色	催化性、吸附性	说明	供应商
玻璃球载体	无色	小		天津试剂二厂
硅烷化玻璃球载体	无色	很小	玻璃珠载体经硅烷处理	天津试剂二厂
Anaport TGB	无色	小	网纹表面玻璃珠	Analabs
Anaport 玻璃珠	无色	小	玻璃珠载体经二甲基二氯硅烷处理	Analabs
玻璃珠	无色	小	玻璃珠载体经二甲基二氯硅烷处理	Applied Sci Labs
cera 珠	无色	小	玻璃珠载体经二甲基二氯硅烷处理	Pittsburgh Corning
GLC 100,110	无色	小	玻璃珠载体经二甲基二氯硅烷处理	Column Technology
Corning Code 0201	无色	小	玻璃珠载体经二甲基二氯硅烷处理	Corning Glass Works
Glaskugeln	无色	小	玻璃珠载体经二甲基二氯硅烷处理	Serva（法国）
玻璃珠	无色	小		Perkin-Elmer
Glassport M	无色	小		Hewlett-Packard
玻璃珠	无色	小		Phase Sep.（英国）
玻璃珠	无色	小		BDH（英国）
Mikroglaskugeln	无色	小		Glaswerk Lauscha（德国）
Zipax CSP	无色	小	薄壳玻璃珠，比表面积 0.8 m^2/g	Du Pont
Liqua-Chrom	无色	小	薄壳玻璃珠，比表面积 5～10mm^2/g	Applied Sci Labs
Perisorb B	无色	小	薄壳玻璃珠	Merck（德国）
Jascosil WC-03	无色	小	薄壳玻璃珠	Jasco（日本）

二、固定液

固定液必须是化学惰性物质，非挥发性和热稳定性的，对样品中要分离的组分具有一定的溶解度和选择性。此外，固定液应尽可能均匀和完全地覆盖在载体表面（填充柱）或内壁（开管柱），并在尽可能短的时间内达到尽可能完全的分离。

① 化学惰性：要求不与载气、固体载体和样品组分发生不可逆反应。这其中氧含量要小于 5μL/L。

② 蒸气压、热稳定性和最大操作温度：最大操作温度由液相的蒸气压和热稳定性限制。由于蒸发或分解，固定相的损失影响柱寿命、分离化合物的保留时间和检测。在色谱文献中同一固定相的温度使用范围往往相差很大，这不足为奇，因为它们与要解决的分析问题、柱型、衬底的性质、液膜的厚度、柱的长度、载气的纯度、柱老化、检测器类型等相关。作为一个经验法则，只要检测器不是很敏感，固定液的最大操作温度是在压力 13～67Pa 下低于其沸点 70℃。对离子化检测器，最大操作温度更低，在上述压力下低于固定液沸点 90℃和 150℃。对于聚合物相，它们的热稳定性比它们的蒸气压更重要。较高分子量的聚合物，只要没有残留的单体和低聚物溶解在聚合物中，后者可忽略。为了避免聚合物中的挥发性杂质引起的干扰，强烈建议使用色谱级聚合物固定相，工艺级的聚合物通常不符合要求。

（一）固定液分类

曾有上千种物质被作为气相色谱固定液使用，经常使用的还有 200 多种，其中硅氧烷类和聚酯类化合物占多数，下面将以往曾有较大影响、现在使用较频的固定液（包括减尾剂），分类列入表 4-19～表 4-27 中。表中溶剂的缩写符号如下所示：A—丙酮；B—苯；C—三氯甲烷；D—二氯甲烷；E—乙醇；Ee—乙醚；H—己烷；M—甲醇；P—石油醚；T—甲苯；W—水。

1. 烃

烃类固定相是烃类化合物很好的溶剂，因此，对烃类样品有较大的比保留体积。对烷烃分离起主要作用的是色散力。烷烃的异构会减少色散力，卤原子取代也减低色散相互作用，但环状溶质可有一个增强的色散相互作用。烃类化合物在烃类固定相中按沸点次序流出。

烃类固定相的主要应用在于做“零”极性固定相，用于 Rohrschneider（罗尔施奈德）和 McReynolds 常数的测定［见下面（二）固定液的表征］。表 4-19 列出了这类固定相的性质，表 4-20 则给出了它们的 McReynolds 常数。

表 4-19 脂肪烃及其聚合物类固定液

序号	中文名称	英文名称	商品名称或其他名称	分子式或结构式	溶剂	使用温度/℃	
						最低	最高
1	正十六烷	*n*-hexadecane	Cetane	*n*-$C_{16}H_{34}$	B，T	20	50
2	正十八烷	*n*-octadecane		*n*-$C_{18}H_{38}$	P，T，H	30	60
3	正二十四烷	*n*-tetracosane		*n*-$C_{24}H_{50}$	H，P，T	52	140
4	异三十烷	squalane	角鲨烷	*i*-$C_{30}H_{62}$（即 2,6,10,15,19,23-六甲基二十四烷）	T，C	20	120
5	正三十六烷	*n*-bexatriacontane		*n*-$C_{36}H_{74}$	B，D，P，T，H	76	150
6	异三十碳六烯	squalene	角鲨烯	$[(CH_3)_2C{=}CHCH_2CH_2—$ $—C(CH_3){=}CH—CH_2CH_2C(CH_3){=}CH—CH_2—]_2$	A，C，T，H	0	100
7	三聚异丁烯	triisobutylene		$(CH_3)_3C—CH_2—C(CH_3)_2—CH_2—C(CH_3){=}CH_2$ $(CH_3)_3C—CH_2—C({=}CH_2)(CH_3)—CH_2—C(CH_3)_3$ $(CH_3)_3C—CH{=}C(CH_3)CH_2—C(CH_3)_3$ 的混合物	C，T，H	—	20
8	石蜡	paraffin wax	PW	固体的正构和支化烷烃混合物	C	60	140
9	“阿皮松”润滑脂	—	Apiezon grease C，G，H，J，K，L，M，N，O，Q，S，T，W	高分子量饱和烃及有少量苯基、烯烃、羰基、羧基的混合物，最常用者为 M、L 型	C，D	50	300（其中L型：270～350；K、M 型：250）
10	八十七烷	Apolane-87		二(十八烷基)二乙基四十七烷	H，T	35	260

注：本表根据文献［1］编辑。

表 4-20 脂肪烃固定相的 McReynolds 常数（120℃）

固定相	*X*	*Y*	*Z*	*U*	*S*	*H*	*I*	*K*	*L*	*M*
Squalane	0	0	0	0	0	0	0	0	0	0
Hexatriacontane	12	2	−3	1	11	0	10	2	5	8
Apolane-87	21	10	3	12	25					
Apiezon L	35	28	19	37	47	16	36	11	33	33
Apiezon M	31	22	15	30	40	12	32	10	28	29
Apiezon N	38	40	28	52	58	25	41	15	43	35
Apiezon I	38	30	27	49	57	23	42	15	42	35

续表

固定相	*X*	*Y*	*Z*	*U*	*S*	*H*	*I*	*K*	*L*	*M*
Apiezon H	59	86	81	151	129	46	53	23	81	37
Apiezon W	82	135	99	155	154	90	93	42	109	59
Paraffin oil	11	6	2	7	13	2	12	2	9	9
Nujol	9	5	2	6	11	2	9	2	6	6
Asphalt	19	58	14	21	47	21	16	5	21	10
Convoil 20	14	14	8	17	21	10	15	5	14	10
Oronite Polybutene 32	21	29	24	42	40	18	24	8	40	24
Oronite Polybutene 128	25	26	25	41	42	14	29	8	43	33

注：本表来自于文献［4］。

推荐：角鲨烷（小于 120℃），Apolane-87（100～250℃）。

芳烃固定相（表 4-21）对π-电子受体的化合物可能有较大的保留，但现在已很少用，主要被苯基硅氧烷或三氟丙基硅氧烷代替。

表 4-21　芳烃类固定液

序号	中文名称	英文名称	商品名称或其他名称	分子式或结构式	溶剂	使用温度/℃	
						最低	最高
1	苄基联苯	benzyl diphenyl	—	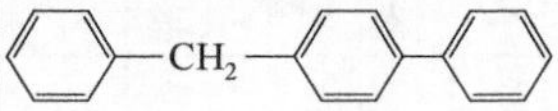 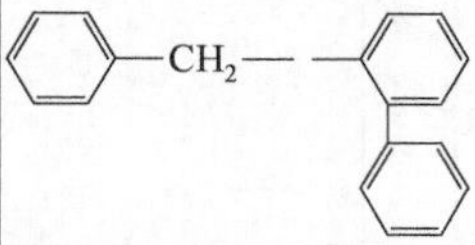 —CH_2— 与 —CH_2— 的混合物	A，B，E，C	60	100
2	烷基萘	alkyl naphthalene	Fluhyzon（德国 Hydrierwerk Zeite）	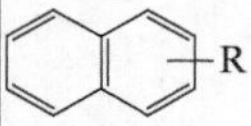 —R　R>$C_{20}H_{41}$	—	50	280
3	多芳	polyaromatic	SP 525		T	60	270

注：本表根据文献［1］编辑。

2. 硅氧烷

硅氧烷是气相色谱中最受欢迎和最广泛使用的固定相，具有很好的化学惰性、热稳定性及很大的选择性范围。空气、水分及酸、碱会影响其稳定性。表 4-22 给出了此类固定相的性质。

（1）聚甲基硅氧烷　聚甲基硅氧烷是目前最广泛使用的固定相，极性很低，烃通常以沸点增加的次序流出。对含氧化合物的分离也具有相当的选择性。由于具有较宽的温度使用范围，这类固定相适合于分离宽沸点范围的样品。对未知样品，此类固定相是首选。轻微的修饰对固定相在石英表面的交联非常重要，1%乙烯基的存在就起这个作用。表 4-23 给出了聚甲基硅氧烷的 McReynolds 常数，表 4-35 列出了此类固定相常见的商品毛细管柱的名称及应用范围。

表 4-22 聚硅氧烷类固定液

序号	中文名称	英文名称或商品名称	结构说明	供应者	溶剂	黏度（20℃）/(mm^2/s)	密度/(g/cm^3)	使用温度/℃	
								最低	最高
1	聚二甲基硅氧烷	polydimethylsiloxane	—	—	—	—	—	—	—
1-(1)	二甲基硅油	dimethyl silicon oil	$CH_3-Si(CH_3)_2-O-[Si(CH_3)_2-O]_n-Si(CH_3)_2-CH_3$	—	—	—	—	—	—
		OV-101	100%甲基	美国 Ohio Valley	T，C	1500	0.975	0	350
		SP-2100	100%甲基	美国 Supelco	T，C	600	0.972	-30	350
		DC-200，MS-200	100%甲基	美国 Dow Corning	T，C	0.5～100000	0.97（25℃）	0	250
		DC-220，DC-330	100%甲基	美国 Dow Corning	T，C	44，50	—	0	250
		硅油 I	100%甲基	上海试剂一厂，天津化学试剂二厂	C	—	—	—	230
1-(2)	二甲基硅脂及橡胶	dimethyl silicone grease and silicone rubber	$CH_3-Si(CH_3)_2-O-[Si(CH_3)_2-O]_n-Si(CH_3)_2-CH_3$	—	—	—	—	—	
		OV-1	100%甲基	美国 Ohio Valley	C，T	3×10^6	0.980	30	350
		SE-30	100%甲基	美国 General Electric	C，T	9.5×10^6	0.98	50	300
		JXR	100%甲基	美国 Applied Science Labs	C，T	橡胶			—
2	聚甲基乙烯基硅氧烷	polymethylvinyl siloxane	$CH_3-Si(CH_3)_2-O-[Si(CH_3)(CH{=}CH_2)-O]_m-[Si(CH_3)_2-O]_n-Si(CH_3)_2-CH_3$						
		SE-31，SE-33	1%乙烯基	美国 General Electric	C，T	橡胶	—	50	300

续表

序号	中文名称	英文名称或商品名称	结构说明	供应者	溶剂	黏度（20℃）/(mm²/s)	密度/(g/cm³)	使用温度/℃	
								最低	最高
3	含苯基的聚甲基硅氧烷	polyphenylsilicone	甲型：$(CH_3)_3Si—O—[Si(C_6H_5)(CH_3)—O]_m—[Si(CH_3)_2—O]_n—Si(CH_3)_3$ 或乙型：$(CH_3)_3Si—O—[Si(C_6H_5)_2—O]_m—[Si(CH_3)_2—O]_n—Si(CH_3)_3$						
3-(1)	含低苯基量的聚甲基硅氧烷	OV-73	5.5%苯基(“3”的甲型结构)	美国 Ohio Valley	C，T	橡胶			325
		OV-3	10%苯基(“3”的甲型结构)	美国 Ohio Valley	C，T	500	0.997	0	350
		OV-7	20%苯基(“3”的甲型结构)	美国 Ohio Valley	C，T	500(25℃)	1.021	0	330
		DC-510	5%苯基(结构同“3”)	美国 Dow Corning	—	50～1000	1.00(25℃)	—	—
		DC-556	10%苯基(结构同“3”)	美国 Dow Corning	—	15～30	1.07	—	—
		DC-555	25%苯基(“3”的甲型结构)	美国 Dow Corning	C	—	—	—	275
		DC-701	结构同“3”	美国 Dow Corning	—	10～15	1.03(25℃)	—	
		SE-52	5%苯基(“3”的乙型结构)	美国 General Electric	C，T	橡胶	—	50	300
3-(2)	含中等苯基量的聚甲基硅氧烷	OV-61	33%苯基(“3”的乙型结构)	美国 Ohio Valley	C，T	>50000(25℃)	1.090	0	350
		OV-11	35%苯基(“3”的甲型结构)	美国 Ohio Valley	C，T	500	1.06	0	350
		OV-17	50%苯基(“3”的甲型结构)	美国 Ohio Valley	C，T	1300	1.092	0	375
		SP-2250	50%苯基(“3”的甲型结构)	美国 Supelco	C，T	—	—	0	375
		DC-550	25%苯基(“3”的甲型结构)	美国 Dow Corning	A	100～150	1.068(25℃)	—	275

续表

序号	中文名称	英文名称或商品名称	结构说明	供应者	溶剂	黏度（20℃）/(mm²/s)	密度/(g/cm³)	使用温度/℃	
								最低	最高
3-(2)	含中等苯基量的聚甲基硅氧烷	DC-702	25%苯基(“3”的甲型结构)	美国 Dow Corning	C	45	—	0	225
		DC-703	25%苯基(“3”的甲型结构)	美国 Dow Corning	C	55	—	—	225
		DC-710	50%苯基(“3”的甲型结构)	美国 Dow Corning	A	475～525	1.10	0	250
		硅油Ⅴ	结构同“3”	上海试剂一厂，天津化学试剂二厂	—	—	—	—	210
3-(3)	高苯基含量的聚甲基硅氧烷		$(CH_3)_3Si-O-[Si(C_6H_5)_2-O]_m-[Si(C_6H_5)(CH_3)-O]_n-Si(CH_3)_3$						
		OV-22	65%苯基	美国 Ohio Valley	A，C	50000（25℃）	3	0	350
		OV-25	75%苯基	美国 Ohio Valley	A，C	100000（25℃）	1.150	0	350
3-(4)（有确定结构的硅氧烷）	1,2,2,3-四甲基-1,1,3,3-四苯基三硅氧烷	1,2,2,3-tetramethyl-1,1,3,3-tetraphenyl trisiloxane DC-704，MS-704，硅油Ⅲ	$CH_3-Si(C_6H_5)_2-O-Si(CH_3)_2-O-Si(C_6H_5)_2-CH_3$	美国 Dow Corning，德国 Institute for Silicone & Fluorocarbon Chem Radebeul，上海试剂一厂，天津化学试剂二厂	—	39	—	—	280
	1,2,3-三甲基-1,1,2,3,3-五苯基三硅氧烷	1,2,3-trimethyl-1,1,2,3,3-pentaphenyl trisiloxane DC-705，MS-705，硅油Ⅳ	$CH_3-Si(C_6H_5)_2-O-Si(C_6H_5)(CH_3)-O-Si(C_6H_5)_2-CH_3$	美国 Dow Corning，德国 Institute for Silicone & Fluorocarbon Chem Radebeul，上海试剂一厂，天津化学试剂二厂	A，C，D	175	—	15	200

续表

序号	中文名称	英文名称或商品名称	结构说明	供应者	溶剂	黏度（20℃）/(mm²/s)	密度/(g/cm³)	使用温度/℃	
								最低	最高
4	聚甲基苯基乙烯基硅氧烷	polymethyl phenyl vinyl siloxane	甲型：$CH_3-Si(CH_3)_2-O-[Si(C_6H_5)(CH_3)-O]_n-[Si(CH{=}CH_2)(CH_3)-O]_p-Si(CH_3)_2-CH_3$ 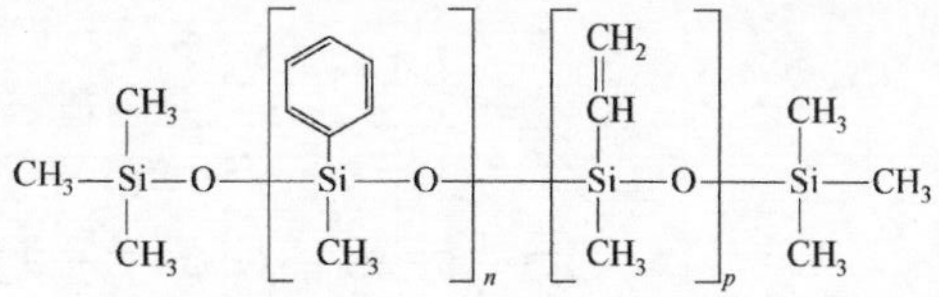 或乙型：$CH_3-Si(CH_3)_2-O-[Si(CH_3)_2-O]_r-[Si(C_6H_5)_2-O]_m-[Si(CH{=}CH_2)(CH_3)-O]_p-Si(CH_3)_2-CH_3$ 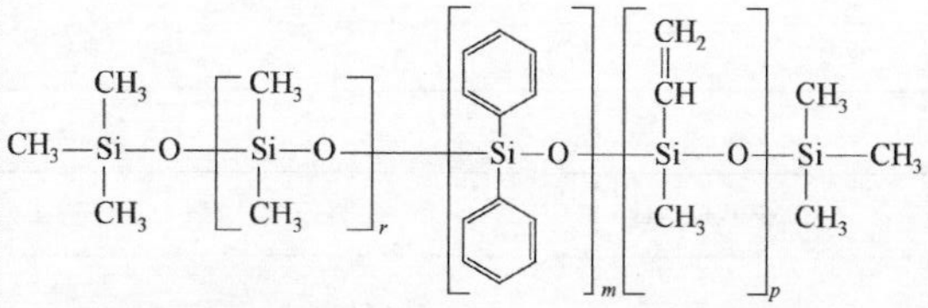						
		OV-17 vinyl	1%乙烯基(甲型结构)	美国 Ohio Valley	—	—	—	—	
		OV-73 vinyl	5.5%苯基，1.5%乙烯基(乙型结构)	美国 Ohio Valley	—	—	—	—	
		SE-54	5%苯基，1%乙烯基(乙型结构)	美国 General Electric	C，T	—	0.98	50	300
5	聚氟代烷基硅氧烷	polyfluoroalkyl siloxane							
5-(1)	聚三氟丙基硅氧烷	Polytrifluoropropyl siloxane	甲型：$CH_3-Si(CH_3)_2-O-[Si((CH_2)_2CF_3)(CH_3)-O]_n-Si(CH_3)_2-CH_3$ 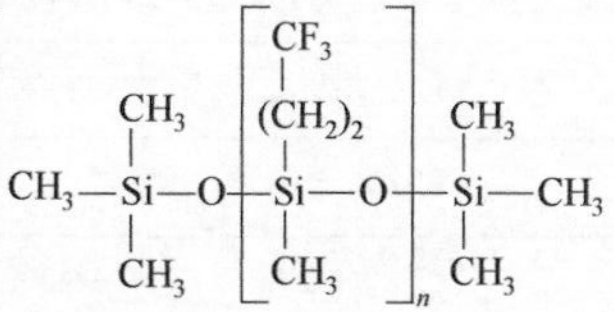 或乙型：$CH_3-Si(CH_3)_2-O-[Si((CH_2)_2CF_3)(CH_3)-O]_n-[Si(CH_3)_2-O]_m-Si(CH_3)_2-CH_3$ 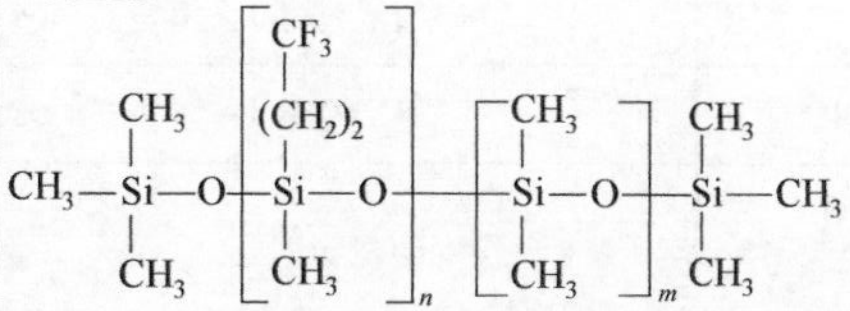						

第一篇

续表

序号	中文名称	英文名称或商品名称	结构说明	供应者	溶剂	黏度（20℃）/(mm²/s)	密度/(g/cm³)	使用温度/℃	
								最低	最高
5-(1)	聚三氟丙基硅氧烷	OV-210	50%三氟丙基(甲型结构)	美国 Ohio Valley	A，C	10000	1.284(25℃)	0	275
		OV-202	50%三氟丙基(甲型结构)	美国 Ohio Valley	C，A	500	1.252	0	275
		OV-215	50%三氟丙基(甲型结构)	美国 Ohio Vauey	E，C	橡胶	1.284	0	275
		SP240l	50%三氟丙基(甲型结构)	美国 Ohio Valley	A，C	700	1.26	0	275
		QF-1(=QF-1-10065)	50%三氟丙基(甲型结构)	美国 Dow Corning	A，C	1000	—	50	200
		FS-1265	50%三氟丙基(甲型结构)	美国 Dow Corning	—	10000	—	50	200
5-(2)	聚甲基三氟丙基甲基乙烯基硅氧烷	polymethyltrifluoropropyl methyl vinylsiloxane	$CH_3-Si(CH_3)_2-O-[Si(CH_3)((CH_2)_2CF_3)-O]_n-[Si(CH_3)(CH{=}CH_2)-O]_p-Si(CH_3)_2-CH_3$						
		OV-215 vinyl	49%三氟丙基，1%乙烯基	美国 Ohio Valky	—	橡胶	—	—	250
6	聚氰代烷基硅氧烷	polycyanoalkyl siloxane							
6-(1)	聚氰乙基硅氧烷	polycyanoethyl siloxane	甲型：$CH_3-Si(CH_3)_2-O-[Si(CH_3)((CH_2)_3CN)-O]_n-Si(CH_3)_2-CH_3$ 乙型：$CH_3-Si(CH_3)_2-O-[Si(CH_3)((CH_2)_3CN)-O]_n-[Si(CH_3)_2-O]_m-Si(CH_3)_2-CH_3$						

续表

序号	中文名称	英文名称或商品名称	结构说明	供应者	溶剂	黏度（20℃）/(mm²/s)	密度/(g/cm³)	使用温度/℃	
								最低	最高
6-(1)	聚氰乙基硅氧烷	XF-1150	50%氰乙基(甲型结构)	美国 General Electric	A			0	150
		XF-1105	5%氰乙基(乙型结构)	美国 General Electric					
		XF-1112	12%氰乙基(乙型结构)	美国 General Electric		橡胶			
		XF-1125	25%氰乙基(乙型结构)	美国 General Electric				20	270
		XE-60	25%氰乙基(乙型结构)	美国 General Electric	A，C，D	橡胶	1.08	0	250
6-(2)	聚氰丙基硅氧烷	polycyanopropyl siloxane	甲型：$CH_3-Si(CH_3)_2-O-[Si(CH_3)((CH_2)_3CN)-O]_n-Si(CH_3)_2-CH_3$ 乙型：$CH_3-Si(CH_3)_2-O-[Si(CH_3)((CH_2)_3CN)-O]_n-[Si(CH_3)_2-O]_m-Si(CH_3)_2-CH_3$						
		OV-105	5%氰丙基(乙型结构)	美国 Ohio Valley	A	1500	—	0	275
6-(3)	聚氰丙基苯基硅氧烷	polycyanopropyl phenyl siloxane	$CH_3-Si(CH_3)_2-O-[Si(CH_3)((CH_2)_3CN)-O]_n-[Si(CH_3)(C_6H_5)-O]_m-Si(CH_3)_2-CH_3$						
		OV-225	25%氰丙基，25%苯基	美国 Ohio Valley	—	9000	1.096	0	265

续表

序号	中文名称	英文名称或商品名称	结构说明	供应者	溶剂	黏度（20℃）/(mm²/s)	密度/(g/cm³)	使用温度/℃	
								最低	最高
6-(4)	聚二氰丙基氰丙基苯基硅氧烷	Polydicyanopropyl cyanopropyl phenyl siloxane	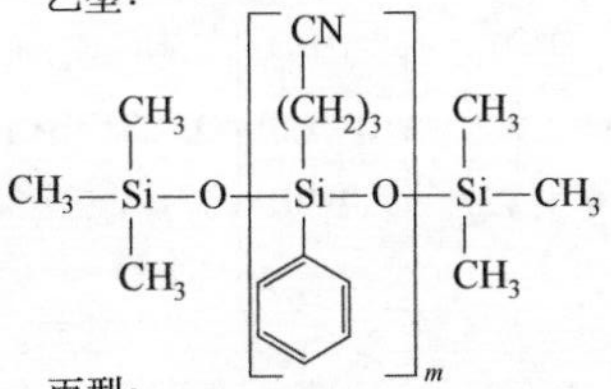 甲型： 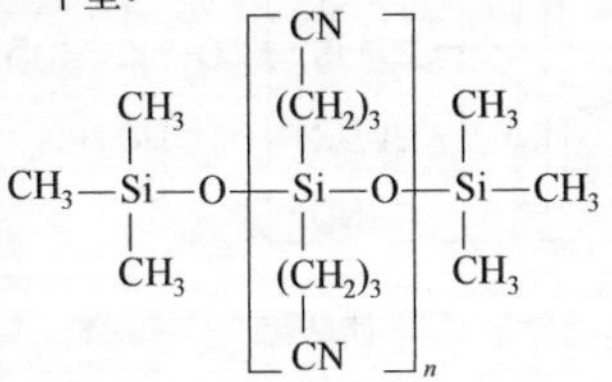 $CH_3-Si(CH_3)_2-O-[Si((CH_2)_3CN)_2-O]_n-Si(CH_3)_2-CH_3$ 乙型： $CH_3-Si(CH_3)_2-O-[Si((CH_2)_3CN)(C_6H_5)-O]_m-Si(CH_3)_2-CH_3$ 丙型： $CH_3-Si(CH_3)_2-O-[Si((CH_2)_3CN)_2-O]_n-[Si((CH_2)_3CN)(C_6H_5)-O]_m-Si(CH_3)_2-CH_3$ 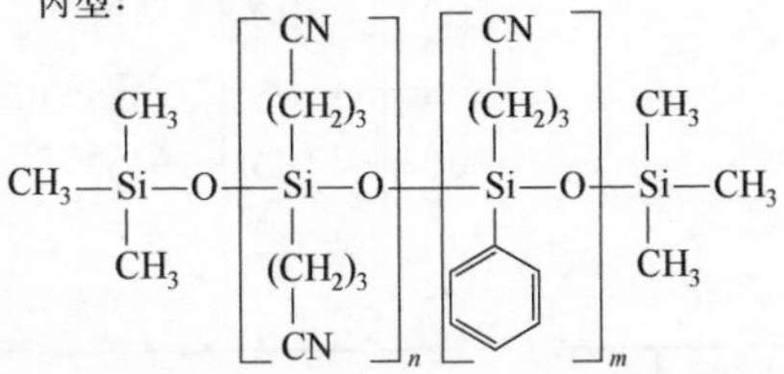						
		Silar 10C	100%氰丙基(甲型结构)	美国 Applied Sci Labs	—	—	1.13	50	275
		SP 2340	100%氰丙基(甲型结构)	美国 Supelco	—	—	—	—	
		Silar 5CP	50%氰丙基，50%苯基(乙型结构)	美国 Applied Sci Labs	A，C		1.13	50	275
		SP 2300	50%氰丙基，50%苯基(乙型结构)	美国 Supelco	—	—	—	50	275
		Silar 7CP	75%氰丙基，25%苯基(丙型结构)	美国 Applied Sci Labs	C	—	—	50	275
		Silar 9CP	90%氰丙基，10%苯基(丙型结构)	美国 Applied Sci Labs	C	—	—	50	275
		SP 2310	75%氰丙基，25%苯基(丙型结构)	美国 Supelco	A	—	—	50	275
		SP 2330	90%氰丙基，10%苯基(丙型结构)	美国 Supelco	C，A	—	—	50	275

续表

序号	中文名称	英文名称或商品名称	结构说明	供应者	溶剂	黏度（20℃）/(mm^2/s)	密度/(g/cm^3)	使用温度/℃	
								最低	最高
6-(5)	聚氰丙基苯基乙烯基硅氧烷	polycyanopropyl phenyl, vinyl, siloxane	$CH_3-Si(CH_3)_2-O-[Si(CH_3)_2-O]_p-$ $[Si((CH_2)_3CN)(C_6H_5)-O]_m-[Si(CH=CH_2)(CH_3)-O]_n-Si(CH_3)_2-Cl$						
		OV-1701	7%氰丙基，7%苯基，0.5%乙烯基	美国 Ohio Valley	A	橡胶		20	300
7	聚酯硅氧烷	polyester smones	—	—	—	—	—	—	
7-(1)	甲基硅氧烷与聚乙二醇丁二酸酯的共聚物	copolymet of methyl siloxane and polyethylene glycol succinate	$(CH_3)_3SiO-[(CH_2)_2OCO(CH_2)_2COO]_x-[Si(CH_3)_2-O]_y-Si(CH_3)_3$						
		EGSS-X		美国 Applied Science Labs	C	—	—	90	200
		EGSS-Y	低硅含量，$x>y$ 高硅含量，$x<y$	美国 Applied Science Labs	—	—	—	—	
7-(2)	甲基苯基硅氧烷与聚乙二醇丁二酸酯共聚物	copolymet of methyl phenyl siloxane and polyethylene glycol succinate	$(CH_3)_3SiO-[(CH_2)_2OCO(CH_2)_2COO]_x-[Si(CH_3)(C_6H_5)-O]_y-Si(CH_3)_3$	美国 Applied Science Labs					
		EGSP-A			—	—	—	—	
		EGSP-Z	低硅含量，$x>y$ 高硅含量，$x<y$		C	—	—	50	230

续表

序号	中文名称	英文名称或商品名称	结构说明	供应者	溶剂	黏度（20℃）/(mm²/s)	密度/(g/cm³)	使用温度/℃	
								最低	最高
7-(3)	氰乙基甲基硅氧烷与聚乙二醇丁二酸酯共聚物	copolymar of cyanoethyl methyl siloxane and polyethylene glycol succinate	$(CH_3)_3SiO-[(CH_2)OCO(CH_2)_2$	美国 Appilied Science Labs					
		ECNSS-S	$COO]_x-[Si(CH_3)((CH_2)_2CN)-O]_y-Si(CH_3)_3$		—	—	—	—	
		ECNSS-M	低硅含量，$x>y$ 高硅含量，$x<y$		C	—	—	30	180
8	聚碳硼烷硅氧烷	polycarborane siloxane	$HO-[[Si(CH_3)(R)-CB_{10}H_{10}C]_m-[Si(CH_3)(R^1)-O]_m]_n-H$						
		Dexsil-300	$R=R^1=CH_3$，$m=4$，$n\approx50$	美国 Olin 及 Analabs	C	—	—	40	400
		Dexsil-400	$R=C_6H_5$，$R^1=CH_3$	美国 Olin 及 Analabs	C	—	—	50	375
		Dexsil-410	R=2-氰乙基，CH_3，$R^1=CH_3$	美国 Olin 及 Anahbs	C	—	—	50	375
9	其他硅油、硅脂及硅橡胶	DC-730	100%乙基	美国 Dow Corning	—	—	—	—	
		DC-230	甲基硬脂酰基酯	美国 Dow Corning	—	1200～1600	—	—	

注：本表根据文献［1］编辑。

表 4-23 气相色谱专用聚甲基硅氧烷的 McReynolds 常数

项目	*X*	*Y*	*Z*	*U*	*S*	*H*	*I*	*K*	*L*	*M*
OV-1	16	55	44	65	42	32	4	23	46	−2
OV-101	17	57	45	67	43	33	4	23	46	−2
SP-2100	17	57	45	67	43					
PMS-100	15	55	43	65	42				44	
SKT	17	57	46	67	45				47	
ASI-100	17	55	44	67	43	32				
SE-30GC	16	53	44	65	42	32	3	22	44	−2
OD-1	16	53	45	66	42	32				
JXR	16	55	44	65	42	32				

注：本表来自于文献［4］。

（2）聚甲基苯基硅氧烷 此类固定相含 4%～75%的苯基，因此具有不同的选择性。选择性与强的色散相互作用和苯基的高极化率相关。随着苯基的增加，McReynolds 探针溶质中的比保留体积明显增加。一些典型固定相的性质见表 4-22 中“3”部分。表 4-24 给出了商品化的聚甲基苯基硅氧烷固定液的毛细柱。

表 4-24 商品化的涂渍交联聚甲基苯基硅氧烷固定液的毛细柱

名称	供应商①	硅氧烷单元②				苯基/%	类似于	液膜厚度/μm	最大操作温度/℃
		w	*x*	*y*	*z*				
Durabond DB-5	JW	94		5	1	5	SE-54 SE-52	0.10，0.25，1.00 1.5，3.0，5.0	300
Durabond DB-17	JW	—	100	—	1～3	50	OV-17 SP-2250	0.15，0.25，0.50 1.0	260
Durabond DB-608	JW	94	10	—	1～3	5	SE-54 SE-52 OV-73	1.6	280
CP-Sil-8 CB	CP					5	SE-54 SE-52	0.12，1.2 0.25，5.0	300
CP-Sil-19 CB③	CP	85	—	—	1～3	—	OV-1701		
Rt_x-5	RS	94	—	5	1	5	OV-5 SE-54 SE-52	0.10，1.50 0.25，3.00 0.50，5.00 1.00	325（0.10μm）
Rt_x-20	RS	79	—	20	1	20	OV-7	0.10，1.00 0.25，1.50 0.05，3.00	300（0.10μm） 260（3.00μm）
Rt_x-35	RS	64	—	35	1	35	OV-11	0.10，1.00 0.25，1.50 0.50，3.00	300（0.10μm）
Rt_x-50	RS	—	99	—	1	50	OV-17	0.10，0.50 0.25，1.00	310（0.10μm） 290（1.00μm）
Rt_x-1701③	RS	85	—	—	1	7	OV-1701	0.15，1.00 0.25，1.50 0.50，3.00	280（0.10μm） 240（3.00μm）
DB-1701③	JW	85	—	—	1	7	OV-1701	0.15，1.00 0.25	
NB-54	NI	—	10	—	1	5	SE-54	0.10，1.00 0.25	320（0.10μm） 280（1.00μm）

续表

名称	供应商①	硅氧烷单元②				苯基/%	类似于	液膜厚度/μm	最大操作温度/℃
		w	*x*	*y*	*z*				
NB-1701③	NI	85	—	—	1	7	OV-1701	0.10，1.00 0.25	280（0.10μm） 220（1.00μm）
Permaphase PVMS/54	PE	94	—	5	1	5	SE-54		300
Permaphase PVMS/17	PE	—	100	—	1～3	50	OV-17 SP-2250		260
HP-5	HP	95	—	5	1	5	SE-54 SE-52		300
HP-17	HP	—	100	—	1～3	50	OV-17 SP-2250 CE-54 OV-7	0.25，1.0	260 300 280
SPB-5	SP	95	—	5	1	5	O-11	0.25，1.0	280
SPB-20	SP	79	—	20	1	20	OV-17	0.25，1.0	260
SPB-35	SP	64	—	35	1	35	SE-54	0.25，1.0	300
SPB-2250	SP	—	99	—	1	50	SE-52		
GB-5	FB	95	—	5	1	5	OV-73		

① CP—Chrompack；SP—Supelco；NI—Nordion；PE—Perkin-Elmer；FB—Foxboro Co.；HP—Hewlett-Packard；RS—Restek；JW—J. & W Scientific Inc.。

② w, x, y, z 指的是$R_3Si—O\left[(Si(Me)(Me)—O)_w(Si(Me)(C_6H_5)—O)_x(Si(C_6H_5)(C_6H_5)—O)_y(Si(Me)(CH{=}CH_2)—O)_z\right]_n SiR_3$中的比例。

③ 14%腈丙苯基。

注：本表根据文献［4］编辑。

（3）甲基三氟丙基硅氧烷　三氟丙基取代聚硅氧烷是被广泛使用的卤素取代的聚有机硅氧烷（氯取代的硅氧烷在气相色谱固定相中不具重要性）。该类固定相具中等极性，选择性来自于键合到硅氧烷骨架上的三氟丙基的受主特性。CF_3可以与自由电子对相互作用，因此，优势保留羰基、硝基化合物，含不同官能团的激素的保留按醚<羟基<酯<酮基的次序增加。烯和芳烃可很好地与烷和环烷烃分离。此固定相也适于分离卤化物、碳水化合物、非立体对映体、金属螯合物、有机硅化合物、药物、硝基芳烃、PCBS、农药、醛、酮等。一些典型固定相的性质见表4-22中“4”部分，表4-35列出了此类固定相常见的商品毛细管柱的名称及应用范围。

（4）氰烷基取代聚硅氧烷　氰烷基取代聚硅氧烷具备高极性/选择性与合理的热稳定性。氰乙基和氰丙基聚硅氧烷展示了极性和可极化的特性，是最有用的极性固定相,选择性可用氰丙基的比率来调节。

聚氰烷基硅氧烷的主要应用在于分离不饱和脂肪酸甲酯（FAME），位置和几何异构体可被分离和识别。与聚酯固定相比，聚氰烷基硅氧烷有增强的顺/反选择性（反式比顺式流出较早）和炔-烯选择性（炔基FAME比在聚酯上更早流出）。含1～7个不饱和键的具不同不饱和度及其位置的C_{28}～C_{44}蜡酯可用此类柱子分离。酚、羟基联苯、酚醚、芳胺、生物碱、有机氯、类固醇、氮杂环等均在此类柱子上得到较好的分离。一些典型固定相的性质见表4-22中“5”部分，表4-35列出了此类固定相常见的商品毛细管柱的名称及应用范围。

3. 醇、酯和碳水化合物

这类固定相中的醚和羟基中的氧原子具备做氢键受主的能力，因此，醇、酸、酚、伯/

仲胺等较强地被保留。羟基固定相中的氢原子也可形成氢键，醚、酯、酮、醛、叔胺、*N*-或 *O*-杂环化合物、环丙烷衍生物等都会有较强的保留。具 pi-电子系统的物质也会流出较迟。

除硅氧烷外，聚醇是最受欢迎的气相色谱固定相，可用于含氧、氮、硫、卤化物的分离。该类固定相不仅与羟基化合物和伯胺，而且与含羰基、仲/叔胺、氮或氧杂环化合物强烈地相互作用。稳定性应该被注意，高温、载气中的氧、水都会引起该类固定相分解。样品中的硅烷化试剂也应该被消除。

羧酸和磷酸酯具有氢键的施主氧原子，对具质子的溶质有较大的保留。邻苯二甲酸酯、癸二酸酯和己二酸酯十分类似，它们与极性官能团展示强的相互作用。以聚乙二醇与不同酸反应得到的酯类固定液是一类极性固定液，如 DEGA, DEGS, EGA, CTPA, FFAP 等，特别适合于分离喹啉衍生物、高沸点的烯烃、芳烃和杂环化合物、脂肪酸酯、氨基酸的非立体对映异构体等，缺点是热稳定性稍差。DEGS 主要用于分离饱和、单不饱和脂肪酸以及不同饱和程度高碳酸酯。

考虑到现在毛细管色谱的应用已是主流，为节省篇幅，类似表 4-22 的详细结构等信息在本手册予以省略，有兴趣的读者可查阅我们的上一版本[1]或文献［4］。固定相的最低、最高使用温度请参见表 4-25。

4. 氰和氰醚

氰和氰醚主要用于极性、不饱和和质子性化合物的分离。可用于烯烃与炔烃，烷烃与环烷烃或芳烃，伯胺与仲或叔醇，酮、醛与醚、酯，极性的卤代烃与较小极性的烃，顺/反异构体的分离等。常见的此类固定液的最低、最高使用温度见表 4-25。

5. 其他固定液

表 4-26、表 4-27 分别给出了旋光类固定相及其减尾剂，供读者查阅。聚酰胺和聚酰亚胺类固定液极性较强，也具有较好的热稳定性和良好的润湿性，尤其适合于毛细管柱的涂渍。它们对醇类、胺类的分离特别有效，也适于糖类的分离。最低、最高使用温度见表 4-25。

（二）固定液的表征

气相色谱的高选择性是基于要被分离的分子与固定相的分子之间的相互作用。对固定液和吸附剂，相互作用能量一般＜60kJ/mol，大多是比化学键的能量低 2 个数量级。分子间的相互作用可以分为四类：伦敦式的色散力、定向力（包括氢键）、诱导力和施主-受主力。

选择性是溶质和固定相之间不同相互作用的表示。与之相反，极性是一个术语，指的是物质（固定相和样品分子）有一个明显的极性取代基，因此有一个可测量的偶极矩。从这个意义上讲，非极性固定相是非选择性的。

为了表征固定相的极性，罗尔施奈德选定丁二烯为极性化合物 RX 和正丁烷为非极性化合物 RH，选择角鲨烷为非极性固定相，它的极性定义为 $P=0$。化合物对丁二烯/正丁烷，烯烃相互作用被主要地体现。因此，我们得到一个特殊的与烯烃相关的极性 P_{olef}，在此基础上，1966 年，罗尔施奈德[11,12]在 29 种固定相上建立了 P_{olef} 度量，角鲨烷的 $P_{olef} = 0$，β,β-氧二丙腈的 $P_{olef} = 100$，覆盖了整个极性范围。

Kováts 建立的保留指数提供了利用不同同系物保留指数的差异来表征液体固定相的方法[13~15]。例如，考虑一个化合物 RX（其中 X 基团是极性或可极化的），被两个固定相 a 和 b 色谱分离，保留指数 I^a, I^b 可从色谱数据计算。如果在 b 相保留指数 I^b 高于 a 相的保留指数 I^a，则可认为 b 相极性比 a 相更高，气相色谱中极性差异为：

表 4-25 304 种固定相按类别编排的 McReynolds 常数表（表中对应的中文名称可从表 4-29、表 4-30 查阅）

固定相	使用温度/℃		*X*	*Y*	*Z*	*U*	*S*	*H*	*I*	*K*	*L*	*M*	*P* (*X*+*Y*+*Z*+*U*+*S*)
	最低	最高											
烃													
Squalane	20	120	0	0	0	0	0	0	0	0	0	0	0
Apiezon H	20	250	59	86	81	151	129	46	53	23	81	37	506
Apiezon J	20	250	38	30	27	49	57	23	42	15	42	35	201
Apiezon L	50	250	32	22	15	32	42	13	35	11	31	33	143
	50	250	35	28	19	37	47	16	36	11	33	33	166
Apiezon M	50	300	31	22	15	30	40	12	32	10	28	29	138
Apiezon N	50	300	38	40	28	52	58	25	41	15	43	35	216
Apiezon W			82	135	99	155	154	90	93	42	109	59	625
Bitumen			19	58	14	21	47	21	16	5	21	10	159
Castorwax	90	200	108	265	175	229	246	202	105	73	196	49	1023
Convoil20	25	175	14	14	8	17	21	10	15	5	14	10	74
Hexatriacontane	20	50	12	2	−3	1	11	0	10	2	5	8	23
Nujol	20	100	9	5	2	6	11	2	9	2	6	6	33
Oronite Polybutene 32			21	29	24	42	40	18	24	8	40	24	156
Oronite Polybutene 128			25	26	25	41	42	14	29	8	43	33	159
Paraffin Oil			11	6	2	7	13	2	12	2	9	9	39
SP 525	60	270	225	255	253	368	320	190					1421
Squalene	0	100	152	341	238	329	344	248	140	101	265	64	1404
卤烃													
Aroclor 1254			127				204						
Fluorolube HG 1200	50	200	51	68	114	144	118						495
Halocarbon 10-25	30	100	47	70	108	133	111	70					469
Halocarbon K-352	0	250	47	70	73	238	146	120					574
Halocarbon Wax	50	150	55	71	116	143	123	70	16	57	110	4	508
Kel-F Wax	—	200	55	67	114	143	116	73	16	57	109	4	495
硅氧烷													
甲基硅氧烷													
ASI 100 Methyl			17	55	44	67	43	32					226

续表

固定相	使用温度/℃		*X*	*Y*	*Z*	*U*	*S*	*H*	*I*	*K*	*L*	*M*	*P* (*X*+*Y*+*Z*+*U*+*S*)
	最低	最高											
Bayer M (Elastomer)			16	57	45	66	43	33					227
DC 200/MS 200	0	250	16	57	45	66	43	33					227
DC 330 (of very low viscosity)			13	51	42	61	36	31					203
DC 400 (Elastomer)			15	56	44	66	40	32					221
DC 401 (Elastomer)			17	58	47	68	46	34					236
DC 410 (Elastomer)	50	300	18	57	47	68	44	34					234
DC 430 (Elastomer, 1% vinyl)			16	54	45	65	43	32					223
DC 11 (10% SiO_2-Filler)	30	300	17	86	48	69	56	33					276
E 300 (Elastomer)			15	56	44	66	40	32					221
E 301 (Elastomer)	50	350	16	55	44	65	44	32					224
Embaphase Oil			14	57	45	66	43	33					225
F 111			16	57	45	66	43	33					227
Gensil S 2116 (Stearoylsilicone)			23				56						
Hi Vac Grease extract (extracted silicone grease, liberated from SiO_2 filler)			16	57	45	66	43	33					227
JXR (Elastomer)			16	55	44	65	42	32					222
L45 (UC L-45)			16	57	45	65	43	33					226
L46 (UC L-46)			16	56	44	65	41	33					222
MS 2211 (Elastomer)			15	56	44	66	40	32					221
OD-1 (Elastomer)			16	53	45	66	42	32					222
OV-1	100	350	17	57	45	67	43	33					229
OV-1 (Elastomer)	100	350	16	55	44	65	42	32					222
OV-101	0	350	17	57	45	67	43	33	4	23	46	−2	229
Perkin-Elmer Column C (DC 200)	0	250	16	57	45	66	43	33					227
Perkin-Elmer Column O(10% SiO_2-Filler)			17	86	48	69	56	33					276
Perkin-Elmer Column Z(Elastomer SA-30)			16	55	44	65	42	32					222
PMS 100			16	56	44	65	43	33					224
SE-30 (Elastomer)	50	300	16	55	44	65	42	32					222
SE-30 GC (Elastomer)	50	300	16	53	44	65	42	32					220

续表

固定相	使用温度/℃		X	Y	Z	U	S	H	I	K	L	M	P (X+Y+Z+U+S)
	最低	最高											
SE-30 Ultraphase (Elastomer)	50	300	16	55	44	65	42	32					222
SF-96	0	250	14	53	42	61	37	31					207
SF-96-200			14	53	42	61	37	31					207
SF-96-2000			14	53	42	61	37	31					207
Silastic 401 (Elastomer)			17	58	47	68	46	34					236
SP 2100	0	350	17	57	45	67	43	33					229
UC W 982 (0.15% Vinyl, Elastomer)	80	300	16	55	45	66	42	33	4	23	46	−1	224
Viscasil			16	57	45	66	43	33					227
甲基苯基硅氧烷													
ASI 50 Methyl (50% Phenyl)			119	158	162	243	202	112					884
DC 510 (50% Phenyl)			25	65	60	89	57	42					296
DC 550 (25% Phenyl)	0	250	74	116	117	178	135	81					620
DC 556 (10% Phenyl)			37	77	80	118	79	53					391
DC 702 (25% Phenyl)	0	225	77	124	126	189	142	90					658
DC 703 (25% Phenyl)		225	76	123	126	189	140	89					654
DC 710 (50% Phenyl)	0	250	107	149	153	228	190	170					827
E 350 (5% Phenyl, Elastomer)			32	72	65	98	67	44					334
E 351 (5% Phenyl, 1% Vinyl)			33	72	66	98	67	46					336
OV-3 (10% Phenyl)	0	350	44	86	81	124	88	55					423
OV-7 (20% Phenyl)	0	350	69	113	111	171	128	77					592
OV-11 (35% Phenyl)	0	350	102	142	145	219	178	103					786
OV-17 (50% Phenyl)	0	375	119	158	162	243	202	112					884
OV-22 (60% Phenyl)	0	350	160	188	191	283	253	133					1075
OV-25 (75% Phenyl)	0	350	178	204	208	305	280	144					1175
OV-61 (33% Phenyl)	0	350	101	143	142	213	174	99					773
SE-52 (5% Phenyl, Elastomer)	50	300	32	72	65	98	67	44					334
SE-54 (5% Phenyl, 1% Vinyl, Elastomer)	50	300	33	12	66	98	67	46					336

续表

固定相	使用温度/℃		X	Y	Z	U	S	H	I	K	L	M	P $(X+Y+Z+U+S)$
	最低	最高											
SP 392 (55% Phenyl)			133	169	176	258	219	123					955
SP 2250 (50% Phenyl)	0	375	119	158	162	243	202	112					884
SR 119 (Harz)			166	238	221	314	299	175					1238
XE-61 (33% Phenyl)			98				185						
卤代硅氧烷													
ASI 50 Methyl (50% Trifluoro-propyl)			146	238	358	468	310	206					1520
DC 560 (11% *p*-Chlorophenyl)	0	270	32	72	70	100	68	49	24	35	69	7	342
F-60 (ditto)			32	72	70	100	68	49					342
F-61 (ditto)			32	72	70	100	68	49					342
FS-1265 (50% Trifluoropropyl)=QF-1			144	233	355	463	305	203	136	53	280	59	1500
LSX-3-0295 (50% Trifluoropropyl）		250	152	241	366	479	319	208	144	55	291	64	1557
OV-210 (50% Trifluoropropyl）=SP 2401	0	275	146	238	358	468	310	206	139	56	283	60	1520
氰基硅氧烷													
AN-600 (25% Cyanoethyl）			202	369	332	482	408						1793
ASI 50 Methyl (25% Cyanopropyl, 25% Phenyl）			228	369	338	492	386	282					1813
ASI 50 Phenyl (50% Cyanopropyl）			319	495	446	637	531	379					2428
OV-105 (5% Cyanoethyl）	0	275	36	108	93	139	86	74					462
OV-25 （25% Cyanoethyl, 25% Phenyl）	0	350	228	369	338	492	386	282					1813
OV-275 (100% Cyanoethyl)	25	250	781	1006	885	1177	1089						4938
	25	250	629	872	763	1106	849						4219
Silar 5 CP (50% Cyanopropyl, 50% Phenyl) = SP 2300	50	275	319	495	446	637	530	379	320	216	470	175	2427
	50	275	319	495	446	637	530	379					2427
Silar 7 CP (75% Cyanopropyl, 25% Phenyl) = SP 2310	50	275	440	638	605	844	673	492	401	268	603	225	3200
	50	275	440	638	605	844	673	492					3200
Silar 9 CP (90% Cyanopropyl, 10% Phenyl) = SP 2330	50	275	489	725	631	913	778	566	459	292	696	256	3536
	50	275	490	725	630	913	778	566					3536

续表

固定相	使用温度/℃		*X*	*Y*	*Z*	*U*	*S*	*H*	*I*	*K*	*L*	*M*	*P* (*X*+*Y*+*Z*+*U*+*S*)
	最低	最高											
Silar 10 C (100% Cyanopropyl)= SP 2340	50	275	523	755	659	942	801	584	480	298	722	267	3680
	50	275	520	757	659	942	800	584					3678
XE-60 (25% Cyanoethyl, Elastomer)	0	250	204	381	340	493	367	289					1785
XF-1125 (25% Cyanoethyl)			204	381	340	493	367	289					1785
XF-1150 (50% Cyanoethyl)	0	150	308	520	470	669	528	401					2495
碳硼烷硅氧烷聚合物													
Dexsil 300 GC (Methyl)	40	400	37	78	113	154	117						499
	40	400	47	80	103	148	96	55					474
Dexsil 400 GC (Phenyl)	50	370	72	107	118	168	123						588
Dexsil 400 GC (2-Cyanoethyl)			71	286	174	249	171						951
Pentasil 350			16	3	121	131	162	74					433
乙二醇琥珀酸硅氧烷													
ECNSS-M (Cyanoethylsilicone moieties)	30	180	421	690	581	803	732	548	383	259	644	211	3227
ECNSS-S (Cyanoethylsilicone moieties, Silicone portion lower)			438	659	566	820	722	530		286			3205
EGSP-A (Phenylsilicone moieties)			397	629	519	727	700	496		278			2972
EGSP-Z (Phenylsilicone moieties, Silicone portion higher)	50	230	308	474	399	548	549	373	279	220	469	167	2278
EGSS-X (Methylsilicone moieties)	90	200	484	710	585	831	778	566	412	316	713	237	3388
EGSS-Y (Methylsilicone moieties, Silicone portion higher)	100	230	391	597	493	693	661	469	335	261	591	190	2835
氨基硅烷和硅氧烷（仅有有限的应用）													
N-*β*-Aminoethyl-*γ*-aminopropyl-trimethoxysilane			247	700	393	454	433						2227
γ-Amiiopropyltriethoxysilane			145	426	226	313	297						1407
N-Allyl-*γ*-aminopropyl-trimethoxysilane			323	653	441	593	555						2565
γ-Morphinylpropyltrimethoxysilane			72	539	129	511	469						1720
N,*N*-Dimethyl-*γ*-aminoethoxy-methylpolysiloxane			−8	143	76	69	82						362
二甘醇，聚乙二醇和聚乙二醇衍生物													
Carbowax 600	30	120	350	631	428	632	605	472	308	240	503	162	2646
Carbowax 1000	40	150	347	607	418	626	589	449	306	240	493	161	2587

续表

固定相	使用温度/℃		X	Y	Z	U	S	H	I	K	L	M	P (X+Y+Z+U+S)
	最低	最高											
Carbowax 1500			347	607	418	626	589	449					2587
Carbowax 1540			371	639	453	666	641	479	325	255	534	172	2770
Carbowax 4000	60	200	325	551	375	582	520	399	285	224	443	148	2353
Carbowax 4000	60	200	317	545	378	578	521	400					2339
Carbowax 6000	60	200	322	540	369	577	512	390	282	222	437	147	2320
Carbowax 6000, MER-21	60	200	322	541	370	575	512	392	283	222	438	149	2320
Carbowax 20 M	60	250	322	536	368	572	510	387	282	221	434	148	2308
Carbowax 400 Monostearate			280	486	325	512	449	350	244	191	382	122	2052
Carbowax 20 M-TPA (Terephthalic acid end groups)	60	250	321	531	367	573	520	387	281	220	435	148	2318
Diglycerol	20	150	371	826	560	676	854	608	245	141	724	36	3287
Emulphor ON-870 (Polyethylene glycol octadecyl ether)	40	200	202	395	251	395	344	282	179	140	289	80	1587
Emulphor ON-870 (Polyethylene glycol octadecyl ether)	40	200	202	396	251	395	345	283	179	139	289	80	1589
Ethofat 60/25 (Polyethylene glycol monostearate)	50	175	191	382	244	380	333	277	168	131	279	73	1530
FFAP (Carbowax 20M with 2-Nitroterephthalic acid end groups)	60	275	340	580	397	602	627	423	298	228	473	161	2546
Igepal CO-630 (Polyethylene glycol monotetramethylbutyl phenylether)	30	200	192	381	253	382	344	277	172	136	288	78	1552
Igepal CO-710			205	397	266	401	361	289	183	144	303	85	1630
Igepal CO-730			224	418	279	428	379	302	198	157	321	95	1728
Igepal CO-880 [Nonylphenoxypoly(ethy1eneoxy)ethanol]	100	200	259	461	311	482	426	334	227	180	362	112	1939
Igepal CO-990 [Nonylphenoxypoly(ethy1eneoxy)ethanol]	100	220	298	508	345	540	475	366	261	205	406	133	2166
Lutensol [Nonylphenoxypoly(ethy1eneoxy)ethanol]			232	425	293	438	386	315					1774
Polytergent B-350			202	392	260	395	353	284	180	142	297	84	1602
Polytergent G-300			203	398	267	401	360	290	180	145	303	83	1629
Polytergent J-300	50	150	168	366	227	350	308	266	149	119	255	61	1419
Polytergent J-400	50	150	180	375	234	366	317	270	159	127	265	68	1472
Renex 678 [Nonylphenoxypoly-(ethy1eneoxy)ethanol]			223	417	278	427	381	301	198	156	321	95	1726
SP 1000 (Polyethylene glycol with 2-Nitroterephthalic acid end groups)	60	275	332	555	393	583	546	400					2409
STAP (modified Carbowax 20M)	100	225	345	586	400	610	627	428	301	235	484	163	2568
Surfonic N-300 [Nonylphenoxypoly(ethyleneoxy)ethanol]	100	200	261	462	313	484	427	334	228	180	364	114	1947
Tergitol NPX 728 [Nonylphenoxypoly(ethy1eneoxy)ethanol]	100		197	386	258	389	351	281	176	139	293	81	1581

续表

固定相	使用温度/℃		*X*	*Y*	*Z*	*U*	*S*	*H*	*I*	*K*	*L*	*M*	*P* (*X*+*Y*+*Z*+*U*+*S*)
	最低	最高											
Triton X-100 [Polyethylene glycolmono(tetramethylbutyl)phenyl-ether] [M.W.600]	50	200	203	399	268	402	362	290	181	145	304	83	1634
Triton X-305 [Polyethylene glycolmono(tetramethylbutyl)phenyl-ether] [M.W.1500]	50	200	262	467	314	488	430	336	229	183	366	113	1961
Tween 80 (Polyoxyethylenesorbitanmonostearate)	0	160	227	430	283	438	396	310					1774
多丙烯乙二醇													
PPG 1000 (Thanol)			131	314	185	277	243	214	110	101	205	46	1150
PPG 2000 (Jefferson)	20	180	128	294	173	264	226	196	106	98	194	45	1085
多（氧乙烯氧丙烯）产品													
Pluracol P-2010			129	295	194	266	227	197	106	99	195	46	1091
Pluronic F-68			264	465	309	488	423	331	229	184	363	115	1949
Pluronic F-88			262	461	306	483	419	327	227	183	359	114	1931
Pluronic L-35			206	406	257	398	349	286	177	148	296	85	1616
Pluronic L-81			144	314	187	289	249	211	120	108	212	55	1183
Pluronic P-65			203	394	251	393	340	276	174	146	289	83	1581
Pluronic P-85			201	390	247	388	335	271	172	145	285	82	1561
Polyglycol 15-200			207	410	262	401	354	289	179	150	301	86	1634
Ucon 50-HB-280 X	0	200	177	362	227	351	302	252	151	130	256	65	1419
Ucon 50-HB-660	0	200	193	380	241	376	321	265	166	141	274	75	1511
Ucon 50-HB-2000	0	200	202	394	253	392	341	277	173	147	289	80	1582
Ucon 50-HB-3520	0	200	198	381	241	379	323	264	169	144	278	80	1522
Ucon 50-ED-5100	0	200	214	418	278	421	375	301	185	155	316	86	1706
Ucon 50-HB-1800 X	0	200	123	275	161	249	212	179	101	95	181	45	1020
Ucon 75-H-90 000	0	200	255	452	299	470	406	321	220	180	348	110	1882
Ucon LB-550 X	0	200	118	271	158	243	206	177	96	91	177	40	996
Ucon LB-1715	0	200	132	297	180	175	235	201	109	100	199	46	1119
醚													
OS 124 [Bis(phenoxyphenoxybenzene)]	0	200	176	227	224	306	283	177	169	135	266	103	1216

续表

固定相	使用温度/℃		X	Y	Z	U	S	H	I	K	L	M	P (X+Y+Z+U+S)
	最低	最高											
OS 138 [Bis(phenoxyphenoxy)-phenyl ether]	0	200	182	233	228	313	293	181	176	136	273	112	1249
PPE-20 (Poly-*m*-phenyl ether)			257	355	348	433		270					
PPE-21 (Poly-*m*-phenyl ether of higher molecular weight)			232	350	398	413		350					
二元羧酸酯													
Bis(2-butoxyethyl) adipate			137	278	198	300	235	216	118	104	205	28	1148
Bis(2-butoxyethyl) phthalate			151	282	227	338	267	217	138	112	225	48	1265
			157	292	233	348	272	272	143	117	233	50	1302
Bis(2-ethylhexyl) adipate (Flexoi A-26)			76	181	121	197	134	144	71	55	119	9	709
Bis(2-ethylhexyl) phthalate			92	186	150	236	167	143	92	66	140	26	831
Bis(2-ethylhexyl) sebacate			72	168	108	180	125	132	68	49	107	11	653
ditto (Octoil S)		130	72	167	107	179	123	132	68	49	106		11
Bis(2-ethylhexyl) tetrachloro phthalate			112	150	123	168	181	110	75	45	137		734
			109	132	113	171	168	104	190	159	312	34	693
Bis(2-ethoxyethyl) phthalate			214	375	305	446	364	290	129	110	224	79	1704
Bis(2-ethoxyethyl) sebacate			151	306	211	320	274	238	207	170	337	36	1262
Bis(ethoxyethoxyethyl) phthalate	0	150	233	408	317	470	389	309	96	69	147	92	1817
Butyloctyl phthalate			97	194	157	246	174	149				27	868
Dibutyl phthalate			130				227						
Dicyclohexyl phthalate			146	257	206	316	245	196	144	104	204	58	1170
Didecyl phthalate	50	150	136	255	213	320	235	201	126	101	202	38	1159
Didodecyl phthalate		150	79	158	120	192	158	120	79	52	116	26	707
Diisodecyl adipate	0	150	71	171	113	185	128	134	67	52	114	11	668
Diisodecyl phthalate	0	150	84	173	137	218	155	133	83	59	130	24	767
Diisononyl adipate			73	174	116	189	129	137	68	54	116	10	681
Diisooctyl adipate			78	187	126	204	140	148	72	159	126	8	735
Diisooctyl phthalate			94	193	154	243	174	149	92	69	147	24	858
Dinonyl phthalate			83	183	147	231	159	141	82	65	138	18	803
Dinonyl sebacate			66	166	107	178	118	130	62	50	106	8	635
Dioctyl phthalate			92	186	150	236	167	143	92	66	140	25	831

续表

固定相	使用温度/℃		X	Y	Z	U	S	H	I	K	L	M	P (X+Y+Z+U+S)
	最低	最高											
Dioctyl sebacate			72	168	108	180	123	132	68	49	106	10	651
Ditridecyl phthalate			75	156	122	195	140	119	76	51	115	25	688
Octyldecyl adipate			79	179	119	193	134	141	72	57	119	10	704
其他酯、酸、盐													
Acetyltributyl citrate	20	180	135	268	202	314	233	214	112	102	207	26	1152
Atpet 200 (sorbitan monooleate)			108	282	186	235	289	220	106	74	209	48	1100
Beeswax		200	43	110	61	88	122	86	41	24	73	18	424
Butoxyethyl stearate			56	135	83	136	97	102	49	40	81	5	507
Butyl stearate			41	109	65	112	71	85	37	29	61	−1	398
Celanese Ester No.9 (trimethylolpropane tripelargonate)	20	200	84	182	122	197	143	143	77	55	127	18	728
Citroflex A4 (Acetyl tributyl citrate)			136				233						
Cresyldiphenyl phosphate	20	125	199	351	285	413	336	266	190	153	292	88	1584
Diethylene glycol distearate			64	193	106	143	191	147	57	41	121	20	697
Estynox (Acetoxy derivative of Butyl oleate)			136	257	182	285	227	202	130	86	194	52	1087
Saccharose acetate isobutyrate (SAIB)			172	330	251	378	295	264	147	128	276	54	1426
Saccharose octaacetate			344	570	461	671	569	457	292	251	546	152	2615
Siponate DS-10 (Dodecyl benzenesulphonate)			99	569	320	344	388	466	114	61	437	63	1720
Sorbitol hexaacetate		100	335	553	449	652	543	446	273	247	521	131	2532
SP 1200	25	200	67	170	103	203	166	166	145				709
Span 60 (Sorbitol monostearate)			88	263	158	200	258	201	82	55	180	37	967
Span 80 (Sorbitol monooleate)			97	266	170	216	268	207	94	66	191	41	1017
Stepan DS-60			97	550	303	338	402	440	111	60	418	61	1690
Tributoxyethyl phosphate	20		141	373	209	341	274	285	126	104	204	31	1338
Triethylhexyl phosphate	20	150	71	288	117	215	132	225	71	47	103	7	823
Tricresyl phosphate	20	125	176	321	250	374	299	242	169	131	254	76	1420
Trimer acid (CS 4 Tricarboxylic Acid)	20	150	94	271	163	182	378	234	94	57	216	60	1088 Acid)
Zinc Stearate	50	150	61	231	59	98	544	98	50	29	78	33	993
Zonyl E-7 (fluorinated Ester of Pyromellitic Acid)	0	200	223	359	468	549	465	338	146	137	469	62	2064
Zonyl E-91(fluorinated Ester of Camphoric Acid)	0	200	130	250	320	377	293	235	81	95	295	10	1370

续表

固定相	使用温度/℃		X	Y	Z	U	S	H	I	K	L	M	P (X+Y+Z+U+S)
	最低	最高											
聚酯													
Butanediol succinate	50	230	370	571	448	657	611	457	324	242	533	178	2657
Butanediol succinate HI-EFF-4 BP			369	591	457	661	629	476	325	243	544	177	2707
Cyclohexanedimethanol succinate	100	250	269	446	328	493	481	351	248	176	394	124	2017
Cyclohexanedimethanol succinate	100	250	271	444	330	498	463	346	252	175	396	127	2006
HI-EFF8 BP													
Diethylene glycol adipate (DEGA)	20	210	378	603	460	665	658	479	329	254	554	176	2764
HI-EFF 1 AP													
Diethylene glycol adipate (DEGA)	20	210	377	601	458	663	655	477	328	253	551	177	2754
LAC-IR-296													
Diethylene glycol adipate with additive Pentaerythritol (DEGA-P)			387	616	471	679	667	489	339	257	567	186	2820
LAC-2R-446													
Diethylene glycol succinate(DEGS)	20	200	470	705	558	788	779	556	393	301	677	215	3300
Diethylene glycol succinate(DEGS)	20	200	492	733	581	833	791	579	418	321	705	237	3430
Diethylene glycol succinate(DEGS-PS)			496	746	290	837	835	594	420	325	718	238	3504
Diethylene glycol succinate	20	200	502	755	597	849	852	599	421	329	726	234	3555
Diethylene glycol succinate, HI-EFF-1 BP			499	751	593	840	860	595	422	323	725	240	3543
Epon 1001 (Epoxide Resin)	50	200	284	489	406	539	601	378	291	207	502	187	2317
Ethylene glycol adipate (EGA)	100	200	371	579	454	655	633	466	323	248	550	175	2692
Ethylene glycol adipate (EGA)	100	200	372	577	455	658	619	463	325	250	548	177	2681
Ethylene glycol adipate (EGA), HI-EFF 2 AP	100	200	372	576	453	655	617	462	325	250	546	177	2613
Ethylene glycol isophthalate(EGIP), HI-EFF 2 EP	100	200	326	508	425	607	561	400	299	213	498	168	2427
Ethylene glycol *o*-phthalate (EGP), HI-EFF 2 GP	100	200	453	697	602	816	872	560	419	306	699	260	3440
Ethylene glycol succinate (EGS)	100	200	536	775	636	897	864	622	450	347	783	259	3708
Ethylene glycol succinate (EGS), HI-EFF 2 BP	100	200	531	187	643	903	889	633	452	348	795	259	3759
Ethylene glycol tetrachlorophthalate (EGTCP)	100	200	307	345	318	428	466	265					1864
Harflex 370 (Propylene glycol sebacate)			193				327						
MER-2			381	539	456	646	615	421	337	262	566	197	2637
Neopentyl glycol adipate (NPGA)	50	225	234	425	312	462	438	339	210	157	362	103	1871
Neopentyl glycol adipate (NPGA), HI-EFF 3 AP			232	421	311	461	424	335	208	156	357	103	1849
Neopentyl glycol isophthalate (NPGIP)			207				377						
Neopentyl glycol sebacate (NPGSb), HI-EFF 3 CP	50	225	172	327	225	344	326	257	156	109	251	73	1394

续表

固定相	使用温度/℃		X	Y	Z	U	S	H	I	K	L	M	P (X+Y+Z+U+S)
	最低	最高											
Neopentyl glycol succinate (NPGS)	50	225	275	472	367	543	489	374	245	186	423	127	2146
Neopentyl glycol succinate (NPGS)	50	225	272	467	365	539	472	371	243	184	419	124	2115
Neopentyl glycol succinate HI-EFF 3 BP	50	225	272	469	366	539	474	371	243	184	419	124	2120
Paraplex G-25 (modified Alkyd)			189	328	239	368	312	257	169	124	271	79	1436
Paraplex G-40 (modified Alkyd)			282	459	355	528	457	364	247	193	414	125	2081
Phenyldiethanolamine succinate (PDEAS)，HI-EFF 10 BP	20	230	386	555	472	674	654	437	362	242	562	213	2741
Propylene glycol adipate (PGA),Reoplex 400			364	619	449	647	671	482	317	245	540	171	2750
Propylene glycol sebacate (PGSb)			196	345	251	381	328	271	176	129	285	83	1501
氰													
Bis(cyanoethy1)fonnamide	20	125	690	991	853	1110	1000	773	557	371	964	279	4644
Cyanoethyl saccharose			647	919	797	1043	976	713	544	388	917	299	4382
Hexalds(cyanoethoxy) hexane			567	825	713	978	901	620					3984
Oxydipropionitrile			588				919						
SP-216-PS, SP-222-PS	25	216	632	875	733	1000	680						3920
Tetracyanoethyl pentaerythritol	30	175	526	782	677	920	837	621	444	333	766	237	3742
Tetrakis(cyanoethoxy)butane (Cymo-B)	110	200	617	860	773	1048	941	685					4239
Tris(cyanoethoxy)propane			593	857	752	1028	915	672	503	375	853		4145
胺、杂环													
Alkaterge T (substituted Oxazoline)			89				230						
Amine 220 (substituted Imidazoline)			117	380	181	293	133	274					1104
Armeen 2 HT		100	24				36						
Armeen 2-S (aliphatic Amine from Soybean Oil)	30	125	35				103						
Armeen SD (aliphatic Amine from Soybean Oil)	20	100	44				78						
Bentone 34 (Dimethyl dioctadecylammonium derivative of Montmorillonite)			241										
Ethomeen 18/25 (Polyoxyethylene Soybean Amine)			176	382	230	353	323	275	158	118	265	72	1464
Ethomeen S/25 (Polyoxyethylene Soybean Amine)		75	186	395	242	370	339	285	169	127	279	79	1532
Polyethyleneimine	0	180	322	800		573	524	585					
Polypropyleneimine	0	200	122	425	168	263	224	270					1202
Tetrakis(hydroxyethy1)ethylenediamine (THEED)			463	942	626	801	893	746	427	269	721	254	3725

续表

固定相	使用温度/℃		X	Y	Z	U	S	H	I	K	L	M	P (X+Y+Z+U+S)
	最低	最高											
Tetrakis(hydroxypropy1)ethylenediamine (Quadrol)			214	571	357	472	489	431	208	142	379	111	2103
酰胺													
Flexol 8N8 {Bis[(ethylhexanoyloxy)ethyl]ethylhexaneamide}	20	190	96	254	164	260	179	197	98	64	147	23	953
Hallcomid M-18 (Dimethylstearamide)	40	150	79	268	130	222	146	202	82	48	106	16	845
Hallcomid M-18 OL (Dimethyloleylamide)	30	150	89	280	143	239	165	211	93	58	211	21	916
Poly-A 101 A (Polyamide)	50	275	115	357	151	262	214	233		64			1099
Poly-A 103	70	275	115	331	149	263	214	221		62			1072
Poly-A 135	70	250	163	389	168	340	269	282					1329
Poly-I 110	90	275	115	194	122	204	202	152		55			837
Versamid 930	115	150	108	309	137	208	207	222	110	57	148	77	969
(linear Polyamide)			109	313	144	211	209	225	112	57	150	79	986
Versamid 940	110	200	109	314	145	212	209	225	112	57	150	78	989
其他固定相													
Elastex 50-B			140	255	209	318	239	198	134	103	202	47	1161
Flexol B-400			121	284	169	259	217	191	100	95	186	39	1050
Flexol GPE			93	210	140	224	162	166	90	65	146	20	829
Fluorad FC-431 (surface-active fluoroorganic compound)			281	423	297	509	3 60	326	223	183	294	78	1870
Hercoflex 600	20	200	112	234	168	261	194	187	102	77	176	27	969
MER-35			162	200	178	268	256	140					
OroniteNI-W			185	370	242	370	327	267	165	130	275	75	1064
Poly(ester-acetal) (cross-linked)			222	265	230	469	612	229	197	161	285	115	1798
Triton X-200			117	289	172	266	237	180	105	81	192	48	1081
Triton X-400			68	334	97	176	131	218		36	95	23	806

注：根据文献［1,4］编辑而成。

表 4-26 旋光类物质固定液

序号	中文名称	英文名称	商品名称或其他名称	分子式或结构式	溶剂	使用温度/℃	
						最低	最高
1	L-α-氨基异戊酸异丙酯酰脲	Ureide of L-Valine isopropyl ester	—	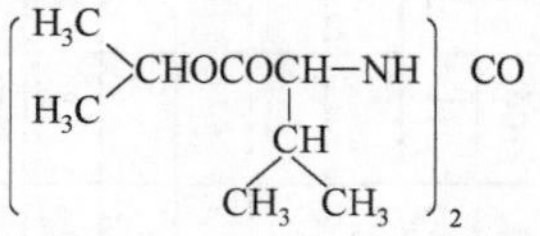 $\left[\begin{matrix}H_3C\\H_3C\end{matrix}\!\!>CHOCOCH-NH \atop \quad CH(CH_3)_2\right]_2 CO$	Ee	—	120
2	N-三氟乙酰-L-异戊氨酰-L-α-氨基异戊酸环己酯	N-trifluoroacetyl-L-Valyl-L-Valine Cyclohexyl ester	—	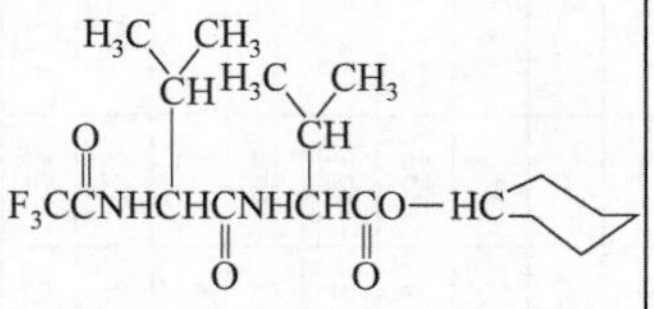 $F_3CC(=O)NHCH(CH(CH_3)_2)C(=O)NHCH(CH(CH_3)_2)C(=O)O-HC_6H_{11}$	Ee	90	110
3	N-三氟乙酰-L-苯基丙氨酰-L-异己氨酸环己酯	N-trifluoroacetyL-L-phenylalanyl-L-leueine cyclohexylester	—		Ee	—	140
4	N-己酰-L-α-氨基异戊酸正己基酰胺	N-Caproyl-L-Valine-n-hexylamide	—	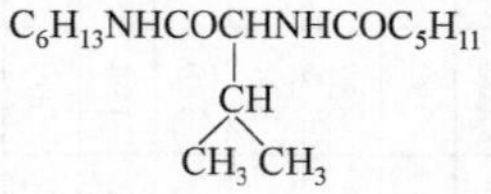 $C_6H_{13}NHCOCH(CH(CH_3)_2)NHCOC_5H_{11}$	—	—	145
5	N-[2-(2-乙基-1,3-二羟基)丙基]-D-樟脑酰亚胺	N-[2-(2-ethyl-1,3-dihydroxylpropyl)]-D-camporimide	—	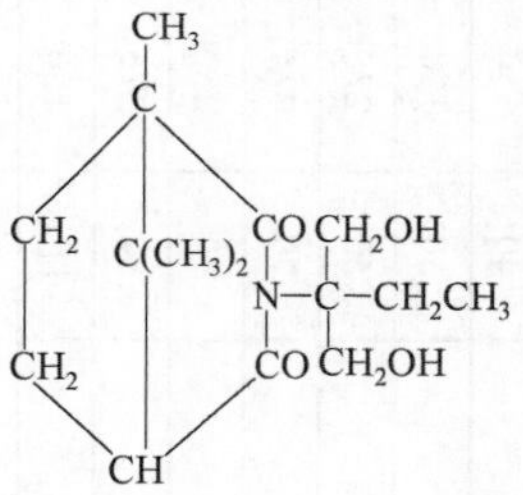 樟脑酰亚胺骨架：CH_3–C、CH_2、CH_2、CH、$C(CH_3)_2$、CO–N–CO；$N-C(CH_2OH)_2-CH_2CH_3$	—	—	<170
6	N-三氟乙酰-L-苯基丙氨酰-L-天冬氨酸双环己基酯	N-trifluroacetyl-L-phenylalanyl-L-aspartic acid bis(cyclo-hexyl) ester	—	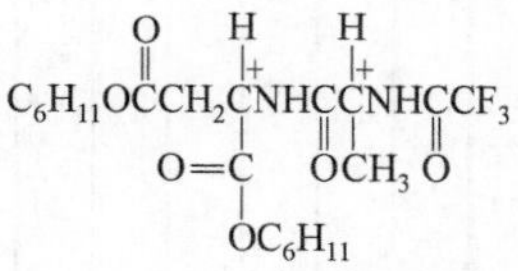 $C_6H_{11}OC(=O)CH_2C(H)(C(=O)OC_6H_{11})NHC(H)(C(=O)OCH_3)NHC(=O)CF_3$	—	95	160
7	N-廿二酰-L-α-氨基异戊酸-2-(2-甲基)正十七基酰胺	N-docosanoyl-L-valine-2-(2-methyl)-n-heptadecylamide	—	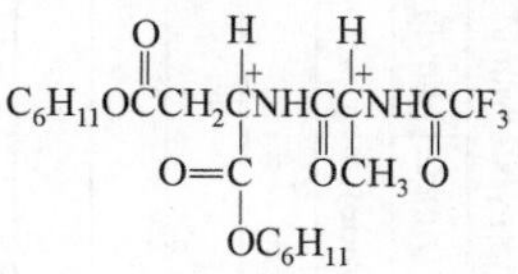 $C_6H_{11}OC(=O)CH_2C(H)(C(=O)OC_6H_{11})NHC(H)(C(=O)OCH_3)NHC(=O)CF_3$	—	65	200

注：根据文献［1］编辑。

表 4-27 减尾剂[1]

序号	中文名称	英文名称	分子式或结构式	应用范围	备注
1	己二酸	adipic acid	$HOOCCH_2CH_2CH_2CH_2COOH$	脂肪酸	加入聚酯中
2	癸二酸	sebacic acid	$HOOCCH_2CH_2CH_2CH_2CH_2CH_2COOH$	脂肪酸	
3	硬脂酸	stearic acid	$CH_3(CH_2)_{16}COOH$	脂肪酸、醛	加入硅油中
4	三元酸	trimer acid	90%C_{54}三元酸+10%C_{36}二元酸	酚、甲酚、二甲酚	
5	间苯二甲酸	isophthalic acid	—COOH —COOH	含氧化合物水溶液	
6	对苯二甲酸	terephthalic acid	HOOC— —COOH	脂肪酸	加入 Carbowax20M 中
7	二壬基萘二磺酸	dinonylnaphthalene disulfonic acid	—	含氧化合物水溶液	
8	C_{16}～C_{18}脂肪伯胺	Armeen SD(C_{16}～C_{18} primary aliphatic amines)	—	吡啶化合物，水中肼化合物	
9	三乙醇胺	triethanolamine	$(CH_2CH_2OH)_3N$	吡啶化合物，水中肼化合物	
10	四乙烯五胺	tetraethylene pentamine	$NH_2(CH_2CH_2NH)_3CH_2CH_2NH_2$	胺类化合物	涂敷在聚苯乙烯类多孔小球上
11	聚乙烯亚胺	polyethylene imine	—	胺类化合物	涂敷在聚苯乙烯类多孔小球上
12	氢氧化钠	sodium hydroxide	$NaOH$	胺类化合物	
13	磷酸	phosphoric acid	H_3PO_4	胺类化合物	加入聚酯类固定液中，或涂在苯乙烯类多孔小球上

$$\Delta I = I^{b} - I^{a} \tag{4-1}$$

对一个给定的溶质，如果在另一个固定相上的 I 更高，说明该固定相有较高的极性。因此，

$$\Delta I = ax \tag{4-2}$$

式中，a 为溶解/吸附化合物的极性因子；x 为固定相的极性因子。

式（4-2）仅使用一个探针、一个固定相，不足以描述任何溶质在一个固定相上的行为。这种方法的缺点是基准物质选得不合适。丁二烯并不能代表与极性有关的各种相互作用的官能团探针，且固定相极性很高时，由于低溶解度和液相吸附效应，烃探针也不合适。

在后来的工作中，罗尔施奈德[11,16,17]发现保留指数差异总是由两类因素决定：只与样本相关和不随固定相改变的，和只与固定相有关，而与溶质无关。第一类由符号 a,b,c,d 和 e 表示，后者由 x、y、z、u 和 s 表示。

对一个给定的固定相-溶质系统，等式（4-2）可表示为：

$$\Delta I = ax + by + cz + du + es \tag{4-3}$$

这里，x、y、z、u 和 s 是表征固定相的极性因子；a、b、c、d 和 e 是表征溶质的极性因子。前者通过使用苯、乙醇、甲乙酮、硝基甲烷和吡啶来表征，分别代表诱导力（受主）、施主-受主作用力、氢键作用力（质子施主）、氢键作用力（质子受主）、诱导力（施主）、定向力、施主-受主力和定向力。

为了评价固定相的极性，罗尔施奈德分别测定上述 5 个溶质在待评价固定相和角鲨烷（非极性参考固定相）上的保留指数，并将上述 5 种化合物在特定固定相上的保留指数减去角鲨烷上的保留指数，除以 100 即得到固定相特征常数 x、y、z、u 和 s。$x+y+z+u+s$ 为固定相总极性，$(x+y+z+u+s)/5$ 为固定相平均极性。

在罗尔施奈德的基础上， McReynolds[32]在 25 种柱上分析了 68 种化合物从中选出最具代表性的 10 个来表征柱的极性。其中最有价值的前 5 个化合物是苯、正丁醇、2-戊酮、硝基丙烷和吡啶，有的是 Rohrschneider 所用的相同化合物，有的是它们的同系物。他建议采用丁醇代替乙醇，1-硝基丙烷代替硝基甲烷和 2-戊酮代替甲乙酮。与罗尔施奈德常数不同，McReynolds 常数在计算保留指数差异后不用 100 去除。表 4-28 给出了由 McReynolds 建议的表征固定相的溶质。

表 4-28 McReynolds 常数测试物质

符号	测试物质	角鲨烷上的保留指数	表征的化合物类型	选择性作用力
X	苯	653	芳、烯烃	诱导力（受主）和施主-受主相互作用、π-相互作用、极化
Y	1-丁醇	590	醇、腈、酸	氢键（H-施主）、偶极相互作用
Z	2-戊酮	627	酮、醚、醛、酯、环氧、二甲氨基衍生物	氢键（H-受主）、偶极相互作用
U	1-硝基丙烷	652	硝基、腈化物	诱导力（施主）、定向力、施主-受主力（施主）、偶极相互作用
S	吡啶	699	*N*-杂环	定向力、强质子受主能力
H	2-甲基戊醇	690	支链化合物，尤其是醇	类似于正丁醇
I	1-碘丁烷	818	卤化物	偶极和诱导相互作用
K	2-辛炔	841	炔类化合物	类似于苯
L	1,4-二氧噁烷	654	醚、多醇	质子受主
M	顺萜烷	1006	多环化合物、类固醇	色散力

X和S的值对应100倍罗尔施奈德常数中的值，Y、Z和U保留差异（$\Delta I=I^{polar}-I^{non.polar}$）已采用在罗尔施奈德样品化合物中较高的同系物测定。在评价了226个固定相后，McReynolds指出固定相的选择性和气相色谱极性可以用表4-28中给定的溶质在固定相与参考非极性固定相角鲨烷上Kováts保留指数的差异$\Delta I=I^{polar}-I^{non.polar}$来测量。

$$X=\Delta I_{苯}=I_{苯}^{固定相}-I_{苯}^{角鲨烷}$$

$$Y=\Delta I_{1\text{-}丁醇}=I_{1\text{-}丁醇}^{固定相}-I_{1\text{-}丁醇}^{角鲨烷}$$

$$\cdots$$

McReynolds常数用大写的X,…,M表示，并在120℃测定。而罗尔施奈德常数则在100℃测定。

表4-29与表4-30按固定液英文名称字母顺序和CP值大小的顺序，分别编排了固定液McReynolds常数。

表4-29　固定液McReynolds常数表（按英文字母排序）[1]

固定液		使用温度/℃		McReynolds常数					CP值	溶剂
英文名称	中文名称	最低	最高	*X*	*Y*	*Z*	*U*	*S*		
Acetyltributyl citrate	柠檬酸乙酰三丁酯	20	180	135	268	202	314	233	27	A
Apiezon H	饱和烃润滑脂	20	250	59	86	81	151	129	12	T
Apiezon J	饱和烃润滑脂	20	250	38	36	27	49	57	5	T
Apiezon L	饱和烃润滑脂	50	250	32	22	15	32	42	3	T
Apiezon M	饱和烃润滑脂	50	300	31	22	15	30	40	3	T
Apiezon N	饱和烃润滑脂	50	300	38	40	28	52	58	5	T
Apiezon T	饱和烃润滑脂	—	—	41		30	55	82		T
Apolane-87	八十七烷	35	260	21	10	3	12	35	2	T
AT 220		0	180	117	380	181	293	133	26	C
Atpet 200		—	—	108	282	186	235	289	26	C
Beeswax	蜂蜡	—	200	43	110	61	88	122	10	C
N,N-Bis-(2-cyanoe-thyl)formamide	*N,N*-双(2-氰乙基)甲酰胺	20	125	690	991	853	1110	1000	110	M，C
Bis-(2-ethoxyethox-yethyl)Phthalate	二(乙氧基乙氧基乙基)邻苯二甲酸酯	—	150	233	408	317	470	389	43	A，C
Bis(2-Ethylhexyl)tetrachlorophthalate	二(2-乙基己基)四氯邻苯二甲酸酯	0	150	112	150	123	168	181	17	A
Butancdiol succinate	聚丁二醇丁二酸酯	50	230	370	571	448	657	611	63	C，D
Butoxyethyl stearate	硬脂酸丁氧基乙酯	—	—	56	135	83	136	97	12	
Butyloctyl phthalate	邻苯二甲酸丁辛酯	—	—	97	194	157	246	174	21	M，D
Butyl stearate	硬脂酸丁酯	—	—	41	109	65	112	71	9	E，Ee
Carbowax 400	聚乙二醇400	20	100	333	653	405	—	—	—	C，A
Carbowax 600	聚乙二醇600	30	120	323	583	382	—	—	63	C，A
Carbowax 1000	聚乙二醇1000	40	150	347	607	418	626	589	61	C，A
Carbowax 1450	聚乙二醇1450	50	175	371	639	453	666	641	66	C
Carbowax 3350	聚乙二醇3350	60	200	317	545	378	578	521	56	C
Carbowax 4000monostearate	聚乙二醇4000单硬脂酸酯	60	200	282	496	331	517	467	50	C
Carbowax 6000	聚乙二醇6000	60	200	322	540	369	577	512	55	C，A
Carbowax 20M	聚乙二醇20M	60	250	322	536	368	572	510	55	C

续表

固定液		使用温度/℃		McReynolds 常数					CP 值	溶剂
英文名称	中文名称	最低	最高	*X*	*Y*	*Z*	*U*	*S*		
Carbowax 20M-TPA(terephthahc acid)	聚乙二醇 20M-TPA	60	250	321	537	367	573	520	54	C，D
Castorwax	蓖麻蜡	90	200	108	265	175	229	246	24	C
Celanese ester No.9	丙烷三壬酸三甲酯	20	200	84	182	122	122	143	16	A，C
Convoil 20	酞酸二癸酯	25	175	14	14	8	17	21	2	A，C
Cresyl Diphenylphosphate	磷酸甲苯基二苯酯	20	125	199	351	285	413	336	38	B，C
Cyanoethyl sucrose	氰乙基蔗糖	20	200	647	919	797	1043	976	104	C
Cyclohexanedimethanol succinate	环己烷二丁醇丁二酸酯	100	250	269	446	328	493	481	48	C
DC 11	甲基硅脂 DC 11	30	300	17	86	48	69	56	7	T，C
DC 200	甲基硅油 DC 200	0	250	1 6	57	45	66	43	5	T，C
DC 330	甲基硅油 DC 330	—	—	13	51	42	61	36	5	—
DC 410	甲基硅橡胶 DC 410	50	300	18	57	47	68	44	6	A
DC 510	苯基甲基聚硅氧烷 DC 510	—	—	25	65	60	89	57	7	T
DC 550	苯基甲基聚硅氧烷 DC 550	0	250	81	124	124	189	145	15	T，A
DC 556	苯基甲基聚硅氧烷 DC 556	—	—	37	77	80	118	79	9	T
DC 560	对氯苯基甲基聚硅氧烷DC 560	0	270	32	72	70	100	68	8	T
DC 702	苯基甲基聚硅氧烷 DC 702	0	225	77	124	126	189	142	16	C
DC 703	九甲基三苯基五硅氧烷DC 703	—	225	76	123	126	189	140	16	C
DC 710	苯基甲基聚硅氧烷 DC 710	0	250	107	149	153	228	190	20	A
Dexsil 300 (carbo-Rane-methyl silicone)	聚碳硼烷硅氧烷	40	400	47	80	103	148	96	11	C
Dexsil 400 (carbo-Rane-phenyl silicone)	聚碳硼烷硅氧烷	50	370	59	114	140	187	173	20	C
Dexsil 410 (carbo-Rane-nitrile silicone)	聚碳硼烷硅氧烷	50	360	85	165	169	242	180	20	C
Di-(2-butoxyethyl)adipate	己二酸二丁氧基乙酯	20	—	137	278	198	300	235	27	D
Di-(2-butoxyethyl)phthalate	邻苯二甲酸二丁氧基乙酯	20	175	157	292	233	348	272	31	C，M
Diisodecyl adipate	己二酸二异癸酯	0	150	71	171	113	185	123	16	M，A
Diisodecyl phthalate	邻苯二甲酸二异癸酯	0	150	84	173	137	218	155	18	M，A
Dicyclohexyl phthalate	邻苯二甲酸二环己酯	—	—	146	257	206	316	245	28	—
Didecyl phthalate	邻苯二甲酸二癸酯	50	150	136	255	213	320	235	27	A
Di-(2-ethoxyethyl)phthalate	邻苯二甲酸二乙氧基乙酯	—	—	214	375	305	446	364	40	—
Di-(2-ethoxyethyl)sebacate	癸二酸二乙氧基乙酯	—	150	151	306	211	320	274	30	A
Diethylene glycol Adipate (DEGA)	聚二乙二醇己二酸酯	20	210	378	603	460	665	658	66	A，C
Diethylene glycol Stearate (DEG)	聚二乙二醇硬脂酸酯	—	175	64	193	106	143	191	17	C
Diethylene glycol Succinate (DEGS)	聚二乙二醇丁二酸酯	20	200	496	746	590	837	835	81	A，C
Di(2-ethylhexyl)phthalate	邻苯二甲酸二(2-乙基己基)酯	—	150	135	254	213	320	235	27	D,M
Di(2-ethylhexyl)sebacate	癸二酸二(2-乙基己基)酯	0	125	72	168	108	180	125	15	A，C
Di(2-ethylhexyl)tetrachlorophthalate	四氯邻苯二甲酸二(2-乙基己基)酯	0	150	109	132	113	171	168	16	A，D
Diglycerol	双甘油	20	150	371	826	560	676	854	78	C，M
Dilauryl phthalate	邻苯二甲酸二月桂酯	—	150	79	153	120	192	158	17	A，C
Dinonyl phthalate	邻苯二甲酸二壬酯	20	150	83	183	147	231	159	19	D，A
Dinonyl sebacate	癸二酸二壬酯	0	125	66	166	107	178	118	15	A
Diisooctyl adipate	己二酸二异辛酯	0	12S	76	181	121	197	134	17	M
Diisoctyl phthalate	邻苯二甲酸二异辛酯	0	150	94	193	154	243	174	20	M，A
Dioctyl phthalate	邻苯二甲酸二辛酯	0	150	92	186	150	236	167	20	M，A

续表

固定液		使用温度/℃		McReynolds 常数					CP 值	溶剂
英文名称	中文名称	最低	最高	*X*	*Y*	*Z*	*U*	*S*		
Dioct sebacate	癸二酸二辛酯	0	125	72	168	108	180	123	15	A，C
Ditridecyl phthalate	邻苯二甲酸二(十三烷基)酯	—	—	75	156	122	195	140	16	A
E-301	甲基硅橡胶 E-301	50	350	15	56	44	66	40	5	T
ECNSS-M	乙二醇丁二酸/氰乙基硅氧烷共聚物	30	180	421	690	581	803	732	76	C
EGSP-Z	乙二醇丁二酸酯/苯基甲基硅氧烷共聚物	50	230	308	474	399	548	549	54	C
EGSS-X	乙二醇丁二酸酯/甲基硅氧烷共聚物	90	200	484	710	585	831	778	80	C
EGSS-Y	乙二醇丁二酸酯/甲基硅氧烷共聚物	100	230	391	597	493	693	661	67	C
Elastex 50-B	乳化沥青 50-B	—	—	140	255	209	318	239	28	
Emulphor ON-870	聚乙二醇十八醚	40	200	202	395	251	395	344	38	M，C
Epon 1001	环氧树脂 Epon 1001	50	200	284	489	406	539	601	55	C
Estynox 100	环氧增塑剂	0	175	136	257	182	285	227	26	C
Ethofat 60/25	聚乙二醇单硬脂酸酯	50	175	191	382	244	380	333	36	C,A
Ethomeen 18/25	十八碳酰胺与环氧乙烷的缩合物	—	—	176	382	230	353	323	35	—
Ethomeeh S/25	大豆脂肪胺与环氧乙烷的缩合物	—	75	186	395	242	370	339	36	C
Ethylene glycol adipate(EGA)	聚乙二醇己二酸酯	100	200	372	576	453	655	617	63	C，A
Ethylene glycolisophthalate	聚乙二醇间苯二甲酸酯	100	200	326	508	425	607	561	58	C
Ethylene glycolphthalate	聚乙二醇邻苯二甲酸酯	100	200	453	697	602	816	872	82	C
Ethylene glycolsuccinate(EGS)	聚乙二醇丁二酸酯	100	200	537	787	643	903	889	89	C
Ethylene glycol te-trachlorophthalate	聚乙二醇四氯邻苯二甲酸酯	100	200	307	345	318	428	466	44	C
Flexol 8N8	*N*,*N*-二(2-乙基己酸乙酯)替-2-乙基己酸酰胺	20	190	96	254	164	260	179	23	D,C
Fluorolube HG 1200	聚全氟氯代烯 HG 1200	50	200	51	68	114	144	118	12	A
Free fatty acid phase(FFAP)	聚乙二醇 20M 与 2-硝基对苯二甲酸的反应产物	60	275	340	580	397	602	627	60	C
Hallcomid M-18	*N*,*N*-二甲基油酸酰胺 M-18	40	150	79	268	130	222	146	20	C，A
Hallcormid M-18 OL	*N*,*N*-二甲基油酸酰胺 M-18 OL	30	150	89	230	143	239	165	22	C，M
Halocarbon oil 10-25	卤碳油 10-25	30	100	47	70	108	133	111	11	C
Halocarbon oil K-352	卤碳油 K-352	0	250	47	70	73	238	146	11	C
Halocarbon wax	卤碳蜡	50	150	55	71	116	143	123	12	A
Hercoflex 600	聚 1,3-丙二醇癸二酸酯	20	200	112	234	168	261	194	23	C
1,2,3,4,5,6-He-xakis-(2-cyanoethoxy)-cyclohexane	六(氰乙氧基)环己烷	125	200	567	825	713	978	901	94	T，C
n-Hexatriacontane	三十六烷	20	50	12	2	−3	1	11	1	T，B
Hyprose SP-80	八(2-羟丙基)蔗糖	20	200	336	742	492	639	727	70	C，M
Igepal CO-630	聚乙二醇壬基苯基醚 CO-630	30	200	192	381	253	382	344	37	C
Igepal CO-710	聚乙二醇壬基苯基醚 CO-710	—	—	205	397	266	401	361	39	C
Igepal CO-730	聚乙二醇壬基苯基醚 CO-730	—	—	224	418	279	428	379	41	C
Igepal CO-880	聚乙二醇壬基苯基醚 CO-880	100	200	259	461	311	482	426	46	C,A
Igepal CO-990	聚乙二醇壬基苯基醚 CO-990	100	220	298	508	345	540	475	51	A

续表

固定液		使用温度/℃		McReynolds 常数					CP 值	溶剂
英文名称	中文名称	最低	最高	*X*	*Y*	*Z*	*U*	*S*		
Kel-F Wax	聚三氟氯乙烯蜡	—	200	55	67	114	143	116	12	C
LAC 1-R-296	聚二乙二醇己二酸酯	20	210	377	601	458	663	655	65	A
LAC-2-R-446	聚二乙二醇己二酸季戊四醇交联聚酯	20	200	387	616	471	679	667	67	A
LAC-3-R-728	聚二乙二醇丁二酸酯	20	200	502	755	597	849	852	84	A
LSX-3-0295	聚氟代烷基硅氧烷	—	250	152	241	366	479	319	37	
Montan wax	褐煤蜡	—		19	58	14	21	47	4	C
Neopentyl glycol adipate	聚新戊二醇己二酸酯	50	225	234	425	312	462	438	44	C
Neopentyl glycolsebacate	聚新戊二醇癸二酸酯	50	225	172	327	225	344	326	33	C
Neopentyl glycol succinate	聚新戊二醇丁二酸酯	50	225	272	469	366	539	474	50	C
Nujol	矿物油	20	100	9	5	2	6	11	1	T
Octoi S	癸二酸二异辛酯	—	130	72	167	107	179	123	15	A，C
Octyl decyl adipate	己二酸辛癸酯	—	125	79	179	119	193	134	17	A
OS 124	聚间苯醚 OS 124	0	200	176	227	224	306	283	29	T
OS 138	聚间苯醚 OS 138	0	200	182	233	228	313	293	30	T
OV-1	甲基硅橡胶 OV-1	100	350	16	55	44	65	42	5	T，C
OV-3	苯基甲基聚硅氧烷 OV-3	0	350	44	86	81	124	88	10	T，C
OV-7	苯基甲基聚硅氧烷 OV-7	0	350	69	113	111	171	128	14	T，C
OV-11	苯基甲基聚硅氧烷 OV-11	0	350	102	142	145	219	178	18	T，C
OV-17	苯基甲基聚硅氧烷 OV-17	0	375	119	158	162	243	202	21	T，C
OV-22	苯基甲基聚硅氧烷 OV-22	0	350	160	188	191	283	253	25	A，C
OV-25	苯基甲基聚硅氧烷 OV-25	0	350	178	204	208	305	280	28	A，C
OV-61	苯基甲基聚硅氧烷 OV-61	0	350	101	143	142	213	174	18	T，C
OV-73	苯基甲基聚硅氧烷 OV-73	0	325	40	86	76	114	85	10	T
OV-101	甲基硅油 OV-101	0	350	17	57	45	67	43	5	C，T
OV-105	氰丙基甲基聚硅氧烷 OV-105	0	275	36	108	93	139	86	11	A
OV-202	三氟丙基甲基聚硅氧烷OV-202	0	275	146	238	358	468	310	36	C
OV-210	三氟丙基甲基聚硅氧烷OV-210	0	275	146	238	358	468	310	36	C,A
OV-215	三氟丙基乙烯基甲基聚硅氧烷 OV-215	0	275	149	240	363	478	315	37	E，C
OV-225	氰丙基苯基甲基聚硅氧烷 OV-225	0	275	228	369	338	492	386	43	A
OV-275	氰乙基氰丙基甲基聚硅氧烷 OV-275	25	250	629	872	763	1106	849	100	C，A
OV-330	聚二醇醚	0	250	222	391	273	417	368	40	A，T
OV-351	聚乙二醇 20M 与硝基对苯二甲酸反应物	60	275	335	552	382	583	540	57	C
OV-1701	氰丙基苯基乙烯基甲基聚硅氧烷 OV-1701	20	300	67	170	153	228	171	19	A
Paraplex G-25	聚丙二醇癸二酸酯 G-25	—	—	189	328	239	368	312	34	—
Paraplex G-40	聚丙二醇己二酸酯 G-40	—	—	282	459	355	528	457	49	—
Phenyldiethanolamlne succmate	聚苯基二乙醇胺丁二酸酯	20	230	386	555	472	674	654	65	A，C
Pluronic F68	聚(乙二醇-丙二醇)	—	—	264	465	309	488	423	46	—
Pluronic F88	聚(乙二醇-丙二醇)	—	—	262	461	306	483	419	46	—

续表

固定液		使用温度/℃		McReynolds 常数					CP 值	溶剂
英文名称	中文名称	最低	最高	*X*	*Y*	*Z*	*U*	*S*		
P1uronic L35	聚(乙二醇-丙二醇)	—	—	206	406	257	398	349	38	—
Pluronic L81	聚(乙二醇-丙二醇)	—	—	144	314	187	289	249	28	—
Pluronic P65	聚(乙二醇-丙二醇)	—	—	203	394	251	393	340	37	—
Plurorlic P85	聚(乙二醇-丙二醇)	—	—	201	390	247	388	335	37	—
Poly-A 10lA	聚酰胺	50	275	115	357	151	262	214	26	C
Poly-A 103	聚酰胺	70	275	115	331	149	263	214	25	C
Poly-A 135	聚酰胺	70	250	163	389	168	340	269	32	C
Polybutene 32	聚丁烯 32	—	—	21	29	24	42	40	4	—
Polybutene 128	聚丁烯 128	—	—	25	26	25	41	42	4	—
Polyethylene glycol600	聚乙二醇 600	30	120	350	631	428	632	605	63	C，A
Polyethylene glycol4000	聚乙二醇 4000	60	120	325	551	375	582	520	56	C
Polyethylene glycoladipate	聚乙二醇己二酸酯	—	—	371	579	454	355	633	57	—
Polyethylene imine	聚乙烯亚胺	0	180	322	800	17	573	524	53	M，A
Polyglycol 15-200	聚乙二醇 15-200	—	—	207	410	262	401	354	39	—
Poly-I 110	聚酰胺	90	275	115	194	122	204	202	20	C
Polypropylene glycol2000(PPG 2000)	聚丙二醇 2000	20	180	128	294	173	264	226	26	C
Polypropyleneimine	聚丙烯亚胺	0	200	122	425	168	263	224	29	C
Polyphenyl ether(5Ring)OS-124	聚苯醚(五环)	20	200	176	227	224	306	283	29	C，T
Polyphenyl ether(6Ring)OS-138	聚苯醚(六环)	20	250	182	233	228	313	293	30	C，T
Polytergent B-350	卤碳蜡	—	—	202	392	260	395	353	38	—
Polytergent G-300	卤碳蜡	—	—	203	398	267	401	360	39	—
Polytergent J-300	卤碳蜡	50	150	168	366	227	350	308	34	A
Polytergent J-400	卤碳蜡	50	150	180	375	234	366	317	35	A
QF-1	三氟丙基甲基聚硅氧烷 QF-1	50	200	144	233	355	463	305	36	C，A
Quadrol	*N,N,N',N'*-四(2-羟丙基)乙二胺	0	150	214	571	357	472	489	50	C
Renex 678	聚环氧乙烷基芳基醚	—	—	223	417	278	427	381	41	A，C
Reoplex 400	聚丙二醇己二酸酯 400	50	210	364	619	449	647	671	65	C
Rcsofiex R 296	聚丙二醇己二酸酯 R296	50	210	380	609	463	668	667	66	C
SE 30	甲基硅橡胶 SE 30	50	300	15	53	44	64	41	a	T，C
SE 31	聚甲基乙烯基硅氧烷 SE 31	50	300	16	54	45	65	43	5	T，C
SE 33	聚甲基乙烯基硅氧烷 SE 33	50	300	17	54	45	67	42	5	T，C
SE 52	含苯基的聚甲基硅氧烷 SE 52	50	300	32	72	65	98	67	8	T，C
SE 54	聚甲基苯基乙烯基硅氧烷 SE 54	50	300	33	72	66	99	67	8	T，C
SF 96	甲基聚硅氧烷 SF 96	0	250	12	53	42	61	37	5	T,C
Silar 5CP	氰丙基苯基甲基聚硅氧烷	50	275	319	495	446	637	531	58	A，C
Silar 7CP	氰丙基苯基甲基聚硅氧烷	50	275	440	638	605	844	673	76	C，A
Silar 9CP	氰丙基苯基甲基聚硅氧烷	50	275	489	725	631	913	778	84	C，A
Silar 10C	氰丙基甲基聚硅氧烷	50	275	523	757	659	942	801	87	C,A
Stponate DS-10	十二烷基苯磺酸钠	20	200	99	569	320	344	388	41	A，C
Sorbitol	山梨糖醇	100	150	232	582	313	—	—	—	M
Sotbito1 hexaacetate	山梨糖醇六乙酸酯	—	100	335	553	449	652	543	60	—
SP-216	甲基硅油 SP-216	25	200	632	875	733	1000	680	94	A

续表

固定液		使用温度/℃		McReynolds 常数					CP 值	溶剂
英文名称	中文名称	最低	最高	*X*	*Y*	*Z*	*U*	*S*		
SP-392	苯基甲基聚硅氧烷 SP-392	20	200	133	169	176	258	219	23	—
SP-400	对氯苯基甲基聚硅氧烷 SP-400	0	270	32	72	70	100	68	8	T
SP-525	"芳烃" SP-525	60	270	225	255	253	368	320	34	T
SP-1000	改进的聚乙二醇 20M	60	275	332	555	393	583	546	57	C
SP-1200		25	200	67	170	103	203	166	17	C
SP-2100	甲基聚硅氧烷 SP-2100	0	350	17	57	45	67	43	5	C，T
SP-2250	苯甲基聚硅氧烷 SP-2250	0	375	119	158	162	243	202		C，T
SP-2300	氰丙基苯甲基聚硅氧烷 SP-2300	50	275	322	480	446	636	524	57	A，C
SP-2310	氰丙基苯甲基聚硅氧烷 SP-2310	50	275	440	637	605	840	670	76	A,C
SP-2320	氰丙基苯甲基聚硅氧烷 SP-2320	50	270	523	757	659	942	80i	87	A
SP-2330	氰丙基苯甲基聚硅氧烷 SP-2330	50	275	490	725	630	913	778	84	A，C
SP-2340	氰丙基聚硅氧烷 S-2340P	50	275	520	757	659	942	800	88	A，C
SP-2401	三氟丙基甲基聚硅氧烷 SP-2401	0	275	146	238	358	468	310	36	A
Span 60	脱水山梨糖醇硬脂酸酯	15	150	88	263	158	200	258	23	M，C
Span 80	脱水山梨糖醇单油酸酯	25	150	97	266	170	216	268	24	T
Squalane	角鲨烷	20	120	0	0	0	0	0	0	T，C
Squalene	角鲨烯	0	100	152	341	238	329	344	33	T，C
STAP	聚乙二醇 20M 与对苯二甲酸的反应产物	100	225	345		400	610	627		
Sucrose acetateibutyrate(SAm)	乙酰蔗糖异丁酸酯	30	200		330	251		295		T,C
Sucrose Octaacetate	蔗糖八乙酸酯	—	>200	344			671	569	62	E
Superox 4	聚乙二醇（分子量 40 万）	80		296	568		555	470		C
Superox 20M	聚己二醇（分子量 2 万）	60	250	321		365	572	511	55	C，M
Surfonic N 300	壬基酚与环氧乙烷加合物	100	200		462	313				A，C
Tergitol NPX	醚聚乙二醇的壬基苯基	100			386	258	389	351	37	A，C
Tetracyanoethylatedpentaerythritol	四氰乙基季戊四醇	30	175		782	677		837	80	T，C
TetrahydroxyethylEnedimine(THEED)	*N,N,N',N*-四(2-羟已基)乙二胺	20			942		801	893		M
1,2,3,4-Tetrakis(2-Cyanoethoxy)butane	1,2,3,4-四(2 氰乙氧基)丁烷	110	200	61 7		773	1048	941	101	C
Tributoxyerhyl phosphate	磷酸三丁氧基乙酯	20		141	373			274	32	
Tributyl citrate	柠檬酸三丁酯	—	150	135		213		262	29	M
Tricresyl phosphate	磷酸三甲苯酯	20	125		321			299		M，C
Tri(2-ethylhexyl)phosphate	磷酸三（2-乙基己基酯）	20	150	71		117	215	132	20	
Trimer acid	C_{54} 三羧酸	20	150		271	163		378		C
Trimethylolpropane tripelargonate	酯三壬酸三羟甲基丙烷	20		84	182	122	197	143		A，C
L,2,3-Tris(2-cyanoethoxy)propane(TCEP)	1,2,3-三（2-氰乙氧基）丙烷	20	180	593		752	1028	91 5	98	M,C
Triton X-100	聚乙二醇辛基苯基醚	50	200			268	402	362		M，A
Triton X-200	聚乙二醇辛基苯基醚	—		117	289	172	266	237	26	A
Triton X-305	聚乙二醇辛基苯基醚	50	200	262	467	314		430	46	M，A
Triton X-400	聚乙二醇辛基苯基醚	—	—	68	334	97	176	131	19	A
Tween 80	聚环氧乙烷山梨糖醇单油酸酯	0	160	227	430	283	438	396	42	M

续表

固定液		使用温度/℃		McReynolds 常数					CP 值	溶剂
英文名称	中文名称	最低	最高	X	Y	Z	U	S		
UCL46	甲基聚硅氧烷	—	—	16	56	44	65	41	5	—
UCON 50-HB-280X	聚亚烷基丙二醇 50-HB-280X	0	200	177	362	227	351	302	34	M，C
UCON 50-HB-600	聚亚烷基丙二醇 50-HB-660	0	200	193	380	241	376	321	36	M
UCON 50-HB-1800X	聚亚烷基丙二醇 50-HB-1800X	0	200	123	275	161	249	212	24	M
UCON 50-HB-2000	聚亚烷基丙二醇 50-HB-2000	0	200	202	394	253	392	341	37	M，C
UCON 50-HB-3520	聚亚烷基丙二醇 50-HB-3520	0	200	198	381	241	379	323	36	M
UCON 50-HB-5100	聚亚烷基丙二醇 50-HB-5100	0	200	214	418	278	421	375	40	M，C
UCON 75-H-90000	聚 1,2-丙二醇	0	200	255	452	299	470	406	45	M
UCON LB-550-X	聚丙二醇 LB-550-X	0	200	118	271	158	243	206	24	M
UCON LB-1715	聚丙二醇 LB-1715	0	200	132	297	180	275	235	27	M
UCON LB-1800-X		0	200	123	275	161	249	212	26	M
UCW982	乙烯基甲基硅橡胶	80	300	16	55	45	66	42	5	M，C
Versamid 930	聚酰胺树脂 930	115	150	109	313	144	211	209	23	B，C
Versamid 940	聚酰胺树脂 940	110	200	109	314	145	212	209	23	B，C
Versilube F-50	聚甲基氯苯基硅氧烷 F-50	0	250	19	57	48	69	47	7	C
XE-60	氰乙基甲基硅橡胶 XE-60	0	250	204	381	340	493	367	42	A
XF-1150	氰乙基甲基硅油 XF-1150	0	150	308	520	470	669	528	59	A
Zinc stearate	硬脂酸锌	50	150	61	231	59	98	544	24	B，C
Zonyl E-7	苯均四酸氟代烷基酯	0	200	223	359	468	549	465	49	A
Zonyl E-91	樟脑酸氟代烷基酯	0	200	130	250	320	377	293	33	—

表 4-30 固定液 McReynolds 常数表（按 CP 值大小排序）[1]

固定液	说明	使用温度/℃		McReynolds 常数					溶剂	CP 值
		最低	最高	X	Y	Z	U	S		
Apiezon T	饱和烃润滑脂	—	—	41	—	30	55	82	T	—
Carbowax 400	聚乙二醇 400	20	100	333	653	405	—	—	A，C	—
Sorbitol	山梨糖醇	100	150	232	582	313	—	—	M	—
SP-216	甲基硅油 SP-216	0	200	632	815	733	1000	—	—	—
Squalane	角鲨烷	20	120	0	0	0	0	0	T，C	0
n-Hexatriacontane	三十六烷	20	50	12	2	−3	1	11	T，B	1
Nujol	矿物油	20	100	9	5	2	6	11	T	1
Apolane-87	八十七烷	35	260	21	10	3	12	35	T	2
Convoil 20	邻苯二甲酸二癸酯	25	175	14	14	8	17	21	A，C	2
Apiezon L	饱和烃润滑脂	50	250	32	22	15	32	42	T	3
Apiegon M	饱和烃润滑脂	50	300	31	22	15	30	40	T	3
Montan Wax	褐煤蜡	—	—	19	58	14	21	47	C	4
Polybutene 32	聚丁烯 32	—	—	21	29	24	42	40	—	4
Polybutene 128	聚丁烯 128	—	—	25	26	25	41	42	—	4
Apiezon J	饱和烃润滑脂	20	250	38	36	27	49	57	T	5
Apiezon N	饱和烃润滑脂	50	300	38	40	28	52	58	T	5
DC 200	甲基硅油 DC 200	0	250	16	57	45	66	43	T，C	5
DC 330	甲基硅油 DC 330	—	—	13	51	42	61	36		5

续表

固定液	说明	使用温度/℃		McReynolds 常数					溶剂	CP 值
		最低	最高	*X*	*Y*	*Z*	*U*	*S*		
E-301	甲基硅橡胶 E-301	50	350	15	56	44	66	40	T	5
OV-1	甲基硅橡胶 OV-1	100	350	16	55	44	65	42	T，C	5
OV-101	甲基硅油 OV-101	0	350	17	57	45	67	43	C，T	5
SE 30	甲基硅橡胶 SE 30	50	300	15	53	44	64	41	T，C	5
SE 31	聚甲基乙烯基硅氧烷 SE 31	50	300	16	54	45	65	43	—	5
SE 33	聚甲基乙烯基硅氧烷 SE 33	50	300	17	54	45	67	42	—	5
SF 96	甲基聚硅氧烷 SF 96	0	250	12	53	42	61	37	T，C	5
SP-2100	甲基聚硅氧烷 SP-2100	0	350	17	57	45	67	43	C	5
UC W 982	乙烯基甲基硅橡胶	80	300	16	55	45	66	42	M，C	5
UC L46	甲基聚硅氧烷	—	—	16	56	44	65	41	—	5
DC 410	甲基硅橡胶 DC 410	50	300	18	57	47	68	44	A	6
DC 11	甲基硅脂 DC 11	30	300	17	86	48	69	56	T，C	7
DC 510	苯基甲基聚硅氧烷 DC 510	—	—	25	65	60	89	57	T	7
Versilube F-50	聚甲基氯苯基硅氧烷 F-50	0	250	19	57	48	69	47	C	7
DC 560	对氯苯基甲基聚硅氧烷 DC 560	0	270	32	72	70	100	68	T	8
SE 52	含苯基的聚甲基硅氧烷 SE 52	50	300	32	72	65	98	67	T，C	8
SE 54	聚甲基苯基乙烯基硅氧烷 SE 54	50	300	33	72	66	99	67	T，C	8
SP-400	对氯苯基甲基聚硅氧烷 SP 400	0	270	32	72	70	100	68	T	8
Butyl stearate	硬脂酸丁酯	—	—	41	109	65	112	71	E，Ee	9
DC 556	苯基甲基聚硅氧烷 DC 556	—	—	37	77	80	118	79	T	9
Beeswax	蜂蜡	—	200	43	110	61	88	122	C	10
OV-3	苯基甲基聚硅氧烷 OV-3	0	350	44	86	81	124	88	T，C	10
OV-73	苯基甲基聚硅氧烷 OV-73	0	325	40	86	76	114	85	T	10
Dexsil300(carborane methylsilicone)	聚碳硼烷硅氧烷	40	400	47	80	103	148	96	C	11
Halocarbon Oil 10-25	卤碳油 10-25	30	100	47	70	108	133	111	C	11
Halocarbon OilK-352	卤碳油 K-352	0	250	47	70	73	238	146	C	11
OV-105	氰丙基甲基聚硅氧烷 OV-105	0	275	36	108	93	139	86	A	11
Apiezon H	饱和烃润滑脂	20	250	59	86	81	151	129	T	12
Butoxyethyl stearate	硬脂酸丁氧基乙酯	—	—	56	135	83	136	97		12
Fluorolube HG 1200	聚全氟氯代烯 HG 1200	50	200	51	68	114	144	118	A	12
Halocarbon wax	卤碳蜡	50	150	55	71	116	143	123	A	12
Kel-F wax	聚三氟氯乙烯蜡	—	200	55	67	114	143	116	C	12
OV-7	苯基甲基聚硅氧烷 OV-7	0	350	69	113	111	171	128	T，C	14
DC 550	苯基甲基聚硅氧烷 DC 550	0	250	81	124	124	189	145	T，A	15
Di(2-ethylhexyl)sebacate	癸二酸二(2-乙基己基)酯	0	125	72	168	108	180	125	A，C	15
Dinonyl sebacate	癸二酸二壬酯	0	125	66	166	107	178	118	A	15
Dioctyl sehacate	癸二酸二辛酯	0	125	72	168	108	180	123	A，C	15
Octoil S	癸二酸二异辛酯	—	130	72	167	107	179	123	A，C	15
Celanese ester No.9	丙烷三壬酸三甲酯	20	200	84	182	122	122	143	A，C	16
DC 702	苯基甲基聚硅氧烷 DC 702	0	225	77	124	126	189	142	C	16

续表

固定液	说明	使用温度/℃		McReynolds 常数					溶剂	CP 值
		最低	最高	*X*	*Y*	*Z*	*U*	*S*		
DC 703	九甲基三苯基五硅氧烷 DC 703	—	225	76	123	126	189	140	C	16
Diisodecyl adipate	己二酸二异癸酯	0	150	71	171	113	185	123	M，A	16
Di(2-ethylhexyl)te-trachlorophthalate	四氯邻苯二甲酸二(2-乙基己基)酯	0	150	109	132	113	171	168	A，D	16
Ditridecyl phthalate	邻苯二甲酸二(十三烷基)酯	—	—	75	156	122	195	140	A	16
Bis(2-ethylhexyl)tetrachlorophthalate	二(2-乙基己基)四氯邻苯二甲酸酯	0	150	112	150	123	168	181	A	17
Diethylene glycolstearate(DEG)	聚二乙二醇硬脂酸酯	—	175	64	193	106	143	191	C	17
Dilauryl phthalate	邻苯二甲酸二月桂酯	—	150	79	153	120	192	158	A，C	17
Diisooctyl adipate	己二酸二异辛酯	0	125	76	181	121	197	134	M	17
Octyl Decyl adipate	己二酸辛癸酯	—	125	79	179	119	193	134	A	17
SP-1200		25	200	67	170	103	203	166	C	17
Trimethyl propane-tripelargonate	三壬酸三羟甲基丙烷酯	20	200	84	182	122	197	143	A，C	17
Diisodecyl phthalate	邻苯二甲酸二异癸酯	0	150	84	173	137	218	155	M，A	18
OV-11	苯基甲基聚硅氧烷 OV-11	0	350	102	142	145	219	178	T，C	18
OV-61	苯基甲基聚硅氧烷 OV-61	0	350	101	143	142	213	174	T，C	18
Dinonyl phthalate	邻苯二甲酸二壬酯	20	150	83	183	147	231	159	D，A	19
OV-170l	氰丙基苯基乙烯基甲基聚硅氧烷 OV-1701	20	300	67	170	153	228	171	A	19
Triton X-400	聚乙二醇辛基苯基醚	—	—	68	334	97	176	131		19
DC 710	苯基甲基聚硅氧烷 DC 710	0	250	107	149	153	228	190	A	20
Dexsil400(carborane-phenyl si1icone)	聚碳硼烷硅氧烷	50	370	59	114	140	187	173	C	20
Dexsil410(earborane-nitrile silicone)	聚碳硼烷硅氯烷	50	360	85	165	169	242	180	C	20
Diisoctyl phthalate	邻苯二甲酸二异辛酯	0	150	94	193	154	243	174	M，A	20
Dioctyl phthalate	邻苯二甲酸二辛酯	0	150	92	186	150	236	167	M，A	20
Hallcomid M-18	*N*,*N*-二甲基油酸酰胺 M-18	40	150	79	268	130	222	146	C	20
Poly-I 110	聚酰胺	90	275	115	194	122	204	202	C	20
Tri(2-ethylhexyl)phosphate	磷酸三(2-乙基已基酯)	20	150	71	288	117	215	132	M	20
Butyloctyl phthalate	邻苯二甲酸丁辛酯	—	—	97	194	157	246	174	M，D	21
SP-2250	苯基甲基聚硅氧烷 SP-2250	0	375	119	158	162	243	202	C，T	21
OV-17	苯基甲基聚硅氧烷 OV-17	0	375	119	158	162	243	202	T，C	21
Haucomid M-18 OL	*N*,*N*-二甲基油酸酰胺 M-18 OL	30	150	89	230	143	239	165	M，C	22
FIexol 8N8	*N*,*N*-二(2-乙基己酸乙酯)替-2-乙基已酸酰胺	20	190	96	254	164	260	179	D，C	Z3
Hereoflex 600	聚 1,3-丙二醇癸二酸酯	20	200	112	234	168	261	194	C	23
SP-392	苯基甲基聚硅氧烷 SP-392	20	200	133	169	176	258	219	—	23
Span 60	脱水山梨糖醇单硬脂酸酯	15	150	88	263	158	200	258	M，C	23
Versamid 930	聚酰胺树脂 930	115	150	109	313	144	211	209	B，C	23
Versamid 940	聚酰胺树脂 940	110	200	109	314	145	212	209	B，C	23
Castorwax	蓖麻蜡	—	—	108	265	175	229	246	—	24
Span 80	脱水山梨糖醇单油酸酯	25	150	97	266	170	216	268	T	24
UCON 50-HB-1800X	聚亚烷基丙二醇 50-HB-1800X	0	200	123	275	161	249	212	M	24

续表

固定液	说明	使用温度/℃		McReynolds 常数					溶剂	CP 值
		最低	最高	*X*	*Y*	*Z*	*U*	*S*		
UCON LB-550-X	聚丙二醇 LB-550-X	0	200	118	271	158	243	206	M	24
Zinc stearate	硬脂酸锌	50	150	61	231	59	98	544	B，C	24
OV-22	苯基甲基聚硅氧烷 OV-22	0	350	160	188	191	283	253	C，A	25
Poly-A 103	聚酰胺	70	275	115	331	149	263	214	C	25
AT 220		0	180	117	380	181	293	133	C	25
Atpet 200		—	—	108	282	186	235	289		26
Estynox 100	环氧增塑剂	0	175	136	257	182	285	227	C	26
Poly-A 101A	聚酰胺	50	275	115	357	151	262	214	C	26
Polypropykne glycol2000(PPG 2000)	聚丙二醇 2000	20	180	128	294	173	264	226	C	26
Tritiler acid	C_{54}三羧酸	20	150	94	271	163	182	378	C	26
Triton X-200	聚乙二醇辛基苯基醚			11 7	289	172	266	237	A	26
UCON LB-1800-X		0	200	123	275	161	249	212	M	26
Acetyltributyl chrate	柠檬酸乙酰三丁酯	20	180	135	268	202	314	233	A	27
Di-(2-butoxyethyl)adipate	己二酸二丁氧基乙酯	20	—	137	278	198	300	235	D	27
Didecyl phthalate	邻苯二甲酸二癸酯	50	150	136	255	213	320	235	A	27
Di-(2-ethylhexyl) phthalate	邻苯二甲酸二(2-乙基己基)酯	—	150	135	254	213	320	235	D，M	27
UCON LB 1715	聚丙二醇 LB 1715	0	200	132	297	180	275	235	M	27
Dicyclohexyl phthalate	邻苯二甲酸二环己酯	—	—	146	257	206	316	245	—	28
Elastex 50-B	乳化沥青 50-B	—	—	140	255	209	318	239	—	28
OV-25	苯基甲基聚硅氧烷 OV-25	0	350	178	204	208	305	280	A，C	28
Pluronic L81	聚(乙二醇-丙二醇)	—	—	144	314	187	289	249	—	28
OS 124	聚间苯醚 OS 124	0	200	176	227	224	306	283	T	29
Polypropyleneimine	聚丙烯亚胺	0	200	122	425	168	263	224	C	29
Polyphenyl ether(5ring) OS-124	聚苯醚(五环)	20	200	176	227	224	306	283	C，T	29
Tributyl citrate	柠檬酸三丁酯	—	150	135	286	213	324	262	M	29
Di-(2-ethoxyethyl)sebaeate	癸二酸二乙氧基乙酯	—	150	151	306	211	320	274	A	30
OS 138	聚间苯醚 OS 138	0	200	182	233	228	313	293	T	30
Polyphenyl ether(6ring) OS-138	聚苯醚(六环)	20	250	182	233	228	313	293	C，T	30
Di-(2-butoxyethyl)phthalate	邻苯二甲酸二丁氧基乙酯	20	175	157	292	233	348	272	C，M	31
Poly-A 135		70	250	163	389	168	340	269	C	32
Tributoxyethyl phosphate	磷酸三丁氧基乙酯	20	125	141	373	209	341	274	M	32
Neopentyl glycol sebacate	聚新戊二醇癸二酸酯	50	225	172	327	225	344	326	C	33
Squalene	角鲨烯	0	100	152	341	238	329	344	C，T	33
Zonyl E-91	樟脑酸氟代烷基酯	0	200	130	250	320	377	293		33
Paraplex G-25	聚丙二醇癸二酸酯 G-25	—	—	189	328	239	368	312	—	34
Polytergent J-300	卤碳蜡	50	150	168	366	227	350	308	A	34
SP-525	“芳烃” SP-525	60	270	225	255	253	368	320	T	34
Sucrose acetateisobutyrate(SAIB)	乙酰蔗糖异丁酸酯	30	200	172	330	251	378	295	T，C	34
Tricresyl phosphate	磷酸三甲苯酯	20	125	176	321	250	374	299	M，C	34
UCON 50-HB-280X	聚亚烷基丙二醇 50-HB-280X	0	200	177	362	227	351	302	M，C	34
Ethomeen 18/25	十八碳酰胺与环氧乙烷的缩合物	—	—	176	382	230	353	323	—	35

续表

固定液	说明	使用温度/℃		McReynolds 常数					溶剂	CP 值
		最低	最高	*X*	*Y*	*Z*	*U*	*S*		
PolyterKent J-400	卤碳蜡	50	150	180	375	234	366	317	A	35
Ethofat 60/25	聚乙二醇单硬脂酸酯	50	175	191	382	244	380	333	C	36
Ethomeeh S/25	大豆脂肪胺与环氧乙烷缩合物	—	75	186	395	242	370	339	C	36
OV-202	三氟丙基甲基聚硅氧烷OV-202	0	275	146	238	358	468	310	C	36
OV-210	三氟丙基甲基聚硅氧烷OV-210	0	275	146	238	358	468	310	C，A	36
QF-1	三氟丙基甲基聚硅氧烷QF-1	50	200	144	233	355	463	305	C，A	36
SP-240l	三氟丙基甲基聚硅氧烷SP-2401	0	275	146	238	358	468	310	A	36
UCON 50-HB-600	聚亚烷基丙二醇 50-HB-600	0	200	193	380	241	376	321	M	36
UCON 50-HB-3520	聚亚烷基丙二醇 50-HB-3520	0	210	198	381	241	379	323	M	36
Igepal CO-630	聚乙二醇壬基苯基醚CO-630	30	200	192	381	253	382	344	C	37
LSX-3-0295	聚氟代烷基硅氧烷		250	152	241	366	479	319		37
OV-215	三氟丙基乙烯基甲基聚硅氧烷 OV-215	0	275	149	240	363	478	315	E，C	37
Pluronic P65	聚(乙二醇-丙二醇)	—	—	203	394	251	393	340	—	37
Pluronie P85	聚(乙二醇-丙二醇)	—	—	201	390	247	388	335	—	37
Tergitol NPX	聚乙二醇的壬基苯基醚	100	200	197	386	258	389	351	A，C	37
UCON 50-HB-2000	聚亚烷基丙二醇 50-HB-2000	0	200	202	394	253	392	341	M，C	37
Cresyl diphenylphosphate	磷酸甲苯基二苯酯	20	125	199	351	285	413	336	B，C	38
Emulphor ON-870	聚乙二醇十八醚	40	200	202	395	251	395	344	M，C	38
Pluronic L35	聚(乙二醇-丙二醇)	—	—	206	406	257	398	349	—	38
Polytergent B-350	卤碳蜡	—		202	392	260	395	353	—	38
Igepal CO-710	聚乙二醇壬基苯基醚CO-710	—	—	205	397	266	401	361	C	39
Polyglycol 15-200	聚乙二醇 15-200	—	—	207	410	262	401	354		39
Polytergent G-300	卤碳蜡	—	—	203	398	267	401	360		39
Trion X-100	聚乙二醇辛基苯基醚	50	200	203	399	268	402	362	M，A	39
Di-(2-ethoxyethyl)phthalate	邻苯二甲酸二乙氧基乙酯	—	—	214	375	305	446	364	—	40
OV-330	聚二醇醚	0	250	222	391	273	417	368	A，T	40
UCON 50-HB-5100	聚亚烷基丙二醇 50-HB-5100	0	200	214	418	278	421	375	M，C	40
Igepal CO-730	聚乙二醇壬基苯基醚CO-730	—	—	224	418	279	428	379	C	41
Renex 678	聚环氧乙烷基芳基醚	—	—	223	417	278	427	381		41
Siponate DS-10	十二烷基苯磺酸钠	20	200	99	569	320	344	388	A，C	41
Tween 80	聚环氧乙烷山梨醇单油酸酯	0	160	227	430	283	438	396	M	42
XE-60	氰乙基甲基硅橡胶 XE-60	0	250	204	381	340	493	367	A	42
Bis-(2-ethoxyeth-oxyethyl)phthalate	二(乙氧基乙氧基乙基)邻苯二甲酸酯	—	150	233	408	317	470	389	A，C	43
OV-225	氰丙基苯基甲基聚硅氧烷 OV-225	0	275	228	369	338	492	386	A	43

续表

固定液	说明	使用温度/℃		McReynolds 常数					溶剂	CP 值
		最低	最高	*X*	*Y*	*Z*	*U*	*S*		
Superox 4	聚乙二醇分子量 40 万	80	250	296	568	349	555	470	C	43
Ethylene glycoltetrachlorophthalate	聚乙二醇四氯邻苯二甲酸酯	100	200	307	345	318	428	466	C	44
Neopentyl glycoladipate	聚新戊二醇己二酸酯	50	225	234	425	312	462	438	C	44
UCON 75-H-90000	聚 1,2-丙二醇	0	200	255	452	299	470	406	M	45
Igepal CO 880	聚乙二醇壬基苯基醚 CO 880	100	200	259	461	311	482	426	A，C	46
P1uronic F68	聚(乙二醇-丙二醇)	—	—	264	465	309	488	423		46
Pluronic F88	聚(乙二醇-丙二醇)	—	—	262	461	306	483	419		46
Surfonic N 300	壬基酚与环氧乙烷加合物	100	200	261	462	313	484	427	A，C	46
Triton X-305	聚乙二醇辛基苯基醚	40	200	262	467	314	488	430	M	46
Cyclohexanedimethanol Succinate	环己烷二丁醇丁二酸酯	100	250	269	446	328	493	481	C	48
Paraplex G-40	聚丙二醇己二酸酯 G-40	—	—	282	459	355	528	457		49
Zonyl E-7	苯均四酸氟代烷基酯	0	200	223	359	468	549	465	A	49
Carbowax 4000monostearate	聚乙二醇 4000 单硬脂酸酯	60	200	282	496	331	517	467	C	50
Neopentyl glycolsuccinate	聚新戊二醇丁二酸酯	50	225	272	469	366	539	474	C	50
Quadrol	*N*,*N*,*N'*,*N'*-四(2-羟丙基)乙二胺	0	150	214	571	357	472	489	C	50
Igepal CO 990	聚乙二醇壬基苯基醚 CO990	100	220	298	508	345	540	475	A	51
Polyethylene imine	聚乙烯亚胺	0	180	322	800	17	573	524	M，A	53
Carbowax 20M-TPA(terephthalic acid)	聚乙二醇 20M-TPA	60	250	321	537	367	573	520	C，D	54
EGSP-Z	乙二醇丁二酸酯/苯基甲基硅氧烷共聚物	50	230	308	474	399	548	549	C	54
Carbowax 6000	聚乙二醇 6000	60	200	322	540	369	577	512	C	55
Carbowax 20M	聚乙二醇 20M	60	250	322	536	368	572	510	C	55
Epon 1001	环氧树脂 Epon 1001	50	200	284	489	406	539	601	C	55
Superox 20M	聚乙二醇分子量 2 万	60	250	322	540	365	572	511	C，M	55
Carbowax 3350	聚乙二醇 3350	60	200	317	545	378	578	521	C	56
Polyethylerie glyeol4000	聚乙二醇 4000	60	120	325	551	375	582	520	C	56
OV-351	聚乙二醇 20M 与硝基对苯二甲酸反应物	60	275	335	552	382	583	540	C	57
Polyethylene glycol adipate	聚乙二醇己二酸酯	—	—	371	579	454	355	633	—	57
SP-1000	聚乙二醇 20M 与硝基对苯二甲酸反应物	60	275	332	555	393	583	546	C	57
SP-2300	氰丙基苯基甲基聚硅氧烷 SP-2300	50	275	322	480	446	636	524	A，C	57
Ethylene glycolisophthalate	聚乙二醇间苯二甲酸酯	100	200	326	508	425	607	561	C	58
Silar 5CP	氰丙基苯基甲基聚硅氧烷	50	275	319	495	446	637	531	A，C	58
XF-1150	氰乙基甲基硅油 XF-1150	0	150	308	520	470	669	528	A	59
Free fatty acid phase(FFAP)	聚乙二醇 20M 与 2-硝基对苯二甲酸的反应产物	60	275	340	580	397	602	627	C	60
Sorbitol hexaacetate	山梨糖醇六乙酸酯			335	553	449	652	543		60
Carbowax 1000	聚乙二醇 1000	40	150	347	607	418	626	589	A，C	61
STAP	聚乙二醇 20M 与对苯二甲酸的反应产物	100	225	345	586	400	610	627		61

续表

固定液	说明	使用温度/℃		McReynolds 常数					溶剂	CP 值
		最低	最高	*X*	*Y*	*Z*	*U*	*S*		
Sucrose octaacetate	蔗糖八乙酸酯		>200	344	570	461	671	569	E	62
Butanediol Succiate	聚丁二醇丁二酸酯	50	230	370	571	448	657	611	D，C	63
Carbowax 600	聚乙二醇 600	30	120	323	583	382			A，C	63
Ethylene glycoladipate(EGA)	聚乙二醇己二酸酯	100	200	372	576	453	655	617	C，A	63
Polyethylene glycol 600	聚乙二醇 600	30	120	350	631	428	632	605	A，C	63
LAC l-R-296	聚二乙二醇己二酸酯	20	210	377	601	458	663	655	A	65
Phenyldiethanolam-the succinate	聚苯基二乙醇胺丁二酸酯	20	230	386	555	472	674	654	A，C	65
Reoplex 400	聚丙二醇己二酸酯 400	50	210	364	619	449	647	671	C	65
Carbowax 1450	聚乙二醇 1450	50	175	371	639	453	666	641	C	66
Diethylene glycoladipate(DEGA)	聚二乙二醇己二酸酯	20	210	378	603	460	665	658	A，C	66
Resofiex R 296	聚丙二醇己二酸酯 R 296	50	210	380	609	463	668	667	C	66
EGSS-Y	乙二醇丁二酸酯/甲基硅氧烷共聚物	100	230	391	597	493	693	661	C	67
LAC-2-R-446	聚二乙二醇己二酸季戊四醇交联聚酯	20	200	387	616	471	679	667	A	67
Hyprose SP-80	八(2-羟丙基)蔗糖	20	200	336	742	492	639	727	C．M	70
ECNSS-M	乙二醇丁二酸/氰乙基硅氧烷共聚物	30	180	421	890	581	803	732	C	76
silar 7CP	氰丙基苯基甲基聚硅氧烷	50	275	440	638	605	844	673	A，C	76
SP 2310	氰丙基苯基甲基聚硅氧烷 SP 2310	50	275	440	637	605	840	670	C，A	76
Diglyeerol	双甘油	20	150	371	826	560	676	854	C，M	78
EGSS-X	乙二醇丁二酸酯/甲基硅氧烷共聚物	90	200	484	710	585	831	778	C	80
Diethylene glycolSuccinate(DEGS)	聚二乙二醇丁二酸酯	20	200	496	746	590	837	835	A，C	81
Ethylene glycolphthalate	聚乙二醇邻苯二甲酸酯	100	200	453	697	602	816	872		82
LAC-3-R-728	聚二乙二醇丁二酸酯	20	200	502	755	597	849	852	A	84
Silar 9CP	氰丙基苯基甲基聚硅氧烷	50	275	489	725	631	913	778	A，C	84
SP 2330	氰丙基苯基甲基聚硅氧烷 SP 2330	50	275	490	725	630	913	778	A，A	84
Silar 10C	氰丙基甲基聚硅氧烷	50	275	523	757	659	942	801	A，C	87
SP-2320	氰丙基苯基甲基聚硅氧烷 SP-2320	50	270	523	757	659	942	801	A	87
SP-2340	氰丙基聚硅氧烷 SP-2340	50	275	520	757	659	942	800	A，C	88
Tetrahyroxyethylenediamine(THEED)	*N,N,N′,N′*-四(2-羟乙基)乙二胺	20	120	463	942	626	801	893	M	88
Ethylene glycol suecinate(EGS)	聚乙二醇丁二酸酯	100	200	537	787	643	903	889	C	89
Tetracyanoethylated pentaerythritol	四氰乙基季戊四醇 PE	30	175	526	782	677	920	837	T	89
1,2,3,4,5,6-He-xakis-(2-cyanoethoxy)-cycbhexane	六(氰乙氧基)环己烷	125	200	567	825	713	978	901	T，C	94
SP-216	甲基硅油 SP-216	25	200	632	875	733	1000	680	A	94
1,2,3-Tris(2-cyanoethoxy)propane(TCEP)	1,2,3-三(2-氰乙氧基)丙烷	20	180	593	857	752	1028	915	M，C	98
OV-275	氰乙基氰丙基甲基聚硅氧烷 OV-275	25	250	629	872	763	1106	849	C，A	100
1,2,3,4-Tetrakis(2-cyanoethoxy)butane	1,2,3,4-四(2-氰乙氧基)丁烷	110	200	617	860	773	1048	941	C	101
Cyanoethyl sucrose	氰乙基蔗糖			647	919	797	1043	976		104
N,N-Bis-(2-cyanoethyl)formamide	*N,N*-双(2-氰乙基)甲酰胺	20	125	690	991	853	1110	1000	M，C	110

表 4-29、表 4-30 中，CP 值按下式计算：

$$\mathrm{CP}=\frac{\sum_{1}^{5}\Delta I^{\text{固定液}}}{\sum_{1}^{5}\Delta^{\text{OV-275}}}\times 100=\frac{\sum_{1}^{5}\Delta I^{\text{固定液}}}{629+872+763+1106+849}\times 100 \tag{4-4}$$

表中可知，SE-30 和 DC-200 或 OV-17 和 S-2250，X、Y、Z、U、S 类似，因此可认为色谱性能是类似的。这种类型的比较对避免柱子不必要的重复很有帮助。在某些情况下，也有助于类似材料间的选择，比如高温分析，显然选 SE-30 而不选 DC-200。

为便于检索，表 4-25 给出了 304 种固定相按类别编排的 McReynolds 常数表。

第三节 固定相的选择

一、固定相的优选

随着大量的液体固定相（超过 1000 种）的应用，大多数科学家并不相信所有这些固定相都能提供独特的分离性能，是否需要那么多固定相变成了一个问题。从 1956 年伦敦气相色谱会以来，此问题一直是争议的主题。许多液相是相似的，具有类似的麦氏常数，如在 1969 年发表的 1472 个气相色谱分离，几乎 80%在五种不同化学结构的液相上取得[18]。太多的固定相限制了不同实验室之间的交流和再现。因此，一些优选固定相被建议（表 4-31）。

表 4-31 优选固定相

序号	固定相	最大柱温/℃	Hawkes 委员会[19]	Bishara 和 Souter[20]	AOAC 委员会[21]	Leibrand[22]	Delly 和 Friedrich[23]	British 药典[24]	Betts[25]	Hawkes[26]	被优选的次数	LC GC 1989[29,30]
1	聚二甲基硅氧烷	350	√	√	√	√	√	√	√	√	8	49.5%
2	50%苯基甲基硅氧烷		√	√	√	√	√				5	29.0%
3	75%苯基聚氰烷基甲基苯基硅氧烷	250～270		√							1	
4	25%氰基聚三氟丙基硅氧烷			√	√		√				3	12.9%
5	50%氰基聚三氟丙基硅氧烷				√	√					2	
6	90%～100%氰基聚三氟丙基硅氧烷	250	√		√	√		√	√	√	6	
7	50%三氟丙基硅氧烷				√		√	√		√	4	8.6%
8	聚乙二醇	250	√	√	√		√	√		√	6	43.5%
9	聚二甘醇琥珀酸酯	200	√								1	
10	聚丁二醇琥珀酸酯	200		√							1	

Rotzsche[4]曾将诸多的固定液依其选择性的相似程度分成36组，如表4-32所示。表4-33中列出了不能归入这36组之中的固定液，可以给人们在选用固定液时一些启示。

表4-32 固定液选择性相似程度分类

组号	平均 McReynolds 常数	固定相（商品名）	固定液（中文名）
1	X 9.20 Y 5.40 Z 1.80 U 6.20 S 11.20	Squalane Convoil20 Hexatriacontane Nujol Paraffin Oil	角鲨烷 邻苯二甲酸二癸酯 正十六烷 Nujol 石蜡油
2	X 18.08 Y 51.48 Z 41.13 U 61.75 S 42.63	Apiezon I Apiezon L Apiezon M Apiezon N Oronite Polybutene 32 Oronite Polybutene 128 OV-1 OV-1 elastomer OV-101 VC W 982 AS I 100 Methyl Bayer M (Elastomer) DC-200/MS-200 DC-330 DC-400 (Elastomer) DC-401 (Elastomer) DC-410 DC-430 (Elastomer) E-300 E-301 (Elastomer) Embaphase Oil F 111 Silicone grease (extracted) JXR (Elastomer) L-45 (UC L-45) L-46 (UC L-46) M S-2211 (Elastomer) OD-1 (Elastomer) Perkin Elmer Z PMS-100 SE-30 (Elastomer) SE-30 GC SE-30 Ultraphase SF-96 SF-96-200 SF-96-2000 Silastic 401 SP 2100 Viscasil	Apiezon I Apiezon L Apiezon M Apiezon N 聚丁烯32 聚丁烯128 OV-1 OV-1 elastomer OV-101 VC W 982 AS I(100% Methyl) Bayer M (Elastomer) DC-200/MS-200 DC-300 DC-400 DC-401 DC-410 DC-430 E-300 E-301 聚二甲基硅油 F 111 硅脂 JXR (Elastomer) L-45 (UC L-45) L-46 (UC L-46) M S-2211 (Elastomer) OD-1 (Elastomer) Perkin Elmer Z PMS-100 SE-30 (Elastomer) SE-30 GC SE-30 Ultraphase SF-96 SF-96-200 SF-96-2000 Silastic 401 SP 2100 Viscasil
3	X 28.50 Y 74.10 Z 62.80 U 91.90 S 64.10	DC 560 DC 11 Perkin Elmer 0 DC 510 E 350 E 351 SE-52 SE-54 F 60 F 61	DC 560 DC 11 Perkin Elmer 0 DC 510 E 350 E 351 SE-52 SE-54 F 60 F 61

续表

组号	平均 McReynolds 常数	固定相（商品名）	固定液（中文名）
4	*X* 40.50 *Y* 81.50 *Z* 80.50 *U* 121.00 *S* 83.50	DC 556 OV-3	DC 556 OV-3
5	*X* 49.00 *Y* 70.80 *Z* 113.00 *U* 143.40 *S* 117.00	Halocarbon Wax Kel-F Wax Fluorolube HG 1200 Halocarbon 10-25 Dexsil 300 GC	Halocarbon Wax Kel-F Wax Flurolube HG 1200 Halocarbon 10-25 Dexsil 300 GC
6	*X* 75.00 *Y* 119.67 *Z* 116.17 *U*175.00 *S* 137.00	Apiezon W DC 550 DC 702 DC 703 OV-7 Dexsil 400(phenyl)	Apiezon W DC 550 DC 702 DC 703 OV-7 Dexsil 400(苯基)
7	*X* 75.46 *Y* 171.54 *Z* 117.38 *U* 191.31 *S* 134.62	Bis-Adipate (Flexol) Bis-Sebacate Octoil S Didodecyl phthalate Diisodecyl adipate Diisodecyl phthalate Diisononyl adipate Diisooctyl adipate Dinonyl sebacate Dioctyl sebacate Ditridecyl phthalate Octyldecyl adipate Celanese Loter No.9	己二酸二(2-乙基己基)酯 癸二酸二(2-乙基己基)酯 Octoil S 邻苯二甲酸二(十二烷基)酯 己二酸二异癸酯 邻苯二甲酸二异癸酯 己二酸二异壬酯 己二酸二异辛酯 癸二酸二壬酯 癸二酸二辛酯 邻苯二甲酸二十三烷基酯 己二酸辛基癸基酯 Celanese Loter No.9
8	*X* 91.83 *Y* 192.00 *Z* 149.67 *U* 236.00 *S* 167.17	Bis-2-ethylhexyl phthalate Butyloctyl phthalate Diisooctyl phthalate Dinonyl phthalate Dioctyl phthalate Flexol GPE	双(2-乙基己基)邻苯二甲酸酯 邻苯二甲酸丁基辛基酯 邻苯二甲酸二异辛酯 邻苯二甲酸二壬酯 邻苯二甲酸二辛酯 Flexol GPE
9	*X* 79.67 *Y* 278.67 *Z* 130.00 *U* 225.33 *S* 141.67	Triethylhexyl phosphate Hallcomid M-18 Hallcomid M-18 OL	磷酸三乙基己基酯 Hallcomid M-18 Hallcomid M-18 OL
10	*X* 116.50 *Y* 155.67 *Z* 160.00 *U* 239.00 *S* 198.83	ASI 50 (50% Phenyl) DC 710 OV-11 OV-17 SP 392	ASI(50% Phenyl) DC 710 OV-11 OV-17 SP 392
11	*X* 104.00 *Y* 244.00 *Z* 166.00 *U* 260.50 *S* 186.50	SP 2250 Flexol 8N8 Hercoflex	SP 2250 Flexol 8N8 Hercoflex
12	*X* 108.67 *Y* 312.00 *Z* 142.00 *U* 210.33 *S* 208.33	Versamid 930 Versamid 940 Polyamide (linear)	Versamid 930 Versamid 940 Polyamide

续表

组号	平均 McReynolds 常数	固定相（商品名）	固定液（中文名）
13	*X* 100.25 *Y* 269.00 *Z* 172.25 *U* 220.00 *S* 265.25	Castorwax Atpet 200 Span 60 Span 80	Castorwax Atpet 200 Span 60 Span 80
14	*X* 161.00 *Y* 194.00 *Z* 184.50 *U* 275.50 *S* 254.50	OV-22 Mer-35	OV-22 Mer-35
15	*X* 126.38 *Y* 292.00 *Z* 172.38 *U* 264.13 *S* 227.13	PPG 1000 PPG 2000 Pluracol P-2010 Pluronic L-81 Ucon 50-HB-1800 X Ucon LB-550 X Flexol B-400 Triton X-200	PPG 1000 PPG 2000 Pluracol P-2010 Pluronic L-81 Ucon 50-HB-1800 X Ucon LB-550 X Flexol B-400 Triton X-200
16	*X* 138.33 *Y* 261.69 *Z* 201.67 *U* 308.83 *S* 235.67	Bis(2-butoxyethyl)adipate Dicyclohexyl phthalate Didecyl phthalate Acetyl tributyl citrate Estynox Elastex 50-B	双(2-丁氧基乙基)己二酸酯 邻苯二甲酸二环己基酯 邻苯二甲酸二癸酯 乙酰基柠檬酸三丁酯 Estynox Elastex 50-B
17	*X* 175.50 *Y* 225.50 *Z* 220.25 *U* 309.50 *S* 288.75	OS 124 OS 138 OV-25 SR 119	OS 124 OS 138 OV-25 SR 119
18	*X* 175.25 *Y* 371.25 *Z* 229.50 *U* 355.00 *S* 312.50	Polytergent J-300 Polytergent J-400 Ucon 50-HB-280 X Ethomeen 18/25	Polytergent J-300 Polytergent J-400 UCON 50-HB-280X Ethomeen 18/25
19	*X* 181.00 *Y* 330.20 *Z* 243.20 *U* 369.00 *S* 312.00	Saccharose acetate isobutyrate Tricresyl phosphate Neopentyl glycol sebacate HI-EFF 3 CP Paraplex G-25 Propyleneglycol sebacate	乙酰蔗糖异丁酸酯 磷酸三甲苯酯 新戊二醇癸二酸酯 HI-EFF 3 CP Paraplex G-25 聚丙二醇癸二酸酯
20	*X* 147.00 *Y* 237.50 *Z* 359.25 *U* 469.50 *S* 311.00	FS-1265 LSX-3-0295 OV-210 ASI 50 (50% trifluoropropyl)	FS-1265 LSX-3-0295 OV-210 ASI 50（50%三氟丙基）
21	*X* 198.59 *Y* 391.18 *Z* 253.12 *U* 388.94 *S* 343.35	Emulphor ON-870 Ethofat 60/25 Igepal CO-630 Igepal CO-710 Polytergent B-350 Polytergent G-300 Tergitol NPX 728 Triton X-100 Pluronic L-35 Pluronic P-65	Emulphor ON-870 Ethofat 60/25 Igepal CO-630 Igepal CO-710 Polytergent B-350 Polytergent G-300 Tergifol NPX 728 Triton X-100 Pluronic L-35 Pluronic P-65

续表

组号	平均 McReynolds 常数	固定相（商品名）	固定液（中文名）
21	*X* 198.59 *Y* 391.18 *Z* 253.12 *U* 388.94 *S* 343.35	Plutonic P-85 Polyglycol l5-200 Ucon 50-HB-660 Ucon 50-HB-2000 Ucon 50-HB-3520 Ethomeen S-25 Oronite NI-W	Pluronic P-85 Polyglycol 15-200 Ucon 50-HB-660 Ucon 50-HB-2000 Ucon 50-HB-3520 Ethomeen S-25 Oronite NI-W
22	*X* 224.00 *Y* 421.60 *Z* 282.20 *U* 430.40 *S* 383.40	Igepal CO-730 Renex 678 Ucon 50-HB-5100 Lutensol Tween 80	Igepal CO-730 Renex 678 Ucon 50HB-5100 Lutensol Tween 80
23	*X* 216.00 *Y* 375.00 *Z* 339.00 *U* 492.50 *S* 376.50	ASI 50 (25% Phenyl,25% cyanopropyl) OV-25 XE 60 XF 1125	ASI 50 (25%苯基，25%氰丙基) OV-25 XE 60 XF 1125
24	*X* 263.29 *Y* 464.86 *Z* 311.00 *U* 486.71 *S* 425.71	Carbowax 400 monostearate Igepal CO-880 Surfonic N-300 Triton X-305 Pluronic F-68 Pluronic F-88 Ucon 75-H-90000	聚乙二醇 400 单硬脂酸酯 Igepal CO-880 Surfonic N-300 Triton X-305 Pluronic F-68 Pluronic F-88 Ucon75-H-90000
25	*X* 275.00 *Y* 466.75 *Z* 363.25 *U* 537.25 *S* 473.00	Neopentylglycol succinate HI-EFF 3 BP Paraplex G-40	聚新戊二醇丁二酸酯 HI-EFF 3 BP Paraplex G-40
26	*X* 323.00 *Y* 543.57 *Z* 374.29 *U* 577.14 *S* 520.14	Carbowax 4000 Carbowax 6000 MER-21 Carbowax 20M Carbowax 20M-TPA SP 1000	聚乙二醇 4000 聚乙二醇 6000 MER-21 聚乙二醇 20M 聚乙二醇 20M-TPA SP 1000
27	*X* 319.00 *Y* 495.00 *Z* 446.00 *U* 637.00 *S* 530.33	ASI 50 (50% cyanopropyl) Silar 5 CP SP 2300	ASI 50 (50% Cyanopropyl) Silar 5 CP SP 2300
28	*X* 342.50 *Y* 583.00 *Z* 398.50 *U* 606.00 *S* 627.00	FFAP STAP	FFAP STAP
29	*X* 348.50 *Y* 619.00 *Z* 423.00 *U* 629.00 *S* 597.00	Carbowax 600 Carbowax 1000	聚乙二醇 600 聚乙二醇 1000
30	*X* 374.38 *Y* 581.63 *Z* 457.13 *U* 661.00 *S* 634.50	Butanediol succinate HI-EFF 4 BP Diethylene glycol adipate HI-EFF 1 AP LAC-IR-296	丁二醇丁二酸酯 HI-EFF 4BP 二乙二醇己二酸酯 HI-EFF 1 AP LAC-IR-296

续表

组号	平均 McReynolds 常数	固定相（商品名）	固定液（中文名）
30	*X* 374.38 *Y* 581.63 *Z* 457.13 *U* 661.00 *S* 634.50	Ethylene glycol adipate HI-EFF 2 AP Phenyldiethanolamine succinate HI-EFF 10 BP	乙二醇己二酸酯 HI-EFF 2 AP 苯基二乙醇胺丁二酸酯 HI-EFF 10 BP
31	*X* 389.00 *Y* 606.50 *Z* 482.00 *U* 683.00 *S* 664.00	Diethylene glycol adipate+pentaerythritol EGSS-Y	二乙二醇己二酸酯+季戊四醇 EGSS-Y
32	*X* 488.00 *Y* 721.00 *Z* 583.00 *U* 832.00 *S* 784.50	Diethylene glycol succinate EGSS-X	二乙二醇丁二酸酯 EGSS-X
33	*X* 499.00 *Y* 750.67 *Z* 593.33 *U* 842.00 *S* 849.00	Diethylene glycol succinate-PS HI-EFF-1 BP	二乙二醇丁二酸酯-PS HI-EFF-1 BP
34	*X* 489.50 *Y* 725.00 *Z* 630.50 *U* 913.00 *S* 778.00	Silar 9 CP SP 2330	Silar 9 CP SP 2330
35	*X* 521.50 *Y* 756.00 *Z* 659.00 *U* 942.00 *S* 800.50	Silar 10C SP 2340	Silar 10C SP 2340
36	*X* 536.50 *Y* 781.00 *Z* 639.50 *U* 900.00 *S* 876.50	Ethylene glycol succinate HI-EFF-2 BP	乙二醇丁二酸酯 HI-EFF-2 BP

注：本表来自于文献［4］。

表 4-33　不能归入表 4-32 分类的固定液

液体固定相（英文）		McReynolds 常数				
英文名称	中文名称	*X*	*Y*	*Z*	*U*	*S*
Bitumen	沥青	19	58	14	21	47
N,*N*-Dimethyl-*γ*-aminoethoxymethylpolysiloxane	*N*,*N*-二甲基-*γ*-氨基乙氧基甲基聚硅氧烷	−8	143	76	69	82
Butyl stearate	硬脂酸丁酯	41	109	65	112	71
Beeswax	蜂蜡	43	110	61	88	122
Pentasil 350	Pentasil 350	16	3	121	131	162
OV-105	OV-105	36	108	83	139	86
Apiezon H	Apiezon H	59	86	81	151	129
Butoxyethyl stearate	硬脂酸丁氧基乙酯	56	135	83	136	97

续表

液体固定相（英文）		McReynolds 常数				
英文名称	中文名称	X	Y	Z	U	S
Halocarbon K-352	Halocarbon K-352	47	70	73	238	146
Bis(2-ethylhexyl) tetrachlorophthalate	四氯邻苯二甲酸双(2-乙基己基)酯	112	150	123	168	181
Diethyleneglycol distearate	二硬脂酸二乙二醇酯	64	193	106	143	191
SP 1200		67	170	103	203	166
OV-61		101	143	142	213	174
Triton X-400		68	334	97	176	131
Poly-I 110		115	194	122	204	202
Dexsil 400 GC (2-cyanoethyl)	Dexsil 400(2-氰乙基)	71	286	174	249	171
Zinc stearate	硬脂酸锌	61	231	59	98	544
Ucon LB-1715		132	297	180	175	235
Poly-A 103		115	331	149	263	214
Trimer acid	C_{54}三羧酸	94	271	163	182	378
Poly-A 101 A		115	357	151	262	214
Amine 220		117	380	181	293	133
Polypropyleneimine	聚丙烯亚胺	122	425	168	263	224
Bis(2-ethoxyethyl) sebacate	癸二酸双(2-乙氧基乙基)酯	151	306	211	320	274
Bis(2-butoxyethyl) phthalate	邻苯二甲酸双(2-丁氧基乙基)酯	157	292	233	348	272
Poly-A 135		163	389	168	340	269
Tributoxyethyl phosphate	磷酸三丁氧基乙酯	141	873	209	344	274
Zonyl E-91		130	250	320	377	293
Squalane	角鲨烯	152	341	238	329	344
γ-Aminopropyltriethoxysilane	γ-氨基丙基三乙氧基硅烷	145	426	226	313	297
SP 525		225	255	253	368	320
Cresyldiphenyl phosphate	磷酸甲苯基二苯基酯	199	351	285	413	336
Bis(2-ethoxyethyl)phthalate	邻苯二甲酸双(2-乙氧基乙基)酯	214	375	305	446	364
Siponate DS-10		99	569	320	344	388
γ-Morphinylpropyltrimethoxysilane	γ-吗啉基丙基三甲氧基硅烷	72	539	129	511	469
AN-600		202	369	332	482	408
Poly(ester acetal)		222	265	230	469	612
Bis(ethoxyethoxyethyl) phthalate	邻苯二甲酸双(乙氧基乙氧基乙基)酯	233	408	319	470	389
Neopentyl glycol adipate polyester (HI-EFF 3 AP)		234	425	312	462	438
Ethylene glycol tetrachlorophthalate	四氯邻苯二甲酸乙二醇酯	307	345	318	428	466
Fluorad FC-431		281	423	297	509	360
Cyclohexanedimethanol succinate polyester		269	446	328	493	481
Zonyl E-7		228	359	468	549	465
N-A11yl-γ-aminopropyl trimethoxysilane	N-烯丙基-γ-氨基丙基三甲氧基硅烷	323	653	441	593	555
Quadrol		214	571	357	472	489
Igepal CO-990		298	508	345	540	475
N-β-aminoethyl-γ-aminopropyltrimethoxy silane		247	700	393	454	433
Ethylene glycol succinate silicone EGSP-Z		308	474	399	548	549
Epon 1001		284	489	406	539	601
Ethylene glycol isophthalate polyester		326	508	425	607	561
XF-1150		308	520	470	669	528
Sorbite hexaacetate	山梨糖醇六乙酸酯	335	553	449	652	543

续表

液体固定相（英文）		McReynolds 常数				
英文名称	中文名称	*X*	*Y*	*Z*	*U*	*S*
Saccharose octaacetate	蔗糖八乙酸酯	344	570	461	671	569
Mer-2		381	539	456	646	615
Carbowax 1000	聚乙二醇 1000	347	607	418	626	689
Propylene glycol adipate polyester PGA-400 (Reoplex-400)		364	619	449	647	671
Carbowax 1540	聚乙二醇 1540	371	639	453	666	641
EGSP-A (polyester silicone) Silar 7 CP		397	629	519	727	700
SP 2310		440	638	605	844	673
ECNSS-Sωolyester silicone with cyanoethyl groups)		438	659	566	820	722
ECNSS-M (ditto)		421	690	581	803	732
Diglycerol	双甘油	371	826	560	676	854
Diethylene glycol succinate polyester		470	705	558	788	779
Ethylene glycol *o*-phthalate polyester (EGP, HI-EFF2 GP THEED)		453	697	602	816	872
THEED		463	942	626	801	893
Tetracyanoethyl pentaeηthritol	四氰乙基季戊四醇	526	782	677	820	837
SP-216-PS，SP-222-PS		632	875	733	1000	680
Hexakis(cyanoethoxy)hexane		567	825	713	978	901
Tetrakis(cyanoethoxy)butane (Cyano-B)		617	860	773	1048	941
Cyanoethylsaccharose	氰乙基蔗糖	647	919	797	1043	976
Bis(cyanoethyl)formamide	*N*,*N*-双(2-氰乙基)甲酰胺	690	991	853	1110	1000
OV-275		781	1006	885	1177	1089

注：本表来自于文献［4］。

二、固定相的选择

1. 利用罗尔施奈德（R）/McReynolds（M）系统

对于含不同官能团的化合物的分析，R/M 系统（表 4-25、表 4-29、表 4-30）是有帮助的。例如当需要对醇的保留作用比对芳烃大的柱子时，应选用 *Y* 与 *X* 之比值较高的固定相；为了得到对醇的保留作用比酮大的柱子，须选用 *Y* 与 *Z* 之比值较高的相。又如，对醇/酸的分离，可通过比较 *Y* 值；而对酮、醚、醛、酯，可看 *Z* 值；硝基化合物和氰基化合物，看 *U* 值；*N*-杂环，看 *S* 值。

不仅如此，根据 R/M 系统还能指出柱子的使用价值。如果 OV-1 和 OV-17 能给出类似结果，则麦氏常数介于两者之间的固定相如 OV-11 也能给出类似结果。如果试验过一种固定液但分离效果不好，则最好选 McReynolds 常数之和差异在 200 以上的固定液。

2. 利用相似相溶原理

固定液的性质与被分离组分之间有某些相似性，如官能团、化学键、极性、某些化学性质等。性质相似时，两种分子间的作用力（色散力、诱导力、定向力或氢键作用力等）就强。被分离组分在固定液上的溶解度就大，分配系数就大，因而在柱内的保留就长。须知，对于高沸点或挥发性较小物质，因其流出困难，实际上不宜选择与样品很相似的固定相，否则将造成出峰时间过长、操作温度过高等一系列问题。

3. 利用优选固定相

现在已有上千种固定相，而且还在不断增加，这虽然加宽了选择范围，增加了选择的灵活性。然而，在目前尚无类似“对号入座”这种简易选择方法的状况下，固定相的型号过于繁多，却给选择带来了巨大的工作量，因此不少色谱分析工作者致力于固定相的优选工作（表 4-32）。

Leary 等[28]于 1973 年用最相邻技术优选了固定相，依据最相邻距离优选出十二种固定相（图 4-1）。同时，其他作者对填充柱与毛细管色谱优选出的固定相也分别给出在表 4-31、表 4-34 中。填充柱中，最受欢迎的为：①甲基硅氧烷（OV-101、SE-30 等）；②50%苯基甲基硅氧烷（OV-17）；③Carbowax 20M；④中等氰基含量的氰基相（OV-275、SP-2300、Silar 5 CP）；⑤50%三氟丙基硅氧烷（如 OV-202、SP-2401）。对毛细管色谱，最受欢迎的为：①甲基硅氧烷；②Carbowax 20M；③氰丙基硅氧烷或三氟丙基硅氧烷。表 4-31、表 4-34 最后一列也给出了 LCGC 杂志做的一个调查，毛细管和填充柱各有 5 种固定相在实际中在发挥作用。

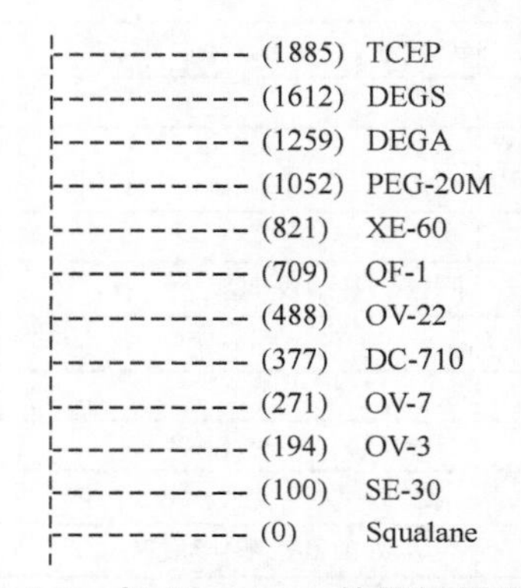

图 4-1 与 Squalane 的最相邻距离

括号中数字为优选相与Squlane的距离

表 4-34 毛细管柱气相色谱优选固定相文献报告[27,29,30]

固定相	Stark 1983	Klee 1983	Klee 1987	LCGC 1989
甲基硅氧烷	√	√	√	54.8%
50%～70%苯基甲基硅氧烷	√	—	—	21.8%
氰丙基甲基硅氧烷	√	—	√	8.6%
三氟丙基甲基硅氧烷	√	√	√	40.3%
PEG 20M	√	√	√	26.9%

表 4-35 给出了气相色谱毛细管柱的选择指南。在实际工作中，若用这些代表性的固定相进行试验，至少可为选择适宜的柱子提供一些有用的信息。

对无机气体和轻烃，高分子多孔微球如 Porapaks 是优选相。我们曾经总结 27 条[27]气体分析柱系统选择规则，引述如下：

① 对一般永久性气体的分析建议采用 5A Molsieve PLOT 柱，这些气体包括 He、Ne、Ar、Kr、Xe、Rn、H_2、CO、NO、N_2O、O_2、N_2、CH_4、CD_4、C_2H_6 等，但样品中必须保证无 H_2O、CO_2、SO_2 及 H_2S 等重组分。

② 如果要分离 O_2/N_2，同时样品中又含 H_2O、CO_2 等重组分，建议采用 Carbo PLOT 007 柱，C_1～C_3 也可流出。

表 4-35 气相色谱毛细管柱选择指南

固定相组成	商品名	极性	大致温度范围（等温/程升）/℃	一般应用
100%甲基硅氧烷	007-1, AT-1, BP-1, CB-1, CP-Sil 5CB, DB-1, DB-1ht, DB-1ms, EC-1, HP-1, HP-101, HP-1ms, OV-1, OV-101, RSL-150, RSL-160, Rtx-1, Rtx-1ms, SE-30, SP-2100, SPB-1, SPB-Sulfur, ULTRA-1, ZB-1, ZB-1ms	非极性	60～325/350	烃，农药，多氯联苯，酚类，含硫化合物，调味剂及香料
5%苯基 95%甲基硅氧烷	007-5ms, 007-2, AT-5, AT-5ms, BP-5, BPX-5, CB-5, CP-Sil 8CB, DB-5, DB-5.625, DB-5ht, DB-5ms, EC-5, HP-5, HP-5ms, HP-5TA, MDN-5, Mtx-5, OV-5, PE-5, PTE-5, PTE-5QTM, PAS-5, RSL-200, Rtx-5, Rtx-5ms, SAC-5, SE-52, SE-54, SPB-5, ULTRA-2, XTI-5, XTI-5, ZB-5	非极性	60～325/350	非挥发性化合物，生物碱，药物，脂肪酸甲酯，卤化物，农药，杀虫剂
6%氰丙基苯基 94%甲基硅氧烷	007-624, 007-1301, AT-624, AT-1301, CP-1301, DB-624, DB-1301, HP-1301, HP-624, Mtx-1301, Rtx-1301, Rtx-624, SPB-624, ZB-624	中等极性	20～280/300	芳氯，酚，农药，挥发性有机化合物
35%苯基 65%甲基硅氧烷	007-11, AT-35, BPX-35, DB-35, DB-35ms, HP-35, MDN-35, OV-11, PE-35, RSL-300, Rtx-35, SPB-608, SPB-35, Sup-Herb	中等极性	40～300/320	CLP-农药，芳氯，制药，滥用药物
14%氰丙基苯基 86%甲基硅氧烷	007-1701,AT-1701, BP-10, BPX-10, CB-1701,CP-Sil 19 CB, DB-1701, DB-1701P, HP-1701, OV-1701, PAS-1701, PE-1701, Rtx-1701, SPB-7, SPB-1701, ZB-1701	中等极性	20～280/300	农药，杀虫剂，TMS糖，芳氯
50%苯基 50%甲基硅氧烷	007-17, AT-50, BPX-50, CP-Sil 24 CB, DB-17, DB-17ht, HP-17, HP-50+,OV-17, PE-17,RSL-300, Rtx-50, SP-2250, SP-50, SPB-50, ZB-50	中等极性	40～280/300	药物，乙二醇，农药，甾族化合物
50%苯基 50%甲基硅氧烷	DB-17ms	中等极性	40～320/340	药物，乙二醇，农药，甾族化合物
50%氰丙苯基 50%甲基硅氧烷	007-225, AT-225, BP-225, CP-Sil 43 CB, DB-225ms, DB-225, HP-225, OV-225, PE-225, RSL-500, Rtx-225, SP-2330	极性	40～220/240	脂肪酸甲酯，中性兴奋剂
聚乙二醇	007-CW, AT-WAX, BP-20, Carbowax 20M, CB-WAX, CP-WAX 52 CB, DB-WAX, DB-WAXetr, EC-WAX, HP-20M, HP-Wax, HP-INNOWax, Innowax, Omegawax, Rtx-Wax, Stabilwax, Supelcowax-10, SUPEROX Ⅱ, ZB-WAX	极性	20～250/260 40～260/270	酚，游离脂肪酸，溶剂，矿物油，调味剂及香料
聚乙二醇碱改性	AT-CAM, CAM, Carbowax Amine, CP-51 WAX, Stabilwax-DB	极性	60～220/240	胺，碱性化合物
聚乙二醇酸改性	007-FFAP, AT-1000, BP-21, CP-WAX 58 CB, DB-FFAP, EC-1000, HP-FFAP, Nukol, OV-351, PE-FFAP, SP-1000, Stabilwax-DA, SUPEROX-FA	极性	40～250	有机酸，醛，酮，丙烯酸酯
50%氰丙基 50%甲基硅氧烷	007-23, AT-SILAR, DB-23, PE-23, Rtx-2330, SP-2330/2340/2380/2560	极性	40～250/260	顺/反脂肪酸甲酯

续表

固定相组成	商品名	极性	大致温度范围（等温/程升）/℃	一般应用
10%～30%七(2,3-二-*O*-甲基-6-*O*-二甲基叔丁基硅基)-*β*-环糊精	CP-Chirasil-Dex CB，Cyclodex-B，CycloSil-B，*β*-DEX 110，*β*-DEX 120，HP-Chiral *β*，LIPODEX C，Rt-*β* DEXm	中等极性	35～260/280	手性化合物（一般用途）
PONA 分析	007-1-100-5F，AT-Petro,CP-SIL PONA CB，DB-PETRO 100，HP-PONA，PETROCOL DH，PONA，Rtx-1PONA	非极性	约 350	石油轻组分中烷烃、环烷烃、烯烃、芳烃族组成分析
ASTM 方法 2887	AT-2887，DB-2887，PETROCOL 2887，PETROCOL EX2887，Rtx-2887，Sim-DIST-cb	非极性	约 350	沸点范围在 55～538℃石油产品的模拟蒸馏
EPA 方法 608	007-608，AT-Pesticide，DB-608，HP-608，SPB-608，PE-608	非极性	40～240	EPA 方法 608 中限定的农药
EPA 方法 502.2	007-624，007-502，AT-502.2，DB-502.2，DB-VRX，HP-624，HP-VOC，OV-624，Rtx-502.2，Rtx-624，Rtx-Volatiles，VOCOL	弱极性	约 270	非法性有机化合物，包括 EPA 方法 502.2，524.2，8260
硫化物分析	AT-Sulfur，SPB-Sulfur	非极性	约 20/350	挥发性硫化物，如在石油蒸馏产品中

注：根据文献［27,33,34］总结。

③ 含极性和非极性组分的混合物的分析，建议采用 Pora PLOT 柱，此柱也适用于永久性气体分析。能在此柱上分析的组分有：

水汽：CO、CO_2、H_2S、SF_6、N_2、O_2、CH_4、N_2O、NO、Ar、NO_2、SO_2、NH_3、COS、Freons、ethyl Oxide。

烃：C_1～C_{10}。

醇、酮、二醇、卤代烃以及通常在 Porapak Q、Haysep Q 或 Chromaosorb 102 上分离的任何其他样品。不过，对几何异构体及 *o*、*m*、*p* 位置异构体及含活泼氢的组分，不如采用 GLSC 的石墨化炭黑 WCOT 柱。

④ 对化工原料中十分重要的正丁烯、异丁烯的分离，不如采用 Al_2O_3/PLOT 柱好。后者对 C_1～C_9 轻烃中烯烃异构体的分离有高选择性。样品中不能存在水分、CO_2。如果 C_{10+} 烃存在，就要用厚膜甲基硅氧烷交联柱，它对低碳饱和/不饱和烯烃异构体的分离，不如 Al_2O_3/KCl 好。

如果没有上述 PLOT 柱（表 4-13），则：

⑤ 对于不要求分析样品中所含少量 CO_2、H_2O 等重组分，而要分别定量 H_2、O_2、N_2、CH_4、CO 的，如要快速分析，则用 13X 分子筛；如要 CH_4/CO 间有较大分辨率如痕量分析，则用 5A Molsieve。

⑥ 如果采用低温，则 H_2、O_2、Ar、CO 也能用 Porapak Q 分离，且在低温或长柱时，5A 也能分析这些气体，不过出峰次序有所不同。因此，当分离 O_2 中痕量 Ar 时，建议用 5A Molsieve，当分离 Ar 中痕量 O_2 时，建议用 Porapak Q，当 Ar/O_2 含量差不多时，两者均可，但用 5A 时 O_2/N_2 间分辨率大。

⑦ 当所用仪器无低温分离设备，而要求 O_2/N_2 分离，同时要求分离 H_2O、CO_2 或 CH_4、C_2H_6 等重组分，建议采用碳分子筛，等温和程升均可。

⑧ 如果设备可用低温，要分离 O_2/N_2、O_2/Ar 的同时，还要分离 N_2O、NO、CO、CO_2、

H_2S、COS、SO_2等重组分，推荐 Porapak Q。

⑨ 如果有低温程升设备，也可采用 Porapak R，对烃的分离可一直进行到C_9馏分；不过，对碳氢化合物的分离情况，当然不如用厚膜毛细管柱好。

⑩ 惰性气体（He、Ne、Ar、Kr、Xe 等）的分离，最难分的是 He、Ne，常温下用分子筛即可，其中，He、Ne、H_2、O_2、N_2的分离用 5A Molsieve 好；He、Ne、H_2、O_2、N_2、CO、CH_4的分离用 13X 好。

⑪ 化工原料中十分重要的裂解气及液化石油气的分离，须用特殊选择性柱子。其中首推 Picric acid 改性的 Carbopack 柱，同时 Durapak *n*-Octane、Porasil C 或 GDX-501 等均能达到目的。

⑫ 为了分析天然气样品中含有的烷烃和直到C_9、C_{10}的重烃，采用非极性厚膜交联柱可取得良好的分离。

⑬ 如要进一步分离CO_2和水分，也可采用和 Porapaks 串联的切换柱，如 Porapak Q+Porapak T/OV-1 或 Porapak R/OV-101。

⑭ 当进一步要分离O_2/N_2时，可采用 13X 分子筛、Porapaks 及非极性毛细管柱组成的三柱切换系统。

⑮ 如果采用低温，甚至单根 Porapak R 填充柱就能实现上述目的，对烃的分离当然不如非极性毛细管柱。

⑯ 合成气或可燃性气体的组成为H_2、O_2、N_2、CO、CO_2、CH_4、C_2H_4、C_2H_6、C_{3+}、H_2S等，因而有关这些气体的柱系统推荐规则，可根据分析目的选用规则①～⑮。

⑰ 对含氟的F_3Cl、SF_6等腐蚀性化合物的分析，由于腐蚀性强，只能采用合氟化合物为基质的担体和含氟化合物氟油为基质的固定液（氟油）来进行分析，所用柱管要用聚四氟乙烯（Teflon）。

⑱ 分离F_2、O_2、N_2时，也可采用聚四氟乙烯柱系统，但应采用长柱，而F_2/O_2分离，要采用银柱吸收的方法。

⑲ 聚四氟乙烯的柱型也可用于含氟的硫化物和金属含氟甚至含氟、含硫化合物的分析，其他腐蚀性的无机卤化物也要采用聚四氟乙烯柱系统。

⑳ 对于C_1、C_2有机气态卤化物的分离，如果用填充柱，建议采用 Chromosil 310。如果用毛细管柱，建议采用厚膜 Carbowax 20M 交联柱。

㉑ 对于 COS、H_2S、CS_2、SO_2的分离，视H_2S与CS_2含量多少，可分别采用 Chromosil 310、330 或 Porapak QS、Supelpak QS，其中前二者适于H_2S含量高的情况，后二者适于CS_2合量高或含水的情况。

㉒ 除上述气体外，采用 Chromosil 330 或 PoraPak QS 也可分离C_1～C_3硫醇和硫醚，μL/L 级也行。Polyphenyl ether/H_3PO_4 on Chromosorb T 也可用于分离μL/L 级以下的上述气体。当痕量分析时，柱管需用 Teflon。

㉓ 使用 Carbopack B/XE-60/H_3PO_4填料，在玻璃柱上即可实现对C_2硫化物异构体的基线分离，费用比 Polyphenyl ether 低。这一柱系统也适于SF_6、H_2S和 COS 的分离，这在 Polyphenyl ether 上是不可能的。

㉔ 对氮和它的氧化物N_2O、NO 的分离，建议采用 5A Molsieve 柱或 Porapak Q 柱，但需注意NO_2的反应性。

㉕ 碱性氮化物如氨、甲胺等的分离，建议采用 Chromosorb 103。

㉖ 对于同位素的分离，只要质量上有区别，就会使色散力有差别，因此可用高效气相色谱柱进行分离，这种柱子一般比较特殊，如：

a. 氢的同位素的分离，可采用 $Fe(OH)_3$ 腐蚀的 Al_2O_3 填充柱或 5A Molsieve PLOT 石英柱（75m×0.32mm），它们均可使 H_2、D_2、HD_2、HT、T_2、DT 获得分离。

b. 氮的同位素的分离，可采用 60m×4mm 的 0.1% Squalane on Graphitised Carbon black 柱，使 ^{14}N、^{15}N 得到分离，载气 H_2 中加进 CO 以失活表面。相同的填料也适用于–78℃时 CH_4 与 CH_3D 的分离。

c. 当采用 NaOH 腐蚀的 47m×0.22mm 玻璃毛细管柱，并用 N_2-He 作载气，可分离甲烷的同位素化合物。64m×0.22mm 的活性硅胶柱也行。

d. 氧的同位素的分离，由 NaOH 腐蚀的 173m×0.3mm 玻璃毛细管柱，并用 N_2-He 作载气，可分离 $^{16}O_2$ 和 $^{18}O_2$。

e. 氖的同位素的分离，采用 82m 经腐蚀的玻璃毛细管柱在–254℃可分离 ^{20}Ne 和 ^{22}Ne，载气为 He+5%H_2。

由于气相色谱分离同位素不是最方便的办法，因此用得不广泛。

㉗ 硅烷、硼烷、镓烷及磷烷和砷化氢等，有很大毒性，但在色谱上的分离并不困难，多孔聚合物或非极性柱均可。硅烷中氯硅烷也能由非极性的 Squalane 柱测定。

4. 利用特殊选择性固定相

特殊选择性固定相对特定类化合物具有特殊选择性。被分离组分与固定液分子之间往往有某些络合物或中间体生成，属于分子间化学作用的结果。常见的有：①硝酸银固定相保留烯烃；②重金属脂肪酸酯保留胺类；③有机皂土对芳烃位置异构体的选择性保留；④液晶对长/宽比不同的异构体的独特分离能力；⑤手性柱对旋光异构体的选择性分离等。尽管它们均有局限性，但从实用角度看，具有一定的价值。

一些商品化的特定样品的专用柱或标准方法中限定的专用柱也可认为是属于此类固定相。

关于气相色谱柱的应用和方法指南的更多信息可从大的色谱公司的产品目录[33,34]中看到，如安捷伦[34]在其产品目录中给出了 EPA 方法中的气相色谱柱、美国药典（USP）气相色谱固定相、ASTM 方法气相色谱柱等。

参 考 文 献

[1] 李浩春. 分析化学手册（第二版），第五分册：气相色谱分析. 北京：化学工业出版社, 1999.
[2] de Zeeuw J, et al. J Chromatogr Sci, 1987, 25: 71.
[3] Henrich L H. J Chromatogr Sci, 1988, 26: 198.
[4] Rotzsche H. Stationary Phases in Gas Chromatography. New York：Elsevier,1991.
[5] Supelco Environmental Chromatography Products. 1990: 25.
[6] Kaiser R. Chromatographia, 1968, 1: 199.
[7] Hollis O L. Anal Chem，1966, 38: 309.
[8] Hollis Q L, Hayes W V. J Gas Chem, 1966, 4: 235.
[9] Cowper C J, Derose A J. The Analysis of Gases by Gas Chromatography. Oxford: Pergamon Press, 1983.
[10] 中国科学院大连化学物理研究所. 气相色谱法. 北京：科学出版社，1986.
[11] Rohrschneider L. J Chromatogr, 1966, 22: 6.
[12] Rotzsche H//Leibnitz E, Struppe H. G. Handbuch der Gaschromatographie. Leipzig: Geest & Portig, 1984: 452.
[13] Kováts E. Helv Chim Acta, 1958, 41: 1915.
[14] Wehrli A, Kováts E. Helv Chim Acta, 1959, 42: 2709.
[15] Kováts E, Fresenius Z. Anal Chem, 1961, 181: 351.
[16] Rohrschneider L. J Chromatogr, 1965, 17: 1.
[17] Rohrschneider L. J Chromatogr, 1969, 39: 383.
[18] Preston S T. J Chromatogr Sci, 1970, 8: 18 A.
[19] Hawkes S J, Grossmann D, Hartkopf Â, et al. J Chromatogr Sci, 1975, 13: 116.
[20] Bishara R H, Souter R W. J Chromatogr Sci, 1975, 13: 593.
[21] Wayne R S, Bamey J E, Bontoyan W R, et al. J Assoc Off Anal Chem, 1976, 59: 420.

[22] Leibrand R J. J Chromatogr Sci, 1975, 13: 556.
[23] Delly R, Friedrich K. Chromatographia, 1977, 10: 593.
[24] British Pharmacopoeia 1980, H. M. Stationary Office, London, 1980, various pages.
[25] Betts T J. J Chromatogr, 1986, 354: 1.
[26] Hawkes H S J. Data Sheet, Ohio Valley Specialty Chemica1s, Marietta, OH.
[27] 许国旺等编著. 现代实用气相色谱法. 北京：化学工业出版社，2004.
[28] Leary J J, et al. J Chromatogr Sci, 1973, 11: 201.
[29] Matthew S Klee. LCGC, 1987, 5: 774.
[30] Majors Ronald E. LCGC, 1990, 8: 442.
[31] Dettmer-Wilde K, Engewald W. Practical Gas Chromatography. Heidelberg: Springer, 2014.
[32] McReynolds W O. J Chromatogr Sci, 1970, 8: 685.
[33] Alltech 色谱用品手册，Catalog 500，2011/2011.
[34] 安捷伦色谱与光谱产品目录：GC 和 GC/MS 色谱柱与消耗品必备手册，2015/2016.
[35] 色谱柱消耗品综合目录，Catalog 700，迪马科技，2013.
[36] Halasz I, Sebestian I. J Chromatogr Sci, 1974, 12: 161.

第五章　气相色谱柱

第一节　填充柱

一、柱管材质及预处理

1. 玻璃管柱及其预处理

玻璃管柱具有化学惰性好、制备的柱子柱效高等优点，缺点是脆弱易破碎，虽然玻璃柱的应用没有不锈钢柱普及，但被认为是一般分析应用中最好的制柱材料。玻璃管柱还能观察柱子的填充情况，以及使用过程中柱内填充和固定相的变化情况。如果柱子在使用过程中出现部分填料变色，色谱峰变宽，则可根据柱子使用情况做相应的调整。

玻璃表面有一些硅醇基团，可能对分析组分有一定的吸附性和催化性，一般需要经过脱活预处理，即将管柱用5%二甲基二氯硅烷的甲苯溶液浸泡数分钟，然后用甲苯、甲醇冲洗干净，最后用氮气吹干。

2. 金属管柱及其预处理

金属管柱有不锈钢管、铜管、铝管柱以及金、银、钛、镍管柱。镍管柱兼顾了金属管柱的耐久性、韧性和玻璃管柱的惰性。铜铝管柱具有催化活性，使用较少。不锈钢柱强韧不易破碎，是最常用的填充柱管材，其缺点是难以观察固定相装入柱后的情况。它特别适合分析脂肪酸酯、烃类化合物、永久性气体和有机溶剂，但对于一些强极性化合物，如果是痕量分析，应使用内壁经过抛光打磨的不锈钢柱。

使用不锈钢管内壁要特别洗净，其方法如下：将内壁用布条擦净的不锈钢管先用10%热氢氧化钠溶液浸泡，再用水冲至中性。进一步洗涤还可以用（1+20）稀盐酸浸泡，再冲洗至中性。也可用乙酸乙酯、甲醇、蒸馏水洗，然后用10%硝酸充填10min，用水洗到中性后，再用甲醇、丙酮洗，最后在氮气流中吹干。由于不锈钢中过渡金属的存在，类固醇和农药或许会发生分解。

3. 塑料管柱及其预处理

塑料管柱采用聚四氟乙烯作为管材制成。这种管柱的优点是化学惰性最好，可用于分离不能在其他管柱上进行分离的组分（如化学性质活泼的含硫气体、HCl、卤素单质、HF）。其缺点是水蒸气、氧和氢等低分子量气体可在150℃以上从多孔的管壁渗入，使其中固体吸附剂受损坏；另外柱效颇低，其最高使用温度不可超过250℃。

二、固定相的制备

（一）固体固定相的制备

先将购买的固体固定相择除杂物，有些还要适当粉碎，除去粉尘（如分子筛），然后进行筛分；若需使之改性，则此时将相应的物质涂布在表面上；最后依规定的操作规程进行活化，储存即可。

（二）液体固定相的制备

应将适量的固定液均匀地涂布在载体表面上，既使固定液很好地分散，又使载体表面的活性点被掩盖。在制备时，溶解固定液的溶剂体积不宜过大，以能润湿载体为好；沸点不宜过高，以免溶剂挥发时损失了固定液；化学性质要稳定，不与固定液起任何作用（例如有文献报道[1]：QF-1、OV-210、SP-2401在丙酮中迅速分解，须用乙酸乙酯代替）。注意载体机械强度不高者，容易破碎，不仅增加消耗，而且破碎的载体还会呈现出活性点。

涂布固定液于载体的方法有蒸发法、回流法、过滤法、柱内涂渍法和气相涂渍法、化学交联法等，这里介绍主要的涂渍方法。

1. 蒸发法

用溶剂溶解已知质量的固定液，可用热水浴加快溶解。将经预处理和过筛后的载体以旋转方式缓慢倒入溶解后的固定液，把溶液倒入布氏漏斗，抽真空去除溶剂，量取滤液的量，然后放置托盘自然晾干，或以红外灯烘烤，保留在载体上的固定相可以计算出来。这是最常用的方法，操作简便，但易造成涂布不匀，所以更适合浓度大或者黏度大的固定液。

2. 回流法

将固定液加热冷凝回流，待固定液完全溶解后加入载体，继续回流，最后将载体和溶剂倒入烧杯，置于通风处自然烘干，此法适合溶解性能较差的高温固定液涂渍。

（三）填充柱的制备和老化

总体来说，装填充柱有两点要求：一是将固定相填充均匀、紧密、减少空隙和死空间；二是填充时不得敲打过猛，以免造成载体机械粉碎，致使柱性能变坏。

操作多采用抽真空装柱法，也称减压法，即将填充柱的一端塞好硅烷化的玻璃棉，将柱口接真空泵抽气，固定相从入口倾入（安装色谱柱时，注意不要接反，否则固定相将在柱中移动，使柱效发生变化），为防止潮湿空气进入，可接氯化钙和硅胶干燥塔。填充沸点较低的固定相时，则不宜用泵抽装柱，一般采用边装边敲打的手工法填装。填装聚四氟乙烯作为载体的固定相，需将固定相冷冻过夜，然后再0℃填装到色谱柱中。色谱柱的湿气先用干燥气体置换，以免0℃时色谱柱结冰，固定相结块。

加压法是将填充柱一端塞好硅烷化的玻璃棉，另一端接填充池，而填充池连接氮气或空气钢瓶的减压阀。将固定相加入填充池，后压入填充柱内，同时用木棒敲打柱体以使其填充均匀。填充完后，连接填充池的这一端应与进样室相连，而另一端与检测器相连，不能接反。

老化色谱柱的目的是除去管柱内剩余的溶液、固定液的低沸程馏分及易挥发的杂质，同时使固定液更均匀地分布于载体或管壁上。老化的方法多采用气体流动法：将柱入口与进样室相连，出口勿接检测器，通以载气，以2～4℃/min程序升温至低于固定液最高使用温度20～30℃，老化12～24h，获得平稳基线，则表明老化已合格。

空心柱的老化与填充柱基本相同，参照执行即可。

第二节 空心柱

一、空心柱种类

（一）柱管管材

在空心柱气相色谱的发展过程中，柱管材料的选择也几经变迁。研究中曾经使用过金属、塑料、玻璃作为管材，目前最常用的管材是普通玻璃和石英玻璃[2,3]。

1. 普通玻璃

玻璃管材主要分普通玻璃管和石英玻璃管两大类。用于制作空心柱管的普通玻璃管有钠钙玻璃（或称软质玻璃）和硼硅玻璃（或称硬质玻璃）。考察材料的化学结构有助于更进一步认识它们的特性，钠钙玻璃组成为 SiO_2 67.7%，Na_2O 15.6%，CaO 5.7%，MgO 3.9%，Al_2O_3 2.8%，B_2O_3 0.8%，K_2O 0.6%。因 Na_2O 等金属氧化物含量高，有碱性，易于催化分解硅氧烷类固定液和吸附酸性物质。硼硅玻璃组成为 SiO_2 81%，B_2O_3 12%，Na_2O 3%，Al_2O_3 2%，K_2O 1%，B_2O_3 会提高材料的耐高温性能，硬质玻璃比软质玻璃强度好，熔点高，它所能耐受的温度是 450℃，在气相色谱中较为常用的是硼硅玻璃。

2. 石英玻璃

玻璃在其生产过程中会添加一些金属氧化物。玻璃中的金属氧化物被看作是路易斯酸，在玻璃表面形成结合位点，能够对一类局部电子密度高的化合物［酮类、胺类和含 π 键的分子（如芳香化合物和烯烃）］产生吸附，另外，硼杂质也能在玻璃表面形成路易斯酸作用点。以硼硅玻璃为例，其金属氧化物含量达到了 19%，而石英玻璃中含量不超过 1μg/g。所以石英玻璃是现代气相色谱制柱的首选材料，石英的主要成分也是二氧化硅，由于石英中极少的金属氧化物含量，这也就意味着石英玻璃表面不存在或存在少量活性吸附位点，相比普通玻璃具有卓越的惰性，而且它柔韧性好，不易断裂，熔点也比普通玻璃高，缺点是价格比普通玻璃要高。

制作空心管的石英玻璃分为天然熔融石英和人造石英。由于人造石英管难得且价格昂贵，一般利用熔融石英管作为色谱柱管材，用其制得的空心柱管壁很薄，柔韧性极好，使用时不易断裂，不足之处是管外壁涂的聚酰亚胺不耐高温。

3. 铝涂层石英空心柱

玻璃或者石英空心柱外层一般在管外涂覆了一层聚酰亚胺，这层聚酰亚胺能够改善玻璃和石英容易断裂的缺点，但在分析蜡类、原油或者甘油三酯这样的物质的时候，常常要求色谱柱能承受 400℃以上的温度，持续高温下聚酰亚胺层会出现变色老化，涂层脱落，进而导致柱管断裂。研究者把聚酰亚胺层替换成铝，取得极佳的效果[4]。这种高温气相色谱柱在保留了熔融石英柱的惰性和柔韧性的基础上具有优良的导热性，已成为商品化色谱柱。

4. 石英内衬不锈钢柱

将铝涂层石英空心柱的柱体和内衬的角色对调，就是石英内衬不锈钢柱。不锈钢毛细管柱耐温性可以达到 450℃，但是其内壁粗糙，容易污染，柱效较低，有催化活性和金属活性，所能分析的物质范围较小。研究者将石英沉积于不锈钢柱内壁上，完美结合了金属柱和石英柱的优点，目前已将其应用于胺类、挥发性有机物和石油产品的分析中[5]。

（二）空心柱的分类

1. 按制备方法分类

空心柱按制备方法分为以下几种：

壁涂空心柱（wall coated open tubular column，WCOT 柱）：柱内径 0.2～0.6mm，一般是将固定液直接涂渍到空心柱内壁，现今空心柱都是这种类型。

多孔层空心柱（porous layer open tubular column，PLOT 柱）：柱内径 0.2～0.6mm，柱内壁涂覆一层多孔固体，再涂渍固定液。其中使用最多的是载体涂层毛细管柱（support coated open tubular column，SCOT 柱），柱内径 0.2～0.6mm，它是先在柱内壁涂覆载体，再涂渍固定液。

2. 按内径大小分类[4,6]

柱内径对柱效、压力、载气流速柱容量都有影响。

常规空心柱：内径 0.1～0.32mm，可以是玻璃柱也可以是弹性石英柱，需要较高柱效时选用此种柱。0.15mm 和 0.18mm 内径的色谱柱十分适用于泵容量低的 GC-MS 系统。

小内径空心柱：内径小于 0.1mm，用来快速分析。

大内径空心柱：它的诞生使人们认为填充柱可以被取代，内径为 0.32mm、0.45mm、0.53mm 和 0.75mm，常做成厚液膜柱，当需要较高样品容量、仪器配备大口径直接进样器并需要较高柱效时使用。

集束毛细管柱：它是由许多很小内径的空心柱组成的空心柱，容量高分析速度快，用于工业分析。

3. 按柱长分类[4,6]

10～15m 的色谱柱适用于分离含有很容易分离的溶质的样品，内径很小的色谱柱通常采用较短的长度以降低柱压。

25～30m 长的色谱柱，使用广泛。

50～60m 的色谱柱，适合分离含有很多组分的复杂样品，这种柱子需要的分析时间较长，费用较高。

二、柱管的预处理

欲制得高效、惰性、热稳定性好、保留重复性好的空心柱，需在涂渍固定液前对管内壁表面作适当的预处理，否则多数固定液不能很好地湿润未经处理的柱内壁表面，涂布的液膜不均匀也不稳定，收缩的液珠严重影响柱效，并且柱壁的活性点使样品中的极性组分拖尾，微量组分甚至会因吸附而不流出；对某些固定液还会引起催化分解。在涂渍固定液前，将柱内表面进行处理的主要方式是提高管柱内壁表面对固定液的湿润性和除去表面活性中心。

（一）柱管内壁的湿润性

液体在固体表面上均匀分散的程度称为湿润性，它与两者的比表面自由能有关。只有液体的比表面自由能小于固体时，液体才能分散开，否则将在固体表面形成液滴。若将固体表面与正切于液滴的夹角定义为接触角θ，如图 5-1 所示，则可用 $\cos\theta$ 判定湿润性；液体对固体不形成接触角时液体的表面张力定义为固体的临界表面张力 r_c（$\cos\theta$=1，θ=0）。固定液的表面张力一般为 20～50mN/m。经过清洗后的玻璃和石英柱管有很高的表面自由能，能被大

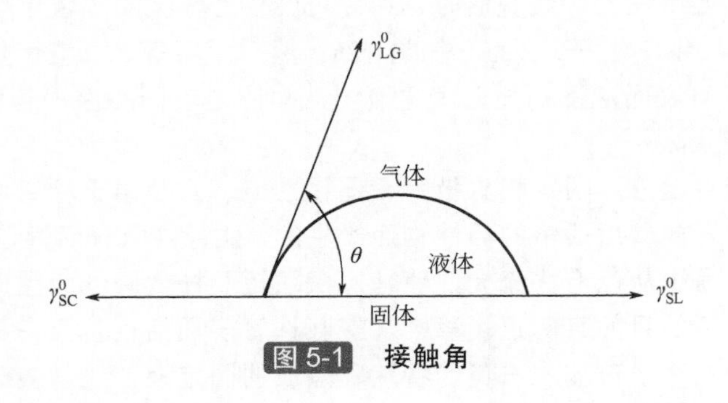

图 5-1 接触角

部分固定液湿润；而潮湿和不纯净的管壁，自由能约为 25～50mN/m，不能被很好湿润。有两条途径可以提高柱管内壁的湿润性：一是使柱管内表面张力变大；二是添加表面活性剂使固定液和溶剂的表面张力变小。现分述如下：

1. 柱管内壁改性法

可以用化学的腐蚀方法或物理的加固体方法使柱管内壁变粗糙，达到使之湿润的目的。

化学腐蚀法只适用于普通玻璃毛细管柱而不适用石英毛细管柱，虽然有许多文献报道，其中以用 HCl 处理钠钙玻璃毛细管柱使内壁生成氯化钠结晶[6,7]和用 HF 处理硼硅玻璃毛细管柱使生成 SiO_2 晶须[8,9]是比较好的方法。

HCl 处理法是将干燥的 HCl 气体连续地通过置于 350℃的钠钙玻璃柱管 2h，或将 HCl 气体充满柱管，封死其两端后，在 360℃加热 3h。前者在内壁生成的氯化钠晶体颗粒比后者均匀，却不及后者大。此法的缺点是晶体形成情况与玻璃表面组成有关，难以重复；涂渍液会溶解少量氯化钠晶体；由于内壁有碱性物质，产生弱路易斯酸吸附和在高温催化分解固定液。

氟化氢处理法是直接将 HF 气体或加热后可产生 HF 气体的物质置于硼硅玻璃柱管内，在高温下进行腐蚀，使内壁产生 SiO_2 须状物（其表面积可为光滑玻璃的上千倍，甚至更高）。因 HF 有剧毒，后来常将 NH_4HF_2 分解成 HF 气体及 NH_3，即以 5g/100mL NH_4HF_2 的甲醇饱和溶液，盛于柱管内，1h 后用 N_2 吹干，供下一步制备[10]。此法缺点是晶须不易脱活，导致柱效不高。

将上述化学腐蚀方法处理的柱管涂渍固定液，制成的空心柱叫作处壁空心柱（wall treated open tubular column，WTOT 柱）。

用固体使柱管内壁粗糙的物理方法有两种。一是在玻璃管内填装固体，然后拉制成空心柱管，固体则嵌在柱内壁（固体若不是吸附剂则拉制后要涂渍固定液），此空心柱就是填充毛细管柱。二是在拉制的空心柱管内壁沉渍一层多孔性物质，如石墨化炭黑、分子筛、二氧化硅、硅藻土、碳酸钡、氯化钠，然后不涂渍或涂渍固定液。这样制成的空心柱就是 PLOT 柱，其中沉渍物是硅藻土载体的称为 SCOT 柱。

2. 表面活性剂处理

用表面活性剂可降低固定液、溶剂的比表面自由能，使固定液与溶剂表面张力减小。表面活性剂是由憎水基和亲水基组成的化合物，能黏附于玻璃管柱内壁的硅醇基团及路易斯酸中心，形成定向的单分子层，既起脱活又起固定液分散作用[11~13]。最常用的表面活性剂是苄基三苯基氯化膦（BTPPC），其次是溴化（十八烷基）甲基溴化铵（Qas-Quat L）与四苯硼酸钠（Kalignosl）。一种实施方法是在涂渍固定液之前，将 1%表面活性剂（CH_2Cl_2 溶液）用动态法涂于管柱内壁。如用三乙醇胺脱活时，可将 5%三乙醇胺的二氯甲烷溶液，按动态法以 2cm/s 通过柱管两次，用 N_2 吹干，125℃加热 18h，然后用甲醇、二氯甲烷洗去剩余的三乙醇胺[14]。另一种方法是将表面活性剂加入固定液中，与固定液同时涂于管柱内壁。

（二）柱管内壁的脱活

柱管的活性是指对组分、固定相有吸附、催化性能。它是由于柱管内壁表面有硅醇基、金属氧化物及处理柱管内壁后残留的活性物而产生的。柱管内壁有活性，能增大色谱峰峰宽。在柱温高时，固定液易于从色谱柱流失，使柱寿命缩短及柱效降低，因此需对柱管内壁进行脱活处理。所以，脱活的目的有两点：第一，掩蔽柱管表面活性位点；第二，润湿管壁。

有效的脱活方法取决于玻璃和石英的特性、涂渍的固定液，还与被分析样品的种类等诸多因素有关。脱活方法一般分为三类：一是除去或减少这些活性物质；二是改变这些活性基团的性质；三是把这些活性基团隐藏起来，使之不发生作用。具体包括以下三种：

1. 沥滤法

玻璃柱和石英柱在脱活之前都要经过酸处理，以增加毛细管内壁的硅醇基，可以消除或降低脱活过程中玻璃种类的影响，叫作毛细管内表面的羟基化。

对于玻璃空心管柱，此法是用盐酸或氯化氢将其内壁表面的金属离子除去，合适的盐酸浓度为18%。可以用动态法或静态法沥滤柱管，立即用稀盐酸洗涤以去除沥滤出来的金属离子，然后250℃通 N_2 进行干燥。此法同时使柱管内壁表面的羟基增多，需进一步硅烷化处理，以免表面的活性有新的增加。

对于石英空心管柱，虽然其金属含量极少，但由于是在高温拉制，表面羟基含量极少，常用水热处理方法增加表面羟基量，也有人用盐酸或硝酸处理的方法，最后做硅烷化处理。

2. 化学键合法

通过化学反应利用惰性基团取代管内壁表面的羟基，是最常用的脱活方法。主要包括硅烷化法和酯化法。

硅烷化法的基本原理是用硅醚基取代活性的羟基，生成 Si—O—Si—C 键。硅烷化试剂主要有三甲基氯硅烷、六甲基二硅氧烷（或两者混合物）、二甲基二氯硅烷、三苯基氯硅烷、八甲基环四氧硅烷等。现多采用高温硅烷化脱活法，简称 HTS（high temperature silylation），分为动态法和静态法，反应温度在 300～400℃，静态法[15]是用 N_2 将硅烷化试剂以 4～5cm/s 的速度通过柱管，然后将柱管两端封死，以 2～3℃/min 缓慢升温加热，至 300～400℃，保持 4～20h，最后用甲苯和甲醇依次冲洗，N_2 吹干。动态法是把柱子放在高温炉中，含有试剂的蒸汽搅拌器通过干燥的氮气不断使蒸汽循环流过柱子，持续两天后将炉子冷却，移去搅拌器，用干燥氮气吹干。值得一提的是 HTS 中另一种常用方法是用聚硅氧烷高温降解法，高温受热分解的部分产物与柱子表面硅醇基键合形成一层高分子硅氧烷聚合层，以此达到脱活目的，经过这样的脱活之后柱子具有很好的热稳定性。Woolley 等人描述了一种简便的脱活方法，含氢硅油在 260℃热解，硅氧烷基团和表面的硅醇基结合形成稳定的 Si—O—Si 键同时产生氢气。该方法的优点是整个反应时间不到 1h，反应条件相对温和且重复性好。

酯化法利用羟基与聚酯反应生成 Si—O—C 键，但其热稳定性不如 Si—O—Si—C 键。常用的试剂为 Carbowax20M。方法是在柱内壁涂渍一层 Carbowax20M 溶液，然后封死柱子两端，在 280℃加热 24h，冷却后用二氯甲烷冲洗，N_2 吹干[16]。经过 Carbowax 处理的柱子能同时与极性和非极性固定液相容。其他被用于脱活的聚乙二醇试剂有 Carbowax400[17]、Carbowax1000[18]和 Superox-4[19]。

3. 掩蔽法

掩蔽法是用一些表面活性剂或者固定液来掩蔽管内壁的活性中心。常用的表面活性剂有苄基三苯基氯化膦、四苯基硼酸钠、三乙醇胺等。用三乙醇胺脱活时，利用动态法将 5%三乙醇胺的二氯甲烷溶液，以 2cm/s 速度通过柱管两次，用氮气吹干，125℃加热 18h，然后依次用甲醇、二氯甲烷洗去残余的三乙醇胺。

还有的方法是在柱内涂渍一层聚吡咯，合成出来的柱管可作为高温色谱柱；Siltek[20,21]处理是目前技术所能达到的最高惰性处理水平，利用的是气相沉积法，取代了硅氧烷和氯硅烷的液相沉积，脱活和交联固化一步完成。

此外，当极性聚合物用于脱活时可以改变固定相的极性，特别当固定相为非极性时能使其对不同极性物质都有保留。当硅氮烷、环硅氨烷作为脱活剂时，得到的是碱性柱，当氯硅烷、含氢硅烷、硅氧烷、含氢硅氧烷、聚乙二醇作为脱活剂时，得到的是酸性柱，需要根据应用和固定相来进行脱活剂的选择。最新的方法是端羟基固定相的使用，将固定脱活一步完成。

三、固定液的准备

理想的固定液应该具备以下性质：

① 固定液对所分离的混合物具有选择性分离能力。

② 固定液化学性质稳定，不与被分离组分、载体发生不可逆的反应。

③ 固定液工作温度范围较宽，具有很低的蒸气压，具有热稳定性。

④ 理想的固定液需要具有适当的黏度和高浸渍能力，能在载体和柱管表面形成均匀的液膜。

⑤ 固定液还需要兼具凝固点低和成分稳定。

四、固定液的涂渍与交联固化

（一）固定液的涂渍

经过预处理后的毛细管管柱即可进行涂渍。为了获得最高柱效，应将固定液均匀完全覆盖柱壁内表面，理想的厚度是 0.1～8μm。涂渍方法有静态法、动态法，现今最常用的是静态法。

1. 动态法

根据固定液的黏度和极性不同，以二氯甲烷或丙酮作为溶剂，配成固定浓度溶液，放入适当容器内，用高压 N_2 在严格控制流速条件下将固定液压入毛细管柱管内，当柱 25%体积被充满时，将插入固定液端的毛细管提起，让 N_2 气流以稳定流速推动液栓流过柱子，为防止液栓离开柱子时柱压突然变化，柱后连接一段内径相同、长度为 1/4 涂渍柱长的缓冲柱。涂后的柱子继续通 N_2 3～4h 以完全去除溶剂。动态涂渍装置如图 5-2 所示。

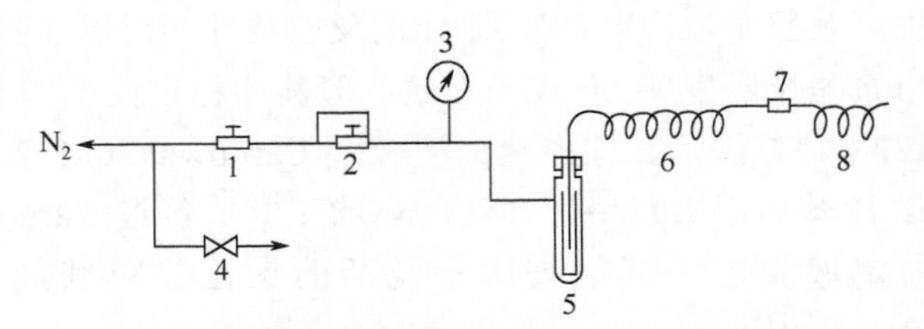

图 5-2 动态法涂渍空心柱装置

1—稳压阀；2—稳流阀；3—压力表；4—针形阀；5—涂渍瓶及盛涂渍溶液的玻璃试管；6—空心柱；7—接头；8—尾柱

动态法适宜涂渍黏度低、流动性好的固定液，涂渍厚度和均匀性取决于涂渍液的浓度、黏度、温度、流动速度及溶剂的挥发速率。方法简便、快速，但重复性差，柱效也比静态法低，液膜厚度难以准确预测。为了提高动态法的成功率，Schomburg 等提出了汞塞动态涂渍法。此法是将一小段汞插在涂渍液与推动气之间，因为汞有很高的表面张力。经汞塞滚压后可将多余的涂渍液从柱内壁表面移出柱外，从而在柱内壁形成薄而均匀的液膜，改善涂渍效率，提高柱效。

2. 静态法

对于表面张力较大或黏稠的固定液应采用静态法涂渍。其优点是重现性好，柱效高，液膜厚度能准确计算，但黏度低的固定液不宜用此法。静态涂渍的操作是用抽入或压入法将用戊烷、二氯甲烷等易挥发溶剂配成的体积分数已知的固定液充满柱子，一端封死，先放置数小时，再将另一端接真空泵，在低于溶剂沸点 10～15℃恒温条件下使溶剂缓慢蒸发，具体如图 5-3 所示。固定液必须没有颗粒物和灰尘，并且做好脱气，在溶剂蒸发过程中避免发生暴沸。在柱中留下的液膜厚度约为 $rc/200$，r 为柱内径，c 为涂渍液浓度（体积分数），这样的好处是能精确测定相比。

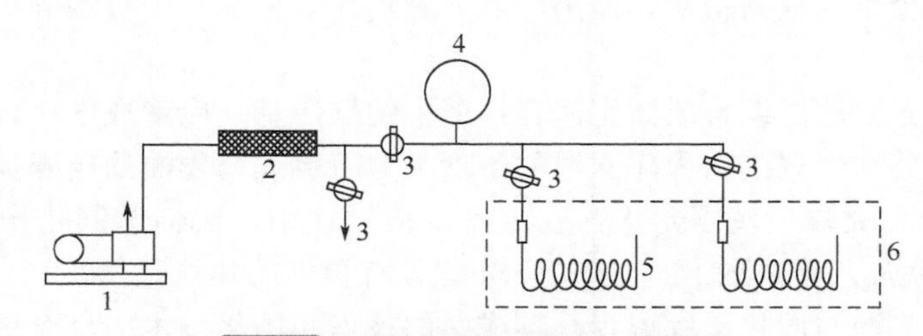

图 5-3 静态法真空抽空涂渍装置

1—机械真空泵；2—硅胶干燥管；3—玻璃真空活塞；4—玻璃缓冲瓶；5—空心柱；6—恒温装置

静态法主要问题是溶剂与封口的交界面不能留下气泡，否则它会部分或全部将柱内涂渍液带出柱外，使涂柱失败。常用的封口物质有水玻璃、有机胶等。

上述静态法的主要缺点是比较费时。进一步发展的自由逸出静态涂渍法则有了很大改进。此种方法不需要真空，一端封死，另一端开口，保持大气压。在远高于溶剂沸点的 75℃或 80℃恒温条件下，使溶剂快速蒸发。方法简便，涂渍速度快，柱效高，液膜准确可测，特别对长而细的柱子涂渍尤为明显。一般丙酮/戊烷混合液适于溶解非极性和弱极性聚硅氧烷类固定液；戊烷/二氯甲烷混合液适于溶解极性固定液。

以上将固定液涂渍于毛细管柱内壁形成的色谱柱被称为涂壁空心柱，其优点是可用多种有机化合物作为固定液，制备操作简单；缺点是其热稳定性差，导致柱寿命较短，且不耐溶剂的损害。

（二）固定液的交联固化

为了使固定液能牢牢地附在柱管内壁，人们曾研究将固定液与毛细管柱内壁表面上的基团相互作用，制备化学键合的空心柱[22]。例如将端羟基聚硅氧烷固定液涂渍的空心柱，在通气的情况下，程序升温至规定温度，然后恒定温度使固定液与柱内壁的羟基缩合，实现化学键合。后来人们进一步研究将固定液在柱内壁交联固化（有极少部分固定液与柱管内壁进行化学键合），取得极好的效果[23,24]。现在这种交联固化空心柱已被广为应用。下面主要介绍原位自由基引发法和化学键合法。

1. 原位自由基引发法

原位自由基引发法主要有以下几种：

过氧化合物或偶氮化合物引发交联：此种交联法的机理是，通过不同自由基母体产生的自由基引发交联形成 Si—C—C—Si 链段交联结构。过氧化合物引发剂有过氧化苯甲酰（BP）、过氧化二异丙苯（DCUP）、过氧化叔丁基（TBP）等，偶氮化合物引发剂有偶氮叔丁烷（ATB）、偶氮叔辛烷（ATO）、偶氮异丁腈（ATBN）等。比较常用的是 DCUP 和 ATB。比较而言，偶氮化合物更为理想，它不氧化固定液，副产物对柱极性和活性没有影响，适用于极性和非极性固定液交联。引发交联过程中，固定液的性质（包括取代基的种类、链长等）对交联结果影响很大。例如固定液中含乙烯基和甲苯基有利于引发交联，苯基和氰基则不利于交联，且原始链长长，所需交联剂量少，有利于交联。

臭氧引发交联：臭氧也是一种有效的交联剂，可用于非极性和中等极性固定液。固定液中含甲苯基和乙烯基同样有利于交联。不含甲苯基的氰丙基苯基聚硅氧烷极性固定液则不能被交联。此法的优点是交联条件易于控制，重复性好，设备简单，无残留副产物。

辐射法：操作要点为将涂好固定液的柱子用 γ 射线辐照，辐射剂量为 0.5MR/h，照射 0.2～100h。其优点是不会引入任何杂质，结果可靠，能用于非极性和中极性固定液的交联。

2. 化学键合法

其机理是通过固定液的缩合或固定液在柱壁上的硅醇基反应形成 Si—O—Si 键。一种方法是使用端羟基聚硅氧烷试剂在程序升温的条件下与石英玻璃表面的硅醇基发生缩合反应。这种方法可应用于各类端羟基固定液，在这个反应过程中，脱活和固化一步完成，形成的 Si—O—Si 键比交联反应形成的 Si—C—C—Si 键具有更好的热稳定性。

如今固定液的涂渍与固化已经成为一项成熟的技术。固化技术的目光更多地转向了新的领域，例如适用于 GC/MS 的硅砷苯树脂的固化，MS 柱的制备，专用色谱柱的制备，多维色谱柱技术和手性固定相的固化技术。

五、空心柱与填充柱的比较

空心柱技术发展迅猛，1979 年 Dandeneau 和 Zerenner[25,26]首次将弹性石英空心管柱引入气相色谱分析中，极大地推动了气相色谱法的实践，使得高分辨毛细管色谱技术成为可能。1983 年内径为 0.53mm 的大口径毛细管柱出现后[27~30]，填充柱的使用率更是逐渐降低，甚至有被取代之势。表 5-1 为安捷伦公司为空心柱发展历程所做的总结。

表 5-1 空心柱发展概要

时间	成就性事件
1958 年	阿姆斯特丹的气相色谱会议讨论毛细管柱性能理论
1959 年	分流进样技术
1959 年	Perkin Elmer 公司推出毛细管柱专利技术
1960 年	Desty 发明玻璃毛细管拉制机
1965 年	高效的玻璃毛细管柱诞生并推广
1975 年	第一届毛细管柱研讨会
1978 年	不分流进样技术
1979 年	冷柱头进样技术
1979 年	惠普实验室发明熔融石英毛细管
1981～1984 年	脱活过程和交联固定相
1983 年	大孔径毛细管柱的发明被认为可以取代填充柱
1981～1988 年	毛细管连接用检测器不断发展（MS，FTIR，AED）
1992～2002 年	新的样品进样系统-电子压力控制的程序升温气化器；MS 级毛细管色谱柱；固相微萃取进样技术，大容量进样器，GC-MS 的进步，能广泛推广的超小型 GC-MS

依据使用情况，将经典填充柱与空心柱进行比较可得到以下一些看法[31~33]，数据上的比较见表 5-2：

① 载气通过空气柱的阻力远小于填充柱，故可使用很长的空心柱，却不能使用长的填充柱。

② 当固定相与柱温相同时，为达到相同的分辨率，空心柱所需分析时间比填充柱要短；而维持相同的分析时间，则空心柱分离两组分的分辨率优于填充柱。

③ 当固定相相同时，使用空心柱时的柱温常稍低于填充柱。

④ 填充柱的制备方法简单，使用方便，故气体样品、易于分离的样品分析和对高分辨没有要求或要求不高的样品现在仍多用填充柱。

⑤ 分析痕量组分时，若填充柱能将痕量组分与其他组分很好的分离，则用填充柱有利于检测，否则应该用空心柱，使之与其他组分分离，才能定量检测。

⑥ 分析异构体和复杂混合物样品时，空心柱优于填充柱。

⑦ 约 20%的气相色谱分析中用的是填充色谱柱，可以预见到的是空心柱无法完全取代填充柱。

表 5-2 毛细管柱和填充柱的比较[34,35]

项目	填充柱	毛细管柱
长度/m	1～5	5～60
内径/mm	2～4	0.10～0.53
理论塔板数/m	1000	5000
总塔板数	5000	300000
分离效率	低	高
柱载气流速/(mL/min)	10～60	0.5～15
渗透性/cm^2	1～10	10～1000
柱容量	10μg/peak	＞100ng/peak
液膜厚度/μm	10	0.1～1

第三节 色谱柱的性能评价

制备好的色谱柱常用以下几个指标来评价其性能好坏。

一、分离能力

1. 塔板数

（1）塔板数 N 塔板数是评价柱效的主要指标，塔板数的计算可依据表 5-3 中的公式，其中柱效计算时色谱峰上的关键点见图 5-4。

表 5-3 柱效的计算

塔板数 N=	参数	标准偏差
$2\pi(t_R h/A)^2$	保留时间 t_R、峰面积 A、峰高 h	$A/h(2\pi)^{1/2}$
$4(t_R/w_i)^2$	保留时间 t_R、拐点处峰宽$(0.607h)w_i$	$w_i/2$
$5.55(t_R/w_h)^2$	保留时间 t_R、半高峰宽 w_h	$w_h(8\ln 2)^{1/2}$
$16(t_R/w_b)^2$	保留时间 t_R、基线宽度 w_b	$w_b/4$

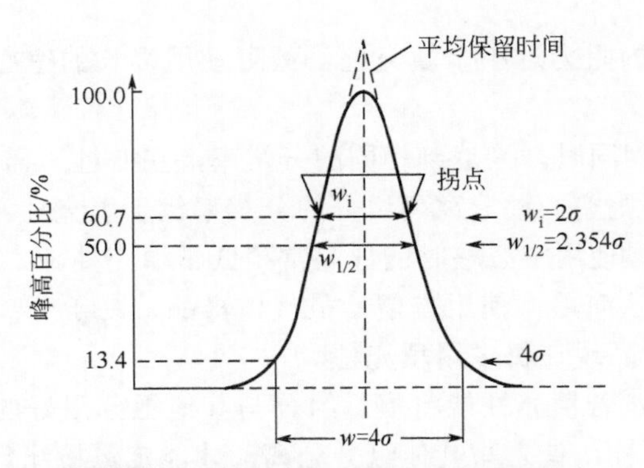

图 5-4 柱效计算时色谱峰上的关键点

（2）有效塔板数 N_{eff}　为了消除色谱柱中死体积对柱效的影响，在比较色谱柱的实际分离性能时，常使用 N_{eff}。

$$N_{eff} = 16\left(\frac{v'_R}{w_b}\right)^2 = 16\left(\frac{t'_R}{w_b}\right)^2 \tag{5-1}$$

式中　N_{eff}——有效塔板数；

v'_R——调整保留体积；

t'_R——调整保留时间；

w_b——基线宽度。

（3）理论塔板数 N_{ne}　当两物质的分离因子 α、容量因子 k 已知，要使它们的分离度达到 R_s，要求色谱柱的 N_{ne} 为：

$$N_{ne} = 16R_s^2\left(\frac{\alpha}{\alpha-1}\right)^2\left(\frac{1+k}{k}\right)^2 \tag{5-2}$$

2. 总分离效能

分离度是把柱效率和溶剂效率结合在一起的参数，是表示色谱柱在一定的色谱条件下对混合物综合分离能力的指标。

分离度 R_s 为：

$$R_s = \frac{2\Delta t'_R}{w_{b_1} + w_{b_2}} \tag{5-3}$$

$$\Delta t'_R = t'_{R_2} - t'_{R_1}$$

式中　t'_{R_1}，t'_{R_2}——分别为第一个和第二个物质的调整保留时间；

w_{b_1}，w_{b_2}——分别为第一个和第二个物质的基线宽度。

半峰宽分离度 $R_{1/2}$ 为：

$$R_{1/2} = \frac{2(\Delta t'_R)}{w_{h_1} + w_{h_2}} \tag{5-4}$$

式中

$$\Delta t'_R = t'_{R_2} - t'_{R_1}$$

t'_{R_1}，t'_{R_2}——分别为第一个和第二个物质的调整保留时间；

w_{h_1}，w_{h_2}——分别为第一个和第二个物质的半峰宽。

3. 分离数 SN

分离数是在碳原子数为 n 和 $n+1$ 的两个相邻标准同系物的峰之间，使分离度达到时可插入组分峰的数目。计算公式为：

$$SN=\left(\frac{t_{R_2}-t_{R_1}}{w_{h_1}+w_{h_2}}\right)-1 \tag{5-5}$$

式中　t_{R_1}，t_{R_2}——分别为碳原子数为 n 和 $n+1$ 的两个标准同系物的保留时间；

w_{h_1}，w_{h_2}——分别为第一个和第二个物质的半高峰宽。

4. 涂渍效率 CE

该指标表征的是最佳条件下空心柱柱效达到理想化的程度。非极性柱的涂渍效率一般在 90%～100%，而极性柱只在 60%～70%。

$$CE=\frac{H_{min}}{H} \tag{5-6}$$

式中　H_{min}——最小理论塔板高度；

H——理论塔板高度。

（塔板高度计算公式见前面章节）

二、毛细管柱的活性

毛细管柱的活性最明显的表现是玻璃或石英柱内壁对被测组分产生的可逆吸附，可导致峰的扩宽或拖尾，响应值减小。采用 Grob 的测试方法[36]，一次实验可以得到柱子的综合性能信息，由于该方法条件标准化，适用于不同类型不同固定液柱子的性能评价，所得结果可以直接比较。Grob 试剂组成、浓度、作用以及实验标准条件见表 5-4 和表 5-5。

表 5-4　Grob 实验混合物的组成和作用

实验物质	作用	浓度/(mg/mL)	实验物质	作用	浓度/(mg/mL)
癸烷	柱效；分离数	28.3	2,3-丁二醇①	严格检测硅醇基	53
十一烷	柱效；分离数	28.7	2,6-二甲苯酚	酸碱性	32
癸酸甲酯	柱效；分离数	42.3	2,6-二甲苯胺	酸碱性	32
十一酸甲酯	柱效；分离数	41.8	2-乙基己酸	检测不可逆吸附	38
十二酸甲酯	柱效；分离数	41.3	二环己基胺	检测不可逆吸附	31.3
正辛醇	检测氢键，硅醇基	35.5	壬醛	氢键以外的醛吸附	40

① 溶于氯仿。

表 5-5　Grob 实验标准化测试条件

柱长/m	H_2 作为载气时甲烷流出时间/s	升温速率/(℃/min)	N_2 作为载气时甲烷流出时间/s	升温速率/(℃/min)
10	20	5.0	35	2.5
15	30	3.3	53	1.65
20	40	2.5	70	1.25
30	60	1.67	105	0.84
40	80	1.25	140	0.63
50	100	1.0	175	0.5

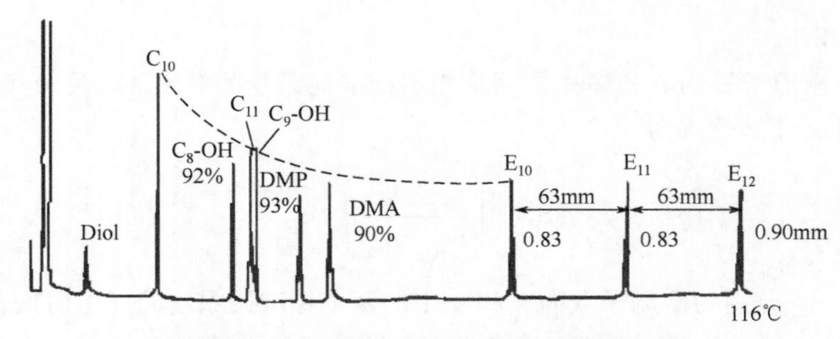

图 5-5 用 Grob 试剂测试混合物的色谱图

色谱峰：Diol—2,3-丁二醇；C_{10}—正十烷；C_8-OH—辛醇；C_{11}—正十一烷；C_9-OH—壬醛；DMP—2,6-二甲苯酚；DMA—2,6-二甲苯胺；E_{10}—癸酸甲酯；E_{11}—十一酸甲酯；E_{12}—十二酸甲酯

色谱柱：SE-52。

可用拖尾因子和不对称因子来考察毛细管柱的活性：

1. 拖尾因子 TF

$$TF=\frac{a}{b}\times 100 \tag{5-7}$$

式中，a、b 表示从色谱峰顶向基线作垂线，把 10%峰高处的峰宽分成两部分，前半部分为 a，后半部分为 b。

2. 不对称因子 A_s

$$A_s=\frac{a+b}{(a+b)-(a-b)} \tag{5-8}$$

式中，a、b 表示从色谱峰顶向基线作垂线，把 10%峰高处的峰宽分成两部分，前半部分为 a，后半部分为 b。

TF 越大说明拖尾越严重。不对称因子 A_s 是对峰对称性的描述，当 $A_s>1$ 时为拖尾峰，$A_s<1$ 时为前延峰。

第四节 新型色谱柱制备技术

一、溶胶-凝胶技术

传统制柱工艺一般分为三个步骤：柱管内壁的刻蚀脱活、固定液的涂渍和交联固化，溶胶-凝胶技术将其合为一步，简化了工艺，缩短了制柱时间。

溶胶-凝胶技术制柱的一般过程是：

用少量二氯甲烷清洗毛细管柱内壁后用氮气吹干。配制合适的溶胶-凝胶液体系，将前体如甲基三甲氧基硅烷、溶剂、固定相、脱活剂含氢硅油及催化剂三氟乙酸各按所需量混合均匀并离心分离，取其上层清液备用。利用惰性气体比如氮气将已配制好的溶胶体系匀速压进毛细管并使之在管内停留，再将剩余溶液用氮气吹出，并继续通气使涂层干燥并与管柱内表面键合。将涂渍好的色谱柱放入气相色谱仪的烘箱内，一端接气化室，另一端放空，在通入氮气的条件下程序升温至某一温度并在此温度停留一定时间使色谱柱老化，最后取出该柱用丙烷清洗备用。

将溶胶-凝胶技术应用于色谱柱的制备时，常用的试剂见表 5-6[37,38]。

表 5-6 溶胶-凝胶技术制柱常用材料

材料	试剂	结构式
前体	甲基三甲氧基硅烷	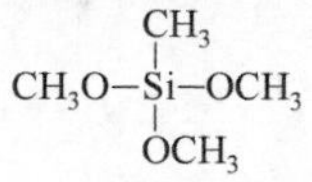 $CH_3O-Si(CH_3)(OCH_3)-OCH_3$
	四甲氧基硅烷	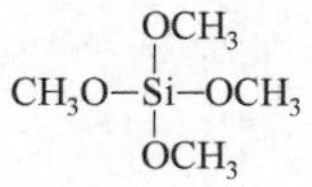 $CH_3O-Si(OCH_3)_2-OCH_3$
含有端羟基的固定液	端羟基聚二甲基硅氧烷	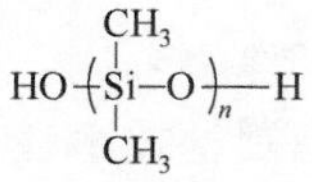 $HO\{Si(CH_3)_2-O\}_nH$
	Ucon 75-H-90000	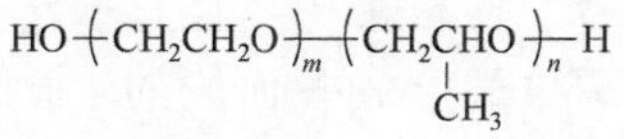 $HO\{CH_2CH_2O\}_m\{CH_2CH(CH_3)O\}_nH$
催化剂	三氟乙酸（含水 5%，体积分数）	CF_3COOH
溶剂	二氯甲烷	CH_2Cl_2
脱活剂	含氢硅油	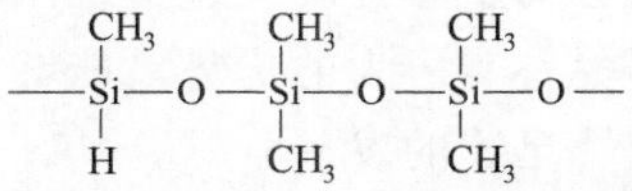 $-Si(CH_3)(H)-O-Si(CH_3)_2-O-Si(CH_3)_2-O-$

溶胶-凝胶反应的第一步是单体的水解：

$$CH_3O-\underset{OCH_3}{\overset{R}{Si}}-OCH_3 + H_2O \xrightarrow{催化剂} HO-\underset{OH}{\overset{R'}{Si}}-OH + CH_3OH$$

R 为烷基或烷氧基；R′为烷基或羟基。

第二步是水解产物的缩聚反应形成三维的网状结构：

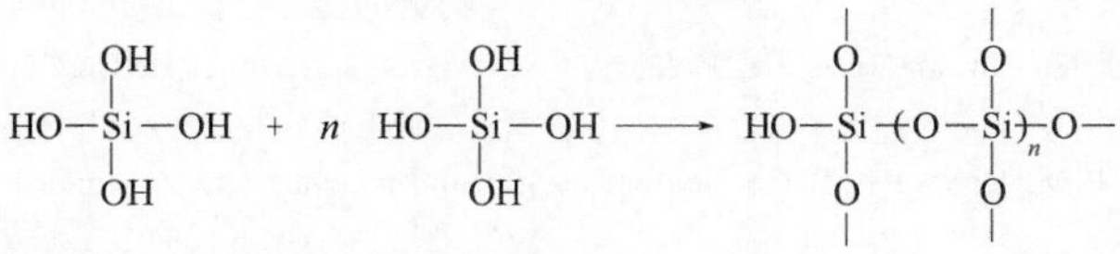

$$HO-\underset{OH}{\overset{OH}{Si}}-OH + n\ HO-\underset{OH}{\overset{OH}{Si}}-OH \longrightarrow HO-\underset{O|}{\overset{|O}{Si}}\{O-\underset{O|}{\overset{|O}{Si}}\}_n O-$$

第三步是固定相与溶胶-凝胶网状结构的缩合：

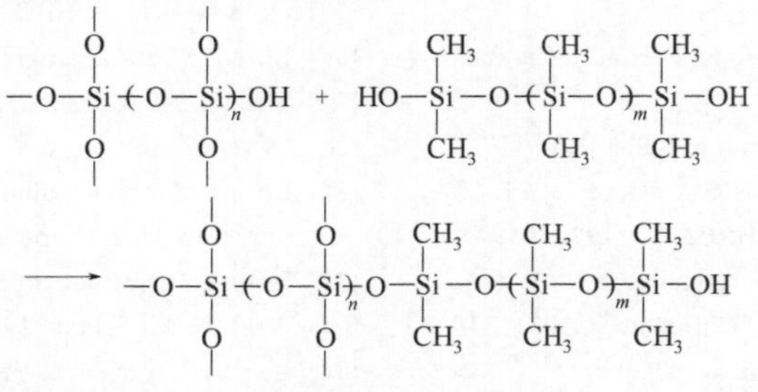

$$-O-\underset{O|}{\overset{|O}{Si}}\{O-\underset{O|}{\overset{|O}{Si}}\}_n OH + HO-\underset{CH_3}{\overset{CH_3}{Si}}-O\{\underset{CH_3}{\overset{CH_3}{Si}}-O\}_m\underset{CH_3}{\overset{CH_3}{Si}}-OH$$

$$\longrightarrow -O-\underset{O|}{\overset{|O}{Si}}\{O-\underset{O|}{\overset{|O}{Si}}\}_n O-\underset{CH_3}{\overset{CH_3}{Si}}-O\{\underset{CH_3}{\overset{CH_3}{Si}}-O\}_m\underset{CH_3}{\overset{CH_3}{Si}}-OH$$

第四步是网状结构与空心管柱内壁上硅羟基发生缩合：

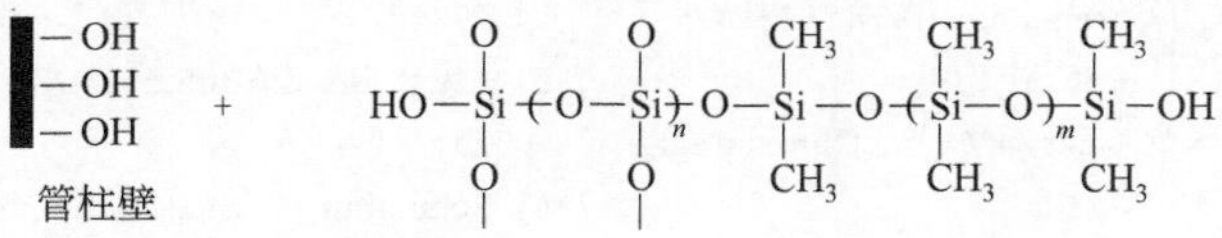

$$\begin{matrix}-OH\\-OH\\-OH\end{matrix} + HO-\underset{O|}{\overset{O}{Si}}\{O-\underset{O|}{\overset{O}{Si}}\}_n O-\underset{CH_3}{\overset{CH_3}{Si}}-O\{\underset{CH_3}{\overset{CH_3}{Si}}-O\}_m\underset{CH_3}{\overset{CH_3}{Si}}-OH$$

管柱壁

$$\left|\begin{array}{l}-OH \\ -O-Si(O)_2{-}\!\left(O-Si(O)_2\right)_n{-}O-Si(CH_3)_2-O{-}\!\left(Si(CH_3)_2-O\right)_m{-}Si(CH_3)_2-OH \\ -OH\end{array}\right.$$

管柱壁键合聚二甲基硅氧烷PDMS

以上步骤实际上是一步完成的。溶胶-凝胶柱具有高柱效和极高的热稳定性，并且该技术极大地简化了制柱步骤，非常适合自动化及大批量生产，在应用上具有普遍性，可用于微分离和样品前处理领域，包括毛细管电泳、液相色谱、固相微萃取等。

二、整体柱技术

目前应用较多的新型制柱技术还包括有机聚合整体柱制备技术。

有机聚合整体柱是由单体、引发剂、致孔剂等混合物经过热引发、紫外光引发或γ射线引发在柱体内原位聚合制备而成的。根据所使用单体成分不同，它可以分为聚丙烯酰胺类[39,40]、聚苯乙烯类[41,42]、聚丙烯酸酯类[43,44]、具有特异性分子识别能力的分子印迹整体柱[45]以及硅胶基质整体柱。

有机聚合物整体柱制备选材范围广，通过改变单体性质可以得到不同极性的整体柱，它在样品分析中有着巨大的优势，能够分离含有水分的样品且 pH 值应用范围宽。近几年整体柱技术得到了迅速的发展。

参 考 文 献

[1] Giddings J G. J Chromatogr, 1960, 3: 520.
[2] Onuska F I, Karasek F W. New York: Plenum Pess, 1984: 27.
[3] Poole C F, Schutte S A. Amster: Elsevier, 1984: 79.
[4] Trestianu S, Gilioli G. HRC&CC, 1985: 771.
[5] Bruner F, Rezai M A, Lattanzi L. Chromatographia,1995: 403.
[6] Alexander G, Rutten G A F M. Chromatographia, 1973, 6: 231.
[7] Franken J J, Rutten G A F M, Rijks J A. J Chromatogr, 1976, 126: 117.
[8] Schieke J D, Comins N R, Pretorius V. Chromatographia, 1975, 3: 354.
[9] Onuska F I, Comba M E, Bistricki T, et al. J Chromatogr, 1977, 142: 117.
[10] Franken J J, Rijks J A. Chormatogr, 1976, 126: 117.
[11] Rutten G A F M, Luyten J A. HRC&CC, 1972, 74: 177.
[12] Franken J J, Trijbels M M F. HRC&CC, 1974, 91: 425.
[13] Sandra P, Verzele M. Chromatographia, 1979, 8: 419.
[14] Grob K, Jr, Grob G, Grob K. J Chromatogr, 1981, 219: 3.
[15] Freeman R R. Hewlett-Packard. 1989: 3.
[16] Bloomberg L, Wannan T. J Chromatogr, 1978, 148: 379.
[17] Marshall J L, Parker D A. J Chromatogr, 1978, 122: 425.
[18] Grob K, Grob G. HRC&CC, 1978, 1: 149.
[19] Arrendale R F, Severson R F, Chortyk O T. J Chromatogr, 1981, 208: 209.
[20] Smith D A, Salabsky D, Freeney M J. Paper presented at Eastern Analytical Symp, Somerset, NJ, Nov. 2000 .
[21] USP Appli. 09/388868, 2000.
[22] 正田芳郎，桥本圭二，井上武久，等. 药学杂志，1977，97：473.
[23] Madani C, Chambaz E M, Rigand M, et al. J Chromatogr, 1976, 126: 161.
[24] Grob K, Grob G. HRC&CC, 1982, 5: 13.
[25] Dandeneau, Zerenner E H. Hindelang, 1979: 81.
[26] Dandeneau R D, Zerenner E H. HRC&CC, 1979, 2: 351.
[27] Grob K, Grob G. HRCC&CC, 1983, 6:133.
[28] SandraP,Temmerman I. HRCC&CC, 1983, 6: 501.
[29] Grob K, Grob G. HRCC&CC, 1983, 6:133.
[30] Ettre L S. Chromatographia, 1983, 17: 553.
[31] Ettre L S, Meelure G L, Walters J D. Chromatographia, 1983, 17: 560.
[32] Ettre L S. Open Tubular Columns in Gas Chromatography. New York: Plenum Press, 1965.
[33] Ettre L S. Introduction to Open Tubular Column. Norwalk: Perkin-Elmer, 1975.
[34] Lee M L, Yang F J, Bartle K D. Open Tubular Columns in Gas Chromatography. New York: John Wiley&Sons, 1984.
[35] Alexander G, Rutten G A F M. Chromatographia, 1973, 6: 231.
[36] Schomburg G, et al. J Chromatogr, 1974, 99: 632.

[37] Wang D X, Chong S L, Malik A. Anal Chem, 1997, 69: 4566.

[38] SauL Chong, Dongxin Wang, James D Hayes,et al. Anal Chem, 1997, 69: 3889.

[39] Zhang Y X, Zeng C M, Li Y M, et al. J Chromatogr A, 1996, 749: 13.

[40] Koide T, Ueno K. J High Resolut Chromatogr, 2000, 23:59.

[41] Prelnstaller A, Oberaeher H, Waleherw, et al. Anal Chem, 2001, 73: 2390.

[42] Ivanov A R, Zang L, Karger B L. Anal Chem, 2003, 75: 5306.

[43] Geiser L, Eeltink S, Svee E. J Chromatogr A, 2007, 1140 (1-2): 140.

[44] Vidid J, Podgomik A, Jancar J. J Chromatogr A, 2007, 1144(1): 63.

[45] Matsui J, Kato Y, Takeuchi T, et al. Anal Chem, 1993, 65:2223.

第六章　检测器

气相色谱分析时，组分经色谱柱分离后，在检测器中被检测，并且依其含量变化有相应的信号输出；由于产生的信号及其大小是组分定性和定量的依据，因此检测器是气相色谱仪的一个重要部件。

第一节　检测器的分类

气相色谱检测器可按其流出曲线、检测特性和检测原理等进行分类。

一、按流出曲线类型分类

组分经柱分离后进入检测器，检测器给出不同流出时间各组分浓度的信号，即色谱流出曲线。不同检测器给出不同类型的色谱流出曲线。

（一）积分检测器

检测器输出的响应值取决于组分随时间的累积量，为积分型检测器。

$$响应值 = a\int_0^t c(t)\mathrm{d}t + b \tag{6-1}$$

其所得色谱图为一台阶曲线，如图 6-1 所示。

每个台阶代表一个组分，台阶高度正比于该组分的含量，故对定量很方便。这类检测器有体积检测器、滴定检测器、电导率检测器等。在气相色谱分析中，现已很少用此类检测器。

（二）微分检测器

检测器的响应值取决于组分随时间瞬间量的变化，为微分型检测器。

$$响应值=f(c) \tag{6-2}$$

其所得谱图为一系列峰形的曲线，如图 6-2 所示。图中的峰代表组分。峰上各点表示该瞬间某组分的含量。整个峰面积才代表该组分的总量。这对定量分析虽有不便，但对用峰顶时间进行组分定性却很方便。此类检测器目前应用最为广泛。例如热导检测器、氢火焰离子化检测器、电子捕获检测器、火焰光度检测器等。

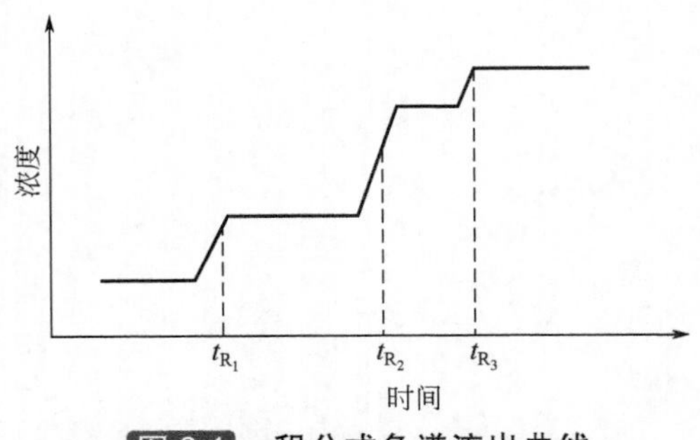

图 6-1　积分式色谱流出曲线

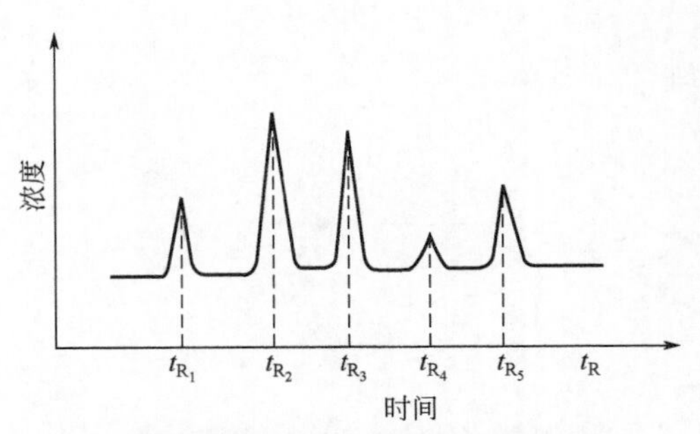

图 6-2　微分式色谱流出曲线

二、按检测特性分类

Halasz[1]根据检测特性将其分为两类。

（一）浓度敏感型检测器

检测器的响应值取决于载气中组分的浓度，为浓度敏感性检测器，简称浓度型检测器。当进样量相同，载气流速改变时，色谱峰的峰高 h 在一定范围内基本不变，而峰面积 A 则随载气流速增加而减小，如图 6-3 所示。此类检测器适宜用峰高定量，其代表有热导检测器、电子捕获检测器和光离子化检测器。

（二）质量敏感型检测器

检测器的响应值与样品的质量流速有关，为质量敏感型检测器，简称质量型检测器。当进样量相同，载气流速改变时，色谱峰的峰面积 A 在一定范围内基本不变，而峰高 h 则随载气流速增加而增高，如图 6-4 所示。此类检测器适用于峰面积定量，其代表有火焰离子化检测器、质谱检测器、火焰光度检测器和氮磷检测器。

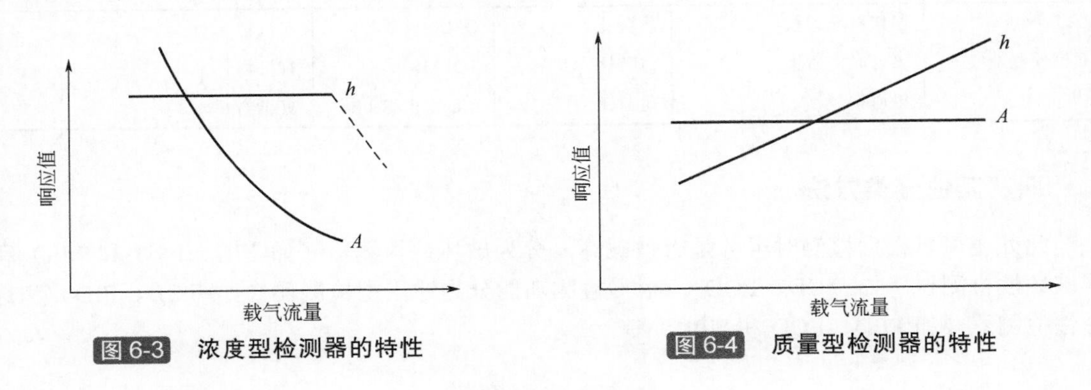

图 6-3　浓度型检测器的特性　　图 6-4　质量型检测器的特性

三、按检测原理分类

从检测原理考虑，检测器是利用组分与载气在物理或（和）化学性质的差异来检测组分的存在及其量的变化。这些差异有多个方面，如利用载气与组分的热导率差异的热导检测器，利用组分与载气电导率差异的电导检测器等。表 6-1 为按检测原理分类的气相色谱仪检测器。

表 6-1　气相色谱仪主要检测器分类表

类别	名称	工作原理	缩写符号	应用范围
整体性质检测器	热导检测器	热导率差异	TCD	所有化合物
	表面声波晶体检测器	声波频率	SAW	所有化合物
	气体密度天平	密度差异	GDB	所有化合物
电化学检测器	电解电导检测器	电导率变化	ELCD	卤、硫、氮化合物
	库仑检测器	电流变化	CD	无机物和烃类
	氧化锆检测器	原电池电动势	ZD	氧化、还原性化合物或单质
常压电离检测器	氢火焰离子化检测器	火焰电离	FID	有机物
	光离子化检测器	光电离	PID	所有化合物
	氦离子化检测器	氦电离	HID	电离能低于 19.8eV 的化合物
	氩离子化检测器	氩电离	AID	电离能低于 11.8eV 的化合物
	表面离子化检测器	正离子表面电离	SID	有机物

续表

类别	名称	工作原理	缩写符号	应用范围
常压电离检测器	氮磷检测器	热表面电离	NPD	氮、磷化合物
	电子捕（俘）获检测器	化学电离	ECD	电负性化合物
	离子淌度检测器	离子迁移率	IMD	所有有机物
	微波等离子体离子化检测器	光电离	MPID	无机惰性气体、金属有机化合物
光学检测器	化学发光检测器	化学发光	CLD	氮、硫、多氯烃和其他化合物
	原子发射检测器	原子发射	AED	多元素（也具选择性）
	原子吸收检测器	原子吸收	AAD	多元素（也具选择性）
	原子荧光检测器	原子荧光	AFD	某些有机金属化合物
	火焰光度检测器	分子发射	FPD	氮、磷化合物
	傅里叶变换红外光谱检测器	分子吸收	FTIR	红外吸收化合物（结构鉴定）
	紫外检测器	分子吸收	UV	紫外吸收化合物
质谱检测器	四级杆质谱仪	质荷比	QMS	有机物
	飞行时间质谱	质荷比	TOFMS	有机物
	磁质谱	质荷比	Magnetic Sector	有机物

四、其他分类方法

此外还可以根据检测时组分是否被破坏，分为破坏性检测器（如 FID、FPD 和 MS）和非破坏性检测器（如 TCD、ECD）；根据检测功能分为通用型检测器（如 TCD、FID）和选择性检测器（如 FPD、ECD 和 NPD）等。

第二节 检测器的评价

气相色谱检测器一般需满足以下要求：

稳定性好，色谱操作条件波动造成的影响小，表现为噪声低、漂移小。

响应值与组分浓度间线性范围宽，既可做常量分析，又可做微量、痕量分析。

通用性强，能检测多种化合物；或选择性强，只对特定类别化合物或含有特殊基团的化合物有特别高的灵敏度。

检测器死体积小、响应时间快。

以上要求可用检测器的噪声、漂移、线性范围、灵敏度、检测限、最小检测量、响应时间和选择性等指标进行评价[2]。

一、基线噪声与基线漂移

在没有样品进入检测器的情况下，仅由检测器本身及操作条件的波动（例如固定相流失、橡胶隔垫流失、载气、温度、电压的波动及漏气等因素）使基线在短时间内发生波动的信号称为基线噪声或噪声（N），其单位用毫伏（mV）或毫安（mA）表示。基线在一段时间内产生的偏离，称为基线漂移或漂移（M），其单位用毫伏/小时（mV/h）或毫安/小时（mA/h）表示，如图 6-5 所示。

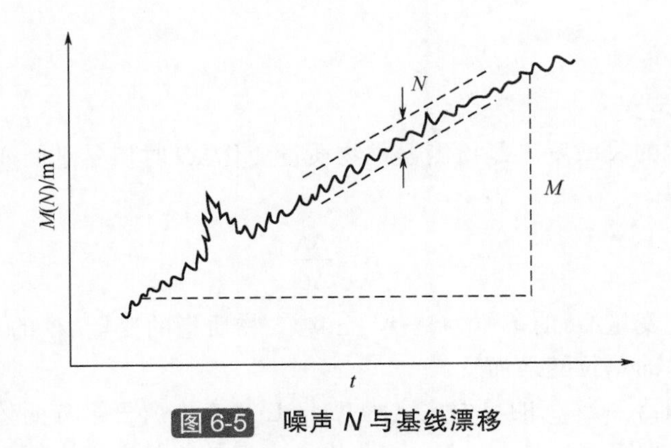

图 6-5 噪声 N 与基线漂移

二、线性范围

检测器的线性范围是指检测器内载气中组分的浓度 Q 与响应值 R（峰高或峰面积）成正比的范围。以最大允许进样量与最小进样量的比值表示（见图 6-6）。当进样量范围很大时，可用双对数或单对数坐标图。

$$线性范围=\frac{Q_{max}}{Q_{min}} \tag{6-3}$$

式中，Q_{min} 为检出极限确定的最小检测量；Q_{max} 为偏离线性处的进样量。若线性有变化，但能在很窄的范围内进行校正，则该范围还是可用的，称为线性动态范围。

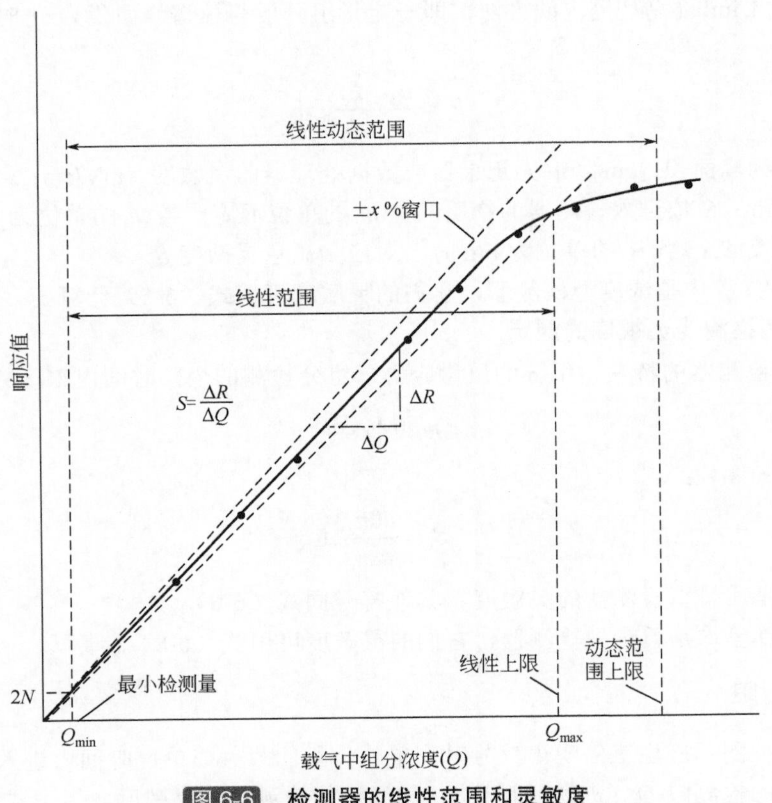

图 6-6 检测器的线性范围和灵敏度

三、灵敏度

（一）灵敏度的定义

气相色谱检测器的灵敏度 S 是检测器中物质量变化 ΔQ 时信号量的变化率，即图 6-6 所示线性范围线段的斜率。

$$S=\frac{\Delta R}{\Delta Q} \tag{6-4}$$

式中，信号量的变量 ΔR 的单位为毫伏（mV）；物质量的变量 ΔQ 的单位应依检测器的类型而定，故灵敏度 S 的单位随之而变。

（1）浓度型检测器　当 Q 的单位定义为每 1mL 载气中所含组分的体积（mL）时，则对应检测器的体积灵敏度 S_V，单位为 mV·mL/mL。当 Q 的单位定义为每 1mL 载气中所含组分的质量（mg）时，则对应检测器的质量灵敏度 S_g，单位为 mV·mL/mg。

（2）质量型检测器　当 Q 的单位定义为每 1s 所通过的组分的质量（g）时，则对应检测器的灵敏度 S_t，单位为 mV·s/g。

灵敏度之间的换算如下：

$$S_g=S_V\frac{22.4}{M}=S_t\frac{F_d}{60\times1000} \tag{6-5}$$

式中，M 为组分的分子量；F_d 为在检测器温度和大气压下载气的流量，mL/min。

（二）灵敏度的测定

1. 浓度型检测器灵敏度的测定

通常按照 Dimbat 等[3]提出的方法，即一定量组分所得色谱峰面积为 A_i 时，灵敏度 S_i 用下式计算：

$$S_i=\frac{u_2}{u_1}\ \frac{F_d}{m_i}\ A_i \tag{6-6}$$

式中，A_i 为峰面积，cm^2；u_2 为记录器或数据处理器的灵敏度，mV/cm；u_1 为记录纸移动的速度，cm/min；S_i 依进入检测器的物质的量 m_i 的单位而定。当 m_i 的单位为 mL 时，S_i 就对应为体积灵敏度 S_V；当 m_i 的单位为 mg 时，对应为质量灵敏度 S_g。

TCD、ECD 等均是浓度型检测器，它们的灵敏度可用式（6-6）计算。

2. 质量型检测器灵敏度的测定

根据这种检测器的特性，组分的质量应等于组分检测的全部时间内浓度的积分。

$$m_i=\int_0^\infty c\mathrm{d}t \tag{6-7}$$

通过积分可得[4]：

$$S_t=\frac{60u_2}{u_1m_1}A_i \tag{6-8}$$

式中，S_t 是质量型检测器的灵敏度，其他符号同式（6-6）。

FID、NPD 等均是质量型检测器，它们的灵敏度可用式（6-8）计算。

四、检测限

人们规定检测器产生三倍噪声信号时，单位体积的载气或单位时间内进入检测器的组分的量为检测器的检测限 D_i（亦称敏感度），用于评价检测器的灵敏度，用下式计算：

$$D_i = \frac{3N}{S_i} \tag{6-9}$$

D_i的单位随S_i不同而异。对浓度型检测器，D_V=3N/S_V，其单位为每毫升载气所含组分的体积（mL/mL）；D_g=3N/S_g，其单位为每毫升载气所含组分的质量（mg）。对质量型检测器，D_t=3N/S_t，其单位为每秒钟时间内所通过组分的质量 g/s。

五、最小检测量与最小检测浓度

人们规定能产生三倍噪声信号的组分的量就是检测器的最小检测量，可用下述公式进行计算。

1. 浓度型检测器

在检测极限情况时，峰高等于噪声 3 倍（即 $hu_2 = 3N$），由于 A_i=1.065hw_h，依公式（6-6）移项可得：

$$m_{\min} = \frac{1.065F_{\rm d}}{u_1} w_h D_i \tag{6-10}$$

式中，$m_{\min}$单位为 mL 或 mg,依 D_i单位而定。

2. 质量型检测器

同理，依公式（6-7）移项可求得:

$$m_{\min} = \frac{1.065 \times 60}{u_1} w_h D_t \tag{6-11}$$

$m_{\min}$单位为 g，以上式中 w_h为色谱峰半高处的峰宽（即半高峰宽）。

从最小检测量可以求出在一定进样量时组分能被检测出的最低浓度，即最小检测浓度 $c_{\min}$。

$$c_{\min} = \frac{m_{\min}}{V} \tag{6-12}$$

或

$$c_{\min} = \frac{m_{\min}}{m} \tag{6-13}$$

式中，$m_{\min}$为最小检测量；V为进样体积；m为进样质量。

六、响应时间

气相色谱检测器的响应时间，是指进入检测器的组分输出达到其真值 63％所需的时间。一个好的检测器应当迅速和真实地反映通过它的物质浓度的变化，即要求响应时间要短。响应时间是柱后谱带扩张的主要因素，成为一些检测器设计中的一个重要指标（如早期 TCD）。早期 TCD 体积 V_0通常为 500～800μL 左右，若按 800μL（0.8mL）计算，通过 TCD 的载气流量 $F_{\rm d}$按 30mL/min 计，则检测器的响应时间为：

$$0.63 \times \frac{V_0}{F_{\rm d}} = 0.63 \times \frac{0.8}{30/60} {\rm s} = 1.008{\rm s} \tag{6-14}$$

这对于毛细管柱的分离是不能容许的。对 FID 则相反，由于毛细管柱可插至喷口，柱后谱带扩张的体积可小于 1μL，通过喷口的氢气和氮气一般共为 60mL/min 左右，按式（6-14）计算，响应时间小于 1ms。从响应时间可以看出 FID 可以直接与毛细管柱联用，而早期 TCD 即使加尾吹气也不能与毛细管柱联用。

七、选择性

许多检测器是通用型检测器，如氢火焰离子化检测器、热导检测器、截面积检测器、氦离子化检测器、光离子化检测器等，对许多化合物均有输出信号。而另一些检测器仅对一些特定类别的化合物或含特殊基团的化合物有较大的输出信号，对其他类化合物无输出信号或很小，故称之为选择性检测器，如火焰光度检测器、电子捕获检测器、电解电导检测器等。这类检测器的选择性是待测物质的输出信号与潜在干扰物质的输出信号之比。例如氮磷检测器对含 N、P 的化合物有极大的输出信号，检测限可达 $10^{-12}\sim10^{-14}$g/s，而对烃类化合物则很小，其比值为 $10^2\sim10^4$，也就是说氮磷检测器对烃类化合物的选择性为 $10^2\sim10^4$。

此外电子捕获检测器、火焰光度检测器、霍尔电导检测器、微库仑检测器等都是具有很好选择性的检测器，这可从表 6-2 选择性指标中看出。这种选择性对含特殊元素的化合物的检出和定量有很大的实用价值。

表 6-2 所列只是检测器的一般指标，对不同厂家、不同型号的检测器，其性能有所差异。

第三节　常用检测器

一、热导检测器

热导检测器（TCD）是根据组分和载气热导率不同研制而成的浓度型检测器，也是知名的整体性能检测器。组分通过热导池且浓度有变化时，就会从热敏元件上带走不同热量，从而引起热敏元件阻值变化，此变化可用电桥来测量。热导检测器 1921 年由 Shakespear 首先研制成功，称 Katharometer（卡他计）[5]。1954 年 Ray 将其用于气相色谱[6]，促进了气相色谱法的发展。通过长期的研究开发，改进了热敏元件、池体结构、温控系统，采用高性能的电子学线路，使热导检测器在灵敏度、线性范围、稳定性和响应速度等方面都有显著的改进。例如铼钨丝和前置放大器的采用，使灵敏度提高了两个数量级；为了降低最小检测量，池腔体积减小至几微升，使之能用于毛细管柱。

由于热导检测器结构简单、稳定性好、线性范围宽、操作简便、灵敏度适宜、定量准确、价格低廉，且对所有可挥发性物质均有信号（通用型检测器），又属非破坏性检测器，易与其他仪器联用，因而成为目前应用最广的气相色谱检测器之一。这方面专著可参阅文献［7～9］。

（一）TCD 的结构与测量电路

热导池由池体、热敏元件构成，与测量电桥组成热导检测器。

1. 热导池的结构

热导池的池体多为圆柱形或方形不锈钢构成。池体钻有孔道，内装热敏元件。按气路流型分为直通型、扩散型和半扩散型，见图 6-7。直通型灵敏度高、响应时间短，但极易受气流影响使噪声增大；扩散型则相反；半扩散型介于两者之间。目前多采用半扩散型。

2. 热导池中的热敏元件

热导池中的热敏元件有热丝型和热敏电阻型两种。目前 TCD 多采用电阻率大、电阻温度系数高、机械强度高、耐高温、对样品浓度变化线性范围宽的热丝型材料。使用最多的是铼钨丝合金。热敏电阻制作的热导池一般作为专用检测器。

表 6-2 常用气相色谱检测器性能一览表

中文名称	英文缩写	适用性	选择性	载气	线性范围	检测限	稳定性	温度限/℃	其他
热导检测器	TCD	所有化合物	非选择性	H_2，He，N_2	10^6	400pg/mL	良	400	微型 TCD 可与毛细管柱联用
氢火焰离子化检测器	FID	有机化合物	永久性气体、水、SiC_4、甲酸等无输出或输出信号很小	H_2，He，N_2	10^7	2pg/s	优	450	最高采集频率 500Hz
微电子电子捕获检测器	micro ECD	卤素或含氧化合物	对电负性化合物非常灵敏	N_2，Ar+5% CH_4	5×10^{-4}	7fg/mL	可	200～400	最高适用温度：^{3}H-Ti 源 225℃，^{3}H-Ti 源 325℃，^{63}Ni 源 400℃ 最高采集频率 50Hz
火焰光度检测器	FPD 或 DFPD	硫、磷化合物	硫>10^6S/C 磷>10^6 P/C	He，N_2	硫 10^3 磷 10^4	硫 2.5pg/s 磷 45fg/s	—	300	分为单波长火焰光度检测器(FPD)和双波长火焰光度检测器(DFPD)； S/C 或 P/C 指硫、磷化合物与碳氢化合物输出信号之比； 采集频率最高 200Hz
脉冲式火焰光度检测器	PFPD	硫、磷化合物	硫>10^6 S/C 磷>10^5 P/C	He，H_2	硫 10^3 磷 10^4	硫 1pg/s 磷 100fg/s	—	450	可同时输出硫、磷信号，等摩尔响应，最多可检测 23 种元素
原子发射光谱检测器	AED	挥发性化合物中除 He 之外所有的元素	硫>10^4S/C 氯>3×10^3Cl/C 磷>5×10^3P/C	He	硫≥10^4 氯≥10^4 磷≥10^3	硫 2pg/s 氯 30pg/s 磷 2pg/s	可	450	波长范围 171～837nm，采集频率最高 100Hz
氮磷检测器	NPD	氮、磷化合物	氮 2.5×10^4N/C 磷 7.5×10^4P/C	He，N_2	氮 10^5 磷 10^5	氮 0.3pg/s 磷 0.1pg/s	可	450	又称热离子化检测器； 采集速率最大 200Hz
硫化学发光检测器	SCD	硫化合物	2×10^7 S/C	He	10^4	0.5pg/s	可	800	等摩尔响应
氮化学发光检测器	NCD	氮化合物	2×10^7 N/C	He	10^4	3pg/s	可	950	等摩尔响应
光离子化检测器	PID	电离势低于 10.2eV 的所有化合物	芳香族化合物，烯烃	He	10^6	40pg/s	—	250	可与 ELCD、XSD、FID 直接连接，组成串联检测器
电解电导检测器	ELCD	硫氮和卤素化合物	氮>10^6N/C 硫>10^5 S/C 卤素>10^6 X/C	He，N_2	10^4 10^4 10^6	5pg/s 10pg/s 1pg/s	—	1100	X 为卤素化合物
卤素特殊检测器	XSD	卤素化合物	氯>10^4 Cl/C	超纯空气	10^4	1pg/s	—	1100	X 为卤素化合物
脉冲放电氦离子化检测器	PDHID	普遍适用，尤其是永久性气体	—	He	10^4（甲烷）	50ng/s（甲烷）	劣	450	非破坏性、浓度型检测器，适用于高纯气体中电离能低于 17.7eV 的极微量的永久性气体

续表

中文名称	英文缩写	适用性	选择性	载气	线性范围	检测限	稳定性	温度限/℃	其他
四级杆质谱仪	MSD或MS	2～1000amu	非选择性（全扫描），选择性（选择性离子）	真空	10^5	10pg/s	优	350（离子源）	最大扫描速率 12000amu/s，分辨率：单位质量数
飞行时间质谱仪	TOFMS	扫描范围 10～1500 amu	非选择性	真空	10^4	1pg/s	优	250（离子源）	采集速度可达 200 张质谱图/s，质量精确度小于 1×10^{-6}，分辨率 50000（217*m/z*）
离子阱质谱	Ion Trap 或 ITMS	10～1000 amu	非选择性	真空	10^4	500fg/s	优	—	扫描速度 10000amu/s
磁质谱	Magnetic Sector	2～1200 amu	非选择性	真空	10^5～10^6	100fg，*S/N*>800（分辨率 10000 以下）	优	—	分辨率>60000（10%峰谷定义），质量精确度 2×10^{-6}
电感耦合等离子体质谱	ICP-MS	质量数范围 2～260amu 的多种金属及非金属元素	选择性，除 C、H、O、N、F 外其他元素	GC 载气 He，ICP 载气 Ar	10^{10}	低质量数元素 Li 或 Be≤0.3pg/s；中质量数元素 Y 或 In≤0.1pg/s；重质量数元素 Bi 或 U≤0.1pg/s	—	等离子体温度 7000K	可鉴别同位素及元素形态分析，质谱分辨率 0.3～3amu 连续可调
红外检测器	IRD	各种有机化合物	非选择性	—	—	—	可	—	傅里叶变换红外检测器与毛细管柱联用已成为强有力的定性分析手段
微波等离子体检测器	MPD	农药残留、大气，食品血液和残渣中有毒物和其他环保分析	可同时测定 C、H、D、O、N、F、Cl、Br、I、S、P 等元素	He，Ar	10^3～10^2	0.1～1ng/s	—	—	与 FID 联用，可估算化合物中各元素含量比
氩离子化检测器	AID	普遍适用，尤其是永久性气体	非选择性	Ar	10^5	10pg/s	—	—	适用于高纯气体中电离能低于 15.7eV 的极微量的永久性气体的分析
真空紫外检测器	VUV	大部分有机物和部分无机物	非选择性	H_2、N_2 或 He	10^4	1～10pg/s	可	450	波长范围 120～430nm，最高采集频率 90Hz

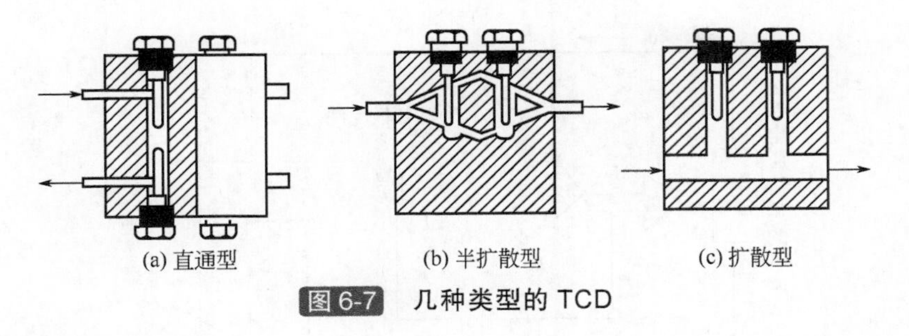

图 6-7　几种类型的 TCD

3. 测量电路

热导池中热敏元件阻值的变化通过惠斯登电桥的原理进行测量。

热敏元件与电阻联成惠斯登电桥组成热导检测器有两种形式：一种是恒定桥电压或桥电流操作方式；另一种是恒定热敏元件温度操作方式。

恒定桥电压或桥电流操作方式的 TCD 如图 6-8 所示。现在多采用四个电阻值相等的热敏元件组成电桥，电阻 R_1 与 R_4、R_3 与 R_2 分别代表测量池和参比池。载气以一定流量通过测量池和参比池，并且供给恒定的桥电流或桥电压，于是池体温度保持不变，电桥处于平衡状态，输出电压为零。当载气携带组分进入测量池，由于组分与载气的热导率不同，使测量池中热敏元件的温度发生变化，其阻值也随之改变，而参比池的阻值仍保持不变，此时电桥不平衡，产生输出电压，并把电压信号通过放大器放大后输出给记录器。

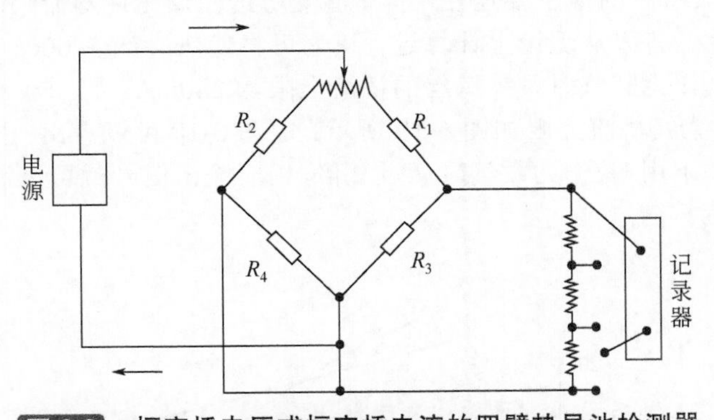

图 6-8　恒定桥电压或恒定桥电流的四臂热导池检测器

R_1 与 R_4 是测量池，R_2 与 R_3 是参比池

恒定热敏元件温度操作方式的 TCD 如图 6-9 所示。由一个作检测用的热敏元件 R_1 和三个固定电阻组成电桥，当载气携带组分进入测量池 R_1 时，同上所述，在电桥 a、b 点产生不平衡电压，此电压经放大器放大并反馈，使电桥的电压和电流都发生变化，以保证热敏元件的温度维持不变，因而热敏元件的阻值也不变，电桥又处于平衡，但是桥电压发生变化，此变化值经放大器放大后输出给记录器。

（二）原理

当载气以一定流速通过稳定状态的热导池时，热敏元件消耗电能产生的热与各因素所散失的热达到热动平衡。造成热散失的因素有载气热传导、热辐射、自然对流、强制对流、热敏元件两端导线的传导等。其中主要是载气的热传导和强制对流，其余可以忽略。当载气携带组分进入热导池时，池内气体组成发生变化，其热导率也相应改变，于是热动平衡被破坏，引起热敏元件温度发生变化，电阻值也相应改变，惠斯登电桥就输出电压不平衡的信号，通过记录器得到组分的色谱峰。热导池产生的输出信号 ΔE 通过推导可得[4]：

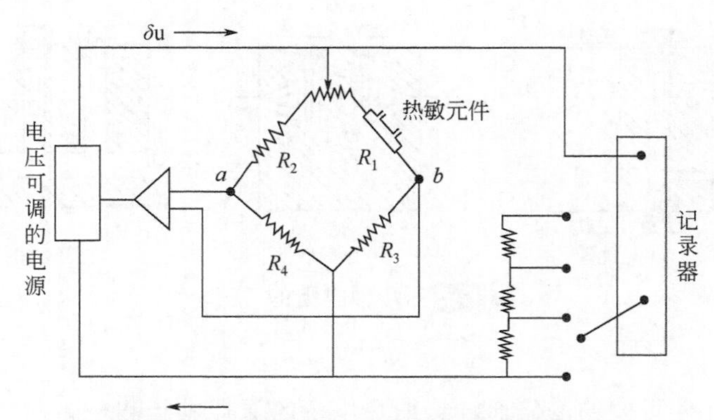

图 6-9 恒定热敏元件温度式热导检测器

$$\Delta E \propto I^3 \frac{\Delta\lambda}{\lambda^3} \tag{6-15}$$

式中，I 为电桥总电流；λ为载气热导率；$\Delta\lambda$为组分与载气热导率之差。

（三）操作条件的选择

1. 电桥电流

从公式（6-15）可以看出：热丝型热导池的输出信号ΔE与桥电流 I 的 3 次方成正比，故提高 I 是提高 TCD 灵敏度的最主要途径；但 I 值受稳定性及元件寿命限制，桥流过大会引起噪声骤增和热丝氧化。有人从理论上计算过，认为可将使热丝产生 600～700℃的电流规定为桥流上限。当用氦气作为载气时，铼钨丝的桥流上限为 240mA。此外，桥流上限还与池温有关，不同池温，不同载气桥流上限如图 6-10 所示。由图 6-10 可以看出：用 H_2、He 作为载气，其桥流可比相同条件下用 N_2 作为载气时高近 2 倍，相应输出信号就可以高近 26 倍，所以 TCD 多采用 H_2 和 He 作为载气。

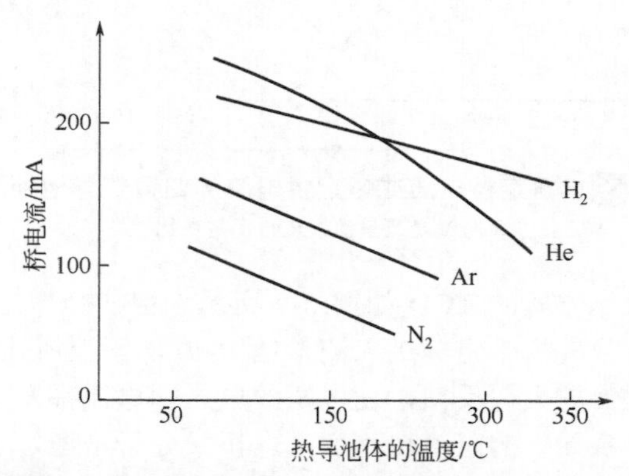

图 6-10 不同载气时不同池体温度情况下允许的桥电流

2. 载气和载气流速

从公式（6-15）可以看出：当载气的热导率与组分的热导率相差愈大，电桥输出的不平衡电压ΔE 也愈大，即 TCD 的灵敏度就愈高。从表 6-3 可知，H_2 和 He 的热导率远远大于许多物质的热导率，所以最好选择 H_2 或 He 作为载气。选用分子量较小的气体比用 N_2 等重气体的优点表现为可选用较大的桥电流（见图 6-10），组分定量线性范围宽（见图 6-11）和不会出现反峰（$\Delta\lambda<0$）。

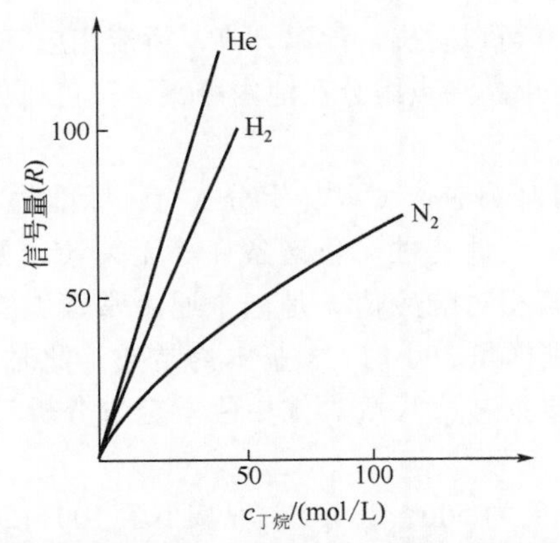

图 6-11 不同载气时丁烷的浓度与信号量的关系

（铂丝热导池，桥电流为200mA）

TCD 为浓度型检测器，载气流速增大，灵敏度随之骤降（见图 6-11），但为了减小池死体积对柱效和响应时间的影响，载气流速每分钟以大于池体积 20 倍以上为好。通常池体积为 0.5～1mL,所以载气流速多在 15mL/min 以上。

表 6-3 一些气体和有机物蒸气的热导率（λ）

温度/℃ $\lambda\times10^5$ 化合物	0	100	温度/℃ $\lambda\times10^5$ 化合物	0	100	温度/℃ $\lambda\times10^5$ 化合物	0	100
空气	5.8	7.5	正己烷	3.0	5.0	甲胺	3.8	—
氢	41.6	53.4	正庚烷	—	4.4	二甲胺	3.6	—
氦	34.8	41.6	环己烷	—	4.3	乙胺	3.4	—
氮	5.8	7.5	环己烯	2.5	4.7	丙胺	3.0	—
氧	5.9	7.6	乙烯	4.2	7.4	三甲胺	3.3	—
氩	4.0	5.2	乙炔	4.5	6.8	二乙胺	3.0	—
一氧化碳	5.6	7.2	苯	2.2	4.4	异丁胺	3.0	—
二氧化碳	3.5	5.3	甲醇	3.4	5.5	正戊胺	2.8	—
氧化氮	5.7	—	乙醇	—	5.3	二正丙胺	2.6	—
二氧化硫	2.0	—	丙酮	2.4	4.2	三乙胺	2.7	—
硫化氢	3.1	—	四氯化碳	—	2.2	甲乙醚	—	5.8
二硫化碳	3.7	—	三氯甲烷	1.6	2.5	甲丁醚	—	5.0
氨	5.2	7.8	二氯甲烷	1.6	2.7	乙丙醚	—	5.4
甲烷	7.2	10.9	氯化甲烷	2.2	4.0	乙丁醚	—	4.7
乙烷	4.3	7.3	溴化甲烷	1.5	2.6	丙醚	—	4.6
丙烷	3.6	6.3	碘化甲烷	1.1	1.9	异丙醚	—	4.8
正丁烷	3.2	5.6	二氟二氯甲烷	2.0	—	丙丁醚	—	4.3
异丁烷	3.3	5.8	氯乙烷	2.3	4.1	丁醚	—	4.0
正戊烷	3.1	5.3	溴乙烷	1.7	—	乙酸甲酯	1.6	—
异戊烷	3.0	—	碘乙烷	1.4	—	乙酸乙酯	—	4.1

3. 检测器的温度

TCD 对温度十分敏感。因为池温升高，热丝阻值增加，电流降低会导致灵敏度下降，反之亦然。因此 TCD 对池温的稳定性要求很高。一般温控精度应为±0.1℃，较先进的 TCD 温控精度优于±0.01℃。此外，从图 6-10 可以看出，池温升高，桥流相应降低，所以池温宜选定与柱温相近或略高几度，这样既可以防止高沸点组分在池内冷凝，又可以保证 TCD 有较高的灵敏度。

4. TCD 的相对响应值

对 TCD 而言，组分的相对响应值 *s* 只与组分（i）、标准物（st）及载气的性质有关，与池体积、热丝温度、桥电流、元件特性、色谱条件等无关（详见本书第八章“气相色谱定量分析”）。因而从理论上讲，其相对响应值 *s* 是一个通用常数。实际上载气与组分的热传导率相差较大（如 H_2、He），且进样量较小时，*s* 基本为常数，此时误差一般不会超过 3%。TCD 的相对响应值 *s* 的测定可参阅本书第八章“气相色谱定量分析”。

（四）微热导检测器

早期的热导检测器池体积多为 500～800μL，现减小至 100～500μL，仍适用于填充柱。近年来发展的微热导检测器（μ-TCD）池体积减小至仅有几十微升，甚至几微升，已可以和标准毛细管柱直接连接，不会造成峰扩张，甚至在灵敏度允许的情况下可加入尾吹，有利于改善峰形。

二、氢火焰离子化检测器

Mc Willian[10]和 Harley[11]等分别于 1958 年研制成功氢火焰离子化检测器（FID）。FID 以氢气和空气燃烧生成火焰为能源，当有机化合物进入火焰时，由于离子化反应，生成比基流高几个数量级的离子[12]，在电场作用下，这些带正电荷的离子和电子分别向负极和正极移动，形成离子流；此离子流经放大器放大后，可被检测。产生的离子流与进入火焰的有机物含量成正比，利用此原理可进行有机物的定量分析。

FID 是高灵敏度的通用检测器，灵敏度可达 10^{-12}～10^{-13}g/s，它对载气流速的波动不敏感，载气流速在一定范围内波动，峰面积几乎不变；线性范围可高 10^7，又由于 FID 结构简单，死体积可以小于 1μL，响应时间仅 1ms，所以不仅可以与填充柱联用，而且也可以直接与毛细管柱联用；它对能在火焰中燃烧电离的化合物都有响应，对同系物的相对响应几乎相同，这给定量带来极大的方便。因此成为使用最为广泛的气相色谱检测器。

（一）氢火焰离子化检测器的结构

氢火焰离子化检测器由氢火焰电离室和放大器组成，如图 6-12 所示。

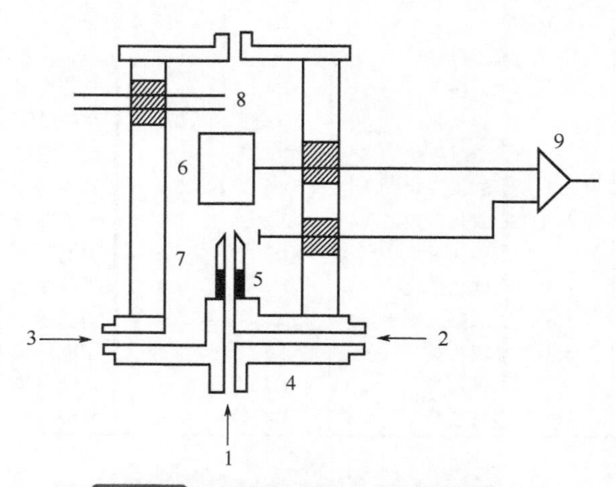

图 6-12 氢火焰离子化检测器的结构

1—色谱柱出口；2—氢气；3—空气；4—底座；5—陶瓷管；6—收集极；7—极化极；8—点火器；9—放大器

FID的电离室由金属圆筒作为外壳，内装有喷嘴，喷嘴附近有一个环状金属环极化极（又称发射极），上端有一金属圆筒（收集极），两者与90～300V的直流高压相连，形成电离电场。收集极捕集的离子流经放大器的高阻产生信号，放大后输送到记录器或数据处理系统。电离室金属圆筒外壳顶部有孔，燃烧后的废气及水蒸气由此逸出。

标准FID的喷嘴用金属制成，内径约0.5mm。发射极、收集极与电离室的金属壳绝缘电阻值应在$10^{14}\Omega$以上。引线需用屏蔽电缆，金属外壳接地。收集极的形状与发射极的距离、喷嘴内径的大小等对检测器的灵敏度均有影响。通常收集极为内径10mm、长20mm的金属圆筒，电极距离为5mm左右；为了降低热离子产生的噪声，以发射极为正极更好，不点火时基线应平稳。

美国Variari公司曾对FID进行了改进，使用加金属帽的陶瓷喷嘴代替标准的金属喷嘴，除有效地消除拖尾，改善分辨率外，还能降低噪声，提高仪器灵敏度。这项改进技术获得了美国专利[13]（USP 4999162）。其他改进见文献［14］。

（二）原理

FID是以H_2在空气中燃烧所生成的热量为能源，组分燃烧时生成离子，在电场作用下形成离子流。组分在火焰中生成离子的机理至今仍不十分清楚。早先认为是热致电离；现在化学电离机理为更多的人所接受。人们认为：在火焰中燃烧的碳氢化合物先裂解成CH·、CH_2·，然后与氧进行反应生成CHO^+、CH_2OH^+、$COOH^+$、C_2OOH^+、COO^+、CHO_2等离子和电子，火焰中的水蒸气与CHO^+碰撞产生H_3O^+，如：

$$CHO \longrightarrow CHO^+ + e^-$$

$$CHO^+ + H_2O \longrightarrow CO + H_3O^+$$

在电场作用下，CHO^+、H_3O^+等正离子与负电子e^-分别向收集极和发射极移动，形成离子流，经阻抗转化，放大器放大（放大10^7～10^{10}倍）便获得可测量的色谱信号。这种离子化效率很低，一般在0.01%～0.05%，因此提高离子化效率是提高FID灵敏度的最有效途径。上述化学电离机理对非烃类组分的离解，还不能作确切的解释。

（三）操作条件对输出信号的影响

有机化合物在FID产生的输出信号不仅受离子头结构的影响，还受氢气、空气、氮气、检测器温度等操作条件的影响。

1. 氢气流速的影响

氢气作为燃烧气与载气混合后进入喷嘴燃烧，当载气中有机化合物含量不变，氢气流速的改变与有机化合物输出信号的关系如图6-13所示。从此图可知，通常氢气的最佳流速为40～60mL/min。

2. 空气流速的影响

空气是助燃气，为生成CHO^+提供O_2,同时还是燃烧产物H_2O和CO_2的清扫气，其流速改变的影响如图6-14所示。空气的最佳流速须大于300mL/min，和空气与氢气量的比约为10。

3. 氮气流速的影响

在我国多用N_2或H_2作载气（用H_2作载气时，N_2作色谱柱后的吹扫气进入FID），进入FID的N_2与H_2的体积比及N_2流速对输出信号是有影响的。从图6-15及图6-13可知，N_2与H_2的最佳比为1～1.5及相应的N_2最佳流速。有文献报道，加一定比例的NH_3，可增加输出信号[15]。

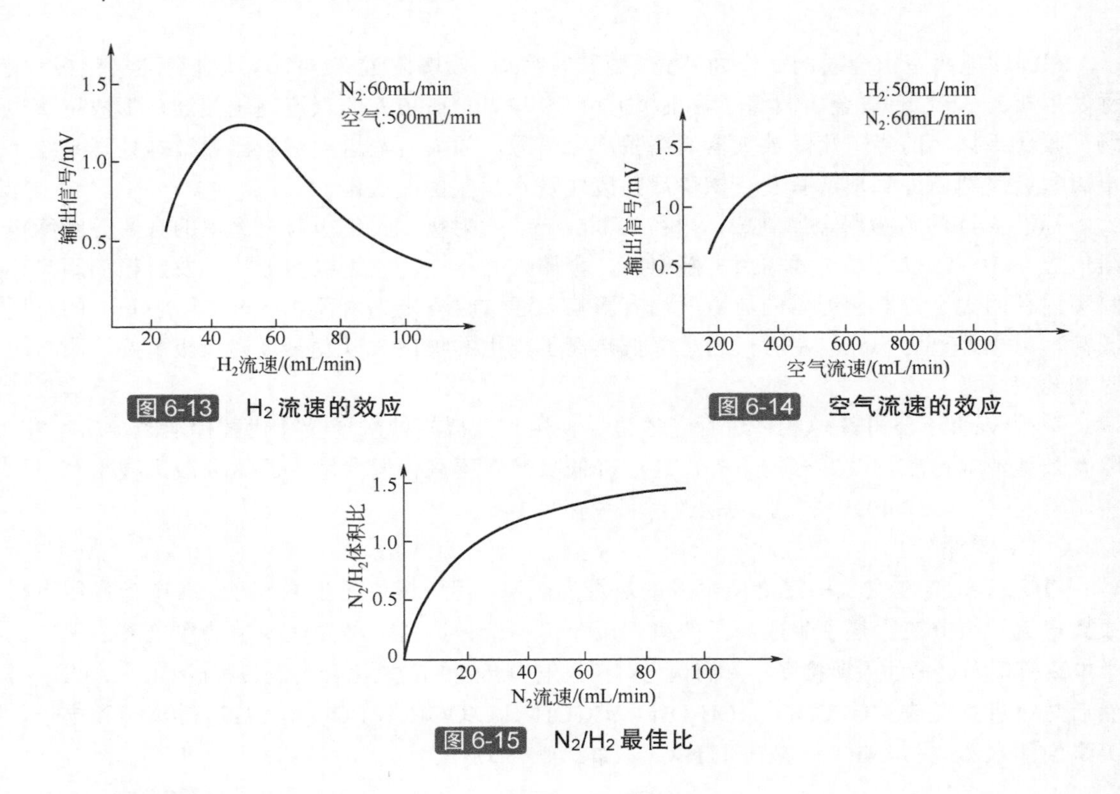

图 6-13 H_2 流速的效应

图 6-14 空气流速的效应

图 6-15 N_2/H_2 最佳比

4. 检测器温度的影响

增加 FID 的温度，会增大输出信号和噪声[16]。相对而言，FID 的温度不是主要的影响因素。一般是将检测器的温度比柱温设定稍高些，以保证样品在 FID 中不冷凝，但 FID 的温度不可低于 100℃，以免水蒸气在离子室内冷凝。

（四）相对响应值

几乎所有的有机化合物在 FID 上都有输出信号。对于烃类化合物，由于其相对响应值都很接近（许多情况下可不用相对响应值，但甲烷与苯除外），且线性范围高达 10^7,所以用 FID 对烃类化合物进行定量分析十分方便。对于含氧、硫、氮、卤素等杂原子化合物，因为相对响应值相差很大，进行定量分析时就必须用相对响应值作峰面积定量校正，详细可参考本书“定量分析”章节。

对于不能形成 CH•、CH_2•、CH_3• 等自由基的物质，在 FID 上无输出信号（见表 6-4），在实际分析过程中，可将表 6-4 中的物质选作样品的萃取剂或稀释剂，其中最常使用 CS_2 和 N_2。

表 6-4 **部分 FID 无输出信号的物质**

惰性气体	He	Ne	Ar	Kr	Xe
常温下气态	O_2 N_2 SiF_4	CO NO HCl	CO_2 NO_2	SO_2 NH_3	H_2S
常温下液态	H_2O	$SiHCl_3$	$SiCl_4$	CS_2	

（五）新型氢火焰离子化检测器

FID 对烃类化合物有很高的灵敏度和选择性，一直作为烃类化合物的专用检测器。近年来在

FID 的基础上发展了几种新型的氢火焰离子化检测器，具有新的选择性：富氢 FID（用于选择性检测无机气体和卤代烃）；氢保护气氛火焰离子化检测器（简称 HAFID，用于选择性检测有机金属化合物、硅化合物）；氧专一性火焰离子化检测器（简称 OFID，用于选择性检测含氧化合物）；碱盐火焰离子化检测器（简称 AFID，用于选择性地检测含氮、磷、硫、卤素的有机化合物）。

三、火焰光度检测器

Brady 等首先将火焰光度检测器（FPD）用于气相色谱法[17,18]。这是分析含 S、P 化合物的高灵敏度、高选择性的气相色谱检测器，广泛用于环境、食品中 S、P 农药残留物的检测。当含 S、P 的化合物在富氢焰（H_2 与 O_2 体积比>3）中燃烧时，伴有化学发光效应，分别发射出 350～480nm 和 480～600nm 的一系列特征波长光；其中 394nm 和 526nm 分别为含 S 和含 P 化合物的特征波长。光信号经滤波、放大，便可得到相应的谱峰。以前一直将 FPD 作为 S 和 P 化合物的专用检测器，后由于氮磷检测器（NPD）对 P 的灵敏度高于 FPD，而且更可靠，因此 FPD 现今多只作为 S 化合物的专用检测器。

（一）FPD 的结构

FPD 的结构如图 6-16 所示。可分为气路、发光和光接收三部分。气路与 FID 相同，采用空气从喷嘴中心流出，氢气和氮气预混合后从喷嘴周围流出。这是单火焰的气路结构，其缺点是大量烃类化合物与含 S、P 的化合物同时流出时，由于火焰条件的短暂改变和火焰内产生不利于激发态生成的碰撞与反应，会使光发射产生猝灭效应（响应值因此降低），甚至灭火，所以目前广泛采用双火焰结构，如图 6-17 所示。其优点是：各种有机物在第一个火焰中（富氧焰）充分燃烧，生成 CO_2、H_2O、SO_2 和 P_2O_5，而后所有燃烧产物进入第二个火焰（富氢焰），CO_2 和 H_2O 无效应，SO_2、P_2O_5 被氢还原发光。因此双火焰可消除烃类化合物的干扰，选择性得到提高。

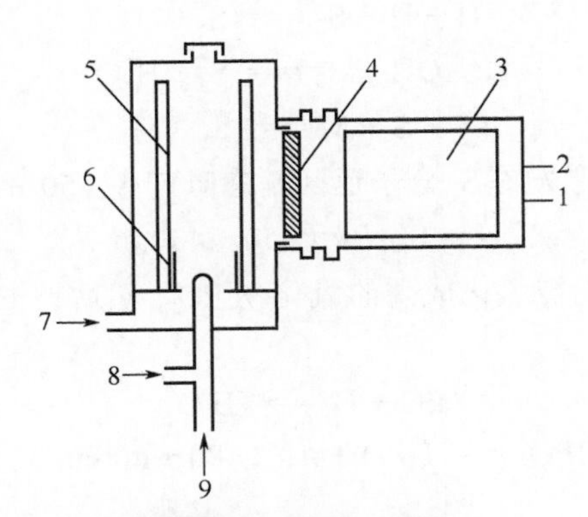

图 6-16　FPD 结构示意图

1—高压电输入；2—信号输出；3—光电倍增管；4—滤光片；5—石英玻璃管；6—遮光罩；7—空气入口；8—氢气入口；9—载气入口

发光部分有火焰喷嘴、遮光罩、石英管，喷嘴由不锈钢制成，内径比 FID 大。单火焰喷嘴内径为 1.0～1.2mm。双火焰的下喷嘴内径为 0.5～0.8mm，上喷嘴内径为 1.7～2.0mm。遮光罩高 2～4mm，用于阻隔火焰的发光，降低本底噪声。石英管主要用于保证发光区在中心位置，提高光强度，并且有保护滤光片的隔热作用和防止有害物质对 FPD 内腔及滤光片的污染和腐蚀。

光接收部分包括滤光片、光电倍增管。滤光片的作用是滤去非 S、P 发出的光信号。通过滤光片的光信号，由光电倍增管转换为电信号，将倍增放大后的电信号送入记录器。

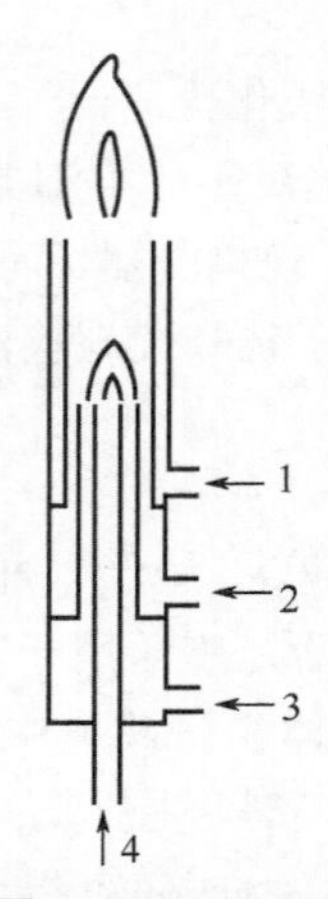

图6-17 双火焰喷嘴示意图

1—上火焰空气入口；2—氢气入口；3—下火焰空气入口；4—载气入口

（二）原理

在富氢焰中，氢气在高温下分解：

$$H_2 \rightleftharpoons H + H$$

含硫化合物（RS）首先被氧化成 SO_2，然后被 H 还原成 S 原子：

$$RS + 2O_2 = SO_2 + RO_2$$

$$SO_2 + 4H = S + 2H_2O$$

在外围冷焰区（约 390℃）经以下反应生成激发态 S_2^*：

$$S + S = S_2^*$$

$$H + H + S_2 = S_2^* + H_2$$

$$H + OH + S_2 = S_2^* + H_2O$$

$$S + S + M = S_2^* + M$$

其中，M 为气体分子。激发态 S_2^* 分子返回基态时产生 350～430nm 的光谱：

$$S_2^* = S_2 + h\nu\ (350\sim430\text{nm})$$

对于含磷化合物，则是先被氧化成磷的氧化物 PO，然后被 H 还原成激发态 HPO^*，可产生 480～600nm 的光谱：

$$PO + H = HPO^*$$

$$HPO^* = HPO + h\nu\ (480\sim600\text{nm})$$

（三）操作条件的影响

氮气（载气）、氢气和空气流速的变化直接影响 FPD 的灵敏度、信噪比、选择性和线性范围。氮气流速在一定范围变化时，对 P 的检测无影响。对 S 的检测，表现出峰高与峰面积随氮气流量增加而增大；继续增加时，峰高和峰面积逐渐下降。这是因为作为稀释剂的氮气流量增加时，火焰温度降低，有利于 S 的响应，超过最佳值后，则不利于 S 的响应。无论 S 还是 P 的测定，都有各自最佳的氮气和空气的比值，并随 FPD 的结构差异而不同。测 P 比测 S 需要更大的氢气流速。

极性的含 S 化合物容易被各种固体表面（金属管壁、载体表面）吸附。分析二氧化硫、硫化氢、甲硫醇等低分子硫化物时，甚至须采用全聚四氟乙烯系统。

美国 Varian 公司推出的脉冲式火焰光度检测器（PFPD）在检测技术上有新突破[19]，结构如图 6-18 所示。独特的脉冲火焰设计为检测 S、P、N 化合物提供了最佳的选择性和灵敏度。空气和氢气的消耗也比标准的 FPD 降低 10 倍，比化学荧光检测器降低 20 倍。并且解决了 FPD 的淬火问题。PFPD 包括点火源和燃烧气流。由于燃烧气流量不足，所以不能维持连续火焰。工作时燃烧的火焰扩散到检测器，使样品燃烧，在可燃混合物消耗完后，火焰熄灭，产生脉冲光辐射。使用特殊的电子设备和适当的 S、P、N 过滤器，就可以在元素发射过程中观察到信号，从而提供最佳的选择性和检测限。

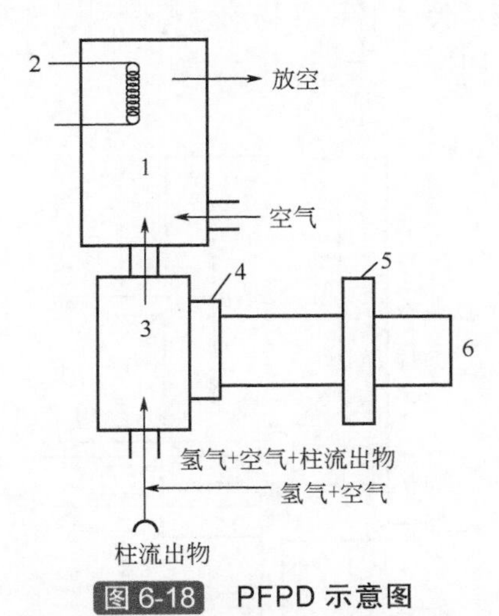

图 6-18　PFPD 示意图

1—点火室；2—点火器；3—燃烧室；4—窗口；5—过滤器（S、P或N）；6—光管

四、氮磷检测器

氮磷检测器（NPD）是由热离子化检测器（TID）发展而来。1961 年 Cremer 等[20]最初研制的火焰热离子化检测器是由氢火焰将样品离子化并加热碱源，碱源是可挥发的碱金属（为溴化铯、氟化钠等）。因其易挥发，寿命短，检测器的灵敏度难以保持稳定，线性范围也较窄，所以没有商品化的价值。1974 年 Kolb 等[21]首先研制成可以测 N、P 化合物的 NPD。碱源采用不易挥发的铷珠（碳酸铷和二氧化硅烧结而成的硅酸铷珠），用白金丝作为支架，寿命近 4h。

由于 NPD 对含 N、P 的有机物的检测具有灵敏度高、选择性强、线性范围宽的优点[22]，它已成为目前测定含 N 有机物最理想的气相色谱检测器；对于含 P 的有机物，其灵敏度也高于 FPD，而且结构简单，使用方便；所以广泛用于环境、临床、食品、药物、香料、刑事法医等分析领域，成为最常用的气相色谱检测器。目前几乎所有的商品色谱仪都可装备这种检测器。

（一）NPD 的结构

NPD 的结构与操作因产品型号而异，典型结构如图 6-19 所示。

NPD 与 FID 的差异只是前者在喷口与收集极间加一个碱源——铷珠。铷珠约 1～5mm^3，可取出更换或清洗。其操作方式有两种：

1. 氮磷型操作

此为主要操作方式，如图 6-20（a）所示，喷嘴不接地，供给的空气和氢气量较小（V_{air}<150mL/min，V_{H_2}<4～9mL/min），喷嘴不着火，氢气上升到被低电压、恒电流加热至红

热的铷珠周围，在珠的周围形成含 N、P 的有机物，在此发生裂解和激发反应，而烃类化合物不会被燃烧掉，从而形成 N、P 的选择性检测，其选择性可高达 10^2～10^4（指含 N、P 化合物的输出信号与碳氢化合物输出信号之比）。

2. 磷型操作

如图 6-20（b）所示，喷嘴接地，铷珠用正常 FID 的火焰加热至发红（V_{H_2}=50～60mL/min，V_{air}≈300mL/min），烃类化合物在火焰上燃烧，产生的信号被导入大地，而含 P 的化合物被铷珠激发，形成 P 的选择性检测，但含 P 化合物的谱峰一般呈现拖尾现象，有文献报道，可在碱源表面涂 Al、Rb 粉改善峰形[23]。

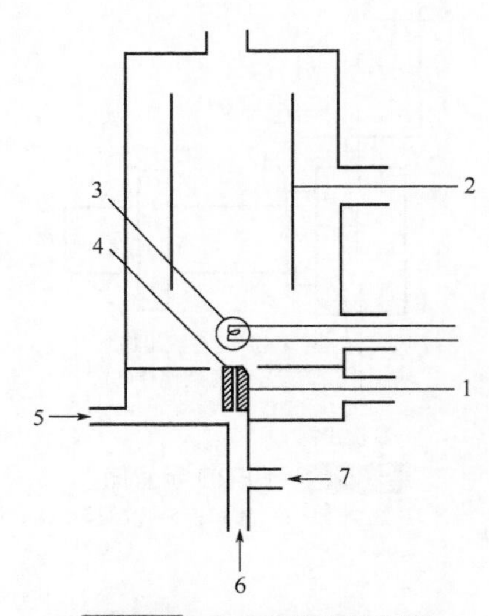

图 6-19 NPD 结构示意图

1—喷口接线；2—收集极；3—碱盐珠；4—喷嘴；5—空气入口；6—载气入口；7—氢气入口

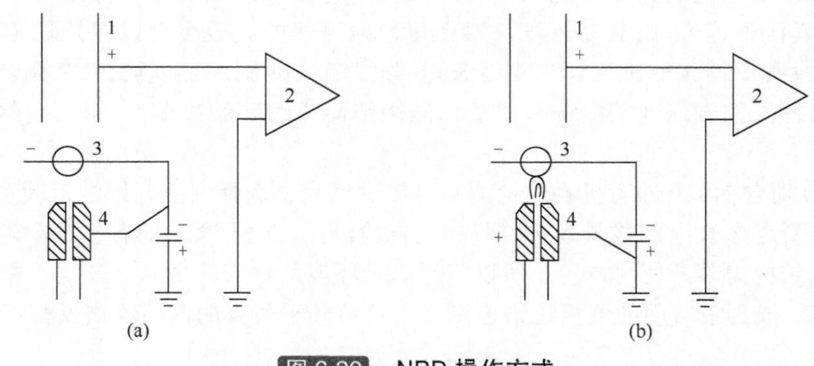

图 6-20 NPD 操作方式

1—收集极；2—放大器；3—碱盐珠；4—喷嘴

（a）喷嘴不接地；（b）喷嘴接地

通常第二种操作方式所用的喷嘴内径比第一种稍小，若喷嘴不接地，铷珠卸掉则成为通用 FID。

（二）原理

对 NPD 的检测机理有不同的解释[24~27]。Kolb 的气相离子化理论认为铷珠被火焰加热后，挥发出激发态的铷原子，铷原子与火焰中各种基团反应生成 Rb^+，Rb^+被负极铷珠吸收还原，维持铷珠的长期使用，火焰中各基团获得电子成为负离子，形成本底基流。

当含 N 的有机物进入铷珠冷焰区，生成稳定氰自由基·C≡N。氰自由基从气化铷原子上获得电子生成 Rb^+与氰化物负离子。

$$Rb^* + \cdot C{\equiv}N \longrightarrow Rb^+ + CN^-$$

负离子在收集极释放出一个电子，并与氢原子反应生成 HCN,同时输出组分信号。含 P 有机物也有相似的过程。

$$Rb^* + \cdot PO \longrightarrow Rb^+ + PO^-$$

$$Rb^* + \cdot PO_2 \longrightarrow Rb^+ + PO_2^-$$

（三）操作条件的影响

加热电流、极化电压、气体流速对 NPD 的响应都有影响。

1. 极化电压的影响

与 FID 相似，电压增加，输出信号也增加，电压绝对值大于−180V 时，响应值基本不变。

2. 铷珠温度的影响

加热电流决定铷珠的表面温度，当温度<600℃时，输出信号很小。温度升高，输出信号相应增加。一般调至 700～900℃为宜。温度过高，基流和噪声迅速增加，铷珠寿命也会锐减。

空气流量增加，铷珠表面温度降低，输出信号相应降低。在 N-P 型操作时，V_{air}＜150mL/min，P 型操作时，V_{air}≈300mL/min。

3. 氮气流量的影响

氮气流量过高，铷珠表面温度降低；氮气流量过低不利于各组分参加反应，这会使响应值降低，所以须通过实验选定最佳值。

4. 氢气流量的影响

氢气流量增加可以增加冷焰区反应的概率，铷珠温度也会提高，因此氢气流量稍有增加输出信号会成倍增加。但必须小于最低着火流量。在 N-P 型操作时，维持无焰条件，一般 V_{H_2}<10mL/min。

（四）化合物结构与响应值

NPD 在测含 N 化合物上显示出特殊的优越性，曾经作为气相色谱唯一可选择性测量含氮化合物的检测器得到广泛的应用。现有氮化学发光检测器（NCD）也可测量含氮化合物，但 NPD 仍是应用最多的气相色谱检测器之一。

含 N 化合物的响应值与结构有以下顺序关系：

$$-N{=}N- > -CN > \text{氮杂环} > \text{芳香胺} > \text{硝基化合物} > R-NH_2 > R-\underset{\underset{O}{\|}}{C}-NH_2$$

五、电子捕获检测器

Pompeo 和 Otvos 曾用电离辐射检测出气体[28]，其后 Deal 等人首先将放射性离子化检测器用于气相色谱[29,30]；1958 年 Lovelock 设计了氩离子化检测器[31]，并进一步发展成电子捕获检测器（ECD）[32,33]。ECD 是一种灵敏度高、选择性强的检测器。灵敏度高是指其对电负性大的物质检测限可达 10^{-12}～10^{-14}g；而选择性强是指它只对具有电负性的物质，如含 S、P、卤素的化合物、金属有机物及含羰基、硝基、共轭双键的化合物有输出信号，而对电负性很小的化合物，如烃类化合物，很小或没有输出信号。如对 CCl_4 的灵敏度就比对正己烷高出三个数量级。因此 ECD 是分析痕量电负性化合物最有效的检测器，也是放射性离子化检测器中应用最广的一种，被广泛用于生物、医药、农药、环保、金属螯合物及气象追踪等领域。

（一）ECD 的结构

ECD 多采用圆筒同轴电极式结构，如图 6-21 所示。其收集极用陶瓷、聚四氟乙烯或玻璃与池体绝缘，绝缘电阻大于 500MΩ。收集极兼作正的极化极，放射源接地，池体一般很小。

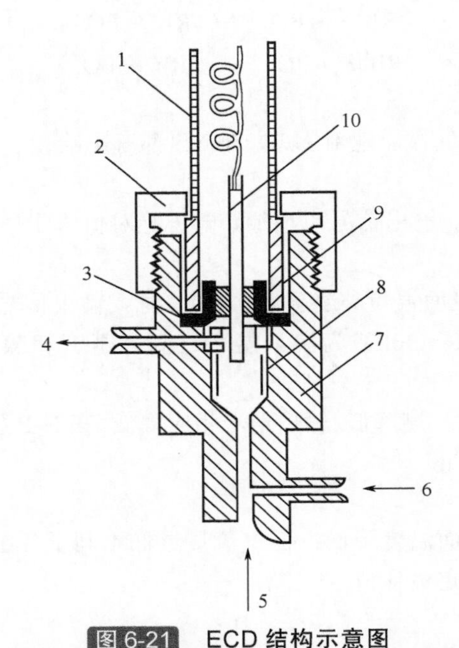

图 6-21 ECD 结构示意图

1—收集极外套；2—压紧帽；3—密封垫片；4—出气口；5—载气入口；6—尾吹气入口；7—池体；8—放射源；9—绝缘陶瓷；10—收集极

放射源用 ^{3}H 或 ^{63}Ni，它们的性能见表 6-5。从表 6-5 可以看出：与 ^{63}Ni 相比，^{3}H 的 β 射线能量低，射程短，是较理想的放射源。通常是将其吸附在金属钛上，以不锈钢为极基，称氚钛板。由于 ^{3}H 的使用温度不得超过 220℃，因此高温情况下只能采用灵敏度稍低的 ^{63}Ni。

表 6-5 放射源的特性

放射源	射线	使用剂量/GBq	最大能量/MeV	标准状况下空气中射程/cm	最高使用温度/℃	半衰期/s
^{3}H	β	3.7～37 (100～1000)①	0.018	0.5～1.0	200	12.5
^{63}Ni	β	0.37～1.1 (10～30)①	0.067	4.5	400	85

① 括号内为以 mCi 为单位的数值。

（二）原理

ECD 室内的放射源（^{3}H 或 ^{63}Ni)能放出初级电子、β 射线，在电场加速作用下向正极（收集极）移动，与载气（N_2或 Ar）碰撞，产生更多的次级电子和正离子：

$$Ar + \beta = Ar^+ + e^-$$

$$N_2 + 2\beta = 2N^+ + 2e^-$$

在电场作用下，分别趋向极性相反的电极，形成本底电流，或称基流（$I_0 \approx 10^{-9}$A）。当电负性组分 AM 进入电场，捕获场内电子，形成分子离子：

$$AM + e^- = (AM)^- + 能量（非离解型）$$

或

$$AM + e^- = A + M^- \pm 能量（离解型）$$

$$AM + 2e^- = A^- + M^- \pm 能量$$

非离解型捕获过程多发生在检测器较低温度的条件下，而离解型则多发生在温度较高的情况下。

负离子质量大，运动慢于电子，向正极移动过程中有机会与正离子（Ar^+或N^+）“复合”，生成中性分子，被载气带出检测器。“复合”作用使基流下降，于是出现基流下降的反峰信号。所以 ECD 的信号都是反峰信号。

检测信号电流 I(引入电负性组分后剩余的电流)与被测组分浓度 c 的关系为：

$$\frac{I_0 - I}{I} = K'c \tag{6-16}$$

由于线性范围窄（10^1～10^2），ECD 已很少采用直接供电和脉冲供电方式。国外仪器全部采用恒流调制脉冲供电，线性范围可达 10^4。电路示意图见图 6-22。

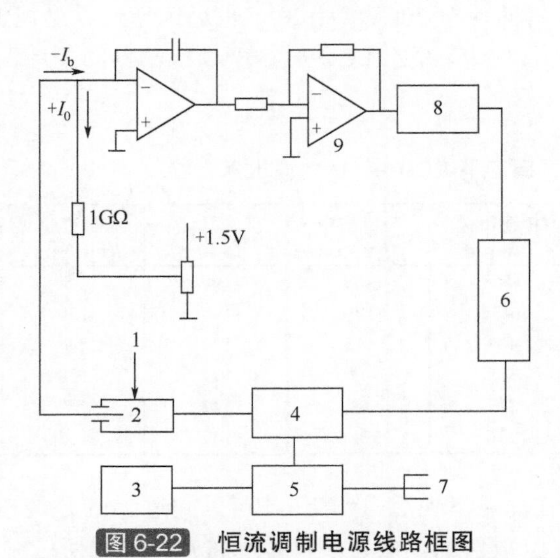

图 6-22　恒流调制电源线路框图

1—样品进入；2—检测器；3—信号记录；4—脉冲形成器；5—频率电压变换器；6—电压频率变换器；7—补偿；8—电平变换器；9—反相器

该电源采用频率 f 的变化 Δf（几十至几百万赫兹），自动平衡检测室内电子数 e 的变化，以保持电流 I 恒定：

$$\Delta f = f - f_0 = Kc \tag{6-17}$$

式中，f_0 为基始频率；c 为样品浓度。Δf 值经频率-电压转换成电压信号，经放大后输出。从式（6-17）中可以看出：ECD 的输出信号是与检测室内组分的浓度成正比的，所以 ECD 是浓度型检测器。

（三）操作条件的选择

1. 载气和载气流速

ECD 一般采用 N_2 作为载气，也可以使用 Ar+5%～10%CH_4 或 N_2+5%CO_2。CO_2 和 CH_4 的加入是为了降低检测器内电子的能量。

载气必须严格纯化，彻底除水和氧。因为水和氧的存在会降低基流，影响 ECD 的灵敏度。可以采用脱氧剂使 O_2 的含量（体积分数）低于 10^{-8}，用硅胶和分子筛联合脱水。系统微小的泄漏也会使基流降低以至消失。所以确保系统净化和不泄漏是使用 ECD 的必要条件。

载气流速增加，基流随之增大，N_2 在 100mL/min 左右，基流最大。为了获得较好的柱分离效果和较高基流，通常在柱与检测器间引入补充的 N_2，以便检测器内 N_2 达到最佳流量（这种补充气还可以清洗检测器，所以又称清洗气）。ECD 是浓度型检测器，清洗气同时会稀释组分浓度，因而在流量的选择上要两者兼顾。

2. 检测器的使用温度

温度对灵敏度的影响与检测器组分的反应过程有关。当电子俘获机理为非离解型时，温度升高会降低 ECD 的灵敏度。当机理为离解型时，由于分子解离需要能量，所以温度升高，ECD 的灵敏度亦增加。

为了获得较稳定的基流，还要求检测器有较高的控温精度（$\Delta T<\pm 0.1$℃）。

ECD 是放射性检测器，检测器的温度受放射性污染的限制。1964 年美国原子能委员会宣称：在空气中 ^{3}H 的剂量超过 $2\times10^{-7}\mu Ci/cm^3$（$7.4\times10^{-3}Bq/cm^3$）对人体有害[34]。从表 6-6 可以看出：ECD 流出的 ^{3}H 量即使在 200℃操作时，也远远超过以上规定。因此建议将 ECD 的尾气导入通风橱或室外。使用 ^{3}H 源的 ECD 时，严禁检测器的使用温度高于 220℃或不通气就升温。

表 6-6 不同 N_2 流速及不同温度下 ECD 中 ^{3}H 的逸出量

温度/℃	N_2 流速/(mL/min)	^{3}H 逸出量/(kBq/h)	流出物中 ^{3}H/(Bq/mL)	温度/℃	N_2 流速/(mL/min)	^{3}H 逸出量/(kBq/h)	流出物中 ^{3}H/(Bq/mL)
230	56	1559	463	190	58	79	22.6
230	130	1432	179	190	130	79	10.1
210	58	401	115	172	59	21	5.9
210	130	369	47	172	128	23	3.0
201	57	217	64	142	57	2	0.7
201	128	236	30. 8	142	133	2	0.2

由于不断要求 ECD 在高温下使用，从表 6-5 可以知道 ^{63}Ni 是较理想的放射源，它是衰变中没有γ辐射的低能量的 β 放射源。放射核体是高熔点金属，所以它不仅最高使用问题可达 400℃（特殊设计可达 450℃），而且排放上远比 ^{3}H 安全。目前绝大多数 ECD 都采用 ^{63}Ni 作为放射源。

3. 极化电压

极化电压对基流和响应值都有影响，选择基流等于饱和基流值的 85%时的极化电压为最佳极化电压。直流供电时，为 20～40V；脉冲供电时，为 30～50V。

4. 脉冲周期和宽度

最佳脉冲周期一般为 50～100μs，脉冲宽度为 0.5～5μs。

5. 固定液的选择

为保证 ECD 正常使用，必须严防其放射源被污染。源污染主要来自样品与固定液。须特别防止样品中难挥发组分在柱内累积。因为一旦从柱后流出，就会污染放射源。色谱柱的固定液必须选择低流失、电负性小的，柱子必须充分老化后才与 ECD 联用。表 6-7 是用 ECD 时，某些固定液的最高使用温度及老化条件。

表 6-7 ECD 对部分固定液的使用条件

固定液	老化条件		最高工作温度/℃	
	温度/℃	时间/h	FID	ECD
鲨鱼烷	105	16	100	100
阿匹松真空脂	200	16	250	150
SE-30	280	16	350	210
OV-17	280	16	300	200
聚丁二酸乙二醇酯	200	16	200	110
PEG 20M	200	16	200	110
β,β-氧二丙腈	70	16	65	≤环境温度
三甲苯基磷酸酯	115	16	150	80
磷苯二甲酸二癸酯	150	16	175	70

6. 安全保障

ECD 是放射性检测器，必须严格执行放射源使用、存放管理条例。拆卸、清洗应由专业人员进行。尾气必须排放到室外，严禁检测器超温。

（四）ECD 的相对响应因子

ECD 的操作条件[35]、检测器的结构[36]与尺寸[37]、放射源的种类、载气的种类和流速、极化电源的供电方式、样品的导入方式[38]等对其输出信号值都有影响。因此文献提供的相对响应值一般只可供参考，不宜作为定量的根据。

许多文献给出各种化合物在 ECD 上的相对电子吸收系数。Davanx 认为：电子吸收系数与响应值之间有如下关系[39]。

$$K=\frac{K_i}{K_s}=\frac{A_i c_s}{A_s c_i} \tag{6-18}$$

式中，K 是相对响应因子；K_i、A_i、c_i 是组分 i 的电子吸收系数、峰面积和浓度；K_s、A_s、c_s 是参比物的电子吸收系数、峰面积和浓度。从组分的电子吸收系数可以定量算出其相对响应因子，从而对峰面积进行校正。

（五）新型的 ECD

ECD 的主要缺点是采用放射源产生电子，从而造成污染。新开发的 ECD 是用胺在远红外照射下，相互作用产生电子[40]；或 He 在高压脉冲下产生电子[41]，称为脉冲放电电子俘获检测器（PDECD），其操作条件类似脉冲放电发射检测器（PDED），其检测限可达亚飞克（fg）级。可参阅文献［42，43］。

通用的 ECD 都采用恒流源，固定频率的 ECD (FF-ECD)和化学激活型的 ECD (CS- ECD)也被用于特殊目的的分析[44]。

六、谱学检测器

色谱技术是目前解决复杂体系分离定量最为重要的手段，但常规色谱检测器无法解决化合物的定性问题，质谱、红外等谱学技术具有极强的化合物结构解析能力，但只能针对纯化合物。色谱和谱学技术联用已成为复杂体系分析最为有效的手段。在联用系统中，色谱相当于谱学仪器的进样装置，谱学仪器相当于色谱的检测器。与气相色谱联用的谱学检测器主要有质谱和红外等，具体内容详见第十二章。

第四节 其他类型检测器

一、光离子化检测器

光离子化检测器（PID）对大部分的有机物都有响应，在烷烃等饱和烃存在时对芳烃与烯烃化合物有选择性。它是利用密封的 UV 灯发射的紫外线使色谱柱流出的电离电位低于紫外线能量的分子电离。灯的强度为 8.3～11.7eV，最广泛采用 10.2eV。在电场作用下产生电信号。检测限可为 pg 级，线性范围可达 10^6。PID 只使用一种载气（空气），不需其他辅助气体，灵敏度接近 FID，并很容易与毛细管柱联用[48]。由于它对 S 的灵敏度很高，对 CH_4 无输出信号，因此在环保和药物分析中引起人们极大的兴趣。在检测器联用中，由于 FID 与 PID 对脂肪族和芳香族化合物响应值不同，可以用其信号的比值来鉴别不同族的化合物。同样 PID 与 NPD 的联用，可用于鉴别伯、仲、叔胺化合物。

二、霍尔微电解电导检测器[45]

霍尔（Hall）微电解电导检测器（HECD 或 HallD）是电导检测器（electrolytic conductivity detector，ELCD）的一种，在 1974 年由霍尔提出[46]。它是 N、P 和卤素化合物高选择性、高灵敏度的专用检测器，其线性范围和选择性可以和 NPD、FPD、ECD 媲美。

化合物经色谱分离后进入反应炉，在高温催化作用下发生反应，生成小分子化合物，经涤气器除去干扰组分，再进入电导池，在电导池中发生电离反应，从而改变电导池的电导值，输出电信号，达到检测元素的目的。Hall D 按 N 方式工作时，可用来测定农药和除莠剂的残留量。按 S 方式工作时，其线性范围优于 FPD，并且没有单焰 FPD 的熄灭问题。按卤素方式工作时，其选择性和线性范围都可达 10^6，可以取代 ECD 分析有机氯农药。由于 Hall D 是湿式化学式检测器，远不如 FPD、NPD、ECD 方便，因此应用受限制。SRI 公司开发了一种新型的干式电导检测器（DELCD™），其最低检测限比湿式电导器稍好[47]，使用更方便，适宜推广。

三、原子发射检测器

原子发射检测器（AED）是一种多元素检测器，可在挥发性化合物中发现除氦 (即载气) 之外的所有元素，同时具有优良的选择性。

AED 属光度检测法，它将等离子体作为激发光源，使进入检测器的组分蒸发、解离成气态原子，并将原子激发至激发态，再跃迁回基态，同时发射出原子光谱。测定每种化学元素特征光谱的波长及强度可确定物质中元素组成和含量。

AED可以使用选择性和通用性两种方式工作。当AED使用杂原子通道时可作为选择性检测器检测，其灵敏度比其他气相色谱检测器（例如FPD）更高而且线性范围更宽；若AED使用碳、氢通道时可作为通用型检测器检测，灵敏度高于FID。由于大多数元素（除氢）在任何化合物里的响应因子几乎恒定，因此AED可以用响应因子在一定的误差范围内定量任何化合物，甚至可以使用任何含有一个或多个相同元素的化合物作为标样。AED近年来被广泛用于石化、环保、食品、药物代谢等领域的研究[48~50]。

四、化学发光检测器

化学发光检测器（chemiluminescence detector，CLD）是一种分子发射光谱检测法，原理是物质进行化学反应时，吸收了反应时产生的化学能，生成了处于激发态的反应中间体或反应产物，当它们由激发态回到基态时，发出一定波长的光，光强度与该物质的浓度成正比。

与气相色谱联用的化学发光检测器中硫化学发光检测器（SCD）和氮化学发光检测器（NCD）较为常见，是分析石油、环境、制药等领域样品硫化物或氮化物的专用检测器。与其他检测器相比，SCD与NCD有灵敏度高、选择性好、等摩尔响应、线性响应等优点。例如，SCD对硫化物选择性可达10^7S/C，FPD只有10^6S/C。但SCD与NCD只能检测一种元素，且价格相对较高。

五、氦离子化检测器

氦离子化检测器（helium ionization detector，HID）是唯一能检测至ng/g级的通用检测器，也是一种非破坏性的、放射性的浓度型检测器。除氖以外，对其他无机和有机化合物均有响应，最早应用于高纯气体的分析，近年也逐渐用于复杂有机物和高分子量化合物的分析。

HID的工作原理是比较复杂的电离过程，即电子与氦气碰撞形成亚稳态原子，该亚稳态原子的激发能传递到样品分子或原子；如果样品分子或原子的电离电位（IP）小于氦气亚稳态原子的激发电位（19.8eV），样品通过碰撞被电离产生微弱电流，从而得到了该样品的电流值，其值在一定的范围内与含量成比例关系。因此各种气体的电离能大小成为HID是否可以检测的关键，表6-8是各种气体的电离能。从表可以看出，除了Ne以外各种永久性气体的电离能都低于19.8eV，因而都可以用HID来进行检测。

表6-8 一些气体的电离能 单位：eV

化合物名称	电离能	化合物名称	电离能	化合物名称	电离能
He	24.5	CH_4	14.5	Cl_2	13.2
H_2	15.6	C_2H_6	12.8	NO	9.5
O_2	12.6	C_2H_4	12.2	N_2O	12.9
N_2	15.5	C_2H_2	11.6	NO_2	11.0
CO	14.1	NH_3	11.2	SO_2	13.1
CO_2	14.4	H_2S	10.4	CS_2	10.4
Ar	15.7	HCN	14.8	H_2O	12.6
Ne	21.6	HCl	13.8		
Kr	14.0	HI	12.8		

通常 HID 使用放射性氚源为激发能源，它有半衰期，能量随时间变化，导致仪器稳定性改变。另一方面，氚源所放射的 β 射线污染载气后会危及人身健康。因此近些年 HID 慢慢被非放射性氦离子化检测器所代替。脉冲放电氦离子化检测器（PDHID）就是一种商品化的非放射性离子化检测器。它利用氦气中稳定的、低功率脉冲放电作为电离源，使被测组分电离产生信号。它的能量比 HID 稍微低一些，数值为 17.7eV，均比表中各种气体的电离高（Ne 除外）。因此对气体来说，它也是通用型检测器。PDHID 也是非破坏性、浓度型检测器，而且在使用上更安全，性能更稳定，现主要用来测定各种气体中的痕量杂质。

六、多种检测器联用

通常气相色谱使用单检测器检测，获得某一检测器的信息。当单一检测器不能满足要求时，可用两（多）个以上检测器组合在一起，同时或分时检测，得到两（多）个检测器信号。这种“联用”的方法综合各检测器的响应特征适用于复杂样品分析，可为待测物提供更多的信息。

两（多）个检测器的组合方式有串联和并联两种方式，本节只简单介绍几款以串联方式组合的检测器。串联组合的检测器有两种组合方式：分体式和一体式。

1. 分体式

检测器的构造、响应机理和最佳操作条件不变，采用串联方式组合在一起，对同一样品同时进行信号采集，得到不同色谱图，为串联分体式组合。这种组合方式灵活性大，实验人员可根据需要自行组合。一般来说，串联的第一个检测器为非破坏性检测器，例如 TCD、PID、HID、IR 等；第二个可为破坏性检测器，例如 FID、NPD、MSD 等。但近年来也有两个检测器都为破坏性检测器，如 FID-SCD、FID-NCD，在这种组合中一个检测器为通用型检测器，另一种是选择性检测器。

2. 一体式

检测器的响应机理不变，但适当改变结构和最佳操作条件，将它们组合于一体，样品待测物从色谱柱流出后进入检测器得到色谱图，为串联一体式组合。这种类型的检测器组合方式固定，由仪器厂商生产，实验人员不能任意改变。目前应用较多的串联一体式检测器有：

Valco 仪器公司的 PDD 检测器（pulsed discharge detector）就是一种集 PDHID、PDPID 和 PDECD 于一体的检测器，可在不同工作模式下对不同类型化合物有响应，因此可以分析不同类型化合物。例如 PDHID 模式下对除氖以外的所有气体都具有很好的响应值，可分析永久性气体；而在 PDPID 模式下像一个特制的光电离检测器，对脂肪类化合物、芳香类化合物和胺类化合物或者其他化合物进行选择性的检测。

电感耦合等离子体质谱（Inductively coupled plasma mass spectrometry，ICP-MS）将感应耦合等离子体（ICP）作为质谱仪的电离源，高温的等离子体使大多数样品中的元素都电离出一个电子而形成了一价正离子。质谱仪通过选择不同质荷比（m/z）的离子通过来检测到某个离子的强度，进而分析计算出某种元素的强度。ICP-MS 主要用途是进行化学元素分析检测，特别是对金属元素分析最擅长，也能分析 B、P、As 等非金属元素。ICP-MS 是一种灵敏度非常高的元素分析仪器，可以测量溶液中含量在 10^{-9} 或 10^{-9} 以下的微量元素，检测限可以达到 10^{-12} 级，广泛应用于地质、环境以及生物制药等行业中[51~54]。

参考文献

[1] Halasz L. Anal Chem, 1964, 36: 1428.

[2] Hill H H, McMinn D G//Hill H H, McMinn D C, ed. Detector for Capillary Chromatography. Chapter Ⅰ. New York: John Wiley & Sons Inc, 1992.

[3] Dimbat M, Porter P E, Stross F H. Anal Chem, 1956, 28: 290 .

[4] 李浩春，卢佩章. 气相色谱法. 北京：科学出版社，1993.

[5] Shakespear G A. Proc Phys Soc, 1921, 33: 163.

[6] Ray N H. J Appl Chem (London), 1954, 4: 82.

[7] David D J. Gas Chromatographic Detectors. New York: John Wiley & Sons Inc, 1974.

[8] Daynes H A. Gas Analysis by Measrement of Thermal Conductivity. Cambridge Univ Press, 1933.

[9] Littlewood A B. Gas Chromatography. 2nded. New York: Acadmic, 1966.

[10] Mc Willian I G, Dewar R A//Desty D H, ed. Gas Chromatography 1958. London: Butterworth, 1958: 142.

[11] Harley J, Nel W, Pretorius V. Nature, 1958, 181: 177.

[12] Mc Willian I G. Chromatographia, 1983, 17: 241.

[13] 李茂昌. 现代科学仪器, 1994, 1: 41.

[14] Berg J R, Hawkins T. Inter Lab, 1992, 9 (5): 10.

[15] Abdel-Rehim M, Zhang L, Hassan M. HRC, 1994, 17: 723.

[16] Dressier M, Ciganek M. J Chromatogr A, 1994, 679: 299.

[17] Brody S S, Chaney J E. J Gas Chrom, 1966, 4: 42.

[18] Bowman M, Beroza M. Anal Chem, 1968, 40: 1448.

[19] Amirav A, Jing H. Anal Chem, 1995, 67: 3305.

[20] Cremer E, Kraus T, Bechtold E. Chem Ing Tech, 1961, 33: 632.

[21] Kolb B, Bischoff J. J Chrom Sci, 1974, 12: 625.

[22] Watabe K, Omoya K. JP 0720112 [9520112]. 1995-01-24.

[23] Draper W M. J Agric Food Chem, 1995, 43: 2077.

[24] Kolb B, Aner M, Pospisil P. J Chrom Sci, 1977, 15: 53.

[25] Burgett C A, Smith D H, Bente H B. J Chromatogr, 1977, 134: 57.

[26] Brazhnikov V V. J Chromatogr, 1976, 122: 527.

[27] Olan K, Szoke A, Vajta Z S. J Chrom Sci, 1979, 17: 497.

[28] Pompeo D J, Otvos J W. US Patent, 1953, (2): 641710.

[29] Deal C H, Otvos J W, Smith V N, et al. Anal Chem, 1956, 28: 1958.

[30] Boer H//Desty D H, ed. Vapour Phase Chromatography. London: Butterworth, 1957: 169.

[31] Lovelock J E. J Chromatogr, 1958, 1: 35.

[32] Lovelock J E, Lipsky S R. J Am Chem Soc, 1960, 82: 431.

[33] Lovelock J E. Anal Chem, 1961, 33: 162.

[34] US Atomic Energy Commission. Conditions and Limitations on the General License Provision of 10 CFR 150-20, Rules and Regulation. Washington, DC: Divislon of Materials Licensing, US Atomic Energy Commision, 1964.

[35] Ciganek M, Dressier M, Lang V. J Chromatogr A, 1994, 668: 441.

[36] Fukushima T, Tanabe S. USP 5317159. 1994-05-31.

[37] Singh H, Millier B, Aue W A. J Chromatogr A, 1995, 689: 45.

[38] Wan H B, Wong M K, Mok C Y. J Chromatogr A, 1994, 663: 123.

[39] Devanx P. J Gas Chrom, 1967, 5: 341.

[40] Osato I. Jpn Kokai Tokkyo Koho JP 04 303759, 1992.

[41] Wentworth W E, D'sa D E, Cai H, et al. J Chrom Sci, 1992, 30: 478.

[42] Wentworth W E, Cai H, Stearns S. J Chromatogr A, 1994, 688: 135.

[43] Tian X, YangW, Yu A, et al. Microchem J, 1995, 52:139.

[44] Grimsrud E P//Hill H H, McMinn D G, ed. Detectors for Capillary Chromatography. Chapter 5. New York: John Wiley & Sons Inc, 1992.

[45] Anderson R J, Hall R C. Am Lab, 1980, 12: 108.

[46] Hall R C. J Chromatogr Sci, 1974, 12(3): 152.

[47] Stevenson R. Am Lab, 1985, (5): 26G.

[48] Taegon K, Khalid A, Syed A A, et al. Fuel, 2013, 111: 883.

[49] 顾明松，冯翠玲，罗毅. 色谱，1996，14：33.

[50] 张莘民. 环境科学研究，1996，9：42.

[51] Georgia S O, Christophe P, Sylvain B, et al. Anal Chem, 2012, 84: 7874.

[52] Sele V, Amlund H, Berntssen M H G, et al. Anal Bioanal Chem, 2013, 405: 5179.

[53] 宋阳，张颖，魏新宇，等. 化学分析计量，2014，23：39.

[54] Cavalheiro J, Preud' homme H, Amouroux D, et al. Anal Bioanal Chem, 2014, 406: 1253.

第七章 气相色谱定性分析

气相色谱法是一种高效、快速的分离分析技术，它可以在很短时间内分离几十种甚至上百种组分的混合物，但能否准确对每个化合物进行定性就变得十分关键。色谱法定性分析主要依据是特征不是很强的保留值，这需要和已知的标准物质的保留值进行比对，即使保留值完全相同的两个峰，也可能是不同的物质，定性结果往往不能令人满意。

气相色谱与质谱、光谱等联用，既充分利用色谱的高效分离能力，又利用了质谱、光谱的高鉴别能力，加上运用计算机对数据的快速处理和检索，为未知物的定性分析开辟了一个广阔的前景。本章将介绍气相色谱常用的几种定性方法，读者可根据实验具体情况选择合适的方法。

第一节 保留值定性法

气相色谱法可将混合物分离为单独的组分，显示为色谱图中的各个色谱峰；鉴别色谱峰是何种物质，色谱保留值数据定性法是用得最普遍、最方便的方法。

一、直接定性法

基于在一定色谱条件下，各组分的保留时间为一定值的原理进行定性，这是色谱中最简单的定性方法。在相同的色谱条件下，将某组分的纯标准样品和待分析的样品分别进行色谱分离，如纯标准样品和待分析样品中的某个色谱峰保留时间一致，可初步判断待分析样品中的色谱峰为该标准品（需进一步确认）；或者将纯组分加入样品后进行色谱分析，观察哪个色谱峰的高度有变化，可对色谱峰作出定性的判断。如果保留时间不一致，可排除色谱峰为该标准品的可能。为了避免载气流速和温度的微小变化而引起的保留时间变化对定性结果带来的影响，可采用相对保留值或采用已知物增加峰高法进行定性，把预想可能的已知纯标准样品加入到被测混合物中，对比加入前后色谱图组分峰增高的情况即可作出初步判断，色谱柱分离能力越高，定性结果越可靠。这种方法适于混合物中只有少数几个未知物的定性和排除某一组分在样品中的存在。

由于完全相同的色谱条件通常不易获得，即使配备了高精度的气体电子流量控制器和高精度温度控制系统，当其他条件改变时，就需要采用相应的其他定性指标鉴别色谱峰。如当载气流速有改变时，就不能用保留时间（t_R）作定性指标，而要用保留体积（V_R）；当死时间（t_M）、死体积（V_M）不同时，就应该将保留时间、保留体积改换为调整保留时间（t'_R）、调整保留体积（V'_R）；当考虑到色谱柱的压力降变化时，则要用压力梯度校正因子（j）进一步改换为校正保留体积（V_R^0）、净保留体积(V_N)。这些定性指标有以下关系：

$$t'_R = t_R - t_M \tag{7-1}$$

$$t_R^0 = jt_R \tag{7-2}$$

$$t_{\mathrm{N}} = jt'_{\mathrm{R}} \tag{7-3}$$

$$V_{\mathrm{R}} = F_{\mathrm{C}}t_{\mathrm{R}} \tag{7-4}$$

$$V'_{\mathrm{R}} = F_{\mathrm{C}}(t_{\mathrm{R}} - t_{\mathrm{M}}) = V_{\mathrm{R}} - V_{\mathrm{M}} \tag{7-5}$$

$$V_{\mathrm{R}}^{0} = jV_{\mathrm{R}} \tag{7-6}$$

$$V_{\mathrm{N}} = jV'_{\mathrm{R}} \tag{7-7}$$

以上这些定性指标还与固定液用量有关。色谱工作者最后改用比保留值（V_{g}）作为定性指标。组分的比保留值只与固定液的种类及柱温有关，而与载气流速、柱长、固定液用量等操作条件无关。

$$V_{\mathrm{g}} = \frac{V_{\mathrm{N}}}{m_{\mathrm{L}}} \cdot \frac{273.15}{T_{\mathrm{C}}} = V_{\mathrm{g}}^{0} \cdot \frac{273.15}{T_{\mathrm{C}}} \tag{7-8}$$

由于某些参数较难获得，且计算复杂，无法直接表示，因此在直接定性法中上述几个指标除保留时间 t_{R} 外，在实际应用中都较少应用，最常用的还是保留时间 t_{R}。

二、相对保留值定性法

用上述绝对保留值定性时，为了测得重现性很好的保留值，即使是测得 V_{g} 值，对测定时操作条件仍要求很严格，如果要求速度、载气流量、柱温等重复不变，这难免有一定困难，且实际工作中要准确知道固定液质量，也不是易事。为了减少操作参数波动给定性分析造成的影响，用相对保留值（r）对混合物组分色谱峰定性，就比较有利和方便。

$$r = \frac{t'_{\mathrm{R}i}}{t'_{\mathrm{R(st)}}} = \frac{V'_{\mathrm{R}i}}{V'_{\mathrm{R(st)}}} = \frac{V_{\mathrm{g}i}}{V_{\mathrm{g(st)}}} = \frac{k_i}{k_{\mathrm{st}}} \tag{7-9}$$

对于比较简单的混合物且其组分大致可以推测，则在获得色谱图后，常可依据实测的相对保留值与文献报道的相对保留值对比，作出对色谱峰的判定，而不必用纯物质对色谱峰进行定性。令人遗憾的是文献[1,2]中相对保留值数据所选用的参比物质不尽相同，这给应用带来诸多不便。对于较复杂的混合物，相邻流出峰之间的差距很小，所测量的保留值有一定误差，此时用相对保留值定性有发生错误的可能性，当然，用作初步的判据还是可行的。

由于不同物质在同一色谱柱上保留值可能相同，此时可用双柱法进行组分定性（选择具有不同极性或氢键缔合能力的色谱柱）。有关双柱定性的详细情况，可参看文献［3］。

三、保留指数法

保留指数又称 Kovasts 指数[4]，是一种重现性较其他保留数据都好的定性参数，可根据所用固定相和柱温直接与文献值对照，就可直接利用文献值定性，而不需标准样品。为确保保留指数定性的准确性，尽量在文献所给定的实验条件下，用已知组分进行验证。尤其在毛细管色谱中，保留指数定性的准确性更高，对非极性的石英毛细管柱，可重复在 1 个保留指数单位（i.u.）之内，对极性石英毛细管柱，可重复在 2i.u.之内[5]。

Kovasts 保留指数于 1958 年提出，它把某组分的保留值用两个靠近它的正构烷烃来标定，将正构烷烃的保留指数定义为该分子碳原子数的 100 倍。如正戊烷的保留指数为 500，正庚烷的保留指数为 700，正辛烷的保留指数为 800，正十五烷的保留指数为 1500 等，这些烷烃的保留指数与色谱柱、柱温及其他色谱条件无关。某一组分的保留指数按下式计算：

$$I=100\left[Z+\frac{\lg X_i-\lg X_z}{\lg X_{z+1}-\lg X_z}\right] \tag{7-10}$$

$t'_{R(X)}$、$t'_{R(z)}$、$t'_{R(z+n)}$分别代表被测组分和具有 z 和 $z+n$ 个碳原子数正构烷烃的调整保留时间，n 为整数，为计算方便，一般取 1。保留指数的单位符号为"i.u."，测定保留指数时，只需选用两个相邻的正构烷烃使被测组分的保留时间恰在其中，即 $t'_{R(z)}<t'_{R(X)}<t'_{R(z+n)}$。将正构烷烃与被测组分混在一起或分别在相同的条件下进入色谱柱，得到各自保留时间，再减去系统的死时间，得到各自的调整保留时间，代入上式即得保留指数值。由于现在气相色谱仪和色谱柱的品质很优秀，可获得准确性和重复性很好的保留指数。特别是有了化学交联的石英毛细管柱，使保留指数的准确度和重现性大大提高。因此只要色谱柱和柱温相同，就可利用保留指数定性。现在国内外文献和气相色谱手册收集了大量的保留指数，但在使用保留指数定性时，必须在文献所给实验条件下用已知组分进行验证，以确保保留指数定性的准确性。

上述保留指数只用于恒温分析。由于在分析宽沸程复杂混合物时柱温采用程序升温，虽然两者定性方法基本一致，但保留指数的测定却不同，故许多色谱工作者为之进行了大量的工作[6~29]。将恒温的保留值换算到程序升温的保留值是很吸引人的，最初 Giddings[6]、Guiochon[7]及 Habgood 等[8]做过尝试，这些近似计算未考虑到初始炉温、程序升温速度及柱尺寸的影响。Golovnya 等[9]及 Erdey[10]等虽考虑了这些影响，但其表述的程序升温保留指数是实验条件的复杂函数。后来有许多恒温保留指数关联程序升温保留指数的报道[11~27]，其中 Gurvers[12,13]通过考虑组分在两相中分配系数与摩尔自由焓和熵之间的热力学关系，实现了恒温的保留指数向程序升温的保留指数的转换；而关亚风等[27]通过引入正构烷烃保留值所作的校正，避免了用相比参数的方法，解决了由于相比变化引起的组分焓和熵变化的问题，使 Curvers 等的方法可将保留指数在不同柱尺寸（柱长、柱内径）、相比、初始温度及程序升温速率间进行转换。下面对此方法作详细介绍。

众所周知，谱带在柱内的运动速度 $\frac{dX}{dt}$ 为：

$$\frac{dX}{dt}=\frac{u_X}{1+\frac{K_T}{\beta}} \tag{7-11}$$

式中，u_X 是组分在柱内 X 处载气的线速；K_T 是组分在温度 T 时的分配系数；K_T/β 则是容量因子 k。

分配系数 K 可表示为

$$K_T=\exp\left(-\frac{\Delta G}{RT}\right)=a\exp\left(\frac{\Delta H}{RT}\right) \tag{7-12}$$

式中，ΔG 是摩尔溶解自由能；R 是理想气体常数；ΔH 是摩尔溶解焓。

在恒温操作时载气平均线速 $\overline{u}=L/t_M$ 将式（7-11）与式（7-12）联立求解得到：

$$t_{Ri}=t_M\left[1+\frac{\alpha}{\beta}\ \exp\left(\frac{\Delta H}{RT}\right)\right] \tag{7-13}$$

重排之后即得：

$$\ln k=\ln\frac{\alpha}{\beta}+\frac{\Delta H}{RT} \tag{7-14}$$

此式表征色谱保留值的温度变化规律。将 $\ln k$ 对 $1/T$ 作图，就可求出 α/β 与 $\Delta H/R$。

当线性程序升温时，炉温按下式增加：

$$T = T_i + R_h t \tag{7-15}$$

式中，T_i是初温；R_h是程序升温速率。将此式微分并代入式（7-12），得到：

$$\frac{dT}{1+\frac{\alpha}{\beta}\exp\left(\frac{\Delta H}{RT}\right)} = R_h \frac{dX}{u_X} \tag{7-16}$$

在 T_i和保留温度 T_R间积分等式左边，沿柱长积分等式右边，则得到表征线性程序升温保留规律的表达式：

$$\int_{T_i}^{T_R} \frac{dT}{t_{MT}\left[1+\frac{\alpha}{\beta}\exp\left(\frac{\Delta H}{RT}\right)\right]} = R_h \tag{7-17}$$

而$\frac{dX}{u_X}$沿柱长积分表示死时间（t_M），它与温柱有关，将其移至左边，就获得目前最常用的计算线性程序升温的保留温度的关系式：

$$\int_{T_i}^{T_R} \frac{dT}{t_{MT}\left[1+\frac{\alpha}{\beta}\exp\left(\frac{\Delta H}{RT}\right)\right]} = R_h \tag{7-18}$$

由于载气平均线速 $\overline{u}$ 为[28]：

$$\overline{u} = \frac{3}{4} \times \frac{p_0(P^2-1)^2}{\eta L(P^3-1)} \times \frac{d_c^2}{32} \tag{7-19}$$

式中，p_0为柱出口压力；P 为柱进口与出口压力比（p_i/p_0）；d_c为柱内径；η为载气动力学黏度；L 为柱长度。因而

$$t_{MT} = \frac{4}{3} \times \frac{L^2(P^3-1)}{p_0(P^2-1)} \times \frac{32}{d_c^2} \times \eta_T \tag{7-20}$$

在气相色谱常用的温度范围内，η_T与 T 的关系通常是线性的，故 t_{MT}有经验公式：

$$t_{MT} = a_3 + b_3 T \tag{7-21}$$

不难理解，当 T_i、R_h、t_{MT}、熵项（α/β）、焓项（$\Delta H/R$）已知时，使用 Simpson 规则就可以从式（7-18）求得保留温度，进而计算出由 van der Dool 等[29]定义的组分线性程序升温保留指数（I^T）值：

$$I^T = 100\left[Z + \frac{T_R - T_z}{T_{z+1} - T_z}\right] \tag{7-22}$$

式中，T_R、T_z、T_{z+1}分别是组分及碳数为 z、$z+1$ 正构烷烃的保留温度，而且 $T_z < T_R < T_{z+1}$。表 7-1 给出了几个不同线性程序升温速率下保留温度、保留指数实验值和计算值的比较[13]，其结果令人满意。

表 7-1 保留温度、保留指数实验值与计算值的比较[①]

程序升温速率/(℃/min)	2			4			8		
组分 \ 保留温度/K	实验值	计算值	差	实验值	计算值	差	实验值	计算值	差
正辛烷	345.13	345.12	−0.11	360.26	360.37	-0.12	364.08	383.82	+0.28
正十二烷	401.24	400.78	+0.46	423.42	422.95	+0.46	453.39	452.11	+1.28
庚醇	363.90	364.22	−0.33	382.99	383.02	−0.04	410.13	409.06	+1.06
癸醇	409.36	409.04	+0.32	431.88	431.39	+0.49	462.32	460.69	+1.63
3-戊酮	336.24	336.34	−0.11	347.49	347.62	−0.13	367.48	367.38	+0.10
3-辛酮	359.74	360.08	−0.34	378.48	378.61	−0.13	405.46	404.68	+0.78
2,4,4-三甲基-1-戊烯	338.18	338.29	−0.12	350.52	350.64	-0.12	371.78	371.62	+0.15
1-十三烯	414.31	414.04	+0.27	437.08	436.49	+0.59	467.72	465.91	+1.81
甲苯	341.29	341.44	−0.16	355.16	355.32	−0.16	378.04	377.87	+0.17
1,2-二甲基苯	353.98	354.24	−0.26	371.94	372.09	−0.16	398.53	397.98	+0.54
异丁基苯	370.10	370.34	−0.25	与正十烷重合			419.52	418.07	+1.45
庚醇	951.56	952.07	−0.51	951.56	951.97	−0.42	—	—	—
癸醇	1255.19	1255.40	−0.21	1255.64	1255.64	−0.32	—	—	—
3-戊酮	670.49	672.79	−2.30	662.59	662.59	−2.01	672.89	673.41	−0.52
3-辛酮	922.94	923.06	−0.82	924.33	924.53	−0.61	925.57	925.51	+0.06
2,4,4-三甲基-1-戊烯	709.05	710.09	−1.04	710.32	710.98	−0.66	711.96	711.61	+0.35
1-十三烯	1288.85	1288.93	−0.08	1289.31	1289.31	+0.05	1289.70	1289.81	−0.11
甲苯	749.73	750.84	−1.12	753.06	753.80	−0.74	756.98	756.40	+0.38
1,2-二甲基苯	877.19	877.92	−0.73	881.20	881.62	0.41	885.87	885.60	+0.27
异丁基苯	995.33	994.95	+0.37	与正十烷重合			1004.21	1003.88	+0.33

① 色谱柱为 OV-1，50m×0.2mm，$\beta=150$。

在任意多阶程序升温情况定性时，保留值的计算方法如下：

组分谱带在柱内 X 处的运动速度见式（7-11）：

$$\frac{\mathrm{d}X}{\mathrm{d}t}=\frac{u_X}{1+\dfrac{K_T}{\beta}} \tag{7-11}$$

在等温下，经过时间 Δt_i，谱带在柱内移动的柱长分数为：

$$\Delta m_{\mathrm{iso}}=\frac{\Delta X}{L}=\frac{\Delta t_i}{(1+K_T)t_{\mathrm{MT}}} \tag{7-23}$$

在程序升温速率为 R_i 时，从时间 t_i 到 t_{i+1}（或柱温 T_i 到 T_{i+1}）经过的柱长分数为：

$$\Delta m_{TP}=\frac{1}{R_i}\int_{T_i}^{T_{i+1}}\frac{\mathrm{d}T}{(1+K_T)t_{\mathrm{MT}}} \tag{7-24}$$

在任意多阶程序升温方式下，当柱长分数之和等于 1 时，组分流出柱子，则：

$$\sum\frac{\Delta t_i}{(1+K_T)t_{\mathrm{MT}}}+\sum\frac{1}{R_i}\int_{T_i}^{T_{i+1}}\frac{\mathrm{d}T}{(1+K_T)t_{\mathrm{MT}}}=1 \tag{7-25}$$

式中 K_T、t_{MT} 可从式（7-12）、式（7-21）求出，根据程序升温方式解式（7-25）[30,31]，即可求得任意多阶程序升温方式的保留温度。式（7-25）也是将恒温保留指数项多阶程序升温保留指数转换的基础。

四、用经验规律和文献值进行定性分析

在利用标准物质直接对照定性时，有时不易得到标准样品，一个实验室不可能有很多的标准物质，可用文献值或用气相色谱中的经验规律定性。文献值定性即利用已知的文献值与未知物的测定保留值进行比较对照。由于不同仪器和色谱条件（如压力、温度等）的微小波动，保留值有所不同，可用相对保留值定性。利用相对保留值定性比用保留值定性更为方便、可靠。用相对保留值定性时，只要保持柱温不变即可。要求选用一个基准物质，基准物质的保留值尽量接近待测样品组分的保留值，一般选用苯、正丁烷、环己烷等作为基准物质。

（一）同系物的定性

对于同系物来说，其通式为 $CH_3(CH_2)_nX$，成员间分子骨架主要是—CH_2—基团个数的差异，因此可利用碳数规律及基团增量[32]进行定性。

大量实验证明，在相同的色谱条件下，同系物的调整保留时间（或调整保留体积、比保留体积等）的对数与分子中碳原子数成线性关系，即：

$$\ln t'_{R} = A_1 n + b_1 \tag{7-26}$$

该斜率就是碳数规律常数 A_1。

$$\ln \frac{t'_{R(n+1)}}{t'_{Rn}} = A_1 \tag{7-27}$$

这种联系对烷、烯、醛、酮、醇、酯、硝基化合物、脂肪胺、吡啶同系物、芳烃、二烷基醚、呋喃和取代四氢呋喃等许多化合物均能成立[33]。

根据色谱保留值方程，同系物成员间在偶极矩、氢键作用力或与固定相的作用距离上有所差异时，碳数规律会发生明显偏差，一般来说，保留指数与碳数的线性关系可从高碳数外推到 C_5；外推到 C_4 时误差不大于 5 个保留指数单位（i.u.），外推到 C_3 时误差不大于 10 个保留指数单位（i.u.）[34]。分子中增加 CH_2 使保留指数偏离 100±3 的变化主要由下述三方面因素引起[35]：

① 固定相有很强的分子间相互作用，如氰基固定相，或被分析物在 1 位有一极性基团；

② 在增加 CH_2 的键上只有三个或更少的碳；

③ 基团远离末端，如酯基或双键等。

就①和③的情况而言，保留指数在特定同系物中仍线性增加，但每个碳数对 100 i.u.的保留指数可能偏离 10 i.u.，就氰基固定相来说，甚至低达 70i.u.。

除上述数种情况外，式（7-26）是成立的，且 A_1 的变化趋势为：

① 在相同的固定液上，不同的同系物 A_1 值相差不大。对通常的直链化合物，A_1 值的差异不大于 2%，但当官能团和固定相有强相互作用时，其偏离高达 7%[36]，而且当分子内有支链时，由于作用距离的增加，会使 A_1 值有所下降。

② 对于不同的固定相在相同柱温时，随着固定液极性的增加，A_1 值下降。对许多甲基硅氧烷固定液，A_1 值差不多，基本上可通用。

这种规律适于无法找到所需的标准品，但有几种所需标准品的同系物时使用。利用碳数规律，可以在已知同系物中几个组分保留值的情况下，推出同系物中其他组分的保留值，然后与未知物的色谱图进行对比，从而给出定性信息。在利用碳数规律时，应先判断未知物的类型，才能找到适当的同系物。

（二）异构体的定性

1. 利用出峰次序定性

色谱分析实践表明，有些物质在某些固定相上常依一定次序流出。在定性分析时，可借鉴此方面的经验，为初步的定性提供参考。

在一般固定相上，同系物成员按照分子量大小顺序流出；在强极性固定相上，同系物成员按极性从大到小的顺序流出；在中等极性固定相上，则按照沸点顺序流出，而沸点相同的极性和非极性组分，则一般是非极性组分先流出；在非极性固定相上，同沸点物质中常是烃类组分先流出；在氢键型（如多元醇类）固定相上分离可形成氢键的组分时，基本上按形成氢键能力从小到大的顺序流出；在高分子多孔微球固定相上，基本按分子量从小到大的顺序流出，且水一般在有机物之前流出；在分子筛和碳分子筛等固体吸附剂上，O_2 与 N_2 一般在有机物之前流出，且 O_2 在 N_2 前流出等。这些经验可为日常的简单定性分析提供思路。

（1）位置异构体　对于链状化合物的位置异构体，当取代基从键末端向中央位移时，通常保留值越来越小，即流出变早。出现例外的情况是，由于构象关系，甲基取代基 2 位与 3 位的出峰次序反转，例子可见图 7-1 与图 7-2。对于环上的位置异构体，情形较复杂，但也有可利用的信息。如用有机皂土分离芳烃及其取代物的异构体时，芳环上的两个基团相同者，通常是按对位、间位和邻位的顺序流出。

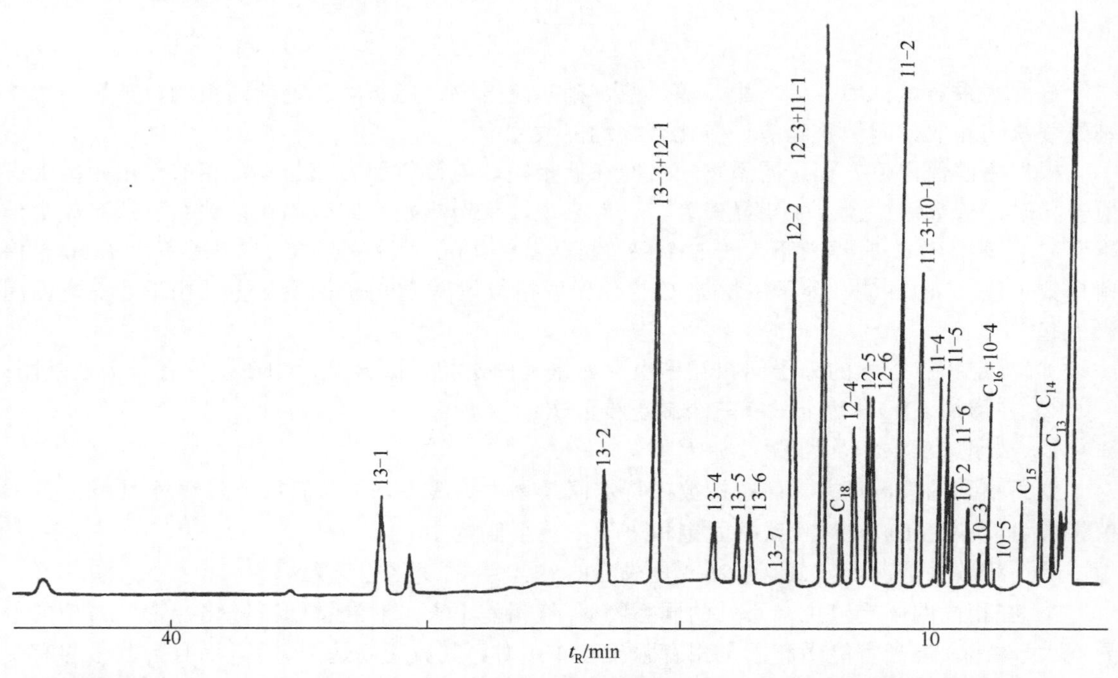

图 7-1　C_{13}~C_{18} 正构烷烃与 C_{10}~C_{13} 正构烯烃羟基化产物（醇）的乙酸酯混合物色谱图[37]

色谱峰：C_{13}—正十三烷；C_{14}—正十四烷；C_{15}—正十五烷；C_{16}—正十六烷；C_{18}—正十八烷；10-1—1-癸烯；10-2—2-癸烯；10-3—3-癸烯；10-4—4-癸烯；10-5—5-癸烯；11-1—1-十一烯；11-2—2-十一烯；11-3—3-十一烯；11-4—4-十一烯；11-5—5-十一烯；11-6—6-十一烯；12-1—1-十二烯；12-2—2-十二烯；12-3—3-十二烯；12-4—4-十二烯；12-5—5-十二烯；12-6—6-十二烯；13-1—1-十三烯；13-2—2-十三烯；13-3—3-十三烯；13-4—4-十三烯；13-5—5-十三烯；13-6—6-十三烯；13-7—7-十三烯

色谱柱：Carbowax 20M，87m×0.25mm

载气：H_2，0.5mL/min

柱温：130℃

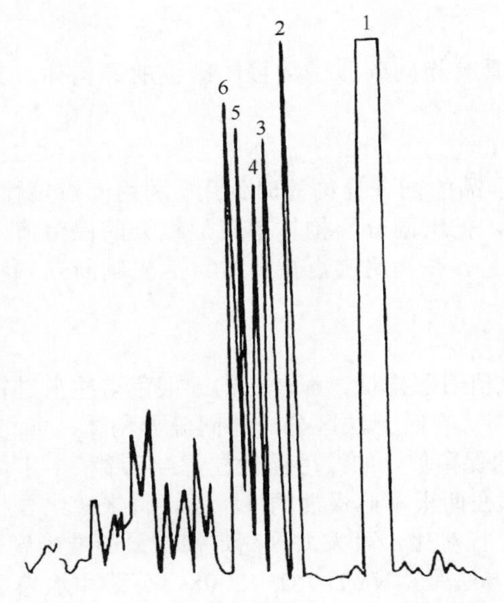

图 7-2　α-十四烯催化裂解产品的色谱图[38]

色谱峰：1—正十四烷；2—3-甲基十三烷；3—2-甲基十三烷；4—4-甲基十三烷；5—5-甲基十三烷；6—6-甲基十三烷+7-甲基十三烷

色谱柱：甲基硅氧烷，5m×0.2mm，0.5μm

柱温：40℃→300℃，5℃/min

载气：H_2，1mL/min

检测器：FID

（2）顺反异构体　对于双键引起的顺、反式异构体，顺式的偶极矩大于反式，又由于两取代基（或碳链）处于双键的不同位置，因此基团与固定相的接触情况不同，故出峰次序受链长和链中其他共存基团的影响。比如在角鲨烷或 Carbowax 20M 上，n-C_{15}～n-C_{18} 双烯双键在 2～4 位的，反式先流出，而 5 位及以后的，顺式先流出。在极性和非极性固定液的色谱柱上，不饱和酯顺、反式异构体出峰规律不同，如表 7-2 所示[39]。至于环状化合物顺、反式异构体，通常是反式先流出，例子可见文献[32]及表 7-3[40]。

表 7-2　顺式（*cis*）和反式（*trans*）单乙烯脂肪酸甲酯异构体的有效碳链长度[39]

Δ①	SP-2340		Supelcowax-10		SPB-1	
	cis	*trans*	*cis*	*trans*	*cis*	*trans*
5	20.47	20.38	20.15	20.25	19.63	19.77
8	20.57	20.40	20.15	20.20	19.60	19.69
11	20.62	20.44	20.21	20.22	19.62	19.70
14	20.78	20.55	20.36	20.33	19.75	19.79
17	20.99	20.65	20.59	20.44	19.95	19.90

① 键相对于羧基的位置。

表 7-3　环烷烃顺、反式异构体在不同固定液上保留指数的差值（I_{cis}–I_{trans}）[40]

化合物 \ 固定液	角鲨烷	SE-30	OV-225	PEG-20M
1,4-二甲基环己烷	20.0	24.5	36.2	37.0
3,6-二甲基环己烯	5.7	11.5	12.9	13.3
1-异丙基-4-甲基环己烷	10.8	10.5	2.2	9. 8
3-异丙基-6-甲基环己烯	1.9	6. 9	8.9	7.5
1-异丙烯基-4-甲基环己烷	15. 1	19.3	27.1	47.2

2. 沸点规律

大量实验证明[3]，在相同的色谱条件下，同族具有相同碳原子数目的碳链的异构体，其调整保留时间的对数和它们的沸点成线性关系，即：

$$\lg V_R' = AT_b + C \tag{7-28}$$

适于无法找到所需的标准品，但有几种所需标准品的同分异构体时使用。利用沸点规律，可以在已知同分异构体中几个组分保留值的情况下，推出同分异构体中其他组分的保留值，然后与未知物的色谱图进行对比，从而给出定性信息。在利用沸点规律时，应先判断未知物的结构，才能找到适当的同分异构体。

（三）采用双柱、多柱定性

无论采用标准样品直接对照定性，还是采用文献值对照定性，都是在同一根色谱柱上进行分析比较进行定性的，定性结果准确性往往不是很高，有时无法区分一些同分异构体，如 1-丁烯和 2-丁烯在阿皮松和聚甲基硅氧烷柱上有相同的保留值，如改用极性柱，1-丁烯和 2-丁烯将有不同的保留值。因而对于复杂样品的分析，可以在两根不同极性的柱子上，将未知化合物的保留值与已知化合物的保留值或文献上的保留值进行对比，可大大提高定性结果的准确度。

目前利用双柱定性较为成功的国家和行业标准方法是“NYT 761—2008 蔬菜和水果中有机磷、有机氯、拟除虫菊酯和氨基甲酸酯类农药多残留的测定”[41]，如图 7-3 所示，标准

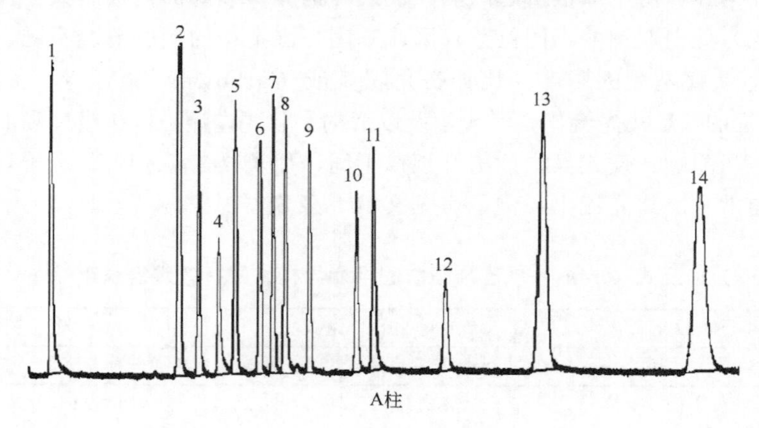

A柱

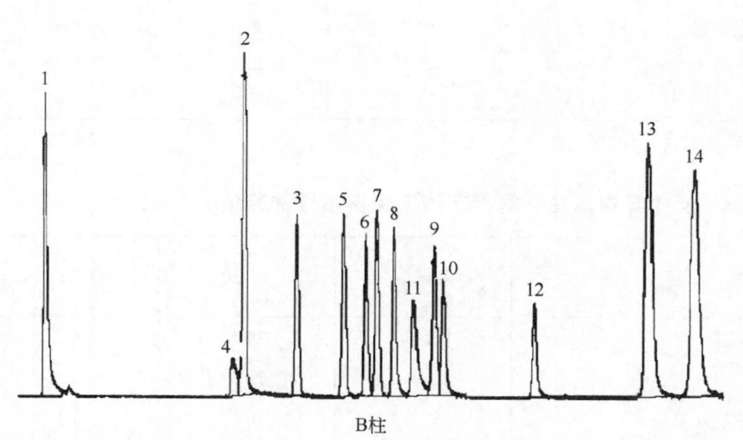

B柱

图 7-3 NYT 761—2008 一些有机磷类农药在双柱上的色谱图[41]

1—甲胺磷；2—治螟磷；3—特丁硫磷；4—久效磷；5—除线磷；6—皮蝇磷；7—甲基嘧啶磷；8—对硫磷；9—异柳磷；10—杀扑磷；11—甲基硫环磷；12—伐灭磷；13—伏杀硫磷；14—益棉磷

中采用“双塔双柱”的方式，即非极性和中等极性毛细管柱作为分离柱，双进样塔同时进样，以两根色谱柱的保留时间作为定性依据，增强了实际样品分析过程中有机磷类农药、有机氯类农药和拟除虫菊酯类农药的定性能力。

第二节　检测器定性法

随着气相色谱检测器的发展，可将气相色谱的高分离性能与对某类组分特别灵敏的检测器、可给出结构信息的质谱检测器、Fourier 红外光谱检测器及可给出元素组成等信息的原子发射光谱检测器等联用，给出样品的定性信息，以解决复杂样品定性分析。

一、联用仪器定性法

由于气相色谱仪对未知化合物的定性和结构识别能力有限，而质谱仪和其他仪器如红外分光仪、核磁共振仪等对化合物的结构阐明特别有效，故人们将气相色谱仪与这些仪器联用，组成 GC-MS、GC-NMR、GC-TEA、GC-AES 等联用仪器。其中应用最多的是 GC-MS 与 GC-FITR，在第三章对其已作介绍，用质谱仪（MS）和傅里叶变换红外光谱仪（FITR）代替了常用的气相色谱检测器，并很好地对色谱峰进行定性。此处不再赘述。

二、选择性检测器定性

选择性检测器只对某类或某几类化合物有信号，因此可用来判定被检测物质是否为这类化合物。例如氢火焰离子化检测器对一些无机气体不产生信号，对含碳的有机化合物有信号；电子捕获检测器只对电负性强的物质有信号，故可据此进行判定。如比较两个或两个以上选择性检测器分析同一样品所得的色谱图，还可以得到更多的定性信息（这两个选择性检测器可以串联或并联使用）。图 7-4 是用组合检测器分析同一样品的结果[42]。

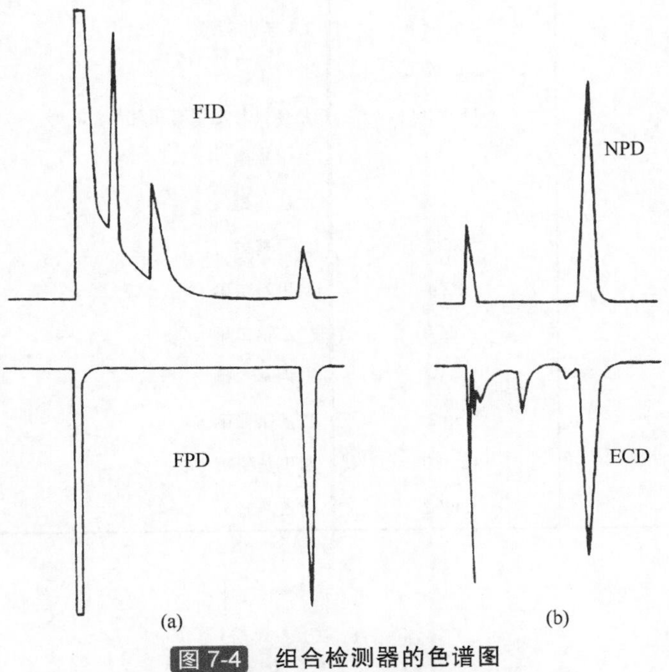

图 7-4　组合检测器的色谱图

（a）使用FID与FPD；（b）使用NPD与ECD

一个好的组合检测器定性体系需要具备以下条件：

① 两个检测器灵敏度的比值须随未知物类型的不同而有较大的不同，对同族所有组分的比值最好相同；

② 两个检测器有较宽的线性范围，因而灵敏度的比值不随样品量大小而变化，仅与未知物的特性有关；

③ 两个检测器都有好的重现性并易于校正，因而测定一种已知物的比值即可计算其他物质的比值。

Oaks 等[43]和 Dawson[44]的研究结果表明，组分在两个或两个以上选择性检测器上所得灵敏度的比值，对于许多类型化合物有特征性。表 7-4 列出了有机硫化合物与多环芳烃等的 ECD/FID 的相对质量灵敏度值。Baker[45]在测定 70 个含氮的药物于 NPD 和 FID 的响应后，曾提出用咖啡因为参比物的响应指数：

$$响应指数 = \frac{药物于NPD的峰高 / 药物于FID的峰高}{咖啡因于NPD的峰高 / 咖啡因于FID的峰高}$$

各类药物的响应指数与其化学结构的关系如图 7-5 所示。

表 7-4 一些物质的 ECD 与 FID 质量灵敏度比值[43,44]

物质	ECD/FID 质量灵敏度比值	物质	ECD/FID 质量灵敏度比值
有机硫化物		䓛	1.5
一硫化物	0.01~0.10	3,4-苯并芘	343.3
硫醇	0.10~0.50	1,2-苯并芘	310.0
饱和二硫化物	0.60~4.0	3,4-苯并荧蒽	180.2
不饱和二硫化物	8.0~20.0	苝	1.5
三硫化物	150~400	非金属与金属有机化合物	
		二甲基硒	0.01
多环芳烃		二乙基硒	0.002
蒽	20.2	二丙基硒	0.001
荧蒽	32.4	二甲基二硒	130.0
芘	124.3	二乙基二硒	135.0
1,2-苯并芴	5.5	二丙基二硒	150.0
3-甲基芘	69.2	乙基氰化硒	320.0
苯并[*mno*]荧蒽	250.0	四甲基铅	100
1,2-苯并蒽	267.2	四乙基铅	100

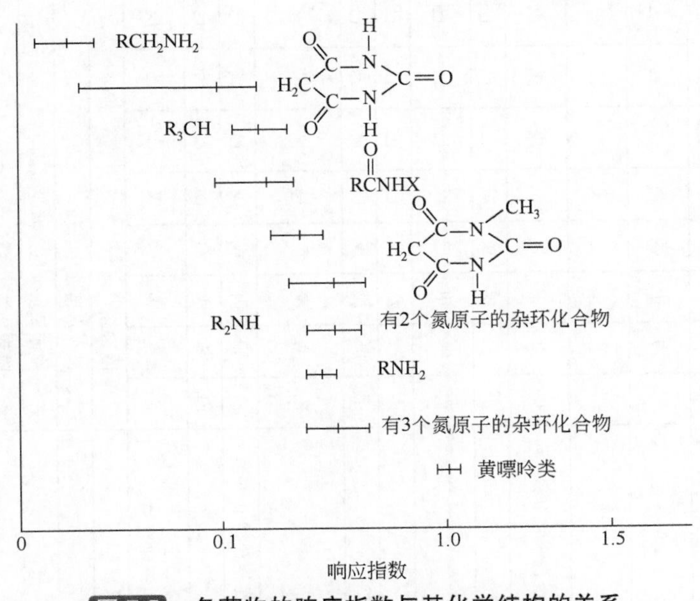

图 7-5 各药物的响应指数与其化学结构的关系

（纵坐标为平均值与标准偏差）

第三节 化学方法定性法

一、化学试剂定性法

（一）消去法

这是用物理或化学的消除剂将样品中某种类化合物消除、减少或转移，从而获悉样品中有无该类官能团化合物的方法。比如将给定的消除剂置于进样的注射器中，或涂在载体上放在消除柱中，样品与消除剂接触后，消除剂迅速与该类化合物发生不可逆吸附或化学反应，使其色谱峰消失、变小或发生位移。比较未通过和通过消除剂的色谱图，可以判定样品中有无该类官能团的存在。

使用注射器时，是将 2~5mL 的玻璃注射器抽入 5~10μL 消除剂使其内壁湿润，然后抽入组分浓度为 10^{-8}～10^{-5}g/mL 的蒸汽，接触 3～5min 后，注入色谱仪进行色谱分析。Hoff 等[46]曾给出一些用于此法的消除剂（见表 7-5），可用于测定不饱和物、羰基化合物，判别醛类化合物与酮类化合物，判别醚、烯烃、芳烃和烷烃；将醇转化成乙酸酯或腈检测。图 7-6 与图 7-7 是他们所得的结果。

使用消除柱时，可根据情况将消除柱放在色谱柱前、检测器之间、色谱柱与检测器之间，如图 7-8 所示。由图 7-8（a）可知将消除柱放在色谱柱前需要两次样才可得到样品通过和不通过消除柱的色谱图。而另外两种方式［图 7-8（b）和图 7-8（c）］只需进一次样，但都只能用于填充色谱柱之后；图 7-8（b）所用的检测器 1 还必须是非破坏性的。此法常用的消除剂列于表 7-6。图 7-9 是一个应用实例，是 Ikeda 等[47]用高氯酸汞作为消除剂，将烷烃、烯烃、环烷烃、芳烃混合物中的烯烃、芳烃除去前后的色谱图，其消除效果十分明显。

表 7-5 用于注射器中的一些消除剂[46]

消除剂	制备方法	用量/μL	注射器体积/mL	接触时间/min	附加处理	各类化合物消除程度①							
						醇	醛	酮	酯	醚	烯烃	芳烃	烷烃
金属钠	将新切的金属钠片贴在柱头上，在湿空气中放置 3min	一片厚约 1mm	10	3	无	甲	甲	甲	甲	戊	戊	戊	戊
硫酸	浓硫酸	5	2	3	无	甲	甲	甲	甲	甲	甲	戊	己
硫酸（7+3）	7mL 浓硫酸和 3mL 水冷至室温	5	2	3	无	甲	丙	甲	丙	丙	戊	己	己
氢气	氢气和 PtO_2 数毫克（放在柱栓头上）		5	3	无	甲	甲	戊	己	戊	乙	乙	己
碘化氢	将 90%~95% H_3PO_4 2mL 温热后，加数克 KI 并搅拌	润湿柱栓头	10	3	反应后用 $NaHCO_3$ 经混合物中和	甲	甲	甲	甲	甲	戊	戊	戊
溴水	新配制的饱和溴水	5	2	5	无	丁	丁	戊	戊	戊	乙	己	己
羟胺	4g $NH_2OH \cdot HCl$ 溶于 50mL 水中	5	2	3	无	丙	甲	甲	己	己	己	己	己
硼氢化钠	1g $NaBH_4$ 溶于 2mL 水中	5	2	3	无	丙	乙	乙	戊	己	己	己	己
高锰酸钾	饱和水溶液	5	2	3	无	丁	甲	戊	戊	戊	丙	己	己
亚硝酸钠	2.5g $NaNO_2$ 溶于 50mL 水中，与等体积新制备的冷却后的 0.5mol/L H_2SO_4 混合	5	2	3	无	乙	戊	戊	戊	己	己	己	己
乙酸酐	2mL 乙酸酐和 2 滴浓硫酸	5	2	3	反应后用 $NaHCO_3$ 经混合物中和	乙	丁	丙	戊	戊	己	戊	己
氢氧化钠	2.5g NaOH 溶于 50mL 水中	5	2	3	无	丙	丙	戊	乙	己	己	己	己
臭氧	含臭氧的氧气		5	3	用 w=10%的 $NaAsO_2$ 或三苯基磷化氢将臭氧化合物还原成羰基化合物	丁	戊	戊	戊	戊	乙	己	戊
盐酸	2.5mL 浓盐酸加入 50mL 水	5	2	3	无	除去胺							
水	蒸馏水	5	2	3	无	减少水溶性化合物							
亚砷酸钠	5g $NaAsO_2$ 溶入 50mL 水	5	2	3	无	除去过量臭气，减少过氧化物							
碳酸氢钠	2.5g $NaHCO_3$ 溶入 50mL 水	5	2	3	无	除去酸性化合物							

① 甲—全消除（消除 90%~100%）；乙—全消除，有新物质产生；丙—消除较多（消除 40%~90%）；丁—消除较多，有新物质产生；戊—稍有消除（消除 10%~40%）；己—不消除（消除 0~10%）。

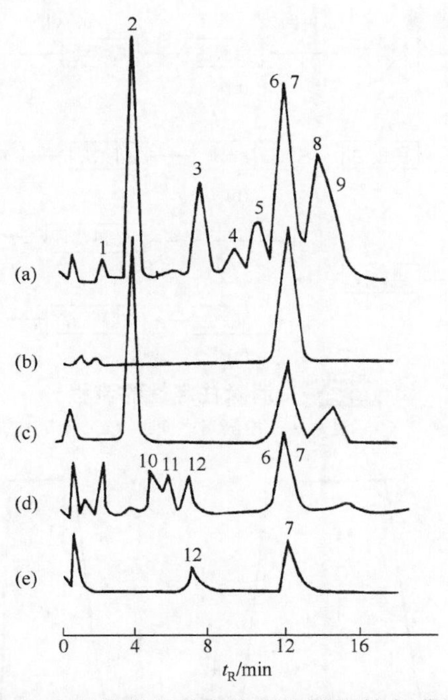

图 7-6　**用注射器进行消去法操作所得的色谱流出曲线**

（a）未消去；（b）用浓硫酸；（c）用金属钠；（d）（c）后，用臭氧（臭氧化合物分解成峰6、10、11与12）；（e）（c）与（d）后，用羟胺

色谱峰：1—乙醛；2—乙基乙烯基醚；3—乙酸甲酯；4—甲醇；5—异丁烯醛；6—正丁醛；7—庚烷；8—2-丁酮；9—3-庚烯；10—丙醛；11—甲醛；12—甲酸乙酯

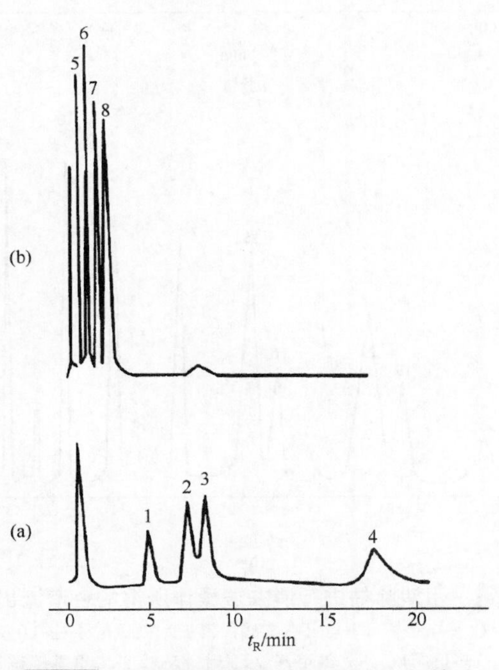

图 7-7　**用注射器在进样前进行组分转换**

（a）醇样；（b）醇样被亚硝酸转换成亚硝酸酯

色谱峰：1—甲醇；2—乙醇；3—异丙醇；4—正丙醇；5～8为相应的亚硝酸酯

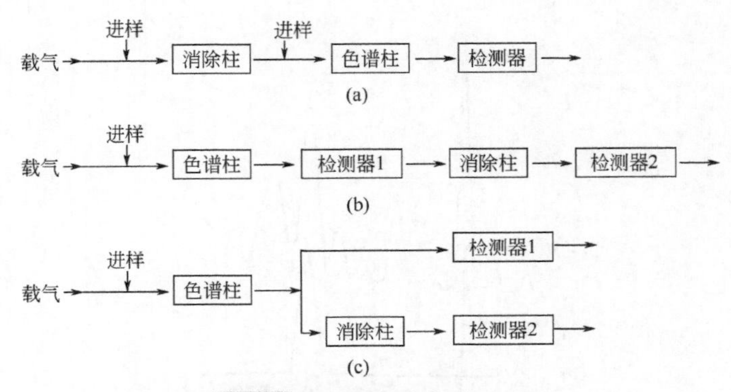

图 7-8 消除柱定性的流程

(a) 消除柱在色谱柱前；(b) 消除柱在检测器之间；(c) 消除柱在色谱柱与检测器之间

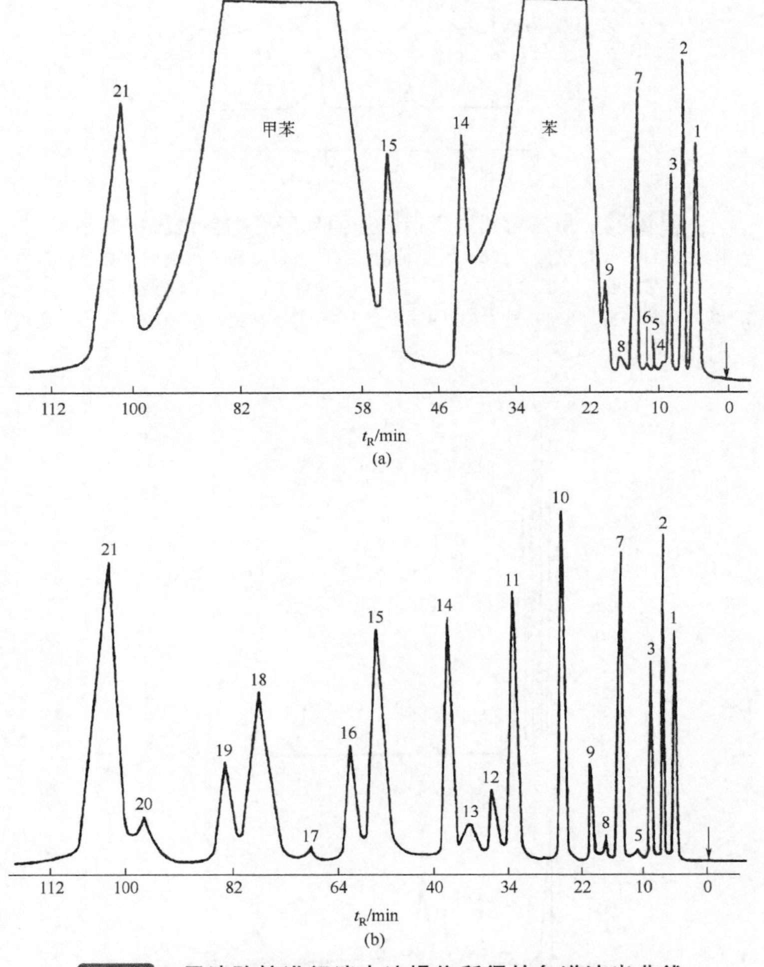

图 7-9 用消除柱进行消去法操作所得的色谱流出曲线

(a) 未消去，25% 角鲨烷柱（4m）；(b) 用高氯酸汞消去，高氯酸汞柱（0.2m）+25%角鲨烷柱（4m）

色谱峰：1—正丁烷；2—异戊烷；3—正戊烷；4—2-甲基-2-丁烯；5—2,2-二甲基丁烷；6—3-甲基-1-戊烯；7—环戊烷；8—3-甲基戊烷；9—正己烷；10—甲基环戊烷；11—环己烷；12—1,1-二甲基环戊烷；13—1,反-3-二甲基环戊烷；14—正庚烷；15—甲基环己烷；16—乙基环戊烷；17—1,反-2,顺-3-三甲基环戊烷；18—2-甲基庚烷；19—3-甲基庚烷；20—1,1-二甲基环己烷；21—正辛烷

表 7-6　用于消除柱的常用消除剂

消除剂	可消除物质	来自何物质	用法	消除剂	可消除物质	来自何物质	用法
5A 分子筛	正构烷烃及其他直键分子	支链分子	直接装入管柱	1mol/L $Hg(ClO_4)_2$+$2HClO_4$=1+1	烯烃、炔烃	烷烃	涂于载体
5A 分子筛	醛类	酮	直接装入管柱	20% $HgSO_4$+20% H_2SO_4	烯烃、炔烃		涂于载体
5A 分子筛	酸	酯	直接装入管柱	浓硫酸	芳烃、烯烃、炔烃		涂于载体
10A 分子筛	芳烃		直接装入管柱	高氯酸汞	烯烃		涂于载体
氧化锌	酸		直接装入管柱或涂于载体上	硝酸	醇①，水杨醛		涂于载体
马来酸酐	二烯烃		涂于硅胶	FFAP	醛		涂于载体
NaOH	酚类		涂于石英	亚硫酸氢钠-乙二醇	醛		涂于载体
NaBr	含羟基、羰基的有机化合物		涂于氧化铝	联苯胺	醛、酮		涂于载体
$AgNO_3$	含羟基、羰基的有机化合物、烯烃、炔烃及芳烃		涂于氧化铝	邻联（二）茴香胺	醛		涂于载体
$CaCl_2$	含羟基、羰基的有机化合物、烯烃、炔烃及芳烃		涂于氧化铝	磷酸	环氧化合物		涂于载体
乙酸汞-硝酸银-乙二醇	烯烃		涂于载体	Versamide 900	烷基、苯基卤代物		涂于载体

① 生成其他物质。

进行消除法时，要注意所用消除剂的种类和操作条件是否有效；不用时应避免吸潮、氧化。

（二）官能团法

此方法是将色谱柱分离后的组分依次分别通入盛有特定试剂的试管中，观察这些特定试剂所发生的颜色变化、沉淀等，从而判定相应的组分具有什么官能团，供作为进一步定性的依据。Walsh 等[48,49]曾对官能团分类试剂做过广泛的研究，他们所用的试剂和用途说明列在表 7-7 中。此方法不足之处是要求试剂反应迅速且灵敏度高，要求样品量较多。

表 7-7　官能团的测定[48,49]

化合物类型	试剂及配制方法	阳性反应的颜色	检测下限（以质量计）/μg	试验的化合物	注
醇	重铬酸钾-硝酸：5 滴 5%重铬酸钾溶液加入 5mL 冷的 7mol/L HNO_3 中，然后加入等体积水	黄色→蓝灰色	20	C_1～C_8	测伯醇和仲醇较灵敏，对叔醇灵敏度低，能测所有脂肪醇
	硝酸高铈：取 90g 硝酸铈铵溶入 225mL 热的 2mol/L HNO_3 中，然后加入等体积水	黄色→琥珀色	100	C_1～C_8	
醛	2,4-二硝基苯肼：2,4-二硝基苯肼与 2mol/L HCl 的饱和溶液（若样品不易溶于水，可加少量乙醇）	黄色→橙色沉淀	20	C_1～C_6	
	Schiff 试剂：100mL 0.1%品红溶液内加入 4mL 亚硫酸氢钠饱和溶液，静置 1h 后，再加入 2mL 浓盐酸，试剂需新鲜配制	无色→粉红或深红	50	C_1～C_6	

续表

化合物类型	试剂及配制方法	阳性反应的颜色	检测下限（以质量计）/μg	试验的化合物	注
酮	2,4-二硝基苯肼：配制方法与测醛相同	黄色或橙色沉淀	20	C_3～C_8 甲基酮	
酯	氧化肟酸铁：向 10 滴 1mol/L 盐酸氰胺-甲醇溶液中，加 3～4 滴 2mol/L 氢氧化钾的醇溶液，至溶液变蓝色为止，样品通过后，加 5～6 滴 10%的浓盐酸，直至溶液澄清无色，加 1～2 滴 10%三氯化铁，颜色变红	红色	40	C_1～C_5 乙酸酯	
硫醇	亚硝基铁氰化钠：10 滴 95%乙醇加 2 滴 5%氰化钾-1%氢氧化钠溶液，待样品通过(2～3)min 后，加 5 滴 1%亚硝基铁氰化钠溶液	红色	50	C_1～C_9	
	靛红：1%靛红硫酸溶液 10 滴	绿色	100	C_1～C_9	
	乙酸铅：饱和乙酸铅乙醇溶液 10 滴	黄色沉淀	100	C_1～C_9	对硫化氧生成黑色沉淀
	硝酸银：2%硝酸银乙醇溶液 10 滴	白色沉淀	100	C_1～C_9	
硫化物	亚硝基铁氰化钠：配制方法与测硫醇相同	红色	50	C_2～C_{12}	
二硫化物	亚硝基铁氰化钠：配制方法与测硫醇相同	红色	50	C_2～C_6	
	靛红：配制方法与测硫醇相同	绿色	100	C_2～C_6	
胺	Hinsberg 试剂：5 滴吡啶，加 1 滴 5%新鲜配制无碳酸盐的氢氧化钠溶液，当样品通过后，加 1～2 滴苯磺酰氯	伯胺：黄色 仲胺：橙色 叔胺：玫瑰红或深紫红色	100	C_1～C_4	
	亚硝基铁氰化钠：10 滴水加 2 滴无醛的丙酮，加 1 滴亚硝基铁氰化钠	伯胺：红色	50	C_1～C_4	
	10mL 水，加 2mL 乙醛，加 2 滴 10%亚硝基铁氰化钠和 2 滴 1mol/L 碳酸氢钠	仲胺：蓝色		二乙基和二戊基	
腈	氧化肟酸铁-丙二醇：向 10 滴 1mol/L 盐酸羟胺的丙二醇溶液加 2 滴 1mol/L 氢氧化钾乙二醇溶液，样品通过后加热至沸腾，冷却，溶液变清并无色，加 1～2 滴 10%三氯化铁	酒红色	40	C_2～C_5	
芳香族化合物	甲醛-硫酸试剂：1mL 浓硫酸，加 1 滴 37%～40%甲醛	酒红色	20	苯-带 C_4 烷基苯	
脂肪族不饱和化合物	甲醛-硫酸试剂：1mL 浓硫酸，加 1 滴 37%～40%甲醛	酒红色	40	C_2～C_8	
烷基卤化物	硝酸银：2%硝酸银乙醇溶液，在室温下若无沉淀生成，则可加热	白色沉淀	20	C_1～C_5	
	硝酸亚汞：5%硝酸亚汞于 7.5mol/L 硝酸	磷：橙色沉淀 氯：白色沉淀 溴：白色或灰沉淀			

二、化学反应定性法

此方法特指从样品经过反应后的组分推算母体组分的定性方法，可利用的反应很多，其中主要有以下几类。

（一）亚甲基插入反应法

方法的原理是，重氮甲烷光解生成的亚甲基可与饱和烃、环烷作用，插入到 C—H 键中生成多一个碳数的烷烃、环烷异构物，根据反应产物的沸点和数量，推断母体烃为何种物质[50]。反应式如下：

$$N\equiv C-H + :CH_2 \longrightarrow [N\equiv C-CH_2-H] \longrightarrow N\equiv C-CH_3$$

此插入反应对于各类型的 C—H 键均可插入，形成的异构物只与母体烃 C—H 键数目和位置有关。

例如以 2,2,5-三甲基己烷为母体的亚甲基插入反应，其反应产物的结构、组成、理论值与测量值见表 7-8。

表 7-8　母体烃与亚甲基反应产物

母体	反应产物	沸点/℃	预计插入		理论值（质量分数）/%	测定值（质量分数）/%
			类型	总数		
	C—C(C)(C)—C—C—C(C)(C)—C	136.2	叔	1	5	5.5
	C—C(C)(C)—C—C(C)—C(C)—C	145.0	仲	2	10	8.8
C—C(C)(C)—C—C—C(C)—C	C—C(C)(C)—C(C)—C—C(C)—C	149	仲	2	10	9.0
	C—C(C)(C)—C—C—C(C)—C—C	148.0	伯	6	30	31.4
	C—C—C(C)(C)—C—C—C(C)—C	152.8	伯	9	45	45.3

实验操作可按以下步骤进行：将一支 5mL 的试管置于冰水中冷却，加入 0.2mL 饱和的亚硝酸钠溶液和 0.2mL 1mol/L 硫酸，混合均匀，然后加 50mg 甲基尿素使生成亚硝酸基脲备用；取另一支试管，加 1～2mL 欲反应的母体烃及 1mL 40%氢氧化钾溶液，置冰水中冷却后，倒入前一试管中混合均匀，生成上面黄色、下面白色的双层溶液，在日光下照射并在冰水中经常摇动，直至重氮甲烷的黄色消失为止。用 0.25mL 注射器取出上层油层的亚甲基插入反应物做色谱分析，必要时用数粒氢氧化钾除水。

重氮甲烷光解的亚甲基与烯烃作用时，既可插入到 C—H 键生成多一个碳的烯烃，还可插入双键生成 1,2-双亚环丙基。由于后者反应速率快，生成的 1,2-双亚环丙基量多些，有时会影响 C—H 键内插产物的定性和定量，故多将烯烃加氢生成饱和烃后，再按上述操作用亚甲基插入法定性。

芳烃的亚甲基插入反应可生成环庚三烯，但实际工作中较少用于色谱定性。

用此方法定性时，以母体烃参加反应的量较多为好，如母体烃与重氮甲烷的比例为(25～50)：1，可避免发生二次的亚甲基反应。

（二）氢化反应法

这是用载气氢气将组分通过催化剂，进行氢化反应，然后将反应产品通过色谱柱，进行色谱分析。

如今用得最多的是碳结构分析法[51]。此方法是将含有氧、氮、硫、卤素的官能团用氢原子取代，将不饱和基团加氢，除芳烃成为六碳环烷外，其余均转化成相应的饱和烃被定性。此方法已用于脂肪族烃、芳烃、醇、醛、酮、酸、酯、酸酐、醚、环氧衍生物、胺、酰胺、甾醇类的定性，化合物的碳数可高至30。用此方法时要注意消除催化剂吸附作用造成的“记忆”效应。

催化剂的制备用浸渍法。将氯化钯溶于 5%乙醇溶液（必要时加适量的碳酸钠以中和活化时产生的氯化氢，以免 C_9 以上碳键断裂），然后加入 60～80 目吸附性能小的色谱载体并在 110℃烘干。催化剂的钯含量为 $w \approx 1\%$。使用前用氢气在 125℃与 200℃各活化 30min，并在操作温度下保持 20min。

各类化合物的碳结构分析产物如表 7-9 所示。从表中可知有些反应后仅产生母体烃，有些较多地产生少一个碳原子的烃，还有少数发生热解。图 7-10 是用碳结构分析判定母体庚酮是哪一个异构体的例子[52]；从羰基断裂情况和相应的色谱图可知羰基在母体中的位置。

表 7-9　母体烃及反应结果

催化剂 1% Pd；反应温度 300℃；氢气流速 20mL/min

生成母体烃的化合物	反应结果	生成母体烃或少一碳原子的同系物	反应结果
链烷烃	无	醛	$RCHO \longrightarrow RH, RCH$①
不饱和化合物	重键的饱和	酸	$RCOOH \longrightarrow RH, RCH_2$①
卤化物	C—X 键断裂	酸酐	$(RCO)_2O \longrightarrow RH, RCH_3$①
醇（仲、叔）	C—O 键断裂	伯醇	$RCH_2OH \longrightarrow RH, RCH_3$①
酯（仲、叔醇基）	C—O 键断裂	酯（C—O 在第一碳原子上）	$R'COOCH_2R \longrightarrow RH, RCH_3, R'H, R'CH_3$①
醚（仲、叔）	C—O 键断裂	醚（伯）	$RCH_2OCH_2R \longrightarrow RH, RCH_3$
酮	C═O 键断裂	酰胺 （NH 在第一碳原子上）	$R'CONHCH_2R \longrightarrow RH, RCH_3, R'H, R'CH_3$①
胺（仲、叔）	C—N 键断裂		
酰胺（NH 在第二、三碳原子上）	C—N 键断裂		

① 反应结果中不产生或仅产生很少量此母体烃。

三、热裂解法定性

许多大分子有机化合物在 300～600℃会发生热裂解反应。若将热裂解后易挥发的小分子物质（碎法）引入色谱仪，就会得到指纹热裂解谱图。由于在一定的热解条件下，化合物与其热解产物的组成和相对含量有对应关系，故其指纹热裂解图各具有其特征，因而可作为定性的依据。例如 3-甲基-2-戊烯和 2-乙基丁烯在 600℃进行热解后，用 DC-200 柱在 120℃将热裂解产物进行色谱分析，得到的指纹热裂解谱图如图 7-11 所示，从指纹热裂解谱图可以很容易地区别这两个已烯异构体。又如不同官能团芳香族化合物热解后，所生成的气体产物如表 7-10 所示，根据热裂解后的产物可对芳香族化合物进行判定，现在热裂解色谱已广泛用于鉴别不同来源和结构的聚合物、类固醇、植物碱、生物样品等物质。

C—C(=O)—C—C—C—C—C → $C_1+C_5+C_7$

C—C—C(=O)—C—C—C—C → $C_2+C_4+C_7$

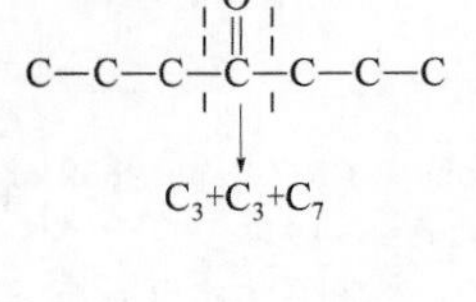

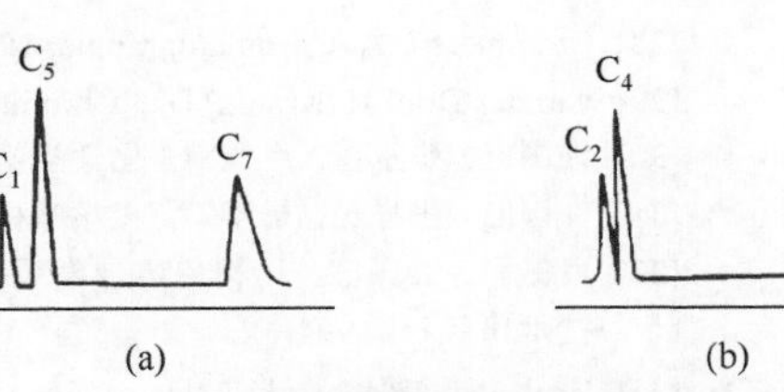

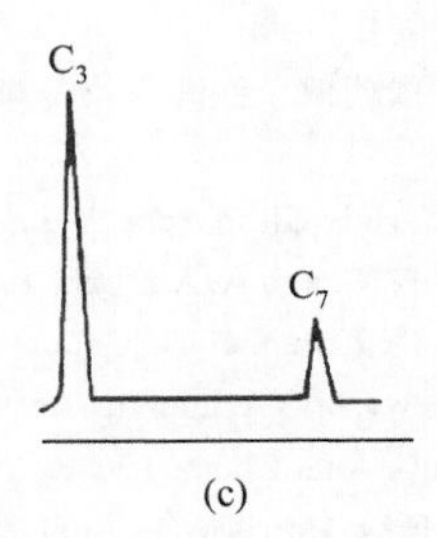

图 7-10　庚醇碳结构分析产物的色谱图

（a）2-庚醇色谱图；（b）3-庚醇色谱图；（c）4-庚醇色谱图

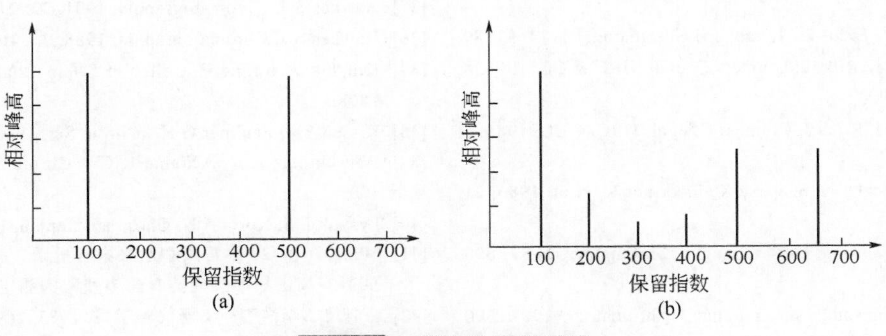

图 7-11　指纹热裂解谱图

（a）3-甲基-2-戊烯；（b）2-乙基-1-丁烯

表 7-10　不同官能团芳香族化合物及其热解的气体产物

官能团	热解的气体				官能团	热解的气体			
	H_2	CO	CH_4	CO_2		H_2	CO	CH_4	CO_2
—COOH	+	−	−①	+	$—COOC_2H_5$	+	+	+	±
—OH	+	+	+	−②	—Cl	+	−	+	−
$—NO_2$	+	+	−	−	$—NH_2$	+	−	−	−
$—CH_3$	+	−	+③	−	$—SO_3H$	+	−	−	−
$—COOCH_3$	+	+	+	±					

① 羧酸中的邻位者例外。

② 2,6-二硝基苯酚亦产生 CO_2。

③ 在邻位有甲基和含氧的基团时就不会出现甲烷。

注：表中“+”号表示产生，“−”号表示不产生。

另外，气相色谱的定性还要充分考虑样品的来源、可根据样品的来源、反应工艺特点帮助定性，这是易得到也是一般色谱人员最易忽略的信息。

气相色谱的定性是色谱研究中最难的环节之一，上述几种定性方法可能偏重于某些领域，各自都有些优缺点，在实际工作中，可将几种方法综合使用，再结合其他信息，给出合理的定性结果。

参 考 文 献

[1] Zweig G, Sherma J. CRC Hand Book of Chromatography vl. Ohio: CRC Press，1972.
[2] 顾惠祥, 阎宝石. 气相色谱实用手册. 第二版. 北京: 化学工业出版社, 1990.
[3] 卢佩章, 戴朝政. 色谱理论基础. 北京: 科学出版社, 1989.
[4] Kovasts E. Helv Chim Acta, 1958, 41: 1915.
[5] Sprouse J F, Varano A. Am Lab, 1984, (9): 54.
[6] Giddings J C//Brenner N, Callen J E, ed. Gas Chromatography. New York: Academic Press, 1962: 57.
[7] Guiochon G. Anal Chem, 1964, 36: 661.
[8] Habgood H W, Harris W E. Anal Chem, 1964, 36: 663.
[9] Golovnya R V, Urdetz V P. J Chromatogr，1966, 36: 276.
[10] Erdey L，Takacs J，Szalanczy E. J Chromatogr，1970, 46: 29.
[11] Majlat P，Erdos Z，Takacs J. J Chromatogr，1974, 91: 89.
[12] Curvers J，Rijks J, Cramers C, et al. HRC & CC, 1985, 8: 607.
[13] Curvers J, Rijks J, Cramers C, et al. HRC & CC, 1985, 8: 611.
[14] Podmaniczky L, Szepesy K, Lakszner K, et al. 1986, 21: 91.
[15] Wang Tiansong, Sun Yiliang. J Chromatogr, 1987, 390: 261.
[16] Wang Tiansong, Sun Yiliang. J Chromatogr, 1987, 390: 269.
[17] Krupcik J, Cellar P, Repka D, et al. J Chromatogr, 1986, 351:111.
[18] Krupcik J, Repka D, Hevesi T, et al. J Chromatogr, 1987, 406: 17.
[19] Krupcik J, Repka D, Benicka E, et al. J Chromatogr, 1988, 448: 203.
[20] 陈邦杰, 郭西见, 彭少逸. 色谱, 1987, 5: 335.
[21] Chen Bangjie, Guo Yijian, Peng Shaoyi. Chromatographia, 1988, 25: 539.
[22] Akporhonor E E, Le Vent S, Taylor D R. J Chromatogr, 1987, 405: 67.
[23] Akporhonor E E, Le Vent S, Taylor D R. J Chromatogr, 1987, 463: 271.
[24] Akporhonor E E, Le Vent S, Taylor D R. J Chromatogr, 1990, 504: 269.
[25] Said A S. HRC&CC, 1988, 11: 678.
[26] Feruandenz-Sanchez N, Garcia-Dominguez J A, Menendez V, et al. J Chromatogr, 1990, 498: 1.
[27] Guan Y, Kiraly J, Rijks J A. J Chromatogr, 1989, 427: 129.
[28] Crammers C A. Chromatographia, 1981, 14: 439.
[29] van der Dool H, Kratz P D. J Chromatogr, 1963, 11: 463.
[30] 许国旺, 张玉奎, 卢佩章. 化学学报, 1994, 52: 902.
[31] 许国旺, 张祥民, 杨黎等. 化学学报, 1994, 52: 910.
[32] 卢佩章, 许国旺. 气相色谱专家系统. 济南: 山东科学技术出版社, 1994.
[33] Grob R L. Modern Practice of Gas Chromatography. 2nd ed. New York: John Wiley &Sons 1985: 51.
[34] Hawkes S J. Chromatographia, 1989, 28: 237.
[35] Hawkes S J. Chromatographia, 1991, 32: 211.
[36] Hawkes S J. Chromatographia, 1988, 25; 1087.
[37] Krupcik J, Repka P. Coll Cze Chem Comm, 1985, 50: 1808.
[38] Kissen Y V, Feulmer G P. J Chrom Sci, 1986, 24: 53.
[39] Wijesundera R C, Ackamn R G. J Chrom Sci, 1989, 27: 400.
[40] Lysyuk L S, Korol A N. Chromatographia, 1977, 10: 712.
[41] NY/T 761—2008 蔬菜和水果中有机磷、有机氯、拟除虫菊酯和氨基甲酸酯类农药多残留的测定.
[42] 卢佩章, 李浩春. 仪器仪表学报, 1983, 4(3): 237.
[43] Oaks D M, Hartmann H, Dimick K P. Anal Chem, 1964, 36: 2188.
[44] Dawson J H. Anal Chem, 1964, 36: 1852.
[45] Baker J k. Anal Chem, 1977, 49: 906.
[46] Hoff J E, Feit E D. Anal Chem, 1964, 36: 1002.
[47] Ikeda R M, Simmons D E, Grossman J D. Anal Chem, 1964, 36: 2188.
[48] Walsh J T, Merritt C Jr. Anal Chem, 1960, 32: 1378.
[49] Ettre L S, Mc Fadden. Ancillary Techniques of Gas Chromatography. New York: Wiley-Intersci, 1960:125.
[50] Dvoretzky I, Richardson D B, Durrett L R. Anal Chem, 1963, 35: 545.
[51] Beroza M, Coad R//L S Ettre, Zlathis A, ed. The practice of Gas Chromatography. New York: Intersci, 1967: 166.
[52] Beroza M, Sarmiento R. Anal Chem, 1963, 35: 1353.

第八章　气相色谱定量分析

第一节　气相色谱定量分析的基础

气相色谱定量分析是要利用气相色谱对混合样品中各种组分的量进行测定，定量分析的基础是检测器的响应信号（色谱峰面积或峰高）与待测组分的量（质量或浓度）成正比。为了取得准确的定量结果，首先要保证待测组分获得很好的分离效果，此外还需要解决以下几个问题：

（1）色谱检测器响应值与组分含量之间关系的确定；

（2）色谱峰面积（或峰高）的准确测量；

（3）定量分析方法的选择。

一、定量校正因子的测定

1．校正因子的定义和分类

（1）绝对校正因子　色谱定量分析是基于进入检测器的各组分的量（Q）与检测器的响应信号（色谱峰面积 A 或峰高 h）的正比关系，但由于不同物质的物理化学性质、采用的检测器类型、仪器操作条件等存在差异，导致同一检测器对于等量的不同物质或者同一物质在不同检测器上有不同的响应值，在计算组分含量时，需要对检测器产生的信号加以校正，校正后的响应值可以定量地代表待测组分的量，可用下式表示：

$$Q = f'A \tag{8-1}$$

f' 称为该组分的绝对校正因子，表示单位响应值所代表的待测物质的量。组分量 Q 可用质量、物质的量或体积表示，相应有质量校正因子 f'_m、摩尔校正因子 f'_M 和体积校正因子 f'_V 之分。

根据公式（8-1），称取一定量的组分进行气相色谱分析，准确测量峰面积或峰高，即可得到该组分的绝对校正因子。由于检测器的响应不仅与待测组分的性质和量有关，而且还与检测器本身的灵敏度和特性有关，即使同一类型，不同检测器之间也存在差异，导致等量的相同组分在不同检测器上响应值并不相同，因而计算得到的绝对校正因子有所差别。此外，检测器的灵敏度随着操作条件和使用时间而出现变化，组分的绝对校正因子随之发生改变，这些因素极大地限制了绝对校正因子在定量中的使用。

（2）相对校正因子　由于绝对校正因子和检测器灵敏度等因素有关，不易准确测得，因此在定量分析中引入了相对校正因子（f）的概念，即人为规定一个组分为基准物质（s），测定其他组分（i）与该物质的绝对校正因子的比值，通常简称为校正因子。不同类型检测器通常选用不同的基准物质，氢火焰离子化检测器多用正庚烷作为基准物，热导检测器多用苯作为基准物。相对校正因子的数值可以通过查文献或手册获得。

根据组分量的表示方法不同，相对校正因子可分为：

① 相对质量校正因子 f_m　当组分量用质量表示时获得的相对校正因子称为相对质量校

正因子 f_m。

$$f_{m(i)} = \frac{f'_{m(i)}}{f'_{m(\mathrm{s})}} = \frac{m_i A_\mathrm{s}}{m_\mathrm{s} A_i} \tag{8-2}$$

式中，下标 i 与 s 分别表示组分与基准物；m 为质量；A 为峰面积。

② 相对摩尔校正因子 f_M　当组分量用物质的量表示时获得的相对校正因子称为相对摩尔校正因子 f_M。

$$f_{M(i)} = \frac{f'_{M(i)}}{f'_{M(\mathrm{s})}} = \frac{m_i A_\mathrm{s} M_\mathrm{s}}{m_\mathrm{s} A_i M_i} = f_{m(i)} \times \frac{M_\mathrm{s}}{M_i} \tag{8-3}$$

式中，M 为分子量，其余同上。

③ 相对体积校正因子 f_V　当组分量用体积表示时获得的相对校正因子称为相对体积校正因子 f_V。

因为任何气体在标准状态下的摩尔体积均可近似为 22.4L，所以由公式（8-2）可推出：

$$f_{V(i)} = \frac{f'_{V(i)}}{f'_{V(\mathrm{s})}} = \frac{22.4 m_i A_\mathrm{s} M_\mathrm{s}}{22.4 m_\mathrm{s} A_i M_i} = f_{M(i)} \tag{8-4}$$

式（8-2）～式（8-4）中，所用的都是色谱峰面积，也可以改用峰高，相应分别称为相对面积校正因子与相对峰高校正因子，公式不变，峰高校正因子受操作条件影响较大，一般不能直接引用文献值。

如果要将物质 i 相对于基准物质 1 的校正因子，换成相对于基准物质 2 的校正因子，必须进行换算：

$$f_{m(i,2)} = f_{m(1,2)} f_{m(i,1)} \tag{8-5}$$

$$f_{M(i,2)} = f_{M(1,2)} f_{M(i,1)} \tag{8-6}$$

$$f_{V(i,2)} = f_{V(1,2)} f_{V(i,1)} \tag{8-7}$$

式中，$f_{(i,1)}$为物质 i 相对于物质 1 的校正因子；$f_{(1,2)}$为物质 1 相对于物质 2 的校正因子；$f_{(i,2)}$为物质 i 相对于物质 2 的校正因子。

（3）响应值与校正因子　响应值即单位组分通过检测器时产生的信号强度，可用于表示检测器的灵敏度。

绝对响应值（S'）定义为单位组分 Q 进入检测器产生的信号强度值 A，也称为绝对灵敏度，绝对响应值与绝对校正因子成倒数关系，可表示为：

$$S' = \frac{A}{Q} = \frac{1}{f'} \tag{8-8}$$

相对响应值（S），定义为一种物质与相同量的基准物质的绝对响应值之比。从式（8-8）可推出相对响应值 S 为该物质在同一定义下相对校正因子的倒数，即：

$$S_M = \frac{1}{f_M}$$

$$S_m = \frac{1}{f_m} \tag{8-9}$$

$$S_V = \frac{1}{f_V}$$

相对摩尔响应值（RMR）是1957年由Rosie等人提出的概念，RMR_ϕ是以苯为参比物质，并将单位摩尔苯所代表的峰面积值规定为100，当参比物为其他物质时记为RMR，由定义可得：

$$RMR_{(i\phi)} = \frac{A_i / n_i}{A_\phi / n_\phi} \times 100 = \frac{A_i / m_i}{A_\phi / m_\phi} \times \frac{M_i}{M_\phi} \times 100 = RWR_{(i\phi)} \frac{M_i}{M_\phi} \times 100 \quad (8\text{-}10)$$

式中，A_ϕ、n_ϕ、m_ϕ、M_ϕ分别为苯的峰面积、物质的量、质量和分子量；A_i、n_i、m_i、M_i分别为i物质的峰面积、物质的量、质量和分子量；$RMR_{(i\phi)}$为物质i对苯的相对摩尔响应值（苯=100）；$RWR_{(i\phi)}$为物质i对苯的相对质量响应值（苯=1）。

相对校正因子、相对响应值、相对摩尔响应值之间的转化关系可表示为：

$$f_{M(is)} = 1/S_{M(is)} = 1/RMR_{(is)} \times 100 \quad (8\text{-}11)$$

$$f_{m(is)} = 1/S_{m(is)} = 1/RWR_{(is)} = \frac{M_i}{RMR_{(is)} M_s} \times 100 \quad (8\text{-}12)$$

式中，M_s为参比物s的分子量，其他同前。

2. 校正因子的实验测定方法

相对校正因子与待测组分及基准物质的性质、检测器类型、载气等相关，有时甚至受到物质浓度、仪器结构和操作条件的影响，为了在色谱定量分析时得到准确的结果，相对校正因子最好由实验人员在实际使用的色谱系统上进行测定，只在要求不高或无纯物质进行标定时，才可以使用文献发表的相对校正因子数据。

取色谱纯或已知准确含量的待测组分和基准物，准确称量，配成已知准确浓度的混合溶液（待测组分浓度要与该组分在样品中的浓度相当），在最佳色谱条件下（基准物和待测组分能完全分离），取准确体积的样品进样分析，准确测量待测组分和基准物的色谱峰面积，根据式（8-2）～式（8-4）就可以计算得到待测组分的相对质量校正因子、摩尔校正因子和体积校正因子。

3. 相对校正因子的估算方法

测定相对校正因子时，要求待测组分和基准物质为色谱纯（或准确知道其浓度），在没有纯物质可供测定时，也可通过查询文献获取校正因子数据，或者利用一些方法进行估算。

（1）热导检测器相对校正因子的估算　热导检测器（TCD）相对校正因子的通用性较好，与TCD的类型、结构（直通、扩散、半扩散）以及操作条件（桥流、检测器温度、载气流速、样品浓度）等无关，仅与载气的类别有关，用氢气与氦气作为载气时相对校正因子数值基本上可以通用，误差不超过3%[1]；用氮气作为载气时，就不能通用了，必须进行校正。可以从很多的文献、专著中查到TCD的相对校正因子[1~3]。

文献中TCD的相对校正因子多用氦气作为载气，国内用氢气作为载气，氦气载气的RMR可以用式（8-13）换算至氢气作为载气的RMR。

$$RMR(H_2) = 0.86RMR(He) + 14 \quad (8\text{-}13)$$

在查不到TCD的f值和RMR值时，可以用以下规律之一进行校正因子的估算。

① 分子量规律　在TCD中同系物的相对摩尔响应值与其分子量间成线性关系[4]，见图8-1，即有如下的关系：

$$RMR_i = FM_i + G \quad (8\text{-}14)$$

式中，F、G为同系物的特征常数；M_i为物质i的分子量。

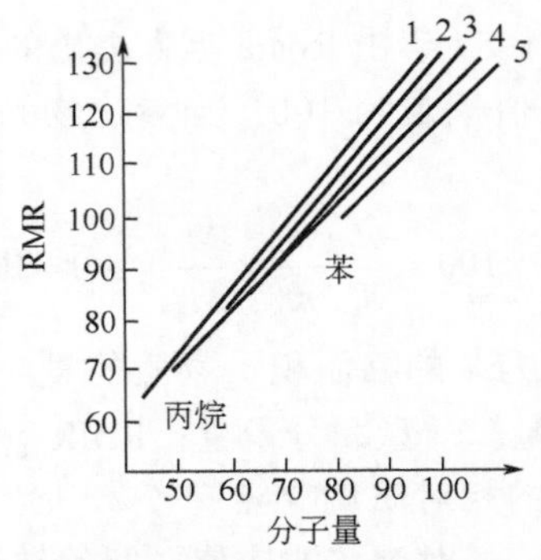

图 8-1 热导检测器上相对摩尔响应值 RMR 与其分子量之间的关系

1—直链烃；2—甲基取代烃；3—二甲基取代烃；4—三甲基取代烃；5—甲基苯

表 8-1 列出用氦作为载气，以苯作为基准物时，一些同系物的 F、G 常数，除了同系物中第一、二成员与直线有较大偏差外，其他成员的相对摩尔响应值与其分子量基本成线性，根据这一规律，可由同系物中任意两个成员的 RMR 值推算出其他成员的 RMR 值。

同样，同系物组分的 RMR 值与组分的碳数之间也存在与公式（8-14）相似的关系[5]。

表 8-1 各类化合物的 F、G 常数

类别	碳数	截距 G	斜率 F	类别	碳数	截距 G	斜率 F
直链烃	C_1～C_3	20.6	1.04	伯醇	C_2～C_7	34.9	0.808
直链烃	C_3～C_{10}	6.7	1.35	仲醇	C_3～C_5	33.6	0.857
甲基取代烃	C_4～C_7	10.8	1.25	叔醇	C_4～C_5	34.8	0.808
二甲基取代烃	C_5～C_7	13.0	1.20	直链乙酸酯	C_2～C_7	37.1	0.841
α-烯烃	C_2～C_4	13.0	1.20	直链醚	C_4～C_{10}	43.3	0.886
甲基苯	C_7～C_9	9.7	1.16	直链酮	C_3～C_8	35.9	0.861

② 碳数规律 TCD 中同系物的相对质量响应值 S_m 对分子中的碳原子数作图，可以得到图 8-2 所示的关系曲线。

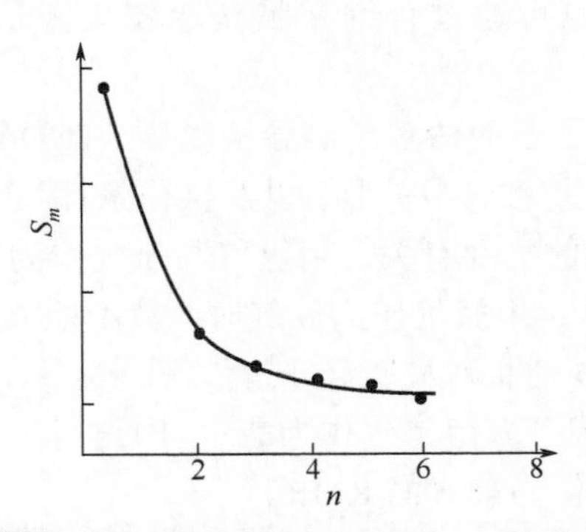

图 8-2 正构烷烃碳数（n）与 S_m 值关系图

曲线在较高碳数时近水平线，即 S_m 趋向一常数，分析那些分子量相差不大或分子量较大的同系物样品时，可直接用它们各自的面积进行定量计算。分析碳数范围较宽的样品时，较低碳数同系物（C_1～C_3）的 S_m 与较高碳数同系物的 S_m 相差较大，在定量计算时，必须采用相对质量校正因子进行校正。

③ 基团截面积法　Littlewood[6]等指出，一般情况下，醇、醛、酮、醚、酯及卤素等极性化合物在 TCD 中的 RMR 值等于构成该化合物各基团的 RMR 值之和，计算时可将化合物分子中各结构基团的 RMR 进行相加，表 8-2 中给出了部分基团的 RMR 值。

表 8-2　一些结构基团的 RMR 值（以苯为 100）

基团	RMR 值	基团	RMR 值	基团	RMR 值	基团	RMR 值
$—CH_3$	12	—H	1	—C—OH	60	F（端基）	57
$—CH_2—$	11	—O—	62	—CH—OH	62	Cl（端基）	67
—CH—	10	—C=O	64	$—CH_2—OH$	61	Br（端基）	74
—C—	9	—O—C=O	77	$—C_6H_5$	99	I（端基）	83

例：乙酸乙酯的 f_M 值的计算。

由分子式 $CH_3—COO—CH_2—CH_3$ 可知，它有 2 个$—CH_3$、1 个$—CH_2$ 和 1 个—COO 基团，查表计算得

$$\frac{100}{f_M} = \text{RMR} = 2\times12+1\times11+1\times77=112$$

$$f_M=0.8929$$

实验值 RMR 为 111；文献值 f_M 为 0.90。用此法进行计算时，f_M 值与文献值一般吻合良好，误差约为±3%。

④ 分子直径法　Barry 等[7~9]根据分子碰撞理论提出氢气、氮气作为载气时，化合物在 TCD 中的 RMR 的计算公式为：

$$\text{RMR}_\phi = \frac{100}{f_M} = \left(\frac{\sigma_i+\sigma_c}{\sigma_\phi+\sigma_c}\right)^2\left(\frac{M_i-M_c}{M_\phi-M_c}\right)^{1/4}\times100 \tag{8-15}$$

下标 i、c、ϕ分别表示组分、载气和苯；σ为分子碰撞直径（量纲 10^{-8}m）。

$$\sigma = 2.3647\left(\frac{T_c}{p_c}\right)^{1/3} \tag{8-16}$$

或

$$\sigma = 0.561V_c^{5/12} \tag{8-17}$$

式中，T_c、p_c、V_c 分别代表临界温度、临界压力和临界体积。可以分别从物化手册中查得。表 8-3 中给出了一些物质的碰撞直径。

表 8-3　一些物质的碰撞直径

化合物	按式（8-16）计算的σ	按式（8-17）计算的σ	化合物	按式（8-16）计算的σ	按式（8-17）计算的σ
正戊烷	5.71	5.85	苯	5.34	5.45
正己烷	6.07	6.25	甲苯	5.73	5.89
正庚烷	6.41	6.66	丙酮	5.23	5.40
正辛烷	6.73	7.03	氦	3.14	3.11
正壬烷	7.04	7.39	氢	3.25	3.22

例：用氦气作为载气计算己烷的 RMR 值。

由手册查得数据按式（8-16）和式（8-17）计算的碰撞直径分别为：正己烷 6.07、6.25，苯 5.34、5.45，氦 3.14、3.11。而其分子量分别为 86.18、78.11 和 4.00，两种方式计算的碰撞直径分别代入公式（8-15）计算，结果为 RMR_ϕ=121.00、122.67，而实验值为 123，与二式的计算值比较，误差＜2%。

上面几种计算均是可行的、实用的方法，但各有优缺点：在能查到 F、G 值的情况下，同系物线性规律最简单、易行；基团截面积法在有基团 RMR 值的前提下，必须将化合物分子正确地分解成不同的基团，否则计算有误；由于各种化合物的临界温度、临界压力和临界体积很容易从物化手册中查出，故分子直径法应用最广。

（2）氢火焰离子化检测器相对校正因子的计算　氢火焰检测器（FID）的响应值不仅与色谱分离条件有关，而且与检测器的电离效应和捕集效应有关，因此相对响应值及相对校正因子与 FID 的结构（收集极、喷口、极化极的形状、大小、位置）、操作压力以及载气和燃气的流速有关，故其相对响应值及相对校正因子的通用性不是很好，引用文献值时一定要注意。在没有文献值可引用，又不能自己测定时，可以应用以下几种规律进行估算。

① 碳数规律　在 FID 中，同系物的相对摩尔响应值与其分子中碳原子数成线性关系，即：

$$RMR_\phi = G_3 + F_3 n_i \tag{8-18}$$

式中，G_3、F_3 为同系物的特征常数；n_i 为组分 i 的碳原子数。

一些同系物的 G_3 和 F_3 值见表 8-4。

表 8-4　不同类型同系物的 G_3 和 F_3 值

类型	碳数范围	截距 G_3	斜率 F_3
直链烷烃	$C_1 \sim C_{10}$	0	14.3
直链烯烃	$C_2 \sim C_{10}$	0	14.0
环烷烃	$C_3 \sim C_9$	0	14.0
支链烷烃	$C_5 \sim C_{10}$	12.7	12.7
直链烷烃	$C_6 \sim C_{12}$	18.4	11.45
甲基取代芳烃	$C_7 \sim C_{12}$	26.8	10.3
伯醇	$C_1 \sim C_{10}$	−6.07	13.8
仲醇	$C_3 \sim C_6$	−10.2	14.0
叔醇	$C_4 \sim C_6$	−0.96	13.7
多元醇	$C_2 \sim C_6$	5.95	4.95
醛类	$C_1 \sim C_{10}$	−9.4	13.4
直链酮类	$C_3 \sim C_9$	−13.9	14.3
支链酮类	$C_5 \sim C_9$	6.42	10.7
脂肪酸	$C_1 \sim C_8$	−13.3	14.3
脂肪酸甲酯	$C_1 \sim C_{10}$	−22.9	14.8
甲酸酯	$C_1 \sim C_5$	−15.2	13.8
乙酸酯（直链）	$C_1 \sim C_6$	−22.9	14.3
乙酸酯（支链）	$C_3 \sim C_6$	−20.2	14.0
甲基丙烯酸酯	$C_1 \sim C_5$	−6.32	11.5
直链取代酚类	$C_6 \sim C_{10}$	8.1	8.1
烷基磺酸甲酯	$C_1 \sim C_5$	0	14.0
脂肪胺类	$C_1 \sim C_8$	−12.0	13.6

同样，FID中同系物的RMR_{ϕ}与其分子量之间也有类似的关系。

② 有效碳数规律　FID中可以利用有效碳数规律计算RMR值：

$$RMR_{(is)}=\frac{\sum C_{有效(i)}}{\sum C_{有效(s)}}\times 100 \quad (8\text{-}19)$$

即

$$f_{m(is)}=\frac{\sum C_{有效(s)}}{\sum C_{有效(i)}}\times\frac{M_i}{M_s} \quad (8\text{-}20)$$

式中，i为分析组分；s为基准物。

各原子在不同化合物或基团中所体现的有效碳数见表8-5。

表8-5　各原子在不同化合物或基团中所体现的有效碳数[10]

原子	化合物类型	有效碳数	原子	化合物类型	有效碳数
C	烷烃	1.0	O或N	伯醇或伯胺	−0.6
C	芳香烃	1.0	O或N	仲醇或仲胺	−0.75
C	烯烃	0.95	O或N	叔醇或叔胺	−0.25
C	炔烃	1.3	Cl	烷烃碳上有两个或多个	−0.12（每个）
C	羰基	0	Cl	烯烃碳上	0.05
C	腈类	0.3	H—C—O—TMS	醇的三甲基硅衍生物	3.69～3.78
C	羧基	0	O═C—O—TMS	羧酸的三甲基硅衍生物	3.0
O	酯	−0.25	CH═N—O—TMS	肟的三甲基硅衍生物	3.3
O	醚	−1.0	CH═N—O—CH_3	肟的甲基衍生物	0.92～1.04

例：以正庚烷为基准物，计算丙酸和丁酮的f_m。

丁酮分子式$CH_3—CH_2—CO—CH_3$

丙酸分子式$CH_3—CH_2—COOH$

由表8-5中查得$\sum C_{有效(丁酮)}=3$、$\sum C_{有效(丙酸)}=2.32$、$\sum C_{有效(正庚烷)}=7$。而分子量分别为72.11、74.08和100.21，因此：

$$f_{m(丙酸)}=\frac{7}{100.21}\times\frac{74.08}{2.32}=2.23$$

$$f_{m(丁酮)}=\frac{7}{100.21}\times\frac{72.11}{3}=1.68$$

查文献以正庚烷为基准物，丙酸和丁酮的f_m分别为2.5和1.64。

作为一个特例，不含杂原子的烃类化合物如烷、烯、芳烃类化合物（除C_1～C_3烃及苯外），其有效碳数近似为1，即有一个碳就有一份响应值，称等碳响应，所以在定量分析时通常近似认为其相对校正因子为1，可直接用峰面积或峰高进行计算。这给石油炼制、石油化工及其产品的分析带来极大的方便。

③ 碳质量响应值法　黄业茹等首先提出相对碳质量响应值（S_{mc}）的概念[11]，它与FID的相对质量响应值（S_m）的关系如下：

$$S_m=\frac{C_i}{M_i}S_{mc} \quad (8\text{-}21)$$

大量的实验数据证明各类化合物的S_{mc}值均为1左右，所以FID用归一法定量时，可以用下式计算：

$$W_i = \frac{A_i M_i}{C_i} \div \sum \frac{A_i M_i}{C_i} \times 100\% \qquad (8\text{-}22)$$

式中，W_i为被测化合物的质量分数；A_i为被测化合物的峰面积；M_i为被测化合物的分子量；C_i为被测化合物中碳的总原子量。

④ FID 校正因子的理论计算　范国梁等人[12]根据 FID 的机理将相对校正因子分成两个部分：有机化合物含碳数以及它们的离子化效率。在分子数较大时，简化为：

$$f_m = \frac{M_i}{M_i - X - Y} \qquad (8\text{-}23)$$

式中，f_m为相对质量校正因子；M_i为被测化合物的分子量；X为非碳官能团对分子量的校正；Y为非碳官能团对相邻碳原子因离子化效率不等于“1”时对表观碳原子的质量的修正。X、Y数值如表 8-6 所列。

表 8-6　含非碳官能团化合物的 *X*、*Y* 值

化合物类型	化合物个数	官能团结构	*X* 值	*Y* 值	*X*+*Y* 值
醇类化合物	14	—OH	17	7.5	24.5
醛类化合物	4	HC═O	16	12	28
酮类化合物	7	C═O	16	12	28
酸类化合物	7	HO—C═O	32	12+1.5=13.5	45.5
酯类化合物	11	RO—C═O	32	12+7.5=19.5	51.5

（3）电子俘获检测器相对校正因子的计算　电子俘获检测器在组分浓度很低时，响应值ΔI近似与组分浓度c成线性关系：

$$\Delta I = K'c \qquad (8\text{-}24)$$

式中，比例常数K'与许多操作参数如检测器的结构、尺寸、放射源的种类、载气种类、流速、极化电压形式、脉冲条件等存在相互依赖的复杂关系。所以文献提供的相对响应值一般仅供参考，不宜作为定量的依据。但化合物的电子吸收系数可以从许多文献或手册查到，对电子俘获检测器相对响应因子大小与电子吸收系数有如下的关系[2]：

$$k = \frac{K_i}{K_s} = \frac{A_i c_s}{A_s c_i} \qquad (8\text{-}25)$$

式中，k是相对响应因子；K_i、A_i、c_i是组分i的电子吸收系数、峰面积和浓度；K_s、A_s、c_s是参比物的电子吸收系数、峰面积和浓度。

从文献查阅组分的电子吸收系数就可以定量算出其相对响应因子，从而对峰面积进行校正。表 8-7 给出不同组分的电子吸收系数。

（4）截面积离子化检测器相对校正因子的计算　截面积离子化检测器一般是指放射性离子化检测器，由于其响应信号值对操作条件相对不敏感，相对摩尔响应值S_M可由下式计算：

$$S_M = \frac{\theta_i - \theta_c}{\theta_s - \theta_c} \qquad (8\text{-}26)$$

式中，θ_i、θ_c和θ_s分别为组分i、载气和基准物分子的有效截面积值。

某物质的分子截面积值可由组成它的元素的原子截面积加和而得。部分原子和分子的截面积值见表 8-8。在用氢气作为载气时，S_M的计算值与实际值非常接近。

表 8-7　不同组分的电子吸收系数

组分	亲电子基团	电子吸收系数
烷、烯、炔烃、二烯烃、苯、环戊二烯等	无	0.01
脂肪醚、酯、萘等	无	0.01～0.1
烯醇、乙二酸酯、1,2-二苯乙烯、偶氮苯、苯乙酮、二氯化物、一溴化物等	—C═CHOH —OC—CO—卤素	1.0～10
蒽、酸酐类、苯甲醛、三氯化物、酰基氯等	—CO—O—CO—（酸酐结构） 卤素 C_6H_5CO—	10～10^2
环辛四烯、肉桂醛、二苯甲酮、一碘化物、二溴化物、一硝基化合物等	卤素—$NO_2C_6H_5CO$— —CH═CH—CO	10^2～10^3
醌类、1,2-二甲酮、反丁二烯酸酯类、二碘化物、三溴化物、多氯和多氟化合物	—CO—CO— CH═CH（—CO　CO—） 醌式结构	10^4

表 8-8　部分原子和分子的截面积值

原子或分子	有效截面积 ^{90}Sr	有效截面积 ^{3}H	原子或分子	有效截面积 ^{90}Sr	有效截面积 ^{3}H
H	1.00	1.00	Ne	1.75	—
C	4.16	3.69	CO	7.45	—
N	3.84	3.20	CH_4	8.17	—
O	3.29	4.56	CO_2	10.74	—
F	1.85	4.08	C_2H_4	12.32	—
S	12.80	8.75	C_2H_6	14.32	—
Cl	11.80	—	Kr	17.4	—
Ar	10.90	9.98	Br	18.0	—
He	0.694	—	Xe	24.1	—

二、色谱峰面积的测定

峰面积和峰高与待测组分的含量成正比关系，其测量准确度将直接影响定量结果。峰高是峰顶点到峰底（或基线）的距离，峰面积是色谱峰曲线与基线围成的面积，因此基线的确定是峰高和峰面积准确测量的关键。

1. 基线的确定

基线的确定要考虑以下几点：色谱峰的起点与终点、基线的漂移、色谱峰分离等，图 8-3 为四种不同情况下基线的确定方法：

（1）水平基线校正法　在基线基本平稳的情况下，将基线从第一个色谱峰的起始点水平地画到最后一个色谱峰的起始点后，折上与该峰的终点相连［图 8-3（a)］。

（2）胶带法或连带法　在基线波动不大的情况下，先由第一个色谱峰的起始点与最后一个色谱峰的终点作一直线，色谱基线则由低于此直线的色谱峰谷点相连而成［图 8-3（b)］。

（3）峰谷法　在基线波动较大的情况下，由色谱峰的峰谷连线得到基线［图 8-3（c)］。

（4）空白基线法　主要用于程序升温或者基线漂移严重的情况［图 8-3（d)］，采用与样品完全相同的色谱条件，在不进样的情况下进行色谱分析，得到的谱图称为空白基线。样品的谱图与空白基线谱图相减后进行定量，当仪器的重复性差时会产生很大的定量误差。

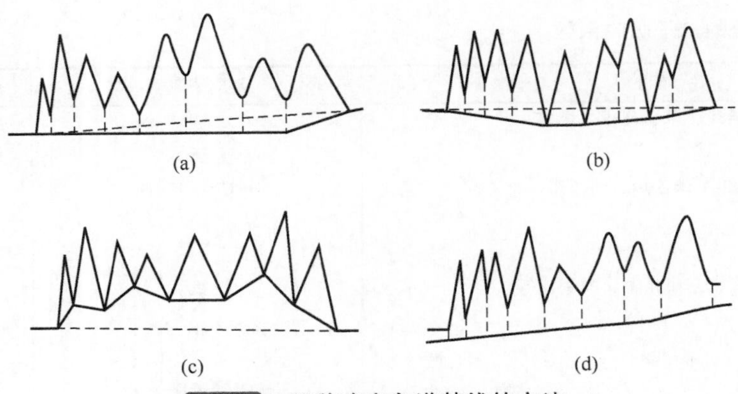

图 8-3 四种确定色谱基线的方法

由图 8-3 可以看出，采取不同的基线判断方式所获得的峰面积值有很大的差异，因此，选择正确的基线判断方式是影响定量结果准确性的关键因素之一。

2. 峰高和峰面积的测量

确定基线之后，要对峰面积和峰高进行测量。使用积分仪或色谱工作站计算峰高和峰面积时，可根据预先设定的积分参数（峰高、半峰宽、斜率、基线等）进行自动计算；当使用记录仪记录色谱曲线时，则需要手工测量峰高和峰面积。峰高的测量比较简单，即峰顶点到基线的垂直距离（图 8-4），可用尺直接测量；峰面积测定相对复杂，色谱分离度、峰形等因素对峰面积测量的准确度影响较大。

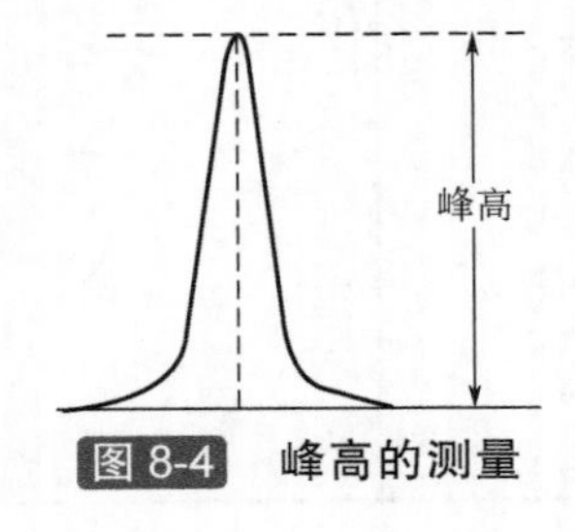

图 8-4 峰高的测量

（1）对称峰面积的测定　色谱峰是对称峰，且与其他峰完全分离的情况下，可用以下两种方法：

① 峰高乘半高峰宽法［图 8-5（a）］　此法为最普遍使用的方法。半高峰宽即峰高 1/2 处的峰宽，峰面积可按下式计算：

$$A_1 = hw_{\frac{1}{2}h} \tag{8-27}$$

式中，A_1 为峰面积；h 为峰高；$w_{\frac{1}{2}h}$ 为半高峰宽。

② 三角形法［图 8-5（b）］　此法近似将对称色谱峰当作等腰三角形来处理，色谱峰两边拐点的切线与基线构成等腰三角形，三角形半高峰宽近似等于色谱峰高 0.607 处的峰宽，峰面积计算如下：

$$A_2 = \frac{1}{2}wh' \tag{8-28}$$

式中，A_2 为峰面积；h'为三角形高；w 为三角形底边宽。

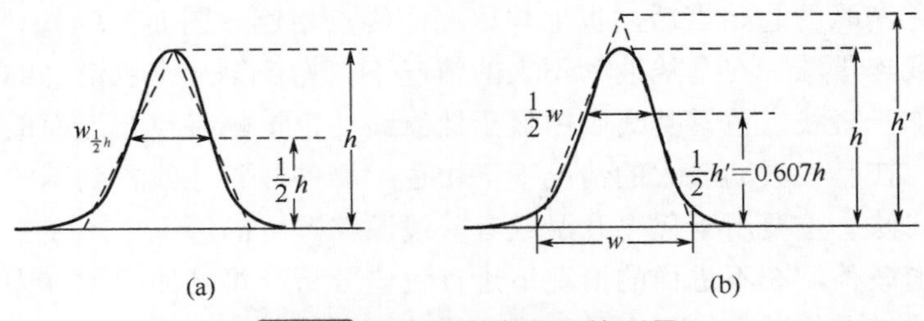

图 8-5 对称峰峰面积的测量

需要指出的是，上述计算方法得到的为色谱峰的近似面积，而非实际面积，色谱峰实际面积需乘系数：

$$A = 1.065A_1 = 1.03A_2 \tag{8-29}$$

（2）不对称峰峰面积的测定　当色谱峰形不对称、没有完全分离或基线发生较明显的漂移时，要准确测量色谱峰的峰面积和峰高就会发生一些困难。这时就要利用一些特定的方法，减小峰面积和峰高测量的误差。

① 峰高乘平均峰宽［图 8-6（a）］ 在峰高的 0.15 和 0.85 处分别测量峰宽，取平均值后，与峰高相乘得到峰面积[13]：

$$A_3 = \frac{1}{2}(w_{0.85h} + w_{0.15h})h \tag{8-30}$$

式中，A_3 为峰面积；h 为色谱峰高；$w_{0.85h}$ 和 $w_{0.15h}$ 分别为峰高的 0.15 和 0.85 处的峰宽。

② 分割加和法　将不对称峰分割成若干个可直接测量和计算面积的简单图形后，分别计算面积，加和即为色谱峰的面积，见图 8-6（b），将前沿峰分割成一个对称的峰 A'和一个近似三角形的图形 A''，色谱峰总面积计算如下：

$$A_4 = A' + A'' = h_1w_1 + h_2w_2 \tag{8-31}$$

式中，A_4 为峰面积，A'和 A''分别为分割后对称峰和三角形的面积；h_1、w_1 分别为对称峰的峰高和半高峰宽；h_2、w_2 为三角形高和半高宽。

③ 回路转指数修正的高斯模型（EMG 模型）法［图 8-6（c）］ 对于单个峰的峰形，可用 EMG 模型进行描述，Foley 根据该模型提出了一种计算色谱峰面积的方法[14]：

$$A_5 = 0.753hw_{0.25h} \tag{8-32}$$

式中，A_5 为峰面积；h 为色谱峰高；$w_{0.25h}$ 为峰高的 0.25 处的峰宽。

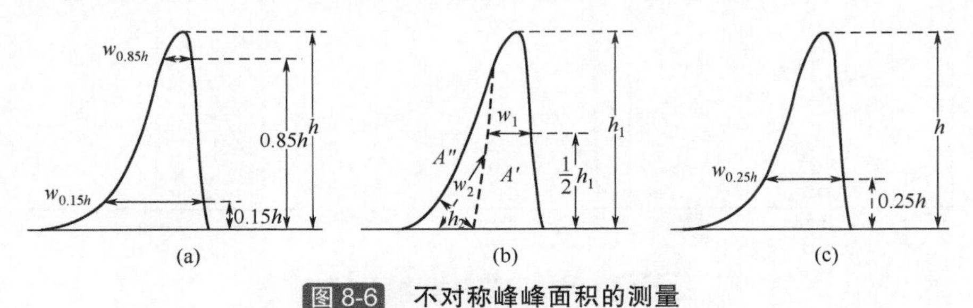

图 8-6　不对称峰峰面积的测量

（3）大峰上小峰峰面积的测量　痕量分析时经常遇到主峰还未回到基线时杂质就开始出峰了或在主峰前沿上出现一个杂质小峰，此时杂质小峰可按峰高乘半高峰宽法计算，但峰高和半高峰宽需依据不同情况进行确定。

如图 8-7（a）所示峰形，可沿主峰画出小峰的峰底，然后由小峰峰顶 C 作主峰基线的垂线 CD，与小峰的峰底相交于 E，则 CE 为小峰的峰高；CE 中点作主峰基线的平行线，与小峰两侧交点之间的线段即为半高峰宽。

如图 8-7（b）和图 8-7（c）所示峰形，小峰起点 M 和终点 L 之间连线，从小峰顶点 K 作 ML 的垂线，与 ML 或其延长线相交于 N，KN 即为小峰峰高；过 KN 中点作 ML 平行线，与小峰两侧交点之间的线段即为半高峰宽。

（4）基线漂移时峰面积的测量　基线漂移时的峰面积，形状与大峰后面拖尾的小峰相似，可按峰高乘半高峰宽法计算峰面积。

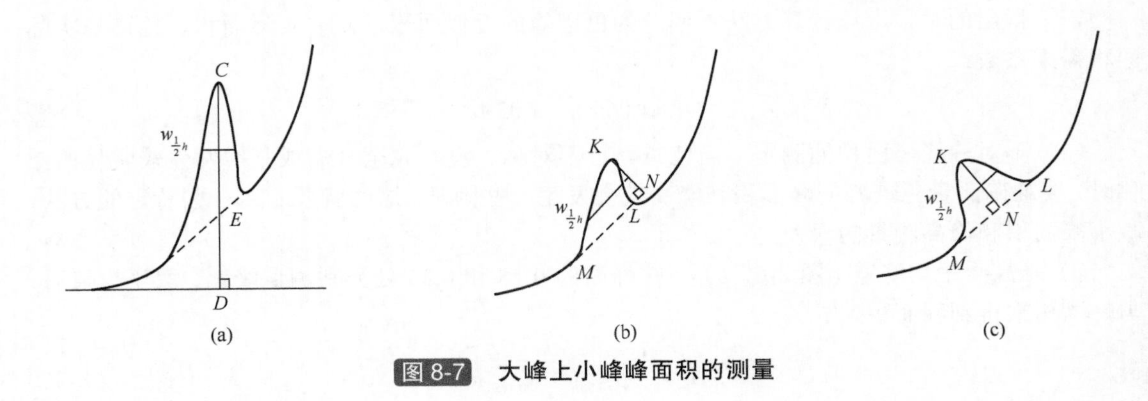

图 8-7 大峰上小峰峰面积的测量

当色谱峰较窄时，峰高和半高峰宽测量方法见图 **8-8**（a），画出基线 *FG*，然后由峰顶 *C* 作时间坐标轴（*t*）的垂线 *CD*，与基线相交于 *E*，则 *CE* 为峰高，过 *CE* 中点作时间坐标轴的平行线，与峰两侧相交于 *H* 和 *I*，*HI* 即为半高峰宽。

当色谱峰较宽、基线漂移大时，峰高和半高峰宽测量方法见图 **8-8**（b）或图 **8-8**（c）。

图 **8-8**（b）中，画出基线 *ML*，然后由峰顶 *K* 作基线的垂线，与基线相交于 *N*，则 *KN* 为峰高，过 *KN* 中点作基线 *ML* 的平行线，与峰两侧相交于 *P* 和 *Q*，*PQ* 即为半高峰宽。

图 **8-8**（c）中，画出基线 *ML*，然后由峰顶 *K* 作时间坐标轴的垂线，与基线相交于 *N*，则 *KN* 为峰高，过 *KN* 中点作基线 *ML* 的平行线，与峰两侧相交于 *P* 和 *Q*，由 *P*、*Q* 作时间坐标轴的垂线，与坐标轴交于 *P'*、*Q'*两点，*P'Q'*即为半高峰宽。

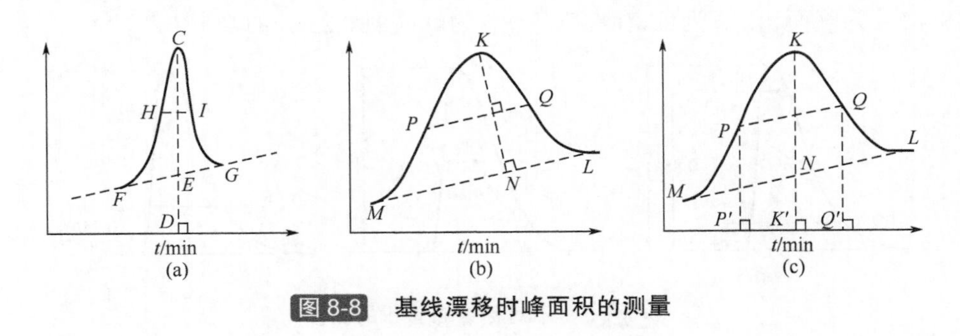

图 8-8 基线漂移时峰面积的测量

（5）重叠峰峰面积的测量　色谱分析中，常会遇到色谱峰分离不完全，需根据交点位置采用不同的测量方法：

当两峰交点位于小峰半高以下时，如图 **8-9**（a）所示，可由峰高乘半高峰宽法计算两峰面积。

当两峰交点位于小峰半高以上时，通常是由交点作基线的垂线进行分割，用面积仪或剪纸称重法测量由垂线分割的两个峰的峰面积［图 **8-9**（b）］。两峰峰高越接近时，测量误差越小，两峰峰高差异大时用垂线分割法误差会比较大，此时可根据 Proksch 等[15]建立的重合峰峰面积校正系数表进行修正。峰重叠严重时可用曲线拟合的方法进行定量[16]，具体请参见第九章相关内容。

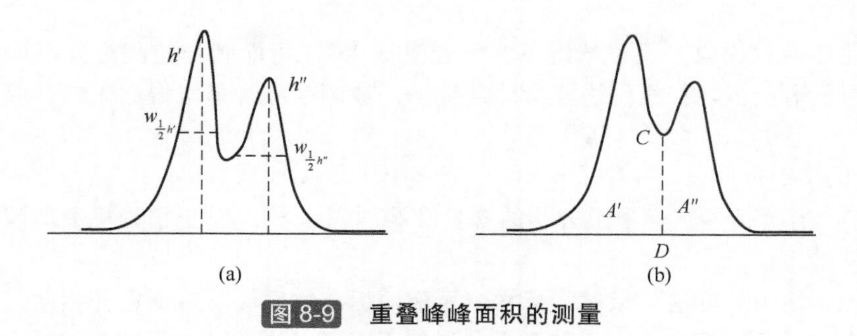

图 8-9　重叠峰峰面积的测量

第二节　常用的气相色谱定量分析方法

常用的定量分析方法有归一化法、外标法、内标法、标准加入法等，分别适用于不同的情况[3]。

一、归一化法

将所有出峰组分的含量之和按 100%计的定量方法，称为归一化法。归一化法使用时要满足三个条件：

（1）样品中所有组分都能从色谱柱流出；

（2）所有组分都能被检测器检出且都在线性范围内；

（3）能测定或查出所有组分相对校正因子。

各组分含量的计算式如下：

$$X_i = \frac{f_i A_i}{\Sigma(f_i A_i)} \times 100\% \tag{8-33}$$

式中，X_i、f_i、A_i 分别表示样品中各组分的含量、相对校正因子、峰面积。

当样品中所有组分校正因子相等时，则计算公式可简化为：

$$X_i = \frac{A_i}{\sum A_i} \times 100\% \tag{8-34}$$

通常称式（8-34）为面积归一化法，而称式（8-33）为校正面积归一化法。如果样品中组分是同分异构体或同系物，f_i 都很相近，在计算时通常采用式（8-34），这给定量带来极大的方便。

归一化法定量的优点是方法简便，准确，样品进样量、仪器与操作条件的变动对定量结果的影响较小，尤其适用于多组分的同时测定。缺点是当样品中各组分不能完全分离或某些组分在所用检测器上不出峰时，面积的测量受影响，使其应用受到一定程度的限制。在使用选择性检测器时，一般不用该法定量。

二、外标法

又称标准曲线法。取待测组分的纯物质配成一系列不同浓度的标准溶液进行色谱分析，绘制峰面积与标样含量的标准工作曲线，并拟合两者的线性方程式。测定试样组分含量时，使用与工作曲线完全相同的色谱条件，注射相同量或已知量的试样进行分析，测出色谱峰的峰面积，由标准工作曲线查出或线性方程式计算出待测组分的含量。

若工作曲线通过原点（正常情况下必须通过原点），可配制与待测组分浓度相近的一个标准溶液进行色谱分析，在相同进样量的条件下，被测组分含量可根据下式计算：

$$X_i = \frac{X_E}{A_E} A_i \tag{8-35}$$

式中，X_i、A_i 分别为试样中组分 i 的含量及峰面积；X_E、A_E 分别为标准溶液中外标物的含量及峰面积。

一般来说，使用外标法定量时，标样中所配的标准物质应与待测组分相同，但若配制标准溶液的化合物与所测组分不同，则需要利用校正因子对峰面积进行校正：

$$X_i = X_E \times \frac{f_i A_i}{f_E A_E} \tag{8-36}$$

式中，X_i、f_i、A_i 分别为试样中组分 i 的含量、相对校正因子及峰面积；X_E、f_E、A_E 分别为标准溶液中外标物的含量、相对校正因子及峰面积。

外标法是最常用的定量方法，优点是操作简单。仅要求待测组分与其他组分能很好地分离，标准工作曲线与样品分析的进样量和色谱条件必须严格一致，进样和色谱操作条件的重现性会影响定量结果的准确性，因此标准曲线隔一段时间后要重新测定。

三、内标法

选择适宜的纯物质作为内标物，准确称量后加入待测样品中，根据组分和内标峰面积的比值以及内标加入量进行定量，组分含量的计算公式如下：

$$X_i = \frac{m_s f_i A_i}{m f_s A_s} \times 100\% \tag{8-37}$$

式中，m_s、m 分别为加入内标物质量和试样质量；A_i、A_s 分别为待测组分和内标物峰面积；f_i、f_s 分别为待测组分与内标物相对校正因子；X_i 为试样中组分 i 的含量。

内标法的关键在于选择合适的内标物，内标物应是试样中不存在的纯物质，性质尽可能与待测组分相近。内标物能与样品互溶，但不与样品发生反应。在色谱图上内标物与待测组分出峰时间相近，但不能与样品中任一组分峰重叠。内标物要准确称量，其加入量要与被测组分的含量接近。

内标法定量的特点是准确度和精密度较高，不要求样品中所有组分都出峰，对进样量和色谱条件的稳定性没有严格要求，这样就避免了归一化法和外标法的缺点。但是选择合适的内标物是比较困难的，且采用该法需要准确称取内标物和试样，操作步骤比较烦琐。

四、标准加入法

又称叠加法，实质是一种特殊的内标法。在没有合适内标物的情况下，以待测组分的纯物质为内标物，加入到待测样品中，然后在相同的色谱条件下，测定加入内标物前后待测组分的峰面积，从而计算待测组分的含量。

具体方法如下：先作样品色谱图，得到样品中待测组分 i 的峰面积 A_i；然后准确加入已知量为 Δm_i 的待测组分 i 的纯物质作为内标物，在严格相同的色谱条件下再次进行分析，测定加内标物后组分 i 的峰面积 A_i'。此时可以得到：

$$m_i = f_i A_i \tag{8-38}$$

$$m_i + \Delta m_i = f_i' A_i' \tag{8-39}$$

将两式相除可以得到：

$$\frac{m_i}{m_i+\Delta m_i}=\frac{f_iA_i}{f_i'A_i'} \tag{8-40}$$

式中，m_i为待测组分的质量；Δm_i为加入待测组分纯物质的质量（内标物）；f_i、f_i'分别为加入内标物前后两次测定时待测组分 i 的相对校正因子。

由于加入待测组分纯物质前后两次测定的色谱条件完全相同，且内标物与待测物质是同一物质，因此$f_i=f_i'$，式（8-40）可以简化为：

$$\frac{m_i}{m_i+\Delta m_i}=\frac{A_i}{A_i'} \tag{8-41}$$

待测组分 i 的质量计算如下：

$$m_i=\frac{\Delta m_iA_i}{A_i'-A_i} \tag{8-42}$$

标准加入法在难以找到合适内标物时，可作为内标法的一种延伸，但要求加入待测物标准品前后两次色谱测定的条件必须完全相同，以保证前后两次测定时的校正因子相等，否则将导致定量误差。

以上所有定量方法都是以峰面积为基准进行的，在峰形正常的情况下，同样也可以峰高为基准进行计算，所有公式与峰面积计算时相同，以峰高定量计算对半峰宽极窄的峰尤显优越。但一定要注意所有参加计算的色谱峰不能前伸、拖尾、过载，否则会引起不应有的误差。

五、不同定量方法的比较

在进行定量分析的时候，要求所有参加计算的组分都必须分离，能被检测器检测到，并且浓度在检测器的线性范围内。各种分析方法适用于不同的分析要求（表 8-9），在所有组分都出峰、分离良好且相对校正因子都知道的情况下，可以采用归一化法，一次进样就可以得到多个组分的定量结果，对色谱分析条件的稳定性和进样量的准确性要求不是很高；外标法需要待测组分的纯物质，要求待测组分与其他组分能很好地分离，标准工作曲线与样品分析的色谱条件必须严格一致，因此要求色谱操作条件重现性好，且每隔一段时间就必须对曲线

表 8-9　不同定量方法的比较

定量方法	计算公式	应用条件	特点
归一化法	式（8-33）	样品中所有组分都能出峰且都在线性范围内； 要求所有组分都能完全分离； 需要所有组分的相对校正因子	操作简单，一次进样得到多个组分的定量结果，对进样量和色谱条件的稳定性要求不高
外标法	式（8-36）	需要待测组分的标准物质； 要求待测组分与其他组分能分离； 进样量和色谱条件的稳定性好	属于绝对定量，多组分分析需要多组分标样，不要求样品中所有组分都出峰，对进样量和色谱条件的稳定性要求高
内标法	式（8-37）	需要选择合适的内标物； 要求待测组分、内标物与其他组分能分离； 需要内标物和待测组分的相对校正因子	准确度和精密度较高，操作过程较复杂，一次可分析一个或多个组分，不要求样品中所有组分都出峰，对进样量和色谱条件稳定性没有严格要求
标准加入法	式（8-42）	没有合适内标物的情况下； 需要样品中组分的标准物质； 要求待测组分与其他组分能分离； 进样量和色谱条件的稳定性好	在难以找到合适内标物时使用，对进样量、色谱条件稳定性有严格要求

进行校正；在进样量不精确，样品中组分不能全部出峰的情况下，外标法和归一化法都不适用，此时可以用内标法，由于内标物与分析组分是同一针进样，利用两者的峰面积比值进行计算，一定程度上抵消了进样量和色谱条件变化引起的误差，所以对色谱分析条件的稳定性和进样量的准确性要求就不是很高，但对内标物的量和纯度要求计量很准确；如没有合适的内标物时，可以采用标准加入法，要求加入标准物质前后两次测定的色谱条件完全相同，否则将引起分析测定的误差。关于各种分析方法优缺点的比较可参阅有关文献[17~19]。

第三节 定量分析误差

一、误差的主要来源

气相色谱分析过程的每一步骤，包括样品采集、样品制备、进样、色谱分离、检测、峰面积或峰高测定等都可能会造成定量误差[20]，最终分析结果的误差是各步骤误差的综合。

1. 样品采集和制备

样品的代表性是得到准确定量结果的前提，对于气体或挥发性液体样品，采集时要尽量避免样品组分的挥发损失；对于液体和固体样品，要注意样品的代表性、均一性。

样品制备的目的一方面是去除干扰待测组分分析的物质，另一方面可通过反应改善待测组分在气相色谱上的分离和检测。常涉及的操作有：粉碎均质、溶解（或提取）、过滤、稀释、浓缩、萃取、预分离、衍生化等。在样品制备过程中，要尽量避免或减少待测组分的损失，防止样品污染。如果采用内标法定量，内标物应在样品处理之前加入。

在样品储存过程，待测组分的分解、氧化或其他化学反应都会使待测组分的浓度发生变化，直接影响定量的结果，所以必须极力避免。

2. 进样系统

进样的重复性会影响定量结果的准确度和精密度，不仅包括进样量是否准确，也包括样品在气化室是否瞬间完全气化，在气化和色谱分离过程有无分解和吸附现象，及分流时是否有歧视效应等。采用石英衬管或硅烷化处理后的衬管可以减少气化室的吸附；气化室的温度不宜过高，在保证所有组分瞬间气化的同时，防止样品分解或发生化学反应引起定量误差。

进样量的误差在采用归一化法、内标法定量时，可以被这些方法本身所具有的特点所消除，不影响定量的结果。而采用外标法和标准加入法时，进样量的误差将直接影响定量的结果。对气体样品，用进样阀进样，其准确性和重复性较好，对液体样品采用微量注射器，进样量重复性主要取决于进样装置的精度、准确度以及分析人员的操作技术，采用自动进样器可以消除人为误差，提高进样的精度[21]。此外，可以根据样品性质的不同，选择不同的进样器和进样方式以降低误差。

3. 色谱条件

色谱分析中，色谱柱、柱温、载气等都会影响组分的分离，只有在组分能完全分离、峰形良好的情况下，色谱峰面积或峰高的测量准确度才会好。选择色谱柱和色谱条件时必须考虑样品在柱内或色谱系统内是否有吸附和分解现象，这必定影响定量的结果。此外，色谱柱、分析条件要稳定，以保证良好的重现性，采用外标法或标准加入法定量时，对色谱条件稳定性的要求更高。

4. 检测器

检测器的种类选择、灵敏度、线性范围、稳定性等，都可影响定量结果的准确性。色谱定量是基于检测器响应值与待测组分含量的线性关系，任何检测器的响应都有一定的线性范围，超出这一范围，响应值与含量的关系将偏离线性。因此，要获得准确的定量结果，绝不能使进入检测器的待测组分含量超出线性范围。

不同类型的检测器影响其工作稳定性的因素不同，一般情况下TCD要求池温控制精度必须在±0.05℃以内；FID定量精度要求为1%时，检测器空气和氢气的流速应控制在1.5%的精度，载气流速应控制在2%的精度。载气和辅助气的纯度还与分析检测限的要求有关，并直接影响定量的准确度，待测组分的浓度愈低，对气体的纯度要求就愈高。对于特殊的检测器，气体纯度的要求比通用的检测器更高。通过选择合适的检测器类型和工作参数，可以使检测器引起的误差降到最低。

5. 峰面积和峰高的测量

色谱定量的基础是色谱峰面积或峰高，所以色谱峰面积或峰高判断和测量的准确性直接影响定量的结果，峰面积和峰高的测量具体可以参考本章第一节的相关部分。相对而言，用峰高定量对分离度的要求比用峰面积定量低。所以，在分离度低的情况下，宜用峰高定量；保留时间短、半峰宽窄的峰，其半峰宽测定误差相对较大，影响峰面积的测量，所以也宜用峰高定量。但是，用归一化法和程序升温时宜用峰面积定量；在峰形不正常时也必须用峰面积定量。

二、误差的分类

气相色谱定量分析误差按其性质以及对测定值可靠性的影响，可分为三类：随机误差、系统误差和过失误差。

1. 随机误差

随机误差是由不确定的偶然因素引起的，特点是原因不明、随机涨落、无法校准。随机误差服从统计学规律，误差出现的概率分布符合正态分布，小误差出现概率大，大误差出现概率小。随机误差无法消除，但通过增加平行测定的次数，可以减小随机误差。在没有系统误差和过失误差时，当测定次数不断增加，随机误差平均值趋于零，测量值的平均值就是真值。随机误差决定测定结果的精密度。

2. 系统误差

系统误差的特点是恒定或呈现规律性变化、重复出现、单向性、可被校准。它是指在一定的试验条件下，由于偏离测量规定的条件或方法导致的，按照某个确定的规律变化而形成的误差，增加测定次数不能发现和消除系统误差。系统误差是定量分析中误差的主要来源，会使测定值与真值之间产生偏差，影响分析结果的准确性。在气相色谱分析中系统误差的主要来源有：仪器误差、方法误差、操作误差和试剂误差等，系统误差可采用标准样品或标准方法对照试验、空白试验、回收率试验等进行判断和消除。

3. 过失误差

气相色谱中的过失误差是指由于操作不当等原因而导致的与事实严重不符的误差，其没有一定的规律，这类误差可以通过人为努力而避免。过失误差可根据误差理论判断出来，含有过失误差的测定值必须作为异常值在数据处理时予以剔除。

三、误差的表示方法及处理

1. 误差与准确度

准确度是指在一定试验条件下，试样测定值（X）与真值（μ）之间的符合程度，系统误差、过失误差和随机误差的存在影响定量分析结果的准确度。准确度高低可用误差大小来量度，表示如下：

绝对误差：

$$E = X - \mu \tag{8-43}$$

相对误差：

$$\mathrm{RE} = \frac{E}{\mu} \times 100\% = \frac{X-\mu}{\mu} \times 100\% \tag{8-44}$$

通常用相对误差来表示分析结果的准确度。在实际工作中，样品中待测组分的真值往往是未知的，通常用标准物质或标准方法进行对比试验，或者在找不到标准物质或标准方法时，进行加标回收率试验来评价定量分析结果的准确度。

2. 偏差与精密度

精密度指在同一实验条件下进行多次平行测量时测定值的离散程度，测定值越集中，则测量的精密度就越好。精密度不能反映测量值与真值的一致性程度，只能反映测量结果的重现性，它主要由随机误差决定，一般用偏差来表示。偏差是指测定值（X_i）与多次测量值的算术平均值（$\bar{X}$）之差，一般有如下表示方式：

（1）平均偏差　多次测量值与平均值偏差的绝对值的算术平均数。

$$d = \frac{\Sigma |X_i - \bar{X}|}{n} \tag{8-45}$$

（2）相对偏差　平均偏差与平均值之比，常用百分数表示。

$$Rd = \frac{d}{\bar{X}} = \frac{\Sigma |X_i - \bar{X}|}{n\bar{X}} \times 100\% \tag{8-46}$$

（3）标准偏差　指偏差平方的平均值的平方根，又称均方根偏差（σ），是表征整个测定值离散度的特征值，是最常使用的误差表示方式之一。标准偏差的特点是对一组测量值中的极值（即误差大的数值）反应比较灵敏，即能较明显地反映出测量值的波动情况，这对分析误差、排除误差是很有意义的，当测量次数 $n\rightarrow\infty$时：

$$\sigma = \sqrt{\frac{\Sigma(X_i - \bar{X})^2}{n}} \tag{8-47}$$

当测量次数为有限时，标准偏差可用下式表示：

$$S = \sqrt{\frac{\Sigma(X_i - \bar{X})^2}{n-1}} \tag{8-48}$$

（4）相对标准偏差　标准偏差与平均值之比，又称变异系数 CV（coefficint of variation）。

$$\mathrm{CV} = \frac{S}{\bar{X}} \tag{8-49}$$

上述公式中，X_i为测量值；$\bar{X}$为多次测量的平均值；n为测量次数。

3. 准确度和精密度的关系

定量分析时，精密度反映随机误差大小，准确度既反映系统误差大小，又反映随机误差大小，精密度是保证分析准确度的先决条件。气相色谱定量分析中真值通常是未知的，而在排除系统误差和过失误差后，可以将大量重复测定值的平均值视为真值，用精密度来衡量定量分析的误差大小。准确度和精密度的关系可以用图 8-10 表示[20]。

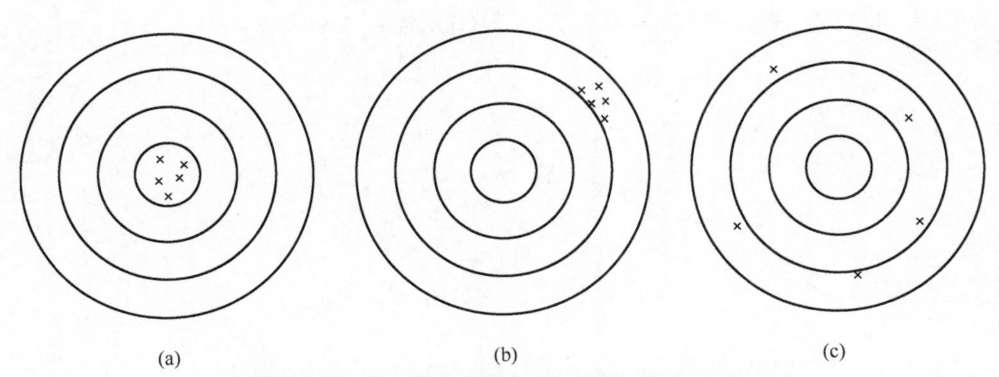

图 8-10　定量分析的精密度与准确度相互关系

（a）精密度和准确度都好；（b）精密度好，准确度不好；（c）精密度和准确度都不好

4. 定量分析数据的处理

为了得到合理可靠的数据分析结果，必须对测量的实验数据进行评价，主要是解决两个问题：可疑值的取舍和分析方法准确性的评价，也即过失误差和系统误差的判断。

（1）可疑值的取舍　处理分析数据时，首先必须舍弃过失误差引入的错误数据。一组平行测量的数据中偏差较大的数值称为可疑值，可疑值的取舍会显著影响平均值和精密度，尤其在重复测量次数少的时候影响更大。回顾产生可疑值的试验过程中的各个环节是否存在异常，如确定是过失误差造成的，则该数据直接舍去不用；若无法确定偏差产生的原因，则不能轻易删除，需要采用 Q 检验法、4 倍法、Grubbs 检验法等进行判断[22, 23]。

（2）分析方法准确性　分析方法是否准确，通常是进行对照试验、空白试验等来检验，以标准样品比对为例，采用与样品相同的分析方法，在相同的试验条件下，对已知准确含量的标准样品进行测定，测定值的平均值与实际含量之间进行显著性检验，从而判断分析方法是否准确可靠，测定过程是否存在系统误差。如果一定置信区间内测量值与真值没有显著差异，说明无系统误差，分析方法准确可靠，否则就是存在系统误差，准确度必须进行校正，校正系数为对照试验中标准样品已知含量与测定值的比值。

参考文献

[1] Rosie D M, Barry E F. J Chromatogr Sci, 1973, 11(5): 237.

[2] Devaux P, Guiochon G. J Chromatogr Sci, 1967, 5(7): 341.

[3] 顾蕙祥，阎宝石. 气相色谱实用手册. 北京：化学工业出版社，1990.

[4] Messner A, Rosie D, Argabright P. Anal Chem, 1959, 31(2): 230.

[5] Carson J W, Lege G. J Chromatogr Sci, 1975, 13(3): 109.

[6] Littlewood A B. Nature, 1959, 184: 1631.

[7] Barry E F, Rosie D M. J Chromatogr A, 1971, 59(2): 269.

[8] Barry E F, Rosie D M. J Chromatogr A, 1971, 63: 203.

[9] Barry E F, Fischer R S, Rosie D M. Anal Chem, 1972, 44(9): 1559.

[10] Scanlon J T, Willis D E. J Chromatogr Sci, 1985, 23(8): 333.

[11] Huang Y, Ou Q, Yu W. Anal Chem, 1990, 62(18): 2063.

[12] 范国梁，宋崇林，周维义，等. 分析化学，2002，30（8）：906.

[13] Condal-Bosch L. J Chem Educ, 1964, 41(4): A235.

[14] Foley J P. Anal Chem, 1987, 59(15): 1984.
[15] Proksch E, Bruneder H, Granzner V. J Chromatogr Sci, 1969, 7(8): 473.
[16] 李浩春，林彬生，罗春荣，等. 中国科学 B 辑，1986，5：419.
[17] 李浩春. 实用数据处理. 青岛：青岛海洋大学出版社，1993.
[18] 李浩春. 分析化学手册　第五分册. 北京：化学工业出版社，1999.
[19] 许国旺. 现代实用气相色谱法. 北京：化学工业出版社，2004：217.
[20] Mc Nair H M, Miller J M. Basic Gas Chromatography. Canada: John Wiley & Sons, 2011.
[21] 金鑫荣. 气相色谱法. 北京：高等教育出版社，1987.
[22] 邓勃. 数据统计方法在分析测试中的应用. 北京：化学工业出版社，1984.
[23] 金麟孙. 仪器计量误差理论. 上海：上海科学出版社，1983.

第九章　气相色谱数据处理

色谱技术本身的特点决定了其数据分析后续处理的复杂性。由检测器产生的电信号经过采集、存储、平滑、基线校正、峰检测等处理，最后输出定性、定量结果，气相色谱仪数据处理系统的任务就是完成这一系列工作。色谱分析中常用的定性手段是根据样品中各组分的保留时间来确定的（联用技术同时考虑其质谱、光谱等信息进行定性），而定量分析则是根据各组分相应的峰面积来进行。数据处理的目的是提高定性、定量分析的准确度，对气相色谱和气相色谱质谱联用中数据和分析目的各有不同，本章就这两者的数据处理进行介绍。

第一节　气相色谱数据处理方法

本节涉及气相色谱仪的几种常用检测器（TCD、FID、ECD、FPD、NPD 等）的数据采集和数据分析，这类信号不包含质谱、光谱类的辅助信息，其关键在于如何提高对峰的检测精度和准确度。

气相色谱仪检测器输出的信号非常快速（可以视为连续信号），信号强度非常低（小至 10^{-14}A），同时信号是模拟电信号，因此色谱仪输出电信号无法用简单的方法进行定性、定量处理，首先要把模拟电信号用记录仪记录下来或把模拟信号转换成数字信号储存下来，然后根据不同分析要求再做处理，以获得有关被分析组分的定性、定量结果或其他信息。

气相色谱的数据记录处理方式一般可分为三种：台式记录仪、数据处理机和色谱工作站，也是数据处理的不同发展阶段。

早期色谱数据的记录使用台式记录仪，采用差式电位计、同步电机、记录纸对模拟信号进行显示和记录，然后通过手动进行保留时间和峰面积的计算，由于操作烦琐，目前已完全被淘汰了。

色谱数据处理机是一种专门用于色谱数据分析的专用计算机，色谱处理机采用 A/D 转换器（模数转换器）将接收到的气相色谱检测器传过来的信号转换成数字信号存储到专用计算机中，分析人员可以通过键盘输入专用计算机指令来确定各种参数进行各种定量计算，进而打印出分析报告，但色谱谱图存储数量有限，结果也不是非常直观，制约了色谱数据处理机的推广和应用。

随着计算机技术的发展，色谱工作站已成为色谱数据处理的主流，其在组成和工作原理上与数据处理机基本相同，但不同的是它是计算机程序，可在计算机操作系统下工作，存储量和处理能力比数据处理机大得多，同时作为厂家专门配套的工作站，还可以实现气相色谱运行情况同步显示，并且具备气相色谱参数的实时控制。

本节将着重介绍滤噪和色谱峰检测等方法。

一、噪声平滑处理

色谱数据处理系统接收到的数字信号（经过模数转换的检测器信号），包含两部分信息：

一部分是检测器对色谱柱流出物响应产生的电信号，另一部分是色谱系统（包括进样系统、分离系统、检测系统、放大系统和模数转换系统等）产生的一切与色谱流出物无关的信号，通常这类信号被称为“系统噪声”。系统噪声叠加在样品有关的真实信号之上，使色谱数据处理系统对色谱峰的检测判别以及进一步的数据处理带来了不利因素，所以有必要尽可能地将信号中含的噪声部分排除掉，以便更好地进行谱图数据处理。

应该注意的是谱图中的系统噪声与数据采集频率密切相关，同一条件下，噪声信号的大小正比于采集速率的 1/2 次方，随着采集频率的增加，噪声的大小也随之增加。因此适当降低数据采集频率可以降低原始谱图的噪声信号，为保证峰面积积分准确，每个完整色谱峰信号采集点数不应小于 20，否则可能导致积分结果的偏差。

系统噪声通常始终有高频的、杂乱的信号，去除系统噪声的方法一般为滤波或平滑。信号滤波技术可分为两大类，一类是硬件滤波技术，如 *RC* 电路滤波，另一类为软件滤波技术，也称为数字滤波。硬件滤波器存在动态范围小、滤波效果不好、适应性差等问题。软件滤波是用计算机程序对数字信号进行平滑、滤波处理，通过预定的规则进行运算或变换，从而达到去除噪声的效果。软件滤波可以根据不同的实际情况，改变算法中的各种参数，来达到最佳的滤波效果。

软件数字滤波的应用广泛，使用方便，算法容易实现，越来越得到广泛的应用和重视。软件数字滤波方法常用的有均值滤波器、Savitzky-Golay 滤波器。

1. 均值滤波器（mean filter）[1]

均值滤波器也叫移动平均法，首先确定一个固定的时间窗口（n），窗口内数据（Y_i）的平均值替换窗口中心的原始数据点，达到数据平滑的作用：

$$\overline{Y}=\frac{1}{n}\sum_{i=1}^{n}Y_i$$

均值滤波器可以有效地压制信号抖动，尤其是脉冲式信号。通常采用的是三点中心或五点中心法，窗口设定越大，滤波效果越好，但谱图的畸变也越大。通常而言窗口设定应小于典型峰宽 1/10，在此条件下，峰的畸变不是非常大，当窗口大于典型峰宽 1/5，峰高会被明显变低，畸变严重，可能直接影响峰检测和积分。采用四点中心对称的移动平均法将会产生一个“窗口”中心原先没有的数据点，可以提高峰谷点的判断精度[2]。

2. Savitzky-Golay 滤波器

Savitzky-Golay 滤波器是 1964 年由 Savitzky 和 Golay[3]提出的，根据其原理可称为移动窗口最小二乘多项式平滑，也称为最小二乘平滑，是分析化学中应用最广泛的平滑算法。

Savitzky-Golay 滤波或称 Savitzky-Golay 平滑，利用中心点以及其前后 $m-1$ 个数据点进行多项式的最小二乘拟合，定出多项式中的各项系数。然后，用多项式的值来代替实验值，以达到数据平滑的目的。原则上说，选取的多项式次数越高，数据组内的点数越多，所计算出的数据平滑性也就越好，但在应用中还需将此法对实际峰形畸变的影响因素加以考虑[4]。应用五点二次法平滑和七点三次法平滑处理较为理想。

五点二次法平滑：

$$y_i=(-3x_{i-2}+12x_{i-1}+17x_i+12x_{i+1}-3x_{i+2})/35$$

七点三次法平滑：

$$y_i=[7x_i+6(x_{i+1}+x_{i-1})+3(x_{i+2}+x_{i-2})-2(x_{i+3}+x_{i-3})]/21$$

其中，x_i 是原始数据，y_i 是经过平滑处理后的数据。从本质上说，移动窗口多项式平滑就是利用窗口内部各个点之间的加权来计算平滑后的新值。

在平滑滤波过程中，应该注意的是：对信号滤波，或多或少地会对有效信号产生影响，一般来说，随着信噪比的增加，峰形的畸变也会相应地增大。因此在选用各种滤波方法进行滤波时，应遵守这样一个原则：在峰形畸变保持在一定允许范围内，尽可能地提高信噪比。

色谱谱图的滤波一直是科学研究的热点问题，一些新的算法也被用于色谱谱图的平滑。其中快速傅里叶变换[5]和小波变换[6,7]被认为是理想的滤波算法。无论是傅里叶变换还是小波变换，其实质都是一样的，就是将信号在时间域和频率域之间相互转换，从看似复杂的时间域的数据进行变换，将其转化分解成不同频率域的信号叠加，由于信号往往在频率域有比在时间域更加简单和直观的特性，根据色谱数据处理的经验，噪声的频率最高，色谱峰次之，基线的频率最低。将噪声所在的频率域的信号进行平滑，然后通过进一步反变换到时间域上，完成对谱图的平滑。由于小波变换、傅里叶变换运算所需的数据量和运算量较大，在使用时一般不能直接完成，需要根据实际的噪声情况进行必要的调整，因此没有真正用于色谱工作站。但其良好的无歧视的滤波能力，尤其是针对微弱信号的获取可具有较理想的效果，使它成为数据处理研究的重点。

二、色谱峰的检测判别方法

峰检测的目标是判断色谱流出峰的起始点、最高点和结束点，它的准确性直接影响后续的定性、定量计算。随着计算机技术的发展，色谱数据处理机和工作站广泛应用于色谱的数据处理，基于软件的峰检测自动判定方法获得快速的发展，已产生了各种不同的色谱峰处理方法，如幅值法、统计门限法[8]、面积灵敏度法[9]与基线灵敏度法、一阶导数判别法[10~12]、修正的一阶导数判别法[13]、二阶导数判别法[14]、增加斜率法[15]等。

一阶导数法是目前工作站中最为常用的色谱峰检测方法，主要是依据色谱峰信号的斜率变化（一阶导数）进行峰起点、落点和峰顶点的判别。色谱峰信号的一阶导数如图 9-1 所示，由图中可以看出在峰的起点处，其相应的一阶导数由零变成正，在峰顶点处，相应的一阶导数由正变成负，在峰结束处一阶导数由负变成零。

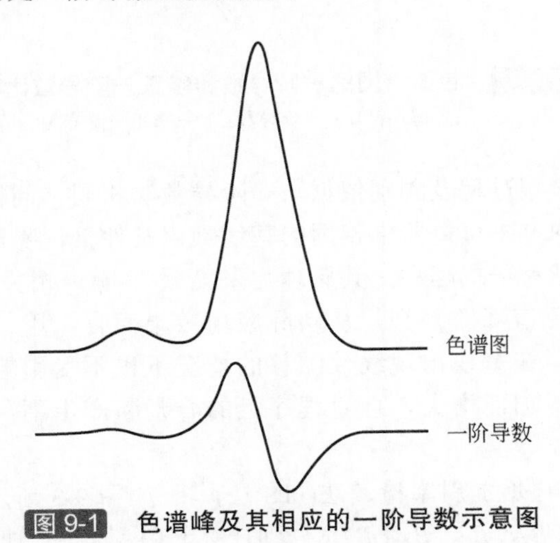

图 9-1 色谱峰及其相应的一阶导数示意图

通常情况下采样频率固定。为了计算方便，通常直接采用相邻信号的差值作为斜率，由于噪声的存在，基线处的一阶导数并不为零，而是在零点附近上下波动，所以，在一阶导数检测时须确定一个阈值。当信号增加，一阶导数值大于预定的阈值，确定峰的起点。当导数值由正变负时为峰顶点。当峰顶点确定后，若信号的一阶导数值的绝对值小于阈值时为峰的结束点。阈值可以根据基线中噪声偏差设定，通常设定值为基线噪声的 3 倍。

传统的一阶导数的缺陷在于对于对称峰形检测较为准确，但对于拖尾峰而言，由于阈值的存在可能导致峰结束点的判定提前。另一方面，对于那些峰宽较大的小峰可能会出现漏检的现象。

为了改善信噪比较低的扁平峰的检测，1982 年 J. L. Excoffier 等[13]提出了修正一阶导数法用于色谱峰检测。对于相同峰高的色谱峰而言，峰越宽，一阶导数的值越小，由于阈值的限定，可能导致某些峰肉眼可见，但未获得检出。

由于噪声的影响，相邻信号差值的波动往往会大于色谱峰前沿的斜率，可能对判断造成影响。修正一阶导数法采用相隔几个点的差值来代替相邻两点的差作为斜率。在此情况下斜率的最大值随两点间距的增大而增大，当两点的距离为峰宽的一半时，数值达到最大振幅。图 9-2 为同一谱图的一阶导数和修正一阶导数的结果，表明修正一阶导数明显优于一阶导数。

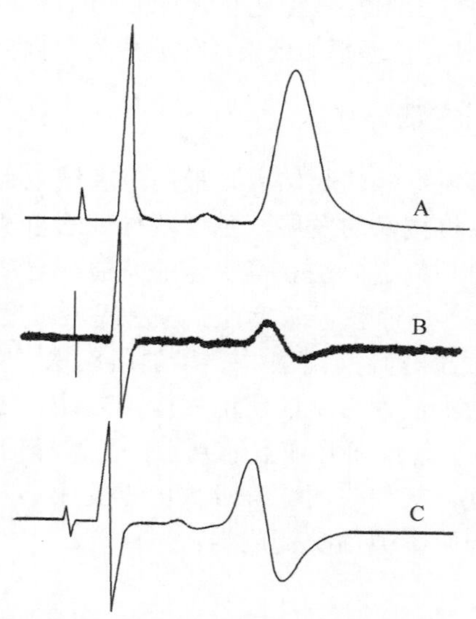

图 9-2 色谱谱图的一阶导数和修正一阶导数比较

A—原始谱图；B—一阶导数；C—修正一阶导数

修正一阶导数的峰检测过程及判别依据与一阶导数法相同，同样需要根据噪声情况来确定峰判断的阈值，但从图 9-2 可以看出相同的基线噪声条件下，噪声对修正一阶导数干扰明显小于一阶导数，窗口越大干扰越小，其原理与采集频率-噪声相关性相同。

二阶导数也可用于色谱峰的判别，从实际应用效果而言，用二阶导数法的检测灵敏度要高于一阶导数法，甚至在基线出现线性漂移的情况下也不受影响。但基线噪声对信号导数的影响随导数阶数的增加而增大，会对程序上的峰判断产生不利影响，在实际工作站中较少使用。

E. F. G. Woerlee 等提出增加斜率检索法(ITS 法)[15]，如图 9-3 所示，将起始点（B_1）固定，与其后连续四个信号点（B_2、B_3、B_4、B_5）分别计算其斜率值。当四个斜率值连续上升，则确定起始点（B_1）为峰起点。这些关系可用下列公式表示：

$$\frac{B_3-B_1}{2}>\frac{B_2-B_1}{1}\&\&\frac{B_4-B_1}{3}>\frac{B_3-B_1}{2}\&\&\frac{B_5-B_1}{4}>\frac{B_4-B_1}{3}$$

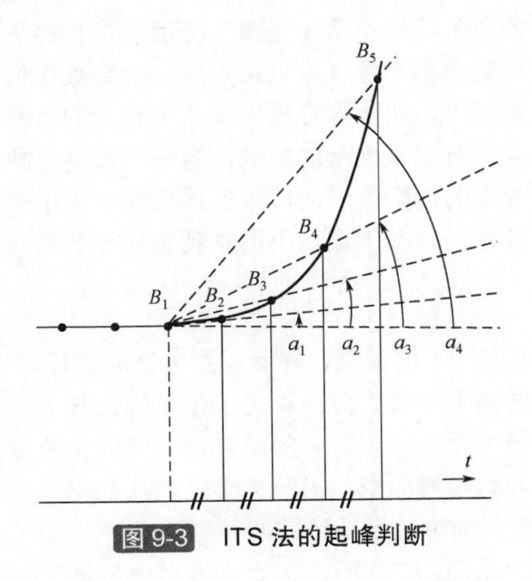

图 9-3 ITS 法的起峰判断

将上述关系式加以整理可转换为：

$$B_3 - 2B_2 + B_1 > 0 \&\& 2B_4 - 3B_3 + B_1 > 0 \&\& 3B_5 - 4B_4 + B_1 > 0$$

我们可以看出，实际上这种检测方法是二阶导数的一种变形。当数据点满足二阶导数检测法的条件时，也必能满足 ITS 法，相反，能满足 ITS 法的不一定能满足二阶导数法。ITS 法对噪声的敏感性要低于二阶导数法，同时具有更高的检测灵敏度。

传统的一维气相色谱通常的峰容量比较低（通常小于 1000），现实样品中组分数则成千上万，其分离能力远不能满足使样本的峰获得完全的分离，通常的色谱处理系统一般对肩峰的情况不予考虑，将肩峰并入主峰进行计算。这种处理方法将给定量结果带来较大偏差。重叠峰分析也是色谱数据处理的研究重点，卢佩章教授等通过 EMG 模型进行全谱图曲线拟合的方法解决了重叠峰的定量问题[16]。但拟合法的色谱峰的模型参数以及色谱参数随保留时间的变化对拟合结果至关重要，而且运算复杂，同时缺乏质谱等其他信息进行辅助验证，难以实现广泛的使用，在通常的数据处理软件（工作站）中较少使用。然而，从实际的数据出发采用二阶导数可能实现重叠峰尤其是肩峰的拆分。图 9-4 为一后肩峰谱图及其一阶导数和二阶导数，理论上，后肩峰可根据以下条件进行判断：有后肩峰时，从主峰顶点到峰结束点，信号的一阶导数保持正号；而二阶导数出现了正负变换，由此可判断肩峰的存在。

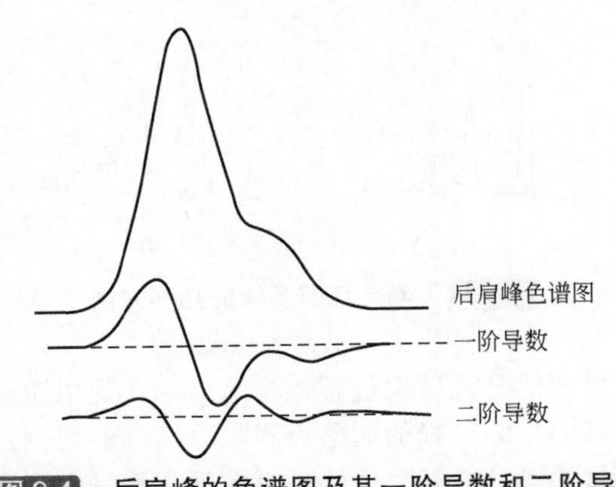

图 9-4 后肩峰的色谱图及其一阶导数和二阶导数

但如前文所述，信号的二阶导数对系统噪声十分敏感，直接采用上述方式进行判断容易出现错误。为了减小二阶导数的影响，可以采用查找一阶导数极值的方法进行肩峰判断，从图 9-4 中可以看出存在三个拐点，即一阶导数出现三个符号为负的极值点，两个极小、一个极大。为避免由于噪声的存在对肩峰判断的影响，当三个极值点找到后，极大值和极小值之间的差值需大于一个预先给定的门限值。此门限值根据噪声大小来确定，同时相邻极值点间的时间间隔也需满足一定条件，只有满足以上的系列条件才能确定出肩峰。

三、峰基线的确定

峰高是峰尖至峰底（或基线）的距离，峰面积是色谱峰与峰底（或基线）所围成的面积。峰高和峰面积是色谱定量的基本参数。前面论述了色谱峰的起点、终点的判定方法，只有色谱峰曲线与基线间的整个面积才表示该组分的总量，故峰面积的测量同时还取决于基线的判断。因此，要准确地测量峰高和峰面积，另一关键是基线的确定。

图 9-5 表示了不同情况下确定色谱基线的四种方法。

（1）水平基线校正法　见图 9-5（a），将始点水平画至最后一个色谱峰的始点，折上与该峰的终点相连的线，作为色谱的基线。此法用于基线基本平稳的情况。

（2）连带法或胶带法　见图 9-5（b），由第一个色谱峰的始点与最后一个色谱峰的终点连一直线，色谱基线则由低于此直线的各峰谷相连而成。此法适用于基线波动不大的情况。

（3）峰谷法　见图 9-5（c），把峰谷点之间的连线作为基线。此法适用于基线波动较大的情况。

（4）空白基线法　见图 9-5（d），是在不进样的情况下先作一次色谱分析，其谱图称为空白基线。然后在完全相同的色谱条件下进样分析，此时谱图与空白基线谱图相减，称为空白基线法。此方法主要用于程序升温等基线漂移较为严重的情况，对仪器的重复性要求很严，否则会产生很大误差。

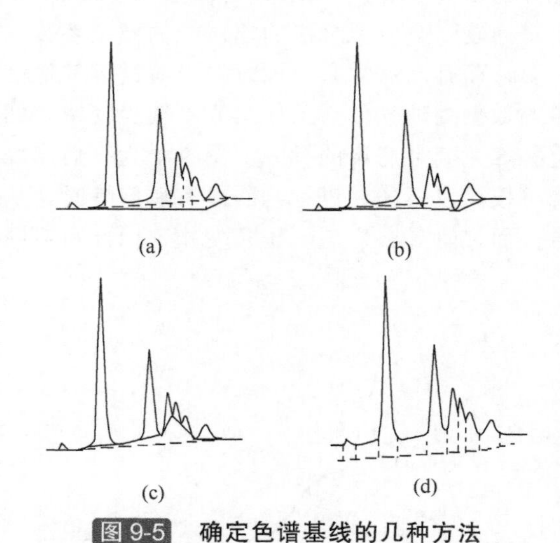

图 9-5　确定色谱基线的几种方法

谱图基线必须根据色谱图的分离情况进行综合考虑。在使用微处理机和计算机时可以将色谱图调出，看谱图上基线的判断、峰的起落点和未分离峰的切割是否合理，若不合理，就必须重新设定参数，或通过手动的方式，再次处理数据直至满意为止。

两峰重合时，在数据处理中通常采用谷点作垂直线的方法进行切分。当谷点小于小峰的半峰高或者两峰等高时，误差不大。应当注意的是当谷点在小峰的半峰高以上时，小峰面积的测量误差会随大峰和小峰的峰高比值的增加而显著增加。Proksch 等[17]建立了气相色谱重合峰峰面积的校正系数表。通过重合峰的峰高比、分辨率等信息可在表中查到校正系数，用于面积折算。但其只有在峰形符合高斯分布、两个峰之间存在峰谷、小峰在大峰之前流出等条件下才适用。

第二节　气相色谱质谱数据处理

气相色谱质谱联用技术，以其优异的分离定性特点，被广泛地应用于分析复杂混合物中的挥发性组分中。GC-MS 的使用过程：将在通常气相色谱仪上优化后的色谱条件移植到 GC-MS 上，全扫描分析进行定性，然后选取目标化合物的特征质量进行选择性离子扫描，进行定量分析。在气相色谱质谱联用仪中，采用四极杆作为质量分析器是其中的主流。由于四极杆采用的时域性分辨，因此在定量过程中通常推荐采用选择离子扫描模式（SIM），采用多通道 SIM 模式可对样本中的多个化合物实现定量检测，其检测灵敏度较全扫描模式可提高 10 倍以上，同时数据采集频率也可获得极大的提高，更好地匹配高速气相色谱，对于 SIM 模式定量检测而言，核心是选择目标化合物的特征离子，确保附近的共流出化合物对其没有干扰，在 SIM 模式下获取的质量色谱图的数据处理与常规的气相色谱数据处理基本一致，在此不予深入讨论。

一、定性谱图的获取

气相色谱质谱联用技术的另一个主要应用是复杂混合物中组分的定性，定性的基础是流出物的质谱图。采用全扫描方式获得的总离子流与 FID 产生的谱图（图 9-6）极为相似（应该注意的是由于响应灵敏度的不同强度有所差异），每一个点的强度相当于该时间段所有离子丰度的总和，根据归一计算每一个点可获得一张对应的质谱图。

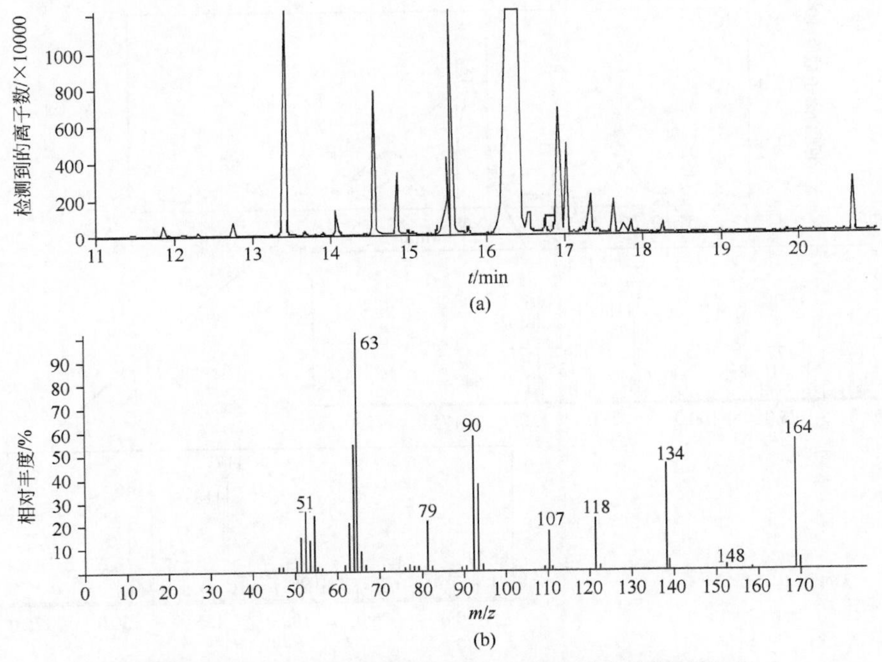

图 9-6　GC-MS 总离子流图（a）及单点对应的质谱图（b）

然而，其质谱图通常会包含一些来自于离子源污染物、柱流失物、基质干扰物、共流出化合物所产生的离子，在分析复杂基质中的痕量物质时，这一现象尤为突出，样本中的基质就会不可避免地被引入检测过程中，对目标化合物的质谱图产生严重的干扰。因此，通过对质谱数据的后处理，将目标化合物的质谱图从原始谱图中提取出来，根据新建的“纯净”的质谱图进行谱图库检索或标样谱图比对，可使目标化合物的定性结果更加准确。

系统的背景噪声结构相对比较简单，包含空气中组分的分子离子（18、28、32、40、44等）以及部分色谱固定液的流失（高温条件下），扣除此类干扰较为简单，通常采用从目标化合物的质谱图中减去其周围本底的质谱图。

丰度较高的共流出物及复杂基质干扰物的离子，使目标化合物的定性变得更为困难，简单的扣“本底”的方法无能为力。目前大部分气相色谱质谱软件均不具备重叠峰自动判别以及自动谱图解卷积提取功能，因此在进行谱图提取时不能简单地扣除背景进行谱图检索。

对总离子流谱图中的峰进行定性时，首先要判断其是否为重叠峰。判断标准一般为该峰的前肩位置和后肩位置的质谱特征是否一致。如果存在显著差异，表明该峰至少由两个或更多物质重叠而成。如图 9-7 所示，图中 154 号峰峰形基本正常，但前肩和后肩的质谱图存在显著性差异，可认定其为重叠峰。如果发现重叠峰，选择两个谱图中差异大的离子，获取离子谱图，根据谱峰对比确认重叠峰。选择特征离子 134 和 146（图 9-8），可发现两个质量色谱图存在峰错位，进一步验证了上述判断。为获得第一个物质的质谱图，如果选择位置 a 作为原始数据，那么它的背景应选择在位置 b 进行扣除。类似于双波长光谱的背景扣除，因为位置 a 所包含的第二个物质的量与位置 b 相等。图 9-8（Ⅰ，Ⅱ）给出了准确减扣后的两个物质质谱图，相互之间的干扰被完全去除，定性结果更加准确。

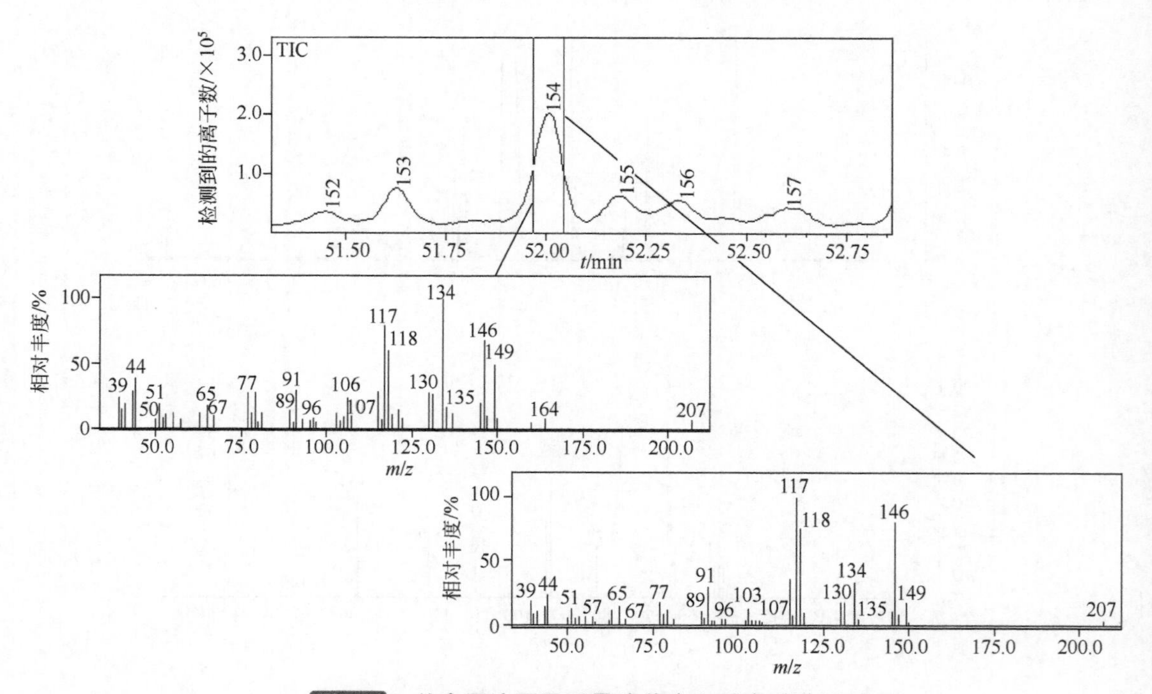

图 9-7　总离子流图及重叠峰前肩和后肩质谱图

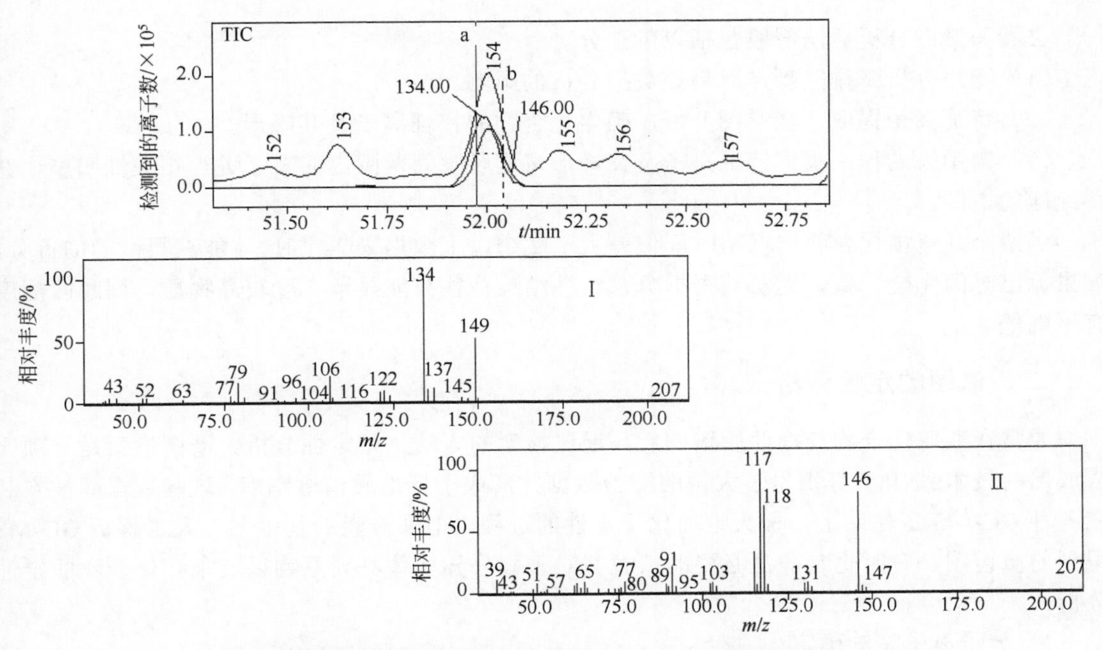

图 9-8 重叠峰干扰扣除及对应的两个物质的质谱图

为了能够达到更好的重叠峰拆分效果，化学计量学的方法被应用于质谱数据后处理中，通过数学计算对质谱数据进行去卷积处理，以提取“干净”的质谱图。目前已商品化的去卷积谱图拆分软件有美国国家标准技术研究院(NIST)开发的一套软件 AMDIS(Automated Mass Spectral Deconvolution & Identification System)、美国 Leco 公司色质谱工作站内含的去卷积算法等。图 9-9 显示了 Leco 工作站对一段总离子流谱图的重叠峰拆分结果，根据算法在一个前肩峰中拆分出 5 个物质。其中 A 为该时间点的质谱图，B 为去卷积拆分后 6 号物质的谱图，C 为 NIST 谱图库中的标准谱图。该结果表明，采用去卷积算法可以有效地获取准确的谱图，解决复杂物质分离分析时共流出物质的干扰。

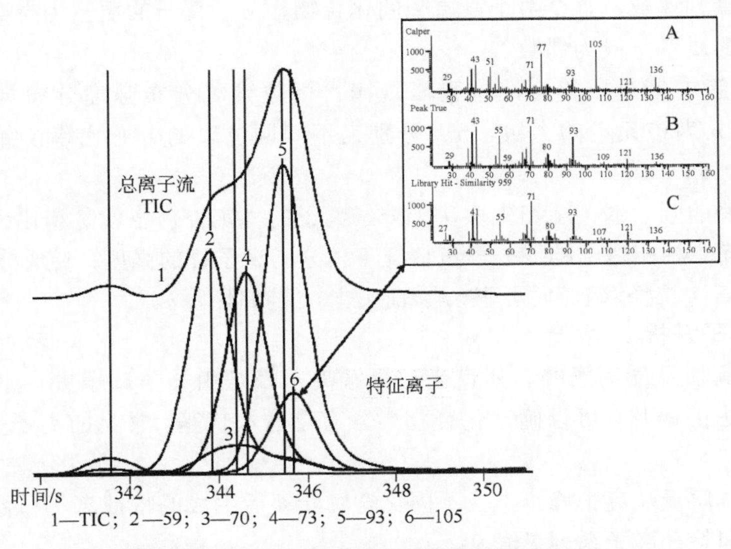

图 9-9 去卷积算法拆分重叠峰结果显示

去卷积谱图分析算法一般包括以下部分。

（1）噪声分析：排除噪声对后期数据分析的影响。

（2）特征离子提取：全谱图分析，确定化合物的特征离子及其峰形。

（3）谱图去卷积：根据特征离子及其峰形将这段时间范围内的离子进行相关性归属，获得纯净的谱图。

当两个共流出化合物的保留时间偏差大于 2 个以上数据采集点时，才能获得准确的拆分，如果流出时间完全一致，无法获得拆分，定性结果往往只能显示丰度较高物质，同时匹配度有所降低。

二、谱图的定性分析

通常在获取化合物纯净的质谱图后，通过检索的方法进行定性分析。谱图检索是一项比较成熟的技术。NIST 等积累了大量的实验数据并形成了标准质谱谱图库，这些数据库被安装在各种 GC-MS 工作站上，极大地简化了定性的过程。但在检索的基础上，人工解析 GC-MS 得到的质谱图，有时也是非常必要的，尤其对于同分异构体、同系物以及未知化合物的定性分析。

1. 分子离子峰的确定

EI 质谱图中有分子离子的话，它应该出现在谱图的最高质荷比区，但是，质谱图上质荷比最高的离子不一定就是分子离子，仍需进一步检验确定，以便排除各种干扰。一个分子离子必要的但非充分的条件是：

（1）一般是最高荷质比的离子，但是，某些含氧含氮的化合物，如醚、酯、胺、酰胺、氨基酸酯、氰化物等，往往在比母峰多一个质量单位处出现一个峰（M+1），同样，有些分子，如芳醛、某些醇和含氮化合物易失去一个氢而生成 M−1 离子。

（2）分子离子必须能够通过丢失合理的中性碎片，产生谱图中高质量区的重要离子。通常，分子离子不可能失去质量为 4～14 和 21～25 的中性碎片而产生重要的峰。

（3）分子离子对应的分子式应符合“氮规则”。假若一个化合物含有偶数个氮原子，则分子离子的质量为偶数，含奇数个氮原子的化合物，分子离子的质量为奇数，其他有机化合物，分子离子的质量一般为偶数。

（4）分子簇丰度分布符合同位素峰规律：同位素峰分布强度分布规律符合$(aX+bY)n$展开式。其中 n 为该元素的个数，a,b 分别为不同同位素的分布比率，如 Cl 为 3∶1，Br 为 1∶1。

分子离子峰的强、弱甚至消失取决于分子离子的稳定性，也就是和化合物的结构类型密切相关。一般而言，相似结构或分子量情况下，分子离子峰的强度：芳香族>共轭烯烃>脂环化合物>烯烃>直链烷烃>硫醇>酮>胺>酯>醚>酸>支链烷烃>醇。

2. 碎片离子解析

（1）研究高质量端离子峰。质谱高质量端离子峰是由分子离子失去中性碎片形成的。从分子离子失去的碎片，可以确定化合物中含有哪些取代基。常见的离子失去碎片如表 9-1 所示。

（2）研究低质量端离子峰。寻找不同化合物断裂后生成的特征离子和特征离子系列。常见的特征离子和特征离子系列见表 9-2。

表 9-1 常见中性丢失

中性丢失	分子式	中性丢失	分子式	中性丢失	分子式
15	CH_3	16	O，NH_2	17	OH，NH_3
18	H_2O	19	F	26	C_2H_2
27	HCN，C_2H_3	28	CO，C_2H_4	29	CHO，C_2H_5
30	NO	31	CH_2OH，OCH_3	32	S，CH_3OH
35	Cl	42	CH_2CO，CH_2N_2	43	CH_3CO，C_3H_7
44	CO_2	45	OC_2H_5，COOH	46	NO_2，C_2H_5OH
79	Br	127	I		

表 9-2 重要的低质量离子系列及官能团

官能团	荷质比
烷基	15，29，43，57，86…
醛、酮	29，43，57，86…
胺	30，44，58，72，86…
酰胺	44，58，72，86…
醚、醇	31，45，59，73，87…
酸、酯	45，59，73，87…
硫醇、硫醚	33，47，61，75，89…
烯基、环烷	27，41，55，69，83…
芳基	38，39，50～52，63～65，75～78
苄基	19，51，77，91
邻苯二甲酸酯	149

应该注意的是上述离子系列在不同化合物的质谱中可能表现出的离子丰度相差比较大，另外有些离子系列在谱图中只出现其中的几个离子，芳基对应的离子丰度一般比较低。

参考文献

[1] 陈孟尝. 智能气相色谱数据处理基础的研究[D]. 大连：大连化学物理研究所，1985.

[2] Cram S P, et al. J Chromatogr, 1976, 126: 279.

[3] Savitzky A, et al. Anal Chem, 1964, 1627: 36.

[4] Gram S P, et al. Anal Chem, 1976, 279: 172.

[5] 杨黎. 环保样品的全谱图曲线拟合及重叠峰的解析定性[D]. 大连：大连化学物理研究所，1990.

[6] Shao X G, Cai W S, Pan Z X. Chemom Intell Lab Syst, 1999, 45(1-2):249.

[7] 潘忠孝, 邵学广, 仲红波, 等. 分析化学, 1996, 24(2): 149.

[8] Bobba G M, Donaghey L F. J Chromatogr Sci, 1977, 15: 47.

[9] Perkin-Elmer. Instructions of SIGMA series, Console. 1978: 12.

[10] Data Preocessor Chromatopac C-R1B, Instruction manual (Shimadzu).

[11] Mitchell J D, et al. American Laboratory, 1981, 10: 55.

[12] Back H L, et al. J Chromatogr, 1972, 68: 103.

[13] Excoffier J L, Guiochon G. Chromatographia, 1982, 15: 543.

[14] McCullaugh R D. J Gas Chromatogr, 1967, 5: 635.

[15] Woerlee E F G, Mol J C. J Chromatogr Sci, 1980, 18: 258

[16] 卢佩章，戴朝政. 色谱理论基础. 北京：科学出版社，1989.

[17] Proksch E, Bruneder H, Granzner V. J Chromatog Sci, 1969, 7(8): 473.

第十章　气相色谱柱系统的选择和操作条件的优化

色谱柱是色谱分离的核心。在建立色谱分析方法的过程中，首先遇到的是如何选择最佳的色谱柱系统，通常对特定样品分析的气相色谱柱系统选择要遵循下列三原则[1]：①被分离物质有合适的保留值范围（$0.2 \leqslant k' \leqslant 20$）；②有足够的分离度；③分析时间最短。而影响色谱柱系统分离效率的主要因素有固定相、载气、柱参数、柱温等，固定相已在第四章阐明，本章将就其他三方面内容做详细介绍。

第一节　载气种类及线速的确定

载气是气相色谱的一个重要操作参数，在最佳载气线速下可获得最高柱效。载气压力对柱效率有直接的影响，如提高柱内载气压力，有助于提高柱效率，但只提高入口载气压力，使流速加大且压降太大时，反而会降低柱效率，因此需要选择与最佳柱系统相匹配的载气种类和线速 [1]。

载气种类及其线速对塔板高度 H 的影响可以从著名的戈雷[2]方程清楚地看出：

$$H=\frac{2D_{\mathrm{g}}}{u}+\frac{1+6k+11k^{2}}{24(1+k)^{2}}\times\frac{r_{\mathrm{n}}^{2}}{D_{\mathrm{g}}}u+\frac{2k}{3(1+k)^{2}}\times\frac{d_{\mathrm{f}}^{2}}{D_{\mathrm{l}}}u \tag{10-1}$$

式（10-1）中：D_g、D_l 分别为组分在气相和液相的扩散系数。H 主要有两种因素影响：

（1）等式右边第一项为分子扩散项。由柱内存在浓度梯度而引起，与组分在柱内滞留时间有关。滞留时间越长，分子扩散项的影响越大。增加线速可使这种效应减低。由于 D_g 在 $0.01\sim1cm^2/s$，D_g 是 D_l 的 $10^4\sim10^5$ 倍，因此，组分在液相的分子扩散可忽略。

（2）等式右边第二项和第三项为传质项。起因于溶质在两相的分配不能瞬间完成。其中第二项为气相传质阻力项，表示的是气相的样品和气液界面进行交换时的传质阻力。从气相到气液界面所需的时间越长，则传质阻力越大，色谱区域扩张也就越大。在空心毛细管中，如果气流呈层流流动，则管中心的流速最快，越靠近管壁越慢。也就是说，在管截面上有一抛物形的浓度分布，这样在和固定相传质时，在径相就产生了气相传质阻力问题。与此相应，式（10-1）中第三项为液相传质阻力项。原因是组分从气液界面到液相内部并发生质量交换达到分配平衡，然后又返回气液界面的传质过程也需要时间，这样一方面组分进入液相从液相返回需要时间，另一方面气相中组分又随载气不断向柱出口方向运动，最终造成了峰的扩张，且线速越大，这种作用越强。

由上分析不难明白，载气线速 u 对 H 的影响较为复杂，同时在 H-u 图中存在一个流速 u_{opt}（图 10-1），在此值下柱效最好（H 最小）。流速小于 u_{opt}，柱效戏剧性地减小，而大于它时，柱效的减小较缓慢。

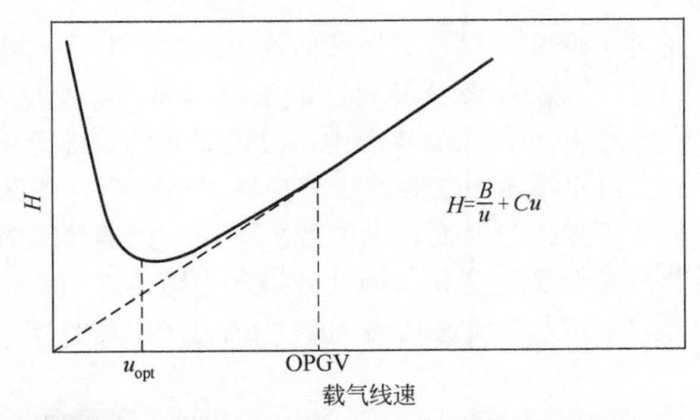

图 10-1 范底姆特曲线（OPGV 为最佳实用线速）

从戈雷方程可看出，采用过高或过低的流动相线速对充分发挥色谱柱效能均不利，但在 u_{opt} 下工作，则线速又太慢。在毛细管色谱中，于最佳实用气速（OPGV）下工作保证了每单位时间的最大柱效，OPGV（列举在图 10-1 中）被定义为范底姆特曲线中 H 与 u 关系开始变线性点的速度。在 OPGV 下操作的好处列于图 10-2 中。增加柱长和在 OPGV 下操作（图 10-2 上部曲线）将比一个给定柱子改变温度或流速产生每单位时间较高的分辨率（R/t_R）。

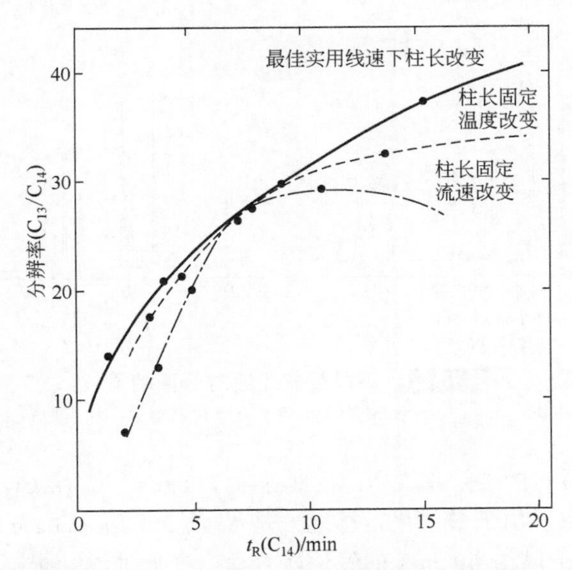

图 10-2 最佳实用线速下，柱长、柱温、载气流速对分辨率和分析时间的影响

从公式（10-2）可以看出，为达到一定的分离程度，必须具有一定的板数 n^{∞}[3]。

$$K_1=\frac{1}{2.35}s_d\sqrt{n^{\infty}} \tag{10-2}$$

这里 n^{∞} 为容量因子 $k=\infty$ 时的板数。由于流动相通过一个塔板所需的时间为 H^{∞}/u，而总的时间为 $n^{\infty}H^{\infty}(1+k'_{最后})/u$，显而易见，如果流动相通过一个塔板所花的时间越短，则分析速度越快。因此快速色谱应选取 H^{∞}/u 达到最小值，同时保证 n^{∞} 不低于预定要求，这就是快速色谱选择流动相的原则。

比如，实际分析需要 n^{∞}>4000 方可得到满意的效果，而手中有一根在最佳线速操作下 n^{∞} 可达 8000 的色谱柱，在最佳状态下，这支色谱柱的效率绰绰有余，因此可尽量提高流动相线速，使其 n^{∞}值从 8000 降低到 4000，从而实现满足分离要求的快速分析。

作为强调，下面进一步给出流速改变时两个或更多对峰分辨率的改变结果。图 10-3 是改变流速所得的谱图[4]。从中可知，与改变柱温的结果不同，流速改变时相对峰分离一直是一个常数，但是由于理论塔板数随流速变化，因此分辨率也随流速而变。如样品中难分离物质对正十二烷(n-C_{12})/萘（图 10-3），当流速从图 10-3（a）到图 10-3（d）减少时，峰分辨率不断增加。

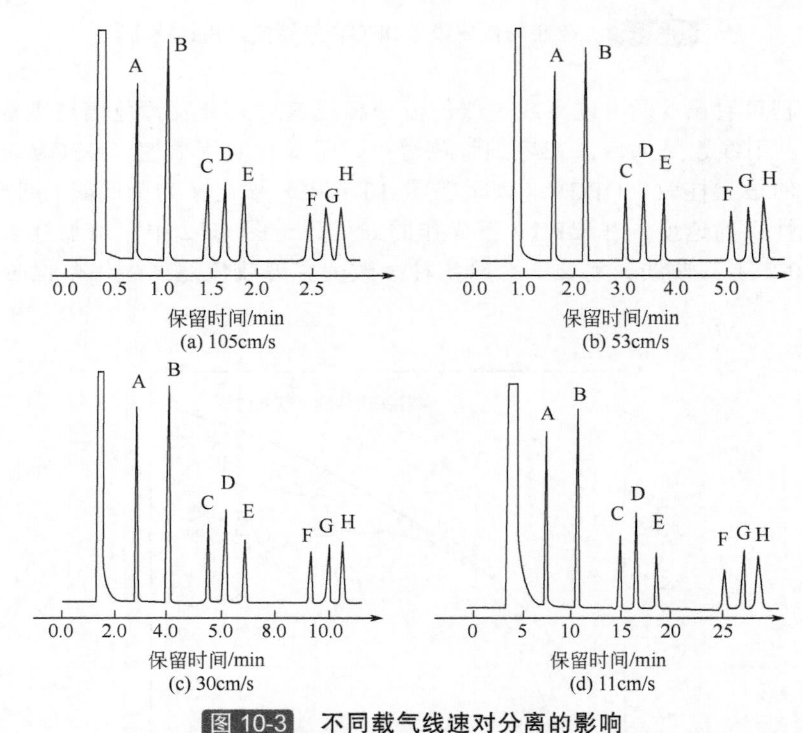

图 10-3 不同载气线速对分离的影响

色谱柱：25m×0.53mm，3μm 5%苯基-95%甲基硅氧烷石英柱；柱温125℃。FID检测器

图 10-4 是几个物质对的分辨率图[4]。在线速 u>80cm/s 下，(n-C_{12})-萘物质对未能基线分离 [$K_1 < 1.5 \times 1.7(R_S < 1.5)$]。由于最佳化指标之一是 K_1 约 3.4（R_S 约 2.0）的分辨率，因此样品在此柱系统中于 125℃下以约 40cm/s 的线速较合适。在此速度，最后一个峰（萘，k'=6.6）以 8min 流出。使用 80cm/s 的线速使分析时间减少到 4min，而且(n-C_{12})-萘正好基线分离。

另一方面，载气种类也影响柱效（即板高），尽管在 u_{opt} 下 N_2 能比 H_2 或 He 提供更高的柱效，但后者能提供更有用的线速范围即没有严重地减少柱效（图 10-5）。除非分离极端困难，否则不必要在 u_{opt} 下操作。因此，为获得最大柱效，可采取以下措施：

（1）使用 He 或 H_2 代替 Ar 或 N_2 作载气；

（2）在载气流路中使用净化器；

（3）最佳化载气线速。

可以下列次序：Ar<N_2<He<H_2 获得较高的柱效和较平的范底姆特曲线。

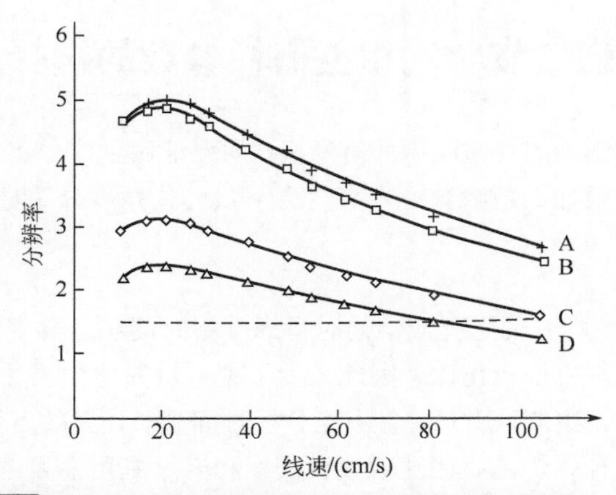

图 10-4　线速对难分离对分辨率的影响（条件同图 10-3）

A—n-十一烷/2,4-二甲基苯胺；B—1-辛醇/n-十一烷；C—2,4-二甲基苯胺/n-十二烷；D—n-十二烷/萘

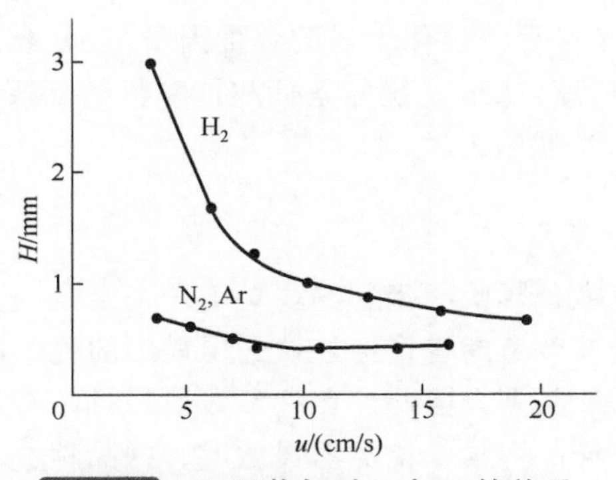

图 10-5　不同载气时 H 与 u 的关系

为了简化理论计算，在毛细管色谱的动力学方程及相关计算中大都没有考虑压降的影响。由于气相色谱流动相载气是可以压缩的，因此在不同柱长时，载气流速、保留时间、理论板高都要对压降进行相应校正[5]。另外，实际工作中，柱压降还与载气的黏度相关，不同载气的黏度见表 10-1。

表 10-1　不同温度、不同载气的黏度

载气	黏度/μP			
	20℃	100℃	200℃	300℃
H_2	88	103	120	140
He	196	230	270	307
N_2	175	208	246	281
CO_2	147	185	230	270
Ar	222	271	321	370

注：1P=0.1Pa・s，下同。

第二节 气相色谱柱参数的选择

最佳操作条件只有在正确的柱系统中才有意义。为保证做到这一点，除了选择最佳的固定相和载气之外，还需要选择最佳的柱参数。本节将会从最佳化角度介绍柱参数的选择方法[1]。

一、柱长

在高效毛细管色谱中，柱长的选择应该同时考虑分析时间和分离度的关系。分析时间正比于柱长，而分辨率和柱长的平方根成正比。因此，为了使分辨率增加至 2 倍，柱长应增加至 4 倍，分析时间也会延长至 4 倍。如果采用长柱，不但分析时间延长，灵敏度也会下降，因此较好的方法是调整液膜厚度、柱内径、炉温、流速或改变固定相来达到所需目的，而不是增加柱长。

Ettre[6]曾推出等温下分离最难分离物质对所需分析时间的表达式：

$$t_R = \frac{nH}{u}(1+k') = 16\frac{(1+k')^3}{k'^2} \times \frac{\alpha^2}{(\alpha-1)^2} R^2 \times \frac{H}{u} \tag{10-3}$$

这里，R 是分辨率；k'是最迟流出化合物的容量因子；α是相对保留值；塔板数 $n=L/H$；H 代表板高；u 为平均载气线速；H/u 是操作条件和柱参数的复杂函数，它含压力校正因子以及气相（C_m）和液相（C_s）传质阻力项。

二、柱内径

毛细管柱内径的选择受多种影响因素制约。对于一个给定的分配比，毛细管柱的柱效随着柱内径的增加而减小，以柱效考虑也许会建议采用最细的柱子，但所用的柱子还必须与色谱仪相匹配，也要考虑样品的类型。因此，在柱参数选择时，常常作折中处理，考虑的要点是：分析寿命、所需柱效、样品容量、检测器灵敏度、样品种类和样品数量。

表 10-2 给出了不同分配比下直径对柱效的影响，对中等浓度的性质较类似的溶质，宜选择较细的毛细管柱来分析，而对一个宽沸程的样品的痕量分析，选择一根宽孔毛细管柱较佳，在柱直径选择的同时，液膜厚度也应考虑。

表 10-2 柱直径对柱效的影响

内径/mm	分配比 k'	板高 H_{min}/mm	内径/mm	分配比 k'	板高 H_{min}/mm
0.030	1	0.018	0.200	1	0.122
	3	0.024		3	0.157
	5	0.025		5	0.168
	10	0.027		10	0.179
	25	0.052		25	0.346
0.050	1	0.031	0.250	1	0.153
	3	0.039		3	0.196
	5	0.042		5	0.210
	10	0.045		10	0.224
	25	0.087		25	0.433
0.100	1	0.061	0.300	1	0.184
	3	0.078		3	0.235
	5	0.084		5	0.252
	10	0.089		10	0.268
	25	0.173		25	0.520

对薄液膜柱，C_s 的贡献可忽略，在最佳操作条件下，H/u 的值可由吉丁斯方程和哈根-泊肃叶方程[7]推导出来。考虑两种特定的情况：

（1）柱子板数有限，压降较小（$P=P_i/P_o$，P 为入口压力 P_i 和出口压力 P_o 之比），此时 $P=1$，分析时间 t_R 由下式给出：

$$t_{R,P=1}=\frac{4}{3}\frac{(1+k)(11/k^2+6k+1)}{k^2}R^2r_n^2\times\frac{\alpha^2}{(\alpha-1)^2}\times\frac{P_o}{P_iD_{m,1}} \quad (10\text{-}4)$$

$D_{m,1}$ 是单位压力 P_i 下溶质-载气扩散系数；r_n 是柱内径。因此，对低压降（低板数或宽孔径），t_R 正比于 r_n^2，增加柱内径对分析时间有较大的副作用。

（2）柱子的塔板数较高，具较大压降（P 很大），在最佳色谱条件下，可推出下式：

$$t_{R,P\to\infty}=24\frac{(1+k)^2(11k^2+6k+1)}{k^3}\times\frac{\alpha^3}{(\alpha-1)}R^3r_n\left[\frac{2\eta}{P_iD_{m,1}}\right]^{1/2} \quad (10\text{-}5)$$

这里η是载气的动力学黏度。从式（10-5）知分辨率给定时，保留时间正比于 r_n，显示出细孔径柱的好处。

从式（10-4）、式（10-5）可引出以下几个结论：

（1）应用 H_2 作载气，因为$\eta/D_{m,1}$较低，He 和 N_2 分别比 H_2 慢 50%和 250%。

（2）由于 t_R 受$\alpha/(\alpha-1)$二次或三次幂的影响，因此，固定相应仔细选择。

（3）应避免过大的分辨率，也就是说，应选择合适的柱温和柱长。

（4）式（10-4）、式（10-5）的 k 项应最小（$k_{min}=2$），因此应调节相比和柱温以使感兴趣的组分的 k 在 1～3 间。

三、液膜厚度

液膜厚度既影响柱子的分离性能，也影响分析时间，而且与柱内径相互关联。与厚液膜柱相比，薄液膜柱通常具有分析时间短、动力学工作范围宽及柱性能高等优点。

液膜厚度 d_f 及相比β和柱内径有关：

$$\beta=r_n/2d_f \quad (10\text{-}6)$$

也与分配系数 K 和容量因子 k' 有关：

$$K=k'\beta \quad (10\text{-}7)$$

式（10-7）可重写成更好的形式：

$$K=\frac{液相中溶质量}{气相中溶质量}\times\frac{气相体积}{液相体积} \quad (10\text{-}8)$$

大多数高效气相色谱柱是未填充的、平滑的开管柱，它的内表面积和液膜厚度决定了液相的体积，而这些都与柱直径有关。因为 K 是 k'和β之积，当β增加时，恒定 K 下 k'减小，表明溶质在较高β的柱中比在较低的柱中以更短的保留时间流出。β越低，溶质在液相停留的时间就越长。

四、柱参数对压降的影响

在 $P\to\infty$ 时，压降和难分离对获得给定分辨率时的时间有近似关系：

$$\Delta Pt_R=常数 \quad (10\text{-}9)$$

或

$$\Delta Pr_n=常数 \quad (10\text{-}9)'$$

因此，如果有高塔板数如百万理论塔板，那么获得短的分析时间就有大的压降。比如在70m×50μm 的柱子上，一百万理论塔板的压降为 32bar（1bar=10^5Pa，下同）。

五、柱参数对最小检知量、样品容量及工作范围的影响

色谱柱和检测器性质决定最小检知量φ_0，对质量型检测器，如 FID：

$$\varphi_0 = 4\sigma \frac{R_n}{S}\sqrt{2\pi} \qquad (10\text{-}10)$$

对浓度型检测器，如 TCD：

$$\varphi_0 = 4\sigma \frac{R_n}{S}F \qquad (10\text{-}11)$$

R_n 是检测器的“噪声”；S 是检测器的灵敏度；σ为流出峰的二阶矩；F 是在检测器温度和压力下测量的体积流量。

φ_0 正比于峰宽σ。对给定的板数 N，φ_0 正比于保留时间 t_R。因此对高塔板数柱，φ_0 线性依赖于柱内径 r_n［等式（10-5）］，在细孔径柱上可检测很低量。

样品量φ_S 是组分注入柱子并使峰宽有限增加（如 10%）时的最大进样量。φ_S 被认为近似正比于由一个理论板占据的体积。对毛细管柱，k'是常数时，正比于 r_n^3。因此改变柱直径对样品容量有很大的影响。

φ_S 的方程为：

$$\varphi_S = \frac{MP_S}{R^*T_c}\sqrt{3}\pi(r_n - d_f)(1+k)(LH)^{1/2} \qquad (10\text{-}12)$$

这里 M 是组分分子量；P_S 是柱温下的饱和蒸气压；R^*为气体常数。

对样品容量来说，使用宽孔径的好处直接反映在此方程中。应注意到$(LH)^{1/2}$ 正比于 r_n，k'中包含有与 d_f 有关的固定相体积。

样品的工作范围 W 为：

$$W = \varphi_S / \varphi_0 \qquad (10\text{-}13)$$

一般应超过待分析样品中化合物的浓度比。否则，只有当主峰超负荷时，痕量化合物才可以与“噪声”区别，而且这或许会掩盖某些超负荷峰附近流出的小峰。

实际上，高塔板数时 W 正比于 r_n^2，宽孔径具有明显优点。

在很多研究中也讨论了柱参数改变对毛细管柱性能的影响[8]，改变上述参数对柱效、分析时间、柱压降、最小检知量、样品容量等都有较大影响，色谱工作者只有在实际工作中明确这些影响因素，才能获得最佳分析条件，完成相应分析任务。

第三节　柱温和温度程序的优化

柱温是影响分析时间和分离度的重要因素。在给定的固定相、载气、柱参数等条件下，柱温的改变直接影响气相色谱的分离效果和分析速度。因此，获得最佳分离条件的关键是找到最佳柱温或升温程序。

升温程序分为两类：①从色谱走样开始，升温速率为常数的，称为线性程序升温；②包括起始恒温阶段或程升后有恒温阶段的，以及多阶程序升温，不论其程升部分的速率为常数还是变数，统称为非线性程序升温。不同组分的保留行为随温度变化的规律往往不同，当样

品中同时含有这些组分时，不同的柱温会使出峰顺序有颠倒或有峰重叠现象。在程序升温过程中，温度在不断变化，温度系数不同的组分在柱中的相对位置也会发生变化，因此会出现峰顺序随程序升温条件而变化的情况。分离条件寻优就是利用这一特点而实施的。

通常情况下，寻优方法都要先确定优化的目标和变量，找出目标和变量之间的函数关系后提出约束条件，并在此基础上进行寻优。寻优方法的选择通常视所确定的目标函数和约束而定。科学家们进行了大量研究，也提出了多种模型去预测程序升温条件下的色谱保留行为。单纯形法[9~15]是色谱寻优中常用的一种方法。单纯形是指在一定的空间中，由直线组成的最简单的封闭图形。比如在二维空间中，经过不在一直线上三点的连接组成的三角形是二维空间上最简单的图形。Dose 等[9]以保留时间/分离度为优化指标，应用单纯形法进行了最优升温程序及分离条件的寻找工作。Morgan 等[12]改变柱温和载气流速，分别以二组分、三组分和五组分的混合物进行实验，找到了 2,3-二甲基己烷、3-甲基庚烷等化合物的最佳分离条件。单纯形法的优点是程序相对较容易，不必识别组分且能同时处理多个独立变量，缺点是需要合适的最佳化指标及多次实验，预测能力不好且不能保证获得总体最佳化。

窗口法[16~20]也是色谱寻优中的一种常用方法，该法采用图像形式来寻优，带有一定的色谱特殊性，允许色谱工作者凭视觉选择最好的分离条件。窗口法最初由 Laub 等[16,17]提出，用于气相色谱中二元固定液的选择。基于单独比较每个峰对的分离因子，选出最难分离物质对的分离因子并使之达到最大值，以最小的分离因子对固定液组成作图可得到所谓的窗口图形，从窗口图形可以确定最佳的固定液组成。该原理逐渐被用于色谱分离条件优化[18]。窗口法能直接形象地把目标函数和变量以图的形式描绘出来，明确指出当变量处于某一值时，最难分离物质对能达到的最佳化分离程度。但窗口法的缺点为模型复杂，计算系数需要大量的实验数据，而且当同时需要考虑多个变量时窗口的可视性变差。

梯度法是色谱寻优中的另一种方法[21]。它是一种通过求解函数的导数来寻优的方法，有的优化书上把它归为“间接搜索法”，以区别于直接比较函数值大小的“直接搜索法”（比如单纯形法）。如果所求的优化问题是无约束的，目标函数有解析形式，一阶导数存在并连续，原则上都可采用这种方法。但梯度法的应用受到两个方面的限制。一是求得目标函数的解析形式本身需要一定的工作量，二是色谱优化问题通常都是有约束的，有约束的问题不能用梯度法求解。所以，目前这种方法在色谱优化中尚缺乏一定的普遍性。

此外，Snyder[22~24]等开发了 Dry Lab GC 优化软件，实现了以两次线性程升预实验预测等度或程升条件的 GC 分离状况，保留时间的预测误差在几个百分点之内，分离度的预测误差在±10%范围之内，并发现三种不同极性色谱柱的谱带间隔随温度变化显著，表明具有温度优化空间，并以分辨图（分离度-程升速率）快速搜寻优化的程升分离条件，以尝试法建立优化的恒温分离条件。但由于 Dry Lab GC 优化软件以 LES 近似式代替保留值方程，使得该软件对难分离物质保留时间预测的误差较大，色谱工作者常常要对 Dry Lab GC 给出的程序作进一步的修正。

Snijders 等[25,26]采用恒温 Kováts 指数预测保留时间和峰宽，以离线优化方法求解色谱响应函数（CRF），并在此基础上建立了确定最佳单阶和多阶程序升温条件的方法，以及在给定相同固定相色谱柱中优选色谱柱内径和膜厚的方法。Guan 等[27]利用分离度曲面法，建立了根据“活”保留指数库对未知化合物进行定性、预测和优化分离的方法，解决了多元组分在线性程序升温条件下的分离寻优。但如果一组难分离物质对同时有 3 种以上组分出现的话，该方法需要将其分组计算，大大增加了计算量。林涛等[28]在分离度曲面法的基础上，对计算逻辑结构进行了改进，采用网格搜索法克服了三维图形优化气相色谱程序升温的部分缺点，使网格搜索法能用于非线性程序升温操作方式下寻找最优分离条件。他们在 OV-101 固定相上对 Kováts 保留指数 600～1000 的组分进行了自动寻优，取得了较好的结果。即便如此，该方法也不能完全实现多阶程序升温的自动寻优。

除上述方法外，以柱温为主要变量的优化方法还有函数逼近法[29~31]、重叠分辨图法[32~34]及网络最优化法[35,36]等。这些最佳化策略各有优缺点，尚不能圆满地解决气相色谱中的最佳化问题，特别是程序升温的最佳化工作，一般考虑线性程升的较多[15,18,22~24,37]，而对于任意多阶的程序升温，研究相对较少[38~40]。由于程序升温中各组分的分离情况视升温过程而异，因此宜对每一组分的分离作逐一考虑。鉴于这些分析，许国旺、林炳承、张祥民等[41~49]在前人工作的基础上，着眼于任意阶梯的升温过程，在半宽和保留值的预测、柱内过程模拟及相应优化方法的确立等方面，做出了显著的成绩。

任意多阶升温是一种理想的升温方式，但其升温操作参数的选择比较复杂，要确定升温阶数及各阶温度，需要进行大量的计算[41]。为了克服任意多阶升温方法的计算量大、难以实现自动寻优等困难，张祥民等[44]采用了人工干预的优化方法，并指出任意多阶程序升温寻优与人工智能方法状态空间求解问题相似，由于寻优过程所需寻找的状态非常多，引入一个简单函数 $f(t)$判断一下可能的状态，即可避免大量盲目搜索与计算。他们采用启发式寻优策略优化任意多阶程序升温操作条件，克服了已报道的寻优方法的局限性，他们还编制了相应的计算机程序，并用实验证实了方法的有效性。许国旺等[3,45~49]根据色谱保留值的特征，提出了一个柱温智能最佳化的想法：如果能针对样品中的难分离物质对来智能地设置各阶温度，不仅大大减少了计算量，而且还能找到真正的最佳分离条件。其实质就是选择不同的升温阶梯和各阶温度，在所有感兴趣物质对的总分离效能指标不小于某个下限的前提下，使分析时间最短。利用该智能化研究策略，他们开发了相关智能化优化软件，可对样品的分离温度范围、升温方式及最少升温阶梯、交叉点及最高可分离温度等进行预测。在预测的基础上，可得到最佳的分离条件及模拟谱图。他们首先对卤代烃/烃混合样分析最佳柱温条件进行了预测，使得包含多个卤代烃与烃的混合样品达到了满意的分离效果，保留值预测误差在 1.1%以内，吻合程度很好[48,49]。同时其智能优化程序还被用于空气中毒物样品的分离分析，针对“难分离物质对”设计的升温阶梯不仅容易找到最佳条件，而且计算量少。图 10-6、图 10-7 是使用人工干预的智能优化法，在双柱上将 55 种大气中毒物进行了优化分离，预测的保留时间精密度在±1.5%以内，难分离对的总分离效能指标的精密度在±5%以内[3]。所有这些均满足计算机辅助色谱方法发展的要求，也为发展全自动的人工智能优化迈出了关键的一步。

基于上述思想，智能优化策略也在不同研究领域得到了发展和应用。杨永健等[50]设计了药物气相色谱专家系统。该系统共包括六个主要模块：知识库、推理机构、人机接口、知识获取、动态数据库、色谱优化，有分离模式选择、柱系统推荐、知识获取、色谱条件优化等功能。随后肖玉秀等[51,52]又对该专家系统做了进一步完善，使其功能变得更为强大，包括可提供文献报道的 GC 分析方法及文献出处，判断样品能否直接采用 GC 分析，推荐固定相、柱温、固定液用量范围、检测器、载气等，并能对所推荐的色谱初始条件进行优化。应用结果也表明，该系统提供的建议与文献方法基本相符，依据建议进行实验也得到令人满意的结果，这说明该药物专家系统具有较好的实用性，其提供的建议也具有较大的指导意义。

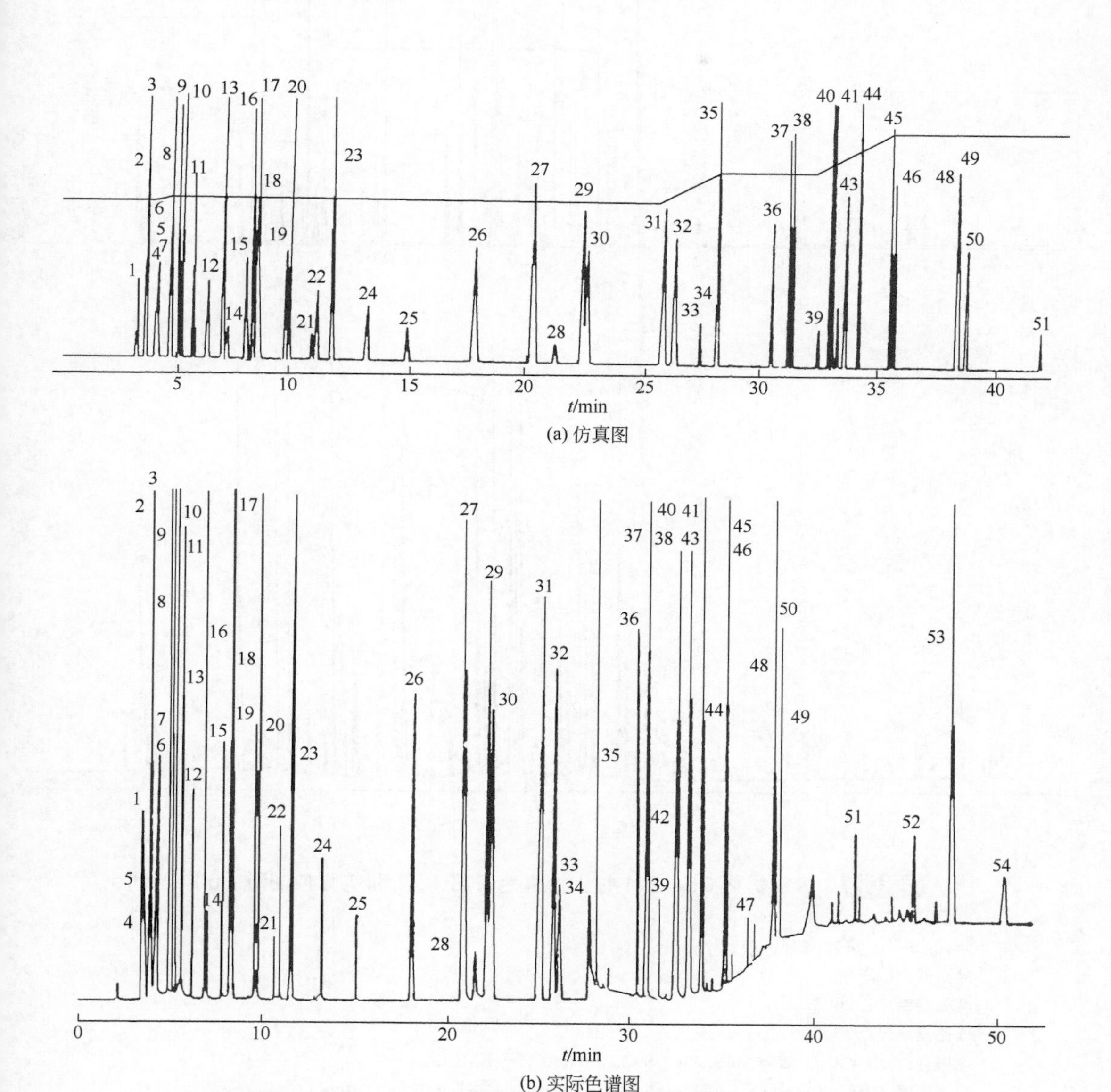

图 10-6 最佳操作条件下 55 种化合物在 DB-1 柱上的实际流出谱图

色谱仪：1003GC

分流比：1∶100

检测器：FID

检测器温度：260℃

气化室温度：260℃

色谱柱：DB-1（J&W Scientific USA），60m×0.25mm，0.25μm

程序升温：30℃（7min）$\xrightarrow{30℃/min}$ 43℃（21min）$\xrightarrow{30℃/min}$ 125℃（5min）→220℃（10min）

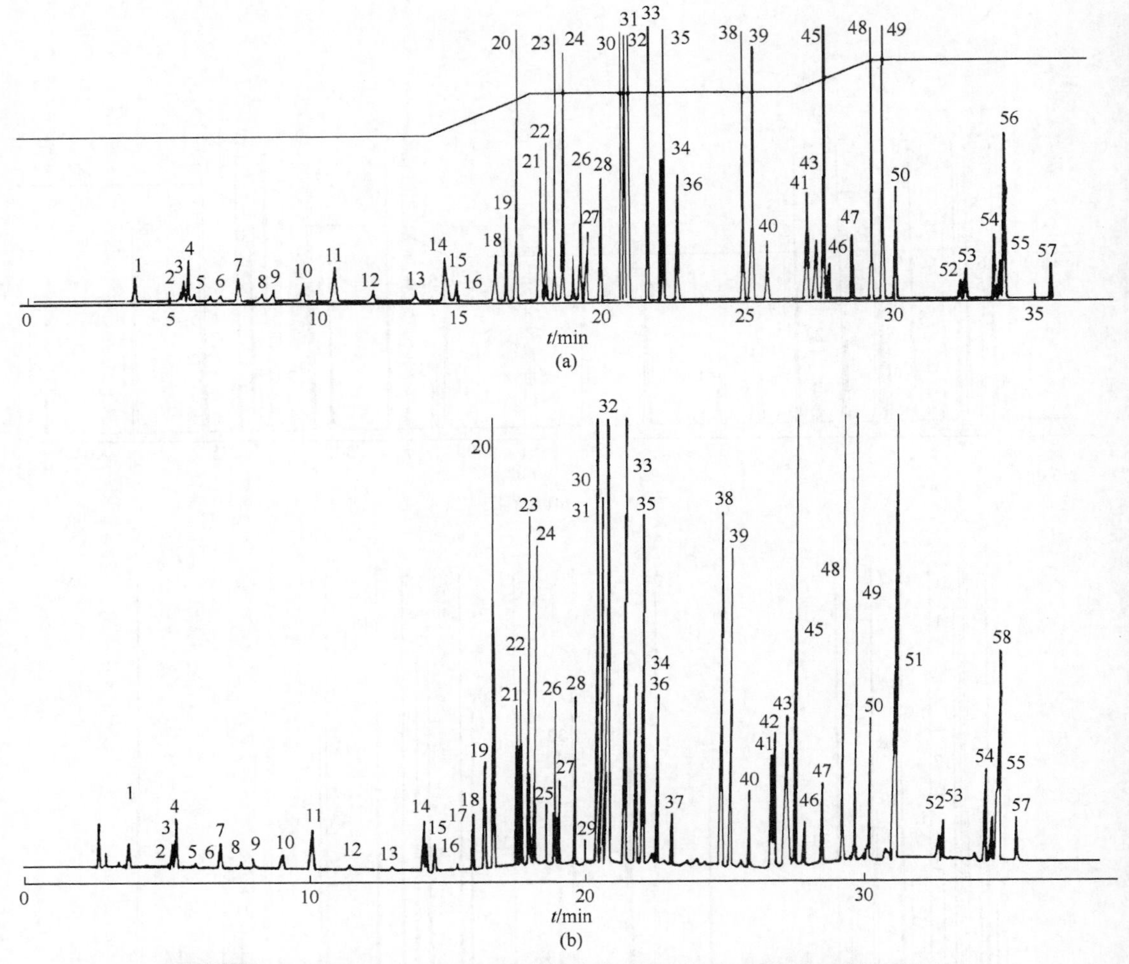

图 10-7 智能优化 DB-1301 柱上仿真色谱图（a）和实际色谱图（b）

色谱仪：Sigmal
分流比：1∶140
检测器：FID
检测器温度：260℃
气化室温度：260℃
色谱柱：DB-1301（J&W Scientific USA），60m×0.25mm，0.25μm
程序升温：40℃（14min）$\xrightarrow{30℃/min}$ 150℃（9min）$\xrightarrow{30℃/min}$ 225℃（10min）

此外，气相色谱智能优化理论也被用于其他的分离分析技术当中去。许国旺等[53]将色谱最佳柱系统理论应用到生物体液修饰核苷的液相色谱分离和测定，通过对缓冲溶液及流速、柱温等的优化，建立了尿中核苷的分离分析方法。阎丽丽等[54]设计了液相色谱中药指纹图谱在线专家系统知识库和推理机，利用中药色谱指纹图谱在线专家系统推荐的实验方法建立了甘草 HPLC 指纹图谱，为甘草质量的科学评价与有效控制提供了新途径。刘金丹[55]构建了中药高效毛细管电泳指纹图谱专家系统。根据已经建立的专家系统，建立了知柏地黄丸、甜瓜蒂和三七的指纹图谱，并且用专家系统中的“中药色谱指纹图谱超信息特征数字化评价系统”软件分别对三味中药的指纹图谱进行了超信息特征数字化评价、双定性双定量评价和统一化评价。初步验证了该专家系统的实用性，同时为知柏地黄丸、甜瓜蒂和三七质量控制提供了新方法。许国旺等[56,57]还将智能优化思想用于全二维气相色谱的方法学研究，在保留值的预测、柱温最佳化、柱系统推荐和二维数据处理等方面进行了深入的研究，建立了依据等温实验数据预测全二维气相色谱二维保留值的方法及通过预测难分离物质对在二维色谱的总分离效能指标实现全二维气相色谱柱温最佳化的方法，将因子分析法用于定量评价不同组成的样品在 GC×GC 中的正交分离程度，为柱系统的推荐提供了重要理论基础。

随着社会的进步和科技的发展，气相色谱智能优化理论已被应用到各种现代分离分析技术中去解决各种实际问题，应用范围也从最初的石化、环保扩展至健康、药物等与人民生活密切相关的领域。相信随着科技的发展和各种新的分析问题的不断涌现，气相色谱智能优化理论也将会发挥更大的作用。

参考文献

[1] 许国旺. 现代实用气相色谱法. 北京：化学工业出版社，2004.
[2] Giddings J C. J Chromatogr, 1961, 5: 46.
[3] 卢佩章，戴朝政，张祥民. 色谱理论基础. 北京：科学出版社，1996.
[4] Hinshaw J V. LC-GC, 1991, 9(4): 276.
[5] 周良模，等. 气相色谱新技术. 北京：科学出版社，1994：191.
[6] Ettre L S. Open Tubular Columns: An Introduction. Norwalk Conn: Perkin-Elmer, 1973: 13.
[7] Cramers C A. J HRC&CC, 1986, 9: 676.
[8] Grob R L. Modern Pratice of Gas Chromatography. Second Edition. John-Wiley& Sons, 1985.
[9] Dose E V. Anal Chem, 1987, 59: 2420.
[10] Nelder J A, Mead R. J Comput, 1965, 7: 308.
[11] Long D E. Anal Chim Acta, 1969, 46: 193.
[12] Morgan S L, Deming S N. J Chromatogr, 1975, 112: 267.
[13] Brown S D. Anal Chem, 1990, 62: 84.
[14] Deming S N, Morgan S L. Anal Chem, 1973, 45: 278A.
[15] Spendley W, et al. Technometerics, 1962, 4: 441.
[16] Laub R L, Purnell J H. J Chromatogr, 1975, 112: 71.
[17] Laub R L, et al. Anal Chem, 1976, 48:1720.
[18] Abbay G N, et al . LC-GC, 1991, 9: 100.
[19] Sachoc R, et al. Anal Chem, 1981, 53:70.
[20] Weyland J W, et al. J Chromatogr Sci, 1984, 22:31.
[21] Bartu V. Anal Chim Acta, 1983, 150:245.
[22] Bautz D E, Dolan J W, Snyder L R. J Chromatogr, 1991, 541: 1.
[23] Dolan J W, Snyder L W, Bautz D E. J Chromatogr, 1991, 541: 21.
[24] Snyder L R, Bautz D E, Dolan J W. J Chromatogr, 1991, 541: 35.
[25] Snijders H, Janssen H, Cramers C. J Chromatogr A, 1995, 718: 339.
[26] Snijders H, Janssen H, Cramers C. J Chromatogr A, 1996, 756: 175.
[27] Guan Y F, Zheng P, Zhou L M. J High Res Chromatogr, 1992, 15: 18.
[28] 林涛，雷根虎. 色谱, 2001,19(1): 51.
[29] Morgan S L, Deming S N. J Chromatogr Sci, 1978, 16: 500.
[30] Kaiser R E, Rieder R I. Proceedings of 4th International Symposium on Capillary Chromatography. Hindelang: 1983: 885.
[31] Kaiser R E, Rieder R I. Chromatographia, 1977, 10(8): 455.
[32] Glajch J L, et al. Anal Chem, 1983, 55:319a.
[33] Glajch J L, et al. J Chromatogr, 1980, 199:59.
[34] 邹汉发，张玉奎，卢佩章. 中国科学（B 辑），1898，3：225.
[35] Massart D L. J Chromagr, 1973, 79: 157.
[36] DeSmet M. Massart D L. TrAC, 1987, 6: 266.
[37] Dose E V. Anal Chem, 1987, 59: 2414.
[38] Bantz D E, et al. Anal Chem, 1990, 62: 1560.
[39] Bartu V, et al. J Chromatogr, 1986, 370:219.
[40] Bartu V, et al. J Chromatogr, 1986, 370: 235.
[41] Lu P C, et al. J HRC&CC, 1986, 9: 702.
[42] 林炳承，卢佩章. 化学学报，1989，47：221.
[43] Lin Bingcheng, et al. Anal Chem, 1988, 60: 2135.
[44] 张祥民，卢佩章. 第七次全国色谱报告会文集，北京：1989：546.
[45] Lu P C, Zhang Y K, Xu G W. Proceedings of International Symposium of Overeas Chinese Scholars on Analytical Chemristry. Wuhan: 1992: 2.
[46] Lu P C, Zhang X M, Yang L, Xu G W, Zhang Y K. Anal Sci, 1994, 10(2): 241.
[47] 许国旺，张祥民，杨黎，等. 化学学报，1994，52：81.
[48] 陈佼，许国旺，杨黎，等. 分析化学，1994，22（10）：1029.
[49] 杨黎，许国旺，罗春荣，等. 分析测试学报，1995，14（5）：10.

[50] 杨永健，相秉仁，安登魁. 药学学报，1994，29（8）：603.
[51] 肖玉秀，相秉仁，安登魁. 武汉大学学报，2000，46（4）：407.
[52] 肖玉秀，相秉仁，安登魁. 分析科学学报，2001，17（4）：279.
[53] Xu G, Di Stefano C, Liebich H M, et al. J Chromatogr B, 1999, 732(2): 307.
[54] 阎丽丽，孙国祥，陈晓辉，等. 中南药学，2008，6（4）：466.
[55] 刘金丹. 中药高效毛细管电泳指纹图谱在线专家系统研究［D］. 沈阳：沈阳药科大学，2008.
[56] 许国旺，路鑫，孔宏伟，等. 色谱，2005，23（5）：449.
[57] Lu X, Kong H, Li H, et al. J Chromatogr A, 2005, 1086 (1-2): 175.

第十一章　多维气相色谱法

第一节　概论

目前大多数色谱仪器为一维色谱，使用一根色谱柱，适合于含几十至几百个组分的样品分析。随着样品复杂程度的日益增加和对分析检测灵敏度要求的不断提高，常规一维色谱的分离能力已无法满足分析工作的需要，多维色谱技术的开发和应用显得尤为重要。

分离能力可通过使用多种分离技术或机制的组合来增强。此时，样品被分散在不同的时间维度，最终的分辨率依赖于多维间分离特性的差异。当它们之间没有关联，也即相互正交时，系统可获得最高的分辨率。多维色谱技术能对复杂样品的分离提供明显的改进。

传统的多维色谱是在多柱和多检测器的基础上，使用多通阀或通过改变串联双柱前后压力的方法，来改变载气在柱内的流向，使样品中感兴趣的组分流过第二柱进行再次分离，从而提高色谱的分离能力。多维色谱技术是两个或多个独立分离步骤的组合。

第二节　传统的多维气相色谱法

一、柱切换技术

在实际分析工作中，用一根色谱柱分离样品时可能遇到分析困难，如组分不可逆吸附或流出时间太长、部分组分共流出或难以定性、痕量组分被溶剂或主组分干扰等，此时若使用柱切换技术，这些困难可迎刃而解。

柱切换技术是一种将两根（或多根）色谱柱与检测器、冷阱等部件组合起来进行样品分析的技术，可以用阀件或压力管进行柱的切换。现分别从柱切换功能和系统两个方面简述如下。

1. 柱切换功能

从柱切换的功能而言，主要为切割与反吹，可使载气按不同的流路方向，将组分送入或排出色谱柱。

（1）切割：样品通过色谱柱 1 时，大部分组分流出后直接进入检测器，小部分组分进入色谱柱 2，继续分离，然后进入检测器。由于柱 1 和柱 2 的选择性不同或总柱效增加，使这小部分组分可以分离得更好，且有利于组分定性。

（2）反吹：当样品中轻组分已流出色谱柱，被测定或进入另一色谱柱，可将载气改为从其出口端进入柱中，使柱中的重组分被反吹排出，以节省分析时间，或不使上述另一色谱柱受重组分污染（组分切割时，有可能同时进行反吹）。

2. 柱切换系统

柱切换系统多种多样，有阀切换与压力管切换以及不同的色谱排列方式等。

（1）平面阀切换系统

① 单柱正逆向冲洗　如图 11-1 所示载气通过色谱柱作正逆向冲洗，以免重组分正向通过色谱柱（扭转平面阀后，重组分被载气逆向吹出色谱柱），可节省分析时间，其中的四通阀也可改用六通阀。

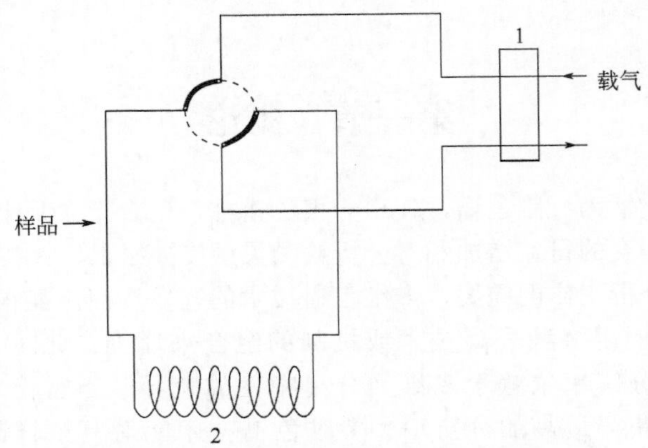

图 11-1　单柱正逆向冲洗（用四通阀）

1—检测器；2—色谱柱

② 双柱并联切换　需分别用两根色谱柱才能解决问题时，可采用图 11-2 所示的排列方法。这样排列时，载气通过两根色谱柱的压力必须相等，才可避免切换时载气流速的突然改变，也可用逆向冲洗来达到此目的，如图 11-3 所示。其优点是切换时载气流速不会发生突然变化，缺点是色谱柱与检测器间的死体积过大。

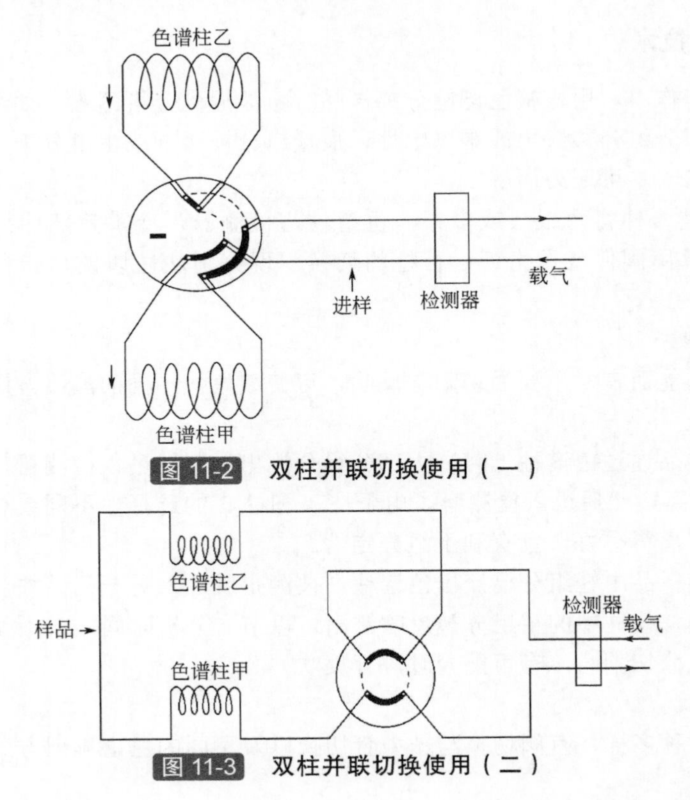

图 11-2　双柱并联切换使用（一）

图 11-3　双柱并联切换使用（二）

③ 双柱串联切换 如图 11-4 所示，这种排列可收到单柱正逆向冲洗及双柱并联使用的效果。既可缩短分析时间，又可解决两色谱柱对某些组分彼此不能分离的问题。

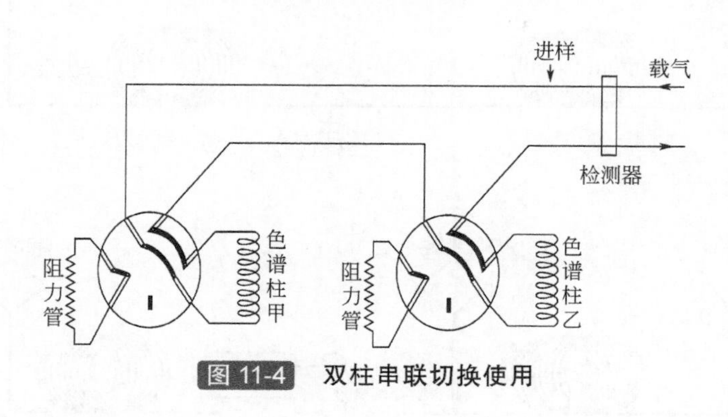

图 11-4 双柱串联切换使用

（2）压力管柱切换系统 平面阀使用方便，但一般不能在温度和压力过高的情况下使用，否则阀体会漏气,可采用压力管柱切换解决这一问题。控制压力管压力差的电磁开关均在色谱炉外面，处于室温环境下，且电磁开关阀能承受较高的压力。压力管虽起阀的作用，但本身不是阀，所以又被称作无阀切换。

顺便指出，若中心切割时不是将感兴趣的组分切割入柱 2，而是进入冷阱富集，在多次富集后气化冷阱中富集物，通载气将其送入柱 2 进行分离，这种中心切割与冷阱富集法具有众多优点：①利于痕量组分分析，因为可多次进样（允许超柱负荷）和多次切割，增加了冷阱中痕量组分的绝对量，有利于检测和定量；②冷阱富集消除了被切割组分通过柱 1 形成的峰扩展；富集物气化等于再次进样，可更准确地得到痕量组分在柱 2 的保留值，有利于其定性；③不必一定要用两个色谱炉，可将两色谱柱都放置在一个色谱炉内，从而解决无双色谱炉的困难。

二、中心切割的二维气相色谱法

通常所说的二维气相色谱（GC+GC）的最大峰容量为两维各自峰容量的加和，可以改善部分感兴趣组分的分离[1~3]。GC+GC 一般采用中心切割法，从第一根色谱柱预分离后的部分馏分，被再次进样到第二根色谱柱作进一步的分离；而样品中的其他组分或被放空或也被中心切割。通常，可通过增加中心切割的次数来实现对感兴趣组分的分离。

图 11-5 显示了几种可能的组合[4]。在普通的 GC+GC 中［图 11-5（a)]，各馏分被直接切换进第二柱中，最有名的为 Siemens 公司的 GC+GC。这个仪器采用 Deans 切换方式[5]（图 11-6)，利用耦合柱系统各部分之间的压差实现切换。这种安排的缺点是不同切割的组分在第二柱中有可能重新重叠[4,6]。应用并行捕集是解决该问题的一种途径。从图 11-5（b）可知，捕集器简单地起着存储器的作用，如果只有一个中心切割被切进每个捕集器，后面产生的所有组分只来自于各自的捕集器。

对真正复杂的样品，有必要增加柱系统的峰容量 1~2 个数量级。理论上，每个切割应有一个专门的第二根柱。图 11-5（c）给出了这种可能的安排。第一柱流出的馏分聚焦在第一柱的末端或界面器中，并以尖脉冲的方式快速注入第二根柱。这功能可通过一个阀或称作调制器的装置来完成。第二柱应是一个短的快速柱，每个脉冲产生自己的色谱图。这一过程有点类似于 GC-MS 中数据的采集。整个样品被扩展一个二维平面谱图，这种色谱被称作全二维色谱（GC×GC）[8~10]［图 11-5（d)]。

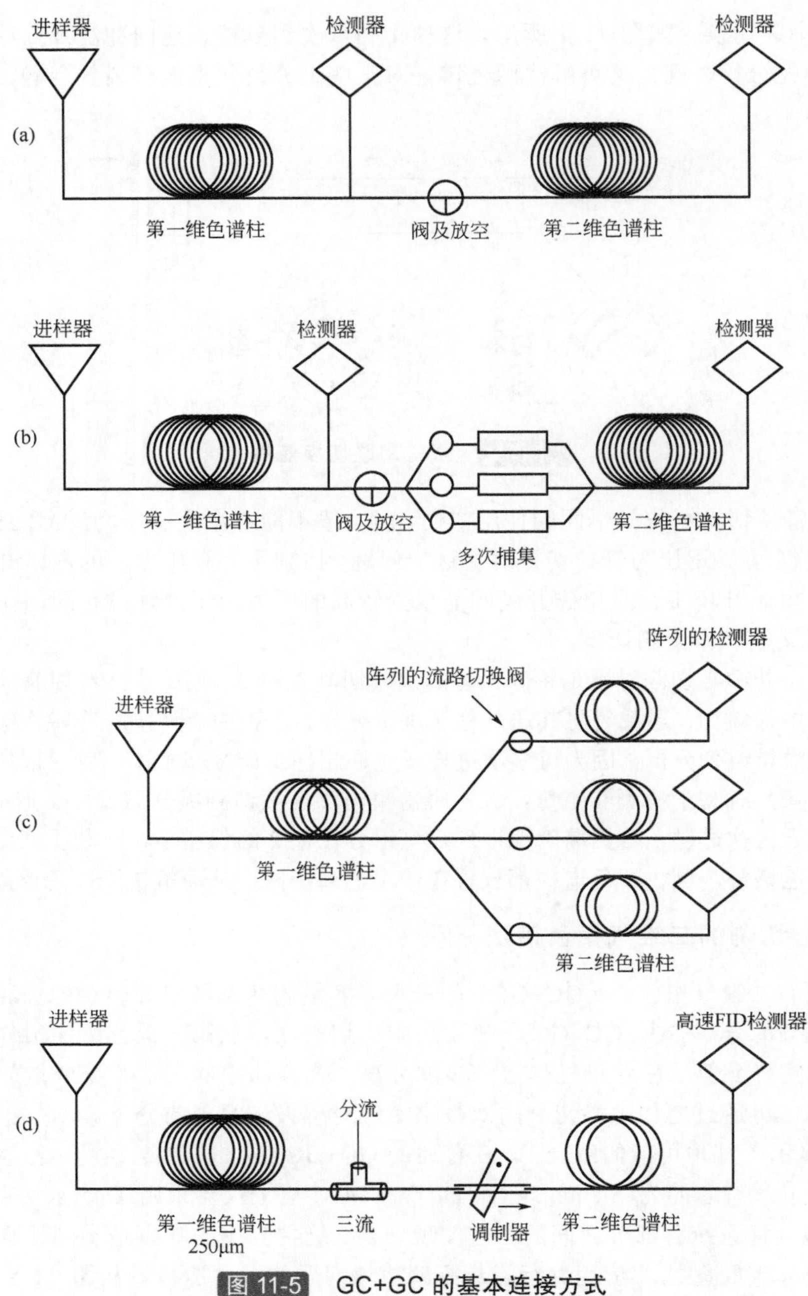

图 11-5 GC+GC 的基本连接方式

三、LC-GC 多维系统

LC-GC 多维系统可以离线操作，也可在线操作，在离线操作中，LC 柱更多的是用作浓缩或纯化制备用。根据样品性质不同可用正相、反相、排阻或离子交换等不同柱型，该操作方式可克服 LC 中不同溶剂体系如水、缓冲液等对 GC 分离的干扰和不相容等问题，但缺点是定量困难，也不便自动化。1983 年出现的 HPLC-CGC（高效液相色谱-毛细管柱气相色谱）在线联用技术是 LC-GC 多维系统中的一项进展[11~18]。最初 Apffel 对 HPLC-CGC 之间的连接

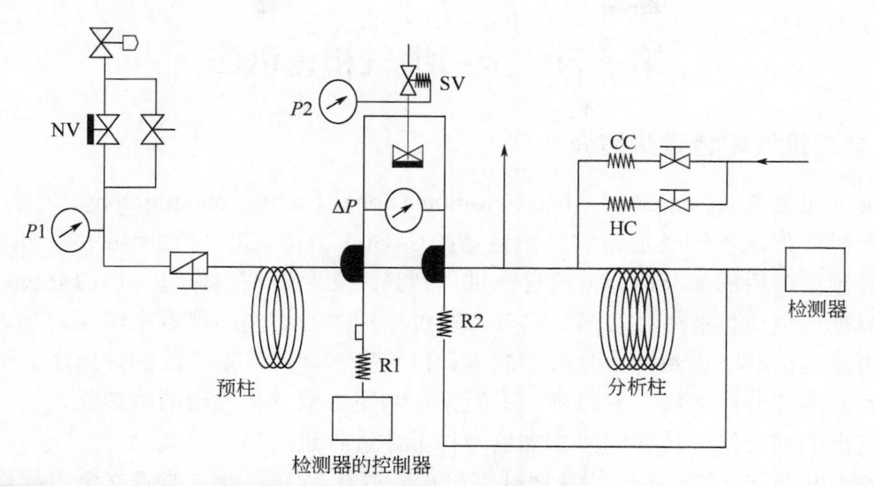

图 11-6　一个典型的多维气相色谱示意图[7]，它类似于 Siemens（SiChromat Ⅱ）系统

$P1$，$P2$，ΔP—压力1，2和压力差；R1，R2—气流限定器1，2；CC—冷却线圈；HC—加热线圈；SV—电磁阀；NV—针形阀

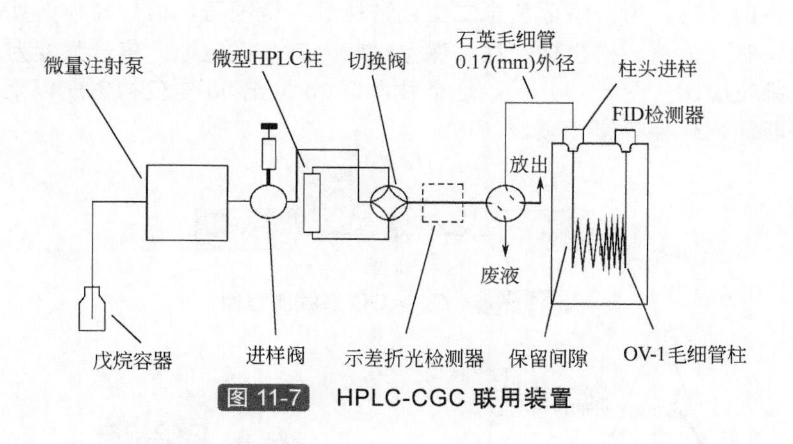

图 11-7　HPLC-CGC 联用装置

采用 Varian8070 型 LC-GC 中的连接器，仅能处理少量 HPLC 流出物。1984 年小 Grob 引用保留间隙管连接，使处理量增大到 10mL。图 11-7 是该种方法连接的 HPLC-CGC 装置图。图中从 HPLC 到 CGC 有两个切换阀，前一个可用于反吹，第二个适用于把 HPLC 流出物放空或注入 GC 系统。保留间隙管是一支不涂渍固定液的弹性石英毛细管，作为预柱，内径与主毛细管相近，长度为几米到几十米。采用溶剂完全蒸发或部分蒸发技术，使 HPLC 流出的液体样品先在低于溶剂沸点温度下进入预柱，液样在预柱内溢流，因预柱内没有固定液，对样品组分没有保留作用。当预柱温度提高，在载气吹扫下溶剂很快蒸发，样品组分则随蒸发溶剂很快迁移至主分离毛细管柱入口，并在柱端得到浓缩，溶剂很快流出主毛细管，浓缩的样品组分则在主毛细管柱内按不同分配系数依次分离。这种技术可允许在毛细管 GC 柱中进入大量液样而不致降低柱效。一支 50m 长保留间隙预柱可注入 300μL 溶液而不会使液样流入其后的主分离毛细管柱。

HPLC-CGC 多维联用技术目前还只适用于正相 HPLC 系统，而对于反相 HPLC 流动相系统的联用、中间连接方法以及 HPLC-CGC-MS 等多维系统的应用尚有待于进一步研究[19]。

第三节 全二维气相色谱法

一、全二维气相色谱法简介

全二维气相色谱（Comprehensive Two-dimensional Gas Chromatography，GC×GC）是多维色谱的一种，但它不同于通常的二维色谱(GC+GC)。GC+GC 一般采用中心切割法，从第一支色谱柱预分离后的部分馏分，被再次进样到第二支色谱柱，作进一步的分离，样品中的其他组分或被放空或也被中心切割。尽管可通过增加中心切割的次数来实现对感兴趣组分的分离，但由于流出柱 1 进到柱 2 时组分的谱带已较宽，因此，第二维的分辨率会受到损失。这种方法第二维的分析速度一般较慢，不能完全利用二维气相色谱的峰容量，它只是把第一支色谱柱流出的部分馏分转移到第二支色谱柱上，进行进一步的分离。

全二维气相色谱(GC×GC)[8,21]是把分离机理不同而又互相独立的两支色谱柱以串联方式结合成二维气相色谱，在这两支色谱柱之间装有一个调制器，起捕集再传送的作用（图 11-8），经第一支色谱柱分离后的每一个馏分，都需进入调制器，聚焦后再以脉冲方式送到第二支色谱柱进行进一步的分离，所有组分从第二支色谱柱进入检测器，信号经数据处理系统处理，得到以柱 1 保留时间为第一横坐标，柱 2 保留时间为第二横坐标，信号强度为纵坐标的三维色谱图，或二维轮廓图（图 11-9）[22]。这个技术自 20 世纪 90 年代初出现以来，得到不断发展，已被用于石油、环保等诸多领域。

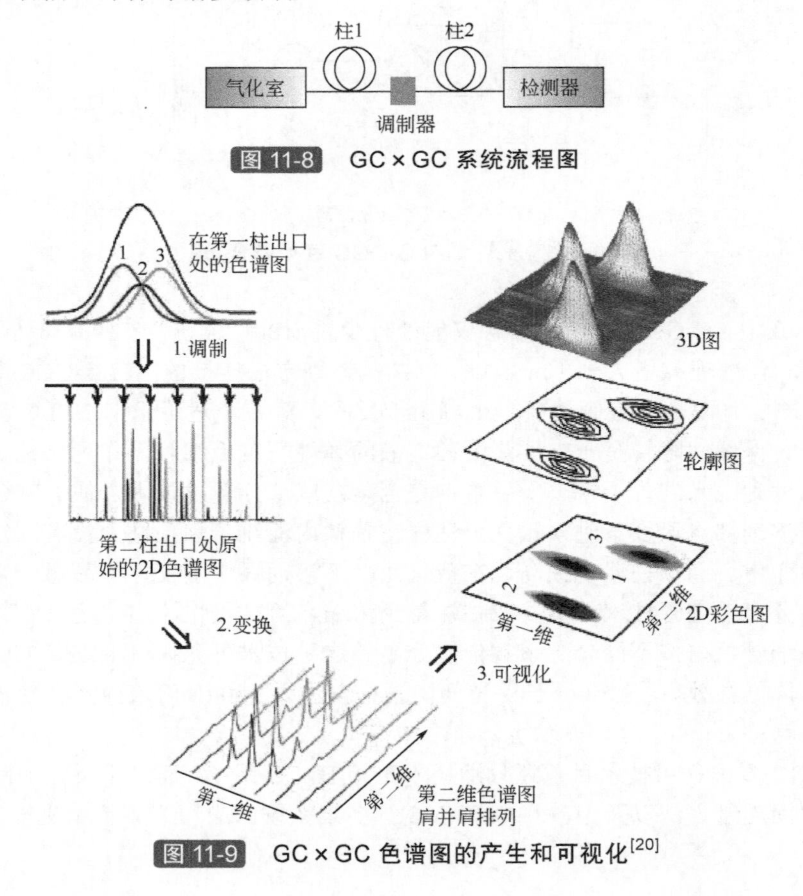

图 11-8 GC×GC 系统流程图

图 11-9 GC×GC 色谱图的产生和可视化[20]

传统的多维气相色谱发展到今天，无论在理论还是应用上，均已相当成熟，而全二维气相色谱则是20世纪90年代初出现的新方法。首先，Jorgenson等[23]于1990年提出全二维液相色谱-毛细管电泳联用的方法，强调二维正交分离的重要性。其后，Liu和Phillips利用他们以前在快速气相色谱中使用的在线热解析调制器开发出全二维气相色谱法[8,24]。在该方法中，柱1为非极性柱，柱2为极性柱，通过极性和温度的改变实现气相色谱分离特性的正交化。在柱1上流出的组分按保留大小依次进入调制器进行聚焦，然后通过快速加热的方法把聚焦后的组分快速送到柱2中进行再分离[25]。由于发送频率很高，从外观来看，好像是从第一根柱流出的峰被切割成一个一个碎片，聚焦后再送至第二根柱分离（图11-9）。连接柱1和柱2的关键部件为调制器，其可以是一支厚膜毛细管，也可以是一支冷阱控制的空毛细管。

GC×GC技术有如下特点：

① 分辨率高、峰容量大。在一个正交的GC×GC系统中，系统最大峰容量为组成它的两根色谱柱峰容量的乘积，分辨率为两根色谱柱分辨率平方加和的平方根。GC×GC是目前具最高分辨率的仪器。

在GC×GC中，系统的正交性非常重要，而改变柱2上溶质的保留特性是实现正交与否的关键。通常，在GC×GC中，温度是实现正交的最容易调节的参数之一。从图11-10（a）可知，双柱均是等温时，假设样品由同系物组成，在等温下，同系物成员之间的间隔按碳数规律以指数增加，保留值只取决于其挥发性，易挥发的物质有较小的保留。图11-10（a）实际上是以二维形式显示的一维谱图，第二柱对分离没有贡献。在图11-10（b）中，第二柱的温度随着第一柱分离的进行而增加，选择合适的温度程序，可使第二柱的保留对同系物的所有成员保持常数。在程序升温下，同系物成员以几乎恒定的间隔从第一柱中流出［图11-10（c）］。两柱使用相同的温度程序将产生一个对同系物所有成员在第二维上有几乎相同保留的二维色谱图。在图11-10（d）中，另两类同系物被加进混合物中。假设第一柱为非极性相，第二柱使用极性相，后者保留极性物质较强烈。在一个同系物内，在第二柱上的保留值只与挥发性有关，而非同系物成员，第二柱的保留机制是混合机制，与挥发性和极性均有关。

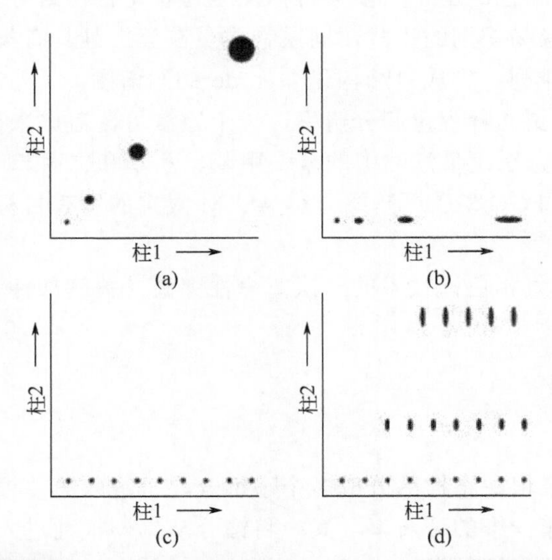

图11-10　使用温度程序产生正交的二维气相色谱图[26]

通过合适参数调节，可消除第二柱保留机制中的挥发性的作用。增加柱温抵消了物质由于挥发性减少而增加的保留，净作用是第二柱分离物质只取决于极性。每个同系物在第一维依据挥发性分离，一个同系物中的每个成员由于在第二柱上有相同的极性，因此有相似的保留。而不同极性的多个同系物，在第二柱上由于极性有差别得以分离。第二维的保留独立于第一维的保留，两维分离实现正交。

② 灵敏度高。经第一支色谱柱分离后，馏分在调制器聚焦，再以脉冲形式进样（图 11-11）。因此，灵敏度可比通常的一维色谱提高 20~50 倍[27,28]。

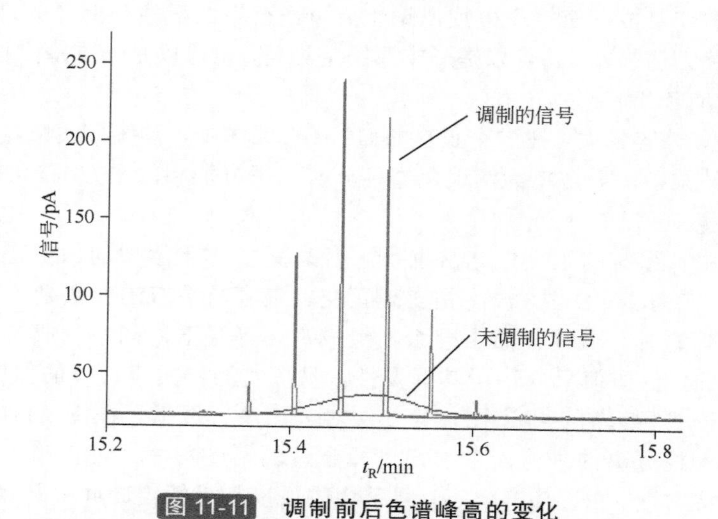

图 11-11 调制前后色谱峰高的变化

该峰被调制了6次，切片之间间隔一个周期，信号强度比未调制的放大了约20倍。

调制器：冷喷调制器；周期：3s；冷气流量：25mL/min；热气加热电压：60V

③ 分析时间短。由于使用两根不同极性的柱子，因此样品更容易分开，总分析时间反而比一维色谱短。

④ 定性可靠性大大增强。由于大多数目标化合物和化合物组可基线分离，减少了干扰。此外，色谱峰被分离成容易识别的模式，同系物成员在第二维具有类似的保留值，而异构体成员则形成“瓦片状”排列，形成“结构化”（ordered）谱图。

⑤ 由于系统能提供更高峰容量和分辨率，一个方法可覆盖原来要几个 ASTM 方法才能做的任务。如用 ASTM 方法定量汽油中的苯、甲苯、乙苯和二甲苯（BTEX）及总芳，需要三台仪器。而一台简单的 GC×GC 可基线分辨 ASTM 限定的所有目标化合物和族，MTBE 也被分开[29]。

可以说，GC×GC 是气相色谱技术的一次革命性突破（关键部件是调制器），将在复杂样品分离中发挥积极作用。

二、GC×GC 仪器

1. 调制器

在 GC×GC 中，第一根柱将样品分成多个小馏分，再进入第二根柱分离，第二根柱采用快速分离，以便不损失第一维的分辨率。其中将馏分从第一根柱进入第二根柱的关键部件是安装在两柱之间的调制器。调制器需满足如下条件：

① 能定时捕集第一柱后流出的分析物；

② 能转移很窄的区带到第二柱的柱头，起第二维的进样器的作用；

③ 聚焦和再进样的操作应是再现的，且非歧视性的。

有多种方式可实现上述目的。目前主要的调制方式有阀调制和热调制两类。

（1）阀调制器。示意图如图 11-12[30]所示，该方法存在两个不足：①需要很高载气流速通过第二根柱；②样品中的大多数被放空，从第一根柱流出的仅一小部分馏分被调制进入第二根柱，其余的被放空。该方法不适于实际样本的定量应用。

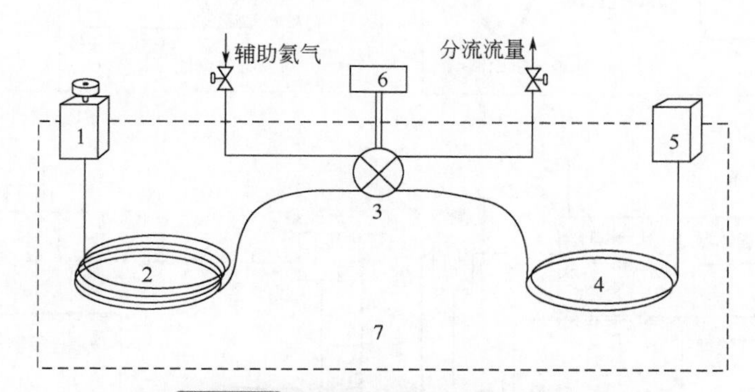

图 11-12 用阀调制器的 GC×GC

1—进样器；2—第一维柱子；3—横隔膜阀；4—第二维柱子；5—检测器；6—阀控制器；7—气相色谱炉

（2）热调制器。热调制是 GC×GC 中最常用的调制技术。改变温度，可以使几乎所有挥发性物质在固定相上吸附和脱附。Phillips 等设计了一个两段涂金属的毛细管[31,32]，用于对柱 1 流出溶质的富集和快速热脱附。尽管应用热调制器获得了一些较好的分析结果[33]，但由于涂层常被烧坏，需频繁替换[25]。类似的结果也已由 de Geus 等[34,35]获得，他们使用紧密缠绕在毛细管外表面的铜线来加热调制器中的毛细管。

为了克服金属涂层两段调制器的缺陷，Ledford 和 Phillips 设计了一种基于移动加热技术的调制器［图 11-13（a）］[25]，它使用一个步进电机带动各加热元件（“扫帚”）运动通过毛细管来达到局部加热的目的。此设计最重要的优点是：加热器热质足够大，可稳定控制温度。该热脱附调制器作为最早商品化调制器，已用于多个研究实验室，至今为止，大约有 30%的 GC×GC 研究论文使用此调制器。但该调制器的主要缺点是使用温度必须比炉温高 100℃ 。

（3）径向冷阱调制器。与热调制器不同，冷阱系统也被用做调制器［图 11-13（b）］[36~38]。调制器由移动冷阱组成，做成径向调制冷阱系统（LMCS）。第一根柱的谱带以很窄的区带宽度保留在冷阱调制器中，每隔几秒，调制器从 T（Trap）位（捕集）到 R(Release)位（释放）。在 R 位，由于冷却的毛细管开始由炉温加热，被捕集的馏分被立即释放，以很窄的区带在第二根柱的柱头开始分离，同时，从第一根柱流出的馏分被冷阱捕集，避免了与前一周期中被释放组分在第二柱的重叠。几秒（调制时间）后，这个过程将重复，直到第一根柱分析的结束[37,38]。这个方法的主要优点是调制器中的毛细管加热到正常炉温即可使馏分脱附，使系统比“扫帚”系统能处理更高沸点的样品。其缺点是：调制器中的固定相处于低达−50℃的物理状态。

在上述基础上，又出现了双喷液氮冷阱调制器、双喷 CO_2 调制器、CO_2 环形调制器等［见图 11-13（c）～（f）］，使得 GC×GC 调制器丰富多彩，性能不断提高。

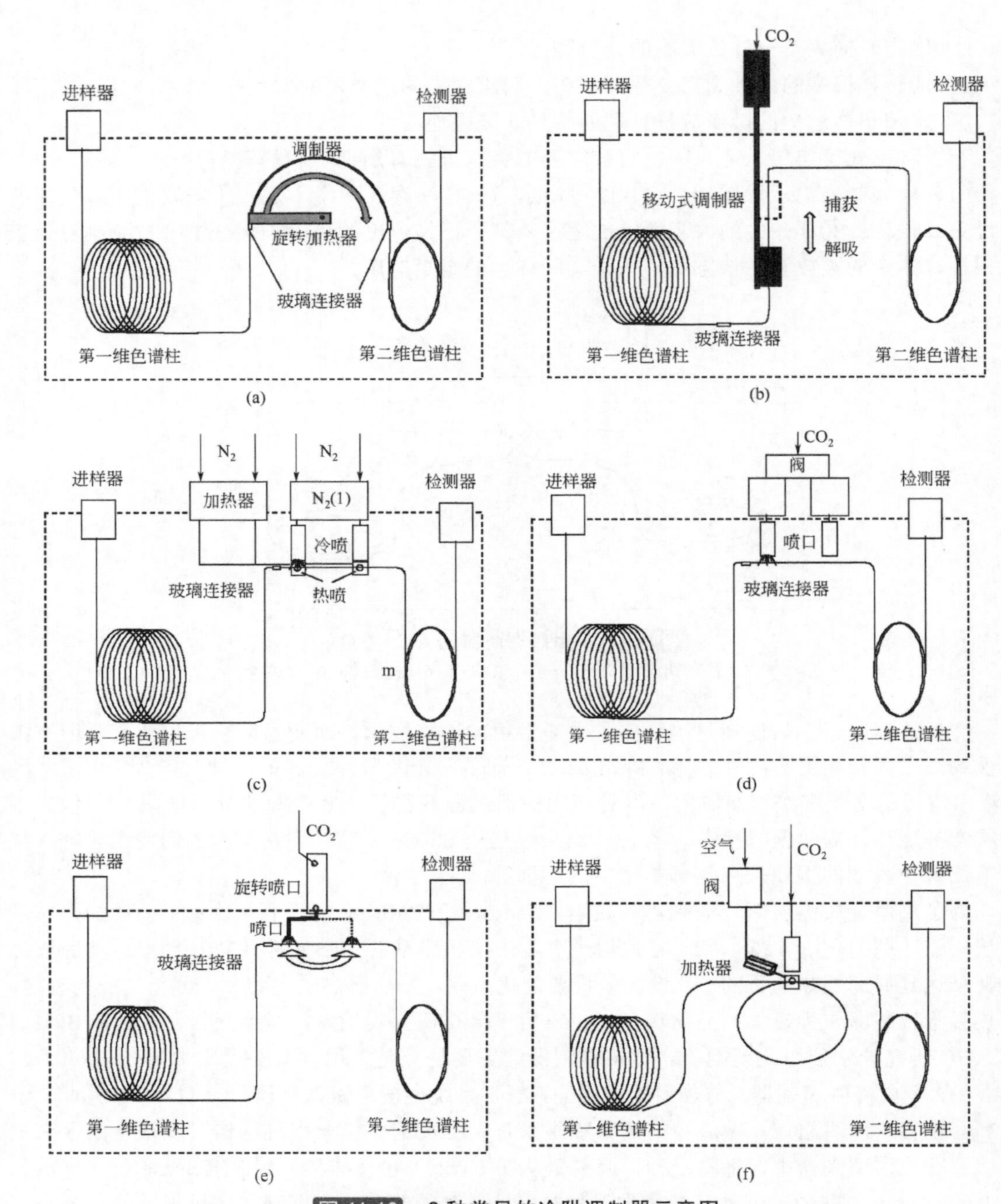

图 11-13　6 种常见的冷阱调制器示意图

（a）狭缝加热器的热调制器（sweeper）；（b）LMCS；（c）双喷液氮冷阱调制器，KT2001；（d）双喷 CO_2 调制器；（e）半旋转冷阱调制器；（f）KT2003

Kristenson 等[39]在四个实验室系统地评价了不同冷阱调制器和热调制器，比较了它们对高沸点卤化物的分析性能。被评价的调制器有：①LMCS（澳大利亚的 Chromatography Concepts 公司生产）；②双喷液氮冷阱调制器，KT2001（美国 ZOEX 公司生产）；③双喷 CO_2 调制器（自制）；④半旋转冷阱调制器（自制）；⑤CO_2 环形调制器，KT2003（美国 ZOEX 公司生产）。热调制器为 ZOEX 的狭缝加热的热调制器 KT2001。结果发现，所有冷阱调制器适于高沸点化合物的 GC×GC 分析，CO_2 调制器由于较好的应用范围和较窄的峰宽，好于 KT2001。上述几个调制器的特性比较见表 11-1、表 11-2 中。

表 11-1 调制器特性的比较

参数	"扫帚"(sweeper)	径向冷调制(LMCS)	热调制器(KT2001)	双喷 CO_2 调制器	半旋转冷阱调制器	CO_2 环形调制器(KT2003)
换柱	--	+/-	+	++	+	+
最佳化	+	++	-	++	++	+
操作	-	+	+	+	++	++
CO_2(kg/h) 或 N_2(L/h)消耗	不用	0.85	1.5～4	1.5～2	1.5～2	0.6
应用范围	C_9～C_{30}	C_8～C_{40}	C_5～C_{30}	C_8～C_{30}	C_{10}～C_{30}	C_{11}～C_{30}
缺点	额外的压接（press-fit）接头；有运动部件	有运动部件；经常的针阀调节	经常的流量调节，柱振动	喷口堵塞；柱振动	运行过程中不可调	额外的 press-fit 接头

注：--表示非常难或非常耗时；++表示非常简单或非常快；-表示比较难或比较耗时；+表示比较简单或比较快。

表 11-2 常见 GC×GC 调制器的特性[40]

类型	聚焦效应			进样脉冲的谱带宽度/ms	应用范围(b.p.)/℃	可靠性
	相比	冷阱	阀			
双段加热	Yes			16～20		---
"扫帚"	Yes			60	125～450	-
径向冷调制（LMCS）		CO_2		20～50	125～(550)	+
四喷冷阱		N_2		<10	30～(550)	+++
两喷冷阱		$CO_{2,液态}$		<10	100～550	++
单喷双段冷阱		$CO_{2,气态}/N_2$		<10	100～550	+++
单喷单段冷阱		$CO_{2,液态}$		<10	100～550	++
阀			是	14	0～300	+
不同流量			是	50	0～300	+

注：--表示非常不可靠；-表示不可靠；+++表示非常可靠；++表示很可靠；+表示可靠。

2. 柱系统和操作条件

为了在 GC×GC 中产生正交分离，有必要在第一维和第二维使用分离机制正交的柱子。在 GC 中，分离基于：①待分析物的挥发性；②与固定相的特殊相互作用，如氢键、π-π 或立体效应。在真正的非极性柱上，挥发性是起关键作用的参数，在此柱上按沸点分离。在其他柱子上，分离由挥发性和其他作用共同决定。

通常第一根柱子是采用非极性，且具有相对较大内径的厚膜固定相柱，组分在该柱上将产生一个相对较宽的峰。在第二维中使用细孔径开管柱有助于获得第二维的最快分析速度和较大峰容量，使分析时间最短。在第一维上典型的固定相为 100%甲基硅氧烷或 5%苯基甲基硅氧烷。在第二维一般是 35%～50%甲基硅氧烷、聚乙二醇（Carbowax）、Carborane（HT-8）、各种环糊精或氰丙基甲基硅氧烷。表 11-3 列出了一些常用的柱系统。

在第一维一般使用(15～30)m×0.25mm 柱子，与常规一维色谱类似。第二维由于要在很短时间内完成，要用短的细柱，典型为(0.5～2)m×0.1mm。在部分情况下，50μm 内径的柱子也可在第二维使用，可使分析速度大大加快。GC×GC 的进样方式与一维色谱类似，分流、不分流、柱上和 PTV 大体积进样以及和固相微萃取（SPME）联用等均可。第一维的线速通常较低，一般为30cm/s。但第二维线速较高，一般在100cm/s，远高于最佳线速。为了使每个第一维峰均能产生3～4次调制，在GC×GC中，温度程升速度一般低于1D GC，仅为0.5～5℃/min。柱2的温度既可与柱1相同，也可比柱1高出20～30℃。

表11-3 GC×GC中使用的常见柱系统

应用	柱系统	是否正交
精油	BPX5，30m×0.25mm，0.25μm BP20，2m×0.1mm，0.1μm	是
精油中对映体	30% β-CD，25m×0.25mm，0.25μm BP20，0.8m×0.1mm，0.1μm	否
精油中对映体	DB-5，10m×0.1mm，0.1μm EtTBS-β-CD，1m×0.25mm	是
石油	DB-1，10m×0.25mm，0.25μm OV1701，0.5m×0.1mm，0.14μm	是
食品中农药	DB-1，15m×0.25mm，0.25μm BPX-50，0.8m×0.1mm，0.1μm	是
CBs	LC-50，10m×0.15mm，0.1μm BPX-5，0.25m×0.1mm，0.1μm	否
CBs	HP-1，30m×0.25mm，0.25μm HT-8，1m×0.1mm，0.1μm	是

3. GC×GC检测器

正如前述，GC×GC中第二维分离非常快，应在一个脉冲周期内完成第二维的分离，否则，前一脉冲的后流出组分可能会与后一脉冲的前面组分交叉或重叠，引起混乱。在第二柱的柱头，调制脉冲的典型宽度为60ms[35]。流出第二柱的峰宽在100～200ms数量级。因此，检测器的响应时间应非常快，数据处理机的采集速度至少应是50~100Hz。由于FID几乎没有死体积，采样速度在50~200Hz，是GC×GC分析主要使用的检测器。所有具备FID特征（小的死体积、快的响应速度）的气相色谱检测器，均可在GC×GC中使用[40]。

ECD也在GC×GC中得到应用[41,42]。对ECD，关注的主要参数是获得较窄的峰宽，避免由池体积引起的谱带展宽。与快速色谱类似，要控制的最重要的参数是补偿气的流量。同时，池体温度也应尽可能高。Kristenson等[39]比较了三个ECD检测器：①HP-6890-μECD（美国Agilent），池体积150μL；②GC-2010-ECD（日本Shimadzu），池体积1.5mL；③Trace GC（美国Thermo Finnigan），池体积480μL。与FID比较，当使用ECD时，峰有明显展宽。Agilent的μECD由于有较小的池体积，峰最窄（表11-4）。

表11-4 基于第二维半高处的峰宽（ms）对FID和ECD的比较

化合物①	Agilent①			Shimadzu①		
	FID	$ECD_{320℃}$		FID	$ECD_{340℃}$	
		150②	450②		60②	200②
CB28和CB31	70	190	155	125	275	270
CB 77	80	185	140	125	250	250
CB 153	75	n.m.③	150	105	n.m.	n.m.
CB 105	90	n.m.	165	110	n.m.	n.m.
CB 180	120	185	155	100	260	180
CB 170	125	200	190	110	275	250

① 参数；② 补偿气流量（mL/min）；③ 由于重叠，没有测量。

质谱作为GC×GC的检测器将极大地增强定性能力，飞行时间质谱（TOF/MS）可以提供高速扫描（≥100次扫描/s），能很好地与GC×GC匹配。GC×GC-TOF/MS已被成功地用于石油样品、精油、烟气和蔬菜中痕量农药的分析[43~47]。AED也已被用作GC×GC的检测器[48]。在最佳实验条件下，即使对最窄的峰，也能采集5个数据点。GC×GC与AED和MS联用，将特别适合于石化产品的指纹分析，尤其适合于其中N和S化物的定性。除此之外，化学发光检测器SCD、NCD也在GC×GC中得到了应用[49]。

三、GC×GC应用

到目前为止，GC×GC已被应用多个领域。一般来说，当样品中物质的个数多于100时，使用GC×GC会比一维GC好得多。该技术特别适合需族分离的复杂样品分析。

1. 石油样品

石油样品是最易获得的复杂混合物，在GC×GC发展中一直是人们用于实验思路和仪器性能的第一个样品。石油样品一般是由2~4族化合物组成的复杂混合物。在C_{10}~C_{25}范围（类似于柴油的碳数分布），大约有4×10^7饱和烃异构体[50]。尽管只有其中的一小部分实际存在于这些样品，显然单柱GC来分离诸如柴油这样复杂的样品，存在峰容量不足的严重缺陷。

采用全二维气相色谱方法（GC×GC）已建立了研究不同沸程范围的蒸馏汽油、煤油、柴油和裂化柴油的烷烃（P）、烯烃+环烷烃（O+N）和1～4环的芳烃（A）的族分离新方法[51]。经过对柱系统进行选择和对色谱条件进行优化，一个GC×GC方法即可实现对不同石油馏分的族组成分离和目标化合物分离（图11-14）。用标准物对油品中一些特征组分进行定性，并

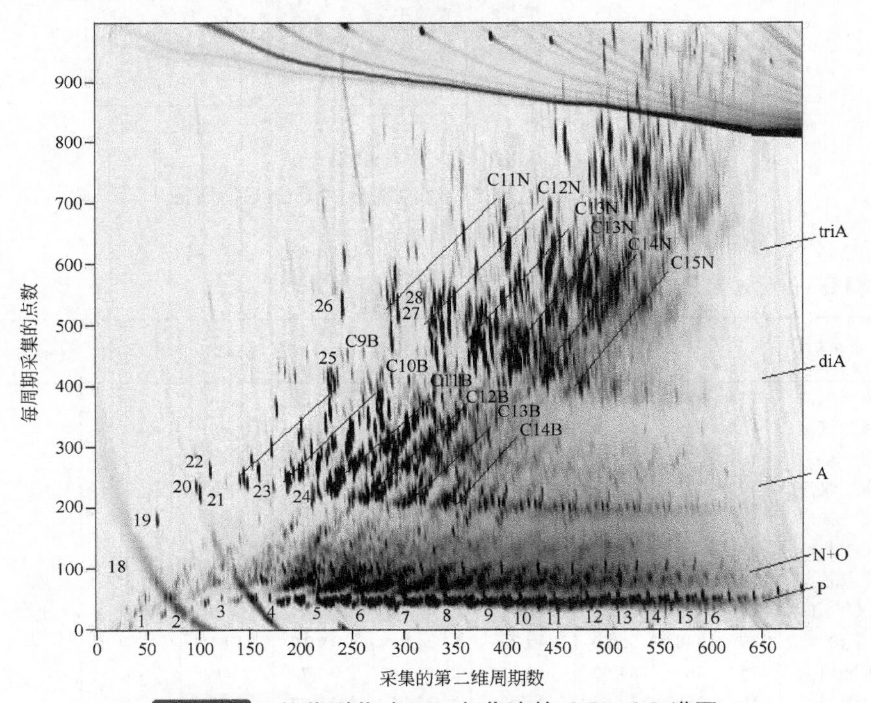

图11-14 催化裂化（FCC）柴油的GC×GC谱图

色谱仪：HP6890和冷喷式调制器KT2001

色谱柱：007-1(4.0m×0.1mm，3.5μm，Quadrex)+DB-17ht(2.0m×0.1mm，0.1μm，J&W)

柱　温：30℃→280℃，2℃/min

载气：He，恒流，30℃（221kPa）50cm/s

对特征组分和不同沸程的石油馏分的 P、(O+N)、A 族组成进行定量和比较，定量结果的相对标准偏差（RSD）≤2.3%。一个 GC×GC 方法便可完成原来要几个美国测试和材料协会（ASTM）方法才能完成的任务。从图 11-14 可知，饱和烃、环烷烃、单芳、二环芳烃、三环芳烃等被分成非常明显的独立区域，它是烃类型详细分析的最好方法和谱图。基于 GC×GC 轮廓，不同油品可以得到很好的区分，如图 11-15 蒸馏常二线煤油馏分与图 11-14 催化裂化柴油明显不一样。表 11-5 给出了体积归一化法定量不同油品的结果。

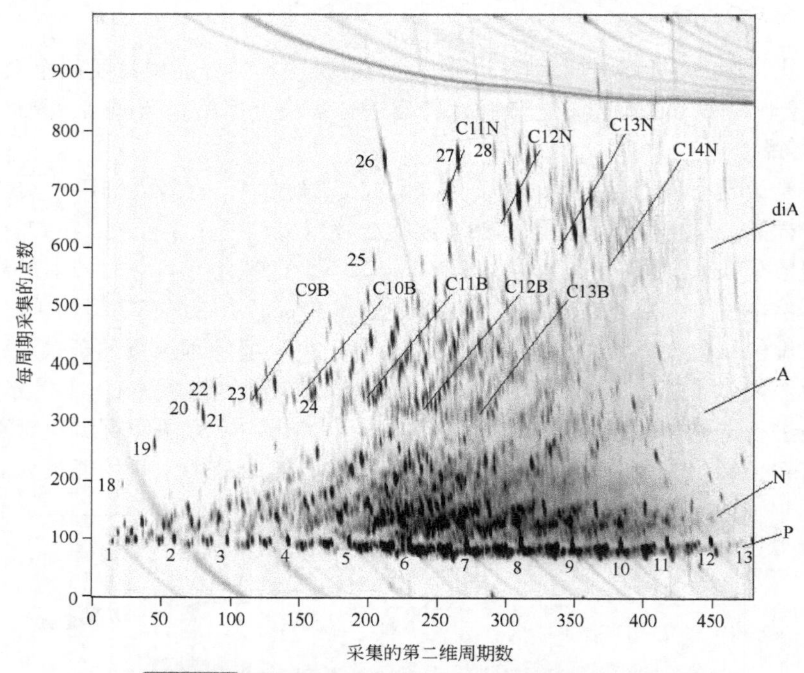

图 11-15　蒸馏常二线煤油馏分的 GC×GC 谱图

（色谱条件与图11-14同）

表 11-5　体积归一化法定量结果

序号	样品名称	沸程范围/℃	P/%	N+O/%	TOT A/%	A/%	DiA/%	TriA/%	tertA/%	分出峰数量
1	蒸馏一汽油	134～208	45.62	37.73	16.65	16.21	0.44	—	—	1276
2	蒸馏二汽油	144～230	55.49	28.93	15.57	14.69	0.89	—	—	1444
3	蒸馏一煤油	161～279	45.12	35.62	19.25	13.34	5.91	—	—	4376
4	蒸馏二煤油	199～275	51.11	30.47	18.42	12.41	6.01	—	—	3135
5	蒸馏一柴油	187～354	45.82	29.80	24.38	12.64	9.84	1.89	—	6639
6	蒸馏二柴油	252～368	44.08	30.13	25.80	13.90	9.64	2.26	—	5691
7	FCC 柴油	192～370	14.81	14.01	71.14	30.70	34.95	5.50	—	3128
8	RFCC 柴油	195～395	16.33	11.61	72.06	29.49	34.26	6.88	1.42	3839
9	VB 柴油	190～300	35.26	40.73	24.01	19.18	4.84	—	—	4342
10	加氢柴油	157～360	34.03	11.99	53.98	42.78	11.19	—	—	3548
11	调合柴油	165～356	38.93	26.00	35.06	25.68	9.38	—	—	6263

注：原料来源：①蒸馏一原料为混炼卡宾达和伊朗轻原油；②蒸馏二原料为单炼阿曼油；③蜡油催化裂化(FCC)原料为伊朗轻和乐克尔原油混炼的蜡油；④重油催化裂化(RFCC)原料为卡宾达、伊朗轻混炼的常渣和 DMO；⑤减黏裂化(VB)柴油原料为蒸馏一、二的减渣；⑥加氢柴油原料为焦化、RFCC 和 VB 的混合柴油；⑦调合柴油成分：蒸馏一、二的直馏柴油和加氢柴油。

Blomberg 等应用 GC×GC 对石油产品的分析已做了大量的工作[22,27,35,52]，重汽油、重催化裂解循环油等均得到了很好的分离。Frysinger 等[29]分离了汽油中的苯、甲苯、乙苯和二甲苯（BTEX）及总烃，并用 GC×GC 与四极质谱联用来分析海中的柴油燃料[53]。GC×GC 作为最好的工具也被 Gaines 等[54]用来识别油溢出源。Xu 等在 GC×GC 中用全甲基羟丙基-β-环糊精作第二维柱子，从煤油中分出了 1 万多个峰。Synovec 等[30]则使用 GC×GC 分离了汽油中的甲苯，乙苯，间、对二甲苯和丙苯混合物，并研究了 GRAM 方法在定量中的有用性。Kinghorn 等[37]用煤油作样品来测试冷阱调制器的有用性和可靠性。相同的小组也将此技术用于研究原油样品的分析[38]，其轮廓图与应用热调制方式得到的相当类似。

除烷烃、环烷烃、多环芳烃外，石油中还含有微量的硫化物和氮化物等，组成十分复杂。不同原油的硫含量在<0.05%和>10%不等[55]。石油中的硫化物包括元素硫、硫化氢、硫醇、硫醚、二硫化物和噻吩类，以噻吩类为主。噻吩类是不同碳数的烷基取代的噻吩、苯并噻吩、二苯并噻吩和苯并萘噻吩等多环芳烃含硫化合物的同分异构体，是诱导人体癌变的物质；其中的二苯并噻吩类含硫化合物由于电子云的屏蔽作用，是目前的脱硫技术难以脱除的硫化物族。另外，由于硫原子的存在使得多环芳烃含硫化物与其结构相同的多环芳烃化合物相比，具有更多的同分异构体。例如：甲基取代的萘有 2 个同分异构体而与其结构相似的甲基取代的苯并噻吩却有 6 个同分异构体。文献报道石油馏分 150～450℃含有超过 10000[58]的各种形态硫化物的同分异构体，因此要测定如此复杂的微量硫化物组分，对于传统的色谱与硫选择性检测器联用技术，不经过化学处理、配位体交换色谱法、氧化铝柱色谱、固相萃取和高效液相色谱等预分离手段是难以完成的，可以说是基本不可能的。因此，为选择更合适的催化剂，改进加氢脱硫工艺及研究加氢脱硫过程中的动力学等提供依据，建立一种快速测定石油馏分中的目标硫化物和硫化物族分布的方法是迫切需要的。

SCD 是硫选择性检测器中的一种，具有高选择性（$C/S>10^7$）、低检测限、基线好、干扰小、等摩尔线性响应及响应因子不依赖化合物的类型而变化等优点[56]，已被广泛应用于石油等不同领域的微量硫化物的检测，对硫元素的最小检测限达 0.05μg/g。利用全二维气相色谱（GC×GC）和硫化学发光检测器（SCD）的优点，通过对柱系统等条件的优化，建立了一个直接进样即可完成原油馏分（IBP～360℃）中的硫化物族分离的方法[49]。图 11-16 给出了用 GC×GC-SCD 分析柴油样品的结果。硫化物按极性由弱到强的次序在 GC×GC 色谱图中形成了很有规律的谱带，最下方一条带是硫醇+硫醚+二硫化物+1-环噻吩类，依次分别是苯并噻吩类、二苯并噻吩类和苯并萘噻吩类。整个谱图被分成了不同的区域，代表不同极性的不同族的含硫化合物。利用这种特性一次进样就可实现石油馏分的硫化物族分离及其硫化物族的定量。从图 11-16 可知，完成一个原油沸程为 IBP~360℃的样品的硫化物族组分分离实验，只需 135min。类似的分析如采用 LC-GC-SCD 方法，则需 2～3 天的时间[55]。

采用标准物质定性硫化物族和目标硫化物，并根据 SCD 对含硫化合物等摩尔线性响应的特点，采用内标法对目标硫化物和硫化物族进行了定量。结果表明总硫的测定值与美国测试和材料协会 ASTM D-4294 能量色散 X 射线荧光光谱（XRF）法总硫测定相一致。选用了 2-甲基噻吩、四氢噻吩、3-氯噻吩、苯并噻吩和二苯并噻吩五种硫化物，用癸烷和 C_{12} 烷混合溶剂配制了浓度 0.684～533mg/L 范围的标准系列溶液进行研究，发现检测限依次为：0.014μg/g、0.018μg/g、0.017μg/g、0.019μg/g、0.012μg/g、0.011μg/g。

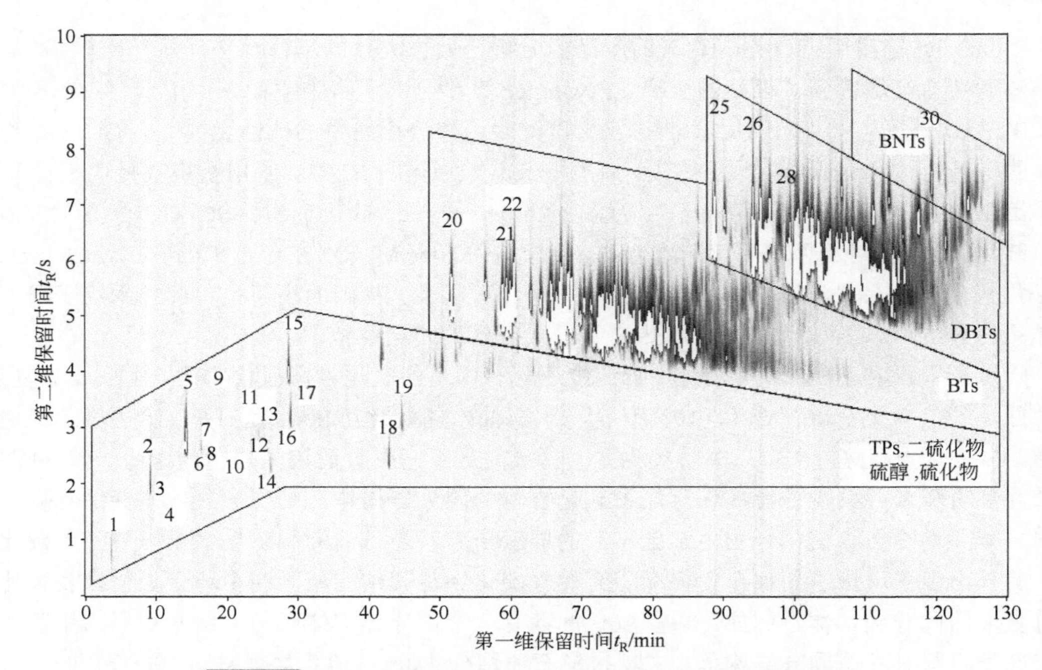

图 11-16 FCC 柴油样品用 GC×GC-SCD 分析所得的谱图

峰带从下到上依次为：硫醇+硫醚+二硫化物+1-环噻吩类(AlkylS+TPs)、苯并噻吩类(BTs)、二苯并噻吩类(DBTs)和苯并萘噻吩类(BNTs)

色谱仪：HP6890和冷喷式调制器KT2001

色谱柱：VB-5(6.0m×0.18mm，3.5μm) + 007-17(2.0m×0.1mm，0.1μm)

柱　温：30℃→280℃，2℃/min

载　气：He，99.999%；恒流，50cm/s

2. 环境样品

无论是天然的，还是人类影响，环境中存在极端复杂的样品。对环境中持久卤化物的分析一直是研究热点。多氯联苯（CBs 或 PCBs）、氯化硼烷和氯化莰烯的分析，是非常具有挑战性的课题。PCBs 共有 209 个氯代联苯化合物，仅 150 个在商用产品中出现[57]。尽管自 1977 年后已停止 PCBs 生产，但对 PCBs 的关注将会持续下去。不同 PCB 有不同的毒性、生物积累行为和分解路径等，只测总量意义不大，需要对感兴趣单组分进行逐个分析。气相色谱法由于其高效分离的特性，成为首选的方法。到目前为止，尽管已开展相当多的研究工作，但尚不能发现一个单柱条件可以分离所有感兴趣的 PCBs[58]，以至于不得不采用耗时的中心切割 GC 或引入 LC 预分离。de Geus 等[34]使用半-GC×GC 分离了非邻位 CBs 77、126 和 169 及一个工艺 PCB 混合物 Aroclor 1254。结果表明，一次分离可分析所有感兴趣组分，而用通常的中心切割-多维色谱法则需要很多次运行[59]。Xu 等[60]也发展了一个方法以使相同氯原子数的 PCBs 在 GC×GC 平面上得以分离。

3. 卷烟烟气

卷烟烟气的组成十分复杂，它是由一个不连续相和连续相组成的气溶胶。不同的化学成分对卷烟的香气、吃味及健康的影响不同，卷烟的品质和风味是这些化学组分协同作用的结果。研究卷烟烟气中重要的化学成分可评价卷烟制品的品质进而有可能指导卷烟制品生产，提高卷烟质量，降低吸烟风险。卷烟烟气分析的难点在以下几个方面：①组分众多，至今文献报道的卷烟烟气中化学成分达数千种，这么多的化学物质的分离分析在分析化学领域是一项具挑战性的工作；②气体复杂，干扰严重；③含量很低，不易检测；④组分分子量和官能团分布范围广，小到气态的 CO，大到不挥发的大分子；⑤除烟草本身外，还有添加剂如香精、香料等。

卷烟烟气的化学组成分析方法有气相色谱法（GC）、液相色谱法（HPLC）、质谱法（MS）、红外光谱法（FTIR）、紫外（UV）、核磁（NMR）及其它们的联用技术。其中用得最广泛的是传统的 GC 和 GC-MS。传统气相色谱一次进样最多能分出的峰个数为几百个。而烟气中的化学成分有数千种。鉴于此，人们一般采用分类的办法，一个样品需先分成若干个馏分再行分析，引进了不必要的误差。实际上，对于像烟气这样的复杂样品分析，最好的办法是用全二维气相色谱（GC×GC）-质谱（TOF/MS）为主的技术。

为实现较好的分离，首先要确定最佳的柱系统。为此，表 11-6 中考察了三套柱系统。第一套为通常的非极性-中等极性组合，而第二套和第三套则用了极性-中等极性的组合。从图 11-17 可知，采用第一套柱系统时，烟气中的酸性成分得到了较好的族分离，有机酸和酚被较好地分开，但组分之间分得不好。当用第二或第三套柱系统时，峰分布模式明显不同。尤以第三套为佳，峰分布在几乎整个二维平面，各组分得到较好分离。因此，如要做族组成分离，则用第一套柱系统，而详细组成分析时，就用第三套柱子。

表 11-6 GC×GC 实验条件

柱系统 1	柱 1	柱 2
柱长/m	50	2.5
柱径/mm	0.2	0.1
固定相	DB-Petro①	DB-17ht②
液膜厚度/μm	0.5	0.1
温度程序	50℃(3min)→270℃，2℃/min	50℃(3min)→270℃，2℃/min
载气	He，恒压 600kPa	
柱系统 2	**柱 1**	**柱 2**
柱长/m	50	2.0
柱径/mm	0.25	0.1
固定相	CEC-WAX③	DB-17ht②
液膜厚度/μm	0.25	0.1
温度程序	50℃(3min)→220℃(50min)，2℃/min	50℃(3min)→220℃(50min)，2℃/min
载气	He，恒压 550kPa	
柱系统 3	**柱 1**	**柱 2**
柱长/m	60	3.0
柱径/mm	0.25	0.1
固定相	DB-WAX④	DB-1701⑤
液膜厚度/μm	0.25	0.4
温度程序	50℃(3min)→220℃(50min)，2℃/min	50℃(3min)→220℃(50min)，2℃/min
载气	He，恒压 600kPa	

① DB-Petro（J&W Scientific，Folsom，CA，USA），100%二甲基聚硅氧烷。

② DB-17ht（J&W），50%苯基甲基聚硅氧烷。

③ CEC-WAX（Chrom Expert Company，USA）聚乙二醇。

④ DB-WAX（J&W）聚乙二醇。

⑤ DB-1701（J&W），14%氰丙基苯基甲基聚硅氧烷。

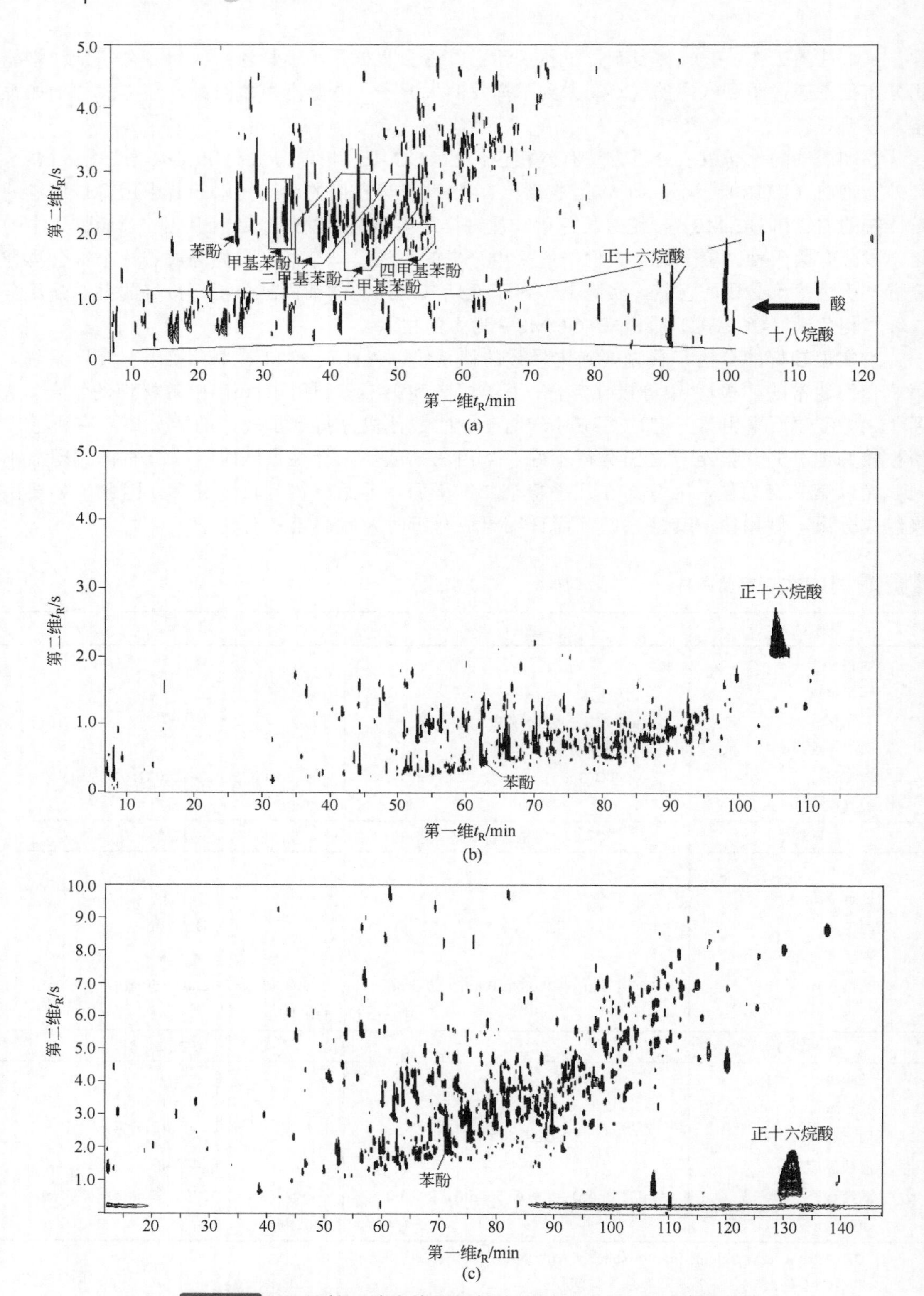

图 11-17 不同柱系统中烤烟烟气的 GC×GC-TOF/MS 轮廓图

（a）柱系统1；（b）柱系统2；（c）柱系统3（详见表11-6）

图 11-18 给出了 GC×GC 谱图的特点。图 11-18（c）是一维谱图的一部分，在 1413~1428s 的谱带切进第二柱后，原来的一个重叠峰被进一步分成 6 个峰［图 11-18（b）］。由于 TOF/MS 对重叠峰具有解析能力，用 TOF/MS 软件对图 11-18（b）进一步去卷积后，可解出 2、3 号重叠峰［图 11-18（d）］。与 NIST 标准谱图核对，可定性出其中的 6 个组分。表 11-7 为 GC×GC-TOF/MS 方法识别出的酸性成分的主要化合物类别，更详细的组分可参见文献［47，61，62］。

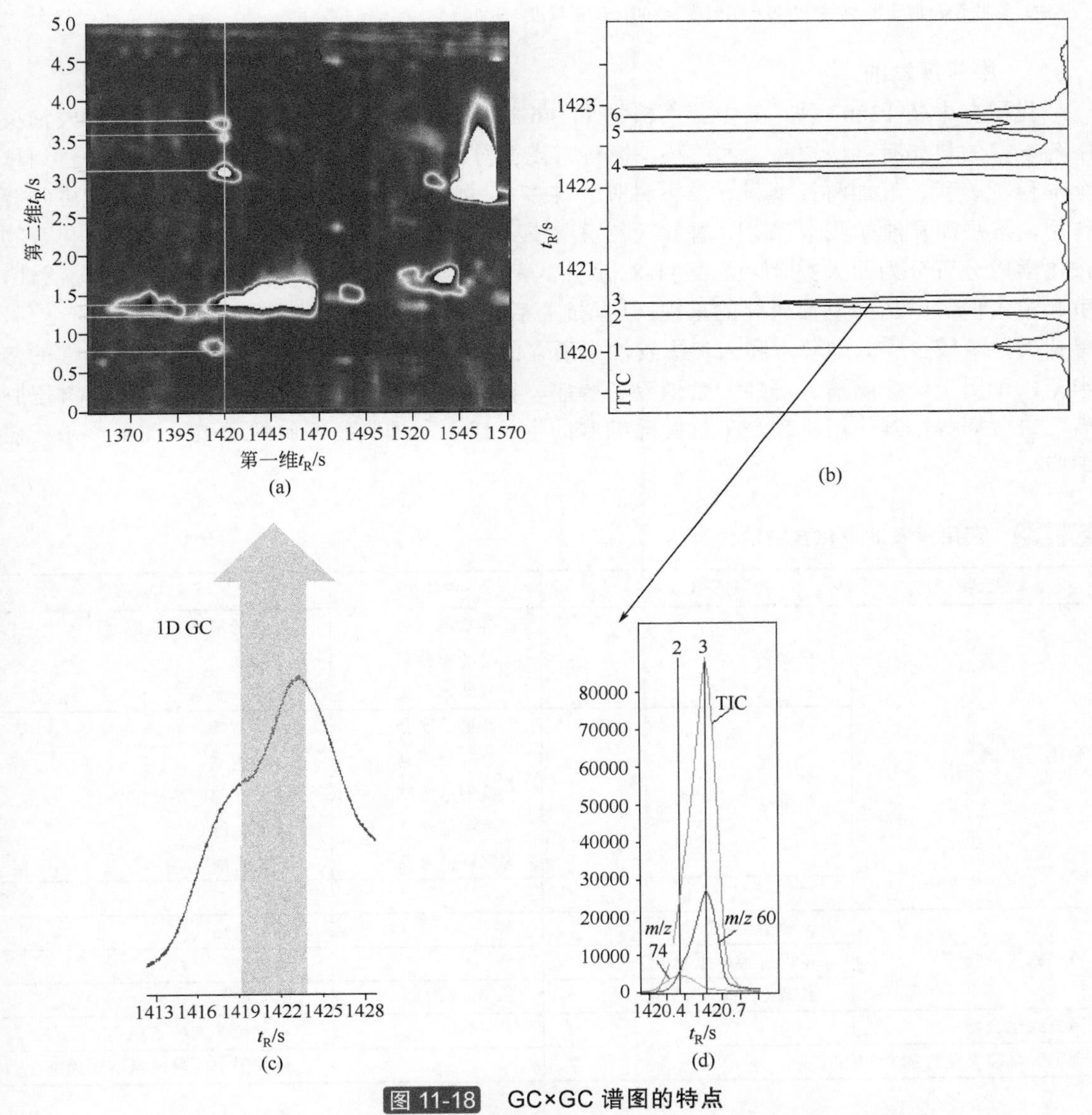

图 11-18 GC×GC 谱图的特点

（a）图11-17（a）GC×GC-TOF/MS轮廓图的放大（在1420s处的直线指出了第二维色谱图）；

（b）在第一维重叠的组分在第二维的分离（横线意指GC-TOF/MS软件发现的峰的位置）；

（c）1413～1428s底一维的分离/灰色部分意指与（b）相同时间区域的第一维的分离；

（d）组分2和3的TIC和特征质量数

色谱峰：1—3-甲基-2(5*H*)-呋喃酮；2—2-甲基戊酸；3—3-甲基戊酸；4—4-甲基-2-羟基-2-环戊烯-1-酮；5—苯甲基；6—5-甲基-2-呋喃烃氧基醛

表 11-7 卷烟烟气中的主要酸性化合物

化合物类别	数目	化合物类别	数目
酚	45	烃	4
酸	36	酯	3
酮	19	其他	9
醛	9	总数	125

注：这些化合物满足 $S/N \geqslant 3000$，相似度≥800，反相似度≥900。

4. 中药挥发油

我国有中药 12807 种，其中药用植物 11146 种[63]，挥发油类中药约占 20%，含挥发油类中药丰富的科属有：松柏科、木兰科、樟科、芸香科、金娘科、龙樟香科、禾本科、唇形科、伞形科、姜科、五加科、菊科、瑞香科等。许多挥发油具有镇咳、抗菌、消毒、抗微生物等作用，某些挥发油如莪术[64~68]、香叶天竺葵[69]具有一定的抗肿瘤作用。药用挥发油类化合物按化学成分可分为四大类[70]，见表 11-8。其中，有些萜类化合物中具有较强的抗癌抗炎活性，引起了人们对中药挥发油研究的重视。具有抗癌活性的天然萜类化合物数量最多的是倍半萜，单萜类数量较少[71]，如莪术和人参挥发油中所含的 β-榄香烯是一种具有较好抗肿瘤活性的倍半萜，可用于治疗脑瘤、肝癌、食道癌、肺癌、宫颈癌、卵巢癌、皮肤癌、乳腺癌、淋巴肿瘤、白血病等，其作用机理是干扰肿瘤细胞的生长代谢，抑制癌细胞的增殖，而最终杀死癌细胞。

表 11-8 药用挥发油中化合物的分类

大类	子类 1	子类 2	举例
萜类衍生物	单萜类	链状单萜类	月桂烯，薰衣草醇
		单环单萜类	草酚酮
		双环单萜类	樟脑，蒎烯
	倍半萜	开链倍半萜	金合欢烯
		单环倍半萜	吉马酮
		萘型倍半萜	α-桉叶醇，β-杜松烯
		薁型倍半萜	愈创木醇
		三环倍半萜	广藿香酮
	二萜		泪杉醇
芳香族化合物	萜源衍生物		α-姜黄烯
	苯丙烷类衍生物		桂皮醛
	具有 C_2～C_6 骨架化合物		苯乙醇
脂肪族化合物			正癸烷，乙酸乙酯
含氮、含硫类化合物			黑芥子中的异硫氰酸烯丙酯

气相色谱（GC）及色质联用（GC-MS）是药用挥发油的主要分析手段[72,73]。这种方法常用来获得指纹谱控制中药的质量；或用来从中药中寻找起药效作用的组分，进行新药的研制或中药理论的研究。但由于中药挥发油组分复杂，且含量不均一，使用常规的 GC 甚至 GC-MS，分离能力不够，峰重叠严重，指纹不明显；由于灵敏度不够，低含量组分定性、定量不准确，有时要做多次实验才能获得高含量和低含量的组分的信息。多维色谱可以大大提高系统的分辨率，与质谱的联用可以对目标化合物定性，是复杂体系分析的好方法。

（1）基于 GC×GC 二维谱图的中药挥发油成分详细分析　GC×GC 采用正交的二维分离，因此分辨率大大增加，同时，由于调制器的聚焦作用，使得灵敏度大大提高。图 11-19 给出了 1D GC 与 GC×GC 分离广藿香挥发油的比较，在相同的进样量、分流比及相同的操作条件下，GC×GC 不但分出了 1625 个峰，比一维的 76 个峰多得多，而且很多小峰也得以检出。从图 11-20 可更清楚地看出其中的原因，柱子的极性差异使得二维的分离具正交的特性。表 11-9 给出了 1D GC-MS 与 GC×GC-TOF/MS 定性上述样品的比较，用 GC×GC-TOF/MS 可鉴定出更多的组峰。

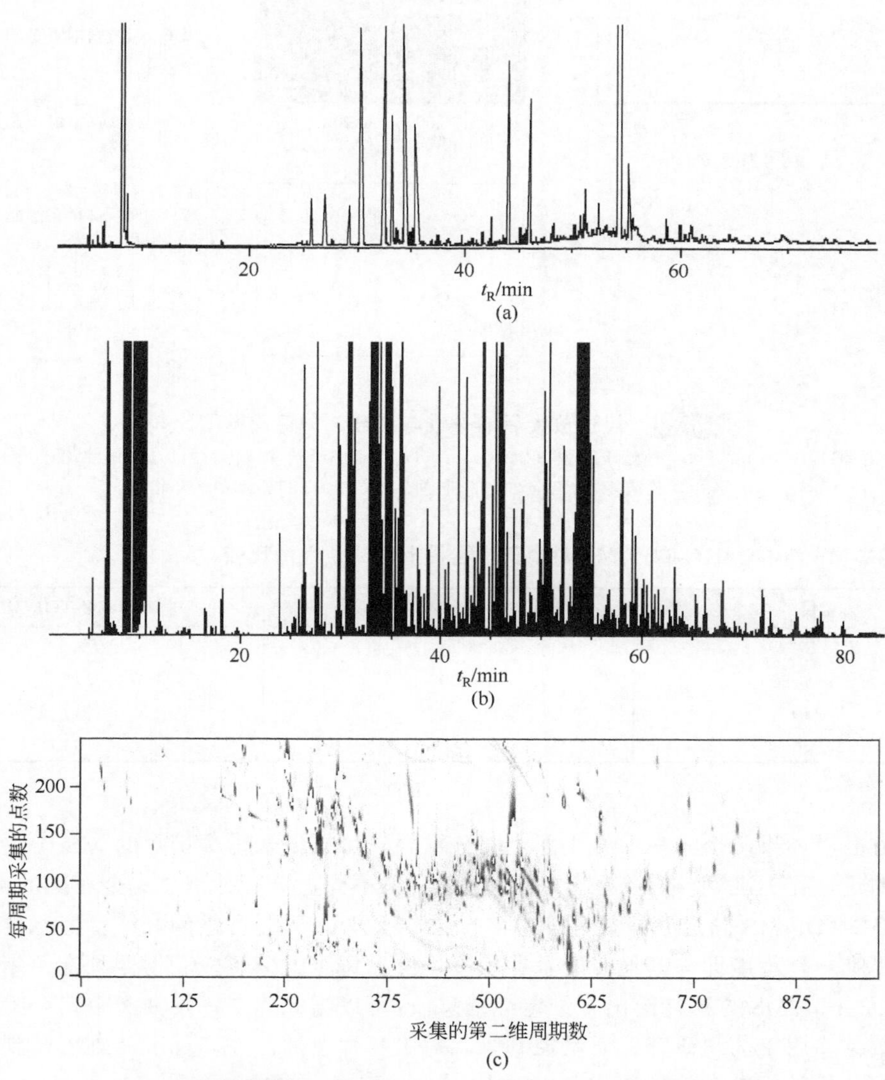

图 11-19　广藿香的 1D GC 和 GC×GC 分离

（a）1D GC谱图，色谱柱：SOLGLEWAX 60m×0.25mm，0.25μm；

（b）GC×GC谱图，GC HP6890，DL-WAX(60m×0.25mm，0.25μm) + DB-1701(3m×0.1mm，0.4μm)；

（c）经Transform与Zeox软件转化的GC×GC谱图

仪器：HP6890

柱温：70℃（3min）→200℃（35min），3℃/min

进样量：5μL，分流比为1：30

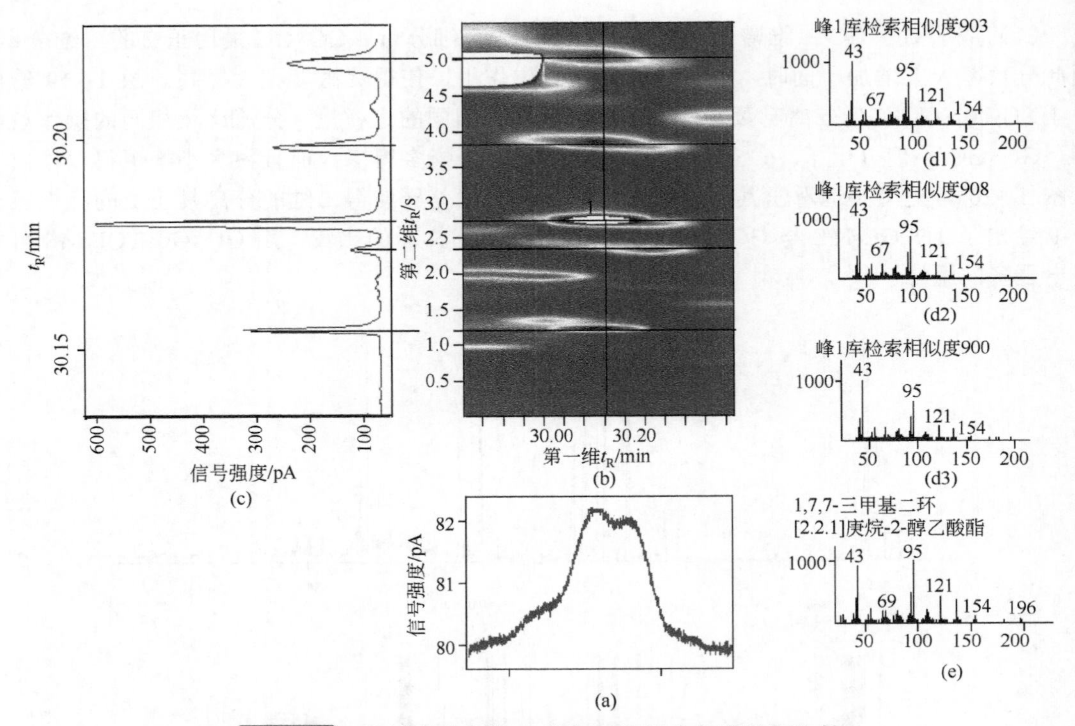

图 11-20 经过放大后的一维与二维部分色谱谱图比较

（a）节选于谱图11-19（a）；（b）节选于谱图11-19（b）；（c）A和B经软件转化后所形成的全二维气相色谱谱图；（d_1,d_2,d_3）色谱峰1的三个切片的质谱图；（e）NTST谱库中的质谱图

表 11-9 GC-MS 与 GC×GC-TOF/MS 对中药广藿香挥发油定性的比较

项目	GC-MS	GC×GC-TOF/MS
出峰总数	75	1625
定性：S>800	29	372
S>850		232
S>900		104

注：S 为匹配度。

另一方面，如果两个峰在二维平面上部分重叠，可根据未重叠切片的 MS 谱图定性从而使重叠峰的定性更加准确。在恰当选择的柱系统中，不同组分三种信息完全相同的可能很小，根据 GC×GC-TOF/MS 确定的峰具有准“唯一性”。此外，质谱提供的峰纯度信息也可以说明这个峰的“唯一”程度即与其他峰的重叠程度，所以每个组分可以获得四种定性信息。

GC×GC-TOF/MS 方法能给出多维定性信息，也可以据此建立挥发油类中药全组成的智能统一指纹数据库用于药理研究、质量控制等。对中药挥发油，许多标准品难以得到，以多维定性信息部分代替标准品的作用，意义重大。

（2）基于 GC×GC 二维谱图对中药挥发油的族分离分析[74] 传统中医认为中药是一个整体，几个药效组分不能代表中药的全部。李石生等人提出了分子药性假说[75]，认为：①中药的性味归根结底是由所含化学成分决定的；②相似的分子结构对应着相似的药效；③一味中药中，往往是具有一定骨架的化合物或不同骨架分子组成的分子群表现出特定的生理活性或治疗作用；④中药化学成分具有多样性；⑤中药的药性多样性及多靶点作用机制与化学成分的多样性有关。这种理论与传统的中医理论吻合，能够体现中药的整体性和系统性。GC×GC具有族分离的特点，相似分子结构的组分具有相似的第二维保留时间从而在二维平面中聚成族。把 GC×GC 的族分离与这种理论相结合，尝试用药效组分所在的分子群代替单个药效组分评价中药的质量。

以两种不同来源的广藿香为样品，分别进行了族组成分析，见图 11-21。广藿香酮被认为与广藿香的抗菌作用有直接关系，是广藿香道地性的标志[76]，而其他组分的疗效却没有明确的验证。所以以广藿香酮所在的倍半萜衍生物分子群作为药效分子群（图 11-21 中 D 区）评价广藿香的质量。

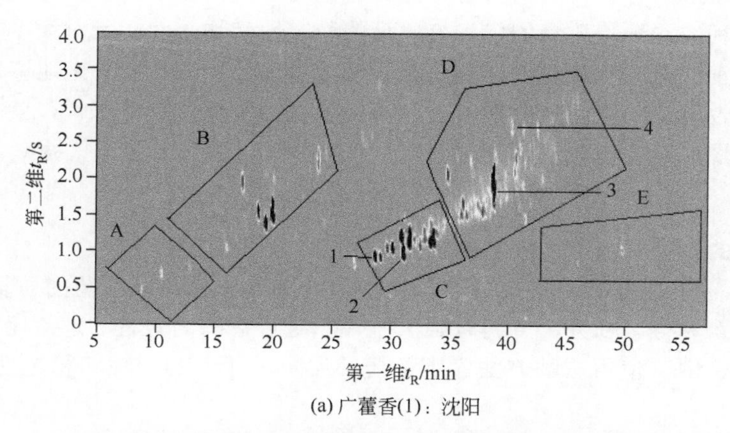

(a) 广藿香(1)：沈阳

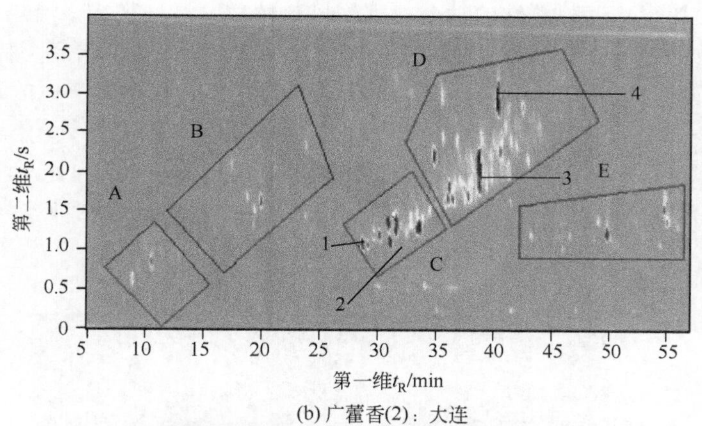

(b) 广藿香(2)：大连

图 11-21　两种广藿香的族分离和比较

1—β-广藿香烯；2—α-广藿香烯；3—广藿香醇；4—广藿香酮

柱系统：第一维，2m×0.1mm，3.5μm（DB-1）；第二维，40cm×0.1mm，0.1μm（OV17-HT）

操作条件：气化室温度250℃；柱温45℃→220℃，3.5℃/min；检测器温度250℃；调制周期4s；冷气25mL/min；热气加热电压60V

表 11-10 为两种广藿香的族组成比较，可以看出，样品 2 的药效分子群含量是样品 1 的 2.3 倍。可以得出同样的结论：广藿香样品 2 比样品 1 质量更好，是道地药材。用这种方法既可以量化地评价中药的质量，又具有一定的模糊性，发挥了 GC×GC 方法的特色，充分体现了中药模糊性的特点和色谱指纹图的涵义，为中药质量控制开辟了一条新途径。但是，仍需要细化族分离并结合药理研究，使药效分子群及其范围的选择与药效的相关性更好。

表 11-10 两种广藿香的族组成分析

样品＼族	A	B	C	D	E
样品 1	0.23	17.37	51.79	29.75	0.16
样品 2	2.60	1.35	23.14	67.63	4.75

注：A—单萜；B—单萜含氧衍生物；C—倍半萜；D—倍半萜含氧衍生物（药效分子群）；E—二萜。

（3）基于 GC×GC 二维谱图中若干强峰的中药挥发油分析[74] 中药种类多，数量大，其中植物类中药有 12807 种，目前药理研究比较清楚的中药只占很少一部分。对于这部分中药可以应用上述两种方法评价质量的优劣、质量的稳定性和均一性。而对大多数药理研究并不清楚的中药材目前主要采用确定若干强峰，计算重叠率[77]（R）来量化地鉴别中药的真伪、评价质量的稳定性和均一性，重叠率超过 70%即认为很相似。具体来说，就是首先对不同产地样品的指纹谱图，确定若干强峰及其含量，并根据式（11-1）计算重叠率。

$$R = 2C/(A + B) \times 100\% \tag{11-1}$$

C 为两样品的共有强峰；A 为样品 a 的峰数；B 为样品 b 的峰数。

根据不同样品的重叠率及共有强峰含量的差异来评价和控制中药的质量。由于 GC×GC 的峰容量大、分辨率高，峰分离度得以大大提高，对目标峰的定性、定量比 1D GC 更准确。所以，在 GC×GC 中，使用这种方法鉴别中药的质量真伪、均一性和稳定性比 1D GC 更有优势。

连翘具有清热解毒、消肿散结的功效，主治风热感冒、温病初起、温热入营、高热烦渴、神昏发斑、热淋尿闭等[78]。挥发油的抑菌实验表明，对金黄色葡萄球菌、肺炎球菌和白色念珠球菌有明显的抑制作用[79~81]。在优化的色谱条件下，对三种不同产地的连翘挥发油（1—未知；2—临汾；3—洛阳）进行了 GC×GC 分离，采用体积归一化法定量，临汾连翘的 GC×GC 分离见图 11-22。对三个样品，分别确定了 9 个强峰，定量结果见表 11-11。计算三种样品的重叠率为 100%，各组分含量的定量比较见图 11-23。可以看出，这三种连翘挥发油的质量非常类似。

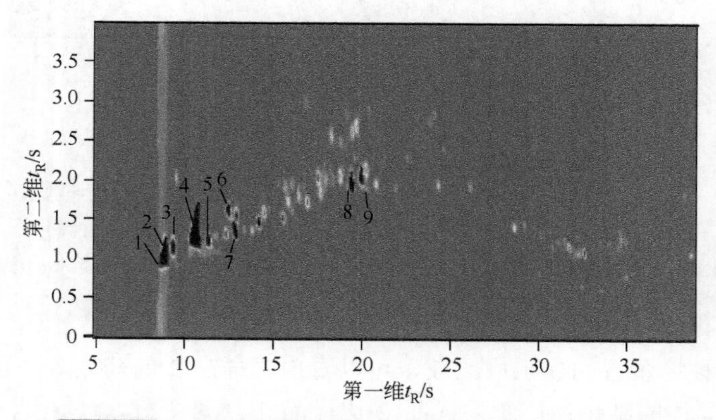

图 11-22 临汾连翘的 GC×GC 分离及确定的 9 强峰

柱系统：第一维，2m×0.1mm，3.5μm(DB-1)；第二维，40cm×0.1mm，0.1μm(OV17-HT)

操作条件：气化室温度250℃；柱温35℃ $\xrightarrow{3℃/min}$ 120℃ $\xrightarrow{10℃/min}$ 200℃；检测器温度250℃；调制周期4s；冷气25mL/min；热气加热电压60V。

表 11-11 三种不同产地连翘 9 强峰的定量结果

峰号	含量/%			平均含量/%
	样品 1	样品 2	样品 3	
1	1.29	1.25	0.91	1.15
2	18.5	16.8	17.3	17.5
3	0.80	0.74	0.79	0.78
4	72.6	68.3	71.8	70.9
5	1.25	1.14	1.20	1.20
6	0.70	0.12	0.76	0.53
7	1.17	1.65	1.29	1.37
8	1.79	5.84	2.84	3.49
9	0.11	1.78	0.86	0.92

注：含量采用体积归一化法获得。

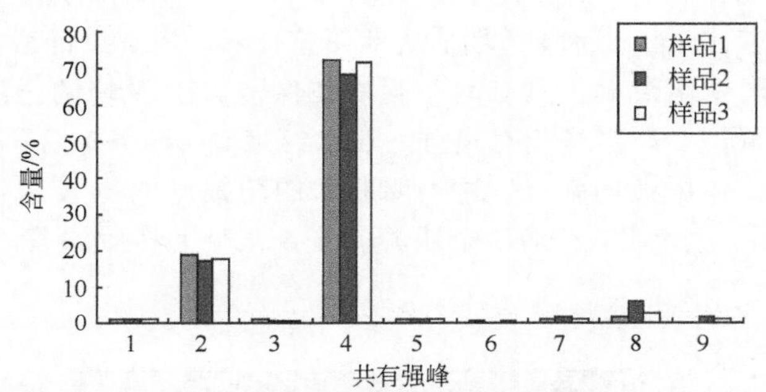

图 11-23 用 9 个共有强峰定量地评价三种不同产地连翘的质量稳定性

样品1—未知；样品2—临汾；样品3—洛阳

实际上，基于指纹峰为特征的中药质量控制研究，应是多维色谱、联用技术和化学计量学的有机结合[82]。

（4）基于二维谱图的中药挥发油快速鉴别和筛选 GC×GC 不但适于样品的指纹分析，还可以用于未知样品的快速鉴别和筛选。不需要标准品就可以准确、快速地实现族定性和定量。如图 11-24 所示，对一种姜黄挥发油进行了快速族定性，族定量结果见表 11-12。

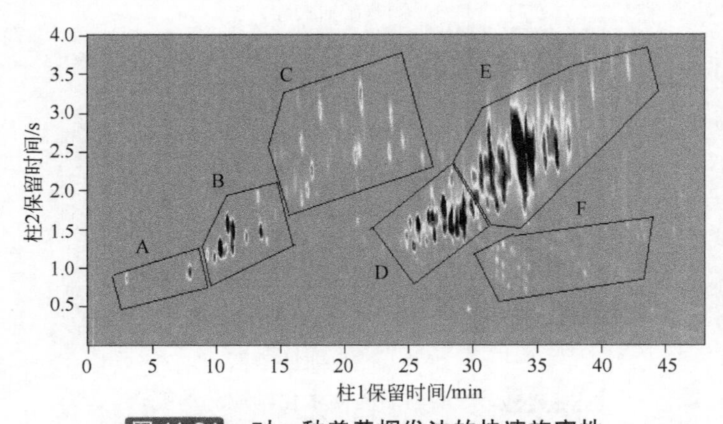

图 11-24 对一种姜黄挥发油的快速族定性

色谱峰：A—单萜；B—单萜含氧衍生物；C—单萜其他衍生物；D—倍半萜；E—倍半萜含氧衍生物；F—未知

柱系统：第一维，2m×0.1mm，3.5μm(DB-1)；第二维，40cm×0.1mm，0.1μm (OV17-HT)

操作条件：气化室温度250℃；柱温45℃→220℃，3.5℃/min；检测器温度250℃；调制周期6s；冷气25mL/min；热气加热电压60V

表 11-12 姜黄挥发油族组成快速分析

族	A	B	C	D	E	F
含量/%	0.036	6.13	0.86	25.56	67.18	0.021

通过直接比较未知样品与标准样品二维谱图的异同可以对未知样品进行快速筛选：对中药的真伪、质量的优劣等进行快速评价；对药材炮制前后化学成分的变化、复方中药配伍变化导致的化学成分变化等作出快速判断。

莪术是姜科植物蓬莪术 *Curcuma phaeocaulis* Valeton、桂莪术 *Curcuma kwangsiensis* S.G.Less et C.F.Liang、温郁金 *Curcuma wenyujin* Y.H.Chen et C.Ling 的干燥根茎，具有行气破血、消积止痛的功效，归肝、脾经[78]。图 11-25（a）是未炮制过的莪术谱图，图 11-25（b）是经过醋炮制的莪术（醋莪术）谱图。从谱图整体看，炮制过的莪术峰数量明显减少、强度减弱，其中 C 区变化最大，只有两个强峰被保留，B 区峰的强度和数量都减小，A 区变化不大，D 区小峰减少，强峰相对增强。莪术经炮制（醋煮）后，莪术疗效发生改变，破血消积、散淤止痛的作用被增强[83]，这表明莪术的药效可能与 A 区和 D 区中组分相关。此外炮制后的莪术谱图背景比较干净，杂质峰减少，表明炮制后的莪术提高了药材的纯度和净度。

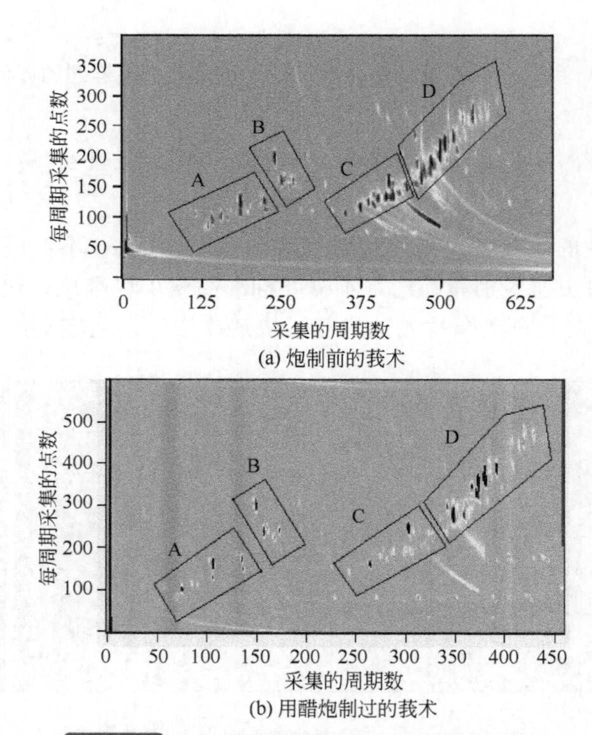

图 11-25 炮制前后的莪术化学成分的变化

柱系统：第一维，2m×0.1mm，3.5μm(DB-1)；第二维，40cm×0.1mm，0.1μm(OV17-HT)。

操作条件：气化室温度250℃；柱温30℃→190℃，3℃/min；检测器温度250℃；冷气25mL/min；热气加热电压60V

参考文献

[1] Davis J M, Grushka E. Statistical Theories of Peak Overlap in Chromatography//Brown P R. Chromatogr Sci Series. NY: M Dekker, 1974: Vol 34.

[2] Samuel C, Davis J M. J Chromatogr A, 1999, 842(1-2): 65.

[3] Giddings J C. Use of Multiple Dimensions in Analytical Separations //Cortes H J. Chromatogr Sci Series. NY: M Dekker, 1990: Vol 50.

[4] Bertsch W. J High Resol Chromatogr, 1999, 22(12): 647.

[5] Deans D R. Chromatographia, 1968, 1(1-2): 18.

[6] Schomburg G. J Chromatogr A, 1995, 703(1-2): 309.

[7] Marriott P J, Haglund P, Ong R C. Clin Chim Acta, 2003, 328(1-2): 1.

[8] Liu Z, Phillips J B. J Chromatogr Sci, 1991, 29(6): 227.

[9] Marriott P, Shellie R. Trac - trends in Analytical Chemistry, 2002, 21(9): 573.

[10] 许国旺, 叶芬, 孔宏伟, 等. 色谱, 2001, 19(2): 132.

[11] Cortes H J, Richter B E, Pfeiffer C D, et al. J Chromatogr A, 1985, 349(1): 55.

[12] Jr. Grob K, Fröhlich D, Schilling B, et al. J Chromatogr A, 1984, 295(1): 55.

[13] Raglione T V, Troskosky J A, Hartwick R A. J Chromatogr A, 1987: 205.

[14] Grob K, Läubli T. J High Resol Chromatogr, 1987, 10(8): 435.

[15] Jr. Grob K. J High Resol Chromatogr, 1987, 10(5): 297.

[16] Jr. Grob K, Müller E, Meier W. J High Resol Chromatogr, 1987, 10(7): 416.

[17] Jr. Grob K, Walder C, Schilling B. J High Resol Chromatogr, 1986, 9(2): 95.

[18] Munari F, Trisciani A, Mapelli G, et al. J High Resol Chromatogr, 1985, 8(9): 601.

[19] Raglione T V, Troskosky J A, Hartwick R A. J Chromatogr A, 1987, 409: 213.

[20] Dalluge J, van Rijn M, Beens J, et al. J Chromatogr A, 2002, 965(1): 207.

[21] Venkatramani C J, Xu J, Phillips J B. Anal Chem, 1996, 68(9): 1486.

[22] Blomberg J, Schoenmakers P J, Beens J, et al. J High Resol Chromatogr, 1997, 20(10): 539.

[23] Bushey M M, Jorgenson J W, Chem A. Anal Chem, 1990, 62(2).

[24] Phillips J B, Luu D, Pawliszyn J B, et al. Anal Chem, 1985, 57(14): 2779.

[25] Phillips J B, Gaines R B, Blomberg J, et al. J High Resol Chromatogr, 1999, 22(1): 3.

[26] Beens P J. J Chromatogr A, 1999, 856(1-2): 331.

[27] Jan Beens, Boelens H, Tijssen R, et al. J High Resol Chromatogr, 1998, 21(1): 47.

[28] de Boer J, Phillips J B. J High Resol Chromatogr, 1998, 21(7): 411.

[29] Frysinger G S, Gaines R B. J High Resol Chromatogr, 1999, 22(4): 195.

[30] Bruckner C A, Prazen B J, Synovec R E, et al. Anal Chem, 1998, 70(14): 2796.

[31] John B Phillips, Zaiyou Liu. US, 05196039. 1993.

[32] John B Phillips, Zaiyou Liu. US, 05135549. 1992.

[33] Phillips J B, Xu J. J Chromatogr A, 1995, 703(1-2): 327.

[34] de Geus H, de Boer J, Brinkman U A T. J Chromatogr A, 1997, 767(1-2): 137.

[35] Beens J, Tijssen R, Blomberg J. J Chromatogr A, 1998, 822(2): 233.

[36] Marriott P J, Kinghorn R M. Anal Chem, 1997, 69(13): 2582.

[37] Kinghorn R M, Marriott P J. J High Resol Chromatogr, 1998, 21(11): 620.

[38] Kinghorn R M, Marriott P J. J High Resol Chromatogr, 1999, 22(4): 235.

[39] Kristenson E M, Korytar P, Danielsson C, et al. J Chromatogr A, 2003, 1019(1-2): 65.

[40] Dallüge J, Beens J, Brinkman U A T. J Chromatogr A, 2003, 1000(1-2): 69.

[41] Harju M, Danielsson C, Haglund P. J Chromatogr A, 2003, 1019(1-2): 111.

[42] Harju M, Bergman A, Olsson M, et al. J Chromatogr A, 1019, 1019(1-2): 127.

[43] Adahchour M, van Stee L L, Beens J, et al. J Chromatogr A, 2003, 1019(1-2): 157.

[44] Zrostlikova J, Hajslova J, Cajka T. J Chromatogr A, 2003, 1019(1-2): 173.

[45] Welthagen W, Schnelle-Kreis J, Zimmermann R. J Chromatogr A, 2003, 1019(1-2): 233.

[46] Sinha A E, Prazen B J, Fraga C G, et al. J Chromatogr A, 2003, 1019(1-2): 79.

[47] Lu X, Cai J, Kong H, et al. Anal Chem, 2003, 75(17): 4441.

[48] van Stee L L P, Beens J, Vreuls R J J, et al. J Chromatogr A, 2003, 1019(1-2): 89.

[49] Hua R, Li Y, Liu W, et al. J Chromatogr A, 2003, 1019 (1-2): 101.

[50] Neumann H J, Paczynska-Lahme B, Severin D. Compositional Properties of Petroleum[Z]. Stuttgart, Germany: 1981. Ferdinand Enke Publ.

[51] 花瑞香，阮春海，王京华，等. 化学学报，2002，60（12）：2185.

[52] Beens J, Tijssen R, Blomberg J. J High Resol Chromatogr, 1998, 21(1): 63.

[53] Frysinger G S, Gaines R B. J High Resol Chromatogr, 1999, 22(4): 195.

[54] Frysinger G S, Gaines R B. Environ Sci Technol, 1999, 33(12): 2106.

[55] Beens J, Tijssen R. J High Resol Chromatogr, 1997, 20 (3): 131.
[56] Shearer R L. Am Lab, 1994, 26(6): 34.
[57] Frame G. Anal Chem, 1997, 69(15): A468.
[58] Frame G M. Fresen J Anal Chem, 1997, 357 (6): 701.
[59] de Geus H, de Boer J, Brinkman U. TRAC, 1996, 5.
[60] Phillips J B, Xu J. Organohalogen Compounds, 1997, 31.
[61] 路鑫，蔡君兰，武建芳，等. 化学学报，2004，62（8）：804.
[62] Lu X, Zhao M, Kong H, et al. J Sep Sci, 2004, 27(1-2): 101.
[63] 许有玲. 世界科学技术，1999，1（04）：32.
[64] 肖崇厚. 中药化学. 上海：上海科学技术出版社，1993.
[65] 傅乃武，全兰萍，郭永洇，等. 中药通报，1984，9（02）：35.
[66] 李应东，李啸红，王毓美. 中国优生与遗传杂志，1999，7（01）：22.
[67] 李爱群，胡学军，邓远辉，等. 中草药，2001，32（09）：782.
[68] 姜建萍. 吉林中医药，2000，（02）：62.
[69] 方洪钜，苏秀玲，刘红岩，等. 药学学报，1989，24（05）：366.
[70] 董玉山，傅建熙，许平安，等. 河南林业科技，1999，19（04）：23.
[71] 汤敏燕，汪洪武，孙凌峰. 江西师范大学学报，自然科学版，1997，21（02）：146.
[72] 张莉，方洪钜. 药物分析杂志，1994，14（03）：52.
[73] 方洪钜. 药学学报，1990，（11）：869.
[74] Ruan C, Xu G W, Lu X, et al. Chromatographia, 2003, 57(1 Supplement): S265.
[75] 李石生，邓京振，赵守训，等. 中国中西医结合杂志，2000，20（02）：83.
[76] 杨赞熹，谢培山. 科学通报，1977，22（7）：318.
[77] 凌大奎，朱永新，王维.药物分析杂志，1995，（4）：13.
[78] 中华人民共和国药典一部［Z］. 北京：化学工业出版社，2000.
[79] 卫世安，贾彦龙.药物分析杂志，1992，（6）：329.
[80] 石素贤，何福江.药物分析杂志，1995，15（03）：10.
[81] 俞崇灵.药学学报，1960，8（06）：241.
[82] 石先哲，杨军，赵春霞，等. 色谱，2002，20（04）：299.
[83] 吕文海. 中药炮制学. 北京：科学出版社，1982：18.

第十二章　气相色谱联用技术

色谱技术是目前解决复杂体系分离定量最为重要的手段，然而传统的色谱检测器无法解决组分定性和重叠峰干扰的问题，色谱法最基本的定性手段是基于色谱的保留时间，主要通过标准物质及样品中组成的保留对比进行，这种方式只能得到样本中不含该物质或可能含有该物质的结论，无法确证是否有其他干扰物质同时流出可能导致的定量结果差异。多柱保留规律、选择性检测器的使用也无法完全解决上述问题。与之相反，质谱、光谱技术等谱学技术具有极强的化合物结构解析能力，但只针对纯化合物，由于缺乏必要的分离手段，无法适用于复杂体系中物质的定性。色谱和谱学技术联用已成为复杂体系分析最为有效的手段。在联用系统中，色谱相当于谱学仪器的进样装置，谱学仪器相当于色谱的检测器。在气相色谱联用技术中，气相色谱质谱联用技术应用最为广泛，气相色谱与光谱的联用相对较少，但在某些领域具有不可替代的作用。本章将着重介绍这两种联用技术。

第一节　气相色谱质谱联用技术

质谱是将样品分子转换成运动的带电粒子并在电磁学作用下根据荷质比（*m*/*z*）进行分离检测的技术。最早的气相色谱质谱仪在 1957 年由 J. C. Holmes 和 F. A. Morrell[1]首先实现，已成为复杂体系中挥发性和半挥发性物质定性、定量分析的最强有力的手段[2,3]。

图 12-1 为典型气相色谱质谱联用仪的示意图，由一台气相色谱和一台质谱仪组合而成，两者之间通过接口连接。

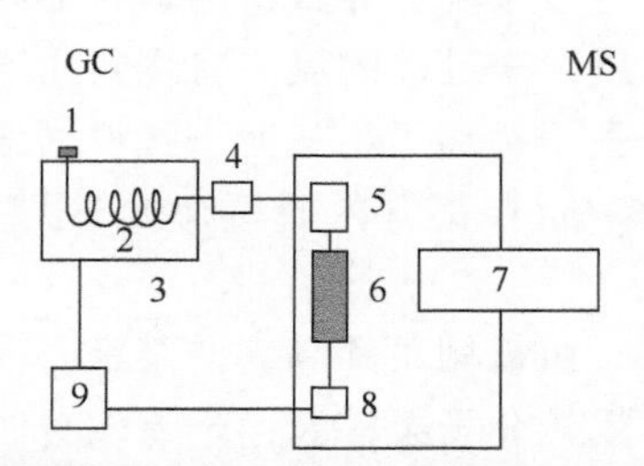

图 12-1　典型气相色谱质谱联用仪示意图

1—进样器；2—色谱柱；3—色谱炉；4—接口；5—离子源；6—质量分析器；
7—真空系统；8—检测器；9—计算机

通常色谱仪柱出口的压力为 10^5Pa，而质谱仪则必须保证在高真空度下运行。两者相差 8 个数量级以上的差异。当色谱单元的气体流量过大（尤其是采用填充柱或粗内径毛细管柱时），质谱单元的真空系统将无法维持足够的真空度，无法正常工作。接口单元主要是为解决色谱单元和质谱单元的压力的不协调性。接口方式有开口分流法、分子分离器和直接连接法[4]。其中由于直接连接法在传输过程中没有物质损失，具有较高的检测灵敏度，同时随着真空技术的发展，对流量的限制也显著降低，同时结构简单、维护操作方便，成为最主流的方式。

接口采用加热套管以保证管线具有较高的温度，避免流出物在管线中冷凝导致的结果准确度的偏差。

一、色谱单元

由于与质谱系统相连，色谱单元与常规的色谱在使用要求上略有不同。首先载气要求与常规气相色谱不同，载气应该有较高的电离能级，较难被电离，同时不影响离子的检测，不干扰样品谱图。只有高纯度的 He 符合上述要求，但即使使用了高纯度的载气，仍然应注意脱氧，防止减少灯丝寿命。

由于填充柱的分离能力有限，而且气流过大影响质谱真空度，在气质联用仪中一般不使用填充柱。通常使用的是细内径的毛细管柱（0.25mm、0.32mm I.D.）。为防止污染质谱系统，应尽可能降低色谱柱的流失。由于非极性和中等极性的交联色谱柱具有较高使用温度和较低流失，因此应用较为广泛。各厂家均有质谱专用的色谱柱。在使用前色谱柱必须充分老化，其使用温度不应高于老化温度。

常规的 100%石墨的密封垫圈容易碎裂和变形，可能造成系统污染，不能用在气质联用仪上。在气质联用仪上使用的是 Vespel/石墨复合材料的密封垫。同时质谱仪所用的进样垫等也要考虑使用低流失种类的。

二、质谱单元

质谱单元由离子源、质量分析器、检测器和真空系统组成。

1. 真空系统

质谱仪必须在良好的真空条件下才能有效地工作。一般要求在 10^{-4}Pa 以下。质谱检测过程中离子要在电场、磁场或电磁场中飞行一定的时间和空间，如果在这些时间和空间中存在大量的气体，势必会使离子很快猝灭而到达不了检测器。所以为了减少离子与背景气体的碰撞猝灭，要抽真空使背景气体分子数量大大减少，以维持足够的离子平均自由程。质谱的检测器必须在高真空度下工作，真空度不高会导致检测器寿命降低甚至损坏。在真空电离模式（如 EI、CI）下，离子源的高气压带来过多的氧气将烧毁质谱仪的灯丝，大量电子轰击能量消耗在本底气体的电离上，并产生干扰离子，从而干扰质谱谱图，电离源内的高气压会导致发生分子-离子反应并改变碎片谱图，电离源内的高气压干扰离子束的正常调节，并可能引起高压放电。

质谱一般采用两级真空系统，由机械泵和高真空泵组合而成。高真空泵的种类有：油扩散泵、汞扩散泵、溅射离子泵、涡轮分子泵等。由于涡轮分子泵没有本底污染，对所有气体有相似的抽速，并且几乎没有消耗品，不用维护，就可达到需要的真空度，被现有质谱系统广泛使用。必须在前级的机械泵达到一定真空度的条件下，高真空泵才能有效地发挥作用。为了保护高真空泵并使其充分发挥效率，必须保证机械泵的工作状态，达到要求的真空度，因此机械泵必须及时维护。机械泵油一般要求每 6 个月更换一次，如果发现泵油被污染应及时更换。质谱系统一般均会安装真空测量装置，在未达到指定真空度的条件下，严禁质谱仪的升温和检测操作。

2. 电离源

电离源的作用是将分子转化成气态离子。离子源的种类很多，在气相色谱质谱联用仪中，电子轰击（EI）和化学电离（CI）是最主要的电离方式。其他的电离方式如场致电离（FI）、解吸化学电离源（DCI）、大气压电离源（API）等也可联用，但此类仪器及应用相对较少，在此不作详细讨论。除电子轰击（EI）和化学电离（CI）外，由于电感耦合等离子体质谱（ICP-MS）特殊的应用价值，本文对其作简要介绍。

电子轰击离子源（EI）是最为普及的GC-MS电离源，具有结构简单、结果稳定、灵敏度高、操作方便、电离效率高和结构信息丰富的特点。图12-2是典型的电子轰击源的示意图。在高真空条件下，被电流加热的铼或钨灯丝（1000K）使灯丝发射电子，电子在加速电场作用下从灯丝加速飞向电子接收极形成高速电子束，当气态分子进入离子源，与高速电子束发生碰撞，失去一个电子变成分子离子（M^+），当电子流具有足够大的能量时，分子离子继续受到电子轰击而引起化学键的断裂或分子重排，产生较低质量的碎片离子和中性丢失，所有生成的离子在反射极的推斥电压的作用下进入质量分析器。

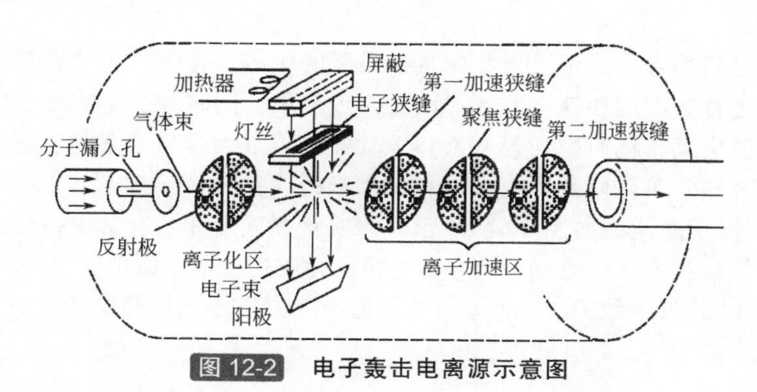

图12-2　电子轰击电离源示意图

电子轰击电离效果与离子束加速电压密切相关，电子能量大于10eV时才会使有机物电离，产生分子离子。随着电子能量升高，电离效率会升高，分子离子和碎片离子的强度都会升高，一般在70eV时达到最大效率。电子轰击获得的质谱图最大的优势是质谱图非常稳定，同时具有丰富的碎片结构，有利于有机物的结构鉴定。现有大量的标准谱图被收录成库，如NIST02收集了近13万张谱图，用户可以方便地进行检索，以获得定性结果。谱图库中质谱图均是基于70eV的条件下获得的，在这个条件下，某些化合物由于电子能量过大导致作为定性最为重要的信息分子离子峰的缺失，使准确定性存在一定的难度。现在部分GC-MS仪器支持电子能量的修改，通过降低能量可以简化谱图，获取分子离子峰。

电子轰击的缺陷是分子离子信号变得很弱，甚至检测不到。化学电离（CI）是一种软电离方式，通过引入大量反应气（一般采用甲烷气，也有氨气、丙烷、异丁烷等），使样品分子与电离离子不直接作用，利用分子-离子反应实现电离，其反应热效应较低，使分子离子的碎裂弱于电子轰击电离。以甲烷反应器为例，甲烷首先被电离，并与本身进行离子-分子反应形成等离子体。其中最为主要的中间离子为CH_5^+和$C_2H_5^+$，如果样品分子具有良好的质子受体（适合于大部分情况），可与中间离子反应（质子化），形成M+1的准分子离子峰。如果样品（如链烷烃）不是好的质子受体，样品将会失去一个质子形成M−1的准分子离子峰。

$$CH_4 + e^- \longrightarrow CH_4^+ + 2e^- \qquad CH_4^+ \longrightarrow CH_3^+ + H\cdot$$

$$CH_4^+ + CH_4 \longrightarrow CH_5^+ + CH_3\cdot \qquad CH_3^+ + CH_4 \longrightarrow C_2H_5^+ + H_2$$

与电子轰击不同，化学电离存在正化学电离（PCI）和负化学电离（NCI）两种模式，其实NCI和PCI的离子反应过程基本是一样的，只是不同模式下反射极和四级杆的电压相反，在 NCI 模式下，正离子会同时产生，但反射极和四级杆的电压是反的，所以正离子不会进到检测器。NCI 模式对于含电负性元素（如卤素）化合物具有较高的响应，同时 NCI 的背景干扰非常低，可得到较高的灵敏度，其灵敏度可与 ECD 相比，但又比 ECD 有更好的定性功能。

Arsenault[5]等最先设计了双离子复合源，包含了 EI 和 CI，通过切换，一次实验可同时获得两种电离方式的质谱图，大大提高了样品定性的准确性。EI 和 CI 是目前 GC-MS 的最重要的离子源配置，商用气相色谱质谱仪一般采用组合 EI/CI 离子源，NCI 则根据需要另外配置。

电感耦合等离子体质谱（ICP-MS）是 20 世纪 80 年代发展起来的无机元素和同位素分析测试技术[6]，它以独特的接口技术将电感耦合等离子体的高温电离特性与质谱的灵敏快速扫描的优点相结合而形成一种高灵敏度的分析技术。与色谱技术在线耦合在一定程度上解决了 ICP-MS 进行形态分析的困难，van Loon 等[7]最先研究了 GC 和 ICP-MS 的联用，并用于有机锡类化合物的分析。

气相色谱与电感耦合等离子质谱联用具有显著的优势，首先气相色谱导入的直接就是气态物质，不需要进行去溶剂和气化，接口相对比较简单，同时减少了等离子体的负载量，可以实现更为有效的电离，同时由于没有液体流动相可以显著降低同量异位素的干扰，GC 中不需要含盐的缓冲液，可以降低对进样锥和截取锥的腐蚀。

GC-ICP-MS 离子源结构如图 12-3 所示，传输管线采用加热套管保持合适的温度，用以保证流出物保持气化状态，避免冷凝。由于气相色谱流速较小，通常仅为 1～5mL/min，加入辅助气（与 ICP-MS 载气一致）的目的是使气相色谱流出物达到足够高的流速（0.5～1L/min），以穿透等离子体中心通道。

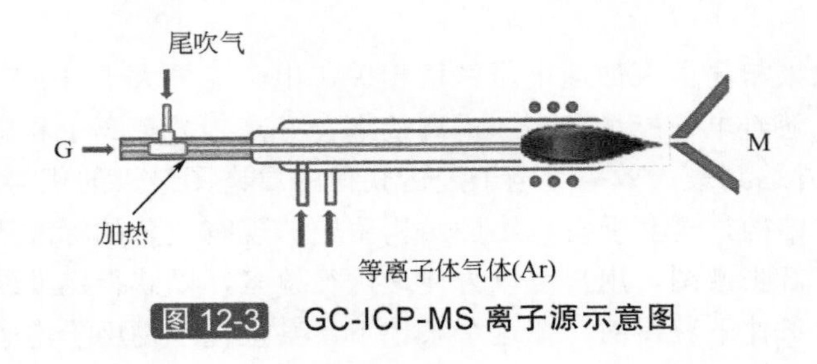

图 12-3 GC-ICP-MS 离子源示意图

GC-ICP-MS 被较多地用于生物、环境及油品的分析，如生物样品中痕量不同形态的有机汞、有机锡的测定，油品中单体硫化物及总硫的测定等。

3. 质量分析器

质量分析器是质谱仪的重要组成部件，位于离子源和检测器之间，依据不同方式将离子源中生成的样品离子按质荷比 *m*/*z* 的大小分开。质量分析器的种类较多，常见的有磁质谱（单聚焦、双聚焦）、四极杆、飞行时间、离子阱等。随着 GC-APCI 的商品化发展，与 GC 相连的质量分析器理论上可以拓展到几乎所有质谱类型。

四极杆由于其结构紧凑、价格低廉、性能稳定，是目前商品化 GC-MS 最为重要的质量分析器。四极杆质量分析器由 4 根平行的圆柱形电极组成（图 12-4），电极分为两组，所加的电压由一个直流电压和一个交流成分组成。两对杆之间的交流成分正好相差 180°，当离子由电极间轴线方向进入电场后，会在极性相反的电极间产生振荡。只有质荷比在一定范围的离子，才可以围绕电极间轴线作有限振幅的稳定振荡运动，因此在某一时刻，只有那些具有一定质荷比的离子可以通过并到达检测器，其他离子由于无法形成稳定振荡，振幅不断增加，直到碰到电极杆，被中和湮灭。只要有规律地改变所加电压或频率，就可使不同质荷比的离子依次到达检测器，实现分离的目的。

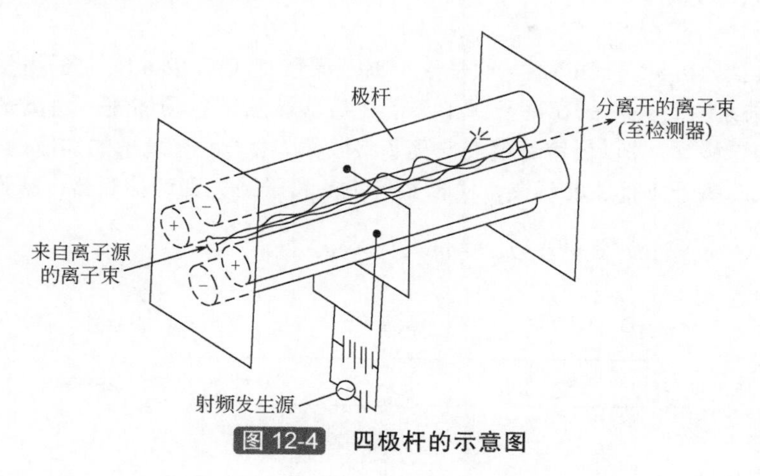

图 12-4　四极杆的示意图

四极杆的主要缺点是对高质量数离子有质量歧视效应，分辨率较低，适用的质量范围也较小。为避免质量歧视，保证检测结果的准确性，系统每次开机运行必须先进行校准（调谐）。全氟三丁胺（PFTBA）是 GC-MS 自动调谐最为广泛使用的化合物。图 12-5 给出了调谐的校准谱图。其特征离子质荷比（69、131、219、414、501、614）正好均匀覆盖 GC-MS 的检测范围。其他化合物也可以用作手动调谐，但应该注意的是手动调谐化合物离子的质量范围应覆盖分析物的质量分布范围。

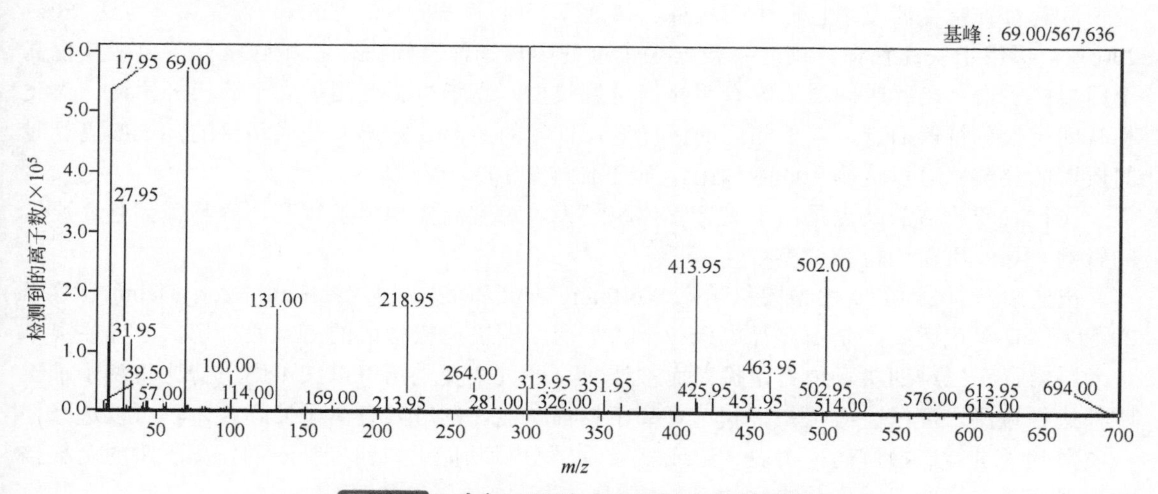

图 12-5　全氟三丁胺（PFTBA）校准谱图

四极杆用的是时间分辨的方式，扫描速度较慢，进行全谱图扫描时，在检测过程中存在离子损失，为提高检测的灵敏度，在定量中常采用选择性离子扫描（SIM）。SIM 是只进行单离子或多离子检测。选取目标化合物的特征离子进行选择性离子扫描，是定量的关键，可以将仪器的检测灵敏度提高近一个数量级。特征离子应强度较高，周边物质没有该质荷比的离子产生，定量过程与一般的 FID 相同。

为进一步提高检测的选择性，在四极杆的基础上发展了三重四极杆串联质谱。从结构上而言，其有两个四极杆，中间通过一个碰撞池相连接。三重四极杆串联质谱支持子离子扫描、中性丢失扫描、多反应监测等多种扫描模式，已成为复杂体系中痕量化合物定性、定量最强有力的工具之一。

飞行时间质量分析器（TOFMS）就是一个离子漂移管（图 12-6），它的质量分离是通过经典的能量-速率关系获得。样品在离子源中离子化后即被脉冲电场加速，由离子源产生的离子加速后进入无场漂移管，并以恒定速度飞向离子接收器。由于所有离子的加速的初始能量相同，因此质量数越大的离子飞行速度越慢，质量数最小的离子最先到达检测器，从而得到分离。

$$E=\frac{1}{2}mv^2,\ \ v=\sqrt{2E/m}$$

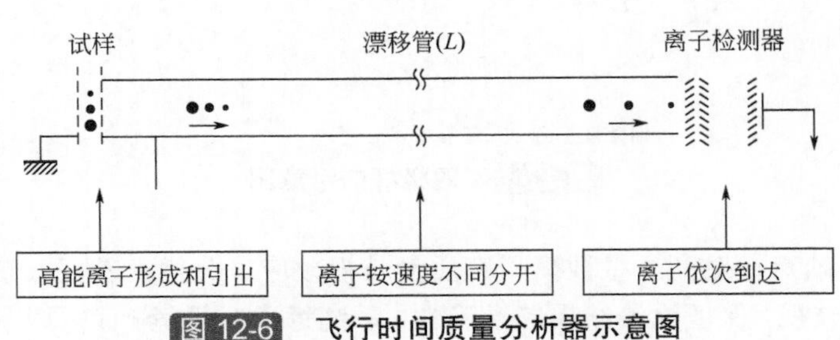

图 12-6 飞行时间质量分析器示意图

在传统的线性 TOFMS 中，离子沿直线飞行到达检测器；而在反射型 TOFMS 中，反射一般采用反向电场，使飞行离子改变飞行方向。采用合适的反射方式可对存在动能差异的离子进行进一步聚焦，达到更高的分辨率。通常飞行管的飞行距离在 1～1.5m，由于飞行距离较长，其对真空度的要求也高于四极杆。每次飞行时间一般小于 50μs，采集频率可达 50～200Hz，适用于快速色谱，同时在数据采集过程中离子没有损失，在相同条件下灵敏度也高于四极杆质谱。飞行时间质谱没有明显的质量歧视，离子检测范围远大于四极杆质谱。对飞行时间质量分析器而言，其他相同的情况下，飞行的距离和分辨率是成正比的。一般飞行时间质谱的分辨率可以达到 10000 以上，质量准确度 10×10^{-6} 以下。

飞行时间质谱的缺点是由于飞行管体积较大，对室温控制要求较高，容易受到外界温度的影响，导致质荷比检测偏差。

离子阱分析器（IT）由德国科学家 Wolfgang Paul 和美国科学家 Hans Georg Dehmelt 等于 20 世纪 50 年代研制，是由环行电极和上、下两个端盖电极构成的三维四极场。当样品离子进入阱内，在三维四极场内稳定振荡而被捕集，通过改变电场可以按不同质荷比将离子推出阱外进行检测。离子阱有全扫描和选择离子扫描功能，同时具有离子储存技术，可以选择任一质量离子进行碰撞解离，实现二级或多级 MS^n 分析功能。与四极杆不同，离子阱的全扫描和选择离子扫描的灵敏度是相似的。

磁质谱是最早发明的质量分析器，离子在离子源通过发射极加速进入质量分析器，加入后的动能与位能相等。

$$zV=\frac{mv^2}{2}$$

其中，V 为加速电场强度，v 为离子加速后的飞行速度，z 为离子电荷数，m 为离子质量。

离子在磁场中发生偏转，其行进轨迹的弯曲半径决定于离子质荷比，这时离子动能产生的离心力和磁场的向心力达到平衡：

$$\frac{mv^2}{R}=Hzv$$

其中，R 为弯曲半径；H 为磁场强度。综合上两式可得

$$\frac{m}{z}=\frac{H^2R^2}{2v}$$

当收集狭缝固定时，可通过改变磁场强度让不同质荷比的离子通过狭缝达到检测器。传统的采用单扇形磁体的质谱，由于离子加速动能存在差异，导致分辨率无法提高。双聚焦质量分析器是指分析器同时实现能量（或速度）聚焦和方向聚焦，是由扇形静电场分析器置于离子源和扇形磁场分析器组成（图 12-7）。电场力提供能量聚焦，磁场提供方向聚焦。在高分辨飞行时间质谱出现之前，磁质谱是高分辨气质联用仪的主要类型，在环境和食品安全方面（如二噁英检测）起到了至关重要的作用。但磁质谱体积较大，很难实现小型化，应用领域在逐渐降低。

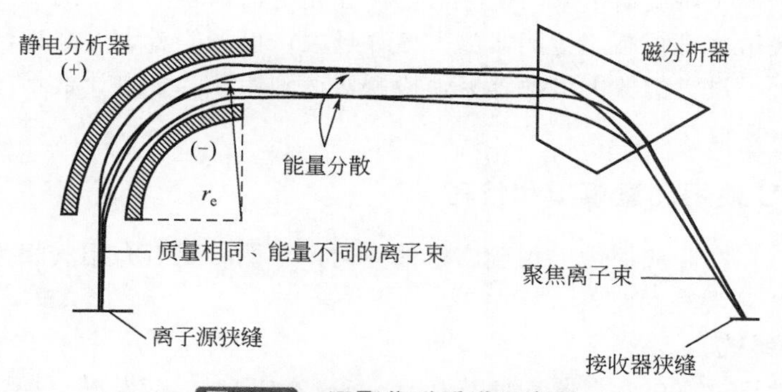

图 12-7 双聚焦磁质谱示意图

质量分析器标通常采用扫描范围、质量分辨率、质量准确度等指标来进行评价，由于仪器种类的不同这些指标也存在显著差异。

分辨率 R 是质量分析器的一个重要指标：

$$R=M/\Delta M$$

两个强度近似相等的质量峰被认为可分辨或分开的条件为重叠部分的峰谷为峰高的 10%。式中，M 为相邻可分辨的两个峰中第一个峰的质量；ΔM 为相邻两个峰的质量差。

任何一个原子（分子）的标称质量数并不是其真实质量数，例如 $C_6H_{11}O$ 和 C_7H_{15} 的标称质量相同，均为 99 原子质量单位（amu），但其真实质量分别为 99.08098 和 99.11737。根据分辨率公式可知，当分辨率>2800 时，这两个离子即可得到分离。

一般分辨率<10000 的称为低分辨质谱，大部分色质谱联用仪属于此类，只能提供单位质量分辨率。高分辨质谱可获得更为准确的质量，以确定该离子的元素组成，提高定性的准确性。但提高分辨率意味着投资成本的增加，更为重要的是，提高分辨率意味着减少了扫描一个质量峰的时间，导致灵敏度的降低，因此必须提高样品量与之适应。这是影响其推广的主要原因。

质量分析器的另一个重要指标为质量范围，也就是可测量的最大质量数。对于 GC-MS 联用仪而言，由于样品必须符合气相色谱分析条件，其质量范围一般小于 1000 即可满足要求。

常见质量分析器性能比较见表 12-1。

表 12-1 常见质量分析器性能比较

项目	四极杆	三重四极杆	离子阱	直线型飞行时间质谱	反射型飞行时间质谱	双聚焦磁质谱
质量准确度	100×10^{-6}	100×10^{-6}	100×10^{-6}	200×10^{-6}	10×10^{-6}	5×10^{-6}
分辨率	4000	4000	8000	15000	30000	30000
扫描范围（*m*/*z*）	<4000	<4000	<4000	>300000	10000	10000
全谱扫描频率/Hz	<5	<5	<5	20～100	20～100	<5
多级质谱	无	MS^2	MS^n	无	无	无

4. 检测器

离子通过质量分析器的分离，依次到达检测器，检测器对离子进行计数，进行面积归一即可获得质谱图，用于分析。为了获得较高的灵敏度，必须对到达检测器的离子数进行倍增（可达 10^6～10^8 倍），使其获得可测定的宏观表征，即使微量的离子数也可获得检出。

四级杆质谱、离子阱质谱常采用电子倍增器和光电倍增管，而时间飞行质谱多采用微通道板。其检测器灵敏度都很高。检测器放大倍数越大，检测的灵敏度越高，但同时系统的噪声也就越大。另外，过大的放大倍数容易使检测器达到饱和，导致计数不准，并且影响检测器的寿命。

三、GC-MS 使用注意事项和技巧

气相色谱质谱在实际应用中已得到广泛的应用，下面将重点介绍气相色谱质谱使用过程中应注意的问题及日常维护要点。

1. 气相色谱系统

氦气纯度应达到 99.999%，当气瓶压力小于 1～2MPa 时，应及时更换气瓶，防止瓶底的残余污染物对气路的污染。载气进入色谱前还需要经过纯化，除去氧、水、烃类化合物，净化装置应及时更换，通常购买的脱氧管由氮气保护，建议连上仪器前用氦气将脱氧管和管线中的氮气吹扫干净。

进样口要定时清洗，使用高品质低流失耐高温的进样隔垫，进样达到 100 次要及时更换进样垫，使用隔膜吹扫以防止硅橡胶降解产物进入系统。根据进样量、进样模式、溶剂种类选择合适的衬管种类，及时清洗衬管。衬管的洁净度直接影响仪器的检测限。

色谱柱应选择低流失的质谱专业色谱柱，在不影响检测的情况下，尽可能选择非极性和中等极性的薄液膜色谱柱。新购的色谱柱一般在厂家已进行了老化，一般以较低的升温速率和起始温度下跑 2～3 次程序升温即可，老化时不与质谱连接。

质谱柱的安装应按照说明书要求，切割时应采用专用的陶瓷切片，并要检查切割面是否平整，装柱子时注意流向并选择正确的密封垫圈。进样端和质谱端均应按照厂家提供的专门对比工具对比，确认载体通过正常后再进行连接，严禁在无载气的情况下升温。

2. 质谱真空泄漏确认及检漏

样口以前的检漏在质谱开机前进行，方法与常规气相色谱一致。质谱是否存在空气泄漏，主要通过真空度和空气/水的信号谱图进行判断，真空系统工作 2～4h 后，仪器达到稳定状态（如果长时间关机后，稳定时间应适当延长），真空度应符合厂家规定的指标，如果压力过大，则可能存在泄漏；如果压力显示基本正常，则可开启质谱检测（注意压力过大时禁止开启质谱电压），对谱图中的空气峰（*m*/*z* 28、32、44）和水（*m*/*z* 18）进行检测比较，如果 *m*/*z* 28

远高于 m/z 18，表明可能存在小漏，应及时关闭灯丝，以防止灯丝烧毁。

质谱连接部分检漏禁止使用皂膜等常规色谱检漏试剂，而采用在可能泄漏的地方涂抹丙酮的方式，通过质谱检测 m/z 58 和 m/z 43 信号是否出现显著增加。如果两个离子信号显著攀升，表明刚刚涂抹丙酮的位置存在空气泄漏。空气泄漏最容易发生在传输管线末端螺母处，由于柱温反复变化，可能导致松动。在首次安装毛细管时螺母不可拧得过紧，在进行过几次升温序列后应及时检查，以防止热胀冷缩导致的泄漏发生。

3. 仪器的诊断和调谐

质谱均配备诊断调谐功能，每次正常开机，真空达到要求且检漏完成后，或者仪器灵敏度急剧下降或谱图出现明显异常时，应该进行诊断。打开灯丝和校准气，观察质谱图，检查特征峰附近是否存在杂峰和干扰离子，如果有，通过色谱柱老化，提高柱温、进样器温度将杂质赶出，等干净后方能正式开始调谐。观察调谐谱图，如果 m/z 18 与 m/z 69 的比值过大，首先检查校准液是否充足，如果不足的话及时补充校准液，否则的话，继续抽真空 2～4h 后再次调谐。调谐结果中，如果增益部分校准不能通过（无法检测到 m/z 502），或者出现电子倍增管电压增加过高，首先考虑离子源、透镜或预四极杆太脏，需要清洗。清洗后，仍无法明显降低电子倍增管电压，则需要考虑是否是电子倍增管老化，需要时进行更换。

离子源和预四极杆的清洗需严格按照仪器说明指导书操作，或由仪器厂家工程师进行清洗，清洗时最为主要的是避免部件的变形和划伤，如果出现变形和划伤，可能导致电场分布出现偏差，进而导致无法获取准确的结果。

4. 其他事项

为保证灯丝的寿命及减少质谱的污染，需设定合适的溶剂切割时间。

为保证机械泵的工作状态，达到要求的真空度，机械泵必须及时维护。机械泵油一般要求每 6 个月更换一次，如果发现泵油被污染应及时更换。在未达到指定真空度的条件下，严禁质谱仪的升温和检测操作。

第二节　气相色谱傅里叶变换红外光谱联用技术

红外光谱能够提供极为丰富的分子结构信息，是一种十分理想的定性分析工具。在傅里叶变换红外光谱出现之前，红外光谱是棱镜型或光栅型的，这种红外光谱仪扫描速度慢，灵敏度也很低，色谱与红外联用时往往采用停流的方法，也就是需要检测的组分流到检测池中时，使流动相停止流动，然后进行光谱扫描，限制了气相色谱红外联用的发展。随着傅里叶变换红外光谱的出现，扫描速度和灵敏度都得到了很大的提高，解决了联用时最大的障碍——扫描速度慢，自从 1966 年 M. J. D. Low[8]首先开展 GC-FTIR 工作以来，该技术获得了迅速的发展。

GC-FTIR 的结构示意如图 12-8 所示。样本经过气相色谱分离后，各个馏分依次进入光管，干涉仪调制的干涉光通过光管，与光管内的组分作用后的干涉信号被汞镉碲（MCT）低温光电检测器接收，计算机将获取的干涉图信息经过快速傅里叶变换得到组分的红外光谱图，进而可以进行谱图库检索进行组分定性。各 GC-FTIR 厂家均提供红外光谱图库，但一般只有几千张，与质谱谱图库相比略显不足。

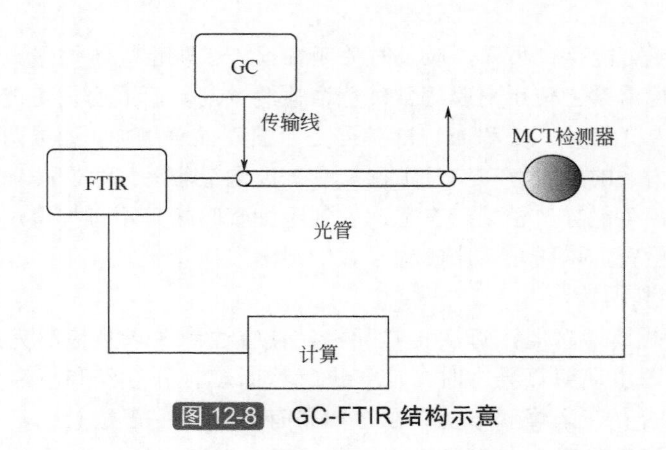

图 12-8 GC-FTIR 结构示意

光管接口是最主要的接口模式，具有实时监测、价格便宜、易于操作的优点。为了避免色谱分辨率的降低，防止相邻色谱峰在光管中重合，通常采用在光管入口处旁接一路尾吹，但这样牺牲了组分在光管中的浓度和滞留时间。为了减少死体积，光管采用细内径，但细内径的光管有光晕损失，同时为了保持流出物的气态，光管必须保持与色谱柱相同的温度，这些均限制了 GC-FTIR 的信噪比。

使用 GC-FTIR 时应注意色谱条件（内径、流速、峰宽）与光管规格的匹配，粗内径厚液膜具有较高的分辨率，同时具备较大的峰容量和流速（流速大可降低稀释倍数），有利于提高联用系统的灵敏度，在 GC-FTIR 应用较广。

应该注意的是物质在不同状态下获得的红外谱图是不同的，相对于目前已有的大量用固态和液态物质测得的谱图数据，GC-FTIR 在气态条件下的谱图有所区别，这也为解释 GC-FTIR 图谱带来一定的困难。此外分辨率和灵敏度也是制约其推广的因素。

参 考 文 献

[1] Holmes J C, Morrell F A. Appl Spectrosc, 1957, 11:86.

[2] David S, Zelda E P, Fulton G K. 气相色谱与质谱实用指南（原著第二版）.北京：科学出版社，2013.

[3] Jürgen H Gross. 质谱（原著第二版）. 北京：科学出版社，2012.

[4] 周良模. 气相色谱新技术. 北京：科学出版社，1994.

[5] Arsenault G P, Dolhun J J, Biemann K. Anal Chem, 1971, 43:1720.

[6] Houk R S, Fassel V A, Flesch G D, et al. Anal Chem, 1980, 52: 2283.

[7] van Loon J C, Alcock L R, Pinchin W H, et al. Spectrosc Lett, 1986, 19: 1125.

[8] Low M J D, Freeman S K. Anal Chem, 1967, 39:194.

第十三章　气相色谱中的手性分离

第一节　概述

对映异构体（enantiomers），又称旋光异构体，是指分子式相同、分子结构互为镜像又不能重合的两个化合物，而手性（chirality）是指实物与镜像之间不能重合的几何性质。对映异构体的存在是自然界的普遍现象，手性原则是自然界一切活动的根源，构成生命体的有机分子绝大多数都是手性分子。随着生命科学尤其是生物化学和药物化学的发展，人们对光学活性化合物，也即手性化合物产生了浓厚的兴趣，在医药、农药、香料及天然产物等许多研究领域对光学纯物质的需求也在呈不断增长趋势[1,2]。

对映异构体之间除旋光性不同外，其他的物理性质如熔点、沸点、偶极矩、折射率等完全相同，其化学性质在非手性环境中也一样，但其在体内的药理活性、代谢动力学过程以及体内毒理等方面都存在着显著差异。人们最熟悉的例子是氯霉素，一种光谱性抗生素药物，只有 D-氯霉素具有杀菌作用，而 L-氯霉素则完全没有药效。L-青霉素胺可导致骨髓损坏、嗅视觉衰退和过敏性反应，而 D-青霉素胺则是代谢病、慢性病和汞中毒等的治疗剂。为此，美国食品和药物管理局（FDA）于 1992 年公布了一系列准则以指导手性药物的开发，规定对外消旋体药物，必须提供药物中的对映体组分的构成，并报告单个对映体的药理作用、毒性和临床效果[3]。欧共体也有类似规定。我国在手性药物的研究方面也有较快的进展。2006 年 12 月国家食品药品监督管理局发布了《手性药物质量控制研究技术指导原则》，其中规定了手性药物的质量控制项目要体现光学特征的质量控制。所以，在药物研究中，手性药物的分离、分析对于药品生产的质量控制、药物活性的提高以及药物的代谢机制研究是非常必要的。

此外，现代研究也表明，农药、香料、天然产物等手性化合物的对映体，在和生物受体作用时也经常表现出明显的生理活性差别[4]。因此，对对映异构体进行快速准确的分析在药物化学、农业化学、食品化学和生物化学等领域的研究中具有非常重要的意义。

第二节　手性化合物的常用分离方法

手性化合物的拆分，通常有如下几种方法：机械拆分法，晶种接种法，生物酶拆分法，化学拆分法和色谱拆分法等。其中色谱法分离效率高，一次可分离多对对映异构体，已成为对映体分离分析的重要工具[2]。其原理是利用待分离组分在两相间吸附能力、分配系数、离子交换能力、亲和力和分子大小等性质的差异使不同组分得到分离。由于色谱法具有快速、高效、高灵敏度等优点，手性色谱法在现代对映体分离、分析中的分量正在增加。用于对映体拆分的研究在过去的几十年里也取得了很大的进步，色谱法拆分的对映体已达数万种，有关的专著、评论文章也不断出版，其中包括液相色谱[5,6]、毛细管电泳[7,8]、超临界流体色谱[9,10]和气相色谱[11]等色谱方法。

气相色谱法分离对映异构体，主要有两种方法可以选择：一是使用手性试剂的间接法，二是使用手性固定相的直接法。间接法与化学拆分的原理近似，将待测对映体与手性试剂反应，利用所生成的非对映异构体理化性质的差别，在非手性固定相上进行分离。直接法是通过待分离的对映体与手性固定相之间的快速可逆相互作用，根据形成瞬间缔合物的难易程度和稳定程度，经过多次平衡以后，达到对映体的分离。间接法在应用上存在一些缺陷，比如需要旋光度高的手性试剂，生成的非对映异构体需具有足够大的差异并在色谱条件下足够稳定等，而直接法由于具有更高的可操作性，实验结果的准确性和重复性更好，已逐步取代间接法而成为对映体色谱拆分的主要方法。

第三节　常见手性固定相

采用直接法进行对映异构体拆分，选择合适的手性固定相是关键。实际上手性气相色谱也是伴随着气相色谱手性固定相的研究取得突破而发展起来的。气相色谱分离手性化合物的研究始于 20 世纪 50 年代末期，但第一次成功分离是在 1966 年，Gil-Av 等用 *N*-三氟乙酰基-D-异亮氨酸十二烷基酯和 *N*-三氟乙酰基-L-苯丙氨酸环己酯为手性固定相，首次用气相色谱法分离了氨基酸对映异构体[12]。1967 年 Gil-Av 等[13]又用填充柱气相色谱实现了氨基酸的半制备分离。他们的这一开创性工作，奠定了气相色谱法分离对映体的基础。在随后的年代里，氨基酸衍生物、酰胺类、菊酸酯、大环内酯等的衍生物都被用作气相色谱手性固定相来分离对映体。由于这些固定相柱效较低、使用温度范围较窄而没能获得广泛应用。1977 年，Frank 等[14]将二甲基硅氧烷、L-缬氨酸-*t*-丁基胺和（2-羧丙基）甲氧基硅烷进行共聚，制备了 Chirasil-L-Val 手性固定相，该固定相比较稳定，可以在 175℃下使用而不易流失，彻底解决了之前固定相存在的柱效低、耐温性差的问题，使手性固定相的性能得到较大的改善。1987 年以后，随着各种环糊精衍生物手性固定相的引入，手性气相色谱获得了进一步的发展，成为至今仍被广泛应用的对映体分析技术[15~17]。

相对于液相色谱和毛细管电泳用手性选择剂，气相色谱的手性固定相种类较少，当前广泛使用于气相色谱的手性固定相主要有三大类：氢键型手性固定相、金属配体作用手性固定相和形成包合物的手性固定相。在实际应用中，还经常将前两类固定相与聚硅氧烷固定液或毛细管壁进行键合或交联使用。此外，近年来还出现了少量的新型手性固定相，如环肽、纤维素衍生物和手性离子液体等。下面分别对这几种手性固定相进行介绍。

一、氢键型手性固定相

1966 年 Gil-Av 等用气相色谱法完成的氨基酸分离就是采用了氢键型手性固定相。氢键作用是氢键型手性固定相进行对映体拆分的主要作用力，此外，分子间相互作用，如偶极相互作用、范德华力和空间阻碍等，也对对映体分离有较大影响[18]。氢键型手性固定相主要用于分离氨基酸、羟基酸、羧酸、醇、胺、内酯和内酰胺等化合物的对映体。

将氢键型物质用作手性固定相必须具有以下性能：第一，要求具有低熔点和高沸点；第二，柱效要高，否则不能分离手性化合物；第三，固定相必须具有分子识别性，即满足“三点作用原理”。该原理 1952 年首次由 Dalgliesh 提出[19]。尽管不同的手性固定相具有不同的分离模式，但理论上不管选择何种固定相，分离何种对映体，手性分离或手性识别都必须满足同时有 3 个相互作用点（图 13-1），这些作用中至少一个是立体化学决定的[20]。“三点作用”的作用力可以是氢键、偶极-偶极相互作用、范德华力、包合作用或立体阻碍等。研究表明对于氢键型的二酰胺和二肽等手性固定相，它们与溶质之间可形成“C_5-C_5”，“C_5-C_7”，“C_7-C_7”等相互作用，由于对映体之间空间排布方式的不同，使得其所形成的缔合物的空间阻力及稳定性不同，从而使对映体得以分离。三点作用模型的不足之处是要求太严格，缺乏分子构象的柔韧性，因而与许多模型的结果不能完全吻合[21]。

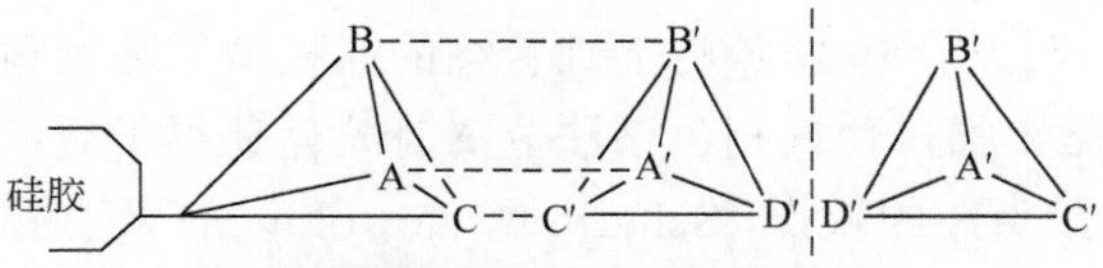

硅胶 B B′ A A′ C C′ D′ | B′ A′ D′ C′

图 13-1　三点作用原理[19]

二、金属配体作用手性固定相

金属配体作用手性固定相主要是一些金属离子（如 Eu、Rh、Ni、Mn，Cu 等）与手性试剂（如樟脑酸等）所形成的配体化合物[22,23]。其分离机理是通过对映体分子中的活性部位，如双键或杂原子等与金属配位化合物中的金属离子在色谱柱内建立快速、可逆的配位平衡。在这种分离模式中起关键作用的是配位作用，由于配位作用强度要比氢键、包合、吸附、分配等作用力大，因而对映体的分离因子也较大，在对映体纯度测定和制备方面有一定用途。可用于分离烯烃、环酮、醇、胺、环氧化合物、氨基醇、氨基酸、羟基酸和卤代酸等化合物的对映体。但该类固定相使用温度较低，不能分析高沸点的化合物，而且固定相合成和色谱柱制备都较复杂，因而应用范围不太广。不过，这类固定相对某些化合物的分离因子较大，作为分离这些化合物的一种补充技术，尚不能被其他固定相完全取代。

三、形成包合物的手性固定相

形成包合物的手性固定相主要是指α-，β-，γ-环糊精的烷基化或酰基化衍生物。环糊精（cyclodexrtin，CD）是由α-D-吡喃型葡萄糖单元通过α-1,4-糖苷键组成的环状寡聚糖，通常含有 6～12 个葡萄糖单元，见图 13-2 [24,25]。由于环糊精衍生物具有特殊的手性环状空腔，可以提供良好的手性环境并与分析对象形成包合物，可分离一些氢键型固定相不能分离的对映体。

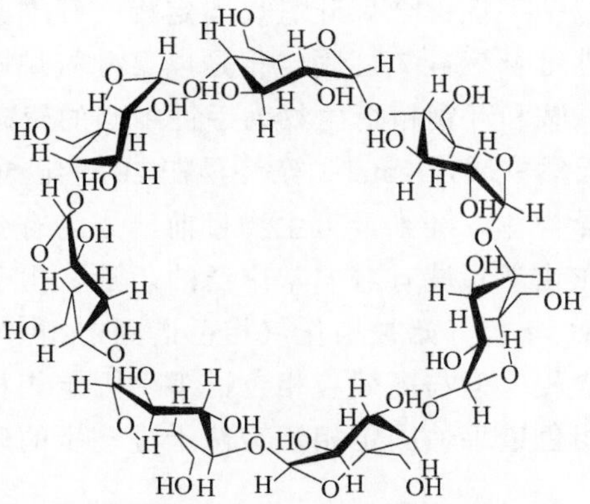

图 13-2　环糊精的结构式[24]

Sand 等[26]首次将环糊精用于脂肪族化合物的分离。由于天然环糊精在实际应用中的缺点主要表现在熔点高、成膜性能差等方面，故常需对其进行衍生化。环糊精分子上的 2、3、6 位羟基具有不同的反应活性，6-位羟基碱性最强（亲核性最强），2-位羟基酸性最强，3-位羟基最不易接近，因此在正常的情况下，亲电试剂先进攻 6-位羟基，较强反应性的试剂也与 2-位羟基反应，在适合的溶剂条件下也与 3-位羟基进行反应。这种性质为环糊精衍生物的多样性提供了条件。Juvancz 等[27]于 1987 年将毛细管柱的高柱效和环糊精的高选择性相结合分离了二取代苯和一些手性化合物，使气相色谱法分离对映体获得了更广泛的应用和发展。随后为克服全甲基-β-环糊精熔点高的缺点，Schurig 和 Nowotny 等[28,29]进一步优化了其涂渍方法，发现 OV-1701 稀释法可以较好地解决该问题。

通过区域选择性合成，已有数百种环糊精衍生物被研制并被成功应用于手性化合物的分离，包括烷烃、烯烃、卤代烃、醇、醛、酮、胺、氰类、环氧化合物、羧酸、卤代酸、羟基酸、内酯和氨基酸等手性化合物。此外，环糊精衍生物还被用来分离各种几何异构体，如芳烃的邻、间、对位异构体，多环芳烃的位置异构体等[30]。

尽管用作气相色谱固定相的环糊精衍生物已达数百种，在环糊精固定相上被拆分的对映体已达数千对，也提出了近十种手性拆分机理，但由于影响环糊精固定相手性选择性的因素错综复杂，仍缺少一个能广泛解释环糊精手性识别现象的较佳的理论。目前，主要流行的解释有包结机理（或缔合机理）、诱导作用机理和主-客体相互作用机理。包合作用机理[31]的特征是对映体的选择性强烈依赖于环糊精的尺寸，即环糊精衍生物分子的尺寸和对映体分子的体积与形状应该匹配，而且手性拆分过程中的作用焓和作用熵的数值变化较大。诱导作用机理[32]则认为当手性分子靠近环糊精时，对手性区域的基团产生诱导作用，凡是具有合适构象的手性分子其诱导作用较强。主-客体相互作用[33]认为环糊精与手性分子之间存在氢键、偶极-偶极相互作用及范德华力等，这些作用力对对映体的拆分均有影响。总之，衍生化环糊精的手性拆分机理是很复杂的，在分离从非极性的溶质分子到高极性的溶质分子、甚至包括金属配体化合物的对映异构体中，α-、β-、γ-环糊精与溶质分子之间在分子形状、分子大小以及作用基团之间常常没有必然的逻辑关系。很显然，这是多个作用机理同时存在的结果。

四、其他手性固定相

其他手性固定相主要包括手性键合聚硅氧烷固定相、纤维素衍生物类手性固定相和离子液体手性固定相等。手性键合聚硅氧烷固定相是以聚硅氧烷固定液为基质，键合一定浓度的手性固定相，如以二酰胺和环糊精衍生物为手性中心的聚硅氧烷固定相[34]。纤维素是一种具有手性拆分能力的天然物质，Kotake 等[35]早在 20 世纪 50 年代就采用纤维素纸色谱成功分离了氨基酸的对映异构体。纤维素衍生物目前已成为有效的液相色谱及气相色谱手性固定相[36,37]。离子液体在化学领域有着非常广泛的用途，由于离子液体有其独特的物理化学性质和功能，20 世纪 90 年代开始被用作气相色谱固定相[38,39]。此外，气相色谱手性固定相还有环肽类等手性固定相，但与高效液相色谱手性固定相相比，气相色谱手性固定相的种类要少很多，因此气相色谱手性固定相还有待于进一步的研究和开发，以满足更多的科研及生产需要。

第四节　典型应用

一、手性药物的分离和测定

据统计，目前市售西药约一半具有手性，这其中大部分以消旋体的形式出售。由于手性药物的不同对映体在生物体内的吸收、分布、代谢和排泄均可能出现立体选择性，从而表现出不同的药理学和毒理学特性，因此手性药物的分离分析非常重要。章立等[40]采用柱前手性衍生化方法，以*N*-三氟乙酰基脯氨酰氯为手性衍生化试剂、三乙胺为催化剂，将安非他明转变成相应的酰胺类非对映异构体对，用常规非手性毛细管柱 GC，程序升温法分离了大鼠肝微粒体中 *R*-和 *S*-安非他明（图 13-3），在 5～250μg/mL 线性良好，重现性和精密度的 RSD 值小于 4.8%。通过测定安非他明在大鼠肝微粒体中的代谢时间反应曲线，表明安非他明在大鼠肝微粒体中经历了立体选择性代谢，左旋安非他明在大鼠肝微粒体中的代谢速率大于右旋安非他明。

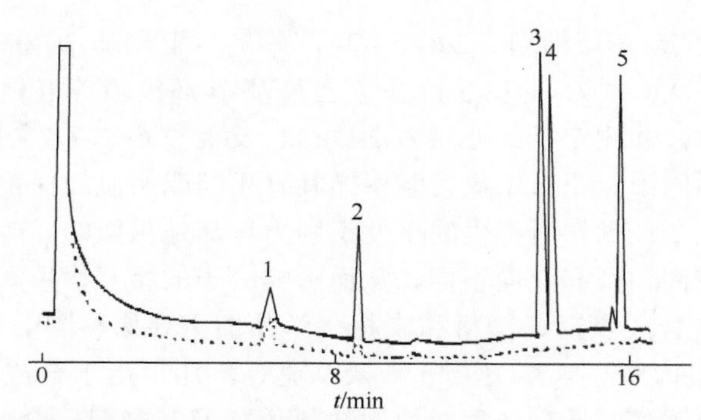

图 13-3　空白微粒体和空白加标准样品色谱图[40]

（实线为空白加标准样品，虚线为空白微粒体）

1，2—杂质；3—*R*-安非他明；4—*S*-安非他明；5—*S*-甲基安非他明（内标）

α-羟基羧酸及其衍生物是不对称合成反应中非常重要的手性中间体，被广泛用于合成各种光学纯的氨基酸、血管紧张肽转化酶抑制剂（angiotensin converting enzyme inhibitors）、辅酶 A 等。2-羟基-4-苯基丁酸乙酯是合成多种治疗心血管疾病药物的重要中间体，聂孟言等[41]以全甲基-β-环糊精作气相色谱固定相，对扁桃酸酯、α-甲氧基扁桃酸酯、2-羟基- 3-苯基丙酸酯和 2-羟基- 4-苯基丁酸乙酯实现了有效的手性拆分，并结合在全甲基-γ-环糊精固定相上的分离结果，探讨了扁桃酸类似物在环糊精固定相上的手性拆分机理。

二、农药及其中间体的对映体分离

拟除虫菊酯是一类非常重要的杀虫剂，约占 1/5 的杀虫剂市场份额。菊酸是生产拟除虫菊酯杀虫剂的重要中间体，其通常含有两个手性中心（也有例外，如戊菊酸只有 1 个手性碳），共 4 个立体异构体，其中只有 1*R-cis* 和 1*R-trans* 与合适的醇生成酯后具有较好的生物活性。旋光性菊酸一般由不对称合成或拆分法得到，因此需要简单、方便、费用低的测定旋光纯度的方法作为分析手段。史雪岩等[42]合成了 4 种酰基化环糊精衍生物（2,6-二-*O*-戊基- 3-*O*-丁酰基-β-环糊精、2,6-二-*O*-戊基-3-*O*-戊酰基-β-环糊精、2,6-二-*O*-戊基-3-*O*-庚酰基-β-环糊精和

2,6-二-*O*-戊基-3-*O*-辛酰基-*β*-环糊精），并将其作为毛细管气相色谱固定相，对顺式和反式菊酸甲酯、顺式和反式二氯菊酸甲酯、戊菊酸甲酯及顺式功夫菊酸甲酯等 6 种菊酸甲酯对映体进行了分离，发现酰基化环糊精衍生物对上述菊酸甲酯对映体具有较好的拆分能力，图 13-4 为顺反二氯菊酸甲酯在 2,6-二-*O*-戊基-3-*O*-丁酰基-*β*-环糊精柱上的分离图。

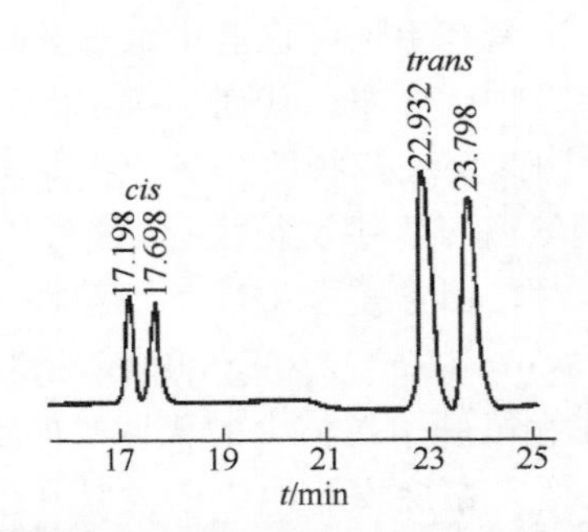

图 13-4 二氯菊酸甲酯的色谱分离图[42]

周良模等[43]在全甲基-*β*-环糊精、2,6-二-*O*-丁基-3-*O*-丁酰基-*β*-环糊精、2,6-二-*O*-戊基-3-*O*-乙酰基-*β*-环糊精、2,6-二-*O*-壬基-3-*O*-三氟乙酰基-*β*-环糊精等五种固定相上分离了二氯菊酸甲酯的对映异构体，并测定了部分热力学数据。发现 2,6-二-*O*-戊基-3-*O*-乙酰基-*β*-环糊精的分离效果最好，不同固定相对二氯菊酸甲酯具有相同或相似的保留机理。研究认为无论采用什么样的基团改性，环糊精所提供的手性识别力场都是相似的。改性的差异主要反映在环糊精中改性基团的空间构型和取向不同，从而影响分子的相互作用和保留。

2-氯丙酸及其酯是合成农药、染料和农林化学品的重要原料[44]，它可用于合成芳氧羧酸类除草剂稗草胺、萘丙胺、禾草灵及吡氟禾草灵等，还可用于合成消炎解热镇痛药布洛芬、医药中间体 2-丙氨酸等。具有光学活性的 2-氯丙酸及其酯用于合成农药及医药中间体。通常，以(*S*)-2-氯丙酸及其酯合成的产品具有较高的生理活性或药理作用，而由(*R*)-2-氯丙酸及其酯衍生的产物生理活性低或无活性。施介华等[45]采用 CycloSi-B 手性色谱柱对 2-氯丙酸酯等光学异构体进行了分离（图 13-5）。通过对热力学参数的计算，探讨了光学异构体分离过程的驱动力和手性识别机理。研究认为环糊精底部、顶部、边部全方位的松散作用、偶极作用、范德华力、色散力以及氢键力在 2-氯丙酸酯的光学异构体分离过程中起了重要作用。

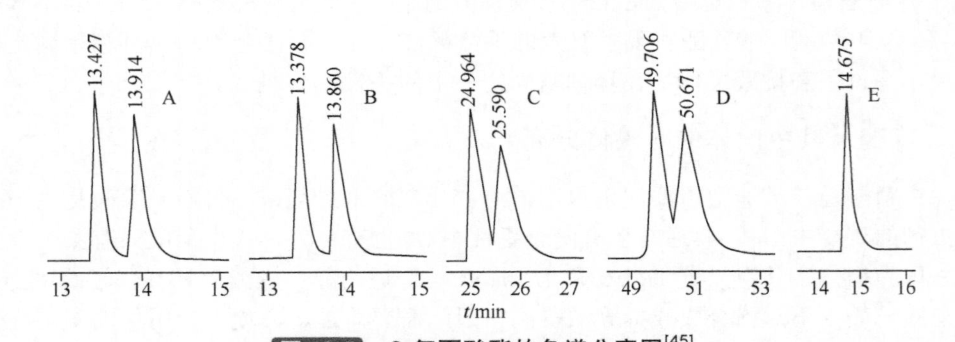

图 13-5 2-氯丙酸酯的色谱分离图[45]

A—2-氯丙酸甲酯；B—2-氯丙酸乙酯；C—2-氯丙酸丙酯；D—2-氯丙酸丁酯；E—2-氯丙酸异丙酯

三、氨基酸的分离和测定

氨基酸是组成蛋白质的基本单元，广泛用于医药、食品及化妆品等行业。大多数氨基酸含有手性中心，存在生理活性不相同的D型和L型两种对映异构体。其中，L-氨基酸能被人体直接利用，D-氨基酸则须在体内转化为L型后才被吸收利用，不同种类的D-氨基酸，其在体内转化的数量及程度是有差异的[46]。色谱法由于具有高效能、选择性好、灵敏度高、操作简单等特点，已经成为氨基酸对映体分离和测定的重要工具。

Bayer等[47]用D-氨基酸作内标定量测定了一些天然样品中L-氨基酸的含量。楼献文等[48]采用外消旋体作内标，测定了豆浆水中的氨基酸含量。黄可新等[49]合成了新的手性试剂L-α-三氟乙酰氧基丙酰氯（L-TFAPC），并在以Carbowax为固定相的毛细管柱上对氨基酸对映体进行了气相色谱拆分（图13-6）。

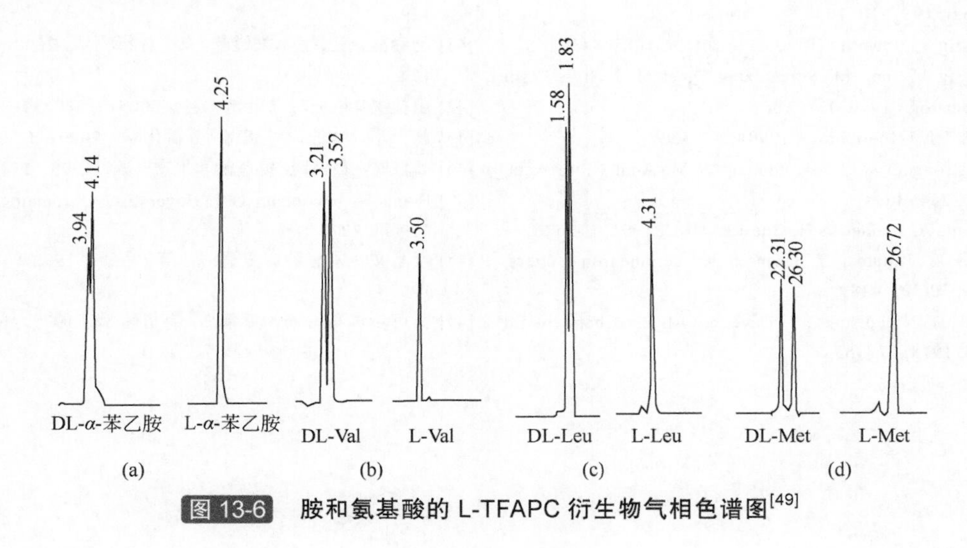

图13-6　胺和氨基酸的L-TFAPC衍生物气相色谱图[49]

参考文献

[1] 崔宏杰，吉爱国，李从发. 中国现代应用药学，2004，21（3）：188.

[2] 周良模，等. 气相色谱新技术. 北京：科学出版社，1994：144.

[3] 陈亿新，刘天穗，刘汝锋，等. 广州大学学报，2002，1(1)：39.

[4] Konig W A, Krebber R, Wenz G. HRC, 1989, 12：790.

[5] 丁国生，黄晓佳，刘学良，王俊德. 色谱，2002，20（6）：519.

[6] Esquivel J B, Sanchez C, Fazio M J. J Liq Chrom & Rel Techno l, 1998, 21(6) : 777.

[7] 刘玲，严子军，李湘. 理化检验-化学分册 PTCA，2007，43（7）：525.

[8] 孔德志，张兰桐. 药物分析杂志，2009，29（1）：153.

[9] Juvancz Z, Grolimund K, Francotte E. Chirality, 1992, 4(7): 459.

[10] Petersson P, Markides K E. J Chormatog A, 1994, 666: 381.

[11] 李莉，字敏，任朝兴，袁黎明. 化学进展，2007，19：393.

[12] Gil-Av E, Feibush B, Charles-Sigler R. Tetrahedron Letter, 1966, 6: 1009.

[13] Gil-Av E, Feibush B. Tetrahedron Letter, 1967, 8: 3345.

[14] Frank H, Nicholson G J, Baye E. J Chromatogr Sci, 1977, 15: 174.

[15] Juvancz Z, Alexander G, Szejtli J. J HRC, 1987, 10(2):105.

[16] Fischer P, Aichholz R, Bolz U, Juza M, Krimmer S. Angew Chem Int Ed Eng, 1990, 29: 427.

[17] Juvancz Z, Szejtli J. Trends in Anal Chem, 2002, 21(5): 379.

[18] Schurig V, Juvancz Z, Nicholson G J, Schmalzing D. HRC, 1991, 14: 58.

[19] Dalgliesh C E. J Chem Soc, 1952, 1: 137.
[20] 袁黎明. 制备色谱技术及应用. 北京: 化学工业出版社，2005: 92.
[21] Topiol S, Sabio M, Moroz J, Caldwell W B. J Am Chem Soc, 1988, 110: 8367.
[22] Schurig V, Gil-Av E. J Chem Soc Chem Commun, 1971, 43: 2030.
[23] Golding B T, Sellars P J, Wong A K. J Chem Soc Chem Commun, 1977, 570: 1266.
[24] 童林荟. 环糊精化学. 北京: 科学出版社，2001: 10.
[25] Bender M L, Komiyama M. Cyclodextrin Chemistry. New York: Springer Verlag, 1977.
[26] Sand D M, Schlenk H. Anal Chem, 1961, 33: 1624.
[27] Juvancz Z, Alexander G, Szejtli J. J High Resol Chromatogr, 1987, 10: 105.
[28] Schurig V, Nowotny H P. J Chromatogr, 1988, 441: 155.
[29] Schurig V, Jung M, Schmalzing D, et al. J High Resol Chromatogr, 1990, 13: 713.
[30] Betts T J. J Chormatogr, 1993, 639: 366.
[31] Armstrong D W, Li W, Stalcup A M. Anal Chim Acta, 1990, 234: 365.
[32] Venema A, Henderiks H, Geest R. HRC, 1991, 14: 676.
[33] Takai K, Kataoka Y, Utimoto K. Tetrahedron Letters, 1989, 30(33): 4389.
[34] Frank H, Nicholson G J, Bayer E. Angew Chem Int Ed Engl, 1978, 17: 363.
[35] Kotake M, Sakan T, Nakamura N. J Am Chem Soc, 1951, 73: 2973.
[36] Yuan L M, Zhou Y, Zhang Y H. Anal Lett, 2006, 39: 173.
[37] Schurig V, Zhu J, Muschalek V. Chromatographia, 1993, 35: 237.
[38] Amstrong D W, He L F, Liu Y S. Anal Chem, 1999, 71: 3873.
[39] Ding J, Welton T, Amstrong D W. Anal Chem, 2004, 76: 6819.
[40] 章立，姚彤炜，曾苏，等. 药物分析杂志，1998，18(5)：291.
[41] 聂孟言，周良模，王清海，朱道乾. 分析化学，2000，28：111366.
[42] 史雪岩，王敏，郭红超，等. 分析化学，2002，30(11)：1293.
[43] 赵春霞，王清海，朱道乾，等. 分析化学，2000，28(2)：172.
[44] 申桂英. 精细与专用化学品，2005，13（13）：19.
[45] 施介华，金迪，肖克克. 分析化学，2009，37（1）：30.
[46] 云自厚，吕海涛. 氨基酸和生物资源，1996，18（1）：4.
[47] Frank H, Nicholson G J, Bayer E. J Chromatogr, 1982, 239(1): 227.
[48] 楼献文，刘有勤，王清海，等. 色谱，1992，10（4）：195.
[49] 黄可新，马梅玉，尹承烈. 有机化学，1995，15：145.

第十四章　气相色谱常用的预处理技术

在实际工作中，样品制备是气相色谱分析中必不可少的一环。随着分析仪器化和自动化的不断进展，分析化学工作者的操作也日渐以样品制备为主。根据样品性质和基质的复杂程度，通过多种预处理步骤，能够保证制得适于上柱分析的样品并且改善分析结果。常见的样品预处理方法包括溶解、均质化、过滤、离心、浓缩、蒸发、分离、化学衍生化等手段以及这些手段的组合。一般来说，样品预处理步骤越少，耗费人工、时间和耗材成本越低，越有利于提高方法的适用性和可靠性。

第一节　样品预处理概述

一、样品预处理的目的

进行样品预处理的目的主要包括以下几点：

① 制成适于进样分析的均质溶液。

② 尽量去除样品基质中的干扰物质，保护色谱柱和色谱仪。

③ 改善分离，提高方法可靠性。

④ 改善检测器的响应，提高方法灵敏度。

二、样品预处理的要求

为实现以上目的，适当的样品预处理技术应满足以下要求：

① 根据样品基质和上柱分析方法选择适当的预处理技术或技术组合。

② 被测物应能定量回收。

③ 操作的重现性高，不影响方法的精密度和准确度。

④ 步骤尽可能少，操作尽可能简单。如有可能，实现自动化操作。

⑤ 尽量实现环境友好。

三、样品预处理的类型

针对不同的样品基质和待测组分的性质，样品预处理除传统简单方法（如静态顶空萃取法）外，还包括溶剂萃取技术、固相萃取技术、其他技术辅助方法和基于色谱柱的净化技术等。对于每种类型，本章将选取几种代表性样品预处理技术分别进行概括说明。

第二节　溶剂萃取技术

溶剂萃取包括液-液萃取（Liquid-Liquid Extraction, LLE）和液-固萃取（Liquid-Solid Extraction, LSE），分别针对液相样品和固相样品，通过在基质中添加不相溶的有机萃取溶剂，利用样品组分在不同溶剂中分配系数不同或在萃取溶剂中的溶解度不同而达到分离和提取其中待测组分的目的。

溶剂萃取通常耗时很长，有机溶剂消耗量大，不够环境友好；多数时候无法实现批量操作，还需要消耗大量人力，因此逐渐被其他预处理方法所改进或替代。即使如此，其仍是一类最为经典的样品预处理技术，并且仍在一些样品分析领域中有着广泛应用。

以下介绍几种典型的溶剂萃取技术。

一、索式提取

索氏提取（Soxhlet Extraction）是一种经典的液-固萃取方法，主要用来抽提在有机溶剂中溶解度较小的脂溶性组分，被国际国内很多标准方法采用，至今仍被认定为多种食品中脂类含量测定的标准样品处理方法。一套典型的索氏提取装置包括加热套、萃取溶剂瓶、索氏提取器和冷凝管，可以方便地在实验室自行组装。一般的操作步骤为：

① 在索氏提取器的套管中放置滤纸套或脱脂棉，待处理的固体样品粉碎后放置于滤纸套中或脱脂棉间以避免样品流失。

② 萃取溶剂放入圆底烧瓶中。常用低沸点易挥发的有机溶剂作萃取剂，如乙醇、乙醚、正己烷等。对萃取溶剂进行加热，溶剂蒸气通过蒸气通路和冷凝管逐渐浸润套管中的固体样品，并对样品中的组分进行再分配。

③ 当套管中溶剂体积到达一定程度，会自动利用虹吸作用回流到萃取溶剂瓶中。

④ 经过多次重复有机溶剂浸润—组分再分配—回流的过程，相当于利用同一体积的纯溶剂进行多次固相萃取，溶于萃取溶剂的待测组分即可全部转移到溶剂瓶中。

⑤ 进一步浓缩处理萃取溶剂以备后续检测。

索氏提取法装置简单，成本很低，通常只需数百元即可购买一套玻璃装置并自行搭建完成。对大多数样品结果可靠，应用范围较为广泛，常用于食品中游离脂肪含量的粗测，天然产物中脂溶性组分的提取，以及环境样品中非挥发性和半挥发性有机化合物的预处理等；最适用于脂类含量较高、结合态脂类含量低、能烘干磨碎和不易吸湿结块的固体样品。但是此法溶剂消耗量大（上百毫升），不环境友好；耗时过长（可达 16～24h），效率偏低；且选择性不高（凡经长期浸出法能够提取的组分均被回收至萃取溶剂之中），不能很好满足现代仪器分析的要求。针对以上问题，近年来已经发展出更加方便快捷安全并实现小批量处理的自动索氏提取仪，并已用于 AOAC、EPA 等标准方法的发展使用中[1,2]。

二、同时蒸馏萃取

同时蒸馏萃取（Simultaneous Distillation Extraction, SDE）是一种液-液萃取技术，一般用于水相基质样品中有机组分的提取；如用于固相样品，则需将粉碎后的样品置入样品瓶中加入适量蒸馏水，将目标组分提取到水相中后，再通过同时蒸馏萃取过程将其转入有机萃取液中。它利用有机化合物在水相和有机相中分配系数的差异，通过连续多次重复小规模的萃取过程，实现把水相基质中的有机组分萃取到有机相萃取液的目的。一般的操作步骤包括：

① 水相样品基质和萃取液（多用二氯甲烷）分别用水浴法加热（加热温度通常为几十摄氏度），分别调节合适的加热条件使两相蒸气同时进入中心萃取池。如需进行定量分析，内标应在加热处理前加入水相基质之中。

② 在中心萃取池，气相样品组分在水蒸气和有机相蒸气间进行重新分配。经冷凝管冷凝后达到分配平衡，并经 U 形分层回流管随萃取液层回流至萃取液瓶，而水相冷凝液则回流

到样品瓶中，从而实现样品组分从水相基质向萃取液的一次转移。回流后的萃取液可在再次加热的过程中再次进入中心萃取池进行组分萃取，如此多次重复后最终实现样品组分的完全萃取。

③ 在萃取液中加入无水硫酸钠除水。

④ 干燥后的溶液通常有必要进行进一步浓缩处理。如有必要，可在浓缩处理前先行过滤溶液。

需要注意的是，水相基质和有机萃取剂冷凝液的分离是基于两相密度不同实现的，因此操作时必须根据所用有机萃取溶剂相对水相的密度，将样品瓶和萃取液瓶的位置正确放置，以保证样品组分流入萃取液瓶而非重新回到样品瓶中。

和索氏提取法类似，同时蒸馏萃取法的优点在于装置简单，成本较低，易于操作。为实现较高的回收率，通常需要至少 2h 的同时蒸馏萃取过程，和索氏提取法相比，耗时明显降低，但效率仍然偏低。溶剂消耗量可降低至数十毫升，仍然偏高；也同样不易批量处理样品。尤其是对于高沸点的样品组分回收率较差，而提高操作温度又可能因同时提出不感兴趣的高沸点组分而导致方法选择性变差，还有发生样品组分氧化、酯化或热分解等反应的可能。因此该法比较适合小规模、低沸点、水溶性样品中低浓度、低沸点有机小分子组分的处理，如食品中香味成分的分析等[3,4]。

三、浊点萃取技术

浊点萃取（Cloud Point Extraction, CPE），亦称“胶束媒介萃取（Micellar Mediated Extraction, MME）”，是一种较新的液-液萃取技术，它利用所谓的“浊点现象”，实现水相溶剂中疏水性待测组分的提取。此法在螯合金属离子分离分析方面具有天然的优势，但也可以应用于生物大分子的分离纯化和环境样品的预处理[5]。

浊点现象的基础是浊点温度的存在。弱极性的表面活性剂，如非离子型或两性离子表面活性剂，在加热或制冷到某一特定温度下，会因溶解度降低而出现浑浊现象，这一特定温度被称为浊点温度。浊点萃取技术利用了这一特性，在水溶性样品中加入少量非离子型表面活性剂，利用其增溶作用和对疏水性组分的吸附作用形成均一的混合物溶液。然后对混合物溶液加热，在温度高于表面活性剂的浊点温度后，本来的透明溶液转变成互不相溶的两相，其中一相含有大量的表面活性剂以及被表面活性剂富集的疏水性待测组分，另一相则为水相基质。再经静置、离心等相分离步骤，即可实现疏水性待测组分的萃取富集。

CPE 可在具塞离心管中直接完成，无需专门仪器。操作步骤主要包括：

① 在水相溶液中加入表面活性剂，视样品性质不同可能还需加入适当添加剂，如无机盐或强酸，以控制溶液的酸碱度和离子强度。

② 升温至浊点温度之上并保持一定时间。

③ 离心分层，除去上清液。

④ 富集相直接上样分析或进行进一步净化处理。

影响 CPE 萃取效率的因素主要包括表面活性剂的种类和浓度，溶液的 pH 值和离子强度，以及平衡的温度和时间等。

在方法发展时最为常用的表面活性剂包括聚氧乙烯烷基苯酚类，如 Triton 和 PONPE 系列。为提高萃取效率，应尽量选择疏水性较强的表面活性剂；表面活性剂浓度不宜过低，百分比浓度 1%～5%较为合适。pH 值是影响提取效率和提高方法灵敏度的最重要因素之一，必须进行优化，因为它直接影响表面活性剂对待富集组分（尤其是金属离子）的吸附（螯合）程度。另外，平衡温度不应过高，除了避免导致热不稳定组分的分解外，更重要的原因是当温度超过某一数值（此数值被称为克拉夫温度点或临界胶束温度点），表面活性剂会形成胶束而显著提高其在水相中的溶解度，甚至可能使两相重新互溶而失去富集分离样品的能力。平衡时间无需过长，一般认为 60～70℃下平衡 4～15min 是能满足大多数样品需求的较优条件[6]。

CPE 方法的主要劣势在于适用性不够广泛，样品基质组成和目标组分的理化性质对是否能采用此法和进一步的条件优化限制很大。目前已经证明能够应用 CPE 作为预处理手段的基质仍多为天然水或轻度污染水等基质较为简单的样品[7]。另外一个潜在的问题在于表面活性剂对后续分析检测方法可能产生一定影响，如和 HPLC 联用时对检测器的吸收可能有干扰；用于 CE 方法时可能因表面活性剂在熔融石英毛细管管壁上的吸附而造成柱效和方法重复性的下降；和 GC 联用时因为表面活性剂黏度较高，直接进样会堵塞毛细管气相色谱柱等。但随着研究的不断进展，对以上问题的解决之道也在不断发展。更多种类和性质的表面活性剂得到应用，可以有效扩大方法的应用范围。和 HPLC 或 CE 联用时，增加流动相或缓冲液中有机相的含量，可以有效规避表面活性剂对吸收的干扰或在管壁上的吸附。和 GC 联用时，在上样前加一步表面活性剂的去除步骤，如色谱柱富集去除表面活性剂，或在富集相中加入少量与水不互溶的有机溶剂进行反萃取等，都可以有效去除萃取液中的表面活性剂，实现和 GC 方法的联用[6]。

作为一种较为新型的溶剂萃取手段，CPE 尽管有种种使用限制，但和普通的液-液萃取技术相比仍具有显著优势。CPE 成本很低且操作简单，无需烦琐步骤或专门仪器；具有高效快速的优势，通常只需数十分钟即可完成操作；更重要的是，它还规避了有机溶剂的大量使用，更加安全低毒和环境友好。如果目标基质和待测组分能够满足其分离原理，应是一种值得考虑的样品预处理手段。

四、加速溶剂萃取

加速溶剂萃取（Accelerated Solvent Extraction, ASE）是一种相对较新的自动化液-固萃取技术，和传统的液-固萃取技术相比，具有较高的萃取效率和较少的溶剂消耗。萃取溶剂的选择范围也更广，除有机溶剂外，水和缓冲盐也可用作萃取溶剂。尤其是能够同时自动化处理多个样品，更好满足现代仪器分析和大规模样品处理的要求。

此法使用低沸点的有机溶剂或混合有机溶剂在较高的温度（可高达 200℃）和压力（20MPa）下萃取固体或半固体样品中的目标化合物。在萃取过程中萃取溶剂一直保持液态，达到同等提取效率所需时间可由传统方法的数十小时大幅缩短至数十分钟，具有回收率高、重现性好、自动化程度高、处理通量较大等优点。此外，如果之前已有建好的索氏提取法或其他特别的样品萃取方法，也可以很方便地在 ASE 上直接使用同样的萃取溶剂，较易实现方法转移。很适合用于食品、环境污染物、中药等复杂基质固体样品中微量和痕量组分定量分析的前处理[8~10]。

ASE 的操作步骤比较简单。将样品装入密闭的萃取池中，仪器自动将萃取液泵入萃取池中，并在设定的温度和压力下静态萃取几分钟，再用清洗溶液少量多次对萃取池进行清洗；完成萃取后萃取液连同待测样品进入收集瓶，最后用氮气吹扫萃取池和管路，完成萃取过程。采用自动化加速溶剂萃取仪，以上步骤可以通过软件控制全部自动完成，还可根据实际需要实现同一样品使用不同萃取溶剂，或不同样品使用多种萃取溶剂的在线切换等操作模式，进一步提高方法的灵活性和提取效率。

实验室常用溶剂，如丙酮、正己烷、二氯乙烷、甲苯、乙腈、石油醚、甲醇、乙醇、水、氯仿、异丙醇、四氢呋喃等，均可以用作 ASE 的萃取液。影响萃取效率的因素主要包括：萃取溶剂的类型、萃取温度、萃取压力、静态萃取时间，冲洗液种类和冲洗体积，以及萃取循环次数等。样品本身的理化特性也需纳入考虑，例如，如果待提取组分易于氧化，对萃取溶剂预先脱气可能有利于提高萃取效率。

虽然 ASE 方法主要用于固体样品的预处理，但对于湿度很大的半固体样品甚至纯液体基质，仍可加入干燥剂和分散剂来干燥样品，进而采用 ASE 方法进行萃取。一般推荐使用的干燥剂是硅藻土和无水硫酸钠，注意要保证样品和干燥剂预处理前充分混合均匀，以免影响方法的回收率和稳定性。

ASE 法最主要的缺点在于，当样品基质非常复杂（如土壤样品）时，萃取液往往是黄褐色黏稠液体，无法直接上柱分析，可能还需过色谱柱做进一步净化处理。此外，方法在高温高压下操作，需用专门仪器，和经典溶剂萃取技术相比成本较高。

第三节 液相微萃取技术

液相微萃取（Liquid-phase Microextraction, LPME）又称“溶剂微萃取（Solvent Microextraction，SME)”。此类方法本质上仍是溶剂萃取，萃取效率主要依赖于目标组分在两相中的分配系数，因此溶液 pH 值和离子强度等影响 LLE 效率的因素同样也会对 LPME 产生类似的影响。但 LPME 方法集采样、萃取、富集于一体，溶剂用量极少，操作简单，灵敏度高，快捷廉价，使用前无需活化等准备工作，易于和后续分析仪器（尤其是气相色谱）联用，多数情况下只需要一个搅拌器、一个微量进样器或一段多孔中空纤维膜即可完成操作，非常适合和便携式气相色谱仪联用进行样品现场分析[11]。加之方法的回收率和富集效率都较高，操作手段灵活多变，样品的净化功能强大，近年来应用领域不断扩展，是一类非常值得关注的样品预处理技术[12]。下面介绍几种最为常见的液相微萃取操作方法。

一、直接液相微萃取

直接液相微萃取（Direct-LPME, D-LPME）是最简单的液相微萃取操作方式。在特氟龙棒端悬挂一滴有机溶剂，浸入亲水性样品溶液中，利用待测组分在两相间的分配系数差异进行萃取富集。溶液中可加入磁力搅拌棒加速分配平衡。待分配平衡后（一般只需数分钟时间）取出特氟龙棒，回收有机溶剂准备上样分析。还可采用另一种操作方式，用气相色谱微量进样器代替特氟龙棒，直接在针头上悬挂有机溶剂，这种方法叫作悬滴液相微萃取（Single-Drop Microetraction, SDME）。和直接液相微萃取相比，悬滴液相微萃取的好处在于，分配平衡后只需将有机液滴吸回微量进样器便可方便地完成样品转移[13]。另外还有一种名为“动态液相微萃取（Dynamic Liquid-phase Microextraction）”的操作方式，是利用微量进样器将微升级的有机萃取剂反复吸入和推出到亲水性样品基质中，达到动态萃取的目的。这种方法相对来说萃取效率较高，但仍需人工手动操作[14]。

影响直接液相微萃取方法萃取效率的主要因素包括萃取溶剂的种类和特点，液滴尺寸，悬挂液滴的针头或棒头的形状，操作温度和平衡时间等。一般来说液滴尺寸以 1～2μL 为宜，因为这样大小的液滴相对比较稳定。操作温度不宜过高，通常在室温下操作，以免在较高温度下液滴本身挥发造成损失。如需利用搅拌棒促进分配平衡，必须控制低速搅拌。

此法有机萃取溶剂的用量极小，操作也极为简单，但因为完全依赖样品的两相分配平衡，且液滴容易滴落，相对来说方法重现性可能较差，而且样品适用范围较窄，一般只用于较为纯净的亲水性样品中高挥发性样品组分的提取[15]。

二、液相微萃取/后萃取

液相微萃取/后萃取（Liquid-phase Microextraction with Back Extraction, LPME/BE）又称"液-液-液微萃取"（Liquid-liquid-liquid Microextraction, LLLME），采用三相液态系统，适用于离子态分析物的萃取，主要目的是通过增加一步反萃取过程，提高方法对目标组分的富集倍数[16]。

LPME/BE 的一般操作步骤为，在亲水性样品溶液上覆一层有机萃取相，通过调节水相溶液的 pH 值，将离子态待测组分转化为游离态并萃取进入有机萃取层，然后再在有机萃取层中加入含水的悬浮液滴，通过调节悬浮液滴的 pH 值，再将待测组分转化回离子态并萃取进含水液滴中，最后进行后续仪器分析。此方法更适于和液相色谱或毛细管电泳联用，目前尚无在气相色谱分析中的应用报告；而且因为多了一道液相微萃取步骤，进一步增加了液滴掉落损失的可能性和方法的不稳定性，使得方法的应用范围进一步受到限制。

三、多孔中空纤维膜液相微萃取

多孔中空纤维膜液相微萃取（Hollow-fibers LPME, HF-LPME），是以多孔的中空纤维为萃取溶剂的载体，取代溶剂液滴和样品基质直接接触的方式来进行液相微萃取操作的方法。这样不仅能够规避萃取溶剂液滴掉落损失的风险，而且受纤维膜阻挡，样品基质中的大分子组分无法和萃取溶剂接触，不仅在一定程度上又增加了一道过滤净化步骤，更重要的是，和直接液相微萃取方法相比，对样品基质复杂性的耐受度也有所提高。

HF-LPME 的操作方式非常灵活。将多孔中空纤维膜的孔洞中充满萃取溶剂，将其浸入液相样品基质中后，可以根据样品性质和操作条件，选用以下任意一种操作方式：

① 在纤维膜空腔中注入一种有机萃取溶剂，实施静态 HF-LPME。

② 注入两种萃取溶剂，实施三相萃取。

③ 将中空纤维膜的一端和微量注射器连接，来回推动注射器推杆移动萃取溶剂实现动态萃取（Dynamic HF-LPME），进一步提高萃取效率。

发展 HF-LPME 方法时，除样品本身的性质、萃取时间、萃取温度、萃取溶剂种类等因素外，还需重点考虑中空纤维膜的种类和操作参数。目前最为常用的多孔中空纤维膜为疏水性的聚丙烯纤维膜，1.5～10cm 长，内径 600μm，壁厚 200μm，孔隙尺寸 0.2μm，操作时一端和微量注射器连接，另一端封死[17]。

对有机溶剂的选择是萃取方法成功的另一个关键，除对目标组分有良好的萃取能力（即对目标组分的富集倍数高于水相样品基质）外，适当的有机溶剂还应满足以下条件：和纤维膜有良好的结合能力，能比较稳定地存在于小孔中；操作条件下不挥发；和水相不互溶等。常用的有机溶剂包括正辛醇、正己基醚、十一烷和甲苯等。这些萃取溶剂对于强疏水性非极性组分非常适用；对于亲水性或极性相对较强的目标组分，则可以考虑采用更加适当的替代溶剂，如离子液体，这样能够在很大程度上扩大方法的适用范围[14]。

HF-LPME 方法因样品基质溶液与萃取液之间有隔膜，隔膜表面有时还有气泡存在，可能会在一定程度上影响萃取速度，但因完全规避了萃取溶剂掉落丢失的风险，可以采用很高的搅拌速度以助降低实现萃取平衡所需时间；方法的典型萃取平衡时间为 10～30min，比 D-LPME 方法略长。另一方面，和 D-LPME 方法相比，该方法有机萃取溶剂的用量可以增加至几十微升，对提高目标组分的萃取能力有很大帮助。总之，HF-LPME 方法除有 LPME 的普遍优点之外，还有操作灵活、方法稳定、适用范围更广等优势，是一种很有发展潜力的液相微萃取样品预处理技术。

四、顶空液相微萃取

顶空液相微萃取（Headspace Liquid-phase Microextraction, HS-LPME）是将有机溶剂液滴悬于样品之上，顶空吸附样品中的挥发性组分。目标组分由样品基质挥发至气态，再被有机溶剂萃取。对于挥发性较强的目标组分，这一传质过程可以很快完成，而且可以有效消除样品基质对萃取过程的干扰，和其他 LPME 方法相比，更适用于基质较为复杂的样品，如生物样品等[12,14]。

除影响 SDME 效率的普遍因素外，顶空体积和溶液体积比也会影响 HS-LPME 的萃取效率。还应格外注意萃取溶剂的选择，溶剂的挥发性不能太高，否则在萃取过程中会自行挥发造成损失；同时溶剂又不能太过不挥发，因为这样会造成后续溶剂和所萃取样品组分的同时洗脱。可以考虑选用的溶剂包括正辛酯、异戊醇、十一烷、辛烷、壬烷、乙二醇等。

五、分散液相微萃取

分散液相微萃取（Dispersive Liquid-liquid Microextraction, DLLME）是一种很新的液相微萃取技术。方法操作简单，在水相样品基质中加入微升级的萃取剂和毫升级的分散剂，用以形成水/分散剂/萃取剂的乳浊液体系，再经离心分离后即可吸取萃取层直接进样分析。此法相当于“多重”悬滴液相微萃取法，因为添加了分散剂，可以大幅减少萃取剂的用量和显著提高萃取平衡的效率。和浊点萃取技术类似，整个过程只需一个具塞离心管和离心机即可完成样品的预处理，操作又比浊点萃取技术简单，因为省却了加热步骤。具有富集效率高、操作简单、快速、成本低等优点，在痕量分离领域应用前景广泛；但受分离原理所限，只适用于水相基质中中度或高度亲脂性目标组分的提取（$k>500$）。对于亲水性中等而有酸碱性的组分，可以通过调节样品基质的 pH 值使其以非离子化状态存在而尽量增加方法的富集系数，但对于亲水性强的中性组分则不太适用。

一般选用 5～100μL 卤代烃做萃取剂，因其与水不互溶且密度大于水，便于最终萃取液的吸取；加入 1mL 左右分散剂，分散剂通常选用甲醇、乙醇、丙酮、乙腈、四氢呋喃等能与水互溶且在萃取剂中有良好溶解度的有机溶剂。萃取剂的种类和体积，以及分散剂的种类和体积显然是影响提取的最重要因素，其他如提取时间和盐浓度等因素也会对萃取效率产生影响[18]。

因富集倍数较高，回收率较好，且提取液可直接上样分析，该方法很适合和 GC 联用，用于水相中痕量有机组分的分析，如水中污染物的监测，或农药/药物水平检测等[19]。近期的另一个研究热点是引入离子液体，用来代替或部分代替萃取剂或分散剂，从而进一步把方法的适用范围扩大到金属离子的富集检测，更加能够进一步减少有毒有害有机溶剂的使用[20]。

六、悬浮固化液相微萃取

悬浮固化液相微萃取（Solidification of Floating Organic Drop Liquid-phase Microextraction, SFO-LPME），特指采用密度小于水、熔点接近室温的萃取剂进行液相微萃取。和其他液相微萃取方法的不同之处在于，萃取结束后，将样品进行冰浴而使上层萃取液冷却固化，以便和仍处于液态的水相分离并转移。这样操作的稳定性在一定程度上优于直接液相微萃取或悬滴液相微萃取方法，方法重现性应该也有所提高。但也应注意，因为萃取液的熔点较高，其沸点也相应较高，用于气相色谱分析时应注意溶剂峰流出较晚，需小心优化方法以免对待测组分峰产生干扰。

方法的原理决定了可供选择的萃取剂种类有限，目前常用的萃取剂有十一醇、十二醇、正十六烷等。萃取剂的选择又决定了方法更适用于较为简单的亲水性样品基质中亲脂性强的痕量化合物的提取。和其他液相微萃取方法一样，萃取效率受萃取温度、时间、萃取剂体积以及离子强度等因素的影响。

和其他液相微萃取方法类似，SFO-LPME 也很适合和气相色谱联用，此外也有和液相色谱或原子吸收光谱联用的报道。方法操作简单，环境友好，如能扩大在较为复杂基质中的应用，应会有助于方法的进一步推广和进步[21]。

第四节 固相萃取技术

一、固相萃取法

固相萃取法（Solid-phase Extraction, SPE）是一种较新的、发展很快的样品预处理方法。在本章介绍的所有样品预处理方法中，SPE 也许是当前应用最为广泛的方法之一[22]。它是以液相色谱的分离机理为原理的抽提分离浓缩技术，采用高效、高选择性液相色谱固定相，利用样品组分在固定相和洗脱相之间的分配平衡实现目标组分和样品基质的有效分离。和传统溶剂萃取法相比，固相萃取法能显著减少溶剂用量和降低样品处理成本；一般来说，所需费用仅为液相萃取的 1/5。

固相萃取的操作原理是将液态或溶解后的固态样品倒入活化过的 SPE 柱，然后利用抽空或加压使样品进入 SPE 柱的固定相。利用固定相和样品组分间的相互作用实现对目标组分的富集和对样品基质的去除。为提高处理效率，可以采用 SPE 歧管真空装置同时处理多个样品。一般地，SPE 在分离步骤中保留感兴趣的组分和类似的其他组分，并尽量减少不需要测定的样品组分的保留。弱保留的样品组分可用一种溶剂冲洗掉，然后用另一较强溶剂把感兴趣的分析物从固定相上洗脱下来。有时根据样品和固定相作用强度不同，也可以让感兴趣的组分（分析物）直接通过固定相而不被保留，同时将大部分干扰物保留在固定相上，从而实现分离净化的目的。但在多数情况下，使分析物得到保留更有利于样品的净化[23]。

SPE 小柱是进行 SPE 处理的核心部件。一个 SPE 小柱由三部分组成：柱管、烧结垫、固定相，柱管一般做成注射器形状，多由血清级的聚丙烯制成，一些厂家也提供玻璃柱管。柱管下端有一突出的头，此头的尺寸已标准化，可用于各种不同的 SPE 歧管真空装置。烧结垫除了能固定固定相外，也能起一些过滤作用。聚乙烯是常见的烧结垫材料，对于特殊样品也可使用特氟隆或不锈钢片。固定相是 SPE 柱中最重要的部分。最常见的 SPE 固定相是键合的硅胶材料，采用不规则形状、孔径 60Å（1Å=0.1nm，下同）、粒径 40μm 的硅胶粒作为原材料，然后用各种硅烷将官能团键合上。此外也有一些非硅胶基的固定相可供选用。

固定相的色谱特性决定了可被保留的组分和保留的强度，固定相的选择是发展 SPE 方法的最重要因素，它不仅取决于目标分析物质和样品基质，也受样品溶剂影响。

选择最佳固定相时，须考虑以下几点：

（1）目标组分在极性或非极性溶剂中的溶解度；

（2）目标组分有无可能离子化，从而决定可否使用离子交换固定相；

（3）目标组分有无可能与固定相形成共价键；

（4）杂质组分与目标组分在固定相结合点上的竞争程度。

分析物的极性与固定相极性非常相似时，可使目标组分得到最佳保留。两者极性越相似，保留越好。所以要尽量选择极性相似的固定相。例如，萃取碳氢化合物（非极性）时要采用反相柱（非极性）。而当分析物极性适中时，正、反相固定相都可使用。

固定相选择还受样品溶剂制约。样品溶剂强度相对固定相应该较弱。弱溶剂会增强分析物在固定相上的保留。如果溶剂太强，目标组分将得不到保留或保留很弱。举例来说，样品溶剂是正己烷时，用反相柱就不合适，因为正己烷是强溶剂，分析物无法在柱上保留；当样品溶剂是水时，就可以用反相柱，因为水是弱溶剂，不影响分析物的保留。

表 14-1 列出了目前常用的 SPE 固定相及其保留机理，以供参考。每根 SPE 小柱的固定相质量一般为 100mg、200mg、500mg 或 1000mg。为保证满意的样品净化效果和充分的保留，处理脏的、复杂的或高浓度的样品时应采用固定相质量较大的小柱。

表 14-1　常用的 SPE 固定相及其保留机理

固定相	简称	主要机理	次要机理	Si—OH 活性
Ethyl（乙基）	C-2	非极性/极性	—	阳离子交换
Octyl（辛基）	C-8	非极性	极性	阳离子交换
Octadecyl（十八烷基）	C-18	非极性	极性	阳离子交换
Cyclohexyl（环己烷基）	CH	非极性	极性	阳离子交换
Phenyl（苯基）	pH	非极性	极性	阳离子交换
Cyanopropyl（氰基）	CN	非极性/极性	—	阳离子交换
Diol（二醇基）	2OH	非极性/极性	—	阳离子交换
Aminopropyl（氨丙基）	NH2	极性/阴离子	非极性	阳离子交换
Silica（未键合硅胶）	Si	极性	—	阳离子交换
Primary/Secondary Amine（*N*-丙基乙二胺）	PSA	极性/阴离子	非极性	—
Benzensulfonylpropyl（苯磺酰丙基）	SCX	非极性/阳离子	极性	—
Sulfonylpropyl（磺酰基丙基）	PRS	阳离子交换	极性/非极性	—
Carboxymethyl（羧甲基）	CBA	阳离子交换	极性/非极性	—
Diethylaminopropyl（二乙基胺丙基）	DEA	极性/阴离子	非极性	阳离子交换
Trimethylaminopropyl（三甲基胺丙基）	SAX	阴离子交换	极性/非极性	阳离子交换

而对于体积较大的液相样品，如水样分析，还可选用储样器，连接在柱管上方以增加 SPE 容积，能在很大程度上提高一次上样量（可达 75～100mL）。

SPE 方法一般有四个基本操作步骤：固定相活化、样品上柱、淋洗和分析物洗脱。活化的目的是创造一个与样品溶剂相容的环境并除去柱内所有杂质。上样步骤指的是样品加入到 SPE 柱并迫使样品溶剂通过固定相的过程，这时分析物和一些样品干扰物保留在固定相上。

为了保留分析物，溶解样品的溶剂必须较弱。分析物得到保留后，通常需要淋洗固定相以洗掉不需要的样品组分。淋洗溶剂总是略强于或等于上样溶剂。淋洗溶剂必须尽量地强以洗掉尽量多的不需要的组分，但不能强到可以洗脱任何一个分析物的程度。淋洗过后，将分析物从固定相上洗脱。洗脱溶剂用量一般是0.5～0.8mL/100mg 固定相。这时必须认真选择溶剂：溶剂太强，一些更强保留的不必要组分将被洗出来；溶剂太弱，就需要更多的洗脱液来洗出分析物，SPE 柱的浓缩功效就被削弱了。表 14-2 中列举了 SPE 方法中常用的溶剂以及它们的洗脱强度，以供参考。收集起来的洗脱液可以直接向色谱柱进样，也可以把它浓缩后溶于另一溶剂中来进样或以其他方式进行进一步净化。

表 14-2 溶剂强度列表

正相		反相
己烷		水
异辛烷	弱	甲醇
甲苯	↓	异丙醇
氯仿		乙腈
二氯甲烷		丙酮
四氢呋喃		乙酸
乙醚		乙醚
乙酸		四氢呋喃
丙酮		二氯甲烷
乙腈		氯仿
异丙醇		甲苯
甲醇	强	异辛烷
		己烷

因为方法步骤较多，且影响萃取结果的因素也较多，发展一个成熟的 SPE 方法必须进行参数优化。优化过程中必须考虑的因素包括固定相的选择，洗脱溶剂的选择，柱容量，以及洗脱流速等。一个好的 SPE 方法能对特定的复杂基质中多个目标组分同时实现可靠的定量回收并有一定的稳健性，适合在不同实验室间进行推广。

经过十几年的快速发展，SPE 方法的商品化程度相对较高，有多种适用于不同样品基质不同目标组分的 SPE 小柱以供选择，且价格较低。虽然 SPE 小柱不能反复使用，总体来说，样品预处理方法的成本仍可以接受。对于典型应用领域，已经发展出一些标准化方法，省却了用户自行发展 SPE 方法的步骤。一些应用实例请见参考文献［24～27］。读者也可根据具体需求查阅文献、技术说明和应用报告，获取更多方法细节。

二、基质固相分散萃取法

基质固相分散萃取法（Matrix Solid-phase Dispersion，MSPD）主要用于固体和半固体样品的处理，也有用于液体样品处理的实例[28]。这是一种在 SPE 基础上改进所得的预处理方法，但操作更加简化。和 SPE 方法的相同之处在于，它也利用固相萃取材料对样品基质或基质中待测组分的选择性进行分离净化。不同之处在于，根据样品基质、待测组分和所选用固相萃取材料的特点，有时无需装柱洗脱，只要过滤浓缩即可实现目标组分和样品基质的分离。操作简便之余，对于某些种类的分析物同样具有很好的提取效率。

应用于固体或半固体样品时，通常会将样品组织匀浆、萃取、净化等过程整合在一步完成，在均质化的样品基质中加入固相萃取材料混合成为半湿状态的混合物，这样可以有效避免多步操作造成的样品损失，也是MSPD方法的一大优点。提取步骤完成后，如果主要干扰物被固相萃取材料吸附而目标组分仍在液体基质之中，则无需装柱，可以加入适当溶剂进一步提取目标组分，再经过滤去除固体材料完成样品预处理。但多数时候，半湿的固体萃取材料吸附目标组分，得到的混合物装柱后采用类似SPE的方法淋洗洗脱出待测组分，而后上样分析。这种样品预处理方法价格低廉，所需样品体积小，溶剂使用量少，成本低，对人员操作技术要求不高，更适合方法的应用推广[29]。

不难理解，影响提取效率的主要因素是固相萃取材料的选择，目前C18填料最为常见，也可采用中性氧化铝等材料。此外，和SPE方法一样，洗脱液的种类和流速也是影响提取效率的重要因素，需在方法发展阶段系统优化[30]。

三、QuEChERS法

QuEChERS意指Quick, Easy, Cheap, Effective, Rugged and Safe，即能满足“快速高效，容易操作，价格低廉，适用面广，而且安全”等要求的样品预处理技术。这本应是普遍适用于任何样品预处理方法的策略或要求，但当下已经成为专有名词，意指一种用于蔬菜、水果等含水量大的食品中多种农药残留物定量和定性分析的样品预处理技术。相对于其他样品预处理手段，这种技术面世时间较短（发明于2003年），但已在食品农残分析领域获得了极为广泛的应用，其主要原因有二。其一，方法操作简单，易于实施；既不需要特殊仪器，也不需要经验丰富的实验人员进行大量实验参数的优化。虽然方法仍以人工操作为主，尚未实现自动化，但在绝大多数情况下，只需几步操作，就可以实现多种样品基质中数百种化合物定性、定量分析的预处理，完成气相色谱或液相色谱上样前的准备工作。其二，该法普适性非常强，可以用于任何含水量高的食品样品基质中的偏极性农药残留物，针对同一个样品基质又能同时提取数百种农药残留，回收率和重现性均令人满意。加之同传统方法相比，能节约90%以上的溶剂、耗材成本和样品处理时间，特别适用于食品安全实验室等检测机构进行大批量样品农残筛查常规分析[31]。有鉴于此，目前已开发出数个关于QuEChERS样品预处理方法的标准方法，如AOAC方法2007.01[32]和欧盟标准方法EN15662[33]等，亦有多家公司推出不同规格的商品化QuEChERS试剂盒，用户可根据具体选用的QuEChERS方法（如早期方法、AOAC方法或EN方法），待测化合物组成，样品基质类型（是否含有油脂、蜡，或色素），和样品体积，来选择适当的缓冲盐和分散固相萃取剂，以达到有效的样品预处理结果。

QuEChERS方法其实是结合了液-液萃取和分散式固相萃取两种方式来实现对基质中目标化合物的提取和分离的，其典型操作步骤如下：

① 样品粉碎均质化。此步对于采集有代表性的样品、提高萃取效率和增加分析精度都非常重要。

② 定量称取样品（通常为10～15g），加入乙腈，加入内标，剧烈振摇萃取30s到1min。如有必要，还需加入无水缓冲盐来调节基质pH值，以提高样品回收率和降低基质干扰，常用的无水缓冲盐包括无水硫酸镁、氯化钠、乙酸钠、柠檬酸钠和柠檬酸氢二钠或它们的组合，每份样品中通常添加数克。

③ 在萃取液中加入固体微粒吸附剂（分散固相萃取剂），用以除去乙腈萃取液中的共萃物。最为常见的萃取剂是乙二胺-*N*-丙基硅烷（PSA）和C18，亦可添加石墨化炭黑用于去除

色素和甾醇。此外，还可加入少量无水硫酸镁进一步去除残留水分。

在商品化 QuEChERS 试剂盒中，缓冲盐和固体微粒吸附剂已事先定量密封在无水包装中，使用起来非常方便。如不使用商品化试剂盒，也可根据实验室的条件和样品性质，用 SPE 方法代替分散固相萃取法进行此步处理，但相应的，会增加预处理的耗材和时间成本。

④ 过滤样品，上样分析。

需要注意，虽然 QuEChERS 方法本身并不需要或要求过度细致地优化实验参数，但如果目标化合物的种类较少或性质比较单一，也可以考虑根据实际情况对预处理方法进行微调，以实现更好的处理结果。最常影响提取效果的因素包括提取液的 pH 值、缓冲容量及分散固相萃取剂的种类。例如，沙蚕毒素类农药需在较低 pH 值条件下进行提取；对于富含油脂的样品，可以考虑提高 PSA 的用量或加入少量 C18；而石墨化炭黑不能用于平面结构的农药测定等。此外，正是因为 QuEChERS 方法对很多偏极性化合物都有较好的提取效果，经过此法处理的样品相对来说可能较“脏”，会含有较多非目标化合物组分，上样分析时最好考虑选择性较高的检测器，对气相色谱来说，除了质谱或串联质谱以外，FPD、NPD、ELCD、ECD、XSD 等检测器都可选用。

经过十几年的发展，QuEChERS 方法热度不减。近年来的主要发展方向包括：

① 方法统一化。国际官方方法认证机构希望能开发通用的 QuEChERS 方法，将同一方法（包括固定的操作条件和实验参数）应用于更多种类样品的分析中，作为国标方法或是国际统一认证的方法。

② 更为广泛的应用范围，包括更多种类的样品基质，如血浆、肉类、酒和土壤样品等；更多的待测物类别，如抗生素、药物、滥用药、污染物等；以及更多的应用领域，如环境检测、医学、法医检测等。必须根据样品基质的性质和基质与目标化合物之间结合力的强度对 QuEChERS 方法进行改进和充分验证，以正确评估方法的有效性。

③ 方法的自动化。目前典型的 QuEChERS 方法还是以手动操作为主，但如需进一步增加样品分析的通量，或是提高某些和基质结合力更强样品的提取率，可能需要考虑发展自动化振摇装置来代替手动提取。

第五节 固相微萃取技术

一、固相微萃取法

固相微萃取（Solid Phase Micro-extraction, SPME）是在固相萃取的基础上发展起来的一种新型样品预处理技术。它基于被萃取组分在两相间的分配平衡，将萃取、浓缩和解吸集为一体，其装置简单，便于携带，易于操作，快速灵敏，选择性高，样品用量小，重现性好，精度高，检出限低，无需溶剂或仅需极少量溶剂即可完成分析；自 1993 年商品化以来，已在环境、生化、食品等领域得到了广泛的应用和发展。

SPME 的概念最早由加拿大 Waterloo 大学的 Pawliszyn 等人提出[34]，随后迅速被广大分析化学家所接受，并发展出多种萃取模式和操作方案。目前已实现了与 GC 和 HPLC 的在线联用。SPME 与 GC 联用，在 1h 之内就可以完成从采样到分析的全过程，检出限达到 ng/g 至 pg/g 水平，线性范围为 3～5 个数量级，相对标准偏差小于 30%。下面就 SPME 的装置及操作、萃取模式、工作原理和应用范围等方面予以简要介绍[23]。

SPME 主要可分为两类：纤维固相微萃取（Fiber SPME）和管内固相微萃取（in-tube SPME）。纤维固相微萃取应用较多，它采用外表覆盖选择性萃取介质的纤维对目标组分进行萃取。最初仅用熔融石英作为萃取介质，因其具有很好的耐热性和化学稳定性。后来出现了将色谱固定液涂覆在熔融石英上或在石英纤维表面键合一层多孔固相作为吸附涂层的方法，进一步提高了 SPME 的萃取效率。合适的涂层应对被萃取组分有较强的富集能力，还应保证组分在其中有较快的扩散速度，能在短时间内达到分配平衡，并在热解吸时迅速脱离涂层而不会造成峰展宽。目前常用的液相涂层主要包括以下几种：

（1）聚二甲基氧烷类（PDMS）：100μm 的 PDMS 适用于分析低沸点、低极性物质，如苯类、有机农药等，7μm PDMS 适用于分析中等沸点及高沸点的物质，如多环芳烃等。

（2）聚丙烯酸酯类（PA）：适用于分析强极性物质，如酚类物质。

（3）聚二乙醇/二乙烯基苯（CW/DVB）：适用于分析极性大分子，如芳香胺等。

（4）PDMS/DVB：适用于分析极性物质。

此外还有 XAD，Carboxen 等种类的涂层可供选择。其中 PDMS 与 PA 应用最广泛。纤维双液相涂层可以克服单一液相涂层萃取有机化合物范围狭窄的缺点，适用范围更广，是目前研究和发展的趋势及方向。

多孔固定相则是在高温条件下在石英纤维表面键合一层 C_1、C_8、C_{18} 或苯基吸附层，其中 C_8 适用于分析挥发性有机化合物，C_{18} 则具有较好的通用性；它们的萃取选择性受键合官能团、烷基链长和固定相的类型等诸多因素影响。表 14-3 列出了常见的商品化 Fiber SPME 涂层种类及其应用范围，以供参考。

表 14-3　商品化 Fiber SPME 涂层的种类、特性及应用范围

涂层种类	涂层厚度/μm	极性	交联方式	最高解吸温度/℃	联用模式	应用范围
PDMS	100	非极性	非结合	280	GC/HPLC	挥发性物质
	30	非极性	非结合	280	GC/HPLC	非极性半挥发性物质
	7	非极性	结合	340	GC/HPLC	中等极性和非极性的半挥发性物质
PDMS-DVB（StableFlex fiber）①	65	双极性	交联	270	GC	极性挥发性物质
	60	双极性	交联	270	HPLC	通用
	65	双极性	交联	270	GC	极性挥发性物质
PA	85	极性	交联	320	GC/HPLC	极性半挥发性物质（酚类）
Carboxen-PDMS（StableFlex fiber）	75	双极性	交联	320	GC	气体和挥发性物质
	85	双极性	交联	320	GC	气体和挥发性物质
Carboxen-DVB（StableFlex fiber）	70	极性	交联	265	GC	极性物质（醇类）
Carbowax/TPR	50	极性	交联	240	HPLC	表面活性剂
DVB-PDMS-Carboxena	50/30	双极性	交联	270	GC	气味和香味

① Supelco 公司发明的一种可弯曲的萃取纤维头，2cm 长。

Fiber SPME 的操作过程非常简单，可分为萃取过程和解吸过程两步。

（1）萃取过程　样品中待萃取组分在吸附涂层与样品间扩散、吸附和浓缩。将萃取器针头插入样品瓶内，压下活塞，使纤维头暴露在样品中进行萃取，经一段时间后，拉起活塞，使纤维头缩回到起保护作用的不锈钢针头中，然后拔出针头完成萃取过程。对于挥发性高的组分，还可采用顶空-SPME 的操作方式完成萃取[35]。

（2）解吸过程　在此过程中，浓缩在涂层中的组分脱附进入分析仪器完成分析。在 GC 分析中采用热解吸法来解吸被萃取物质，将已完成萃取过程的萃取针头插入气相色谱仪的进样室内，压下活塞，使萃取纤维暴露在高温载气中，并使被萃取物不断地解吸下来，进入后续的气相色谱分析。解吸的难易程度主要由被萃取物质与萃取头作用力大小来决定，最佳解吸条件可由解吸量相对解吸温度及解吸时间的解吸曲线来确定。解吸温度通常为 150～250℃，时间通常为 2～5min。对于难解吸的目标组分，需要较高的解吸温度；如果组分在高温下易分解，可在进样口采用程序升温方式进行解吸。如果分析仪器为 HPLC，则需要使用微量溶剂洗涤萃取纤维头来进行解吸。

Fiber SPME 装置轻巧易拿，携带方便，非常适合于现场分析。石英纤维萃取头可循环使用 50～100 次，在采用某些吸附涂层时，冷藏条件下样品可在萃取头上保存 3 天，这是 SPE 法无法实现的优点。

In-tube SPME 是另一种 SPME 操作模式。它与 Fiber SPME 的不同之处在于将吸附涂层涂覆在长 50～60cm 的石英毛细管内表面，或将涂有萃取固定相的一段石英纤维置于细管中，以此代替萃取器的针头。目前常用的固定相有 SPB-1、SPB-5、PTE-5、Supelcowax 和 Omegawax 250 等。

除了 SPME 普遍的优点外，in-tube SPME 还具有以下优点：①萃取柱可用常规的气相色谱毛细管柱，分析成本更低；②萃取柱的内涂层厚度（0.1～1.5μm）远远小于萃取纤维头的外涂层厚度（7～100μm），使得萃取平衡时间大大加快；③脱附后无样品组分残留；④萃取固定相膜薄、交联度高，在样品解吸时由于固定相流失造成的系统“鬼峰”大大减少；⑤可以采用长的毛细管萃取柱以增加萃取固定相来增大萃取吸附倍数；⑥有大量不同固定相的商品毛细管柱可供选择。

采用 in-tube SPME 装置时，操作步骤同样包括萃取和解析两步。萃取时，样品基质流经管内，其中的某些组分被吸附到管内的固定相上完成萃取过程，此步又有以下两种萃取模式：静态萃取（样品中的目标组分通过分子扩散富集到管内的萃取固定相中。萃取时固定相被保护在一个套管内浸入样品中，靠分子扩散实现萃取）和动态萃取（样品动态地流过萃取管，目标组分通过分子扩散或对流扩散转移到管壁上的萃取固定相内。因为流动状态下对流扩散的速度很快，达到萃取平衡所需的时间相对较短，该模式被较多地使用）。解吸时，用少量溶剂注入管内进行目标组分的洗脱，或利用载气吹扫热解吸。由于接口技术的问题，目前 in-tube SPME 多与 HPLC 联用。

一般来说，影响 SPME 萃取效率和精确性的因素包括：石英纤维萃取头涂层的选择；温度、搅拌条件、样品体积和顶空体积，以及萃取时间；样品基质中的无机盐和 pH 值；待分析物质的损失，主要包括待分析物质在瓶壁上的吸附，从瓶盖的泄漏和瓶盖的吸附等。其他因素如样品中蛋白含量、操作因素等也对萃取效率有一定影响。

SPME 是一种平衡状态下的技术，对于定量分析必须标定。分析气体样品时，可以很快达到萃取平衡，因此只要在同一温度下对已知的标样用 SPME 法测定，测出该温度下的分配系数，就可对未知的气体样品进行定量分析。对于较简单的液相样品（有机物质量分数小于 0.1%），可用外标法定量测定。对于复杂样品，如固体样品，由于样品基质等因素的影响，用外标法有时效果不一定很好，这时可用标样加入法，也可用内标法，不过内标物在测试温度下的分配系数必须与待测物非常接近，否则会带来系统误差。

和 SPE 相比，SPME 方法体积更小，更易操作，更易与色谱仪器，尤其是气相色谱仪实现在线联用。如能有效提高萃取容量，增加萃取涂层的种类，进一步扩大方法的适用范围，其应用前景将更为广阔。

二、搅拌棒吸附萃取

搅拌棒吸附萃取法（Stir Bar Sorptive Extraction, SBSE）与 SPME 原理类似，不同之处在于它将搅拌棒直接置于液相基质之中，利用搅拌棒表面的固定相涂层对基质中的待测组分进行提取。此法对水相样品中痕量或超痕量的有机物的富集吸附有独特的优势，而且特别适合和气相色谱联用，目前应用最为成功的领域包括天然水和轻度污染水等环境样品、酒类和蔬果等食品中污染物和农药残留、活性成分、风味物质等的定性定量分析[36,37]。

SBSE 方法的操作步骤也和 SPME 类似，分为萃取和解析两步。在磁性搅拌棒的玻璃层表面涂覆固定相涂层制备搅拌棒，然后置于液相基质中进行磁力搅拌以实现吸附平衡。随后可以从液相基质中取出搅拌棒，无需其他任何处理，只要置于热解析装置中，就可以实现和 GC 或 GC-MS 的在线联用，完成样品萃取-脱附-仪器分析的全部过程，大大缩短样品预处理时间和人工操作流程[37]。

目前最为常用的固定相为聚二甲基硅氧烷 PDMS，因此适用的样品主要为水相基质中非极性或中等极性的挥发性和半挥发性组分。SBSE 的搅拌棒长度一般为 1～4cm，PDMS 涂层的厚度一般为 0.3～1mm，可推算搅拌棒上 PDMS 涂层的总体积为 55～220μL[36]。不难理解，在其他条件相当的前提下，因为 SBSE 比 SPME 的固定相涂层的体积大很多，SBSE 比 SPME 的萃取效果更好，方法的灵敏度更高。但相应的，用 SBSE 处理同样的样品需要远比 SPME 更长的时间才能达到萃取平衡。

另一种操作方式称为连续搅拌棒吸附萃取法。在同一样品基质中，先用一个搅拌棒进行吸附萃取，然后在基质中加入适当添加剂，如无机盐，用另一个搅拌棒再次进行吸附萃取。之后将两个搅拌棒放入同一个脱附衬管中同时进行热解析，两次萃取的样品组分同时进入气相色谱仪进行分析[38]。这样操作显然能显著提高方法的回收率、重现性和普适性。

同 SPME 一样，影响萃取效率的主要因素也包括温度、搅拌条件、样品体积、萃取时间、样品基质中的无机盐和 pH 值等。另一方面，受限于 PDMS 的选择性，SBSE 方法对于极端复杂基质，或是极性目标组分的萃取效率还不够理想。如果待测组分是极性物质，可在样品基质中增加盐类添加剂以提高萃取效率。或者考虑增加衍生化步骤，改变目标组分的极性。有两种进行衍生化的手段，一种称为样品内衍生，是先将样品进行衍生化处理后再用 SBSE 进行萃取；另一种称为棒上衍生，将衍生化试剂吸附在搅拌棒上，然后进行萃取，这时萃取和衍生化反应将会同时进行。有一些发展新型涂层的尝试获得了良好的效果，如 PDMS/乙二醇共聚物涂层在保留对非极性组分的非选择性保留外，还对酚类等极性物质有较好的萃取效果。此外也有研究致力于发展键合聚乙二醇硅酯涂层或活性炭涂层，并成功应用于环境样品中氯酚、苯系物和卤代烃的提取[36]。

SBSE 方法发展的热点在于发展新型固定相涂层，要么是具有更低的制备成本，更好的批次重现性，热稳定性良好，耐受多种溶剂，机械强度更高，通用性更好等特点的固定相；要么是针对某类特殊样品具有特殊选择性的专用型固定相。如能在此方面有所进展，加上方法本身固有的灵敏度高，操作简便，仪器简单，无需额外昂贵设备，不使用有机溶液，易于和 GC 联用等优点，其应用前景将会更加广阔。

第六节 其他作用辅助萃取技术

一、微波辅助提取

微波辅助提取（Microwave Assisted Extraction，MAE）是一种相对较新的样品预处理技术，主要有两个应用方向，一个是加酸辅助消解固体样品，提取样品基质中的无机离子；另一个是作为传统索氏提取的辅助或替代方法，提取样品基质中的有机组分。

MAE 技术需要专门仪器进行操作。最为常见的是高压密闭微波萃取系统，将固体或半固体样品和萃取溶剂装入密闭的萃取罐中，在微波作用下迅速升温，在高温高压条件下短时间内完成萃取过程。除此之外还有在常压下操作的开放式微波萃取系统，以及进一步将超声波和微波辅助结合的超声-微波辅助萃取系统等。仪器设备比较低廉，方法不破坏组分本身结构，较少被萃取物极性限制，在环境和食品有机分析领域得到越来越广泛的应用[39]。

经高压密闭微波萃取系统操作的样品挥发损失少，通量高，重现性好，而且仪器化程度较高，可对微波的输出功率，以及操作环境的温度、压力等参数实施精密调控和实时监控，操作简单，安全程度更高。有研究比较证明，达到同等提取效率比索氏提取法耗时大幅降低，且方法重现性更高[40]，因此应用范围更广。

与高压密闭式微波萃取系统相比，开放式微波萃取装置则利用家用微波炉进行常压萃取，或将微波炉和索氏提取装置结合，利用微波能辅助萃取。亦可考虑加入超声波，和微波能协同作用。和高压密闭系统相比，开放式操作方式的样品容量较大，且仪器成本更加低廉。

影响萃取效率的主要因素有萃取溶剂的选择、微波功率、萃取温度、升温时间等。溶剂极性越大，对微波能的吸收越大，越有助于快速升温和提高萃取效率；采用高压密闭操作系统时，萃取溶剂的选择不止决定于样品基质和待测样品的性质，还要保证不会与萃取罐发生反应。常用的萃取剂包括甲醇、乙醇、异丙醇、丙酮、二氯甲烷、乙腈等；提取活性物质时也可考虑加入少量水或酸，有可能提高萃取效率。此外，因此法采用有机溶剂在高温（有时还有高压）下进行萃取，操作中要注意安全[41]。同时也应注意，该方法的操作原理决定了方法选择性不会很高，所以多用作其他样品预处理技术的前期辅助手段，如在一些应用实例中，萃取液冷却后还需经过 SPE 等净化手段才能上样分析。

二、超声波辅助提取

超声波辅助提取（Ultrasound-assisted Extraction, UAE）主要用于固体样品中组分的提取，利用超声波辐射压强产生的强烈空化效应、机械振动、乳化、击碎和搅拌等多重效应，增大物质分子运动频率和速度，增加溶剂穿透力，快速完成提取过程[42]。

和索氏提取法相比，超声波辅助提取法的成穴作用增强了系统的极性，还可以选择任何一种溶剂进行萃取，甚至加入共萃取剂进一步提高溶剂极性，这都有助于提高萃取效率。而达到同等萃取效率所需的萃取时间又大幅缩短，一般只需几分钟或十几分钟即可完成。另一方面，超声波辅助提取法适用于不耐热组分，这为因热不稳定而无法用于索氏提取法的样品提供了更加适合的预处理方法。

超声波提取法的操作步骤非常简单，将固体样品粉碎后用萃取溶剂浸泡，在超声波水浴锅中以一定的温度提取一定时间后，滤出溶剂进行进一步操作。如有必要，可重复萃取样品合并萃取液达到更高的回收效率。因为处理过程会产生热量，如目标组分对温度较为敏感，需考虑在水浴锅中加入冰块控制温度。

影响提取效率的因素包括样品粒度、样品浸泡时间、萃取溶剂的种类和组合、超声波的频率、强度和提取时间等，超声萃取过程的所有参数都可实现仪器化操作。

此法操作步骤很少，萃取过程简单快速，所需仪器设备简单，价格低廉，方法安全方便且成本较低，虽然同微波辅助提取法类似，方法的选择性相对不高，上样前有可能需要对萃取液做进一步净化，但仍很适合用于作为其他样品预处理方法的辅助手段，进行复杂基质固体样品中结构稳定组分的提取[43]，多在环境污染物提取、食品和化工产品分析等领域使用[44]，还是美国国家环保局推荐的土壤中多环芳烃（PAHs）提取方法之一（EPA SW-846-3550C）[45]。

三、超临界流体萃取

超临界流体萃取（Super-critical Fluid Extraction, SFE）是指利用超临界状态的流体溶解并分离样品基质中待测组分的预处理技术。所谓“超临界状态”，是指温度和压力同时超过某种气体物质的临界压力和临界温度的状态。临界温度，是指某种气体能够被液化的最高温度；而临界压力，则是在临界温度时使气体液化的最小压力。当环境温度和压力都超过某种物质的临界值，即处于超临界状态时，该物质即为既非气体也非液体的“超临界流体”。超临界流体的密度、黏度和扩散系数都介于气体和液体之间，而且可以通过温度和压力条件的微调实现以上参数的改变，来实现针对样品组分更高的溶解能力，并具有比液体溶剂更好的流动和传质性能。

常用在 SFE 的物质包括二氧化碳、水、甲烷、乙烷、丙烷、甲醇、乙醇、丙酮、乙烯、丙烯等。这些物质的临界温度多介于−80～240℃间，临界压力多为 4～8MPa（水的临界温度约为 374℃，临界压力约为 22MPa）。在绝大多数应用实例中，二氧化碳是首选的超临界流体。它的临界温度约为 31℃，临界压力约为 7.4 MPa，临界压力易于实现，本身便宜易得，安全无毒，环境友好；无腐蚀性，不破坏设备；无溶解污染，在常温常压下非常容易挥发为气体而和样品组分完全分离；又有高扩散性，溶剂强度易于调节；兼具化学惰性和较低的操作温度，非常适合热不稳定和易氧化组分的提取。但二氧化碳也有缺点，它只适合提取非极性组分，对于极性组分，需要考虑加入少量的极性改性剂（如 1%～10%甲醇），以增加对极性组分的溶解度，以及降低样品组分和基质间的相互作用，从而进一步提高萃取效率[46]。

SFE 方法的理论基础比较深厚，在实际应用中可以据此调节操作条件优化方法。不难理解，影响 SFE 提取效率的主要因素为压力和温度。一般来说，当采用二氧化碳做溶剂时，溶解能力和操作条件的关系比较直观。在温度相同时，压力增加会导致流体密度增加，而这将直接导致流体溶解能力的增加。在压力相同时，情况则稍微复杂一些。对于非挥发性样品，温度升高时会因溶解能力降低而导致提取效率降低。对于挥发性样品，温度升高时虽然溶解能力降低，但与此同时样品本身的挥发性又对提取效率有所帮助；进一步，样品的挥发性（蒸气压）又和环境压力有关系，因此不同操作压力下的最佳提取温度需要根据不同的提取组分具体优化。

SFE 操作的基本流程为，将预先粉碎的固态或液态（如油类）样品放置在提取器中，用压缩二氧化碳溶解待测组分，并转移进入组分收集器，再减压将二氧化碳转为气态排出，即可实现样品组分和基质及提取“溶剂”的完全分离。如果样品基质中有多个目标组分，不同组分的溶解度不同，则可利用压力对溶解度的直接影响，通过改变压缩二氧化碳的操作压力，将不同组分逐一提取出来。另一方面，当样品基质非常复杂时，如果直接用过高的压力进行萃取，很有可能因溶解能力很高而导致多种组分同时溶出，对后续进一步处理或上样分析造成困难。在这种情况下，逐渐改变提取压力也有助于减少共溶出组分，简化后续操作。针对具体样品，当然也可考虑在恒压条件下改变温度实现样品组分的提取与分离，但如前所述，因为温度对提取效率的影响很大程度上依赖于样品组分本身的性质，这种操作方式不如恒温操作应用范围广。

一般认为，如果样品基质很易分离而待测组分的溶解度非常大，采用不断注入压缩二氧化碳的动态萃取法就能获得满意的提取效果。但通常来说，当样品基质比较复杂，质地比较致密时，最好先用压缩二氧化碳静态萃取一段时间（一般数十分钟），再结合动态萃取，方能显著提高方法的提取效率。在动态萃取过程中，压缩二氧化碳的流速对提取效率也有显著影响；流速越慢，"溶剂"在样品基质中的渗透和传质就会越好，但提取过程也会越长。应从提高单位时间内提取量的角度优化萃取流速。

样品基质的粒度、装填密度和水分含量也会影响 SFE 提取效率。对于固态样品，适当降低粒度能够增加表面积，通常有利于提高提取效率。不同处理批次中装填密度应尽量保持相同，这有利于获得稳定的提取效率。在处理天然产物和生鲜食品时，样品中的水分不可避免；水分的存在对 SFE 的影响比较复杂，既可能帮助增加溶剂的渗透性能和极性，对提取极性较强的组分有利；但另一方面，如果水分含量过高，也有可能导致高水溶性的组分留在水相中，无法被溶剂带出，或者需要在样品分离阶段多加去除水分的处理。

SFE 的提取介质为超临界流体，本就无法在常压环境下操作，其提取效率又对操作条件的改变非常敏感，因此必须借助仪器精准控制操作条件。和其他样品预处理技术相比，该法具有三大特点。其一，提取过程自动化程度很高；其二，易于实现和分析仪器，如 HPLC、GC 和 SFC（超临界流体色谱）的在线联用；其三，非常适合制备级别的样品预处理过程。

近年来 SFE 的商品化应用范围不断扩大，如香精香料提取和食品药品中目标组分提取，聚合物材料分离和精确组分清洗等。因为涉及高压操作系统，设备投入相对较高，但方法在从分析级到制备级的各类实验室包括生产线中都大有用武之地[30,47]。

第七节　基于色谱的选择性净化技术

过柱纯化手段通常作为上样分析前样品预处理的最后一步，和其他样品提取技术结合使用。针对极其复杂样品基质时，通过单一手段提取后的样品可能仍然因组成过于复杂或是物理性状不适合而无法直接上样分析。将样品过柱，利用色谱填料的选择性进行进一步提纯和溶剂转化，是一种有效但通量较低的预处理手段。早期最常用于预处理的色谱柱为酸性硅胶床、多段硅胶柱、氧化铝柱或弗罗里土柱（florisil 柱）。酸性硅胶柱主要用来除去样品中的类脂和非持久性污染物。氧化铝柱和弗罗里土柱用以除去非极性干扰物。多段硅胶柱则指在同一柱管中依次填装酸性、中性和碱性硅胶成柱，以增加样品净化能力[48]。这些色谱柱多在实验室用玻璃柱管自行填充，需经脱活、填充、淋洗、上样洗脱、洗脱液浓缩、定容等多个步骤，耗时长，溶剂消耗量大，需要有经验的实验人员手动操作，偶然误差较大，重现性不够好；但另一方面，该技术手段发展已经比较成熟，而且搭建成本很低，针对特定样品仍不失为一种有效的预处理技术[49,50]。除此之外，现代色谱技术除作定性、定量分析外，也可以用于样品预处理，和传统柱色谱技术相比，除仪器化程度高、可靠性强外，其强大的分离性能和多样的分离机理也是显著的优点。本节重点介绍几种选择性较强的基于现代色谱技术的选择性净化手段。

一、凝胶渗透色谱

凝胶渗透色谱（Gel Permeation Chromatography, GPC）也称体积排阻色谱（Size Exclusion Chromatography, SEC），是根据样品中不同组分的尺寸不同对其进行分离的一种预处理技术。

类似常规液相色谱柱，将具有一定尺寸孔隙的填料填充在柱管中，先用流动相平衡色谱柱，使填料孔隙中充满流动相；然后样品被引入柱管，分子尺寸较小的组分可以进入固定相的孔隙中，保留时间较长；而无法进入孔洞的大分子则很快被流动相冲出柱管，保留时间较短。不同组分的分子尺寸大小和保留时间呈反比关系，由此可以分离和收集样品基质中不同尺寸范围内的感兴趣组分。因为其分离机理完全依赖于样品中各组分的尺寸大小，这种分离方法只能作为一种粗分或预分离的手段，如果需要对样品中某类物质进行更加准确的定性或定量测定，必须对经过 GPC 分离和采集的馏分进行进一步分析。

这一方法最成功的应用范例是测定聚合物的分子量分布，但也可以用在复杂基质样品，如食品或天然产物中蛋白质、脂类和小分子物质的分离。传统使用的填料是多孔凝胶，不破坏生物活性，能耐各种极性的有机或水相流动相，但不耐高压。如采用能耐高压的交联聚苯乙烯/二乙烯基苯微球或球形硅胶，可望获得更高的分离度，但需要注意选择适当流动相，以免无谓降低柱效和柱寿命[51]。在上柱前，需要去除在凝胶色谱流动相中溶解度相对较差的物质，以免造成净化过程中固体组分析出堵塞色谱柱[52]。还应注意，在分析基质复杂的实际样品时，应在净化前先行去除油脂成分，因为凝胶色谱柱对油脂的承受能力有限。

除填料种类外，更重要的是应根据待分离目标组分（和欲排除杂质）的尺寸范围，选取最适合的填料孔径和分离范围。市面上已有种类繁多的商品化 GPC/SEC 色谱柱可供选择。分离范围广的色谱柱通用性可能较强，但分离度相对较低。应尽可能选择和样品组分分子量范围相近的色谱柱以达到最佳分离效果。

GPC/SEC 法使用的仪器和常规液相色谱法非常类似，也由溶剂泵、进样器、柱温箱和检测器组成。但此法通常只需要一种流动相完成色谱分离，比常规液相色谱构成简单。虽然此法需要专门的色谱柱和仪器，成本较高，但自动化程度较高，方法重现性好，偶然误差小，尤其是选择性高于其他样品预处理方法，如需测定组成复杂的样品基质中微量和痕量组分，如食品中的农药残留或卷烟烟气中的致癌物等[52~54]，GPC/SEC 仍是一种值得信赖的预处理手段。

二、免疫亲和色谱

免疫亲和色谱（Immuno affinity Chromatography，IAC）是以抗原抗体的特异性、可逆性免疫结合反应为原理的色谱技术，针对特定目标抗原，制备相应抗体，用溶胶-凝胶法或其他方法，将抗体与惰性基质（如硅胶或凝胶）偶联成固定相填料后装柱。这样的色谱填料具有相当高的特异性，特别适合富集分离复杂基质样品中痕量大分子物质。当含有目标组分的样品通过 IAC 柱时，固定抗体选择性地只结合待测物，其他不被识别的杂质都被洗脱流出 IAC 柱，之后再将抗原-抗体复合物解离，待测物即可被洗脱进行下步处理或直接上样分析[30]。

IAC 方法的发展和操作一般包括：

（1）针对目标组分确定适当的抗体。如有必要需要在实验室自行制备抗体使用。抗体和惰性基质反应后装柱备用，可以是传统的玻璃色谱柱，也可以是类似市售 SPE 小柱的针筒状小柱。

（2）样品上柱前，需要对 IAC 净化柱进行平衡。通常用磷酸盐缓冲液（PBS）进行淋洗。

（3）样品均质化后上柱，保留富集目标组分，洗脱其他杂质。通过采用水相洗脱液实现，多加缓冲盐调节 pH 值保证抗体蛋白的活性和免疫亲和反应条件。保持适当的离子强度还有助于减少固定相的非特异性吸附。

（4）洗脱目标组分。此步洗脱液中通常会加入适当比例的有机相，但为免高浓度有机溶液对抗体蛋白造成损坏，一般需严格控制有机相比例。

（5）目标组分洗脱后，可将 IAC 净化柱进行活化再生，冷藏保存，以备再次使用。

可以看出，IAC 净化柱的操作步骤和常规 SPE 小柱非常类似，但有几点差异。首先，根据选用固定相和目标组分的结合力，SPE 小柱的洗脱方式比较多样，可以洗脱目标组分保留杂质，或洗脱杂质保留目标组分，只要能将目标组分和样品基质尽量分开即可。但 IAC 的净化过程比较单一，总要保留目标组分而洗脱其他基质后再将目标组分洗脱收集。其次，两种净化方式的原理决定了 IAC 的选择特异性和富集效果远高于 SPE。最后，SPE 小柱通常只能使用一次，用后即弃。但 IAC 经过活化处理，可以多次使用且能在较高的柱容量下仍保证较高的回收率，在温和操作和适当活化处理的条件下，一根 IAC 净化柱可以重复使用 10～20 次。这在一定程度上降低了方法的平均使用成本。

免疫亲和色谱柱的主要应用领域在于制药和临床检测，包括抗原抗体的纯化和免疫分析等。但在色谱分析领域，也可利用这一技术制备具有超高选择性的净化小柱，用作样品的预处理，以备后续色谱定性、定量分析[55~57]。已有商品化 IAC 预处理柱出售，如黄曲霉素免疫亲和柱等。但也因为选择性很高，富集效果很好，相应的，应用范围就相对较窄，处理成本也相对较高，一般只有在样品基质极为复杂、目标组分含量极低或其他预处理方法效果不好时才考虑采用[58]。

目前作为样品预处理手段，免疫亲和色谱技术的发展重点还在探索 IAC 填料的制备，增强 IAC 净化小柱的柱容量和重复使用性，扩大方法的应用范围——包括单一抗体结合多种抗原，发展多种抗体，以及扩大目标组分和样品基质范围等[59,60]。

三、分子印迹

分子印迹技术（Molecular Imprinting Technique, MIT）的原理和免疫亲和色谱非常类似，它模拟抗原-抗体的特异性相互作用，但主要利用小分子模板和目标组分间选择性极高的分子结构的互相嵌合，以目标分子为模板，通过与功能单体及交联剂共聚制备得到聚合物，再将目标分子除去后，利用聚合物中目标分子留下的空穴造成的“记忆”效应而实现从样品基质中对目标组分的提取[61]。和 IAC 相同，MIT 方法也具有预定的选择性和极高的特异性，也可以重复多次使用且寿命比 IAC 更长。和 IAC 不同的是，MIT 更加灵活，适用范围更广，因为它可以根据目标组分的分子结构特性，比较容易地制造相应的分子印迹聚合物模板，并不受限于已有的模板。而且在具备和天然抗体同样的识别性能之外，还具有天然抗体所没有的抗腐蚀性能。制备更简单，机械强度高，稳定性好，在操作上也比 IAC 受限更少，对操作环境，如温度、离子强度、酸碱性，或是有机溶剂含量等并无严格要求，无需顾虑对固定相的损害，潜在应用范围更广[62,63]。

除了直接作为样品分离手段，利用分子印迹色谱柱分离异构体和对映体等难分离物质外，还可以将分子印迹聚合物制备成SPE小柱，利用其独特的选择性对复杂样品基质中的痕量组分进行富集和萃取，然后再进行进一步的色谱分析[64~66]。

MIT做固相萃取时，操作步骤和一般SPE并无二致，也需经平衡、上样、去除杂质和洗脱目标分子等步骤。发展方法时，每一步骤所用的溶液也都应进行优化，以实现最高的回收率和最好的杂质去除效果。

样品预处理是现代仪器分析领域中非常重要的一个组成部分，它占据了方法发展和常规分析过程中的大部分时间，最易引入偶然误差，甚至直接影响分析方法的可靠性和实用性。在现代仪器分析的发展进程中，新型样品预处理技术和策略也一直随之不断发展进步。

根据分离机理和介质的不同，本章简要介绍了几类常用样品预处理技术中较有代表性的操作方法，其中有经过数十年实践验证的经典方法，也有近年来发展迅猛的新兴方法。每种方法都有各自的特点和适用范围；对于同样的目标组分，可能有多种预处理方法能够满足分析要求。对于极端复杂基质，有时需要多种预处理方法结合使用。或者需要采用作用原理不同、操作手段互补的多种预处理手段，以实现对样品组分的全面了解。请读者根据实际操作中样品基质、目标组分、分析目的和分析成本等角度，选取最符合实验室要求的预处理方法或方法组合。还需强调，本章内容只涵盖了部分预处理手段，除此以外还有许多广泛应用并非常有效的方法可以用作气相色谱分析的预处理过程之中；其中一些在本书其他章节有更为详尽的阐述，如样品衍生化技术和一些传统简单但方便有效的方法（如顶空萃取法等）将在第十六章进行介绍，以供读者参阅。

参考文献

[1] AOAC method AOAC 991.36—1996, Fat(Crude) in Meat and Meat Products-Solvent.

[2] EPA method 3541: Automated Soxhlet Extraction.

[3] 杨继远. 化学试剂，2008，30（9）：685.

[4] 曾晓房，白卫东，陈海光，等. 食品与发酵工业，2010，36（7）：139.

[5] Nabil R B, Khaled E, Ursula T. J Chem Pharm Res, 2014, 6(2): 496.

[6] 申进朝，邵学广. 化学进展，2006，18（4）：482.

[7] 陈建波，王云飞，奚道珍. 农药，2011，50（7）：479.

[8] 邹辉，罗岳平，陈一清，等. 分析试验室，2008，27(suppl): 37.

[9] 付善良，丁利，肖家勇，等. 包装工程，2011，32（15）：48.

[10] 廖平德，滕云梅，白海强，等. 广州化学，2011，36（3）：7.

[11] 张志罡，李勇，朱兆洲. 河北农业科学，2010，14（6）：158.

[12] 孟梁，刘欣，王彬，等. 刑事技术，2010，2：47.

[13] 李萍. 广东化工，2007，34（3）：29.

[14] 马文涛，乐健，洪战英，等. 中国药学杂志，2010，45（6）：404.

[15] 鹿文慧，马继平，肖荣辉，等. 分析测试学报，2009，28（5）：621.

[16] 赵汝松，徐晓白，刘秀芬. 分析化学，2004，32（9）：1246.

[17] Majors R E, Lee H K, Zhao L M. LC GC North America, 2010, 29(8): online version, http://www.chromatographyonline.com/ use-hollow-fibers-liquid-phase-microextraction?id=&pageID=1&sk=&date=.

[18] 臧晓欢，吴秋华，张美月，等. 分析化学，2009，37（2）：161.

[19] Ojeda C B, Rojas F S. Chromatographia, 2011, 74: 651.

[20] 姚超英，范云场. 杭州化工，2010，40（4）：1.

[21] 王莹莹，赵广莹，常青云，等. 悬浮固化液相微萃取技术研究进展. 分析化学，2010，38（10）：1517.

[22] 傅若农. 分析实验室，2007，26（2）：100.

[23] 许国旺，等. 现代实用气相色谱法：第11章. 北京：化学工业出版社，2004.

[24] 苏建峰，林谷园，连文浩，等. 色谱，2008,26（3）：292.

[25] 边照阳，唐纲岭，陈再根，等. 色谱，2011，29（10）：1031.

[26] 张蕾萍，于忠山，何毅. 中国法医学杂志，2011，26（5）：368.

[27] 孙翠霞，张正尧，鹿尘. 职业与健康，2011，27（1）：31.

[28] 陈美瑜，孙若男，林竹光. 分析试验室，2010，29（9）：65.

[29] 徐炜，姚志扬. 职业与健康，2011，27（4）：395.

[30] 余华，叶健强，严玉宝，等. 兽医导刊，2010，11：56.

[31] 赵祥梅，董英，王和生，等. 中国食品学报，2010，10（2）：214.

[32] AOAC Official Method 2007.01 Pesticide Residues in Foods by Acetonitrile Extraction and Partitioning with Magnesium Sulfate.
[33] EN 15662, Foods of Plant Origin—Determination of Pesticide Residues Using GC-MS and/or LC-MS/MS Following Acetonitrile Extraction/Partitioning and Clean-up by Dispersive SPE—QuEChERS method.
[34] Pan L, Pawliszyn J. Anal Chem, 1997, 69: 196.
[35] 赵玉，杨更亮，曹伟敏，等. 河北大学学报，2008，28（3）：276.
[36] 赵良雨，冯志彪. 饮料工业，2008，11（1）：8.
[37] 邹泊羽，熊越. 粮油食品科技，2011，19（3）：58.
[38] Ochiai N, Sasamoto K. Agilent Application Note, Jannary 19. 2010, 5990-5217EN.
[39] 刘春娟. 广东化工，2008，35（3）：53.
[40] 李丹，周明辉，李全忠，等. 塑料科技，2010,38（9）：66.
[41] 李核，李攻科，张展霞.分析化学，2003，31（10）：1261.
[42] 谢振伟，但德忠，赵燕，等. 化学通报，2005，68：w090.
[43] 袁秀金，赵天珍. 南方农业学报，2011，42（8）：972.
[44] 孙维萍，潘建明，翁焕新，等. 海洋学研究，2010，28（2）：45.
[45] EPA method 3550C: Ultrasonic Extraction.
[46] Pourmortazavi S M, Hajimirsadeghi S S. J Chromatogr A, 2007, 1163: 2.
[47] Herrero M, Mendiola JA, Cifuentes A, et al. J Chromatogr A, 2010, 1217: 2495.
[48] 宋艳秋，何作顺. 职业与健康，2010，26（20）：2378.
[49] 李会茹，余莉萍，张素坤，等. 分析化学，2008，36（2）：150.
[50] 沈燕. 职业与健康，2010，26（12）：1351.
[51] 苏建峰，林谷园，连文浩. 色谱，2008，26（3）：292.
[52] 宣宇，傅得锋. 理化检验-化学分册，2010，46（4）：451.
[53] 何智慧，练文柳，蒋腊梅，等. 湖南文理学院学报：自然科学版，2009，21（1）：42.
[54] 解彦平，李丽敏，何燕，等. 河北化工，2010，33（11）：65.
[55] 赵思俊，郑增忍，曲志娜. 分析化学，2009，37（3）：335.
[56] 王建平，史为民，沈建忠. 畜牧兽医学报，2007，38（3）：271.
[57] Pacáková V, Lonkotková L, Bosáková Z, et al. J Sep Sci, 2009, 32(5-6): 867.
[58] 刘祥国，于洪意，李旭宁. 兽医导刊，2007，7：51.
[59] 张灿，周婷，陆介宇，等. 食品科学，2012，33（24）：352.
[60] 金雅慧，王鸣华. 色谱，2012，30（1）：67.
[61] 胡小刚，李攻科. 分析化学，2006，34（7）：1035.
[62] 赖家平，何锡文，郭洪声，等. 分析化学，2001，29（7）：836.
[63] 陈孝建，王静，佘永新，等. 食品安全质量检测学报，2014，5（5）：1459.
[64] 王培龙，范理，苏晓鸥. 分析化学，2012，40（3）：470.
[65] 贺利民，刘开永，武力，等. 中国兽药杂志，2011，45（1）：2.
[66] 邱思聪，陈孝建，陈鹏飞，等. 食品安全质量检测学报，2015，6（6）：2248.

第十五章　气相色谱的调试与故障分析

第一节　气相色谱仪的安装与调试

一、气相色谱仪在安装时对环境的要求[1,2]

（1）环境温度应在+5～+35℃，相对湿度<85%。

（2）室内应无腐蚀性气体，离仪器及气瓶3m以内不得有电炉和火种。

（3）室内不应有足以影响放大器和记录仪（或色谱工作站）正常工作的强磁场和放射源。

（4）电网电源应为220V（进口仪器必须根据说明书的要求提供合适的电压），电源电压的变化应在+5%～10%范围内，电网电压的瞬间波动不得超过5V。电频率的变化不得超过50Hz的1%（进口仪器必须根据说明书的要求提供合适的电频率）。采用稳压器时，其功率必须大于使用功率的1.5倍。

（5）仪器应平放在稳定可靠的工作台上，周围不得有强震动源，工作台应有1m以上的空间位置。

（6）电源必须接地良好，要求接地电阻小于1Ω，如果实验室原有的接地不符合要求，需要另外加装地线，一般在潮湿地面（或食盐溶液灌注）钉入长0.5～1.0m的铁棒（丝），然后将电源接地点与之连接。

注：建议电源和外壳都接地，这样效果更好。

（7）气源采用气瓶时，气瓶不宜放在室内，放室外必须防太阳直射和雨淋。

二、气源准备及净化

（1）气源准备。事先准备好需用的高压气体钢瓶，当钢瓶气压下降到1~2MPa时，应更换钢瓶。

（2）气源净化。在气体进入仪器之前应经过严格净化处理，以除去各种气体可能含有的水分、灰分和有机气体成分。有的色谱仪附有净化器，内填有5A分子筛、活性炭、硅胶等，如果全部用气体钢瓶，可基本满足要求。若使用一般氢气发生器，则必须加强对水分的净化处理，故应增大干燥管面积（体积在450cm^{3}以上为好，填料用5A分子筛为佳），并在发生器后接容积较大的储气罐，以减少或克服气源压力波动时对仪器基线的影响。若使用空压机作空气来源，空压机进气口应加强空气过滤，同时加大净化管体积，在干燥管内应填充一半5A分子筛、一半活性炭。

三、气相色谱仪的安装与调试

仪器开箱后，按资料袋内附件清单，进行逐项清点，并将易损零件的备件予以妥善保存。然后按照仪器的使用说明书上要求，将其安放在工作平台上，按照接线图将仪器各部分连接起来，注意各接头不要接错。

（1）减压阀的安装。将两只氧气减压阀、一只氢气减压阀分别装到氮气，空气和氢气钢瓶上（氢气减压阀的螺纹是反向的，并在接口处加上所附的 O 形塑料垫圈，以便密封），旋紧螺母后，关闭减压阀调节手柄（即旋松），打开钢瓶高压阀，此时减压阀高压表应有指示，关闭高压阀后，其指示的压力不应下降，否则有漏气现象，应及时排除（用垫圈或生料带密封），然后旋动调节手柄将余气排掉。

（2）外气路连接。把钢瓶中的气体引入色谱仪中，有的采用不锈钢管，有的采用耐压塑料管。若用塑料管，就要在接头处用不锈钢衬管和一些密封用的塑料等材料。把主机气路面板上的载气、氢气、空气的阀旋钮关闭，然后开启各路钢瓶的高压阀，调节减压阀上的低压表输出压力，使载气、空气压力为 0.35~0.6MPa（$3.5\sim6.0\text{kgf/cm}^2$），氢气压力为 0.2~0.35MPa。然后关闭高压阀，此时减压阀上低压表指示值不应下降，如下降，则说明连接气路中有漏气现象，应及时排除。

（3）色谱仪气路气密性检查。打开色谱柱箱盖，把柱子从检测器上拆下，将柱口堵死，然后开启载气流路，调低压输出压力为 0.35~0.6MPa，打开主机面板上的载气旋钮，此时压力表应有指示。最后将载气旋钮关闭，半小时内其柱前压力指示值不应有下降，若有下降则漏，应予排除。若是主机内气路有漏，则拆下主机有关侧板，用肥皂水（最好是十二烷基磺酸钠溶液）逐个接头检漏（氢气空气也可以如此检漏），最后将肥皂水擦干。

（4）色谱仪调试。色谱仪电路各部件检查：仪器启动前，应首先接通载气流路，使载气流量为 20~30mL/min。开启主机总电源开关，色谱柱箱内马达开始工作，检查是否有异样声响。若有，则应立即切断电源，进一步检查排除。按照说明书，逐个对柱温（包括程序升温）、进样器温度、检测器温度进行恒温检查，观察其是否能在高、中、低温下保持恒定，要求柱温控制精度达到 0.01℃。

第二节 常见故障分析和排除方法

气相色谱仪由六大单元组成，任一单元出现问题最终都会反映到色谱图上。现代的气相色谱仪很多都具备故障诊断功能，不同程度地给出仪器故障的判断。尽管如此，许多的问题尤其操作失误的问题仍须靠工作人员的努力。故障和失误可以采用逐个单元检查排除法[3~5]，本节从分析人员的角度来讨论仪器故障的排除和分析人员操作失误或操作不当引起问题的排除。

一、气路

气路的检查在故障的排除中往往十分有效，主要是检查：

（1）气源是否充足（一般要求气瓶压力必须≥3MPa，以防瓶底残留物对气路的污染）；

（2）阀件是否有堵塞、气路是否有泄漏（采用分段憋压试漏或用皂液试漏）；

（3）净化器是否失效（看净化剂的颜色及色谱基流稳定情况）；

（4）阀件是否失效或堵塞（看压力表及阀出口流量）；

（5）气化室内衬管是否有样品残留物及隔垫和密封圈的颗粒物（看色谱基流稳定情况）；

（6）喷口是否堵塞（看点火是否正常）；

（7）对敏感化合物的分析，气化室的衬管和石英玻璃毛还必须经过失活处理。

二、色谱柱系统

色谱柱是分析的心脏部分，往往色谱图上的许多问题都与色谱柱系统密切相关，为此必须按以下步骤检查柱系统：

1. 色谱柱的连接

检查柱后是否有载气；柱子连接是否有问题；尤其是毛细管柱的柱头是否堵塞；切割是否平整；是否有聚酰亚胺涂层伸过柱端；毛细管柱两头插入气化室和检测器的位置是否正确；柱子是否超温运行或未老化好；密封圈选择是否合理。

毛细管柱在选用密封圈时必须考虑：石墨垫易变形，有极好的再密封性，其上限温度是450℃；Vespel^{TM}很坚硬，再密封性受影响，其上限温度为350℃。VG1和VG2是由石墨和Vespel^{TM}组成，改善了再密封性，可重复使用，上限温度为400℃。

不锈钢填充柱在高于200℃时，可选用石墨、不锈钢或紫铜作密封圈；在低于200℃时，可选用硅橡胶或聚四氟乙烯作密封圈。玻璃填充柱可根据使用温度分别选用石墨、硅橡胶或聚四氟乙烯做密封圈。

2. 色谱柱的柱容量

柱容量在柱分析中是很重要的影响因素。柱容量的定义：在色谱峰不发生畸变的条件下，允许注入色谱柱的单个组分的最大量（以ng计）。当注入色谱柱的单个组分的量超出柱容量，则出现前伸峰。

柱容量与单位柱长内所存在的固定相数量有关。典型的例子是采用0.25 mm内径、液膜厚度为0.25μm的毛细管柱，分析组分浓度为1%～2%，进样1μL时，其分流比就必须控制在1∶100，这时被分析组分的量为125～175ng，若分析组分浓度高于1%～2%，就必须减少进样量或增加分流比，否则就会出现前沿峰，其他类推。

3. 载气的线速

载气在气相色谱分析中的影响不仅表现在载气速度影响溶质分子沿柱的移动速度，而且溶质扩散会通过载气影响色谱峰的扩张，通常表现在对理论塔板高度的影响上。

在维持柱效降低不大于20%的情况下，氢气、氦气、氮气的线速分别可采用35～120cm/s、20～60cm/s、10～30cm/s，从而可以看出采用不同的载气，可适用的线速范围有很大的不同。相同载气在不同管径的气相色谱毛细管柱上的最佳线速和流量也略有不同，如He可参考表15-1进行调节以获取最佳分离效果。

表15-1 毛细管柱最佳线速和流量（He）

内径/mm	0.10	0.25	0.32	0.53
线速/(cm/s)	40~50	25~35	20~35	18~27
流量/(mL/min)	0.2~0.3	0.7~1	1~1.7	2.4~3.5

4. 色谱柱的流失

柱流失一直是色谱工作者关心的课题，当系统泄漏进入氧气或有样品污染，都会导致色谱柱内固定相分解，最后表现在基线上，其现象与处理分别如下：①基线急剧上升，形成峰后呈下降趋势，这可能是因为系统曾泄漏进入氧气，这时色谱柱需老化至基线正常。②基线急剧上升，伴有假峰持续出现，基线到达最高处后成持续下降趋势，这可能是有非挥发性样品污染色谱柱，导致过量柱流失，解决的方法是先截取色谱柱柱头0.5m，而后在高温下老化色谱柱至基线正常。③基线急剧上升，一直维持在某一水平，这可能是一个未知因素未被排除，必须想法排除。

5. 溶剂样品的分析

许多样品分析时会出现异常现象，最常见的是溶剂样品的分析，其特例为水样的分析。从气相色谱的角度来看，众所周知水不是一种理想的溶剂，主要由于以下几方面原因：①它有很大的蒸发膨胀体积；②在许多固定相中水的润湿性和溶解性较差；③水会影响某些检测器的正常检测和会对色谱柱的固定相造成化学损伤。

在常用的色谱溶剂中，水具有最大的气化膨胀体积。通常色谱仪的进样器的衬管体积200～900μL，当进1μL水样时，其气化后的蒸汽体积（大约1010μL）会膨胀溢出衬管，称为倒灌。其将导致气化的样品返入载气和吹扫气路，由于载气和吹扫气路的温度较气化室低许多，样品会凝结在这儿，在后来的分析中被气体吹入分析系统形成鬼峰。避免的方法可采用加大衬管体积、减小进样体积、降低进样器温度、提高进样器压力或增加载气流速以减少倒灌现象。

水进入色谱柱，水的形态对色谱柱的固定相具有破坏性。因为水的表面能很高，而大部分毛细管柱固定相的表面能都较低，这导致水对固定相的湿润性很差，不能在色谱柱壁上形成光滑的溶剂膜均匀地流过色谱柱，而形成液滴，导致色谱柱性能变差。由于水的这种很差的润湿性和相对其他溶剂较高的沸点，通常在较低柱温的情况下，一部分水以液体状态流过色谱柱，使在水中具有良好溶解性的溶质也会表现出谱带展宽，在极端的情况，表现出色谱峰分裂。

在柱上进样时，不挥发的化合物，如水溶性的盐类，也会被液态水带入色谱柱，污染色谱柱和分析系统。

水也会引起检测器出问题：例如水会使FID和FPD灭火；当进较大水样时，为了避免检测器灭火，可以加大氢气流量以损失灵敏度为代价有助于稳定火焰；水也会降低ECD的灵敏度，为避免水的影响，可采用厚液膜柱，使被分析组分保留足够长时间，以保证出峰时，ECD的性能可以在水流过检测器后得以恢复。

更为严重的问题是水会引起许多固定相的降解，直接破坏色谱柱的性能。在色谱分析时，反映出色谱峰分离性能下降、基流不稳、噪声增大。

所以进水样分析及含水量较大的样品时必须十分小心。这在溶剂分析的情况也会出现。典型的是微量有机萃取物的分析，无论用二氯甲烷还是二硫化碳做溶剂，进样1μL时，体积膨胀大约为300μL，当进样插管体积小于300μL时，就很容易形成倒灌。所以无论什么样品，其进样量的大小都必须与进样器内插管的体积相适应，这方面各种型号的仪器都配有多种不同形式的进样插管以供选用；同时大量溶剂也会对固定相形成洗涤作用，直接破坏色谱柱的性能，在色谱分析时，反映出保留时间提前、色谱峰分离性能下降、基流不稳、噪声增大。所以在分析稀溶液样品时必须注意溶剂和进样量的选择。

三、各系统的加热控制

各系统加热控制的检查更多的是属于仪器上的问题，检查各系统的加热控制是否正常，一般可先用手感，后用测温计测量温度，看是否与显示值一致。有问题先看加热元件和测温元件是否正常，然后检查温控板。常见的是加热元件和测温元件出问题，可以更换相应元件。检查温控板是否有问题，可以采用更换温控板后重新测试的办法，温控板有问题一般采用换板。

四、放大器

正常情况放大器输出与采集系统已连接好，检查放大器时可先将放大器输入端与检测器断开，采集系统反映出来是基线跳到一个新水平，此时基线应平稳为一直线，且基流高低与放大器衰减和增益都成正比，极性倒向时基流有很大跳跃，调零功能也应正常反映到基流上，否则放大系统就有问题需检修。若是基线抖动，噪声大，可能是放大器受潮，输入极绝缘性能下降所致；可以将放大器的绝缘盒打开，用红外灯烘烤，或将放大器放入干燥器中1～2天。

五、检测器

在前面的基础上将色谱柱、检测器、放大器与采集系统都连接好，通载气并启动检测器（FID、PID、NPD升温后点火，TCD、ECD加工作电流），则采集系统反映出来的是基流跳到一个新的水平。改变工作电流或氢气流量（FID、PID），基流都会明显改变，这说明检测器信号已到达采集系统。在气化室和柱温维持常温的条件下，基流若平稳，则说明检测器没问题。若基线不满足要求，可能是检测器污染或检测器其他方面的故障，必须加以排除。在气化室和色谱炉升温的条件下，若基线不满足要求，可能是气化室中衬管或硅橡胶垫污染，也可能是色谱柱未老化好或色谱柱污染，必须逐一加以排除。

气相色谱仪中的不同检测器机理各不相同，为了保证检测器的正常运行，在使用时有不同的注意事项[2]。

下面主要介绍FID和TCD在使用时的注意事项，其他检测器的使用可以参照仪器说明书。

1. 氢火焰检测器在使用中的注意事项

由于FID对烃类组分的检测灵敏度较高，为了保证基线稳定，必须注意以下几点：

（1）三种气体的净化管内必须填装活性炭，去除气体中微量烃类组分。

（2）色谱柱的固定相必须在最高使用温度下充分老化，减少固定液流失和固定液中溶剂的挥发所造成的基线漂移。

（3）高温下使用时，气化室硅橡胶垫必须事先高温老化。

（4）FID系统停机时，必须先将H_2关闭，即先关H_2熄火，然后再关检测器的温度控制器和色谱炉降温，最后关载气和空气。如果开机时，FID温度低于100℃时就通H_2点火；或关机时，不先关H_2熄火后降温，则容易造成FID收集极积水而绝缘下降，会引起基线不稳。

（5）分析时，应注意保证溶剂和主组分燃烧完全。当空气不足时，由于燃烧不完全，喷口、收集极形成结炭和污染，导致噪声增大、收集效率降低从而影响使用，所以空气量的保证是很重要的。

2. 热导检测器在使用中的注意事项

通常热导检测器的惠更斯电桥中加热丝在600～700℃的高温下工作，因此必须注意以下事项：

（1）严格遵守热导检测器先通载气后通热导工作电流的操作原则，在长期停机后重新启动操作时，应先通载气15min以上然后加热导工作电流，以保证热导元件不被氧化或烧坏，热导池尾气排空处的载气流量是鉴别热导池是否通气的有效方法。

（2）给定桥电流的大小与载气种类有关，也与热导池工作温度有关，并需考虑被分析对象对检测器的灵敏度要求，具体详细数值参照所用仪器说明书中热导池桥电流给定曲线。

（3）关机时首先必须关闭检测器的工作电流，其次必须在柱箱和检测器温度降到70℃以下，才能关闭气源。

（4）TCD 的稳定性受外界条件影响，热丝温度对 TCD 响应影响最大，热丝的温度主要受桥电流影响，但也受检测器的温度和载气流量大小的影响。除了设计上要求桥电流稳定外，对载气流速和检测器的温度也有较高的要求：一般情况下，检测器的温度波动应小于±0.01℃，载气流量波动应小于±1%。

六、采集系统

数据采集与处理系统目前多用计算机，无论是工作站、微处理机还是记录器，可将其输入端短路，基线一定回零，而且平稳走直线，松开后基线跳到一个新水平。用手触输入端基线明显跳跃，则为正常。否则就应该找专业人员解决。一般情况下，计算机要求外壳有很好的接地，最好是单独接地。采集系统正常后可以联入色谱仪系统，在仪器正常操作的条件下，可以对通过采集的信号判断排除故障。

在以上六个单元都检查的基础上仍未找出原因，可以根据谱图的不同现象按表 15-2 逐一排除故障。

表 15-2 故障的分析与排除[6]

故障现象	可能的原因	排除方法
电源不通	（1）插头接触不好 （2）电源保险丝烧断 （3）仪器的保险丝烧断	（1）检查各插头是否插紧，进行处理 （2）更换电源的保险丝 （3）更换仪器的保险丝
进样后不出峰	（1）记录器或检测器没有工作 （2）样品没气化 （3）色谱柱断裂堵塞、管道漏气 （4）注射器堵塞或漏气 （5）气化室堵塞或吸附 （6）柱温太低	（1）检查记录器及信号线有无问题，检测器有无信号输出 （2）升高气化温度 （3）排除漏气及堵塞 （4）修理或更换注射器 （5）清理气化室，净化气化室插管 （6）升高柱箱温度
色谱柱出口无气体或气体流后不出峰	（1）色谱柱折断 （2）载气分流过大 （3）隔热垫漏气 （4）气化室被破碎隔热垫堵住 （5）检测器喷口堵塞	（1）从色谱柱出口向入口逐段试漏，找出漏气部位，进行处理 （2）调整分流 （3）换垫 （4）清理气化室 （5）清理喷口
色谱箱、检测器、气化室不升温	（1）未通电或加热元件、测温元件烧断 （2）温控的元件有故障	（1）检查电源，更换加热元件、测温元件 （2）更换损坏的部件或更换温控板
点不着火	（1）喷嘴堵塞 （2）点火装置有故障 （3）进入检测器的燃烧气与助燃气的比例不当 （4）氢气管路漏气或气瓶压力不足 （5）气体阀门堵塞	（1）排除堵塞物或更换喷嘴 （2）修理点火装置 （3）点火时氢气流量应加大些并调整气体比例 （4）排除漏气现象或更换气瓶 （5）清理阀门
基线不能调零	（1）基流太大 （2）检测器或放大器有故障 （3）TCD 的桥臂不平衡 （4）FID 的喷口局部堵塞 （5）信号线短路	（1）排除造成基流大的原因（如气体不纯、固定液流失、燃烧气量过大） （2）检查检测器与放大器的参数和元件是否正常，改正参数或更换元件 （3）更换 TCD 的加热丝 （4）排除堵塞物 （5）排除短路

续表

故障现象	可能的原因	排除方法
基线出现小毛刺	（1）电源受干扰 （2）接地不良 （3）载气管路中有凝聚物 （4）气路有固体颗粒进入检测器 （5）柱子担体颗粒进入检测器	（1）排除有干扰的用电设备 （2）检查地线，绝不能用零线代替地线 （3）加热管路吹除管道中凝聚物或清洗管道 （4）气路出口加玻璃毛或烧结不锈钢 （5）填充柱后加足玻璃毛
基线抖动	（1）放大器或记录器的灵敏度过高 （2）TCD 电桥的电流过高 （3）FID 的燃烧气量过大 （4）阀中有固体，造成气流有脉冲 （5）载气不纯	（1）适当降低放大器或记录器的灵敏度 （2）减小电流量 （3）减少燃烧气量 （4）清洗阀 （5）更换净化器
基线波动	（1）炉温控制不当 （2）载气控制不当 （3）TCD 电桥的电流不稳 （4）使用氢气发生器时氢气波动过大	（1）（2）采取相应措施 （3）检查 TCD 的电源 （4）调整氢气发生器的工作电流，控制产气与用气基本平衡
基线漂移	（1）系统未稳定或漏气 （2）气瓶压力不足 （3）放大器失灵 （4）TCD 元件失灵 （5）固定液受热流失或未老化好	（1）等待温度达到平衡，排除泄漏 （2）更换气瓶 （3）检修放大器 （4）更换 TCD 元件 （5）降低柱温，老化柱子
峰前出现负的尖端	（1）进样量过大 （2）检测器被污染 （3）有漏气	（1）减少进样量 （2）清洗检测器 （3）排除漏气
峰尾出现负的尖端	（1）检测器超负荷 （2）检测器被污染尤其是 ECD 检测器	（1）减少进样量 （2）清洗检测器
出现反峰	（1）ECD 的放射源被污染 （2）记录器输入线接反 （3）载气或燃烧气不纯 （4）用热导检测器时使用氮气作载气部分组分出反峰	（1）清理或更换放射源 （2）改正电源接线或信号倒向 （3）更换气体或净化器 （4）改用氢气或氦气作载气
出峰后基线下降	（1）进样量过大 （2）燃烧气减少 （3）进样垫泄漏	（1）减少进样量 （2）排除燃烧气减少的原因 （3）换垫
前伸峰	（1）进样量过大 （2）柱温过低 （3）进样技术欠佳 （4）色谱柱不良 （5）样品分解 （6）两种化合物共洗脱	（1）减少进样量、增加固定相含量、增加分流比 （2）提高柱温 （3）改进进样技术 （4）更换色谱柱 （5）采用失活进样衬管、调低进样器温度或排除分解的原因 （6）提高灵敏度，减少进样量或使柱温降低10～20℃以使峰分开；或换色谱柱
圆头峰或平头峰	（1）采集系统饱和 （2）检测器达到饱和 （3）放射源 ECD 被污染	（1）改变采集系统量程、减少进样量，或增加放大器衰减减少放大器的信号输出 （2）减少进样量或增加分流 （3）按要求清洗
峰形不平滑	（1）放大器或采集系统的灵敏度过高 （2）气流不稳使火焰跳动 （3）燃烧气与助燃气比例不当	（1）适当降低放大器或采集系统的灵敏度 （2）调整气体流速 （3）调整气体流量的比例
基线呈台阶状	（1）气流管路中有障碍物，使气流周期性地脉动 （2）直流电器的开关信号造成的影响	（1）清除障碍物 （2）用屏蔽线将其隔开

续表

故障现象	可能的原因	排除方法
峰分不开	（1）柱温过高 （2）柱长不够 （3）固定液已流失过多 （4）固定液或载体选择不当 （5）载气流速太高	（1）降低柱温 （2）增加柱长 （3）更换色谱柱 （4）另选固定相重做色谱柱 （5）降低载气流速
FID 灵敏度逐渐降低	（1）由于流失的聚硅氧烷固定相在 FID 燃烧后造成白色 SiO 附于收集极 （2）燃气压力不足	（1）清洗喷嘴和收集极 （2）更换气瓶
ECD 灵敏度逐渐降低	（1）放射源受到污染 （2）放射源逸失 （3）净化器失效	（1）使用高纯载气，勿使污染物进入检测器 （2）检测器使用温度不可太高，严重的更换放射源 （3）更换净化器
保留值正常，峰面积变小	（1）进入进样器的样品量小 （2）放大器、记录器衰减改变 （3）柱吸附 （4）样品反闪 （5）进样不重复 （6）燃气不足	（1）排除漏气 （2）调节衰减 （3）采取相应措施排除柱吸附 （4）降低进样，降低气化温度换大衬管，加大分流 （5）改善进样技巧 （6）换瓶
峰高比例不正常	（1）进样口中色谱柱的位置不正常 （2）分流的歧视效应	（1）按说明书尺寸安色谱柱 （2）消除歧视效应
ECD 进样增加，峰高不变而峰宽增加	进样超载	减少进样或稀释进样
保留时间延长，峰面积变小	（1）柱温变低 （2）载气流速变慢 （3）漏气	（1）增加柱温 （2）调整载气流速 （3）克服漏气
程序升温时基线漂移	（1）色谱柱未老化好 （2）载气流速不平衡 （3）柱子被沾污	（1）进行色谱柱老化 （2）调节两根柱子流速使之平衡 （3）重新老化或更换色谱柱
保留值不重复	（1）进样技术不佳 （2）漏气、特别有微漏 （3）载气流速控制不好 （4）柱温未达平衡 （5）柱温控制不好 （6）程序升温中，升温重复性欠佳 （7）程序升温过程中，流速变化较大 （8）进样量太大 （9）柱温过高，超过了固定液的上限或太靠近温度下限 （10）色谱柱破损 （11）极性物质拖尾影响 （12）柱降解	（1）提高进样技术 （2）进样口橡胶垫要经常换，特别是在高温情况下 （3）增加柱入口处压力 （4）柱温升至工作温度后还应有一段时间平衡 （5）检查炉子封闭情况 （6）每次重新升温时，应用足够的等待时间，使起始温度保持一致 （7）采用恒流操作或采用更高级气相色谱仪 （8）减少进样量或用适当溶剂将样品稀释 （9）重新调节柱温 （10）更换色谱柱 （11）换柱 （12）切去毛细管柱头 0.5m，或倒空填充柱柱头，或更换柱子
宽峰	（1）采用溶剂效应时聚焦不足 （2）载气流太高或太低 （3）分流流速太低 （4）进样口吸附 （5）柱过载 （6）进样技术不佳 （7）柱安装不当	（1）降低起始柱温 （2）校正柱流量 （3）增加分流流量 （4）更换衬管，移去填充物，增加进样温度 （5）减少进样量，增加分流比或用厚液膜柱 （6）快速平稳进样 （7）新装柱

续表

故障现象	可能的原因	排除方法
鬼峰、基线波动	（1）样品反闪 （2）隔垫降解 （3）色谱柱污染 （4）气化室污染	（1）降低进样量，降低进样口温度，用大容量衬管，加大载气速度 （2）降低进样口温度，更换高温隔垫 （3）老化色谱柱 （4）清洗气化室
面积丢峰、新峰产生	（1）气化温度太高 （2）进样口脏 （3）与金属接触 （4）停留时间太长 （5）化合物易变 （6）活性的保留间隙 （7）色谱柱污染	（1）降低气化温度 （2）清洗更换衬管 （3）换玻璃衬管玻璃柱 （4）增加流速 （5）衍生化样品，使用冷柱头进样 （6）更换或简化保留间隙 （7）清洗或换色谱柱
迟洗脱物的面积低	采用溶剂效应时溶剂沸点太低	使用高沸点溶剂
分裂峰	（1）密封垫泄漏 （2）二次进样	（1）更换密封垫 （2）提高进样技术
分裂峰（PTV 和柱头进样）	（1）溶剂和柱不匹配 （2）溶剂和主要成分相互作用	（1）换溶剂或用一个保留间隙 （2）换溶剂
溶剂峰拖尾	（1）色谱柱在进样口端位置不正确 （2）载气气路中有密封垫的颗粒	（1）重插色谱柱 （2）清理载气气路
拖尾峰	（1）进样器衬套或柱吸附活性样品 （2）柱或进样器温度太低 （3）两个化合物共洗脱 （4）柱损坏 （5）柱污染 （6）色谱柱选用不合适 （7）系统死体积太大 （8）进样技术欠佳 （9）金属填充柱吸附	（1）更换衬套及减活玻璃毛。如不能解决问题，就将柱进气端去掉 1～2 圈，再重新安装 （2）升温（不要超过柱最高温度）。进样器温度应比样品最高沸点高 25℃ （3）提高灵敏度，减少进样量，降低柱温 10～20℃，以使峰分开 （4）更换柱 （5）从柱进口端去掉 1～2 圈，重新安装 （6）换色谱柱 （7）改进气路系统、减小死体积或柱后加尾吹气 （8）提高进样技术 （9）改用填充玻璃柱
假峰	（1）柱吸附样品，随后解吸 （2）注射器污染 （3）进样量太大，形成倒灌 （4）进样技术太差（进样太慢）	（1）更换衬套，如不能解决问题，就从柱进口端去掉 1～2 圈，再重新安装 （2）用新注射器及干净的溶剂试一试，如假峰消失，就将注射器冲洗几次 （3）减少进样量 （4）采用快速平稳的进样技术
只有溶剂峰	（1）注射器有毛病 （2）不正确的载气流速（太低） （3）样品浓度太低 （4）柱箱温度过高 （5）柱不能从溶剂峰中解吸出组分 （6）载气泄漏 （7）样品被柱或进样衬套吸附	（1）用新注射器验证 （2）检查流速，如有必要，调整之 （3）注入已知样品，如果结果很好，就提高灵敏度或加大注入量 （4）检查柱箱温度，根据需要进行调整 （5）将柱更换成较厚涂层或不同极性 （6）检查泄漏处 （7）更换衬套，如不能解决问题，就从柱进口端去掉 1～2 圈，并重新安装

以上是故障判断和排除的过程，实际上，虽然分析中出现的问题和故障是千变万化的，但对重复出现的现象，一定存在有某种或几种固定的因素，只要根据经验先判断出故障的大致方向和来源，逐步进行逻辑推理，就能很快制定出排除故障的具体方案，具体步骤可推荐如下：

（1）采用分隔处理法：将色谱仪分离成六大部分，分别进行检查排除。

（2）采用排除法：一次只改变一个条件，这样就可以准确地判断出故障与所改变条件的关系，找出故障的来源。

（3）用替代法：将估计出现故障的部件逐一替换到正常的仪器上，从而可以准确地判断出哪个单元部件出了问题。

（4）根据经验：根据本人或他人以往成功的排除故障和维修经验，逐步缩小可能出现故障的范围，直至最后找出原因。

（5）查阅维修记录：平日坚持作好维修记录，通过查阅维修记录可以找出仪器以前出现的故障和解决的措施，由此找出解决问题的办法。

第三节 气相色谱仪日常维护方法

气相色谱仪日常维护方法见表 15-3。

表 15-3 气相色谱仪日常维护方法

项目	维护周期	描述	备注
载气	• 压力：每天 • 净化器：根据需要	清洗钢管 干燥器 脱氧管	• 使用 99.999%（或更纯）的载气 • 使用金属净化器
进样口	• 根据进样体积	隔垫 衬管 橡胶 O 形环 分流板 密封圈	• 使用低流失隔垫 • 使用适当的衬管，清洗或更换分流板
色谱柱	• 根据需要	使用低流失交联柱，柱子接 MS 前老化	色谱柱在不使用时要安全保存起来。安全保存中有两大要点 （1）保存柱子切勿划伤。划伤后的柱子可能由于高温加热而足以使之从划痕处断裂 （2）堵上柱子两端以保护柱子中的固定液不被氧气和其他污染物所污染
垫圈	• 进样口：根据需要 • GC/MS 接口：更换柱子时	不要在 GC/MS 接口使用 100%石墨垫圈 不要过度拧紧	
检测器	一年	清洗检测器 调节 EPC 压力传感器零点 再生或更换内部和外部捕集管及化学过滤器	

参 考 文 献

[1] 国家技术监督局. JJG 700—2016 气相色谱仪检定规程.
[2] 周良模，等. 气相色谱新技术. 北京：科学出版社，1994：380.
[3] Bartram R J. LC-GC, 1997, 15(9): 834.
[4] Rood D. J Chromatogr Sci, 1999, 37(3): 88.
[5] Bartram R. Supelco REP, 1997, 16(3): 10.
[6] 李浩春，等. 分析化学手册：第五分册，气相色谱分析. 北京：化学工业出版社，1999：263.

第十六章　气相色谱常用的辅助技术及数据

第一节　进样技术

在使用气相色谱仪时，进样技术的选择与操作对分析结果的准确度和重现性有着直接影响。现就各种不同进样技术的进样口、操作参数设置及样品适用性进行叙述。

气相色谱进样技术是一个颇复杂和费思考的事，因为涉及的因素很多。表16-1列出了常见的进样技术、因素及要求。

表16-1　常见进样技术、因素及要求

<table>
<tr><th>样品</th><th colspan="2">进样设备</th><th colspan="2">气化室情况</th><th colspan="2">载气情况</th></tr>
<tr><td rowspan="5">气体</td><td rowspan="2">注射器</td><td>手动</td><td rowspan="6">气体或液体样品被送入气化室空间</td><td rowspan="3">气化室已加热，进样后保持恒温</td><td rowspan="2">分流</td><td rowspan="2">经典的</td></tr>
<tr><td>自动</td></tr>
<tr><td rowspan="2">进样阀</td><td>自动</td><td rowspan="4">不分流</td><td rowspan="2">Grob 式的</td></tr>
<tr><td>手动</td><td rowspan="3">气化室为低温，进样后程序升温</td></tr>
<tr><td>气体量管</td><td>手动</td><td rowspan="2">经典的</td></tr>
<tr><td rowspan="4">液体</td><td rowspan="2">注射器</td><td>手动</td></tr>
<tr><td>自动</td><td rowspan="5">液体样品被直接送入色谱柱头</td><td rowspan="3">气化室已加热，进化后保持恒温</td><td rowspan="5">不分流</td><td rowspan="5">经典的</td></tr>
<tr><td rowspan="2">进样阀</td><td>手动</td></tr>
<tr><td>自动</td></tr>
<tr><td rowspan="2">固体</td><td>裂解器</td><td>自动</td><td rowspan="2">气化室为低温，进样后程序升温</td></tr>
<tr><td colspan="2">将样品用溶剂溶解为液体，然后以液体样品处理</td></tr>
</table>

一、进样方法

就气相色谱样品的状态而言，气体、液体和固体都有。气体和液体样品可用不同规格的注射器、进样阀以手动或自动方式进样。注射器和气体量管进样的优点是：进样量可以改变，操作简便；缺点是：若非自动进样，则进样量难以达到重复。图16-1是气体量管进样装置。进样前将样品从储气瓶取入量管中，关闭活塞3，记下量管中样品读数，然后旋转活塞3，用下口瓶把样品气压入色谱柱。关闭活塞3，记下此时量管中样品读数，其差值是进样量。

用进样阀可获得重复性颇好的定量结果。气体样品可用四通或六通阀手动方式定体积进样。图16-2是用两个四通阀进样的示意图，进样量管依样品量大小而定。图16-2（a）为取样位置，此时用样品气置换量管中的载气，使量管完全充满样品气。图16-2（b）为进样位置，此时载气将样品气带入色谱柱中。图16-3是用一个六通阀进样的示意图。实线为取样位置，虚线为进样位置。用进样阀的缺点是在置换量管时消耗样品气较多，进样系统耐压较差。

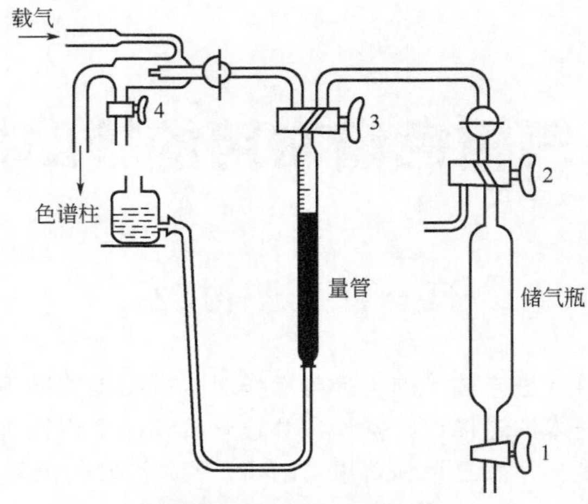

图 16-1 量管进样装置

1～4—活塞

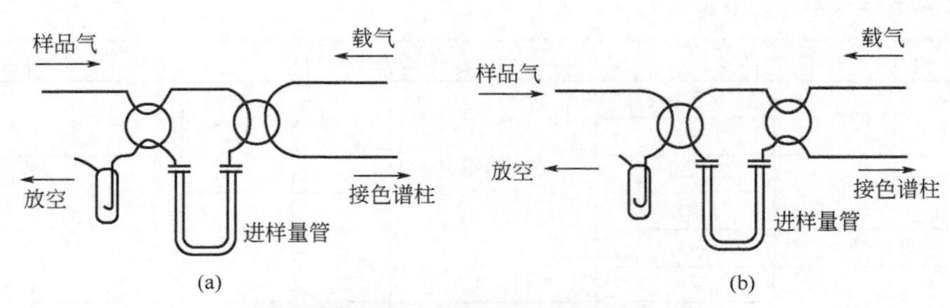

图 16-2 四通活塞定体积进样示意图

（a）取样位置；（b）进样位置

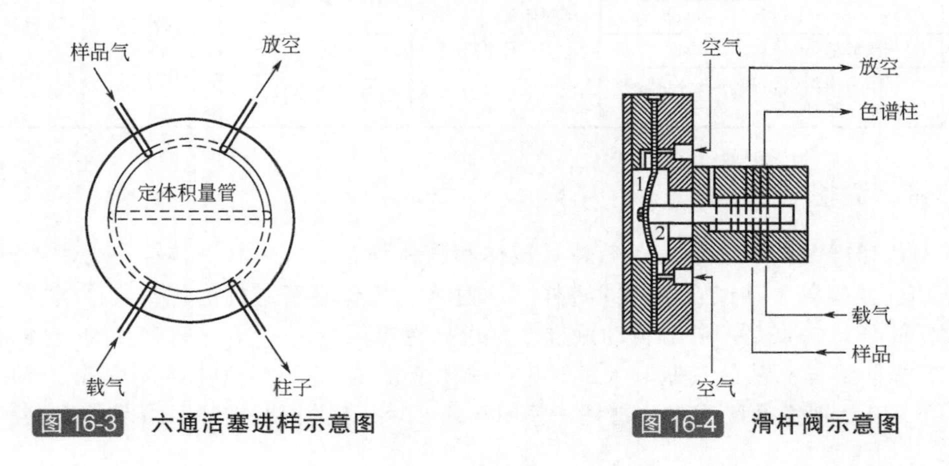

图 16-3 六通活塞进样示意图

图 16-4 滑杆阀示意图

自动的进样阀颇多，如流程色谱仪有气动膜式六通阀、六通平面阀、六通滑杆阀等，用于在线周期性、定量取气体样品。有短管阀、旋转阀、滑杆阀等取液体样品。图 16-4 是自动定量进样滑杆阀的示意图，当压缩空气进入气室 1 时，将滑杆右推，完成进样操作；当压缩空气进入气室 2 时（同时将气室 1 内的气体放空），使滑杆推向左边进行取样操作。滑杆阀进样重复性良好，最小进样量为 1μL。

固体样品进样则是用裂解器将样品裂解并进样，或者将样品溶入溶剂中，如同液体样品一样进样。

液体和固体样品还可按顶空分析法进样。

二、气化方式

样品必须先完全气化，然后在气相色谱柱中进行组分分离。当进样装置把样品送入气化室的空间或气化室内色谱柱的顶端（柱头进样），此时气化室可能是已加热至高温并保持恒温；也可能是低温，样品进入后才快速程序升温。一般地说，样品进入气化室空间之际，气化室已经加温至可完全气化样品的温度。而柱头进样时，样品进入气化室内柱头时，气化室才开始程序升温，使样品开始气化。例如由Schomburg[1]和Grob[2,3]提出的冷柱头进样，它是一种把样品直接送到柱子顶端而无隔膜、无分离（属直接进样）和无样品瞬间激烈蒸发过程的“冷”进样系统，对宽沸程和热不稳定化合物均可得到极好的定性和定量结果。

三、进样方式

气相色谱分析主要有填充柱进样和毛细管进样两种方式。

1. 填充柱进样

填充柱进样口是目前最为常用，也是最简单、最易操作的GC进样口，该进样口的作用就是提供一个样品气化室，所以气化的样品都被载气带入色谱柱进行分离。进样口可连接玻璃或不锈钢填充柱，进样口温度应接近于或略高于样品中待测高沸点组分的沸点。内径为2mm左右的填充柱，载气流速一般为30mL/min（氦气）。用氢气作载气时流速可更高一些，用氮气时则要稍低一些，实际样品要依据具体分离情况进行载气流速的优化。填充柱的柱容量大，进样量较大。

填充柱进样口还可连接大口径毛细管柱直接进样分析。当使用大口径毛细管柱时，进样口温度一般应高于待测组分沸点10～25℃。从减少初始谱带宽度的角度看，载气流量越快越好。但由于填充柱进样口的载气控制常常是恒流控制模式，其稳定流速不应低于15mL/min，而这正是大口径毛细管柱的流量上限。由于大口径的柱容量小于填充柱，故进样量较小，进样速度宜慢一些。

在填充柱分析中，有一些特殊的采样方法和进样技术：

（1）加压进样技术[4] 在填充柱分析中，有时会出现进样信号过大而干扰微量气体组分检测的现象。进样信号的产生是由于柱系统压力与进样系统压力过度失衡造成的。为了消除这种现象，可通过加压进样装置，即在进样系统中安装一个微量调节阀，通过控制微调阀，使进样系统压力与柱系统压力达到均衡，有效地消除了进样信号对微量气体组分检测的干扰。

加压进样装置流程如图16-5所示。当六通阀处于采样位置时，通过微量调节阀控制样品

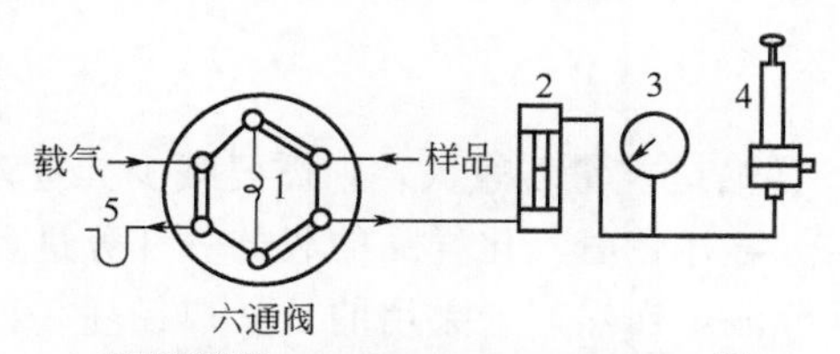

图16-5 加压进样装置流程图[4]

1—定量管；2—转子流量计；3—精密压力表；4—微量调节阀（针形阀）；5—色谱柱

气的放空流量,使样品气系统产生一定压力，压力的大小由系统中的精密压力表测量，并参照柱系统柱前压力进行调节。当进样系统压力与柱系统压力达到平衡时，进样过程中系统无气流冲击，进样信号即可得到消除。

（2）特殊情况下的样品采集和进样

① 带压液化 C_4、C_5 烃类的采样装置　有带取样瓶和带取样管两种。取样瓶是一个小的玻璃瓶，可耐压 0.15～0.2MPa。取样的关键是既不要让轻组分偏低，也不要让重组分偏高，因此要求操作敏捷。取样后，样品放在冰盐水浴中保存。分析时用预先被干冰冷却的注射器抽取样品，迅速注入色谱仪。后者取样管是体积 2～3mL 的耐压管，取样时，将管直接接到取样点的管路上，取样后移接到气化装置上，使其全部气化，令气体样品注入色谱仪。

② 密封或氮气保护取样注射器　玻璃注射器的尾部气密性较差，当所取样品不能与空气接触时，可在注射器尾部加密封垫，为增加密封性，注射杆上端可稍涂真空润滑油。当测定溶剂油中溶解氧时，取样的微量注射器尾部要用氮气保护。

③ C_4、C_5 烃类混合气样的进样　C_4、C_5 烃类混合气体最好用六通阀进样。因为注射器的进样速度快，样品在瞬间可能达到露点，使得部分组分液化留在注射器内壁上，影响进样的准确性，而六通阀进样则不存在这一问题。用注射器进标样进行定量分析时，标样需用空气或氮气配制，不要用烃类配制，否则会产生较大误差。

④ 负压系统取气样装置　从负压系统取气样，一般取样量要大，不然转变为常压时样品量太少。要尽量缩短进样时间，以免不稳定的反应产物发生变化。负压系统取气样的装置可参看图 16-6。

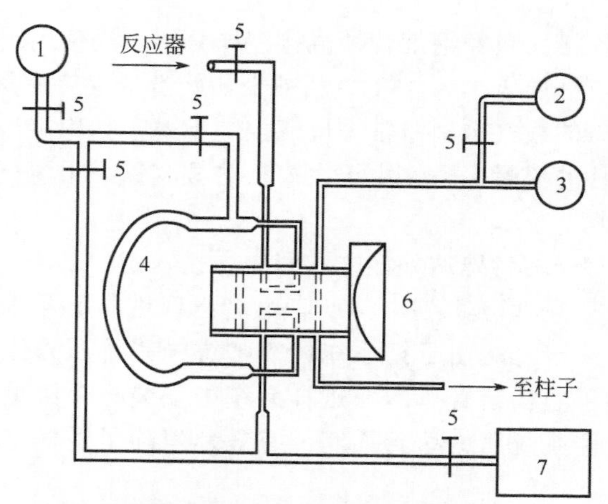

图 16-6　负压系统取气样装置

1—绝对压力表；2—压力调节器；3—流速控制器；4—取样管（100mL）；5—阀门；6—六通阀；7—真空泵

2. 毛细管进样

（1）分流/不分流进样　样品进样量若较大，则需要减少其进入色谱柱的量，以免超过色谱柱负荷。可采取的办法是只容许带着气化样品的载气一部分进入色谱柱，而将另一部分放空，即将载气（样品）进行分流。当然，如果用的是大口径柱，样品量不会超过其负荷，就无需分流了。

分流进样是最经典且至今仍在广泛应用的一种进样方式，由 Desty 最早提出[5]，分流装置大多如图 16-7 所示。现在一般都设计为分流/不分流两用形式。关闭放空阀，就变成不分流进样方式。

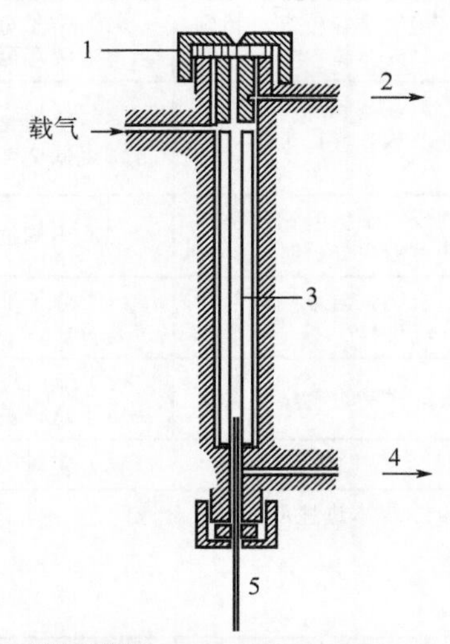

图 16-7　分流/不分流进样器

1—进样隔膜；2—隔膜清洗气针型阀；3—玻璃或石英内衬管；4—分流放空针型阀；5—玻璃毛细管柱

载气引入气化室上端后，一小部分用于隔膜清洗，大部分样品由微量注射器穿过隔膜进入气化室。气化室内装有一玻璃或石英内衬，衬管中填充石英或玻璃毛，使样品的蒸气和载气充分混合。此混合气在进柱前，大部分通过放空法放空，极少部分进入色谱柱，进入的样品量可按一定的分流比来调节。分流比大都在（1∶10）～（1∶500）的范围内调节。对柱长度 25m、内径<0.3mm、液膜<1.0μm 的柱子，常用分流比为（1∶30）～（1∶120）。

一个性能好的分流进样器应满足的基本要求是：在分流进样器内样品扩展小；样品中各组分成线性分流，结果重复性好。

对于一些沸程宽、浓度差别大、化学性能各异的混合样品，在分流进样中，由于非线性分流导致定量失真，解决方式有 Bayer 等[6]提出的停流-分流进样法；Schomburg 等[7]提出的柱头进样与分流相结合的预柱分流技术；Grob[3]提出的液相分流进样方法；以及 Schomburg[8]提出的“冷却针头”（CNS）分流进样技术，可供参考。

分流进样法进样口温度应接近或等于样品中最重组分的沸点，但温度太高有使样品组分分解的可能性，对于一个未知的新样品，可将进样口温度设置为 300℃进行实验。

（2）不分流进样[9]　不分流进样（Grob 型或溶剂效应型）是近几年新出现的一种进样技术，它在稀溶液的痕量组分分析中颇受欢迎。Grob 不分流进样主要是基于在进样时暂时关闭分流阀，使大量溶剂在柱头冷凝，对溶质起到捕集效应（称溶剂效应），加上进样后用干净载气流吹洗气化器等特点，以实现稀溶液的全样品直接进样。不分流进样的特点及使用局限性见表 16-2。不分流进样的操作要点如下：在较低的适当气化室温度和柱温下，于关闭分流阀和清洗气阀后缓慢地将数微升样品溶液注入进样口。待 90%～95%以上的样品蒸气被载气转入柱入口后，重新打开分流阀及垫片清洗阀（清洗阀也可一直呈低流量常开形式），让载气吹扫清洗进样器，然后以等温或程序升温方式完成色谱分离，有关操作因素的推荐值见表 16-3。

表 16-2 不分流进样的特点及使用局限性[9]

特点	使用局限性
（1）进样量大，样品全部进柱，色谱峰绝对响应值高。特别适于有机溶剂稀释样品的直接分析	（1）常量分析样品（200×10^{-6} 以上）应事先用适当溶剂稀释至 $10^{-4}\sim10^{-5}$
（2）气化室温度较低且不要求动力学分流，故较好地消除了样品的吸附、分解和失真。适于热敏感性及极性样品分析，垫片使用寿命较长	（2）溶剂纯度要求高，沸点至少应比最先流出的组分沸点低 20℃。溶剂选择受一定限制
（3）垫片清洗措施消除了因样品蒸气的反扩散、吸附和垫片流失所造成的色谱峰拖尾和鬼峰干扰，并可缩短分析时间	（3）出峰位置在溶剂峰前者无法利用溶剂效应
（4）对各组分含量差距不大的多组分混合物，若能用低起始柱温的程序升温方式时，也可以采用不分流进样	（4）分子量高过以下物质的样品不宜使用：正构烷烃是 n-C_{36}；甲酸甲酯类是 C_{30}；多环芳烃是六苯并苯
（5）节省样品，对来之不易和数量有限的样品更有实际意义	（5）流出较早物质的保留时间重复性较差，其精度决定于进样量的重复性
（6）结构简单，易于实现自动化	（6）定量精确度与较多的操作因素有关

注：为控制分析时间，一般在 90%～95%样本进柱后即重开分流阀。

表 16-3 操作条件及其推荐值[9]

操作条件	推荐值	对不分流进样的影响
柱温（进样时）	至少在溶剂沸点以下 20℃	影响溶剂效应大小。与溶剂挥发度和进样量是三个最重要的影响因素
气化室温度	200～230℃	
溶剂挥发度（沸点）	至少要在沸点最低的样品组分沸点以下 20℃	影响溶剂效应大小。与溶剂挥发度和进样量是三个最重要的影响因素。挥发性太高使溶质峰变宽，太低则掩盖早出的峰，且使保留时间增大
进样量	至少要>0.5μL，一般 1～3μL	影响溶剂效应大小。与溶剂挥发度和进样量是三个最重要的影响因素，还影响保留时间重复性
进样时间(即注射针在内衬管的停留时间)	10～20s，一般 0.1μL/s	决定进样速度、样品停留时间以及有无样品反冲和失真
不分流时间(从进样开始到重开分流阀的时间)	30～90s（以 90%～95%样品进柱计）	影响样品回收率，即影响实际进样量大小
启动清洗气阀时间（从进样开始计）	30～50s（一般在重开分流阀时启动，应使吹扫气总体积>6 倍气化室体积）	决定溶剂峰有无掩盖、拖尾和形成鬼峰干扰。影响分析周期
载气	以氢作载气最有利	影响样品转移速度和不分流时间

不分流进样操作条件的选择比较复杂，是应用该技术能否成功的关键。这里仅就几个重要问题加以说明，有关细节读者可参阅有关文献［9～11］。

① 操作条件及其对不分流进样的影响　操作条件及其对不分流进样的影响和推荐值列于表 16-3，实际应用中则需根据进样器和样品特点通过实验来确定。

② 溶剂及柱温的选择　溶剂及柱温选择的推荐值见表 16-3。溶剂选择包括溶剂性质（沸点、极性及结构）和用量。在不分流进样中它们与样品性质、所用柱型及固定液、柱温及所要求的溶剂效应大小都有关系。但是对于任何给定的分析，都可以找到具有最佳挥发度的溶剂。

③ 如何获得理想的溶剂效应　不分流进样能否成功，关键在于能否获得理想的溶剂效应，即能否于正式色谱分离之前在柱入口处形成合乎要求的冷凝溶剂谱带或溶剂区。溶剂区太小、太薄不行，起不到峰冷聚焦作用，冷凝溶剂区过大也不行，会损害柱膜。因此，所谓

操作条件的选择主要是如何获得理想溶剂效应的条件选择。

柱温、溶剂种类和进样量是制约溶剂效应的重要因素。柱温的选定须依据分析样品、溶剂沸点和固定液性质。表16-4列出了几种常用溶剂最佳使用的起始柱温，一般要求进样时柱温至少要比溶剂沸点低20℃，否则会影响最先流出的色谱峰。进样量一般在0.5～3μL。

表16-4 部分溶剂使用的起始柱温[9]

溶剂	沸点/℃	建议使用的起始柱温/℃
二氯甲烷	40	10～30
氯仿	61	25～50
二硫化碳	46	10～35
乙醚	35	10～25
戊烷	36	10～25
己烷	69	40～60
异辛烷	99	70～90

不分流进样器气化室温度一般在200～220℃，用H_2作载气在缓慢进样中（>30s），分流阀被关闭，呆30～90s，确保90%～95%样品进入柱子后再打开分流阀，让最后一部分气放空，以消除溶剂峰的拖尾干扰。放空阀的开启时间必须合理掌握，太早或太晚都会影响定量结果和峰形。对于大多数系统，在相当于气化室体积2倍的载气体积扫过气化室后放空，可得满意结果。

不分流进样法进样口温度的设置可比分流进样时稍低一些，其下限是能保证待测组分在瞬间不分流时完全气化。不分流进样的载气流速应当高一些，其上限以保证分离度为准。进样量一般不超过2μL，进样量大时应选用容积大的衬管。

（3）冷柱头进样[12] 冷柱头进样就是在适当选择柱头温度（比经典方式低得多）、进样量和进样速度的条件下，将液体样品直接注入到色谱柱的入口，利用程序升温、冷捕作用和溶剂效应获得很窄的样品起始谱带，这样可以防止在气化及样品从气化室送到色谱柱的过程中产生偏差。特别适用于宽沸程多组分的分析[11]。因为进样体积不能太大，所以浓度过高的样品（如千分之几以上）需要事先用适当溶剂进行稀释。柱头温度一般要求控制在溶剂沸点左右。与分流进样和不分流进样技术相比，冷柱头进样的主要优点是能够更好地消除样品歧视和分解，能够提供高柱效和高的定量可靠性。其限制性主要是样品中的非挥发性组分会污染和沉积在柱头上，大量溶剂进入色谱柱也有一定的有害影响等。

图16-8为G.Schomburg提出的常量型（坩埚法）和微量型MPI（微量移液管法）的冷柱头进样系统。该系统除柱温由柱炉加热外，进样系统的任何部分都不需要加热。进样时，将事先装好样品的坩埚或毛细移液管（具有不同容积），可通过传动杆穿过滑板阀进入色谱流路，并与毛细管入口头相接触形成液封。样品是靠载气流的压力被反抽进入色谱柱的。常量型进样量不小于500nL，重复性约5%；微量型可准确地注入20～50nL样品。进样量是靠更换不同容积的坩埚或移液管来调节的。

图16-9为Grob柱头进样系统，是另外一种典型的冷柱头进样系统。该系统为使用专用注射器进样的准压力密封进样系统。不进样时，靠关闭停止阀维持系统密封；进样时，先把注射器针尖插入进样通道并停在停止阀上方，然后打开停止阀把注射针继续向下插到毛细管柱头的进样点上，并注射样品。进样完毕，待注射器针尖提至停止阀上部，并关闭停止阀后，

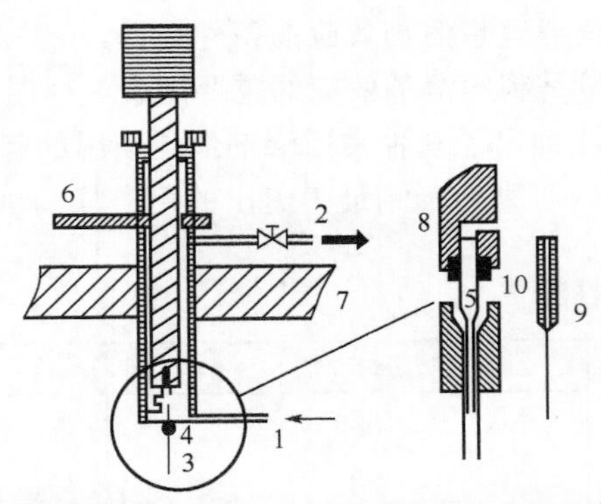

图 16-8 毛细管柱柱头进样常量和微量型[1,12]

1—载气入口；2—载气出口；3—毛细管柱；4—石墨密封；5—样品坩埚；6—滑板阀；7—柱炉绝缘；8—样品导入杆；9—微量移液管；10—硅橡胶密封

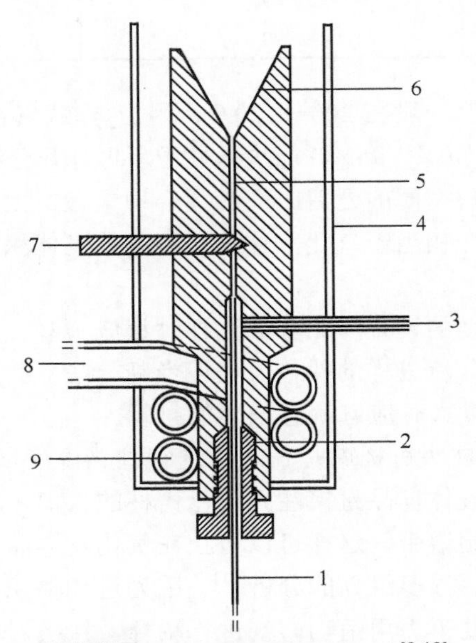

图 16-9 Grob 柱头进样系统[2,12]

1—玻璃毛细管柱；2—石墨密封；3—载气；4—金属保护坯；5—0.3mm进样通道；6—锥形口；7—停止阀；8—冷却铜管，冷空气进口；9—冷空气出口

再将注射器针尖全部拔出进样通道，并开始以程序升温方式进行分析。进样时系统的压力密封，实际上是靠专用注射器（针尖外径 0.23mm，长 80mm）的针尖和进样通道（内径 0.3mm）间的紧密配合实现的。注射点温度靠同时调节冷却管温度和柱炉温度来实现。该法因样品大小的计量和调节很方便，所以比 Schomburg 法更受欢迎。

（4）大体积进样[13] 大体积进样（Large Volume Injection，LVI）技术是基于气相色谱进样技术发展起来的一种更有效提高检测灵敏度的方法。它是一个功能强大、操作灵活的毛细管气相色谱的进样系统，不但可以有效提高分析的检出限，还可以减少样品的处理量，从而提高分析速度。其原理是利用专用的大体积进样系统与气相分离的有机组合，实现比常规气谱大几十到几百倍的进样量（5～500μL），从而比常规方法提高灵敏度一到两个数量级；同时减少了分析方法对样品的歧视效应，扩展了检测范围等，该技术适合于对复杂样品体系及痕量样品的测定。

大体积进样是建立在程序升温气化（Programmed Temperature Vaporization，PTV）进样基础之上实施大体积进样的一项技术[13,14]。Vogt[15]等人于1979年第一次公开介绍了该技术，它主要是通过增大进样量来提高检测灵敏度的。大体积进样的方式主要有使用自动进样器的多次进样和单次进样，即一次多量和多次常规量。大体积进样所用的衬管种类主要有胃袋式衬管、直管型衬管以及带填充物的衬管。进样器通常有四种类型，第一种是程序升温进样器（简称PTV）；第二种是冷柱头（Cold On-Column）进样器（简称COC）；第三种是柱上进样器；第四种是胃袋式大体积进样器。COC进样技术是用一根长预柱将溶剂和被测物分离，大体积的溶剂注入预柱后，通过控制溶剂排除口将溶剂蒸发，将被测物送入色谱柱，它的缺点是长预柱易造成峰的拓宽，且进样速度要求较严，不易控制。柱上进样技术结合PTV的优点，将衬管改为空心，避免了吸附作用，但带来了新问题：不能充分利用原来进样口的分流/不分流模式，而改为玻璃珠使进样口和色谱柱分开，玻璃珠易受气流影响而跳动不稳。K.Grob[16]在发展液相色谱/气相色谱的联机分析技术中研究了柱上进样方式的大体积进样，但是柱上进样方式对复杂系统的样品不甚适用，因为样品中存在的非挥发性组分会损害色谱分析柱的效能。胃袋式进样器是由日本杂贺技术研究所研制的，“胃袋式”大体积进样装置基于新型“胃袋式”衬管之上，其特点是无需添加填充物,进样量较大。目前，最常用的大体积进样方式为程序升温进样，大体积程序升温进样器对传统的分流/不分流进样器进行了改进，增加了样品的程序升温控制系统，在较低温度、大分流比下导入样品，使样品中大部分溶剂被吹扫出，从而增加了样品的绝对进样量，这种进样器可以接受基质比较复杂的样品。

目前，气相色谱中大体积进样技术的实现是通过先在低温进样口将溶剂除去，溶剂排出后，分析物被热捕集在衬管内，然后再通过进样口的快速升温使分析物进入到色谱柱中进行分析，低温进样口的程序升温可以减少进样口的热分解并改善峰形和定量结果。大体积进样的过程主要包括进样、溶剂排空、样品经富集进入到色谱柱中进行分析等。样品进入进样口后，电磁阀打开，进样口温度要低于溶剂沸点的温度，当样品沉积在衬管壁或填料时，溶剂蒸气被吹扫出出口。当溶剂排出结束时，电磁阀关闭，进样口继续加热使样品转移至色谱柱内进行分析，见图16-10。

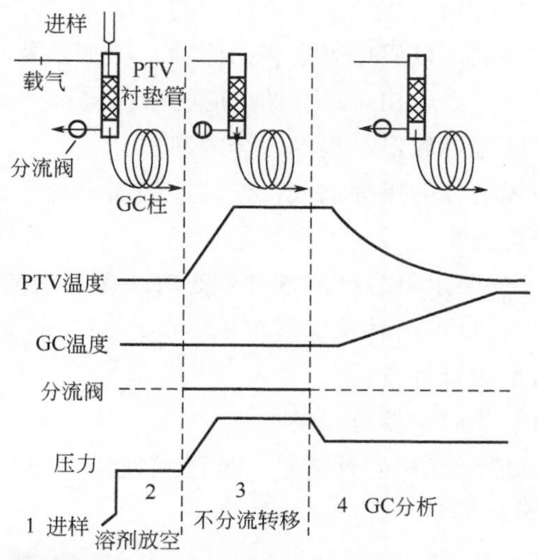

图16-10　大体积PTV进样原理示意图[14,17]

将大体积样品进样到气相色谱仪时，可检测 10^{-9} 级，甚至 10^{-12} 级分析物，同时避免耗时的样品浓缩过程。然而，大量的溶剂可能引起严重的带展宽、峰变形、色谱柱或检测器损坏。因此，在进行大体积进样时要将溶剂去除掉。在大体积进样中，能够实施溶剂吹扫的唯一要求是要保证在溶剂被吹扫出去的同时，被测的分析物仍能保留在衬管中，以实现溶剂和溶质的柱前分离。要达到这一要求，要从排空温度、分流排空时间、进样口压力和排空流量几个方面对大体积进样条件进行优化。

在大体积进样中往往采用了溶剂吹扫技术，其原理如图 16-11 所示[18]，图中①～④步对应的过程如下：

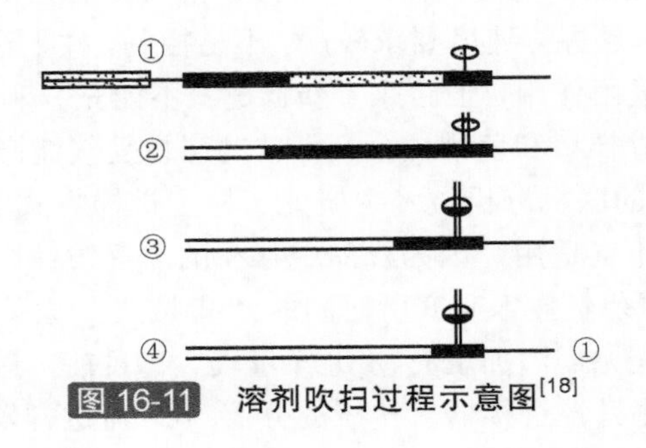

图 16-11 溶剂吹扫过程示意图[18]

① 样品溶液被注射到较低温度的衬管内；

② 溶剂蒸气被吹扫走，被分流放空到系统外，相对挥发性较差的待测物质仍然保留在衬管之内；

③ 当所有或几乎所有溶剂被吹扫走后，关闭放空阀,迅速升高衬管温度以蒸发残留下的待测物质，这些物质不经过分流，进入气相色谱柱开始色谱过程；

④ 分流阀重新打开，以确保衬管干净，便于下次进样分析。

溶剂吹扫技术在样品进入色谱柱之前,吹扫走所有或绝大部分的溶剂,对分析工作有如下好处：

① 溶剂峰会非常小，能得到无溶剂干扰的简洁的色谱图；

② 色谱柱入口不接触溶剂，可避免固定相的流动、膨胀以及其他损害；

③ 保护灵敏的检测系统（如 MSD），不受溶剂的潜在损害；

④ 消除了溶剂效应，改善了峰形，提高了分辨率；

⑤ 可有效防止一些非挥发性的组分进入色谱柱，因而延长了色谱柱寿命；

⑥ 使大体积进样成为可能。

实施溶剂吹扫技术唯一的要求就是当溶剂被吹走时，要分析的物质仍然保留在衬管中，这种溶质和溶剂的柱前分离在以下两种情况下可以做到：

① 要分析的物质较溶剂难以挥发；

② 衬管中填装的材料优先吸附要分离的物质。

因此，溶剂吹扫技术适合于高挥发性溶剂、低挥发性待测物的情况。不适用于强挥发性组分和弱挥发性溶剂的情况。

第二节　顶空分析方法

顶空气相色谱法根据气液或气固平衡原理测定挥发性成分在试样中的含量，具有样品处理简单、干扰少、避免出现宽大溶剂峰、快速、准确度高等优点，成为一种常用的分析方法。顶空分析收集样品中易挥发的成分，相对于溶剂提取方法，对样品中微量的有机挥发性物质具有更高的灵敏度和更快的分析速度。此外，顶空分析可以直接得到样品所释放出气体的化学组成，因此顶空分析法在气味分析方面有独特的意义和价值。关于顶空-气相色谱分析的研究进展有专门的综述[19]。

一、顶空分析法的分类

顶空分析法主要可分为三类[20]：静态顶空分析法，动态顶空分析法（或称吹扫捕集）和顶空-固相微萃取法。

1. 静态顶空分析法

静态顶空分析法是顶空分析法发展中所出现的最早形态，其原理的示意图见图 16-12。它是在一定的温度条件下，样品中挥发性物质在气-液（或气-固）两相间分配，达到平衡时，取液（固）上蒸气相进行分析，被测组分的浓度遵循 $c_g=c_0/(K+\beta)$[21]。

图 16-12　静态顶空示意[19]

静态顶空分析法在仪器模式上可以分为三类：顶空气体直接进样模式、平衡加压采样模式和加压定容采样进样模式。该法适用于高含量组分的测定，对低含量组分分析时必须进行大体积的气体进样，其结果容易使挥发性物质的色谱峰展宽进而影响色谱的分离效能。

2. 动态顶空分析法

动态顶空分析法是一种连续的顶空技术，该方法是利用气体把样品中挥发性物质吹扫出来，通过固体吸附柱或冷冻捕集等方法将吹扫出来的组分进行分离富集，然后用反吹法把吸附的化合物吹脱出来直接进入色谱仪进行分析。这种分析方法不仅适用于复杂基质中挥发性较高的组分，对较难挥发及浓度较低的组分也同样有效。动态顶空分析可以分为：吸附剂捕集模式和冷阱捕集模式。吸附剂式的动态顶空分析原理见图 16-13。

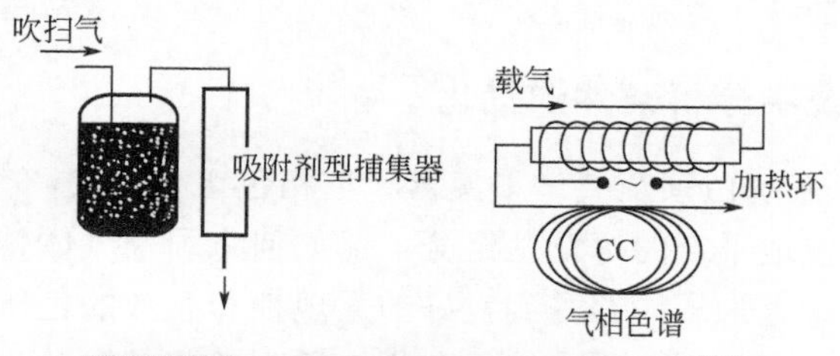

图 16-13　吸附剂式的动态顶空示意[19]

近年来还有一种新的低温凝集技术，是利用液氮等冷剂的低温，将挥发性组分凝集在一段毛细管中，使之成为一个狭窄的组分带，然后经过闪急加热而进入色谱柱，这样对低沸点组分的分离效果能显著提高。目前这一方法在环境的检测和分析中广泛地采用。在冷阱捕集分析中，水是测定最大的影响因素，水在低温时很容易形成冰堵塞捕集器。冷阱式的动态顶空分析原理见图 16-14。

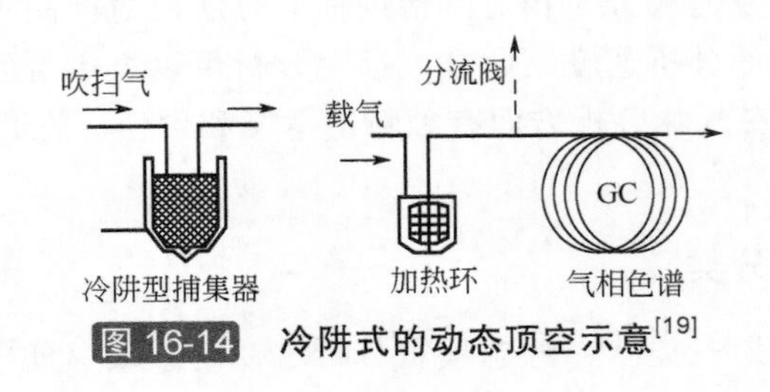

图 16-14 冷阱式的动态顶空示意[19]

动态顶空进样技术是一种环保的样品前处理技术，无需有机萃取溶剂，相对于吹脱捕集法，因吹脱气针头无需插入样品内部进行吹脱，有利于避免复杂样品对样品前处理仪器管路的污染，特别是会起泡的样品。此外，动态顶空分析是一种将样品基质中所有挥发性组分都进行完全的"气体提取"的方法，这种方法较静态顶空和顶空- 固相微萃取有更高的灵敏度。

3. 顶空-固相微萃取法

顶空-固相微萃取是将固相微萃取和顶空进样相结合的一种分析技术。顶空-固相微萃取的装置由手柄和萃取头组成，通过萃取头的涂层对顶空中的有机挥发性物质的吸附和随后的解吸脱附分析来完成分析。顶空-固相微萃取分析原理的示意见图 16-15。

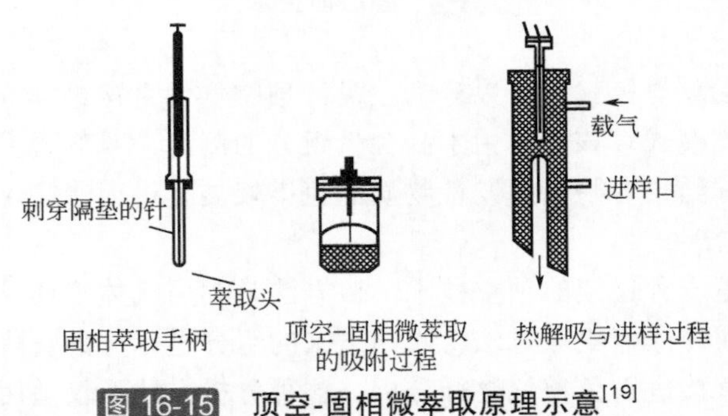

图 16-15 顶空-固相微萃取原理示意[19]

顶空-固相微萃取分析中萃取头具有一定的预浓缩作用，分析的灵敏度高于静态顶空分析，在分析的精密度方面好于动态顶空分析，所以是进些年来最常用的顶空分析方法。

二、顶空分析系统中分析条件的优化[19]

顶空-气相色谱分析系统由顶空气体采集器和气相色谱仪组成，但总的分析结果很大程度上决定于：①是否能有效地采得的挥发性组分；②如何将顶空气体转移到色谱仪中去；③采用何种气相色谱分离模式。为了能够得到良好的重现性和有效的色谱分离，必须对从样品的制备、顶空气体的转移，到色谱分析系统的分析中所有的相关参数进行考察[19,22,23]。

1. 样品的制备

顶空分析中样品制备的主旨是尽量增加挥发性物质在顶空部分的浓度，同时尽量减小基质中其他物质对分析的干扰。顶空分析中经常需要加入基质改性剂。基质改性剂一般为稀释剂（如：水）和盐溶液（或者是缓冲液）。

静态顶空分析中升温有利于挥发性物质的挥发，但是也同样使得样品中的副反应增加。样品中挥发性的物质达到分配平衡需要时间，选择合适样品的平衡时间有助于提高分析的重现性。对样品进行搅拌或对样品瓶振摇将加速挥发性物质的挥发从而减少样品的平衡时间。动态顶空分析中温度也是重要的考察对象。温度升高时挥发性组分的挥发性提高，相应地吹扫时间也可以减小。此外还有必要对吹扫时间和吹扫流量进行考察。对顶空-固相微萃取，温度的影响具有两面性。适当地升温使待分析的挥发性成分更多分配在气相当中，然而在高温下挥发性组分在涂层上的分配系数降低。

2. 顶空气体的采集和传输

顶空分析气体的采集和传输系统由顶空瓶（包括瓶盖）和气体传输管路组成。应当保证整个体系的气密性。严格清洗顶空瓶，使用低流失的硅橡胶垫片（如有聚四氟乙烯涂层）。采用惰性材料作为顶空气体传输的管路（包括压力控制阀的管路），适当保持气体传输体系的温度以减小由于传输管路吸附和冷凝对顶空分析的不良影响，而且在分析不同的样品时最好样品间有空白样品来对这时的仪器条件进行考察。

3. 顶空-气相色谱联用分析中气相色谱分析条件的优化

顶空分析的关键问题就是如何尽量提高色谱柱的分离效能和减小由于气体进样量大时所引起的谱带展宽。在进行顶空采样气相毛细管色谱分析时，采用不分流进样模式的分析灵敏度会更高。一般采用低温柱头的方法对顶空采样所得的样品进行预浓集，然后再采用程序升温的方法，这样可以获得良好的分离结果并可以进行更大体积的气态样品进样。

第三节　化学衍生法

一、化学衍生法的目的

在气相色谱中，把欲分析的化合物用化学反应的方法转化为另一种化合物称为衍生物的制备。

应用化学衍生法的目的有以下几点：

① 有些化合物由于挥发性过高或过低、极性甚强或稳定性差等原因，不能直接进样分析，经过衍生化反应后就可方便地进行气相色谱分析。

② 一些难分离的组分，将其转变为衍生物后易于分离，有利于更准确定性。同时一些化合物经过衍生后，能获得较对称的色谱峰。

③ 有些化合物制备成衍生物后，用选择性检测器检测，可提高该化合物的最低检测量。另外，有些化合物的吸附等温线是非线性的，而其衍生物的吸附等温线是线性的，衍生物有利于定性、定量。

④ 样品中有些杂质因不能成为衍生物而被除去，可改进分离效果。

二、化学衍生方法

组分分子中有一个或几个羟基、巯基、氨基、亚氨基、羧基和羰基等极性基团，就会使分子间和分子内的相互作用增强，挥发性降低，给气相色谱分析带来困难。除羰基以外，以上基团都有形成氢键的强烈倾向，针对这些基团中的活泼氢进行衍生反应，其结果就可满足色谱分析的需要。所选取的化学衍生方法应具备以下特点：

① 反应容易重复，操作简单。

② 反应能定量进行，可满足定量分析的要求。

③ 衍生物易纯化。

④ 衍生产物宜于色谱分离和检测。

⑤ 衍生试剂价廉易得。

一般的衍生化方法有酰化、烷基化、硅烷化等反应，常用于有机物分析的衍生试剂见赵媛媛等综述[24]。

1. 酰化反应

组分为含有氨基、羟基、巯基的胺类和酚类，其活泼氢可被酰基取代，生成极性低挥发高的衍生物。此法又可分为酸酐法和卤代酰基法。

（1）酸酐法　此法是用含有酸酐的吡啶或四氢呋喃制成酰化的衍生物。

$$\begin{matrix} RNH_2 \\ ROH \\ RSH \end{matrix} \xrightarrow{(R'-CO)_2O} \begin{matrix} RNCOR' \\ ROCOR' \\ RSCOR' \end{matrix}$$

若酰化试剂是乙酸酐或苯甲酸酐，加乙醚可减缓反应速率。

酰基化试剂主要由酰卤、酸酐、酰基咪唑、酰胺及烷基氯甲酸酯等组成。该类试剂可用于醇、酚、硫醇、胺、酰胺、磺酰胺等化合物的衍生。衍生反应的实质是衍生试剂的酰基取代极性化合物中的活性氢。衍生反应一般在吡啶、二甲胺吡啶或其他可接受酸副产物的溶剂中进行。酰卤和酸酐与被测物的衍生反应完成后，过量的试剂和副产物损坏色谱柱，必须在GC分析前除去。

酰卤和酸酐与被测物的衍生反应产生酸副产物，对一些易酸解的化合物，衍生试剂可选用酰基咪唑，该反应的副产物是碱性离去基团，不会引起衍生物的分解。酰胺如*N*-甲基双三氟乙酰胺（MBTFA）挥发性好，副产物不损色谱柱，衍生反应完成后可直接进行GC分析。

（2）卤代酰基法　酰化试剂有乙酰氯、苯甲酰氯、三氟乙酰酐（TFA）、五氟丙酰酐(PFP)、三氟乙酰咪唑、七氟乙酰咪唑等。衍生化后的组分有利于使用电子捕获检测器。

卤代酰基化试剂能增加化合物的亲电力，使衍生物适于灵敏的 ECD 或 NICI-MS 检测。全氟酰衍生物如三氟乙酰（TFA）、五氟丙酰（PFP）和七氟丁酰（HFB）实际应用最广。全氟酰衍生物的另一优点是用 MS 检测时，碎片离子在高的质荷比丰度高，适于 GC-MS 分析。分析时需考虑仪器的质量范围。咪唑试剂可用于酸、一级胺及二级胺的酰基化。这些试剂易于水解，因此在衍生物稳定性高时，可用水洗除去多余的试剂。

（3）烷基氯甲酸酯法　烷基氯甲酸酯主要包括甲基、乙基、异丁基氯甲酸酯（MCF，ECF，IBCF）及一些含卤试剂如三氯乙基氯甲酸酯（TCECF），五氟苄基氯乙酸酯（PFBCF）。

特点：

① 该类试剂与酚、胺的衍生反应可以直接在水相中进行，衍生产物是碳酸酯和氨基甲酸酯。氯甲酸酯作为胺的酰基化试剂，衍生产物色谱性能优良。

② 该类试剂的衍生反应产率高，速率快。

③ 衍生反应完成后，必须去除过量试剂及副产物。

2. 烷基化反应

烷基化反应是衍生化试剂分子中的烷基取代化合物中的酸性氢。

$$\begin{array}{lcl} -OH & & -OR \\ -COOH & \xrightarrow{R-X} & -COOR \\ -SH & & -SR \\ -NH_2 & & -NHR\ (\text{或}NR_2) \end{array}$$

X为卤素或其他易离去基团，衍生物为醚、酯、硫醚、*N*-烷基胺、*N*-烷基酰胺

烷基化试剂主要由重氮烷烃、烷基卤、季铵盐、醇类、烷基氯甲酸酯等组成。

（1）重氮烷烃　重氮烷烃用于羧酸、磺酸、酚、烯醇等含酸性—OH和—NH化合物的烷基化。重氮甲烷可用浓碱将*N*-甲基-*N*-亚氨基脲或*N*-甲基-*N*-亚硝基对甲苯磺酰胺分解而得。反应简单、快速、产率高、一般没有副产物，需注意重氮甲烷毒性大，活性高，易分解甚至爆炸，应在使用前临时准备，并只能在−20℃以下短时间保存。重氮甲烷试剂与化合物的衍生反应迅速、高效、无副产物，但它毒性大，不易储存，制备时有发生爆炸的危险。三甲硅基重氮甲烷（TMSDM）是一种在安全性上优于重氮甲烷的试剂，该试剂已被用于多种基质中苯氧基乙酸的快速、高效衍生和GC-MS测定[25,26]。但TMSDM衍生速率及衍生产率均低于重氮甲烷，且易于形成三甲基硅的副产物。五氟苯基重氮甲烷用于前列腺素类化合物的衍生，用ECD和GC- MS检测，灵敏度高[27]。

（2）烷基卤化物　烷基卤化物主要是低分子量的脂肪卤化物(如CH_3—，C_2H_5—，*n*-C_3H_7—，*i*-C_3H_7—等)，苄基和取代苄基溴化物。其中以五氟苄基溴（PFB-Br）的应用最多[28]。烷基衍生物可通过在有机介质中反应、相转移反应（萃取烷基化）及固相萃取衍生等途径来制备。在萃取烷基化中，衍生化试剂常用碘甲烷（CH_3I），相转移试剂为四丁基硫酸氢铵或氢氧化四丁基铵。固相萃取衍生是制备烷基化衍生物的一种非常有发展前景的方法，根据样品的性质，可选择阴离子交换树脂、C18等作固相萃取剂，常用的衍生试剂是PFB-Br。

（3）甲酯化试剂　主要衍生化试剂包括甲醇、季铵盐等，涉及的方法主要包括卤化硼催化法、氢氧化铵盐分解法和无机酸催化法。

① 卤化硼催化法　此法可使某些有立体障碍的羧基反应。如反应条件剧烈，常会伴随副反应。

$$RCOOH+CH_3OH \xrightarrow{BF_3} RCOOCH_3+H_2O$$

② HCl或H_2SO_4催化　此法可将短链羧基与甲醇反应，缺点是可能有副反应。

$$RCOOH+CH_3OH \xrightarrow{HCl\text{或}H_2SO_4} RCOOCH_3+H_2O$$

③ 氢氧化铵盐分解法　用酚酞作指示剂，先将组分与四甲基氢氧化铵的甲醇溶液进行中和反应，再将反应液注入360℃或400℃的气化室，分解生成有机酸甲酯。

$$R—COOH+(CH_3)_4NOH \longrightarrow R—COON(CH_3)_4+H_2O$$

$$R—COON(CH_3)_4 \xrightarrow{\triangle} R—COOCH_3+(CH_3)_3N$$

3. 硅烷化反应

组分中的活泼氢被烷基一硅基取代后，可生成极性低、挥发性高和热稳定性好的硅烷基化合物。

$$\begin{array}{lcl} -OH & & -O-Si(CH_3)_3 \\ -COOH & & -COO-Si(CH_3)_3 \\ -SH & +\text{TMS给予体} \longrightarrow & -S-Si(CH_3)_3 \\ -NH_2 & & -NH-Si(CH_3)_3\text{或}-N-[Si(CH_3)_3]_2 \\ =NH & & =N-Si(CH_3)_3 \end{array}$$

几乎所有含活泼氢的化合物都能与硅烷化试剂发生衍生反应，反应活性顺序为：醇>酚>羧酸>胺>酰胺。在这类试剂中，三甲基硅烷（TMS）衍生物热稳定性好，挥发性强，易于制备，色谱性能好，应用最广。*N*-甲基-*N*-三甲硅基三氟乙酰胺（MSTFA）、*N*-*O*-双（三甲硅基）乙酰胺（BSA）、*N*-*O*-双（三甲硅基）三氟乙酰胺（BSTFA）、*N*-三甲硅基咪唑(TMSIM)因离去基团是能稳定过渡态阴离子，反应性较强。MSTFA 衍生物的挥发性最好。TMSIM 易与羟基及羧羟基反应，但与脂肪胺不反应，也不能促进烯醇-TMS 醚的形成，适于衍生含酮和羟基的化合物。根据试剂的反应性、选择性、挥发性、副产物的形成等因素，BSTFA、MSTFA 两种试剂应用最多[29~31]。一些混合硅烷化试剂如 BSTFA、三甲基氯硅烷（TMCS）、TMSIM 反应性强，已商品化。三甲硅烷衍生试剂与醇、酚类化合物的反应主要受立体效应的影响，反应性为伯醇>仲醇>叔醇。硅烷化试剂的反应性还受到加入的催化剂的影响。TMCS、TMSIM、TMSI（三甲碘硅烷）、乙酸钾常被用作催化剂。加入 1% TMCS 的 BSTFA 衍生试剂被广泛用于检测滥用药物及其代谢物[31,32]。一些常用的硅烷化试剂的性质列于表 16-5。所有硅烷化衍生试剂易于水解，水解程度受硅原子上取代基的影响，立体阻碍越大，水解程度越低。硅烷化衍生反应多采用吡啶、乙腈、二甲亚砜、四氢呋喃、*N*,*N*-二甲基甲酰胺等非质子化溶剂。在有些色谱固定相上吡啶产生拖尾峰而掩盖一些低挥发性组分，有研究认为[33]，在样品进入 GC 前应除去吡啶。对只含微量水的样品，多数情况下可通过加入过量硅烷化试剂除水。硅烷化试剂与被测物的衍生反应条件依被测物的类型和样品基质的不同而不同。所有硅烷化试剂制备衍生物后可直接进行气相色谱分析，这样节省了样品制备时间。硅烷化衍生物因为硅的沉积易沾污 FID 检测器。含氟的硅烷化试剂如 BSTFA 的污染性较小。

表 16-5 常用硅烷化试剂

试剂名称	缩写	结构式	沸点/℃	d_4^{20}	n_D^{20}	注
三甲基硅烷	TMS	$(CH_3)_3Si-Cl$	56～57	0.857	1.388	很少单独使用，多用于增加硅烷化能力
六甲基二硅氨烷	HMDS	$(CH_3)_3Si-NH-Si(CH_3)_3$	124～127	0.774	1.408	多与 TNMCS 混用于醇、酚
六甲基二硅氧烷	HMDSO	$(CH_3)_3Si-O-Si(CH_3)_3$	99～101	0.759	1.377	用于醇类
N-三甲硅基二乙基胺	TMSDEA	$(CH_3)_3Si-N(C_2H_5)_2$	127～129	0.767	1.412	用于氨基酸、胺类、酰胺、醇
1-三甲基甲硅烷咪唑、*N*-三甲硅基咪唑（TMSIM）	TMSIM	$N{=}CH-CH{=}CH-N(-Si(CH_3)_3)$（咪唑环）	90～92	0.957	1.476	用于羟基
N-甲基-*N*-三甲硅基乙酰胺	MSA	$CH_3-CO-N(CH_3)((CH_3)_3Si)$	159～161	0.94	1.438	用于碳水化合物、胺类、氨基酸
N-*O*-双（三甲硅基）乙酰胺	BSA	$CH_3-C(=N-Si(CH_3)_3)-O-Si(CH_3)_3$	$P_{0.35}$①71～73	0.832	1.418	通用试剂，常加 1%TMCS
N-甲基-*N*-三甲硅基三氟乙酰胺	MSTFA	$CF_3-CO-N(CH_3)Si(CH_3)_3$	130～132	1.074	1.38	副产品比用 BSA 的副产品易于挥发，常加 1%TMCS
N-*O*-双（三甲硅基）三氟乙酰胺	BSTFA	$CF_3-C(=N-Si(CH_3)_3)-O-Si(CH_3)_3$	$P_{0.27}$①47	0.974	1.385	副产品比用 BSA 的副产品易于挥发，常加 1%TMCS
氯甲基二甲基氯硅烷	CMDMCS	$Cl-CH_2-(CH_3)_2Si-Cl$	110～113	1.081	1.437	用于甾族、碳水化合物、酚酸

① 压力为 101325kPa 条件下的沸点温度，但其中 $P_{0.35}$ 与 $P_{0.27}$ 的单位为 mmHg，1mmHg=133.3Pa。

硅烷化反应也可在色谱柱上进行，方法是将样品注入柱内，随后注入硅烷化试剂，让两者在色谱柱内相遇，柱内较高温度对反应有利。所形成的衍生物立即得到分离，这对分析不稳定的硅烷化衍生物是有益的。

4. 肟和腙

肟和腙是分析羰基化合物中常见的衍生物。通过把羰基化合物与$RONH_2$—HCl或RR′—N—NH_2反应生成极性较低的肟和腙衍生物，提高检测灵敏度，有利于定性、定量。

肟的反应如下：

$$R{-}O{-}NH_2{\cdot}HCl + O{=}C\begin{matrix}R' \\ R''\end{matrix} \longrightarrow RO{-}N{=}C\begin{matrix}R' \\ R''\end{matrix} + H_2O$$

腙的反应如下：

$$\begin{matrix}R' \\ R''\end{matrix}N{-}NH_2 + O{=}C\begin{matrix}R''' \\ R''''\end{matrix} \longrightarrow \begin{matrix}R' \\ R''\end{matrix}N{-}N{=}C\begin{matrix}R''' \\ R''''\end{matrix} + H_2O$$

5. 其他衍生试剂

（1）形成环状衍生物　对含多个官能团的化合物，某些特定的衍生试剂能同时与两个反应性近似的基团反应生成环状衍生物。最常见的一类环状衍生物是硼酸与顺式1,2-和1,3-位二醇反应生成的环状硼酸酯。其他化合物如β-酮胺、羟基酸等也能发生类似的反应。这类衍生反应条件温和，反应迅速，反应混合物可直接用于气相色谱分析。二甲基氯硅烷、二甲基二乙酸基硅或二丁基二氯硅烷也可用于形成环状衍生物，但这些试剂与化合物反应不完全，易形成副产物限制了它们的实际应用。含羰基和邻位α-羰基的化合物可与合适的二胺反应生成杂环衍生物，这样的杂环衍生物挥发性低，需进一步硅烷化。在苯环上含取代卤原子的衍生物适于ECD检测。

（2）手性衍生试剂　对手性物质的分离，有两种方法：一是选择手性色谱柱，二是选择合适的手性试剂进行化学衍生，在非手性柱上分离。表16-6列出了一些手性衍生试剂在药物及毒物分析上的应用。

表16-6　手性衍生化试剂及其在GC中的应用[24]

衍生化试剂	成分	参考文献
S-(−)-七氟丁酰脯氨酰氯	安非他明	34
(−)-氯甲酸薄荷醇酯	麻醉药物美沙酮 兴奋剂安非他明	35, 36
R(+)-2-甲氧-2-苯基-3,3,3-三氟丙酰氯	安非他明	37
(*S*)-(−)-*N*-(三氟乙酰)脯氨酰氯	安非他明	38

三、衍生物的制备

制备衍生物时要特别仔细，否则会有严重的定性与定量误差。一些重要的有机化合物衍生物的制备方法见表16-7。

操作方法1：取5～10mg样品，加0.5mL硅烷化试剂及约1mL溶剂，溶解后或加热10～15min，冷却后进行硅烷化反应。

表 16-7 重要有机化合物衍生物的制备方法[39]

官能团	衍生方法	试剂	衍生物	操作方法
羧酸	硅烷化	BSTFA 等	$RCOOSi(CH_3)_3$	1
	酯化	重氮甲烷，BF_3/醇等	RCOOR′	2
醇	硅烷化	BSTFA 等	$R—O—Si(CH_3)_3$	1
	酰化	HFBI 等	R—O—C(=O)—PFA	3
	酯化	TMAH 等	R—O—R'	4
酚	硅烷化	BSTFA 等	$Ar—O—Si(CH_3)_3$	1
	酰化	HFBI 等	Ar—O—C(=O)—PFA	3
	酯化	HFBI 等	Ar—O—R′	4
胺	硅烷化	BSTFA 等	$R—N—Si(CH_3)_3$	1
	酰化	HFBI 等	R—N—C(=O)—PFA	3
	酯化	TMAH 等	R—N—R′	4
硫酐类	酰化	MBTFA 等	R—S—C(=O)—TFA	5
羰基化合物	硅烷化	CMDMCS 等	$(CH_3)_3Si—O—N=C=$	6
	酯化	TMTFTH 等	$CH_3—O—N=C=$	7
酰胺	酰化	HFBI 等	R—C(=O)—NH—C(=O)—PFA	3
	酯化	TMAH 等	$R—C(=O)—NH—CH_3$	4
氨基酸	硅烷化	BSTFA 等	$RCHCOOSi(CH_3)_3$ ｜ $N—Si(CH_3)_3$	1
	硅烷化 + 酰化	TSIM 等	$R—CHCOOSi(CH_3)_3$ ｜ N—TFA	8
	酰化 + 酯化	TMAH 等	R—CHCOOR′ ｜ NHR′	4

操作方法 2：取 100mg 有机酸，加入 3mL BF_3 甲醇液，与近 60℃下加热 5～10min，冷却后用 25mL 已烷移入分液漏斗，用 NaCl 饱和溶液洗两次，加无水 Na_2SO_4 干燥。

操作方法 3：向 1～2mg 样品中加入 2mL 干燥的苯和 0.2mL TEAI，于 60℃加热 15～30min，冷却后用 2mL 水洗 3 次，以硫酸镁干燥。

操作方法 4：取 4mL 生物组织或体液的甲苯抽提液于螺旋试管，通氮气使在 60℃下挥发，加 25mL TEAH（即三乙基苯基胺氢氧化物）溶解残渣，取 4mL 此溶液直接进行分析，气化室温度应高于 260℃。

操作方法 5：取 4mL 伯胺、仲胺、羟基或巯基组分于 1mL 样品瓶中，加 0.2mL MBTFA 及 0.5mL 溶剂，于 60～100℃下加热 15～30min。

操作方法 6：用 1mL 干燥的吡啶溶解 5～10mL 样品，加入 0.5mL BMDMCS（即溴甲基二甲基氯硅烷），回流 2～3h，冷却后直接分析。

操作方法 7：在含 10mg 有机酸样品的 0.5mL 已烷中，加入 100μL TMTFTH 试剂和 50μL

丙酸甲酯混合液10μL，猛烈搅拌1min，取5μL水相（下层）进样分析。

操作方法8：取1～3mg氨基酸、生物碱或儿茶酚胺，用0.1mL乙腈溶解，加入0.2mL TSIM，盖好样品瓶在60℃下加热3h，然后加PFBC（五氟苯甲基酰基氯）0.1mL，最后在60℃加热30min。

参考文献

[1] Schomburg G, Behlau H, Dielmann R, et al. J Chromatogr, 1977, 142: 87.

[2] Grob K, Grob K Jr. J Chromatogr, 1978,151: 311.

[3] Grob K//Kaiser R E. Proceeding of The 4th International Symposium on Capillary Chromatography. Hindelang: Huting, 1981: 185.

[4] 朱妍，等. 分析仪器，1998，4：48.

[5] Desty D H, Goldup A, Whyman H F. J Inst Petrol, 1959, 45: 287.

[6] Bayer E, Lin G H. J Chromatogr,1983, 258: 201.

[7] Schomburg G, Husmann H, Schulz F. HRC&CC, 1982, 5: 565.

[8] Schomburg G, Hausing U. HRC&CC, 1985, 8: 572.

[9] 任玉珩. 色谱，1985，2：328.

[10] Yang F J, Brown Jr A C, Cram S P. J Chromatogr, 1978, 158: 91.

[11] Gorb K, Grob K Jr. J Chromatogr, 1974, 94: 53.

[12] 任玉珩. 齐鲁石油化工，1984，5：32.

[13] 郭永泽，等. 天津农业科学，2010，16（4）：30.

[14] 胡振元. 化学世界，1998，10：507.

[15] Vogt W, Jacob K, Ohnesorge A B, et al. J Chromatogr A, 1979, 186:197.

[16] Grob K. Proceedings of the Symposium on Column Injectionin Capillary Gas Chromatography. Huething: Heidelberg, 1991.

[17] Mol H G J, Janssen H G, Cramers C A, et al. Trac-Trend Anal Chem, 1996, 15(4): 206.

[18] 袁安政，等. 现在科学仪器，2004，2：46.

[19] 王昊阳，等. 分析测试技术与仪器，2003，9（3）：129.

[20] 俞惟乐，等. 毛细管气相色谱和分离分析新技术. 北京：科学出版社，1999：539.

[21] 刘虎威. 气相色谱方法及应用. 北京：化学工业出版社，2000：143.

[22] Penton Z. J High Resol Chromatogr, 1992, 15(12) : 834.

[23] Mulligan K J, McCauley H. J Chromatogr Sci, 1995, 33(1) : 49.

[24] 赵媛媛，等. 分析科学学报，2003，19（1）：92.

[25] Rimmer D A, Johnson P D, Brown R H. J Chromatogr A, 1996, 755: 245.

[26] Johnson P D, Rimmer D A, Brown R H. J Chromatogr A, 1997, 765: 3.

[27] Hofmann U, Holzer S, Messe C O. J ChromatogrA, 1990, 508: 349.

[28] Nakamura S, Sian T H, Daishima S. J Chromatogr A, 2001, 919: 275.

[29] Docherty K S, Ziemann P J . J Chromatogr A, 2001, 921: 265.

[30] Gee A J, Groen L A, Johnson M E. J Chromatogr A, 1999, 849: 552.

[31] Nelson C C, Foltz R L. Anal Chem, 1992, 64: 1578.

[32] Wang W L, Darwi W D, Cone E J. J Chromatogr B, 1994, 660: 279.

[33] Lehrfeld J. J Chromatogr Sci, 1971, 9: 757.

[34] Aoyama T, Kotaki H, Honda Y, et al. J Pharm Sci, 1990, 79 : 465.

[35] Kristensen K, Angelo H R. Chirality, 1992, 4: 263.

[36] Huges R O, Bronner W E, Smith M L. J Anal Toxicol, 1991, 15: 256.

[37] Shin H S, Donike M. Anal Chem, 1996, 68: 3015.

[38] Zeng S, Mao H Q. J Chromatogr B, 1999, 72: 107.

[39] Blau K, King G S. Handbook of Derivatives for Chromatography. London: Heyden, 1977.

第二篇

定性、定量用数据选集

第十七章　烃类化合物的保留指数

第一节　烷烃的保留指数

表 17-1　C_1～C_{16}烷烃保留指数[1]

色谱柱：PONA 毛细管柱，100m×0.25mm，0.25μm　　固定液：100%交联二甲基聚硅氧烷（胶体）

柱　温：100℃（5min）$\xrightarrow{5℃/min}$ 150℃ $\xrightarrow{12℃/min}$ 250℃（5min）$\xrightarrow{40℃/min}$ 300℃（110min）　　检测器：FID，检测器温度 350℃

进样口温度：300℃

载　气：He，1.2mL/min

化合物	*I*	化合物	*I*	化合物	*I*
甲烷	100	正壬烷	900	异丙烷	357.1
乙烷	200	正癸烷	1000	异戊烷	515.6
丙烷	300	正十一烷	1100	2,2-二甲基丁烷	541.6
正丁烷	400	正十二烷	1200	2-甲基戊烷	568.8
正戊烷	500	正十三烷	1300	3-甲基戊烷	585.7
正己烷	600	正十四烷	1400	2,4-二甲基戊烷	700
正庚烷	700	正十五烷	1500	2,5-二甲基己烷	744.8
正辛烷	800	正十六烷	1600	2,3,4-三甲基戊烷	743.3

表 17-2　C_3～C_{10}烷烃保留指数[2]

固定液：OV-101　　柱　温：50℃

化合物	*I*	化合物	*I*	化合物	*I*
丙烷	300	4-甲基戊烷	765.6	3,5-二甲基庚烷	837.6
丁烷	400	2,2-二甲基己烷	721.6	3-乙基庚烷	870.3
2-甲基丙烷	354.2	2,3-二甲基己烷	757.9	2,2,3-三甲基己烷	823.1
戊烷	500	2,4-二甲基己烷	731.7	2,2,4-三甲基己烷	791.6
2-甲基丁烷	466.1	2,5-二甲基己烷	729.7	2,2,5-三甲基己烷	785.5
己烷	600	3,3-二甲基己烷	739.2	2,3,3-三甲基己烷	839.7
2-甲基戊烷	562	3,4-二甲基己烷	767.6	2,3,4-三甲基己烷	850.2
3-甲基戊烷	578.6	3-乙基己烷	775	2,3,5-三甲基己烷	814.9
2,2-二甲基丁烷	528.5	2,2,4-三甲基戊烷	688	2,4,4-三甲基己烷	812.2
2,3-二甲基丁烷	557.7	2,3,4-三甲基戊烷	747.6	3,3,4-三甲基己烷	847
庚烷	700	2-甲基-3-乙基戊烷	759.7	2-甲基-3-乙基己烷	847
2-甲基己烷	662.9	壬烷	900	2-甲基-4-乙基己烷	827.3
3-甲基己烷	672.2	2-甲基辛烷	864.8	3-甲基-4-乙基己烷	856.3
2,2-二甲基戊烷	620.5	3-甲基辛烷	871.4	癸烷	1000
2,3-二甲基戊烷	665	4-甲基辛烷	863.7	2-甲基壬烷	964
2,4-二甲基戊烷	625.8	2,2-二甲基庚烷	818.9	3-甲基壬烷	970.5
3,3-二甲基戊烷	650.5	2,3-二甲基庚烷	856.3	4-甲基壬烷	961.6
3-乙基戊烷	683	2,4-二甲基庚烷	823.1	5-甲基壬烷	959.8
2,2,3-三甲基丁烷	631.4	2,5-二甲基庚烷	835.5	2,2,4-三甲基庚烷	889.9
辛烷	800	2,6-二甲基庚烷	830.1	3,3,5-三甲基庚烷	913.2
2-甲基戊烷	764.1	3,3-二甲基庚烷	839.7		
3-甲基戊烷	772.1	3,4-二甲基庚烷	858.8		

表 17-3 C_4～C_{12}烷烃保留指数[3]

色谱柱：Petrocol™ DH 熔融石英毛细管柱，60m×0.25mm，0.5μm

固定液：（键合）聚甲基硅氧烷

柱 温：35℃（15min）$\xrightarrow{1℃/min}$ 60℃ $\xrightarrow{2℃/min}$ 200℃

进 样：分流比 200∶1，0.5μL，进样口温度 250℃

载 气：He, 1mL/min

检测器：FID，检测器温度 300℃

化合物	*I*	化合物	*I*	化合物	*I*
正丁烷	400	3-甲基己烷	669.62	正癸烷	1000
正戊烷	500	正庚烷	700	正十一烷	1100
2-甲基戊烷	558.32	正辛烷	800	正十二烷	1200
正己烷	600	正壬烷	900		

表 17-4 C_5～C_8烷烃保留指数[4]

固定液：OV-101

I 柱温/℃ 化合物	40	50	60	70	$10\left(\frac{\partial I}{\partial T}\right)$
正戊烷	500.0	500.0	500.0	500.0	—
2,2-二甲基丁烷	535.5	536.7	537.1	537.7	0.70
2,3-二甲基丁烷	565.6	566.1	568.0	569.9	1.48
2-甲基戊烷	569.2	569.3	569.4	569.9	0.22
3-甲基戊烷	583.1	583.8	584.1	584.8	0.54
正己烷	600.0	600.0	600.0	600.0	—
2,2-二甲基戊烷	623.8	624.8	625.1	626.0	0.70
2,4-二甲基戊烷	629.9	630.4	630.9	631.5	0.53
2,2,3-三甲基丁烷	635.4	636.9	638.3	639.8	1.46
3,3-二甲基戊烷	654.7	656.1	657.6	659.2	1.50
2-甲基己烷	667.1	667.4	667.5	667.6	0.16
2,3-二甲基戊烷	668.8	669.7	670.5	671.5	0.89
3-甲基己烷	675.7	676.1	676.4	676.9	0.39
3-乙基戊烷	685.5	686.1	686.6	687.2	0.56
正庚烷	700.0	700.0	700.0	700.0	—
2,2-二甲基己烷	721.3	722.0	722.9	723.7	0.81
2,5-二甲基己烷	732.6	732.8	733.0	733.2	0.20
2,4-二甲基己烷	733.4	734.0	734.7	735.4	0.67
2,2,3-三甲基戊烷	733.4	734.3	735.1	735.9	0.83
3,3-二甲基己烷	740.4	741.2	741.8	742.9	0.81
2,3,4-三甲基戊烷	748.4	749.8	751.2	752.7	1.43
2,3-二甲基己烷	759.6	760.2	761.0	761.8	0.74
2-甲基-3-乙基戊烷	760.2	761.5	762.7	763.8	1.20
2-甲基庚烷	766.0	766.2	766.3	766.3	0.10
4-甲基庚烷	767.5	767.6	767.8	768.0	0.17
3,4-二甲基己烷	768.4	769.3	770.2	771.2	0.93
3-甲基-3-乙基戊烷	768.4	769.3	770.2	771.2	0.93
3-甲基庚烷	773.3	773.5	773.9	774.1	0.28
正辛烷	800.0	800.0	800.0	800.0	—

表 17-5 C_5～C_9烷烃保留指数（一）[5]

固定液：角鲨烷

化合物 \ *I* 柱温/℃	30	50	化合物 \ *I* 柱温/℃	30	50
2-甲基丁烷	474	474	2,5-二甲基己烷	728	729
正戊烷	500	500	2,4-二甲基己烷	731.5	732.5
2,3-二甲基丁烷	565	567.5	2,3,3-三甲基戊烷	734	737
2-甲基戊烷	569	569.5	3,3-二甲基己烷	741	743.5
3-甲基戊烷	582.5	584.5	2,3,4-三甲基戊烷	750.5	753
正己烷	600	600	2,3,3-三甲基戊烷	756	760
2,2-二甲基戊烷	624.5	626	2,3-二甲基己烷	759.5	760.5
2,4-二甲基戊烷	629	630	2-甲基庚烷	764.5	765
2,2,3-三甲基丁烷	636.5	639.5	4-甲基庚烷	767.5	767.5
2-甲基己烷	666	666.5	3,4-二甲基己烷	769	771
2,3-二甲基戊烷	669.5	671	3-甲基庚烷	773	773.5
3-甲基己烷	675	676	2,2,5-三甲基己烷	775	776.5
3-乙基戊烷	684.5	686	2,2,4-三甲基己烷	786.5	789
2,2,4-三甲基戊烷	688	690	正辛烷	800	800
正庚烷	700	700	2,3,5-三甲基己烷	810.5	812
2,2-二甲基己烷	718.5	719.5			

表 17-6 C_5～C_9烷烃保留指数（二）[6]

固定液：角鲨烷

化合物 \ *I* 柱温/℃	30	50	70	化合物 \ *I* 柱温/℃	30	50	70
2,2-二甲基丙烷	410.6	411.7	412.9	2,2,5-三甲基己烷	775.4	776.7	778.0
2-甲基丁烷	473.8	474.0	474.3	2,2,4-三甲基己烷	786.8	789.5	792.2
正戊烷	500	500	500	2,4,4-三甲基己烷	805.0	808.2	811.4
2,2-二甲基丁烷	535.0	536.6	538.2	2,3,5-三甲基己烷	810.7	812.4	814.1
2,3-二甲基丁烷	565.6	567.6	569.7	2,2-二甲基庚烷	814.9	815.8	816.7
2-甲基戊烷	569.2	569.5	569.7	2,4-二甲基庚烷	821.1	821.5	821.9
3-甲基戊烷	583.0	584.0	585.0	2,2,3,4-四甲基戊烷	815.6	820.1	824.6
正己烷	600	600	600	2,2,3-三甲基己烷	818.7	821.9	825.1
2,2-二甲基戊烷	624.5	625.9	627.2	2-甲基-4-乙基己烷	823.2	824.3	825.4
2,4-二甲基戊烷	629.3	629.9	630.5	2,2-二甲基-3-乙基戊烷	818.0	822.2	826.4
2,2,3-三甲基丁烷	636.7	639.8	642.9	4,4-二甲基庚烷	825.3	827.6	829.9
3,3-二甲基戊烷	656.0	658.9	661.8	2,6-二甲基庚烷	826.7	827.2	827.7
2,3-二甲基戊烷	669.6	671.7	673.7	2-甲基己烷	666.2	666.5	666.8
2,3-二甲基己烷	759.0	760.4	761.8	3-甲基己烷	675.5	676.2	676.9
2-甲基-3-乙基戊烷	758.4	761.6	764.8	3-乙基戊烷	684.7	685.9	687.1
2-甲基庚烷	764.6	765.1	765.7	正庚烷	700	700	700
4-甲基庚烷	767.0	767.5	768.0	2,2,4-三甲基戊烷	687.7	690.1	692.4
3,4-二甲基己烷	768.7	770.9	773.2	2,2,3,3-四甲基丁烷	720.7	725.9	731.1
3-甲基-3-乙基戊烷	770.4	774.4	778.4	2,2-二甲基己烷	718.4	719.5	720.7
3-乙基己烷	772.1	772.9	773.6	2,5-二甲基己烷	727.9	728.5	729.1
3-甲基庚烷	772.1	772.9	773.6	2,4-二甲基己烷	731.1	732.1	733.2
正辛烷	800	800	800	2,2,3-三甲基戊烷	734.0	737.3	740.6
2,2,4,4-四甲基戊烷	769.3	773.1	776.9	3,3-二甲基己烷	741.1	743.7	746.3

续表

I 柱温/℃ 化合物	30	50	70	I 柱温/℃ 化合物	30	50	70
2,3,4-三甲基戊烷	749.5	752.5	755.5	2,3-二甲基庚烷	853.5	854.8	856.1
2,3,3-三甲基戊烷	755.5	759.8	764.1	3,4-二甲基庚烷	856.3	858.4	860.0
2,5-二甲基庚烷	832.3	832.9	833.5	3-甲基-3-乙基己烷	850.0	853.5	857.0
3,5-二甲基庚烷	832.6	833.7	834.8	4-乙基庚烷	856.6	857.5	858.4
2,4-二甲基庚烷	832.8	836.4	840.0	2,3,3,4-四甲基戊烷	853.6	858.9	864.2
3,3-二甲基庚烷	833.8	836.1	838.4	4-甲基辛烷	862.3	862.9	863.5
2,3,3-三甲基己烷	836.3	840.0	843.7	3-乙基庚烷	866.0	866.9	867.8
2-甲基-3-乙基己烷	841.6	843.7	845.8	2-甲基辛烷	864.4	864.7	865.0
2,3,4-三甲基己烷	846.6	849.6	852.6	3-甲基辛烷	869.6	870.3	871.0
2,2,3,3-四甲基戊烷	847.3	852.7	858.1	2,3-二甲基-3-乙基戊烷	866.9	872.3	877.7
3-甲基-4-乙基己烷	851.7	854.8	857.9	3,3-二乙基戊烷	871.8	877.6	883.4
3,3,4-三甲基己烷	848.7	853.1	857.5	正壬烷	900	900	900

表 17-7 C_5～C_9烷烃保留指数（三）[7]

固定液：角鲨烷　　　　柱　温：50℃

化合物	I	化合物	I	化合物	I
2,2-二甲基丙烷	412.3	2,2-二甲基己烷	719.4	2,2,4-三甲基己烷	789.1
2-甲基丁烷	475.3	2,5-二甲基己烷	728.4	2,4,4-三甲基己烷	807.7
2,2-二甲基丁烷	536.8	2,4-二甲基己烷	731.9	2,3,5-三甲基己烷	812.0
2,3-二甲基丁烷	567.3	2,2,3-三甲基戊烷	737.1	2,2-二甲基庚烷	815.4
3-甲基戊烷	584.2	2,3,4-三甲基戊烷	752.4	2,2,3,4-四甲基戊烷	819.6
2,2-二甲基戊烷	625.6	2,2,3-三甲基戊烷	759.4	2,2,3-三甲基己烷	812.6
2,4-二甲基戊烷	629.8	2,3-二甲基己烷	760.1	2,2-二甲基-3-乙基戊烷	822.2
2,2,3-三甲基丁烷	639.7	2-甲基-3-乙基戊烷	761.4	3,3-二甲基庚烷	835.8
3,3-二甲基戊烷	658.9	2-甲基庚烷	764.9	2,4-二甲基-3-乙基戊烷	836.5
2-甲基己烷	666.6	4-甲基庚烷	767.2	2,3,4-三甲基己烷	849.1
2,3-二甲基戊烷	671.7	3,4-二甲基己烷	770.6	2,2,3,3-四甲基戊烷	852.1
3-甲基己烷	676.2	3-甲基庚烷	772.3	2,3,3,4-四甲基戊烷	858.0
3-乙基戊烷	686.0	2,2,4,4-四甲基戊烷	772.7	3-甲基辛烷	870.2
2,2,4-三甲基戊烷	689.0	3-甲基-3-乙基戊烷	774.0	3,3-二乙基戊烷	877.2

表 17-8 C_5～C_9烷烃保留指数（四）[8]

固定液：角鲨烷　　　　柱　温：50℃

化合物	I	化合物	I	化合物	I
正戊烷	500.0	2,2,3,3-四甲基丁烷	726.7	3,4-二甲基己烷	770.9
2,2-二甲基丁烷	536.8	2,5-二甲基己烷	728.5	2-甲基戊烷	569.6
2,3-二甲基丁烷	567.6	2,4-二甲基己烷	732.1	3-甲基戊烷	584.3
3,3-二甲基戊烷	659.0	2,2,3-三甲基戊烷	737.3	正己烷	600.0
2-甲基己烷	666.7	3,3-二甲基己烷	743.8	3-甲基庚烷	772.5
2,3-二甲基戊烷	671.8	2,3,4-三甲基戊烷	752.6	3-乙基己烷	772.7
3-甲基己烷	676.3	2,3,3-三甲基戊烷	759.8	2,2,4,4-四甲基戊烷	773.1
3-乙基戊烷	686.2	2,3-二甲基己烷	760.4	3-甲基-3-乙基戊烷	774.4
2,2,4-三甲基戊烷	690.2	2-甲基-3-乙基戊烷	761.6	2,2,5-三甲基己烷	776.7
正庚烷	700.0	2-甲基庚烷	764.9	2,2,4-三甲基己烷	789.5
2,2-二甲基己烷	719.6	4-甲基庚烷	767.2	正辛烷	800.0

续表

化合物	*I*	化合物	*I*	化合物	*I*
2,4,4-三甲基己烷	808.2	3,3-二甲基庚烷	836.1	2,3-二甲基庚烷	854.8
2,3,5-三甲基己烷	812.4	2,2-二甲基戊烷	625.8	4-乙基庚烷	857.5
2,2-二甲基庚烷	815.8	2,4-二甲基戊烷	629.8	3,4-二甲基庚烷	858.4
2,2,3,4-四甲基戊烷	820.1	2,2,3-三甲基丁烷	640.0	2,3,3,4-四甲基戊烷	858.9
2,4-二甲基庚烷	821.5	2,4-二甲基-3-乙基戊烷	836.4	4-甲基庚烷	863.0
2,2,3-三甲基己烷	821.8	2,3,3-三甲基己烷	840.0	2-甲基庚烷	864.7
2,2-二甲基-3-乙基戊烷	822.2	2-甲基-3-乙基己烷	843.7	3-乙基庚烷	866.9
2-甲基-4-乙基己烷	824.3	2,3,4-三甲基己烷	849.1	3-甲基辛烷	870.3
2,6-二甲基庚烷	827.2	2,2,3,3-四甲基戊烷	852.4	2,3-二甲基-3-乙基戊烷	872.3
4,4-二甲基庚烷	827.6	3,3,4-三甲基己烷	853.1	3,3-二乙基戊烷	877.6
2,5-二甲基庚烷	832.9	3-甲基-3-乙基己烷	853.5	正壬烷	900.0
3,5-二甲基庚烷	833.7	3-甲基-4-乙基己烷	854.8		

表 17-9 C_5～C_{17}烷烃保留指数[9]

I 固定液 / 化合物	CPSIL-5CB	HPINNOWAX	PS-255	*I* 固定液 / 化合物	CPSIL-5CB	HPINNOWAX	PS-255
正戊烷			499.73	十二烷	1200.02	1199.98	
正己烷			600.07	正十三烷	1300.00	1300.04	
正庚烷			700.14	正十四烷	1400.00	1399.97	
正辛烷	800.08		800.09	正十五烷	1500.00	1500.01	
正壬烷	899.87		899.82	正十六烷		1600.00	
正癸烷	1000.09		1000.07	正十七烷		1700.00	
正十一烷	1099.95	1100.00	1999.99				

表 17-10 C_5～C_{20}烷烃保留指数[10]

柱温：100℃

I 固定液 / 化合物	OV-101	DB-1	DB-5	Wax	*I* 固定液 / 化合物	OV-101	DB-1	DB-5	Wax
1-戊烷	500	500	500	500	1-十三烷	1300	1300	1300	1300
1-己烷	600	600	600	600	1-十四烷	1400	1400	1400	1400
1-庚烷	700	700	700	700	1-十五烷	1500	1500	1500	1500
1-辛烷	800	800	800	800	1-十六烷	1600	1600	1600	1600
1-壬烷	900	900	900	900	1-十七烷	1700	1700	1700	1700
1-癸烷	1000	1000	1000	1000	1-十八烷	1800	1800	1800	1800
1-十一烷	1100	1100	1100	1100	1-十九烷	1900	1900	1900	1900
1-十二烷	1200	1200	1200	1200	1-二十烷	2000	2000	2000	2000

表 17-11 C_6～C_8烷烃保留指数[11]

固定液：聚甲基聚硅氧烷　柱温：100℃　载气：He　检测器：FID

I 色谱柱 / 化合物	PLOT Opty	PLOT Opty · $CuCl_2$	PLOT Opty · $CrCl_3$
2,2-二甲基丁烷	545	540	546
2,3-二甲基丁烷	576	577	570
2,2,4-三甲基戊烷	699	698	692

表 17-12　C_6～C_8 烷烃保留指数（一）[12]

柱温：80℃

I 固定液 / 化合物	SE-30	OV-1	*I* 固定液 / 化合物	SE-30	OV-1
2,2-二甲基丁烷	538.6	538.7	3-乙基戊烷	—	687.6
2,3-二甲基丁烷	568.1	568.4	2,2,4-三甲基戊烷	693.3	—
2-甲基戊烷	569.2	570.7	2,2-二甲基己烷	—	724.0
3-甲基戊烷	584.9	585.2	2,4-二甲基己烷	735.5	—
2,2-二甲基戊烷	626.4	626.6	2,2,3-三甲基戊烷	737.8	—
2,4-二甲基戊烷	631.7	632.0	2,3,4-三甲基戊烷	753.5	754.0
2,2,3-三甲基丁烷	—	639.2	2,3-二甲基己烷	—	762.6
3,3-二甲基戊烷	—	657.0	2-甲基庚烷	—	766.3
2,3-二甲基戊烷	—	669.9	3-甲基庚烷	774.6	774.4

表 17-13　C_6～C_8 烷烃保留指数（二）[13]

固定液	角鲨烷		正三十碳烷		固定液	角鲨烷		正三十碳烷	
I 柱温/℃ / 化合物	70	80	70	80	*I* 柱温/℃ / 化合物	70	80	70	80
2-甲基戊烷	570.3	570.5	599.0	570.3	3,3-二甲基戊烷	662.1	662.8	660.6	661.9
3-甲基戊烷	584.7	585.6	584.6	584.8	2,2,3-三甲基丁烷	643.2	644.6	640.7	642.0
2,2-二甲基丁烷	538.1	540.1	536.7	537.6	2-甲基庚烷	—	765.5	—	764.3
2,3-二甲基丁烷	569.2	569.6	568.2	568.2	3-甲基庚烷	—	772.6	—	772.4
2-甲基己烷	668.5	667.7	666.3	666.2	4-甲基庚烷	—	766.9	—	767.6
3-甲基己烷	676.8	677.0	676.3	676.9	3-乙基己烷	—	773.5	—	772.9
3-乙基戊烷	688.0	688.2	686.4	686.5	2,2-二甲基己烷	—	720.9	—	717.9
2,2-二甲基戊烷	627.4	627.9	624.8	626.2	2,3-二甲基己烷	—	762.0	—	761.3
2,3-二甲基戊烷	673.5	674.4	672.8	672.9	2,4-二甲基己烷	—	733.1	—	731.5
2,4-二甲基戊烷	631.5	631.3	628.7	628.8	2,5-二甲基己烷	—	729.7	—	727.7
3,3-二甲基己烷	—	746.2	—	745.7	2,3,4-三甲基戊烷	—	756.4	—	754.6
3,4-二甲基己烷	—	774.1	—	773.1	2,2,3,3-四甲基丁烷	—	773.0	—	731.0
2-甲基-3-乙基戊烷	—	764.2	—	763.1	苯	—	651.6	—	650.6
3-甲基-3-乙基戊烷	—	779.6	—	779.9	乙醇	—	354.2	—	347.0
2,2,3-三甲基戊烷	—	742.3	—	741.0	甲乙酮	—	557.0	—	542.6
2,2,4-三甲基戊烷	—	693.7	—	690.7	硝基甲烷	—	496.0	—	459.0
2,3,3-三甲基戊烷	—	765.3	—	765.0	吡啶	—	751.4	—	735.0

表 17-14　C_6～C_8 烷烃保留指数[14]

色谱柱：不锈钢填充柱，1.5m×1/8in　　柱温：100℃　载气：He　检测器：FID

I 固定液 / 化合物	SGBC	SGBCCu	SGBCCo	*I* 固定液 / 化合物	SGBC	SGBCCu	SGBCCo
己烷	600	600	600	2,3-二甲基丁烷	577	579	—
1-庚烯	692	711	712	3-甲基戊烷	587	588	587
2,2-二甲基丁烷	560	564	562	2,2,4-三甲基戊烷	729	734	731

表 17-15 C_6～C_9 烷烃保留指数[15]

固定液：角鲨烷　　柱温：25℃

化合物	*I*	化合物	*I*	化合物	*I*
2,2-二甲基丁烷	534.8	2-甲基庚烷	764.6	3,3-二甲基庚烷	833.7
2,3-二甲基丁烷	565.0	3,4-二甲基己烷	768.0	2,3,4-三甲基己烷	842.6
2-甲基戊烷	569.4	4-甲基庚烷	766.5	3,3,4-三甲基己烷	847.8
3-甲基戊烷	583.0	2,2,4,4-四甲基戊烷	769.7	3-甲基-3-乙基己烷	849.4
2,2,3-三甲基丁烷	636.2	3-乙基己烷	771.3	2,3,3,4-四甲基戊烷	852.1
3,3-二甲基戊烷	655.6	3-甲基庚烷	771.5	3-甲基-4-乙基己烷	851.1
2-甲基己烷	666.2	2,2,5-三甲基己烷	774.8	2,3-二甲基庚烷	853.6
2,3-二甲基戊烷	669.9	2,2,4-三甲基己烷	785.8	3,4-二甲基庚烷	855.7
3-甲基己烷	675.2	2,3,5-三甲基己烷	810.2	4-乙基庚烷	856.4
3-乙基戊烷	684.7	2,2,3,4-四甲基戊烷	814.1	2,3-二甲基-3-乙基戊烷	865.7
2,2,4-三甲基戊烷	687.3	2,2-二甲基-3-乙基戊烷	817.1	4-甲基辛烷	862.3
2,2-二甲基己烷	718.3	2,2-二甲基庚烷	814.7	2-甲基辛烷	864.2
2,5-二甲基己烷	727.6	2,2,3-三甲基己烷	817.7	3,3-二乙基戊烷	870.9
2,2,3-三甲基戊烷	733.2	2,4-二甲基庚烷	821.0	4-乙基庚烷	866.0
2,4-二甲基己烷	730.8	4,4-二甲基庚烷	824.8	3-甲基辛烷	869.7
3,3-二甲基己烷	740.0	2-甲基-4-乙基己烷	823.4	正戊烷	500.0
2,3,4-三甲基戊烷	748.6	2,6-二甲基庚烷	826.6	正己烷	600.0
2,3,3-三甲基戊烷	753.9	2,4-二甲基-3-乙基戊烷	832.1	正庚烷	700.0
2-甲基-3-乙基戊烷	757.9	2,3,3-三甲基乙烷	835.2	正辛烷	800.0
2,3-二甲基己烷	758.5	3,5-二甲基庚烷	832.5	正壬烷	900.0
3-甲基-3-乙基戊烷	769.2				

表 17-16 C_6～C_{10} 烷烃保留指数[16]

色谱柱：填充玻璃柱，2m×30mm　　柱温：70℃　　载气：N_2，15mL/min　　检测器：FID

化合物 \ 固定液 *I*	3% OV-1 + 5% $PdAA_2en$	3% OV-1	化合物 \ 固定液 *I*	3% OV-1 + 5% $PdAA_2en$	3% OV-1
1-己烷	600	600	1-壬烷	900	900
1-庚烷	700	700	1-癸烷	1000	1000
1-辛烷	800	800			

表 17-17 C_6～C_{15} 烷烃保留指数[17]

色谱柱：HP-5ms，30m×0.32 mm，0.25μm　　固定液：HP-5

柱　温：35℃（1min）—1℃/min→ 40℃（1min）—7℃/min→ 220℃（1min）　　载　气：He，2.5mL/min

检测器：TOFMS

化合物	*I*	化合物	*I*	化合物	*I*
己烷	600	2-甲基壬烷	969	2,5,6-三甲基癸烷	1216
2,4-二甲基己烷	727	3-甲基壬烷	975	6-甲基十二烷	1246
辛烷	800	2,2,4,6,6-五甲基庚烷	988	4-乙基十一烷	1281
2,2,4-三甲基己烷	817	癸烷	1000	十三烷	1300
2,4-二甲基庚烷	817	3,9-二甲基壬烷	1039	2,2-二甲基十二烷	1316
4-乙基-2-甲基己烷	831	3,6-二甲基癸烷	1062	3-乙基-3-甲基十一烷	1348
壬烷	900	3-甲基癸烷	1073	2-甲基十三烷	1369
2,4-二甲基辛烷	925	2-甲基癸烷	1089	十四烷	1400
3-乙基-3-甲基庚烷	932	十一烷	1100	6,6-二乙基十二烷	1495
2,6-二甲基辛烷	938	2,3-二甲基癸烷	1135	十五烷	1500
3-乙基-2-甲基庚烷	944	5-甲基十一烷	1157	5-乙基-5-甲基十三烷	1507
4-乙基辛烷	957	3,9-二甲基十一烷	1170	3-乙基-3-甲基十三烷	1544
4-甲基壬烷	960	十二烷	1200		

表 17-18 C_8～C_{10} 烷烃保留指数[18]

固定液：角鲨烷 柱温：100℃

化合物	I	化合物	I	化合物	I
2-甲基庚烷	765.2	3-乙基庚烷	869.3	5-甲基壬烷	957.9
3-甲基庚烷	773.4	3-甲基辛烷	871.9	3-乙基辛烷	965.0
4-甲基辛烷	863.7	4-乙基辛烷	952.2	3-甲基壬烷	970.5

表 17-19 C_{10}～C_{31} 烷烃保留指数[19]

固定液：苯基甲基聚硅氧烷

色谱柱：HP-5MS 熔融硅石英柱，30m×0.25mm 载气：He，1mL/min

柱温：80℃→300℃，4℃/min 检测器：MSD

化合物	I	化合物	I	化合物	I
癸烷	1000	二十一烷	2100	二十七烷	2700
正十三烷	1300	二十二烷	2200	二十八烷	2800
十六烷	1600	二十三烷	2300	二十九烷	2900
正十七烷	1700	二十四烷	2400	三十烷	3000
正十八烷	1800	二十五烷	2500	三十一烷	3100
2,6,10,14-四甲基十六烷	1809.5	二十六烷	2600		

表 17-20 C_{11}～C_{20} 烷烃保留指数[20]

柱温：200℃

固定液	Apiezon L		SE-30		LAC2-R-446	
保留指数 / 化合物	I	$\frac{\partial I}{\partial T}$	I	$\frac{\partial I}{\partial T}$	I	$\frac{\partial I}{\partial T}$
2,6-二甲基壬烷	1018.5	+0.045	1026.0	+0.053	—	—
2,6-二甲基癸烷	1112.0	+0.070	1119.1	+0.058	—	—
2,6-二甲基十一烷	1207.0	+0.041	1215.5	+0.049	—	—
2,6,10-三甲基十一烷	1260.4	+0.013	1274.8	+0.039	1231.2	−0.070
2,6,10-三甲基十二烷	1366.3	+0.030	1378.9	+0.050	1346.7	−0.049
2,6,10-三甲基十三烷	1448.8	+0.011	1462.8	+0.031	1422.8	−0.079
2,6,10-三甲基十四烷	1540.0	+0.013	1554.6	+0.044	1509.9	−0.103
2,6,10-三甲基十五烷	1632.7	0.0	1650.2	+0.052	1602.5	−0.112
2,6,10,14-四甲基十五烷	1686.6	0.0	1709.4	+0.028	1645.9	−0.137
2,6,10,14-四甲基十六烷	1790.9	+0.014	1813.6	+0.052	1759.3	−0.121
2-甲基十四烷	1461.0	—	1461.8	—	1451.9	—
3-甲基十四烷	1469.3	—	1469.2	—	1469.6	—

表 17-21 C_{13}～C_{29} 烷烃保留指数[21]

色谱柱：RTX-1MS（30m×0.25mm，0.25μm）；
HR-1701（30m×0.25mm，0.25μm）；
HR-20M（30m×0.32mm，0.25μm）

柱 温：RTX-1MS，80℃→260℃，2℃/min；
HR-1701，60℃（2min）→260℃，3℃/min；
HR-20M，40℃（2min）→230℃，3℃/min

载 气：He，1.0mL/min 检测器：MS

固定液 / I / 化合物	二甲基聚硅氧烷（RTX-1MS）	7%苯基、7%氰基、86%甲基聚硅氧烷（HR-1701）	聚乙二醇 20M（HR-20M）
十三烷	1300	1300	1300
正十四烷	1400	1400	1400
正十六烷	1600	1600	1600
7-(4-甲氧苯亚甲基)二环[4,1,0]庚烷	1695		3008

续表

化合物 \ I \ 固定液	二甲基聚硅氧烷（RTX-1MS）	7%苯基、7%氰基、86%甲基聚硅氧烷（HR-1701）	聚乙二醇 20M（HR-20M）
十七烷	1700	1700	1700
十八烷	1800	1800	1800
十九烷	1900	1900	1900
二十烷	2000	2000	2000
二十一烷	2100	2100	2100
二十二烷	2200	2200	2200
二十三烷	2300	2300	2300
二十四烷	2400	2400	2400
二十七烷	2700	2700	2700
二十九烷	2900	2900	2900

表 17-22 C_{16}～C_{25} 烷烃保留指数[20]

固定液	Apiezon L		SE-30		LAC2-R-446
化合物 \ I \ 柱温/℃	180	200	170	200	160
3,7,11-三甲基十三烷	1469.8	—	1480.4	—	1460.7
3,7,11-三甲基十四烷	1552.8	—	1565.8	—	1539.6
3,7,11-三甲基十五烷	1641.7	—	1657.6	—	1630.6
3,7,11-三甲基十六烷	1735.8	—	1751.5	—	1718.6
2,6,10-三甲基十六烷	1726.9	—	1743.7	—	1700.0
2,6,10,14-四甲基十七烷	—	1871.5	—	1893.3	1839.3
2,6,10,14-四甲基十八烷	—	1959.2	—	1984.1	1928.4
2,6,10,14-四甲基十九烷	—	2052.8	—	2076.5	2018.0
2,6,10,14,18-五甲基十九烷	—	2113.4	—	2141.0	—
2,6,10,14,18-五甲基二十烷	—	2214.2	—	—	—

表 17-23 C_{17}～C_{24} 烷烃保留指数[22]

固定液	OV-1		Dexsil 300		SE-52		Apiezon L		Carbowax 20M
化合物 \ I \ 柱温/℃	180	190	180	190	180	190	180	190	150
2-甲基十六烷	1664.8	—	1660.6	—	1663.8	—	1660.6	—	1661.7
2-甲基十八烷	1864.4	—	1860.3	—	1863.2	—	1860.4	—	1861.7
2-甲基二十烷	2064.3	—	2060.3	—	2063.1	—	2060.5	—	2061.7
3-甲基十七烷	1772.2	—	1770.8	—	1771.2	—	1768.4	—	1769.2
3-甲基十九烷	1972.1	—	1971.1	—	1971.2	—	1968.3	—	1969.2
3-甲基二十一烷	2172.0	—	2172.2	—	2171.3	—	2168.5	—	2169.3
4-甲基十八烷	—	1858.9	—	1856.3	—	1857.9	—	1654.7	1857.0
4-甲基二十烷	—	2058.5	—	2056.6	—	2057.4	—	2054.6	2057.0
4-甲基二十二烷	—	2258.3	—	2256.2	—	2257.2	—	2254.3	2256.9
5-甲基十九烷	—	1952.2	—	1949.2	—	1951.6	—	1946.6	1948.7
5-甲基二十一烷	—	2151.8	—	2149.1	—	2151.1	—	2146.4	2148.5
5-甲基二十三烷	—	2351.6	—	2349.1	—	2350.0	—	2346.3	2348.7

表 17-24　C_{21}～C_{25}烷烃保留指数[23]

固定液：Dexsil 300　　　柱温：210℃

化合物	*I*	化合物	*I*	化合物	*I*
正二十一烷	2100	正二十三烷	2300	5-甲基二十四烷	2447.1
2-甲基二十一烷	2160.3	5-甲基二十三烷	2347.8	4-甲基二十四烷	2455.6
3-甲基二十一烷	2171.1	4-甲基二十三烷	2355.9	2-甲基二十四烷	2460.5
正二十二烷	2200	2-甲基二十三烷	2360.7	3-乙基二十三烷	2466.6
4-甲基二十二烷	2254.6	3-乙基二十二烷	2366.2	3-甲基二十四烷	2471.4
2-甲基二十二烷	2259.2	3-甲基二十三烷	2371.6	十九烷基环戊烷	2486.1
3-甲基二十二烷	2269.3	十八烷基环戊烷	2386.4	正二十五烷	2500
十七烷基环戊烷	2284.5	正二十四烷	2400		

表 17-25　C_{24}～C_{27}烷烃保留指数[23]

固定液：Dexsil 300　　　柱温：220℃

化合物	*I*	化合物	*I*	化合物	*I*
正二十四烷	2400	5-甲基二十五烷	2539.9	4-甲基二十六烷	2655.2
5-甲基二十四烷	2448.4	4-甲基二十五烷	2555.4	2-甲基二十六烷	2659.5
4-甲基二十四烷	2455.7	2-甲基二十五烷	2560.1	3-甲基二十五烷	2666.7
2-甲基二十四烷	2462.2	3-乙基二十四烷	2567.3	3-甲基二十六烷	2670.8
3-甲基二十三烷	2467.8	3-甲基二十五烷	2570.9	二十一烷基环戊烷	2690.6
3-甲基二十四烷	2471.8	二十烷基环戊烷	2590.2	正二十七烷	2700.0
十九烷基环戊烷	2488.9	正二十六烷	2600		
正二十五烷	2500	5-甲基二十六烷	2647.6		

表 17-26　长链异构烷烃保留指数[24]

固定液：SE-30

化合物（*I* / 柱温/℃）	R	*n*	220	270
$C_{11}-C(R)-C_{11}$	甲基		2340	2340
	乙基		2405	2414
	丙基		2478	2480
	丁基		2560	2565
	戊基		2648	2650
	己基		2735	2745
	庚基		—	2839
	辛基		—	2930
$C_{10}-C(R)-C_n-C(R)-C_{10}$	甲基	4		2670
	甲基	5		2774
	甲基	6		2867
	甲基	8		3068
	乙基	4		2809
	乙基	5		2903
	乙基	6		3008
	乙基	8		3205
	丁基	4		3090
	丁基	5		3188
	丁基	6		3298
	丁基	8		3485

表 17-27 烷基金刚烷保留指数（一）[25]

固定液	角鲨烷	季戊四醇四-β-氰乙基醚	固定液	角鲨烷	季戊四醇四-β-氰乙基醚
I 柱温/℃ 化合物	125	125	I 柱温/℃ 化合物	125	125
金刚烷	1105	1405	1,3,5,7-四甲基金刚烷	1177	1273
1-甲基金刚烷	1125	1377	1-乙基-3-甲基金刚烷	1264	1478
1,3-二甲基金刚烷	1145	1345	1-乙基-3,5-二甲基金刚烷	1276	1439
1,3,5-三甲基金刚烷	1162	1310			

表 17-28 烷基金刚烷保留指数（二）[26]

固定液	Apiezon L				角鲨烷				四-o-(2-氰乙基)五赤藓醇		
保留指数 柱温/℃ 化合物	200	170	140	$10\left(\frac{\partial I}{\partial T}\right)$	140	125	110	$10\left(\frac{\partial I}{\partial T}\right)$	125	110	$10\left(\frac{\partial I}{\partial T}\right)$
	I				I				I		
金刚烷	1216	1188	1162	9.0	1114	1104	1095	6.3	1405	1363	27.7
1-甲基金刚烷	1232	1205	1179	8.9	1135	1125	1116	6.2	1374	1339	23.6
1,3-二甲基金刚烷	1245	1218	1194	8.5	1154	1144	1136	6.1	1344	1312	21.0
1,3,5-三甲基金刚烷	1254	1230	1204	8.2	1170	1161	1153	5.7	1311	1282	18.9
1,3,5,7-四甲基金刚烷	1255	1234	1214	6.8	1185	1176	1169	5.3	1274	1251	14.9
2-甲基金刚烷	1300	1270	1242	9.7	1192	1182	1175	5.8	1475	1432	28.7
1-乙基金刚烷	1367	1337	1309	9.8	1259	1249	1240	6.4	1515	1471	29.0
1-乙基-3,5,7-三甲基金刚烷	1368	1348	—	6.7	1294	1285	—	5.8	1400	1375	16.8
1-乙基-3-甲基金刚烷	1371	1343	—	9.3	1273	1263	—	6.3	1478	1438	26.3
1-乙基-3,5-二甲基金刚烷	1372	1348	1321	8.5	1285	1276	1267	5.9	1439	1407	21.2
高金刚烷	1379	1345	1313	11.0	1255	1244	1234	7.0	1577	1527	33.4
2-乙基金刚烷	1384	1356	1329	9.2	1280	1270	1262	5.9	1549	1508	27.8
2-异丙基金刚烷	1449	1419	—	10.0	1342	1333	—	6.3	1600	1556	30.0
1-丙基金刚烷	1450	1422	—	9.5	1346	1335	1326	6.5	1584	1544	26.9
四环十二烷	1456	1420	1386	11.8	1322	1311	1300	7.4	1666	1616	33.2
2-丙基金刚烷	1463	1436	—	8.8	1363	1353	1346	5.8	1618	1575	28.4
1-异丙基金刚烷	1472	1441	—	10.3	1358	1347	1337	6.9	1623	1578	30.3
1,3-二乙基-5,7-二甲基金刚烷	1481	1456	—	8.3	—	1390	—	—	1520	—	—
1,3-二乙基金刚烷	1491	1461	—	9.9	1387	1377	—	6.7	1607	1568	26.6
1,3-二乙基-5-甲基金刚烷	1492	1463	—	9.6	—	1384	—	—	1565	—	—
2-异丁基金刚烷	1500	1473	—	9.0	—	—	—	—	—	—	—
1-丁基金刚烷	1542	1514	—	9.4	—	—	—	—	—	—	—
2-丁基金刚烷	1556	1529	—	8.9	—	—	—	—	—	—	—
1-叔丁基金刚烷	1559	1525	—	11.4	—	—	—	—	—	—	—
1-仲丁基金刚烷	1570	1538	—	10.6	—	—	—	—	—	—	—
2-(1-金刚基)-戊烷	1646	1616	—	10.2	—	—	—	—	—	—	—
3-(1-金刚基)-戊烷	1653	1620	—	10.9	—	—	—	—	—	—	—
二金刚烷	1676	1631	—	15.0	—	—	—	—	—	—	—
4-甲基二金刚烷	1691	1647	—	14.6	—	—	—	—	—	—	—
1-甲基二金刚烷	1731	1683	—	16.0	—	—	—	—	—	—	—
3-甲基二金刚烷	1750	1704	—	15.3	—	—	—	—	—	—	—

第二节 烯烃与炔烃的保留指数

表 17-29 C_2～C_{14} 烯烃保留指数[27]

固定液：角鲨烷　　　　　柱　温：100℃

化合物	I	化合物	I	化合物	I
乙烯	178.30	反-3-壬烯	886.40	1-十二烯	1183.00
丙烯	288.20	顺-3-壬烯	887.50	顺-3-十二烯	1185.10
1-丁烯	385.20	反-2-壬烯	896.40	反-3-十二烯	1185.10
反-2-丁烯	405.90	顺-2-壬烯	901.90	反-2-十二烯	1196.90
顺-2-丁烯	417.80	顺-5-癸烯	981.60	顺-2-十二烯	1201.70
1-戊烯	482.60	反-4-癸烯	982.50	顺-6-十三烯	1271.20
反-2-戊烯	499.50	1-癸烯	982.50	顺-5-十三烯	1273.80
顺-2-戊烯	505.40	顺-4-癸烯	982.80	反-6-十三烯	1277.40
1-己烯	583.80	反-5-癸烯	984.10	顺-4-十三烯	1278.60
反-3-己烯	591.10	反-3-癸烯	985.80	反-5-十三烯	1279.50
顺-3-己烯	593.30	顺-3-癸烯	985.80	反-4-十三烯	1279.90
反-2-己烯	596.50	反-2-癸烯	996.70	1-十三烯	1283.10
顺-2-己烯	604.90	顺-2-癸烯	1001.70	顺-3-十三烯	1284.40
1-庚烯	683.10	顺-5-十一烯	1078.20	反-3-十三烯	1284.90
反-3-庚烯	687.40	顺-4-十一烯	1080.50	反-2-十三烯	1297.00
顺-3-庚烯	692.00	反-4-十一烯	1081.10	顺-2-十三烯	1301.60
反-2-庚烯	698.70	反-5-十一烯	1081.80	顺-7-十四烯	1366.70
顺-2-庚烯	704.70	1-十一烯	1082.40	顺-6-十四烯	1368.60
1-辛烯	782.60	顺-3-十一烯	1085.30	顺-5-十四烯	1372.00
反-4-辛烯	784.10	反-3-十一烯	1085.40	反-7-十四烯	1374.50
顺-4-辛烯	788.20	反-2-十一烯	1096.60	反-6-十四烯	1375.70
反-3-辛烯	788.20	顺-2-十一烯	1101.50	顺-4-十四烯	1377.70
顺-3-辛烯	789.80	顺-6-十二烯	1175.00	反-5-十四烯	1378.40
反-2-辛烯	797.50	顺-5-十二烯	1175.60	反-4-十四烯	1379.30
顺-2-辛烯	803.20	反-6-十二烯	1179.60	1-十四烯	1383.20
1-壬烯	882.50	顺-4-十二烯	1179.60	顺-3-十四烯	1384.10
反-4-壬烯	884.20	反-5-十二烯	1180.60	反-3-十四烯	1384.60
顺-4-壬烯	885.40	反-4-十二烯	1180.60	反-2-十四烯	1396.90

表 17-30 C_4～C_9 烯烃保留指数[28]

柱温：40℃

固定液	J&W DB-1		H-P PONA		J&W DB-5	
化合物 \ 保留指数	I	$10\left(\frac{\partial I}{\partial T}\right)$	I	$10\left(\frac{\partial I}{\partial T}\right)$	I	$10\left(\frac{\partial I}{\partial T}\right)$
2-甲基丙烯	—	—	389.8	−0.17	—	—
1-丁烯	—	—	390.8	−0.17	—	—
反-2-丁烯	409.9	−0.26	409.9	−0.28	—	—
顺-2-丁烯	424.6	−0.10	424.6	−0.14	—	—
3-甲基-1-丁烯	457.2	0.09	457.2	0.05	—	—
1-戊烯	488.7	−0.08	488.8	−0.05	491.7	−0.06

续表

固定液	J&W DB-1		H-P PONA		J&W DB-5	
化合物＼保留指数	I	$10\left(\frac{\partial I}{\partial T}\right)$	I	$10\left(\frac{\partial I}{\partial T}\right)$	I	$10\left(\frac{\partial I}{\partial T}\right)$
2-甲基-1-丁烯	495.2	−0.18	495.3	−0.19	—	—
反-2-戊烯	506.9	−0.39	507.1	−0.34	510.0	−0.35
3,3-二甲基-1-丁烯	514.1	0.31	514.3	0.36	515.4	0.27
顺-2-戊烯	515.1	−0.15	515.2	−0.10	518.4	−0.14
2-甲基-2-丁烯	520.0	−0.04	520.1	−0.05	523.0	−0.04
环戊烯	553.8	1.24	554.0	1.31	561.3	1.37
4-甲基-1-戊烯	556.5	0.27	556.5	0.25	558.7	0.19
3-甲基-1-戊烯	558.2	0.56	558.2	0.55	560.3	0.54
2,3-二甲基-1-丁烯	566.3	0.29	566.3	0.31	568.9	0.22
4-甲基-顺-2-戊烯	567.4	−0.08	567.5	−0.04	569.2	−0.09
4-甲基-反-2-戊烯	570.1	−0.25	570.1	−0.29	572.3	−0.29
2-甲基-1-戊烯	588.0	0.06	588.0	0.06	591.0	0.04
1-己烯	588.8	0.01	589.0	0.03	592.1	0.03
2-乙基-1-丁烯	598.9	−0.11	599.1	−0.05	602.7	−0.04
反-3-己烯	601.7	−0.37	601.7	−0.42	604.8	−0.34
顺-3-己烯	603.0	−0.05	603.1	−0.03	606.0	−0.06
反-2-己烯	604.4	−0.26	604.5	−0.26	607.4	−0.23
2-甲基-2-戊烯	606.8	−0.26	606.8	−0.25	609.7	−0.22
3-甲基环戊烯	609.7	1.27	609.9	1.27	615.8	1.30
3-甲基-顺-2-戊烯	610.2	0.24	610.3	0.25	613.3	0.26
4,4-二甲基-1-戊烯	610.8	0.69	610.8	0.68	612.3	0.68
顺-2-己烯	613.9	0.05	613.9	0.05	617.2	0.05
3-甲基-反-2-戊烯	619.9	0.00	620.0	0.00	623.5	0.04
4,4-二甲基-反-2-戊烯	625.2	−0.26	625.3	−0.28	626.7	−0.32
2,3-二甲基-2-丁烯	630.6	0.27	630.7	0.28	634.0	0.36
3,3-二甲基-1-戊烯	631.1	0.97	631.1	0.98	633.0	0.93
2,3,3-三甲基-1-丁烯	634.3	0.95	634.4	0.96	636.8	0.92
3,4-二甲基-1-戊烯	642.2	0.93	642.3	0.94	644.5	0.90
4,4-二甲基-顺-2-戊烯	642.9	0.87	642.9	0.85	645.1	0.85
2,4-二甲基-1-戊烯	646.4	0.40	646.4	0.39	648.4	0.35
1-甲基环戊烯	648.9	1.18	649.1	1.20	655.5	1.29
3-甲基-1-己烯	650.8	0.51	650.8	0.48	652.8	0.47
2-甲基-顺-3-己烯	652.1	0.00	652.1	0.00	653.6	−0.04
3-乙基-1-戊烯	654.3	0.78	654.3	0.78	656.2	0.80
2,4-二甲基-2-戊烯	654.5	−0.51	654.5	−0.50	656.2	−0.52
5-甲基-1-己烯	656.6	0.21	656.7	0.18	659.3	0.13
2,3-二甲基-1-戊烯	658.3	0.76	658.4	0.76	660.8	0.73
2-甲基-反-3-己烯	660.2	−0.41	660.2	−0.42	662.3	−0.44
4-甲基-1-己烯	663.8	0.48	663.8	0.45	666.6	0.43
4-甲基-反-2-己烯	666.0	0.21	666.0	0.17	668.1	0.22
4-甲基-顺-2-己烯	666.0	0.35	666.1	0.42	668.0	0.40
2-乙基-3-甲基-1-丁烯	666.3	0.25	666.4	0.27	669.3	0.20
5-甲基-反-2-己烯	667.9	−0.11	667.9	−0.07	670.1	−0.09
环己烯	674.2	2.11	674.5	2.15	683.6	2.22

续表

固定液	J&W DB-1		H-P PONA		J&W DB-5	
化合物 \ 保留指数	I	$10\left(\frac{\partial I}{\partial T}\right)$	I	$10\left(\frac{\partial I}{\partial T}\right)$	I	$10\left(\frac{\partial I}{\partial T}\right)$
3,4-二甲基-顺-2-戊烯	679.2	0.38	679.4	0.38	681.7	0.39
5-甲基-顺-2-己烯	679.5	0.37	679.5	0.36	682.2	0.32
2-甲基-1-己烯	685.9	0.04	685.9	0.09	689.1	0.01
3,4-二甲基-反-2-戊烯	687.7	0.19	687.8	0.16	690.7	0.20
1-庚烯	688.6	0.00	688.6	0.00	691.9	−0.03
2-乙基-1-戊烯	689.3	0.11	689.4	0.12	692.6	0.08
3-甲基-顺-3-己烯	694.6	0.09	694.7	0.12	697.6	0.13
反-3-庚烯	698.0	−0.25	698.0	−0.25	701.0	−0.25
顺-3-庚烯	700.9	0.03	701.2	0.10	703.9	0.00
3-甲基-顺-2-己烯	701.6	0.34	701.7	0.34	704.5	0.38
2-甲基-2-己烯	701.9	−0.21	702.1	−0.17	704.6	−0.20
3-甲基-反-3-己烯	702.9	−0.23	703.0	−0.21	706.1	−0.19
反-2-庚烯	704.6	−0.20	704.7	−0.21	707.8	−0.16
3-乙基-2-戊烯	706.2	0.23	706.4	0.25	709.7	0.29
3-甲基-反-2-己烯	709.2	0.15	709.3	0.14	712.4	0.19
顺-2-庚烯	712.6	0.11	712.7	0.12	716.2	0.10
2,3-二甲基-2-戊烯	713.2	0.40	713.3	0.45	716.6	0.47
3-乙基环戊烯	716.4	1.60	716.6	1.63	722.9	1.68
3-甲基环己烯	732.5	2.19	732.7	2.26	740.6	2.28
4-甲基环己烯	733.2	2.30	733.4	2.35	741.3	2.36
3,4-二甲基-1-己烯①	745.0	1.02	744.9	1.03	747.6	0.96
3,4-二甲基-1-己烯①	746.0	0.94	746.1	0.98	748.7	0.92
2,3-二甲基-1-己烯	747.3	0.70	747.4	0.70	749.5	0.68
1-乙基环戊烯	750.7	1.18	750.9	1.23	757.7	1.31
2,5-二甲基-2-己烯	762.1	0.16	762.2	0.12	764.1	0.13
1-甲基环己烯	762.6	2.06	762.7	2.13	771.0	2.17
2-甲基-1-庚烯	784.1	0.05	784.3	0.06	787.4	0.01
1-辛烯	788.2	0.01	788.3	0.04	791.5	0.00
反-4-辛烯	794.5	−0.05	794.6	−0.09	797.3	−0.08
反-3-辛烯	797.3	−0.20	797.4	−0.23	—	—
顺-4-辛烯	797.9	0.24	797.9	0.23	801.0	0.28
顺-3-辛烯	798.4	0.14	798.6	0.14	801.5	0.21
2-甲基-2-庚烯	800.0	−0.05	800.1	−0.12	802.8	−0.02
反-2-辛烯	803.7	−0.18	803.7	−0.20	807.2	−0.22
顺-2-辛烯	811.4	0.16	811.4	0.15	815.0	0.20
1-壬烯	888.3	0.06	888.3	0.05	891.6	0.05

① 立体异构体。

表 17-31 C_4～C_{14}烯烃保留指数[29]

固定液：OV-1 柱温：100℃

化合物	I	$\frac{\partial I}{\partial T}$	化合物	I	$\frac{\partial I}{\partial T}$
1-丁烯	388.7	—	1-壬烯	888.7	0.0100
1-戊烯	488.8	−0.0045	1-癸烯	988.6	0.0155
1-己烯	588.9	0.001	1-十一烯	1088.0	0.0225
1-庚烯	689.0	0.0095	1-十二烯	1187.9	0.0081
1-辛烯	789.0	0.0150	1-十四烯	1387.9	0.0250

表 17-32 C_5～C_7烯烃保留指数[30]

固定液：HP-PONA　　载　气：N_2，200:1 分流比，进样 10μL
色谱柱：聚合物多孔层毛细管色谱柱（50m×0.2 mm，0.50μm）　　检测器：FID，检测器温度 250℃
柱　温：30℃（60min）→180℃（10min），10℃/min

化合物	*I*	化合物	*I*
3-甲基-1-丁烯	457.8	2,3-二甲基-2-丁烯	629
1-戊烯	487.9	*E*-2-甲基-1,3-戊二烯	630.7
2-甲基-1-丁烯	495.1	*Z*-2-甲基-1,3-戊二烯	634
异戊二烯	504.4	3,4-二甲基-1-戊烯	639.5
E-2-戊烯	506.1	3-甲基-1,3-戊二烯	640.4
3,3-二甲基-1-丁烯	511.4	2,4-二甲基-1-戊烯	644
Z-2-戊烯	512.4	*E*,*Z*-2,4-己二烯	648.3
2-甲基-2-丁烯	516.9	*Z*-2-甲基-3-己烯	650.1
E-1,3-戊二烯	519.2	3-甲基-1-己烯	651.5
Z-1,3-戊二烯	529.6	2,4-二甲基-2-戊烯	653.2
4-甲基-1-戊烯	550.7	5-甲基-1-己烯	654.6
3-甲基-1-戊烯	552.3	2,3-二甲基-1-戊烯	655.9
2,3-二甲基-1-丁烯	561.5	*E*-2-甲基-3-己烯	658.9
Z-4-甲基-2-戊烯	563.1	*Z*,*Z*-2,4-己二烯	660.6
E-4-甲基-2-戊烯	566.3	4-甲基-1-己烯	661.7
1,5-己二烯	574.4	*E*-4-甲基-2-己烯	664.4
2-甲基-1-戊烯	587	*Z*-4-甲基-2-己烯	664.4
1-己烯	588.7	*E*-5-甲基-2-己烯	666.8
1,4-己二烯	597.4	*Z*-5-甲基-2-己烯	678.7
2-乙基-1-丁烯	600.7	2-甲基-1-己烯	686.1
Z-3-己烯	603.4	*E*-3,4-二甲基-2-戊烯	688.2
E-3-己烯	604.2	1-庚烯	689.1
E-2-己烯	605.8	*Z*-3-甲基-3-己烯	696.1
2-甲基-2-戊烯	608	*E*-3-庚烯	700.1
Z-3-甲基-2-戊烯	610.5	*Z*-3-庚烯	703.5
Z-2-己烯	613.7	2-甲基-2-己烯	704.4
2,3-二甲基-1,3-丁二烯	616.3	*E*-3-甲基-3-己烯	705.6
E-3-甲基-2-戊烯	619.5		

表 17-33 C_5～C_8烯烃保留指数（一）[7]

固定液：角鲨烷　柱温：50℃

化合物	*I*	化合物	*I*	化合物	*I*
2-甲基-2-丁烯	514.3	3-甲基-1-己烯	644.7	反-2-庚烯	698.4
3-甲基-1-戊烯	551.4	2-甲基-反-3-己烯	647.1	2,4,4-三甲基-1-戊烯	704.3
4-甲基-顺-2-戊烯	556.2	4-甲基-顺-2-己烯	654.9	2,4,4-三甲基-2-戊烯	715.4
1-己烯	582.3	4-甲基-反-2-己烯	656.7	2-甲基-3-乙基-1-戊烯	735.0
2-乙基-1-丁烯	592.0	4-甲基-1-己烯	657.9	2-甲基-反-3-庚烯	741.1
反-2-己烯	596.9	5-甲基-反-2-己烯	659.5	2,5-二甲基-2-己烯	749.9
2-甲基-2-戊烯	597.8	2-甲基-1-己烯	678.1	2,3,4-三甲基-2-戊烯	765.9
1,5-己二烯	562.9	反-3-庚烯	687.5	2-甲基-3-乙基-2-戊烯	778.4
3-甲基-顺-2-戊烯	602.8	2-甲基-2-己烯	691.2	1-辛烯	781.2
顺-2-己烯	603.6	3-甲基-反-3-己烯	691.2	反-4-辛烯	783.6
4,4-二甲基-1-戊烯	604.6	顺-3-庚烯	690.4	反-2-辛烯	797.7
4,4-二甲基-反-2-戊烯	614.7	3-甲基-顺-2-己烯	693.3	2,3-二甲基-1-己烯	739.3
3,3-二甲基-1-戊烯	626.2	2,2-二甲基-反-3-己烯	692.8		
4,4-二甲基-顺-2-戊烯	635.5	2,5-二甲基-反-3-己烯	695.1		

表 17-34　C_5～C_8 烯烃保留指数（二）[4]

固定液	OV-101			角鲨烷		
柱温/℃	50	70		50	70	
化合物 \ 保留指数	I		$\frac{\partial I}{\partial T}$	I		$\frac{\partial I}{\partial T}$
反-2-戊烯	507.0	506.8	−0.10	500.2	500.0	−0.10
顺-2-戊烯	512.0	512.4	0.20	505.0	505.2	0.10
2-甲基-2-丁烯	519.9	520.3	0.20	514.5	514.7	0.10
4-甲基-1-戊烯	556.0	556.8	0.40	549.7	550.8	0.55
顺-4-甲基-2-戊烯	565.6	566.1	0.25	556.2	556.6	0.20
2,3-二甲基-1-丁烯	565.8	566.3	0.25	558.8	559.6	0.40
反-4-甲基-2-戊烯	569.1	568.8	−0.15	562.1	561.9	−0.10
2-甲基-1-戊烯	587.5	588.1	0.30	580.3	580.9	0.30
1-己烯	589.4	590.0	0.30	582.5	583.0	0.25
顺-3-己烯	602.4	602.7	0.15	592.8	593.1	0.15
反-3-己烯	602.8	602.4	−0.20	592.5	591.9	−0.30
2-甲基-2-戊烯	606.2	606.0	−0.10	598.1	597.9	−0.10
顺-2-己烯	613.6	614.3	0.35	604.0	604.6	0.30
4,4-二甲基-1-戊烯	614.5	615.9	0.70	604.9	606.6	0.85
反-3-甲基-2-戊烯	620.6	620.9	0.15	613.1	613.3	0.10
反-4,4-二甲基-2-戊烯	621.3	621.2	−0.05	614.7	614.7	0.00
2,3-二甲基-2-丁烯	630.6	631.1	0.25	625.3	626.0	0.35
3,3-二甲基-1-戊烯	631.6	633.8	1.10	626.4	628.8	1.20
2,3,3-三甲基-1-丁烯	639.1	641.4	1.15	628.6	630.9	1.15
3,4-二甲基-1-戊烯	644.2	646.4	1.10	637.2	639.5	1.15
顺-4,4-二甲基-2-戊烯	645.1	646.9	0.90	635.8	637.8	1.00
2,4-二甲基-1-戊烯	645.3	646.5	0.60	637.9	639.2	0.65
2,4-二甲基-2-戊烯	649.1	648.4	−0.35	640.7	640.3	−0.20
3-甲基-1-己烯	653.4	654.7	0.65	644.8	646.2	0.70
2,3-二甲基-1-戊烯	656.9	658.5	0.80	650.6	652.2	0.80
顺-4-甲基-2-己烯	660.0	661.2	0.60	655.1	656.1	0.50
反-4-甲基-2-己烯	665.0	665.6	0.30	657.0	657.6	0.30
顺-3,4-二甲基-2-戊烯	676.7	677.7	0.50	670.9	671.7	0.40
2-甲基-1-己烯	685.1	685.8	0.35	676.0	676.7	0.35
反-3,4-二甲基-2-戊烯	685.1	685.8	0.35	678.0	678.7	0.35
1-庚烯	688.1	688.9	0.40	682.0	682.6	0.30
顺-3-甲基-3-己烯	691.0	691.3	0.15	684.8	685.1	0.15
反-3-庚烯	694.0	694.2	0.10	687.5	687.5	0.00
顺-3-庚烯	696.1	696.9	0.40	690.5	691.1	0.30
2-甲基-2-己烯	698.3	698.3	0.00	691.4	691.4	0.00
顺-3-甲基-2-己烯	701.0	701.7	0.35	693.8	694.4	0.30
反-2,5-二甲基-2-己烯	703.7	703.2	−0.25	695.0	694.5	−0.25
反-2-庚烯	709.0	709.2	0.10	698.6	698.7	0.05
2,3-二甲基-2-戊烯	711.0	712.2	0.60	703.3	704.4	0.55
顺-2,2-二甲基-3-己烯	723.2	724.7	0.75	717.0	718.7	0.85
2,3-二甲基-1-己烯	748.8	750.0	0.60	739.1	740.6	0.75
反-2-甲基-3-庚烯	750.7	751.1	0.20	741.1	741.4	0.15
2,5-二甲基-2-己烯	759.0	760.0	0.50	749.8	750.5	0.35
2,3,4-三甲基-2-戊烯	773.5	774.8	0.65	756.7	767.0	0.65
1-辛烯	788.3	789.0	0.35	781.0	781.8	0.40
反-4-辛烯	792.8	793.1	0.15	783.9	784.1	0.10
2,3-二甲基-2-己烯	795.2	796.2	0.50	789.0	790.0	0.50

表 17-35 C_5～C_8烯烃保留指数（三）[15]

固定液：角鲨烷　　柱　温：25℃

化合物	*I*	化合物	*I*	化合物	*I*
反-2-戊烯	501.0	4,4-二甲基-1-戊烯	602.7	2-乙基-1-戊烯	681.7
反-4-甲基-2-戊烯	561.9	2-甲基-2-戊烯	598.0	2-甲基-2-己烯	692.0
反-3-己烯	593.4	3,3-二甲基-1-戊烯	623.5	3-乙基-2-戊烯	695.9
反-3-甲基-2-戊烯	612.6	2,3,3-三甲基-1-丁烯	625.6	2,3-二甲基-2-戊烯	701.9
反-2-甲基-3-戊烯	648.0	2,3-二甲基-2-丁烯	624.4	2,4,4-三甲基-2-戊烯	713.9
反-4-甲基-2-己烯	655.5	3,4-二甲基-1-戊烯	634.6	1-辛烯	780.3
3,3-二甲基-1-丁烯	505.2	3-甲基-1-己烯	643.5	1-壬烯	881.2
4-甲基-1-戊烯	548.0	3-乙基-1-戊烯	645.0	反-3-庚烯	687.0
3-甲基-1-戊烯	549.4	2,3-二甲基-1-戊烯	648.1	反-2-庚烯	698.7
2,3-二甲基-1-丁烯	557.4	5-甲基-1-己烯	648.8	反-4-辛烯	783.0
2-甲基-1-戊烯	579.6	4-甲基-1-己烯	656.5	反-3-辛烯	789.0
1-己烯	581.6	2-甲基-1-己烯	677.5	反-2-辛烯	798.6
2-乙基-1-戊烯	592.0	1-庚烯	681.3		

表 17-36 C_5～C_8烯烃保留指数[11]

固定液：聚甲基聚硅氧烷　　柱　温：100℃　　载　气：He　　检测器：FID

化合物 \ *I* 色谱柱	PLOT Opty	PLOT Opty·$CuCl_2$	PLOT Opty·$CrCl_3$	化合物 \ *I* 色谱柱	PLOT Opty	PLOT Opty·$CuCl_2$	PLOT Opty·$CrCl_3$
1-戊烯	508	520	520	3-甲基戊烯	587	589	589
顺式 2-戊烯	517	521	518	2-甲基-1-戊烯	593	597	602
反式 2-戊烯	510	510	507	3-甲基-1-戊烯	566	569	573
2-甲基-1,3-丁二烯	521	520	520	4-甲基-1-戊烯	565	566	574
3-甲基-1,2-丁二烯	538	535	535	2-甲基-2-戊烯	604	873	788
1-己烯	593	602	—	顺式 3-甲基-2-戊烯	617	617	622
顺式 2-己烯	620	624	619	反式 3-甲基-2-戊烯	626	626	626
反式 2-己烯	608	612	607	顺式 4-甲基-2-戊烯	570	571	587
顺式 1,4-己二烯	612	617	609	反式 4-甲基-2-戊烯	571	576	587
反式 1,4-己二烯	600	597	602	2,2,4-三甲基-1-戊烯	724	728	724
1,5-己二烯	585	590	586	2,2,4-三甲基-2-戊烯	735	736	731
2,3-己二烯	652	658	639	1-庚烯	692	695	696
顺式 1,3,5-己三烯	659	670	—	顺式 2-庚烯	719	722	718
反式 1,3,5-己三烯	652	660	—	反式 2-庚烯	709	709	705
2,3-二甲基-1-丁烯	579	576	589	顺式 3-庚烯	707	710	701
2,3-二甲基-2-丁烯	642	853	777	反式 3-庚烯	701	701	701
3,3-二甲基-1-丁烯	521	523	534	1-辛烯	792	796	799
2-乙烯基-1,3 二丁烯	669	681	664	顺式 2-辛烯	817	821	818
2-甲基戊烯	571	570	582	反式 2-辛烯	806	809	812

表 17-37　C_5～C_9烯烃保留指数[5]

固定液：角鲨烷

I 柱温/℃ 化合物	30	50	*I* 柱温/℃ 化合物	30	50
2-甲基-2-丁烯	515	515	5,5-二甲基-顺-2-己烯	721.5	723.5
3-甲基-顺-2-戊烯	612.5	613	2,3,4-三甲基-1-戊烯	724.5	726.5
4,4-二甲基-反-2-戊烯	614.5	615	2,4-二甲基-顺-反-3-己烯	730	730
2,4-二甲基-1-戊烯	636	637.5	2,3,3-三甲基-1-戊烯	730.5	734
2,4-二甲基-2-戊烯	641	641	4,5-三甲基-1-己烯	734	735
2-甲基-反-3-己烯	647	647	2,4-二甲基-1-己烯	737.5	738.5
2,3-二甲基-1-戊烯	648	650	2,3-二甲基-2-己烯	740	741
4-甲基-1-己烯	655.5	656.5	2,5-二甲基-1-己烯	740	741
4-甲基-反-2-己烯	658	659	3,4,4-三甲基-顺-反-2-戊烯	745.5	746.5
3,4-二甲基-反-2-戊烯	677	677.5	2-异丙基-1-戊烯	748.5	750
3-甲基-反-3-己烯	684	684	2,5-二甲基-2-己烯	749.5	750
2-甲基-2-己烯	690.5	691	3,5-二甲基-顺-反-2-己烯	751.5	752
2,2-二甲基-反-3-己烯	693	693	2,3-二甲基-顺-反-3-己烯	754.5	756
3-甲基-顺-3-己烯	695	695	3,4-二甲基-1-己烯	755.5	756
3,4,4-三甲基-1-戊烯	698.5	700	3,4-二甲基-顺-反-2-己烯	759	760.5
2,3-二甲基-2-戊烯	702	704	2,3,4-三甲基-2-戊烯	765.5	766
2,4,4-三甲基-1-戊烯	702	704	2,3-二甲基-2-己烯	787.5	788.5
5,5-二甲基-反-2-己烯	706	707	2-甲基-2-庚烯	789.5	789.5
3-甲基-2-异丙基-1-丁烯	708.5	710.5	3-甲基-顺-反-2-庚烯	797	797.5
2,4,4-三甲基-2-戊烯	714.5	715			

表 17-38　C_6烯烃保留指数[31]

固定液：链合二甲基硅烷　　　　柱　温：50℃

化合物	*I*	化合物	*I*	化合物	*I*
4-甲基-1-戊烯	555.6	2-甲基-1-戊烯	587.3	2-甲基-2-戊烯	606.8
顺-4-甲基-2-戊烯	565.4	反-3-己烯	600.4	顺-2-己烯	610.9
2,3-二甲基-1-丁烯	565.4	顺-3-己烯	600.4	2,3-二甲基-2-丁烯	631.6
反-4-甲基-2-戊烯	567.9	反-2-己烯	604.9		

表 17-39　C_6～C_8烯烃保留指数[14]

色谱柱：不锈钢填充柱（1.5m×1/8 in. I.D.）　　载　气：He

柱　温：100℃　　检测器：FID

I 固定液 化合物	PLOT Opty	PLOT Opty·$CuCl_2$	PLOT Opty·$CrCl_3$	*I* 固定液 化合物	PLOT Opty	PLOT Opty·$CuCl_2$	PLOT Opty·$CrCl_3$
1-己烯	594	611	612	反-2-庚烯	700	711	717
顺-2-己烯	603	618	621	2,3-二甲基-1-丁烯	577	590	591
反-2-己烯	599	611	615	3,3-二甲基-1-丁烯	546	560	559
1,5-己二烯	582	616	619	3-甲基-1-戊烯	573	587	587
2,3-己二烯	621	643	648	顺-3-甲基-2-戊烯	603	612	614
1-庚烯	692	711	712	反-3-甲基-2-戊烯	607	614	617
顺-2-庚烯	703	719	722	2,4,4-三甲基-1-戊烯	742	758	757

表 17-40 C_6～C_{12}烯烃保留指数[32]

固定液：PEG-4000

柱温/℃	50	60	70	80	100	120	$\frac{\partial I}{\partial T}$
化合物 \ 保留指数	*I*						
1-己烯	648.5	648.7	—	—	—	—	0.02
顺-2-己烯	679.8	680.5	—	—	—	—	0.07
反-2-己烯	663.4	663.4	—	—	—	—	0
顺-3-己烯	660.1	660.1	—	—	—	—	0
反-3-己烯	656.4	655.6	—	—	—	—	−0.08
1-庚烯	747.7	747.3	—	749.0	—	—	0.03
顺-2-庚烯	778.9	778.7	—	783.8	—	—	0.12
反-2-庚烯	763.8	764.5	—	766.9	—	—	0.10
顺-3-庚烯	756.2	756.7	—	760.3	—	—	0.12
反-3-庚烯	747.7	746.4	—	749.0	—	—	0.04
1-辛烯	—	847.4	847.2	849.9	848.5	—	0.06
顺-2-辛烯	—	877.5	877.5	881.5	882.1	—	0.14
反-2-辛烯	—	864.3	864.0	866.5	865.7	—	0.07
顺-3-辛烯	—	853.9	854.0	858.1	859.4	—	0.16
反-3-辛烯	—	847.3	847.2	849.9	851.3	—	0.10
顺-4-辛烯	—	851.9	852.7	—	856.6	—	0.09
反-4-辛烯	—	839.3	839.0	841.9	840.1	—	0.06
1-壬烯	—	—	949.7	950.5	949.8	—	0.12
顺-2-壬烯	—	—	976.7	979.7	980.0	—	0.16
反-2-壬烯	—	—	963.2	964.8	964.7	—	0.08
顺-3-壬烯	—	—	952.2	955.3	954.8	—	0.14
反-3-壬烯	—	—	945.8	947.5	946.5	—	0.06
顺-4-壬烯	—	—	948.5	951.8	952.0	—	0.14
反-4-壬烯	—	—	939.2	941.2	940.7	—	0.09
1-癸烯	—	—	1048.5	1049.8	1051.7	1055.3	0.14
顺-2-癸烯	—	—	1073.7	1077.9	1080.7	1084.0	0.24
反-2-癸烯	—	—	1062.0	1064.1	1065.3	1066.3	0.11
顺-3-癸烯	—	—	1049.3	1051.9	1053.9	1056.6	0.16
反-3-癸烯	—	—	1043.9	1044.9	1046.2	1046.4	0.06
顺-4-癸烯	—	—	1044.2	1045.9	1050.3	1052.2	0.16
反-4-癸烯	—	—	1037.3	1038.8	1039.2	1040.3	0.08
顺-5-癸烯	—	—	1041.9	—	1047.0	1047.7	0.08
反-5-癸烯	—	—	1038.7	1040.4	1040.7	1042.6	0.09
1-十一烯	—	—	—	1148.4	1151.2	1153.6	0.13
顺-2-十一烯	—	—	—	1176.4	1179.3	1183.0	0.17
反-2-十一烯	—	—	—	1161.1	1163.8	1166.5	0.14
顺-3-十一烯	—	—	—	1151.7	1151.8	1154.5	0.07
反-3-十一烯	—	—	—	1145.5	1145.7	1146.7	0.03
顺-4-十一烯	—	—	—	1145.6	1145.8	1149.6	0.10
反-4-十一烯	—	—	—	1137.7	1136.9	1139.3	0.08
顺-5-十一烯	—	—	—	1142.1	1143.4	1146.9	0.12
反-5-十一烯	—	—	—	1137.7	1138.7	1139.7	0.05
1-十二烯	—	—	—	—	1252.8	1254.9	0.09
顺-2-十二烯	—	—	—	—	1281.5	1283.3	0.09
反-2-十二烯	—	—	—	—	1266.5	1267.5	0.05
顺-3-十二烯	—	—	—	—	1254.1	1255.7	0.08
顺-4-十二烯	—	—	—	—	1247.3	1248.8	0.08
反-4-十二烯	—	—	—	—	1236.9	1238.4	0.08
顺-5-十二烯	—	—	—	—	1243.1	1244.3	0.06
反-5-十二烯	—	—	—	—	1239.4	1239.8	0.02
顺-6-十二烯	—	—	—	—	1239.8	1243.7	0.20
反-6-十二烯	—	—	—	—	1235.9	1237.6	0.09

表 17-41 C_6～C_{14}烯烃保留指数（一）[33]

固定液：角鲨烷

化合物 \ *I* 柱温/℃	86	100	115	130	化合物 \ *I* 柱温/℃	86	100	115	130
己烯	583.1	583.8	584.0	—	反-3-十一烯	1085.5	1085.4	1085.3	1085.5
反-3-己烯	591.5	591.1	590.6	—	反-2-十一烯	1096.6	1096.6	1096.5	1096.7
顺-3-己烯	593.0	593.3	593.7	—	顺-2-十一烯	1101.7	1101.5	1101.9	1102.7
反-2-己烯	596.7	596.5	596.4	—	顺-6-十二烯	1173.8	1175.0	1176.0	1176.9
顺-2-己烯	604.6	604.9	605.4	—	顺-5-十二烯	1174.6	1175.6	1176.6	1177.5
庚烯	682.8	683.1	683.5	—	反-6-十二烯	1178.7	1179.6	1180.1	1180.6
反-3-庚烯	687.5	687.4	687.4	—	顺-4-十二烯	1178.7	1179.6	1180.6	1181.6
顺-3-庚烯	691.7	692.0	692.3	—	反-5-十二烯	1179.8	1180.6	1181.1	1181.6
反-2-庚烯	698.7	698.7	698.7	—	反-4-十二烯	1180.1	1180.6	1181.1	1181.6
顺-2-庚烯	704.3	704.7	705.1	—	十二烯	1182.3	1183.0	1183.4	1183.8
辛烯	782.3	782.6	782.6	—	顺-3-十二烯	1184.1	1185.1	1185.7	1186.2
反-4-辛烯	784.2	784.1	784.1	—	反-3-十二烯	1185.0	1185.1	1185.2	1185.3
顺-4-辛烯	787.9	788.2	788.6	—	反-2-十二烯	1196.9	1196.9	1196.9	1196.8
反-3-辛烯	788.4	788.2	788.0	—	顺-2-十二烯	1201.1	1201.7	1202.3	1202.8
顺-3-辛烯	789.5	789.8	790.2	—	顺-6-十三烯	1270.2	1271.2	1272.5	1273.4
反-2-辛烯	797.7	797.5	797.3	—	顺-5-十三烯	1272.8	1273.8	1275.0	1275.9
顺-2-辛烯	802.8	803.2	803.6	—	反-6-十三烯	1276.7	1277.4	1278.1	1278.7
壬烯	882.2	882.5	882.8	—	顺-4-十三烯	1277.7	1278.6	1279.8	1280.7
反-4-壬烯	884.2	884.2	884.4	—	反-5-十三烯	1279.0	1279.5	1280.3	1280.7
顺-4-壬烯	881.8	885.4	886.0	—	反-4-十三烯	1279.6	1279.9	1280.3	1280.7
反-3-壬烯	886.6	886.4	886.5	—	十三烯	1282.8	1283.1	1283.5	1283.8
顺-3-壬烯	887.0	887.5	888.1	—	顺-3-十三烯	1283.7	1284.4	1285.1	1285.6
反-2-壬烯	896.6	896.4	896.6	—	反-3-十三烯	1284.9	1284.9	1285.1	1285.1
顺-2-壬烯	901.5	901.9	902.6	—	反-2-十三烯	1296.9	1297.0	1297.0	1296.9
顺-5-癸烯	981.0	981.6	982.1	—	顺-2-十三烯	1301.0	1301.6	1302.2	1303.7
反-4-癸烯	982.2	982.5	982.1	—	顺-7-十四烯	—	1366.7	—	1369.5
癸烯	982.2	982.5	982.7	—	顺-6-十四烯	—	1368.6	—	1371.3
顺-4-癸烯	982.2	982.8	983.4	—	顺-5-十四烯	—	1372.0	—	1374.6
反-5-癸烯	984.0	984.1	984.7	—	反-7-十四烯	—	1374.5	—	1376.4
反-3-癸烯	985.4	985.5	985.5	—	反-6-十四烯	—	1375.7	—	1377.5
顺-3-癸烯	985.4	985.8	986.4	—	顺-4-十四烯	—	1377.7	—	1379.9
反-2-癸烯	996.7	996.7	996.6	—	反-5-十四烯	—	1378.4	—	1379.9
顺-2-癸烯	1001.2	1001.7	1002.2	—	反-4-十四烯	—	1379.3	—	1380.4
顺-5-十一烯	1077.6	1078.2	1078.9	1080.5	十四烯	—	1383.2	—	1384.0
顺-4-十一烯	1079.9	1080.5	1081.1	1082.5	顺-3-十四烯	—	1384.1	—	1385.4
反-4-十一烯	1081.0	1081.1	1081.2	1082.5	反-3-十四烯	—	1384.6	—	1384.9
反-5-十一烯	1081.6	1081.8	1082.0	1083.5	反-2-十四烯	—	1396.9	—	1397.0
十一烯	1082.2	1082.4	1082.6	1083.5	顺-2-十四烯	—	1401.5	—	1402.8
顺-3-十一烯	1084.7	1085.3	1085.8	1086.6					

表 17-42 C_6～C_{14}烯烃保留指数（二）[34]

固定液：聚苯乙醚

柱温/℃ 保留指数 化合物	20	30	40	60	80	100	120	140	$10\left(\frac{\partial I}{\partial T}\right)$
	I								
己烯	619.1	620.2	620.9	—	624.4	626.2	—	—	0.87
顺-3-己烯	628.8	630.3	630.6	—	634.2	636.0	—	—	0.86
反-3-己烯	632.3	631.7	631.5	—	629.9	629.1	—	—	−0.37
反-2-己烯	635.3	635.6	635.4	—	636.3	636.8	—	—	0.20
顺-2-己烯	643.1	643.8	644.6	—	647.6	649.1	—	—	0.70
庚烯	718.1	718.4	718.7	719.2	719.9	720.4	—	—	0.29
反-3-庚烯	724.3	724.0	723.7	723.5	723.3	722.9	—	—	−0.16
顺-3-庚烯	726.8	726.5	727.5	729.2	729.9	731.0	—	—	0.59
反-2-庚烯	735.8	735.6	736.3	736.9	737.3	737.8	—	—	0.25
顺-2-庚烯	742.5	742.8	743.5	744.1	745.1	746.1	—	—	0.46
辛烯	—	—	817.9	818.9	820.1	821.2	—	—	0.55
反-4-辛烯	—	—	818.3	818.9	819.2	820.0	—	—	0.30
顺-4-辛烯	—	—	822.5	823.8	825.6	827.2	—	—	0.79
顺-3-辛烯	—	—	824.3	826.1	826.3	827.7	—	—	0.53
反-3-辛烯	—	—	824.8	825.5	825.5	826.0	—	—	0.17
反-2-辛烯	—	—	835.6	836.7	837.6	838.7	—	—	0.50
顺-2-辛烯	—	—	841.8	843.1	845.4	846.8	—	—	0.87
壬烯	—	—	918.3	918.6	919.8	920.1	—	—	0.38
反-4-壬烯	—	—	918.5	918.9	919.7	920.2	—	—	0.32
顺-4-壬烯	—	—	919.0	920.1	922.2	923.3	—	—	0.75
顺-3-壬烯	—	—	922.7	923.7	924.7	925.5	—	—	0.52
反-3-壬烯	—	—	924.2	924.2	924.4	924.5	—	—	0.05
反-2-壬烯	—	—	935.2	935.3	936.4	936.5	—	—	0.25
顺-2-壬烯	—	—	941.0	941.6	943.5	944.2	—	—	0.60
顺-5-癸烯	—	—	—	1014.6	1016.8	1018.2	—	—	0.90
反-4-癸烯	—	—	—	1017.2	1017.6	1018.4	—	—	0.35
顺-4-癸烯	—	—	—	1017.2	1018.8	1020.1	—	—	0.78
癸烯	—	—	—	1018.0	1019.4	1020.2	—	—	0.47
反-5-癸烯	—	—	—	1018.3	1019.3	1020.1	—	—	0.47
顺-3-癸烯	—	—	—	1021.3	1022.9	1023.9	—	—	0.62
反-3-癸烯	—	—	—	1022.8	1023.1	1023.3	—	—	0.10
反-2-癸烯	—	—	—	1035.7	1036.6	1036.5	—	—	0.20
顺-2-癸烯	—	—	—	1041.0	1042.8	1043.8	—	—	0.72
顺-5-十一烯	—	—	—	1111.7	1113.1	1114.7	1116.0	—	0.75
顺-4-十一烯	—	—	—	1114.3	1116.0	1117.4	1119.0	—	0.82
反-4-十一烯	—	—	—	1115.3	1116.1	1117.0	1117.7	—	0.40
反-5-十一烯	—	—	—	1116.3	1116.9	1117.7	1118.2	—	0.38
十一烯	—	—	—	1118.0	1119.0	1119.8	1120.6	—	0.45
顺-3-十一烯	—	—	—	1120.1	1121.0	1122.8	1123.7	—	0.65
反-3-十一烯	—	—	—	1122.6	1122.7	1123.0	1123.1	—	0.10
反-2-十一烯	—	—	—	1135.5	1135.2	1136.4	1136.7	—	0.25
顺-2-十一烯	—	—	—	1140.6	1141.8	1143.5	1144.8	—	0.75
顺-6-十二烯	—	—	—	—	1210.1	1211.8	1213.7	—	0.92

续表

柱温/℃ 保留指数 化合物	20	30	40	60	80	100	120	140	$10\left(\frac{\partial I}{\partial T}\right)$
	I								
顺-5-十二烯	—	—	—	—	1210.4	1212.0	1213.9	—	0.88
反-6-十二烯	—	—	—	—	1214.9	1216.3	1218.1	—	0.82
顺-4-十二烯	—	—	—	—	1215.0	1216.5	1219.0	—	0.90
反-5-十二烯	—	—	—	—	1215.1	1216.9	1217.5	—	0.58
反-4-十二烯	—	—	—	—	1215.6	1216.4	1217.0	—	0.35
十二烯	—	—	—	—	1219.1	1220.1	1221.0	—	0.52
顺-3-十二烯	—	—	—	—	1220.8	1222.3	1223.6	—	0.72
反-3-十二烯	—	—	—	—	1222.3	1222.6	1222.9	—	0.15
反-2-十二烯	—	—	—	—	1235.6	1236.3	1237.3	—	0.40
顺-2-十二烯	—	—	—	—	1242.1	1243.5	1244.9	—	0.72
顺-6-十三烯	—	—	—	—	—	1307.6	1310.2	1312.3	1.17
顺-5-十三烯	—	—	—	—	—	1309.2	1311.8	1313.7	1.10
反-6-十三烯	—	—	—	—	—	1313.8	1315.5	1316.0	0.58
顺-4-十三烯	—	—	—	—	—	1314.7	1316.4	1319.0	1.01
反-5-十三烯	—	—	—	—	—	1314.7	1316.9	1317.7	0.77
反-4-十三烯	—	—	—	—	—	1315.4	1316.6	1316.8	0.35
十三烯	—	—	—	—	—	1319.3	1321.0	1322.3	0.75
顺-3-十三烯	—	—	—	—	—	1322.0	1322.7	1324.6	0.65
反-3-十三烯	—	—	—	—	—	1322.1	1323.1	1323.3	0.28
反-2-十三烯	—	—	—	—	—	1335.0	1337.1	1337.3	0.55
顺-2-十三烯	—	—	—	—	—	1341.5	1344.5	1346.3	1.12
顺-7-十四烯	—	—	—	—	—	1403.6	1406.3	1408.6	1.25
顺-6-十四烯	—	—	—	—	—	1405.3	1408.0	1410.3	1.25
顺-5-十四烯	—	—	—	—	—	1408.4	1411.0	1412.5	1.07
反-7-十四烯	—	—	—	—	—	1411.3	1413.4	1414.4	0.80
反-6-十四烯	—	—	—	—	—	1412.4	1414.3	1415.2	0.70
反-5-十四烯	—	—	—	—	—	1414.1	1415.6	1416.3	0.52
顺-4-十四烯	—	—	—	—	—	1414.4	1416.6	1417.5	0.82
反-4-十四烯	—	—	—	—	—	1415.0	1415.8	1416.4	0.38
十四烯	—	—	—	—	—	1419.6	1422.1	1422.8	0.82
反-3-十四烯	—	—	—	—	—	1422.0	1422.4	1422.5	0.12
反-2-十四烯	—	—	—	—	—	1435.6	1436.4	1437.0	0.38

表 17-43　C_8～C_{13} 保留指数[35]

固定液：HP-5　　　　载　气：He，2.5mL/min

色谱柱：HP-5ms，30m×0.32mm，0.25μm　　　　检测器：TOFMS

柱　温：35℃（1min）$\xrightarrow{1℃/min}$ 40℃（1min）$\xrightarrow{7℃/min}$ 220℃（1min）

化合物	*I*	化合物	*I*	化合物	*I*
3-辛烯	803	7-甲基-1-壬烯	975	(*Z*)-5-甲基-5-十一碳烯	1179
2,4-二甲基-1-庚烯	836	4-癸烯	994	1-十二碳烯	1192
1-壬烯	892	(*Z*)-2-癸烯	1077	1-十三碳烯	1291
3-甲基-1-壬烯	944	2-甲基-1-十一碳烯	1140		
3,4-二乙基-2-己烯	957	(*E*)-5-甲基-4-十一碳烯	1174		

表 17-44 C_9～C_{20} 烯烃保留指数[36]

柱温：240℃

化合物 \ I \ 固定液	DB-1	CP-Sil5	DB-WAX	CP-WAX52
1-壬烯	—	956.2	—	—
1-癸烯	—	1039.3	—	—
1-十三烯	1288.8	1319.3	1352.6	1373.1
1-十四烯	1387.9	1410.7	1453.9	1474.0
1-十六烯	1586.0	1600.8	1654.8	1665.9
1-十七烯	1690.2	1697.7	1754.5	1762.1
1-十八烯	1790.7	1799.2	1855.8	1862.2
1-十九烯	1891.5	1899.2	1956.3	1959.7
1-二十烯	1990.7	1996.7	2055.9	2057.5

表 17-45 C_{12}～C_{14} 烯烃保留指数[34]

固定液：聚乙二醇 4000

柱温/℃	100	120	140	160	$10\left(\frac{\partial I}{\partial T}\right)$
化合物 \ 保留指数	I				
反-6-十二烯	1236.0	1237.0	1238.2	1239.5	0.58
反-5-十二烯	1237.2	1237.6	1238.9	1239.7	0.42
反-4-十二烯	1237.7	1238.4	1238.9	1239.4	0.30
顺-6-十二烯	1239.8	1241.6	1243.7	1245.6	1.00
顺-5-十二烯	1240.2	1241.9	1243.8	1245.7	0.92
顺-4-十二烯	1245.0	1247.0	1248.2	1250.2	0.85
反-3-十二烯	1245.9	1246.1	1246.1	1246.2	0.05
十二烯	1251.1	1252.1	1253.2	1253.9	0.48
顺-3-十二烯	1252.1	1253.6	1255.5	1257.2	0.86
反-2-十二烯	1265.4	1265.9	1266.1	1266.7	0.22
顺-2-十二烯	1279.4	1281.4	1282.8	1285.4	1.00
反-6-十三烯	1333.4	1334.6	1335.7	1336.9	0.55
反-5-十三烯	1336.2	1337.0	1337.6	1338.3	0.35
反-4-十三烯	1336.6	1337.3	1337.9	1338.7	0.35
顺-6-十三烯	1335.0	1337.3	1339.5	1341.6	1.12
顺-5-十三烯	1338.3	1340.0	1341.9	1343.3	0.88
顺-4-十三烯	1343.7	1345.6	1347.1	1349.1	0.88
反-3-十三烯	1345.3	1345.5	1345.7	1346.0	0.10
十三烯	1351.3	1352.2	1353.1	1354.0	0.46
顺-3-十三烯	1351.8	1353.0	1354.6	1355.7	0.67
反-2-十三烯	1364.7	1365.2	1365.3	1366.1	0.20
顺-2-十三烯	1378.9	1381.0	1382.3	1384.6	0.92
反-7-十四烯	1430.8	1432.2	1433.6	1435.0	0.72
顺-7-十四烯	1430.7	1432.9	1435.1	1437.4	1.12
反-6-十四烯	1432.4	1433.3	1434.5	1435.3	0.50
顺-6-十四烯	1433.2	1435.0	1437.2	1438.6	0.92
反-5-十四烯	1435.2	1435.9	1437.1	1437.7	0.45
顺-5-十四烯	1435.9	1438.2	1440.6	1442.9	1.18
反-4-十四烯	1436.2	1436.8	1437.8	1438.2	0.34
顺-4-十四烯	1443.2	1444.9	1447.0	1448.6	0.92
反-3-十四烯	1445.0	1445.3	1445.8	1446.1	0.18
十四烯	1451.4	1452.2	1453.4	1454.1	0.47
反-2-十四烯	1465.1	1465.6	1466.2	1466.5	0.23

第二篇

表 17-46　C_{13}、C_{14} 烯烃保留指数[37]

柱温：74℃

固定液	PBO①		角鲨烷		固定液	PBO①		角鲨烷	
化合物＼指数	I	$10\left(\frac{\partial I}{\partial T}\right)$	I	$10\left(\frac{\partial I}{\partial T}\right)$	化合物＼指数	I	$10\left(\frac{\partial I}{\partial T}\right)$	I	$10\left(\frac{\partial I}{\partial T}\right)$
顺-6-十三烯	1275.2	0.49	1270.1	0.73	顺-6-十四烯	1371.0	0.48	1367.4	0.90
顺-5-十三烯	1278.7	0.46	1272.8	0.70	顺-5-十四烯	1376.4	0.38	1370.9	0.87
顺-4-十三烯	1285.0	0.42	1276.5	0.68	顺-4-十四烯	1383.0	0.30	1376.8	0.70
顺-3-十三烯	1295.3	0.32	1283.5	0.43	顺-3-十四烯	1394.7	0.34	1383.4	0.43
顺-2-十三烯	1319.8	0.02	1301.5	0.38	顺-2-十四烯	1419.5	0.09	1401.6	0.43
反-6-十三烯	1286.4	0.29	1276.8	0.45	反-7-十四烯	1381.7	0.21	1373.6	0.63
反-5-十三烯	1288.1	0.23	1279.0	0.39	反-6-十四烯	1384.4	0.19	1375.0	0.60
反-4-十三烯	1291.0	0.21	1279.9	0.25	反-5-十四烯	1386.0	0.20	1377.8	0.50
反-3-十三烯	1298.4	0.19	1285.6	−0.05	反-4-十四烯	1390.0	0.10	1379.1	0.37
反-2-十三烯	1317.8	0.09	1297.7	0.00	反-3-十四烯	1397.5	0.16	1385.2	0.10
1-十三烯	1306.4	0.10	1288.7	0.23	反-2-十四烯	1417.9	0.09	1397.7	0.03
顺-7-十四烯	1369.9	0.43	1365.5	0.93	1-十四烯	1406.3	0.13	1383.4	0.27

① PBO 是 4-正戊基苯乙酮-(O-4-正戊氧基苯甲酰肟)。

表 17-47　C_{15}、C_{16} 烯烃保留指数[38]

固定液：角鲨烷　柱温：130℃

化合物	I	化合物	I	化合物	I
顺-7-十五烯	1467.7	顺-3-十五烯	1486.0	反-6-十六烯	1575.3
顺-6-十五烯	1470.0	反-2-十五烯	1497.5	顺-4-十六烯	1578.8
顺-5-十五烯	1474.2	正十五烯	1500.0	反-5-十六烯	1578.8
反-7-十五烯	1475.3	顺-2-十五烯	1503.6	反-4-十六烯	1579.7
反-6-十五烯	1476.7	顺-8-十六烯	1564.3	1-十六烯	1584.4
顺-4-十五烯	1479.7	顺-7-十六烯	1565.0	反-3-十六烯	1584.9
反-5-十五烯	1479.7	顺-6-十六烯	1568.1	顺-3-十六烯	1585.5
反-4-十五烯	1480.2	反-8-十六烯	1571.7	反-2-十六烯	1597.0
1-十五烯	1484.7	顺-5-十六烯	1573.0	正十六烷	1600.0
反-3-十五烯	1485.3	反-7-十六烯	1573.6	顺-2-十六烯	1603.7

表 17-48　C_{15}～C_{18} 烯烃保留指数[39]

固定液	八十七烷		Apiezon L		Carbowax 20M	
柱温/℃	160	$\frac{\partial I}{\partial T}$	154	$\frac{\partial I}{\partial T}$	110	$\frac{\partial I}{\partial T}$
化合物＼保留指数	I		I		I	
顺-7-十五烯	1469.8	0.11	1470.9	0.09	1506.6	0.25
顺-6-十五烯	1472.2	0.10	1473.3	0.08	1508.9	0.25
反-7-十五烯	1476.3	0.07	1477.2	0.06	1511.0	0.18
顺-5-十五烯	1476.3	0.09	1477.2	0.07	1512.7	0.24
反-6-十五烯	1477.4	0.06	1478.3	0.05	1512.4	0.17
反-5-十五烯	1480.3	0.05	1481.2	0.03	1515.4	0.16
反-4-十五烯	1480.3	0.04	1481.2	0.03	1516.2	0.13
顺-4-十五烯	1481.7	0.08	1482.8	0.07	1518.2	0.23
反-3-十五烯	1484.6	0.02	1485.7	0.00	1522.8	0.13
1-十五烯	1486.7	0.04	1488.0	0.03	1526.7	0.16
顺-3-十五烯	1487.6	0.07	1488.8	0.06	1525.0	0.22

续表

固定液	八十七烷		Apiezon L		Carbowax 20M	
柱温/℃	160		154		110	
保留指数 / 化合物	I	$\frac{\partial I}{\partial T}$	I	$\frac{\partial I}{\partial T}$	I	$\frac{\partial I}{\partial T}$
反-2-十五烯	1498.8	0.01	1500.0	0.00	1537.4	0.17
顺-2-十五烯	1506.8	0.06	1508.3	0.05	1546.0	0.27
顺-8-十六烯	1567.2	0.11	1568.1	0.09	1602.6	0.25
顺-7-十六烯	1567.5	0.11	1568.3	0.09	1603.3	0.25
顺-6-十六烯	1570.8	0.10	1571.9	0.08	1606.6	0.25
反-8-十六烯	1574.7	0.08	1575.3	0.07	1608.1	0.18
反-7-十六烯	1574.7	0.08	1575.7	0.07	1608.6	0.17
顺-5-十六烯	1575.2	0.09	1576.6	0.08	1610.9	0.24
反-6-十六烯	1576.6	0.06	1577.5	0.06	1610.7	0.17
反-5-十六烯	1579.3	0.05	1580.5	0.05	1613.5	0.15
反-4-十六烯	1579.9	0.04	1581.1	0.03	1615.0	0.12
顺-4-十六烯	1581.2	0.08	1582.5	0.07	1616.6	0.23
反-3-十六烯	1584.6	0.02	1585.7	0.00	1621.8	0.13
1-十六烯	1586.8	0.04	1588.1	0.03	1625.7	0.16
顺-3-十六烯	1587.4	0.07	1588.8	0.06	1624.0	0.22
反-2-十六烯	1598.8	0.01	1600.0	0.00	1636.2	0.17
顺-2-十六烯	1606.7	0.06	1608.5	0.06	1644.5	0.27
顺-8-十七烯	1664.4	0.12	1665.6	0.10	1699.2	0.27
顺-7-十七烯	1665.9	0.11	1667.0	0.10	1700.9	0.26
顺-6-十七烯	1669.6	0.11	1670.9	0.09	1704.2	0.25
反-8-十七烯	1673.0	0.09	1674.0	0.06	1705.3	0.18
反-7-十七烯	1673.6	0.08	1674.8	0.06	1706.3	0.17
顺-5-十七烯	1674.9	0.09	1676.0	0.08	1709.1	0.24
反-6-十七烯	1675.9	0.07	1676.8	0.05	1708.9	0.17
反-5-十七烯	1679.2	0.05	1680.1	0.04	1712.0	0.16
反-4-十七烯	1680.0	0.04	1681.0	0.03	1713.7	0.13
顺-4-十七烯	1681.2	0.08	1682.3	0.07	1715.0	0.23
反-3-十七烯	1684.6	0.02	1685.7	0.00	1720.5	0.12
1-十七烯	1686.8	0.04	1687.6	0.04	1724.6	0.15
顺-3-十七烯	1687.4	0.07	1688.7	0.06	1722.6	0.21
反-2-十七烯	1698.8	0.01	1700.0	0.00	1735.0	0.16
顺-2-十七烯	1706.9	0.07	1708.6	0.06	1742.8	0.26
顺-9-十八烯	1761.5	0.12	1762.4	0.11	1795.0	0.27
顺-8-十八烯	1762.4	0.12	1763.1	0.11	1795.8	0.26
顺-7-十八烯	1764.6	0.11	1765.3	0.10	1798.1	0.25
顺-6-十八烯	1769.0	0.10	1769.6	0.09	1802.5	0.24
反-9-十八烯	1771.3	0.09	1771.7	0.08	1803.3	0.18
反-8-十八烯	1771.8	0.08	1772.2	0.08	1803.3	0.18
反-7-十八烯	1773.1	0.08	1773.6	0.07	1805.0	0.16
顺-5-十八烯	1774.4	0.09	1775.2	0.08	1807.2	0.23
反-6-十八烯	1775.4	0.07	1775.9	0.06	1807.6	0.15
反-5-十八烯	1778.9	0.05	1779.5	0.05	1811.2	0.14
反-4-十八烯	1780.0	0.04	1780.6	0.03	1813.2	0.12
顺-4-十八烯	1781.0	0.08	1781.8	0.07	1814.2	0.21
反-3-十八烯	1784.7	0.02	1785.3	0.01	1820.1	0.12
1-十八烯	1786.8	0.04	1787.8	0.04	1824.0	0.15
顺-3-十八烯	1787.5	0.07	1788.4	0.06	1821.8	0.20
反-2-十八烯	1798.9	0.01	1800.0	0.00	1834.1	0.16
顺-2-十八烯	1807.0	0.07	1808.6	0.06	1841.7	0.26

表 17-49　C_7、C_8二烯烃保留指数[40]

固定液：角鲨烷　　柱　温：70℃

化合物	I	$\frac{\partial I}{\partial T}$	化合物	I	$\frac{\partial I}{\partial T}$
1,6-庚二烯	668.3	0.070	1,反-6-辛二烯	783.3	0.037
1,反-4-庚二烯	677.2	−0.005	1,顺-6-辛二烯	787.9	0.070
1,顺-4-庚二烯	678.6	0.045	反-2,反-6-辛二烯	796.0	−0.018
1,反-5-庚二烯	681.9	0.013	反-2,顺-5-辛二烯	796.9	0.020
1,顺-5-庚二烯	688.1	0.055	反-2,反-5-辛二烯	798.6	−0.030
反-2,反-5-庚二烯	708.3	−0.020	顺-2,顺-5-辛二烯	800.6	0.060
反-2,顺-5-庚二烯	712.3	0.005	反-2,顺-6-辛二烯	801.6	0.022
1,反-3-庚二烯	713.1	0.035	顺-2,反-5-辛二烯	801.7	0.015
顺-2,顺-5-庚二烯	716.4	0.060	顺-2,顺-6-辛二烯	808.4	0.068
1,顺-3-庚二烯	716.5	0.050	1,反-3-辛二烯	815.4	0.050
反-2,顺-4-庚二烯	745.4	0.020	1,顺-3-辛二烯	816.0	0.065
反-2,反-4-庚二烯	746.5	0.040	反-3,顺-5-辛二烯	835.9	0.013
顺-2,反-4-庚二烯	751.1	0.020	顺-3,顺-5-辛二烯	841.4	0.030
顺-2,顺-4-庚二烯	754.6	0.035	反-2,顺-4-辛二烯	841.4	0.030
1,7-辛二烯	767.8	0.060	反-2,反-4-辛二烯	843.3	0.040
1,反-4-辛二烯	771.7	0.020	反-3,反-5-辛二烯	843.3	0.040
1,反-5-辛二烯	772.6	0.022	顺-2,反-4-辛二烯	846.3	0.023
1,顺-5-辛二烯	773.5	0.053	顺-2,顺-4-辛二烯	851.9	0.045
1,顺-4-辛二烯	775.5	0.055			

表 17-50　C_8～C_{10}二烯烃保留指数[41]

固定液：角鲨烷　柱温：70℃

化合物	I	$\frac{\partial I}{\partial T}$	化合物	I	$\frac{\partial I}{\partial T}$
1,7-辛二烯	763.5	0.045	反-3,反-5-壬二烯	934.5	0.050
1,反-5-辛二烯	768.3	0.015	反-2,顺-4-壬二烯	934.5	0.060
1,反-4-辛二烯	769.0	0.020	反-2,反-4-壬二烯	940.5	0.070
1,顺-5-辛二烯	769.2	0.040	顺-2,反-4-壬二烯	942.6	0.050
1,顺-4-辛二烯	771.6	0.050	顺-2,顺-4-壬二烯	945.8	0.060
1,反-6-辛二烯	779.3	0.035	1,顺-5-癸二烯	961.4	0.065
1,顺-6-辛二烯	783.5	0.055	1,反-6-癸二烯	962.3	0.030
反-2,反-6-辛二烯	792.3	−0.010	1,顺-6-癸二烯	962.5	0.070
反-2,顺-5-辛二烯	792.7	0.025	1,9-癸二烯	964.0	0.030
反-2,反-5-辛二烯	795.2	−0.020	1,反-5-癸二烯	964.0	0.030
顺-2,顺-5-辛二烯	796.5	0.060	1,顺-4-癸二烯	964.5	0.045
顺-2,反-5-辛二烯	797.8	0.015	1,反-4-癸二烯	965.5	0.035
反-2,顺-6-辛二烯	798.0	0.030	1,顺-7-癸二烯	967.1	0.065
顺-2,顺-6-辛二烯	804.0	0.065	1,反-7-癸二烯	967.8	0.030
1,反-3-辛二烯	810.5	0.050	反-3,顺-7-癸二烯	970.1	0.010
1,顺-3-辛二烯	810.5	0.065	顺-3,顺-7-癸二烯	970.9	0.040
反-3,顺-5-辛二烯	830.6	0.030	反-3,反-7-癸二烯	972.3	0.035
顺-3,顺-5-辛二烯	835.9	0.040	反-3,顺-6-癸二烯	974.0	0.035
反-2,顺-4-辛二烯	835.9	0.040	顺-3,反-6-癸二烯	974.0	0.035
反-2,反-4-辛二烯	837.9	0.055	反-2,反-6-癸二烯	976.4	0.015
反-3,反-5-辛二烯	838.1	0.055	顺-3,顺-6-癸二烯	976.4	—

续表

化合物	I	$\frac{\partial I}{\partial T}$	化合物	I	$\frac{\partial I}{\partial T}$
顺-2,反-4-辛二烯	840.6	0.045	1,反-8-癸二烯	977.1	0.035
顺-2,顺-4-辛二烯	846.3	0.060	反-3,反-6-癸二烯	977.9	0.030
1,8-壬二烯	862.7	0.050	反-2,顺-6-癸二烯	978.5	0.035
1,反-5-壬二烯	864.5	0.040	反-2,顺-7-癸二烯	980.1	0.045
1,顺-5-壬二烯	865.6	0.070	1,顺-8-癸二烯	981.1	0.060
1,顺-6-壬二烯	868.0	0.070	顺-2,反-6-癸二烯	982.3	0.050
1,顺-4-壬二烯	868.1	0.070	顺-2,顺-6-癸二烯	983.3	0.070
1,反-6-壬二烯	869.1	0.030	反-2,反-7-癸二烯	984.6	0.015
1,反-4-壬二烯	869.9	0.020	顺-2,顺-7-癸二烯	985.3	0.075
1,反-7-壬二烯	879.1	0.020	反-2,顺-5-癸二烯	985.3	0.030
反-3,顺-6-壬二烯	881.4	0.030	顺-2,反-7-癸二烯	986.8	0.045
反-2,反-6-壬二烯	881.6	−0.010	顺-2,顺-5-癸二烯	988.1	0.070
顺-3,顺-6-壬二烯	882.0	0.040	反-2,反-5-癸二烯	990.0	−0.005
1,顺-7-壬二烯	883.6	0.060	顺-2,反-5-癸二烯	992.9	0.035
反-2,顺-6-壬二烯	883.6	0.040	反-2,反-8-癸二烯	995.4	−0.005
反-3,反-6-壬二烯	884.0	0.025	反-2,顺-8-癸二烯	998.7	0.040
顺-2,反-6-壬二烯	887.2	0.035	顺-2,顺-8-癸二烯	1001.4	0.080
顺-2,顺-6-壬二烯	887.9	0.070	1,顺-3-癸二烯	1007.2	0.055
反-2,顺-5-壬二烯	887.9	0.040	1,反-3-癸二烯	1008.5	0.050
反-2,反-5-壬二烯	889.2	0.000	反-4,顺-6-癸二烯	1019.4	0.050
顺-2,顺-5-壬二烯	891.6	0.050	反-3,顺-5-癸二烯	1022.8	0.035
顺-2,反-5-壬二烯	892.4	0.035	顺-3,反-5-癸二烯	1026.6	0.040
反-2,反-7-壬二烯	895.0	0.020	顺-4,顺-6-癸二烯	1028.3	0.075
反-2,顺-7-壬二烯	897.0	0.040	反-4,反-6-癸二烯	1030.2	0.085
顺-2,顺-7-壬二烯	900.6	0.080	顺-3,顺-5-癸二烯	1031.4	0.070
1,顺-3-壬二烯	909.5	0.080	反-2,顺-4-癸二烯	1032.0	0.055
1,反-3-壬二烯	909.7	0.060	反-3,反-5-癸二烯	1037.4	0.075
顺-3,反-5-壬二烯	925.0	0.030	反-2,反-4-癸二烯	1040.5	0.075
反-3,顺-5-壬二烯	925.0	0.030	顺-2,反-4-癸二烯	1041.7	0.055
顺-3,顺-5-壬二烯	932.3	0.055	顺-2,顺-4-癸二烯	1043.8	0.070

表 17-51 部分烯烃、二烯烃和三烯烃保留指数[42]

固定液：SE-30

化合物 \ I 柱温/℃	80	130	化合物 \ I 柱温/℃	80	130
1-戊烯	492	—	1,5-己二烯	575	575
1-己烯	589	593	1,4-己二烯	593	593
1-庚烯	689	690	1,3-己二烯	620	619
1-辛烯	789	789	反,反-2,4-己二烯	662	662
1-壬烯	889	889	顺,反-2,4-己二烯	673	—
1-癸烯	988	989	1,6-庚二烯	676	—
反-2-癸烯	990	991	1,7-辛二烯	777	778
反-4-癸烯	990	991	2-甲基-1,3-丁二烯	507	—
反-5-癸烯	1000	1000	2,3-二甲基-1,3-丁二烯	616	616
3-甲基-1-戊烯	561	557	反-1-甲基-1,3-戊二烯	632	630
2-甲基-1-戊烯	589	585	4-甲基-1,3-戊二烯	636	634
2-甲基-2-戊烯	606	600	2,4-二甲基-1,3-戊二烯	700	700
1,4-戊二烯	480	461	2,5-二甲基-2,4-己二烯	862	861
1,3-戊二烯	525	521	1,3,5-己三烯	647	648

表 17-52　C_5～C_8 炔烃保留指数[11]

固定液：聚甲基聚硅氧烷　柱温：100℃　载气：He　检测器：FID

化合物 \ I 柱子	PLOT Opty	PLOT Opty·$CuCl_2$	PLOT Opty·$CrCl_3$	化合物 \ I 柱子	PLOT Opty	PLOT Opty·$CuCl_2$	PLOT Opty·$CrCl_3$
1-戊炔	523	542	530	1-庚炔	728	741	738
1-己炔	626	645	633	1-辛炔	828	837	835
2-己炔	682	702	684	2-辛炔	881	892	—
3-己炔	664	678	668	4-辛炔	852	859	—

表 17-53　C_6～C_{12} 炔烃保留指数[43]

固定液：角鲨烷

化合物 \ I 柱温/℃	86	90	100	110	120	130
1-己炔	586.7	584.0	584.0	583.9	583.7	583.7
2-己炔	642.2	640.3	639.4	638.4	638.3	638.5
3-己炔	624.3	622.8	621.5	619.9	619.6	618.9
1-庚炔	686.3	684.3	684.4	684.2	684.5	684.4
2-庚炔	744.5	743.2	742.7	742.0	741.6	741.3
3-庚炔	718.1	717.1	716.3	715.8	715.0	714.3
1-辛炔	—	783.7	783.8	783.7	783.9	783.9
2-辛炔	—	842.4	842.0	841.4	840.9	840.5
3-辛炔	—	817.8	817.0	816.3	816.0	815.2
4-辛炔	—	811.3	810.7	810.3	809.7	809.2
1-壬炔	—	883.9	884.1	884.1	884.1	884.5
2-壬炔	—	941.2	940.8	940.6	940.2	939.7
3-壬炔	—	915.8	915.1	914.7	914.0	913.3
4-壬炔	—	910.5	910.1	909.7	909.2	908.7
1-癸炔	—	983.8	984.0	984.2	984.5	984.3
2-癸炔	—	1041.3	1041.0	1040.8	1040.4	1039.7
3-癸炔	—	1014.2	1013.8	1013.3	1012.8	1011.9
4-癸炔	—	1007.5	1007.3	1006.8	1006.5	1005.9
5-癸炔	—	1008.4	1008.1	1008.0	1007.7	1007.3
1-十一炔	—	—	—	1084.2	1084.4	1084.5
2-十一炔	—	—	—	1140.1	1140.1	1139.5
3-十一炔	—	—	—	1112.4	1112.0	1110.8
4-十一炔	—	—	—	1104.8	1104.4	1103.9
5-十一炔	—	—	—	1104.3	1104.0	1103.7
1-十二炔	—	—	—	1184.4	1184.6	1184.4
2-十二炔	—	—	—	1239.8	1239.8	1239.1
3-十二炔	—	—	—	1211.4	1211.0	1210.1
4-十二炔	—	—	—	1203.3	1202.9	1202.4
5-十二炔	—	—	—	1201.7	1201.4	1201.3
6-十二炔	—	—	—	1200.3	1200.0	1200.2

表 17-54 C_9～C_{14} 炔烃保留指数[43]

固定液：聚苯醚

I 柱温/℃ 化合物	90	110	130	150	170	I 柱温/℃ 化合物	90	110	130	150	170
1-壬炔	1002.7	1003.4	1003.8	—	—	4-十二炔	—	1316.6	1317.6	1319.0	—
2-壬炔	1066.5	1067.6	1068.5	—	—	5-十二炔	—	1315.8	1317.0	1317.6	—
3-壬炔	1032.9	1032.5	1032.4	—	—	6-十二炔	—	1315.7	1316.6	1317.0	—
4-壬炔	1021.8	1022.0	1023.2	—	—	1-十三炔	—	1402.6	1403.3	1404.7	1405.4
1-癸炔	1102.7	1103.5	1104.3	—	—	2-十三炔	—	1467.6	1468.2	1470.3	1471.1
2-癸炔	1167.5	1169.0	1171.2	—	—	3-十三炔	—	1429.2	1429.3	1429.4	1429.7
3-癸炔	1131.8	1131.9	1132.0	—	—	4-十三炔	—	1415.3	1416.4	1417.2	1417.3
4-癸炔	1120.2	1121.0	1121.2	—	—	5-十三炔	—	1414.0	1414.9	1415.5	1416.3
5-癸炔	1120.6	1120.9	1121.5	—	—	6-十三炔	—	1412.2	1413.7	1415.2	1416.1
1-十一炔	1201.5	1203.1	1204.5	1205.3	—	1-十四炔	—	1502.0	1503.1	1504.8	1505.8
2-十一炔	1266.7	1267.6	1268.8	1269.6	—	2-十四炔	—	1568.3	1569.1	1570.3	1570.9
3-十一炔	1230.0	1230.6	1231.2	1231.3	—	3-十四炔	—	1529.1	1529.2	1529.1	1529.1
4-十一炔	1218.3	1219.0	1220.0	1221.2	—	4-十四炔	—	1515.2	1516.0	1516.5	1517.2
5-十一炔	1217.9	1218.3	1219.2	1219.7	—	5-十四炔	—	1512.7	1512.9	1514.8	1514.9
1-十二炔	—	1302.9	1304.2	1304.7	—	6-十四炔	—	1509.3	1511.1	1512.3	1513.5
2-十二炔	—	1367.5	1368.4	1370.5	—	7-十四炔	—	1508.1	1509.3	1511.2	1512.3
3-十二炔	—	1329.4	1329.7	1330.1	—						

表 17-55 C_{10}～C_{14} 炔烃保留指数[43]

固定液：Apiezon L

I 柱温/℃ 化合物	110	130	150	170	190	I 柱温/℃ 化合物	110	130	150	170	190
1-癸炔	994.7	996.4	997.2	—	—	6-十二炔	—	1206.6	1206.0	1206.4	—
2-癸炔	1051.9	1052.2	1050.6	—	—	1-十三炔	—	—	1295.5	1297.2	1297.7
3-癸炔	1019.8	1019.3	1017.4	—	—	2-十三炔	—	—	1350.6	1351.0	1350.6
4-癸炔	1012.3	1012.0	1010.8	—	—	3-十三炔	—	—	1315.8	1315.0	1314.8
5-癸炔	1013.4	1013.3	1012.9	—	—	4-十三炔	—	—	1307.1	1306.9	1306.6
1-十一炔	1094.6	1095.5	1095.2	1096.1	—	5-十三炔	—	—	1305.5	1305.7	1305.9
2-十一炔	1151.4	1151.8	1150.8	1150.0	—	6-十三炔	—	—	1302.6	1303.5	1303.9
3-十一炔	1118.8	1118.6	1116.9	1116.1	—	1-十四炔	—	—	1395.7	1397.4	1398.3
4-十一炔	1110.5	1110.6	1109.9	1109.9	—	2-十四炔	—	—	1450.7	1451.2	1451.2
5-十一炔	1109.7	1110.1	1109.2	1109.1	—	3-十四炔	—	—	1414.9	1414.4	1414.5
1-十二炔	—	1194.6	1195.2	1197.2	—	4-十四炔	—	—	1406.9	1406.5	1406.7
2-十二炔	—	1251.0	1250.5	1250.4	—	5-十四炔	—	—	1403.9	1404.3	1405.1
3-十二炔	—	1218.0	1216.4	1215.5	—	6-十四炔	—	—	1401.1	1041.2	1402.0
4-十二炔	—	1208.4	1208.6	1208.5	—	7-十四炔	—	—	1400.2	1400.3	1400.7
5-十二炔	—	1208.4	1207.4	1207.6	—						

表 17-56 C_{14}烯烃与炔烃保留指数[44]

固定液：PEG-20M 柱温：80℃

化合物	I	$10\left(\frac{\partial I}{\partial T}\right)$	化合物	I	$10\left(\frac{\partial I}{\partial T}\right)$	化合物	I	$10\left(\frac{\partial I}{\partial T}\right)$
1-十三烯	1344.1	1.0	反-5-十四烯	1427.1	1.0	1-十四炔	1626.2	1.1
1-十四烯	1443.6	1.0	顺-5-十四烯	1427.1	1.8	2-十四炔	1651.8	3.0
反-2-十四烯	1458.6	0.6	反-6-十四烯	1424.8	1.0	3-十四炔	1596.0	3.2
顺-2-十四烯	1467.8	1.8	顺-6-十四烯	1422.6	1.8	4-十四炔	1576.0	2.9
反-3-十四烯	1438.4	0.4	反-7-十四烯	1423.5	1.2	5-十四炔	1568.6	3.0
顺-3-十四烯	1440.5	1.3	顺-7-十四烯	1421.1	1.6	6-十四炔	1564.3	2.9
反-4-十四烯	1429.3	0.8	3-十三炔	1498.5	3.2	7-十四炔	1562.3	3.1
顺-4-十四烯	1432.9	1.8						

第三节 环烷与环烯烃的保留指数

表 17-57 烃基环丙烷保留指数[45]

固定液：角鲨烷

化合物 \ I \ 柱温/℃	室温	60	80	100	120
甲基环丙烷	414.5	—	—	—	—
亚甲基环丙烷	432.5	—	—	—	—
1-甲基环丙烯	426.5	—	—	—	—
乙基环丙烷	508.3	—	—	—	—
1-乙烯基环丙烷	515.6	—	—	—	—
1,1-二甲基环丙烷	458.8	—	—	—	—
反-1,2-二甲基环丙烷	481.0	—	—	—	—
顺-1,2-二甲基环丙烷	513.1	—	—	—	—
正丙基环丙烷	608.9	—	614.8	—	—
2-丙烯基环丙烷	592.8	—	597.6	—	—
反-1-丙烯基环丙烷	638.6	—	641.7	—	—
顺-1-丙烯基环丙烷	643.2	—	646.8	—	—
1-(1-甲基)乙基环丙烷	569.9	—	—	—	—
1-甲基-1-乙基环丙烷	567.0	—	—	—	—
1-甲基-反-2-乙基环丙烷	568.0	—	—	—	—
1-甲基-顺-2-乙基环丙烷	603.0	—	—	—	—
1-甲基-反-2-(1-乙烯基)环丙烷	580.6	—	584.8	—	—
1-甲基-顺-2-(1-乙烯基)环丙烷	605.4	—	609.8	—	—
1,1,2-三甲基环丙烷	548.5	549.9	—	—	—
二环丙基烷	640.2	—	646.2	—	—
正丁基环丙烷	—	712.5	713.7	—	—
3-丁烯基环丙烷	—	—	694.2	—	—
反-2-丁烯基环丙烷	—	—	715.4	—	—
顺-2-丁烯基环丙烷	—	721.4	723.6	725.0	—
反-1-丁烯基环丙烷	—	731.4	731.6	731.0	—
顺-1-丁烯基环丙烷	—	728.4	728.8	731.0	—

续表

化合物 \ I \ 柱温/℃	室温	60	80	100	120
(2-甲基)丙基环丙烷	—	680.6	—	—	—
1-甲基-1-丙基环丙烷	—	662.8	—	—	—
(1,1-二甲基)乙基环丙烷	—	627.4	—	—	—
1-甲基-1-(1-甲基)乙基环己烷	—	646.0	—	—	—
1-甲基-反-2-丙基环丙烷	—	668.0	—	—	—
1-甲基-反-2-(1-反-丙烯基)环丙烷	—	703.0	781.9	702.0	—
1-甲基-反-2-(1-顺-丙烯基)环丙烷	698.9	697.5	697.9	—	—
1-甲基-反-2-异丙基环丙烷	624.8	—	—	—	—
1,2-二甲基-反-2-乙基环丙烷	653.6	—	—	—	—
1-甲基-顺-2-丙基环丙烷	702.2	—	—	—	—
1-甲基-顺-2-(2-丙烯基)环丙烷	687.9	690.5	691.6	—	—
1-甲基-顺-2-(1-反-丙烯基)环丙烷	720.1	719.7	720.4	—	—
1-甲基-顺-2-(1-顺-丙烯基)环丙烷	723.7	723.9	725.5	—	—
1-甲基-顺-2-异丙基环丙烷	658.4	—	—	—	—
1,2-二甲基-顺-2-乙基环丙烷	654.7	—	—	—	—
反-1,2-二乙基环丙烷	662.8	—	—	—	—
1-(1-乙烯基)-反-2-乙基环丙烷	668.4	669.6	670.8	—	—
顺-1,2-二乙基环丙烷	694.8	—	—	—	—
1-(1-乙烯基)-顺-2-乙基环丙烷	694.3	696.3	697.6	—	—
1,1-二甲基-2-乙基环丙烷	632.8	—	—	—	—
1,1,2,2-四甲基环丙烷	621.2	—	—	—	—
1,1-二乙基环丙烷	672.8	—	—	—	—
(2,3-亚甲基)丙基环丙烷	—	732.0	—	—	—
正戊基环丙烷	812.2	813.4	—	—	—
(2-甲基)丁基环丙烷	791.0	—	—	—	—
1,1-二甲基-2-丙基环丙烷	727.4	—	—	—	—
(3,4-亚甲基)丁基环丙烷	—	826.8	—	—	—
(1-甲基-2,3-亚甲基)丙基环丙烷	—	—	793.3	797.8	—
1-甲基-1-(2,3-亚甲基)丙基环丙烷	—	—	778.0	781.8	—
(反-2,3-亚甲基)丁基环丙烷	—	—	783.7	786.3	—
(顺-2,3-亚甲基)丁基环丙烷	—	819.1	822.9	825.3	—
(反-1,2-亚甲基)丁基环丙烷	—	790.4	792.7	794.7	—
(顺-1,2-亚甲基)丁基环丙烷	—	802.3	810.3	813.1	—
正已基环丙烷	—	912.4	912.7	914.6	916.6
5-已烯基环丙烷	—	893.7	895.2	897.4	899.5
反-4-已烯基环丙烷	—	—	911.8	913.2	914.6
顺-4-已烯基环丙烷	—	—	915.4	917.7	920.1
顺-1-已烯基环丙烷	—	—	922.6	923.9	—
反-1-已烯基环丙烷	—	—	928.7	929.3	—
反-1-反-4-已二烯基环丙烷	—	—	936.5	936.8	—
顺-1-反-4-已二烯基环丙烷	—	—	929.4	930.1	—
1-甲基-1-戊基环丙烷	—	853.1	—	—	—
1-甲基-1-(3-亚甲基)丁基环丙烷	—	—	835.4	837.6	—
1-乙基-1-丁基环丙烷	—	—	855.3	—	—

续表

I 柱温/℃ 化合物	室温	60	80	100	120
1,1-二丙基环丙烷	—	—	852.6	—	—
1,1-二甲基-2-丁基环丙烷	—	822.6	—	—	—
1,1-二甲基-2-[(2-甲基)-1-丙烯基]环丙烷	—	—	819.4	820.1	—
1,1,2-三甲基-2-丙基环丙烷	—	805.5	814.5	—	—
1-甲基-反-2-戊基环丙烷	—	864.2	—	865.9	—
1-甲基-反-2-(4-戊烯基)环丙烷	—	—	848.9	850.4	851.1
1-甲基-反-2-(反-3-戊烯基)环丙烷	—	—	860.5	861.8	862.4
1-甲基-反-2-(顺-3-戊烯基)环丙烷	—	—	867.5	870.2	871.0
1-甲基-反-2-(反-2,4-戊二烯基)环丙烷	—	—	884.2	885.4	—
1-甲基-反-2-(顺-2,4-戊二烯基)环丙烷	—	—	879.9	881.4	—
1-甲基-顺-2-戊基环丙烷	—	899.65	900.27	902.10	903.51
1-甲基-顺-2-(4-戊烯基)环丙烷	—	—	882.1	884.3	886.7
1-甲基-顺-2-(反-3-戊烯基)环丙烷	—	—	897.5	900.0	900.0
1-乙基-反-2-丁基环丙烷	—	857.5	—	860.2	—
1-(1-乙基)-反-2-丁基环丙烷	—	—	862.6	866.5	—
1-(1-乙烯基)-反-2-(反-2-丁烯基)环丙烷	—	—	866.2	867.2	—
1-乙基-顺-2-丁基环丙烷	—	886.8	—	890.5	—
1-(1-乙烯基)-顺-2-丁基环丙烷	—	—	886.3	889.0	—
1-(1-乙烯基)-顺-2-(反-2-丁烯基)环丙烷	—	—	891.2	892.1	—
反-1,2-二丙基环丙烷	—	—	—	857.0	—
顺-1,2-二丙基环丙烷	—	885.0	—	888.9	—
正庚基环丙烷	—	1011.90	1013.53	1015.27	1016.94
(5-甲基)己基环丙烷	—	975.50	977.42	979.46	981.43
(4-甲基)己基环丙烷	—	980.53	982.74	985.11	987.43
(3-甲基)己基环丙烷	—	973.15	975.23	977.35	978.96
(2-甲基)己基环丙烷	—	972.14	974.18	976.28	978.96
(1-甲基)己基环丙烷	—	964.29	966.79	969.39	971.96
1-甲基-1-己基环丙烷	—	954.49	956.29	958.04	959.91
1,1-二甲基-2-戊基环丙烷	—	919.6	920.71	922.28	923.38
1-甲基-反-2-己基环丙烷	—	963.33	964.41	965.42	966.40
1-甲基-反-2-(4-甲基)戊基环丙烷	—	926.53	927.46	929.28	930.01
1-甲基-反-2-(3-甲基)戊基环丙烷	—	934.40	935.66	937.68	938.98
1-甲基-反-2-(2-甲基)戊基环丙烷①	—	924.99	925.98	928.02	930.01
		927.61	928.62	926.60	930.01
1-甲基-反-2-(1-甲基)戊基环丙烷①	—	909.55	910.90	913.17	914.56
		914.81	916.07	918.25	919.42
1,2-二甲基-反-2-戊基环丙烷	—	937.05	938.67	940.90	942.52
1-甲基-反-2-戊基-顺-3-甲基环丙烷	—	943.68	944.42	945.93	946.37
1-甲基-顺-2-戊基-反-3-甲基环丙烷	—	939.00	939.43	940.21	940.45
1-甲基-顺-2-己基环丙烷	—	997.6	999.00	1001.0	1002.4
1-甲基-顺-2-(4-甲基)戊基环丙烷	—	960.8	962.38	964.86	966.57
1-甲基-顺-2-(3-甲基)戊基环丙烷	—	966.1	968.05	970.88	972.75
1-甲基-顺-2-(2-甲基)戊基环丙烷①	—	960.8	962.38	964.86	966.57
		942.7	944.43	947.14	949.03
1-甲基-顺-2-(1-甲基)戊基环丙烷	—	947.3	948.66	950.96	952.54

续表

柱温/℃ *I* 化合物	室温	60	80	100	120
1,2-二甲基-顺-2-戊基环丙烷	—	931.4	932.78	934.81	936.23
1-甲基-顺-2-戊基-顺-3-甲基环丙烷	—	1001.3	1003.6	1006.4	1008.7
1-乙基-反-2-戊基环丙烷	—	954.90	956.09	958.26	—
1-乙基-顺-2-戊基环丙烷	—	985.1	986.42	988.57	989.98
(5,6-亚甲基己基)环丙烷	—	—	1026.7	1030.2	1033.3
(反-4,5-亚甲基己基)环丙烷	—	—	—	918.2	983.4
(顺-4,5-亚甲基己基)环丙烷	—	—	959.00	1015.3	1018.8
(反-1,2-亚甲基己基)环丙烷	—	—	987.1	990.0	—
(顺-1,2-亚甲基己基)环丙烷	—	—	998.5	1002.1	—
1-甲基-反-2-(反-3,4-亚甲基戊基)环丙烷	—	—	931.2	933.6	—
1-甲基-顺-2-(反-3,4-亚甲基戊基)环丙烷①	—	—	965.4 966.2	968.3 968.9	—
1-甲基-顺-2-(顺-3,4-亚甲基戊基)环丙烷①	—	—	1003.5 1003.8	—	—
1-甲基-反-2-(反-2,3-亚甲基戊基)环丙烷	—	—	925.9	—	—
(反-4,5-亚甲基)-反-1-己烯基环丙烷	—	—	996.0	997.3	—
(反-4,5-亚甲基)-顺-1-己烯基环丙烷	—	—	995.5	997.3	—
(反-1,2-亚甲基)-反-4-己烯基环丙烷	—	—	987.5	989.5	—
(顺-1,2-亚甲基)-反-4-己烯基环丙烷	—	—	1005.3	1008.4	—
1-甲基-反-2-(反-2,3-亚甲基)-4-戊烯基环丙烷	—	—	938.8	939.9	—
1-甲基-反-2-(顺-2,3-亚甲基)-4-戊烯基环丙烷	—	—	955.8	958.0	—
正辛基环丙烷	—	—	—	1115.7	—
1-乙基-反-2-己基环丙烷	—	—	—	1056.6	1057.9
1-乙基-顺-2-己基环丙烷	—	—	—	1087.2	1088.8
7-辛烯基环丙烷	—	—	1197.0	—	—
反-3-辛烯基环丙烷	—	—	—	1099.6	1101.2
反-2-辛烯基环丙烷	—	—	—	1098.5	1101.2
反-4,7-辛二烯基环丙烷	—	—	—	1083.3	1085.9
1-(2-丙烯基)-反-2-戊基环丙烷	—	—	—	1038.0	1039.7
1-(2-丙烯基)-反-2-(4-戊烯基)环丙烷	—	—	—	1022.2	1025.1
正壬基环丙烷	—	—	—	—	1215.5
(7,8-亚甲基)辛基环丙烷	—	—	—	1231.2	—
(反-4,5-亚甲基)辛基环丙烷	—	—	—	1168.1	1171.2
(反-2,3-亚甲基)辛基环丙烷	—	—	—	1166.8	1170.1
(反-4,5-亚甲基)-7-辛烯基环丙烷	—	—	—	1162.0	—
(反-2,3-亚甲基)-7-辛烯基环丙烷	—	—	—	1156.9	—
正癸基环丙烷	—	—	—	—	1315.4
1-乙基-2-甲基-反-2-庚基环丙烷	—	—	—	1208.2	—
1-乙基-2-甲基-顺-2-庚基环丙烷	—	—	—	1218.6	—
1-己基-2-甲基-反-2-丙基环丙烷	—	—	—	1204.4	—
1-己基-2-甲基-顺-2-丙基环丙烷	—	—	—	1214.4	—
1-丙基-2-甲基-反-2-己基环丙烷	—	—	—	1198.6	—
1-丙基-2-甲基-顺-2-己基环丙烷	—	—	—	1211.6	—
1-戊基-2-甲基-反-2-丁基环丙烷	—	—	—	1194.4	—
1-戊基-2-甲基-顺-2-丁基环丙烷	—	—	—	1206.5	—
反-2,3-亚甲基壬基环丙烷	—	—	—	1264.8	—

① 非对映立体异构体。

表 17-58 烷基环戊烷与环己烷保留指数[15]

固定液：角鲨烷　　　　柱　温：25℃

化合物	I	化合物	I	化合物	I
环戊烷	562.4	1,1,3-三甲基环戊烷	718.9	异丙基环戊烷	806.1
甲基环戊烷	624.6	甲基环己烷	719.9	乙基环己烷	827.5
1,1-二甲基环戊烷	669.3	乙基环戊烷	729.3	正丙基环戊烷	825.6
1,反-3-二甲基环戊烷	682.1	1,1-二甲基环己烷	779.8	1,1,3-三甲基环戊烷	833.8
1,反-2-二甲基环戊烷	685.3	1,反-4-二甲基环己烷	780.0		
环己烷	658.3	1-甲基-2-反-乙基环戊烷	788.4		

表 17-59 烷基环己烷保留指数[46]

柱温：130℃

化合物 \ I 固定液	Apiezon L	SE-30	化合物 \ I 固定液	Apiezon L	SE-30
环己烷	696	676	反-1,3,5-三甲基环己烷	883	840
甲基环己烷	765	739	顺-1,3,5-三甲基环己烷	900	870
乙基环己烷	876	842	反-1,2,4-三甲基环己烷	893	868
1,1-二甲基环己烷	830	—	顺-1,2,4-三甲基环己烷	921	895
反-1,2-二甲基环己烷	847	817	反-1,2,3-三甲基环己烷	918	954
顺-1,2-二甲基环己烷	879	850	顺-1,2,3-三甲基环己烷	950	982
反-1,3-二甲基环己烷	802	798	反-1-甲基-4-异丙基环己烷	1002	997
顺-1,3-二甲基环己烷	848	823	顺-1-甲基-4-异丙基环己烷	1004	1000
反-1,4-二甲基环己烷	826	796	正丁基环己烷	1064	1061
顺-1,4-二甲基环己烷	848	820	异丁基环己烷	1018	1005
正丙基环己烷	972	944	1,3-二乙基环己烷	1035	1017
异丙基环己烷	968	934			

表 17-60 烷基环戊烷与烷基环己烷保留指数（一）[47]

柱温：100℃

固定液	角鲨烷		Apeizon L		聚苯乙醚		聚乙二醇 4000	
化合物 \ 保留指数	I	$10\left(\frac{\partial I}{\partial T}\right)$	I	$10\left(\frac{\partial I}{\partial T}\right)$	I	$10\left(\frac{\partial I}{\partial T}\right)$	I	$10\left(\frac{\partial I}{\partial T}\right)$
甲基环戊烷	635.8	2.30	—	—	678.1	3.41	—	—
乙基环戊烷	743.2	2.09	—	—	788.7	4.48	816.7	3.95
正丙基环戊烷	839.4	2.00	851.6	2.67	882.7	3.57	911.6	4.05
正丁基环戊烷	937.2	2.09	950.2	2.95	979.7	3.50	1008.9	4.03
正戊基环戊烷	1036.5	1.84	1049.9	2.97	1077.7	3.44	1107.3	4.10
正己基环戊烷	1135.0	2.32	1149.8	2.95	1177.5	3.37	1207.0	4.30
环己烷	674.0	2.52	691.9	3.86	727.9	4.00	766.3	4.72
甲基环己烷	738.3	2.67	754.2	3.99	782.8	4.63	813.9	4.80
乙基环己烷	847.5	2.71	865.2	3.75	892.0	3.88	—	—
正丙基环己烷	939.8	2.71	956.4	3.90	984.0	4.00	1018.6	5.20
正丁基环己烷	1037.1	2.74	1053.0	4.06	1081.8	4.53	1115.5	5.03
正己基环己烷	1236.2	2.62	1249.0	4.63	1280.3	4.45	1312.0	5.10
异丙基环己烷	932.9	3.33	950.6	3.68	980.9	4.78	—	—
异丁基环己烷	991.6	2.76	1004.3	4.07	1028.4	4.26	1057.8	5.00
仲丁基环己烷	1032.3	3.05	1046.3	5.86	1083.4	5.47	1119.8	5.92

表 17-61 烷基环戊烷与烷基环己烷的保留指数（二）[29]

固定液：OV-1 柱 温：100℃

化合物	I	$\frac{\partial I}{\partial T}$	化合物	I	$\frac{\partial I}{\partial T}$
环戊烷	574.5	0.170	壬基环戊烷	1438.0	0.263
甲基环戊烷	638.1	0.199	癸基环戊烷	1536.3	0.283
乙基环戊烷	743.4	0.226	十一基环戊烷	1636.4	0.288
丙基环戊烷	839.2	0.232	环己烷	673.6	0.248
丁基环戊烷	938.3	0.241	甲基环己烷	734.6	0.268
戊基环戊烷	1037.6	0.253	乙基环己烷	842.8	0.290
己基环戊烷	1137.9	0.249	丙基环己烷	936.4	0.280
辛基环戊烷	1038.0	0.262	丁基环己烷	1036.0	—

表 17-62 链烯基环烷保留指数[29]

固定液：OV-1 柱 温：100℃

化合物	I	$\frac{\partial I}{\partial T}$	化合物	I	$\frac{\partial I}{\partial T}$
亚甲基环戊烷	578.5	0.193	9-壬烯基环戊烷	1426.5	0.283
乙烯基环戊烷	731.3	0.234	10-癸烯基环戊烷	1524.7	0.305
烯丙基环戊烷	828.8	0.242	11-十一烯基环戊烷	1625.3	0.305
4-丁烯基环戊烷	927.7	0.254	亚甲基环己烷	750.8	0.271
5-戊烯基环戊烷	1026.5	0.263	乙烯基环己烷	829.8	0.311
6-己烯基环戊烷	1125.9	0.274	烯丙基环己烷	925.8	0.323
7-庚烯基环戊烷	1224.7	0.270	4-丁烯基环己烷	1024.5	0.325
8-辛烯基环戊烷	1325.9	0.286	5-戊烯基环己烷	1123.9	0.308

表 17-63 二甲基环烷保留指数[48]

固定液：角鲨烷 柱 温：70℃

化合物	I	化合物	I	化合物	I
1,1-二甲基环戊烷	677	反-1,4-二甲基环己烷	789	1,1-二甲基环辛烷	1046
反-1,2-二甲基环戊烷	693	顺-1,4-二甲基环己烷	810	反-1,2-二甲基环辛烷	1069
顺-1,2-二甲基环戊烷	725	乙基环己烷	839	顺-1,2-二甲基环辛烷	1075
反-1,3-二甲基环戊烷	690	1,1-二甲基环庚烷	916.5	反-1,3-二甲基环辛烷	1046
顺-1,3-二甲基环戊烷	686	反-1,2-二甲基环庚烷	941	顺-1,3-二甲基环辛烷	1044
乙基环戊烷	738	顺-1,2-二甲基环庚烷	961	反-1,4-二甲基环辛烷	1052
1,1-二甲基环己烷	792	反-1,3-二甲基环庚烷	927	顺-1,4-二甲基环辛烷	1054
反-1,2-二甲基环己烷	807	顺-1,3-二甲基环庚烷	920.5	反-1,5-二甲基环辛烷	1055
顺-1,2-二甲基环己烷	836	反-1,4-二甲基环庚烷	922	顺-1,5-二甲基环辛烷	1049
反-1,3-二甲基环己烷	810	顺-1,4-二甲基环庚烷	926	乙基环辛烷	1092
顺-1,3-二甲基环己烷	789	乙基环庚烷	969		

表 17-64 C_5～C_8环烷保留指数[4]

固定液：OV-101

柱温/℃	40	50	60	70	$10\left(\frac{\partial I}{\partial T}\right)$
化合物 \ 保留指数	I				
环戊烷	565.6	566.1	569.4	569.9	1.62
甲基环戊烷	626.6	628.4	630.1	631.5	1.64
环己烷	658.7	660.9	663.2	665.5	2.27

续表

柱温/℃ 保留指数 化合物	40	50	60	70	$10\left(\frac{\partial I}{\partial T}\right)$
	I				
1,1-二甲基环戊烷	671.7	673.6	675.4	676.9	1.74
1,顺-3-二甲基环戊烷	681.7	683.4	685.1	686.8	1.70
1,反-3-二甲基环戊烷	684.5	686.2	687.9	689.7	1.73
1,反-2-二甲基环戊烷	687.1	688.8	690.5	692.2	1.70
1,顺-2-二甲基环戊烷	719.0	721.4	723.2	725.2	2.04
甲基环己烷	719.0	721.4	723.8	726.2	2.40
1,1,3-三甲基环戊烷	721.8	723.7	725.7	727.5	1.90
乙基环戊烷	729.9	731.9	734.1	735.6	1.93
1,反-2,顺-4-三甲基环戊烷	738.4	740.1	741.8	743.3	1.63
1,反-2,顺-5-三甲基环戊烷	745.3	747.1	748.9	750.9	1.86
1,1,2-三甲基环戊烷	758.9	761.4	763.8	766.3	2.46
1,顺-3-二甲基环己烷	773.3	775.5	777.9	780.2	2.31
1,反-4-二甲基环己烷	774.9	777.2	779.6	782.0	2.37
1,1-二甲基环己烷	779.8	782.6	785.4	788.5	2.89
1,反-乙基,3-甲基环戊烷	784.0	785.9	787.6	789.8	1.93
1,反-乙基,2-甲基环戊烷	787.1	789.1	791.1	793.1	2.00
1,反-2-二甲基环己烷	791.8	793.9	796.2	798.4	2.21
苯	652.1	654.1	656.0	658.3	2.06
甲苯	754.0	756.1	758.0	759.8	1.93

表 17-65 C_8～C_{12} 环烷烃保留指数[17]

固定液：HP-5　　载　气：He，2.5 mL/min

色谱柱：HP-5ms，30m×0.32mm，0.25μm　　检测器：TOFMS

柱温：35℃（1 min）$\xrightarrow{1℃/min}$ 40℃（1min）$\xrightarrow{7℃/min}$ 220℃（1min）

化合物	I	化合物	I	化合物	I
1,2,4-三甲基环戊烷	780	1-甲基-3-丙基环己烷	982	1,4-二甲基环辛烷	1085
1,4-二甲基环己烷	800	1-甲基-3-(2-甲基丙基)环戊烷	985	1-乙基-2-丙基环己烷	1093
丙基环己烷	935	乙基丙基环戊烷	991	己基环己烷	1236
1,1,2,3-四甲基环己烷	953	1-甲基-2-丙基环己烷	997	1-己基-3-甲基环己烷	1296
2-乙基-1,3-二甲基环己烷	978	己基环戊烷	1047	1-丁基-2-丙基环戊烷	1306

表 17-66 环十二烷衍生化保留指数[49]

色谱柱：熔融硅胶开管玻璃毛细管柱，(30～50)m×0.25mm　　载　气：He，2～4mL/min

检测器：FID

固定液	聚硅氧烷 OV-1			聚乙烯聚乙二醇 40M		
I　柱温 化合物	150	170	190	150	170	190
环十二烷	1338.3	1351.6	1672.4	1497.2	1516.9	1549.3
顺式环十二烯	1324.1	1342	1356	1514.8	1533.2	1554.6
反式环十二烯	1336.7	1342	1356	1539.8	1557.9	1577.9
乙酰环十二烷	1645.6	1661.7	1683.3	2067.3	2096.1	2134.9

表 17-67 环己基烷烃保留指数[48]

柱温：200℃

I 固定液 / 化合物	Apiezon L	聚苯醚 OS-138	I 固定液 / 化合物	Apiezon L	聚苯醚 OS-138
1-环己基庚烷	1385	1423	6-环己基十一烷	1666	1696
2-环己基庚烷	1362	1400	2-环己基十二烷	1859	1899
3-环己基庚烷	1335	1373	3-环己基十二烷	1822	1859
4-环己基庚烷	1321	1356	4-环己基十二烷	1787	1819
1-环己基癸烷	1686	1735	5-环己基十二烷	1768	1801
2-环己基癸烷	1659	1702	6-环己基十二烷	1760	1789
3-环己基癸烷	1625	1661	2-环己基十三烷	1959	2000
4-环己基癸烷	1592	1624	3-环己基十三烷	1921	1960
5-环己基癸烷	1577	1608	4-环己基十三烷	1886	1919
2-环己基十一烷	1760	1801	5-环己基十三烷	1866	1897
3-环己基十一烷	1723	1759	6-环己基十三烷	1856	1886
4-环己基十一烷	1689	1720	7-环己基十三烷	1854	1883
5-环己基十一烷	1671	1702			

表 17-68 双环烃保留指数[42]

固定液：SE-30

I 柱温/℃ / 化合物	80	130	150	I 柱温/℃ / 化合物	80	130	150
反四氢化茚	955	980	—	双环戊二烯	1014	1043	—
顺四氢化茚	987	1012	1022	反十氢化萘	1049	1078	1090
双环[4.3.0]壬-3,6(1)-二烯	1038	1059	1068	顺十氢化萘	1087	1120	1132

表 17-69 C_6～C_7环烷、环烯烃保留指数[14]

柱　温：140℃　　　　载　气：He

色谱柱：不锈钢填充柱，1.5m×1/8in　　　　检测器：FID

I 固定相 / 化合物	SGBC	SGBCCu	SGBCCo	I 固定相 / 化合物	SGBC	SGBCCu	SGBCCo
环己烷	605	602	602	4-甲基-1-环己烯	697	708	711
环己烯	617	626	629	环庚烷	723	719	719
甲基环戊烷	590	589	590	环庚烯	720	731	732
1-甲基-1-环戊烯	602	609	613	1,3-环己二烯	620	647	655
1-甲基-1-环己烯	712	717	722	1,4-环己二烯	643	670	677

表 17-70　C_5～C_7环烯烃的保留指数[30]

固定液：HP-PONA　　载　气：N_2，200∶1 分流比，进样 10μL
色谱柱：聚合物多孔层毛细管色谱柱，50m×0.2mm，0.50μm　　检测器：FID，检测器温度 250℃
柱　温：30℃（60 min）→180℃（10min），10℃/min

化合物	I	化合物	I
环戊烯	547.5	环己烯	671.8
4-甲基环戊烯	612	1,3-二甲基环戊烯	699.7
1-甲基环戊烯	646.2		

表 17-71　烷基环戊烯保留指数[50]

固定液：角鲨烷　　柱　温：64℃

化合物	I	化合物	I	化合物	I
1-甲基-1-环戊烯	646.4	1-正庚基-1-环戊烯	1228.6	3-正丁基-1-环戊烯	911.1
1-乙基-1-环戊烯	748.2	1-正辛基-1-环戊烯	1328.4	3-正戊基-1-环戊烯	1009.7
1-正丙基-1-环戊烯	836.3	3-甲基-1-环戊烯	605.2	3-正己基-1-环戊烯	1109.4
1-正丁基-1-环戊烯	934.8	3-乙基-1-环戊烯	714.8	3-正庚基-1-环戊烯	1209.2
1-正戊基-1-环戊烯	1032.1	3-正丙基-1-环戊烯	813.0	3-正辛基-1-环戊烯	1309.1
1-正己基-1-环戊烯	1129.3				

表 17-72　环戊烯及环己烯保留指数（一）[47]

固定液	角鲨烷		Apiezon L		聚苯乙醚		聚乙二醇-4000	
柱温/℃	100		150		100		100	
化合物 \ 保留指数	I	$10\left(\frac{\partial I}{\partial T}\right)$	I	$10\left(\frac{\partial I}{\partial T}\right)$	I	$10\left(\frac{\partial I}{\partial T}\right)$	I	$10\left(\frac{\partial I}{\partial T}\right)$
环戊烯	560.0	2.32	—	—	—	—	704.9	2.92
3-甲基-1-环戊烯	610.4	1.23	—	—	679.6	3.17	735.8	2.57
1-甲基-1-环戊烯	650.6	0.92	—	—	730.1	2.97	791.9	2.60
3-乙基-1-环戊烯	721.8	1.63	—	—	789.2	2.70	849.2	3.16
1-乙基-1-环戊烯	753.2	1.17	—	—	832.4	2.69	891.1	2.66
3-正丙基-1-环戊烯	818.3	1.48	—	—	888.4	2.83	944.5	3.21
1-正丙基-1-环戊烯	840.5	1.18	—	—	916.2	2.64	972.1	3.16
3-正丁基-1-环戊烯	916.4	1.47	—	—	986.5	2.98	1042.2	3.76
1-正丁基-1-环戊烯	939.6	1.31	—	—	1014.8	2.75	1070.2	3.36
3-正戊基-1-环戊烯	1015.2	1.63	1047.3	3.10	1084.8	3.35	1140.2	3.72
1-正戊基-1-环戊烯	1036.5	1.25	1067.3	2.78	1112.1	3.28	1165.9	3.43
3-正己基-1-环戊烯	1115.6	1.73	1147.0	2.90	1185.3	3.53	1240.2	3.86
1-正己基-1-环戊烯	1134.8	1.53	1165.5	2.62	1210.0	3.23	1262.8	3.77
1-正庚基-1-环戊烯	1234.1	1.68	1264.7	2.60	1308.3	3.08	1361.8	3.76
3-异丙基-1-环戊烯	802.8	1.87	—	—	869.8	3.38	928.3	3.95
1-异丙基-1-环戊烯	915.9	1.61	—	—	884.5	2.45	937.5	2.70

续表

固定液	角鲨烷		Apiezon L		聚苯乙醚		聚乙二醇-4000	
柱温/℃	100		150		100		100	
化合物 \ 保留指数	I	$10\left(\frac{\partial I}{\partial T}\right)$	I	$10\left(\frac{\partial I}{\partial T}\right)$	I	$10\left(\frac{\partial I}{\partial T}\right)$	I	$10\left(\frac{\partial I}{\partial T}\right)$
3-异丁基-1-环戊烯	881.3	1.70	—	—	944.2	2.86	998.8	3.73
1-异丁基-1-环戊烯	891.8	1.65	—	—	955.2	2.93	1002.6	3.55
3-异戊基-1-环戊烯	978.3	1.63	—	—	1041.4	2.95	1094.2	3.74
1-异戊基-1-环戊烯	984.5	1.88	—	—	—	—	1107.6	3.92
3-烯丙基-1-环戊烯	797.3	2.16	—	—	901.0	3.21	985.1	3.72
1-烯丙基-1-环戊烯	821.6	1.48	—	—	932.3	2.70	1019.5	3.25
环己烯	683.1	2.11	—	—	780.3	4.54	849.7	4.32
3-甲基-1-环己烯	743.4	2.37	—	—	825.3	4.54	887.9	4.50
4-甲基-1-环己烯	746.4	2.44	—	—	829.7	4.68	893.1	4.72
1-甲基-1-环己烯	773.2	2.14	—	—	863.0	4.40	931.7	4.13
3-乙基-1-环己烯	852.7	2.28	—	—	939.5	4.82	1004.1	5.48
4-乙基-1-环己烯	855.5	2.48	—	—	942.9	4.88	1009.2	5.25
1-乙基-1-环己烯	867.1	1.86	—	—	958.1	3.95	1022.7	4.35
3-正丙基-1-环己烯	947.7	2.30	—	—	1032.1	4.55	1097.0	5.48
4-正丙基-1-环己烯	948.6	2.37	—	—	1034.2	4.55	1098.8	5.38
1-正丙基-1-环己烯	953.5	2.15	—	—	1039.3	4.09	1099.6	5.05
3-正丁基-1-环己烯	1045.0	2.37	—	—	1129.2	4.76	1192.8	6.18
4-正丁基-1-环己烯	1046.3	2.43	—	—	1131.5	4.89	1195.5	6.23
1-正丁基-1-环己烯	1050.4	2.22	—	—	1136.4	4.54	1297.5	5.96
3-正戊基-1-环己烯	1143.7	2.74	1186.8	3.32	1227.5	4.54	1290.7	5.32
1-正戊基-1-环己烯	1145.1	2.72	1186.3	3.18	1232.3	4.13	1291.9	4.83
1-正己基-1-环己烯	1243.3	2.72	1283.7	2.98	1328.9	4.10	1388.4	5.05
3-正己基-1-环己烯	1243.6	2.82	1286.5	3.26	1326.7	4.94	1390.2	5.40
1-正庚基-1-环己烯	1342.5	2.64	1382.9	3.34	1428.3	4.05	—	—
3-正庚基-1-环己烯	1343.5	2.72	1386.5	3.42	1426.3	4.75	—	—
1-正辛基-1-环己烯	—	—	1482.1	3.46	1525.8	4.55	—	—
3-正辛基-1-环己烯	—	—	1486.5	3.62	1526.2	4.60	—	—
1-正壬基-1-环己烯	—	—	1581.3	3.76	1623.7	4.87	—	—
3-正壬基-1-环己烯	—	—	1586.8	3.82	1625.9	4.67	—	—
1-异丙基-1-环己烯	924.5	2.13	—	—	1008.0	4.89	1064.4	4.70
3-异丙基-1-环己烯	933.2	2.83	—	—	1017.8	5.25	1081.2	5.73
1-异丁基-1-环己烯	1002.9	2.61	—	—	1075.2	4.83	1128.8	5.00
3-异丁基-1-环己烯	1005.1	2.66	—	—	1080.7	4.80	1141.6	5.05
3-仲丁基-1-环己烯	1033.3	2.97	—	—	1120.3	5.78	1185.9	5.88

表 17-73 环戊烯及环己烯保留指数（二）[32]

固定液	角鲨烷				Apiezon L			PEG 4000			
柱温/℃	30	60	80	$\frac{\partial I}{\partial T}$	100	120	$\frac{\partial I}{\partial T}$	60	80	100	$\frac{\partial I}{\partial T}$
化合物 \ 保留指数	*I*				*I*			*I*			
环戊烯	549.6	550.7	555.5	0.14	—	—	—	693.3	700.7	704.9	0.28
3-甲基-1-环戊烯	601.5	605.8	607.7	0.13	627.2	633.2	0.30	725.6	728.7	735.8	0.25
1-甲基-1-环戊烯	644.5	646.6	649.0	0.10	672.9	677.4	0.23	781.5	786.0	791.9	0.26
3-乙基-1-环戊烯	712.9	715.3	718.7	0.13	742.6	747.8	0.26	836.5	842.8	849.2	0.35
1-乙基-1-环戊烯	747.4	748.4	750.9	0.08	774.7	779.4	0.24	880.5	885.9	891.1	0.27
3-异丙基-1-环戊烯	789.7	794.9	800.0	0.21	824.7	833.6	0.44	913.4	921.1	928.3	0.38
1-异丙基-1-环戊烯	804.5	809.4	812.5	0.16	834.1	839.2	0.19	926.6	931.8	937.5	0.27
3-烯丙基-1-环戊烯	700.0	701.2	705.0	0.12	731.0	735.9	0.24	926.6	934.8	940.9	0.36
1-烯丙基-1-环戊烯	812.5	818.2	821.6	0.18	850.8	856.4	0.28	1011.5	1018.8	1024.4	0.38
3-丙基-1-环戊烯	—	812.6	816.3	0.19	840.2	846.3	0.31	931.6	938.5	944.5	0.34
1-丙基-1-环戊烯	—	836.5	839.2	0.14	862.4	867.8	0.27	959.4	966.4	972.1	0.31
3-异丁基-1-环戊烯	—	874.5	878.8	0.22	—	—	—	983.9	991.3	998.8	0.42
1-异丁基-1-环戊烯	—	885.4	889.2	0.19	—	—	—	988.3	996.4	1002.6	0.36
3-丁基-1-环戊烯	—	910.5	914.3	0.19	938.6	944.1	0.28	1028.1	1036.6	1042.4	0.36
1-丁基-1-环戊烯	—	934.5	937.7	0.16	962.8	967.0	0.21	1057.8	1065.3	1070.5	0.44
3-异戊基-1-环戊烯	—	972.0	975.7	0.19	—	—	—	1081.7	1088.9	1095.2	0.29
1-异戊基-1-环戊烯	—	977.0	981.6	0.23	—	—	—	1091.8	1100.0	1107.6	0.40
3-戊基-1-环戊烯	—	1009.0	1013.1	0.21	1041.8	1043.0	0.06	1125.4	1134.0	1139.8	0.36
1-戊基-1-环戊烯	—	1031.4	1034.3	0.20	1059.8	1063.3	0.17	1151.8	1160.2	1165.6	0.35
环己烯	668.3	674.4	679.0	0.26	712.5	720.2	0.39	832.4	840.9	849.7	0.44
3-甲基-1-环己烯	727.1	733.7	738.8	0.22	768.5	776.8	0.41	870.0	879.2	887.9	0.45
4-甲基-1-环己烯	729.6	736.3	741.8	0.25	772.6	782.0	0.47	874.0	883.9	893.1	0.48
1-甲基-1-环己烯	758.5	764.3	769.3	0.22	800.0	808.3	0.41	914.9	923.1	931.7	0.42
3-乙基-1-环己烯	—	843.2	848.7	0.28	881.9	889.1	0.36	983.2	993.3	1004.1	0.53
4-乙基-1-环己烯	—	845.3	851.3	0.30	885.8	894.4	0.43	988.0	998.9	1009.2	0.51
1-乙基-1-环己烯	—	859.4	864.1	0.29	894.7	901.0	0.32	1005.3	1013.9	1022.7	0.44
3-烯丙基-1-环己烯	—	917.0	923.0	0.30	962.4	971.2	0.44	1122.2	1131.7	1142.2	0.48
1-烯丙基-1-环己烯	—	929.2	934.5	0.27	970.7	978.7	0.40	1134.2	1144.0	1154.1	0.50
3-丙基-1-环己烯	—	938.5	944.4	0.30	976.8	985.5	0.44	1075.0	1085.4	1097.0	0.55
4-丙基-1-环己烯	—	939.0	944.9	0.30	978.7	987.6	0.44	1077.0	1088.4	1098.8	0.54
1-丙基-1-环己烯	—	944.5	949.6	0.26	979.4	987.7	0.42	1079.3	1090.2	1099.6	0.51
3-丁基-1-环己烯	—	1035.9	1041.5	0.28	1073.6	1082.2	0.43	1171.9	1182.9	1192.9	0.53
4-丁基-1-环己烯	—	1036.4	1042.0	0.28	1075.4	1084.7	0.46	1174.5	1186.5	1195.8	0.53
1-丁基-1-环己烯	—	1041.8	1046.8	0.25	1076.7	1084.9	0.41	1177.1	1187.1	1196.9	0.50
3-仲丁基-1-环己烯	—	1022.1	1028.8	0.33	—	—	—	—	1176.0	1188.4	0.62
1-戊基-1-环己烯	—	—	—	—	1172.0	1180.1	0.40	—	1282.9	1292.1	0.46
3-异丙基-1-环己烯	—	915.9	921.0	0.26	948.2	956.3	0.42	1043.8	1053.9	1062.8	0.47
1-异丙基-1-环己烯	—	922.2	928.8	0.33	962.4	971.7	0.47	1058.1	1069.8	1082.3	0.60
3-异丁基-1-环己烯	—	992.5	998.2	0.29	1024.9	1034.9	0.46	1105.8	1117.9	1127.7	0.55
1-异丁基-1-环己烯	—	1000.9	1000.9	—	1031.0	1039.8	0.44	1119.8	1130.8	1141.4	0.41

第四节 芳烃的保留指数

表 17-74 烷基苯保留指数（一）[15]

固定液：角鲨烷 柱 温：25℃

化合物	*I*	化合物	*I*	化合物	*I*
苯	629.9	叔丁基苯	956.5	1-甲基-2-正丙基苯	1022.8
甲苯	739.1	异丁基苯	963.7	1,3-二甲基-5-乙基苯	1029.7
乙基苯	828.2	1,2,4-三甲基苯	965.9	1,4-二甲基-2-乙基苯	1039.3
对二甲苯	842.5	仲丁基苯	967.4	1,2-二甲基-4-乙基苯	1044.9
间二甲苯	845.7	1-甲基-2-异丙基苯	994.6	1,3-二甲基-4-乙基苯	1044.1
邻二甲苯	862.7	1-甲基-3-异丙基苯	991.4	1-甲基-4-叔丁基苯	1053.1
异丙基苯	889.5	1-甲基-4-异丙基苯	996.8	1,2,3,5-四甲基苯	1086.4
正丙基苯	917.8	1,3-二甲基苯	1009.4	1,2,3,4-四甲基苯	1097.0
1-甲基-3-乙基苯	930.2	1-甲基-4-正丙基苯	1015.7	1-甲基-4-正丙基苯	1102.1
1-甲基-4-乙基苯	934.4	1-甲基-3-正丙基苯	1014.7	正戊基苯	1110.6
1-甲基-2-乙基苯	946.1	1,4-二乙基苯	1017.8		
1,3,5-三甲基苯	953.1	正丁基苯	1018.5		

表 17-75 烷基苯保留指数（二）[51]

固定液：角鲨烷

I 柱温/℃ 化合物	92	130	*I* 柱温/℃ 化合物	92	130
苯	650.2	656.2	1,3-二乙苯	1028	1036
甲苯	758	764.4	正丁(基)苯	1035	1044.4
乙苯	847	853.7	1,2-二乙苯	1039	1052.8
1,4-二甲苯	861	868.2	1,4-二乙苯	1039	1052.8
1,3-二甲苯	863	870	1-甲基-2-正丙(基)苯	1045	1052.3
苯乙烯	880	889.6	1,4-二甲基-2-乙(基)苯	1060	1073.8
1,2-二甲苯	883	892.2	1,3-二甲基-2-乙(基)苯	1071	1081.6
异丙(基)苯	906	914.5	2,5-二甲基苯乙烯	—	1091.4
正丙(基)苯	935	941.8	2,6-二甲基苯乙烯	—	1107.1
1-甲基-3-乙基苯	948	953.3	1,2,3,5-四甲苯	1111	1123.9
α-甲基苯乙烯	956	962.6	2,4-二甲基苯乙烯	—	1129.3
1-甲基-2-乙基苯	964	972.1	1-乙基-2-正丙(基)苯	1115	1131.6
1,3,5-三甲苯	968	974	1,2-二甲基叔丁(基)苯	1150	1159.8
叔丁(基)苯	973	980	1,4-二异丙(基)苯	1152	1163.2
1,2,4-三甲苯	986	993.6	3-正丙基-1,2-二甲(基)苯	—	1168.4
1-甲基-3-异丙(基)苯	1002	1012	1-甲基-5-乙基-2-正丙(基)苯	—	1188.5
1-甲基-4-异丙(基)苯	1010	1019.2	1-甲基-2-正丙基-4-异丙(基)苯	—	1275.5
1,2,3-三甲苯	1011	1023	1-甲基-3,5-二异丙(基)苯	—	1291.7
1-甲基-2-异丙(基)苯	1015	1027.6			

表 17-76 烷基苯保留指数（三）[52]

固定液：角鲨烷 柱温：100℃

化合物	I	化合物	I	化合物	I
苯	649.4	1,3-二甲基苯	864.7	1,2,4-三甲基苯	986.5
甲苯	757.1	1,2-二甲基苯	884.5	1,2,3-三甲基苯	1012.7
乙基苯	849.0	异丙基苯	908.0	叔丁基苯	974.6
1,4-二甲基苯	862.6	1,3,5-三甲基苯	969.4		

表 17-77 烷基苯保留指数（四）[53]

固定液	角鲨烷	SE-30	固定液	角鲨烷	SE-30
I 柱温/℃ 化合物	80	65	I 柱温/℃ 化合物	80	65
1-甲基-2-异丙基苯	1010.4	1016.9	1,2-二乙基苯	1033.0	1042.7
1,3-二乙基苯	1023.2	1031.5	1,4-二乙基苯	1033.8	1037.1
1-甲基-3-正丙基苯	1027.8	1031.6	1,3-二甲基,5-乙基苯	1043.5	1042.7
正丁基苯	1029.4	1037.4	1-甲基-2-正丙基苯	1039.4	1045.8
1-甲基,4-正丙基苯	1033.0	1035.4			

表 17-78 烷基苯保留指数（五）[54]

固定液：SE-30 柱 温：65℃

化合物	I	化合物	I	化合物	I
苯	655.1	2,3-二氢茚	1012.3	1,2,3,5-四甲苯	1096.1
甲苯	757.6	茚	1018.2	1,2,3,4-四甲苯	1120.0
乙苯	848.9	1,3-二乙苯	1022.3	1-甲基-3-异丙苯	997.3
对二甲苯	857.3	异丁苯	993.2	1-甲基-2-异丙苯	1016.2
间二甲苯	857.3	正丁苯	1038.2	1-甲基-4-异丙苯	1002.7
苯乙烯	873.2	1,4-二甲苯	1038.2	间甲基苯乙烯	928.0
邻二甲苯	878.6	1,3-甲基正丙苯	1031.0	邻甲基苯乙烯	963.2
异丙苯	911.6	1,4-二乙苯	1038.8	对甲基苯乙烯	977.8
正丙苯	936.8	1,3-二甲基-5-乙苯	1043.4	邻乙基苯乙烯	1057.1
间甲乙苯	945.1	1,2-二乙苯	1044.2	间乙基苯乙烯	1066.1
对甲乙苯	948.2	1,3-二甲基-4-乙苯	1060.8	对乙基苯乙烯	1017.2
1,3,5-三甲苯	952.5	1,4-二甲基-2-乙苯	1060.8	对烯丙基苯乙烯	1096.0
邻甲乙苯	961.5	1,2-二甲基-4-乙苯	1065.4	间烯丙基苯乙烯	1109.0
1,2,4-三甲苯	976.5	1,3-二甲基-2-乙苯	1070.0	邻烯丙基苯乙烯	1109.0
1,2,3-三甲苯	1006.7	1,2,4,5-四甲苯	1110.2		

表 17-79 烷基苯保留指数（六）[46]

柱 温：130℃

I 固定液 化合物	Apiezon L	SE-30	I 固定液 化合物	Apiezon L	SE-30
苯	683	690	1,3,5-三甲基苯	1008	1028
甲苯	794	807	1,2,4-三甲基苯	1030	1052
乙基苯	881	865	1,2,3-三甲基苯	1062	1076
邻二甲苯	927	956	正丁基苯	1079	1047
间二甲苯	897	943	异丁基苯	1031	1012
对二甲苯	902	946	对甲基异丙基苯	1043	1074
正丙基苯	1000	1010	间二乙基苯	1068	1047
异丙基苯	952	931	对二乙基苯	1083	1055

表 17-80 烷基苯保留指数（七）[55]

柱 温：100℃

I 固定液 化合物	OV-101	HP-PONA	I 固定液 化合物	OV-101	HP-PONA
1,3-二甲基苯	865.3	866.2	1,2-二甲基-4-乙基苯	1074.5	1075.8
1,4-二甲基苯	865.3	866.2	1,2,4,5-四甲基苯	1105.6	1106.5
1,2-二甲基苯	888.8	889.8	1,3-二乙基-5-甲基苯	1129.6	1130.6
异丙基苯	919.2	920.1	1,4-二乙基-2-甲基苯	1143.3	1144.2
1-甲基-3-乙基苯	954.4	955.4	1,3-二乙基-4-甲基苯	1148.7	1149.6
1-甲基-4-乙基苯	956.8	957.8	1,2-二乙基-4-甲基苯	1153.9	1154.9
1-甲基-2-乙基苯	972.5	973.6	1,3,5-三甲基-2-乙基苯	1182.9	1183.9
1,2,4-三甲基苯	986.9	987.9	1,2,5-三甲基-3-乙基苯	1184.4	1185.5
1,3-二甲基-5-乙基苯	1048.2	1049.1		1254.2	1255.1
1,4-二甲基-2-乙基苯	1066.7	1067.7		1255.2	1256.2
1,3-二甲基-4-乙基苯	1068.7	1069.6		1263.2	1264.5

表 17-81 烷基苯保留指数（八）[56]

固定液：OV-101

柱温/℃	100	120	140	$10\left(\frac{\partial I}{\partial T}\right)$	柱温/℃	100	120	140	$10\left(\frac{\partial I}{\partial T}\right)$
保留指数 化合物	I				保留指数 化合物	I			
苯	663.6	670.7	677.8	3.55	1-甲基-2-乙基苯	974.2	978.0	986.7	3.13
甲苯	766.4	771.5	781.5	3.78	1,3,5-三甲基苯	963.3	967.9	973.5	2.55
乙苯	858.9	864.2	870.1	2.80	1,2,4-三甲基苯	988.4	994.1	1001.3	3.23
1,3-二甲基苯	866.6	871.1	876.6	2.49	1,2,3-三甲基苯	1015.9	1022.8	1031.2	3.83
1,4-二甲基苯	867.7	872.5	878.3	2.65	叔丁基苯	987.6	993.5	1000.9	3.33
1,2-二甲基苯	890.3	896.4	903.2	3.24	仲丁基苯	1005.7	1011.9	1019.2	3.38
异丙基苯	920.4	925.6	931.8	2.84	正丁基苯	1048.1	1053.6	1060.0	2.97
正丙基苯	949.3	954.6	960.7	2.93	1-甲基-3-异丙基苯	1011.9	1018.5	1024.3	3.10
1-甲基-3-乙基苯	955.9	961.3	967.0	2.78	1-甲基-4-异丙基苯	1017.8	1022.9	1028.5	2.68
1-甲基-4-乙基苯	958.2	963.2	970.1	2.98	1-甲基-2-异丙基苯	1032.3	1038.4	1044.9	3.15

续表

柱温/℃	100	120	140		柱温/℃	100	120	140	
保留指数 / 化合物	I			$10\left(\frac{\partial I}{\partial T}\right)$	保留指数 / 化合物	I			$10\left(\frac{\partial I}{\partial T}\right)$
1-甲基-3-丙基苯	1043.4	1048.2	1054.4	2.90	1-甲基-3-异丙基苯	1093.9	1098.4	1105.0	2.78
1-甲基-4-丙基苯	1047.5	1952.6	1057.7	2.54	1-乙基-2-异丙基苯	1099.7	1105.7	1114.3	3.00
1-甲基-2-丙基苯	1059.0	1065.4	1072.9	3.48	1-乙基-4-异丙基苯	1104.9	1110.1	1114.3	2.60
1,3-二乙基苯	1040.4	1045.3	1050.7	2.58	1-乙基-3-丙基苯	1125.8	1130.8	1136.4	2.65
1,4-二乙基苯	1047.8	1053.4	1059.3	2.85	1-乙基-2-丙基苯	1134.8	1140.4	1146.7	2.98
1,2-二乙基苯	1052.7	1058.8	1065.9	2.85	1-乙基-4-丙基苯	1141.9	1146.0	1150.0	2.03
1,2,4,5-四甲基苯	1107.2	1114.4	1121.2	3.49	戊基甲基苯	1260.3	1270.4	1280.5	5.04
1,2,3,5-四甲基苯	1110.5	1117.5	1125.0	3.63	正己基苯	1243.6	1249.7	1256.2	3.15
叔戊基苯	1085.5	1093.3	1102.4	4.48	1,3-二异丙基苯	1142.7	1146.8	1150.7	2.00
异戊基苯	1112.6	1118.6	1125.3	3.18	1,2-二异丙基苯	1152.4	1157.2	1162.2	2.45
正戊基苯	1145.3	1150.9	1157.4	3.03	1,4-二异丙基苯	1161.6	1666.7	1171.3	2.43
1-甲基-4-叔丁基苯	1084.6	1091.3	1097.3	3.17	1,3,5-三乙基苯	1207.1	1211.0	1215.1	1.99
1-甲基-3-丁基苯	1140.7	1145.7	1151.5	2.70	己基甲基苯	1415.6	1428.2	1441.6	6.50
1-甲基-4-丁基苯	1146.1	1151.6	1158.1	3.00	1,3,5-三异丙基苯	1324.9	1325.7	1326.7	0.48
1-甲基-2-丁基苯	1154.8	1161.2	1168.7	3.47					

表 17-82　烷基苯保留指数（九）[57]

柱温：100℃

固定液	OV-1		Ucon LB 550X	固定液	OV-1		Ucon LB 550X
化合物	I	$10\left(\frac{\partial I}{\partial T}\right)$	I	化合物	I	$10\left(\frac{\partial I}{\partial T}\right)$	I
	663.7	2.3	759.2	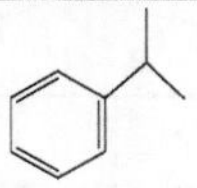	920.5	2.5	1004.4
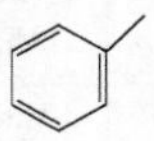	767.2	2.2	862.1	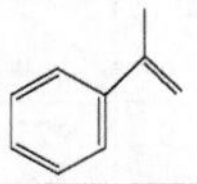	972.6	2.6	1089.6
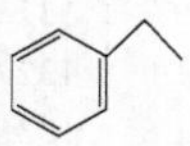	859.1	2.3	950.3	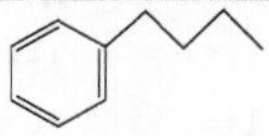	1047.2	2.8	1134.0
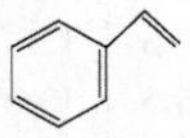	885.4	2.4	1008.7	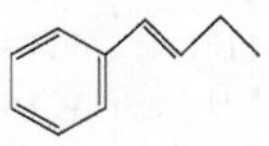	1112.3	3.0	1231.5
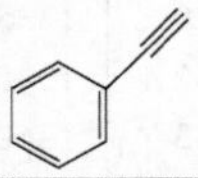	870.0	1.8	1037.0	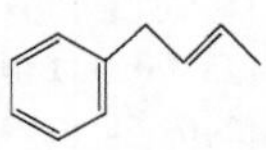	1059.4	2.7	1166.2
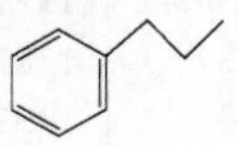	949.5	2.6	1036.6	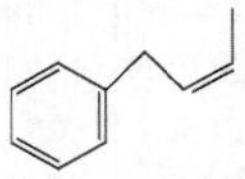	1071.0	2.8	
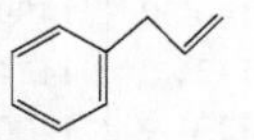	938.6	2.9	1044.1	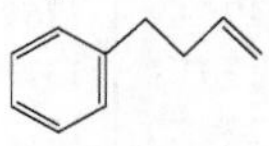	1032.0	2.9	1136.9
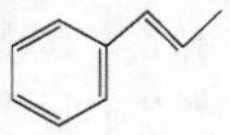	1018.8	2.8	1145.6	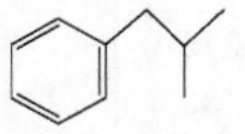	1002.6	3.2	1083.2
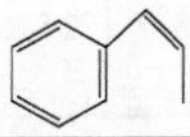	984.1	2.5	1094.6	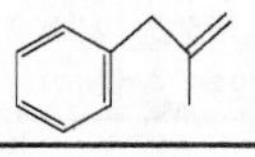	1013.5	3.0	1109.0

续表

固定液	OV-1		Ucon LB 550X	固定液	OV-1		Ucon LB 550X
化合物	I	$10\left(\frac{\partial I}{\partial T}\right)$	I	化合物	I	$10\left(\frac{\partial I}{\partial T}\right)$	I
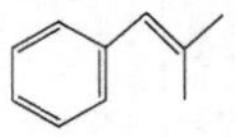	1070.6	3.1	1177.3	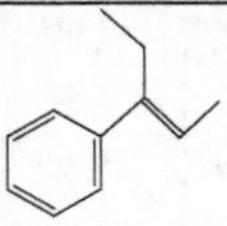	1134.7	3.2	
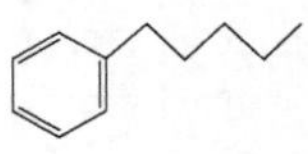	1145.5	3.2	1233.2	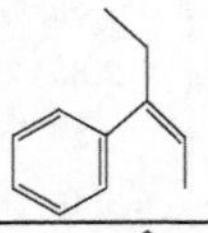	1087.9	3.3	
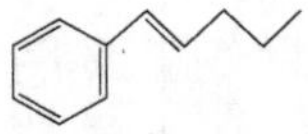	1205.4	3.3	1323.8	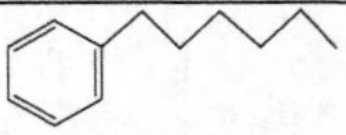	1243.8	3.2	1331.5
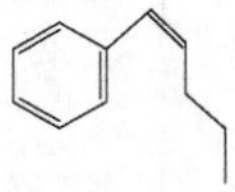	1155.2	3.2	1258.4	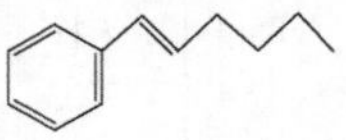	1307.8	3.3	1424.9
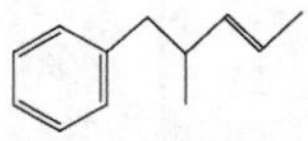	1140.1	2.9	1246.5	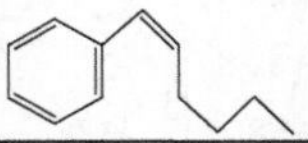	1249.2	3.4	1353.0
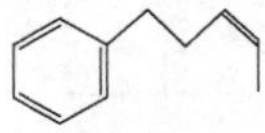	1148.3	3.0	1253.5	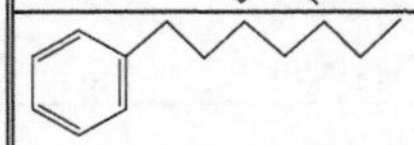	1341.5	3.7	
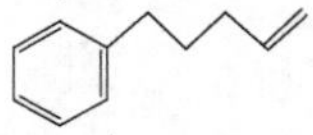	1140.0	3.3	1242.7	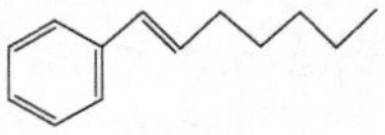	1405.6	3.8	
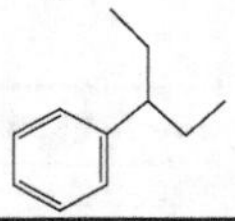	1082.3	3.4	1152.2	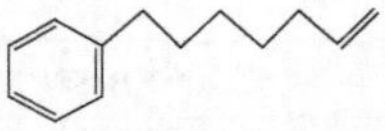	1330.4	3.6	

表 17-83 烷基苯保留指数（十）[58]

固定液：Carbowax-1540

I 柱温/℃ 化合物	90	100	110	120	I 柱温/℃ 化合物	90	100	110	120
苯	960.2	965.3	971.5	977.7	1-甲基-2-异丙基苯	1308.0	1315.5	1321.9	1326.9
甲苯	1055.0	1060.8	1066.9	1073.4	1,3-二乙基苯	1308.0	1313.8	1319.7	1325.8
乙基苯	1139.0	1145.2	1151.7	1158.0	1-甲基-3-正丙基苯	1309.9	1315.5	1321.0	1327.6
对二甲苯	1148.3	1154.0	1160.5	1165.0	正丁基苯	1318.6	1325.0	1331.8	1338.6
间二甲苯	1155.4	1161.1	1166.8	1172.5	1-甲基-4-正丙基苯	1312.9	1318.9	1323.3	1330.8
邻二甲苯	1198.0	1204.5	1210.8	1216.4	1,2-二乙基苯	1334.5	1342.0	1349.5	1356.9
异丙基苯	1188.2	1193.3	1198.5	1203.8	1,4-二乙基苯	1316.6	1322.8	1329.2	1335.6
正丙基苯	1221.3	1227.3	1233.6	1240.0	1,3-二甲基-5-乙基苯	1330.2	1336.1	1342.4	1348.8
1-甲基-3-乙基苯	1241.2	1243.9	1246.6	1249.3	1-甲基-2-正丙基苯	1339.7	1346.6	1353.7	1360.4
1-甲基-4-乙基苯	1239.4	1242.0	1245.6	1249.3	1,4-二甲基-2-乙基苯	1356.4	1361.9	1368.9	1374.4
1,3,5-三甲基苯	1256.3	1261.6	1269.0	1273.6	1,3-二甲基-4-乙基苯	1361.5	1368.7	1375.9	1383.2
1-甲基-2-乙基苯	1272.0	1278.6	1285.5	1291.9	1,2-二甲基-4-乙基苯	1369.2	1376.4	1383.6	1391.0
叔丁基苯	1250.0	1254.0	1259.9	1265.3	1,3-二甲基-2-乙基苯	1384.1	1392.3	1400.0	1409.2
1,2,4-三甲基苯	1290.6	1297.9	1303.1	1311.0	1,2-二甲基-3-乙基苯	1408.6	1417.1	1425.6	1434.0
异丁基苯	1252.5	1258.2	1265.0	1272.3	茚满	1371.8	1382.6	1391.9	1400.0
仲丁基苯	1260.3	1266.7	1273.1	1278.0	1,2,4,5-四甲基苯	1418.5	1428.3	1436.6	1444.4
1-甲基-3-异丙基苯	1275.1	1281.1	1288.0	1293.4	1,2,3,5-四甲基苯	1428.3	1438.2	1446.9	1457.1
1,2,3-三甲基苯	1340.0	1348.8	1355.2	1362.3	1,2,3,4-四甲基苯	1480.5	1487.0	1498.0	1510.0
1-甲基-4-异丙基苯	1278.4	1284.4	1290.3	1296.6					

第二篇

表 17-84　烷基苯保留指数（十一）[59]

固定液	角鲨烷	聚乙二醇 1540			固定液	角鲨烷	聚乙二醇 1540		
I / 柱温/℃ / 化合物	80	100	110	120	I / 柱温/℃ / 化合物	80	100	110	120
苯	648.5	969.5	965.3	971.6	1,3,5-三甲基苯	—	1255.0	1262.1	1268.7
甲苯	754.7	1057.2	1064.7	1071.3	1,2,4-三甲基苯	—	1293.3	1300.0	1306.5
乙苯	844.2	1142.9	1149.7	1156.2	仲丁基苯	—	1261.9	1268.8	1274.6
对二甲苯	858.1	1150.1	1157.3	1164.3	正丁基苯	—	1319.8	1326.7	1333.6
间二甲苯	861.1	1157.3	1164.5	1171.5	邻二乙基苯	—	1337.4	1344.0	1351.5
邻二甲苯	880.0	1200.4	1207.3	1214.2	异戊基苯	—	1385.5	1392.2	1399.0
异丙基苯	903.1	1186.5	1193.3	1200.0	叔戊基苯	—	1346.4	1353.1	1361.7
正丙基苯	—	1221.6	1228.7	1235.3					

表 17-85　烷基苯保留指数（十二）[60]

固定液：Carbowax 20M

I / 柱温/℃ / 化合物	100	110	120	130	140	150	160	170	180	190
苯	969.7	974.2	978.8	983.4	—	992.6	—	—	—	—
甲苯	1068.2	1073.3	1078.4	1083.4	1088.5	1093.5	—	—	—	—
乙基苯	—	1158.9	1164.3	1169.8	1175.2	1180.7	1186.1	—	—	—
正丙基苯	—	—	1245.2	1250.7	1256.1	1261.6	1267.1	1272.5	—	—
正丁基苯	—	—	—	—	1356.4	1362.1	1367.7	1373.3	1379.0	—
正戊基苯	—	—	—	—	—	1459.3	1464.8	1470.2	1475.7	1481.1
正己基苯	—	—	—	—	—	1556.1	1561.8	1567.5	1573.2	1578.9

表 17-86　烷基苯保留指数（十三）[61]

固定液	角鲨烷	OV-101	Ucon LB-550X	Carbowax 20M	TCEP
I / 柱温/℃ / 化合物	100	100	100	100	80
苯	650.4	663	760	935	1127
甲苯	757.6	766	864	1032	1219
乙基苯	847.5	857	952	1117	1289
正丙基苯	936.3	947.5	1038.5	1197	1350
正丁基苯	1036.2	1046	1136	1291	1431
异丙基苯	907.5	919	1009	1164	1320
异丁基苯	989.9	1002	1083	1228	1365
仲丁基苯	990.0	1004	1089	1235	1372
叔丁基苯	973.3	986	1075	1223	1373
对二甲苯	861.9	866	963	1126	1304
间二甲苯	864.4	866	966	1130	1308
邻二甲苯	884.0	888	995	1171	1359
1-甲基-4-异丙基苯	1010.5	1016.5	1100	1254.5	1402
1-甲基-3-异丙基苯	1002.8	1010	1094	1248	1395

续表

固定液	角鲨烷	OV-101	Ucon LB-550X	Carbowax 20M	TCEP
I 柱温/℃ 化合物	100	100	100	100	80
1-甲基-2-异丙基苯	1016.9	1031	1114	1280	1439
1-甲基-4-正丙基苯	1039.8	1046.5	1131	1287.5	1429
1-甲基-3-正丙基苯	1034	1042	1126	1284	1425
1-甲基-2-正丙基苯	1046.1	1057.5	1146	1313	1467
1-甲基-4-乙基苯	951.5	957	1049	1208.5	1371
1-甲基-3-乙基苯	948.7	955	1049	1209	1371
1-甲基-2-乙基苯	965.3	973	1071	1242.5	1414
1,4-二乙基苯	1040.7	1047	1136	1291.5	1439
1,3-二乙基苯	1028.8	1038.5	1127	1282	1427
1,2-二乙基苯	1039.3	1051	1144	1308.5	1465
1,3,5-三甲基苯	967.7	969	1064	1228	1398
1,2,4-三甲基苯	986.3	988	1088	1260	1436
正戊基苯	1135.5	1144.9	1228	1381	1505
1,2,3-三甲基苯	1012.4	1016	1121	1308	1493

表 17-87 烷基苯保留指数（十四）[62]

固定液	邻苯二甲酸二壬酯	PEG-4000	固定液	邻苯二甲酸二壬酯	PEG-4000
I 柱温/℃ 化合物	60	100	I 柱温/℃ 化合物	60	100
苯	739.1	1270	异丙基苯	1045	1942
降冰片二烯	752.5	1214	正丙基苯	1080	2050
甲苯	861.8	1540	对-甲基乙基苯	1100	2080
环庚三烯	878.8	1636	间-甲基乙基苯	1103	2072
乙基苯	973.3	1802	1,3,5-三甲基苯	1122	2162
对二甲基苯	980.4	1830	邻甲基乙基苯	1122	2193
间二甲基苯	988.1	1844	1,2,4-三甲基苯	1144	2262
邻二甲基苯	1024	1975	1,2,3-三甲基苯	1178	2428

表 17-88 烷基苯保留指数（十五）[63]

固定液：聚乙二醇　　载　气：He，1mL/min

色谱柱：30m×0.25mm　　检测器：MSD

I 柱温 化合物	333K	353K	373K	393K	413K
苯	956	965	975	982	994
甲苯	1052	1062	1073	1083	1095
乙苯	1135	1146	1157	1168	1180
对二甲苯	1142	1153	1165	1176	1193
间二甲苯	1148	1160	1172	1183	1193
邻二甲苯	1189	1203	1216	1229	1242

表 17-89 烷基苯保留指数（十六）[64]

固定液	化合物（I \ 柱温）	323K	333K	343K	353K	363K	373K	383K	393K	403K	413K	423K
TRB-1	苯	651.7	653.4	655.7	655.7	657.8	659.9	662.1	664.3	666.9	672.1	674.4
	甲苯	754.2	756.0	758.3	758.3	760.5	763.0	765.2	767.5	770.0	775.4	777.9
	乙苯	845.5	847.7	850.1	850.1	852.7	855.2	857.8	860.4	863.2	868.7	871.1
	正丙苯	935.2	937.5	940.0	940.0	942.8	945.5	948.2	951.0	954.1	959.7	962.4
	正丁苯	1033.9	1036.2	1038.8	1038.8	1041.7	1044.3	1047.1	1050.1	1053.0	1059.1	1061.9
TRB5-A	苯	666.4	668.5	670.8	670.8	673.1	675.7	678.1	680.5	683.1	688.9	691.5
	甲苯	769.2	771.3	773.8	773.8	776.2	778.7	781.2	783.7	786.5	791.9	794.2
	乙苯	860.9	863.5	866.0	866.0	868.7	871.4	874.2	877.0	879.9	885.9	888.7
	正丙苯	950.3	953.0	955.7	955.7	958.4	961.4	964.4	967.4	970.4	976.6	979.9
	正丁苯	1049.4	1052.1	1054.9	1054.9	1057.7	1060.7	1063.7	1066.8	1070.0	1076.2	1079.4
TRB-20	苯	702.0	704.1	706.6	706.6	709.0	711.5	714.6	717.9	720.6	727.9	730.6
	甲苯	803.8	806.4	809.1	809.1	811.8	815.2	817.8	820.7	824.2	830.6	833.6
	乙苯	897.5	900.4	903.3	903.3	906.2	909.6	912.5	915.7	919.1	925.9	929.5
	正丙苯	986.2	989.0	992.1	992.1	995.2	998.7	1001.9	1005.3	1008.7	1016.0	1019.5
	正丁苯	1085.6	1088.5	1091.7	1091.7	1094.9	1098.2	1101.6	1105.1	1108.5	1115.9	1119.6
TRB-1301	苯	695.2	697.4	699.6	699.6	702.5	704.8	707.1	709.8	712.3	717.9	721.6
	甲苯	797.8	800.2	802.7	802.7	805.2	808.0	810.7	813.3	816.2	821.7	825.2
	乙苯	889.7	892.4	895.2	895.2	897.9	900.8	903.9	906.8	909.7	915.9	918.8
	正丙苯	978.6	981.4	984.2	984.2	987.1	990.2	993.5	996.5	999.8	1006.5	1009.8
	正丁苯	1077.8	1080.7	1083.4	1083.4	1086.6	1089.7	1092.9	1096.1	1099.6	1106.2	1109.7
BP10	苯	711.5	714.3	717.3	717.3	719.8	722.7	725.5	728.6	731.6	738.2	741.2
	甲苯	814.5	817.3	820.2	820.2	822.9	825.9	829.1	832.2	835.4	841.9	845.2
	乙苯	906.3	909.3	912.4	912.4	915.4	918.7	921.9	925.3	928.7	935.3	939.1
	正丙苯	994.8	998.1	1001.3	1001.3	1004.5	1007.8	1011.3	1014.7	1018.3	1025.9	1029.6
	正丁苯	1094.2	1097.5	1100.9	1100.9	1104.2	1107.6	1111.0	1114.6	1118.2	1125.8	1129.7
TRB-35	苯	755.0	757.4	760.7	760.7	763.6	766.8	770.5	774.3	777.1	784.2	788.9
	甲苯	856.6	859.7	863.0	863.0	866.3	869.8	873.4	876.9	881.2	889.2	893.6
	乙苯	952.4	955.8	959.3	959.3	962.7	966.3	970.2	974.1	978.4	986.4	990.6
	正丙苯	1039.9	1043.4	1047.0	1047.0	1050.5	1054.4	1058.2	1062.4	1066.8	1075.4	1079.9
	正丁苯	1139.5	1142.9	1146.7	1146.7	1150.2	1154.2	1158.1	1162.3	1166.6	1175.4	1180.0
TRB-50	苯	778.9	781.9	785.0	788.4	791.8	795.3	798.5	803.1	807.0	812.5	817.5
	甲苯	880.2	883.7	887.1	890.7	894.5	898.3	901.8	906.3	910.4	914.6	919.2
	乙苯	977.0	980.7	984.2	988.2	992.1	996.1	1000.1	1004.3	1008.8	1014.1	1019.0
	正丙苯	1064.2	1067.7	1071.5	1075.6	1079.5	1083.6	1087.6	1092.4	1096.6	1102.0	1106.6
	正丁苯	1163.5	1167.4	1171.1	1175.2	1179.3	1183.5	1187.6	1192.3	1197.2	1201.9	1206.7
VB-210	苯	783.0	785.5	788.8	792.7	796.0	799.2	803.6	807.0	811.5	815.2	819.9
	甲苯	892.7	895.4	898.7	902.2	905.2	908.5	912.4	915.5	919.1	923.1	927.1
	乙苯	979.0	981.9	985.6	989.0	992.5	996.0	999.4	1003.1	1006.7	1011.0	1014.8
	正丙苯	1067.7	1070.8	1074.5	1078.4	1082.1	1085.7	1089.5	1093.6	1097.2	1101.3	1106.0
	正丁苯	1168.3	1171.6	1175.4	1179.2	1183.0	1186.9	1190.8	1194.8	1199.2	1203.0	1207.1
TRB-225	苯	846.0	850.8	855.9	862.1	867.7	873.0	879.1	886.6	892.8	900.3	906.6
	甲苯	949.4	954.5	960.2	966.1	971.9	977.8	983.9	990.6	996.8	1003.9	1010.2
	乙苯	1042.0	1047.1	1053.2	1059.2	1065.2	1071.2	1077.4	1084.4	1091.0	1097.5	1103.8
	正丙苯	1127.3	1132.5	1138.7	1144.7	1150.8	1157.1	1163.4	1170.4	1177.0	1184.2	1190.4
	正丁苯	1227.4	1232.6	1238.9	1245.0	1251.4	1257.9	1264.3	1271.2	1277.9	1284.8	1291.4

续表

固定液	化合物 \ I 柱温	323K	333K	343K	353K	363K	373K	383K	393K	403K	413K	423K
ZB-WAX	苯	961.9	965.9	970.1	974.8	979.4	984.1	989.0	993.2	998.7	1003.2	1008.8
	甲苯	1057.1	1062.0	1067.0	1072.1	1077.2	1082.4	1088.0	1092.9	1098.3	1103.9	1109.5
	乙苯	1139.8	1145.3	1150.7	1156.2	1161.5	1167.1	1172.7	1178.2	1183.8	1189.8	1195.6
	正丙苯	1217.0	1222.9	1228.6	1234.5	1240.1	1245.9	1251.7	1257.5	1263.5	1269.6	1275.9
	正丁苯	1314.4	1320.9	1327.0	1333.2	1339.0	1345.0	1351.0	1357.1	1363.2	1369.4	1375.7
BPX70	苯	971.1	983.7	996.7	1009.2	1022.5	1035.8	1050.3	1066.1	1080.4	1097.6	1113.3
	甲苯	1068.9	1081.4	1094.4	1106.9	1119.9	1133.8	1148.5	1162.7	1177.7	1194.4	1210.0
	乙苯	1150.9	1163.7	1176.6	1189.4	1202.7	1216.5	1231.2	1245.9	1261.1	1277.5	1293.9
	正丙苯	1228.3	1241.2	1253.7	1266.7	1280.1	1293.9	1309.0	1323.3	1338.7	1354.6	1372.1
	正丁苯	1322.8	1335.7	1348.4	1362.0	1375.3	1389.4	1404.2	1419.4	1434.9	1450.9	1467.4
TR-CN100	苯	1032.7	1050.4	1067.0	1086.3	1109.5	1127.8	1148.9	1170.1	1189.1	1211.3	1227.7
	甲苯	1126.9	1144.5	1161.5	1180.2	1202.2	1221.8	1241.7	1262.7	1281.7	1304.4	1321.8
	乙苯	1207.4	1225.1	1242.5	1260.9	1281.9	1302.1	1321.9	1342.2	1362.3	1385.1	1403.0
	正丙苯	1278.6	1296.0	1313.6	1331.6	1352.4	1371.9	1391.7	1411.7	1431.8	1454.7	1473.2
	正丁苯	1368.5	1386.2	1404.0	1422.3	1442.8	1462.5	1482.5	1502.1	1523.0	1546.2	1565.6

表 17-90 部分芳烃保留指数（一）[65]

固定液：角鲨烷

化合物 \ I 柱温/℃	98	化合物 \ I 柱温/℃	98	化合物 \ I 柱温/℃	98
苯	650	烯丙基苯	920	3-甲基乙基苯	947
甲苯	757	异丙基苯	907	3-甲基苯乙烯	979
乙基苯	848	α-甲基苯乙烯	960	4-甲基乙基苯	950
苯乙烯	874	2-甲基乙基苯	963	4-甲基苯乙烯	980
正丙基苯	935	2-甲基苯乙烯	974		

表 17-91 部分芳烃保留指数（二）[66]

固定液：OV-101

柱温/℃	100	120	140	$10\left(\frac{\partial I}{\partial T}\right)$	柱温/℃	100	120	140	$10\left(\frac{\partial I}{\partial T}\right)$
化合物 \ 保留指数	I				化合物 \ 保留指数	I			
苯	663.6	670.7	677.8	3.55	1,2,3-三甲基苯	1015.9	1022.8	1031.2	3.83
甲苯	766.4	771.5	781.5	3.78	叔丁基苯	987.6	993.5	1000.9	3.33
乙基苯	858.9	864.2	870.1	2.80	仲丁基苯	1005.7	1011.9	1019.2	3.38
间二甲苯	866.6	871.1	876.6	2.49	正丁基苯	1048.1	1053.6	1060.0	2.97
对二甲苯	867.7	872.5	878.3	2.65	1-甲基-3-异丙基苯	1011.9	1018.5	1024.3	3.10
邻二甲苯	890.3	896.4	903.2	3.24	1-甲基-4-异丙基苯	1017.8	1022.9	1028.5	2.68
异丙基苯	920.4	925.6	931.8	2.84	1-甲基-2-异丙基苯	1032.3	1038.4	1044.9	3.15
正丙基苯	949.3	954.6	960.7	2.93	1-甲基-3-正丙基苯	1043.4	1048.2	1054.4	2.90
1-甲基-3-乙基苯	955.9	961.3	967.0	2.78	1-甲基-4-正丙基苯	1047.5	1052.6	1057.7	2.54
1-甲基-4-乙基苯	958.2	963.2	970.1	2.98	1-甲基-2-正丙基苯	1059.0	1065.4	1072.9	3.48
1-甲基-2-乙基苯	974.2	978.0	986.7	3.13	1,3-二乙基苯	1040.4	1045.3	1050.7	2.58
1,3,5-三甲基苯	963.3	967.9	973.5	2.55	1,4-二乙基苯	1047.9	1053.4	1059.3	2.85
1,2,4-三甲基苯	988.4	994.1	1001.3	3.23	1,2-二乙基苯	1052.7	1058.9	1065.9	2.85

续表

柱温/℃ 保留指数 化合物	100	120	140	$10\left(\frac{\partial I}{\partial T}\right)$	柱温/℃ 保留指数 化合物	100	120	140	$10\left(\frac{\partial I}{\partial T}\right)$
	I					I			
1,2,4,5-四甲基苯	1107.2	1114.4	1121.2	3.49	五甲基苯	1260.3	1270.4	1280.5	5.04
1,2,3,5-四甲基苯	1110.5	1117.5	1125.0	3.63	正己基苯	1243.6	1249.7	1256.2	3.15
叔戊基苯	1085.5	1093.3	1102.4	4.48	1,3-二异丙基苯	1142.7	1146.8	1150.7	2.00
异戊基苯	1112.6	1118.6	1125.3	3.18	1,2-二异丙基苯	1152.4	1157.2	1162.2	2.45
正戊基苯	1145.3	1150.9	1157.4	3.03	1,4-二异丙基苯	1161.6	1166.7	1171.3	2.43
1-甲基-4-叔丁基苯	1084.6	1091.3	1097.3	3.17	1,3,5-三乙基苯	1207.1	1211.0	1215.1	1.99
1-甲基-3-正丁基苯	1140.7	1145.7	1151.5	2.70	六甲基苯	1415.6	1428.2	1441.6	6.50
1-甲基-4-正丁基苯	1146.1	1151.6	1158.1	3.00	1,3,5-三异丙基苯	1324.9	1325.7	1326.7	0.48
1-甲基-2-正丁基苯	1154.8	1161.2	1168.7	3.47	苯乙烯	885.0	890.5	897.3	3.08
1-乙基-3-异丙基苯	1093.9	1098.4	1105.0	2.78	α-甲基苯乙烯	972.5	977.4	983.1	2.65
1-乙基-2-异丙基苯	1099.7	1105.7	1114.3	3.00	邻甲基苯乙烯	987.5	993.2	1000.4	3.23
1-乙基-4-异丙基苯	1104.9	1110.1	1114.3	2.60	间-甲基苯乙烯	985.9	991.4	997.8	2.98
1-乙基-3-正丙基苯	1125.8	1130.8	1136.4	2.65	烯丙基苯	938.9	943.6	950.5	2.90
1-乙基-2-正丙基苯	1134.8	1140.4	1146.7	2.98	2,3-二氢茚	1027.4	1036.1	1046.0	4.65
1-乙基-4-正丙基苯	1141.9	1146.0	1150.0	2.03	茚	1034.1	1043.3	1053.8	4.93

表 17-92 部分芳烃保留指数（三）[42]

固定液：SE-30

I 柱温/℃ 化合物	80	130	I 柱温/℃ 化合物	80	130
苯	659	670	邻甲基苯乙烯	982	1000
甲苯	761	774	间甲基苯乙烯	982	1000
乙基苯	854	867	对甲基苯乙烯	985	1000
间二甲苯	864	876	反-1-苯基-1-丁烯	1105	1120
对二甲苯	864	876	4-苯基-2-丁烯	1028	1042
邻二甲苯	885	900	1-苯基-2-丁烯	1052	1064
正丙基苯	944	959	间烯丙基甲苯	1029	1043
异丙基苯	915	929	对烯丙基甲苯	1033	1047
间乙基甲苯	952	967	邻烯丙基甲苯	1041	1055
对乙基甲苯	954	967	2,6-二甲基苯乙烯	1060	1078
邻乙基甲苯	968	984	2,5-二甲基苯乙烯	1080	1096
1,3,5-三甲基苯	960	972	2,4-二甲基苯乙烯	1083	1100
1,2,4-三甲基苯	984	1000	间乙基乙烯基苯	1066	1074
1,2,3-三甲基苯	1009	1029	对乙基乙烯基苯	1073	1082
正丁基苯	1041	1058	邻乙基乙烯基苯	—	1091
仲丁基苯	1000	1017	间二乙烯基苯	1092	1108
间二乙基苯	1036	1050	邻二乙烯基苯	1102	—
对二乙基苯	1042	1058	苯基乙炔	862	875
邻二乙基苯	1047	1064	4-苯基-1-丁炔	1053	1064
1,2,4,5-四甲基苯	1100	1118	1-苯基-1-丁炔	1118	1129
异杜烯	1104	—	苯基环戊烷	1196	1221
苯乙烯	880	893	苯基环己烷	—	1314
烯丙基苯	934	948	苯基-1-环己烯	—	1384
α-甲基苯乙烯	968	980	联苯	—	1359
β-甲基苯乙烯	1011	1026			

表 17-93 部分芳烃保留指数（四）[67]

柱温：70℃

I 固定液 / 化合物	SE-30	Carbowax 20M
苯	657.1	954.5
萘	1145.0	1620.0
1,2,3,4-四氢萘	1129.8	1490.4
甲苯	759.9	1049.5
邻二甲苯	882.2	1185.7
间二甲苯	859.6	1145.3
对二甲苯	860.8	1138.9
1,2,3-三甲基苯	1006.0	1325.4
1,2,4-三甲基苯	977.5	1277.6
1,3,5-三甲基苯	956.2	1242.2
1,2,3,4-四甲基苯	1127.5	1461.6
1,2,4,5-四甲基苯	1096.4	1406.8
1,2,3,5-四甲基苯	1099.5	1416.5
乙基苯	851.4	1131.9
1-甲基-2-乙基苯	964.6	1258.4
1-甲基-3-乙基苯	949.0	1224.9
1-甲基-4-乙基苯	950.6	1233.4
1,2-二甲基-3-乙基苯	1083.5	1394.8
1,2-二甲基-4-乙基苯	1066.1	1357.2
1,3-二甲基-2-乙基苯	1069.6	1372.1
1,3-二甲基-4-乙基苯	1061.7	1350.0
1,3-二甲基-5-乙基苯	1042.6	1319.8
1,4-二甲基-2-乙基苯	1059.0	1343.5
1,2-二乙基苯	1043.5	1324.0
1,3-二乙基苯	1034.8	1297.3
1,4-二乙基苯	1040.1	1305.2
正丙基苯	941.8	1210.1
异丙基苯	911.3	1176.9
1-甲基-2-丙基苯	1048.3	1327.7
1-甲基-3-丙基苯	1034.8	1301.0
1-甲基-4-丙基苯	1038.1	1301.0
1-甲基-2-异丙基苯	1020.6	1276.4
1-甲基-3-异丙基苯	1006.6	1266.5
1-甲基-4-异丙基苯	1009.5	1268.8
1,2-二甲基-3-丙基苯	1166.5	1458.6
1,2-二甲基-4-丙基苯	1149.5	1435.8
1,3-二甲基-2-丙基苯	1152.2	1451.6
1,3-二甲基-4-丙基苯	1143.7	1429.0
1,3-二甲基-5-丙基苯	1126.0	1406.2
1,4-二甲基-2-丙基苯	1140.0	1415.0
正丁基苯	1039.6	1309.1
异丁基苯	994.3	1241.3
仲丁基苯	997.0	1248.1
正戊基苯	1140.5	1404.3
叔丁基苯	980.0	1237.9
烯丙基苯	932.6	1263.2
1,3-二乙烯基苯	1091.3	1541.0
1,4-二乙烯基苯	1100.0	1554.2
乙炔基苯	862.1	1357.2
4-(甲基乙炔基)苯	965.9	1454.3
3-(甲基乙炔基)苯	960.5	1450.9
苯乙烯	877.8	1255.1
2-甲基苯乙烯	977.5	1342.2
3-甲基苯乙烯	977.0	1348.1
4-甲基苯乙烯	980.5	1348.6
2,4-二甲基苯乙烯	1075.4	1440.5
2,5-二甲基苯乙烯	1078.7	1432.2
2,3-二甲基苯乙烯	1100.3	1485.1
4-乙基苯乙烯	1073.2	1431.2
3-乙基苯乙烯	1065.8	1423.7
反-*β*-甲基苯乙烯	1009.9	1390.3
α-甲基苯乙烯	966.4	1320.9
顺-*β*-甲基苯乙烯	975.3	1324.3
2-甲基-反-*β*-甲基苯乙烯	1098.3	1464.0
4-甲基-反-*β*-甲基苯乙烯	1109.0	1428.7
二戊烯	1019.8	1200.0
茚满	1015.7	1355.9
茚	1023.3	1455.8
4-甲基茚满	1120.6	1467.9
5-甲基茚满	1112.2	1446.9
反六氢茚满	949.8	1059.3
顺六氢茚满	980.9	1107.3
2-乙基降冰片烷	919.9	1020.2
2-乙基降冰片烯	915.9	1015.1
5-亚乙基-2-降冰片烯	908.2	1106.8
5-乙烯基-2-降冰片烯	877.9	1067.1
顺十氢化萘	1081.5	1223.0
反十氢化萘	1041.7	1160.9
四氢二环戊二烯	1077.6	1243.4
二环戊二烯	1011.9	1247.1
二氢二环戊二烯	1050.5	1252.7

表 17-94 部分芳烃保留指数（五）[68]

固定液：Ucon LB-550X

I 柱温/℃ 化合物	90	100	110	120	130	I 柱温/℃ 化合物	90	100	110	120	130
苯	761.3	763.6	766.6	768.5	772.2	1,3,5-三甲基苯	1067.3	1070.1	1073.0	1075.5	1078.0
甲苯	864.4	866.9	870.0	872.2	875.4	叔丁基苯	1069.3	1072.2	1075.0	1078.3	1080.3
乙基苯	952.4	955.3	958.2	961.0	963.6	1-甲基-2-乙基苯	1070.6	1073.7	1076.6	1079.9	1082.3
对二甲苯	962.6	965.3	968.1	970.8	973.7	异丁基苯	1082.3	1085.5	1088.6	1091.8	1095.1
间二甲苯	965.9	968.7	971.4	974.3	977.1	仲丁基苯	1085.1	1088.4	1091.6	1094.7	1097.6
邻二甲苯	993.0	996.3	1000.0	1003.0	1006.7	1,2,4-三甲基苯	1090.1	1093.4	1097.8	1100.0	1104.0
异丙基苯	1006.1	1009.0	1111.8	1114.7	1118.2	苯乙烯	1017.1	1019.9	1022.5	1024.8	1026.9
正丙基苯	1038.7	1041.7	1044.6	1047.1	1049.4	烯丙基苯	1055.0	1057.1	1059.3	1061.9	1064.2
1-甲基-4-乙基苯	1050.2	1052.9	1055.6	1058.0	1059.5	α-甲基苯乙烯	1092.1	1094.6	1096.6	1098.0	1100.0
1-甲基-3-乙基苯	1050.2	1052.9	1055.6	1058.0	1059.5						

表 17-95 部分芳烃保留指数（六）[69]

固定液：角鲨烷　　柱　温：110℃

化合物	I	化合物	I	化合物	I
苯	650.3	仲丁基苯	994.1	1,3-二甲基-4-乙基苯	1069.4
甲苯	759.3	1-甲基-3-异丙基苯	1004.8	反十氢化萘	1073.9
乙苯	850.3	1-甲基-4-异丙基苯	1012.5	1,2-二甲基-3-乙基苯	1090.0
对二甲苯	865.4	1,2,3-三甲基苯	1016.4	1,2,4,5-四甲基苯	1110.7
间二甲苯	868.1	茚满	1019.4	顺十氢化萘	1112.9
邻二甲苯	888.4	1-甲基-2-异丙基苯	1023.6	1,2,3,5-四甲基苯	1116.3
异丙基苯	909.7	1,3-二乙基苯	1030.7	1-乙基-2-正丙基苯	1121.4
正丙基苯	939.0	1-甲基-3-正丙基苯	1036.1	1,3-二异丙基苯	1122.5
1-甲基-4-乙基苯	953.5	正丁基苯	1038.0	4-甲基茚满	1129.9
1-甲基-2-乙基苯	969.3	1,4-+1,2-二乙基苯+1-甲基-正丙基苯	1042.0	正丙基苯+1,2,3,4-四甲基苯	1138.8
1,3,5-三甲基苯	972.2	1-甲基-2-正丙基苯	1049.3	萘满	1142.2
叔丁基苯	976.1	1,3-二甲基-5-乙基苯	1051.0	1-甲基-2-正丁基苯	1148.1
1,2,4-三甲基苯	992.7	1,4-二甲基-2-乙基苯	1062.4	1,4-二异丙基苯	1156.9
异丁基苯	993.4	1-甲基茚满	1067.1	萘	1161.2

表 17-96 部分芳烃保留指数（七）[69]

固定液：角鲨烷　　柱　温：130℃

化合物	I	化合物	I	化合物	I
异丁基苯+仲丁基苯	998.5	1,2-+1,4-二乙基苯+1-甲基-4-正丙基苯	1047.9	1,3-二甲基-5-异丙基苯	1104.9
1-甲基-3-异丙基苯	1010.2	1-甲基-2-正丙基苯	1055.4	1,2,4,5-四甲基苯	1116.9
1-甲基-4-异丙基苯	1018.0	1,4-二甲基-2-乙基苯	1063.4	1,2,3,5-四甲基苯	1122.5
1-甲基-2-异丙基苯	1028.7	1,3-二甲基-4-乙基苯	1075.3	顺十氢化萘	1122.9
1,3-二乙基苯	1035.8	反十氢化萘	1083.9	1,2-+1,3-二异丙基苯+1-乙基-2-正丙基苯	1126.6
1-甲基-3-正丙基苯	1041.1	2-甲基-2-苯基苯+1-甲基-4-仲丁基苯	1088.1	正丙基苯+1,2,3,4-四甲基苯+1-乙基-3-叔丁基苯	1142.1
正丁基苯	1044.6	1,2-二甲基-3-甲基苯	1099.3	1-甲基-2-正丁基苯	1153.3

续表

化合物	I	化合物	I	化合物	I
茶满	1155.2	1,2,4-三甲基-3-乙基苯+1-乙基-1-苯基苯	1201.1	1-甲基萘	1294.4
1,3-二甲基-叔丁基苯	1159.7	1-甲基-3,5-二异丙基苯	1206.3	2-乙基萘	1336.3
1,4-二异丙基苯	1161.8	2,4-二甲基-3-苯基苯	1212.3	1-乙基萘	1337.3
萘	1172.8	1-甲基-4-正丙基苯+1-苯基己烷	1219.8	1,2+2,7-二甲基萘	1371.6
1,3,5-三甲基-2-乙基苯+1-乙基-4-叔丁基苯+1,2,7-三甲基-5-乙基苯	1180.7	2,4-二甲基-1-苯基戊烷	1246.6	1,3-二甲基萘	1385.0
1-甲基-4-(1,1-二甲基丙基)苯	1191.8	2-甲基萘	1279.5	1,6-二甲基萘	1386.9
2,4-二甲基-4-叔丁基苯	1194.8	2-苯基庚烷	1281.4	1,4-二甲基萘	1397.4
1,3,5-三乙基苯	1197.7	五甲基苯	1282.7	1,5-+2,3-二甲基萘	1399.5

表 17-97 部分芳烃保留指数（八）[70]

固定液	角鲨烷	聚乙二醇 400				固定液	角鲨烷	聚乙二醇 400			
柱温/℃	92	60	72	82	$\frac{\partial I}{\partial T}$	柱温/℃	92	60	72	82	$\frac{\partial I}{\partial T}$
化合物＼保留指数	I					化合物＼保留指数	I				
正己烷	600	600	600	600	—	1-甲基-3-正丙苯	1033	1299	1311	1320	0.91
苯	650	968	977	985	0.77	正丁苯	1035	1308	1319	1331	1.05
正庚烷	700	700	700	700	—	1-甲基-4-正丙苯	1039	1300	1312	1323	1.05
甲苯	758	1061	1073	1079	0.82	1,4-二乙苯	1039	1305	1317	1328	1.05
正辛烷	800	800	800	800	—	1,2-二乙苯	1309	1324	1337	1349	1.14
乙苯	847	1140	1150	1160	0.91	1-甲基-2-正丙苯	1045	1329	1342	1353	1.09
1,4-二甲基苯	861	1147	1158	1167	0.91	1,3-二甲基-5-乙苯	1048	1317	1329	1339	1.00
1,3-二甲基苯	863	1153	1164	1172	0.86	2-甲基吲哚	1056	1368	1386	1398	1.36
1,2-二甲基苯	883	1194	1208	1217	1.05	1,4-二甲基-2-乙苯	1060	1342	1357	1368	1.18
正壬烷	900	900	900	900	—	1-甲基吲哚	1063	1381	1397	1412	1.41
异丙苯	907	1184	1194	1202	0.81	1,3-二甲基-4-乙苯	1066	1348	1363	1374	1.18
正丙苯	935	1215	1226	1236	0.95	1,2-二甲基-4-乙苯	1070	1355	1371	1382	1.23
1-甲基-3-乙苯	948	1230	1240	1249	0.86	1,3-二甲基-2-乙苯	1071	1372	1388	1399	1.23
1-甲基-4-乙苯	950	1228	1239	1249	0.95	1,2-二甲基-3-乙苯	1087	1392	1408	1420	1.27
1-甲基-2-乙苯	964	1263	1276	1285	1.00	正十一烷	1100	1100	1100	1100	—
1,3,5-三甲苯	968	1245	1257	1265	0.91	1,2,4,5-四甲苯	1106	1402	1418	1430	1.27
叔丁基苯	973	1242	1253	1262	0.91	1,2,3,5-四甲苯	1111	1412	1427	1440	1.27
1,2,4-三甲苯	986	1280	1293	1302	1.00	5-甲基吲哚	1119	1443	1460	1475	1.45
仲丁基苯	989	1251	1262	1270	0.86	4-甲基吲哚	1126	1465	1483	1497	1.45
异丁基苯	989	1242	1253	1262	0.91	1,2,3,4-四甲苯	1135	1457	1473	1487	1.36
正癸烷	1000	1000	1000	1000	—	四氢萘	1137	1486	1504	1519	1.50
1-甲基-3-异丙苯	1002	1268	1278	1289	0.91	萘	1152	1593	1642	1683	4.10
1-甲基-4-异丙苯	1010	1270	1280	1290	0.91	正十二烷	1200	1200	1200	1200	—
1,2,3-三甲苯	1011	1329	1344	1357	1.27	正十三烷	1300	1300	1300	1300	—
吲哚	1014	1357	1376	1389	1.45	正十四烷	1400	1400	1400	1400	—
1-甲基-2-异丙苯	1015	1299	1311	1320	0.91	正十五烷	1500	1500	1500	1500	—
1,3-二乙苯	1028	1297	1308	1319	1.00						

表 17-98 部分芳烃保留指数（九）[71]

固定液：HP-1

色谱柱：HP-1 熔融石英毛细管柱，50m×0.2mm，0.33μm

柱 温：60℃（4min）→250℃（30min），2℃/min

载 气：He，282kPa

检测器：FID

化合物 \ 固定液 I	S-HS_RI	SPME_RI	HSSE_RI	化合物 \ 固定液 I	S-HS_RI	SPME_RI	HSSE_RI
甲苯	746	746	750	十三烷	1299		1298
苯乙烯	877	871	878	乙苯		845	
十一烷	1098	1098	1098	对二甲苯		854	
十二烷	1197	1198	1198	1,3,5-三甲苯		979	

表 17-99 部分芳烃在 PONA 柱上的保留指数[72]

固定液：100%交联二甲基聚硅氧烷（胶体）

化合物	*RI*	化合物	*RI*	化合物	*RI*
苯	644.8	对二甲苯	881.4	丙苯	931.6
甲苯	787.7	间二甲苯	881.1	环己烷	671.9
乙苯	860.5	邻二甲苯	866.8	甲基环己烷	748.4

表 17-100 部分芳烃保留指数（十）[14]

柱 温：140℃

色谱柱：不锈钢填充柱，1.5m×1/8in

载 气：He

检测器：FID

化合物 \ 固定相 I	SGBC	SGBCCu	SGBCCo	化合物 \ 固定相 I	SGBC	SGBCCu	SGBCCo
苯	623	681	691	对二甲苯	841	897	909
甲苯	732	790	801	异丙苯	899	955	965
乙苯	826	885	895	1,2,3-三甲基苯	979	1038	1051
邻二甲苯	855	914	926	苯乙烯	857	932	948
间二甲苯	841	896	908	2-甲基苯乙烯	955	1021	1035

表 17-101 部分芳烃保留指数（十一）[73]

固定液：100%聚二甲基硅氧烷

色谱柱：不锈钢柱，1.5m×3mm

检测器：FID

柱 温：130℃

载 气：He

化合物	*I*	化合物	*I*	化合物	*I*
苯	720	异丁基苯	1087	2-甲基苯乙烯	1075
乙苯	928	正丁基苯	1120	3-甲基苯乙烯	1092
丙苯	1025	甲苯	831	4-甲基苯乙烯	1096
1,3,5-三甲基苯	1070	2-乙基甲苯	1054	异丙苯	997
1,2,4-三甲基苯	1112	对二甲苯	962	3-苯基-1-丙烯	1026
1,2,3-三甲基苯	1192	间二甲苯	964	反-1-苯基-1-丙烯	1102
叔丁基苯	1071	邻二甲苯	979		
仲丁基苯	1066	苯乙烯	974		

表 17-102 部分芳烃保留指数（十二）[9]

固定液：HP-5　　色谱柱：HP-5ms，60m×0.25mm，0.25μm

柱　温：32℃（0min）$\xrightarrow{0.2℃/min}$ 34℃（0min）$\xrightarrow{3℃/min}$ 140℃（0min）$\xrightarrow{20℃/min}$ 290℃（5 min）

载　气：He，130kPa　　检测器：MSD

化合物	I	化合物	I	化合物	I
正己烷	605.9	正壬烷	916.5	正十一烷	1120.9
甲基环戊烷	629.3	α-蒎烯	948.1	萘	1204.4
苯	664.1	烯丙苯（117）	961.2	正十二烷	1221.8
环戊烷	663.8	正丙苯	968.3	正十三烷	1334.9
甲苯	773.3	1,3,5-三甲基苯	982.9	4-苯基环己烯	1371.8
正辛烷	812.1	蒎烯	989.7	异长叶烯	1425.5
乙烯基环己烯	845.8	乙基甲苯	993.4	正十四烷	1426.6
乙苯	875	1,2,4-三甲基苯	1007.6	正十五烷	1527.8
间/对-二甲苯	883.9	D3-蒈烯	1026.6	正十六烷	1629.4
苯乙烯	905.2	对异丙基苯	1042.4		
邻二甲苯	907.3	柠檬烯	1046.5		

表 17-103 部分芳烃保留指数（十三）[16]

柱　温：90℃　　载　气：N_2，15mL/min

色谱柱：填充玻璃柱，2m×30mm　　检测器：FID

I / 固定液 / 化合物	3% OV-1+5% $PdAA_2en$	3% OV-1	I / 固定液 / 化合物	3% OV-1+5% $PdAA_2en$	3% OV-1
氰甲烷	617	563	邻甲苯胺	1119	1039
硝基甲烷	657	632	2-硝基甲苯	1194	1104
2,2-二甲氧基丙烷	722	707	吡啶	743	717
2-硝基丙烷	764	753	2-甲基吡啶	805	769
苯	666	634	4-甲基吡啶	862	830
甲苯	741	738	2,6-二甲基吡啶	874	850
邻二甲苯	866	861	3-甲基吡啶	893	884
1,3,5-三甲基苯	972	937	六氢吡啶	764	737

表 17-104 烷基萘保留指数（一）[74]

固定液：Apiezon L

I / 柱温/℃ / 化合物	150	165	180	I / 柱温/℃ / 化合物	150	165	180
萘	1260.9	1273.2	1286.8	1,3-二甲基萘	1491.3	1504.1	1518.4
2-甲基萘	1367.8	1379.9	1393.8	1,6-二甲基萘	1491.9	1504.7	1519.3
1-甲基萘	1387.2	1400.0	1414.2	2,3-二甲基萘	1506.6	1519.9	1535.0
2-甲基联苯	1421.7	1431.5	1443.3	1,4-二甲基萘	1510.5	1523.9	1539.1
联苯	1426.6	1437.9	1450.9	1,5-二甲基萘	1513.6	1527.0	1542.3
2-乙基萘	1453.0	1465.3	1479.2	1,2-二甲基萘	1522.1	1535.9	1551.4
1-乙基萘	1456.1	1468.6	1482.4	3-甲基联苯	1526.0	1537.0	1549.5
二苯基甲烷	1459.1	1469.6	1482.4	4-甲基联苯	1538.3	1549.7	1562.7
2,6-二甲基萘	1472.9	1485.0	1499.0	1,8-二甲基萘	1548.0	1562.5	1578.4
2,7-二甲基萘	1472.9	1485.0	1499.0	苊	1549.4	1564.9	1582.4
1,7-二甲基萘	1482.0	1494.6	1508.8				

表 17-105　烷基萘保留指数（二）[42]

固定液：SE-30

化合物 \ I 柱温/℃	80	100	130	150	化合物 \ I 柱温/℃	80	100	130	150
2-甲基萘	1252	1265	1286	1300	1,4-二甲基萘	—	—	1418	1431
1-甲基萘	1268	1281	1303	1318	2,3-二甲基萘	1381	1395	1419	1433
2-乙基萘	1328	1340	1358	1370	2,6-二甲基萘	—	—	1387	1399
1-乙基萘	1343	1357	1379	1393	2,7-二甲基萘	—	—	1389	1400
1,2-二甲基萘	—	—	1430	1447	2-乙烯基萘	—	—	1403	1418
1,3-二甲基萘	—	—	1400	1414	2,3,6-三甲基萘	—	—	1515	1533

表 17-106　烷基萘保留指数（三）[21]

色谱柱：RTX-1MS（30m×0.25mm×0.25μm）；
HR-1701（30m×0.25mm×0.25μm）；
HR-20M（30m×0.32mm×0.25μm）

检测器：MS

柱　温：RTX-1MS，80℃→260℃，2℃/min；
HR-1701，60℃（2 min）→260℃，3℃/min；
HR-20M，40℃（2 min）→230℃，3℃/min

载　气：He，1.0mL/min

化合物 \ I 固定液	二甲基聚硅氧烷（RTX-1MS）	7%苯基 7%氰基 86%甲基聚硅氧烷（HR-1701）	聚乙二醇 20M（HR-20M）
十氢化-1,5-二甲基萘	1158		1222
氢化-2,3-二甲基萘	1171		1240
十氢化-1,6-二甲基萘	1182		1245
十氢化-2,6-二甲基萘	1190		1252
十氢化-1,2-二甲基萘	1193		1263
十氢化-2,3-二甲基萘	1204		1291
十氢化-2,2-二甲基萘	1206		
十氢化-1,1-二甲基萘	1221		
1,7-二甲基萘	1388	1523	1948

表 17-107　烷基萘与甲基薁的保留指数[75]

柱温：130℃

固定液	OV-1	Ucon LB 550X		Ucon 50HB 280X		固定液	OV-1	Ucon LB 550X		Ucon 50HB 280X	
化合物 \ 保留指数	I		$10\left(\frac{\partial I}{\partial T}\right)$	I	$10\left(\frac{\partial I}{\partial T}\right)$	化合物 \ 保留指数	I		$10\left(\frac{\partial I}{\partial T}\right)$	I	$10\left(\frac{\partial I}{\partial T}\right)$
萘	1183.7	1361.0	7.7	1468.2	8.5	1,3-二甲基萘	1402.3	1591.2	7.6	1691.8	8.6
1-甲基萘	1301.7	1483.0	7.5	1592.5	7.5	1,6-二甲基萘	1402.2	1590.8	7.7	1691.2	8.5
2-甲基萘	1286.8	1463.9	7.2	1568.0	9.1	1,7-二甲基萘	1409.5	—	—	1699.8	—
1-乙基萘	1379.2	1552.2	8.0	1658.6	8.3	1,4-二甲基萘	1419.0	1607.3	8.1	1711.7	9.6
2-乙基萘	1377.4	1552.2	8.0	1655.0	7.8	2,3-二甲基萘	1419.6	1603.8	7.3	1712.8	8.9
1-正丙基萘	1460.2	1624.2	8.9	1728.8	8.3	1,5-二甲基萘	1420.7	1603.8	7.2	1713.1	9.5
2-正丙基萘	1465.2	1631.8	7.9	1734.8	8.0	1,2-二甲基萘	1432.0	1617.5	8.6	1729.1	9.9
2-异丙基萘	1434.8	1599.3	6.4	1701.2	6.7	1,8-二甲基萘	1449.1	1641.8	8.4	1756.8	10.1
1-正丁基萘	1555.2	1719.7	7.7	1825.0	7.2	1,3,7-三甲基萘	1500.8	1680.3	7.5	1784.6	8.7
2-正丁基萘	1564.1	1731.8	7.4	1835.0	8.4	2,3,6-三甲基萘	1522.0	1702.9	7.3	1809.8	8.9
1-异丁基萘	1500.8	1653.5	7.6	1753.1	8.6	2,3,5-三甲基萘	1533.4	1718.8	7.3	1827.4	8.3
2-异丁基萘	1512.6	1669.3	8.1	1769.8	8.5	薁	1295.9	1501.0	8.2	1624.0	9.5
2-仲丁基萘	1520.7	1674.6	7.6	1776.1	8.0	1-甲基薁	1401.4	1603.0	10.1	1723.8	10.0
2-叔丁基萘	1502.0	1655.8	7.5	1757.5	8.5	5-甲基薁	1400.0	1605.5	9.4	1726.3	10.0
2,6-二甲基萘	1388.2	1563.4	7.0	1668.1	7.8	6-甲基薁	1409.7	1616.3	9.9	1739.6	10.4
2,7-二甲基萘	1390.1	1566.6	7.6	1670.4	8.9	4,6,8-三甲基薁	1637.6	1855.1	11.7	1986.3	10.6

表 17-108 多环芳烃保留指数（一）[66]

固定液：OV-101

化合物	140	160	180	$10\left(\frac{\partial I}{\partial T}\right)$
反十氢化萘	1082.5	—	1106.4	5.98
顺十氢化萘	1124.8	1137.7	1152.2	6.86
1,2,3,4-四氢化萘	1168.7	1179.8	1194.0	6.33
1,2-二氢化萘	1171.4	1183.2	1197.8	6.60
萘	1191.0	1203.8	1217.3	6.58
2-甲基萘	1293.9	1307.1	1323.5	7.40
1-甲基萘	1309.0	1322.9	1340.2	7.80
2-乙基萘	1384.9	1398.1	1413.8	7.23
2,6-二甲基萘	1395.6	1408.8	1424.3	7.18
1,7-二甲基萘	1409.0	1422.4	1438.7	7.42
1,4-二甲基萘	1425.9	1441.1	1459.1	8.30
2,3-二甲基萘	1427.3	1441.7	1459.1	7.95
1,2-二甲基萘	1439.7	1455.1	1473.7	8.52
1,8-二甲基萘	1456.8	1472.4	1491.5	8.68
2,3,6-三甲基萘	1529.4	1544.1	1561.6	8.05
联苯	1366.3	1377.9	1392.0	6.44
3-甲基联苯	1464.4	1475.6	1489.2	6.21
4-甲基联苯	1472.7	1484.5	1500.1	6.86
联苯甲烷	1412.4	1429.4	1436.8	6.10
1,2-联苯乙烷	1496.7	1509.3	1524.9	7.05
苊	1463.9	—	1501.1	9.30
芴	1552.1	—	1591.3	9.80
菲	1719.6	—	1767.1	11.90
蒽	1729.0	—	1776.5	11.90
二环戊二烯	1047.3	—	—	—
苯并[b]呋喃	1005.8	—	—	—
苯并[b]噻吩	1196.0	—	1223.3	6.80
喹啉	1247.7	—	—	—
异喹啉	1272.9	—	—	—
吲哚	1281.1	—	1298.3	4.30
二苯并呋喃	1494.9	—	1531.1	9.00
二苯并噻吩	1694.3	—	1739.8	11.20
咔唑	1761.1	—	1803.6	10.62

（表头：柱温/℃；保留指数 I）

表 17-109 多环芳烃保留指数（二）[42]

固定液：SE-30

化合物 \ I 柱温/℃	80	130	150	175	200
茚满	1018	1043	1052	—	—
茚	1023	1049	1059	—	—
2-甲基茚	1124	1151	—	—	—
萘满	1137	1164	1178	—	—
异萘满	1179	1205	1217	—	—
1,2-二氢化萘	1137	1165	—	—	—
萘	1152	1183	1197	—	—
芴	—	1535	—	1585	1612
苊	—	—	—	—	1522
苊烯	—	—	—	—	1491
1,2,3,4,5,6,7,8-八氢化菲	—	1668	—	1716	1744
1,2,3,4,5,6,7,8-八氢化蒽	—	1645	—	1689	1713
9,10-二氢化菲	—	1623	—	1668	1693
9,10-二氢化蒽	—	1622	—	1667	1692
菲	—	1704	—	1761	1794
蒽	—	1713	—	1769	1800

表 17-110 多环芳烃保留指数（三）[76]

固定液	SE-30	OV-101	SE-52	OV-7	OV-17			
化合物 \ I 柱温/℃	250				250	270	290	310
萘	1296	1262	1114	1387	1457	1496	1509	1537
苊	1572	1569	1400	1706	1803	1834	1864	1883
芴	1662	1660	1483	1809	1900	1938	1964	1997
菲	1862	1856	1865	2020	2139	2174	2204	2246
蒽	1863	1861	1870	2027	2140	2183	2218	2253
荧蒽	2121	2129	2239	2306	2418	2472	2515	2562
芘	2178	2174	2246	2362	2501	2545	2585	2639
苯并[b]芴	2254	2257	2317	2448	2583	2632	2674	2727
苯并[a]蒽	2572	2498	2532	2780	2815	2861	2913	2968
䓛	2593	2508	2532	2800	2833	2878	2930	2987

表 17-111 多环芳烃保留指数（四）[77]

柱 温：270℃

化合物 \ I 固定液	OV-101	OV-17	PFMS-6	化合物 \ I 固定液	OV-101	OV-17	PFMS-6
2-甲基萘	1354	1595	1657	并四苯	—	—	3092
联苯	—	—	1751	12-甲苯[a]蒽	2631	3092	—
苊烯	1519	1808	—	7-甲苯[a]蒽	2669	3116	—
苊	1550	1833	—	苯并[b]荧蒽	2795	3244	—
芴	1645	1935	2001	苯并[k]荧蒽	2802	3256	—
菲	1836	2171	2248	苯并[j]荧蒽	2796	3258	—
蒽	1846	2179	2253	苯[e]嵌二萘	2858	3339	3459
3-甲基菲	1938	2265	—	苯[a]嵌二萘	2870	3353	3474
2-甲基菲	1945	2274	—	苝	2888	3383	3509
2-甲基蒽	1955	2281	—	二苯并[a,j]蒽	3112	3610	—
4-甲基菲	1959	2308	—	茚[1,2,3-cd]嵌二萘	3131	3510	—
9-甲基菲	1959	2302	—	二苯并[a,h]蒽	3137	3597	3776
4,5-二甲基菲	1963	2314	—	二苯并[a,c]蒽	3142	3601	3771
1-甲基蒽	1966	2297	—	苯并[b]䓛	3159	3632	—
9-甲基蒽	1999	2354	—	苉	3159	3640	—
3,6-二甲基菲	2037	2356	—	苯并[ghi]苝	3185	3656	—
荧蒽	2091	2462	—	蒽缔蒽酮	3215	3695	—
嵌二萘	2139	2529	2714	晕苯	3498	3968	—
1-甲基嵌二萘	2273	2665	—	1,2,4,5-二苯嵌二萘	3507	3971	—
苯并[c]菲	2464	2881	—	1,2,6,7-二苯嵌二萘	3508	3983	—
苯并[ghi]荧蒽	2473	2881	—	3,4,9,10-二苯嵌二萘	3526	4002	—
苯并[a]蒽	2516	2935	3045	3,4,8,9-二苯嵌二萘	3537	4017	—
䓛	2526	2953	3070				

表 17-112 多环芳烃保留指数（五）[78]

固定液：SE-52 柱温：250℃

化合物	I	化合物	I	化合物	I
1-甲基萘	223.1	2-甲基菲	319.5	苯并[a]蒽	398.6
2-甲基萘	220.1	2-甲基蒽	320.9	苯并[b]荧蒽	442.1
2,6-二甲基萘	239.7	4-氢-环戊[def]菲	322.3	苯并[k]荧蒽	442.8
苊烯	247.4	1-甲基菲	323.6	苯并[e]芘	451.8
苊	253.3	荧蒽	344.9	苯并[a]芘	453.4
芴	269.6	芘	352.8	苝	456.3
2-甲基芴	287.7	苯并[a]芴	366.5	二苯并[ah]蒽	494.5
1-甲基芴	288.7	苯并[b]芴	368.9	苯并[b]䓛	498.5
蒽	301.4	1-甲基芘	374.2	苯并[ghi]苝	502.9
3-甲基菲	318.6	苯并[ghi]荧蒽	390.9	二苯并[cd,jk] 芘	508.4

表 17-113 多环芳烃保留指数（六）[79]

固定液：DB-5　　载　气：He，3mL/min

色谱柱：30m×0.25mm　　检测器：FID

柱　温：70℃（2min）$\xrightarrow{30℃/min}$ 150℃ $\xrightarrow{5℃/min}$ 200℃ $\xrightarrow{4℃/min}$ 310℃（5min）

化合物	*I*	化合物	*I*	化合物	*I*
蒽	301.2	芘	348.1	苯并[*e*]芘	452.7
3-甲基菲	315.6	1-甲基芘	370	苯并[*a*]芘	454.3
2-甲基菲	316.4	苯并[*ghi*]荧蒽	389.6	苝	457.5
9-甲基菲	319.2	苯并[*a*]蒽	398.4	二苯并[*ac*]蒽	495.1
1-甲基菲	320	苯并[*b*]荧蒽	442.7	二苯并[*ah*]蒽	499
荧蒽	340.1	苯并[*k*]荧蒽	443.6	苯并[*ghi*]苝	501.3

表 17-114 多环芳烃保留指数（七）[80]

色谱柱：DB-1，30m×0.32mm，0.25μm　　固定液：DB-1

柱　温：60～260℃，10℃/min　　检测器：FID，进样口温度 250℃，检测器温度 275℃

载　气：He，61.5kPa

化合物	*I*	化合物	*I*	化合物	*I*
萘	1039.4	蒽	1440.0	䓛	1802.3
1-甲基萘	1138.6	2-甲基蒽	1540.6	苯并[*b*]荧蒽	1968.5
苊烯	1224.1	荧蒽	1594.8	苯并[*k*]荧蒽	1978.2
苊	1253.0	芘	1601.0	苯并[*e*]芘	1969.9
芴	1332.2	1-甲基芘	1707.1	苯并[*a*]芘	1971.4
硫芴	1412.2	苯并[*b*]萘并[2,3-*d*]噻吩	1766.1	二苯基甲烷	1281.1
菲	1431.2	苯并[*a*]蒽	1798.3	*p,p*'-DDT	1949.8

表 17-115 多环芳烃保留指数（八）[81]

色谱柱：DB-5 MS，30m×0.25mm，0.25μm

柱　温：60℃（2 min）$\xrightarrow{6℃/min}$ 258℃ $\xrightarrow{2℃/min}$ 300℃（4 min）

载　气：He，1mL/min　　固定液：DB-5

进　样：280℃，无分流进样 1μL，柱流速 1mL/min

检测器：FID（GC）；MSD（GC-MS）

化合物	*I*	化合物	*I*
萘	200	2-苯基-1*H*-茚	314.15
2-甲基萘	221.10（220.47）b	3-甲基菲	318.83（318.93, 319.03）
1-甲基萘	224.12（223.42）	2-甲基菲	319.67（319.76, 319.99）
联苯	236.56（236.39）	2-甲基蒽	321.12（321.14, 321.57）
苊烯	248.27（247.65）	4 氢-环戊二烯[*def*]-菲	322.18（321.96, 322.08）
苊	253.56（253.67）	4-/9-甲基菲	322.74（322.78, 322.90）
芴	270.39（269.94）	1-甲基菲	323.54（323.52, 323.78）
2-甲基芴	288.28（288.29, 288.42）	环戊二烯[*def*]菲	325.73
1-甲基芴	289.24（289.14, 289.20）	2-甲基卡唑	326.94
甲基芴	290.83（280.78, 290.83）	甲基卡唑	327.89
9-亚甲基芴	292.28	C_2-菲/蒽	336.16
二苯并噻吩	295.95（295.59）	C_2-菲/蒽	337.54（337.84）
菲	300	C_2-菲/蒽	338.15（338.63）
蒽	301.53（301.38）	C_2-菲/蒽	340.64
萘并[2,3-*b*]噻吩	304.28（304.10）	荧蒽	344.96（344.49）
咔唑	309.80（310.35, 311.71）	醋菲烯	348.14（347.82）
1-苯基-1*H*-茚	311.12	菲并[4,5-*bcd*]噻吩	349.42（349.17）

续表

化合物	I	化合物	I
苉	352.41（351.91）	苯基[b]荧蒽	443.93（443.11, 443.13）
苯基甲基萘	356.04	苯基[k]荧蒽	444.65（444.06, 444.02）
对三联苯	357.65	苯基[a]荧蒽	447.28（446.88）
苯并[k,l]氧杂蒽	360.96（361.38）	苯并[e]醋菲烯	448.07
2-甲基荧蒽	362.09	四氢联二萘	448.84
4 氢-苯并[def]咔唑	362.82	苯并[e]芘	452.93（452.70, 452.29）
三联苯	363.3	苯并[a]芘	455.14（454.57, 454.02）
苯并[a]芴	366.28（366.54）	苝	457.98（457.63, 457.17）
苯并芴/甲基芘	367.41	苯基芘	459.01
4-甲基芘	368.75（369.05, 369.54）	11H-茚并[2,1-a]菲	460.41
2-甲基芘	369.44（370.15）	二苯并菲	464.43
四氢䓛	370.72	8H-茚并[2,1-b]菲	465.01
1-甲基芘	373.55（373.72, 373.45）	13H-二苯并[a,h]芴	465.6
苯并[b]萘并[2,1-d]噻吩	388.64（389.16, 389.09）	二萘并噻吩	481.96
苯并[ghi]荧蒽	390.18（390.28, 389.92）	苯并[a]三亚苯	483.27
苯并[c]菲	390.57（391.07, 391.24）	1-苯基芘	486.34
环戊二烯并[cd]芘	391.1	茚并[1,2,3-cd]荧蒽	488.38
苯并[b]萘并[1,2-d]噻吩	391.73（392.51, 392.59）	茚并[7,1,2,3-cdef]䓛	491.53
甲基苯并[a]蒽	392.7	茚并[1,2,3-cd]芘	494.91（493.88, 493.24）
苯并[b]萘并[2,3-d]噻吩	394.76（395.59, 395.61）	二苯并[ah]蒽	495.89（495.92, 495.45, 496.20）
4H-环戊烯[cd]芘	397.04（397.15, 396.55）	戊芬	496.67（496.83）
苯并[a]蒽	398.36（398.69, 398.76）	苯并䓛	498.86（498.84, 497.66）
䓛/三亚苯	400	苉	500
1,1′-联萘	402.77	苯并[ghi]苝	501.64（501.38, 501.32）
1,2′-联萘	404.58（405.35）	二苯并[def,mno]䓛	505.97（505.29）
甲基苯并噻吩	405.5	四氢蔻	513.37
9-苯基蒽	406.47（406.90）	二苯并[b,e]荧蒽	533.22 [11,24]
甲基䓛	407.3	萘并[1,2-k]荧蒽	536.92（536.71, 536.89）
苯并咔唑	409.31（410.12）	二苯并[b,k]荧蒽	539.59（539.16）
甲基苯并[b]萘并[2,3-d]噻吩	409.54	萘并[2,3-k]荧蒽	543.06（543.09）
甲基苯并[a]蒽	410.27	萘并[2,3-e]芘	547.71（547.69）
3-甲基苯并[a]蒽	416.17（416.50）	蔻	550.43（549.07）
6-/8-甲基苯并[a]蒽	417.63（417.56, 417.57）	二苯并[a,e]芘	551.65（551.53）
2,2-联萘	421.55（421.12）	萘并[2,1-a]芘/二苯并[e,l]芘	552.82（552.92, 553.02）
2-苯基菲	424.19	萘并[2,3-a]芘	551.10（555.50）
苯基菲	426.54	二苯并[a,i]芘	556.32（556.47）
苯基菲	428.29	二苯并[a,h]芘	559.90（560.15）

表 17-116　多环芳烃保留指数（九）[82]

色谱柱：SE-52 玻璃毛细管柱，12m×(0.28～0.30)mm，0.17～0.24μm

柱　温：50℃→250℃，2℃/min　　载　气：He，1～3mL/min

固定液：SE-52　　检测器：FID

化合物	I	化合物	I	化合物	I
1,2-二氢萘	197.01	异喹啉	215.61	1,2,3,4-四氢喹啉	225.97
1,4-二氢萘	197.01	2-甲基萘	218.14	6-甲基喹啉	229.82
四氢化萘	197.04	2-甲基苯并[b]噻吩	218.74	1,2,2a,3,4,5-六氢苊烯	232.70
萘	200.00	薁	219.95	联苯	233.96
苯并[b]-噻吩	201.47	喹喔啉	220.37	2-乙基萘	236.08
二氢吲哚	204.74	3-甲基苯并[b]噻吩	221.02	1-乙基萘	236.56
吲哚	205.26	1-甲基萘	221.04	3-甲基吲哚	236.66
喹啉	209.70	8-甲基喹啉	223.02	2-甲基吲哚	237.42

续表

化合物	I	化合物	I	化合物	I
2,6-二甲基萘	237.58	1,2,3,4-四氢	297.21	9-甲基-10-乙基菲	359.91
2,7-二甲基萘	237.71	菲	300.00	间三联苯	360.73
5-乙基-苯并[b]噻吩	238.46	蒽	301.69	苯并[kl]氧杂蒽	361.38
2-甲基联苯	238.77	苯并[h]喹啉	302.22	4H-苯并[def]咔唑	364.22
1,3-二甲基萘	240.25	9,10-二氢吖啶	304.33	对三联苯	366.10
1,4-萘醌	240.82	吖啶	304.50	苯并[a]芴	366.74
1,7-二甲基萘	240.66	1,2,3,4-四氢咔唑	306.76	11-甲基苯并[a]芴	367.04
1,6-二甲基萘	240.72	菲啶	308.79	9,10-二乙基菲	367.97
2,2-二甲基联苯	241.94	苯并[f]喹啉	309.25	1-甲基-7-异丙基-菲	368.67
2,6-二甲基喹啉	242.43	咔唑	312.13	苯并[b]芴	369.39
2,3-二甲基萘	243.55	9-乙基咔唑	313.97	4-甲基芘	369.54
1,4-二甲基萘	243.57	1-苯基萘	315.19	2-甲基芘	370.15
1,5-二甲基萘	244.98	1,2,3,10b-四氢荧蒽	316.37	4,5,6-三氢苯并[de]蒽	370.86
二苯基甲烷	243.35	9-正丙基芴	318.01	1-甲基芘	373.55
苊烯	244.63	3-甲基菲	319.46	3,5-二苯基吡啶	373.79
2,2-联吡啶	245.48	2-甲基菲	320.17	5,12-二氢并四苯	381.56
1,2-二甲基萘	246.49	3-甲基苯并[f]-喹啉	320.77	9,10-二甲基-3-乙基菲	381.85
1,8-二甲基萘	249.52	2-甲基蒽	321.57	9-苯基咔唑	382.09
2-乙基苯	250.85	邻三联苯	321.99	1-乙基芘	385.35
苊	250.85	4H-环五菲	322.08	2,7-二甲基芘	386.34
4-甲基联苯	254.71	9-甲基菲	323.06	1,2,3,4,5,6,7,8,9,10,11,12-十二氢三亚苯	386.36
3-甲基联苯	254.81	4-甲基菲	323.17	11-苯并[a]芴酮	386.41
2,3-二甲基吲哚	255.48	1-甲基蒽	323.33	1,1′-联萘	388.38
氧芴	257.17	1-甲基菲	323.90	苯并[b]萘并[2,1-d]噻吩	389.26
2-甲基-1,4-萘醌	259.23	2-甲基吖啶	324.46	苯并[ghi]荧蒽	389.60
2,3,6-三甲基萘	263.31	9-正丁基芴	328.99	苯并[g]菲	391.39
1-甲基苊烯	265.24	9-甲基蒽	329.13	苯并[c]吖啶	392.50
2,3,5-三甲基萘	265.90	4,5,9,10-四氢芘	329.69	9-苯基蒽	396.38
二苯并对二噁英	267.27	4,5-二氢芘	330.01	环戊二烯并[cd]芘	396.54
芴	268.17	噻蒽	330.13	苯并[a]蒽	398.50
trans-1,2,3,4,4a,9a-六氢苯并噻吩	269.67	蒽酮	330.53	苯并[a]吖啶	398.74
cis-1,2,3,4,4a,9a-六氢苯并噻吩	271.39	2-苯基萘	332.59	䓛	400.00
3,3′-二甲基联苯	271.87	9-乙基菲	337.05	三亚苯	400.00
9-甲基芴	272.38	2-乙基菲	337.50	苯并[a]咔唑	401.81
2,3,5-三甲基吲哚	272.57	3,6-二甲基菲	337.83	1,2′-联萘	405.35
4,4′-二甲基联苯	274.59	2,7-二甲基菲	339.23	7-苯并[de]蒽烯	406.54
5H-茚并[1,2-b]吡啶	279.31	1,2,3,6,7,8-六氢芘	339.38	9-苯基菲	406.90
氧杂蒽	280.48	6-苯基喹啉	342.45	并四苯	408.30
9,10-二氢蒽	284.89	荧蒽	344.01	苯并[b]咔唑	410.12
9-乙基芴	284.99	9-异丙基菲	345.78	11-甲基苯并[a]蒽	412.72
9,10-二氢菲	387.09	1,8-二甲基菲	346.26	2-甲基苯并[a]蒽	413.78
1,2,3,4,5,6,7,8-八氢蒽	287.69	2-苯基吲哚	347.47	1-甲基苯并[a]蒽	414.37
2-甲基芴	288.21	茚并[1,2,3,ij]-异喹啉	347.57	1-正丁基芘	414.87
1-甲基芴	289.03	9-正己基芴	348.54	1-甲基三亚苯	416.32
1,2,3,4,5,6,7,8-八氢菲	292.03	9-正丙基菲	350.30	9-甲基苯并[a]蒽	416.50
1,2,3,4-四氢-二苯并噻吩	294.30	芘	355.49	3-甲基苯并[a]蒽	416.63
9-芴酮	294.79	9,10-二甲基蒽	355.49	9-甲基-10-苯基菲	417.16
二苯并噻吩	295.81	苯并[mn]菲啶	358.53	8-甲基苯并[a]蒽	417.56

续表

化合物	I	化合物	I	化合物	I
6-甲基苯并[a]蒽	417.57	2,2′-联萘	423.91	1,3,6,11-四甲基三亚苯	461.72
3-甲基䓛	418.10	2,(2'-萘基)-苯并[b]噻吩	428.11	3-甲基胆蒽	468.44
5-甲基苯并[a]蒽	418.72	1,3-二甲基三亚苯	432.32	间四联苯	472.81
2-甲基䓛	418.80	1,12-二甲基苯并[a]蒽	436.82	茚并[1,2,3-cd]芘	481.87
12-甲基苯并[a]蒽	419.39	苯并[j]荧蒽	440.92	并五苯	486.81
4-甲基苯并[a]蒽	419.67	苯并[b]荧蒽	441.74	对四联苯	488.18
5-甲基䓛	419.68	苯并[k]荧蒽	442.56	二苯并[a,c]蒽	495.01
6-甲基䓛	420.61	7,12-二甲基苯并[a]蒽	443.38	二苯并[a,h]蒽	495.45
4-甲基䓛	420.83	1,6,11-三甲基苯撑	446.24	苯并[b]䓛	497.66
2,2′-联喹啉	421.12	二甲萘酚[1,2-b;1′,2′-d]呋喃	450.20	芘	500.00
1-苯基菲	421.66	苯并[e]芘	450.73	苯并[ghi]苝	501.32
1-甲基䓛	422.87	二苯并[c,kl]氧杂蒽	451.57	二苯并[def,mno]䓛	503.89
7-甲基苯并[a]-蒽	423.14	苯并[a]芘	453.44	2,3-二氢苯并[def,mno]䓛	503.91
邻四联苯	423.63	苝	456.22		

第五节 其他烃类的保留指数

表 17-117 C_1～C_4烃保留指数[42]

固定液：SE-30

I \ 柱温/℃ 化合物	−8	−3	0	11	21	30	60	I \ 柱温/℃ 化合物	−8	−3	0	11	21	30	60
甲烷	100	100	100	100	100	100	100	异丁烷	366	366	366	366	366	368	365
乙烯	180	180	178	179	185	—	—	1-丁烯	391	391	391	391	390	391	390
乙炔	180	180	178	179	185	—	—	异丁烯	391	391	391	391	390	391	390
乙烷	200	200	200	200	200	200	200	顺-2-丁烯	—	—	425	—	—	—	—
丙烯	295	294	293	292	297	—	—	反-2-丁烯	—	—	411	—	—	—	—
丙烷	300	300	300	300	300	300	300	1,3-丁二烯	395	—	394	394	394	395	397
丙炔	—	—	331	—	—	—	—	丁炔	—	—	418	—	—	—	—
正丁烷	400	400	400	400	400	400	400								

表 17-118 C_2～C_8烃保留指数[83]

固定液	角鲨烷	二甲基环丁砜	固定液	角鲨烷	二甲基环丁砜
I \ 柱温/℃ 化合物	26	35	I \ 柱温/℃ 化合物	26	35
正丙烷	300	300	2,3-二甲基丁烷	567	567
2-甲基丙烷	363	360	2-甲基戊烷	571	568
正丁烷	400	400	3-甲基戊烷	583	586
2,2-二甲基丙烷	412	406	正己烷	600	600
2-甲基丁烷	476	468	2,2-二甲基戊烷	625	—
正戊烷	500	500	2,3-二甲基戊烷	670	—
2,2-二甲基丁烷	530	531	2,4-二甲基戊烷	630	635

续表

固定液	角鲨烷	二甲基环丁砜	固定液	角鲨烷	二甲基环丁砜
I 柱温/℃ 化合物	26	35	I 柱温/℃ 化合物	26	35
3,3-二甲基戊烷	656	—	顺-3-甲基-2-戊烯	606	696
3-甲基己烷	679	685	反-3-甲基-2-戊烯	597	685
3-乙基戊烷	684	690	顺-4-甲基-2-戊烯	561	615
正庚烷	700	700	反-4-甲基-2-戊烯	558	619
2,2,3-三甲基戊烷	728	—	2,3-二甲基-1-丁烯	559	632
2,2,4-三甲基戊烷	687	688	3,3-二甲基-1-丁烯	515	556
丙烯	289	354	2,3-二甲基-2-丁烯	612	716
1-丁烯	385	447	2-乙基-1-丁烯	587	672
顺-2-丁烯	407	486	2,4-二甲基-1-戊烯	634	706
反-2-丁烯	407	471	顺-4,4-二甲基-2-戊烯	629	690
2-甲基戊烯	382	449	反-4,4-二甲基-2-戊烯	617	658
1-戊烯	483	545	2,3,3-三甲基-1-丁烯	621	704
顺-2-戊烯	505	578	乙炔	230	430
反-2-戊烯	504	569	丙炔	340	539
2-甲基-1-丁烯	486	562	1-丁炔	420	618
3-甲基-1-丁烯	454	509	2-丁炔	473	682
2-甲基-2-丁烯	514	—	丙二烯	336	462
1-己烯	583	652	1,2-丁二烯	427	576
顺-2-己烯	600	679	1,3-丁二烯	389	534
反-2-己烯	596	664	1,2-戊二烯	527	675
顺-3-己烯	593	663	反-1,3-戊二烯	518	682
反-3-己烯	595	657	1,4-戊二烯	471	588
2-甲基-1-戊烯	575	652	2,3-戊二烯	539	677
3-甲基-1-戊烯	555	604	3-甲基-1,2-丁二烯	513	651
4-甲基-1-戊烯	554	607	2-甲基-1,3-丁二烯	499	645
2-甲基-2-戊烯	600	676	1,5-己二烯	576	698

表 17-119 C_4～C_7 烃保留指数[84]

固定液	SE-30	Carbowax 20M		1,2,3-三(2-氰乙氧基)丙烷		固定液	SE-30	Carbowax 20M		1,2,3-三(2-氰乙氧基)丙烷	
I 柱温/℃ 化合物	70	130	70	130	70	I 柱温/℃ 化合物	70	130	70	130	70
异丁烷	369	369	372	—	—	5-甲基壬烷	962	960	960	954	954
2-甲基丁烷	478	467	471	470	470	4-乙基壬烷	1047	1041	1041	1044	1044
2-甲基戊烷	577	566	569	568	568	5-甲基癸烷	1054	1049	1049	1050	1050
3-甲基戊烷	584	577	581	580	580	4,5-二乙基辛烷	1096	1091	1092	1093	1093
4-甲基庚烷	771	764	768	767	767	4-乙基-5-甲基壬烷	1118	1112	1112	1117	1117
4-乙基辛烷	954	952	952	950	950	5,6-二甲基癸烷	1135	1129	1129	1134	1134

续表

固定液	SE-30	Carbowax 20M		1,2,3-三(2-氰乙氧基)丙烷		固定液	SE-30	Carbowax 20M		1,2,3-三(2-氰乙氧基)丙烷	
I 柱温/℃ 化合物	70	130	70	130	70	*I* 柱温/℃ 化合物	70	130	70	130	70
1-丁烯	393	436	426	496	500	2-甲基-2-丁烯	522	573	561	670	670
1-戊烯	490	532	523	590	590	2-甲基-2-戊烯	607	654	642	735	735
1-己烯	593	632	622	692	692	反-3-甲基-2-戊烯	612	662	650	758	756
反-2-丁烯	412	464	450	542	545	顺-3-甲基-2-戊烯	615	672	660	769	766
顺-2-丁烯	427	481	468	576	576	反-3-甲基-2-己烯	707	750	739	—	—
反-2-戊烯	516	565	551	650	650	顺-3-甲基-2-己烯	710	757	745	—	—
反-2-己烯	613	660	648	747	747	反-3-甲基-3-己烯	695	735	731	812	812
反-3-己烯	602	643	633	699	699	1,3-丁二烯	405	507	487	663	642
异丁烯	390	438	427	512	512	1,2-丁二烯	448	562	540	709	688
2-甲基-1-丁烯	497	545	534	630	628	2-甲基-1,3-丁二烯	507	624	602	795	770
2-甲基-1-戊烯	589	634	623	723	720	3-甲基-1,2-丁二烯	531	634	612	770	746
2-甲基-1-己烯	687	735	723	824	824	2-乙基-1,3-丁二烯	607	711	691	888	867
3-甲基-1-丁烯	460	490	487	552	552	4-甲基-1,3-戊二烯	642	777	746	972	964
4-甲基-1-戊烯	557	595	589	650	650	3-甲基-1,3-戊二烯	647	787	756	990	950
反-4-甲基-2-戊烯	570	592	590	655	655						

表 17-120 C_4～C_{10}烃保留指数[85]

固定液：OV-101

I 柱温/℃ 化合物	50	70	*I* 柱温/℃ 化合物	50	70
正丁烷	400.0	400.0	1,顺-3-二甲基环戊烷	683.2	686.6
2-甲基丁烷	474.4	474.6	3-乙基戊烷	686.0	686.6
正戊烷	500.0	500.0	1,反-3-二甲基环戊烷	686.0	689.5
2,2-二甲基丁烷	536.2	538.0	1,反-2-二甲基环戊烷	688.6	692.1
环戊烷	565.5	568.9	正庚烷	700.0	700.0
2,3-二甲基丁烷	565.5	569.0	甲基环己烷	721.1	726.3
2-甲基戊烷	568.8	569.0	1,顺-2-二甲基环戊烷	721.1	726.3
3-甲基戊烷	583.6	584.3	2,2-二甲基己烷	723.4	724.5
正己烷	600.0	600.0	1,1,3-三甲基环戊烷	723.4	726.3
2,2-二甲基戊烷	624.5	625.9	乙基环戊烷	731.5	735.4
甲基环戊烷	628.2	631.4	2,5-二甲基己烷	731.5	732.2
2,4-二甲基戊烷	630.3	631.4	2,4-二甲基己烷	733.6	735.4
2,2,3-三甲基丁烷	636.7	640.0	1,反-2,顺-4-三甲基环戊烷	739.8	743.2
苯	651.2	655.2	3,3-二甲基己烷	741.0	743.2
3,3-二甲基戊烷	655.9	659.1	1,反-2,顺-6-三甲基环戊烷	746.8	750.2
环己烷	660.7	665.3	2,3,4-三甲基戊烷	749.4	752.6
2-甲基己烷	667.2	667.4	甲基苯	753.5	757.8
2,3-二甲基戊烷	669.6	671.4	2,3-二甲基己烷	759.9	761.5
1,1-二甲基环戊烷	673.2	676.7	2-甲基-3-乙基戊烷	760.9	763.6
3-甲基己烷	676.0	676.7	1,1,2-三甲基环戊烷	760.9	766.3

续表

I 柱温/℃ 化合物	50	70	I 柱温/℃ 化合物	50	70
2-甲基庚烷	766.0	766.4	3,3-二甲基庚烷	839.1	841.0
1,顺-2,反-4-三甲基环戊烷	766.0	771.1	2,3,3-三甲基己烷	840.4	841.0
4-甲基庚烷	767.3	767.9	乙基苯	844.6	849.4
3,4-二甲基己烷	768.8	771.1	3,3,4-三甲基己烷	845.8	849.4
1,顺-2,顺-4-三甲基环戊烷	771.7	773.9	2-甲基-3-乙基己烷	845.8	849.4
3-甲基庚烷	773.3	773.9	1,反-2,反-4-三甲基环己烷	847.1	853.0
3-乙基己烷	773.3	773.9	2,3,4,-三甲基己烷	847.1	852.9
1,顺-2,反-3-三甲基环戊烷	773.3	780.3	1,顺-3,反-5-三甲基环己烷	850.9	856.0
1,顺-3-二甲基环己烷	775.0	780.3	1,3-二甲基苯	853.4	857.6
1,反-4-二甲基环己烷	776.8	782.2	1,4-二甲基苯	854.3	857.6
1,1-二甲基环己烷	781.9	788.2	2,3-二甲基庚烷	856.0	860.0
1-甲基-顺-3-乙基环戊烷	785.4	789.5	3-甲基-4-乙基己烷	856.0	860.0
2,2,5-三甲基己烷	783.9	785.1	3,4-二甲基庚烷	859.4	861.5
1-甲基-反-3-乙基环戊烷	787.4	791.7	4-甲基辛烷	864.1	865.2
1-甲基-反-2-乙基环戊烷	788.7	793.0	2-甲基辛烷	865.1	865.2
1-甲基-1-乙基环戊烷	790.7	795.7	3-乙基庚烷	868.3	870.7
2,2,4-三甲基己烷	790.7	793.0	3-甲基辛烷	871.6	871.8
1,反-2-二甲基环己烷	793.5	800.0	1,反-2,顺-4-三甲基环己烷	868.3	874.8
正辛烷	800.0	800.0	1,反-2,顺-3-三甲基环己烷	870.1	876.2
1,反-3-二甲基环己烷	800.0	805.9	1,2-二甲基苯	874.1	879.5
1,顺-4-二甲基环己烷	800.0	805.9	1,顺-2,顺-4-三甲基环己烷	872.3	879.5
1,顺-2,顺-3-三甲基环戊烷	800.0	803.5	1,1,2-三甲基环己烷	874.1	881.5
异丙基环戊烷	807.2	812.4	1,顺-2,反-4-三甲基环己烷	875.5	881.5
2,4,4-三甲基己烷	807.2	809.8	1-甲基-顺-3-乙基环己烷	883.3	886.6
2,3,5-三甲基己烷	812.9	815.8	1-甲基-反-4-乙基环己烷	885.9	888.8
1-甲基,顺 2-乙基环戊烷	816.3	821.8	1,顺-2,反-3-三甲基环己烷	894.1	900.0
2,2-二甲基庚烷	818.9	819.8	正壬烷	900.0	900.0
2,4-二甲基庚烷	822.6	823.6	1,顺-2,顺-3-三甲基环己烷	895.7	903.1
2,2,3-三甲基己烷	822.6	823.6	1-甲基-反-2-乙基环己烷	897.4	904.9
1,顺-2-二甲基环己烷	822.6	830.0	1-甲基-反-3-乙基环己烷	897.4	904.9
1-甲基-4-乙基苯	—	948.5	1-甲基-1-乙基环己烷	—	907.6
1,3,5-三甲基苯	—	954.4	1-甲基-顺-4-乙基环己烷	—	907.6
5-甲基壬烷	—	960.2	异丙基苯	—	911.1
4-甲基壬烷	—	963.0	3,3,5-三甲基庚烷	—	913.4
2-甲基壬烷	—	964.6	异丙基环己烷	—	916.9
2-甲基,4-乙基己烷	825.1	828.5	1-甲基-顺-2-乙基环己烷	—	925.4
乙基环己烷	827.6	833.3	正丙基环己烷	—	926.9
2,6-二甲基庚烷	829.5	830.0	正丙基苯	—	939.5
正丙基环戊烷	827.6	831.3	1-甲基-3-乙基苯	—	946.7
1,1,3-三甲基环己烷	832.8	838.6	1-甲基-2-乙基苯	—	963.0
1,顺-3,顺-5-三甲基环己烷	832.8	838.6	3-甲基壬烷	—	971.0
2,5-二甲基庚烷	835.8	836.7	1,2,4-三甲基苯	—	977.7
3,5-二甲基庚烷	837.3	838.6	正癸烷	1000.0	1000.0
1,1,4-三甲基环己烷	834.9	841.0	1,2,3-三甲基苯	—	1010

表 17-121 C_5～C_{10}烃保留指数[86]

固定液	OV-1	SE-30	OV-1	SE-30	OV-1	SE-30	OV-1	SE-30	OV-1	SE-30	OV-1	SE-30
I 柱温/℃ 化合物	30		40		50		60		70		80	
正戊烷	500.0	500.0	500.0	500.0	500.0	500.0	500.0	500.0	500.0	500.0	500.0	500.0
顺-2-戊烯	513.2	513.1	512.8	512.9	512.2	512.8	511.7	512.7	511.1	512.5	510.5	512.4
反-2-戊烯	504.6	506.4	504.4	505.8	504.1	505.4	503.9	504.8	503.7	504.4	503.4	503.7
正己烷	600.0	600.0	600.0	600.0	600.0	600.0	600.0	600.0	600.0	600.0	600.0	600.0
己烯-1	590.3	589.2	590.3	589.3	590.3	589.4	590.2	589.5	590.2	589.6	590.1	589.7
顺-己烯-3	603.6	603.0	603.5	604.6	603.4	604.2	603.2	603.8	603.1	603.3	602.9	602.8
反-己烯-3	602.8	603.1	602.3	602.4	601.7	601.8	601.1	601.1	600.4	600.4	599.8	599.6
环己烷	659.1	658.7	661.0	660.6	662.9	662.6	665.0	664.8	667.2	667.0	669.4	669.4
苯	651.3	649.9	652.8	651.5	654.3	653.2	655.9	655.0	657.6	656.9	659.3	658.8
2-甲基-1-戊烯	588.7	587.1	588.6	586.8	588.4	586.7	588.3	586.5	588.1	586.3	587.9	586.1
3-甲基-1-戊烯	556.7	557.6	557.2	557.9	557.7	558.1	558.2	558.4	558.7	558.7	559.2	559.0
4-甲基-1-戊烯	557.1	555.5	557.2	555.5	557.2	557.7	557.3	555.8	557.4	555.9	557.5	555.9
2-甲基-2-戊烯	608.0	608.5	607.6	607.9	607.0	607.5	606.5	606.9	605.9	606.4	605.3	605.7
顺-3-甲基-2-戊烯	611.7	611.4	611.5	611.3	611.3	611.2	611.1	611.1	610.9	611.0	610.7	610.8
反-3-甲基-2-戊烯	621.9	621.2	621.5	620.8	621.1	620.6	620.6	620.2	620.1	619.9	619.6	619.4
2,2-二甲基丁烷	535.2	535.3	535.8	535.8	536.4	536.5	537.1	537.2	537.8	537.9	538.5	538.6
2,3-二甲基丁烷	565.0	565.5	565.8	565.8	566.5	566.2	567.3	566.6	568.1	567.0	569.0	567.3
正庚烷	700.0	700.0	700.0	700.0	700.0	700.0	700.0	700.0	700.0	700.0	700.0	700.0
1-庚烯	691.6	690.6	691.3	690.3	690.9	690.1	690.4	689.9	690.1	689.5	689.6	689.2
2,2-二甲基戊烷	625.6	625.7	625.8	625.9	626.0	626.2	626.3	626.4	626.5	626.6	626.7	629.9
2,3-二甲基戊烷	670.8	670.4	671.2	670.8	671.6	671.2	672.1	671.6	672.6	672.1	673.1	672.6
2,4-二甲基戊烷	631.9	632.4	631.8	632.1	631.7	632.0	631.6	631.8	631.6	631.5	631.5	631.3
3,3-二甲基戊烷	656.2	656.3	657.1	657.1	657.9	657.9	658.7	658.8	659.7	659.6	660.0	660.5
正辛烷	800.0	800.0	800.0	800.0	800.0	800.0	800.0	800.0	800.0	800.0	800.0	800.0
1-辛烯	792.2	791.1	791.4	790.5	790.7	789.9	789.8	789.3	789.1	788.5	788.1	787.8
2,2,4-三甲基戊烷	690.8	690.9	691.3	691.4	691.9	692.0	692.4	692.6	693.1	693.2	693.8	693.8
2,3,4-三甲基戊烷	750.7	750.4	751.4	751.1	752.1	751.8	752.9	752.7	753.7	753.4	754.6	754.3
2,4,4-三甲基-1-戊烯	711.2	712.2	711.9	713.0	713.6	713.4	713.2	713.8	713.9	714.3	714.7	714.7
2,4,4-三甲基-2-戊烷	729.7	730.0	729.5	729.7	729.4	729.4	729.1	729.1	728.9	728.7	728.7	728.4
正壬烷	900.0	900.0	900.0	900.0	900.0	900.0	900.0	900.0	900.0	900.0	900.0	900.0
2,2,5-三甲基己烷	787.7	787.1	787.1	786.8	786.7	786.4	786.1	786.1	785.7	785.6	785.0	785.2
3,5,5-三甲基-1-己烯	768.6	767.9	769.1	768.6	769.6	769.3	770.1	770.0	770.7	770.7	771.2	771.5
正癸烷	1000	1000	1000	1000	1000	1000	1000	1000	1000	1000	1000	1000

表 17-122 C_6～C_{10} 烃保留指数[87]

柱 温：60℃

固定液	J&W DB-1		H-P PONA		J&W DB-5	
化合物 \ 保留指数	I	$10\left(\frac{\partial I}{\partial T}\right)$	I	$10\left(\frac{\partial I}{\partial T}\right)$	I	$10\left(\frac{\partial I}{\partial T}\right)$
2,2-二甲基丁烷	538.0	0.70	538.0	0.73	537.3	0.67
2,3-二甲基丁烷	567.3	0.73	567.3	0.77	567.3	0.68
2-甲基戊烷	569.8	0.20	569.8	0.18	569.3	0.15
3-甲基戊烷	584.4	0.48	584.6	0.45	584.7	0.47
2,2-二甲基戊烷	625.7	0.64	625.7	0.60	624.8	0.53
2,4-二甲基戊烷	631.0	0.26	631.0	0.29	629.7	0.21
2,2,3-三甲基丁烷	639.0	1.43	639.0	1.44	639.4	1.36
2,3-二甲基戊烷	658.1	1.30	658.0	1.31	658.2	1.29
2-甲基己烷	667.8	0.13	667.8	0.11	667.0	0.09
2,3-二甲基戊烷	671.1	0.88	671.2	0.90	671.4	0.80
3-甲基己烷	676.8	0.38	676.8	0.34	676.7	0.33
3-乙基戊烷	687.0	0.53	687.4	0.56	687.7	0.53
2,2,4-三甲基戊烷	691.4	1.13	691.4	1.10	690.0	1.00
2,2-二甲基己烷	722.9	0.45	722.8	0.45	721.7	0.38
2,2,3,3-四甲基丁烷	723.7	2.29	723.7	2.40	725.2	2.44
2,5-二甲基己烷	732.5	0.18	732.5	0.22	731.2	0.11
2,4-二甲基己烷	734.9	0.46	734.9	0.47	733.7	0.38
2,2,3-三甲基戊烷	736.0	1.60	736.1	1.65	736.4	1.53
3,3-二甲基己烷	742.9	1.25	743.0	1.27	742.8	1.21
2,3,4-三甲基戊烷	751.9	1.46	751.9	1.52	752.4	1.44
2,3,3-三甲基戊烷	756.9	2.08	756.9	2.17	758.2	2.06
2,3-二甲基己烷	761.4	0.75	761.4	0.77	761.5	0.71
2-甲基-3-乙基戊烷	763.2	1.06	763.2	1.12	763.5	1.06
2-甲基庚烷	766.5	0.10	766.5	0.16	765.9	0.08
4-甲基庚烷	768.1	0.17	768.1	0.27	767.7	0.16
3,4-二甲基己烷①	770.5	1.08	770.7	1.15	771.2	1.09
3,4-二甲基己烷①	770.5	0.95	770.7	1.02	771.2	0.93
3-甲基-3-乙基戊烷	772.0	1.93	772.1	1.98	773.3	1.90
2,2,4,4-四甲基戊烷	774.0	1.93	774.0	1.98	773.6	1.76
3-甲基庚烷	774.2	0.29	774.2	0.35	773.9	0.25
3-乙基己烷	775.3	0.42	775.5	0.46	775.4	0.42
2,2,5-三甲基己烷	785.1	0.45	785.1	0.47	782.9	0.35
2,2,4-三甲基己烷	792.8	1.33	792.8	1.35	791.6	1.30
2,4,4-三甲基己烷	808.7	1.65	808.7	1.66	808.2	1.58
2,3,5-三甲基己烷	817.0	0.85	817.0	0.82	815.9	0.78
2,2,3,4-四甲基戊烷	819.9	2.35	819.9	2.36	820.9	2.27
2,2-二甲基庚烷	820.0	0.38	820.0	0.40	818.4	0.32
2,4-二甲基庚烷	824.0	0.26	824.0	0.27	822.4	0.25
2,2,3-三甲基己烷	824.7	1.40	824.7	1.42	824.7	1.32
4,4-二甲基庚烷	826.5	1.06	826.4	1.04	825.8	1.06
2,6-二甲基庚烷	830.3	0.12	830.3	0.17	828.8	0.12
2,5-二甲基庚烷	836.9	0.34	836.9	0.40	835.8	0.32
3,5-二甲基庚烷①	837.4	0.80	837.4	0.73	836.6	0.75
3,5-二甲基庚烷①	838.1	0.6	838.1	0.57	837.2	0.55
2,4-二甲基-3-乙基戊烷	838.2	1.85	838.3	1.94	838.7	1.95

续表

固定液	J&W DB-1		H-P PONA		J&W DB-5	
化合物 \ 保留指数	I	$10\left(\frac{\partial I}{\partial T}\right)$	I	$10\left(\frac{\partial I}{\partial T}\right)$	I	$10\left(\frac{\partial I}{\partial T}\right)$
2,3,3-三甲基己烷	838.9	1.90	838.9	1.90	839.6	1.90
3,3-二甲基庚烷	839.1	1.13	839.1	1.13	838.7	1.07
2,2,3,3-四甲基戊烷	847.7	2.85	847.4	2.70	850.8	2.88
2,3,4-三甲基己烷①	848.3	1.67	848.3	1.62	848.8	1.72
2,3,4-三甲基己烷①	849.9	1.63	849.9	1.64	850.7	1.72
3,3,4-三甲基己烷	850.8	2.23	850.8	2.24	852.2	2.23
2,3,3,4-四甲基戊烷	854.5	2.78	854.4	2.78	857.1	2.90
2,3-二甲基庚烷	857.3	0.63	857.2	0.66	857.0	0.60
3,4-二甲基庚烷①	859.2	0.90	859.3	0.90	859.5	0.95
3,4-二甲基庚烷①	859.9	0.83	859.9	0.80	860.0	0.80
4-乙基庚烷	861.8	0.35	861.8	0.36	861.2	0.34
4-甲基辛烷	864.6	0.20	864.7	0.16	864.1	0.10
2-甲基辛烷	865.7	0.09	865.7	0.08	865.1	0.06
3-乙基庚烷	871.1	0.38	871.1	0.42	871.0	0.32
3-甲基辛烷	872.2	0.28	872.3	0.26	872.0	0.15
3,3-二乙基戊烷	875.3	2.76	875.4	2.78	877.3	2.78
2,2-二甲基辛烷	918.7	0.33	918.7	0.33	917.3	0.25
4,4-二甲基辛烷	921.0	0.88	921.0	0.90	920.2	0.85
3,5-二甲基辛烷①	924.6	0.53	924.6	0.53	923.3	0.48
3,5-二甲基辛烷①	926.7	0.43	926.7	0.47	925.4	0.43
2,7-二甲基辛烷	930.4	0.13	930.4	0.10	929.0	0.00
2,6-二甲基辛烷	934.9	0.30	934.9	0.30	933.8	0.28
3,3-二甲基辛烷	935.5	1.03	935.5	1.07	934.8	1.00
3,4-二甲基己烷	938.9	1.65	938.9	1.60	938.8	1.68
3,6-二甲基辛烷①	940.0	0.65	939.9	0.60	939.1	0.50
3,6-二甲基辛烷①	940.6	0.55	940.6	0.50	939.9	0.50
2-甲基-3-乙基庚烷	941.7	0.85	941.7	0.87	941.1	0.83
3,4,5-三甲基庚烷①	945.9	1.70	946.1	1.80	946.8	1.80
4-丙基庚烷	946.2	0.20	946.2	0.20	945.0	0.15
3,4,5-三甲基庚烷①	946.8	1.60	946.8	1.60	947.6	1.65
3-甲基-3-乙基庚烷	947.8	1.70	947.7	1.70	947.9	1.63
2,3-二甲基辛烷	954.6	0.57	954.6	0.65	954.3	0.60
4-乙基辛烷	956.1	0.25	956.2	0.30	955.5	0.20
5-甲基壬烷	960.8	0.05	960.8	0.08	960.2	0.03
4-甲基壬烷	962.5	0.13	962.5	0.10	961.8	0.03
2-甲基壬烷	965.2	0.05	965.1	0.07	964.5	0.05
3-乙基辛烷	967.9	0.38	968.0	0.40	967.6	0.37
3-甲基壬烷	971.2	0.28	971.3	0.23	970.9	0.25
环戊烷	567.8	1.50	568.0	1.55	573.3	1.53
甲基环戊烷	630.4	1.63	630.5	1.63	635.0	1.66
环已烷	663.7	2.33	664.0	2.31	670.1	2.36
1,1-二甲基环戊烷	675.9	1.80	676.0	1.86	679.6	1.84
1,顺-3-二甲基环戊烷	685.5	1.55	685.6	1.62	688.6	1.61
1,反-3-二甲基环戊烷	688.3	1.58	688.4	1.62	691.6	1.66
1,反-2-二甲基环戊烷	690.9	1.61	691.0	1.64	694.3	1.61
1,顺-2-二甲基环戊烷	722.6	2.16	722.8	2.22	727.6	2.19

续表

固定液	J&W DB-1		H-P PONA		J&W DB-5	
化合物 \ 保留指数	I	$10\left(\frac{\partial I}{\partial T}\right)$	I	$10\left(\frac{\partial I}{\partial T}\right)$	I	$10\left(\frac{\partial I}{\partial T}\right)$
甲基环己烷	724.0	2.49	724.1	2.53	729.4	2.50
1,1,3-三甲基环戊烷	726.0	1.84	726.1	1.92	727.7	1.79
乙基环戊烷	734.3	1.94	734.5	2.00	739.2	1.99
1,反-2,顺-4-三甲基环戊烷	742.3	1.59	742.4	1.68	743.7	1.57
1,反-2,顺-3-三甲基环戊烷	749.4	1.60	749.5	1.70	751.4	1.57
1,1,2-三甲基环戊烷	764.4	2.39	764.6	2.47	768.2	2.39
1,顺-2,反-4-三甲基环戊烷	775.0	2.09	775.2	2.18	778.2	2.07
1,顺-3-二甲基环己烷	778.4	2.33	778.5	2.42	782.5	2.36
1,顺-2,反-3-三甲基环戊烷	779.0	2.21	779.0	2.28	782.6	2.24
1,反-4-二甲基环己烷	780.2	2.31	780.3	2.40	784.0	2.33
1,1-二甲基环己烷	786.1	2.80	786.3	2.90	790.9	2.76
1-甲基-反-3-乙基环戊烷	788.3	1.85	788.4	1.86	791.4	1.90
1-甲基-顺-3-乙基环戊烷	790.4	1.91	790.5	1.97	793.8	1.90
1-甲基-反-2-乙基环戊烷	791.8	1.92	791.8	2.00	795.2	2.02
1-甲基-1-乙基环戊烷	794.3	2.40	794.4	2.46	798.9	2.46
1,反-2-二甲基环己烷	797.4	2.80	797.5	2.88	802.1	2.85
1,顺-2,顺-3-三甲基环戊烷	802.7	2.67	802.8	2.82	807.3	2.74
1,反-3-二甲基环己烷	803.9	2.48	804.1	2.62	809.2	2.74
1,顺-4-二甲基环己烷	804.1	2.64	804.2	2.67	809.3	2.65
异丙基环戊烷	810.4	2.65	810.5	2.62	815.1	2.78
1-甲基-顺-2-乙基环戊烷	820.3	2.37	820.3	2.40	825.4	2.50
1,顺-2-二甲基环己烷	826.6	3.13	826.8	3.18	833.0	3.15
正丙基环戊烷	830.1	2.00	830.2	2.00	834.9	2.08
乙基环己烷	831.3	2.68	831.4	2.72	837.2	2.85
1,1,3-三甲基环己烷	836.5	2.75	836.6	2.73	840.1	2.84
1,1,4-三甲基环己烷	838.9	2.90	839.1	2.98	842.2	2.97
1,1,2-三甲基环己烷	878.7	3.67	878.9	3.68	884.2	3.80
正丁基环戊烷	929.4	2.00	929.5	2.03	934.1	2.10
苯	653.8	1.88	654.2	1.96	670.6	2.09
甲苯	756.2	2.05	756.5	2.17	772.7	2.16
乙基苯	847.8	2.38	848.1	2.42	865.0	2.44
间二甲苯	856.1	2.27	856.4	2.30	872.4	2.43
对二甲苯	857.1	2.24	857.4	2.28	873.0	2.40
邻二甲苯	877.6	2.75	877.8	2.80	895.7	2.98
异丙基苯	909.3	2.48	909.7	2.50	926.3	2.55
正丙基苯	937.7	2.50	937.9	2.60	954.6	2.67
3-乙基甲苯	945.0	2.38	945.4	2.37	962.2	2.50
4-乙基甲苯	947.1	2.50	947.4	2.50	963.7	2.65
1,3,5-三甲基苯	952.7	2.43	953.0	2.40	968.8	2.63
2-乙基甲苯	961.1	2.85	961.4	2.90	979.7	3.03
叔丁基苯	974.9	2.80	975.2	2.83	992.0	2.90
1,2,4-三甲基苯	975.6	2.88	975.9	2.93	992.6	3.10
异丁基苯	990.5	2.80	990.8	2.83	>1000	—
仲丁基苯	992.8	2.95	993.2	2.93	>1000	—
1,2,3-三甲基苯	999.9	3.45	>1000	—	>1000	—

① 立体异构体。

表 17-123　轻油组分保留指数（一）[88]

固定液：HP-1　　　　柱　温：60℃

化合物	I	化合物	I
丁烯	406.3	间异丙基甲苯	999.0
二甲醚	483.1	1,2,3-三甲基苯	1001.6
2,2-二甲基戊烷	625.2	邻甲酚+对异丙基甲苯	1007.6
苯	655.2	茚	1015.5
吡啶	729.0	间烯丙基甲苯	1023.0
甲苯	755.7	正丁基环己烷	1024.9
2-甲基吡啶 +3,4-二甲基己烷	799.8	1,3-二乙基苯	1029.5
2,5-二甲基庚烷	837.2	间正丙基甲苯	1031.8
吡咯	843.1	对正丙基甲苯	1034.4
乙基苯	847.7	间甲酚+对甲酚+正丁基苯	1036.9
间二甲苯+对二甲苯	857.4	邻二乙基苯	1041.3
2-甲基辛烷	866.0	1-甲基-2-正丙基苯	1044.0
苯乙烯	873.3	1,4-二甲基-2-乙基苯	1060.3
邻二甲苯	877.6	1,2-二甲基-4-乙基苯	1061.8
异丙基苯+异丙基己烷	909.1	叔戊基苯+1-甲基-3-叔丁基苯	1067.1
环辛烷+2,4-二甲基吡啶	911.4	4-乙基-乙烯基苯+1-甲基-4-叔丁基苯	1072.1
3,5-二甲基辛烷+烯丙基苯	927.3	2,5-二甲基苯乙烯	1075.7
正丙基苯	937.7	1,2,4,5-四甲基苯+1-乙基-4-异丙基苯	1092.9
苯酚+3-乙基甲苯	943.7	2,4-二甲基酚+1,3-二甲基-5-异丙基苯	1094.3
1,3,5-三甲基苯	952.4	2,5-二甲基酚+1-甲基-2-仲丁基苯	1095.0
5-甲基壬烷+1-甲基-2-乙基苯	960.8	1,2,3,4-四甲基苯	1096.1
苯胺	966.8	异戊基苯	1099.3
苯并呋喃	969.4	1,4-二甲基-2-异丙基苯	1108.4
顺-β-甲基苯乙烯	972.9	1-乙基-3-正丙基苯	1114.1
1,2,4-三甲基苯+叔丁基苯	974.8	1-甲基-2-异烯丙基苯+4-甲基茚	1116.6
异丁基苯	989.7	1,3-二乙基-5-甲基苯	1119.5
仲丁基苯	997.3	萘	1139.4

表 17-124　轻油组分保留指数（二）[88]

固定液：HP-1　　　　柱　温：100℃

化合物	I	化合物	I
乙醚	540.8	1,3,5-三甲基苯	961.7
苯	663.8	苯胺	967.8
吡啶	738.1	苯并呋喃	975.7
甲苯	766.4	1,2,4-三甲基苯	986.2
1-甲基-1-乙基环戊烷	804.8	1,2,3-三甲基苯	1013.8
1,1,4-三甲基环己烷	850.2	邻甲酚+1-甲基-2-异丙基苯	1029.3
乙基苯	858.7	茚	1034.1
间二甲苯+对二甲苯	866.6	间甲酚+对甲酚	1049.9
苯乙烯	884.6	1-甲基-2-正丙基苯	1059.2
邻二甲苯	888.8	1,3-二甲基-4-乙基苯+1,4-二甲基-2-乙基苯	1068.2
异丙基苯	919.1	1,2-二甲基-4-乙基苯+3-乙基苯乙烯	1074.6
环辛烷	929.1	2,4-二甲基苯乙烯	1082.0
苯酚+3-乙基甲苯	954.2	2,5-二甲基苯乙烯+N,N-二甲基苯胺	1087.0

续表

化合物	I	化合物	I
2,6-二甲基苯酚	1096.1	1,2,5-三甲基-5-乙基苯+1-乙基-4-仲丁基苯	1179.8
1,2,4,5-四甲基苯	1105.5	1,4-二甲基-2-仲丁基苯	1184.2
1,2,3,5-四甲基苯	1109.1	喹啉	1190.3
邻乙基苯酚	1117.5	1-乙基-4-正丁基苯	1206.8
1,3-二甲基-4-异丙基苯	1123.5	1,3-二甲基-4-正丁基苯+1-甲基-2-正戊基苯	1231.3
2,4-二甲基酚+2,5-二甲基酚	1131.5	1,2,4-三甲基-5-正丙基苯	1249.1
1,2,3,4-四甲基苯+3,5-二甲基酚	1139.2	2-甲基萘	1252.3
1,2,3,4-四氢化萘+2,3-二甲基酚	1143.0	1-甲基萘	1264.3
萘	1164.6	1,2,3-三甲基-4-正丙基苯	1277.4
苯并[b]噻吩+3,4-二甲基酚	1168.4	联苯	1296.9
1-乙基-2-仲丁基苯	1177.1		1340.1

表 17-125 煤焦油（170～210℃）组分保留指数[89]

固定液：OV-1 柱 温：150℃

化合物	I	化合物	I	化合物	I
甲苯	780.0	间乙基苯酚	1142.7	2,7-,2,6-二甲基萘	1400.0
1,3,5-环庚三烯	806.8	3,5-二甲基苯酚	1150.6	1,3-,1,7-二甲基萘	1413.6
间,对二甲苯	876.0	2,3-二甲基苯酚,1-甲基十氢化萘	1158.7	1,4-二甲基萘	1417.5
异丙苯	930.0	萘	1196.8	1,6-二甲基萘	1431.1
苯酚	949.6	2,3,5-三甲基苯酚	1234.8	2,3-二甲基萘	1433.0
异丁基苯	972.6	2-甲基-4-乙基苯酚	1252.9	1,5-二甲基萘	1440.0
1,2,4-三甲基苯	1006.5	N-甲基吲哚	1269.3	1,2-二甲基萘	1446.8
邻甲酚,对异丙基甲苯	1032.4	2-乙基十氢化萘	1289.6	苊	1472.0
对甲酚	1052.2	2-甲基萘	1300.0	二苯并呋喃	1504.2
间甲酚,茚	1058.9	1-甲基萘	1317.8	全氢化菲	1513.9
2,6-二甲基苯酚	1097.0	喹啉	1349.3	全氢化蒽	1518.3
邻乙基苯酚	1111.6	联苯	1369.0	芴	1557.1
2,4-,2,5-二甲基苯酚	1126.5	1-,2-乙基萘	1392.7		

表 17-126 煤焦油（210～230℃）组分保留指数[89]

固定液：OV-1 柱 温：150℃

化合物	I	化合物	I	化合物	I
间,对二甲苯	876.2	萘	1196.4	1,6-二甲基萘	1431.1
异丙苯	930.0	2,3,5-三甲基苯酚	1235.2	2,3-二甲基萘	1433.0
苯酚	949.5	N-甲基吲哚	1269.3	1,5-二甲基萘	1440.0
异丁基苯	972.6	2-甲基萘	1299.6	1,2-二甲基萘	1447.5
1,2,4-三甲基苯	1006.5	1-甲基萘	1317.8	苊	1472.3
邻甲酚,对异丙基甲苯	1032.4	7-甲基吲哚	1346.0	3-甲基联苯	1477.9
茚,对甲酚,间甲酚	1052.0	喹啉	1349.7	2,3,6-三甲基萘	1532.5
2,6-二甲基苯酚	1100.0	联苯	1369.0	2,3,5-三甲基萘	1547.4
邻乙基苯酚	1111.6	1-,2-乙基萘	1392.7	芴	1557.1
2,4-,2,5-二甲基苯酚	1126.5	2,7-,2,6-二甲基萘	1400.0	9,10-二氢化蒽	1703.5
间乙基苯酚	1142.7	1,3-,1,7-二甲基萘	1414.0		
2,3-二甲基苯酚	1158.7	1,4-二甲基萘	1417.5		

表 17-127 煤焦油（230～270℃）组分保留指数[89]

固定液：OV-1　　柱　温：150℃

化合物	I	化合物	I	化合物	I
甲苯	779.1	2,3,5-三甲基苯酚	1236.4	3-甲基联苯	1479.5
1,3,5-环庚三烯	802.3	2-乙基十氢化萘	1258.2	全氢化蒽	1499.5
间,对二甲苯	876.2	N-甲基吲哚	1270.0	二苯并呋喃	1504.5
N-正丙基吡咯	910.1	2-甲基萘	1300.6	三甲基萘,1-,2-萘酚	1516.9
苯酚	949.6	1-甲基萘	1318.3	三甲基萘,N-甲基吲哚	1522.0
异丁基苯	972.6	7-甲基吲哚	1345.6	2,3,6-三甲基萘	1533.2
1,2,4-三甲基苯	1006.5	喹啉	1350.2	2,3,5-三甲基萘	1551.7
邻甲酚,对异丙基苯	1032.4	联苯	1370.2	芴	1557.3
对甲酚	1052.1	1,2-乙基萘	1393.4	6-异丙氧基二氢吲哚	1577.1
茚,间甲酚	1058.6	2,6-,2,7-二甲基萘	1401.0	甲基二苯并呋喃	1600.2
2,6-二基苯酚	1100.0	1,3-,1,7-二甲基萘	1414.7	甲基二苯并呋喃	1612.5
邻-乙基苯酚	1113.0	1,4-二甲基萘	1418.2	氧杂蒽,6-乙氧基吲哚	1619.7
2,4-,2,5-二甲基苯酚	1126.8	1,6-二甲基萘	1431.2	菲	1730.1
间乙基苯酚	1143.0	2,3-二甲基萘	1433.8	蒽	1738.6
2,3-二甲基苯酚,1-甲基十氢化萘	1158.7	1,2-二甲基萘	1447.1	咔唑	1744.5
萘	1196.8	苊	1475.0		

表 17-128 煤焦油沥青组分保留指数[90]

色谱柱：SE-54 毛细管柱，50m×0.32mm　　固定液：SE-54
柱　温：90℃→250℃，2℃/min　　检测器：FID
载　气：N_2

化合物	I	化合物	I	化合物	I
芴	268.13	苯并[b]荧蒽	427.2	苯并[a]芘	437.74
菲	300	苯并[k]荧蒽	427.97	茚并[1,2,3-cd]芘	496.56
蒽	301.86	苯并[e]芘	436.06	二苯并[a,h]蒽	500
荧蒽	344.7	苯并[a]蒽	398.94	苯并[g,h,i]苝	512.18
芘	352.19	䓛	400		

表 17-129 催化裂化汽油组分保留指数及预测保留指数[91]

色谱柱：弹性石英毛细管柱（50m×0.2mm×0.5μm）　　固定液：100%甲基聚硅氧烷（胶体）键合型
柱　温：35℃（5min）→200℃（10min），2℃/min　　进　样：分流比 200∶1，进样 0.2～1μL，进样口温度 230℃
载　气：N_2，12cm/s，35℃　　检测器：FID，检测器温度 250℃

化合物	I	化合物	I	化合物	I
异丁烷	353.61	2-甲基-1-戊烯	492.77	2,2-二甲基丁烷	526.65
正丁烷	400.00	正戊烷	500.00	环戊烯	543.15
反式丁二烯	406.11	反式-2-戊烯	504.6	4-甲基-1-戊烯	546.11
顺式丁二烯	416.25	顺式 2-戊烯	510.05	3-甲基-1-戊烯	547.84
3-甲基-1-丁烯	444.78	2-甲基-2-丁烷	513.57	2,3-二甲基丁烷	556.28
异戊烷	464.67	1,3-戊二烯	515.41	顺式 4-甲基-1-戊烯	558.47
1-戊烯	483.28	1,3-环戊二烯	524.93	2-甲基戊烷	560.77

续表

化合物	*I*	化合物	*I*	化合物	*I*
3-甲基戊烷	577.78	甲基环己烷	720.80	反式-4-壬烯	893.80
2-甲基-1-戊烯	583.59	1,1,3-三甲基环戊烷	723.51	反式 3-壬烯	895.38
1-己烯	584.83	2,4,4-三甲基-2-戊烯	728.70	顺式 3-壬烯	897.34
2-乙基-1-丁烯	598.56	2,5-二甲基己烷	732.24	顺式 2-壬烯	911.68
正己烷	600.00	2,4-二甲基己烷	734.4	异丙基苯	915.02
反式 3-己烯	601.53	3-甲基环己烯	735.56	2,2-二甲基辛烷	920.24
顺式 3-己烯	602.59	4-甲基环己烯	737.28	3,5-二甲基辛烷	927.43
反式 2-己烯	603.91	反式 1,2,4-三甲基环戊烷	740.68	2,6-二甲基辛烷	936.71
2-甲基-2 戊烯	605.88	3,3-二甲基己烷	742.94	正丙基吡唑	945.60
3-甲基环戊烯	608.80	3,4-二甲基-1-己烯	745.95	间甲基乙基苯	953.07
4,4-二甲基-1-戊烯	610.85	1,2-二甲基环戊烯	751.18	对甲基乙基苯	955.25
顺式 2-己烯	612.07	1-乙基环戊烯	752.72	4-乙基辛烷	958.01
反式 3-甲基-2-戊烯	617.61	顺式 4-甲基-2-己烯	757.55	1,3,5-三甲基苯	960.62
反式 4,4-二甲基-2-戊烯	622.49	2-甲基-3-庚烯	758.94	5-甲基壬烷	962.07
甲基环戊烷	624.08	1-甲基环己烯	762.83	4-甲基壬烷	963.90
2-甲基-1,3-戊二烯	628.71	2-甲基庚烷	766.79	2-甲基壬烷	966.41
2,3,3-三甲基-1-丁烯	630.89	4-甲基庚烷	768.29	邻甲基乙基苯	971.04
2-甲基-1,3-环戊二烯	631.99	3,4-二甲基己烷	770.24	3-甲基壬烷	973.23
1,3-环己二烯	634.48	3-甲基庚烷	774.36	1,2,4-三甲基苯	986.15
2,4-二甲基-1-戊烯	642.97	3-乙基己烷	775.39	癸烯	989.01
1-甲基环戊烯	645.74	顺式 1,3-二甲基环己烷	777.81	正癸烯	1000.00
苯	646.79	反式 1,4-二甲基环己烷	779.29	2-癸烯	1002.17
3-乙基-1-戊烯	651.26	1,1-二甲基环己烷	783.45	1,2,3-三甲基苯	1014.30
5-甲基-1-己烯	653.46	2-甲基-1-庚烯	784.81	2,5-二甲基壬烷	1023.75
2,3-二甲基-1-戊烯	655.28	反式 3-辛烯	797.10	二氢化茚	1027.37
反式二甲基-3-己烯	657.14	顺式 3-辛烯	798.81	2,6-二甲基壬烷	1037.45
4-甲基-1-己烯	661.03	正辛烷	800.00	1-甲基-3-丙基苯	1044.30
2,3-二甲基戊烷	666.87	2,3,5-三甲基己烷	817.00	1-甲基-4-丙基苯	1048.54
1,1-二甲基环戊烷	670.14	顺式 1-甲基-2-以及环戊烷	821.56	1-乙基-2,3-二甲基苯	1050.57
环己烯	672.59	2,4-二甲基庚烷	824.84	5-甲基癸烯	1059.45
3-甲基己烷	674.13	4-甲基辛烷	824.84	1-甲基-2-丙基苯	1060.90
顺式 3,4-二甲基 2-戊烯	677.64	壬烷	824.84	4-甲基癸烯	1062.61
顺式 1,3-二甲基-环戊烷	681.13	顺式 1,2-二甲基环己烷	828.61	2-甲基癸烯	1066.07
反式 1,2-二甲基环戊烷	687.16	2,6-二甲基庚烷	831.15	2-乙基-1,4-二甲基苯	1070.41
顺式 3-甲基-3-己烯	694.12	乙基环己烷	833.50	5-甲基二氢化茚	1075.16
反式 3-庚烯	697.69	2,5-二甲基庚烷	838.08	正十一烷	1100.00
2,5-降冰片烯	698.73	1,1,3-三甲基环己烷	839.52	1,2,4,5-四甲基苯	1111.59
正庚烷	700.00	1,1,4-三甲基环己烷	842.55	1,2,3,5-四甲基苯	1115.30
顺式 3-庚烯	701.88	乙苯	851.13	甲基二氢化茚	1134.62
反式 3-甲基-3-己烯	702.83	2,3-二甲基庚烷	857.99	4-甲基二氢化茚	1145.59
反式 2-庚烯	704.55	间二甲苯	860.00	1,2,3,4-四甲基苯	1148.76
3-乙基-2-戊烯	706.41	对二甲苯	860.94	4-甲基十一烷	1161.60
反式 3-甲基-2-己烯	709.34	4-乙基庚烷	863.36	2-甲基十一烷	1165.65
2,4,4-三甲基-1-戊烯	710.36	2-甲基辛烷	866.89	3-甲基十一烷	1172.60
2-甲基环己烷	714.94	3-甲基辛烷	873.73	萘	1177.67
3-乙基环戊烷	717.58	2-甲基-1-辛烯	876.22	正十二烷	1200.00
顺式 1,2-二甲基环戊烷	719.79	邻二甲苯	882.52		

参考文献

[1] Moustafa N E, Mahmoud K E K F. Chromatographia, 2010, 72 (9-10): 905.
[2] 武杰，陆婉珍. 分析化学，1984，12（7）: 572.
[3] Ré-Poppi N, Almeida F F P, Cardoso C A L, et al. Fuel, 2009, 88 (3): 418.
[4] Boneva S, Dimov N. Chromatographia, 1986, 21: 149.
[5] Tourres D A. J Gas Chrom, 1967, 5: 35.
[6] Tourres D A. J Chromatogr, 1967, 30: 357.
[7] Vaneertum R. J Chrom Sci, 1975, 13: 150.
[8] 李浩春, 戴朝政, 徐方宝, 等. 科学通报, 1981, 26: 1491.
[9] Massold E. J Chromatogr A, 2007, 1154 (1–2): 342.
[10] Goodner K L. LWT - Food Sci Technol, 2008, 41 (6): 951.
[11] Wawrzyniak R, Wasiak W. J Sep Sci, 2005, 28 (18): 2454.
[12] Dimov N, Papazova D. Chromatographia, 1979, 12: 443.
[13] Castello G, D'Amato G. J Chromatogr, 1979, 175: 27.
[14] Bielecki P, Wasiak W. J Chromatogr A, 2010, 1217 (27): 4648.
[15] Hilal S H, Carreira L A, Karickhoff S W, et al. J Chromatogr A, 1994, 662: 269.
[16] Laghari A J, Khuhawar M Y, Ali Z M. J Sep Sci, 2007, 30 (3): 359.
[17] Caldeira M, Perestrelo R, Barros A S, et al. J Chromatogr A, 2012, 1254 (17): 87.
[18] Mlejnek O. J Chromatogr, 1980, 191: 181.
[19] Ceva-Antunes P M N, Bizzo H R, Silva A S, et al. Lwt-Food Sci Technol, 2006, 39 (4): 437.
[20] Shlyakhov A F, Koreshkova R I, Telkova M S. J Chromatogr, 1975, 104: 337.
[21] Cui S F, Tan S, Ouyang G F, et al. J Chromatogr B, 2009, 877 (20-21): 1901.
[22] Kusmierz J, Malinski E, Czerwiec W, et al. J Chromatogr, 1985, 331: 219.
[23] Szafranek J, Kusmierz J, Czerwiec W. J Chromatogr, 1982, 245: 219.
[24] Freche P F, Grenier-Loustalot M F. J Chromatogr, 1982, 238: 327.
[25] Hala S, Kuras M, Popl, et al. Erdol-Kohle-Erdge-Petrochemie, 1971, 24: 87.
[26] Hala S, Eyem J, Burkhard J, et al. J Chem Sci, 1970, 8: 203.
[27] Dubois J E, Chretien J R, Sojak L, et al. J Chromatogr, 1980, 194: 121.
[28] Lubeck A L, Sutton D L. HRC&CC, 1984, 7: 542.
[29] Anders G, Ander K, Engewald W. Chromatographia, 1985, 20: 83.
[30] 李继文，李薇，王川. 色谱，2013，31（11）: 1134.
[31] Boneva S. Chromatographia, 1990, 29: 322.
[32] Eisen O, Orav A, Rang S. Chromagraphia, 1972, 5: 229.
[33] Sojak L, Hrivnak J, Majer P, et al. Anal Chem, 1973, 45: 294.
[34] Rang S, Kuningas K, Orav A, et al. Chromatographia, 1977, 10: 55.
[35] Caldeira M, Perestrelo R, Barros A S, et al. J Chromatogr A, 2012, 1254 (17): 87.
[36] Hanai T, Hong C. HRC&CC, 1981, 12: 327.
[37] Sojak L, Kraus G, Farkas P, et al. J Chromatogra, 1982, 238: 51.
[38] Sojak L, Hrivnak J, Ostrovsky I, et al. J Chromatogr, 1974, 91: 613.
[39] Sojak L, Krupcik J, Janak J. J Chromatogr, 1980, 195: 43.
[40] Sojak L, Ostrovsky I, Leclercq A, et al. J Chromatogr, 1980, 191: 187.
[41] Sojak L, Karl'ovicova E, Ostrovsky I, et al. J Chromatogr, 1984, 292: 241.
[42] Bredael P. HRC&CC, 1982, 5: 325.
[43] Rang S, Kuningas K, Orav A, et al. J Chromatogr, 1976, 119: 451.
[44] Orav A, Kuningas K, Rang S. Chromatographia, 1993, 37: 411.
[45] Schomburg G, Gielmann. Anal Chem, 1973, 45: 1651.
[46] Antheaume J, Guiochon G. Bull Soc Chim (Fr), 1965: 298.
[47] Rang S, Orav A, Kuningas K, et al. Chromatographia, 1977, 10: 115.
[48] Schomburg G. J Chromatogr, 1966, 23: 18.
[49] Rudenko B A, Rudenko G I. J Anal Chem, 2005, 60 (4): 345.
[50] Sojak L, Ruman J, Janak J. J Chromatogr, 1987, 391: 79.
[51] Hala L, Lacko R, Hegedusova K. Ropa Uhile, 1976, 18: 140.
[52] Zhang Hongwei, Hu Zhide, Chromatographia, 1992, 33: 575.
[53] Kuchhal R K, Kumar B, Kumar P, et al. HRC&CC, 1980, 3: 497.
[54] 顾惠祥，阎宝石. 气相色谱实用手册. 第二册. 北京：化学工业出版社，1990: 207.
[55] Matisova E, Kuran P. Chromatographia, 1990, 30: 328.
[56] Терасименко В А, Набивач В М. Ж А Х, 1982, 37: 110.
[57] Engewald W, Topalova I, Petsev N, et al. Chromatographia, 1987, 23: 561.
[58] Kumar B, Kuchhal R K, Kumar P, et al. J Chrom Sci, 1986, 24: 99.
[59] Wallaert B, Bull Soc Chim (Fr), 1971: 1107.
[60] Vernon F, Suratman J B. Chromatographia, 1983, 17: 600.
[61] Dimov N, Mekenyan O. J Chromatogr, 1989, 471:227.
[62] Heberger K. Chromatographia, 1988, 25: 725.
[63] Sun L, Siepmann J I, Klotz W L, et al. J Chromatogr A, 2006, 1126 (1-2): 373.
[64] Santiuste J M, Takács J M, Lebrón-Aguilar R. J Chromatogr A, 2012, 1222 (1222): 90.

[65] Evans M B, Hanken J K, Toth T. J Chromatogr, 1986, 351: 155.
[66] Gerasimenko V A, Kirilenko A V, Nabivach V M. J Chromatogr, 1981, 208: 9.
[67] Woloszyn T F, Jurs P C. Anal Chem, 1993, 65: 582.
[68] Kumar B, Mathur H S, Kuchhal R K, et al. Analyst (London), 1982, 107: 761.
[69] Papazova D I, Pankova M C. J Chromatogr, 1975, 105: 411.
[70] Sojak L, Hrivnak J. Ropa Uhile, 1969, 11: 361.
[71] Castel C, Fernez X, Lizzani-Cuvelier L, et al. Flavour & Fragrance Journal, 2006, 21 (1): 59.
[72] Moustafa N E, Mahmoud K E K F. Chromatographia, 2010, 72 (9-10): 905.
[73] Rykowska I, Bielecki P, Wasiak W. J Chromatogr A, 2010, 1217 (12): 1971.
[74] Sojak L, Barnoky L. Ropa Uhile, 1974, 16: 658.
[75] Engewald W, Wannrich L, Ritter E. J Chromatogr, 1979, 174: 315.
[76] Lamparczyk H, Wilczynska D, Radecki A. Chromatographia, 1983, 17: 300.
[77] Руденко Б А, Булычева Э Ю, Дылевская Л В. Ж А Х, 1984, 39: 344.
[78] Lundstedt S, Haglund P, Oberg L. Environ Toxicol Chem, 2003, 22: 1413.
[79] Takada H, Onda T, Ogura N. Environ Sci Technol, 1990, 24: 1179.
[80] Haftka J J H, Parsons J R, Govers H A J. J Chromatogr A, 2006, 1135 (1): 91.
[81] Wang Z, Li K, Lambert P, et al. J Chromatogr A, 2007, 1139 (1): 14.
[82] Drosos J C, Viola-Rhenals M, Vivas-Reyes R. J Chromatogr A, 2010, 1217 (26): 4411.
[83] Zulaica J, Guiochon G. Bull Soc Chim (Fr), 1966: 1351.
[84] Widmer H. J Gas Chrom, 1968, 5: 506.
[85] 武杰，陆婉珍. 色谱，1984，1: 11.
[86] Chien C F, Kopecni M M, Laub R J. HRC&CC. 1981, 4: 539.
[87] Lubeck A J, Sutton D L. HRC&CC, 1983, 6: 328.
[88] Zhang M J, Li S D, Chen B J. Chromatographia, 1992, 33: 138.
[89] 张铭金，唐仁生，沈士德，等. 色谱，1994，13: 418.
[90] 张秋民，黄杨柳，关珺，等. 大连理工大学学报，2010，50（4）: 481.
[91] Zhang X, Ding L, Sun Z, et al. Chromatographia, 2009, 70 (3): 511.

第十八章 含氧化合物的保留指数

第一节 醇与酚的保留指数

表 18-1 C_1～C_9醇与乙氧基醇保留指数（一）[1]

柱 温：150℃

I 化合物 \ 固定液	角鲨烷	SE-30	OV-7	OV-17	OV-22	OV-25	QF-1	XE-60
甲醇	306	356	371	423	460	482	601	651
乙醇	370	427	464	512	533	580	639	709
正丙醇	473	530	578	630	655	688	746	850
正丁醇	584	636	691	741	765	804	853	970
正戊醇	694	742	802	896	870	907	947	1076
正己醇	797	852	910	951	978	1015	1053	1182
正庚醇	899	953	1010	1055	1084	1117	1154	1286
正辛醇	1001	1058	1115	1158	1188	1221	1256	1390
正壬醇	1097	1162	1217	1259	1292	1324	1351	1494
异丙醇	—	447	598	556	574	604	675	750
异丁醇	—	595	653	697	716	753	805	908
仲丁醇	533	570	627	674	689	723	785	857
叔丁醇	460	491	539	589	586	616	711	737
2-甲基戊醇	767	820	873	912	936	962	1017	1135
乙氧基甲醇	548	608	685	741	780	828	864	1003
乙氧基乙醇	632	694	764	815	849	904	932	1057
乙氧基丁醇	837	898	963	1014	1042	1095	1129	1249
乙氧基己醇	1033	1099	1165	1218	1244	1298	1334	1450

表 18-2 C_1～C_9醇与乙氧基醇保留指数（二）[1]

柱温：150℃

I 化合物 \ 固定液	XF-1150	OV-105	OV-225	Silar 5CP	Silar 7CP	Silar 9CP	Silar 10C	OV-275
甲醇	1102	1157	692	765	978	1027	1094	1083
乙醇	1130	1168	753	834	989	1056	1117	1112
正丙醇	1193	1220	856	949	1104	1177	1234	1217
正丁醇	1288	1309	971	1072	1221	1295	1353	1335
正戊醇	1379	1396	1075	1185	1332	1409	1465	1441
正己醇	1472	1489	1181	1289	1438	1514	1570	1592
正庚醇	1571	1584	1284	1294	1541	1621	1672	1641
正辛醇	1668	1681	1384	1399	1643	1723	1777	1741

续表

化合物 \ 固定液 (I)	XF-1150	OV-105	OV-225	Silar 5CP	Silar 7CP	Silar 9CP	Silar 10C	OV-275
正壬醇	1771	1785	1487	1504	1744	1825	1880	1841
异丙醇	1128	1158	757	841	985	1049	1098	1083
异丁醇	1243	1265	916	1010	1156	1238	1282	1264
仲丁醇	1198	1223	869	960	1097	1164	1215	1194
叔丁醇	1120	1148	750	826	962	1015	1060	1055
2-甲基戊醇	1422	1437	1129	1236	1379	1453	1507	1483
乙氧基甲醇	1233	1245	1008	1140	1323	1420	1430	1375
乙氧基乙醇	1271	1281	1052	1193	1358	1447	1508	1484
乙氧基丁醇	1465	1471	1249	1384	1542	1624	1682	1658
乙氧基己醇	1673	1078	1460	1590	1741	1821	1876	1846

表 18-3　C_1～C_{10}醇保留指数[2]

固定液	SE-30			OV-3			OV-7			OV-11			OV-17			OV-25		
化合物 \ 柱温/℃ (I)	100	120	140	100	120	140	100	120	140	100	120	140	100	120	140	100	120	140
甲醇	373	—	—	—	—	—	—	—	—	—	—	—	—	—	—	—	—	—
乙醇	493	—	—	—	—	—	—	—	—	—	—	—	—	—	—	—	—	—
丙醇	544	—	—	574	—	—	—	—	—	—	—	—	—	—	—	—	—	—
丁醇	650	643	643	672	667	667	702	696	702	725	726	—	748	748	744	792	790	788
戊醇	751	747	746	777	779	778	806	803	804	—	—	835	856	855	855	900	898	900
己醇	856	853	850	881	882	882	907	908	907	935	934	935	959	960	960	1003	1003	—
庚醇	960	958	956	985	984	984	1010	1011	1010	1038	1036	1038	1062	1062	1062	1104	1104	1109
辛醇	1064	1058	1060	1087	1086	1086	1112	1112	1112	1139	1140	1139	1165	1165	—	—	—	1208
壬醇	1166	1160	1160	1189	1187	1187	—	1213	1214	—	—	—	1268	—	—	1303	1308	1313
癸醇	1264	1262	1264	—	—	—	—	—	—	—	—	—	—	—	—	—	—	1413
2-丙醇	477	—	—	—	—	—	—	—	—	—	—	—	—	—	—	—	—	—
2-丁醇	586	584	586	607	604	608	633	629	629	656	654	—	675	674	673	711	708	—
2-戊醇	689	685	685	711	706	708	736	733	736	756	758	—	777	777	774	811	809	806
2-己醇	787	786	783	811	808	806	835	832	—	—	—	858	878	877	875	914	911	910
2-庚醇	889	888	886	915	912	910	—	935	935	—	—	960	982	—	—	1006	1013	1015
2-壬醇	1091	1087	1089	1115	1114	1115	1137	1137	1137	1160	1159	1158	1183	1182	—	—	—	—
2-戊醇	689	685	685	708	704	705	733	729	729	756	750	753	777	777	774	808	804	—
2-己醇	785	783	781	807	809	806	830	827	831	853	851	—	878	876	873	904	901	900
2-庚醇	886	885	885	909	908	908	929	932	933	955	952	—	975	975	972	1008	1007	1009
2-庚醇	880	877	879	904	903	902	924	925	924	946	946	945	966	966	965	999	998	999
2-辛醇	982	976	978	1005	1004	1003	1024	1025	1025	—	—	—	—	—	—	—	—	—
2-甲基-1-丙醇	612	—	—	641	—	—	654	650	648	—	—	680	680	704	699	740	739	740
2-甲基-1-丁醇	727	726	724	—	—	—	—	—	—	—	—	—	—	—	—	—	—	—
2-甲基-1-戊醇	824	822	820	849	846	844	871	870	870	—	—	898	917	918	917	958	958	—
2-甲基-2-丁醇	628	—	—	652	649	646	674	673	669	692	690	—	709	712	704	738	735	733
2-甲基-2-戊醇	720	716	720	748	742	741	767	763	764	—	—	782	801	804	796	827	826	826
2-甲基-2-己醇	822	817	818	848	842	841	862	863	859	884	882	877	904	902	898	930	918	926

续表

固定液	SE-30			OV-3			OV-7			OV-11			OV-17			OV-25		
I 柱温/℃ 化合物	100	120	140	100	120	140	100	120	140	100	120	140	100	120	140	100	120	140
2-甲基-2-庚醇	920	919	920	944	942	942	961	962	962	982	981	882	1001	1001	—	1026	1024	—
2-甲基-3-己醇	858	852	854	876	877	880	897	898	898	920	919	—	939	940	938	969	970	968
3-甲基-1-丁醇	725	719	719	747	744	742	771	766	770	798	793	798	817	820	817	855	851	852
4-甲基-1-戊醇	827	823	821	849	848	845	876	874	872	902	899	988	923	922	920	960	958	960
2-乙基-1-丁醇	834	828	833	857	855	855	—	880	882	907	905	—	928	—	—	—	971	—
2-乙基-1-己醇	1019	1015	1017	1046	1043	1045	1067	1068	1069	1092	1092	1094	1116	1117	—	1156	1156	1162
3-乙基-3-戊醇	853	847	—	876	878	879	898	899	903	920	922	—	939	946	946	974	974	979
2,2-二甲基-3-戊醇	814	815	817	834	837	838	855	857	858	874	876	—	890	892	894	919	920	923
2,2-二甲基-3-己醇	906	906	907	926	927	928	944	944	947	962	—	966	977	983	982	1004	1003	—
1-戊烯-3-醇	675	670	664	—	—	—	715	715	714	—	—	—	—	—	—	807	807	—
1-己烯-3-醇	771	770	767	791	791	988	818	816	816	842	843	847	864	864	862	901	891	901
1-庚烯-3-醇	872	871	869	894	894	894	918	918	919	944	944	944	967	967	967	1009	1009	—
1-辛烯-3-醇	972	972	968	995	995	996	1018	1019	1020	1044	1044	1043	1068	1068	1067	1109	1109	1112
2-丁烯-1-醇	664	657	653	684	682	680	715	713	713	—	—	747	769	769	768	819	—	820
3-己烯-1-醇	850	851	—	876	876	879	905	905	908	934	936	—	962	966	965	1016	1018	—
3-庚烯-1-醇	941	941	—	969	969	968	996	997	997	1026	1026	1027	—	—	—	—	—	—
2-甲基-3-丁烯-2-醇	606	592	—	620	614	619	646	642	638	666	665	663	685	685	682	719	717	711
3-甲基-3-丁烯-1-醇	730	—	—	751	751	750	778	781	780	808	811	—	837	837	837	885	886	—
2-甲基-1-庚烯-3-醇	961	959	—	986	986	986	1009	1009	1010	1032	—	1036	—	1059	1058	1099	1099	1101
沉香醇	1090	1089	1090	—	—	—	—	—	—	—	—	—	—	—	—	—	—	—
D-8-萜烯-3-醇	1141	1146	1155	—	—	—	—	—	—	—	—	—	—	—	—	—	—	—
萜品烯-4-醇	1170	1173	1182	—	—	—	—	—	—	—	—	—	—	—	—	—	—	—
萜品醇	1181	1187	1195	—	—	—	—	—	—	—	—	—	—	—	—	—	—	—
香茅醇	—	—	1218	—	—	—	—	—	—	—	—	—	—	—	—	—	—	—
橙花醇	1221	1224	1229	—	—	—	—	—	—	—	—	—	—	—	—	—	—	—
牻牛儿醇	—	—	1246	—	—	—	—	—	—	—	—	—	—	—	—	—	—	—
丁子香酚	1355	1235	1356	—	—	—	—	—	—	—	—	—	—	—	—	—	—	—

表 18-4 C_1～C_{10}醇（苯甲酰衍生物）保留指数[2]

固定液	SE-30			OV-3			OV-7			OV-11			OV-17			OV-25		
I 柱温/℃ 化合物	100	120	140	100	120	140	100	120	140	100	120	140	100	120	140	100	120	140
甲醇	1081	1087	1092	1129	—	1141	1169	1178	1183	1216	1223	1230	1262	1271	1283	1352	1360	1378
乙醇	1152	1157	1164	—	—	1212	1239	—	—	1286	1292	1298	1332	1339	1349	—	—	—
丙醇	1245	1254	1262	1295	—	1309	1336	1345	1352	1384	1389	1390	1427	1435	1444	1513	1523	1538
丁醇	1344	1352	1358	—	—	1404	1438	1442	1448	1483	1491	1497	1525	1533	1545	1614	1623	1635
戊醇	1440	1447	1456	—	—	1503	1535	1542	1548	1581	—	1594	1623	1631	1640	1710	1723	1734
己醇	1535	1549	1356	—	—	1604	—	1640	1648	—	1691	1695	1721	1730	1737	1810	1820	1830
庚醇	1638	1646	1654	—	1698	1702	—	1739	1747	—	1788	1793	—	1828	1837	—	1917	1929
辛醇	—	1745	1755	—	—	1802	—	—	—	—	—	1891	—	—	1938	—	—	—
壬醇	—	—	1856	—	—	—	—	—	—	—	—	—	—	—	2037	—	—	—
癸醇	—	—	1952	—	—	2001	—	—	—	—	—	—	—	—	—	—	—	—
2-丙醇	1183	1191	1197	—	—	1242	—	—	—	—	—	—	1351	1355	1362	1436	1445	1457
2-丁醇	1281	1284	1292	—	—	1338	—	—	—	1409	1415	1420	1449	1456	1463	1534	1541	1554

续表

固定液	SE-30			OV-3			OV-7			OV-11			OV-17			OV-25		
I 柱温/℃ 化合物	100	120	140	100	120	140	100	120	140	100	120	140	100	120	140	100	120	140
2-戊醇	1368	1373	1379	1412	1419	1424	1453	1459	1465	1498	1506	1510	1536	1544	1550	1620	1628	1638
2-己醇	1461	1467	1472	—	—	—	—	—	—	—	—	—	—	—	—	—	—	—
2-庚醇	1556	—	1564	1598	1605	1611	1640	1646	1653	—	1690	—	—	1730	1763	1800	1811	1823
2-壬醇	—	1752	1759	—	1794	1798	—	1834	1842	—	—	—	—	—	—	—	—	—
3-戊醇	1363	1370	1377	1409	—	1421	1447	1454	1462	1490	1498	1501	1534	1540	1546	—	—	—
3-己醇	1443	1447	1456	1491	—	1502	—	1536	1542	1574	1580	1586	1613	1619	1625	1699	1708	1718
3-庚醇	1536	—	1544	1580	—	1591	—	1626	1632	1664	1673	1676	1706	1709	1716	—	1798	1807
4-庚醇	1523	—	1536	—	1576	1582	—	1614	1622	—	—	1642	1693	1700	1706	1778	1785	1794
4-辛醇	1618	—	1621	—	1664	1670	—	1706	1711	—	1750	1753	—	—	—	—	1874	1881
2-甲基-1-丙醇	1305	1308	1314	1371	1378	1384	1392	1399	1405	1434	1449	1453	1471	1475	1488	1556	1564	1577
2-甲基-1-丁醇	1407	1414	1421	1456	1462	1467	1497	1504	1512	1539	1550	1554	—	1592	1599	1667	1676	1688
2-甲基-1-戊醇	1485	1500	1507	1542	1548	1555	—	1592	1600	—	1638	1642	1667	1675	1685	1752	1761	1771
2-甲基-2-丁醇	1326	1332	1342	—	—	—	1408	1417	1422	—	—	—	1487	1496	1506	1571	1582	1594
2-甲基-2-戊醇	1400	1409	1422	1450	1457	1461	1487	1495	1499	1528	1539	1545	1566	1574	1582	—	—	—
2-甲基-2-己醇	1488	1496	1508	1538	1545	1551	1575	1582	1588	1616	1626	1631	1563	1660	1669	—	1742	1755
2-甲基-2-庚醇	1588	1597	1599	—	1635	1642	—	1673	—	—	1716	1723	—	—	—	—	—	—
2-甲基-3-己醇	1501	1505	1508	—	1548	1553	—	1588	1594	1624	1633	1638	—	—	—	—	—	—
3-甲基-1-丁醇	1409	1417	1419	—	1462	1468	1496	1502	1511	—	—	—	1582	1589	1599	1666	1676	1687
4-甲基-1-戊醇	1506	1514	1517	—	—	—	—	1602	—	—	—	—	—	—	—	—	—	—
2-乙基-1-丁醇	1500	1507	1514	—	1553	1560	1589	1596	1605	—	—	1653	1674	1685	1693	1761	1772	1785
2-乙基-1-己醇	—	1675	1685	—	—	1729	—	1763	1771	—	1810	1815	—	1848	1856	—	1934	1945
3-乙基-3-戊醇	—	1531	1526	—	—	—	—	—	—	1637	—	1659	—	1693	1702	—	—	—
2,2-二甲基-3-戊醇	1453	1465	1474	—	1510	1518	1541	1549	1558	1584	1594	1600	1621	1628	1637	1707	1717	1727
2,2-二甲基-3-己醇	1537	1538	1545	—	1538	1590	—	1622	1630	1656	1664	1670	1692	1698	1707	1784	1794	1802
1-戊烯-3-醇	1348	1356	1364	—	1407	1412	1443	1448	1456	1488	1498	1499	1531	1538	1545	1623	1634	1644
1-己烯-3-醇	1439	1443	1445	—	1490	1495	—	1533	1539	1573	1580	1586	—	—	—	—	—	—
1-庚烯-3-醇	1528	1531	1539	—	—	—	1620	1626	1632	1666	1673	1680	1709	1714	1722	—	1806	1818
1-辛烯-3-醇	—	—	1633	—	—	—	—	—	—	—	1766	1771	—	1808	1814	—	—	—
2-丁烯-1-醇	—	1373	1376	—	1419	1425	1462	1469	1473	1515	1523	1529	1564	1572	1577	1664	1674	1686
3-己烯-1-醇	—	1539	1546	—	1590	1593	—	1636	1645	—	—	1697	—	—	—	—	—	—
3-庚烯-1-醇	1619	1626	1630	—	1677	1684	—	1724	1732	—	—	1786	—	—	—	—	—	—
2-甲基-3-丁烯-2-醇	1317	1322	1326	—	1365	1370	—	1406	1412	1447	1454	1456	—	—	—	—	—	—
3-甲基-3-丁烯-1-醇	1414	1423	1426	—	1471	1477	—	1518	—	1562	1570	1577	—	—	—	—	—	—
2-甲基-1-庚烯-3-醇	—	1606	1611	—	—	—	—	—	—	—	1739	1746	—	—	1790	—	1877	1888
1,3-丙二醇	1551	1550	1554	—	1577	1584	—	1643	1651	—	—	—	—	—	—	—	—	—
1,4-丁二醇	—	1667	1669	1700	1700	1704	—	1769	1774	—	—	—	—	—	—	—	—	—
沉香醇	—	—	1765	—	—	1818	—	—	1859	—	—	—	—	—	—	—	—	—
异蒲勒醇	—	—	—	—	—	1862	—	—	—	—	—	—	—	—	—	—	—	—
4-萜品醇	—	—	1872	—	—	1937	—	—	2016	—	—	—	—	—	—	—	—	—
萜品醇	—	—	1888	—	—	1945	—	—	—	—	—	—	—	—	—	—	—	—
香茅醇	—	—	1875	—	—	1938	—	—	—	—	—	—	—	—	—	—	—	—
橙花醇	—	—	1906	—	—	1959	—	—	2031	—	—	—	—	—	—	—	—	—
牻牛儿醇	—	—	1914	—	—	1977	—	—	—	—	—	—	—	—	—	—	—	—

表 18-5 $C_1 \sim C_{18}$ 醇保留指数（一）[3]

固定液：SE-30

I \ 柱温/℃ 化合物	80	100	120	140	160	180	200	220	240	260
甲醇	254	462	471	340	—	—	—	—	—	—
乙醇	381	496	513	369	—	—	—	—	—	—
正丙醇	546	565	575	518	—	—	—	—	—	—
正丁醇	660	649	649	628	—	—	—	—	—	—
正戊醇	768	754	748	682	—	—	—	—	—	—
正己醇	863	851	845	813	823	814	—	—	—	—
正庚醇	960	951	950	920	938	966	—	—	—	—
正辛醇	1057	1050	1049	1033	1037	1042	—	—	—	—
正壬醇	1154	1149	1147	1143	1140	1140	1167	—	—	—
正癸醇	1252	1249	1247	1247	1244	1247	1241	1256	1246	—
正十一醇	—	1349	1347	1348	1349	1350	1348	1339	1348	—
正十二醇	—	—	1448	1451	1451	1450	1449	1442	1458	—
正十四醇	—	—	1646	1652	1655	1657	1659	1653	1661	1670
正十六醇	—	—	—	1852	1858	1862	1862	1861	1865	1866
正十八醇	—	—	—	—	2058	2065	2063	2064	2069	2067

表 18-6 $C_1 \sim C_{18}$ 醇保留指数（二）[3]

固定液：OV-351

I \ 柱温/℃ 化合物	80	100	120	140	160	180	200	220
甲醇	891	917	978	—	—	—	—	—
乙醇	924	952	1015	—	—	—	—	—
正丙醇	1024	1037	1031	—	—	—	—	—
正丁醇	1131	1148	1124	1153	—	—	—	—
正戊醇	1241	1256	1238	1263	1288	1210	—	—
正己醇	1348	1357	1332	1362	1378	1358	1412	—
正庚醇	1452	1453	1427	1459	1467	1444	1461	—
正辛醇	1556	1551	1528	1557	1555	1550	1556	—
正壬醇	1663	1649	1627	1658	1659	1652	1664	1680
正癸醇	—	1746	1726	1760	1759	1753	1764	1783
正十一醇	—	1845	1826	1861	1856	1853	1861	1886
正十二醇	—	1942	1924	1962	1957	1960	1960	1979
正十四醇	—	—	—	2164	2161	2165	2165	2177
正十六醇	—	—	—	2365	2362	2367	2370	2375
正十八醇	—	—	—	—	2563	2570	2574	2573

表 18-7 C_3～C_5醇保留指数[4]

固定液	SE-30						OV-351				
化合物 \ 柱温/℃ \ *I*	60	80	100	120	140	160	60	80	100	120	140
2-丙醇	491	453	508	—	—	—	949	957	981	—	—
2-甲基-2-丙醇	531	500	548	—	—	—	930	942	981	—	—
2-丁醇	605	577	615	622	—	—	1038	1036	1048	1114	1206
2-甲基-2-丁醇	644	628	652	662	642	—	1028	1026	1048	1114	1206
2-甲基-1-丙醇	629	609	629	641	620	—	1100	1094	1108	1153	1241
3-甲基-2-丁醇	683	668	683	690	699	—	1100	1094	1108	1153	1241
2-戊醇	697	683	692	701	704	—	1129	1121	1130	1172	1254
3-甲基-1-丁醇	733	721	723	727	738	—	1212	1203	1208	1238	1315
2-丙烯-1-醇	—	546	576	558	—	—	—	1128	1130	1167	1245
4-戊烯-2-醇	—	679	673	675	687	734	—	1154	1159	1184	1263
3-丁烯-1-醇	—	640	640	641	620	663	—	1185	1187	1209	1283
4-戊烯-1-醇	—	757	739	730	764	794	—	1308	1305	1305	1370
2-丙炔-1-醇	—	552	576	559	569	602	—	1352	1343	1334	1395
反-3-己烯-1-醇	—	853	831	824	853	873	—	1368	1366	1361	1423
顺-3-己烯-1-醇	—	859	836	829	855	873	—	1387	1385	1382	1442

表 18-8 C_6醇保留指数[5]

固定液	OV-110			Carbowax 20M		
柱温/℃	80	90	$10\left(\frac{\partial I}{\partial T}\right)$	80	90	$10\left(\frac{\partial I}{\partial T}\right)$
化合物 \ 保留指数	*I*			*I*		
2,3-二甲基-2-丁醇	715.2	716.3	1.1	1100.0	1101.1	1.1
3,3-二甲基-2-丁醇	722.3	723.4	1.1	1112.1	1113.6	1.5
2-甲基-2-戊醇	722.3	723.4	1.1	1112.1	1113.6	1.5
3-甲基-3-戊醇	733.4	733.9	0.5	1015.4	1016.2	0.8
2-甲基-3-戊醇	748.1	749.5	1.4	1074.0	1076.0	2.0
4-甲基-2-戊醇	774.4	775.5	1.1	1203.2	1204.1	0.9
3-甲基-2-戊醇	780.0	780.8	0.8	1212.3	1213.7	1.4
3-己醇	782.6	783.8	1.2	1206.2	1207.2	1.0
2,2-二甲基-1-丁醇	789.2	790.3	1.1	1230.0	1230.9	0.9
2-己醇	803.1	804.4	1.3	1253.9	1254.5	0.6
3,3-二甲基-1-丁醇	815.5	816.7	1.2	1275.8	1276.2	0.4
2,3-二甲基-1-丁醇	823.9	825.1	1.2	1290.0	1290.7	0.7
2-甲基-1-戊醇	836.2	837.5	1.3	1311.5	1320.2	0.7
4-甲基-1-戊醇	851.0	852.6	1.6	1338.0	1338.2	0.2
3-甲基-1-戊醇	854.4	855.2	1.3	1343.8	1343.6	−0.2
1-己醇	878.0	879.5	1.5	1384.3	1384.1	−0.2

表 18-9　C_7～C_{23}醇保留指数[6]

柱温：240℃

I 固定液 / 化合物	DB-1	CP-Sil 5	DB-WAX	CP-WAX 52	I 固定液 / 化合物	DB-1	CP-Sil 5	DB-WAX	CP-WAX 52
1-庚醇	—	981.0	1468.0	1404.7	1-十六醇	1873.6	1877.2	2481.6	2341.5
1-辛醇	1050.7	1081.5	1554.4	1517.3	1-十七醇	1973.6	1978.9	2585.2	2444.8
1-癸醇	1261.9	1280.4	1768.6	1724.2	1-十八醇	2074.2	2074.6	2686.7	2549.1
1-十二醇	1471.5	1477.1	2073.7	1934.7	1-十九醇	2275.6	2176.4	2789.4	2652.5
1-十三醇	1565.4	1576.8	2175.2	2033.3	1-二十醇	2276.2	2275.4	2994.6	2755.3
1-十四醇	1669.1	1676.3	2277.6	2137.2	1-二十二醇	2476.2	2475.2	3097.3	2962.8
1-十五醇	1772.1	1776.0	2379.3	2240.7	1-二十三醇	—	2576.6	—	—

表 18-10　C_9～C_{14}醇保留指数[7]

固定液	聚乙二醇-20M		聚乙二醇-1500		OV-101	
柱温/℃	150		155		140	
保留指数 / 化合物	I	$10\left(\frac{\partial I}{\partial T}\right)$	I	$10\left(\frac{\partial I}{\partial T}\right)$	I	$10\left(\frac{\partial I}{\partial T}\right)$
5-壬醇	1473.6	−3.1	1380.8	4.9	1186.1	−0.9
4-壬醇	1473.6	−3.1	1390.1	5.5	1189.2	−0.9
3-壬醇	1488.7	−3.2	1412.0	6.1	1203.9	−0.7
2-壬醇	1515.8	−4.6	1438.1	6.7	1219.0	−0.6
5-癸醇	1573.8	−2.4	1473.8	5.7	1280.0	−0.6
4-癸醇	1573.8	−2.4	1483.7	6.7	1286.2	−0.6
3-癸醇	1590.3	−3.0	1506.5	7.6	1302.5	−0.7
2-癸醇	1616.7	−3.3	1533.5	7.6	1319.6	−0.7
6-十一醇	1674.5	−1.1	1560.9	5.9	1373.8	−0.6
5-十一醇	1674.5	−1.1	1566.1	6.0	1376.2	−0.7
4-十一醇	1674.5	−1.1	1577.1	7.0	1283.0	−0.5
3-十一醇	1692.6	−2.8	1600.7	8.7	1400.0	−0.5
2-十一醇	1720.0	−4.2	1629.5	8.9	1417.3	−0.6
6-十二醇	1774.7	−3.3	1653.6	7.3	1471.3	−1.0
5-十二醇	1774.7	−3.3	1659.8	7.6	1474.5	−0.8
4-十二醇	1777.6	−2.4	1671.8	8.3	1482.4	−0.6
3-十二醇	1795.2	−3.6	1697.6	9.1	1499.9	−0.5
2-十二醇	1821.4	−3.2	1726.7	9.7	1517.7	−0.5
7-十三醇	1876.6	−4.3	1745.8	8.2	1568.3	−0.9
6-十三醇	1876.6	−4.3	1747.2	8.7	1569.5	−1.4
5-十三醇	1876.6	−4.3	1755.0	9.1	1573.7	−1.2
4-十三醇	1879.8	−2.4	1768.4	9.6	1582.0	−1.2
3-十三醇	1897.3	−3.8	1794.1	9.5	1599.4	−0.8
2-十三醇	1923.4	−3.0	1823.1	10.3	1617.7	−1.1
7-十四醇	1976.8	−2.2	1841.2	7.1	1665.7	−1.0
6-十四醇	1976.8	−2.2	1843.3	7.7	1667.8	−1.2
5-十四醇	1976.8	−2.2	1851.0	8.3	1672.2	−1.2
4-十四醇	1982.0	−2.1	1864.5	8.8	1680.8	−1.1
3-十四醇	1997.8	−2.3	1890.2	10.1	1699.0	−1.0
2-十四醇	2026.2	−3.6	1919.3	10.8	1717.9	−1.2

第二篇

表 18-11 醇类及其衍生物保留指数（一）[8]

柱 温：100℃

固定液	DEGS	PEG-20M	SE-30	DEGS	PEG-20M	SE-30	DEGS	PEG-20M	SE-30	DEGS	PEG-20M	SE-30
I 衍生物 / 化合物	醇类			甲硅烷基醚			乙酸酯			三氟乙酸酯		
甲醇	980	892	<400	—	—	—	970	836	505	—	—	—
乙醇	1027	922	480	—	—	—	990	898	602	—	—	—
2-丙醇	985	912	490	—	—	—	1000	912	610	—	—	—
丙醇	1120	1030	562	—	—	—	1084	986	695	—	—	—
2-甲基-2-丙醇	962	882	527	—	—	—	975	845	595	—	—	—
2-丁醇	1115	1014	590	—	—	—	1112	990	740	—	—	—
2-甲基-1-丙醇	1180	1083	612	—	—	—	1133	1025	758	—	—	—
丁醇	1212	1138	655	—	—	—	1177	1085	805	977	814	652
2-甲基-2-丁醇	1074	1002	622	—	—	—	1150	917	680	—	—	—
3-甲基-2-丁醇	1170	1090	672	—	—	—	1095	1067	812	—	—	—
3-戊醇	1182	1097	685	—	—	—	1165	1077	835	—	—	—
2-戊醇	1195	1112	682	—	—	—	1170	1080	840	—	—	—
2-甲基-1-丁醇	1270	1202	724	—	—	—	1220	1132	865	—	—	—
3-甲基-1-丁醇	1270	1205	726	—	—	—	1222	1135	867	1068	877	755
戊醇	1307	1245	752	948	910	887	1263	1182	899	1160	980	842
已醇	1400	1342	855	1050	1007	982	1350	1299	1002	1255	1070	945
庚醇	1490	1450	945	1152	1104	1078	1443	1385	1092	1348	1185	1046
辛醇	—	—	—	1248	1200	1177	—	—	—	—	—	—
壬醇	—	—	—	1355	1298	1270	—	—	—	—	—	—
癸醇	—	—	—	1448	1395	1372	—	—	—	—	—	—

表 18-12 醇类及其衍生物保留指数（二）[8]

柱 温：100℃

固定液	DEGS	PEG-20M	SE-30	DEGS	PEG-20M	SE-30	DEGS	PEG-20M	SE-30	DEGS	PEG-20M	SE-30
I 衍生物 / 化合物	丙酸酯			五氟丙酸酯			丁酸酯			六氟丁酸酯		
甲醇	1010	916	612	—	—	—	1085	997	704	—	—	—
乙醇	1063	970	695	—	—	—	1127	1045	784	—	—	—
2-丙醇	1040	970	742	—	—	—	1100	1050	822	—	—	—
丙醇	1150	1050	792	—	—	—	1215	1135	882	—	—	—
2-甲基-2-丙醇	1030	998	691	—	—	—	1082	1048	799	—	—	—
2-丁醇	1145	1065	847	—	—	—	1215	1140	925	—	—	—
2-甲基-1-丙醇	1155	1090	852	—	—	—	1205	1170	939	—	—	—
丁醇	1232	1151	896	882	760	687	1295	1230	985	882	730	737
2-甲基-2-丁醇	1175	1026	754	—	—	—	1190	1080	815	—	—	—
3-甲基-2-丁醇	1175	1130	908	—	—	—	1237	1210	994	—	—	—
3-戊醇	1226	1142	930	—	—	—	1280	1220	1014	—	—	—
2-戊醇	1233	1152	927	—	—	—	1280	1225	1010	—	—	—

续表

固定液	DEGS	PEG-20M	SE-30	DEGS	PEG-20M	SE-30	DEGS	PEG-20M	SE-30	DEGS	PEG-20M	SE-30
I 衍生物 / 化合物	丙酸酯			五氟丙酸酯			丁酸酯			六氟丁酸酯		
2-甲基-1-丁醇	1242	1197	952	—	—	—	1305	1285	1044	—	—	—
3-甲基-1-丁醇	1245	1200	954	952	820	784	1307	1289	1046	965	835	835
戊醇	1316	1257	990	1060	919	882	1375	1326	1082	1062	923	920
己醇	1405	1354	1090	1156	1025	974	1460	1430	1177	1155	1025	1017
庚醇	1485	1455	1192	1255	1120	1071	1545	1526	1270	1255	1126	1114
辛醇	—	—	—	—	—	—	—	—	—	—	—	—
壬醇	—	—	—	—	—	—	—	—	—	—	—	—
癸醇	—	—	—	—	—	—	—	—	—	—	—	—

表 18-13 醇类及其衍生物保留指数（三）[8]

柱 温：140℃

固定液	DEGS	PEG-20M	SE-30	DEGS	PEG-20M	SE-30	DEGS	PEG-20M	SE-30	DEGS	PEG-20M	SE-30
I 衍生物 / 化合物	醇类			甲硅烷基醚			乙酸酯			三氟乙酸酯		
己醇	1455	1350	856	—	—	—	1380	1301	999	1157	960	825
庚醇	1542	1452	955	1152	1087	1078	1490	1385	1095	1258	1073	940
辛醇	1648	1555	1061	1242	1185	1177	1597	1487	1198	1347	1172	1040
壬醇	1744	1655	1160	1355	1275	1265	1689	1582	1290	1449	1270	1137
2-辛醇	1530	1411	990	1182	1152	1111	1487	1398	1127	1150	1075	967
癸醇	—	—	—	1442	1365	1360	—	—	—	1543	1367	1232
十二醇	—	—	—	1610	1568	1564	—	—	—	1736	1555	1421
十四醇	—	—	—	1797	1750	1754	—	—	—	—	—	—
十六醇	—	—	—	1978	1942	1938	—	—	—	2107①	1929①	1805①
十八醇	—	—	—	2158	2135	2128	—	—	—	2287①	2121①	1901①

① 柱温为160℃。

表 18-14 醇类及其衍生物保留指数（四）[8]

柱 温：180℃

固定液	DEGS	PEG-20M	SE-30	DEGS	PEG-20M	SE-30	DEGS	PEG-20M	SE-30	DEGS	PEG-20M	SE-30
I 衍生物 / 化合物	醇类			甲硅烷基醚			乙酸酯			三氟乙酸酯		
辛醇	1565	1552	1057	—	—	—	1648	1552	1286	—	1622	1370
壬醇	1758	1655	1160	1720	1587	1295	1750	1065	1385	1830	1724	1470
癸醇	1863	1740	1263	1815	1674	1385	1864	1748	1476	1927	1822	1568
十二醇	2040	1925	1471	1996	1868	1587	2044	1995	1676	2110	2023	1768
十四醇	2228	2112	1669	2172	2062	1790	2222	2178	1873	2288	2212	1964
十六醇	2417	2297	1864	2356	2254	1948	2404	2370	2068	2470	2400	2154
十八醇	2596	2488	2060	2540	2448	2178	2598	2560	2262	2662	2595	2352

表 18-15 醇类衍生物保留指数（一）[8]

柱 温：140℃

固定液	DEGS	PEG-20M	SE-30	DEGS	PEG-20M	SE-30	DEGS	PEG-20M	SE-30	DEGS	PEG-20M	SE-30
I 衍生物 化合物	丙酸酯			五氟丙酸酯			丁酸酯			六氟丁酸酯		
己醇	1415	1355	1085	—	907	859	1485	1426	1177	—	907	896
庚醇	1535	1455	1182	1107	1016	962	1580	1526	1273	1107	1016	1010
辛醇	1648	1555	1284	1216	1114	1062	1668	1624	1377	1215	1114	1105
壬醇	1730	1650	1385	1328	1215	1160	1762	1728	1470	1325	1215	1201
2-辛醇	1590	1430	1231	1108	1001	987	1643	1507	1298	1110	1101	1032
癸醇	—	—	—	1431	1311	1256	—	—	—	1430	1311	1298
十二醇	—	—	—	1630	1505	1481	—	—	—	1632	1505	1480
十四醇	—	—	—	1832	1701	1668	—	—	—	1836	1701	1668
十六醇	—	—	—	2031①	1894①	1859①	—	—	—	2034①	1891①	1862①
十八醇	—	—	—	2239①	2097①	2054①	—	—	—	2241	2095	2063

① 柱温为 160℃。

表 18-16 醇类衍生物保留指数①（二）[9]

固定液：SE-30

I 柱温/℃ 化合物	132	142	180	*I* 柱温/℃ 化合物	132	142	180
甲醇	1000	—	—	异丁醇	—	1270	—
乙醇	1065	—	—	叔丁醇	—	1185	—
1-丙醇	—	1180	—	苯甲醇	—	—	1520
2-丙醇	—	1140	—	环己醇	—	—	1355
1-丁醇	—	1230	—	3-辛醇	—	—	1535
2-丁醇	—	1235	—	3-壬醇	—	—	1640

① 醇类 Flophemesylamine 衍生物。

表 18-17 异构醇衍生物保留指数[10]

固定液：SE-30

柱温/℃	190	143	柱温/℃	190	143
化合物	锉满酸酯	菊酸酯	化合物	锉满酸酯	菊酸酯
(+)-2-辛醇	2280	1725	(+)-冰片	2475	1900
(−)-2-辛醇	2300	1740	(−)-冰片	2475	1905
(+)-薄荷醇	2435	1880	(+)-异冰片	2475	1895
(−)-薄荷醇	2450	1895	(−)-异冰片	2475	1905
(+)-异薄荷醇	2430	1880	(+)-葑醇	2410	1825
(−)-异薄荷醇	2435	1895	(−)-葑醇	2405	1810
(+)-新薄荷醇	2395	1835	(+)-泛醇内酯	2405	1820
(−)-新薄荷醇	2395	1850	(−)-泛醇内酯	2390	1810

表 18-18 McReynolds 常数化合物和醇[11]

固定液： OV-1　　柱 温：90℃

化合物	*I*	化合物	*I*	化合物	*I*
正戊烷	—	正辛烷	—	仲丁醇	593
正己烷	—	碘丁烷	813	异丁醇	618
2-戊酮	672	2-辛炔	865	正丁醇	656
1,4-二氧噁烷	697	正壬烷	—	正庚烷	—
硝基丙烷	718	甲醇	409	2-甲基-2-戊醇	724
吡啶	742	叔丁醇	507	正辛烷	—

表 18-19 芳香醇保留指数[12]

固定液	SE-30				OV-351					
I 柱温/℃ 化合物	60	80	100	120	100	120	140	160	180	200
苯甲醇	1009	1009	1009	1014	1834	1846	1857	1870	1875	1887
(±)-1-苯乙醇	1035	1037	1038	1042	1780	1785	1796	1812	1813	1817
2-苯乙醇	1084	1086	1092	1099	1865	1874	1892	1904	1906	1914

表 18-20 二醇保留指数[13]

柱温：180℃

I 固定液 化合物	聚缩水甘油	PEG 20M	*I* 固定液 化合物	聚缩水甘油	PEG 20M
2,3-丁二醇	2142.6	1544.5	1,3-丙二醇	—	1789.5
1,2-丙二醇	2398.0	1595.9	1,4-丁二醇	—	1925.7
1,3-丁二醇	2600.0	1748.1			

表 18-21 多元醇及甲基苷类（TFA 衍生物）保留指数[14]

固定液	OV-17		FS-1265		SE-30	
I 柱温/℃ 化合物	200	150	100	150	100	150
1,2-乙二醇	1090	1115	801	756	740	706
丙三醇	1374	1456	954	856	913	837
内消旋-1,2,3,4-丁四醇	1550	1670	1002	870	1006	923
消旋苏糖醇	1554	1672	1010	872	1000	918
右旋核糖醇	1678	1824	1047	868	1092	990
右旋木糖醇	1715	—	1080	905	1125	1017
右旋半乳糖醇	1848	1994	1130	935	1195	1081
1,3-丁二醇	1246	1286	907	865	860	823
1,4-丁二醇	1350	1400	1014	964	942	906
1,8-辛二醇	1751	1807	1398	1326	1336	1292
季戊四醇	1880	1967	1123	1000	1115	1044

续表

固定液	OV-17		FS-1265		SE-30	
I 柱温/℃ 化合物	200	150	100	150	100	150
环戊醇	1024	1026	844	830	785	770
环己醇	1131	1128	942	935	881	876
环十二醇	1745	1750	1560	1535	1474	1468
反-1,2-环己二醇	1424	1468	1112	1086	1049	1030
顺-1,3-环己二醇	1477	1531	1122	1079	1053	1030
反-1,3-环己二醇	1540	1586	1187	1147	1097	1078
顺-1,4-环己二醇	1474	1530	1132	1086	1042	1026
反-1,4-环己二醇	1518	1570	1175	1127	1097	1058
反-1,2-环己二醇	1527	1576	1233	1182	1140	1121
α-右旋甲基阿糖吡喃苷	1626	1722	1256	1160	1192	1128
β-右旋甲基阿糖吡喃苷	1596	1683	1216	1120	1182	1127
β-右旋甲基核糖吡喃苷	1736	1819	1343	1248	1260	1213
α-右旋甲基木糖吡喃苷	1590	1672	1234	1130	1169	1136
α-右旋甲基葡糖吡喃苷	1986	2029	1321	1200	1340	1266
β-右旋甲基葡糖吡喃苷	2026	2073	1371	1220	1360	1274
α-右旋甲基甘露糖吡喃苷	1927	2000	1320	1206	1350	1265
α-左旋甲基鼠李糖吡喃苷	1515	1600	1126	1042	1163	1109

表 18-22 萜烯醇化合物的保留指数[15]

固定液：HP-5ms　　　　柱　温：50℃→220℃(3min)，3℃/min

I 衍生试剂 化合物	Ri	Riac acetylated terpenols	Ritms silylated terpenols
顺-水化香桧烯　(*Z*)-sabinenehydrate	1067	1219	1207
反-水化香桧烯　(*E*)-sabinenehydrate	1092	1253	1232
芳樟醇　linalool	1099	1256	1240
内-葑醇　endo-fenchol	1104	1220	1202
外-葑醇　exo-fenchol	1113	1234	1212
顺-对孟-2-烯-1-醇　(*Z*)-*p*-menth-2-en-1-ol	1120		1259
1-松油醇　terpin-1-ol	1132		1260
反-松香芹醇　(*E*)-pinocarveol	1137	1297	1270
反-对孟-2-烯-1-醇　(*E*)-*p*-menth-2-en-1-ol	1139		1276
顺-马鞭草烯醇　(*Z*)-verbenol	1140	1282	1248
β-松油醇　*β*-terpineol	1142	1297	1268
反-马鞭草烯醇(*E*)-verbenol	1145	1292	1252
水合坎烯　camphene hydrate	1147		1283
异胡薄荷醇　isopulegol	1149	1275	1251
异龙脑　isoborneol	1150		1216
α-水芹烯-8-醇　*α*-phellandren-8-ol	1157		1293
龙脑　borneol	1161		1226
β-水芹烯-8-醇　*β*-phellandren-8-ol	1165		1305
薰衣草醇　lavandulol	1170		1234

续表

I 化合物 \ 衍生试剂	Ri	Riac acetylated terpenols	Ritms silylated terpenols
4-松油醇　terpin-4-ol	1177	1328	1303
异薄荷醇　isomenthol	1182		1243
桃金娘烯醇　myrthenol	1192	1327	1300
α-松油醇　α-terpineol	1192	1350	1322
顺-胡椒醇　(Z)-piperitol	1195	1330	1285
γ-松油醇　γ-terpineol	1196		1327
薄荷醇　menthol	1206	1294	1264
反-胡椒醇　(E)-piperitol	1208	1340	1298
反-香芹醇　(E)-carveol	1217	1337	1280
顺-香芹醇　(Z)-carveol	1229	1362	1291
橙花醇　nerol	1229	1365	1343
香茅醇　citronellol	1229	1354	1319
桃金娘醇　myrtanol	1250	1381	1340
香叶醇　geraniol	1255	1383	1370
1-表-荜澄茄醇　1-*epi*-cubebol	1494		1617
荜澄茄醇　cubebol	1515		1630
birkenol	1520		1565
α-胡椒烯-11-醇　α-copaen-11-ol	1534		1634
顺-橙花叔醇　(Z)-nerolidol	1534		1661
榄香醇　elemol	1549		1638
反-橙花叔醇　(E)-nerolidol	1564	1714	1691
大拢牛儿烯 D-4-醇　germacrene D-4-ol	1575		1674
斯巴醇　spathulenol	1576		1673
蓝桉醇　(−)-globulol	1584		1684
gleenol	1585		1630
绿花白千层醇　viridiflorol	1590		1689
胡萝卜醇　carotol	1595		1642
雪松醇　cedrol	1596	1762	1745
愈创木醇　guaiol	1597	1724	1687
1,10-表荜澄茄油二烯醇　1,10-di-*epi*-cubenol	1610		1646
荜澄茄油烯醇　cubenol	1627		1667
沉香螺醇　agarospirol	1628		1734
3(12),6(13)-丁香二烯-5b-醇　caryophylla-2(12),6(13)-dien-5b-ol	1628		1676
菖蒲醇　acorenol	1630		1723
γ-桉叶醇　γ-Eudesmol	1633	1778	1739
茅苍术醇　hinesol	1633	1780	1736
3(12),6(13)-丁香二烯-5a-醇　caryophylla-2(12),6(13)-dien-5a-ol	1634		1682
6-羟基石竹烯　6-hydroxy-caryophyllene	1636		1684
τ-杜松醇　tau-cadinol	1640		1701
τ-杉木醇　tau-muurolol	1642		1707
β-桉叶醇　β-Eudesmol	1649	1788	1751
α-杜松醇　α-cadinol	1651		1748
7-表-桉叶醇　7-*epi*-eudesmol	1654		1748
α-桉叶醇　α-Eudesmol	1656	1790	1756

续表

化合物 \ I \ 衍生试剂	Ri	Riac acetylated terpenols	Ritms silylated terpenols
广霍香醇 patchouli alcohol	1659		1719
14-羟基-9-表-(*E*)-石竹烯 14-hydroxy-9-*epi*-(*E*)-caryophyllene	1662		1728
14-羟基石竹烯 14-hydroxy-caryophyllene	1664		1725
异愈创木醇，布藜醇 bulnesol	1667		1767
α-红没药醇 *α*-bisabolol	1679		1752
14-羟基-4,5-二氢-异石竹烯 14-hydroxy-4,5-dihydro-isocaryophyllene	1681		1737
α-表红没药醇 *epi*-*α*-bisabolol	1683	1801	1756
2,3-二氢-(6*E*)-法尼醇 2,3-dihydro-(6*E*)-farnesol	1688		1762
(2*Z*,6*E*)-法尼醇 (2*Z*,6*E*)-farnesol	1696	1818	1788
14-羟基-4,5-二氢-石竹烯 14-hydroxy-4,5-dihydro-caryophyllene	1704		1762
14-羟基葎草烯 14-hydroxy-humulene	1709		1765
(2*E*,6*E*)-金合欢醇 (2*E*,6*E*)-farnesol	1720	1843	1812

表 18-23 酚类保留指数（一）[16]

固定液	OV-1	固定液	OV-1	固定液	OV-1
化合物 \ I \ 柱温/℃	180	化合物 \ I \ 柱温/℃	180	化合物 \ I \ 柱温/℃	180
苯酚	905.1	5-甲基-2-异丙基苯酚	1228.3	乙酰基香草酮	1502.8
邻甲酚	978.1	对苯二酚	1327.0	4-乙基-2,6-二甲氧基酚	1557.4
间甲酚	985.1	丁子香酚	1338.9	4-丙基-2,6-二甲氧基酚	1621.2
对甲酚	991.9	4-丙基邻甲氧基苯酚	1344.8	丁香醛	1739.1
邻甲氧基苯酚	1047.1	2,6-二甲氧基苯酚	1392.1	乙酰基丁香酮	1798.9
3,5-二甲基苯酚	1124.1	间苯二酚	1378.7	丁香酸	1934.4
2,3-二甲基苯酚	1132.5	3-叔丁基-4-羟基甲氧基苯	1458.6		
2,4,6-三甲基苯酚	1155.9	4-甲基-2,6-二甲氧基酚	1498.2		

表 18-24 酚类保留指数（二）[17]

固定相	PS-225	OV-1701	石墨化炭黑	固定相	PS-225	OV-1701	石墨化炭黑
化合物 \ I \ 柱温/℃	150	150	220	化合物 \ I \ 柱温/℃	150	150	220
苯酚	952	1221	713	2-正丁酚	1299	1530	1058
2-甲酚	1030	1274	824	4-正丁酚	1335	1596	1094
3-甲酚	1050	1312	832	2-仲丁酚	—	—	960
4-甲酚	1049	1310	839	4-仲丁酚	1293	1547	1002
2-乙酚	1115	1351	888	2-叔丁酚	1250	1477	942①
3-乙酚	1143	1407	899	4-叔丁酚	1274	1530	990①
4-乙酚	1142	1401	920	2,3-二甲酚	1159	1401	977②
2-正丙酚	1198	1430	964	2,4-二甲酚	1128	1359	977②
3-正丙酚	1236	1493	990	2,5-二甲酚	1130	1360	976②
4-正丙酚	1235	1496	997①	2,6-二甲酚	1096	1299	957②
2-异丙酚	1175	1408	911	3,4-二甲酚	1172	1432	991②
3-异丙酚	1207	1463	942	3,5-二甲酚	1146	1399	978②
4-异丙酚	1204	1462	949				

① 柱温为210℃。

② 柱温为150℃。

表 18-25　酚类保留指数（三）[17]

柱　温：170℃

化合物 \ I \ 固定液	二苯并-18-冠-6	二苯并-24-冠-8	二环己-24-冠-8	化合物 \ I \ 固定液	二苯并-18-冠-6	二苯并-24-冠-8	二环己-24-冠-8
2,6-二甲基酚	1741	1749	1593	3,4-二甲基酚	1976	1992	1820
2,5-二甲基酚	1858	1871	1724	邻甲酚	1785	1796	1593
2,4-二甲基酚	1858	1870	1721	间甲酚	1858	1870	1655
2,3-二甲基酚	1919	1928	1767	对甲酚	1849	1863	1651
3,5-二甲基酚	1935	1952	1789				

表 18-26　甲酚类保留指数[18]

固定液	PS179	SE-30	聚苯醚六环	Carbowax 20M	聚苯醚③
化合物 \ I \ 柱温/℃	220				160
邻甲酚	1900	1048	1433	2004	1354
间甲酚	1958	1075	1464	2093	1386
对甲酚	1979	1073	1457	2089	1385
2,4-二甲酚	1979	1162	1518	2087	1456
2,5-二甲酚	1988	1161	1507	2072	1453
3,5-二甲酚	2056	1179	1550	2174	1489
3,4-二甲酚	2131	1209	1572	2233	1530
α-萘酚	2863①	1517②	—	—	1944
β-苯酚	2916①	1531②	—	—	1969

① 柱温 240℃。

② 柱温 200℃。

③ 其结构不详。

表 18-27　二羟基酚与甲氧基酚保留指数[19]

固定液：聚苯醚（六环）

化合物 \ I \ 柱温/℃	140	160	180	化合物 \ I \ 柱温/℃	140	160	180
2-甲氧基酚	1414	1426	—	甲基-1,4-二羟基苯	—	1797	1803
3-甲氧基酚	1598	1607	—	3-乙基-邻苯二酚	1695	1706	1718
4-甲氧基酚	1598	1607	—	4-乙基间苯二酚	—	1868	1876
2-甲氧基-4-甲基酚	1507	1520	—	乙基-1,4-二羟基苯	—	1873	1881
2-叔丁基-4-甲基酚	—	1815	—	3,5-二甲基邻苯二酚	1732	1740	1748
2,3-二甲基酚	1590	1600	—	3,6-二甲基邻苯二酚	1674	1687	1700
邻苯二酚	1565	1576	1587	2,6-二甲基-1,4-二羟基苯	—	1858	1866
间苯二酚	1717	1727	1737	4-正丙基邻苯二酚	—	1861	1870
对苯二酚	1716	1724	1733	4-正丙基间苯二酚	—	1938	1950
3-甲基-邻苯二酚	1621	1635	1650	3-异丙基邻苯二酚	—	1758	1765
4-甲基-邻苯二酚	1667	1678	1688	4-异丙基邻苯二酚	—	1832	1830
2-甲基-间苯二酚	—	1759	1768	异丙基-1,4-二羟基苯	—	1917	1921
4-甲基-间苯二酚	—	1793	1800	4-叔丁基邻苯二酚	—	1894	1899
5-甲基-间苯二酚	—	1793	1804	3,5-二叔丁基邻苯二酚	—	1990	2001

第二节 有机酸与酯的保留指数

表 18-28 酚酸保留指数[20]

固定液	OV-1			固定液	OV-1		
I / 柱温/℃ / 化合物	150	175	200	I / 柱温/℃ / 化合物	150	175	200
苯基-2-丙烯酸	1505	1420	—	4-羟基-3,5-二甲氧基苯甲酸	1910	1780	1755
对羟基苯酸	1620	1515	—	3,4-二羟基苯酸	1850	1725	1720
4-羟基-3-甲氧基苯酸	1780	1650	—	阿魏酸	—	1985	1935
邻羟基肉桂酸	1810	1700	1655	咖啡酸	—	—	2020
对羟基肉桂酸	1955	1830	1670	芥子酸	—	—	2200
没食子酸	2040	1880	1845				

表 18-29 非糖类酸的保留指数[21]

固定液	OV-1	OV-17	QF-1	固定液	OV-1	OV-17	QF-1
I / 柱温/℃ / 化合物	160		120	I / 柱温/℃ / 化合物	160		120
莽草酸	1844	1871	2053	2-甲基戊二酸	1407	1484	1725
奎尼酸	1918	1851	2006	3-甲基戊二酸	1413	1493	1741
（羟乙酰）羟乙酸	1383	1501	1723	己二酸	1490	1586	1849
2-羟丙酰-2-羟丙酸	1376	1456	1667	3,3-二甲基戊二酸	1431	1489	1714
3-羟丙酰-3-羟丙酸	1567	1688	1966	庚二酸	1592	1692	1955
2-羟丁酸-2-羟丁酸	1515	1593	1793	辛二酸	1691	1797	2059
乙二酸	1100	1181	1475	壬二酸	1793	1898	2164
丙二酸	1174	1257	1515	顺丁烯二酸	1286	1404	1605
甲基丙二酸	1208	1264	1492	反丁烯二酸	1326	1378	1682
丁二酸	1291	1380	1616	顺甲基丁烯二酸	1331	1449	1644
二甲基丙二酸	1192	1226	1457	亚甲丁烯二酸	1321	1423	1636
乙基丙二酸	1275	1330	1558	丙烷-1,2,3-三羧酸	1736	1830	2143
甲基丁二酸	1307	1373	1613	反丙烯-1,2,3-三羧酸	1754	1854	2155
戊二酸	1386	1476	1728	1-羟基丙烷-1,2,3-三羧酸	1851	1907	2184
2,2-二甲基丁二酸	1317	1367	1586	2-羟基丙烷-1,2,3-三羧酸	1847	1886	2127
新-2,3-二甲基丁二酸	1360	1404	1647	磷酸	1263	1330	1683

表 18-30 无环的二醇与羟基酸的保留指数[22]

固定液：OV-1

化合物	柱温/℃	*I*	化合物	柱温/℃	*I*
1-苯基乙烷-1,2-二醇	155	1715	环十二烷-顺-1,2-二醇	190	2140
1,2-二苯基-1,2-乙烷二醇	200	2330	茚满-顺-1,2-二醇	155	1760
十二烷-1,2-二醇	190	2030	1,2,3,4-四氢化萘-顺-1,2-二醇	170	1890
十四烷-1,2-二醇	200	2225	1,2,3,4-四氢化萘-反-1,2-二醇	170	1920
2-羟基十二烷酸	190	2175	1,2,3,4-四氢化萘-反-2,3-二醇	170	1960
2-羟基十四烷酸	200	2385	5-羟基-1,2,3,4-四氢化萘-顺-2,3-二醇	190	2200
3-羟基十八烷酸	235	2800	苊-顺-1,2-二醇	170	2070
十六烷基-1,甘油基醚	235	2815	9,10-二氢菲-顺-9,10-二醇	215	2360
十六烷基-2,甘油基醚	235	2855	9,10-二氢菲-反-9,10-二醇	215	2370
1-甘油棕榈酸酯	235	2905	1,2-二氢蒽-反-1,2-二醇	220	2500
2-甘油棕榈酸酯	235	2925	1,2,3,4-四氢蒽-顺-1,2-二醇	220	2455
甲基(赤)-9,10-二羟基十八烷酸酯	235	2750	1,2,3,4-四氢蒽-反-1,2-二醇	220	2505
甲基(苏)-9,10-二羟基十八烷酸酯	235	2690	1,2,3,4,5,6,7,8-八氢化蒽-顺-1,2-二醇	220	2380
2-羟基苯甲醇（水杨醇）	130	1560	1,2-二羟基萘	170	1915
2-（1-羟基乙基）环己醇	130	1625	2,3-二羟基萘	170	1990

表 18-31 醇与羟基酸保留指数[23]

固定液：OV-1

化合物	柱温/℃	*I*	化合物	柱温/℃	*I*
丙烷-1,2-二醇	150	1770	9,10-二氢菲-顺-9,10-二醇	245	3125
丙烷-1,3-二醇	150	1860	1,2,3,4-四氢蒽-顺-1,2-二醇	255	3225
2,3-二甲基丁烷-2,3-二醇	150	1880	5-羟基-1,2,3,4-四氢萘-顺-2,3-二醇	220	2840
2-甲基戊烷-2,4-二醇	150	1885	顺-2-羟基环己烷脂肪酸	220	2480
茚满-顺-1,2-二醇	205	2450	反-2-羟基环己烷脂肪酸	220	2480
1,2,3,4-四氢萘-顺-1,2-二醇	220	2600	α-羟基-α-苯基丙酸	220	2450
1,2,3,4-四氢萘-反-2,3-二醇	220	2690	左旋-2-氨基丙-1-醇	150	1840
苊-顺-1,2-二醇	245	2865	3-氨基丙-1-醇	150	1920
二环己基-1,1'-二醇	225	2645	2-氨基-2-苯基乙醇	205	2480
环十二烷-顺-1,2-二醇	230	2855	β-羟基-β-苯基乙胺	205	2490
7-乙基-2-甲基壬烷-4,6-二醇	215	2450			

表 18-32 氨基酸、碳水化合物保留指数[24]

化合物 \ *I* 固定液	DB-5	DB-17	化合物 \ *I* 固定液	DB-5	DB-17
甲酸	889.9±<0.1❶	903.8±0.1	异戊酸	1146.9±0.1	1196.3±<0.1
乙酸	934.1±0.1	952.2±0.1	戊酸	1194.8±<0.1	1251.9±<0.1
丙酸	1014.6±0.1	1046.2±0.1	α-甲基巴豆酸	1233.3±0.2	1319.6±0.2
异丁酸	1050.5±0.1	1077.1±0.2	3-羟基-丁酸 1	1241.3±0.1	1340.6±0.1
丁酸	1097.4±0.1	1146.1±0.1	3-羟基-异戊酸 1	1255.0±0.1	1333.9±0.1

❶ 这种表达形式源自文献，意思是平均值（mean）±标准偏差（*SD*），当 *SD*<0.1 小时，没有给出具体数值，统一用<0.1 代替。889.9±<0.1 表示平均值 889.9±小于 0.1 的标准偏差。

续表

I 固定液 化合物	DB-5	DB-17	I 固定液 化合物	DB-5	DB-17
丙酮酸	1259.0±<0.1	1316.1±<0.1	苯氧基丙酸	1618.5±<0.1	1791.9±<0.1
2-酮-丁酸 1	1279.7±<0.1	1404.3±<0.1	α-氧化-1-辛酸	1618.8±0.1	1744.7±0.1
己酸	1290.5±0.1	1343.5±0.1	2-羟基戊酸	1620.6±0.1	1641.0±0.1
2-酮-丁酸 2	1305.8±<0.1	1428.2±<0.1	异丁基甘氨酸	1622.5±<0.1	1818.1±<0.1
2-酮-异戊酸 1	1319.2±<0.1	1431.7±<0.1	α-酮丁酸	1627.5±<0.1	1784.9±0.1
乙酰乙酸 1	1329.8±<0.1	1452.7±0.1	3-羟基-辛酸 1	1631.3±0.2	1728.8±0.2
2-酮-异戊酸 2	1332.3±<0.1	1446.8±<0.1	α-酮-辛酸 2	1631.7±0.1	1771.2±0.1
乙酰乙酸 2	1344.5±<0.1	1459.2±<0.1	丙二酸	1641.2±0.1	1728.6±0.1
2-酮-戊酸 1	1353.1±<0.1	1468.6±<0.1	丙氨酸	1651.8±<0.1	1847.6±<0.1
4-羟基-丁酸 1	1365.3±<0.1	1595.7±<0.1	2-羟基异己酸	1652.0±0.1	1661.5±0.2
2-酮-戊酸 2	1376.6±0.1	1499.5±<0.1	3-苯丙酸	1652.8±<0.1	1817.5±0.1
庚酸	1387.5±<0.1	1442.9±<0.1	3-羟基-异戊酸 2	1654.0±0.5	1663.1±0.4
2-酮-异己酸 1	1393.1±<0.1	1493.0±<0.1	甲基丙二酸	1657.2±0.1	1729.0±0.1
3-甲基-2-氧基-戊酸 1	1396.1±<0.1	1501.4±0.1	缬氨酸	1660.9±<0.1	1813.5±<0.1
3-甲基-2-氧基-戊酸 2	1402.6±<0.1	1519.2±<0.1	二甲基丙二酸	1662.1±0.1	1715.6±0.2
4-甲基-2-氧代-戊酸 2	1420.6±<0.1	1530.8±<0.1	β-氨基异丁酸	1667.6±0.1	1848.5±0.2
2-己酮-酸 1	1440.0±<0.1	1555.3±<0.1	癸烯酸	1670.9±0.1	1743.2±0.1
吡啶甲酸	1445.6±<0.1	1775.7±0.1	4-羟基-丁酸 2	1671.2±<0.1	1711.1±<0.1
辛酸	1445.7±<0.1	1540.2±0.1	3-苯基丁酸	1677.4±<0.1	1833.1±0.1
乙醛酸 1	1450.6±<0.1	1580.4±<0.1	2-羟基-3-甲基戊酸	1679.6±0.2	1692.2±0.4
柠康酸 1	1460.5±<0.1	1647.2±<0.1	癸酸	1684.6±0.1	1736.3±0.1
2-己酮-酸 2	1462.6±<0.1	1583.7±<0.1	2-乙基-2-羟基丁酸	1685.2±<0.1	1685.7±<0.1
乙醛酸 2	1469.0±<0.1	1604.7±0.9	戊胺酸	1694.6±0.1	1848.6±<0.1
苯甲酸	1488.3±<0.1	1642.6±<0.1	2-羟基乙酸	1699.1±0.1	1716.4±0.2
乳酸	1491.1±0.1	1516.1±0.1	4-乙基苯甲酸	1703.5±<0.1	1854.5±<0.1
乙醇酸	1508.6±0.2	1556.4±0.2	异戊酰甘氨酸	1719.3±<0.1	1913.3±0.1
苯乙酸	1524.8±0.1	1644.8±0.1	乙基丙二酸	1721.7±0.1	1789.2±0.2
环己乙酸	1527.9±<0.1	1624.3±0.1	亮氨酸	1724.6±<0.1	1872.1±<0.1
草酸	1547.7±<0.1	1642.6±0.1	变异亮氨酸	1732.2±<0.1	1885.8±<0.1
2-羟基丁酸	1558.9±0.1	1581.1±0.2	托品酸 1	1742.8±0.3	1967.4±0.2
邻甲基苯甲酸	1559.9±0.1	1715.9±<0.1	异亮氨酸	1743.3±<0.1	1898.8±<0.1
丙氨酸	1719.1±<0.1		马来酸	1745.0±<0.1	1870.4±<0.1
肌氨酸	1743.3±<0.1		苏氨酸 1	1745.3±<0.1	1968.2±<0.1
3-羟基丙酸	1578.3±<0.1	1595.7±0.1	丝氨酸 1	1756.8±<0.1	1986.5±0.1
甘氨酸	1759.0±<0.1		琥珀酸	1757.6±0.1	1849.4±0.2
壬酸	1584.4±<0.1	1637.5±0.1	4-甲氧基苯乙酸	1766.4±<0.1	1993.2±0.2
哌啶甘氨酸	1806.2±0.1		甲基琥珀酸	1766.5±<0.1	1840.1±0.1
3-羟基-丁酸 2	1592.5±<0.1	1615.3±1.2	苯丙炔酸	1772.0±<0.1	2009.5±0.1
2-羟基-2-甲基丁酸	1594.9±0.1	1594.1±0.3	二甲基琥珀酸	1773.1±<0.1	1837.1±<0.1
3-甲基苯乙酸	1600.0±<0.1	1769.9±<0.1	3-苯氧基丙酸	1774.1±<0.1	1981.4±<0.1
2-苯基丁酸	1602.3±<0.1	1748.8±0.1	脯氨酸	1776.5±<0.1	2015.7±0.1
2-羟基异戊酸	1603.8±0.1	1617.6±0.2	正亮氨酸	1776.9±0.1	1932.0±0.1
2-羟基-3-甲基丁酸	1604.0±<0.1	1618.1±<0.1	β-氨基-丁酸 1	1779.4±<0.1	1979.4±0.1
对甲基苯乙酸	1613.2±0.1	1783.1±<0.1	柠康酸 2	1780.2±<0.1	1905.7±<0.1

续表

化合物 \ 固定液 I	DB-5	DB-17	化合物 \ 固定液 I	DB-5	DB-17
十一酸	1782.5±<0.1	1834.6±0.1	蛋氨酸	1989.6±0.1	2240.1±0.1
富马酸	1786.8±0.1	1846.3±0.4	6-氨基己酸	2000.0±<0.1	2245.5±0.2
反-肉桂酸	1786.9±<0.1	1980.3±0.1	2-酮-戊二酸 2	2007.7±0.1	2156.8±0.1
衣康酸	1787.9±0.2	1898.4±0.3	丝氨酸 2	2009.2±<0.1	2128.8±0.1
琥珀酰丙酮 1	1790.6±<0.1	1988.2±<0.1	苏氨酸 2	2016.1±<0.1	2139.3±0.1
苯丙酮酸	1796.6±0.3	2060.2±0.1	苯基甘氨酸	2021.7±0.1	2291.8±0.1
甘油三甘氨酸	2042.1±0.1		托品酸 2	2024.4±0.1	2147.7±0.1
琥珀酰丙酮 2	1808.1±0.1	2000.0±<0.1	2-吲哚甲酸	2024.7±0.1	2293.9±<0.1
环亮氨酸	2024.5±0.1	1812.0±0.1	邻羟基苯乙酸	2026.2±0.1	2169.5±0.2
琥珀酰丙酮 3	1817.0±0.1	2012.3±0.1	3-羟基-月桂酸 1	2034.7±0.1	2134.7±0.1
琥珀酰丙酮 4	1825.2±0.1	2206.7±0.1	3-甲氧基肉桂酸	2035.7±0.1	2276.9±0.1
3-羟基-癸酸 1	1830.9±0.1	1929.4±0.1	3-苯基乳酸	2041.3±0.1	2148.8±0.2
2-甲基反丁烯二酸	1831.1±<0.1	1905.7±<0.1	3-甲基水杨酸	2041.7±0.1	2170.3±<0.1
哌啶酸	1835.1±0.1	2060.6±<0.1	乙硫氨基酪酸	2055.8±0.1	2298.3±0.2
3-(2-甲氧基苯基)丙酸	1849.1±<0.1	2075.1±<0.1	3-(2,5-二氧基)-苯基丙酸	2057.2±0.1	2330.7±0.1
草酰乙酸 1	1854.7±0.0	2037.2±0.2	3-羟基苯乙酸	2064.2±0.1	2203.2±0.3
戊二酸	1855.1±<0.1	1948.2±0.1	庚二酸	2066.3±0.2	2166.5±0.2
5-苯基戊酸	1869.8±<0.1	2045.9±0.4	2-氨基苯酸	2071.5±0.1	2333.5±0.1
二甘醇酸	1870.3±<0.1	1993.0±0.1	十四烯酸	2075.0±0.3	2155.3±0.2
3-甲基戊二酸	1870.3±<0.1	1974.4±0.1	3-羟基-癸酸 2	2081.1±0.1	2086.7±0.1
2-羟基辛酸	1872.9±<0.1	1885.8±0.1	十四酸	2085.2±0.3	2137.0±0.1
己酰甘氨酸	1873.5±0.2	2085.4±<0.1	4-甲氧基肉桂酸	2085.2±0.1	2352.6±0.3
甲基丝氨酸	1881.9±0.1	2119.9±0.1	苯甲酰氨基乙酸	2093.6±<0.1	2418.0±0.2
月桂酸	1884.0±0.2	1935.5±0.1	反-反-己二烯二酸	2094.6±0.1	2163.0±0.1
戊烯二酸	1894.7±0.1	2013.3±0.1	二氨基丙酸	2100.0±0.1	2385.7±<0.1
2,2-甲氧基戊二酸	1896.4±0.1	1963.9±0.1	2-酮己二酸	2102.7±<0.1	2257.3±0.2
草酰乙酸 2	1896.6±0.1	2042.6±0.1	*N*-乙酰天冬氨酸	2104.3±0.2	2297.4±0.3
甘油酸 1	1896.8±0.1	1950.5±0.1	对羟基苯乙酸	2108.4±0.1	2247.3±0.2
扁桃酸	1897.9±<0.1	2019.8±0.1	γ-氨基-丁酸 2	2109.5±<0.1	2236.2±<0.1
3-羟基-辛酸 2	1899.3±<0.1	1908.2±<0.1	苯丙氨酸	2110.8±0.1	2384.1±0.1
β-4-甲氧基苯基丙酸	1899.5±0.1	2127.8±0.2	苹果酸	2115.2±0.1	2152.6±0.2
1-氨基环己烷羧酸	1905.7±0.2	2140.4±<0.1	4-羟基苯甲酸	2117.8±0.2	2229.0±0.2
磷酸	1923.5±0.1	1970.3±0.2	高丝氨酸	2118.7±0.1	2251.4±<0.1
3-羟基-3-甲基戊二酸	1937.4±0.1	2162.2±<0.1	柠苹酸	2127.0±0.1	2143.8±0.1
焦谷氨酸	1949.2±<0.1	2117.3±<0.1	邻苯二甲酸	2137.2±0.1	2347.2±<0.1
二甲基戊二酸	1956.0±0.1	1963.9±0.1	半胱氨酸	2142.5±0.1	2432.5±0.1
3,4-二甲基苯甲酸	1957.3±0.1	2240.4±<0.1	3-吲哚乙酸	2155.1±<0.1	2559.5±0.1
己二酸	1963.9±0.1	2061.5±0.2	吡啶-2,3-二羧酸	2165.7±0.2	2435.7±0.1
水杨酸	1965.3±0.2	2109.5±0.3	天冬氨酸	2165.8±0.1	2334.6±0.1
2-羟基-2-苯丙酸	1970.5±0.1	2080.0±<0.1	辛二酸	2167.9±<0.1	2271.9±0.2
十三酸	1983.1±0.2	2035.3±0.3	十五酸	2184.3±0.2	2235.4±0.2
3-甲基己二酸	1988.7±0.2	2078.6±0.3	4-羟基-脯氨酸 1	2194.6±0.1	2347.1±0.2
2-酮-戊二酸 1	1989.0±0.1	2134.6±<0.1	2,4-二氨基丁酸	2212.1±0.1	2521.8±0.1
乙基己二酸	1989.3±0.1	2078.5±<0.1	4-羟基-脯氨酸 2	2213.2±0.1	2493.4±0.1

续表

I 固定液 化合物	DB-5	DB-17	I 固定液 化合物	DB-5	DB-17
3-氨基苯甲酸	2215.6±0.1	2533.6±0.2	油酸	2463.8±0.1	2544.9±0.1
2-羟基谷氨酸	2216.5±<0.1	2261.5±0.2	3-吲哚-乙醛酸 1	2464.8±0.2	2760.0±0.2
苯基苹果酸	2216.6±<0.1	2384.4±0.1	亚麻酸	2468.0±0.1	2600.0±<0.1
高苯丙氨酸	2239.0±<0.1	2518.6±0.1	氯苯氨丁酸	2474.1±0.1	2815.8±0.1
2,5-二甲氧基肉桂酸	2241.2±0.1	2552.9±<0.1	3-羟基苯甘氨酸	2474.7±0.1	2836.1±0.1
3-(4-羟基苯基)-丙酸	2245.9±<0.1	2385.3±0.1	12-羟基十二酸	2481.2±0.1	2524.0±0.1
高香草酸	2255.9±0.2	2431.0±0.1	α-二羟基苄酸	2483.2±0.1	2606.9±0.2
胱氨酸	2558.9±0.2		β-二羟基苄酸	2484.7±0.2	2579.2±0.3
3-苯丙酰甘氨酸	2617.7±0.1		硬脂酸	2489.1±0.1	2541.5±0.1
香草酸	2264.5±0.3	2427.2±0.2	组氨酸	2504.5±<0.1	2883.8±0.2
棕榈油酸	2267.9±<0.1	2349.0±0.1	尿黑酸	2507.7±0.3	2606.5±0.3
γ-甲基谷氨酸	2270.8±0.2	2439.1±0.2	氨基甲氧酸	2510.5±0.2	2705.0±0.1
壬二酸	2271.2±0.1	2373.3±0.1	3-甲氧基-4-羟基扁桃酸	2518.8±0.2	2638.5±0.2
3-羟基-月桂酸 2	2272.0±<0.1	2275.7±<0.1	3-氨基水杨酸	2527.5±<0.1	2749.6±<0.1
二羟基富马酸	2272.3±<0.1	2508.8±<0.1	原儿茶酸	2529.2±0.1	2640.7±0.1
3-吲哚丙酸	2282.3±0.1	2690.6±0.1	对羟基苯甘氨酸	2535.2±<0.1	2914.0±0.1
棕榈酸	2287.6±0.1	2339.5±0.2	2-羟基马尿酸	2544.7±0.2	2828.1±0.3
甘油酸 2	2287.7±0.1	2338.8±<0.1	红藻氨酸	2561.7±0.2	2780.5±0.3
谷氨酸	2291.6±0.3	2472.0±0.2	十二烷二酸	2576.5±0.1	2681.3±0.1
4-氨基苯甲酸	2295.2±<0.1	2613.0±0.1	十九酸	2588.9±0.1	2641.2±0.1
二十二碳六烯酸	2306.0±0.1	2454.7±0.1	3-(4-羟基苯基)乳酸	2596.1±0.1	2668.3±0.2
天冬酰胺	2318.2±0.1	2552.1±0.2	阿魏酸	2612.0±0.1	2814.0±0.1
鸟氨酸	2346.3±<0.1	2679.5±0.1	花生四烯酸	2617.9±<0.1	2771.8±<0.1
间羟基肉桂酸	2349.3±0.2	2492.5±0.4	柠檬酸	2625.3±0.3	2655.6±0.2
15-甲基十六烷酸	2352.0±0.1	2394.5±<0.1	3-吲哚乳酸	2626.5±0.1	2959.6±0.1
癸二酸	2372.1±0.2	2476.6±0.1	二十碳五烯酸	2627.7±0.1	2807.2±0.1
反-乌头酸	2384.6±0.1	2482.9±0.1	吡哆酸	2630.0±0.1	2771.7±0.1
顺-乌头酸	2385.6±0.2	2484.7±0.1	5-氨基水杨酸	2642.9±0.3	2937.9±0.2
十七酸	2386.8±0.1	2438.9±0.1	酪氨酸	2661.7±0.2	2899.0±0.1
乳清酸	2389.5±<0.1	2476.9±0.1	二十烯酸	2670.3±0.2	2754.0±0.3
丁香酸	2392.4±0.1	2605.3±0.3	4-氨基水杨酸	2673.1±<0.1	2968.1±0.1
α-氨基己二酸	2403.1±0.3	2591.3±0.1	12-羟基-硬脂酸 1	2678.4±0.6	2840.6±0.1
3-吲哚基丁酸	2418.7±0.1	2848.5±0.2	1,11-十一烷二甲酸	2680.0±0.1	2783.7±<0.1
4-羟苯基丙酮酸	2421.9±0.1	2527.3±0.1	甲基柠檬酸 1	2680.9±0.1	2698.5±0.1
4-羟基扇桃酸	2423.3±0.2	2506.0±0.2	5-羟基吲哚乙酸	2685.0±0.4	3082.7±0.4
酒石酸	2430.0±0.1	2415.8±0.2	2,3-萘二羧酸	2687.0±0.1	2985.4±0.2
植烷酸	2437.3±0.3	2453.4±0.1	二十烷酸	2691.7±0.1	2747.7±0.5
谷氨酰胺	2440.8±<0.1	2691.8±0.1	甲基柠檬酸 2	2709.0±0.2	2722.8±0.2
2-羟基十四烷酸	2451.3±0.2	2456.2±0.8	3-吲哚-乙醛酸 2	2712.8±0.1	3073.8±0.6
赖氨酸	2453.3±0.3	2795.6±0.1	色氨酸	2735.1±0.1	3273.2±<0.1
十八碳六烯酸	2460.0±0.1	2578.8±0.2	4-苯乙酰甘氨酸	2751.3±<0.1	3007.1±<0.1
亚油酸	2460.3±0.1	2567.9±0.1	δ-羟基-赖氨酸 1	2759.2±0.1	3000.0±<0.1
3-吲哚甲酸	2461.6±0.2	2756.7±0.2	反-3,5-二甲羟基-4-羟基肉桂酸	2759.8±0.1	3019.4±0.2
4-羟基肉桂酸	2461.9±<0.1	2609.2±0.2	δ-羟基-赖氨酸 2	2769.1±0.1	3013.3±<0.1

续表

I 固定液 / 化合物	DB-5	DB-17	I 固定液 / 化合物	DB-5	DB-17
3,4-二羟苯乙酸	2772.2±0.1	2825.6±<0.1	二十四烯酸	3066.5±0.1	3158.5±0.1
二十一酸	2791.2±0.1	2843.6±0.1	二十四酸	3088.0±0.2	3149.2±<0.1
没食子酸	2822.8±0.1	2927.2±0.1	二十五酸	3194.4±0.1	3247.7±<0.1
二十二碳五烯酸	2833.8±0.1	3019.0±0.1	5-羟基-色氨酸 1	3206.3±0.2	3711.2±<0.1
咖啡酸	2865.4±0.1	2976.3±0.1	5-羟基-色氨酸 2	3249.9±0.1	3937.4±0.2
芥酸	2870.9±0.1	2953.9±0.2	蜡酸	3286.3±0.1	3345.3±0.1
二十二烷酸	2893.7±0.1	2946.0±0.3	二十六酸	3286.8±0.1	3346.4±0.1
12-羟基-硬脂酸 2	2911.0±0.2	2922.6±0.1	二十七酸	3396.4±0.1	3444.4±0.1
5-甲基色氨酸	2928.6±0.2	3520.4±0.1	二十八酸	3486.4±0.2	3543.9±0.1
二十三酸	2992.9±0.1	3046.1±0.1	二十九酸	3600.0±<0.1	3650.4±0.2

表 18-33　酚与羟基酸保留指数[25]

柱温：50℃→300℃，5℃/min

I 固定液 / 化合物	HP-5MS	HP-1MS	I 固定液 / 化合物	HP-5MS	HP-1MS
3-羟基辛酸	1486	1486	11-羟基-2-十二碳烯酸	1997	1991
7-羟基辛酸	1555	1553	3,10-二羟基癸酸	2011	2008
7-羟基-2-辛烯酸	1604	—	12-羟基月桂酸	2015	—
8-羟基辛酸	1624	1621	8,9-二羟基癸酸	2025	—
3-羟基癸酸	1667	1663	12-羟基-2-十二碳烯酸	2070	2054
8-羟基-2-辛烯酸	1675	1660	3-羟基癸二酸	2088	—
9-羟基癸酸	1750	1746	1,12-十二烷二酸	2099	2087
2-辛烯-1,8-二酸	1759	1740	3,10-二羟基月桂酸	2111	—
8-羟基-2-癸烯酸	1784	—	3,11-二羟基月桂酸	2125	2127
9-羟基-2-癸烯酸	1801	1788	13-羟基豆蔻酸	2140	2136
10-羟基癸酸	1820	1815	10,11-二羟基月桂酸	2151	—
10-羟基-2-癸烯酸	1875	1858	2-十二碳烯二酸	2154	2131
1,10-癸二酸	1904	1890	11,12-二羟基月桂酸	2172	—
10-羟基月桂酸	1931	1926	3,12-二羟基月桂酸	2198	—
3,9-二羟基癸酸	1936	—	10,12-二羟基月桂酸	2218	—
11-羟基月桂酸	1944	—	3-羟基十二烷二酸	2290	—
2-癸烯二酸	1958	1934	3,13-二羟基肉豆蔻酸	2314	—
10-羟基-2-十二碳烯酸	1982	1986			

表 18-34　氯酚酸硅烷化衍生物的保留指数[26]

固定相：CP-Sil8 CB　柱温：130℃（1min）→270℃（3min），20℃/min

I 衍生试剂 / 化合物	TMS	TBDMS	I 衍生试剂 / 化合物	TMS	TBDMS
4-氯-苯氧基乙酸	1599	1851	2-(2,4,5-三氯苯氧基)丙酸	1845	2088
2-(4-氯-2-甲基苯氧基)丙酸	1619	1872	2,4,5-三氯苯氧基乙酸	1910	2145
2-甲基-4-氯苯氧乙酸	1678	1927	2-甲基-4-氯苯氧基丁酸	1932	2166
2-(2,4-二氯苯氧基)丙酸	1698	1947	2,4-二氯苯氧基丁酸	2005	2245
2,4-二氯苯氧乙酸	1760	2008			

表 18-35 C_6～C_{24} 酸甲酯保留指数[26]

柱 温：240℃

化合物 \ 固定液 I	DB-1	CP-Sil5	DB-WAX	CP-WAX52	化合物 \ 固定液 I	DB-1	CP-Sil5	DB-WAX	CP-WAX52
己酸甲酯	—	908.0	—	—	二十酸甲酯	—	2311.7	2646.1	2616.9
辛酸甲酯	1126.0	1112.2	1436.7	1398.5	二十一酸甲酯	—	2409.6	2747.8	2715.8
壬酸甲酯	1222.4	1212.8	1536.0	1489.8	二十二酸甲酯	—	2512.9	2848.2	2820.9
癸酸甲酯	1321.2	1312.6	1636.3	1596.9	二十三酸甲酯	—	—	2951.4	2922.1
十一酸甲酯	1422.0	1411.4	1732.2	1699.2	二十四酸甲酯	—	—	3052.7	3024.1
十二酸甲酯	1517.6	1509.8	1833.9	1802.5	肉豆蔻脑酸甲酯	1703.1	1690.8	2000.0	2052.5
十三酸甲酯	1614.6	1609.2	1936.1	1905.6	棕榈油酸甲酯	1896.1	1884.3	2276.7	2242.4
十四酸甲酯	1717.8	1710.1	2037.3	2005.0	油酸甲酯	2085.2	2071.5	2471.9	2548.3
十五酸甲酯	1817.1	1811.0	2137.6	2106.6	亚油酸甲酯	2092.2	2077.7	2522.8	2485.3
十六酸甲酯	1914.7	1911.7	2243.1	2205.1	亚麻酸甲酯	2092.2	2077.7	2590.3	2439.7
十七酸甲酯	2014.1	2010.5	2344.0	2306.8	芥酸甲酯	—	2472.8	2877.9	2844.3
十八酸甲酯	2113.4	2109.4	2444.7	2409.5	神经酸甲酯	—	—	3079.1	3048.2
十九酸甲酯	2211.1	2210.3	2543.0	2512.9					

表 18-36 C_9～C_{22} 酸甲酯保留指数[27]

固定液	氢化的 Apeizon M	$C_{87}H_{176}$	OV-17	DEGS	固定液	氢化的 Apeizon M	$C_{87}H_{176}$	OV-17	DEGS
化合物 \ 柱温/℃ I	230	200	200	200	化合物 \ 柱温/℃ I	230	200	200	200
癸酸甲酯	1256	1266	1410	1794	十八酸甲酯	2059	2061	2215	2599
十二酸甲酯	1457	1468	1613	2003	二十酸甲酯	2257	2262	2414	2796
十四酸甲酯	1659	1659	1814	2201	二十二酸甲酯	2454	2460	—	2993
十六酸甲酯	1859	1860	2015	2401					

表 18-37 C_{12}～C_{22} 酸甲酯保留指数[28]

固定液	SE-30	OV-225	DEGS	固定液	SE-30	OV-225	DEGS
化合物 \ 柱温/℃ I	200	200	170	化合物 \ 柱温/℃ I	200	200	170
月桂酸甲酯	1514	1741	1751	二十一酸甲酯	2414	2659	2595
肉豆蔻甲酯	1713	1945	1939	甲基二十二酯	2514	2761	2690
软脂酸甲酯	1913	2149	2127	甲基油酸酯	2085	2367	2326
硬脂酸甲酯	2113	2353	2315	甲基亚油酸酯	2085	2400	2363
十九酸甲酯	2213	2455	2407	甲基亚麻酸酯	2085	2442	2416
花生酸甲酯	2314	2557	2501	甲基花生四烯酸酯	2235	2617	2576

表 18-38　C_{12}～C_{24} 酸甲酯保留指数[29]

柱　温：200℃

化合物 \ 固定液 I	SE-30	Silar5CP	化合物 \ 固定液 I	SE-30	Silar5CP
正十二酸甲酯	1513	1790	瓦克岑酸甲酯	2089	2420
正十四酸甲酯	1713	1990	油酸甲酯	2081	2414
正十五酸甲酯	1813	2089	岩芹酸甲酯	2081	2409
正十六酸甲酯	1913	2189	11-二十烯酸甲酯	2279	2610
正十七酸甲酯	2013	2289	5-二十烯酸甲酯	2281	2598
正十八酸甲酯	2113	2389	芥酸甲酯	2480	2807
正十九酸甲酯	2214	2488	9-二十二烯酸甲酯	2479	2801
正二十酸甲酯	2314	2587	神经酸甲酯	2680	3003
正二十一酸甲酯	2414	2686	十八碳-9,12-二烯酸甲酯	2077	2457
正二十二酸甲酯	2515	2786	十八碳-9,12,15-三烯酸甲酯	2079	2510
正二十四酸甲酯	2715	2984	十八碳-6,9,12-三烯酸甲酯	2053	2484
12-甲基十三酸甲酯	1678	1948	二十碳-11,14-二烯酸甲酯	2279	2653
14-甲基十五酸甲酯	1877	2149	二十碳-11,14,17-三烯酸甲酯	2279	2705
16-甲基十七酸甲酯	2077	2348	二十碳-8,11,14-三烯酸甲酯	2249	2676
18-甲基十九酸甲酯	2277	2546	二十碳-5,8,11,14-四烯酸甲酯	2231	2688
12-甲基十四酸甲酯	1786	2061	二十碳-5,8,11,14,17-五烯酸甲酯	2232	2741
14-甲基十六酸甲酯	1985	2263	二十二碳-7,10,13,16-四烯酸甲酯	2427	2890
16-甲基十八酸甲酯	2184	2460	二十二碳-7,10,13,16,19-五烯酸甲酯	2426	2943
18-甲基二十酸甲酯	2385	2659	二十二碳-4,7,10,13,16,19-六烯酸甲酯	2409	2954
棕榈油酸甲酯	1888	2222			

表 18-39　C_{17} 酸甲酯保留指数[30]

固定液：SE-30　　　　柱　温：190℃

化合物	I	化合物	I
正十七酸甲酯	2009	2-羟基-6-甲基十六酸甲酯	2067
15-甲基十六酸甲酯	1974	2-羟基-2-甲基十六酸甲酯	2025
14-甲基十六酸甲酯	1983	2-(三甲基硅氧)十七酸甲酯	2221
6-甲基十六酸甲酯	1953	2-(三甲基硅氧)-15-甲基十六酸甲酯	2185
2-甲基十六酸甲酯	1944	2-(三甲基硅氧)-14-甲基十六酸甲酯	2193
2-羟基十七酸甲酯	2128	2-(三甲基硅氧)-6-甲基十六酸甲酯	2154
2-羟基-15-甲基十六酸甲酯	2089	2-(三甲基硅氧)-2-甲基十六酸甲酯	2137
2-羟基-14-甲基十六酸甲酯	2102		

表 18-40 C_2～C_{20}酸乙酯保留指数（一）[31]

固定液：SE-30

I 化合物 \ 柱温/℃	140	160	180	200	220	240	260
乙酸乙酯	655	700	760	—	—	—	—
丙酸乙酯	707	739	788	—	—	—	—
丁酸乙酯	796	806	846	910	—	—	—
戊酸乙酯	883	896	913	950	980	—	—
己酸乙酯	979	989	1000	1023	1031	1082	—
庚酸乙酯	1077	1081	1096	1119	1116	1134	—
辛酸乙酯	1176	1178	1187	1193	1218	1219	1099
壬酸乙酯	1274	1277	1284	1284	1304	1314	1209
癸酸乙酯	1376	1378	1380	1385	1400	1405	1320
十一酸乙酯	1476	1477	1478	1479	1493	1500	1446
十二酸乙酯	1576	1578	1578	1577	1588	1594	1549
十三酸乙酯	1677	1676	1676	1678	1689	1693	1667
十四酸乙酯	1777	1777	1777	1779	1787	1788	1766
十五酸乙酯	—	1876	1876	1879	1884	1887	1867
十六酸乙酯	—	1976	1976	1979	1982	1983	1973
十七酸乙酯	—	—	2074	2078	2082	2083	2073
十八酸乙酯	—	—	2175	2179	2183	2179	2175
十九酸乙酯	—	—	—	2278	2282	2281	2277
二十酸乙酯	—	—	—	2378	2383	2382	2378

表 18-41 C_2～C_{20}酸乙酯保留指数（二）[31]

固定液：OV-351

I 化合物 \ 柱温/℃	120	140	160	180	200	220
乙酸乙酯	—	—	—	—	—	—
丙酸乙酯	910	—	—	—	—	—
丁酸乙酯	1025	1051	—	—	—	—
戊酸乙酯	1125	1159	1113	—	—	—
己酸乙酯	1231	1267	1220	—	—	—
庚酸乙酯	1328	1375	1325	1369	—	—
辛酸乙酯	1442	1477	1437	1458	—	—
壬酸乙酯	1548	1579	1538	1580	1531	—
癸酸乙酯	1647	1668	1639	1678	1636	—
十一酸乙酯	1744	1763	1739	1775	1740	1757
十二酸乙酯	1842	1860	1840	1874	1846	1873
十三酸乙酯	1941	1955	1940	1966	1948	1986
十四酸乙酯	2041	2053	2043	2063	2055	2077
十五酸乙酯	2140	2150	2146	2159	2157	2172
十六酸乙酯	2240	2248	2245	2259	2257	2273
十七酸乙酯	2342	2348	2343	2359	2357	2370
十八酸乙酯	—	2446	2444	2459	2458	2467
十九酸乙酯	—	2547	2547	2563	2559	2565
二十酸乙酯	—	2649	2649	2662	2660	2664

表 18-42　脂肪酸乙酯保留指数[32]

柱　温：120℃

I 化合物 \ 固定液	$C_{87}H_{176}$	SE-30	OV-7	OV-25	OV-105	PEG400	Silar 7CP	Silar 9CP	Silar 10C
戊酸乙酯	—	876	941	1014	—	—	—	—	—
2,2-二甲基丙酸乙酯	—	771	809	—	—	—	—	—	—
2-甲基丁酸乙酯	794	834	882	959	1151	1152	1185	1226	1263
己酸乙酯	—	976	1045	1118	—	—	—	—	—
2,3-二甲基丁酸乙酯	878	908	957	1030	1233	1220	1260	1296	1334
3,3-二甲基丁酸乙酯	856	878	925	991	1188	1183	1219	1264	1320
2-乙基-2-甲基丁酸乙酯	960	—	1028	1099	1292	1276	1319	1381	1418
2-乙基-3-甲基丁酸乙酯	957	983	1030	1101	1287	1281	1317	1383	1420
2,2,3-三甲基丁酸乙酯	947	971	1017	1087	1281	1265	1304	1360	1400
2,3,3-三甲基丁酸乙酯	935	965	1011	1081	1276	1262	1301	1363	1404
2,2-二乙基丁酸乙酯	1056	1083	1131	1204	1048	1383	1425	1484	1524
2-异丙基-3-甲基丁酸乙酯	1016	1047	1091	1159	1356	1334	1375	1408	1443
2-乙基-3,3-二甲基丁酸乙酯	—	1033	1070	1142	—	—	—	1359	1425
2,2,3,3-四甲基丁酸甲酯	961	987	1036	1117	1330	1320	1358	1407	1452
2-异丙基-3,3-二甲基丁酸乙酯	1072	1102	—	—	1389	1372	1413	1457	1509
2-乙基-2,3,3-三甲基丁酸乙酯	1124	1146	1194	1271	1477	1448	1495	1543	1606
3,3-二甲基-2-叔丁基丁酸乙酯	1165	1185	1228	1298	1491	1466	1504	1550	1587
3,3-二甲基-2-异丙基-2-甲基丁酸乙酯	1222	1237	1286	1371	—	1560	—	1670	1713
3,3-二甲基-2,2-二乙基丁酸乙酯	1234	1248	1297	1377	1597	1564	1604	1659	1698

表 18-43　脂肪酸酯类保留指数[33]

柱　温：81℃

I 化合物 \ 固定液	Carbowax 1540	角鲨烷	I 化合物 \ 固定液	Carbowax 1540	角鲨烷
丁酸甲酯	994.5	661.3	辛酸丙酯	1513.4	—
戊酸甲酯	1094.9	764.4	壬酸丙酯	1612.3	—
己酸甲酯	1192.5	864.8	癸酸丙酯	1708.7	—
庚酸甲酯	1292.5	964.0	丁酸丁酯	1223.4	936.3
辛酸甲酯	1389.2	1064.0	戊酸丁酯	1319.3	1034.6
壬酸甲酯	1489.0	1163.8	己酸丁酯	1411.5	1127.0
癸酸甲酯	1587.5	1263.6	庚酸丁酯	1511.5	—
丁酸乙酯	1043.1	739.2	辛酸丁酯	1605.5	—
戊酸乙酯	1141.1	840.2	壬酸丁酯	1701.2	—
己酸乙酯	1236.3	938.9	癸酸丁酯	1796.8	—
庚酸乙酯	1337.2	1036.8	丁酸戊酯	1319.4	1034.4
辛酸乙酯	1432.5	1136.6	戊酸戊酯	1415.5	1131.7
壬酸乙酯	1530.5	—	己酸戊酯	1505.7	—
癸酸乙酯	1628.0	—	庚酸戊酯	1600.6	—
丁酸丙酯	1129.8	837.5	辛酸戊酯	1693.8	—
戊酸丙酯	1227.8	937.1	壬酸戊酯	1786.9	—
己酸丙酯	1320.0	1031.5	丁酸己酯	1414.1	1132.9
庚酸丙酯	1420.7	1127.2	戊酸己酯	1511.5	—

续表

化合物 \ I 固定液	Carbowax 1540	角鲨烷	化合物 \ I 固定液	Carbowax 1540	角鲨烷
己酸己酯	1599.6	—	丁酸庚酯	1508.8	—
庚酸己酯	1693.9	—	丁酸辛酯	1603.7	—
辛酸己酯	1786.6	—	戊酸庚酯	1605.3	—
甲酸丙酯	931.3	560.8	戊酸辛酯	1700.0	—
甲酸丁酯	1028.5	665.9	己酸庚酯	1692.4	—
甲酸戊酯	1128.2	766.6	己酸辛酯	1785.7	—
甲酸己酯	1227.2	868.9	戊酸异丙酯	1140.2	878.7
甲酸庚酯	1325.6	971.3	己酸异丙酯	1236.3	976.1
甲酸辛酯	1424.4	1073.6	庚酸异丙酯	1337.2	1074.8
乙酸乙酯	895.8	546.0	辛酸异丙酯	1433.2	1173.2
乙酸丙酯	982.2	648.6	壬酸异丙酯	1529.9	—
乙酸丁酯	1080.3	751.7	癸酸异丙酯	1626.9	—
乙酸戊酯	1179.7	852.1	丁酸异丁酯	1165.1	898.6
乙酸己酯	1275.9	950.3	戊酸异丁酯	1260.5	994.9
乙酸庚酯	1374.7	1053.4	己酸异丁酯	1352.7	1090.9
乙酸辛酯	1472.7	1154.6	庚酯异丁酯	1452.4	1186.9
丙酸乙酯	963.1	645.7	辛酸异丁酯	1546.3	1283.0
丙酸丙酯	1048.8	746.1	壬酸异丁酯	1641.7	—
丙酸丁酯	1146.1	846.8	丁酸异戊酯	1269.3	999.9
丙酸戊酯	1243.1	946.1	戊酸异戊酯	1357.5	1093.1
丙酸己酯	1340.6	1044.4	己酸异戊酯	1435.9	1184.8
丙酸庚酯	1437.9	1145.0	庚酸异戊酯	1516.8	—
丙酸辛酯	1535.1	—			

表 18-44 C_1～C_6 酸酯保留指数（一）[34]

固定液：SE-30　　柱　温：150℃

化合物	I	化合物	I	化合物	I
甲酸甲酯	380	丁酸甲酯	714	3-甲基丁基酸甲酯	764
甲酸乙酯	487	丁酸乙酯	788	3-甲基丁基酸乙酯	840
甲酸丙酯	592	丁酸丙酯	884	3-甲基丁基酸丙酯	937
甲酸异丙酯	528	丁酸异丙酯	823	3-甲基丁基酸异丙酯	883
甲酸丁酯	703	丁酸丁酯	980	3-甲基丁基酸丁酯	1030
甲酸-2-甲基丙基酯	660	丁酸-2-甲基丙基酯	937	3-甲基丁基酸-3-甲基丙基酯	994
甲酸戊酯	812	丁酸戊酯	1075	3-甲基丁基酸戊酯	1125
甲酸-3-甲基丁基酯	774	丁酸-3-甲基丁基酯	1039	3-甲基丁基酸-3-甲基丁基酯	1088
乙酸甲酯	506	异丁酸甲酯	669	己酸甲酯	913
乙酸乙酯	571	异丁酸乙酯	738	己酸乙酯	980
乙酸丙酯	683	异丁酸丙酯	836	己酸丙酯	1077
乙酸异丙酯	625	异丁酸异丙酯	785	己酸异丙酯	1018
乙酸丁酯	787	异丁酸丁酯	933	己酸丁酯	1170
乙酸-2-甲基丙基酯	750	异丁酸-2-甲基丙基酯	900	己酸-2-甲基丙基酯	1131
乙酸戊酯	898	异丁酸戊酯	1032	己酸戊酯	1268
乙酸-3-甲基丁基酯	854	异丁酸-3-甲基丁基酯	998	己酸-3-甲基丁基酯	1227
丙酸甲酯	607	戊酸甲酯	814	4-甲基戊基酸甲酯	876
丙酸乙酯	679	戊酸乙酯	879	4-甲基戊基酸乙酯	947
丙酸丙酯	787	戊酸丙酯	980	4-甲基戊基酸丙酯	1038
丙酸异丙酯	717	戊酸异丙酯	921	4-甲基戊基酸异丙酯	985
丙酸丁酯	891	戊酸丁酯	1074	4-甲基戊基酸丁酯	1138
丙酸-2-甲基丙酯	853	戊酸-2-甲基丙基酯	1027	4-甲基戊基酸-4-甲基丙基酯	1100
丙酸戊酯	998	戊酸戊酯	1170	4-甲基戊基酸戊酯	1232
丙酸-3-甲基丁酯	955	戊酸-3-甲基丁基酯	1134	4-甲基戊基酸-3-甲基丁基酯	1198

表 18-45 C_1～C_6酸酯保留指数（二）[35]

柱 温：150℃

I 固定液 / 化合物	SE-30	OV-7	DC-710	OV-25	全苯基聚硅氧烷	DC-230	DC-530	XE-60	XF-1150	OV-225	Silar 5CP	F-400	F-500	QF-1
苯	674	719	767	830	860	880	733	863	1014	898	998	720	761	802
丁醇	644	706	760	812	869	683	829	967	1146	977	1090	715	763	861
2-戊酮	674	746	793	843	917	701	854	977	1139	986	1089	801	864	1017
硝基丙烷	718	832	892	961	1018	771	829	1159	1379	1150	1291	887	960	1151
吡啶	750	865	912	1005	1117	809	846	1113	1289	1148	1275	880	943	1081
2-甲基-2-戊醇	722	777	800	847	881	685	842	984	1115	978	1073	794	838	918
乙酸特丁酯	686	731	761	795	833	743	729	857	972	873	947	776	815	909
甲酸甲酯	386	453	496	571	618	419	488	641	817	682	762	509	563	689
甲酸乙酯	495	552	586	655	715	521	587	754	907	755	860	604	658	780
甲酸丙酯	602	667	696	756	813	626	686	848	1003	862	955	705	751	883
甲酸丁酯	707	774	804	852	907	734	792	960	1092	967	1059	810	860	984
甲酸戊酯	810	879	912	952	998	835	885	1064	1187	1070	1156	912	954	1089
甲酸己酯	907	976	1011	1047	1092	937	980	1166	1279	1167	1252	1013	1059	1189
甲酸异丙酯	552	604	635	686	754	553	622	760	924	772	869	649	712	832
甲酸异丁酯	670	731	766	803	858	684	739	915	1059	918	1015	776	823	959
甲酸异戊酯	777	840	872	915	958	795	849	1027	1149	1030	1113	879	928	1060
乙酸甲酯	509	559	609	693	732	519	569	737	894	759	850	617	672	772
乙酸乙酯	592	648	690	760	803	599	642	815	927	835	923	687	742	855
乙酸丙酯	695	755	796	853	895	704	747	920	1040	932	1013	796	845	960
乙酸丁酯	794	855	895	949	991	810	846	1022	1135	1030	1116	899	945	1064
乙酸戊酯	891	958	996	1044	1081	914	942	1122	1227	1132	1212	999	1045	1169
乙酸己酯	988	1056	1092	1133	1174	1012	1040	1221	1313	1229	1301	1098	1143	1267
乙酸异丙酯	643	686	722	782	846	635	672	842	949	840	914	735	777	899
乙酸异丁酯	750	810	846	898	942	770	820	976	1086	977	1063	859	903	1030
乙酸异戊酯	859	922	955	1001	1042	880	917	1086	1186	1087	1172	965	1001	1133
丙酸甲酯	617	667	710	775	829	610	663	837	976	851	947	704	754	842
丙酸乙酯	692	743	783	845	885	692	740	897	1023	905	998	781	827	930
丙酸丙酯	789	851	884	934	977	792	835	1003	1115	1013	1098	883	928	1033
丙酸丁酯	886	949	984	1032	1069	896	934	1104	1204	1113	1195	984	1028	1133
丙酸戊酯	980	1047	1082	1125	1166	1003	1031	1202	1292	1211	1289	1083	1127	1234
丙酸己酯	1074	1142	1176	1115	1255	1100	1126	1300	1379	1307	1378	1181	1222	1332
丙酸异丙酯	733	785	817	971	894	736	777	920	1023	928	1001	818	864	972
丙酸异丁酯	848	906	938	985	1010	857	895	1057	1158	1062	1141	944	990	1107
丙酸异戊酯	948	1014	1042	1086	1118	963	1003	1156	1252	1169	1243	1048	1093	1205
丁酸甲酯	702	767	803	868	907	719	757	923	1053	938	1032	802	846	960
丁酸乙酯	778	840	876	931	968	794	828	986	1107	999	1085	876	918	1037
丁酸丙酯	875	938	973	1022	1056	896	924	1089	1192	1098	1179	971	1017	1136
丁酸丁酯	969	1036	1069	1114	1147	994	1021	1187	1278	1193	1272	1070	1114	1234
丁酸戊酯	1062	1131	1164	1208	1241	1091	1116	1284	1364	1288	1362	1168	1212	1331
丁酸己酯	1156	1225	1258	1292	1331	1186	1209	1380	1449	1388	1451	1264	1306	1427
丁酸异丙酯	820	878	905	955	983	835	864	1010	1105	1019	1091	910	957	1075
丁酸异丁酯	933	993	1023	1065	1093	955	981	1143	1232	1146	1217	1031	1077	1205

续表

I 固定液 / 化合物	SE-30	OV-7	DC-710	OV-25	全苯基聚硅氧烷	DC-230	DC-530	XE-60	XF-1150	OV-225	Silar 5CP	F-400	F-500	QF-1
丁酸异戊酯	1029	1093	1124	1163	1196	1056	1080	1243	1323	1247	1316	1134	1177	1301
戊酸甲酯	807	871	907	961	1001	821	863	1027	1145	1042	1131	906	960	1067
戊酸乙酯	876	941	975	1014	1060	896	930	1085	1190	1105	1180	978	1021	1141
戊酸丙酯	971	1036	1069	1111	1147	994	1023	1179	1277	1196	1221	1074	1116	1240
戊酸丁酯	1063	1130	1163	1205	1237	1089	1116	1279	1360	1289	1361	1171	1212	1334
戊酸戊酯	1155	1222	1257	1204	1329	1185	1210	1375	1445	1382	1451	1267	1307	1429
戊酸己酯	1247	1316	1349	1382	1420	1287	1304	1470	1530	1476	1539	1362	1400	1524
戊酸异丙酯	915	971	1000	1046	1079	932	961	1105	1190	1116	1180	1014	1056	1174
戊酸异丁酯	1027	1087	1117	1156	1187	1051	1077	1235	1315	1240	1307	1132	1174	1301
戊酸异戊酯	1132	1185	1217	1253	1286	1150	1173	1333	1404	1340	1405	1233	1274	1397
己酸甲酯	902	974	1006	1056	1091	925	960	1133	1237	1140	1225	1003	1050	1162
己酸乙酯	976	1045	1073	1118	1148	995	1026	1196	1278	1203	1275	1075	1119	1231
己酸丙酯	1064	1138	1164	1207	1239	1090	1119	1283	1362	1295	1363	1173	1213	1326
己酸丁酯	1156	1231	1256	1295	1329	1184	1209	1377	1445	1383	1451	1265	1307	1418
己酸戊酯	1246	1325	1349	1384	1419	1278	1304	1471	1529	1408	1539	1361	1402	1514
己酸己酯	1337	1417	1440	1470	1508	1371	1397	1565	1613	1575	1626	1456	1494	1605
己酸异丙酯	1008	1074	1015	1131	1172	1028	1055	1207	1279	1206	1275	1108	1151	1263
己酸异丁酯	1119	1189	1211	1246	1279	1128	1171	1332	1400	1333	1397	1225	1265	1388
己酸异戊酯	1212	1287	1308	1342	1376	1228	1266	1430	1489	1432	1494	1323	1367	1482
异丁酸甲酯	665	823	764	812	848	677	708	870	994	885	957	758	800	913
异丁酸乙酯	732	893	831	875	906	757	779	968	1039	935	1016	831	871	997
异丁酸丙酯	836	891	925	968	994	851	878	1035	1127	1041	1107	930	970	1086
异丁酸丁酯	931	987	1019	1059	1091	945	974	1130	1217	1136	1201	1028	1067	1185
异丁酸戊酯	1024	1082	1115	1155	1180	1045	1070	1225	1302	1230	1294	1125	1163	1283
异丁酸己酯	1117	1177	1208	1238	1272	1141	1165	1323	1392	1323	1383	1221	1258	1378
异丁酸异丙酯	780	829	849	889	927	786	814	953	1040	947	1014	865	900	1018
异丁酸异丁酯	899	946	975	1008	1039	913	937	1096	1172	1086	1149	992	1031	1156
异丁酸异戊酯	994	1045	1075	1109	1141	1010	1034	1196	1261	1188	1249	1088	1126	1252
异戊酸甲酯	763	823	854	902	945	777	814	969	1088	982	1063	860	896	1014
异戊酸乙酯	839	893	925	967	1005	853	881	1033	1128	1042	1114	926	975	1086
异戊酸丙酯	929	987	1018	1059	1091	948	976	1129	1215	1137	1206	1033	1069	1182
异戊酸丁酯	1021	1081	1111	1149	1178	1044	1070	1224	1302	1231	1296	1128	1163	1278
异戊酸戊酯	1112	1174	1204	1238	1272	1139	1164	1318	1386	1325	1386	1224	1259	1372
异戊酸己酯	1204	1267	1296	1326	1361	1233	1258	1414	1472	1417	1474	1319	1353	1467
异戊酸异丙酯	874	923	950	989	1017	889	915	1049	1138	1064	1127	970	1008	1122
异戊酸异丁酯	985	1039	1066	1096	1125	1007	1031	1177	1259	1184	1246	1088	1127	1248
异戊酸异戊酯	1081	1136	1164	1196	1225	1104	1128	1278	1346	1281	1343	1187	1225	1341
异己酸甲酯	875	936	970	1019	1056	892	927	1094	1202	1104	1177	970	1022	1128
异己酸乙酯	943	1004	1036	1078	1111	963	992	1158	1237	1163	1219	1037	1090	1200
异己酸丙酯	1035	1094	1128	1165	1202	1056	1083	1249	1326	1253	1313	1137	1184	1290
异己酸丁酯	1125	1189	1220	1252	1290	1150	1176	1340	1408	1345	1402	1232	1277	1383
异己酸戊酯	1215	1281	1313	1340	1381	1244	1268	1433	1498	1438	1490	1329	1371	1478
异己酸己酯	1306	1374	1404	1427	1470	1337	1361	1527	1578	1529	1578	1424	1464	1569
异己酸异丙酯	979	1028	1059	1095	1134	988	1020	1169	1242	1172	1229	1079	1123	1226

续表

I 固定液 / 化合物	SE-30	OV-7	DC-710	OV-25	全苯基聚硅氧烷	DC-230	DC-530	XE-60	XF-1150	OV-225	Silar 5CP	F-400	F-500	QF-1
异己酸异丁酯	1089	1147	1175	1200	1240	1110	1135	1296	1364	1309	1340	1197	1338	1351
异己酸异戊酯	1181	1244	1272	1298	1337	1209	1231	1393	1452	1394	1442	1296	1338	1444
2-甲基戊酸甲酯	853	908	945	989	1050	864	900	1054	1152	1065	1131	947	986	1084
2-甲基戊酸乙酯	917	973	1006	1053	1097	930	962	1118	1190	1121	1173	1015	1052	1151
2-甲基戊酸丙酯	1009	1064	1096	1136	1184	1026	1055	1204	1278	1213	1266	1111	1146	1246
2-甲基戊酸丁酯	1097	1157	1189	1222	1275	1118	1145	1296	1359	1303	1352	1203	1238	1337
2-甲基戊酸戊酯	1187	1246	1279	1310	1361	1212	1237	1389	1442	1394	1440	1297	1332	1430
2-甲基戊酸己酯	1277	1337	1370	1398	1449	1305	1331	1483	1526	1486	1527	1391	1424	1522
2-甲基戊酸异丙酯	952	999	1021	1060	1114	960	992	1121	1191	1128	1176	1056	1082	1183
2-甲基戊酸异丁酯	1064	1116	1144	1179	1120	1081	1109	1254	1317	1257	1306	1166	1203	1307
2-甲基戊酸异戊酯	1153	1208	1238	1267	1319	1174	1202	1352	1401	1350	1394	1262	1298	1410
2-乙基丁酸甲酯	845	899	934	979	1043	854	894	1049	1143	1053	1116	930	974	1066
2-乙基丁酸乙酯	914	969	1000	1037	1092	924	960	1122	1182	1113	1171	1003	1045	1140
2-乙基丁酸丙酯	1005	1060	1092	1130	1176	1020	1051	1204	1274	1206	1260	1100	1140	1234
2-乙基丁酸丁酯	1093	1150	1182	1217	1265	1112	1141	1295	1353	1296	1343	1193	1231	1327
2-乙基丁酸戊酯	1183	1241	1273	1303	1353	1205	1233	1390	1436	1387	1434	1287	1325	1419
2-乙基丁酸己酯	1273	1332	1364	1393	1441	1298	1326	1482	1520	1478	1520	1381	1417	1510
2-乙基丁酸异丙酯	954	996	1022	1058	1104	951	993	1120	1193	1125	1174	1040	1080	1173
2-乙基丁酸异丁酯	1060	1112	1139	1167	1216	1075	1107	1253	1310	1249	1294	1158	1196	1300
2-乙基丁酸异戊酯	1149	1202	1232	1263	1310	1169	1198	1352	1393	1343	1387	1253	1290	1386

表 18-46　C_3 酸酯保留指数[4]

固定液	SE-30						OV-351					
I 柱温/℃ / 化合物	60	80	100	120	140	160	60	80	100	120	140	160
丙酸甲基乙基酯	751	739	739	739	747	—	986	996	1028	1092	1206	—
丙酸二甲基乙基酯	790	781	776	776	780	—	986	996	1028	1092	1206	—
丙酸-1-甲基丙基酯	845	838	829	825	845	—	1067	1070	1092	1145	1241	—
丙酸-1,1-二甲基丙基酯	893	887	847	873	888	—	1087	1089	1108	1153	1241	—
丙酸-2-甲基丙基酯	862	856	880	842	860	—	1100	1094	1108	1153	1241	—
丙酸-1,2-二甲基丙基酯	915	910	901	893	913	—	1125	1121	1130	1172	1254	—
丙酸-1-甲基丁基酯	932	926	916	908	928	—	1148	1145	1159	1202	1283	—
丙酸-3-甲基丁基酯	961	950	947	937	958	—	1198	1196	1206	1238	1315	—
丙酸-2-丙烯基酯	—	796	774	767	793	818	—	1128	1130	1167	1245	—
丙酸-1-甲基-3-丁烯基酯	—	926	902	891	913	929	—	1196	1197	1225	1301	1364
丙酸-3-丁烯基酯	—	889	864	855	877	894	—	1200	1203	1230	1301	1364
丙酸-4-戊烯基酯	—	990	969	958	978	986	—	1300	1302	1305	1370	1419
丙酸-2-丙基酯	—	809	784	773	797	818	—	1312	1305	1305	1370	1419
丙酸-反-3-己基酯	—	1090	1071	1063	1080	1085	—	1384	1383	1382	1443	1486
丙酸-顺-3-己基酯	—	1092	1074	1066	1085	1090	—	1392	1391	1390	1451	1487

表 18-47 C_5酸酯保留指数[36]

柱 温：150℃

I 固定液 / 化合物	F-400	F-500	QF-1	XE-60	OV-225	Silar5 CP	XF-1150	SE-30	OV-7	DC-710	100%苯基硅油	DC-230	DC-530
苯	720	761	802	863	898	998	1014	674	719	767	860	688	733
丁醇	715	763	861	967	977	1090	1146	644	706	760	869	683	829
2-戊酮	801	864	1017	977	986	1089	1139	674	746	793	917	701	854
硝基丙烷	887	960	1151	1159	1150	1291	1379	718	832	892	1018	771	829
吡啶	880	943	1081	1113	1148	1275	1289	750	865	922	1117	809	846
2-甲基-2-戊醇	794	838	918	984	978	1073	1115	722	777	800	881	685	842
乙酸特丁酯	776	815	909	857	873	947	972	686	731	761	833	743	729
戊酸甲酯	906	960	1067	1027	1042	1131	1145	807	871	907	1001	821	863
戊酸乙酯	978	1021	1141	1085	1105	1180	1190	876	941	975	1060	896	930
戊酸丙酯	1074	1116	1240	1179	1196	1211	1277	971	1036	1069	1147	994	1023
戊酸丁酯	1171	1212	1334	1279	1289	1361	1360	1063	1130	1163	1237	1089	1116
戊酸戊酯	1267	1307	1429	1375	1382	1451	1445	1155	1222	1257	1329	1185	1210
戊酸己酯	1362	1400	1524	1470	1476	1539	1530	1247	1316	1349	1420	1287	1304
戊酸异丙酯	1014	1056	1174	1105	1116	1180	1190	915	971	1000	1079	932	961
戊酸异丁酯	1132	1174	1301	1235	1240	1307	1315	1027	1087	1117	1187	1051	1077
戊酸异戊酯	1233	1274	1397	1333	1340	1405	1404	1132	1185	1217	1286	1150	1173
叔戊酸甲酯	797	828	915	879	897	951	975	706	749	783	860	721	751
叔戊酸乙酯	868	902	977	941	942	1000	1021	771	809	842	889	785	814
叔戊酸丙酯	962	1000	1087	1037	1038	1097	1128	870	913	939	994	881	914
叔戊酸丁酯	1059	1105	1183	1129	1131	1201	1217	965	1008	1031	1084	976	1008
叔戊酸戊酯	1151	1191	1283	1222	1222	1294	1314	1061	1103	1124	1184	1069	1102
叔戊酸己酯	—	—	—	—	—	1391	1414	—	—	—	1276	—	—
叔戊酸异丙酯	896	930	1018	949	948	994	1016	809	841	863	875	815	839
叔戊酸异丁酯	1027	1063	1157	1093	1090	1142	1169	936	971	993	1031	945	971
叔戊酸异戊酯	1119	1159	1252	1182	1181	1248	1270	1030	1067	1087	1139	1038	1066

表 18-48 丙烯酸酯与丙炔酸酯保留指数[37]

柱 温：100℃

I 固定液 / 化合物	角鲨烷	OV-101	SE-54	Ucon LB 550X	SP-1000
丙烯酸甲酯	596.5	596.7	603.9	719.5	940.0
丙烯酸乙酯	654.0	675.7	700.0	793.2	992.1
丙烯酸丙酯	733.2	775.0	797.2	884.6	1078.3
丙烯酸丁酯	835.2	875.2	895.1	983.3	1175.2
丙烯酸戊酯	934.8	974.8	994.9	1082.7	1272.9
丙烯酸己酯	1033.6	1075.2	1095.3	1181.6	1370.3
丙烯酸异丙酯	684.4	722.5	739.3	820.9	995.9
丙烯酸异丁酯	794.5	835.5	854.7	936.0	1113.8
丙烯酸异戊酯	899.8	939.0	958.8	1041.7	1223.2
丙烯酸异己酯	992.7	1035.4	1054.5	1132.8	1311.4

续表

I / 化合物 固定液	角鲨烷	OV-101	SE-54	Ucon LB 550X	SP-1000
丙炔酸甲酯	611.0	615.0	628.7	715.3	904.6
丙炔酸乙酯	669.0	694.9	708.3	786.2	954.4
丙炔酸丙酯	748.1	794.1	807.2	880.1	1041.7
丙炔酸丁酯	841.9	892.2	905.5	979.0	1138.3
丙炔酸戊酯	944.3	989.5	1005.4	1078.2	1236.1
丙炔酸己酯	1042.3	1086.5	1105.1	1176.9	1332.6
丙炔酸异丙酯	688.1	739.4	750.2	814.0	956.0
丙炔酸异丁酯	807.5	854.3	866.4	932.8	1079.2
丙炔酸异戊酯	910.8	954.6	968.2	1037.2	1186.4
2-氯丙炔酸甲酯	711.3	766.1	793.2	922.2	1197.8
2-氯丙炔酸乙酯	789.3	847.8	873.7	978.8	1226.5
2-氯丙炔酸丙酯	878.2	932.1	958.5	1067.7	1303.9
2-氯丙炔酸丁酯	975.3	1029.0	1055.2	1161.9	1390.6
2-氯丙炔酸戊酯	1072.7	1126.4	1152.9	1257.5	1483.5
2-氯丙炔酸己酯	1172.2	1225.1	1252.1	1356.2	1577.4
2-氯丙炔酸异丙酯	820.5	875.6	899.0	997.1	1216.5
2-氯丙炔酸异丁酯	937.2	989.1	1014.2	1114.0	1335.9
2-氯丙炔酸异戊酯	1039.5	1090.0	1116.9	1218.1	1440.6
3-氯丙炔酸甲酯	770.0	823.0	855.2	1007.7	1331.7
3-氯丙炔酸乙酯	846.7	901.4	930.9	1071.5	1371.6
3-氯丙炔酸丙酯	944.4	1000.1	1029.6	1164.0	1454.2
3-氯丙炔酸丁酯	1042.7	1098.3	1127.8	1260.3	1544.5
3-氯丙炔酸戊酯	1140.7	1195.8	1226.6	1358.3	1638.7
3-氯丙炔酸己酯	1239.3	1294.3	1326.1	1456.7	1734.7
3-氯丙炔酸异丙酯	888.2	945.0	971.5	1095.9	1366.2
3-氯丙炔酸异丁酯	1004.7	1059.6	1088.0	1213.0	1488.7
3-氯丙炔酸异戊酯	1105.6	1160.1	1189.6	1316.8	1591.6
2,3-二氯丙炔酸甲酯	869.1	923.6	960.1	1130.8	1490.7
2,3-二氯丙炔酸乙酯	940.8	994.5	1028.0	1182.5	1512.1
2,3-二氯丙炔酸丙酯	1036.1	1088.7	1122.6	1269.6	1585.4
2,3-二氯丙炔酸丁酯	1131.5	1183.7	1218.4	1361.4	1669.0
2,3-二氯丙炔酸戊酯	1227.5	1279.8	1314.4	1457.3	1761.4
2,3-二氯丙炔酸己酯	—	1378.1	1412.7	1554.8	—
2,3-二氯丙炔酸异丙酯	977.2	1032.0	1055.4	1198.6	1494.1
2,3-二氯丙炔酸异丁酯	1095.9	1145.3	1176.4	1315.5	1614.8
2,3-二氯丙炔酸异戊酯	1193.0	1243.0	1275.3	1414.6	1713.7
2,3-二氯丙炔酸异己酯	—	—	1365.9	1499.0	—
2-溴丙炔酸甲酯	788.3	837.8	868.3	1000.0	1299.7
2-溴丙炔酸乙酯	858.1	909.1	937.4	1056.1	1326.9
2-溴丙炔酸丙酯	953.5	1004.6	1032.6	1145.8	1405.3

续表

I 固定液 / 化合物	角鲨烷	OV-101	SE-54	Ucon LB 550X	SP-1000
2-溴丙炔酸丁酯	1050.4	1101.7	1129.2	1239.7	1493.5
2-溴丙炔酸戊酯	1146.6	1198.5	1226.0	1335.7	1583.5
2-溴丙炔酸己酯	1245.8	1298.1	1325.7	1435.2	1681.1
2-溴丙炔酸异丙酯	896.4	947.4	972.2	1075.3	1316.4
2-溴丙炔酸异丁酯	1016.3	1062.8	1088.5	1192.6	1438.3
2-溴丙炔酸异戊酯	1115.1	1162.9	1188.7	1292.2	1539.6
3-溴丙炔酸甲酯	852.4	901.7	937.1	1099.7	1435.2
3-溴丙炔酸乙酯	928.3	978.5	1012.7	1160.0	1474.2
3-溴丙炔酸丙酯	1026.9	1076.9	1110.9	1251.3	1555.8
3-溴丙炔酸丁酯	1126.0	1175.3	1209.2	1346.9	1645.5
3-溴丙炔酸戊酯	1223.7	1273.0	1307.3	1444.9	1739.7
3-溴丙炔酸己酯	1322.3	1373.2	1406.9	1545.2	—
3-溴丙炔酸异丙酯	970.0	1021.1	1051.8	1183.6	1465.9
3-溴丙炔酸异丁酯	1087.4	1135.5	1168.0	1300.0	1586.0
3-溴丙炔酸异戊酯	1188.9	1235.9	1269.1	1396.7	1687.1
3-溴丙炔酸异己酯	1281.6	1330.4	1363.4	1493.0	1776.0
2,3-二溴丙炔酸甲酯	1022.5	1070.1	1110.8	1288.0	—
2,3-二溴丙炔酸乙酯	1094.9	1139.7	1179.8	1341.9	—
2,3-二溴丙炔酸丙酯	1171.4	1233.5	1272.3	1426.7	—
2,3-二溴丙炔酸丁酯	1268.4	1327.1	1366.2	1516.0	—
2,3-二溴丙炔酸戊酯	—	1423.2	1461.3	1609.8	—
2,3-二溴丙炔酸己酯	—	1521.0	1559.9	1707.5	—
2,3-二溴丙炔酸异丙酯	1133.3	1174.3	1210.4	1355.1	—
2,3-二溴丙炔酸异丁酯	1248.5	1288.0	1326.1	1469.5	—
2,3-二溴丙炔酸异戊酯	—	1383.8	1422.8	1565.2	—
2,3-二溴丙炔酸异己酯	—	1474.1	1512.4	1649.2	—
3-溴-2-氯丙炔酸甲酯	—	1024.5	1031.6	1203.1	—
3-溴-2-氯丙炔酸乙酯	—	1070.1	1099.6	1254.4	—
3-溴-2-氯丙炔酸丙酯	—	1158.5	1194.4	1342.3	—
3-溴-2-氯丙炔酸丁酯	—	1252.9	1288.4	1433.3	—
3-溴-2-氯丙炔酸戊酯	—	1348.9	1383.6	1527.8	—
3-溴-2-氯丙炔酸己酯	—	—	1481.1	1624.8	—
3-溴-2-氯丙炔酸异丙酯	—	1100.7	1133.4	1270.0	—
3-溴-2-氯丙炔酸异丁酯	—	1214.2	1249.1	1387.6	—
3-溴-2-氯丙炔酸异戊酯	—	1311.1	1345.1	1484.9	—
3-溴-2-氯丙炔酸异己酯	—	1400.5	1435.3	1568.0	—

表 18-49　不饱和酸酯保留指数[38]

柱温：150℃

化合物 \ I \ 固定液	SE-30	OV-17	OV-25	XE-60	化合物 \ I \ 固定液	SE-30	OV-17	OV-25	XE-60
丙烯酸甲酯	569	743	796	844	丙酸乙烯酯	648	763	790	861
丙烯酸乙酯	664	784	831	911	丁酸乙烯酯	750	859	892	963
丙烯酸丙酯	—	887	939	1006	戊酸乙烯酯	—	950	990	1060
丙烯酸丁酯	878	987	1040	1111	己酸乙烯酯	—	1037	1095	1162
丙烯酸戊酯	979	1108	1142	1210	异丁酸乙烯酯	—	773	857	912
丙烯酸己酯	1068	1200	1240	1312	3-甲基丁酸乙烯酯	—	889	928	996
丙烯酸异丙酯	—	816	865	914	4-甲基戊酸乙烯酯	—	998	1250	1118
丙烯酸-2-甲基丙基酯	—	953	986	1055	甲酸烯丙酯	571	714	743	844
甲基丙烯酸甲酯	677	829	865	909	乙酸烯丙酯	670	801	831	892
甲基丙烯酸乙酯	756	863	920	980	丙酸烯丙酯	770	895	933	995
甲基丙烯酸丙酯	856	957	1016	1085	丁酸烯丙酯	853	990	1020	1096
甲基丙烯酸丁酯	962	1068	1118	1179	戊酸烯丙酯	960	1090	1123	1192
甲基丙烯酸戊酯	1064	1176	1214	1274	己酸烯丙酯	1056	1192	1219	1294
甲基丙烯酸己酯	1165	1281	1312	1369	辛酸烯丙酯	—	—	—	1490
甲基丙烯酸辛酯	—	1463	1489	—	异丁酸烯丙酯	815	916	961	1041
甲基丙烯酸（2-甲基丙）酯	928	1032	1060	1128	3-甲基丁酸烯丙酯	915	1032	1065	1130
甲基丙烯酸（3-甲基丁）酯	—	1416	1439	—	4-甲基戊酸烯丙酯	—	—	1181	1240
丁烯酸乙酯	820	965	1016	1086	乙酸异丙酯	644	744	782	815
丁烯酸丙酯	917	1065	1112	1188	丙酸异丙酯	—	846	894	921
丁烯酸丁酯	1021	1157	1210	1272	丁酸异丙酯	—	944	988	1012
丁烯酸异丙酯	863	978	1015	1090	戊酸异丙酯	—	1036	1095	1022
丁烯酯戊酯	1119	1265	1307	1372	己酸异丙酯	—	1138	1189	—
丁烯酸(3-甲基丙)酯	983	1094	1156	1232	异丁酸异丙酯	—	875	928	988
丁烯酸(3-甲基丁)酯	1082	1208	1257	1332	3-甲基丁酸异丙酯	—	—	1029	1084
乙烯酸乙烯酯	548	679	688	770	4-甲基戊酸异丙酯	—	1092	1144	1184

表 18-50　邻苯二甲酸酯保留指数[39]

固定液	SE-30	OV-101	固定液	SE-30	OV-101
化合物 \ I \ 柱温/℃	250	230	化合物 \ I \ 柱温/℃	250	230
邻苯二甲酸二甲酯	—	1453	邻苯二甲酸二环己基酯	2475	—
邻苯二甲酸二乙酯	1583	1581	邻苯二甲酸二环庚基酯	2735	—
邻苯二甲酸二正丙酯	1758	1756	邻苯二甲酸甲基-正十一基酯	2389	—
邻苯二甲酸二正丁酯	1940	1937	邻苯二甲酸乙基-正癸基酯	2343	—
邻苯二甲酸二正戊酯	2122	2120	邻苯二甲酸正丙基-正壬基酯	2325	—
邻苯二甲酸二正己酯	2308	2305	邻苯二甲酸正丁基-正辛基酯	2317	—
邻苯二甲酸二正庚酯	2497	2494	邻苯二甲酸正戊基-正庚基酯	2310	—
邻苯二甲酸二正辛酯	2685	—	邻苯二甲酸正己基-正庚基酯	2404	—
邻苯二甲酸二正壬酯	2876	—	邻苯二甲酸正丁基-正壬基酯	2415	—
邻苯二甲酸二正癸酯	3067	—	邻苯二甲酸正戊基-正癸基酯	2602	—
邻苯二甲酸二（2-乙基己基）酯	2509	—			

表 18-51 间苯二甲酸酯保留指数[39]

固定液	SE-30		OV-101	固定液	SE-30		OV-101
I 柱温/℃ 化合物	250	251	230	*I* 柱温/℃ 化合物	250	251	230
间苯二甲酸二甲酯	—	—	1512	间苯二甲酸二正辛酯	—	—	—
间苯二甲酸二乙酯	—	1639	1638	间苯二甲酸甲基正十一基酯	2459	—	—
间苯二甲酸二正丙酯	—	1829	1828	间苯二甲酸乙基正癸基酯	2423	—	—
间苯二甲酸二正丁酯	—	2030	2025	间苯二甲酸正丙基正壬基酯	2419	—	—
间苯二甲酸二正戊酯	—	2222	2219	间苯二甲酸正丁基正辛基酯	2419	—	—
间苯二甲酸二正己酯	—	2417	2414	间苯二甲酸正戊基正庚基酯	2416	—	—
间苯二甲酸二正庚酯	—	2608	2605	间苯二甲酸二正己基酯	2417	—	—

表 18-52 对苯二甲酸酯保留指数[39]

固定液	SE-30		OV-101	固定液	SE-30		OV-101
I 柱温/℃ 化合物	250	251	230	*I* 柱温/℃ 化合物	250	251	230
对苯二甲酸二甲酯	—	—	1530	对苯二甲酸二正辛酯	—	—	2860
对苯二甲酸二乙酯	—	1650	1649	对苯二甲酸甲基-正十一基酯	2483	—	—
对苯二甲酸二正丙酯	—	1851	1850	对苯二甲酸乙基-正癸基酯	2455	—	—
对苯二甲酸二正丁酯	—	2060	2058	对苯二甲酸正丙基-正壬基酯	2459	—	—
对苯二甲酸二正戊酯	—	2261	2258	对苯二甲酸正丁基-正辛基酯	2465	—	—
对苯二甲酸二正己酯	—	2463	2460	对苯二甲酸正戊基-正庚基酯	2466	—	—
对苯二甲酸二正庚酯	—	2665	2661	对苯二甲酸二正己基酯	2469	—	—

表 18-53 二脂肪酸酯保留指数[40]

固定液：聚甲基硅氧烷

柱温/℃	75		100		125		150		175		200	
保留指数 化合物	*I*	$\frac{\partial I}{\partial T}$	*I*	$\frac{\partial I}{\partial T}$	*I*	$\frac{\partial I}{\partial T}$	*I*	$\frac{\partial I}{\partial T}$	*I*	$\frac{\partial I}{\partial T}$	*I*	$\frac{\partial I}{\partial T}$
I	890.9	−0.15	887.3	−0.14	884.0	−0.11	881.5	−0.09	—	—	—	—
II	999.3	−0.12	997.1	−0.09	995.2	−0.07	993.7	−0.04	—	—	—	—
III	1103.5	−0.09	1101.7	−0.06	1099.7	−0.04	1098.8	−0.03	—	—	—	—
IV	—	—	1206.9	−0.08	1205.4	−0.07	1203.8	−0.05	1201.8	−0.04	—	—
V	—	—	1309.6	−0.07	1308.0	−0.04	1307.1	−0.02	1306.7	−0.01	—	—
VI	—	—	1411.7	−0.05	1410.3	−0.03	1409.6	−0.01	1409.5	—	—	—
VII	—	—	—	—	1511.6	−0.01	1511.0	—	1511.1	—	1511.6	—
VIII	—	—	—	—	1613.4	—	1612.7	—	1612.9	—	1613.5	—
IX	—	—	—	—	1713.5	—	1713.2	—	1713.6	—	1714.0	
XI	983.9	−0.08	980.9	−0.06	979.3	−0.05	978.3	−0.09	—	—	—	—
XII	994.0	−0.05	993.2	0.02	992.8	−0.01	992.9	−0.04	—	—	—	—
XIII	1059.3	−0.07	1057.7	−0.06	1056.4	−0.04	1055.4	−0.03	—	—	—	—
XIV	1085.1	−0.01	1084.8	−0.01	1084.6	—	1084.7	−0.0	—	—	—	—
XV	1064.8	−0.10	1061.4	−0.08	1059.0	−0.07	1056.8	−0.08	—	—	—	—
XVI	—	—	—	—	1358.8	+0.22	1365.2	+0.27	1372.7	+0.32	1381.1	+0.39
XVII	—	—	—	—	1424.2	+0.18	1429.3	+0.22	1435.7	+0.27	1442.2	+0.33
XVIII	—	—	—	—	1521.8	+0.30	1530.1	+0.36	1539.6	+0.41	1550.4	+0.45
XIX	—	—	—	—	1358.9	+0.27	1366.3	+0.31	1374.6	+0.35	1384.0	+0.42
XX	—	—	—	—	1403.1	+0.26	1410.0	+0.30	1417.8	+0.34	1427.0	+0.40

续表

柱温/℃	75		100		125		150		175		200	
化合物 \ 保留指数	I	$\frac{\partial I}{\partial T}$	I	$\frac{\partial I}{\partial T}$	I	$\frac{\partial I}{\partial T}$	I	$\frac{\partial I}{\partial T}$	I	$\frac{\partial I}{\partial T}$	I	$\frac{\partial I}{\partial T}$
XXI	—	—	—	—	1413.0	+0.35	1422.7	+0.40	1433.8	+0.43	1444.9	+0.49
XXII	—	—	—	—	1409.3	+0.34	1417.9	+0.36	1426.8	+0.41	1437.2	+0.47
XXIII	—	—	—	—	1470.3	+0.36	1479.4	+0.39	1488.5	+0.41	1498.8	+0.44
XXIV	—	—	—	—	1461.1	+0.36	1470.5	+0.41	1480.5	+0.45	1492.1	+0.49

注：表中化合物：

$CH_3OOC(CH_2)_nCOOCH_3$

Ⅰ n=1

Ⅱ n=2

Ⅲ n=3

⋮ ⋮

Ⅸ n=9

$CH_3COOCH{=}C(R){-}COOCH_3$

XI R=H(顺)

XII R=H(反)

XIII R=CH_3(顺)

XIV R=CH_3(反)

XV 异构 —CH—CH— ($=CH_2$)

X, $COOCH_3$, $COOCH_3$

XVI X=H

XVII X=CH_3

XVIII X=Cl

X, $COOCH_3$, $COOCH_3$

XIX X= H

XX X= CH_3

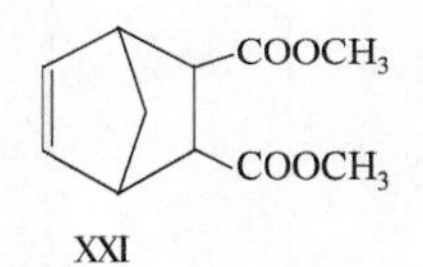

XXI

XXII——邻苯二甲酸二甲酯

XXIII——间苯二甲酸二甲酯

XXIV——对苯二甲酸二甲酯

表 18-54 单烷基甘油酯保留指数[41]

固定液：OV-1 柱 温：230℃

化合物	I	化合物	I
1-十六烯酸甘油酯	2355	1-十八烯酸甘油酯	2552
1-十六酸甘油酯	2373	1-十八酸甘油酯	2572
1-十七酸甘油酯	2478		

表 18-55 缩水甘油酸酯保留指数[42]

固定液：Ucon LB 550X

化合物 \ I 柱温/℃	140	160	180	200	220	240	化合物 \ I 柱温/℃	140	160	180	200	220	240
O COOMe	878	873	875	877	—	—	MeO_2C O COOMe	—	1142	1132	1141	1128	1142
O COOEt	—	924	926	930	919	920	O COOMe Ph	—	—	1453	1462	1467	1483
O COOEt	—	956	948	955	948	942	O COOEt	—	1257	1260	1267	1268	1283
O COOMe	—	1111	1103	1105	1100	1128	O COOEt	—	1352	1360	1370	1375	1390

注：Me—甲基；Et—乙基；Ph—苯基。

表 18-56 环甲酯与环醇保留指数[43]

柱 温：140℃

I 固定液 / 化合物	SE-30	PEG-20M	EGSSX	*I* 固定液 / 化合物	SE-30	PEG-20M	EGSSX
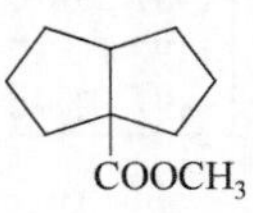 $COOCH_3$	1200	1544	1720	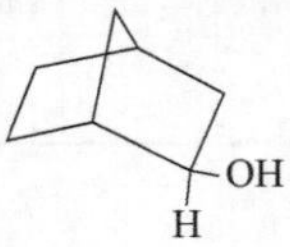 OH, H	—	1544	1704
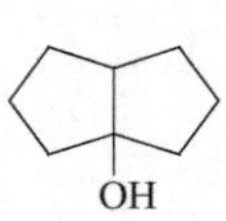 OH	1310	1660	—	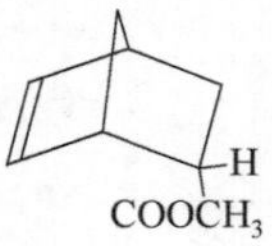 H, $COOCH_3$	1103	1527	1735
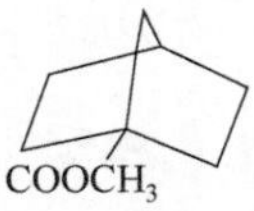 $COOCH_3$	1120	1487	1677	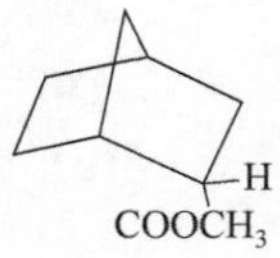 H, $COOCH_3$	1131	1507	1694
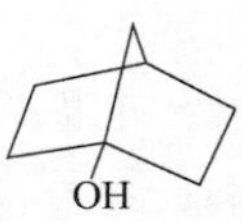 OH	942	1495	1669	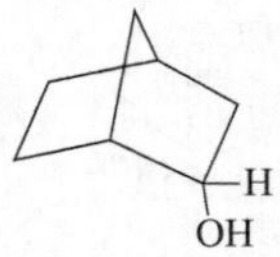 H, OH	—	1558	1711
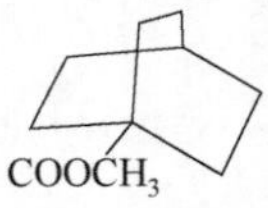 $COOCH_3$	1247	1631	1804	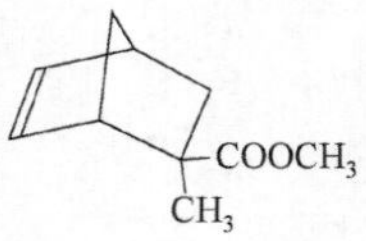 $COOCH_3$, CH_3	1130	1480	1650
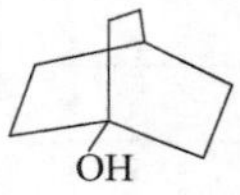 OH	1061	1858	1775	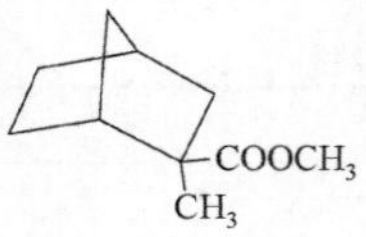 $COOCH_3$, CH_3	1156	1488	1649
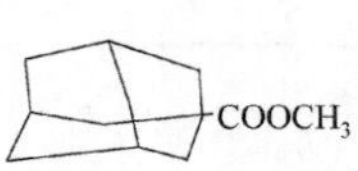 $COOCH_3$	1431	1831	2031	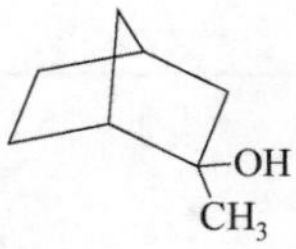 OH, CH_3	998	1471	1635
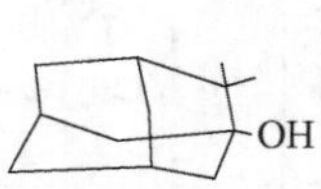 OH	1253	1831	2031	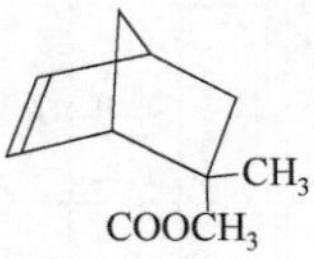 CH_3, $COOCH_3$	1125	1493	1676
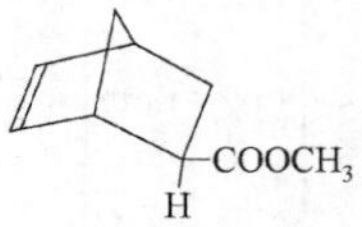 $COOCH_3$, H	1098	1493	1693	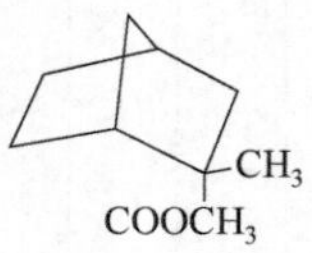 CH_3, $COOCH_3$	1174	1511	1676
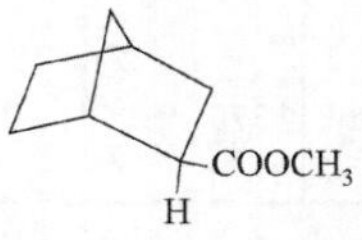 $COOCH_3$, H	1135	1512	1702	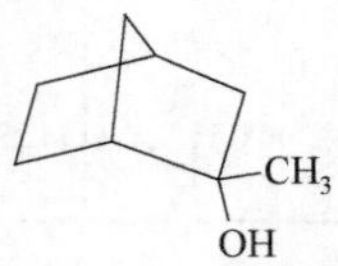 CH_3, OH	999	1496	1636

续表

I 固定液 化合物	SE-30	PEG-20M	EGSSX	I 固定液 化合物	SE-30	PEG-20M	EGSSX
$COOCH_3$ H	1230	1643	1839	$COOCH_3$ H	1268	1635	1809
$COOCH_3$ H	1262	1639	1822	OH H	—	1667	1800
H $COOCH_3$	1245	1685	1896	H $COOCH_3$	1265	1620	1801
H $COOCH_3$	1268	1643	1820	H OH	—	1687	1830
$COOCH_3$ CH_3	1254	1614	1789	$COOCH_3$ CH_3	1302	1624	1783
$COOCH_3$ CH_3	1291	1623	1790	OH CH_3	1133	1574	1719
CH_3 $COOCH_3$	1270	1658	1846	CH_3 $COOCH_3$	1303	1624	1784
CH_3 $COOCH_3$	1295	1631	1800	CH_3 OH	1146	1600	1755

表 18-57 芳香酯保留指数[44]

柱 温：200℃

I 固定液 / 化合物	SE-30	OV-25	QF-1	Silar-10C
苯甲酸甲酯	1101	1380	1596	2200
苯甲酸乙酯	1171	1440	1559	2233
苯甲酸丙酯	1268	1533	1629	2319
苯甲酸丁酯	1365	1630	1738	2415
丙酸苯酯	1151	1429	1579	2328
丁酸苯酯	1245	1512	1659	2395
戊酸苯酯	1343	1611	1748	2492
己酸苯酯	1440	1709	1862	2584
异丁酸苯酯	1196	1449	1606	2285
异戊酸苯酯	1293	1551	1696	2400
苯乙酸甲酯	1170	1480	1562	2381
苯乙酸乙酯	1229	1530	1607	2394
苯乙酸丙酯	1325	1620	1693	2457
苯乙酸丁酯	1420	1710	1788	2540
苯乙酸戊酯	1516	1807	1882	2626
苯乙酸己酯	1610	1896	1976	2713
苯乙酸异丙酯	1266	1536	1633	2315
苯乙酸异丁酯	1378	1652	1744	2462
苯乙酸异戊酯	1477	1756	1853	2565
乙酸苯甲酯	1154	1450	1557	2330
丙酸苯甲酯	1245	1537	1620	2380
丁酸苯甲酯	1337	1622	1700	2442
己酸苯甲酯	1531	1807	1893	2618
异丁酸苯甲酯	1288	1557	1636	2330
异戊酸苯甲酯	1382	1651	1745	2437

表 18-58 苯甲酸酯保留指数（一）[12]

固定液：SE-30

I 柱温/℃ / 化合物	140	160	180	200	220	240
苯甲酸苄酯	1712	1725	1741	1756	1771	1789
苯甲酸-(±)-1-苯乙基酯	1733	1744	1760	1771	1784	1796
苯甲酸-2-苯乙基酯	1796	1809	1825	1836	1849	1863
2-氯苯甲酸苄酯	1867	1883	1900	1914	1929	1944
2-氯苯甲酸-(±)-1-苯乙基酯	1882	1897	1919	1924	1937	1949
2-氯苯甲酸-2-苯乙基酯	1953	1969	1989	2006	2020	2037
3-氯苯甲酸苄酯	1866	1880	1897	1912	1926	1942
3-氯苯甲酸-(±)-1-苯乙基酯	1880	1894	1910	1923	1936	1949
3-氯苯甲酸-2-苯乙基酯	1945	1962	1978	1993	2007	2024
4-氯苯甲酸苄酯	1866	1881	1899	1914	1928	1944
4-氯苯甲酸-(±)-1-苯乙基酯	1881	1895	1911	1925	1938	1952
4-氯苯甲酸-2-苯乙基酯	1950	1966	1985	2000	2017	2034
五氟苯甲酸苄酯	1573	1578	1583	1589	—	—
五氟苯甲酸-(±)-1-苯乙基酯	1594	1597	1601	1605	—	—
五氟苯甲酸-2-苯乙基酯	1662	1667	1674	1680	—	—
4-硝基苯甲酸苄酯	—	2071	2087	2106	2121	2141
4-硝基苯甲酸-(±)-1-苯乙基酯	—	2084	2103	2119	2137	2155
4-硝基苯甲酸-2-苯乙基酯	—	2156	2169	2189	2211	2230
3,5-二硝基苯甲酸苄酯	—	2309	2325	2342	2357	2377
3,5-二硝基苯甲酸-(±)-1-苯乙基酯	—	2310	2327	2344	2358	2377
3,5-二硝基苯甲酸-2-苯乙基酯	—	2383	2399	2420	2439	2460

表 18-59 苯甲酸酯保留指数（二）[12]

固定液：OV-351

化合物 \ 柱温/℃ I	160	180	200	220	化合物 \ 柱温/℃ I	160	180	200	220
苯甲酸苄酯	2547	2576	2607	2636	3-氯苯甲酸-2-苯乙基酯	2810	2841	2873	2905
苯甲酸-(±)-1-苯乙基酯	2504	2530	2558	2583	4-氯苯甲酸苄酯	2740	2772	2801	2832
苯甲酸-2-苯乙基酯	2621	2652	2682	2712	4-氯苯甲酸-(±)-1-苯乙基酯	2699	2723	2749	2773
2-氯苯甲酸苄酯	2799	2833	2869	2905	4-氯苯甲酸-2-苯乙基酯	2814	2844	2875	2906
2-氯苯甲酸-(±)-1-苯乙基酯	2760	2786	2814	2839	五氟苯甲酸苄酯	2172	2180	2191	2200
2-氯苯甲酸-2-苯乙基酯	2894	2927	2959	2994	五氟苯甲酸-(±)-1-苯乙基酯	2130	2149	2170	2190
3-氯苯甲酸苄酯	2737	2768	2797	2831	五氟苯甲酸-2-苯乙基酯	2259	2265	2271	2276
3-氯苯甲酸-(±)-1-苯乙基酯	2692	2717	2745	2771					

表 18-60 甲氧基苯甲酸甲酯保留指数[45]

柱 温：195℃

化合物 \ 固定液 I	Apiezon L	邻甲氧基苯甲酸对十二烷基苯基酯	间甲氧基苯甲酸对十二烷基苯基酯	对甲氧基苯甲酸对十二烷基苯基酯
苯	685	773	715	732
苯甲醚	957	1067	989	1006
苯甲酸甲酯	1093	1349	1282	1296
邻甲氧基苯甲酸甲酯	1451	1686	1577	1581
间甲氧基苯甲酸甲酯	1419	1622	1555	1545
对甲氧基苯甲酸甲酯	1482	1687	1606	1650

表 18-61 甲苯甲酸甲酯保留指数[45]

柱 温：174℃

化合物 \ 固定液 I	聚乙烯	苯甲酸对十一烷基苯基酯	邻甲苯甲酸对十一烷基苯基酯	间甲苯甲酸对十一烷基苯基酯	对甲苯甲酸对十一烷基苯基酯
苯	703	750	748	746	746
甲苯	820	858	856	855	855
苯甲酸甲酯	1119	1223	1214	1219	1220
邻甲苯甲酸甲酯	1203	1299	1294	1293	1298
间甲苯甲酸甲酯	1230	1336	1331	1330	1331
对甲苯甲酸甲酯	1238	1343	1342	1340	1343

第三节 酮、醛与醚的保留指数

表 18-62 酯和酮保留指数[46]

柱 温：150℃

I 固定液 / 化合物	SE-30	OV-7	DC-710	100%苯基硅油	DC-230	DC-530	XE-60	F-400	F-500	OV-225	QF-1	Silar 5CP	XF-1150
乙酸甲酯	509	559	609	732	519	569	737	617	672	759	772	850	894
乙酸乙酯	592	648	690	803	599	642	815	687	742	835	855	923	927
乙酸丙酯	695	755	796	895	704	747	920	796	845	932	960	1013	1040
乙酸丁酯	794	855	895	991	810	846	1022	899	945	1030	1064	1116	1135
乙酸戊酯	891	958	996	1081	914	942	1122	999	1045	1132	1169	1212	1227
乙酸己酯	988	1056	1092	1174	1012	1040	1221	1098	1143	1229	1267	1303	1313
2-丙酮	459	538	574	729	499	672	773	626	672	798	813	907	946
2-丁酮	569	652	690	825	608	770	883	727	770	897	903	994	1043
2-戊酮	673	746	786	889	706	858	971	817	858	984	1006	1078	1131
2-己酮	778	848	892	1002	811	969	1080	926	969	1081	1116	1187	1237
2-庚酮	875	949	988	1094	913	1068	1178	1039	1068	1179	1219	1288	1341
2-辛酮	977	1048	1086	1191	1010	1169	1276	1128	1169	1273	1321	1388	1441
丙酮酸甲酯	701	807	873	994	739	948	1125	873	948	1129	1142	1288	1360
丙酮酸乙酯	774	882	941	1057	815	1029	1181	956	1029	1182	1216	1341	1407
丙酮酸丙酯	870	971	1028	1135	906	1112	1265	1039	1112	1265	1308	1425	1491
丙酮酸丁酯	968	1066	1120	1227	1003	1207	1359	1132	1207	1358	1409	1521	1589
丙酮酸戊酯	1067	1162	1212	1319	1100	1305	1455	1228	1305	1451	1508	1617	1688
丙酮酸己酯	1164	1258	1304	—	1194	—	—	—	—	—	—	1711	1784
2,3-丁二酮	555	642	690	843	586	744	900	699	744	902	903	1005	1067
2,3-戊二酮	667	749	798	—	702	848	993	800	848	1002	1002	1118	1169
2,3-己二酮	764	839	885	959	795	941	1076	889	941	1075	1092	1194	1255
2,3-辛二酮	968	1041	1085	1178	1004	1142	1276	1086	1142	1273	1304	1395	1454
2,4-戊二酮	779	874	931	1068	819	998	1186	933	998	1177	1163	1340	1415
2,5-己二酮	906	1037	1110	1286	966	1201	1366	1117	1201	1370	1456	1600	1641
3,5-庚二酮	977	1064	1113	1224	1015	1181	1423	1115	1181	1413	1338	1589	1594
4,4-壬二酮	1152	1228	1268	1377	1183	1341	1509	1275	1341	1485	1493	1647	1720

表 18-63 C_3～C_{10} 酮保留指数[47]

固定液	Apiezon M		邻苯二甲酸二壬酯		聚己二酸乙二醇酯		*β,β'*-氧二丙腈
I 柱温/℃ / 化合物	50	125	50	125	50	125	50
丙酮	484	583	898	480	606	856	1124
丁酮	581	688	981	578	694	930	1193
戊酮	670	776	1059	667	778	1005	1254
己酮	771	883	1159	767	878	1104	1340
庚酮	871	983	1259	867	979	1198	1420
辛酮	971	1083	1359	—	—	—	—
壬酮	1071	1183	1458	—	—	—	—
癸酮	1271	1383	1655	—	—	—	—

表 18-64　萘满酮与香豆素保留指数[48]

柱　温：170℃

化合物 \ *I* 固定液	OV-17	Apiezon L	化合物 \ *I* 固定液	OV-17	Apiezon L
环己烷	757	—	*α*-萘满酮	1645	1458
甲基环己烷	793	—	2-甲基-1-萘满酮	1667	1492
苯	774	—	1-甲基-2-萘满酮	1669	1479
甲苯	887	—	二氢香豆素	1682	1434
环己酮	1080	—	4-甲基-1-萘满酮	1688	1514
甲氧基苯	1085	—	香豆素	1758	1521
四氢-4H-吡喃-4-酮	1088	—	6-甲基香豆素	1863	1618
δ-戊内酯	1107	—	7-甲氧基-1-萘满酮	1897	1666
2-甲基环己酮	1119	—	7-甲氧基-2-萘满酮	1903	1680
4-甲基环己酮	1144	—	5-甲氧基-1-萘满酮	1905	1690
3-甲基环己酮	1155	—	6-甲氧基-2-萘满酮	1910	1711
四氢萘	1348	—	6-甲氧基-1-萘满酮	1970	1820
2-香豆满酮	1501	1289	7-甲氧基香豆素	2056	1798
4-色满酮	1621	1390	4-甲氧基香豆素	2085	1844
β-萘满酮	1625	1503	7-甲氧基-4-甲基香豆素	2214	2021

表 18-65　吡任哚并[1,2*α*]嘧啶-4-酮衍生物保留指数[49]

柱　温：220℃

化合物 \ *I* 固定液	R^1	R^2	R^3	OV-1	OV-17	OV-25
	H	H	H	1577.4	1596.2	2124
	CH_3	H	H	1648.2	2038.5	2189
	H	H	CH_3	1636.4	1993.6	2150
	H	CH_3	H	1638.1	2004.0	2161
	CH_3	H	CH_3	1707.3	2056.7	2214
	H	CH_3	CH_3	1694.2	2040.5	2198
	CH_3	H	C_2H_5	1751.0	2087.9	2245
	C_2H_5	H	CH_3	1787.9	2137.0	2292
	H	C_2H_5	CH_3	1766.0	2101.1	2255
	CH_3	C_2H_5	CH_3	1821.3	2145.4	2297
	C_2H_5	CH_3	CH_3	1839.2	2170.6	2325
	CH_3	C_3H_7	H	1853.5	2199.2	2358
	CH_3	C_3H_7	CH_3	1895.6	2219.7	2374
	H	H	H	1581.4	1964.8	2128
	H	H	CH_3	1578.2	1931.4	2081
	CH_3	H	CH_3	1656.1	2008.5	2159
	H	CH_3	CH_3	1636.3	1976.3	2121
	CH_3	C_2H_5	CH_3	1753.1	2088.2	2241

表 18-66 C_2～C_{10}醛保留指数[47]

固定液	Apiezon M		邻苯二甲酸二壬酯		聚己二酸乙二醇酯		β,β'-氧二丙腈
I 柱温/℃ 化合物	50	125	50	125	50	125	50
乙醛	387	473	770	377	468	730	968
丙醛	482	582	859	482	602	816	1057
丁醛	579	681	947	577	683	898	1136
戊醛	686	788	1054	679	785	998	1228
己醛	788	892	1156	780	886	1097	1313
庚醛	888	995	1257	880	986	1194	1395
辛醛	988	1097	1357	—	—	—	—
壬醛	1089	1197	1457	—	—	—	—
癸醛	1189	1295	1555	—	—	—	—

表 18-67 醛与酮的保留指数（一）[1]

柱 温：150℃

I 固定液 化合物	XF-1150	OV-105	OV-225	Silar 5CP	Silar 7CP	Silar 9CP	Silar 10C	OV-275
甲醛	825	898	655	697	882	983	1041	1027
乙醛	820	820	624	775	871	913	951	989
丙醛	921	933	761	878	975	1040	1084	1075
丁醛	1030	1040	869	966	1076	1140	1179	1175
戊醛	1150	1155	978	1075	1189	1255	1290	1292
己醛	1255	1261	1086	1182	1297	1365	1405	1388
庚醛	1357	1364	1188	1289	1401	1466	1504	1483
丙酮	966	977	786	854	995	1090	1137	1116
甲乙酮	1062	1072	890	995	1115	1188	1233	1217
甲丙酮	1149	1156	978	1077	1198	1212	1330	1300
甲丁酮	1266	1269	1080	1186	1306	1372	1425	1395
甲戊酮	1366	1370	1183	1288	1408	1479	1520	1490
甲己酮	1472	1476	1283	1391	1508	1580	1619	1536
甲异丁酮	1179	1184	1014	1108	1221	1291	1331	1314

表 18-68 醛与酮的保留指数（二）[1]

柱 温：150℃

I 固定液 化合物	角鲨烷	SE-30	OV-7	OV-17	OV-22	OV-25	QF-1	XE-60
甲醛	187	229	180	401	414	333	291	607
乙醛	323	367	423	512	482	460	638	626
丙醛	430	479	537	606	603	604	756	762
丁醛	537	574	646	693	711	735	869	862
戊醛	642	688	757	806	827	846	987	987
己醛	746	788	857	505	926	947	1098	1092

续表

I 固定液 / 化合物	角鲨烷	SE-30	OV-7	OV-17	OV-22	OV-25	QF-1	XE-60
庚醛	848	889	957	1004	1026	1047	1197	1195
丙酮	412	465	534	592	603	637	808	736
甲乙酮	528	574	641	696	707	749	903	884
甲丙酮	623	666	733	783	804	839	995	983
甲丁酮	730	773	839	888	910	937	1106	1093
甲戊酮	829	873	939	986	1011	1040	1208	1193
甲己酮	929	978	1042	1089	1111	1140	1314	1297
甲异丁酮	582	727	785	830	845	878	1051	1028

表 18-69 羰基化合物保留指数[50]

固定液	OV-3		OV-7		固定液	OV-3		OV-7	
I 柱温/℃ / 化合物①	205	245	205	245	I 柱温/℃ / 化合物①	205	245	205	245
甲醛	2070	2137	2174	2251	2-甲基-5-己酮	2584	2628	2659	—
乙醛	2198	2251	2302	2370	肉桂醛	—	2651	—	—
2-丙酮	2272	2333	2363	—	2-甲基-1-己烯-5-酮	2610	2664	2700	—
丙醛	2290	2336	2385	2438	2-甲基-5-庚酮	—	2727	—	—
丙烯醛	2279	2344	2385	—	2-己醛	—	2704	—	2815
2-甲基丙醛	2312	2354	—	—	庚醛	2666	2706	2763	2814
三甲基乙醛	2327	2357	—	—	呋喃-3-醛	2657	2724	—	—
2-丁酮	2356	2417	2437	—	呋喃-2-醛	2661	2723	2780	—
丁醛	2378	2428	2472	2522	苯基乙醛	—	2781	—	—
异亚丙基丙酮	—	2443	—	—	2-甲基-2-庚烯-6-酮	2706	2743	2792	2839
3-甲基-2-丁酮	2386	2448	—	—	辛醛	2763	2802	2859	2910
3-戊酮	2399	2455	2490	—	壬醛	2857	2897	2955	3004
3-甲基丁醛	2410	2451	—	—	乙基苯基酮	—	2916	—	—
丁二酮	2411	2460	—	—	苯甲醛	—	2927	2982	—
2-戊酮	2423	2470	2510	—	香茅醛	—	2937	—	—
2,2-二甲基-3-丁酮	2433	2476	—	—	苯乙酮	—	2994	—	3098
3-羟基-2-丁酮	—	2509	—	—	癸醛	2951	2994	3050	3096
3-甲基-3-丁烯-2-酮	2450	2490	2531	—	柠檬醛	—	2998	3053	3100
2-丁醛	—	2519	2507	—	2-十一烷酮	2988	3035	3076	—
4-甲基-2-戊酮	2468	2526	—	—	香芹酮	—	3044	3078	3152
戊醛	2472	2513	2569	2624	十一醛	3052	3099	3154	3202
2-乙基丁醛	2487	2533	—	—	十二醛	—	3202	—	—
2-己酮	2527	2578	2607	—	对茴香醛	—	3243	—	—
己醛	2568	2611	2666	2719	十三醛	—	3302	—	—

① 2,4-二硝基苯腙的衍生物。

表 18-70 C_1～C_4烷基叔丁基醚保留指数[51]

固定液	聚二甲基硅氧烷			聚氰基丙基甲基硅氧烷		
柱温/℃	90	100		70	80	
化合物 \ 保留指数	*I*		$10\left(\frac{\partial I}{\partial T}\right)$	*I*		$10\left(\frac{\partial I}{\partial T}\right)$
甲基叔丁基醚	562.7	563.7	1.0	596.6	598.9	2.3
乙基叔丁基醚	612.0	612.7	0.7	639.8	640.1	0.3
异丙基叔丁基醚	643.5	644.6	1.1	684.4	685.4	1.0
正丙基叔丁基醚	704.0	704.4	0.4	729.5	729.8	0.3
异丁基叔丁基醚	748.8	750.2	1.4	778.3	779.7	1.4
正丁基叔丁基醚	796.0	796.2	0.2	819.4	819.8	0.4

表 18-71 烷基叔丁基醚保留指数[52]

固定液：Carbowax 1540

I 化合物 \ 柱温/℃	40	60	80	100	120
甲基叔丁基醚	712	713	712	—	—
乙基叔丁基醚	712	713	712	—	—
异丙基叔丁基醚	739	739	737	—	—
正丙基叔丁基醚	764	766	763	—	—
烯丙基叔丁基醚	876	870	868	—	—
异丁基叔丁基醚	798	800	800	—	—
仲丁基叔丁基醚	830	832	829	—	—
正丁基叔丁基醚	867	868	866	866	871
正戊基叔丁基醚	—	—	965	965	966
正己基叔丁基醚	—	—	1065	1067	1067
环己基叔丁基醚	—	1152	1150	1151	1152
正庚基叔丁基醚	—	—	1165	1168	1165
正辛基叔丁基醚	—	—	1266	1267	1267

表 18-72 醚保留指数[53]

柱　温：120℃

I 化合物 \ 固定液	SE-30	DC-550	QF-1	Carbowax 20M	XF-1150
二丁基醚	691	776	726	794	809
二烯丙基醚	593	631	656	771	773
二丙基醚	687	708	708	773	785
二异丙基醚	593	611	617	652	646
叔丁基异丙基醚	665	678	699	720	725
二戊基醚	1076	1104	1143	1165	1189
二异戊基醚	1002	1021	1067	1063	1094
乙基乙烯基醚	499	531	560	677	659
丁基乙烯基醚	695	731	778	858	880
异丁基乙烯基醚	655	684	736	800	806
2-乙基-1-己基乙烯基醚	1036	1064	1126	1179	1198
乙二醇二甲基醚	646	706	814	918	970
乙二醇二丁基醚	1160	1213	1278	1359	1387

表 18-73　乙二醇醚保留指数[54]

固定液	NPGS		Apiezon L		固定液	NPGS		Apiezon L	
化合物 \ I \ 柱温/℃	140	170	140	170	化合物 \ I \ 柱温/℃	140	170	140	170
乙二醇甲醚	1098	1150	534	744	四甘醇丙醚	—	2099	1557	1555
二甘醇甲醚	1474	1398	826	907	乙二醇丁醚	1316	1326	826	887
三甘醇甲醚	1833	1700	1114	1150	二甘醇丁醚	1668	1626	1109	1139
四甘醇甲醚	—	1980	1413	1416	三甘醇丁醚	2020	1892	1379	1396
乙二醇乙醚	1148	1219	622	718	四甘醇丁醚	—	2168	1651	1655
二甘醇乙醚	1492	1500	900	951	乙二醇单异丙醚	1154	—	652	—
三甘醇乙醚	1850	1771	1183	1198	乙二醇单异丁醚	1234	—	789	—
四甘醇乙醚	—	2048	1458	1463	乙二醇单异戊醚	1296	—	892	—
乙二醇丙醚	1223	1272	723	819	乙二醇	1430	1432	634	652
二甘醇丙醚	1573	1558	1002	1046	二甘醇	1782	1707	900	625
三甘醇丙醚	1926	1823	1283	1299	三甘醇	2132	1983	1143	1177

表 18-74　红茶中二烯醛类化合物的保留指数[55]

固定相：DB-WAX　　　柱　温：40℃→210℃，5℃/min

化合物	保留指数	化合物	保留指数
2,4-己二烯醛(异构体)	1406	(*E*,*E*)-2,4-辛二烯醛	1601
(*E*,*E*)-2,4-己二烯醛	1414	2,4-壬二烯醛(异构体)	1668
2,4-庚二烯醛(异构体)	1471	(*E*,*E*)-2,4-壬二烯醛	1712
(*E*,*E*)-2,4-庚二烯醛	1506	(*E*,*E*)-2,4-癸二烯醛(异构体)	1770
2,4-辛二烯醛(异构体)	1569	(*E*,*E*)-2,4-癸二烯醛	1820

第四节　多种含氧化合物的保留指数

表 18-75　对苯醌保留指数（一）[56]

固定液	SE-30						OV-17								
柱温/℃	180	190	200	210	220	$10\left(\frac{\partial I}{\partial T}\right)$	140	150	160	170	180	190	200	210	$10\left(\frac{\partial I}{\partial T}\right)$
化合物 \ 保留指数	*I*						*I*								
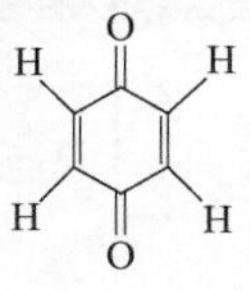 (structure: O, H, H, H, H, O)	905	912	919	923	—	0.60	1151	1156	1163	1169	1175	—	—	—	0.60
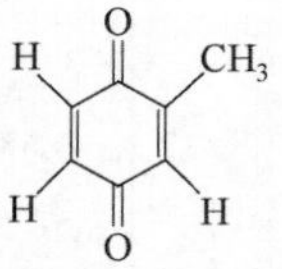 (structure: O, H, CH_3, H, H, O)	1008	1015	1018	1025	1031	0.58	—	1244	1250	1257	1260	—	—	1279	0.58

续表

固定液	SE-30						OV-17								
柱温/℃	180	190	200	210	220	$10\left(\frac{\partial I}{\partial T}\right)$	140	150	160	170	180	190	200	210	$10\left(\frac{\partial I}{\partial T}\right)$
化合物 \ 保留指数	I						I								
H_3C, CH_3, H, H, O, O	1113	1119	1125	1130	—	0.57	—	1338	1343	—	1354	—	1367	—	0.58
t-C_4H_9, t-C_4H_9, H, H, O, O	1468	1474	1480	—	1489	0.53	1609	—	1618	—	—	1633	1636	—	0.45
H, OCH_3, H, H, O, O	1220	1228	1234	1240	—	0.66	1560	1566	1573	—	1585	—	1600	—	0.67
CH_3O, OCH_3, H, H, O, O	1506	1515	1522	1530	—	0.80	—	—	1651	1658	1666	1675	1683	—	0.80
HOH_2C, H, H, OCH_3, O, O	1540	1549	1562	1573	—	1.10	—	—	—	—	1854	1869	1876	1885	1.03
O, O (naphthoquinone structure)	1410	1418	1427	1437	1444	0.85	—	—	1715	1724	1732	—	1757	—	1.05

表 18-76 对苯醌保留指数（二）[56]

固定液	聚苯醚					Ucon 50 LB 550X						
柱温/℃	160	170	180	190	$10\left(\frac{\partial I}{\partial T}\right)$	140	150	160	170	180	190	$10\left(\frac{\partial I}{\partial T}\right)$
化合物 \ 保留指数	I					I						
H, H, H, H, O, O	1287	1293	1299	1305	0.60	1241	1248	1256	1262	—	—	0.70
H, CH_3, H, H, O, O	1383	1390	1395	1400	0.57	1303	1310	1317	1323	1330	1337	0.68

续表

固定液	聚苯醚					Ucon 50 LB 550X						
柱温/℃	160	170	180	190	$10\left(\frac{\partial I}{\partial T}\right)$	140	150	160	170	180	190	$10\left(\frac{\partial I}{\partial T}\right)$
化合物＼保留指数	*I*					*I*						
H_3C, CH_3, H, H, O, O	1480	1485	1490	1496	0.53	1392	1400	1406	1411	1417	1422	0.60
t-C_4H_9, t-C_4H_9, H, H, O, O	1675	1682	1687	1692	0.57	1609	1613	1620	1626	1633	—	0.60
O, O	—	1883	1889	1903	1.00	—	1812	1827	1831	1848	1865	1.33

表 18-77　对苯醌保留指数（三）[56]

固定液	XE-60					Carbowax 20M					DEGS				
柱温/℃	180	190	200	210	$10\left(\frac{\partial I}{\partial T}\right)$	180	190	200	210	$10\left(\frac{\partial I}{\partial T}\right)$	160	170	180	190	$10\left(\frac{\partial I}{\partial T}\right)$
化合物＼保留指数	*I*					*I*					*I*				
H, H, H, H, O, O	1469	1486	1509	1527	1.93	1562	1570	1579	1587	0.83	1917	1954	1983	2016	3.30
H, CH_3, H, H, O, O	1545	1566	1588	1602	1.90	1616	1624	1633	1640	0.80	1959	1994	2023	2055	3.20
H_3C, CH_3, H, H, O, O	1632	1651	1671	1687	1.83	1681	1686	1695	1703	0.73	2014	2048	2084	2106	3.07
t-C_4H_9, t-C_4H_9, H, H, O, O	1826	1842	1858	1872	1.53	1809	1814	1820	1824	0.50	2036	2065	2098	2118	2.73
H, OCH_3, H, H, O, O	2001	2026	2043	2066	2.17	—	—	—	—	—	—	—	—	—	—

续表

固定液	XE-60					Carbowax 20M					DEGS				
柱温/℃	180	190	200	210	$10\left(\frac{\partial I}{\partial T}\right)$	180	190	200	210	$10\left(\frac{\partial I}{\partial T}\right)$	160	170	180	190	$10\left(\frac{\partial I}{\partial T}\right)$
化合物 \ 保留指数	I					I					I				
O, HOH$_2$C, H, H, OCH$_3$, O	2078	2099	2118	2145	2.23	—	—	—	—	—	—	—	—	—	—
O, O	2066	2093	2120	2146	2.67	2205	2216	2228	—	1.15	2544	2588	2645	2685	4.70

表 18-78 呋喃保留指数[57]

柱　温：100℃

化合物 \ I 固定液	SE-30	OV-101	OV-17	Carbowax-40M	化合物 \ I 固定液	SE-30	OV-101	OV-17	Carbowax-40M
2-甲基呋喃	593	595	678	850	2-甲基-5-甲酰呋喃	932	936	1142	1558
2,5-二甲基呋喃	695	697	778	939	3-甲基-2-甲酰呋喃	934	938	1144	1562
2,4-二甲基呋喃	704	706	788	949	3,5-二甲基-2-甲酰呋喃	1021	1021	1221	1660
3-甲酰呋喃	804	806	1016	1458	2-乙酰呋喃	889	887	1080	1498

表 18-79 C_4、C_5环氧化合物保留指数[58]

固定液：OV-101

柱温/℃	70	80	90	$10\left(\frac{\partial I}{\partial T}\right)$	柱温/℃	70	80	90	$10\left(\frac{\partial I}{\partial T}\right)$
化合物 \ 保留指数	I				化合物 \ 保留指数	I			
2-甲基-1,2-环氧丙烷	534.4	534.7	535.0	0.30	1,2-环氧戊烷	624.5	624.7	624.9	0.20
反-2,3-环氧丁烷	543.5	543.6	543.7	0.10	2-甲基-1,2-环氧丁烷	633.3	633.7	634.0	0.35
顺-2,3-环氧丁烷	572.6	573.1	573.6	1.00	反-2,3-环氧戊烷	654.9	655.0	655.1	0.10
1,2-环氧丁烷	587.0	587.4	587.8	0.40	顺-2,3-环氧戊烷	658.4	659.4	660.4	1.00
3-甲基-1,2-环氧丁烷	612.0	613.3	613.8	0.90	2-甲基-2,3-环氧丁烷	668.0	668.1	668.2	0.10

表 18-80 C_6环氧化合物保留指数（二）[59]

固定液：OV-101

柱温/℃	60	70	80	90	$10\left(\frac{\partial I}{\partial T}\right)$
化合物 \ 保温指数	I				
2,3-二甲基-2,3-环氧丁烷	681.4	681.6	681.9	682.2	0.27
反-4-甲基-2,3-环氧戊烷	695.9	696.2	696.3	696.6	0.22
2-甲基-2,3-环氧戊烷	700.3	700.6	700.9	701.4	0.36
顺-4-甲基-2,3-环氧戊烷	712.4	713.6	714.5	715.4	1.00

续表

柱温/℃ 保温指数 化合物	60	70	80	90	$10\left(\frac{\partial I}{\partial T}\right)$
	I				
2,3-二甲基-1,2-环氧丁烷	716.9	717.5	717.7	718.4	0.47
2-甲基-1,2-环氧戊烷	736.4	737.4	737.6	737.8	0.44
反-3,4-环氧己烷	737.7	737.4	737.6	737.8	0.03
反-2,3-环氧己烷	739.6	739.6	739.7	739.8	0.06
4-甲基-1,2-环氧戊烷	751.2	751.8	752.5	753.4	0.73
顺-3,4-环氧己烷	760.8	760.9	761.0	761.1	−0.10
顺-2,3-环氧己烷	762.2	766.4	766.7	766.9	0.23

表 18-81 单糖、二糖保留指数[60]

固定相：HP-5MS　　　　柱　温：50℃（2min）→280℃（20min），5℃/min

化合物	*I*	化合物	*I*
甲基-吡喃半乳糖苷	1858.67	麦芽酮糖（顺）	2848.35
果糖	1956.63	麦芽糖（顺）	2859.81
葡萄糖（顺）	1987.61	松二糖（反）	2876.05
葡萄糖（反）	2011.67	松二糖（顺）	2880.6
蔗糖	2711.14	麦芽糖（反）	2896.11
纤维二糖（顺）	2822.78	异麦芽酮糖（反）	2953.26
麦芽酮糖（反）	2846.07	异麦芽酮糖（顺）	2964.96

表 18-82 三环化合物保留指数[61]

柱　温：250℃

I　　固定液 化合物			Dexsil 300	Dexsil 400	Dexsil 410
结构式	X	取代基			
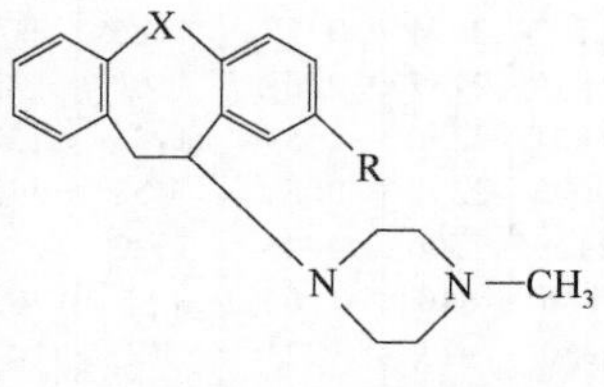	O	H	2524	2559	2494
	O	8-Cl	2606	2713	2620
	O	8-CH_3	2557	2586	2533
	O	8-SCH_3	2961	2998	2797
	Se	H	2768	2829	2697
	Se	8-Cl	2920	3009	2853
	CH_2	H	2550	2578	2530
	CH_2	8-Cl	2726	2778	2678

表 18-83 部分含氧化合物保留指数（一）[62]

柱　温：120℃

I　　固定液 化合物	Zonyl E 7	PEG 1540	三氰基乙氧基丙烷	聚苯醚六环	DEGS	*I*　　固定液 化合物	Zonyl E 7	PEG 1540	三氰基乙氧基丙烷	聚苯醚六环	DEGS
甲醇	657	916	1228	522	1062	1-丁醇	944	1164	1473	820	1311
乙醇	704	933	1238	587	1083	异丁醇	897	1104	1396	772	1242
1-丙醇	823	1045	1353	703	1188	2-丁醇	867	1023	1312	737	1169
异丙醇	741	916	1201	613	1057	叔丁醇	816	909	1198	654	1056
烯丙醇	832	1112	1452	715	1284	1-戊醇	1055	1271	1582	929	1427

续表

I 固定液 化合物	Zonyl E 7	PEG 1540	三氰基乙氧基丙烷	聚苯醚六环	DEGS
戊醇（ACTG）	1010	1220	1514	886	1361
异戊醇	1025	1229	1529	885	1375
叔戊醇	917	1014	1298	771	1163
环戊醇	1085	1337	1677	996	1518
1-己醇	1160	1383	1691	1032	1544
反-2-己醇	1167	1416	1757	1046	1601
2-己醇	1090	1241	1531	950	1386
3-己醇	1065	1212	1497	941	1357
2-甲基-2-戊醇	1022	1110	1393	868	1255
3-甲基-3-戊醇	1038	1132	1427	900	1289
1-庚醇	1262	1489	1794	1138	1648
反-2-庚醇	1278	1530	1880	1163	1737
1-辛醇	1370	1590	1902	1241	1766
反-2-辛醇	1383	1639	1979	1262	1832
顺,顺-2,6-二甲基环己醇	1235	1423	1714	1168	1583
顺,反-2,6-二甲基环己醇	1297	1492	1826	1219	1687
反,反-2,6-二甲基环己醇	1272	1440	1757	1173	1614
2-甲基-2-庚醇	1222	1310	1582	1065	1455
3-甲基-3-庚醇	1220	1307	1584	1078	1456
1-壬醇	1478	1712	2012	1350	1855
1-癸醇	1571	1796	2102	1439	1959
α-萜品醇（DL）	1526	1709	2100	1426	1968
1-十一醇	1702	1919	2234	1569	2088
1-十二醇	1813	2028	2345	1678	2208
环外乙基葑醇	1560	1678	2010	1480	1890
乙醛	738	742	1073	541	914
丙醛	830	825	1170	656	988
丙烯醛	842	864	1226	659	1053
丁醛	933	909	1263	753	1078
异丁醛	887	834	1173	706	992
反-2-丁烯醛	1096	1086	1517	870	1305
异戊醛	1002	948	1290	813	1103
糠醛	1358	1495	2037	1135	1816
己醛	1149	1113	1473	966	1294
反-2-己烯醛	1315	1276	1713	1077	1502
庚醛	1249	1226	1573	1066	1398
反-2-庚烯醛	1400	1365	1795	1172	1600
辛醛	1345	1311	1668	1167	1504
反-2-辛醛	1287	1447	1729	1154	1603
苯甲醛	1452	1564	2076	1272	1865
水杨醛	1521	1683	2194	1356	2050
丙酮	904	839	1239	652	1034
2-丁酮	993	932	1329	764	1121
丁二酮	1001	999	1408	772	1220
2-戊酮	1092	1030	1424	857	1230
环戊酮	1270	1258	1748	1050	1509
2-己酮	1195	1123	1512	966	1302
3-己酮	1149	1084	1456	945	1259
环己酮	1384	1365	1865	1160	1623
2-庚酮	1293	1225	1612	1061	1411
环庚酮	1491	1479	1990	1286	1760
2-辛酮	1400	1332	1718	1165	1524
环辛酮	1600	1590	2111	1404	1889
苯乙酮	1612	1684	2243	1387	2018
2-壬酮	1498	1427	1818	1264	1622
环壬酮	1710	1702	2232	1521	2009
2-癸酮	1597	1526	1915	1366	1735
环癸酮	1820	1812	2353	1639	2142
香芹酮	1752	1747	2154	1566	2063
2-十一酮	1696	1619	2012	1469	1818
环十一酮	1931	1923	2474	1757	2269
2-十二酮	1799	1717	2109	1571	1916
环十二酮	2040	2035	2595	1875	2396
环十三酮	2151	2145	2716	1994	2522
环十四酮	2261	2256	2837	2111	2649
乙醚	658	627	750	574	768
丁醚	984	974	1099	936	1034
呋喃	695	805	1040	628	964
1,4-二噁烷	1106	1108	1528	924	1347
2-乙酰基-3-甲基呋喃	1579	1618	2166	1305	1891
2-乙酰基-5-甲基呋喃	1612	1641	2211	1319	1951
2-丙基-3-甲基呋喃	1479	1566	1987	1300	1801
2,4,5-三甲基噁唑	1231	1242	1595	1044	1465
苯甲醚	1251	1333	1785	1150	1618
对丙烯基茴香醚	1702	1828	2326	1567	2155
1,8-桉树脑	1251	1249	1506	1178	1406
乙酸	1035	1425	1823	734	1680
丙酸	1150	1546	1914	886	1764
丁酸	1235	1618	1994	985	1848
异丁酸	1206	1572	1908	945	1773
3-丁烯酸	1248	1738	2140	983	1991
α-甲基丁酸	1345	1674	2012	1094	1891
戊酸	1371	1749	2099	1108	1954
异戊酸	1302	1664	2016	1042	1877
己酸	1483	1858	2191	1233	1963
异己酸	1417	1779	2128	1148	1877
庚酸	1595	1966	2283	1358	2059
辛酸	1707	2074	2375	1483	2147
壬酸	1819	2182	2467	1608	2236
癸酸	1931	2290	2559	1733	2333
十一酸	2043	2398	2651	1858	2426
十二酸	2155	2506	2744	1982	2519
乙酸甲酯	886	840	1164	666	1026
乙酸乙酯	960	913	1221	751	1078
丙酸甲酯	955	929	1241	770	1099
甲酸丙酯	950	932	1260	762	1112
乙酸丙酯	1054	984	1298	844	1152
乙酸丁酯	1170	1110	1422	958	1271
丁酸丙酯	1218	1145	1446	1024	1297
乙酸戊酯	1269	1209	1513	1058	1369
乙酸异戊酯	1231	1147	1446	1010	1304
异丁酸-异丁酯	1226	1119	1371	1012	1238
水杨酸甲酯	1237	1497	1807	1069	1760
异戊酸异戊酯	1432	1325	1592	1217	1464
乙酸苯酯	1651	1749	2344	1378	2082
苯甲酸甲酯	1594	1924	2502	1442	2290
乙酸-2-乙氧基乙基酯	1358	1333	1776	1112	1573

表 18-84 部分含氧化合物保留指数（二）[63]

固定液：Carbowax 1540+KOH（99+1）

化合物 \ I 柱温/℃	70	81	90	126	化合物 \ I 柱温/℃	70	81	90	126
丙醇	1044.9	1039.5	1039.3	1049.4	丁酸乙酯	1042.4	1043.1	1044.3	1049.4
丁醇	1151.3	1149.7	1149.6	1156.2	戊酸乙酯	1140.2	1141.1	1142.9	1147.3
戊醇	1256.3	1256.2	1258.1	1261.8	己酸乙酯	1235.2	1263.3	1240.6	1245.3
己醇	1357.7	1359.1	1363.1	1360.9	庚酸乙酯	1331.8	1337.2	1341.2	1344.1
庚醇	1463.4	1464.4	1470.4	1467.1	辛酸乙酯	1428.5	1432.5	1440.8	1442.1
辛醇	1567.7	1569.1	1577.2	1571.6	壬酸乙酯	1524.3	1530.4	1539.3	1540.4
壬醇	1672.1	1673.8	1684.1	1675.1	癸酸乙酯	1620.4	1628.0	1637.1	1638.1
癸醇	1776.4	1778.5	1790.8	1779.2	丁酸正丙酯	1127.9	1129.8	1131.6	1137.9
丁醛	890.6	889.0	900.0	917.9	戊酸正丙酯	1223.0	1227.8	1229.5	1234.3
戊醛	992.7	998.1	1000.1	1017.3	己酸正丙酯	1316.7	1320.0	1325.7	1330.9
己醛	1092.4	1097.4	1101.5	1112.5	庚酸正丙酯	1412.9	1420.7	1425.3	1427.5
庚醛	1191.7	1195.8	1202.1	1291.0	辛酸正丙酯	1508.3	1513.4	1523.4	1524.0
辛醛	1292.6	1300.3	1303.7	1315.8	壬酸正丙酯	1602.2	1612.3	1620.9	1620.6
壬醛	1391.9	1400.6	1405.5	1415.3	癸酸正丙酯	1698.0	1708.7	1718.9	1716.7
癸醛	1492.2	1504.1	1505.9	1515.2	丁酸正丁酯	1220.2	1223.4	1227.1	1231.3
丁酸甲酯	994.0	994.5	996.9	999.1	戊酸正丁酯	1314.2	1319.3	1323.4	1328.8
戊酸甲酯	1094.0	1094.9	1096.2	1101.4	己酸正丁酯	1407.1	1411.5	1419.5	1422.4
己酸甲酯	1190.6	1192.5	1197.2	1205.9	庚酸正丁酯	1501.6	1511.5	1513.3	1520.2
庚酸甲酯	1287.8	1292.6	1297.4	1302.4	辛酸正丁酯	1596.4	1605.5	1615.3	1616.7
辛酸甲酯	1385.5	1389.2	1397.5	1402.0	壬酸正丁酯	1689.8	1701.2	1710.2	1712.9
壬酸甲酯	1482.7	1489.0	1497.6	1502.0	癸酸正丁酯	1783.8	1796.8	1807.2	1809.1
癸酸甲酯	1580.0	1587.5	1596.4	1600.4					

表 18-85 部分含氧化合物保留指数（三）[64]

柱 温：50℃

化合物 \ I 固定液	Ucon LB-550X	癸二酸二乙基己基酯	角鲨烷	PEG 1540	化合物 \ I 固定液	Ucon LB-550X	癸二酸二乙基己基酯	角鲨烷	PEG 1540
乙基乙烯基醚	563	537	475	690	甲缩醛	589	548	472	751
二甲基醚	405	366	325	—	二甲基乙缩醛	660	621	547	815
乙醛	499	449	339	721	甲酸乙酯	623	570	463	843
甲酸甲酯	543	485	376	778	甲醇	644	536	438	932
二乙基醚	—	520	478	632	乙醇	696	599	435	968
甲基异丙基醚	567	541	482	696	丙酮二甲基乙缩醛	711	675	615	842
丙醛	591	550	443	810	甲酸正丙酯	724	674	564	937
丙酮	601	558	437	840	4-甲基-1,2-二噁茂烷	757	708	603	985
乙酸甲酯	631	575	472	847	碳酸二甲酯	743	685	556	1008

表 18-86 部分含氧化合物保留指数（四）[65]

固定液：PEG-20M 柱 温：75℃

化合物	I	化合物	I	化合物	I
乙醛	633	二丙酮醇	817	甲醇	1009
丙醛	768	丙烯醛	870	乙醇	1108
丙酮	808	丁酮	982	苯	1201

表 18-87 部分含氧及其他化合物保留指数[66]

固定液：OV-17

I 柱温/℃ 化合物	90	120	150	I 柱温/℃ 化合物	90	120	150	I 柱温/℃ 化合物	90	120	150
二氯甲烷	717	724	717	戊醛	798	800	800	己酸甲酯	1019	1020	1019
三氯甲烷	742	757	761	丁烯醛	785	780	775	庚醛	1007	1008	1008
二甲基呋喃	671	665	668	2,3-戊二酮	803	796	791	己醇	965	975	964
丁醛	686	685	683	甲苯	870	882	903	丙基苯	1058	1070	1087
四氯化碳	636	642	640	丁酸甲酯	812	813	810	甲基丙烯酸丁酯	1080	1089	1073
丙酸甲酯	714	718	712	丁醇	754	762	746	2-辛酮	1102	1098	1112
3-丁烯-2-酮	696	686	683	甲基丙烯酸乙酯	884	891	868	庚醇	1067	1069	1067
苯	762	772	800	2-氯乙醇	829	825	820	丁基苯	1157	1171	1186
二氢吡喃	797	800	805	己醛	903	904	903	戊醚	1125	1118	1127
2,3-丁二酮	688	679	683	5-己烯-2-酮	894	893	892	辛酸甲酯	—	1224	1220
丙醚	717	706	717	戊醇	862	870	854	辛醇	—	1184	1173
丁基乙烯基醚	752	737	728	间二甲苯	975	987	1006	十一烷	1099	1099	1098
丙醇	647	650	640	丁醚	924	916	914	壬醇	—	1286	1272
甲基丙烯酸甲酯	814	819	810	丙烯酸丁酯	1004	1011	997	己醚	—	1266	1262
2-戊酮	794	785	800	2-庚酮	1002	997	1008	十三烷	1300	1299	1299

表 18-88 部分含氧及含氮化合物保留指数[9]

固定液：SE-30

化合物	柱温/℃	I	化合物	柱温/℃	I	化合物	柱温/℃	I
苯酚	186	1490	对甲苯甲酸	228	1910	苯胺	164	1360
对甲酚	186	1570	十二酸	224	1700	环己基胺	110	875
对氯酚	186	1690	二十酸	300	—	2-苯基乙基胺	186	1890
对溴酚	186	1685	丁基胺	164	1280			
苯甲酸	186	1690	二乙基胺	126	580			

表 18-89 羟基联苯保留指数[67]

柱温：197℃

I 固定液 化合物	OV-101	OV-17	OV-210	OV-225	XE-60
2-羟基联苯	1622	1808	1784	2180	2167
3-羟基联苯	1677	2021	1978	2598	2604
4-羟基联苯	1683	2034	1980	2624	2632
2,2'-二羟基联苯	1655	2004	1950	2611	2605
2,5-二羟基联苯	1805	2202	2189	2919	2937
2,4'-二羟基联苯	1820	2226	2204	—	—
3,4-二羟基联苯	1918	2318	2314	—	3154
3,3'-二羟基联苯	1976	2426	2414	—	3419
4,4'-二羟基联苯	1979	2441	2442	—	3432

表 18-90 性信息素保留指数[68]

色谱柱：DB-5，DB-23，DB-210　　检测器：ECD

化合物 \ 色谱柱 *I*	DB-23	DB-5	DB-210
2,12-二乙酰氧基十七烷	2907	2273	2844
2,13-二乙酰氧基十七烷	2918	2279	2853
2,14-二乙酰氧基十七烷	2935	2291	2865
2,7-二乙酰氧基十三烷	2487	1889	2422
2-乙酰氧基-4,7-十三碳二烯	1932	1605	1872
2,10-二乙酰氧基十七烷	2898	2266	2831
2,11-二乙酰氧基十七烷	2902	2269	2839
2,15-二乙酰氧基十七烷	2973	2314	2899
2,16-二乙酰氧基十七烷	3001	2335	2924

参考文献

[1] Haken J K, Nguyer A, Wainwright M S. J Chromatogr, 1979, 179: 75.

[2] Pias J B, Gasco L. Anal Chem Acta, 1975, 75: 139.

[3] Haken J K, Korhonen I O O. J Chromatogr, 1985, 319: 131.

[4] Haken J K, Korhonen I O O. J Chromatogr, 1985, 324: 343.

[5] Boneva S. Chromatographia, 1987, 23: 50.

[6] Hanai T, Hong C. HRC & CC, 1989, 12: 327.

[7] Krupcik J, Tesarik K, Hrivnak J. Chromatographia, 1975, 8: 553.

[8] Zarazir D, Haken J K. J Chromatogr, 1970, 51: 415.

[9] Francis A J, Morgan E D, Poole C F. J Chromatogr, 1978, 161: 111.

[10] Brooks C J W, Gilbert M T, Gilbert J D. Anal Chem, 1973, 45: 897.

[11] Welsch Th, Engewald W, Klaucke Ch. Chromatographia, 1977, 10: 22.

[12] Korhonen I O O. J Chromatogr, 1986, 363: 277.

[13] Berezkin V G. HRC, 1994, 17: 28.

[14] Jung G, Pauschmann H, Voelter W, et al. Chromatogrphia, 1970, 3: 25.

[15] Lech Szczepaniak, Valery A Isidorov. J Chromatogr A, 2011, 1218: 7061.

[16] Radecki A, Grayzbowsky J. J Chromatogr, 1978, 152: 211.

[17] Engewald W, Billing U, Topalova I, et al. 1988, 446: 7.

[18] Sellier F, Tersac G, Guiochon G. J Chromatogr, 1981, 219: 213.

[19] uyan P, Macak J. J Chromatogr, 1978, 150: 246.

[20] Dollos F C, Koeppl K G. J Chrom Sci, 1969, 7: 565.

[21] Petersson G. J Chrom Sci, 1977, 15: 245.

[22] rooks C J W, Cole W J, Barrett G M. J Chromatogr, 1982, 315: 119.

[23] Brooks C J W, Cole W J. J Chromatographia, 1987, 399: 207.

[24] Paik M J, Lee, H J Kim, K R. J Chromatogr B-Analytical Technologies in the Biomedical and Life Sciences, 2005, 821: 94.

[25] Isidorov V A, Czyzewska U, Isidorova A G, et al. J Chromatogr B, 2009, 877: 3776.

[26] Stransky K, et al. J Chromatogr A, 2006: 1128: 208.

[27] Ashes J R, Haken J K, Millis. J Chromatogr, 1980, 187: 297.

[28] Головня P B, Теренина M Б, Уралец B П. Изв AH CCCP Сер Хим, 1973: 2351.

[29] Golovnya R V, Kuzmenko T E. Chromatographia, 1977, 10: 545.

[30] Ubik K, Stransky K, Streibl. Coll Cze Chem Comm, 1975,40: 2834.

[31] Korhonen I O O. J Chromatogr, 1985, 329: 43.

[32] Haken I K, Chretien IR, Lion C. J Chromatogr, 1981, 217: 125.

[33] alixto F S, Raso A G. Chromatographia, 1981, 14: 143.

[34] Germaine R W, Haken J K. J Chromatogr, 1969, 43: 33.

[35] Ashes J R, Halen J K. J Chromatogr, 1974, 101: 103.

[36] Haken J K, Ho D K M, Wainwright M. J Chromatogr, 1975, 106: 327.

[37] Horna A, Taborsky J, Churacek J, et al. J Chromatogr, 1985, 348: 141.

[38] Allen D, Haken J K. J Chromatogr, 1970, 51: 415.

[39] Friocout M P, Berthou F, Picart D, et al. J Chromatogr, 1979, 172: 261.

[40] Tomkova H, Kuchar M, Rejholecv, et al. J Chromatogr, 1985, 329: 133.

[41] Poole C F, Zlatkis A. J Chromatogr, 1980, 184: 99.

[42] Riego J, Carcia-Raso A. J Chromatogr, 1986, 360: 231.

[43] Kaliszan R. Chromatographia, 1977, 10: 529.

[44] Haken J K, Hartley H N T, Srisukh D. Chromatogrphia, 1983, 17: 589.

[45] Vernon F, Sharples W E, Kyffin T W. J Chromatogr, 1975, 111: 117.

[46] Haken J K, Ho D K M, Vaughan. C E. J Chromatogr, 1975, 106: 317.

[47] Головня Р В, Уралец В П. Ж А Х, 1969; 24: 449.

[48] Arruda A C, Herinzen V E F, Yunes R A. J Chromatogr, 1993, 630: 251.

[49] Szasz Cy, Valko k, Papp O, et al. J Chromatogr, 1982, 243: 347.

[50] Pias J B, Gasco L. Chromatographia, 1975, 8: 270.

[51] Boneva S, Toromanova-Petrova P. Chromatographia, 1994, 39: 225.

[52] Singliar M, Macho V, Kavala M. Coll Cze Chem Comm, 1982, 47: 1979.

[53] Garcia-Rase A, Castro I M, Paez M T, et al. J Chromatogr, 1987, 398: 9.

[54] Signliar M, Dykyi J. Coll Cze Chem Comm, 1969, 34: 773.

[55] Kenji K, Yoshiyuki W, Hideki M. J Agric Food Chem, 2006, 54: 4795.

[56] Llobera A, Garcia-Raso A. J Chromatogr, 1987, 393: 305.

[57] Golovnya R Y, Misharina T A, Beletskiy I V. Chromatographia, 1992, 34: 497.

[58] Boneva S, Dimov N. Chromatographia, 1987, 23: 770.

[59] Boneva S, Dimov N. Chromatographia, 1986, 22: 271.

[60] Beckern M, Liebner F, Rosenau T, Potthast A. Talanta, 2013, 115: 642.

[61] Hermann F, Dufka O, Churacek J. J Chromatogr, 1986, 360: 79.

[62] Pattte F, Etcheto M, Laffort L. Anal Chem, 1982, 54: 2239.

[63] Calixto F S, Raso A G. J Chromatogr, 1981, 216: 326.

[64] Becerra M R, Sanches E F, Garcia-Dominguez J A. J Chrom Sci, 1982, 20: 363.

[65] 杨同华. 第一次全国石油化工色谱学术报告会文集. 1984: 474.

[66] Hatch R. J Gas Chrom, 1968, 6: 661.

[67] Dufek P, Pacakova V, Zivny K. J Chromatogr, 1981, 211: 150.

[68] Gries R, Khaskin G, Bennett R G, et al. J Chem Ecol, 2005, 31: 2933.

第十九章　含氮化合物的保留指数

第一节　胺类化合物的保留指数

表 19-1　烷基胺保留指数（一）[1]

柱　温：100℃

I 固定液 / 化合物	Apiezon	Triton X-305	PEG -1000	N,N,N',N'-四(2-羟乙基)乙二胺+PEG -1000	I 固定液 / 化合物	Apiezon	Triton X-305	PEG -1000	N,N,N',N 四(2-羟乙 乙二胺+P -1000
甲胺	380	665	720	838	二乙胺	560	713	782	882
乙胺	458	648	748	878	二丙胺	748	874	933	1000
丙胺	542	755	851	971	二丁胺	947	1067	1128	1187
丁胺	643	855	955	1070	二戊胺	1145	1267	1328	1375
戊胺	741	955	1059	1169	三甲胺	422	508	566	648
己胺	839	1055	1160	1265	三乙胺	676	748	775	827
庚烷	942	1155	1261	1359	三丙胺	917	952	964	975
辛胺	1041	1255	1362	1453	三丁胺	1166	1206	1220	1232
二甲胺	434	607	692	812	三戊胺	1427	1468	1478	1490

表 19-2　烷基胺保留指数（二）[2]

柱　温：100℃

I 固定液 / 化合物	Apiezon L	Triton X-305	PEG-1000	I 固定液 / 化合物	Apiezon L	Triton X-305	PEG-1000
甲胺	202.5	311.5	346.0	联丙烯胺	727	961	1047
乙胺	278.5	359.0	391.5	异丙基异丁胺	746	844	876
正丙胺	373.0	435.5	468.5	异丙基叔丁胺	696	770	807
异丙胺	322.0	373.0	396.0	异丙基异戊胺	853	963	1010
正丁胺	473.5	533.5	564.0	异丁基仲丁胺	843	925	959
异丁胺	425.0	468.5	486.5	异丁基叔丁胺	787	859	889
仲丁胺	418.5	458.0	474.0	异丁基异戊胺	957	1060	1100
正戊胺	572.5	633.5	664.0	烯丙基异戊胺	900	1071	1143
异戊胺	532.5	592.0	618.5	环己基异丙胺	1022	1150	1218
烯丙胺	363.5	480.5	523.5	环己基异丁胺	1135	1253	1310
正己胺	672.5	733.5	764.0	环己基异戊胺	1244	1381	1452
正庚胺	772.5	833.5	864.0	甲基-(1-甲基-正丁基)胺	738	884	948
正辛胺	872.5	933.5	964.0	甲基-(1-甲基-正戊基)胺	833	978	1047
二异丙胺	644	747	792	甲基-(1-甲基-正庚基)胺	1033	1174	1245
二正丙胺	746	871	937	乙基-(1-甲基-正戊基)胺	890	1007	1062
二仲丁胺	837	916	948	乙基-(1-甲基-正庚基)胺	1085	1200	1257
二异丁胺	850	937	973	正丙基-(1-甲基-正戊基)胺	977	1089	1129
二异戊胺	1065	1184	1237	正丙基-(1-甲基-正庚基)胺	1170	1281	1322

表 19-3 叔胺保留指数[3]

柱 温：100℃

I 固定液 / 化合物	Apiezon L+KOH	Amine 220+ Na_3PO_4	Triton X-305+ Na_3PO_4	PEG-1000+ Na_3PO_4	I 固定液 / 化合物	Apiezon L+KOH	Amine 220+ Na_3PO_4	Triton X-305+ Na_3PO_4	PEG-1000+ Na_3PO_4
二甲基异丙胺	607	665	706	753	二乙基正丁胺	846	879	903	931
二甲基正丙胺	597	641	686	722	二乙基异戊胺	902	932	957	976
二甲基叔丁胺	693	744	788	832	二乙基正戊胺	941	973	997	1024
二甲基仲丁胺	700	744	782	820	二乙基环己胺	1111	1149	1191	1231
二甲基异丁胺	637	670	701	730	二乙基正己胺	1038	1070	1094	1119
二甲基正丁胺	696	739	781	816	二丙基异丙胺	906	923	940	952
二甲基异戊胺	754	793	833	866	三丙基胺	915	936	951	964
二甲基正戊胺	795	840	878	915	二丙基叔丁胺	972	986	1006	1014
二甲基环己胺	995	1059	1124	1183	二丙基仲丁胺	994	1007	1025	1031
二甲基正己胺	893	939	975	1013	二丙基异丁胺	961	971	982	986
二乙基异丙胺	742	769	793	829	二丙基正丁胺	1001	1022	1039	1051
二乙基正丙胺	751	787	809	840	二丙基异戊胺	1053	1069	1087	1096
二乙基叔丁胺	814	836	857	874	二丙基正戊胺	1093	1112	1129	1141
二乙基仲丁胺	827	847	868	879	二丙基环己胺	1267	1293	1327	1353
二乙基异丁胺	793	812	829	835					

表 19-4 烷基苯胺保留指数[4]

固定液	聚己二酸丙二醇酯	1-羟基-2-十七碳烯基咪唑啉	固定液	聚己二酸丙二醇酯	1-羟基-2-十七碳烯基咪唑啉
I 柱温/℃ / 化合物	114	130	I 柱温/℃ / 化合物	114	130
N,N'-二甲基苯胺	1371	1268	3-甲苯胺	1610	1408
N,N'-二乙苯胺	1445	1368	2,5-二甲苯胺	1653	1470
N-甲基苯胺	1506	1352	3,5-二甲苯胺	1691	1497
苯胺	1525	1320	喹啉	1670	1530
2-甲苯胺	1576	1385	3,4-二甲苯胺	1711	1517
4-甲苯胺	1589	1395	异喹啉	1703	1567

表 19-5 苯胺保留指数（一）[5]

固定液	PEG-1500		SE-30		固定液	PEG-1500		SE-30	
I 柱温/℃ / 化合物	130	150	110	130	I 柱温/℃ / 化合物	130	150	110	130
苯胺	1800	1816	968	972	邻乙烯基苯胺	—	2022	1154	—
邻甲苯胺	1846	1866	1060	1069	对乙烯基苯胺	—	2124	1182	—
对甲苯胺	1864	1883	1064	—	间乙烯基苯胺	—	2162	1197	—
间甲苯胺	—	1920	1076	—	*N*-甲基苯胺	1769	1788	1060	—
邻乙苯胺	1902	1921	1138	1149	*N*-乙基苯胺	1771	1789	1119	—
对乙苯胺	—	1973	1152	—	*N,N*-二甲基苯胺	1608	1634	1086	—
间乙苯胺	—	1990	1157	—	*N,N*-二乙基苯胺	1670	1688	1215	—

表 19-6　苯胺保留指数（二）[6]

柱　温：125℃

化合物 \ I \ 固定液	Apiezon L	PEGS	化合物 \ I \ 固定液	Apiezon L	PEGS
苯	699	1184	*N*,*N*-二甲基苯胺	1134	1828
环己烷	700	842	*N*-甲基邻甲苯胺	1194	2033
苯胺	1011	2033	*N*,*N*-二甲基邻甲苯胺	1235	1880
邻甲苯胺	1093	2090	*N*-甲基环己胺	1096	1644
N-甲基苯胺	1096	1994			

表 19-7　有机碱保留指数[7]

柱　温：100℃

化合物 \ I \ 固定液	Apiezon L① +KOH	Apiezon L① +KF	Apiezon L① $+Na_3PO_4$	化合物 \ I \ 固定液	Apiezon L① +KOH	Apiezon L① +KF	Apiezon L① $+Na_3PO_4$
吡啶	750	748	784	己　胺	841	840	884
三乙胺	683	686	714	*N*-甲基己胺	884	882	924
N,*N*-二甲基己胺	895	896	915	二丙胺	750	749	789
二丙基乙胺	838	838	842	二丁胺	949	948	978
三丙胺	918	917	923	苯胺	970	968	1030
N,*N*-二甲基苯胺	1095	1096	1096	*N*-甲基苯胺	1063	1061	1086

① Apiezon L 经过加氢。

表 19-8　苯胺衍生物保留指数[8]

固定液：OS-138　　　　柱　温：180℃

化合物	I	化合物	I	化合物	I
2,3-二氯亚硫酰基苯胺	1876	3,4-二氯亚硫酰基苯胺	1855	2,5-二氯苯胺	1717
2,4-二氯亚硫酰基苯胺	1844	3,5-二氯亚硫酰基苯胺	1803	2,3-二氯苯胺	1746
2,5-二氯亚硫酰基苯胺	1836	2,6-二氯苯胺	1601	3,5-二氯苯胺	1813
2,6-二氯亚硫酰基苯胺	1764	2,4-二氯苯胺	1717		

表 19-9　亚硝胺保留指数[9]

固定液	SE-30	Ucon LB-550X+KOH	固定液	SE-30	Ucon LB-550X+KOH
化合物 \ I \ 柱温/℃	125	130	化合物 \ I \ 柱温/℃	125	130
二甲基亚硝胺	631	1050	正戊基丁基亚硝胺	1223	1558
二乙基亚硝胺	726	1165	正戊基正丁基亚硝胺	1242	1579
二异丙基亚硝胺	866	1257	二异戊基亚硝胺	1262	1566
正丙基异丙基亚硝胺	934	1265	正戊基异戊基亚硝胺	1334	1630
二正丙基亚硝胺	955	1325	二正戊基亚硝胺	1409	1690
乙基丁基亚硝胺	1000	1347	二正己基亚硝胺	1649	1937
二异丁基亚硝胺	1132	1379	亚硝基吗啉	902	—
仲丁基正丁基亚硝胺	1097	1463	亚硝基哌啶	980	—
二正丁基亚硝胺	1138	1491	苯基正丁基亚硝胺	1180	—
正戊基乙基亚硝胺	1026	1441	环己基甲基亚硝胺	1189	—
正戊基异丙基亚硝胺	1106	1482	苯甲基亚硝胺	1324	—
正戊基正丙基亚硝胺	1149	1515			

表 19-10 二胺保留指数[10]

固定液：28%Pennwalt 223+4% KOH　　柱　温：170℃

化合物	*I*	化合物	*I*	化合物	*I*
乙二胺	771.7	2,3-二氨基丁烷	873.6	1,4-二氨基丁烷	999.3
N-甲基乙二胺	815.6	1,3-二氨基丙烷	890.8	1,5-二氨基戊烷	1100.8
1,2-二氨基丙烷	819.5	*N*,*N* 二甲基-1,3-二氨丙烷	919.0	二亚乙基三胺	1183.7
1,2-二氨基-2-甲基丙烷	843.7	*N*-甲基-1,3-二氨丙烷	928.0	1,2-二氨基环己烷	1191.1
对称-二甲基乙二胺	851.4	1,3-二氨基丁烷	929.6		

第二节　亚胺类化合物的保留指数

表 19-11 亚胺类化合物保留指数[11]

固 定 相：DB-1 熔融石英毛细管柱　　柱参数：30m×0.53mm，1.5μm

柱　　温：50℃→300℃，3℃/min　　检测器：FID

载气流速：N_2，0.3 mL/min

化合物	*I*	化合物	*I*
N-亚苄基苯胺	1646±8	*N*-苄基-1-苯基甲亚胺	1723±6
N-(4-甲氧基亚苄基)苯胺	1938±11	*N*-苄基-1-(4-甲氧基苯基)甲亚胺	2011±7
N-(4-氰基亚苄基)苯胺	1980±16	*N*-苄基-1-(4-氰基-苯基)甲亚胺	2045±6
N-(2-溴-亚苄基)苯胺	1906±2	*N*-苄基-1-(2-溴-苯基)甲亚胺	1987±12
N-(2-硝基亚苄基)苯胺	1993±7	*N*-苄基-1-(2-硝基-苯基)甲亚胺	2068±6
N-(4-二甲氨基亚苄基)苯胺	2200±8	*N*-苄基-1-(4-二甲亚氨基-苯基)甲亚胺	2269±4
1-(2-呋喃基)-*N*-苯基甲亚胺	1471±6	*N*-苄基-1-(2-呋喃)甲亚胺	1531±6
1-(2-溴苯基)-*N*-(4-甲氧基苯基)甲亚胺	1982±4	1-苄基-2-苯基肼	1897±9
1-(2-硝基苯基)-*N*-(2-甲基苯基)甲亚胺	2071±6	1-(4-甲氧基亚苄基)-2-苯基肼	2200±8
N-(3-甲基苯基)-1-苯基甲亚胺	1702±2	1-(2-溴-亚苄基)-2-苯基肼	2180±18
1-(4-甲氧基苯基)-*N*-(3-甲基苯基)甲亚胺	2060±16	1-(2-硝基-亚苄基)-2-苯基肼	2359±9
1-(4-氰基苯基)-*N*-(3-甲基苯基)甲亚胺	2083±14	*N*,*N*-二甲基-4-[(苯基亚肼基)甲基]苯胺	2505±26
1-(2-溴苯基)-*N*-(3-甲基苯基)甲亚胺	2022±3	1-(2-呋喃基甲基)-2-苯基肼	1732±4
1-(2-硝基苯基)-*N*-(3-甲基苯基)甲亚胺	2092±12	1-[2-(5-溴)呋喃基]-*N*-苯基甲胺	1712±2
N,*N*-二甲基-4-{[(3-甲基苯基)亚氨基]甲基}苯胺	2333±2	1-[2-(5-溴)-呋喃基]-*N*-(4-甲基苯基)甲亚胺	1841±2
1-(2-呋喃)-*N*-(3-甲基苯基)甲亚胺	1600±8	1-[2-(5-溴)-呋喃基]-*N*-(3-甲基苯基)甲亚胺	1812±2
1-(4-甲氧基苯基)-*N*-(4-甲基苯基)甲亚胺	2062±4	1-[2-(5-溴)-呋喃基]-*N*-(2-甲氧基苯基)甲亚胺	1925±4
1-(2-呋喃)-*N*-(4-甲基苯基)甲亚胺	1600±8	*N*-苄基-1-[2-(5-溴)呋喃基]甲亚胺	1780±2
N-(2-甲氧基苯基)-1-苯基甲亚胺	1829±4	1-[2-(5-溴)呋喃基甲基]-2-苯肼	1941±2
1-(4-甲氧基苯基)-*N*-(2-甲氧基苯基)甲亚胺	2124±7	1-[2-(5-碘-)呋喃基]-*N*-苯基甲胺	1860±2
1-(4-氰基苯基)-*N*-(2-甲氧基苯基)甲亚胺	2177±8	1-[2-(5-碘)-呋喃基]-*N*-(4-甲基苯基)甲亚胺	2000±2
1-(2-溴苯基)-*N*-(2-甲氧基苯基)甲亚胺	2181±16	1-[2-(5-碘)-呋喃基]-*N*-(3-甲基苯基)甲亚胺	1968±2
1-(2-硝基苯基)-*N*-(2-甲氧基苯基)甲亚胺	2187±8	1-[2-(5-碘)-呋喃基]-*N*-(2-甲氧基苯基)甲亚胺	2099±2
N-4-{[(2-甲氧基苯基)亚氨基]甲基}-*N*,*N*-二甲基苯胺	2421±10	*N*-苄基-1-[2-(5-碘)呋喃基]甲亚胺	1910±2
1-(2-呋喃基)-*N*-(2-甲氧基苯基)甲亚胺	1702±12		

第三节 硝基化合物的保留指数

表 19-12 硝基烷烃保留指数（一）[12]

固定液	PEG-20M			Reoplex 400		
I 柱温/℃ 化合物	90	100	110	90	100	110
硝基甲烷	1132	1150	1150	1134	1140	1165
硝基乙烷	1132	1150	1150	1155	1164	1190
2-硝基丙烷	1095	1115	1115	1134	1140	1165
1-硝基丙烷	1186	1204	1204	1213	1225	1251
2-硝基丁烷	1161	1182	1182	1198	1211	1238
2-甲基-1-硝基丙烷	1210	1232	1234	1228	1241	1265
1-硝基丁烷	1275	1286	1290	1315	1325	1347

表 19-13 硝基烷烃保留指数（二）[12]

固定液	SF-96			Ucon LB-550-X			Tween 80		
I 柱温/℃ 化合物	90	100	110	90	100	110	90	100	110
硝基甲烷	565	565	565	770	770	770	986	990	993
硝基乙烷	634	638	638	824	824	824	1009	1014	1018
2-硝基丙烷	683	686	686	839	839	841	994	1001	1006
1-硝基丙烷	723	724	724	897	897	897	1064	1072	1077
2-硝基丁烷	774	776	776	910	920	923	1064	1072	1077
2-甲基-1-硝基丙烷	774	776	776	931	931	934	1083	1091	1096
1-硝基丁烷	822	824	824	989	990	992	1150	1159	1164

表 19-14 芳烃与硝基芳烃保留指数[13]

固定液：SE-30

I 柱温/℃ 化合物	180	200	220	240	I 柱温/℃ 化合物	180	200	220	240
萘	1210	1242	1244	1262	4-硝基联苯	1816	1839	1856	1891
1-硝基萘	1597	1618	1625	1662	芴	1595	1617	1625	1662
2-硝基萘	1635	1656	1672	1708	2-硝基芴	2037	2066	2095	2129
联苯	1387	1408	1411	1433	4-硝基对三联苯	—	2586	2620	2654
2-硝基联苯	1670	1686	1698	1736	菲	1765	1792	1822	1850
3-硝基联苯	1792	1813	1831	1865	䓛	—	2371	2408	2456

表 19-15 烷基硝基苯酚保留指数[14]

柱　温：150℃

I 固定液 / 化合物	E-301	新戊二醇丁二酸酯	I 固定液 / 化合物	E-301	新戊二醇丁二酸酯
邻硝基苯酚	1050	1566	4-叔戊基-6-硝基苯酚	1547	1914
2-甲基-6-硝基苯酚	1140	1621	3-(4-羟基-5-硝基苯基)戊烷	1562	1955
2-异丙基-6-硝基苯酚	1271	1721	2-(4-羟基-5-硝基苯基)戊烷	1562	1976
2-仲丁基-6-硝基苯酚	1395	1786	3-(4-羟基-5-硝基苯基)己烷	1629	2014
2-叔戊基-6-硝基苯酚	1543	1862	2-(4-羟基-5-硝基苯基)己烷	1629	2039
3-(2-羟基-3-硝基苯基)戊烷	1542	1834	4-叔辛基-6-硝基苯酚	1730	2087
2-(2-羟基-3-硝基苯基)戊烷	1542	1867	对硝基苯酚	1588	2642
3-(2-羟基-3-硝基苯基)己烷	1629	1920	2-甲基-4-硝基苯酚	1588	2522
2-(2-羟基-3-硝基苯基)己烷	1629	1954	2-异丙基-4-硝基苯酚	1697	2698
4-(2-羟基-3-硝基苯基)辛烷	1774	2084	2-叔丁基-4-硝基苯酚	1782	2797
3-(2-羟基-3-硝基苯基)辛烷	1774	2084	2-仲丁基-4-硝基苯酚	1797	2778
2-(2-羟基-3-硝基苯基)辛烷	1822	2114	2-叔戊基-4-硝基苯酚	1865	2845
4-甲基-6-硝基苯酚	1140	1660	3-(2-羟基-5-硝基苯基)戊烷	1830	2837
4-异丙基-6-硝基苯酚	1276	1773	2-(2-羟基-5-硝基苯基)戊烷	1861	2860
4-叔丁基-6-硝基苯酚	1361	1800	3-(2-羟基-5-硝基苯基)己烷	1919	2875
4-仲丁基-6-硝基苯酚	1436	1852	2-(2-羟基-5-硝基苯基)己烷	1960	2978

表 19-16 硝基苯甲酸酯保留指数（一）[15]

固定液：SE-30

I 柱温/℃ / 化合物	140	160	180	200	I 柱温/℃ / 化合物	140	160	180	200
苯甲酸甲基乙酯	1223	1172	1185	1208	4-硝基苯甲酸-2-丙炔酯	1587	1593	1603	1614
苯甲酸-1-甲基丙酯	1307	1276	1293	1287	4-硝基苯甲酸-3-丁烯酯	1675	1681	1698	1711
苯甲酸-2-甲基丙酯	1331	1308	1319	1312	4-硝基苯甲酸-1-甲基-3-丁烯酯	1706	1716	1728	1742
苯甲酸-1,2-二甲基丙酯	1375	1355	1368	1386	4-硝基苯甲酸-反-2-丁烯酯	1706	1716	1728	1742
苯甲酸-1-甲基丁酯	1389	1371	1380	1395	4-硝基苯甲酸-4-戊烯酯	1783	1793	1804	1820
苯甲酸-3-甲基丁酯	1429	1414	1428	1438	4-硝基苯甲酸-反-3-己烯酯	1884	1897	1907	1925
4-硝基苯甲酸甲基乙酯	1540	1536	1551	1561	4-硝基苯甲酸-顺-3-己烯酯	1885	1897	1907	1925
4-硝基苯甲酸-1-甲基丙酯	1633	1634	1652	1668	3,5-二硝基苯甲酸-2-丙烯酯	1833	1844	1851	1865
4-硝基苯甲酸-2-甲基丙酯	1653	1657	1671	1685	3,5-二硝基苯甲酸-2-丙炔酯	1846	1857	1862	1873
4-硝基苯甲酸-1,2-二甲基丙酯	1705	1710	1726	1741	3,5-二硝基苯甲酸-3-丁烯酯	1920	1934	1942	1958
4-硝基苯甲酸-1-甲基丁酯	1721	1724	1740	1753	3,5-二硝基苯甲酸-1-甲基-3-丁烯酯	1940	1951	1961	1978
4-硝基苯甲酸-3-甲基丁酯	1759	1765	1781	1797	3,5-二硝基苯甲酸-反-2-丁烯酯	1948	1956	1967	1986
3,5-二硝基苯甲酸甲基乙酯	1783	1788	1800	1816	3,5-二硝基苯甲酸-4-戊烯酯	2025	2040	2049	2064
3,5-二硝基苯甲酸-1-甲基丙酯	1872	1878	1891	1905	3,5-二硝基苯甲酸-反-3-己烯酯	2119	2134	2144	2160
3,5-二硝基苯甲酸-2-甲基丙酯	1889	1897	1910	1925	3,5-二硝基苯甲酸-顺-3-己烯酯	2119	2134	2144	2160
3,5-二硝基苯甲酸-1,2-二甲基丙酯	1933	1940	1955	1973	苯甲酸乙酯	1174	1147	1169	1100
3,5-二硝基苯甲酸-1-甲基丁酯	1955	1961	1974	1989	苯甲酸-2-氯乙酯	1381	1375	1394	1361
3,5-二硝基苯甲酸-3-甲基丁酯	1995	2003	2018	2034	苯甲酸-2,2-二氯乙酯	1465	1462	1482	1476
苯甲酸-2-丙烯酯	1254	1221	1263	1261	苯甲酸-2,2,2-三氯乙酯	1530	1533	1551	1552
苯甲酸-2-丙炔酯	1262	1235	1265	1261	4-硝基苯甲酸乙酯	1501	1501	1521	1517
苯甲酸-3-丁烯酯	1343	1327	1352	1361	4-硝基苯甲酸-2-氯乙酯	1725	1732	1753	1764
苯甲酸-1-甲基-3-丁烯酯	1370	1355	1380	1395	4-硝基苯甲酸-2,2-二氯乙酯	1809	1821	1841	1853
苯甲酸-反-2-丁烯酯	1375	1359	1381	1395	4-硝基苯甲酸-2,2,2-三氯乙酯	1867	1875	1897	1916
苯甲酸-4-戊烯酯	1447	1442	1463	1476	3,5-二硝基苯甲酸乙酯	1752	1762	1777	1783
苯甲酸-反-3-己烯酯	1540	1536	1553	1557	3,5-二硝基苯甲酸-2-氯乙酯	1992	1992	2015	2029
苯甲酸-顺-3-己烯酯	1549	1547	1563	1568	3,5-二硝基苯甲酸-2,2-二氯乙酯	2073	2074	2099	2111
4-硝基苯甲酸-2-丙烯酯	1580	1586	1601	1614	3,5-二硝基苯甲酸-2,2,2-三氯乙酯	2105	2116	2136	2152

表 19-17 硝基苯甲酸酯保留指数（二）[15]

固定液：OV-351

I 化合物 \ 柱温/℃	180	200	220	I 化合物 \ 柱温/℃	180	200	220
苯甲酸甲基乙酯	1684	—	—	4-硝基苯甲酸-2-丙烯酯	2446	2458	2486
苯甲酸-1-甲基丙酯	1771	—	—	4-硝基苯甲酸-2-丙炔酯	2644	2661	2672
苯甲酸-2-甲基丙酯	1806	—	—	4-硝基苯甲酸-3-丁烯酯	2529	2547	2570
苯甲酸-1,2-二甲基丙酯	1827	—	—	4-硝基苯甲酸-1-甲基-3-丁烯酯	2498	2511	2538
苯甲酸-1-甲基丁酯	1848	—	—	4-硝基苯甲酸-反-2-丁烯酯	2569	2586	2606
苯甲酸-3-甲基丁酯	1911	—	—	4-硝基苯甲酸-4-戊烯酯	2642	2662	2684
4-硝基苯甲酸甲基乙酯	2287	2300	2339	4-硝基苯甲酸-反-3-己烯酯	2701	2718	2739
4-硝基苯甲酸-1-甲基丙酯	2368	2382	2413	4-硝基苯甲酸-顺-3-己烯酯	2725	2745	2768
4-硝基苯甲酸-2-甲基丙酯	2409	2424	2454	3,5-二硝基苯甲酸-2-丙烯酯	2863	2879	2900
4-硝基苯甲酸-1,2-二甲基丙酯	2425	2440	2465	3,5-二硝基苯甲酸-2-丙炔酯	3094	3105	3125
4-硝基苯甲酸-1-甲基丁酯	2448	2463	2490	3,5-二硝基苯甲酸-3-丁烯酯	2935	2953	2974
4-硝基苯甲酸-3-甲基丁酯	2526	2547	2567	3,5-二硝基苯甲酸-1-甲基-3-丁烯酯	2866	2883	2905
3,5-二硝基苯甲酸甲基乙酯	2738	2759	2781	3,5-二硝基苯甲酸-反-2-丁烯酯	2972	2989	3009
3,5-二硝基苯甲酸-1-甲基丙酯	2748	2764	2785	3,5-二硝基苯甲酸-4-戊烯酯	3042	3060	3085
3,5-二硝基苯甲酸-2-甲基丙酯	2788	2804	2825	3,5-二硝基苯甲酸-反-3-己烯酯	3084	3104	3125
3,5-二硝基苯甲酸-1,2-二甲基丙酯	2790	2805	2827	3,5-二硝基苯甲酸-顺-3-己烯酯	3117	3134	3158
3,5-二硝基苯甲酸-1-甲基丁酯	2818	2834	2855	苯甲酸乙酯	1693	1689	1705
3,5-二硝基苯甲酸-3-甲基丁酯	2913	2934	2954	苯甲酸-2-氯乙酯	2137	2137	2159
苯甲酸-2-丙烯酯	1834	—	—	苯甲酸-2,2-二氯乙酯	2226	2231	2267
苯甲酸-2-丙炔酯	2003	—	—	苯甲酸-2,2,3-三氯乙酯	2199	2205	2239
苯甲酸-3-丁烯酯	1912	—	—	4-硝基苯甲酸乙酯	2307	2326	2351
苯甲酸-1-甲基-3-丁烯酯	1892	—	—	4-硝基苯甲酸-2-氯乙酯	2808	2831	2860
苯甲酸-反-2-丁烯酯	1961	—	—	4-硝基苯甲酸-2,2-二氯乙酯	2913	2938	2965
苯甲酸-4-戊烯酯	2012	—	—	4-硝基苯甲酸-2,2,2-三氯乙酯	2847	2873	2904
苯甲酸-反-3-己烯酯	2089	—	—	3,5-二硝基苯甲酸乙酯	2753	2774	2792
苯甲酸-顺-3-己烯酯	2107	—	—				

第四节 氮苯化合物的保留指数

表 19-18 烷基吡啶保留指数（一）[4]

固定液	聚己二酸丙二醇酯	1-羟基-2-十七碳烯基咪唑啉	固定液	聚己二酸丙二醇酯	1-羟基-2-十七碳烯基咪唑啉
I 化合物 \ 柱温/℃	58	77	I 化合物 \ 柱温/℃	58	77
吡啶	1086	916	3-乙基吡啶	—	—
2-甲基吡啶	1124	980	2,3,6-三甲基吡啶	1283	1148
2,6-二甲基吡啶	1159	1027	4-乙基吡啶	—	—
2-乙基吡啶	1185	1066	2,5-二甲基-6-异丙基吡啶	—	—
2-甲基-6-乙基吡啶	1207	1077	2,4-二甲基-6-乙基吡啶	—	—
3-甲基吡啶	1195	1040	3,5-二甲基吡啶	1299	1158
4-甲基吡啶	1202	1047	2-甲基-4-乙基吡啶	—	—
2,5-二甲基吡啶	1228	1092	3,4-二甲基吡啶	1346	1193
2,4-二甲基吡啶	1237	1101	2,3,5-三甲基吡啶	1355	1225
2,3-二甲基吡啶	1255	1110	2,4,5-三甲基吡啶	1376	1266
2,4,6-三甲基吡啶	1274	1142	2,3,4-三甲基吡啶	1406	1266

表 19-19 烷基吡啶保留指数（二）[16]

柱 温：150℃

I 固定液 化合物	SE-30	PEG-1500	I 固定液 化合物	SE-30	PEG-1500
吡啶	756	1255	4-正戊基吡啶	1265	1741
2-甲基吡啶	823	1280	4-(1-乙基丁基)吡啶	1317	1767
2-乙基吡啶	915	1343	2,6-二甲基吡啶	882	1301
2-正丁基吡啶	1095	1519	2,5-二甲基吡啶	936	1392
2-(2-甲基丁基)吡啶	1155	1559	2,4-二甲基吡啶	933	1403
2-正戊基吡啶	1192	1616	2,3-二甲基吡啶	953	1426
2-(4-甲基戊基)吡啶	1255	1664	3,5-二甲基吡啶	987	1487
3-甲基吡啶	872	1370	3,4-二甲基吡啶	1014	1548
4-甲基吡啶	876	1383	2-甲基-6-乙基吡啶	962	1346
4-乙基吡啶	980	1468	2-甲基-5-乙基吡啶	1029	1476
4-异丙基吡啶	1034	1513	2-甲基-4-乙基吡啶	1033	1488
4-正丙基吡啶	1067	1549	2-正戊基-6-甲基吡啶	1249	1617
4-异丁基吡啶	1105	1568	2-异戊基-5-甲基吡啶	1267	1677
4-(2-甲基丙基)吡啶	1122	1579	2,4,6-三甲基吡啶	1004	1428
4-(1-甲基丙基)吡啶	1128	1592	2,3,5-三甲基吡啶	1060	1539
4-正丁基吡啶	1218	1673	2,4,5-三甲基吡啶	1071	1560
4-(1-甲基丁基)吡啶	1167	1647	3,4,5-三甲基吡啶	1164	1737
4-(2-甲基丁基)吡啶	1229	1689			

表 19-20 烷基吡啶保留指数（三）[17]

固定液	SE-30		PEG-40M+KF		固定液	SE-30		PEG-40M+KF	
I 柱温/℃ 化合物	80	110	80	110	I 柱温/℃ 化合物	80	110	80	110
N	732	738	1180	1195	CH_3, N, H_3C	912	917	1313	1330
CH_3, N	800	804	1212	1225	CH_3, H_3C, N	912	917	1322	1340
H_3C, N	845	852	1284	1303	H_3C, N, H_3C	957	965	1390	1414
H_3C, N	845	852	1289	1309	H_3C, H_3C, N	982	992	1441	1469
CH_3, N, CH_3	866	869	1243	1253	CH_3, H_3C, N, CH_3	972	976	1353	1368

表 19-21 胺与吡啶的保留指数[18]

柱 温：100℃

I 固定液 / 化合物	Apiezon L+KOH	Amine 220+Na_3PO_4	Triton X-305+Na_3PO_4	PEG-1000+Na_3PO_4	I 固定液 / 化合物	Apiezon L+KOH	Amine 220+Na_3PO_4	Triton X-305+Na_3PO_4	PEG-1000+Na_3PO_4
异丙胺	477	588	665	760	γ-甲基吡啶	857	1050	1218	1342
异丁胺	581	713	800	893	α,γ-二甲基吡啶	932	1103	1256	1375
异戊胺	698	830	923	1011	α,α'-二甲基吡啶	880	1018	1216	1285
二异丙胺	641	701	737	782	γ-乙基吡啶	958	1147	1304	1427
二异丁胺	849	896	933	971	吡咯烷	690	863	957	1065
吡啶	734	918	1102	1227	哌啶	770	908	1003	1100
α-甲基吡啶	811	974	1141	1259	N-甲基哌啶	779	845	905	963
β-甲基吡啶	856	1044	1210	1334	N-乙基哌啶	858	913	972	1023

表 19-22 甲基吡嗪保留指数（一）[19]

固定液	OV-101		OV-17		PEG-40M		固定液	OV-101		OV-17		PEG-40M	
I 柱温/℃ / 化合物	80	110	80	110	80	110	I 柱温/℃ / 化合物	80	110	80	110	80	110
N N	772	773	909	917	1206	1216	CH_3 N N CH_3	926	930	1071	1079	1314	1327
CH_3 N N	849	852	988	995	1257	1268	H_3C CH_3 N N H_3C	1012	1016	1157	1166	1381	1396
CH_3 CH_3 N N	936	941	1079	1088	1330	1344	H_3C CH_3 N N H_3C CH_3	1091	1096	1236	1246	1449	1462
CH_3 N N H_3C	926	930	1066	1073	1308	1321							

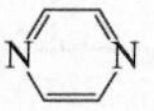

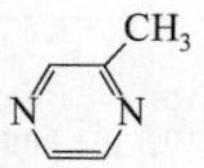

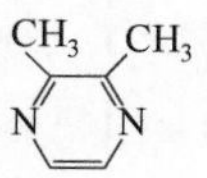

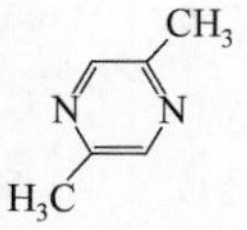

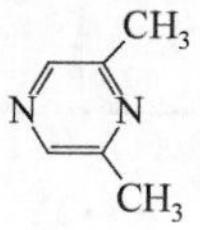

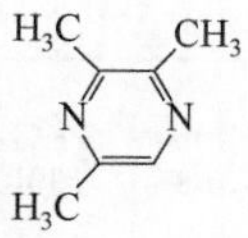

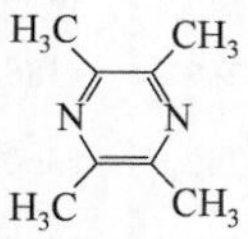

表 19-23 甲基吡嗪保留指数（二）[17]

固定液	SE-30		PEG-40M+KF		固定液	SE-30		PEG-40M+KF	
I 柱温/℃ 化合物	80	110	80	100	I 柱温/℃ 化合物	80	110	80	100
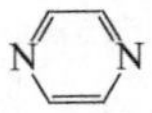 N N	772	773	1206	1216	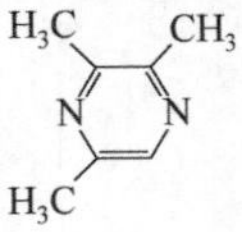 H_3C CH_3 N N H_3C	1012	1016	1381	1396
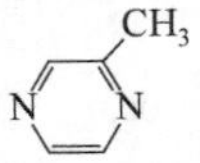 CH_3 N N	849	852	1257	1268	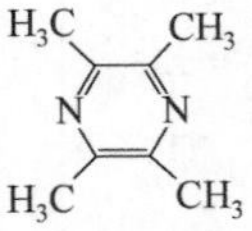 H_3C CH_3 N N H_3C CH_3	1091	1096	1449	1462
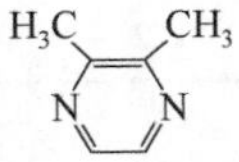 H_3C CH_3 N N	936	941	1330	1344		661	662	952	963
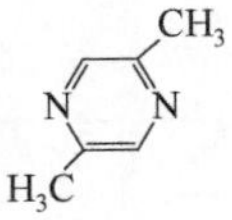 CH_3 N N H_3C	926	930	1308	1321	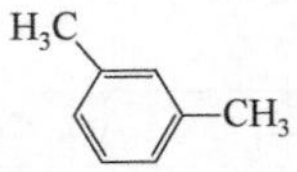 H_3C CH_3	862	868	1145	1157
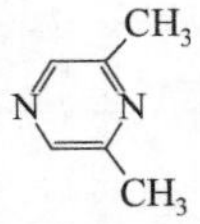 CH_3 N N CH_3	926	930	1314	1327	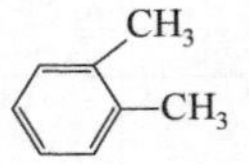 CH_3 CH_3	885	893	1186	1200

表 19-24 吡嗪与哌嗪的保留指数[20]

柱 温：100℃

I 固定液 化合物	Apiezon L	Triton X-305	PEG-1000	I 固定液 化合物	Apiezon L	Triton X-305	PEG-1000
吡嗪	721	1125	1252	2-甲氧基-3-丙基吡嗪	1110	1414	1518
2,3-二甲基吡嗪	919	1263	1385	2-甲基巯基-3-丙基吡嗪	1323	1672	1789
2,5-二甲基吡嗪	911	1242	1360	2-甲氧基-3-异丁基吡嗪	1147	1438	1535
2,6-二甲基吡嗪	909	1248	1366	哌嗪	874	1279	1458
三甲基吡嗪	977	1306	1412	*N*-甲基哌嗪	866	1166	1306
四甲基吡嗪	1088	1389	1503	*N*,*N*-二甲基哌嗪	870	1063	1159
2,5-二甲基-3,6-二乙基吡嗪	1216	1468	1564	2-甲基哌嗪	907	1279	1449
甲氧基吡嗪	883	1248	1367	反-2,5-二甲基哌嗪	952	1279	1436
2-甲氧基-3-甲基吡嗪	957	1286	1396	吡啶	734	1102	1227
2-甲基巯基-3-甲基吡嗪	1173	1545	1670	2,6-二甲基吡啶	880	1216	1285
2-甲氧基-3-乙基吡嗪	1030	1343	1446	哌啶	770	1003	1100

表 19-25 均三嗪衍生物保留指数[21]

固定液			Carbowax 20M	Versamid 900	SE-30+Reoplex 400
I 化合物 \ 柱温/℃			215	195	195
2-取代基	4-取代基	6-取代基			
Cl	NH_2	NHtBu	2336	—	1766
Cl	$N(Et)_2$	NHiPr	2461	2142	1907
Cl	NH^tBu	NHtBu	2501	2185	1938
Cl	NHEt	$N(Et)_2$	2557	2196	1932
Cl	NH^iPr	NHiPr	2633	2262	1973
Cl	NHEt	NHtBu	2664	2288	1999
Cl	NHEt	NHiPr	2722	2318	2023
Cl	NHEt	NHEt	2806	2375	2078
OCH_3	NH^iPr	NHiPr	2539	2199	1916
OCH_3	NH^tBu	NHEt	2570	2205	1938
OCH_3	NHEt	NHsecBu	2676	2302	2015
OCH_3	NHEt	NHEt	2680	2270	1990
SCH_3	NH^iPr	NHiPr	2758	2378	2099
SCH_3	NHEt	NHtBu	2793	2403	2122
SCH_3	NHEt	NHiPr	2837	2418	2139
SCH_3	NHMe	NHiPr	2868	2452	2141
SCH_3	NHEt	NHEt	2915	2465	2185
SCH_3	NH^iPr	$NH(CH_2)_3OMe$	3202	2726	2457

表 19-26 氯或甲硫基均三嗪保留指数[22]

固定液	Carbowax 20M	XE-60	Versamid 900	SE-30+Reoplex 400（5：2）
I 化合物 \ 柱温/℃	215	195	195	195
2-氯-4-二乙氨基-6-异丙氨基均三嗪	2461	2378	2142	1907
2-氯-4-二乙氨基-6-乙氨基均三嗪	2557	2415	2196	1932
2-氯-4,6-双(异丙氨基)均三嗪	2633	2462	2262	1973
2-氯-4-乙氨基-6-叔丁氨基均三嗪	2664	2504	2288	1999
2-氯-4-乙氨基-6-异丙氨基均三嗪	2722	2509	2318	2023
2-氯-4,6-双(乙氨基)均三嗪	2806	2553	2375	2078
2-甲氧基-4-乙氨基-6-异丙氨基均三嗪	2610	2418	2212	1972
2-甲氧基-4,6-双(乙氨基)均三嗪	2680	2435	2270	1990
2-甲硫基-4,6-双(异丙氨基)均三嗪	2758	2558	2378	2099
2-甲硫基-4-乙氨基-6-叔丁氨基均三嗪	2793	2608	2403	2122
2-甲硫基-4-乙氨基-6-异丙氨基均三嗪	2837	2610	2418	2139
2-甲硫基-4-甲氨基-6-异丙氨基均三嗪	2868	2623	2452	2141
2-甲硫基-4,6-双(乙氨基)均三嗪	2915	2656	2465	2185

第五节 多环含氮化合物的保留指数

表 19-27 烷基喹啉保留指数[23]

固定液	OV-101					Ucon LB-550-X			PEG-20M		
柱温/℃	140	160	180	200	$10\left(\frac{\partial I}{\partial T}\right)$	140	160	$10\left(\frac{\partial I}{\partial T}\right)$	140	160	$10\left(\frac{\partial I}{\partial T}\right)$
化合物＼保留指数	*I*					*I*			*I*		
喹啉	1231	1246	1261	1277	7.7	1460	1478	9.0	1897	1924	13.5
异喹啉	1251	1269	1283	1304	8.8	1485	1503	9.0	1934	1958	12.0
2-甲基喹啉	1294	1308	1322	1336	7.0	1512	1527	7.5	1924	1946	11.0
8-甲基喹啉	1304	1319	1331	1349	7.5	1512	1527	7.5	1916	1943	13.5
7-甲基喹啉	1338	1354	1368	1385	7.8	1563	1581	9.0	1995	2020	12.5
6-甲基喹啉	1343	1358	1369	1387	7.3	1564	1582	9.0	1995	2020	12.5
3-甲基喹啉	1346	1361	1375	1390	7.3	1572	1590	9.0	2014	2042	14.0
5-甲基喹啉	1355	1375	1394	1412	9.5	1588	1609	10.5	2025	2054	14.5
4-甲基喹啉	1357	1376	1395	1413	9.3	1593	1615	11.0	2037	2065	14.0
2-乙基喹啉	1374	1388	1402	1416	7.0	1570	1587	8.5	1970	1993	11.5
2,8-二甲基喹啉	1361	1374	1387	1400	6.5	1549	1563	7.0	1921	1945	12.0
2,7-二甲基喹啉	1400	1415	1428	1445	7.5	1614	1628	7.0	2018	2044	13.0
2,6-二甲基喹啉	1397	1414	1428	1445	8.0	1616	1631	7.5	2019	2044	12.5
6,8-二甲基喹啉	1408	1422	1436	1450	7.0	1615	1630	7.5	2013	2037	12.0
5,8-二甲基喹啉	1427	1442	1457	1473	7.8	1634	1651	8.5	2038	2065	13.5
2,4-二甲基喹啉	1417	1434	1449	1467	8.3	1644	1660	8.0	2063	2088	12.5
2,3-二甲基喹啉	1427	1443	1459	1474	7.8	1645	1666	10.5	2066	2090	12.0
4,6-二甲基喹啉	1472	1487	1499	1517	7.5	1698	1712	7.0	2133	2159	13.0
2,6,8-三甲基喹啉	1461	1475	1489	1502	6.8	1653	1667	7.0	2018	2042	12.0
2,4,6-三甲基喹啉	1525	1539	1550	1567	7.0	1744	1758	7.0	2156	2180	12.0
2-丙基喹啉	1458	1472	1488	1500	7.0	1653	1667	7.0	2040	2064	12.0
2-异丁基喹啉	1501	1515	1528	1543	7.0	1683	1697	7.0	2048	2077	14.5
2-戊基喹啉	1650	1664	1675	1691	7.0	1854	1873	9.5	2225	2249	12.0
8-甲基-5-异丙基喹啉	1560	1574	1590	1601	6.8	1764	1777	6.5	2135	2164	14.5
3-乙基-2-正丙基喹啉	1644	1657	1670	1682	6.3	1857	1864	6.5	2208	2236	14.0
2-甲基-3-正丁基喹啉	1695	1708	1719	1734	6.5	1899	1915	8.0	2282	2309	13.5
3-丙基-2-正丁基喹啉	1803	1816	1826	1843	6.7	1947	1964	8.5	2329	2357	14.0

表 19-28 烷基喹啉与苯氧烷基吡啶保留指数[24]

柱 温：220℃

I 固定液＼化合物	Versamide 900	SE-30	*I* 固定液＼化合物	Versamide 900	SE-30
喹啉	1706	1331	4-异丁基异喹啉	—	1654
2-甲基喹啉	1727	1364	4-仲丁基异喹啉	—	1667
8-甲基喹啉	1724	1368	4-丁基异喹啉	—	1705
6-甲基喹啉	1813	1445	1,4-二丁基异喹啉	—	1985
7-甲基喹啉	1815	1450	1,4-二戊基异喹啉	—	2150

第二篇

续表

I 固定液 / 化合物	Versamide 900	SE-30	I 固定液 / 化合物	Versamide 900	SE-30
4-甲基喹啉	1857	1465	1-丁基异喹啉	—	1636
2,8-二甲基喹啉	1747	1418	α-苯氧丙基吡啶	—	1815
2,6-二甲基喹啉	1828	1469	α-苯氧丁基吡啶	—	1911
2,4-二甲基喹啉	1868	1497	α-苯氧己基吡啶	—	2104
2-丙基喹啉	1870	—	α-(对甲基苯氧丙基)吡啶	—	1905
2-丁基喹啉	1949	1624	γ-苯氧丙基吡啶	—	1887
2-戊基喹啉	2029	—	γ-苯氧丁基吡啶	—	1985
2-(2-甲基丁基)喹啉	1982	—	γ-苯氧己基吡啶	—	2180
2-(4-甲基戊基)喹啉	2090	—	γ-(对甲基苯氧丙基)吡啶	—	1976
2-辛基喹啉	2259	—	α-苯乙基吡啶	—	1531
6-甲基-2-丁基喹啉	1986	—	α-苯丙基吡啶	—	1660
异喹啉	1741	1353	γ-苯乙基吡啶	—	1603
3-甲基异喹啉	1787	1388	γ-苯丙基吡啶	—	1725

表 19-29　烷基吡啶与喹啉的保留指数[25]

柱　温：150℃

I 固定液 / 化合物	OV-101	PEG20M	I 固定液 / 化合物	OV-101	PEG20M
吡啶	744.6	1241.5	喹啉	1227.5	1918.1
2-甲基吡啶	814.0	1268.3	异喹啉	1248.4	1955.1
3-甲基吡啶	859.1	1354.3	2-甲基喹啉	1293.3	1942.1
4-甲基吡啶	862.7	1363.5	4-甲基喹啉	1356.7	2061.8
2,3-二甲基吡啶	940.3	1410.5	6-甲基喹啉	1334.6	2016.3
2,4-二甲基吡啶	923.9	1390.1	7-甲基喹啉	1334.2	2016.1
2,5-二甲基吡啶	925.9	1377.6	8-甲基喹啉	1304.0	1925.7
2,6-二甲基吡啶	875.8	1287.9	2,4-二甲基喹啉	1417.7	2084.9
3,4-二甲基吡啶	999.9	1528.3	2,6-二甲基喹啉	1399.0	2039.1
3,5-二甲基吡啶	972.4	1468.7	2,7-二甲基喹啉	1399.5	2037.3
2,4,6-三甲基吡啶	982.4	1409.1			

表 19-30　吲哚保留指数[26]

固定液	SE-30		PEG-20M		固定液	SE-30		PEG-20M	
I 柱温/℃ / 化合物	170	190	170	190	I 柱温/℃ / 化合物	170	190	170	190
吲哚	1296	1310	2385	2420	3-甲基八氢吲哚	1217	1235	1415	1425
2-甲基吲哚	1386	1400	2425	2465	3-乙基八氢吲哚	1308	1326	1513	1523
3-甲基吲哚	1388	1402	2425	2465	N-甲基吲哚	1285	1301	1996	2016
5-甲基吲哚	1391	1402	2461	2493	N-乙基吲哚	1340	1356	2020	2036
7-甲基吲哚	1365	1384	2400	2430	N-正丙基吲哚	1431	1445	2086	2096
2,3-二甲基吲哚	1484	1499	2502	2539	N-甲基二氢吲哚	1230	1248	1756	1776
3-乙基吲哚	1479	1493	2509	2540	N-乙基二氢吲哚	1305	1322	1830	1844
二氢吲哚	1228	1244	1957	1976	N-正丙基二氢吲哚	1394	1403	1907	1916
3-甲基二氢吲哚	1330	1344	2037	2060	N-甲基八氢吲哚	1125	1145	1310	1320
3-乙基二氢吲哚	1427	1437	2136	2158	N-乙基八氢吲哚	1202	1220	1377	1394
八氢吲哚	1140	1150	1369	1374	N-正丙基八氢吲哚	1300	1317	1467	1477

表 19-31 吲哚与咔唑的保留指数[26]

固定液	SE-30		PEG-20M		固定液	SE-30		PEG-20M	
I 柱温/℃ 化合物	190	210	190	210	I 柱温/℃ 化合物	190	210	190	210
5-羟基吲哚	1660	1702	—	—	*N*-正丁基咔唑	2024	2054	2834	2884
6-羟基吲哚	1654	1704	—	—	四氢咔唑	1809	1828	—	2979
6-羟基二氢吲哚	1544	1605	—	—	*N*-甲基四氢咔唑	1838	1863	2651	2709
6-甲氧基吲哚	1563	1574	2807	2826	*N*-乙基四氢咔唑	1857	1876	2617	2663
6-乙氧基吲哚	1632	1638	2842	2861	*N*-正丙基四氢咔唑	1928	1947	2657	2693
6-正丙氧基吲哚	1726	1732	2916	2928	*N*-正丁基四氢咔唑	2016	2035	2723	2772
6-异丙氧基吲哚	1649	1657	2800	2814	*N*-乙烯基咔唑	1882	1900	—	2838
6-甲氧基二氢吲哚	1503	1515	2384	2412	*N*-乙酰基吲哚	1530	1535	2438	2487
6-乙氧基二氢吲哚	1565	1572	2424	2434	*N*-乙酰基-2-甲基吲哚	1618	1626	2483	2533
6-正丙氧基二氢吲哚	1657	1669	2509	2516	*N*-乙酰基-3-甲基吲哚	1643	1654	2558	2617
6-异丙氧基二氢吲哚	1589	1595	2389	2399	*N*-乙酰基-2,3-二甲基吲哚	1223	1743	2595	2654
咔唑	1845	1866	—	3238	3-乙酰基吲哚	1875	1905	—	—
N-甲基咔唑	1837	1861	2755	2805	*N*,3-二乙酰基吲哚	1903	1927	—	—
N-乙基咔唑	1864	1884	2722	2769	*N*-乙酰基咔唑	2032	2066	—	3214
N-正丙基咔唑	1937	1958	2761	2810	*N*-乙酰基四氢咔唑	2031	2057	—	3078

表 19-32 9-烃基咔唑保留指数[27]

柱　温：230℃

I 固定液 化合物	Apiezon L	OV-101	Carbowax 20M	I 固定液 化合物	Apiezon L	OV-101	Carbowax 20M
9-甲基咔唑	1439	1385	1534	9-庚基咔唑	1904	1901	1910
9-乙基咔唑	1431	1415	1463	9-乙烯咔唑	1477	1375	1522
9-丙基咔唑	1503	1500	1507	咔唑	1543	1390	2117
9-丁基咔唑	1602	1598	1600	9-异丙基咔唑	1458	1469	1458
9-戊基咔唑	1694	1700	1689	9-烯丙基咔唑	1487	1475	1586
9-己基咔唑	1795	1795	1795	9-苄基咔唑	2054	1971	2484

表 19-33 吡咯保留指数[26]

固定液	SE-30		PEG-20M		固定液	SE-30		PEG-20M	
I 柱温/℃ 化合物	90	110	90	110	I 柱温/℃ 化合物	90	110	90	110
吡咯	733	740	1498	1502	*N*-甲基四氢吡咯	680	697	839	865
N-甲基吡咯	725	739	1148	1154	*N*-乙基四氢吡咯	761	774	906	930
N-乙基吡咯	796	811	1190	1197	*N*-正丙基四氢吡咯	847	857	987	1007
N-正丙基吡咯	879	889	1251	1258	*N*-正丁基四氢吡咯	944	954	1082	1102
N-正丁基吡咯	980	986	1342	1349	*N*-乙酰基吡咯	932	940	1532	1554
四氢吡咯	678	688	968	995					

表 19-34 吡啶并[1,2α]嘧啶衍生物保留指数[28]

柱 温：240℃

化合物	R^2	R^3	R^6	OV-1	OV-17
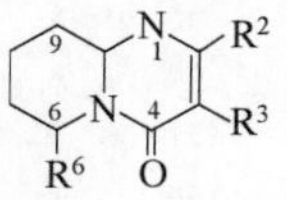	$-H$	$-H$	$-CH_3$	1539	1960
	$-H$	$-H$	$-H$	1576	2000
	$-H$	$-CH_3$	$-CH_3$	1641	1996
	$-CH_3$	$-H$	$-CH_3$	1695	2032
	$-CH_3$	$-C_2H_5$	$-CH_3$	1764	2057
	$-H$	$-C_2H_5$	$-CH_3$	1800	2142
	$-H$	$-CN$	$-CH_3$	2000	2433
	$-H$	$-COOC_2H_5$	$-CH_3$	2088	2533
	$-H$	$-COOCH(CH_3)_2$	$-CH_3$	2101	2548
	$-H$	$-COOC_2H_5$	$-H$	2120	2616
	$-H$	$-COOC_3H_7$	$-CH_3$	2172	2638
	$-H$	$-CONH_2$	$-CH_3$	2183	2638
	$-H$	$-COOC_4H_9$	$-CH_3$	2269	2735
	$-H$	$-CONH_2$	$-H$	2270	2681
	$-H$	$-C_6H_5$	$-CH_3$	2305	2755
	$-H$	$-CH_2COOC_2H_5$	$-CH_3$	2080	2519
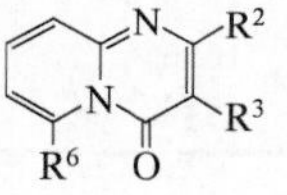	$-H$	$-CH_3$	$-H$	1668	2051
	$-CH_3$	$-H$	$-CH_3$	1712	2065
	$-H$	$-CH_3$	$-CH_3$	1732	2080
	$-CH_3$	$-C_2H_5$	$-CH_3$	1812	2128
	$-C_2H_5$	$-H$	$-CH_3$	1830	2162
	$-CH_3$	$-H$	$-C_2H_5$	1834	2116
	$-C_3H_7$	$-C_2H_5$	$-CH_3$	1979	2285
	$-H$	$-COOC_2H_5$	$-CH_3$	2199	2639
	$-H$	$-C_6H_5$	$-H$	2347	2789
	$-H$	$-C_6H_5$	$-CH_3$	2396	2812

表 19-35 吡啶并嘧啶与吡咯并嘧啶保留指数[28]

柱 温：240℃

化合物			OV-1	OV-17
	R^1	R^3		
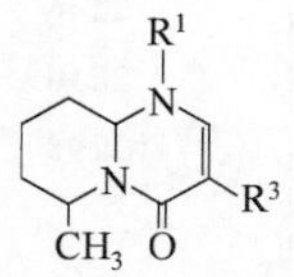	$-CH_3$	$-CONH_2$	2477	2975
	$-CH_3$	$-COOC_2H_5$	2570	2958
	$-C_2H_5$	$-CONH_2$	2480	2963
	$-C_4H_9$	$-CONH_2$	2631	3071
	$-COCH_3$	$-COOC_2H_5$	2272	2746
	$-H$	$-COOC_2H_5$	1856	—
	R^2	R^3		
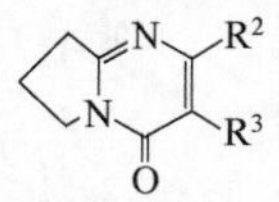	$-H$	$-COOC_2H_5$	2060	2523
	$-H$	$-CN$	1962	2437
	$-H$	$-C_6H_5$	2252	2783

表 19-36 含氮杂环化合物保留指数（一）[29]

固定液：OV-1 柱温：220℃

化合物	R	I
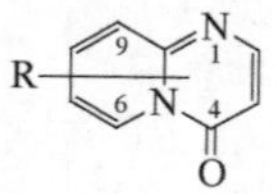	2-Me	1648
	3-Me	1638
	6-Me	1636
	7-Me	1696
	8-Me	1703
	9-Me	1647
	$2,6\text{-}Me_2$	1707
	$3,6\text{-}Me_2$	1694
	$2,3\text{-}Me_2$	1227
	2-Et,6-Me	1788
	2-Me,6-Et	1751
	3-Et,6-Me	1766
	2-Me,3-Et,6-Me	1821
	2-Me,3-Pr	1854
	2-Et,3-Me,6-Me	1839
	2-Me,3-Pr,6-Me	1896
	2-Pr,3-Et,6-Me	1948
	2-Me,3-Et,6-Me,8-Me	1936
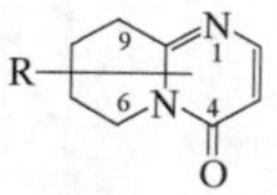	3-Me	1637
	6-Me	1578
	$2,3\text{-}Me_2$	1726
	$3,6\text{-}Me_2$	1636
	$2,6\text{-}Me_2$	1656
	2-Me,3-Et,6-Me	1753

注：Me—甲基；Et—乙基；Pr—丙基。

表 19-37 含氮杂环化合物保留指数（二）[30]

柱 温：240℃

化合物	n_1	n_2	取代基	OV-1	OV-225
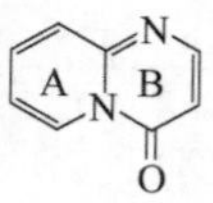	—	—	—	1580	2124
	—	—	6-甲基	1636	2150
	—	—	2,3-二甲基	1727	2246
	—	—	2,9-二甲基	1714	2210
	—	—	3,6-二甲基	1694	2198
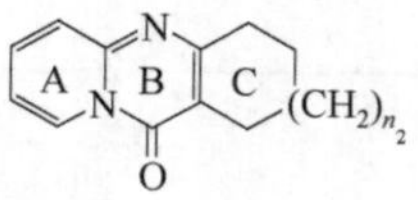		0	6-甲基	2020	2865
		1	—	2064	2972
		1	6-甲基	2120	2947
		1	8-甲基	2190	3125
		1	9-甲基	2123	2951

续表

化合物 \ 固定液 I				OV-1	OV-225
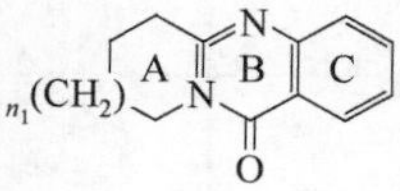 $n_1(CH_2)$ A B C 三环（ABC）酮	0		—	1958	3005
	1		—	2058	3048
	2		—	2101	3030
	2		13-甲基	—	3135
$n_1(CH_2)$ A B C $(CH_2)_{n_2}$ 三环（ABC）酮	0	0	—	1870	2875
	1	0	—	1961	2917
	1	0	6-甲基	1953	2820
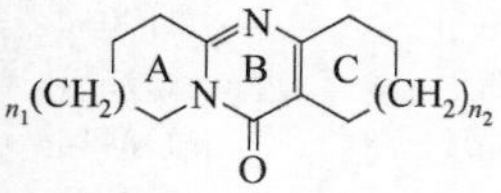	1	1	6-甲基	2045	2902
	1	1	8-甲基	2097	3011
	2	0	—	2003	2891
	2	1	—	2102	2984
	3	3	—	2300	3166

表 19-38 烷基-4-氧代喹唑啉保留指数[31]

柱 温：220℃

化合物 \ 固定液 I	R^1	R^2	OV-1	OV-25
4-氧代喹唑啉（2-R^1，3-R^2）	H	H	1733	2360
	CH_3	H	1736	2337
	C_2H_5	H	1788	2365
	C_3H_7	H	1853	2418
	C_4H_9	H	1955	2509
	C_5H_{11}	H	2050	2604
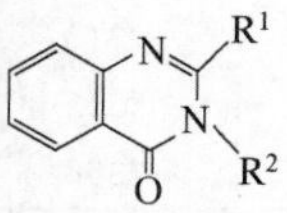	CH_3	CH_3	1733	2293
	C_2H_5	CH_3	1800	2333
	C_3H_7	CH_3	1865	2380
	C_4H_9	CH_3	1957	2467
	C_5H_{11}	CH_3	2050	2551
	CH_3	C_2H_5	1749	2276
	C_2H_5	C_2H_5	1805	2302
	C_3H_7	C_2H_5	1869	2349
	C_4H_9	C_2H_5	1962	2430
	C_5H_{11}	C_2H_5	2050	2515
	H	CH_3	1639	2201
	H	C_2H_5	1664	2199
	H	C_3H_7	1740	2265
	H	C_4H_9	1835	2349
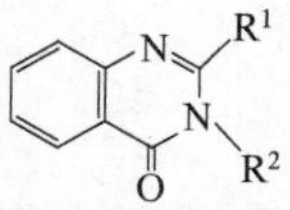	H	C_5H_{11}	1926	2442
	CH_3	C_3H_7	1826	2330
	CH_3	C_4H_9	1915	2416
	CH_3	C_5H_{11}	2003	2507
	C_2H_5	C_3H_7	1873	2350
	C_2H_5	C_4H_9	1961	2430
	C_2H_5	C_5H_{11}	2050	2520

表 19-39 *N,N'*-二苯基甲脒衍生物保留指数[32]

固定液：SE-30　柱温：240℃

化合物的通式为 $XC_6H_4N{=}CHNC_6H_4Y$ 其取代基 X	Y	I	化合物的通式为 $XC_6H_4N{=}CHNC_6H_4Y$ 其取代基 X	Y	I
H	H	1933±1	p-OCH_3	p-Br	2543±1
H	p-CH_3	2122±3	p-OC_2H_5	p-OC_2H_5	2619±5
H	p-OCH_3	2266±3	p-OC_2H_5	p-Cl	2509±5
H	p-OC_2H_5	2319±3	p-Cl	p-Cl	2419±2
H	p-Cl	2215±2	p-Cl	p-Br	2535±1
H	p-Br	2321±4	p-Br	p-Br	2633±2
H	m-CH_3	2095±2	m-CH_3	m-CH_3	2180±2
H	m-OCH_3	2230±1	m-CH_3	m-OCH_3	2315±1
H	m-OC_2H_5	2291±3	m-CH_3	m-OC_2H_5	2384±4
H	m-Cl	2200±3	m-CH_3	m-Cl	2296±2
H	m-Br	2294±2	m-CH_3	m-Br	2404±8
p-CH_3	p-CH_3	2199±4	m-OCH_3	m-OCH_3	2477±3
p-CH_3	p-OCH_3	2326±1	m-OCH_3	m-OC_2H_5	2550±3
p-CH_3	p-OC_2H_5	2409±3	m-OCH_3	m-Cl	2458±0
p-CH_3	p-Cl	2304±1	m-OC_2H_5	m-OC_2H_5	2586±6
p-CH_3	p-Br	2406±1	m-OC_2H_5	m-Cl	2509±1
p-OCH_3	p-OCH_3	2485±3	m-Cl	m-Cl	2399±2
p-OCH_3	p-OC_2H_5	2539±3	m-Cl	m-Br	2518±1
p-OCH_3	p-Cl	2443±1	m-Br	m-Br	2604±6

表 19-40 喹喏啉生物碱保留指数（一）[33]

色谱柱：熔融石英毛细管柱 15m×0.25mm　固定液：OV-1
载　气：He　柱　温：120℃（2 min）→300℃，10℃/min
检测器：FID，MS

化合物	I	化合物	I
N-甲基金雀花碱　N-methylcytisine	1955	白羽扇豆碱　lupanine	2165
去氧金雀花碱　dehydrocytisine	1972	毒藜素（无叶假木贼碱）　aphylline	2180
金雀花碱　cytisine	1990	黄华碱（野决明碱）　thermopsine	2310
5.6-去氧羽扇豆碱　5,6-dehydrolupanine	2132	N-甲酰金雀花碱　N-formylcytisine	2315
菱叶野决明碱　rhombifoline	2155	臭豆碱　anagyrine	2390

表 19-41 喹喏啉生物碱保留指数（二）[34]

色谱柱：熔融石英毛细管柱，30m×0.25mm，0.25μm　固定液：OV-1
载　气：He　柱　温：120℃（2min）→310℃（4min），4℃/min
检测器：MS

化合物	I	化合物	I
鹰爪豆碱　sparteine	1853	多花羽扇豆碱　multiflorine	2085
狭叶羽扇豆碱　angustifoline	2046	N-甲酰基狭叶羽扇豆碱　N-formylangustifoline	2095
白羽扇豆碱　lupanine	2060	17-氧代羽扇豆碱　17-oxolupanine	2494
tetrahydrorombifoline	2039		

第六节　含氨基醚保留指数

表 19-42　*N,N*-二烷基-氨乙基甲基醚保留指数[35]

固 定 相：CP Sil 8CB 熔融石英细管柱　　柱参数：30m×0.25mm，0.25μm
柱　　温：50℃（2min）→280℃（5min），10℃/min　　检测器：MS
载气流速：He，1ml/min

化合物	*I*	化合物	*I*
N-乙基-*N*-甲基-氨乙基甲基醚	819.5	*N*-丙基-*N*-乙基-氨乙基甲基醚	966.5
N,N-二乙基-氨乙基甲基醚	889.3	*N,N*-二异丙基-氨乙基甲基醚	1020.9
N-丙基-*N*-甲基-氨乙基甲基醚	901.8	*N*-异丙基-*N*-丙基-氨乙基甲基醚	1033.7
N-异丙基-*N*-甲基-氨乙基甲基醚	902.9	*N,N*-二丙基-氨乙基甲基醚	1045.4
N-异丙基-*N*-乙基-氨乙基甲基醚	954.1		

第七节　含氮农药保留指数

表 19-43　含氮农药保留指数[36]

GC
固 定 相：SLB-5MS 熔融石英毛细管柱
柱　　温：70℃→300℃，2℃/min
载气流速：He，恒压 48.0kPa
柱 参 数：30m×0.25mm，0.25μm
检 测 器：MS

GC×GC
固 定 相：第一维 SLB-5MS 熔融石英毛细管柱
　　　　　第二维 Omegawax 熔融石英毛细管柱
柱　　温：第一维 70℃ $\xrightarrow{2℃/min}$ 300℃
　　　　　第二维 100℃ $\xrightarrow{2℃/min}$ 330℃
调制周期：6s
载　　气：He，恒压 242.7kPa
柱 参 数：第一维 30m×0.10mm，0.25μm
　　　　　第二维 1m×0.10mm，0.10μm
检 测 器：MS

化合物	*I*（GC）	*I*（GC×GC）	化合物	*I*（GC）	*I*（GC×GC）
甲胺磷　methamidophos	1228	1241	烯虫磷　propetamphos	1774	1779
霜霉威　porpamocarb	1393	1399	拿草特　propyzamide	1789	1778
土菌灭　etridiazole	1445	1449	二甲嘧菌胺　pyrimethanil	1789	1796
苯胺灵　propham	1459	1462	二嗪磷　diazinon	1790	1794
胺甲萘　carbaryl	1510	1517	抗蚜威　pirimicarb	1836	1840
S-乙基-1-氮杂环庚烷硫代羧酸　molinat	1533	1538	磷胺　phosphamidon	1860	1866
残杀威　propoxur	1606	1609	甲基毒死蜱　chloropyriphos-methyl	1873	1879
二苯胺　diphenilamine	1621	1625	嗪草酮　metribuzin	1873	1882
氯苯胺灵　chlorpropham	1657	1660	发果　prothoate	1873	1881
氟乐灵　trifluralin	1671	1674	免克宁　vinclozolin	1883	1889
氟草胺　benfluralin	1676	1679	甲草胺　alachlor	1889	1896
猛杀威　promecarb	1689	1695	甲霜灵　metalaxyl	1905	1910
氯硝胺　dichloran	1717	1723	莠灭净　ametryn	1907	1912
乐果　dimethoat	1718	1724	苯锈定　fenpropidin	1928	1936
呋喃丹　carbofuran	1735	1740	虫螨磷　pirimiphos-methyl	1938	1942
西玛津　simazine	1748	1743	去草净　terbutryn	1939	1944
莠去津　atrazine	1748	1752	抑菌灵　dichlofluanid	1947	1965
扑灭津　propazine	1756	1761	异丙甲草胺　metolachlor	1963	1968
特丁津　terbuthylazine	1773	1779	丁苯吗啉　fenpropimorph	1984	1990

续表

化合物	I(GC)	I(GC×GC)	化合物	I(GC)	I(GC×GC)
三唑酮 triadimefon	1990	1997	恶草灵 oxadiazon	2182	2189
酞菌酯 nitrothal-isopropyl	2007	2013	苄氯三唑醇 diclobutrazol	2191	2201
异乐灵 isopropalin	2027	2034	噻嗪酮 buprofezin	2191	2201
吡草胺 metazachlor	2039	2046	醚菌酯 kresoxim-methyl	2200	2208
嘧菌环胺 cyprodinil	2037	2043	氟甲吡啶氧酚丙酸丁酯 fluazifop-butyl	2234	2242
配那唑 penconazole	2048	2054	恶霜灵 oxadixyl	2260	2272
氟虫腈 fipronil	2052	2059	三唑磷 triazophos	2299	2309
喹恶磷 quinalphos	2067	2075	丙环唑Ⅰ propiconazoleⅠ	2333	2342
腐菌利 procymidone	2076	2084	肟菌酯 trifloxystrobin	2339	2344
三唑醇 triadimenol	2076	2084	丙环唑Ⅱ propiconazoleⅡ	2345	2357
杀扑磷 methidiathion	2099	2103	嘧菌醇 nuarimol	2370	2382
灭菌磷 ditalimfos	2128	2137	哌草磷 piperophos	2464	2471
灭派林 mepanipyrim	2134	2141	吡螨胺 tebufenpyrad	2497	2505
己唑醇 hexaconazole	2150	2161	喹螨醚 fenazaquin	2499	2511
抑霉唑 imazalil	2156	2165			

参考文献

[1] Golovnya R V, Zhuravleva L L. Chromatographia, 1973, 6: 509.

[2] ГоловняР В, Журавлева И Л, Др СветловаН И И. Ж А Х, 1982, 37: 294.

[3] ГоловняР В, ЖуравлеваИ Л, КапуетинЮ П. Ж А Х, 1976, 31: 746.

[4] Tesarik K, Ghyczy S. J Chromatogr, 1974, 91: 723.

[5] Toth T. Magy Kem Foly, 1969, 75: 245.

[6] ЦеханскаяС В, СеминаГ Н, ЧеркаскийА А. Зав Лаб, 1972, 38: 1320.

[7] Golovnya R V, Zhuravleva I L, Polanuer B M. J Chromotogr, 1984, 286: 79.

[8] Czerwiec Z, Budahegyi M V, Takacs J M. J Chromatogr, 1981, 214: 47.

[9] Heyns K, Roper H, Lebensm Z, Unters Forsch 1971, 145: 71.

[10] Hansen N H, Kiens K, Nielsen T. J Chrom Sci 1971, 9: 631.

[11] Jorge A-M, Julio C E-A, Ramon C-V, et al. J Chromatogr A, 2006, 1102: 238.

[12] БоневаС Т, ДимовН. Ж А Х, 1979, 34: 1170.

[13] Korhonen I O O, Lind M A. J Chromatogr, 1985, 322: 83.

[14] ВеревкинС П, БеленвкаяР С, РожновА М. И Др. Ж Д Х, 1990, 45: 1786.

[15] Korhonen I O O. J Chromatogr. 1986, 360: 63.

[16] Hu Jiehan, Ma Zhaolan, Zeng Xiaomou, Kexue Tongbao. 1981, 26: 1089.

[17] Samusenko A L, Golovnya R V. Chromatographia, 1988, 25: 531.

[18] ЖуравлеваИ Л, КаиуетинЮ П, ТоловняР В. Ж А Х, 1976, 31: 1378.

[19] Головня Р В, СамусенкоА Л, Лмитриев Л В. Ж А Х, 1987, 42: 699.

[20] ГоловняР В, СветловаН И, ЖуравлеваИ Л. Ж А Х, 1978, 33: 1618.

[21] Pacakova V, Nemec I. J Chromotogr. 1978, 148: 273.

[22] Leclercq P A, Pacakova V. J Chromotogr, 1979, 179: 193.

[23] БерливовЮ С, Набивач В М, ДмитриковБ Л. Ж А Х, 1987, 42: 1119.

[24] 蒋筱筠，曾宪谋，顾以健. 色谱，1991, 9：187.

[25] Morishita F, Morimoto S, Kojima T. HRC & CC, 1986, 9: 688.

[26] Toth T, Borsodi A. Magy Kem Foly, 1971, 77: 578.

[27] 陈秀蓉，王玉霞，陈为通. 分析化学，1985, 13：1514.

[28] Papp O, Szasz Gy, Valko K. J Chromatogr. 1980, 194: 365.

[29] Szasz Gy, Papp O, Vamos J, et al. J Chromotogr. 1983, 269: 91.

[30] Papp O, Jozan M, Szasz Gy, et al. J Chromotogr. 1987, 403: 11.

[31] Papp O, Szasz Gy, Orfi L, et al. J Chromatogr, 1991, 537: 371.

[32] Osek J, Jaroszewska-Manaj J, Krawczyk W, et al. J Chromotogr, 1986, 369: 398.

[33] Martins A, Wink M, Tei A, et al. Phytochemical Analysis, 2005, 16: 264.

[34] Montes Hernandez E, Corona Rangel M L, Encarnacion Corona A, et al. Revista Brasileira de Farmacog-nosia-Brazilian Journal of Pharmacognosy, 2011, 21: 824.

[35] Lakshmi V V S, Jagadeshwar Reddy T, Murty M R V S. Rapid Commun. Mass Spectrom. 2006, 20: 2209.

[36] Mondello Casilli L A, Tranchida P Q, et al. Anal Bioanal Chem, 2007, 389: 1755.

第二十章　含硫化合物的保留指数

第一节　硫醇的保留指数

表 20-1　C_3～C_7 硫醇保留指数[1]

柱温：130℃

化合物 \ 固定液 I	Apiezon M	Triton X-305	PEG-1000	化合物 \ 固定液 I	Apiezon M	Triton X-305	PEG-1000
正丙硫醇	619	808	874	正壬硫醇	1233	1420	1483
正丁硫醇	724	924	978	异丙硫醇	566	735	793
正戊硫醇	827	1015	1079	仲丁硫醇	681	852	906
正己硫醇	929	1117	1181	叔丁硫醇	603	742	797
正庚硫醇	1031	1218	1282	叔戊硫醇	730	878	932
正辛硫醇	1132	1319	1383				

表 20-2　C_5～C_7 直链硫醇保留指数（一）[2]

固定液	PEG-20M	Ucon LB 550X	固定液	PEG-20M	Ucon LB 550X
化合物 \ 柱温/℃ I	93	95	化合物 \ 柱温/℃ I	93	95
1-戊硫醇	1052.9	911.9	2-庚硫醇	1165.5	1041.1
1-己硫醇	1153.2	1012.8	3-戊硫醇	979.5	853.9
1-庚硫醇	1253.8	1114.2	3-己硫醇	1062.5	943.9
2-戊硫醇	967.9	845.4	3-庚硫醇	1157.6	1037.1
2-己硫醇	1066.3	943.4	4-庚硫醇	1144.1	1026.4

表 20-3　C_5～C_7 直链硫醇保留指数（二）[3]

固定液	PEG-20M	DC-550	固定液	PEG-20M	DC-550
化合物 \ 柱温/℃ I	80	70	化合物 \ 柱温/℃ I	80	70
1-戊硫醇	1047.9	866.1	2-庚硫醇	1160.0	1004.4
1-己硫醇	1148.0	967.2	3-戊硫醇	973.9	815.5
1-庚硫醇	1248.7	1068.7	3-己硫醇	1058.0	906.0
2-戊硫醇	964.9	806.3	3-庚硫醇	1153.2	1002.5
2-己硫醇	1062.1	907.8	4-庚硫醇	1140.9	993.0

表 20-4 C_5、C_6 支链硫醇保留指数[3]

固定液	DC-550	固定液	DC-550	固定液	DC-550
I 柱温/℃ 化合物	70	I 柱温/℃ 化合物	70	I 柱温/℃ 化合物	70
C C—C—C—C SH	836.9	C C—C—C—C—C SH	930.4	C C—C—C—C SH	811.6
C C—C—C—C—C SH	928.0	C C—C—C—C SH	753.9	C C—C—C—C—C SH	893.0
C C—C—C—C SH	829.7	C C—C—C—C—C SH	838.9	C C—C—C—C—C SH	859.6
C C—C—C—C—C SH	937.2	C C—C—C—C—C SH	873.1		

表 20-5 烷基硫醇保留指数[4]

柱温：130℃

I 固定液 化合物	Apiezon M	OV-17	Triton X 305	PEG -1000	I 固定液 化合物	Apiezon M	OV-17	Triton X 305	PEG -1000
乙硫醇	517	599	696	753	2-戊硫醇	782	853	945	992
1-丙硫醇	623	703	801	857	2-己硫醇	883	956	1048	1095
1-丁硫醇	726	806	904	960	2-庚硫醇	983	1058	1149	1197
1-戊硫醇	828	908	1007	1063	2-辛硫醇	1082	1158	1249	1298
1-己硫醇	930	1010	1109	1165	2-甲基-1-丙硫醇	691	767	863	910
1-庚硫醇	1031	1111	1211	1267	2-甲基-2-丙硫醇	602	663	745	779
1-辛硫醇	1132	1212	1313	1369	3-甲基-1-丁硫醇	794	871	968	1017
1-壬硫醇	1233	1313	1415	1470	2-甲基-2-丁硫醇	728	796	879	918
1-癸硫醇	1334	1414	1517	1571	3-甲基-2-丁硫醇	773	842	929	978
1-正十一硫醇	1435	1515	1619	1672	2-丙烯基-1-硫醇	603	702	837	901
1-十二硫醇	1536	1616	1721	1773	2-丙炔基-1-硫醇	611	763	1025	1135
2-丙硫醇	566	637	727	773	环己硫醇	983	1082	1193	1261
2-丁硫醇	679	749	840	887	环庚硫醇	1126	1232	1351	1427

表 20-6　硫醇和二硫醇保留指数[5]

柱温：130℃

I 固定液 / 化合物	Apiezon M	OV-17	Triton X-305	PEG -20M	I 固定液 / 化合物	Apiezon M	OV-17	Triton X-305	PEG -20M
乙硫醇	517	599	696	753	2-甲基-2-丙硫醇	602	663	745	779
1-丙硫醇	623	703	801	857	3-甲基-1-丁硫醇	794	871	968	1017
1-丁硫醇	726	806	904	960	3-甲基-2-丁硫醇	773	842	929	978
1-戊硫醇	828	908	1007	1063	1,1-二甲基-1-丙硫醇	728	796	879	918
1-己硫醇	930	1010	1109	1165	2-丙烯基-1-硫醇	603	702	837	901
1-庚硫醇	1031	1111	1211	1267	2-丙炔基-1-硫醇	611	763	1025	1135
1-辛硫醇	1132	1212	1313	1369	环己烷硫醇	983	1082	1193	1261
1-壬硫醇	1233	1313	1415	1470	环庚烷硫醇	1126	1232	1351	1427
1-癸硫醇	1334	1414	1517	1571	1,2-乙二硫醇	844	1006	1239	1348
1-十一硫醇	1435	1515	1619	1672	1,3-丙二硫醇	951	1119	1344	1457
1-十二硫醇	1536	1616	1721	1773	1,4-丁二硫醇	1063	1234	1459	1574
2-丙硫醇	566	637	727	773	1,5-戊二硫醇	1167	1338	1558	1673
2-丁硫醇	679	749	840	887	1,6-己二硫醇	1270	1439	1657	1770
2-辛硫醇	1082	1158	1249	1298	1,2-丙二硫醇	895	1039	1247	1355
2-甲基-1-丙硫醇	691	767	863	910	1,3-丁二硫醇	995	1145	1351	1456

表 20-7　$C_2 \sim C_6$烷基二硫醇保留指数[4]

柱温：130℃

I 固定液 / 化合物	Apiezon M	OV-17	Triton X-305	PEG -1000	I 固定液 / 化合物	Apiezon M	OV-17	Triton X-305	PEG -1000
1,2-乙二硫醇	844	1006	1239	1348	1,4-丁二硫醇	995	1145	1351	1456
1,3-丙二硫醇	951	1119	1344	1457	1,5-戊二硫醇	1167	1338	1558	1673
1,2-丙二硫醇	895	1039	1247	1355	1,6-己二硫醇	1270	1439	1657	1770
1,3-丁二硫醇	1063	1234	1460	1574					

第二节　硫醚的保留指数

表 20-8　有机硫化合物保留指数（一）[6]

固定液	DC-200		DC-550	SE-30		邻苯二甲酸二壬酯		邻苯二甲酸二壬酯十二苯胺
I 柱温/℃ / 化合物	60	120	130	60	130	60	120	60
乙基硫醇	505	—	—	500	—	558	—	563
丙基硫醇	603	—	—	600	—	664	—	665
丁基硫醇	703	713	781	701	718	769	791	771

续表

固定液	DC-200		DC-550	SE-30		邻苯二甲酸二壬酯		邻苯二甲酸二壬酯十二苯胺
I 柱温/℃ 化合物	60	120	130	60	130	60	120	60
己基硫醇	904	917	975	904	918	971	986	976
庚基硫醇	—	1018	1076	—	1020	—	1085	—
壬基硫醇	—	1218	1277	—	1219	—	1286	—
十二烷基硫醇	—	—	1579	—	1520	—	—	—
二甲基硫醚	516	—	—	515	—	577	—	583
二乙基硫醚	693	693	743	692	692	748	760	752
二丙基硫醚	879	888	938	878	888	932	940	934
二丁基硫醚	—	1081	1134	—	1081	—	1134	—
二戊基硫醚	—	1277	1330	—	1276	—	1331	—
二己基硫醚	—	1472	1525	—	1473	—	1527	—
二甲基二硫醚	731	732	832	734	734	823	842	824
二乙基二硫醚	901	923	1002	904	921	982	1003	956
二丙基二硫醚	—	1104	1180	—	1104	—	1180	—
二丁基二硫醚	—	1288	1367	—	1289	—	1368	—

表 20-9　有机硫化合物保留指数（二）[7]

固定液	Apiezon M		PEG -1000	PEG -20M	Triton X-305	固定液	Apiezon M		PEG -1000	PEG -20M	Triton X-305
I 柱温/℃ 化合物	60	130	60	130	130	*I* 柱温/℃ 化合物	60	130	60	130	130
乙基硫醇	515	—	739	—	—	甲基乙基硫醚	619	—	829	—	—
丙基硫醇	616	—	837	—	—	甲基正丙基硫醚	711	—	919	—	—
丁基硫醇	716	726	935	970	920	二异丙基硫醚	796	789	939	967	927
己基硫醇	915	928	1130	1170	1117	二叔丁基硫醚	—	919	—	1073	1033
庚基硫醇	—	1033	—	1273	1218	二异戊基硫醚	—	1201	—	1381	1337
壬基硫醇	—	1235	—	1473	1421	二甲基二硫醚	747	788	1068	1101	1040
十二碳硫醇	—	—	—	1773	—	二乙基二硫醚	913	941	1195	1251	1182
异丙基硫醇	561	—	763	—	—	二丙基二硫醚	—	1115	—	1412	1342
叔丁基硫醇	591	—	762	—	—	二丁基二硫醚	—	1300	—	1585	1520
异戊基硫醇	751	764	949	973	926	二异丙基二硫醚	—	1023	—	1294	1233
叔戊基硫醇	712	723	891	931	875	二异丁基二硫醚	—	1207	—	1455	1399
烯丙基硫醇	586	—	886	—	—	二叔戊基二硫醚	—	1347	—	1590	1531
二甲基硫醚	544	—	751	—	—	二叔丁基二硫醚	—	1125	—	1360	1307
二乙基硫醚	718	689	901	902	870	四氢噻吩	807	834	1097	1168	1080
二丙基硫醚	891	890	1065	1095	1054	噻吩	672	702	1017	1054	961
二丁基硫醚	—	1086	—	1290	1242	苯硫酚	—	1002	—	1525	1411
二戊基硫醚	—	1281	—	1482	1436	3,5-二甲基-1,2,4-三噻茂烷	—	1158	—	1535	1449
二己基硫醚	—	1475	—	1673	1629						

表 20-10 硫醚保留指数（一）[8]

固定液	邻苯二甲酸二异癸酯			Apiezon L		
I 柱温/℃ 化合物	110	130	150	110	130	150
甲硫醚	579	585	592	516	523	528
甲基乙基硫醚	—	—	—	—	—	—
甲基丙基硫醚	783	787	792	718	723	727
甲基丁基硫醚	—	—	—	—	—	—
甲基仲丁基硫醚	843	849	853	784	790	796
乙硫醚	759	765	772	694	698	704
乙基丙基硫醚	—	—	—	—	—	—
乙基丁基硫醚	957	962	965	896	901	906
乙基仲丁基硫醚	—	—	—	—	—	—
丙硫醚	—	—	—	—	—	—
丙基丁基硫醚	1047	1052	1057	986	992	995
丙基仲丁基硫醚	996	999	1005	940	946	951
异丙基仲丁基硫醚	941	946	951	886	890	897
叔丁基硫醚	968	975	982	913	920	927
仲丁基硫醚	—	—	—	—	—	—
异丁基硫醚	1048	1052	1060	991	997	1003
丁硫醚	1146	1148	1155	1082	1086	1092
2-甲基硫杂环戊烷	—	—	—	—	—	—
2-乙基硫杂环戊烷	1026①	1031	1039	977①	981	994
2-丙基硫杂环戊烷	1120①	1125	1139	1071①	1077	1088
2-丁基硫杂环戊烷	1217①	1221	1228	1168①	1174	1182

① 柱温为 120℃。

表 20-11 硫醚保留指数（二）[1]

柱温：130℃

I 固定液 化合物	Apiezon M	Triton X-305	PEG-1000	I 固定液 化合物	Apiezon M	Triton X-305	PEG-1000
二甲硫醚	522	724	792	乙丁硫醚	893	1065	1122
二乙硫醚	699	881	940	二丁硫醚	1082	1243	1297
甲丙硫醚	715	902	962	二戊硫醚	1277	1436	1487
甲丁硫醚	815	1004	1061	二异丙硫醚	787	929	978
二丙硫醚	888	1055	1110	二异戊硫醚	1196	1339	1386

表 20-12 硫醚保留指数（三）[9]

柱温：130℃

I 固定液 / 化合物	Apiezon M	OV-17	Triton X-305	PEG -1000	I 固定液 / 化合物	Apiezon M	OV-17	Triton X-305	PEG -1000
二异丙基硫醚	788	861	927	975	仲丁基异戊基硫醚	1091	1166	1228	1271
异丙基异丁基硫醚	895	965	1030	1074	仲丁基(1,2-二甲基)丙基硫醚	1054	1125	1179	1220
异丙基异戊基硫醚	997	1071	1139	1183	仲丁基叔丁基硫醚	934	998	1053	1092
异丙基仲丁基硫醚	887	959	1022	1069	仲丁基叔戊基硫醚	1050	1115	1173	1213
异丙基叔丁基硫醚	835	900	959	998	二异戊基硫醚	1197	1274	1341	1386
异丙基(1,2-二甲基)丙基硫醚	960	1030	1088	1131	异戊基叔丁基硫醚	1031	1102	1157	1199
异丙基叔戊基硫醚	952	1019	1079	1122	异戊基叔戊基硫醚	1144	1216	1273	1316
二异丁基硫醚	994	1064	1127	1171	二叔丁基硫醚	918	981	1040	1082
异丁基异戊基硫醚	1096	1169	1232	1276	叔丁基叔戊基硫醚	1045	1113	1170	1210
异丁基仲丁基硫醚	991	1061	1124	1166	二叔戊基硫醚	1121	1186	1240	1281
异丁基叔丁基硫醚	935	998	1051	1092	(1,2-二甲基)丙基硫醚	1123	1190	1240	1278
异丁基叔戊基硫醚	1047	1113	1169	1212	叔丁基(1,2-二甲基)丙基硫醚	1008	1071	1124	1162
二仲丁基硫醚	983	1055	1117	1158					

表 20-13 硫醚保留指数（四）[5]

柱温：130℃

I 固定液 / 化合物	Apiezon M	OV-17	Triton X-305	PEG -1000	I 固定液 / 化合物	Apiezon M	OV-17	Triton X-305	PEG -1000
甲基异丙基硫醚	675	762	847	909	甲基叔丁基硫醚	724	803	880	938
乙基异丙基硫醚	746	833	905	959	乙基叔丁基硫醚	792	869	935	985
丙基异丙基硫醚	839	923	991	1046	丙基叔丁基硫醚	882	957	1020	1068
丁基异丙基硫醚	936	1018	1085	1137	丁基叔丁基硫醚	976	1050	1111	1158
戊基异丙基硫醚	1034	1115	1182	1232	戊基叔丁基硫醚	1073	1146	1204	1252
己基异丙基硫醚	1132	1213	1280	1330	甲基异戊基硫醚	880	966	1051	1113
甲基异丁基硫醚	775	859	937	1006	乙基异戊基硫醚	954	1038	1110	1168
乙基异丁基硫醚	850	931	1003	1056	丙基异戊基硫醚	1044	1127	1196	1250
丙基异丁基硫醚	941	1020	1089	1140	丁基异戊基硫醚	1140	1223	1288	1341
丁基异丁基硫醚	1037	1115	1182	1232	戊基异戊基硫醚	1237	1319	1385	1437
戊基异丁基硫醚	1134	1212	1279	1328	甲基(1,2-二甲基)丙基硫醚	862	944	1025	1085
甲基仲丁基硫醚	780	867	948	1010	乙基(1,2-二甲基)丙基硫醚	928	1006	1080	1125
乙基仲丁基硫醚	850	932	1004	1060	丙基(1,2-二甲基)丙基硫醚	1015	1092	1159	1204
丙基仲丁基硫醚	941	1021	1088	1140	丁基(1,2-二甲基)丙基硫醚	1108	1184	1246	1293
丁基仲丁基硫醚	1034	1114	1181	1230	戊基(1,2-二甲基)丙基硫醚	1204	1281	1340	1387
戊基仲丁基硫醚	1131	1211	1275	1325	甲基叔戊基硫醚	847	927	1004	1065

续表

I 固定液 / 化合物	Apiezon M	OV-17	Triton X-305	PEG -1000
乙基叔戊基硫醚	913	989	1056	1112
丙基叔戊基硫醚	1000	1074	1137	1189
二叔戊基硫醚	1121	1186	1240	1281
二(1,2-二甲基)丙基硫醚	1123	1190	1240	1278
叔丁基(1,2-二甲基)丙基硫醚	1008	1071	1124	1162
甲基乙烯基硫醚	608	716	835	912
乙基乙烯基硫醚	696	797	909	981
丙基乙烯基硫醚	794	890	1000	1069
丁基乙烯基硫醚	893	989	1097	1163
戊基乙烯基硫醚	992	1088	1196	1261
异丙基乙烯基硫醚	740	833	936	993
仲丁基乙烯基硫醚	845	936	1036	1098
甲基丙烯基硫醚	697	799	921	1001
乙基丙烯基硫醚	777	883	995	1067
丙基丙烯基硫醚	870	973	1081	1152
丁基丙烯基硫醚	967	1070	1174	1246
戊基丙烯基硫醚	1065	1169	1272	1343
异丙基丙烯基硫醚	822	921	1021	1089
丁基叔戊基硫醚	1092	1167	1227	1277
戊基叔戊基硫醚	1189	1263	1322	1370
甲基(2-甲基)庚基硫醚	1150	1237	1313	1371
乙基(2-甲基)庚基硫醚	1216	1301	1368	1420
丙基(2-甲基)己基硫醚	1301	1385	1445	1495
二异丙基硫醚	788	861	927	975
异丙基异丁基硫醚	895	965	1030	1074
异丙基异戊基硫醚	997	1071	1139	1183
异丙基仲丁基硫醚	887	959	1022	1069
异丙基叔丁基硫醚	835	900	959	998
异丙基(1,2-二甲基)丙基硫醚	960	1030	1089	1131
异丙基叔戊基硫醚	952	1019	1079	1122
二异丁基硫醚	994	1064	1127	1171
异丁基异戊基硫醚	1096	1169	1232	1276
异丁基仲丁基硫醚	991	1061	1124	1166
异丁基叔丁基硫醚	935	998	1051	1092
异丁基叔戊基硫醚	1047	1113	1169	1212
二仲丁基硫醚	983	1055	1117	1158
仲丁基异戊基硫醚	1091	1166	1228	1271
仲丁基(1,2-二甲基)丙基硫醚	1054	1125	1179	1220
仲丁基叔丁基硫醚	934	998	1053	1092
仲丁基叔戊基硫醚	1050	1115	1173	1213
二异戊基硫醚	1197	1274	1341	1386
异戊基叔丁基硫醚	1031	1102	1157	1199
异戊基叔戊基硫醚	1144	1216	1273	1316
二叔丁基硫醚	918	981	1040	1082
叔丁基叔戊基硫醚	1045	1113	1170	1210
仲丁基丙烯基硫醚	920	1019	1117	1184
(1,2-二甲基)丙基丙烯基硫醚	997	1090	1185	1248
叔丁基丙烯基硫醚	877	969	1066	1132
叔戊基丙烯基硫醚	994	1088	1186	1254
丙烯基硫醚	854	972	1114	1191
甲基丙炔基硫醚	705	859	1090	1204
乙基丙炔基硫醚	782	939	1155	1270
丙基丙炔基硫醚	877	1032	1241	1352
丁基丙炔基硫醚	974	1129	1337	1447
戊基丙炔基硫醚	1073	1228	1435	1544
异丙基丙炔基硫醚	833	978	1184	1291
仲丁基丙炔基硫醚	933	1083	1281	1386
异戊基丙炔基硫醚	1035	1184	1388	1492
叔丁基丙炔基硫醚	892	1036	1232	1338
叔戊基丙炔基硫醚	1010	1155	1354	1460
丙烯基丙炔基硫醚	858	1026	1264	1380
丙炔基硫醚	862	1076	1436	1595

表 20-14 硫醚保留指数（五）[3]

固定液	PEG-20M	DC-550	固定液	PEG-20M	DC-550
I 柱温/℃ 化合物	80	70	*I* 柱温/℃ 化合物	80	70
甲基丁基硫醚	1029.3	860.8	丙基丙基硫醚	1080.5	933.4
甲基戊基硫醚	1128.1	963.0	丙基丁基硫醚	1173.3	1031.2
甲基己基硫醚	1227.0	1064.5	丙基戊基硫醚	1269.7	1130.2
甲基庚基硫醚	1326.8	1164.9	丙基己基硫醚	1367.0	1228.9
甲基辛基硫醚	1426.3	1265.0	丙基庚基硫醚	1465.2	1328.6
甲基壬基硫醚	1525.7	1364.9	丁基丁基硫醚	1265.6	1127.0
乙基丁基硫醚	1091.1	939.7	丁基戊基硫醚	1361.3	1225.6
乙基戊基硫醚	1188.6	1040.2	丁基己基硫醚	1457.8	1324.5
乙基己基硫醚	1286.6	1139.2	戊基戊基硫醚	1456.3	1323.5
乙基庚基硫醚	1385.3	1239.2			

表 20-15 C_3～C_{14} 烷基硫醚保留指数[5]

柱温：130℃

I 固定液 化合物	Apiezon M	OV-17	Triton X-305	PEG -1000	*I* 固定液 化合物	Apiezon M	OV-17	Triton X-305	PEG -1000
丙硫醚	523	611	710	774	3-十二烷基硫醚	1392	1481	1561	1610
2-丁基硫醚	616	705	800	859	3-十三烷基硫醚	1493	1561	1661	1710
2-戊基硫醚	715	802	897	951	4-庚基硫醚	888	974	1051	1101
2-己基硫醚	815	903	996	1051	4-辛基硫醚	985	1070	1146	1196
2-庚基硫醚	916	1005	1096	1151	4-壬基硫醚	1083	1169	1244	1294
2-辛基硫醚	1016	1106	1197	1251	4-癸基硫醚	1182	1269	1342	1393
2-壬基硫醚	1117	1207	1297	1352	4-十一烷基硫醚	1282	1368	1442	1492
2-癸基硫醚	1217	1308	1398	1453	4-十二烷基硫醚	1382	1468	1542	1592
2-十一烷基硫醚	1318	1408	1499	1554	4-十三烷基硫醚	1481	1568	1643	1692
2-十二烷基硫醚	1419	1509	1599	1656	5-壬基硫醚	1081	1167	1241	1289
2-十三烷基硫醚	1520	1609	1699	1757	5-癸基硫醚	1179	1266	1338	1387
2-十四烷基硫醚	1620	1710	1800	1858	5-十一烷基硫醚	1278	1365	1436	1485
3-戊基硫醚	698	788	875	927	5-十二烷基硫醚	1378	1464	1535	1584
3-己基硫醚	794	882	962	1017	5-十三烷基硫醚	1477	1563	1636	1684
3-庚基硫醚	893	979	1061	1113	6-十一烷基硫醚	1276	1363	1435	1483
3-辛基硫醚	992	1079	1159	1212	6-十二烷基硫醚	1375	1461	1532	1581
3-壬基硫醚	1092	1181	1259	1311	6-十三烷基硫醚	1475	1560	1631	1681
3-癸基硫醚	1193	1281	1360	1411	6-十四烷基硫醚	1574	1660	1731	1781
3-十一烷基硫醚	1293	1381	1460	1510	7-十三烷基硫醚	1473	1559	1630	1678

表 20-16　C_5～C_{10}直链硫醚保留指数[2]

固定液	PEG-20M	Ucon LB-550X	固定液	PEG-20M	Ucon LB-550X
I　柱温/℃　化合物	93	95	I　柱温/℃　化合物	93	95
甲基丁基硫醚	1032.6	899.7	丙基丁基硫醚	1178.2	1059.2
甲基戊基硫醚	1132.3	1000.2	丙基戊基硫醚	1274.2	1156.2
甲基己基硫醚	1232.1	1099.6	丙基己基硫醚	1372.0	1256.5
甲基庚基硫醚	1332.1	1199.3	丙基辛基硫醚	1470.3	1356.7
甲基辛基硫醚	1431.7	1299.5	二丁基硫醚	1270.6	1153.0
乙基丁基硫醚	1096.1	972.3	丁基戊基硫醚	1366.4	1251.2
乙基戊基硫醚	1193.0	1069.6	丁基己基硫醚	1463.8	1350.5
乙基己基硫醚	1291.2	1170.3	二戊基硫醚	1461.7	1348.2
乙基庚基硫醚	1390.7	1270.6	甲基壬基硫醚	—	1399.7

表 20-17　C_6、C_7支链硫醚保留指数[3]

固定液：DC-550　　柱温：70℃

化合物	I	化合物	I	化合物	I
C—S—C(C)—C—C	912.9	C—C—C—C—S—C(C)—C	980.6	C—C—C—S—C(C)—C—C	982.6
C—C—S—C(C)—C	892.9	C—S—C—C(C)—C—C	921.8	C—S—C—C—C(C)—C	923.4
C—C—C—S—C(C)—C	883.4	C—C—S—C—C(C)—C	893.6	C—S—C—C—C(C)—C—C	1030.7
C—S—C(C)—C—C—C	1009.8	C—S—C—C(C)—C—C—C	1013.5	C—C—S—C—C—C(C)—C	999.4
C—C—S—C(C)—C—C	981.0	C—C—S—C—C(C)—C—C	996.7	C—S—C—C—C(C)—C—C	1023.7
C—C—C—S—C(C)—C—C	980.6				

表 20-18　烷基硫醚保留指数[10]

柱温：130℃

I　固定液　化合物	Apiezon M	OV-17	Triton X-305	PEG -1000	I　固定液　化合物	Apiezon M	OV-17	Triton X-305	PEG -1000
甲基异丙基硫醚	675	762	847	909	戊基异丁基硫醚	1134	1212	1279	1328
乙基异丙基硫醚	746	833	905	959	甲基仲丁基硫醚	780	867	948	1010
丙基异丙基硫醚	839	923	991	1046	乙基仲丁基硫醚	850	932	1004	1060
丁基异丙基硫醚	936	1018	1085	1137	丙基仲丁基硫醚	941	1021	1088	1140
戊基异丙基硫醚	1034	1115	1182	1232	丁基仲丁基硫醚	1034	1114	1181	1230
己基异丙基硫醚	1132	1213	1280	1330	戊基仲丁基硫醚	1131	1211	1275	1325
甲基异丁基硫醚	775	859	937	1006	甲基叔丁基硫醚	724	803	880	938
乙基异丁基硫醚	850	931	1003	1056	乙基叔丁基硫醚	792	869	935	985
丙基异丁基硫醚	941	1020	1089	1140	丙基叔丁基硫醚	882	957	1020	1068
丁基异丁基硫醚	1037	1115	1182	1232	丁基叔丁基硫醚	976	1050	1111	1158

第二篇

续表

I 固定液 化合物	Apiezon M	OV-17	Triton X-305	PEG -1000	I 固定液 化合物	Apiezon M	OV-17	Triton X-305	PEG -1000
戊基叔丁基硫醚	1073	1146	1204	1252	甲基(1,1-二甲基)丙基硫醚	847	927	1004	1065
甲基异戊基硫醚	880	966	1051	1113	乙基(1,1-二甲基)丙基硫醚	913	989	1056	1112
乙基异戊基硫醚	954	1038	1110	1168	丙基(1,1-二甲基)丙基硫醚	1000	1074	1137	1189
丙基异戊基硫醚	1044	1127	1196	1250	丁基(1,1-二甲基)丙基硫醚	1092	1167	1227	1277
丁基异戊基硫醚	1140	1223	1288	1341	戊基(1,1-二甲基)丙基硫醚	1189	1263	1322	1370
戊基异戊基硫醚	1237	1319	1385	1437	甲基(2-甲基)丁基硫醚	1150	1237	1213	1371
甲基(1,2-二甲基)丙基硫醚	862	944	1025	1085	乙基(2-甲基)丁基硫醚	1216	1301	1368	1420
乙基(1,2-二甲基)丙基硫醚	928	1006	1080	1125	丙基(2-甲基)丁基硫醚	1301	1385	1445	1495
丙基(1,2-二甲基)丙基硫醚	1015	1092	1159	1204	苯	675	762	894	965
丁基(1,2-二甲基)丙基硫醚	1108	1184	1246	1293	2-戊酮	644	787	924	1018
戊基(1,2-二甲基)丙基硫醚	1204	1281	1340	1387	1-丁醇	623	747	1048	1166

表 20-19 烯基、炔基和烷基硫醚的保留指数[10]

柱温：130℃

I 固定液 化合物	Apiezon M	OV-17	Triton X-305	PEG -1000	I 固定液 化合物	Apiezon M	OV-17	Triton X-305	PEG -1000
甲基乙烯基硫醚	608	716	835	912	叔丁基烯丙基硫醚	877	969	1066	1132
乙基乙烯基硫醚	696	797	909	981	叔戊基烯丙基硫醚	994	1088	1186	1254
正丙基乙烯基硫醚	794	890	1000	1069	烯丙基烯丙基硫醚	854	972	1114	1191
正丁基乙烯基硫醚	893	989	1097	1163	甲基炔丙基硫醚	705	859	1090	1204
正戊基乙烯基硫醚	992	1088	1196	1261	乙基炔丙基硫醚	782	939	1155	1270
异丙基乙烯基硫醚	740	833	936	993	正丙基炔丙基硫醚	877	1032	1241	1352
仲丁基乙烯基硫醚	845	936	1036	1098	正丁基炔丙基硫醚	974	1129	1337	1447
甲基烯丙基硫醚	697	799	921	1001	正戊基炔丙基硫醚	1073	1228	1435	1544
乙基烯丙基硫醚	777	883	995	1067	异丙基炔丙基硫醚	833	978	1184	1291
正丙基烯丙基硫醚	870	973	1081	1152	仲丁基炔丙基硫醚	933	1083	1281	1386
正丁基烯丙基硫醚	967	1070	1174	1246	异戊基炔丙基硫醚	1035	1184	1388	1492
正戊基烯丙基硫醚	1065	1169	1272	1343	叔丁基炔丙基硫醚	892	1036	1232	1338
异丙基烯丙基硫醚	822	921	1021	1089	叔戊基炔丙基硫醚	1010	1155	1354	1460
仲丁基烯丙基硫醚	920	1019	1117	1184	烯丙基炔丙基硫醚	858	1026	1264	1380
仲异戊基烯丙基硫醚	997	1090	1185	1248	二炔丙基硫醚	862	1076	1436	1595

表 20-20　硫醚与硫醇的保留指数[11]

固定液	Apiezon M		Carbowax 1000		固定液	Apiezon M		Carbowax 1000	
I 柱温/℃ 化合物	70	100	70	100	I 柱温/℃ 化合物	70	100	70	100
二乙基硫醚	715	710	906	920	丙基硫醇	617	621	841	865
二丙基硫醚	890	891	1071	1088	丁基硫醇	717	722	941	964
二甲基二硫醚	749	757	1074	1095	苯	668	678	947	963
二乙基二硫醚	915	924	1202	1229					

表 20-21　芳基硫醚与硫酚的保留指数[5]

柱温：130℃

I 固定液 化合物	Apiezon M	OV-17	Triton -303	PEG -1000	I 固定液 化合物	Apiezon M	OV-17	Triton -303	PEG -1000
苯硫酚	999	1142	1400	1531	乙烯基苯基硫醚	1141	1287	1501	1620
甲基苯基硫醚	1106	1267	1489	1618	苄基硫醇	1104	1271	1519	1657
乙基苯基硫醚	1160	1315	1513	1633	甲基苄基硫醚	1176	1350	1565	1694
正丙基苯基硫醚	1252	1403	1596	1709	乙基苄基硫醚	1248	1421	1623	1748
正丁基苯基硫醚	1346	1498	1685	1797	异丙基苄基硫醚	1285	1451	1641	1757
异丙基苯基硫醚	1184	1326	1504	1610	2-甲基苯硫酚	1111	1252	1494	1622
异丁基苯基硫醚	1303	1445	1629	1731	甲基-(2-甲基苯基)硫醚	1209	1363	1576	1699
仲丁基苯基硫醚	1282	1426	1600	1704	2,6-二甲基苯硫酚	1226	1361	1585	1708
叔丁基苯基硫醚	1208	1343	1500	1594	甲基-(2,6-二甲基苯基)硫醚	1256	1393	1572	1678

表 20-22　硫醚与噻吩的保留指数[12]

柱温：130℃

I 固定液 化合物	Apiezon M	OV-17	Triton X-305	PEG -1000	I 固定液 化合物	Apiezon M	OV-17	Triton X-305	PEG -1000
2-甲基噻吩	797	900	1050	1138	3,4-二溴噻吩	1267	1442	1741	1889
3-甲基噻吩	807	910	1072	1160	糠基硫醇	903	1073	1336	1466
2,5-二甲基噻吩	891	992	1123	1205	甲基糠基硫醚	984	1164	1390	1521
2-叔丁基噻吩	989	1086	1206	1284	乙基糠基硫醚	1058	1238	1452	1577
3-叔丁基噻吩	1007	1107	1238	1320	甲基糠基二硫化物	1199	1406	1670	1818
2-噻吩甲醛	995	1228	1556	1729	2-乙基硫代呋喃	937	1093	1285	1395
2-乙酰基噻吩	1084	1312	1632	1807	5-叔丁基-2-乙基硫代呋喃	1157	1308	1418	1499
2-噻吩基乙基硫代甲烷	1251	1440	1668	1802	苯硫酚	999	1142	1410	1531
甲基-3-噻吩基硫化物	1105	1279	1532	1672	甲基苯基硫醚	1106	1267	1489	1618
2-溴噻吩	962	1088	1295	1403	乙基苯基硫醚	1160	1315	1513	1633
3-溴噻吩	983	1120	1355	1472	正丙基苯基硫醚	1252	1403	1596	1709
2,3-二溴噻吩	1227	1388	1648	1779	正丁基苯基硫醚	1346	1498	1685	1797

续表

I 固定液 化合物	Apiezon M	OV-17	Triton X-305	PEG -1000	*I* 固定液 化合物	Apiezon M	OV-17	Triton X-305	PEG -1000
异丙基苯基硫醚	1184	1326	1504	1610	乙基苄基硫醚	1248	1421	1623	1748
异丁基苯基硫醚	1303	1445	1629	1731	异丙基苄基硫醚	1285	1451	1641	1757
仲丁基苯基硫醚	1282	1426	1600	1704	2-甲基苯硫酚	1111	1252	1494	1622
叔丁基苯基硫醚	1208	1343	1500	1594	甲基-(2-甲基苯基)硫醚	1209	1363	1576	1699
乙烯基苯基硫醚	1141	1287	1504	1620	2,6-二甲基苯硫酚	1226	1361	1585	1708
苄基硫醇	1104	1271	1520	1657	甲基-(2,6-二甲基苯基)硫醚	1256	1393	1572	1678
甲基苄基硫醚	1176	1350	1565	1694					

表 20-23 二烷基二硫醚保留指数[5]

柱温：130℃

I 固定液 化合物	Apiezon M	OV-17	Triton X-305	PEG-1000	*I* 固定液 化合物	Apiezon M	OV-17	Triton X-305	PEG-1000
C—S—S—C	765	888	1036	1119	C—C—S—S—C—C—C—C	1120	1240	1355	1427
C—S—S—C—C	853	974	1112	1190	C—C—S—S—C—C—C—C—C	1218	1338	1450	1523
C—S—S—C—C—C	946	1066	1198	1274	C—C—C—S—S—C—C—C	1115	1231	1342	1418
C—S—S—C—C—C—C	1044	1163	1290	1366	C—C—C—S—S—C—C—C—C	1207	1326	1432	1504
C—S—S—C—C—C—C—C	1142	1261	1387	1463	C—C—C—S—S—C—C—C—C—C	1304	1422	1527	1598
C—C—S—S—C—C	935	1054	1178	1257	C—C—C—C—S—S—C—C—C—C	1301	1418	1521	1592
C—C—S—S—C—C—C	1026	1144	1262	1339	C—C—C—C—S—S—C—C—C—C	1397	1514	1615	1685

表 20-24 烷基二硫醚保留指数[5]

柱温：130℃

<table>
<tr><th>I 固定液
化合物</th><th>Apiezon M</th><th>OV-17</th><th>Triton X-305</th><th>PEG-1000</th><th>I 固定液
化合物</th><th>Apiezon M</th><th>OV-17</th><th>Triton X-305</th><th>PEG-1000</th></tr>
<tr><td>C
|
C—C—S—S—C</td><td>906</td><td>1024</td><td>1149</td><td>1221</td><td>C
|
C—C—S—S—C
|
C</td><td>950</td><td>1054</td><td>1171</td><td>1238</td></tr>
<tr><td>C
|
C—C—C—S—S—C</td><td>995</td><td>1111</td><td>1231</td><td>1302</td><td>C
|
C—C—C—C—S—S—C</td><td>1102</td><td>1217</td><td>1338</td><td>1411</td></tr>
<tr><td>C
|
C—C—C—S—S—C</td><td>1005</td><td>1123</td><td>1244</td><td>1319</td><td>C C
| |
C—C—C—S—S—C</td><td>1085</td><td>1197</td><td>1315</td><td>1387</td></tr>
</table>

续表

I 固定液 化合物	Apiezon M	OV-17	Triton X-305	PEG-1000	*I* 固定液 化合物	Apiezon M	OV-17	Triton X-305	PEG-1000
C C—C—C—S—S—C C	1072	1179	1294	1268	C C—C—C—S—S—C— —C—C	1166	1278	1380	1448
C C—C—C—S—S—C—C	1075	1187	1295	1363	C C—C—S—S—C—C—C C	1112	1216	1308	1371
C C—C—C—S—S—C—C	1081	1196	1304	1375	C C—C—C—C—S—S— —C—C—C	1264	1376	1477	1543
C C—C—S—S—C—C C	1023	1129	1230	1299	C C C—C—C—S—S—C— —C—C	1237	1347	1444	1512
C C—C—C—C—S—S— —C—C	1177	1290	1401	1469	C C—C—C—S—S—C— C —C—C	1225	1330	1426	1495
C C C—C—C—S—S—C	1156	1266	1372	1440	C C—C—S—S—C—C— —C—C	1165	1276	1378	1445
C C—C—C—S—S—C—C C	1141	1250	1352	1420	C C—C—C—S—S—C— —C—C—C	1254	1364	1459	1526
C C—C—S—S—C—C—C	1071	1183	1288	1358	C C—C—S—S—C—C— C —C—C	1202	1303	1396	1458
C C—C—C—S—S—C— —C—C	1161	1270	1372	1439					

表 20-25　烃基二硫醚保留指数[5]

柱温：130℃

I 固定液 化合物	Apiezon M	OV-17	Triton X-305	PEG-1000	*I* 固定液 化合物	Apiezon M	OV-17	Triton X-305	PEG-1000
C═C—C—S—S—C	928	1064	1229	1322	C C C—C—S—S—C—C	1023	1133	1232	1298
C═C—C—S—S—C—C	1008	1144	1297	1384	C C C—C—S—S—C—C—C	1118	1223	1317	1380
C═C—C—S—S—C— —C—C	1098	1230	1375	1460	C C C—C—S—S—C—C—C	1119	1228	1322	1388

续表

化合物 \ 固定液 *I*	Apiezon M	OV-17	Triton X-305	PEG-1000
C　　　　C C—C—S—S—C—C C	1060	1170	1246	1308
C C—C—S—S—C C —C—C—C	1218	1325	1422	1486
C　　　C　C C—C—S—S—C—C—C	1191	1296	1387	1451
C=C—C—S—S— C —C—C	1053	1183	1321	1406
C C—C—C—S—S—C— C —C—C	1208	1308	1400	1461
C　　　　　C C—C—S—S—C—C—C C	1159	1258	1329	1391
C=C—C—S—S— C —C—C—C	1149	1270	1408	1488
C C—C—C—S—S— C —C—C—C	1212	1320	1411	1475
C　　　　C C—C—S—S—C—C—C C	1153	1254	1338	1399
C=C—C—S—S— C —C—C—C	1152	1280	1416	1498
C　　　　C C—C—S—S—C—C— C　　　　C	1122	1220	1305	1364
C C—C—S—S—C—C— C C —C—C—C	1257	1355	1440	1498
C C=C—C—S—S—C—C C	1098	1225	1344	1430
C C—C—C—C—S—S— C —C—C—C—C	1409	1517	1607	1669
C=C—C—S—S—C— C —C—C—C	1246	1372	1509	1588
C　C C—C—C—S—S— C　C —C—C—C	1348	1450	1530	1590
C C—C—C—S—S— C C —C—C—C C	1348	1448	1536	1598
C=C—C—S—S—C— —C=C	1080	1230	1412	1508

表 20-26　三、四硫醚保留指数[5]

柱温：130℃

I 固定液 化合物	Apiezon M	OV-17	Triton X-305	PEG-1000	*I* 固定液 化合物	Apiezon M	OV-17	Triton X-305	PEG-1000
C—S—S—S—C	1004	1155	1329	1427	C　　　　　C |　　　　　| C—C—S—S—S—C—C	1237	1378	1483	1559
C—S—S—S—C—C	1082	1233	1389	1486	C—S—S—C—S—C	1143	1329	1556	1684
C | C—C—S—S—S—C	1126	1271	1412	1500	C—S—S—S—S—C	1247	1431	1631	1753
					C—S—S—S—S—C—C	1321	1503	1691	1806
C—C—S—S—S—C—C	1157	1308	1448	1542	C—C—S—S—S—S—C—C	1394	1576	1750	1858
C | C—C—S—S—S—C—C	1199	1342	1468	1553					

第三节　多种硫化合物的保留指数

表 20-27　硫化物保留指数[13]

柱温：130℃

I 固定液 化合物	Apiezon M	OV-17	Triton X-305	PEG-1000	*I* 固定液 化合物	Apiezon M	OV-17	Triton X-305	PEG-1000
2-硫代丙烷	523	611	710	774	3-硫代十二烷	1393	1481	1561	1610
2-硫代丁烷	616	705	800	859	3-硫代十三烷	1493	1581	1661	1710
2-硫代戊烷	715	802	897	951	4-硫代庚烷	888	974	1051	1101
2-硫代己烷	815	903	996	1051	4-硫代辛烷	985	1070	1146	1196
2-硫代庚烷	916	1005	1096	1151	4-硫代壬烷	1083	1169	1244	1294
2-硫代辛烷	1016	1106	1197	1251	4-硫代癸烷	1182	1269	1342	1393
2-硫代壬烷	1117	1207	1297	1352	4-硫代十一烷	1282	1368	1442	1492
2-硫代癸烷	1217	1308	1398	1453	4-硫代十二烷	1382	1468	1542	1592
2-硫代十一烷	1318	1408	1499	1554	4-硫代十三烷	1481	1568	1643	1692
2-硫代十二烷	1419	1509	1599	1656	5-硫代壬烷	1081	1167	1241	1289
2-硫代十三烷	1520	1609	1699	1757	5-硫代癸烷	1179	1266	1338	1387
2-硫代十四烷	1620	1710	1800	1858	5-硫代十一烷	1278	1365	1436	1485
3-硫代戊烷	698	788	875	927	5-硫代十二烷	1378	1464	1535	1584
3-硫代己烷	794	882	962	1017	5-硫代十三烷	1477	1563	1636	1684
3-硫代庚烷	893	979	1061	1113	6-硫代十一烷	1276	1363	1435	1483
3-硫代辛烷	992	1079	1159	1212	6-硫代十二烷	1375	1461	1532	1581
3-硫代壬烷	1092	1180	1259	1311	6-硫代十三烷	1475	1560	1631	1681
3-硫代癸烷	1193	1281	1360	1411	6-硫代十四烷	1574	1660	1731	1781
3-硫代十一烷	1293	1381	1460	1510	7-硫代十三烷	1473	1559	1630	1678

表 20-28 硫杂环化合物保留指数（一）[1]

柱温：130℃

化合物 \ 固定液 I	Apiezon M	Triton X-305	PEG-1000	化合物 \ 固定液 I	Apiezon M	Triton X-305	PEG-1000
S（三元环）	601	871	952	S, CH_3（五元环）	799	1058	1139
S, CH_3（三元环）	656	906	976	S（五元环）	831	1093	1175
S（四元环）	742	996	1071	S, CH_3（五元环）	869	1104	1179
S（五元环）	696	982	1068	H_3C, S, CH_3（五元环）	901	1107	1174
S, S（五元环）	1007	1426	1535	S, S（六元环）	1089	1505	1627
S, S, CH_3	1022	1394	1505	S, S（六元环）	1122	1582	1714
S（六元环）	915	1159	1240	S, S, S（六元环）	1313	1986	—

表 20-29 硫杂环化合物保留指数（二）[5]

柱温：130℃

化合物 \ 固定液 I	Apiezon M	OV-17	Triton X-305	PEG-1000	化合物 \ 固定液 I	Apiezon M	OV-17	Triton X-305	PEG-1000
C—C, S	606	712	863	946	C—C, C S, S	1023	1203	1417	1541
C—C—C, S	659	762	895	970	C—C—C, C S, S	1067	1232	1428	1543
C—C, C—S	744	865	986	1065	C—S, C C, S	1013	1198	1417	1543
C—C, C C, S	834	960	1088	1172	C—S, C C—C, S	1027	1196	1386	1500
C—C, C C—C, S	870	991	1104	1176	C—S, C C—C—C, S	1128	1291	1472	1582
C—C, C—C C—C, S	901	1005	1102	1171	C—S, C C—C—C—C, S	1222	1385	1562	1671
C, C C, C C, S	918	1036	1155	1236	C—S C, C C, S C	1032	1187	1352	1452

续表

化合物 \ 固定液 *I*	Apiezon M	OV-17	Triton X-305	PEG-1000
C—S C C C S C—C	1136	1299	1460	1558
C—S C—C C C S C—C	1253	1400	1557	1654
C—C—S C C S	1052	1219	1415	1530
C—C—S C C—C S	1060	1211	1375	1476
C—C—S C C C S C	1063	1196	1337	1424
C C C C S S	1086	1246	1430	1539
C C S C C S	1131	1331	1572	1715
C C S C C—C S	1145	1330	1532	1659
C C S C C—C—C S	1243	1426	1621	1744
C C S C C C S C	1147	1342	1522	1639
C—C C S C C—C S	1179	1340	1530	1647
C—C C S C C C S C	1200	1353	1520	1627
S C C C C S	1094	1280	1494	1623
S C C C C—C S	1138	1308	1500	1619
S C C C—C C—C S	1174	1315	1493	1600
S C—C C C C—C S	1192	1349	1529	1641
C—C C C C S S	1210	1361	1533	1644
C—C C S C C S	1246	1483	1657	1796
S—C C C C S C	1219	1407	1616	1749
反式 S—C—C C—C S S	1175	1332	1520	1631
顺式 S—C—C C—C S S	1181	1339	1534	1645
C S S C C S	1323	1594	1975	2178
C—C S S C—C C—C S	1356	1542	1801	1949
C—C—O C—S	885	1087	1316	1443

续表

化合物 \ 固定液 I	Apiezon M	OV-17	Triton X-305	PEG-1000	化合物 \ 固定液 I	Apiezon M	OV-17	Triton X-305	PEG-1000
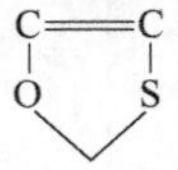 C=C O S	1168	1404	1800	1985	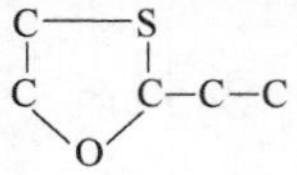 C—S C C—C—C O	930	1078	1237	1331
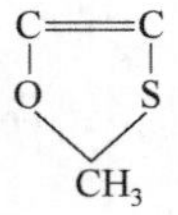 C=C O S CH_3	1213	1453	1789	1961	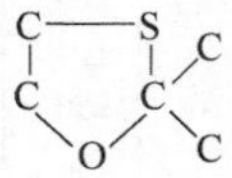 C—S C C C O C	853	990	1141	1227
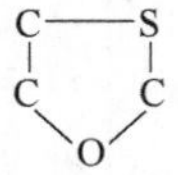 C—S C C O	806	975	1177	1287	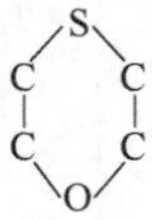 S C C C C O	897	1063	1256	1372
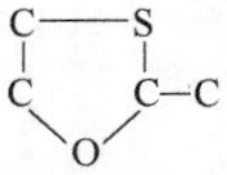 C—S C C—C O	830	981	1150	1250					

表 20-30 噁唑保留指数[14]

柱温：110℃

化合物 \ 固定液 I	OV-101 +KF	Triton X-305 +KF	PEG-40M +KF	化合物 \ 固定液 I	OV-101 +KF	Triton X-305 +KF	PEG-40M +KF
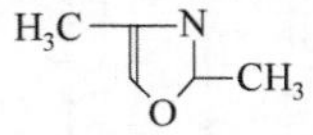 H_3C—N O—CH_3	730	1043	1094	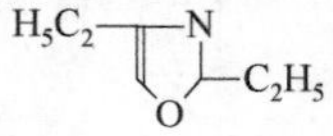 H_5C_2—N O—C_2H_5	903	1172	1228
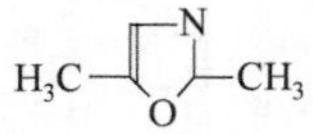 N H_3C—O—CH_3	765	1092	1145	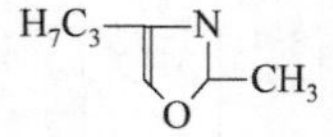 H_7C_3—N O—CH_3	910	1198	1247
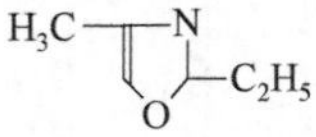 H_3C—N O—C_2H_5	818	1104	1159	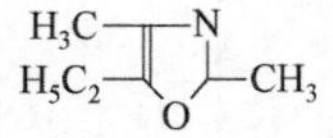 H_3C—N H_5C_2—O—CH_3	923	1201	1252
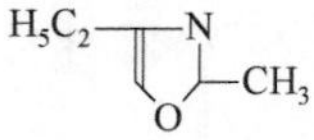 H_5C_2—N O—CH_3	820	1111	1171	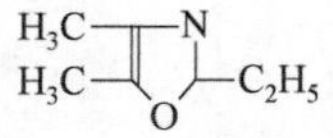 H_3C—N H_3C—O—C_2H_5	926	1210	1260
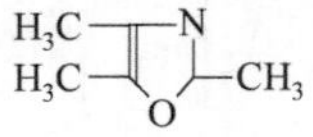 H_3C—N H_3C—O—CH_3	843	1150	1200	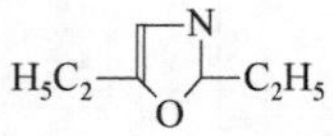 N H_5C_2—O—C_2H_5	940	1222	1279
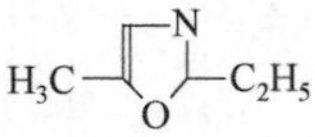 N H_3C—O—C_2H_5	851	1155	1204	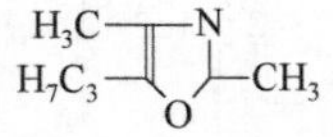 H_3C—N H_7C_3—O—CH_3	1000	1269	1319
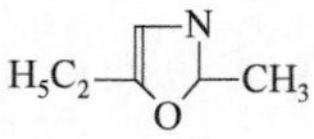 N H_5C_2—O—CH_3	855	1162	1222	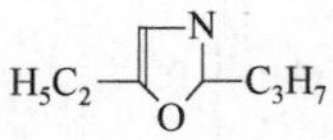 N H_5C_2—O—C_3H_7	1024	1294	1347
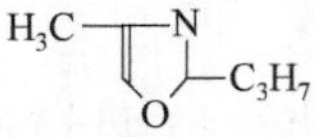 H_3C—N O—C_3H_7	901	1175	1229	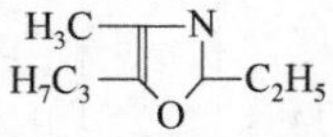 H_3C—N H_7C_3—O—C_2H_5	1079	1327	1374

表 20-31　噻吩保留指数（一）[15]

柱温：100℃

化合物 \ 固定液 I	SE-30	OV-101	OV-17	Carbowax-40M	化合物 \ 固定液 I	SE-30	OV-101	OV-17	Carbowax-40M
噻吩	668	668	785	1039	3-甲酰噻吩	956	960	1192	1653
2-甲基噻吩	770	770	886	1112	2-甲基-5-甲酰噻吩	1085	1087	1320	1735
3-甲基噻吩	775	775	897	1136	3-甲基-2-甲酰噻吩	1086	1090	1326	1761
2,5-二甲基噻吩	865	863	975	1178	2-乙酰噻吩	1058	1060	1289	1731
2-甲酰噻吩	971	973	1201	1663	3-乙酰噻吩	1050	1052	1281	1728

表 20-32　噻吩保留指数（二）[16]

固定相：PONA　　柱参数：50m×0.2mm

柱　温：120℃→300℃（20min），1.5℃/min　　载　气：He，0.6mL/min

检测器：FID

化合物	I	化合物	I	化合物	I
C3 苯并噻吩	1618.8	C3 二苯并噻吩	2178.3	C5 二苯并噻吩	2362.8
C4 苯并噻吩	1712.4	C3 二苯并噻吩	2186.8	C5 二苯并噻吩	2371.6
C4 苯并噻吩	1728.4	C3 二苯并噻吩	2196.4	C5 二苯并噻吩	2382.0
C4 苯并噻吩	1774.1	C3 二苯并噻吩	2198.9	C5 二苯并噻吩	2386.0
C5 或 C6 苯并噻吩	1780.0	C3 二苯并噻吩	2201.0	C5 二苯并噻吩	2391.6
C5 或 C6 苯并噻吩	1785.5	C3 二苯并噻吩	2215.5	C5 二苯并噻吩	2401.1
C6 或 C7 苯并噻吩	1810.9	C3 二苯并噻吩	2240.4	C5 二苯并噻吩	2406.4
C6 或 C7 苯并噻吩	1817.7	C4 二苯并噻吩	2247.4	C5 二苯并噻吩	2415.3
二苯并噻吩	1826.2	C4 二苯并噻吩	2252.5	C6 二苯并噻吩	2419.3
C6 或 C7 苯并噻吩	1855.4	C4 二苯并噻吩	2257.0	C6 二苯并噻吩	2423.8
C6 或 C7 苯并噻吩	1859.6	C4 二苯并噻吩	2259.2	C6 二苯并噻吩	2431.5
C7 或 C8 苯并噻吩	1867.6	C4 二苯并噻吩	2268.4	C6 二苯并噻吩	2444.2
C1 二苯并噻吩	1871.3	C4 二苯并噻吩	2275.1	C6 二苯并噻吩	2445.9
C1 二苯并噻吩	1881.2	C4 二苯并噻吩	2277.7	C6 二苯并噻吩	2448.6
C2 二苯并噻吩	1897.5	C4 二苯并噻吩	2288.8	C6 二苯并噻吩	2451.7
C2 二苯并噻吩	1904.8	C4 二苯并噻吩	2291.1	C6 二苯并噻吩	2454.4
C2 二苯并噻吩	1935.6	C4 二苯并噻吩	2304.5	C6 二苯并噻吩	2458.8
C2 二苯并噻吩	1958.6	C4 二苯并噻吩	2308.3	C6 二苯并噻吩	2466.8
C2 二苯并噻吩	1991.3	C4 二苯并噻吩	2317.8	C7 二苯并噻吩	2474.8
C2 二苯并噻吩	1993.7	C4 二苯并噻吩	2322.1	C7 二苯并噻吩	2495.2
C2 二苯并噻吩	2038.1	C4 二苯并噻吩	2328.3	C8 或 C9 二苯并噻吩	2508.4
C2 二苯并噻吩	2057.0	C4 二苯并噻吩	2337.8	C8 或 C9 二苯并噻吩	2515.7
1,3-二甲基二苯并噻吩	2078.7	C5 二苯并噻吩	2342.4	C8 或 C9 二苯并噻吩	2532.3
C3 二苯并噻吩	2140.0	C5 二苯并噻吩	2346.2	C8 或 C9 二苯并噻吩	2535.5
C3 二苯并噻吩	2155.2	C5 二苯并噻吩	2349.7	C8 或 C9 二苯并噻吩	2540.6
C3 二苯并噻吩	2160.3	C5 二苯并噻吩	2357.2		

表 20-33 噻吩保留指数（三）[17]

柱温：60℃(1min)→300℃，10℃/min　　柱参数：30m×0.25mm

载气：He，40cm/s　　检测器：MS

固定相	DB 5ms		DB 17ms	
化合物 \ I	I_S	I_C	I_S	I_C
1-甲基二苯并噻吩	324.87	318.65	323.77	317.54
2-甲基二苯并噻吩	321.13	315.11	316.59	310.92
3-甲基二苯并噻吩	321.65	315.51	317.99	312.12
4-甲基二苯并噻吩	317.67	311.92	313.95	308.42
4-乙基二苯并噻吩	333.06	326.52	326.63	320.42
1,3-二甲基二苯并噻吩	343.98	336.65	339.76	332.39
1,4-二甲基二苯并噻吩	341.85	334.66	336.92	329.52
1,7-二甲基二苯并噻吩	344.59	337.21	339.71	332.41
2,3-二甲基二苯并噻吩	347.11	339.70	341.11	333.64
2,4-二甲基二苯并噻吩	337.76	329.92	328.90	322.40
2,7-二甲基二苯并噻吩	341.13	333.15	333.80	326.93
2,8-二甲基二苯并噻吩	341.08	333.19	332.29	325.50
3,4-二甲基二苯并噻吩	344.00	336.34	338.88	331.65
3,7-二甲基二苯并噻吩	341.20	333.38	334.78	327.83
4,6-二甲基二苯并噻吩	334.25	327.55	327.83	321.38
1,2,4-三甲基二苯并噻吩	365.77	357.30	359.17	350.81
1,3,7-三甲基二苯并噻吩	362.64	354.34	355.12	346.77
1,4,6-三甲基二苯并噻吩	357.13	349.02	350.00	342.12
1,4,7-三甲基二苯并噻吩	360.82	352.62	352.17	343.91
1,4,8-三甲基二苯并噻吩	357.91	349.83	348.41	340.58
2,4,6-三甲基二苯并噻吩	352.47	344.63	342.19	334.67
2,4,7-三甲基二苯并噻吩	356.00	347.99	345.69	337.81
2,4,8-三甲基二苯并噻吩	355.94	347.99	344.20	336.51
2,6,7-三甲基二苯并噻吩	361.96	352.91	354.23	345.90
3,4,6-三甲基二苯并噻吩	359.42	350.52	351.89	343.75
3,4,7-三甲基二苯并噻吩	363.49	354.95	354.98	346.60
4-乙基-6-甲基二苯并噻吩	347.65	340.21	339.83	332.55
1,3,6,7-四甲基二苯并噻吩	383.16	373.77	374.45	364.72
1,4,6,8-四甲基二苯并噻吩	371.15	362.34	360.81	351.78
2,3,7,8-四甲基二苯并噻吩	388.72	378.95	378.43	368.35
2,4,6,7-四甲基二苯并噻吩	375.36	366.40	365.51	356.40
2,4,6,8-四甲基二苯并噻吩	368.33	359.69	355.86	347.39
4,6-二乙基二苯并噻吩	360.94	352.57	350.07	342.18
6-乙基-2,4-二甲基二苯并噻吩	364.65	356.14	353.23	345.03

表 20-34　噻吩及其衍生物保留指数[5]

柱温：130℃

I 化合物 \ 固定液	Apiezon M	OV-17	Triton X-305	PEG-1000	I 化合物 \ 固定液	Apiezon M	OV-17	Triton X-305	PEG-1000
噻吩	694	800	971	1061	2-乙酰噻吩	1084	1312	1632	1807
2-甲基噻吩	797	900	1050	1138	2-噻嗯基乙基甲基硫醚	1251	1440	1668	1802
3-甲基噻吩	807	910	1072	1160	甲基-3-噻嗯基硫醚	1105	1279	1532	1672
2,5-二甲基噻吩	891	992	1123	1205	2-溴噻吩	962	1088	1295	1403
2-叔丁基噻吩	989	1086	1206	1284	3-溴噻吩	983	1120	1355	1472
3-叔丁基噻吩	1007	1107	1238	1320	2,3-二溴噻吩	1227	1388	1648	1779
2-噻吩甲醛	995	1228	1556	1729	3,4-二溴噻吩	1267	1442	1741	1889

表 20-35　噻唑保留指数[14]

柱温：110℃

I 化合物 \ 固定液	OV-101 +KF	Triton X-305 +KF	PEG-40M +KF	I 化合物 \ 固定液	OV-101 +KF	Triton X-305 +KF	PEG-40M +KF
CH_3 N CH_3 S	887	1225	1291	C_2H_5 N C_2H_5 S	1053	1343	1409
N CH_3 CH_3 S	922	1267	1324	C_3H_7 N CH_3 S	1064	1380	1428
CH_3 N C_2H_5 S	970	1285	1349	CH_3 N C_2H_5 CH_3 S	1072	1380	1438
C_2H_5 N CH_3 S	974	1291	1356	CH_3 N CH_3 C_2H_5 S	1077	1381	1439
CH_3 N CH_3 CH_3 S	997	1319	1380	N C_2H_5 C_2H_5 S	1090	1402	1463
N CH_3 C_2H_5 S	1004	1325	1388	CH_3 N C_3H_7 CH_3 S	1157	1457	1515
N C_2H_5 CH_3 S	1010	1337	1403	N C_2H_5 C_3H_7 S	1175	1475	1534
CH_3 N C_3H_7 S	1053	1357	1418	CH_3 N C_3H_7 C_2H_5 S	1233	1512	1567

表 20-36 烷基噻唑保留指数[18]

柱温：100℃

化合物 \ 固定液 I	ApiezonL+KF	Triton X-305 $+Na_3PO_4$	Carbowax 1000+ Na_3PO_4	化合物 \ 固定液 I	ApiezonL+KF	Triton X-305 $+Na_3PO_4$	Carbowax 1000+ Na_3PO_4
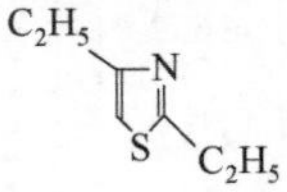 C_2H_5, N, S, C_2H_5	1044	1332	1429	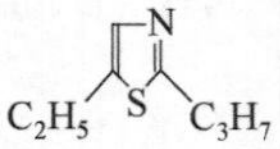 N, C_2H_5, S, C_3H_7	1165	1464	1566
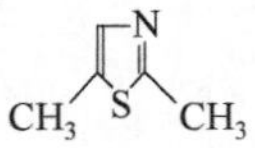 N, CH_3, S, CH_3	908	1245	1360	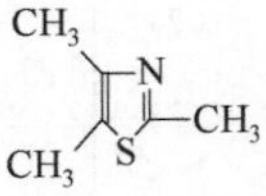 CH_3, N, CH_3, CH_3, S	995	1307	1418
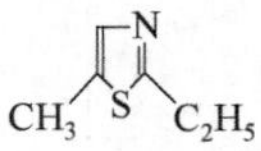 N, CH_3, S, C_2H_5	997	1313	1421	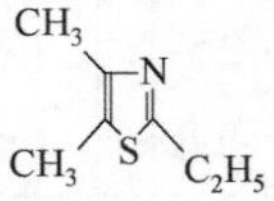 CH_3, N, CH_3, S, C_2H_5	1073	1370	1474
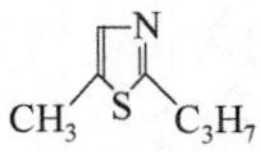 N, CH_3, S, C_3H_7	1083	1389	1493	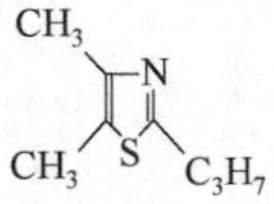 CH_3, N, CH_3, S, C_3H_7	1153	1442	1546
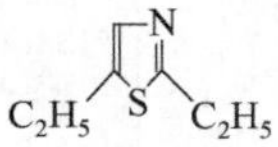 N, C_2H_5, S, C_2H_5	1083	1392	1495	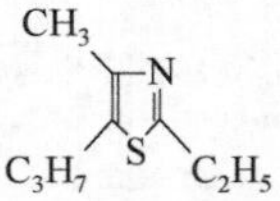 CH_3, N, C_3H_7, S, C_2H_5	1224	1503	1600

表 20-37 硫、氮杂三环化合物保留指数（一）[19]

柱温：250℃

化合物 结构式 \ 固定液 I	取代基	Dexsil 300	Dexsil 400	Dexsil 410
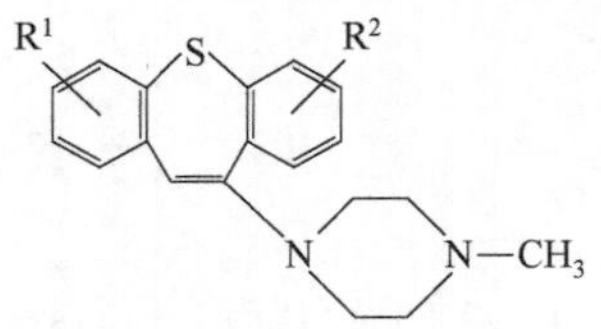 R^1, S, R^2, N, N—CH_3	7-F,8-Cl	2884	2953	2803
	2-Cl,8-F	2910	2989	2843
	7,8-Cl_2	3095	3169	3007
	7,8-F_2	2756	2821	2646
	7-CF_3,8-Cl	2827	2890	2756
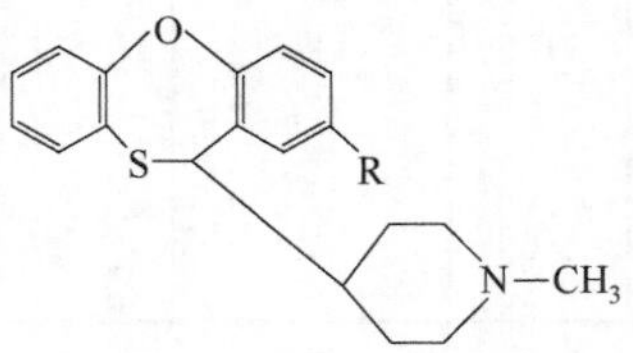 O, S, R, N—CH_3	8-CF_3	2546	2602	2548
	8-OCH_3	2912	2991	2840
	8-Cl	2845	2922	2765
	8-Cl,10-CH_3	2897	2969	2848
	3-F, 8-OCH_3^b	2882	—	—
	3-F,8-Cl[b]	2806	—	—

表 20-38　硫、氮杂三环化合物保留指数（二）[19]

柱温：250℃

化合物 结构式	I 固定液 取代基	Dexsil 300	Dexsil 400	Dexsil 410
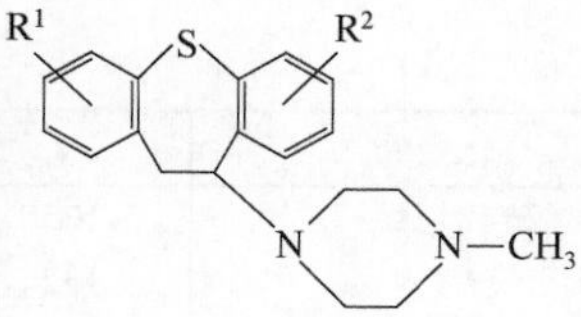	H	2687	2766	2675
	8-Cl	2860	2949	2846
	8-F	2666	2753	2621
	8-Br	2936	2996	2915
	8-CF_3	2578	2641	2569
	8-SCH_3	3073	3195	3112
	8-OCH_3	2902	2991	2871
	8-OC_2H_5	3006	3108	2978
	8-CH_3	2750	2824	2739
	8-NO_2	3191	3289	3180
	7-Cl,8-F	2867	2941	2794
	3-F,8-Cl	2853	2932	2771
	3,8-Cl_2	3005	3139	2991
	7,8-Cl_2	3075	3141	2980
	7-F,8-CH_3	2737	—	2674
	2-F,8-SCH_3	2991	3132	2965
	3,8-F_2	2646	2702	2616
	3-F,8-SCH_3	3012	3154	2985
	6,8-F_2	2613	2668	2590
	7-CF_3,8-Cl	2812	2858	2834
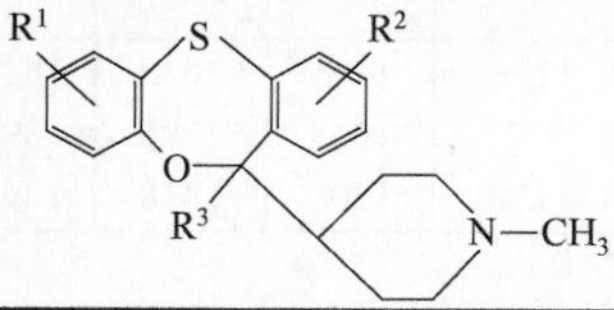	8-Cl	2821	2897	2744
	8-CF_3	2551	2579	2533

表 20-39　硫代酸酯保留指数[5]

柱温：130℃

I 固定液 化合物	Apiezon M	OV-17	Triton X-303	PEG-1000	I 固定液 化合物	Apiezon M	OV-17	Triton X-303	PEG-1000
硫代乙酸甲酯	689	834	998	1090	硫代丙酸正丙酯	943	1085	1206	1284
硫代乙酸乙酯	754	899	1046	1131	硫代丙酸正丁酯	1043	1182	1302	1379
硫代乙酸正丙酯	851	994	1135	1217	硫代丙酸异丙酯	889	1018	1132	1204
硫代乙酸正丁酯	950	1093	1233	1314	硫代丙酸异丁酯	1002	1139	1249	1322
硫代乙酸正戊酯	1048	1192	1330	1412	硫代丙酸仲丁酯	987	1124	1229	1299
硫代乙酸异丙酯	796	931	1064	1139	硫代丁酸甲酯	874	1016	1157	1237
硫代乙酸异丁酯	908	1046	1179	1258	硫代丁酸乙酯	939	1078	1195	1271
硫代乙酸仲丁酯	895	1032	1163	1239	硫代丁酸正丙酯	1032	1171	1282	1357
硫代乙酸叔丁酯	834	957	1077	1146	硫代丁酸正丁酯	1129	1267	1377	1452
硫代乙酸烯丙基酯	835	993	1170	1269	硫代丁酸异丙酯	976	1102	1206	1276
硫代丙酸甲酯	785	929	1081	1161	硫代丁酸异丁酯	1088	1223	1324	1394
硫代丙酸乙酯	849	992	1119	1198	硫代丁酸仲丁酯	1072	1207	1304	1370

表 20-40 硫代缩水甘油酸甲酯保留指数[20]

固定液	Apiezon M		Triton X-350		PEG-1000		DEGA	
I 柱温/℃ 化合物	60	130	60	130	60	130	60	130
环硫乙烷	588	—	843	—	900	—	995	—
2-甲基环硫乙烷	642	—	874	—	925	—	1013	—
α,β-硫代缩水甘油酸甲酯	—	935	—	1411	—	1532	—	1769
α-甲基硫代缩水甘油酸甲酯	—	948	—	1361	—	1467	—	1684
β-甲基硫代缩水甘油酸甲酯	—	979	—	1416	—	1527	—	1762
β,β′-二甲基硫代缩水甘油酸甲酯	—	1012	—	1422	—	1526	—	1748

表 20-41 硫代烃保留指数[21]

固定液：OV-1　柱温：130℃

化合物	*I*	化合物	*I*	化合物	*I*
1,2-二硫代丙烷	873	二硫代环戊烷	1114	1,6-二硫代己烷	1258
硫赶苯酚	954	1,5-二硫代戊烷	1147	硫代正癸烷	1324
α-硫代甲苯	1050	硫代正壬烷	1218		

表 20-42 呋喃衍生物保留指数[5]

柱温：130℃

I 固定液 化合物	Apiezon M	OV-17	Triton X-303	PEG -1000	*I* 固定液 化合物	Apiezon M	OV-17	Triton X-303	PEG -1000
糠基硫醇	903	1073	1336	1466	甲基糠基二硫化物	1199	1406	1670	1818
甲基糠基硫醚	984	1164	1390	1521	2-乙基呋喃	937	1093	1285	1395
乙基糠基硫醚	1058	1238	1452	1577	5-叔丁基-2-乙基呋喃	1157	1308	1418	1499

表 20-43 含硫化合物保留指数（一）[22]

柱温：120℃

I 固定液 化合物	Zonyl E 7	PEG-1540	三氰基乙氧基丙烷	聚苯醚六环	DEGS
1-硫代乙烷	625	753	970	635	884
1,2-二硫代乙烷	1044	1361	1771	1099	1585
1-硫代丙烷	730	865	1079	745	979
2-硫代丙烷	693	788	975	677	882
烯丙硫醇	740	909	1166	757	1053
1-硫代丁烷	849	965	1193	856	1084
硫代异丁烷	817	920	1123	812	1020
硫代叔丁烷	717	788	957	693	878
四氢化噻吩	1038	1179	1509	1035	1363
噻吩	881	1056	1353	871	1236
1-硫代戊烷	951	1073	1293	956	1193
硫代异戊烷	817	869	1018	805	983
二噻戊烷	1132	1367	1739	1144	1574
2-甲基噻吩	996	1154	1441	970	1314

续表

I 固定液 / 化合物	Zonyl E 7	PEG-1540	三氰基乙氧基丙烷	聚苯醚六环	DEGS
硫代己烷	1062	1189	1407	1070	1297
2,5-二甲基噻吩	1094	1224	1508	1052	1377
硫代苯	1374	1632	2103	1365	1918
1-硫代庚烷	1164	1282	1508	1166	1407
苯硫醇	1379	1658	2112	1372	1920
1-硫代辛烷	1269	1386	1615	1271	1514
1-硫代壬烷	1374	1490	1722	1377	1621
1-硫代癸烷	1479	1594	1829	1482	1728
二甲基硫	694	776	1015	654	912
二乙基硫	864	930	1171	831	1057
二丙基硫	1049	1112	1339	1021	1228
二丙烯基硫	821	965	1238	818	1110
二烯丙基硫	1063	1188	1483	1034	1355
二异戊基硫	1374	1387	1596	1303	1469
二甲基二硫	935	1138	1425	947	1286
二乙基二硫	1113	1292	1563	1112	1425
二丁基硫	1255	1322	1525	1217	1400
甲基乙基硫	626	664	799	611	805
甲基丙基硫	885	961	1196	853	1076
三硫甲烷	1165	1456	1779	1230	1646
硫代氰酸甲酯	1160	1325	1821	985	1583
乙酸硫代甲酯	1029	1095	1438	899	1286
异硫代氰酸乙酯	1077	1265	1651	1019	1461
丙酸硫代甲酯	1109	1179	1507	995	1357
异硫代氰酸烯丙酯	1144	1383	1765	1101	1591
丁酸硫代甲酯	1188	1255	1580	1079	1428
异戊酸硫代甲酯	1239	1284	1586	1117	1444
异硫代氰酸苯酯	1486	1731	2104	1437	1985

表 20-44 含硫化合物保留指数（二）[23]

固定液	邻苯二甲酸二丁酯	PEG-400		角鲨烷		Apiezon L
I 柱温/℃ / 化合物	86	86	120	86	120	120
正丁基硫醇	625.8	771.8	944.7	693.0	701.0	673.3
正己基硫醇	775.7	1019.1	1096.6	752.0	756.8	749.2
二乙硫醚	750.3	952.6	959.6	691.6	694.9	696.5
二丙硫醚	937.1	1134.8	1144.4	877.5	882.4	890.1
二丁硫醚	1124.0	1316.9	1328.8	1064.4	1069.8	1083.8
噻吩	758.7	1065.5	1088.2	632.2	643.6	692.9
2-甲基噻吩	850.5	1140.2	1159.9	746.3	747.8	798.2
2,5-二甲基噻吩	938.3	1262.3	1267.9	840.0	845.1	894.0
硫代环戊烷	874.4	659.0	—	771.8	775.0	839
2-丙基硫代环戊烷	1081.0	1167.6	1208.4	1013.3	1017.0	1072.5
丁基硫代环戊烷	1151.2	1454.7	1486.8	1092.7	1098.0	1168.0
环己硫醇	827.5	758.0	814.5	665.9	686.7	685.4
苯硫醇	922.4	1076.8	1103.4	933.4	942.1	965.8
对甲苯硫酚	1008.0	1454.7	1483.6	959.9	1116.4	1048.0

表 20-45 含硫化合物保留指数（三）[5]

柱温：130℃

化合物 \ 固定液 I	Apiezon M	OV-17	Triton X-305	PEG-1000	化合物 \ 固定液 I	Apiezon M	OV-17	Triton X-305	PEG-1000
二硫化碳	612	663	734	748	1,1,3-三(甲基硫代)丙烷	413	1631	1862	2002
二甲基亚砜	850	1095	1479	1684	甲基乙醚氢硫基乙酸	791	987	1265	1401
4-甲基-4-硫基-2-戊酮	924	1097	1317	1435	甲基乙醚-α-氢硫基丙酸	813	1000	1227	1346
2-甲基硫代丙醛	885	1099	1361	1506	硫代甲基乙醚-α-(甲硫基)丙酸	1036	1227	1458	1581
二(1-巯基乙基)硫醚	1137	1303	—	—					

表 20-46 含硫化合物保留指数（四）[24]

固定液：Apiezon M　　柱温：130℃

化合物	I	化合物	I	化合物	I
2-硫代丙烷	523	2-硫代庚烷	916	3,3,5-三甲基-2,4-二硫代己烷	1089
1-硫代丙烷	623	3,4-二硫代己烷	935	1,4-二噻烷	1095
3-硫代戊烷	698	2,4-二硫代己烷	979	苯基硫代甲烷	1106
2,3-二硫代丁烷	765	3,3-二甲基-2,4-二硫代戊烷	986	2,6-二甲基-1,4-二噻烷	1179
2-硫代己烷	815	2-噻吩醛	995	2,4,4,6-四甲基-3,5-二硫代庚烷	1191
1,2-二硫代乙烷	844	1,3-二硫戊环	1013	2,5-二甲基-1,4-二噻烷	1191
糠基硫醇	903	3,5-二硫杂庚烷	1054	2-丙基-1,3-二硫戊环	1222
2,4-二硫代戊烷	903	2-乙酰噻吩	1084		

表 20-47 含硫化合物保留指数（五）[25]

固定相	Stable Wax	DB Wax
柱温	35℃（1min）$\xrightarrow{3℃/min}$ 65℃ $\xrightarrow{6℃/min}$ 170℃ $\xrightarrow{10℃/min}$ 240℃（5min）	35℃（1min）$\xrightarrow{4℃/min}$ -190℃ $\xrightarrow{8℃/min}$ 240℃（5min）
载气	He，1.5mL/min	He，2.0 mL/min
柱参数	30m×0.32mm	60m×0.25mm
检测器	PFPD	MS
化合物	**I**	**I**
硫化氢	457	501
甲硫醇	510	585
二甲基硫醚	678	752
巯基乙酸甲酯	1056	1061
二甲基二硫醚	1081	1082
硫代丙酸甲酯	1129	1132
硫代丁酸甲酯	1208	1209
硫代丁酸乙酯	1237	1236
二甲基三硫醚	1401	1399
乙酸甲硫醇酯	1416	1417
甲硫基乙酸甲酯	1424	1425
甲硫基乙酸乙酯	1453	1463
2-甲硫基丁酸甲酯	1461	1476
3-甲硫基丙酸甲酯	1542	1554
3-甲硫基丙酸乙酯	1574	1584
硫代辛酸甲酯	1647	1641

表 20-48 含硫化合物保留指数（六）[26]

固定相	RTX-5	DB-Wax
柱温	50℃ $\xrightarrow{5℃/min}$ 130℃ $\xrightarrow{10℃/min}$ 150℃ $\xrightarrow{3℃/min}$ 180℃（1min）$\xrightarrow{10℃/min}$ 260℃（3min）	50℃ $\xrightarrow{5℃/min}$ 200℃ $\xrightarrow{20℃/min}$ 230℃
载气流速	He，1.0mL/min	He，1.0mL/min
柱参数，柱长×内径	30m×0.25mm	30m×0.25mm
检测器	MS	MS
化合物	***I***	***I***
甲基硫代亚磺酸甲酯	1105	1633
甲基硫代磺酸甲酯	1105	1931
二甲基三硫醚	999	1352
二甲基二硫醚	743	1052
顺-甲基丙烯基二硫醚	960	1263
反-甲基丙烯基二硫醚	950	1253
3-乙烯基-1,2-二硫杂-5-环己烯	1260	1799
3-乙烯基-1,2-二硫杂-4-环己烯	1232	1696
5,8-二硫杂螺[3.4]辛烷	1143	1551
甲基乙基二硫醚	847	1123
二烯丙基硫醚	906	1160
甲基烯丙基二硫醚	936	1239
二烯丙基二硫醚	1128	1450
甲基叔丁基硫醚	1040	1717
烯丙基甲基硫醚	<700	—
甲基甲硫基甲基二硫醚	1165	—
甲基烯丙基三硫醚	1173	—
二甲基四硫醚	—	1702
二甲基亚砜	869	1542
甲基甲磺酰基甲烷	1340	2045
硫代乙醇酸	824	1235
巯基丙酮	—	1327
1,3,5-三噻烷	1382	1741
2,4-二硫杂戊烷	912	1824
1-丙硫醇	—	1006
1,2,4-三硫环戊烷	—	1706
3,4-二甲基噻吩	923	1227
3,5-二甲基-1,2,4-三硫环戊烷	1195	—

参 考 文 献

[1] Golovnya R V, Garbuzov V G. Chromatographia, 1975, 8: 265.
[2] 森下富士夫，村北宏之，小岛次雄. 分析化学. 1985，34：800.
[3] Morishita F, Murakita H, Takemura Y. J Chromatogr A, 1982, 239: 483.
[4] Головня Р В, Гарбуэов В Г, Мишарина Т А. Иэв АН СССР СерХим, 1976,103.
[5] Гарбуэов В Г, Мишарина Т А, АэровА Ф. Ж А Х, 1985, 40: 709.
[6] Головня Р В, Арсенъев Ю Н. Иэв АН СССР СерХим, 1970, 1399.
[7] Головня Р В, Арсенъев Ю Н. Иэв АН СССР СерХим, 1972, 1402.
[8] Martinů V, Janák J. J Chromatogr A, 1970, 52: 69.
[9] Головня Р В, Мишарина Т А, Гарбуэов В Г. Иэв АН СССР Сер Хим, 1979, 1029.
[10] Головня Р В, Гарбуэов В Г, Мишарина Т А. Иэв АН

СССР СерХим, 1978, 387.
[11] СкобелеваВ. Д, ШевченкоН. А. Ж А Х. 1971, 26: 1227.
[12] Головня Р. В, Гарбуэов В Г, АэровА Ф. Иэв АН СССР СерХим, 1978, 2543.
[13] Головня Р В, Гарбуэов В Г, Мишарина Т А. Иэв АН СССР СерХим, 1976, 2266.
[14] Головня РВ, Шендерюк В В, Журавлева И Л. Ж А Х, 1991, 46: 313.
[15] Golovnya R V, Misharina T A, Beletskiy I V. Chromatographia, 1992, 34: 497.
[16] Zeng X, Lin J, Liu J, Yang Y. CHINESE J ANAL CHEM. 2006, 34: 1546.
[17] Schade T, Andersson J T. J Chromatogr A, 2006, 1117: 206.
[18] Golovnya R V, Zhuravleva I L, Yakush E V. Chromatographia, 1987, 23: 595.
[19] Tomkova H, Kuchar M, Rejholec V. J Chromatogr A, 1985, 329: 113.
[20] ГоловняР. В, ГарбуэовВ. Г. Иэв АН СССР СерХим, 1973, 2139.
[21] Zygmunt B, Warencki W, Staszewski R. J Chromatogr A, 1983, 265: 136.
[22] Patte F, Etcheto M, Laffort L. Anal Chem, 1982, 54: 2239.
[23] Agrawal B B, Tesařík K, Janák J. J Chromatogr A, 1972, 65: 207.
[24] Gigoryeva D N, Golovnya R V, Misharina T A, et al. J Chromatogr A, 1986, 364: 63.
[25] Du X, Song M, Rouseff R. J Agr Food Chem, 2011, 59: 1293.
[26] 杨梦云，郑福平，艳段，等. 食品科学，2011，32：211.

第二十一章 含卤素化合物的保留指数

第一节 卤代烃的保留指数

表 21-1 C_2～C_5全氟代烃保留指数[1]

固定液 / I / 化合物 \ 柱温/℃	去活硅胶 185	丙烯酸十二氟庚酯 0	固定液 / I / 化合物 \ 柱温/℃	去活硅胶 185	丙烯酸十二氟庚酯 0
六氟乙烷	181.7	160.0	环八氟丁烯	364.9	413.6
四氟乙烯	210.2	254.9	反-八氟-2-丁烯	391.4	440.5
八氟丙烷	274.2	269.2	顺-八氟-2-丁烯	391.4	450.3
正六氟丙烯	324.7	369.2	正十二氟戊烷	440.0	467.8
正十氟丁烷	359.3	363.6			

表 21-2 氟代烃保留指数[2]

柱温：50℃

I / 化合物 \ 固定液	全氟烷烃	聚氟三氯乙烯	QF-1	角鲨烷	PEG-1000	DEGS	OV-275
全氟正庚烷	528	623	500	300	225	315	304
全氟正辛烷	615	710	565	341	252	425	404
全氟正癸烷	804	902	694	425	380	645	587
全氟正十一烷	902	994	771	473	473	768	668
全氟正十二烷	994	1058	857	528	558	877	772
全氟正十四烷	—	—	1014	644	726	1095	942
全氟-1-庚烯	553	675	564	312	260	393	382
全氟-1-辛烯	651	749	646	365	317	530	460
全氟-1-壬烯	737	830	730	423	367	654	550
全氟-3,4-二甲基-3-己烯	608	—	587	322	238	409	404
全氟-乙基-3,4-二甲基-2-己烯	745	852	725	409	318	606	561
全氟环己烷	390	516	412	278	245	192	307
全氟环己烯	428	568	544	316	263	231	349
全氟甲基环己烷	643	611	524	303	254	269	299
全氟苯	585	785	837	576	731	810	865
1-*H*-全氟正己烷	580	616	586	300	375	501	349
1-*H*-全氟正庚烷	655	711	660	344	423	593	446
1-*H*-全氟正辛烷	741	803	740	395	471	687	554
1-*H*-全氟正壬烷	827	894	823	454	521	794	663
1-*H*-全氟正癸烷	922	978	910	512	584	902	759

表 21-3 氯代烷烃保留指数（一）[3]

柱温：90℃

化合物 \ 固定液	PEG-20M	Apiezon L	化合物 \ 固定液	PEG-20M	Apiezon L
1-氯戊烷	953	762	1,1-二氯己烷	1240	989
1-氯己烷	1050	857	1,2-二氯己烷	1311	1005
1-氯庚烷	1151	958	1,3-二氯己烷	1347	1028
1-氯辛烷	1251	1059	1,4-二氯己烷	1419	1058
1-氯壬烷	1350	1159	1,5-二氯己烷	1456	1072
2-氯戊烷	884	712	1,6-二氯己烷	1536	1129
2-氯己烷	978	809	2,2-二氯己烷	1136	925
2-氯庚烷	1077	908	2,3-二氯己烷（赤）	1231	965
2-氯辛烷	1177	1006	2,3-二氯己烷（苏）	1264	980
2-氯壬烷	1275	1106	2,4-二氯己烷	1244	964
3-氯戊烷	892	721		1276	985
3-氯己烷	974	812	2,5-二氯己烷	1333	995
3-氯庚烷	1069	906		1351	1005
3-氯辛烷	1166	1006	3,3-二氯己烷	1144	944
3-氯壬烷	1264	1106	3,4-二氯己烷（赤）	1218	971
4-氯庚烷	1054	900	1-氯-2-甲基戊烷	—	823
4-氯辛烷	1149	997	1-氯-2-甲基己烷	—	921
4-氯壬烷	1245	1094	1-氯-2-甲基庚烷	—	1019
5-氯壬烷	1243	1092	1-氯-4-甲基戊烷	—	823
1,1-二氯戊烷	1144	889	1-氯-6-甲基庚烷	—	1021
1,2-二氯戊烷	1218	909	2-氯-2-甲基戊烷	—	763
1,3-二氯戊烷	1272	940	2-氯-2-甲基己烷	—	855
1,4-二氯戊烷	1337	959	2-氯-2-甲基庚烷	—	949
1,5-二氯戊烷	1444	1028	2-氯-4-甲基戊烷	—	800
2,2-二氯戊烷	1043	831	4-氯-2-甲基庚烷	—	981
2,3-二氯戊烷（赤）	1150	877	2-氯-6-甲基庚烷	—	966
2,3-二氯戊烷（苏）	1192	895	3-氯-2-甲基戊烷	—	763
2,4-二氯戊烷	1158	867	3-氯-2-甲基己烷	—	850
	1194	889	3-氯-2-甲基庚烷	—	947
3,3-二氯戊烷	1074	857	3-氯-6-甲基庚烷	—	966

表 21-4 氯代烷烃保留指数（二）[4]

固定液	Apiezon L			磷酸三甲苯酯			Carbowax 20M		
化合物 \ 柱温/℃	75	100	125	75	100	125	75	100	125
1-氯戊烷	810	800	808	858	877	879	943	938	945
2-氯戊烷	763	762	768	806	818	818	874	869	880
3-氯戊烷	770	762	768	816	821	834	878	880	900
1-氯己烷	897	897	908	968	979	981	1041	1034	1041
2-氯己烷	854	857	865	908	917	920	967	959	969
3-氯己烷	856	858	865	913	918	923	965	967	982

续表

固定液	Apiezon L			磷酸三甲苯酯			Carbowax 20M		
I 柱温/℃ 化合物	75	100	125	75	100	125	75	100	125
1-氯庚烷	991	999	1008	1073	1083	1083	1142	1135	1150
2-氯庚烷	971	953	959	1008	1018	1020	1064	1055	1065
3-氯庚烷	945	943	960	1009	1017	1019	1057	1057	1074
4-氯庚烷	941	949	959	993	1014	1016	1052	1044	1058
1-氯辛烷	1085	1098	1109	1185	1090	1186	1242	1247	1232
1-氯-2-甲基丁烷	796	778	786	829	845	840	391	898	900
1-氯-3-甲基丁烷	779	768	776	848	830	834	886	880	900
2-氯-2-甲基丁烷	731	719	732	755	768	789	837	826	849
1-氯-2-甲基戊烷	867	871	880	927	934	940	979	988	1000
2-氯-2-甲基戊烷	811	807	820	870	892	858	899	898	916
3-氯-2-甲基戊烷	845	850	862	911	905	905	944	952	956
3-氯-3-甲基戊烷	839	840	841	883	902	900	939	944	956
1-氯-3,3-二甲基丁烷	831	832	841	880	890	892	936	936	945
2-氯-2,3-二甲基丁烷	830	831	836	860	877	873	919	927	916

表 21-5　C_4～C_6二氯烷烃保留指数[5]

固定液：Carbowax 400

I 柱温/℃ 化合物	80	100	120	*I* 柱温/℃ 化合物	80	100	120
内消旋-2,3-二氯丁烷	810	—	—	苏-2,3-二氯戊烷	—	913	—
外消旋-2,3-二氯丁烷	831	—	—	内消旋-3,4-二氯己烷	—	—	980
赤-2,3-二氯戊烷	—	885	—	外消旋-2,3-二氯己烷	—	—	1010

表 21-6　氯代烃保留指数[6]

固定液：角鲨烷　　柱温：80℃

化合物	*I*	化合物	*I*	化合物	*I*
氯甲烷	329	三氯甲烷	582	1,1,2-三氯乙烯	686
氯乙烷	416	2-氯丁烷	589	1-氯-3-甲基丁烷	696
2-氯丙烷	479	1-氯-2-甲基丙烷	595	1,1,2-三氯乙烷	729
二氯甲烷	486	1,2-二氯乙烷	605	1,1,2,2-四氯乙烯	806
1-氯丙烷	524	1,1,1-三氯乙烷	619	1,1,2,2-四氯乙烷	865
反-1,2-二氯乙烯	555	四氯甲烷	648		

表 21-7 碘代烷烃保留指数[7]

固定液	Carbowax 20M	磷酸三甲苯酯	固定液	Carbowax 20M	磷酸三甲苯酯
I 柱温/℃ 化合物	75	100	I 柱温/℃ 化合物	75	100
1-碘丁烷	1065	986	1-碘-3-甲基丁烷	1108	1038
2-碘丁烷	1019	945	2-碘-2-甲基丁烷	1092	1032
1-碘戊烷	1160	1088	2-碘-3-甲基丁烷	1095	1031
2-碘戊烷	1092	1031	1-碘-4-甲基戊烷	1213	1148
3-碘戊烷	1093	1045	2-碘-3-甲基戊烷	1177	1131
1-碘己烷	1257	1190	3-碘-2-甲基戊烷	1170	1125
2-碘己烷	1186	1129	1-碘-2-甲基戊烷	1204	1145
3-碘己烷	1182	1129	1-碘-3-甲基戊烷	1214	1150
1-碘庚烷	1353	1292	2-碘-4-甲基戊烷	1171	1126
2-碘庚烷	1280	1227	3-碘-3-甲基戊烷	1179	1131
3-碘庚烷	1270	1224	2-碘-2-甲基戊烷	1171	1127
4-碘庚烷	1265	1210	1-碘-3,3-二甲基丁烷	1146	1084
1-碘-2-甲基丁烷	1120	1054			

表 21-8 卤代烃保留指数（一）[8]

固定液：$C_{87}H_{176}$

I 柱温/℃ 化合物	70	130	190	$10\left(\frac{\partial I}{\partial T}\right)$	I 柱温/℃ 化合物	70	130	190	$10\left(\frac{\partial I}{\partial T}\right)$
1-氯丙烷	526.9	536.4	545.9	1.58	碘甲烷	528.6	548.8	569.0	3.36
1-氯丁烷	630.4	641.4	652.4	1.84	碘乙烷	617.6	638.9	660.2	3.55
1-氯戊烷	732.2	743.3	754.4	1.85	1-碘丙烷	720.3	743.8	767.3	3.92
1-氯己烷	833.3	844.8	856.3	1.91	1-碘丁烷	819.3	844.6	869.9	4.21
1-氯庚烷	934.5	946.3	958.1	1.97	1-碘戊烷	917.8	944.6	971.4	4.47
1-氯辛烷	—	1047.4	1059.5	2.02	1-碘己烷	—	1045.1	1072.9	4.63
1-氯壬烷	—	1146.3	1160.3	2.33	1-碘庚烷	—	1144.9	1173.6	4.79
1-氯癸烷	—	1246.9	1260.9	2.34	1-碘辛烷	—	1247.2	1275.2	4.67
溴乙烷	509.6	523.0	—	2.24	二氯甲烷	497.9	509.1	—	1.86
1-溴丙烷	614.2	629.4	644.6	2.53	三氯甲烷	595.2	610.3	625.4	2.51
1-溴丁烷	716.8	732.7	748.6	2.65	四氯化碳	663.1	681.8	700.5	3.12
1-溴戊烷	817.7	835.0	852.3	2.88	二溴甲烷	681.7	706.2	730.7	4.08
1-溴己烷	918.3	936.4	954.5	3.02	三溴甲烷	873.1	912.9	952.7	6.44
1-溴庚烷	—	1036.2	1056.8	3.43	氟代苯	651.3	665.9	680.5	2.44
1-溴辛烷	—	1136.3	1157.6	3.55	氯代苯	838.4	866.1	893.8	4.61
1-溴壬烷	—	1235.2	1258.0	3.80	溴代苯	925.8	961.1	996.4	5.89
1-溴癸烷	—	1334.5	1358.0	3.92	碘代苯	—	1081.1	1125.7	7.43

表 21-9　卤代烃保留指数（二）[9]

固定液	OV-1			SP-1000		
化合物 \ *I* \ 柱温/℃	75	100	125	75	100	125
CH_3CHCl_2	565.53	567.76	569.50	886.92	900.52	901.48
$CH_2{=\!=}CCl_2$	516.86	517.34	519.14	734.18	744.91	750.44
$ClCH{=\!=}CCl_2$	691.37	696.32	701.98	1007.14	1010.70	1012.45
$Cl_2C{=\!=}CCl_2$	803.74	808.62	814.23	1036.20	1050.23	1059.96
CCl_4	661.99	667.41	672.72	886.54	900.66	902.20
$ClCH_2CH_2Cl$	633.04	637.87	641.22	1077.64	1084.20	1084.96
$CHCl_3$	602.01	604.40	608.30	1027.69	1030.11	1028.95
$CHBr_2Cl$	774.89	782.73	791.53	1304.75	1316.36	1322.01
$CHBrCl_2$	689.64	694.66	701.52	1167.37	1174.75	1175.89
$CHBr_3$	859.27	870.35	881.85	1441.60	1456.67	1467.06
CH_3CCl_3	640.49	645.92	650.55	897.56	904.35	909.11
CH_2Cl_2	518.46	519.10	519.69	926.65	935.70	932.62
CH_3CH_2I	607.41	614.11	621.29	896.49	901.65	899.84
顺-$BrCH{=\!=}CHBr$	758.31	766.32	774.33	1252.54	1266.33	1274.70
反-$BrCH{=\!=}CHBr$	730.02	737.78	744.26	1139.04	1150.25	1157.92
$BrCH_2CH_2Br$	786.61	795.11	804.57	1267.79	1286.00	1299.71
Cl_3CCHCl_2	957.20	965.19	977.64	1431.59	1143.17	1454.62
CH_3I	518.17	523.44	527.94	818.02	804.33	802.99
Cl_3CCH_2Cl	832.79	840.00	849.97	1267.53	1276.65	1283.29
反-$ClCH{=\!=}CHCl$	557.17	558.38	559.15	863.21	867.61	866.47
顺-$ClCH{=\!=}CHCl$	597.20	597.65	598.01	998.32	1003.60	1003.47
$BrCH_2CH_2Cl$	707.95	715.60	722.81	1174.97	1186.26	1192.67
CH_2I_2	894.78	902.89	911.06	—	1510.47	1522.18
$CBrCl_3$	754.13	761.99	772.19	1075.59	1087.48	1101.23
C_2H_5Br	516.86	523.78	529.14	777.51	792.57	795.84
$Cl_2CHCHCl_2$	882.09	887.76	895.27	1511.30	1513.66	1515.59
$Br_2CHCHBr_2$	1205.66	1225.59	1244.51	—	—	—
CH_2BrCl	601.95	606.87	610.98	1057.80	1064.58	1066.29
CH_2ClI	703.85	712.35	718.31	1212.53	1224.48	1231.23
CH_2Br_2	683.19	690.17	697.85	1175.95	1189.98	1196.47
Cl_3CCCl_3	1052.72	1067.53	1081.31	1426.53	1444.17	1461.57
CBr_4	1034.75	1045.56	1059.63	—	1677.81	1690.77
CHI_3	1172.55	1195.98	1221.27	—	—	—
ICH_2CH_2I	983.67	1001.98	1014.87	—	—	—
CH_3CH_2Cl	431.12	431.17	431.23	661.48	661.08	661.45

表 21-10 卤代烃保留指数（三）[10]

固定液：$C_{78}H_{154}$　　柱温：130℃

化合物	I	化合物	I	化合物	I
1-氟戊烷	557.1	1-氯己烷	842.9	二氟二溴甲烷	481.4
1-氟己烷	658.0	1-溴丙烷	627.1	氟苯	664.6
1-氟辛烷	859.6	1-溴丁烷	730.4	六氟苯	548.7
1,1,1-三氟辛烷	720.0	1-溴戊烷	832.7	三氟甲基苯	656.4
1,1,1-三氟癸烷	918.5	二氯甲烷	504.9	氯苯	864.5
1-氯丁烷	639.5	三氯甲烷	606.8	溴苯	959.6
1-氯戊烷	741.7	四氯甲烷	680.7		

表 21-11 二卤代烷烃保留指数[11]

固定液	Apiezon L+有机皂土-34			Carbowax 400		
I / 柱温/℃ / 化合物	120	140	145	80	100	120
内消旋-2,3-二氯丁烷	595	—	—	810	—	—
外消旋-2,3-二氯丁烷	671	—	—	830	—	—
内消旋-2,3-二溴丁烷	764	—	—	—	—	—
外消旋-2,3-二溴丁烷	813	—	—	—	—	—
赤-2,3-二氯戊烷	—	666	—	—	885	—
苏-2,3-二氯戊烷	—	753	—	—	913	—
赤-2,3-二溴戊烷	—	846	—	—	—	—
苏-2,3-二溴戊烷	—	913	—	—	—	—
内消旋-3,4-二氯己烷	—	—	755	—	—	980
外消旋-3,4-二氯己烷	—	—	837	—	—	1010
内消旋-3,4-二溴己烷	—	—	931	—	—	—
外消旋-3,4-二溴己烷	—	—	988	—	—	—

表 21-12 卤代烃及卤代苯甲醚保留指数[12]

固定液	$C_{87}H_{176}$烷	Carbowax 20M	四(2-氰乙氧基)-丁烷	固定液	$C_{87}H_{176}$烷	Carbowax 20M	四(2-氰乙氧基)-丁烷
I / 柱温/℃ / 化合物	150	150	180	I / 柱温/℃ / 化合物	150	150	180
苯	687	971	1336	苯甲醚	1009	1288	1653
氟代苯	680	996	1341	溴代环己烷	1117	1405	1771
氯代苯	880	1231	1584	碘代环己烷	928	1340	1788
溴代苯	974	1351	1737	氟代苯甲醚	916	1367	1791
碘代苯	1088	1504	1917	氯代苯甲醚	1120	1592	2057
环己烷	680	740	1143	溴代苯甲醚	1212	1706	2210
氟代环己烷	735	990	1379	碘代苯甲醚	1326	1852	2390
氯代环己烷	918	1173	1516				

表 21-13　氯代苯保留指数（一）[13]

固定液：有机皂土-34+DC-200　　柱温：150℃

化合物	I
苯	710
氯苯	930
对二氯苯	1052
间二氯苯	1088
邻二氯苯	1165

表 21-14　氯代苯保留指数（二）[14]

固定液：有机皂土-34+DC-200　　柱温：150℃

化合物	I
苯	794
氯苯	1053
1,3,5-三氯苯	1205
1,2,4-三氯苯	1330
1,2,3-三氯苯	1554

表 21-15　氯代苯保留指数（三）[15]

固定液	聚乙二醇1500	磷酸三甲苯酯	聚己二酸二乙二醇酯		吐温-80		ПФЭ-5Ф4Э	
I \ 柱温/℃ \ 化合物	160	170	160	170	160	170	160	170
氯苯	1217	1096	1293	1276	1157	1200	1078	1057
1,3-二氯苯	1400	1275	1475	1483	1315	1398	1229	1233
1,4-二氯苯	1412	1285	1488	1497	1325	1408	1238	1243
1,2-二氯苯	1452	1335	1533	1549	1365	1457	1279	1283
1,3,5-三氯苯	1574	1466	1664	1708	1487	1603	1387	1412
1,2,4-三氯苯	1603	1490	1689	1733	1506	1632	1408	1440
1,2,3-三氯苯	1632	1529	1726	1784	1540	1672	1440	1475
1,2,4,5-四氯苯	1726	1622	1820	1898	1620	1738	1517	1567
1,2,3,5-四氯苯	1738	1648	1881	1950	1672	1849	1567	1629
1,2,3,4-四氯苯	1829	1737	1925	2032	1732	1904	1614	1676

表 21-16　氯代苯保留指数（四）[16]

柱温：160℃

I \ 固定液 \ 化合物	SE-30	Carbowax 20M	I \ 固定液 \ 化合物	SE-30	Carbowax 20M
一氯苯	832	1257	1,2,3-三氯苯	1211	1705
1,3-二氯苯	964	1415	1,2,3,5-四氯苯	1326	1754
1,4-二氯苯	970	1438	1,2,4,5-四氯苯	1326	1764
1,2-二氯苯	1005	1445	1,2,3,4-四氯苯	1366	1871
1,3,5-三氯苯	1131	1515	五氯苯	1496	1956
1,2,4-三氯苯	1177	1630	六氯苯	1656	2141

表 21-17　氯代苯保留指数（五）[17]

固定液：OV-225　　柱温：100℃

化合物	I	化合物	I	化合物	I
邻二氯苯	1309	1,2,4-三氯苯	1441	*N*,*N*-二甲基邻甲苯胺	1299
间二氯苯	1245	1,3,5-三氯苯	1344	*N*,*N*-二甲基间甲苯胺	1491
对二氯苯	1264	1,2,3,5-四氯苯	1565	*N*,*N*-二甲基对甲苯胺	1479
1,2,3-三氯苯	1501	1,2,4,5-四氯苯	1583		

表 21-18 氯代苯保留指数（六）[18]

固定液	SE-30				Carbowax 20M		
化合物 \ I \ 柱温/℃	120	140	160	180	140	160	180
氯苯	832	836	840	842	1257	1270	1289
1,3-二氯苯	964	1013	1016	1021	1415	1434	1509
1,4-二氯苯	970	1015	1016	1021	1438	1471	1529
1,2-二氯苯	1005	1038	1050	1057	1447	1514	1575
1,3,5-三氯苯	1131	1144	1150	1159	1515	1545	1590
1,2,4-三氯苯	1177	1183	1193	1207	1630	1653	1698
1,2,3-三氯苯	1211	1217	1228	1247	1705	1735	1775
1,2,3,5-四氯苯	1326	1329	1344	1367	1754	1786	1824
1,2,4,5-四氯苯	1326	1329	1344	1367	1764	1793	1830
1,2,3,4-四氯苯	1366	1371	1388	1412	1871	1908	1941
五氯苯	1496	1505	1525	1552	1956	1999	2027
六氯苯	1656	1673	1695	1723	2124	2178	2204

表 21-19 氯代苯保留指数（七）[17]

固定液：OV-7 柱温：100℃

化合物	I	化合物	I	化合物	I
邻硝基甲苯	1239	间氯甲苯	1007	对氯苯胺	1282
间硝基甲苯	1277	对氯甲苯	1010	1,2,3-三氯苯	1270
对硝基甲苯	1293	邻氯苄腈	1263	1,2,4-三氯苯	1237
邻甲基苯甲醚	1064	间氯苄腈	1218	1,3,5-三氯苯	1182
间甲基苯甲醚	1076	对氯苄腈	1235	1,2,3,5-四氯苯	1378
对甲基苯甲醚	1077	邻氯苯胺	1203	1,2,4,5-四氯苯	1378
邻氯甲苯	1003	间氯苯胺	1281		

表 21-20 卤代甲苯保留指数[17]

固定液：Reoplex 400 柱温：100℃

化合物	I	化合物	I	化合物	I
邻氟甲苯	1133	邻溴甲苯	1494	*N*,*N*-二甲基邻甲苯胺	1481
间氟甲苯	1144	间溴甲苯	1510	*N*,*N*-二甲基间甲苯胺	1708
对氟甲苯	1146	对溴甲苯	1511	*N*,*N*-二甲基对甲苯胺	1695

表 21-21 氯代苯化合物保留指数[19]

固定液	Apiezon M			Ucon LB 550X			OV-210		
化合物 \ I \ 柱温/℃	130	140	150	130	140	150	130	140	150
1,4-二甲苯	966	970	972	972	977	979	999	1000	1000
2-氯-1,4-二甲苯	1183	1188	1193	1185	1190	1195	1231	1237	1244
1-(氯甲基)-4-甲苯	1257	1261	1267	1282	1287	1291	1344	1351	1359

续表

固定液	Apiezon M			Ucon LB 550X			OV-210		
I 化合物 \ 柱温/℃	130	140	150	130	140	150	130	140	150
2,5-二氯-1,4-二甲苯	1368	1374	1381	1364	1369	1376	1415	1423	1433
2,3-二氯-1,4-二甲苯	1412	1418	1425	1401	1408	1415	1467	1477	1487
2-氯-1-(氯甲基)-4-甲苯	1455	1460	1465	1463	1468	1474	1542	1552	1561
3-氯-1-(氯甲基)-4-甲苯	1470	1475	1481	1483	1488	1494	1552	1561	1570
1,4-双(氯甲基)苯	1567	1570	1577	1601	1602	1608	1681	1691	1699
2,3,5-三氯-1,4-二甲苯	1574	1581	1591	1552	1559	1567	1616	1628	1638

第二篇

表 21-22 氯代二甲苯保留指数[20]

柱温：115℃

I 化合物 \ 固定液	角鲨烷	SE-54	Ucon LB 550X	磷酸三(2,4-二甲苯)酯
[$^2H_{10}$]-1,4-二甲苯	858	880	964	1013
1,4-二甲苯	865	886	970	1020
[$^2H_9$]-2-氯-1,4-二甲苯	1044	1071	1174	1246
2-氯-1,4-二甲苯	1051	1077	1180	1253
[$^2H_9$]-1-(氯甲基)-4-甲苯	1074	1130	1272	1361
1-(氯甲基)-4-甲苯	1080	1136	1277	1367
[$^2H_8$]-2,5-二氯-1,4-二甲苯	1213	1236	1350	1437
2,5-二氯-1,4-二甲苯	1220	1242	1356	1444
[$^2H_8$]-2,3-二氯-1,4-二甲苯	1231	1267	1387	1487
2,3-二氯-1,4-二甲苯	1237	1273	1393	1493
[$^2H_8$]-2-氯-1-(氯甲基)-4-甲苯	1240	1297	1451	1565
2-氯-1-(氯甲基)-4-甲苯	1247	1303	1456	1571
[$^2H_8$]-3-氯-1-(氯甲基)-4-甲苯	1249	1310	1471	1584
3-氯-1-(氯甲基)-4-甲苯	1256	1315	1476	1590
[$^2H_8$]-1,4-双(氯甲基)苯	1288	1381	1587	1714
1,4-双(氯甲基)苯	1294	1389	1591	1722
[$^2H_7$]-2,3,5-三氯-1,4-二甲苯	1390	1416	1534	1643
2,3,5-三氯-1,4-二甲苯	1406	1422	1540	1649

表 21-23 氯乙苯保留指数[21]

固定液	SE-301		Apiezon L		PEG-20M	
I 化合物 \ 柱温/℃	140	160	150	170	150	170
邻氯乙苯	1038	1050	1071	1095	1439	1470
对氯乙苯	1055	1067	1088	1111	1460	1495
2,6-二氯乙苯	1161	1180	1202	1228	1616	1643
2,5-二氯乙苯	1196	1213	1243	1263	1658	1689
3,4-二氯乙苯	1241	1256	1281	1308	1718	1746
2,4,5-三氯乙苯	1349	1366	1394	1440	1863	1890
2,3,4-三氯乙苯	1403	1423	1458	1478	1940	1973
2,3,5-三氯乙苯	1503	1523	1554	1583	2078	2117

第二节 含卤素酯类的保留指数

表 21-24 全氟脂肪酸酯保留指数[22]

柱温：100℃

I 固定液 / 化合物	正二十八烷	SE-52	聚氯三氟乙烯	Carbowax 20M	DEGS	EGS	聚丙三醇
全氟辛酸甲酯	550	699	1019	683	773	807	993
全氟辛酸乙酯	619	766	1081	698	839	850	1073
全氟辛酸丙酯	717	855	1166	768	973	945	1184
全氟壬酸甲酯	593	760	1110	721	852	884	1101
全氟癸酸甲酯	638	810	1206	770	936	962	1190

表 21-25 全氟二脂肪酸二甲酯保留指数[22]

柱温：120℃

I 固定液 / 化合物	正二十八烷	SE-52	DEGS	I 固定液 / 化合物	正二十八烷	SE-52	DEGS
全氟二丁酸二甲酯	692	871	1620	二丁酸二甲酯	876	1025	1918
全氟二戊酸二甲酯	737	930	1619	二戊酸二甲酯	1000	1131	2024
全氟二己酸二甲酯	784	990	1627	二己酸二甲酯	1104	1240	2241

表 21-26 五氟苯甲酸酯保留指数[23]

固定液	SE-30			OV-351		
I 柱温/℃ / 化合物	140	160	180	140	160	180
五氟苯甲酸甲基乙基酯	1068	1085	1063	1330	1326	1288
五氟苯甲酸-1-甲基丙基酯	1170	1177	1165	1424	1421	1408
五氟苯甲酸-2-甲基丙基酯	1186	1192	1178	1460	1457	1440
五氟苯甲酸-1,2-二甲基丙基酯	1241	1246	1237	1490	1485	1475
五氟苯甲酸-1-甲基丁基酯	1253	1257	1247	1506	1498	1483
五氟苯甲酸-3-甲基丁基酯	1283	1286	1285	1559	1558	1541
五氟苯甲酸-2-丙烯基酯	1113	1121	1104	1470	1474	1463
五氟苯甲酸-2-丙炔基酯	1122	1127	1107	1682	1676	1664
五氟苯甲酸-3-丁烯基酯	1207	1211	1198	1562	1561	1548
五氟苯甲酸-1-甲基-3-丁烯基酯	1242	1246	1233	1540	1541	1536
五氟苯甲酸-反-2-丁烯基酯	1228	1233	1216	1586	1586	1574
五氟苯甲酸-4-戊烯基酯	1308	1312	1300	1663	1663	1658
五氟苯甲酸-反-3-己烯基酯	1408①	1414①	1404①	1745	1746	1743
五氟苯甲酸-顺-3-己烯基酯	1408①	1414①	1404①	1746	1747	1743

① 顺式与反式异构体未分离开。

表 21-27　五氟苯甲酸 C_1～C_{12} 酯保留指数[24]

固定液	SE-30				OV-351			
I 柱温/℃ 化合物	140	160	180	200	140	160	180	200
五氟苯甲酸甲酯	946	957	982	992	1305	1308	1299	1260
五氟苯甲酸乙酯	1025	1032	1055	1071	1343	1347	1328	1271
五氟苯甲酸丙酯	1126	1134	1149	1162	1423	1426	1419	1360
五氟苯甲酸丁酯	1221	1225	1233	1248	1517	1519	1507	1456
五氟苯甲酸戊酯	1319	1321	1328	1340	1608	1611	1595	1564
五氟苯甲酸己酯	1417	1419	1426	1433	1704	1705	1688	1673
五氟苯甲酸庚酯	1517	1517	1519	1526	1802	1801	1788	1778
五氟苯甲酸辛酯	1615	1615	1618	1620	1899	1899	1888	1877
五氟苯甲酸壬酯	1714	1713	1716	1716	1997	1999	1986	1980
五氟苯甲酸癸酯	1812	1811	1814	1815	2089	2100	2085	2082
五氟苯甲酸十一酯	1910	1909	1912	1916	2185	2199	2185	2182
五氟苯甲酸十二酯	2010	2010	2011	2014	2292	2300	2287	2284

表 21-28　多氟代羧酸酯保留指数[25]

固定液		XE-60		OV-101		固定液		XE-60		OV-101	
保留指数 柱温/℃ 化合物		70		100		保留指数 柱温/℃ 化合物		70		100	
		I	$\frac{\partial I}{\partial T}$	I	$\frac{\partial I}{\partial T}$			I	$\frac{\partial I}{\partial T}$	I	$\frac{\partial I}{\partial T}$
$R_F(CO)OC_mH_{2m+1}$						$R_F(CO)OC_mH_{2m+1}$					
R_F	m					R_F	m				
CF_3	1	591.4	0.37	400.4	0.29	C_4F_9	1	668.0	0.22	538.6	0.30
	2	648.5	0.45	473.8	0.40		2	722.2	0.33	611.5	0.37
	3	733.8	0.65	558.6	0.51		3	802.3	0.52	695.6	0.47
	4	827.5	0.81	654.2	0.58		4	889.8	0.70	787.3	0.51
	5	925.9	0.93	752.1	0.64		5	983.4	0.85	881.6	0.54
	6	1024.9	0.98	851.5	0.71		6	1080.0	0.88	976.9	0.61
C_2F_5	1	594.6	0.32	437.2	0.32	C_5F_{11}	1	708.6	0.19	595.7	0.35
	2	649.8	0.41	510.4	0.37		2	762.3	0.29	666.4	0.43
	3	733.9	0.62	592.0	0.45		3	842.2	0.47	750.5	0.48
	4	825.3	0.79	685.3	0.53		4	929.3	0.67	842.2	0.53
	5	921.9	0.91	780.7	0.59		5	1022.5	0.83	935.6	0.58
	6	1020.0	0.95	878.2	0.63		6	1118.2	0.85	1030.5	0.62
C_3F_7	1	628.6	0.26	482.6	0.19	C_6F_{13}	1	750.2	0.16	653.2	0.34
	2	683.6	0.38	559.2	0.32		2	803.8	0.29	723.8	0.39
	3	766.0	0.57	642.4	0.40		3	883.3	0.46	807.2	0.43
	4	854.9	0.74	734.6	0.49		4	970.1	0.66	898.4	0.48
	5	949.3	0.88	829.9	0.56		5	1062.6	0.82	991.4	0.54
	6	1046.6	0.91	926.2	0.62		6	1157.5	0.84	1085.3	0.58

表 21-29 氯代乙酸酯保留指数[26]

固定液	SE-30			OV-351			
I 柱温/℃ 化合物	100	140	180	100	120	140	160
乙酸甲酯	560	—	—	—	—	—	—
乙酸乙酯	642	—	—	—	—	—	—
乙酸丙酯	729	651	647	1061	897	—	—
乙酸丁酯	818	755	716	1115	1042	1008	953
乙酸戊酯	912	863	853	1176	1165	1147	1100
乙酸己酯	1006	978	972	1255	1274	1265	1230
乙酸庚酯	1099	1083	1083	1347	1377	1373	1294
乙酸辛酯	1194	1191	1195	1448	1479	1478	1453
氯乙酸甲酯	768	701	648	1251	1269	1265	1270
氯乙酸乙酯	832	768	771	1282	1307	1279	1305
氯乙酸丙酯	920	886	886	1355	1384	1379	1378
氯乙酸丁酯	1014	994	1000	1447	1479	1478	1472
氯乙酸戊酯	1106	1097	1106	1547	1578	1581	1575
氯乙酸己酯	1200	1201	1216	1652	1676	1681	1668
氯乙酸庚酯	1296	1305	1319	1761	1774	1780	1769
氯乙酸辛酯	1394	1407	1420	1871	1874	1881	1866
二氯乙酸甲酯	835	792	786	1337	1366	1365	1325
二氯乙酸乙酯	904	871	876	1354	1382	1380	1378
二氯乙酸丙酯	991	976	987	1425	1459	1460	1428
二氯乙酸丁酯	1081	1072	1088	1514	1548	1551	1528
二氯乙酸戊酯	1173	1175	1192	1614	1642	1648	1627
二氯乙酸己酯	1268	1278	1298	1719	1738	1745	1728
二氯乙酸庚酯	1364	1380	1399	1827	1834	1843	1826
二氯乙酸辛酯	1463	1481	1501	1937	1930	1941	1925
三氯乙酸甲酯	912	897	896	1320	1352	1358	1320
三氯乙酸乙酯	981	966	965	1333	1366	1365	1330
三氯乙酸丙酯	1064	1063	1074	1396	1434	1441	1422
三氯乙酸丁酯	1153	1161	1173	1480	1519	1528	1511
三氯乙酸戊酯	1245	1260	1277	1573	1609	1620	1608
三氯乙酸己酯	1340	1359	1380	1674	1764	1715	1703
三氯乙酸庚酯	1437	1478	1480	1781	1799	1812	1802
三氯乙酸辛酯	1535	1558	1578	1889	1894	1910	1900

表 21-30 卤代乙酸酯保留指数（一）[27]

固定液：OV-101 柱温：80℃

化合物	I	化合物	I	化合物	I
乙酸甲酯	525.9	乙酸异戊酯	859.7	一氯乙酸异丁酯	959.6
乙酸乙酯	595.7	一氯乙酸甲酯	729.4	一氯乙酸异戊酯	1062.5
乙酸丙酯	695.8	一氯乙酸乙酯	806.4	二氯乙酸甲酯	811.5
乙酸丁酯	796.4	一氯乙酸丙酯	902.5	二氯乙酸乙酯	882.4
乙酸戊酯	896.5	一氯乙酸丁酯	1001.4	二氯乙酸丙酯	974.5
乙酸己酯	996.6	一氯乙酸戊酯	1100.2	二氯乙酸丁酯	1069.8
乙酸异丙酯	646.8	一氯乙酸己酯	1200.8	二氯乙酸戊酯	1166.9
乙酸异丁酯	757.2	一氯乙酸异丙酯	850.7	二氯乙酸己酯	1267.0

续表

化合物	I	化合物	I	化合物	I
二氯乙酸异丙酯	920.8	一溴乙酸乙酯	873.4	一碘乙酸己酯	1349.9
二氯乙酸异丁酯	1028.8	一溴乙酸丙酯	969.5	一碘乙酸异丙酯	999.9
二氯乙酸异戊酯	1129.6	一溴乙酸丁酯	1067.8	一碘乙酸异丁酯	1111.6
三氯乙酸甲酯	895.5	一溴乙酸戊酯	1166.7	一碘乙酸异戊酯	1209.9
三氯乙酸乙酯	961.7	一溴乙酸己酯	1265.8	三氟乙酸丙酯	569.6
三氯乙酸丙酯	1051.2	一溴乙酸异丙酯	916.2	三氟乙酸丁酯	664.3
三氯乙酸丁酯	1144.5	一溴乙酸异丁酯	1025.8	三氟乙酸戊酯	761.0
三氯乙酸戊酯	1240.2	一溴乙酸异戊酯	1127.9	三氟乙酸己酯	858.8
三氯乙酸己酯	1339.7	一碘乙酸甲酯	886.0	三氟乙酸异丙酯	528.8
三氯乙酸异丙酯	995.9	一碘乙酸乙酯	960.5	三氟乙酸异丁酯	625.4
三氯乙酸异丁酯	1103.8	一碘乙酸丙酯	1056.8	三氟乙酸异戊酯	724.9
三氯乙酸异戊酯	1203.3	一碘乙酸丁酯	1153.5		
一溴乙酸甲酯	800.2	一碘乙酸戊酯	1251.3		

表 21-31 卤代乙酸酯保留指数（二）[27]

固定液：OV-101　柱温：200℃

化合物	I	化合物	I	化合物	I
乙酸己酯	991.1	二氯乙酸辛酯	1484.3	一溴乙酸癸酯	1684.8
乙酸庚酯	1091.7	二氯乙酸壬酯	1584.1	一溴乙酸十二碳酯	1885.3
乙酸辛酯	1189.4	二氯乙酸癸酯	1684.0	一溴乙酸十四碳酯	2086.2
乙酸壬酯	1289.8	二氯乙酸十二碳酯	1884.8	一溴乙酸十六碳酯	2287.6
乙酸癸酯	1389.2	二氯乙酸十四碳酯	2085.3	一碘乙酸己酯	1382.3
乙酸十二碳酯	1589.6	二氯乙酸十六碳酯	2287.0	一碘乙酸庚酯	1481.7
乙酸十四碳酯	1790.6	三氯乙酸己酯	1366.7	一碘乙酸辛酯	1581.2
乙酸十六碳酯	1991.1	三氯乙酸庚酯	1465.1	一碘乙酸壬酯	1681.3
一氯乙酸己酯	1207.5	三氯乙酸辛酯	1563.8	一碘乙酸癸酯	1782.0
一氯乙酸庚酯	1307.0	三氯乙酸壬酯	1663.3	三氟乙酸己酯	830.8
一氯乙酸辛酯	1406.0	三氯乙酸癸酯	1762.7	三氟乙酸庚酯	927.2
一氯乙酸壬酯	1507.2	三氯乙酸十二碳酯	1963.0	三氟乙酸辛酯	1026.3
一氯乙酸癸酯	1607.2	三氯乙酸十四碳酯	2163.5	三氟乙酸壬酯	1123.6
一氯乙酸十二碳酯	1807.2	三氯乙酸十六碳酯	2364.9	三氟乙酸癸酯	1220.0
一氯乙酸十四碳酯	2008.3	一溴乙酸己酯	1284.4	三氟乙酸十二酯	1418.0
一氯乙酸十六碳酯	2209.8	一溴乙酸庚酯	1384.2	三氟乙酸十四酯	1617.4
二氯乙酸己酯	1285.5	一溴乙酸辛酯	1484.1	三氟乙酸十六酯	1816.4
二氯乙酸庚酯	1385.2	一溴乙酸壬酯	1584.6		

表 21-32 氯代丙酸酯保留指数[28]

固定液	SE-30						OV-351					
化合物 \ I \ 柱温/℃	60	80	100	120	140	160	60	80	100	120	140	160
2-氯丙酸甲基乙酯	885	880	873	866	886	—	1229	1226	1233	1264	1337	—
2-氯丙酸二甲基乙酯	921	917	911	905	926	—	1223	1220	1229	1264	1337	—
2-氯丙酸-1-甲基丙酯	979	975	967	960	984	—	1312	1311	1315	1335	1402	—

续表

固定液	SE-30						OV-351					
I 柱温/℃ 化合物	60	80	100	120	140	160	60	80	100	120	140	160
2-氯丙酸-1,1-二甲基甲酯	1025	1023	1016	1011	1035	—	1326	1327	1333	1353	1421	—
2-氯丙酸-2-甲基丙酯	994	990	983	976	999	—	1342	1340	1344	1363	1428	—
2-氯丙酸-1,2-二甲基丙酯	1046	1044	1037	1032	1054	—	1369	1366	1368	1386	1447	—
2-氯丙酸-1-甲基丁酯	1063	1059	1050	1045	1067	—	1387	1386	1389	1404	1460	—
2-氯丙酸-3-甲基丁酯	1092	1089	1080	1075	1097	—	1443	1443	1444	1458	1514	—
2-氯丙酸-2-丙烯酯	—	935	914	904	928	949	—	1387	1385	1382	1443	1486
2-氯丙酸-1-甲基-3-丁烯酯	—	1057	1040	1032	1054	1062	—	1438	1436	1434	1496	1512
2-氯丙酸-3-丁烯酯	—	1024	1007	998	1020	1030	—	1458	1454	1453	1514	1543
2-氯丙酸-4-戊烯酯	—	1122	1106	1101	1123	1128	—	1552	1554	1546	1604	1625
2-氯丙酸-2-丙炔酯	—	948	924	914	933	953	—	1588	1580	1575	1632	1648
2-氯丙酸-反-3-己烯酯	—	1223	1209	1204	1225	1228	—	1635	1627	1623	1678	1694
2-氯丙酸-顺-3-己烯酯	—	1226	1213	1208	1229	1232	—	1645	1637	1634	1690	1706
3-氯丙酸甲基乙酯	952	947	939	930	951	—	1374	1371	1372	1388	1447	—
3-氯丙酸二甲基乙酯	991	987	980	973	996	—	1365	1364	1368	1386	1447	—
3-氯丙酸-1-甲基丙酯	1043	1042	1033	1038	1050	—	1461	1459	1460	1471	1523	—
3-氯丙酸-1,1-二甲基丙酯	1095	1093	1085	1081	1105	—	1475	1475	1477	1490	1542	—
3-氯丙酸-2-甲基丙酯	1062	1058	1049	1045	1067	—	1493	1492	1492	1503	1554	—
3-氯丙酸-1,2-二甲基丙酯	1115	1112	1104	1100	1123	—	1517	1517	1516	1527	1576	—
3-氯丙酸-1-甲基丁酯	1132	1128	1119	1114	1135	—	1540	1538	1537	1548	1594	—
3-氯丙酸-3-甲基丁酯	1160	1156	1148	1144	1166	—	1594	1594	1595	1605	1652	—
3-氯丙酸-2-丙烯酯	—	997	977	968	989	1004	—	1528	1521	1516	1574	1596
3-氯丙酸-1-甲基-3-丁烯酯	—	1124	1107	1102	1123	1128	—	1596	1581	1567	1615	1630
3-氯丙酸-3-丁烯酯	—	1088	1071	1066	1085	1085	—	1602	1594	1590	1647	1666
3-氯丙酸-4-戊烯酯	—	1189	1176	1170	1192	1196	—	1708	1698	1695	1749	1763
3-氯丙酸-2-丙炔酯	—	1011	989	978	998	1008	—	1742	1723	1712	1757	1765
3-氯丙酸-反-3-己烯酯	—	1286	1275	1272	1290	1293	—	1780	1770	1767	1819	1829
3-氯丙酸-顺-3-己烯酯	—	1289	1279	1276	1295	1298	—	1790	1780	1779	1833	1844

表 21-33 丙酸酯与氯代丙酸酯保留指数（一）[29]

固定液：SE-30

I 柱温/℃ 化合物	80	100	120	140	160	180	200	220	240	260
丙酸甲酯	607	627	622	554	—	—	—	—	—	—
丙酸乙酯	688	692	684	656	—	—	—	—	—	—
丙酸丙酯	807	795	785	729	753	721	—	—	—	—
丙酸丁酯	901	891	884	845	854	866	—	—	—	—
丙酸戊酯	995	987	983	959	969	966	—	—	—	—
丙酸己酯	1090	1084	1081	1069	1068	1068	1082	—	—	—
丙酸庚酯	1186	1181	1178	1174	1170	1169	1176	1162	1202	—

续表

化合物 \ I 柱温/℃	80	100	120	140	160	180	200	220	240	260
丙酸辛酯	1282	1280	1276	1277	1272	1270	1267	1246	1263	—
丙酸壬酯	—	1380	1376	1377	1376	1373	1369	1356	1366	—
丙酸癸酯	—	—	1476	1478	1478	1474	1473	1462	1459	—
丙酸十一酯	—	—	1575	1578	1578	1577	1576	1564	1572	1580
丙酸十二酯	—	—	1672	1677	1679	1680	1679	1672	1676	1677
丙酸十四酯	—	—	—	—	1880	1883	1881	1877	1878	1876
丙酸十六酯	—	—	—	—	2079	2085	2081	2079	2081	2075
丙酸十八酯	—	—	—	—	—	2285	2278	2278	2281	2276
2-氯丙酸甲酯	783	774	756	790	741	721	—	—	—	—
2-氯丙酸乙酯	851	841	832	800	814	807	—	—	—	—
2-氯丙酸丙酯	941	932	930	903	923	950	—	—	—	—
2-氯丙酸丁酯	1032	1026	1027	1011	1016	1023	—	—	—	—
2-氯丙酸戊酯	1126	1122	1122	1118	1115	1119	1160	—	—	—
2-氯丙酸己酯	1221	1220	1219	1221	1219	1224	1216	1200	1234	—
2-氯丙酸庚酯	1316	1318	1316	1320	1321	1323	1318	1309	1339	—
2-氯丙酸辛酯	—	1415	1415	1421	1422	1423	1423	1418	1427	—
2-氯丙酸壬酯	—	—	1515	1521	1524	1525	1527	1520	1535	1552
2-氯丙酸癸酯	—	—	1612	1620	1623	1627	1629	1625	1635	1644
2-氯丙酸十一酯	—	—	—	1719	1725	1729	1729	1728	1736	1738
2-氯丙酸十二酯	—	—	—	1817	1825	1830	1832	1831	1835	1840
2-氯丙酸十四酯	—	—	—	—	2024	2032	2032	2033	2039	2036
2-氯丙酸十六酯	—	—	—	—	—	2223	2231	2233	2239	2237
2-氯丙酸十八酯	—	—	—	—	—	—	2427	2431	2439	2440
3-氯丙酸甲酯	838	829	819	783	799	792	—	—	—	—
3-氯丙酸乙酯	910	902	897	865	880	904	—	—	—	—
3-氯丙酸丙酯	1003	996	996	978	985	986	—	—	—	—
3-氯丙酸丁酯	1097	1093	1092	1086	1085	1091	1083	—	—	—
3-氯丙酸戊酯	1192	1190	1189	1188	1188	1192	1185	1162	1201	—
3-氯丙酸己酯	1287	1288	1287	1292	1290	1293	1293	1279	1300	—
3-氯丙酸庚酯	—	1387	1386	1391	1393	1394	1399	1385	1402	—
3-氯丙酸辛酯	—	—	1486	1491	1494	1495	1494	1487	1502	—
3-氯丙酸壬酯	—	—	1584	1591	1595	1597	1600	1593	1604	1614
3-氯丙酸癸酯	—	—	1681	1691	1696	1700	1701	1700	1708	1712
3-氯丙酸十一酯	—	—	—	1790	1797	1801	1803	1803	1807	1810
3-氯丙酸十二酯	—	—	—	—	1897	1903	1904	1904	1909	1910
3-氯丙酸十四酯	—	—	—	—	2096	2105	2104	2106	2113	2110
3-氯丙酸十六酯	—	—	—	—	—	2305	2302	2298	2312	2311
3-氯丙酸十八酯	—	—	—	—	—	—	2499	2504	2511	2516

表 21-34 丙酸酯与氯代丙酸酯保留指数（二）[29]

固定液：OV-351

I 柱温/℃ 化合物	80	100	120	140	160	180	200	220
丙酸甲酯	909	937	1003	—	—	—	—	—
丙酸乙酯	957	977	1031	—	—	—	—	—
丙酸丙酯	1039	1065	1064	—	—	—	—	—
丙酸丁酯	1139	1159	1145	1178	—	—	—	—
丙酸戊酯	1238	1255	1234	1258	1288	1210	—	—
丙酸己酯	1339	1353	1330	1362	1378	1358	1412	—
丙酸庚酯	1438	1445	1427	1460	1467	1444	1461	—
丙酸辛酯	1539	1539	1522	1557	1555	1550	1556	—
丙酸壬酯	1637	1634	1618	1657	1659	1652	1664	1680
丙酸癸酯	—	1732	1716	1755	1757	1753	1764	1783
丙酸十一酯	—	1831	1813	1853	1854	1853	1861	1886
丙酸十二酯	—	1930	1911	1953	1953	1959	1960	1979
丙酸十四酯	—	—	—	2153	2154	2165	2165	2177
丙酸十六酯	—	—	—	2350	2352	2367	2370	2375
丙酸十八酯	—	—	—	—	2550	2570	2574	2577
2-氯丙酸甲酯	1202	1221	1202	1236	1261	1260	—	—
2-氯丙酸乙酯	1232	1250	1229	1254	1288	1290	—	—
2-氯丙酸丙酯	1312	1327	1305	1340	1359	1361	—	—
2-氯丙酸丁酯	1404	1412	1396	1428	1437	1440	1432	—
2-氯丙酸戊酯	1500	1502	1487	1521	1526	1529	1527	—
2-氯丙酸己酯	1596	1594	1580	1618	1625	1623	1649	1672
2-氯丙酸庚酯	1692	1689	1675	1717	1718	1715	1742	1759
2-氯丙酸辛酯	—	1787	1772	1814	1817	1820	1837	1858
2-氯丙酸壬酯	—	1885	1869	1913	1914	1922	1934	1967
2-氯丙酸癸酯	—	1981	1966	2013	2014	2022	2030	2037
2-氯丙酸十一酯	—	—	2064	2112	2115	2126	2133	2145
2-氯丙酸十二酯	—	—	—	2211	2214	2226	2234	2248
2-氯丙酸十四酯	—	—	—	2409	2414	2427	2436	2450
2-氯丙酸十六酯	—	—	—	—	2612	2627	2640	2650
2-氯丙酸十八酯	—	—	—	—	—	2824	2842	2852
3-氯丙酸甲酯	1339	1353	1330	1362	1378	1358	—	—
3-氯丙酸乙酯	1378	1388	—	1400	1407	1397	1412	—
3-氯丙酸丙酯	1464	1469	1450	1488	1497	1489	1470	—
3-氯丙酸丁酯	1558	1558	1542	1580	1582	1586	1605	1638
3-氯丙酸戊酯	1654	1651	1636	1676	1679	1680	1701	1739
3-氯丙酸己酯	—	1749	1732	1773	1777	1777	1794	1812
3-氯丙酸庚酯	—	1848	1828	1871	1874	1883	1895	1912
3-氯丙酸辛酯	—	1949	1926	1970	1973	1982	1993	2012
3-氯丙酸壬酯	—	—	2023	2070	2073	2084	2093	2104
3-氯丙酸癸酯	—	—	—	2170	2174	2186	2194	2204
3-氯丙酸十一酯	—	—	—	2269	2274	2286	2297	2308
3-氯丙酸十二酯	—	—	—	2368	2374	2387	2397	2381
3-氯丙酸十四酯	—	—	—	—	2572	2587	2602	2613
3-氯丙酸十六酯	—	—	—	—	—	2786	2804	2814
3-氯丙酸十八酯	—	—	—	—	—	2983	3006	3015

表 21-35 氯代丙酸甲酯保留指数[30]

固定液：OV-101 柱温：120℃

化合物	I	化合物	I	化合物	I
丙酸甲酯	629	3,3-二氯丙酸甲酯	914	2,2,3-三氯丙酸甲酯	1031
2-氯丙酸甲酯	781	2,3-二氯丙酸甲酯	927	2,3,3,3-四氯丙酸甲酯	1137
3-氯丙酸甲酯	833	3,3,3-三氯丙酸甲酯	1015	2,2,3,3-四氯丙酸甲酯	1156
2,2-二氯丙酸甲酯	859	2,3,3-三氯丙酸甲酯	1031	五氯丙酸甲酯	1275

表 21-36 氯代脂肪酸甲酯保留指数（一）[31]

固定液：OV-101

I 柱温/℃ 化合物	80	100	120	I 柱温/℃ 化合物	80	100	120
丙酸甲酯	618	627	629	丁酸甲酯	717	710	709
2-氯丙酸甲酯	768	780	781	2-氯丁酸甲酯	863	861	859
3-氯丙酸甲酯	824	831	833	3-氯丁酸甲酯	869	864	859
2,2-二氯丙酸甲酯	848	854	859	4-氯丁酸甲酯	937	933	927
3,3-二氯丙酸甲酯	914	914	914	2,2-二氯丁酸甲酯	958	957	949
2,3-二氯丙酸甲酯	925	927	927	3,3-二氯丁酸甲酯	960	958	949
3,3,3-三氯丙酸甲酯	1017	1018	1015	赤-2,3-二氯丁酸甲酯	978	978	971
2,3,3-三氯丙酸甲酯	1027	1029	1031	苏-2,3-二氯丁酸甲酯	1011	1009	1001
2,2,3-三氯丙酸甲酯	1028	1030	1031	4,4-二氯丁酸甲酯	1047	1045	1037
2,3,3,3-四氯丙酸甲酯	1131	1137	1137	3,4-二氯丁酸甲酯	1054	1055	1046
2,2,3,3-四氯丙酸甲酯	1149	1157	1156	2,4-二氯丁酸甲酯	1057	1056	1047
五氯丙酸甲酯	1260	1271	1275				

表 21-37 氯代脂肪酸甲酯保留指数（二）[32]

固定液	SE-30					Carbowax 20M				
I 柱温/℃ 化合物	100	120	140	180	200	100	120	140	180	200
戊酸甲酯	802	654	—	—	—	971	999	—	—	—
2-氯戊酸甲酯	949	810	—	—	—	1333	1366	—	—	—
3-氯戊酸甲酯	966	843	—	—	—	1397	1431	—	—	—
4-氯戊酸甲酯	983	888	—	—	—	1431	1475	—	—	—
5-氯戊酸甲酯	1045	995	—	—	—	1556	1597	—	—	—
己酸甲酯	904	818	—	—	—	1086	1108	—	—	—
2-氯己酸甲酯	1047	988	—	—	—	1436	1470	—	—	—
3-氯己酸甲酯	1055	1004	—	—	—	1478	1515	—	—	—
4-氯己酸甲酯	1083	1048	—	—	—	1526	1570	—	—	—
5-氯己酸甲酯	1095	1065	—	—	—	1571	1615	—	—	—
6-氯己酸甲酯	1152	1139	—	—	—	1659	1702	—	—	—
庚酸甲酯	1005	962	—	—	—	1241	1233	—	—	—
2-氯庚酸甲酯	1147	1129	—	—	—	1535	1578	—	—	—
3-氯庚酸甲酯	1154	1139	—	—	—	1573	1618	—	—	—
4-氯庚酸甲酯	1176	1166	—	—	—	1604	1650	—	—	—
5-氯庚酸甲酯	1196	1191	—	—	—	1657	1702	—	—	—

续表

固定液	SE-30					Carbowax 20M				
I 柱温/℃ 化合物	100	120	140	180	200	100	120	140	180	200
6-氯庚酸甲酯	1205	1201	—	—	—	1677	1723	—	—	—
7-氯庚酸甲酯	1257	1260	—	—	—	1756	1799	—	—	—
辛酸甲酯	1105	1082	—	—	—	1373	1394	—	—	—
2-氯辛酸甲酯	1248	1251	—	—	—	1635	1676	—	—	—
3-氯辛酸甲酯	1252	1255	—	—	—	1668	1708	—	—	—
4-氯辛酸甲酯	1273	1279	—	—	—	1697	1743	—	—	—
5-氯辛酸甲酯	1284	1291	—	—	—	1731	1774	—	—	—
6-氯辛酸甲酯	1302	1311	—	—	—	1762	1805	—	—	—
7-氯辛酸甲酯	1308	1316	—	—	—	1775	1818	—	—	—
8-氯辛酸甲酯	1358	1369	—	—	—	1851	1893	—	—	—
壬酸甲酯	1206	1202	1206	—	—	1481	1514	1476	—	—
2-氯壬酸甲酯	1347	1357	1351	—	—	1733	1773	1724	—	—
3-氯壬酸甲酯	1351	1362	1354	—	—	1765	1805	1755	—	—
4-氯壬酸甲酯	1371	1382	1376	—	—	1790	1831	1786	—	—
5-氯壬酸甲酯	1380	1393	1385	—	—	1822	1862	1817	—	—
6-氯壬酸甲酯	1391	1403	1396	—	—	1837	1877	1834	—	—
7-氯壬酸甲酯	1405	1418	1411	—	—	1860	1900	1859	—	—
8-氯壬酸甲酯	1408	1421	1414	—	—	1873	1912	1872	—	—
9-氯壬酸甲酯	1459	1472	1465	—	—	1947	1985	1946	—	—
癸酸甲酯	—	1312	1306	—	—	—	1624	1570	—	—
2-氯癸酸甲酯	—	1459	1451	—	—	—	1869	1820	—	—
3-氯癸酸甲酯	—	1463	1455	—	—	—	1900	1853	—	—
4-氯癸酸甲酯	—	1483	1476	—	—	—	1926	1884	—	—
5-氯癸酸甲酯	—	1491	1484	—	—	—	1954	1912	—	—
6-氯癸酸甲酯	—	1500	1493	—	—	—	1968	1927	—	—
7-氯癸酸甲酯	—	1506	1500	—	—	—	1976	1936	—	—
8-氯癸酸甲酯	—	1520	1514	—	—	—	1998	1959	—	—
9-氯癸酸甲酯	—	1522	1516	—	—	—	2009	1971	—	—
10-氯癸酸甲酯	—	1573	1567	—	—	—	2079	2044	—	—
十一酸甲酯	—	—	1407	—	—	—	—	1672	—	—
2-氯十一酸甲酯	—	—	1551	—	—	—	—	1917	—	—
3-氯十一酸甲酯	—	—	1555	—	—	—	—	1949	—	—
4-氯十一酸甲酯	—	—	1576	—	—	—	—	1978	—	—
5-氯十一酸甲酯	—	—	1583	—	—	—	—	2006	—	—
6-氯十一酸甲酯	—	—	1591	—	—	—	—	2017	—	—
7-氯十一酸甲酯	—	—	1597	—	—	—	—	2025	—	—
8-氯十一酸甲酯	—	—	1602	—	—	—	—	2033	—	—
9-氯十一酸甲酯	—	—	1615	—	—	—	—	2055	—	—
10-氯十一酸甲酯	—	—	1616	—	—	—	—	2066	—	—
11-氯十一酸甲酯	—	—	1668	—	—	—	—	2139	—	—
十二酸甲酯	—	—	1508	—	—	—	—	1770	—	—
2-氯十二酸甲酯	—	—	1652	—	—	—	—	2013	—	—
3-氯十二酸甲酯	—	—	1656	—	—	—	—	2045	—	—
4-氯十二酸甲酯	—	—	1677	—	—	—	—	2074	—	—
5-氯十二酸甲酯	—	—	1683	—	—	—	—	2100	—	—
6-氯十二酸甲酯	—	—	1691	—	—	—	—	2113	—	—
7-氯十二酸甲酯	—	—	1696	—	—	—	—	2117	—	—

续表

固定液	SE-30					Carbowax 20M				
I 柱温/℃ 化合物	100	120	140	180	200	100	120	140	180	200
8-氯十二酸甲酯	—	—	1700	—	—	—	—	2123	—	—
9-氯十二酸甲酯	—	—	1704	—	—	—	—	2130	—	—
10-氯十二酸甲酯	—	—	1718	—	—	—	—	2152	—	—
11-氯十二酸甲酯	—	—	1718	—	—	—	—	2162	—	—
12-氯十二酸甲酯	—	—	1769	—	—	—	—	2234	—	—
十三酸甲酯	—	—	1607	—	—	—	—	1866	—	—
2-氯十三酸甲酯	—	—	1752	—	—	—	—	2110	—	—
3-氯十三酸甲酯	—	—	1755	—	—	—	—	2142	—	—
4-氯十三酸甲酯	—	—	1776	—	—	—	—	2172	—	—
5-氯十三酸甲酯	—	—	1783	—	—	—	—	2197	—	—
6-氯十三酸甲酯	—	—	1791	—	—	—	—	2211	—	—
7-氯十三酸甲酯	—	—	1794	—	—	—	—	2214	—	—
8-氯十三酸甲酯	—	—	1796	—	—	—	—	2218	—	—
9-氯十三酸甲酯	—	—	1800	—	—	—	—	2222	—	—
10-氯十三酸甲酯	—	—	1804	—	—	—	—	2229	—	—
11-氯十三酸甲酯	—	—	1817	—	—	—	—	2249	—	—
12-氯十三酸甲酯	—	—	1818	—	—	—	—	2260	—	—
13-氯十三酸甲酯	—	—	1868	—	—	—	—	2330	—	—
十四酸甲酯	—	—	—	1712	—	—	—	—	1990	—
2-氯十四酸甲酯	—	—	—	1859	—	—	—	—	2246	—
3-氯十四酸甲酯	—	—	—	1863	—	—	—	—	2279	—
4-氯十四酸甲酯	—	—	—	1884	—	—	—	—	2313	—
5-氯十四酸甲酯	—	—	—	1892	—	—	—	—	2339	—
6-氯十四酸甲酯	—	—	—	1899	—	—	—	—	2353	—
7-氯十四酸甲酯	—	—	—	1904	—	—	—	—	2356	—
8-氯十四酸甲酯	—	—	—	1905	—	—	—	—	2358	—
9-氯十四酸甲酯	—	—	—	1907	—	—	—	—	2359	—
10-氯十四酸甲酯	—	—	—	1910	—	—	—	—	2365	—
11-氯十四酸甲酯	—	—	—	1915	—	—	—	—	2372	—
12-氯十四酸甲酯	—	—	—	1929	—	—	—	—	2396	—
13-氯十四酸甲酯	—	—	—	1929	—	—	—	—	2406	—
14-氯十四酸甲酯	—	—	—	1981	—	—	—	—	2486	—
十五酸甲酯	—	—	—	1806	—	—	—	—	2090	—
2-氯十五酸甲酯	—	—	—	1957	—	—	—	—	2349	—
3-氯十五酸甲酯	—	—	—	1961	—	—	—	—	2385	—
4-氯十五酸甲酯	—	—	—	1983	—	—	—	—	2419	—
5-氯十五酸甲酯	—	—	—	1990	—	—	—	—	2448	—
6-氯十五酸甲酯	—	—	—	1998	—	—	—	—	2462	—
7-氯十五酸甲酯	—	—	—	2002	—	—	—	—	2465	—
8-氯十五酸甲酯	—	—	—	2002	—	—	—	—	2468	—
9-氯十五酸甲酯	—	—	—	2005	—	—	—	—	2471	—
10-氯十五酸甲酯	—	—	—	2005	—	—	—	—	2473	—
11-氯十五酸甲酯	—	—	—	2009	—	—	—	—	2478	—
12-氯十五酸甲酯	—	—	—	2013	—	—	—	—	2484	—
13-氯十五酸甲酯	—	—	—	2027	—	—	—	—	2506	—
14-氯十五酸甲酯	—	—	—	2028	—	—	—	—	2517	—
15-氯十五酸甲酯	—	—	—	2079	—	—	—	—	2592	—
十六酸甲酯	—	—	—	1902	1902	—	—	—	2191	2202
2-氯十六酸甲酯	—	—	—	2056	2057	—	—	—	2455	2452

续表

固定液	SE-30					Carbowax 20M				
I 柱温/℃ 化合物	100	120	140	180	200	100	120	140	180	200
3-氯十六酸甲酯	—	—	—	2060	2062	—	—	—	2490	2485
4-氯十六酸甲酯	—	—	—	2083	2083	—	—	—	2522	2520
5-氯十六酸甲酯	—	—	—	2089	2090	—	—	—	2547	2544
6-氯十六酸甲酯	—	—	—	2097	2097	—	—	—	2560	2557
7-氯十六酸甲酯	—	—	—	2100	2099	—	—	—	2562	2559
8-氯十六酸甲酯	—	—	—	2101	2101	—	—	—	2565	2561
9-氯十六酸甲酯	—	—	—	2103	2102	—	—	—	2567	2562
10-氯十六酸甲酯	—	—	—	2104	2103	—	—	—	2570	2564
11-氯十六酸甲酯	—	—	—	2105	2105	—	—	—	2572	2566
12-氯十六酸甲酯	—	—	—	2109	2108	—	—	—	2578	2573
13-氯十六酸甲酯	—	—	—	2113	2113	—	—	—	2584	2579
14-氯十六酸甲酯	—	—	—	2127	2127	—	—	—	2608	2603
15-氯十六酸甲酯	—	—	—	2127	2127	—	—	—	2619	2613
16-氯十六酸甲酯	—	—	—	2181	2178	—	—	—	2696	2691
十七酸甲酯	—	—	—	2011	2007	—	—	—	2295	2297
2-氯十七酸甲酯	—	—	—	2163	2157	—	—	—	2557	2548
3-氯十七酸甲酯	—	—	—	2169	2161	—	—	—	2592	2579
4-氯十七酸甲酯	—	—	—	2192	2183	—	—	—	2628	2614
5-氯十七酸甲酯	—	—	—	2198	2190	—	—	—	2651	2639
6-氯十七酸甲酯	—	—	—	2210	2198	—	—	—	2662	2652
7-氯十七酸甲酯	—	—	—	2214	2201	—	—	—	2664	2653
8-氯十七酸甲酯	—	—	—	2215	2202	—	—	—	2667	2655
9-氯十七酸甲酯	—	—	—	2217	2203	—	—	—	2669	2656
10-氯十七酸甲酯	—	—	—	2218	2204	—	—	—	2672	2657
11-氯十七酸甲酯	—	—	—	2220	2205	—	—	—	2675	2661
12-氯十七酸甲酯	—	—	—	2221	2206	—	—	—	2677	2662
13-氯十七酸甲酯	—	—	—	2222	2210	—	—	—	2686	2668
14-氯十七酸甲酯	—	—	—	2226	2214	—	—	—	2692	2675
15-氯十七酸甲酯	—	—	—	2240	2227	—	—	—	2713	2698
16-氯十七酸甲酯	—	—	—	2240	2228	—	—	—	2725	2709
17-氯十七酸甲酯	—	—	—	2289	2277	—	—	—	2800	2787
十八酸甲酯	—	—	—	2114	2102	—	—	—	2396	2389
2-氯十八酸甲酯	—	—	—	2265	2254	—	—	—	2657	2642
3-氯十八酸甲酯	—	—	—	2269	2259	—	—	—	2691	2675
4-氯十八酸甲酯	—	—	—	2291	2282	—	—	—	2724	2711
5-氯十八酸甲酯	—	—	—	2298	2289	—	—	—	2753	2737
6-氯十八酸甲酯	—	—	—	2309	2305	—	—	—	2761	2743
7-氯十八酸甲酯	—	—	—	2312	2308	—	—	—	2763	2746
8-氯十八酸甲酯	—	—	—	2313	2310	—	—	—	2765	2750
9-氯十八酸甲酯	—	—	—	2314	2313	—	—	—	2767	2753
10-氯十八酸甲酯	—	—	—	2315	2314	—	—	—	2769	2756
11-氯十八酸甲酯	—	—	—	2317	2317	—	—	—	2771	2759
12-氯十八酸甲酯	—	—	—	2317	2318	—	—	—	2773	2762
13-氯十八酸甲酯	—	—	—	2319	2320	—	—	—	2775	2765
14-氯十八酸甲酯	—	—	—	2320	2322	—	—	—	2780	2770
15-氯十八酸甲酯	—	—	—	2324	2325	—	—	—	2787	2777
16-氯十八酸甲酯	—	—	—	2338	2337	—	—	—	2809	2799
17-氯十八酸甲酯	—	—	—	2338	2338	—	—	—	2821	2810
18-氯十八酸甲酯	—	—	—	2388	2381	—	—	—	2897	2884

表 21-38　丁酸酯与氯代丁酸酯的保留指数（一）[33]

固定液：SE-30

化合物 \ I 柱温/℃	60	80	100	120	140	160	180
丁酸甲基乙酯	836	826	821	814	831	—	—
丁酸二甲基乙酯	873	866	858	851	873	—	—
丁酸-1-甲基丙酯	930	923	915	906	943	—	—
丁酸-1,1-二甲基丙酯	977	972	963	955	977	—	—
丁酸-2-甲基丙酯	946	940	930	933	956	—	—
丁酸-1,2-二甲基丙酯	1000	993	985	978	1000	—	—
丁酸-1-甲基丁酯	1016	1010	999	992	1012	—	—
丁酸-3-甲基丁酯	1045	1039	1029	1021	1043	—	—
丁酸-2-丙烯酯	—	—	884	851	868	894	918
丁酸-1-甲基-3-丁烯酯	—	—	1007	978	997	1006	1027
丁酸-3-丁烯酯	—	—	971	941	961	972	996
丁酸-4-戊烯酯	—	—	1070	1045	1064	1070	1088
丁酸-2-丙炔酯	—	—	895	857	873	894	918
丁酸-反-3-己烯酯	—	—	1169	1148	1166	1171	1179
丁酸-顺-3-己烯酯	—	—	1170	1150	1170	1174	1182
2-氯丁酸甲基乙酯	973	967	959	952	977	—	—
2-氯丁酸二甲基乙酯	1008	1003	997	992	1012	—	—
2-氯丁酸-1-甲基丙酯	1065	1062	1054	1050	1074	—	—
2-氯丁酸-1,1-二甲基丙酯	1110	1107	1103	1100	1126	—	—
2-氯丁酸-2-甲基丙酯	1080	1076	1069	1065	1089	—	—
2-氯丁酸-1,2-二甲基丙酯	1133	1129	1124	1120	1143	—	—
2-氯丁酸-1-甲基丁酯	1149	1145	1138	1133	1158	—	—
2-氯丁酸-3-甲基丁酯	1177	1173	1168	1165	1189	—	—
2-氯丁酸-2-丙烯酯	—	—	1020	994	1016	1028	1048
2-氯丁酸-1-甲基-3-丁烯酯	—	—	1140	1121	1143	1150	1162
2-氯丁酸-3-丁烯酯	—	—	1109	1088	1109	1115	1129
2-氯丁酸-4-戊烯酯	—	—	1204	1189	1211	1218	1227
2-氯丁酸-2-丙炔酯	—	—	1032	1007	1027	1037	1062
2-氯丁酸-反-3-己烯酯	—	—	1305	1294	1315	1320	1326
2-氯丁酸-顺-3-己烯酯	—	—	1308	1297	1319	1323	1330
3-氯丁酸甲基乙酯	988	982	974	968	990	—	—
3-氯丁酸二甲基乙酯	1027	1023	1015	1009	1034	—	—
3-氯丁酸-1-甲基丙酯	1082	1077	1070	1065	1089	—	—
3-氯丁酸-1,1-二甲基丙酯	1130	1127	1122	1119	1143	—	—
3-氯丁酸-2-甲基丙酯	1097	1092	1085	1081	1105	—	—
3-氯丁酸-1,2-二甲基丙酯	1150	1146	1141	1137	1161	—	—
3-氯丁酸-1-甲基丁酯	1167	1162	1156	1151	1174	—	—
3-氯丁酸-3-甲基丁酯	1193	1189	1184	1181	1204	—	—
3-氯丁酸-2-丙烯基酯	—	—	1032	1007	1027	1037	1962
3-氯丁酸-1-甲基-3-丁烯酯	—	—	1156	1138	1160	1167	1177
3-氯丁酸-3-丁烯酯	—	—	1121	1101	1122	1131	1144
3-氯丁酸-4-戊烯酯	—	—	1220	1205	1227	1232	1243
3-氯丁酸-2-丙炔酯	—	—	1020	1017	1035	1045	1062

续表

I　　柱温/℃ 化合物	60	80	100	120	140	160	180
3-氯丁酸-反-3-己烯酯	—	—	1318	1307	1328	1332	1339
3-氯丁酸-顺-3-己烯酯	—	—	1321	1311	1332	1336	1344
4-氯丁酸甲基乙酯	1053	1048	1039	1033	1055	—	—
4-氯丁酸二甲基乙酯	1090	1085	1078	1074	1097	—	—
4-氯丁酸-1-甲基丙酯	1145	1140	1134	1130	1154	—	—
4-氯丁酸-1,1-二甲基丙酯	1191	1188	1184	1180	1207	—	—
4-氯丁酸-2-甲基丙酯	1163	1158	1153	1148	1173	—	—
4-氯丁酸-1,2-二甲基丙酯	1212	1208	1204	1201	1227	—	—
4-氯丁酸-1-甲基丁酯	1229	1224	1220	1216	1240	—	—
4-氯丁酸-3-甲基丁酯	1260	1256	1253	1251	1274	—	—
4-氯丁酸-2-丙烯酯	—	—	1097	1077	1097	1105	1121
4-氯丁酸-1-甲基-3-丁烯酯	—	—	1220	1205	1227	1232	1243
4-氯丁酸-3-丁烯酯	—	—	1187	1171	1193	1200	1210
4-氯丁酸-4-戊烯酯	—	—	1326	1277	1298	1303	1311
4-氯丁酸-2-丙炔酯	—	—	1111	1089	1109	1115	1130
4-氯丁酸-反-3-己烯酯	—	—	1385	1377	1397	1402	1409
4-氯丁酸-顺-3-己烯酯	—	—	1389	1382	1402	1407	1415

表 21-39　丁酸酯与氯代丁酸酯的保留指数（二）[34]

固定液：OV-351

I　　柱温/℃ 化合物	80	100	120	140	160	180	200	220
丁酸甲酯	984	989	1036	—	—	—	—	—
丁酸乙酯	1030	1048	1085	—	—	—	—	—
丁酸丙酯	1114	1146	1169	1227	1233	—	—	—
丁酸丁酯	1209	1237	1262	1294	1300	1272	—	—
丁酸戊酯	1305	1333	1352	1375	1382	1382	—	—
丁酸己酯	1403	1425	1441	1460	1467	1456	—	—
丁酸庚酯	1500	1516	1525	1547	1550	1550	1540	—
丁酸辛酯	1599	1609	1614	1642	1645	1643	1656	—
丁酸壬酯	1696	1704	1702	1738	1740	1740	1784	—
丁酸癸酯	—	1800	1790	1835	1838	1843	1884	—
丁酸十一酯	—	—	1881	1933	1936	1943	1894	1903
丁酸十二酯	—	—	1973	2032	2035	2042	2004	2002
丁酸十四酯	—	—	—	2229	2234	2241	2215	2216
丁酸十六酯	—	—	—	2426	2432	2440	2425	2423
丁酸十八酯	—	—	—	—	2629	2636	2628	2629
2-氯丁酸甲酯	1263	1292	1317	1345	1354	1341	—	—
2-氯丁酸乙酯	1294	1322	1344	1368	1382	1382	—	—
2-氯丁酸丙酯	1371	1396	1414	1439	1441	1425	—	—
2-氯丁酸丁酯	1460	1479	1495	1520	1524	1519	—	—
2-氯丁酸戊酯	1552	1565	1576	1603	1611	1611	—	—

续表

I 柱温/℃ 化合物	80	100	120	140	160	180	200	220
2-氯丁酸己酯	1647	1656	1661	1695	1703	1706	1634	1620
2-氯丁酸庚酯	—	1750	1748	1791	1798	1802	1746	1746
2-氯丁酸辛酯	—	1844	1837	1888	1896	1904	1853	1853
2-氯丁酸壬酯	—	—	1927	1986	1993	2004	1960	1969
2-氯丁酸癸酯	—	—	2020	2084	2093	2106	2071	2072
2-氯丁酸十一酯	—	—	2112	2183	2190	2203	2177	2183
2-氯丁酸十二酯	—	—	—	2281	2291	2301	2285	2286
2-氯丁酸十四酯	—	—	—	—	2489	2500	2493	2493
2-氯丁酸十六酯	—	—	—	—	2687	2699	2698	2703
2-氯丁酸十八酯	—	—	—	—	—	2894	2903	2906
3-氯丁酸甲酯	1305	1333	1352	1375	1382	1382	—	—
3-氯丁酸乙酯	1343	1370	1390	1413	1419	1411	—	—
3-氯丁酸丙酯	1428	1450	1466	1489	1497	1478	—	—
3-氯丁酸丁酯	1518	1533	1546	1570	1574	1574	1527	—
3-氯丁酸戊酯	1613	1623	1630	1660	1667	1672	1600	1569
3-氯丁酸己酯	—	1716	1716	1756	1763	1769	1705	1711
3-氯丁酸庚酯	—	1810	1804	1852	1858	1865	1813	1812
3-氯丁酸辛酯	—	—	1895	1950	1955	1965	1926	1924
3-氯丁酸壬酯	—	—	1986	2047	2054	2066	2030	2033
3-氯丁酸癸酯	—	—	2078	2147	2154	2165	2137	2134
3-氯丁酸十一酯	—	—	—	2245	2252	2264	2243	2246
3-氯丁酸十二酯	—	—	—	2343	2352	2364	2348	2347
3-氯丁酸十四酯	—	—	—	—	2550	2562	2554	2552
3-氯丁酸十六酯	—	—	—	—	—	2760	2757	2765
3-氯丁酸十八酯	—	—	—	—	—	—	2959	2966
4-氯丁酸甲酯	1421	1445	1462	1489	1497	1478	—	—
4-氯丁酸乙酯	1460	1479	1495	1520	1524	1519	—	—
4-氯丁酸丙酯	1541	1555	1568	1599	1607	1611	—	—
4-氯丁酸丁酯	1634	1646	1652	1690	1699	1706	1634	1620
4-氯丁酸戊酯	—	1744	1738	1784	1794	1802	1745	1746
4-氯丁酸己酯	—	1842	1827	1880	1889	1900	1853	1853
4-氯丁酸庚酯	—	—	1917	1978	1985	2000	1960	1969
4-氯丁酸辛酯	—	—	2009	2075	2086	2098	2071	2072
4-氯丁酸壬酯	—	—	2101	2174	2185	2200	2177	2183
4-氯丁酸癸酯	—	—	—	2272	2285	2298	2284	2286
4-氯丁酸十一酯	—	—	—	2371	2385	2397	2387	2391
4-氯丁酸十二酯	—	—	—	—	2484	2497	2492	2493
4-氯丁酸十四酯	—	—	—	—	2682	2696	2696	2702
4-氯丁酸十六酯	—	—	—	—	—	2892	2901	2905
4-氯丁酸十八酯	—	—	—	—	—	—	3100	3107

表 21-40 丁酸酯与氯代丁酸酯的保留指数（三）[34]

固定液：SE-30

化合物 \ *I* \ 柱温/℃	80	100	120	140	160	180	200	220	240
丁酸甲酯	710	723	706	663	681	—	—	—	—
丁酸乙酯	792	802	783	757	747	689	—	—	—
丁酸丙酯	888	896	885	863	845	835	—	—	—
丁酸丁酯	985	991	982	964	957	937	951	897	—
丁酸戊酯	1083	1088	1084	1067	1058	1048	1056	1020	—
丁酸己酯	1182	1187	1185	1166	1160	1152	1157	1125	1111
丁酸庚酯	1279	1287	1286	1267	1260	1254	1258	1243	1234
丁酸辛酯	—	1387	1388	1367	1362	1359	1364	1347	1345
丁酸壬酯	—	—	1489	1466	1464	1461	1463	1452	1445
丁酸癸酯	—	—	1590	1566	1564	1565	1565	1557	1548
丁酸十一酯	—	—	—	1665	1664	1666	1666	1660	1653
丁酸十二酯	—	—	—	1763	1765	1767	1768	1761	1754
丁酸十四酯	—	—	—	1959	1965	1969	1967	1964	1961
丁酸十六酯	—	—	—	—	—	2169	2165	2165	2164
丁酸十八酯	—	—	—	—	—	—	2362	2363	2363
2-氯丁酸甲酯	867	875	865	845	845	835	—	—	—
2-氯丁酸乙酯	937	945	936	911	904	923	922	—	—
2-氯丁酸丙酯	1029	1037	1032	1018	1014	1007	1010	—	—
2-氯丁酸丁酯	1124	1131	1131	1117	1112	1105	1115	1070	1084
2-氯丁酸戊酯	1220	1228	1228	1215	1211	1209	1216	1172	1188
2-氯丁酸己酯	1315	1327	1330	1314	1313	1309	1318	1305	1306
2-氯丁酸庚酯	—	1427	1431	1413	1412	1410	1419	1409	1402
2-氯丁酸辛酯	—	—	1530	1512	1513	1516	1522	1513	1505
2-氯丁酸壬酯	—	—	1631	1611	1613	1618	1622	1616	1613
2-氯丁酸癸酯	—	—	—	1709	1713	1718	1722	1719	1716
2-氯丁酸十一酯	—	—	—	1807	1813	1820	1823	1822	1818
2-氯丁酸十二酯	—	—	—	1905	1913	1920	1922	1922	1922
2-氯丁酸十四酯	—	—	—	—	—	2120	2120	2123	2127
2-氯丁酸十六酯	—	—	—	—	—	—	2317	2322	2324
2-氯丁酸十八酯	—	—	—	—	—	—	—	2519	2524
3-氯丁酸甲酯	873	881	870	848	845	835	—	—	—
3-氯丁酸乙酯	948	955	947	935	926	923	922	848	—
3-氯丁酸丙酯	1043	1050	1045	1030	1026	1014	1016	987	—
3-氯丁酸丁酯	1139	1145	1145	1130	1126	1117	1133	1102	1084
3-氯丁酸戊酯	1235	1244	1244	1230	1227	1223	1229	1196	1202
3-氯丁酸己酯	1331	1343	1346	1330	1328	1325	1334	1315	1320
3-氯丁酸庚酯	—	1443	1446	1429	1428	1428	1436	1425	1417
3-氯丁酸辛酯	—	—	1547	1528	1529	1531	1538	1531	1521
3-氯丁酸壬酯	—	—	—	1627	1629	1633	1638	1634	1628
3-氯丁酸癸酯	—	—	—	1725	1729	1734	1738	1736	1732
3-氯丁酸十一酯	—	—	—	1823	1829	1836	1839	1838	1834
3-氯丁酸十二酯	—	—	—	1921	1929	1936	1939	1938	1938
3-氯丁酸十四酯	—	—	—	—	—	2137	2137	2139	2142

续表

I \ 柱温/℃ 化合物	80	100	120	140	160	180	200	220	240
3-氯丁酸十六酯	—	—	—	—	—	—	2333	2338	2342
3-氯丁酸十八酯	—	—	—	—	—	—	—	2535	2541
4-氯丁酸甲酯	941	990	941	924	920	923	922	848	—
4-氯丁酸乙酯	1015	1022	1018	1002	995	989	982	930	—
4-氯丁酸丙酯	1110	1117	1117	1102	1100	1093	1099	1042	1084
4-氯丁酸丁酯	1208	1215	1216	1202	1199	1194	1202	1162	1174
4-氯丁酸戊酯	1303	1314	1317	1301	1299	1295	1308	1286	1294
4-氯丁酸己酯	—	1417	1418	1401	1401	1401	1409	1397	1390
4-氯丁酸庚酯	—	—	1518	1500	1501	1503	1510	1499	1493
4-氯丁酸辛酯	—	—	1619	1599	1601	1607	1611	1605	1605
4-氯丁酸壬酯	—	—	—	1698	1702	1708	1711	1710	1708
4-氯丁酸癸酯	—	—	—	1796	1802	1809	1812	1811	1809
4-氯丁酸十一酯	—	—	—	1894	1902	1909	1912	1913	1911
4-氯丁酸十二酯	—	—	—	1991	2001	2010	2012	2014	2016
4-氯丁酸十四酯	—	—	—	—	—	2211	2210	2214	2218
4-氯丁酸十六酯	—	—	—	—	—	—	2406	2412	2417
4-氯丁酸十八酯	—	—	—	—	—	—	—	2608	2616

表 21-41　丁酸酯与氯代丁酸酯的保留指数（四）[33]

固定液：OV-351

I \ 柱温/℃ 化合物	60	80	100	120	140	160	180
丁酸甲基乙酯	1060	1058	1090	1145	1241	—	—
丁酸二甲基乙酯	1060	1058	1090	1145	1241	—	—
丁酸-1-甲基丙酯	1144	1138	1159	1200	1286	—	—
丁酸-1,1-二甲基丙酯	1163	1157	1178	1215	1304	—	—
丁酸-2-甲基丙酯	1171	1165	1185	1221	1304	—	—
丁酸-1,2-二甲基丙酯	1200	1193	1209	1243	1318	—	—
丁酸-1-甲基丁酯	1223	1215	1230	1260	1334	—	—
丁酸-3-甲基丁酯	1270	1264	1278	1303	1373	—	—
丁酸-2-丙烯酯	—	—	1198	1227	1308	1359	1397
丁酸-1-甲基-3-丁烯酯	—	—	1267	1290	1368	1427	1489
丁酸-3-丁烯酯	—	—	1272	1292	1368	1427	1489
丁酸-4-戊烯酯	—	—	1370	1377	1433	1471	1528
丁酸-2-丙炔酯	—	—	1372	1381	1433	1471	1528
丁酸-反-3-己烯酯	—	—	1452	1457	1517	1546	1593
丁酸-顺-3-己烯酯	—	—	1459	1466	1527	1553	1593
2-氯丁酸甲基乙酯	1298	1291	1304	1327	1393	—	—
2-氯丁酸二甲基乙酯	1292	1287	1299	1327	1393	—	—
2-氯丁酸-1-甲基丙酯	1380	1375	1385	1405	1463	—	—
2-氯丁酸-1,1-二甲基丙酯	1395	1392	1402	1424	1482	—	—
2-氯丁酸-2-甲基丙酯	1406	1403	1413	1431	1488	—	—

续表

化合物 \ I \ 柱温/℃	60	80	100	120	140	160	180
2-氯丁酸-1,2-二甲基丙酯	1427	1424	1434	1454	1507	—	—
2-氯丁酸-1-甲基丁酯	1453	1450	1458	1474	1527	—	—
2-氯丁酸-3-甲基丁酯	1504	1503	1513	1529	1579	—	—
2-氯丁酸-2-丙烯酯	—	—	1443	1450	1514	1546	1593
2-氯丁酸-1-甲基-3-丁烯酯	—	—	1501	1507	1565	1590	1637
2-氯丁酸-3-丁烯酯	—	—	1520	1525	1582	1607	1652
2-氯丁酸-4-戊烯酯	—	—	1613	1618	1671	1692	1729
2-氯丁酸-2-丙炔酯	—	—	1645	1651	1684	1699	1731
2-氯丁酸-反-3-己烯酯	—	—	1696	1700	1750	1765	1797
2-氯丁酸-顺-3-己烯酯	—	—	1704	1710	1760	1776	1808
3-氯丁酸甲基乙酯	1353	1347	1356	1376	1435	—	—
3-氯丁酸二甲基乙酯	1349	1344	1352	1376	1435	—	—
3-氯丁酸-1-甲基丙酯	1439	1434	1442	1460	1513	—	—
3-氯丁酸-1,1-二甲基丙酯	1455	1451	1459	1474	1527	—	—
3-氯丁酸-2-甲基丙酯	1468	1464	1472	1488	1538	—	—
3-氯丁酸-1,2-二甲基丙酯	1492	1490	1498	1514	1564	—	—
3-氯丁酸-1-甲基丁酯	1514	1511	1519	1533	1580	—	—
3-氯丁酸-3-甲基丁酯	1564	1565	1572	1586	1632	—	—
3-氯丁酸-2-丙烯酯	—	—	1496	1501	1558	1586	1637
3-氯丁酸-1-甲基-3-丁酯	—	—	1560	1564	1618	1640	1677
3-氯丁酸-3-丁酯	—	—	1573	1577	1632	1654	1693
3-氯丁酸-4-戊酯	—	—	1675	1680	1732	1748	1781
3-氯丁酸-2-丙炔酯	—	—	1689	1692	1749	1765	1797
3-氯丁酸-反-3-己烯酯	—	—	1750	1755	1814	1816	1843
3-氯丁酸-顺-3-己烯酯	—	—	1759	1764	1824	1827	1855
4-氯丁酸甲基乙酯	1459	1456	1466	1482	1534	—	—
4-氯丁酸二甲基乙酯	1453	1450	1458	1474	1527	—	—
4-氯丁酸-1-甲基丙酯	1539	1541	1550	1566	1615	—	—
4-氯丁酸-1,1-二甲基丙酯	1552	1556	1565	1583	1632	—	—
4-氯丁酸-2-甲基丙酯	1572	1575	1584	1601	1650	—	—
4-氯丁酸-1,2-二甲基丙酯	1600	1600	1604	1621	1668	—	—
4-氯丁酸-1-甲基丁酯	1615	1619	1628	1644	1689	—	—
4-氯丁酸-3-甲基丁酯	1673	1680	1690	1706	1749	—	—
4-氯丁酸-2-丙烯酯	—	—	1613	1618	1671	1692	1729
4-氯丁酸-1-甲基-3-丁烯酯	—	—	1671	1678	1730	1748	1781
4-氯丁酸-3-丁烯酯	—	—	1695	1696	1749	1765	1797
4-氯丁酸-4-戊烯酯	—	—	1792	1800	1851	1865	1892
4-氯丁酸-2-丙炔酯	—	—	1817	1817	1858	1867	1892
4-氯丁酸-反-3-己烯酯	—	—	1868	1875	1924	1935	1960
4-氯丁酸-顺-3-己烯酯	—	—	1880	1888	1939	1950	1976

表 21-42 苯甲酸酯与氯代苯甲酸酯的保留指数[35]

固定液	SE-30			OV-351		
I 柱温/℃ 化合物	160	180	200	160	180	200
苯甲酸甲酯	1097	1100	1101	1643	1657	1700
苯甲酸乙酯	1164	1176	1179	1685	1709	1725
苯甲酸丙酯	1264	1272	1276	1777	1791	1818
苯甲酸丁酯	1360	1367	1373	1879	1884	1913
苯甲酸戊酯	1458	1467	1474	1974	1976	2003
苯甲酸己酯	1558	1566	1573	2073	2081	2107
苯甲酸庚酯	1657	1665	1673	2174	2184	2207
苯甲酸辛酯	1756	1764	1772	2273	2287	2304
苯甲酸壬酯	1856	1864	1873	2374	2385	2406
苯甲酸癸酯	1955	1964	1972	2475	2488	2506
苯甲酸十一酯	2055	2063	2071	2576	2590	2607
苯甲酸十二酯	2155	2163	2172	2677	2691	2709
邻氯苯甲酸甲酯	1258	1265	1278	1937	1936	1970
邻氯苯甲酸乙酯	1327	1334	1342	1971	1971	2007
邻氯苯甲酸丙酯	1422	1432	1437	2055	2058	2095
邻氯苯甲酸丁酯	1520	1529	1540	2144	2153	2184
邻氯苯甲酸戊酯	1617	1627	1637	2240	2249	2283
邻氯苯甲酸己酯	1717	1726	1736	2338	2349	2379
邻氯苯甲酸庚酯	1816	1826	1836	2438	2452	2475
邻氯苯甲酸辛酯	1915	1925	1936	2539	2555	2575
邻氯苯甲酸壬酯	2014	2024	2035	2639	2657	2676
邻氯苯甲酸癸酯	2114	2123	2133	2740	2756	2778
邻氯苯甲酸十一酯	2213	2223	2234	2841	2858	2880
邻氯苯甲酸十二酯	2313	2323	2333	2943	2963	2983
间氯苯甲酸甲酯	1253	1262	1275	1854	1864	1886
间氯苯甲酸乙酯	1323	1331	1340	1887	1893	1909
间氯苯甲酸丙酯	1418	1427	1434	1965	1967	1999
间氯苯甲酸丁酯	1517	1526	1536	2057	2070	2100
间氯苯甲酸戊酯	1614	1624	1632	2153	2166	2195
间氯苯甲酸己酯	1714	1723	1732	2251	2263	2295
间氯苯甲酸庚酯	1812	1822	1831	2354	2365	2392
间氯苯甲酸辛酯	1911	1920	1931	2453	2466	2489
间氯苯甲酸壬酯	2010	2019	2029	2553	2569	2590
间氯苯甲酸癸酯	2109	2118	2128	2653	2669	2689
间氯苯甲酸十一酯	2208	2218	2228	2753	2768	2792
间氯苯甲酸十二酯	2308	2317	2327	2854	2870	2893
对氯苯甲酸甲酯	1254	1262	1275	1849	1859	1891
对氯苯甲酸乙酯	1324	1331	1340	1885	1893	1917
对氯苯甲酸丙酯	1419	1428	1434	1970	1974	2001
对氯苯甲酸丁酯	1518	1528	1539	2065	2073	2102
对氯苯甲酸戊酯	1616	1626	1635	2158	2170	2198
对氯苯甲酸己酯	1716	1726	1735	2254	2268	2297
对氯苯甲酸庚酯	1815	1825	1835	2356	2369	2394
对氯苯甲酸辛酯	1914	1924	1935	2456	2470	2493
对氯苯甲酸壬酯	2013	2023	2035	2555	2572	2594
对氯苯甲酸癸酯	2113	2122	2133	2656	2672	2694
对氯苯甲酸十一酯	2212	2222	2233	2755	2772	2796
对氯苯甲酸十二酯	2312	2322	2333	2856	2874	2898

表 21-43 氯代苯氧基脂肪酸（甲酯衍生物）保留指数[36]

固定液	DC-200	DC-11	OV-17	QF-1	XE-60	OV-225	NPGA	FFAP	OV-275
I 柱温/℃ 化合物	165	175		165	175				
$Cl-C_6H_4-O-C(CH_3)_2-COOH$	1473	1498	1706	1886	1903	1955	1948	2025	2152
$4\text{-}Cl\text{-}2\text{-}CH_3\text{-}C_6H_3-O-CH(CH_3)-COOH$	1519	1546	1769	1944	1984	2035	2037	2115	2226
$4\text{-}Cl\text{-}2\text{-}CH_3\text{-}C_6H_3-O-CH_2-COOH$	1523	1549	1812	1993	2057	2113	2143	2242	2360
$2,4\text{-}Cl_2C_6H_3-O-CH(CH_3)-COOH$	1576	1597	1846	2033	2087	2141	2143	2242	2345
$2,4\text{-}Cl_2C_6H_3-O-CH_2-COOH$	1593	1615	1899	2097	2189	2241	2270	2395	2520
$2,4,5\text{-}Cl_3C_6H_2-O-CH(CH_3)-COOH$	1716	1738	1988	2169	2234	2287	2299	2371	2445
$2,4,5\text{-}Cl_3C_6H_2-O-CH_2-COOH$	1736	1753	2049	2241	2348	2402	2453	2551	2643
$4\text{-}Cl\text{-}2\text{-}CH_3\text{-}C_6H_3-O-(CH_2)_3-COOH$	1740	1756	2024	2233	2287	2336	2352	2420	2508
$2,4\text{-}Cl_2C_6H_3-O-(CH_2)_3-COOH$	1799	1813	2105	2316	2393	2443	2460	2551	2628
$2,4,5\text{-}Cl_3C_6H_2-O-(CH_2)_3-COOH$	1955	1962	2266	2481	2570	2620	2655	2720	2769

表 21-44　氯代苯氧基脂肪酸（PFB 衍生物）保留指数（一）[36]

柱温：210℃

化合物 \ I \ 固定液	DC-200	DC-11	OV-17	QF-1	XE-60	OV-225	NPGA	FFAP	OV-275
$4\text{-}Cl-C_6H_4-O-C(CH_3)_2-COOH$	1934	1953	2161	2573	2546	2563	2555	2525	2745
$4\text{-}Cl\text{-}2\text{-}CH_3-C_6H_3-O-CH(CH_3)-COOH$	1977	1997	2229	2634	2626	2647	2651	2619	2818
$4\text{-}Cl\text{-}2\text{-}CH_3-C_6H_3-O-CH_2-COOH$	2020	2037	2315	2731	2759	2771	2820	2820	3002
$2,4\text{-}Cl_2-C_6H_3-O-CH(CH_3)-COOH$	2043	2060	2315	2731	2759	2771	2776	2758	2948
$2,4\text{-}Cl_2-C_6H_3-O-CH_2-COOH$	2089	2118	2408	2847	2909	2919	2963	2980	3181
$2,4,5\text{-}Cl_3-C_6H_2-O-CH(CH_3)-COOH$	2179	2191	2459	2880	2909	2919	2942	2902	3059
$2,4,5\text{-}Cl_3-C_6H_2-O-CH_2-COOH$	2228	2239	2560	3008	3078	3085	3149	3147	3302
$4\text{-}Cl\text{-}2\text{-}CH_3-C_6H_3-O-(CH_2)_3-COOH$	2262	2271	2560	3008	3021	3034	3065	3046	2181
$2,4\text{-}Cl_2-C_6H_3-O-(CH_2)_3-COOH$	2323	2332	2646	3103	3134	3144	3183	3177	3302
$2,4,5\text{-}Cl_3-C_6H_2-O-(CH_2)_3-COOH$	2480	2492	2815	3290	3347	3343	3391	3366	3459

表 21-45 氯代苯氧基脂肪酸（PFB 衍生物）保留指数（二）[37]

柱温：210℃

I 化合物 \ 固定液	$C_{87}H_{156}$	DC-200	DC-11	OV-17	QF-1	XE-60	OV-225	NPGA	FFAP	OV-275
对氯苯氧基异丁酸	1848	1935	1953	2162	2574	2548	2563	2557	2521	2746
甲基氯代苯氧基-2-丙酸	1902	1978	1998	2229	2635	2627	2647	2652	2620	2819
甲基氯代苯氧基乙酸	1964	2021	2037	2316	2733	2760	2771	2821	2820	3006
2,4-二氯苯氧基-2-丙酸	1980	2044	2060	2316	2733	2760	2771	2778	2758	2952
2,4-二氯苯氧基乙酸	2041	2090	2118	2408	2849	2921	2919	2966	2982	3182
2,4,5-三氯苯氧基-2-丙酸	2118	2179	2191	2460	2882	2912	2919	2943	2904	3062
2,4,5-三氯苯氧基乙酸	2187	2228	2240	2561	3012	3080	3085	3150	3147	3304
甲基氯代苯氧基丁酸	2205	2263	2272	2561	3012	3023	3034	3067	3047	3182
2,4-二氯苯氧基丁酸	2278	2329	2332	2646	3106	3135	3144	3184	3178	3304
2,4,5-三氯苯氧基丁酸	2444	2480	2492	2815	3291	3347	3343	3392	3363	3460

表 21-46 氯代苯氧基脂肪酸甲酯保留指数[37]

固定液	$C_{87}H_{156}$	DC-200	DC-11	OV-17	QF-1	XE-60	OV-225	NPGA	FFAP	OV-275
I 化合物 \ 柱温/℃	165		175		165	175				125
对氯苯氧基异丁酸甲酯	1444	1475	1498	1703	1891	1907	1955	1950	2025	2156
甲基氯代苯氧基-2-丙酸甲酯	1497	1519	1546	1769	1947	1985	2035	2038	2115	2227
甲基氯代苯氧基乙酸甲酯	1522	1524	1549	1812	1994	2059	2113	2144	2242	2362
2,4-二氯苯氧基-2-丙酸甲酯	1567	1576	1597	1847	2034	2089	2142	2144	2242	2347
2,4-二氯苯氧基乙酸甲酯	1594	1594	1615	1900	2099	2189	2241	2271	2395	2521
2,4,5-三氯苯氧基-2-丙酸甲酯	1705	1716	1738	1988	2170	2235	2288	2300	2371	2446
2,4,5-三氯苯氧基乙酸甲酯	1734	1736	1753	2049	2241	2349	2403	2453	2551	2644
甲基氯代苯氧基丁酸甲酯	1734	1740	1756	2024	2236	2288	2337	2352	2420	2510
2,4-二氯苯氧基丁酸甲酯	1796	1800	1813	2106	2316	2393	2444	2461	2551	2628
2,4,5-三氯苯氧基丁酸甲酯	1968	1955	1962	2266	2479	2570	2619	2651	2719	2769

表 21-47 脂肪酸氯乙酯保留指数（一）[38]

固定液：SE-30

I 化合物 \ 柱温/℃	140	160	180	200	220	240	260
乙酸-2-氯乙酯	816	828	846	—	—	—	—
丙酸-2-氯乙酯	903	909	920	950	961	1027	—
丁酸-2-氯乙酯	990	976	1010	1023	1031	1100	—
戊酸-2-氯乙酯	1090	1086	1109	1119	1126	1174	—
己酸-2-氯乙酯	1192	1187	1202	1207	1218	1262	1108
庚酸-2-氯乙酯	1292	1290	1300	1305	1313	1345	1230
辛酸-2-氯乙酯	1391	1392	1399	1400	1406	1430	1350
壬酸-2-氯乙酯	1492	1493	1497	1497	1505	1526	1477
癸酸-2-氯乙酯	1591	1593	1596	1596	1604	1622	1600
十一酸-2-氯乙酯	1693	1693	1697	1699	1712	1725	1693

续表

I 化合物 \ 柱温/℃	140	160	180	200	220	240	260
十二酸-2-氯乙酯	1792	1793	1797	1800	1808	1815	1797
十三酸-2-氯乙酯	—	1893	1896	1903	1907	1915	1902
十四酸-2-氯乙酯	—	1994	1996	2002	2004	2011	2009
十五酸-2-氯乙酯	—	—	2094	2102	2107	2112	2107
十六酸-2-氯乙酯	—	—	2196	2202	2207	2212	2210
十七酸-2-氯乙酯	—	—	—	2302	2309	2315	2312
十八酸-2-氯乙酯	—	—	—	2403	2409	2414	2412
十九酸-2-氯乙酯	—	—	—	—	2510	2515	2511
二十酸-2-氯乙酯	—	—	—	—	2611	2616	2612
乙酸-2,2-二氯乙酯	892	911	919	942	977	—	—
丙酸-2,2-二氯乙酯	988	989	991	1010	1035	—	—
丁酸-2,2-二氯乙酯	1080	1081	1089	1105	1126	1123	1098
戊酸-2,2-二氯乙酯	1178	1184	1180	1200	1224	1219	1201
己酸-2,2-二氯乙酯	1278	1282	1283	1297	1318	1314	1300
庚酸-2,2-二氯乙酯	1378	1381	1384	1392	1412	1405	1392
辛酸-2,2-二氯乙酯	1477	1483	1486	1490	1502	1500	1494
壬酸-2,2-二氯乙酯	1577	1583	1586	1587	1600	1597	1609
癸酸-2,2-二氯乙酯	1678	1681	1685	1690	1701	1704	1711
十一酸-2,2-二氯乙酯	1778	1781	1785	1791	1799	1800	1809
十二酸-2,2-二氯乙酯	—	1880	1884	1893	1899	1905	1909
十三酸-2,2-二氯乙酯	—	1981	1986	1992	1998	2003	2014
十四酸-2,2-二氯乙酯	—	—	2082	2092	2100	2106	2115
十五酸-2,2-二氯乙酯	—	—	2184	2193	2201	2202	2214
十六酸-2,2-二氯乙酯	—	—	—	2293	2301	2305	2315
十七酸-2,2-二氯乙酯	—	—	—	2395	2402	2406	2413
十八酸-2,2-二氯乙酯	—	—	—	—	2503	2508	2512
十九酸-2,2-二氯乙酯	—	—	—	—	2603	2608	2612
二十酸-2,2-二氯乙酯	—	—	—	—	2704	2709	2715
乙酸-2,2,2-三氯乙酯	974	978	991	999	—	—	—
丙酸-2,2,2-三氯乙酯	1078	1080	1089	1094	1101	1100	—
丁酸-2,2,2-三氯乙酯	1180	1183	1191	1207	1218	1219	1166
戊酸-2,2,2-三氯乙酯	1278	1277	1284	1289	1309	1318	1288
己酸-2,2,2-三氯乙酯	1378	1376	1378	1379	1390	1400	1384
庚酸-2,2,2-三氯乙酯	1478	1477	1477	1478	1479	1484	1484
辛酸-2,2,2-三氯乙酯	1578	1577	1578	1574	1577	1574	1574
壬酸-2,2,2-三氯乙酯	1679	1676	1678	1674	1675	1680	1678
癸酸-2,2,2-三氯乙酯	1778	1776	1778	1776	1779	1780	1779
十一酸-2,2,2-三氯乙酯	—	1875	1877	1877	1876	1878	1879
十二酸-2,2,2-三氯乙酯	—	1976	1977	1977	1974	1976	1981
十三酸-2,2,2-三氯乙酯	—	—	2074	2077	2076	2077	2079
十四酸-2,2,2-三氯乙酯	—	—	2175	2177	2177	2176	2177
十五酸-2,2,2-三氯乙酯	—	—	—	2276	2278	2278	2277
十六酸-2,2,2-三氯乙酯	—	—	—	2377	2378	2379	2378
十七酸-2,2,2-三氯乙酯	—	—	—	—	2474	2482	2486
十八酸-2,2,2-三氯乙酯	—	—	—	—	2575	2583	2588
十九酸-2,2,2-三氯乙酯	—	—	—	—	2676	2683	2690
二十酸-2,2,2-三氯乙酯	—	—	—	—	2776	2783	2790

表 21-48 脂肪酸氯乙酯保留指数（二）[38]

固定液：OV-351

I 化合物 \ 柱温/℃	120	140	160	180	200	220
乙酸-2-氯乙酯	1313	1365	1331	1370	—	—
丙酸-2-氯乙酯	1378	1426	1391	1432	—	—
丁酸-2-氯乙酯	1473	1510	1467	1510	—	—
戊酸-2-氯乙酯	1569	1598	1560	1603	—	—
己酸-2-氯乙酯	1665	1687	1664	1701	1685	—
庚酸-2-氯乙酯	1761	1779	1765	1797	1783	—
辛酸-2-氯乙酯	1859	1876	1863	1895	1884	1900
壬酸-2-氯乙酯	1957	1973	1963	1995	1983	2001
癸酸-2-氯乙酯	2058	2071	2064	2087	2080	2101
十一酸-2-氯乙酯	2158	2168	2168	2182	2181	2200
十二酸-2-氯乙酯	2259	2268	2266	2282	2283	2301
十三酸-2-氯乙酯	2361	2368	2365	2383	2386	2399
十四酸-2-氯乙酯	—	2469	2469	2488	2487	2500
十五酸-2-氯乙酯	—	2571	2572	2590	2591	2599
十六酸-2-氯乙酯	—	2672	2675	2691	2692	2701
十七酸-2-氯乙酯	—	—	2777	2792	2794	2801
十八酸-2-氯乙酯	—	—	2881	2895	2897	2904
十九酸-2-氯乙酯	—	—	—	2997	2999	3009
二十酸-2-氯乙酯	—	—	—	3100	3102	3111
乙酸-2,2-二氯乙酯	1426	1465	1451	1480	—	—
丙酸-2,2-二氯乙酯	1495	1527	1513	1545	—	—
丁酸-2,2-二氯乙酯	1569	1598	1583	1617	—	—
戊酸-2,2-二氯乙酯	1660	1685	1669	1705	1657	—
己酸-2,2-二氯乙酯	1754	1775	1758	1797	1756	—
庚酸-2,2-二氯乙酯	1850	1869	1852	1886	1854	1900
辛酸-2,2-二氯乙酯	1946	1963	1952	1982	1963	2001
壬酸-2,2-二氯乙酯	2046	2061	2055	2078	2072	2100
癸酸-2,2-二氯乙酯	2146	2158	2157	2175	2175	2197
十一酸-2,2-二氯乙酯	2245	2256	2255	2274	2275	2294
十二酸-2,2-二氯乙酯	2348	2357	2354	2373	2378	2392
十三酸-2,2-二氯乙酯	—	2456	2457	2476	2479	2491
十四酸-2,2-二氯乙酯	—	2558	2560	2579	2581	2590
十五酸-2,2-二氯乙酯	—	2659	2663	2680	2682	2692
十六酸-2,2-二氯乙酯	—	—	2765	2781	2785	2792
十七酸-2,2-二氯乙酯	—	—	2868	2884	2887	2895
十八酸-2,2-二氯乙酯	—	—	—	2985	2988	2999
十九酸-2,2-二氯乙酯	—	—	—	3087	3091	3101
二十酸-2,2-二氯乙酯	—	—	—	3189	3194	3203
乙酸-2,2,2-三氯乙酯	1422	1441	1432	1470	—	—
丙酸-2,2,2-三氯乙酯	1484	1504	1494	1532	—	—
丁酸-2,2,2-三氯乙酯	1559	1580	1560	1600	—	—
戊酸-2,2,2-三氯乙酯	1645	1668	1647	1688	1655	—
己酸-2,2,2-三氯乙酯	1738	1761	1739	1784	1753	—

续表

化合物 \ I \ 柱温/℃	120	140	160	180	200	220
庚酸-2,2,2-三氯乙酯	1832	1854	1840	1874	1850	1898
辛酸-2,2,2-三氯乙酯	1928	1948	1938	1966	1956	1997
壬酸-2,2,2-三氯乙酯	2026	2045	2040	2065	2058	2090
癸酸-2,2,2-三氯乙酯	2126	2140	2144	2160	2163	2183
十一酸-2,2,2-三氯乙酯	2224	2237	2240	2260	2264	2281
十二酸-2,2,2-三氯乙酯	2326	2337	2338	2360	2365	2386
十三酸-2,2,2-三氯乙酯	—	2436	2440	2462	2467	2485
十四酸-2,2,2-三氯乙酯	—	2537	2544	2565	2568	2582
十五酸-2,2,2-三氯乙酯	—	2638	2646	2664	2670	2682
十六酸-2,2,2-三氯乙酯	—	—	2747	2766	2772	2783
十七酸-2,2,2-三氯乙酯	—	—	2849	2867	2873	2883
十八酸-2,2,2-三氯乙酯	—	—	—	2969	2975	2988
十九酸-2,2,2-三氯乙酯	—	—	—	3070	3077	3089
二十酸-2,2,2-三氯乙酯	—	—	—	3172	3179	3192

表 21-49 乙酸氯酯保留指数（一）[39]

固定液：SE-30

化合物 \ I \ 柱温/℃	60	80	100	120	140	化合物 \ I \ 柱温/℃	60	80	100	120	140
乙酸甲酯	509	505	505	—	—	乙酸-1-氯丁酯	—	930	906	895	912
乙酸氯甲酯	691	680	674	—	—	乙酸-2-氯丁酯	—	964	944	930	951
乙酸乙酯	613	577	607	—	—	乙酸-3-氯丁酯	—	981	961	949	972
乙酸-1-氯乙酯	744	724	726	—	—	乙酸-4-氯丁酯	—	1038	1021	1008	1033
乙酸-2-氯乙酯	817	801	796	—	—	乙酸戊酯	—	912	885	867	879
乙酸丙酯	711	685	676	696	—	乙酸-1-氯戊酯	—	1026	1006	990	1011
乙酸-1-氯丙酯	838	821	806	805	—	乙酸-2-氯戊酯	—	1051	1033	1017	1041
乙酸-2-氯丙酯	864	848	835	831	—	乙酸-3-氯戊酯	—	1078	1062	1048	1072
乙酸-3-氯丙酯	924	916	902	895	—	乙酸-4-氯戊酯	—	1089	1073	1058	1084
乙酸丁酯	—	810	786	774	781	乙酸-5-氯戊酯	—	1143	1129	1116	1142

表 21-50 乙酸氯酯保留指数（二）[39]

固定液：SE-30

化合物 \ I \ 柱温/℃	100	120	140	160	180	200	220
乙酸己酯	1008	972	993	1000	—	—	—
乙酸-1-氯己酯	1117	1086	1108	1114	—	—	—
乙酸-2-氯己酯	1147	1121	1143	1151	—	—	—
乙酸-3-氯己酯	1166	1143	1166	1173	—	—	—
乙酸-4-氯己酯	1186	1163	1187	1194	—	—	—
乙酸-5-氯己酯	1194	1171	1194	1202	—	—	—
乙酸-6-氯己酯	1247	1227	1249	1257	—	—	—
乙酸庚酯	1095	1070	1086	1090	1093	—	—
乙酸-1-氯庚酯	1211	1191	1211	1215	1212	—	—

续表

化合物 \ I \ 柱温/℃	100	120	140	160	180	200	220
乙酸-2-氯庚酯	1235	1217	1239	1244	1242	—	—
乙酸-3-氯庚酯	1254	1238	1260	1266	1262	—	—
乙酸-4-氯庚酯	1266	1251	1273	1278	1276	—	—
乙酸-5-氯庚酯	1284	1269	1292	1297	1295	—	—
乙酸-6-氯庚酯	1291	1276	1298	1303	1299	—	—
乙酸-7-氯庚酯	1342	1329	1350	1354	1354	—	—
乙酸辛酯	1194	1165	1188	1189	1190	1178	—
乙酸-1-氯辛酯	1306	1287	1312	1314	1315	1310	—
乙酸-2-氯辛酯	1328	1312	1338	1343	1344	1340	—
乙酸-3-氯辛酯	1345	1331	1358	1362	1364	1364	—
乙酸-4-氯辛酯	1355	1342	1369	1373	1373	1375	—
乙酸-5-氯辛酯	1365	1352	1379	1384	1385	1384	—
乙酸-6-氯辛酯	1382	1370	1396	1402	1405	1404	—
乙酸-7-氯辛酯	1385	1372	1399	1403	1405	1404	—
乙酸-8-氯辛酯	1435	1425	1451	1456	1458	1459	—
乙酸壬酯	—	1292	1292	1293	1293	1285	—
乙酸-1-氯壬酯	—	1408	1414	1415	1416	1412	—
乙酸-2-氯壬酯	—	1432	1439	1442	1444	1443	—
乙酸-3-氯壬酯	—	1451	1458	1461	1463	1463	—
乙酸-4-氯壬酯	—	1460	1467	1472	1472	1473	—
乙酸-5-氯壬酯	—	1469	1477	1481	1483	1483	—
乙酸-6-氯壬酯	—	1478	1486	1490	1492	1493	—
乙酸-7-氯壬酯	—	1491	1499	1505	1506	1511	—
乙酸-8-氯壬酯	—	1494	1501	1506	1507	1511	—
乙酸-9-氯壬酯	—	1545	1553	1558	1560	1564	—
乙酸癸酯	—	—	1393	1393	1389	1384	—
乙酸-1-氯癸酯	—	—	1512	1515	1514	1513	—
乙酸-2-氯癸酯	—	—	1537	1542	1542	1544	—
乙酸-3-氯癸酯	—	—	1555	1561	1562	1564	—
乙酸-4-氯癸酯	—	—	1565	1570	1572	1573	—
乙酸-5-氯癸酯	—	—	1573	1578	1580	1582	—
乙酸-6-氯癸酯	—	—	1580	1585	1588	1589	—
乙酸-7-氯癸酯	—	—	1585	1591	1594	1595	—
乙酸-8-氯癸酯	—	—	1599	1606	1608	1610	—
乙酸-9-氯癸酯	—	—	1601	1606	1608	1610	—
乙酸-10-氯癸酯	—	—	1651	1658	1661	1664	—
乙酸十一酯	—	—	1493	1495	1493	1487	1491
乙酸-1-氯十一酯	—	—	1612	1616	1618	1616	1617
乙酸-2-氯十一酯	—	—	1637	1643	1646	1646	1649
乙酸-3-氯十一酯	—	—	1655	1661	1665	1666	1671
乙酸-4-氯十一酯	—	—	1664	1670	1675	1676	1679
乙酸-5-氯十一酯	—	—	1672	1678	1682	1684	1687
乙酸-6-氯十一酯	—	—	1678	1685	1689	1690	1693
乙酸-7-氯十一酯	—	—	1682	1689	1692	1694	1695
乙酸-8-氯十一酯	—	—	1686	1694	1698	1700	1702
乙酸-9-氯十一酯	—	—	1700	1708	1712	1715	1716
乙酸-10-氯十一酯	—	—	1700	1708	1712	1715	1718
乙酸-11-氯十一酯	—	—	1752	1759	1764	1768	1769

表 21-51 乙酸氯酯保留指数（三）[39]

固定液：SE-30

化合物 \ I 柱温/℃	160	180	200	220	240
乙酸十二酯	1596	1594	1594	1591	—
乙酸-1-氯十二酯	1716	1717	1718	1716	—
乙酸-2-氯十二酯	1743	1745	1747	1747	—
乙酸-3-氯十二酯	1761	1764	1767	1767	—
乙酸-4-氯十二酯	1770	1774	1776	1777	—
乙酸-5-氯十二酯	1777	1781	1784	1784	—
乙酸-6-氯十二酯	1783	1787	1790	1791	—
乙酸-7-氯十二酯	1786	1789	1791	1791	—
乙酸-8-氯十二酯	1789	1794	1796	1797	—
乙酸-9-氯十二酯	1794	1798	1801	1802	—
乙酸-10-氯十二酯	1807	1812	1815	1816	—
乙酸-11-氯十二酯	1808	1812	1815	1816	—
乙酸-12-氯十二酯	1859	1865	1868	1869	—
乙酸十四酯	—	1797	1795	1793	1796
乙酸-1-氯十四酯	—	1918	1917	1918	1924
乙酸-2-氯十四酯	—	1947	1946	1949	1956
乙酸-3-氯十四酯	—	1966	1966	1970	1975
乙酸-4-氯十四酯	—	1974	1975	1979	1985
乙酸-5-氯十四酯	—	1982	1983	1986	1993
乙酸-6-氯十四酯	—	1988	1989	1992	1997
乙酸-7-氯十四酯	—	1988	1989	1992	1997
乙酸-8-氯十四酯	—	1991	1992	1996	2000
乙酸-9-氯十四酯	—	1992	1993	1996	2000
乙酸-10-氯十四酯	—	1996	1997	2000	2005
乙酸-11-氯十四酯	—	2000	2002	2005	2012
乙酸-12-氯十四酯	—	2014	2015	2019	2026
乙酸-13-氯十四酯	—	2014	2015	2019	2026
乙酸-14-氯十四酯	—	2066	2068	2072	2080

表 21-52 乙酸氯酯保留指数（四）[39]

固定液：OV-351

化合物 \ I 柱温/℃	60	80	100	120	140	160
乙酸甲酯	823	839	844	877	—	—
乙酸氯甲酯	1181	1180	1164	1174	—	—
乙酸乙酯	881	880	875	908	—	—
乙酸-1-氯乙酯	1150	1153	1123	1130	1202	—
乙酸-2-氯乙酯	1315	1319	1297	1299	1354	—
乙酸丙酯	981	978	943	992	1075	—
乙酸-1-氯丙酯	1217	1222	1198	1207	1278	—
乙酸-2-氯丙酯	1296	1304	1283	1289	1348	—

续表

I 柱温/℃ 化合物	60	80	100	120	140	160
乙酸-3-氯丙酯	1418	1425	1414	1419	1470	—
乙酸丁酯	1080	1079	1053	1064	1154	—
乙酸-1-氯丁酯	1292	1298	1278	1279	1342	—
乙酸-2-氯丁酯	1377	1384	1370	1375	1425	—
乙酸-3-氯丁酯	1424	1432	1422	1427	1478	—
乙酸-4-氯丁酯	1523	1539	1533	1540	1585	—
乙酸戊酯	—	—	1195	1182	1212	1232
乙酸-1-氯戊酯	—	—	1401	1387	1419	1408
乙酸-2-氯戊酯	—	—	1469	1460	1492	1497
乙酸-3-氯戊酯	—	—	1528	1525	1558	1562
乙酸-4-氯戊酯	—	—	1563	1564	1594	1594
乙酸-5-氯戊酯	—	—	1652	1657	1687	1691

表 21-53 乙酸氯酯保留指数（五）[39]

固定液：OV-351

I 柱温/℃ 化合物	100	120	140	160	180	200	220
乙酸己酯	1277	1255	1286	1295	1277	—	—
乙酸-1-氯己酯	1472	1457	1492	1500	1485	—	—
乙酸-2-氯己酯	1540	1532	1576	1574	1575	—	—
乙酸-3-氯己酯	1581	1578	1627	1629	1628	—	—
乙酸-4-氯己酯	1626	1627	1679	1679	1686	—	—
乙酸-5-氯己酯	1647	1650	1700	1703	1711	—	—
乙酸-6-氯己酯	1747	1737	1789	1796	1802	—	—
乙酸庚酯	1385	1372	1401	1400	1385	—	—
乙酸-1-氯庚酯	1582	1578	1602	1607	1615	—	—
乙酸-2-氯庚酯	1647	1647	1673	1673	1675	—	—
乙酸-3-氯庚酯	1686	1691	1718	1720	1725	—	—
乙酸-4-氯庚酯	1717	1723	1753	1757	1759	—	—
乙酸-5-氯庚酯	1749	1756	1787	1791	1797	—	—
乙酸-6-氯庚酯	1767	1775	1806	1809	1818	—	—
乙酸-7-氯庚酯	1846	1857	1889	1894	1904	—	—
乙酸辛酯	1468	1454	1490	1486	1485	—	—
乙酸-1-氯辛酯	1659	1658	1702	1704	1711	—	—
乙酸-2-氯辛酯	1722	1724	1771	1771	1775	—	—
乙酸-3-氯辛酯	1758	1764	1814	1819	1824	—	—
乙酸-4-氯辛酯	1787	1794	1845	1850	1856	—	—
乙酸-5-氯辛酯	1802	1811	1862	1867	1874	—	—
乙酸-6-氯辛酯	1830	1840	1893	1899	1909	—	—

续表

化合物 \ I \ 柱温/℃	100	120	140	160	180	200	220
乙酸-7-氯辛酯	1842	1852	1905	1912	1922	—	—
乙酸-8-氯辛酯	1918	1932	1987	1994	2006	—	—
乙酸壬酯	—	1568	1593	1602	1579	1617	—
乙酸-1-氯壬酯	—	1769	1798	1799	1802	1793	—
乙酸-2-氯壬酯	—	1838	1869	1872	1872	1886	—
乙酸-3-氯壬酯	—	1883	1912	1917	1922	1937	—
乙酸-4-氯壬酯	—	1907	1940	1945	1953	1961	—
乙酸-5-氯壬酯	—	1920	1956	1960	1967	1978	—
乙酸-6-氯壬酯	—	1933	1969	1976	1984	1996	—
乙酸-7-氯壬酯	—	1957	1994	2002	2010	2022	—
乙酸-8-氯壬酯	—	1967	2004	2012	2020	2032	—
乙酸-9-氯壬酯	—	2047	2086	2095	2106	2118	—
乙酸癸酯	—	—	1699	1691	1688	1713	—
乙酸-1-氯癸酯	—	—	1900	1897	1901	1914	—
乙酸-2-氯癸酯	—	—	1969	1970	1976	1985	—
乙酸-3-氯癸酯	—	—	2011	2014	2026	2030	—
乙酸-4-氯癸酯	—	—	2038	2042	2054	2060	—
乙酸-5-氯癸酯	—	—	2051	2055	2067	2072	—
乙酸-6-氯癸酯	—	—	2062	2067	2079	2086	—
乙酸-7-氯癸酯	—	—	2070	2076	2090	2096	—
乙酸-8-氯癸酯	—	—	2093	2100	2115	2122	—
乙酸-9-氯癸酯	—	—	2104	2111	2126	2133	—
乙酸-10-氯癸酯	—	—	2185	2193	2210	2215	—
乙酸十一酯	—	—	1802	1804	1808	1800	1819
乙酸-1-氯十一酯	—	—	2000	2000	2005	2013	2044
乙酸-2-氯十一酯	—	—	2070	2072	2080	2086	2099
乙酸-3-氯十一酯	—	—	2111	2117	2127	2134	2149
乙酸-4-氯十一酯	—	—	2138	2144	2154	2160	2179
乙酸-5-氯十一酯	—	—	2150	2157	2167	2175	2191
乙酸-6-氯十一酯	—	—	2159	2166	2177	2185	2200
乙酸-7-氯十一酯	—	—	2164	2172	2183	2190	2202
乙酸-8-氯十一酯	—	—	2171	2180	2192	2199	2214
乙酸-9-氯十一酯	—	—	2195	2204	2217	2225	2241
乙酸-10-氯十一酯	—	—	2205	2214	2227	2237	2252
乙酸-11-氯十一酯	—	—	2285	2294	2311	2320	2336

表 21-54 乙酸氯酯保留指数（六）[39]

固定液：OV-351

化合物 \ I \ 柱温/℃	160	180	200	220
乙酸十二酯	1876	1896	1898	1900
乙酸-1-氯十二酯	2097	2079	2099	2099
乙酸-2-氯十二酯	2170	2179	2179	2183
乙酸-3-氯十二酯	2213	2225	2230	2236
乙酸-4-氯十二酯	2239	2252	2256	2265
乙酸-5-氯十二酯	2251	2264	2269	2278
乙酸-6-氯十二酯	2260	2273	2279	2287
乙酸-7-氯十二酯	2262	2275	2280	2287
乙酸-8-氯十二酯	2267	2281	2287	2294
乙酸-9-氯十二酯	2275	2289	2296	2303
乙酸-10-氯十二酯	2299	2314	2320	2332
乙酸-11-氯十二酯	2309	2324	2332	2341
乙酸-12-氯十二酯	2390	2407	2416	2429
乙酸十四酯	2094	2103	2100	2106
乙酸-1-氯十四酯	2305	2319	2317	2325
乙酸-2-氯十四酯	2368	2382	2385	2395
乙酸-3-氯十四酯	2412	2427	2433	2447
乙酸-4-氯十四酯	2439	2453	2460	2475
乙酸-5-氯十四酯	2450	2464	2472	2486
乙酸-6-氯十四酯	2458	2472	2480	2494
乙酸-7-氯十四酯	2460	2474	2482	2495
乙酸-8-氯十四酯	2463	2476	2485	2500
乙酸-9-氯十四酯	2464	2478	2487	2501
乙酸-10-氯十四酯	2468	2482	2491	2506
乙酸-11-氯十四酯	2475	2490	2499	2515
乙酸-12-氯十四酯	2498	2515	2525	2541
乙酸-13-氯十四酯	2509	2526	2536	2551
乙酸-14-氯十四酯	2589	2608	2620	2635

表 21-55 乙酸氯酯保留指数（七）[39]

固定液	SE-30			OV-351		
化合物 \ I \ 柱温/℃	200	220	240	180	200	220
乙酸十六酯	1996	1994	1996	2309	2312	2312
乙酸-1-氯十六酯	2117	2117	2125	2509	2512	2523
乙酸-2-氯十六酯	2147	2148	2155	2583	2592	2601
乙酸-3-氯十六酯	2166	2168	2177	2630	2641	2652
乙酸-4-氯十六酯	2175	2177	2186	2656	2668	2680
乙酸-5-氯十六酯	2182	2184	2191	2667	2680	2691
乙酸-6-氯十六酯	2188	2191	2199	2675	2688	2699
乙酸-7-氯十六酯	2188	2191	2199	2676	2689	2700
乙酸-8-氯十六酯	2191	2193	2201	2677	2691	2701
乙酸-9-氯十六酯	2192	2193	2201	2678	2692	2703
乙酸-10-氯十六酯	2193	2195	2203	2679	2693	2704
乙酸-11-氯十六酯	2194	2196	2203	2680	2694	2705
乙酸-12-氯十六酯	2197	2199	2307	2684	2700	2712
乙酸-13-氯十六酯	2201	2204	2212	2691	2707	2720
乙酸-14-氯十六酯	2215	2219	2227	2716	2732	2745
乙酸-15-氯十六酯	2215	2219	2227	2727	2743	2757
乙酸-16-氯十六酯	2267	2271	2280	2809	2826	2840

表 21-56　乙酸氯酯保留指数（八）[39]

固定液	SE-30			OV-351		固定液	SE-30			OV-351	
化合物 \ I 柱温/℃	220	240	260	200	220	化合物 \ I 柱温/℃	220	240	260	200	220
乙酸十八酯	2193	2198	2192	2516	2516	乙酸-10-氯十八酯	2393	2403	2402	2892	2901
乙酸-1-氯十八酯	2315	2324	2322	2693	2709	乙酸-11-氯十八酯	2393	2404	2403	2893	2902
乙酸-2-氯十八酯	2347	2356	2355	2781	2796	乙酸-12-氯十八酯	2394	2404	2403	2894	2902
乙酸-3-氯十八酯	2367	2377	2378	2844	2853	乙酸-13-氯十八酯	2395	2405	2404	2894	2903
乙酸-4-氯十八酯	2376	2386	2386	2870	2880	乙酸-14-氯十八酯	2397	2407	2408	2899	2909
乙酸-5-氯十八酯	2383	2392	2394	2882	2892	乙酸-15-氯十八酯	2402	2413	2414	2907	2918
乙酸-6-氯十八酯	2389	2400	2400	2889	2897	乙酸-16-氯十八酯	2415	2427	2430	2933	2946
乙酸-7-氯十八酯	2389	2401	2400	2889	2897	乙酸-17-氯十八酯	2416	2427	2430	2944	2956
乙酸-8-氯十八酯	2391	2402	2401	2890	2899	乙酸-18-氯十八酯	2468	2480	2484	3027	3041
乙酸-9-氯十八酯	2392	2403	2402	2891	2900						

表 21-57　脂肪酸五氟苄基酯保留指数[40]

固定液	OV-1	DB-210	OV-225	固定液	OV-1	DB-210	OV-225
化合物 \ I 柱温/℃	230	200	190	化合物 \ I 柱温/℃	230	200	190
己酸五氟苄基酯	1420	—	1810	十七酸五氟苄基酯	2505	2826	2916
庚酸五氟苄基酯	1521	—	1918	硬脂酸五氟苄基酯	2601	2929	3020
辛酸五氟苄基酯	1619	—	2012	油酸五氟苄基酯	2583	2913	3036
癸酸五氟苄基酯	1818	—	2203	亚油酸五氟苄基酯	2576	2921	3082
月桂酸五氟苄基酯	2028	2312	2410	十九酸五氟苄基酯	2704	3037	3123
肉豆蔻酸五氟苄基酯	2205	2520	2614	花生酸五氟苄基酯	2804	3167	3222
肉豆蔻脑酸五氟苄基酯	2194	2525	2647	花生四烯酸五氟苄基酯	2741	3188	3273
棕榈酸五氟苄基酯	2401	2724	2812	山萮酸五氟苄基酯	2999	3354	3401
棕榈油酸五氟苄基酯	2385	2717	2838				

表 21-58　乙酸氯苯酯保留指数（一）[41]

固定液：SE-30

化合物 \ I 柱温/℃	160	180	200	化合物 \ I 柱温/℃	160	180	200
乙酸苯酯	1008	1025	1033	乙酸-2,4,6-三氯苯酯	1420	1454	1546
乙酸-2-氯苯酯	1173	1192	1199	乙酸-2,3,6-三氯苯酯	1463	1495	1591
乙酸-3-氯苯酯	1198	1219	1228	乙酸-2,3,5-三氯苯酯	1476	1506	1601
乙酸-4-氯苯酯	1203	1224	1228	乙酸-2,4,5-三氯苯酯	1481	1511	1606
乙酸-2,6-二氯苯酯	1296	1330	1396	乙酸-2,3,4-三氯苯酯	1525	1552	1651
乙酸-2,4-二氯苯酯	1317	1351	1420	乙酸-3,4,5-三氯苯酯	1543	1569	1667
乙酸-2,5-二氯苯酯	1317	1351	1420	乙酸-2,3,5,6-四氯苯酯	1612	1633	1732
乙酸-3,5-二氯苯酯	1334	1367	1441	乙酸-2,3,4,6-四氯苯酯	1617	1637	1735
乙酸-2,3-二氯苯酯	1350	1384	1466	乙酸-2,3,4,5-四氯苯酯	1679	1694	1790
乙酸-3,4-二氯苯酯	1377	1410	1494	乙酸-2,3,4,5,6-五氯苯酯	1808	1809	1899

表 21-59 乙酸氯苯酯保留指数（二）[41]

固定液：OV-351

I 化合物 \ 柱温/℃	160	180	200	I 化合物 \ 柱温/℃	160	180	200
乙酸苯酯	1633	1639	1664	乙酸-3,4-二氯苯酯	2072	2086	2113
乙酸-2-氯苯酯	1829	1838	1858	乙酸-2,3,5-三氯苯酯	2117	2133	2160
乙酸-3-氯苯酯	1848	1856	1876	乙酸-2,4,5-三氯苯酯	2133	2150	2177
乙酸-4-氯苯酯	1870	1878	1898	乙酸-2,3,6-三氯苯酯	2139	2159	2187
乙酸-3,5-二氯苯酯	1964	1976	1993	乙酸-3,4,5-三氯苯酯	2215	2236	2267
乙酸-2,6-二氯苯酯	1971	1985	2007	乙酸-2,3,5,6-四氯苯酯	2225	2248	2281
乙酸-2,4-二氯苯酯	1986	1998	2016	乙酸-2,3,4-三氯苯酯	2233	2254	2286
乙酸-2,5-二氯苯酯	1986	1998	2016	乙酸-2,3,4,6-四氯苯酯	2236	2260	2294
乙酸-2,4,6-三氯苯酯	2035	2050	2075	乙酸-2,3,4,5-四氯苯酯	2333	2358	2397
乙酸-2,3-二氯苯酯	2052	2067	2093	乙酸-2,3,4,5,6-五氯苯酯	2401	2433	2479

表 21-60 乙酸氯苯酯保留指数（三）[16]

柱温：160℃

I 化合物 \ 固定液	SE-30	OV-351	I 化合物 \ 固定液	SE-30	OV-351
乙酸苯酯	1008	1633	乙酸-2,4,6-三氯苯酯	1420	2035
乙酸-2-氯苯酯	1173	1829	乙酸-2,3,6-三氯苯酯	1463	2139
乙酸-3-氯苯酯	1198	1848	乙酸-2,3,5-三氯苯酯	1476	2117
乙酸-4-氯苯酯	1203	1870	乙酸-2,4,5-三氯苯酯	1481	2133
乙酸-2,6-二氯苯酯	1296	1971	乙酸-2,3,4-三氯苯酯	1525	2233
乙酸-2,4-二氯苯酯	1317	1986	乙酸-3,4,5-三氯苯酯	1543	2215
乙酸-2,5-二氯苯酯	1317	1986	乙酸-2,3,5,6-四氯苯酯	1612	2225
乙酸-3,5-二氯苯酯	1334	1964	乙酸-2,3,4,6-四氯苯酯	1617	2236
乙酸-2,3-二氯苯酯	1350	2052	乙酸-2,3,4,5-四氯苯酯	1679	2233
乙酸-3,4-二氯苯酯	1377	2072	乙酸-2,3,4,5,6-五氯苯酯	1800	2401

表 21-61 氯代脂肪酸氯甲酯保留指数[42]

固定液	SE-30					Carbowax 20M				
I 化合物 \ 柱温/℃	100	120	140	160	180	100	120	140	160	180
戊酸一氯甲酯	989	967	953	997	—	1374	1376	1396	1417	—
2-氯戊酸一氯甲酯	1113	1986	1108	1108	—	1606	1619	1628	1646	—
3-氯戊酸一氯甲酯	1142	1126	1136	1133	—	1694	1709	1721	1735	—
4-氯戊酸一氯甲酯	1166	1153	1160	1153	—	1730	1749	1760	1780	—
5-氯戊酸一氯甲酯	1227	1225	1228	1214	—	1851	1867	1882	1904	—
己酸一氯甲酯	1069	1051	1072	1084	—	—	1477	1493	1513	—
2-氯己酸一氯甲酯	1194	1204	1207	1199	—	—	1704	1713	1733	—
3-氯己酸一氯甲酯	1214	1227	1229	1220	—	—	1775	1786	1807	—
4-氯己酸一氯甲酯	1246	1264	1262	1253	—	—	1822	1837	1863	—

续表

固定液	SE-30					Carbowax 20M				
I 柱温/℃ 化合物	100	120	140	160	180	100	120	140	160	180
5-氯己酸一氯甲酯	1259	1277	1275	1265	—	—	1867	1883	1905	—
6-氯己酸一氯甲酯	1320	1341	1337	1327	—	—	1961	1979	2002	—
庚酸一氯甲酯	—	1197	1195	1164	1181	—	1565	1582	1603	1609
2-氯庚酸一氯甲酯	—	1328	1307	1293	1316	—	1787	1807	1820	1820
3-氯庚酸一氯甲酯	—	1348	1328	1313	1334	—	1854	1875	1894	1894
4-氯庚酸一氯甲酯	—	1373	1352	1340	1360	—	1886	1910	1933	1935
5-氯庚酸一氯甲酯	—	1394	1376	1365	1388	—	1939	1964	1988	1988
6-氯庚酸一氯甲酯	—	1406	1387	1376	1395	—	1964	1988	2012	2018
7-氯庚酸一氯甲酯	—	1457	1442	1443	1452	—	2045	2070	2096	2105
辛酸一氯甲酯	—	—	1278	1263	1286	—	—	1684	1700	1719
2-氯辛酸一氯甲酯	—	—	1406	1394	1417	—	—	1907	1918	1919
3-氯辛酸一氯甲酯	—	—	1425	1414	1434	—	—	1969	1984	1988
4-氯辛酸一氯甲酯	—	—	1451	1443	1458	—	—	2002	2020	2031
5-氯辛酸一氯甲酯	—	—	1464	1456	1470	—	—	2039	2058	2068
6-氯辛酸一氯甲酯	—	—	1487	1481	1494	—	—	2075	2096	2107
7-氯辛酸一氯甲酯	—	—	1491	1484	1498	—	—	2086	2108	2121
8-氯辛酸一氯甲酯	—	—	1545	1545	1555	—	—	2167	2191	2206
壬酸一氯甲酯	—	—	1380	1364	1380	—	—	1776	1798	1796
2-氯壬酸一氯甲酯	—	—	1508	1501	1509	—	—	1996	2014	2013
3-氯壬酸一氯甲酯	—	—	1526	1521	1529	—	—	2059	2081	2084
4-氯壬酸一氯甲酯	—	—	1551	1549	1556	—	—	2090	2115	2122
5-氯壬酸一氯甲酯	—	—	1562	1561	1567	—	—	2123	2149	2160
6-氯壬酸一氯甲酯	—	—	1576	1578	1582	—	—	2144	2171	2182
7-氯壬酸一氯甲酯	—	—	1591	1594	1597	—	—	2166	2195	2207
8-氯壬酸一氯甲酯	—	—	1594	1599	1601	—	—	2178	2207	2220
9-氯壬酸一氯甲酯	—	—	1647	1657	1654	—	—	2255	2286	2302
癸酸一氯甲酯	—	1479	1470	1483	1481	—	1872	1889	1895	1898
2-氯癸酸一氯甲酯	—	1608	1613	1610	1615	—	2091	2108	2114	2118
3-氯癸酸一氯甲酯	—	1625	1636	1628	1636	—	2155	2173	2185	2189
4-氯癸酸一氯甲酯	—	1650	1664	1654	1658	—	2193	2212	2227	2233
5-氯癸酸一氯甲酯	—	1659	1675	1663	1672	—	2216	2239	2255	2258
6-氯癸酸一氯甲酯	—	1672	1690	1678	1684	—	2234	2257	2276	2277
7-氯癸酸一氯甲酯	—	1679	1698	1686	1691	—	2241	2265	2285	2287
8-氯癸酸一氯甲酯	—	1693	1716	1701	1707	—	2264	2289	2311	2311
9-氯癸酸一氯甲酯	—	1696	1719	1704	1709	—	2274	2299	2321	2320
10-氯癸酸一氯甲酯	—	1747	1775	1755	1761	—	2349	2376	2401	2403
十一酸一氯甲酯	—	1581	1581	1585	1592	—	—	1990	1996	2008
2-氯十一酸一氯甲酯	—	1709	1722	1712	1715	—	—	2206	2207	2224
3-氯十一酸一氯甲酯	—	1726	1746	1730	1736	—	—	2273	2287	2290
4-氯十一酸一氯甲酯	—	1750	1773	1755	1761	—	—	2326	2344	2348
5-氯十一酸一氯甲酯	—	1758	1783	1764	1771	—	—	2335	2353	2360
6-氯十一酸一氯甲酯	—	1770	1796	1775	1783	—	—	2350	2369	2373
7-氯十一酸一氯甲酯	—	1775	1802	1781	1789	—	—	2355	2374	2379

续表

固定液	SE-30					Carbowax 20M				
化合物 I 柱温/℃	100	120	140	160	180	100	120	140	160	180
8-氯十一酸一氯甲酯	—	1781	1809	1787	1795	—	—	2362	2382	2388
9-氯十一酸一氯甲酯	—	1795	1824	1801	1811	—	—	2384	2406	2312
10-氯十一酸一氯甲酯	—	1796	1825	1802	1811	—	—	2393	2416	2422
11-氯十一酸一氯甲酯	—	1847	1885	1856	1861	—	—	2471	2499	2502
十二酸一氯甲酯	—	1682	1694	1684	1691	—	—	2089	2087	2102
2-氯十二酸一氯甲酯	—	1809	1840	1817	1826	—	—	2305	2315	2320
3-氯十二酸一氯甲酯	—	1826	1860	1834	1837	—	—	2371	2387	2391
4-氯十二酸一氯甲酯	—	1850	1888	1859	1863	—	—	2424	2444	2448
5-氯十二酸一氯甲酯	—	1858	1897	1867	1872	—	—	2432	2452	2457
6-氯十二酸一氯甲酯	—	1870	1910	1878	1882	—	—	2447	2470	2464
7-氯十二酸一氯甲酯	—	1874	1915	1882	1886	—	—	2448	2470	2474
8-氯十二酸一氯甲酯	—	1878	1919	1887	1891	—	—	2453	2476	2481
9-氯十二酸一氯甲酯	—	1882	1925	1892	1896	—	—	2459	2482	2488
10-氯十二酸一氯甲酯	—	1895	1940	1905	1910	—	—	2480	2506	2512
11-氯十二酸一氯甲酯	—	1896	1941	1906	1911	—	—	2490	2516	2521
12-氯十二酸一氯甲酯	—	1947	2005	1958	1960	—	—	2567	2597	2601

表 21-62 氯乙酸氯代烷基酯保留指数（一）[43]

固定液：SE-30

化合物 I 柱温/℃	80	100	120	140	160	180
氯乙酸甲酯	705	708	691	697	—	—
氯乙酸氯甲酯	914	903	873	869	—	—
氯乙酸乙酯	802	791	776	774	—	—
氯乙酸-1-氯乙酯	926	911	895	910	—	—
氯乙酸-2-氯乙酯	1016	1002	990	1007	—	—
氯乙酸丙酯	918	907	878	872	870	—
氯乙酸-1-氯丙酯	1032	1027	1001	1011	1006	—
氯乙酸-2-氯丙酯	1069	1066	1044	1954	1053	—
氯乙酸-3-氯丙酯	1134	1138	1118	1130	1128	—
氯乙酸丁酯	—	1007	996	986	986	—
氯乙酸-1-氯丁酯	—	1113	1103	1102	1106	—
氯乙酸-2-氯丁酯	—	1162	1152	1156	1163	—
氯乙酸-3-氯丁酯	—	1182	1174	1178	1181	—
氯乙酸-4-氯丁酯	—	1247	1241	1247	1251	—
氯乙酸戊酯	—	—	1086	1086	1089	1096
氯乙酸-1-氯戊酯	—	—	1194	1198	1202	1203
氯乙酸-2-氯戊酯	—	—	1234	1241	1246	1250
氯乙酸-3-氯戊酯	—	—	1267	1274	1281	1283
氯乙酸-4-氯戊酯	—	—	1282	1289	1295	1297
氯乙酸-5-氯戊酯	—	—	1346	1353	1358	1362

表 21-63　氯乙酸氯代烷基酯保留指数（二）[43]

固定液：OV-351

化合物 \ 柱温/℃ I	100	120	140	160	180	200
氯乙酸甲酯	1270	1264	1314	1345	1318	1368
氯乙酸氯甲酯	1619	1614	1637	1637	1637	1664
氯乙酸乙酯	1302	1292	1337	1355	1336	1380
氯乙酸-1-氯乙酯	1548	1539	1570	1570	1571	1600
氯乙酸-2-氯乙酯	1759	1755	1789	1787	1792	1803
氯乙酸丙酯	1381	1370	1410	1419	1420	1423
氯乙酸-1-氯丙酯	1606	1599	1634	1630	1631	1649
氯乙酸-2-氯丙酯	1716	1714	1749	1752	1755	1759
氯乙酸-3-氯丙酯	1848	1851	1890	1896	1902	1909
氯乙酸丁酯	1472	1466	1500	1508	1510	1534
氯乙酸-1-氯丁酯	1674	1669	1701	1701	1701	1709
氯乙酸-2-氯丁酯	1793	1792	1829	1830	1840	1844
氯乙酸-3-氯丁酯	1840	1844	1884	1890	1898	1907
氯乙酸-4-氯丁酯	1960	1968	2010	2017	2028	2036
氯乙酸戊酯	—	—	1609	1598	1583	1617
氯乙酸-1-氯戊酯	—	—	1793	1789	1781	1790
氯乙酸-2-氯戊酯	—	—	1901	1903	1899	1916
氯乙酸-3-氯戊酯	—	—	1967	1970	1974	1983
氯乙酸-4-氯戊酯	—	—	2013	2015	2022	2030
氯乙酸-5-氯戊酯	—	—	2115	2120	2131	2138

表 21-64　氯乙酸氯代烷基酯保留指数（三）[43]

固定液	SE-30					OV-351		
化合物 \ 柱温/℃ I	120	140	160	180	200	160	180	200
氯乙酸己酯	1176	1188	1192	1184	1178	1690	1686	1687
氯乙酸-1-氯己酯	1281	1297	1302	1300	1298	1884	1887	1886
氯乙酸-2-氯己酯	1319	1337	1344	1344	1344	1982	1987	1982
氯乙酸-3-氯己酯	1341	1361	1369	1368	1370	2033	2042	2042
氯乙酸-4-氯己酯	1366	1386	1394	1395	1398	2091	2102	2106
氯乙酸-5-氯己酯	1379	1399	1407	1406	1411	2120	2132	2134
氯乙酸-6-氯己酯	1436	1455	1464	1465	1470	2211	2226	2232
氯乙酸庚酯	—	1297	1293	1276	1275	1785	1788	1797
氯乙酸-1-氯庚酯	—	1400	1399	1393	1395	1967	1974	1976
氯乙酸-2-氯庚酯	—	1438	1440	1433	1435	2074	2082	2086
氯乙酸-3-氯庚酯	—	1460	1462	1458	1460	2122	2134	2140
氯乙酸-4-氯庚酯	—	1476	1479	1476	1479	2162	2176	2181
氯乙酸-5-氯庚酯	—	1500	1503	1499	1503	2203	2218	2225
氯乙酸-6-氯庚酯	—	1506	1509	1505	1508	2220	2237	2244
氯乙酸-7-氯庚酯	—	1559	1563	1563	1564	2308	2325	2333

续表

固定液	SE-30					OV-351		
化合物 \ I \ 柱温/℃	120	140	160	180	200	160	180	200
氯乙酸辛酯	—	1395	1391	1386	1365	1895	1888	1895
氯乙酸-1-氯辛酯	—	1499	1497	1494	1491	2074	2075	2088
氯乙酸-2-氯辛酯	—	1536	1537	1537	1526	2179	2184	2187
氯乙酸-3-氯辛酯	—	1554	1558	1559	1551	2221	2231	2239
氯乙酸-4-氯辛酯	—	1570	1572	1575	1569	2258	2270	2278
氯乙酸-5-氯辛酯	—	1586	1588	1591	1586	2282	2295	2305
氯乙酸-6-氯辛酯	—	1603	1606	1610	1604	2312	2326	2337
氯乙酸-7-氯辛酯	—	1606	1609	1611	1607	2324	2339	2349
氯乙酸-8-氯辛酯	—	1659	1663	1668	1663	2408	2425	2438

表 21-65 二氯乙酸氯代烷基酯保留指数（一）[43]

固定液：OV-351

化合物 \ I \ 柱温/℃	120	140	160	180	200	化合物 \ I \ 柱温/℃	120	140	160	180	200
二氯乙酸甲酯	1361	1387	1365	1362	1391	二氯乙酸-1-氯丁酯	1709	1729	1723	1734	1733
二氯乙酸氯甲酯	1687	1705	1695	1706	1700	二氯乙酸-2-氯丁酯	1858	1885	1885	1896	1898
二氯乙酸乙酯	1384	1404	1396	1400	1423	二氯乙酸-3-氯丁酯	1906	1939	1942	1955	1961
二氯乙酸-1-氯乙酯	1594	1614	1602	1601	1611	二氯乙酸-4-氯丁酯	2044	2076	2083	2097	2106
二氯乙酸-2-氯乙酯	1846	1870	1866	1873	1876	二氯乙酸戊酯	—	1658	1651	1658	1664
二氯乙酸丙酯	1454	1478	1471	1469	1488	二氯乙酸-1-氯戊酯	—	1815	1810	1813	1815
二氯乙酸-1-氯丙酯	1647	1667	1660	1661	1673	二氯乙酸-2-氯戊酯	—	1952	1950	1958	1961
二氯乙酸-2-氯丙酯	1786	1812	1810	1819	1821	二氯乙酸-3-氯戊酯	—	2014	2017	2031	2036
二氯乙酸-3-氯丙酯	1923	1954	1959	1971	1978	二氯乙酸-4-氯戊酯	—	2070	2074	2088	2097
二氯乙酸丁酯	1542	1562	1554	1559	1575	二氯乙酸-5-氯戊酯	—	2182	2189	2205	2215

表 21-66 二氯乙酸氯代烷基酯保留指数（二）[43]

固定液	SE-30					OV-351		
化合物 \ I \ 柱温/℃	120	140	160	180	200	160	180	200
二氯乙酸己酯	1260	1270	1270	1270	1273	1749	1751	1759
二氯乙酸-1-氯己酯	1360	1362	1364	1367	1372	1900	1901	1900
二氯乙酸-2-氯己酯	1396	1409	1412	1418	1425	2037	2044	2047
二氯乙酸-3-氯己酯	1416	1433	1438	1445	1451	2085	2098	2105
二氯乙酸-4-氯己酯	1442	1468	1468	1475	1485	2153	2169	2175
二氯乙酸-5-氯己酯	1457	1482	1483	1490	1502	2189	2205	2214
二氯乙酸-6-氯己酯	1509	1535	1541	1550	1557	2281	2300	2312
二氯乙酸庚酯	—	1372	1376	1374	1372	1848	1856	1860
二氯乙酸-1-氯庚酯	—	1462	1468	1469	1471	1999	2004	2021
二氯乙酸-2-氯庚酯	—	1505	1513	1517	1521	2130	2139	2144

续表

固定液	SE-30					OV-351		
化合物 \ I \ 柱温/℃	120	140	160	180	200	160	180	200
二氯乙酸-3-氯庚酯	—	1527	1537	1541	1548	2175	2188	2196
二氯乙酸-4-氯庚酯	—	1548	1558	1563	1569	2224	2239	2249
二氯乙酸-5-氯庚酯	—	1576	1586	1591	1599	2273	2290	2300
二氯乙酸-6-氯庚酯	—	1582	1592	1597	1604	2289	2306	2317
二氯乙酸-7-氯庚酯	—	1636	1646	1654	1661	2377	2395	2409
二氯乙酸辛酯	—	1476	1473	1476	1482	1950	1956	1961
二氯乙酸-1-氯辛酯	—	1560	1571	1567	1573	2101	2115	2124
二氯乙酸-2-氯辛酯	—	1602	1608	1614	1621	2224	2235	2239
二氯乙酸-3-氯辛酯	—	1623	1629	1637	1645	2266	2281	2291
二氯乙酸-4-氯辛酯	—	1641	1648	1657	1665	2311	2328	2338
二氯乙酸-5-氯辛酯	—	1661	1667	1677	1685	2343	2361	2371
二氯乙酸-6-氯辛酯	—	1678	1685	1695	1704	2372	2391	2403
二氯乙酸-7-氯辛酯	—	1682	1689	1699	1706	2384	2404	2416
二氯乙酸-8-氯辛酯	—	1736	1774	1754	1761	2470	2491	2506

表 21-67 二氯乙酸氯代烷基酯保留指数（三）[43]

固定液：SE-30

化合物 \ I \ 柱温/℃	80	100	120	140	160	180
二氯乙酸甲酯	821	808	791	785	—	—
二氯乙酸氯甲酯	976	960	926	962	—	—
二氯乙酸乙酯	887	871	872	869	—	—
二氯乙酸-1-氯乙酯	994	980	979	985	—	—
二氯乙酸-2-氯乙酯	1094	1083	1083	1094	—	—
二氯乙酸丙酯	979	964	934	969	969	—
二氯乙酸-1-氯丙酯	1081	1071	1040	1084	1084	—
二氯乙酸-2-氯丙酯	1127	1117	1089	1133	1132	—
二氯乙酸-3-氯丙酯	1197	1190	1163	1209	1212	—
二氯乙酸丁酯	—	1061	1061	1072	1070	—
二氯乙酸-1-氯丁酯	—	1156	1159	1172	1173	—
二氯乙酸-2-氯丁酯	—	1211	1214	1229	1235	—
二氯乙酸-3-氯丁酯	—	1231	1236	1252	1257	—
二氯乙酸-4-氯丁酯	—	1302	1308	1325	1332	—
二氯乙酸戊酯	—	—	1129	1167	1173	1172
二氯乙酸-1-氯戊酯	—	—	1222	1263	1272	1271
二氯乙酸-2-氯戊酯	—	—	1268	1313	1322	1324
二氯乙酸-3-氯戊酯	—	—	1300	1347	1356	1360
二氯乙酸-4-氯戊酯	—	—	1318	1367	1374	1378
二氯乙酸-5-氯戊酯	—	—	1385	1432	1440	1446

表 21-68 三氯乙酸氯代烷基酯保留指数（一）[43]

固定液：SE-30

I 柱温/℃ 化合物	80	100	120	140	160	180
三氯乙酸甲酯	884	875	867	876	—	—
三氯乙酸氯甲酯	1031	1021	1012	1038	—	—
三氯乙酸乙酯	955	944	930	949	—	—
三氯乙酸-1-氯乙酯	1048	1036	1023	1050	—	—
三氯乙酸-2-氯乙酯	1152	1148	1139	1172	—	—
三氯乙酸丙酯	1044	1034	1026	1057	1066	—
三氯乙酸-1-氯丙酯	1129	1123	1117	1154	1163	—
三氯乙酸-2-氯丙酯	1180	1176	1172	1210	1217	—
三氯乙酸-3-氯丙酯	1252	1251	1249	1288	1294	—
三氯乙酸丁酯	—	1127	1117	1148	1156	—
三氯乙酸-1-氯丁酯	—	1208	1201	1237	1244	—
三氯乙酸-2-氯丁酯	—	1268	1264	1301	1311	—
三氯乙酸-3-氯丁酯	—	1291	1289	1326	1337	—
三氯乙酸-4-氯丁酯	—	1364	1365	1403	1413	—
三氯乙酸戊酯	—	—	1216	1252	1256	1256
三氯乙酸-1-氯戊酯	—	—	1296	1333	1338	1338
三氯乙酸-2-氯戊酯	—	—	1348	1387	1393	1398
三氯乙酸-3-氯戊酯	—	—	1382	1423	1430	1437
三氯乙酸-4-氯戊酯	—	—	1404	1444	1451	1459
三氯乙酸-5-氯戊酯	—	—	1474	1513	1523	1530

表 21-69 三氯乙酸氯代烷基酯保留指数（二）[43]

固定液：OV-351

I 柱温/℃ 化合物	120	140	160	180	200	I 柱温/℃ 化合物	120	140	160	180	200
三氯乙酸甲酯	1387	1378	1387	1392	1443	三氯乙酸-1-氯丁酯	1647	1650	1657	1661	1678
三氯乙酸氯甲酯	1654	1653	1657	1661	1678	三氯乙酸-2-氯丁酯	1828	1846	1851	1859	1873
三氯乙酸乙酯	1400	1390	1396	1392	1443	三氯乙酸-3-氯丁酯	1875	1900	1911	1923	1941
三氯乙酸-1-氯乙酯	1547	1545	1550	1554	1587	三氯乙酸-4-氯丁酯	2023	2050	2061	2079	2093
三氯乙酸-2-氯乙酯	1836	1849	1852	1859	1873	三氯乙酸戊酯	—	1634	1630	1631	1668
三氯乙酸丙酯	1466	1459	1471	1463	1512	三氯乙酸-1-氯戊酯	—	1733	1729	1736	1756
三氯乙酸-1-氯丙酯	1590	1591	1598	1611	1628	三氯乙酸-2-氯戊酯	—	1905	1908	1920	1935
三氯乙酸-2-氯丙酯	1765	1778	1784	1794	1809	三氯乙酸-3-氯戊酯	—	1969	1978	1993	2013
三氯乙酸-3-氯丙酯	1895	1921	1931	1944	1961	三氯乙酸-4-氯戊酯	—	2034	2046	2061	2078
三氯乙酸丁酯	1542	1543	1550	1554	1587	三氯乙酸-5-氯戊酯	—	2155	2170	2188	2205

表 21-70 三氯乙酸氯代烷基酯保留指数（三）[43]

固定液	SE-30					OV-351		
化合物 \ I \ 柱温/℃	120	140	160	180	200	160	180	200
三氯乙酸己酯	1315	1350	1358	1361	1367	1726	1734	1766
三氯乙酸-1-氯己酯	1393	1429	1436	1442	1447	1821	1829	1844
三氯乙酸-2-氯己酯	1442	1480	1488	1498	1503	1992	2006	2026
三氯乙酸-3-氯己酯	1467	1505	1516	1525	1532	2042	2061	2083
三氯乙酸-4-氯己酯	1498	1537	1549	1558	1566	2119	2141	2159
三氯乙酸-5-氯己酯	1518	1557	1568	1575	1585	2164	2186	2205
三氯乙酸-6-氯己酯	1576	1614	1625	1638	1645	2258	2281	2300
三氯乙酸庚酯	—	1453	1455	1459	1463	1826	1831	1850
三氯乙酸-1-氯庚酯	—	1527	1533	1538	1546	1915	1923	1935
三氯乙酸-2-氯庚酯	—	1575	1583	1592	1600	2085	2095	2108
三氯乙酸-3-氯庚酯	—	1599	1609	1618	1628	2132	2148	2162
三氯乙酸-4-氯庚酯	—	1622	1632	1642	1652	2191	2209	2223
三氯乙酸-5-氯庚酯	—	1652	1664	1673	1681	2249	2267	2284
三氯乙酸-6-氯庚酯	—	1659	1669	1679	1688	2266	2285	2301
三氯乙酸-7-氯庚酯	—	1714	1726	1736	1745	2354	2375	2393
三氯乙酸辛酯	—	1549	1557	1562	1564	1922	1934	1949
三氯乙酸-1-氯辛酯	—	1624	1632	1637	1645	2023	2042	2057
三氯乙酸-2-氯辛酯	—	1670	1681	1690	1698	2176	2193	2218
三氯乙酸-3-氯辛酯	—	1693	1705	1714	1724	2219	2241	2256
三氯乙酸-4-氯辛酯	—	1713	1726	1736	1746	2275	2296	2313
三氯乙酸-5-氯辛酯	—	1736	1748	1760	1770	2315	2338	2355
三氯乙酸-6-氯辛酯	—	1753	1766	1778	1789	2345	2369	2387
三氯乙酸-7-氯辛酯	—	1757	1770	1782	1793	2358	2382	2401
三氯乙酸-8-氯辛酯	—	1812	1826	1838	1845	2446	2472	2491

表 21-71 苯甲酸氯乙酯与氯苯甲酸氯乙酯的保留指数[44]

固定液	SE-30			OV-351			
化合物 \ I \ 柱温/℃	140	160	180	160	180	200	220
苯甲酸乙酯	1166	1157	1176	1695	1704	1700	1692
苯甲酸-2-氯乙酯	1375	1380	1396	2123	2146	2165	2179
苯甲酸-2,2-二氯乙酯	1462	1470	1485	2213	2237	2258	2273
苯甲酸-2,2,2-三氯乙酯	1526	1536	1552	2184	2210	2232	2250
邻氯苯甲酸乙酯	1322	1325	1341	1965	1986	2009	2018
邻氯苯甲酸-2-氯乙酯	1538	1549	1559	2398	2425	2449	2468
邻氯苯甲酸-2,2-二氯乙酯	1628	1638	1653	2491	2520	2544	2565
邻氯苯甲酸-2,2,2-三氯乙酯	1697	1708	1726	2469	2501	2528	2552
间氯苯甲酸乙酯	1317	1318	1335	1884	1901	1920	1935
间氯苯甲酸-2-氯乙酯	1535	1542	1555	2331	2359	2379	2398
间氯苯甲酸-2,2-二氯乙酯	1618	1627	1643	2421	2448	2470	2491
间氯苯甲酸-2,2,2-三氯乙酯	1678	1690	1705	2366	2397	2420	2441
对氯苯甲酸乙酯	1318	1323	1336	1878	1899	1921	1939
对氯苯甲酸-2-氯乙酯	1536	1544	1558	2325	2354	2378	2396
对氯苯甲酸-2,2-二氯乙酯	1622	1635	1647	2419	2448	2472	2494
对氯苯甲酸-2,2,2-三氯乙酯	1683	1696	1711	2372	2404	2430	2454

第三节 多种卤素化合物的保留指数

表 21-72 氟代醇保留指数[45]

固定液	聚二甲基硅氧烷				聚氰基丙基甲基硅氧烷			
柱温/℃	160	170	180	$10\left(\frac{\partial I}{\partial T}\right)$	140	150	160	$10\left(\frac{\partial I}{\partial T}\right)$
化合物 \ 保留指数	*I*				*I*			
1*H*,1*H*,3*H*-四氟-1-丙醇	650.9	640.2	636.1	−7.40	931.3	923.2	912.1	−9.60
1*H*,1*H*,5*H*-八氟-1-戊醇	759.4	748.5	742.9	−8.25	1032.8	1021.4	1009.3	−11.75
1*H*,1*H*,7*H*-十二氟-1-庚醇	867.8	856.8	849.7	−9.05	1134.2	1120.0	1106.0	−14.10
1*H*,1*H*,9*H*-十六氟-1-壬醇	976.3	965.1	956.5	−9.90	1235.5	1218.3	1202.7	−16.40
1*H*,1*H*,11*H*-二十氟-1-十一醇	1084.8	1073.4	1065.3	−10.75	1336.6	1316.4	1299.0	−18.80
1*H*,1*H*,13*H*-二十四氟-1-十三醇	1193.2	1181.7	1170.2	−11.50	1438.0	1414.7	1396.0	−21.00
1*H*,1*H*,15*H*-二十八氟-1-十五醇	1301.6	1290.0	1276.9	−12.35	1539.5	1513.3	1493.0	−23.25
1*H*,1*H*,17*H*-三十二氟-1-十七醇	1410.0	1383.7	1383.7	−13.15	1640.8	1611.5	1589.8	−25.50

表 21-73 氯代乙醇保留指数（一）[46]

固定液：SE-30

I 柱温/℃ 化合物	80	100	120	140	160	180
乙醇	443	427	411	415	411	406
2-氯乙醇	629	638	606	600	602	607
2,2-二氯乙醇	690	694	678	665	672	683
2,2,2-三氯乙醇	741	750	734	721	736	775

表 21-74 氯代乙醇保留指数（二）[46]

固定液：OV-351

I 柱温/℃ 化合物	100	120	140	160	180
乙醇	927	910	890	867	860
2-氯乙醇	1372	1378	1385	1394	1396
2,2-二氯乙醇	1594	1601	1609	1616	1623
2,2,2-三氯乙醇	1693	1698	1704	1707	1713

表 21-75 氯代酚保留指数（一）[16]

柱温：160℃

I 固定液 化合物	SE-30	FFAP	*I* 固定液 化合物	SE-30	FFAP	*I* 固定液 化合物	SE-30	FFAP
苯酚	929	2000	2,6-二氯酚	1200	2097	2,4,6-三氯酚	1346	2301
2-氯酚	991	1866	3,4-二氯酚	1378	2731	3,4,5-三氯酚	1587	3028
3-氯酚	1157	2371	3,5-二氯酚	1375	2675	2,3,4,5-四氯酚	1536	2730
4-氯酚	1157	2371	2,3,4-三氯酚	1363	2453	2,3,4,6-四氯酚	1538	2554
2,3-二氯酚	1180	2160	2,3,5-三氯酚	1327	2403	2,3,5,6-四氯酚	1530	2553
2,4-二氯酚	1170	2151	2,3,6-三氯酚	1354	2368	2,3,4,5,6-五氯酚	1720	2821
2,5-二氯酚	1170	2160	2,4,5-三氯酚	1356	2458			

表 21-76　氯代酚保留指数（二）[47]

固定液	SE-30			FFAP		
I 柱温/℃ 化合物	140	160	180	160	180	200
苯酚	943	929	932	2000	1971	1957
2-氯酚	987	991	1000	1866	1812	1800
3-氯酚	1159	1157	1161	2371	2371	2380
4-氯酚	1158	1157	1161	2371	2371	2380
2,3-二氯酚	1169	1180	1188	2160	2143	2152
2,4-二氯酚	1160	1170	1181	2151	2131	2145
2,5-二氯酚	1162	1170	1181	2160	2143	2152
2,6-二氯酚	1189	1200	1214	2097	2081	2083
3,4-二氯酚	1374	1378	1384	2731	2752	2777
3,5-二氯酚	1358	1375	1392	2675	2691	2713
2,3,4-三氯酚	1345	1363	1380	2453	2460	2476
2,3,5-三氯酚	1317	1327	1347	2403	2403	2410
2,3,6-三氯酚	1352	1354	1359	2368	2361	2376
2,4,5-三氯酚	1338	1356	1370	2453	2460	2476
2,4,6-三氯酚	1331	1346	1360	2301	2306	2321
3,4,5-三氯酚	1584	1587	1595	3028	3075	3112
2,3,4,5-四氯酚	1517	1536	1558	2730	2751	2776
2,3,4,6-四氯酚	1519	1538	1559	2554	2573	2615
2,3,5,6-四氯酚	1511	1530	1551	2553	2573	2615
五氯酚	1700	1720	1743	2821	2848	2885

表 21-77　氯代苯胺及其溴化产物的保留指数[48]

固定相：100%二甲基聚硅氧烷　　载　气：N_2

色谱柱：TR-1，30m×0.32mm，0.25μm　　检测器：ECD

程序升温：50℃ $\xrightarrow{5℃/min}$ 300℃

氯代苯胺	I	溴化中间产物	I	溴化终产物	I
苯胺	946	2-溴苯胺	1173	2,4,6-三溴苯胺	1646
		4-溴苯胺	1248		
		2,4-二溴苯胺	1465		
		2,6-二溴苯胺	1370		
2-氯苯胺	1093	4-溴-2-氯苯胺	1377	4,6-二溴-2-氯苯胺	1552
		6-溴-2-氯苯胺	1284		
3-氯苯胺	1157	2-溴-3-氯苯胺	1388	2,4,6-三溴-3-氯苯胺	1872
		4-溴-3-氯苯胺	1468		
		6-溴-3-氯苯胺	1370		
		2,4-二溴-3-氯苯胺	1701		
		2,6-二溴-3-氯苯胺	1570		
		4,6-二溴-3-氯苯胺	1675		
4-氯苯胺	1160	2-溴-4-氯苯胺	1371	2,6-二溴-4-氯苯胺	1546
2,3-二氯苯胺	1301	4-溴-2,3-二氯苯胺	1601	4,6-二溴-2,3-二氯苯胺	1763
		6-溴-2,3-二氯苯胺	1474		
2,4-二氯苯胺	1286			6-溴-2,4-二氯苯胺	1455
2,5-二氯苯胺	1284	4-溴-2,5-二氯苯胺	1576	4,6-二溴-2,5-二氯苯胺	1762
		6-溴-2,5-二氯苯胺	1473		

续表

氯代苯胺	I	溴化中间产物	I	溴化终产物	I
2,6-二氯苯胺	1202			4-溴-2,6-二氯苯胺	1461
3,4-二氯苯胺	1373	2-溴-3,4-二氯苯胺	1596	2,6-二溴-3,4-二氯苯胺	1757
		6-溴-3,4-二氯苯胺	1571		
3,5-二氯苯胺	1349	2-溴-3,5-二氯苯胺	1563	2,4,6-三溴-3,5-二氯苯胺	2089
		4-溴-3,5-二氯苯胺	1678		
		2,4-二溴-3,5-二氯苯胺	1899		
		2,6-二溴-3,5-二氯苯胺	1746		
2,4,5-三氯苯胺	1488			6-溴-2,4,5-三氯苯胺	1671
2,4,6-三氯苯胺	1367				
3,4,5-三氯苯胺	1581	2-溴-3,4,5-三氯苯胺	1795	2,6-二溴-3,4,5-三氯苯胺	1977
五氯苯胺	1782				

表 21-78 氯代苯胺和溴代苯胺的保留指数[49]

固定相：100%二甲基聚硅氧烷

色谱柱：TR-1，30m×0.32mm，0.25μm

程序升温：50℃ $\xrightarrow{5℃/min}$ 300℃

载气：He，1mL/min

检测器：MS

取代苯胺	I	取代苯胺	I
苯胺	946	4-溴-3-氯苯胺	1468
2-氯苯胺	1093	2-溴-5-氯苯胺	1370
3-氯苯胺	1157	6-溴-2,4-二氯苯胺	1455
4-氯苯胺	1160	4-溴-2,6-二氯苯胺	1461
2,4-二氯苯胺	1286	2,4-二溴苯胺	1465
2,6-二氯苯胺	1202	2,6-二溴苯胺	1370
2-溴苯胺	1173	6-溴-2,4,5-三氯苯胺	1671
3-溴苯胺	-	2,4-二溴-6-氯苯胺	1552
4-溴苯胺	1248	2,6-二溴-4-氯苯胺	1546
2,4,5-三氯苯胺	1488	2,6-二溴-3-氯苯胺	1570
2,4,6-三氯苯胺	1367	2,4-二溴-3-氯苯胺	1675
4-溴-2-氯苯胺	1377	2,4-二溴-5-氯苯胺	1701
2-溴-6-氯苯胺	1284	2,4,6-三溴苯胺	1646
2-溴-4-氯苯胺	1371	2,4,6-三溴-3-氯苯胺	1872
2-溴-3-氯苯胺	1388		

表 21-79 苯乙酮衍生物保留指数[50]

柱温：160℃

I 固定液 / 化合物	OV-101	OV-3	OV-7	OV-11	OV-17	OV-22	OV-25
苯乙酮	1066.1	1117.4	1162.5	1216.3	1264.7	1336.6	1364.4
对甲基苯乙酮	1181.7	1235.3	1278.6	1335.0	1382.4	1441.1	1483.2
间甲基苯乙酮	1168.9	1221.5	1265.4	1318.5	1369.7	1439.8	1468.1
邻甲基苯乙酮	1133.7	1184.1	1226.4	1278.2	1329.0	1397.0	1425.7

续表

I 固定液 / 化合物	OV-101	OV-3	OV-7	OV-11	OV-17	OV-22	OV-25
对甲氧基苯乙酮	1333.4	1402.2	1456.6	1526.5	1587.6	1652.9	1712.1
对氯苯乙酮	1226.3	1285.5	1335.6	1395.6	1445.2	1497.9	1549.3
邻氯苯乙酮	1193.8	1251.1	1299.0	1355.2	1411.0	1480.5	1517.4
对氟苯乙酮	1047.6	1105.5	1143.8	1198.2	1239.6	1298.9	1324.7
邻氟苯乙酮	1026.4	1073.4	1113.0	1159.8	1205.5	1272.5	1278.5
对羟基苯乙酮	1398.2	1490.7	1542.7	1618.3	1700.4	1782.3	1812.1
间羟基苯乙酮	1358.1	1438.5	1499.1	1569.8	1650.9	1738.6	1749.9
邻羟基苯乙酮	1162.7	1218.8	1265.1	1319.4	1372.4	1440.6	1470.5
对溴苯乙酮	1315.1	1381.6	1433.3	1498.8	1554.6	1616.1	1666.1
间溴苯乙酮	1310.4	1375.5	1428.0	1490.8	1550.5	1608.3	1662.9
间硝基苯乙酮	1410.8	1506.1	1568.2	1645.3	1723.3	1759.4	1811.3
邻硝基苯乙酮	1361.3	1456.5	1514.5	1591.1	1676.2	1713.4	1774.8

表 21-80 氯代水杨醛保留指数[51]

固定液	SE-30			OV-351		
I 柱温/℃ / 化合物	140	160	180	140	160	180
水杨醛	1044	1062	1074	1751	1742	1699
3-氯水杨醛	1249	1264	1278	2066	2082	2112
4-氯水杨醛	1186	1201	1216	1834	1829	1814
5-氯水杨醛	1190	1206	1217	1965	1966	1969
6-氯水杨醛	1200	1214	1224	1944	1947	1948
3,4-二氯水杨醛	1413	1434	1451	2374	2426	2517
3,5-二氯水杨醛	1370	1388	1403	2272	2314	2399
3,6-二氯水杨醛	1368	1387	1403	2130	2160	2243
4,5-二氯水杨醛	1342	1358	1376	2020	2036	2054
4,6-二氯水杨醛	1311	1326	1344	1948	1957	1977
5,6-二氯水杨醛	1358	1376	1392	2179	2193	2251
3,4,5-三氯水杨醛	1557	1577	1598	—	—	—
3,4,6-三氯水杨醛	1508	1529	1549	—	—	—
3,5,6-三氯水杨醛	1503	1522	1543	—	—	—
4,5,6-三氯水杨醛	1489	1510	1530	—	—	—
四氯水杨醛	1681	1722	1737	—	—	—

表 21-81 氯代-4-羟基苯甲醛保留指数[52]

固定液：SE-30

I 柱温/℃ / 化合物	160	180	200	I 柱温/℃ / 化合物	160	180	200
苯酚	964	924	—	2,5-二氯-4-羟基苯甲醛	1449	1459	1464
苯甲醛	978	941	—	2,6-二氯-4-羟基苯甲醛	1753	1750	1749
4-羟基苯甲醛	1320	1318	1302	3,5-二氯-4-羟基苯甲醛	1465	1476	1479
2-氯-4-羟基苯甲醛	1524	1520	1514	2,3,5-三氯-4-羟基苯甲醛	1632	1644	1655
3-氯-4-羟基苯甲醛	1291	1301	1291	2,3,6-三氯-4-羟基苯甲醛	1651	1664	1675
2,3-二氯-4-羟基苯甲醛	1463	1474	1479	四氯-4-羟基苯甲醛	1820	1839	1856

表 21-82 氯代羟基苯甲醛保留指数[16]

柱温：160℃

I 化合物 \ 固定液	SE-30	OV-351	I 化合物 \ 固定液	SE-30	OV-351
苯甲醛	978	—	5-氯-2-羟基苯甲醛	1206	1966
4-羟基苯甲醛	1320	—	6-氯-2-羟基苯甲醛	1214	1947
2-氯-4-羟基苯甲醛	1524	—	3,4-二氯-2-羟基苯甲醛	1434	2426
3-氯-4-羟基苯甲醛	1291	—	3,5-二氯-2-羟基苯甲醛	1388	2314
2,3-二氯-4-羟基苯甲醛	1463	—	3,6-二氯-2-羟基苯甲醛	1387	2160
2,5-二氯-4-羟基苯甲醛	1449	—	4,5-二氯-2-羟基苯甲醛	1358	2036
2,6-二氯-4-羟基苯甲醛	1753	—	4,6-二氯-2-羟基苯甲醛	1326	1957
3,5-二氯-4-羟基苯甲醛	1465	—	5,6-二氯-2-羟基苯甲醛	1376	2193
2,3,5-三氯-4-羟基苯甲醛	1632	—	3,4,5-三氯-2-羟基苯甲醛	1577	—
2,3,6-三氯-4-羟基苯甲醛	1651	—	3,4,6-三氯-2-羟基苯甲醛	1529	—
四氯-4-羟基苯甲醛	1820	—	3,5,6-三氯-2-羟基苯甲醛	1522	—
2-羟基苯甲醛	1062	1742	4,5,6-三氯-2-羟基苯甲醛	1510	—
3-氯-2-羟基苯甲醛	1264	2082	四氯-2-羟基苯甲醛	1722	—
4-氯-2-羟基苯甲醛	1201	1829			

表 21-83 苯甲醛衍生物保留指数[50]

柱温：160℃

I 化合物 \ 固定液	OV-101	OV-3	OV-7	OV-11	OV-17	OV-22	OV-25
苯甲醛	964.4	1015.7	1081.9	1113.9	1152.7	1203.1	1249.3
对甲基苯甲醛	1083.6	1137.4	1199.7	1234.4	1274.8	1320.4	1367.8
间甲基苯甲醛	1070.4	1122.4	1185.9	1218.0	1252.1	1300.3	1348.9
邻甲基苯甲醛	1070.9	1125.2	1190.1	1221.7	1257.6	1311.0	1361.4
对甲氧基苯甲醛	1239.6	1309.3	1381.5	1430.0	1485.2	1537.0	1597.7
间甲氧基苯甲醛	1187.8	1251.8	1321.9	1364.2	1411.7	1462.0	1521.9
邻甲氧基苯甲醛	1227.9	1292.7	1367.8	1408.8	1456.5	1509.8	1576.1
对乙氧基苯甲醛	1310.6	—	1451.7	1489.0	1543.6	1596.8	1652.0
邻乙氧基苯甲醛	1286.4	1349.8	1418.4	1457.3	1502.0	1549.6	1606.1
对氯苯甲醛	1122.6	1185.6	1252.8	1292.0	1336.8	1383.0	1433.5
间氯苯甲醛	1118.9	1180.3	1246.4	1283.0	1323.3	1370.1	1423.2
邻氯苯甲醛	1122.4	1179.8	1244.4	1277.2	1317.8	1366.4	1417.3
对氟苯甲醛	948.3	997.4	1069.9	1102.3	1135.5	1183.1	1219.0
间氟苯甲醛	939.1	989.9	1057.2	1086.2	1107.7	1160.3	1200.1
邻氟苯甲醛	947.3	996.3	1061.1	1085.4	1109.4	1167.9	1201.5
对溴苯甲醛	1216.5	1274.6	1349.3	1392.8	1446.6	1494.0	1570.7
间溴苯甲醛	1207.8	1269.1	1344.2	1384.8	1436.0	1483.7	1552.6
邻溴苯甲醛	1211.6	1261.8	1340.4	1377.5	1428.0	1479.1	1544.0
对羟基苯甲醛	1320.8	—	1458.9	1531.8	1596.2	1658.9	1729.5
间羟基苯甲醛	1267.0	—	1401.4	1468.0	1528.9	1582.8	1652.3
邻羟基苯甲醛	1047.6	—	1167.7	1199.1	1234.7	1289.9	1338.4
对硝基苯甲醛	1302.2	—	1481.9	1541.5	1609.0	1662.1	1721.9
间硝基苯甲醛	1314.5	—	1482.9	1556.3	1621.7	1671.7	1734.4
邻硝基苯甲醛	1277.0	—	1446.8	1496.2	1560.2	1611.1	1674.2

表 21-84 氯代苯甲醚保留指数[53]

固定液	SE-30			OV-351		
I 柱温/℃ 化合物	140	160	180	140	160	180
苯甲醚	887	880	900	1375	1373	1331
2-氯苯甲醚	1097	1099	1108	1689	1690	1684
3-氯苯甲醚	1080	1085	1092	1623	1628	1618
4-氯苯甲醚	1090	1094	1108	1648	1656	1645
2,3-二氯苯甲醚	1298	1309	1322	1957	1977	1985
2,4-二氯苯甲醚	1265	1272	1282	1885	1905	1902
2,5-二氯苯甲醚	1256	1264	1273	1874	1892	1886
2,6-二氯苯甲醚	1190	1198	1215	1720	1732	1733
3,4-二氯苯甲醚	1275	1285	1298	1878	1899	1900
3,5-二氯苯甲醚	1236	1243	1254	1780	1800	1798
2,3,4-三氯苯甲醚	1476	1488	1501	2182	2204	2225
2,3,5-三氯苯甲醚	1428	1437	1452	2067	2085	2098
2,3,6-三氯苯甲醚	1358	1371	1388	1918	1943	1952
2,4,5-三氯苯甲醚	1423	1433	1447	2061	2080	2097
2,4,6-三氯苯甲醚	1319	1333	1350	1813	1837	1842
3,4,5-三氯苯甲醚	1441	1454	1470	2061	2080	2097
2,3,4,5-四氯苯甲醚	1618	1633	1649	2319	2340	2367
2,3,4,6-四氯苯甲醚	1506	1520	1538	2044	2071	2094
2,3,5,6-四氯苯甲醚	1504	1518	1536	2044	2071	2094
五氯苯甲醚	1681	1699	1721	2245	2279	2313

表 21-85 溴代甲氧基烷烃保留指数[54]

柱温：115℃

I 固定液 化合物	角鲨烷	TCEP+SP80	nNT①	Carbowax 1500	I 固定液 化合物	角鲨烷	TCEP+SP80	nNT①	Carbowax 1500
1-甲氧基己烷	695	1078	885	969	1,2-二溴己烷	1129	1627	1319	1538
1-甲氧基庚烷	798	1165	986	1071	苏-2,3-二溴丁烷	930	1491	1124	1348
1-溴丁烷	715	1118	846	986	赤-2,3-二溴丁烷	916	1473	1109	1329
1-溴己烷	918	1287	1049	1187	苏-2,3-二溴戊烷	1018	1553	1204	1425
1-溴庚烷	1018	1367	1149	1287	赤-2,3-二溴戊烷	1011	1527	1188	1400
1-溴辛烷	1119	1447	1249	1388	苏-2,3-二溴己烷	1102	1597	1279	1490
1-溴壬烷	1220	1526	—	1488	赤-2,3-二溴己烷	1095	1581	1268	1474
1,1-二甲氧基甲烷	500	984	631	764	1-溴-2-甲氧基乙烷	696	1362	921	1142
1,1-二甲氧基乙烷	563	1029	689	824	1-溴-2-甲氧基丙烷	754	1368	958	1160
1,1-二甲氧基己烷	929	1325	1065	1189	2-溴-1-甲氧基丙烷	742	1322	933	1122
1,1-二甲氧基庚烷	1029	1403	1164	1288	1-溴-2-甲氧基丁烷	846	1415	1038	1231
1,2-二溴乙烷	791	1460	1045	1303	2-溴-1-甲氧基丁烷	844	1393	1027	1213
1,2-二溴丙烷	846	1441	1059	1291	1-溴-2-甲氧基戊烷	936	1478	1125	1314
1,2-二溴丁烷	943	1507	1147	1373	2-溴-1-甲氧基戊烷	935	1455	1113	1294
1,2-二溴戊烷	1033	1562	1227	1447	1-溴-2-甲氧基己烷	1032	1548	1221	1408
2-溴-1-甲氧基己烷	1028	1524	1207	1386	赤-3-溴-2-甲氧基戊烷	914	1448	1088	1270
苏-2-溴-3-甲氧基丁烷	823	1372	1002	1185	苏-2-溴-3-甲氧基己烷	990	1474	1157	1327
赤-2-溴-3-甲氧基丁烷	818	1381	1000	1187	苏-3-溴-2-甲氧基己烷	1000	1484	1165	1338
苏-2-溴-3-甲氧基戊烷	906	1427	1078	1254	赤-2-溴-3-甲氧基己烷	991	1471	1156	1325
苏-3-溴-2-甲氧基戊烷	916	1435	1087	1266	赤-3-溴-2-甲氧基己烷	999	1506	1171	1349
赤-2-溴-3-甲氧基戊烷	903	1405	1068	1240					

① 固定液 *n*NT 为 *n*-nonoxa-5,8,11,14,16,20,23,26,29-tritri-acontane。

表 21-86 氯代二甲氧基苯保留指数[55]

固定液	SE-30				OV-351			
I 柱温/℃ 化合物	140	160	180	200	140	160	180	200
邻二甲氧基苯	1131	1114	1121	1128	1699	1703	1718	1752
3-氯邻二甲氧基苯	1266	1262	1263	1281	1847	1863	1883	1915
4-氯邻二甲氧基苯	1307	1301	1300	1318	1951	1959	1975	1994
3,4-二氯邻二甲氧基苯	1448	1451	1455	1477	2108	2127	2150	2171
3,5-二氯邻二甲氧基苯	1410	1412	1414	1436	2009	2025	2045	2067
3,6-二氯邻二甲氧基苯	1340	1343	1348	1371	1864	1886	1916	1941
4,5-二氯邻二甲氧基苯	1484	1483	1484	1503	2188	2203	2216	2228
3,4,5-三氯邻二甲氧基苯	1606	1613	1622	1640	2287	2312	2332	2351
3,4,6-三氯邻二甲氧基苯	1497	1503	1511	1536	2034	2060	2088	2119
四氯邻二甲氧基苯	1677	1690	1705	1724	2265	2301	2331	2359

表 21-87 氯丁二烯及杂质的保留指数[56]

固定液：邻苯二甲酸二丁酯　　　　柱温：40℃

化合物	I	化合物	I	化合物	I
氯乙烯	479	己烷	600	二乙烯基乙炔	762
氯乙炔	504	二乙炔	647	1,4-二氯丁烷	771
乙醛	536	甲基环戊烷	661	甲基乙烯基酮	772
2-氯丙烯	564	氯丁二烯	708	1-氯-2-丁烯	786
2-甲基戊烷	574	3-氯-1-丁烯	705	4-氯-1,2-丁二烯	806
2,3-二甲基丁烷	574	2,2-二氯-1-丁烯	723	1,1-二氯乙烷	814
3-甲基戊烷	589	1-氯-1,3-丁二烯	733	2,3-二氯-1,3-丁二烯	839

表 21-88 苯衍生物保留指数[50]

柱温：120℃

I 固定液 化合物	OV-101	OV-3	OV-7	OV-11	OV-17	OV-22	OV-25
苯	669.9	689.8	711.4	737.8	763.8	784.2	812.0
氟苯	673.9	697.9	720.9	740.5	780.1	785.4	817.2
甲苯	771.6	792.8	815.7	845.4	872.0	892.8	916.3
氯苯	850.3	886.6	908.1	941.1	987.2	995.3	1026.2
苯甲醚	910.1	945.4	979.7	1019.9	1074.8	1087.2	1122.6
溴苯	934.8	973.7	1001.8	1039.9	1080.7	1100.5	1138.1
苯甲醛	950.7	1005.5	1043.5	1094.1	1134.3	1168.4	1206.8
苯酚	952.5	1014.4	1029.0	1076.4	1127.0	1148.4	1189.7
苯乙酮	980.5	1032.0	1046.8	1085.9	1144.1	1151.0	1199.7
硝基苯	1043.1	1109.1	1152.2	1199.7	1234.6	1269.7	1325.6
	1068.5	1133.3	1177.0	1231.0	1291.4	1308.3	1351.2

表 21-89　多氯萘的保留指数[57]

固定相：5%苯基，甲基聚硅氧烷　　程序升温：160℃ $\xrightarrow{4℃/min}$ 280℃

色谱柱：DB-5，30m×0.25mm，0.25μm　　检测器：MS

载　气：He

化合物	相对保留指数	化合物	相对保留指数
三氯萘		1,2,6,8-四氯萘	2052
1,3,6-三氯萘	1759	1,4,5,8-四氯萘	2086
1,3,5-三氯萘	1761	1,2,3,8-四氯萘	2101
1,3,7-三氯萘	1769	1,2,7,8-四氯萘	2114
1,4,6-三氯萘	1772	五氯萘	
1,2,4-三氯萘	1776	1,2,3,5,7-五氯萘	2145
1,2,5-三氯萘	1796	1,2,4,6,7-五氯萘	2145
1,2,6-三氯萘	1802	1,2,4,5,7-五氯萘	2168
1,2,7-三氯萘	1812	1,2,4,6,8-五氯萘	2178
1,6,7-三氯萘	1812	1,2,3,4,6-五氯萘	2186
2,3,6-三氯萘	1819	1,2,3,5,6-五氯萘	2190
1,2,3-三氯萘	1827	1,2,3,6,7-五氯萘	2217
1,3,8-三氯萘	1842	1,2,4,5,6-五氯萘	2227
1,4,5-三氯萘	1852	1,2,4,7,8-五氯萘	2235
1,2,8-三氯萘	1896	1,2,3,5,8-五氯萘	2243
四氯萘		1,2,3,6,8-五氯萘	2243
1,3,5,7-四氯萘	1911	1,2,4,5,8-五氯萘	2261
1,2,4,6-四氯萘	1950	1,2,3,4,5-五氯萘	2275
1,2,4,7-四氯萘	1950	1,2,3,7,8-五氯萘	2309
1,2,5,7-四氯萘	1950	六氯萘	
1,3,6,7-四氯萘	1970	1,2,3,4,6,7-六氯萘	2378
1,4,6,7-四氯萘	1974	1,2,3,5,6,7-六氯萘	2378
1,2,5,6-四氯萘	1993	1,2,3,4,5,7-六氯萘	2405
1,3,6,8-四氯萘	1993	1,2,3,5,6,8-六氯萘	2405
1,2,3,5-四氯萘	2000	1,2,3,5,7,8-六氯萘	2415
1,3,5,8-四氯萘	2000	1,2,4,5,6,8-六氯萘	2425
1,2,3,6-四氯萘	2006	1,2,4,5,7,8-六氯萘	2425
1,2,3,7-四氯萘	2017	1,2,3,4,5,6,-六氯萘	2472
1,2,3,4-四氯萘	2018	1,2,3,4,5,8-六氯萘	2493
1,2,6,7-四氯萘	2018	1,2,3,6,7,8-六氯萘	2505
1,2,4,5-四氯萘	2029	七氯萘	
2,3,6,7-四氯萘	2034	1,2,3,4,5,6,7-七氯萘	2694
1,2,4,8-四氯萘	2038	1,2,3,4,5,6,8-七氯萘	2694
1,2,5,8-四氯萘	2052		

表 21-90　多氯联苯保留指数（一）[58]

固定液：OV-101　　柱温：200℃

化合物	*I*	化合物	*I*	化合物	*I*
2,2′-二氯联苯	1621.6	2,3′,5-三氯联苯	1839.2	2,2′,4,4′-四氯联苯	1932.7
2,3′-二氯联苯	1686.0	2,3′,4-三氯联苯	1844.2	2,2′,3,5′-四氯联苯	1953.0
2,4′-二氯联苯	1636.9	2,4,4′-三氯联苯	1856.7	2,2′,3,4′-四氯联苯	1958.5
2,2′,6-三氯联苯	1731.8	2′,3,4-三氯联苯	1873.2	2,2′,3,3′-四氯联苯	1987.4
2,2′,5-三氯联苯	1772.2	2,2′,5,5′-四氯联苯	1918.3	2,3′,4′,5-四氯联苯	2025.9
2,2′,3-三氯联苯	1805.8	2,2′,4,5′-四氯联苯	1926.6	2,4′,5-三氯联苯	1853.3

表 21-91 多氯联苯保留指数（二）[59]

固定液：Apiezon L　　柱温：200℃

化合物	*I*	化合物	*I*	化合物	*I*
联苯	1452.6	2,4′-二氯联苯	1747.2	2,4,2′,5′-四氯联苯	1981.0
2-氯联苯	1546.4	2,5,2′-三氯联苯	1808.2	2,3,2′,5′-四氯联苯	1988.9
4-甲基联苯	1565.3	2,3,2′-三氯联苯	1825.0	2,4,2′,4′-四氯联苯	1997.8
3-乙基联苯	1628.1	3,3′-二氯联苯	1833.8	3,5-二氯-3′-异丙基联苯	2019.3
2,2′-二氯联苯	1639.0	2,6,4′-三氯联苯	1843.3	3,4,3′-三氯联苯	2037.3
2,6-二氯联苯	1639.0	4,4′-二氯联苯	1857.9	3,4,4′-三氯联苯	2051.8
3,3′-二甲基联苯	1642.6	3,3′-二氯联苯	1868.4	3,4-二氯-3′-异丙基联苯	2053.0
4-氯联苯	1652.4	2,5,2′,6′-四氯联苯	1890.4	3,5-二氯-4′-异丙基联苯	2068.6
3-异丙基联苯	1666.1	3,5,2′-三氯联苯	1902.6	3,5,4′-三异丙基联苯	2071.5
4-异丙基联苯	1709.0	2,5,4′-三氯联苯	1911.0	2,3,3′,5′-四氯联苯	2087.0
2,5-二氯联苯	1718.5	2,4,4′-三氯联苯	1923.0	2,5,3′,4′-四氯联苯	2103.9
2,4-二氯联苯	1725.8	2,3,4′-三氯联苯	1931.9	2,3,4,3′-四氯联苯	2108.4
2,3-二氯联苯	1730.1	4,4′-二异丙基联苯	1963.2	2,4,3′,4′-四氯联苯	2114.1
2,6,2′-三氯联苯	1739.6	2,5′,2′,5′-四氯联苯	1966.4	2,3,3′,4′-四氯联苯	2122.0

表 21-92 多溴联苯醚保留指数[4]

色谱柱 1：DB-5HT，30m×0.25mm，0.1μm　　程序升温：65℃ $\xrightarrow{30℃/min}$ 150℃ $\xrightarrow{10℃/min}$ 300℃（15min）

色谱柱 2：DB-1HT，30m×0.25mm，0.1μm　　检测器：MS

载　气：He

化合物	缩写	DB-5HT	DB-1HT
		RRI 相对保留指数	RRI 相对保留指数
五氯苯	PtClB	1000	1000
3-溴联苯醚	BDE-3	1095	1092
2,4-二溴联苯醚	BDE-7	1261	1251
4,4′-二溴联苯醚	BDE-15	1310	1297
2,4′,6-三溴联苯醚	BDE-32	1447	1430
2,2′,4-三溴联苯醚	BDE-17	1462	1447
2′,3,4-三溴联苯醚	BDE-33	1488	1470
2,4,4′-三溴联苯醚	BDE-28	1490	1470
3,3′,4-三溴联苯醚	BDE-35	1506	1488
3,4,4′-三溴联苯醚	BDE-37	1525	1508
2,4,4′,6-四溴联苯醚	BDE-75	1622	1606
2,2′,4,6′-四溴联苯醚	BDE-51	1630	1607
2,2′,4,5′-四溴联苯醚	BDE-49	1634	1622
2,3′,4′,6-四溴联苯醚	BDE-71	1641	1622
2,2′,4,5-四溴联苯醚	BDE-48	1643	1623
2,2′,3,4,4′,5,6,6-八氯联苯	PCB-204	1648	1643
2,2′,4,4′-四溴联苯醚	BDE-47	1661	1646
2,4,4′,5-四溴联苯醚	BDE-74	1674	1659
2,3′,4,4′-四溴联苯醚	BDE-66	1686	1670
2,2′,3,4′-四溴联苯醚	BDE-42	1689	1670
3,3′,4,4′-四溴联苯醚	BDE-77	1725	1710
2,2′,4,5,6′-五溴联苯醚	BDE-102	1781	1763
2,2′,4,4′,6-五溴联苯醚	BDE-100	1791	1776

续表

化合物	缩写	DB-5HT	DB-1HT
		RRI 相对保留指数	RRI 相对保留指数
2,2′,4,5,5′-五溴联苯醚	BDE-101	1799	1785
2,3′,4,4′,5-五溴联苯醚 2,3′,4,5,5′-五溴联苯醚	BDE-119,-120	1803	1780
2,2′,4,4′,5-五溴联苯醚	BDE-99	1827	1812
2,2′,3′,4,5-五溴联苯醚 2,3′,4,4′,5-五溴联苯醚	BDE-97,-118	1857	1843
2,3,4,5,6-五溴联苯醚	BDE-116	1862	1825
2,2′,3,4,4′-五溴联苯醚	BDE-85	1892	1874
3,3′,4,4′,5-五溴联苯醚 2,2′,4,4′,6,6′-六溴联苯醚	BDE-126,-155	1902	1888
2,2′,4,4′,5,6′-六溴联苯醚	BDE-154	1928	1915
2,2′,3,4,5′,6-六溴联苯醚	BDE-144	1946	1931
2,2′,4,4′,5,5′-六溴联苯醚	BDE-153	1976	1966
2,2′,3,4,4′,6-六溴联苯醚	BDE-139	1997	1982
十氯联苯醚	DCDE	2000	2000
2,2′,3,4,4′,6′-六溴联苯醚	BDE-140	2010	1993
2,2′,3,4,4′,5′-六溴联苯醚	BDE-138	2034	2027
2,3,4,4′,5,6-六溴联苯醚	BDE-166	2040	2032
2,3,3′,4,4′,5-六溴联苯醚	BDE-156	2051	2053
2,2′,3,4,4′,6,6′-七溴联苯醚	BDE-184	2077	2083
2,2′,3,3′,4,4′-六溴联苯醚	BDE-128	2087	2089
2,2′,3,3′,4,5′,6-七溴联苯醚	BDE-175	2092	2104
2,2′,3,4,4′,5′,6-七溴联苯醚	BDE-183	2092	2108
2,2′,3,4,4′,5,6′-七溴联苯醚	BDE-182	2103	2117
2,2′,3,4,5,5′,6-七溴联苯醚	BDE-185	2108	2122
2,3,3′,4,5,5′,6-七溴联苯醚	BDE-192	2111	2130
2,3,3′,4,4′,5′,6-七溴联苯醚	BDE-191	2122	2144
2,2,3,4,4′,5,5′-七溴联苯醚	BDE-180	2139	2166
2,2′,3,4,4′,5,6-七溴联苯醚	BDE-181	2152	2180
2,2′,3,3′,4,5,6-七溴联苯醚, 2,3,3′,4,4′,5,6-七溴联苯醚	BDE-173,-190	2163	2189
2,2′,3,3′,4,4′,6-七溴联苯醚	BDE-171	2165	2188
2,2′,3,3′,4,5′,6,6′-八溴联苯醚	BDE-201	2227	2259
2,2′,3,4,4′,5,6,6′-八溴联苯醚	BDE-204	2238	2269
2,2′,3,3′,4,4′,6,6′-八溴联苯醚	BDE-197	2241	2274
2,2′,3,3′,4,5,5′,6-八溴联苯醚	BDE-198	2261	2295
2,2′,3,4,4′,5,5′,6-八溴联苯醚	BDE-203	2262	2301
2,2′,3,3′,4,4′,5,6′-八溴联苯醚	BDE-196	2275	2310
2,3,3′,4,4′,5,5′,6-八溴联苯醚	BDE-205	2310	2342
2,2′,3,3′,4,4′,5,5′-八溴联苯醚	BDE-194	2347	2387
2,2′,3,3′,4,5,5′,6,6′-九溴联苯醚	BDE-208	2483	2513
2,2′,3,3′,4,4′,5,6,6′-九溴联苯醚	BDE-207	2506	2538
2,2′,3,3′,4,4′,5,5′,6-九溴联苯醚	BDE-206	2566	2605
2,2′,3,3′,4,4′,5,5′,6,6′-十溴联苯醚	BDE-209	3000	3000
(C^{13})2,2′,3,3′,4,4′,5,5′,6,6′-十溴联苯醚	BDE-209(C^{13})	3000	3000

表 21-93 含卤素化合物保留指数[60]

柱温：120℃

I 固定液 / 化合物	Zonyl E 7	PEG 1540	三氰基乙氧基丙烷	聚苯醚六环	DEGS
1-氟辛烷	1090	1050	1237	972	1139
1,1-二氟四氯乙烷	890	889	1015	784	976
1,2-二氟四氯乙烷	899	898	1029	790	991
氯仿	773	1029	1240	775	1157
四氯化碳	788	907	1047	796	1015
1,2-二氯乙烷	863	1081	1398	834	1255
三氯乙烯	862	1025	1210	859	1154
1,1,2,2-四氯乙烷	1151	1495	1859	1160	1741
六氯丁二烯	1363	1522	1735	1376	1713
α-氯甲苯	1333	1542	1978	1273	1807
1-氯己烷	1008	1065	1266	968	1171
1,2-二氯苯	1317	1523	1862	1279	1749
顺-2-氯代异丙基醚	1367	1512	1941	1273	1764
2-氯酚	1367	1835	2274	1270	2120
溴乙烷	677	795	1012	665	914
1-溴丙烷	984	1081	1300	973	1199
2-溴辛烷	1242	1320	1523	1214	1418
碘甲烷	645	844	1056	698	967
1-碘丁烷	954	1111	1340	989	1234
2-碘丁烷	926	1054	1275	946	1178

参考文献

[1] Rogers R R, Born G S, Kessler W V, et al. Analytical Chemistry, 1973, 45(3): 567.

[2] Muller U, Dietrich P, Prescher D. J Chromatogr, 1983, 259(2): 243.

[3] Morishita F, Terashima Y, Ichise M, et al. J Chromatogr Sci, 1983, 21(5): 209.

[4] Castello G, Damato G. J Chromatogr, 1986, 354: 65.

[5] Bayer F L, Gordon M, Goodley P C. J Chromatogr Sci, 1972, 10(11): 696.

[6] Pacakova V, Vojtechova H, Coufal P. Chromatographia, 1988, 25(7): 621.

[7] Castello G. J Chromatogr, 1984, 303(1): 61.

[8] Riedo F, Fritz D, Tarjan G, et al. J Chromatogr, 1976, 126: 63.

[9] Castello G, Gerbino T C. J Chromatogr, 1988, 437(1): 33.

[10] Reddy K S, Dutoit J C, Kovats E. J Chromatogr, 1992, 609: 229.

[11] Bayer F L, Goodley P C, Gordon M. J Chromatogr Sci, 1973, 11(8): 443.

[12] Haken J K, Vernon F. J Chromatogr, 1986, 361: 57.

[13] Karasek F W, Fong I. J Chromatogr Sci, 1971, 9(8): 497.

[14] Karasek F W, Stepanik T. J Chromatogr Sci, 1972, 10(9): 573.

[15] Головня Р В, Арсенбев Ю И. Изв АН СССР Сер Хим, 1971: 1110.

[16] Evans M B, Haken J K. J Chromatogr, 1989, 468: 373.

[17] West S D, Hall R C. J Chromatogr Sci, 1975, 13(1): 5.

[18] Haken J K, Korhonen I O O. J Chromatogr, 1983, 265(2): 323.

[19] Bermejo J, Blanco C G, Guillen M D. J Chromatogr, 1985, 331(2): 237.

[20] Bermejo J, Blanco C G, Guillen M D. J Chromatogr, 1986, 351(3): 425.

[21] Скобелева В Д, Щевценко Н А. Ж А Х, 1976, 31: 1551.

[22] Muller U, Dietrich P, Prescher D. J Chromatogr, 1978, 147(JAN): 31.

[23] Korhonen I O O. J Chromatogr, 1985, 329(3): 359.

[24] Korhonen I O O, Lind M A. Journal of Chromatography, 1985, 328(JUN): 325.

[25] Промышленникова Е П, Кириценко Б Е, Пашкевин К Ц, et al. Изв АН СССР Сер Хим, 1991: 1740.

[26] Haken J K, Madden B G, Korhonen I O O. J Chromatogr, 1983, 256(2): 221.

[27] Komarek K, Hornova L, Churacek J. J Chromatogr, 1982, 244(1): 142.

[28] Haken J K, Korhonen I O O. J Chromatogr, 1985, 324(2): 343.
[29] Haken J K, Korhonen I O O. J Chromatogr, 1985, 319(2): 131.
[30] Evans M B, Haken J K, Toth T. J Chromatogr, 1986, 351(2): 155.
[31] Haken J K, Korhonen I O O. J Chromatogr, 1984, 284(2): 474.
[32] Haken J K, Korhonen I O O. J Chromatogr, 1984, 298(1): 89.
[33] Haken J K, Madden B G, Korhonen I O O. J Chromatogr, 1985, 325(1): 61.
[34] Haken J K, Korhonen I O O. J Chromatogr, 1985, 320(2): 325.
[35] Korhonen I O O, Lind M A. J Chromatogr, 1985, 322(1): 83.
[36] De beer J, Van Peteghem C, Heyndrickx A. J Chromatogr, 1978, 157: 97.
[37] Debeer J O, Heyndrickx A M. J Chromatogr, 1982, 235(2): 337.
[38] Korhonen I O O. J Chromatogr, 1985, 329(1): 43.
[39] Haken J K, Korhonen I O O. J Chromatogr, 1986, 356(1): 79.
[40] 常理文，竺安. 色谱, 1985, 3: 236.
[41] Haken J K, Korhonen I O O. J Chromatogr, 1983, 257(2): 267.
[42] Haken J K, Madden B G, Korhonen I O O. J Chromatogr, 1984, 298(1): 150.
[43] Haken J K, Korhonen I O O. J Chromatogr, 1986, 357(2): 253.
[44] Korhonen I O O, Lind M A. J Chromatogr, 1985, 325(2): 433.
[45] Boneva S, Kotov S. Chromatographia, 1992, 34(9-10): 475.
[46] Korhonen I O O. J Chromatogr, 1985, 324(1): 181.
[47] Korhonen I O O. J Chromatogr, 1984, 315(DEC): 185.
[48] Gruzdev I, Filippova M, Zenkevich I, et al. Russ J Appl Chem, 2011, 84(10): 1748.
[49] Gruzdev I, Alferova M, Kondratenok B, et al. J Anal Chem, 2011, 66(5): 504.
[50] Hassani A, Meklati B Y. Chromatographia, 1992, 33(5-6): 267.
[51] Korhonen I O O. J Chromatogr, 1984, 298(1): 101.
[52] Korhonen I O O, Knuutinen J. J Chromatogr, 1984, 292(2): 345.
[53] Korhonen I O O. J Chromatogr, 1984, 294: 99.
[54] Lafosse M, Thuaudchourrout N. Chromatographia, 1975, 8(4): 195.
[55] Korhonen I O O, Knuutinen J, Jaaskelainen R. J Chromatogr, 1984, 287(2): 293.
[56] Volek J, Hrivnak J, Sojak L. Ropa Uhlie, 1973, 15: 378.
[57] Zhai Z C, Wang Z Y, Chen S D. QSAR Comb Sci, 2006, 25(1): 7.
[58] Krupcik J, Kristin M, Valachovicova M, et al. J Chromatogr, 1976, 126: 147.
[59] Krupcik J, Leclercq P A, Garaj J, et al. J Chromatogr, 1980, 191: 207.
[60] Patte F, Etcheto M, Laffort P. Analytical chemistry, 1982, 54(13): 2239.

第二十二章　其他化合物的保留指数

第一节　有机硅化合物的保留指数

表 22-1　烷基烷氧基硅烷保留指数[1]

柱温：160℃

化合物① \ I 固定液	Apiezon M	XE-60	化合物① \ I 固定液	Apiezon M	XE-60
$MeSi(OMe)_3$	624	837	$Me_2Si(OPe)_2$	1209	1310
$MeSi(OEt)_3$	772	921	$Me_2Si(OHex)_2$	1396	1499
$MeSi(OPr)_3$	1015	1148	$Me_2Si(OHept)_2$	1587	1688
$MeSi(OBu)_3$	1271	1399	$Me_2Si(OMe)OHept$	1098	1234
$MeSi(OPe)_3$	1538	1666	$Me_2Si(OEt)OHex$	1042	—
$MeSi(OHex)_3$	1808	1937	$Me_2Si(OPr)OPe$	1027	1135
$MeSi(OHept)_3$	2085	2215	$Me_2Si(OPr)OHept$	1218	1322
$MeSi(OMe)(OBu)_2$	1078	1234	$Me_2Si(OBu)OHex$	1210	1315
$MeSi(OMe)_2OHept$	1146	1337	$Et_2Si(OMe)_2$	795	—
$MeSi(OEt)_2OPe$	1035	1180	$Et_2Si(OEt)_2$	878	—
$MeSi(OEt)(OPe)_2$	1290	1426	$Et_2Si(OPr)_2$	1047	—
$MeSi(OPr)_2OHex$	1283	1416	$Et_2Si(OBu)_2$	1216	—
$EtSi(OMe)_3$	723	—	$Et_2Si(OPe)_2$	1394	—
$EtSi(OEt)_3$	859	—	$Et_2Si(OHex)_2$	1580	—
$EtSi(OPr)_3$	1100	—	$Pe_2Si(OMe)_2$	1296	—
$EtSi(OBu)_3$	1353	—	$Pe_2SiO(OEt)_2$	1354	—
$EtSi(OPe)_3$	1614	—	Me_3SiOMe	506	—
$EtSi(OHex)_3$	1882	—	Me_3SiOEt	558	—
$EtSi(OEt)_2OPr$	939	—	Me_3SiOPr	645	710
$EtSi(OEt)_2OBu$	1028	—	Me_3SiOBu	741	805
$EtSi(OEt)(OPr)_2$	1021	—	Me_3SiOPe	836	900
$EtSi(OEt)(OBu)_2$	1191	—	$Me_3SiOHex$	932	996
$PrSi(OMe)_3$	805	—	$Me_3SiOHept$	1030	1095
$PrSi(OEt)_3$	933	—	Et_3SiOMe	858	—
$BuSi(OMe)_3$	895	—	EtSiOEt	901	—
$BuSi(OEt)_3$	1013	—	Et_3SiOPr	986	—
$PeSi(OMe)_3$	985	—	Et_3SiOBu	1076	—
$PeSi(OEt)_3$	1102	—	Et_3SiOPe	1169	—
$Me_2Si(OMe)_2$	576	732	$Et_3SiOHex$	1262	—
$Me_2Si(OEt)_2$	678	789	$Et_3SiOHept$	1358	—
$Me_2Si(OPr)_2$	847	951	Bu_3SiOEt	1337	—
$Me_2Si(OBu)_2$	1024	1126			

① Me—甲基；Et—乙基；Pr—丙基；Bu—丁基；Pe—戊基；OMe—甲氧基；OEt—乙氧基；OPr—丙氧基；OBu—丁氧基；OPe—戊氧基；OHex—己氧基；OHept—庚氧基。

表 22-2　硅烷保留指数[2]

固定液：$C_{78}H_{158}$　　柱温：130℃

化合物	*I*
四甲基硅烷	428.0
六甲基硅烷	685.9
六甲基二硅氧烷	597.4

表 22-3　硅烷衍生物保留指数[3]

柱温：130℃

I 固定液 / 化合物	$C_{78}H_{158}+C_{77}H_{155}OH$
六甲基二硅烷	686.2
六甲基二硅氧烷	597.8

表 22-4　三甲基硅烷烯烃保留指数[4]

固定液	OV-225			OV-101		
I 柱温/℃ / 化合物	60	120	160	60	120	180
三甲基乙烯基硅烷	553	—	—	537	—	—
苯乙烯	1096	—	—	873	—	—
1,3-二(三甲基硅烷基)-1-丙烯	979	—	—	980	—	—
1-(三甲基硅烷基)-3-苯基-1-丙烯	1403	1442	—	1235	1257	—
2,4-二(三乙基硅烷基)-1-丁烯	1046	—	—	1056	—	—
2-(三甲基硅烷基)-4-苯基-1-丁烯	1507	1543	—	1340	1360	—
2,4-二苯基-1-丁烯	—	2064	2124	—	1666	1710
2,4,6-三(三甲基硅烷基)-1-己烯	1414	1403	—	—	1450	—
2,4-二(三甲基硅烷基)-6-苯基-1-己烯	—	1868	1891	—	1732	1755
2-苯基-4,6-二(三甲基硅烷基)-1-己烯	—	1934	1961	—	1774	1801
2-(三甲基硅烷基)-4,6-二苯基-1-己烯	—	—	2380	—	—	2056
2,4-二苯基-6-(三甲基硅烷基)-1-己烯	—	—	2474	—	—	2106
2,4,6-三苯基-1-己烯	—	—	2904	—	—	2359

表 22-5　烷基氯硅烷保留指数[5]

固定液	SE-30			ПМС-100			E-301			DC-550		
I 柱温/℃ / 化合物	70	100	140	70	100	140	70	100	140	70	100	140
甲基三氯硅烷	594	600	—	595	594	—	599	604	—	629	630	—
二甲基二氯硅烷	593	606	—	591	593	—	598	600	—	630	636	—
三甲基氯硅烷	552	555	—	549	549	—	554	554	—	575	576	—
乙基二氯硅烷	702	—	723	702	—	722	701	—	719	734	—	741
二乙基二氯硅烷	809	—	831	807	—	828	806	—	826	852	—	859
三乙基氯硅烷	874	—	904	874	—	902	874	—	897	—	940	955
丙基三氯硅烷	790	—	813	796	—	807	787	—	803	825	—	830
二丙基二氯硅烷	863	—	892	—	894	887	861	—	891	—	927	937
三丙基氯硅烷	980	—	984	—	987	978	978	—	996	—	1003	1022
丁基三氯硅烷	883	—	903	860	—	902	882	—	897	—	923	926
二丁基二氯硅烷	971	—	990	—	975	975	—	979	986	—	1006	1011
三丁基氯硅烷	—	1048	1080	—	1060	1082	—	1053	1078	—	1140	1193
戊基三氯硅烷	992	—	999	—	990	995	—	992	993	—	988	996
二戊基二氯硅烷	—	1065	1080	—	1074	1071	—	1079	1090	—	1103	1076
三戊基氯硅烷	—	1120	1155	—	1130	1140	—	1150	1160	—	—	—

表 22-6 氯硅烷保留指数[6]

固定液	ПМС-20000		ФС-303		固定液	ПМС-20000		ФС-303	
化合物	柱温/℃	I	柱温/℃	I	化合物	柱温/℃	I	柱温/℃	I
三氯硅烷	50	496.3	50	556.96	间氯苯基三氯硅烷	180	1313.2	140	1510.5
甲基二氯硅烷	50	506.6	50	628.7	对氯苯基三氯硅烷	180	1316.0	140	1517.0
二甲基氯硅烷	50	485.0	50	599.6	二甲基邻氯苯基氯硅烷	180	1284.5	140	1486.1
四氯化硅	50	566.8	50	615.9	二甲基间氯苯基氯硅烷	180	1282.8	140	1539.7
三甲基氯硅烷	50	552.4	50	684.5	二甲基对氯苯基氯硅烷	180	1289.5	140	1540.9
甲基三氯硅烷	50	598.9	50	714.1	甲基邻氯苯基二氯硅烷	180	1343.0	140	1567.1
二甲基二氯硅烷	50	596.1	50	745.7	甲基间氯苯基二氯硅烷	180	1320.4	140	1570.6
乙基二氯硅烷	50	622.7	50	732.8	甲基对氯苯基二氯硅烷	180	1323.7	140	1577.2
甲基乙烯基二氯硅烷	50	680.0	50	824.1	邻氯苯基苯基二氯硅烷	225	1904.9	225	2279.1
乙烯基三氯硅烷	50	682.6	50	792.1	间氯苯基苯基二氯硅烷	225	1879.3	225	2246.5
乙基三氯硅烷	90	713.1	90	830.8	对氯苯基苯基二氯硅烷	225	1891.8	225	2254.0
甲基乙基二氯硅烷	90	709.8	90	864.3	甲基二氯苯基二氯硅烷	180	1483.1	180	1777.1
三乙基硅烷	90	743.7	90	757.1	二苯基硅烷	180	1441.8	180	1659.4
乙基乙烯基二氯硅烷	90	796.4	90	936.4	甲基二苯基氯硅烷	225	1675.2	180	1947.6
丙基三氯硅烷	90	801.3	90	928.2	二苯基二氯硅烷	225	1724.2	180	2002.4
甲基氯甲基二氯硅烷	90	785.8	90	980.1	二苯基氯硅烷	225	1620.0	180	1866.2
二乙基二氯硅烷	90	822.6	90	972.2	甲基三氯苯基二氯硅烷	225	1664.3	180	1928.2
四乙基硅烷	90	923.5	90	933.0	二氯苯基二氯硅烷	225	1524.1	180	1742.3
丁基三氯硅烷	—	—	90	1025.7	联苯基三氯硅烷	225	1909.3	225	2249.3
三乙基氯硅烷	120	900.2	120	1032.9	邻二苯基苯	225	1910.1	225	2145.6
甲基苯基硅烷	120	879.7	120	1010.0	间二苯基苯	—	—	225	2557.0
甲基苯基氯硅烷	120	1028.4	120	1235.8	间双(苯基二氯甲硅基)苯	250	2286.5	—	—
二甲基苯基硅烷	120	946.2	120	1076.9	三苯基氯硅烷	250	2191.0	250	2542.0
苯基二氯硅烷	120	1052.2	120	1271.1	联苯	225	1398.7	225	1705.0
二甲基苯基氯硅烷	140	1099.3	140	1334.0	邻氯联苯	225	1543.4	225	1820.0
苯基三氯硅烷	140	1144.0	140	1339.2	对氯联苯	225	1625.5	225	1952.0
甲基苯基二氯硅烷	140	1140.6	140	1384.0	p,p'-二氯联苯	225	1821.6	225	2216.0
邻氯苯基三氯硅烷	180	1363.6	140	1575.0	苯基(二氯苯基)二氯硅烷	250	2073.0	250	2456.0

表 22-7 有机硅化合物保留指数[7]

固定液	SE-30				50%甲基-β-氰乙基聚硅氧烷			
I 柱温/℃ 化合物	60	80	120	150	60	80	120	150
三氯硅烷	490	—	—	—	534	—	—	—
二甲基一氯硅烷	485	—	—	—	558	—	—	—
甲基二氯硅烷	503	—	—	—	594	—	—	—
四氯化硅	570	—	—	—	582	—	—	—
三甲基一氯硅烷	552	—	—	—	626	—	—	—
甲基三氯硅烷	597	—	—	—	672	—	—	—
二甲基二氯硅烷	596	—	—	—	689	—	—	—
甲基乙烯基二氯硅烷	680	—	—	—	776	—	—	—
二甲基乙烯基一氯硅烷	643	—	—	—	722	—	—	—
六甲基二硅氧烷	687	—	—	—	678	—	—	—
甲基三甲氧基硅烷	—	711	—	—	—	799	—	—
二甲基二乙氧基硅烷	—	754	—	—	—	793	—	—

续表

固定液	SE-30				50%甲基-β-氰乙基聚硅氧烷			
化合物 \ I \ 柱温/℃	60	80	120	150	60	80	120	150
甲基三乙氧基硅烷	—	—	862	—	—	—	916	—
六甲基二硅氮烷	—	—	800	—	—	—	828	—
四甲基二乙烯基二硅氧烷	—	—	847	—	—	—	853	—
六甲基环三硅氧烷	—	—	809	—	—	—	796	—
八甲基环四硅氧烷	—	—	992	—	—	—	950	—
四甲基四氢环四硅氧烷	—	—	819	—	—	—	821	—
十甲基环五硅氧烷	—	—	—	1150	—	—	—	1105
十二甲基环六硅氧烷	—	—	—	1337	—	—	—	1319
十四甲基环七硅氧烷	—	—	—	1507	—	—	—	1454
甲基苯基二氯硅烷	—	—	—	1146	—	—	—	1324
甲基-β-氰乙基二氯硅烷	—	—	—	1033	—	—	—	1450
苯基三氯硅烷	—	—	—	1156	—	—	—	1299
四甲基二氯二硅氧烷	—	—	—	834	—	—	—	934
十甲基四硅氧烷	—	—	—	1058	—	—	—	1019
十二甲基五硅氧烷	—	—	—	1241	—	—	—	1184
十四甲基六硅氧烷	—	—	—	1403	—	—	—	1345

表 22-8　烷氧基氯硅烷保留指数[8]

固定液	Apiezon L		SE-30		ΦC-16	
化合物 \ I \ 柱温/℃	100	150	100	150	100	170
四氯化硅	558	568	578	590	600	615
甲氧基三氯硅烷	—	—	—	—	728	—
二甲氧基二氯硅烷	—	—	—	—	782	—
三甲氧基氯硅烷	—	—	—	—	832	—
四甲氧基硅烷	668	—	760	—	858	—
乙氧基三氯硅烷	676	704	655	646	758	763
二乙氧基二氯硅烷	783	781	830	819	908	927
三乙氧基氯硅烷	847	840	920	916	995	1011
四乙氧基硅烷	869	850	960	940	1025	1007
丙氧基三氯硅烷	790	786	813	800	860	855
二丙氧基二氯硅烷	954	953	1020	1004	1080	1075
三丙氧基氯硅烷	1090	1082	1190	1165	1230	1227
四丙氧基硅烷	1170	1157	1287	1270	1330	1320
丁氧基三氯硅烷	881	876	900	894	950	942
二丁氧基二氯硅烷	1140	1135	1190	1187	1245	1250
三丁氧基氯硅烷	1350	1335	1420	1420	1470	1460
四丁氧基硅烷	1490	1480	1590	1580	1640	1620
戊氧基三氯硅烷	990	980	1010	1000	1050	1045
二戊氧基二氯硅烷	1330	1320	1510	1405	1430	1410
三戊氧基氯硅烷	1650	1640	1710	1690	1750	1730
四戊氧基硅烷	1920	1905	1960	1950	2020	1990
己氧基三氯硅烷	1080	1045	1130	1125	1145	1120

表 22-9 卤代硅烷保留指数[9]

固定液	甲基硅油 AK12500		甲基硅油 NM1-1000	固定液	甲基硅油 AK12500		甲基硅油 NM1-1000
I 柱温/℃ 化合物	90	140	140	*I* 柱温/℃ 化合物	90	140	140
$SiCl_4$	585	—	542	$SiBr_2I_2$	—	1181	—
$SiCl_3Br$	667	—	—	$SiBrI_3$	—	1300	—
$SiCl_2Br_2$	749	—	—	SiI_4	—	1419	1458
$SiClBr_3$	831	—	—	$SiCl_3I$	—	—	771
$SiBr_4$	914	943	—	$SiCl_2I_2$	—	—	1000
$SiBr_3I$	—	1062	—	$SiClI_3$	—	—	1229

表 22-10 含氮有机硅化合物保留指数[10]

固定液	Apiezon L				SE-30				ΠMC-100			
I 柱温/℃ 化合物	100	140	200	240	100	140	200	240	100	140	200	240
$[(CH_3)_2HSi]_2NH$	651	641	—	—	687	696	—	—	691	680	—	—
$[(CH_3)_2HSi]_2N$	848	849	—	—	899	900	—	—	897	902	—	—
$[(CH_3)_2HSi]_2NSiH_2C_6H_5$	—	1279	1295	1302	—	1445	1483	1513	—	1310	1349	1369
$[(CH_3)_2HSi]_2NSiHCH_2C_6H_5$	—	1352	1367	1372	—	1520	1544	1556	—	1379	1417	1426
$[(CH_3)_2Si]_2NH$	736	725	—	—	806	798	—	—	691	680	—	—
$[(CH_3)_2Si]_2NSiH(CH_3)_2$	994	995	—	—	1043	1050	—	—	1032	1038	—	—
$[(CH_3)_2Si]_2NSiH_2C_6H_5$	—	1425	1442	1466	—	1594	1630	1648	—	1445	1462	1512
$[(CH_3)_2Si]_2NSiHCH_3C_6H_5$	—	1498	1515	1526	—	1670	1688	1718	—	1514	1552	1601
$[(CH_3)_2Si]_2NSiH(C_6H_5)_2$	—	—	—	1989	—	—	—	2301	—	—	—	2062
$[CH_3(C_2H_3)SiNH]_3$	—	—	1260	1267	—	—	1503	1508	—	—	1317	1327
$[CH_3(C_2H_3)SiNH]_4$	—	—	1566	1570	—	—	1868	1897	—	—	1652	1688
$[(CH_3)_2SiNH]_3$	1008	1007	—	998	1210	1205	1206	1209	1067	1062	1056	152
$[(CH_3)_2SiNH]_4$	—	—	1270	1278	—	—	1521	1534	—	—	1362	1380
$[(CH_3)_2SiNH]_2Si(CH_3)_2$	1000	993	—	—	1125	1113	—	—	1100	1090	—	—
$[(CH_3OSi(CH_3)_2]_2NH$	898	884	—	—	983	968	—	—	971	954	—	—
$[CH_3SiHC_6H_5]_2NH$	—	—	1745	1773	—	—	2093	2163	—	—	1800	1814
$[(CH_3)_4Si_2NH]_2$	976	970	—	—	1068	1063	—	—	1078	1076	—	—
$[(CH_3)_2SiN]_3[SiH(CH_3)_2]_2$	—	1410	1427	1451	—	1591	1607	1616	—	1519	1519	1550
$[CH_3(C_6H_5)HSi]_3N$	—	—	—	1958	—	—	—	2342	—	—	—	1992
$C_2H_3Si(CH_3)C_6H_5NH_2$	—	—	—	2403	—	—	—	2861	—	—	—	2532

表 22-11 硅氧烷保留指数[11]

柱温：100℃

I 固定液 化合物	Apiezon L	SE-30	Reoplex 400	Carbowax 1500
$(CH_3)_3SiOCH_3$	543	555	644	657
$(CH_3)_3SiOC_2H_5$	565	612	699	708
$(CH_3)_3SiOC_3H_7$	654	700	768	768
$(CH_3)_3SiOC(CH_3)_3$	656	706	723	735
$(CH_3)_3SiOCH_2CH{=}CH_2$	657	700	832	840

续表

I 固定液 / 化合物	Apiezon L	SE-30	Reoplex 400	Carbowax 1500
$(CH_3)_3SiOCH_2C\equiv CH$	672	729	992	1005
$[(CH_3)_3Si]_2O$	601	677	640	674
$[H(CH_3)_2Si]_2O$	518	570	585	595
$(CH_3)_3SiOSi(CH_3)_2H$	562	627	615	636
$(CH_3)_3SiOC_4H_9$①	749	792	864	867
$(CH_3)_3SiOCH_2CH(CH_3)_2$①	701	751	795	796
$(CH_3)_3SiO$-环己基①	976	1009	1100	1096
$(CH_3)_3SiOCH_2CH_2Cl$	—	832	1096	1095
$(CH_3)_2Si(OC_2H_5)_2$	688	745	902	912
$(CH_3)_2Si(OC_3H_7)_2$	859	921	1031	1045
$(CH_3)_2Si[OCH(CH_3)_2]$	753	822	896	910
$CH_3Si(OC_2H_5)_3$	789	867	1059	1079
$Si(OC_2H_5)_4$	870	967	1171	1210
$CH_3(C_6H_5)Si(OC_2H_5)_2$①	—	1237	—	—
$(CH_3)_3SiOCOC_6H_5$①	1125	1149	—	—
$[ClCH_2(CH_3)_2Si]_2O$①	1065	1134	1433	1474
$(CH_3)_3SiOCH(CH_3)_2$	—	—	704	706

① 柱温 150℃。

表 22-12　甲基环硅氧烷保留指数[12]

固定液	Apiezon L		SE-30	ПМС-100	固定液	Apiezon L		SE-30	ПМС-100
I 柱温/℃ / 化合物	240	180	180	180	I 柱温/℃ / 化合物	240	180	180	180
$[MeHSiO]_4$	642	674	709	776	$[MeHSiO]_9$	1102	—	—	—
$[MeHSiO]_5$	742	780	813	950	$[MeHSiO]_{10}$	1179	—	—	—
$[MeHSiO]_6$	841	884	960	1100	$[MeHSiO]_{11}$	1248	—	—	—
$[MeHSiO]_7$	933	984	1076	1228	$[MeHSiO]_{12}$	1323	—	—	—
$[MeHSiO]_8$	1021	1078	1186	1356					

表 22-13　乙基环硅氧烷保留指数[12]

固定液	Apiezon L		SE-30	ПМС-100	固定液	Apiezon L		SE-30	ПМС-100
I 柱温/℃ / 化合物	300	260	260	260	I 柱温/℃ / 化合物	300	260	260	260
$[EtHSiO]_4$	1011	1040	1071	1186	$[EtHSiO]_8$	1664	—	—	—
$[EtHSiO]_5$	1205	1222	1279	1428	$[EtHSiO]_9$	1801	—	—	—
$[EtHSiO]_6$	1381	1386	1467	1660	$[EtHSiO]_{10}$	1935	—	—	—
$[EtHSiO]_7$	1528	1537	1641	1871					

第二节 医药类化合物的保留指数

表 22-14 巴比妥保留指数（一）[13]

柱温：200℃

化合物 \ 固定液	OV-1	OV-17	化合物 \ 固定液	OV-1	OV-17
水杨酰胺	1450	1805	硫喷妥	1855	2140
巴比妥	1480	1800	环己巴比妥	1860	2210
非那西丁	1681	2030	导眠能	1845	2200
异戊巴比妥	1715	1985	甲苯比妥	1890	2250
戊巴比妥	1730	2020	苯巴比妥	1955	2380
司可巴比妥	1790	2070	环巴比妥	1970	2350
咖啡因	1800	2260	安眠酮	2130	2570

表 22-15 巴比妥保留指数（二）[14]

柱温：200℃

化合物 \ 固定液	SE-30	化合物 \ 固定液	SE-30	化合物 \ 固定液	SE-30
二烯丙巴比妥	1586	烯丙环戊烯巴比妥	1858	苯甲基巴比妥酸	1875
异戊巴比妥	1700	庚巴比妥	2035	丙巴比妥	1550
烯丙异丙巴比妥	1600	己巴比妥	1835	司可巴比妥	1770
巴比妥	1482	溴丙巴比妥	1866	仲丁巴比妥	1650
溴双烯巴比妥	1842	烯丙丁巴比妥	1698	溴烯丙仲戊巴比妥	2031
异丁巴比妥	1658	烯丙新戊巴比妥	1720	仲丁烯巴比妥	1704
正丁巴比妥	1645	戊巴比妥	1733	仲戊烯巴比妥	1755
环巴比妥	1945	苯巴比妥	1934		

表 22-16 巴比妥酸烷基酯保留指数（I）（一）[15]

固定液	OV-101						Dexsil 300					
柱温/℃	168	170	195	200	205	214	170	170	195	200	205	214
化合物 \ 烷基酯	甲酯	乙酯	丙酯	丁酯	戊酯	己酯	甲酯	乙酯	丙酯	丁酯	戊酯	己酯
巴比妥	1416	1488	1662	1820	2011	2206	1469	1532	1700	1866	2047	2230
丙巴比妥	1466	1558	1728	1898	2080	2260	1531	1597	1765	1932	2108	2300
二烯丙巴比妥	1498	1578	1744	1899	2058	2275	1540	1603	1767	1926	2107	2290
烯丙异丙巴比妥	1511	1599	1770	1926	2110	2293	1567	1633	1800	1962	2137	2328
仲丁巴比妥	1549	1635	1798	1950	2132	2316	1593	1661	1826	1972	2173	2340
正丁巴比妥	1558	1635	1798	1950	2137	2325	1606	1662	1832	1980	2160	2343
异戊巴比妥	1597	1672	1837	1991	2171	2354	1642	1697	1860	2009	2190	2370
烯丙新戊巴比妥	1599	1696	1860	2018	2200	2378	1641	1722	1880	2030	2213	2398
乙烯仲戊巴比妥	1629	1698	1861	2018	2198	2385	1673	1723	1885	2039	2218	2395
戊巴比妥	1625	1707	1873	2020	2210	2394	1679	1741	1905	2059	2239	2420
仲戊烯巴比妥	1649	1723	1890	2040	2224	2411	1696	1757	1918	2073	2253	2432
烯丙羟丙巴比妥	1672	1737	1898	2050	2247	2421	1725	1784	1953	2097	2277	2455

续表

固定液	OV-101						Dexsil 300					
柱温/℃	168	170	195	200	205	214	170	170	195	200	205	214
化合物 \ 烷基酯	甲酯	乙酯	丙酯	丁酯	戊酯	己酯	甲酯	乙酯	丙酯	丁酯	戊酯	己酯
司可巴比妥	1665	1747	1910	2040	2243	2424	1711	1775	1935	2083	2265	2443
甲己炔巴比妥	1714	1759	1850	1924	2026	2112	1757	1785	1861	1969	2038	2135
溴双烯丙巴比妥	1707	1800	1970	2121	2309	2499	1769	1848	2015	2169	2335	2538
环己巴比妥	1799	1831	1925	2062	2107	2205	1889	1895	1990	2083	2150	2270
甲基苯巴比妥（mephebarb.）	1781	1832	2000	2163	2347	2528	1876	1895	2060	2221	2403	2589
苯巴比妥	1828	1884	2054	2212	2395	2577	1912	1935	2105	2259	2445	2628
环巴比妥	1845	1909	2078	2236	2419	2605	1925	1960	2125	2283	2467	2648
庚巴比妥	1926	1994	2164	2322	2502	2690	2025	2052	2230	2375	2559	2740
双环辛巴比妥	1991	2056	2230	2387	2568	2751	2100	2120	2290	2439	2625	2803
甲基苯巴比妥（mephobarb.）	1827	1848	1946	2032	2135	2217	1911	1912	2001	2098	2195	2291
烯丙环戊烯巴比妥	1742	1839	1989	2143	2324	2417	1811	1864	2034	2192	2375	2557

表 22-17 巴比妥酸烷基酯保留指数（*I*）（二）[15]

固定液	OV-7						SP-2250					
柱温/℃	166	167	180	188	226	244	160	163	190	191	228	246
化合物 \ 烷基酯	甲酯	乙酯	丙酯	丁酯	戊酯	己酯	甲酯	乙酯	丙酯	丁酯	戊酯	己酯
巴比妥	1508	1584	1750	1918	2113	2307	1609	1659	1833	1978	2190	2383
丙巴比妥	1600	1650	1809	1981	2175	2308	1675	1724	1896	2055	2294	2483
二烯丙巴比妥	1603	1676	1833	1995	2190	2381	1704	1753	1920	2069	2271	2461
烯丙异丙巴比妥	1622	1695	1855	2017	2213	2408	1721	1773	1940	2092	2255	2455
异丁巴比妥	1652	1726	1878	2022	2220	2414	1742	1793	1953	2097	2294	2482
正丁巴比妥	1662	1726	1881	2043	2230	2418	1753	1796	1957	2106	2302	2490
异戊巴比妥	1698	1760	1913	2070	2262	2447	1786	1825	1984	2134	2328	2511
烯丙新戊巴比妥	1698	1784	1935	2093	2286	2475	1791	1850	2012	2159	2357	2542
乙烯仲戊巴比妥	1742	1791	1946	2110	2297	2484	1841	1868	2028	2174	2375	2562
戊巴比妥	1729	1799	1953	2114	2304	2493	1823	1868	2031	2180	2379	2566
仲戊烯巴比妥	1767	1828	1980	2143	2330	2517	1870	1909	2068	2217	2413	2600
烯丙羟丙巴比妥	1817	1876	2028	2187	2376	2565	1945	1965	2140	2279	2482	2671
司可巴比妥	1770	1839	1990	2148	2338	2525	1865	1909	2070	2214	2413	2599
甲己炔巴比妥	1845	1887	1963	2046	2151	2253	1957	1983	2070	2149	2255	2362
溴双烯丙巴比妥	1849	1937	2083	2242	2447	2643	1980	2031	2200	2336	2556	2752
环己巴比妥	1957	1979	2063	2145	2265	2374	2093	2092	2189	2254	2390	2499
甲基苯巴比妥（mephebarb.）	1953	1984	2136	2300	2493	2698	2103	2099	2266	2421	2630	2823
苯巴比妥	1988	2026	2182	2342	2538	2739	2134	2140	2309	2450	2667	2862
环巴比妥	1988	2036	2193	2358	2553	2740	2123	2140	2310	2447	2667	2860
庚巴比妥	2067	2121	2278	2441	2642	2839	2206	2225	2400	2530	2759	2953
双环辛巴比妥	2132	2186	2354	2507	2712	2911	2278	2296	2471	2607	2834	3030
甲基苯巴比妥（mephobarb.）	1988	2011	2097	2179	2297	2405	2134	2129	2228	2303	2434	2542
烯丙环戊烯巴比妥	1876	1941	2097	2259	2461	2655	2000	2034	2206	2355	2565	2758

表 22-18 巴比妥酸衍生物保留指数[16]

固定液：SE-30

化合物 I 柱温/℃			190	200
R^1	R^2	R^3		
烯丙基	烯丙基	H	1586	1491
乙基	异戊基	H	1700	1600
异丙基	烯丙基	H	1600	1513
乙基	乙基	H	1482	1415
烯丙基	2-溴烯丙基	H	1842	1741
异丁基	烯丙基	H	1658	1553
乙基	正丁基	H	1645	1557
乙基	环-1-己烯基	H	1945	1850
烯丙基	环-2-戊烯基	H	1858	1751
异丙基	烯丙基	甲基	1559	1522
乙基	环-1-庚烯基	H	2035	1932
乙基	正己基	H	1835	1748
甲基	环-1-己烯基	甲基	1850	1800
异丙基	2-溴烯丙基	H	1866	1759
正丁基	烯丙基	H	1698	1608
乙基	乙基	甲基	1450	1410
烯丙基	1-甲基-2-戊炔基	甲基	1768	1721
乙基	苯基	甲基	1882	1832
2,2-二甲基丙基	烯丙基	H	1720	1609
乙基	1-甲基丁基	H	1733	1632
乙基	苯基	H	1934	1831
甲基	苯基	H	1875	1789
乙基	异丙基	H	1550	1480
1-甲基丁基	烯丙基	H	1770	1670
乙基	1-甲基丙基	H	1650	1564
1-甲基丁基	2-溴烯丙基	H	2031	1901
1-甲基丙基	烯丙基	H	1704	1592
乙基	1-甲基-1-丁烯基	H	1755	1650

表 22-19 安定类药物的保留指数[17]

固定液	SE-30	OV-17	SE-30	OV-17	固定液	SE-30	OV-17	SE-30	OV-17
I 柱温/°C 化合物	250		280		I 柱温/°C 化合物	250		280	
利眠宁	2570	3070	2660	3160	7-氨基氯硝安定	—	—	2905	3560
	2845	3220	2910	3595	7-乙酰氨基氯硝安定	—	—	3270	3970
去甲氧安定	2575	3060	—	3140	氟胺安定	—	—	2800	3275
去甲基利眠宁碱	2885	3485	2930	3590	*N*-1-去烷基氟胺安定	2500	3020	2510	3060
安定	2490	2950	2510	3020	*N*-1-羟基乙基氟胺安定	2715	3235	2730	3255
去甲安定	2555	3060	2585	3125	溴吡二氮草	2670	3260	2700	3355
3-羟基安定	2630	3125	2675	3002	3-羟基溴吡二氮草	2540	3020	2570	3070
去甲羟基安定	2380	2830	2425	2890	氟硝安定	2645	3170	2680	3195
硝基安定	—	—	2830	3455	去甲氟硝安定	2735	3320	2745	3350
7-氨基硝基安定	2785	—	2870	3475	7-氨基氟硝安定	2725	3280	2720	3305
7-乙酰氨基硝基安定	—	—	3205	3815	7-乙酰氨基氟硝安定	—	—	3115	3750
去氧安定碱	—	3070	2655	3125	7-氨基去甲氟硝安定	—	—	2825	3550
氯羟去甲安定	2440	2925	2515	2980	氧异安定	2660	3170	2645	3170
环丙安定	—	—	2715	3180	去甲氨异安定	2815	3315	2695	3295
3-羟基环丙安定	—	—	2860	3375	磷安定	2605	—	2615	3155
氯硝安定	—	—	2965	3520					

表 22-20 局部麻醉药物保留指数[18]

固定液	OV-101		OV-7		OV-25		OV-101		OV-7		OV-25	
化合物	t_c/°C	I	t_c/°C	I	t_c/°C	I	t_c/°C	I	t_c/°C	I	t_c/°C	I
异戊卡因	150	1582	150	1671	150	1861	160	1588	160	1676	160	1868
丙胺卡因	170	1822	170	1969	170	2240	180	1829	180	1975	180	2248
利多卡因	170	1859	170	1999	170	2266	180	1866	180	2006	180	2275
衣铁卡因	180	2024	170	2130	170	2368	190	2030	180	2138	180	2377
三甲卡因	180	1968	180	2108	180	2376	190	1974	190	2114	190	2388
丁苯胺卡因	180	2008	180	2170	180	2481	190	2013	190	2178	190	2492
普鲁卡因	180	1998	180	2177	180	2528	190	2005	190	2184	190	2539
甲哌卡因	180	2042	180	2202	180	2521	190	2049	190	2213	190	2538
丁卡因	210	2224	210	2388	210	2713	220	2229	220	2394	220	2723
丙吗卡因	210	2263	210	2419	210	2725	220	2270	220	2427	220	2736
盐酸丁氧普鲁卡因	210	2388	210	2566	210	2913	220	2392	220	2571	220	2922

表 22-21 兴奋剂类药物保留指数（一）[19]

固定液	Apiezon L KOH		聚乙二醇-20M KOH		固定液	Apiezon L KOH		聚乙二醇-20M KOH	
I 柱温/℃ 化合物	150	190	150	190	I 柱温/℃ 化合物	150	190	150	190
2-氨基庚烷	807	—	—	—	麻黄碱	1358	1400	2072	2179
甲胺基庚烷	991	—	1127	—	假麻黄碱	1362	1398	2195	2217
2-甲基-6-甲胺基-2-庚烯	1023	—	1289	—	对氯-α,α-二甲基苯乙基胺	1380	1422	1916	1950
新 *N*-乙基-*α*-甲基间(三氟甲基)苯乙基胺	1096	—	1608	—	甲基麻黄碱	1405	1437	2022	2108
环戊烷胺	1098	—	1327	—	2-苯基环戊胺	1419	1456	1976	2022
右旋苯异丙胺	1148	—	1656	—	二环已酰胺	1442	—	1673	—
N-乙基-*α*-甲基间(三氟甲基)苯乙基胺	1177	—	1562	—	*N,N*-二乙基菸酰胺	1462	1506	—	2386
α,α-二甲基苯乙基胺	1183	—	1638	—	2-甲基-3-哌啶子基吡嗪	1473	1499	1969	2015
N,α-二甲基-2-环已基乙基胺	1193	—	1421	—	3,4 二甲基-2-苯基吗啉	1475	1505	2009	2057
甲基苯异丙胺	1200	—	1623	—	2-二乙基氨基丙酮苯	1477	1500	1991	2023
N-甲基-*α*-氨基丙酸	1220	—	1762	—	降右旋-*ψ*-麻黄碱	—	1369	—	2341
乙基苯异丙胺	1241	—	1629	—	3-甲基-2-苯基吗啉	—	1485	—	2158
(±)反-2-苯基丙醇胺	1248	1271	1852	1915	*N*-苄基环丙烷基氨基甲酸酯	—	1586	—	2261
N-*α,α'*-三甲基(±)苯乙基胺	1277	—	1677	—	糠基苯异丙胺	—	1623	—	2278
苯基丙醇胺	1339	1369	2212	2295	1-(α-丙基苯乙基)吡啶烷	—	1649	—	2011
菸碱	1353	1392	1876	1926	2-乙胺基-3-苯基降莰烷	—	1716	—	2185

表 22-22 兴奋剂类药物保留指数（二）[20]

固定液	OV-101		OV-225		Apiezon L		PEG 20M	
柱温与 *I* 值 化合物	*I*	t_c/℃	*I*	t_c/℃	*I*	t_c/℃	*I*	t_c/℃
甲异辛烯胺	1033	100	1145	150	1016	100	1218	70
苯丙胺	1117	120	1430	120	1132	120	1581	120
去甲氟苯丙胺	1136	120	1435	120	1092	120	1560	115
全氢苯叔丁胺	1167	150	1341	150	1152	120	1359	100
苯叔丁胺	1173	150	1473	150	1168	120	1573	120
环己丙甲胺	1185	150	1348	150	1179	120	1354	100
甲基苯丙胺	1186	150	1473	150	1187	120	1562	120
反苯环丙胺	1206	120	1657	150	1225	120	1834	120
氟苯丙胺	1226	120	1437	120	1183	120	1531	120
N-乙基苯丙胺	1232	120	1504	120	1233	120	1571	120
优降宁	1232	150	1510	150	1216	120	1648	130
N,N-二甲基苯丙胺	1243	120	1508	120	1251	120	1568	120
甲苯丁胺	1250	120	1566	140	1275	120	1611	120
苯戊胺	1256	150	1563	150	1261	140	1648	130
N-异丙基苯丙胺	1257	120	1442	120	1253	120	1552	120
辛戊胺	1303	150	1358	150	1281	140	1373	100
去甲伪麻黄碱	1319	150	1771	150	1342	150	2176	180

续表

固定液	OV-101		OV-225		Apiezon L		PEG 20M	
化合物＼柱温与 *I* 值	*I*	t_c/℃	*I*	t_c/℃	*I*	t_c/℃	*I*	t_c/℃
烯丙苯乙胺	1320	140	1697	150	1311	140	1814	140
N-正丙基苯丙胺	1325	150	1599	140	1326	140	1634	120
N-2-丁基苯丙胺	1365	150	1604	140	1356	150	1635	120
氯代苯叔丁胺	1369	150	1781	160	1394	160	1871	150
N,*N*-二乙基苯丙胺	1371	150	1592	140	1370	150	1609	120
尼古丁	1377	200	1714	150	1355	150	1848	160
甲氧苯丙甲胺	1386	150	1768	150	1365	150	1880	130
N-甲基-*N*-正丙基苯丙胺	1396	150	1628	140	1405	160	1673	140
N-甲基麻黄碱	1405	150	1808	150	1426	160	2042	160
N-正丁基苯丙胺	1422	150	1687	150	1428	160	1732	130
N-乙基对氯代苯丙胺	1434	150	1788	160	1456	160	1860	150
苯甲吗啉	1486	200	1930	200	1468	160	2065	150
N-甲基-*N*-正丁基苯丙胺	1486	150	1717	150	1488	160	1743	130
苯双甲吗啉	1492	200	1878	200	1485	160	1963	140
3,4-亚甲二氧苯丙胺	1495	150	2019	180	1484	160	2204	180
N,*N*-二正丙基苯丙胺	1526	150	1735	150	1534	180	1745	130
二乙胺苯丙酮	1527	200	1903	200	1490	160	1965	160
尼可刹米	1544	200	2231	200	1487	160	2319	180
戊四氮	1570	200	2585	200	1649	180	2683	200
二苯胺	1619	200	2213	200	1668	180	2517	190
苯咯戊烷	1626	170	1905	160	1651	180	1946	150
3,4-亚甲二氧苯叔丁胺	1646	200	2149	200	1681	180	2379	180
N,*N*-二正丁基苯丙胺	1689	170	1891	160	1565	180	1902	150
苯乙胺去甲樟烷	1697	200	2041	200	1747	230	2125	160
N-苄基苯丙胺	1784	170	2300	180	1866	230	2390	190
苄甲苯丙胺	1902	250	2254	200	1902	240	2392	190

表 22-23　维生素 A 类化合物保留指数[21]

固定相	DB-1		DB-225		固定相	DB-1		DB-225	
化合物	t_c/℃	*I*	t_c/℃	*I*	化合物	t_c/℃	*I*	t_c/℃	*I*
甲亢平	100	1216	—	—	维生素 A 醛	240	2466	—	—
牻牛儿醛	100	1244	—	—	维生素 A 酸甲酯	240	2528	220	3200
α-紫罗兰酮	145	1416	—	—	乙酸维生素 A 酯	190	2531	—	—
β-紫罗兰醇	145	1406	—	—	丁酸维生素 A 酯	190	2738	—	—
β-紫罗兰酮	145	1469	—	—	已酸维生素 A 酯	220	2970	—	—
乙酸-*β*-紫罗兰酯	150	1525	—	—	辛酸维生素 A 酯	220	3157	—	—
抗干眼烯	220	2148	—	—	癸酸维生素 A 酯	220	3359	—	—
脱水维生素 A	240	2233	220	2468	十二酸维生素 A 酯	240	3577	—	—
维生素 A	240	2453	—	—					

表 22-24 有机磷酯类化合物保留指数[22]

固定液：OV-17 柱温：160℃

化合物	R′	R	I	化合物	R′	R	I
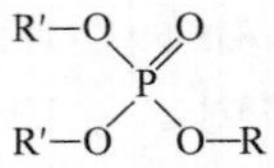 $(R'O)_2P(=O)OR$	$-C_2H_5$	$-CH_3$	1205	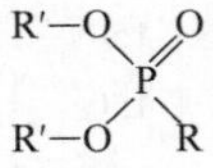 $(R'O)_2P(=O)R$	$-C_2H_5$	$-C_2H_5$	1246
	$-C_2H_5$	$-C_2H_5$	1296		$-C_2H_5$	$-C_3H_7$	1340
	$-C_2H_5$	$-C_3H_7$	1390		$-C_2H_5$	$-C_4H_9$	1430
	$-C_2H_5$	$-C_4H_9$	1482		$-C_2H_5$	$-C_5H_{11}$	1525
	$-C_2H_5$	$-C_5H_{11}$	1579		$-C_3H_7$	$-C_2H_5$	1420
	$-C_2H_5$	$-C_6H_{13}$	1674		$-C_3H_7$	$-C_3H_7$	1510
					$-C_3H_7$	$-C_4H_9$	1604
					$-C_3H_7$	$-C_5H_{11}$	1700

表 22-25 β-受体阻滞药物保留指数[23]

固定液：OV-17

I 化合物 \ 柱温/℃		255	265	I 化合物 \ 柱温/℃		255	265
邻烯丙心安	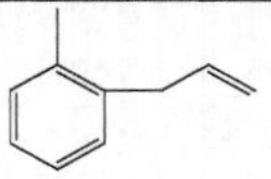	3064	—	萘心安	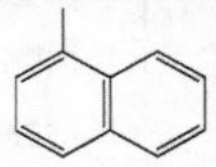	3535	—
[类似]间烯丙心安	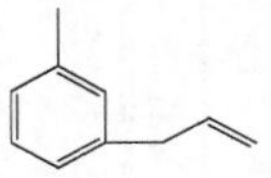	3121	—	烯丙氧心安	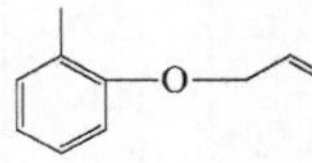	—	3200
[类似]对烯丙心安	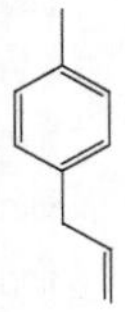	3186	—	氨甲酯心定	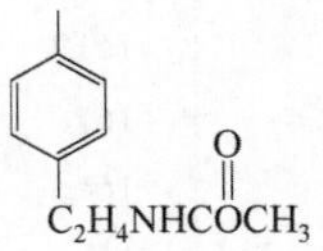 $C_2H_4NHCOCH_3$	—	3568
甲氧乙心安	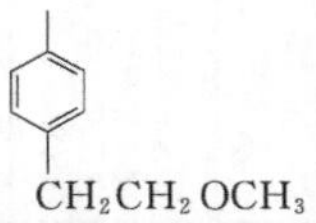 $CH_2CH_2OCH_3$	3346	3360				

表 22-26 儿茶酚胺（丁硼酸酯衍生物）保留指数[24]

固定液：OV-1

I 化合物 \ 柱温/℃	140	170	190	I 化合物 \ 柱温/℃	140	170	190
β-羟基苯基乙基胺	1799	—	—	苯福林	—	2171	—
去甲伪麻黄碱	1774	—	—	去甲间甲肾上腺素	—	—	2135
苯丙醇胺	1776	—	—	间甲肾上腺素	—	—	2270
假麻黄碱	1782	—	—	去甲肾上腺素	—	—	2478
麻黄碱	1796	—	—	肾上腺素	—	—	2438
去甲对羟福林	—	2218	—	3,4-二羟基去甲伪麻黄碱	—	—	2450
4-去氧去甲肾上腺素	—	2203	—	异丙肾上腺素	—	—	2512
对羟福林	—	2185	—				

表 22-27　类甾醇（TMS 衍生物）保留指数[25]

固定液	OV-101	Dexsil	OV-7	SP-2250	固定液	OV-101	Dexsil	OV-7	SP-2250
化合物 I 柱温/℃	263		270	280	化合物 I 柱温/℃	263		270	280
雄-5-烯-3β,16α,17β-三醇	2889	2886	2899	2941	6α,17β-二羟基-5α-雄烷-3-酮	2856	2990	2938	3037
雄-5-烯-3β,16β,17β-三醇	2914	2923	2922	2972	5α-雄烷-2α,3α,17β-三醇	2755	2749	2741	2760
5α-雄烷-3,6,17-三酮	2789	3127	3080	3346	5α-雄烷-2β,3α,17β-三醇	2737	2714	2713	2730
5α-雄烷-3,7,17-三酮	2584	2740	2808	2797	5α-雄烷-2β,3α,17β-三醇	2869	2881	2854	2882
3β-羟基-5α-雄烷-6,17-二酮	2826	3063	3022	3230	5α-雄烷-3α,6β,17β-三醇	2697	2675	2672	2701
3β-羟基-5α-雄烷-7,17-二酮	2790	2987	2962	3137	5α-雄烷-3α,17β,17β-三醇	2743	2740	2739	2771
17β-羟基-5α-雄烷-3,6-二酮	2920	3093	3026	3210	5α-雄烷-3α,16α,17β-三醇	2802	2802	2773	2807
3α,17β-二羟基-5α-雄烷-6-酮	2793	2893	2872	2970	5α-雄烷-3β,6α,17β-三醇	2854	2817	2823	2856
3β,6α-二羟基-5α-雄烷-17-酮	2755	2861	2861	2972	5α-雄烷-3β,6β,17β-三醇	2775	2748	2775	2810
3β,7α-二羟基-5α-雄烷-17-酮	2685	2777	2767	2862	5α-雄烷-3β,7α,17β-三醇	2692	2654	2688	2716
3β,7β-二羟基-5α-雄烷-17-酮	2798	2910	2883	2998	5α-雄烷-3β,7β,17β-三醇	2836	2844	2833	2868
3β,11β-二羟基-5α-雄烷-17-酮	2849	2968	2932	3043	5α-雄烷-3β,11β,17β-三醇	2854	2864	2851	2887
3β,17β-二羟基-5α-雄烷-6-酮	2899	3024	2984	3100	5α-雄烷-3β,15α,17β-三醇	2846	2811	2833	2849
3β,17β-二羟基-5α-雄烷-7-酮	2860	2956	2948	—	5α-雄烷-3β,16α,17β-三醇	2898	2896	2907	2945

表 22-28　甾醇衍生物保留指数[26]

固定液：OV-1　　柱温：275

化合物	I	化合物	I
24-去甲-5α-胆甾-22-烯-3β-醇	3006	5α-麦角甾-22-烯-3-酮	3178
24-去甲-5α-胆甾-22-烯-3β-酮	2973	5α-麦角甾-24(28)-烯-3β-醇	3256
反-5α-胆甾-22-烯-3β-醇	3130	5α-麦角甾-24(28)-烯-3-酮	3223
反-5α-胆甾-22-烯-3β-酮	3107	5α-麦角甾烷-3β-醇	3264
5-胆甾烯-3β-醇	3156	5α-麦角甾烷-3-酮	3230
4-胆甾烯-3-酮	3205	5,22-豆甾二烯-3β-醇	3283
5α-胆甾烷-3β-醇	3168	4,22-豆甾二烯-3-酮	3331
5α-胆甾烷-3-酮	3145	5α-豆甾-22-烯-3β-醇	3295
5,22-麦角甾二烯-3β-醇	3196	5α-豆甾-22-烯-3-酮	3263
4,22-麦角甾二烯-3β-醇	3245	5-豆甾烯-3β-醇	3337
5α-胆甾-7-烯-3β-醇	3207	4-豆甾烯-3β-酮	3385
5α-胆甾-7-烯-3-酮	3163	5α-豆甾烷-3β-醇	3348
5α-麦角甾-22-烯-3β-醇	3207	5α-豆甾烷-3-酮	3316

表 22-29　甾族化合物（MO-TMS 衍生物）保留指数[27]

固定液：SE-30

化合物 I 柱温/℃	221	231	241	化合物 I 柱温/℃	221	231	241
正二十四烷	2400.0	2400.0	2400.0	雌二醇	2663.2	2674.0	2688.1
雄甾酮	2476.2	2489.3	2511.2	11β-羟基-5β-雄酮	2700.0	2710.2	2723.8
5β-雄酮	2492.7	2504.0	2524.3	正二十七烷	2700.0	2700.0	2700.0
正二十五烷	2500.0	2500.0	2500.0	别孕二醇	2765.6	2777.9	2792.7
脱氢异雄酮	2546.0	2560.6	2580.2	孕二醇	2781.6	2791.4	2803.1
正二十六烷	2600.0	2600.0	2600.0	正二十八烷	2800.0	2800.0	2800.0
孕甾烷醇酮	2629.8	2640.4	2656.0	雌三醇	2886.7	2894.9	2904.2
睾酮	2637.0	2652.6	2672.4	正二十九烷	2900.0	2900.0	2900.0

表 22-30 甾体生物碱保留指数[28]

固定液：CP-Sil 5CB 柱温：270℃

化合物	*I*	化合物	*I*	化合物	*I*
二十八烷	2800.0	垂茄次碱	3136.8	茄解定	3337.6
5α-胆甾烷	2866.5	茄解定	3151.1	番茄碱	3369.8
搔兰士林	2941.8	豆甾醇	3212.9	三十四烷	3400.0
胆固醇	3068.3	薯蓣皂苷元	3220.4	芥芬胺	3559.4
茄次碱	3129.3	提果皂苷元	3232.4		

表 22-31 TMS-嘧啶碱保留指数[29]

柱温：160℃

化合物 \ *I* \ 固定液	OV-101	OV-17	化合物 \ *I* \ 固定液	OV-101	OV-17
尿嘧啶	1325.5	1448.4	胸腺嘧啶	1396.7	1507.9
5,6-二氢尿嘧啶	1328.2	1448.0	5,6-二氢胸腺嘧啶	1395.9	1508.0
6-氮尿嘧啶	1449.9	1573.9	6-氮胸腺嘧啶	1459.8	1615.4
5-氟尿嘧啶	1317.9	1420.5	胞嘧啶	1509.6	1696.4
5-溴尿嘧啶	1529.1	1655.2	5-甲基胞嘧啶	1536.3	1706.9
5-碘尿嘧啶	1595.8	1772.9	5-溴胞嘧啶	1615.6	1760.0
5-羟基甲基尿嘧啶	1673.0	1756.8	呋氟尿嘧啶	1318.7	1420.0
5-硝基尿嘧啶	1649.8	1809.6			

表 22-32 TMS-嘌呤碱保留指数[29]

柱温：190℃

化合物 \ *I* \ 固定液	OV-101	OV-17	化合物 \ *I* \ 固定液	OV-101	OV-17
6-氧嘌呤	1798	2037	鸟嘌呤	2106	2298
6-氨基嘌呤	1849	2073	别嘌呤醇	1611.7	1722.7
黄嘌呤	2010	2261			

表 22-33 尿素衍生物保留指数[30]

固定液	SE-30	OV-17	SE-30+QF-1	OV-101	固定液	SE-30	OV-17	SE-30+QF-1	OV-101
化合物 \ *I* \ 柱温/℃	150		130	116	化合物 \ *I* \ 柱温/℃	150		130	116
N-叔丁基-*N'*-甲基脲	1070	1082	1113	—	*N*-叔丁基-*N'*,*N'*-二丙基脲	1155	1158	—	1333
N-叔丁基-*N'*-丙基脲	1128	1154	1192	—	*N*-3-三氟甲基苯基-*N'*-甲基脲	1000	1031	1032	—
N-叔丁基-*N'*,*N'*-二甲基脲	1066	1083	1113	1110	*N*-3-三氟甲基苯基-*N'*-乙基脲	1014	—	1033	—
N-叔丁基-*N'*-乙基-*N'*-甲基脲	1087	1098	1133	1156	*N*-3-三氟甲基苯基-*N'*-丙基脲	—	1041	1036	—
N-叔丁基-*N'*,*N'*-二乙基脲	1102	1104	1142	1181	*N*-3-三氟甲基苯基-*N'*-丁基脲	1024	1042	1044	—

表 22-34 药物保留指数（一）[31]

固定液	Apiezon L			PEG-20M		
化合物 \ 柱温与保留指数	t_c/℃	I	$10\left(\frac{\partial I}{\partial T}\right)$	t_c/℃	I	$10\left(\frac{\partial I}{\partial T}\right)$
2-庚胺	90	862.8	1.8	70	1079.3	2.9
异辛胺	90	923.4	1.4	70	1131.5	4.3
2-甲基氨基庚烷	100	989.9	1.1	70	1129.8	2.1
甲异辛烯胺	100	1016.3	2.0	70	1212.7	6.1
环戊丙甲胺	100	1076.1	3.9	70	1243.5	11.8
庚胺醇	120	1083.0	1.0	120	1659.0	3.1
去甲氟苯丙胺	120	1091.7	1.5	115	1559.6	3.8
苯基乙基胺	120	1103.1	5.0	120	1604.6	6.5
高氢苯丙胺	120	1102.4	4.8	100	1365.7	8.2
苯丙胺	120	1131.8	5.6	120	1581.2	9.4
高氢苯丁胺	120	1151.8	5.7	100	1358.8	7.2
N-甲基-苯基乙基胺	120	1153.9	4.9	120	1570.9	11.0
苯丁胺	120	1167.7	5.9	120	1572.7	8.9
N,N-二甲基-苯基乙基胺	120	1170.3	4.3	120	1498.4	3.2
环己丙甲胺	120	1179.2	4.8	100	1353.7	8.6
氟苯丙胺	120	1182.9	5.6	120	1530.7	2.1
甲基苯丙胺	120	1187.4	5.0	120	1561.5	6.6
N-甲基-N-炔丙基苄胺	120	1216.1	5.0	130	1648.3	6.3
反苯环丙胺	120	1224.7	10.9	120	1833.7	6.2
乙基苯丙胺	120	1232.7	5.2	120	1571.0	7.7
二甲基苯丙胺	120	1251.4	5.2	120	1567.5	8.8
N-异丙基苯丙胺	120	1252.9	4.9	120	1552.0	7.6
4-苯基-2-氨基丁烷	140	1256.6	5.7	130	1723.7	8.6
苯戊胺	140	1261.3	6.3	130	1648.3	8.3
N-甲基苯丁胺	140	1274.6	5.9	120	1610.8	10.5
辛戊胺	140	1281.4	0.8	100	1372.9	0.5
烯丙苯乙胺	140	1310.9	6.4	140	1813.6	5.0
N-甲基-N-乙基苯丙胺	140	1320.5	4.9	130	1608.6	8.7
N-正丙基苯丙胺	140	1326.3	5.6	120	1633.7	6.1
去甲伪麻黄碱	150	1341.9	4.6	180	2175.5	12.1
去甲麻黄碱	150	1347.3	2.8	180	2194.8	11.4
尼可亭	150	1354.6	7.6	160	1848.0	11.0
2-丁基苯丙胺	150	1355.7	3.9	120	1634.9	6.5
甲氧苯丙甲胺	150	1365.4	4.5	130	1880.4	1.8
N,N-二乙基苯丙胺	150	1370.4	5.5	120	1608.9	9.6
麻黄碱	150	1380.8	4.5	160	2089.1	8.2
氯苯丁胺	160	1394.1	7.8	150	1871.4	11.3
N-甲基-N-丙基苯丙胺	160	1404.6	4.4	140	1673.2	7.5
N-甲基麻黄碱	160	1426.0	6.2	150	2041.7	8.8
N-正丁基苯丙胺	160	1428.0	5.6	130	1732.3	8.4
N-乙基去甲麻黄碱	160	1429.2	5.4	150	2089.3	7.3
N-乙基对氯苯丙胺	160	1456.1	5.7	150	1860.1	10.0
苯甲吗啉	160	1467.6	9.0	150	2064.9	13.8
乙基麻黄碱	160	1476.0	7.9	150	2093.2	8.7

续表

固定液	Apiezon L			PEG-20M		
化合物 \ 柱温与保留指数	t_c/℃	I	$10\left(\frac{\partial I}{\partial T}\right)$	t_c/℃	I	$10\left(\frac{\partial I}{\partial T}\right)$
亚甲基二氧苯丙胺	160	1483.5	8.5	160	2204.1	12.6
苯双甲吗啉	160	1485.3	8.9	140	1963.4	11.1
可拉明	160	1486.5	4.0	180	2319.2	12.0
N-甲基-*N*-丁基苯丙胺	160	1487.8	5.3	130	1742.8	7.6
二乙胺苯丙酮 1.峰	160	1490.3	5.4	150	1965.1	—
2.峰	180	1518.4	6.1	—	—	—
N,*N*-二丙基苯丙胺	180	1533.9	4.3	130	1744.8	9.0
N,*N*-二丁基苯丙胺	180	1564.9	7.7	150	1901.6	8.1
戊四氮	180	1649.3	7.7	200	2683.1	—
丙苯乙吡咯	180	1650.9	6.0	150	1945.6	11.1
二苯胺	180	1667.9	7.0	190	2516.8	7.8
3,4-二羟亚甲基苯丁胺	180	1680.8	3.5	180	2378.7	14.9
苯乙胺去甲樟烷	230	1747.0	7.3	160	2124.9	—
度冷丁	230	1755.1	7.3	170	2309.7	—
N-苄基苯丙胺	230	1866.3	8.1	190	239.0	27.0
咖啡因	230	1876.8	7.1	220	3002.6	—
苄甲苯丙胺	240	1902.3	7.2	190	2391.5	14.1
哌苯甲醇	250	2210.2	9.1	180	2375.5	2.3

表 22-35 药物保留指数（二）[32]

药物		I①	药物		I①
醋硝香豆素	acenocoumarin	1900	阿莫拉酮	amolanone	2210
乙酰丙嗪	acepromazine	2665	苯丙胺	amphetamine	1110
乙酰苯胺	acetanilide	1365	安普托品	amprotropine	2010
醋奋乃静	acetophenazine	Neg.	氨基安替比林	ampyrone	1950
醋氢可待因酮	acetyldihydrocodei-none	2450	异戊拉明	*iso*-amylamine	
阿司匹林	acetylsalicylic acid	1295	异戊巴比妥	amylobarbitone	1725
乌头碱	aconitine	2280	阿米卡因	amylocaine	1635
阿地芬宁	adiphenine	2190	阿尼利定	anileridine	2845
氯甲桥萘（艾氏剂）	aldrin	1950	苯胺	aniline	1150
烯丙他明	aletamine	1280	茴香醛	anisaldehyde	1230
阿洛巴比妥	allobarbitone	1600	茴茚二酮	anisindione	2285
布他比妥	allylbarbituric acid	1670	安他唑啉	antazoline	2330
阿醋美沙朵	alphacetylmethadol	2160	蒽	anthracene	1790
阿法美罗定	alphameprodine	1840	阿扑阿托品	apoatropine	2025
阿法美沙朵	alphamethadol	2150	阿普比妥	aprobarbitone	1620
阿法罗定	alphaprodine	1895	阿托品	atropine	2175
倍他唑	ametazole	1390	阿扎环醇	azacyclonol	2210
丁卡因	amethocaine	2215	阿扎培汀	azapetine	1925
氨基比林	amidopyrine	1890	巴比妥	barbitone	1495
对氨水杨酸	*p*-aminosalicylic acid	1330	贝美格	bemegride	1390
阿米美啶	amisometradine	2025	贝那替秦	benactyzine	2230
阿米替林	amitryptyline	2200	苄替啶	benzethidine	2680

续表

药物		I[①]	药物		I[①]
苯海索	benzhexol	2230			2500[②]
苯佐卡因	benzocaine	1530			2460[②]
苄非他明	benzphetamine	1850			2300[②]
苯扎托品	benztropine	2320	氯美噻唑	chlormethiazole	1230
倍他美罗定	betameprodine	1830	氯美扎酮	chlormezanone	2250
倍他罗定	betaprodine	1790	氯普鲁卡因	chloroprocaine	2200
比哌立登	biperiden	2280	氯吡林	chloropyrilene	2130
溴马秦	bromodiphenhydramine	2150	氯喹	chloroquine	2575
溴苯那敏	brompheniramine	2070	氯麝酚	chlorothymol	1510
布鲁生	brucine	3280	氯苯甘油氨酯	chlorphenesin carbamate	1690
布克力嗪	buclizine	3285	氯苯那敏	chlorpheniramine	2000
蟾毒色胺	bufotenine	2000	氯苯沙明	chlorphenoxamine	2040
布酚宁	buphenine	2320	对氯苯丁胺	chlorphentermine	1320
		1270	氯丙嗪	chlorpromazine	2440
布比卡因	bupivacaine	2270	氯磺丙脲	chlorpropamide	1740
仲丁比妥	butabarbitone	1655	氯普噻吨	chlorprothixene	2510
布他卡因	butacaine	2470	氯唑沙宗	chlorzoxazone	1710
丁溴比妥	butallylonal	2025	胆固醇	cholesterol	3015
布坦卡因	butanilicaine	2010	辛可卡因	cinchocaine	2690
布替他酯	butethamate	1740	辛可尼丁	cinchonidine	2625
丁胺卡因	butethamine	2050	辛可宁	cinchonine	2575
丁巴比妥	butobarbitone	1660	克立咪唑	clemizole	2680
布替林	butriptyline	2155	氯贝丁酯	clofibrate	1560
丁酞酯	butylphthalate	1880	可卡因	cocaine	2180
正丁酸	*n*-butyric acid	1330	可待因	codeine	2385
咖啡因	caffeine	1810	可他宁	cotarnine	1780
樟脑	camphor	1130	可替宁	cotinine	1670
斑蝥素	cantharidin	1490	环扁桃酯	cyclandelate	1900
癸酸	capric acid	1485	赛克力嗪	cyclizine	2010
正己酸	*n*-caproic acid	1410	环己巴比妥	cyclobarbitone	1950
卡普托胺	captodiame	2775	环美卡因	cyclomethycaine	2225
卡拉美芬	caramiphen	1950	环喷他明	cyclopentamine	1080
卡马西平	carbamazepine	2290	环喷托酯	cyclopentolate	2010
卡巴立	carbaryl	1490	苯环戊胺	cypenamine	1345
喷托维林	carbetapentane	2240	赛庚啶	cyproheptadine	2355
卡比马唑	carbimazole	1670	氨苯砜	dapsone	2860
卡比沙明	carbinoxamine	2050	地普托品	deptropine	2590
卡溴脲	carbromal	1500	地昔帕明	desipramine	2260
卡立普多	carisoprodol	1850	去甲氯丙嗪	desmethylchlorpromazine	2480
胭脂红酸	carminic acid	1690	地索吗啡	desomorphine	2275
卡奋乃静	carphenazine	3590	地塞米松	dexamethasone	2950
氯苯达诺	chlophedianol	2070	右奥沙屈	dexoxadrol	2340
对氯苄对氯苯硫醚	chlorbenside	2050	右美沙芬	dextromethorphan	2115
氯环力嗪	chlorcyclizine	2215	右丙氧芬	dextropropoxyphene	2180
氯丹	chlordane	2020	二醋吗啡	diamorphine	2615
氯氮䓬	chlordiazepoxide	2790	地西泮	diazepam	2410

续表

药物		I[①]	药物		I[①]
敌匹硫磷	diazinon	1760	普罗吩胺	ethopropazine	2350
二苯西平	dibenzepin	2480	乙苯妥英	ethotoin	1800
滴滴涕	dicophane	2290	乙氧喹	ethoxyquin	2800
双环维林	dicylomine	2100	依索唑胺	ethoxzolamide	2550
二去甲氯丙嗪	didesmethylchlorpromazine	2480	*N*-乙基苯丙胺	*N*-Ethylamphetamine	1210
狄氏剂	dieldrip	2110	*N*-乙基苄胺	*N*-Ethylbenzylamine	1010
二乙嗪	diethazine	2280	乙基异丁嗪	ethylisobutrazine	2455
安非拉酮	dièthylpropion	1480	乙基吗啡	ethylmorphine	2415
二乙噻丁	diethylthiambutene	2000	乙甲噻丁	ethylmethylthiambutene	1925
二乙色胺	diethyltryptamine	1900	依托利定	etoxeridine	2310
双氢可待因	dihydrocodeine	2365	乙色胺	etryptamine	1850
二氢可待因酮	dihydrocodeinone	2425	尤卡托品	eucatropine	2000
双氢麦角胺	dihydroergotamine	2310	芬氟拉明	fenfluramine	1220
双氢吗啡	dihydromorphine	2440	苯甲吗酮	fenmetramide	1765
茶苯海明	dimenhydrinate	1840	芬太尼	fentanyl	2700
二甲茚定	dimethindene	2270	三氟丙嗪	fluopromazine	2175
地美索酯	dimethoxanate	2030	氟奋乃静	fluphenazine	3045
3,4-二甲氧基苯乙胺	3,4-dimethoxyphenethylamine	1540	没食子胺	gallamine	2700
二甲林	dimethrin	1210	龙胆酸	gentisic acid	2350
N,*N*-二甲苯丙胺	*N*,*N*-dimethylamphetamine	1230	格鲁米特	glutethimide	1825
N,*N*-二甲苯乙胺	*N*,*N*-dimethylphenethylamine	1150	胍乙啶	guanethidine	Neg.
二甲噻丁	dimethylthiambutene	1870	氟哌啶醇	haloperidol	2940
二甲色胺	dimethyltryptamine	1750	去氢骆驼蓬碱	harmine	2280
4,6-二硝基-邻甲酚	4,6-dinitro-*o*-cresol	1620	环庚比妥	heptabarbitone	2100
2,4-二硝基苯酚	2,4-dinitrophenol	1510	六氯酚	hexachlorophane	2795
二苯茚酮	diphenadione	2910	乌洛托品	hexamine	1210
苯海拉明	diphenhydramine	1855	海索比妥	hexobarbitone	1850
二苯拉林	diphenylpyraline	2090	己烷雌酚	hexestrol	2400
地匹哌酮	dipipanone	2470	海克卡因	hexylcaine	1950
多巴胺	dopamine	2150	马尿酸	hippuric acid	1730
多沙普仑	doxapram	2875	组胺	histamine	1500
多西拉敏	doxylamine	1925	后马托品	homatropine	2045
达克罗宁	dyclonine	1640	肼屈嗪	hydralazine	1530
依克替脲	ectylurea	1360	北美黄连碱	hydrastine	2975
恩布拉敏	embramine	2150	白毛茛分碱	hydrastinine	1590
恩环氨酯	emcyclamate	1090	氢可酮	hydrocodone	2425
麻黄碱	ephedrine	1350	氢吗啡酮	hydromorphone	2490
麦角克碱	ergocristine	2500	羟异戊巴比妥	hydroxyamylobarbitone	1930
麦角环肽	ergocryptine	2180	羟氯喹	hydroxychloroquine	2860
麦角胺	ergotamine	2360	羟哌替啶	hydroxypethidine	2025
乙非君	etafedrine	1460	奥芬氨酯	hydroxyphenamate	1740
乙氯维诺	ethchlorvynol	1030	对羟苯丙酮酸	*p*-hydroxyphenylpyruvic acid	1380
炔己蚁胺	ethinamate	1360	羟奎尼丁	hydroxyquinidine	2780
炔雌醇	ethinylestradiol	2710	羟嗪	hydroxyzine	2840
依索庚嗪	ethoheptazine	1845	东莨菪碱	hyoscine	2285
乙氧莫生	ethomoxane	1975	莨菪碱	hyoscyamine	2225

续表

药物		I①	药物		I①
丙米嗪	imipramine	2220	美沙酮（环代谢物）	methadone(cyclicmetabolite)	2030
吲哚美辛	indomethacin	2690	美沙芬林	methaphenilene	1980
异丙烟肼	iproniazid	1580	美沙吡林	methapyrilene	1970
异戊胺	isoamylamine	1025	甲喹酮	methaqualone	2180
异卡波肼	isocarboxazid	1960	美沙比妥	metharbitone	1470
异美沙酮	isomethadone	2125	甲地嗪	methdilazine	2470
异美汀	isometheptene	1050	甲巯咪唑	methimazole	1550
异烟肼	isoniazid	1630	美噻吨	methixene	2490
异丙肾上腺素	isoprenaline	1720	美索巴莫	methocarbamol	1510
异丙酰胺	isopropamide	2060	美索比妥	methohexitone	1760
环己异丙甲胺	isopropylhexedrine	1140	美芬妥英	methoin	1795
异喹啉	isoquinoline	1440	左美丙嗪	methotrimeprazine	2515
异西喷地	isothipendyl	2260	甲氧明	methoxamine	1720
氯胺酮	ketamine	1830	甲氧滴滴涕	methoxychlor	2410
凯托米酮	ketobemidone	2010	甲氧那明	methoxyphenamine	1360
拉切辛	lachesine	1860	甲氧丙嗪	methoxypromazine	2500
月桂酸	lauric acid	1600	甲琥胺	methsuximide	1595
戊四氮	leptazol	1535	甲氨甲庚烷	methylaminomethylheptane	1000
左洛啡烷	levallorphan	2340	甲基苯丙胺	methylamphetamine	1170
左美沙芬	levomethorphan	2230	甲地索啡	methyldesorphine	2290
左啡诺	levorphanol	2225	甲二氢吗啡	methyldihydromorphine	2375
利多卡因	lignocaine	1860	甲二甲氧基苯丙胺	methyldimethoxya-mphetamine,see STP	
林旦	lindane	1740	亚甲基二羟苯丙胺	methylenedioxyamp-hetamine,see MDA	
顺式亚油酸	*cis*-Linoleic acid	1330	甲麻黄碱	methylephedrine	1400
亚麻酸	linolenic acid	2175	哌甲酯	methylphenidate	1780
洛贝林	lobeline	1780	甲苯比妥	methylphenobarbitone	1920
麦角二乙胺	lysergide	3445	水杨酸甲酯	methylsalicylate	1200
马拉硫磷	malathion	1900	甲睾酮	methyltestosterone	2610
扁桃酸	mandelic acid	1500	甲乙哌酮	methyprylone	1505
亚甲基二羟苯丙胺	MDA(Methylene-dioxyamphetamine)	1470	美西麦角	methysergide	3050
美海屈林	mebhydrolin	2450	美托酮	metopon	2375
美布氨酯	mebutamate	1865	甲硝唑	metronidazole	1590
甲氯芬酯	meclofenoxate	1740	莫达林	modaline	1420
美克洛嗪	meclozine	3050	6-单乙酰吗啡	6-monoacetylmorphine	2480
甲芬那酸	mefenamic acid	2185	吗哌利定	morpheridine	2500
美芬新	mephenesin	1550	吗啡	morphine	2435
美芬新甲氨酯	mephenesin carbamate	1570	豆蔻酸	myristic acid	1740
美芬诺酮	mephenoxalone	2120	烯丙吗啡	nalorphine	2570
美芬丁胺	mephentermine	1240	萘甲唑林	naphazoline	2090
甲哌卡因	mepivacaine	2075	尼亚拉胺	nialamide	1500*
甲丙氨酯	meprobamate	1790	烟酰胺	nicotinamide	1460
美吡拉敏	mepyramine	2205	尼古丁	nicotine	1340
三甲氧苯乙胺	mescaline	1690	烟醇	nicotinyl alcohol	1150
美布卡因	metabutoxycaine	2225	醋硝香豆素	nicoumalone	1770
美他沙酮	metaxalone	2180	尼芬那宗	nifenazone	1600
美沙酮	methadone	2170	尼可刹米	nikethamide	1500

续表

药物		I①	药物		I①
硝西泮	nitrazepam	2675	芬美曲秦	phenmetrazine	1430
对硝甲苯丙胺	*p*-nitromethylamphetamine	1655	苯巴比妥	phenobarbitone	1950
异炔诺酮	norethynodrel	2520	吩塞秦	phenothiazine	2010
去甲芬氟拉明	norfenfluramine	1130	酚苄明	phenoxybenzamine	2230
去甲美沙酮	normethadone	2080	苯氧丙肼	phenoxypropazine	1465
去甲哌替啶	norpethidine	1745	苯丙氨酯	phenprobamate	1520
去甲伪麻黄碱	norpseudoephedrine	1310	苯琥胺	phensuximide	1640
去甲替林	nortriptyline	2215	芬特明	phentermine	1130
那可丁	noscapine	3100	保泰松	phenylbutazone	2370
制霉菌素	nystatin	1960	苯丙醇胺	phenylpropanolamine	1310
奥芬那君	orphenadrine	1925	水杨酸苯酯（萨罗）	phenylsalicylate	1740
奥沙西泮	oxazepam	2335	苯托沙敏	phenyltoloxamine	1925
羟考酮	oxycodone	2425	非尼拉朵	phenyramidol	2000
羟甲唑啉	oxymetazoline	2170	苯妥英	phenytoin	2335
羟吗啡酮	oxymorphone	2520	福尔可定	pholcodine	2380
奥昔哌汀	oxypertine	2125	毒扁豆碱	physostigmine	1810
羟苄利明	oxyphencyclimine	2540	印防己毒素	picrotoxin	2205
金雀花碱（厚果碱）	pachycarpine	1765	毛果芸香碱	pilocarpine	2010
棕榈酸	palmitic acid	1975	匹哌马嗪	pipamazine	3260
罂粟碱	papaverine	2805	匹哌氮酯	pipazethate	2010
对乙酰氨基酚	paracetamol	1710	哌立度酯	piperidolate	2325
对硫磷（1605,E605）	parathion	1925	哌罗卡因	piperocaine	1955
帕吉林（优降宁）	pargyline	1200	哌罗克生	piperoxan	1830
哌卡嗪	pecazine	2550	哌沙酯	pipethanate	2470
五氯酚	pentachlorophenol	1740	哌泊溴烷	pipobroman	2200
喷他喹	pentaquine	2540	哌苯甲醇	pipradrol	2150
喷他佐辛	pentazocine	2265	普莫卡因	pramoxine	2305
戊巴比妥	pentobarbitone	1750	普尼拉明	prenylamine	2540
奋乃静	perphenazine	2200	丙胺卡因	prilocaine	1845
哌替啶	pethidine	1740	伯氨喹	primaquine	2320
非那卡因	phenacaine	2615	扑米酮	primidone	2250
非那西丁	phenacetin	1660	普罗比妥	probarbital	1550
苯吗庚酮	phenadoxone	2510	丙磺舒	probenecid	2320
菲	phenanthrene	1780	普鲁卡因胺	procainamide	2230
非那佐辛	phenazocine	2670	普鲁卡因	procaine	1995
安替比林	phenazone	1830	丙卡巴肼	procarbazine	1990
非那吡啶	phenazopyridine	2345	丙氯拉嗪	prochlorperazine	2935
苯环利定	phencyclidine	1870	丙环定	procyclidine	2115
苯甲曲秦	phendimetrazine	1440	黄体酮	progesterone	2785
苯乙肼	phenelzine	1340	丙嗪	promazine	2295
α-苯乙胺	*α*-phenethylamine	1010	异丙嗪	promethazine	2260
β-苯乙胺	*β*-phenethylamine	1120	丙胺太林	propantheline	2350
苯丁酰脲	pheneturide	1450	丙哌利定	properidine	1740
苯茚胺	phenindamine	2160	丙酰马嗪	propiomazine	2725
苯异丙肼	pheniprazine	1410	丙氧卡因	propoxycaine	2320
非尼拉敏	pheniramine	1805	普萘洛尔	propranolol	2145

续表

药物		I[①]	药物		I[①]
N-丙苯丙胺	N-propylamphetamine	1330	茶碱	theophylline	1485
丙己君	propylhexedrine	1170	噻苯达唑	thiabendazole	2010
5-丙基-5-异丁巴比妥酸	5-propyl-5-isobutylbarbituric acid	1690	硫戊比妥	thiamylal	1890
丙硫喷地	prothipendyl	2330	苯噻妥英	thiantoin	2145
普罗托醇	protokylol	1500	硫乙拉嗪	thiethylperazine	3260
普罗替林	protriptyline	2230	硫喷妥	thiopentone	1850
伪麻黄碱	pseudoephedrine	1350	醋酸奋乃静	thiopropazate	3450
吡乙吩噻嗪	pyrathiazine	2520	硫利达嗪	thioridazine	3110
吡多胺	pyridoxamine	2000	硫代水杨酸	thiosalicylic acid	1500
乙胺嘧啶	pyrimethamine	2140	替沃噻吨	thiothixene	3015
吡咯他敏	pyrrobutamine	2430	松齐拉敏	thonzylamine	2200
司可巴比妥	quinalbarbitone	1775	麝香草酚	thymol	1270
奎尼丁	quinidine	2760	莫西赛利	thymoxamine	1830
奎宁	quinine	2755	妥拉磺脲	tolazamide	1650
喹啉	quinoline	1440	妥拉唑林	tolazoline	1550
异喹啉	*iso*-quinoline		甲苯磺丁脲	tolbutamide	1690
喹脲铵	quinuronium	2100	反苯环丙胺	tranylcypromine	1210
间苯二酚	resorcinol	1610	曲安西龙	triamcinolone	3070
鱼藤酮	rotenone	3250	三氟拉嗪	trifluoperazine	2680
水杨酰胺	salicylamide	1460	三氟丙嗪	triflupromazine	2210
水杨酸	salicylic acid	1330	三甲利定	trimeperidine	1830
血根铵	sanguinarine	2880	阿利马嗪	trimeprazine	2320
山道年	santonin	2160	甲氧苄啶	trimethoprim	2610
仲丁比妥	secbutobarbitone	1780	曲米帕明	trimipramine	2200
司巴丁	sparteine	1770	曲吡那敏	tripelennamine	1960
硬脂酸	stearic acid	2175	曲普利啶	triprolidine	2250
己烯雌酚	stilboestrol	2300	莨菪醇（托品）	tropine	1200
士的宁	strychnine	3040	三甲双酮	troxidone	1100
司替氨酯	styramate	1670	色胺	tryptamine	1740
舒砜那	sulphonal	1475	泰巴氨酯	tybamate	1700
他克林	tacrine	2140	泰马唑啉	tymazoline	1850
他布比妥	talbutal	1700	戊烯比妥	vinbarbitone	1750
四氢大麻酚	tetrahydrocannabinol	2455	华法林	warfarin	1460
四氢唑林	tetrahydrozoline	1960	珍尼柳酯	xenysalate	2440
醋氢可酮	thebacon	2500	赛洛唑啉	xylometazoline	1920
蒂巴因	thebaine	2525	育亨宾	yohimbine	3290
西尼二胺	thenyldiamine	2010	氯苯唑胺	zoxazolamine	1625
可可碱	theobromine	1840			

① 固定液为 SE-30；柱温多数为 230℃。

② 主要分解物。

第三节 氨基酸与氨基醇类化合物的保留指数

表 22-36 氨基酸（TMS 衍生物）保留指数（一）[33]

固定液：SE-54

I 化合物 \ 柱温/℃	85	120	150	190	I 化合物 \ 柱温/℃	85	120	150	190
丙氨酸	1110.27	—	—	—	苯丙氨酸	—	1635.10	—	—
缬氨酸	1127.77	—	—	—	精氨酸	—	1638.81	—	—
亮氨酸	1287.56	—	—	—	谷氨酸	—	1647.08	—	—
脯氨酸	1304.19	—	—	—	天冬酰胺	—	1662.50	—	—
异亮氨酸	1309.25	—	—	—	天冬酰胺	—	1697.85	—	—
甘氨酸	1316.87	—	—	—	谷氨酰胺	—	—	1762.35	—
丝氨酸	1388.23	—	—	—	谷氨酰胺	—	—	1794.37	—
苏氨酸	—	1404.11	—	—	组氨酸	—	—	1942.25	1941.81
精氨酸	—	1467.67	—	—	赖氨酸	—	—	1947.43	1941.81
蛋氨酸	—	1531.10	—	—	酪氨酸	—	—	1960.08	1959.22
天冬氨酸	—	1543.89	—	—	色氨酸	—	—	—	2237.31
半胱氨酸	—	1574.31	—	—	半胱氨酸-半胱氨酸	—	—	—	2327.19

表 22-37 氨基酸（TMS 衍生物）保留指数（二）[33]

固定液：SP-2100

I 化合物 \ 柱温/℃	90	135	150	210	I 化合物 \ 柱温/℃	90	135	150	210
丙氨酸	1106.11	—	—	—	苯丙氨酸	—	1622.47	1624.82	—
缬氨酸	1225.60	—	—	—	谷氨酸	—	1634.25	1629.40	—
亮氨酸	1284.85	—	—	—	天冬酰胺	—	1664.12	1660.13	—
脯氨酸	1296.99	—	—	—	天冬酰胺	—	1680.55	1676.14	—
异亮氨酸	1306.52	—	—	—	谷氨酰胺	—	1773.65	1768.75	—
甘氨酸	1315.88	—	—	—	谷氨酰胺	—	1784.83	1780.34	—
丝氨酸	1383.95	—	—	—	组氨酸	—	—	1916.60	1921.05
苏氨酸	—	1400	1400	—	酪氨酸	—	—	1949.42	1950.38
精氨酸	—	1448.37	1451.46	—	赖氨酸	—	—	1953.89	1950.38
蛋氨酸	—	1516.78	1518.48	—	色氨酸	—	—	—	2218.50
天冬氨酸	—	1531.51	1528.16	—	半胱氨酸-半胱氨酸	—	—	—	2314.22
半胱氨酸	—	1563.23	1562.44	—					

表 22-38 氨基酸（TMS 衍生物）保留指数（三）[33]

固定液：Carbowax 20M

化合物 \ I 柱温/℃	75	135	160	200	化合物 \ I 柱温/℃	75	135	160	200
丙氨酸	1206.10	—	—	—	蛋氨酸	—	1741.00	—	—
缬氨酸	1289.72	—	—	—	谷氨酰胺	—	1786.61	—	—
亮氨酸	1358.58	—	—	—	谷氨酸	—	1800	—	—
甘氨酸	1364.90	—	—	—	苯丙氨酸	—	1863.65	1863.83	—
异亮氨酸	1369.55	—	—	—	赖氨酸	—	1971.52	1944.21	—
脯氨酸	1396.61	—	—	—	天冬酰胺	—	—	2028.71	—
苏氨酸	1469.26	—	—	—	酪氨酸	—	—	2151.59	—
丝氨酸	1476.09	—	—	—	谷氨酰胺	—	—	2165.40	—
天冬酰胺	—	1653.32	—	—	组氨酸	—	—	—	2293.85
天冬氨酸	—	1683.85	—	—	半胱氨酸-半胱氨酸	—	—	—	2537.21
半胱氨酸	—	1703.19	—	—	色氨酸	—	—	—	2548.52
精氨酸	—	1726.72	—	—					

表 22-39 蛋白质氨基酸（TMS-MTH 衍生物）保留指数[24]

固定液	SE-30			OV-17		
化合物 \ I 柱温/℃	140	180	220	140	180	220
丙氨酸	1491	—	—	1724	—	—
缬氨酸	1561	—	—	1757	—	—
S-羧甲基半胱氨酸	1546	—	—	1773	—	—
异亮氨酸	1649	—	—	1837	—	—
亮氨酸	1658	—	—	1857	—	—
Δ-苏氨酸	1582	—	—	1905	—	—
脯氨酸	1543	—	—	1905	—	—
甘氨酸	1161	—	—	1764	—	—
天冬氨酸	—	1896	—	—	2140	—
蛋氨酸	—	1912	—	—	2203	—
谷氨酸	—	2016	—	—	2246	—
苯丙氨酸	—	2005	—	—	2307	—
天冬酰胺	—	2016	—	—	2307	—
谷氨酰胺	—	2154	—	—	2447	—
酪氨酸	—	—	2343	—	—	2616
组氨酸	—	—	2298	—	—	2645
ε-MTC-赖氨酸	—	—	2326	—	—	2721
色氨酸	—	—	2631	—	—	2926

表 22-40 氨基酸保留指数[34]

柱温：250℃

化合物 \ I \ 固定液	OV-101	OV-17	化合物 \ I \ 固定液	OV-101	OV-17
色胺	1938	2197	5-甲氧基-*N*-*ω* 乙酰基色胺	2396	2869
N-*ω* 甲基色胺	2075	2279	*Nω*,*N*-*ω* 二乙基色胺	2452	2223
5-羟基色胺	2186	2415	左旋色氨酸	2162	2330
5-甲氧基色胺	2136	2447	消旋-5-羟基色氨酸	2385	2520

表 22-41 氨基醇（硅、硼衍生物）保留指数[35]

柱温：200℃

通式：$R^1R^2M(OCHR^3(CH_2)_k)(OCHR^4(CH_2)_l)X-R^5$（M 与两个 O 相连，两个 O 经 $CHR^3(CH_2)_k$ 与 $CHR^4(CH_2)_l$ 连至 X，X 上连 R^5）

M	X	*k*	*l*	R^1	R^2	R^3	R^4	R^5	Apiezon L *I*	OV-225 *I*
Si	O	1	1	C_6H_5	CH_3	H	H	—	1557	2127
Si	O	1	1	C_6H_5	C_3H_7	H	H	—	1700	2232
Si	O	1	1	C_6H_5	C_6H_5	H	H	—	2110	2838
Si	N	1	1	CH_3	CH_3	H	H	C_6H_5	1724	2247
Si	N	1	1	C_6H_5	CH_3	H	H	CH_3	1632	2160
Si	N	1	1	C_6H_5	CH_3	H	H	C_6H_5	2260	3020
Si	N	1	1	C_6H_5	CH_3O	H	H	CH_3	1701	2370
Si	N	1	1	C_6H_5	C_2H_5O	H	H	CH_3	1711	2289
Si	N	1	1	C_6H_5	C_2H_5O	H	H	CH_3	2182	3015
Si	N	1	1	C_6H_5	C_6H_5	H	H	CH_3	2179	2921
Si	N	1	1	C_6H_5	C_6H_5	H	H	C_2H_5	2219	2957
Si	N	1	1	C_6H_5	C_6H_5	H	H	C_3H_7	2277	2986
Si	N	1	1	C_6H_5	C_6H_5	H	H	C_4H_9	2357	3076
Si	N	1	1	C_6H_5	C_6H_5	H	H	$C(CH_3)_3$	2353	3066
Si	N	1	1	C_6H_5	C_6H_5	H	H	C_6H_5	2750	3649
Si	N	1	1	C_6H_5	C_6H_5	H	H	NH_2	2179	3098
Si	N	1	1	*p*-CH_3-C_6H_4	*p*-CH_3-C_6H_4	H	H	CH_3	2350	3081
Si	N	1	1	C_6H_5	CH_3	CH_3	H	CH_3	1609	2089
Si	N	1	1	C_6H_5	C_6H_5	CH_3	H	CH_3	2148	2842
Si	N	1	1	C_6H_5	C_6H_5	CH_3	CH_3	CH_3	2127	2755
B	N	1	1	C_6H_5	—	H	H	CH_3	1943	3313
B	N	1	1	C_6H_5	—	H	H	$C(CH_3)_3$	1944	3076
B	N	1	1	C_6H_5	—	CH_3	CH_3	CH_3	1886	3141
B	N	1	2	C_6H_5	—	H	H	CH_3	2061	3330
B	N	2	2	C_6H_5	—	H	H	CH_3	2054	3253

表 22-42　氨基醇衍生物保留指数[36]

柱温：200℃

通式：R^1—M(—R^2—CHR^3—$(CH_2)_k$—)(—O—CHR^4—$(CH_2)_l$—)(—O—CHR^5—$(CH_2)_m$—)N，N→M

化合物 M	k	l	m	R^1	R^2	R^3	R^4	R^5	Apiezon L	OV-225
B	1	1	1	—	O	H	H	H	1745	3041
B	1	1	1	—	O	CH_3	H	H	1716	2952
B	1	1	1	—	O	CH_3	CH_3	H	1672	2837
B	1	1	1	—	O	CH_3	CH_3	H	1730①	2938①
B	1	1	1	—	O	CH_3	CH_3	CH_3	1632①	2726
B	1	1	1	—	O	CH_3	CH_3	CH_3	1694①	2836
B	2	1	1	—	O	H	H	H	1770	3104
B	2	2	1	—	O	H	H	H	1854	2984
B	2	2	2	—	O	H	H	H	1844	2808
Si	1	1	1	H	O	H	H	H	1487	2597
Si	1	1	1	CH_3	O	H	H	H	1387	2142
Si	1	1	1	C_6H_5	O	H	H	H	2242	3171
Si	1	1	1	CH_2=CH	O	H	H	H	1522	2463
Si	1	1	1	*p*-Cl-C_6H_4	O	H	H	H	2343	3547
Si	1	1	1	*α*-$C_{10}H_7$	O	H	H	H	2718	4125
Si	1	1	1	(四氢呋喃-2-基)	O	H	H	H	1996	3317
Si	1	1	1	(四氢呋喃-3-基)	O	H	H	H	1980	3029
Si	1	1	1	(四氢呋喃-2-基)—CH_2	O	H	H	H	1963	3097
Si	1	1	1	(四氢呋喃-2-基)—CH_2—CH_2	O	H	H	H	2020	2953
Si	1	1	1	$(C_2H_5)_3Si$—CH_2—CH_2	O	H	H	H	2179	2824
Si	1	1	1	(四氢呋喃-2-基)—$Si(CH_3)_2$—CH_2—CH_2	O	H	H	H	2132	2988
Si	1	1	1	(四氢呋喃-2-基)$_2$Si(CH_3)—CH_2—CH_2	O	H	H	H	2473	3537
Si	1	1	1	(四氢呋喃-2-基)$_3$Si—CH_2—CH_2	O	H	H	H	2778	4068
Si	1	1	1	(四氢呋喃-3-基)—$Si(CH_3)_2CH_2$—CH_2	O	H	H	H	2032	3002
Si	1	1	1	(四氢噻吩-2-基)	O	H	H	H	2158	3440
Si	1	1	1	(四氢噻吩-3-基)	O	H	H	H	2149	3320
Si	1	1	1	Cl—(四氢噻吩-2-基)	O	H	H	H	2386	3918
Si	1	1	1	(四氢噻吩-2-基)—$Si(CH_3)_2$—CH_2—CH_2	O	H	H	H	2396	3327
Si	1	1	1	(四氢噻吩-2-基)$_2$ Si(CH_3) —CH_2—CH_2	O	H	H	H	2946	4136

续表

I 化合物 \ 固定液									Apiezon L	OV-225
$R^2—CHR^3—(CH_2)_k$; $R^1—M—O—CHR^4—(CH_2)_l—N$; $O—CHR^5—(CH_2)_m$ (M←N)										
M	*k*	*l*	*m*	R^1	R^2	R^3	R^4	R^5		
Si	1	1	1	$(C_6H_5)_2Si(CH_3)CH_2CH_2$	O	H	H	H	2931	4052
Si	1	1	1	H	O	CH_3	CH_3	CH_3	1569①	2764
Si	1	1	1	H	O	CH_3	CH_3	CH_3	1618①	2869
Si	1	1	1	CH_3	O	CH_3	H	H	1380	2077
Si	1	1	1	CH_3	O	CH_3	CH_3	H	1357	2004
Si	1	1	1	CH_3	O	H	H	H	1381	2041
Si	2	1	1	$CH_2═CH$	O	H	H	H	1567	2199
Si	2	1	1	$Cl—CH_2$	O	H	H	H	1826	2722
Si	2	1	1	C_6H_5	O	H	H	H	2082	2945
Si	2	1	1	*p*-Br—C_6H_4	O	H	H	H	2383	3339
Si	2	1	1	*p*-Cl—C_6H_4	O	H	H	H	2260	3212
Si	2	1	1	$CH_2═CH$	O	H	CH_3	CH_3	1542	2071
Si	2	1	1	C_6H_5	O	H	CH_3	CH_3	2025	2766
Si	2	1	1	*p*-Br—C_6H_5	O	CH_3	CH_3	CH_3	2344①	3140
Si	2	1	1	*p*-Br—C_6H_5	O	CH_3	CH_3	CH_3	2344①	3166
Si	2	1	1	*p*-Cl—C_6H_5	O	H	CH_3	CH_3	2253	3004
Ge	1	1	1	C_6H_5	O	H	H	H	1274	3487
Ge	1	1	1	α-$C_{10}H_7$	O	H	H	H	2833	4264
Ge	1	1	1	2-噻吩基（S 五元环结构）	O	H	H	H	2299	3606
Ge	1	1	1	C_6H_5	O	CH_3	CH_3	CH_3	2097	3070
Ge	1	1	1	C_6H_5	O	CH_3	CH_3	CH_3	2124	3104
Si	1	1	1	CH_3	O	CH_3	CH_3	CH_3	1365①	1928
Si	1	1	1	CH_3	O	CH_3	CH_3	CH_3	1365①	1965
Si	1	1	1	CH_3	O	C_6H_5	H	H	2171	2889
Si	1	1	1	CH_3	O	C_6H_5	C_6H_5	H	2779①	3544
Si	1	1	1	CH_3	O	C_6H_5	C_6H_5	H	2779①	3570
Si	1	1	1	CH_3	O	C_6H_5	C_6H_5	H	2779①	3621
Si	1	1	1	C_6H_5	O	CH_3	H	H	2075	3155
Si	1	1	1	C_6H_5	O	CH_3	CH_3	H	2038	3052
Si	1	1	1	C_6H_5	O	CH_3	CH_3	H	2067①	3082①
Si	1	1	1	C_6H_5	O	CH_3	CH_3	CH_3	1991	2945
Si	1	1	1	C_6H_5	O	CH_3	CH_3	CH_3	2022	2980
Si	1	1	1	C_6H_5	O	C_6H_5	C_6H_5	H	3253	4595
Si	1	1	1	$CH_2═CH$	O	C_6H_5	H	H	2353	3185
Si	1	1	1	$CH_2═CH$	O	C_6H_5	C_6H_5	H	2916①	3849①
Si	1	1	1	$CH_2═CH$	O	C_6H_5	C_6H_5	H	2916①	3876①
Si	1	1	1	CH_3	CH_2	H	H	H	1425	1909
Si	1	1	1	C_6H_5	CH_2	H	H	H	2089	2888
Si	2	1	1	CH_3	O	H	H	H	1537	2103
Ge	1	1	1	C_6H_5	O	C_6H_5	H	H	2816	4116
Ge	1	1	1	C_6H_5	O	C_6H_5	C_6H_5	H	3339	4793
Ge	2	1	1	C_6H_5	O	H	H	H	2298	3364
Ge	2	1	1	α-$C_{10}H_7$	O	H	H	H	2839	4110
Sn	1	1	1	$(CH_3)_3Si—CH_2$	O	H	H	H	1689	2695

① 由于立体异构物色谱峰未分开,可使测定结果产生约 10iu 误差。

第四节 精油组分与萜烯类化合物的保留指数

表 22-43 精油组分的保留指数（一）[37]

固定液：OV-101

化合物 \ I 柱温/℃	130	140	150	160	170
α-蒎烯	952	956	960	965	—
莰烯	968	974	979	984	—
β-蒎烯	993	999	1004	1009	—
对伞花烃	1026	1029	1032	1036	—
顺罗勒烯	1027	1028	1029	1030	—
柠檬烯	1036	1040	1045	1049	—
1,8-桉叶油素	1039	1045	1050	1055	—
反罗勒烯	1040	1041	1042	1043	—
里哪醇	—	1092	1093	1095	1097
樟脑	—	1153	1159	1166	1173
熏衣草花醇	—	1159	1161	1163	1165
龙脑	—	1171	1178	1184	1191
4-松油醇	—	1180	1186	1192	1197
α-松油醇	—	1190	1195	1201	1206
里哪醇乙酸酯	—	1243	1244	1245	1246
熏衣草醇乙酸酯	—	1273	1274	1275	1276
石竹烯	—	1427	1434	1442	1449

表 22-44 精油组分的保留指数（二）[37]

固定液：Carbowax 1500

化合物 \ I 柱温/℃	120	130	140	150	160	170	180
α-蒎烯	1057	1065	1072	1079	—	—	—
莰烯	1110	1117	1124	1131	—	—	—
β-蒎烯	1150	1158	1167	1175	—	—	—
柠檬烯	1230	1236	1242	1249	—	—	—
顺罗勒烯	1241	1242	1243	1245	—	—	—
反罗勒烯	1264	1265	1268	1270	—	—	—
1,8-桉叶油素	1258	1266	1273	1281	—	—	—
对伞花烃	1299	1305	1311	1318	—	—	—
里哪醇	—	—	—	1564	1561	1557	1553
里哪醇乙酸酯	—	—	—	1582	1582	1583	1582
樟脑	—	—	—	1593	1605	1617	1630
熏衣草醇乙酸酯	—	—	—	1632	1631	1630	1628
4-松油醇	—	—	—	1643	1647	1651	1654
石竹烯	—	—	—	1642	1655	1668	1681
熏衣草花醇	—	—	—	1709	1705	1702	1698
α-松油醇	—	—	—	1730	1734	1738	1741
龙脑	—	—	—	1736	1744	1751	1758

表 22-45 精油组分的保留指数（三）[37]

固定液：QF-1

化合物 \ I 柱温/℃	90	100	120	130	150	160	180
α-蒎烯	976	983	997	1004	—	—	—
莰烯	1010	1017	1031	1037	—	—	—
β-蒎烯	1041	1048	1063	1069	—	—	—
柠檬烯	1072	1078	1089	1095	—	—	—
顺罗勒烯	1075	1076	1078	1079	—	—	—
反罗勒烯	1104	1105	1107	1108	—	—	—
对伞花烃	1109	1114	1124	1129	—	—	—
1,8-桉叶油素	1130	1137	1150	1156	—	—	—

续表

化合物 \ I \ 柱温/℃	90	100	120	130	150	160	180
里哪醇	—	—	1239	1242	1248	1251	—
4-松油醇	—	—	1350	1357	1368	1374	—
熏衣草花醇	—	—	1351	1356	1365	1369	—
龙脑	—	—	1376	1387	1407	1418	—
α-松油醇	—	—	1380	1386	1397	1403	—
里哪醇乙酸酯	—	—	—	—	1452	1455	1461
熏衣草醇乙酸酯	—	—	—	—	1506	1510	1517
樟脑	—	—	—	—	1540	1555	1586
石竹烯	—	—	—	—	1556	1567	1588

表 22-46 萜烯保留指数[38]

固定液	Apiezon L	SF-96	SE-30	DC-710	QF-1	Carbowax 20M			DEGS
化合物 \ I \ 柱温/℃	155	170	130	165	132		165	205	160
华澄茄油烯	1368	—	—	—	—	—	—	—	—
α-长蒎烯	—	—	1359.5	—	—	—	—	—	—
α-衣兰烯	1401.5	1396.1	—	1454.5	—	—	1538.5	—	1653
β-榄香烯	1410	—	—	—	—	—	—	—	—
α-波旁烯	1410	—	—	—	—	—	—	—	—
α-玷𤆵烯	1410.2	1400.5	1378.5	1459	1447	1521.5	1551.3	1593	1665
环洒剔烯	1411.9	1399.7	—	—	—	—	1549	—	(1684)
环玷𤆵茨烯	1417.8	—	—	—	1467.2	—	1555.4	—	1685.6
β-波旁烯	1418.3	1411.7	1386	1477.3	1477.5	1547	1586.5	1618	1714
β-法呢烯	1429.2	—	—	—	1509	—	1668	—	1818.5
洒剔烯	1434.7	1420.7	—	—	—	—	1594.5	—	(1738)
莎草烯	1446.6	1432.5	1398	1501	1493	1562	1606	1650	1736.5
α-龙脑胶萜烯	—	1435.2	1413	1500.5	1471	1558	1591	1633	1712.5
石竹烯	1451.7	1445.3	1417.5	1523	(1587)	1618.5	1655.5	1695.5	1835.5
长叶烯	1464.0	1440.2	1404	1517.5	1520	1600	1643	1697	1802.5
异洒剔烯	1464.4	1440.9	—	—	—	—	1639	—	(1797)
白菖烯	1466.0	1459.7	1435	1535.5	1513	1618	1655.5	1700	1806
β-衣兰烯	—	—	约 1417.5	—	—	—	—	—	—
β-玷𤆵烯	—	—	约 1422.5	—	—	—	—	—	—
α-雪松烯	1473.4	1445.0	约 1414	1516	1518	1597.5	1640	1689	1788.5
罗汉柏烯	1476.1	1458.3	1430.5	1542.3	1540	1643	1684.2	1732	1858.5
香橙烯	约 1477	—	—	—	—	—	—	—	—
α-马阿里烯	约 1477	—	—	—	—	—	—	—	—
γ-姜黄烯	1481.9	—	—	—	1532.5	—	—	—	—
β-雪松烯	1482.4	1454.8	1421	1533.5	1539.5	1624.5	1670	1714	1834.5
α-姜黄烯	1483	1480.4	(1475)	1589	1557.5	—	1787.5	(1814)	1992.5
ε-依兰油烯	1484.8	(1474.0)	(1445)	(1561.5)	1552.5	(1675.5)	1713.8	(1759.5)	1893.5
葎草烯	1487.2	1476.6	1446.8	1561.5	1583.5	1681	1719	1765	1929.5

续表

固定液	Apiezon L	SF-96	SE-30	DC-710	QF-1	Carbowax 20M			DEGS
I 柱温/℃ 化合物	155	170	130	165	132		165	205	160
檀香烯	—	1470.5	1454	1548	1533.5	1658	1683	1714.5	1843.5
芹子-4(14),7-二烯	1491.9	1475.7	—	—	1542	—	1694	—	1852.5
δ-芹子烯	1504.5	—	—	—	—	—	1728.5	—	—
γ-依兰油烯	1505.7	—	—	—	1545	—	1725	—	1889
γ-阿莫夫烯	1506.4	—	—	—	1544.5	—	1724	—	1896.5
α-海马查烯	1508.0	—	1444	1561.5	1533.5	1662.5	1704.5	1755	1870
α-阿莫夫烯	1509.5	1491.7	—	1582.5	1535	—	1724.5	—	1897
兹扎烯	1511.6	1481.8	—	—	1562	—	1706.3	—	1879.5
β-比洒波烯	1512.9	1510.3	1496.5	1592.5	1548	1726	1745.5	1772	1909.5
β-姜黄烯	1513.6	1510.4	—	—	1547.5	—	1756	—	1922.5
α-姜烯	—	(1479.6)	—	1583.5	—	—	1738	(1762)	—
瓦伦烯	1525.6	1508.8	1457	~1600	1581	1725.5	1760	1801	1948
β-海马查烯	1529.7	—	1491	1607.5	1578	1717	1752.5	1799	—
β-芹子烯	1530.2	1506.3	—	1595	1597.5	—	1766.5	1815.5	1958
γ-没药烯	1531.3	(1505)	—	1601	—	—	1765.5	1815	—
α-依兰油烯	1531.3	1507.7	1495	~1600	1558.5	1726	1752.5	1792	1927.5
α-焦岩兰烯	1533.9	1521.5	—	—	—	—	1817	—	2026.0
α-芹子烯	1534.5	—	—	—	—	—	—	—	—
δ-杜松烯	1546.4	(1526.4)	~1504	1628.5	—	—	1784	1818	1959
菖蒲烯	约 1550	—	—	—	—	—	—	—	—
γ-杜松烯	1554.9	1523.5	1506.5	1623.5	1587	1762	1792.3	1835.5	1978.5
芹子-4(14),7(11)-二烯	1572.0	—	—	—	1611.5	—	1816.3	—	(2018)
芹子-3,7(11)-二烯	1580	—	—	—	—	—	—	—	—
β-歪惕烯	1583.0	1563.3	—	—	—	—	1885	—	2111

表 22-47 萜烯衍生物保留指数[39]

固定液	PEG-4000	SE-30
I 柱温/℃ 化合物	175	160
α-蒎烯	1072	970
(+)-顺蒎烯	1103	1002
香叶烯	1182	984
2,6-二甲基辛烷	1032	932
桉树脑	1280	1127
香茅醛	1533	1146
香茅醇	1765	1225
3,7-二甲基-1-辛醇	1685	1190
3,7-二甲基-1-辛烯	1265	963
里哪醇乙酸酯	1548	1250
里哪醇	1558	1082
3,7-二甲基-3-辛醇	1412	1091
3,7-二甲基-2-辛烯+3,7-二甲基-3-辛烯	1238	922
α-萜品醇	1698	1205
对-8-盂烷醇	1569	1162
对-4(8)-盂烯	1220	998
D-苧烯	1242	1051
D-苧烯氧化物	1562	1148
对-8-盂烯-1-醇	1731	1156
对-1-盂醇	1650	1156
对-8-盂烯-2-醇	1812	1208
对-2-盂烯醇	1732	1205
对-1-盂烯+对-2-盂烯	1213	985

第二篇

表 22-48 萜烯醇和醇的氨基甲酸酯的保留指数[40]

固定液	DEGA	Apiezon L	固定液	DEGA	Apiezon L
I 柱温/℃ 化合物	160	180	*I* 柱温/℃ 化合物	160	180
氨基甲酸酯:			正戊醇	1070	2167
(−)-烃基莰醇	1500	2573	正己醇	1165	2250
(±)-异烃基莰醇	1494	2560	正庚醇	1267	2363
(−)-异蒲勒醇	1456	2543	正壬醇	1478	2508
Z-里哪醇氧化物	1396	2512	正癸醇	1568	2590
α-萜品醇	1548	2620	香茅醇	1518	—
4-萜品烯醇	1497	2554			

表 22-49 萜烯醇保留指数[41]

柱温：150℃

I 固定液 化合物	Apiezon L	Carbowax 20M	*I* 固定液 化合物	Apiezon L	Carbowax 20M
2,6-二甲基-2-辛醇	1067	1449	3,7-二甲基-3-辛醇	1076	1431
2,6-二甲基-7-辛烯-2-醇	1036	1473	3,7-二甲基-1-辛烯-3-醇	1035	1449
2-甲基-6-亚甲基-7-辛烯-2-醇	1084	1631	3,7-二甲基-6-辛烯-3-醇	1104	1537
顺-2,6-二甲基-5,7-辛二烯-2-醇	1115	1660	3,7-二甲基-1,6-辛二烯-3-醇	1064	1555
反-2,6-二甲基-5,7-辛二烯-2-醇	1132	1685			

表 22-50 环己醇、环己酮和萜类化合物的保留指数[42]

柱温：130℃

I 固定液 化合物	PEG-6000 +Hyprose SP 80	Apiezon L	*I* 固定液 化合物	PEG-6000 +Hyprose SP 80	Apiezon L
环己烷	764	683	顺-3-异丙基环己醇	1773	1173
甲基环己烷	802	751	反-3-异丙基环己醇	1726	1165
异丙基环己烷	1019	958	顺-4-异丙基环己醇	1726	1165
三丁基环己烷	1089	1025	反-4-异丙基环己醇	1773	1173
环己醇	1512	878	反-对蓋烷	1060	1017
环己酮	1426	888	顺-对蓋烷	1087	1027
1-甲基环己醇	1415	918	反-1-甲基-4-三丁基环己烷	1123	1081
顺-2-甲基环己醇	1494	946	顺-1-甲基-4-三丁基环己烷	1152	1093
反-2-甲基环己醇	1512	946	2-甲基环己酮	1420	954
顺-3-甲基环己醇	1564	964	3-甲基环己酮	1453	961
反-3-甲基环己醇	1534	964	4-甲基环己酮	1462	968
顺-4-甲基环己醇	1536	964	2-异丙基环己酮	1544	1119
反-4-甲基环己醇	1564	964	3-异丙基环己酮	1654	1172
1-异丙基环己醇	1559	1130	4-异丙基环己酮	1667	1182
顺-2-异丙基环己醇	1627	1139	顺-2-三丁基环己酮	1660	1203
反-2-异丙基环己醇	1694	1139	反-2-三丁基环己酮	1698	1211

续表

化合物 \ I 固定液	PEG-6000 +Hyprose SP 80	Apiezon L	化合物 \ I 固定液	PEG-6000 +Hyprose SP 80	Apiezon L
顺-4-三丁基环己酮	1783	1225	新异香芹蓋醇	1769	1225
反-4-三丁基环己酮	1846	1245	异香芹蓋醇	1810	1248
蓋醇	1720	1202	反-1-对蓋醇	1623	1167
新蓋醇	1662	1202	顺-1-对蓋醇	1698	1189
新异蓋醇	1690	1212	1-甲基-4-三丁基-3-环己醇	1680	1264
异蓋醇	1749	1212	蓋酮	1558	1273
香芹蓋醇	1752	1225	异蓋酮	1593	1273
新香蓋醇	1700	1219			

表 22-51　对蓋二醇保留指数[42]

柱温：130℃

化合物 \ I 固定液	Apiezon L	PEG-6000 +Hyprose SP 80	化合物 \ I 固定液	Apiezon L	PEG-6000 +Hyprose SP 80
顺-2-羟基蓋醇	1408	2160	4-羟基新异蓋醇	1395	2139
顺-2-羟基新蓋醇	1423	2179	4-羟基新蓋醇	1377	2124
反-2-羟基蓋醇	1412	2179	反-5-羟基蓋醇	1417	2305
顺-2-羟基新异蓋醇	1433	2208	反-5-羟基异蓋醇	1446	2340
顺-2-羟基异蓋醇	1458	2228	顺-5-羟基新蓋醇	1321	2013
反-2-羟基异蓋醇	1448	2248	顺-5-羟基新异蓋醇	1417	2130
反-2-羟基新异蓋醇	1450	2228	反-5-羟基新异蓋醇	1402	2260
反-2-羟基新蓋醇	1430	2294	1-羟基新香芹蓋醇	1378	2212
4-羟基新香芹蓋醇	1420	2200	1-羟基新异香芹蓋醇	1378	2140
4-羟基异香芹蓋醇	1450	2244	1-羟基蓋醇	1394	2250
4-羟基香芹蓋醇	1420	2244	1-羟基新蓋醇	1394	2200
4-羟基新异香芹蓋醇	1450	2296	反-6-羟基香芹蓋醇	1449	2352
4-羟基蓋醇	1395	2062			

表 22-52　单萜烯与倍半萜烯类化合物的保留指数[43]

固定液①	聚乙二醇类		甲基硅氧烷类	
化合物	I	t_c/℃	I	t_c/℃
别香橙烯　alloaromadendrene	1660	130	1475	150
顺-别罗勒烯　*cis*-allo-ocimene	1373	70	1132	110
反-别罗勒烯　*trans*-allo-ocimene	1392	70	1120	110
α-紫穗槐烯　α-amorphene	1724	165	1492	170
驱蛔脑　ascaridole	—	—	1278	110
驱蛔脑环氧衍生物　ascaridole epoxide	—	—	1215	110
α-埍巴烯　α-barbatene	1627	150	1440	170
β-埍巴烯　β-barbatene	1690	150	1473	170
双环吉马烯　bicyclogermacrene	1738	130	—	—
甜没药烷（a）　bisabolane a	1492	130	1448	150

续表

固定液[①]	聚乙二醇类		甲基硅氧烷类	
化合物	I	t_c/℃	I	t_c/℃
甜没药烷（b） bisabolane b	1510	130	1458	150
α-甜没药烯 α-bisabolene	1766	165	1505	170
β-甜没药烯 β-bisabolene	1745	165	1496	130
α-甜没药醇 α-bisabolol	2022	160	1595	175
β-甜没药醇 β-bisabolol	—	—	1666	175
冰片 borncol	—	—	1154	110
	—	—	1177	175
乙酸冰片酯 bornyl acetate	1599	135	1278	135
	1615	150	—	—
β-蒲尔旁烯 β-bourbonene	1586	165	1386	130
δ-荜澄茄烯 δ-cadinene	1784	165	1504	130
γ-荜澄茄烯 γ-cadinene	1792	165	1507	130
α-甜旗烯 α-calacorene	1926	165	—	—
去氢白菖烯 calamenene	1839	150	1524	170
樟烷 camphane	1021	65	953	100
樟烯 camphene	1066	75	952	100
樟脑 camphor	1078	75	956	100
顺-蒈烷 cis-carane	—	—	1126	110
3-蒈烯 3-carene	1064	65	986	100
	1141	75	1009	100
	1156	75	1013	100
顺-香芹醇 cis-carveol	—	—	1215	120
反-香芹醇 trans-carveol	—	—	1200	120
顺-乙酸香芹酯 cis-carveyl acetate	1795	150	—	—
反-乙酸香芹酯 trans-carveyl acetate	1759	150	—	—
香芹蓋酮 carvomenthone	—	—	1181	110
乙酸香芹蓋酯 carvomenthyl acetate	1641	150	—	—
香芹酮 carvone	—	—	1223	125
丁香烷（a） caryophyllane a	1522	130	1425	150
丁香烷（b） caryophyllane b	1533	130	1432	150
丁香烷（c） caryophyllane c	1555	130	1450	150
丁香烷（d） caryophyllane d	1562	130	1450	150
丁香烯 caryophyllene	1618	130	1436	150
	1655	165	1417	130
8βH-柏木烷 8βH-cedrane	1617	130	1458	150
8αH-柏木烷 8αH-cedrane	1627	130	1465	150
α-柏木烯 α-cedrene	1640	165	1414	130
β-柏木烯 β-cedrene	1670	165	1421	130
雪松醇 cedrol	—	—	1616	175
菊化酮 chrysanthenone	—	—	1100	100
1,4-桉树脑 1,4-cineole	—	—	1000	80
1,8-桉树脑 1,8-cineole	1223	70	1025	100
香茅醛 citronellal	1491	135	1143	135
	—	—	1146	160
香茅酸 citronellic acid	—	—	1300	125

续表

固定液[①]	聚乙二醇类		甲基硅氧烷类	
化合物	*I*	t_c/℃	*I*	t_c/℃
β-香茅醇　β-citronellol	1765	150	1216	100
	—	—	1224	175
α-香茅醇　α-citronellol	1760	150	—	—
乙酸香茅酯　citronellyl acetate	1662	135	1335	135
丁酸香茅酯　citronellyl butyrate	1671	150	1335	140
甲酸香茅酯　citronellyl formate	1811	150	—	—
异丁酸香茅酯　citronellyl isobutyrate	1638	150	—	—
丙酸香茅酯　citronellyl propionate	1739	150	—	—
别丁香烷　clovane	1738	150	—	—
别丁香烯　clovene	1621	175	—	—
	1601	175	—	—
α-玷𤦧烯　α-copaene	1551	165	1378	130
α-cubebene	1481	130	1362	150
β-玷𤦧烯　β-cubebene	1560	130	1400	150
花侧柏烯　cuparene	1811	130	1506	150
	1838	150	1516	170
(ar-) α-姜黄烯　(ar-)α-curcumene	1787	165	1475	130
β-姜黄烯　β-curcumene	1756	165	1510	170
α-环柠檬醛　α-cyclocitral	—	—	1100	110
β-环柠檬醛　β-cyclocitral	—	—	1200	125
环洒剔烯　cyclosativene	1549	165	1400	170
对伞花烃　p-cymene	1250	75	1016	100
	1275	70	1018	100
对伞花烃-7-醇　p-cymene-7-ol	—	—	1270	115
对伞花烃-8-醇　p-cymene-8-ol	—	—	1167	115
对异丙苯甲烷　cymenene	—	—	1277	100
莎草烯　cyperene	1606	165	1398	130
二羟姜黄烯　dihydrocurcumene	1696	130	1448	150
二羟牻牛儿醇　dihydrogeraniol	1759	150	—	—
二羟葎草烯　dihydrohumulene	1655	175	—	—
1,2-二羟里哪醇　1,2-dihydrolinalool	1537	150	—	—
6,7-二羟里哪醇　6,7-dihydrolinalool	1449	150	—	—
6,10-二羟香叶烯醇　6,10-dihydromyrcenol	1473	150	1056	80
二羟橙花醇　dihydronerol	1725	150	—	—
3,7-二甲基-1,6-辛二烯　3,7-dimethyl-1,6-octadiene	—	—	946	90
2,6-二甲基辛烷　2,6-dimethyloctane	922	65	938	100
2,6-二甲基-2-辛烯　2,6-dimethyl-2-octene	—	—	966	80
榄香烷　elemane	1460	130	1403	150
β-榄香烯　β-elemene	1608	130	1400	150
4αH,5αH-桉叶油烷　4αH,5αH-eudesmane	1636	130	1497	150
4βH,5αH-桉叶油烷　4βH,5αH-eudesmane	1582	130	1405	150
反,反-α-金合欢烯　trans,trans-α-farnesene	1756	130	1501	150
反-β-金合欢烯　trans-β-farnesene	1671	130	1426	150
反,反-金合欢醇　trans,trans-farnesol	1668	165	1449	170
乙酸金合欢酯　farnesyl acetate	—	—	1745	175

续表

固定液[①]	聚乙二醇类		甲基硅氧烷类	
化合物	I	t_c/℃	I	t_c/℃
α-小茴香烯 α-fenchene	2225	200	1787	200
β-小茴香烯 β-fenchene	1071	70	957	110
小茴香醇 fenchol	1057	70	949	110
小茴香酮 fenchone	1580	135	1125	135
牻牛儿醛 geranial	—	—	1077	105
牻牛儿酸 geranic acid	—	—	1260	120
牻牛儿醇 geraniol	—	—	1347	140
乙酸牻牛儿酯 geranyl acetate	1842	150	1234	175
丁酸牻牛儿酯 geranyl butyrate	—	—	1237	120
甲酸牻牛儿酯 geranyl formate	1754	135	1363	135
异丁酸牻牛儿酯 geranyl isobutyrate	1904	150	—	—
丙酸牻牛儿酯 geranyl propionate	1717	150	—	—
牻牛儿烷（b） germacrane b	1821	150	—	—
牻牛儿烷（c） germacrane c	1834	150	—	—
牻牛儿烷（d） germacrane d	1572	130	1477	150
D-牻牛儿烯 germacrene D	1585	130	1482	150
α-古芸烯 α-gurjunene	1593	130	1489	150
β-古芸烯 β-gurjunene（calarene）	1718	130	1488	150
	1591	165	1413	130
	1656	165	1435	130
γ-雪松烯 γ-himachalene	1723	150	1499	170
葎草烷 humulane	1609	175	—	—
葎草烯 humulene	1719	165	1447	130
虹蚁素 iridomyrmecin	—	—	1400	135
异冰片 isoborneol	—	—	1149	110
乙酸异冰片酯 isobornyl acetate	1623	150	—	—
反异莰烷 *trans*-isocamphane	1056	65	975	100
顺-异莰烷 *cis*-isocamphane	1065	65	980	100
顺-异牻牛儿醇 *cis*-isogeraniol	1812	150	—	—
反-异牻牛儿醇 *trans*-isogeraniol	1812	150	—	—
γ-异牻牛儿醇 γ-isogeraniol	1800	150	—	—
乙酸异牻牛儿酯 γ-isogeranyl acetate	1726	150	—	—
异蚁素 isoiridomyrmecin	—	—	1422	150
异薄荷醇 isomenthol	1667	130	1182	130
异薄荷酮 isomenthone	—	—	1174	100
乙酸异薄荷酯 isomenthyl acetate	1528	130	1156	130
异松莰醇 isopinocampheol	1579	130	1283	130
	1599	150	—	—
异松莰酮 isopinocamphone	—	—	1170	115
异蒲勒醇 isopulegol	—	—	1157	110
乙酸异蒲勒酯 isopulegyl acetate	—	—	1133	110
异洒剔烯 isosativene	1608	150	—	—
熏衣草花醇 lavandulol	1639	165	1441	170
乙酸熏衣草花酯 lavandulyl acetate	1707	150	1153	110

续表

固定液[①]	聚乙二醇类		甲基硅氧烷类	
化合物	*I*	t_c/℃	*I*	t_c/℃
苧烯　limonene	1609	150	—	—
	1187	75	1025	100
	1210	70	1024	100
顺-苧烯环氧化合物　*cis*-limonene epoxide	—	—	1119	100
反-苧烯环氧化合物　*trans*-limonene epoxide	—	—	1122	100
里哪醇　linalool	1533	135	1097	135
	1555	150	1086	90
里哪醇氧化物Ⅰ（吡喃）　linalool oxide Ⅰ（pyran）	—	—	1063	100
里哪醇氧化物Ⅱ（吡喃）　linalool oxide Ⅱ（pyran）	—	—	1077	100
乙酸里哪酯　linalyl acetate	1569	150	1240	130
丁酸里哪酯　linalyl butyrate	1698	150	—	—
异丁酸里哪酯　linalyl isobutyrate	1622	150	—	—
丙酸里哪酯　linalyl propionate	1624	150	—	—
长叶环烯　longicyclene	1554	165	1371	130
7*αH*-长叶烷　7*αH*-longifolane	1627	130	1460	150
7-*βH*-长叶烷　7*βH*-longifolane	1633	130	1467	150
长叶烯　longifolene	1643	165	1404	130
α-长叶松节烯　*α*-longipinene	1541	165	1359	130
β-长叶松节烯　*β*-longipinene	1612	150	1432	170
顺-对薄荷-2,8-二烯-1-醇　*cis*-*p*-mentha-2,8-dien-1-ol	—	—	1120	95
反-对薄荷烷　*trans*-*p*-menthane	1022	65	981	100
顺-对薄荷烷　*cis*-*p*-menthane	1045	65	995	100
对薄荷-1-醇　*p*-menthan-l-ol	—	—	1156	160
对薄荷-2-醇　*p*-menthan-2-ol	—	—	1205	160
顺-对薄荷-7-醇　*cis*-*p*-menthan-7-ol	1823	120	—	—
反-对薄荷-7-醇　*trans*-*p*-menthan-7-ol	1800	120	—	—
对薄荷-8-醇　*p*-menthan-8-ol	—	—	1162	160
顺-对薄荷-9-醇　*cis*-*p*-menthan-9-ol	1806	120	—	—
反-对薄荷-9-醇　*trans*-*p*-menthan-9-ol	1777	120	—	—
顺-对乙酸薄荷-8-基酯　*cis*-*p*-menthan-8-yl acetate	1598	150	—	—
反-对乙酸薄荷-8-基酯　*trans*-*p*-menthan-8-yl acetate	1623	150	—	—
对薄荷-1-烯　*p*-menth-1-ene	—	—	985	160
对薄荷-4（8）-烯　*p*-menth-4(8)-ene	—	—	998	160
对薄荷-1-烯-9-醇　*p*-menth-l-en-9-ol	1904	120	—	—
对薄荷-1（7）-烯-9-醇　*p*-menth-l(7)-en-9-ol	1881	120	—	—
顺-对薄荷-2-烯-7-醇　*cis*-*p*-menth-2-en-7-ol	1839	120	—	—
反-对薄荷-2-烯-7-醇　*trans*-*p*-menth-2-en-7-ol	1842	120	—	—
对薄荷-3-烯-9 醇　*p*-menth-3-en-9-ol	1736	120	—	—
对薄荷-8-烯-1-醇　*p*-menth-8-en-1-ol	—	—	1156	160
对薄荷-8-烯-2-醇　*p*-menth-8-en-2-ol	—	—	1208	160
薄荷呋喃　menthofuran	1503	130	1147	130
薄荷醇　menthol	1640	130	1168	130
薄荷酮　menthone	1518	130	1158	130
乙酸薄荷酯　menthyl acetate	1600	150	—	—
α-衣兰油烯　*α*-muurolene	1753	165	1495	130

续表

固定液[①]	聚乙二醇类		甲基硅氧烷类	
化合物	***I***	t_c/℃	***I***	t_c/℃
γ-衣兰油烯 γ-muurolene	1695	130	1486	150
	1725	165	1486	150
ε-衣兰油烯 ε-muurolene	1714	165	1445	130
香叶烯 myrcene	1166	75	988	100
	1168	70	984	100
香叶烯-8-醇 myrcene-8-ol	1919	150	—	—
香叶烯醇 myrcenol	1631	150	—	—
乙酸香叶烯酯 myrcenyl acetate	1595	150	—	—
顺-桃金娘烷醇 *cis*-myrtanol	—	—	1245	120
桃金娘烯醛 myrtenal	—	—	1173	120
桃金娘烯醇 myrtenol	—	—	1281	120
乙酸桃金娘烯酯 myrtenyl acetate	1720	150	—	—
乙酸新香芹盖酯 neocarvomenthyl acetate	1604	150	—	—
乙酸新异香芹盖酯 neoisocarvomenthyl acetate	1672	150	—	—
新异薄荷醇 neoisomenthol	1634	130	1180	130
乙酸新异薄荷酯 neoisomenthyl acetate	1602	130	1297	130
	1623	150	—	—
新薄荷醇 neomenthol	—	—	1159	120
乙酸新薄荷酯 neomenthyl acetate	1569	150	—	—
橙花醛 neral	—	—	1220	120
橙花醇 nerol	1808	150	1218	120
橙花酸 nerolic acid	—	—	1316	140
顺-橙花叔醇 *cis*-nerolidol	—	—	1540	175
乙酸橙花基酯 neryl acetate	1735	150	1343	135
丁酸橙花基酯 neryl butyrate	1868	150	—	—
甲酸橙花基酯 neryl formate	1700	150	—	—
异丁酸橙花基酯 neryl isobutyrate	1790	150	—	—
丙酸橙花基酯 neryl propionate	1794	150	—	—
顺-β-罗勒烯 *cis*-β-ocimene	1238	70	1027	100
	—	—	1027	90
反-β-罗勒烯 *trans*-β-ocimene	1257	70	1042	100
顺-罗勒醇 *cis*-ocimenol	1660	150	—	—
反-罗勒醇 *trans*-ocimenol	1685	150	—	—
紫苏子醛 perilla aldehyde	—	—	1253	120
乙酸紫苏子酯 perillyl acetate	1791	150	—	—
紫苏子醇 perillyl alcohol	—	—	1281	115
α-水芹烯 α-phellandrene	1173	70	1007	110
	—	—	1000	90
β-水芹烯 β-phellandrene	1213	70	1032	110
水芹醇 phellandrol	1896	120	—	—
顺-松节烷 *cis*-pinane	1061	65	977	80
	—	—	1002	160
反松节烷 *trans*-pinane	1049	65	973	100
α-蒎烯 α-pinene	1036	75	942	100
	1038	70	939	100

续表

固定液[①]	聚乙二醇类		甲基硅氧烷类	
化合物	*I*	t_c/℃	*I*	t_c/℃
α-蒎烯氧化物　α-pinene oxide	—	—	1100	112
β-蒎烯　β-pinene	1120	70	978	100
	1120	75	983	100
松莰酮　pinocamphone	—	—	1152	110
反-松香芹醇　*trans*-pinocarveol	—	—	1132	110
反-乙酸松香芹酯　*trans*-pinocarveyl acetate	1682	150	—	—
顺-蒎酮酸　*cis*-pinonic acid	—	—	1427	165
胡椒烯酮　piperitenone	—	—	1315	125
胡椒酮　piperitone	—	—	1231	125
α-焦岩兰烯　α-pyrovetivene	1817	165	1522	170
顺-玫瑰醚　*cis*-rose oxide	—	—	1100	95
反-玫瑰醚　*trans*-rose oxide	—	—	1114	95
桧烯　sabinene	1130	70	972	100
顺-桧醇　*cis*-sabinol	—	—	1130	115
顺-乙酸桧酯　*cis*-sabinyl acetate	1677	150	—	—
藏花醛　safranal	—	—	1167	120
α-檀香醇　α-santalol	—	—	1660	175
洒剔烯　sativene	1595	165	1421	170
芹子-4(14),7(11)-二烯　selina-4(14),7(11)-diene	1816	165	—	—
芹子-4(14),7-二烯　selina-4(14),7-diene	1694	165	1476	170
芹子-4,11-二烯　selina-4,11-diene	1702	150	—	—
α-芹子烯　α-selinene	1751	150	1513	170
β-芹子烯　β-selinene	1767	165	1506	170
δ-芹子烯　δ-selinene	1728	165	—	—
表-α-10-芹子烯　10-*epi*-α-selinene	1803	165	—	—
顺-万寿菊酮　*cis*-tagetone	—	—	1136	110
反-万寿菊酮　*trans*-tagetone	—	—	1125	110
α-萜品烯　α-terpinene	1189	70	1016	100
	1188	70	1018	110
γ-萜品烯　γ-terpinene	1247	75	1056	100
萜品烯-4-醇　terpinene-4-ol	1601	135	1129	135
	—	—	1170	115
	—	—	1160	175
乙酸萜品烯酯　terpinene-4-yl acetate	1640	150	1282	120
α-萜品醇　α-terpineol	1685	135	1178	135
	—	—	1205	160
萜品油烯　terpinolene	1279	75	1074	100
	1289	70	1081	100
乙酸萜品酯　terpinyl acetate	1722	150	1337	140
顺-β-乙酸萜品酯　*cis*-β-terpinyl acetate	1622	150	—	—
四羟牻牛儿醇　tetrahydrogeraniol	1675	150	—	—
乙酸四羟牻牛儿醇　tetrahydrogeranyl acetate	1582	150	—	—
四羟葎草烯　tetrahydrohumulene	1653	175	—	—
四羟熏衣草花醇　tetrahydrolavandulol	1600	150	—	—
四羟里哪醇　tetrahydrolinalool	1431	150	1088	90

续表

固定液[①]	聚乙二醇类		甲基硅氧烷类	
化合物	I	t_c/℃	I	t_c/℃
乙酸四羟里哪酯 tetrahydrolinalyl acetate	1422	150	—	—
四羟香叶烯醇 tetrahydromyrcenol	1449	150	—	—
四羟罗汉柏烷（a） tetrahydrothujopsane a	1668	130	1496	150
四羟罗汉柏烷（b） tetrahydrothujopsane b	1678	130	1508	150
顺-苧烯-4-醇 *cis*-thuj-2-en-4-ol	1551	100	1053	140
反苧烯-4-醇 *trans*-thuj-2-en-4-ol	1468	100	1035	140
α-苧烯 α-thujene	1038	70	931	100
	1023	70	935	110
α-苧酮 α-thujone	—	—	1100	110
罗汉柏烯 thujopsene	1684	165	1430	130
乙酸苧基酯 thujyl acetate	1626	150	—	—
百里酚 thymol	—	—	1270	130
三环萜 tricyclene	1009	75	928	100
顺-马鞭烷醇 *cis*-verbenol	—	—	1165	100
反-马鞭烷醇 *trans*-verbenol	—	—	1140	120
马鞭烷酮 verbenone	—	—	1185	110
α-衣兰烯 α-ylangene	1539	165	1396	170
姜烯 zingiberene	1738	165	1480	170

① 固定液“聚乙二醇类”指 DB-Wax，BP20，PEG 20M 与 HP20；“甲基硅氧烷类”指 SE-30，SF-96，OV-1，OV-101，BP1，CP SiL 5CB，SP2100，DB1 与 HP1。

第五节 农药的保留指数

表 22-53 农药及其光化产品的保留指数[44]

固定液：OV-17　　　　柱温：210℃

化合物名称	结构式	I	$10\left(\frac{\partial I}{\partial T}\right)$	化合物名称	结构式	I	$10\left(\frac{\partial I}{\partial T}\right)$
七氯	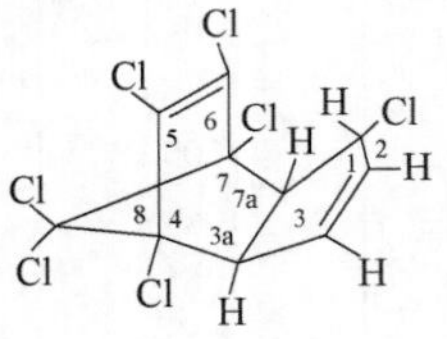	2125.8	3.2	氯丹	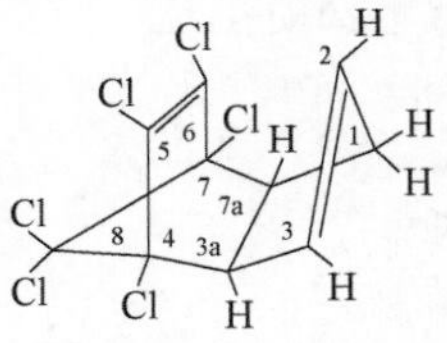	2067.8	29.9
光七氯	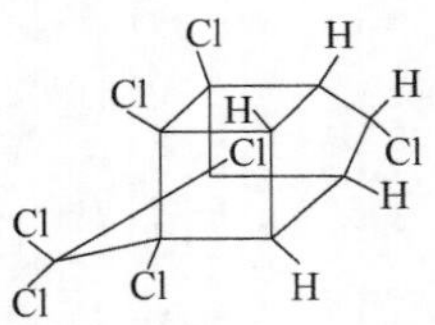	2308.6	17.7	光氯丹	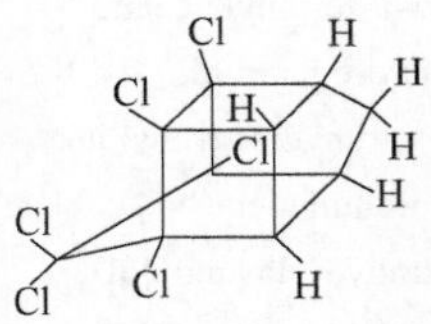	2305.8	15.2

续表

化合物名称	结构式	I	$10\left(\frac{\partial I}{\partial T}\right)$	化合物名称	结构式	I	$10\left(\frac{\partial I}{\partial T}\right)$
1-羟基氯丹	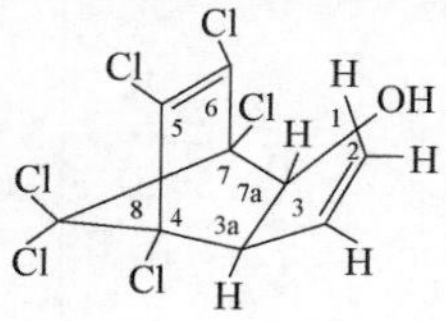	2283.2	13.3	光反氯丹	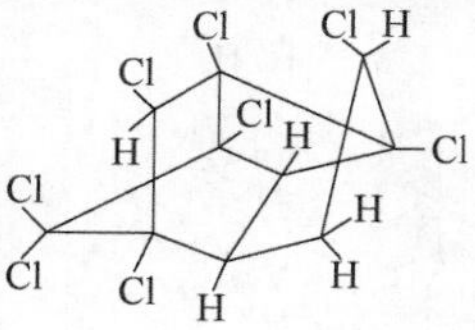	2731.5	18.5
光-1-羟基氯丹	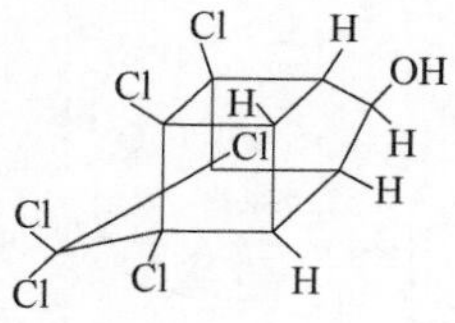	2604.0	38.8	光反氯丹	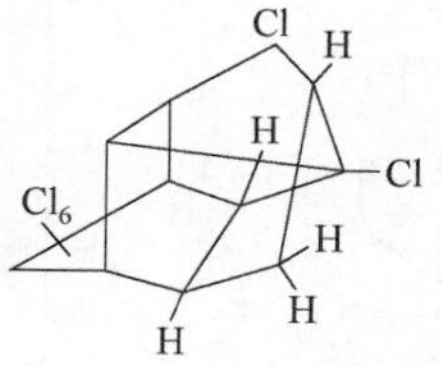	2731.5	18.5
1-羰基氯丹光化产品	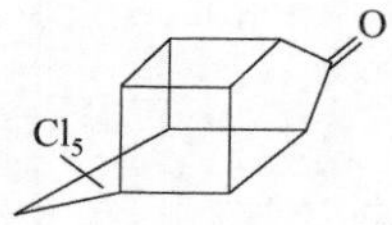	2192.7	63.9	反九氯	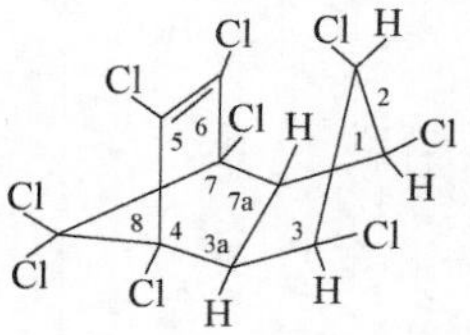	2397.1	25.4
顺氯丹	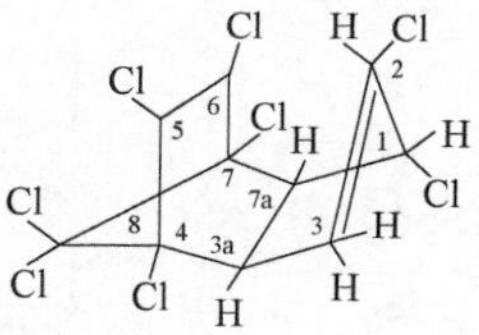	2408.5	19.9	反九氯光化产品	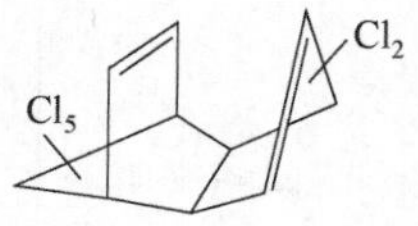	2159.5	24.2
光顺氯丹	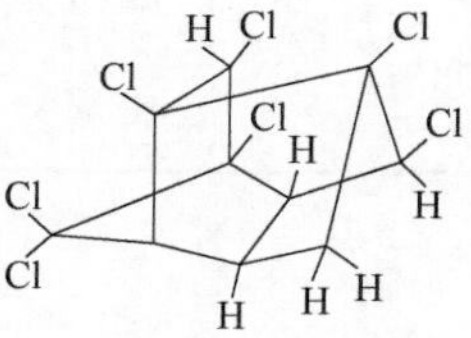	2600.9	14.1	反九氯光化产品	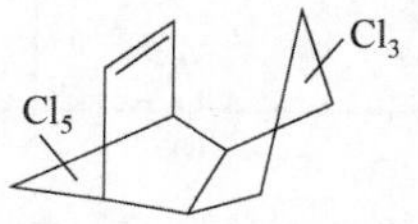	2285.2	18.0
光顺氯丹	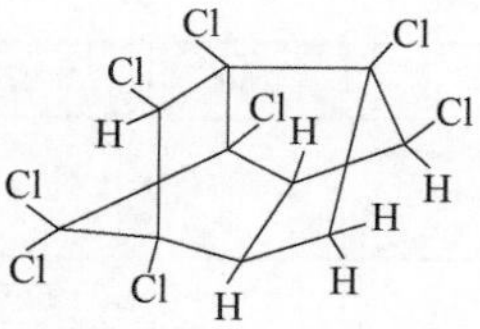	2600.9	14.1	反九氯光化产品	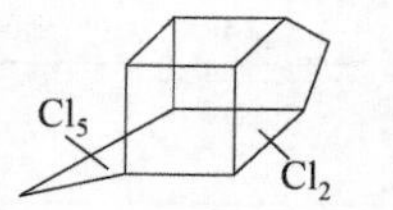	2329.0	21.0
反氯丹	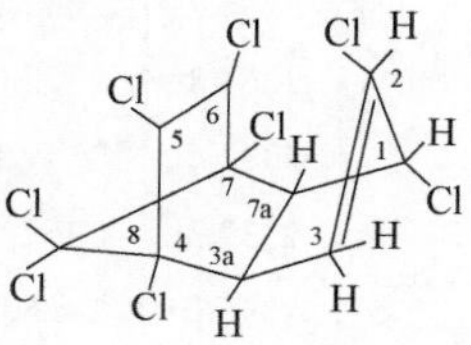	2380.0	24.9	反九氯光化产品	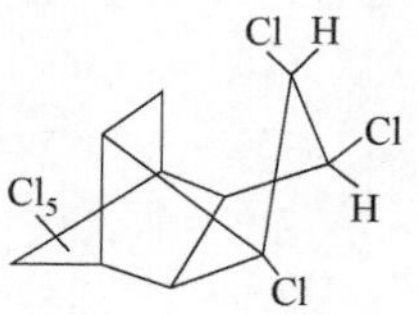	2459.1	16.0
反氯丹光化产品	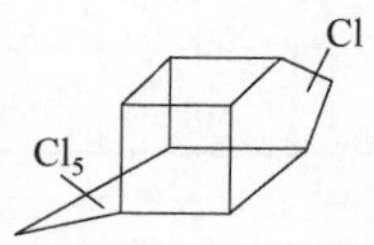	2247.2	38.5	光反九氯	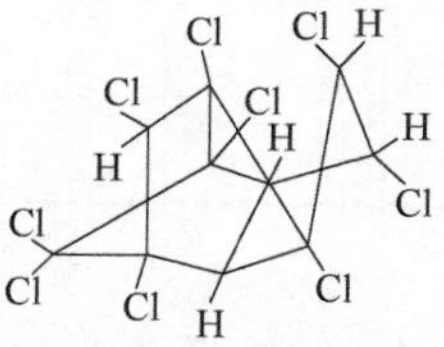	2576.6	21.5

续表

化合物名称	结构式	I	$10\left(\frac{\partial I}{\partial T}\right)$	化合物名称	结构式	I	$10\left(\frac{\partial I}{\partial T}\right)$
狄氏剂	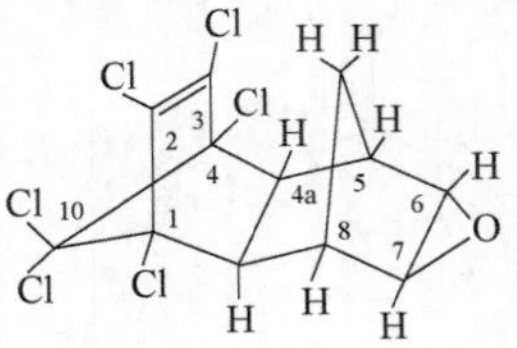	2466.2	16.0	异狄氏剂	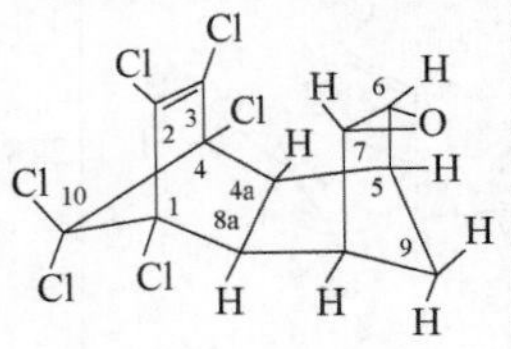	2527.9	24.6
光狄氏剂	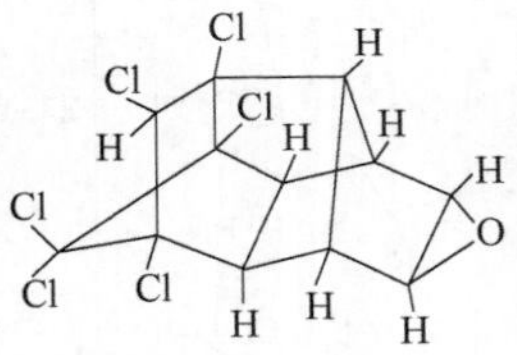	2908.0	9.5	异狄氏剂（醛）	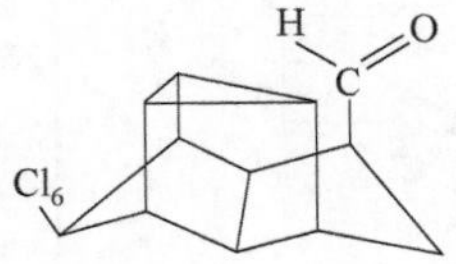	2668.3	14.5
艾氏剂	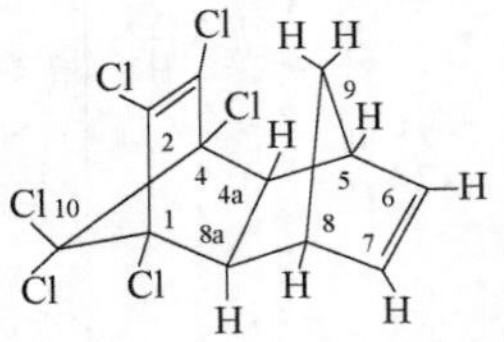	2206.2	5.6	异狄氏剂（醇）	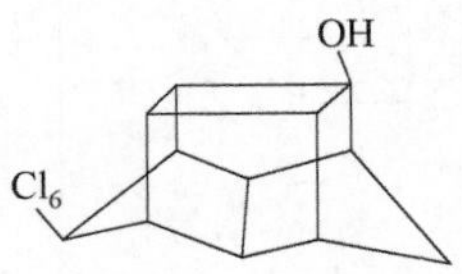	2704.6	17.4
艾氏剂光化产品	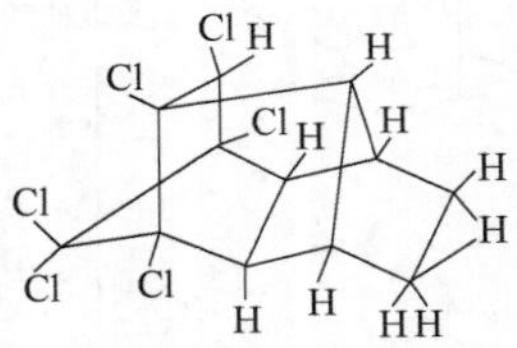	2732.8	63.4	异狄氏剂（酮）	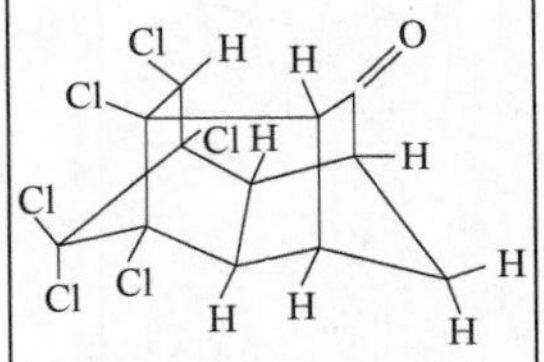	2822.5	23.5

表 22-54 农药类化合物的保留指数[45]

固定液：SE-54

柱温/℃	240	260	$\frac{\partial I}{\partial T}$	柱温/℃	240	260	$\frac{\partial I}{\partial T}$
化合物 \ 保留指数	I			化合物 \ 保留指数	I		
甲基对硫磷	1940.3	1958.8	0.923	艾氏剂	2075.1	2109.9	1.742
胺甲萘	1951.9	1972.7	1.041	*p,p'*-DDE	2236.7	2262.8	1.303
氧乐果	1640.1	1651.3	0.556	狄氏剂	2264.8	2300.0	1.759
α-六六六	1754.5	1779.6	1.251	*p,p'*-DDT	2323.6	2349.1	1.275
乐果	1779.1	1972.5	0.669	*m,p'*-DDT	2332.3	2362.5	1.513
β-六六六	1799.6	1820.9	1.063	*p,p'*-DDT	2398.3	2428.0	1.486
γ-六六六	1816.9	1843.7	1.341	甲氰菊酯	2513.9	2531.9	0.900
δ-六六六	1853.8	1881.1	1.363	苯硫磷	2506.9	2534.7	1.388
马拉硫磷	2005.4	2018.4	0.649	三氯杀螨砜	2560.2	2590.5	1.516

第六节 糖类物质的保留指数

表 22-55 单糖（TMS 衍生物）保留指数[46]

固定液	OV-101	SE-30	固定液	OV-101	SE-30
I 柱温/℃ 化合物	175	165	*I* 柱温/℃ 化合物	175	165
2-脱氧核糖 *O*-甲基肟	1570	1570	果糖 *O*-2-甲基肟	1935	1950
阿拉伯糖 *O*-甲基肟	1680	1690	半乳糖 *O*-1-甲基肟	1945	1955
鼠李糖 *O*-1-甲基肟	1750	1755	半乳糖 *O*-2-甲基肟	1965	1975
鼠李糖 *O*-2-甲基肟	1760	1760	葡糖 *O*-1-甲基肟	1950	1960
2-脱氧葡糖 *O*-甲基肟	1825	1830	葡糖 *O*-2-甲基肟	1970	1980
果糖 *O*-1-甲基肟	1925	1935			

表 22-56 二糖（OTMS 醚）保留指数[47]

固定液	SE-54	OV-17	固定液	SE-54	OV-17
I 柱温/℃ 化合物	280	240	*I* 柱温/℃ 化合物	280	240
α,*α*-海藻糖	2820	2697	*β*-吡喃半乳糖基甘露糖	2723	2577
蔗糖	2710	2596	*α*-异乳糖	2671	2544
α-昆布二糖	2844	2757	*β*-异乳糖	2650	2519
β-昆布二糖	2876	2783	*α*-密二糖	2924	2848
α-黑曲霉糖	2780	2678	*β*-密二糖	2947	2869
β-黑曲霉糖	2806	2714	*α*-吡喃葡萄糖基呋喃果糖	2828	2682
松二糖	2783	2670	*β*-吡喃葡萄糖基呋喃果糖	2828	2726
α-纤维二糖	2754	2666	*α*-异麦芽糖	2946	2879
β-纤维二糖	2861	2771	*β*-异麦芽糖	2994	2929
α-麦芽糖	2744	2652	*α*-半乳二糖	2831	2741
β-麦芽糖	2785	2658	*β*-半乳二糖	2901	2814
α-乳糖	2707	2626	*α*-龙胆二糖	2971	2912
β-乳糖	2833	2738	*β*-龙胆二糖	2978	2921
α-吡喃半乳糖基甘露糖	2627	2498			

表 22-57 戊醛糖（TMS 衍生物）保留指数（一）[48]

固定液	SE-54	OV-17	OV-215	OV-225	Carbowax 20M	固定液	SE-54	OV-17	OV-215	OV-225	Carbowax 20M
I 柱温/℃ 化合物	180	160		150	160	*I* 柱温/℃ 化合物	180	160		150	160
α-呋喃核糖	1626	1624	1675	1660	1528	呋喃木糖	1610	1628	1670	1650	1530
β-呋喃核糖	1636	1647	1688	1676	1550	呋喃木糖	1622	1629	1680	1650	1538
α-吡喃核糖	1663	1651	1775	1710	1550	*α*-吡喃木糖	1762	1729	1804	1744	1630
β-吡喃核糖	1642	1626	1709	1683	1531	*β*-吡喃木糖	1777	1772	1844	1807	1736
α-呋喃阿糖	1596	1597	1609	1600	1531	*α*-呋喃来苏糖	1633	1627	1676	1676	1543
β-呋喃阿糖	1666	1682	1738	1711	1603	*α*-吡喃来苏糖	1593	1599	1667	1630	1486
α-吡喃阿糖	1601	1597	1690	1633	1524	*β*-吡喃来苏糖	1660	1646	1724	1703	1553
β-吡喃阿糖	1635	1643	1717	1703	1586						

表 22-58 戊醛糖（TMS 衍生物）保留指数（二）[49]

固定液：SE-54 柱温：180℃

化合物	I	化合物	I	化合物	I
α-右型-吡喃核糖	1663	α-右型-呋喃阿糖	1596	β-右型-呋喃木糖	1622
β-右型-吡喃核糖	1692	β-右型-呋喃阿糖	1666	α-右型-吡喃来苏糖	1593
α-右型-呋喃核糖	1626	α-右型-吡喃木糖	1762	β-右型-吡喃来苏糖	1660
β-右型-呋喃核糖	1637	β-右型-吡喃木糖	1777	α-右型-呋喃来苏糖	1633
α-右型-吡喃阿糖	1601	α-右型-呋喃木糖	1610	β-右型-呋喃来苏糖	1615
β-右型-吡喃阿糖	1635				

表 22-59 己醛糖（TMS 衍生物）保留指数（一）[50]

固定液	SE-54	OV-17	OV-215A	OV-225	Carbowax 20M	固定液	SE-54	OV-17	OV-215	OV-225	Carbowax 20M
I 柱温/℃ 化合物	180		170		160	I 柱温/℃ 化合物	180		170		160
α-呋喃阿洛糖	1857	1829	1849	1772	1768	α-呋喃古罗糖	1908	1867	1824	1830	1832
β-呋喃阿洛糖	1896	1886	1849	1831	1843	β-呋喃古罗糖	1982	1883	1938	1858	—
α-吡喃阿洛糖	1862	1814	1849	1789	1754	α-吡喃古罗糖	1858	1803	1826	1762	1757
β-吡喃阿洛糖	1879	1829	1849	1789	1778	β-吡喃古罗糖	1825	1789	1765	1734	1729
α-呋喃阿卓糖	1837	1972	1774	1699	1739	α-呋喃艾杜糖	1896	1832	1853	1796	1815
β-呋喃阿卓糖	1912	1871	1739	1699	1838	β-呋喃艾杜糖	1858	1816	1793	1766	1771
α-吡喃阿卓糖	1830	1765	1872	1826	1703	α-吡喃艾杜糖	1858	1812	1837	1784	1764
β-吡喃阿卓糖	1830	1758	1777	1710	1695	β-吡喃艾杜糖	1909	1865	1893	1846	1841
α-呋喃葡糖	—	—	1824	1783	—	α-呋喃半乳糖	1941	1909	1922	1878	1869
β-呋喃葡糖	—	—	1824	1800	—	β-呋喃半乳糖	1852	1827	1779	1759	1763
α-吡喃葡糖	1924	1908	1905	1853	1793	α-吡喃半乳糖	1894	1859	1874	1817	1786
β-吡喃葡糖	2022	2002	2175	1984	1972	β-吡喃半乳糖	1941	1902	1946	1904	1869
α-呋喃甘露糖	1944	—	1915	1870	—	α-呋喃塔罗糖	1882	1867	1918	1816	1823
β-呋喃甘露糖	—	—	2032	—	—	β-呋喃塔罗糖	1863	1836	1833	1800	1794
α-吡喃甘露糖	1835	1798	1794	1729	1716	α-吡喃塔罗糖	1882	1848	1840	1813	1890
β-吡喃甘露糖	1937	1886	1963	1882	1862	β-吡喃塔罗糖	1943	1900	2021	1960	1896

表 22-60 己醛糖（TMS 衍生物）保留指数（二）[49]

固定液：OV-225 柱温：170℃

化合物	I	化合物	I	化合物	I
α-右型-吡喃阿洛糖	1754	β-右型-呋喃阿卓糖	1838	α-右型-呋喃艾杜糖	1815
β-右型-吡喃阿洛糖	1778	α-右型-吡喃古罗糖	1760	β-右型-呋喃艾杜糖	1771
α-右型-呋喃阿洛糖	1768	β-右型-吡喃古罗糖	1743	α-右型-吡喃塔罗糖	1813
β-右型-呋喃阿洛糖	1843	α-右型-呋喃古罗糖	1828	β-右型-吡喃塔罗糖	1896
α-右型-吡喃阿卓糖	1703	β-右型-呋喃古罗糖	1845	α-右型-呋喃塔罗糖	1823
β-右型-吡喃阿卓糖	1695	α-右型-吡喃艾杜糖	1764	β-右型-呋喃塔罗糖	1794
α-右型-呋喃阿卓糖	1739	β-右型-吡喃艾杜糖	1841		

表 22-61　醛糖（TMS 衍生物）保留指数[49]

固定液：OV-225　　柱温：170℃

化合物	I	化合物	I	化合物	I
α-右型-吡喃葡糖	1853	α-右型-吡喃半乳糖	1817	α-右型-吡喃甘露糖	1729
β-右型-吡喃葡糖	1984	β-右型-吡喃半乳糖	1904	β-右型-吡喃甘露糖	1882
α-右型-呋喃葡糖	1783	α-右型-呋喃半乳糖	1878	α-右型-呋喃甘露糖	1870
β-右型-呋喃葡糖	1800	β-右型-呋喃半乳糖	1759	β-右型-呋喃甘露糖	1948

表 22-62　糖醛酸保留指数[51]

固定液	OV-1	OV-17	QF-1	固定液	OV-1	OV-17	QF-1
I＼柱温/℃＼化合物	160		120	I＼柱温/℃＼化合物	160		120
甘油酸	1340	1341	1500	2-顺甲基核糖酸	1880	1791	1976
2-顺甲基甘油酸	1348	1314	1460	2-顺甲基阿糖酸	1876	1786	1966
2-脱氧特窗酸	1448	1446	1616	2-脱氧阿糖己糖酸	1915	1853	2044
3-脱氧特窗酸	1431	1430	1589	2-脱氧来苏己糖酸	1920	1858	2050
4-脱氧赤酮酸	1364	1346	1512	3-脱氧核糖己糖酸	1920	1861	2044
4-脱氧苏氨酸	1376	1358	1514	3-脱氧阿糖己糖酸	1921	1867	2043
赤酮酸	1581	1536	1699	3-脱氧木质己糖酸	1915	1872	2048
苏氨酸	1589	1568	1723	3-脱氧来苏己糖酸	1910	1849	2036
3,4-二脱氧戊糖酸	1517	1529	1693	6-脱氧甘露糖酸	1865	1771	1959
3,5-二脱氧赤戊糖酸	1422	1411	1570	6-脱氧半乳糖酸	1899	1826	1993
3,5-二脱氧苏戊糖酸	1437	1436	1597	3-顺甲基古罗糖酸	1938	1882	2040
3-脱氧-2-顺(羟甲基)特窗酸	1671	1626	1789	2-顺(羟甲基)戊糖酸（木质、来苏异构物）	2035	1920	2107
2-顺甲基赤酮酸	1626	1563	1730				
2-脱氧赤戊醣酸	1698	1659	836	阿洛糖酸	2035	1927	2119
2-脱氧苏戊醣酸	1697	1655	1834	阿卓糖酸	2061	1968	2143
3-脱氧赤戊醣酸	1683	1660	1824	葡糖酸	2068	1973	2153
3-脱氧苏戊醣酸	1698	1681	1848	甘露糖酸	2034	1923	2115
核糖酸	1823	1749	1915	古罗糖酸	2029	1924	2103
阿糖酸	1835	1777	1940	艾杜糖酸	2082	1996	2176
木质酸	1818	1767	1917	半乳糖酸	2062	1972	2143
来苏糖醇酸	1832	1760	1936	塔龙酸	2059	1964	2155
2,4-二脱氧-3-顺甲基戊糖酸	1575	1575	1749	2,5-脱水-3,4-二脱氧戊糖酸	1456	1625	1872
2,6-二脱氧核糖己糖酸	1726	1672	1852	1,4-脱水-3-脱氧戊五醇-2-羧酸（赤、苏异构体）	1652	1690	1868
3,4-二脱氧己糖酸(赤、苏异构体)	1802	1787	1969				
3,6-二脱氧核糖己糖酸	1710	1669	1840	2,5-脱水葡糖酸	1898	1926	2189
3,6-二脱氧阿糖己糖酸	1717	1684	1861	2,5-脱水甘露糖酸	1842	1870	2120
3-脱氧-2-顺羟甲基赤戊糖酸	1931	1860	2043	2,5-脱水塔龙酸	1890	1921	2171
3-脱氧-2-顺羟甲基苏戊糖酸	1919	1849	2027				

表 22-63 糖醛酸内酯保留指数[51]

柱温：160℃

化合物 \ 固定液 *I*	OV-1	OV-17	QF-1
2-脱氧特窗酸-1,4-内酯	1216	1394	1867
3-脱氧特窗酸-1,4-内酯	1165	1360	1695
赤酮酸-1,4-内酯	1431	1585	2001
苏氨酸-1,4-内酯	1383	1484	1862
3,5-二脱氧赤戊糖酸-1,4-内酯	1165	1330	1704
3,5-二脱氧苏戊糖酸-1,4-内酯	1183	1369	1738
3-脱氧-2-顺(羟甲基)特窗酸-1,4-内酯	1390	1498	1825
2-顺-甲基赤酮酸-1,4-内酯	1425	1519	1917
2-脱氧赤戊糖酸-1,4-内酯	1509	1629	2136
2-脱氧苏戊糖酸-1,4-内酯	1536	1692	2193
3-脱氧赤戊糖酸-1,4-内酯	1488	1635	2019
3-脱氧苏戊糖酸-1,4-内酯	1505	1660	2030
核糖酸-1,4-内酯	1697	1775	2230
阿糖酸-1,4-内酯	1647	1716	2059
木质酸-1,4-内酯	1665	1737	2154
来苏酸-1,4-内酯	1752	1832	2282
2,6-二脱氧核糖己糖酸-1,4-内酯	1538	1654	2149
3,6-二脱氧阿糖己糖酸-1,4-内酯	1519	1648	2004
3-脱氧-2-顺羟甲基赤戊糖酸-1,4-内酯	1702	1760	2097
3-脱氧-2-顺羟甲基苏戊糖酸-1,4-内酯	1715	1775	2130
2-顺甲基核糖酸-1,4-内酯	1657	1697	2085
2-顺甲基阿糖酸-1,4-内酯	1654	1682	2027
2-脱氧阿糖己糖酸-1,4-内酯	1813	1928	2394
2-脱氧来苏己糖酸-1,4-内酯	1797	1873	2433
3-脱氧核糖己糖酸-1,4-内酯	1791	1855	2274
3-脱氧阿糖己糖酸-1,4-内酯	1785	1876	2254
3-脱氧木质己糖酸-1,4-内酯	1802	1900	2304
3-脱氧来苏己糖酸-1,4-内酯	1808	1892	2337
6-脱氧甘露糖酸-1,4-内酯	1791	1860	2294
6-脱氧半乳糖酸-1,4-内酯	1696	1745	2101
阿洛糖酸-1,4-内酯	1962	1991	2474
阿卓糖酸-1,4-内酯	1901	1912	2259
葡糖酸-1,4-内酯	1932	1960	2356
甘露糖酸-1,4-内酯	2012	2049	2464
古罗糖酸-1,4-内酯	1953	1993	2389
艾杜酸-1,4-内酯	1956	1982	2443
半乳糖酸-1,4-内酯	1925	1943	2320
塔龙酸-1,4-内酯	1959	1991	2478
木质酸-1,5-内酯	1705	1785	2189
葡糖酸-1,5-内酯	1919	1962	2337
甘露糖酸-1,5-内酯	1912	1940	2363
赤己-2-烯糖酸-1,4-内酯	1988	2029	2439
苏己-2-烯糖酸-1,4-内酯	1980	2028	2469

表 22-64 醛合酸保留指数[51]

固定液	OV-1	OV-17	QF-1
化合物 \ 柱温/℃ *I*	160		120
丙醇二酸	1386	1455	1675
顺甲基丙醇二酸	1364	1362	1554
脱氧苹果酸	1494	1530	1762
顺(羟基甲基)丙醇二酸	1583	1576	1754
顺乙基丙醇二酸	1437	1440	1602
2-脱氧-3-顺甲基苹果酸	1488	1499	1700
2,3-二脱氧戊糖二酸	1583	1631	1883
2,4-二脱氧戊糖二酸	1583	1629	1873
顺(2-羟基乙基)丙醇二酸	1696	1694	1884
2-脱氧-3-顺(羟基甲基)苹果酸	1714	1705	1922
2-脱氧赤戊糖二酸	1720	1728	1948
2-脱氧苏戊糖二酸	1730	1750	1974
3-脱氧赤戊糖二酸	1721	1736	1954
3-脱氧苏戊糖二酸	1733	1758	1985
2,4-二脱氧-3-顺甲基戊糖二酸	1612	1645	1870
2,3,4-三脱氧己糖二酸	1682	1737	1999
顺(3-羟基丙基)丙醇二酸	1771	1780	1961
3,4-二脱氧己糖二酸	1839	1869	2118
顺(2,3-二羟基丙基)丙醇二酸	1949	1928	2113
3-脱氧-2-顺羟基甲基赤戊糖二酸	1963	1941	2191
3-脱氧-2-顺羟基甲基苏戊糖二酸	1940	1910	2134
2-脱氧来苏己糖二酸	1972	1958	2168
3-脱氧木质己糖二酸	1948	1934	2153
3-脱氧来苏己糖二酸	1956	1959	2163
顺(赤-1,2,3-三羟基丙基)丙醇二酸	2072	2004	2169
顺(苏-1,2,3-三羟基丙基)丙醇二酸	2084	2016	2177

第七节 其他化合物及混合物的保留指数

表 22-65 碳甲硼烷保留指数[52]

固定液	Apiezon L			SF-96			QF-1			XE-60			Carbowax 20M		
柱温/℃	160	200	$10\left(\frac{\partial I}{\partial T}\right)$	160	200	$10\left(\frac{\partial I}{\partial T}\right)$	160	180	$10\left(\frac{\partial I}{\partial T}\right)$	160	200	$10\left(\frac{\partial I}{\partial T}\right)$	160	200	$10\left(\frac{\partial I}{\partial T}\right)$
保留指数 / 化合物	*I*			*I*			*I*			*I*			*I*		
1,2-$C_2B_{10}H_{12}$	1312	1336	6.0	1283	1310	6.75	1684	1714	14.7	2010	2086	19.0	2175	2216	10.2
1,7-$C_2B_{10}H_{12}$	1150	1172	5.5	1124	1147	5.6	1370	1401	14.6	1512	1584	18.0	1616	1640	6.0
1,12-$C_2B_{10}H_{12}$	1098	1112	3.5	1070	1083	3.2	1229	1245	7.9	1324	1393	17.2	1418	1438	6.0
2,3-$C_2B_9H_{11}$	1569	1595	6.5	1516	1542	6.6	1742	1779	18.7	1891	1930	9.7	2078	2140	15.5
1,2-$C_2B_8H_{10}$	1132	1148	4.0	1120	1138	4.5	1482	1509	13.2	1754	1824	17.5	1925	1935	2.5
5,6-$C_2B_8H_{12}$	1161	1188	6.75	1114	1135	5.3	1386	1409	11.8	1727	1798	17.75	2174	2213	9.8

表 22-66 烷基硼酸酯保留指数[53]

固定液	SE-30	OV-1	OV-17			OV-225	XE-60
I 柱温/℃ / 化合物	110	70	50	70	110	70	110
正丁基硼酸乙基酯	914	—	1044	—	1039	1131	1131
正戊基硼酸乙基酯	1020	1023	1146	1136	1143	1234	1227
正己基硼酸乙基酯	1117	1123	1247	1232	1242	1332	1324
正庚基硼酸乙基酯	1214	1218	—	1330	1341	1429	1420
正戊基硼酸正丙基酯	1123	1124	1255	1247	1254	1340	1327
正戊基硼酸正丁基酯	1217	1210	—	1321	—	1441	1472
正戊基硼酸二甲基酯	—	968	1002	—	—	—	—
正己基硼酸二甲基酯	—	1052	1108	—	—	—	—
正庚基硼酸二甲基酯	—	1145	1212	—	—	—	—
正丁基硼酸二甲基酯	—	—	995	—	—	—	—
正丁基硼酸二乙基酯	—	984	—	—	—	—	—
异丁基硼酸二正丙基酯	—	1058	—	—	—	—	—
正丁基硼酸二正丙基酯	—	1153	1182	—	—	—	—
正丁基硼酸二正丁基酯	—	—	—	—	—	—	—
硼酸三乙基酯	—	—	960	—	—	—	—
硼酸三正丙基酯	—	—	1114	—	—	—	—

表 22-67 钒螯合物保留指数[54]

固定液	XE-54	SE-30	OV-17	真空润滑脂
I 柱温/℃ / 化合物	130			110
V—[CF_3—CO—CH—CO—CH_3]	1550	1500	1750	1300
V—[CF_3—CO—CH—CO—$C(CH_3)_3$]$_3$	1700	1700	1700	1420
V—[C_3H_7—CO—CH—CO—$C(CH)_3$]$_3$	1720	1740	1570	1400
V—O—[CF_3—CO—CH—CO—CH_3]$_2$	1570	1530	—	—
V—O—[CF_3—CO—CH—CO—$C(CH_3)_3$]$_2$	—	1670	1780	—
V—O—[C_3H_7—CO—CH—CO—$C(CH)_3$]$_2$	1670	1710	1620	1400

表 22-68 镍锌配位体保留指数[55]

固定液：SE-30

化合物 \ 柱温/℃ I	270	242	化合物 \ 柱温/℃ I	270	242
镍（Ⅱ）双(*N*,*N*-二甲基二硫代氨基甲酸酯)	2833	—	锌（Ⅱ）双(*N*,*N*-二甲基二硫代氨基甲酸酯)	—	2548
镍（Ⅱ）双(*N*,*N*-二乙基二硫代氨基甲酸酯)	3007	—	锌（Ⅱ）双(*N*,*N*-二乙基二硫代氨基甲酸酯)	—	2728
镍（Ⅱ）双(*N*,*N*-二丙基二硫代氨基甲酸酯)	3277	—	锌（Ⅱ）双(*N*,*N*-二丙基二硫代氨基甲酸酯)	—	3013
镍（Ⅱ）双(*N*,*N*-二异丙基二硫代氨基甲酸酯)	3229	—	锌（Ⅱ）双(*N*,*N*-二异丙基二硫代氨基甲酸酯)	—	2951
镍（Ⅱ）双(*N*,*N*-二丁基二硫代氨基甲酸酯)	3618	—	锌（Ⅱ）双(*N*,*N*-二丁基二硫代氨基甲酸酯)	—	3358
镍（Ⅱ）双(*N*,*N*-二异丁基二硫代氨基甲酸酯)	3332	—	锌（Ⅱ）双(*N*,*N*-二异丁基二硫代氨基甲酸酯)	—	3086
镍（Ⅱ）双(*N*,*N*-二戊基二硫代氨基甲酸酯)	3969	—	锌（Ⅱ）双(*N*,*N*-二戊基二硫代氨基甲酸酯)	—	3706

表 22-69 内酯保留指数[56]

柱温：190℃

化合物 \ 固定液 I	EGS-SX	Apiezon L	化合物 \ 固定液 I	EGS-SX	Apiezon L
4-丁内酯	2275	1261	4-壬内酯	2705	1763
4-戊内酯	2360	1360	2-己内酯	2418	1455
4-己内酯	2447	1461	2-壬内酯	2592	1657
4-庚内酯	2534	1562	2-甲基-4-戊内酯	2290	1389
4-辛内酯	2623	1663			

表 22-70 军事化学毒剂保留指数[57]

固定液	甲基硅氧烷	含 5%苯基甲基硅氧烷	含 50%苯基甲基硅氧烷	PEG 20M	含氰基丙基甲基硅氧烷
化合物 \ 柱温/℃ I	120		130		110
3,3-二甲基-2-丁醇	720.6	737.0	843.5	1109.1	1265.3
二甲基亚砜	783.7	836.0	1145.8	1569.1	1999.9
甲基膦酸甲酯	838.7	875.9	1129.1	1493.6	1847.9
甲基砜	855.4	916.9	1255.0	1881.4	2304.0
氟代磷酸二异丙基酯	925.6	955.6	1117.6	1342.4	1646.1
1,4-二噻烷	1049.7	1090.7	1341.1	1618.9	1851.1
N-甲基双(2-氯乙基)胺	1058.5	1093.8	1283.4	1566.3	1841.2
磷酸三乙基酯	1081.4	1119.0	1362.1	1656.1	2011.2
硫二甘醇	1132.6	1181.3	1484.8	2351.9	—
3-喹核醇	1151.9	1181.1	1466.4	1936.2	2236.1
水杨酸甲酯	1174.7	1206.1	1426.7	1781.8	1998.3
2-氯乙酰苯	1240.9	1290.9	1581.4	2083.4	2422.0
三(2-氯乙基)胺	1351.0	1404.5	1657.8	2070.4	2398.7
磷酸三丁酯	1613.4	1650.5	1878.6	2114.2	—

表 22-71　部分有机化合物保留指数（一）[58]

固定液	Apiezon L			Emulphor-O		
I 柱温/℃ 化合物	70	130	190	70	130	190
戊烷	500	500	—	500	500	—
庚烷	700	700	—	700	700	—
壬烷	—	900	900	—	900	900
十一烷	—	1100	1100	—	1100	1100
2-甲基戊烷	570	571	—	568	570	—
2,3-二甲基丁烷	570	572	—	567	570	—
2,2,4-三甲基戊烷	690	694	—	685	693	—
1-戊烯	485	479	—	520	526	—
1-己烯	587	583	—	622	627	—
1-庚烯	687	684	—	721	726	—
1-辛烯	—	783	779	818	827	—
2-甲基-1-丁烯	500	499	—	541	544	—
3-甲基-1-丁烯	450	448	—	484	489	—
2-甲基-2-丁烯	527	526	—	566	570	—
反-4-甲基-2-戊烯	557	559	—	590	592	—
顺-4-甲基-2-戊烯	558	560	—	590	594	—
异戊二烯	511	514	—	595	599	—
二乙醚	476	484	—	574	578	—
二丙醚	661	664	—	737	742	—
二丁醚	—	858	862	—	934	938
二戊醚	—	1052	1057	—	1131	1132
二异丙基醚	570	568	—	638	630	—
2-乙基-1-丁醇	—	802	806	—	1160	1149
2-乙基-1-己醇	—	986	990	—	1341	1330
丙酮	447	450	—	702	708	—
2-丁酮	547	551	—	784	792	—
2-戊酮	638	644	—	862	878	—
2-己酮	—	747	752	—	979	1001
2-庚酮	—	846	853	—	1079	1103
2-辛酮	—	947	953	—	1178	1202
2-壬酮	—	1047	1055	—	1277	1301
2-癸酮	—	1148	1154	—	—	—
2-十一酮	—	1247	1256	—	—	—
3-戊酮	647	651	—	873	884	—
3-己酮	—	746	751	—	966	973
3-庚酮	—	847	852	—	1061	1078
3-辛酮	—	948	952	—	1159	1180
4-庚酮	—	833	838	—	1043	1055
5-壬酮	—	1035	1039	—	1238	1256
6-十一碳酮	—	1231	1237	—	1436	1452
3-甲基-2-丁酮	605	627	—	834	849	—
4-甲基-2-戊酮	688	706	—	908	923	—
5-甲基-2-己酮	807	812	—	—	1050	—

续表

固定液	Apiezon L			Emulphor-O		
I 柱温/℃ 化合物	70	130	190	70	130	190
3,3-二甲基-2-丁酮	665	672	—	865	883	—
2,4-二甲基-2-戊酮	749	756	—	—	939	948
2,6-二甲基-4-庚酮	—	935	943	—	1108	1121
乙腈	439	447	—	849	853	—
丙腈	510	524	—	880	892	—
丁腈	—	619	—	—	970	990
戊腈	—	721	—	—	1066	1086
己腈	—	822	829	—	1164	1187
硝基甲烷	483	487	—	964	967	—
硝基乙烷	583	590	—	—	992	997
硝基丙烷	677	686	—	—	1064	1080
硝基丁烷	—	791	800	—	1149	1167
硝基戊烷	—	896	905	—	1237	1257
甲酸甲酯	370	362	—	643	637	—
甲酸乙酯	468	455	—	717	714	—
甲酸-1-丙醇酯	570	574	—	804	814	—
甲酸-2-丙醇酯	532	525	—	748	754	—
甲酸-1-丁醇酯	679	680	—	910	913	—
甲酸-2-丁醇酯	632	631	—	850	855	—
甲酸-2-甲基-1-丙醇酯	639	642	—	862	868	—
甲酸-2-甲基-2-丙醇酯	585	589	—	790	795	—
甲酸-1-戊醇酯	781	787	—	—	1014	1017
甲酸-3-甲基-1-丁醇酯	739	748	—	—	975	986
乙酸甲酯	475	468	—	719	717	—
乙酸乙酯	557	547	—	784	779	—
乙酸-1-丙醇酯	654	648	—	867	874	—
乙酸-2-丙醇酯	596	588	—	793	798	—
乙酸-1-丁醇酯	757	755	—	—	971	981
乙酸-2-丁醇酯	697	692	—	—	895	—
乙酸-2-甲基-1-丙醇酯	711	713	—	—	921	—
乙酸-2-甲基-2-丙醇酯	640	636	—	817	820	—
乙酸-1-戊醇酯	—	855	856	—	1072	1084
乙酸-3-甲基-1-丁醇酯	—	819	—	—	1028	1039
丙酸甲酯	578	572	—	800	802	—
丙酸乙酯	654	645	—	859	859	—
丙酸-1-丙醇酯	752	751	—	—	951	—
丙酸-2-丙醇酯	685	683	—	872	876	—
丙酸-1-丁醇酯	—	851	853	—	1047	1058
丙酸-2-丁醇酯	—	784	—	—	970	973
丙酸-2-甲基-1-丙醇酯	—	808	—	—	999	1002
丙酸-2-甲基-2-丙醇酯	727	725	—	886	889	—
丙酸-1-戊醇酯	—	949	950	—	1148	1156
丙酸-3-甲基-1-丁醇酯	—	914	918	—	1104	1115

续表

固定液	Apiezon L			Emulphor-O		
化合物 \ I \ 柱温/℃	70	130	190	70	130	190
丁酸甲酯	669	665	—	882	885	—
丁酸乙酯	740	738	—	—	944	—
丁酸-1-丙醇酯	—	840	—	—	1034	1039
丁酸-2-丙醇酯	776	774	—	953	959	—
丁酸-1-丁醇酯	—	940	937	—	1127	1142
丁酸-2-丁醇酯	—	877	874	—	1052	1059
丁酸-2-甲基-1-丙醇酯	—	900	900	—	1080	1090
丁酸-2-甲基-2-丙醇酯	—	815	—	—	971	979
丁酸-1-戊醇	—	1039	1039	—	1226	1239
丁酸-3-甲基-1-丁醇酯	—	1002	1007	—	1185	1193
异丁酸甲酯	616	610	—	826	825	—
异丁酸乙酯	699	693	—	—	881	—
异丁酸-1-丙醇酯	—	790	—	—	974	—
异丁酸-2-丙醇酯	729	723	—	—	897	—
异丁酸-1-丁醇酯	—	894	898	—	1065	1079
异丁酸-2-丁醇酯	—	829	827	—	987	993
异丁酸-2-甲基-1-丙醇酯	—	855	856	—	1021	1025
异丁酸-2-甲基-2-丙醇酯	—	763	—	—	902	910
异丁酸-1-戊醇酯	—	989	996	—	1164	1175
异丁酸-3-甲基-1-丁醇酯	—	954	960	—	1126	1135
环戊烷	571	587	—	604	627	—
环己烷	676	700	—	704	734	—
环庚烷	—	846	874	—	883	919
环辛烷	—	979	1011	—	1020	1060
环壬烷	—	1093	1132	—	1137	1186
环癸烷	—	1198	1238	—	1245	1293
环十一烷	—	1292	1334	—	1338	1387
环十二烷	—	1384	1430	—	1431	1482
反十氢化萘	—	1125	1166	—	1165	1207
顺十氢化萘	—	1170	1213	—	1219	1267
甲基环戊烷	635	651	—	661	684	—
甲基环己烷	738	760	—	762	788	—
甲基环庚烷	—	908	938	—	939	975
甲基环辛烷	—	1019	1052	—	1054	1091
环戊烯	565	581	—	642	659	—
环己烯	695	714	—	764	787	—
环庚烯	—	840	864	—	918	942
环辛烯	—	945	985	—	1026	1059
1-甲基-1-环戊烯	—	675	683	—	740	753
1-甲基-1-环己烯	—	807	816	—	866	887
1-甲基-1-环庚烯	—	909	930	—	976	1003
1-甲基-1-环辛烯	—	1023	1048	—	1092	1121
氯环戊烷	—	804	827	—	967	995

续表

固定液	Apiezon L			Emulphor-O		
I 柱温/℃ 化合物	70	130	190	70	130	190
氯环己烷	—	922	952	—	1085	1119
氯环庚烷	—	1069	1106	—	1237	1278
氯环辛烷	—	1197	1237	—	1371	1411
溴环戊烷	—	905	933	—	1075	1105
溴环己烷	—	1023	1056	—	1189	1231
溴环庚烷	—	1157	1203	—	1333	1386
溴环辛烷	—	1258	1304	—	1432	1486
环戊酮	—	766	785	—	1072	1101
环己酮	—	886	909	—	1171	1206
环庚酮	—	1009	1038	—	1299	1343
环辛酮	—	1115	1158	—	1405	1455
2-甲基环己酮	—	937	971	—	1208	1246
3-甲基环己酮	—	943	965	—	1205	1244
4-甲基环己酮	—	950	973	—	1231	1278
环戊醇	—	768	773	—	1135	1135
环己醇	—	880	898	—	1242	1247
环庚醇	—	1022	1052	—	1385	1403
环辛醇	—	1155	1189	—	1520	1548
1-甲基-1-环戊醇	—	770	782	—	1091	1096
1-甲基-1-环己醇	—	882	906	—	1192	1203
1-甲基-1-环庚醇	—	1009	1036	—	1335	1359
1-甲基-1-环辛醇	—	1121	1156	—	1445	1474
硝基环己烷	—	1083	1119	—	1385	1466
四氢呋喃	618	631	—	780	800	—
四氢吡喃	697	714	—	—	870	897
苯	—	691	—	—	862	884
萘	—	1263	1292	—	1531	1585
薁	—	1399	1419	—	1707	1763
甲苯	—	798	816	—	963	984
乙基苯	—	893	913	—	1053	1076
丙基苯	—	978	998	—	1136	1161
邻二甲苯	—	930	953	—	1090	1128
间二甲苯	—	904	924	—	1056	1086
对二甲苯	—	904	923	—	1051	1084
异丙基苯	—	947	966	—	1104	1125
对伞花烃	—	1051	1072	—	1199	1223
苯乙烯	—	929	949	—	1128	1169
氟代苯	—	681	—	—	879	—
氯代苯	—	855	914	—	1099	1134
溴代苯	—	982	1019	—	1210	1257
碘代苯	—	1104	1152	—	1352	1405
邻二氯苯	—	1076	1117	—	1126	1375
间二氯苯	—	1058	1097	—	1275	1320

续表

固定液	Apiezon L			Emulphor-O		
化合物 \ *I* \ 柱温/℃	70	130	190	70	130	190
对二氯苯	—	1060	1096	—	1288	1335
邻氯甲苯	—	996	1024	—	1194	1231
间氯甲苯	—	995	1025	—	1205	1241
对氯甲苯	—	996	1026	—	1206	1241
邻溴甲苯	—	1091	1129	—	1306	1352
间溴甲苯	—	1095	1130	—	1319	1362
对溴甲苯	—	1094	1132	—	1321	1364
苄基溴	—	1125	1161	—	—	—
2-溴-1-苯基乙烷	—	1219	1257	—	1529	1585
苯基氰	—	965	993	—	1406	1444
苯基乙腈	—	1097	1127	—	1646	1686
苯甲醚	—	930	949	—	1200	1231
苯乙醚	—	996	1013	—	1246	1276
硝基苯	—	1088	1131	—	1499	1536
邻硝基甲苯	—	1155	1190	—	1547	1588
间硝基甲苯	—	1201	1237	—	1592	1639
对硝基甲苯	—	1212	1258	—	1615	1668
苯甲醛	—	965	996	—	1336	1371
苯乙醛	—	1029	1057	—	1430	1465
苯基丙醛	—	1146	1174	—	1546	1584
间甲苯醛	—	1081	1108	—	1429	1470
对甲苯醛	—	1089	1122	—	1449	1490
苯乙酮	—	1067	1095	—	1445	1479
苯丙酮	—	1164	1189	—	1518	1556
苯丁酮	—	1240	1271	—	1583	1621
1-苯基-2-丙酮	—	1098	1127	—	1499	1538
1-苯基-2-丁酮	—	1192	1223	—	1583	1623
1-苯基-3-丁酮	—	1214	1243	—	1622	1654
苄醇	—	1010	1044	—	1573	1598
2-苯基乙醇	—	1089	1128	—	1610	1644
3-苯基丙醇	—	1207	1234	—	1716	1757
1-苯基-1-乙醇	—	1042	1071	—	1558	1577
2-苯基-2-丙醇	—	1076	1099	—	1540	1562

表 22-72 部分有机化合物保留指数（二）[59]

固定液：$C_{87}H_{176}$

柱温/℃	70	130	190	$10\left(\frac{\partial I}{\partial T}\right)$	柱温/℃	70	130	190	$10\left(\frac{\partial I}{\partial T}\right)$
化合物 \ 保留指数	*I*				化合物 \ 保留指数	*I*			
四氢呋喃	602.6	612.9	623.2	1.71	噻吩	664.6	685.3	706.0	3.45
二噁烷	660.3	675.0	689.7	2.45	四甲基硅烷	429.4	427.1	424.8	−0.38

表 22-73 部分有机化合物保留指数（三）[59]

固定液	SE-30						XE-60					
I 化合物 \ 柱温/℃	40	60	150	160	170	180	40	60	150	160	170	180
苯	648	647	—	—	—	—	776	770	—	—	—	—
1,2,4-三氯苯	—	—	1161	1166	—	—	—	—	1416	1432	—	—
苯乙酮	—	—	1049	1047	—	—	—	—	1448	1455	—	—
2,4,5-三氯苯乙酮	—	—	1463	1481	1486	1474	—	—	1960	1972	1990	2000
2,4,5-三氯苯基-1-乙醇	—	—	1543	1556	1563	1559	—	—	2155	2171	2179	2207
2,4,5-三氯苯乙酮基氯化物	—	—	1627	1647	1648	1646	—	—	2227	2252	2264	2313
2,4,5-三氯苯基-2-氯-1-乙醇	—	—	1711	1723	1732	1730	—	—	—	2443	2450	2497

表 22-74 部分有机化合物保留指数（四）[60]

固定液	PEG-40M	DS 10	SE-30	OV-215	固定液	PEG-40M	DS 10	SE-30	OV-215
I 化合物 \ 柱温/℃	80	100	100	80	I 化合物 \ 柱温/℃	80	100	100	80
甲醇	938	883	384	550	戊醛	1038	924	679	963
乙醇	975	947	427	618	2-丙酮	884	785	475	799
丙醇	1078	1048	530	718	2-丁酮	968	858	579	888
2-丙醇	959	964	480	656	2-戊酮	1043	937	671	980
丙烯-2-醇	1156	1035	534	698	3-甲基-2-丁酮	996	895	646	949
丁醇	1182	1161	637	827	4-甲基-2-丁酮	1070	974	724	1034
2-丁醇	1055	1054	586	755	3,3-二甲基-2-丁酮	1013	924	698	999
特丁醇	923	969	493	689	2-己酮	1113	993	768	1053
异丁醇	1122	1095	601	791	环己酮	—	1328	900	—
戊醇	—	1268	754	—	甲基环己酮	—	1378	954	—
异戊醇	—	1233	725	—	2,4-戊二酮	—	1177	843	—
己醇	—	1373	854	—	甲酸乙酯	876	770	501	733
庚醇	—	1479	955	—	乙酸乙酯	939	879	594	833
2,2,2-三氯乙醇	—	1504	862	—	丙酸乙酯	1008	939	691	913
环戊醇	—	1326	792	—	丁酸乙酯	1085	1022	781	1001
环己醇	—	1461	891	—	乙酸丙酯	1024	974	693	941
酚	—	1618	926	—	乙酸丁酯	1119	1068	792	1041
苄醇	—	1645	1017	—	乙酸乙烯酯	934	785	564	788
硝基甲烷	1209	886	536	926	甲基丙烯醛甲酯	1052	918	694	908
硝基丙烷	1265	994	712	1106	丙烯酸乙酯	1045	925	676	903
2-硝基丙烷	1178	927	676	1070	丙烯酸正丁酯	1227	1114	873	1102
丙烯腈	1041	764	500	843	丙烯酸异丁酯	1165	1060	835	1067
乙腈	1069	803	464	863	二氯甲烷	953	683	524	657
丙腈	1092	858	547	948	三氯甲烷	1043	757	609	700
丁腈	1162	935	642	1042	四氯甲烷	906	720	672	724
戊腈	1255	1031	745	1151	1,2-二氯乙烷	1110	835	640	822
吡啶	1242	1078	743	1009	1,1,1-三氯乙烷	914	730	650	757
乙醛	752	632	369	640	三氯乙烯	1023	803	698	797
丙醛	845	728	480	754	四氯乙烯	1057	890	814	896
丙烯醛	908	735	469	757	溴乙烷	798	627	522	655
丁醛	933	821	574	856	溴丙烷	1011	830	715	838

续表

固定液	PEG-40M	DS 10	SE-30	OV-215	固定液	PEG-40M	DS 10	SE-30	OV-215
I 柱温/℃ 化合物	80	100	100	80	I 柱温/℃ 化合物	80	100	100	80
碘丁烷	1101	924	814	941	甲基环己烷	792	765	736	769
表氯醇	1253	1039	700	999	己烯基环己烯	1041	891	840	892
苯	985	744	664	790	环庚烯	—	851	797	—
甲苯	1082	848	767	895	辛烯	850	794	790	813
乙基苯	1166	937	859	986	辛炔	1052	845	811	876
苯乙烯	1297	994	886	1061	反-1,2-二叔丁基乙烯	734	744	793	804
丙基苯	1244	1020	950	1077	呋喃	832	571	498	615
异丙基苯	1209	989	921	1041	四氢呋喃	925	911	626	820
对二甲苯	1174	948	868	1001	1,3-二氧茂烷	1026	946	597	824
氯苯	—	977	844	—	1,4-二噁烷	1130	1092	721	940
1,2,4-三氯苯	—	1400	1186	—	苯甲醚	—	1095	916	—
茚	—	1226	1059	—	二乙醚	656	579	496	561
环戊烷	647	596	577	596	二-异丙基醚	672	611	594	653
环戊烯	701	597	565	591	甲基叔丁基醚	721	652	562	670
环己烷	746	709	675	704	乙醛-二乙基醛	923	818	717	809
环己烯	839	737	690	729					

表 22-75　部分有机化合物保留指数（五）[61]

固定液：Carbowax 20M

I 柱温/℃ 化合物	70	80	90	100	110	120
丁醇	—	—	1135.08	1133.33	1130.99	1129.04
2-甲基-1-丁醇	1203.38	1201.50	1200.40	1197.78	1196.36	1194.93
正己醇	—	—	1348.98	1347.99	1346.20	1344.79
正辛醇	—	—	1556.05	1555.68	1554.38	1553.35
苯	957.21	960.69	964.88	968.66	972.80	976.91
甲苯	1053.89	1057.98	1062.76	1067.04	1071.62	1076.10
对二甲苯	1145.24	1149.89	1152.22	1159.94	1165.00	1169.77
间二甲苯	1151.54	1156.28	1161.65	1166.41	1171.52	1176.29
邻二甲苯	1192.98	1198.32	1204.40	1209.84	1215.66	1221.09
癸酸甲酯	1192.75	1193.97	1195.19	1196.38	1197.50	1198.76
丙酸庚酯	—	—	1444.07	1445.70	1446.66	1447.76

表 22-76　部分有机化合物保留指数（六）[62]

固定液：苯二甲酸二壬酯　　柱温：75℃

化合物	I	化合物	I	化合物	I
1-碘-2-甲基丙烷	851	二正丁基醚	900	1-丁醇	795
1-碘丙烷	788	辛炔-2	772	2-丁醇	720
2-溴丙烷	646	1-氯-2-甲基丙烷	670	2-甲基-1-丙醇	754
1-溴丙烷	693	乙酸正丁酯	871	2-甲基-2-丙醇	638
2,2,4-三甲基丙烷	691	2-戊酮	775	正丙基腈	805
二异丙基醚	620	1-硝基丙烷	882		

表 22-77 部分有机化合物保留指数（七）[63]

柱温：60℃

化合物 \ 固定液 I	SPB-1	Supelcowax-10	化合物 \ 固定液 I	SPB-1	Supelcowax-10
乙醇	388	944	三氯乙烯	675	1010
丙酮	405	832	2-乙氧基乙醇	687	1231
2-丙醇	412	935	甲苯	757	1057
1-丙醇	428	1046	乙酸异丁基酯	757	1025
二氯甲烷	439	946	乙酸正丁基酯	796	1082
2-丁酮	482	919	四氯乙烯	801	1038
乙酸乙酯	496	902	4-羟基甲基-2-戊酮	813	1374
三氯甲烷	501	1034	5-甲基-2-己酮	836	1150
2-丁醇	520	1095	乙基苯	848	1138
2-甲氧基乙醇	533	1184	对二甲苯	856	1145
1,2-二氯乙烷	552	1080	间二甲苯	856	1151
乙酸异丙基酯	584	911	环己酮	861	1301
1-丁醇	584	1146	乙酸异戊酯	862	1131
苯	598	964	邻二甲苯	878	1193
2-硝基丙烷	631	1129	乙酸-2-乙氧基乙酯	882	1319
1,2-二氯丙烷	658	1058	2-丁氧基乙醇	888	1416

表 22-78 部分有机化合物保留指数（八）[64]

化合物	I①	化合物	I①
乙酰胆碱	NO⑥	α-六六六⑧	1690③
乙酰三丁基柠檬酸酯	2253	β-六六六⑧	1710③
乙酰三乙基柠檬酸酯	1730	δ-六六六⑧	1755③
腺嘌呤（脱氨）酶	NO	联苯	1389
艾氏剂⑧	1950②	4,4-二吡啶基二水合物	1507
alphanol 610④	MP⑦	bisoflex 1001④	MP
3-氨基-2-二甲基苯	1178	1-溴癸烷	1326
5-氨基喹啉	1598	溴萘	1434
茴香脑	1284	硝滴涕④⑧	2310③
吖嗪缩苯胺⑧	2010	油酸-2-丁氧基乙基酯	MP
蒽	1711	丁化的羟基苯甲醚	1462
9,10-二腈蒽	2288	丁化的羟基甲苯	1490
阿特拉津⑧	1705③	邻苯二甲酸丁基苄基酯	2327
谷硫磷⑧	2430③	癸二酸丁基苄基酯	1585
偶氮苯	1556		2130
Barkite B④	MP		2520
2,5-二-(4-二苯噁唑)	3710	环氧硬脂酸丁酯	MP
2,5-双（5′-叔丁苯噁唑[2′]噻吩）	2745	邻苯二甲酸丁基异癸基酯	1950
	3750	油酸丁酯	MP
二苯甲酮	1611	丁基-2-苯基-5-(4-联苯基)-1,3,4-噁二唑	3342
苯甲醇	1046	邻苯二甲酸丁基己基酯	1940
苯甲酸苄酯	1738		2235

续表

化合物	I[1]	化合物	I[1]
硬脂酸丁酯	2157	二-(丁氧基乙基)癸二酸酯	2700
	2362	己二酸二丁酯	1660
1,5-戊二胺	1035	马来酸二丁酯	1505
樟脑	1137	邻苯二甲酸二正丁酯	1924
克菌丹[8]	2000[3]	癸二酸二丁酯	2137
咔唑	1784	对苯二酸二正丁酯	2066
三硫磷[8]	2255[3]	二月桂酸二丁锡酯	NO
蓖麻油	MP	二氯萘醌[8]	1760[3]
草克死[8]	1685[3]	对二氯苯[8]	1000
chlorobenside[8]	2040	己二酸二环己基酯	2282
开蓬[8]	2240[3]	乙二酸二环己基酯	1880
邻氯亚苄基丙二腈[8]	1516	邻苯二甲酸二环己基酯	2461
5α-胆甾烷	2852	狄氏剂[8]	2100[3]
胆甾醇	3008	己二酸二(乙氧基乙基)酯	1880
胆碱	NO	邻苯二甲酸二(乙氧基乙基)酯	2135
柠檬醛	1272	癸二酸二(乙氧基乙基)酯	2270
乙酰基柠檬酸三丁酯[4]	2224	己二酸二乙基酯	1349
甲苯基苯基磷酸酯	MP	己二酸二(2-乙基己基)酯	2381
环十二烷酮[8]	1524	异苯二甲酸二(2-乙基己基)酯	2730
邻苯二甲酸环己基异辛基酯	2446	邻苯二甲酸二(2-乙基己基)酯	2507
邻苯二甲酸环己基十三基酯	2518	癸二酸二(2-乙基己基)酯	2792
2,4-滴丁基酯[8]	1840[3]	马来酸二乙基酯	1081
2,4-滴异丁基酯[8]	1805[3]	邻苯二甲酸二乙基酯	1568
2,4-滴异丙基酯[8]	1700[3]	癸二酸二乙基酯	1746
2,4-滴甲基酯[8]	1605[3]	*N,N*-二乙基-*N,N*-甲苯酰胺[8]	1571
敌草索[8]	1960[3]	邻苯二甲酸二庚基酯	2500
滴滴埃甲基酯	2085[3]	9,10-二羟蒽	1662
o,p'-DDE[8]	2070[3]	己二酸二异丁基酯	1660
p,p'-DDE[8]	2130[3]	邻苯二甲酸二异丁基酯	1863
o,p'-DDT[8]	2220[3]	对苯二酸二异丁基酯	1972
p,p'-DDT[8]	2290[2]	己二酸二异癸基酯	2745
甲基一〇五九[8]	1628	邻苯二甲酸二异癸基酯	2511
己二酸二烷基酯	MP	邻苯二甲酸二异庚基酯	MP
邻苯二甲酸二烯丙基酯	1698	己二酸二异辛基酯	MP
邻苯二甲酸二链烷醇酯	MP	环氧硬脂酸二异辛基酯	MP
癸二酸二链烷醇酯	MP	马来酸二异辛基酯	MP
邻苯二甲酸二戊基酯	2140	邻苯二甲酸二异辛基酯	MP
二嗪磷[8]	1760[2]	癸二酸二异辛基酯	MP
邻苯二甲酸二苄基酯	2690	乐果[8]	1720
癸二酸二苄基酯	2135	邻苯二甲酸二甲氧基乙基酯	1980
间二溴苯	1197	己二酸二甲基酯	1223
邻二溴苯	1221	对二甲基氨基苯甲醛	1528
对二溴苯	1193	异苯二甲酸二甲基酯	1488
己二酸对二丁氧基乙氧基乙基酯	1285	α,α-二甲基-β-甲基琥珀酰替苯胺	1195
二-（丁氧基乙基）邻苯二甲酸酯	2850	邻苯二甲酸二甲基酯	1434

第二篇

续表

化合物	*I*[1]	化合物	*I*[1]
1,4-二甲基-双-2-(5-苯基噁唑基)苯	3618	咪唑	1095
2,4-二甲基喹啉	1446	茚	1062
2,7-二甲基喹啉	1425	吲哚	1276
癸二酸二甲基酯	1645	靛红	1712
对苯二酸二甲基酯	1475	邻苯二甲酸异丁基环己基酯	1868 2659[5] 2453
己二酸二壬基酯	2484	3-异丁基-1-甲基黄嘌呤	2150
邻苯二甲酸二壬基酯	2649	邻苯二甲酸异丁基己基酯	MP
己二酸二辛基酯	2383	邻苯二甲酸异庚基环己基酯	MP
邻苯二甲酸二辛基酯	2519	环氧硬脂酸异辛基酯	MP
癸二酸二辛基酯	2782	邻苯二甲酸异辛基异癸基酯	MP
己二酸二正癸基酯	2905	lankroflex 79LP[4]	MP
己二酸二苯基酯	2397	lankroflex 79LTM[4]	MP
二苯基汞	1873	苎烯	1053
邻苯二甲酸二苯基酯	2550	高丙体六六六[8]	1757[2]
己二酸二丙基酯	1545	Linevol 79 phthalate[4]	MP
邻苯二甲酸二丙基酯	1743	Linevol 911 phthalate[4]	MP
马来酸二己基酯	2116	亚麻子油	MP
邻苯二甲酸二（十三烷基）酯	NO	液体石蜡	MP
敌菌灵[8]	2010[3]	马拉松[8]	1900[2]
硫丹 I[8]	2085[3]	2-巯基苯并噁唑	NO
硫丹 II[8]	2175[3]	2-巯基苯并咪唑	NO
异狄氏剂[8]	2165	2-巯基苯并噻唑	1936
乙醇胺	780	甲氧滴滴涕[8]	2410[2]
乙硫磷[8]	222[3]	氨茴酸甲酯	1343
乙胺	NO	辛酸甲酯	1130
乙滴滴[8]	2175	癸酸甲酯	1305
苯甲酸乙酯	1227	磷酸甲基二苯基酯	MP
油酸乙酯	2175	对羟苯甲酸甲酯	1419
5-乙基-5-对甲苯基巴比土酸	2085	亚油酸甲酯	2100
丁子香酚	1368	2-甲基萘	1313
芴	1580	壬酸甲酯	1215
芴酮	1705	油酸甲酯	2086
Fopet[4]	2015[3]	棕榈酸甲酯	1867
二苯甲酸甘油基酯	2442	5-甲基-5-苯基海因	1866
丙三醇	NO	5-(对甲基苯基)-5-苯基海因	2457
哈尔满	2000	硬脂酸甲酯	2116
七氯[8]	1890[3]	速灭灵[8]	1450[3]
环氧七氯[8]	2015[3]	灭蚁灵[8]	2470[3]
六苯基苯	NO	单甲苯基二苯基磷酸酯	MP
howflew GBP[4]	1947	吗啉	810
1-羟氯丹[8]	1955[3]	萘	1186
1-羟哈尔满	1920	1-萘甲腈	1489
	2015	2-萘基乙酸酯	1585
	2290	萘酰胺	1475

续表

化合物	I[①]	化合物	I[①]
去甲哈尔满	2005	滴滴滴-p,p'-异构物[⑧]	2200
己二酸辛基癸基酯	2540	对联三苯	2208
	2745	萜品油（异构体混合物）	1127
	2940		1170
4-叔辛基-2-甲基-环己基乙酸酯	1611		1183
油酸酰胺	MP	杀虫畏乙异构物[⑧]	2084
对硫磷[⑧]	1935[③]	三氯杀螨砜[⑧]	2430[③]
甲基对硫磷[⑧]	1845	油酸氢糠酯	2290
乙滴滴[⑧]	2175[②]		2480
吩嗪	1703		2660
1-苯基乙基胺	1050	四苯乙烯	2478
2-苯基乙基胺	1125	硫茚	1200
甲拌磷[⑧]	1675[③]	噻蒽	1901
哌啶	790	甘油三乙酸酯	1282
环氧大豆油	MP	甘油三丁酸酯	1552
pliabrac 519[④]	MP	三(2-氯乙基)磷酸酯	1740
pliabrac 521[④]	MP	三苯胺	2271
pliabrac 524[④]	MP	三丁基柠檬酸酯	2150
pliabrac 985[④]	MP	三丁基磷酸酯	1690
pliabrac 987[④]	MP	三甲苯基膦酸酯	2695
pliabrac 989[④]	MP	三乙基柠檬酸酯	1655
pliabrac 990[④]	MP	三（2-乙基己基）膦酸酯	2463
1,4-双(5-苯基噁唑基-2)苯	3525	三乙基膦酸酯	1109
2,5-二苯基噁唑	2050	三氟巴占	2244
普拉西泮	2610	三异丁基膦酸酯	1483
硝滴滴[⑧]	2250[③]	三异丙基膦酸酯	1182
丙烯乙二醇己二酸酯	MP	三甲基柠檬酸酯	1442
丙基对羟基苯甲酸酯	1567	三甲基膦酸酯	995
芘	930	三辛基膦酸酯	2445
	1983	甘油三油酸酯	NO
吡苄明	1980	三苯胺	2055
吡咯烷	695	三苯基膦酸酯	2363
喹啉	1247	三丙基膦酸酯	1372
皮蝇磷[⑧]	1880[③]	三(丁氧基乙基)膦酸酯	2363
sancticiser 141[④]	2410[⑤]	三(2,3-二溴丙基)膦酸酯	NO
sancticiser 148[④]	MP	三(2,3-二氯丙基)膦酸酯	2307
SKF 525A[④]	2326	三(异丙基苯基)膦酸酯	MP
西玛津[⑧]	1690[③]	三甲苯基膦酸酯	MP
豆甾醇	3234	三(二甲苯基)膦酸酯	MP
反芪	1755	色胺	1750
2,4,5-涕异丙酯[⑧]	1825[③]	酪胺	1405
2,4,5-涕甲酯[⑧]	1740[③]	尿嘧啶	NO
滴滴滴-o,p'-异构物[⑧]	2130	黄嘌呤	NO

① 固定液为 SE-30 或 OV-1,柱温——230℃。

② 保留指数值引自 Moffat A C. J Chromatog,1975,113:69。

③ 保留指数值引自 Thompson S F,et al.J Ass Offic Anal Chem,1975,58:1037。

④ 商品名。

⑤ 表示主峰。

⑥ NO——未见到色谱峰。

⑦ MP——有 3 个以上色谱峰。

⑧ 农药（其部分的保留指数值是换算值）。

表 22-79 苯衍生物保留指数[65]

固定液：$C_{78}H_{158}$ 柱温：130℃

化合物	I	$10\left(\frac{\partial I}{\partial T}\right)$	化合物	I	$10\left(\frac{\partial I}{\partial T}\right)$
2,2-二甲基己烷	719.7	0.77	2-苯乙醇	1054.5	4.83
碘苯	1078.9	6.70	苯胺	932.1	6.98
苯甲醇	973.7	4.29	环己胺	860.2	3.88

表 22-80 气味活性物质的保留指数[66]

固定相：HP-5 载气流速：He，0.8mL/min

柱温：−10℃（1min）→280℃（1min），12℃/min 柱参数：30m×0.25mm

检测器：MS

化合物	I	化合物	I
2,3-丁二醇	803.6	2-乙基-3-甲基吡嗪	1013.1
乙醛	807	2-甲基-6-乙烯基吡嗪	1019.2
3-正戊醇	809.6	2-乙基-1-乙醇	1028.8
2-甲基吡嗪	820	醋酸基吡嗪	1032
庚醛	901.4	苯乙醛	1043.1
苯乙烯	903	醋酸基吡咯	1058.9
2,5-二甲基吡嗪	905.3	3,5-辛二烯-2-酮	1072
2,6-二甲基吡嗪	909.2	3-乙基-2,5-二甲基吡嗪	1078.7
乙基吡嗪	916.9	2,3-二甲基-5-乙基吡嗪	1081
2,3-二甲基吡嗪	920.2	2-乙基-3,5-二甲基吡嗪	1084
反-2-庚烯醛	954.9	2-对甲氧酚	1090.8
苯甲醛	958.1	壬醛	1104.5
5-甲基糠醛	961.5	2,3-二乙基-5-甲基吡嗪	1155.5
1-辛烯-3-酮	978.1	3,5-二乙基-5-甲基吡嗪	1162
6-甲基-5-庚烯-2-酮	986.8	2,5-二甲基-3-异丁酰吡嗪	1176
2-戊基呋喃	991.7	十二烷	1200.5
反,反-2,4-庚二烯醛	999.5	4-乙烯基-2-对甲氧酚	1327
2-乙基-6-甲苯吡嗪	1001.5	2-乙基-2,5-二甲基吡嗪	1081.1
2-乙基-5-甲苯吡嗪	1004.1	2,5-二乙基吡嗪	1089.3
三甲基吡嗪	1005.5		

表 22-81 葎草不同部位挥发性化学成分的保留指数[67]

固定相：HP-5 载气流速：He, 1.0 mL/min

柱温 60℃（1min）→210℃（5min），5℃/min 柱参数：60m×0.25mm

检测器：MS

化合物	I	化合物	I
2-乙基-呋喃 furan,2-ethyl	706	香桧烯 sabinene	977
乙醛 hexanal	804	*β*-蒎烯 *β*-pinene	983
反-2-乙烯醛 *trans*-2-hexenal	854	6-甲基-5-庚烯-2-酮 6-methyl-5-hepten-2-one	987
α-蒎烯 *α*-pinene	938	*β*-月桂烯 *β*-myrcene	990
3,4,4-三甲基-2-戊烯 2-Pentene, 3,4,4-trimethyl	959	对聚伞花素 *p*-cymene	1028
苯甲醛 benzaldehyde	967	柠檬烯 limonene	1032

续表

化合物	I	化合物	I
顺-罗勒烯　cis-ocimene	1036	β-波旁烯　β-elemene	1401
反-β-罗勒烯　trans-β-ocimene	1047	β-榄香烯　β-elemene	1404
苯乙醛　benzeneacetaldehyde	1050	α-姜烯　α-zingiberene	1412
4-乙基丁内酯　4-ethylbutan-4-olide	1062	3-叔丁基-1,2-二甲氧基苯　3-t-butyl-1,2-dimethoxybenzene	1428
正辛醇　n-octanol	1068	香檀烯　santalene	1432
顺-芳樟醇氧化物　cis-linalool oxide	1077	(+)-β-柏木萜烯　(+)-β-funebrene	1434
反-芳樟醇氧化物　trans-linalool oxide	1093	2-异丙烯-5-甲基-9-亚甲基-双环	1436
L-芳樟醇　L-linalool	1101	β-石竹烯　β-caryophyllene	1439
壬醛　nonanal	1104	γ-依兰油烯　γ-muurolene	1443
6-甲基-3,5-庚二烯-2-酮　6-methyl-3,5-heptadien-2-one	1109	α-佛手柑油烯　α-bergamotene	1447
别罗勒烯　allo-ocimene	1129	γ-杜松烯　γ-cadinene	1454
α-龙脑烯醛　α-campholenal	1133	反-β-金合欢烯　trans-β-farnesene	1461
磷酸三乙酯　phosphoric acid,triethyl ester	1134	(E)-β-佛手柑油烯　(E)-β-bergamotene	1466
白藜芦素　veratrol	1149	α-古芸烯　α-gurjunene	1471
(−)-顺式马鞭草烯醇　(−)cis-verbenol	1153	α-葎草烯　α-humulene	1474
樟脑　camphor	1156	β-荜澄茄油烯　β-cubebene	1478
1-壬酮　1-nonanol	1170	别香橙烯　alloaromadendrene	1482
松香芹酮　pinocarvone	1173	2-表-α-柏木烯　2-Epi-α-cedrene	1485
龙脑　endo-borneol	1176	α-愈创木烯　α-guaiene	1488
(+)-异薄荷醇　(+)-Isomenthol	1179	1,3-二甲基双环	1493
α-松油醇　α-terpineol	1198	十五烷　pentadecane	1500
癸醇　decanal	1206	大根香叶烯 D　germacrene D	1501
桃金娘烯醇　myrtenal	1208	β-广藿香烯　β-patchoulene	1504
1-乙基-3-异丙基苯　1-ethyl-3-esopropylbenzene	1223	β-蛇床烯　(+)-β-selinene	1508
反-香芹醇　trans-carveol	1226	朱栾倍半萜　valencene	1513
橙花醇　nerol	1231	β-橄榄烯　β-maaliene	1516
2-甲基丁酸己酯　hexyl 2-methylbutanoate	1236	β-甜没药烯　β-bisabolene	1519
香芹酚甲醚　carvacrol methyl ether	1238	双环大根香叶烯　bicyclogermacrene	1521
橙花醛　neral	1247	α-紫穗槐烯　α-amorphene	1533
反-香叶醇　trans-geraniol	1256	β-倍半水芹烯　β-sesquiphellandrene	1536
香叶醛　geranial	1275	δ-杜松烯　δ-cadinene	1539
香芹酚　carvacrol	1287	顺-α-甜没药烯　cis-α-bisabolene	1552
4-甲氧基-3-甲基苯乙酮　4-hydroxy-3-methylacetophenone	1291	α-依兰油烯　α-muurolene	1556
百里酚　thymol	1294	α-榄香烯　α-elemene	1557
十三烷　tridecane	1300	二氢猕猴桃内酯　dihydroactinidiolide	1560
乙酸百里酚酯　thymol acetate	1305	α-白菖考烯　α-calacorene	1564
2-甲基萘　2-methylnaphthalene	1308	橙花叔醇　nerolidol	1572
橙花醇甲酸酯　methyl nerolate	1326	牛儿烯 B　germacrene B	1582
α-荜澄茄油烯　α-cubebene	1360	1-甲氧基-4-(1-甲基乙基)苯　benzene,1-methoxy-4-(1-methylethyl)-	1587
α-长叶蒎烯　α-longipinene	1367	甲氧基均三甲基苯　methoxymesitylene	1591
反-3(10)-蒈烯-2-醇　trans-3(10)-caren-2-ol	1378	十六烷　hexadecane	1600
环苜蓿烯　cyclosativene	1383	(+)-斯巴醇　(+)-spathulenol	1603
α-依兰烯　α-ylangene	1385	维噶醇 B　vulgarol B	1606
α-古巴烯　α-copaene	1390	3-(1-甲基乙烯基)环辛烯　cyclooctene,3-(1-methylethenyl)-	1608
十四烷　tetradecane	1400	石竹烯氧化物　caryophyllene oxide	1612

续表

化合物	I	化合物	I
2,3,6-三甲基茴香醚 2,3,6-trimethylanisole	1616	喇叭烷 ledene	1695
鼠尾草-4(14)-烯-1-酮 salvial-4(14)-en-1-one	1621	十七烷 heptadecane	1700
α-蛇床烯 α-selinene	1626	降植烷 pristane	1706
α-雪松醇 α-cedrol	1633	菖蒲螺烯酮 B acorenone B	1713
葎草烯氧化物 humulene oxide	1638	十八烷	1800
角鲨烷 squalane	1649	植烷 phytane	1811
亚油酸乙酯 ethyl linoleate	1668	植酮 2-pentadecanone,6,10,14-trimethyl	1856
亚麻酸甲酯 methyl linolenate	1674	邻苯二甲酸异丁酯 isobutyl phthalate	1895

参考文献

[1] Peetre I-B, Ellren O, Smith B E F. J Chromatogr, 1985, 318: 41.
[2] Reddy K S, Dutoit J C , Kovats E. J Chromatogr, 1992, 609: 229.
[3] Dutoit J C. J Chromatogr, 1991, 555: 191.
[4] Blazso M , Garzo G. Chromatographia, 1974, 7: 395.
[5] Кириненко Э А, Марков Б А, Кочетов В А, И Др. Ж А Х, 1975, 30: 1233.
[6] Айнштейн А А, Шулятьева Т и. Ж А Х, 1972, 27: 816.
[7] 顾蕙祥，阎宝石. 气相色谱实用手册. 第二版. 北京：化学工业出版社，1990：357.
[8] Кирешков А П, Кириченко З А, Марков Б А. Ж А Х, 1975, 30: 345.
[9] Michael G, Danne U, Fisher G. J Chromatogr, 1976, 118: 104.
[10] Кочетов В А, Копылов В М, Марков Б А, И Др. Ж А Х, 1978, 33: 1214.
[11] Марков В А, Кочетов В А, Пимкии В И, И Др. Ж А Х, 1979, 34: 2040.
[12] Кириченко Э А, Марков Б А, Кочетов В А, И Др. Ж А Х, 1976, 31: 1378.
[13] Moller M R. Chromatographia, 1976;9: 311.
[14] Stead A H, Gill R, Evans A T, et al. J Chromatogr. 1982, 234: 277.
[15] Menez J F, Berthou F, Picart D, et al. J Chromatogr, 1976, 129: 155.
[16] Gill R, Tead A H, Moffat A C. J Chromatogr, 1981, 204: 275.
[17] Schuetz H, Westenberger V. J Chromatogr, 1979, 169: 409.
[18] Delbeke F T, Debackere M, Demet N. J Chromatogr, 1981, 206: 594.
[19] Caddy B,Fishand F, Scott D. Chromatographia, 1973, 6: 296.
[20] Huber J F K, Kenndler E, Reich G. J Chromatogr, 1979, 172: 15.
[21] Furr H C, Zeng S, Cifford A J, et al. J Chromatogr, 1990, 527: 406.
[22] Gandhe B R, Panday P, Sharma P K . J Chromatogr, 1981, 219: 297.
[23] Poole C F, Johansson L, Vessman J. J Chromatogr, 1980, 194: 365.
[24] Poole C F, Zlatkis A. J Chromatogr, 1980, 184: 99.
[25] Kerebel A, Morfin R F, Berthon F L, et al. J Chromatogr, 1977, 140: 229.
[26] Edmonds C G, Smith A G, Brooks C J W. J Chromatogr, 1977, 133: 372.
[27] Mitra G D. J Chromatogr, 1982, 234: 214.
[28] van Gelder W M J, Jonker H H, Huizing H J, et al. J Chromatogr, 1988, 442: 133.
[29] Miller V, Pacakova V, Smolkova E. J Chromatogr, 1976, 119: 355.
[30] Slemrova J, Nitsche I. J Chromatogr, 1977, 135: 401.
[31] Donik M, Stratmann D. Z anal Chem, 1979, 279: 129.
[32] Moffat A C. J Chromatogr, 1975, 113: 69.
[33] Gajewski E, Dizdaroglu M, Simic M G. J Chromatogr, 1982, 249: 41.
[34] Donike M, Gola R, Jaenicke L. J Chromatogr, 1977, 134: 385.
[35] Shats V D, Belikov V A, Urtane I P, et al. J Chromatogr, 1982, 237: 57.
[36] Shats V D, Belikov V A, Zelchan G I, et al. J Chromatogr, 1980, 200: 105.
[37] Benecke R, Thieme H, Nyiredy Sz, Jr. J Chromatogr, 1982, 238: 75.
[38] Andersen N H,Falcone M S. J Chromatogr, 1969, 44: 52.
[39] Hedin P A,Thompson A C,Gueldner R C. Anal Chem, 1972, 44: 1255.
[40] Gueldner R C, Hutto F Y, Thompson A C, et al. Anal Chem,1973, 45:376.
[41] ter Heide R. J Chromatogr, 1976, 129: 143.
[42] Paris C, Alexandre P. J Chrom Sci, 1972, 10: 402.
[43] Davies N W. J Chromatogr, 1990, 503: 1.
[44] Onuska F I, Comba M E. J Chromatogr, 1976, 119: 385.
[45] 李灵娥，关亚风，周良模，分析化学，1995，23：14.
[46] Zegota H. J Chromatogr, 1980, 192: 446.

[47] Garcia-Raso A, Paez M I, Martinez-Castro I, et al. J Chromatogr, 1992, 607: 222.
[48] Garcia-Raso A, Castro I M, Paez M T, et al. J Chromatogr, 1987, 398: 9.
[49] Paez M, Castro I M, Sanz J, et al. Chromatographia, 1987, 23: 43.
[50] Martinez-Castro I, Paez M I, Sanz J, et al. J Chromatogr, 1986, 462: 49.
[51] Petersson G. J Chrom Sci, 1977, 15: 245.
[52] Stuchlik J, Pacakova V. J Chromatogr, 1979, 174: 224.
[53] Hanken J K, Abraham F, J Chromatogr, 1991, 550: 155.
[54] Соколов Д Н, Несгеренко Г Н. Ж А Х, 1975, 30: 2381.
[55] Kupick J, Leclercq P A, Garaj J, et al. J Chromatogr, 1979, 171: 285.
[56] Heitz M, Druilhe A, Lefort D. Chromatographia, 1971, 4: 167.
[57] Huber J F K, Kenndler E, Reich G, et al. Anal Chem, 1993, 65: 2903.
[58] Wehrli A,Kovats E. Helv Chim Acta, 1959, 42: 2709.
[59] Riedo F, Fritz D, Tarjan G, et al. J Chromatogr, 1976, 126: 63.
[60] Winskowski J. Chromatographia, 1983, 17: 160.
[61] Podmaniczky L, Szepesy L, Lakszner K. Chromatographia, 1985, 20: 623.
[62] Evans M B, Hanken J K, Toth T. J Chromatogr, 1986, 351: 155.
[63] Castello G, Vezzani S, Gerbino T C. J Chromatogr, 1991, 585: 273.
[64] Ramsey J D, Lee T D, Osselton M D, et al. J Chromatogr, 1980, 184: 185.
[65] Reddy K S, Cloux R, Kovats E. J Chromatogr A, 1994, 673: 181.
[66] Kaseleht K, Leitner E, Paalmea T. 2011, 26: 122.
[67] 杨再波，毛海立，龙成梅，孙成斌. 精细化工，2010，27（11）：1064.

第三篇

谱图选集

第二十三章　烃类化合物色谱图

第一节　脂肪烃类色谱图

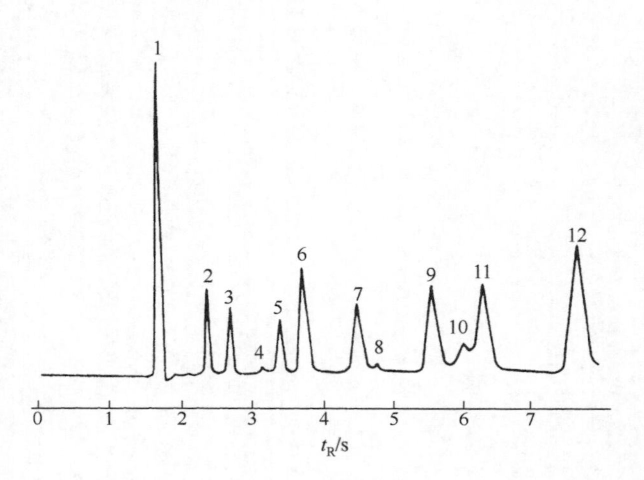

图 23-1　戊烷～庚烷[1]

色谱峰：1—甲烷；2—正戊烷；3—2,2-二甲基丁烷；4—2-甲基戊烷；5—3-甲基戊烷；6—正己烷；7—2,4-二甲基戊烷；8—2,2,3-三甲基丁烷；9—环己烷；10—2-甲基己烷；11—3-甲基己烷；12—正庚烷

色谱柱：角鲨烷，0.85m×0.065mm

柱　温：0℃

载　气：He（含φ=0.1%CH_4），60cm/s

检测器：FID

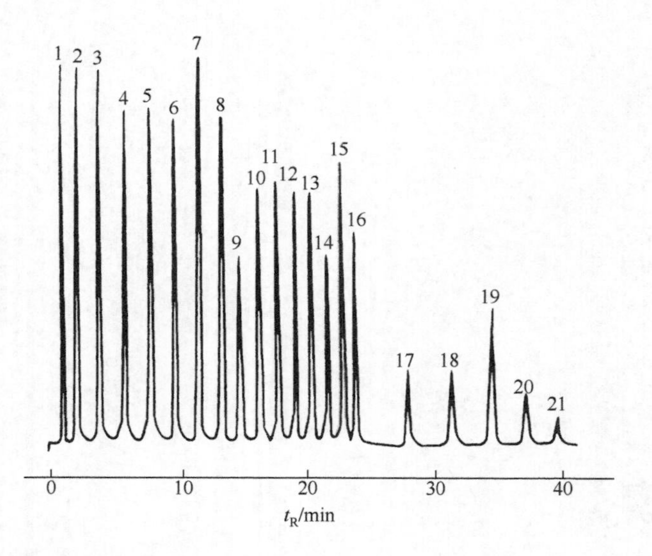

图 23-2　正戊烷～正四十烷

色谱峰：1—正戊烷；2—正己烷；3—正庚烷；4—正辛烷；5—正壬烷；6—正癸烷；7—正十一烷；8—正十二烷；9—正十三烷；10—正十四烷；11—正十五烷；12—正十六烷；13—正十七烷；14—正十八烷；15—正十九烷；16—正二十烷；17—正二十四烷；18—正二十八烷；19—正三十二烷；20—正三十六烷；21—正四十烷

色谱柱：SE-30

柱　温：−10℃（8min）→300℃，10℃/min

载　气：H_2，30mL/min

检测器：FID

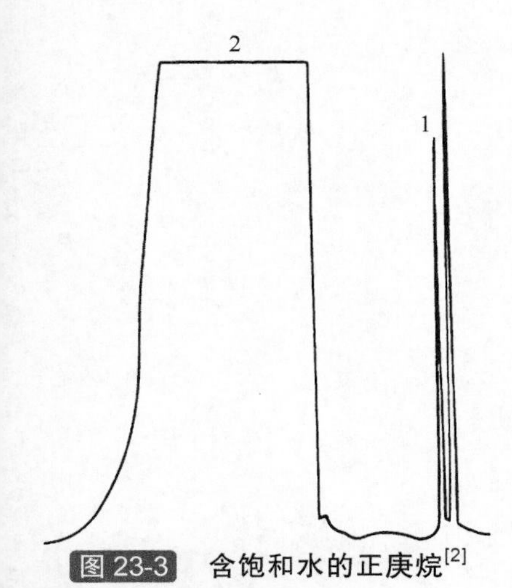

图 23-3 含饱和水的正庚烷[2]

色谱峰：1—水；2—正庚烷
色谱柱：GDX-105，1m×4mm
柱　温：138℃
载　气：H_2，40mL/min
检测器：TCD

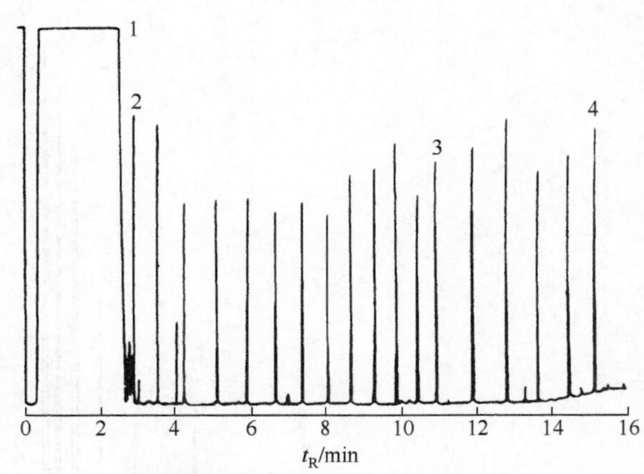

图 23-4 正辛烷～正三十烷[3]

色谱峰：1—正己烷（溶剂）；2—正辛烷；3—正二十烷；4—正三十烷
色谱柱：Ultra-1，20m×0.32mm，0.5μm
柱　温：40℃（1min）→320℃，20℃/min
载　气：He，100kPa
检测器：FID
进样方式：程序加热

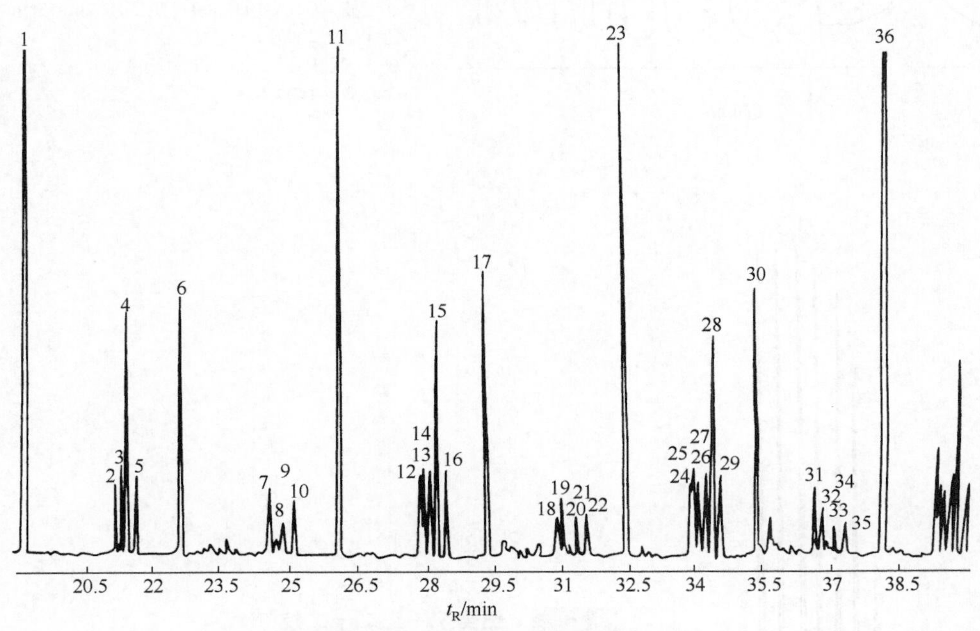

图 23-5 烷基取代烃（C_{10}～C_{16}）[4]

色谱峰：1—正癸烷；2—5-甲基癸烷；3—4-甲基癸烷；4—2-甲基癸烷；5—3-甲基癸烷；6—正十一烷；7—5-甲基十一烷；8—4-甲基十一烷；9—2-甲基十一烷；10—3-甲基十一烷；11—正十二烷；12—6-甲基十二烷；13—5-甲基十二烷；14—4-甲基十二烷；15—2-甲基十二烷；16—3-甲基十二烷；17—正十三烷；18—7-甲基十三烷；19—5-甲基十三烷；20—4-甲基十三烷；21—2-甲基十三烷；22—3-甲基十三烷；23—正十四烷；24—7-甲基十四烷；25—6-甲基十四烷；26—5-甲基十四烷；27—4-甲基十四烷；28—2-甲基十四烷；29—3-甲基十四烷；30—正十五烷；31—7-甲基十五烷；32—5-甲基十五烷；33—4-甲基十五烷；34—2-甲基十五烷；35—3-甲基十五烷；36—正十六烷

色谱柱：甲基硅烷，50m×0.2mm，0.50μm
柱　温：40℃→300℃，5℃/min
载　气：He，1mL/min
检测器：FID
气化室温度：325℃
检测器温度：325℃

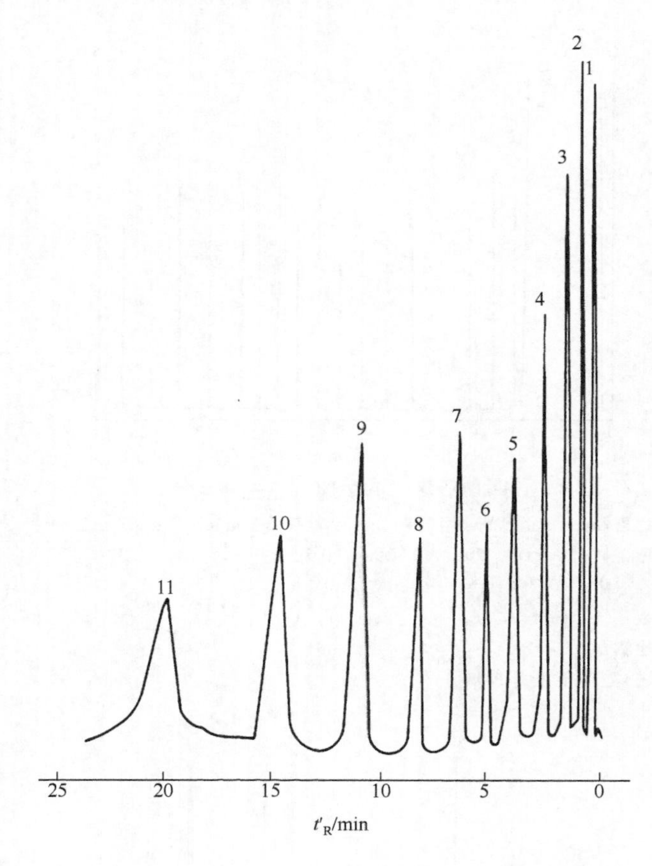

图 23-6　正癸烷～正二十烷

色谱峰：1—正癸烷；2—正十一烷；3—正十二烷；4—正十三烷；5—正十四烷；6—正十五烷；7—正十六烷；8—正十七烷；9—正十八烷；10—正十九烷；11—正二十烷

色谱柱：GDX-103（60～70目），2m×3mm

柱　温：290℃

载　气：H_2

检测器：TCD

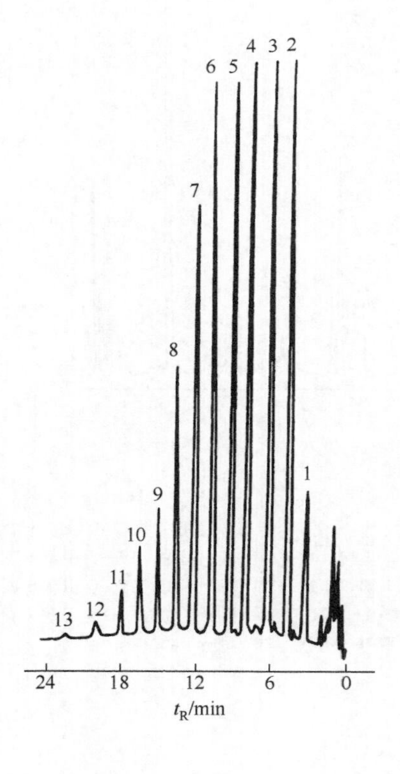

图 23-7　正癸烷～正二十二烷

色谱峰：1—正癸烷；2—正十一烷；3—正十二烷；4—正十三烷；5—正十四烷；6—正十五烷；7—正十六烷；8—正十七烷；9—正十八烷；10—正十九烷；11—正二十烷；12—正二十一烷；13—正二十二烷

色谱柱：3%OV-17，Chromosorb W HP（100～120目）

柱　温：90℃→240℃，10℃/min

检测器：FID

检测器温度：320℃

进样方式：顶空法(气化温度320℃，样品140℃)

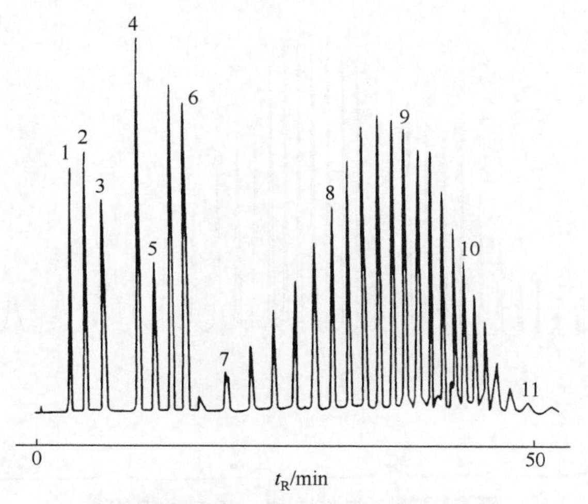

图 23-8 正癸烷～正六十烷[5]

色谱峰：1—正癸烷；2—正十一烷；3—正十二烷；4—正十四烷；5—正十五烷；6—正十七烷；7—正二十烷；8—正三十烷；9—正四十烷；10—正五十烷；11—正六十烷

色谱柱：2%Dexsil 300，Chromosorb G（80～100目），1.52m×3mm

柱　温：50℃→390℃，8℃/min　　气化室温度：400℃

载　气：N_2，40mL/min　　检测器温度：400℃

检测器：FID

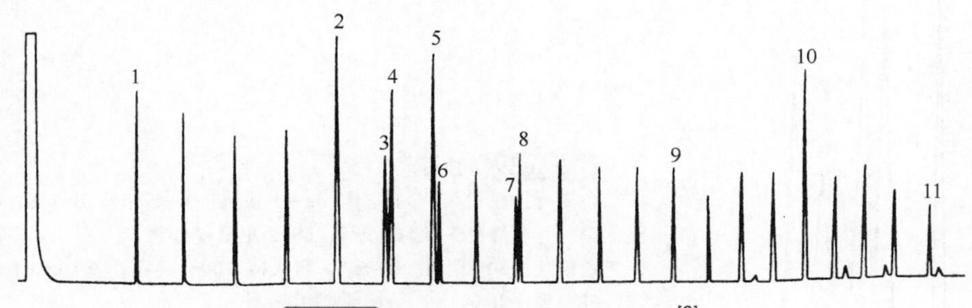

图 23-9 正十二烷～正三十二烷[6]

色谱峰：1—正十二烷；2—正十六烷；3—正十七烷；4—姥鲛烷；5—正十八烷；6—植烷；7—1-二十烯；8—正二十烷；9—正二十四烷；10—正二十八烷；11—正三十二烷

色谱柱：OV-101，32m　　载　气：He，58cm/s

柱　温：80℃→280℃，4℃/min　　检测器：FID

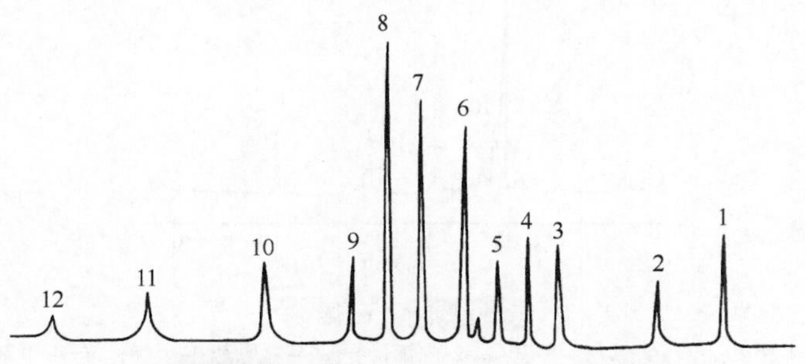

图 23-10 正十二烷～正三十六烷[7]

色谱峰：1—正十二烷；2—正十三烷；3—正十五烷；4—正十六烷；5—正十七烷；6—正十八烷；7—正二十烷；8—正二十二烷；9—正二十四烷；10—正二十八烷；11—正三十二烷；12—正三十六烷

色谱柱：甲基乙烯基硅烷，20m×0.25mm　　载　气：H_2，30cm/s

柱　温：120℃（5min）→300℃，20℃/min　　检测器：FID

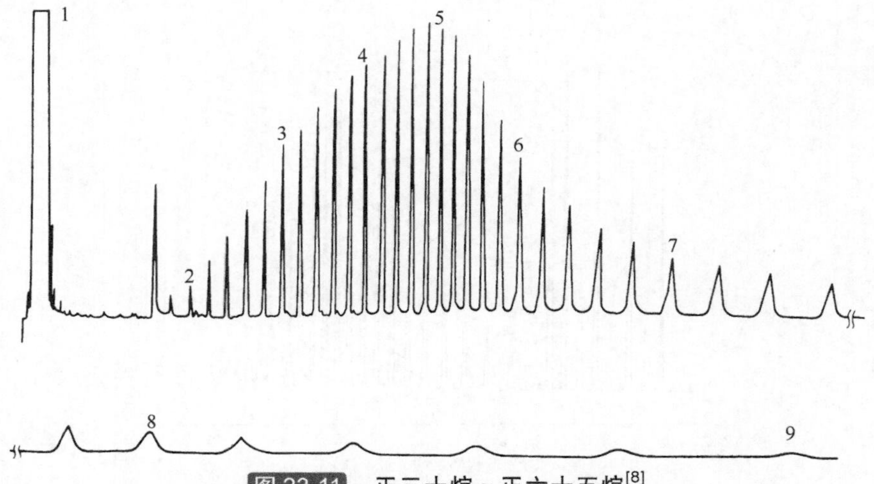

图 23-11 正三十烷～正六十五烷[8]

色谱峰：1—正十六烷(溶剂)；2—正三十烷；3—正三十五烷；4—正四十烷；5—正四十五烷；6—正五十烷；7—正五十五烷；8—正六十烷；9—正六十五烷

色谱柱：SE-54，7m×0.32mm
柱　温：200℃→340℃，150℃/min
载　气：H_2，80cm/s
检测器：FID
气化室温度：200℃
进样方式：柱上进样

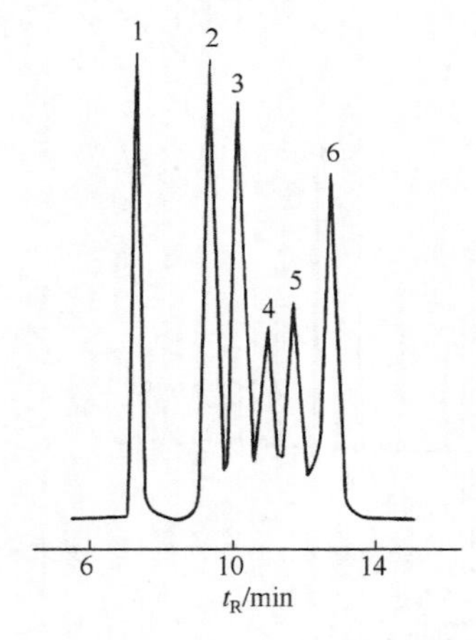

图 23-12 戊烯[9]

色谱峰：1—3-甲基-1-丁烯；2—1-戊烯；3—2-甲基-1-丁烯；4—反-2-戊烯；5—顺-2-戊烯；6—2-甲基-2-丁烯
色谱柱：30%聚丙二醇-550，耐火砖（60～80目），6.10m×6mm
柱　温：25℃
载　气：He，48mL/min
检测器：TCD

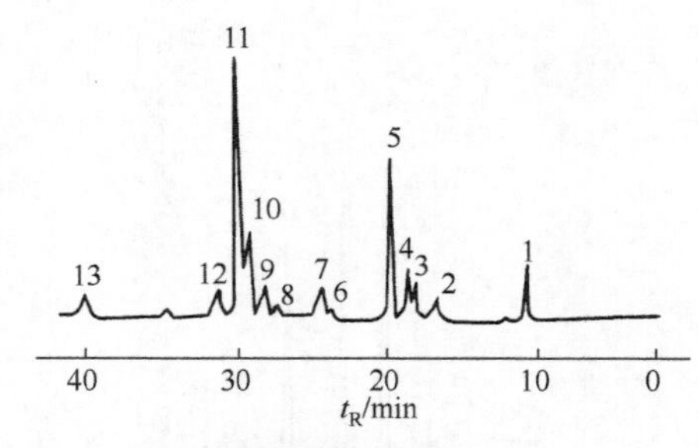

图 23-13 己烯[10]

色谱峰：1—正戊烷；2—4-甲基-1-戊烯；3—4-甲基-顺-2-戊烯；4—2,3-二甲基-1-丁烯；5—4-甲基-反-2-戊烯；6—2-甲基-1-戊烯；7—1-己烯；8—顺-3-己烯；9—反-3-己烯；10—反-2-己烯；11—2-甲基戊-2-烯；12—顺-2-己烯；13—2,3-二甲基-2-丁烯

色谱柱：角鲨烷，100m
柱　温：0℃
载　气：H_2
检测器：FID

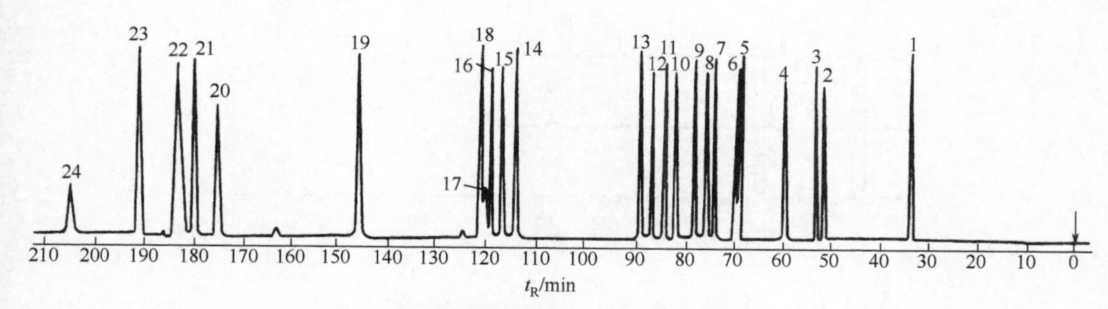

图 23-14　己烯与己二烯[11]

色谱峰：1—正戊烷；2—2,3-二甲基丁烷；3—2-甲基戊烷；4—3-甲基戊烷；5—正己烷；6—己烯＋1,5-己二烯；7—反-3-己烯；8—顺-3-己烯；9—反-2-己烯；10—1-反-4-己二烯；11—顺-2-己烯；12—1-顺-4-己二烯；13—甲基环戊烷；14—2,3-己二烯；15—1-己炔；16—1,2-己二烯；17—1-顺-3-己二烯；18—1-反-3-己二烯；19—3-己炔；20—反-2,反-4-己二烯；21—2-己炔；22—正庚烷；23—顺-2,反-4-己二烯；24—顺-2,顺-4-己二烯

色谱柱：脂肪腈，200m×0.5mm

柱　温：22℃

载　气：He，3.5mL/min

检测器：FID

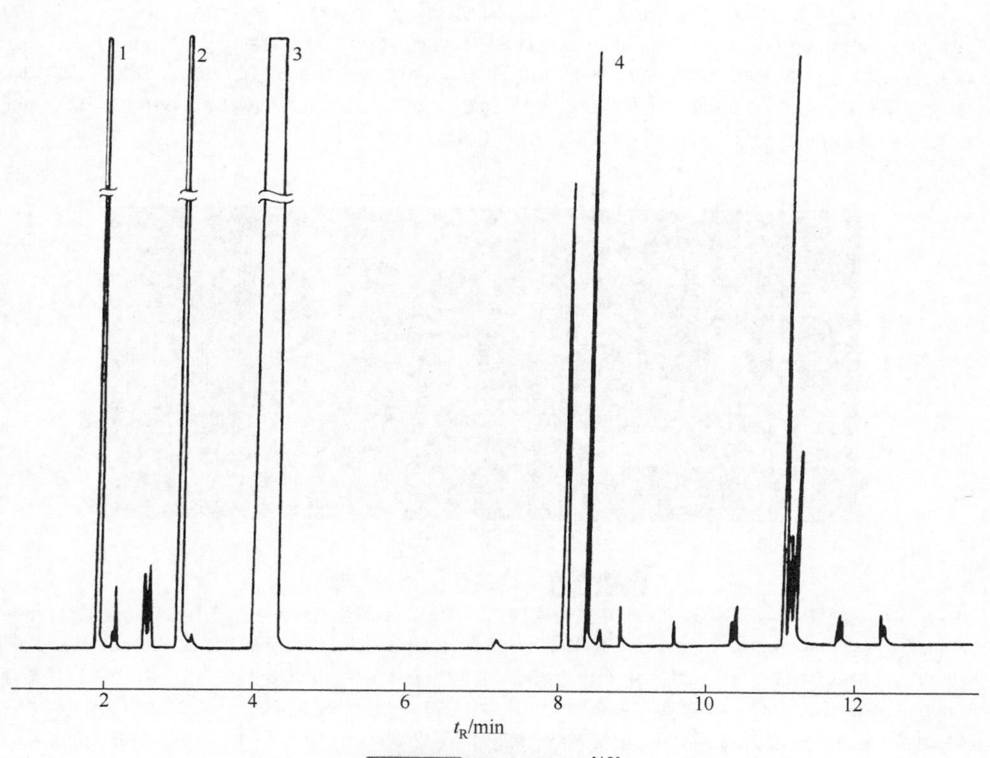

图 23-15　环辛二烯[12]

色谱峰：1—丁二烯；2—乙烯基环己烯；3—1,5-环辛二烯；4—1,5,9-环十二碳三烯

色谱柱：SE-54，28m×0.25mm

柱　温：100℃（4min）→260℃，15℃/min

载　气：N_2，0.085MPa

检测器：FID

气化室温度：280℃

检测器温度：280℃

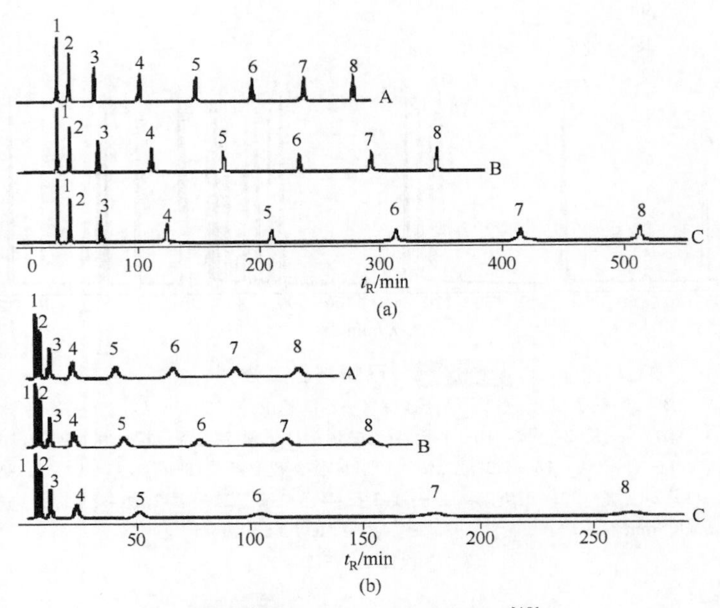

图 23-16 $C_5 \sim C_{12}$ 正构烷烃[13]

色谱峰：1—戊烷；2—己烷；3—庚烷；4—辛烷；5—壬烷；6—癸烷；7—十一烷；8—十二烷

色谱柱：（a）3.0m×0.15μm；（b）0.25m×0.15μm，熔融硅胶毛细管柱（静电上料交联柱）

柱　温：（a）3.0 m柱：（A）30℃→180℃，30℃/min；（B）30℃→180℃，20℃/min；(C) 30℃→180℃，10℃/min
（b）0.25m柱：（A）30℃→180℃，50℃/min；（B）30℃→180℃，30℃/min；(C) 30℃→180℃，10℃/min

载　气：空气，（a）14cm/s；（b）18cm/s　　检测器：FID

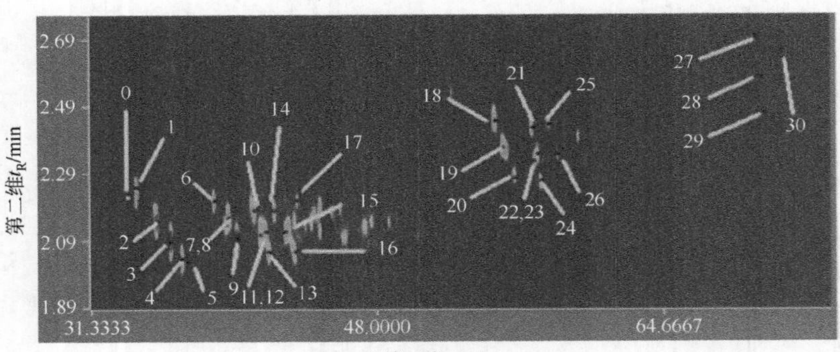

图 23-17 烷基化金刚烷[14]

色谱峰：0—D16-单金刚烷；1—金刚烷；2—1-甲基金刚烷；3—1,3-二甲基金刚烷；4—1,3,5-三甲基金刚烷；5—1,3,5,7-四甲基金刚烷；6—2-甲基金刚烷；7—顺-1,4-二甲基金刚烷；8—反-1,4-二甲基金刚烷；9—1,3,6-三甲基金刚烷；10—1,2-二甲基金刚烷；11—顺-1,3,4-二甲基金刚烷；12—反-1,3,4-二甲基金刚烷；13—1,2,5,7-四甲基金刚烷；14—1-乙基金刚烷；15—1-乙基-3-甲基金刚烷；16—1-乙基-3,5-二甲基金刚烷；17—2-乙基金刚烷；18—双金刚烷；19—4-甲基双金刚烷；20—4,9-二甲基双金刚烷；21—1-甲基双金刚烷；22—1,2+2,4-二甲基双金刚烷；23—4,8-二甲基双金刚烷；24—三甲基双金刚烷；25—3-甲基双金刚烷；26—3,4-二甲基双金刚烷；27—三金刚烷；28—9-甲基三金刚烷；29—二甲基三金刚烷；30—5-甲基三金刚烷

色谱柱：一维，Petro，50m×0.2mm，0.5μm（横轴）；二维，DB-17HT，3m×0.1mm，0.1μm（纵轴）

柱　温：一维，80℃(0.2min)→310℃(25min)，2℃/min；二维，100℃（0.2min）→330℃(25min)，2℃/min

载　气：He，1.8mL/min

气化室温度：300℃

检测器：MS

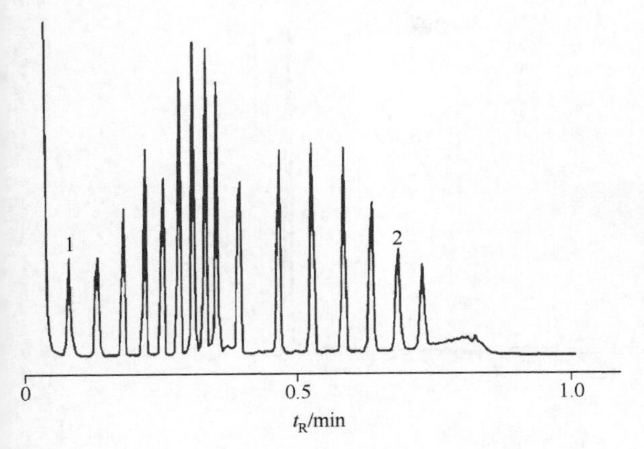

图 23-18　$C_{10}H_{22}$ ~ $C_{40}H_{82}$ 正构烷烃[15]

色谱峰：1—癸烷；2—四十烷

色谱柱：DB5 熔融毛细管柱，2.5m×0.25mm，0.25μm

柱　温：50℃→340℃，60℃/min

载　气：He，35mL/min

气化室温度：330℃

检测器：Q-MS

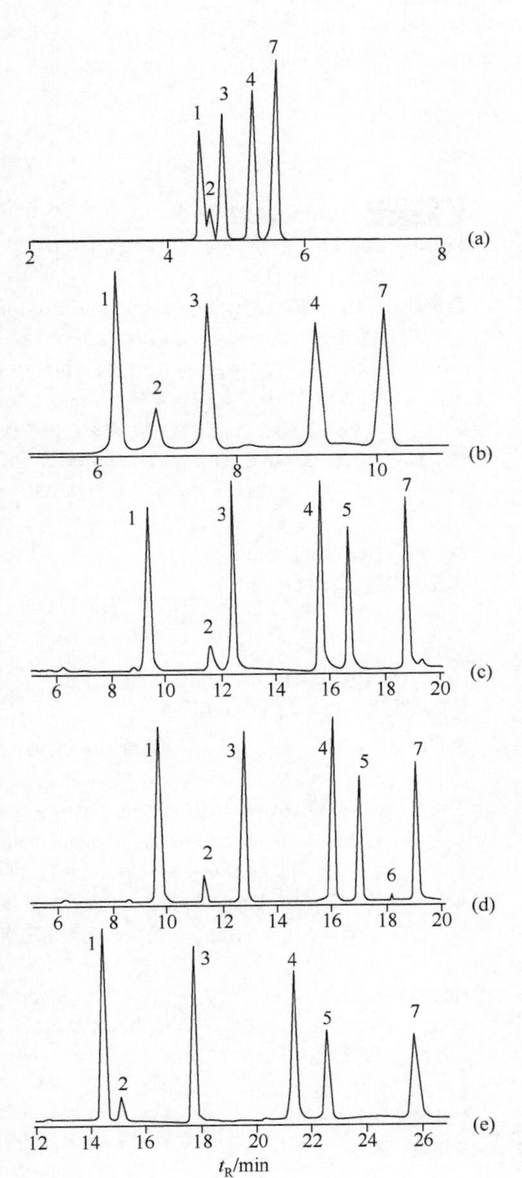

图 23-19　C_6 ~ C_{12} 烷烃[16]

色谱峰：1—己烷；2—庚烷；3—辛烷；4—壬烷；5—癸烷；6—十一烷；7—十二烷

色谱柱：石英毛细管柱（10m×0.25mm，0.12μm）；

（a）固定液为$[OMIm^+(CF_3SO_2)_2N^-]$；

（b）固定液为$[OMIm^+(CF_3SO_2)_2N^+]$；

（c）固定液为$[EtPy^+CF_3COO^-]$；

（d）固定液为$[EtPy^+CF_3COO^-]$ + amino- C_{60}；

（e）固定液为a $[EtPy^+CF_3COO^-]$ + OH-C_{60}

柱　温：50℃（5min）→100℃（15min），10℃/min

载　气：N_2，1.0mL/min

检测器：MS

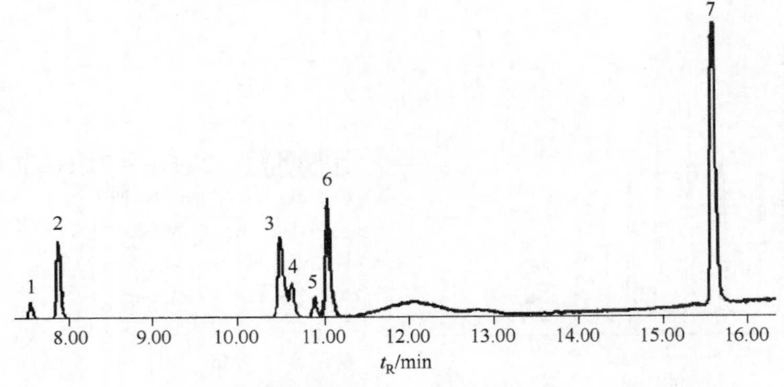

图 23-20 $C_3 \sim C_4$ 烷烯烃[17]

色谱峰：1—1-丙烯；2—丙烷；3—异丁烷；4—1-丁烯；5—2-甲基-1-丙烯；6—丁烷；7—四氢呋喃

色谱柱：分子筛5 Å PLOT 毛细管柱（10m×0.32mm）串联 Porabond Q（50m×0.53mm）

进样口温度：100℃

载 气：He

柱 温：100℃（2min）→250℃，10℃/min

检测器：MS

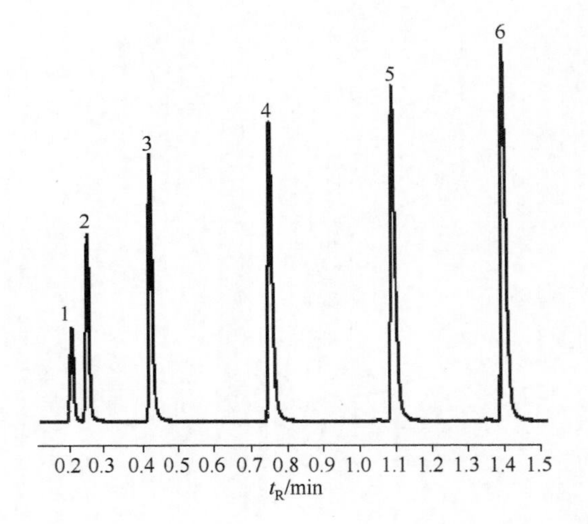

图 23-21 $C_1 \sim C_5$ 烷烃[18]

色谱峰：1—甲烷；2—乙烷；3—丙烷；4—丁烷；5—戊烷；6—己烷

色谱柱：柱1A—VFWAXms™柱（5m×0.32mm，0.1μm）；柱1B—CP-Select Mineral Oil柱（15m×0.32mm，0.1μm）；柱2—Agilent CP-硅PLOT柱（5m×0.32mm，4μm）。限流装置使用0.8m×0.20mm不带涂层的去活化熔融石英柱来平衡流速

柱 温：柱1A,1B 40℃（0.2min）$\xrightarrow{50℃/min}$ 120℃；柱2 40℃（12s）$\xrightarrow{100℃/min}$ 160℃ $\xrightarrow{300℃/min}$ 250℃（20s）

载 气：He，25mL/min

气化室温度：250℃

检测器：FID

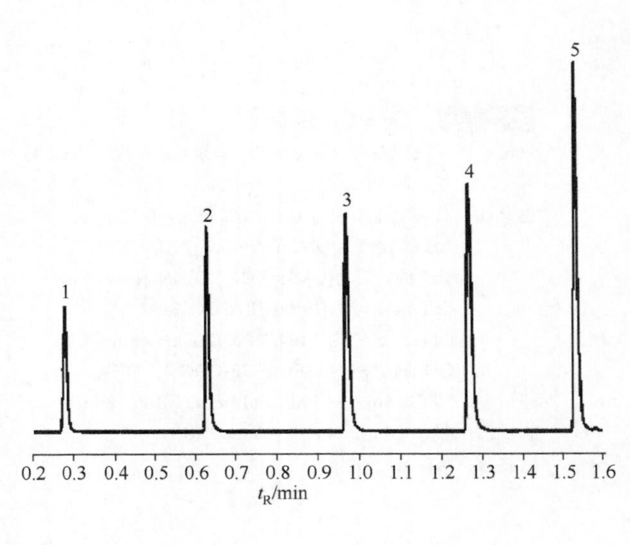

图 23-22 $C_2 \sim C_6$ 烯烃[18]

色谱峰：1—乙烯；2—丙烯；3—丁烯；4—戊烯；5—己烯

色谱柱：柱1A—VFWAXms™柱（5m×0.32mm，0.1μm）；柱 1B — CP-Select Mineral Oil 柱（15m×0.32mm，0.1μm）；柱2—Agilent CP-硅 PLOT 柱（5m×0.32mm，4μm）。限流装置使用0.8m×0.20mm不带涂层的去活化熔融石英柱来平衡流速

柱 温：柱1A,1B 40℃（0.2min）$\xrightarrow{50℃/min}$ 120℃；柱2 40℃(12s) $\xrightarrow{100℃/min}$ 160℃ $\xrightarrow{300℃/min}$ 250℃(20s)

载 气：He，25mL/min

气化室温度：250℃

检测器：FID

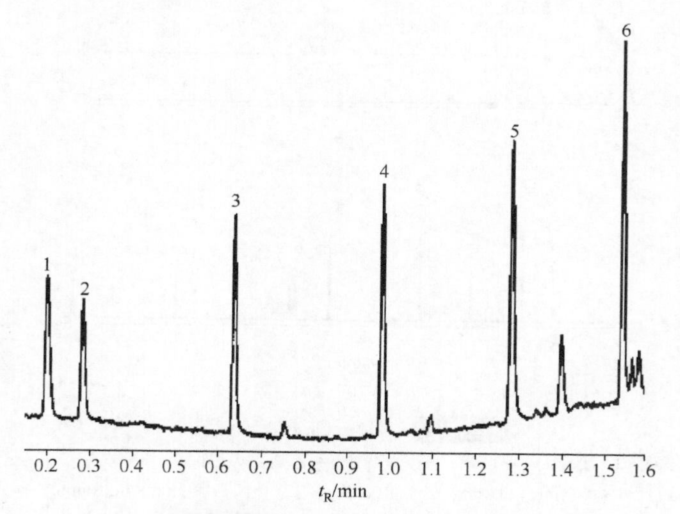

图 23-23　C_1 ~ C_6 烷，烯烃[18]

色谱峰：1—甲烷；2—乙烯；3—丙烯；4—丁烯；5—戊烯；6—己烯

色谱柱：柱1A—VFWAXms^{TM} 柱 (5m×0.32mm，0.1μm)；柱1B—CP-Select Mineral Oil柱 (15m×0.32mm，0.1μm)；柱2—Agilent CP-硅 PLOT 柱 (5m×0.32mm，4μm)。限流装置使用0.8m×0.20mm不带涂层的去活化熔融石英柱来平衡流速

柱　温：柱1A,1B　40℃（0.2min）$\xrightarrow{50℃/min}$ 120℃；柱2　40℃(12s) $\xrightarrow{100℃/min}$ 160℃ $\xrightarrow{300℃/min}$ 250℃（20s）

载　气：He，25mL/min　　检测器：FID

气化室温度：250℃

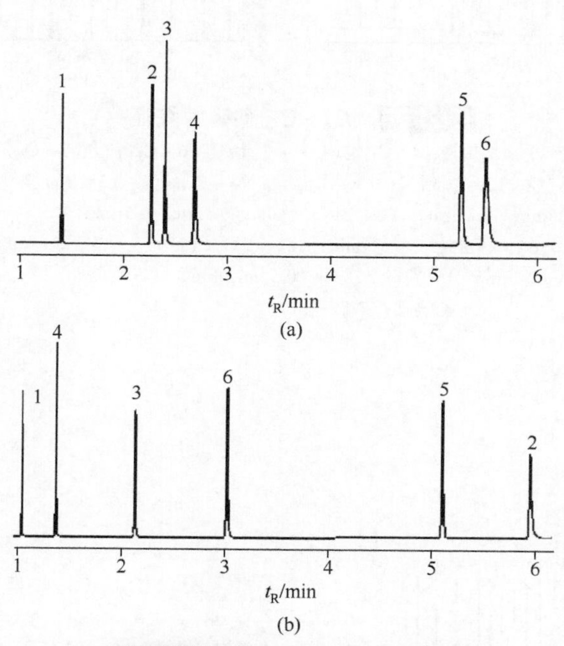

图 23-24　C_1 ~ C_3 烷、烯烃[19]

色谱峰：1—甲烷；2—乙炔；3—乙烯；4—乙烷；5—丙烯；6—丙烷

色谱柱：（a）HP-PLOT Q，30m×0.32mm，20μm；（b）Rtx-氧化铝键合丙炔，30m×0.32mm，10μm

检测器：FID

第三篇

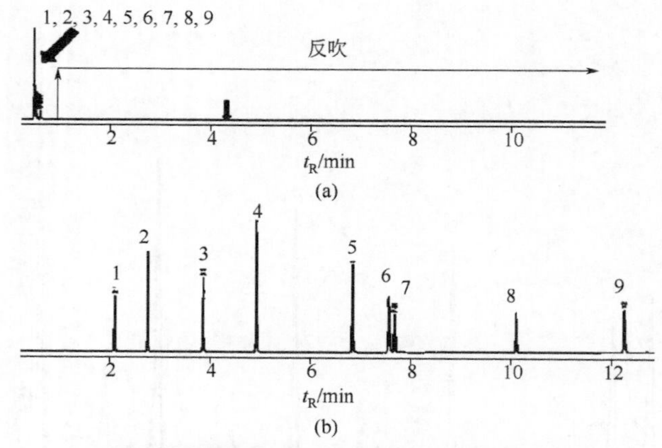

图 23-25 C_1 ~ C_6 烷、烯烃[19]

色谱峰：1—甲烷；2—乙烷；3—乙烯；4—丙烷；5—丙烯；6—乙炔；7—丁烷；8—戊烷；9—己烷

色谱柱：(a) VF-WAXms (10m×0.32mm，1μm)；(b) Rtx-氧化铝键合丙炔（30m×0.32mm）

检测器：FID

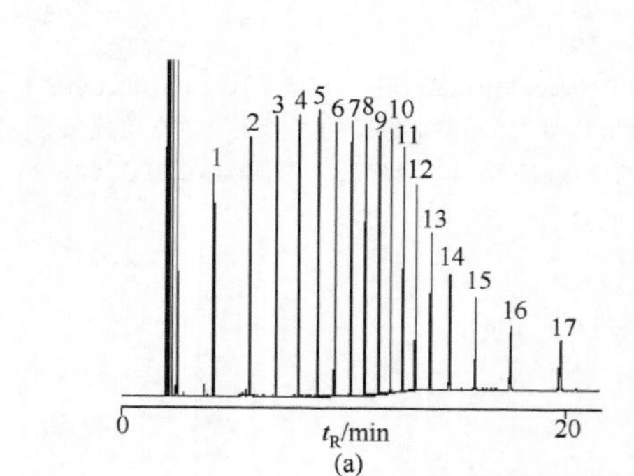

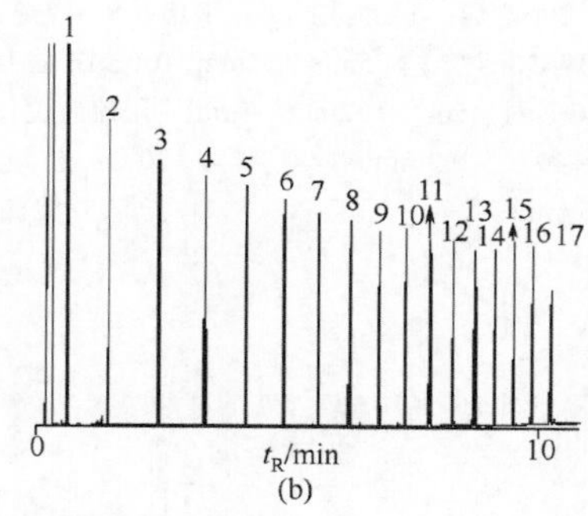

图 23-26 C_8 ~ C_{40} 偶碳数烷烃[20]

色谱峰：1—C_8烷烃；2—C_{10}烷烃；3—C_{12}烷烃；4—C_{14}烷烃；5—C_{16}烷烃；6—C_{18}烷烃；7—C_{20}烷烃；8—C_{22}烷烃；9—C_{24}烷烃；10—C_{26}烷烃；11—C_{28}烷烃；12—C_{30}烷烃；13—C_{32}烷烃；14—C_{34}烷烃；15—C_{36}烷烃；16—C_{38}烷烃；17—C_{40}烷烃

色谱柱：(a) BP×5（30m×0.25mm，0.25μm)；(b) BP-5（10m×0.1mm，0.1μm)

柱　温：(a) 40℃（2min）→ 330℃（9min)，30℃/min；(b) 40℃（1min）→ 330℃，30℃/min

载　气：(a) He，14.4psi（1.29mL/min)；(b) He，28psi（0.52mL/min)

气化室温度：350℃　　检测器：FID

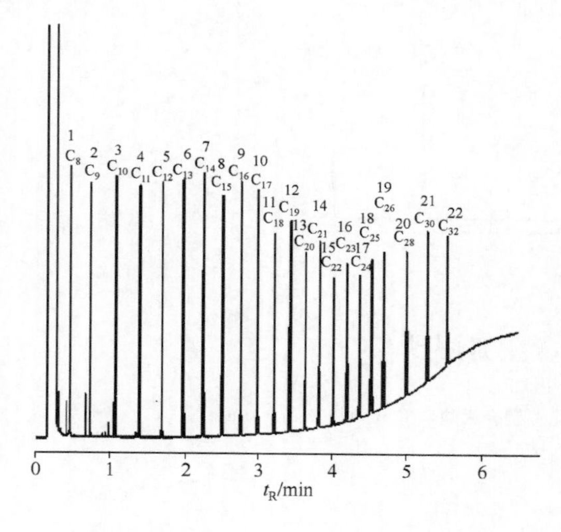

图 23-27 C_8 ~ C_{32} 烷烃[21]

色谱峰：1～20—C_8～C_{28}烷烃；21—C_{30}烷烃；22—C_{32}烷烃

色谱柱：BP-5（5m×0.1mm×0.1μm)

柱　温：50℃（0min）→300℃，45℃/min

载　气：H_2，40psi (75cm/s)

气化室温度：270℃

检测器：FID

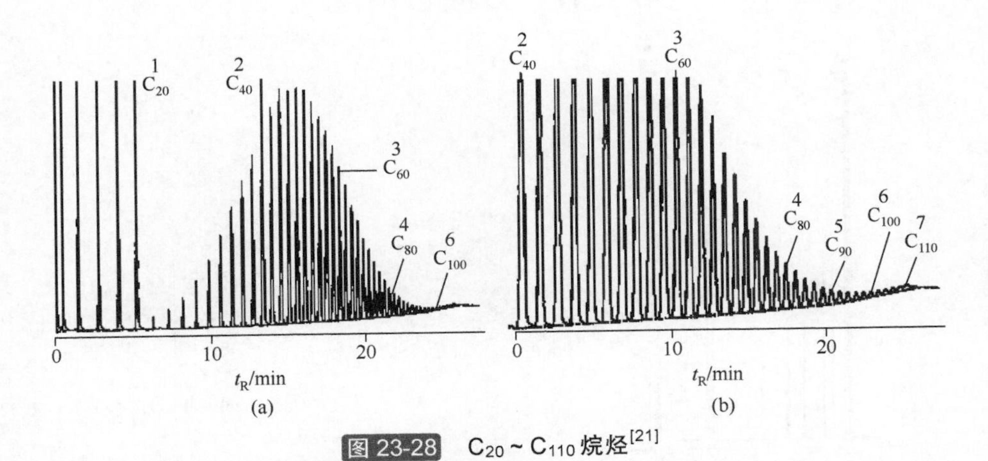

图 23-28　C_{20} ~ C_{110} 烷烃[21]

色谱峰：1—C_{20}烷烃；2—C_{40}烷烃；3—C_{60}烷烃；4—C_{80}烷烃；5—C_{90}烷烃；6—C_{100}烷烃；7—C_{110}烷烃

色谱柱：BP-1，5m×0.53mm，0.1μm

柱　温：40℃（0min）→420℃（5min），15℃/min

载　气：H_2，10mL/min

气化室温度：440℃

检测器：SIMD

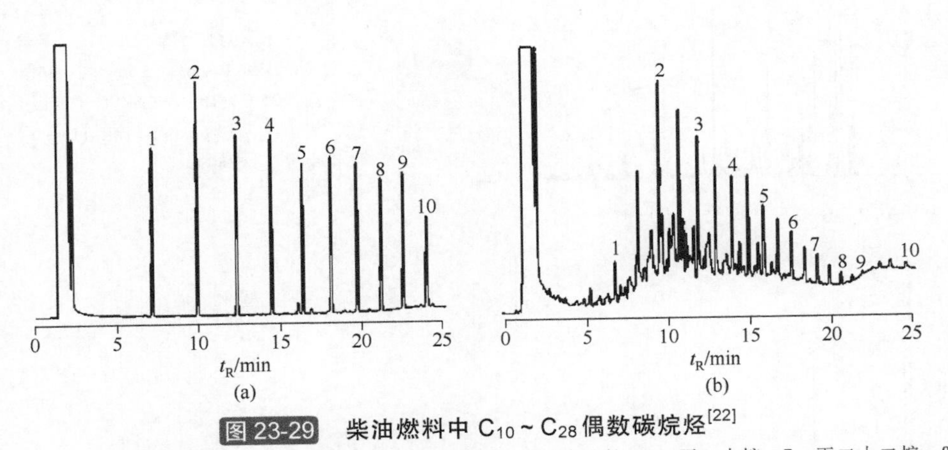

图 23-29　柴油燃料中 C_{10} ~ C_{28} 偶数碳烷烃[22]

色谱峰：1—癸烷；2—正十二烷；3—正十四烷；4—正十六烷；5—正十八烷；6—正二十烷；7—正二十二烷；8—正二十四烷；9—正二十六烷；10—正二十八烷

色谱柱：DB-5ms，125-5532，30m×0.53mm，1.50μm

载　气：He，48.5cm/s，于60℃下测量

柱温箱：60℃（2min）→300℃（10min），12℃/min

进　样：直接进样，280℃

检测器：FID，250℃，氮气尾吹气30mL/min

样　品：1μL进样（溶于正己烷中），（a）标样，50ng/组分；（b）样品，0.6mg/mL

第二节 芳烃色谱图

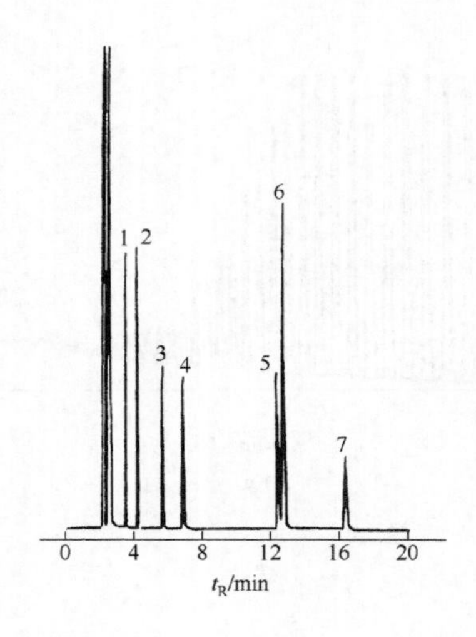

图 23-30 二甲苯[23]

色谱峰：1—正辛烷；2—苯；3—正壬烷；4—甲苯；5—对二甲苯；6—间二甲苯；7—邻二甲苯

色谱柱：Carbopack B PLOT柱，30m×0.32mm

柱　温：60℃

载　气：He

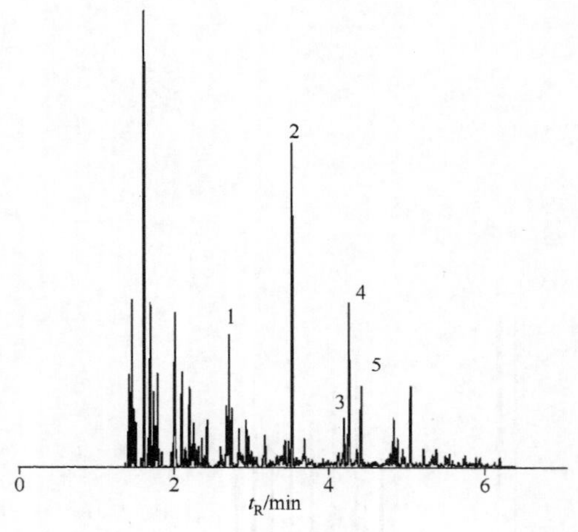

图 23-31 单环芳烃[24]

色谱峰：1—苯；2—甲苯；3—乙苯；4—间二甲苯和对二甲苯；5—邻二甲苯

色谱柱：BP-5 (30m×0.25mm，0.25μm)

柱　温：25℃（1min)→240℃（1min)，30℃/min

载　气：H_2，13.6psi (1.34mL/min)

气化室温度：280℃

检测器：FID

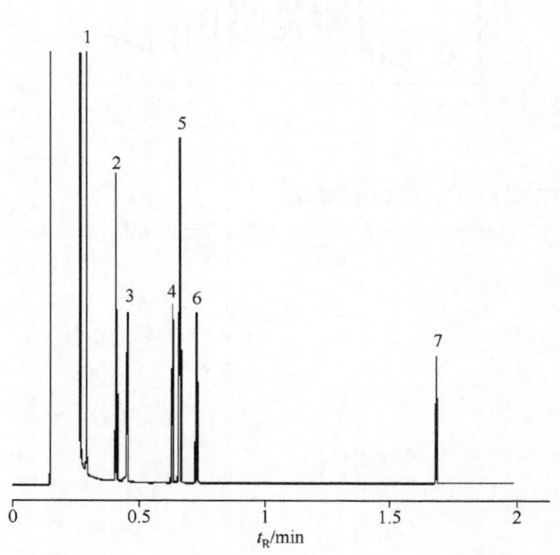

图 23-32 石油中单环芳烃[21]

色谱峰：1—苯；2—甲苯；3—C_8烷烃；4—乙苯；5—间二甲苯和对二甲苯；6—邻二甲苯；7—C_{12}烷烃

色谱柱：BP-5，5m×0.1mm，0.1μm

柱　温：50℃（0min）→300℃，45℃/min

载　气：H_2，40psi（75cm/s）

气化室温度：270℃

检测器：FID

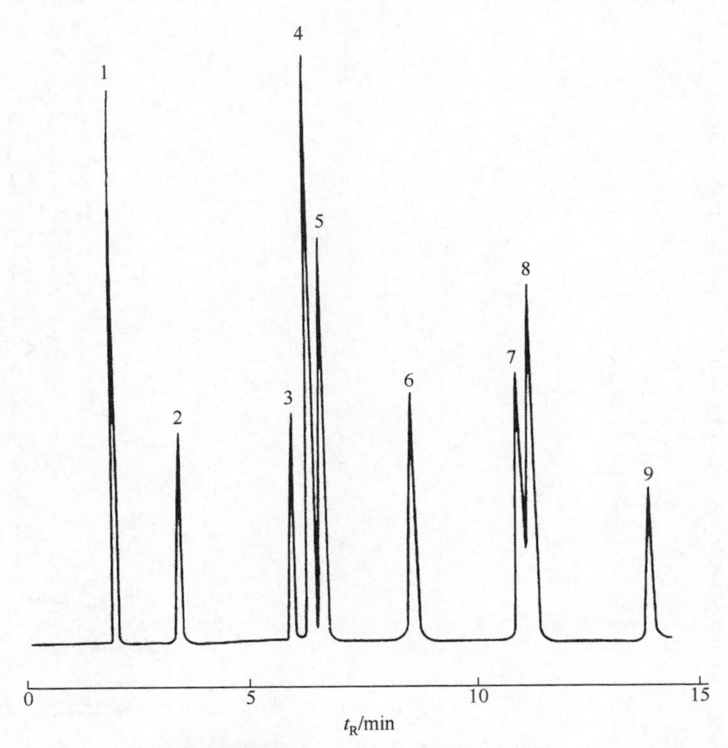

图 23-33 C_6 ~ C_9 芳烃（一）[25]

色谱峰：1—苯；2—甲苯；3—乙基苯；4—对二甲苯；5—间二甲苯；6—邻二甲苯；7—对甲基乙基苯；8—间甲基乙基苯；9—邻甲基乙基苯

色谱柱：PEG 20M交联柱，19m×0.25mm　　载　气：N_2，12cm/s

柱　温：40℃

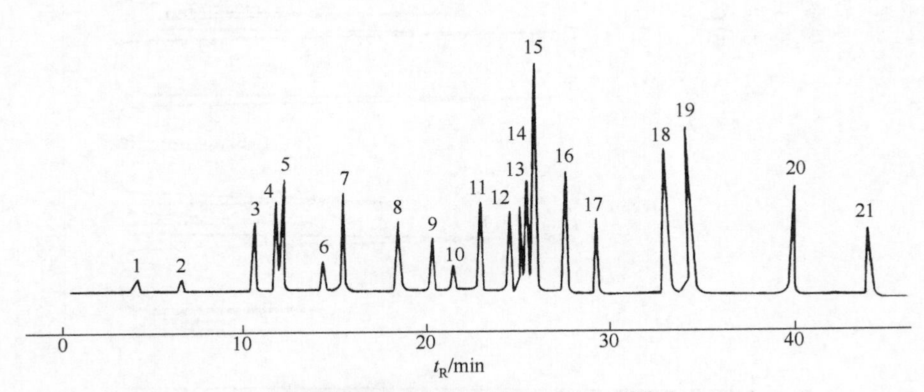

图 23-34 C_6 ~ C_9 芳烃（二）[26]

色谱峰：1—苯；2—甲苯；3—乙基苯；4—间二甲苯；5—对二甲苯；6—异丙基苯；7—邻二甲苯；8—正丙基苯；9—间乙基甲苯；10—对乙基甲苯；11—叔丁基苯；12—1,3,5-三甲基苯；13—正丁基苯；14—邻乙基甲苯；15—异丁基苯；16—间异丙基苯甲烷；17—对异丙基苯甲烷；18—1,2,4-三甲基苯；19—邻异丙基苯甲烷；20—茚；21—1,2,3-三甲基苯

色谱柱：4%邻苯二甲酸二丙基四氯酯+1.5%角鲨烷，60m×0.25mm　　载　气：H_2

柱　温：70℃　　检测器：FID

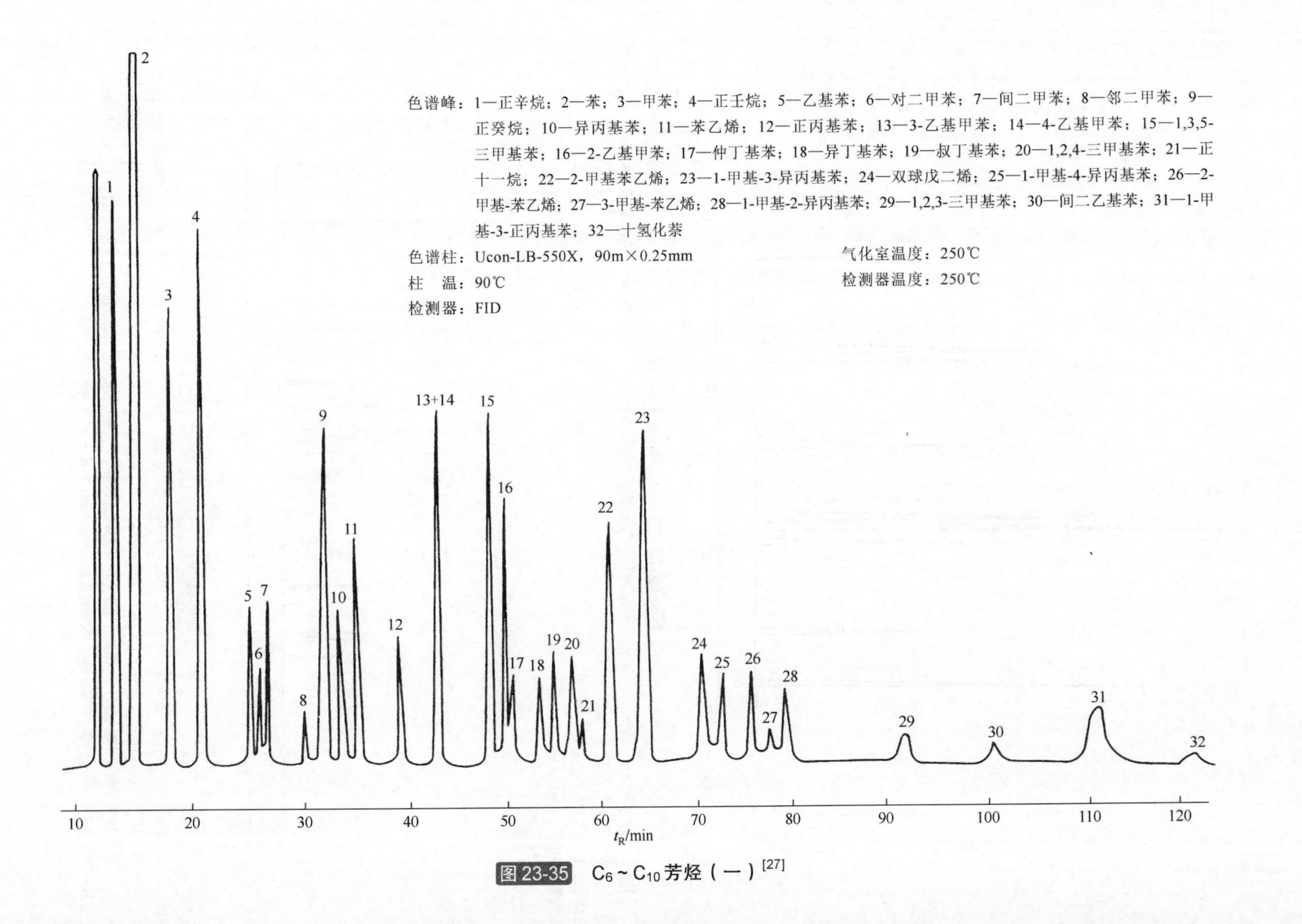

色谱峰：1—正辛烷；2—苯；3—甲苯；4—正壬烷；5—乙基苯；6—对二甲苯；7—间二甲苯；8—邻二甲苯；9—正癸烷；10—异丙基苯；11—苯乙烯；12—正丙基苯；13—3-乙基甲苯；14—4-乙基甲苯；15—1,3,5-三甲基苯；16—2-乙基甲苯；17—仲丁基苯；18—异丁基苯；19—叔丁基苯；20—1,2,4-三甲基苯；21—正十一烷；22—2-甲基苯乙烯；23—1-甲基-3-异丙基苯；24—双球戊二烯；25—1-甲基-4-异丙基苯；26—2-甲基-苯乙烯；27—3-甲基-苯乙烯；28—1-甲基-2-异丙基苯；29—1,2,3-三甲基苯；30—间二乙基苯；31—1-甲基-3-正丙基苯；32—十氢化萘

色谱柱：Ucon-LB-550X，90m×0.25mm　　气化室温度：250℃

柱　温：90℃　　检测器温度：250℃

检测器：FID

图23-35　C_6 ~ C_{10} 芳烃（一）[27]

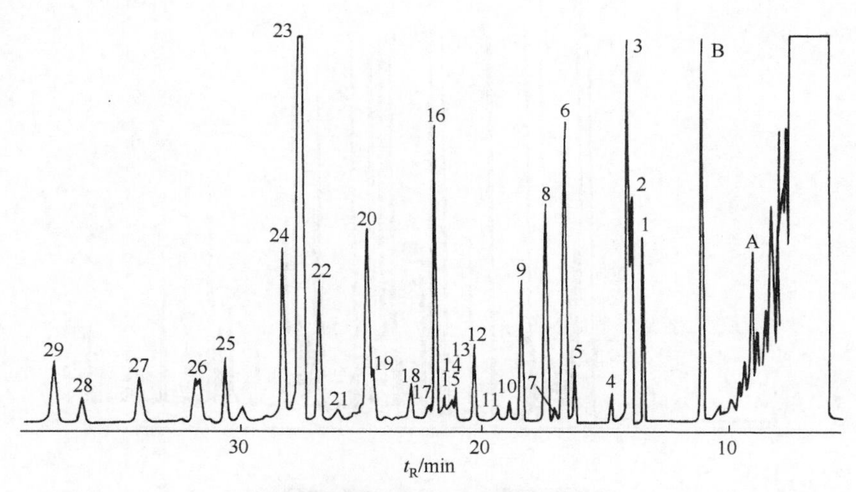

图 23-36　$C_6 \sim C_{10}$ 芳烃(二)[28]

色谱峰：A—苯；B—甲苯；1—乙基苯；2—对二甲基苯；3—间二甲基苯；4—异丙基苯；5—正丙基苯；6—邻二甲基苯；7—异丁基苯；8—3-乙基甲苯＋4-乙基甲苯＋仲丁基苯＋叔丁基苯；9—1,3,5-三甲基苯；10—1-甲基-3-异丙基苯；11—1-甲基-4-异丙基苯；12—2-乙基甲苯；13—1-甲基-3-正丙基苯；14—1,4-二乙基苯＋苯乙烯；15—正丁苯；16—1-甲基-4-正丙基苯+1,2,4-三甲基苯；17—1-甲基-2-异丙基苯+1,3-二乙基苯；18—1,3-二甲基-5-乙基苯；19—1,2-二乙基苯；20—1-甲基-2-正丙基苯；21—α-甲基苯乙烯；22—1,4-二甲基-2-乙基苯；23—1,2,3-三甲基苯＋1,3-二甲基-4-乙基苯；24—1,2-二甲基-4-乙基苯；25—茚；26—1,3-二甲基-2-乙基苯；27—1,2-二甲基-3-乙基苯；28—1,2,4,5-四甲基苯；29—1,2,3,5-四甲基苯

色谱柱：1,2,3-三（2-氰乙氧基）丙烷，100m×0.25mm　　检测器：FID

柱　温：50℃（4min）→90℃，5℃/min　　气化室温度：220℃

载　气：He，2.15mL/min　　检测器温度：160℃

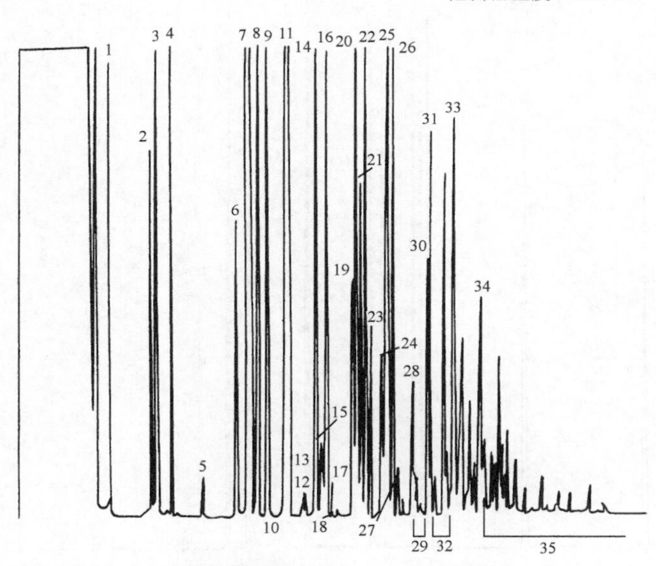

图 23-37　$C_7 \sim C_{11}$ 芳烃[29]

色谱峰：1—甲苯；2—乙基苯；3—对二甲苯＋间二甲苯；4—邻二甲苯；5—异丙基苯；6—正丙基苯；7—1-甲基-3-乙基苯+1-甲基-4-乙基苯；8—1,3,5-三甲基苯；9—1-甲基-2-乙基苯；10—叔丁基苯；11—1,2,4-三甲基苯；12—异丁基苯；13—仲丁基苯；14—1,2,3-三甲基苯；15—1-甲基-3-异丙基苯；16—茚＋1-甲基-4-异丙基苯；17—甲基茚；18—甲基茚；19—1-甲基-2-异丙基苯；20—1,3-二乙基苯；21—1-甲基-3-正丙基苯＋正丁基苯；22—1-甲基-4-正丙基苯＋1,2-二乙基苯；23—1,4-二乙基苯；24—1,3-二甲基-5-乙基苯；25—1,4-二甲基-2-乙基苯＋1-甲基-2-正丙基苯；26—1,2-二甲基-4-乙基苯；27—1,3-二甲基-2-乙基苯；28—1,2-二甲基-3-乙基苯；29—C_{12}芳烃＋甲基茚；30—1,2,4,5-四甲基苯；31—1,2,3,5-四甲基苯；32—C_{11}芳烃；33—1,2,3,4-四甲基苯；34—萘；35—甲基萘＋C_{11}芳烃

色谱柱：OV-1，30m×0.32mm，0.6μm　　柱　温：45℃（10min）→90℃，3℃/min

载　气：H_2，5mL/min　　检测器：FID

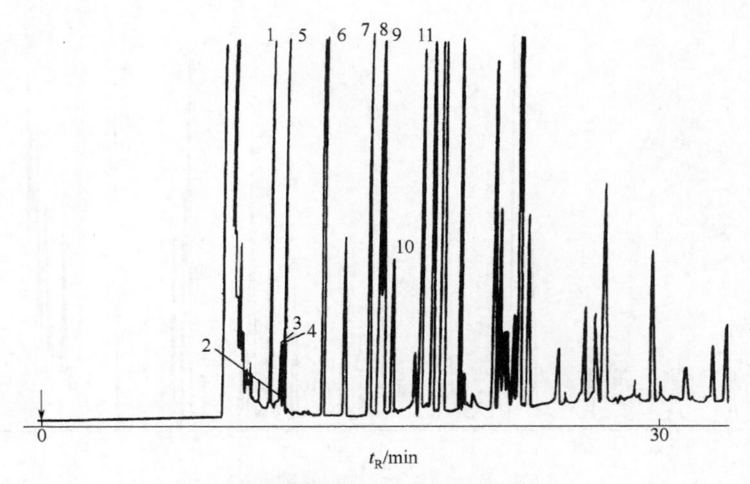

图 23-38 芳烃与脂肪醇[30]

色谱峰：1—叔丁醇；2—甲醇；3—正十二烷；4—异丙醇；5—苯；6—甲苯；7—乙基苯；8—对二甲基苯；9—间二甲基苯；10—正丁醇；11—邻二甲基苯

色谱柱：1,2,3-三（2-氰乙氧基）丙烷，50m×0.25mm

载　气：N_2，90kPa

柱　温：95℃→120℃，2.5℃/min

检测器：FID

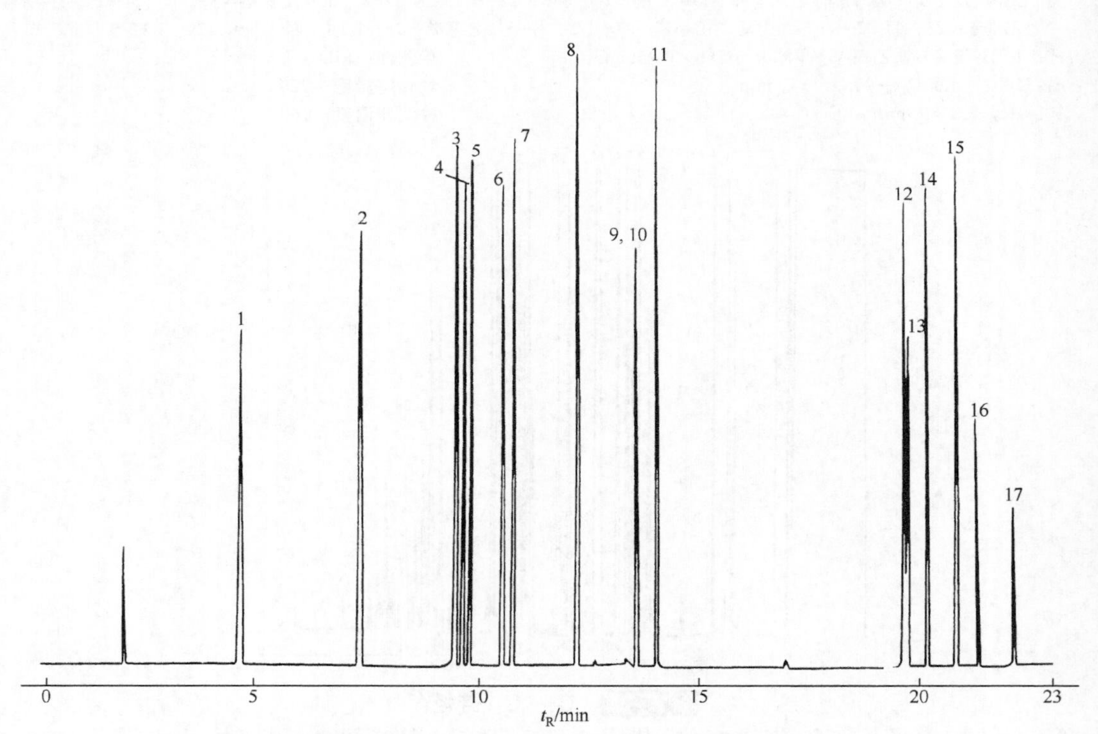

图 23-39 芳烃——NIOSH 方法 1501 与 2005[31]

色谱峰：1—苯；2—甲苯；3—乙基苯；4—对二甲苯；5—间二甲苯；6—异丙基苯；7—邻二甲苯；8—苯乙烯；9—α-甲基苯乙烯；10—对叔丁基甲苯；11—乙烯基甲苯；12—硝基苯；13—萘；14—邻硝基甲苯；15—间硝基甲苯；16—间硝基甲苯；17—对硝基氯苯

色谱柱：DB-Wax，30m×0.32mm，0.5μm

检测器：FID

柱　温：40℃（5min）→220℃，10℃/min

气化室温度：250℃

载　气：He，35cm/s（40℃）

检测器温度：300℃

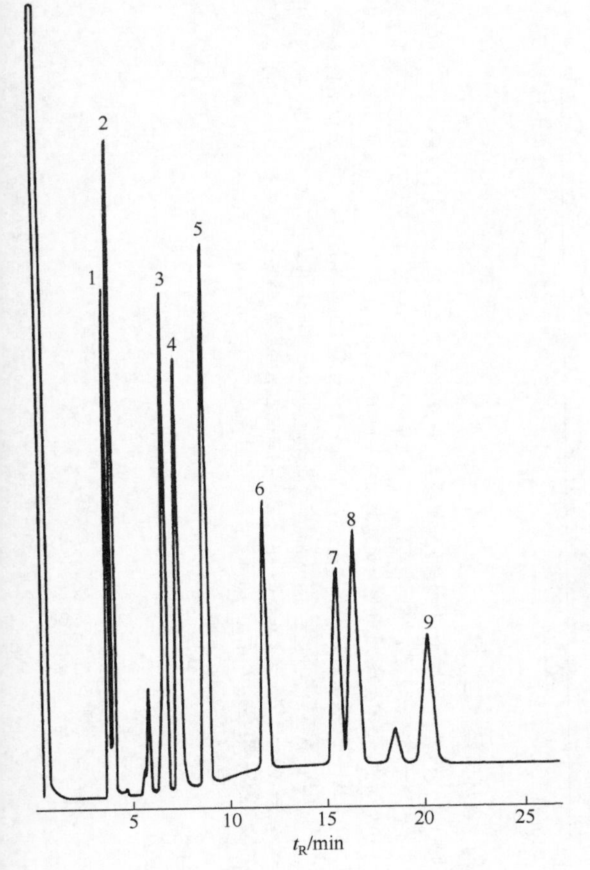

图 23-40 萘的衍生物[32]

色谱峰：1—萘；2—1,4-苯并二噁烷；3—氯代萘；4—异喹啉；5—溴代萘；6—碘代萘；7—氰代萘；8—1-乙酰萘；9—硝基萘

色谱柱：10%四正丁基铵四氟硼酸盐，Chromosorb P（100～120目），2m×2mm

柱　温：180℃→230℃，5℃/min

载　气：N_2，30mL/min

检测器：FID

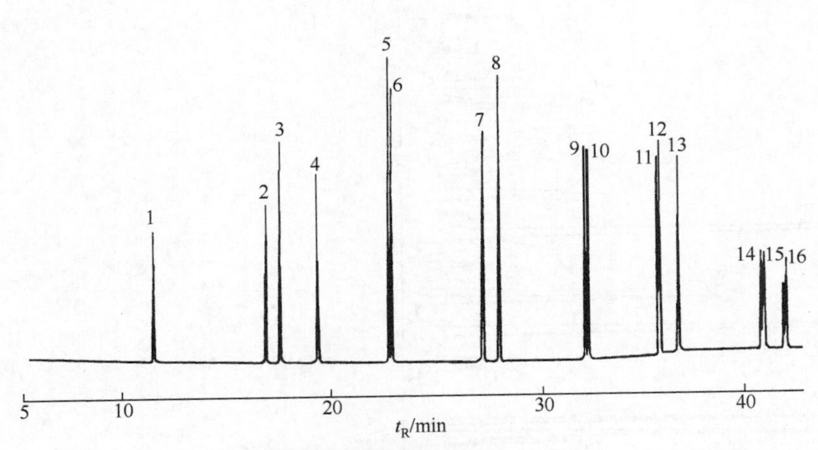

图 23-41 多环芳烃（一）[33]

色谱峰：1—萘；2—苊烯；3—苊；4—芴；5—菲；6—蒽；7—荧蒽；8—芘；9—䓛；10—苯并[a]蒽；11—苯并[k]荧蒽；12—苯并[b]荧蒽；13—苯并[a]芘；14—茚并[1,2,3-cd]芘；15—二苯并[a,h]蒽；16—苯并[ghi]苝

色谱柱：BP×625，25m×0.22mm，0.25μm

柱　温：50℃（2min）→290℃（10min），8℃/min

检测器：MS

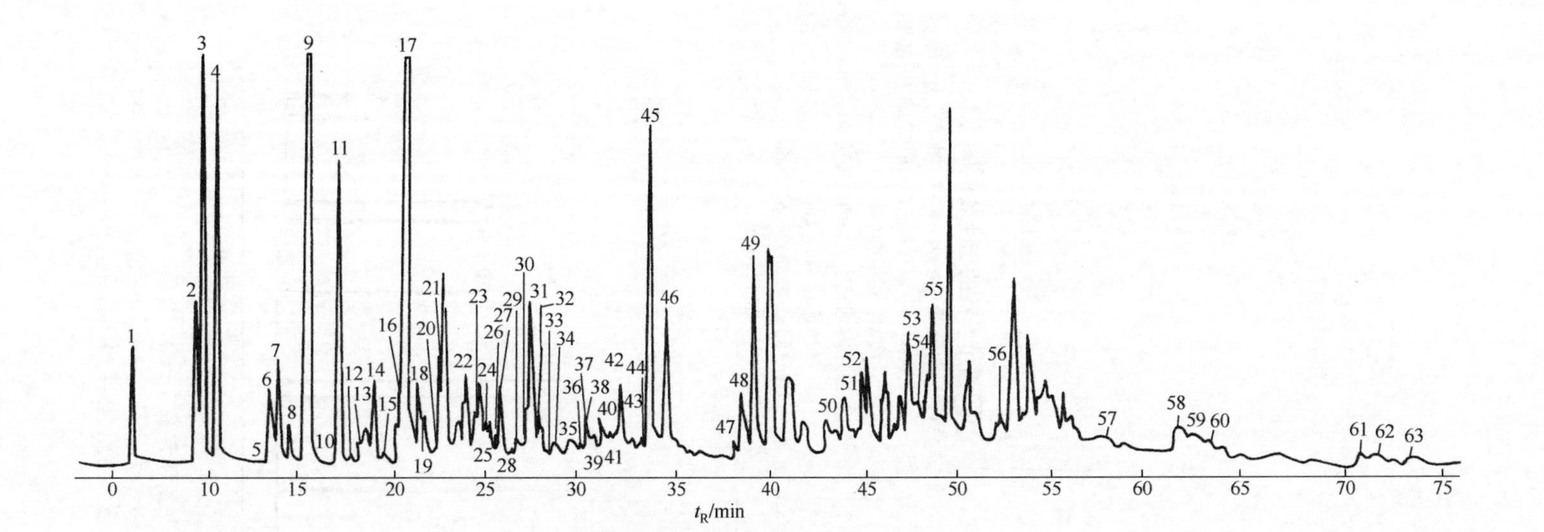

图 23-42 多环芳烃（二）[34]

色谱峰：1—壬烷；2—乙基苯+对二甲苯；3—间二甲苯；4—邻二甲苯；5—异丙基苯；6—3-甲基-1-乙基苯；7—1,3,5-三甲基苯；8—2-甲基-1-乙基苯；9—叔丁基苯；10—三甲基苯；11—1,2,3-三乙基苯；12—1-氢-2,3-二氢茚；13—正丁基苯；14—异丙基甲苯；15—1,3-二乙基苯；16—苯乙酮；17—邻异丙基甲苯；18—$C_{12}H_{16}$芳烃；19—对甲基苯甲醛；20—甲基苄醇；21—四甲基苯；22—$C_{10}H_{12}$；23—1-乙基-3-异丙基苯；24—1-甲基-3-仲丁基苯；25—二甲基异丙基苯；26—1-甲基-4-仲丁基苯；27—1,2,3,4-四甲基苯；28—1-乙基-4-异丙基苯；29—1-乙基-3-正丙基苯；30—$C_{11}H_{16}$；31—萘；32—1,3-二甲基-4-正丙基苯；33—$C_{11}H_{16}$；34—$C_{11}H_{16}$；35—1,2-二甲基-3-正丙基苯；36—1,2,4-三甲基-5-乙基苯；37—$C_{11}H_{16}$；38—1-氢-2,3-二氢-1,3-二甲基茚；39—$C_{11}H_{18}$；40—1-氢-2,3-二氢二甲基茚；41—$C_{11}H_{18}$；42—$C_{11}H_{14}$+$C_{12}H_{18}$；43—1-氢-2,3-二氢二甲基茚；44—$C_{12}H_{18}$；45—1-甲基萘；46—2-甲基萘；47—1-氢-2,3-二氢-1,1,3-三甲基茚；48—1-乙基萘；49—二甲基萘；50—1,1-甲基-联苯；51—乙基甲基萘；52—三甲基萘；53—1,3-丁基-联苯；54—1,1-二甲基联苯；55—1,1-三甲基联苯；56—四甲基萘；57—1,1-四甲基-联苯；58—蒽；59—$C_{15}H_{14}$；60—二甲基芴；61—2-甲基蒽；62—甲基蒽；63—甲氧基蒽

色谱柱：OV-101，50m×0.25mm

柱　温：60℃（30min）→180℃（30min），3℃/min

载　气：N_2

检测器：FID

气化室温度：250℃

检测器温度：250℃

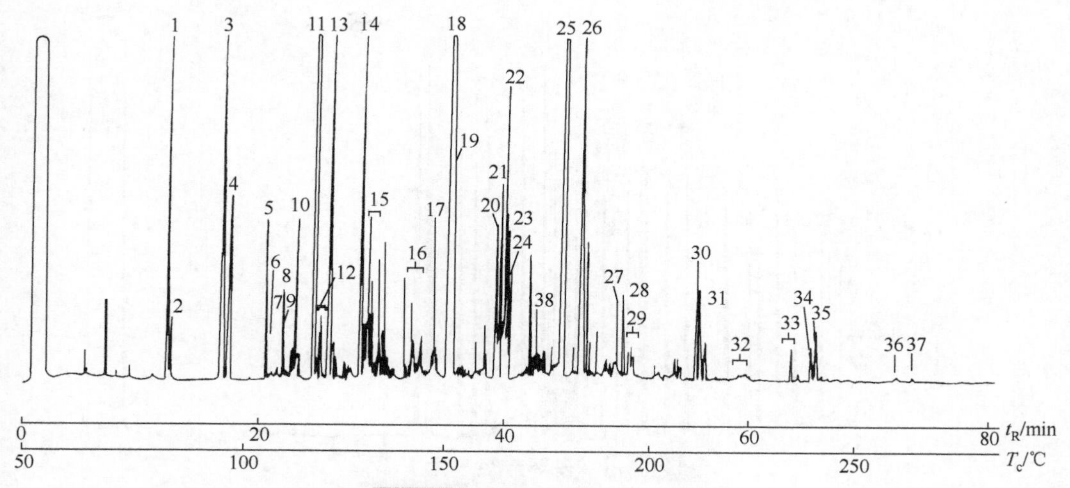

图 23-43 多环芳烃（三）[35]

色谱峰：1—萘；2—苯并［*b*］噻吩；3—2-甲基萘；4—1-甲基萘；5—联苯；6—2-乙基萘；7—2,6-或2,7-二甲基萘；8—1,7-二甲基萘；9—1,3或1,6-二甲基萘；10—苊烯；11—苊；12—C_1-联苯+C_3-萘；13—二苯并呋喃；14—芴；15—C_1-苊烯+C_2-联苯+C_4-萘；16—C_1-芴；17—二苯并噻吩；18—菲；19—蒽；20—3-甲基菲；21—2-甲基菲；22—环戊基［*def*］菲；23—9或4-甲基菲；24—1-甲基菲；25—荧蒽；26—芘；27—苯并［*a*］芴；28—苯并［*b*］芴+2或4-甲基芘；29—C_1-芘或C_1-荧蒽；30—苯并［*a*］蒽；31—䓛或三亚苯；32—C_1-䓛；33—苯并荧蒽；34—苯并［*e*］芘；35—苯并［*a*］芘；36—茚并［1,2,3-*cd*］芘；37—苯并［*ghi*］芘；38—内标物

色谱柱：DB-50，30m×0.25mm，0.25μm　　载　气：He，50cm/s

柱　温：50℃（2min）→300℃，3℃/min　　检测器：FID

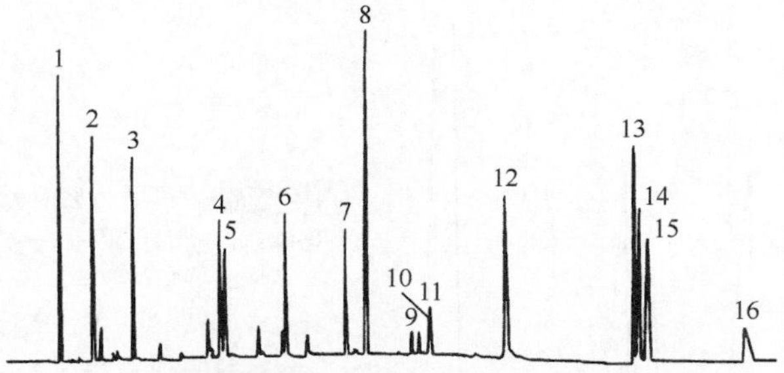

图 23-44 多环芳烃（四）[36]

色谱峰：1—联苯；2—苊烯；3—芴；4—菲；5—蒽；6—9-甲基菲；7—荧蒽；8—芘；9—苯并［a］芴；10—苯并［*b*］芴；11—1-甲基芘；12—苯稠［9,10］菲；13—苯并［*e*］芘；14—苯并［*a*］芘；15—苝；16—二苯并［*a,c*］蒽

色谱柱：OV-3，12m×0.24mm　　检测器：FID

柱　温：60℃→230℃，2℃/min

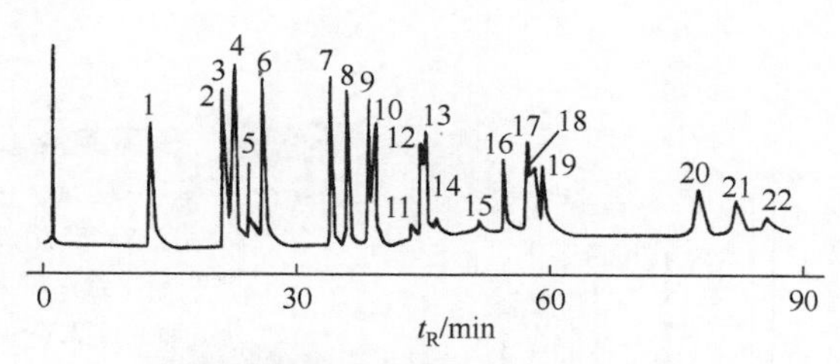

图 23-45 多环芳烃（五）[37]

色谱峰：1—芴；2—9-芴酮；3—菲；4—蒽；5—吖啶；6—咔唑；7—荧蒽；8—芘；9—11*H*-苯并[*a*]芴；10—11*H*-苯并[*b*]芴；11—苯并[*c*]菲；12—苯并[*a*]蒽；13—三亚苯；14—䓛；15—萘并萘；16—苯并[*k*]荧蒽；17—苯并[*a*]芘；18—苯并[*e*]芘；19—䓛；20—二苯并[*a,h*]蒽；21—苯并[*ghi*]芘；22—7*H*-二苯并[*c,g*]咔唑

色谱柱：1%OV-7，Chromosorb W AW-DMCS（80～100目），5.4m×6mm　　载　气：He，75mL/min

柱　温：170℃（2min）$\xrightarrow{2℃/min}$ 190℃ $\xrightarrow{4℃/min}$ 280℃　　检测器：FID

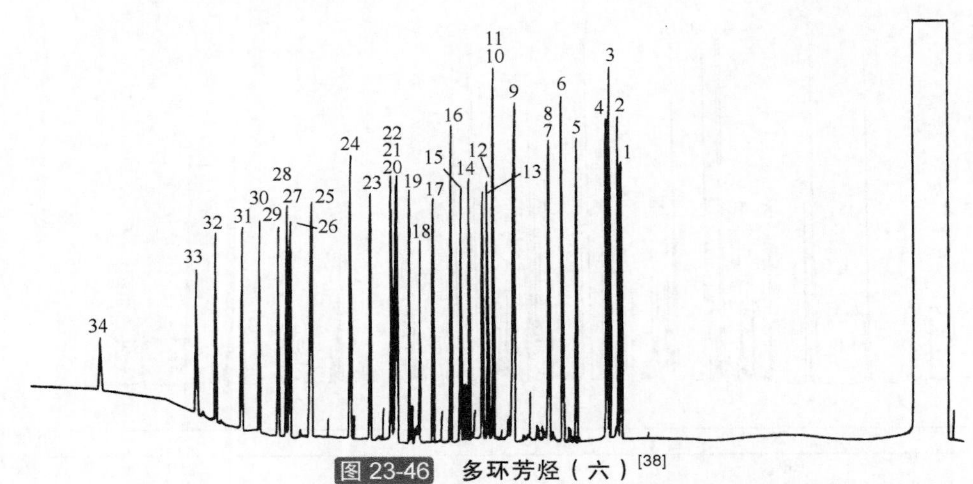

图 23-46 多环芳烃（六）[38]

色谱峰：1—芴-9-酮；2—二苯噻吩；3—菲；4—蒽；5—3-甲基菲；6—1-甲基菲；7—9-甲基蒽；8—2-苯基萘；9—荧蒽；10—芘；11—菲-9-卡醛；12—9,10-二甲基蒽；13—苯［*b*］苯并［2,3-*d*］呋喃；14—苯并［*a*］芴；15—2-甲基芘；16—1-甲基芘；17—1-乙基芘；18—10-甲基蒽-9-卡醛；19—9-苯蒽；20—环戊烯并［*cd*］芘；21—苯并［*a*］蒽；22—䓛；23—苯并蒽；24—2,2′-联萘；25—4,5-环硫苯并［*a*］蒽；26—苯并［*k*］荧蒽；27—苯并［*e*］芘；28—苯并［*a*］芘；29—苝；30—联萘并［2,1,1′,2′］噻吩；31—对四联苯；32—茚并［1,2,3-*cd*］芘；33—苯并［*ghi*］苝；34—晕苯

色谱柱：50%甲苯基甲基硅烷，10m×0.25mm

柱　温：70℃（1.5min）→305℃，7℃/min

载　气：H_2，60cm/s

检测器：FID

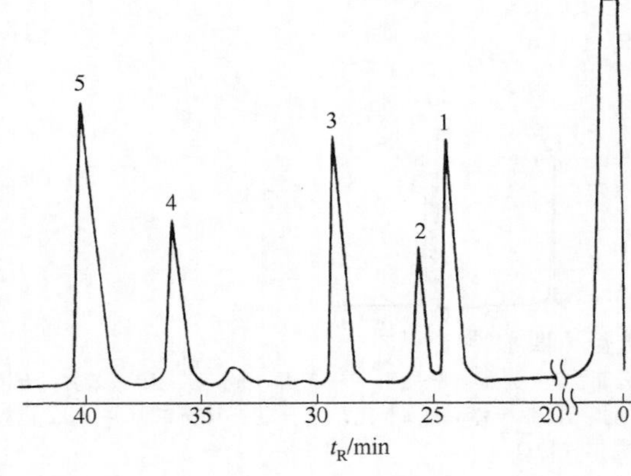

图 23-47 多环芳烃（七）[39]

色谱峰：1—苯[*b*]荧蒽；2—苯[*k*]荧蒽；3—苯[*e*]芘；4—苝；5—苯[*a*]芘

色谱柱：*N,N′*-双（对丁氧基亚苄基）-*α,α′*-二-对甲苯胺，18m×0.25mm

柱　温：280℃

载　气：H_2，2mL/min

检测器：FID

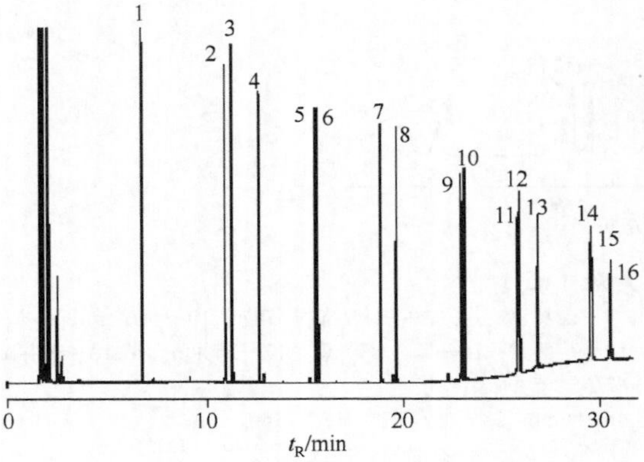

图 23-48 多环芳烃（八）[40]

色谱峰：1—萘；2—苊烯；3—二氢苊；4—芴；5—菲；6—蒽；7—芘；8—荧蒽；9—苯并[*a*]蒽；10—䓛；11—苯并[*b*]荧蒽；12—苯并[*k*]荧蒽；13—苯并[*a*]芘；14—茚并[1,2,3-*cd*]芘；15—二苯并[*a,h*]蒽；16—苯并[*g,h,i*]苝

色谱柱：BP-35，30m×0.22mm，0.25μm

柱　温：100℃（1min）→360℃（10min），10℃/min

载　气：He，25psi

检测器：FID；检测器温度380℃

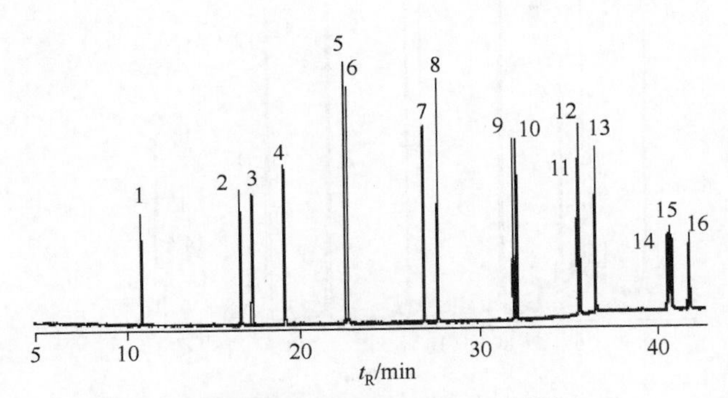

图 23-49 多环芳烃（九）[40]

色谱峰：1—萘；2—苊烯；3—二氢苊；4—芴；5—菲；6—蒽；7—芘；8—荧蒽；9—苯并[*a*]蒽；10—䓛；11—苯并[*b*]荧蒽；12—苯并[*k*]荧蒽；13—苯并[*a*]芘；14—茚并[1,2,3-*cd*]芘；15—二苯并[*a,h*]蒽；16—苯并[*g,h,i*]苝

色谱柱：BP-5，25m×0.22mm，0.25μm

载 气：He，15psi

柱 温：50℃（2min）→290℃（10min），8℃/min

检测器：MSD

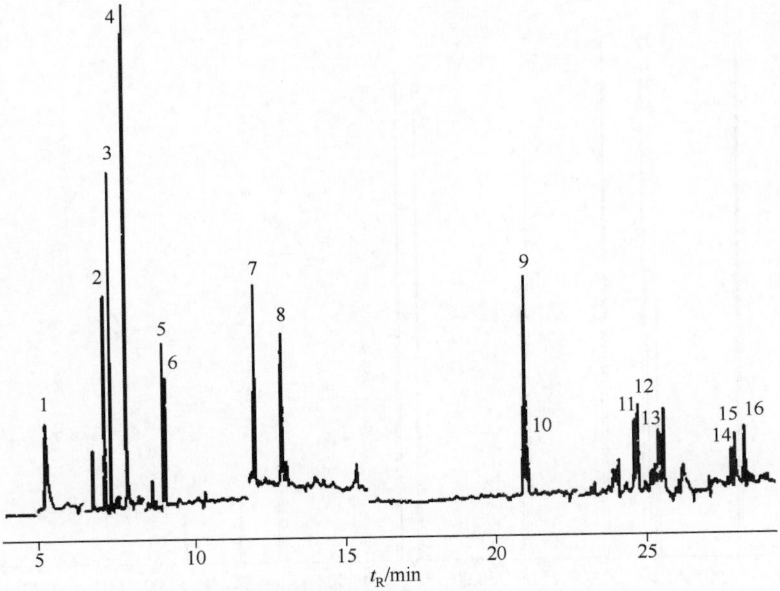

图 23-50 多环芳烃（十）[41]

色谱峰：1—萘；2—苊烯；3—二氢苊；4—砷；5—菲；6—蒽；7—荧蒽；8—芘；9—苯并[*a*]蒽；10—二苯并萘；11—苯并[*b*]荧蒽；12—苯并[*k*]荧蒽；13—苯并[*a*]芘；14—苯并[*g,h,i*]芘；15—二苯并[*a,h*]蒽；16—茚并[1,2,3-*cd*]芘

色谱柱：DB-5MS，30m×0.32mm，0.1μm

载 气：He，1mL/min

柱 温：70℃（3.5min）$\xrightarrow{25℃/min}$ 180℃（10min）$\xrightarrow{10℃/min}$ 300℃

检测器：MS

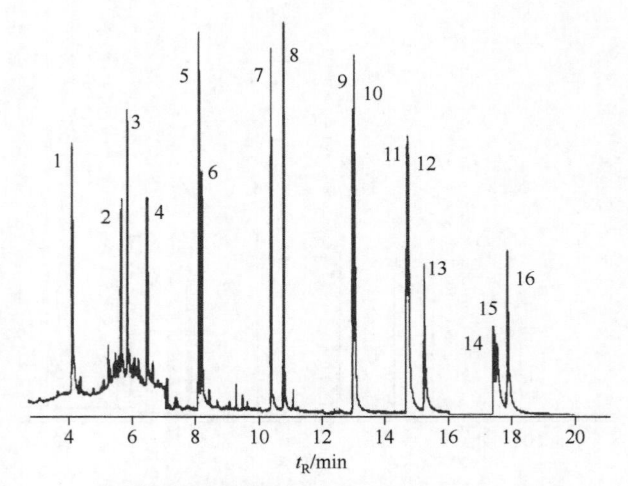

图 23-51 多环芳烃（十一）[42]

色谱峰：1—萘；2—苊烯；3—苊；4—荧蒽；5—菲；6—蒽；7—芴；8—芘；9—苯并[*a*]蒽；10—䓛；11—苯并[*b*]萤蒽；12—苯并[*k*]萤蒽；13—苯并[*a*]芘；14—茚苯[1,2,3-*cd*]芘；15—二苯并[*a*,*n*]蒽；16—苯并[*g*,*h*,*i*]苝

色谱柱：Rtx-5 ms，30m×0.25mm，0.1μm

柱　温：70℃(1min) $\xrightarrow{25℃/min}$ 180℃(2min) $\xrightarrow{15℃/min}$ 280℃(2min) $\xrightarrow{10℃/min}$ 300℃(5min)

载　气：He，37cm/s　　检测器：MS

气化室温度：280℃

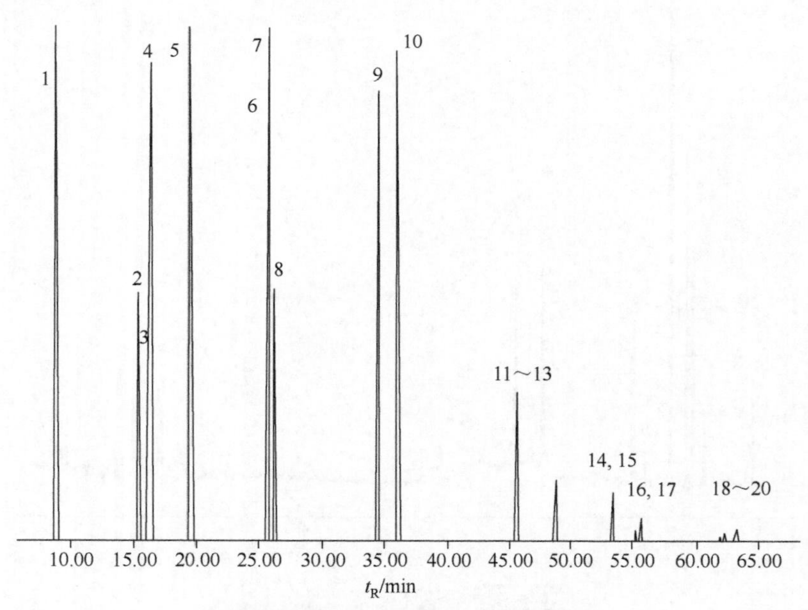

图 23-52 多环芳烃（十二）[43]

色谱峰：1—萘；2—苊烯；3—苊-d10；4—苊；5—芴；6—菲-d_{10}；7—菲；8—蒽；9—荧蒽；10—芘；11—苯并[*a*]蒽；12—屈-d_{12}；13—屈；14—苯并[*b*]荧蒽；15—苯并[*k*]荧蒽；16—苯并[*a*]芘；17—二萘嵌苯-d_{12}；18—茚并[1,2,3-*cd*]芘；19—二苯并[*a*,*h*]蒽；20—苯并[*g*,*h*,*i*]二萘嵌苯

色谱柱：HP-5MS，30m×0.25mm，0.25μm　　气化室温度：280℃

柱　温：50℃ $\xrightarrow{10℃/min}$ 120℃ $\xrightarrow{3℃/min}$ 300℃（2min）　　检测器：MS

载　气：N_2，1mL/min

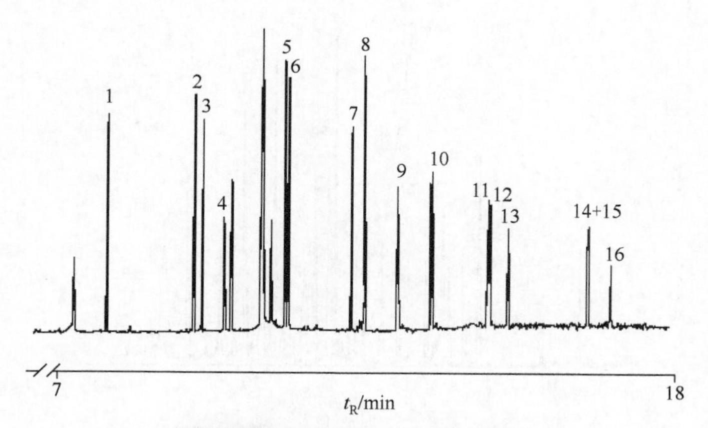

图 23-53　多环芳烃（十三）[22]

色谱峰：1—萘；2—苊烯；3—苊；4—芴；5—菲；6—蒽；7—荧蒽；8—芘；9—䓛；10—苯并[*a*]蒽；11—苯并[*k*]荧蒽；12—苯并[*b*]荧蒽；13—苯并[*a*]芘；14—茚并[1,2,3-*cd*]芘；15—二苯[*a*,*h*]蒽；16—苯并[*g*,*h*,*i*]苝

色谱柱：VF-Xms CP8805，30m×0.25mm，0.10μm

样　品：1μL，每种组分的色谱柱上样量大约为3ng

载　气：He，60kPa

进　样：分流，275℃

检测器：离子阱质谱

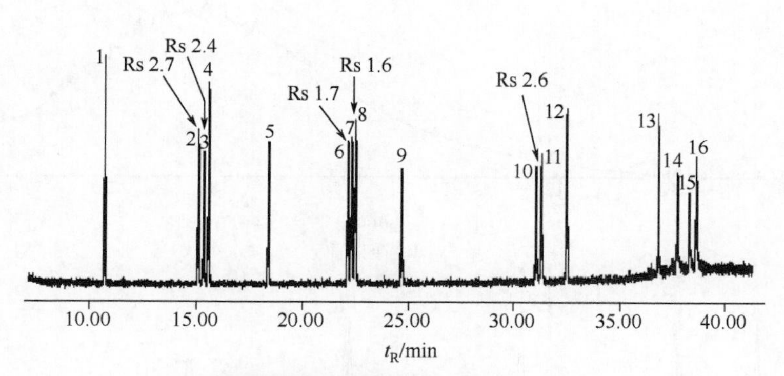

图 23-54　多环芳烃（十四）[44]

色谱峰：1—苯并[*c*]芴；2—苯并[*a*]蒽；3—环戊[*c*,*d*]芘；4—䓛；5—5-甲基䓛；6—苯并[*b*]荧蒽；7—苯并[*k*]荧蒽；8—苯并[*j*]荧蒽；9—苯并[*a*]芘；10—茚并[1,2,3-*cd*]芘；11—二苯[*a*,*h*]蒽；12—苯并[*g*,*h*,*i*]苝；13—二苯并[*a*,*j*]芘；14—二苯并[*a*,*e*]芘；15—二苯并[*a*,*i*]芘；16—二苯并[*a*,*h*]芘

色谱柱：DB-EUPAH 121-9627，20m×0.18mm，0.14μm

进样器：Agilent 7683B，5.0μL进样针，0.5μL不分流进样，进样速度75μL/min

载　气：He，梯度流量模式，1.0mL/min（0.2min）→1.7mL/min，5mL/min

进样口：不分流，进样口温度325℃，吹扫流量60mL/min，保持0.8min

柱温箱：45℃（0.8min）$\xrightarrow{45℃/min}$ 200℃ $\xrightarrow{2.5℃/min}$ 225℃ $\xrightarrow{3℃/min}$ 266℃ $\xrightarrow{5℃/min}$ 300℃ $\xrightarrow{10℃/min}$ 320℃（4.5min）

检测器：MSD离子源温度300℃，四极杆温度180℃，传输线温度330℃，扫描范围50～550amu

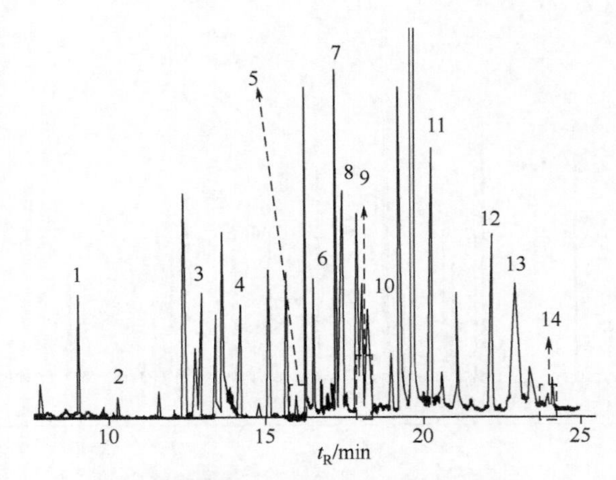

图 23-55 多环芳烃（十五）[45]

色谱峰：1—萘；2—4-叔丁基苯酚；3—苊；4—4-叔辛基苯酚；5—对羟基苯甲酸丁酯；6—4-辛基苯酚；7—菲；8—蒽；9—4-肉桂苯酚；10—4-*n*-壬基苯酚；11—甲基托布津；12—荧蒽；13—羟苯苄酯；14—双酚A

色谱柱：VF-5ms，30m×0.25mm

柱　温：60℃（2min）$\xrightarrow{15℃/min}$ 130℃ $\xrightarrow{9℃/min}$ 190℃ $\xrightarrow{4℃/min}$ 300℃（2min）

载　气：N_2，1mL/min

气化室温度：280℃

检测器：FID

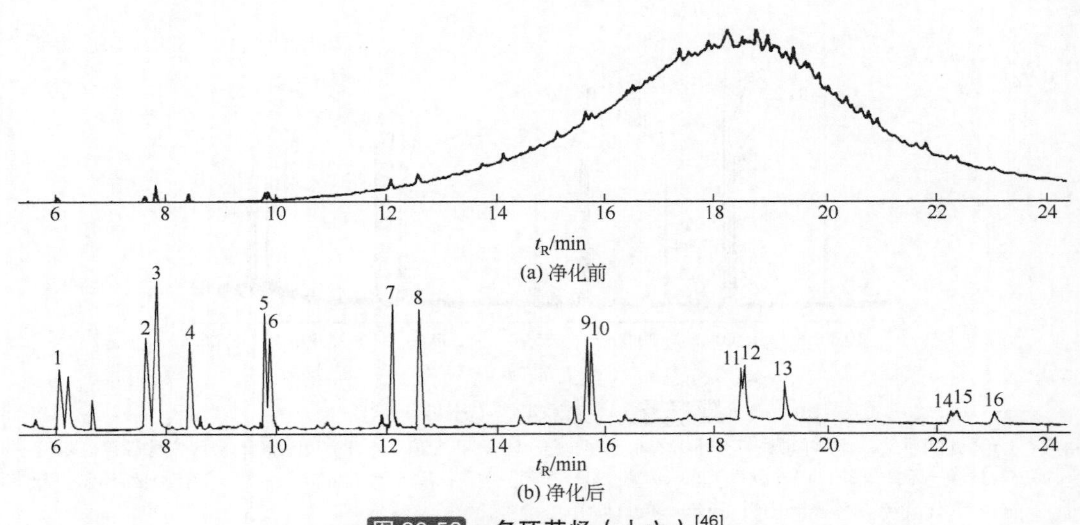

图 23-56 多环芳烃（十六）[46]

色谱峰：1—萘；2—苊烯；3—苊；4—芴；5—菲；6—蒽；7—荧蒽；8—芘；9—苯并[*a*]蒽；10—䓛；11—苯并[*b*]荧蒽；12—苯并[*k*]荧蒽；13—苯并[*a*]芘；14—茚并[1,2,3-*cd*]芘；15—二苯并[*a,h*]蒽；16—苯并[*g,h,i*]苝

柱　温：50℃（1min）$\xrightarrow{25℃/min}$ 200℃ $\xrightarrow{8℃/min}$ 300℃（5min）

载　气：He，1mL/min

气化室温度：320℃

检测器：MS

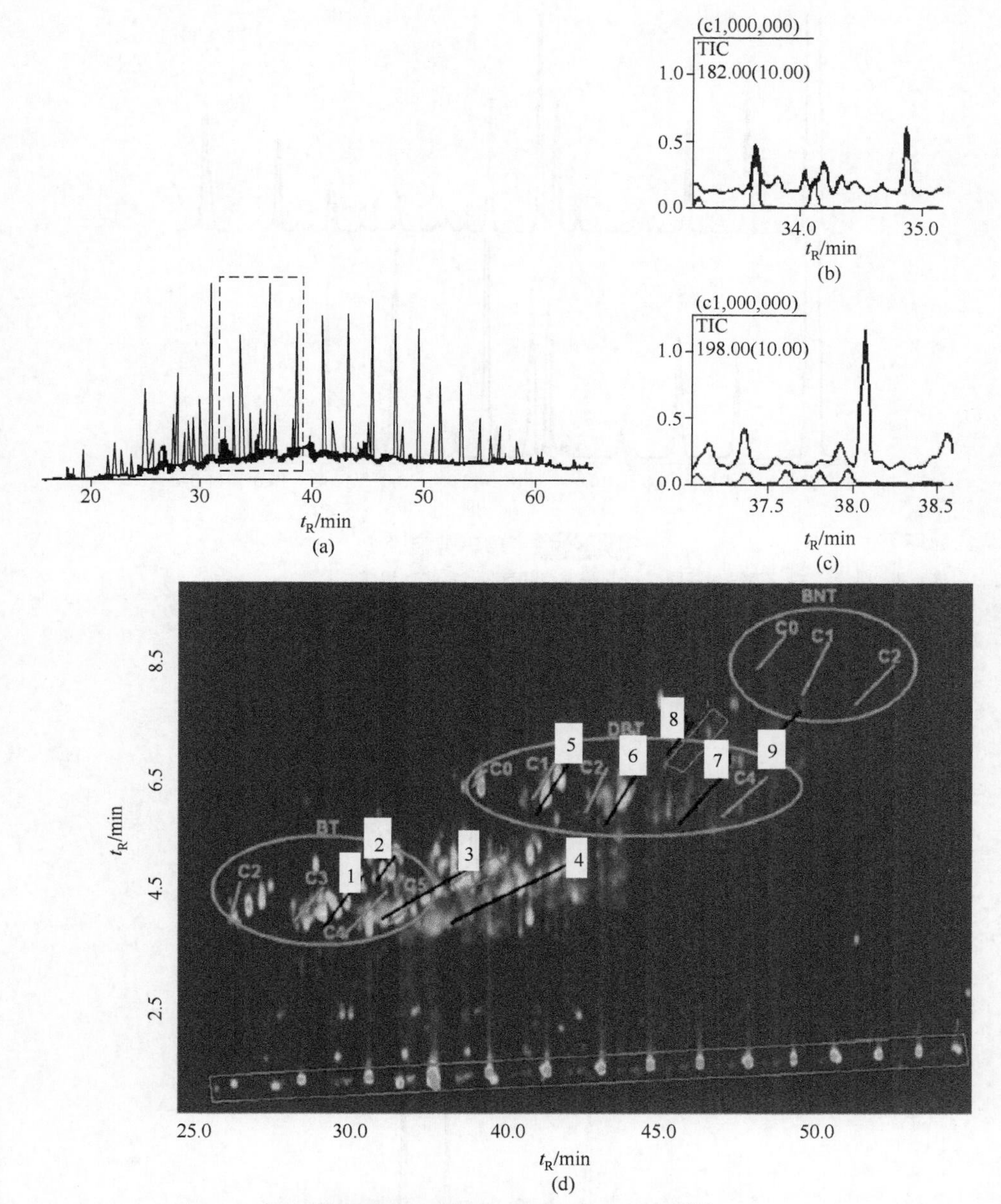

图 23-57 沥青中甲基化多环芳烃[47]

（a）扫描模式；（b）EIM模式，选择m/z=184的离子(白线)；（c）EIM模式，选择m/z=198的离子(黑线)；（d）ASE沥青的GC×GC–TOFMS谱图

色谱峰：白线→苯并噻吩类（BT），二苯并噻吩类（DBT），苯萘噻吩类（BNT）；C_0～C_5分别表示带有0～5个甲基的对应化合物

黑线→1—三甲基萘；2—2-氧杂蒽；3—四甲基萘；4—五甲基萘；5—甲基菲；6—二甲基蒽烯；7—三甲基菲；8—甲基芘；9—二甲基芘

色谱柱：DB5 柱(5%苯基–95%二甲基聚硅氧烷)，30m×250μm，0.25μm；DB-17 ms 柱（50%苯基–50%二甲基聚硅氧烷)，1.9m×0.18mm，0.18μm

柱 温：40℃（1min）→280℃(5min)，4℃/min

载 气：He，1mL/min

气化室温度：280℃

检测器：TOF-MS

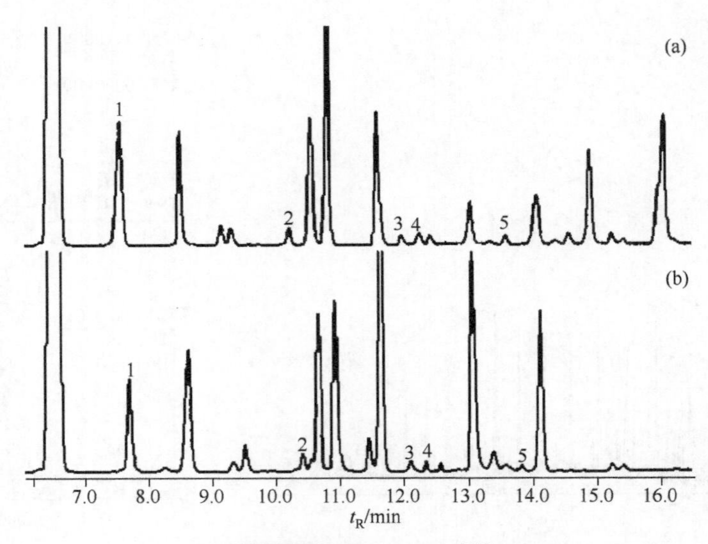

图 23-58 单环芳烃[48]

色谱峰：1—苯；2—甲苯；3—乙苯；4—间二甲苯和对二甲苯；5—邻二甲苯

色谱柱：HP-5 MS熔融石英毛细管柱(30m×0.25mm，0.25μm) - 5%苯基甲基聚硅氧烷

柱　温：50℃ $\xrightarrow{5℃/min}$ 150℃ $\xrightarrow{10℃/min}$ 280℃　　气化室温度：280℃

载　气：N_2，1mL/min　　检测器：FID

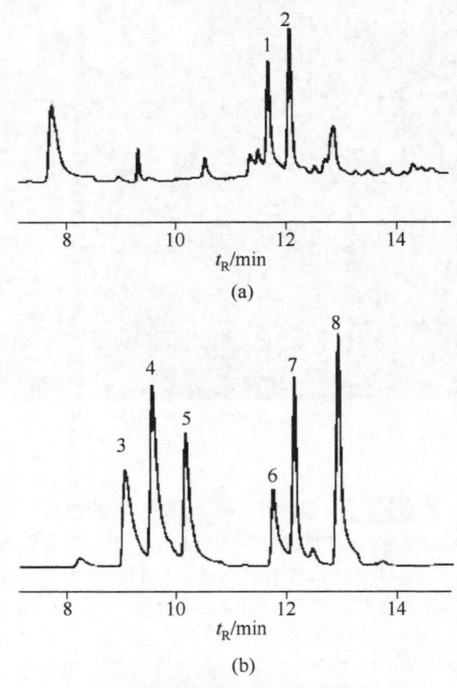

图 23-59 取代苯[49]

色谱峰：1—2-氯甲苯；2—1,3,5-三甲基苯；3—氯苯；4—1,3-二甲苯；5—1,2-二甲苯；6—2-氯甲苯；7—1,3,5-三甲基苯；8—1,2,4-三甲基苯

色谱柱：SE-54 毛细管柱（30m×0.32mm，0.33mm）

柱　温：50℃（3min）$\xrightarrow{1℃/min}$ 110℃ $\xrightarrow{2℃/min}$ 130℃（3min），共30min

载　气：N_2，1mL/min　　检测器：FID

气化室温度：210℃

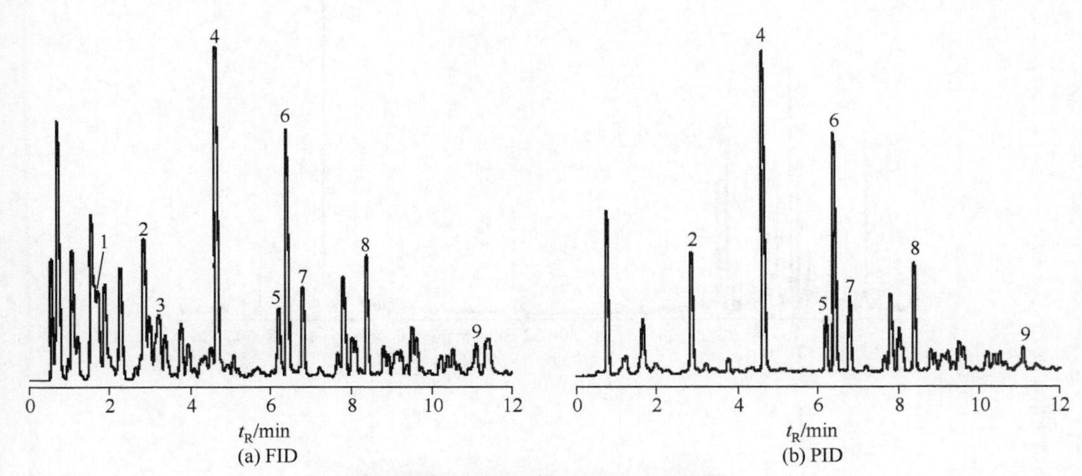

图 23-60　无铅汽油中单环芳烃[50]

色谱峰：1—3-甲基戊烷；2—苯；3—异辛烷；4—甲苯；5—乙苯；6—间、对二甲苯；7—邻二甲苯；8—1,2,4-三甲苯；9—萘

色谱柱：DB-VRX 124-1534，30m×0.45mm，2.55μm

载　气：氦气流速109cm/s（10.4mL/min），在40℃下测量

柱温箱：40℃（2min）→200℃（5min），12℃/min

进样器：吹扫捕集（O.I.A.4560）；捕集管为BTEX（Supelco），吹扫过程中保持50℃；脱附270℃，1min

进　样：LVI（微量进样器）

检测器：（a）FID，250℃；（b）PID（O.I.A. 4430），200℃

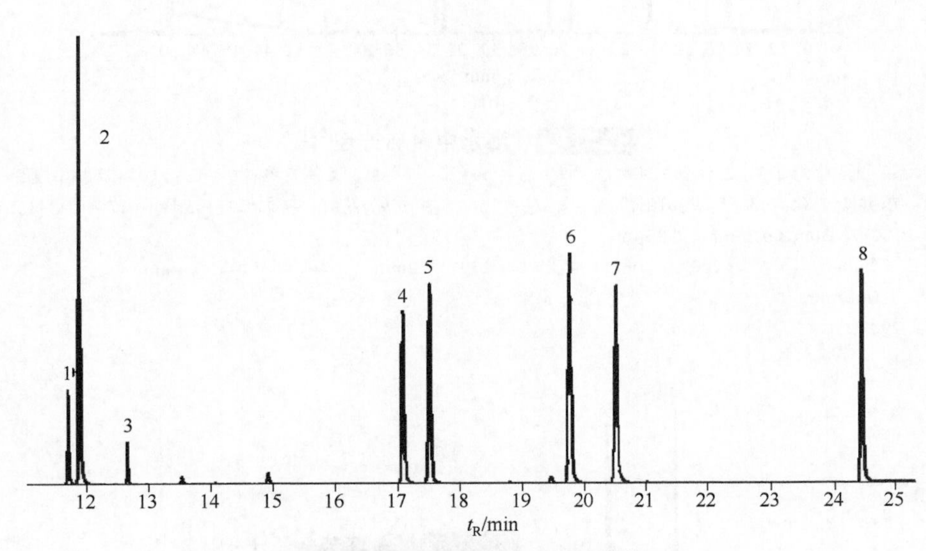

图 23-61　羟基化多环芳烃[51]

色谱峰：1—1-羟基萘；2—2-羟基萘；3—9-羟基芴；4—3-羟基芴；5—2-羟基芴；6—3-羟基菲；7—2-羟基菲；8—1-羟基芘

色谱柱：DB-5，30m×0.25mm，0.25μm

柱　温：70℃（1min）$\xrightarrow{25℃/min}$ 100℃ $\xrightarrow{5℃/min}$ 300℃

载　气：H_2，1.0mL/min

气化室温度：280℃

检测器：MS

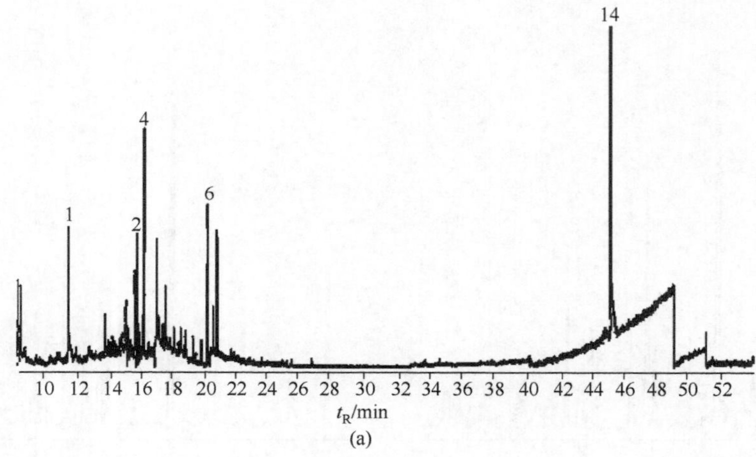

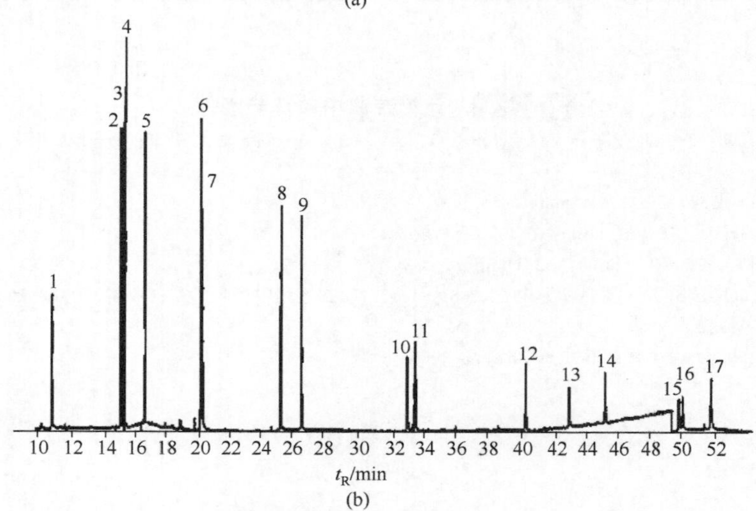

图 23-62 海水中多环芳烃[52]

色谱峰：1—萘；2—苊烯；3—2-溴萘；4—苊；5—芴；6—菲；7—蒽；8—荧蒽；9—芘；10—苯并[*a*]蒽；11—䓛；12—苯并[*k*]荧蒽；13—苯并[*a*]芘；14—䓛-d_{12}；15—苯并[*g,h,i*]苝；16—二苯并[*a,h*]蒽；17—茚并[1,2,3-*cd*]芘

色谱柱：ID-BPX50，30m×0.25mm，0.25μm

柱　温：50℃（2min）$\xrightarrow{10℃/min}$ 200℃（1min）$\xrightarrow{5℃/min}$ 250℃（2min）$\xrightarrow{3℃/min}$ 310℃（4min）

载　气：He，1.1mL/min　　检测器：MS

气化室温度：290℃

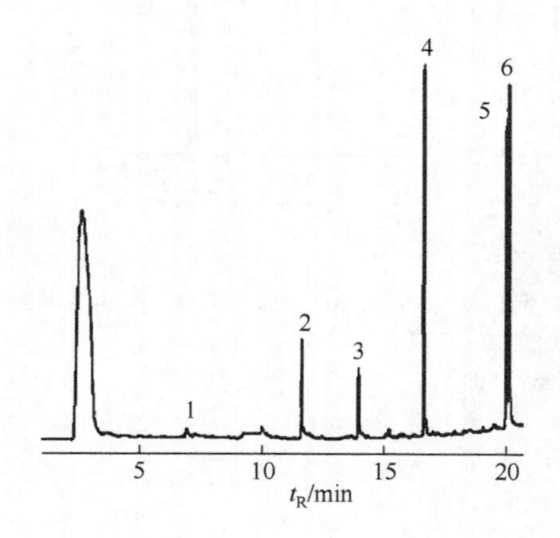

图 23-63 多环芳烃（十七）[53]

色谱峰：1—萘；2—芴；3—蒽；4—荧蒽；5—䓛；6—苯并[*a*]蒽

色谱柱：SE-54，30 m×0.32 mm，0.33 μm

柱　温：100℃→300℃（5min），10℃/min

载　气：N_2，1mL/min

气化室温度：300℃

检测器：MS

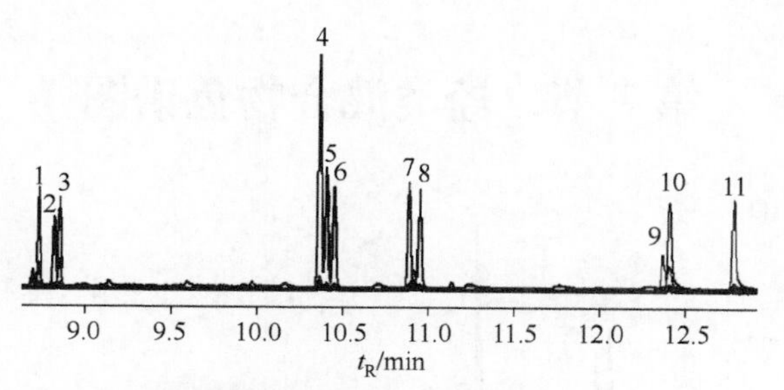

图 23-64　多环芳烃（十八）[54]

色谱峰：1—苯并[*a*]蒽；2—环戊烯并[*c,d*]芘；3—䓛；4—苯并[*a*]荧蒽；5—苯并[*j*]荧蒽；6—苯并[*k*]荧蒽；7—苯并[*e*]芘；8—苯并[*a*]芘；9—茚并[1,2,3]芘；10—苯并[*g,h,i*]苝；11—二苯并[*a,h*]蒽

色谱柱：BPX50，9m×0.10mm，0.10 m（50%苯基-聚硅亚苯硅氧烷）

柱　温：80° C（2min）$\xrightarrow{70℃/min}$ 170℃ $\xrightarrow{15℃/min}$ 350℃　　气化室温度：250℃

载　气：He　　检测器：QP2010 Ultra quadrupole MS

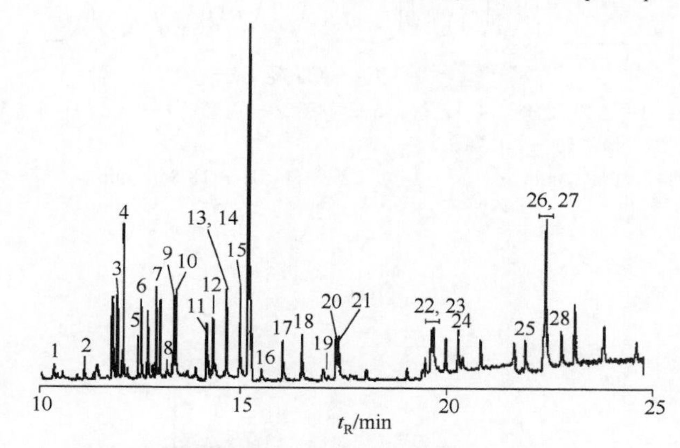

图 23-65　多环芳烃（十九）[55]

色谱峰：1—萘；2—2-甲基萘；3—苊烯；4—苊；5—1,5-二氯萘；6—芴；7—9,10-二氢蒽；8—9芴酮；9—菲；10—蒽；11—9,10-蒽醌；12—2-氯蒽；13—环戊烯并[*d,e,f*]菲酮；14—荧蒽；15—芘；16—1-氯蒽醌；17—3-氯荧蒽；18—1-氯芘；19—1,5-二氯蒽醌；20—䓛；21—苯并[*a*]蒽；22—苯并[*b*]荧蒽；23—苯并[*k*]荧蒽；24—苯并[*a*]芘；25—6-氯苯并[*a*]芘；26—茚并[*c,d*]芘；27—二苯并[*a,h*]蒽；28—苯并[*g,h,i*]苝

色谱柱：Rxi® -5Sil MS，30m×0.25mm，0.25m　　载　气：He，1.3mL/min

柱　温：50℃ $\xrightarrow{30℃/min}$ 240℃ $\xrightarrow{10℃/min}$ 320℃（1.7min）　　检测器：MS

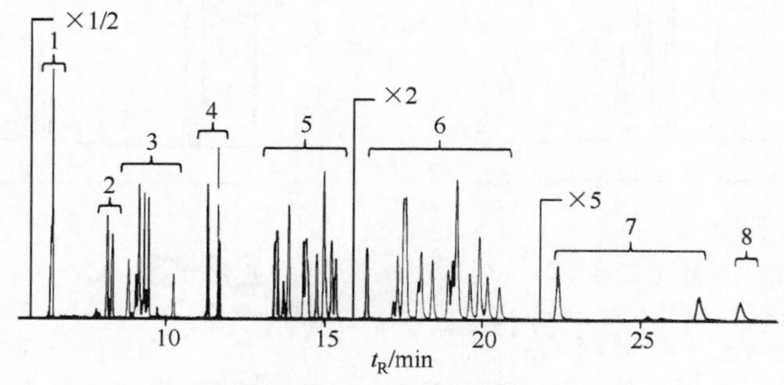

图 23-66　多环芳烃（二十）[56]

色谱峰：1—萘酚；2—羟基芴；3—羟基荧蒽；4—羟基芘；5—羟基苯并[*c*]菲/羟基苯并[*a*]蒽/羟基䓛；6—羟基苯并[*a*]芘/羟基苯并[*b*]荧蒽/羟基苯并[*k*]荧蒽；7—羟基茚[1,2,3-*cd*]芘；8—羟基二苯并[*a,h*]蒽/羟基苝

色谱柱：HP-5ms，30m×0.25mm，0.25μm

柱　温：100℃（2min）$\xrightarrow{40℃/min}$ 235℃ $\xrightarrow{10℃/min}$ 280℃（3min）$\xrightarrow{10℃/min}$ 300℃（14min）；每分析一个样品后，以反冲模式300℃条件下保持4min

气化室温度：260℃　　检测器：MS

第三节 烃类混合物色谱图

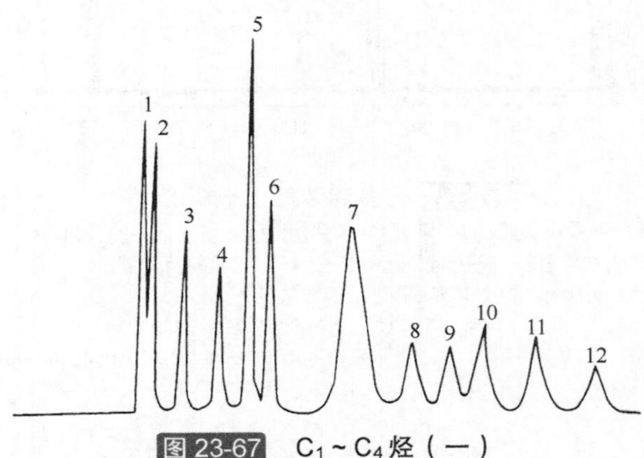

图 23-67 C_1 ~ C_4 烃（一）

色谱峰：1—空气；2—甲烷；3—乙烯+乙烷；4—乙炔；5—丙烷；6—丙烯；7—异丁烷；8—正丁烷；9—异丁烯；10—反-2-丁烯；11—顺-2-丁烯；12—丁二烯

色谱柱：GDX-501（70～90目），6m×3mm

柱 温：107℃

载 气：H_2，18.8mL/min

检测器：TCD

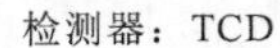

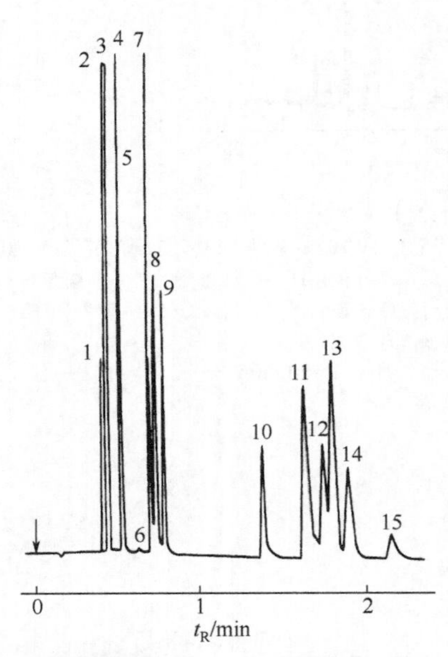

图 23-68 C_1 ~ C_4 烃（二）[57]

色谱峰：1—甲烷；2—乙烷；3—乙烯；4—丙烷；5—丙烯；6—环丙烷；7—乙炔；8—异丁烯；9—正丁烷；10—反-2-丁烯；11—1,3-丁二烯；12—顺-2-丁烯；13—1-丁烯；14—异丁烯；15—丙炔

色谱柱：硅胶SCOT柱，10m×0.32mm

柱 温：32℃

载 气：He

检测器：FID

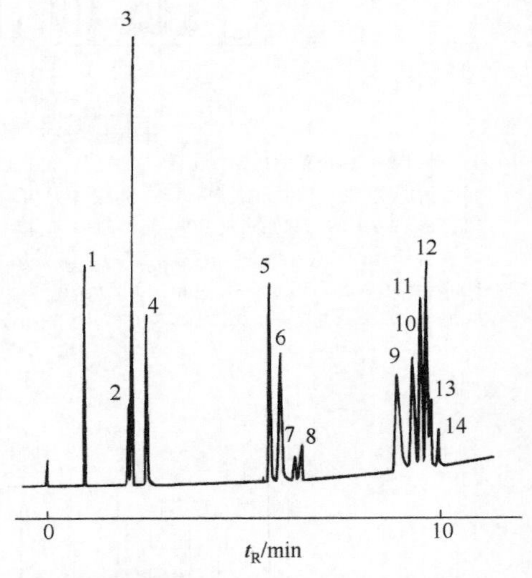

图 23-69 C_1 ~ C_4 烃（三）[58]

色谱峰：1—甲烷；2—乙烯；3—乙炔；4—乙烷；5—丙烯；6—丙烷；7—丙二烯；8—丙炔；9—异丁烷；10—1-丁烯+1,3-丁二烯；11—异丁烯；12—正丁烷；13—顺-2-丁烯；14—反-2-丁烯

色谱柱：PoraPLOTQ，25m×0.32mm

柱 温：30℃（2min）→150℃，10℃/min

载 气：H_2

检测器：FID

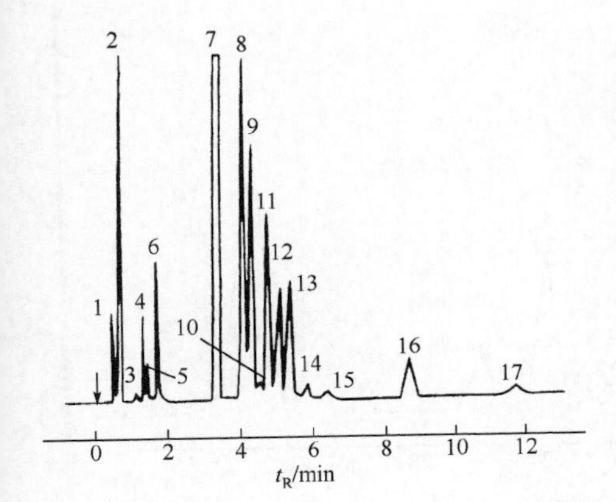

图 23-70　C_1 ~ C_5 烃（一）[59]

色谱峰：1—甲烷；2—乙炔+乙烯+乙烷；3—环丙烷；4—丙烷；5—丙烯；6—丙炔；7—异丁烷；8—1-丁烯；9—正丁烷；10—1-丁炔；11—异丁烯；12—顺-2-丁烯；13—反-2-丁烯；14—2-丁炔；15—1,3-丁二烯；16—异戊烷；17—正戊烷

色谱柱：0.19%苦味酸，Carbopack C（80～100目），20m×3mm

柱　温：35℃→70℃，6℃/min

载　气：N_2，30mL/min

检测器：FID

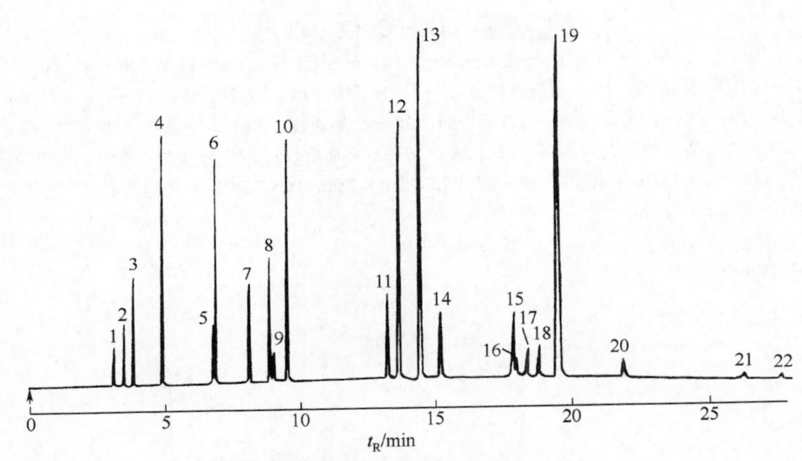

图 23-71　C_1 ~ C_5 烃（二）[60]

色谱峰：1—甲烷；2—乙烷；3—乙烯；4—丙烷；5—环丙烷；6—丙烯；7—乙炔；8—异丁烷；9—丙二烯；10—正丁烷；11—反-2-丁烯；12—1-丁烯；13—异丁烯；14—顺-2-丁烯；15—异戊烷；16—1,2-丁二烯；17—丙炔；18—正戊烷；19—1,3-丁二烯；20—3-甲基-1-丁烯；21—乙烯基乙炔；22—乙基乙炔

色谱柱：Al_2O_3 PLOT柱，50m×0.32mm

柱　温：70℃→200℃，3℃/min

载　气：N_2，100kPa

检测器：FID

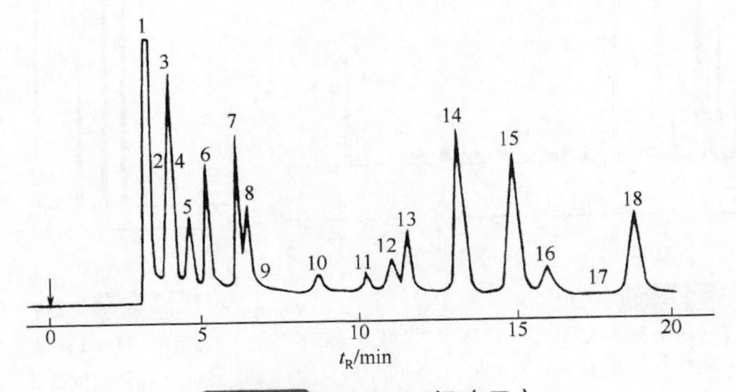

图 23-72　C_1 ~ C_5 烃（三）

色谱峰：1—空气+CO；2—甲烷；3—乙烷；4—乙烯；5—CO_2；6—丙烷；7—丙烯；8—乙炔；9—异丁烷；10—正丁烷；11—丙二烯；12—异丁烷；13—1-丁烯；14—反-2-丁烯；15—顺-2-丁烯；16—甲基乙炔；17—正戊烷；18—丁二烯

色谱柱：17%癸二腈，Chromosorb P AW（70～80目），9m×3mm

柱　温：室温

载　气：H_2，20mL/min

检测器：TCD

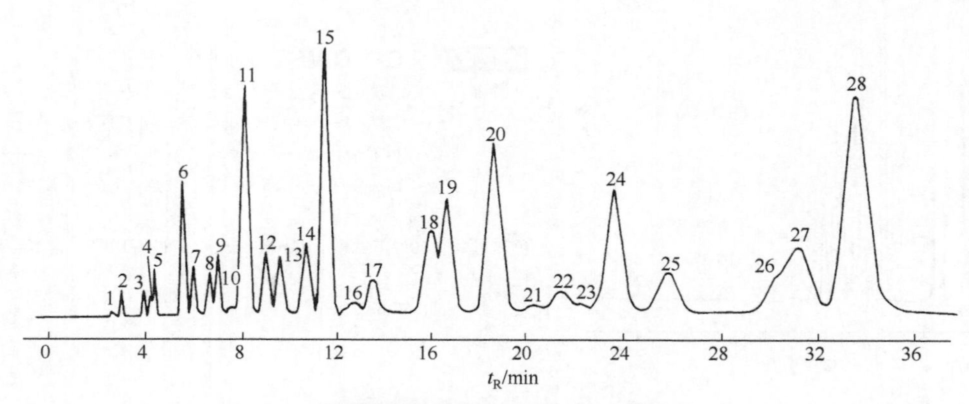

图 23-73 $C_1\sim C_5$烃（四）[61]

色谱峰：1—甲烷；2—乙烷+乙烯；3—丙烷；4—乙炔；5—丙烯；6—异丁烷；7—环丙烷；8—丙二烯；9—正丁烷；10—新戊烷；11—1-丁烯+异丁烯；12—甲基乙炔；13—反-2-丁烯；14—顺-2-丁烯；15—1,3-丁二烯；16—异戊烷；17—3-甲基-1-丁烯；18—正戊烷；19—1,2-丁二烯；20—乙基乙炔；21—2-甲基-1-丁烯；22—1,4-丁二烯；23—反-2-戊烯；24—乙烯基乙炔；25—2-甲基-2-丁烯；26—2-甲基戊烷；27—异戊烯；28—二甲基乙炔

色谱柱：20%马来酸丁二酯，Chromosorb P （60～80目），8.3m×3mm+10%双（2-甲氧基乙氧基）乙基乙醚，Chromosorb P（60～80目），5m×3mm

柱　温：25℃　　检测器：FID

载　气：He，35mL/min

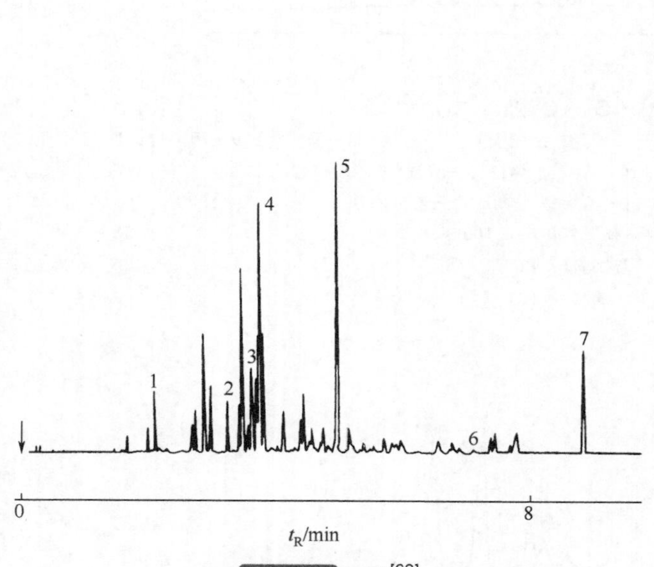

图 23-74 茚[62]

色谱峰：1—苯乙烯；2—α-甲基苯乙烯；3—二环戊二烯；4—乙烯基甲苯；5—茚；6—甲基茚；7—萘

色谱柱：CP—Sil 19 CB，0.2μm，10m×0.1mm

柱　温：50℃→180℃，5℃/min

载　气：H_2，320kPa

检测器：FID

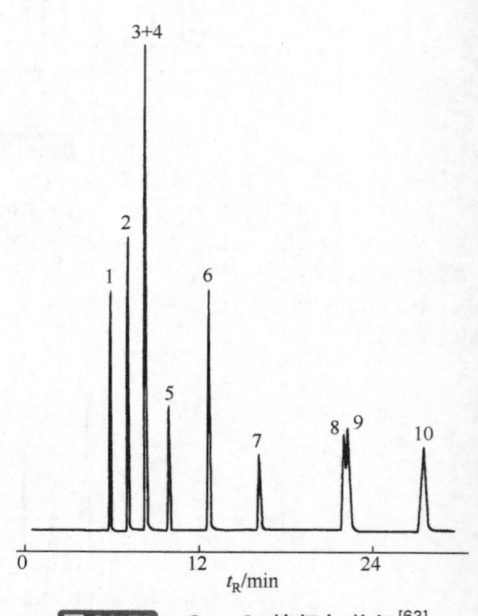

图 23-75 $C_6\sim C_9$烷烃与芳烃[63]

色谱峰：1—正己烷；2—正庚烷；3—苯；4—甲基环己烷；5—正辛烷；6—甲苯；7—正壬烷；8—氯代苯；9—对二甲苯；10—邻二甲苯

色谱柱：OV-17，20m×0.08mm

柱　温：60℃

检测器：FID

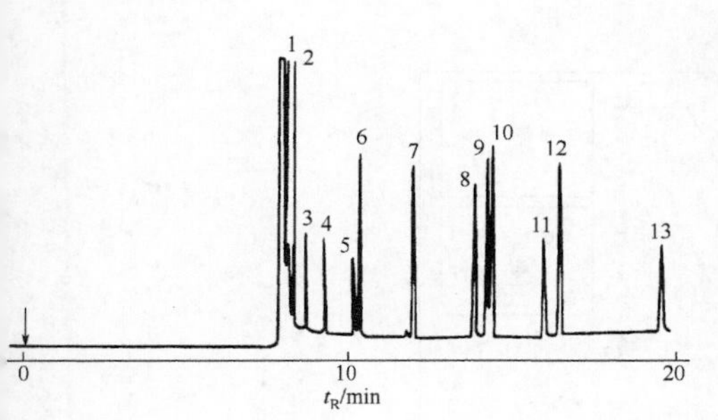

图 23-76　C_6 ~ C_{12} 烷烃与芳烃[64]

色谱峰：1—正辛烷；2—正壬烷；3—正癸烷；4—正十一烷；5—正十二烷；6—苯；7—甲苯；8—乙基苯；9—对二甲苯；10—间二甲苯；11—正丙基苯；12—邻二甲苯；13—正丁基苯

色谱柱：1,2,3-三(2-氰乙氧基)丙烷，50m×0.25mm

柱　温：95℃→120℃，2.5℃/min

载　气：N_2，90kPa

检测器：FID

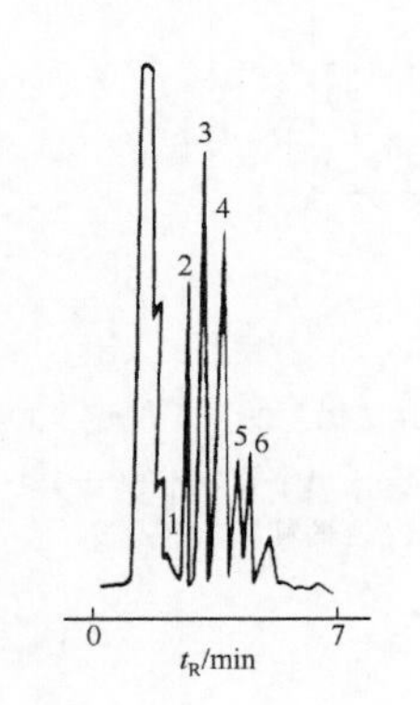

图 23-77　C_6 ~ C_{13} 烷烃与芳烃

色谱峰：1—正十三烷；2—苯；3—甲苯；4—乙基苯+对二甲苯+异丙基苯；5—正丙基苯；6—邻二甲基苯

色谱柱：30% OV-275，Chromosorb P AW（80～100目），3m×3mm

柱　温：150℃

载　气：N_2，16mL/min

检测器：FID

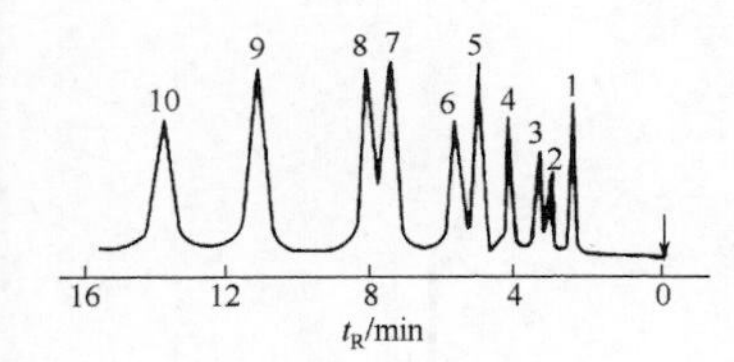

图 23-78　C_6 ~ C_{14} 烷烃与芳烃[65]

色谱峰：1—正癸烷；2—苯；3—正十一烷；4—甲苯；5—正十二烷；6—乙基苯；7—正丙基苯；8—正十三烷；9—正丁基苯；10—正十四烷

色谱柱：聚乙二醇丁二酸酯，上海试剂厂101 AW载体（60～80目），3m×4mm

柱　温：103℃

检测器：FID

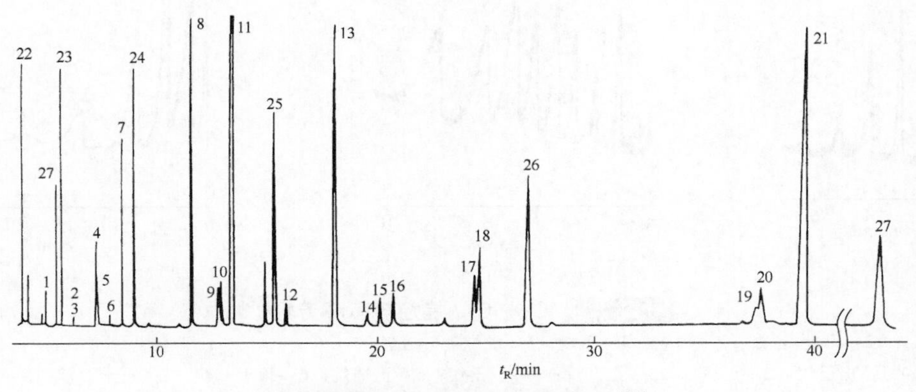

图 23-79　C_8 ~ C_{13} 烷烃与芳烃[66]

色谱峰：1—1,3-二甲基苯+1,4-二甲基苯；2—1,2-二甲基苯；3—异丙基苯；4—1-甲基-3-乙基苯；5—1-甲基-4-乙基苯；6—1-甲基-2-乙基苯；7—1,2,4-三甲基苯；8—1,3-二甲基-5-乙基苯；9—1,4-二甲基-2-乙基苯；10—1,3-二甲基-4-乙基苯；11—1,2-二甲基-4-乙基苯；12—1,2,4,5-四甲基苯；13—1,3-二乙基-5-甲基苯；14—1,4-二乙基-2-甲基苯；15—1,3-二乙基-4-甲基苯；16—1,2-二乙基-4-甲基苯；17—1,3,5-三甲基-2-乙基苯；18—1,2,5-三甲基-3-乙基苯；19～21—二甲基二乙基苯；22—正辛烷；23—正壬烷；24—正癸烷；25—正十一烷；26—正十二烷；27—正十三烷

色谱柱：PONA 空心柱 50m×0.2mm，0.5μm

载　气：H_2

柱　温：100℃

检测器：FID

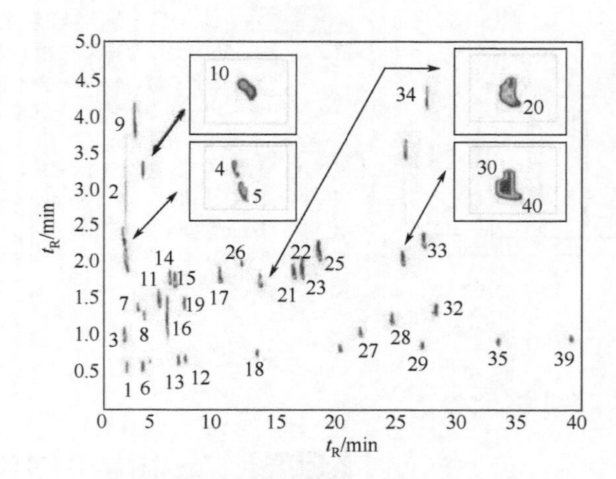

图 23-80 烷烃、烯烃与芳烃[67]

色谱峰：1—戊烷；2—异戊二烯烷；25—邻二甲苯；26—异丙苯；27—α-蒎烯；28—β-蒎烯；29—正癸烷；30—1,2,4-三甲基苯；32—柠檬烯；33—1,2,3-三甲基苯；34—1,2-二氯苯；35—正十一烷；39—正十二烷；40—1,3-二氯苯

色谱柱：Rtx-1，30m×0.25mm，0.25μm (一维柱)；Rtx-Wax，1.5m×0.1mm，0.1μm (二维柱)

脉冲电压：4.44V

脉冲电流：3.44A

检测器：FID

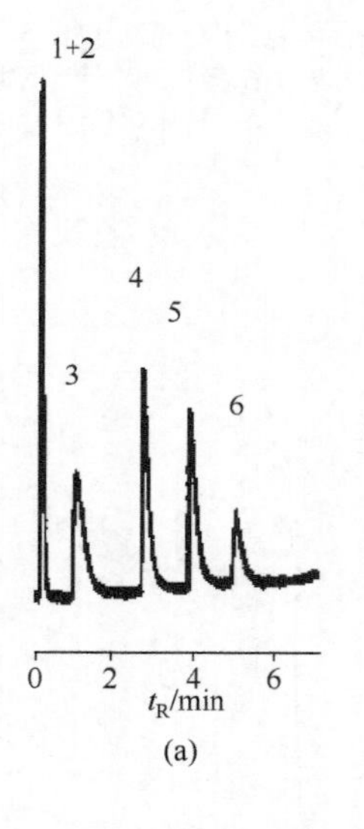

(a)

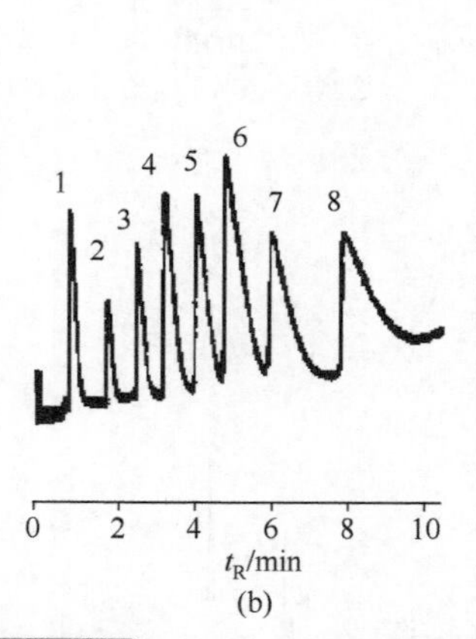

(b)

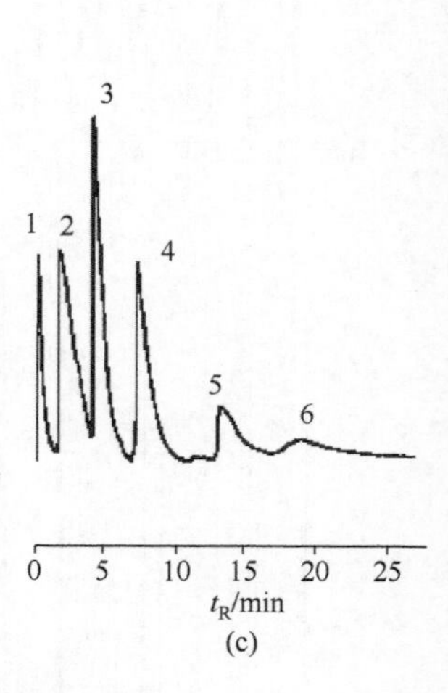

(c)

图 23-81 $C_1 \sim C_{14}$ 烷烃与多环芳烃[68]

色谱峰：(a) 1,2—甲烷+乙烷；3—丙烷；4—丁烷；5—戊烷；6—己烷

(b) 1—正己烷；2—正庚烷；3—正辛烷；4—正壬烷；5—正癸烷；6—正十一烷；7—正十二烷；8—正十四烷

(c) 1—1,4-二氯苯；2—萘；3—苊；4—菲；5—䓛；6—芘

色谱柱：SWNT，0.75m×0.53mm，0.63μm

柱　温：(a) 30℃ (0.5min)→ 250℃，40℃/min

(b) 120℃ (0.1min)→ 425℃(5min)，40℃/min

(c) 125℃→ 425℃(10min)，30℃/min

载　气：He，(a) 1.5mL/min；(b) 5mL/min；(c) 5mL/min　　检测器：FID

气化室温度：(a) 250℃；(b) 280℃；(c) 300℃

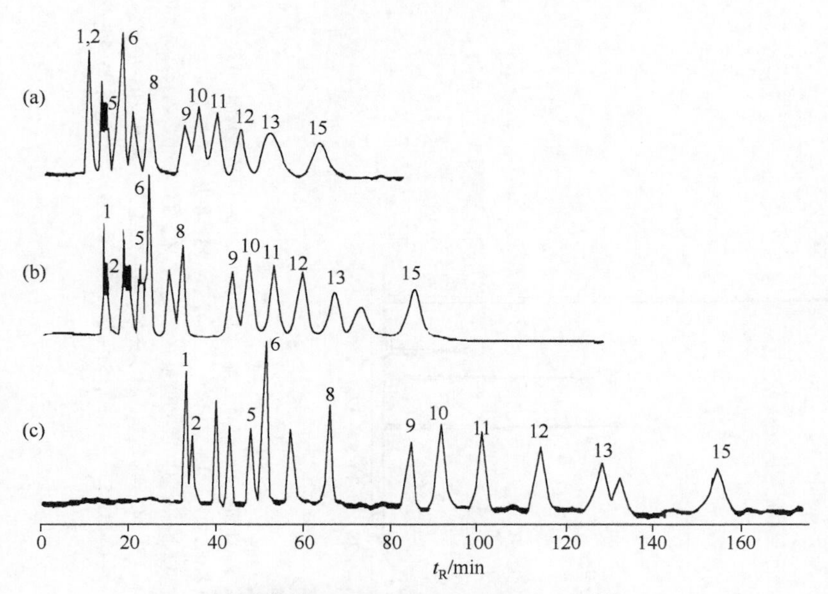

图 23-82 混合烃类化合物（一）[13]

色谱峰：1—戊烷；2—二氯甲烷；5—1,1,1-三氯乙烷；6—苯；8—庚烷；9—1-氯戊烷；10—甲苯；11—二氟甲烷；12—环戊烷；13—辛烷；15—氯代苯

色谱柱：（a）0.5m×0.15μm；（b）1.0m×0.15μm；（c）3.0m×0.15μm静电上料微流柱

柱 温：30℃ 检测器：FID

载 气：Air，15~20cm/s

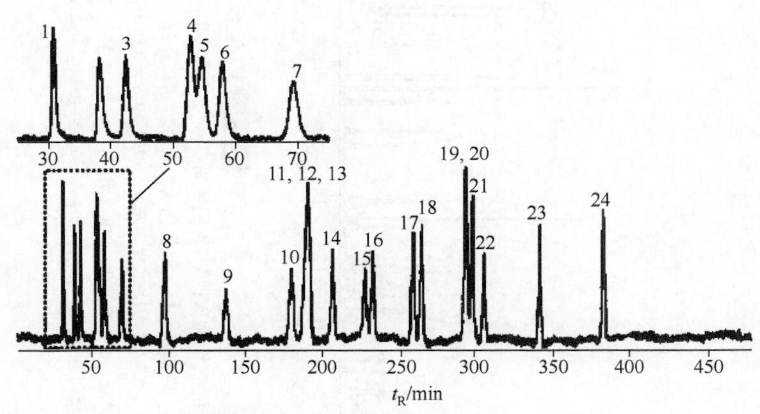

图 23-83 混合烃类化合物（二）[13]

色谱峰：1—异戊烷；3—正己烷；4—苯；5—环己烷；6—2,3-二甲基戊烷；7—庚烷；8—甲苯；9—辛烷；10—乙基苯；11—2,3-二甲基庚烷；12—间二甲苯；13—对二甲苯；14—邻二甲苯；15—壬烷；16—异丙基苯；17—1-甲基-3-乙基苯；18—均三甲苯；19—癸烷；20—1,2,3-三甲基苯；21—对-异丙基甲苯；22—丁基环己烷；23—十一烷；24—十二烷

色谱柱：3.0m×0.15μm 静电上料微流柱

柱 温：30℃（2min）→ 180℃，30℃/min

载 气：Air，14cm/s

检测器：FID

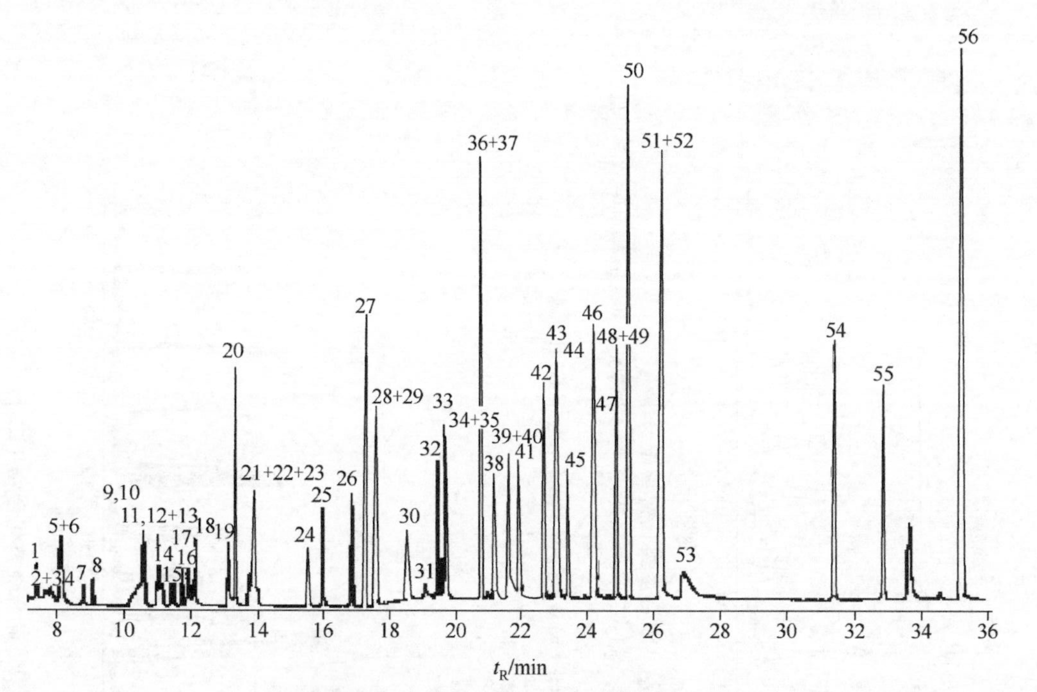

图23-84 混合烃类化合物（三）[69]

色谱峰：1—乙醇；2—丙醛；3—丙酮；4—二硫化碳；5—乙酸甲酯；6—异丙醇；7—叔丁基甲醚；8—正己烷；9—丁醛；10—乙酸乙酯；11—氯仿；12—甲基乙基酮；13—四氢呋喃；14—1,1,1-三氯乙烷；15—环己烷；16—四氯化碳；17—异丁醇；18—苯；19—丁醇；20—三氯乙烯；21—甲基环己烷；22—戊醛；23—甲基丙烯酸甲酯；24—甲基异丁基酮；25—甲苯；26—1,1,2-三氯乙烷；27—四氯乙烯；28—乙酸丁酯；29—己醛；30—*N*,*N*-二甲基酰胺；31—*N*-甲基酰胺；32—乙苯；33—*n*-壬烷；34—间二甲苯；35—邻二甲苯；36—对二甲苯；37—苯乙烯；38—庚醛；39—2-丁氧基乙醇；40—*α*-蒎烯；41—环己酮；42—丙基苯；43—癸烷；44—1,3,5-三甲基苯；45—*β*-蒎烯；46—1,2,4-三甲基苯；47—苯甲醛；48—环己基异氰酸酯；49—柠檬烯；50—对二甲苯；51—十一烷；52—苯酚；53—1-辛醇；54—萘；55—环己基异硫代氰酸酯；56—2-甲基萘

色谱柱：DB-624，60m×0.25mm，1.4μm

柱　温：40℃(1min)→230℃(5min)，6℃/min

载　气：He，1mL/min

气化室温度：250℃

检测器：MS

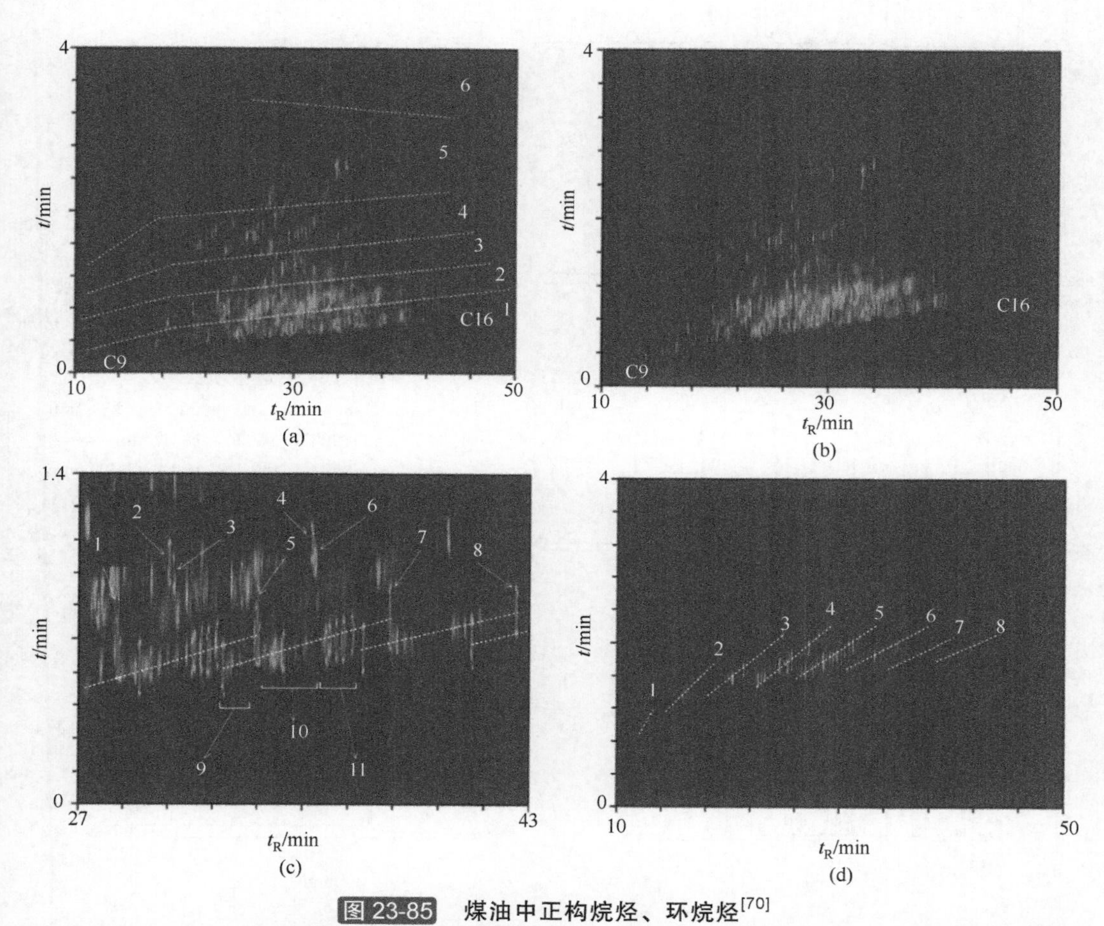

图 23-85 煤油中正构烷烃、环烷烃[70]

（a）煤油离线GC×GC-FID谱图；（b）煤油总离子流图；（c）煤油中正构烷烃、环烷烃离线GC×GC-FID谱图；
（d）选择离子（78，91，105，119，133和147）跟踪煤油的GC×GC-TOF-MS谱图

色谱峰：（a）1—正构烷烃；2—单环烷烃；3—双环烷烃；4—单芳香烃；5—环烷芳烃；6—三芳香烃

（b）总离子流图

（c）1—正十二烷；2—*n*-己基环己烷；3—*n*-庚基环戊烷；4—*n*-庚基环己烷；5—正十三烷；6—*n*-辛基环戊烷；7—正十四烷；8—正十五烷；9—三甲基十一烷；10—二甲基十二烷；11—甲基十三烷

（d）1—乙苯；2—丙苯；3—*n*-丁基苯；4—*n*-戊基苯；5—*n*-己基苯；6—*n*-庚基苯；7—*n*-辛基苯；8—*n*-壬基苯

色谱柱：一维柱，Rtx-1 PONA，50m×0.25mm，0.5μm；二维柱，BPX-50，2m×0.15mm，0.15μm

柱 温：50℃→250℃，3℃/min

载 气：一维He，2.1mL/min；二维He，1.6mL/min

进样条件：2μL，分流250mL/min

调制时间：4s

气化室温度：250℃

检测器：FID，TOF-MS

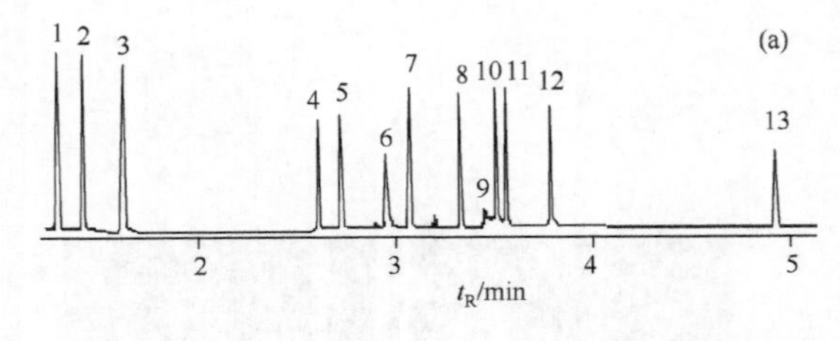

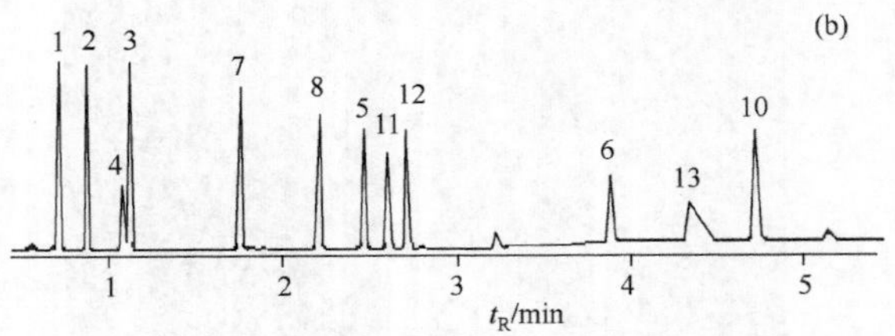

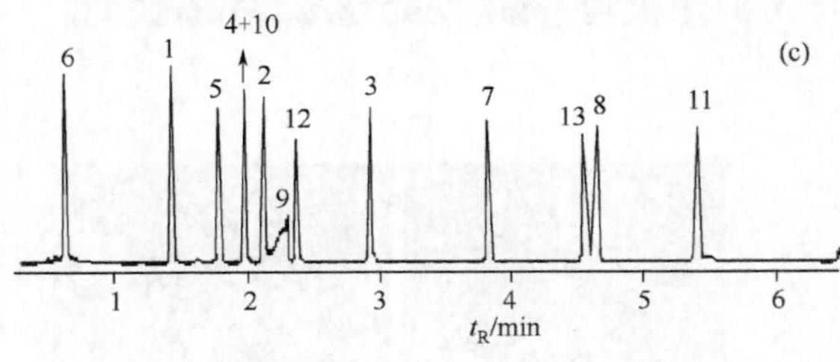

图 23-86 C_{10} ~ C_{12} 烷烃[71]

色谱峰：1—正癸烷；2—正十一烷；3—正十二烷；4—正壬醛；5—正辛醇；6—2,3-丁二醇；7—甲基癸酸；8—甲基十一酸；9—2-乙基己酸；10—2,6-二甲苯酚；11—甲基十二烷酸；12—2,6-二甲基苯胺；13—二环己基胺

色谱柱：熔融毛细管柱，8m×0.25mm，（a）固定液为[PSOMIM][NTf2]；（b）固定液为[PSOMIM][Cl]；（c）固定液为[DB-1]

柱　温：（a）80℃（1min）→220℃，35℃/min；（b）100℃→180℃，18℃/min；（c）80℃（1min）→160℃，15℃/min

载　气：N_2，流速（a）15cm/s，（b）127cm/s，（c）131cm/s

检测器：FID

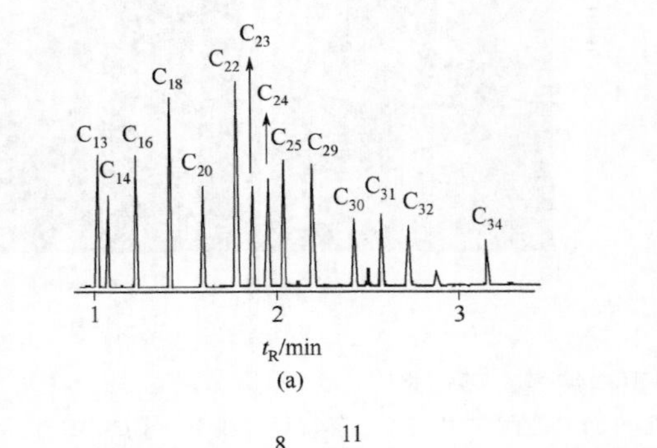

(a)

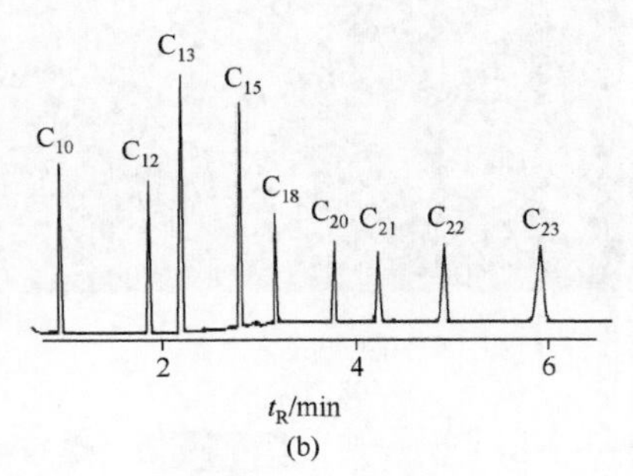

(b)

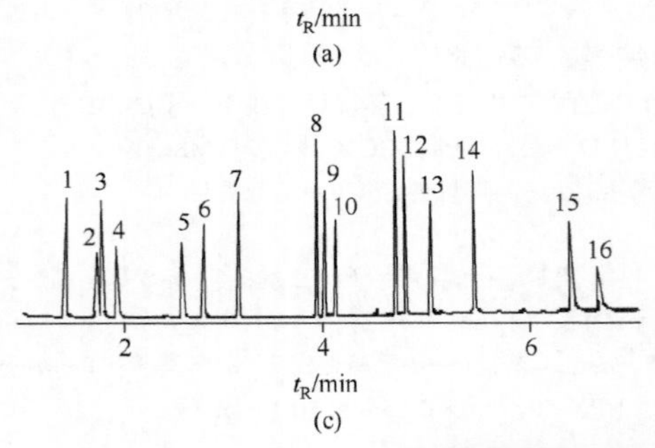

(c)

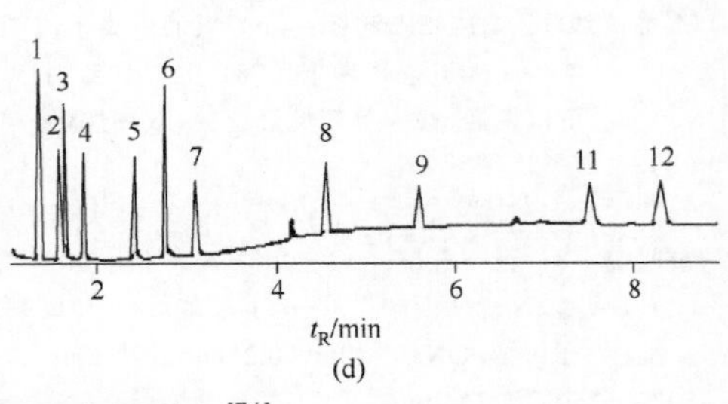

(d)

图 23-87 正构烷烃和多环芳烃[71]

色谱峰：（a）正构烷烃；（b）正构烷烃

（c）和（d）中：1—萘；2—β-甲基萘；3—α-甲基萘；4—联苯；5—苊；6—二苯并呋喃；7—芴；8—菲；9—三苯甲烷；10—7,8-苯并喹啉；11—荧蒽；12—芘；13—咔唑；14—䓛；15—苯并荧蒽；16—苯并芘

色谱柱：熔融毛细管柱8m×0.25mm，0.25μm；（a）固定液为[PSOMIM][NTf2]；（b）固定液为[PSOMIM][Cl]；（c）固定液为[PSOMIM][NTf2]；（d）固定液为[PSOMIM][Cl]

柱　温：（a）85℃→300℃，70℃/min；（b）80℃（1.5min）→180℃，60℃/min；（c）150℃（2min）→300℃，50℃/min；（d）150（2min）→190℃，18℃/min

载　气：N_2，（a）20cm/s，（b）24cm/s，（c）17cm/s，（d）15cm/s

检测器：FID，ECD

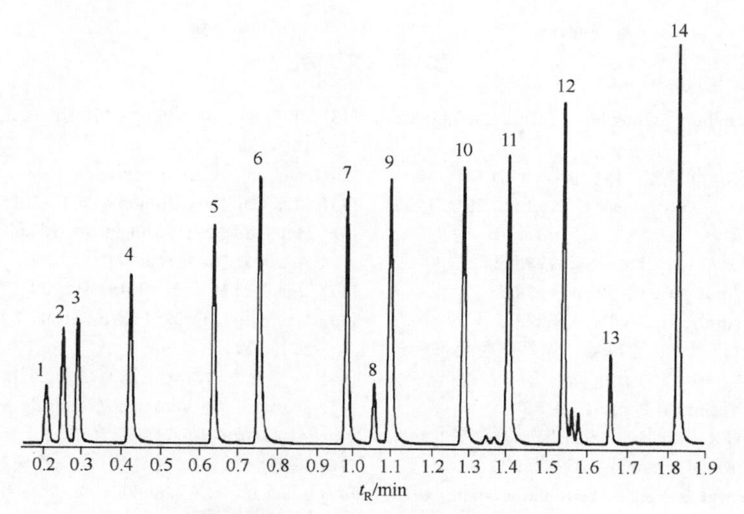

图 23-88 $C_1 \sim C_6$ 烷烃，烯烃[18]

色谱图：1—甲烷；2—乙烷；3—乙烯；4—丙烷；5—丙烯；6—丁烷；7—1-丁烯；8—1,3-二丁烯；9—戊烷；10—1-戊烯；11—正己烷；12—1-己烯；13—苯；14—甲苯

色谱柱：柱1A—VFWAXms^{TM}柱（5m×0.32mm，0.1μm）；柱1B—CP-Select Mineral Oil柱（15m×0.32mm，0.1μm）；柱2—Agilent CP-硅PLOT柱（5m×0.32mm，4μm）

柱　温：柱1A，1B 40℃（0.2min）$\xrightarrow{50℃/min}$ 120℃；柱2 40℃（12s）$\xrightarrow{100℃/min}$ 160℃ $\xrightarrow{300℃/min}$ 250℃（20s）

载　气：He，25mL/min

气化室温度：250℃

检测器：FID

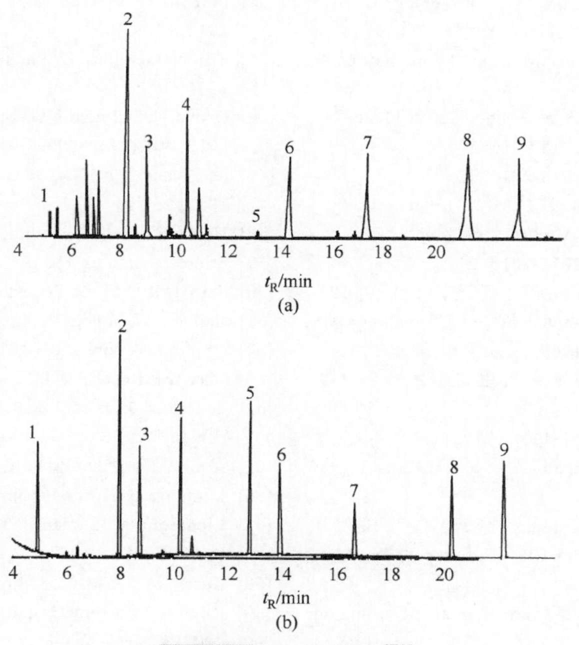

图 23-89 单环芳烃[72]

色谱峰：1—甲苯；2—间二甲苯；3—苯乙烯；4—α-蒎烯；5—癸烷；6—柠檬烯；7—芳樟醇；8—α-松油醇；9—香叶醇

色谱柱：（a）Agilent VF-5柱，0.25mm，30 m；（b）Agilent VF-5柱，30m×0.25mm，0.25μm

柱　温：（a）35℃（3min）$\xrightarrow{4℃/min}$ 120℃ $\xrightarrow{8℃/min}$ 250℃（3min）

（b）35℃（3min）$\xrightarrow{4℃/min}$ 120℃ $\xrightarrow{8℃/min}$ 250℃（3min）

载　气：He，流速1.5mL/min（a），1.0mL/min（b）

检测器：（a）LTP-MS；（b）EI-MS

参考文献

[1] Gaspar G, Vidal-Madjar C, Guiochon G. Chromatographia, 1982, 15: 125.
[2] 北京分析仪器研究所元件组. 分析仪器, 1976, (3): 31.
[3] Mol H G J, Janssen H G, Cramers C A, et al. HRC, 1995, 18: 19.
[4] Kissin Y V, Feulmer G P. J Chrom Sci, 1986, 24: 53.
[5] Hewlett-Packard. Application Note, AN 228-31.
[6] Hewlett-Packard. Application Note, AN 228-5.
[7] 修正佳, 李浩春, 卢佩章. 全国第二届毛细管色谱报告会文集, 1984: 114.
[8] Hewlett-Packard. Technical Paper. (NO. 88).
[9] Ottmers D M, Say G R, Rase H F. Anal Chem, 1966, 38: 148.
[10] Duming R W. Chromatographia, 1969, 2: 293.
[11] Meltyow W, Warwel S, Fell B. Chromatographia, 1973, 6: 183.
[12] 李秀梅, 黄运宇, 姚彩兰, 等. 第十次全国色谱学术报告会文集. 1995: 83.
[13] Reidy S, Lambertus G, Reece J, et al. Anal Chem, 2006, 78: 2623.
[14] 王汇彤, 翁娜, 张水昌, 等. 质谱学报, 2010, 31(1): 18.
[15] Fialkov A B, Morag M, Amirav A. J Chromatogr A, 2011, 1218: 9375.
[16] Tran C D, Challa S. Analyst, 2008, 133: 455.
[17] Varlet V, Smith F, Augsburger M. J Chromatogr B, 2013, 913-914:155.
[18] Luong J, Grasb R, Hawryluk M, et al. J Chromatogr A , 2013, 1288:105.
[19] Luong J, Gras R, Shellie R A, et al. J Sep Sci, 2013, 36: 182.
[20] SEG Capillary Columns, 2015-2016: 20.
[21] SEG Capillary Columns, 2015-2016: 22.
[22] 安捷伦色谱与光谱产品目录, 2015-2016: 503.
[23] Srdisky L M, Robillard M V. HRC, 1993, 16: 116.
[24] SEG Capillary Columns, 2015-2016: 21.
[25] 周良模. 气相色谱新技术. 北京: 科学出版社, 1994: 223.
[26] Tranchani J. Practical Mannual of Gas Chromatography. New York: Elsevier Pub, 1969: 223.
[27] 许伟君. 第一次全国石油化工色谱学术报告文集. 1984: 619.
[28] Stuckey C I. J Chrom Sci, 1969, 7: 177.
[29] Munai F, Trisciani A, Mapelli G, et al, HRC&CC. 1985, 8: 601.
[30] de Zeeuw J, de Nijs R CM. Chrompack News, 1983, 10 (1): 1.
[31] J&W Scientific. 1994-1995 Chromatography Catalog & Reference Guide. 1995: 211.
[32] Poole C F, Butler H T, Coddens M E, et al. J Chromatogr, 1984, 289: 299.
[33] Gary V N, Bhatt B D, Kaushik V K, et al. J Chrom Sci, 1987, 25:237.
[34] Wright C W, Later D W, Wilson B W. HRC&CC, 1985, 8: 283.
[35] SGE. Analytical Products 1993/1994 Catologue. 1994: 74.
[36] Onuska F J, Comba M E. J Chromatogr, 1976, 126: 133.
[37] Lame D A, Moe H K, Katz M. Anal Chem, 1973, 45: 1776.
[38] Buijten J, Blomberg L, Hoffman S, et al. J Chromatogr, 1984, 289: 143.
[39] Janssen F. Chromatographia, 1983, 17: 477.
[40] SEG Capillary Columns, 2015-2016: 9.
[41] Helaleh M I H, Al-Omair A, Nisar A, et al. J Chromatogr A, 2005, 1083: 153.
[42] Liu Y, Li H, Lin J. Talanta, 2009, 77: 1037.
[43] Wu H, Wang X, Liu B, et al. J Chromatogr A, 2010, 1217: 2911.
[44] 安捷伦色谱与光谱产品目录, 2015-2016: 505.
[45] Jessica L-D, Verónica P, Yunjing M, et al. J Chromatogr A, 2010, 1217: 7189.
[46] 郑琳, 陈海婷, 陈建国, 等. 色谱, 2011, 29(12): 1173.
[47] Machado M E, Fontanive F C, de Oliveira J V, et al. Anal Bioanal Chem, 2011, 401: 2433.
[48] Diao C, Wei C, Feng C. Chromatographia, 2012, 75: 551.
[49] Rong X, Zhao F, Zeng B Z. Talanta, 2012, 98: 265.
[50] 安捷伦色谱与光谱产品目录, 2015-2016: 501.
[51] Wang X, Lin L, Luan T, et al. Anal Chimica Acta, 2012, 753: 57.
[52] Quinto M, Amodio P, Spadaccino G, et al. J Chromatogr A, 2012, 1262: 19.
[53] Xu L L, Feng J J, Li J B, et al. J Sep Sci, 2012, 35: 93.
[54] Purcaro G, Picardo M, Barp L, et al. J Chromatogr A, 2013, 1307:166.
[55] Tillner J, Hollard C, Bach C, et al. J Chromatogr A, 2013, 1315: 36.
[56] Grova N, Salquèbre G, Brice M R. Anal Bioanal Chem, 2013, 405 (27): 8897.
[57] de Zeeuw J, de Nijs R C M, Henrich L T. J Chrom Sci, 1987, 25:71.
[58] Henrich I H. J Chrom Sci, 1988, 26: 198.
[59] Supelco. Catalog 18: 19.
[60] de Nijs R C M, de Zeeum J. J Chromatogr, 1983, 279: 41.
[61] Carson J W, Young J D, Lege G. J Chrom Sci, 1972, 10: 739.
[62] Chrompack News, 1984, 11(1): 4.
[63] Chen C F, Ropeeni M M, Laub R J. J Chrom Sci, 1984, 22: 1.
[64] de Zeeuw J, de Nijk R C M. Chrompack News, 1983, 10 (1): 1.
[65] 孙亦梁, 徐秉玖. 分析化学, 1983, 11: 881.
[66] Mattsova E, Kuran P. Chromatographia, 1990, 30: 328.
[67] Libardoni, M, Stevens P T, Waite J H, et al. J Chromatogr B, 2006, 842(1): 13.
[68] Karwa M and Mitra S. Anal Chem, 2006, 78: 2064.
[69] Ribes A, Carrera G, Gallego E, et al. J Chromatogr A, 2007, 1140 (1-2): 44.
[70] Van Geem K M, Pyl S P, Reyniers M F C, et al. J Chromatogr A, 2010, 1217: 6623.
[71] Sun X, Zhu Y, Wang P, et al. J Chromatogr A, 2011, 1218: 833.
[72] Nørgaard A W, Kofoed-Sørensen V, Svensmark B, et al. Anal Chem, 2013, 85: 28.

第二十四章　含氧化合物色谱图

第一节　醇与酚的色谱图

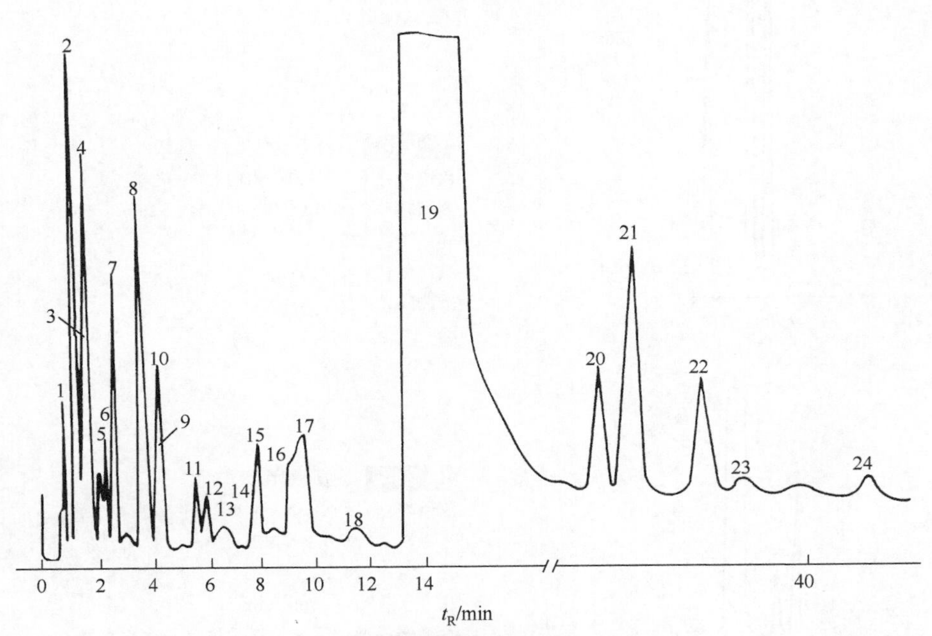

图 24-1　粗甲醇[1]

色谱峰：1—2-甲基丁烷；2—未知物；3—2-甲基戊烷；4—正己烷；5—2-甲基己烷；6—3-甲基己烷；7—正庚烷；8—甲酸甲酯；9—2,4-二甲基己烷；10—正辛烷；11—乙酸甲酯；12—丙酮；13—2-甲基辛烷；14—3-甲基辛烷；15—壬烷；16—苯；17—2-丁酮；18—3-甲基丁酮-2；19—甲醇；20—2-丁醇；21—1-丙醇；22—异丁醇；23—2-戊醇；24—正十二烷

色谱柱：10% Carbowax 300，Silicel C_{22}（80～100目），3m×4mm

柱　温：50℃　　检测器：FID

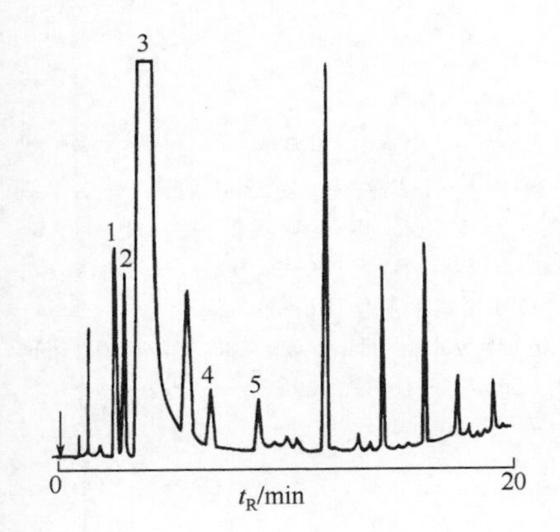

图 24-2　蒸馏酒精[2]

色谱峰：1—乙酸乙酯；2—甲醇；3—乙醇；4—正丙醇；5—异丁醇

色谱柱：CP-Wax 57 CB，10m×0.53mm，2.0μm

柱　温：50℃（6min）→180℃，5℃/min

载　气：H_2，5kPa

检测器：FID

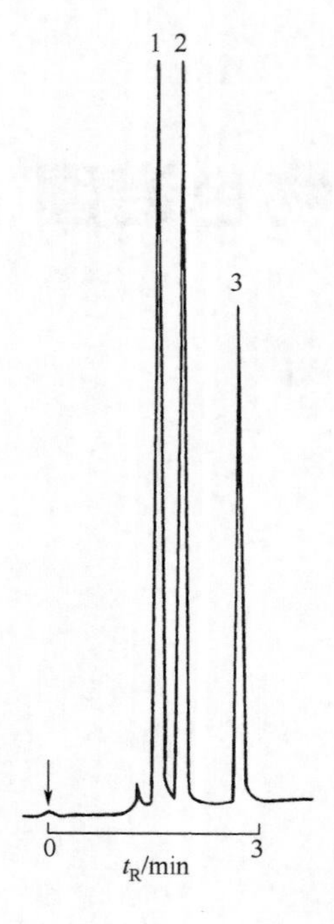

图 24-3 醇与水[3]

色谱峰：1—水；2—甲醇；3—乙醇

色谱柱：PoraPLOTQ，10m×0.32mm，10μm

柱　温：175℃

载　气：H_2，50kPa

检测器：TCD

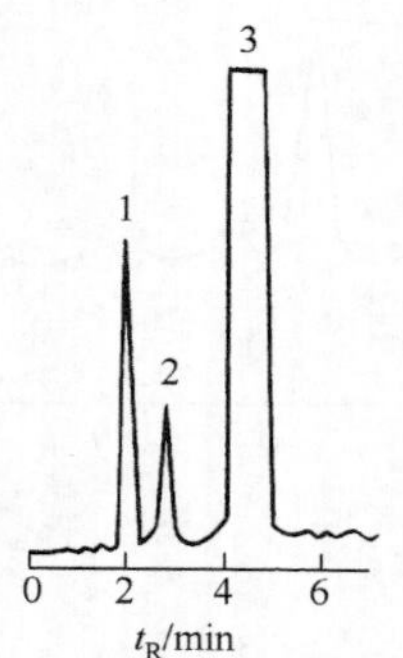

图 24-4 痕量甲醇与水[4]

色谱峰：1—水；2—甲醇；3—乙醇

色谱柱：Porapak N，2m×3mm

柱　温：170℃

载　气：Ar，40mL/min

检测器：微波诱导等离子体离子化检测器

气化室温度：180℃

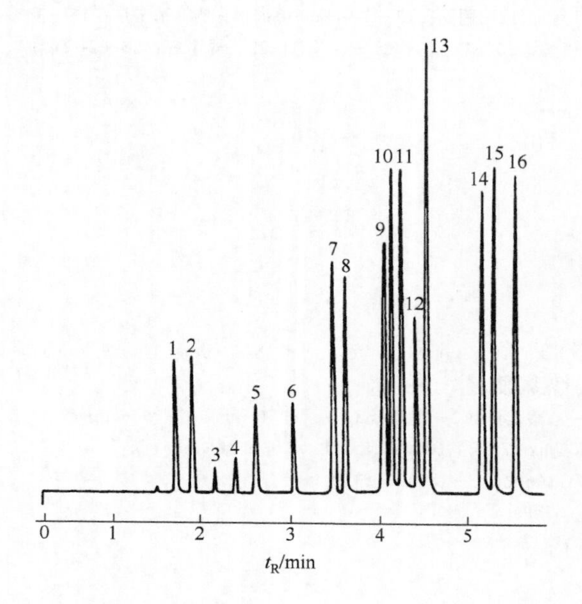

图 24-5 C_1 ~ C_5 醇[5]

色谱峰：1—甲醇；2—乙醇；3—2-丙醇；4—2-甲基-2-丙醇；5—1-丙醇；6—2-丁醇；7—2-甲基-1-丙醇；8—2-甲基-2-丁醇；9—1-丁醇；10—3-甲基-2-丁醇；11—3-戊醇；12—2,2-二甲基-1-丙醇；13—2-戊醇；14—2-甲基-1-丁醇；15—3-甲基-1-丁醇；16—1-戊醇

色谱柱：石墨化炭黑Vulcan+Carbowax1500，30m×0.25mm

柱　温：40℃（2min）→160℃，20℃/min

载　气：He，$\bar{u}$=30cm/s

检测器：FID

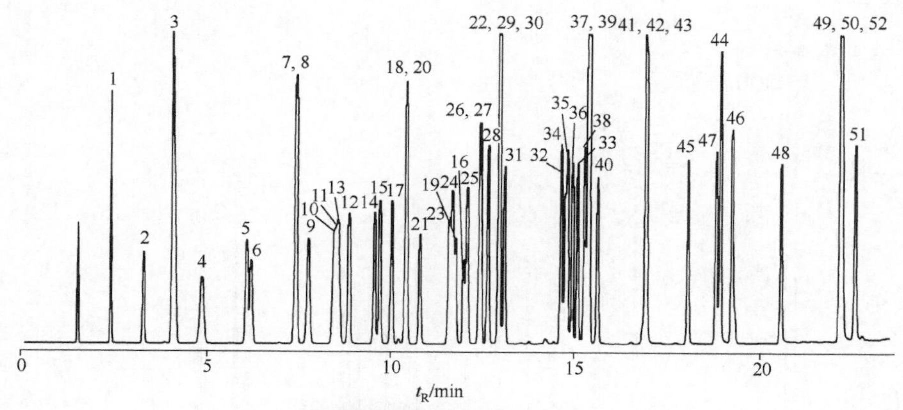

图 24-6　醇类（一）[6]

色谱峰：1—甲醇；2—乙醇；3—异丙醇；4—叔丁醇；5—2-丙烯-1-醇（丙烯醇）；6—1-丙醇；7—2-丙炔-1-醇（丙炔醇）；8—仲丁醇；9—2-甲基-2-丁烯-2-醇；10—异丁醇；11—2-甲氧乙醇（甲基溶纤剂）；12—3-丁烯-1-醇；13—2-甲基-2-丁醇（叔-戊醇）；14—1-丁醇；15—2-丁烯-1-醇（巴豆醇）；16—乙二醇；17—1-戊烯-3-醇；18—2-戊醇；19—环氧丙醇；20—3-戊醇；21—2-乙氧基乙醇（溶纤剂）；22—丙二醇；23—3-甲基-1-丁醇（异戊醇）；24—2-甲基-1-丁醇（活性戊醇）；25—4-甲基-2-戊醇；26—1-戊醇；27—2-戊烯-1-醇；28—3-甲基-2-丁烯-1-醇；29—环戊醇；30—3-己醇；31—2-己醇；32—4-羟基-4-甲基-2-戊酮；33—糠醇；34—顺-3-己烯-1-醇；35—1-己醇；36—顺-2-己烯-1-醇；37—环己醇；38—3-庚醇；39—2-庚醇；40—2-丁氧基乙醇（丁基溶纤剂）；41—顺-4-庚烯-1-醇；42—反-2-庚烯-1-醇；43—1-庚醇；44—苯甲醇；45—2-乙基-1-己醇；46—α-甲基苯乙醇；47—1-辛醇；48—1-壬醇；49—2-苯氧乙醇；50—α-乙基苯乙醇；51—β-乙基苯乙醇；52—1-癸醇

色谱柱：DB-624，30m×0.53mm，3.00μm
载　气：He，30cm/s
柱　温：40℃ (5min)→260℃(3min),10℃/min
气化室：250℃，分流比1∶10
检测器：FID，300℃

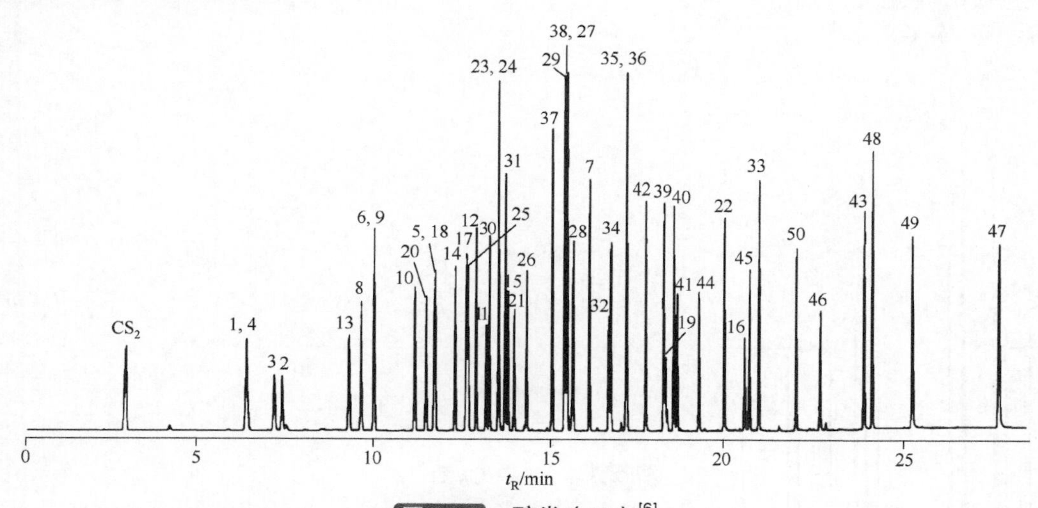

图 24-7　醇类（二）[6]

色谱峰：1—甲醇；2—乙醇；3—异丙醇；4—叔丁醇；5—2-丙烯-1-醇（丙烯醇）；6—1-丙醇；7—2-丙炔-1-醇（丙炔醇）；8—仲丁醇；9—2-甲基-3-丁烯-2-醇；10—异丁醇；11—2-甲氧乙醇（甲基溶纤剂）；12—3-丁烯-1-醇；13—2-甲基-2-丁醇（叔-戊醇）；14—1-丁醇；15—2-丁烯-1-醇（巴豆醇）；16—乙二醇；17—1-戊烯-3-醇；18—2-戊醇；19—环氧丙醇；20—3-戊醇；21—2-乙氧基乙醇（溶纤剂）；22—丙二醇；23—3-甲基-1-丁醇（异戊醇）；24—2-甲基-1-丁醇（活性戊醇）；25—4-甲基-2-戊醇；26—1-戊醇；27—2-戊烯-1-醇；28—3-甲基-2-丁烯-1-醇；29—环戊醇；30—3-己醇；31—2-己醇；32—4-羟基-4-甲基-2-戊酮；33—糠醇；34—顺-3-己烯-1-醇；35—顺-2-己烯-1-醇；36—环己醇；37—3-庚醇；38—2-庚醇；39—2-丁氧基乙醇（丁基溶纤剂）；40—顺-4-庚烯-1-醇；41—反-2-庚烯-1-醇；42—1-庚醇；43—苯甲醇；44—2-乙基-1-己醇；45—1-辛醇；46—1-壬醇；47—2-苯氧乙醇；48—α-苯乙基醇；49—β-苯乙基醇；50—1-癸醇

色谱柱：DB-WAXetr，50m×0.32mm，1.00μm
载　气：He，50cm/s
柱　温：40℃ (5min)→230℃ (5min)，10℃/min
气化室：250℃，分流比1∶5
检测器：FID，250℃

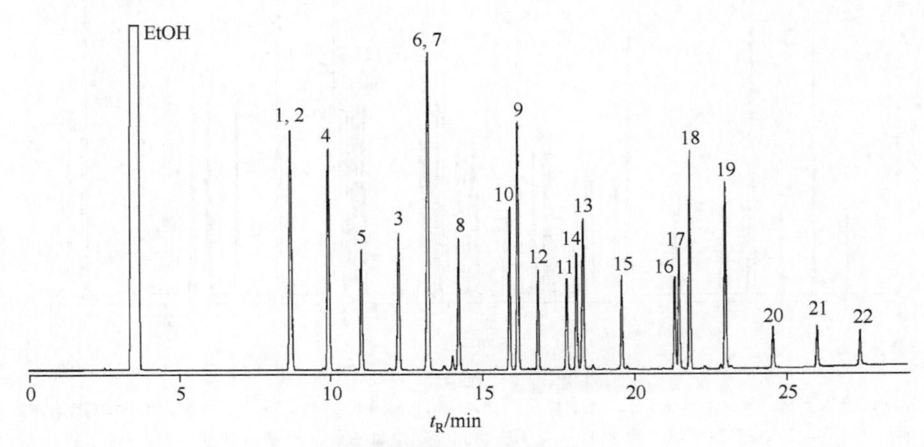

图 24-8 二醇类[6]

色谱峰：1—乙二醇一甲醚；2—甘醇二甲醚；3—乙二醇；4—二甘醇二甲醚；5—乙二醇一乙醚；6—1,3-丙二醇；7—1,2-丙二醇（丙二醇）；8—2,3-丁二醇；9—1,3-丁二醇；10—乙二醇一丁醚；11—1,4-丁二醇；12—二甘醇一甲醚；13—二甘醇；14—二甘醇一乙醚；15—1,5-戊二醇；16—1,6-己二醇；17—二甘醇一丁醚；18—三甘醇二甲醚；19—1,7-庚二醇；20—1,8-辛二醇；21—1,9-壬二醇；22—1,10-癸二醇

色谱柱：DB-624，30m×0.53mm，3.00μm

载　气：He，30cm/s

柱　温：40℃（5min）→260℃（3min），10℃/min

气化室：250℃，分流比1∶10

检测器：FID，300℃

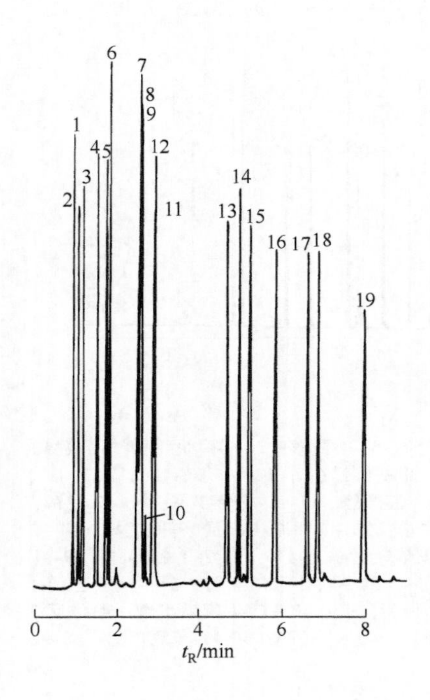

图 24-9 $C_1 \sim C_6$ 醇[7]

色谱峰：1—甲醇；2—乙醇；3—2-丙醇；4—正丙醇；5—仲-1-丁醇；6—2-甲基-3-丁烯-2-醇；7—2-甲基-2-丙烯-1-醇；8—正丁醇；9—DL-3-甲基-2-丁-1-醇；10—2-丁烯-1-醇；11—DL-2-戊-1-醇；12—3-戊醇；13—1-戊醇；14—3-己醇；15—2-己醇；16—2,4-二甲基-3-戊醇；17—2-甲基-1-戊醇；18—2-乙基-1-丁醇；19—1-己醇

色谱柱：BP-10，25m×0.22mm，0.25μm

柱　温：45℃（2min）→80℃，3℃/min

检测器：FID

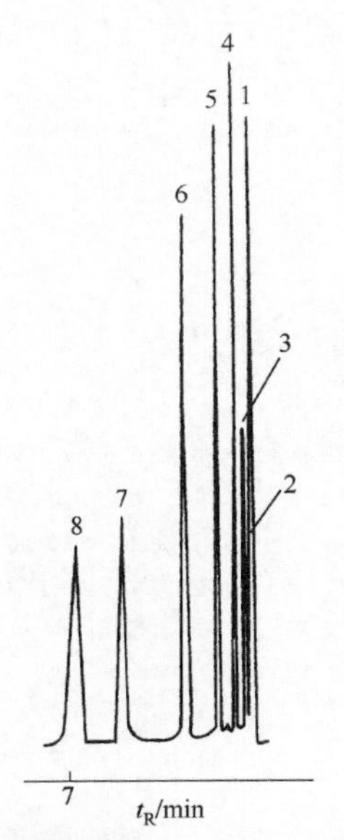

图 24-10　$C_1 \sim C_7$ 醇[8]

色谱峰：1—水；2—甲醇；3—乙醇；4—丙醇；5—丁醇；6—戊醇；7—己醇；8—庚醇

色谱柱：GDX-303，2m×3mm

柱　温：195℃　　检测器：TCD

载　气：H_2，63.5mL/min

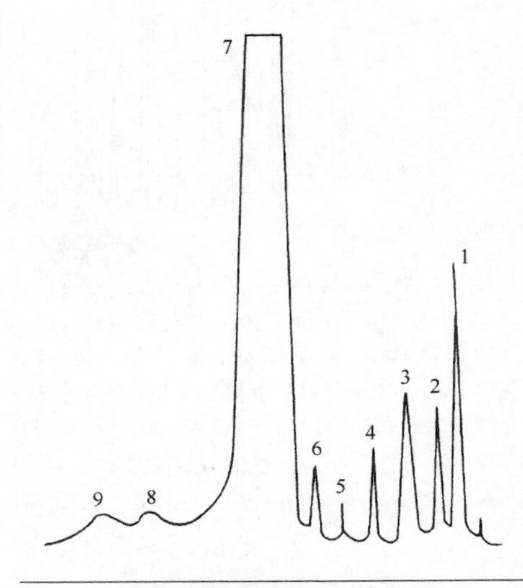

图 24-11　异丙醇[9]

色谱峰：1—己烷；2—异丙醚；3—正辛烷；4—丙酮；5—苯；6—叔丁醇；7—异丙醇；8—仲丁醇；9—正丙醇

色谱柱：PEG-400+6201担体（60～80目）质量比为20∶80，3m×4mm

柱　温：65℃　　气化室温度：150℃

载　气：N_2　　检测器温度：140℃

检测器：FID

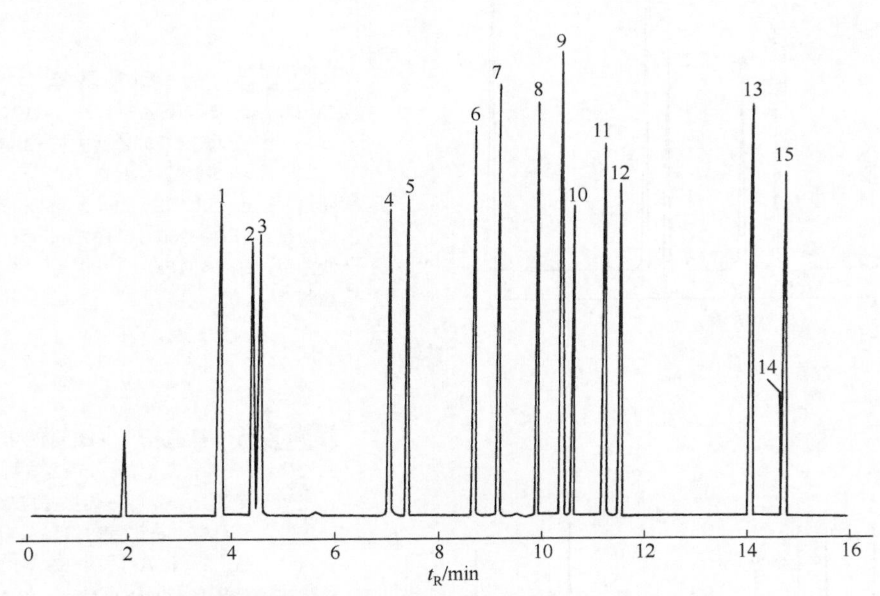

图 24-12　醇——NIOSH 方法 1400～1403[10]

色谱峰：1—叔丁醇；2—异丙醇；3—乙醇；4—仲丁醇；5—1-丙醇；6—异丁醇；7—烯丙醇；8—1-丁醇；9—2-甲基-2-戊醇；10—2-甲氧基乙醇；11—异戊醇；12—2-乙氧基乙醇；13—双丙酮醇；14—2-丁氧基乙醇；15—环己醇

色谱柱：DB-Wax，30m×0.32mm，0.5μm　　检测器：FID

柱　温：40℃（5min）→150℃，10℃/min　　气化室温度：250℃

载　气：He，35cm/s（40℃）　　检测器温度：300℃

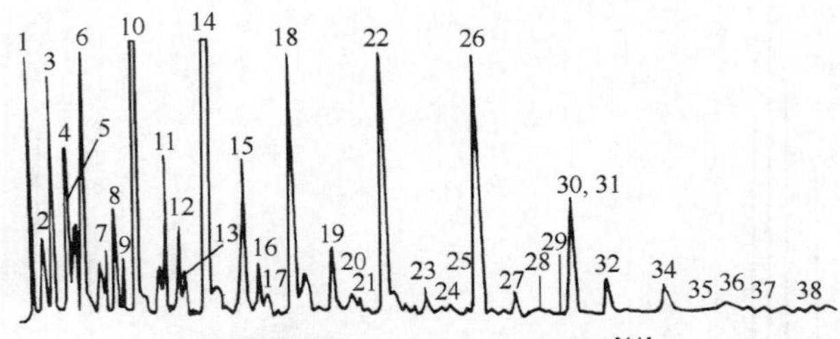

图 24-13 C_4 ~ C_{14} 脂肪醇[11]

色谱峰：1—n-C_4醇；2—n-C_7烷；3—n-C_5醇；4—n-C_8烷；5—i°-C_6醇；6—n-C_6醇；7—n-C_9烷；8—i°-C_7醇；9—i^*-C_7醇；10—n-C_7醇；11—n-C_{10}烷；12—i°-C_8醇；13—i^*-C_8醇；14—n-C_8醇；15—n-C_{11}烷；16—i°-C_9醇；17—i^*-C_9醇；18—n-C_9醇；19—n-C_{12}烷；20—i°-C_{10}醇；21—i^*-C_{10}醇；22—n-C_{10}醇；23—n-C_{13}烷；24—i°-C_{11}醇；25—i^*-C_{11}醇；26—n-C_{11}醇；27—n-C_{14}烷；28—i°-C_{12}醇；29—i^*-C_{12}醇；30—n-C_{12}醇；31—n-C_{15}烷；32—i°-C_{13}醇；33—i^*-C_{13}醇；34—n-C_{13}醇；35—n-C_{16}烷；36—i°-C_{14}醇；37—i^*-C_{14}醇；38—n-C_{14}醇

注：i°—醇的结构为$R-\underset{CH_3}{\overset{OH}{C}}-\underset{CH_3}{\overset{CH_3}{C}}-CH_3$；$i^*$—醇的结构为$R-\underset{C_2H_5}{\overset{OH}{C}}-C_3H_7$

色谱柱：甲基乙烯基硅氧烷，40m×0.25mm

柱　温：100℃→200℃，5℃/min

载　气：H_2

检测器：FID

气化室温度：280℃

检测器温度：280℃

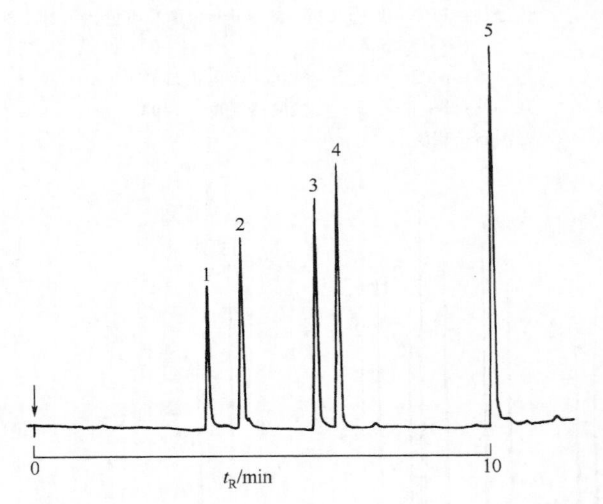

图 24-14 C_2 ~ C_5 氨基醇[12]

色谱峰：1—2-氨基乙醇；2—1-氨基丙醇；3—2-（乙基氨基）乙醇；4—2-氨基-1-丁醇；5—5-氨基-1-戊醇

色谱柱：CP-Sil 5CB，50m×0.53mm，5μm

柱　温：65℃→200℃，10℃/min

载　气：H_2，50kPa

检测器：FID

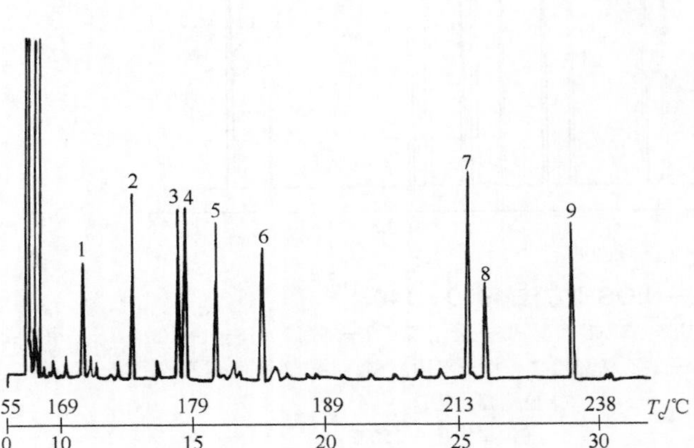

图 24-15 氨基醇（TBDMS 衍生物）[13]

色谱峰：1—2-氨基丙醇；2—2-氨基丁醇；3—2-氨基异戊醇；4—2-氨基戊醇；5—2-氨基异己醇；6—2-氨基己醇；7—苯基甘氨醇；8—丝氨醇；9—苯基丙氨醇

色谱柱：SPB-1，30m×0.25mm，0.25μm

柱　温：153℃（2min）$\xrightarrow{2℃/min}$ 190℃ $\xrightarrow{5℃/min}$ 220℃ $\xrightarrow{10℃/min}$ 290℃（20min）

载　气：N_2

检测器：FID

气化室温度：260℃

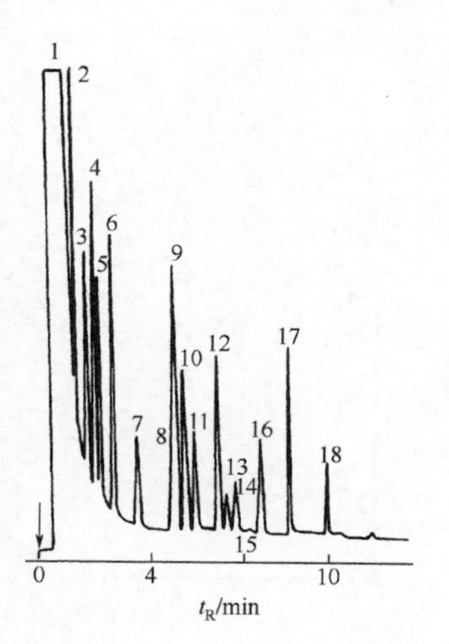

图 24-16　异丙醇中乙二醇[14]

色谱峰：1—异丙醇；2—甲基乙二醇；3—单乙二醇；4—乙基乙二醇；5—单-1,2-丙二醇；6—异丙基乙二醇；7—乙酸甲基乙二醇酯；8—乙酸乙基乙二醇酯；9—丁基乙二醇；10—甲基二乙二醇；11—二乙二醇；12—乙基二乙二醇；13—1-二丙二醇；14—2-二丙二醇；15—3-二丙二醇；16—乙酸丁基乙二醇酯；17—丁基二乙二醇；18—乙酸丁基二乙二醇酯

色谱柱：CP-Sil 5 CB，10m×0.53mm，5.0μm

柱　温：50℃→250℃，10℃/min

载　气：N_2，10mL/min

检测器：FID

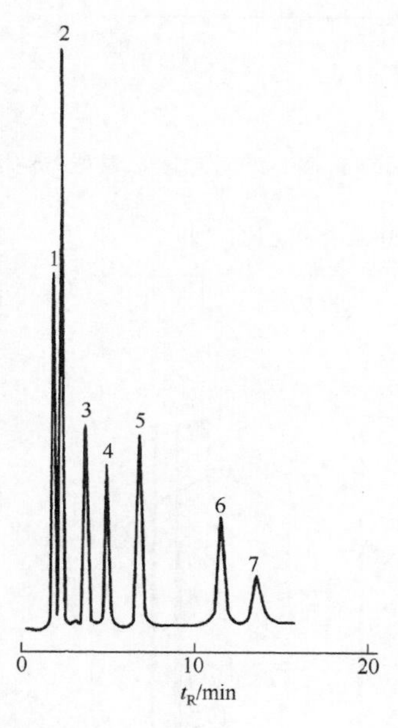

图 24-17　乙二醇[15]

色谱峰：1—乙醇胺；2—乙二醇；3—二乙二醇（内标物）；4—二乙醇胺；5—三乙二醇；6—四乙二醇；7—三乙醇胺

色谱柱：Carbowax 20M，25m×0.53mm，1μm

柱　温：180℃→230℃，5℃/min

载　气：N_2

检测器：FID

气化室温度：310℃

检测器温度：300℃

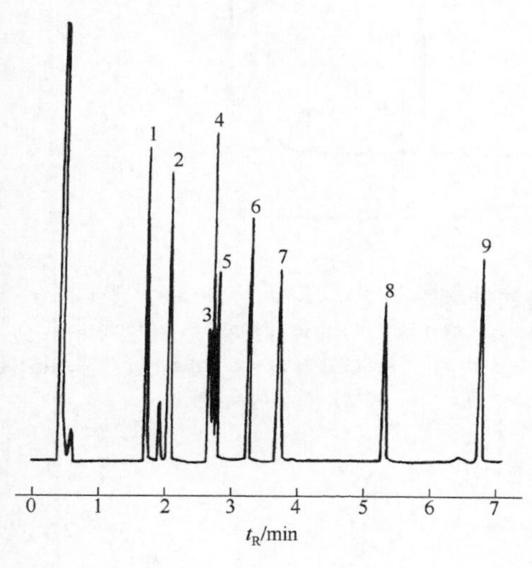

图 24-18　C_3～C_5 二醇[7]

色谱峰：1—2,3-丁二醇；2—1,2-丙二醇；3—未知物；4—1,2-丁二醇；5—2,4-戊二醇；6—1,3-丁二醇；7—1,3-丙二醇；8—1,4-丁二醇；9—1,5-戊二醇

色谱柱：BP-20，12m×0.22mm，1.0μm

柱　温：110℃→170℃，8℃/min

检测器：FID

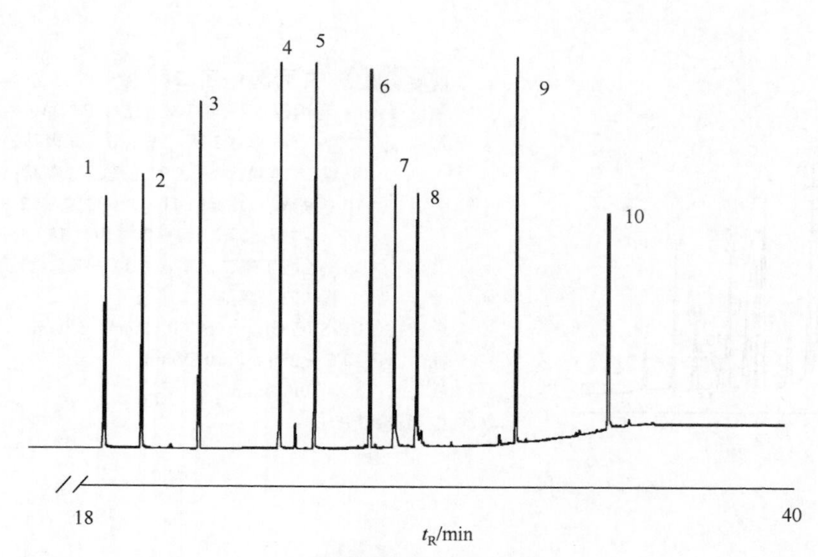

图 24-19 二醇[16]

色谱峰：1—甲基乙二醇；2—乙基乙二醇；3—乙基乙二醇乙酸酯；4—丁基乙二醇；5—丁基乙二醇乙酸酯；6—乙二醇二乙酸酯；7—丙二醇；8—乙二醇；9—丁基二甘醇；10—二甘醇

色谱柱：CP-Wax 52 CB 30m×0.32mm，1.2μm

载 气：He，70kPa

柱 温：40℃(10min)→220℃（10min），6℃/min

气化室：200℃，分流比1∶20

检测器：FID，300℃

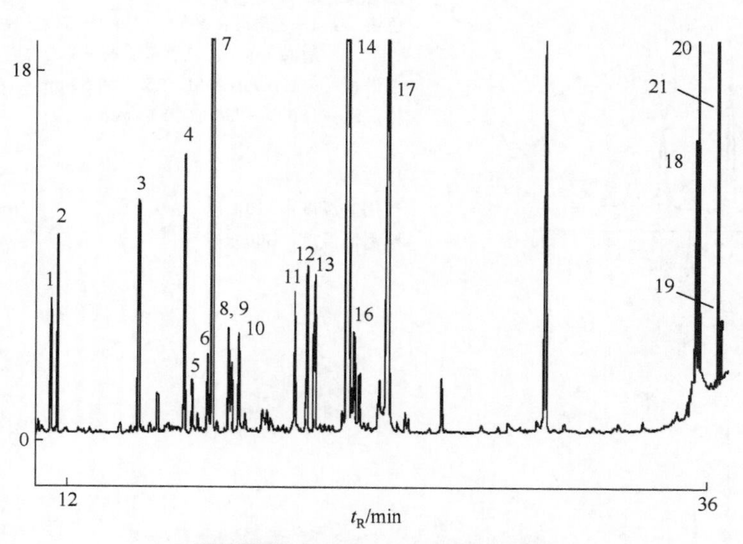

图 24-20 TMS 衍生糖和糖醇[6]

色谱峰：1—苏醇；2—丁四醇；3—鼠李糖1；4—鼠李糖2；5—木糖1；6—阿糖醇；7—核糖醇；8—3-*O*-甲基葡糖1；9—木糖2；10—鼠李糖醇；11—3-*O*-甲基葡糖2；12—葡糖醛酸-1,5-内酯；13—核酸糖2；14—甘露醇；15—山梨醇（未标识）；16—半乳糖醇；17—葡糖醛酸；18—乳果糖；19—乳糖；20—蔗糖；21—海藻糖

色谱柱：VF-1ms，30m×0.25mm，0.25μm

载 气：氦气，1.0mL/min

柱 温：105℃（4℃/min）→240℃（20℃/min）→300℃

进 样：分流比1∶15

检测器：MS

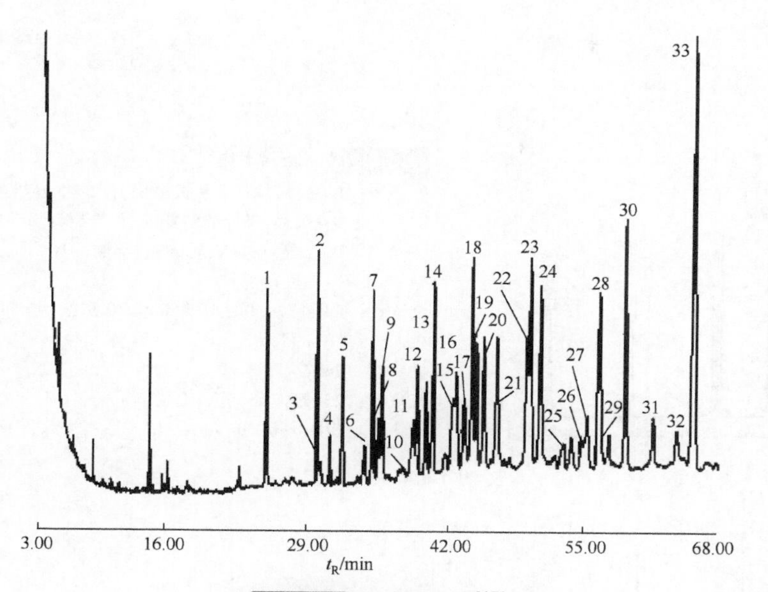

图 24-21 植物甾醇[17]

色谱峰：1—7α-羟基胆甾醇；2—19-羟基胆甾醇(内标)；3—7α-羟基菜油甾醇；4—7α-羟基豆甾醇；5—7β-羟基胆固醇；6—7α-羟基谷甾醇；7—5β,6β-环氧胆固醇；8—未知；9—5α,6α-环氧胆固醇；10—7β-羟基菜油固醇；11—7β-羟基豆甾醇；12—未知；13—未知；14—胆甾烷三醇；15—5β,6β-环氧菜油甾醇；16—侧链-羟基菜油甾醇(初步定性)；17—5α,6α-环氧菜油甾醇；18—5β,6β-环氧豆甾醇+7β-羟基谷甾醇；19—侧链-羟基豆甾醇；20—5α,6α-环氧豆甾醇；21—7-酮基胆固醇；22—5β,6β-环氧谷甾醇；23—侧链-羟基谷甾醇；24—5α,6α-环氧谷甾醇；25—4-菜油甾烯-6α-醇-3-酮（初步定性）；26—6-酮基甾烷醇；27—4-豆甾稀-6α-醇-3-酮（初步定性）；28—7-酮基菜油甾醇；29—6-酮基豆甾烯醇；30—7-酮基豆甾醇；31—4-谷甾烯-6α-醇-3-酮（初步定性）；32—6-酮基二氢谷甾醇；33—7-酮基谷甾醇

色谱柱：CP-Sil 8CB，50m×0.25mm，0.25μm

柱　温：280℃（20min）$\xrightarrow{0.2℃/min}$ 290℃（2min）$\xrightarrow{30℃/min}$ 320℃（2min）

载　气：He，2.5mL/min

气化室：325℃

检测器：MS

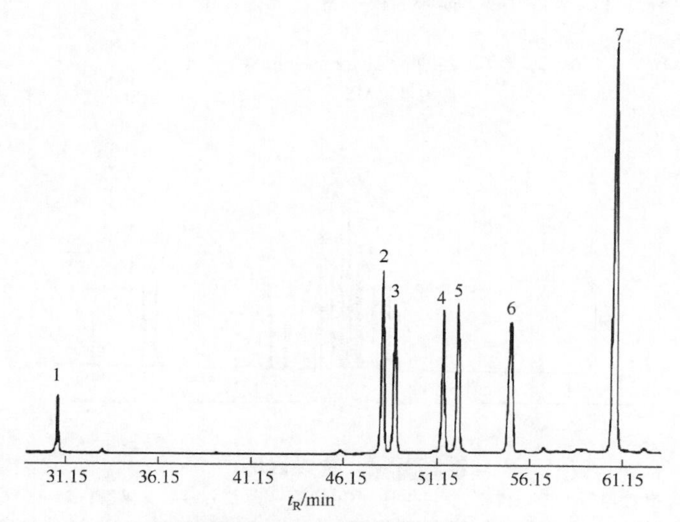

图 24-22 甾醇和胆固醇（TMS）[18]

色谱峰：1—5α-胆甾烷；2—胆固醇；3—胆甾烷醇；4—链甾醇；5—7-烯胆（甾）烷醇；6—菜油甾醇；7—谷甾醇

色谱柱：Rtx-1701，60m×0.25mm，0.25μm

柱　温：90℃（3min）$\xrightarrow{25℃/min}$ 260℃（28min）$\xrightarrow{1℃/min}$ 275℃（13min）

载　气：He，1mL/min

检测器：MS

气化室：270℃

第三篇

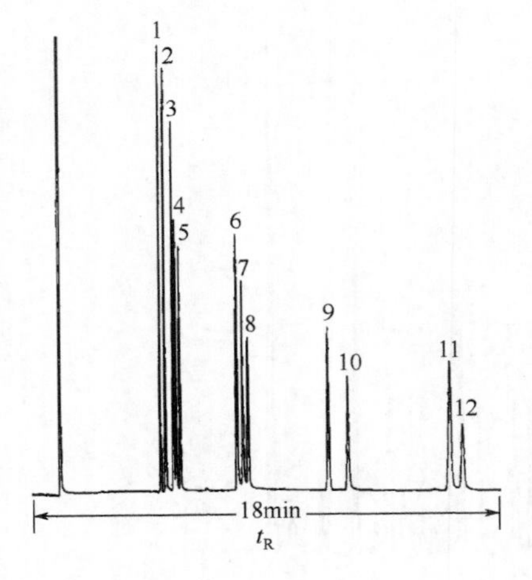

图 24-23 游离固醇[6]

色谱峰：1—粪甾烷（5-β-胆甾烷）；2—5-β-雄酮；3—5-α-胆甾烷；4—雄酮；5—表雄酮（反-雄酮）；6—17-α-雌二醇；7—β-雌二醇；8—雌酮；9—孕酮；10—胆固醇；11—雌三醇；12—豆甾醇

色谱柱：DB-17，30m×0.25mm，0.15μm

载　气：H_2，44cm/s

柱　温：260℃

气化室：250℃，分流比1∶100

检测器：FID，300℃

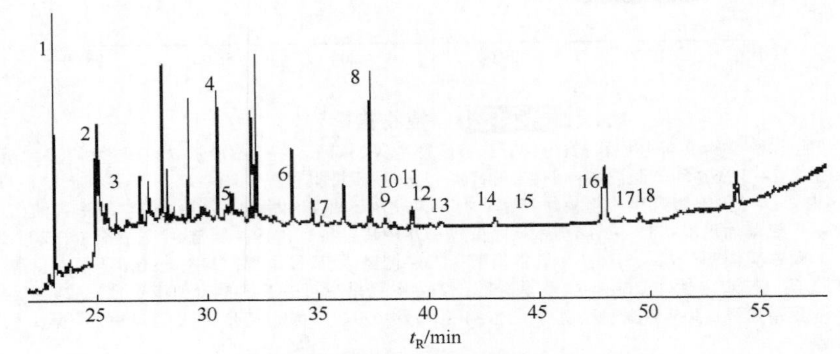

图 24-24 脂肪醇和甾醇[19]

色谱峰：1—二十醇；2—二十二醇；3—二十三醇；4—二十四醇；5—二十五醇；6—二十六醇；7—二十七醇；8—胆固醇；9—二十八醇；10—菜籽甾醇；11,—24-亚甲基-胆固醇；12—菜油甾醇；13—菜油甾烷醇；14—豆甾醇；15—桐甾醇；16—β-谷甾醇；17—谷甾烷醇；18—Δ^5燕麦甾醇+Δ^7燕麦甾醇

色谱柱：VF-5 ms，30m×0.25mm，0.25μm

柱　温：50℃（2min）$\xrightarrow{8℃/min}$ 250℃ $\xrightarrow{3℃/min}$ 260℃（20min）→300℃（10min）

载　气：He，1mL/min

检测器：MS

气化室：250℃

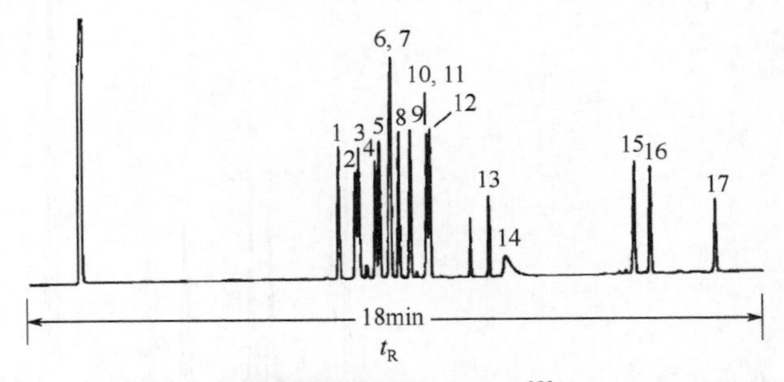

图 24-25 合成固醇[6]

色谱峰：1—脱氢异雄酮（普拉睾酮）；2—雄诺龙；3—19-去甲睾酮（诺龙）；4—美睾酮；5—睾酮；6—1-去氢睾酮（勃地酮）；7—17α-甲睾酮；8—1-脱氢-17-α-甲基睾酮（美雄酮）；9—诺乙雄龙；10—1-去氢睾酮醋酸酯；11—羟甲烯龙；12—19-去甲睾酮-17-丙酸酯；13—4-氯睾酮-17-乙酸酯（氯司替勃）；14—康力龙；15—1-去氢睾酮苯甲酸酯；16—19-去甲睾酮-17-癸酸酯；17—1-去氢睾酮十一烯酸酯

色谱柱：DB-1，30m×0.25mm，0.10μm

进　样：分流比1∶40

载　气：He，40cm/s

检测器：FID

柱　温：180℃→320℃（4min），10℃/min

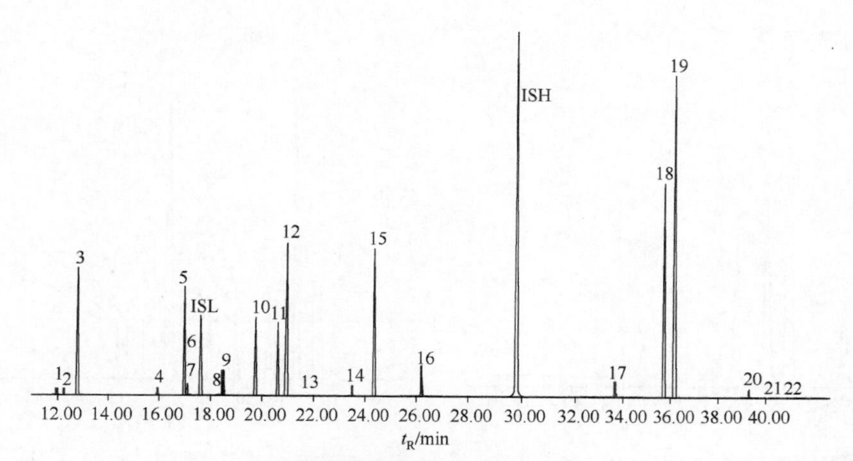

图 24-26　白酒中酚类[20]

色谱峰：1—香兰素；2—反-肉桂酸；3—对羟苯基乙醇；4—藜芦酸；5—羟基酪醇；6—香草酸；7—高香草酸；8—3,4-二羟基苯乙酸；9—尿黑酸；10—紫丁香酸；11—*p*-香豆酸；12—没食子酸；13—二氢黄酮；14—阿魏酸；15—咖啡酸；16—芥子酸；17—反式-白藜芦醇；18—(−)-表儿茶酸；19—儿茶酚；20—非瑟酮；21—槲皮素；22—杨梅酮

色谱柱：DB-5MS，30m×0.25mm，0.25μm

柱　温：120℃（3min）→320℃（5min），5℃/min

载　气：He

气化室：300℃

检测器：MS

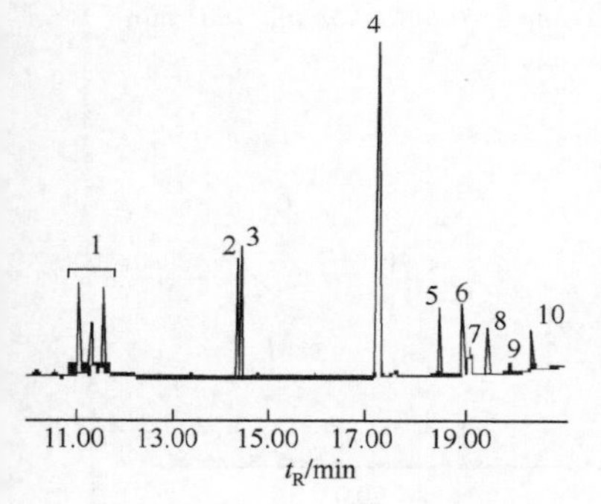

图 24-27　酚类和甾醇[21]

色谱峰：1—壬基苯酚；2—双酚A-d_{16}；3—双酚A；4—三联苯-d_{14}；5—17*α*-雌二醇；6—17*β*-雌二醇；7—雌激素三醇；8—雌性酮；9—炔雌醇甲醚；10—17*α*-雌二醇酯.

色谱柱：HP-5 MS，30m×0.25mm，0.25μm

柱　温：60℃(1min) →290℃ (10min)，10℃/min

载　气：He，1mL/min

气化室：280℃

检测器：MS

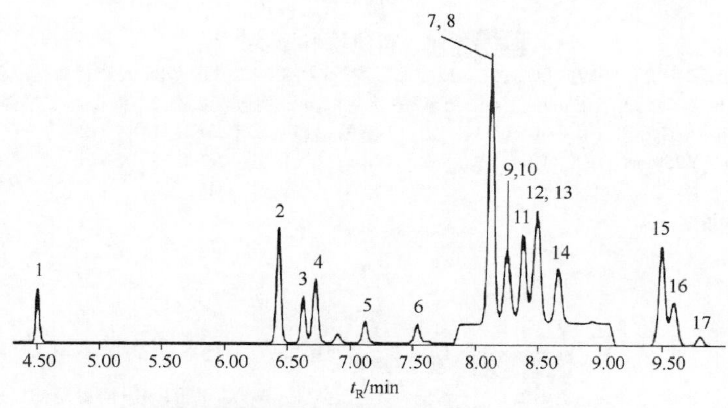

图 24-28　甾醇和胆汁酸（TMS）[22]

色谱峰：1—5*α*-胆甾烷；2—7*α*-OH-胆固醇；3—胆固醇；4—5*β*-胆甾烷-3*α*,7*α*,20*α*-三醇；5—7*α*-OH-4--胆甾烯-3-酮；6—石胆酸；7—7-酮胆固醇；8—脱氧胆酸；9—*α*-鼠胆酸；10—22-OH-胆固醇；11—鹅去氧胆酸；12—胆酸；13—d4—胆酸；14—护肝素；15—b-鼠胆酸；16—24-OH-胆固醇；17—25-OH-胆固醇

色谱柱：Ultra-1，25m×0.2mm×0.33μm

柱　温：240℃（3min）$\xrightarrow{20℃/min}$ 290℃（2min）$\xrightarrow{1℃/min}$ 300℃（2min）

气化室：280℃

检测器：MS

载　气：He，0.9mL/min

第三篇

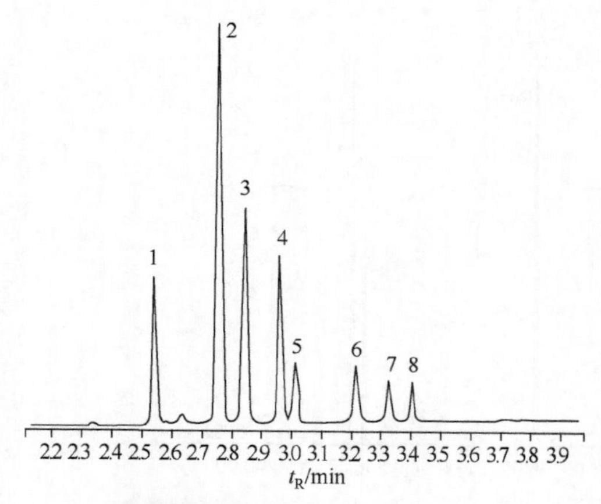

图 24-29 胆固醇（TMS）[23]

色谱峰：1—7α-羟基胆固醇；2—19-羟基胆固醇；3—7β-羟基胆固醇；4—β-环氧胆固醇；5—α-环氧胆固醇；6—甘油胆甾醇；7—25-羟基胆固醇；8—7-酮胆(甾)醇

色谱柱：RTX-5，10 m×0.1 mm，0.1 μm

柱 温：250℃(2min) →325℃，20℃/min

载 气：He，43cm/s

气化室：325℃

检测器：MS

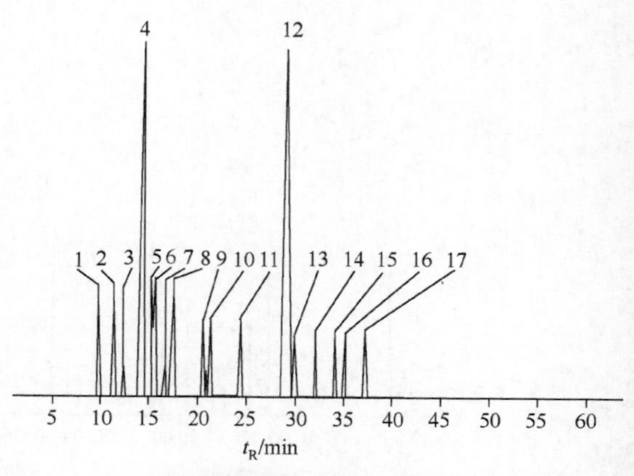

图 24-30 香精油[24]

色谱峰：1—α-松萜；2—香桧烯；3—β-月桂烯；4—1,8-桉树脑；5—γ-萜品烯；6—顺-水合桧烯；7—α-萜品油烯；8—沉香醇；9—4-萜品醇；10—α-萜品醇；11—乙酸芳樟酯；12—α-乙酸松油酯；13—乙酸香叶酯；14—反-丁香烯；15—β-芹子烯；16—γ-荜澄茄烯；17—Feranesol

色谱柱：CBP-5，25m×0.25mm，0.22μm

柱 温：50℃（1min）→250℃（5min），5℃/min

载 气：He，1mL/min

气化室：250℃

检测器：FID

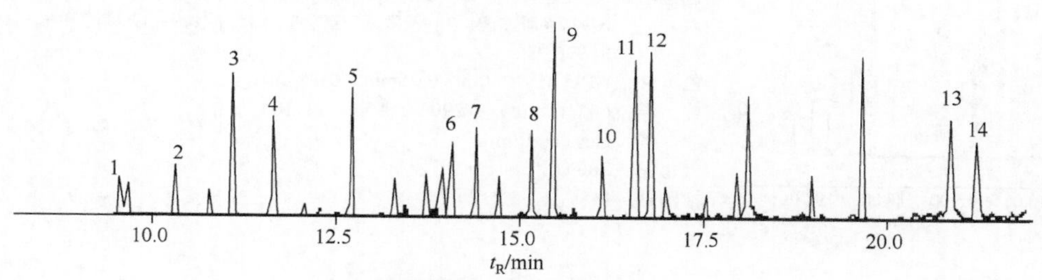

图 24-31 有机磷和酚类[25]

色谱峰：1—磷酸二甲酯；2—硫代磷酸二甲酯；3—磷酸二乙酯；4—磷酸二异丙基酯 &硫代磷酸二乙酯；5—2-异丙基-6-甲基-4-嘧啶；6—2,5-二氯苯酚；7—2,4-二氯苯酚；8—3,5,6-三氯吡啶-2-酚；9—二-n-丁基磷酸酯；10—3-甲基(甲硫基)苯酚；11—1-萘酚和3-甲基-4-硝基酚；12—2-萘酚；13—二苯基膦；14—双(2 -乙基己基)磷酸

色谱柱：DB-5ms，30m×0.25mm，0.25μm

柱 温：70℃（2min）→280℃，10℃/min

载 气：He，1.38mL/min

气化室：280℃

检测器：MS

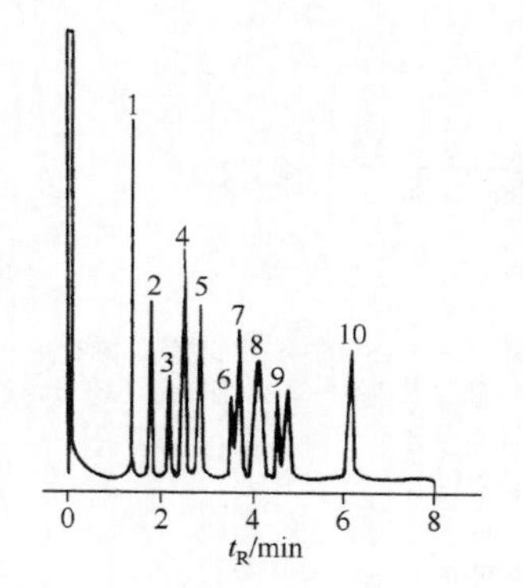

图 24-32 低沸点酚[26]

色谱峰：1—苯酚；2—正癸烷；3—邻甲酚；4—间甲酚+对甲酚；5—2,6-二甲酚；6—邻乙酚；7—2,4-二甲酚+2,5-二甲酚；8—3,5-二甲酚+对乙酚；9—2,3-二甲酚；10—3,4-二甲酚

色谱柱：Heliflex AT-1，10m×0.53mm，1.2μm

柱 温：60℃→160℃，5℃/min

载 气：He，20mL/min

检测器：FID

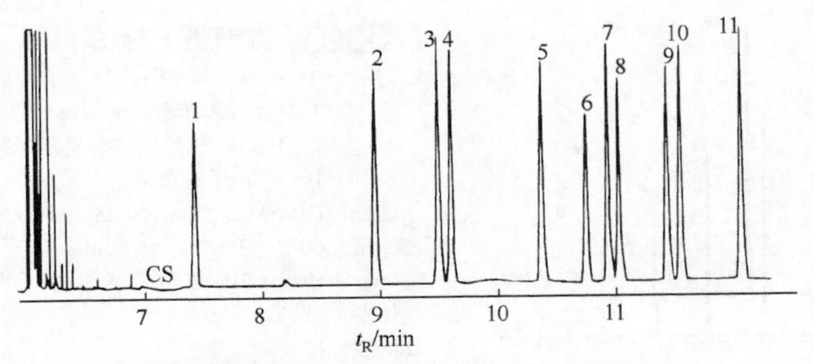

图 24-33 低沸点酚（乙酸酯衍生物）[27]

色谱峰：1—苯酚；2—2-甲酚；3—3-甲酚；4—4-甲酚；5—2,6-二甲酚；6—3-氯酚（内标物）；7—2,5-二甲酚；8—2,4-二甲酚；9—3,5-二甲酚；10—2,3-二甲酚；11—3,4-二甲酚

色谱柱：5%苯基甲基硅氧烷，25m×0.31mm，0.52μm

柱　温：从60℃开始，以8℃/min速度程序升温

载　气：H_2，40kPa

检测器：FID

气化室温度：250℃

检测器温度：300℃

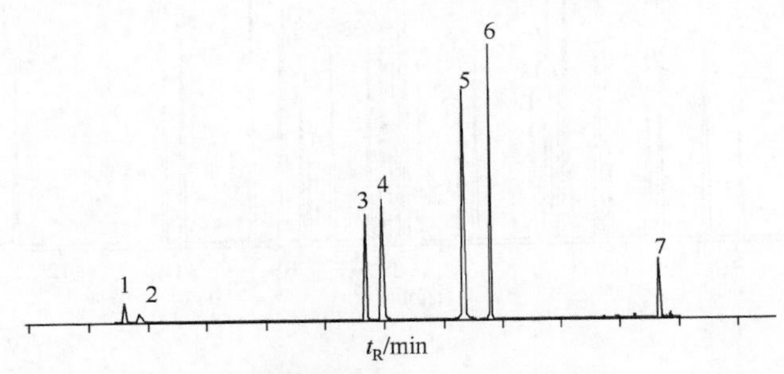

图 24-34 酚类（一）[28]

色谱峰：1—邻氯苯酚；2—苯酚；3—2,4-二甲基苯酚；4—2,4-二氯酚；5—4-氯-3-甲基苯酚；6—2,4,6-三氯苯酚；7—五氯苯酚

色谱柱：HP 35 fused silica column，30m×0.25mm，0.25μm

柱　温：50℃(6min) $\xrightarrow{5℃/min}$ 75℃ $\xrightarrow{20℃/min}$ 280℃

载　气：He，1.0mL/min

气化室：30℃(1.6min) $\xrightarrow{12℃/s}$ 280℃(1min) $\xrightarrow{12℃/s}$ 330℃

检测器：MS

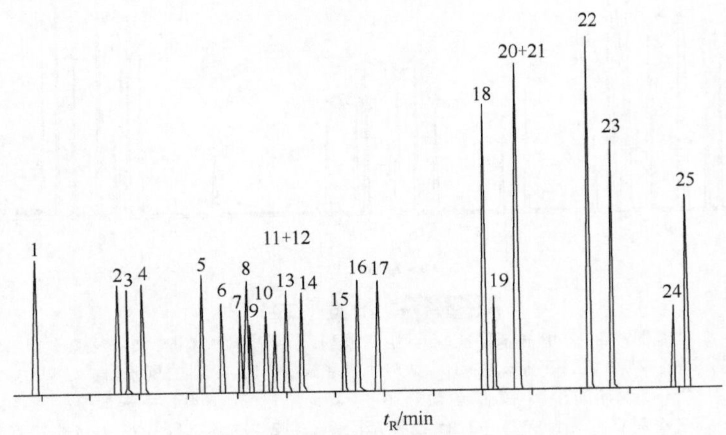

图 24-35 烟气中酚类[29]

色谱峰：1—苯酚；2—邻二苯酚；3—间二苯酚；4—对二苯酚；5—2-乙基苯酚；6—2,5-二甲基苯酚；7—3,5-二甲基苯酚；8—2,4,-二甲基苯酚；9—2-甲氧基苯酚；10—4-乙基苯；11—4-氯酚；12—2,6-二甲苯酚；13—2,3-二甲苯；14—3,4-二甲苯酚；15—3-甲氧基苯；16—4-甲氧基苯酚；17—儿茶酚；18—间苯二酚；19—4-甲基儿茶酚；20—对苯二酚；21—3-甲基儿茶酚；22—3-甲基间苯二酚；23—2-甲基间苯二酚+甲基甲基氢醌；24—4-乙基间苯二酚；25—2,5-二甲基间苯二酚

色谱柱：BPX-5，30m×0.25mm，0.25μm

柱　温：125℃（7min）→220℃，4℃/min

载　气：He，1.1mL/min

气化室：280℃

检测器：MS

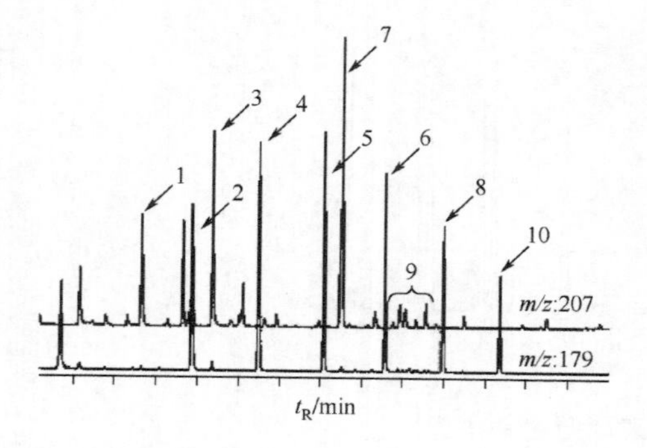

图 24-36 苯酚类（TMS）[30]

色谱峰：1—4-叔丁基苯酚；2—4-*n*-丁基苯酚；3—对叔戊基酚；4—4-*n*-戊基苯酚；5—4-*n*-己基苯酚；6—4-*n*-庚基苯酚；7—4-叔辛基苯酚；8—4-*n*-辛基苯酚；9—4-壬基苯酚；10—4-*n*-壬基苯酚

色谱柱：DB-5MS，30m×0.25mm，0.5μm

柱　温：60℃→300℃，15℃/min

载　气：He，1.2mL/min

气化室：280℃

检测器：MS

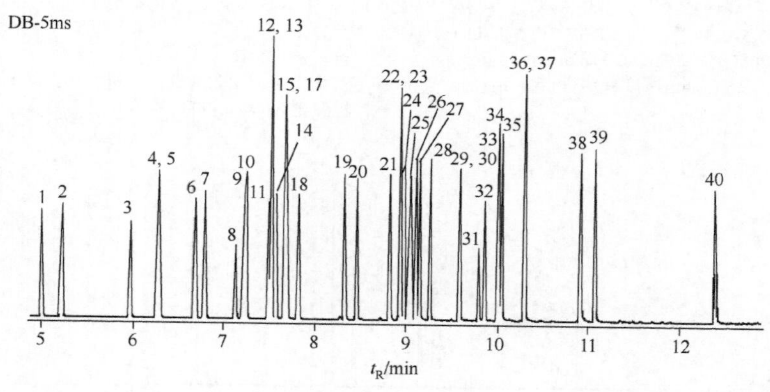

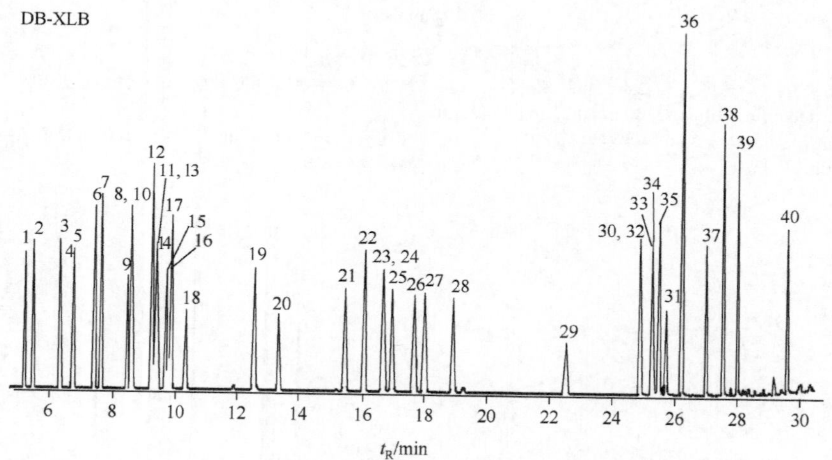

图 24-37 酚类（二）[6]

色谱峰：1—苯酚；2—2-氯苯酚；3—2-甲基苯酚；4—4-甲基苯酚；5—3-甲基苯酚；6—2-氯-5-甲基酚；7—2,6-二甲基苯酚；8—2-硝基苯酚；9—2,4-二甲基苯酚；10—2,5-二甲基苯酚；11—2,4-二氯苯酚；12—2,3-二甲基苯酚；13—2,5-二氯苯酚；14—2,3-二氯苯酚；15—2-氯苯酚；16—4-氯苯酚；17—3,4-二甲基苯酚；18—2,6-二氯苯酚；19—4-氯-2-甲基酚；20—4-氯-3-甲基酚；21—2,3,5-三氯苯酚；22—2,4-二溴苯酚；23—2,4,6-三氯苯酚；24—2,4,5-三氯苯酚；25—2,3,4-三氯苯酚；26—3,5-二氯苯酚；27—2,3,6-三氯苯酚；28—3,4-二氯苯酚；29—3-硝基苯酚；30—2,5-二硝基酚；31—2,4-二硝基酚；32—4-硝基苯酚；33—2,3,5,6-四氯苯酚；34—2,3,4,5-四氯苯酚；35—2,3,4,6-四氯苯酚；36—3,4,5-三氯苯酚；37—2-甲基-4,6-二硝基酚；38—五氯苯酚；39—地乐酚；40—2-环己基-4,6-二硝基酚

色谱柱：DB-5ms，30m×0.25mm，0.25μm；DB-XLB，30m×0.25mm，0.25μm

载　气：He，1.2mL/min

柱　温：40℃ (2min) $\xrightarrow{40℃/min}$ 100℃(0.50min) $\xrightarrow{2℃/min}$ 140℃ $\xrightarrow{30℃/min}$ 340℃

气化室：200℃，脉冲不分流［脉冲压力和时间：25psi（1psi=6894.76Pa）保持1min。吹扫流速和时间：50mL/min 保持0.25min］

检测器：MS　　　离子源温度：230℃

四极杆温度：150℃

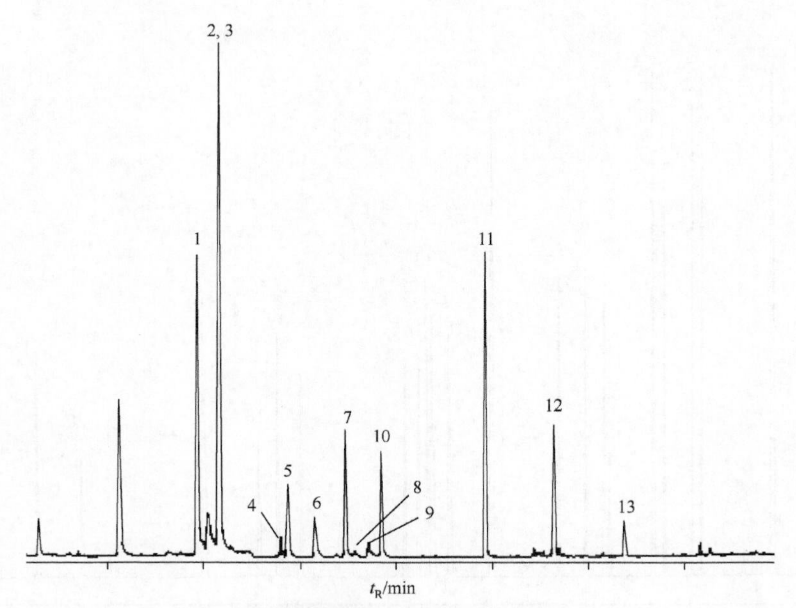

图 24-38　土壤中酚类[31]

色谱峰：1—2-氯苯酚（2-CP）；2—4-氯苯酚（4-CP）；3—2,4-甲基苯酚（2,4-DMP）；4—4-氯-3-甲基苯酚（4-C-3-MP）；5—2,4-二氯苯酚（2,4-diCP）；6—2-硝基苯酚（2-NTP）；7—2,4,6-三氯苯酚（2,4,6-triCP）；8—3-硝基苯酚（3-NTP）；9—4-硝基苯酚（4-NTP）；10—2,4,5-三氯苯（2,4,5-triCP）；11—4-辛基酚（4-tertOP）；12—五氯苯酚（PCP）；13—4-*n*-壬基苯酚（4-NP）

色谱柱：VF-5MS，30m×0.25mm，0.25μm

柱　温：70℃（3.5min）→300℃（4min），20℃/min

载　气：He，1mL/min

气化室：70℃（0.5min）→310℃（10min），100℃/min

检测器：MS

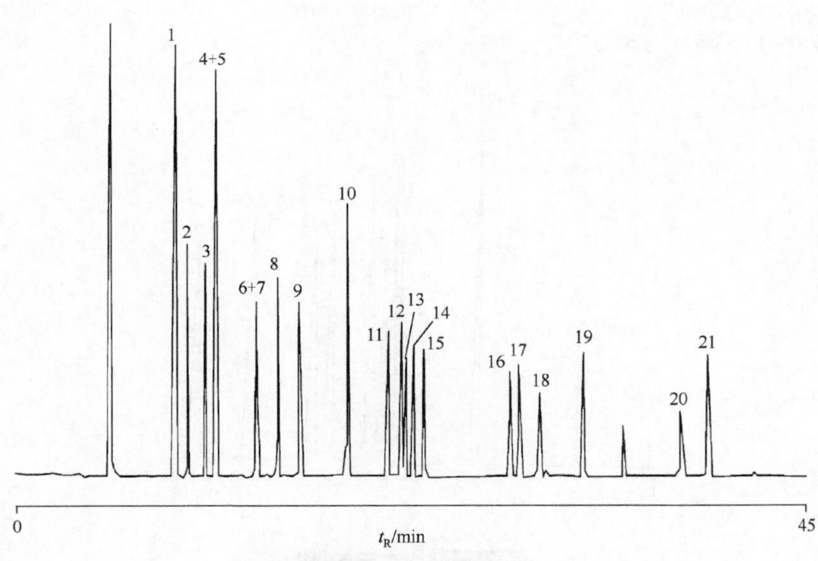

图 24-39　酚类（三）[6]

色谱峰：1—苯酚；2—2-氯酚；3—邻甲酚；4—间甲酚；5—对甲酚；6—2-硝基酚；7—2,4-二甲基苯酚；8—2,4-二氯酚；9—2,6-二氯酚；10—4-氯-3-甲基苯酚；11—2,3,5-三氯酚；12—2,4,6-三氯酚；13—2,4,5-三氯酚；14—2,3,4-三氯酚；15—2,3,6-三氯酚；16—4-硝基酚；17—2,4-二硝基苯酚；18—2,3,5,6-四氯酚；19—2-甲基-4,6-二硝基苯酚；20—五氯酚；21—2-仲丁基-4,6-二硝基苯酚（地乐酚）

色谱柱：VF-5ms，30m×0.25mm，0.25μm

载　气：He，70kPa

气化室：275℃，分流比1∶200

检测器：MS

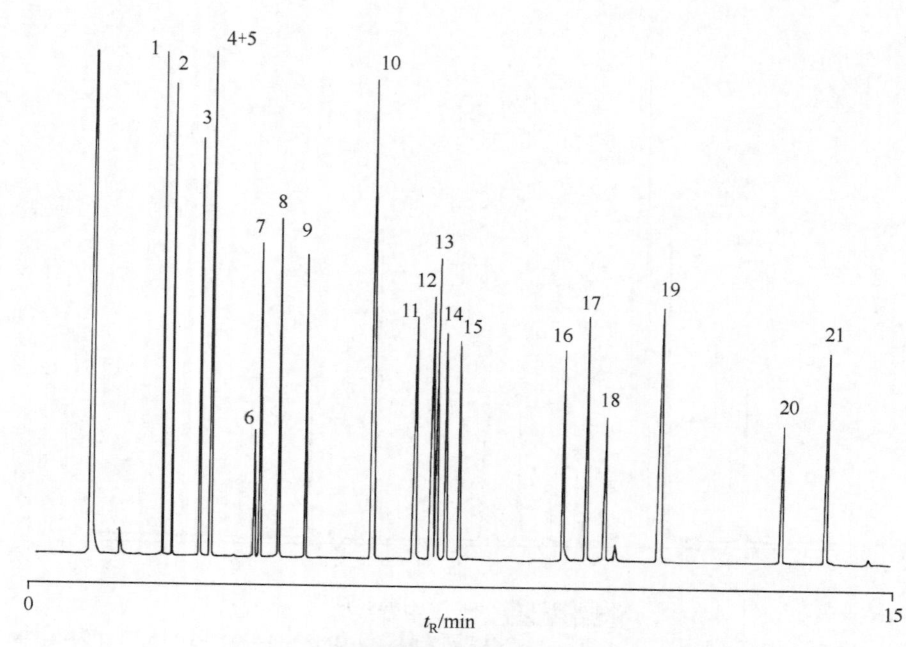

图 24-40 酚类（四）[6]

色谱峰：1—苯酚；2—2-氯酚；3—邻甲苯酚；4—间甲苯酚；5—对苯甲酚；6—2-硝基酚；7—2,4-二甲基苯酚；8—2,4-二氯苯酚；9—2,6-二氯苯酚；10—4-氯-3-甲酚；11—2,3,5-三氯苯酚；12—2,4,6-三氯苯酚；13—2,4,5-三氯苯酚；14—2,3,4-三氯苯酚；15—2,3,6-三氯苯酚；16—4-硝基酚；17—2,4-二硝基苯酚；18—2,3,5,6-四氯苯酚；19—2-甲基-4,6-二硝基苯酚；20—五氯酚；21—2-仲丁基-4,6-二硝基苯酚（地乐酚）

色谱柱：CP-Sil 8 CB，50m×0.32mm，0.25μm

柱　温：80℃ →200℃，8℃/min

载　气：H_2，150 kPa（1.5 bar，21psi）

进　样：分流，100mL/min

检测器：FID

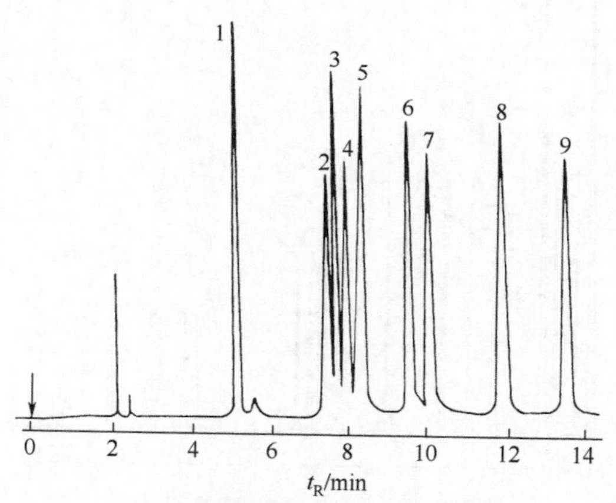

图 24-41 三甲酚[32]

色谱峰：1—2,6-二甲酚；2—2,4,6-三甲酚；3—2,5-二甲酚；4—2,4-二甲酚；5—2,3,6-三甲酚；6—3,5-二甲酚；7—2,3-二甲酚；8—3,4-二甲酚；9—2,3,5-三甲酚

色谱柱：对（对己氧基环己烷羧酸）-4,4′-二苯乙烷二酚酯，25m×0.3mm

柱　温：120℃

载　气：N_2，20cm/s

检测器：FID

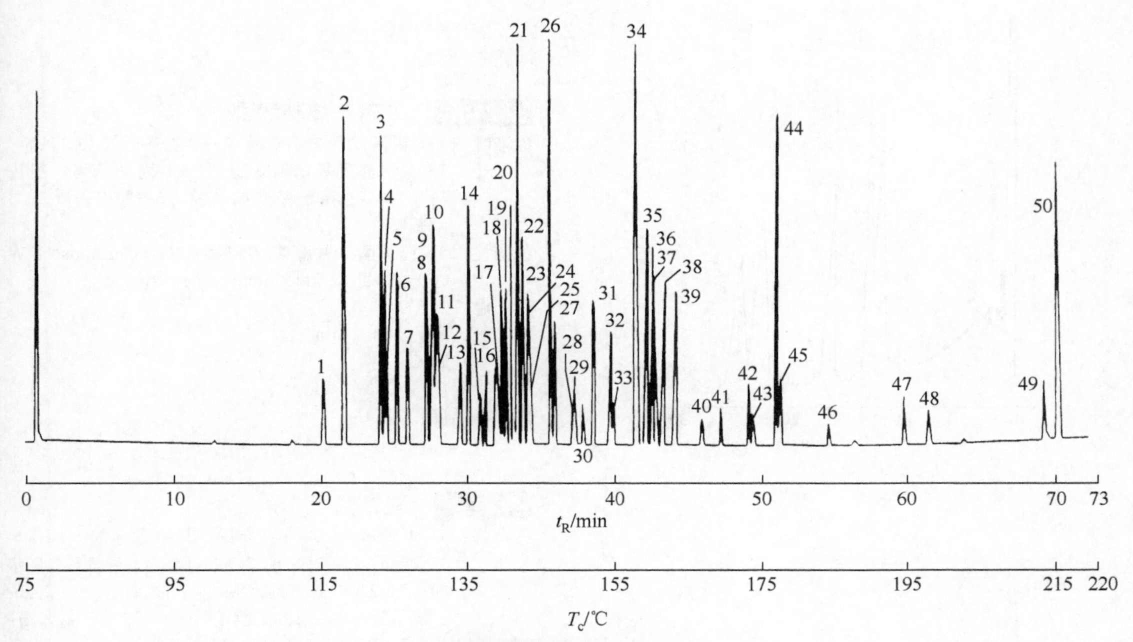

图 24-42　部分酚[33]

色谱峰：1—2,6-二甲基苯酚；2—2,6-二叔丁基苯酚；3—苯酚；4—2-甲基苯酚；5—2,4,6-三甲基苯酚；6—2-叔丁基-6-甲基苯酚；7—2,3,6-三甲基苯酚；8—2,4,6-三叔戊基苯酚+1-茚满酚；9—2-乙基苯酚；10—4-甲基苯酚+2,5-二甲基苯酚；11—4-甲基苯酚；12—3-甲基苯酚；13—2-茚满酚；14—2-异丙基苯酚；15—2,3-二甲基苯酚；16—2-正丙基苯酚；17—4-乙基苯酚+3,5-二甲基苯酚；18—3-乙基苯酚+2,3,5,6-四甲基苯酚；19—1,2,3,4-四氢化-1-萘酚；20—2-仲丁基苯酚；21—2-叔丁基苯酚+2-异丙基-5-甲基苯酚；22—3,4-二甲基苯酚；23—4-异丙基苯酚+2-甲基-5-异丙基苯酚；24—2,3,5-三甲基苯酚；25—3-异丙基苯酚；26—2-叔丁基-4-甲基苯酚；27—4-正丙基苯酚；28—4-叔丁基苯酚；29—3-叔丁基苯酚；30—4-仲丁基苯酚；31—4-色满酚；32—4-茚满酚；33—3,4,5-三甲基苯酚；34—3,5-二异丙基苯酚；35—4-叔戊基苯酚；36—2,3,4,5-四甲基苯酚；37—5-茚满酚；38—6-甲基-4-茚满酚；39—7-甲基-4-茚满酚；40—5,6,7,8-四氢化-1-萘酚；41—7-甲基-5-茚满酚；42—2-苯基苯酚；43—5,6,7,8-四氢化-2-萘酚；44—2-环己基苯酚；45—芝麻酚；46—2-甲基-1-萘酚；47—1-萘酚；48—2-萘酚；49—3-苯基苯酚；50—4-苯基苯酚

色谱柱：Superox-20M，30m×0.20mm，0.10μm

柱　温：75℃→220℃，2℃/min

载　气：He，55cm/s

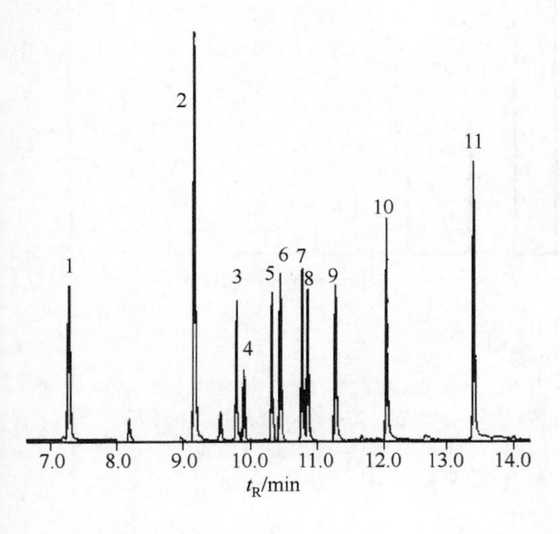

图 24-43　酚类（五）[34]

色谱峰：1—苯酚；2—间苯酚；3—2-氯酚；4—2,6-二甲酚；5—4-氯酚；6—2,4-二甲酚；7—3,5-二甲酚；8—2,3-二甲酚；9—3,4-二甲酚；10—2,4-二氯酚；11—2,4,6-三氯酚

色谱柱：DB-5ms，30m×0.25mm，25μm

柱　温：60℃（3min）$\xrightarrow{10℃/min}$ 160℃ $\xrightarrow{20℃/min}$ 260℃（3min）

载　气：He，1mL/min

气化室：270℃

检测器：MS

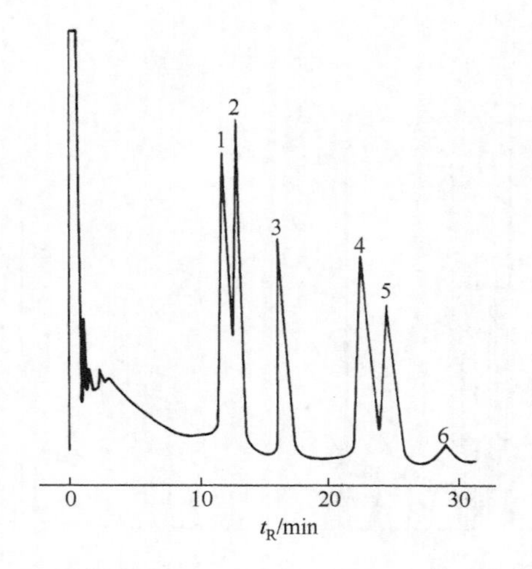

图 24-44 二硝基烷基酚[35]

色谱峰：1—1-丙基戊基二硝基酚；2—1-乙基己基二硝基酚；3—1-甲基庚基二硝基酚；4—1-丙基戊基二硝基酚；5—1-乙基己基二硝基酚；6—1-甲基庚基二硝基酚

色谱柱：5% 己二酸二甘醇酯+0.5% H_3PO_4，Chromosorb W（60～80目），2m×6mm

柱　温：215℃

载　气：He，60mL/min

检测器：TCD

气化室温度：300℃

检测器温度：275℃

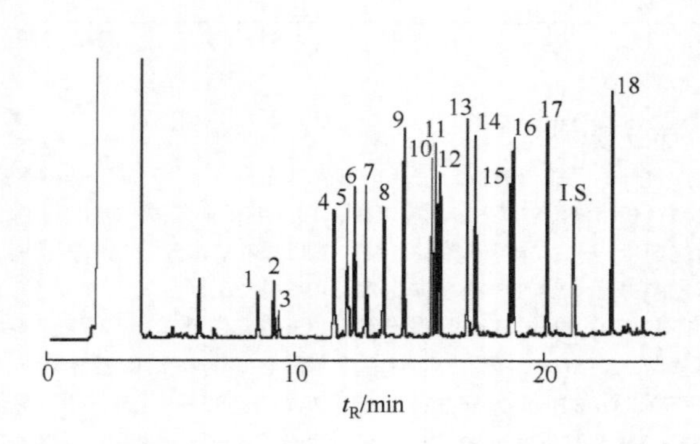

图 24-45 氯苯酚[36]

色谱峰：1—2-氯苯酚；2—3-氯苯酚；3—4-氯苯酚；4—2,6-二氯苯酚；5—2,4- 或 2,5-二氯苯酚；6—3,5-二氯苯酚；7—2,3-二氯苯酚；8—3,4-二氯苯酚；9—2,4,6-三氯苯酚；10—2,3,6-三氯苯酚；11—2,3,5-三氯苯酚；12—2,4,5-三氯苯酚；13—2,3,4-三氯苯酚；14—3,4,5-三氯苯酚；15—2,3,5,6-四氯苯酚；16—2,3,4,6-四氯苯酚；17—2,3,4,5-四氯苯酚；18—五氯苯酚和2,4,6-三溴苯酚（内标）

色谱柱：BPX5，30m×0.25mm，0.25μm

柱　温：100℃(2min)→210℃(1min)，5℃/min

载　气：He，30cm/s

气化室：250℃

检测器：ECD

第二节　有机酸的色谱图

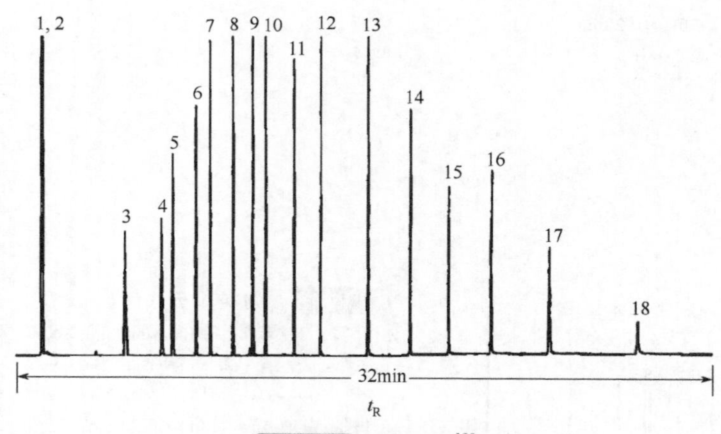

图 24-46 有机酸[6]

色谱峰：1—丙酮；2—甲酸；3—乙酸；4—丙酸；5—异丁酸；6—丁酸；7—异戊酸；8—戊酸；9—异己酸；10—己酸；11—庚酸；12—辛酸；13—癸酸；14—十二酸；15—十四酸；16—十六酸；17—十八酸；18—花生酸

色谱柱：DB-FFAP，30m×0.25mm，0.25μm

载　气：He，40cm/s，于100℃下测量

柱　温：100℃ (5min)→250℃(12min)，10℃/min

气化室：250℃，分流比1∶50

检测器：FID，300℃

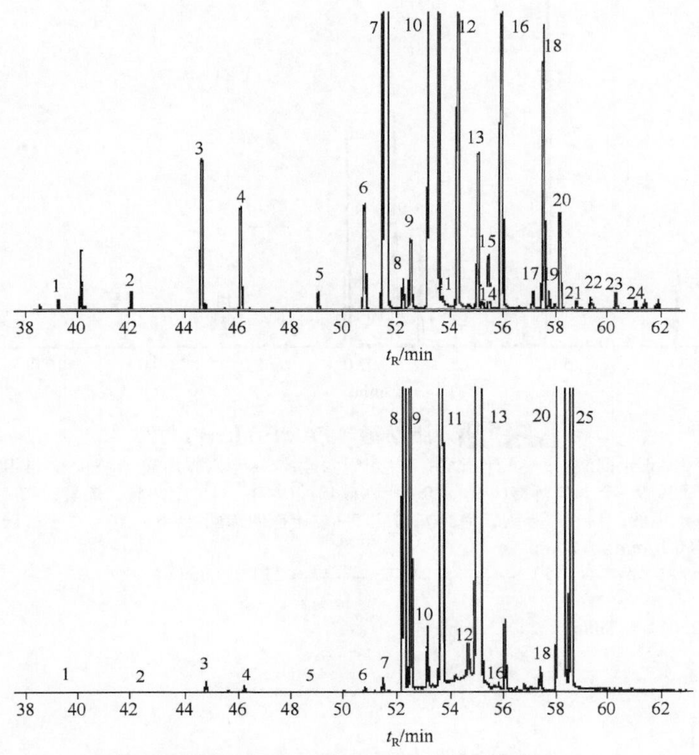

图 24-47 有机酸（TMS 衍生化产物）[37]

色谱峰：1—3-羟基辛酸；2—7-羟基辛酸；3—8-羟基辛酸；4—3-羟基癸酸；5—9-羟基癸酸；6—9-羟基2-壬烯二酸；7—10-羟基癸酸；8—α-呋喃果糖；9—β-呋喃果糖；10—10-羟基-2-壬烯二酸；11—α-呋喃葡萄糖；12—1,10-癸二酸；13—α-吡喃葡萄糖；14—3,9-二羟基癸酸；15—11-羟基癸酸；16—2-癸烯二酸；17—11-羟基-2-十二碳烯酸；18—3,10-二羟基癸酸；19—12-羟基癸酸；20—β-吡喃葡萄糖；21—棕榈酸；22—12-羟基-2-十二碳烯酸；23—1,12-十二烷二酸；24—3,11-十二烷二酸；25—葡萄糖酸

色谱柱：HP-5ms和HP-1ms，30m×0.25mm，0.25μm

载　气：He，1.0mL/min

气化室：250℃

检测器：MS

柱　温：50℃→300℃，5℃/min

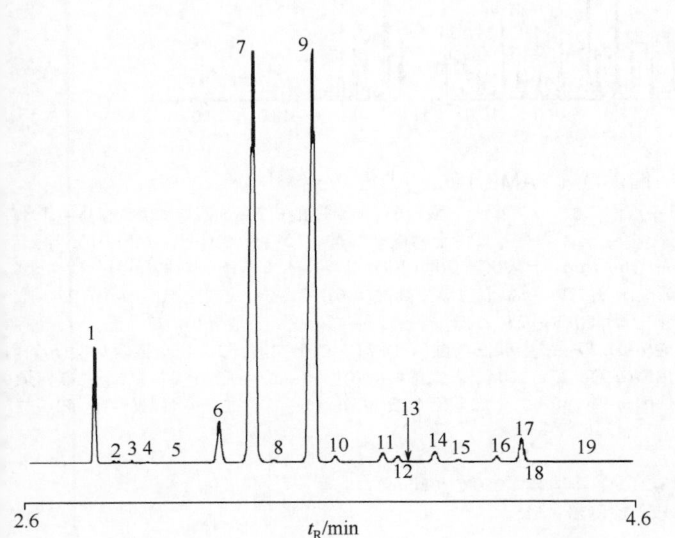

图 24-48 脂肪酸(甲酯化)[38]

色谱峰：1—正十六酸；2—十六碳一烯酸(*n*-7和*n*-9)；3—aiso-正十七酸，4—正十七酸；5—十七碳烯酸；6—十八酸；7—9-十八碳烯酸和11-十八碳二烯酸；8—5,9-十八碳二烯酸；9—9,12-十八碳二烯酸；10—5,9,12-十八碳三烯酸；11—9,12,15-十八碳三烯酸；12—正二十碳酸；13—5,9,12,15-十八碳四烯酸；14—二十碳一烯酸(*n*-9)；15—5,11-二十二碳烯酸；16—11,14-二十二烯酸；17—5,11,14-二十三碳烯酸；18—7,11,14-二十碳三烯酸；19—正二十二碳酸

色谱柱：BPX-70，10m×0.1mm，0.2μm

柱　温：50℃(1min) $\xrightarrow{100℃/min}$ 180℃(1min) $\xrightarrow{20℃/min}$ 220℃ $\xrightarrow{50℃/min}$ 250℃

载　气：H_2，0.6mL/min

气化室：250℃

检测器：FID

第三篇

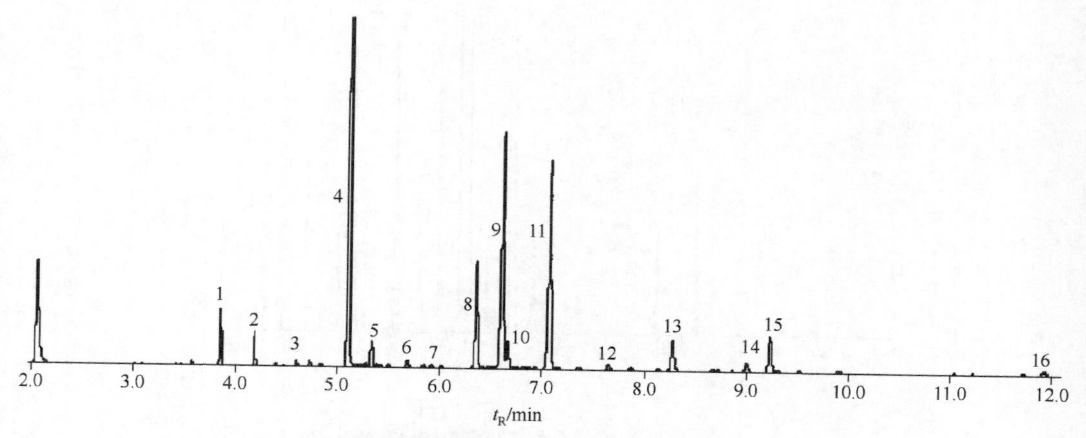

图 24-49 脂肪酸（FAME）（一）[39]

色谱峰：1—正十三酸；2—正十四酸；3—正十五酸；4—正十六酸；5—十六碳烯酸（*n*-7）；6—4-甲基十六酸；7—正十七酸；8—正十八酸；9—十八碳烯酸(*n*-9)；10—十八碳烯酸(*n*-7)；11—十八碳二烯酸；12—十八碳三烯酸（*n*-3）；13—19-甲基二十烷酸；14—二十碳三烯酸(*n*-6)；15—二十碳四烯酸（*n*-6）；16—二十二碳五烯酸（*n*-6）

色谱柱：BPX70，10m×0.10mm，0.20μm

柱　温：50℃（0.75min）$\xrightarrow{40℃/min}$ 155℃ $\xrightarrow{6℃/min}$ 210℃ $\xrightarrow{15℃/min}$ 250℃（2min）

载　气：He　　　　检测器：MS

气化室：72℃（3s）→250℃（15min），240℃/min

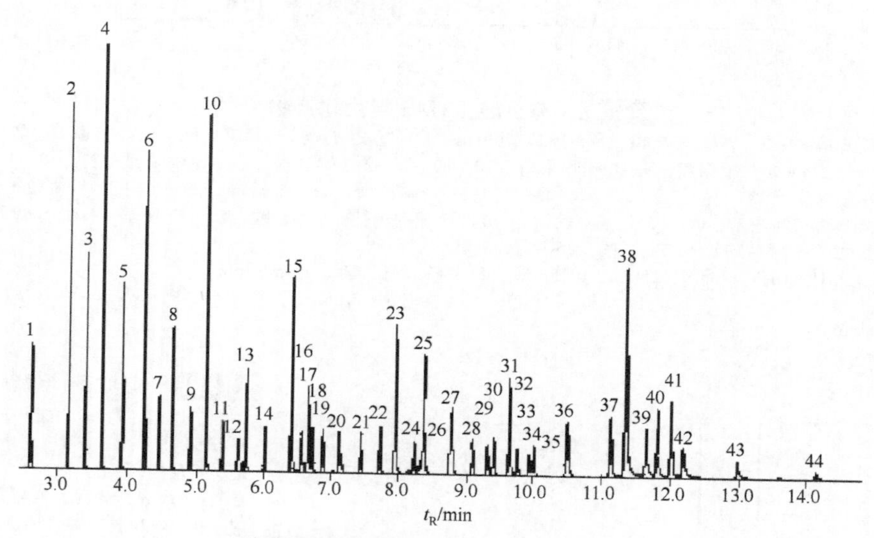

图 24-50 脂肪酸（FAME）（二）[40]

色谱峰：1—正辛酸；2—正癸酸；3—正十一酸；4—正十二酸；5—正十三酸；6—正十四酸；7—十四碳一烯酸；8—正十五酸和正十五酸(4-Me)；9—十五碳一烯酸；10—正十六酸；11—十六碳一烯酸；12—正十六酸(4-Me)；13—正十七酸；14—十七碳一烯酸；15—正十八酸；16—*trans*-十八碳一烯酸(*n*-9)；17—*cis*-十八碳一烯酸(*n*-9)；18—*cis*-十八碳一烯酸(*n*-7)；19—*trans*-十八碳二烯酸(*n*-6)；20—*cis*-十八碳二烯酸(*n*-6)；21—十八碳三烯酸(*n*-6)；22—十八碳三烯酸(*n*-3)；23—正二十酸；24—二十碳一烯酸(*n*-9)；25—二十一酸；26—二十碳二烯酸(*n*-6)；27—正二十一酸；28—二十碳三烯酸(*n*-6)；29—二十碳四烯酸(*n*-6)；30—二十碳三烯酸(*n*-3)；31—二十二酸；32—二十碳四烯酸(*n*-3)；33—二十二碳一烯酸(*n*-9)；34—二十碳五烯酸(*n*-3)；35—二十二碳二烯酸(*n*-6)；36—二十三酸；37—二十二碳四烯酸(*n*-6)；38—二十四酸；39—二十四碳一烯酸(*n*-9)；40—二十二碳五烯酸(*n*-3)；41—二十二碳六烯酸(*n*-3)；42—二十五酸；43—二十六酸；44—二十八酸

色谱柱：BPX70，10m×0.10mm×0.20μm

柱　温：50℃（0.75min）$\xrightarrow{40℃/min}$ 155℃ $\xrightarrow{6℃/min}$ 210℃ $\xrightarrow{15℃/min}$ 250℃（2min）

载　气：He，50cm/s　　　　检测器：MS

气化室：70℃(3s)→250℃(15min)，240℃/min

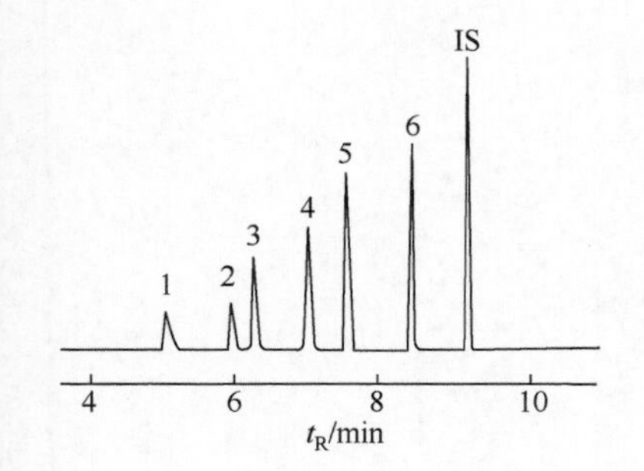

图 24-51　短链脂肪酸[41]

色谱峰：1—乙酸；2—丙酸；3—异丁酸；4—丁酸；5—异戊酸；6—戊酸；IS—4-甲基戊酸

色谱柱：DB-WAXetr，30m×0.25mm，0.25μm

柱　温：90℃(0.75min) $\xrightarrow{15℃/min}$ 150℃ $\xrightarrow{5℃/min}$ 170℃ $\xrightarrow{20℃/min}$ 250℃(2min)

载　气：He，1mL/min

气化室：250℃

检测器：MS

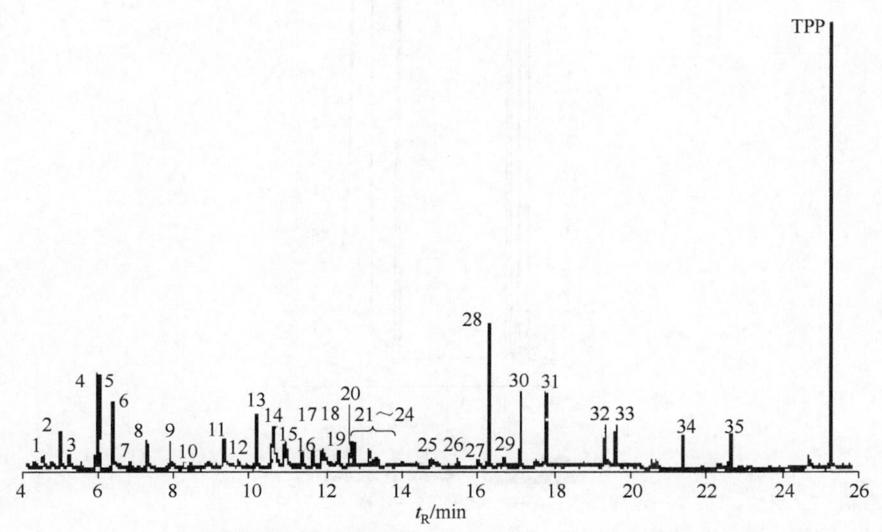

图 24-52　有机酸（丁酯化衍生产物）[42]

色谱峰：1—乙酸；2—丙酸；3—丁酸；4—戊酸；5—异戊酸；6—己酸；7—草酸；8—丙酸；9—乙醇酸；10—3,4-二羟基苯甲酸；11—2-甲基丁酸；12—1,2,3-三羧基苯；13—苯甲酸；14—辛酸；15—壬酸；16—苯基乙酸；17—邻甲苯酸；18—间甲苯酸；19—对甲苯酸；20—琥珀酸；21—癸酸；22—富马酸；23—水杨酸；24—硝基苯甲酸；25—3-羟基苯甲酸；26—3-硝基苯甲酸；27—4-硝基苯甲酸；28—月桂酸；29—邻苯二甲酸；30—十四酸；31—棕榈酸；32—十七酸；33—十八酸；34—油酸；35—亚油酸；TPP—磷酸三苯酯(内标)

色谱柱：DB-5ms，30m×0.25mm，0.25μm

柱　温：60℃（4min）→260℃，9℃/min

载　气：He，1mL/min

气化室：280℃

检测器：MS

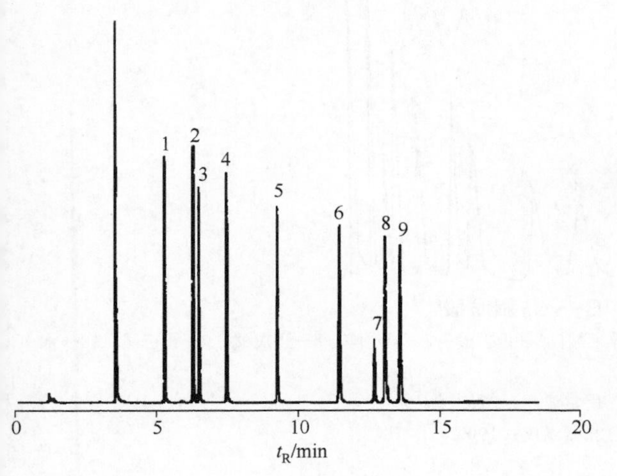

图 24-53　有机酸[6]

色谱峰：1—异丁酸；2—丁酸；3—戊内酯；4—2-甲基丁酸；5—戊酸；6—4-戊烯酸；7—反-2-甲基-2-丁烯酸；8—反-3-戊烯酸；9—反-2-戊烯酸

色谱柱：HP-INNOWax，30m×0.25mm，0.25μm

载　气：He，1.8mL/min，恒流模式

柱　温：110℃（1min） $\xrightarrow{2℃/min}$ 133℃ $\xrightarrow{3℃/min}$ 160℃

气化室：250℃，分流比40∶1

检测器：FID，300℃

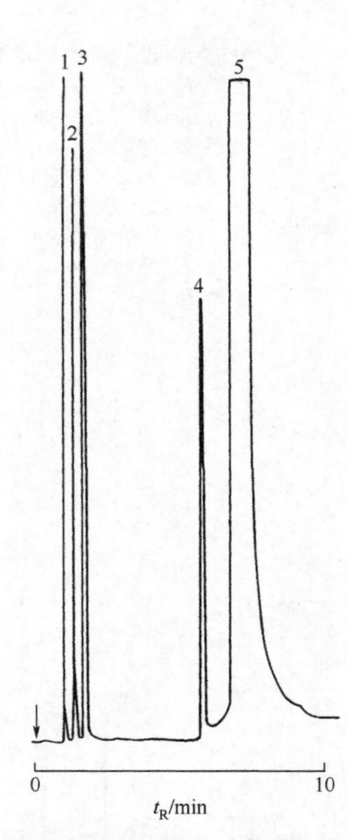

图 24-54 乙酸中杂质[43]

色谱峰：1—乙醛；2—甲酸乙酯；3—乙酸乙酯；4—乙酸酐；5—乙酸

色谱柱：CP-Wax 52CB，25m×0.53mm，2.0μm

载　气：N_2，10mL/min

检测器：FID

气化室温度：250℃

检测器温度：275℃

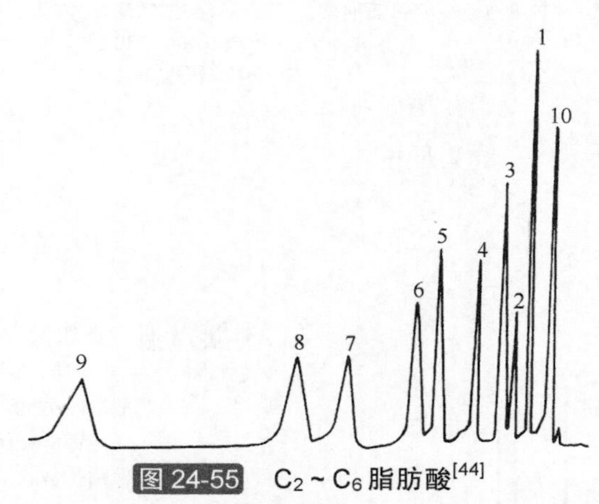

图 24-55 C_2 ~ C_6 脂肪酸[44]

色谱峰：1—异丙醇；2—乙酸；3—丁醇；4—丙酸；5—异丁酸；6—正丁酸；7—异戊酸；8—正戊酸；9—正己酸；10—水

色谱柱：Chromosorb 101（80～100目），2m×2.5mm

柱　温：201℃

载　气：N_2，22mL/min

检测器：FID

气化室温度：220℃

检测器温度：190℃

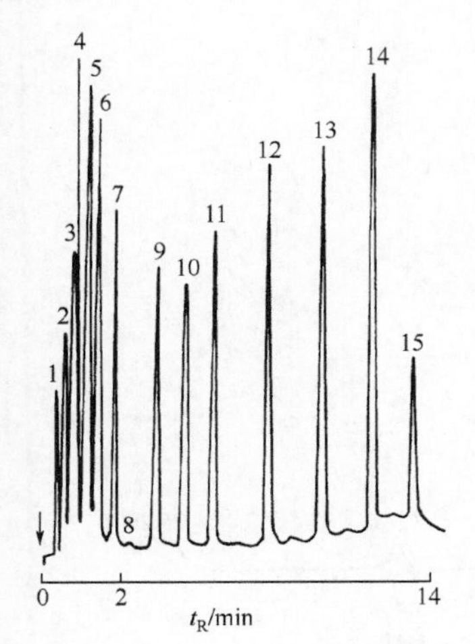

图 24-56　$C_2 \sim C_{18}$ 脂肪酸[45]

色谱峰：1—乙酸；2—丙酸；3—异丁酸；4—丁酸；5—异戊酸；6—戊酸；7—己酸；8—庚酸；9—辛酸；10—壬酸；11—癸酸；12—十二酸；13—十四酸；14—十六酸；15—十八酸

色谱柱：CP-Sil 5 CB，10m×0.53mm，5.0μm

柱　温：100℃→250℃，10℃/min

载　气：N_2，10mL/min

检测器：FID

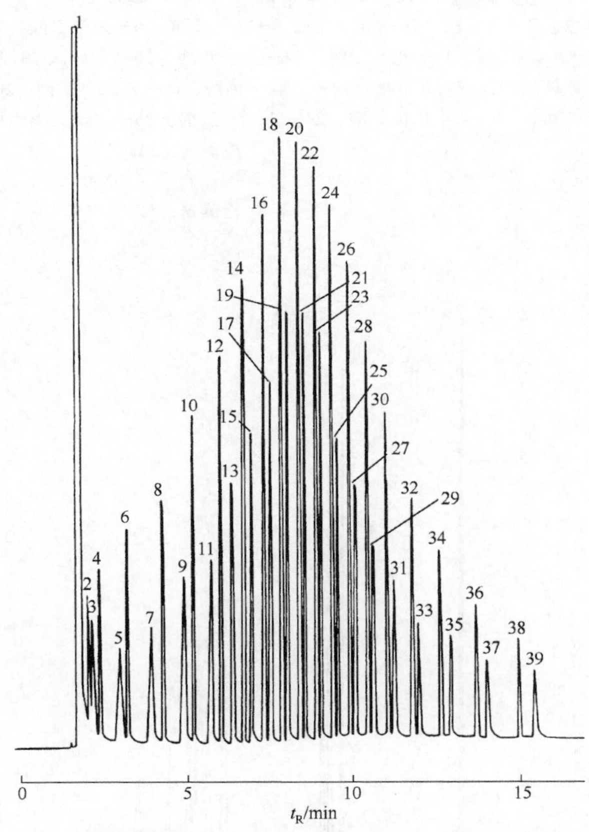

图 24-57　$C_2 \sim C_{20}$ 脂肪酸及其甲酯[46]

色谱峰：1—溶剂；2—乙酸甲酯；3—乙酸；4—丙酸甲酯；5—正丙酸；6—丁酸甲酯；7—正丁酸；8—戊酸甲酯；9—正戊酸；10—己酸甲酯；11—正己酸；12—庚酸甲酯；13—正庚酸；14—辛酸甲酯；15—正辛酸；16—壬酸甲酯；17—正壬酸；18—癸酸甲酯；19—正癸酸；20—正十一酸甲酯；21—正十一酸；22—正十二酸甲酯；23—正十二酸；24—正十三酸甲酯；25—正十三酸；26—正十四酸甲酯；27—正十四酸；28—正十五酸甲酯；29—正十五酸；30—正十六酸甲酯；31—正十六酸；32—正十七酸甲酯；33—正十七酸；34—正十八酸甲酯；35—正十八酸；36—正十九酸甲酯；37—正十九酸；38—正二十酸甲酯；39—正二十酸

色谱柱：SE-30，25m×0.22mm　　　载　气：N_2，1mL/min

柱　温：50℃（2min）→250℃，30℃/min

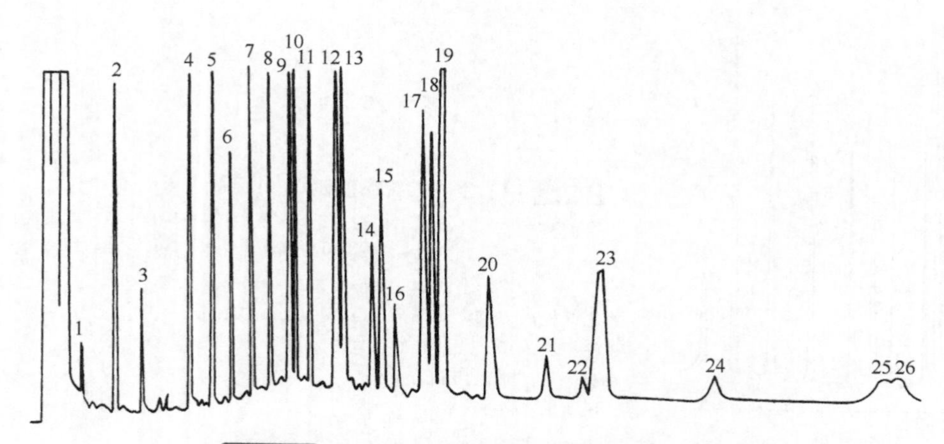

图 24-58　$C_6 \sim C_{24}$脂肪酸（甲酯衍生物）[47]

色谱峰：1—正己酸；2—正辛酸；3—正壬酸；4—正十一酸；5—正十二酸；6—正十三酸；7—正十四酸；8—正十五酸；9—正十六酸；10—十六碳-烯酸；11—正十七酸；12—正十八酸；13—十八碳-烯酸；14—正十九酸；15—十八碳三烯酸；16—十八碳四烯酸；17—正廿酸；18—廿碳一烯酸；19—正二十一酸；20—廿碳四烯酸；21—二十碳五烯酸；22—正二十二酸；23—二十二碳一酸；24—正二十三酸；25—二十二碳六烯酸；26—正二十四酸

色谱柱：FFAP，30m×0.32mm

柱　温：60℃→190℃，10℃/min

载　气：N_2

检测器：FID

气化室温度：260℃

检测器温度：260℃

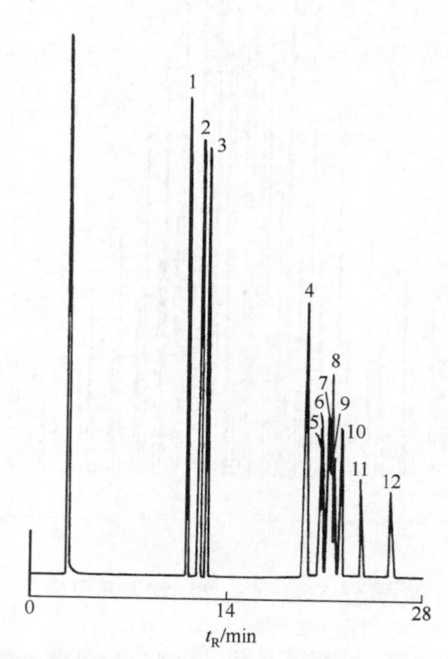

图 24-59　十八碳脂肪酸（甲酯衍生物）[7]

色谱峰：1—正十六酸；2—反棕榈油酸；3—顺棕榈油酸；4—正十八酸；5—反岩芹酸；6—反油酸；7—反瓦克岑酸；8—顺岩芹酸；9—顺油酸；10—顺瓦克岑酸；11—反亚油酸；12—顺亚油酸

色谱柱：BPX70，50m×0.22mm，0.25μm

柱　温：155℃

检测器：FID

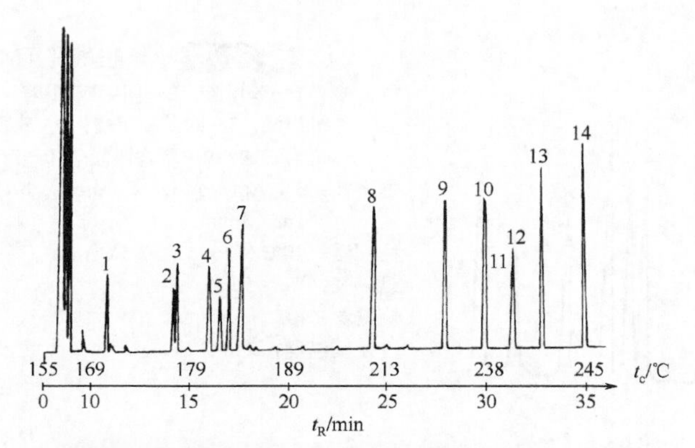

图 24-60 羟基一元羧酸（TBDMS 衍生物）[13]

色谱峰：1—乳酸；2—2-羟基-4-甲基丁酸；3—2-羟基异戊酸；4—2-羟基异己酸；5—4-羟基丁酸；6—2-羟基-3-甲基戊酸；7—2-羟基己酸；8—2-羟基辛酸；9—3-羟基壬酸；10—2-羟基癸酸；11，12—3-羟基-4-甲基癸酸；13—2-羟基十一酸；14—3-羟基十二酸

色谱柱：SPB-1，30m×0.25mm，d_f=0.25μm

柱 温：153℃（2min）$\xrightarrow{2℃/min}$ 190℃ $\xrightarrow{5℃/min}$ 220℃ $\xrightarrow{10℃/min}$ 290℃（20min）

载 气：N_2 气化室温度：260℃

检测器：FID

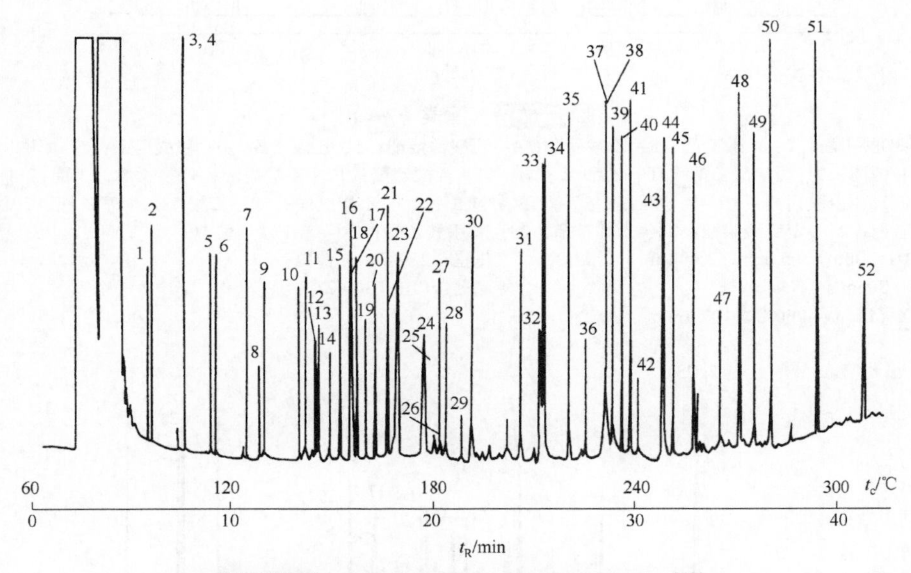

图 24-61 有机酸（氯甲酸乙酯衍生物）[48]

色谱峰：1—3-羟基丁酸；2—2-氧代异戊酸；3—2-氧代甲基戊酸；4—2-氧代异己酸；5—丙二酸；6—甲基丙二酸；7—乙基丙二酸；8—2-羟基乙酸；9—2-羟基丙酸；10—2-羟基丁酸；11—丙氨酸；12—2-羟基异戊酸；13—甘氨酸；14—3-甲基戊二酸；15—2-氨基丁酸；16—2-羟基异戊酸；17—己二酸；18—缬氨酸；19—3-甲基己二酸；20—3-羟基乙酸；21—亮氨酸；22—异亮氨酸；23—十二酸；24—苏氨酸；25—丝氨酸；26—谷氨酸；27—脯氨酸；28—天冬酰胺；29—羟基丁二酸；30—十四酸；31—蛋氨酸；32—4-羟基脯氨酸；33—十六酸；34—十六烯-9-酸；35—苯丙氨酸；36—半胱氨酸；37—十八酸；38—油酸；39—十八碳-9,12-二烯酸；40—十八碳-9,12,15-三烯酸；41—对氯苯丙氨酸（内标物）；42—谷氨酰胺；43—鸟氨酸；44—二十酸；45—花生四烯酸；46—赖氨酸；47—组氨酸；48—二十二碳六烯酸；49—酪氨酸；50—二十四碳烯酸；51—色氨酸；52—半胱氨酸

色谱柱：DB-17HT，30m×0.25mm，0.15μm 检测器：FID

柱 温：60℃→300℃（5min），6℃/min 气化室温度：240℃

载 气：H_2，50kPa 检测器温度：240℃

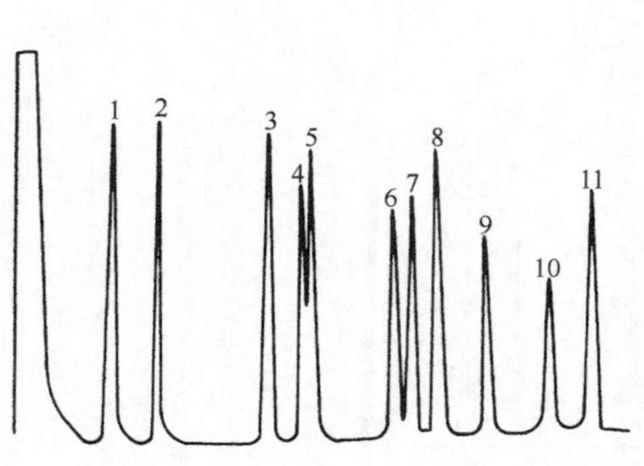

图 24-62 苯羧酸（TMS 衍生物）[49]

色谱峰：1—苯甲酸；2—间-甲苯甲酸；3—邻苯二甲酸；4—间苯二甲酸；5—对苯二甲酸；6—苯联三酸；7—苯偏三酸；8—苯均三酸；9—苯均四酸；10—苯五羧酸；11—苯六羧酸

色谱柱：3% Apiezon L，Chromosorb G AW-DMCS（60～80目），1m×3mm

柱　温：90℃→260℃，7.5℃/min

载　气：He，55mL/min

检测器：FID

气化室温度：240℃

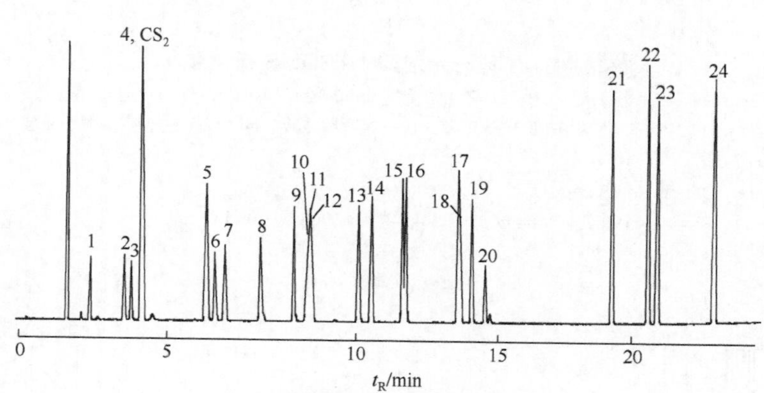

图 24-63 酯类（一）[6]

色谱峰：1—甲酸甲酯；2—甲酸乙酯；3—乙酸甲酯；4—乙酸乙烯酯；5—乙酸乙酯；6—甲酸丙酯；7—丙酸甲酯；8—乙酸异丙酯；9—丙烯酸乙酯；10—乙酸叔丁酯；11—丙酸乙酯；12—乙酸丙酯；13—乙酸仲丁酯；14—乙酸异丁酯；15—丙酸丙酯；16—乙酸丁酯；17—乙酸异戊酯；18—乙酸戊酯；19—乙酸-2-乙氧基乙酯；20—乙酸-2-甲基丁酯；21—苯甲酸甲酯；22—乙酸苄酯；23—苯甲酸乙酯；24—苯甲酸丙酯

色谱柱：DB-1，30m×0.53mm，3.00μm

载　气：He，30cm/s

柱　温：40℃ (5min)→260℃，10℃/min

气化室：250℃，分流比1∶10

检测器：FID，300℃

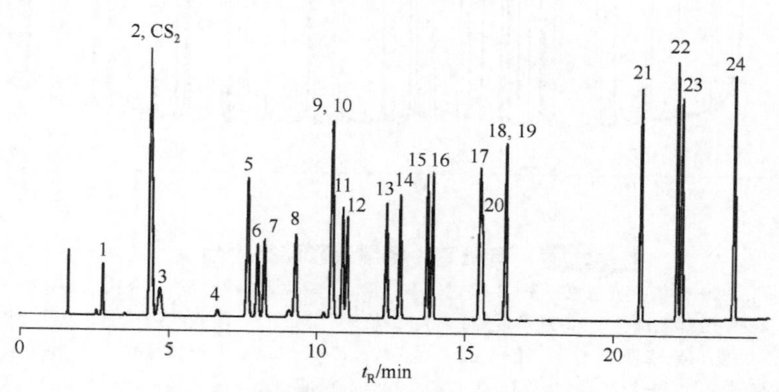

图 24-64 酯类（二）[6]

色谱峰：1—甲酸甲酯；2—甲酸乙酯；3—乙酸甲酯；4—醋酸乙烯酯；5—乙酸乙酯；6—甲酸丙酯；7—丙酸甲酯；8—乙酸异丙酯；9—丙烯酸乙酯；10—乙酸叔丁酯；11—丙酸乙酯；12—乙酸丙酯；13—乙酸仲丁酯；14—乙酸异丁酯；15—丙酸丙酯；16—乙酸丁酯；17—乙酸异戊酯；18—乙酸戊酯；19—乙酸-2-乙氧基乙酯；20—乙酸-2-甲基丁酯；21—苯甲酸甲酯；22—乙酸苄酯；23—苯甲酸乙酯；24—苯甲酸丙酯

色谱柱：DB-624，30m×0.53mm，3.00μm

载　气：He，30cm/s

柱　温：40℃（5min）→260℃（3min），10℃/min

气化室：250℃，分流比1∶10

检测器：FID，300℃

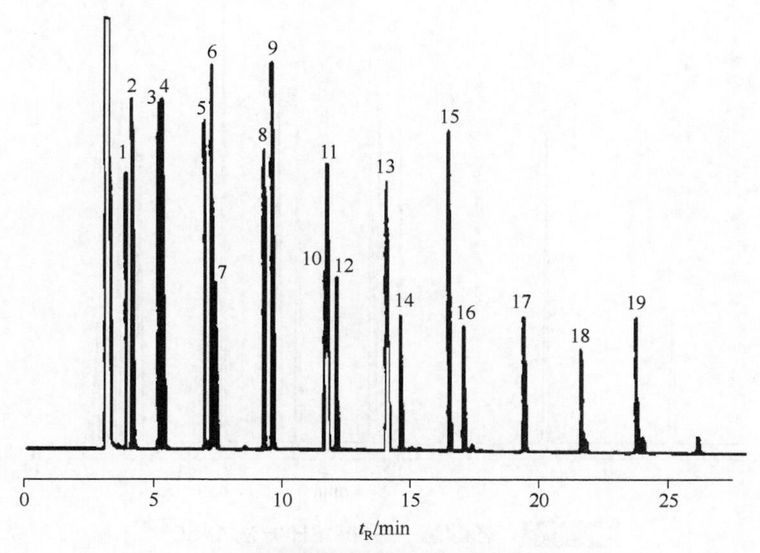

图 24-65 酯类（三）[6]

色谱峰：1—丙酸乙酯；2—乙酸丙酯；3—丁酸乙酯；4—丙酸丙酯；5—丁酸丙酯；6—戊酸乙酯；7—丙酸丁酯；8—戊酸丙酯；9—己酸乙酯；10—戊酸丁酯；11—己酸丙酯；12—癸酸甲酯；13—己酸丁酯；14—十二酸乙酯；15—庚酸丁酯；16—十四酸甲酯；17—十六酸甲酯；18—十八酸甲酯；19—二十酸甲酯

色谱柱：HP-INNOWax，30m×0.53mm，1.00μm

载　气：He，4mL/min，恒流模式

柱　温：45℃（1min）→200℃，5℃/min

气化室：250℃，分流比25∶1

检测器：FID，250℃

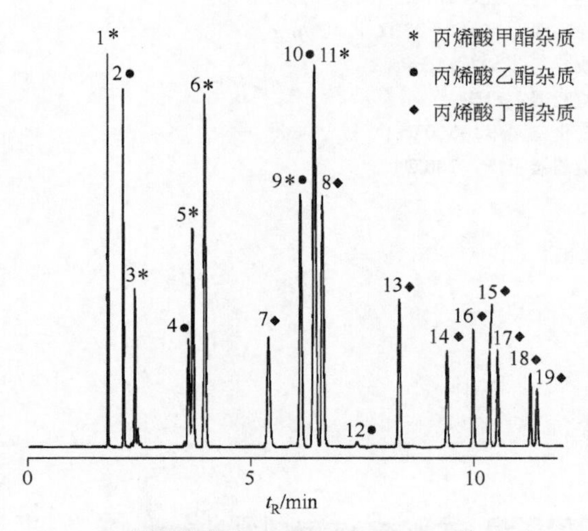

图 24-66 丙烯酸酯类杂质[6]

色谱峰：1—甲醇；2—乙醇；3—乙酸甲酯；4—乙酸乙酯；5—丙烯酸甲酯；6—丙酸甲酯；7—异丁醇；8—丁醇；9—丙烯酸乙酯；10—丙酸乙酯；11—甲基丙烯酸甲酯；12—丙烯酸异丙酯；13—乙酸异丁酯；14—乙酸丁酯；15—丙烯酸异丁酯；16—二丁醚；17—丙酸异丁酯；18—丙烯酸丁酯；19—丙酸丁酯

色谱柱：DB-1701，30m×0.53mm，1.00μm

载　气：He，36.8cm/s

柱　温：35℃（5min）→200℃，10℃/min

气化室：230℃，分流比1∶10

检测器：FID，250℃

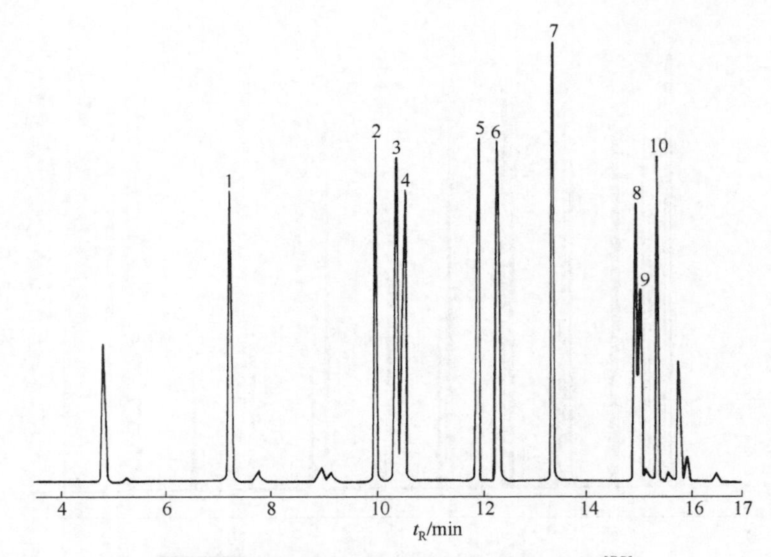

图 24-67 乙酸酯——NIOSH 方法 1450[50]

色谱峰：1—乙酸乙酯；2—丙烯酸乙酯；3—乙酸叔丁酯；4—乙酸丙酯；5—乙酸仲丁酯；6—乙酸异丁酯；7—乙酸丁酯；8—乙酸异戊酯；9—乙酸戊酯；10—乙酸-2-乙氧基乙酯

色谱柱：DB-1，30m×0.32mm，3.0μm

柱　温：40℃（5min）→130℃，10℃/min

载　气：He，35cm/s（40℃）

检测器：FID

气化室温度：250℃

检测器温度：300℃

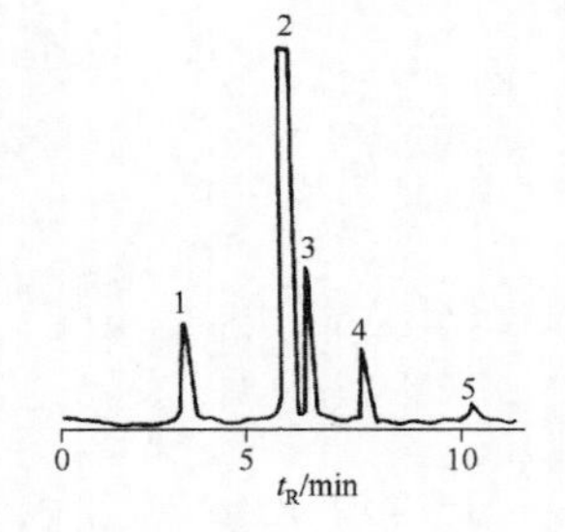

图 24-68 乙酸邻叔丁基环己酯[51]

色谱峰：1—二氨氢酯；2—顺邻叔丁基环己酯；3—反-邻叔丁基环己酯；4—对叔丁基环己酯；5—2,6-二叔丁基环己酯

色谱柱：PEG 20M，21m×0.25mm

柱　温：150℃→230℃，4℃/min

载　气：N_2，15cm/s

检测器：FID

气化室温度：300℃

检测器温度：280℃

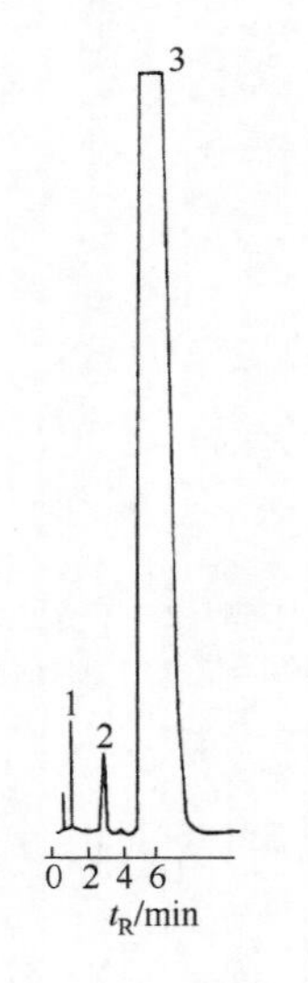

图 24-69 工业乙酸正丙酯[52]

色谱峰：1—水；2—正丙醇；3—乙酸正丙酯

色谱柱：10%聚己二酸乙二醇酯，上海试剂厂401有机载体（60～80目），2m×4mm

柱　温：145℃

载　气：H_2，30mL/min

检测器：TCD

气化室温度：250℃

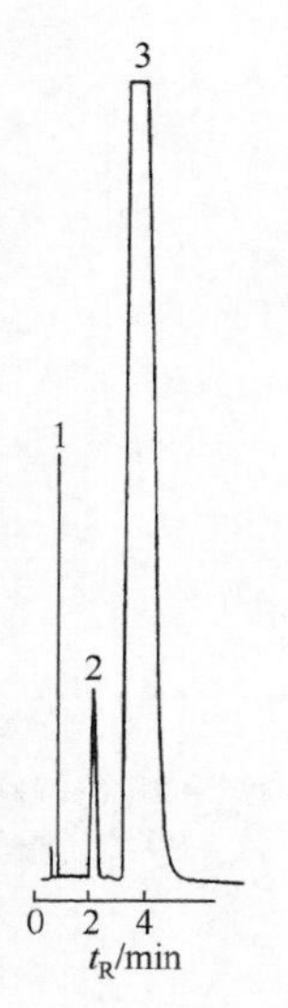

图 24-70　工业乙酸异丁酯[52]

色谱峰：1—水；2—异丁醇；3—乙酸异丁酯

色谱柱：10%聚己二酸乙二醇酯，上海试剂厂401有机载体（60～80目），2m×4mm

柱　温：160℃

载　气：H_2，30mL/min

检测器：TCD

气化室温度：250℃

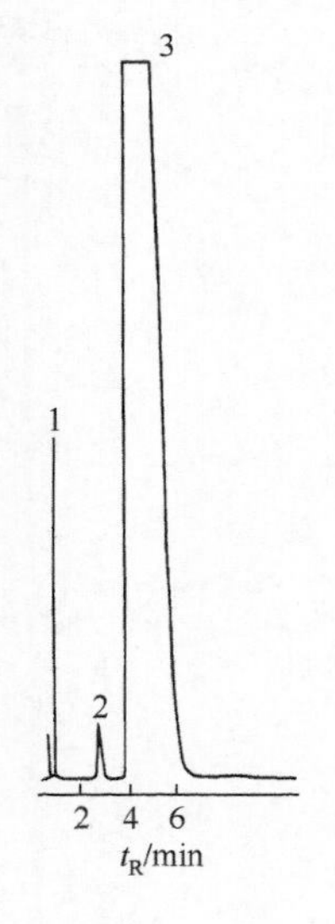

图 24-71　工业乙酸正丁酯[52]

色谱峰：1—水；2—正丁醇；3—乙酸正丁酯

色谱柱：10%聚己二酸乙二醇酯，上海试剂厂401有机载体（60～80目），2m×4mm

柱　温：160℃

载　气：H_2，30mL/min

检测器：TCD

气化室温度：250℃

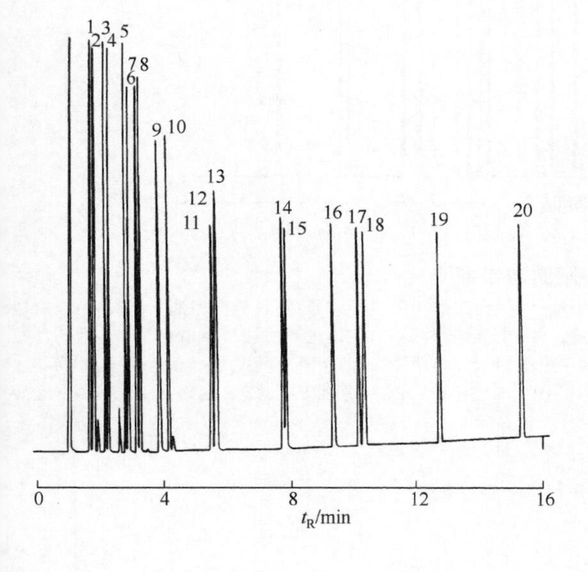

图 24-72　部分酯[7]

色谱峰：1—乙酸叔丁酯；2—甲酸丙酯；3—乙酸丙酯；4—乙酸仲丁酯；5—丙酸丙酯；6—异丁酸丙酯；7—乙酸正丁酯；8—丙酸异丁酯；9—丁酸丙酯；10—丙酸正丁酯；11—2-乙基丁酸丙酯；12—丁酸正丁酯；13—戊酸丙酯；14—戊酸正丁酯；15—己酸丙酯；16—2-乙基己酸丙酯；17—己酸正丁酯；18—庚酸丙酯；19—庚酸正丁酯；20—辛酸正丁酯

色谱柱：BP20，25m×0.22mm，0.25μm

柱　温：50℃→130℃，5℃/min

检测器：FID

第三篇

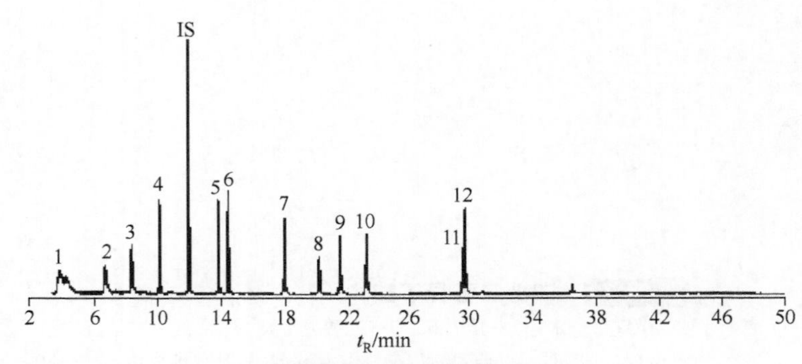

图 24-73 脂肪酸甲酯[53]

色谱峰：1—癸酸甲酯；2—月桂酸甲酯；3—十三烷甲酯；4—十四酸甲酯；5—棕榈油酸甲酯；6—棕榈酸甲酯；7—十七烷甲酯；8—γ-亚麻酸甲酯；9—油酸甲酯；10—硬脂酸甲酯；11—11,14-二十碳二烯酸甲酯；12—11-二十烯酸甲酯；IS—十五酸甲酯

色谱柱：RTX-5SIL，30m×0.32mm，0.25mm

柱　温：135℃ $\xrightarrow{6℃/min}$ 180℃（14.5min）$\xrightarrow{28℃/min}$ 208℃ $\xrightarrow{2℃/min}$ 230℃（10min）

载　气：He，1.0mL/min　　检测器：MS

气化室：250℃

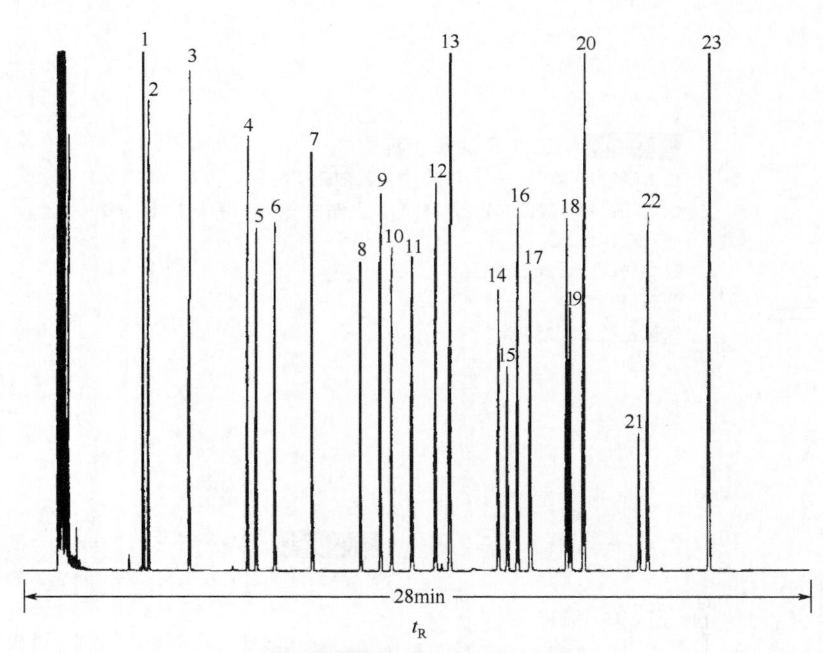

图 24-74 脂肪酸甲酯[6]

色谱峰：1—十一酸甲酯；2—2-羟基癸酸甲酯；3—月桂酸甲酯；4—十三酸甲酯；5—2-羟基月桂酸甲酯；6—3-羟基月桂酸甲酯；7—肉豆蔻酸甲酯；8—甲基12-十四酸甲酯；9—十五酸甲酯；10—2-羟基月桂酸甲酯；11—3-羟基月桂酸甲酯；12—棕榈油酸甲酯；13—十六酸甲酯；14—甲基14-十六酸甲酯；15—甲基顺-9,10-十六酸甲酯；16—十七酸甲酯；17—2-羟基棕榈酸甲酯；18—油酸甲酯；19—油酸甲酯；20—硬脂酸甲酯；21—甲基顺-9,10-十八酸亚甲酯；22—十九酸甲酯；23—花生酸甲酯

色谱柱：DB-5，30m×0.25mm，0.25μm　　进　样：分流比为1∶100

载　气：H_2，42cm/s　　检测器：FID

柱　温：150℃ (4min)→250℃，4℃/min

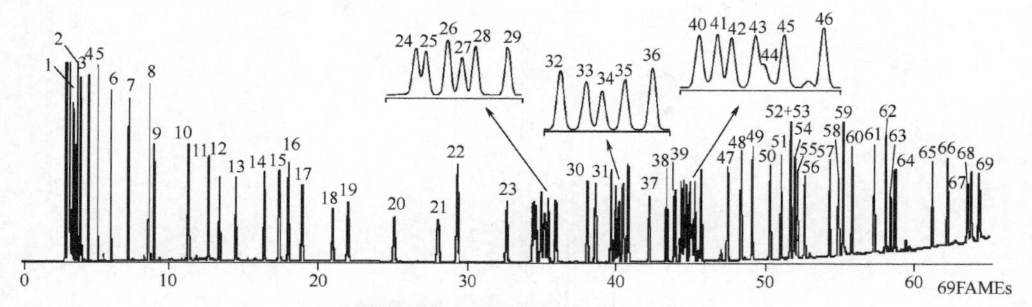

图 24-75　脂肪酸甲酯混合物[6]

色谱峰：1—nC6：0❶；2—nC7：0；3—nC8：0；4—nC9：0；5—nC10：0；6—nC11：0；7—nC12：0；8—C12：1(11c)；9—nC13：0；10—nC14：0；11—C14：1(9t)；12—C14：1(9c)；13—nC15：0；14—C15：1(10t)；15—C15：1(10c)；16—C15：1(14c)；17—nC16：0；18—C16：1(9t)；19—C16：1(9c)；20—nC17：0；21—C17：1(10t)；22—C17：1(10c)；23—nC18：0；24—C18：1(6t)；25—C18：1(9t)；26—C18：1(11t)；27—nC18：1(6c)；28—C18：1(9c)；29—C18：1(11c)；30—nC18：2(9t,12t)；31—C19：1(10t)；32—nC19：0；33—C19：1(7t)；34—C18：2(9c,12c)；35—C19：1(7c)；36—C19：1(10c)；37—C18：3 g(6c,9c,12c)；38—nC20：0；39—C18：3(9c,12c,15c)；40—C20：1(5c)；41—C19：2(10c,13c)；42—C20：1(11t)；43—C18：2 CONJ；44—C20：1(8c)；45—C20：1(11c)；46—C18：2(10t,12c)；47—nC21：0；48—C20：2(11c,14c)；49—C21：1(12c)；50—C20：3(8c,11c,14c)；51—nC22：0；52—C22：1(13t)；53—C20：4(5c,8c,11c,14c)；54—C20：3(11c,14c,17c)；55—C21：2(12c,15c)；56—C22：1(13c)；57—nC23：0；58—C20：5(EPA)；59—C22：2(13c,16c)；60—C23：1(14c)；61—nC24：0；62—C22：3(13c,16c,19c)；63—C22：4(7c,10c,13c,16c)；64—C24：1(15c)；65—C22：5(DPA)；66—C22：6(DHA)；67—C18：1-12 羟基(9t)；68—C18：0 12 羟基；69—C18：1-12 羟基(9c)

色谱柱：HP-88，60m×0.25mm，0.20μm　　气化室：250℃，分流比50：1

载　气：He，1.4mL/min，恒流　　检测器：FID，260℃

柱　温：125℃ $\xrightarrow{8℃/min}$ 145℃(26min) $\xrightarrow{2℃/min}$ 220℃(1min)

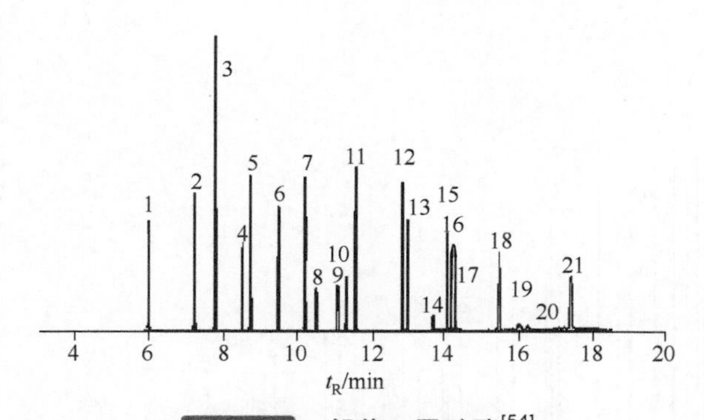

图 24-76　邻苯二甲酸酯[54]

色谱峰：1—邻苯二甲酸二甲酯；2—邻苯二甲酸二乙酯；3—邻苯二甲酸二异丙酯；4—邻苯二甲酸二烯丙酯；5—邻苯二甲酸二丙酯；6—邻苯二甲酸二异丁酯；7—邻苯二甲酸二丁酯；8—邻苯二甲酸二(2-甲氧基)乙酯；9—邻苯二甲酸二(4-甲基-2-戊基)酯；10—邻苯二甲酸二(2-乙氧基)乙酯；11—邻苯二甲酸二戊酯；12—邻苯二甲酸二己酯；13—邻苯二甲酸丁基苄基酯；14—邻苯二甲酸二(2-丁氧基)乙酯；15—邻苯二甲酸二环己酯；16—邻苯二甲酸二(2-乙基)己酯；17—邻苯二甲酸二苯酯；18—邻苯二甲酸二正辛酯；19—邻苯二甲酸二正壬酯；20—邻苯二甲酸二异壬酯；21—邻苯二甲酸二异癸酯

色谱柱：AB-5MS，30m×0.25mm，0.25μm

柱　温：60℃（1min）$\xrightarrow{20℃/min}$ 220℃（1min）$\xrightarrow{5℃/min}$ 280℃（4min）　　气化室：250℃

载　气：He，1mL/min　　检测器：MS

❶ nC6：0 中，n 表示直链，C6：0 为己酸，其中 6 表示脂肪酸的碳数，0 表示双键的个数。其余类同。

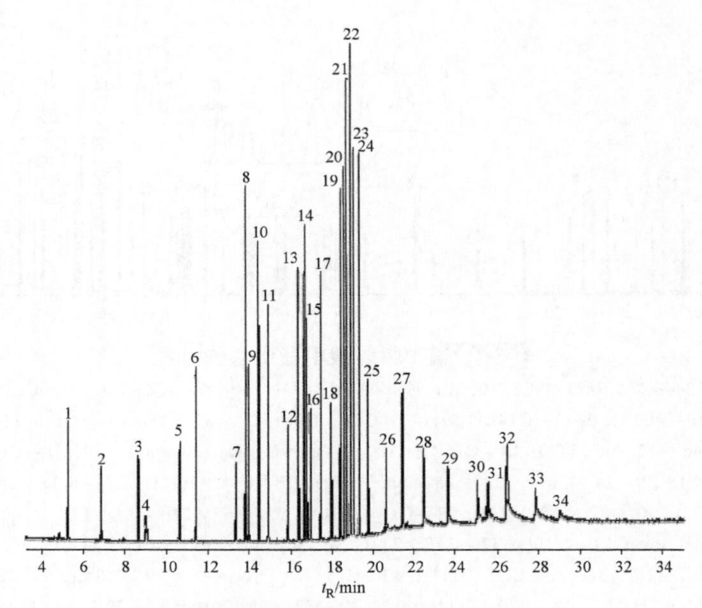

图 24-77 脂肪酸甲酯（一）[55]

色谱峰：1—十五烷；2—癸酸甲酯；3—十七烷；4—十七碳烯；5—月桂酸甲酯；6—月桂酸乙酯；7—1-月桂醇；8—二十烷(烷烃的内标)；9—十四酸甲酯；10—十四酸乙酯；11—9-十四烯酸乙酯；12—1-十四醇；13—棕榈酸甲酯；14—十六烯酸甲酯；15—棕榈酸乙酯；16—1-十五醇；17—十七烷甲酯；18—1-十六醇；19—硬脂酸甲酯；20—油酸甲酯；21—十八酸乙酯；22—油酸乙酯；23—亚油酸甲酯；24—γ-亚油酸甲酯；25—1-十八醇；26—十四酸；27—1-二十醇；28—棕榈酸；29—十七酸；30—十八酸；31—油酸；32—亚油酸；33—亚麻酸；34—花生酸

色谱柱：HP-INNOWax，30m×0.25mm，0.25μm　　气化室：250℃

柱　温：100℃（1min）$\xrightarrow{5℃/min}$ 150℃ $\xrightarrow{10℃/min}$ 250℃（15min）　　检测器：MS

载　气：He，1.0mL/min

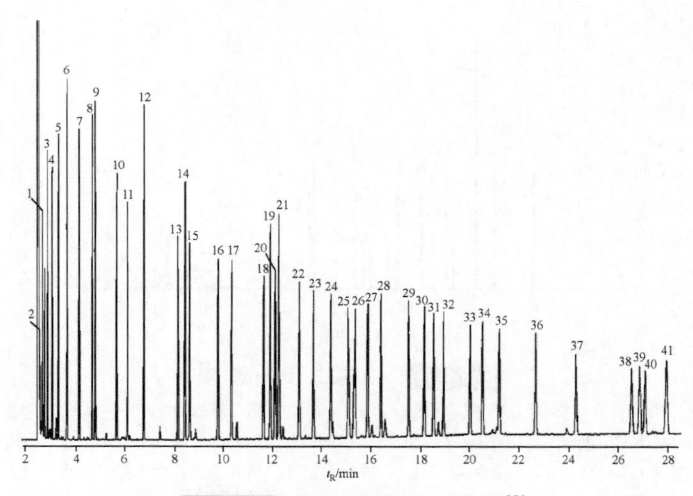

图 24-78 脂肪酸甲酯（二）[6]

色谱峰：1—C6∶0；2—C7∶0；3—C8∶0；4—C9∶0；5—C10∶0；6—C11∶0；7—C12∶0；8—BHT；9—C13∶0；10—C14∶0；11—C14∶1n5；12—C15∶0；13—C16∶0；14—C16∶1n7（反）；15—C16∶1n7（顺）；16—C17∶0；17—C17∶1；18—C18∶0；19—C18∶1n9（反）；20—C18∶1n9（顺）；21—C18∶1n7；22—C18∶2n6；23—C18∶3n6；24—C18∶3n3；25—C18∶2(d9,11)；26—C18∶2（d10,12）；27—C20∶0；28—C20∶1n9；29—C20∶2n6；30—C20∶3n6；31—C20∶4n6；32—C20∶3n3；33—C20∶5n3；34—C22∶0；35—C22∶1n9；36—C22∶2n6；37—C22∶4n6；38—C22∶5n3；39—C24∶0；40—C22∶6n3；41—C24∶1n9

色谱柱：DB-23，60m×0.25mm，0.25μm　　气化室：270℃，分流比50∶1

载　气：H_2，43cm/s，恒压　　检测器：FID，280℃

柱　温：130℃(1.0min）$\xrightarrow{6.5℃/min}$ 170℃ $\xrightarrow{2.75℃/min}$ 215℃(12min）$\xrightarrow{40℃/min}$ 230℃(3min）

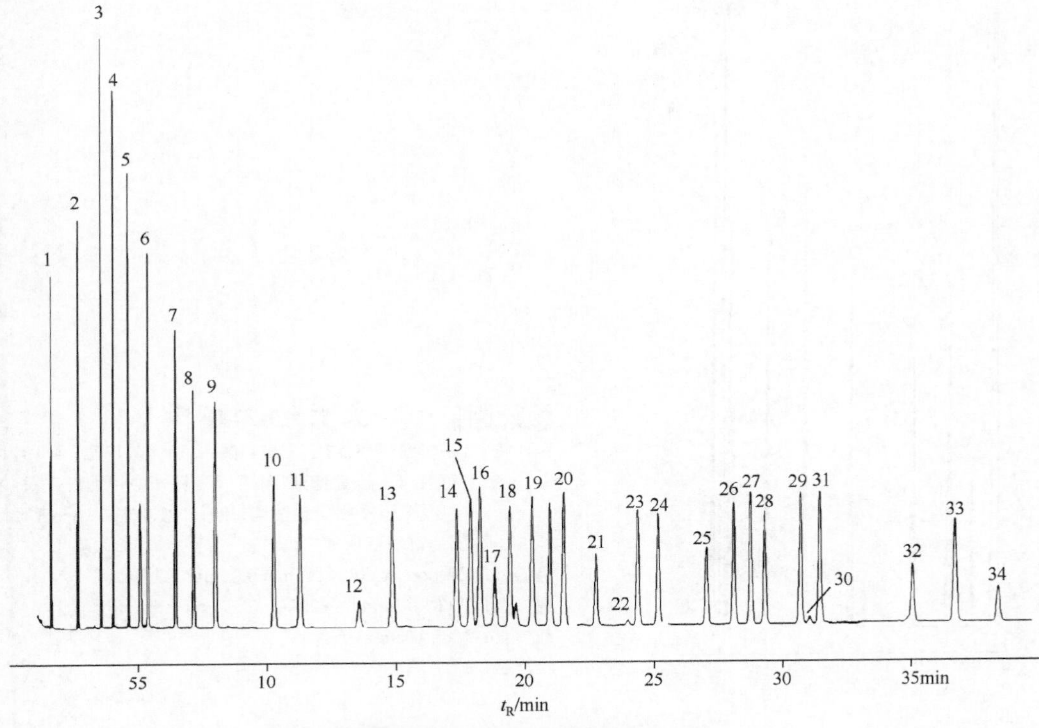

图 24-79 OMEGA-3 脂肪酸甲酯[56]

色谱峰：1—C6；2—C8；3—C10；4—C11；5—C12；6—C13；7—C14；8—C14∶1 *cis* 9；9—C15；10—C16；11—C16∶1 *cis* 9；12—C17；13—C17∶1 *cis* 10；14—C18；15—C18∶1 *trans* 9；16—C18∶1 *cis* 9；17—C18∶1 *cis* 12；18—C18∶2 *trans* 9,12；19—C18∶2 *cis* 9,12；20—C18∶3 *cis* 6,9,12；21—C18∶3 *cis* ；9,12,15；22—C18∶4 *cis* 6,9,12,15；23—C20；24—C21∶1 *cis* 11；25—C20∶2 *cis* 11,14；26—C20∶3 *cis* 8,11,14；27—C20∶4 *cis* 5,8,11,14；28—C20∶3 *cis* 11,14,17；29—C22；30—C20∶5,8,11,14,17；31—C22∶1 *cis* 13；32—C22∶4 *cis* 7,10,13,16；33—C24；34—C22∶6 *cis* 4,7,10,13,16,19

色谱柱：BPX70，25m×0.32mm，0.25μm

载　气：He，2.2mL/min，恒流

柱　温：80℃（2min）$\xrightarrow{50℃/min}$ 130℃（10min）$\xrightarrow{2℃/min}$ 172℃（6min）

气化室：250℃，分流比58∶1

检测器：FID，300℃

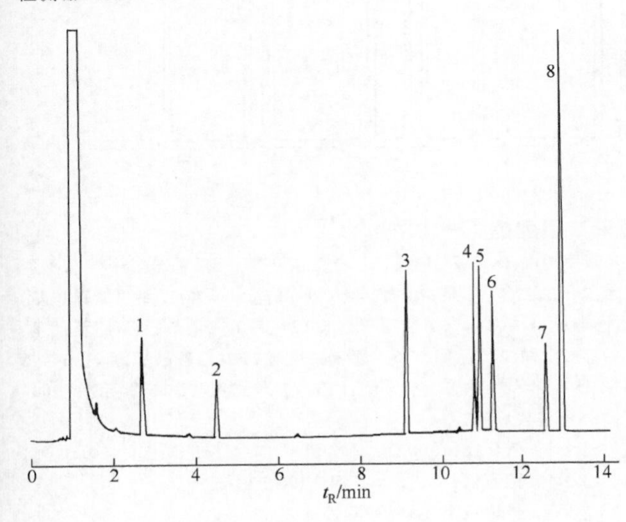

图 24-80 异丁烯酸溴代十一烷基酯中杂质[57]

色谱峰：1—异丁烯酸甲酯；2—异丁烯酸异丙酯；3—十一烷醇；4—异丁烯酸十一烷基酯；5—异丁烯酸-10-溴代十一烷基酯；6—11-溴代十一烷醇；7—异丁烯酸-10-溴代十一烷基酯；8—异丁烯酸-10-溴代十一烷基酯

色谱柱：DB-5，30m×0.53mm，1.5μm

柱　温：50℃（3min）$\xrightarrow{25℃/min}$ 260℃（4min）$\xrightarrow{30℃/min}$ 300℃（1min）

载　气：He，12.5mL/min

检测器：FID

气化室温度：275℃

检测器温度：310℃

进样方式：热柱上进样

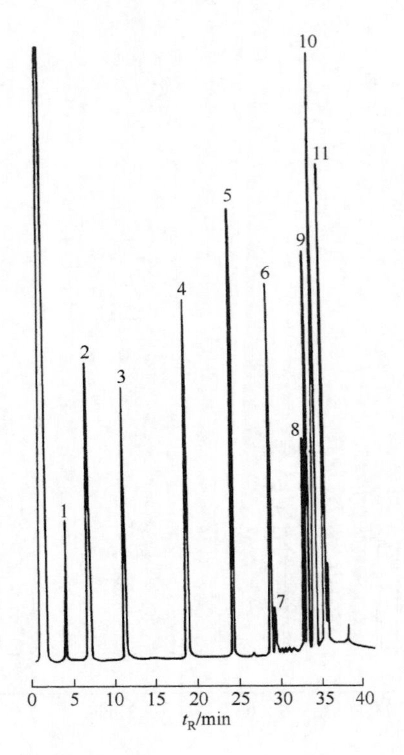

图 24-81 $C_8 \sim C_{18}$ 脂肪酸甲酯[58]

色谱峰：1—辛酸甲酯；2—壬酸甲酯；3—癸酸甲酯；4—月桂酸甲酯；5—肉豆蔻酸甲酯；6—棕榈酸甲酯；7—棕榈油酸甲酯；8—硬脂酸油酯；9—油酸甲酯；10—亚油酸甲酯；11—亚麻酸甲酯

色谱柱：Carbowax 20M，13m×0.25mm，1μm

柱 温：80℃（5min）→220℃，5℃/min

载 气：N_2，10cm/s

检测器：FID

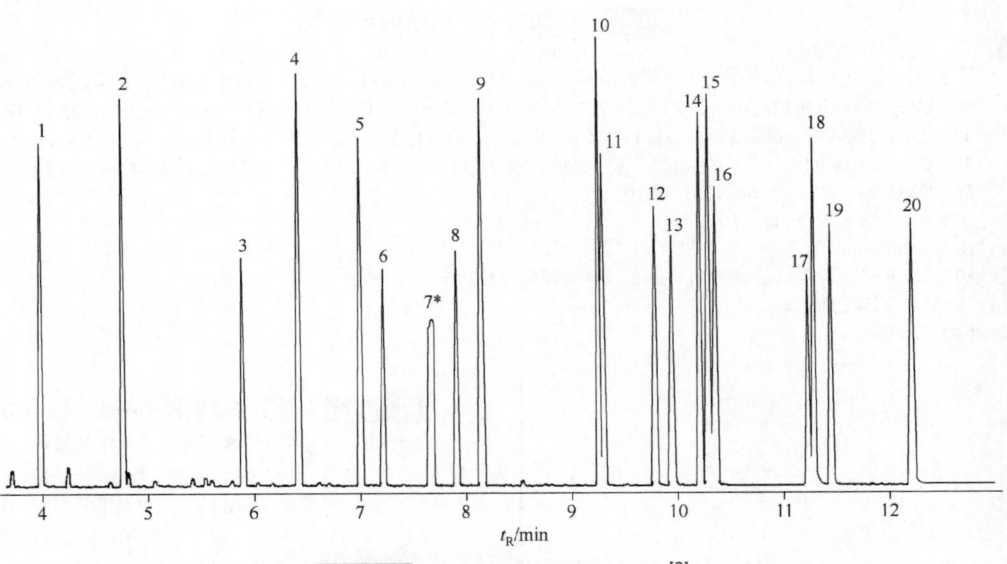

图 24-82 邻苯二甲酸酯（一）[6]

色谱峰：1—邻苯二甲酸二甲酯；2—邻苯二酸二乙酯；3—苯甲酸酯(IS)；4—邻苯二甲酸二异丁酯；5—邻苯二甲酸二正丁酯；6—邻苯二甲酸二(4-甲氧基甲基)酯；7—邻苯二甲酸二(4-甲基-2-戊基)酯*；8—邻苯二甲酸二(2-甲氧基甲基)酯；9—邻苯二甲酸二戊酯；10—邻苯二甲酸二己酯；11—邻苯二甲酸丁苄酯；12—邻苯二甲酸己(2-乙基己基)酯；13—邻苯二甲酸二(2-*n*-丁氧基乙基)酯；14—苯二甲酸二苯己酯；15—邻苯二甲酸二(2-乙基己基)酯；16—邻苯二甲酸二苯酯(SS)；17—间苯二酸二苯酯(SS)；18—邻苯二甲酸二正辛酯；19—邻苯二甲酸二苄酯(SS)；20—邻苯二甲酸二壬酯；*—两种异构体；IS—内标；SS—替代标样

色谱柱：DB-5ms，20m×0.18mm，0.18μm

载 气：He，49cm/s，恒流

柱 温：80℃（0.5min）$\xrightarrow{30℃/min}$ 160℃ $\xrightarrow{15℃/min}$ 320℃

气化室：300℃，不分流

检测器：MS，*m/z* 50～400全扫描

传输线温度：325℃

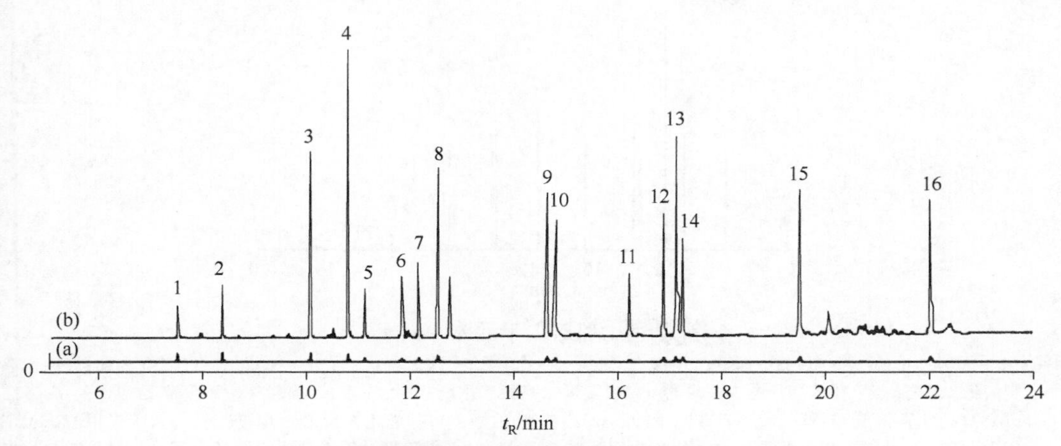

图 24-83 邻苯二甲酸酯（二）[59]

色谱峰：1—酞酸二甲酯；2—酞酸二乙酯；3—邻苯二甲酸二异丁酯；4—酞酸二丁酯；5—邻苯二甲酸-2-甲氧乙酯；6—邻苯二甲酸-4-甲基-2-戊酯；7—邻苯二甲酸-2-乙氧基乙酯；8—邻苯二甲酸二戊基基酯；9—邻苯二甲酸二己基基酯；10—邻苯二甲酸丁苄酯；11—邻苯二甲酸-2-丁氧基乙酯；12—邻苯二甲酸二环己基酯；13—邻苯二甲酸-2-乙基己酯；14—邻苯二甲酸二苯酯；15—邻苯二甲酸-*N*-辛酯；16—邻苯二甲酸二壬酯

色谱柱：Rxi®-5ms，30m×0.25mm，0.25μm

柱　温：60℃（10min）$\xrightarrow{20℃/min}$ 220℃（10min）$\xrightarrow{5℃/min}$ 280℃（4min）

载　气：He，1.0mL/min

气化室：250℃

检测器：MS

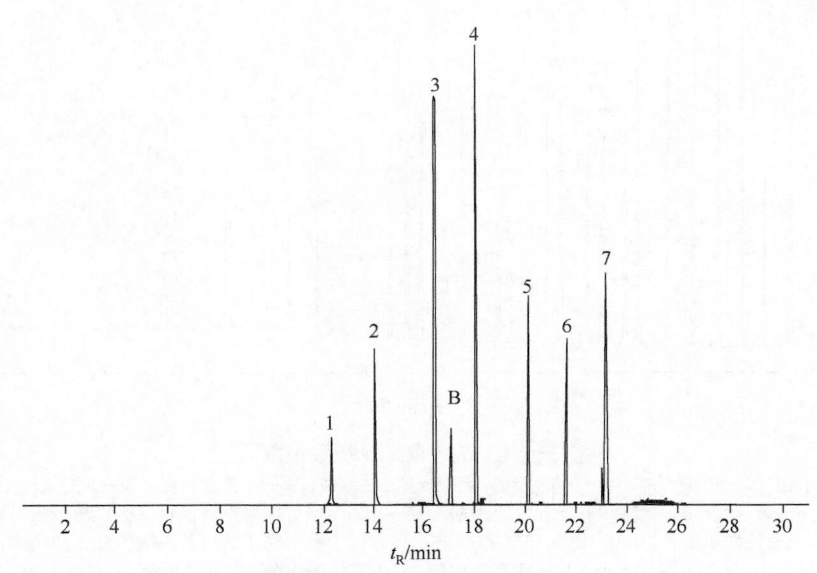

图 24-84 邻苯二甲酸酯（三）[60]

色谱峰：1—邻苯二甲酸二甲酯；2—邻苯二甲酸二乙酯；3—蒽；4—二丁基邻苯二甲酸酯；5—邻苯二甲酸丁基环己基；6—邻苯二甲酸丁苄酯；7—二(2-乙基己基)邻苯二甲酸；B—空白

色谱柱：SE-54，30m×250μm，0.23μm

柱　温：50℃(1min) $\xrightarrow{10℃/min}$ 300℃(10min)

载　气：He，1.0mL/min

气化室：280℃

检测器：IT-MS

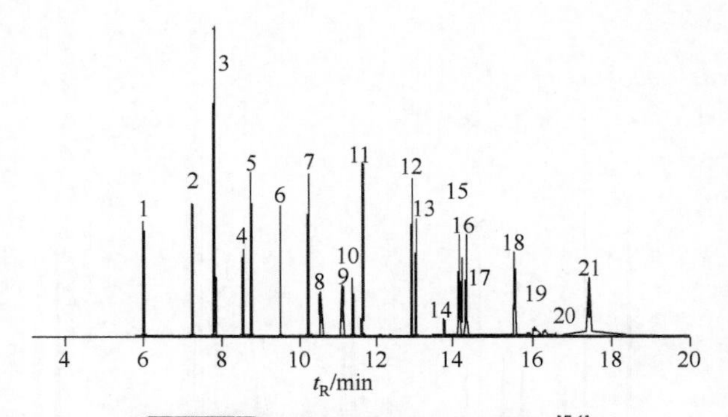

图 24-85 邻苯二甲酸酯（四）[54]

色谱峰：1—邻苯二甲酸二甲酯；2—邻苯二甲酸二乙酯；3—邻苯二甲酸二异丙酯；4—邻苯二甲酸二烯丙酯；5—邻苯二甲酸二丙酯；6—邻苯二甲酸二异丁酯；7—邻苯二甲酸二丁酯；8—邻苯二甲酸二(2-甲氧基)乙酯；9—邻苯二甲酸二(4-甲基-2-戊基)酯；10—邻苯二甲酸二(2-乙氧基)乙酯；11—邻苯二甲酸二戊酯；12—邻苯二甲酸二己酯；13—邻苯二甲酸丁基苄基酯；14—邻苯二甲酸二(2-丁氧基)乙酯；15—邻苯二甲酸二环己酯；16—邻苯二甲酸二(2-乙基)己酯；17—邻苯二甲酸二苯酯；18—邻苯二甲酸二正辛酯；19—邻苯二甲酸二正壬酯；20—邻苯二甲酸二异壬酯；21—邻苯二甲酸二异癸酯

色谱柱：AB-5MS，30m×0.25mm，0.25μm　　气化室：250℃

柱　温：60℃（1min）$\xrightarrow{20℃/min}$ 220℃（1min）$\xrightarrow{5℃/min}$ 280℃（4min）　　检测器：MS

载　气：He，1mL/min

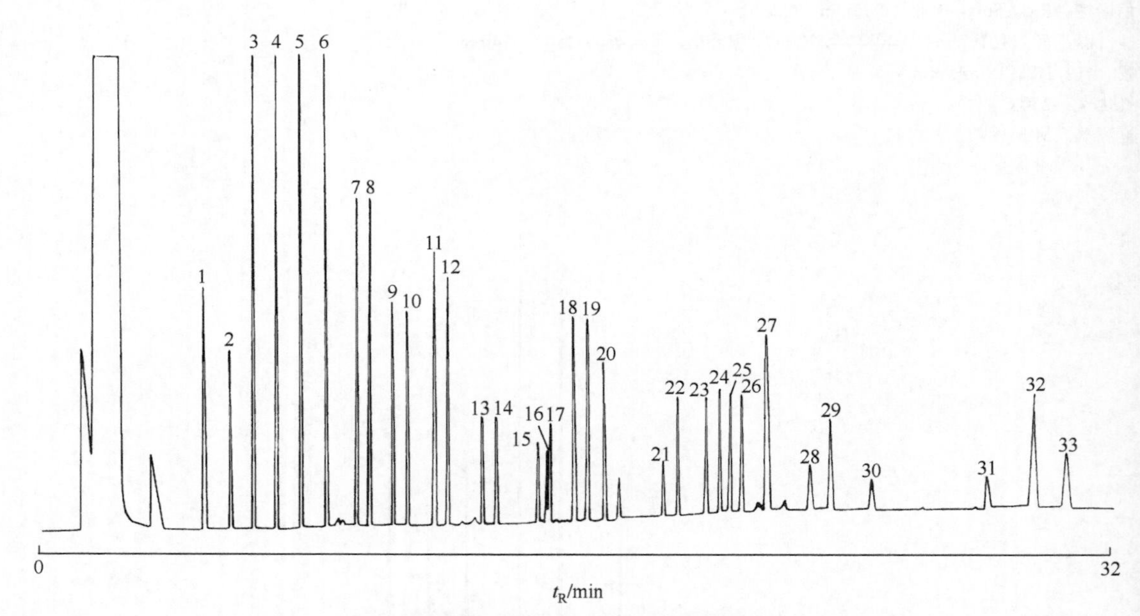

图 24-86 C_8 ~ C_{24} 脂肪酸甲酯[50]

色谱峰：1—辛酸甲酯；2—壬酸甲酯；3—癸酸甲酯；4—十一烷酸甲酯；5—月桂酸甲酯；6—十三烷酸甲酯；7—肉豆蔻酸甲酯；8—肉豆蔻脑酸甲酯；9—十五烷酸甲酯；10—十五碳-10-烯酸甲酯；11—棕榈酸甲酯；12—棕榈油酸甲酯；13—十七烷酸甲酯；14—十七碳-10-烯酸甲酯；15—硬脂酸甲酯；16—反油酸甲酯；17—顺油酸甲酯；18—亚油酸甲酯；19—γ-亚油酸甲酯；20—亚麻酸甲酯；21—花生酸甲酯；22—二十碳-11-烯酸甲酯；23—二十碳-11,14-二烯酸甲酯；24—高-γ-亚油酸甲酯；25—花生四烯酸甲酯；26—二十碳-11,14,17-三烯酸甲酯；27—全顺二十碳-5,8,11,14,17-五烯酸甲酯；28—山嵛酸甲酯；29—芥酸甲酯；30—二十二碳-13,16-二烯酸甲酯；31—全顺二十二碳-4,7,10,13,16,19-六烯酸甲酯；32—二十四烷酸甲酯；33—神经酸甲酯

色谱柱：DB-225，30m×0.25mm，0.25μm　　检测器：FID

柱　温：70℃（1min）$\xrightarrow{20℃/min}$ 180℃ $\xrightarrow{3℃/min}$ 220℃（15min）　　气化室温度：250℃

载　气：He，40℃/s（70℃）　　检测器温度：300℃

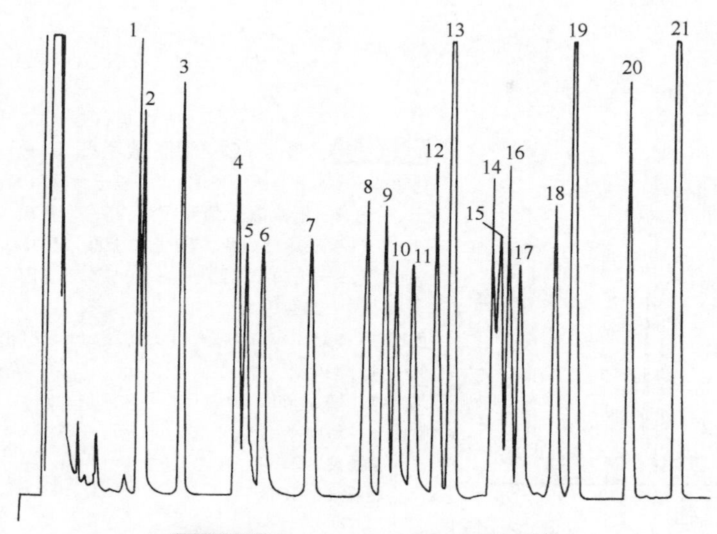

图 24-87　C_{11} ~ C_{20} 脂肪酸甲酯[61]

色谱峰：1—十一酸甲酯；2—2-羟基癸酸甲酯；3—十二酸甲酯；4—十三酸甲酯；5—2-羟基十二酸甲酯；6—3-羟基十二酸甲酯；7—十四酸甲酯；8—12-甲基十四酸甲酯；9—十五酸甲酯；10—2-羟基十四酸甲酯；11—3-羟基十四酸甲酯；12—十六烯酸甲酯；13—十六酸甲酯；14—14-甲基十六酸甲酯；15—DL-顺-9，10-甲基十六酸甲酯；16—十七酸甲酯；17—2-羟基十六酸甲酯；18—十八烯酸甲酯；19—十八酸甲酯；20—十九酸甲酯；21—二十酸甲酯

色谱柱：2% OV-101，Chromosorb W HP（100～120目），3.33m×2mm

柱　温：160℃ $\xrightarrow{3℃/min}$ 178℃（2min） $\xrightarrow{7℃/min}$ 220℃（2min） $\xrightarrow{10℃/min}$ 260℃

载　气：N_2，30mL/min

检测器：FID

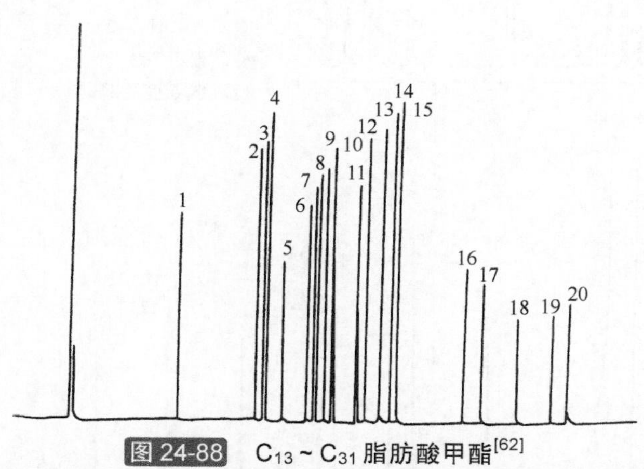

图 24-88　C_{13} ~ C_{31} 脂肪酸甲酯[62]

色谱峰：1—正十三酸甲酯；2—正十六酸甲酯；3—反棕榈油酸甲酯；4—顺棕榈油酸甲酯；5—正十七酸甲酯；6—正十八酸甲酯；7—反油酸甲酯；8—顺油酸甲酯；9—反亚油酸甲酯；10—顺亚油酸甲酯；11—二十酸甲酯；12—二十碳一烯酸甲酯；13—二十碳二烯酸甲酯；14—二十碳三烯酸甲酯；15—二十碳四烯酸甲酯；16—二十五酸甲酯；17—二十六酸甲酯；18—二十八酸甲酯；19—三十酸甲酯；20—三十一酸甲酯

色谱柱：BP×70，25m×0.22mm，0.25μm

柱　温：100℃→300℃（5min），4℃/min

检测器：FID

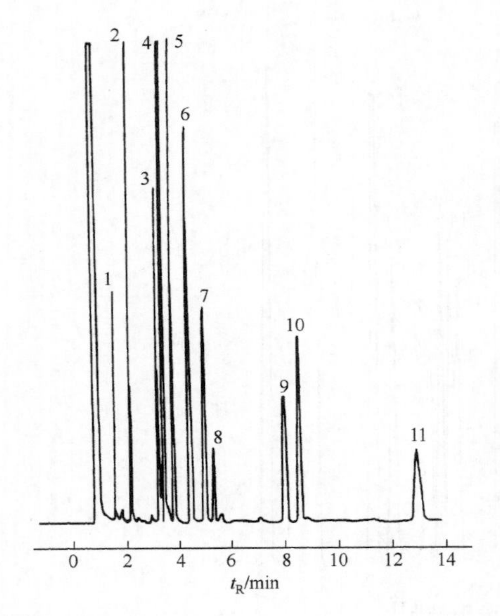

图 24-89 C_{14} ~ C_{24} 脂肪酸甲酯（一）[63]

色谱峰：1—正十四酸甲酯；2—正十六酸甲酯；3—正十八酸甲酯；4—十八碳一烯酸甲酯；5—十八碳二烯酸甲酯；6—十八碳三烯酸甲酯；7—正二十酸甲酯；8—二十碳一烯酸甲酯；9—正二十二酸甲酯；10—二十二碳一烯酸甲酯；11—正二十四酸甲酯

色谱柱：Supelcowax 10，30m×0.53mm，1.0μm

柱 温：240℃

载 气：He，5mL/min

检测器：FID

气化室温度：250℃

检测器温度：260℃

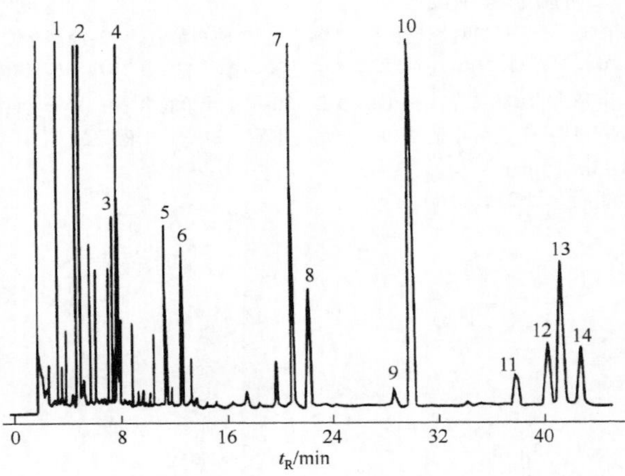

图 24-90 C_{14} ~ C_{24} 脂肪酸甲酯（二）[63]

色谱峰：1—正十四酸甲酯；2—正十六酸甲酯；3—正十八酸甲酯；4—油酸甲酯；5—十八碳四烯酸甲酯；6—正二十酸甲酯；7—二十碳五烯酸甲酯；8—正二十二酸甲酯；9—二十一碳五烯酸甲酯；10—正二十三酸甲酯；11—二十二碳五烯酸甲酯；12—正二十四酸甲酯；13—二十二碳六烯酸甲酯；14—神经酸甲酯

色谱柱：Omegawax 320，30m×0.32mm，0.25μm

柱 温：200℃

载 气：He，25cm/s

检测器：FID

检测器温度：260℃

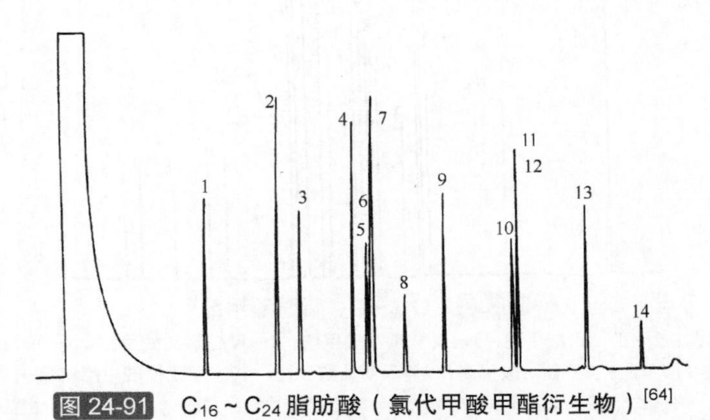

图 24-91 C_{16} ~ C_{24} 脂肪酸（氯代甲酸甲酯衍生物）[64]

色谱峰：1—十四酸；2—十六酸；3—棕榈油酸；4—十八酸；5—反油酸；6—岩芹酸；7—顺油酸；8—亚油酸；9—亚麻酸；10—巴西烯酸；11—芥酸；12—二十碳四烯酸；13—神经酸；14—二十二碳六烯酸

色谱柱：CP-Sil 88，25m×0.25mm，0.2μm

柱 温：130℃（1min）→240℃，10℃/min

载 气：He

检测器：FID

气化室温度：270℃

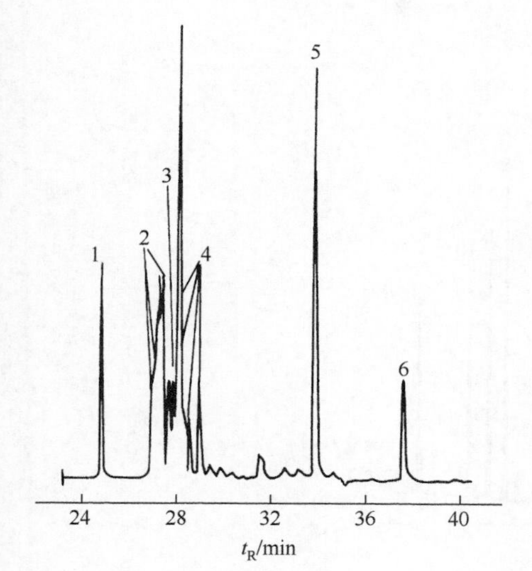

图 24-92　脂肪酸甲酯异构物[63]

色谱峰：1—C18：0；2—C18：1反式异构物；3—C18：1顺式和反式异构物；4—C18：1顺式异构物；5—C18：2；6—C20：0

色谱柱：SP-2560，100m×0.25mm，0.20μm

柱　温：175℃

载　气：He，20cm/s（175℃）

检测器：FID

气化室温度：200℃

检测器温度：200℃

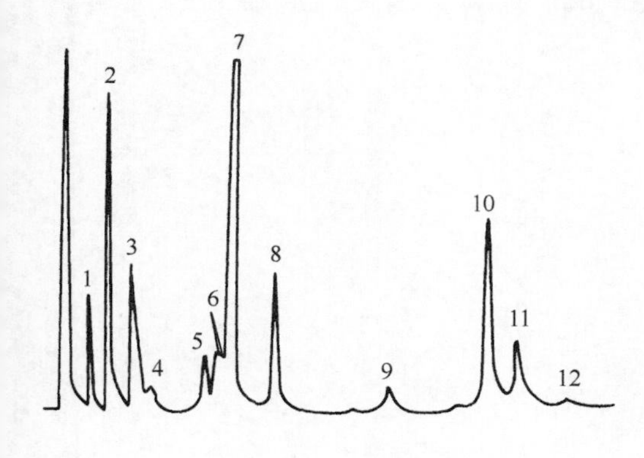

图 24-93　脂肪酸甲酯[65]

色谱峰：1—丙酮酸甲酯；2—乳酸甲酯；3—乙醇酸甲酯；4—草酸二甲酯；5—丙二酸二甲酯；6—反-丁烯二酸二甲酯；7—乙酰丙酸甲酯；8—顺-丁烯二酸二甲酯；9—苹果酸二甲酯；10—酒石酸二甲酯；11—柠檬酸三甲酯；12—吡咯烷羧酸甲酯

色谱柱：5%新戊二醇丁二酸酯，Chromosorb W HMDS，0.83m×3mm

柱　温：64℃→186℃，6℃/min

载　气：He，50mL/min

检测器：FID

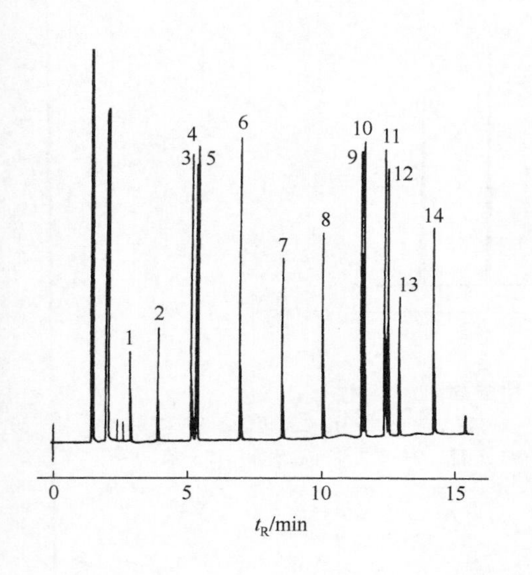

图 24-94　二羧酸二甲酯[7]

色谱峰：1—草酸二甲酯；2—丙二酸二甲酯；3—富马酸二甲酯；4—丁二酸二甲酯；5—马来酸二甲酯；6—戊二酸二甲酯；7—己二酸二甲酯；8—庚二酸二甲酯；9—辛二酸二甲酯；10—邻苯二酸二甲酯；11—对苯二酸二甲酯；12—间苯二酸二甲酯；13—壬二酸二甲酯；14—癸二酸二甲酯

色谱柱：BPI，25m×0.22mm，0.25μm

柱　温：60℃→240℃，10℃/min

检测器：FID

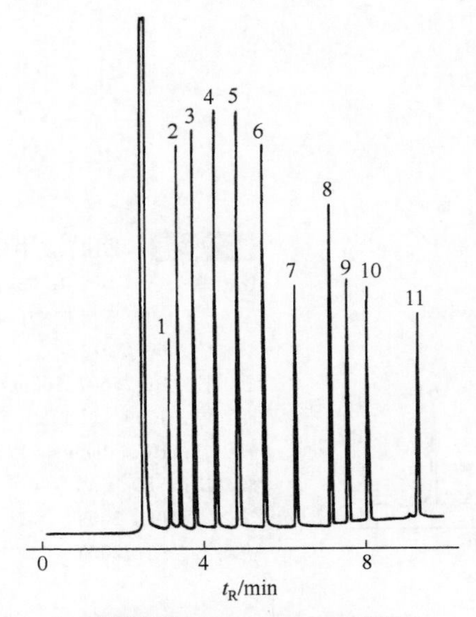

图 24-95 二元酸甲酯[66]

色谱峰：1—苹果酸二甲酯；2—丁二酸二甲酯；3—戊二酸二甲酯；4—己二酸二甲酯；5—庚二酸二甲酯；6—辛二酸二甲酯；7—壬二酸二甲酯；8—癸二酸二甲酯；9—对苯二酸二甲酯；10—间苯二酸二甲酯；11—邻苯二酸二甲酯

色谱柱：SP-2380，30m×0.25mm

柱　温：170℃→200℃，4℃/min

载　气：He，20cm/s

检测器：FID

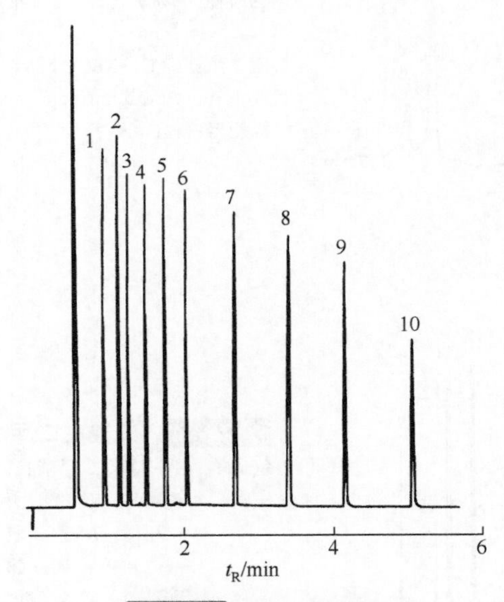

图 24-96 苯二甲酸酯

色谱峰：1—苯二甲酸二甲酯；2—苯二甲酸二乙酯；3—苯二甲酸二异丙酯；4—苯二甲酸二正丙酯；5—苯二甲酸二异丁酯；6—苯二甲酸二正丁酯；7—苯二甲酸二正戊酯；8—苯二甲酸二己酯；9—苯二甲酸二庚酯；10—苯二甲酸二辛酯

色谱柱：BP21，12m×0.22mm，0.25μm

柱　温：200℃→280℃，20℃/min

检测器：FID

第三节 酮、醛与醚的色谱图

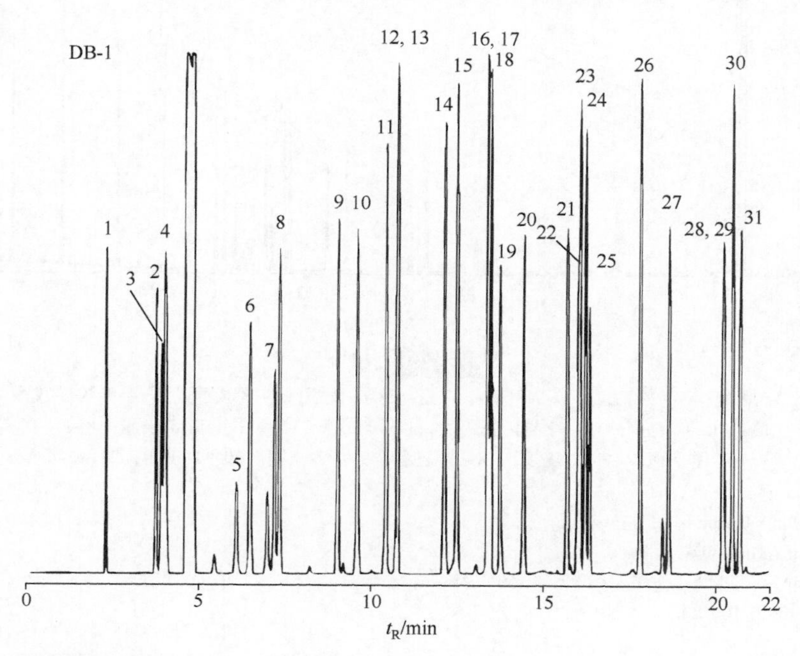

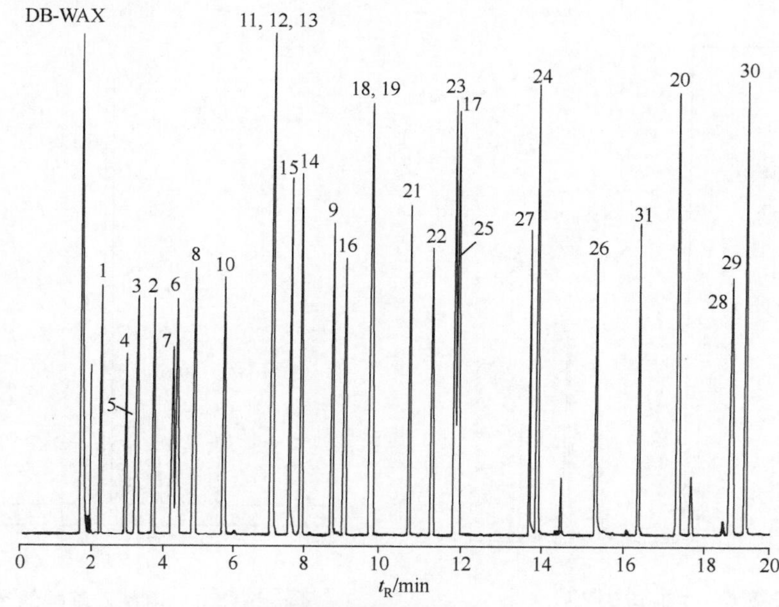

图 24-97 醛和酮[6]

色谱峰：1—乙醛；2—丙烯醛；3—丙酮；4—丙醛；5—异丁醛；6—甲基丙烯醛；7—丁醛；8—2-丁酮(MEK)；9—巴豆醛；10—3-甲基-2-丁酮；11—2-戊酮；12—3-戊酮；13—正戊醛（戊醛）；14—4-甲基-2-戊醇(MIBK)；15—2-甲基-3-戊醇；16—3-己酮；17—环戊酮；18—2-己酮；19—己醛；20—糠醛；21—4-庚酮；22—3-庚酮；23—2-庚酮；24—环己酮；25—庚醛；26—苯甲醛；27—辛醛；28—邻-甲苯甲醛；29—间-甲苯甲醛；30—对-甲苯甲醛；31—壬醛

色谱柱：DB-1，30m×0.32mm，3.00μm；DB-WAX，30m×0.32mm，0.50μm

载　气：He，32cm/s

气化室：250℃，分流比1∶100

柱　温：40℃（5min）→210℃，10℃/min

检测器：FID，300℃

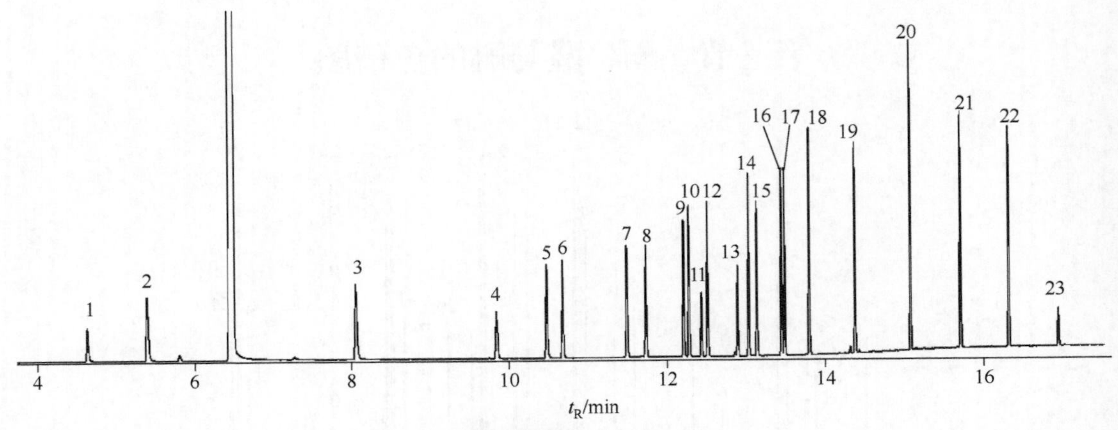

图 24-98 酮[56]

色谱峰：1—乙醇；2—丙酮；3—2-丁酮；4—3-甲基-2-丁酮；5—2-戊酮；6—3-戊酮；7—4-甲基-2-戊酮；8—3-甲基-2-戊酮；9—3-己酮；10—2-己酮；11—亚异丙基丙酮；12—环戊酮；13—2-甲基-3-己酮；14—4-甲基-2-己酮；15—5-甲基-2-己酮；16—3-庚酮；17—2-庚酮；18—环己酮；19—2-辛酮；20—2-壬酮；21—2-癸酮；22—2-十一酮；23—2-十二酮

色谱柱：BPX5，60m×0.25mm，1.0μm

载 气：He，1.9mL/min，恒流

柱 温：40℃ (5min) $\xrightarrow{10℃/min}$ 80℃ $\xrightarrow{30℃/min}$ 260℃ (4min)

气化室：250℃，分流比100∶1

检测器：FID，360℃

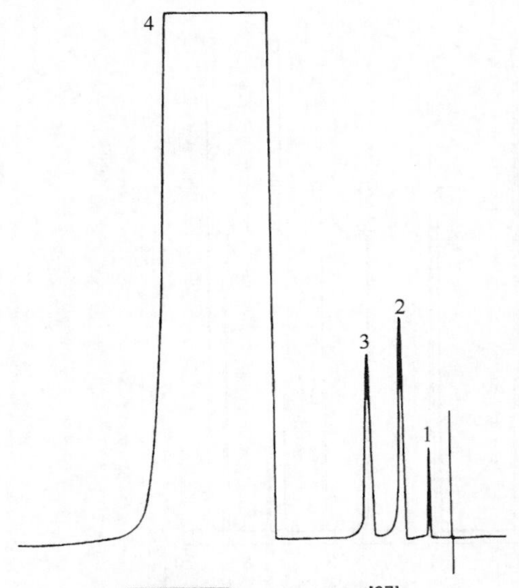

图 24-99 工业丙酮[67]

色谱峰：1—空气；2—水；3—甲醇；4—丙酮

色谱柱：GDX-104（80～100目），2m×4mm

柱 温：124℃

载 气：H_2，42mL/min

检测器：TCD

气化室温度：150℃

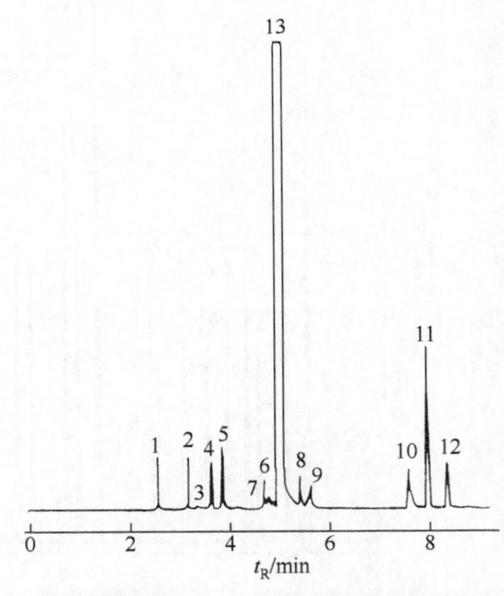

图 24-100 甲基乙基酮的杂质[68]

色谱峰：1—二异丙基醚；2—二丙基醚；3—仲-丁基醚；4—丙酮；5—1-辛烯；6—乙酸乙酯；7—甲醇；8—异丙醇；9—乙醇；10—叔丁醇；11—仲丁醇；12—正丙醇；13—甲基乙基酮

色谱柱：Supelcowax 10，30m×0.32mm，0.50μm

柱 温：50℃（4min）→100℃，8℃/min

载 气：He，25cm/s

检测器：FID

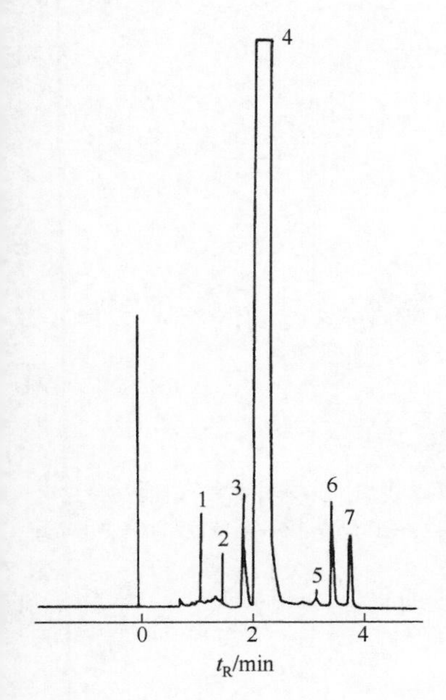

图 24-101 甲基异丁基酮的杂质[68]

色谱峰：1—丙酮；2—2-丙醇；3—2-戊酮+3-戊酮；4—甲基异丁基酮；5—α-异亚丙基丙酮；6—β-异亚丙基丙酮；7—甲基异丁基甲醇

色谱柱：Supelcowax 10，30m×0.32mm，0.25μm

柱　温：70℃

载　气：He，25cm/s

检测器：FID

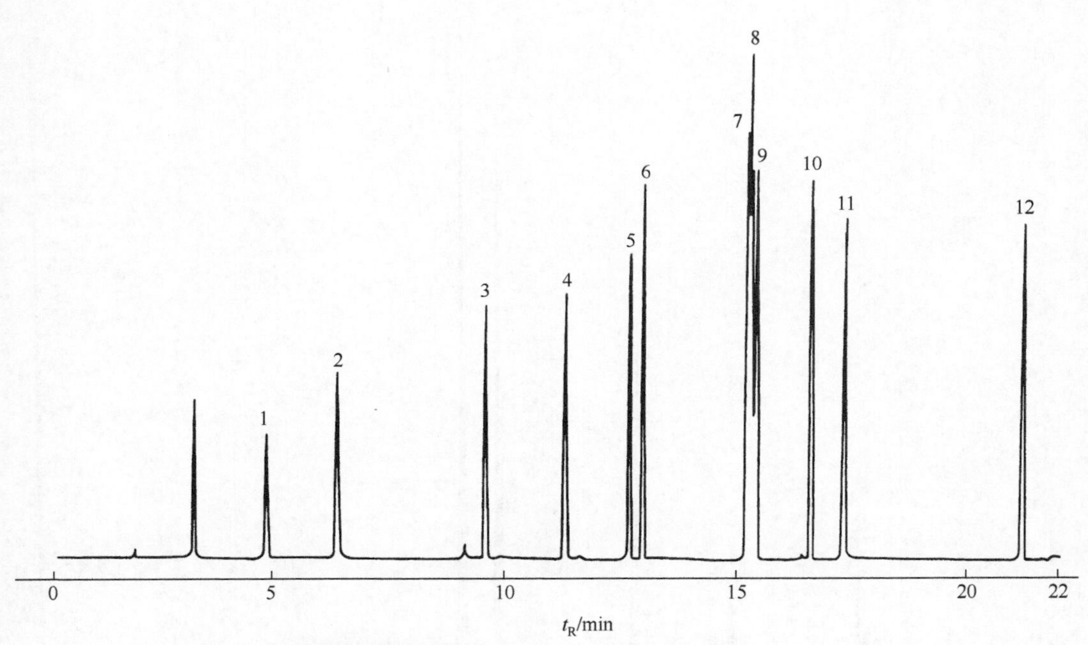

图 24-102 酮——NIOSH 方法 1300～1301[50]

色谱峰：1—丙酮；2—甲乙酮；3—戊酮-2；4—甲基异丁基酮；5—2-已酮；6—异亚丙基丙酮；7—乙基丁基酮；8—甲基戊基酮；9—环已酮；10—乙基戊基酮；11—二异丁基酮；12—2-莰酮

色谱柱：DB-1，30m×0.32mm，3.0μm

柱　温：40℃（5min）→210℃，10℃/min

载　气：He，35cm/s（40℃）

检测器：FID

气化室温度：250℃

检测器温度：300℃

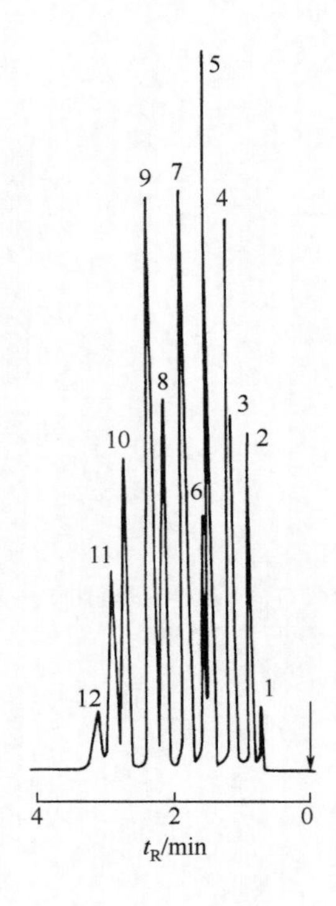

图 24-103 部分脂肪酮[69]

色谱峰：1—丙酮；2—2-丁酮；3—3-戊酮；4—2-戊酮；5—4-甲基-2-戊酮；6—2,2-二甲基-3-戊酮；7—4-甲基-3-戊烯-2-酮；8—环戊酮；9—4-庚酮；10—3-庚酮；11—2-庚酮；12—环己酮

色谱柱：1% Carbowax 20M，Pollosil HC（30～40μm），1.2m×3mm

柱 温：122℃

检测器：FID

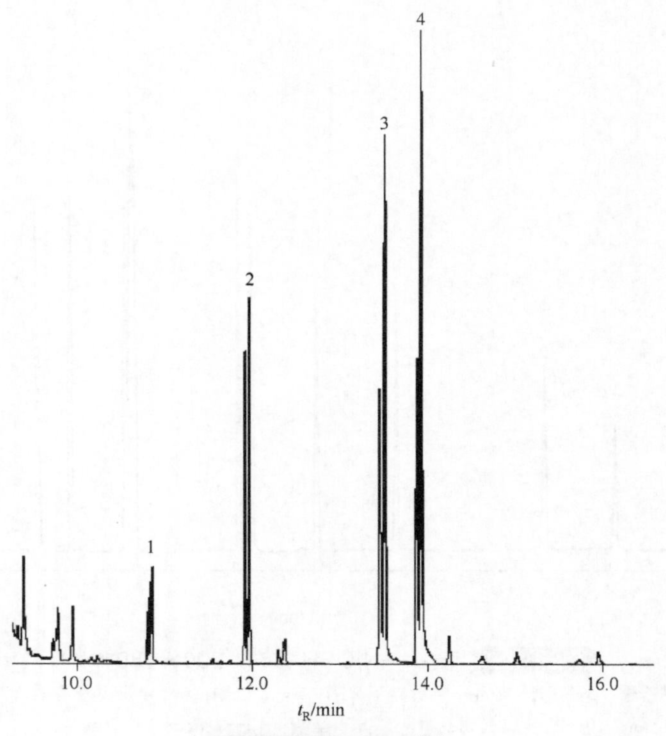

图 24-104 醛类[70]

色谱峰：1—丙醛肟化物；2—丁酮肟化物；3—己醛肟化物；4—庚醛肟化物

色谱柱：HP-5MS，30m×0.25mm，0.25μm

载 气：He，1.0mL/min

气化室：250℃

检测器：MS

柱 温：40℃(1min)→280℃(5min)，10℃/min

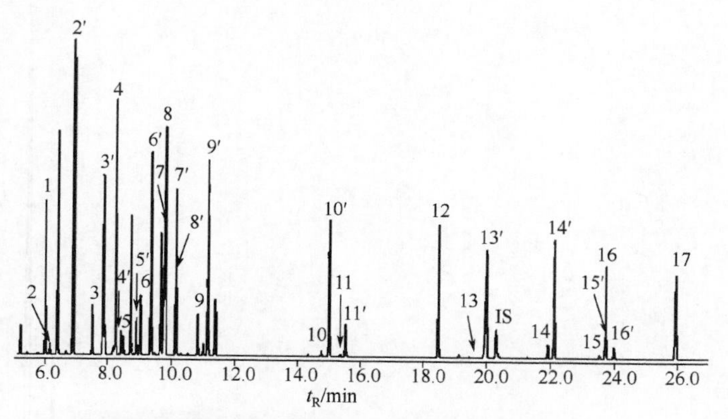

图 24-105　酮酸（EO/TBDMS 衍生化）[71]

色谱峰：1—乙醛酸；2,2′—丙酮酸；3,3′—*α*-丁酮酸；4,4′—*α*-酮异戊酸；5,5′—乙酰乙酸；6,6′—*α*-戊酮酸；7,7′—*α*-酮异己酸；8,8′—*α*-酮-*β*-甲基戊酸；9,9′—*α*-己酮酸；10,10′—*α*-辛酮酸；11,11′—*α*-酮-*β*-甲硫丁酸；12—酮丙二酸；13,13′—草酰乙酸；14,14′—*α*-酮戊二酸；15,15′—*α*-酮己二酸；16,16′—*β*-酮己二酸；17—*γ*-酮庚二酸

色谱柱：HP Ultra-2，25m×0.20mm，0.11μm

柱　温：100℃（2min）$\xrightarrow{5℃/min}$ 250℃ $\xrightarrow{20℃/min}$ 300℃（5min）

载　气：He，0.5mL/min

气化室：260℃

检测器：MS

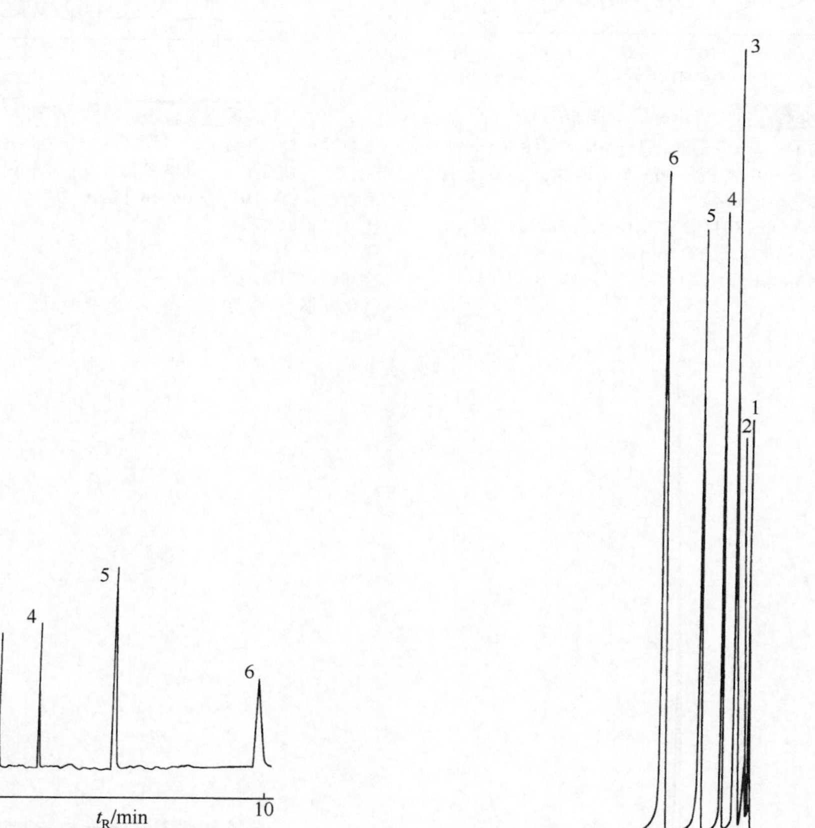

图 24-106　C_3 ~ C_8 酮[3]

色谱峰：1—丙酮；2—丁酮；3—戊酮；4—己酮；5—庚酮；6—辛酮

色谱柱：PoraPLOT Q，25m×0.32mm

柱　温：210℃

载　气：H_2

检测器：FID

图 24-107　C_6 ~ C_{11} 脂肪酮[72]

色谱峰：1—2-己酮；2—2-庚酮；3—2-辛酮；4—2-壬酮；5—2-癸酮；6—2-十一酮

色谱柱：甲基乙烯基硅氧烷，18m×0.27mm

柱　温：140℃

载　气：N_2，39.1cm/s

检测器：FID

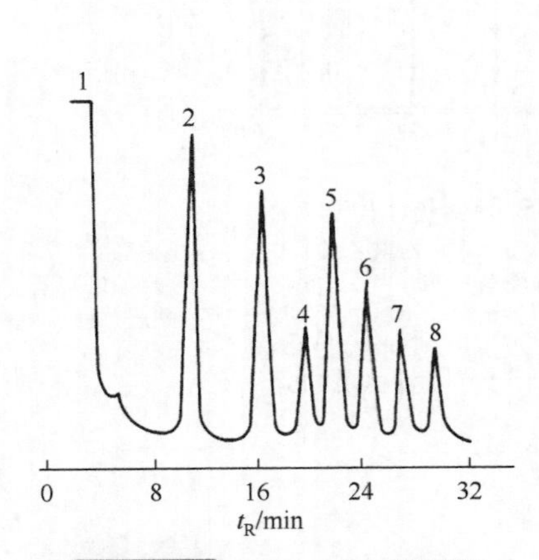

图 24-108 C_{10} ~ C_{16} 脂肪酮

色谱峰：1—丙酮；2—5-壬酮；3—6-十一酮；4—3-十二酮；5—4-十三酮；6—5-十四酮；7—6-十五酮；8—6-十六酮

色谱柱：Tanax（60～80目）；0.61m×2mm

柱　温：150℃→300℃，5℃/min

载　气：N_2，15mL/min

检测器：FID

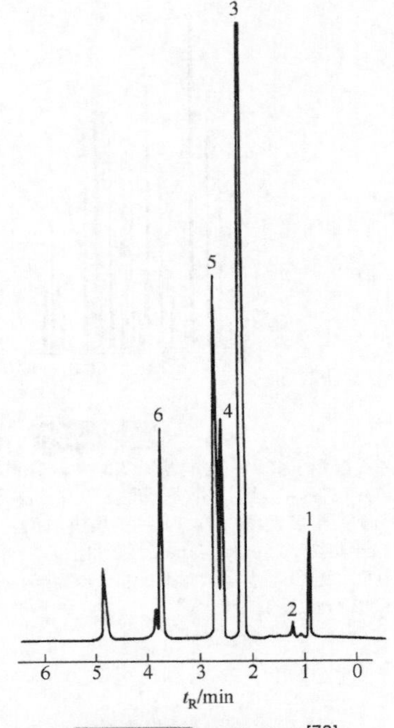

图 24-109 吡呐酮[73]

色谱峰：1—丙酮；2—异丙醇；3—吡呐酮；4—4-甲基-2-戊酮；5—吡呐基醇；6—异亚丙基丙酮

色谱柱：OV-101，27m×0.25mm

柱　温：60℃

载　气：N_2

检测器：FID

气化室温度：150℃

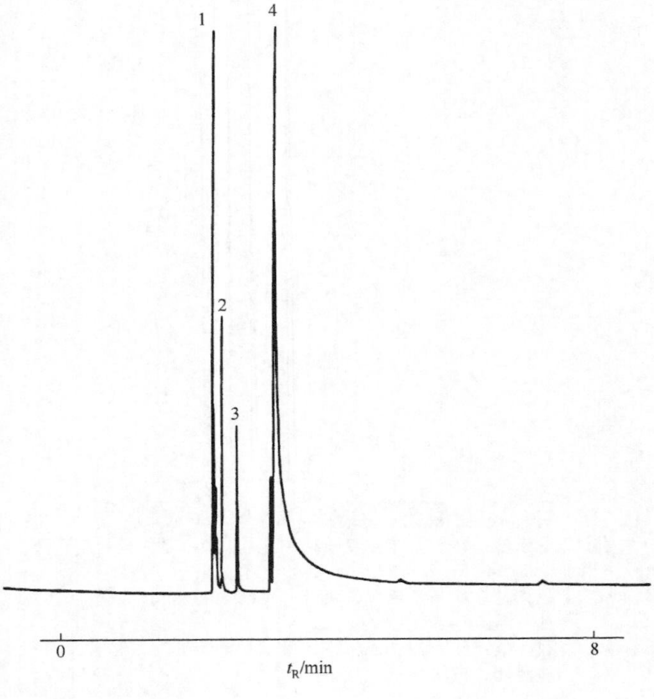

图 24-110 福尔马林[74]

色谱峰：1—空气；2—甲醛；3—甲醇；4—水

色谱柱：Carbowax 20M，50m×0.25mm

柱　温：70℃

载　气：He

检测器：HID

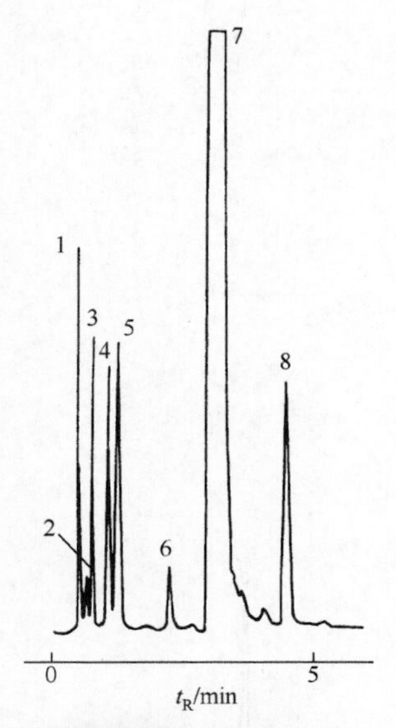

图 24-111　脂肪醛[45]

色谱峰：1—乙醛；2—乙醇；3—丙醛；4—异丁醛；5—正丁醛；6—乙醛缩二乙醇；7—全氯乙烯；8—苯甲醛

色谱柱：CP-Sil 5 CB，10m×0.53mm，5.0μm

柱　温：50℃→200℃，10℃/min

载　气：N_2，10mL/min

检测器：FID

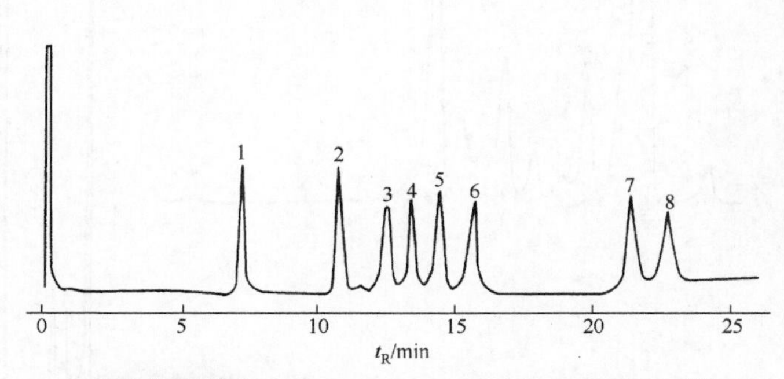

图 24-112　醛类（2,4-二硝基苯腙衍生物）[75]

色谱峰：1—蒽；2—甲醛；3—乙醛；4—丙醛；5—正丁醛；6—正戊醛；7—苯醛；8—对甲苯醛

色谱柱：4% OV-17，Chromosorb G AW-HMDS（80目～100目），1.22m×6mm

柱　温：150℃→300℃，7.5℃/min

载　气：He，60mL/min

检测器：FID

检测器温度：300℃

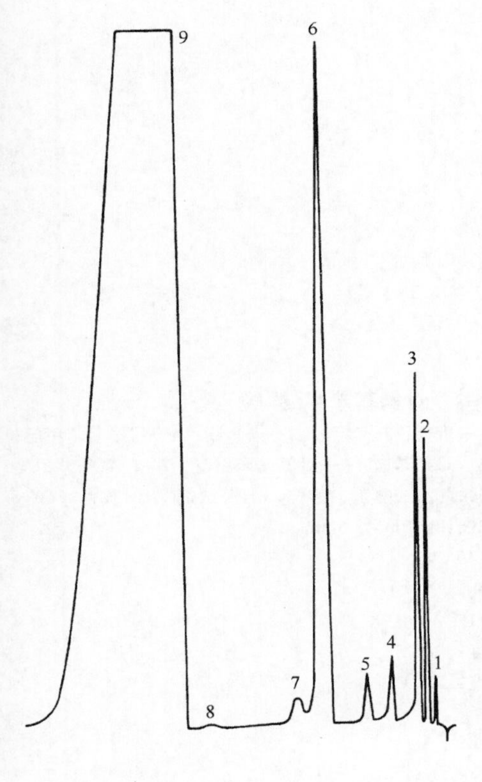

图 24-113　工业乙醚[76]

色谱峰：1—空气；2—乙烯；3—水；4—甲醇；5—乙醛；6—乙醇；7—未知物；8—丙酮；9—乙醚

色谱柱：上海试剂厂408有机载体（60～80目），3m×3mm

柱　温：110℃

载　气：H_2，25mL/min

检测器：TCD

气化室温度：250℃

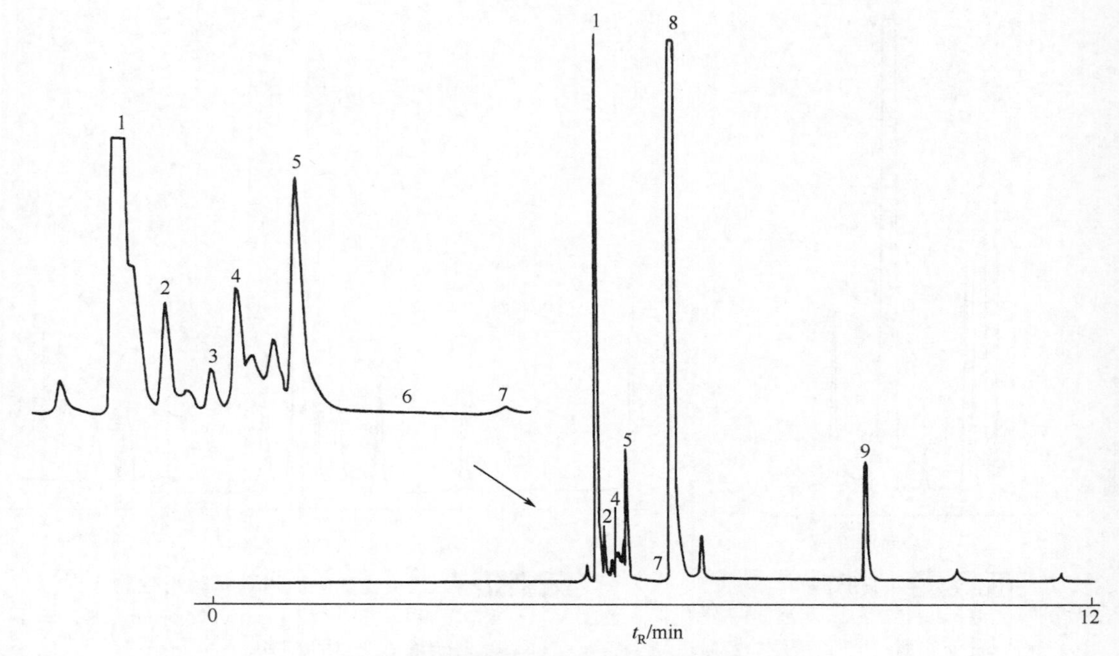

图 24-114 粗叔丁基甲基醚[50]

色谱峰：1—异戊烷；2—1-戊烯；3—正戊烷；4—反-2-戊烯；5—叔丁醇；6—顺-2-戊烯；7—2-甲基-2-丁烯；8—叔丁基甲基醚；9—叔戊基甲基醚

色谱柱：DB-Petro 100，100m×0.25mm，0.5μm

柱　温：60℃（10min）→180℃，10℃/min

载　气：He，22.5cm/s（60℃）

检测器：FID

气化室温度：200℃

检测器温度：250℃

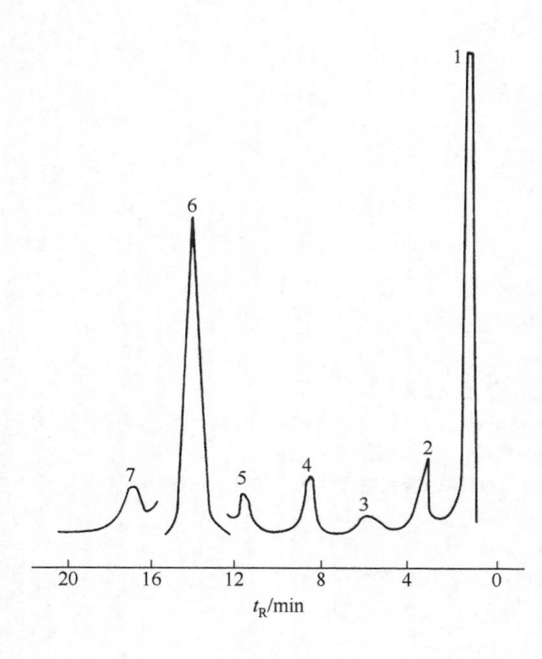

图 24-115 对氨基苯甲醚[77]

色谱峰：1—溶剂；2—苯胺；3—未知物；4—邻氨基苯甲醚；5—对氯苯胺；6—对氨基苯甲醚；7—间氨基苯甲醚

色谱柱：5%聚乙二醇丁二酸酯，上海试剂厂101载体（60～80目），2m×3.5mm

柱　温：140℃

载　气：N_2

检测器：FID

气化室温度：300℃

检测器温度：220℃

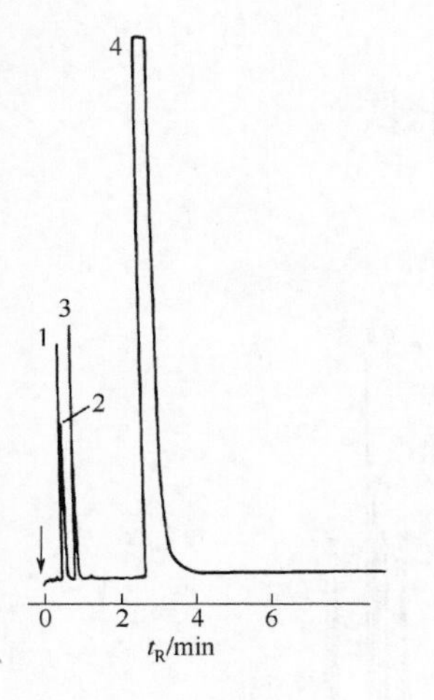

图 24-116 过氯乙烯中醚类[45]

色谱峰：1—氧化丙烯；2—甲醛缩二甲醇；3—氧化丁烯；4—过氯乙烯

色谱柱：CP-Sil 5 CB，10m×0.53mm，5.0μm

柱 温：50℃→250℃，15℃/min

载 气：N_2，10mL/min

检测器：FID

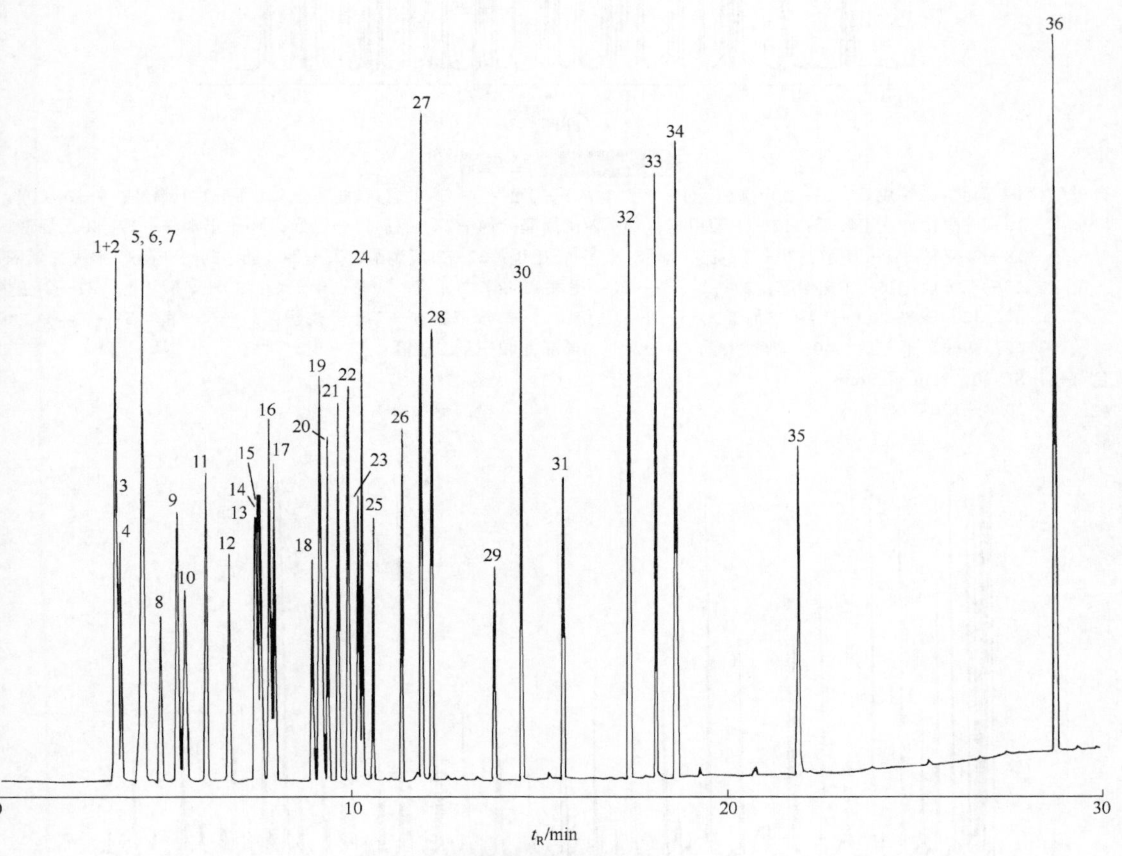

图 24-117 醚类[50]

色谱峰：1—乙基乙烯基醚；2—呋喃；3—乙醚；4—丙烯醛；5—乙腈；6—二氯甲烷；7—二硫化碳；8—丙烯腈；9—甲基叔丁基醚；10—正己烷；11—四氢呋喃；12—丙腈；13—甲基丁基醚；14—1,3-二噁茂烷；15—异丁烯腈；16—乙基烯丙基醚；17—甲基叔戊基醚；18—丙基醚；19—乙二醇二甲醚；20—乙基丁基醚；21—异辛烷；22—烯丙基醚；23—四氢吡喃；24—二乙二醇二甲醚；25—1,4-二噁烷；26—表氯乙醇；27—吡啶；28—嘧啶；29—二甲基呋喃；30—丁基醚；31—二甲基硫砜；32—哒嗪；33—苯胺；34—戊基醚；35—三乙二醇二甲醚；36—苄基醚

色谱柱：DB-624，30m×0.32mm，1.8μm

柱 温：35℃（5min）→260℃（10min），10℃/min

载 气：He，35cm/s

检测器：FID

气化室温度：250℃

检测器温度：300℃

第四节 含氧混合物的色谱图

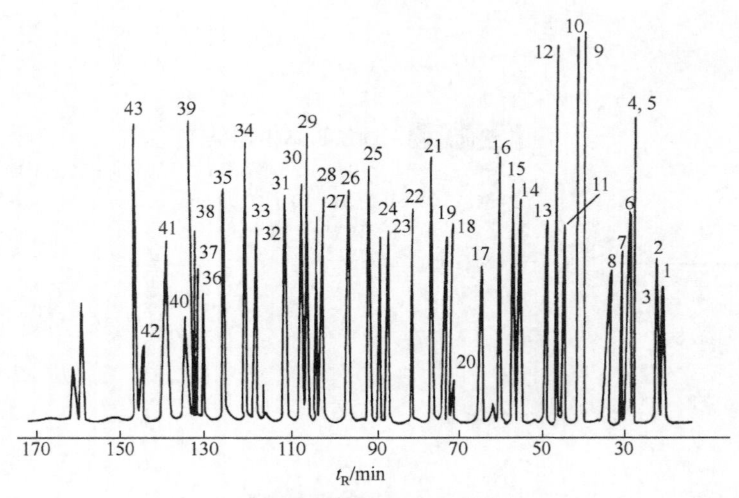

图 24-118 醛与酮[78]

色谱峰：1—丙醛；2—戊烷；3—二甲硫醚；4—丁二酮；5—丁醛；6—2-丁酮；7—正已烷；8—2-丁烯醛；9—2-戊酮；10—戊醛；11—正庚烷；12—丁酸甲酯；13—2-戊烯醛；14—2-已酮；15—已醛；16—正辛烷；17—2-已烯醛；18—2-庚酮；19—庚醛；20—2,4-已二烯醛；21—正壬烷；22—2-庚烯醛；23—2-辛酮；24—辛醛+2,4-庚二烯醛；25—正癸烷；26—2-辛烯醛；27—2-壬酮；28—壬醛+2,4-辛二烯醛；29—正十一烷；30—辛酸甲酯；31—2-壬烯醛；32—癸醛；33—2,4壬二烯醛；34—正十二烷；35—2-癸醛；36—2-十一烷酮；37—十一醛；38—2,4-癸二烯醛；39—正十三烷；40—辛酸甲酯；41—2-十二烯醛；42—十二烷醛；43—正十四烷

色谱柱：SE-30，78m×0.9mm

载　气：N_2

柱　温：30℃→170℃

检测器：FID

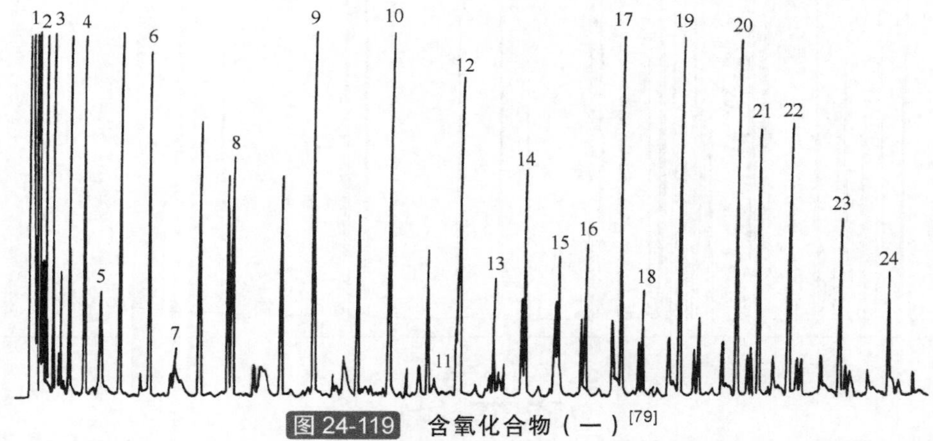

图 24-119 含氧化合物（一）[79]

色谱峰：1—乙醛+丙醛；2—丁醛；3—甲醇；4—乙醇；5—戊醛；6—丙醇；7—已醛；8—丁醇；9—戊醇；10—已醇；11—乙酸；12—庚醇；13—丙酸；14—辛醛；15—丁酸；16—壬醇；17—戊酸；18—癸醇；19—已酸；20—庚酸；21—联苯；22—辛酸；23—壬酸；24—癸酸

色谱柱：AT-100，50m×0.25mm

柱　温：40℃（5min）$\xrightarrow{5℃/min}$ 80℃（1min）$\xrightarrow{5℃/min}$ 210℃

载　气：He，1.0mL/min

气化室温度：240℃

检测器：FID

检测器温度：240℃

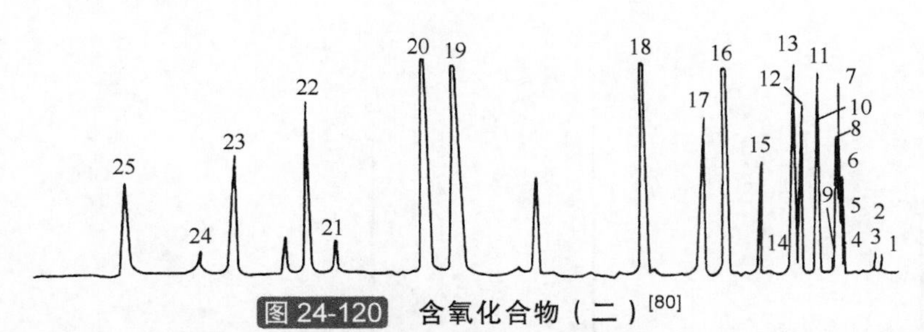

图 24-120　含氧化合物（二）[80]

色谱峰：1—甲酸甲酯；2—未知物；3—甲酸乙酯+2-甲基丙醛；4—乙酸乙酯+1-丁醛+1-甲醇；5—丁酮；6—丙酸乙酯；7—乙酸丙酯；8—1-戊醛；9—2-丁醇；10—丙醇；11—丁酸乙酯；12—2-甲基-1-丙醇+乙酸丁酯；13—甲基丁基酮；14—甲酸正戊酯；15—1-丁醇；16—乙酸正戊酯；17—3-甲基-1-丁醇；18—1-戊醇；19—庚酸乙酯；20—1-己醇；21—辛酸乙酯；22—糠醛；23—1-辛醇；24—壬酸乙酯；25—1-壬醇

色谱柱：Carbowax 20M，77m×0.28mm

柱　温：86℃

载　气：H_2，35cm/s

检测器：FID

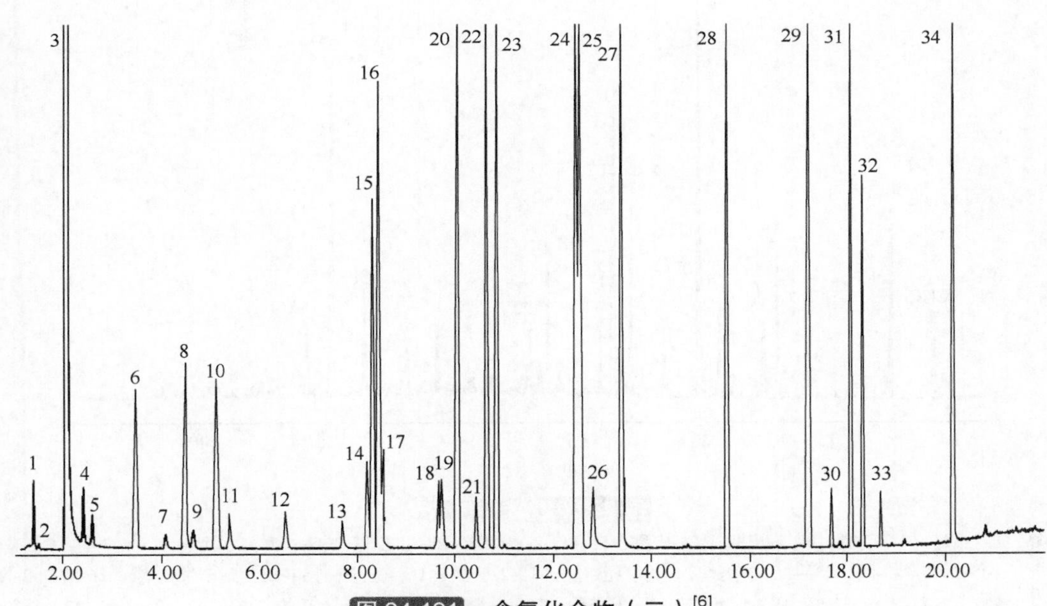

图 24-121　含氧化合物（三）[6]

色谱峰：1—乙醛；2—甲醇；3—乙醇；4—丙酮；5—异丙醇；6—异丁醛；7—正丙醇；8—丁醛；9—2,3-丁二酮(VDK)；10—乙酸乙酯；11—仲丁醇；12—异丁醇；13—正丁醇；14—2,3 戊二酮(VDK)；15—丙酸乙酯；16—乙酸丙酯；17—3-戊醇；18—异戊醇；19—活性戊醇；20—乙酸异丁酯；21—正戊醇；22—丁酸乙酯；23—己醛；24—乙酸异戊酯；25—活性乙酸戊酯；26—1-己醇；27—庚醛；28—辛醛；29—1,3,5-三氧杂环己烷（杂质）；30—1,3,5-三氧杂环己烷（杂质）；31—辛酸乙酯；32—1-苯甲酸苯乙酯；33—3-甲氧基苯甲醛；34—癸酸乙酯

色谱柱：DB-624 Ultra Inert，30m×0.32mm，1.80μm

载　气：He，2.3mL/min，恒流

柱　温：35℃ (5min) $\xrightarrow{10℃/min}$ 100℃ (1.5min) $\xrightarrow{15℃/min}$ 220℃(3.0min) $\xrightarrow{25℃/min}$ 250℃ (2.8min)

气化室：220℃，分流，分流比20∶1

检测器：MS，全扫描30～400amu，离子源温度230℃，四极杆温度150℃，传输线温度260℃

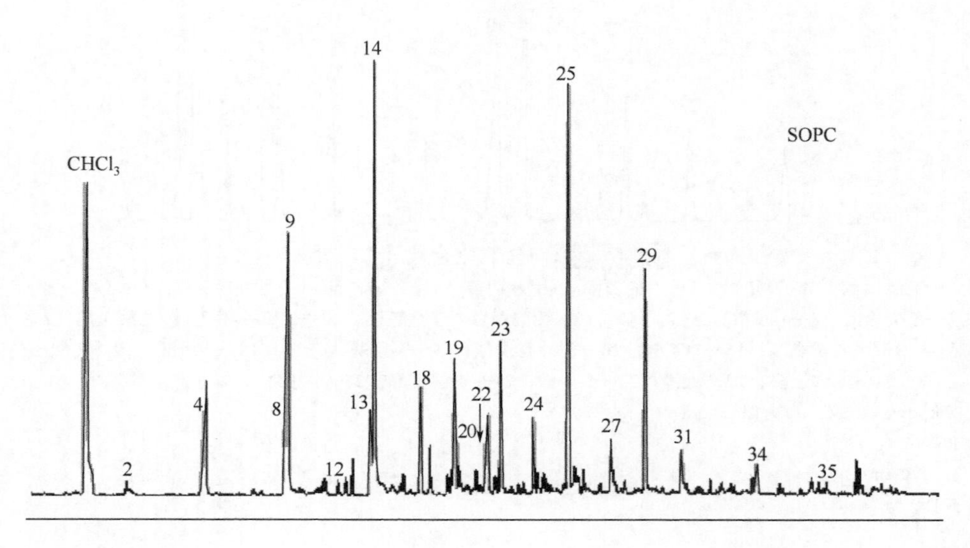

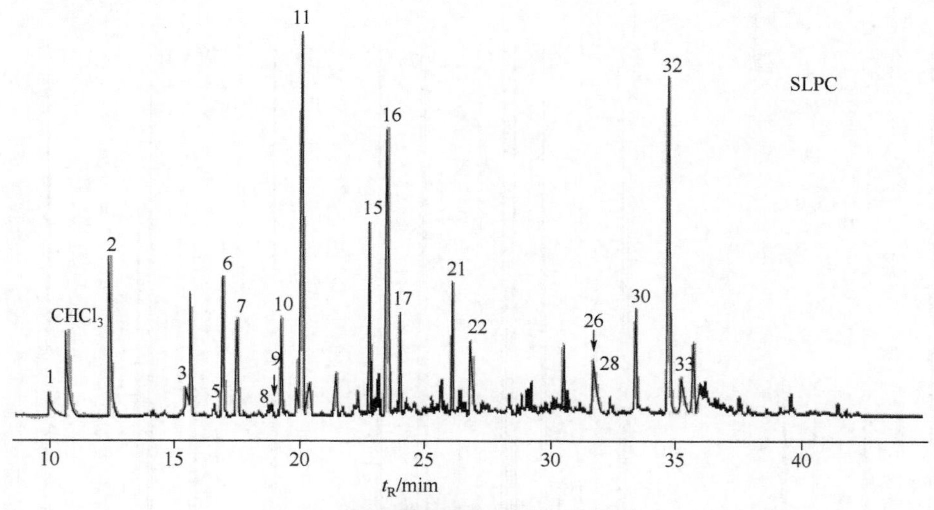

图 24-122 醛酮类[81]

色谱峰：1—戊醛；2—己醛；3—2-庚酮；4—庚醛；5—(*E*)-2-己烯醛；6—2-戊基-呋喃；7—1-戊醇；8—2-辛酮；9—辛醛；10—1-辛烯-3-酮；11—(*E*)-2-庚烷；12—1-己醇；13—2-壬酮；14—壬醛；15—(*E*)- 3-辛烯-2-酮；16—(*E*)-2-辛烯醛；17—1-辛烯-3-醇；18—1-庚醇；19—2-癸酮；20—3-癸烯-1-醇；21—3-壬烯-2-酮；22—2-壬烯；23—1-辛醇；24—2-十一烷酮；25—(*E*)-2-癸烯醛；26—2,4-壬二烯醛；27—2-十二酮；28—5-乙基二羟基-2(3*H*)-呋喃酮；29—(*E*)-2-十一碳烯醛；30—(*E*,*Z*)-2,4-癸二烯醛；31—二羟基-5-丙基-2(3*H*)-呋喃酮；32—(*E*,*E*)-2,4-癸二烯醛；33—4-羰基-壬酮；34—5-丁基二羟基-2(3*H*)-呋喃酮；35—二羟基-5-戊基-2(3*H*)-呋喃酮

色谱柱：DB-wax，60m×0.25mm，0.15μm

柱　温：40℃→220℃(5min) $\xrightarrow{4℃/min}$ 240℃(17min)

载　气：He，1mL/min

气化室：250℃

检测器：MS

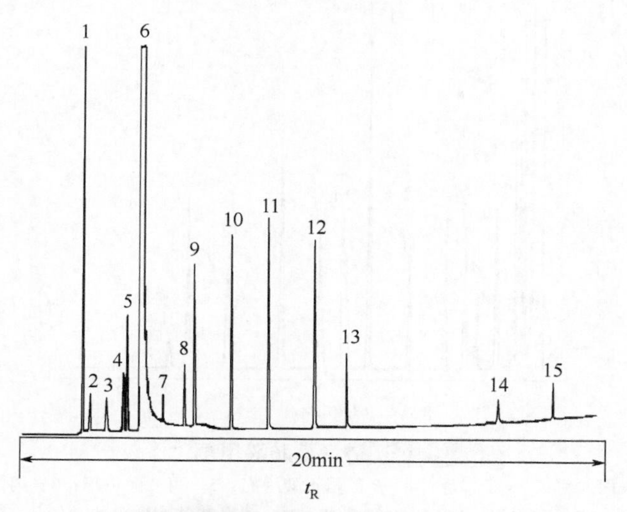

图24-123　含氧化合物（四）[6]

色谱峰：1—乙醛；2—丙酮；3—甲酸乙酯；4—乙酸乙酯；5—甲醇；6—乙醇；7—双乙酰；8—仲丁醇；9—正丙醇；10—异丁醇；11—正丁醇；12—异戊醇；13—正戊醇；14—乙酸；15—丙酸

色谱柱：HP-FFAP，50m×0.20mm，0.33μm

载　气：H_2

柱　温：60℃（4min）→200℃(2min）

检测器：FID

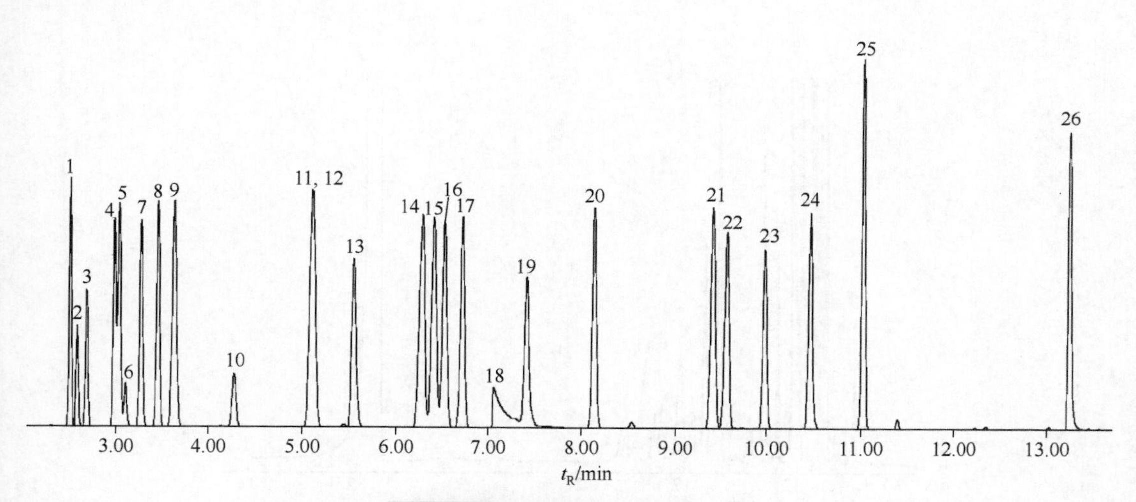

图24-124　含氧化合物（五）[56]

色谱峰：1—戊烯；2—乙醇；3—乙醚；4—丙酮；5—异丙醇；6—甲酸乙酯；7—乙酸甲酯；8—二氯甲烷；9—甲基叔丁基醚；10—正丙醇；11—乙酸乙酯；12—2-丁酮；13—四氢呋喃；14—异丁醇；15—仲丁醇；16—乙酸异丙酯；17—庚烷；18—乙酸；19—正丁醇；20—乙酸丙酯；21—4-甲基-2-戊酮；22—异戊醇；23—异乙酸丁酯；24—正戊醇；25—乙酸丁酯；26—二甲亚砜

色谱柱：BPX-Volatiles，30m×0.25mm，1.4μm

载　气：He，0.9mL/min，恒流

柱　温：50℃（5min）$\xrightarrow{10℃/min}$85℃（1min）$\xrightarrow{15℃/min}$170℃

气化室：250℃，分流比100：1

检测器：MS

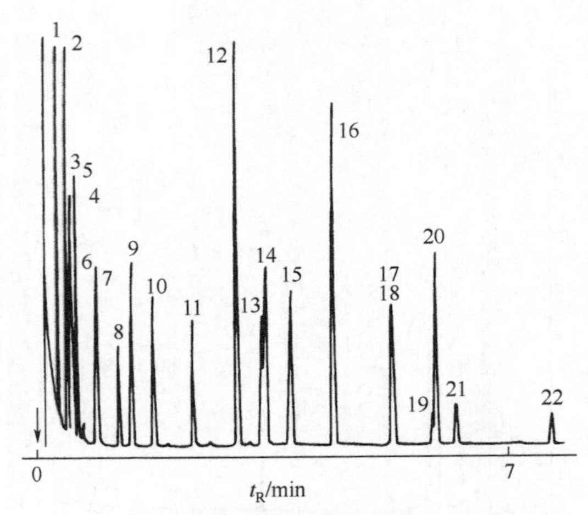

图 24-125 脂肪酸甲酯[82]

色谱峰：1—乳酸甲酯；2—丙二醇；3—丁二醇；4—β-羟基丁酸甲酯；5—丙二酸甲酯；6—丙酮酸乙肟；7—丁二酸甲酯；8—苯甲酸甲酯；9—戊二酸甲酯；10—己二酸甲酯；11—2-羟基苯乙酸甲酯；12—4-苯基丁酸甲酯；13—α-氧代戊二酸乙肟；14—α-氧代己二酸乙肟；15—4-羟基苯乙酸甲酯；16—十碳二羧酸甲酯；17—羟基戊酸甲酯；18—马尿酸甲酯；19—4-羟基扁桃酸甲酯；20—吲哚基乙酸甲酯；21—2-羟基马尿酸甲酯；22—5-羟基马尿酸甲酯

色谱柱：CP—Sil 19 CB，10m×0.53mm

柱　温：80℃→280℃，25℃/min

载　气：H_2，40kPa

检测器：FID

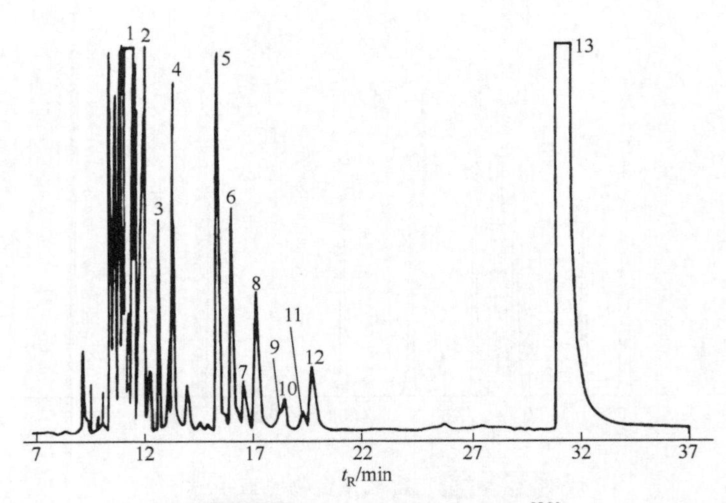

图 24-126 $C_4 \sim C_5$ 环氧化合物[83]

色谱峰：1—2-甲基-1,2-环氧丙烷；2—反-2,3-环氧丁烷；3—顺-2,3-环氧丁烷；4—1,2-环氧丁烷；5—1,2-环氧戊烷；6—反-2,3-环氧戊烷；7—顺-2,3-环氧戊烷；8—未知物；9—3-甲基-1,2-环氧丁烷；10—2-甲基-1,2-环氧丁烷；11—2-甲基-2,3-环氧丁烷；12—未知物；13—溶剂

色谱柱：OV-101，100m×0.27mm，0.9μm

柱　温：70℃

载　气：N_2，0.6mL/min

检测器：FID

气化室温度：200℃

检测器温度：220℃

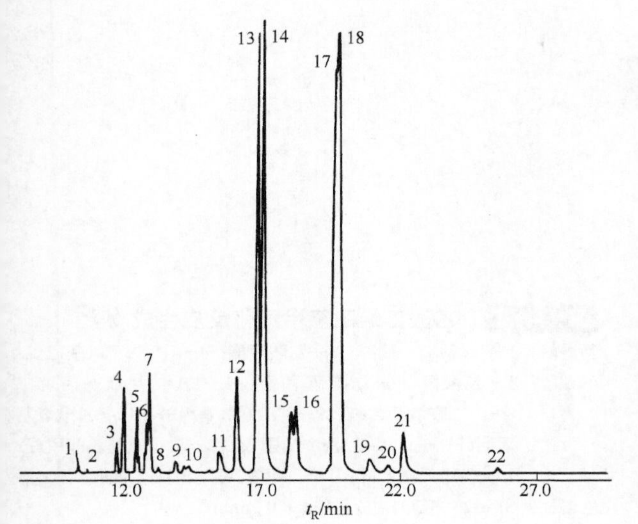

图 24-127　C_6环氧化合物[84]

色谱峰：3～8—己烯；12—2,3-二甲基-2,3-环氧丁烷；13—4-甲基-2,3-环氧戊烷；14—2-甲基-2,3-环氧戊烷；15—4-甲基- 2,3-环氧戊烷；16—2,3-二甲基-1,2-环氧丁烷；17—2-甲基-1,2-环氧戊烷+反-3,4-环氧己烷；18—反-2,3-环氧己烷；19—4-甲基环氧戊烷；20—顺-3,4-环氧己烷；21—顺-2,3-环氧己烷；1,2,9～11,22—未定

色谱柱：OV-101，100m×0.27mm，0.9μm

柱　温：90℃

载　气：N_2，0.6mL/min

检测器：FID

气化室温度：200℃

检测器温度：220℃

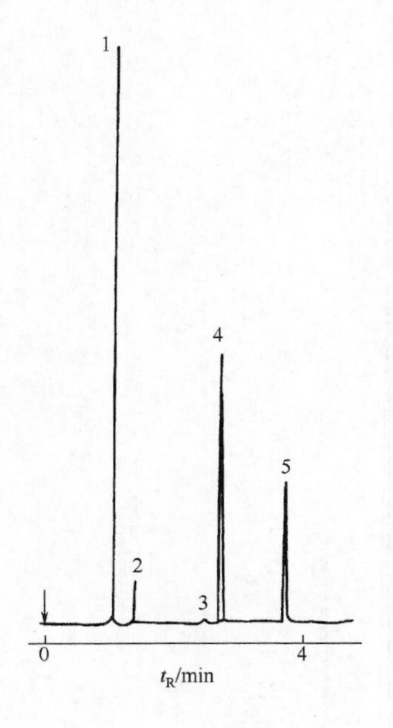

图 24-128　含氧化合物与烷烃（一）[3]

色谱峰：1—甲烷；2—乙烷；3—丙烷；4—甲醇；5—乙醛

色谱柱：PoraPLOTQ，25m×0.32mm

柱　温：100℃

载　气：H_2

检测器：FID

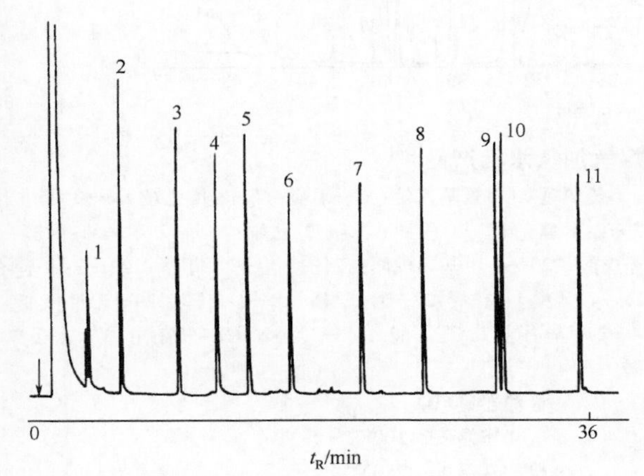

图 24-129　含氧化合物与烷烃（二）[85]

色谱峰：1—丁二醇；2—癸烷；3—十一烷；4—1-辛醇；5—壬醛；6—2,6-二甲基苯酚；7—2,6-二甲基苯胺；8—癸酸甲酯；9—二环己胺；10—十一酸甲酯；11—十二酸甲酯

色谱柱：CP-Sil 20 CB，25m×0.22mm，0.2μm

柱　温：40℃→200℃，2℃/min

载　气：H_2，80kPa

检测器：FID

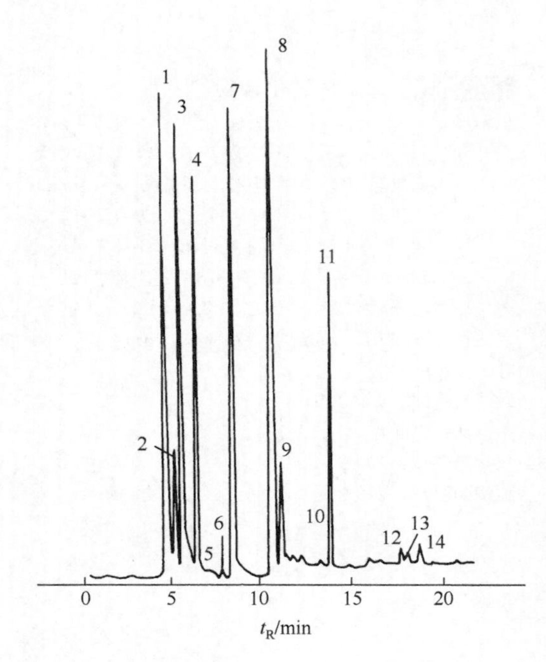

图 24-130 乙酸乙烯酯氢甲酰化反应生成物[86]

色谱峰：1—甲醇；2—丙醛；3—乙酸甲酯；4—1,1-二甲氧基乙烷；5—乙酸酐；6—*β*-羟基丙醛；7—1,1-二甲氧基丙烷；8—2-乙酰氧基丙醛；9—3-乙酰氧基丙醛；10—乙酰氧基丙酮；11—1,1,2-三甲氧基丙烷；12—二甲氧基乙酸甲酯；13—3-甲氧基丁醇；14—1-甲氧基-2-甲基-2-丙醇

色谱柱：SE-52（SCOT柱），40m×0.25mm

柱　温：50℃（4min）→180℃（5min），7℃/min

载　气：N_2

检测器：FID

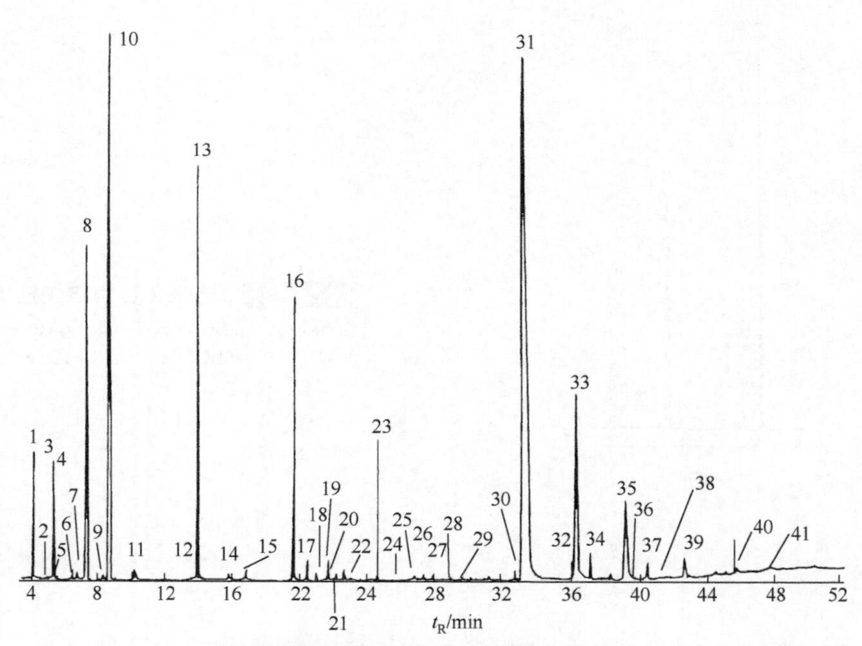

图 24-131 水煤气加氢水相产品[87]

色谱峰：1—乙醛；2—丙醛；3—2-丙酮；4—乙酸甲酯；5—1-乙氧基-1-甲氧基乙烷；6—丁醛；7—乙酸乙酯；8—甲醇+2-丁酮；9—2-丙醇；10—乙醇；11—2-戊酮；12—2-丁醇；13—1-丙醇；14—2-己酮；15—2-甲基-1-丙醇；16—1-丁醇；17—乙酸戊酯；18—2-庚酮；19—环戊酮；20—2-甲基环戊酮；21—3-甲基-1-丁醇；22—3-甲基环戊酮；23—1-戊醇；24—2-辛酮；25—环己酮；26—4-甲基-1-戊醇；27—环戊醇；28—1-己醇；29—乙酸庚酯；30—1-庚醇；31—乙酸；32—1-辛醇；33—丙酸；34—2-甲基丙酸；35—丁酸；36—二氢-2-(3*H*)-呋喃酮；37—1-壬醇；38—2-甲基丁酸；39—戊酸；40—己酸；41—庚酸

色谱柱：SP-1000，60m×0.25mm，0.25μm

柱　温：50℃（10min）→200℃（5min），4℃/min

载　气：He，30cm/s

检测器：FID

气化室温度：200℃

检测器温度：250℃

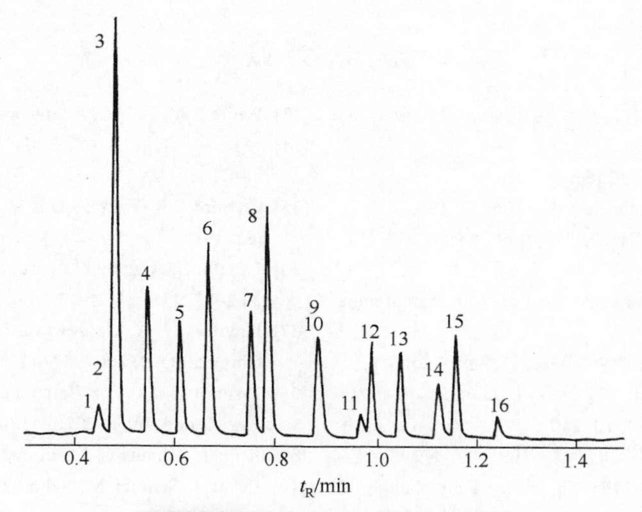

图 24-132　汽油中含氧化合物[88]

色谱峰：1—空气；2—水；3—甲醇；4—乙醇；5—异丙醇；6—叔丁醇；7—正丙醇；8—甲基叔丁基醚；9—仲丁醇；10—二异丙基醚；11—乙基叔丁基醚；12—异丁醇；13—叔戊醇；14—乙烯基乙二醇二甲基醚；15—正丁醇；16—叔戊基甲基醚

色谱柱：HP-5，10m×0.1mm，0.35μm

柱　温：40℃→200℃，20℃/min

载　气：He，0.15mL/min

检测器：原子发射检测器

气化室温度：250℃

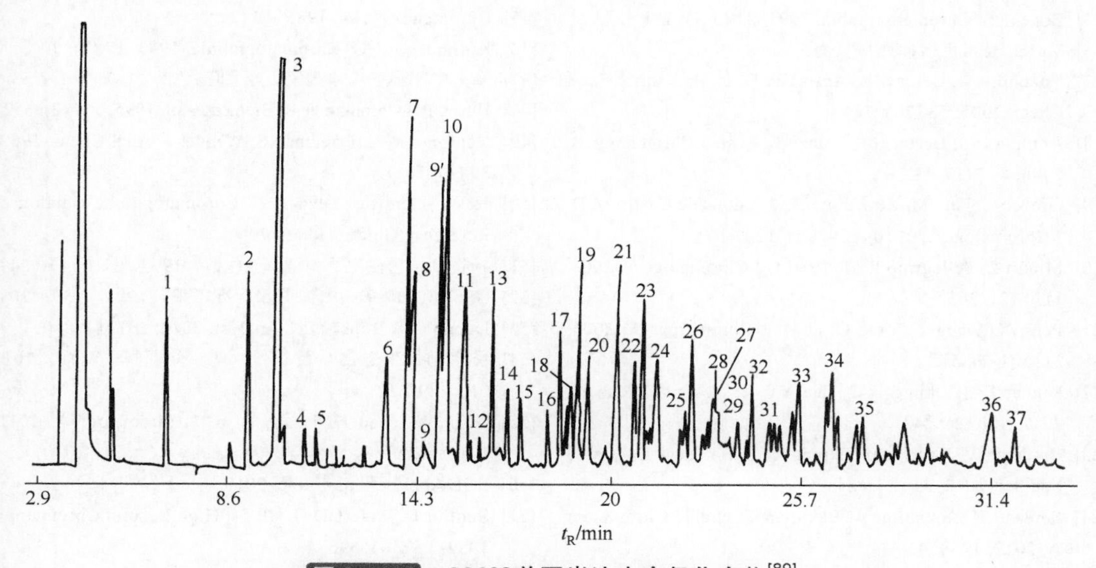

图 24-133　220℃前页岩油中含氧化合物[89]

色谱峰：1—苯酚；2—邻甲酚；3—间甲酚；4—2-壬酮；5—2,4-二甲酚；6—邻乙基苯酚；7—2,5-二甲酚；8—2,3-二甲酚；9—2,6-二甲酚；9′—间乙基苯酚；10—对乙基酚；11—3,4-二甲酚；12—邻异丙基酚；13—3,5-二甲酚；14—2-癸酮；15—2,4,6-三甲酚；16—2-正丙基酚；17—4-乙基-3-甲基酚；18—2-乙基-5-甲基酚；19—3-乙基-5-甲基酚；20—2-乙基-6-甲基酚；21—间丙基酚；22—2,4,5-三甲酚；23—2,3,5-三甲酚；24—十二烷腈；25—对叔丁基酚；26—2-十二烷酮；27—5-甲基-2-异丙基酚；28—邻丁基酚；29—对丁基酚；30—邻顺丁基酚；31—对顺丁基酚；32—5-氨基茚；33—α,α-二乙基酚；34—十三烷腈；35—2-十二烷酮；36—十四烷腈；37—2-十三烷酮

色谱柱：OV-1，50m×0.32mm，0.52μm

柱　温：70℃→200℃，3℃/min

载　气：H_2

检测器：FID

气化室温度：298℃

参考文献

[1] 王清龙. 第二次全国石油化工色谱学术报告会文集. 1986.
[2] Chrompack News, 1985, 12 (3): 7.
[3] Henrich L H. J Chromatogr Sci, 1988, 26 (5): 198.
[4] 于爱民，杨文军，金钦汉，等. 分析化学，1993，21（11）：1337.
[5] Bruner F, Lattanzi L, Mangani F, et al. Chromatographia 1994, 38 (1-2): 98.
[6] Agilent GC 和 GC/MS 色谱柱与消耗品必备手册. 2015/16.
[7] SGE. Analytical Products 1993/1994 Catalogue. 1994: 71.
[8] 苏天升. 分析化学, 1982, 10: 240.
[9] GB 7814-87. 中国国家标准汇编，1991, 92: 472.
[10] J&W Scientific. 1994-1995 Chromatography Catalog & Reference Guide, 1995: 210.
[11] 罗春荣，林炳承，李浩春，等. 色谱，1986，4（03）：171.
[12] Chrompack News, 1985, 12 (5): 7.
[13] Simek P, Heydova A, Jegorov A. HRC-J High Resolut Chromatogr, 1994, 17 (3): 145.
[14] Chrompack News, 1985, 12 (4): 9.
[15] Boneva S. Chromatographia, 1991, 31 (3-4): 171.
[16] Varian 气相色谱柱选择指南.
[17] Conchillo A, Cercaci L, Ansorena D, et al. J Agric Food Chem, 2005, 53 (20): 7844.
[18] Ahmida H S, Bertucci P, Franzo L, et al. J Chromatogr B, 2006, 842 (1): 43.
[19] Orozco-Solano M, Ruiz-Jimenez J, Luque de Castro M D. J Chromatogr A, 2010, 1217 (8): 1227.
[20] Minuti L, Pellegrino R M, Tesei I. J Chromatogr A, 2006, 1114 (2): 263.
[21] Peng X, Wang Z, Yang C, et al. J Chromatogr A, 2006, 1116 (1-2): 51.
[22] Kumar B S, Chung B C, Lee Y J, et al. Anal Biochem, 2011, 408 (2): 242.
[23] Cardenia V, Rodriguez-Estrada M T, Baldacci E, et al. J Sep Sci, 2012, 35 (3): 424.
[24] Sereshti H, Rohanifar A, Bakhtiari S, et al. J Chromatogr A, 2012, 1238: 46.
[25] Yoshida T, Yoshida J. J Chromatogr B, 2012, 880 (1): 66.
[26] Alltech. Chromatogr Catalog, 350. 1995: 40.
[27] Weber L. J Chromatogr-Biomed Appl, 1992, 574 (2): 349.
[28] Schellin M, Popp P. J Chromatogr A, 2005, 1072 (1): 37.
[29] Moldoveanu S C, Kiser M. J Chromatogr A, 2007, 1141 (1): 90.
[30] Kawaguchi M, Sakui N, Okanouchi N, et al. J Chromatogr A, 2005, 1062 (1): 23.
[31] Padilla-Sanchez J A, Plaza-Bolanos P, Romero-Gonzalez R, et al. J Chromatogr A, 2010, 1217 (36): 5724.
[32] 沈椿芳，邵令娴，李国镇. 色谱，1985（S1）：274.
[33] White C M, Li N C. Anal Chem, 1982, 54 (9): 1564.
[34] 余益军，刘红玲，戴玄吏，等. 分析测试学报，2011（04）：391.
[35] Clifford D R, Watkins D A M. J Gas Chromatogr, 1968, 6 (3): 191.
[36] Fattahi, N, Assadi, Y, Hosseini, M. R, et al. J Chromatogr A, 2007, 1157 (1-2): 23.
[37] Isidorov, V. A, Czyzewska, U, Isidorova, A. G, et al. J Chromatogr B, 2009, 877 (29): 3776.
[38] Destaillats F, Cruz-Hernandez C, Giuffrida F, et al. J Agric Food Chem, 2010, 58 (4): 2082.
[39] Kopf T, Schmitz G. J Chromatogr B, 2013, 938, 22.
[40] Ecker J, Scherer M, Schmitz G, et al. J Chromatogr B, 2012, 897, 98.
[41] Garcia-Villalba R, Gimenez-Bastida J A, Garcia-Conesa M T, et al. J Sep Sci, 2012, 35 (15): 1906.
[42] Jurado-Sanchez B, Ballesteros E, Gallego M. Talanta, 2012, 93: 224.
[43] Chrompack Application Note Application. 184.
[44] 袁愈明，贺德华. 分析化学，1984（06）：536.
[45] Chrompack News, 1985, 12 (4): 8.
[46] Korhonen I O O. Chromatographia, 1983, 17 (2): 70.
[47] 郑文晖，谭炳炎，汤丽芬，李章旺. 色谱，1996（01）：53.
[48] Husek P. J Chromatogr B, Biomed Appl, 1995, 669 (2): 352.
[49] Kaufman M L, Friedman S, Wender I. Anal Chem, 1967, 39 (8): 1011.
[50] J&W Scientific. 1994-1995 Chromatography Catalog & Reference Guide, 1995: 170.
[51] 杨寅章，杨在生，刘淑军. 色谱，1993，11（04）：247.
[52] GB/T 12717-91. 中国国家标准汇编，1993，159：204.
[53] Duong C T, Roper M G. Analyst, 2012, 137 (4): 840.
[54] 吴惠勤，朱志鑫，黄晓兰，等. 分析测试学报，2011（10）：1079.
[55] Guan W, Zhao H, Lu X, et al. J Chromatogr A, 2011, 1218: 8289.
[56] SGE Applications Guide. 2010.
[57] Smith I D, Waters D G. HRC-J High Resolut Chromatogr, 1992, 15 (10): 696.
[58] Horka M, Kahle V, Janak K, et al. HRC&CC, 1985, 8 (5): 259.
[59] Luo Y B, Yu Q W, Yuan B F, et al. Talanta, 2012, 90: 123.
[60] Russo M V, Notardonato I, Cinelli G, et al. Anal Bioanal Chem, 2012, 402 (3): 1373.
[61] Hewlett-Packard. Application Note, AN228.
[62] SGE Analytical Products. 1993/1994 Catalogue. 1994: 47.
[63] Supelco. Chromatography Products. 1994: 697.
[64] Husek P. J Chromatogr-Biomed Appl, 1993, 615 (2): 334.
[65] Gee M. Anal Chem, 1965, 37 (7): 926.
[66] Supelco. Chromatography Catalog 26, 2.

[67] GB 6026-89. 中国国家标准汇编，1990，66：394.
[68] J Chromatogr Sci, 1990, 28: 89.
[69] Malik A, Berezkin V G, Gavrichev V S. Chromatographia, 1984, 19: 327.
[70] Li N, Deng C, Yin X, et al. Anal Biochem, 2005, 342 (2): 318.
[71] Nguyen D-T, Lee G, Paik M-J. J Chromatogr B, 2013, 913: 48.
[72] 陈俊仲，胡振元. 全国第二届毛细管色谱报告会文集. 1984：98.
[73] 郑书珍. 色谱, 1985, 2 (03): 153.
[74] Andrawes F F. J Chromatogr, 1984, 290: 65.
[75] Papa L J, Turner L P. J Chromatogr Sci, 1972, 10 (12): 744.
[76] HG 2-1437—81.
[77] GB 7370—92.
[78] Badings H T, Vanderpol J J G, Wassink J G. Chromatographia, 1975, 8 (9): 440.
[79] Levy J M, Wolfram L E, Yancey J A. J Chromatogr, 1983, 279： 133.
[80] 李浩春. 食品与发酵工业，1977，(1)：15.
[81] Zhou L, Zhao M, Khalil A, et al. Anal Bioanal Chem, 2013, 405 (28): 9125.
[82] Chrompack News, 1985, 12 (3): 6.
[83] Boneva S, Dimov N. Chromatographia, 1987, 23: 770.
[84] Boneva S, Dimov N. Chromatographia, 1987, 23: 271.
[85] Chrompack News, 1985, 12 (3): 9.
[86] 黄撷云，杨世琰，何春燕. 色谱，1996，14 (01)：5.
[87] Anderson R R, White C M. HRC-J High Resolut Chromatogr, 1994, 17 (4): 245.
[88] Quimby B D, Giarrocco V, Sullivan J J, et al. HRC-J High Resolut Chromatogr, 1992, 15 (11): 705.
[89] 王加宁，田玉增，关亚风，等. 色谱，1992，10 (06)：339.

第二十五章 含氮化合物色谱图

第一节 硝基化合物色谱图

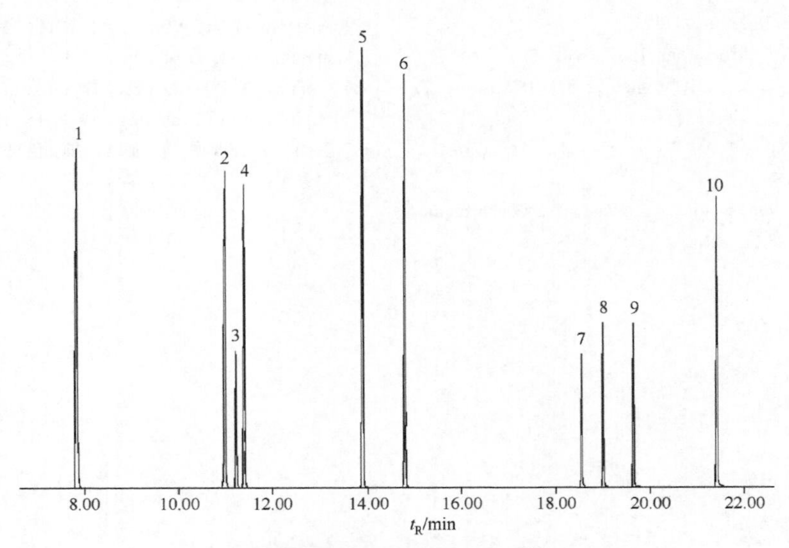

图 25-1 硝基苯酚(一)[1]

色谱峰：1—2-氯苯酚；2—2-硝基苯酚；3—2,4-二甲基苯酚；4—2,4-二氯苯酚；5—4-氯-3-甲基苯酚；6—2,4,6三氯苯酚；7—2,4-二硝基苯酚；8—4-硝基苯酚；9—2-甲基-4,6-二硝基苯酚；10—五氯酚

色谱柱：BPX50（30m×0.25mm，0.25μm） 柱 温：50℃（1min）→300℃（10min），8℃/min

进样模式：分流比40∶1

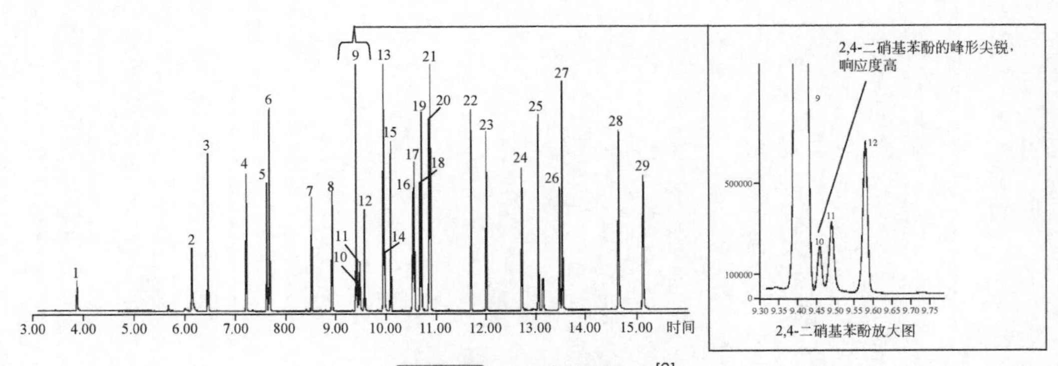

图 25-2 硝基苯酚(二)[2]

色谱峰：1—*N*-亚硝基二甲胺；2—苯胺；3—1,4-二氯苯酚-d_4；4—异佛尔酮；5—1,3-二甲基-2-硝基苯；6—萘；7—六氯环戊二烯；8—速灭磷；9—苊-d_{10}；10—2,4-二硝基苯酚；11—4-硝基酚；12—2,4-二硝基甲苯；13—芴；14—4,6-二硝基邻甲酚；15—氟乐灵；16—西玛津；17—阿特拉津；18—五氯酚；19—特丁磷；20—百菌清；21—菲-d_{10}；22—艾试剂；23—环氧七氯；24—异狄氏剂；25—4,4'-DDT；26—3,3'-二氯联苯胺；27—䓛-d_{12}；28—苯并[*b*]荧蒽；29—苝-d_{12}

色谱柱：DB-UI 8270D (20m×0.18mm，0.36μm) 载 气：He，1.58mL/min

柱 温：40℃（2.5min）→320℃（4.8min），25℃/min 检测器：MS

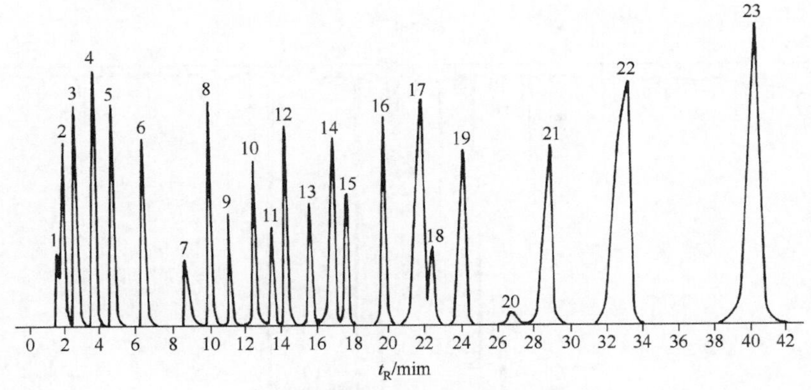

图 25-3 $C_1 \sim C_4$ 硝基烷[3]

色谱峰：1—甲烷；2—乙烷；3—丙烷；4—异丁烷；5—正丁烷；6—乙醛；7—甲醇；8—丙醛；9—乙醇；10—叔丁醇+异丁醛；11—异丙醇；12—正丁醛；13—正丙醇；14—硝基甲烷；15—2-丁醇；16—异丁醇；17—硝基乙烷；18—正丁醇；19—2-硝基丙烷；20—2-甲基-2-硝基丙烷；21—1-硝基丙烷；22—2-硝基丁烷；23—1-硝基丁烷

色谱柱：23%己二酸二正辛酯，Chromosorb W AW（60～80目），6.0m×3mm

柱 温：25℃（5min）→60℃，1.3℃/min

检测器：FID

载 气：He，6mL/min

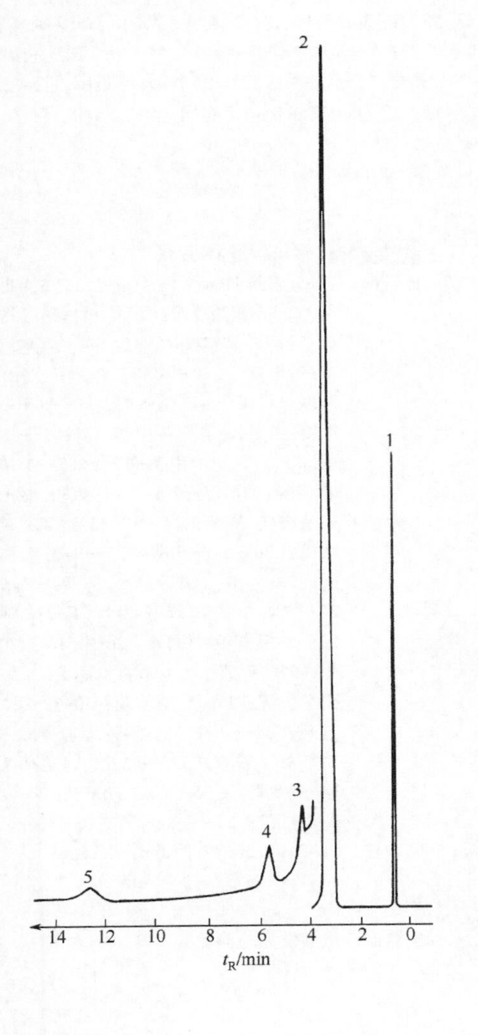

图 25-4 硝基苯[4]

色谱峰：1—苯；2—硝基苯；3—邻硝基甲苯；4—对硝基甲苯；5—间二硝基苯

色谱柱：25%甲基硅油，上海试剂厂101硅烷化载体（60～80目），2m×4mm

柱 温：168℃

检测器：FID

检测器温度：260℃

载 气：N_2，30mL/min

气化室温度：260℃

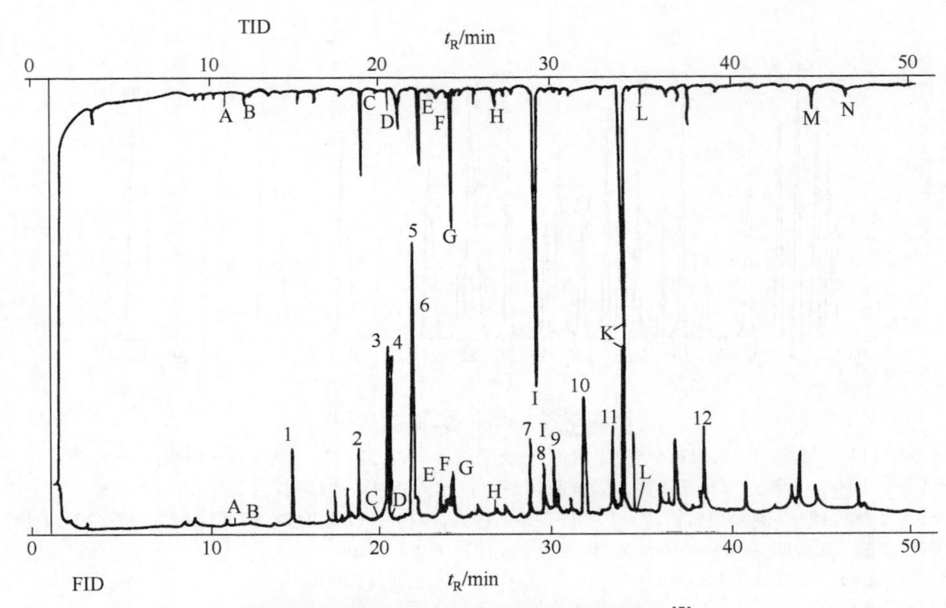

图 25-5 柴油尾气的硝基多环芳烃[5]

色谱峰：A—1-硝基萘；B—2-硝基萘；C—1,5-二硝基萘，D—1,3-二硝基萘；E—2-硝基芴；F—3-硝基-9-芴酮；G—9-硝基蒽；H—1-甲基-10-硝基蒽；I—4,4′-二硝基联苯（内标物）；K—1-硝基芘；L—2,7-二硝基-9-芴酮；M—6-硝基苯并[*a*]芘；N—3-硝基苝；1—9-芴酮；2—甲基-9-芴酮；3—蒽醌；4—苯二甲酸酯；5—1,8-萘羧酸酐；6—4-*H*-环五[*def*]菲-4-酮；7,8,9—苯并芴酮；10—7-*H*-苯并[*de*]蒽-7-酮；11—苯二甲酸二辛酯；12—6-*H*-苯并[*c,d*]芘-6-酮

色谱柱：SE-54，25m×0.3mm，0.3μm　　载　气：H_2

柱　温：100℃→280℃（10min），4℃/min　　检测器：FID与TID

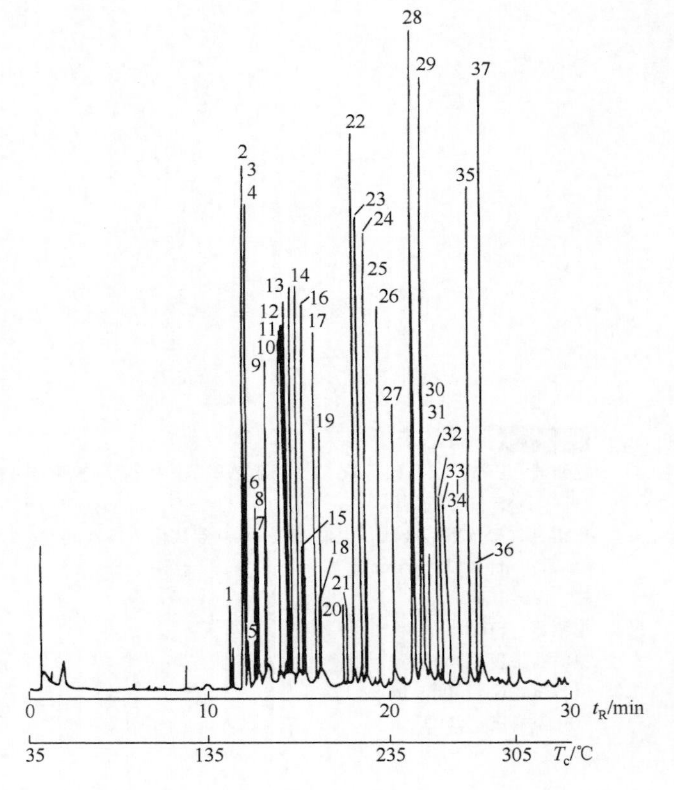

图 25-6 硝基多环芳烃[6]

色谱峰：1—5-硝基茚满；2—5-硝基-1,2,3,4-四氢萘；3—5-硝基喹啉；4—1-硝基萘；5—5-硝基-6-甲基喹啉；6—1-硝基-2-甲基萘；7—2-硝基萘；8—6-硝基喹啉；9—2-硝基联苯；10—8-硝基喹啉；11—8-硝基喹哪啶；12—8-硝基-7-甲基喹啉；13—3-硝基联苯；14—4-硝基联苯；15—4-硝基苯基醚；16,17—1,4-二硝基萘；18—4-硝基喹啉-*N*-氧化物；19—3-硝基二苯并呋喃；20—2-硝基芴；21—3-硝基-9-芴酮；22—1,8-二硝基萘；23—9-硝基菲；24—2,4-二硝基苯基-2-甲基苯基醚；25—1-甲基-9-硝基蒽；26—9,10-二硝基蒽；27—7-硝基-3,4-苯并香豆素；28—3-硝基荧蒽；29—1-硝基芘；30—2,5-二硝基芴；31—2,7-二硝基-9-芴酮；32—4-硝基对三联苯；33—1,3,6,8-四硝基萘；34—6-硝基䓛；35—1,3-二硝基芘；36—1,6-二硝基芘；37—1,8-二硝基芘

色谱柱：SE-54，25m×0.31mm，0.25μm

柱　温：35℃→305℃，10℃/min

载　气：He

检测器：化学发光检测器

第二节　胺与酰胺色谱图

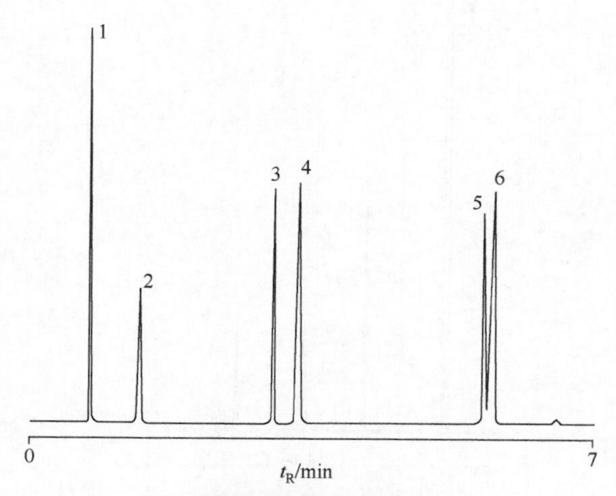

图 25-7　乙醇胺分析[7]

色谱峰：1—甲醇；2—IPA；3—单乙二醇；4—MMEA（甲基乙醇胺）；5—二乙醇胺；6—MDEA（甲基二乙醇胺）

色谱柱：CP-Volamine，15m×0.32mm

进样模式：分流

柱　温：35℃（0.5min）→240℃，30℃/min

载　气：He，50kPa，55cm/s

检测器：MS

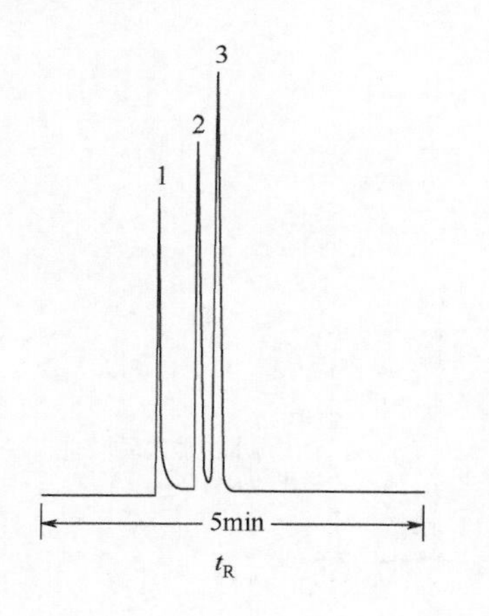

图 25-8　挥发性胺[8]

色谱峰：1—甲胺；2—二甲胺；3—三甲胺

色谱柱：DB-1，30m×0.53mm，5.00μm

进样模式：顶空，分流比为1∶10

柱温箱：30℃恒温

检测器：FID

氮气尾吹气：30mL/min

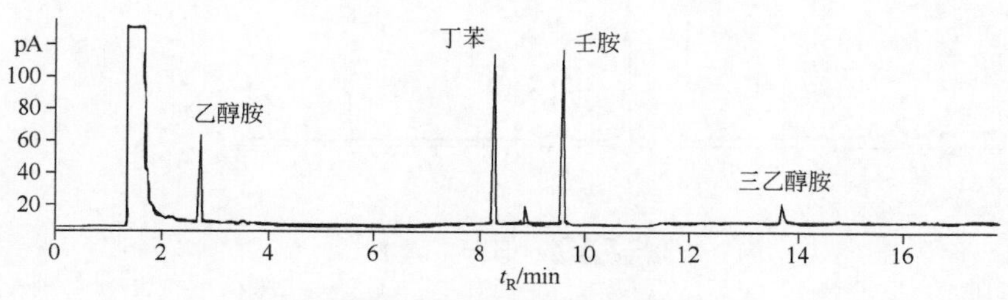

图 25-9　痕量活性胺类化合物[9]

色谱柱：HP-5ms，30m×0.32mm，1.00μm

进样模式：柱上进样

柱温箱：75℃（0.5min）$\xrightarrow{10℃/min}$ 250℃ $\xrightarrow{25℃/min}$ 320℃（5min）

载　气：He，恒压9.79psi

检测器：FID，300℃

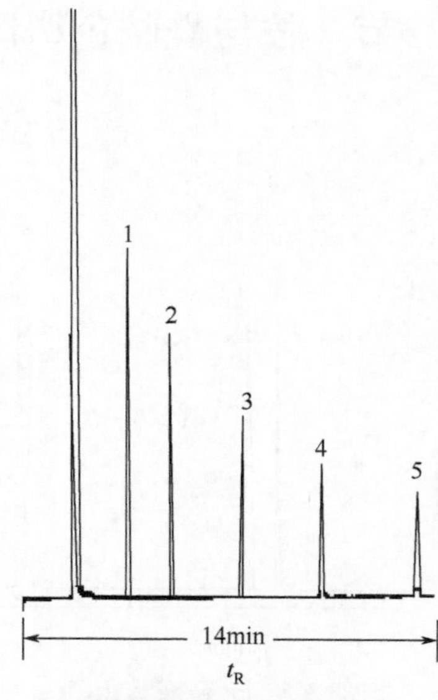

图 25-10　伯胺（一）[10]

色谱峰：1—正辛胺；2—正壬胺；3—正癸胺；4—苄胺；5—二环己基胺

色谱柱：CAM，30m×0.25mm，0.25μm

柱　温：110℃ 恒温

载　气：H_2，40cm/s

检测器：FID

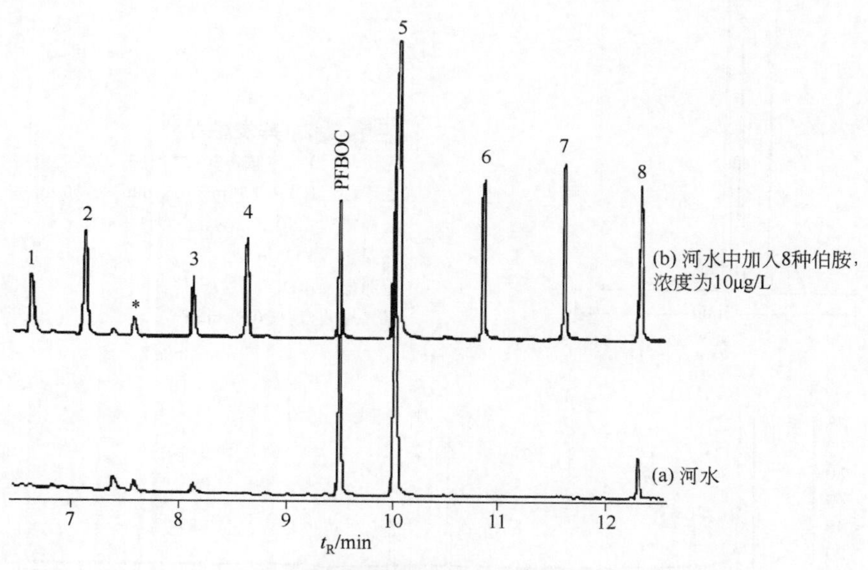

图 25-11　伯胺（二）[11]

色谱峰：1—甲胺；2—乙胺；3—丙胺；4—丁胺；5—戊胺；6—己胺；7—庚胺；8—辛胺；*—未知

色谱柱：BPX-5，30m×0.25mm，0.25μm

柱　温：80℃（1min）$\xrightarrow{20℃/min}$ 120℃（2min）$\xrightarrow{15℃/min}$ 250℃(2min)

载　气：He

检测器：MS

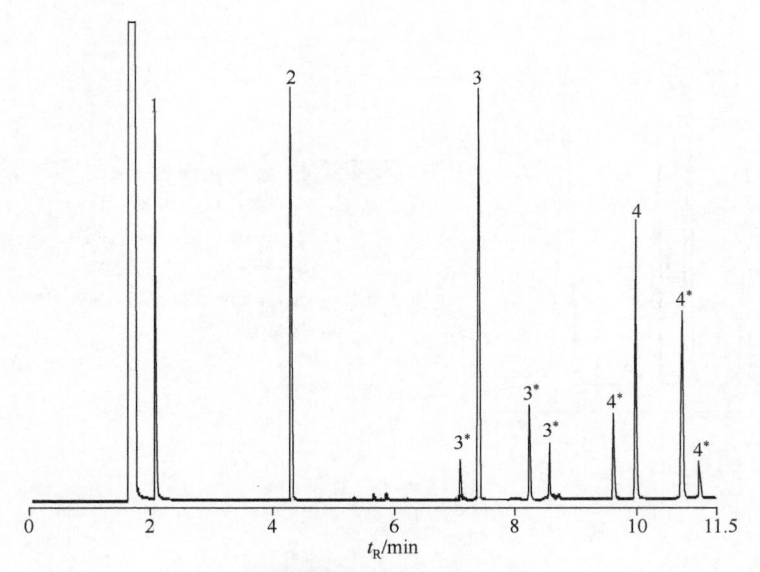

图 25-12 聚乙烯胺[12]

色谱峰：1—亚乙基二胺；2—二亚乙基三胺；3—三亚乙基四胺；3*—峰3的分支和哌嗪衍生物；4—四亚乙基五胺；4*—峰4的分支和哌嗪衍生物

色谱柱：DB-5ms，30m×0.25mm，0.50μm

进　样：分流比1：50，250℃

柱温箱：100℃（1min），20℃/min升温至320℃

载　气：He，流速为30cm/s

检测器：FID，300℃

氮气尾吹气：30mL/min

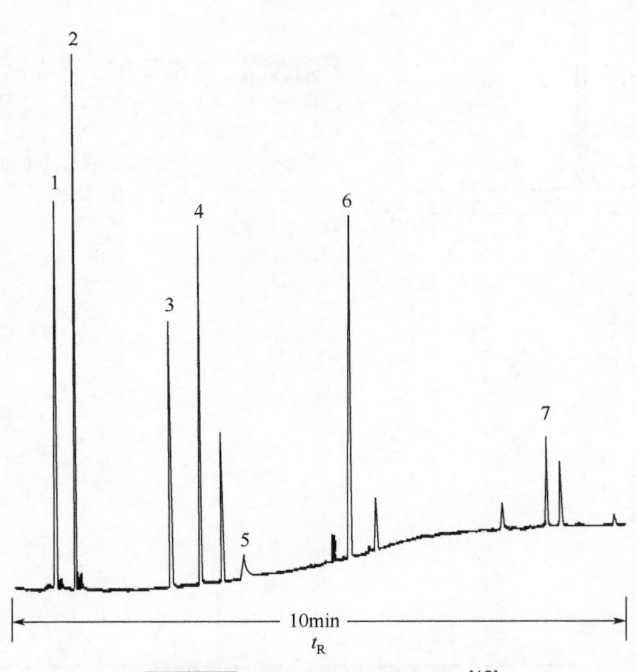

图 25-13 水中的胺类化合物[13]

色谱峰：1—亚乙基二胺；2—哌嗪；3—二亚乙基三胺；4—*N*-(2-氨乙基)哌嗪；5—氨乙基乙醇胺；6—三亚乙基四胺（四种异构体）；7—四亚乙基五胺（四种异构体）

色谱柱：CAM，30m×0.25mm，0.25μm

进样模式：分流

柱温箱：120℃→220℃，10℃/min

载　气：H_2，38cm/s

检测器：FID

氮气尾吹气：30mL/min

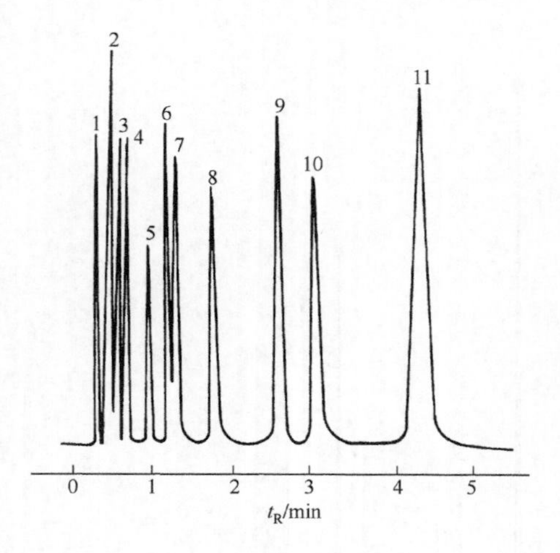

图 25-14 胺类化合物（一）[14]

色谱峰：1—甲胺；2—二甲胺；3—乙胺；4—三乙胺；5—异丙胺；6—烯丙胺；7—正丙胺；8—叔丁胺；9—二乙胺；10—异丁胺；11—正丁胺

色谱柱：4% Carbowax 20M+0.8% KOH，Carbopack B（100～120目），1.5m

柱　温：90℃

检测器：FID

载　气：H_2，350kPa

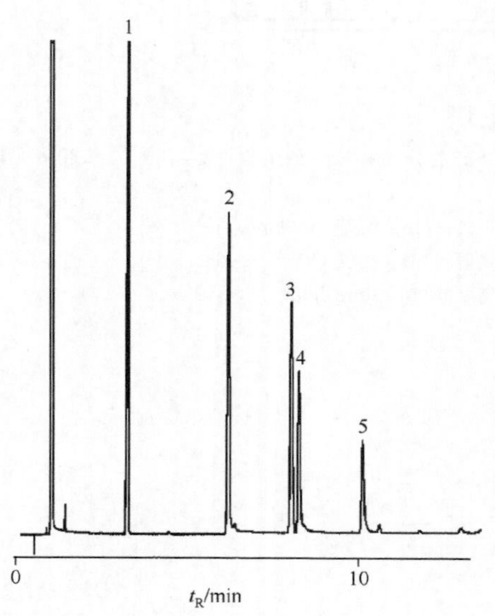

图 25-15 胺类化合物（二）[15]

色谱峰：1—苯胺；2—癸胺；3—二环已胺；4—十二胺；5—十四烷基胺

色谱柱：BP1，12m×0.53mm，3.0μm

柱　温：70℃→250℃，10℃/min

载　气：N_2

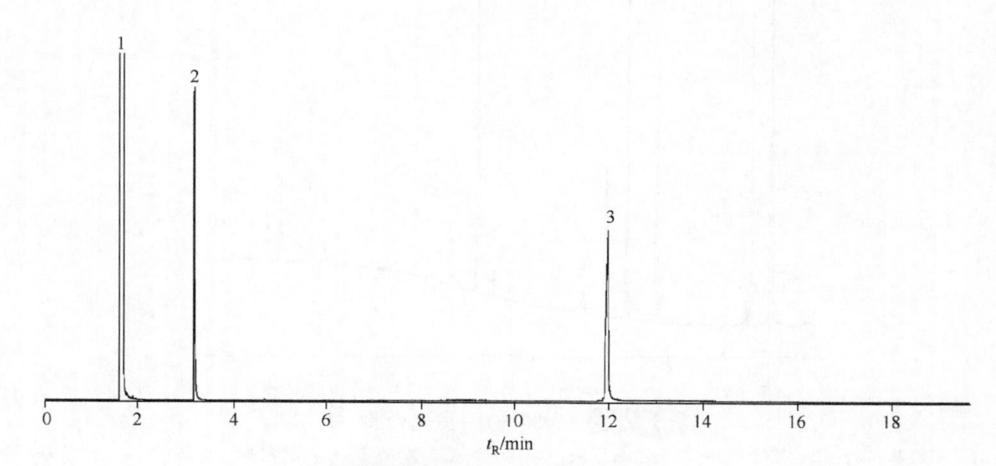

图 25-16 胺类化合物（三）[16]

色谱峰：1—溶剂；2—三乙胺；3—三乙醇胺

色谱柱：SolGel-1ms，30m×0.32mm，0.25μm

进样模式：分流比50∶1，进样器温度：250℃

柱　温：40℃（5.0min）→200℃（7min），20℃/min

载　气：He，9.9psi（1psi=6894.76Pa），2.2mL/min

检测器：FID，300℃

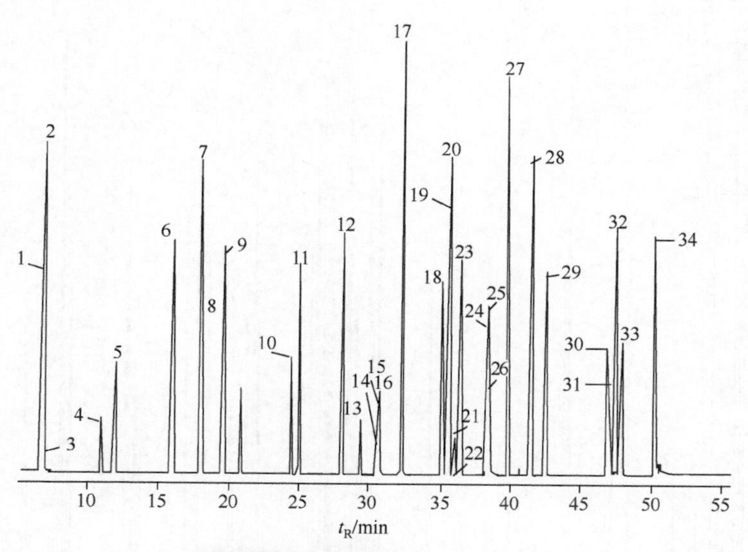

图 25-17　**胺类化合物（四）**[17]

色谱峰：1—甲胺；2—二甲胺；3—乙胺；4—二乙胺；5—丙胺；6—丁胺；7—吡咯烷；8—吗啉；9—哌啶；10—二丁胺；11—*N*-甲基苯胺；12—苯胺；13—二苯胺；14—间甲苯胺；15—苄胺；16—苯乙胺；17—2-乙基苯胺；18—2,6-二乙基苯胺；19—3-氯苯胺；20—4-乙基苯胺；21—4-氯苯胺；22—2,5-二氯苯胺；23—3,5-二氯苯胺；24—4-溴代苯胺；25—2-硝基苯胺；26—3-硝基苯胺；27—3,4-二氯苯胺；28—哌嗪；29—*α*-萘胺；30—3-氨基酚；31—4-氨基酚；32—4-甲基邻苯二胺；33—4-苯基苯胺；34—1,2-苯二胺

色谱柱：ZB-5ms，30m×0.25mm，0.25μm

柱　温：80℃（3min）$\xrightarrow{3℃/min}$ 140℃（3min）$\xrightarrow{5℃/min}$ 290℃（10min）

检测器：A Thermo-Finnigan MAT 4500 GC-MS/MS

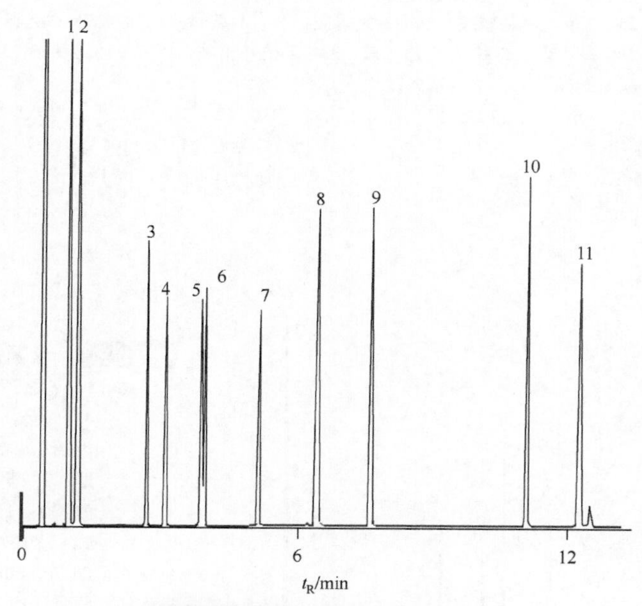

图 25-18　**胺类化合物（五）**[18]

色谱峰：1—吡啶；2—2-甲基吡啶；3—*γ*-六六六；4—苯胺；5—邻甲苯胺；6—间甲苯胺；7—2,6-二甲基苯胺；8—1,4-苯二胺；9—尼古丁；10—联苯胺；11—二胺

色谱柱：BP5，12m×0.53mm，1.0μm

柱　温：60℃（0min）→190℃，10℃/min

进样模式：分流

检测器：FID

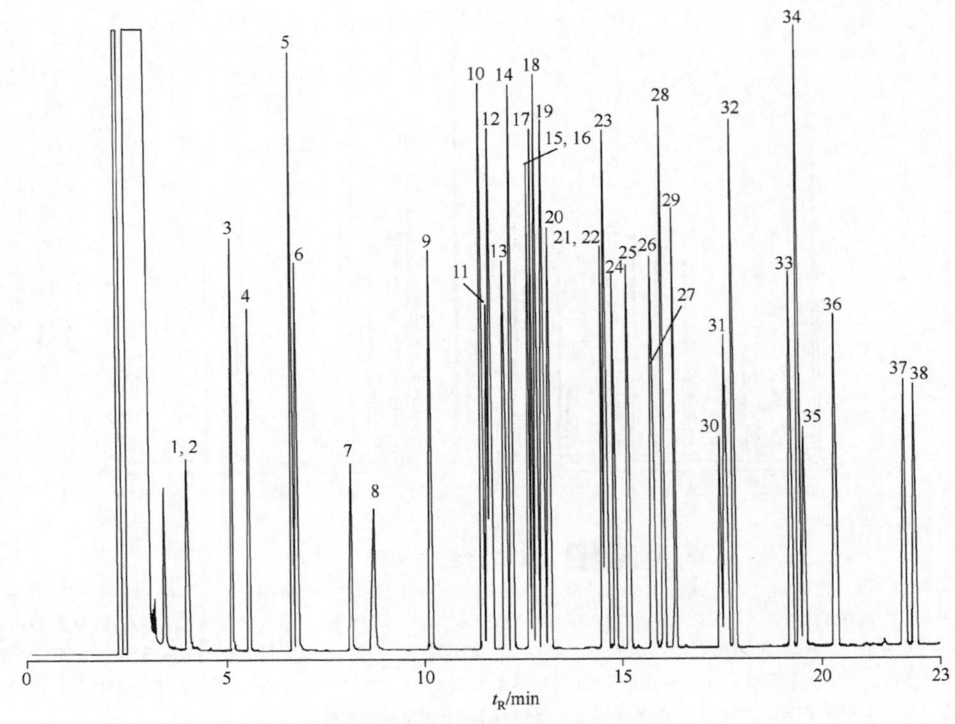

图 25-19 胺类和腈类化合物[19]

色谱峰：1—二乙胺；2—丙腈；3—二异丙胺；4—三乙胺；5—吡啶；6—嘧啶；7—吡唑；8—丙烯酰胺；9—邻二氮杂苯；10—苯胺；11—3-溴吡啶；12—苄腈；13—3-氰基吡啶；14—苄胺；15—正辛胺；16—1-甲基-2-吡咯烷；17—*N*,*N*-二甲基苄胺；18—苯乙胺；19—*N*-苯甲胺；20—2-氰基吡啶；21—2-氯苯胺；22—正壬胺；23—2.4-二甲基苯胺；24—4-对氯苯腈；25—2,6-二甲基苯胺；26—3-氯苯胺；27—4-氯苯胺；28—*N*,*N*-二乙苯胺；29—正癸胺；30—4-溴苯胺；31—3,4-二氨基甲苯；32—2,6-二乙苯胺；33—2-硝基苯胺；34—二环己基胺；35—3,4-二氯苯胺；36—3-硝基苯胺；37—4-硝基苯胺；38—二苯基苯胺

色谱柱：DB-5ms， 30m×0.25mm，0.50μm
进 样：分流比1∶50，250℃
柱 温：40℃（1min）→260℃，10℃/min
载 气：He，22cm/s，40℃下测量
检测器：FID，300℃
氮气尾吹气：30mL/min

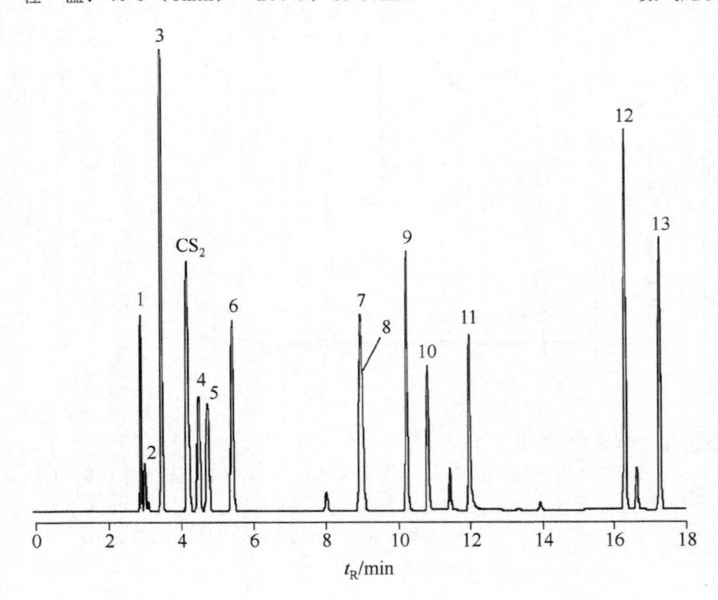

图 25-20 含氮溶剂（一）[20]

色谱峰：1—乙腈；2—丙烯醛；3—丙烯腈；4—丙腈；5—甲基丙烯醛；6—甲基丙烯腈；7—三乙胺；8—丙烯酸乙酯；9—吡啶；10—DMF（二甲基甲酰胺）；11—DMSO（二甲亚砜）；12—苄腈；13—1-甲基-2-吡咯烷酮

色谱柱：DB-1，30m×0.53mm，3.00μm
进 样：分流比1∶10，250℃
柱 温：40℃（5min）→260℃，10℃/min
载 气：He，30cm/s
检测器：FID，300℃
氮气尾吹气：30mL/min

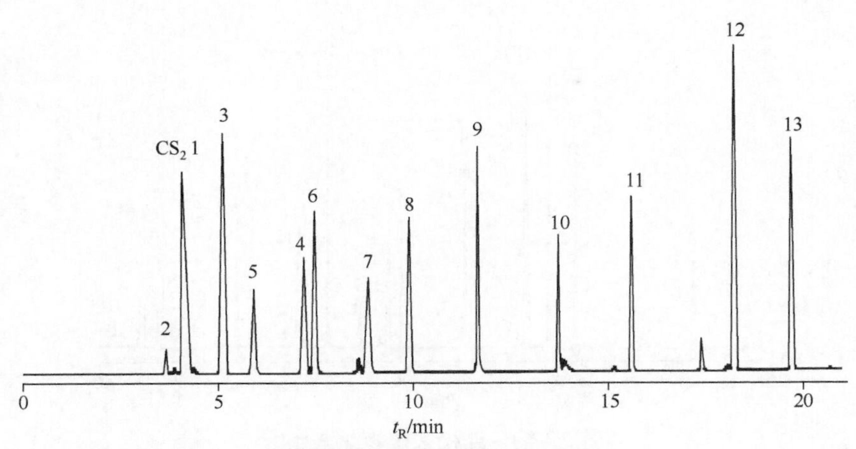

图 25-21　含氮溶剂（二）[21]

色谱峰：1—乙腈；2—丙烯醛；3—丙烯腈；4—丙腈；5—甲基丙烯醛；6—甲基丙烯腈；7—三乙胺；8—丙烯酸乙酯；9—吡啶；10—DMF（二甲基甲酰胺）；11—DMSO（二甲亚砜）；12—苄腈；13—1-甲基-2-吡咯烷酮

色谱柱：DB-624，30m×0.53mm，3.00μm

柱温箱：40℃（5min）→260℃（3min），10℃/min

进样模式：分流比1∶10，250℃

载　气：He，30cm/s

检测器：FID，300℃

氮气尾吹气：30mL/min

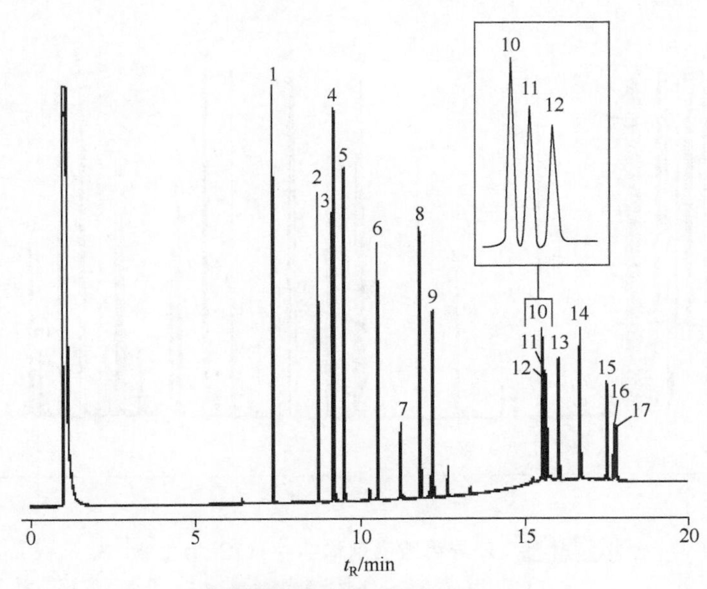

图 25-22　苯胺类化合物[22]

色谱峰：1—邻甲苯胺；2—4-氯苯胺；3—2-甲氧基-5-甲苯胺；4—2,4,5-三甲基苯胺；5—4-氯-2-甲苯胺；6—2,4-二氨基甲苯；7—2,4-二氨基茴香醚；8—2-氨基萘；9—2-甲基-5-硝基苯胺；10—4,4′-氧二苯胺；11—4,4′-亚甲基双胺；12—联苯胺；13—2-氨基偶氮甲苯；14—*o*-联甲苯胺；15—4,4′-二氨基二苯硫醚；16—3,3′-二甲氧基联苯胺；17—3,3′-二氯对联苯胺

色谱柱：DB-35ms，25m×0.20mm，0.33μm

进样模式：不分流

进样器温度：280℃

柱　温：50℃（2min）→340℃（10min），20℃/min

载　气：He，35cm/s，于50℃下测量

检测器：FID，320℃

氮气尾吹气：30mL/min

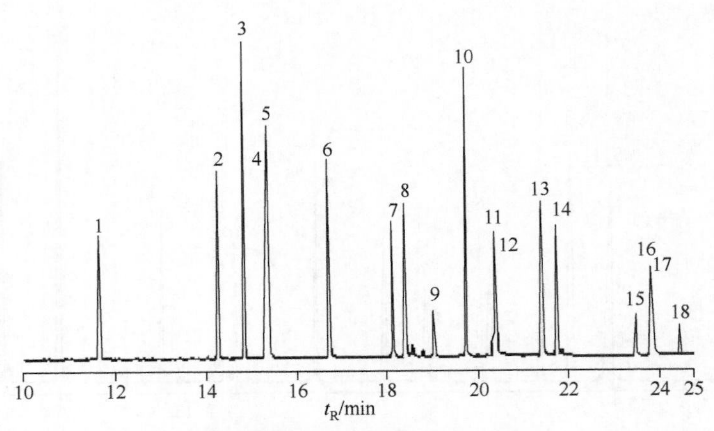

图 25-23 取代苯胺类化合物[23]

色谱峰：1—苯胺；2—2-氯苯胺；3—2,6-二甲基苯胺；4—3-氯苯胺；5—4-氯苯胺；6—4-溴苯胺；7—2-硝基苯胺；8—3,4-二氯苯胺；9—3-硝基苯胺；10—2,4,5-三氯苯胺；11—4-氯-2-硝基苯胺；12—4-硝基苯胺；13—2-氯-4-硝基苯胺；14—2,6-二氯-4-硝基苯胺；15—2-氯-4,6-二硝基苯胺；16—2,6-二溴-4-硝基苯胺；17—2,4-二硝基苯胺；18—2-溴-4,6-二硝基苯胺

色谱柱：DB-5ms，30m×0.25mm，0.50μm

载　气：He，33.3cm/s

进　样：不分流，250℃

检测器：MSD，传输线温度325℃

柱温箱：40℃（5min）→290℃（10min），12℃/min

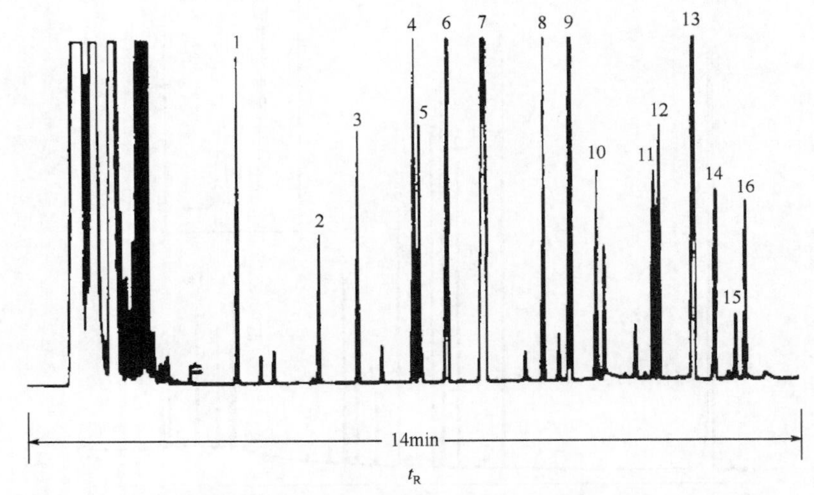

图 25-24 苯异丙胺及前体——TMS 衍生物[24]

色谱峰：1—1-苯基-2-丙酮；2—二甲基安非他明；3—安非他明；4—芬特明；5—甲基苯丙胺；6—甲基麻黄碱；7—烟酰胺；8—麻黄素；9—非那西丁；10—3,4-亚甲二氧基苯丙胺(MDA)；11—3,4-亚甲二氧甲基苯丙胺(MDMA)；12—4-甲基-2,5-二甲氧基苯丙胺(STP)；13—苯基麻黄碱；14—3,4-亚甲二氧乙基苯丙胺（MDE；“Eve”）；15—咖啡因；16—苄甲苯异丙胺

色谱柱：DB-5，20m×0.18mm，0.40μm

柱温箱：100℃→240℃，10℃/min

载　气：He，流速为39cm/s

进　样：分流比1∶100，250℃

检测器：FID，300℃

氮气尾吹气：30mL/min

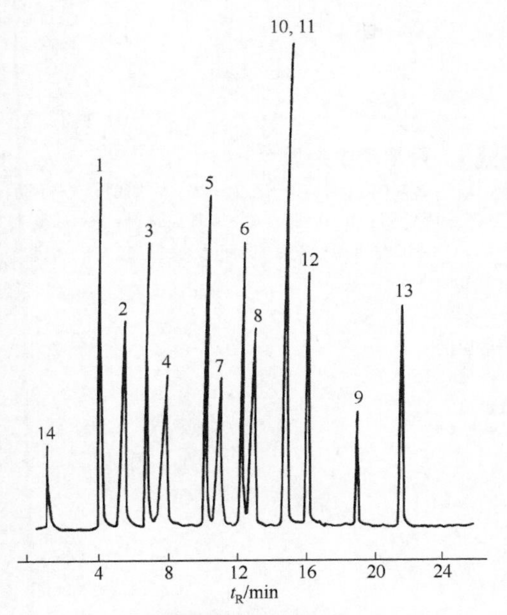

图 25-25　**硝基胺**[25]

色谱峰：1—二甲基硝基胺；2—甲基乙基硝基胺；3—二乙基硝基胺；4—甲基正丙基硝基胺；5—二异丙基硝基胺；6—二正丙基硝基胺；7—甲基正丁基硝基胺；8—甲基正戊基硝基胺；9—二正丁基硝基胺；10—硝基吡啶；11—硝基吡咯；12—硝基吗啉；13—甲基正庚基硝基胺；14—溶剂

色谱柱：Durawax 2，30m×0.25mm

柱　温：40℃（1min）→180℃，2.5℃/min

载　气：He，150kPa

检测器：FID

气化室温度：200℃

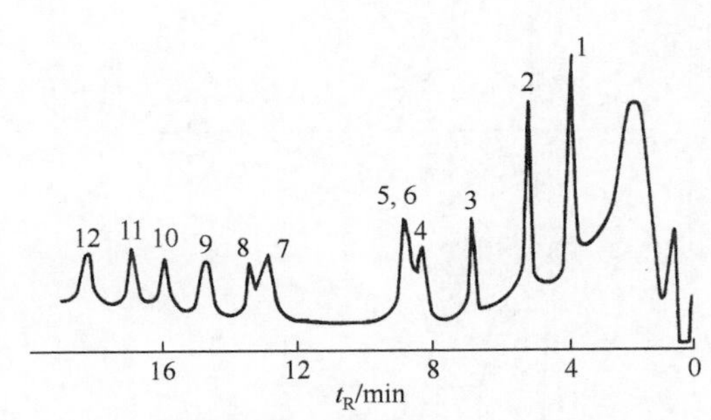

图 25-26　**亚硝胺（一）**[26]

色谱峰：1—*N*-二甲基亚硝胺；2—*N*-二乙基亚硝胺；3—*N*-二异丙基亚硝胺；4—*N*-二正丙基亚硝胺；5—*N*-甲基丁基亚硝胺；6—*N*-二异丁基亚硝胺；7—*N*-甲基苯基亚硝胺；8—*N*-二丁基亚硝胺；9—*N*-亚硝基哌啶；10—*N*-亚硝基吡咯烷；11—*N*-亚硝基吗菲啉；12—*N*-二正戊基亚硝胺

色谱柱：13% FFAP，Chromosorb W AW-DMCS（80～100目），3m×2mm

柱　温：90℃（4min）→160℃，4℃/min

载　气：N_2，30mL/min

检测器：NPD

气化室温度：220℃

检测器温度：300℃

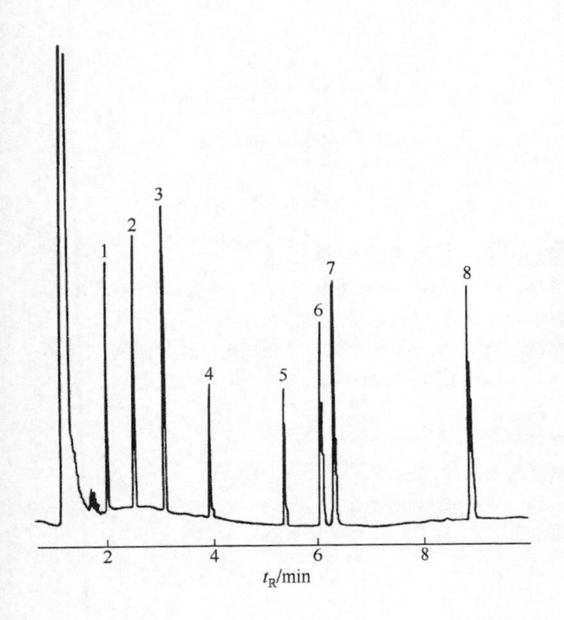

图 25-27　**亚硝胺（二）**[27]

色谱峰：1—*N*-亚硝基二甲基胺；2—*N*-亚硝基甲基乙基胺；3—*N*-亚硝基二乙基胺；4—*N*-亚硝基吖丁啶；5—*N*-亚硝基哌啶；6—*N*-亚硝基吗啉；7—*N*-亚硝基吡咯烷；8—*N*-亚硝基己基甲叉胺

色谱柱：Rt_x-200，30m×0.53mm，0.50μm

柱　温：100℃（1min）→200℃，5℃/min

载　气：H_2，40cm/s

检测器：FID

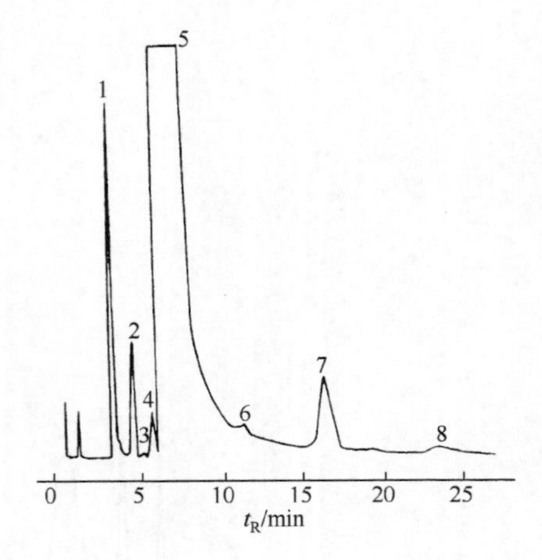

图 25-28 丙烯腈中杂质[28]

色谱峰：1—乙醇（内标）；2—乙腈；3—丙烯醛；4—丙酮；5—丙烯腈；6—丙腈；7—甲基丙烯腈；8—丁烯腈

色谱柱：GDX-102与上海试剂厂402载体（80～100目，混装），4m×3mm

柱　温：120℃

检测器：FID

气化室温度：150℃

检测器温度：180℃

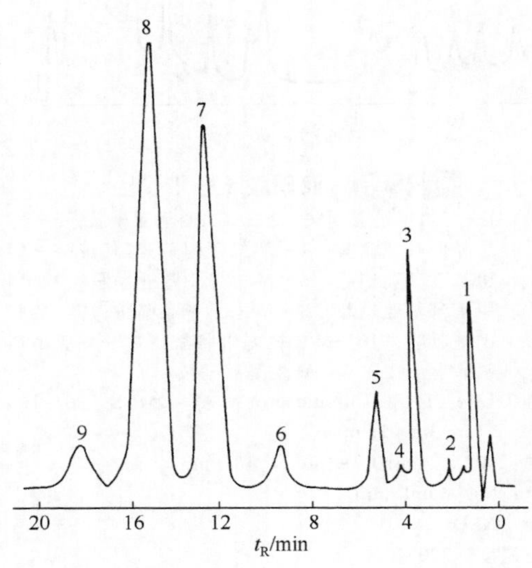

图 25-29 甲基丙烯腈[29]

色谱峰：1—氰化氢；2—丙酮；3—乙腈；4—丙烯醛；5—丙烯腈；6—甲基丙烯醛；7—甲基丙烯腈；8—乙酸乙酯；9—异丁腈

色谱柱：GDX-103（60～80目），2m×3mm

柱　温：100℃

检测器：FID

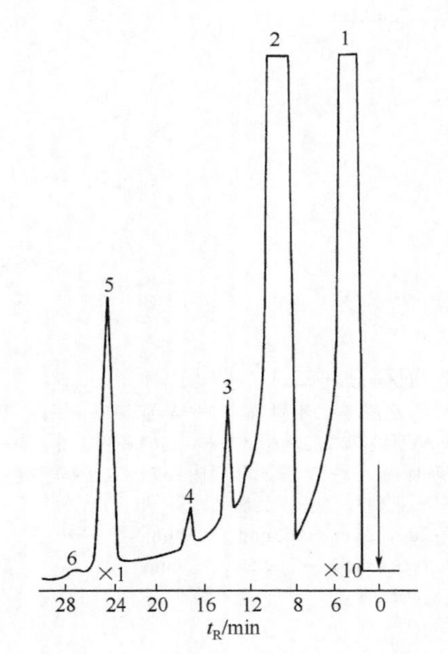

图 25-30 丁二烯中微量乙腈[30]

色谱峰：1—丁二烯；2—丙酮；3，4—未定；5—4-乙烯基-1-环己烯；6—乙腈

色谱柱：25% Carbowax 1500，上海试剂厂301釉化载体（60～80目），4m×4mm

柱　温：70℃

检测器：FID

检测器温度：120℃

载　气：N_2，60mL/min

气化室温度：150℃

第三节 吡啶与其他含氮化合物色谱图

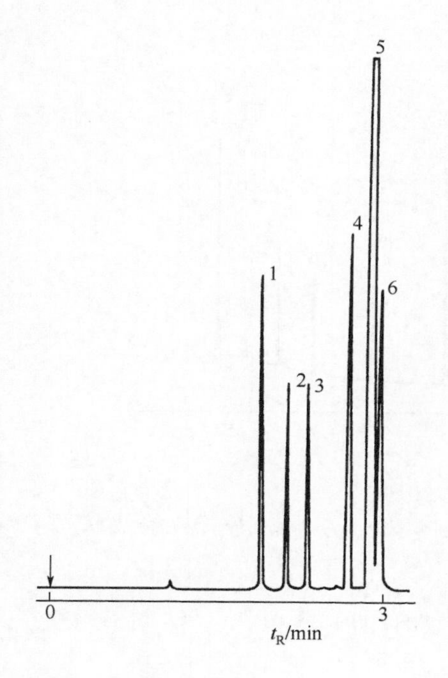

图 25-31 吡啶（一）[31]

色谱峰：1—吡啶；2—2-甲基吡啶；3—2,6-二甲基吡啶；4—2-乙基吡啶；5—3-甲基吡啶；6—4-甲基吡啶

色谱柱：CP—Sil 43 CB，10m×0.10mm，0.2μm

柱　温：110℃

载　气：N_2，150kPa

检测器：FID

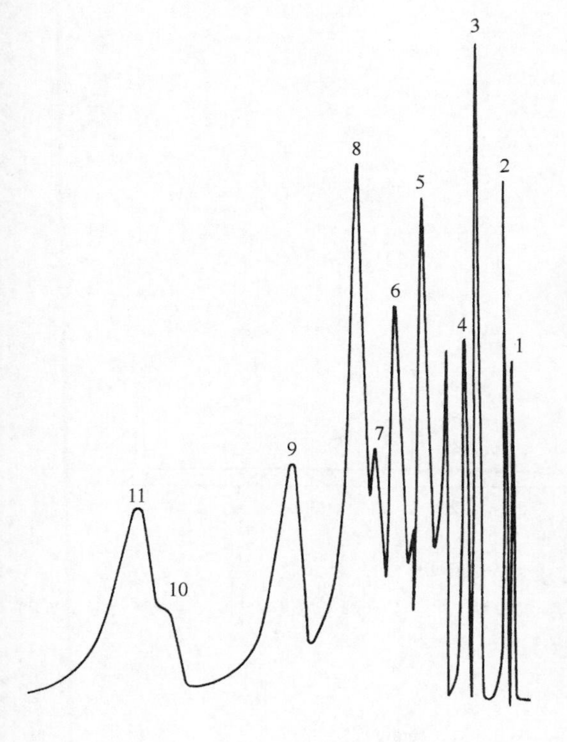

图 25-32 吡啶（二）[32]

色谱峰：1—环已烷；2—苯+甲基环已烷+噻吩，3—甲苯；4—吡啶；5—间二甲苯+对二甲苯+α-甲基吡啶+乙苯；6—邻二甲苯；7—2,6-二甲基吡啶；8—β-甲基吡啶+γ-甲基吡啶；9—2,5-二甲基吡啶+2,4-二甲基吡啶；10—2,4,6-三甲基吡啶；11—3,5-二甲基吡啶

色谱柱：10% OV-17，6201釉化载体（60～80目），2m×3mm

柱　温：80℃

载　气：N_2，50mL/min

检测器：FID

气化室温度：180℃

检测器温度：130℃

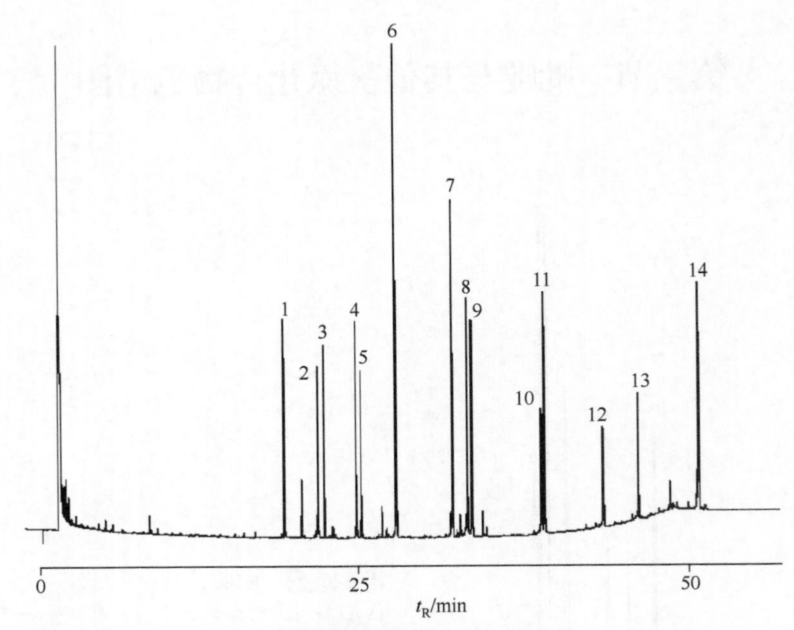

图 25-33 碱性药物[33]

色谱峰：1—苯佐卡因；2—未知；3—哌替啶；4—苯海拉明；5—利多卡因；6—曲比那敏；7—阿米替林；8—丁卡因；9—吡拉明；10—未知；11—地西泮；12—氟西泮；13—罂粟碱；14—三唑仑

色谱柱：BPX35，25m×0.22mm，0.25μm

载 气：He，150kPa

进样模式：分流比20：1

检测器：FID，380℃

柱 温：100℃，5℃/min升温至325℃（5min）

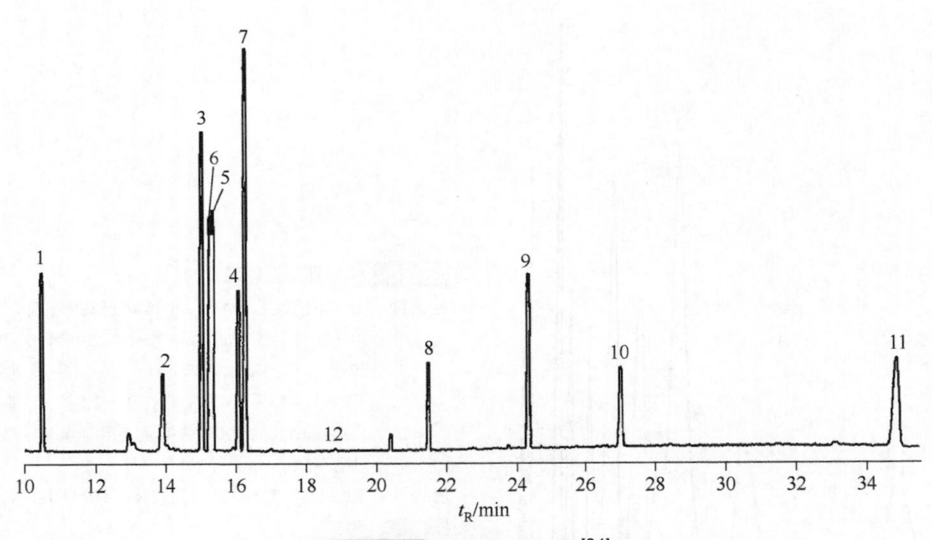

图 25-34 胺类致幻剂[34]

色谱峰：1—甲米雷司；2—三甲氧苯乙胺；3—二甲基色胺；4—氯胺酮；5—TCP（噻恩环己哌啶）；6—苯环利定（PCP）；7—二乙基色胺；8—蟾蜍色胺；9—芬太尼；10—伊菠加因；11—LSD

色谱柱：DB-17ms，30m×0.25mm，0.25μm

进样模式：不分流，250℃

柱温箱：50℃（0.5min）$\xrightarrow{25℃/min}$ 125℃ $\xrightarrow{10℃/min}$ 255℃ $\xrightarrow{25℃/min}$ 320℃（16min）

载 气：He，流速为30cm/s

检测器：MS

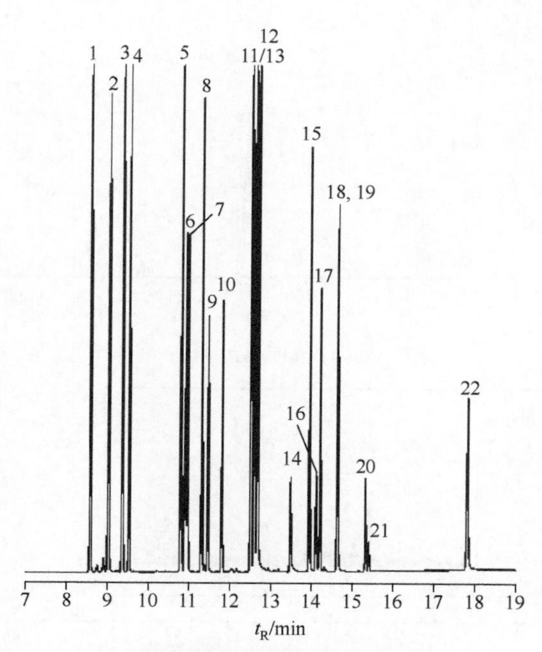

图 25-35　含氮除草剂[35]

色谱峰：1—扑草灭；2—苏达灭；3—灭草猛；4—克草猛；5—草达灭；6—氟乐灵；7—氟草胺；8—草灭特；9—毒草胺；10—丙氟乐灵；11—扑灭津；12—丁草净；13—西玛津；14—特草定；15—赛克津；16—都尔；17—异乐灵；18—施田补；19—除草定；20—恶草灵；21—GOAL；22—环嗪酮

色谱柱：DB-35，30m×0.53mm，0.50μm

载　气：He，38cm/s（5mL/min）

进样模式：大口径柱直接进样，290℃

检测器：NPD，290℃

柱　温：60℃（1min）→290℃（5min），15℃/min

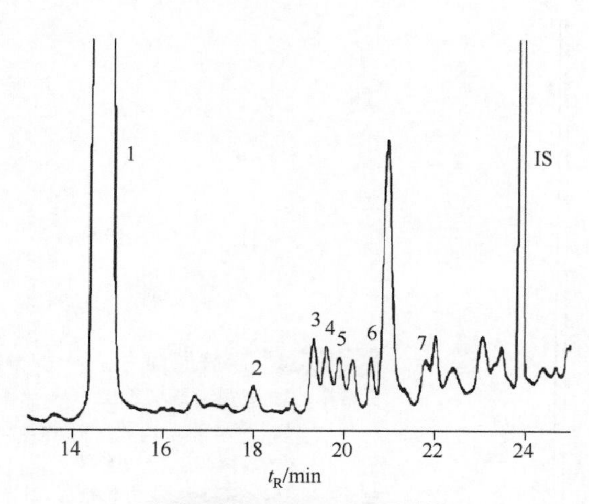

图 25-36　烟草生物碱[36]

色谱峰：1—烟碱；2—去甲烟碱；3—麦斯明；4—假木贼碱；5—二烯烟碱；6—新烟草碱；7—2,3-联吡啶

色谱柱：CP-Sil 8CB，30m×0.25mm，0.25μm

进样口温度：280℃

柱　温：100℃（4min）→280℃（15min），5℃/min

离子源温度：200℃

载　气：He，1mL/min

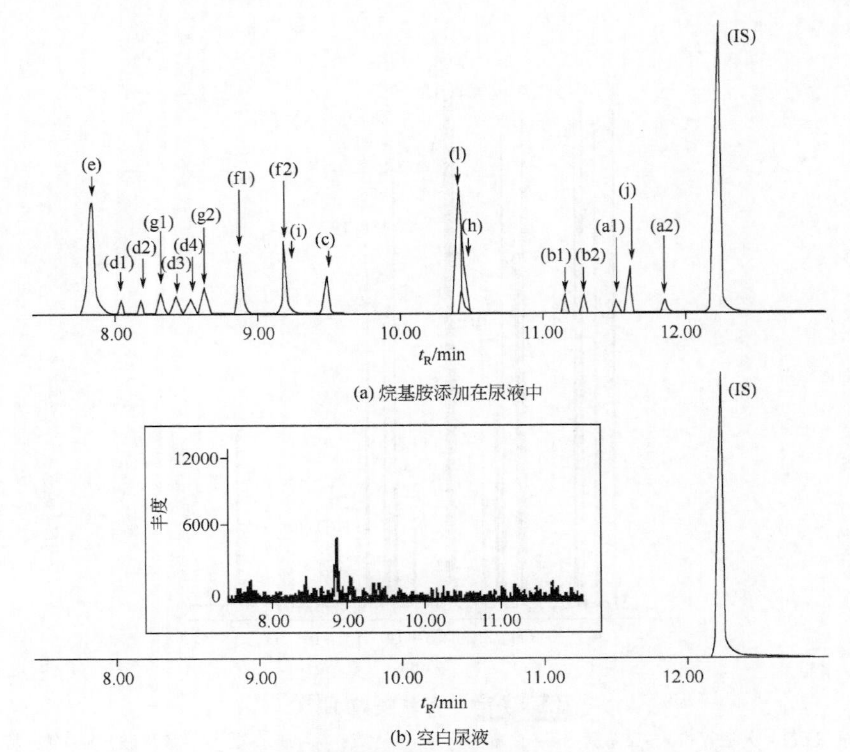

(a) 烷基胺添加在尿液中

(b) 空白尿液

图 25-37 尿中氨基药物[37]

色谱峰：(e) 正己胺；(d) 甲基己胺；(g) 2-氨基-5-甲基己胺；(f) 2-氨基己烷；(i) 正庚氨；(c) 1-甲基己胺；(l) 正辛胺；(h) *N*-甲基己胺；(b) 异甲硝唑；(a) 庚胺醇；(j) 2-氨基辛烷；(IS) 环己丙胺

色谱柱：HP-5，15m×0.20mm，0.33μm

柱　温：60℃（1min）$\xrightarrow{20℃/min}$ 110℃（14min）$\xrightarrow{20℃/min}$ 280℃（1min）$\xrightarrow{40℃/min}$ 300℃（3min）

载　气：He，0.9mL/min　　检测器：MS

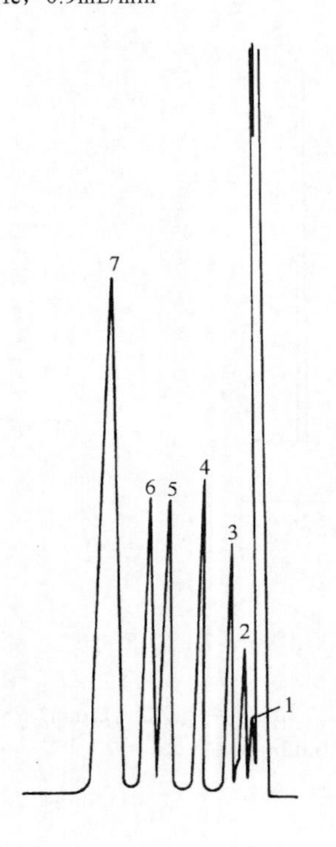

图 25-38 磷胺原油[38]

色谱峰：1—乙酰乙酰二乙胺；2—一氯代乙酰乙酰二乙胺；3—二氯代乙酰乙酰二乙胺；4—磷酸三丁酯（内标）；5—脱氯磷胺；6—*α*-磷胺；7—*β*-磷胺

色谱柱：10% SE-30，上海试剂厂101硅烷化载体（60～80目），2m×3mm

柱　温：200℃

载　气：H_2，17mL/min

检测器：TCD

气化室温度：220℃

参考文献

[1] SGE capillary columns, 2015—2016: 25.
[2] 安捷伦色谱与光谱产品目录，2015—2016：542.
[3] Fear D L, Burent G. J Chromatogr, 1965, 19: 17.
[4] GB 9335—88. 中国国家标准汇编，1992，111：25.
[5] Hartung A, Kraft J, Schulze J, et al. Chromatographia, 1984, 19: 269.
[6] Robbat A, Corso N P, Doherty P J, et al. Anal Chem, 1986, 58: 2072.
[7] 安捷伦色谱与光谱产品目录，2015—2016：606.
[8] 安捷伦色谱与光谱产品目录，2015—2016：608.
[9] 安捷伦色谱与光谱产品目录，2015—2016：608.
[10] 安捷伦色谱与光谱产品目录，2015—2016：609.
[11] Singh D, Sanghi S, et al. J Chromatogr A, 2011, 1218: 5683.
[12] 安捷伦色谱与光谱产品目录，2015—2016: 609.
[13] 安捷伦色谱与光谱产品目录，2015—2016: 611.
[14] Bruner F, Ciccioli P, Brancaleoni E, et al. Chromatographia, 1975, 8: 503.
[15] SGE capillary columns, 2015—2016: 25.
[16] SGE capillary columns, 2015—2016: 27.
[17] Akyüz M, Ata. J Chromatogr A, 2006, 1129: 88.
[18] SGE capillary columns, 2015—2016: 26.
[19] 安捷伦色谱与光谱产品目录，2015—2016：610.
[20] 安捷伦色谱与光谱产品目录，2015—2016：626.
[21] 安捷伦色谱与光谱产品目录，2015—2016：627.
[22] 安捷伦色谱与光谱产品目录，2015—2016：629.
[23] 安捷伦色谱与光谱产品目录，2015—2016：629.
[24] 安捷伦色谱与光谱产品目录，2015—2016：636.
[25] Borwitzky H. Chromatographia, 1986, 22: 65.
[26] 陈祖辉. 分析化学，1981，9：631.
[27] J Chrom Sci，1993, 31: 387.
[28] 于桂霞，陈红军. 色谱，1994，12：76.
[29] 姜瑞芳，金素珍. 第一次全国石油化工色谱学会报告文集，1984：630.
[30] GB 6015—85. 中国国家标准汇编，1990，66：342.
[31] De Zeeuw J, De Nijs R C M. Chrompack New, 1984, 11(2): 4.
[32] GB 4322—84. 中国国家标准汇编，1990，41：136.
[33] SGE capillary columns, 2015—2016: 34.
[34] 安捷伦色谱与光谱产品目录，2015—2016：646.
[35] 安捷伦色谱与光谱产品目录，2015—2016：527.
[36] Shen J, Shao X. Anal Chim Acta, 2006, 561: 83.
[37] Sardela V, Sardela P, et al. J Chromatogr A, 2013, 1298: 76.
[38] GB 4651—84. 中国国家标准汇编，1989，45：453.

第二十六章　含硫化合物色谱图

第一节　无机硫化合物色谱图

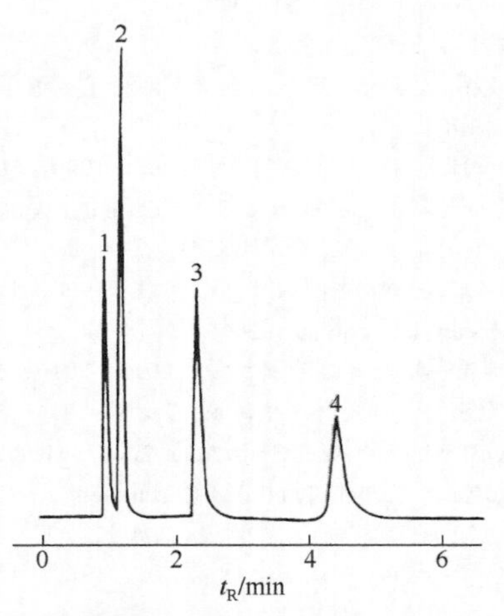

图 26-1　痕量硫化物气体[1]

色谱峰：1—COS；2—H_2S；3—CS_2；4—SO_2

色谱柱：Chromosil 310，1.82m×3mm聚四氟乙烯管

柱　温：50℃

载　气：N_2，20mL/min

检测器：FPD

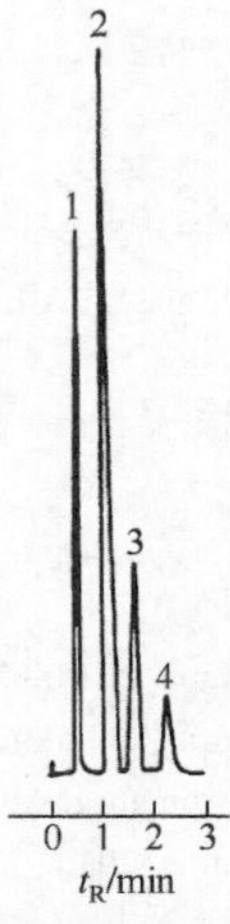

图 26-2　气体硫化物[2]

色谱峰：1—H_2S；2—COS；3—SO_2；4—甲硫醇

色谱柱：Carbograph I SC（40～60目），2m×2mm

柱　温：35℃

载　气：N_2，20mL/min

检测器：FID

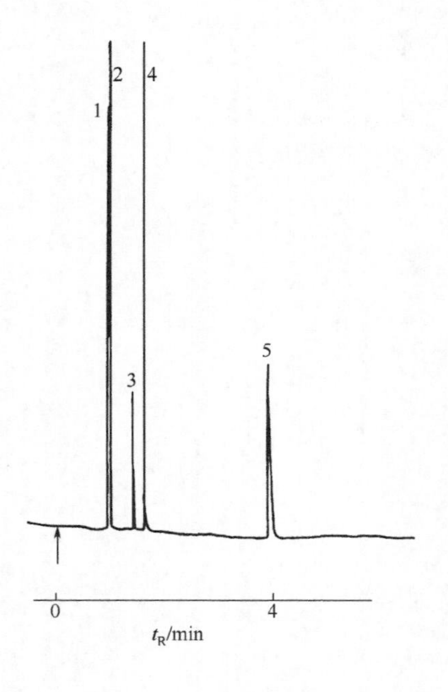

图 26-3　硫化氢（一）[3]

色谱峰：1—He；2—CO；3—CO_2；4—N_2O；5—H_2S

色谱柱：PoraPLOT Q，25m×0.32mm

柱　温：30℃

载　气：H_2

检测器：微型TCD

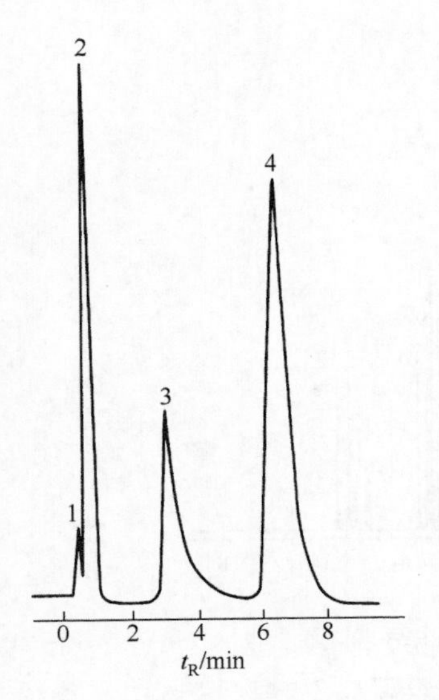

图 26-4　硫化氢（二）[4]

色谱峰：1—空气；2—H_2S；3—HCl；4—H_2O

色谱柱：5% Carbowax 20M，Fluoropak 80，2.5m×6mm

柱　温：90℃

载　气：He，33mL/min

检测器：TCD

第二节　有机硫化合物色谱图

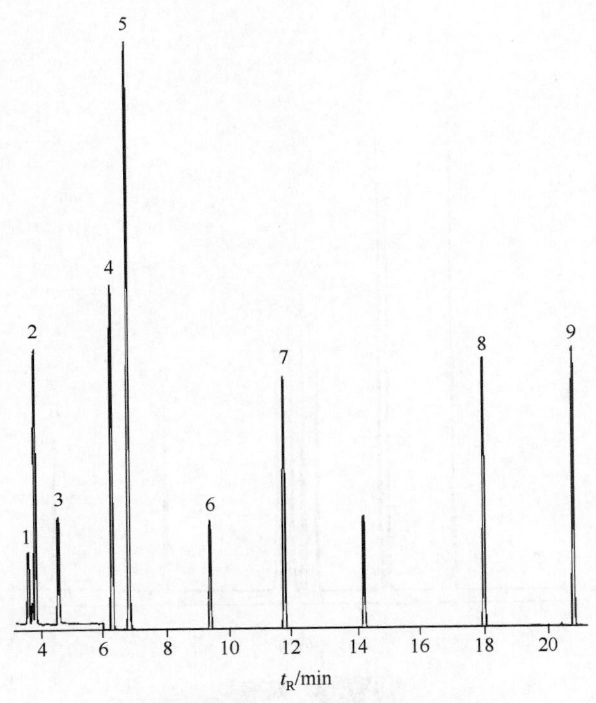

图 26-5　大气中的硫化物[5]

色谱峰：1—硫化氢；2—羰基硫；3—甲硫醇；4—二甲硫醚；5—二硫化碳；6—溴氯甲烷；7—1,4-二氟苯；8—氯苯-d_5；9—4-溴氟苯

色谱柱：DB-5，60m×0.3mm

柱　温：35~220℃

载　气：He

检测器：MSD

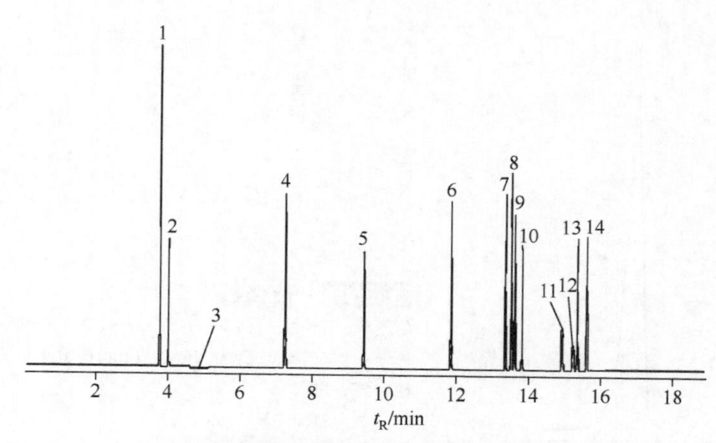

图 26-6 丙烯中的含硫化合物[6]

色谱峰：1—羰基硫；2—硫化氢；3—丙烯；4—二硫化碳；5—甲硫醇；6—乙硫醇；7—噻吩；8—二甲硫醚；9—2-丙硫醇；10—1-丙硫醇；11—2-甲基-2-丙硫醇；12—2-甲基-1-丙硫醇；13—1-甲基-1-丙硫醇；14—1-丁基硫醇

色谱柱：GS-GasPro，30m×0.32mm

载　气：He

柱　温：60~250℃

检测器：PFPD

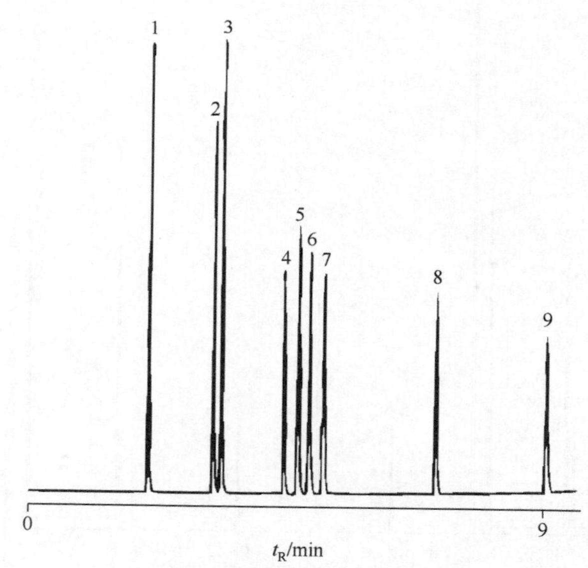

图 26-7 硫醇类[7]

色谱峰：1—乙硫醇；2—2-丙硫醇；3—1-丙硫醇；4—2-甲基-2-丙硫醇；5—2-甲基-1-丙硫醇；6—1-甲基-1-丙硫醇；7—1-丁硫醇；8—1-戊硫醇；9—1-己硫醇

色谱柱：GS-GasPro，30m×0.32mm

载　气：He

柱　温：175~260℃

检测器：FID

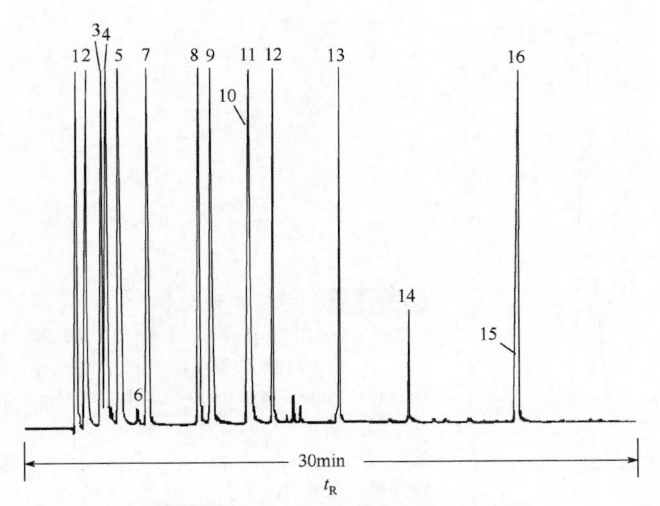

图 26-8　天然气中的含硫化合物[7]

色谱峰：1—硫化氢；2—甲硫醇；3—乙硫醇；4—二甲醚硫；5—异丙硫醇；6—叔丁硫醇；7—正丙硫醇；8—噻吩和仲丁硫醇；9—异丁硫醇；10—正丁硫醇；11—叔丁硫醇；12—异戊硫醇；13—正戊硫醇；14—正己硫醇；15—叔二丁二硫；16—正辛硫醇

色谱柱：HP-1，30m×0.32mm　　柱　温：35~350℃

载　气：He　　检测器：FPD

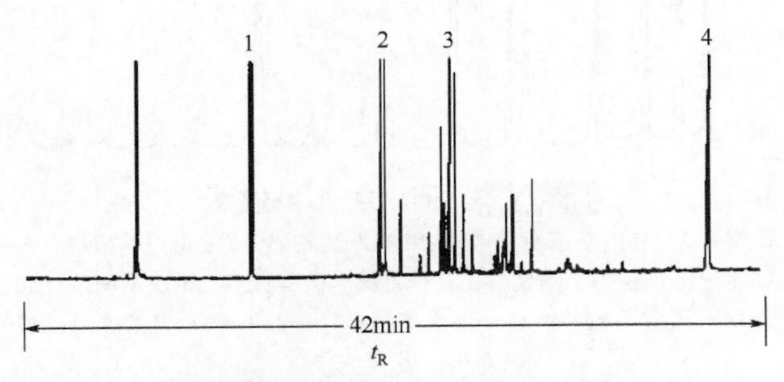

图 26-9　石脑油中的硫化物[8]

色谱峰：1—噻吩；2—甲基噻吩；3—乙基和二甲基噻吩；4—苯并噻吩

色谱柱：HP-PONA，50m×0.2mm　　柱　温：35~130℃

载　气：He　　检测器：FPD

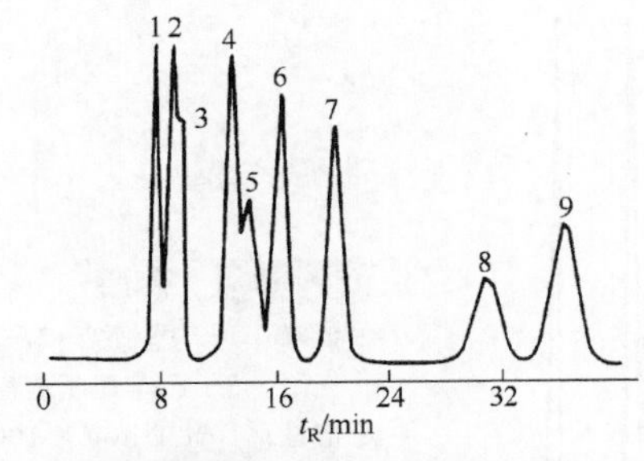

图 26-10　烃基硫化合物[9]

色谱峰：1—乙基异丙基硫；2—甲基异丁基硫；3—甲基仲丁基硫+二异丙基硫；4—丙基异丙基硫；5—甲基丁基硫+乙基仲丁基硫；6—异丙基异丁基硫；7—二丙基硫+乙基丁基硫；8—异丁基仲丁基硫；9—丙基丁基硫

色谱柱：20% 7,8-苯并喹啉，硅藻土（50～60目），1.25m×4mm　　载　气：N_2，25mL/min

柱　温：100℃　　检测器：TCD

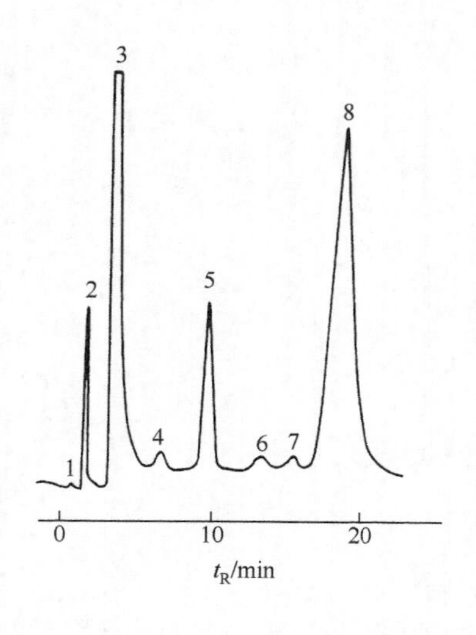

图 26-11 甲烷中硫化物[10]

色谱峰：1—甲烷；2—二氧化碳；3—硫化氢；4—甲硫醇；5—二甲硫醚；6—异丙基硫醇；7—正丙基硫醇；8—叔丁基硫醇

色谱柱：Porapak QS（80～100目），0.93m×6mm

柱　温：70℃→150℃，10℃/min

载　气：N_2，30mL/min

检测器：电导检测器

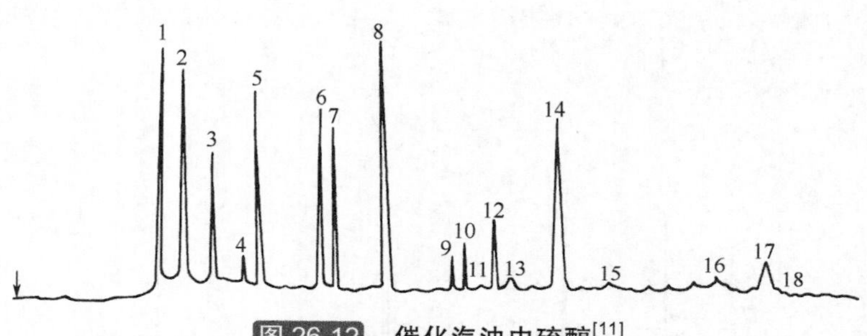

图 26-12 催化汽油中硫醇[11]

色谱峰：1—甲硫醇；2—乙硫醇；3—异丙基硫醇；4—2-甲基丙基硫醇；5—正丙基硫醇；6—2-丁基硫醇；7—异丁基硫醇；8—正丁基硫醇；9—3-甲基-2-丁基硫醇；10—2-戊基硫醇；11—3-戊基硫醇；12—3-甲基-1-丁基硫醇；13—2-甲基丁基-1-硫醇；14—正戊基硫醇；15—环戊硫醇；16—4-甲基-1-戊基硫醇；17—正己基硫醇；18—二乙基二硫化物

色谱柱：OV-101 PLOT柱，30m×0.3mm　　检测器：FPD

柱　温：50℃→120℃，3℃/min

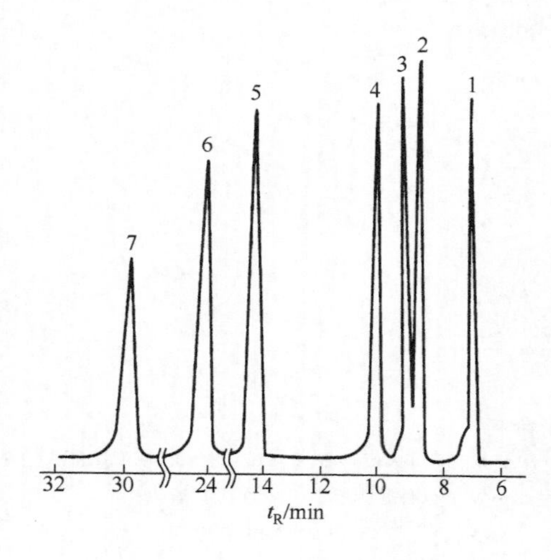

图 26-13 硫醚[12]

色谱峰：1—甲硫醇；2—乙硫醇；3—甲基硫醚；4—2-丙硫醇；5—乙基甲基硫醚；6—乙基硫醚；7—正丁基硫醇

色谱柱：10% Triton X-100+1.5% Span 80；93m×0.5mm

柱　温：35℃

载　气：He，5mL/min

检测器：FID

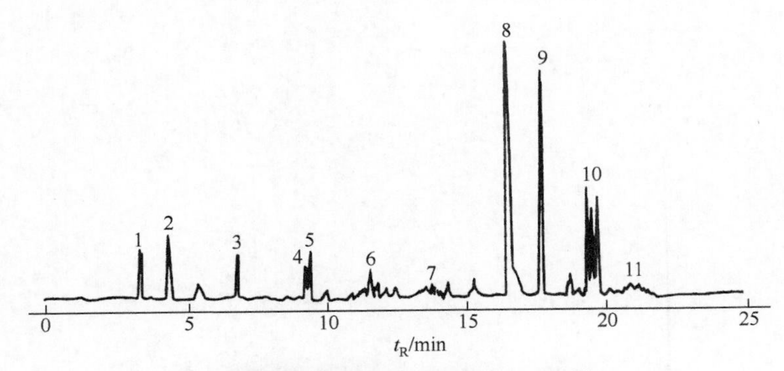

图 26-14　重整汽油中的硫化物[2]

色谱峰：1—乙烷噻吩；2—2-丙烷噻吩；3—噻吩；4—2-甲基噻吩；5—3-甲基噻吩；6—二甲基噻吩；7—三甲基噻吩；8—二叔丁基二硫化物；9—苯并噻吩；10—甲基苯并噻吩；11—二甲基苯并噻吩

色谱柱：AT-Sulfur，30m×0.32mm，4.0μm

柱　温：35℃（1min）→300℃，10℃/min

载　气：He，4mL/min

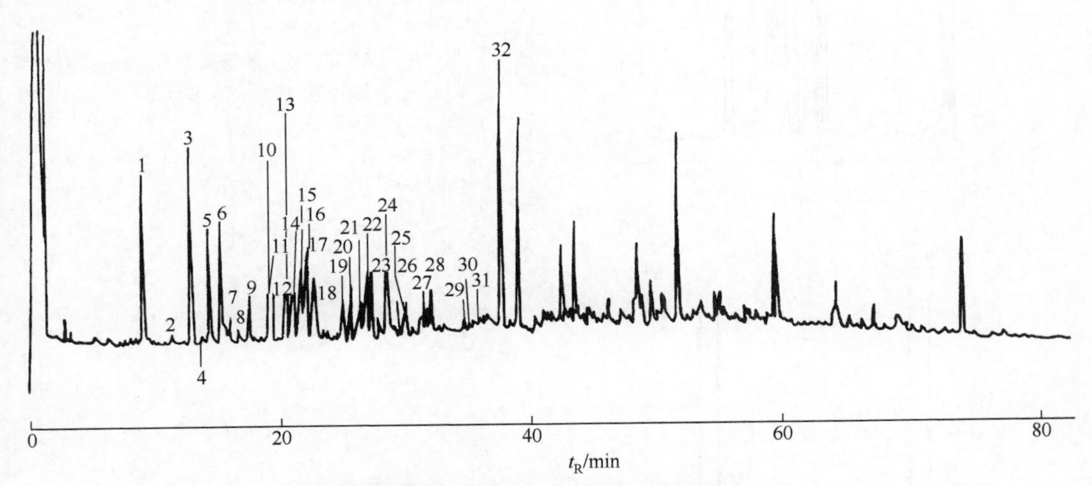

图 26-15　页岩油中含硫杂环化合物[13]

色谱峰：1—苯并[*b*]噻吩；2—3-甲基苯并[*b*]噻吩；3—5-乙基苯并[*b*]噻吩；4—反-1,2,3,4*a*,9*a*-六羟基二苯并噻吩；5—顺-1,2,3,4*a*,9*a*-六羟基二苯并噻吩；6—萘并[1,2,-*b*]噻吩；7—二苯并噻吩；8—萘并[2,1-*b*]噻吩；9—萘并[2,3-*b*]噻吩；10—苯并[*b*]萘并[2,3-*d*]噻吩；11—苯并[*b*]萘并[2,1-*d*]噻吩；12—菲并[9,10-*b*]噻吩；13—菲并[4,3-*b*]噻吩；14—菲并[1,2-*b*]噻吩；15—菲并[3,4-*b*]噻吩；16—菲并[2,1-*b*]噻吩；17—菲并[3,2-*b*]噻吩；18—菲并[2,3-*b*]噻吩；19—2-(2′-萘基)苯并[*b*]噻吩；20—三亚苯并[4,5-*bcd*]噻吩；21—二萘并[2,1-*b*：1′,2′-*d*]噻吩；22—二萘并[1,2-*b*：2′,1′-*d*]噻吩；23—苯并[*b*]菲并[9,10-*d*]噻吩；24—苯并[*b*]菲并[3,4-*d*]噻吩；25—蒽并[1,2-*b*]苯并[*d*]噻吩；26—苯并[*b*]菲并[2,1-*d*]噻吩；27—9,13-1-1-三亚苯并[2,3-*b*]噻吩；28—二萘并[1,2-*b*：2′,3′-*d*]噻吩；29—苯并[*b*]菲并[3,2-*d*]噻吩；30—苯并[*b*]菲并[2,3-*d*]噻吩；31—二萘并[2,3-*b*：2′,3′-*d*]噻吩；32—三亚苯并[2,3-*b*]噻吩

色谱柱：SE-52，15m×0.28mm

柱　温：40℃ $\xrightarrow{10℃/min}$ 60℃ $\xrightarrow{2℃/min}$ 250℃

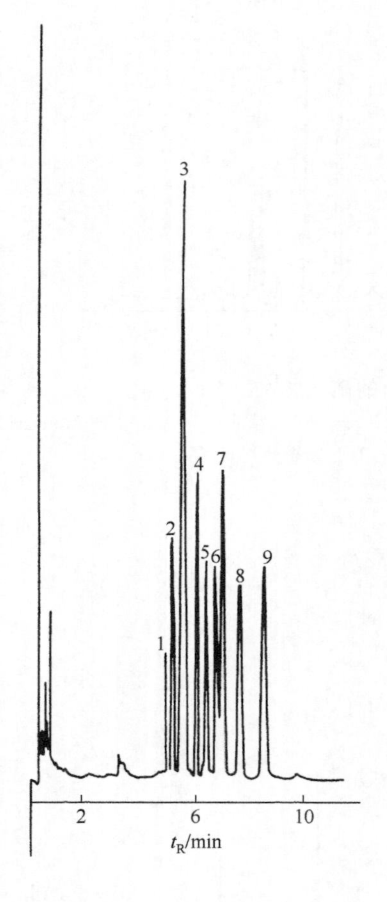

图 26-16 多环芳烃硫化物[14]

色谱峰：1—苯[*b*]-苯并[1,2-*d*]噻吩；2—菲并[9,10-*b*]噻吩；3—菲并[4,3-*b*]噻吩+菲并[3,4-*b*]噻吩；4—苯[*b*]-苯并[2,1-*d*]噻吩；5—蒽并[1,2-*b*]噻吩；6—苯[*b*]萘并[2,3-*d*]噻吩；7—菲并[1,2-*b*]噻吩+菲并[3,2-*b*]噻吩；8—蒽并[2,1-*b*]噻吩+菲并[2,3-*b*]噻吩；9—菲并[2,1-*b*]噻吩

色谱柱：*N*,*N'*-双(对丁氧基亚苄基)-*α*,*α'*-二对甲苯胺+SE-52，19.6m×0.32mm

柱　温：220℃

载　气：H_2，95cm/s

检测器：FID

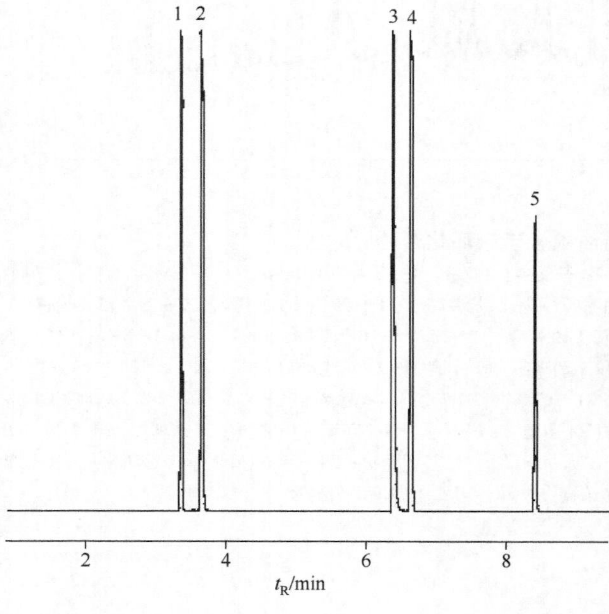

图 26-17 轻烃气体中的含硫化合物[15]

色谱峰：1—羰基硫；2—硫化氢；3—二氧化硫；4—二硫化碳；5—甲硫醇

色谱柱：GS-GasPro，30m×0.32mm

柱　温：60℃→250℃

载　气：He

检测器：PFPD

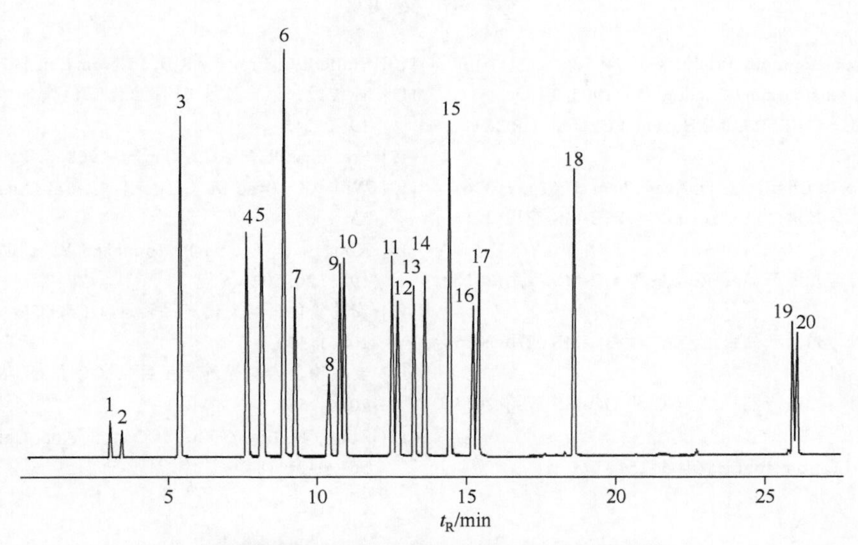

图 26-18　溶于甲苯的含硫化合物标样[16]

色谱峰：1—硫化氢；2—羰基硫；3—甲硫醇；4—乙硫醇；5—二甲硫醚；6—二硫化碳；7—2-丙硫醇；8—2-甲基-2-丙硫醇；9—1-丙硫醇；10—甲基乙基硫醚；11—噻吩；12—2-甲基-1-丙硫醇；13—乙硫醚；14—1-丁硫醇；15—二甲基二硫醚；16—2-甲基噻吩；17—3-甲基噻吩；18—二乙基二硫醚；19—5-甲基苯并[b]噻吩；20—3-甲基苯并噻吩

色谱柱：DB-Sulfur SCD，60m×0.32mm

载　气：He

柱　温：35~250℃

检测器：SCD

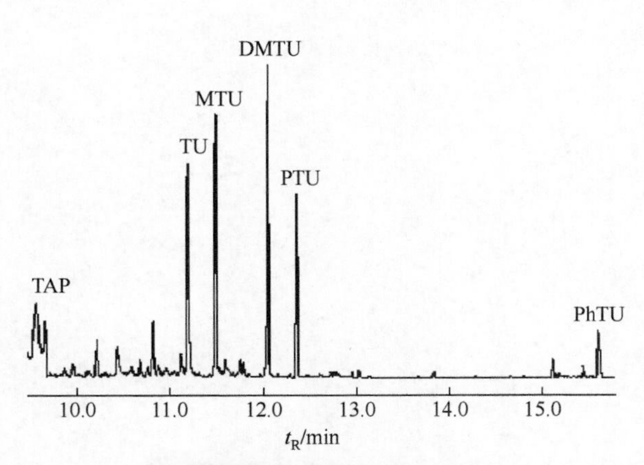

图 26-19　尿中的硫化物[17]

色谱峰：TAP—他巴唑；TU—2-硫尿嘧啶；MTU—6-甲基-2-硫脲嘧啶；PTU—6-丙基-2-硫尿嘧啶；PhTU—6-苯基-2-硫尿嘧啶；DMTU—二甲基硫尿嘧啶

色谱柱：DB-5MS裸毛细管柱，30m×0.25mm，0.25μm

进样口温度：250℃

程序升温条件：100℃（2min）$\xrightarrow{15℃/min}$ 260℃ $\xrightarrow{10℃/min}$ 290℃（5min）

载　气：He，1mL/min

检测器：MSD

参 考 文 献

[1] Spelco. Chromatography Products, 1994: 726.
[2] Alltech. Chromatography Catalog 350. 1995: 14.
[3] De Zeeuw J, de Nijk R C M, Buyten J C, et al. HRC&CC, 1988, 11: 162.
[4] Obermiller E L, Charlier G O. Anal Chem, 1967, 39: 336.
[5] 安捷伦色谱与光谱产品目录. GC 和 GC-MS 应用(2015-2016): 550.
[6] 安捷伦色谱与光谱产品目录. GC 和 GC-MS 应用(2015-2016): 579.
[7] 安捷伦色谱与光谱产品目录. GC 和 GC-MS 应用(2015-2016): 592.
[8] 安捷伦色谱与光谱产品目录. GC 和 GC-MS 应用(2015-2016): 593.
[9] Petranek J. J Chromatogr, 1961, 5: 254.
[10] Shille R G, Bronsky R B. J Chrom Sci, 1977, 15: 541.
[11] 孙传经. 第一次全国石油化工色谱学术报告会文集. 1984: 145.
[12] Freedman R W. J Gas Chrom, 1968, 6: 495.
[13] Willey C, Iwao M, Castle R N, et al. Anal Chem, 1981, 53: 400.
[14] Kong R C, Lee M L, Tominage Y, et al. J Chrom Sci, 1982, 20: 502.
[15] 安捷伦色谱与光谱产品目录. GC 和 GC-MS 应用(2015-2016): 590.
[16] 安捷伦色谱与光谱产品目录. GC 和 GC-MS 应用(2015-2016): 578.
[17] Zou Q H, Liu Y, Xie M X, et al. Anal Chim Acta, 2005, 551 (1-2): 184.

第二十七章　含卤素化合物色谱图

第一节　无机卤素化合物色谱图

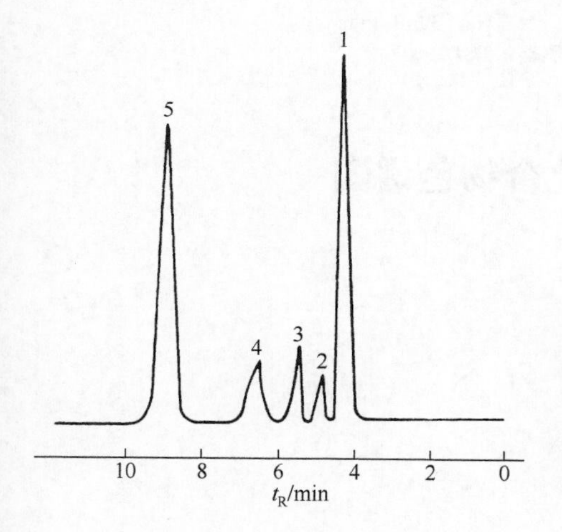

图 27-1　硫氟化合物[1]

色谱峰：1—空气；2—SF_6；3—SF_4；4—SOF_2；5—SF_5Cl

色谱柱：33% Kel-F 油 NO.3，Chromosorb W，6m×4mm

柱　温：25℃

载　气：He，37mL/min

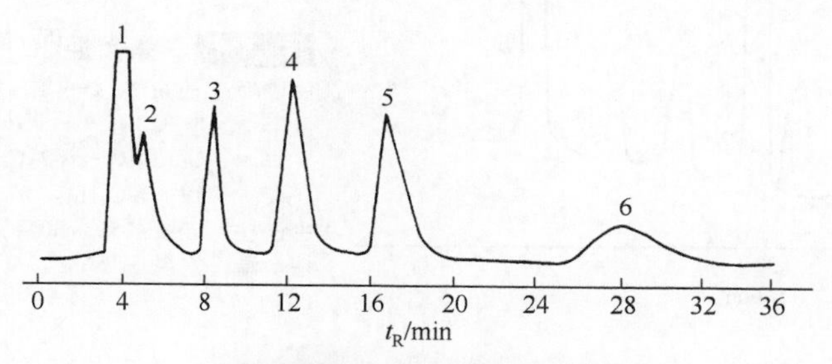

图 27-2　金属氟化物[2]

色谱峰：1—F_2+反应产物；2—铼中不纯物；3—WF_6；4—ReF_6；5—OsF_6；6—$ReOF_5$

色谱柱：15% Kel-F 10油，Chromosorb T（40～60目），6.82m×6mm

柱　温：75℃　　检测器：TCD

载　气：He，28mL/min

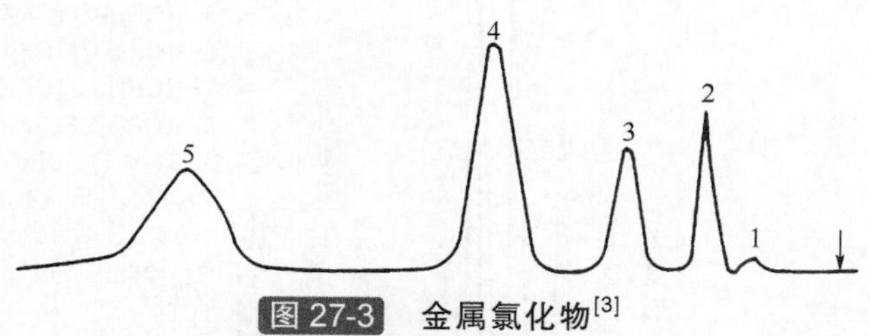

图 27-3　金属氯化物[3]

色谱峰：1—HCl；2—$SiCl_4$；3—$GeCl_4$；4—$SnCl_4$；5—$TiCl_4$

色谱柱：Kel-F 40油，HaloportF载体　　载　气：N_2，40mL/min

柱　温：75℃

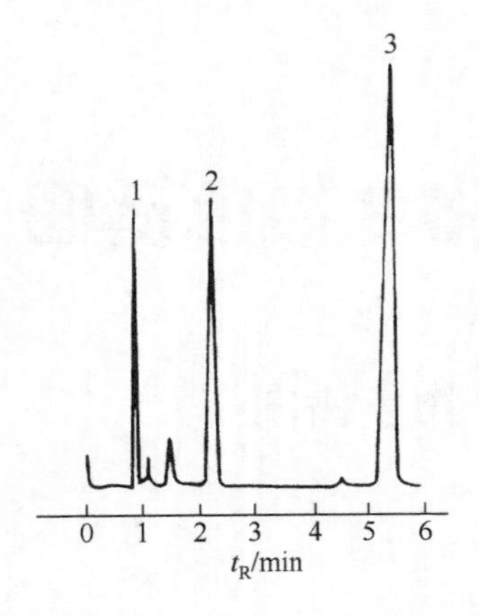

图 27-4 氯化氢中痕量水[4]

色谱峰：1—空气；2—水（12μg/g）；3—氯化氢
色谱柱：HayeSep R（80～100目），2.7m×3mm镍管
柱　温：118℃
载　气：He，30mL/min
检测器：TCD

第二节　有机卤素化合物色谱图

一、卤代烃色谱图

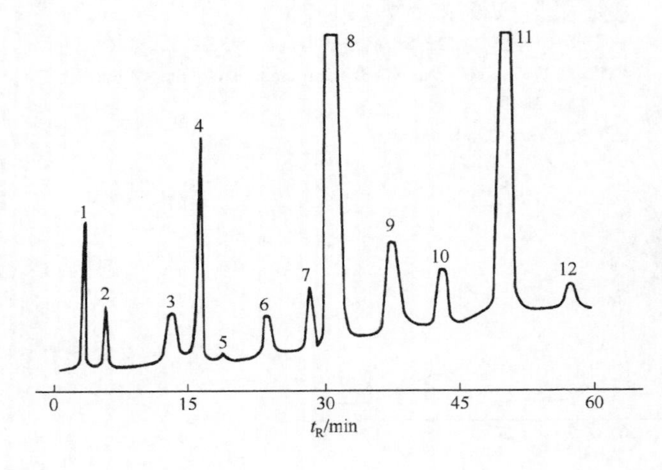

图 27-5 氟代烃[5]

色谱峰：1—空气；2—CF_4；3—C_2F_6；4—C_2F_4；5—C_2F_2；6—C_3F_8；7—*cyclo*-C_3F_6；8—*n*-C_3F_6；9—*cyclo*-C_4F_8；10—*cis*-2-C_4F_8+*trans*-2-C_4F_8；11—*i*-C_4H_8；12—1-C_4H_8
色谱柱：硅胶（50～80目），3.05m×6mm
柱　温：室温→180℃，60min

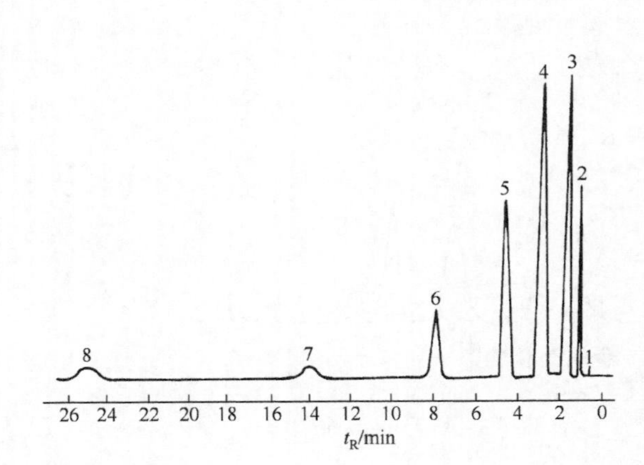

图 27-6 含碘的氟碳同系物[6]

色谱峰：1—空气；
2—$(CF_3)_2CF(CF_2CF_2)_3I$；
3—$(CF_3)_2CF(CF_2CF_2)_5I$；
4—$(CF_3)_2CF(CF_2CF_2)_7I$；
5—$(CF_3)_2CF(CF_2CF_2)_9I$；
6—$(CF_3)_2CF(CF_2CF_2)_{11}I$；
7—$(CF_3)_2CF(CF_2CF_2)_{13}I$；
8—$(CF_3)_2CF(CF_2CF_2)_{15}I$
色谱柱：20% OV-17，Chromosorb P AW-DMCS（80～100目），2m×3mm
柱　温：110℃
载　气：H_2，25mL/min
检测器：TCD
气化室温度：180℃
检测器温度：110℃

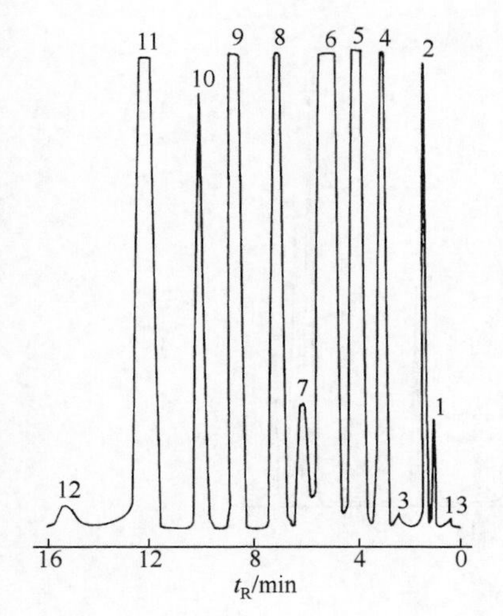

图 27-7 氯代烃（一）[7]

色谱峰：1—氯乙烯；2—氯乙烷；3—1,1-二氯乙烯；4—反-1,2-二氯乙烯；5—顺-1,2-二氯乙烯；6—1,2-二氯乙烷；7—四氯化碳；8—三氯乙烯；9—1,1,2-三氯乙烷；10—全氯乙烯；11—1,1,2,2-四氯乙烷；12—五氯乙烷；13—空气

色谱柱：15% SE-30，耐火砖（30～60目），1.86m×6mm

柱 温：53℃（4min）→110℃，11℃/min

载 气：He，90mL/min

检测器：TCD

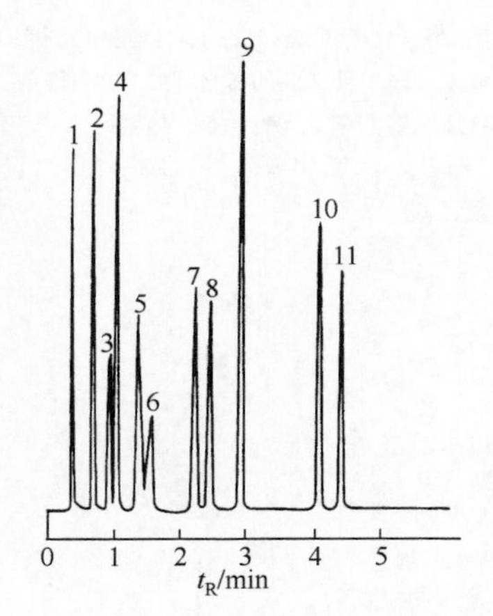

图 27-8 氯代烃（二）[8]

色谱峰：1—二氯甲烷；2—1,1-二氯乙烷；3—1,2-二氯乙烷；4—三氯甲烷；5—1,1,1-三氯乙烷；6—四氯化碳；7—1,2-二氯丙烷；8—三氯乙烯；9—1,1,2-三氯乙烷；10—全氯乙烯；11—1,1,2,2-四氯乙烷

色谱柱：0.26% SP-1000，低表面积的石墨化炭黑（80～100目），2m×1.5mm

柱 温：60℃→200℃，20℃/min

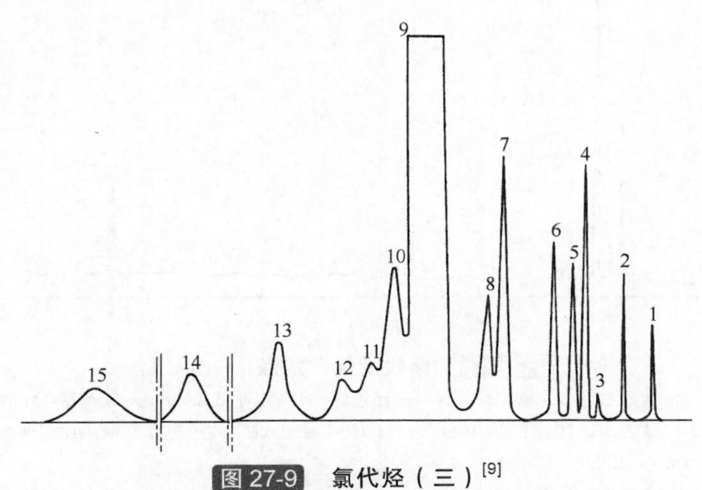

图 27-9 氯代烃（三）[9]

色谱峰：1—空气；2—1,1-二氯乙烯；3—三氯甲烷；4—1,2-二氯乙烷；5—四氯化碳；6—三氯乙烯；7—1,1,2-三氯乙烷；8—1,3-二氯丙烷；9—四氯乙烯；10—1,1,2,2-四氯乙烷；11—1,1,2-三氯丙烯；12—3,3-二氯丙烯；13—1,1,2,2-四氯乙烷；14—五氯乙烷；15—六氯乙烷

色谱柱：20%E-301，6201载体（60～80目），3m×3mm

柱 温：90℃

载 气：H_2，50mL/min

检测器：TCD

气化室温度：130℃

检测器温度：120℃

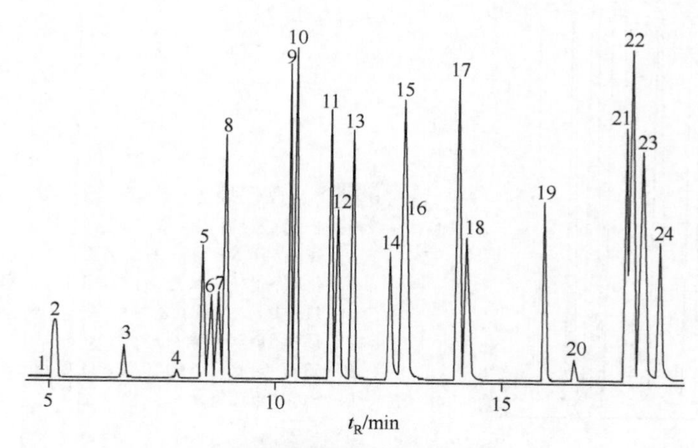

图 27-10 卤代烷烃[10]

色谱峰：1—一氯三氟甲烷；2—三氟甲烷；3—溴三氟甲烷；4—一氯五氟乙烷；5—五氟乙烷；6—1,1,1-三氟乙烷；7—二氯二氟甲烷；8—一氯二氟甲烷；9—1,1,1,2-四氟乙烷；10—氯代甲烷；11—1,1,2,2-四氟乙烷；12—溴氯二氟甲烷；13—1,1-二氟乙烷；14—1,2-二氯-1,1,2,2-四氟乙烷；15—2-氯-1,1,1,2-四氟乙烷；16—1-氯-1,1-二氟乙烷；17—二氯氟甲烷；18—三氯氟甲烷；19—氯乙烷；20—二氯甲烷；21—1,1-二氯-1-氟乙烷；22—2,2-二氯-1,1,1-三氟乙烷；23—1,1,2-三氯-1,2,2-三氟乙烷；24—1,2-二溴-1,1,2,2-四氟乙烷

色谱柱：GS-GasPro，60m×0.32mm

气化室温度：250℃

程序升温：40℃(2min) $\xrightarrow{10℃/min}$ 120℃(3min) $\xrightarrow{10℃/min}$ 200℃

载　气：He，35cm/s

检测器：MS

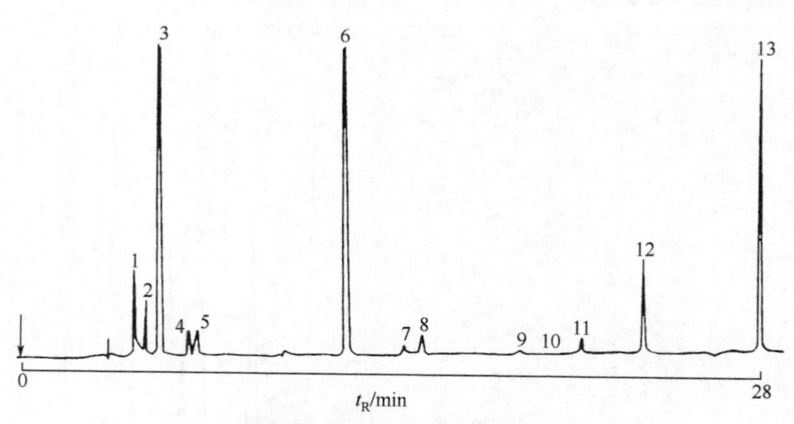

图 27-11 卤代烷烃、烯烃（一）[11]

色谱峰：1—硫化氢；2—氟利昂-22；3—氟利昂-12；4—氯乙烯；5—氟利昂-114；6—氟利昂-11；7—二氯甲烷；8—氟利昂-113；9—1,2-二氯乙烯；10—三氯甲烷；11—1,1,1-三氯乙烷；12—三氯乙烯；13—四氯乙烯

色谱柱：CP-Sil 5 CP，25m×0.32mm，5.0μm

柱　温：30℃（5min） $\xrightarrow{5℃/min}$ 105℃ $\xrightarrow{10℃/min}$ 200℃

载　气：N_2，20kPa

检测器：ECD

气化室温度：250℃

检测器温度：280℃

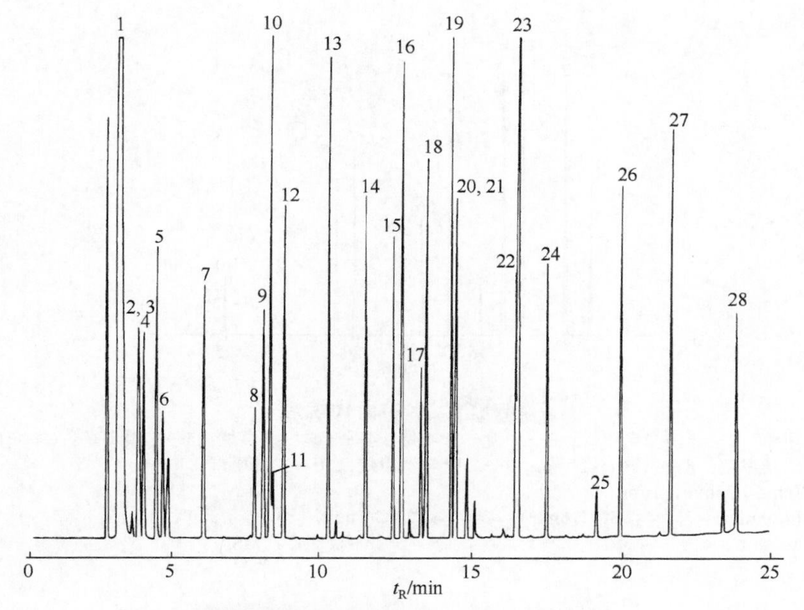

图 27-12 卤代烷烃、烯烃（二）[12]

色谱峰：1—戊烷；2—碘甲烷；3—1,1-二氯乙烯；4—1,1,2-三氯三氟乙烷；5—3-氯丙烯；6—二氯甲烷；7—1,1-二氯乙烷；8—氯仿；9—1,1,1-三氯乙烷；10—1-氯丁烷；11—四氯化碳；12—1,2-二氯乙烷；13—1,2-二氯丙烷；14—顺-1,2-二氯丙烯；15—反-1,2-二氯丙烯；16—1,1,2-三氯乙烷；17—1,1,1,2-四氯乙烷；18—1,2-二溴乙烷；19—1-氯己烷；20—反-1,1-二氯-2-丁烯；21—碘仿；22—六氯丁二烯；23—1,2,3-三氯丙烷；24—1,1,2,2-四氯乙烷；25—五氯乙烷；26—1,2-二溴-3-氯丙烷；27—六氯乙烷；28—六氯环戊二烯

色谱柱：DB-624，30m×0.32mm，1.8μm　　检测器：FID

柱　温：35℃（5min）→245℃，10℃/min　　气化室温度：250℃

载　气：He，35cm/s　　检测器温度：300℃

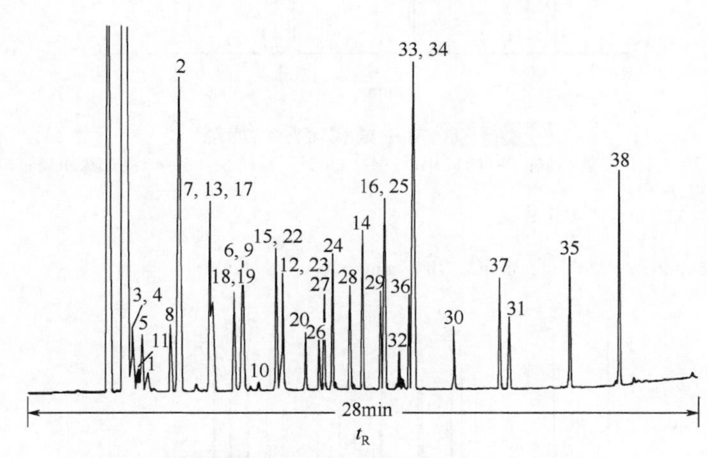

图 27-13 卤代烷烃、烯烃（三）[13]

色谱峰：1—1,1,2-三氟三氯乙烷（氟利昂-113）；2—1,1-二氯乙烯；3—溴乙烷（溴代乙基）；4—碘代甲烷；5—3-氯丙烯（烯丙基氯）；6—1-氯丁烷；7—2,2-二氯丙烷；8—反-1,2-二氯乙烯；9—1,1,1-三氯乙烷；10—四氯化碳；11—二氯甲烷；12—三氯乙烯；13—氯仿；14—四氯乙烯；15—1,2-二氯丙烷；16—1-氯己烷；17—溴氯甲烷；18—1,1-二氯乙烷；19—1,2-二氯乙烷；20—碘仿；22—二溴甲烷；23—一溴二氯甲烷；24—1,3-二氯丙烷；25—1,1-二氯丙烷；26—反-1,3-二氯丙烯；27—1,1,2-三氯乙烷；28—1,2-二溴乙烷(EDB)；29—1,1,1,2-四氯乙烷；30—五氯乙烷；31—六氯乙烷；32—三溴甲烷；33—反-1,4-二氯-2-丁烯；34—1,2,3-三氯丙烷；35—六氯丁二烯；36—1,1,2,2-四氯乙烷；37—1,2-二溴-3-氯丙烷（DBCP）；38—六氯环戊二烯

色谱柱：DB-1，30m×0.32mm，3μm　　载　气：He，35cm/s

气化室温度：250℃　　检测器：FID

程序升温条件：35℃(5min)→245℃(2min)，10℃/min

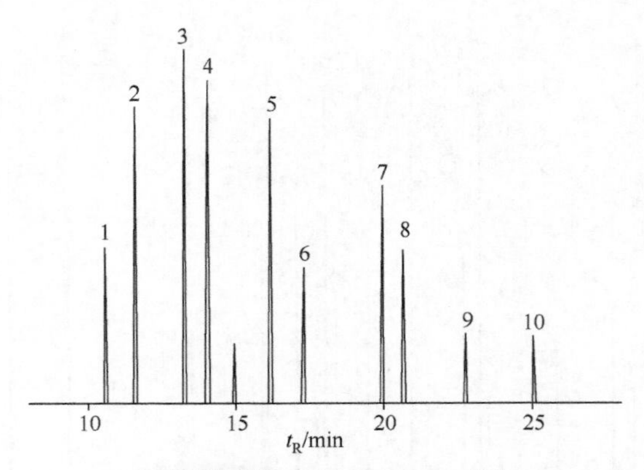

图 27-14 水中卤代烷烃[14]

色谱峰：1—三氯甲烷；2—一溴二氯甲烷；3—二溴一氯甲烷；4—一碘二氯甲烷；5—三溴甲烷；6—一碘一氯一溴甲烷；7—一碘二溴甲烷；8—二碘一氯甲烷；9—二碘一溴甲烷；10—三碘甲烷

色谱柱：ZB-5，30m×0.25mm，1μm

程序升温：−20℃(7.65min) $\xrightarrow{50℃/min}$ 80℃(6min) $\xrightarrow{10℃/min}$ 220℃(1min) $\xrightarrow{50℃/min}$ 300℃(3min)

载　气：He，0.7mL/min　　检测器：MS

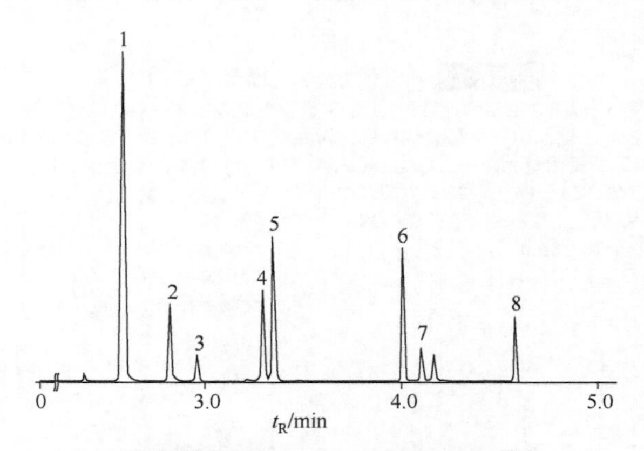

图 27-15 水中卤代烷烃、烯烃[15]

色谱峰：1—三氯甲烷；2—1,1,1-三氯乙烷；3—四氯化碳；4—1,1,2-三氯乙烷；5—一溴二氯甲烷；6—二溴一氯甲烷；7—四氯乙烯；8—三溴甲烷

色谱柱：HP-5ms，30m×0.25mm，0.25μm　　载　气：He

气化室温度：200℃　　检测器：MS

程序升温条件：10℃(1.50min) →120℃(1.25min)，40℃/min

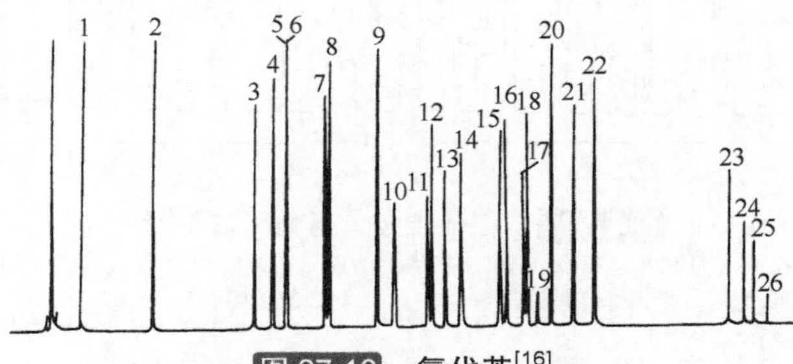

图 27-16 氯代苯[16]

色谱峰：1—苯；2—甲苯；3—氯苯；4—乙基苯；5—间二甲苯；6—对二甲苯；7—邻二甲苯；8—苯乙烯；9—异丙基苯；10—溴代苯；11—邻氯甲苯；12—正丙基苯；13—对氯代甲苯；14—1,3,5-三甲基苯；15—叔丁基苯；16—1,2,4-三甲基苯；17—间二氯苯；18—仲丁基苯；19—对二氯苯；20—对异丙基甲苯；21—邻二氯苯；22—正丁基苯；23—1,2,4-三氯苯；24—萘；25—六氯丁二烯；26—1,2,3-三氯苯

色谱柱：DB-1301，30m×0.25mm，0.25μm　　载　气：H_2，37cm/s（100℃）

柱　温：30℃（3min）$\xrightarrow{2℃/min}$ 60℃ $\xrightarrow{5℃/min}$ 120℃　　检测器：ECD

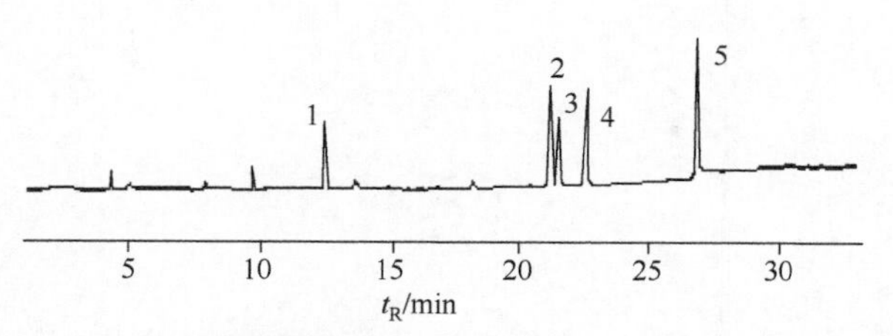

图 27-17 水中氯代苯（一）[17]

色谱峰：1—氯苯；2—1,3-二氯苯；3—1,4-二氯苯；4—1,2-二氯苯；5—1,2,3-三氯苯

色谱柱：DB-624，30m×0.25mm，0.18μm　　载　气：N_2，1.5mL/min

气化室温度：280℃　　检测器：ECD

程序升温：40℃(4min) $\xrightarrow{5℃/min}$ 130℃ $\xrightarrow{10℃/min}$ 220℃(2min)

第三篇

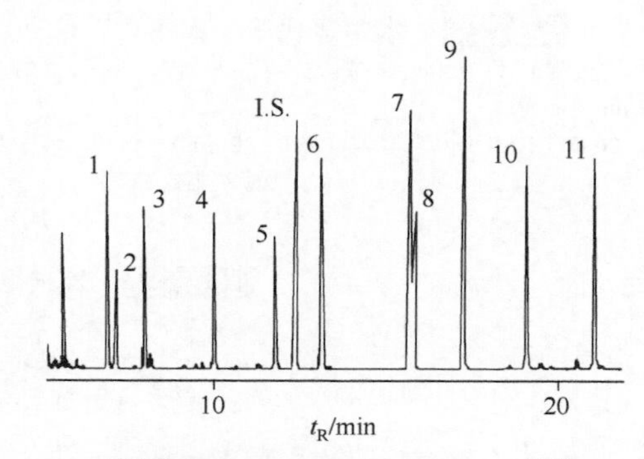

图 27-18 水中氯代苯（二）[18]

色谱峰：1—1,3-二氯苯；2—1,4-二氯苯；3—1,2-二氯苯；4—1,3,5-三氯苯；5—1,2,4-三氯苯；6—1,2,3-三氯苯；7—1,2,3,5-四氯苯；8—1,2,4,5-四氯苯；9—1,2,3,4-四氯苯；10—五氯苯；11—六氯苯；I.S.—1,4-二溴苯

色谱柱：ZB-1701，15m×0.25mm，0.25μm

程序升温：70℃(5min) $\xrightarrow{5℃/min}$ 125℃ $\xrightarrow{15℃/min}$ 200℃(4min) $\xrightarrow{40℃/min}$ 280℃(3min)

载　气：He　　检测器：ECD

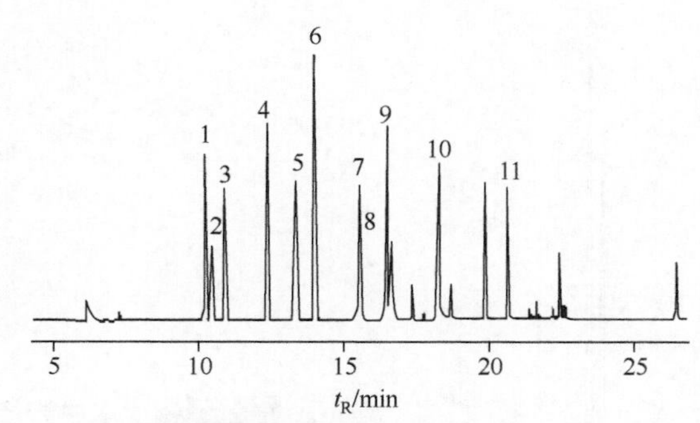

图 27-19 水中氯代苯（三）[19]

色谱峰：1—1,4-二氯苯；2—1,3-二氯苯；3—1,2-二氯苯；4—1,3,5-三氯苯；5—1,2,4-三氯苯；6—1,2,3-三氯苯；7—1,2,3,5-四氯苯；8—1,2,4,5-四氯苯；9—1,2,3,4-四氯苯；10—五氯苯；11—六氯苯

色谱柱：DB-35，30m×0.25mm，0.25μm

气化室温度：220℃　　载　气：N_2，1.0mL/min

程序升温条件：40℃（4min）→160℃（5min），10℃/min　　检测器：ECD

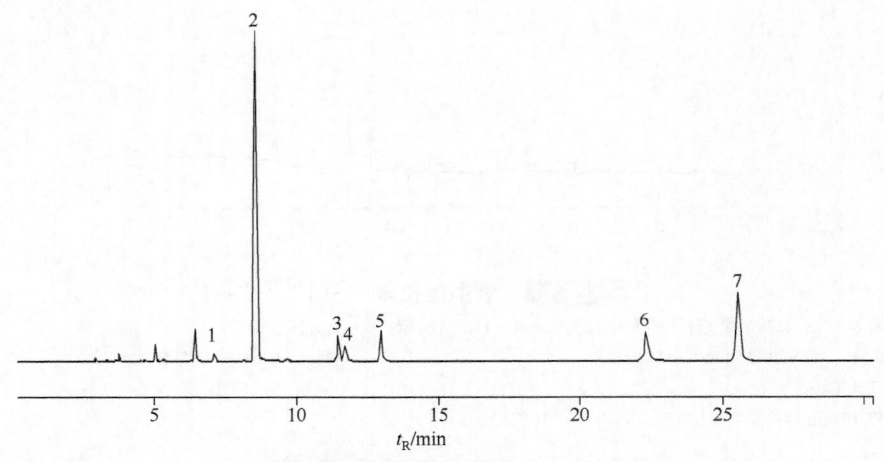

图 27-20 水中氯代苯（四）[20]

色谱峰：1—氯苯；2—溴苯；3—1,3-二氯苯；4—1,4-二氯苯；5—1,2-二氯苯；6—1,2,3-三氯苯；7—1,2,4-三氯苯
色谱柱：DB-5，25m×0.32mm，1.2μm
程序升温：80℃（2min）$\xrightarrow{20℃/min}$ 100℃（1min）$\xrightarrow{1℃/min}$ 125℃（2min）$\xrightarrow{50℃/min}$ 260℃
载　气：N_2，1.0mL/min
检测器：ECD

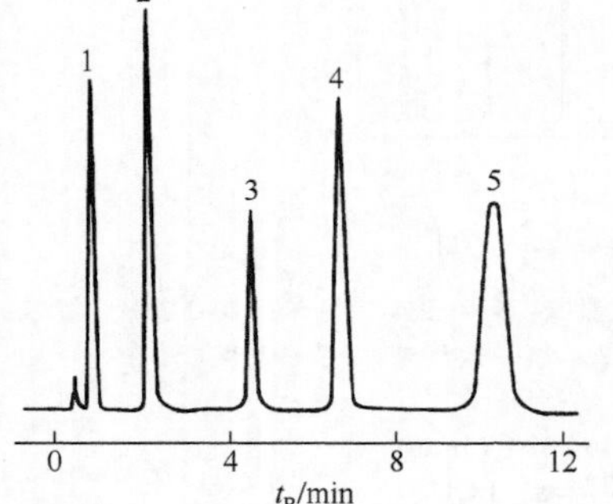
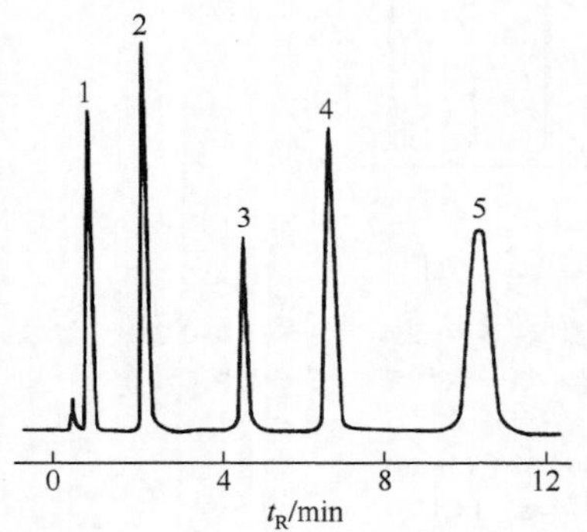

图 27-21 溴代苯[21]

色谱峰：1—苯；2—一溴代苯；3—对二溴代苯；4—间二溴代苯；5—邻二溴代苯
色谱柱：3%有机皂土-34+10% DC-200，Chromosorb W（80～100目），3.05m×2.4mm
柱　温：160℃
载　气：He，32mL/min
检测器：TCD
气化室温度：170℃
检测器温度：170℃

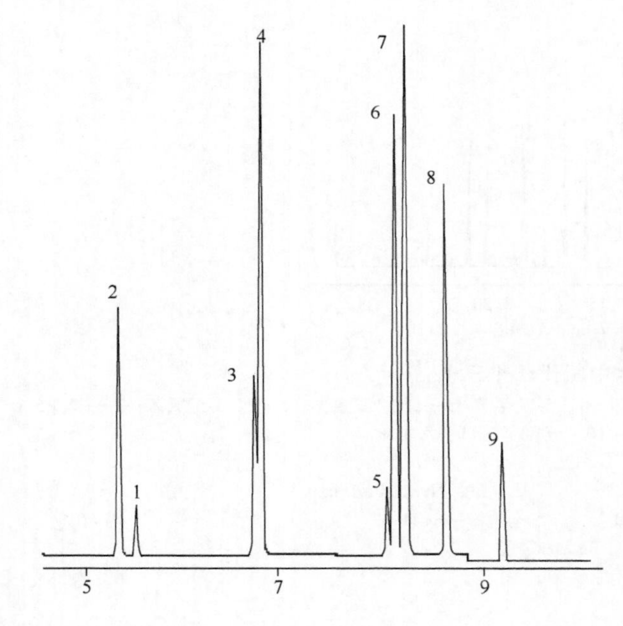

图 27-22 水中芳烃和卤代苯[22]

色谱峰：1—二氟苯；2—苯；3—甲苯-d_8；4—甲苯；5—氯苯-d_5；6—乙苯；7—对二甲苯/间二甲苯；8—邻二甲苯；9—溴氟苯
色谱柱：BP-624，25m×0.22mm，1.2μm
程序升温条件：50℃(2min）→170℃，15℃/min
载　气：He，15psi
检测器：MS

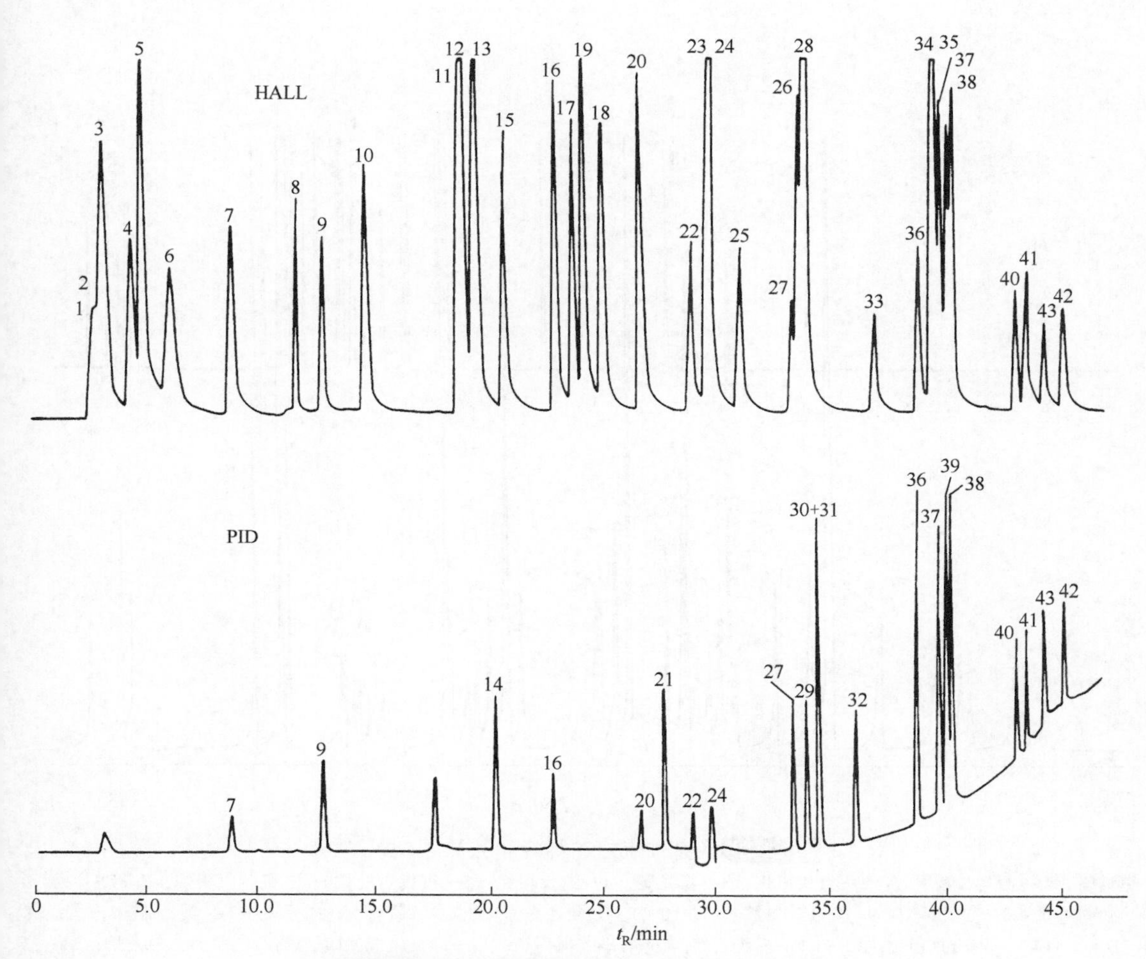

图 27-23 卤代烷烃、烯烃和芳烃（一）[23]

色谱峰：1—二氯二氟甲烷；2—氯甲烷；3—氯乙烯；4—溴甲烷；5—氯乙烷；6—三氟氯甲烷；7—1,1-二氯乙烯；8—二氯甲烷；9—反-1,2-二氯乙烯；10—1,1-二氯乙烷；11—氯仿；12—1,1,1-三氯乙烷；13—四氯化碳；14—苯；15—1,2-二氯乙烷；16—三氯乙烯；17—1,2-二氯丙烷；18—溴代二氯甲烷；19—二溴甲烷；20—顺-1,3-二氯丙烯；21—甲苯；22—反-1,3-二氯丙烯；23—1,1,2-三氯乙烷；24—四氯乙烯；25—二溴代氯甲烷；26—1-氯己烷；27—氯苯；28—1,1,1,2-四氯乙烷；29—乙基苯；30—间二甲苯；31—对二甲苯；32—邻二甲苯；33—溴仿；34—1,1,2,2-四氯乙烷；35—1,2,3-三氯丙烷；36—溴苯；37—邻氯甲苯；38—对氯甲苯；39—间氯甲苯；40—1,3-二氯苯；41—1,4-二氯苯；42—苄基氯；43—1,2-二氯苯

色谱柱：DB-624，30m×0.53mm

柱　温：5℃（7min）→115℃（10min），3℃/min

载　气：He，10mL/min

检测器：PID与Hall

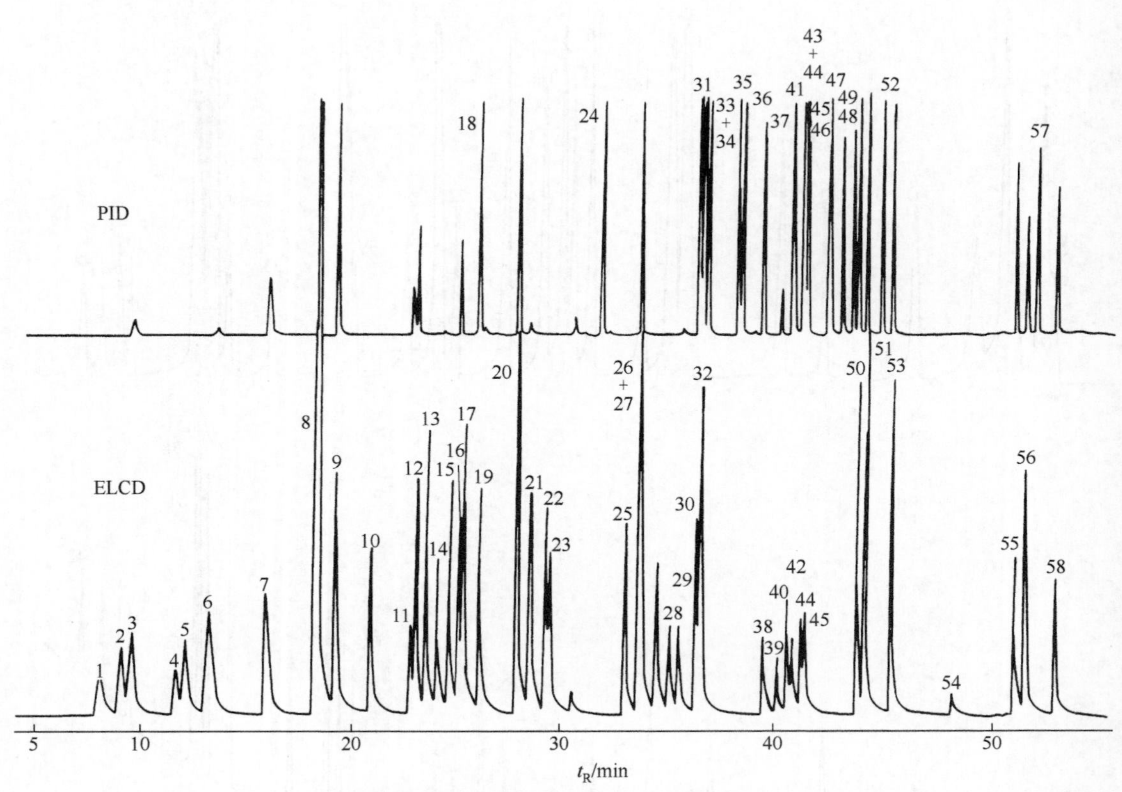

图 27-24 卤代烷烃、烯烃和芳烃（二）[24]

色谱峰：1—二氯二氟甲烷；2—氯代甲烷；3—氯乙烯；4—溴代甲烷；5—氯代乙烷；6—三氯一氟甲烷；7—1,1-二氯乙烯；8—二氯甲烷；9—反-1,2-二氯乙烯；10—1,1-二氯乙烷；11—2,2-二氯丙烷；12—顺-1,2-二氯乙烯；13—氯仿；14—一溴一氯甲烷；15—1,1,1-三氯乙烷；16—1,1-二氯丙烯；17—四氯化碳；18—苯；19—1,2-二氯乙烷；20—三氯乙烯；21—1,2-二氯丙烷；22—一溴二氯甲烷；23—二溴甲烷；24—甲苯；25—1,1,2-三氯乙烷；26—四氯乙烯；27—1,3-二氯丙烷；28—二溴一氯甲烷；29—1,2-二溴乙烷；30—氯代苯；31—乙基苯；32—1,1,1,2-四氯乙烷；33—间二甲苯；34—对二甲苯；35—邻二甲苯；36—苯乙烯；37—异丙基苯；38—溴仿；39—1,1,2,2-四氯乙烷；40—1,2,3-三氯丙烷；41—正丙基苯；42—溴代苯；43—1,3,5-三甲基苯；44—2-氯甲苯；45—4-氯甲苯；46—叔丁基苯；47—1,2,4-三甲基苯；48—仲丁基苯；49—对异丙基甲苯；50—1,3-二氯苯；51—1,4-二氯苯；52—正丁基苯；53—1,2-二氯苯；54—1,2-二溴-3-氯丙烷；55—1,2,4-三氯苯；56—六氯丁二烯；57—萘；58—1,2,3-三氯苯

色谱柱：VOCOL，60m×0.75mm

柱　温：10℃（8min）→180℃，4℃/min

载　气：He

检测器：PID 与 ELCD

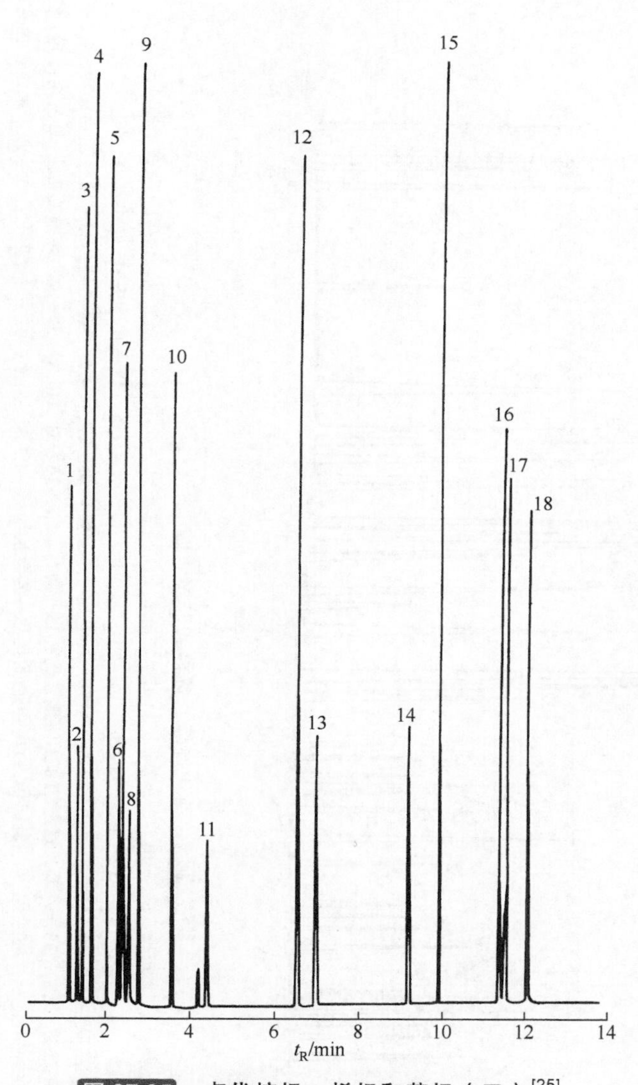

图 27-25 卤代烷烃、烯烃和芳烃（三）[25]

色谱峰：1—1,1-二氯乙烯；2—二氯甲烷；3—反-1,2—二氯乙烯；4—1,1—二氯乙烷；5—顺-1,2-二氯乙烯；6—三氯甲烷；7—1,1,1-三氯乙烷；8—四氯化碳；9—1,2-二氯乙烷；10—1,1,2-三氯乙烯；11—溴二氯甲烷；12—1,1,2,2-四氯乙烯；13—氯代二溴甲烷；14—溴仿；15—1,1,2,2-四氯乙烷；16—间二氯苯；17—对二氯苯；18—邻二氯苯

色谱柱：DB-1301，30m×0.32mm，1.0μm

柱　温：35℃（4min）→120℃，10℃/min

载　气：H_2，46cm/s（50℃）

检测器：ECD

气化室温度：250℃

检测器温度：250℃

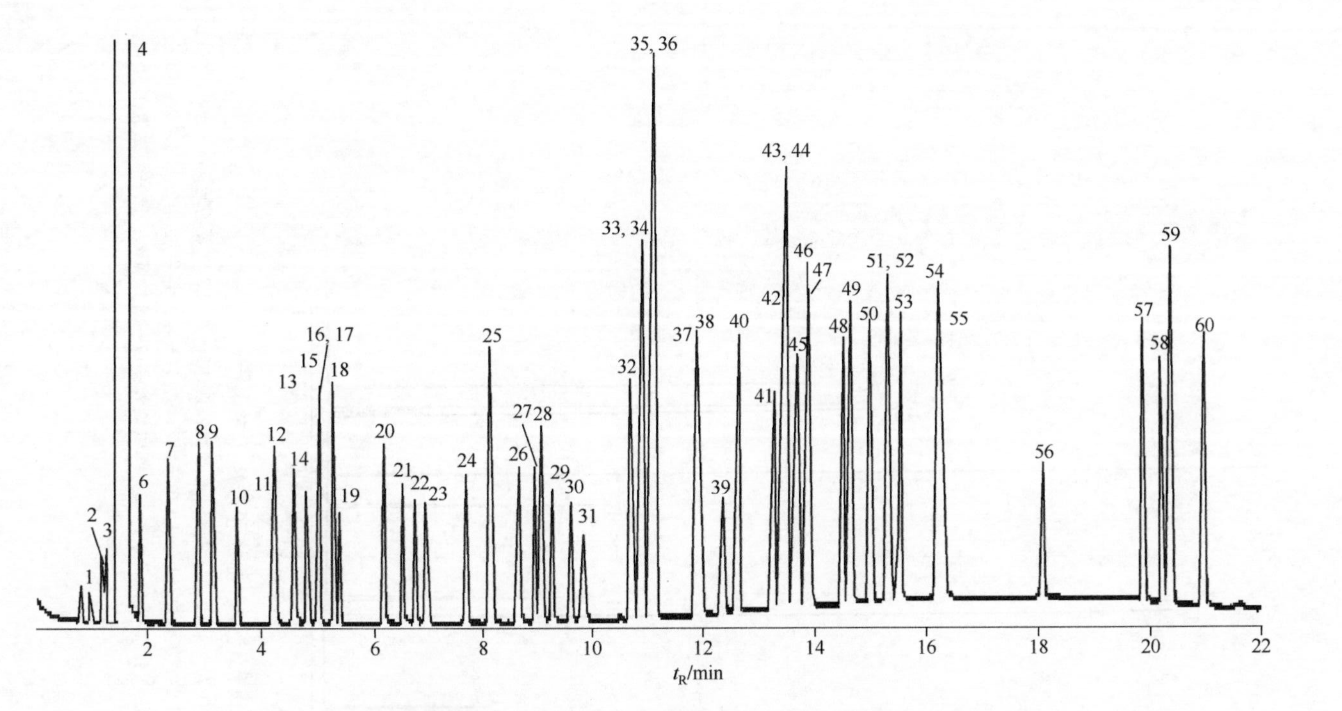

图 27-26 卤代烷烃、烯烃和芳烃（四）[26]

色谱峰：1—二氯二氟甲烷；2—氯甲烷；3—氯乙烯；4—溴甲烷；6—一氟三氯甲烷；7—1,1-二氯乙烯；8—二氯甲烷；9—反-1,2-二氯乙烯；10—1,1-二氯乙烷；11—2,2-二氯丙烷；12—顺-1,2-二氯乙烯；13—一氯一溴甲烷；14—三氯甲烷；15—1,1,1-三氯乙烷；16—1,1-二氯丙烯；17—四氯化碳；18—苯；19—1,2-二氯乙烷；20—三氯乙烯；21—1,2-二氯丙烷；22—二溴甲烷；23—二氯一溴甲烷；24—顺-1, 3-二氯丙烯；25—甲苯；26—反-1,3-二氯丙烯；27—1,1,2-三氯乙烷；28—四氯乙烯；29—1,3-二氯丙烷；30—二溴一氯甲烷；31—1,2-二溴乙烷；32—氯苯；33—乙苯；34—1,1,1,2-四氯乙烷；35—间二甲苯；36—对二甲苯；37—邻二甲苯；38—苯乙烯；39—三溴甲烷；40—异丙基苯；41—溴苯；42—1,1,2,2-四氯乙烷；43—1,2,3-三氯丙烷；44—正丙苯；45—氯甲苯；46—1,3,5-三甲苯；47—对氯甲苯；48—叔丁基苯；49—1,2,4-三甲苯；50—仲丁基苯；51—1,3-二氯苯；52—甲基异丙基苯；53—1,2-二氯苯；54—正丁基苯；55—1,4-二氯苯；56—1,2-二溴-3-氯丙烷；57—1,2,4-三氯苯；58—六氯丁二烯；59—萘；60—1,2,3-三氯苯

色谱柱：BPX-Volatiles，30m×0.25mm，1.4μm

气化室温度：250℃

程序升温条件：40℃ $\xrightarrow{6℃/min}$ 210℃ $\xrightarrow{15℃/min}$ 240℃(5min)

载　气：He，1.3mL/min

检测器：MS

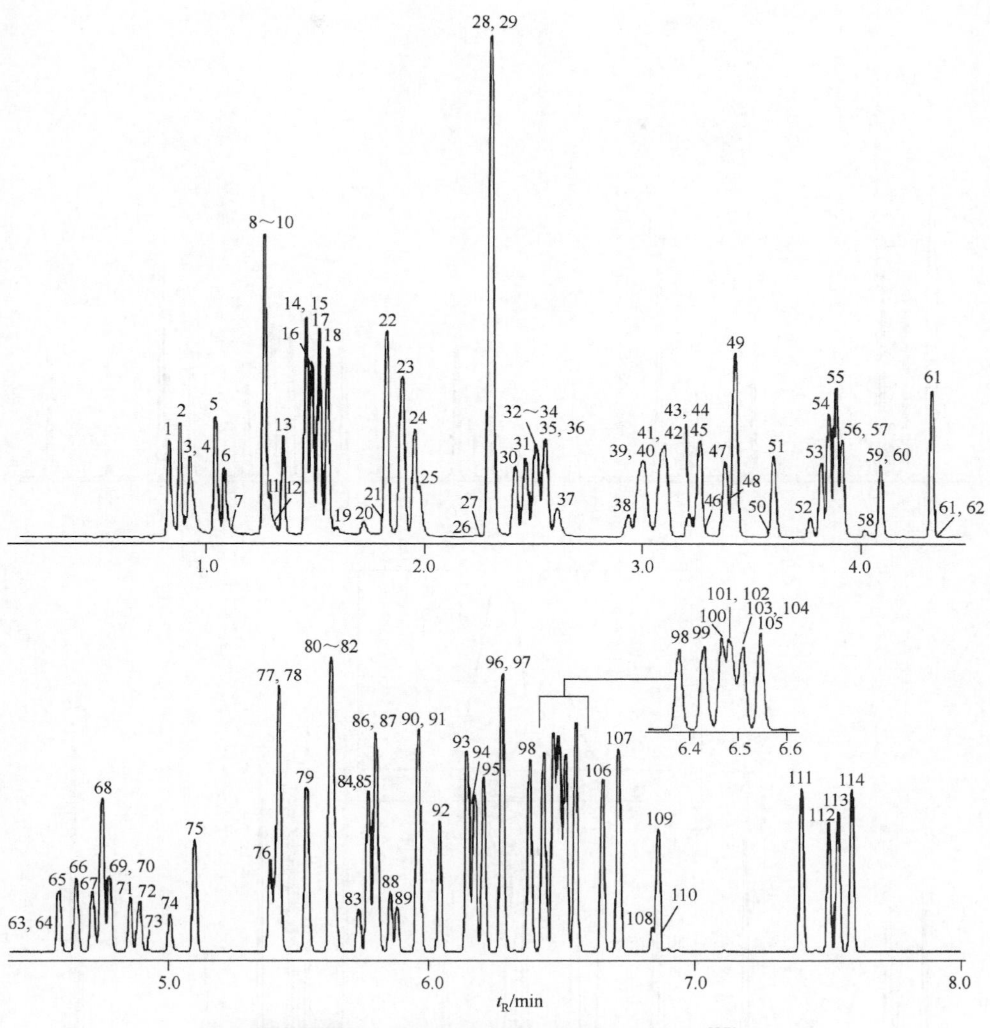

图 27-27　卤代烷烃、烯烃和芳烃（五）[27]

色谱峰：1—二氯二氟甲烷；2—氯代甲烷；3—羟基丙腈；4—氯乙烯；5—溴甲烷；6—氯乙烷；7—乙醇；8—乙腈；9—丙烯醛；10—三氯氟甲烷；11—异丙醇；12—丙酮；13—乙醚；14—1,1-二氯乙烯；15—叔丁醇；16—乙腈；17—二氯甲烷；18—烯丙基氯；19—丙烯醇；20—1-丙醇；21—丙炔醇；22—反-1,2-二氯乙烯；23—MTBE；24—1,1-二氯乙烷；25—丙腈；26—2-丁酮；27—二异丙基醚；28—顺-1,2-二氯乙烯；29—甲基丙烯腈；30—溴氯甲烷；31—氯仿；32—2,2-二氯丙烷；33—乙酸乙酯；34—乙基叔丁基醚；35—丙烯酸甲酯；36—二溴氟甲烷(IS)；37—异丁醇；38—二氯乙烷-d_4(IS)；39—五氟苯；40—1,2-二氯乙烷；41—1,1,1-三氯乙烯；42—1-氯丁烷；43—巴豆醛；44—2-氯乙醇；45—1,1-二氯丙烷；46—1-丁醇；47—四氯化碳；48—氯乙腈；49—苯；50—叔-戊基甲基醚；51—氟苯(IS)；52—2-戊酮；53—二溴甲烷；54—1,2-二氯丙烷；55—三氯乙烯；56—一溴二氯甲烷；57—2-硝基丙烷；58—1,4-二烷；59—表氯醇；60—甲基丙烯酸甲酯；61—顺-1,3-二氯丙烯；62—丙内酯；63—溴丙酮；64—吡啶；65—反-1,3-二氯丙烯；66—1,1,2-三氯乙烯；67—甲苯-d_8(IS)；68—甲苯；69—1,3-二氯丙烷；70—三聚乙醛；71—甲基丙烯酸乙酯；72—二溴氯甲烷；73—3-氯丙腈；74—1,2-二溴乙烷；75—四氯乙烯；76—1,1,1,2-四氯乙烯；77—1-氯已烷；78—氯苯；79—乙苯；80—三溴甲烷；81—间二甲苯；82—对二甲苯；83—反-二氯丁烯；84—1,3-二氯-2-丙醇；85—苯乙烯；86—1,1,2,2-四氯乙烯；87—邻二甲苯；88—1,2,3-三氯丙烷；89—顺-二氯丁烯；90—4-溴氟苯(IS)；91—异丙苯；92—硝基苯；93—丙苯；94—2-氯甲苯；95—4-氯甲苯；96—1,3,5-三甲基苯；97—五氯乙烷；98—叔丁基苯；99—1,2,4-三甲基苯；100—仲-丁基苯；101—1,3-二氯苯；102—氯化苄；103—1,4-二氯苯-d_4(IS)；104—1,4-二氯苯；105—异丙基甲苯；106—1,2-二氯苯；107—丁基苯；108—1,2-二溴-3-氯丙烷；109—六氯乙烷；110—硝基苯；111—1,2,4-三氯苯；112—萘；113—六氯丁二烯；114—1,2,3-三氯苯

色谱柱：DB-VRX，20m×0.18mm，1.0μm　　　载　气：He，1.5mL/min

程序升温条件：45℃（3min）$\xrightarrow{36℃/min}$ 190℃ $\xrightarrow{20℃/min}$ 225℃（0.5min）　　　检测器：质谱

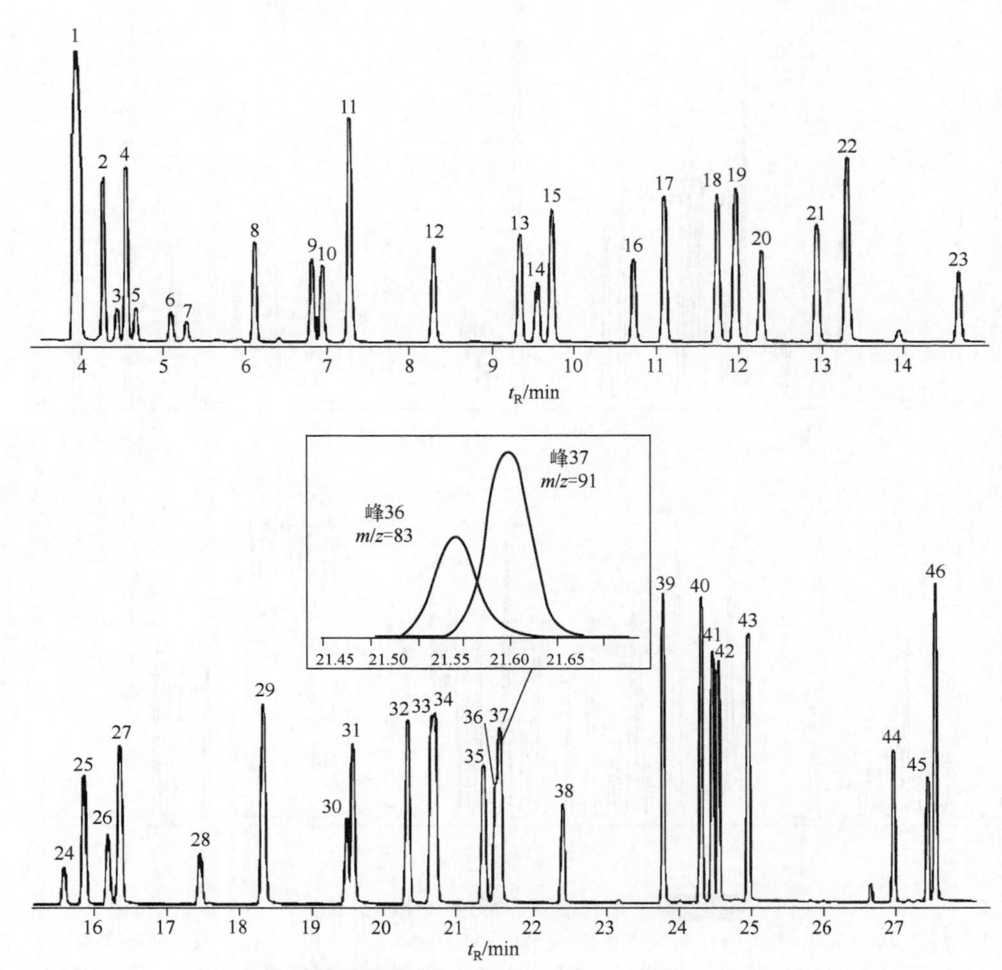

图 27-28 卤代烷烃、烯烃和芳烃（六）[28]

色谱峰：1—CO；2—氟利昂-12（二氯二氟甲烷）；3—氯代甲烷；4—氟利昂-114（1,2-二氯-1,1,2,2-四氟乙烷）；5—氯乙烯；6—溴甲烷；7—氯乙烷；8—氟利昂-11（三氯氟甲烷）；9—1,1-二氯乙烯；10—二氯甲烷；11—氟利昂113（1,1,2-三氯-1,2,2-三氟乙烷）；12—1,1-二氯乙烷；13—顺-1,2-二氯乙烯；14—溴氯甲烷(IS)；15—氯仿；16—1,2-二氯乙烷；17—1,1,1-三氯乙烷；18—苯；19—四氯化碳；20—1,4-二氟苯（内标）；21—1,2-二氯丙烷；22—三氯乙烯；23—顺-1,3-二氯丙烯；24—反-1,3-二氯丙烯；25—1,1,2-三氯乙烷；26—甲苯-d_8；27—甲苯；28—1,2-二溴乙烷；29—四氯乙烯；30—氯苯-d_5；31—氯苯；32—乙苯；33—间二甲苯；34—对二甲苯；35—苯乙烯；36—1,1,2,2-四氯乙烯；37—邻-二甲苯；38—4-溴氟苯(SS)；39—1,3,5-三甲苯；40—1,2,4-三甲苯；41—1,3-二氯苯；42—1,2-二氯苯；43—1,4-二氯苯；44—1,2,4-三氯苯；45—1,2-二溴苯（内标）；46—六氯-1,3-丁二烯

色谱柱：DB-1，60m×0.32mm，1.0μm

程序升温条件：35℃（5min）$\xrightarrow{5℃/min}$ 120℃ $\xrightarrow{30℃/min}$ 220℃（5min）

载　气：He，25cm/s

二、多种有机卤素化合物色谱图

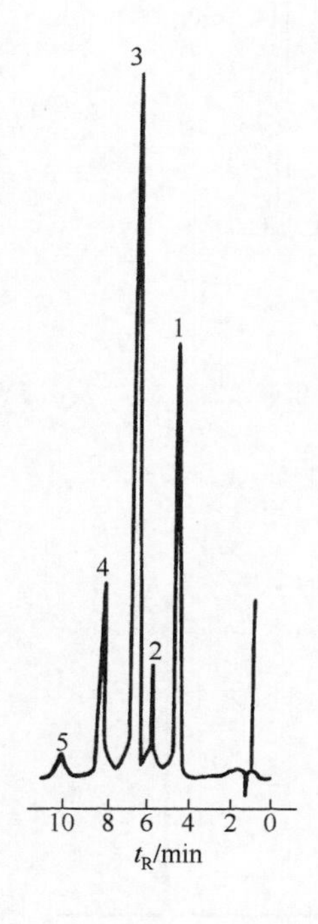

图 27-29　卤代醇[29]

色谱峰：1—1-氯-2-丙醇；2—1-氯-1-丙醇；3—内标物；4—1-溴-2-丙醇；5—1-溴-1-丙醇

色谱柱：7%Tween-80，Chromosorb W，2m×3mm

柱　温：115℃　　检测器：FID

载　气：N_2，40mL/min

检测器温度：200℃

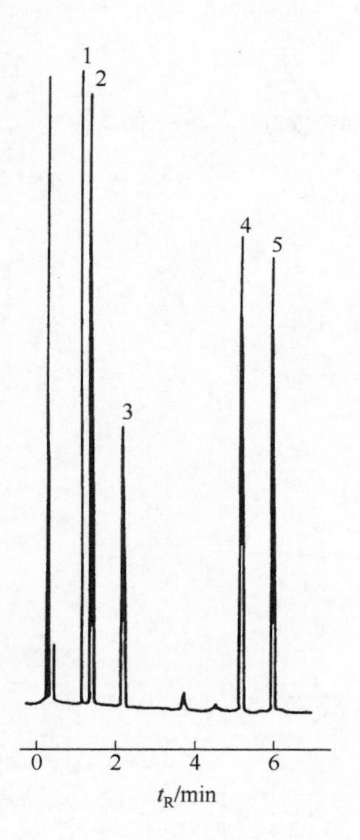

图 27-30　卤化醚[30]

色谱峰：1—双（2-氯乙基）醚；2—双（2-氯异丙基）醚；3—双（2-氯乙氧基）甲烷；4—4-氯苯基苯基醚；5—4-溴苯基苯基醚

色谱柱：BP-10，12m×0.53mm，1.0μm

柱　温：100℃→195℃（1min），15℃/min

检测器：FID

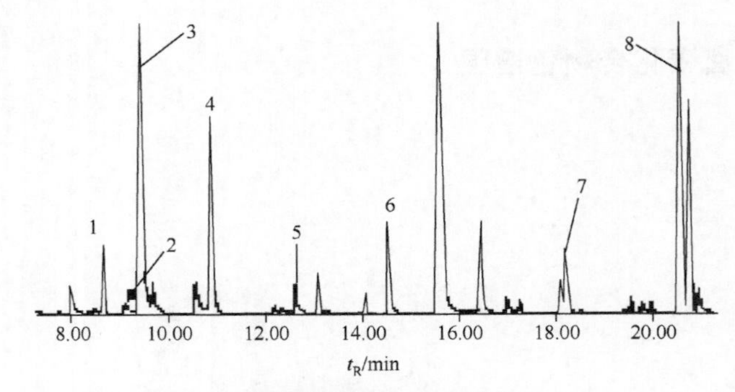

图 27-31 卤代腈[31]

色谱峰：1—三氯乙腈；2—氯乙腈；3—2,2-二氯丙腈；4—二氯乙腈；5—溴乙腈；6—溴氯乙腈；7—二溴乙腈；8—2,2-二溴丁腈

色谱柱：ZB-5ms，30m×0.25mm，1.0μm　载　气：He，1.1mL/min

气化室温度：200℃　检测器：MS

程序升温条件：0℃（1min）$\xrightarrow{5℃/min}$ 200℃ $\xrightarrow{15℃/min}$ 300℃（5min）

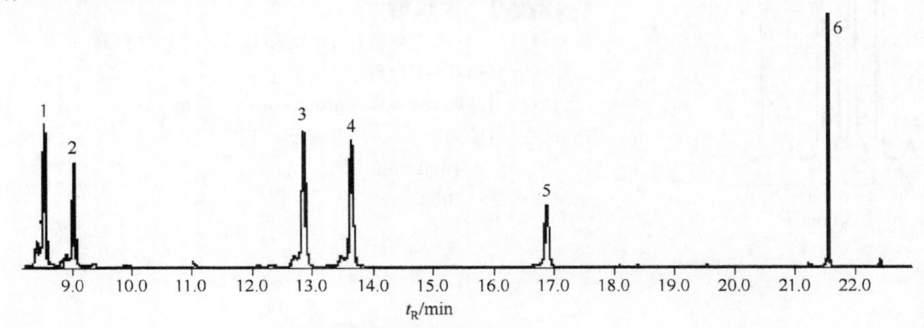

图 27-32 氯代酚（一）[32]

色谱峰：1—2-氯苯酚；2—4-氯苯酚；3—2,4-二氯苯酚；4—2,3-二氯苯酚；5—2,4,6-三氯苯酚；6—五氯苯酚

色谱柱：DB-5ms，30m×0.25mm，0.25μm

气化室温度：280℃

程序升温：70℃（1min）$\xrightarrow{15℃/min}$ 115℃ $\xrightarrow{3℃/min}$ 155℃ $\xrightarrow{20℃/min}$ 300℃（5min）

载　气：He，1.7mL/min　检测器：MS

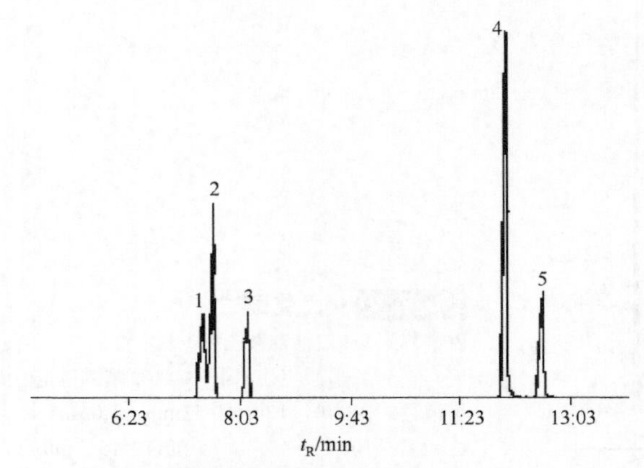

图 27-33 氯代酚（二）[33]

色谱峰：1—2,5-二氯苯酚；2—2,3-二氯苯酚；3—2,6-二氯苯酚；4—3,5-二氯苯酚；5—3,4-二氯苯酚

色谱柱：Rtx-5ms，30m×0.25mm，0.25μm　载　气：He，1.0mL/min

气化室温度：250℃　检测器：MS

程序升温：80℃(1min) $\xrightarrow{5℃/min}$ 160℃ $\xrightarrow{20℃/min}$ 220℃

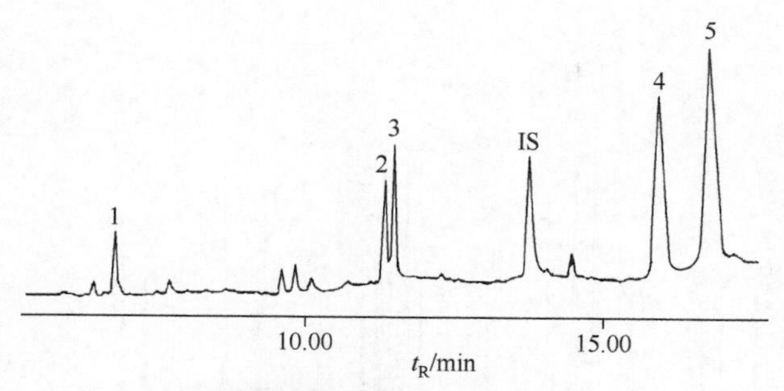

图 27-34　氯代酚（三）[34]

色谱峰：1—2-氯苯酚；2—2,5-二氯苯酚；3—2,4-二氯苯酚；4—2,4,6-三氯苯酚；5—2,3,6-三氯苯酚；IS—4-溴苯酚

色谱柱：CP-Sil8CB，30m×0.32mm，0.25μm

气化室温度：250℃

程序升温条件：100℃(2min）→210℃(1min)，5℃/min

载　气：N_2，0.5mL/min

检测器：ECD

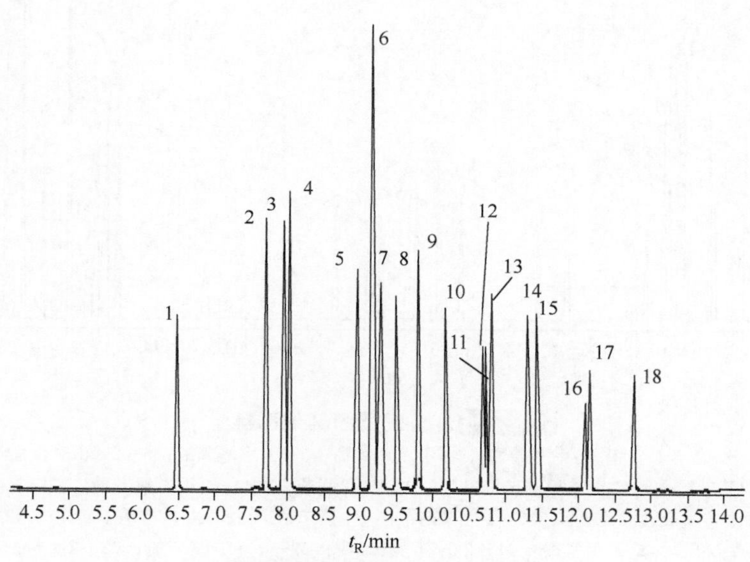

图 27-35　氯代酚（四）[35]

色谱峰：1—苯酚；2—2-氯酚；3—3-氯酚；4—4-氯酚；5—2,6-二氯苯酚；6—2,4/2,5-二氯苯酚；7—3,5-二氯苯酚；8—2,3-二氯苯酚；9—3,4-二氯苯酚；10—2,4,6-三氯苯酚；11—2,3,6-三氯苯酚；12—2,3,5-三氯苯酚；13—2,4,5-三氯苯酚；14—2,3,4-三氯苯酚；15—3,4,5-三氯苯酚；16—2,3,5,6-四氯苯酚；17—2,3,4,6-四氯苯酚；18—2,3,4,5-四氯苯酚

色谱柱：VF-5ms，60m×0.32mm，0.25μm

气化室温度：280℃

程序升温条件：60℃→300℃，30℃/min

载　气：He，5.7psi

检测器：MS

第三篇

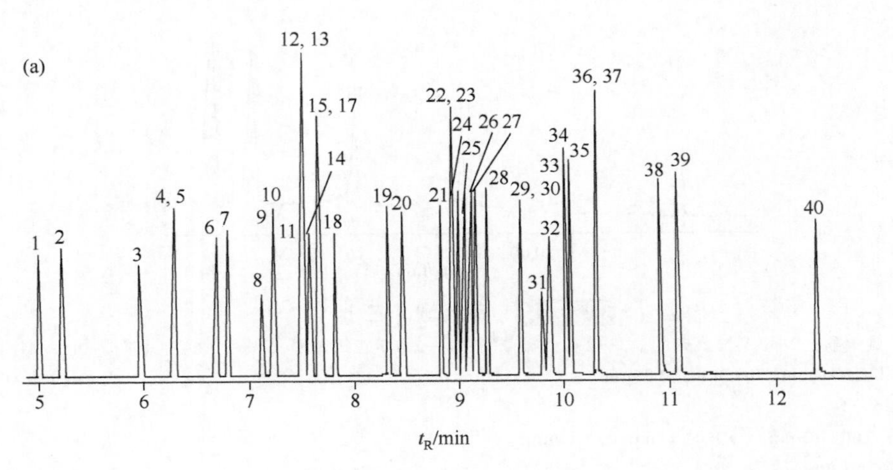

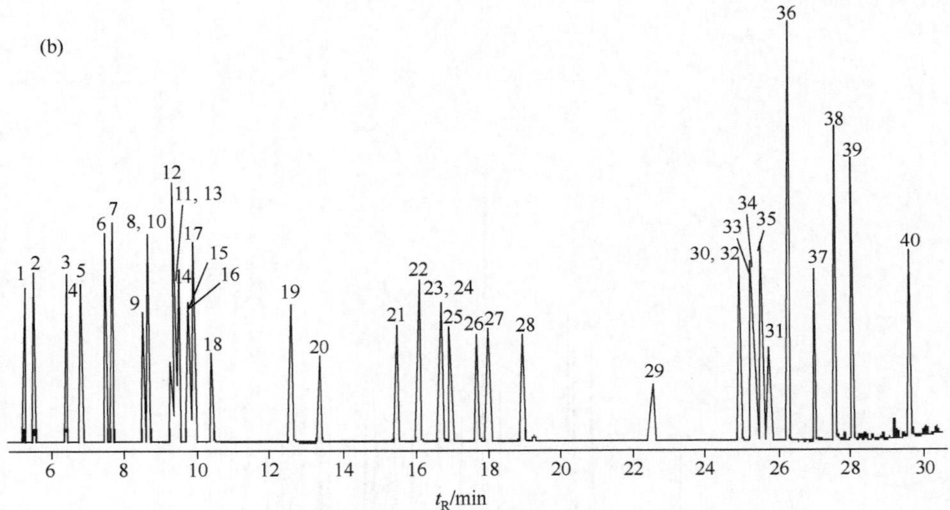

图 27-36 **卤代酚和其他酚类**[36]

色谱峰：1—苯酚；2—2-氯苯酚；3—2-甲基苯酚；4—4-甲基苯酚；5—3-甲基苯酚；6—2-氯-5-甲基酚；7—2,6-二甲基苯酚；8—2-硝基苯酚；9—2,4-二甲基苯酚；10—2,5-二甲基苯酚；11—2,4-二氯苯酚；12—2,3-二甲基苯酚；13—2,5-二氯苯酚；14—2,3-二氯苯酚；15—2-氯苯酚；16—4-氯苯酚；17—3,4-二甲基苯酚；18—2,6-二氯苯酚；19—4-氯-2-甲基酚；20—4-氯-3-甲基酚；21—2,3,5-三氯苯酚；22—2,4-二溴苯酚；23—2,4,6-三氯苯酚；24—2,4,5-三氯苯酚；25—2,3,4-三氯苯酚；26—3,5-二氯苯酚；27—2,3,6-三氯苯酚；28—3,4-二氯苯酚；29—3-硝基苯酚；30—2,5-二硝基酚；31—2,4-二硝基酚；32—4-硝基苯酚；33—2,3,5,6-四氯苯酚；34—2,3,4,5-四氯苯酚；35—2,3,4,6-四氯苯酚；36—3,4,5-三氯苯酚；37—2-甲基-4,6-二硝基酚；38—五氯苯酚；39—地乐酚；40—2-环己基-4,6-二硝基酚

色谱柱：（a）DB-5ms，30m×0.25mm，0.25μm；（b）DB-XLB，30m×0.25mm，0.25μm

气化室温度：200℃

程序升温条件：40℃(2min) $\xrightarrow{40℃/min}$ 100℃(0.5min) $\xrightarrow{2℃/min}$ 140℃ $\xrightarrow{30℃/min}$ 340℃

载　气：He，1.2mL/min

检测器：MS

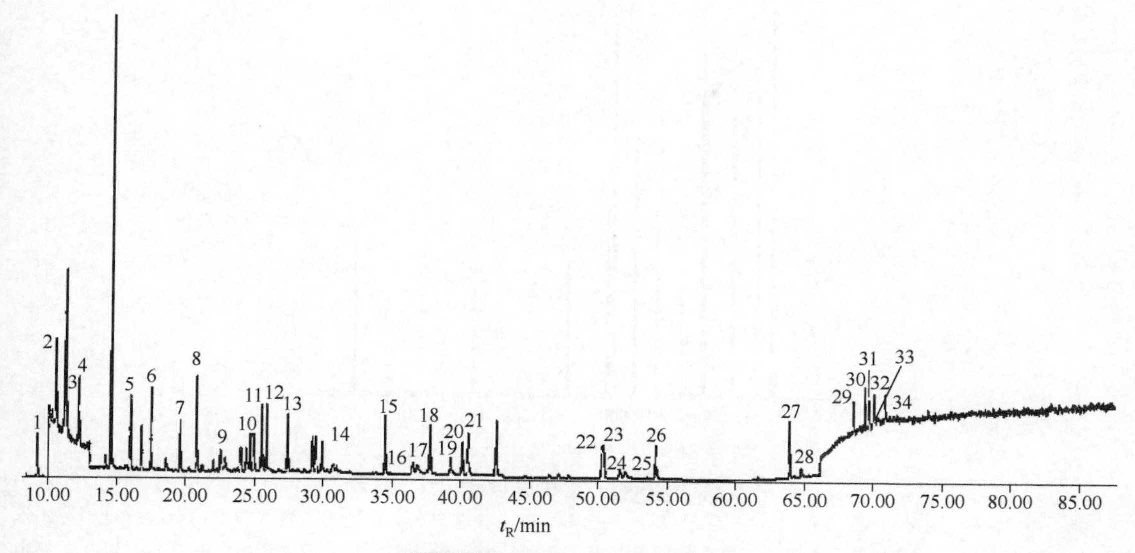

图 27-37 氯代烃与氯代酚[37]

色谱峰：1—1,2-二氯乙烯；2—1,2-二氯乙烷；3—1,2-二氯丙烷；4—三氯乙烯；5—四氯乙烯；6—氯苯；7—1,1,2,2-四氯乙烷；8—异丙基苯；9—苯酚；10—2-氯苯酚；11—1,3-二氯苯；12—1,4-二氯苯；13—1,2-二氯苯；14—六氯乙烷；15—1,3,5-三氯苯；16—2,4-二氯苯酚；17—4-氯苯酚；18—1,2,4-三氯苯；19—2,6-二氯苯酚；20—六氯丁二烯；21—1,2,3-三氯苯；22—1,2,3,5-四氯苯；23—1,2,4,5-四氯苯；24—2,4,6-三氯苯酚；25—2,4,5-三氯苯酚；26—1,2,3,4-四氯苯；27—五氯苯；28—2,3,4,6-四氯苯酚；29—α-六氯环己烷；30—六氯苯；31—β-六氯环己烷；32—γ-六氯环己烷；33—五氯苯酚；34—δ-六氯环己烷

色谱柱：DB-VRX，60m×0.32mm，1.8μm

气化室温度：260℃

程序升温：37℃(1min) $\xrightarrow{20℃/min}$ 50℃(5min) $\xrightarrow{10℃/min}$ 110℃ $\xrightarrow{1.5℃/min}$ 150℃ $\xrightarrow{10℃/min}$ 260℃(20min)

载　气：He，2.0mL/min

检测器：MS

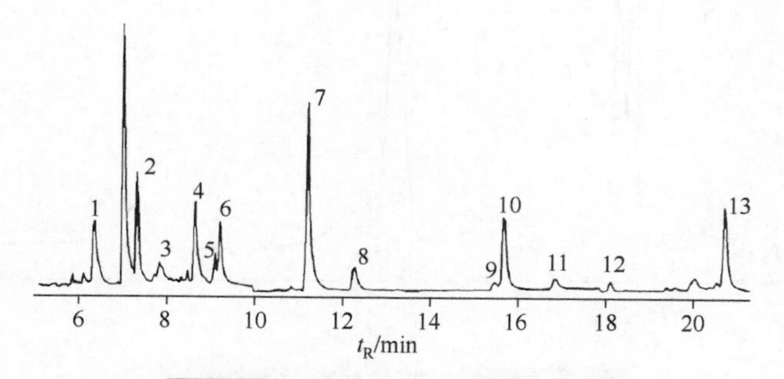

图 27-38 氯代酚和氯代苯甲醚[38]

色谱峰：1—4-氯苯甲醚；2—2,6-二氯苯甲醚；3—4-氯苯酚；4—2,4-二氯苯甲醚；5—2,4,6-三氯苯甲醚；6—2,6-二氯苯酚；7—2,4,6-三氯苯酚；8—2,4-二溴苯甲醚；9—2,4,6-三溴苯甲醚；10—2,3,4,6-四氯苯酚；11—2,3,4,5-四氯苯甲醚；12—五氯苯甲醚；13—五氯苯酚

色谱柱：ZB-5ms，30m×0.25mm，0.25μm

气化室温度：250℃

程序升温条件：50℃(1min) $\xrightarrow{15℃/min}$ 115℃ $\xrightarrow{3℃/min}$ 160℃(2.5min)

载　气：He，1.0mL/min

检测器：MS

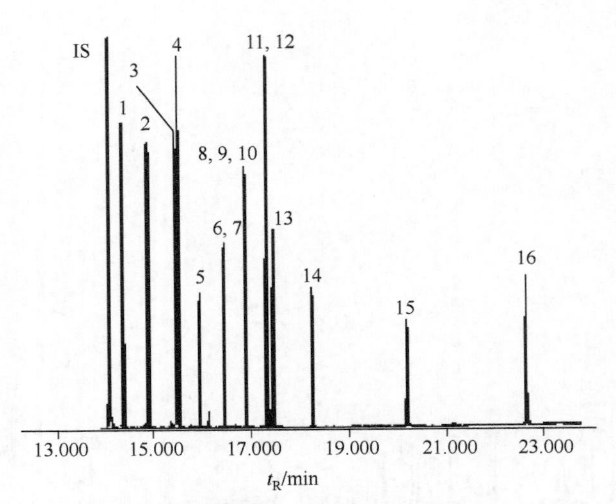

图 27-39 卤代苯甲醚[39]

色谱峰：1—2,4,6-三氯苯甲醚；2—2,3,6-三氯苯甲醚；3—2,4-二氯-6-溴苯甲醚；4—2,6-二氯-4-溴苯甲醚；5—2,5-二氯-6-溴苯甲醚；6—2,6-二溴-4-氯苯甲醚；7—2,4-二溴-6-氯苯甲醚；8—2,5-二溴-6-氯苯甲醚；9—2,6-二溴-3-氯苯甲醚；10—2,3-二溴-6-氯苯甲醚；11—2,3-二氯-6-溴苯甲醚；12—2,6-二氯-3-溴苯甲醚；13—2,4,6-三溴苯甲醚；14—2,3,6-三溴苯甲醚；15—五氯苯甲醚；16—五溴苯甲醚；IS—4-碘苯甲醚

色谱柱：DB-5ms，30m×0.25mm，0.25μm

气化室温度：270℃

程序升温：30℃(3min) $\xrightarrow{10℃/min}$ 130℃ $\xrightarrow{15℃/min}$ 250℃ $\xrightarrow{20℃/min}$ 285℃(7min)

载　气：He

检测器：MS

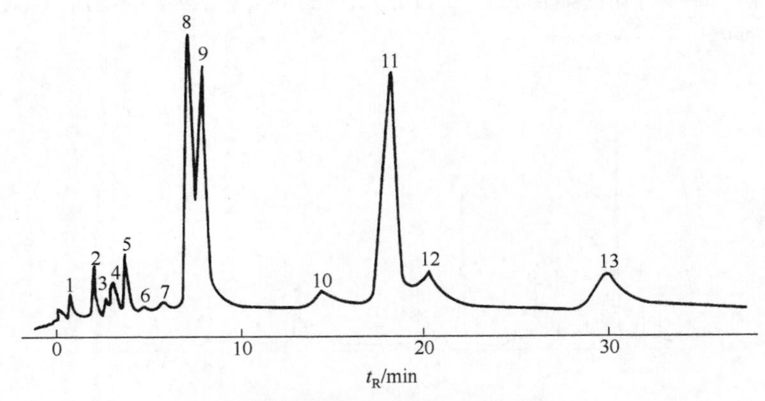

图 27-40 苯乙烯氯化物[40]

色谱峰：1—苯乙烯；2—β-氯代苯乙炔；3—反-β-氯代苯乙烯；4—顺-β-氯代苯乙烯；5—α-氯乙苯；6—β-氯乙苯；7—α,β-二氯代苯乙烯；8—β,β-二氯代苯乙烯；9—α,β-二氯乙苯；10—α,β,β-三氯代苯乙烯；11—α,β,β-三氯乙苯；12—α,α,β-三氯乙苯；13—四氯乙苯

色谱柱：3%癸二酸乙二醇聚酯，6201载体（60～80目），3m×4mm

柱　温：152℃

载　气：H_2，60mL/min

检测器：TCD

气化室温度：240℃

检测器温度：170℃

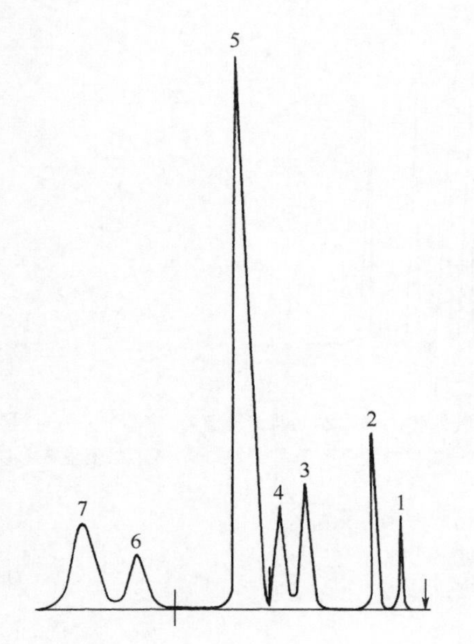

图 27-41　工业氯化苄[41]

色谱峰：1—乙醇（溶剂）；2—甲苯；3—邻（间）氯甲苯；4—苯甲醛；5—氯化苄；6—2,4-二氯甲苯；7—亚苄基二氯

色谱柱：Apiezon L+硅油（V）+101酸洗担体（80～100目）质量比为7∶12∶100，2m×4mm

柱　温：140℃

载　气：N_2，30mL/min

检测器：FID

气化室温度：200℃

检测器温度：200℃

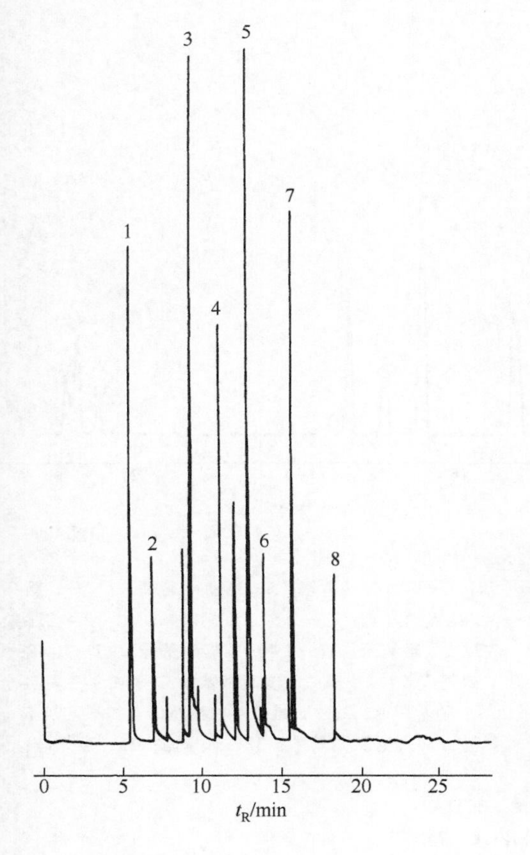

图 27-42　氯代苯胺（一）[42]

色谱峰：1—2-氯代苯胺；2—4-氯代苯胺；3—2,5-二氯苯胺；4—3,4-二氯苯胺；5—2,4,5-三氯苯胺；6—4-氯-2-硝基苯胺；7—2,6-二氯-4-硝基苯胺；8—2-氯-4,6-二硝基苯胺

色谱柱：SE-54，15m×0.25mm

柱　温：60℃（2min）→275℃，8℃/min

载　气：He，24cm/s

检测器：Hall-卤素型

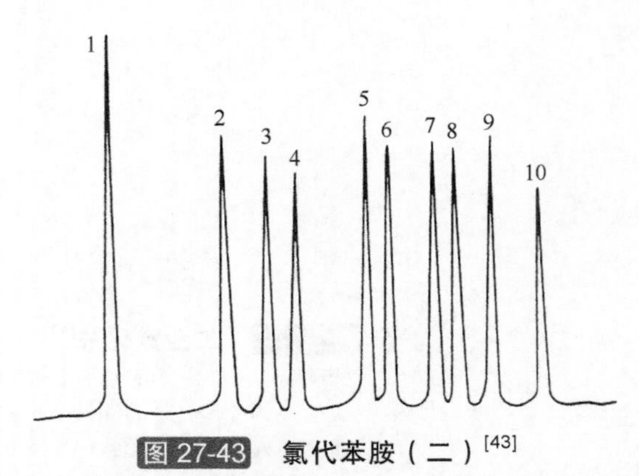

图 27-43 氯代苯胺（二）[43]

色谱峰：1—2,6-二氯苯胺；2—2,4-二氯苯胺+2,5-二氯苯胺；3—2,3-二氯苯胺；4—2,6-二氯亚硫酰基苯胺；5—3,5-二氯亚硫酰基苯胺；6—3,5-二氯苯胺；7—2,5-二氯亚硫酰基苯胺；8—2,4-二氯亚硫酰基苯胺；9—3,4-二氯亚硫酰基苯胺；10—2,3-二氯亚硫酰基苯胺

色谱柱：聚苯醚OS-138及Silar 10C，Chromosorb G AW-DMCS（60～100目），50m×1mm

柱　温：180℃　　气化室温度：200℃

载　气：H_2，7mL/min　　检测器温度：220℃

检测器：FID

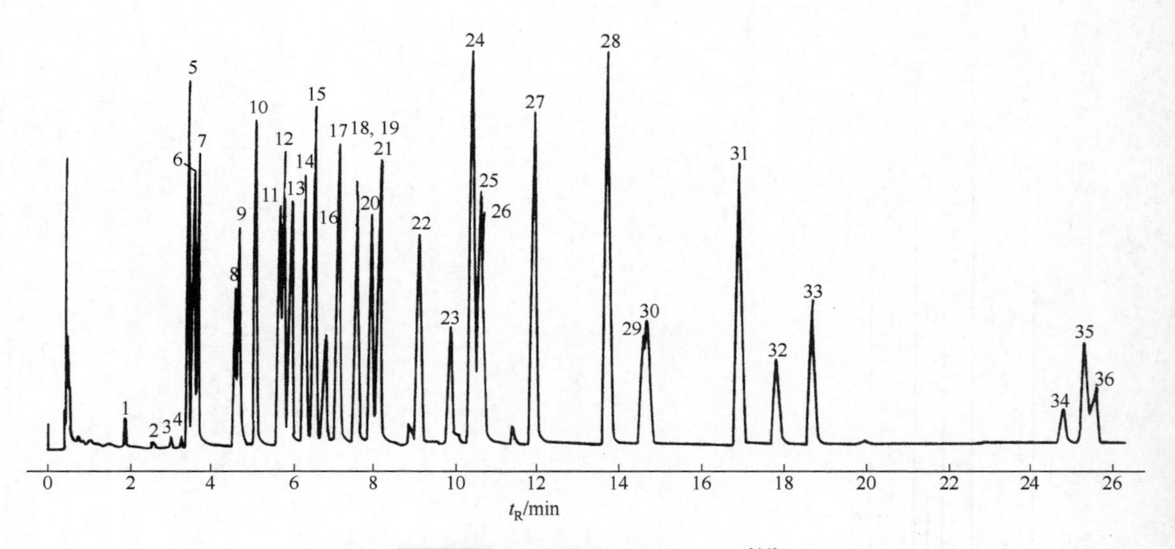

图 27-44 氯代硝基芳烃（一）[44]

色谱峰：1—硝基苯；2—邻硝基甲苯；3—间硝基甲苯；4—对硝基甲苯；5—1-氯-3-硝基苯；6—1-氯-4-硝基苯；7—1-氯-2-硝基苯；8—2-氯-6-硝基甲苯；9—4-氯-2-硝基甲苯；10—3,5-二氯硝基苯；11—2,5-二氯硝基苯；12—2,4-二氯硝基苯；13—4-氯-3-硝基甲苯；14—3,4-二氯硝基苯；15—2,3-二氯硝基苯；16—2,4,6-三氯硝基苯；17—1,4-萘醌；18—1,2,4-三氯-5-硝基苯；19—1,4-二硝基苯；20—2,6-二硝基甲苯；21—1,2,3-二硝基苯；22—1,2,3-三氯-4-硝基苯；23—2,3,5,6-四氯硝基苯；24—1,2-二硝基苯；25—2,4-二硝基甲苯；26—1-氯-2,4-二硝基苯；27—2,3,4,5-四氯硝基苯；28—1-氯-3,4-二硝基苯；29—氟乐灵；30—氟草胺；31—五氯硝基苯；32—卡乐施；33—敌乐胺；34—地乐胺；35—异乐灵；36—胺硝草

色谱柱：SPB-5，30m×0.53mm，1.5μm　　检测器：ECD

柱　温：120℃（1min）→210℃，3℃/min　　检测器温度：250℃

载　气：He，10.5mL/min

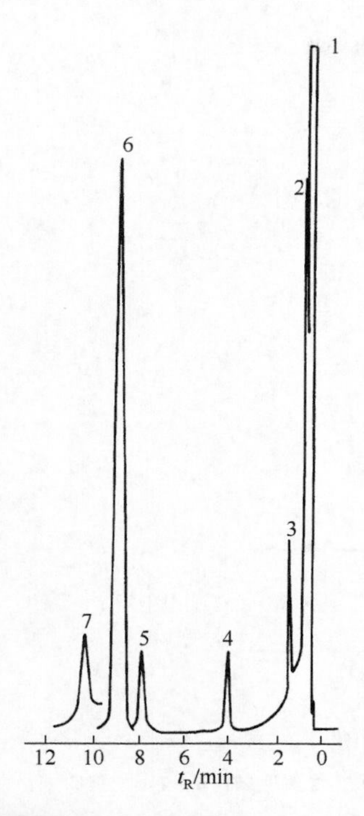

图 27-45　氯代硝基芳烃（二）[45]

色谱峰：1—溶剂；2—氯苯；3—对二氯苯；4—硝基苯；5—间硝基氯苯；6—对硝基氯苯；7—邻硝基氯苯

色谱柱：3%聚乙二醇己二酸酯，6201载体（60～80目），2m×3mm

柱　温：135℃　检测器温度：210℃

载　气：N_2，25mL/min　检测器：FID

气化室温度：260℃

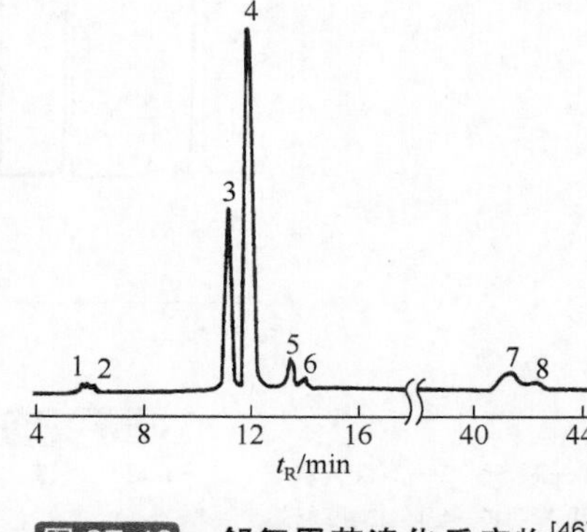

图 27-46　邻氯甲苯溴化反应物[46]

色谱峰：1—邻氯甲苯；2—对氯甲苯；3—邻氯对溴甲苯；4—邻氯间溴甲苯；5—邻氯溴化苄；6—对氯溴化苄；7,8—邻氯甲苯二溴化物异构体

色谱柱：己二酸新戊二醇聚酯，32m×0.3mm

柱　温：120℃　气化室温度：300℃

检测器：FID　检测器温度：200℃

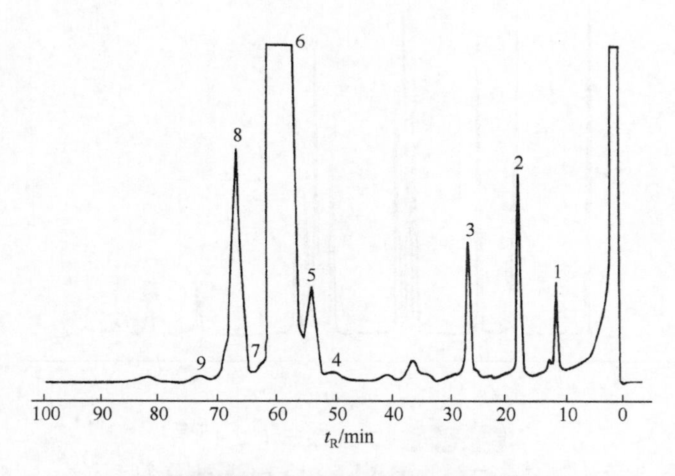

图 27-47　二氯二苯砜异构物[47]

色谱峰：1—二氯二苯硫醚；2—三氯二苯硫醚；3—四氯二苯硫醚；4—3,3′-二氯二苯砜；5—3,4′-二氯二苯砜；6—4,4′-二氯二苯砜；7—2,3′-二氯二苯砜；8—2,4′-二氯二苯砜；9—2,2′-二氯二苯砜

色谱柱：10% OV-225，Chromosorb P（80～100目），3m×3mm

柱　温：255℃　气化室温度：320℃

载　气：N_2，8mL/min　检测器温度：310℃

检测器：FID

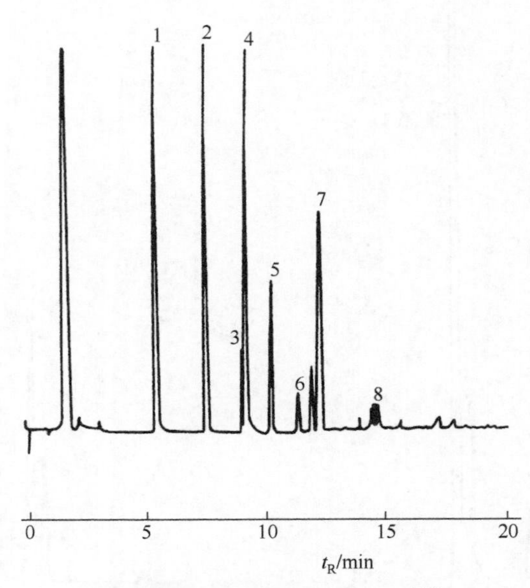

图 27-48 二氯联苯（一）[48]

色谱峰：1—联苯；2—2-氯代联苯；3—3-氯代联苯；4—4-氯代联苯；5—2,2′-二氯联苯；6—2,4-二氯联苯；7—2,4′-二氯联苯；8—4,4′-二氯联苯

色谱柱：DB-5，30m×0.25mm，1.0μm

柱　温：190℃（4min）→270℃（32min），4℃/min　　气化室温度：300℃

载　气：He（含1.5%Ar）　　检测器温度：300℃

检测器：FID

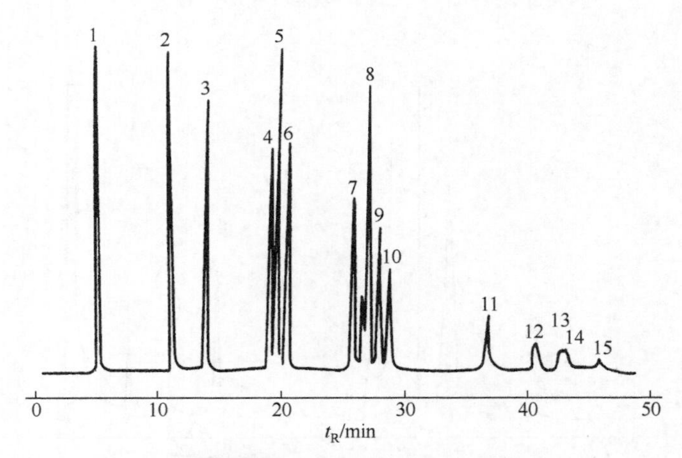

图 27-49 二氯联苯（二）[49]

色谱峰：1—苯；2—联苯；3—2-氯代联苯；4—2,2′-二氯联苯；5—3-氯代联苯+联-2,6-二氯苯；6—4-氯代联苯；7—2,5-二氯联苯；8—2,3′-二氯联苯；9—2,3-二氯联苯；10—2′4′-二氯联苯；11—3,5-二氯联苯；12—3,3′-二氯联苯；13—3,4-二氯联苯；14—3,4′-二氯联苯；15—4,4′-二氯联苯

色谱柱：Apiezon L，61m 空心柱　　检测器：氩离子化检测器

柱　温：185℃　　气化室温度：270℃

载　气：Ar　　检测器温度：240℃

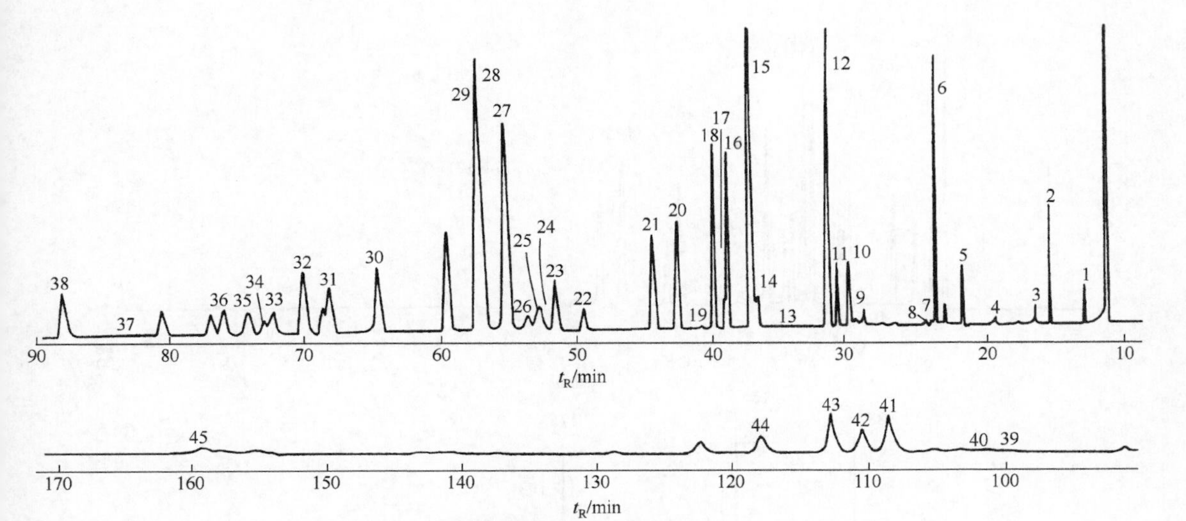

图 27-50　多氯联苯（一）[50]

色谱峰：1—正十二烷；2—正十四烷；3—联苯；4—2-氯联苯；5—正十六烷；6—2,6-氯联苯+2,2-氯联苯；7—3-氯联苯；8—4-氯联苯+2,5-氯联苯；9—2,4-氯联苯；10—2,3-氯联苯+2,6,2′-氯联苯；11—2,3′-氯联苯；12—2,4′-氯联苯；13—3,5-氯联苯；14—正十八烷；15—2,5,2′-氯联苯；16—2,4,2′-氯联苯；17—2,3,2′-氯联苯；18—2,6,2′,6′-氯联苯+2,6,3′-氯联苯；19—3,3′-氯联苯；20—2,6,4′-氯联苯+3,4-氯联苯+3,4′-氯联苯；21—4,4′-氯联苯；22—2,5,2′,6′-氯联苯+2,5,3′-氯联苯；23—3,5,2′-氯联苯；24—2,5,4′-氯联苯；25—2,4,2′,6′-氯联苯；26—2,4,3′-氯联苯+2,3,2′,6′-氯联苯+2,3,4-氯联苯；27—2,3,3′-氯联苯+2,4,4′-氯联苯；28—2,3,4′-氯联苯；29—3,4,2′-氯联苯；30—2,5,2′,5′-氯联苯；31—2,4,2′,5′-氯联苯；32—2,3,2′,5′-氯联苯；33—2,4,2′,4′-氯联苯+2,6,3′,5′-氯联苯+3,5,3′-氯联苯；34—正二十烷；35—2,3,2′,4′-氯联苯；36—2,3,2′,3′-氯联苯+3,5,4′-氯联苯+2,3,4,2′-氯联苯+2,6,3′,4′-氯联苯；37—3,4,3′-氯联苯；38—3,4,4′-氯联苯+2,5,3′,5′-氯联苯；39—2,4,3′,5′-氯联苯；40—2,3,3′,5′-氯联苯；41—2,5,3′,4′-氯联苯；42—2,3,4,3′-氯联苯；43—2,3,3′,4′-氯联苯+2,3,4,4′-氯联苯；44—2,3,3′,4′-氯联苯+3,5,3′,5′-氯联苯+3,4,3′,5′-氯联苯+3,4,3′,4′-氯联苯；45—正二十二烷

色谱柱：Apiezon L，50m×0.25mm　　载　气：N_2

柱　温：200℃　　检测器：FID

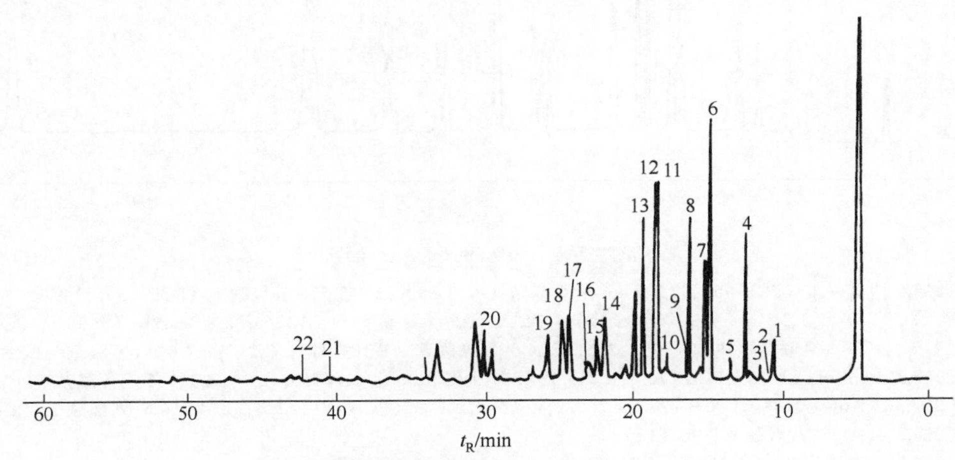

图 27-51　多氯联苯（二）[51]

色谱峰：1—2,2′-氯联苯；2—2,4-氯联苯；3—2,3′-氯联苯；4—2,4′-氯联苯；5—2,2′,6-氯联苯；6—2,2′,5-氯联苯；7—4,4′-氯联苯+2,2′,4-氯联苯；8—2,2′,3-氯联苯；9—2,3′,5-氯联苯；10—2,3′,4-氯联苯；11—2,4′,5-氯联苯；12—2,4,4′-氯联苯；13—2′,3,4-氯联苯；14—2,2′,5,5′-氯联苯；15—2,2′,4,5′-氯联苯；16—2,2′,4,4′-氯联苯；17—2,2′,3,5′-氯联苯；18—2,2′,3,4′-氯联苯；19—2,2′,3,3′-氯联苯；20—2,3′,4′,5-氯联苯；21—2,2′,3,4,5′-氯联苯；22—3,3′,4,4′-氯联苯

色谱柱：OV-101，50m×0.25mm　　载　气：N_2

柱　温：200℃　　气化室温度：250℃

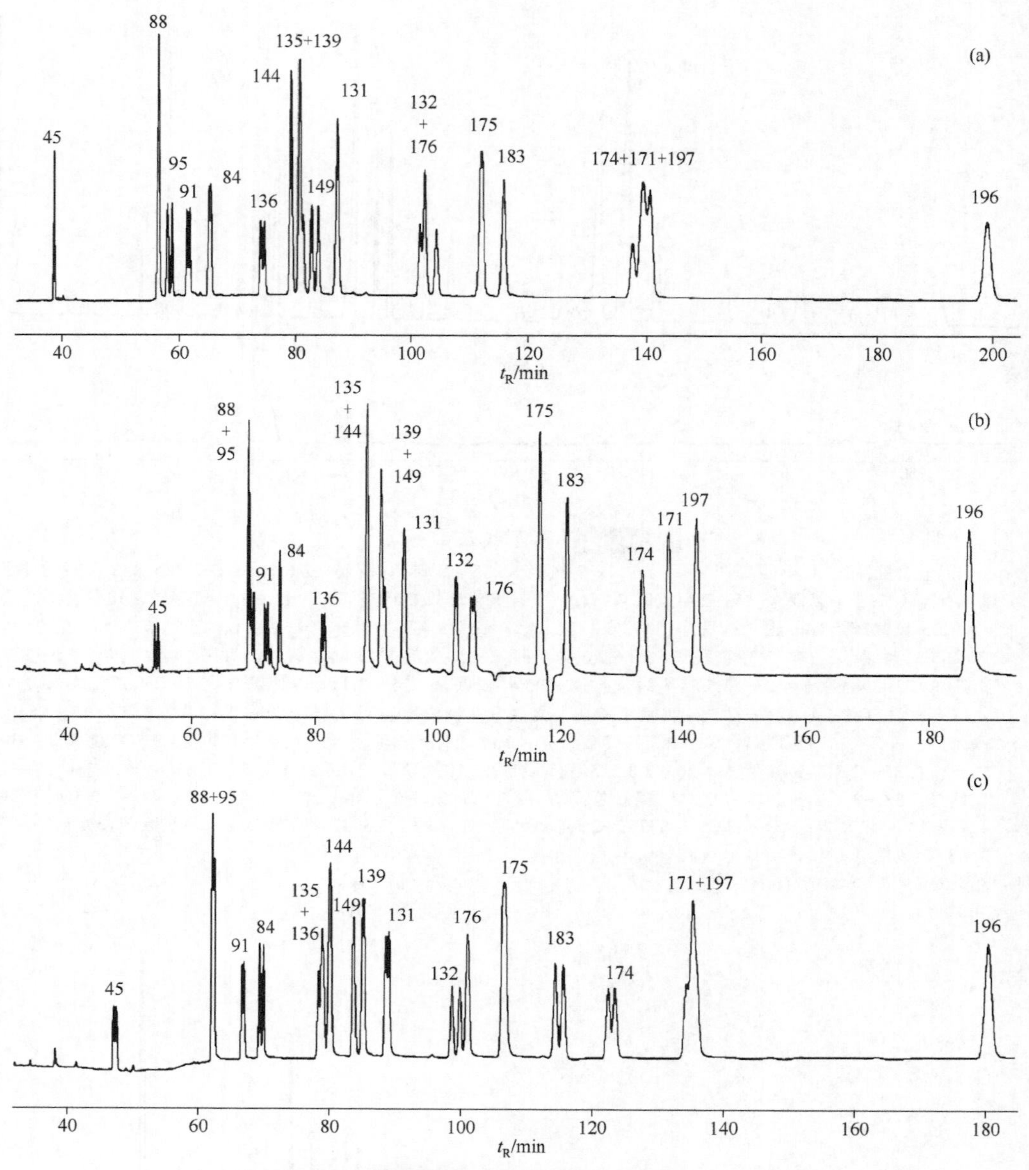

图 27-52 多氯联苯（三）[52]

色谱峰：2,2′,3,6-四氯联苯（PCB 45）；2,2′,3,4,6-五氯联苯（PCB 88）；2,2′,3,5′,6-五氯联苯（PCB 95）；2,2′,3,4′,6-五氯联苯（PCB 91）；2,2′,3,3′,6-五氯联苯（PCB 84），2,2′,3,3′,6,6′-六氯联苯（PCB 136）；2,2′,3,3′,5,6′-六氯联苯（PCB 135）；2,2′,3,4,4′,6-六氯联苯（PCB 139）；2,2′,3,3′,4,6-六氯联苯（PCB 131）；2,2′,3,3′,4,6′-六氯联苯（PCB 132）；2,2′,3,3′,4,6,6′-七氯联苯（PCB 176）；2,2′,3,3′,4,5′,6-七氯联苯（PCB 175）；2,2′,3,4,4′,5′,6-七氯联苯（PCB 183）；2,2′,3,3′,4,5,6′-七氯联苯（PCB 174）；2,2′,3,3′,4,4′,6-七氯联苯（PCB 171）；2,2′,3,3′,4,4′,6,6′-八氯联苯（PCB 197）；2,2′,3,3′,4,4′,5,6′-八氯联苯（PCB 196）

色谱柱（a）：Chirasil-Dex,25m×0.25mm，0.25μm

程序升温（a）：90℃(1min) $\xrightarrow{30℃/min}$ 160℃(20min) $\xrightarrow{1℃/min}$ 170℃(20min) $\xrightarrow{1℃/min}$ 180℃

色谱柱（b）：BGB-176SE，30m×0.25mm，0.25μm

程序升温（b）：90℃(1min) $\xrightarrow{10℃/min}$ 160℃(10min) $\xrightarrow{1℃/min}$ 170℃(10min) $\xrightarrow{1℃/min}$ 200℃

色谱柱（c）：BGB-172，30m×0.25mm，0.18μm

程序升温（c）：90℃（1min） $\xrightarrow{20℃/min}$ 170℃（20min） $\xrightarrow{10℃/min}$ 180℃（30min） $\xrightarrow{10℃/min}$ 200℃

气化室温度：240℃　　检测器：ECD

载　气：N_2

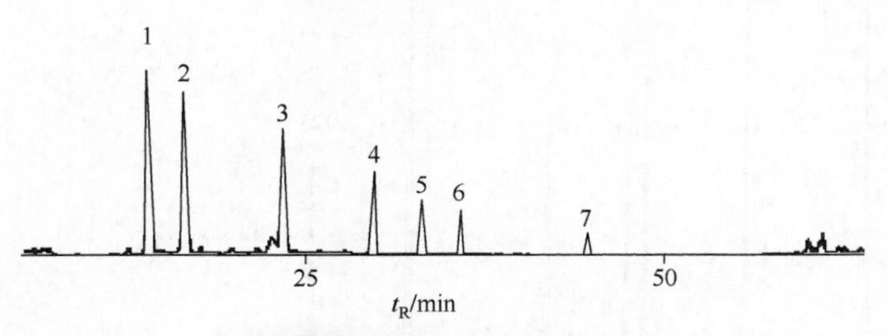

图 27-53　多氯联苯（四）[53]

色谱峰：1—2,4,4′-三氯联苯（PCB 28）；2—2,2′,5,5′-四氯联苯（PCB 52）；3—2,2′,4,5,5′-五氯联苯（PCB 101）；4—2,3′,4,4′,5-五氯联苯（PCB 118）；5—2,2′,4,4′,5,5′-六氯联苯（PCB 153）；6—2,2′,3,4,4′,5′-六氯联苯（PCB 138）；7—2,2′,3,4,4′,5,5′-七氯联苯（PCB 180）

色谱柱：DB-5ms，30m×0.25mm，0.25μm

程序升温：150℃(2min) $\xrightarrow{2℃/min}$ 180℃ $\xrightarrow{0.5℃/min}$ 184℃(2min) $\xrightarrow{2℃/min}$ 200℃(20min) $\xrightarrow{10℃/min}$ 270℃(2min)

载　气：He，1.0mL/min

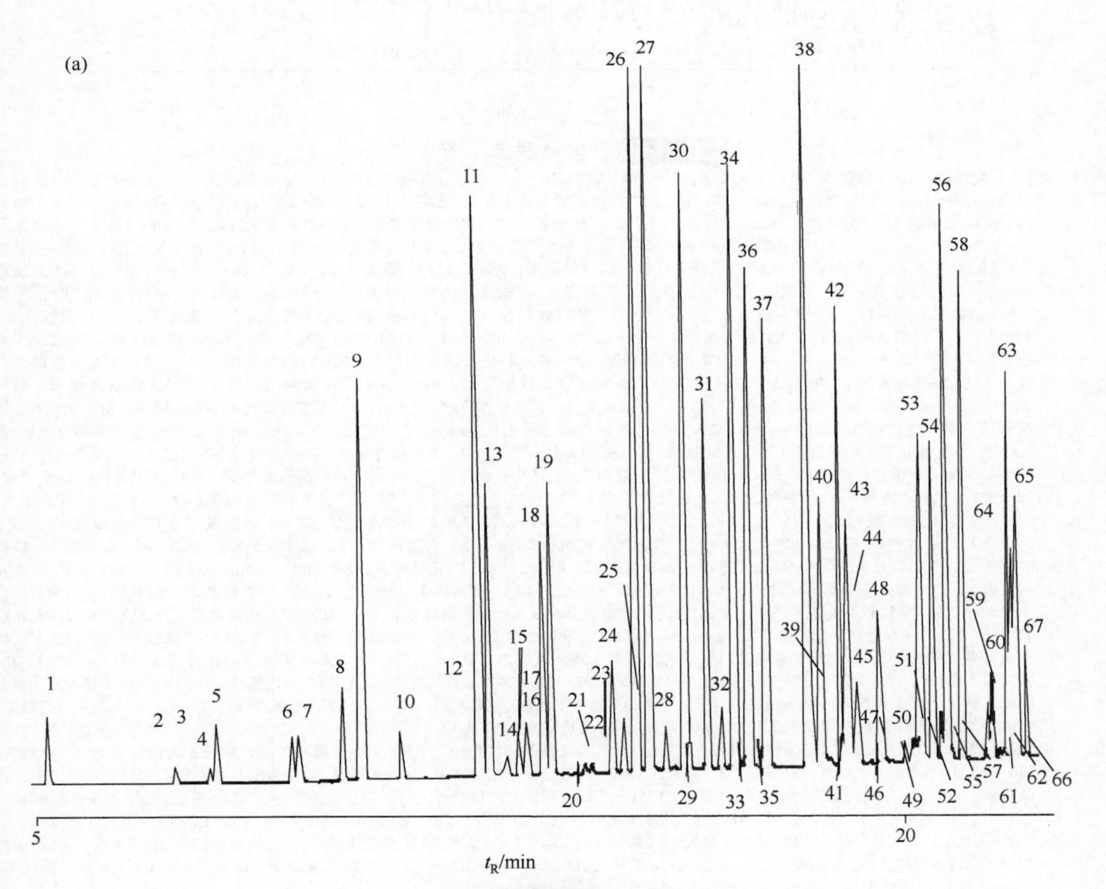

图 27-54

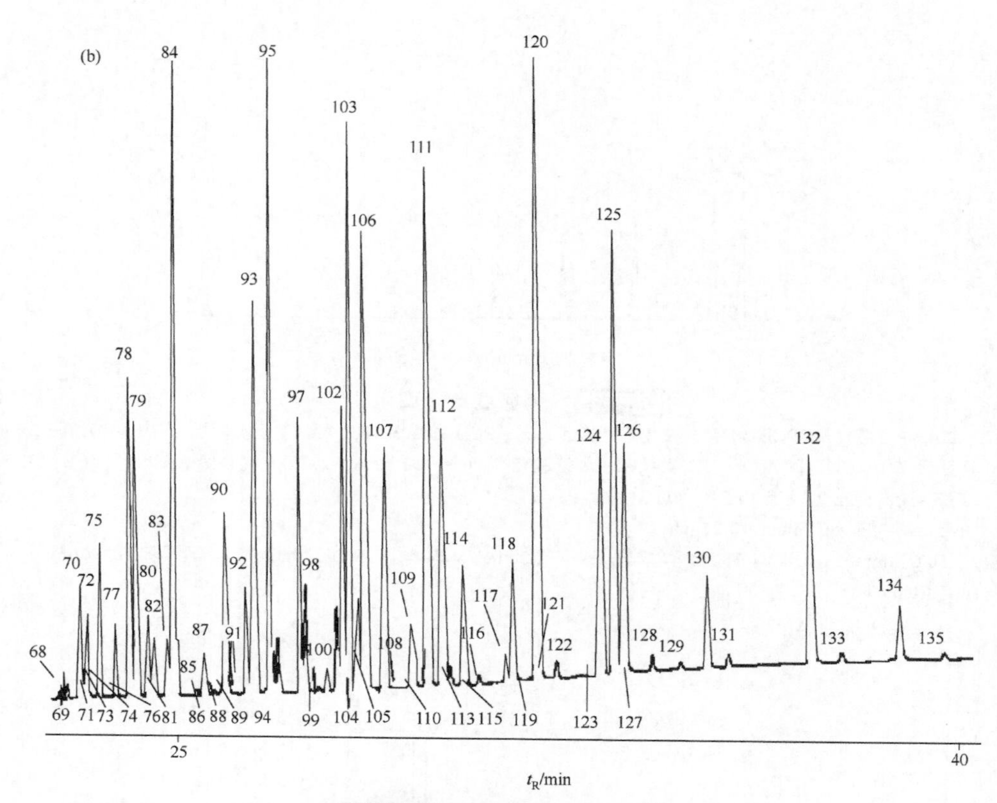

图 27-54 多氯联苯（五）[54]

色谱峰：1—2-氯联苯；2—3-氯联苯；3—4-氯联苯；4—2,6-二氯联苯；5—2,2′-二氯联苯；6—2,5-二氯联苯；7—2,4-二氯联苯；8—2,3′-二氯联苯；9—2,4′-二氯联苯/2,3-二氯联苯；10—2,2′,6-三氯联苯；11—2,2′,5-三氯联苯；12—3,3′-二氯联苯；13—2,2′,4-三氯联苯；14—3,4′-二氯联苯；15—2,3,6-三氯联苯；16—2,3′,6-三氯联苯；17—4,4′-二氯联苯；18—2,4′,6-三氯联苯；19—2,2′,3-三氯联苯；20—2,2′,6,6′-四氯联苯；21—2,3,5-三氯联苯；22—2′,3,5-三氯联苯；23—2,4,5-三氯联苯；24—2,3′,5-三氯联苯；25—2,3′,4-三氯联苯；26—2,4′,5-三氯联苯；27—2,4′-二氯联苯/2,2′,5,6′-四氯联苯；28—2,2′,4,6′-四氯联苯；29—2,3,4-三氯联苯；30—2′,3,4-三氯联苯/2,2′,3,6-四氯联苯/2,3,3′-三氯联苯；31—2,3,4′-三氯联苯；32—2,2′,3,6′-四氯联苯；33—3,3′,5-三氯联苯；34—2,2′,5,5′-四氯联苯/2,3′,4,6-四氯联苯；35—2,2′,3,5-四氯联苯；36—2,2′,4,5′-四氯联苯；37—2,2′,4,4′-四氯联苯/2,2′,4,5-四氯联苯/2,4,4′,6-四氯联苯；38—2,2′,3,5′-四氯联苯；39—2,3,3′,6-四氯联苯；40—2,2′,3,4′-四氯联苯；41—3,3′,4-三氯联苯；42—2,3,4′,6-四氯联苯；43—2,3′,4′,6-四氯联苯/2,2′,4,5′,6-五氯联苯；44—2,2′,3,4-四氯联苯；45—3,4,4′-三氯联苯；46—2,3′,4,5′-四氯联苯；47—2,2′,4,4′,6-五氯联苯；48—2,2′,3,3′-四氯联苯；49—2,3,3′,5-四氯联苯；50—2,3′,4,5-四氯联苯；51—2,3,4′,5-四氯联苯；52—2,2′,4,5,6′-五氯联苯；53—2,2′,3,5′,6-五氯联苯；54—2,4,4′,5-四氯联苯；55—2,3′,4,5′,6-五氯联苯/2,2′,4,4′,6,6′-六氯联苯/2,2′,3,4′,6-五氯联苯；56—2,3′,4′,5-四氯联苯；57—3,3′,5,5′-四氯联苯；58—2,3′,4,4′-四氯联苯；59—2,2′,3,6,6′-五氯联苯/2,3,3′,4-四氯联苯；60—2,2′,3,3′,6-五氯联苯/2,2′,3,5,5′-五氯联苯；61—2′,3,4,5,6′-五氯联苯；62—2,2′,3,4′,5-五氯联苯；63—2,2′,4,5,5′-五氯联苯；64—2,3,4,4′-四氯联苯；65—2,3,3′,4′-四氯联苯；66—2,2′,3,5,6,6′-六氯联苯；67—2,2′,4,4′,5-五氯联苯；68—2,3′,4,4′,6-五氯联苯；69—2,2′,3,3′,5-五氯联苯；70—2,2′,3,3′,6,6′-六氯联苯；71—2,2′,3,4,5-五氯联苯；72—2,2′,3′,4,5-五氯联苯；73—2,2′,3,4,6′-五氯联苯；74—2,3,4,4′,6-五氯联苯；75—2,2′,3,4,5′-五氯联苯；76—2,2′,4,4′,5,6′-六氯联苯；77—2,2′,3,4,4′-五氯联苯；78—2,6-二氯联苯/3,4,4′,5-四氯联苯；79—2,2′,3,5,5′,6-六氯联苯；80—2,2′,3,4,5′,6-六氯联苯；81—2,2′,3,4′,5,6-六氯联苯；82—2,2′,3,3′,5,6′-六氯联苯；83—3,3′,4,4′-四氯联苯/2,2′,3,3′,4-五氯联苯；84—2,2′,3,4′,5′,6-六氯联苯；85—2′,3,4,5,5′-五氯联苯；86—2,2′,3,4,5,6′-六氯联苯；87—2,2′,3,3′,5,6-六氯联苯/2,3,3′,4′,5-五氯联苯/2,2′,3,3′,4,6-六氯联苯；88—2′,3,4,4′,5-五氯联苯；89—2,2′,3,3′,5,5′-六氯联苯；90—2,3′,4,4′,5-五氯联苯；91—2,3,3′,5,5′,6-六氯联苯；92—2,2′,3,4,5,6′-六氯联苯/2,3,4,4′,5-五氯联苯；93—2,2′,3,3′,4,6′-六氯联苯/2,2′,3,3′,5,6,6′-七氯联苯；94—2′,3,3′,4,5-五氯联苯；95—2,2′,4,4′,5,5′-六氯联苯；96—2,2′,3,3′,4,6,6′-七氯联苯；97—2,2′,3,4,5,5′-六氯联苯；98—2,3,3′,4,4′-五氯联苯；99—2,2′,3,4,4′,5-六氯联苯；100—2,2′,3,3′,4,5′-六氯联苯；101—2,2′,3,3′,5,5′,6-七氯联苯；102—2,3,3′,4′,5,6-六氯联苯；103—2,2′,3,4,4′,5′-六氯联苯；104—2,3,3′,4,5,6-六氯联苯；105—2,3,3′,4,4′,6-六氯联苯/2,2′,3,3′,4,5′,6-七氯联苯；106—2,2′,3,4′,5,5′,6-七氯联苯/2,2′,3,4,4′,5,6′-七氯联苯；107—2,2′,3,4,4′,5′,6-七氯联苯/2,2′,3,3′,4,5-六氯联苯；108—3,3′,4,4′,5-五氯联苯；109—2,2′,3,4,5,5′,6-七氯联苯；110—2,3,3′,4,5,5′-六氯联苯/2,2′,3,3′,5,5′,6,6′-八氯联苯；111—2,2′,3,3′,4,5,6′-七氯联苯/2,2′,3,3′,4,4′-六氯联苯；112—2,2′,3,3′,4′,5,6-七氯联苯/2,2′,3,3′,4,5′,6,6′-八氯联苯；113—2,3′,4,4′,5,5′-六氯联苯；114—2,2′,3,3′,4,4′,6-七氯联苯；115—2,2′,3,3′,4,4′,6,6′-八氯联苯；116—2,2′,3,3′,4,5,6-七氯联苯；117—2,2′,3,3′,4,5,6,6′-八氯联苯；118—2,3,3′,4,4′,5-六氯联苯/2,2′,3,3′,4,5,5′-七氯联苯；119—2,3,3′,4,4′,5′-六氯联苯；120—2,2′,3,4,4′,5,5′-七氯联苯；121—2,3,3′,4′,5,5′,6-七氯联苯；122—2,3,3′,4,4′,5′,6-七氯联苯；123—2,2′,3,3′,4,5,5′,6-八氯联苯；124—2,2′,3,3′,4,5,5′,6′-八氯联苯；125—2,2′,3,3′,4,4′,5-七氯联苯；126—2,3,3′,4,4′,5,6-七氯联苯/2,2′,3,3′,4,4′,5,6′-八氯联苯/2,2′,3,4,4′,5,5′,6-八氯联苯；127—3,3′,4,4′,5,5′-六氯联苯；128—2,2′,3,3′,4,5,5′,6,6′-九氯联苯；129—2,2′,3,3′,4,4′,5,6,6′-九氯联苯；130—2,2′,3,3′,4,4′,5,6-八氯联苯；131—2,3,3′,4,4′,5,5′-七氯联苯；132—2,2′,3,3′,4,4′,5,5′-八氯联苯；133—2,3,3′,4,4′,5,5′,6-八氯联苯；134—2,2′,3,3′,4,4′,5,5′,6-九氯联苯；135—十氯联苯

色谱柱：HT-8，50m×0.22mm，0.25μm

程序升温：90℃（1min）$\xrightarrow{20℃/min}$ 170℃（7.5min）$\xrightarrow{3.5℃/min}$ 285℃ $\xrightarrow{20℃/min}$ 320℃

载　气：H_2　　检测器：ECD

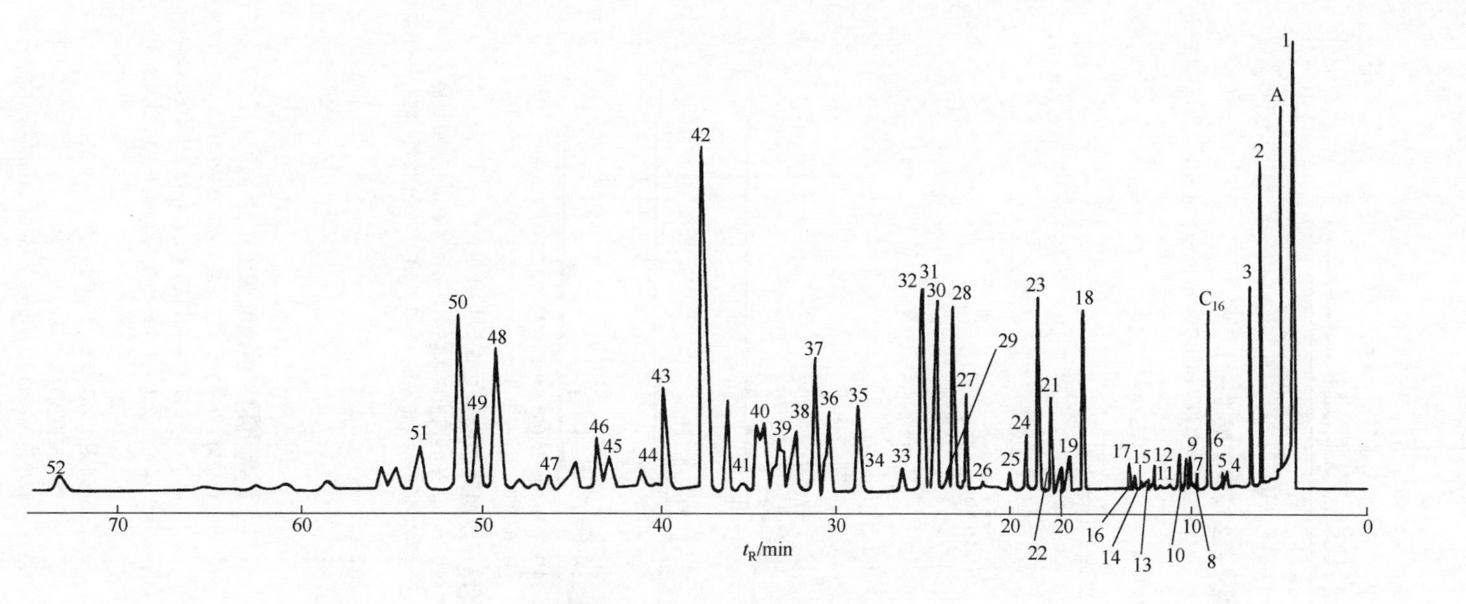

图 27-55　多氯联苯与烷基联苯[50]

色谱峰：1—正十二烷；2—正十四烷；3—联苯；4—2-氯联苯；5—3-甲基-（+4-氯）联苯；6—4-甲基-联苯；7—3-乙基-联苯；8—2,2′-二氯及/或2,6-二氯联苯；9—3,3′-二甲基-联苯；10—4-氯联苯；11—3-异丙基-联苯；12—4-异丙基-联苯；13—2,5-二氯联苯；14—2,4-二氯联苯；15—2,3-二氯联苯；16—2,6,2′-三氯联苯；17—2,4′-二氯联苯；18—正十八烷+2,5,2′-三氯联苯；19—3,5-二异丙基-联苯+2,4,2′-三氯联苯；20—2,3,2′-三氯联苯；21—3,3′-二氯联苯；22—2,6,4′-三氯联苯；23—3,4′-二氯联苯+3,4-二氯联苯；24—4,4′-二氯联苯；25—3,3′-二异丙基-联苯；26—2,5,2′,6′-四氯联苯；27—3,5,2′-三氯联苯；28—2,5,4′-三氯联苯；29—2,4,3′-三氯-（+2,3,2′,6′-四氯）-联苯；30—2,3,3′-三氯联苯+3,4′-二异丙基-联苯；31—2,4,4′-三氯联苯；32—2,3,4′三氯联苯；33—3,4,2′-三氯联苯+2,3-二氯-3-异丙基联苯；34—4,4′-二异丙基-联苯；35—2,5,2′,5′-四氯联苯；36—2,4,2′,5′-四氯联苯；37—2,3,2′,5′-四氯联苯；38—2,4,2′,4′-四氯联苯；39—正二十烷；40—3,5,4′-三氯联苯+2,3,4,2′-四氯联苯；41—3,5-二氯-3′-异丙基联苯；42—3,4,3′-三氯联苯；43—3,4,4′-三氯联苯；44—3,4-二氯-3′-异丙基-联苯；45—3,5-二氯-4′-异丙基联苯；46—3,5,4′-三氯联苯；47—2,3,3′,5′-四氯联苯；48—2,5,3′,4′—四氯联苯；49—2,3,4,3′-四氯联苯；50—2,4,3′,4′-四氯联苯；51—2,3,3′,4′-四氯联苯；52—正二十二烷

色谱柱：Apiezon L，50m×0.25mm　　载　气：N_2

柱　温：200℃　　检测器：FID

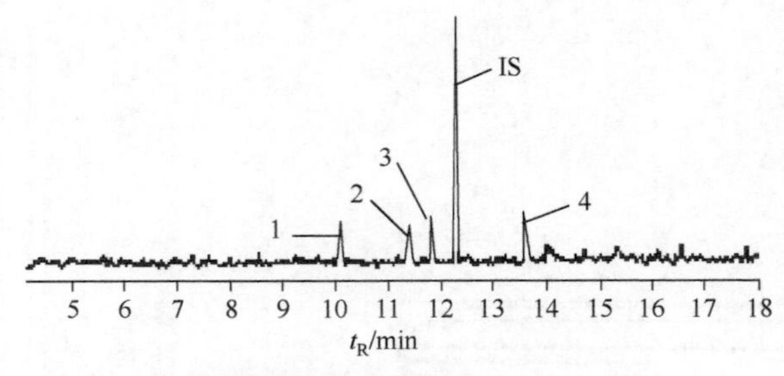

图 27-56　多溴联苯醚（一）[55]

色谱峰：1—2,2′,4,4′-四溴联苯醚（BDE-47）；2—2,2′,4,4′,6-五溴联苯醚（BDE-100）；3—2,2′,4,4′,5-五溴联苯醚（BDE-99）；4—2,2′,4,4′,5,5′-六溴联苯醚（BDE-153）

色谱柱：VF-5ms，25m×0.25mm，0.25μm

气化室温度：300℃

程序升温条件：150℃(1min) $\xrightarrow{15℃/min}$ 250℃ $\xrightarrow{10℃/min}$ 300℃(7min)

载　气：He，1.0mL/min

检测器：MS

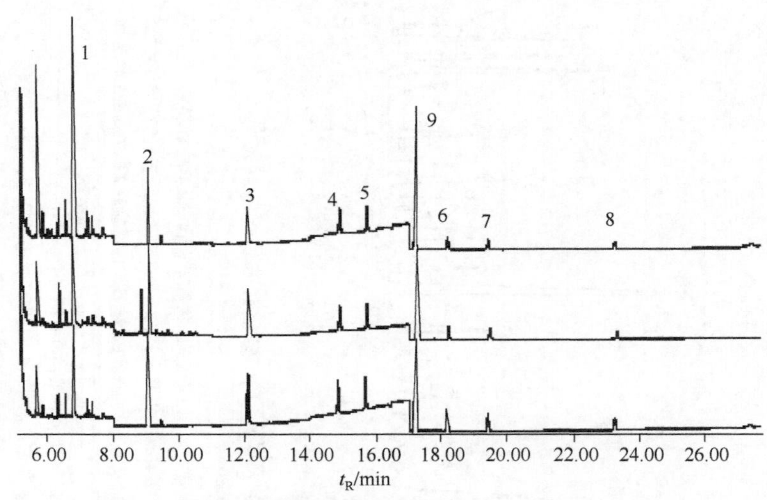

图 27-57　多溴联苯醚（二）[56]

色谱峰：1—4,4′-二溴联苯醚；2—2,4,4′-三溴联苯醚；3—2,2′,4,4′-四溴联苯醚；4—2,2′,4,4′,6-五溴联苯醚；5—2,2′,4,4′,5-五溴联苯醚；6—2,2′,4,4′,5,6′-六溴联苯醚；7—2,2′,4,4′,5,5′-六溴联苯醚；8—2,2′,3,4,4′,5′,6-七溴联苯醚；9—十氯联苯

色谱柱：HP-5ms，30m×0.25mm，0.25μm

程序升温：150℃(1min) $\xrightarrow{15℃/min}$ 220℃ $\xrightarrow{4℃/min}$ 300℃(2min)

载　气：He，1.2mL/min

检测器：MS

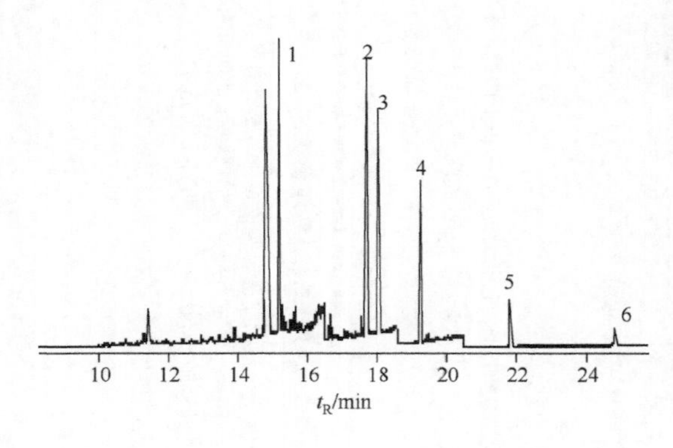

图 27-58　多溴联苯醚（三）[57]

色谱峰：1—2,2′,4-三溴联苯醚；2—2,2′,4,4′-四溴联苯醚；3—2,3′,4,4′-四溴联苯醚；4—2,2′,4,4′,6-五溴联苯醚；5—2,2′,4,4′,5,5′-六溴联苯醚；6—2,2′,3, 4,4′,5′,6-七溴联苯醚

色谱柱：ZB-5ms，30m×0.25mm，0.25μm

气化室温度：290℃

程序升温：110℃(1min)→300℃(10min)，10℃/min

载　气：He，1.0mL/min

检测器：MS

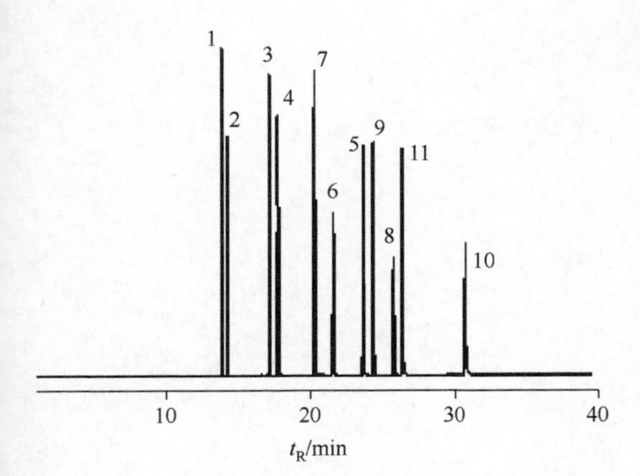

图 27-59 多溴联苯醚（四）[58]

色谱峰：1—2,2′,4-三溴联苯醚；2—2,4,4′-三溴联苯醚；3—2,2′,4,4′-四溴联苯醚；4—2,3′,4,4′-四溴联苯醚；5—2,2′,3,4,4′-五溴联苯醚；6—2,2′,4,4′,5-五溴联苯醚；7—2,2′,4,4′,6-五溴联苯醚；8—2,2′,4,4′,5,5′-六溴联苯醚；9—2,2′,4,4′,5,6′-六溴联苯醚；10—2,2′,3,4,4′,5′,6-七溴联苯醚；11—$^{13}C_{12}$-2,2′,3,4,4′,6-六溴联苯醚

色谱柱：VF-5ms，50m×0.25mm，0.25μm

程序升温：130℃(1min) $\xrightarrow{20℃/min}$ 200℃(1min) $\xrightarrow{10℃/min}$ 280℃(8min) $\xrightarrow{10℃/min}$ 310℃(15min)

载　气：He，1.0mL/min

检测器：MS

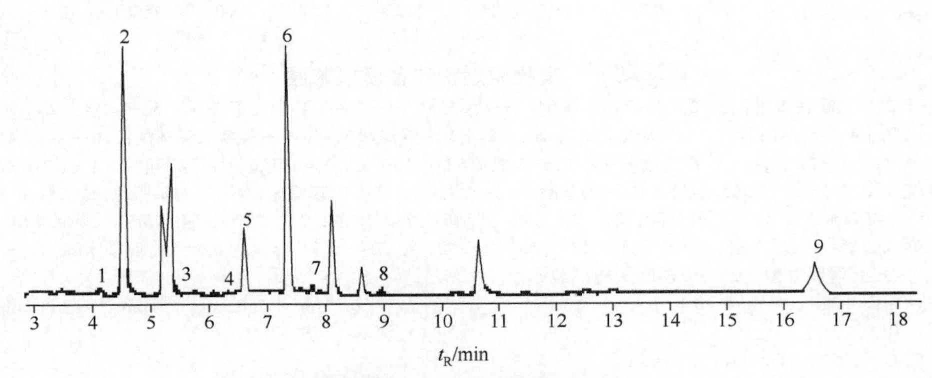

图 27-60 土壤中多溴联苯醚[59]

色谱峰：1—2,4,4′-三溴联苯醚；2—2,2′,3,4,5,5′-六氯联苯；3—2,2′,4,4′-四溴联苯醚；4—2,2′,4,4′,6-五溴联苯醚；5—2,2′,4,4′,5-五溴联苯醚；6—2,2′,4,4′,5,6′-六溴联苯醚；7—2,2′,4,4′,5,5′-六溴联苯醚；8—2,2′,3,4,4′,5′,6-七溴联苯醚；9—十溴联苯醚

色谱柱：HP-5ms，15m×0.25mm，0.25μm

气化室温度：290℃

程序升温条件：165℃(1min)→300℃(8min)，13℃/min

载　气：He

检测器：MS

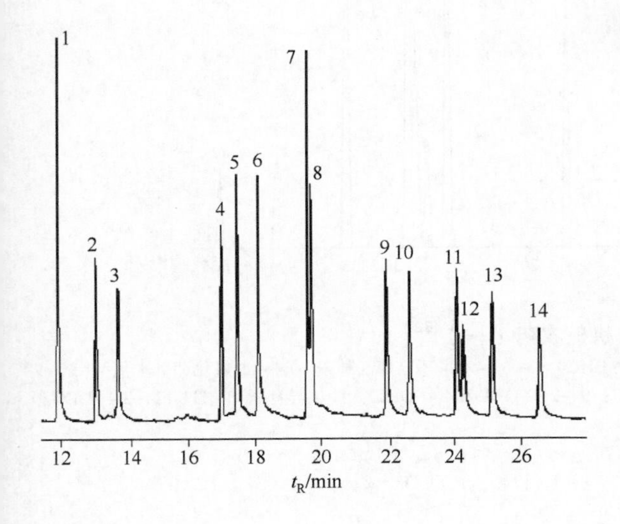

图 27-61 多氯联苯和多溴联苯醚[60]

色谱峰：1—2,4,6-三氯联苯；2—2,4,4′-三氯联苯；3—2,2′,5,5′-四氯联苯；4—2,3′,4,4′,5-五氯联苯；5—2,2′,4,4′,5,5′-六氯联苯；6—2,2′,3,4,4′,5′-六氯联苯；7—2,2′,3,4,4′,5,5′-七氯联苯；8—2,2′,4,4′-四溴联苯醚；9—2,2′,4,4′,6-五溴联苯醚；10—2,2′,4,4′,5-五溴联苯醚(PBDE99)；11—十氯联苯；12—2,2′,3,4,4′-五溴联苯醚；13—2,2′,4,4′,5,6′-六溴联苯醚；14—2,2′,4,4′,5,5′-六溴联苯醚

色谱柱：HP-5ms，30m×0.25mm，0.25μm

气化室温度：260℃

程序升温条件：90℃（1min）$\xrightarrow{15℃/min}$ 220℃ $\xrightarrow{8℃/min}$ 300℃(10min)

载　气：N_2

检测器：ECD

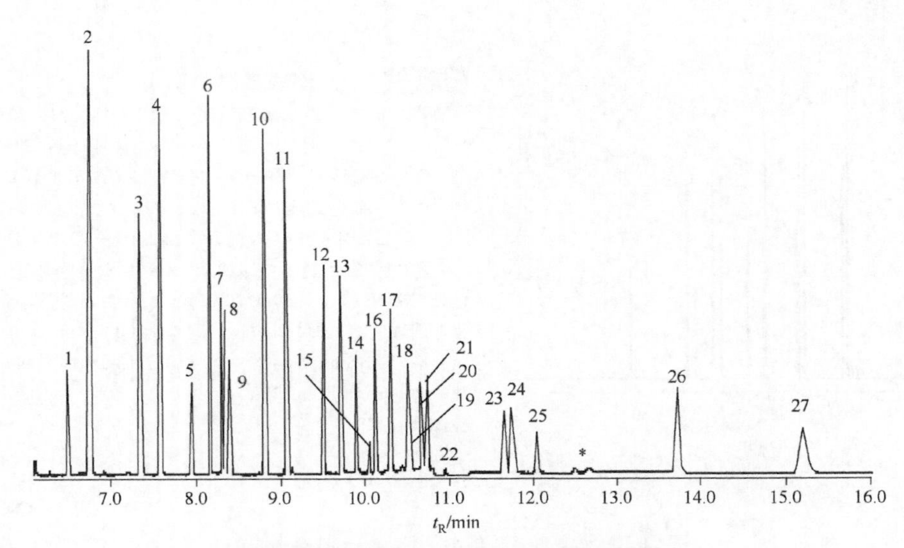

图 27-62 卤代阻燃剂和多溴联苯醚[61]

色谱峰：1—2,2′,5-三溴联苯醚；2—2,4,4′-三溴联苯醚；3—六溴苯；4—2,2′,4,4′-四溴联苯醚；5—2,2′,4,5′,6-五溴联苯醚；6—2,2′,4,4′,6-五溴联苯醚；7—灭蚁灵602；8—2,2′,4,4′,5-五溴联苯醚；9—六氯二溴辛烷；10—2,2′,4,4′,5,6′-六溴联苯醚；11—2,2′,4,4′,5,5′-六溴联苯醚；12—灭蚁灵603；13—2,2′,3,4,4′,5′,6-七溴联苯醚；14—1,2-二(2,4,6-三溴苯氧基)乙烷；15—2,2′,3,4,4′,5,6-七溴联苯醚；16—2,3,3′,4,4′,5,6-七溴联苯醚；17—顺-得克隆；18—2,2′,3,3′,4,4′,6,6′-八溴联苯醚；19—反-得克隆；20—2,2′,3,4,4′,5,5′,6-八溴联苯醚；21—2,2′,3,3′,4,4′,5,6′-八溴联苯醚；22—2,3,3′,4,4′,5,5′,6-八溴联苯醚；23—2,2′,3,3′,4,5,5′,6,6′-九溴联苯醚；24—2,2′,3,3′,4,4′,5,6,6′-九溴联苯醚；25—2,2′,3,3′,4,4′,5,5′,6-九溴联苯醚；26—十溴联苯醚；27—十溴二苯乙烷

色谱柱：DB-5ms，15m×0.25mm，0.1μm

载　气：He，1.5mL/min（11min）→3mL/min

进样口温度：300℃

检测器：MS

程序升温：50℃→300℃（5min），25℃/min

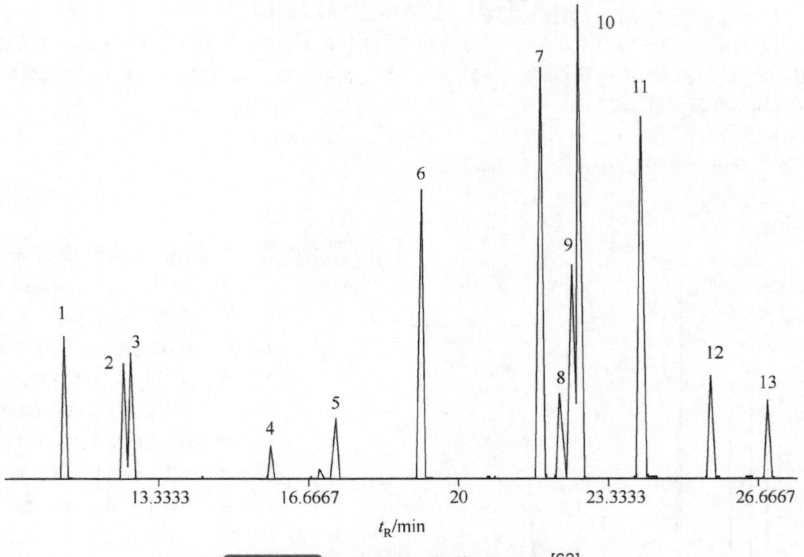

图 27-63 有机氯农药（一）[62]

色谱峰：1—α-六氯环己烷（α-BHC）；2—β-六氯环己烷（β-BHC）；3—γ-六氯环己烷（林丹）；4—七氯化茚（七氯）；5—艾氏剂；6—外环氧七氯；7—狄氏剂；8—4,4′-DDE；9—2,4′-DDD和4,4′-DDD；10—异狄氏剂；11,12—2,4′-DDT和4,4′-DDT；13—异狄氏剂酮

色谱柱：Rxi-5ms，30m×0.32mm，0.25μm

载　气：He，1.1mL/min

气化室温度：250℃

检测器：ECD

程序升温条件：100℃（0.2min）→250℃，4℃/min

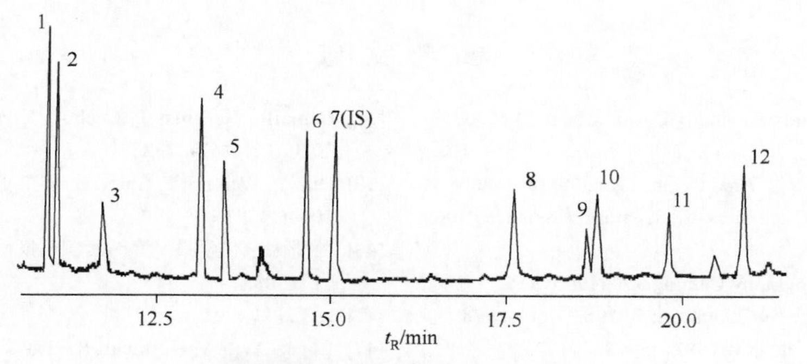

图 27-64　有机氯农药（二）[63]

色谱峰：1—α-六氯环己烷；2—六氯苯；3—β-六氯环己烷；4—甲草胺；5—七氯；6—艾氏剂；7—乙基嘧啶磷(IS)；8—β-硫丹；9—4,4′-DDE；10—狄氏剂；11—异狄氏剂；12—4,4′-DDD

色谱柱：DB-5.625，30m，0.25μm

气化室温度：240℃

程序升温条件：80℃（4min）$\xrightarrow{30℃/min}$ 200℃（1min）$\xrightarrow{2.5℃/min}$ 240℃（1min）

载　气：He，0.8mL/min　　检测器：MS

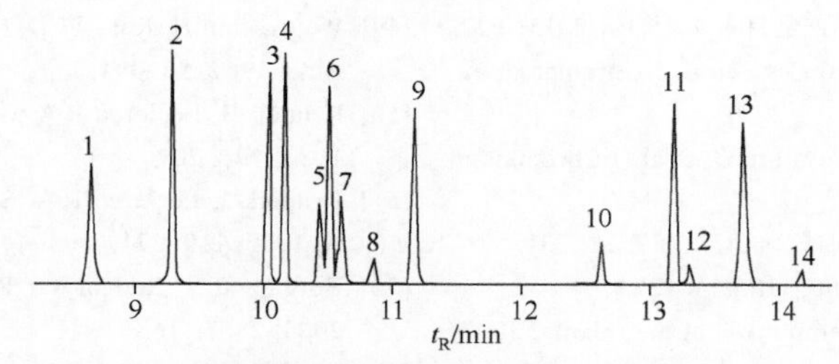

图 27-65　有机氯农药（三）[64]

色谱峰：1—五氯苯；2—四氯硝基苯；3—四氯苯胺；4—六氯苯；5—α-六氯环己烷；6—γ-六氯环己烷；7—β-六氯环己烷；8—五氯苯胺；9—δ-六氯环己烷；10—甲基五氯苯基硫醚；11—腐霉利；12—p,p′-DDE；13—p,p′-DDD；14—o,p′-DDT

色谱柱：ZB-35，30m×0.32mm，0.25μm

气化室温度：280℃

程序升温条件：125℃ $\xrightarrow{3℃/min}$ 150℃（10min）$\xrightarrow{8℃/min}$ 280℃（3min）

载　气：N_2　　检测器：ECD

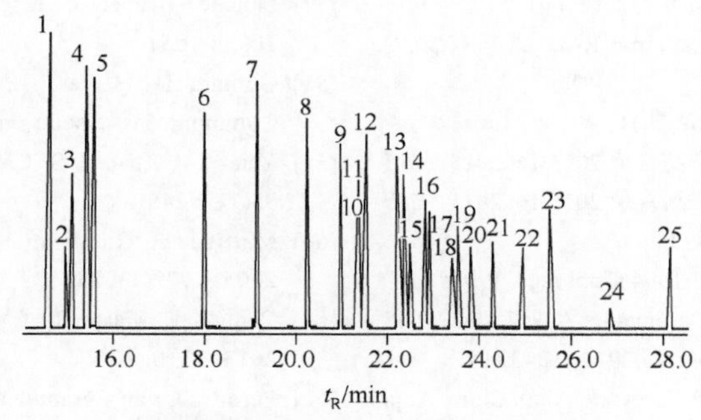

图 27-66　凉茶中有机氯农药[65]

色谱峰：1—α-六氯环已烷；2—β-六氯环已烷；3—六氯苯；4—γ-六氯环已烷；5—δ-六氯环已烷；6—七氯；7—艾氏剂；8—环氧七氯；9—γ-氯丹；10—o,p′-DDE；11—α-硫丹；12—α-氯丹；13—狄氏剂；14—p′,p-DDE；15—o,p′-DDD；16—异狄氏剂；17—β-硫丹；18—异狄氏剂醛；19—p′,p-DDD；20—o,p′-DDT；21—硫丹硫酸酯；22—p′,p-DDT；23—异狄氏剂酮；24—甲氧氯；25—灭蚁灵

色谱柱：DB-1ms，30m×0.25mm，0.1μm

气化室温度：250℃

程序升温条件：50℃（3min）$\xrightarrow{10℃/min}$ 150℃ $\xrightarrow{5℃/min}$ 250℃ $\xrightarrow{50℃/min}$ 300℃（5min）

载　气：He　　检测器：MS

参 考 文 献

[1] Campbell R H, Gudzinowicz B J. Anal Chem, 1961, 33(7): 842.
[2] Juvet R S, Fisher R L. Anal Chem, 1966, 38(13): 1860.
[3] Sie S, Bleumer J, Rijnders G. Separation Science, 1966, 1(1): 41.
[4] Alltech. Chromatography Catalog 350, 1995: 155.
[5] Greene S A, Wachi F M. Anal Chem, 1963, 35(7): 928.
[6] 胡金宝，施新娣. 色谱，1987，5（3）：177.
[7] Hinshaw L D. J Gas Chrom, 1966, 4: 300.
[8] Mangani F, Bruner F. J Chromatogr A, 1984, 289: 85.
[9] ZB G16 008—89.
[10] Agilent. 安捷伦色谱与光谱产品目录 2015/16. 2015：527.
[11] Chrompack News, 1987, 14(3): 7.
[12] J&W Scientific. 1994-1995 Chromatography Catalog & Reference Guide, 1995: 193.
[13] Agilent. 安捷伦色谱与光谱产品目录 2015/16，2015：622.
[14] Allard S, Charrois J W, Joll C A, et al. J Chromatogr A, 2012, 1238: 15.
[15] Zoccolillo L, Amendola L, Cafaro C, et al. J Chromatogr A, 2005, 1077(2): 181.
[16] Freeman P R, Jennings W. HRC&CC, 1987, 10: 231.
[17] Tor A. J Chromatogr A, 2006, 1125(1): 129.
[18] Kozani R R, Assadi Y, Shemirani F, et al. Talanta, 2007, 72(2): 387.
[19] Hu H, Sun X, Zhong Z, et al. J Sep Sci, 2012, 35(21): 2922.
[20] Khajeh M, Yamini Y, Hassan J. Talanta, 2006, 69(5): 1088.
[21] Karasek F W. J Chromatogr Sci, 1970, 8(5): 282.
[22] SGE. Applications Guide 1960/2010. 2010: 11.
[23] Lopez-Avila V, Heath N, Hu A. J Chromatogr Sci, 1987, 25(8): 356.
[24] Ho J S-Y. J Chromatogr Sci, 1989, 27(2): 91.
[25] Mehran M F, Cooper W J, Lautamo R, et al. HRC&CC, 1985, 8: 715.
[26] SGE. Applications Guide 1960/2010. 2010: 31.
[27] Agilent. 安捷伦色谱与光谱产品目录 2015/16. 2015：515.
[28] Agilent. 安捷伦色谱与光谱产品目录 2015/16. 2015：549.
[29] 易淑云. 色谱，1990，8：328.
[30] SGE. Analytical Products 1993/1994 Catalogue. 1994: 54.
[31] Kristiana I, Joll C, Heitz A. J Chromatogr A, 2012, 1225: 45.
[32] Guo L, Lee H K. J Chromatogr A, 2012, 1243: 14.
[33] Lai B-W, Liu B-M, Malik P K, et al. Anal Chim Acta, 2006, 576(1): 61.
[34] Ghambarian M, Yamini Y, Esrafili A, et al. J Chromatogr A, 2010, 1217(36): 5652.
[35] Agilent. 安捷伦色谱与光谱产品目录 2015/16. 2015: 502.
[36] Agilent. 安捷伦色谱与光谱产品目录 2015/16. 2015: 541.
[37] Rouvière F, Buleté A, Cren-Olivé C, et al. Talanta, 2012, 93: 336.
[38] Campillo N, Viñas P, Cacho J I, et al. J Chromatogr A, 2010, 1217(47): 7323.
[39] Díaz A, Ventura F, Galceran M T. J Chromatogr A, 2005, 1064(1): 97.
[40] 兰州大学化学系. 兰州大学学报，自然科学版报，1977，（1）：88.
[41] HG 2027—91.
[42] Lopez-Avila V, Northcutt R. HRC&CC, 1982, 5: 67.
[43] Czerwiec Z. J Chromatogr A, 1977, 139(1): 177.
[44] Supelco. Chromatography Products 1994. 1994: 743.
[45] GB 6817—92.
[46] 沈能熙，侯天成. 色谱，1991，9：63.
[47] 朱静. 第六次全国色谱学术报告会文集. 1987：248.
[48] Schneider J F, Reedy G T, Ettinger D G. J Chromatogr Sci, 1985, 23(2): 49.
[49] Weingarten H, Ross W D, Schlater J M, et al. Anal Chim Acta, 1962, 26: 391.
[50] Krupčík J, Leclercq P A, Garaj J, et al. J Chromatogr A, 1980, 191: 207.
[51] Krupčík J, Leclercq P A, Šímová A, et al. J Chromatogr A, 1976, 119: 271.
[52] Bordajandi L R, Korytar P, de Boer J, et al. J Sep Sci, 2005, 28(2): 163.
[53] Lambropoulou D A, Konstantinou I K, Albanis T A. J Chromatogr A, 2006, 1124(1): 97.
[54] SGE. Applications Guide 1960/2010. 2010: 12.
[55] Fontana A R, Lana N B, Martinez L D, et al. Talanta, 2010, 82(1): 359.
[56] Fontanals N, Barri T, Bergström S, et al. J Chromatogr A, 2006, 1133(1): 41.
[57] Sánchez-Brunete C, Miguel E, Tadeo J L. Talanta, 2006, 70(5): 1051.
[58] Gómara B, Herrero L, Bordajandi L R, et al. Rapid Commun Mass Spectrom, 2006, 20(2): 69.
[59] Yuan J P, Zhao R S, Cheng C G, et al. J Sep Sci, 2012, 35(18): 2499.
[60] Martinez A, Ramil M, Montes R, et al. J Chromatogr A, 2005, 1072(1): 83.
[61] Cequier E, Marcé R M, Becher G, et al. J Chromatogr A, 2013, 1310: 126.
[62] Peroni D, van Egmond W, Kok W T, et al. J Chromatogr A, 2012, 1226: 77.
[63] Tahboub Y R, Zaater M F, Barri T A. Anal Chim Acta, 2006, 558(1): 62.
[64] 张本山，于淑娟，曾新安，等. 分析测试学报，2011，30（3）：344.
[65] 邓洁薇，李娜，杨运云. 分析测试学报，2011，30（9）：1001.

第二十八章　特殊类化合物色谱图

第一节　元素有机化合物色谱图

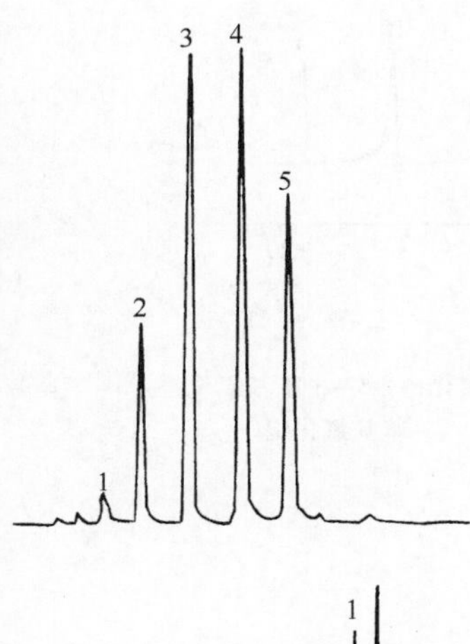

图 28-1　含铅汽油[1]

色谱峰：1—四甲基铅；2—三甲基乙基铅；3—二甲基二乙基铅；4—甲基三乙基铅；5—四乙基铅

色谱柱：3%SP-2100，Supelcoport（100～120目），2m×2mm

柱　温：60℃→180℃，15℃/min

载　气：Ar+5%CH_4，40mL/min

检测器：RFID

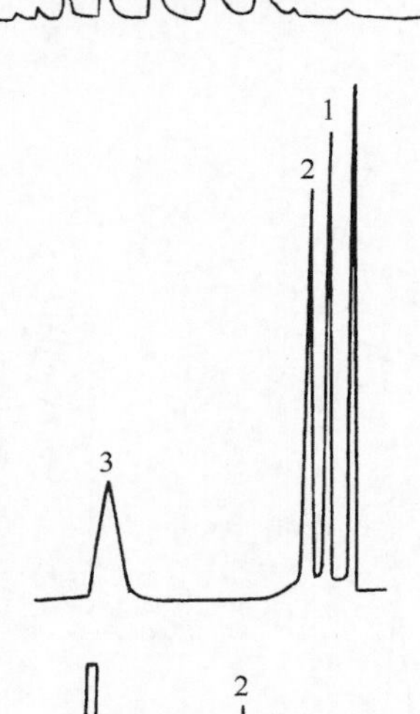

图 28-2　二烷基汞（氯化铜衍生物）[2]

色谱峰：1—二甲基汞；2—二乙基汞；3—二苯基汞

色谱柱：2% OV-17+2.0% QF-1，Gas Chrom Q（60～80目），2m×2mm

柱　温：160℃

载　气：N_2，60mL/min

检测器：FID

气化室温度：210℃

检测器温度：240℃

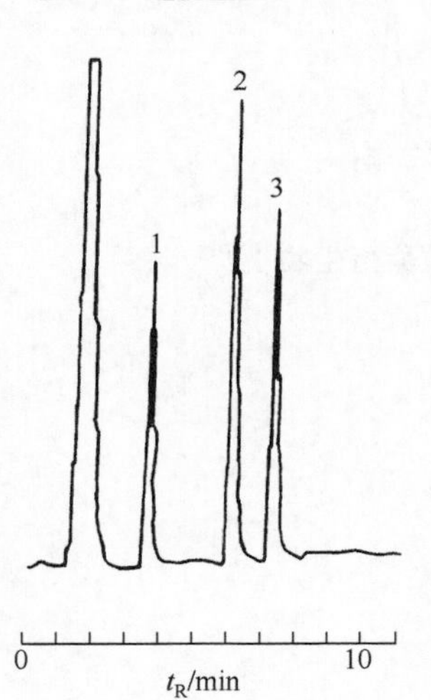

图 28-3　痕量有机汞化合物[3]

色谱峰：1—二甲基汞（2.00pg Hg）；2—甲基汞（3.79pg Hg）；3—乙基汞（2.50pg Hg）

色谱柱：DB-1，15m×0.53mm，1μm

柱　温：40℃（1min）$\xrightarrow{60℃/min}$ 140℃（3min）$\xrightarrow{50℃/min}$ 200℃（10min）

载　气：He，4.0mL/min

检测器：原子荧光检测器

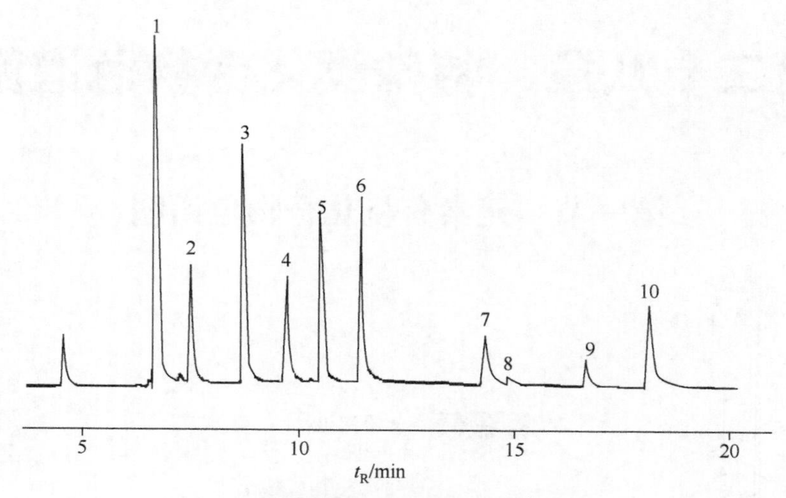

图 28-4 烷基氯化锡 [4]

色谱峰：1—1-丁基三氯化锡；2—3-丙基氯化锡；3—2-丁基二氯化锡；4—苯基三氯化锡；5—3-丁基氯化锡；6—1-辛基-3-氯化锡；7—1,2-二苯基二氯化锡；8—4-丁基锡；9—2-辛基二氯化锡；10—3-苯基氯化锡

色谱柱：聚二甲基硅氧烷毛细管柱，30m×0.25mm，0.25μm

进样口温度：275℃

程序升温条件：80℃ (1min) $\xrightarrow{30℃/min}$ 180℃ $\xrightarrow{10℃/min}$ 270℃(1min)

载　气：N_2

检测器：PFPD

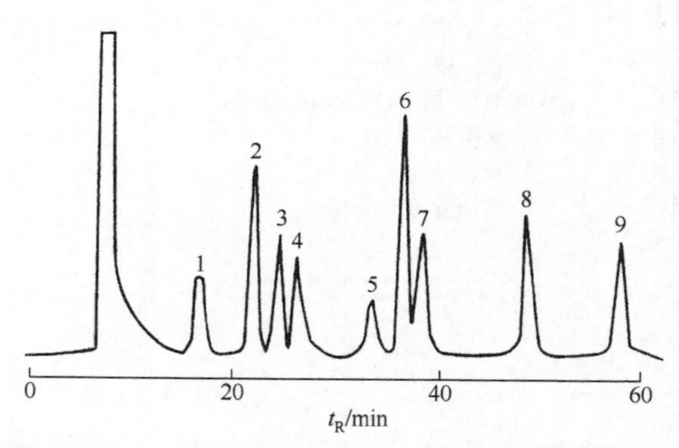

图 28-5 螯合物（二［三氟乙基］二硫代氨基甲酸酯衍生物）[5]

色谱峰：1—锌；2—铜；3—镍；4—镉；5—汞；6—钴；7—铁；8—铅；9—铋

色谱柱：3% OV-25，Chromosorb W HP（100～120目），0.90m×2mm

柱　温：120℃→210℃，2℃/min

载　气：N_2，35mL/min

检测器：FID

气化室温度：210℃

检测器温度：210℃

第二节 对映体化合物色谱图

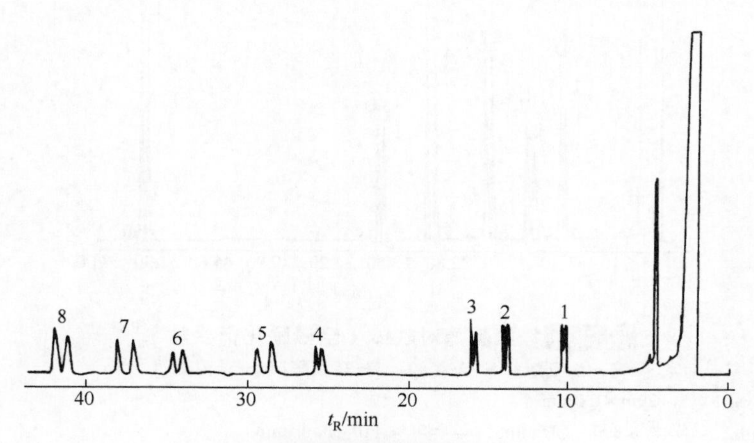

图 28-6 手性醇[6]

色谱峰：1—2-庚醇；2—3-辛醇；3—2-辛醇；4—2-壬醇；5—2,6-二甲基-2,7-二烯-4-辛醇；6—α-萜品醇；7—薄荷醇；8—2-癸醇

色谱柱：XE-60-*S*-缬氨酰-*S*-α-苯乙胺，40m×0.32mm

柱 温：120℃

载 气：H_2

检测器：FID

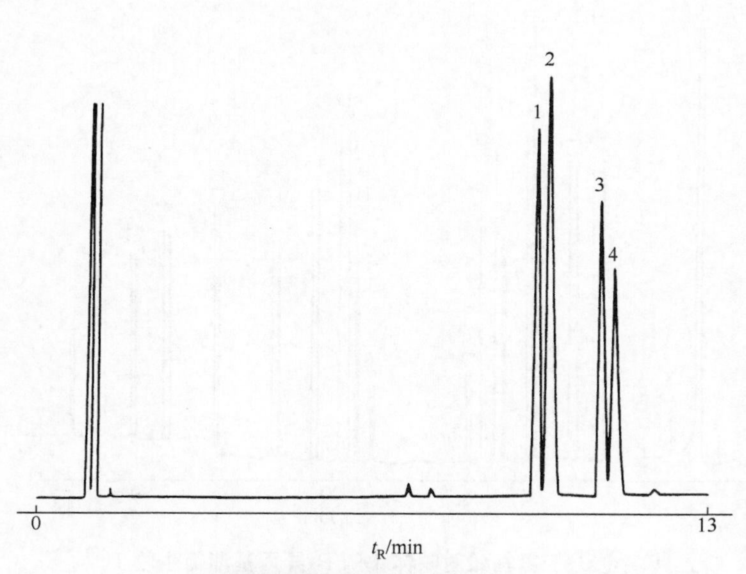

图 28-7 薄荷醇对映体[7]

色谱峰：1—(+)-新薄荷醇；2—(−)-新薄荷醇；3—(+)-薄荷醇；4—(−)-薄荷醇

色谱柱：Cyclodex-B，30m×0.25mm，0.25μm

柱 温：105℃

载 气：H_2，55cm/s

检测器：FID

气化室温度：250℃

检测器温度：300℃

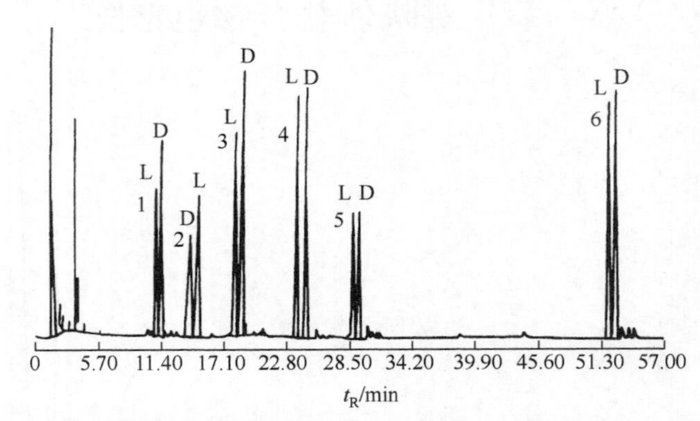

图 28-8 氨基醇对映体（全氟酰化衍生物）[8]

色谱峰：1—丙氨醇；2—脯氨醇；3—缬氨醇；4—苏氨醇；5—亮氨醇；6—苯丙氨醇

色谱柱：Chirasil-L-Val 1∶5，20m×0.3mm

柱　温：60℃（15min）$\xrightarrow{4℃/min}$ 80℃（15min），$\xrightarrow{4℃/min}$ 110℃（15min）

载　气：He，50kPa

检测器：FID

气化室温度：250℃

检测器温度：250℃

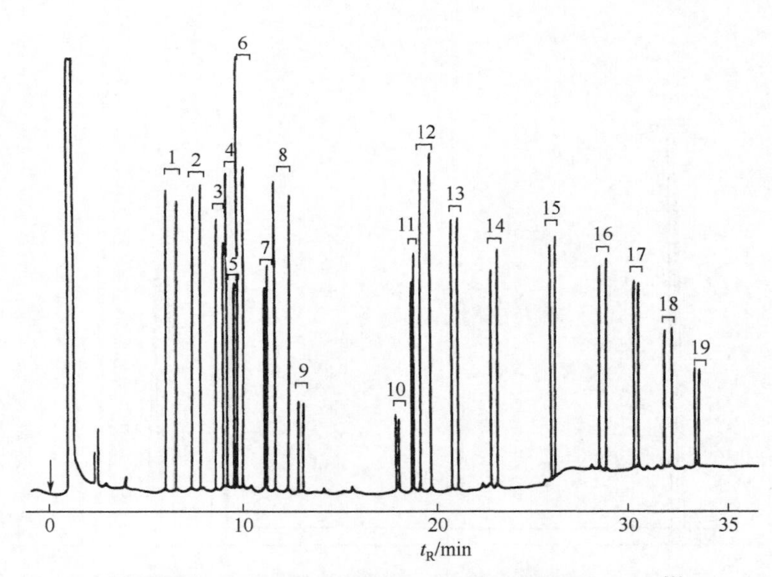

图 28-9 氨基酸对映体（PFP-异丙基酯衍生物）[9]

色谱峰：1—丙氨酸；2—缬氨酸；3—苏氨酸；4—异白氨酸；5—甘氨酸；6—异白氨酸；7—脯氨酸；8—白氨酸；9—丝氨酸；10—半胱氨酸；11—门冬氨酸；12—蛋氨酸；13—苯丙氨酸；14—谷氨酸；15—酪氨酸；16—鸟氨酸；17—胱氨酸；18—精氨酸；19—色氨酸（D对映体先流出）

色谱柱：Chirasil-L-Val，25m×0.22mm

柱　温：80℃（3min）→190℃，4℃/min

载　气：H_2

检测器：FID

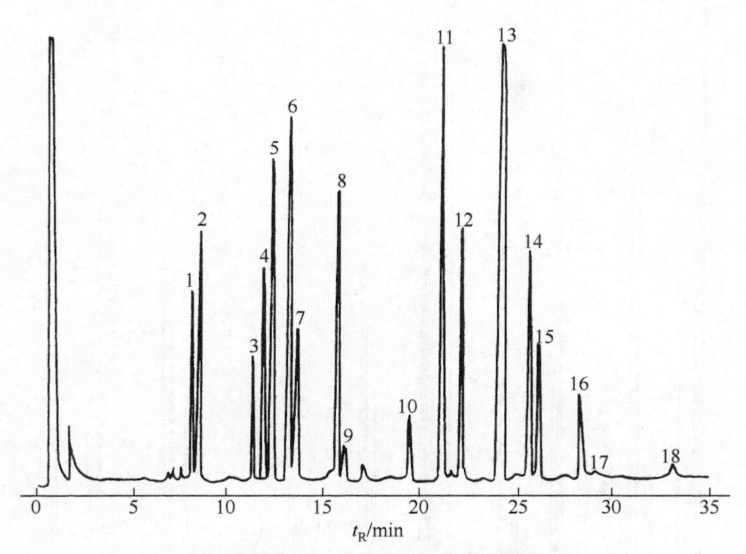

图 28-10　大豆蛋白质水解产物[10]

色谱峰：1—丙氨酸；2—甘氨酸；3—缬氨酸；4—苏氨酸；5—丝氨酸；6—亮氨酸；7—异亮氨酸；8—脯氨酸；9—胱氨酸；10—蛋氨酸；11—天冬氨酸；12—苯丙氨酸；13—谷氨酸；14—赖氨酸；15—酪氨酸；16—精氨酸；17—组氨酸；18—色氨酸

色谱柱：Heliflex Amino Acid，25m×0.53mm　　载　气：He，10mL/min

柱　温：80℃（2min）→230℃，4℃/min　　检测器：FID

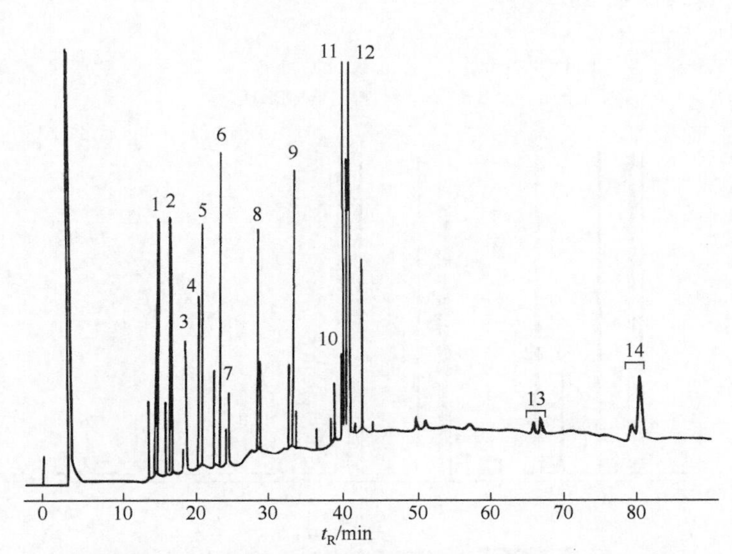

图 28-11　豆腐黄浆水中氨基酸对映体（酯化衍生物）[11]

色谱峰：1—DL-丙氨酸；2—DL-缬氨酸；3—DL-苏氨酸；4—L-异亮氨酸；5—L-甘氨酸；6—DL-亮氨酸；7—DL-丝氨酸；8—L-脯氨酸；9—DL-天冬氨酸；10—DL-蛋氨酸；11—DL-谷氨酸；12—DL-苯丙氨酸；13—DL-鸟氨酸；14—DL-赖氨酸

色谱柱：OV-225-L-缬氨酰叔丁胺，20m×0.25mm　　载　气：N_2

柱　温：100℃（10min）→190℃，3℃/min　　检测器：FID

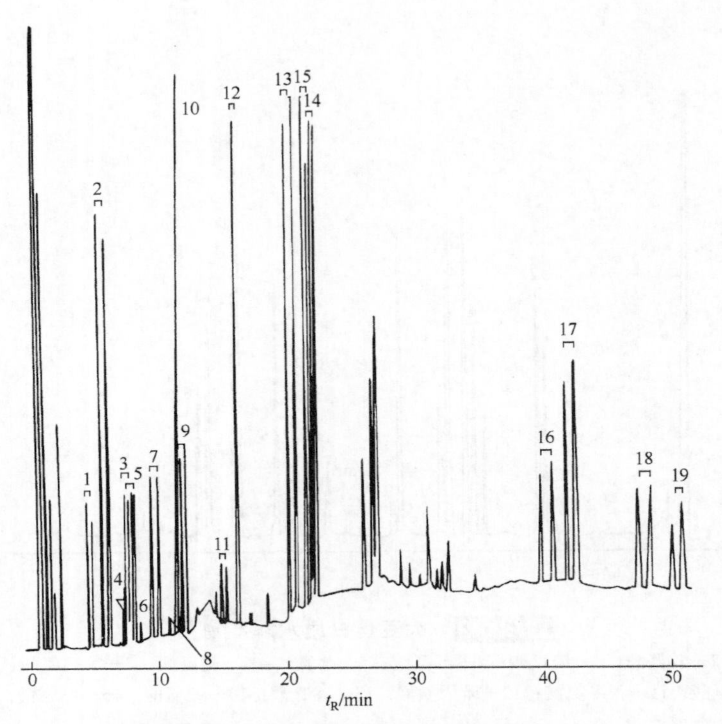

图 28-12 氨基酸对映体（酯化衍生物）[12]

色谱峰①：1—丙氨酸；2—缬氨酸；3—苏氨酸；4—别异亮氨酸；5—异亮氨酸；6—甘氨酸；7—亮氨酸；8—正亮氨酸；9—丝氨酸；10—脯氨酸；11—胱氨酸；12—天冬氨酸；13—蛋氨酸；14—谷氨酸；15—苯丙氨酸；16—鸟氨酸；17—酪氨酸；18—赖氨酸；19—色氨酸

① D型先流出，L型后流出。

色谱柱：OV-225-L-缬氨酰叔丁胺，20m×0.25mm　　载　气：N_2

柱　温：100℃（6min）→190℃，4℃/min　　检测器：FID

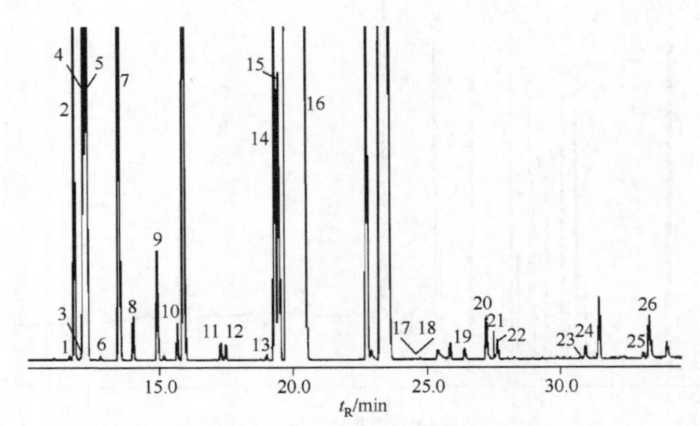

图 28-13 甜橙精油中手性化合物[13]

色谱峰：1—(−)-α-侧柏烯；2—(+)-α-侧柏烯；3—(−)-莰烯；4—(−)-α-蒎烯；5—(+)-α-蒎烯；6—(+)-莰烯；7—(+)-β-蒎烯；8—(−)-β-蒎烯；9—(+)-桧烯；10—(−)-桧烯；11—(−)-α-水芹烯；12—(+)-α-水芹烯；13—(−)-β-水芹烯；14—(−)-柠檬烯；15—(+)-β-水芹烯；16—(+)-柠檬烯；17—(+)-莰酮；18—(−)-莰酮；19—(−)-沉香醇；20—(+)-沉香醇；21—(−)-香茅醛；22—(+)-香茅醛；23—(+)-萜品-4-醇；24—(−)-萜品-4-醇；25—(−)-α-萜品醇；26—(+)-α-萜品醇

色谱柱：Megadex DETTBS，25m×0.25mm，0.25μm　　载　气：He，35cm/s

进样口温度：220℃　　检测器：FID

程序升温条件：50℃→200℃，2.0℃/min

第三节　甾族化合物、糖类及其他类

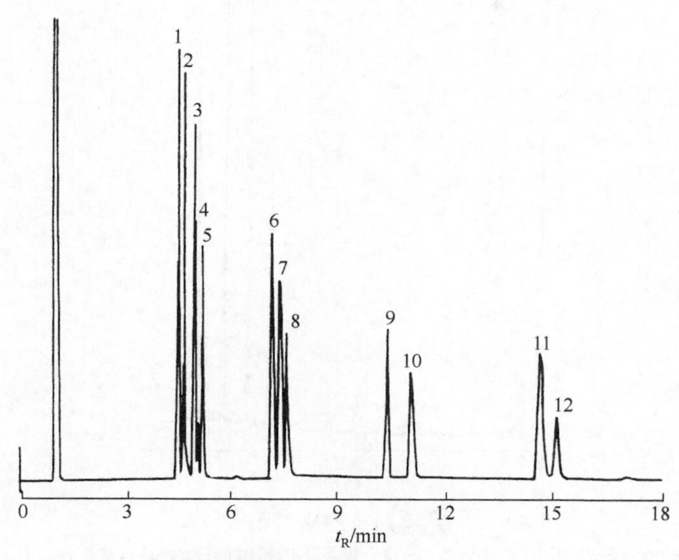

图 28-14　甾族化合物（一）[14]

色谱峰：1—粪甾烷；2—5-β-雄甾酮；3—5-α-胆甾烷；4—雄甾酮；5—表雄甾酮；6—17-α-雌二醇；7—β-雌二醇；8—雌酮；9—孕甾酮；10—胆甾醇；11—雌三醇；12—豆甾醇

色谱柱：DB-17，30m×0.25mm，0.15μm

柱　温：260℃

载　气：H_2，44cm/s

检测器：FID

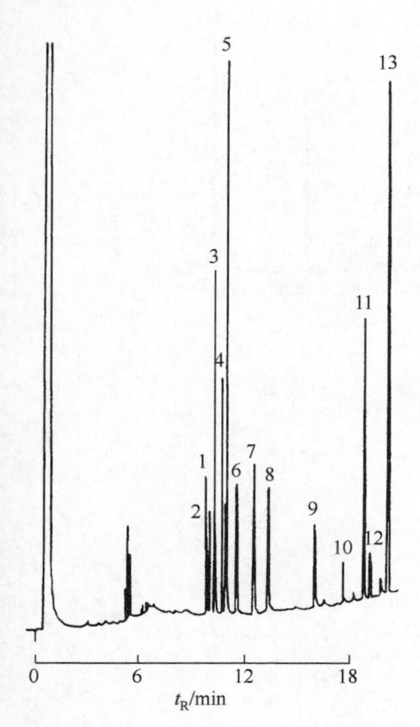

图 28-15　甾族化合物（二）[15]

色谱峰：1—5-雄烯-3β-醇-17酮；2—5-雄烯-3β,17β-二醇；3—5α(*H*)-雄烯-17β-醇-3-酮；4—4-雄烯-3,17-二醇；5—4-雄烯-17β-醇-3-酮；6—5-孕甾烯-3β-醇-20-酮；7—4-孕甾烯-3,20-二酮；8—5α(*H*)-胆甾烷；9—5-胆甾烯-3β-醇；10—5,22-胆甾二烯-24β-乙基-3β-醇；11—5-胆甾烯-正丁醚；12—5-胆甾烯-3β-醇-7-酮；13—正丁酸-5-胆甾烯-3β-醇酯

色谱柱：BPI，12m×0.22mm，0.1μm

柱　温：50℃（2min）→200℃ $\xrightarrow{5℃/min}$ 300℃

检测器：FID

进样方式：柱上进样

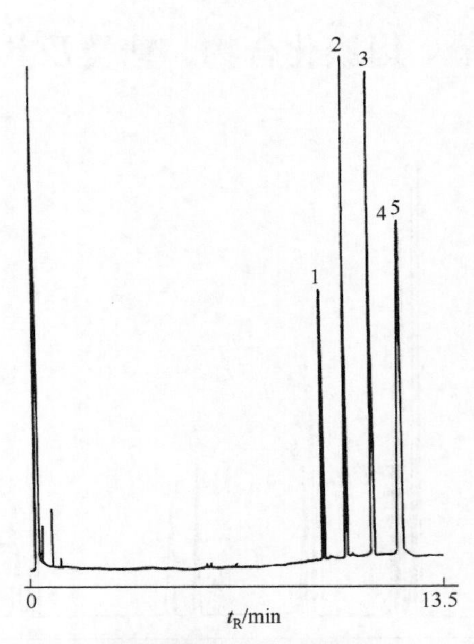

图 28-16 胆甾醇酯[16]

色谱峰：1—胆甾醇月桂酸酯；2—胆甾醇肉豆蔻酸酯；3—胆甾醇棕榈酸酯；4—胆甾醇硬脂酸酯；5—胆甾醇油酸酯

色谱柱：DB-5，15m×0.32mm，0.25μm

柱 温：80℃（0.5min）$\xrightarrow{30℃/min}$ 300℃ $\xrightarrow{6℃/min}$ 330℃

检测器温度：300℃

载 气：H_2，50cm/s

进样方式：冷柱头进样

检测器：FID

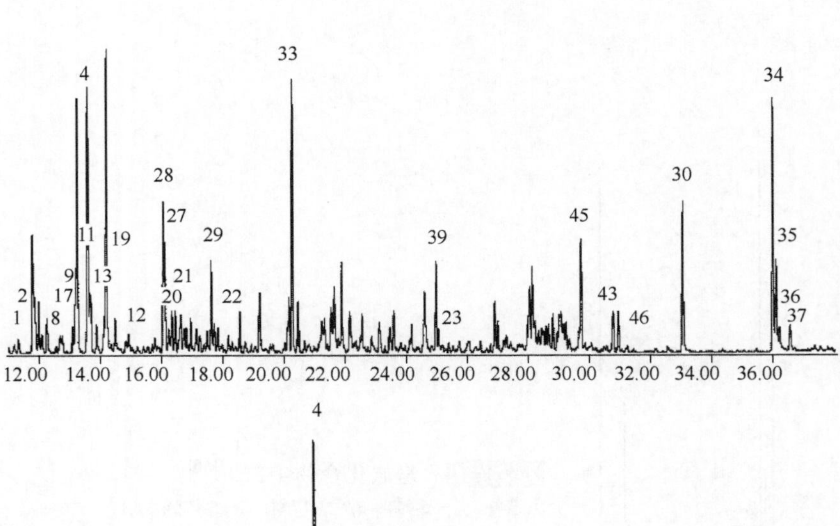

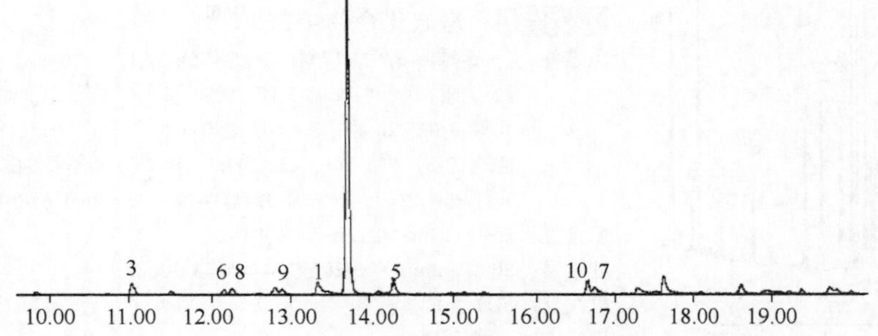

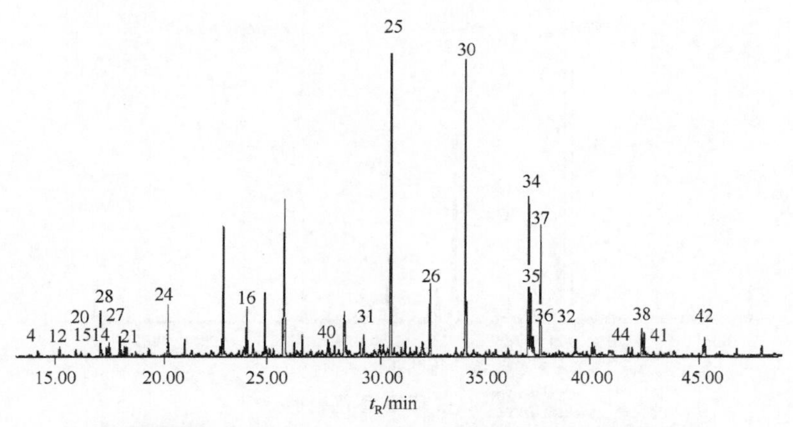

图 28-17　醛类、酮类、酯类与糖类(TMS 衍生物)[17]

色谱峰：1—3,4-二甲基苯甲醛；2—α-异佛尔酮；3—5,5-二甲基-2-甲烯基-3-环己烯-1-甲醛；4—藏花醛；5—优香芹酮；6—茶香酮；7—4-羟基-3,5,5-三甲基-2-环己烯-1-酮；8—2-羟基-3,5,5-三甲基-2-环己烯-1-酮；9—2,2,6-三甲基-1,4-环己二酮；10—2-(2-丁烯基)4-羟基-3-甲基-2-环戊烯-1-酮；11—苯酚；12—苯甲酸；13—3,3-二甲基-1-环己烯；14—苯乙酸；15—辛酸；16—邻苯二甲酸二乙酯；17—2,2,9,9-四甲基-3,8-二氧杂-2,9-二硅癸烷；19—2,2,8,8-四甲基-3,7-二氧杂-2,8-二硅壬烷-5-酮；20—丁烯酸；21—琥珀酸；22—呋喃酮；23—正十二烷酸；24—甲基顺丁烯二酸；25—异丁基邻苯二甲酸酯；26—二丁基邻苯二甲酸酯；27—丙三醇；28—三甲基磷酸酯；29—丙酸；30—棕榈酸；31—杜鹃花酸；32—1,2-苯二羧酸十二烷基酯；33—丁酸；34—亚油酸；35—顺-十八碳烯酸；36—反-十八碳烯酸；37—硬脂酸；38—1,2-苯二羧酸二庚基酯；39—木糖酸；40—β-D-吡喃葡萄糖；41—1,2-苯二羧酸二异壬基酯；42—1,2-苯二羧酸癸基辛基酯；43—古洛糖酸；44—藏花酸；45—呋喃葡萄糖；46—吡喃葡萄糖

色谱柱：HP-5ms，30m×0.25mm，0.25μm　　载　气：He，1.6mL/min

进样口温度：250℃　　检测器：MS

程序升温条件：50℃ (2min) —5℃/min→ 295℃ (8min)

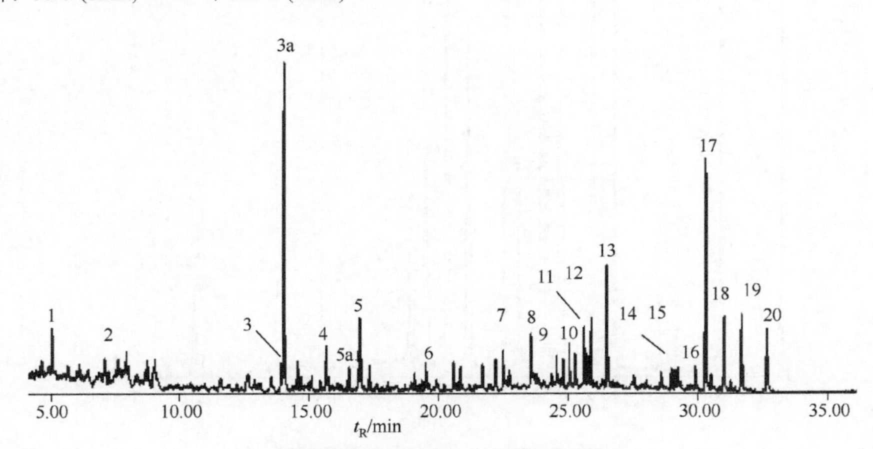

图 28-18　酸类(TMS 衍生物)[18]

色谱峰：1—1,3-二甲基-环己基-2-烯-羧酸；2—1,2,3-三甲基-环己基-2-烯-羧酸；3—1,4a,6-三甲基-1,2,3,4,4a,7,8,8a-八氢萘甲酸；3a—化合物3的异构体；4—1,4a,6-三甲基-5-亚甲基-1,2,3,4,4a,7,8,8a-八氢萘甲酸；5—1,4a,5,6-四甲基-1,2,3,4,4a,7,8,8a-八氢萘甲酸；5a—化合物5的异构体；6—5-乙基-1,4a,6-三甲基-1,2,3,4-四氢-萘甲酸；7—5-(3-甲基-2-丁烯基)-6-亚甲基-1,4a,6-三甲基-十氢-萘甲酸酯；8—3-甲基-(5,5,8a-三甲基-2-亚甲基-十氢-1-萘基)-3-甲基-戊-2-烯酸；9—顺-湿地松酸；10—山达海松酸；11—反-湿地松酸；12—19-norlabda-8,13-二烯酸-15-酯；13—异海松酸；14—5(5-甲氧基甲基-5,8a-二甲基-2-亚甲基-十氢-1-萘基)-3-甲基-戊-2-烯酸；15—19-norlabda-4,8(20),13-三烯酸；16—Agathalic酸；17—甲基玛瑙酸；18—贝壳杉醇酸；19—玛瑙酸；20—乙酸基贝壳杉醇酸

色谱柱：HP-5ms，30m×0.25mm，0.25μm　　载　气：He，1.6mL/min

进样口温度：250℃　　检测器：MS

程序升温条件：100℃→295℃(8min)，5℃/min

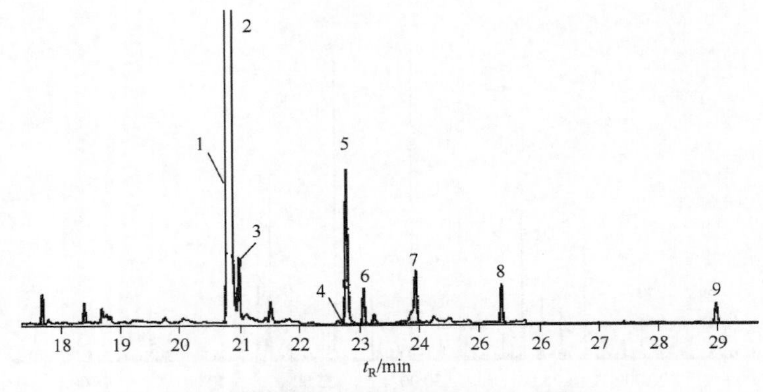

图 28-19 多环麝香化合物[19]

色谱峰：1—1,3,4,6,7,8-六氢-4,6,6,7,8,8-六甲基-环戊并-γ-2-苯并吡喃；2—咖啡因；3—7-乙酰基-1,1,3,4,4,6-六甲基四氢萘；4—顺-4-甲基-苯亚甲基莰酮；5—苯甲酮-3；6—反-4-甲基-苯亚甲基莰酮；7—顺-乙基甲氧基肉桂酸酯；8—反-乙基甲氧基肉桂酸酯；9—氰双苯丙烯酸辛酯

色谱柱：HP-5ms，30m×0.25mm，0.25μm

进样口温度：240℃　　载　气：He，1mL/min

程序升温条件：45℃（3min）→280℃（6min），10℃/min　　检测器：MS

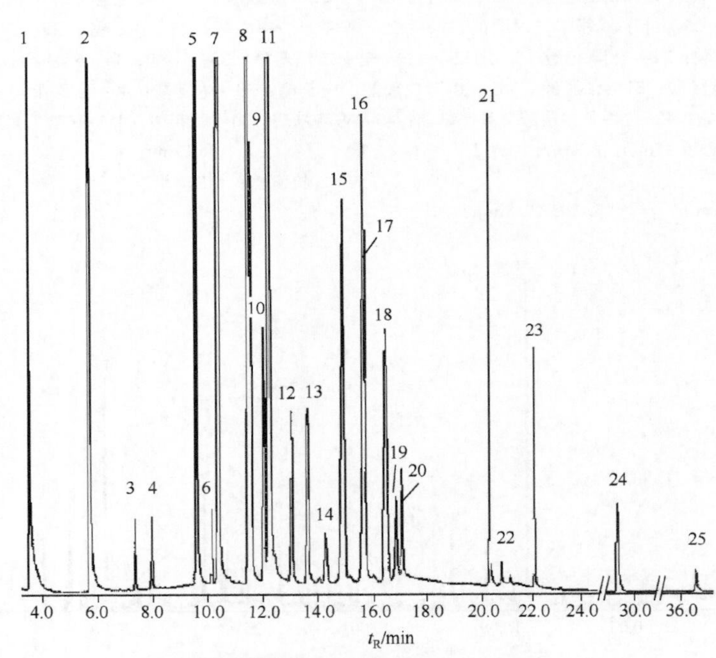

图 28-20 磷酸盐阻燃剂[20]

色谱峰：1—三丙基磷酸酯；2—三(2-氯乙基)磷酸酯1；3—三(2-氯乙基)磷酸酯2；4—三(双氯丙基)磷酸酯1；5—三(双氯丙基)磷酸酯2；6—三(双氯丙基)磷酸酯3；7—三苯基磷酸酯；8—三(乙基己基)磷酸酯；9—甲苯基-二苯基磷酸酯1；10—甲苯基-二苯基磷酸酯2；11—三苯基氧化膦；12—甲苯基-二苯基磷酸酯3；13—甲苯基-二苯基磷酸酯4；14—甲苯基-二苯基磷酸酯5；15—三(甲基苯基)磷酸酯1；16—三(甲基苯基)磷酸酯2；17—2-(2′-羟基-3′,5′-二-叔戊基-苯基)-苯并三唑；18—三甲苯基磷酸酯3；19—羟苯基-二苯基磷酸酯；20—三甲苯基磷酸酯；21—三(2,4-二叔丁基苯基)亚磷酸酯；22—三(2,4-二叔丁基苯基)磷酸酯；23—间苯二酚-双(二苯基磷酸酯)；24—2,2-双[4-(二苯基磷酸基)苯基]丙烷；25—双3-(二苯基磷酸基)苯基磷酸酯

色谱柱：ZB-5，30m×0.25mm，0.1μm

进样口温度：150℃

程序升温条件：90℃（0min）$\xrightarrow{20℃/min}$ 220℃（10min）$\xrightarrow{45℃/min}$ 370℃（15min）

载　气：N_2，150kPa　　检测器：PND

参考文献

[1] Patterson P L. Chromatographia, 1993, 36: 225.
[2] 左跃钢，庞叔薇. 分析化学，1985，13：890.
[3] Alli A, Jeffe R, Jones R. HRC, 1994, 17: 745.
[4] Bravo M, Lespes G, De Gregori I, et al. Anal Bioanal Chem, 2005, 383： 1082.
[5] Tavlaridis A, Neeb R. Anal Chem, 1976, 282: 17.
[6] Koenig W A, Frank N, Benecke J. J Chromatogr, 1982, 230: 227.
[7] J & W Scientific. 1994-1995 Chromatography Catalog & Reference Guide. 1995: 174.
[8] Kussers E, Portmann A. HRC, 1991, 17: 639.
[9] de Nijs R C M. Chrompack News, 1983, 10(5): 6.
[10] Alltech Chromatography Catalog 350. 1995: 25.
[11] 楼献文，刘有勤，周良模. 第二届生物医药学色谱学术会议论文集. 1990：379.
[12] Lou X, Liu Y, Zhou L. J Chromatogr, 1991, 552: 153.
[13] Sciarrone D, Schipilliti L, Ragonese C, et al. J Chromatogr A, 2010, 1217: 1101.
[14] Alltech Chromatography Catalog 350. 1995: 65.
[15] SGE Analytical Product 1993-1994 Catalogue. 1994: 60.
[16] J & W Scientific. 1994-1995 Chromatography Catalog & Reference Guide. 1995: 117.
[17] Casas-Catalan M J, Domenech-Carbo M T. Anal Bioanal Chem, 2005, 382: 259.
[18] Osete-Cortina L, Domenech-Carbo M T. J Chromatogr A, 2005, 1065: 265.
[19] Moeder M, Schrader S, Winkler U, et al. J Chromatogr A, 2010, 1217: 2925.
[20] Roth T, Urpi Bertran R, Pöhlein M, et al. J Chromatogr A, 2012, 1262: 188.

第二十九章　石油产品色谱图

第一节　气态烃色谱图

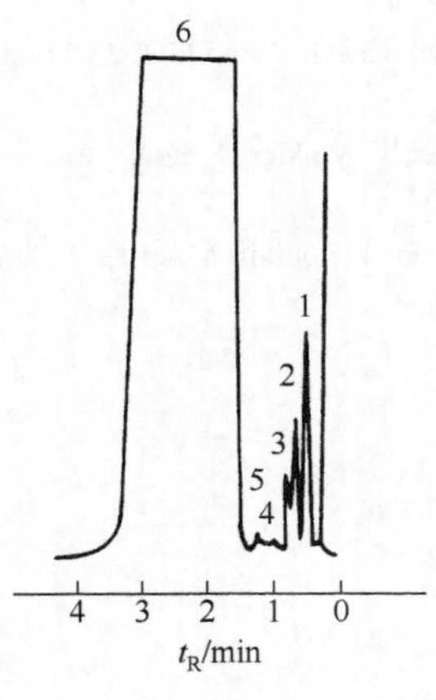

图 29-1　纯乙烯[1]

色谱峰：1—CH_4；2—H_2O；3—CO_2；4—NO；5—C_2H_2；6—C_2H_4

色谱柱：碳分子筛，0.50m×4mm

载　气：H_2，9.8mL/s

柱　温：130℃

检测器：TCD

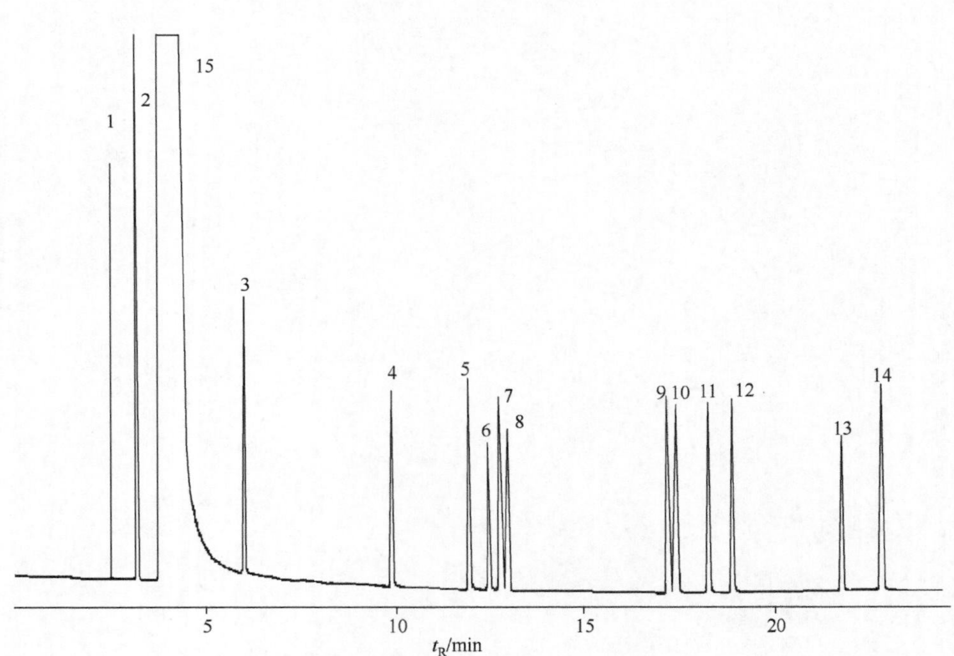

图 29-2　工业乙烯中杂质[2]

色谱峰：1—甲烷；2—乙烷；3—丙烷；4—丙烯；5—异丁烷；6—乙炔；7—丙二烯；8—正丁烷；9—反-2-丁烯；10—1-丁烯；11—异丁烯；12—顺-2-丁烯；13—甲基乙炔；14—1,3-丁二烯；15—乙烯

色谱柱：Al_2O_3，PLOT柱（KCl去活），50m×0.53mm，5μm　　载　气：He或N_2，6～8mL/min

柱　温：30℃(2min)→190℃(15min)，4℃/min　　检测器：FID

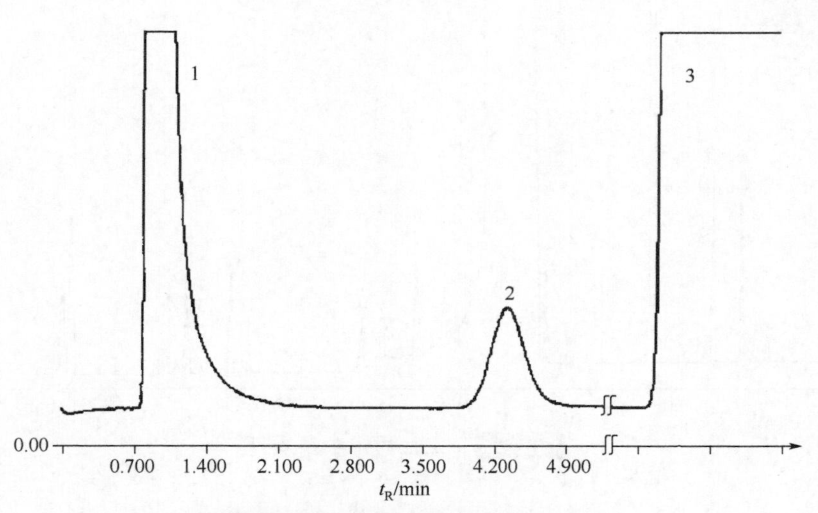

图 29-3　乙烯/丙烯中乙炔（一）[3]

色谱峰：1—甲烷；2—乙炔；3—乙烯或丙烯
色谱柱：TDX-01（填充柱），1m×3mm
柱　温：恒温150℃
载　气：N_2，50mL/min
检测器：FID
检测器温度：170℃

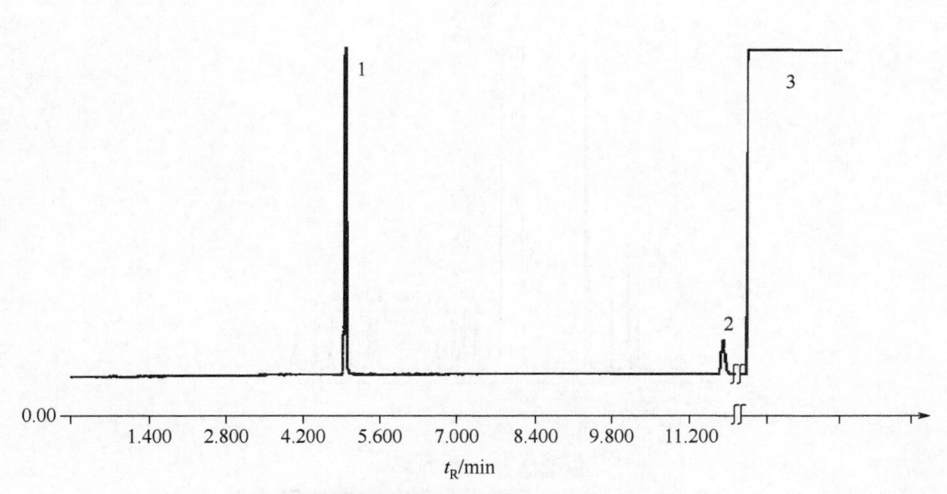

图 29-4　乙烯/丙烯中乙炔（二）[3]

色谱峰：1—甲烷；2—乙炔；3—乙烯或丙烯
色谱柱：Carbobond（毛细管柱），50m×0.53mm，5μm
柱　温：恒温150℃
载　气：N_2，3mL/min
检测器：FID
检测器温度：250℃

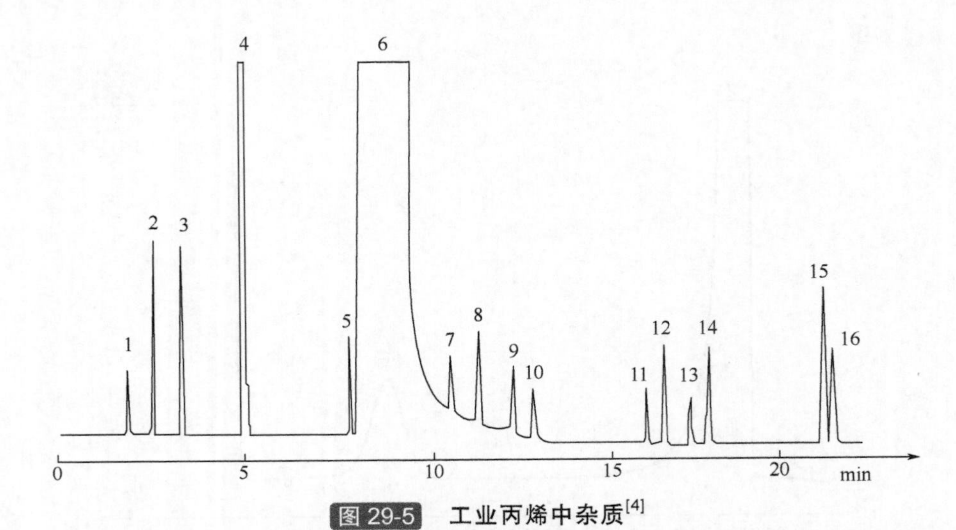

图 29-5 工业丙烯中杂质[4]

色谱峰：1—甲烷；2—乙烷；3—乙烯；4—丙烷；5—环丙烷；6—丙烯；7—异丁烷；8—正丁烷；9—丙二烯；10—乙炔；11—反-2-丁烯；12—正丁烯；13—异丁烯；14—顺-2-丁烯；15—1,3-丁二烯；16—甲基乙炔

色谱柱：Al_2O_3，PLOT柱，50m×0.53mm

柱 温：55℃(3min) $\xrightarrow{4℃/min}$ 120℃(2min) $\xrightarrow{20℃/min}$ 170℃(2min)

载 气：N_2，35cm/s；He，41cm/s

检测器：FID

检测器温度：250℃

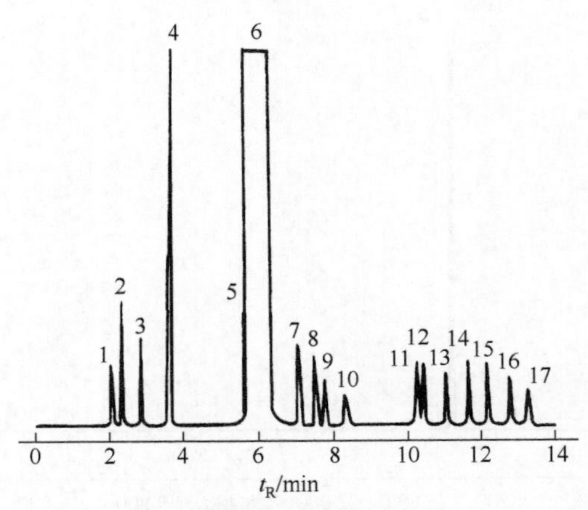

图 29-6 粗丙烯[5]

色谱峰：1—甲烷；2—乙烷；3—乙烯；4—丙烷；5—环丙烷；6—丙烯；7—异丁烷；8—正丁烷；9—丙二烯；10—乙炔；11—反-2-丁烯；12—1-丁烯；13—顺-2-丁烯；14—异戊烷；15—正戊烷；16—1,3-丁二烯；17—丙炔

色谱柱：Rt-Alumina，50m×0.53mm，3.0μm

柱 温：40℃（3min）→120℃（5min），10℃/min

载 气：He，37.5cm/s（80℃）

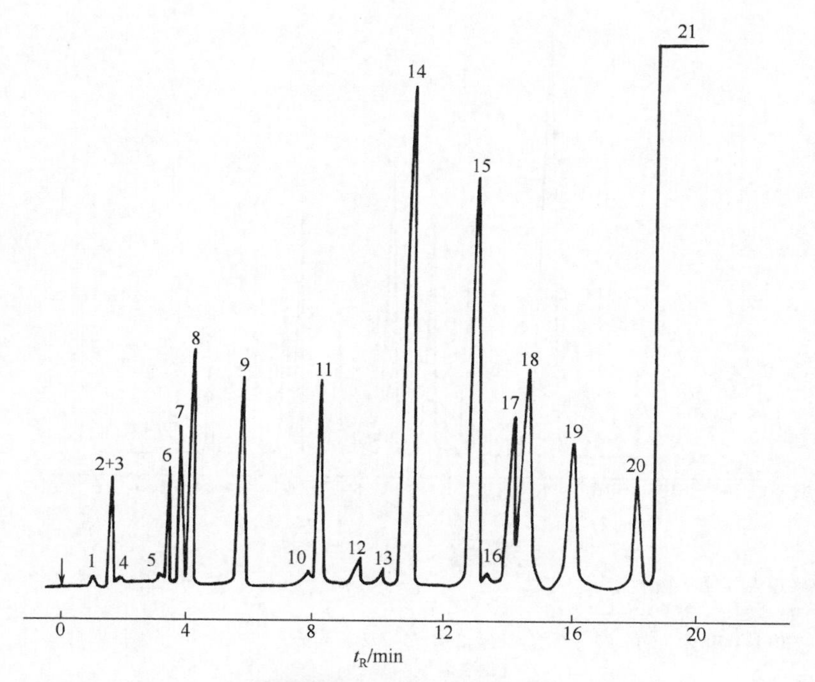

图 29-7 纯 1,3-丁二烯 [6]

色谱峰：1—甲烷；2—乙烷；3—乙烯；4—乙炔；5—环丙烷；6—丙烷；7—丙烯；8—丙二烯；9—丙炔；10—未知物；11—异丁烷；12—新戊烷；13—正丁烷；14—1-丁烯；15—异丁烯；16—1,2-丁二烯；17—顺-2-丁烯；18—反-2-丁烯；19—丁炔；20—1-丁烯-3-炔；21—1,3-丁二烯

色谱柱：4.94%苦味酸，Carbopack B，5m×1.5mm

柱　温：46℃

载　气：H_2

检测器：FID

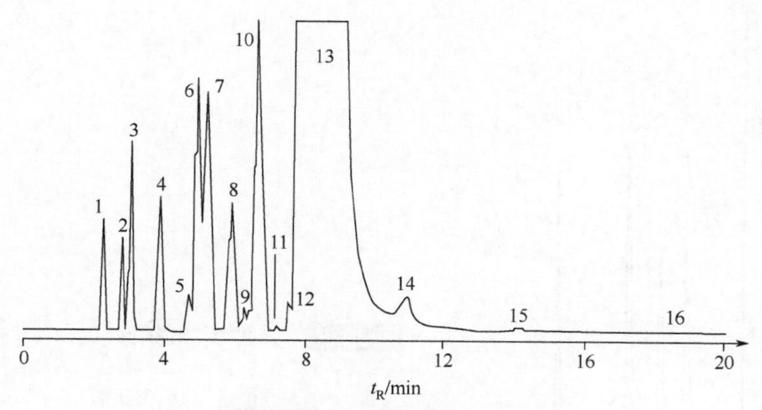

图 29-8 丁二烯中杂质 [7]

色谱峰：1—丙烷；2—丙烯；3—异丁烷；4—正丁烷；5—丙二烯；6—正丁烯；7—异丁烯；8—反-2-丁烯；9—异戊烷；10—顺-2-丁烯；11—丙炔；12—正戊烷；13—1,3-丁二烯；14—1,2-丁二烯；15—1-丁炔；16—乙烯基乙炔

色谱柱：Chromsorb P NAW柱，9m×3mm，粒径60～80目

柱　温：恒温50℃

载　气：H_2，30mL/min

检测器：FID

检测器温度：200℃

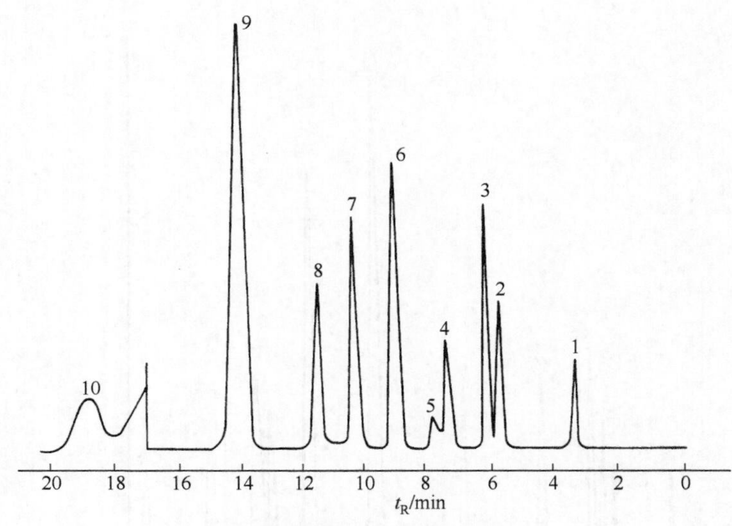

图 29-9 工业丁二烯[8]

色谱峰：1—甲烷（配入）；2—丙烯；3—异丁烷（配入）；4—正丁烷；5—未知峰；6—正异丁烯；7—反-2-丁烯；8—顺-2-丁烯；9—1,3-丁二烯；10—甲乙醚

色谱柱：癸二腈+6201釉化载体（60～80目）质量比为25∶75，7m×4mm

柱　温：40℃

气化室温度：60℃

载　气：N_2，42mL/min

检测器温度：110℃

检测器：FID

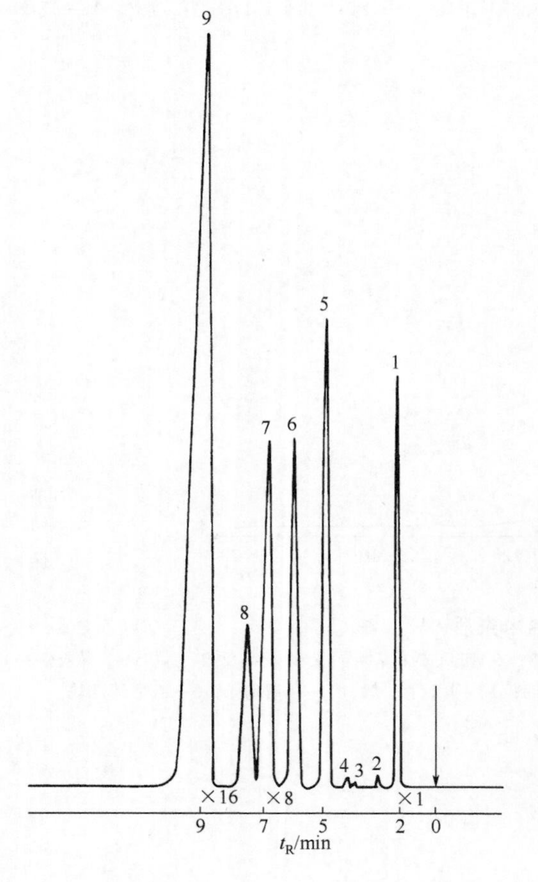

图 29-10 工业丁二烯[9]

色谱峰：1—空气+甲烷；2—丙烷；3—丙烯；4—异丁烷；5—正丁烷；6—1-丁烯+异丁烯；7—反-2-丁烯；8—顺-2-丁烯；9—1,3-丁二烯

色谱柱：癸二腈+C-22耐火砖（60～80目）质量比为20∶80，6m×3mm

柱　温：40℃

载　气：H_2，20mL/min

检测器：TCD

气化室温度：40℃

检测器温度：40℃

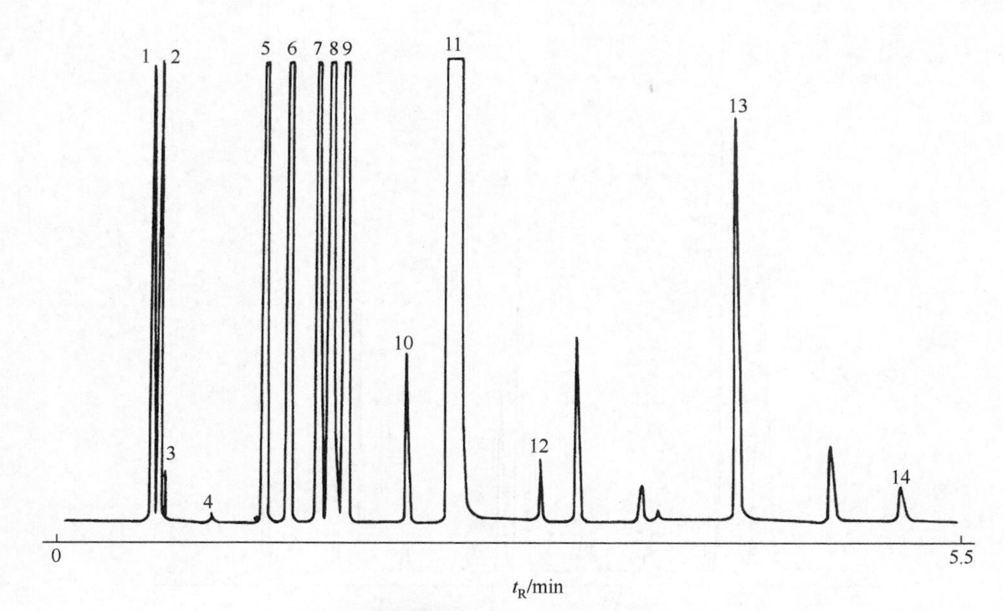

图 29-11　粗 1,3-丁二烯[10]

色谱峰：1—异丁烷；2—正丁烷；3—乙炔；4—甲基环丙烷；5—反-2-丁烯；6—1-丁烯；7—异丁烯；8—顺-2-丁烯；9—异戊烷；10—1,2-丁二烯；11—1，3-丁二烯；12—丙炔；13—乙烯基乙炔；14—丁炔

色谱柱：GS-Alumina，30m×0.53mm　　检测器：FID

柱　温：95℃（5min）→130℃（10min），5℃/min　　气化室温度：250℃

载　气：He，51cm/s　　检测器温度：250℃

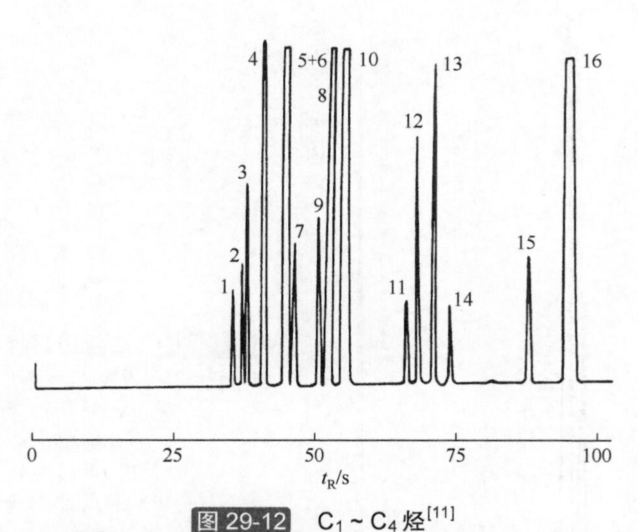

图 29-12　$C_1 \sim C_4$ 烃[11]

色谱峰：1—甲烷；2—乙烷；3—乙烯；4—丙烷；5—环丙烷；6—丙烯；7—乙炔；8—异丁烷；9—丙二烯；10—正丁烷；11—反-2-丁烯；12—1-丁烯；13—异丁烯；14—顺-2-丁烯；15—丙炔；16—1,3-丁二烯

色谱柱：Al_2O_3 PLOT柱，50m×0.32mm　　载　气：H_2，300kPa

柱　温：100℃　　检测器：FID

第三篇

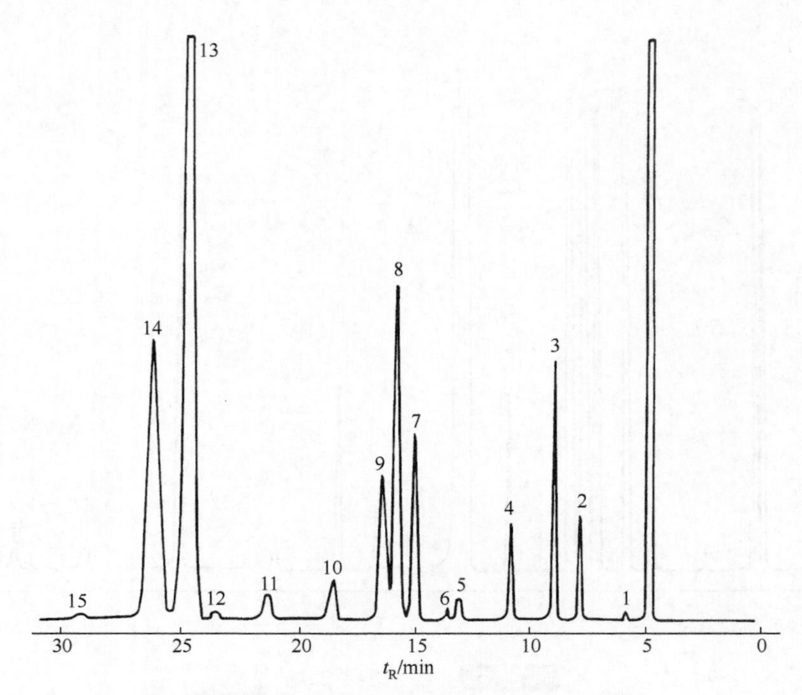

图 29-13 工业用裂解 C_4 馏分（一）[12]

色谱峰：1—乙烷+乙烯；2—丙烷；3—丙烯；4—异丁烷；5—正丁烷；6—环丙烷；7—丙二烯；8—1-丁烯；9—异丁烯；10—反-2-丁烯；11—顺-2-丁烯；12—异戊烷；13—1,3-丁二烯；14—丙炔；15—正戊烷

色谱柱：25%（82.5%碳酸丙烯酯+17.5% DC-200），Chromosorb P（60～80目）；14m×3mm

柱　温：0℃→35℃　　检测器：TCD

载　气：H_2，20mL/min　　气化室温度：70℃

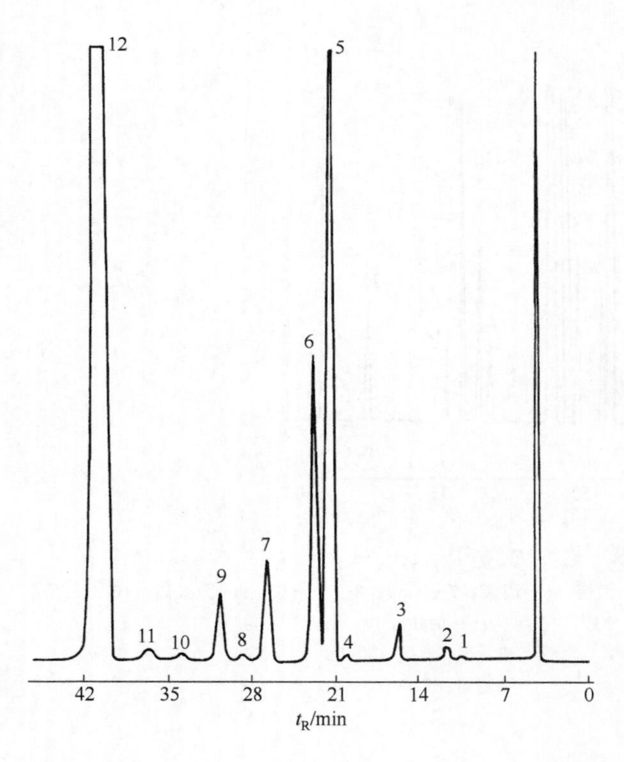

图 29-14 工业用裂解 C_4 馏分（二）[12]

色谱峰：1—丙烯；2—异丁烷；3—正丁烷；4—丙二烯；5—1-丁烯；6—异丁烯；7—反-2-丁烯；8—异戊烷；9—顺-2-丁烯；10—丙炔；11—正戊烷；12—1,3-丁二烯

色谱柱：30% 癸二腈，Chromosorb P（60～80目），10m×3mm

柱　温：0℃→40℃

载　气：H_2，21.4mL/min

检测器：TCD

气化室温度：70℃

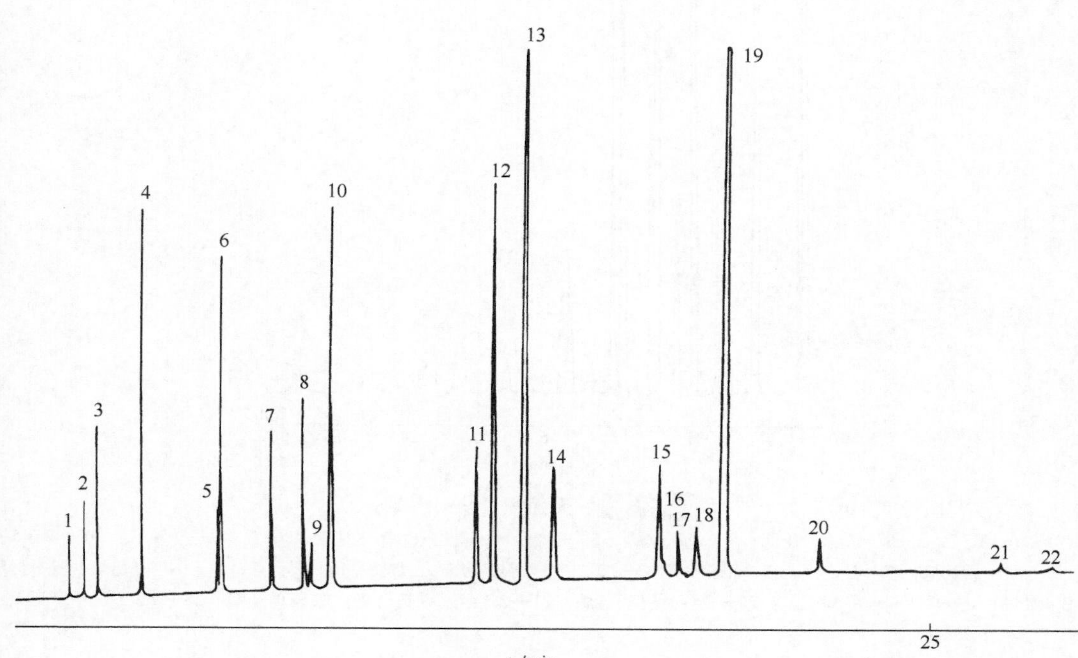

图 29-15 C_1 ~ C_5 烃（一）[13]

色谱峰：1—甲烷；2—乙烷；3—乙烯；4—丙烷；5—环丙烷；6—丙烯；7—乙炔；8—异丁烷；9—丙二烯；10—正丁烷；11—反-2-丁烯；12—1-丁烯；13—异丁烯；14—顺-2-丁烯；15—异戊烷；16—1,2-丁二烯；17—丙炔；18—正戊烷；19—1,3-丁二烯；20—3-甲基-1-丁烯；21—乙烯基乙炔；22—乙基乙炔

色谱柱：Al_2O_3/KCl PLOT柱，50m×0.32mm，5.0μm

柱　温：70℃→200℃，3℃/min

载　气：N_2，26cm/s

检测器：FID

气化室温度：250℃

检测器温度：250℃

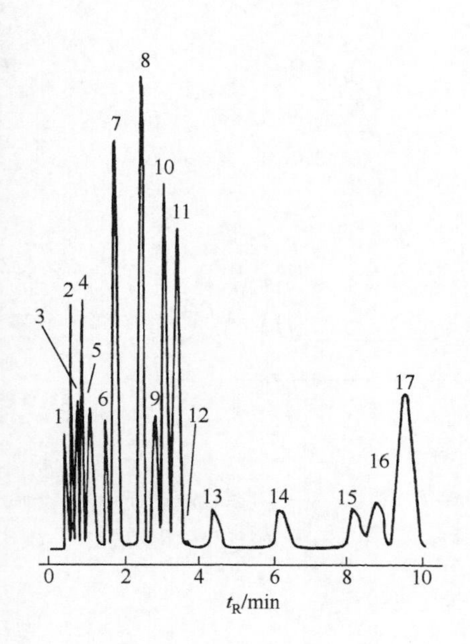

图 29-16 C_1 ~ C_5 烃（二）[14]

色谱峰：1—甲烷；2—乙烷+乙烯；3—丙炔；4—丙烷；5—丙烯；6—异丁烷；7—正丁烷；8—1-丁烯；9—异丁烯；10—反-2-丁烯；11—顺-2-丁烯；12—异戊烷；13—正戊烷；14—1-戊烯；15—反-2-戊烯；16—顺-2-戊烯；17—2-甲基戊烷

色谱柱：正辛烷/Porasil C（80～100目），1.53m×3.3mm

柱　温：25℃

载　气：N_2，25mL/min

检测器：FID

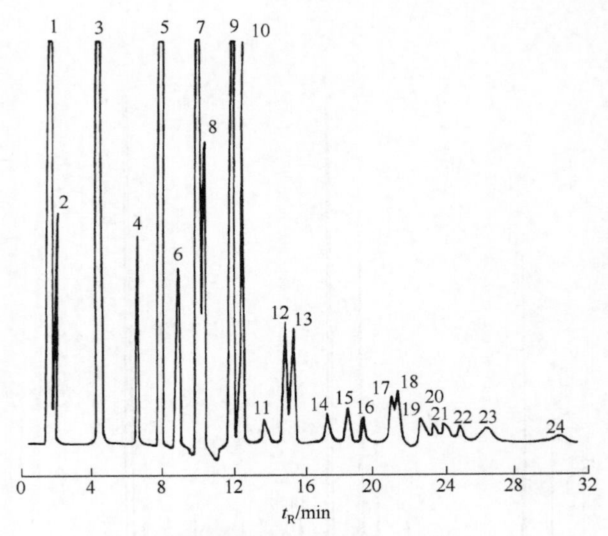

图 29-17 天然气（一）[15]

色谱峰：1—氮气；2—氧气；3—甲烷；4—二氧化碳；5—乙烷；6—硫化氢；7—丙烷；8—水；9—异丁烷；10—正丁烷；11—新戊烷；12—异戊烷；13—正戊烷；14—2,2-二甲基丁烷；15—正己烷；16—环己烷；17—3-甲基己烷；18—正庚烷；19—2,2,4-三甲基戊烷；20—2,4-二甲基己烷；21—2,3,4-三甲基己烷；22—正辛烷；23—2,2,5-三甲基己烷；24—正壬烷

色谱柱：Porapak R（80～100目），3.66m×3mm

柱　温：−50℃（2min）$\xrightarrow{25℃/min}$ 130℃ $\xrightarrow{8℃/min}$ 225℃

载　气：He

检测器：TCD，FID

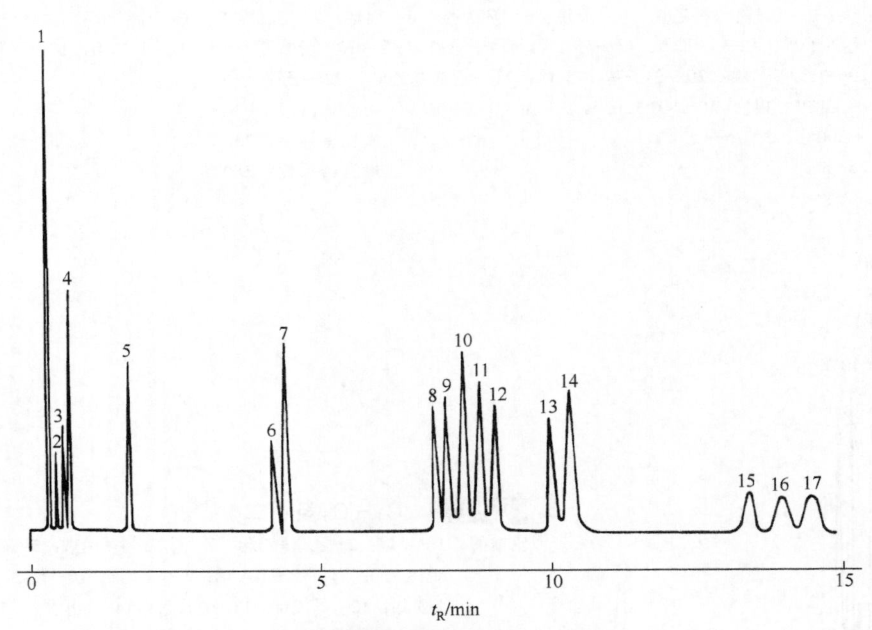

图 29-18 天然气（二）[16]

色谱峰：1—甲烷；2—二氧化碳；3—乙烯；4—乙烷；5—硫化氢；6—丙烯；7—丙烷；8—异丁烷；9—异丁烯；10—正丁烷；11—反-2-丁烯；12—1,3-丁二烯；13—异戊烷；14—正戊烷；15～17—己烯异构物

色谱柱：Chromosorb 102，15m×0.42mm，90～100μm

柱　温：50℃（5min）→110℃，20℃/min

载　气：He

检测器：TCD

气化室温度：150℃

检测器温度：150℃

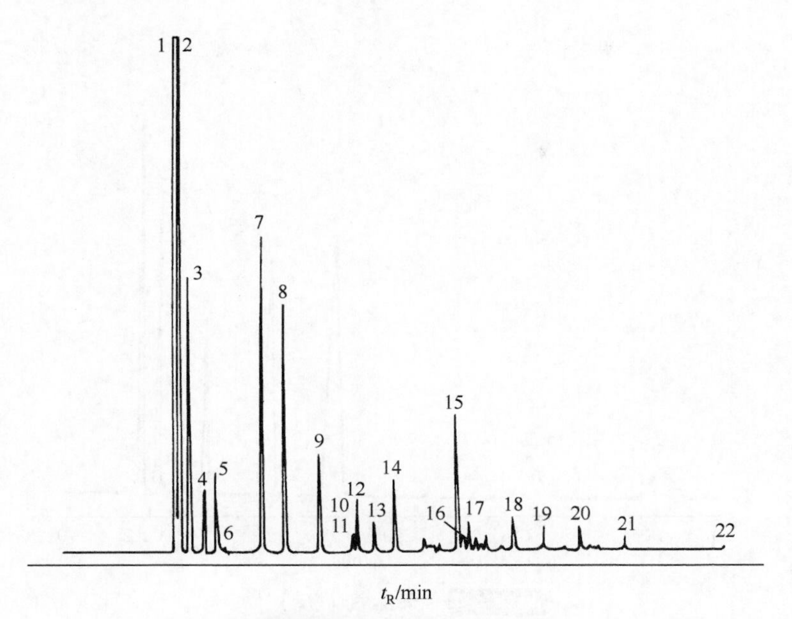

图 29-19　天然气（三）[17]

色谱峰：1—甲烷；2—乙烷；3—丙烷；4—异丁烷；5—正丁烷；6—新戊烷；7—异戊烷；8—正戊烷；9—2,2-二甲基丁烷；10—环戊烷；11—2,3-二甲基丁烷；12—2-甲基戊烷；13—3-甲基戊烷；14—正己烷；15—苯；16—3,3-二甲基戊烷；17—环己烷；18—正庚烷；19—甲基环己烷；20—甲苯；21—正辛烷；22—正壬烷

色谱柱：CP-Sil 5 CB，50m×0.32mm　　载　气：He，82kPa

柱　温：30.5℃（5min）→180℃，8℃/min　　检测器：FID

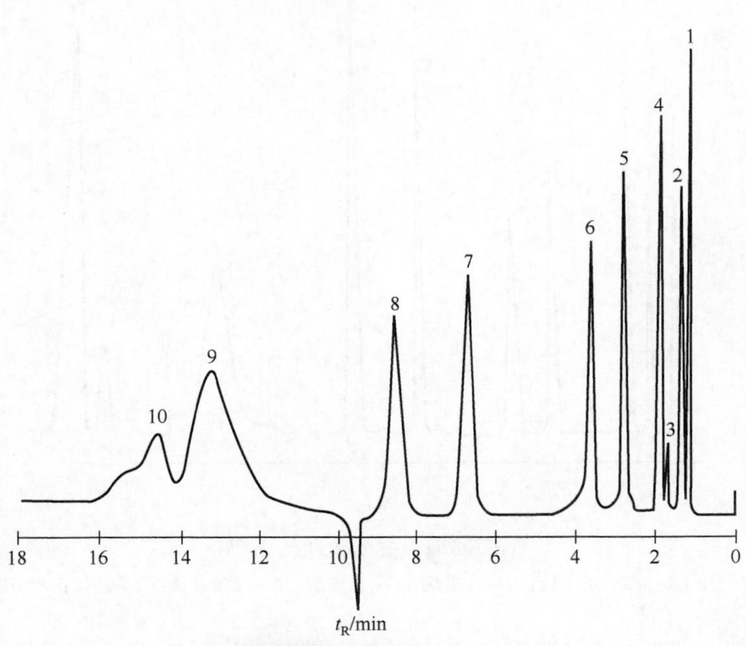

图 29-20　天然气（四）[18]

色谱峰：1—甲烷和空气；2—乙烷；3—二氧化碳；4—丙烷；5—异丁烷；6—正丁烷；7—异戊烷；8—正戊烷；9—庚烷及更重组分；10—己烷

色谱柱：25% BMEE，Chromosorh P，7m　　载　气：He，40mL/min

柱　温：恒温25℃　　检测器：TCD

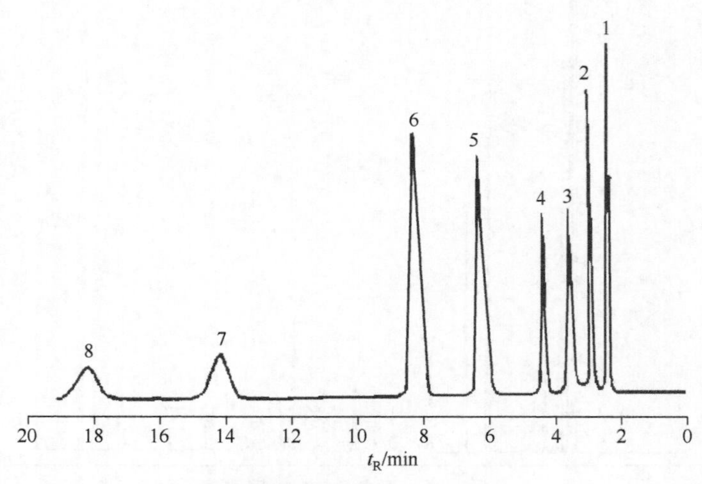

图 29-21 天然气（五）[18]

色谱峰：1—甲烷和空气；2—乙烷；3—二氧化碳；4—丙烷；5—异丁烷；6—正丁烷；7—异戊烷；8—正戊烷

色谱柱：3m DIDP+6m DMS

载　气：N_2，75mL/min

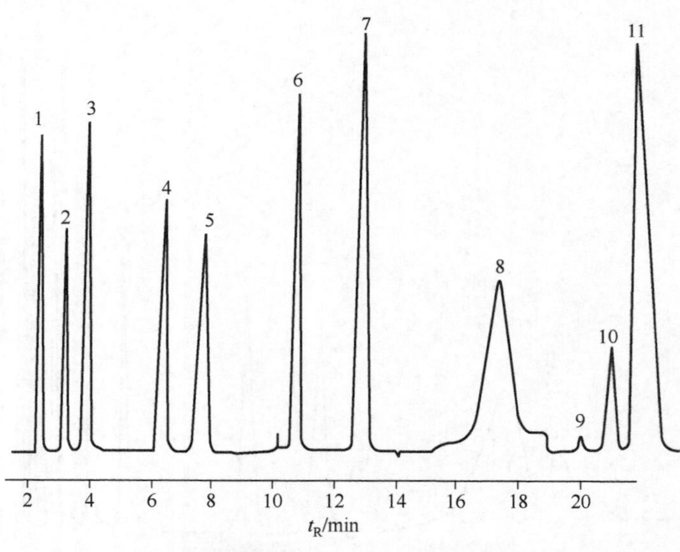

图 29-22 天然气（六）[18]

色谱峰：1—丙烷；2一异丁烷；3—正丁烷；4—异戊烷；5—正戊烷；6—二氧化碳；7—乙烷；8一己烷及更重组分；9—氧；10—氮；11—甲烷

色谱柱：柱1：Squalance,Chromosorb P AW，0.18～0.15mm（80～100目），柱长3 m

柱2：Porapak N，0.18～0.15mm(80~100目)，柱长2m

柱3：5A分子筛，0.18～0.15mm(80~100目)，柱长2m

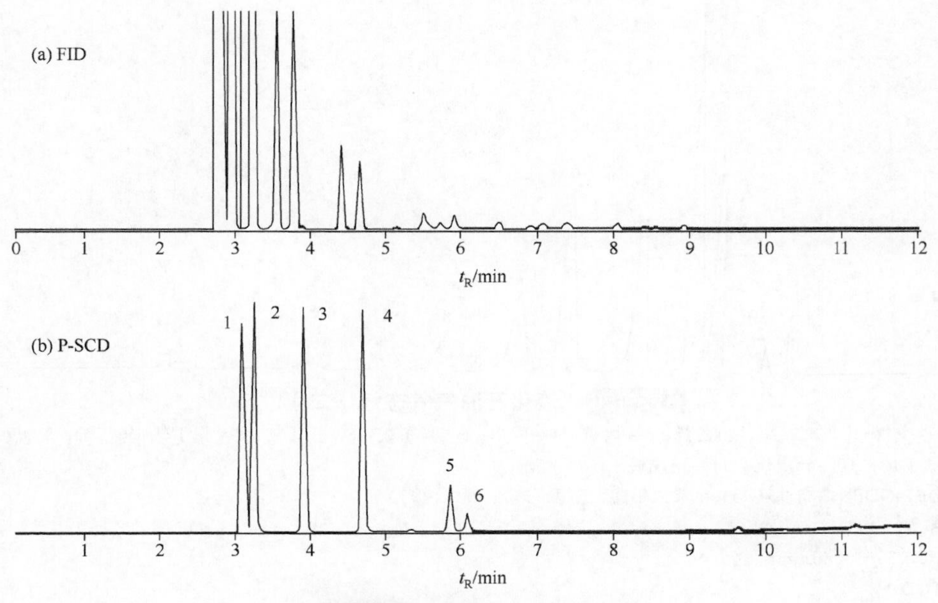

图 29-23　天然气（七）[19]

色谱峰：1—H_2S；2—硫化羰；3—甲硫醇；4—乙硫醇；5,6—杂质

色谱柱：CP-Sil 5CB，50m×0.32mm，5μm

检测器：（a）FID；（b）P-SCD

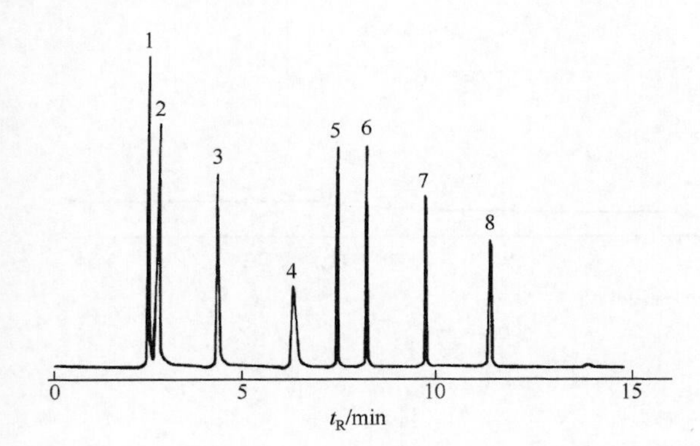

图 29-24　天然气中微量硫化物[20]

色谱峰：1—H_2S；2—COS；3—CH_3SH；4—C_2H_5SH；5—i-C_3H_7SH；6—n-C_3H_7SH；7—C_4H_9SH；8—THT

色谱柱：SPB-1 Sulfur，30m×0.32mm，4μm

柱　温：30℃（5min）→150℃，20℃/min

载　气：He，不分流时间2min

检测器：FID-SCD

气化室温度：−75℃→180℃，12℃/s

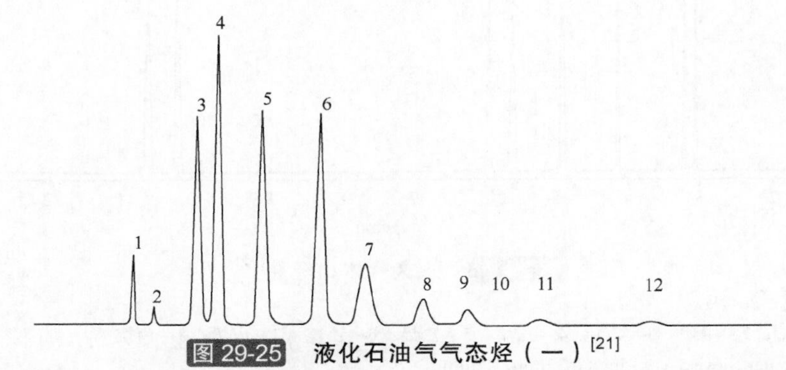

图 29-25　液化石油气气态烃（一）[21]

色谱峰：1—空气+甲烷；2—乙烷+乙烯；3—丙烷；4—丙烯；5—异丁烷；6—正丁烷；7—正丁烯+异丁烯；8—反丁烯；9—顺丁烯；10—1,3-丁二烯；11—异戊烷；12—正戊烷

色谱柱：DNBM-ODPN填充柱（95%顺丁烯二酸丁酯+5%一氧二丙腈）

载　气：He，30～60mL/min

柱　温：室温～40℃

检测器：TCD

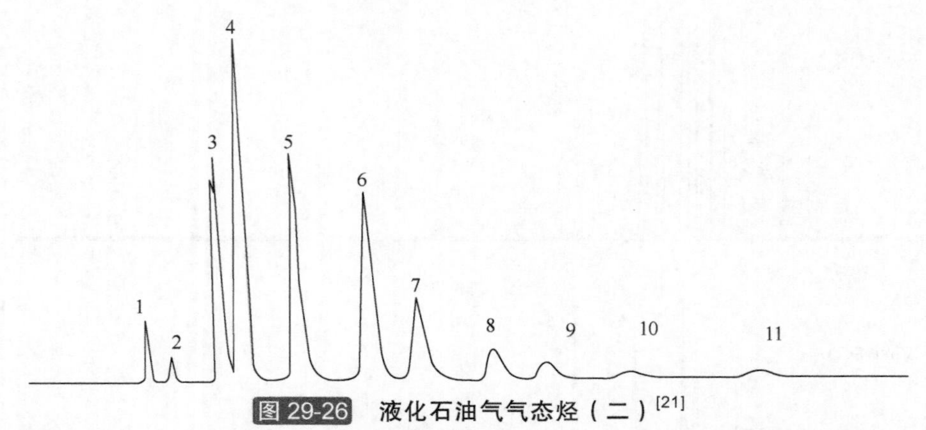

图 29-26 液化石油气气态烃（二）[21]

色谱峰：1—空气+甲烷；2—乙烷+乙烯；3—丙烷；4—丙烯；5—异丁烷；6—正丁烷；7—正丁烯+异丁烯；8—反丁烯；9—顺丁烯；10—异戊烷；11—正戊烷

色谱柱：DBP-ODPN填充柱（95%邻苯二甲酸二丁酯+5%一氧二丙腈）

柱　温：室温～40℃

载　气：He，30～60mL/min

检测器：TCD

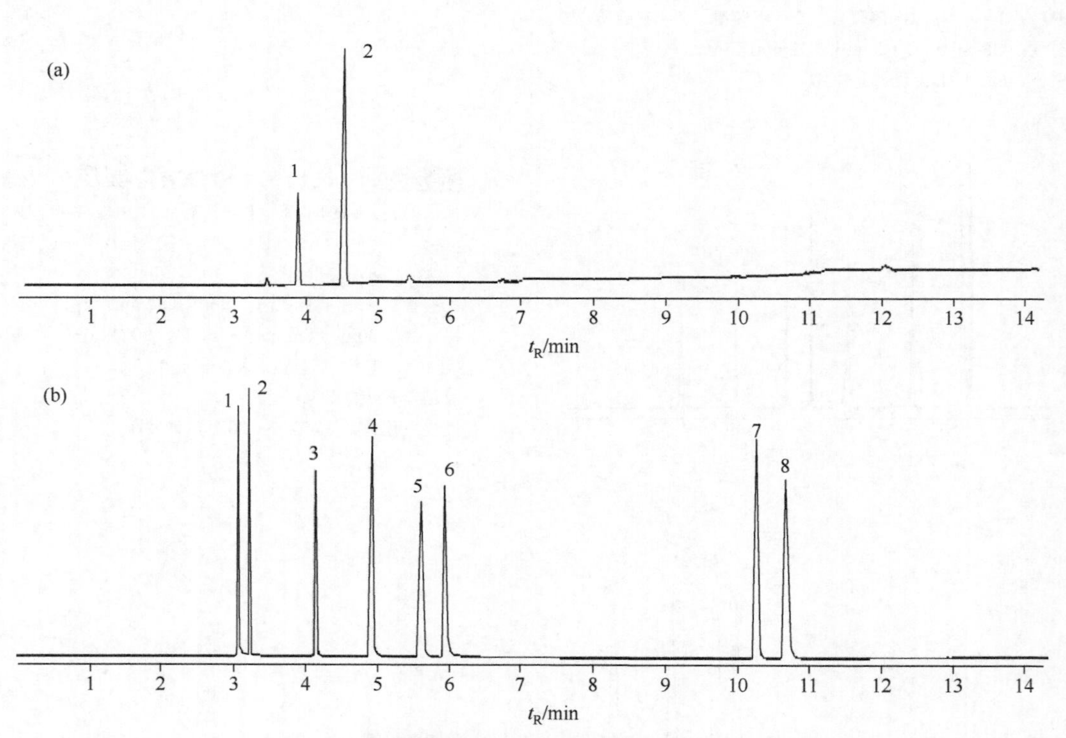

图 29-27 永久气体和轻烃[22]

色谱峰：（a）1—O_2；2—N_2

（b）1—CO；2—甲烷；3—CO_2；4—乙炔；5—乙烯；6—乙烷；7—丙烯；8—丙烷

色谱柱：（a）Molecular Sieve 5A，15m×0.32mm，25μm

（b）CP-PoraBOND Q，50m×0.32mm，5μm

进样口温度：150℃　　检测器：FID

载　气：He

第二节　石油化工产品色谱图

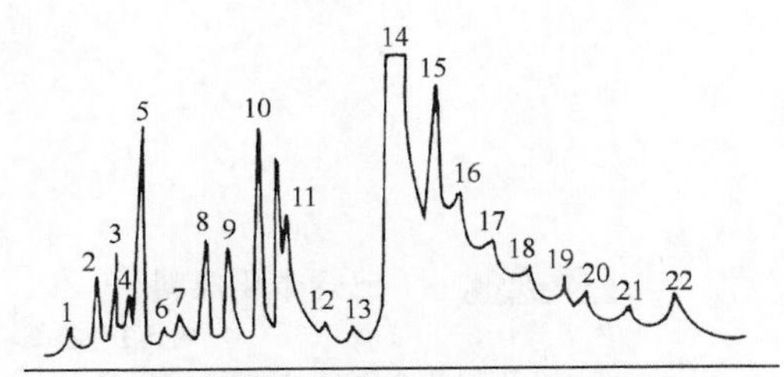

图 29-28　异戊二烯杂质[23]

色谱峰：1—异丁烷；2—异丁烯；3—异戊烷+反-2-丁烯；4—顺-2-丁烯；5—3-甲基-1-丁烯；6—1,3-丁二烯；7—1-戊烯；8—2-甲基-1-丁烯；9—顺-2-戊烯；10—2-甲基-2-丁烯；11—3-甲基-1-戊烯+4-甲基-1-戊烯；12—4-甲基-2-戊烯；13—2,3-二甲基-1-丁烯；14—异戊二烯；15—2,3-二甲基-2-丁烯；16—1-甲基-1-环戊烯；17—2,4,4-三甲基-1-戊烯；18—2,4,4-三甲基-2-戊烯；19—2,3-二甲基-2-戊烯；20—4-甲基-1,3-戊二烯；21—未知物；22—丙酮

色谱柱：20%二甲基环丁砜，6201载体（60～80目），6m×6mm

载　气：N_2，80mL/min

柱　温：25℃

检测器：FID

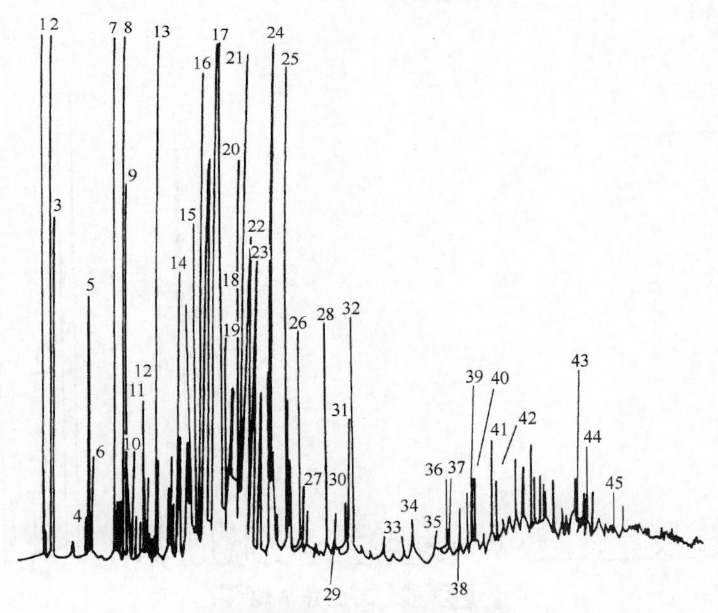

图 29-29　异戊二烯产品[24]

色谱峰：1—异丁烯；2—异戊二烯；3—2-甲基-1-丁烯；4—3-甲基环戊烯；5—3-甲基-2-丁酮；6—2-甲基丁醛；7—2,4,4-三甲基-1-戊烯；8,11,13—三甲基-2-戊烯；9—3-亚甲基庚烷；10—2,2-二甲基-3-己烯；12—丙基环己烷；14—2,3-二甲基-3-庚炔；15,16,18,20,22,25—三甲基环己烯；17—3,5,5-三甲基环己烯；19—3-乙基-2-甲基-1,3-己二烯；21—7-甲基-3-辛炔；23—2-正丙基-4-甲基呋喃；24—甲基-3-辛炔；26—壬炔；27—1-萜烯；28—1,2,3-三甲基苯；29—三异丁烯；30—冰片烯；31—邻甲基异丙基苯；32—甲基异丙基苯；33—4-乙基，1,2-二甲基苯；34—1-甲基，3,5-二甲基苯；35—1,2-二甲基苯；36—间甲基异丙基苯；37—1-甲基，3-(1-甲基乙基)苯；38—1-异丁烯-4-甲基苯；39—二甲基乙基苯；40—2,3-二氢-1,1-二甲基茚；41—2,3-二氢-1,3-二甲基茚；42—4-(2,6,6-三甲基环己烯)-丁烯-3-酮-2；43—2,4,5-三甲基乙基苯；44—6-乙基-1,2,3,4-四氢萘；45—1,3,5-三甲基-乙-环丙基苯

色谱柱：SE-54 SCOT柱，43m×0.26mm

载　气：He

柱　温：40℃（5min）$\xrightarrow{2℃/min}$ 100℃ $\xrightarrow{4℃/min}$ 310℃（12min）

检测器：MS

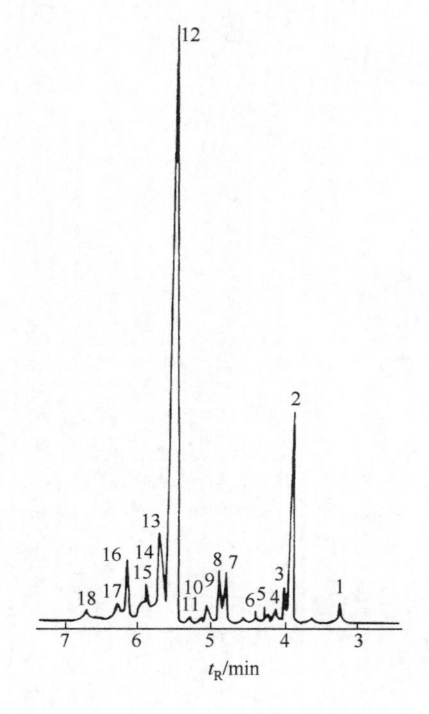

图 29-30 **1-己烯羰化原料**[25]

色谱峰：1—1-丁烯；2—1-戊烯；3—乙基环丙烷；4—2-甲基-1-丁烯；5—2-甲基-2-丁烯；6—1,3-戊二烯；7—4-甲基-1-戊烯；8—4-甲基-2-戊烯；9—环戊烷；10—2-甲基-1,3-戊二烯；11—2,3-二甲基-1,3-丁二烯；12—1-己烯；13—己烷；14—2-己烯；15—3-甲基-2-戊烯；16—3-甲基-1,4-戊二烯；17—3-甲基环戊烯；18—甲基环戊烷

色谱柱：SE-54，40m×0.25mm

柱　温：50℃

载　气：N_2

检测器：FID

气化室温度：250℃

检测器温度：250℃

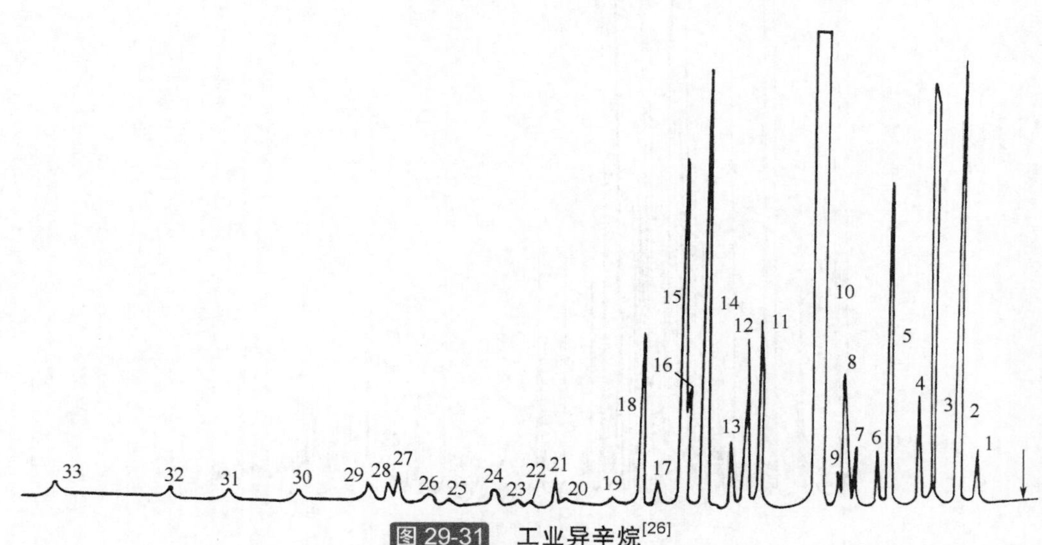

图 29-31 **工业异辛烷**[26]

色谱峰：1—异丁烷；2—2-甲基丁烷；3—2,3-二甲基丁烷；4—3-甲基戊烷；5—2,4-二甲基戊烷；6—2,2,3-三甲基丁烷；7—2-甲基己烷；8—2,3-二甲基戊烷；9—3-甲基己烷；10—2,2,4-三甲基戊烷；11—2,5-二甲基己烷；12—2,4-二甲基己烷；13—2,2,3-三甲基戊烷；14—2,3,4-三甲基戊烷；15—2,3-二甲基己烷；16—2-甲基庚烷；17—3-甲基庚烷；18—2,2,5-三甲基己烷+1，顺-2，反-4-三甲基环己烷+3-甲基，3-乙基戊烷；19—2,2,4-三甲基己烷；20—2,4,4-三甲基己烷；21—2,3,5-三甲基己烷；22—2,4-二甲基庚烷；23—2,2,3-三甲基己烷+2,6-二甲基庚烷；24—2,5-二甲基庚烷；25—1,1,4-三甲基己烷+3,3-二甲基庚烷+2,3,3-三甲基己烷；26—2,3,4-三甲基己烷；27—1,反-2,顺-3-三甲基环己烷；28—1,1,2-三甲基环己烷；29—1-甲基，顺-3-乙基环己烷；30—异丙基环己烷；31—C_{10}异构体；32—C_{10}异构体；33—4-甲基壬烷

色谱柱：30%异三十烷SCOT柱，70m×0.3mm

柱　温：70℃

载　气：He

检测器：FID

气化室温度：220℃

检测器温度：150℃

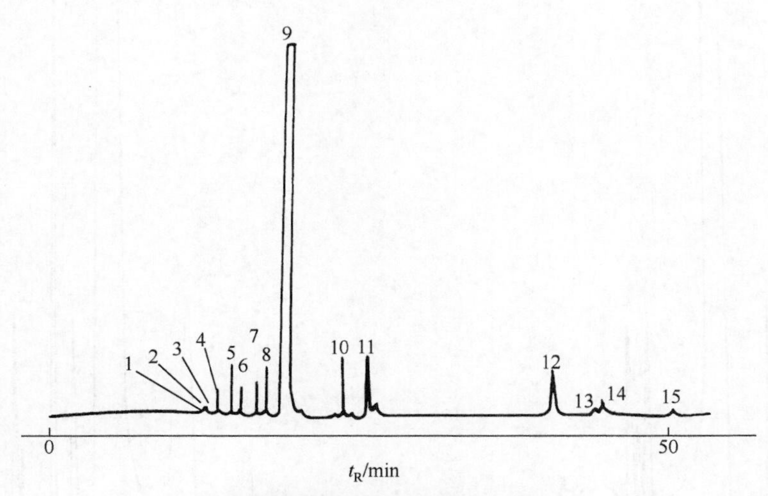

图 29-32 环己烷中杂质[27]

色谱峰：1—异丁烷；2—正丁烷；3—异戊烷；4—正戊烷；5—环丙烷；6—正己烷；7—甲基环戊烷；8—苯；9—环己烷；10—甲基环己烷；11—甲苯；12—乙基苯；13—对二甲苯；14—间二甲苯；15—邻二甲苯

色谱柱：角鲨烷，100m×0.5mm

柱　温：70℃

载　气：N_2

检测器：FID

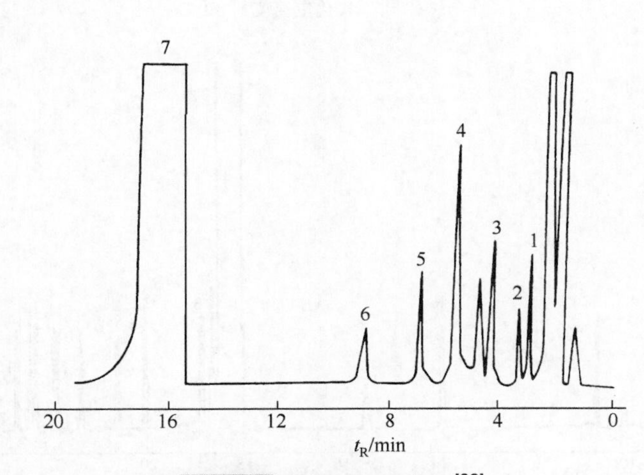

图 29-33 苯中环烷杂质[28]

色谱峰：1—环戊烷；2—己烯；3—甲基环戊烷；4—环己烷；5—正庚烷；6—甲基环己烷；7—苯

色谱柱：10%季戊四醇+10%苯并喹啉+10%α-苯胺质量比为1∶1∶0.75，201酸洗载体（80～100目），4m×3.5mm

柱　温：35℃

载　气：N_2

检测器：FID

气化室温度：180℃

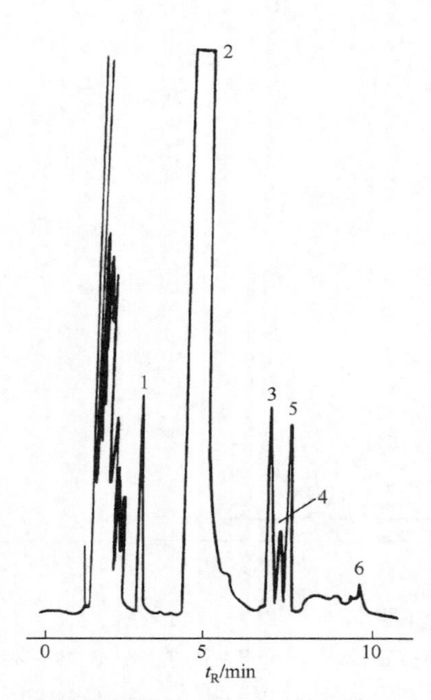

图 29-34 甲苯中二甲苯杂质[28]

色谱峰：1—苯；2—甲苯；3—乙基苯；4—对二甲苯；5—间二甲苯；6—邻二甲苯

色谱柱：CP-Wax51，25m×0.5mm

柱　温：70℃

载　气：He

检测器：FID

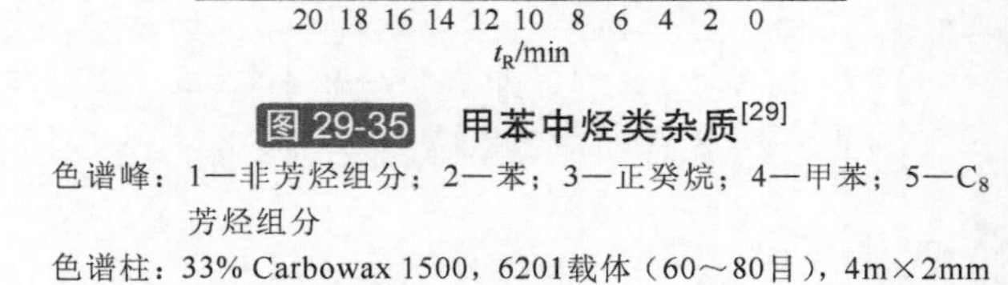

图 29-35 甲苯中烃类杂质[29]

色谱峰：1—非芳烃组分；2—苯；3—正癸烷；4—甲苯；5—C_8芳烃组分

色谱柱：33% Carbowax 1500，6201载体（60～80目），4m×2mm

柱　温：100℃

载　气：H_2

检测器：FID

气化室温度：180℃

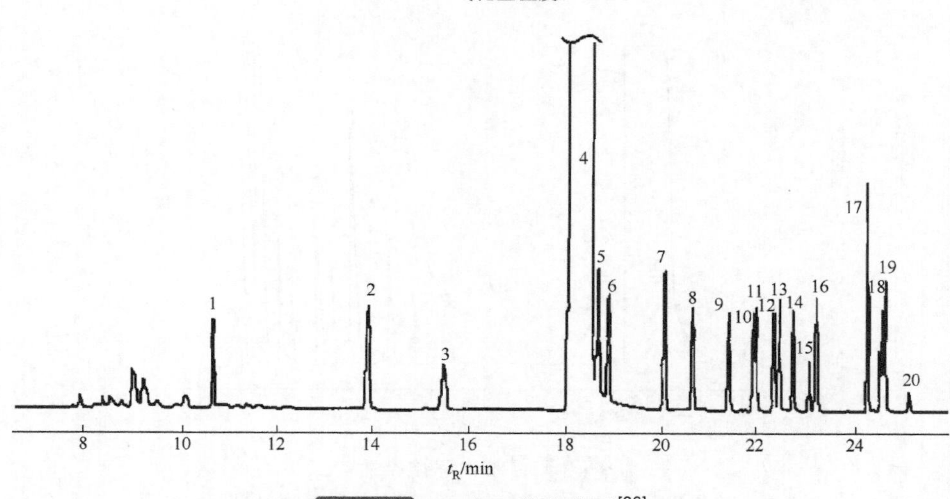

图 29-36 工业乙苯中杂质[30]

色谱峰：1—苯；2—甲苯；3—正十一烷；4—乙苯；5—对二甲苯；6—间二甲苯；7—异丙苯；8—邻二甲苯；9—正丙苯；10—对甲乙苯；11—间甲乙苯；12—叔丁苯；13—异丁苯；14—仲丁苯；15—苯乙烯；16—邻甲乙苯；17—间二乙苯；18—对二乙苯；19—正丁苯；20—邻二乙苯

色谱柱：聚乙二醇固定相，60m×0.25mm，0.5μm

柱　温：60℃(1min) $\xrightarrow{4℃/min}$ 92℃(8min) $\xrightarrow{10℃/min}$ 200℃(20min)

载　气：N_2，17cm/s

检测器：FID

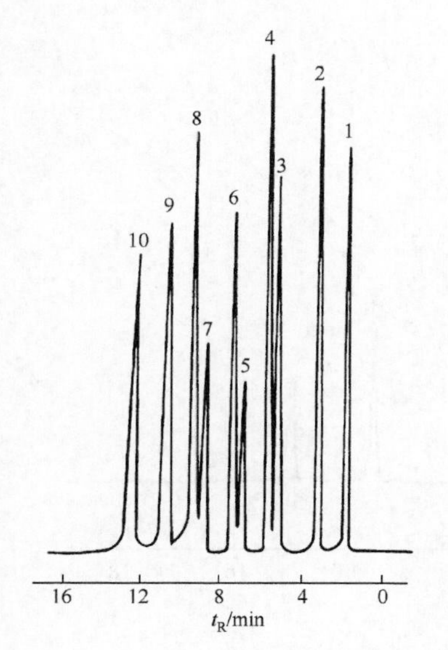

图 29-37 异丙基苯中杂质[31]

色谱峰：1—苯；2—甲苯；3—乙基苯；4—对二甲苯；5—间二甲苯；6—异丙基苯；7—正丙基苯；8—甲基乙基苯；9—1,2,4-三甲基苯；10—正丁基苯

色谱柱：5% Apiezon M，201载体（60～80目）+Tween80，201载体（60～80目）质量比为1∶1.5，4m×4mm

柱 温：84℃

载 气：H_2

检测器：FID

气化室温度：200℃

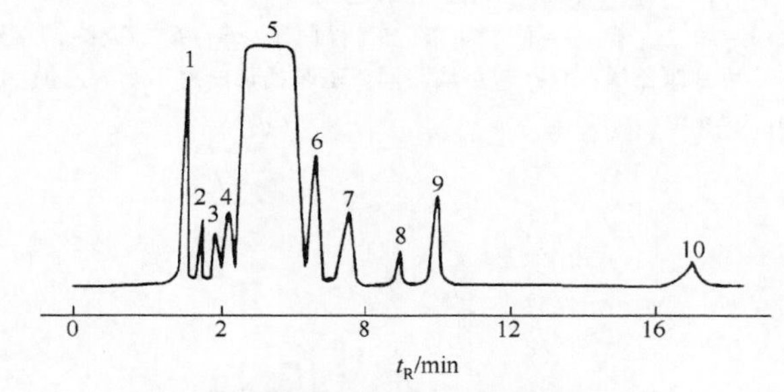

图 29-38 苯乙烯中杂质[32]

色谱峰：1—乙基苯；2—异丙基苯；3—正丙基苯；4—甲基乙基苯；5—苯乙烯；6—α-甲基苯乙烯；7—甲基苯乙烯；8—β-甲基苯乙烯；9—乙基乙烯基苯；10—二乙烯基苯

色谱柱：20%新戊四腈，6201载体（60～80目），4m×4mm

柱 温：110℃

载 气：N_2

检测器：FID

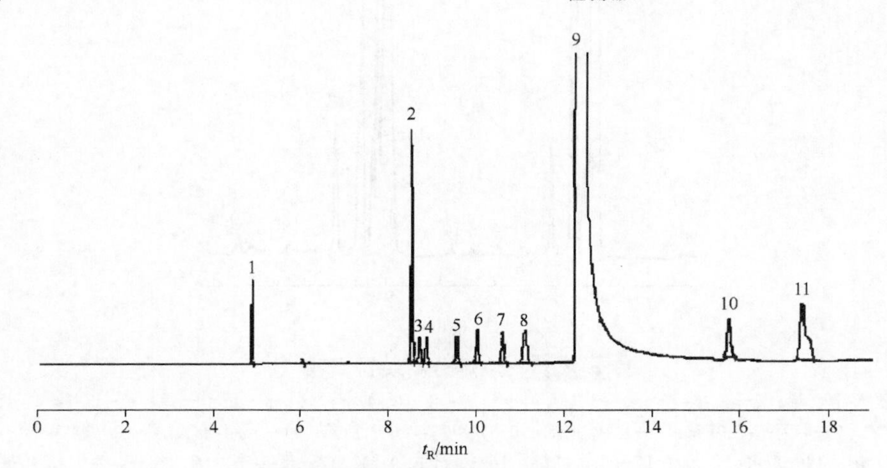

图 29-39 工业苯乙烯（一）[33]

色谱峰：1—正庚烷；2—乙苯；3—对二甲苯；4—间二甲苯；5—异丙苯；6—邻二甲苯；7—正丙苯；8—间甲乙苯、对甲乙苯；9—苯乙烯；10—甲基苯乙烯；11—苯乙炔与间甲基苯乙烯、对甲基苯乙烯

色谱柱：PEG20M，60m×0.32mm，0.5μm

载 气：N_2，1.0～1.6mL/min

柱 温：110℃

检测器：FID

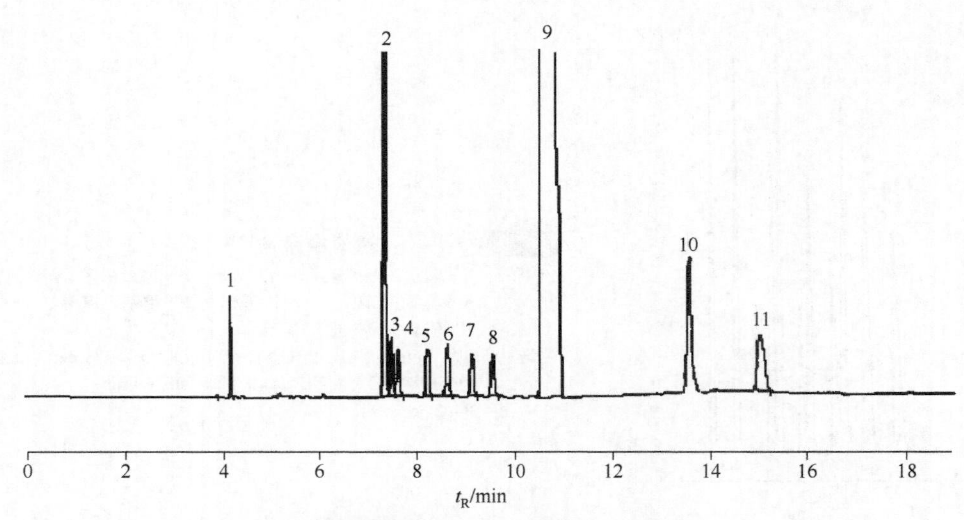

图 29-40 工业苯乙烯（二）[33]

色谱峰：1—正庚烷；2—乙苯；3—对二甲苯；4—间二甲苯；5—异丙苯；6—邻二甲苯；7—正丙苯；8—间甲乙苯、对甲乙苯；9—苯乙烯；10—甲基苯乙烯；11—苯乙炔与间甲基苯乙烯、对甲基苯乙烯

色谱柱：FFAP，50m×0.32mm，0.5μm

柱　温：100℃

载　气：N_2，1.0～1.6mL/min

检测器：FID

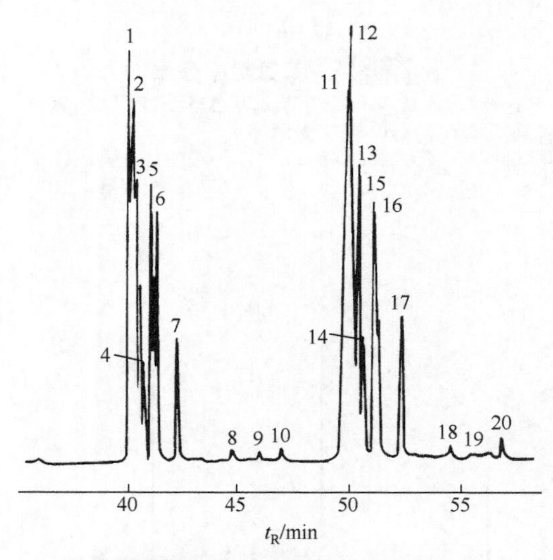

图 29-41 烷烯分离装置产物[34]

色谱峰：1—顺-5-十一烯；2—反-5-十一烯；3—顺-4-十一烯；4—反-4-十一烯；5—正十一烷；6—正-1-十一烯；7—反-2-十一烯；8—4-丙基-乙基苯；9—正戊基苯；10—1-甲基-4-异丁基苯；11—反-4-十二烯；12—顺-3-十二烯；13—反-3-十二烯；14—反-4-十二烯；15—正十二烷；16—正十二-1-烯；17—反-2-十二烯；18—4-仲丁基-乙基苯；19—正己基苯；20—1,3-二甲基-丁基苯

色谱柱：OV-1，50m×0.2mm，0.25μm

柱　温：65℃→180℃，1.5℃/min

载　气：N_2，1mL/min

检测器：FID

气化室温度：200℃

检测器温度：160℃

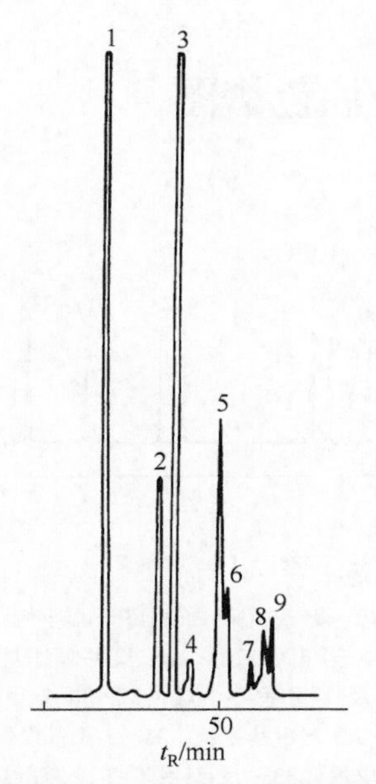

图 29-42　环十二碳三烯加氢产物[35]

色谱峰：1—反,反,反-环十二碳-1,5,9-三烯；2—反,反-环十二碳-1,5-二烯；3—顺,反,反-环十二碳-1,5,9-三烯；4—顺，顺，反-环十二碳-1,5,9-三烯；5—反环十二碳烯；6—顺,反-环十二碳-1,5-二烯；7—顺，顺-环十二碳-1,5-二烯；8—顺环十二碳烯；9—环十二碳烷

色谱柱：聚二甲基硅氧烷，50m×0.25mm两根串联，1μm

柱　温：160℃　　气化室温度：280℃

载　气：N_2　　检测器温度：280℃

检测器：FID

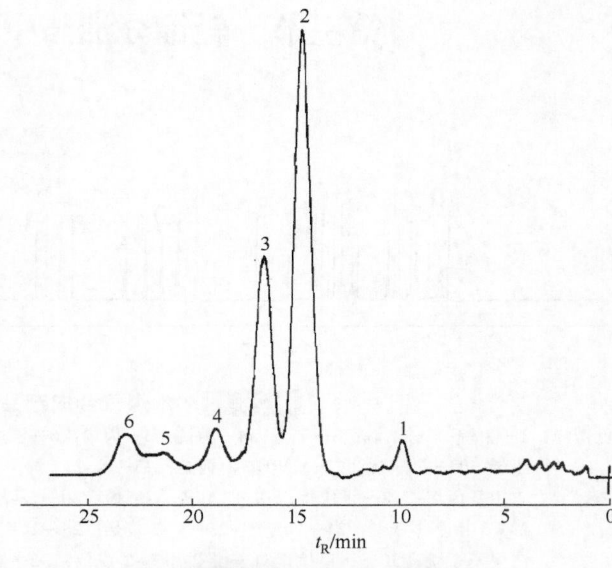

图 29-43　工业甲基萘[36]

色谱峰：1—萘；2—β-甲基萘；3—α-甲基萘；4—喹啉；5—异喹啉；6—联苯

色谱柱：聚乙二醇-20000，101白色载体

柱　温：176℃

载　气：H_2

检测器：TCD

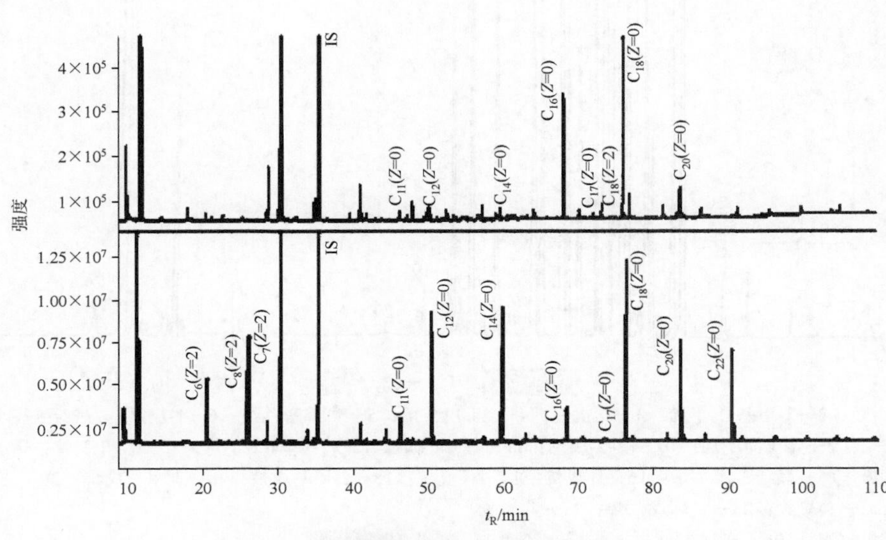

图 29-44　石油中羧酸[37]

色谱峰：C_9～C_{18}，C_{20}，C_{22}—非环状酸；C_6，C_8—环状酸

色谱柱：OV-5，30m×0.25mm，0.25μm

载　气：He，1mL/min

进样口温度：280℃

检测器：MS

程序升温条件：85℃（1min）→280℃（10min），2℃/min

第三节 轻馏分油与中间馏分油色谱图

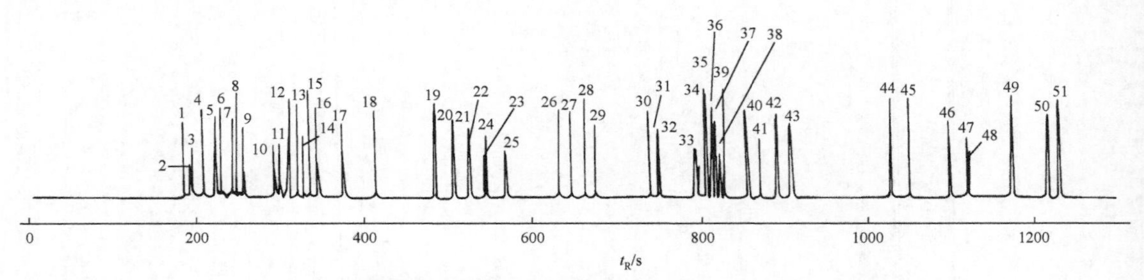

图 29-45 水煤气合成产品（C_1 ~ C_7 烃）[38]

色谱峰：1—甲烷；2—乙烷；3—乙烯；4—丙烷；5—丙烯；6—乙炔；7—丙二烯；8—2-甲基丙烷；9—正丁烷；10—反-2-丁烯；11—1-丁烯；12—2-甲基-1-丙烯；13—顺-2-丁烯；14—丙炔；15—1,3-丁二烯；16—2-甲基丁烷；17—2,2-二甲基丙烷；18—正戊烷；19—2-甲基-1-丁烯；20—反-2-戊烯；21—反-2-甲基-2-丁烯；22—顺-2-甲基-2-丁烯；23—3-甲基-1-丁烯；24—1-戊烯；25—顺-2-戊烯；26—2-甲基戊烷；27—2,3-二甲基丁烷；28—3-甲基戊烷；29—2,2-二甲基丁烷；30—正己烷；31—反-2-甲基-2-戊烯；32—顺-2-甲基-2-戊烯；33—反-3-甲基-2-戊烯；34—顺-3-甲基-2-戊烯；35—2-乙基-1-丁烯；36—反-4-甲基-2-戊烯；37—2-甲基-1-戊烯；38—顺-4-甲基-2-戊烯；39—反-2-己烯；40—4-甲基-1-戊烯；41—1-己烯；42—顺-2-己烯；43—2,4-二甲基戊烷；44—3-甲基己烷；45—正庚烷；46—反-2-庚烯；47—反-5-甲基-2-己烯；48—顺-5-甲基-2-己烯；49—1-庚烯；50—顺-2-庚烯；51—2,4,4-三甲基-2-戊烯

色谱柱：Al_2O_3+KCl PLOT柱，50m×0.32mm

载　气：He，2.5mL/min

气化室温度：180℃

检测器温度：250℃

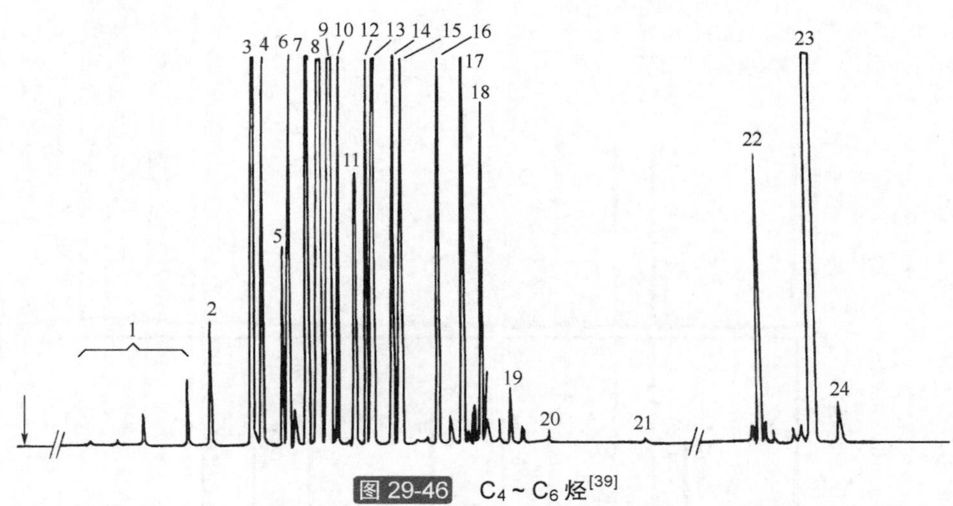

图 29-46 C_4 ~ C_6 烃[39]

色谱峰：1—C_4烃；2—3-甲基-1-丁烯；3—异戊烷；4—1,4-戊二烯；5—二甲基乙炔；6—1-戊烯；7—2-甲基-1-丁烯；8—正戊烷；9—异戊间二烯；10—反-2-戊烯；11—顺-2-戊烯；12—2-甲基-2-丁烯；13—反-1,3-戊二烯；14—1,3-环戊二烯；15—顺-1,3-戊二烯；16—环戊烯；17—环戊烷；18—2-甲基戊烷；19—3-甲基戊烷；20—正己烷；21—苯；22—共聚物；23—二环戊二烯；24—共聚物

色谱柱：CP-Sil 5 CB，50m×0.24mm

柱　温：-10℃（8min）→150℃，8℃/min

载　气：N_2，100kPa

检测器：FID

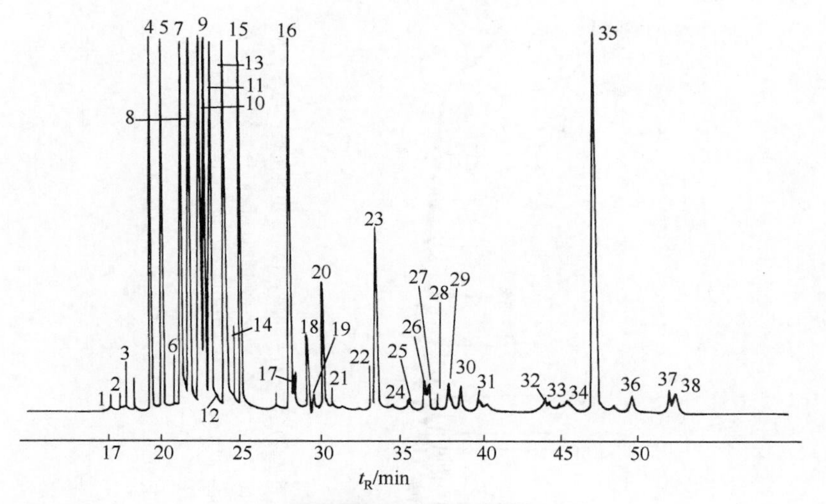

图 29-47　C_5 馏分[15]

色谱峰：1—1-丁烯；2—反-2-丁烯；3—顺-2-丁烯；4—3-甲基-1-丁烯；5—1,4-戊二烯；6—2-甲基丁烷；7—1-戊烯；8—2-甲基-1-丁烯；9—异戊二烯；10—正戊烷；11—顺-2-戊烯；12—2-甲基-2-丁烯；13—1-反-3-戊二烯；14—1,3-环戊二烯；15—1-顺-3-戊二烯；16—环戊烯；17—3-甲基-1-戊烯；18—4-甲基-顺-2-戊烯；19—4-甲基-反-2-戊烯；20—1,5-己二烯；21—环戊烷；22—2-甲基-1-戊烯；23—1-己烯；24—1-顺-4-己二烯；25—反-3-己烯；26—反-2-己烯；27—2-甲基-2-戊烯；28—正己烷；29—顺-2-己烯；30—4,4-二甲基-1-戊烯；31—2,3-二甲基-1,3-丁二烯；32—2-甲基-1,3-环戊二烯；33—1-甲基-1,3-环戊二烯；34—甲基环戊烷；35—苯；36—1-甲基环戊烯；37—3-乙基-1-戊烯；38—5-甲基-1-己烯

色谱柱：角鲨烷，92m×024mm
柱　温：53℃
载　气：N_2，10.5cm/s；分流比=850∶1
检测器：FID
气化室温度：250℃
检测器温度：250℃

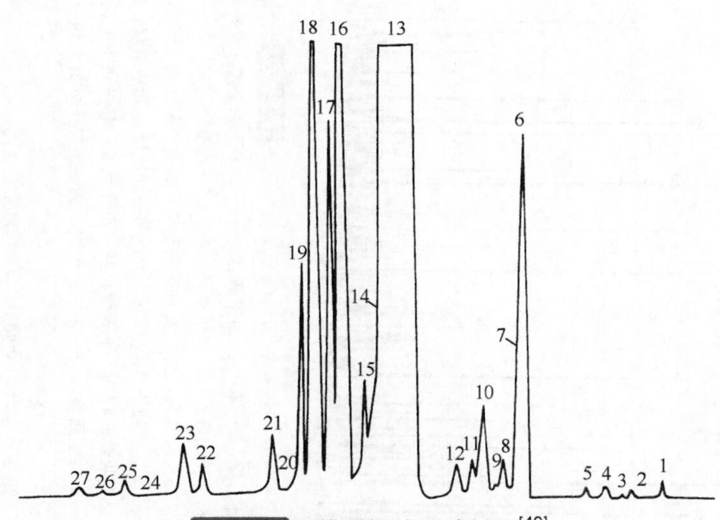

图 29-48　蜡裂解的六碳烯烃[40]

色谱峰：1—1-戊烯；2—正戊烷+反-2-戊烯；3—顺-2-戊烯；4—1,反-3-戊二烯；5—1,2-戊二烯；6—1,1,2-三甲基环戊烯+4-甲基-1-戊烯；7—3-甲基-1-戊烯；8—4-甲基，顺-2-戊烯；9—2,3-二甲基-1-丁烯；10—4-甲基，反-2-戊烯+1，5-己二烯；11—环戊烷+2,3-二甲基丁烷；12—2-甲基戊烷；13—1-己烯；14—3-甲基戊烷；15—反-3-己烯+顺-3-己烯；16—2-甲基-2-戊烯；17—正己烷；18—3-甲基环戊烷；19,20—未知物；21—3-甲基-反-2-戊烯；22—2,3-二甲基-2-丁烯+2,2-二甲基戊烷；23—甲基环戊烷；24—4,4-二甲基-反-2-戊二烯；25—苯；26—2,4-二甲基-2-戊烯；27—1-甲基环戊烯

色谱柱：角鲨烷SCOT柱，91m×0.3mm
柱　温：50℃
载　气：N_2
检测器：FID
气化室温度：250℃
检测器温度：100℃

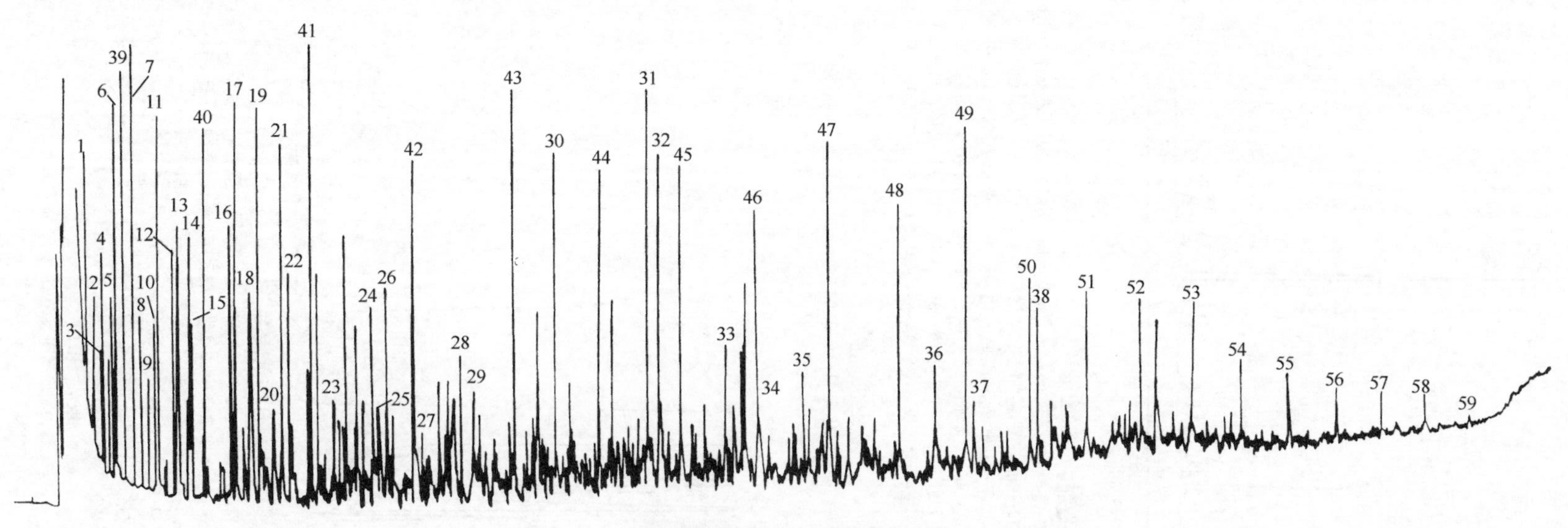

图 29-49 油页岩中烃类[41]

色谱峰：1—甲基环戊烷；2—环己烷；3—苯；4—2-甲基己烷；6—二甲基环戊烷；7—甲基环己烷；8—乙基环戊烷；10—三甲基环戊烷；11—甲苯；12—2-甲基庚烷；13—二甲基环己烷；14—甲基乙基环戊烷；15—二甲基环己烷；16—乙基环己烷；17—三甲基环己烷；18—乙基苯；19—间或对二甲苯；20—烷基环己烷；21—邻二甲苯；22—甲基乙基环己烷；23—丙基环己烷；24—正丙基苯；25—甲基乙基苯；26—正丁基苯；28—烷基苯；29—萘；30—四甲基苯；31—2-甲基萘；32—1-甲基萘；34—二甲基萘；35—C_{16}异戊间二烯；36—C_{18}异戊间二烯；37—姥鲛烷；38—植烷；39—正庚烷；40—正辛烷；41—正壬烷；42—正癸烷；43—正十一烷；44—正十二烷；45—正十三烷；46—正十四烷；47—正十五烷；48—正十六烷；49—正十七烷；50—正十八烷；51—正十九烷；52—正二十烷；53—正二十一烷；54—正二十二烷；55—正二十三烷；56—正二十四烷；57—正二十五烷；58—正二十六烷；59—正二十七烷；5，9，27，33—未知物

色谱柱：DB-1，30m×0.25mm

柱　温：20℃（3min）→30℃（3min）$\xrightarrow{4℃/min}$280℃$\xrightarrow{10℃/min}$300℃（10min）

载　气：H_2　　　　气化室温度：350℃

检测器：FID　　　　检测器温度：350℃

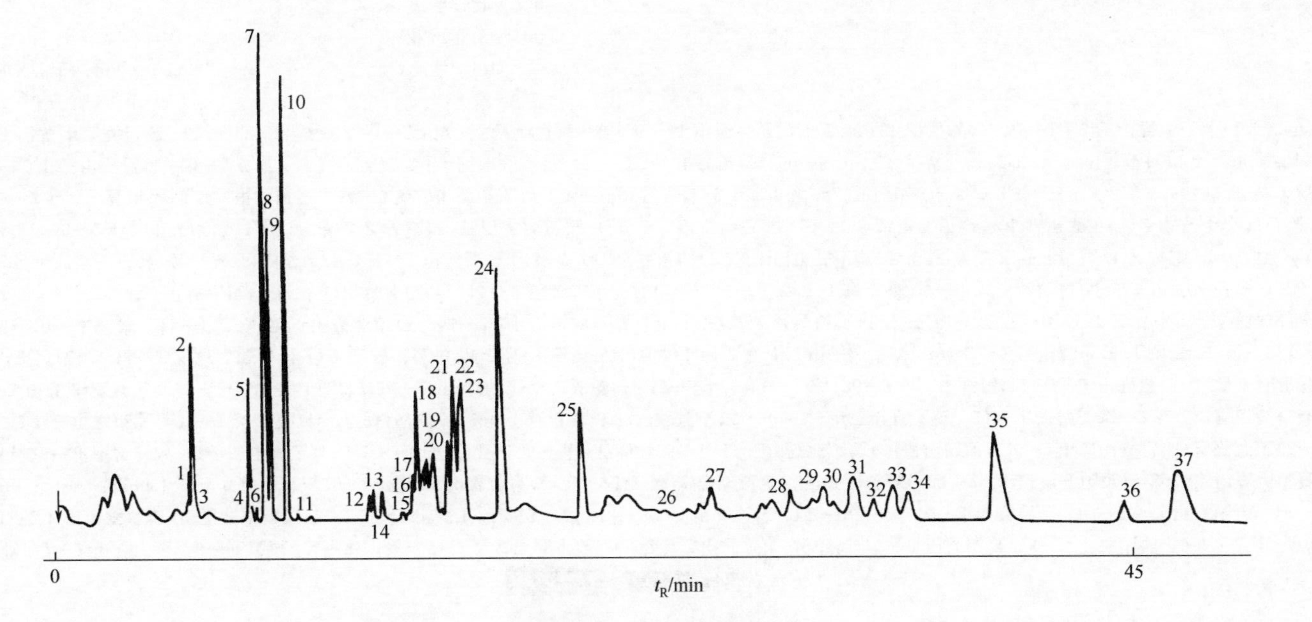

图 29-50 石脑油组分[42]

色谱峰：1—甲基环戊烷；2—环己烷；3—正己烷；4—1,1-二甲基环戊烷；5—反-1,2-二甲基环戊烷；6—2,2-二甲基环戊烷+2,4-二甲基戊烷；7—甲基环己烷；8—乙基环戊烷；9—3-甲基己烷+2-甲基己烷+2-乙基戊烷；10—正庚烷；11—环庚烷；12—1,1,3-三甲基环戊烷；13—1,2,4-三甲基环戊烷（α,β,β）+1,2,4-三甲基环戊烷（α,β,α）；14—1,2,3-三甲基环戊烷（α,α,β）；15—1,1,2-三甲基环戊烷；16—顺-八氢化戊搭烯；17—1-乙基-2-甲基环戊烷（反式）；18—1,3-二甲基环己烷（反式）；19—1,4-二甲基环己烷（反式）；20—1,2-二甲基环己烷（反式）；21—乙基环己烷；22—3-甲基庚烷；23—2-甲基庚烷；24—正辛烷；25—甲苯；26—八氢化-2-甲基戊搭烯；27—1,3,5-三甲基环己烷（α,α,α）；28—2,4-二甲基庚烷；29—1-乙基，2-甲基环己烷（反式）+2,5-二甲基庚烷；30—2,6-二甲基庚烷；31—2,3-二甲基庚烷+4-甲基辛烷；32—正丙基环己烷；33—3-甲基辛烷；34—2-甲基辛烷；35—正壬烷；36—乙基苯；37—间二甲基苯+对二甲基苯

色谱柱：Al_2O_3+KCl PLOT柱，50m×0.32mm　　载　气：He，130kPa

柱　温：190℃　　检测器：FID

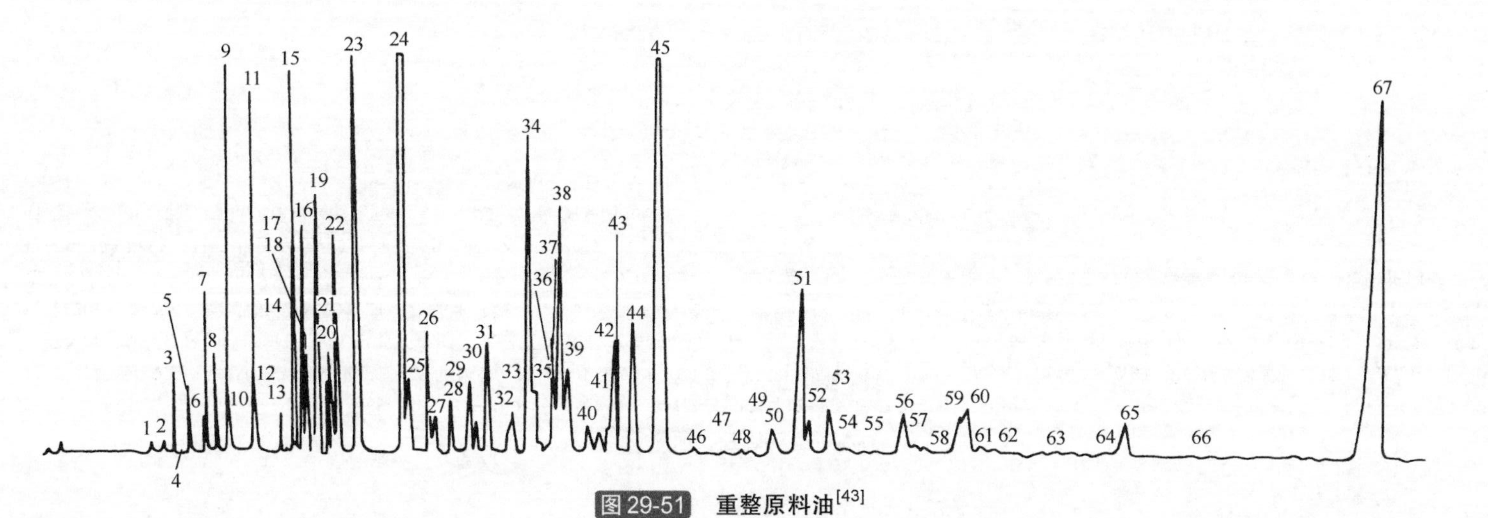

图29-51 重整原料油[43]

色谱峰：1—未知物；2—2-甲基丁烷；3—正戊烷；4—未知物；5—2,2-二甲基丁烷；6—2,3-二甲基丁烷+环戊烷；7—2-甲基戊烷；8—3-甲基戊烷；9—正己烷；10—2,2-二甲基戊烷；11—2,4-二甲基戊烷+甲基环戊烷；12—2,2,3-三甲基丁烷；13—苯；14—3,3-二甲基戊烷；15—环己烷；16—2-甲基己烷；17—2,3-二甲基戊烷；18—1,1-二甲基环戊烷；19—3-甲基己烷+1,1-二甲基环戊烷；20—1,顺-3-二甲基环戊烷；21—3-乙基戊烷+1,反-3-二甲基环戊烷；22—2,2,4-三甲基戊烷+1,反-2-二甲基环戊烷+1,反-3-二甲基环戊烷；23—正庚烷；24—2,2-二甲基己烷+2,2,3,3-四甲基丁烷 +甲基环己烷；25—1,1,3-三甲基环戊烷+甲基环己烷；26—2,4-二甲基己烷+乙基环戊烷；27—2,4-二甲基己烷+2,2,3-三甲基戊烷；28—1,反-2,顺-4-三甲基环戊烷；29—1,反-2,顺-3-三甲基环戊烷；30—2,3,4-三甲基戊烷；31—未知物；32—2,3-二甲基己烷+2-甲基,3-乙基戊烷；33—2-甲基,3-乙基戊烷+1,1,2-三甲基环戊烷；34—2-甲基庚烷+4-甲基庚烷；35—3,4-二甲基己烷；36—3,4-二甲基己烷；37—3-甲基庚烷+2,2,4,4-四甲基戊烷+1,顺-2,顺-4-三甲基环戊烷；38—3-乙基己烷+3-甲基,3-乙基戊烷+1,顺-2,反-3-三甲基环戊烷+1,顺-2,顺-4-三甲基环戊烷；39—2,2,5-三甲基己烷+1,顺-3-二甲基环己烷+1,反-4-二甲基环己烷；40—未知物；41—1-乙基,顺-3-甲基环戊烷；42—2,2,4-三甲基己烷+1-甲基,反-2-乙基环戊烷+1-甲基,顺-3-乙基环戊烷+1-乙基,反-2-甲基环戊烷+1-乙基,反-3-甲基环戊烷；43—2,2,4-三甲基己烷+1-甲基,1-乙基环戊烷；44—1,反-2-二甲基环己烷；45—正辛烷+1,顺-2,顺-3-三甲基环戊烷+1,反-3-二甲基环己烷+1,顺-4-二甲基环己烷；46—2,4,4-三甲基己烷+异丙基环戊烷；47—2,3,5-三甲基己烷；48—2,2-二甲基庚烷+2,2,3,4-四甲基戊烷+1-甲基,顺-2-乙基环戊烷+1-乙基,顺-2-甲基环戊烷；49—2,2,3-三甲基己烷；50—2,4-二甲基庚烷+2,2-二甲基,3-乙基戊烷+正丙基环戊烷+1,顺-2-二甲基环己烷；51—2,6-二甲基庚烷+4,4-二甲基庚烷+2-甲基,4-乙基己烷；52—乙基环己烷；53—2,5-二甲基庚烷+3,5-二甲基庚烷；54—3,3-二甲基庚烷+1,1,3-三甲基环己烷+2,4-二甲基,3-乙基环戊烷；55—2,3,3-三甲基己烷；56—2-甲基,3-乙基己烷+乙基苯；57—2,3,4-三甲基己烷；58—2,3,4-三甲基己烷+2,2,3,3-四甲基戊烷；59—2,3-二甲基庚烷；60—3-甲基,3-乙基己烷+2,3,3,4-四甲基戊烷+1,4-二甲基苯；61—3,4-二甲基庚烷+3-甲基,4-乙基己烷；62—1,3-二甲基苯；63—2-甲基辛烷+4-甲基辛烷；64—3-甲基辛烷+2,3-二甲基,3-乙基戊烷；65—1,1,2-三甲基环己烷+1,2-二甲基苯；66—未知物；67—正壬烷

色谱柱：OV-101 SCOT柱，40m×0.23mm　　检测器：FID

柱　温：50℃　　气化室温度：200℃

载　气：N_2　　检测器温度：200℃

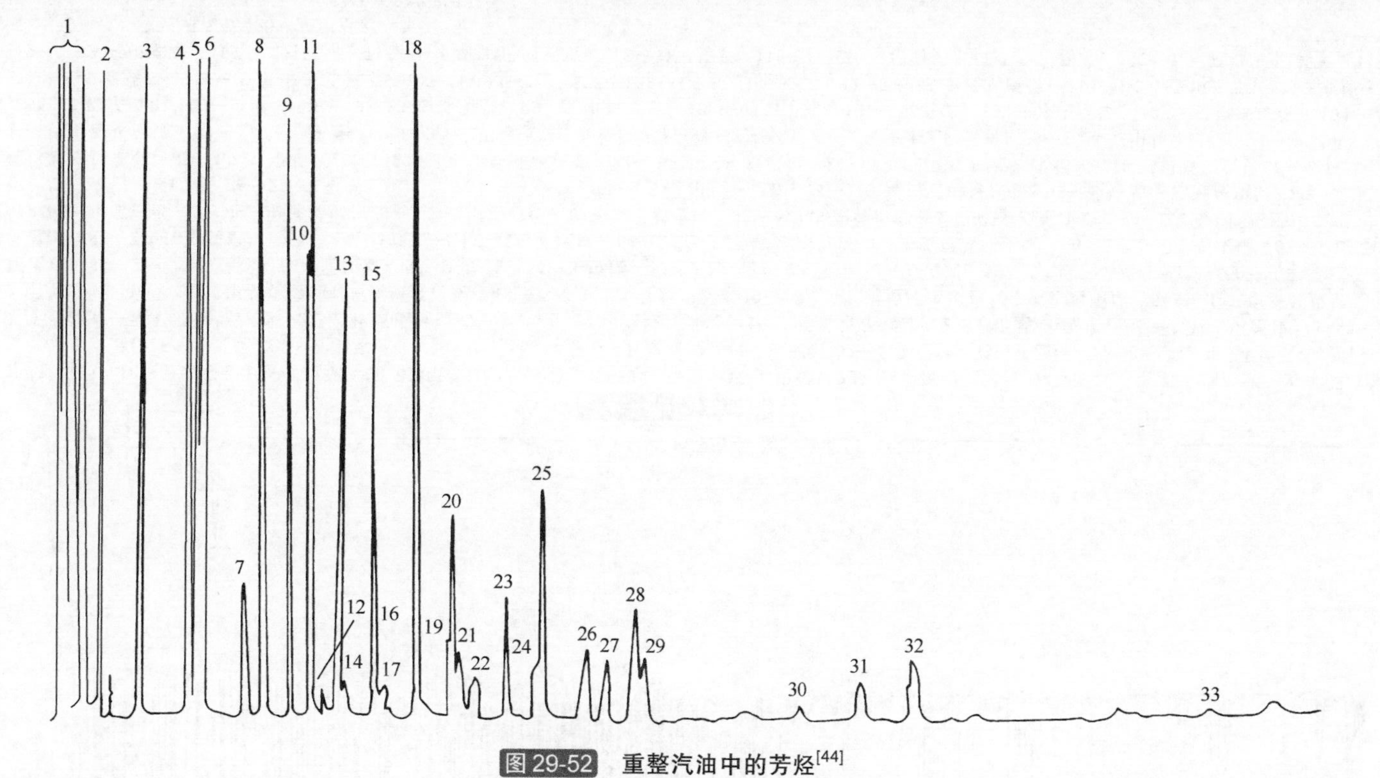

图 29-52　重整汽油中的芳烃[44]

色谱峰：1—非芳烃化合物；2—苯；3—甲基苯；4—乙基苯；5—对二甲基苯；6—间二甲基苯；7—异丙基苯；8—邻二甲基苯；9—正丙基苯；10—1,4-甲基乙基苯；11—1,3-甲基乙基苯；12—异丁基苯；13—1,3,5-三甲基苯；14—仲丁基苯；15—1,2-甲基乙基苯；16—1,3-甲基异丙基苯；17—1,4-甲基异丙基苯；18—1,2,4-三甲基苯；19—1,3-甲基正丙基苯；20—1,4-甲基正丙基苯；21—1,4-二乙基苯；22—正丁基苯；23—1,3-二甲基,5-乙基苯；24—1,2-二乙基苯；25—1,2,3-三甲基苯；26—1,4-二甲基,2-乙基苯；27—1,3-二甲基,4-乙基苯；28—1,2-二甲基,4-乙基苯；29—1,2-二甲基,3-乙基苯；30—1,2,4,5-四甲基苯；31—1,2,3,5-四甲基苯；32—1,2,3,4-四甲基苯；33—未知物

色谱柱：Carbowax 20M，26m×0.20mm　　载　气：N_2，0.57mL/min

柱　温：80℃　　检测器：FID

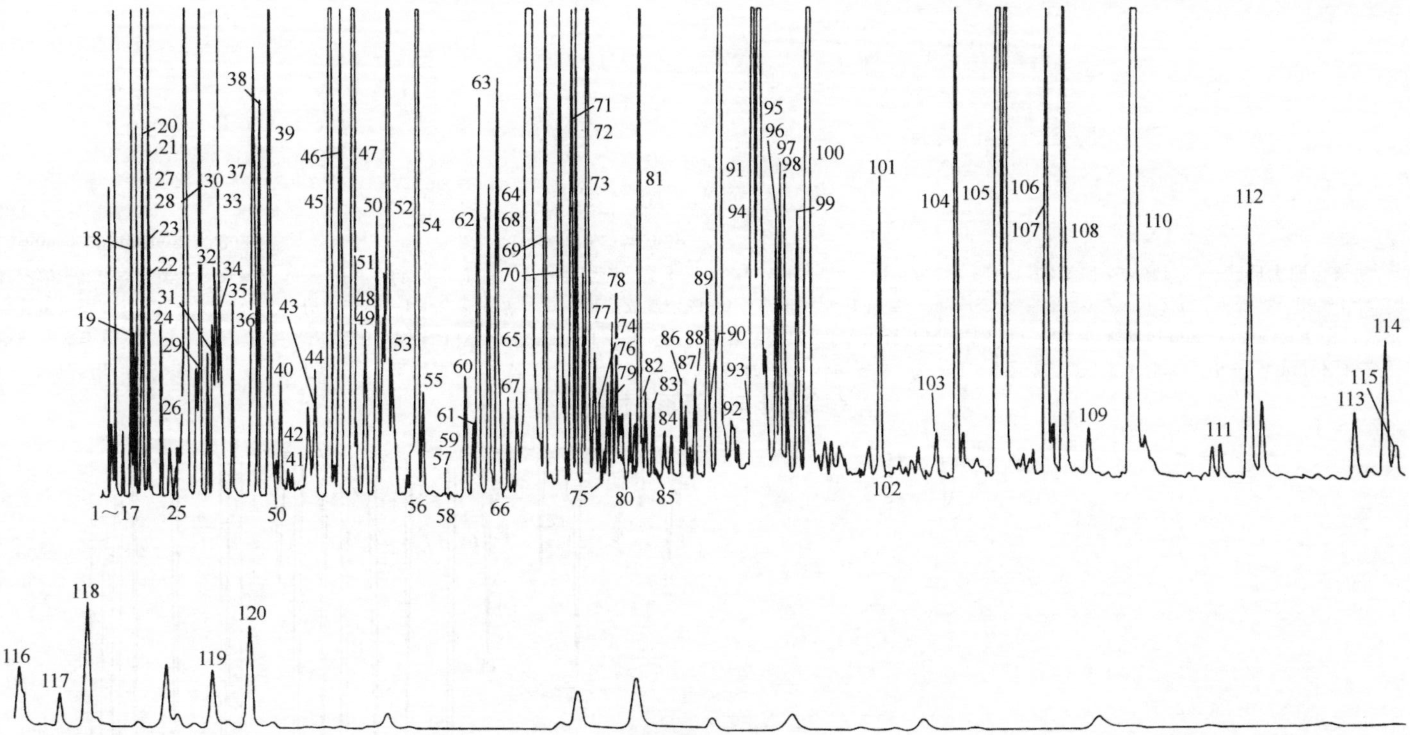

图 29-53 汽油[45]

色谱峰：1～17—气体烃；18—异戊烷；19—1-戊烯；20—2-甲基-1-丁烯；21—正戊烷；22—顺-2-戊烯；23—2-甲基-2-丁烯；24—2,2-二甲基丁烷；25—2-甲基-1,3-丁二烯；26—2-甲基-2-戊烯；27—环戊烷；28—2-甲基戊烷；29—1-己烯；30—3-甲基戊烷；31—反-2-己烯；32—顺-2-己烯；33—正己烷；34—3-己烯；35—4-甲基-2-戊烯；36—2,2,3-三甲基丁烷；37—甲基环戊烷；38—2,2-二甲基戊烷；39—苯；40—2-甲基-2-己烯；41—3-甲基-1-己烯；42—3-甲基-3-己烯；43—3,3-二甲基戊烷；44—环己烷；45—2-甲基己烷；46—2,4-二甲基戊烷；47—3-甲基己烷；48—1-反,3-二甲基环戊烷；49—1-顺,3-二甲基环戊烷；50—3-乙基戊烷；51—1,1-二甲基环戊烷；52—1,2-二甲基环戊烷；53—2-甲基-3-己烯；54—正庚烷；55—1-庚烯；56—3-庚炔；57—2,2,4-三甲基戊烷；58—3-庚烯；59—2,4,4-三甲基-1-戊烯；60—甲基环己烷；61—2,5-二甲基己烷；62—2,4-二甲基己烷；63—乙基环戊烷+1,1,3-三甲基戊烷；64—2,2,3-三甲基戊烷；65—1,2,3-三甲基环戊烷；66—2,2,3-三甲基戊烷；67—1-反,2-顺-三甲基环戊烷；68—甲苯；69—2,3,4-三甲基戊烷；70—2,3-二甲基己烷；71—2-甲基庚烷；72—4-甲基庚烷；73—3-甲基,3-乙基戊烷；74—2,2,4,4-四甲基戊烷+1-甲基,3-乙基环戊烷；75—2-乙基-1-己烯；76—2,3-二甲基己烯-2-十二甲基环戊烷；77—1,3-二甲基环己烷；78—1-甲基,3-乙基环戊烷；79—1-甲基,1-乙基环戊烷；80—2,5-二甲基-2,4-己二烯；81—正辛烷；82—1,2-二甲基环己烷；83—1,4-二甲基环己烷；84—2,3,5-三甲基己烷；85—4,4-二甲基,3-乙基戊烯+2,2,4-三甲基己烷；86—2,4-二甲基庚烷；87—2-甲基,4-乙基己烷；88—2,6-二甲基庚烷；89—3,5-二甲基庚烷；90—1-庚烯；91—乙基苯；92—2-甲基,3-乙基己烷；93—1,1,3-三甲基环己烷；94—间二甲苯；95—对二甲苯；96—4-乙基庚烷；97—2-甲基辛烷；98—3-乙基庚烷；99—3-甲基辛烷；100—邻二甲基；101—正壬烷；102—异丙基苯；103—三甲基庚烷；104—正丙基苯；105—1-甲基-4-乙基苯；106—1-甲基-3-乙基苯；107—1-甲基-2-乙基苯；108—1,3,5-三甲基苯；109—2-甲基-5-乙基庚烷；110—1,2,4-三甲基苯；111—1-甲基-3-异丙基苯；112—1,2,3-三甲基苯；113—二乙基苯；114—1-甲基-3-正丙基苯；115—异丁基苯；116—1-甲基-4-正丙基苯+1,2-二乙基苯；117—1-甲基-2-正丙基苯；118—二甲基乙基苯；119—二甲基乙基苯；120—二甲基乙基苯

色谱柱：角鲨烷，90m×0.25mm　　检测器：FID

柱　温：室温→90℃，2℃/min　　气化室温度：200℃

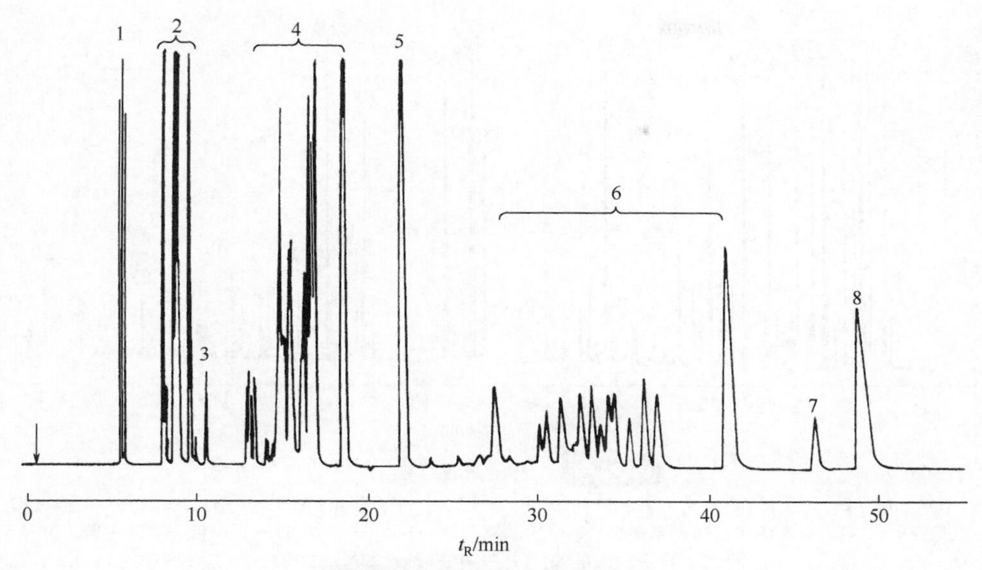

图 29-54 石脑油中的芳烃 [23]

色谱峰：1—己烷；2—C_7烷烃；3—苯；4—C_8烷烃；5—甲苯；6—C_9烷烃；7—乙基苯；8—间二甲苯+对二甲苯

色谱柱：Al_2O_3 PLOT柱，50m×0.32mm

柱 温：190℃

载 气：He，150kPa

检测器：FID

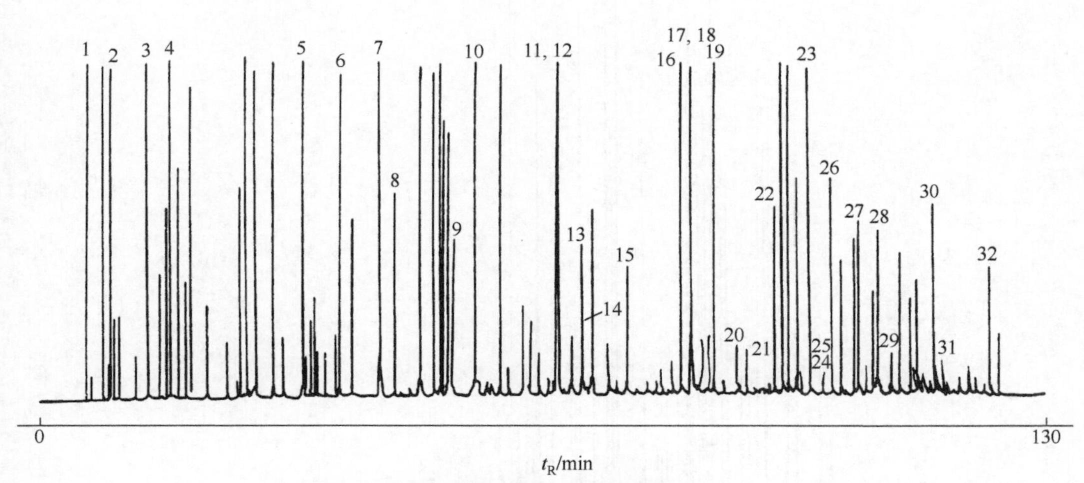

图 29-55 无铅汽油（一）[46]

色谱峰：1—甲烷；2—正丁烷；3—异戊烷；4—正戊烷；5—正己烷；6—甲基环戊烷；7—苯；8—环己烷；9—异辛烷；10—正庚烷；11—甲苯；12—2,3,3-三甲基戊烷；13—2-甲基庚烷；14—4-甲基庚烷；15—正辛烷；16—乙基苯；17—间二甲苯；18—对二甲苯；19—邻二甲苯；20—正壬烷；21—异丙基苯；22—丙基苯；23—1,2,4-三甲基苯；24—异丁基苯；25—仲丁基苯+正癸烷；26—1,2,3-三甲基苯；27—丁基苯；28—正十一烷；29—1,2,4,5-四甲基苯；30—萘；31—正十二烷；32—正十三烷

色谱柱：DB-Petro 100，100m×0.25mm，0.5μm

柱 温：0℃（15min）$\xrightarrow{1℃/min}$ 50℃ $\xrightarrow{2℃/min}$ 130℃ $\xrightarrow{4℃/min}$ 180℃（20min）

载 气：He，25.6cm/s

检测器：FID

第三篇

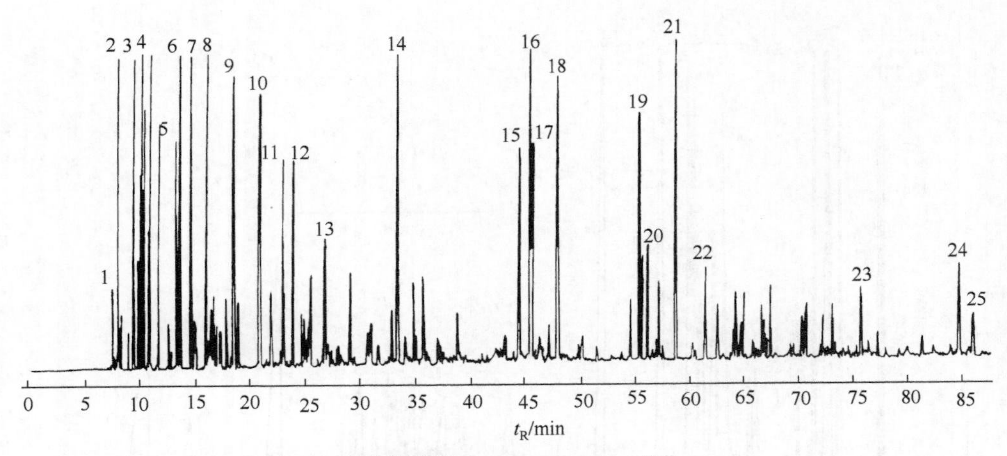

图 29-56 无铅汽油（二）[14]

色谱峰：1—异丁烷；2—正丁烷；3—异戊烷；4—正戊烷；5—2,3-二甲基丁烷；6—2-甲基戊烷；7—3-甲基戊烷；8—正己烷；9—2,4-二甲基戊烷；10—苯；11—2-甲基己烷；12—3-甲基己烷；13—正庚烷；14—甲苯；15—乙基苯；16—间二甲苯；17—对二甲苯；18—邻二甲苯；19—1-甲基-3-乙基苯；20—1,3,5-三甲基苯；21—1,2,4-三甲基苯；22—1,2,3-三甲基苯；23—萘；24—2-甲基萘；25—3-甲基萘

色谱柱：AT－Petro，100m×0.25mm，0.50μm　　载　气：He，0.65mL/min

柱　温：35℃（15min）→200℃，2℃/min　　检测器：FID

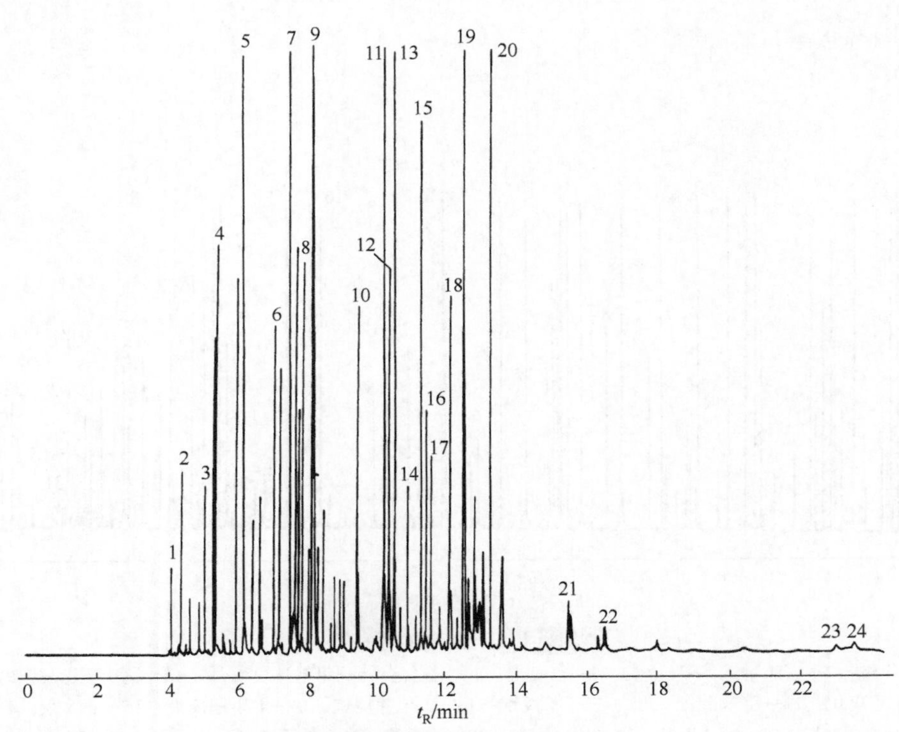

图 29-57 无铅汽油（三）[47]

色谱峰：1—2-甲基丙烷；2—正戊烷；3—2,3-二甲基丁烷；4—2-甲基戊烷；5—苯；6—正己烷；7—2,2,4-三甲基戊烷；8—正庚烷；9—甲苯；10—乙基苯；11—对二甲苯；12—间二甲苯；13—邻二甲苯；14—正丙基苯；15—1-甲基-3-乙基苯；16—1-甲基-4-乙基苯；17—1-甲基-2-乙基苯；18—1,3,5-三甲基苯；19—1,2,4-三甲基苯；20—1,2,3-三甲基苯；21—四甲基苯；22—萘；23—1-甲基萘；24—2-甲基萘

色谱柱：Carbograph 1+AT1000，60m×0.25mm　　载　气：He，30cm/s

柱　温：50℃（3min）→240℃，15℃/min　　检测器：FID

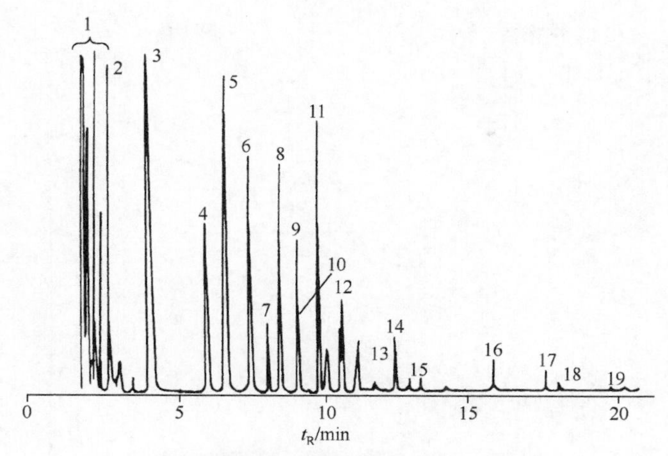

图 29-58　无铅汽油（四）[48]

色谱峰：1—烷烃；2—苯；3—甲苯；4—乙基苯；5—间二甲苯+对二甲苯；6—邻二甲苯；7—正丙基苯；8—1-甲基-4-乙基苯；9—1-甲基-3-乙基苯；10—1,3,5-三甲基苯；11—1,2,4-三甲基苯；12—1-甲基-2-乙基苯；13—1,2,3,5-四甲基苯；14—1,2,4,5-四甲基苯；15—1,2,3,4-四甲基苯；16—萘；17—2-甲基萘；18—1-甲基萘；19—二甲基萘

色谱柱：VOC，30m×0.25mm　　载　气：He

柱　温：30℃（2min）→220℃，10℃/min　　检测器：MS

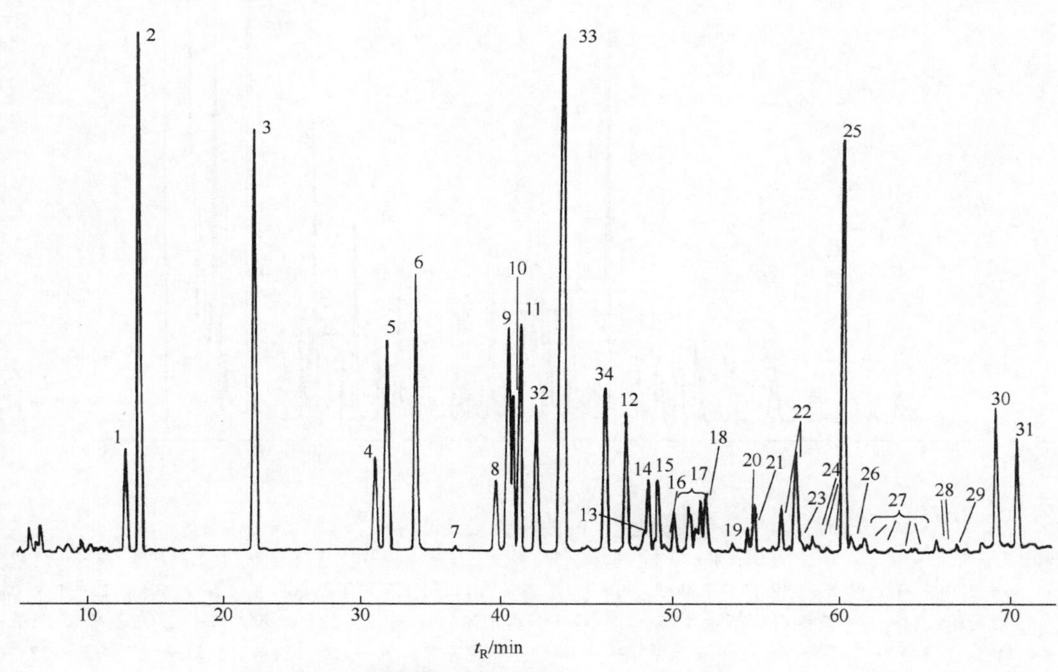

图 29-59　汽油中芳烃（一）[49]

色谱峰：1—1,2-二甲氧基乙烷（内标物）；2—苯；3—甲苯；4—乙基苯；5—间二甲苯+对二甲苯；6—邻二甲苯；7—异丙基苯；8—正丙基苯；9—1-乙基-3-甲基苯；10—1-乙基-4-甲基苯；11—1,3,5-三甲基苯；12—茚满；13—1,3-二乙基苯；14—1-甲基-3-正丙基苯；15—1,4-二乙基苯+正丁基苯；16—1,2-二乙基苯；17—C_4-苯；18，22—C_1-茚满；19—1,2-二甲基-3-乙基苯；20—1,2,4,5-四甲基苯；21—1,2,3,5-四甲基苯；23—1,2,3,4-四甲基苯；24,27—C_5-苯；25—萘；26,29—C_2-茚满；28—C_6-苯；30—2-甲基萘；31—1-甲基萘；32—1-乙基-2-甲基苯；33—1,2,4-三甲基苯；34—1,2,3-三甲基苯

色谱柱：HP-1，60m×0.53mm，5.0μm　　载　气：H_2

柱　温：40℃ $\xrightarrow{2℃/min}$ 190℃ $\xrightarrow{30℃/min}$ 300℃　　检测器：FT-IR

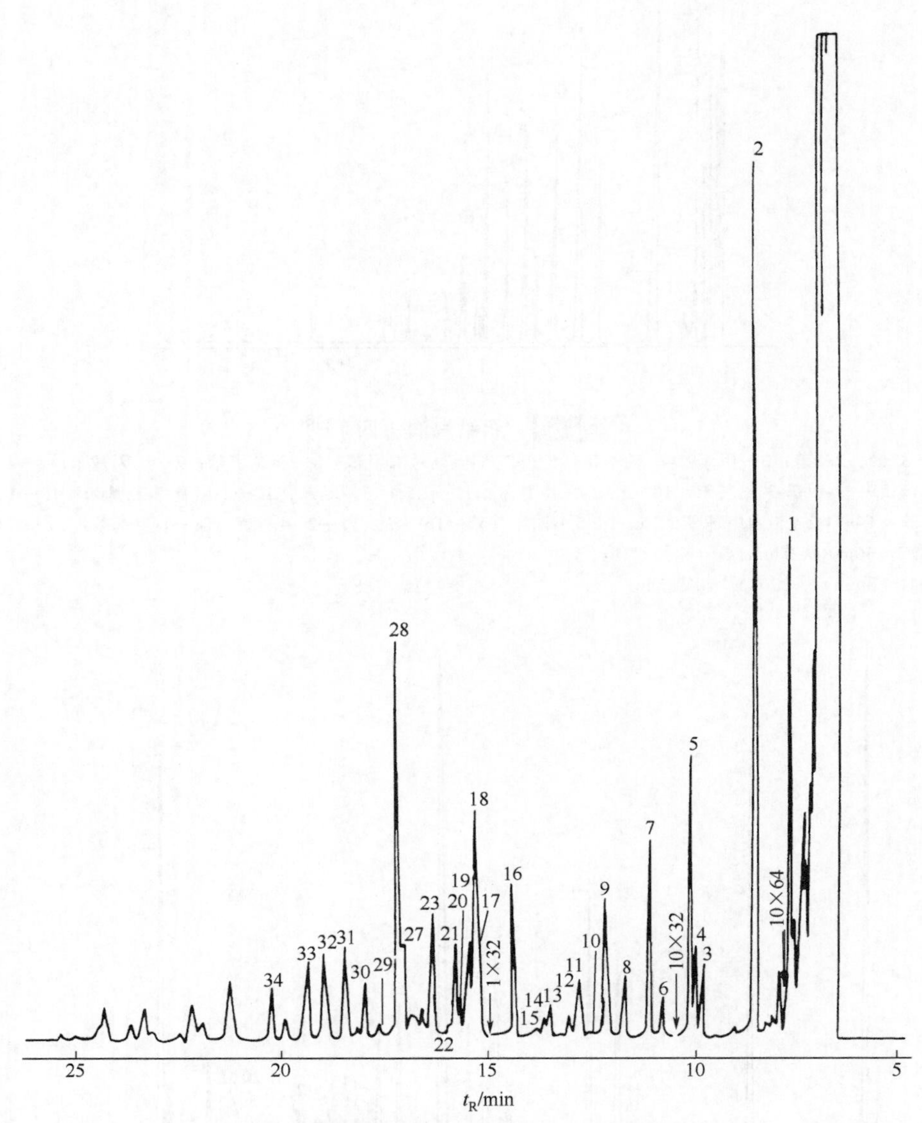

图 29-60 汽油中芳烃（二）[50]

色谱峰：1—苯；2—甲苯；3—乙基苯；4—对二甲基苯；5—间二甲基苯；6—异丙基苯；7—邻二甲基苯；8—正丙基苯；9—1-甲基-3-乙基苯+1-甲基-4-乙基苯；10—叔丁基苯；11—1,3,5-三甲基苯；12—仲丁基苯；13—1-甲基-2-乙基苯；14—1-甲基-3-异丙基苯；15—1-甲基-4-异丙基苯；16—1,2,4-三甲基苯；17—1,3-二乙基苯；18—1-甲基-2-异丙基苯+1-甲基-3-正丙基苯；19—1-甲基-4-正丙基苯；20—1,4-二乙基苯；21—正丁基苯；22—C_{11}烷基芳烃；23—1,3-二甲基-5-乙基苯；27—1-甲基-2-正丙基苯+C_{11}烷基芳烃；28—1,2,3-三甲基苯；29—C_{11}烷基芳烃；30—1,4-二甲基-2-乙基苯；31—1,3-二甲基-4-乙基苯；32—1,2-二甲基-4-乙基苯；33—茚；34—1,3-二甲基-2-乙基苯

色谱柱：Carbowax1540，91.4m×0.25mm

柱　温：100℃

载　气：H_2，1.5mL/min

检测器：FID

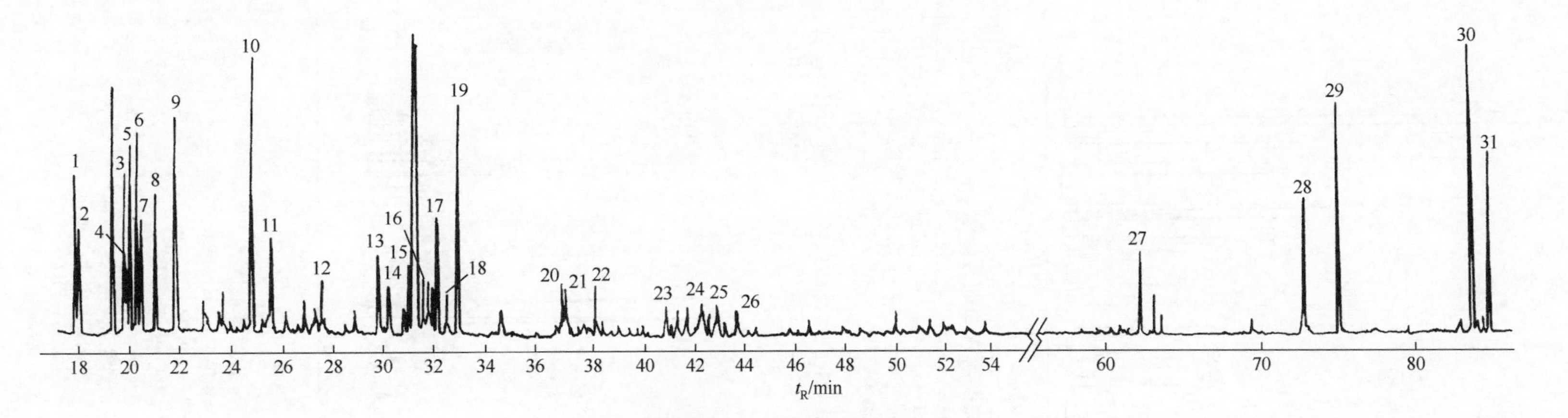

图 29-61 无铅汽油中烯烃[51]

色谱峰：1—2-甲基-1-戊烯；2—1-己烯；3—2-或3-己烯；4—4-甲基环戊烯；5—2-或3-己烯；6—4-甲基-2-戊烯；7—3-甲基-2-戊烯；8—2-或3-己烯；9—3-甲基-2-戊烯；10—1-甲基环戊烯；11—4-亚甲基庚烷；12—环己烯；13—2，5-二甲基-1-己烯；14—3-辛烯；15—4,4-二甲基环戊烯；16—2-或3-甲基-2-或3-己烯；17—3,3-二甲基-1,4-戊二烯；18—4-甲基-2-己烯；19—4-辛烯（?）；20—1,5-二甲基环戊烯；21—3-乙基环戊烯；22—1-甲基环己烯；23—1-辛烯；24—2,3,4-三甲基-1,4-戊二烯；25—2,5-二甲基-3-己烯；26—2-甲基-3-庚烯；27—1-乙基-2-甲基苯；28—2,3-二氢-4-甲基茚（?）；29—萘；30—1-甲基萘；31—2-甲基萘

色谱柱：Ultra1，50m×0.20mm，0.33μm　　检测器：MS

柱　温：-10℃（10min）→240℃，2℃/min　　气化室温度：15℃

载　气：He，28cm/s（110℃）

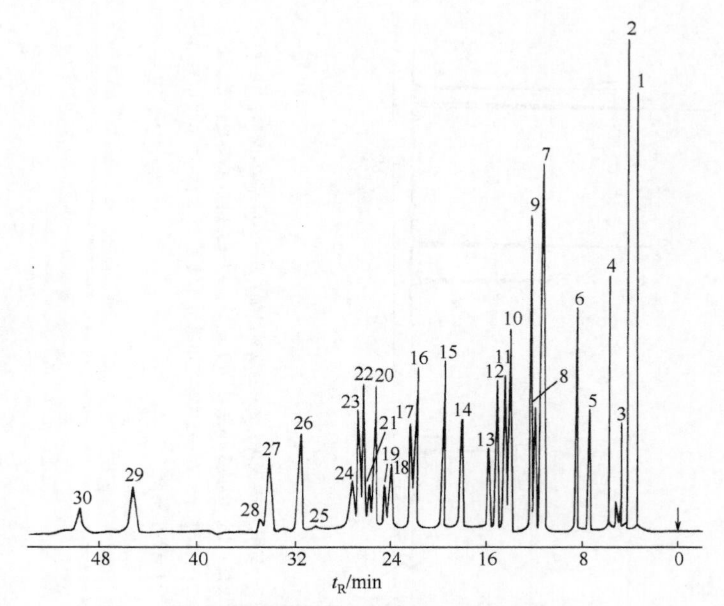

图 29-62 热裂解汽油的芳烃[52]

色谱峰：1—正己烷；2—正庚烷；3—苯；4—正辛烷；5—甲苯；6—正壬烷；7—乙基苯；8—对二甲苯；9—间二甲苯；10—邻二甲苯；11—正癸烷；12—异丙基苯；13—苯乙烯；14—正丙基苯；15—间,对甲基乙基苯；16—1,3,5-三甲基苯；17—叔丁基苯；18—异丁基苯；19—仲丁基苯；20—1,2,4-三甲基苯；21—α-甲基苯乙烯；22—正十一烷；23—1,3-甲基异丙基苯；24—1,4-甲基异丙基苯；25—1,2-甲基异丙基苯；26—1,2,3-三甲基苯；27—正丁基苯；28—茚满；29—茚；30—正十二烷

色谱柱：Ucon LB 55X，106m×0.24mm（内壁用四氯化碳在400℃处理6h）　　载　气：H_2，4.9mL/min

柱　温：90℃　　检测器：FID

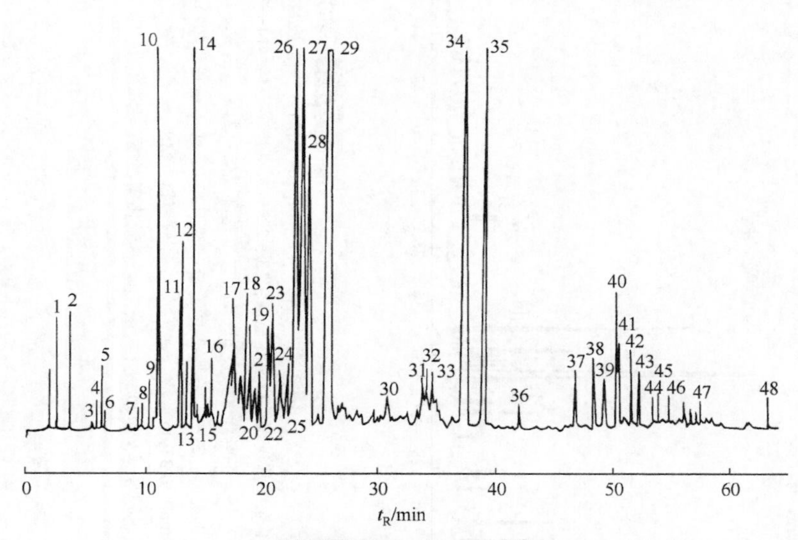

图 29-63 裂解柴油[53]

色谱峰：1—苯；2—甲苯；3—乙苯；4—间二甲苯；5—苯乙烯；6—邻二甲苯；7,8—三甲苯；9—甲基苯乙烯；10—丙烯基苯；11—甲基苯乙烯；12—甲基乙基苯；13—2,3-二氢茚；14—茚；15—对甲基丙基苯；16—四甲苯；17—二乙基苯；18—乙基苯乙烯；19—二甲基苯乙烯；20—甲基异丙苯；21—二乙烯基苯；22～24—二甲基苯乙烯；25—乙基苯乙烯；26～28—甲基茚；29—萘；30—十二烷；31～33—甲基二氢萘；34—β-甲基萘；35—α-甲基萘；36—十三烷；37—联苯；38—乙基萘；39～43—二甲萘；44—甲基联苯；45—甲基乙基萘；46—三甲萘；47—芴；48—菲

色谱柱：BP-1，25m×0.32，0.5μm　　柱　温：65℃（4min）$\xrightarrow{1℃/min}$ 110℃ $\xrightarrow{5℃/min}$ 220℃

载　气：N_2，1.47mL/min，分流比=86∶1　　检测器：FID

气化室温度：280℃　　检测器温度：300℃

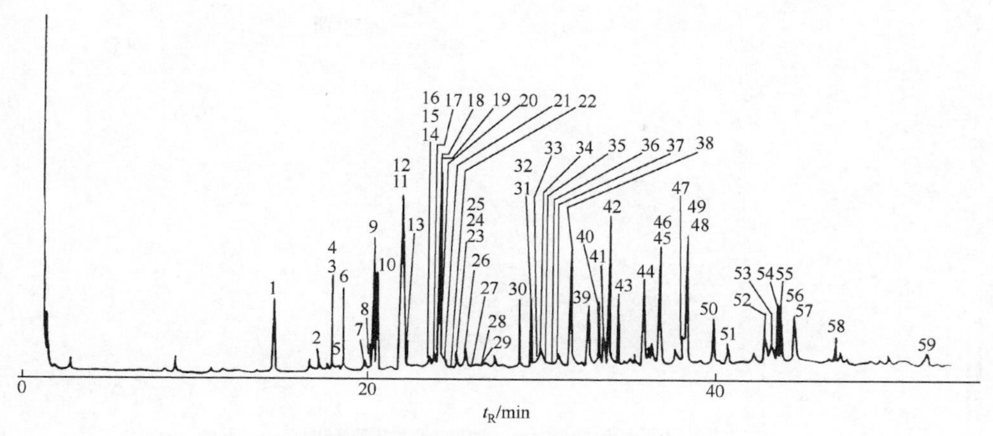

图 29-64　柴油中的含氧多环芳烃[31]

色谱峰：1—9-芴酮；2—甲基-9-芴酮；3—甲基-9-芴酮；4—苊酮；5—甲基-9-芴酮；6—1-芬那烯-1-酮；7—甲基-9-芴酮；8—甲基-9-芴酮；9—蒽醌；10—苯二酸酯；11—1,8-萘羧酸酐；12—4-*H*-环五[*def*]-菲-4-酮；13—荧蒽；14—2-硝基芴；15—甲基蒽醌；16—芘；17—菲醛；18—蒽醛；19—甲基-4-*H*-环五(*def*)-菲-4-酮；20—9-硝基蒽；21,24,27,39,44,51,53,55,58—未知物；22—甲基-4-*H*-环五[*def*]-菲-4-酮；23—菲-9,10-醌；25—甲基-4-*H*-环五[*def*]-菲-4-酮；26—甲基-4-*H*-环五（*def*）-菲-4-酮；28—甲基-9-硝基蒽；29—多环芳烃香豆素；30—苯并芴酮；31—苯并芴酮；32—4,4′-二硝基联苯（内标物）；33—苯并芴酮；34—苯并芴酮；35—苯并芴酮；36—苯并芴酮；37—䓛；38—7-*H*-苯并-[*de*]蒽-7-酮；40—苯二酸酯；41—苯并[*a*]蒽-7,12-二酮；42—1-硝基芘；43—*β*,*β*′-联萘（内标物）；45—苯并[*b*]芴蒽；46—苯并芘酮；47—苯并[*e*]芘；48—6-*H*-苯并[*cd*]芘-6-酮；49—苯并[*a*]芘；50—苯并芘酮；52—1,12-芘羧酸酐；54—苗并[*cd*]芘；56—苯并[*ghi*]苝；57—6-硝基苯并[*a*]芘；59—晕苯

色谱柱：SE-54，25m×0.3mm　　柱　温：100℃（1min）→280℃（10min），4℃/min

载　气：H_2　　检测器：FID

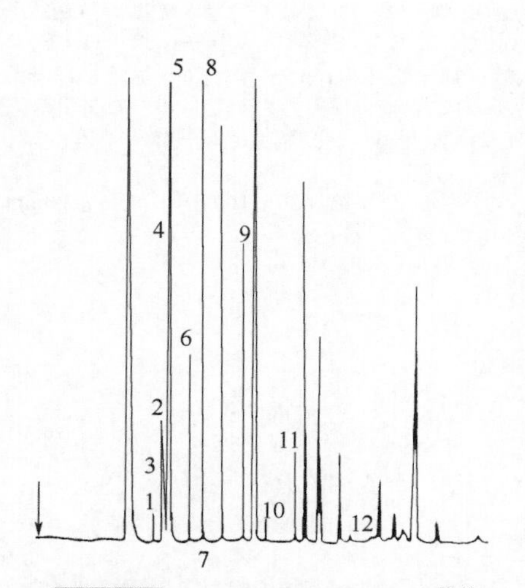

图 29-65　汽油中的芳烃和醇[54]

色谱峰：1—十一烷；2—叔丁醇；3—甲醇；4—2-丙醇；5—苯；6—乙醇；7—2-丁醇；8—甲苯；9—乙基苯；10—1-丁醇；11—丙基苯；12—丁基苯

色谱柱：1,2,3-三(2-氰乙氧基)丙烷，50m×0.22mm，0.4μm

柱　温：78℃

载　气：He，26cm/s

检测器：FID

气化室温度：250℃

检测器温度：250℃

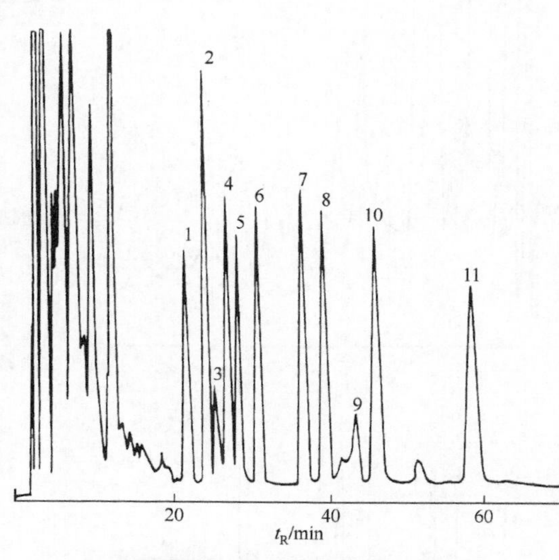

图 29-66　汽油中低沸点醇[55]

色谱峰：1—苯；2—2-甲基-2-丙醇；3—甲醇；4—2-丙醇；5—乙醇；6—甲苯；7—2-丁醇；8—正丙醇；9—二甲苯+乙基苯；10—2-甲基1-丙醇；11—正丁醇

色谱柱：20% PEG-400，Chromosorb W AW（80～100目），6.08m×3mm

柱　温：50℃（5min）$\xrightarrow{3℃/min}$ 90℃（10min）$\xrightarrow{3℃/min}$ 100℃（40min）

载　气：He，35mL/min

检测器：FID

气化室温度：250℃

检测器温度：250℃

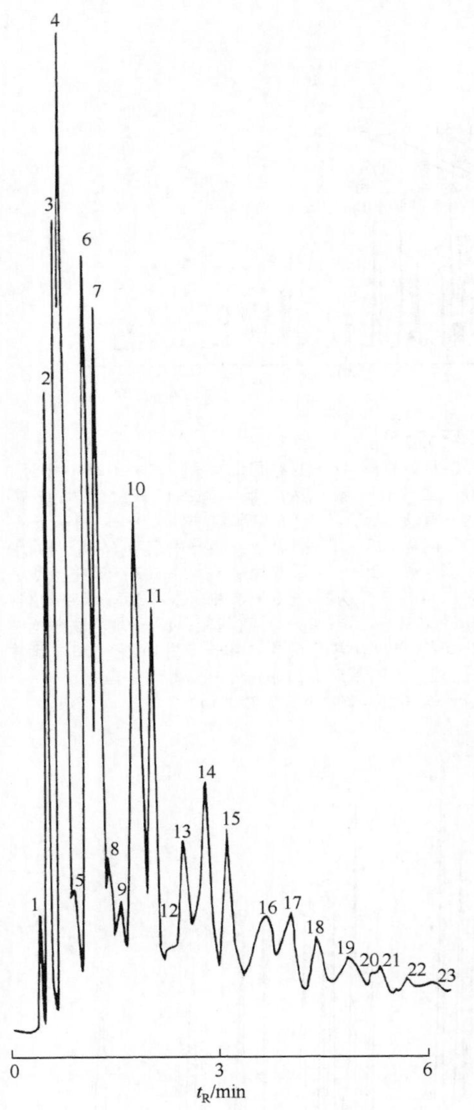

图 29-67 石脑油族分析[56]

色谱峰：1—C_4烷+C_4烯；2—C_5烷；3—C_5环烷；4—C_6烷；5—C_6环烷；6—C_7烷；7,8—C_7环烷；9,10—C_8烷；11,12—C_8环烷；13—C_9烷；14—C_9环烷；15—苯；16—甲苯；17—乙基苯+间二甲苯+对二甲苯；18—异丙基苯；19—邻二甲苯；20—正丙基苯；21—1-甲基- 3-乙基苯；22—异丁基苯；23—1,3,5-三甲基苯

色谱柱：10% OV-275，5A分子筛（80～100目）1.80m×2.3mm

柱　温：60℃→130℃，10℃/min

载　气：He，25mL/min

检测器：FID

气化室温度：170℃

检测器温度：180℃

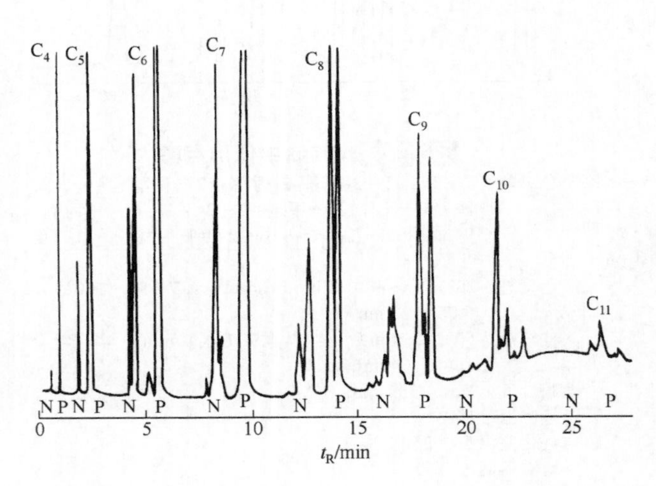

图 29-68 C_4～C_{11} 环烷烃与链烷烃[57]

色谱峰：组分名称见色谱图，其中N为环烷烃，P为链烷烃

色谱柱：13X分子筛PLOT柱，10m×0.5mm

柱　温：150℃→380℃，10℃/min

载　气：N_2，12kPa

检测器：FID

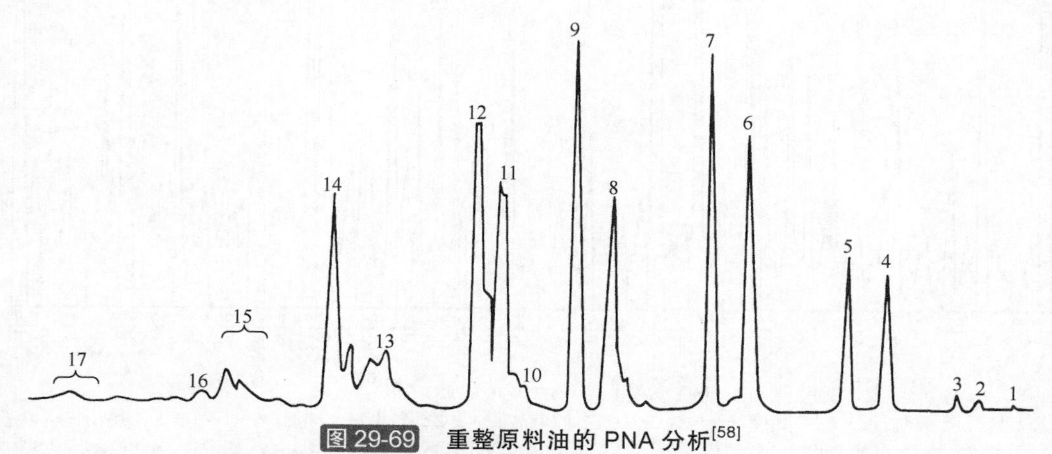

图 29-69　重整原料油的 PNA 分析[58]

色谱峰：1—C_4烷；2—C_5环烷；3—C_5烷；4—C_6环烷；5—C_6烷；6—C_7环烷；7—C_7烷；8—C_8环烷；9—C_8烷；10—萘；11—C_9环烷；12—C_9烷；13—甲萘+C_{10}环烷；14—C_{10}烷；15—二甲基萘+C_{11}环烷；16—正十一烷；17—C_9芳烃

色谱柱：CoNaX分子筛涂于101载体（40～60目），2m×4mm

柱　温：150℃→396℃，5℃/min

载　气：H_2，60～80mL/min

检测器：FID

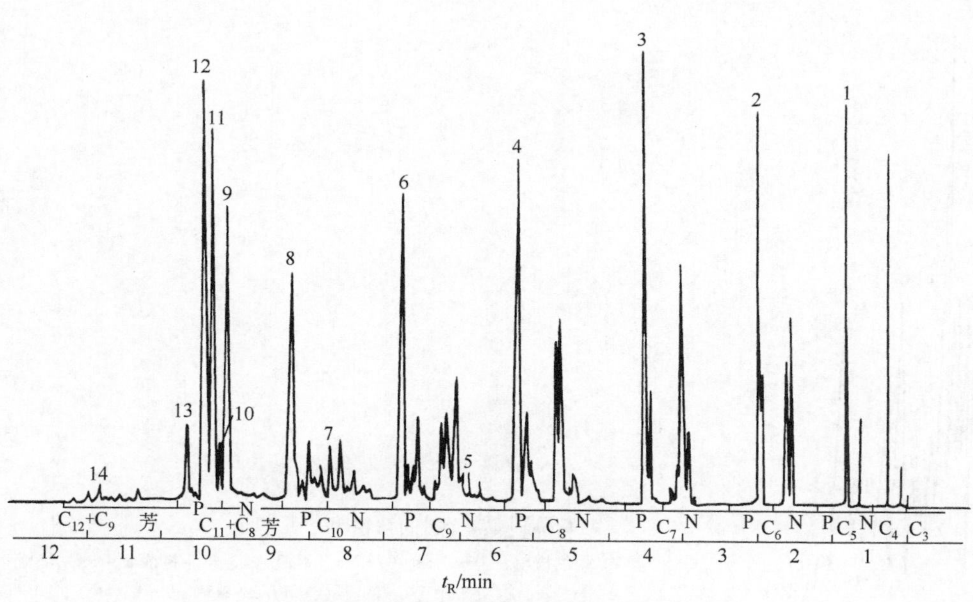

图 29-70　大庆直馏汽油及芳烃[59]

色谱峰：1—正戊烷；2—正己烷；3—正庚烷；4—正辛烷；5—苯；6—正壬烷；7—甲苯；8—正癸烷；9—乙基苯；10—间二甲苯；11—对二甲苯；12—邻二甲苯；13—正十一烷；14—正十二烷

色谱柱：分子筛PLOT柱，6m×0.35mm

柱　温：起始160℃，升温速度20℃/min

载　气：H_2，5mL/min

检测器：FID

气化室温度：300℃

检测器温度：160℃

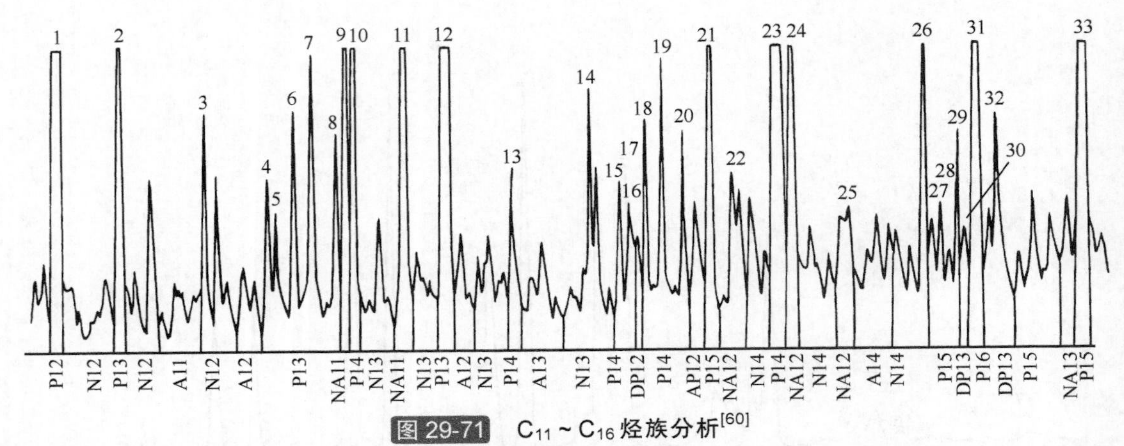

图 29-71 C_{11}～C_{16} 烃族分析[60]

色谱峰：1—正十二烷；2—2,6-二甲基十一烷；3—正己基环己烷；4—2,5-二甲基十一烷；5—5-甲基十二烷；6—4-甲基十二烷；7—2-甲基十二烷；8—3-甲基十二烷；9—2-甲基萘；10—2,6,10-三甲基十一烷；11—1-甲基萘；12—正十三烷；13—6-二甲基十二烷；14—正庚基环己烷；15—2,5-二甲基十二烷；16—5-甲基十三烷；17—联苯；18—4-甲基十三烷；19—2-甲基十三烷；20—3-甲基十三烷；21—2,6,10-三甲基十二烷；22—乙基萘；23—正十四烷；24,25—二甲基萘；26—正辛基环己烷；27—5-甲基十四烷；28—4-甲基十四烷；29—2-甲基十四烷；30—甲基联苯；31—2,6,10-三甲基十三烷；32—甲基联苯；33—正十五烷

注：色谱图横坐标下：P—烷烃；N—环烷烃；A—芳烃；NA—萘；DP—联苯；其后的数字表示组分的碳数

色谱柱：OV-1，50m×0.2mm，0.52μm

柱　温：35℃（101min）$\xrightarrow{1.1℃/min}$ 114℃ $\xrightarrow{1.7℃/min}$ 280℃

载　气：He，1.2mL/min

检测器：FID

气化室温度：300℃

检测器温度：300℃

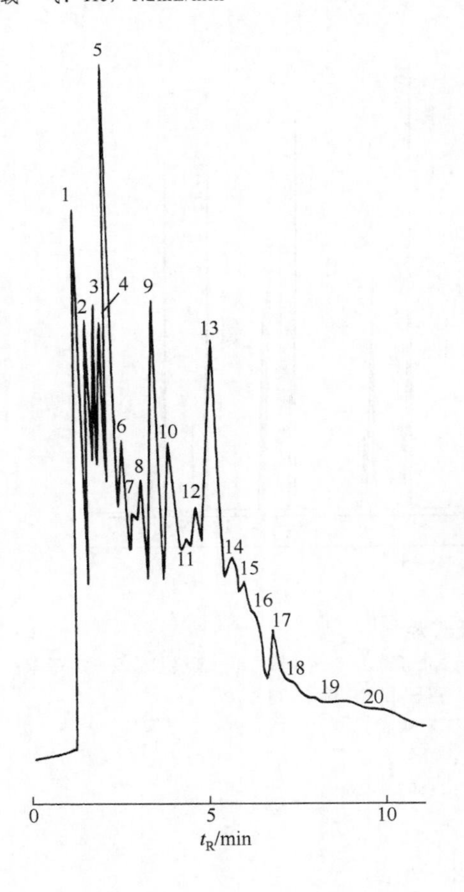

图 29-72 煤油族分析[56]

色谱峰：1—C_{10}链烷；2—C_{10}环烷；3—C_{11}链烷；4—C_{11}环烷；5—C_{12}链烷；6,7—C_{12}环烷；8—C_{13}链烷；9—C_{13}环烷；10—C_{14}链烷；11,12—C_{14}环烷；13～20—芳烃

色谱柱：10%OV-275，5A分子筛（80～100目），1.80m×2.3mm

柱　温：110℃→180℃，5℃/min

载　气：He，25mL/min

检测器：FID

气化室温度：260℃

检测器温度：270℃

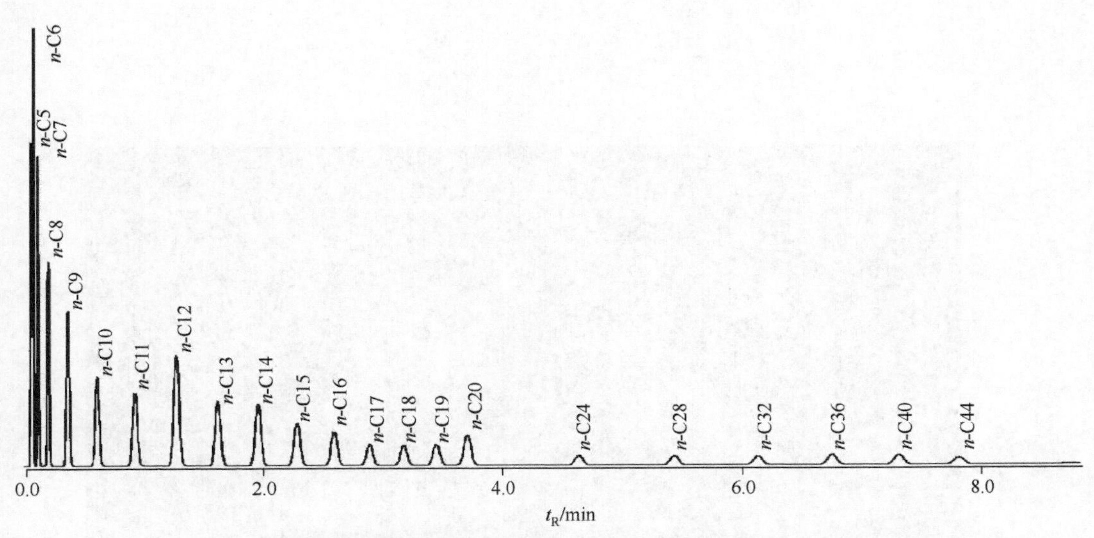

图 29-73　模拟蒸馏-ASTM D2887 标准品[61]

色谱峰：*n*-C5—正戊烷；*n*-C6—正已烷；*n*-C7—正庚烷；*n*-C8—正辛烷；*n*-C9—正壬烷；*n*-C10—正癸烷；*n*-C11—正十一烷；*n*-C12—正十二烷；*n*-C13—正十三烷；*n*-C14—正十四烷；*n*-C15—正十五烷；*n*-C16—正十六烷；*n*-C17—正十七烷；*n*-C18—正十八烷；*n*-C19—正十九烷；*n*-C20—正二十烷；*n*-C24—正二十四烷；*n*-C28—正二十八烷；*n*-C32—正三十二烷；*n*-C36—正三十六烷；*n*-C40—正四十烷；*n*-C44—正四十四烷

色谱柱：固定相聚二甲基硅氧烷，10m×0.53mm，0.88μm

柱　温：60℃→360℃（10min），35℃/min

载　气：He，26mL/min

检测器：FID

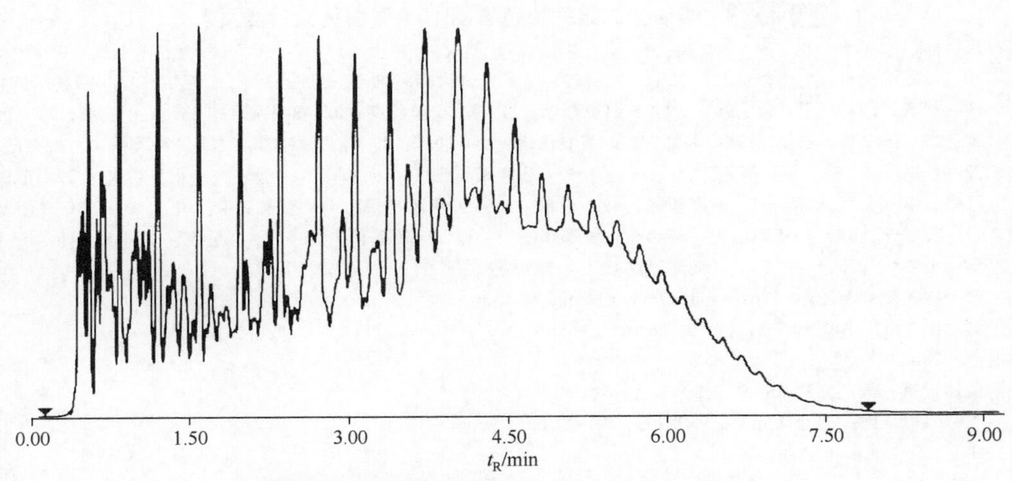

图 29-74　模拟蒸馏-ASTM D2887 参考油[61]

色谱柱：固定相聚二甲基硅氧烷，10m×0.53mm，0.88μm

柱　温：60℃→360℃（10min），35℃/min

载　气：He，26mL/min

检测器：FID

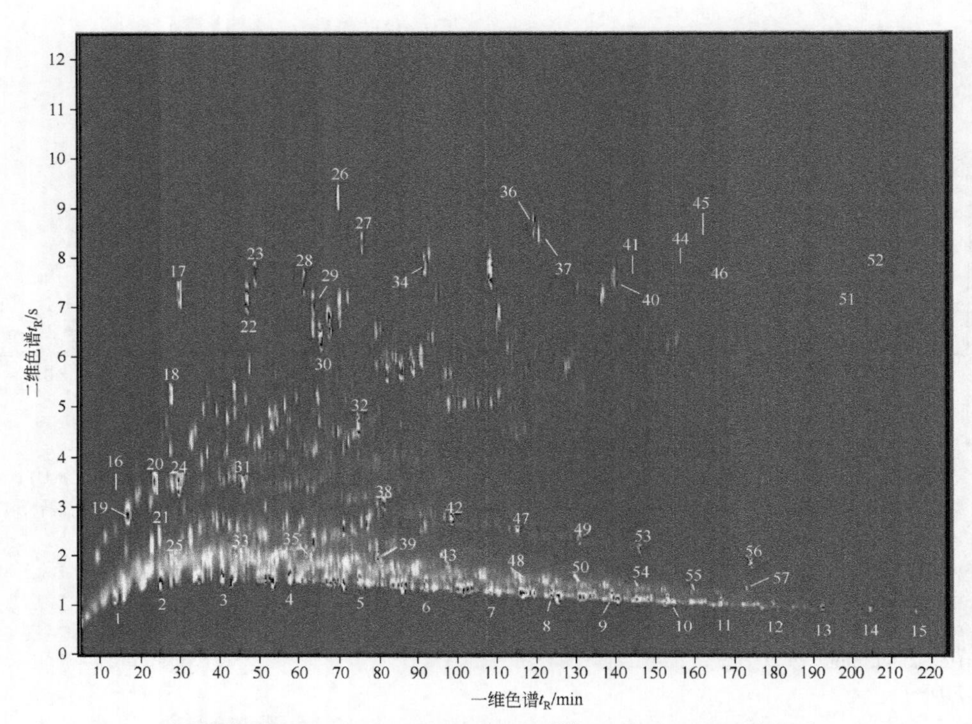

图 29-75 柴油全二维气相色谱图[62]（彩图见文后插页）

色谱峰：1—癸烷；2—十一烷；3—十二烷；4—十三烷；5—十四烷；6—十五烷；7—十六烷；8—十七烷；9—十八烷；10—十九烷；11—二十烷；12—二十一烷；13—二十二烷；14—二十三烷；15—二十四烷；16—茚满；17—萘；18—萘满；19—正丁基苯；20—1,2,4,5-四甲基苯；21—顺-十氢化萘；22—2-甲基萘；23—1-甲基萘；24—正戊基苯；25—正戊基环乙烷；26—苊烯；27—萘嵌戊烷；28—联苯；29—乙基萘；30—2,6-二甲基萘；31—正己基苯；32—六甲基苯；33—正己基环己烷；34—芴；35—正庚基环己烷；36—菲；37—蒽；38—正辛基苯；39—正辛基环己烷；40—1-甲基菲；41—9-甲基蒽；42—壬苯；43—壬基环己烷；44—荧蒽；45—芘；46—9,10-二甲基蒽；47—癸基苯；48—癸基环己烷；49—十一烷基苯；50—正十一烷基环己烷；51—蒽；52—苣；53—十二烷基苯；54—十二烷基环己烷；55—三癸环己烷；56—十四烷基苯；57—十四烷基环己烷

色谱柱：第一维柱Restek Rtx-1 Crossbond，7m×0.10mm，0.4μm

第二维柱SGE BPX50，0.82m×0.10mm，0.1μm

进样口温度：280℃

程序升温条件：第一维：35℃(5min)→180℃，0.66℃/min

第二维：60℃（5min）→241℃，0.79℃/min

载　气：H_2，1.6mL/min

检测器：FID

第四节 重馏分油与原油色谱图

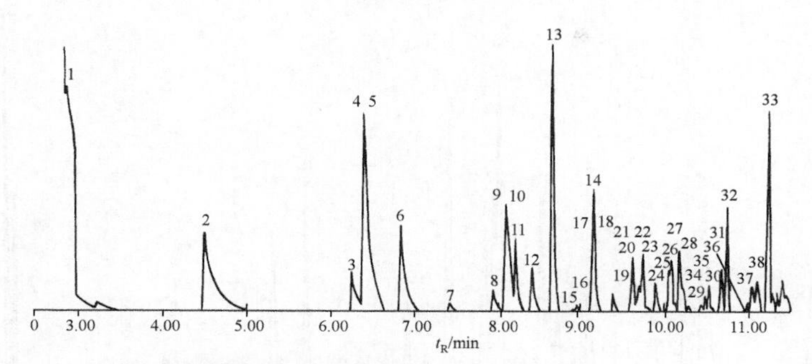

图 29-76 原油中烷基苯（C_6～C_{11}）[63]

色谱峰：1—苯；2—甲苯；3—乙基苯；4—间二甲苯；5—对二甲苯；6—邻二甲苯；7—异丙基苯；8—正丙基苯；9—1-乙基-3-甲基苯；10—1-乙基-4-甲基苯；11—1,3,5-三甲基苯；12—1-乙基-2-甲基苯；13—1,2,4-三甲基苯；14—1,2,3-三甲基苯；15—异丁基苯；16—仲丁基苯；17—间异丙基苯甲烷；18—对异丙基苯甲烷；19—1,3-二乙基苯；20—1-甲基-3-丙基苯；21—1-甲基-4-丙基苯；22—正丁基苯；23—1-乙基-3,5-二甲基苯；24—1,2-二乙基苯；25—1-甲基-2-丙基苯；26—1-乙基-2,4-二甲基苯；27—2-乙基-1,4-二甲基苯；28—4-乙基-1,2-二甲基苯；29—2-乙基-1,3-二甲基苯；30—1-乙基-2,3-二甲基苯；31—1,2,4,5-四甲基苯；32—1,2,3,5-四甲基苯；33—1,2,3,4-四甲基苯；34～38—C_5-苯

色谱柱：HP-5，30m×0.25mm，0.25μm　　检测器：MS

柱　温：35℃（2min）→300℃（10min），10℃/min　　气化室温度：290℃

载　气：He，1mL/min

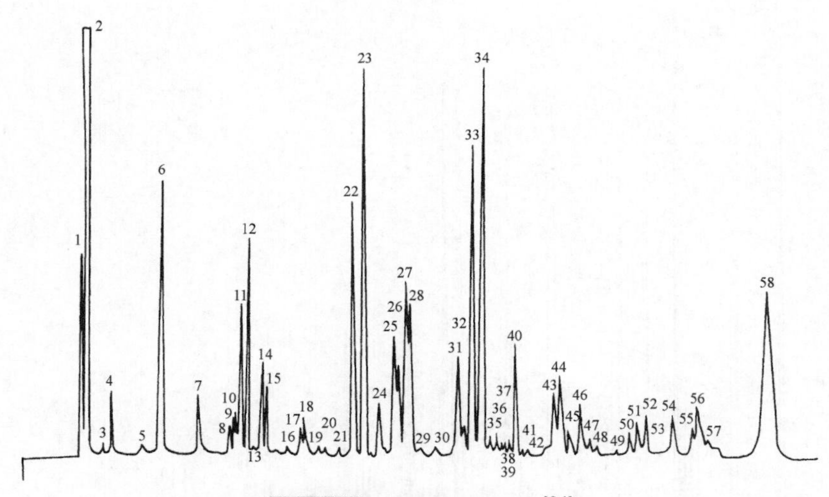

图 29-77 煤焦油轻馏分[64]

色谱峰：1—丁烯；2—二甲基醚；3—2,2-二甲基戊烷；4—苯；5—吡啶；6—甲苯；7—2-甲基吡啶+3,4-二甲基己烷；8—2,5-二甲基庚烷；9,18,48—未知物；10—吡咯；11—乙基苯；12—间二甲苯+对二甲苯；13—2-甲基辛烷；14—苯乙烯；15—邻二甲苯；16—异丙基苯+异丙基己烷；17—环辛烷+2,4-二甲基吡啶；19—3,5-二甲基辛烷；20—苯丙烯；21—正丙基苯；22—苯酚+3-乙基甲苯；23—1,3,5-三甲基苯；24—5-甲基壬烷+1-甲基-2-乙基苯；25—苯胺；26—苯并呋喃；27—顺-β-甲基苯乙烯；28—1,2,4-三甲基苯+叔丁基苯；29—异丁基苯；30—仲丁基苯；31—间异丙基甲苯；32—1,2,3-三甲基苯；33—邻甲酚+对甲基-异丙基苯；34—茚；35—间烯丙基甲苯；36—正丁基环己烷；37—1,3-二乙基苯；38—间正丙基甲苯；39—对正丙基甲苯；40—间甲酚+对甲酚+正丁基苯；41—邻二乙基苯；42—1-甲基-2-正丙基苯；43—1,4-二甲基-2-乙基苯；44—1,2-二甲基-4-乙基苯；45—叔戊基苯+1-甲基-3-叔丁基苯；46—4-乙基-乙烯基苯+1-甲基-4-叔丁基苯；47—2,5-二甲基苯乙烯；49—1,2,4,5-四甲基苯+1-乙基-4-异丙基苯；50—2,4-二甲基酚+1,3-二甲基-5-异丙基苯；51—2,5-二甲基酚+1-甲基-2-仲丁基苯；52—1,2,3,5-四甲基苯；53—异戊基苯；54—1,4-二甲基-2-异丙基苯；55—1-乙基-3-正丙基苯；56—1-甲基-2-异-烯丙基苯+4-甲基茚；57—1,3-二乙基-5-甲基苯；58—萘

色谱柱：HP-1，25m×0.2mm　　检测器：FID

柱　温：60℃　　气化室温度：250℃

载　气：N_2，105kPa　　检测器温度：260℃

第三篇

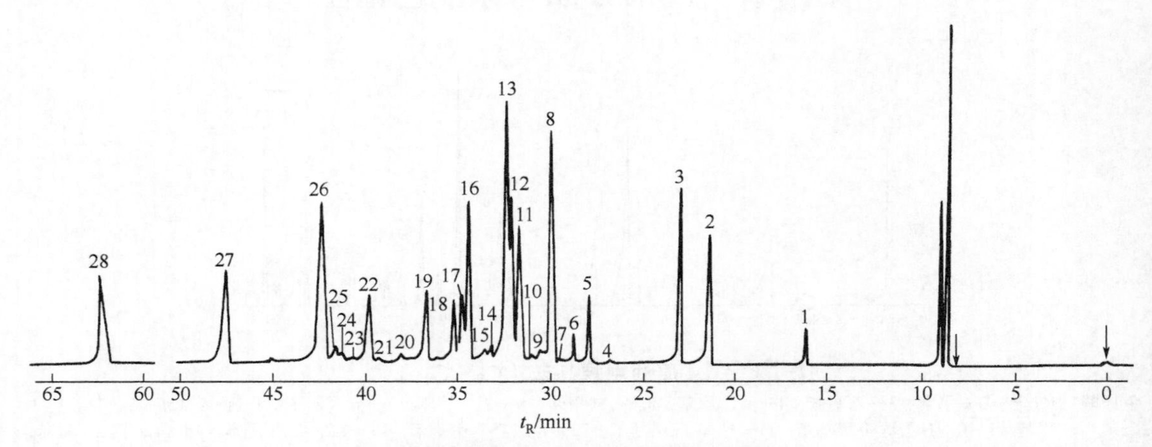

图 29-78 煤焦油二甲基萘馏分[65]

色谱峰：1—萘；2—2-甲基萘；3—1-甲基萘；5—联苯；6—2-乙基萘；7—1-乙基萘；8—2,6-二甲基萘+2,7-二甲基萘；11—1,7-二甲基萘；12—1,3-二甲基萘；13—1,6-二甲基萘；16—2,3-二甲基萘；17—1,4-二甲基萘；18—1,5-二甲基萘；19—1,2-二甲基萘；26—苊；27—联苯抱氧；28—芴；4,9,10,14,15,20～25—未知物

色谱柱：DC-550，100m×0.25mm　　检测器：FID

柱　温：160℃　　气化室温度：300℃

载　气：He

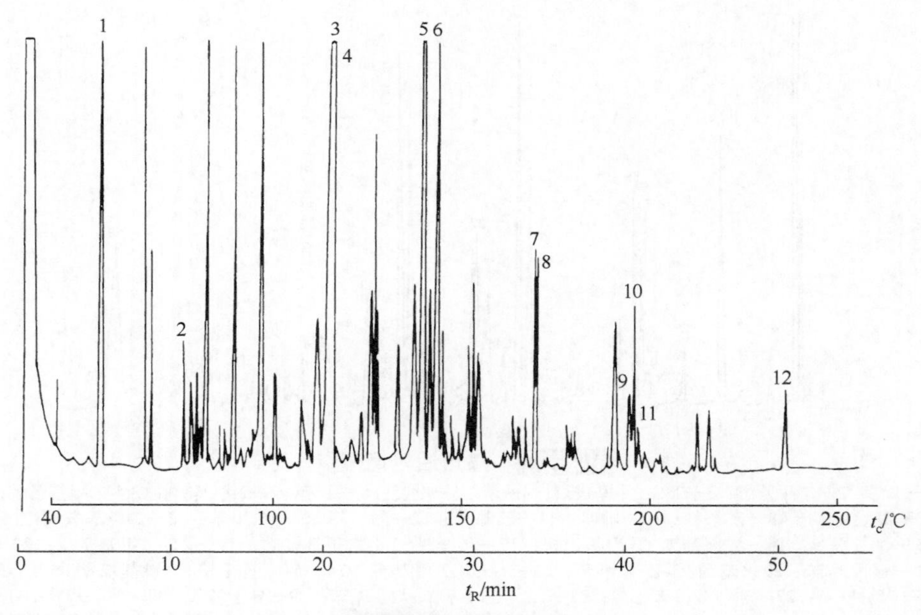

图 29-79 煤焦油[66]

色谱峰：1—萘；2—联苯；3—菲；4—蒽；5—荧蒽；6—芘；7—苯[*a*]蒽；8—䓛；9—苯并[*e*]芘；10—苯并[*a*]芘；11—苝；12—晕苯

色谱柱：SE-52，6m×0.30mm

柱　温：40℃（2min）→250℃，4℃/min

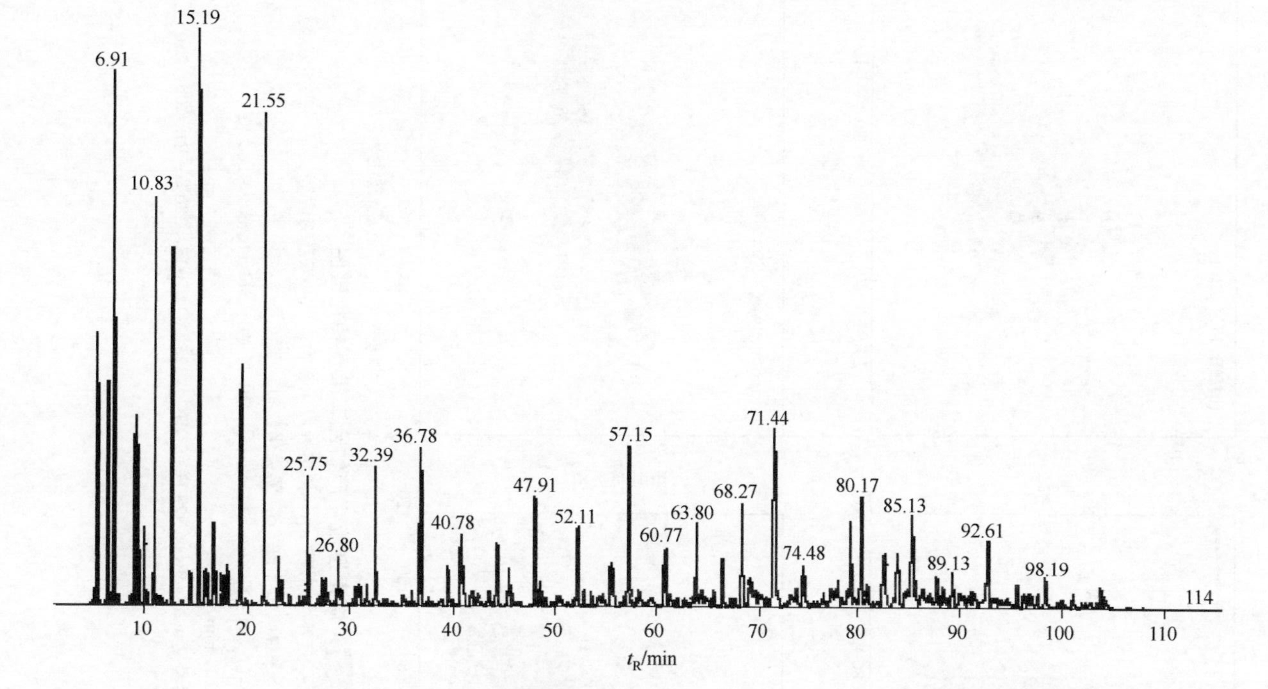

图29-80　煤石脑油馏分[67]

色谱峰：6.29（代表保留时间，单位min）—丙酮；6.24—丙醇；9.51—2-丁酮；10.19—丁醇；13.61—甲基丁酮；15.94—$C_5H_{10}O$；17.60—含氧化合物；27.73—己酮+C_8H_{18}；34.06—$C_6H_{10}O$+C_8H_{16}；36.2—含氧化合物；50.6—含氧化合物；57.15—苯酚；68.27—甲酚+$C_{10}H_{20}$；71.44—甲酚+烃类化合物；78.79—含氧化合物+烃类化合物；80.71—含氧化合物；82.49—含氧化合物+烃类化合物；(84.64–85.6)—含氧化合物+烃类化合物；96.16—含氧化合物 +烃类化合物

色谱柱：PONA，50m×0.2mm，0.5μm　　载　气：He，105kPa（恒压）

进样口温度：250℃　　检测器：TOF-MS

程序升温条件：35℃ $\xrightarrow{1.1℃/min}$ 114℃ $\xrightarrow{1.7℃/min}$ 280℃

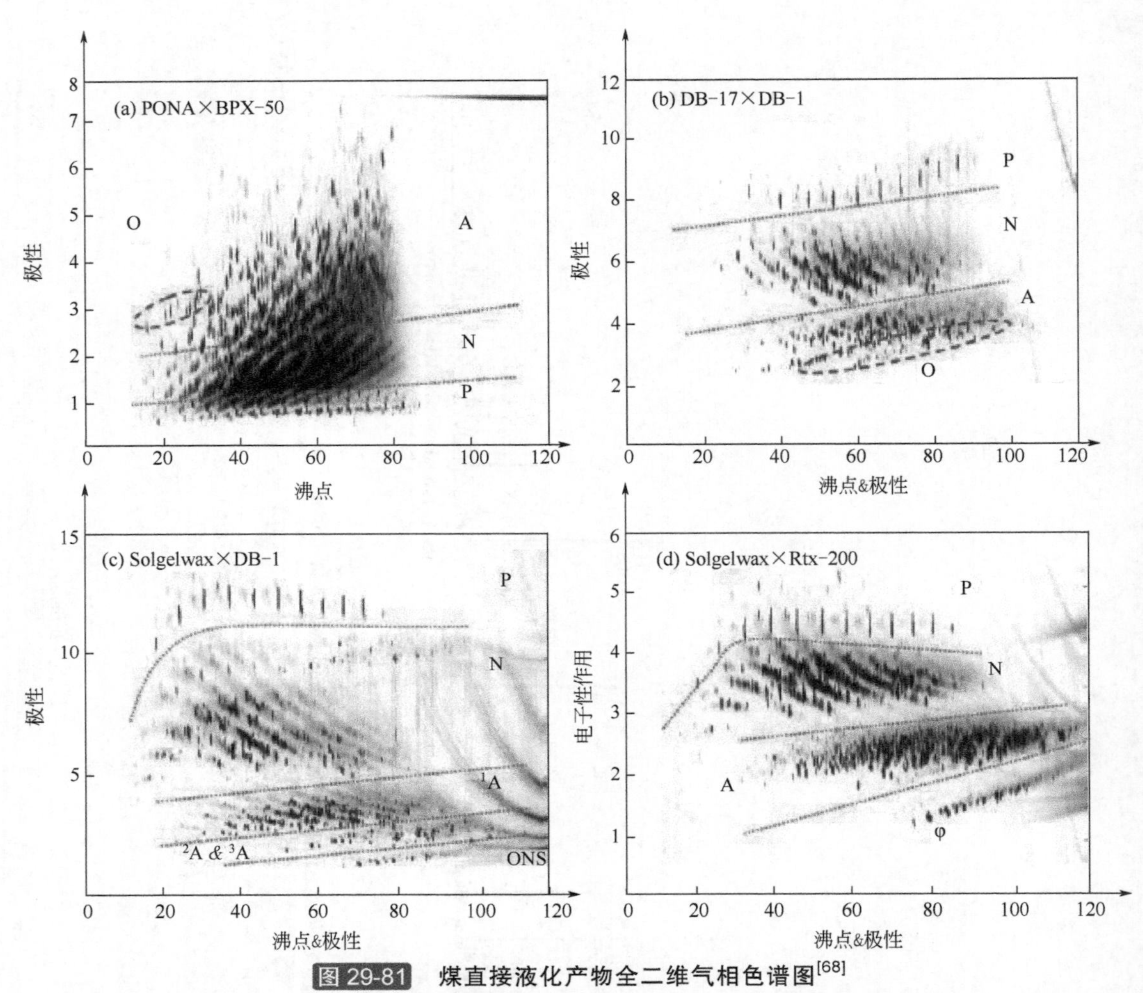

图 29-81 煤直接液化产物全二维气相色谱图[68]

色谱峰：P—正构烷烃；N—环烷烃；A—芳香族环烃；^{1}A—单芳香族化合物；^{2}A—双环芳香烃；^{3}A—三环芳香烃；O—含氧化合物；N—含氮化合物；S—含硫化合物；φ—酚类化合物

色谱柱：(a) PONA×BPX-50；(b) DB-17×DB-1；(c) Solgelwax×DB-1；(d) Solgelwax×Rtx-200

进样口温度：60℃（1min）→280℃，2℃/min

程序升温条件：30℃→色谱柱最高使用温度（Solgelwax，280℃；DB-1，325℃；DB-17，280℃；Rtx-200，250℃；PONA，325℃），2℃/min

载　气：He，25mL/min

检测器：FID

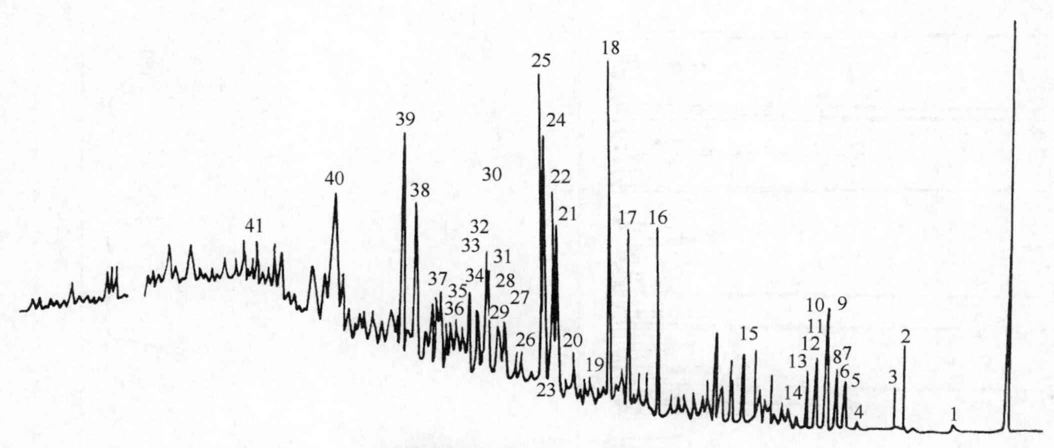

图 29-82　**生油岩中芳烃**[69]

色谱峰：1—萘；2—β-甲基萘；3—α-甲基萘；4—联苯；5—β-乙基萘；6—α-乙基萘；7—2,6-二甲基萘；8—2,7-二甲基萘；9—1,3-二甲基萘或1,7-二甲基萘；10—1,6-二甲基萘；11—1,4-二甲基萘+2,3-二甲基萘；12—1,5-二甲基萘；13—1,2-二甲基萘；14—1,8-二甲基萘；15—三甲基萘或C_3-萘；16—C_4-萘；17—二甲基二苯并呋喃；18—菲；19—蒽；20—三甲基二苯并呋喃；21—3-甲基菲；22—2-甲基菲；23—2-甲基蒽或4,5-亚甲基菲；24—9-甲基菲；25—1-甲基菲；26—3,6-二甲基菲+乙基菲；27,28,30,33—二甲基菲；29—2,7-二甲基菲；31—1,6-二甲基菲；32—1,7-二甲基菲；34—二甲基菲+荧蒽；35—1,8-二甲基菲；36—芘；37—1,2,3,4-四氢化惹烯；38—三甲基菲或C_3-菲；39—1-甲基，7-异丙基菲；40—二甲基环戊并菲；41—三甲基环戊并菲

色谱柱：OV-101，25m×0.25mm　　检测器：FID

柱　温：120℃→290℃，5℃/min　　气化室温度：290℃

载　气：N_2　　检测器温度：290℃

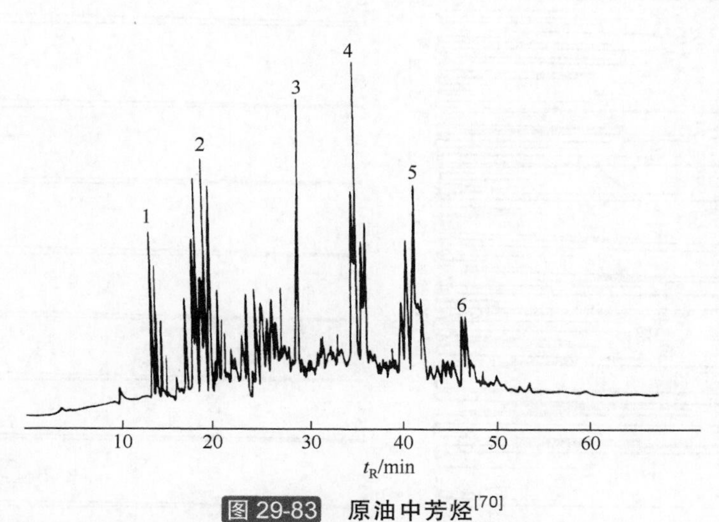

图 29-83　**原油中芳烃**[70]

色谱峰：1—二甲基萘；2—三甲基萘；3—菲；4—甲基菲；5—二甲基菲；6—三甲基菲

色谱柱：OV-101，25m×0.22mm　　检测器：FID

柱　温：130℃→320℃，2℃/min　　气化室温度：350℃

载　气：N_2，0.36mL/min　　检测器温度：350℃

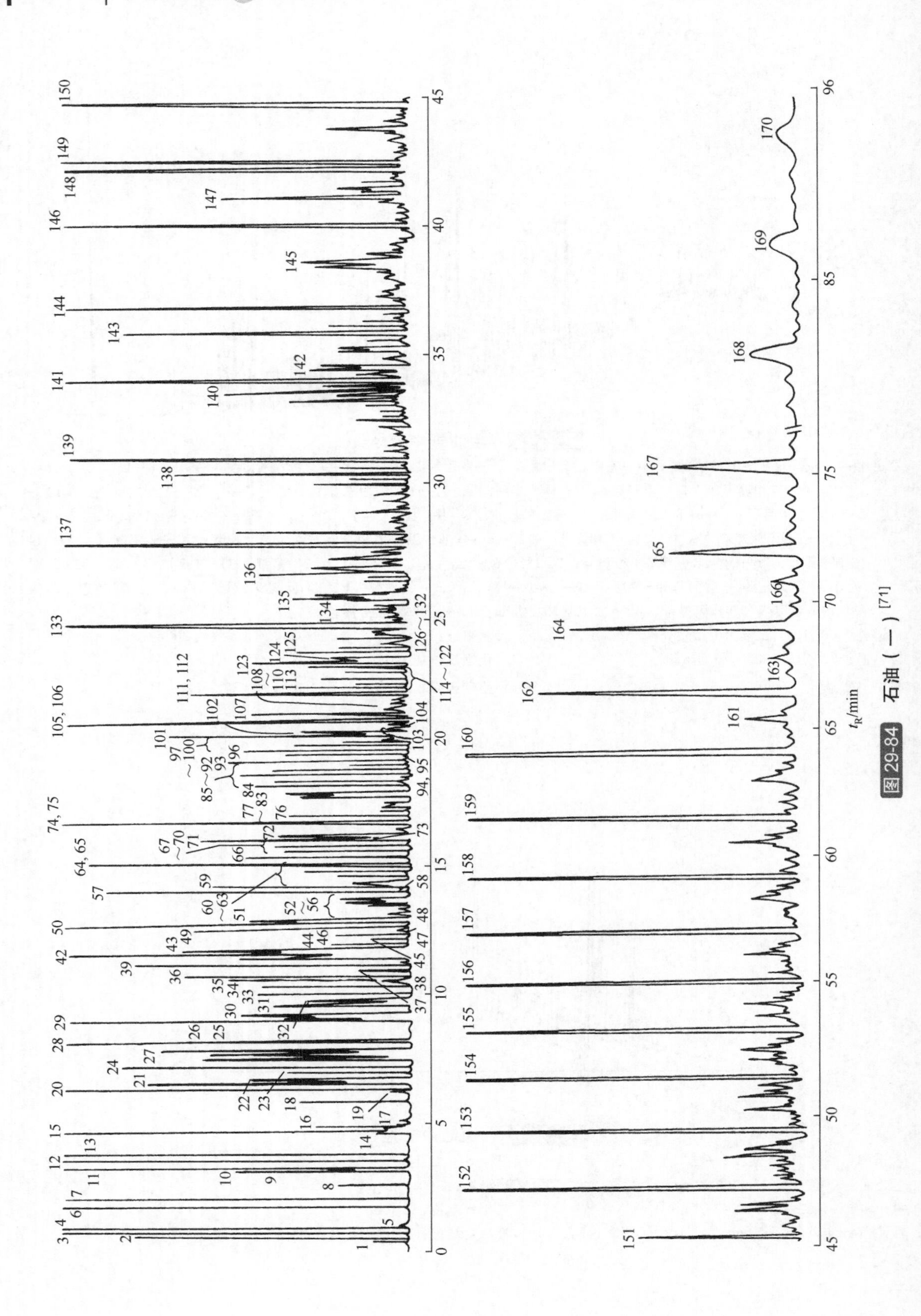

图 29-84 石油（一）[71]

色谱峰：1—乙烷；2—丙烷；3—异丁烷；4—正丁烷；5—2,2-二甲基丙烷；6—异戊烷；7—正戊烷；8—2,2-二甲基丁烷；9—环戊烷；10—2,3-二甲基丁烷；11—2-甲基戊烷；12—3-甲基戊烷；13—正己烷；14—2,2-二甲基戊烷；15—甲基环戊烷；16—2,4-二甲基戊烷；17—2,2,3-三甲基丁烷；18—苯；19—3,3-二甲基戊烷；20—环己烷；21—2-甲基己烷；22—2,3-二甲基戊烷；23—1,1-二甲基环戊烷；24—3-甲基己烷；25—1,3-顺-二甲基环戊烷；26—1,3-反-二甲基环戊烷；27—1,2-反-二甲基环戊烷；28—正庚烷；29—甲基环己烷；30—1,反-2,反-4-三甲基环戊烷；31—乙基环戊烷；32—2,4-二甲基己烷；33—1,反-2,顺-4-三甲基环戊烷；34—1,反-2,顺-3-三甲基环戊烷；35—2,3,4-三甲基戊烷；36—甲苯；37—2,3-二甲基己烷；38—1,1,2-三甲基环戊烷；39—2-甲基庚烷； 42—3-乙基己烷；43—1,反-4-二甲基环己烷；44—1,1-二甲基环己烷；45—2,2,5-三甲基己烷；46—1-甲基,反-3-乙基环戊烷；47—1-甲基,反-2-乙基环戊烷；48—2,2,4-三甲基己烷；49—1,反-2-二甲基环己烷；50—正辛烷；51—1,反-3-二甲基环己烷；52—异丙基环戊烷；53—2,3,5-三甲基己烷；54—2,2-二甲基庚烷；55—2,4-二甲基庚烷；56—1,顺-2-二甲基环己烷；57—乙基环己烷；58—正丙基环戊烷；59—1,1,3-三甲基环己烷；60—1,1,4-三甲基环己烷；61—2,3,3-三甲基己烷；62—乙苯；63—2,3,4-三甲基己烷；64—1,3-二甲苯；65—3,4-二甲基庚烷；66—2-甲基辛烷；67—3-甲基辛烷；68—1,反-2,顺-3-三甲基环己烷；69—1,顺-3,顺-4-三甲基环己烷；70—1,顺-2,反-4-三甲基环己烷；71—1-甲基,顺-3-乙基环己烷；72—1-甲基,反-4-乙基环己烷；73,85—九碳环烷；74—正壬烷；75—1-甲基,反-2-乙基环己烷；76—1-甲基,反-3-乙基环己烷；77—1-甲基,顺-4-乙基环己烷；78—异丙苯；79—3,3,5-三甲基庚烷；80—九碳双环烷+十碳键烷；81—异丙基环己烷；82,87,89,99,100,102,104,113—十碳环烷；83—1-甲基,顺-2-乙基环己烷；84—正丙基环己烷；86,97—十碳键烷；88—正丙苯；90—九碳双环烷；91—1-甲基,3-乙基苯；92—1-甲基,4-乙基苯；93—1,3,5-三甲苯；94—5-甲基壬烷；95—4-甲基壬烷；96—2-甲基壬烷；98—3-甲基壬烷；101—1,2,4-三甲苯；103—十碳环烷+十一碳环烷；105—正癸烷；106—十碳环烷+十一碳键烷；107—1-甲基,3-异丙基苯；108—1-甲基,4-异丙基苯；109—十一碳环烷反键烷；110,111,120,124,127—十一碳键烷；112—1-甲基,乙异丙基苯；114—1,3-二乙基苯；115—1-甲基,3-正丙基苯；116—1-甲基,4-正丙基苯；117—1,4-二乙基苯；118—正丁基苯；119—1,2-二乙基苯；121—5-甲基癸烷；122—4-甲基癸烷；123—2-甲基癸烷；125—3-甲基癸烷；126,128～132—十一碳环烷；133—正十一烷；134—C_4苯；135—2-甲基十氢化萘；136—萘；137—正十二烷；138—1-甲基萘；139—正十三烷；140—2-甲基萘；141—正十四烷；142,143,147—萘系化合物；144—正十五烷；145—3-甲基萘；146—正十六烷；148—正十七烷；149—姥鲛烷；150—正十八烷；151—植烷；152—正十九烷；153—正二十烷；154—正二十一烷；155—正二十二烷；156—正二十三烷；157—正二十四烷；158—正二十五烷；159—正二十六烷；160—正二十七烷；161—C_{28}甾烷；162—正二十八烷；163—C_{29}萜烷；164—正二十九烷；165—正三十烷；166—C_{30}萜烷；167—正三十一烷；168—正三十二烷；169—正三十三烷；170—正三十四烷

色谱柱：OV-101，50m×0.23mm　　检测器：FID

柱　温：30℃（2min）→300℃（40min），5℃/min　　气化室温度：320℃

载　气：He，0.8mL/min；分流比=60∶1　　检测器温度：320℃

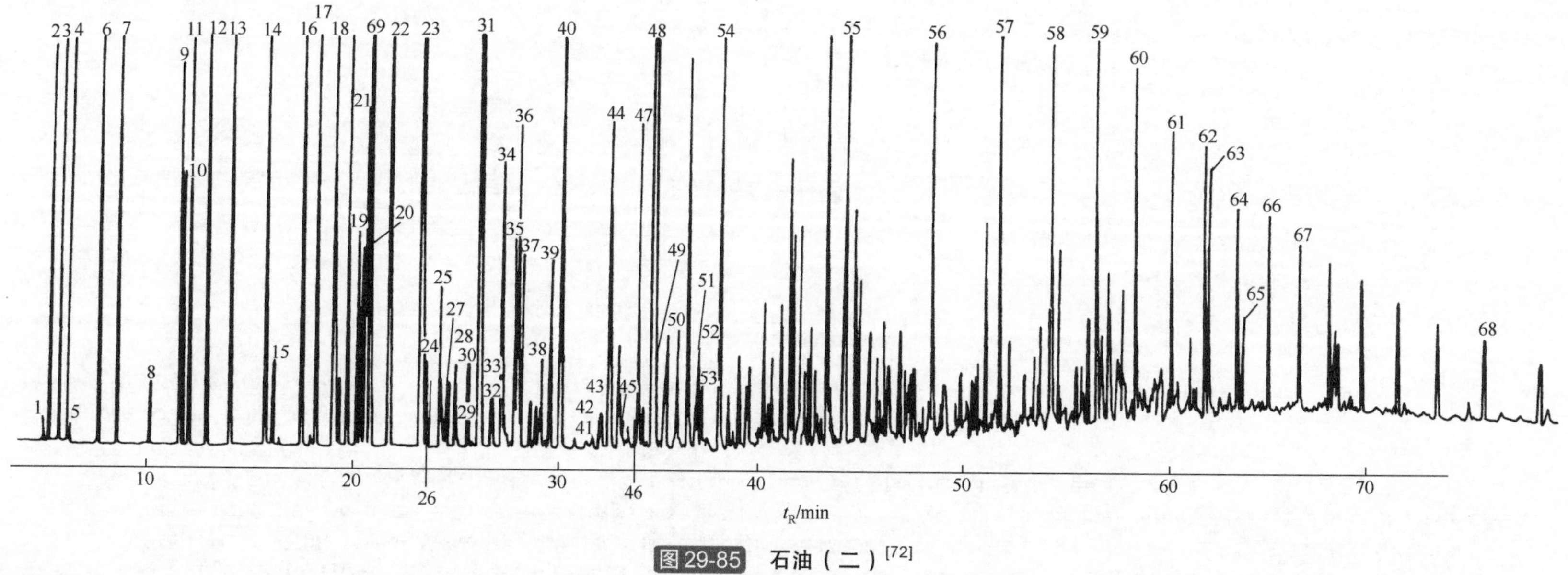

图29-85 石油（二）[72]

色谱峰：1—乙烷；2—丙烷；3—异丁烷；4—正丁烷；5—2,2-二甲基丙烷；6—异戊烷；7—正戊烷；8—2,2-二甲基丁烷；9—环戊烷；10—2,3-二甲基丁烷；11—2-甲基戊烷；12—3-甲基戊烷；13—正己烷；14—甲基环戊烷；15—2,4-二甲基戊烷；16—苯；17—环己烷；18—2-甲基己烷；19—1,顺-3-二甲基环戊烷；20—1,反-3-二甲基环戊烷；21—1,反-2-二甲基环戊烷；22—正庚烷；23—甲基环己烷；24—1,1,3-三甲基环戊烷；25—乙基环戊烷；26—2,2,3-三甲基环戊烷；27—2,5-二甲基己烷；28—2,4-二甲基己烷；29—3,3-二甲基己烷；30—1,反-2,顺-3-三甲基环戊烷；31—甲苯；32—1,1,2-三甲基环戊烷；33—2,3-二甲基己烷；34—2-甲基庚烷；35—3-甲基庚烷；36—1,顺-3-二甲基环己烷；37—1,反-4-二甲基环己烷；38—二甲基环己烷；39—1,反-2-二甲基环己烷；40—正辛烷；41—2,2-二甲基庚烷；42—2,4-二甲基庚烷；43—1,顺-2-二甲基环己烷；44—乙基环己烷+1,1,3-三甲基环己烷；45—3,5-二甲基庚烷；46—2,5-二甲基庚烷；47—乙基苯；48—间二甲苯+对二甲苯；49—4-甲基辛烷；50—2-甲基辛烷；51—3-甲基辛烷；52—1-甲基,3-乙基环己烷；53—1-甲基,4-乙基环己烷；54—正壬烷；55—正癸烷；56—正十一烷；57—正十二烷；58—正十三烷；59—正十四烷；60—正十五烷；61—正十六烷；62—正十七烷；63—姥鲛烷；64—正十八烷；65—植烷；66—正十九烷；67—正二十烷；68—正二十五烷；69—内标物

色谱柱：CP-Sil 5 CB，50m

柱　温：10℃（2min）$\xrightarrow{3℃/min}$115℃$\xrightarrow{10℃/min}$300℃（60min）

载　气：He，cm/s

检测器：FID

气化室温度：300℃

检测器温度：350℃

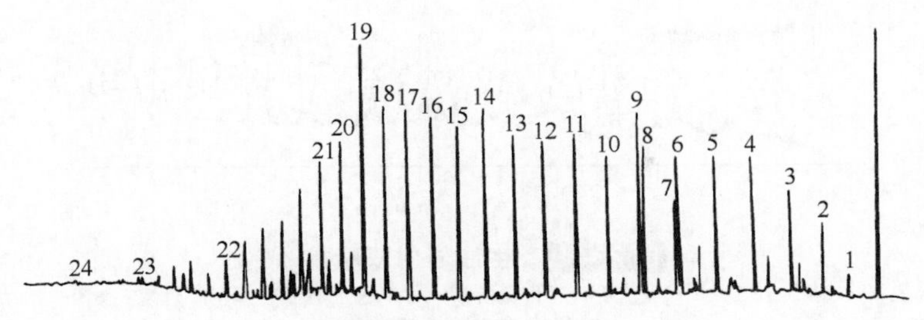

图 29-86 石油（三）[73]

色谱峰：1—正十二烷；2—正十三烷；3—正十四烷；4—正十五烷；5—正十六烷；6—正十七烷；7—姥鲛烷；8—正十八烷；9—植烷；10—正十九烷；11—正二十烷；12—正二十一烷；13—正二十二烷；14—正二十三烷；15—正二十四烷；16—正二十五烷；17—正二十六烷；18—正二十七烷；19—正二十八烷；20—正二十九烷；21—正三十烷；22—正三十五烷；23—正四十烷；24—正四十三烷

色谱柱：SE-54，20m×0.26mm　　载　气：N_2

柱　温：120℃→350℃，4℃/min　　检测器：FID

第三篇

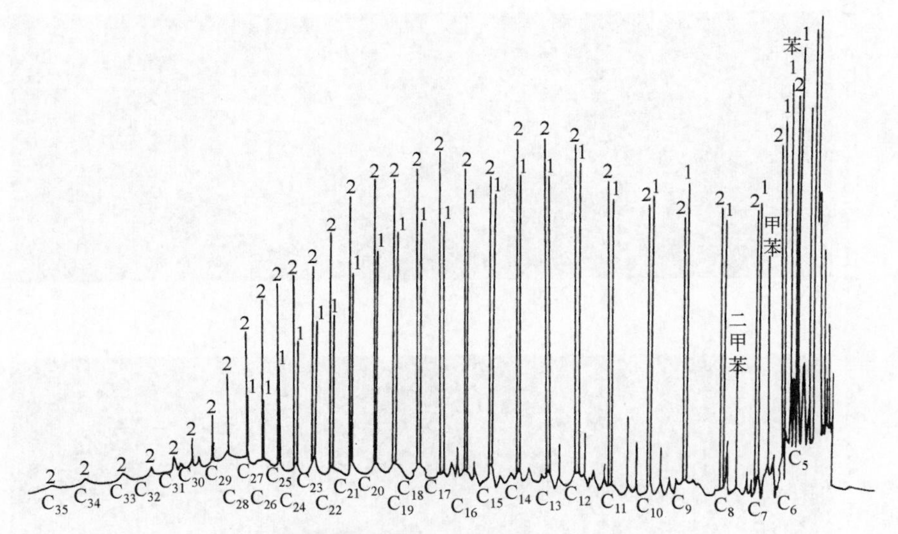

图 29-87 生油岩中烃（一）[74]

色谱峰：色谱图中C_5～C_{35}表示碳数为5～35的烃，其中1为正构烯烃，2为正构烷烃

色谱柱：SE-30，35m　　气化室温度：340℃

柱　温：50℃→300℃，4℃/min　　检测器温度：350℃

载　气：H_2，30mL/min

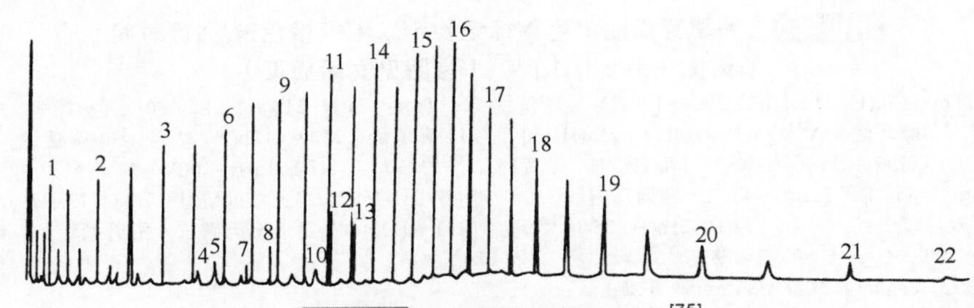

图 29-88 生油岩中烃（二）[75]

色谱峰：1—正庚烷；2—正壬烷；3—正十一烷；4—异十二烷；5—异十四烷；6—正十三烷；7—法呢烷；8—异十六烷；9—正十五烷；10—降姥鲛烷；11—正十七烷；12—姥鲛烷；13—植烷；14—正十九烷；15—正二十一烷；16—正二十三烷；17—正二十五烷；18—正二十七烷；19—正二十九烷；20—正三十一烷；21—正三十三烷；22—正三十四烷

色谱柱：OV-101，16m×0.2mm　　检测器：FID

柱　温：50℃→290℃，6℃/min　　气化室温度：290℃

载　气：N_2　　检测器温度：320℃

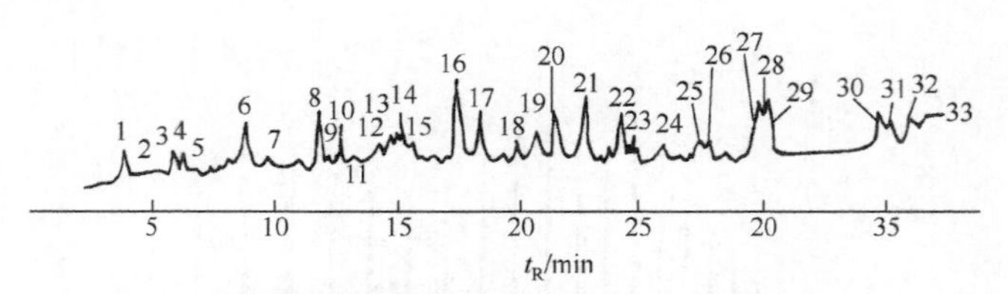

图 29-89 生油岩中双萜烷[76]

色谱峰：1—十六碳三环双萜烷；2～5—十七碳三环双萜烷；6,7—十八碳三环双萜烷；8,9—十九碳三环双萜烷；10～14—二十碳三环双萜烷；15—二十碳四环双萜烷；16,17—二十一碳三环双萜烷；18,20—二十二碳三环双萜烷；19,24—二十三碳四环双萜烷；21—二十三碳三环双萜烷；22,26—二十四碳三环双萜烷；23,27—二十四碳四环双萜烷；25—二十五碳三环双萜烷；28—二十七碳三环双萜烷；29～31—二十八碳三环双萜烷；32,33—二十九碳三环双萜烷

色谱柱：Dexsil 400空心柱　　检测器：MS

柱　温：130℃→280℃，4℃/min　　气化室温度：310℃

载　气：He，1mL/min

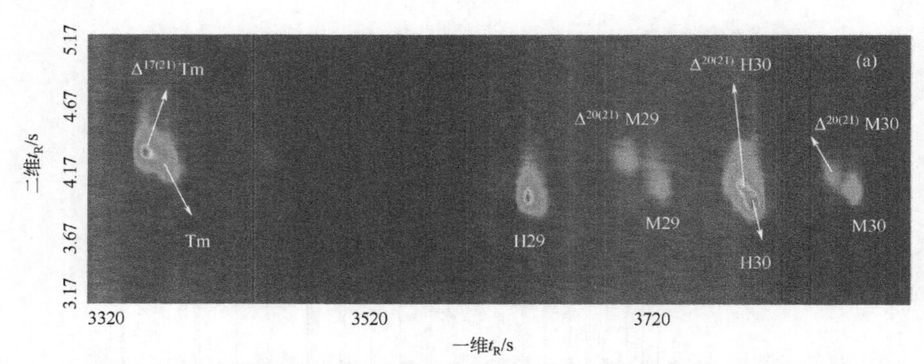

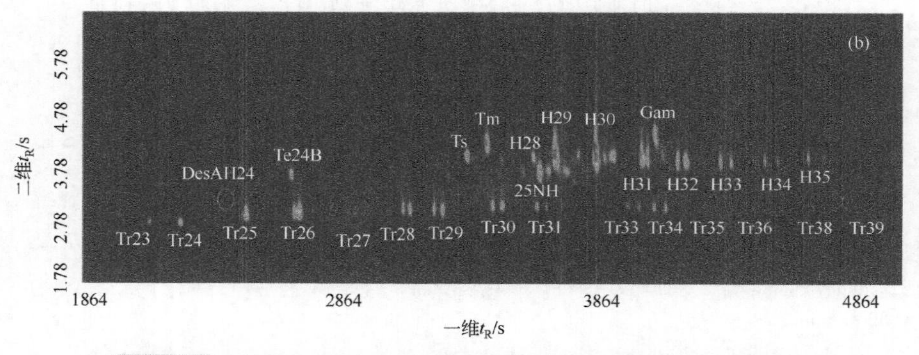

图 29-90 超重瓦斯油中生物标记物全二维气相色谱/飞行时间质谱图（*m/z* 191）[77]（彩图见文后插页）

色谱峰：$\Delta^{17(21)}$Tm—17a(H),21b(H)-22,29,30-17(21)-三降藿烷烯；Tm—17a(H),21b(H)-22,29,30-三降藿烷；H29—17a(H),21b(H)-30-降藿烷；$\Delta^{20(21)}$M29—17b(H),21a(H)-30-20(21)-降藿烯；M29—17b(H),21a(H)-30-降藿烷；$\Delta^{20(21)}$H30—17a(H),21b(H)-20(21)-藿烯；H30—17a(H),21b(H)-藿烷；$\Delta^{20(21)}$M30—17b(H),21a(H)-20(21)-藿烯；M30—17b(H),21a(H)-藿烷Trn三环萜烷；Te24B—碳二十四四环萜烷；Ts—18a(H),21b(H)-22,29,30-三降藿烷 H28—17a(H),18a(H),21b(H)-28,30-双降藿烷；25NH—17a(H),21b(H)-25-降藿烷； H31～H35—碳三十一至碳三十五升藿烷；Gam—γ-蜡烷；Tr23～Tr39—C_{23}～C_{29}的三环萜烷

色谱柱：第一维柱HP-5 ms，30m×0.25mm，0.25μm

　　　　第二维柱BPX-50，1.5m×0.1mm，0.1μm

进样口温度：290℃

程序升温条件：第一维：70℃(1min) $\xrightarrow{20℃/min}$ 180℃ $\xrightarrow{2℃/min}$ 325℃

　　　　　　　第二维：80℃(1min) $\xrightarrow{20℃/min}$ 190℃ $\xrightarrow{2℃/min}$ 335℃

载　气：He，流速1.5mL/min

检测器：TOF-MS

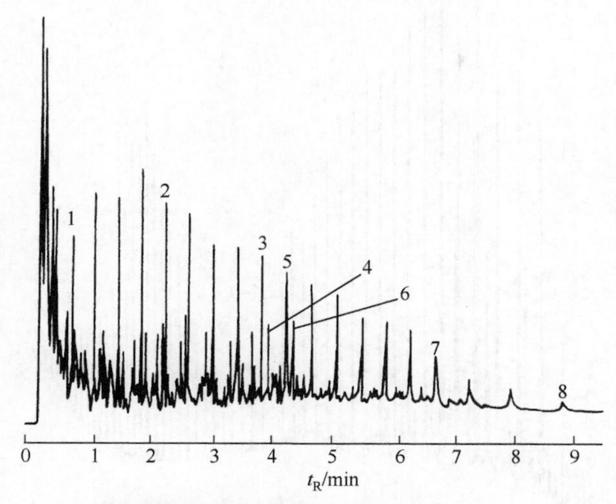

图 29-91　伊朗原油（C_9 ~ C_{27}）[78]

色谱峰：1—正壬烷；2—正十三烷；3—正十七烷；4—姥鲛烷；5—正十八烷；6—植烷；7—正二十四烷；8—正二十七烷

色谱柱：石墨化炭黑Vulcan+FFAP，4.5m×0.05mm　　载　气：He，40cm/s

柱　温：35℃→230℃，30℃/min　　检测器：FID

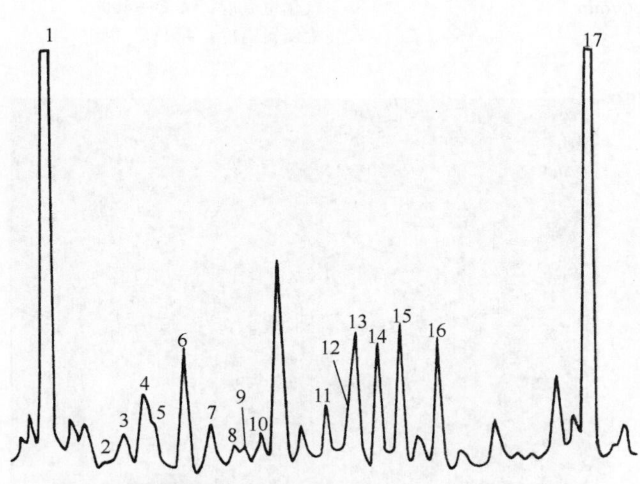

图 29-92　加拿大原油（C_{11} ~ C_{12}）[79]

色谱峰：1—正十一烷；2—4,6-二甲基癸烷；3—2,4-二甲基癸烷；4—2,5-二甲基癸烷；5—2,6-二甲基癸烷；6—2,7-二甲基癸烷；7—2,9-二甲基癸烷；8—3,7-二甲基癸烷；9—5,6-二甲基癸烷；10—2,8-二甲基癸烷；11—3,4-二甲基癸烷；12—6-甲基十一烷；13—5-甲基十一烷；14—4-甲基十一烷；15—2-甲基十一烷；16—3-甲基十一烷；17—正十二烷

色谱柱：甲基硅氧烷，50m×0.2mm，0.5μm　　检测器：FID

柱　温：40℃→300℃，5℃/min　　气化室温度：325℃

载　气：He，1mL/min　　检测器温度：325℃

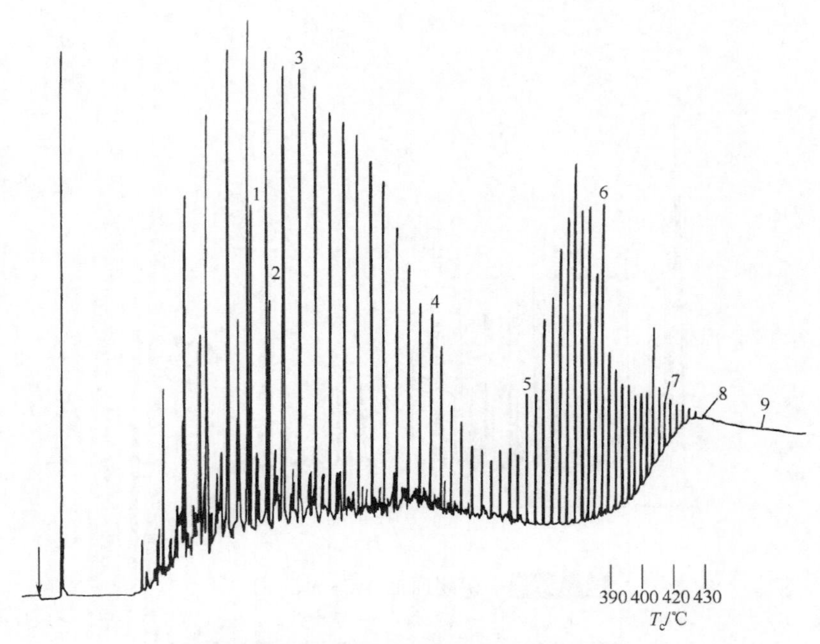

图 29-93 加拿大原油（C_{12}～C_{72}）[80]

色谱峰：1—姥鲛烷；2—植烷；3—正廿烷；4—正三十烷；5—正四十烷；6—正五十烷；7—正六十烷；8—正六十七烷；9—正七十二烷

色谱柱：甲基硅氧烷，15m×0.2mm，0.1μm　　检测器：FID

柱　温：60℃→400℃，15℃/min　　气化室温度：60℃→400℃

载　气：H_2　　检测器温度：420℃

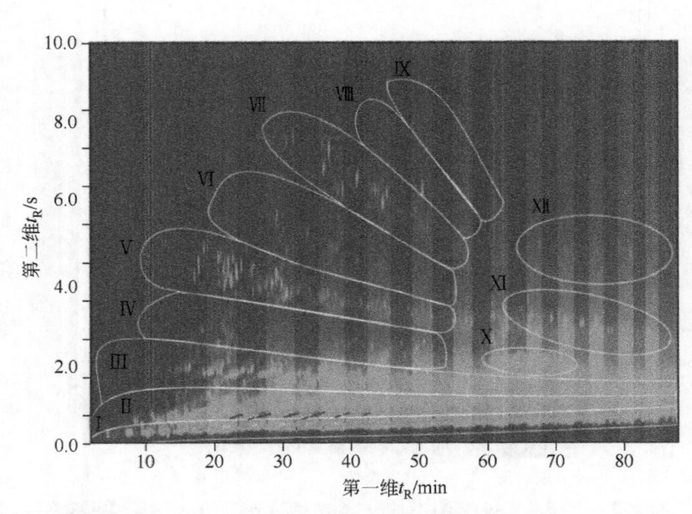

图 29-94 原油的全二维气相色谱图[81]（彩图见文后插页）

色谱峰：I—正烷烃和支链烷烃；II—环烷烃；III—烷基苯和三环萜烷；IV—茚；V—萘和苯并噻吩；VI—芴；VII—菲和硫芴；VIII—荧蒽；IX—芘；X—甾烷；XI—藿烷类；XII—苯并藿烷

色谱柱：第一维　Restek Rtx-1 Crossbond，20m×0.25mm，0.25μm

　　　　第二维　SGE BPX50，1m×0.10mm，0.1μm

进样口温度：300℃；

程序升温条件：第一维：60℃(12min) $\xrightarrow{1.5℃/min}$ 315℃ $\xrightarrow{2℃/min}$ 325℃

　　　　　　　第二维：60℃(12min)→325℃，1.5℃/min

载　气：H_2，流速1mL/min　　检测器：FID

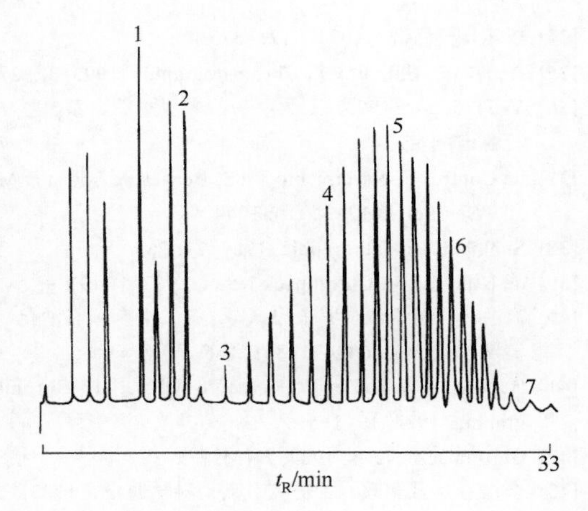

图 29-95　聚蜡（C_{14}～C_{60}）[82]

色谱峰：1—n-C_{14}；2—n-C_{17}；3—n-C_{20}；4—n-C_{30}；5—n-C_{40}；6—n-C_{50}；7—n-C_{60}

色谱柱：Chromosorb G（80～100目），1.5m×3mm

柱　温：50℃→390℃，8℃/min

载　气：N_2，40mL/min

检测器：FID

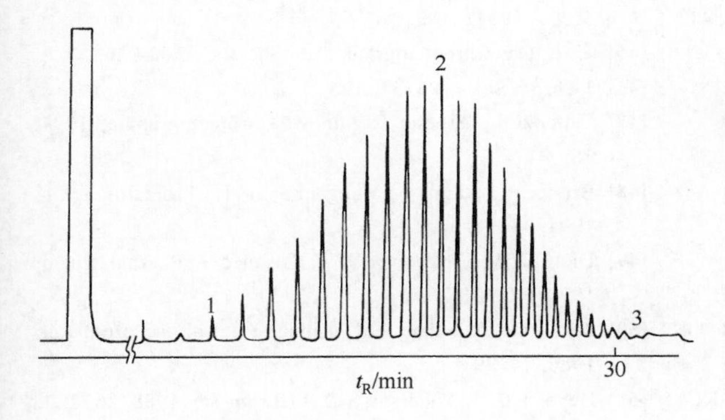

图 29-96　聚蜡 500（C_{20}～C_{70}）[83]

色谱峰：1—n-C_{20}；2—n-C_{40}；3—n-C_{70}

色谱柱：OV-1，6m×0.32mm，0.15μm

柱　温：30℃（1min）→390℃，10℃/min

载　气：H_2，15mL/min

检测器：FID

检测器温度：450℃

进样方式：柱上进样

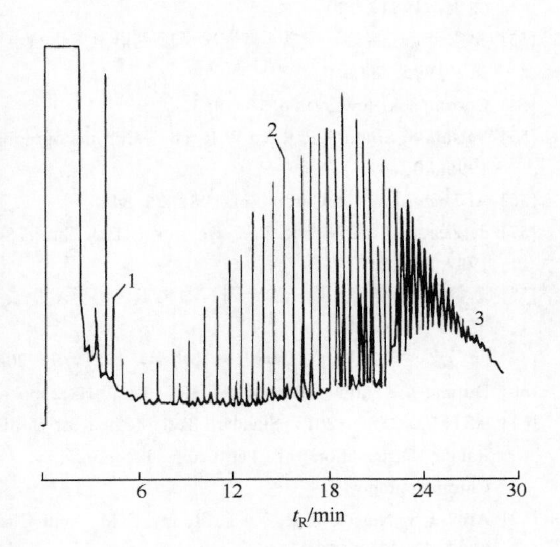

图 29-97　聚蜡 1000（C_{20}～C_{100}）[84]

色谱峰：1—n-C_{20}；2—n-C_{44}；3—n-C_{100}

色谱柱：甲基硅氧烷，8m×0.25mm，0.1μm

柱　温：50℃→430℃，15℃/min

载　气：H_2

检测器：FID

气化室温度：50℃→440℃

检测器温度：450℃

参考文献

[1] 上海石油化工总厂化工一厂. 分析化学，1975，3：446.

[2] GB/T 3391—2002. 工业用乙烯中烃类杂质的测定 气相色谱法.

[3] GB/T 3394—2009. 工业用乙烯、丙烯中微量一氧化碳、二氧化碳和乙炔的测定 气相色谱法

[4] GB/T 3392—2003. 工业用丙烯中烃类杂质的测定 气相色谱法.

[5] Alltech. Chromatography Catalog 350, 1995; 94.

[6] Corcia A D, Samperi R, Capponi G. Chromatographia, 1997, 10: 554.

[7] GB/T 6017—2008. 工业用丁二烯纯度及烃类杂质的测定 气相色谱法.

[8] GB 6024—85. 中国国家标准汇编，1990，66：386.

[9] GB 6013—85. 中国国家标准汇编，1990，66：335.

[10] J&W Scientific. 1994-1995 Chromatography Catalog & Reference Guide, 1995: 215.

[11] de Nijs R C M, de Zeeuw J. J Chromatogr, 1983, 279: 41.

[12] GB 6600—86. 中国国家标准汇编，1990，74：153.

[13] Herich L H. J Chrom Sci, 1988, 26: 198.

[14] Alltech. Chromatography Catalog 350, 1995: 135, 28.

[15] 何荔，董运宇. 第九次全国色谱学术报告会文集，1993: 383.

[16] Al-Thamir W K. HRC&CC, 1985, 8: 143.

[17] de Nijs R C M. Chrompack News, 1983; 10 (4): 4.

[18] GB/T 13610—2003 天然气的组成分析 气相色谱法.

[19] Luong J, Gras R, Shellie R A, et al. Sep Sci, 2013, 36(1): 182.

[20] Tuan H P, Janssen H G, Kuiper van Loo E M, et al. HRC, 1995, 18: 525.

[21] GB/T 10410—2008. 人工煤气和液化石油气常量组分气相色谱分析法.

[22] Luong J, Gras R, Cortes H J, et al. 2013. J Chromatogr A, 2013, 1271: 185-191.

[23] 顾惠祥，阎宝石，吴其灿，等. 石油化工，1975，4（1）：33.

[24] 董运宇，顾文华，李菊白，等. 第四次全国色谱报告会文集，1983：178.

[25] 黄撷云，陈茂齐，杨世琰. 色谱，1996，14：291.

[26] 康玉，王宏志，华平生. 第二次全国石油化工色谱学术报告会文集，1986：69.

[27] Chrompack. Chrompack General Catalog, 1994: 114.

[28] 北京向阳化工厂试验室. 分析规程，1973.

[29] GB 3144—82. 中国国家标准汇编，1987，24：501.

[30] SH/T 1148—2001. 工业用乙苯纯度及烃类杂质的测定 气相色谱法.

[31] Schulze J, Hartung A, Kiess H, et al. Chromatographia, 1987, 19: 391.

[32] 兰州合成橡胶厂. 石油化工技术，1972，（2）：12.

[33] GB/T 12688.1—2011 工业用苯乙烯试验方法 第 1 部分：纯度和烃类杂质的测定 气相色谱法.

[34] 杨玉国. 色谱，1994，12：375.

[35] Boneva S, Balbolov E. Chromatographis, 1993, 37: 277.

[36] YB/T 5154—1993. 工业甲基萘中甲基萘、萘含量的气相色谱测定方法.

[37] de Conto J F; Nascimento J d S, Borges de Souza D M, et al. J Sep Sci, 2012, 35 (8): 1044.

[38] Snel R. Chromatographia, 1986, 21: 265.

[39] de Nijs R C M. Chrompack News, 1983, 10 (3): 9.

[40] 高兰云，马玉源，罗玉忠，等. 第二次全国石油化工色谱学术报告会文集，1986：186.

[41] Bergmann W, Heller W, Hernanto A R, et al. Chromatographia, 1984, 19: 165.

[42] Chrompack. News, 1984, 11(3): 7.

[43] 李浩春，戴朝政，徐方宝，等. 科学通报，1983，28：84.

[44] 吴少雯，由源鹤. 第一次全国石油化工色谱学术报告会文集，1984：189.

[45] 岛津. Gas Chromatograph Data Sheet. CA180-926.

[46] J Chrom Sci, 1993, 31: 196.

[47] Lattanzi L, Attaran Rezaii M. Chromatographia, 1994, 38: 114.

[48] Bruner F, Lattanzi L, Mangani F, et al. Chromatographia, 1994, 38: 98.

[49] Diehl J W, Finkbeiner J W, Disanzo F P. Anal Chem, 1995, 67: 2015.

[50] Kumar B, Kuchhal R K, Kumar P, et al. J Chrom Sci, 1986, 24: 99.

[51] Heyes P C, Jr Anderson S D. J Chrom Sci, 1988, 26: 250.

[52] 唐振海，计锦屏. 第一次全国石油化工色谱学术报告会文集，1984：220.

[53] 祝秀英，匡宇红，李杨. 第十次全国色谱学术报告会文集，1995：88.

[54] Chrompack News, 1986, 13 (2): 3.

[55] Vatsala S, Singh A P, Kalsi W R, et al. Chromatographia, 1995, 40: 607.

[56] Al Thamir W K. J Chrom Sci, 1988, 26: 345.

[57] de Zeeum J, de Nijs R C M, Henrich L T. J Chrom Sci, 1987, 25: 71.

[58] 陈葵华，丁廷静. 第一次全国石油化工色谱学术报告会文集，1984：426.

[59] 邹乃忠，李景兰，陆婉珍. 分析化学，1981，9：204.

[60] Durand J P, Fafet A, Barrean A. HRC, 1989, 12: 230.

[61] ASTM D 2887—2013. Standard Test Method for Boiling Range Distribution of Petroleum Fractions by Gas Chromatography.

[62] Arey J S, Nelson R K, Xu L, Reddy C M. Anal Chem 2005, 77 (22): 7172.

[63] Wang Z, Fingas M, Landriault M, et al. Anal Chem, 1995, 67: 3491.

[64] Zhang M J, Li S D, Chen B J. Chromatographia, 1992, 33: 138.
[65] Kabot F J, Ettre L S. Anal Chem 1964, 36: 250.
[66] Wright B W, Lee M L. HRC&CC, 1980, 3: 352.
[67] Omais B, Courtiade M, Charon N, et al. J Chromatogr A, 2012, 1226: 61.
[68] Omais B, Courtiade M, Charon N. Anal Chem 2011, 83: 7550.
[69] 程中第. 分析测试通报，1985，4（4）：21.
[70] 张淑琴，杨坚强. 第二次全国石油化工色谱学术报告会文集. 1986：373.
[71] 张百珍，韩霞，刘秀兰. 第九次全国色谱学术报告会文集，1993：389.
[72] Osjord E H, Ranningsen H P, Tan L. HRC&CC, 1985, 8: 683.
[73] 顾侃英，王昌时，陆婉珍. 分析化学，1985，13：87.
[74] 李玉恒. 第二次全国石油化工色谱学术报告会文集，1986：376.
[75] 程中第，肖廷荣，葛修丽. 分析测试通报，1983，第二期（试刊）：32.
[76] 孔庆云，王宁珠. 分析测试通报，1985，4（2）：31.
[77] Avila B, Aguiar A, Gomes A, et al. Organic Geochemistry, 2010, 41: 863.
[78] Attaran Rezaii M, Lattanzi L. Chromatographia, 1994, 38: 235.
[79] Kissin Y V, Feulmer G P, Payne W B. J Chrom Sci, 1986, 24: 164.
[80] Lispsky S R, Duffy M L, HRC&CC, 1986, 9: 376.
[81] Ventura G T, Raghuraman B, Nelson R K. Organic Geochemistry, 2010, 41: 1026.
[82] Hewlett-Packard. J Chrom Sci, 1987, 25: 2.
[83] Luke L A, Ray J E. HRC&CC, 1985, 8: 193.
[84] Hinshaw J V, Jr. J Chrom Sci, 1987, 25: 49.

第三十章 临床医学物质色谱图

第一节 尿液的色谱图

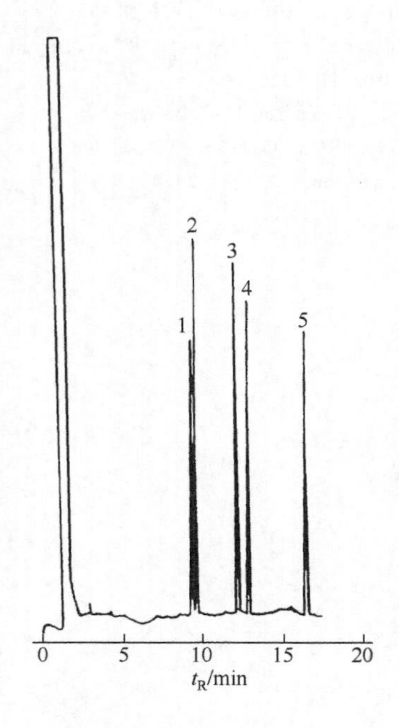

图 30-1 人尿中甲苯与二甲苯代谢产物[1]

色谱峰：1—马尿酸；2—邻甲基马尿酸；3—间甲基马尿酸；4—间甲基马尿酸；5—对乙基马尿酸（内标物）

色谱柱：OV-225，25m×0.2mm

柱 温：220℃

载 气：H_2，70kPa

检测器：FID

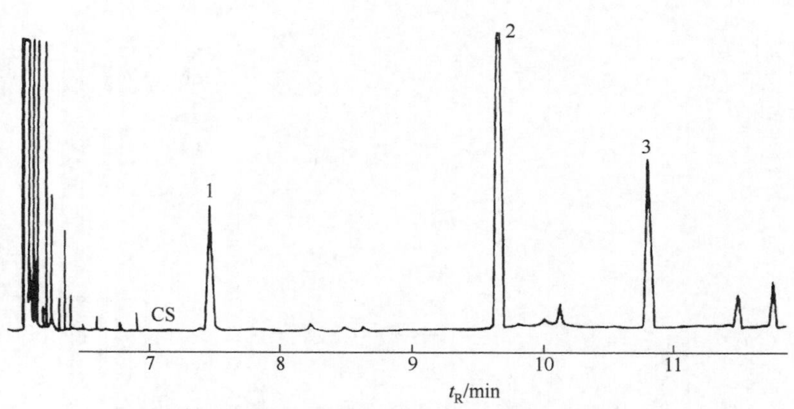

图 30-2 尿中酚（乙酸酯类衍生物）[2]

色谱峰：1—苯酚；2—对甲酚；3—3-氯酚（内标物）

色谱柱：5% 苯基甲基硅氧烷，25m×0.31mm，0.52μm

柱 温：从60℃开始，以8℃/min速度程序升温

载 气：H_2，40kPa

检测器：FID

气化室温度：250℃

检测器温度：300℃

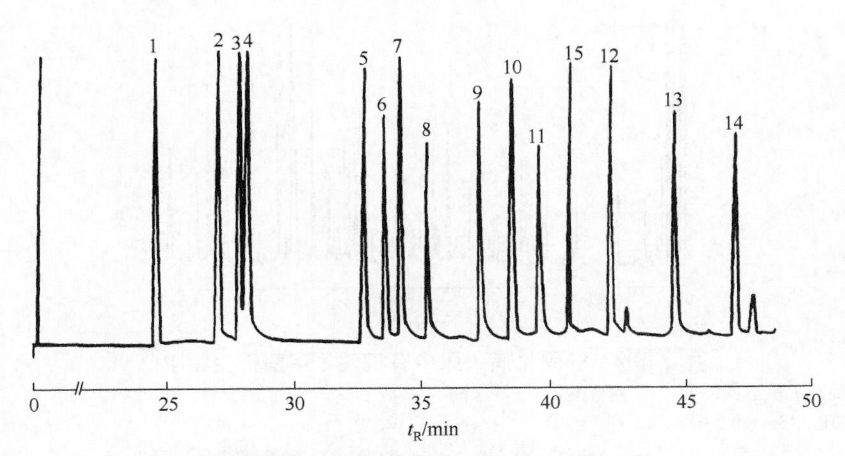

图 30-3 尿中氯代酚（PFB 衍生物）[3]

色谱峰：1—苯酚；2—邻甲酚；3—间甲酚；4—对甲酚；5—2-氯-5-甲基酚；6—4-氯-3-甲基酚；7—4-氯-2-甲基酚；8—2,4-二氯酚；9—2,4,6-三氯酚；10—2,3,6-三氯酚；11—2,4,5-三氯酚；12—2,3,5,6-四氯酚；13—2,3,4,5-四氯酚；14—五氯酚；15—2,6-二溴酚（内标物）

色谱柱：SPB-5，30m×0.25mm，0.25μm

柱 温：70℃（0.5min）$\xrightarrow{30℃/min}$ 105℃（10min）$\xrightarrow{4℃/min}$ 240℃（3min）

载 气：N_2，70kPa

气化室温度：250℃

检测器：ECD

检测器温度：300℃

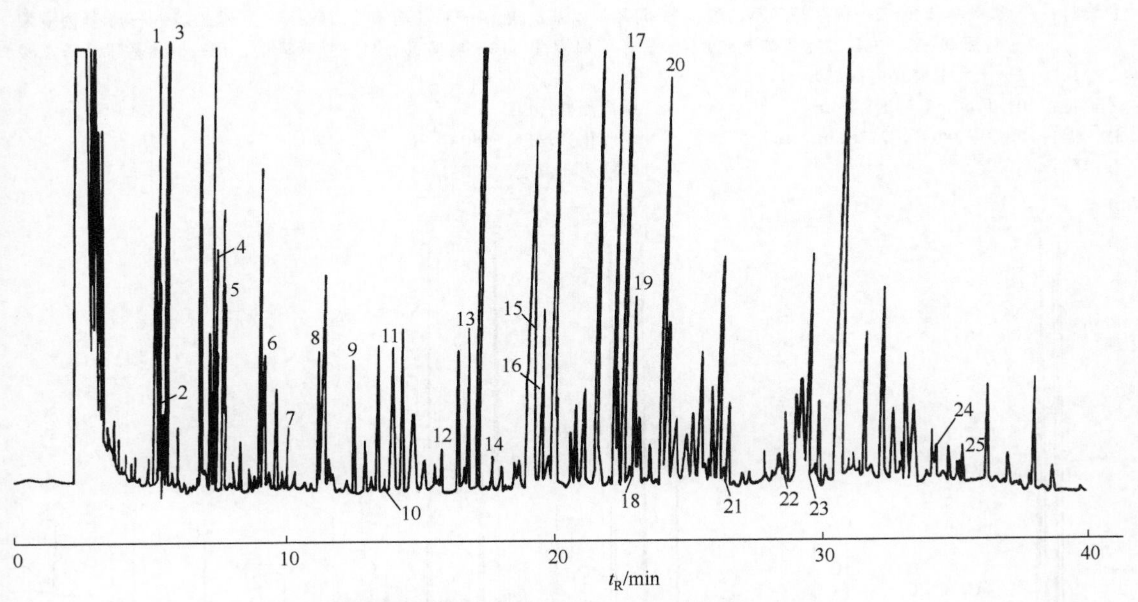

图 30-4 尿中有机酸（硅烷化衍生物）[4]

色谱峰：1—正戊酸；2—正己酸；3—羟基乙酸；4—二羟醋酸；5—正庚酸；6—丙二酸；7—苯甲酸；8—苯乙酸；9—丁二酸；10—反丁烯二酸；11—壬酸；12—戊二酸；13—3-甲基戊二酸；14—癸酸；15—苹果酸；16—己二酸+对羟基苯甲酸；17—托品酸（内标）；18—庚二酸；19—3-羟基-3-甲基戊二酸；20—对羟基苯乙酸；21—辛二酸；22—反式乌头酸；23—2,5-二羟基苯乙酸；24—抗坏血酸；25—β-吲哚乙酸

色谱柱：SE-54，36m×0.32mm，0.25μm

载 气：H_2，44cm/s

气化室温度：250℃

柱 温：70℃（3min）→190℃（3min），2.5℃/min

检测器：FID

检测器温度：250℃

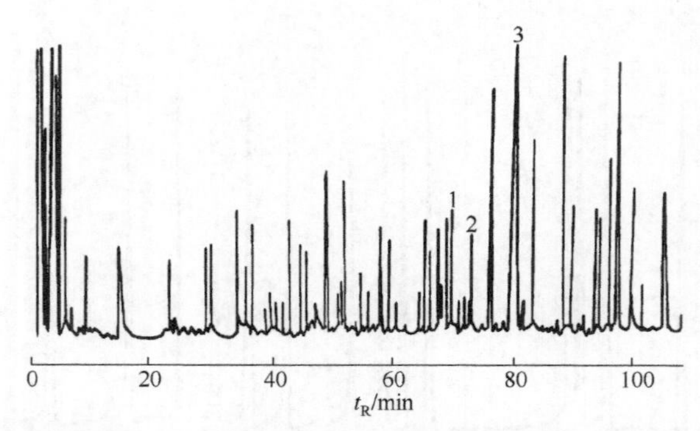

图 30-5 肝硬化病人尿中有机酸（甲酯衍生物）[5]

色谱峰：1—4-羟基扇桃酸；2—4-羟苯基乳酸；3—马尿酸

色谱柱：OV-1701，25m×0.25mm　　柱　温：40℃（10min）→230℃

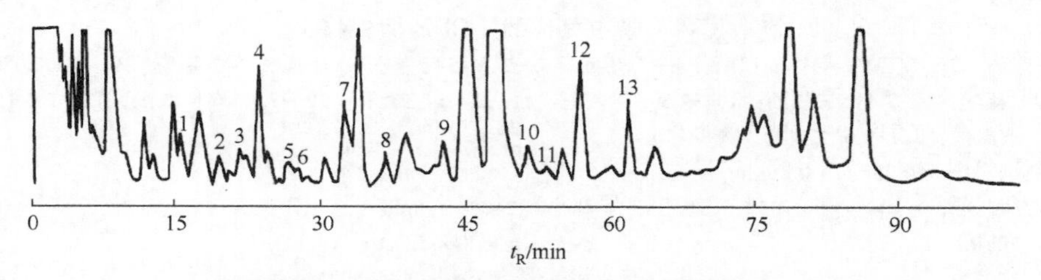

图 30-6 尿中有机芳香族酸（甲酯衍生物）[6]

色谱峰：1—邻羟基苯酸；2—邻羟基苯基乙酸；3—间羟基苯基乙酸；4—对羟基苯基乙酸；5—吲哚乙酸；6—苯基丙酮酸；7—马尿酸；8—3,4-二羟基苯基乙酸；9—芳草扁桃酸；10—咖啡酸；11—吲哚乳酸；12—5-羟基吲哚基乙酸；13—十九烷酸（内标物）

色谱柱：10% F-60，1.83m×4mm　　检测器：FID

柱　温：100℃→280℃，2℃/min　　气化室温度：250℃

载　气：H_2　　检测器温度：300℃

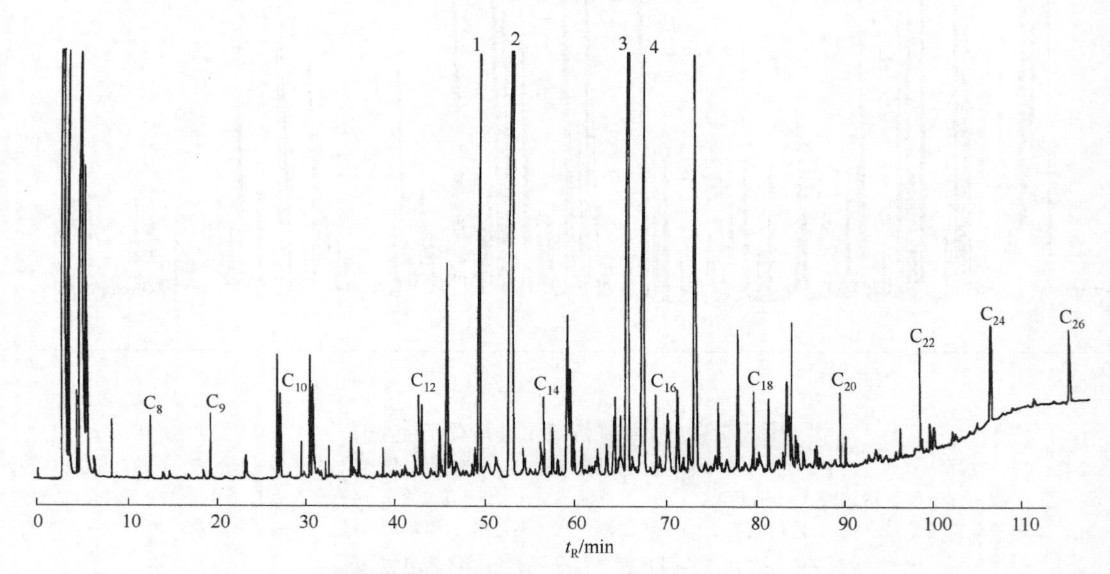

图 30-7 尿中有机酸（甲酯衍生物）[7]

色谱峰：1—H_3COOC-C_5H_8-$COOCH_3$；2—2,5-二甲氧基羰基呋喃；3—甲基-3,4-二甲氧基苯甲酸酯；4—甲基-3,4-二甲氧基苄基酯

色谱柱：OV-101，25m　　检测器：MS

柱　温：75℃→275℃，2℃/min

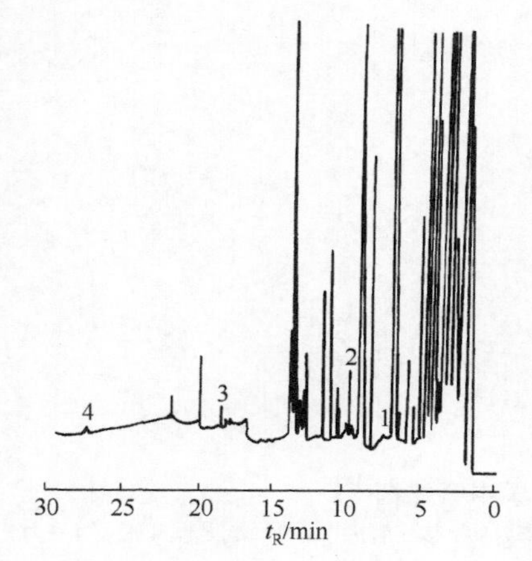

图 30-8　淋巴瘤患者尿中多胺（甲基七氟丁酰衍生物）[8]

色谱峰：1—1,3-丙二胺；2—腐胺；3—精脒；4—精胺

色谱柱：SE-54，50m×0.29mm

柱　温：120℃→260℃（10min），7℃/min

检测器：NPD

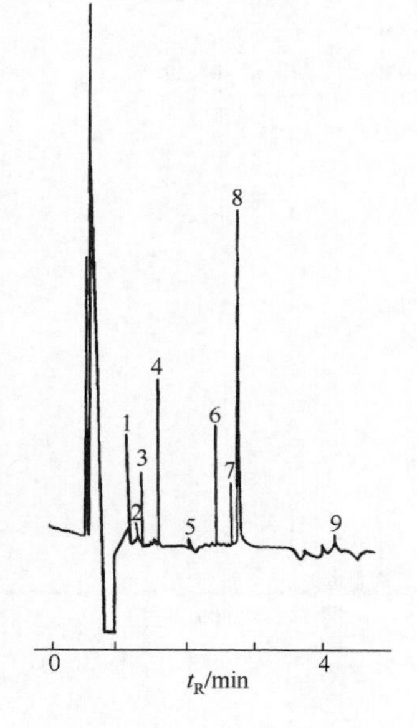

图 30-9　尿中卤代烷烃[9]

色谱峰：1—$CHCl_3$；2—CH_3CCl_3；3—CCl_4；4—$CHBrCl_2$；5—$CBrCl_3$；6—$CHBr_2Cl$；7—$Cl_2C{=}CCl_2$；8—内标物；9—$CHBr_3$

色谱柱：SE-52，20m×0.3mm

柱　温：50℃

载　气：H_2，40cm/s

检测器：ECD

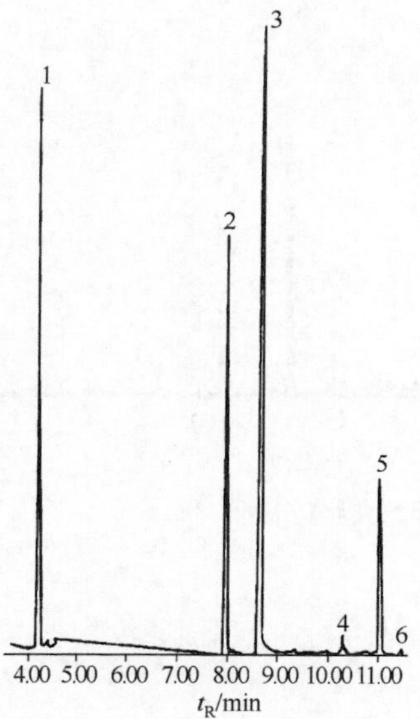

图 30-10　尿中麻醉剂（BSTFA-TMB 衍生物）[10]

色谱峰：1—爱康宁甲酯；2—可卡因；3—苯酰爱康宁；4—可待因；5—吗啡；6—6-单乙酰吗啡

色谱柱：HP-1，12m×0.2mm，0.33μm

柱　温：120℃（1min）$\xrightarrow{20℃/min}$ 220℃ $\xrightarrow{5℃/min}$ 260℃ $\xrightarrow{20℃/min}$ 280℃（2min）

检测器：MS

气化室温度：250℃

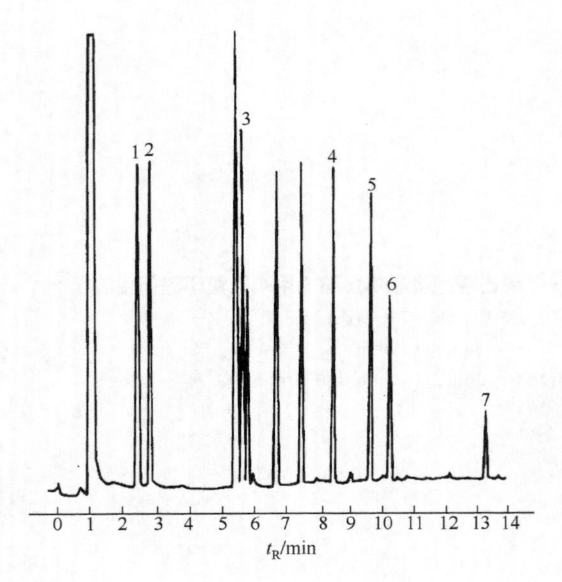

图 30-11 尿中镇痛药[11]

色谱峰：1—苯丙胺；2—尼古丁；3—氯苯叔丁胺；4—内标；5—利他灵；6—咖啡因；7—美沙酮

色谱柱：SP-2100，25m

柱 温：110℃（4min）→220℃，16℃/min

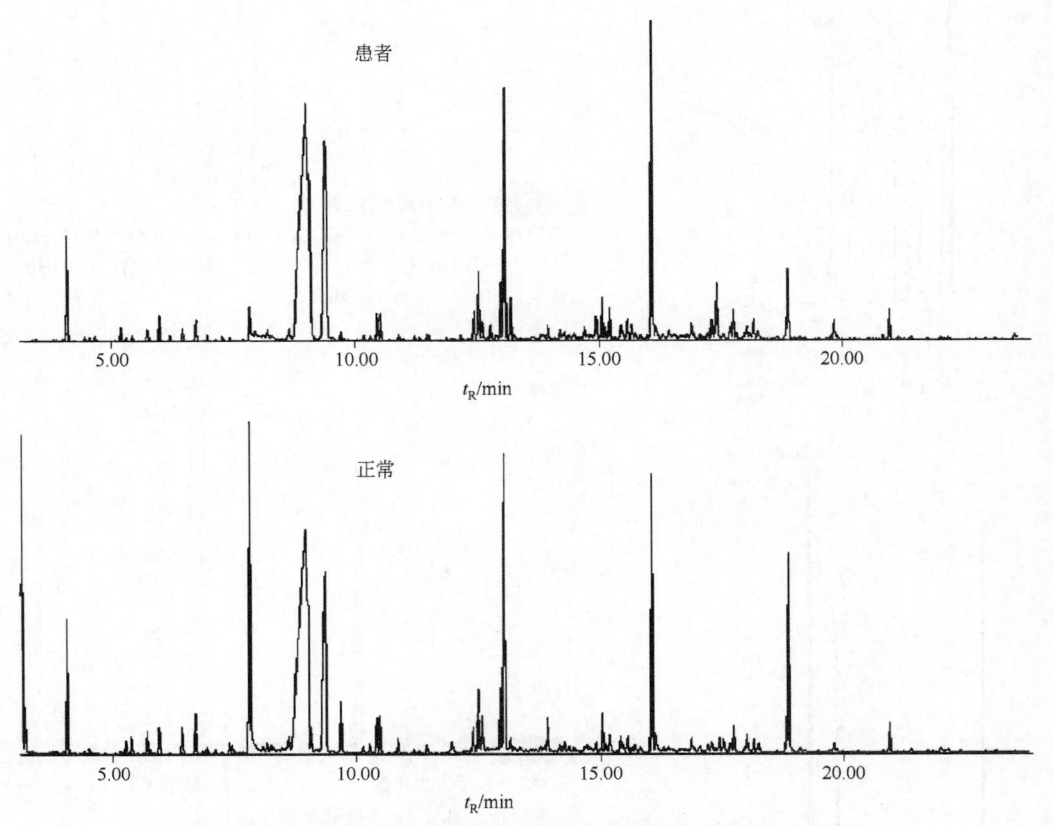

图 30-12 肝细胞癌患者尿液气相色谱/质谱代谢组学分析[12]

色谱柱：HP-5ms，30m×0.25mm，0.25μm

进样口温度：250℃

程序升温条件：80℃（3min）$\xrightarrow{10℃/min}$ 280℃（2min）

载 气：He，1.0mL/min

检测器：MS

色谱峰：

序号	t_R/min	化合物名称	序号	t_R/min	化合物名称
1	4.24	四甲基乙二胺	34	14.94	吡喃木糖
2	4.59	辛二酸	35	15.16	马来酸
3	5.14	庚二酸	36	15.22	三羧酸
4	5.31	乙二酸	37	15.45	L-2-氯苯丙氨酸
5	6	乙酸	38	15.58	D-核糖酸
6	6.21	丙烯酸	39	15.84	次黄嘌呤
7	6.46	丙氨酸	40	15.99	果糖
8	6.73	甘氨酸	41	16.1	丙烷三羧酸
9	6.97	丙二酸	42	16.56	戊二酸
10	7.28	苯甲醇	43	16.66	苯乙酸
11	8.28	木糖醇	44	16.75	二氧代庚酸
12	8.33	缬氨酸	45	16.9	吡喃葡萄糖
13	9.11	尿素	46	17.23	酪氨酸
14	9.2	亮氨酸	47	17.31	甘露醇
15	9.42	磷酸盐	48	17.42	抗坏血酸
16	10.1	丙酸	49	17.75	吡喃半乳糖
17	10.17	嘧啶	50	18.02	半乳糖酸
18	10.51	丝氨酸	51	18.1	棕榈酸
19	10.89	苏氨酸	52	18.17	D-葡萄糖
20	11.32	赖氨酸	53	18.26	肌糖
21	11.98	氨基丙二酸	54	18.83	萘缬草酸
22	12.22	丁二酸	55	18.88	尿酸
23	12.61	脯氨酸	56	19.73	色氨酸
24	12.72	呋喃酮	57	19.81	吲哚醋酸
25	13.08	肌酸酐	58	20.82	半乳糖
26	13.9	丁酸	59	20.95	伪尿苷
27	13.95	苯乙酸	60	21.4	阿拉伯呋喃糖
28	14.1	酒石酸	61	21.73	硫甲睾酮
29	14.21	阿拉伯糖	62	21.83	呋喃甘露糖
30	14.3	三羟基苯甲酸氧化缬草酸	63	22.14	羟脯氨酸缩二氨酸
31	14.38	天冬氨酸	64	22.92	木质酸
32	14.49	木糖	65	23.53	喃葡萄糖
33	14.7	木酮糖	66	24.6	吡喃葡萄糖

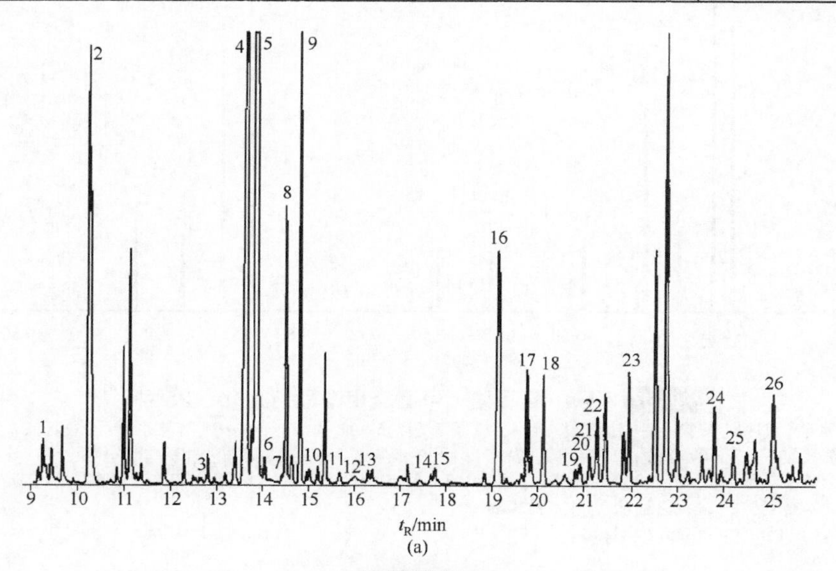

图 30-13

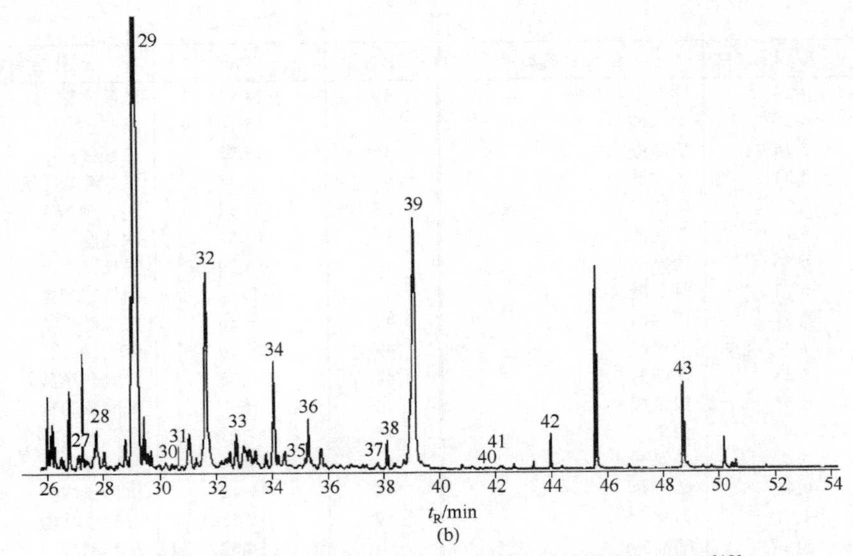

图 30-13 鼠尿中与抑郁症有关的 43 种尿中代谢物[13]

色谱峰：1—乳酸；2—丙氨酸；3—缬氨酸；4—苯甲酸；5—尿素；6—磷酸；7—异亮氨酸；8—甘氨酸；9—丁二酸；10—2,3-二羟基丙酸(甘油酸)；11—富马酸(反丁烯二酸)；12—丝氨酸；13—苏氨酸；14—β-氨基丙酸；15—3,4-二羟基丙酸；16—2-氨基丙酸；17—苹果酸；18—苏糖醇；19—天冬氨酸；20—焦谷氨酸；21—谷氨酸盐；22—2,3,4-三羟丁酸；23—酮戊二酸；24—谷氨酸；25—苯丙氨酸；26—核糖；27—乌头酸(丙烯三甲酸)；28—对羟基苯丙酸；29—异柠檬酸；30—脱氧葡萄糖；31—果糖；32—葡萄糖；33—山梨醇；34—葡萄糖酸；35—吲哚乙酸；36—半乳糖醛酸；37—棕榈酸；38—肌醇；39—亚油酸盐；40—油酸盐；41—尿酸；42—尿苷；43—吡喃葡萄糖苷

色谱柱：DB-5ms，30m×250μm，0.25μm，二苯基（5%）二甲聚硅氧烷

进样口温度：260℃

程序升温条件：60℃（3min）$\xrightarrow{7℃/min}$ 140℃（4min）$\xrightarrow{5℃/min}$ 180℃（6min）$\xrightarrow{5℃/min}$ 280℃（2min）

载　气：He，1mL/min　　检测器：MS

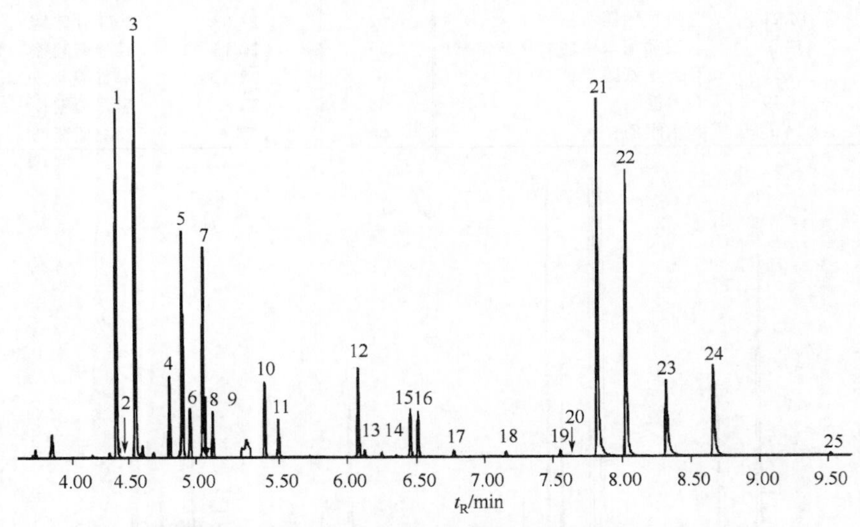

图 30-14 尿中氨基酸（甲基氯甲酸酯衍生化）25 种[14]

色谱峰：1—丙氨酸；2—肌氨酸；3—甘氨酸；4—α-氨基丁酸；5—缬氨酸；6—α-氨基异丁酸/正缬氨酸；7—亮氨酸；8—别异亮氨酸；9—异亮氨酸；10—脯氨酸；11—天冬酰胺；12—天冬氨酸；13—蛋氨酸；14—马尿酸；15—谷氨基酸；16—苯基丙氨酸；17—α-氨基己二酸；18—谷氨酸盐；19—鸟氨酸；20—甘氨酸；21—赖氨酸；22—组氨酸；23—酪氨酸；24—色氨酸；25—胱氨酸

色谱柱：ZB-AAA，15m×0.25mm，0.1μm

载　气：He，1.1mL/min

进样口温度：320℃

检测器：MS

程序升温条件：70℃（1min）→300℃（3min），30℃/min

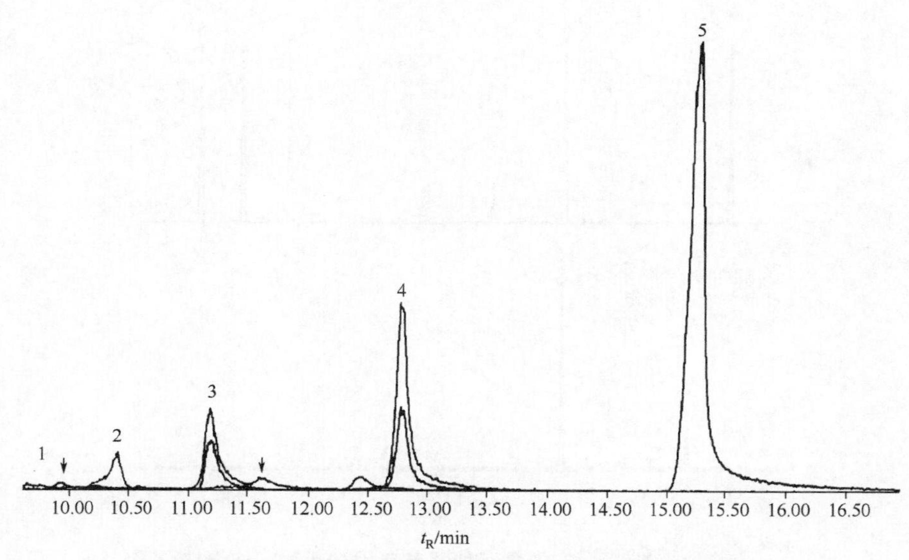

图 30-15 人尿中伟哥及其代谢物（TMS 衍生物）[15]

色谱峰：1—1-去乙基西地那非；2—哌嗪去乙基西地那非；3—西地那非；4—哌嗪去甲西地那非；5—羟基西地那非

色谱柱：J&W，17m×0.2mm，0.33μm，苯基（5%）聚甲基硅氧烷

进样口温度：280℃

程序升温条件：190℃（0.5min）$\xrightarrow{50℃/min}$ 240℃ $\xrightarrow{15℃/min}$ 310℃(17min)，290℃（9min）

载　气：He

检测器：MS

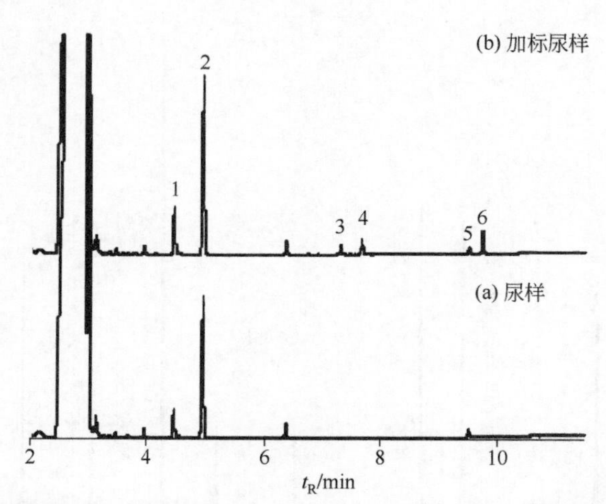

图 30-16 尿中安非他命、咖啡因、克他命等滥用药[16]

色谱峰：1—安非他命(AP)；2—甲基苯丙胺（冰毒）(MA)；3—甲烯二氧苯丙胺(MDA)；4—3,4-亚甲基二氧甲基苯丙胺（MDMA）；5—咖啡因（Caffeine）；6—克他命（KT）

色谱柱：HP-5，30m×0.53 m，1.5μm

进样口温度：250℃

程序升温条件110℃ $\xrightarrow{10℃/min}$ 150℃ $\xrightarrow{20℃/min}$ 280℃(1.0min)

载　气：N_2

载气流速：4.0mL/min

检测器：FID

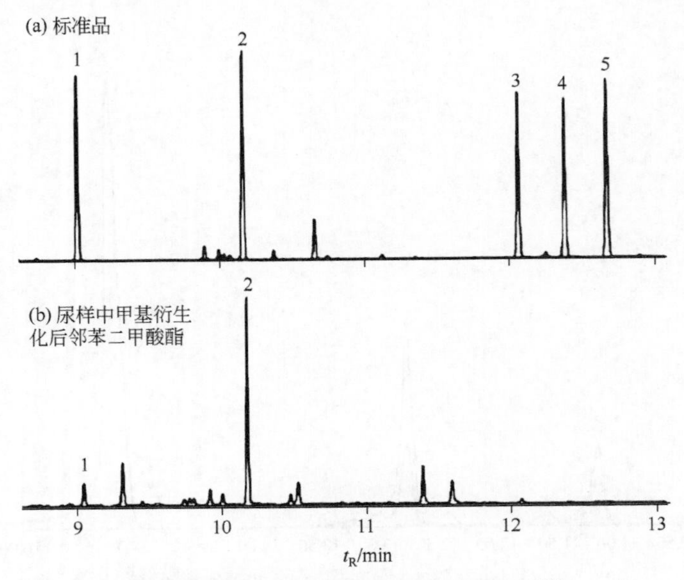

图 30-17 尿中五种邻苯二甲酸单酯[17]

色谱峰：1—邻苯二甲酸单乙酯（MEP）；2—邻苯二甲酸单丁酯（MBP）；3—邻苯二甲酸单乙基己基酯（MEHP）；4—邻苯二甲酸单壬酯（MINP）；5—邻苯二甲酸单苄酯（MBzP）

色谱柱：HP-5ms，30m×25mm，0.5μm

载　气：He

进样口温度：250℃

载气流速：1.2mL/min

程序升温条件：80℃（3min）$\xrightarrow{20℃/min}$ 240℃ $\xrightarrow{10℃/min}$ 300℃（5min）

检测器：5973 N MSD

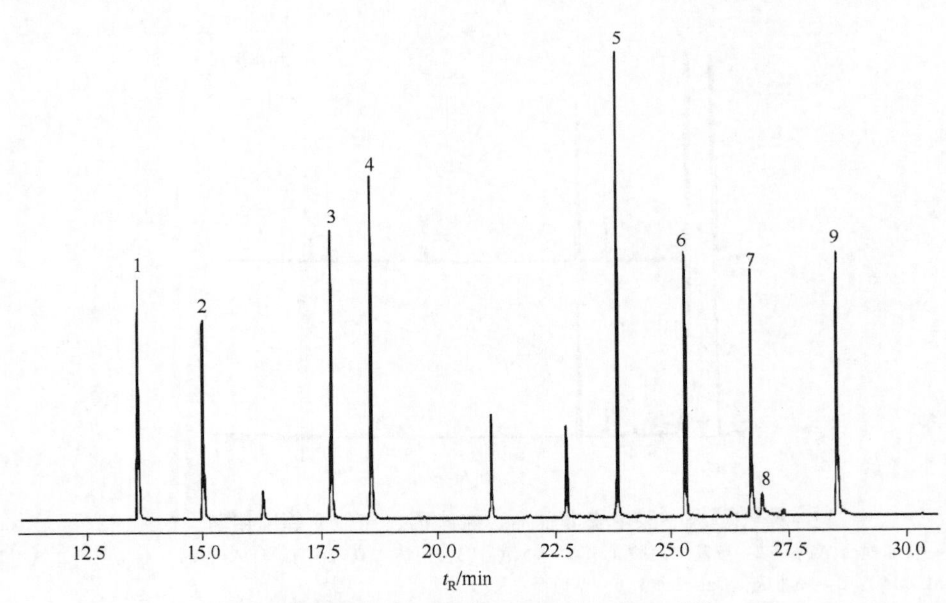

图 30-18 尿中邻苯二甲酸酯代谢产物[18]

色谱峰：1—邻苯二甲酸单甲酯（MMP）；2—邻苯二甲酸单乙酯（MEP）；3—邻苯二甲酸正丁酯（MiBP）；4—邻苯二甲酸单丁酯（MBP）；5—邻苯二甲酸单(2-乙基己基)酯（MEHP）；6—邻苯二甲酸单苄酯（MBzP）；7—5-*oxo*-邻苯二甲酸单乙基己基酯（5oxo-MEHP）；8—5-羟基-邻苯二甲酸单乙基己基酯（5OH-MEHP）；9—5-羧基-邻苯二甲酸单乙基己基酯（5cx-MEPP）；

色谱柱：VF-5MS，FactorFour™，50m×0.25mm，0.25μm

载　气：He，1mL/min

程序升温条件：100℃（1min）$\xrightarrow{6℃/min}$ 240℃ $\xrightarrow{10℃/min}$ 300℃（5min）

检测器：MS

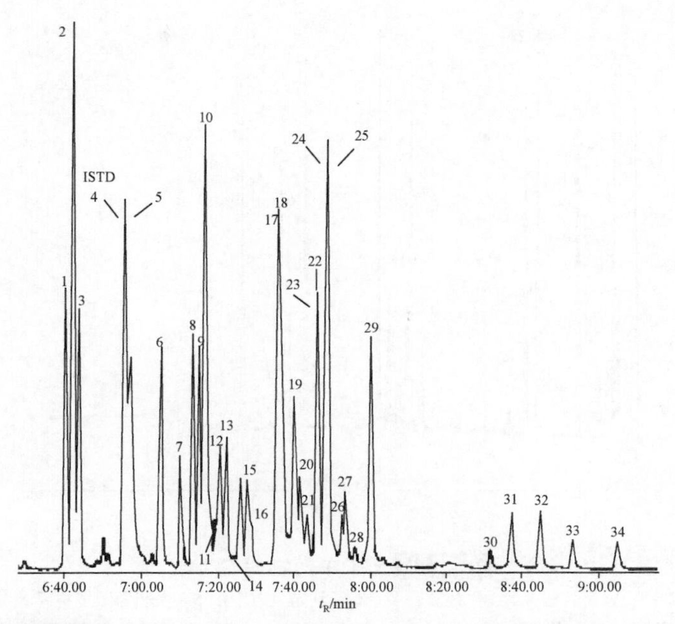

图 30-19 尿中苯二氮平类（镇静）药物（TMS 衍生物）[19]

色谱峰：1—美达西泮；2—地莫西泮/去甲西泮/氯拉酸；3—哈拉西泮；4—奥沙西泮D5；5—奥沙西泮；6—地洛西泮；7—溴西泮；8—劳拉西泮；9—安定；10—去甲安定；11—利眠宁；12—去甲基氟西泮；13—7—氨基硝基安定；14—硝西泮；15—匹那西泮；16—氯氮卓；17—乙基奥沙西泮；18—羟基安定；19—咪达唑仑；20—氨氯安定；21—氟硝安定；22—氯硝安定；23—羟基乙基氟甲氯西泮；24—氯甲西泮；25—普拉西泮；26—氨基氟硝西泮；27—咪达唑仑；28—氟硝西泮；29—α-羟基咪达挫仑；30—艾司唑仑；31—阿普唑仑；32—α-羟基阿普唑仑；33—三唑仑；34—α-羟基三唑仑

色谱柱：VF-DA，12m×0.2mm，0.33μm

载　气：He，1mL/min

程序升温：80℃(1min)，30℃/min→330℃(1min)

进样口温度：225℃

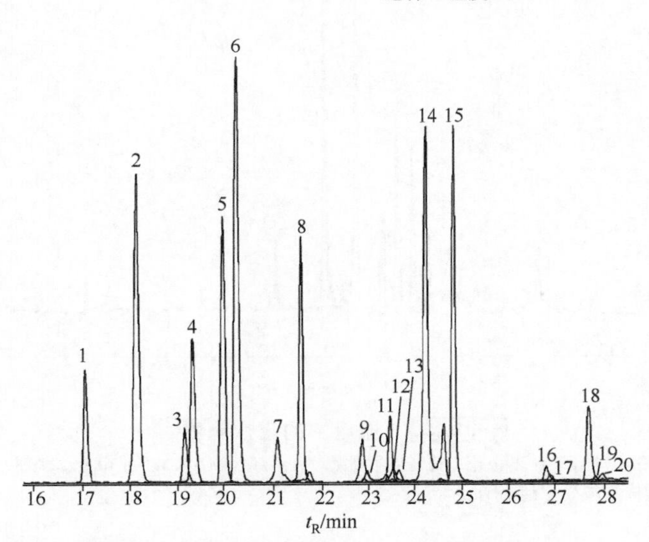

图 30-20 人尿神经类固醇（TMS 衍生化）[20]

色谱峰：1—去氢表雄酮；2—二氢睾酮；3—雄烯二酮；4—睾酮；5—雌激素酮；6—雌二醇；7—四氢孕酮；8—甲基睾酮（内标）；9—孕烯醇酮；10—别孕烯醇酮；11—雌三醇；12—氢化黄体酮；13—17-羟基孕烯醇酮；14—黄体酮；15—5α-THDOC；16—11-脱氧皮质醇；17—可的松；18—皮质醇酮；19—氢化可的松/皮质醇；20—醛固酮

色谱柱：TR-5MS，25m×0.25mm，0.25μm，苯基5%二甲基聚硅氧烷

　　　　TR-50MS，15m×0.25mm，0.25μm，苯基50%聚甲基硅氧烷

进样口温度：250℃

程序升温条件：190℃(1min) $\xrightarrow{12℃/min}$ 240℃ $\xrightarrow{1℃/min}$ 255℃ $\xrightarrow{12℃/min}$ 330℃(2.4min)

进样模式：1min不分流注射

检测器：MS/MS

载　气：He，150kPa

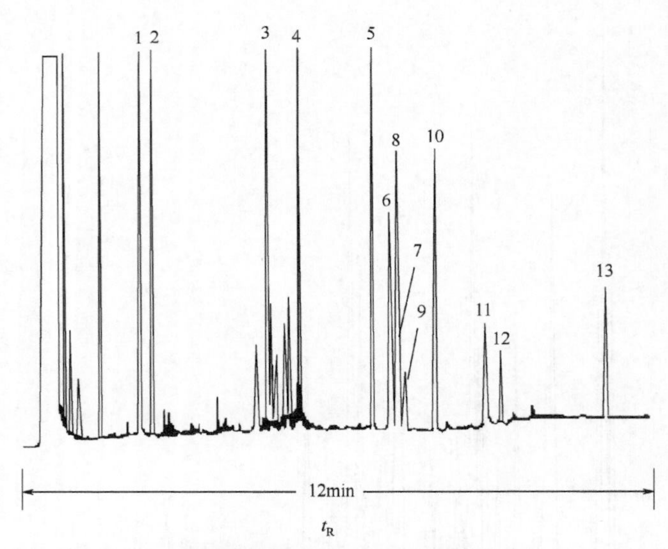

图 30-21 尿中药物筛查[21]

色谱峰：1—安非他明；2—甲基苯丙胺；3—哌替啶；4—苯环利定（PCP）；5—美沙酮；6—丙氧芬；7—阿米替林；8—可卡因；9—丙咪嗪；10—环庚米特（内标）；11—可待因；12—安定；13—氟安定

色谱柱：Ultra 2 19091B-115，50m×0.32mm，0.52μm

进　样：不分流

载　气：H_2，80cm/s

检测器：FID

柱温箱：45℃（1.5min）→300℃，6℃/min

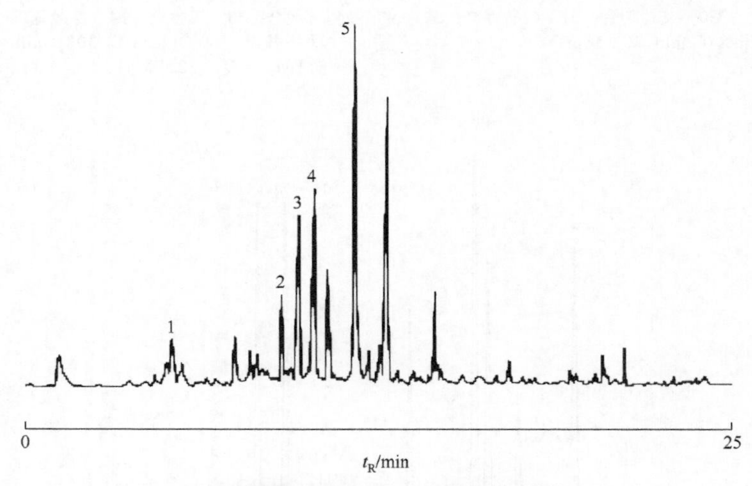

图 30-22 尿液中的滥用药物[21]

色谱峰：1—安非他命；2—MDA（3,4-亚甲基二氧基安非他命）；3—MDMA（3,4-亚甲基二氧基甲基安非他命）；4—MDA（3,4-亚甲基二氧基-乙基安非他命）；5—可铁宁

样　品：1μL

溶　剂：甲醇

载　气：He，大约 1.0mL/min

柱温箱：70℃(1.2min) $\xrightarrow{20℃/min}$ 200℃ $\xrightarrow{7℃/min}$ 270℃ $\xrightarrow{20℃/min}$ 320℃

压　力：58.7kPa（2.2min） $\xrightarrow{58kPa/min}$ 97kPa $\xrightarrow{3kPa/min}$ 132kPa $\xrightarrow{12kPa/min}$ 180kPa

进　样：不分流

检测器：MS

衍生化：由乙酸酐形成乙酸酯

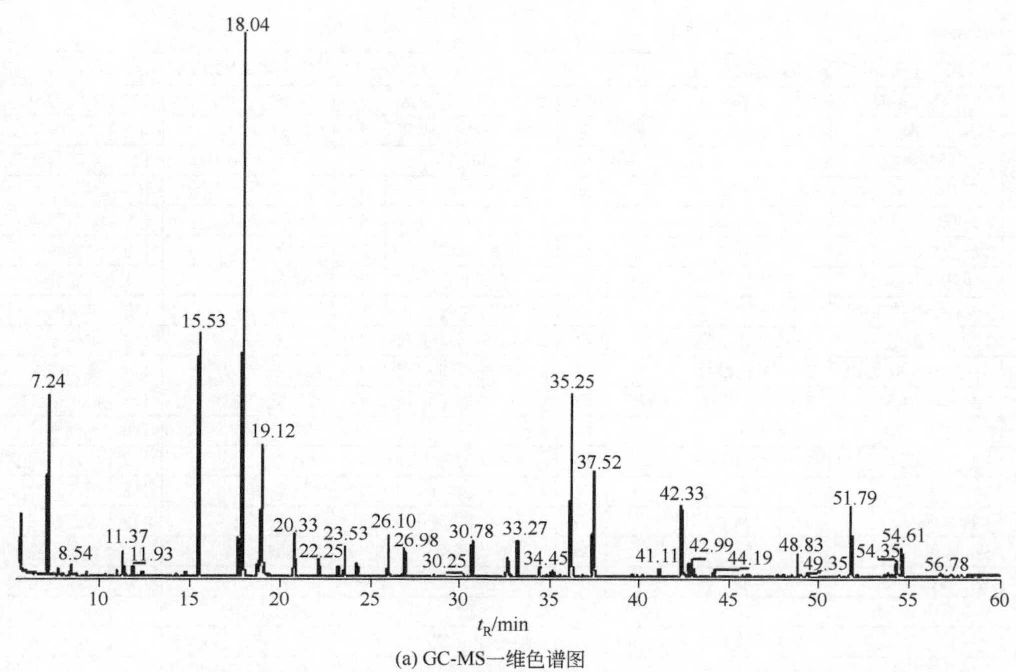

(a) GC-MS一维色谱图

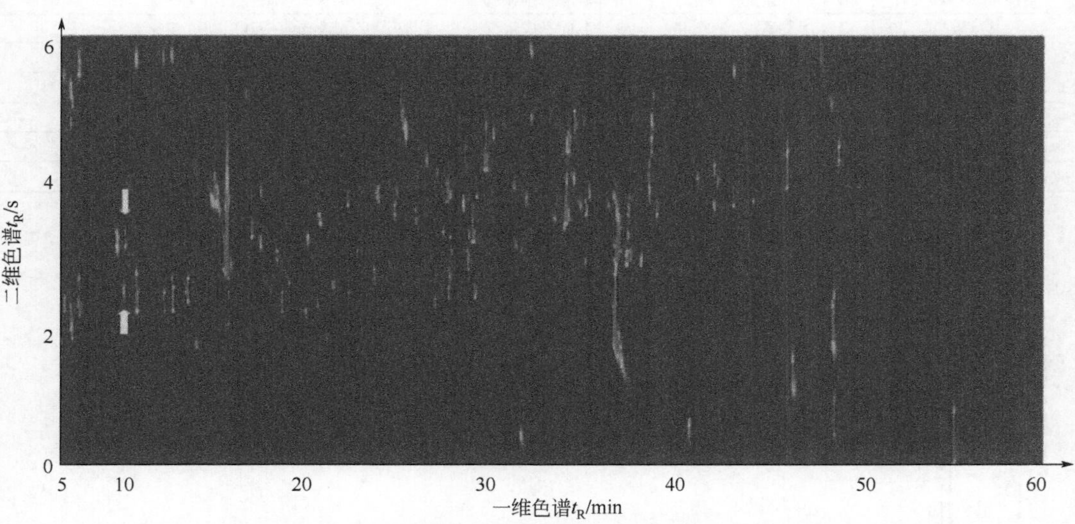

(b) GC×GC-MS二维色谱图黄色箭头处表明乳酸与羟基异丁酸的有效分离

图 30-23　儿童尿中的有机酸[22]（彩图见文后插页）

GC-MS色谱条件：

色谱柱：TR-5MS，30m×0.25mm，0.25μm

进样口温度：250℃，分流比17

程序升温：80℃(5min) $\xrightarrow{5℃/min}$ 280℃

80℃(5min) $\xrightarrow{3℃/min}$ 280℃

检测器：MS

GC×GC–MS色谱条件：

色谱柱：a）DB-5，30m×0.25mm，0.25μm (5%苯基，95%聚甲基硅氧烷) + TR-WAXMS，1m×0.1mm，0.1μm (聚乙二醇)

b）DB-5，30m×0.25mm，0.25μm + BPX50 1m×0.1mm，0.1μm (50%聚亚苯基硅氧烷)

c）BPX50，30m×0.25mm，0.25μm + DB-5，1m×0.1mm，0.1μm

程序升温：80℃（保持5min）分别以3℃/min和5℃/min的速率升至280℃

载　气：Ar，1.2mL/min

进样口温度：250℃

检测器：MS

图中化合物名称：

GC 和 GC×GC-MS 中检出的				GC×GC-MS 中检出的					
1	2,5 呋喃二甲酸	27	苯甲酸	53	2,2′-二硫基二乙酰乙酸	79	宁康酸	105	苯氧乙酸
2	脱氧季酮酸	28	顺式乌头酸	54	2-羟基-3-甲基戊酸	80	D-苏糖醇	106	苯乙酸
3	乙基羟基丙酸	29	2-甲基-2-羟基丁二酸	55	2-羟基环戊酸	81	红霉素-1,4-内酯	107	苯丙酮酸
4	2-羟基-2-甲基丁酸	30	柠檬酸	56	2-羟基癸二酸	82	*N*-(2-糠酰)甘氨酸	108	庚二酸
5	2-羟基-戊二酸	31	富马酸	57	2-吲哚乳酸	83	*ν*-羟基-颉草酸	109	原儿茶酸
6	2-酮戊二酸	32	戊二酸	58	2-甲基柠檬酸	84	龙胆酸	110	焦棓酸
7	2-甲基-3-羟基-丁酸	33	乙醇酸	59	2-甲基戊二酸	85	甘油酸	111	丙酮酸肟
8	3,5-双羟基-苯甲酸	34	马尿酸	60	2-甲基甘油酸	86	丙三醇	112	喹啉酸
9	3-脱氧季酮酸	35	高香草酸	61	2-*O*-甲基-L-抗坏血酸	87	二羟苯丙酸	113	水杨尿酸
10	3-羟基-3-甲基-戊二酸	36	异柠檬酸	62	3-(3-羟基-苯基)丙酸	88	羟基-苯乳酸	114	辛二酸
11	3-羟基-马尿酸	37	异柠檬酸内酯酸	63	3,4-双羟基-取代苯乙酸	89	异丁酰甘氨酸	115	琥珀酰乳酸
12	3-羟基异丁酸	38	乳酸	64	3-己烯二酸	90	异戊甘氨酸	116	苏糖酸
13	3-羟基异戊酸	39	乙酰丙酸	65	3-羟基-环戊酸	91	衣康酸	117	甲基巴豆酰甘氨酸
14	3-羟基苯乙酸	40	甲基丙氨酸	66	3-羟基-环戊酸-3,6-内酯	92	顺丁烯酸	118	反式阿魏酸
15	3-羟基丙酸	41	甲基丁二酸	67	3-羟基-邻氨基苯甲酸	93	苹果酸	119	丙三酸
16	3-吲哚基乙酸	42	草酸	68	3-羟基-苯乙酸	94	扁桃酸	120	香草基羟基丙酸
17	3-乙基己二酸	43	泛酸	69	3-羟基癸二酸	95	*m* 甲酚	121	香草基丙酸
18	3-甲基戊烯二酸	44	苯酚	70	4-羟基丁酸	96	甲基戊二酸		
19	4-脱氧三羟丁酸	45	磷酸盐	71	4-羟基-环己酸	97	对羟基苯甲酸甲酯		
20	4-羟基苯甲酸	46	焦儿茶酚	72	4-羟基扁桃酸	98	*N*-2-甲基丁酰甘氨酸		
21	4-羟基-环己基乙酸	47	焦谷氨酸	73	4-羟基戊烯酸	99	乙酰基天冬氨酸		
22	4-羟基马尿酸	48	癸二酸	74	4-羟基苯丙酮酸	100	*N*-乙酰-D-异亮氨酸		
23	4-羟基苯乙酸	49	琥珀酸	75	5-羟基己醛酸	101	辛酸		
24	5-羟基吲哚乙酸	50	琉璃酸	76	5-羟基-*n*-戊酸	102	乳清酸		
25	环戊酸	51	香草酸	77	乙酰乙酸	103	草酸		
26	壬二酸	52	香草基苯乙醇酸	78	*α*-羟基异丁酸	104	软脂酸		

第二节 血液与其他体液的色谱图

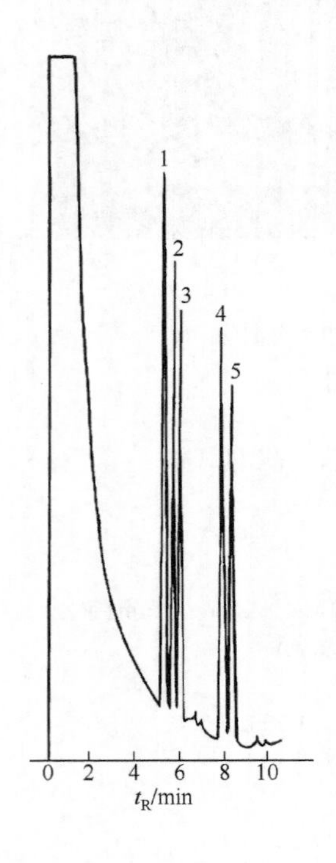

图 30-24 血清中聚酯[23]

色谱峰：1—乙二醇；2—丙二醇；3—2,3-丁二醇；4—1,3-丙二醇（内标物）；5—1,3-丁二醇

色谱柱：DB5，10m×0.53mm，1.5μm

柱 温：70℃（0.5min）$\xrightarrow{20℃/min}$ 120℃ $\xrightarrow{5℃/min}$ 150℃ $\xrightarrow{20℃/min}$ 250℃（0.5min）

载 气：N_2

检测器：FID

气化室温度：250℃

检测器温度：300℃

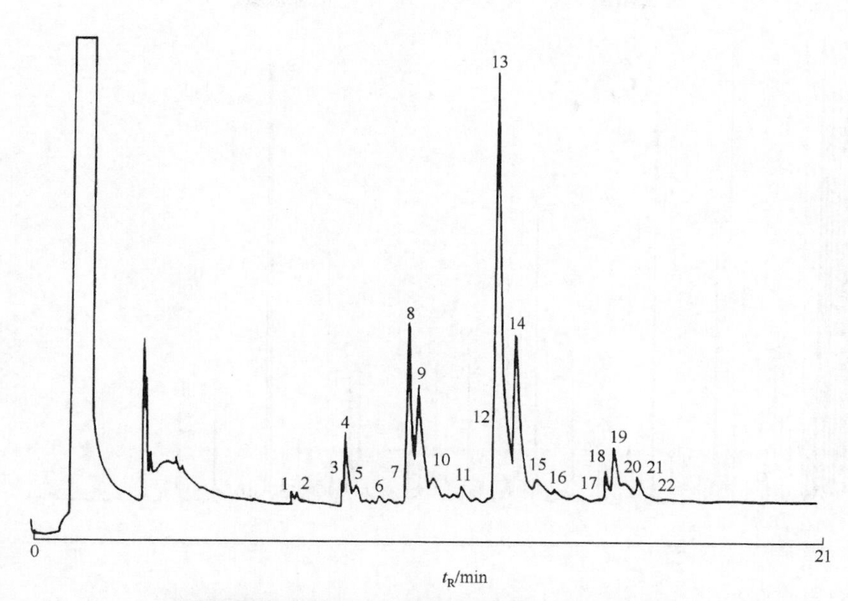

图 30-25　血中甘油三酸酯（甲酯衍生物）[24]

色谱峰①：1—MPP；2—MMO+MPPo；3—PPP；4—PPPo；5—MPoO+MPL；6—PdPoS；7—PPS；8—PPO；9—PPoO+PPL；10—PPoL；11—PdOS；12—PSO；13—POO；14—POL；15—PLL+PoOL；16—HdOO；17—SSO；18—SOO；19—OOO；20—SOL；21—OOL；22—OLL

① 脂肪酸酯的符号：M—十四烷酸酯；O—油酸酯；Po—棕榈油酸酯；L—亚油酸酯；Pd—十五烷酸酯；P—十六烷酸酯；Hd—十七烷酸酯；S—十八烷酸酯

色谱柱：CP-Wax 52，10m×0.25mm，0.2μm

柱　温：320℃→350℃，1.5℃/min

载　气：H_2

检测器：FID

气化室温度：320℃

检测器温度：375℃

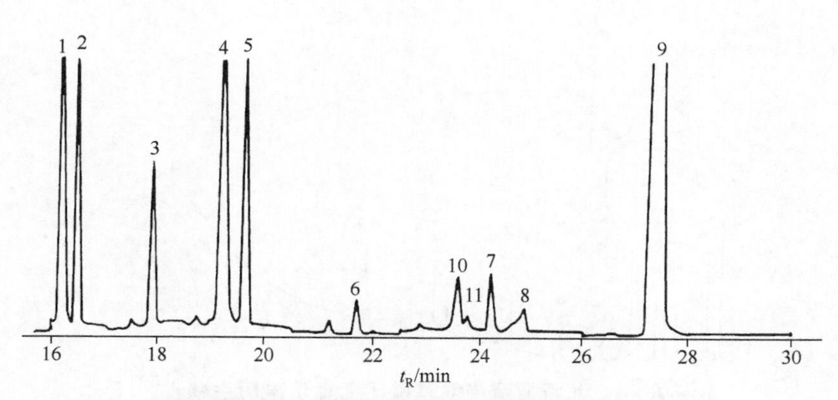

图 30-26　血浆中脂肪酸（甲酯衍生物）[25]

色谱峰：1—二十二碳-烯酸；2—正二十酸；3—正二十三酸；4—二十碳-烯酸；5—正二十四酸；6—正二十五酸；7—正二十六酸；8—胆固醇；9—正二十七酸（内标物）；10,11—二十六碳-烯酸

色谱柱：HP1，25m×0.2mm，0.5μm

柱　温：180℃（2min）→290℃（15min），10℃/min

检测器：MS

气化室温度：280℃

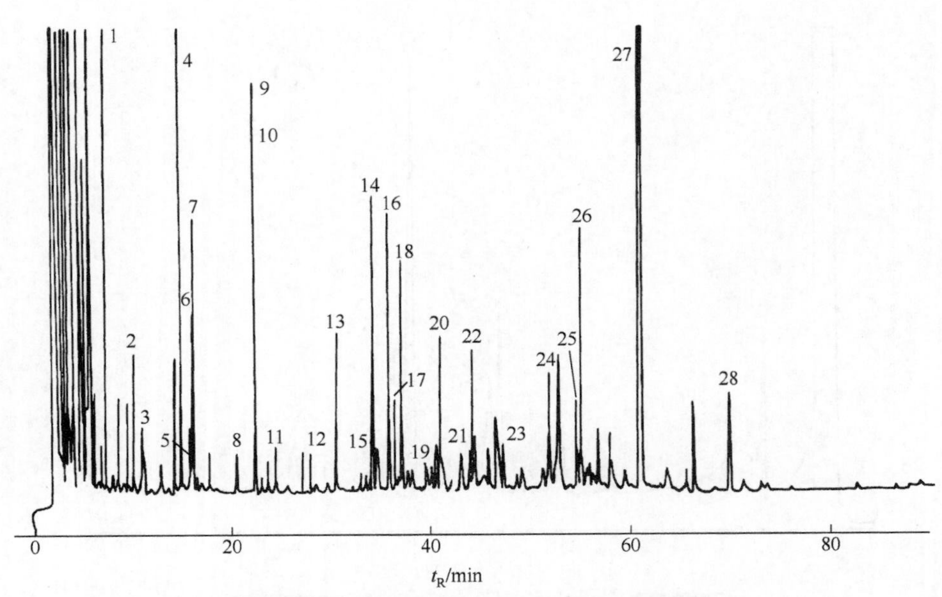

图 30-27 血浆中有机酸（甲酯衍生物）[26]

色谱峰：1—丙酮酸；2—2-氧代异戊酸；3—丁二酸；4—3-甲基-2-氧代戊酸；5—5-甲基呋喃-2-羧酸；6—甲基丁二酸；7—2-氧代异己酸；8—戊二酸；9—3-甲基戊二酸；10—苯乙酸；11—3-甲基戊烯二酸；12—己二酸；13—3-甲基己二酸；14—3,4-亚甲基己二酸；15—庚二酸；16—邻氨基苯甲酸；17—4-羟基苯甲酸；18—2-氧化戊二酸；19—2-羟基苯乙酸；20—4-羟基苯乙酸；21—3-甲基辛二酸；22—苯二酸；23—壬二酸；24—香草酸；25—高香草酸；26—5-癸炔二酸；27—3-羧基-4-甲基-5-丙基-2-呋喃丙酸；28—3-羧基-4-甲基-5-戊基-2-呋喃丙酸

色谱柱：OV-1701，25m

柱　温：60℃→230℃，2℃/min

载　气：He

检测器：FID

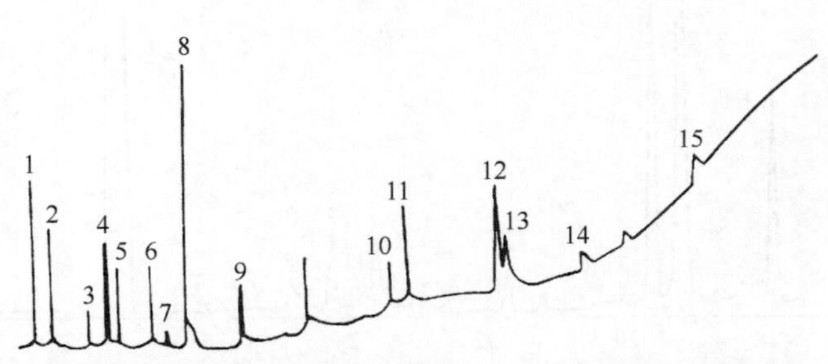

图 30-28 儿童血清中氨基酸（七氟丁酸衍生物）[27]

色谱峰：1—丙氨酸；2—甘氨酸；3—缬氨酸；4—苏氨酸；5—丝氨酸；6—亮氨酸；7—异亮氨酸；8—降亮氨酸（内标物）；9—脯氨酸；10—天冬氨酸；11—苯丙氨酸；12—谷氨酸；13—赖氨酸；14—精氨酸；15—色氨酸

色谱柱：SE-52，25m×0.24mm

柱　温：100℃ $\xrightarrow{5℃/min}$ 200℃（5min） $\xrightarrow{10℃/min}$ 255℃（10min）

载　气：N_2

检测器：FID

气化室温度：260℃

检测器温度：260℃

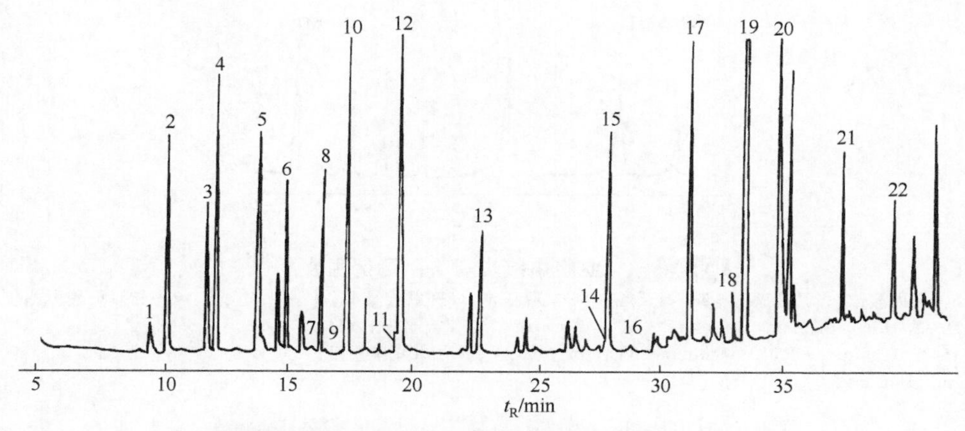

图 30-29　血清中氨基酸（PFP-丙酯衍生物）[28]

色谱峰：1—D-丙氨酸；2—L-丙氨酸；3—L-苏氨酸；4—L-缬氨酸；5—甘氨酸；6—L-异亮氨酸；7—D-丝氨酸；8—L-丝氨酸；9—D-亮氨酸；10—L-亮氨酸；11—D-脯氨酸；12—L-脯氨酸；13—BHT；14—D-天冬氨酸；15—L-天冬氨酸；16—L-蛋氨酸；17—苯丙氨酸；18—D-谷氨酸；19—L-谷氨酸；20—L-酪氨酸；21—L-鸟氨酸；22—L-赖氨酸

色谱柱：Chirasil-L-Val，25m×0.25mm

柱　温：80℃（5min）$\xrightarrow{3.5℃/min}$ 128℃（3min）$\xrightarrow{3.5℃/min}$ 155℃ $\xrightarrow{4.5℃/min}$ 195℃（10min）

载　气：H_2，45kPa　　　气化室温度：250℃

检测器：FID　　　检测器温度：250℃

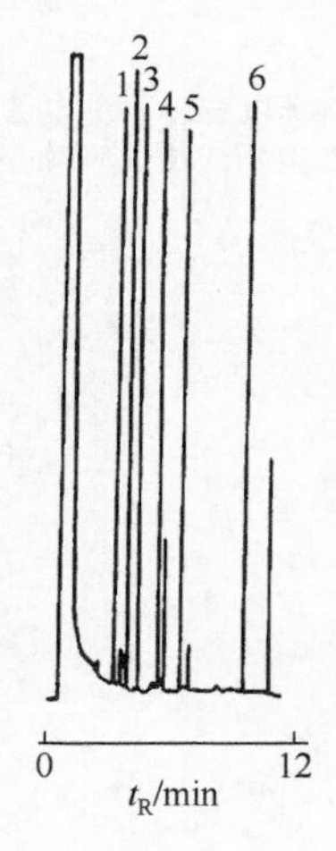

图 30-30　血浆中氨基甲酸酯[29]

色谱峰：1—速灭威；2—叶蝉散；3—仲丁威；4—呋喃丹；5—西维因；6—内标物

色谱柱：SE-54，25m×0.25mm

柱　温：120℃→260℃（5min），15℃/min

载　气：N_2，150kPa

检测器：FID

气化室温度：280℃

检测器温度：280℃

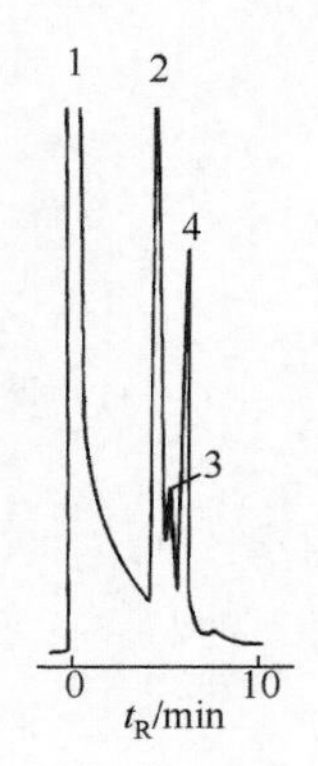

图 30-31　人血浆中敌敌畏[30]

色谱峰：1—二氯甲烷+环己烷（提取液）；2—敌敌畏；3—未知峰；4—磷酸三丁酯（内标）

色谱柱：2% QF-1，Chromosorb G AW-DMCS（80～100目），2m×3mm

柱　温：100℃（1min）→200℃，20℃/min

载　气：N_2，25mL/min

检测器：FPD

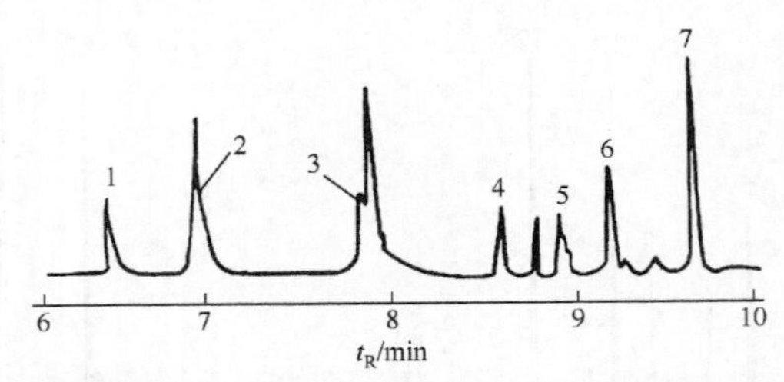

图 30-32 血浆中抗炎药（甲酯衍生物）[31]

色谱峰：1—氟灭酸；2—氮氟灭酸；3—甲灭酸；4—二氯灭酸；5—氯胺烟酸；6—甲氯灭酸；7—二氯灭酸丙酯（内标物）
色谱柱：DB-5，30m×0.25mm，0.25μm
检测器：MS
柱　温：150℃（2min）→260℃（8min），20℃/min
气化室温度：250℃
载　气：He，1mL/min

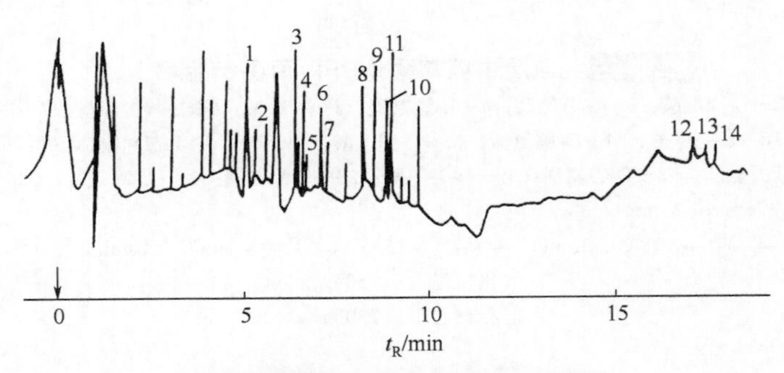

图 30-33 血浆中抗组胺药[32]

色谱峰：1—抗感明；2—苯海拉明；3—吡苄明；4—氯苯吡胺；5—二苯甲甲哌嗪；6—吡氯苄；7—溴苯吡胺；8—抗5-色胺；9—新安替根；10—非那根；11—7-甲基-抗5-色胺；12—盐酸氯苯甲嗪；13—噁唑啉氟硝哒唑；14—肉桂苯哌嗪
色谱柱：CP-Sil 5，26m×0.32mm，0.13μm
柱　温：140℃（1min）$\xrightarrow{20℃/min}$ 225℃（1min）$\xrightarrow{20℃/min}$ 260℃（13min）
载　气：He，3.5mL/min
气化室温度：250℃
检测器：NPD
检测器温度：275℃

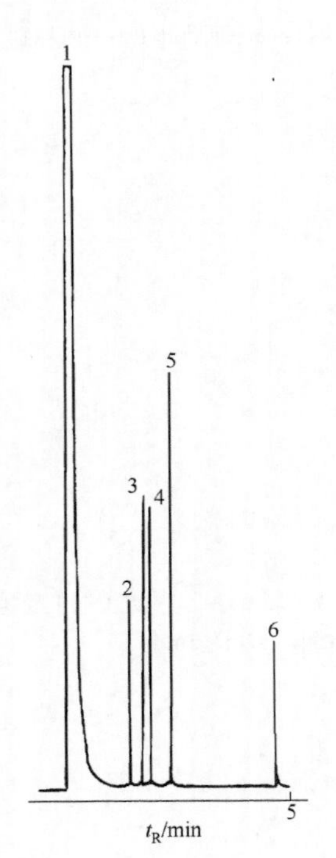

图 30-34 血中兴奋药[33]

色谱峰：1—苯乙胺；2—苯丙胺；3—苯丁胺；4—甲基苯丙胺；5—金刚胺（内标物）；6—苯甲吗啉
色谱柱：DB-5，25m×0.25mm，0.2μm
柱　温：100℃→150℃，5℃/min
载　气：He，40cm/s

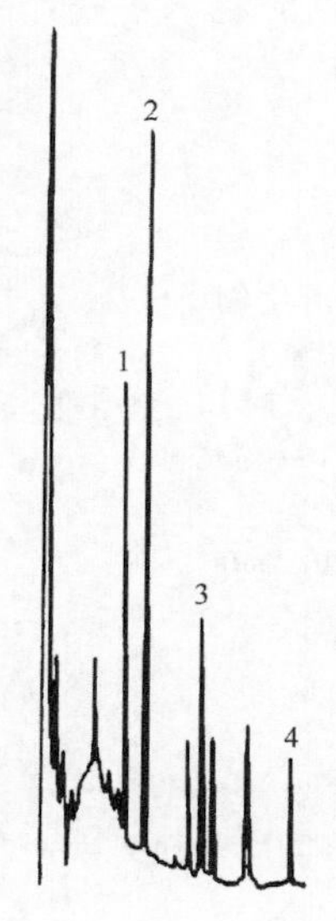

图 30-35 血浆中抗心绞痛药及代谢物[34]

色谱峰：1—硝化甘油（内标物）；2—2-异山梨醇单硝酸酯；3—5-异山梨醇单硝酸酯；4—异山梨醇二硝酸酯

色谱柱：BP-1，25m×0.32mm，0.5μm

柱 温：110℃→140℃，15℃/min

载 气：He

检测器：ECD

气化室温度：150℃

检测器温度：230℃

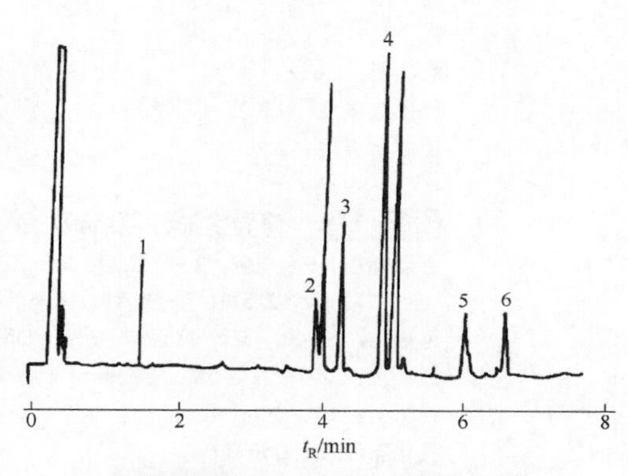

图 30-36 血浆中抗癫痫药[35]

色谱峰：1—乙琥胺；2—苯基乙基丙二酰胺；3—苯巴比妥；4—对甲基苯巴比妥；5—扑痫酮；6—卡巴咪嗪

色谱柱：HP-5，25m×0.31mm，0.52μm

柱 温：90℃ $\xrightarrow{40℃/min}$ 200℃ $\xrightarrow{10℃/min}$ 250℃

载 气：H_2

检测器：FID

气化室温度：90℃

检测器温度：300℃

进样方式：柱头进样

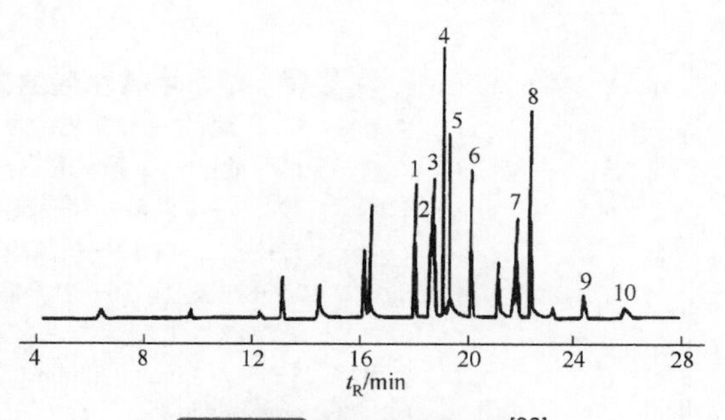

图 30-37 血中安定药[36]

色谱峰：1—三氟丙嗪；2—氨异丙嗪；3—异丙嗪；4—异丁嗪；5—丙嗪；6—二乙异丙嗪；7—冬眠灵；8—甲氧异丁嗪；9—甲哌氟丙嗪；10—丙拉嗪

色谱柱：DB-1，30m×0.32mm，0.25μm

柱 温：120℃→280℃，6℃/min

载 气：He，22cm/s

检测器：MS

气化室温度：280℃

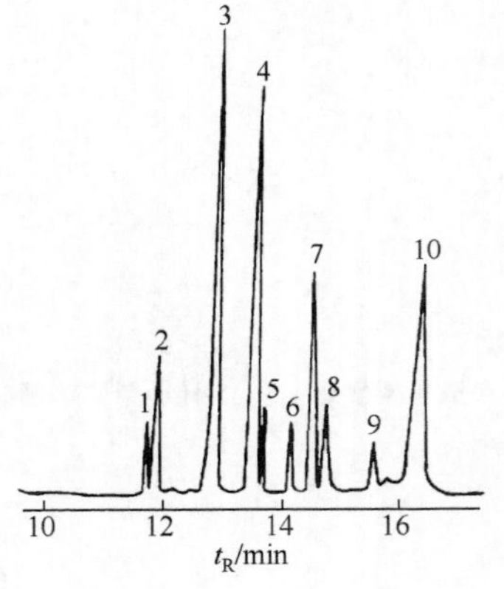

图 30-38 抗坏血酸降解产物（TMS 衍生物）[37]

色谱峰：1—木糖（α-呋喃型）；2—木糖（β-呋喃型）；3—木糖（α-吡喃型）；4—木糖（β-吡喃型）；5,9—2,3-二酮-L-古洛糖酸；6—去氢抗坏血酸；7,8—酮-L-古洛糖酸；10—抗坏血酸

色谱柱：SE-54，30m×0.2mm

柱　温：100℃（2min）→215℃（15min），10℃/min

检测器：MS

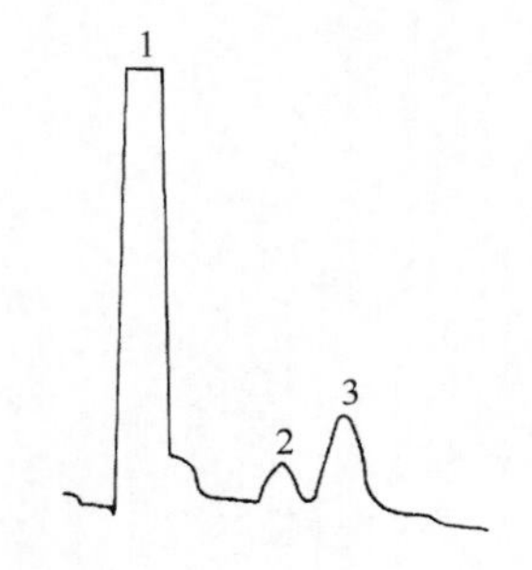

图 30-39 唾液中安定药[38]

色谱峰：1—苯（溶剂）；2—三氯杀螨砜；3—安定

色谱柱：1.5% OV-275，101酸洗担体（100～120目），1m×2mm

柱　温：225℃

载　气：N_2，55mL/min

检测器：ECD

气化室温度：250℃

检测器温度：270℃

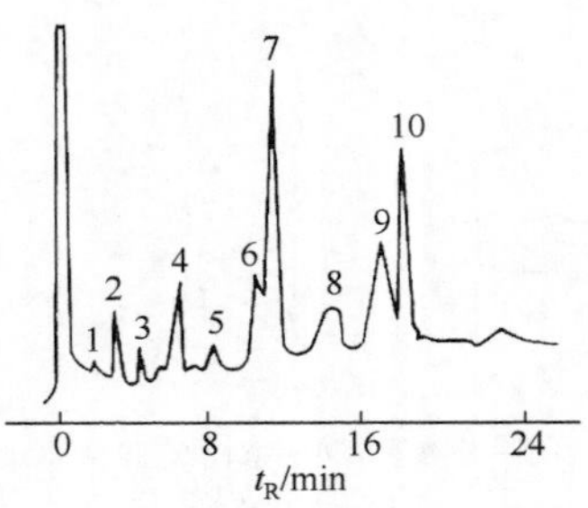

图 30-40 奇异变形杆菌所致脑膜炎的脑脊液（甲酯衍生物）[65]

色谱峰：1—十一酸；2—十二酸；3—十三酸；4—十四酸；5—十五酸；6—十六碳烯酸；7—十六酸；8—十七酸；9—十八碳烯酸；10—十八酸

色谱柱：SE-30，Chromosorb W AW-DMCS（80～100目），3m×3mm

柱　温：180℃→240℃，2℃/min

载　气：N_2，50mL/min

气化室温度：260℃

检测器：FID

检测器温度：260℃

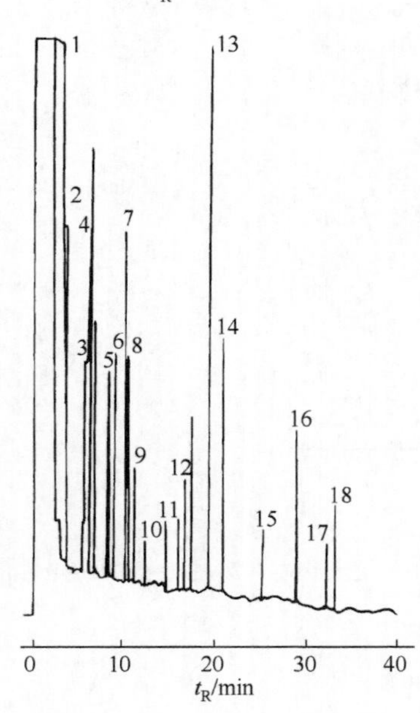

图 30-41 羊水中有机酸的硅烷化衍生物[40]

色谱峰：1—乳酸；2—羟基乙酸；3—草酸；4—丙酮酸；5—甲基丙二酸；6—2-羟基异己酸；7—邻羟基苯甲酸；8—马来酸；9—丁二酸；10—反-丁烯二酸；11—3-甲基戊二酸；12—己二酸；13—托品酸（内标物）；14—对羟基苯乙酸；15—柠檬酸；16—对羟基苯丙酮酸；17—油酸；18—十八烷酸

色谱柱：SE-54，36m×0.32mm，0.25μm

柱　温：90℃（5min）→260℃（10min），5℃/min

载　气：H_2

气化室温度：250℃

检测器：FID

检测器温度：270℃

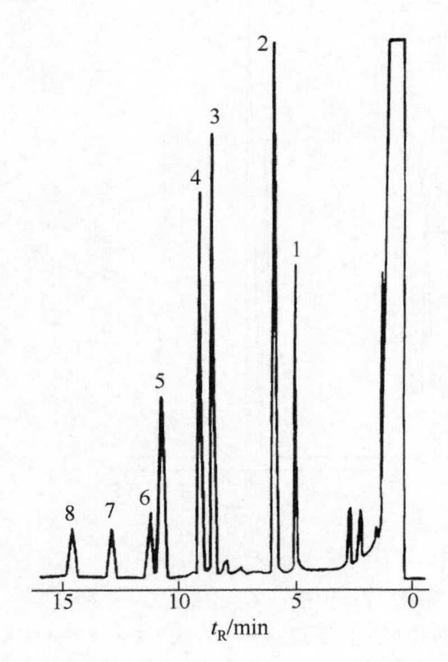

图 30-42　胆汁酸（TMS 衍生物）[41]

色谱峰：1—胆甾醇；2—胆汁酸；3—脱氧胆酸；4—鹅脱氧胆酸；5—猪脱氧胆酸（内标）；6—石胆酸；7—乌索脱氧胆酸；8—3β-羟基-5-胆烯酸

色谱柱：PEG-20M，20m

柱　温：230℃

载　气：H_2，4.4mL/min

检测器：FID

气化室温度：300℃

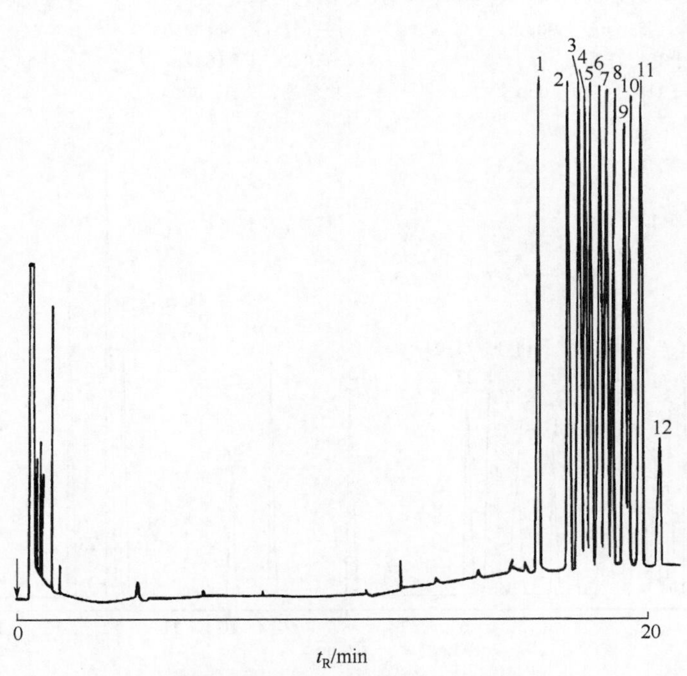

图 30-43　羟基胆汁酸与胆甾醇[42]

色谱峰：1—胆甾醇；2—异石胆酸；3—石胆酸；4—异鹅脱氧胆酸；5—异脱氧胆酸；6—脱氧胆酸；7—胆酸；8—鹅脱氧胆酸；9—3-β-羟基-5-胆烯酸；10—猪脱氧胆酸；11—乌索脱氧胆酸；12—猪胆酸

色谱柱：CP-Sil 19 CB，25m×0.32mm，0.2μm

检测器：FID

柱　温：140℃（1min）→270℃，10℃/min

气化室温度：140℃

载　气：H_2，70kPa

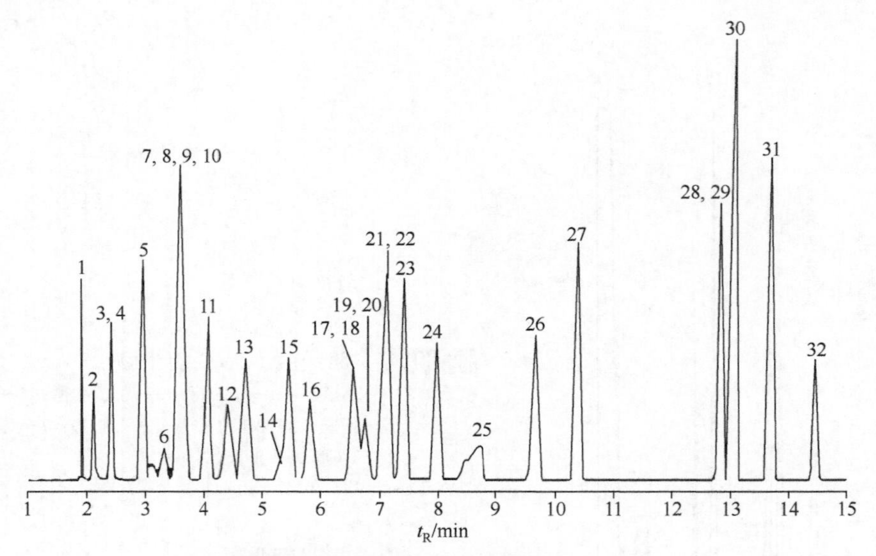

图 30-44 血液中的污染物质（一）[43]

色谱峰：1—甲醇；2—乙醛；3—乙醇；4—二乙醚；5—异丙醇；6—二氯甲烷；7—丙酮；8—乙腈；9—甲酸乙酯；10—仲丁醇；11—1-丙醇；12—甲基叔丁基醚；13—正己烷；14—氯仿；15—仲丁醇；16—2-氯丁烷；17—MEK（2-丁酮）；18—乙酸乙酯；19—1,1,1-三氯乙烷；20—四氯化碳；21—1-氯丁烷；22—苯；23—1-丁醇；24—庚烷；25—乙二醇；26—异戊醇；27—甲苯；28—异丙胺（未出现）；29—乙苯；30—*m,p*-二甲苯；31—邻二甲苯；32—DMSO

色谱柱：DB-ALC1 30m×0.53mm，3.00μm

载 气：He，36cm/s，于40℃下测量

柱温箱：40℃（5min）→210℃，10℃/min

进 样：分流，250℃

分流比：1∶10

检测器：FID，300℃

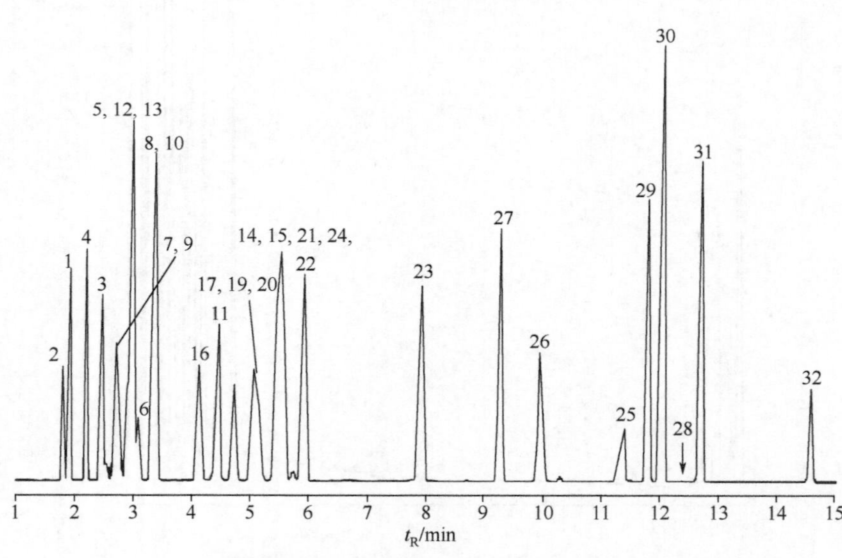

图 30-45 血液中的污染物质（二）[43]

色谱峰：1—甲醇；2—乙醛；3—乙醇；4—二乙醚；5—异丙醇；6—二氯甲烷；7—丙酮；8—乙腈；9—甲酸乙酯；10—仲丁醇；11—1-丙醇；12—甲基叔丁基醚；13—正己烷；14—氯仿；15—仲丁醇；16—2-氯丁烷；17—MEK（2-丁酮）；19—1,1,1-三氯乙烷；20—四氯化碳；21—1-氯丁烷；22—苯；23—1-丁醇；24—庚烷；25—乙二醇；26—异戊醇；27—甲苯；28—异丙胺（未出现）；29—乙苯；30—*m,p*-二甲苯；31—邻二甲苯；32—DMSO

色谱柱：DB-ALC2，30m×0.53mm，2.00μm

载 气：He，36cm/s，于 40℃下测量

柱温箱：40℃（5min）→210℃，10℃/min

进 样：分流，250℃，分流比1∶10

检测器：FID，300℃

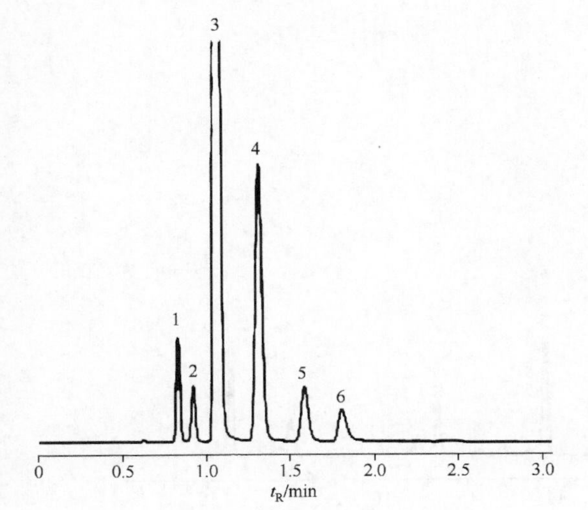

图 30-46　**血液中的酒精（一）**[44]

色谱峰：1—甲醇；2—乙醛；3—乙醇；4—异丙醇；5—丙酮；6—1-丙醇

色谱柱：DB-ALC1 125-9134，30m×0.53mm，3.00μm

载　气：He，80cm/s，于40℃下测量

柱　温：40℃恒温

进样器：顶空

进　样：分流，250℃，分流比1∶10

检测器：FID，300℃

氮气尾吹气：23mL/min

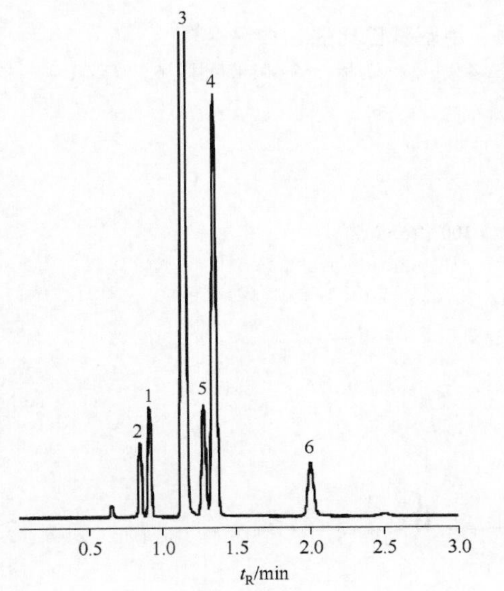

图 30-47　**血液中的酒精（二）**[44]

色谱峰：1—甲醇；2—乙醛；3—乙醇；4—异丙醇；5—丙酮；6—1-丙醇

色谱柱：DB-ALC1 125-9234，30m×0.53mm，2.00μm

载　气：He，80cm/s，于40℃下测量

柱温箱：40℃恒温

进样器：顶空，柱温箱70℃，定量环80℃，传输线温度90℃，样品瓶平衡时间 10min，加压时间 0.20min，定量环充填时间 0.20min，定量环平衡时间 0.05min，进样时间 0.1～0.2min，样品定量环规格 1.0mL

进　样：分流，250℃分流比1∶10

检测器：FID，300℃

氮气尾吹气：23mL/min

样　品：0.1%乙醇，0.001%其他组分

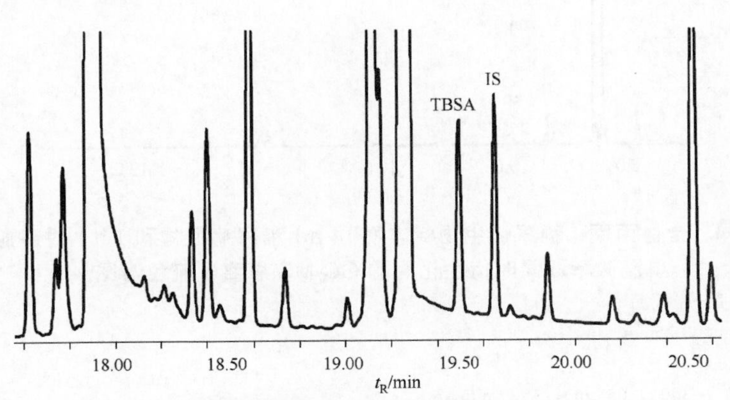

图 30-48　**痰中结核硬脂酸**[45]

色谱峰：TBSA—结核硬脂酸；IS（内标）—甲基硬脂酸

色谱柱：HP-5ms，30m×0.25mm，0.5μm

程序升温条件：90℃（6min）→300℃（10min），15℃/min

载　气：He，1.4mL/min

检测器：MS

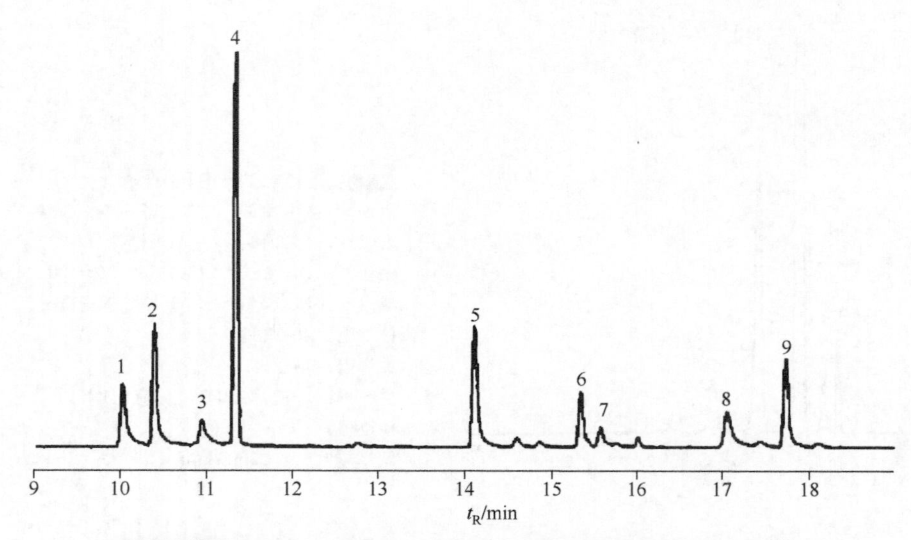

图 30-49 全血中药物利多卡因、甲基苯巴比妥、曲马朵[46]

色谱峰：1—利多卡因；2—甲基苯巴比妥；3—反胺苯环醇；4—三苯代甲烷（内标）；5—阿米替林；6—双环哌丙醇；7—己烯雌酚；8—可待因；9—安定

色谱柱：VF-5ms，30m×0.25mm，0.25μm

载　气：He，1.0mL/min

进样口温度：250℃

柱　温：50℃（1min）$\xrightarrow{30℃/min}$ 200℃ $\xrightarrow{5℃/min}$ 280℃ $\xrightarrow{40℃/min}$ 300℃(5min)

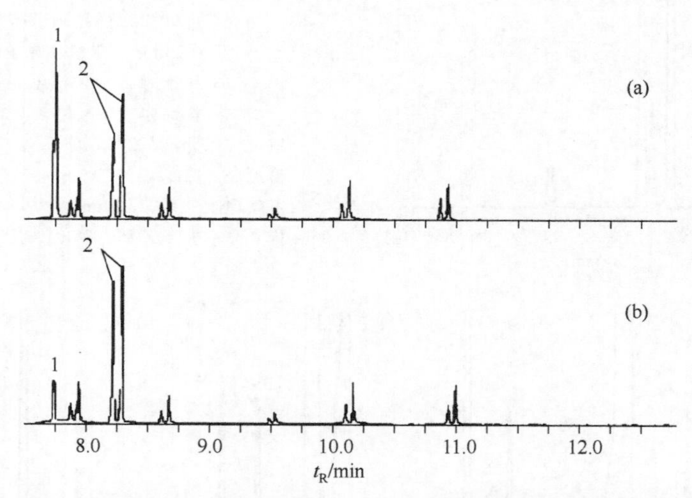

图 30-50 全血丙酮（糖尿病生物标志物）（a）糖尿病血样和（b）对照血样顶空单滴微萃取同时衍生化后的 GC-MS 总离子流色谱图[47]

色谱峰：1—丙酮肟；2—丁酮肟

色谱柱：HP-5ms，30m×0.25mm，0.25μm

载　气：He，1mL/min

柱　温：60℃（1min）→300℃（5min），15℃/min

进样口温度：250℃

检测器：MS

检测器温度：230℃

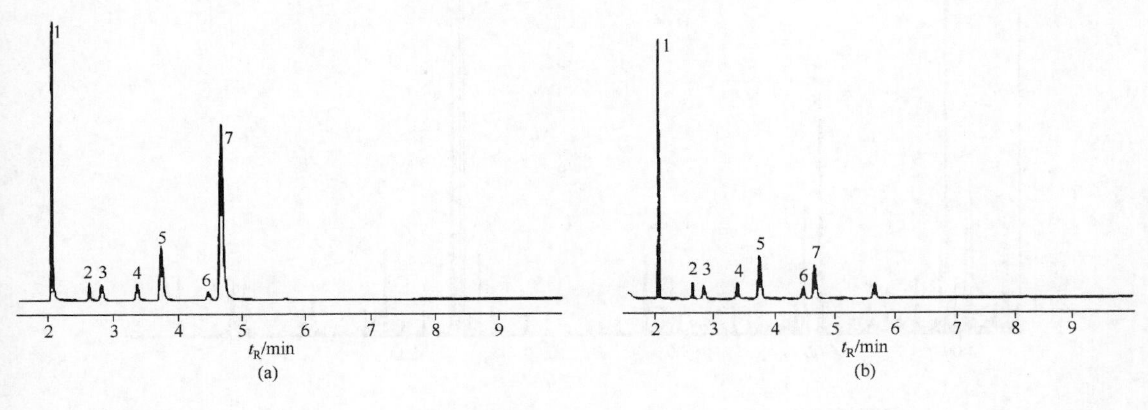

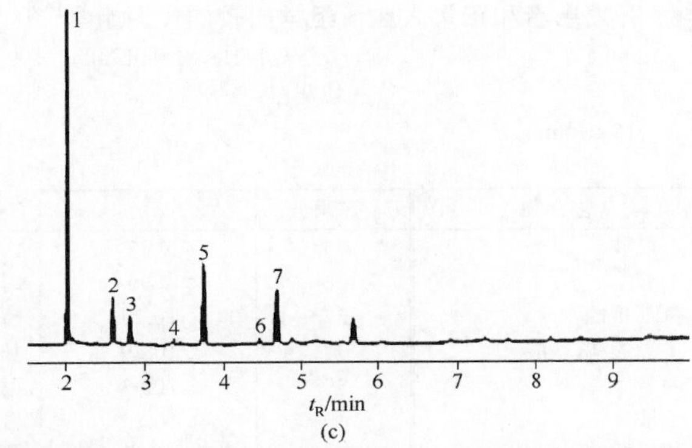

图 30-51 人血清中短链脂肪酸：(a)标准混合物、(b)萃取溶液、(c)萃取人血清中目标物的气相色谱图[48]

色谱峰：1—乙酸；2—丙酸；3—丁酸；4—正丁酸；5—戊酸；6—正戊酸；7—乙基丁酸

色谱柱：DB-FFAP 125-3237，30m×0.53mm，0.50μm

载　气：He，14.4mL/min

柱　温：100℃（0.5min）$\xrightarrow{8℃/min}$ 180℃（1min）$\xrightarrow{20℃/min}$ 200℃（5min）

进样口温度：200℃

检测器：FID

检测器温度：240℃

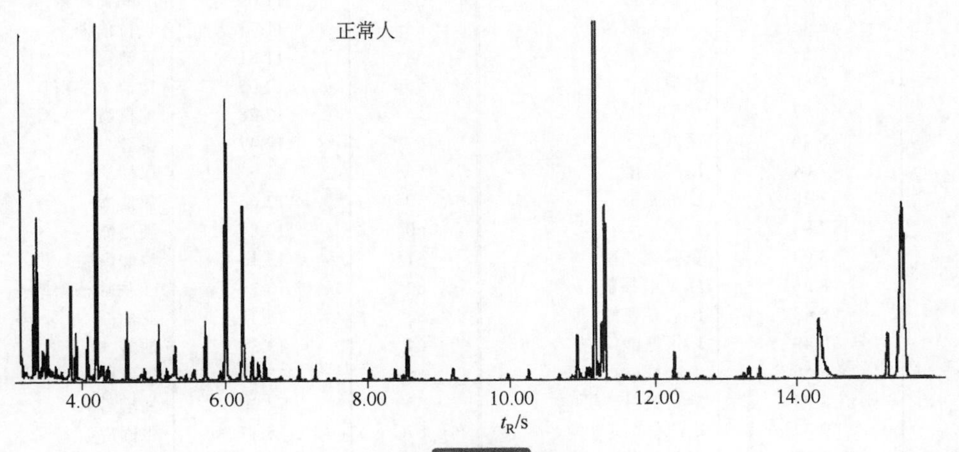

图 30-52

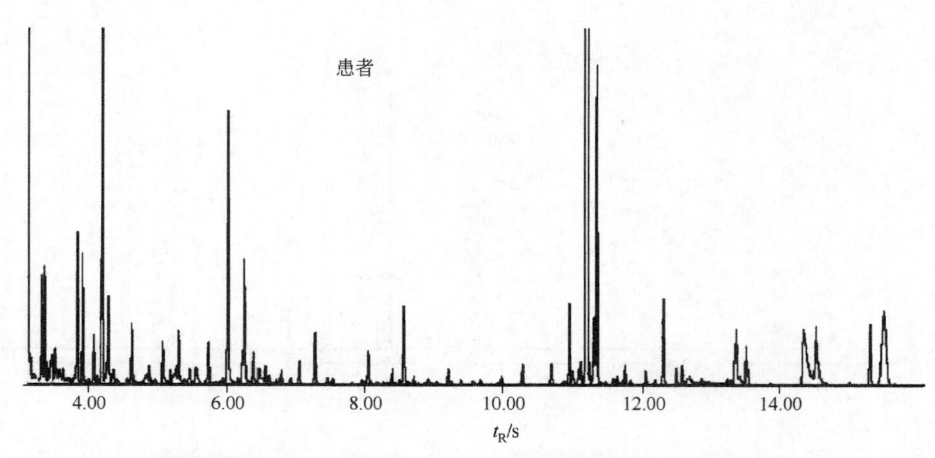

图 30-52 肝癌患者和正常人血清组学比较的代谢组学[49]

色谱柱：HP-5ms，50m×0.25mm，0.25μm　　载　气：He，1.0mL/min

进样口温度：250℃　　检测器：MS

程序升温条件：80℃（1min）→300℃，15℃/min

化合物：

序号	t_R/s	化合物	序号	t_R/s	化合物
1	3.45	乙酰胺	35	9.37	L-苯丙氨酸
2	3.54	丁酸	36	9.90	阿糖醇
3	3.66	氰基甲酯	37	10.25	磷酸
4	3.84	丁二酸/琥珀酸	38	10.29	甘氨酸
5	4.19	丙酸	39	10.67	丙烷三羧酸
6	4.30	乙酸	40	10.85	核糖醇
7	4.56	甘氨酸	41	10.88	山梨醇
8	4.63	丙氨酸	42	10.93	D-赤藓糖
9	4.84	丁酸	43	10.97	肌醇
10	4.90	丙酸	44	11.06	葡萄糖
11	4.96	L-天冬氨酸	45	11.09	葡萄糖
12	5.07	D-(−)-果糖	46	11.18	半乳糖
13	5.73	L-缬氨酸	47	11.22	甘油/丙三醇
14	5.92	氨基甲酸	48	11.28	羧甲基绕丹宁
15	6.01	尿素	49	11.32	半乳糖
16	6.22	甘油/丙三醇	50	11.57	棕榈酸
17	6.25	磷酸	51	11.62	甘露（糖）酸
18	6.38	L-缬氨酸	52	11.69	吡喃葡萄糖
19	6.46	L-异亮氨酸	53	11.73	阿拉伯糖
20	6.55	L-脯氨酸	54	11.81	葡萄糖
21	6.60	甘氨酸	55	12.03	葡萄哌喃糖
22	6.67	戊酸	56	12.28	棕榈酸
23	6.76	丙酸	57	12.47	肌醇
24	7.04	L-丝氨酸	58	12.57	尿酸
25	7.26	L-苏氨酸	59	12.66	亚油酸
26	7.94	己酸	60	12.84	硬脂酸
27	8.03	氨基丙二酸	61	13.15	油酸酰胺
28	8.26	D-吡喃核糖	62	13.21	D-呋喃核糖
29	8.43	L-天冬氨酸	63	13.31	亚油酸
30	8.49	L-蛋氨酸	64	13.34	油酸
31	8.55	L-脯氨酸	65	13.48	硬脂酸
32	8.94	3-吡啶甲酸/烟酸	66	14.30	油酸酰胺
33	9.02	L-缬氨酸	67	15.47	胆固醇
34	9.23	谷氨酰胺			

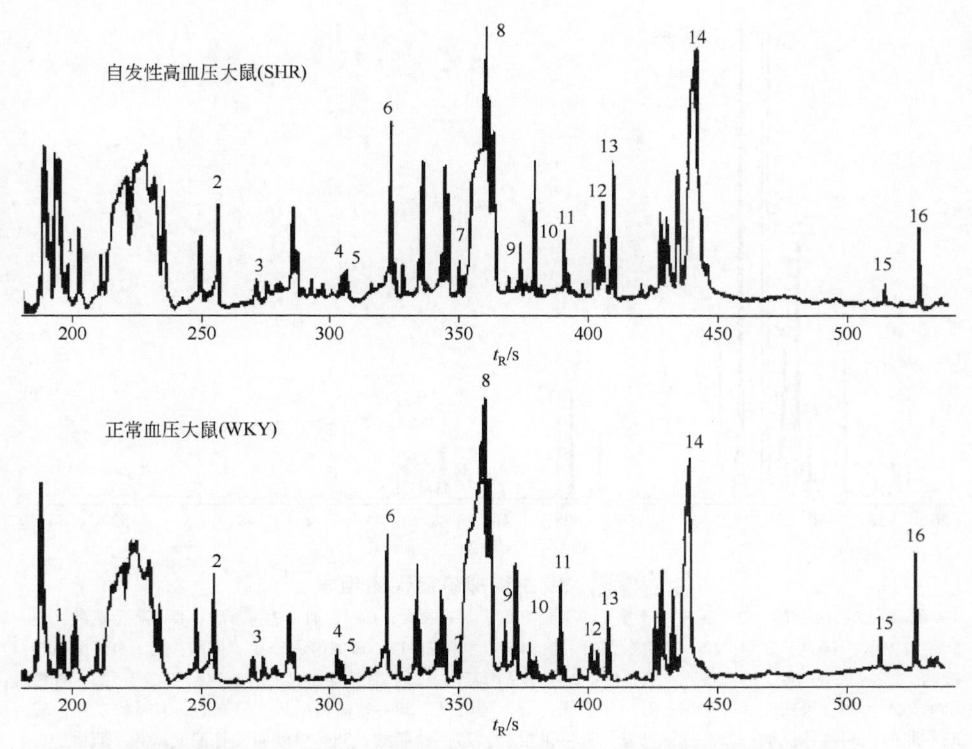

图 30-53　**血浆代谢组学中高血压组和正常组有明显差异的物质**[50]

色谱峰：1—3-羟丁酸；2—苏氨酸；3—赤藓糖；4—苯基丙氨酸；5—CPU_DB5_RI1621_U；6—CPU_DB5_RI1720_U；7—CPU_DB5_RI1896_U；8—葡萄糖；9—赖氨酸；10—软脂酸甘油酯；11—肌醇；12—油酸；13—硬脂酸；14—CPU_DB5_RI3056_U；15—CPU_DB5_RI3242_U；16—胆固醇

色谱柱：DB-5，10m×0.18mm，0.18μm　　载　气：He，1.0mL/min

进样口温度：250℃　　检测器：MS

程序升温条件：70℃(2min)→310℃（2min)，30℃/min

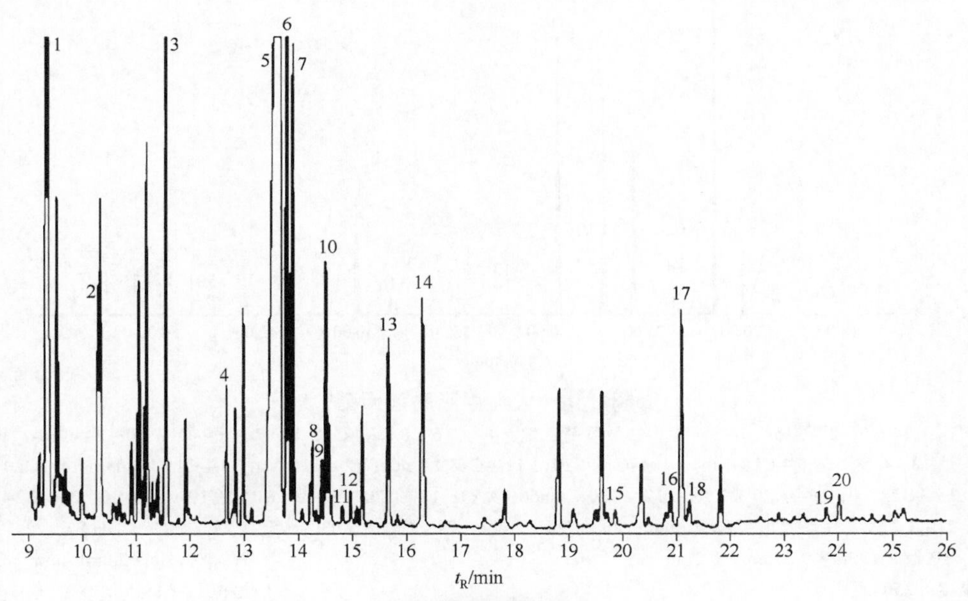

图 30-54

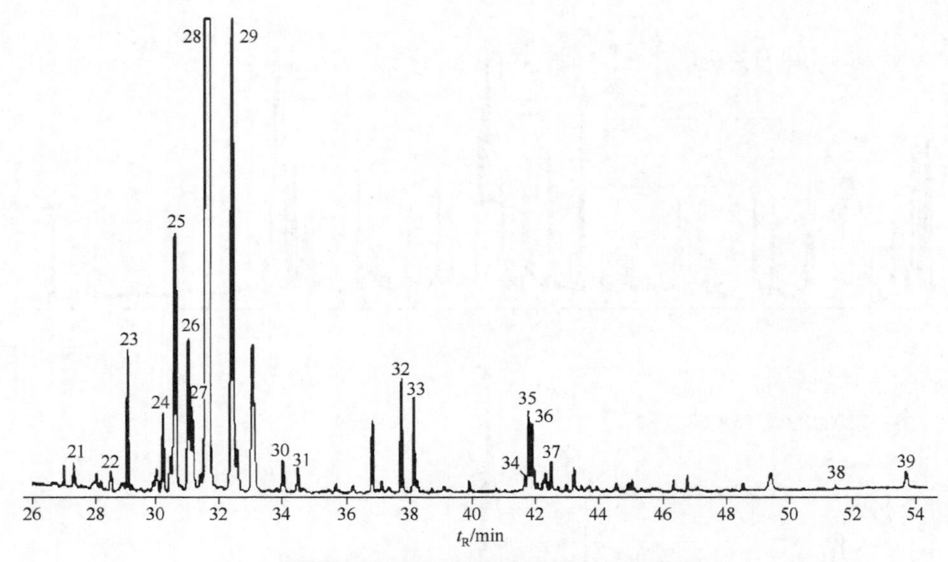

图 30-54 鼠血浆抑郁症代谢组学[51]

色谱峰：1—乳酸；2—丙氨酸；3—3-羟基丁酸；4—缬氨酸；5—尿素；6—甘油；7—磷酸；8—异亮氨酸；9—脯氨酸；10—甘氨酸；11—丁二酸；12—2,3-二羟基丙酸；13—丝氨酸；14—苏氨酸；15—苹果酸；16—4-羟脯氨酸；17—谷氨酸盐；18—2,3,4-三羟丁酸；19—谷氨基酸；20—苯基丙氨酸；21—甘油磷酸；22—1,4-苯二羧酸；23—柠檬酸；24—脱氧葡萄糖；25—果糖；26—果糖；27—半乳糖；28—葡萄糖；29—葡萄糖；30—酪氨酸；31—松二糖；32—棕榈酸；33—肌醇；34—色氨酸；35—亚油酸盐；36—油酸盐；37—硬脂酸；38—单硬脂酸甘油酯；39—胆固醇

色谱柱：DB-5ms，30m×250mm，0.25mm 载 气：He，1mL/min

进样口温度：200℃ 检测器：MS

程序升温条件：60℃(3min) $\xrightarrow{7℃/min}$ 140℃（4min） $\xrightarrow{5℃/min}$ 180℃（6min）

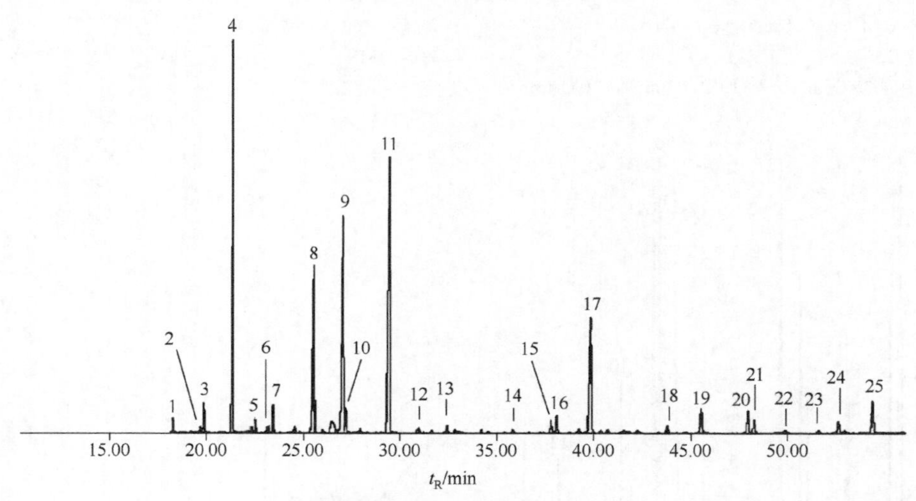

图 30-55 人血中脂肪酸甲酯[52]

色谱峰：1—C14：0；2—C15：0；3—C16-二甲氧基乙烷；4—C16：0；5—C16：1 n7c；6—C17：0；7—C18-二甲氧基乙烷；8—C18：0；9—C18-1 n9c；10—C18-1 n7c；11—C18：2 n6c；12—C20：0；13—C18：3 n3c；14—C20：2 n6c；15—C22：0；16—C20：3 n6c；17—C20：4 n6c（AA）；18—C20：5 n3c（EPA）；19—C24：0；20—C24：1 n9c；21—C22：4 n6c；22—C22：5 n6c；23—C24：2 n6c；24—C22：5 n3c；25—C22：6 n3c（DHA）

色谱柱：HP-88，100m×0.25mm，0.2μm 载 气：He，2.0mL/min

进样口温度：250℃ 检测器：MS

程序升温条件：50℃（1min） $\xrightarrow{15℃/min}$ 175℃ $\xrightarrow{1℃/min}$ 240℃

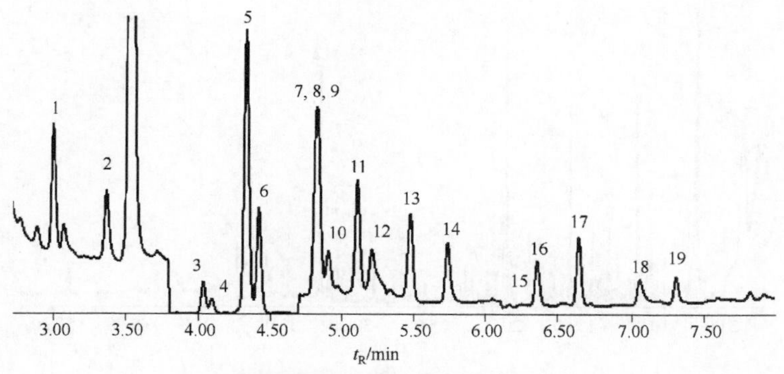

图 30-56　血清中雌激素[53]

色谱峰：1—3-甲氧基-雌二醇；2—3-甲氧基-雌激素酮；3—17-雌二醇；4—雌三醇；5—17-雌二醇；6—17-*epi*-雌三醇；7—16-羟基-雌激素酮；8—16-*epi*-雌三醇；9—4-甲氧基-雌二醇；10—雌激素酮；11—2-甲氧基-雌二醇；12—16-酮-雌二醇；13—4-甲氧基-雌激素酮；14—2-甲氧基-雌激素酮；15—2-羟基-雌三醇；16—4-羟基-雌二醇；17—2-羟基-雌二醇；18—4-羟基-雌激素酮

色谱柱：MXT-1，30m×0.25mm，0.25μm　　载　气：He，151.7kPa

进样口温度：280℃　　检测器：MS

程序升温条件：270℃ $\xrightarrow{6℃/min}$ 300℃ $\xrightarrow{10℃/min}$ 330℃

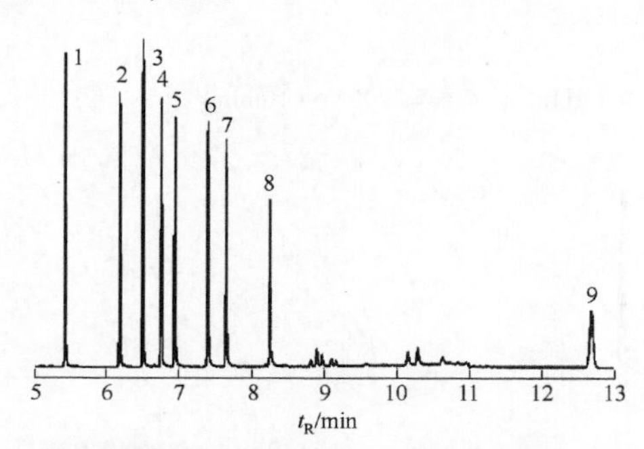

图 30-57　人血清中的溴代阻燃剂[54]

色谱峰：1—2,4,4′-三溴联苯醚(BDE-28)；2—2,2′,4,4′-四溴联苯醚(BDE-47)；3—3,3′,4,4′-四溴联苯醚(BDE-77，IS)；4—2,2′,4,4′,6-五溴联苯醚(BDE-100)；5—2,2′,4,4′,5-五溴联苯醚(BDE-99)；6—2,2′,4,4′,5,6′-六溴联苯醚(BDE-154)；7—2,2′,4,4′,5,5′-六溴联苯醚(BDE-153)；8—2,2′,3,4,4′,5′,6-七溴联苯醚(BDE-183)；9—十溴联苯醚(BDE-209)及 $^{13}C_{12}$-十溴联苯醚（$^{13}C_{12}$-BDE-209）

色谱柱：DB-5ms，15m×0.25mm，0.1μm

进样口温度：275℃

程序升温条件：100℃（1.5min）$\xrightarrow{35℃/min}$ 200℃ $\xrightarrow{25℃/min}$ 280℃ $\xrightarrow{35℃/min}$ 310℃（6min）

载　气：He　　检测器：MS

载气流速：1.5mL/min

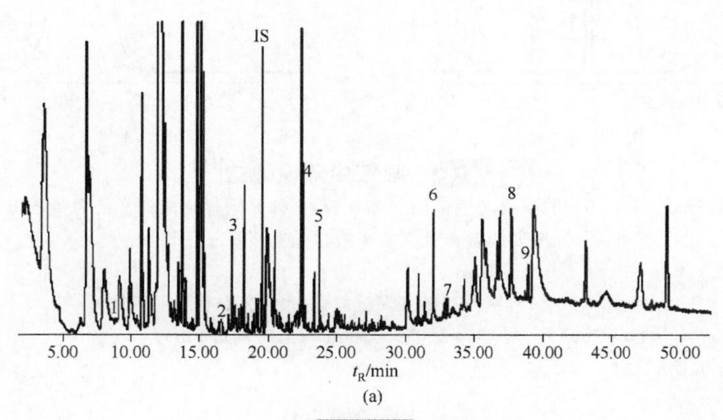

图 30-58

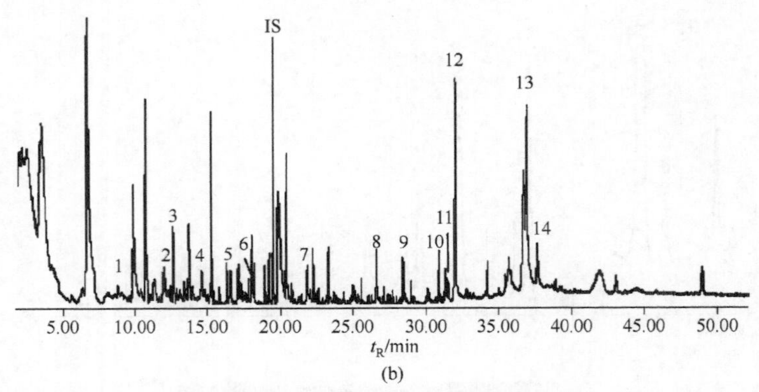

图 30-58 唾液中的挥发性有机物[55]

具有代表性的两个来自不同家庭的受试者：（a）男人，（b）女人唾液中挥发性有机物轮廓分析的GC-MS总离子流色谱图

色谱峰：（a）1—乙酰苯；2—丁子香酚；3—石足烯；4—石足烯；5—二氢枞酸甲酯-顺-茉莉酮酸酯；6—棕榈酸；7—十六酸乙酯；8—油酸；9—二十二烷

（b）1—乙酰苯；2—庚内酯；3—癸醛；4—壬酸；5—尼古丁；6—正十四碳烷；7—月桂酸；8—十四烷酸；9—咖啡因；10—甲基十六烷酸甲酯；11—十六烯酸；12—棕榈酸；13—油酸；14—十八酸；（内标：7-十三酮）

色谱柱：DB-5ms，20m×0.18mm，0.18μm

载　气：He

进样口温度：250℃

载气流速：0.7mL/min

程序升温条件：50℃（1min）$\xrightarrow{5℃/min}$ 160℃ $\xrightarrow{3℃/min}$ 200℃（10min）

检测器：MS

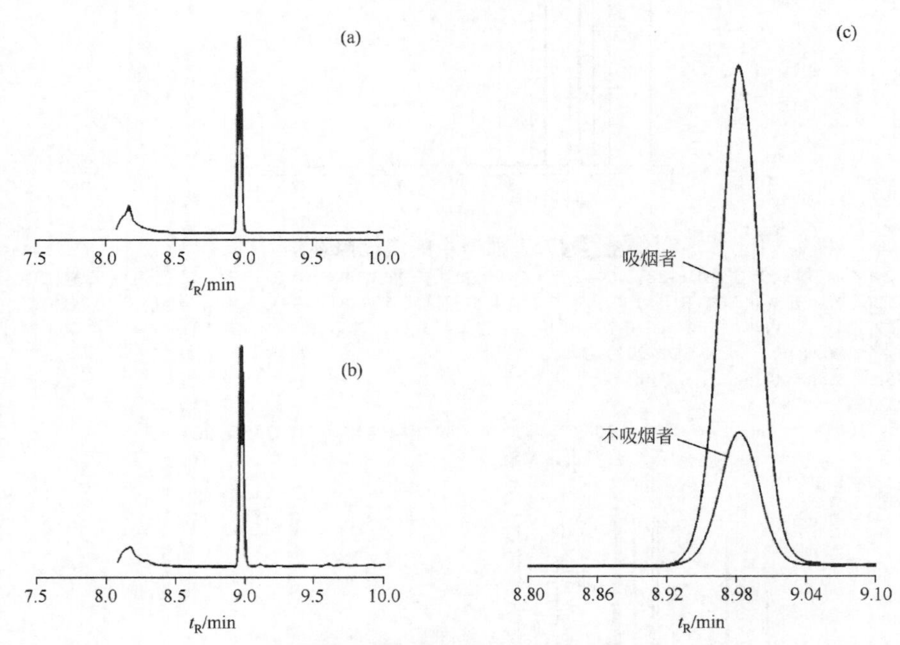

图 30-59 唾液中硫氰酸盐[56]

（a）唾液稀释后（1∶10）的子离子色谱图（m/z=87）；（b）同样唾液样品的总离子流色谱图；（c）不吸烟者和吸烟者唾液样品的子离子色谱图

色谱峰：硫氰酸盐

色谱柱：DB-624，60m×0.25mm，14μm（6%氰丙基苯基聚硅氧烷-94%二甲基聚硅氧烷）

程序升温：60℃（2min）$\xrightarrow{15℃/min}$ 200℃ $\xrightarrow{30℃/min}$ 250℃（2min）(总时间15min）

进样口温度：200℃，分流比8∶1

载　气：He

检测器：MS

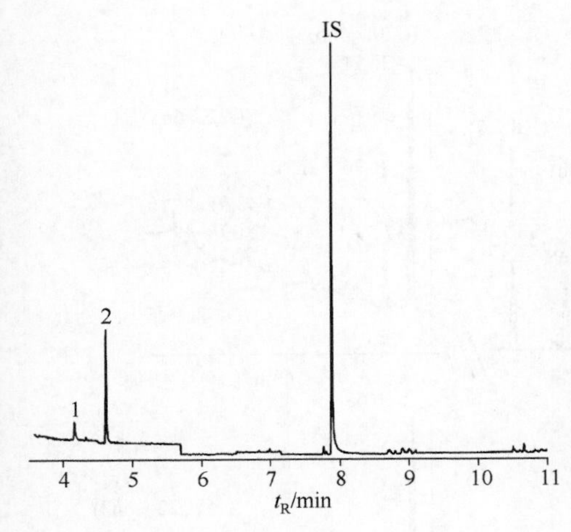

图 30-60　血中药物[57]

色谱峰：1—安非他命硫酸盐；2—甲基苯丙胺盐酸盐；IS（内标）—1-(2-甲氧基苯基)哌嗪

色谱柱：DB-5ms，30m×0.32mm，0.25μm

程序升温：100℃(2min)→300℃(6min)，20℃/min

载　气：He，1.2mL/min

进样口：260℃，不分流

检测器：MS

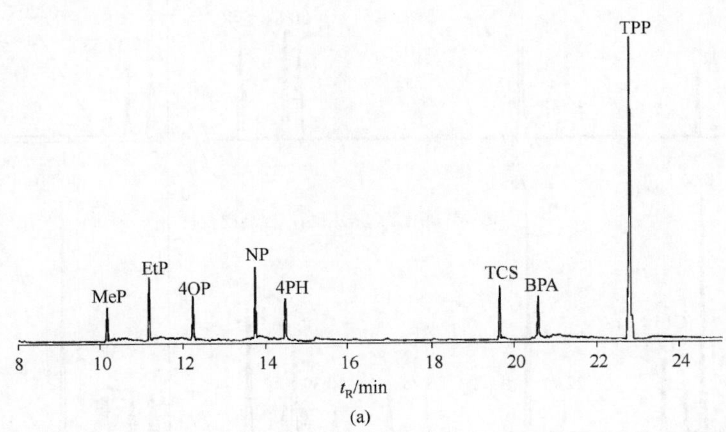

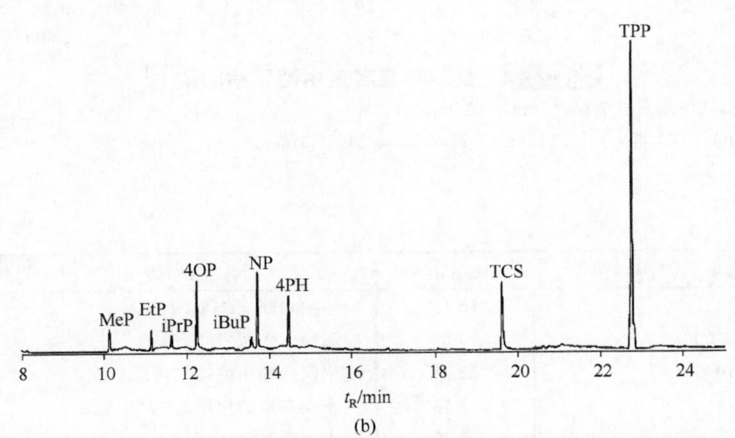

图 30-61　血液和母乳中的苯甲酸酯、烷基、苯酚、苯基苯酚、双酚 A、三氯生[58]

（a）血样、（b）母乳中的目标物GC-MS在SIM模式下色谱图

色谱峰：MeP—对羟基苯甲酸甲酯；EtP—羟苯乙酯；4OP—4-叔辛基苯酚；4PH—对羟基联苯；TCS—三氯生；iPrP—尼泊金异丙酯；iBuP—羟苯异丁酯；NP—壬基苯酚；BPA—双酚A

色谱柱：DB-5ms，30m×0.25mm，0.25μm

程序升温：70℃（1min）$\xrightarrow{14℃/min}$150℃$\xrightarrow{6℃/min}$215℃$\xrightarrow{10℃/min}$285℃（总时间24.5min）

进样口温度：285℃

分流比：1∶20

载　气：He，1mL/min

检测器：MS

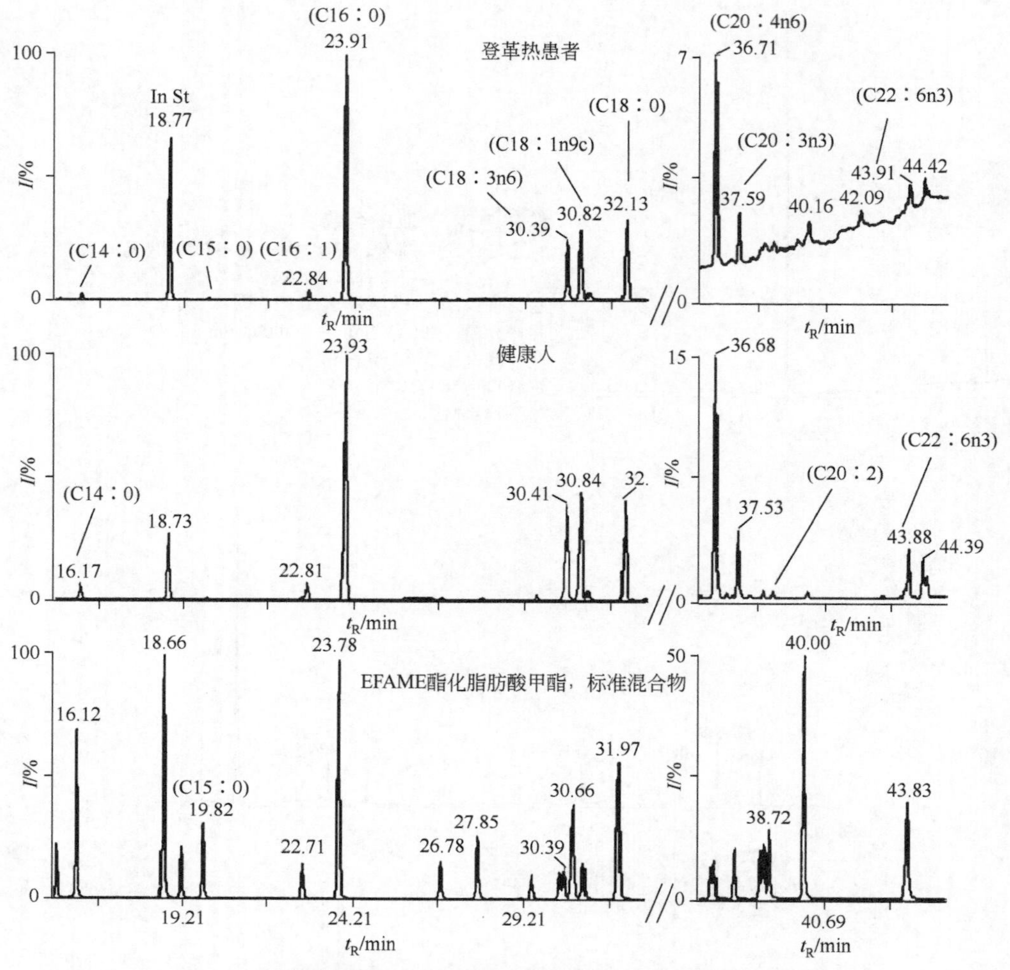

图 30-62 登革热患者血中酯化脂肪酸[59]

色谱柱：Elite-1，100%二甲基聚硅氧烷，30m×0.25mm，0.25μm

程序升温：100℃(2min) $\xrightarrow{10℃/min}$ 140℃(1.0min) $\xrightarrow{2.0℃/min}$ 240℃(1min)

进样口温度：260℃

载　气：He，0.9mL/min

色谱峰：

脂肪酸	t_R/min	脂肪酸	t_R/min
豆蔻酸（C14：0）	16.12	反油酸甲酯（C18：1n9t）	30.97
十五碳酸乙酯（C15：0）	19.81	硬脂酸（C18：0）	31.98
棕榈一烯酸（C16：1）	22.73	花生四烯酸甲酯（C20：4n6）	36.56
棕榈酸（C16：0）	23.78	二十碳三烯酸甲酯（C20：3n3）	37.44
十七碳一烯酸（C17：1）	26.79	花生二烯酸（C20：2）	38.37
十七烷酸（C17：0）	27.86	花生一烯酸（C20：1）	38.73
γ-亚麻酸甲酯（C18：3n6）	29.44	花生酸（C20：0）	40.01
亚油酸（C18：2n6）	30.39	二十二碳六烯酸（DHA C22：6n3）	43.75
十八烷烯酸（C18：1n9）	30.68		

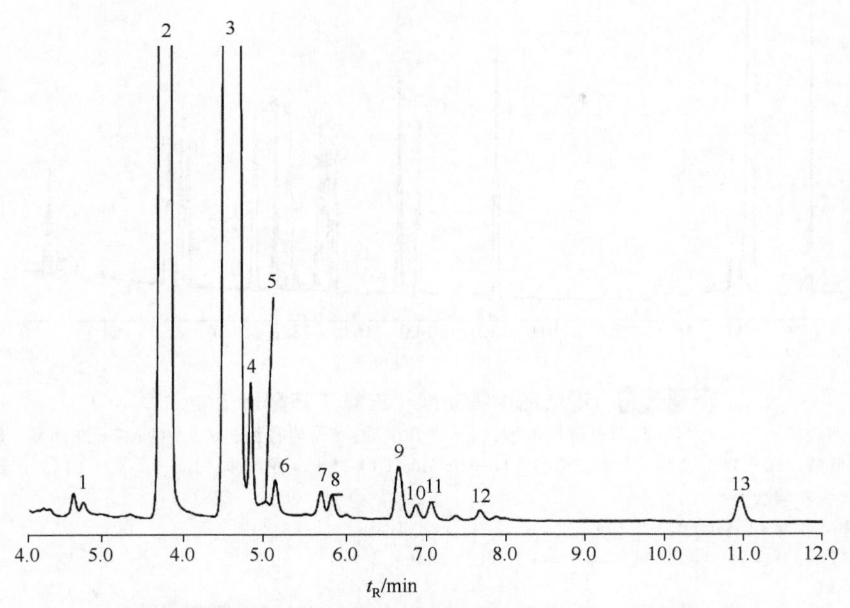

图 30-63 尼曼匹克症血中胆甾烷-3β,5α,6β-三醇[60]

色谱峰：1—5α-胆甾烷；2—粪甾醇；3—胆固醇；4—胆甾烷醇；5—7-脱氢胆甾醇；6—烯胆甾烷醇；7—菜油甾醇；8—豆甾醇；9—谷甾醇；10—羊毛甾醇；11—豆甾烷醇；12—胆甾烷-3β,5α,6β-三醇；13—桦木醇

色谱柱：Rtx-200-MS，30m×0.25mm，0.5μm

柱　温：290℃

载　气：He，0.78mL/min

进样口温度：300℃，分流比1∶5

检测器：MS

第三节　组织与细菌类物质的色谱图

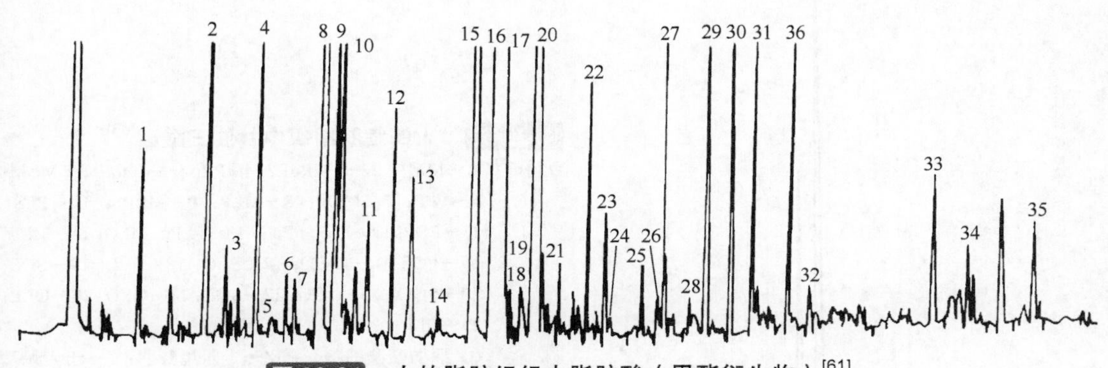

图 30-64 人的脂肪组织中脂肪酸（甲酯衍生物）[61]

色谱峰：1—十二酸；2—十四酸；3—肉豆蔻脑酸；4—十五酸；5—反异十五酸；6—反异十六酸；7—异十六酸；8—十六酸；9—反棕榈油酸；10—顺棕榈油酸；11—反异十七酸；12—十七酸；13—十七碳一烯酸；14—十六碳四烯酸；15—十八酸；16—油酸；17—瓦克岑酸；18—反油酸；19～21—十八碳二烯酸；22,23,24—十八碳三烯酸；25—二十酸；26，27—二十碳一烯酸；28—二十二酸；29，30—二十碳三烯酸；31，32—二十碳四烯酸；33—二十二碳四烯酸；34—二十二碳五烯酸；35—二十四酸；36—内标物

色谱柱：Supelco-wax-10，60m×0.25mm，0.25μm

柱　温：200℃（10min）→260℃（30min），2℃/min

载　气：He，2mL/min

检测器：FID

气化室温度：275℃

检测器温度：275℃

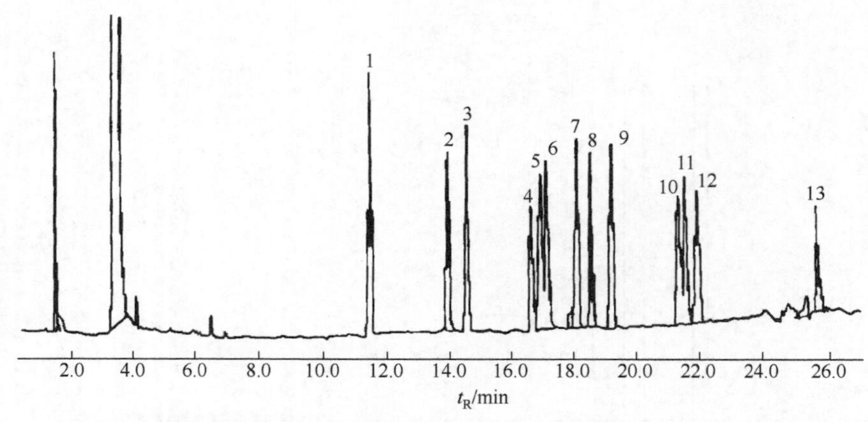

图 30-65 磷脂酸中脂肪酸（五氟苄基酯衍生物）[62]

色谱峰：1—十四烷酸；2—十六烷酸；3—棕榈油酸；4—十八烷酸；5—岩芹酸；6—油酸；7—亚油酸；8—γ-亚麻酸；9—亚麻酸；10—11,14,17-二十碳三烯酸；11—*cis*-5,8,11,14-二十碳四烯酸；12—*cis*-8,11,14-二十碳三烯酸；13—二十二碳六烯酸

色谱柱：BP×70，25m×0.33mm，0.25μm

柱　温：85℃（2min）$\xrightarrow{40℃/min}$ 165℃ $\xrightarrow{3.5℃/min}$ 250℃（1min）

载　气：N_2，48kPa

检测器：ECD

气化室温度：65℃ $\xrightarrow{150℃/min}$ 165℃ $\xrightarrow{50℃/min}$ 300℃

检测器温度：300℃

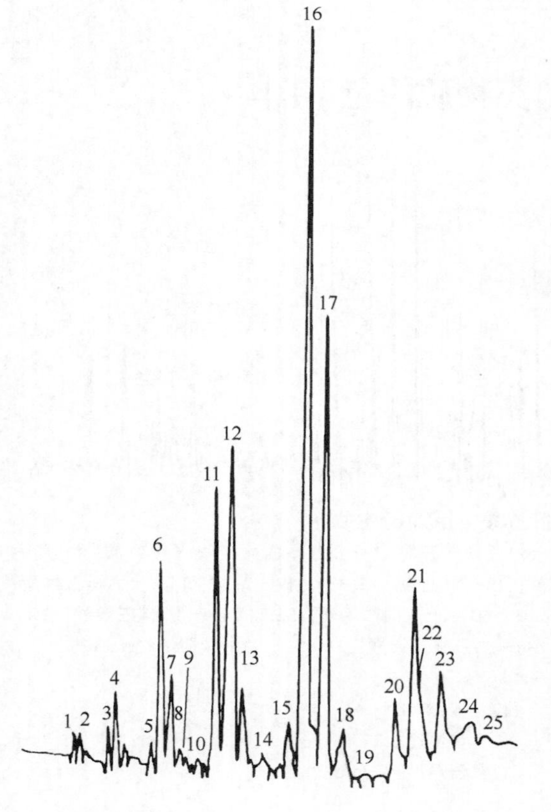

图 30-66 人的脂肪组织中甘油三酸酯[63]

色谱峰①：1—MMP；2—MMPo；3—MPP；4—MOM；5—MLM；6—PPP；7—MOP；8—MLP；9—MLPo；10—PPS；11—POP；12—PLP+PPoO；13—PLPo+MLO；14—MLL；15—POS；16—POO；17—PLO；18—PLL；19—SOS；20—SOO；21—OOO；22—SOL；23—OLO；24—OLL；25—LLL

① 脂肪酸酯的符号：M—十四烷酸酯；P—十六烷酸酯；S—十八烷酸酯；Po—棕榈酸油酯；O—油酸酯；L—亚油酸酯

色谱柱：65%苯基甲基硅氧烷，25m×0.25mm

柱　温：350℃（1min）→360℃（6min），0.5℃/min

载　气：He

气化室温度：360℃

检测器：FID

检测器温度：360℃

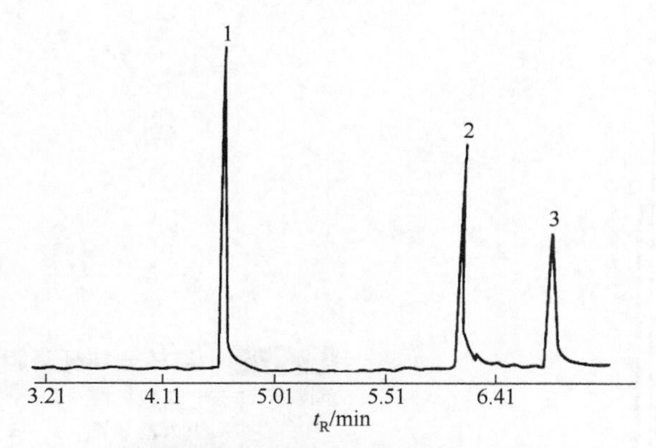

图 30-67　吸烟者头发中尼古丁[64]

色谱峰：1—尼古丁（2.41ng/mg）；2—可铁宁（0.59ng/mg）；3—氯胺酮（内标物）

色谱柱：BP-5，12m×0.22mm

柱　温：60℃（0.9min）→280℃（1min），30℃/min

载　气：He，3.2mL/min

检测器：MS

气化室温度：250℃

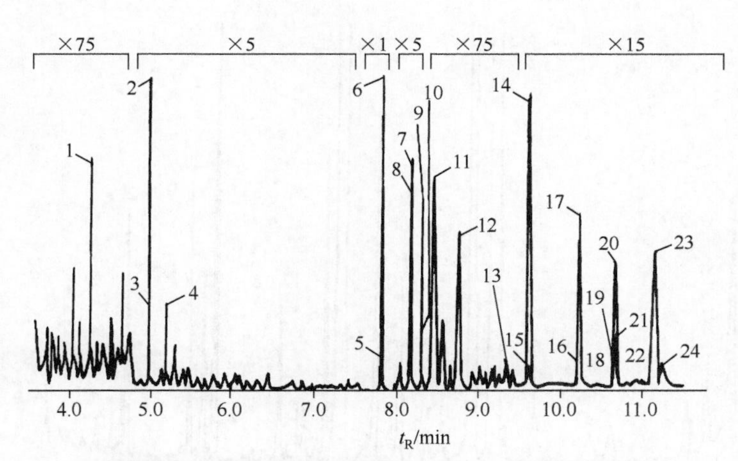

图 30-68　吸海洛因者头发（BSTFA 衍生物）[65]

色谱峰：1—脱水爱康宁甲酯；2—[$^2H_3$]爱康宁甲酯；3—爱康宁甲酯；4—爱康宁乙酯；5—[$^2H_3$]可卡因；6—可卡因；7—[$^2H_3$]乙基苯酰爱康宁；8—乙基苯酰爱康宁；9—[$^2H_3$]苯酰爱康宁；10—苯酰爱康宁；11—去甲可卡因；12—去甲乙基苯酰爱康宁；13—苯酰去甲爱康宁；14—[$^2H_3$]可待因；15—可待因；16—[$^2H_3$]吗啡；17—吗啡；18—去甲可待因；19—[$^2H_6$]-6-乙酰吗啡；20—[$^2H_3$]-6-乙酰吗啡；21—6-乙酰吗啡；22—去甲吗啡；23—[$^2H_9$]海洛因；24—海洛因

色谱柱：HP-1，12m×0.2mm，0.33μm

柱　温：70℃（1min）$\xrightarrow{35℃/min}$ 220℃（0.25min）$\xrightarrow{10℃/min}$ 250℃（3min）

载　气：He，1mL/min

检测器：MS

气化室温度：250℃

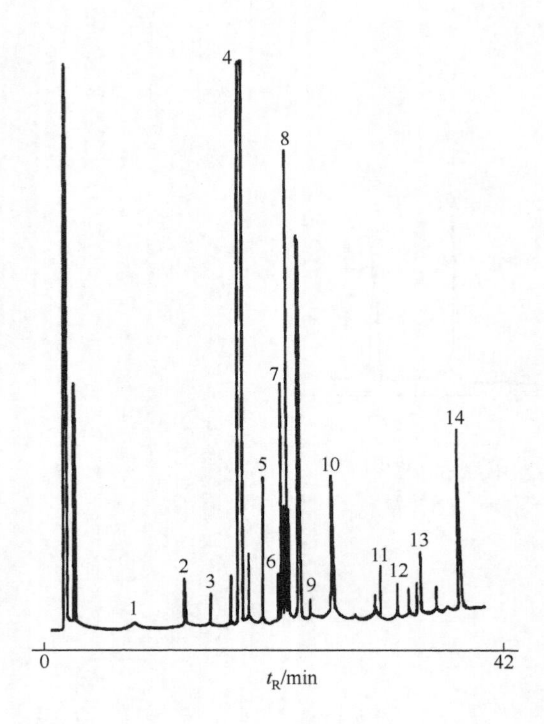

图 30-69 结核分枝杆菌脂肪酸[66]

色谱峰：1—十二酸甲酯；2—十四酸甲酯；3—十五酸甲酯；4—十六酸甲酯；5—十七酸甲酯；6—亚油酸甲酯；7—油酸甲酯；8—十八酸甲酯；9—十九酸甲酯；10—二十酸甲酯；11—二十二酸甲酯；12—二十三酸甲酯；13—二十四酸甲酯；14—二十六酸甲酯

色谱柱：OV-1701，14m×0.23mm

柱　温：120℃（1min）→280℃，4℃/min

气化室温度：260℃

检测器温度：250℃

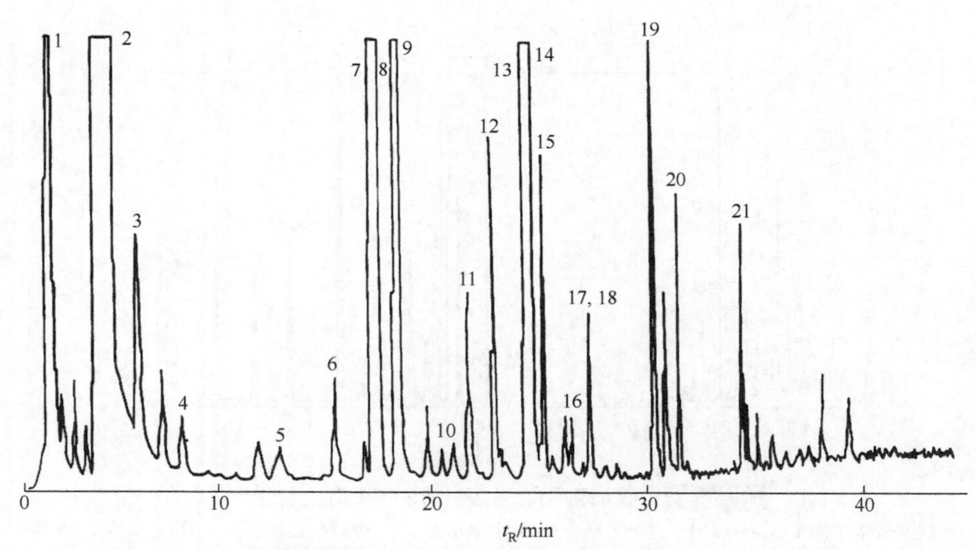

图 30-70 真菌培养时产生的挥发性物质[67]

色谱峰：1—乙醛；2—乙醇；3—丙酮；4—甲酸乙酯；5—1-丙醇；6—2-丁酮；7—乙酸乙酯；8—氯仿；9—异丁醇；10—苯；11—2-戊酮；12—一溴二氯甲烷；13—3-甲基-1-丁醇；14—2-甲基-1-丁醇；15—二甲基二硫化物；16—甲苯；17—二溴一氯甲烷；18—丁酸甲酯；19—乙酸异戊酯；20—双环（2,4,0）八-1,3,5-三烯；21—2,5,4-壬三醛

色谱柱：RSL 160，25m×0.32mm，5.0μm

柱　温：40℃（5min）→200℃，10℃/min

载　气：He，1mL/min

检测器：MS

气化室温度：250℃

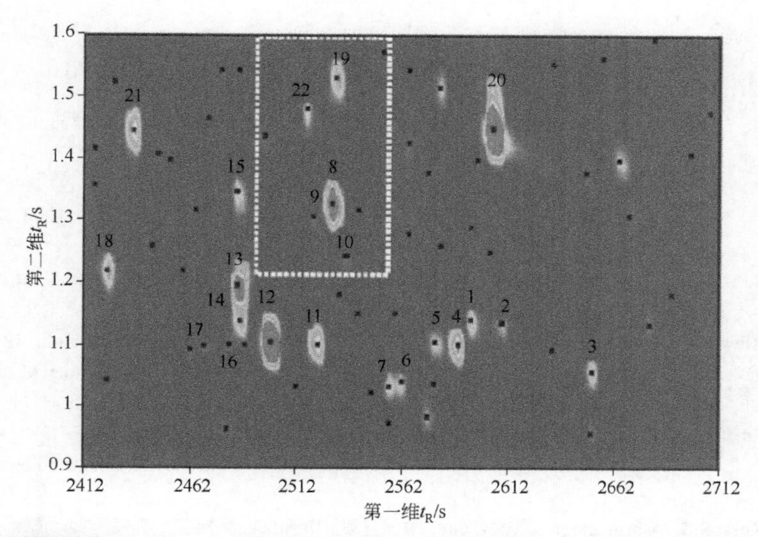

图 30-71 肥胖者的脾脏组织代谢组学色谱图[68]（彩图见文后插页）

色谱峰：1,2,4～7—糖醇；3—异肌醇；8—抗坏血酸盐；9—1-十六烷醇；10—酸式硫酸盐；11—葡萄糖2；12—葡萄糖1；13—1—甲基葡萄糖苷；14—己糖（TMS衍生化）；15—碳水化合物；16—果糖1；17—果糖2；18—碳水化合物；19,22—未知；20—棕榈酸；21—脱氧抗坏血酸

色谱柱：一维柱，二甲基聚硅氧烷，30m×250μm，0.25μm

二维柱，50%苯基聚亚苯基硅氧烷，1.5m×100μm，0.10μm

进样口温度：250℃

程序升温条件：一维柱：50℃（8min）→310℃，5℃/min

二维柱56℃（10min）→300℃，5℃/min

检测器：TOF-MS

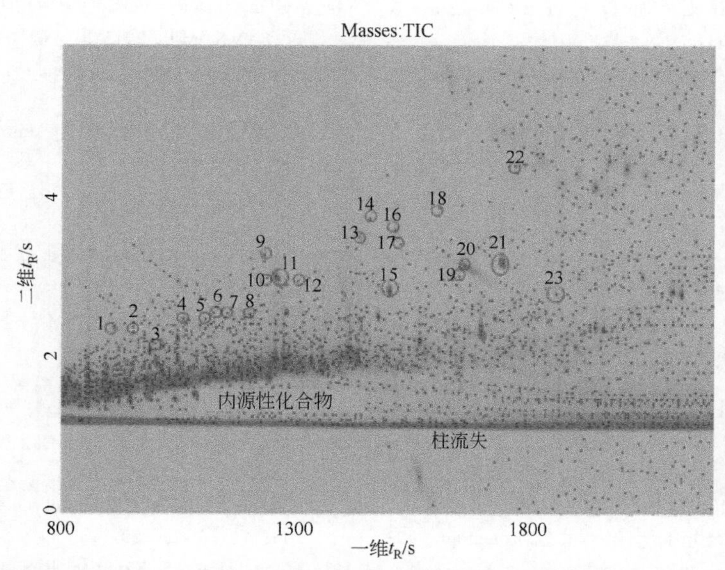

图 30-72 头发样品的 GC×GC 二维气相色谱等值线图[69]（彩图见文后插页）

化合物：1—可替宁；2—袂康宁；3—美索卡因；4—托派古柯碱；5—乙二胺二甲基次磷酸；6—非那佐辛；7—羟基可替宁-叔丁基二甲硅烷基；8—美沙酮；9—安眠酮；10—诺可卡因；11—可卡因；12—可卡乙碱；13—可待因；14—安定；15—苯甲酰爱康宁-叔丁基二甲硅烷基；16—乙酰可待因；17—桂皮酰古柯碱；18—二乙酰吗啡；19—可待因-叔丁基二甲硅烷基；20—吗啡-叔丁基二甲硅烷基；21—单乙酰吗啡-叔丁基二甲硅烷基；22—罂粟碱；23—吗啡-双叔丁基二甲硅烷基

色谱柱：DB-5ms（30m×0.25mm，0.25m）；BPX50（2m×0.1mm，0.1m，SGE）

载　气：He　　载气流速：1mL/min　　检测器：TOF-MS

两种进样模式：

（1）分流/不分流进样

程序升温条件：50℃（1min）$\xrightarrow{15℃/min}$ 230℃（1min）$\xrightarrow{5℃/min}$ 330℃（5min）

进样口温度：250℃，不分流

（2）程序控温进样

进样程序升温条件：40℃（1min）→290℃（10min），5℃/min

柱温箱程序升温条件：40℃（3min）15℃/min→230℃（1min）5℃/min→330℃（5min）

参考文献

[1] Korn M, Wodarz R, Drysch K, et al. HRC, 1988, 11: 313.
[2] Weber L. J Chromatogr B, 1992, 574: 349.
[3] Veningerova M, Prachar V, Uhnak J, et al. J Chromatogr B, 1994, 657: 103.
[4] 常理文，余兆楼，王维通，等. 色谱，1990，8：12.
[5] Liebich H M, Wahl G. HRC, 1989, 12: 608.
[6] Szymanski H A. Biomedical Application of Gas Chromatography. V2. New York: Plenum Press, 1968: 82.
[7] Liebich H M, Pickert A, Stierle V, et al. J Chromatogr Biomed Appl, 1980, 199: 181.
[8] 万宏，董运宇，梅家琦，等. 分析测试通报，1990，9（2）：43.
[9] Reunanen M, Kroneld R. J Chrom Sci, 1982, 20: 449.
[10] Giovanni N D, Rossi S S. J Chromatogr B, 1994, 658: 69.
[11] Kinberger B, Holmen A, Wahrgren P. J Chromatogr, 1981, 207: 148.
[12] Wu H, Xue RY, Dong L, et al. Anal Chim Acta, 2009, 648: 98.
[13] Zhou Y Z, Zheng X Y, et al. Chromatographia, 2012, 75 (3-4): 157.
[14] Kaspar H, Dettmer K, Chan Q, et al. J Chromatogr B, 2009, 877, 1838.
[15] Strano-Rossi S, Anzillotti L, et al. Rapid Commun Mass Spectrom, 2010, 24: 1697.
[16] Xiong J,Chen J , He M. Talanta, 2010, 82: 969.
[17] Kondo F, Ikai Y, Hayashi R. Bull Environ Contam Toxicol, 2010, 85: 92.
[18] Laura H, Sagrario C, et al. Anal Chim Acta, 2015, 853: 625.
[19] Arnhard, K, Schmid R, Kobold U, et al. Anal Bioanal Chem, 2012, 403 (3): 755.
[20] Suominena T, Haapalaa M, Takalaa A. Anal Chim Acta, 2013, 794: 76.
[21] Agilent Technologies. 色谱柱与消耗品的必备手册 GC 和 GC/MS 分册，2015/2016 版. 642.
[22] Pérez Vasquez N, Crosnier de bellaistre-Bonose M, et al. J Chromatogr B, 2015, 1002: 130.
[23] Houze P, Chaussard J, Harry P, et al. J Chromatogr, 1993, 619: 251.
[24] Mares P, Rezanka T, Novak M. J Chromatogr, 1991: 568: 1.
[25] Caruso U, Fowler B, Ercelg M, et al. J Chromatogr, 1991: 562: 147.
[26] Liebich H M, Pickert A, Tetschner B. J Chromatogr, 1984: 289: 259.
[27] 张铁恒，徐蓓，陈维杰. 分析测试通报，1988，7（3）：1.
[28] Bruckner H, Hausch M. J Chromatogr, 1993, 614: 7.
[29] 邱丰和，崔珂，罗毅，等，色谱，1996，14：264.
[30] 胡永狮，杨巷箐. 色谱，1992，10：287.
[31] Giachetti C, Assandri A, Zanolo G, et al. Chromatographia, 1994, 39: 162.
[32] Giachetti C, Poletti P, Zanolo G. HRC, 1988, 11: 525.
[33] Phillip A M, Logan B K, Stafford D T. HRC, 1990, 13: 754.
[34] Gremeau I, Sautou V, Pinon V, et al. J Chromatogr B, 1995, 665: 399.
[35] Volmut J, Melnik M, Matlsova E. HRC, 1993, 16: 27.
[36] Hattori H, Yamamoto S, Iwata M, et al. J Chromatogr, 1992, 579: 247.
[37] 何平，殷恭宽. 色谱，1987，5：111.
[38] 万卫华，李汉令. 第五次全国色谱学术报告会文集. 1985：300.
[39] 李昕权，陈桂莲，高嵩，等. 色谱，1992，10：248.
[40] 余兆楼，常理文，徐桂云，等. 分析化学，1991，19：11.
[41] Karlaganis G, Paumgartner G. J Lipid Res, 1978, 19: 771.
[42] Chrompack News, 1986, 13(2) : 8 .
[43] Agilent Technologies，色谱柱与消耗品的必备手册 GC 和 GC/MS 分册，2015/2016 版. 638.
[44] Agilent Technologies，色谱柱与消耗品的必备手册 GC 和 GC/MS 分册，2015/2016 版. 649.
[45] Stopforth A, Tredoux A, Crouch A, et al. J Chromatogr A 2005, 1071: 135.
[46] Plossl F, Giera M, Bracher F. Journal of Chromatogr A, 2006, 1135: 19.
[47] Dong L, Shen X Z, Deng C H. Anal Chim Acta, 2006, 569 (1-2): 91.
[48] Zhao G, Liu J-F, Nyman M, et al. J Chromatogr B, 2007, 846 (1-2): 202.
[49] Xue R, Lin Z, Deng C, et al. Rapid Commun Mass Spectrom, 2008, 22(19): 3061.
[50] Lu Y, A J, Wang G, Hao H, et al. Rapid Commun Mass Spectrom, 2008, 22(18): 2882.
[51] Zhen Y L, Xing Y Z, Xiao X G, Rapid Commun Mass Spectrom, 2010, 24: 3539.
[52] Bicalho B, David F, Rumplel K, et al. J Chromatogr A, 2008, 1211(1-2): 120.
[53] Moon J, Kang S, Moon M, et al. J Chromatogr A, 2007, 1140: 44.
[54] 肖忠新，封锦芳，施致雄. 色谱，2011，29（12）：1165.
[55] Soini H A, Klouckova I, Wiesler D, et al. J Chem Ecol, 2010, 36: 1035.
[56] Ammazzini S, Onor M, et al. J Chromatogr A, 2015, 1400: 124.
[57] Meng L, Zhang W W, et al. J Chromatogr B, 2015, 989: 46.
[58] Azzouz A, Rascón A J, et al. J Pharmaceut and Biomed, 2016, 119: 16.

[59] Khedr A, Hegazy M, et al. J Sep Sci, 2015, 38: 316.
[60] Kannenberg F, et al. Journal of Steroid Biochemistry & Molecular Biology, 2016 (In Press).
[61] Ruiy-Gutierrey V. J Chromatogr, 1992, 581: 171.
[62] Major C, Wolf B A. J Chromatogr B, 1994, 658: 233.
[63] Ruiz-Gutierrez V. J Chromatogr, 1992, 581: 171.
[64] Kintz P. J Chromatogr, 1992, 580: 347.
[65] Wang W L, Darwin W D, Cone E J. J Chromatogr B, 1994, 660: 279.
[66] 曾昭睿，吴采樱，韩惠敏，等. 色谱，1990，8：163.
[67] Cailleux A, Bouchara J P, Daniel V, et al. Chromatographia, 1992, 34: 613.
[68] Welthagen W, Shellie R A, et al. Metabolomics, 2005, 1: 65.
[69] Guthery B, Bassindale T, Bassindale A. J Sep Sci, 2010, 217: 4402.

第三十一章　医药类物质色谱图

第一节　西药类物质色谱图

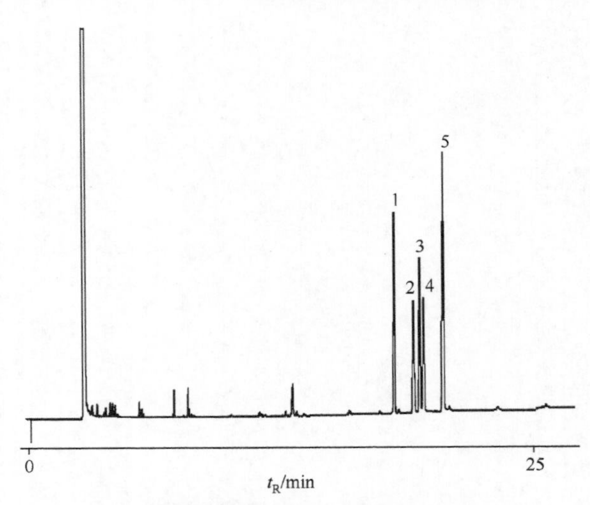

图 31-1　三环抗抑郁药[1]

色谱峰：1—阿米替林；2—三甲丙咪嗪；3—去甲替林；4—多虑平；5—去郁敏

色谱柱：BPX35，25m×0.22mm，0.25μm

载　气：He，150kPa

进样模式：分流比（20：1）

检测器：FID，380℃

程序升温条件：210℃（1min）→280℃，5℃/min

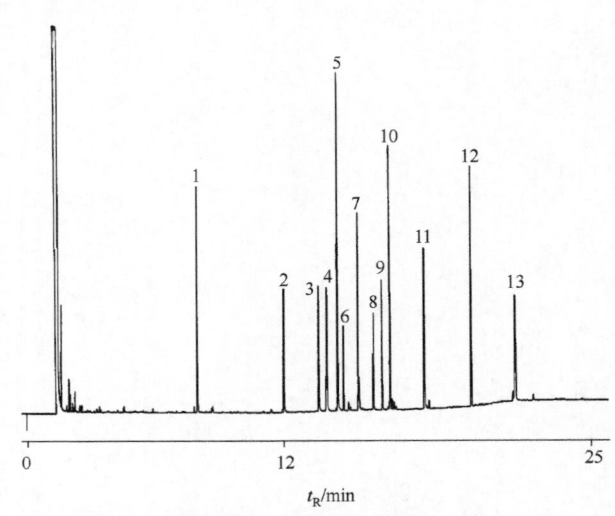

图 31-2　酸性/中性药物[2]

色谱峰：1—乙琥胺；2—巴比妥；3—阿普比妥；4—仲丁巴比妥；5—异戊巴比妥；6—戊巴比妥；7—司可巴比妥；8—安定；9—异丙基甲丁双胍；10—苯乙哌啶酮；11—苯巴比妥；12—安眠酮；13—普里米酮

色谱柱：BPX35，25m×0.22mm，0.25μm

载　气：He，150kPa

进样模式：分流比（20：1）

检测器：FID，380℃

程序升温条件：100℃（1min）→300℃（5min），10℃/min

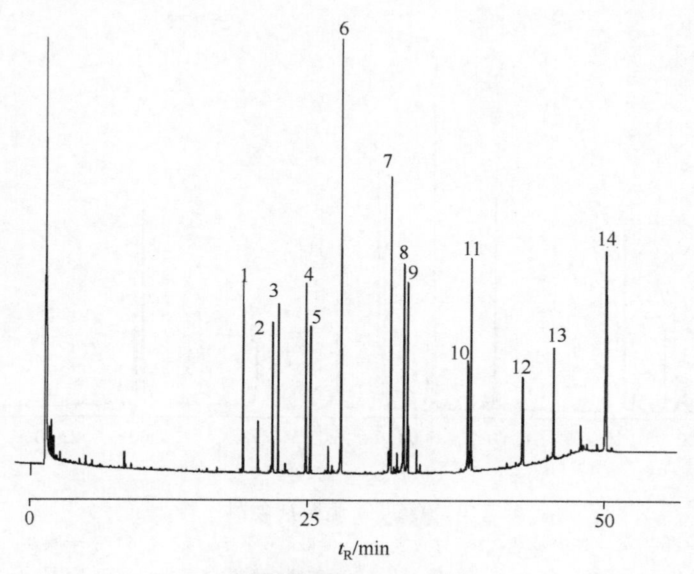

图 31-3 碱性药物[3]

色谱峰：1—苯坐卡因；2—未知；3—哌替啶；4—苯海拉明；5—利多卡因；6—曲吡那敏；7—阿米替林；8—丁卡因；9—嘧啶胺；10—未知；11—安定；12—氟胺安定；13—罂粟碱；14—三唑仑

色谱柱：BPX35，25m×0.22mm，0.25μm

进样模式：0.5 μL，分流比（20∶1）

程序升温条件：100℃（1min）→325℃（5min），5℃/min

载　气：He，150kPa

检测器：FID，380℃

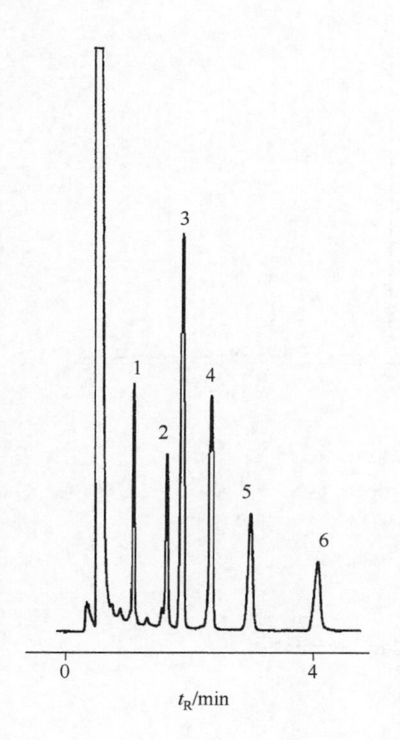

图 31-4 巴比妥类药物[4]

色谱峰：1—巴比妥；2—仲丁巴比妥；3—异戊巴比妥；4—戊巴比妥；5—司可巴比妥；6—环己烯巴比妥

色谱柱：BP5，12m×0.53mm，1.0μm

进样量：0.1μL

柱　温：195℃

载　气：H_2，10mL/min

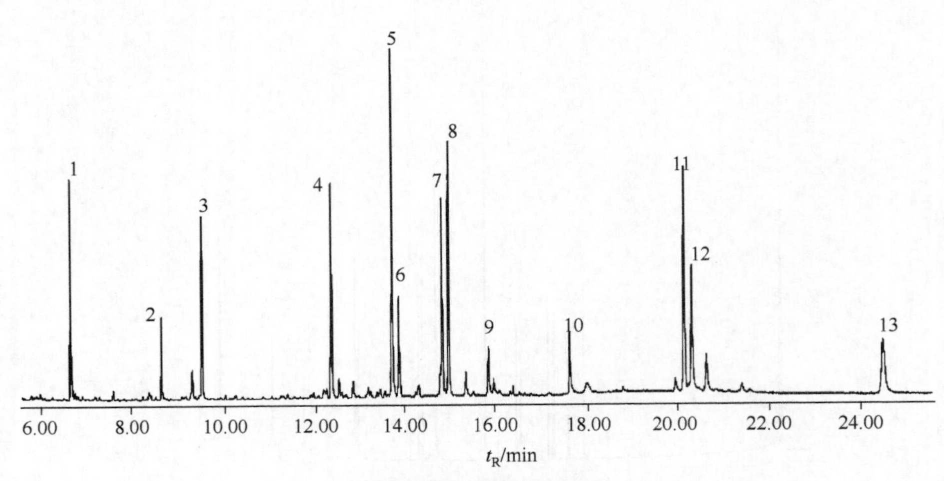

图 31-5 混合药物[5]

色谱峰：1—*N,N*-二甲基苯胺；2—苯丙噻唑；3—司来吉兰；4—哌替啶；5—未知；6—α-十八烯；7—硬脂酸丁酯；8—美沙酮；9—*N,N*-二甲基硬脂酰胺；10—氯喹；11—右吗拉胺；12—谷甾醇；13—丁螺环酮

色谱柱：BPX50，30m×0.25mm，0.25μm

进样量：1μL（不分流模式）

进样温度：250℃

程序升温条件：150℃（0.5min）$\xrightarrow{10℃/min}$ 180℃ $\xrightarrow{1.5℃/min}$ 220℃ $\xrightarrow{30℃/min}$ 260℃（5min）

载　气：He，1.8mL/min，25.7psi

检测器：FID，320℃

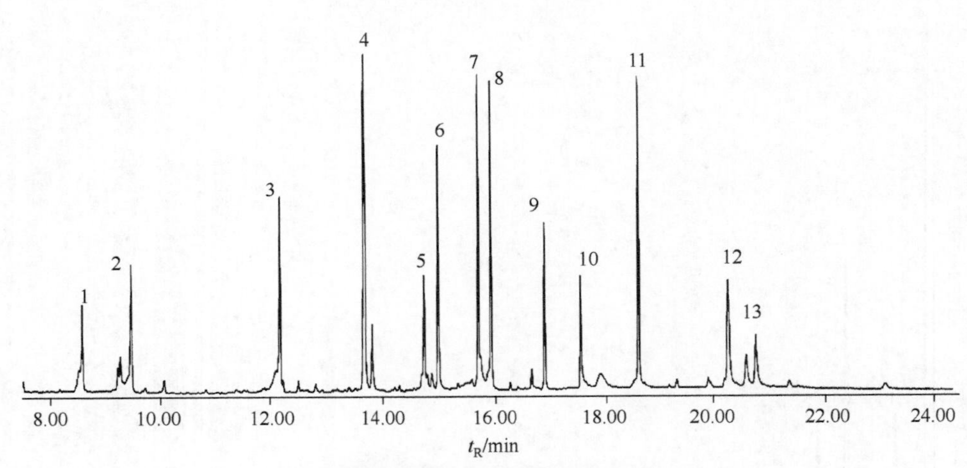

图 31-6 抗抑郁和抗痉挛药物[6]

色谱峰：1—*N,N*-二甲基苯胺；2—苯丙噻唑；3—司来吉兰；4—哌替啶；5—未知；6—α-十八烯；7—硬脂酸丁酯；8—美沙酮；9—*N,N*-二甲基硬脂酰胺；10—氯喹；11—右吗拉胺 ；12—谷甾醇；13—丁螺环酮

色谱柱：BPX50，30m×0.25mm，0.25μm

进样量：1μL（不分流模式）

进样温度：250℃

程序升温条件：150℃（0.5min）$\xrightarrow{10℃/min}$ 180℃ $\xrightarrow{1.5℃/min}$ 220℃ $\xrightarrow{30℃/min}$ 260℃（5min）

载　气：He，1.8mL/min，25.7psi

检测器：FID，320℃

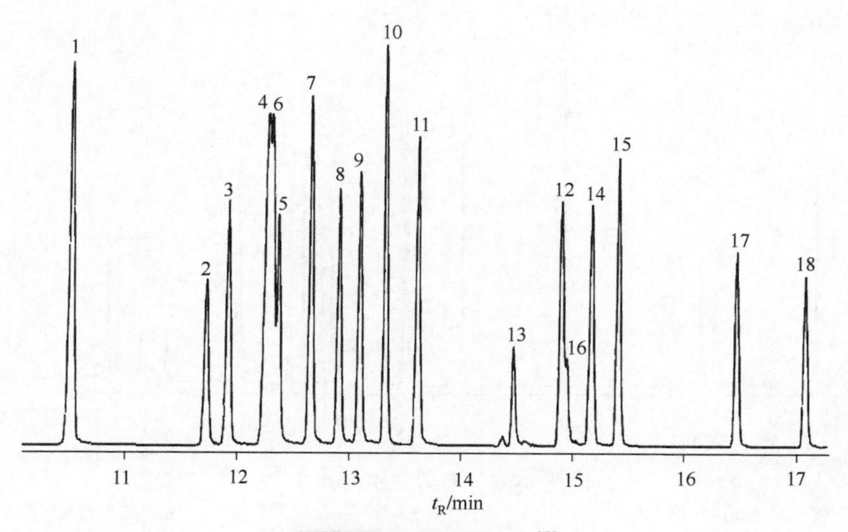

图 31-7　巴比妥酸盐[7]

色谱峰：1—巴比妥；2—阿洛巴比妥；3—阿普比妥；4—布他比妥；5—布特萨；6—布他比妥；7—异戊巴比妥；8—他布比妥；9—戊巴比妥；10—美索比妥；11—司可巴比妥；12—海索巴比妥；13—硫喷妥；14—环戊基比妥；15—甲苯比妥；16—硫戊比妥；17—苯巴比妥；18—苯烯比妥

色谱柱：DB-35ms，30m×0.25mm，0.25μm

进样模式：不分流，250℃

程序升温条件：50℃（0.5min）$\xrightarrow{25℃/min}$ 150℃ $\xrightarrow{10℃/min}$ 300℃

载　气：He，31cm/s

检测器：MS，280℃

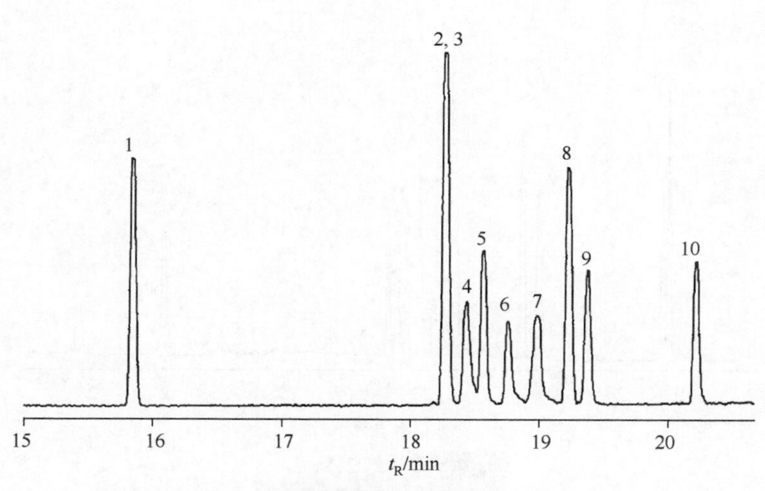

图 31-8　麻醉药[8]

色谱峰：1—右美沙芬；2—可待因；3—双氢可待因；4—去甲可待因；5—乙基吗啡；6—吗啡；7—去甲吗啡；8—6-乙酰基可待因；9—6-乙酰吗啡；10—海洛因

色谱柱：DB-5ms，30m×0.25mm，0.25μm

进样模式：不分流，250℃

程序升温条件：50℃（0.5min）$\xrightarrow{25℃/min}$ 150℃ $\xrightarrow{10℃/min}$ 325℃

载　气：He，31cm/s

检测器：MS，300℃

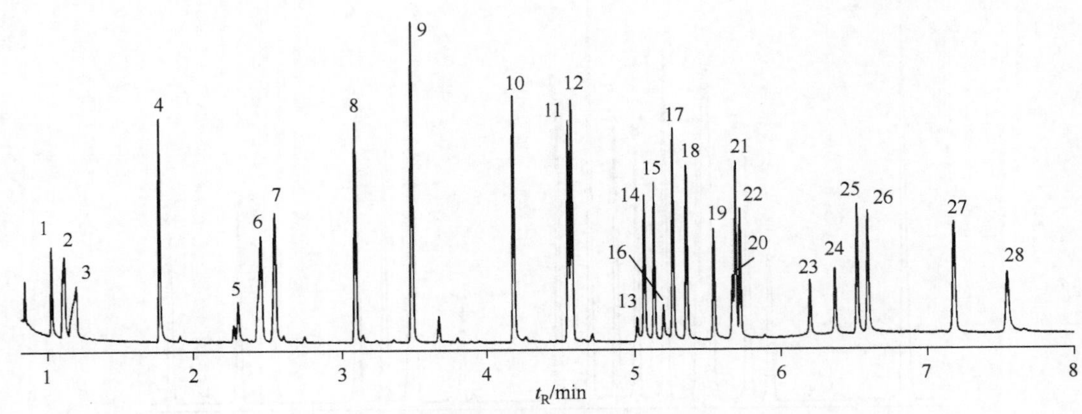

图 31-9 未衍生滥用药物[9]

色谱峰：1—苯丙胺；2—苯丙胺；3—甲基苯丙胺；4—尼古丁；5—亚甲基二氧苯丙胺；6—亚甲基二氧基甲基苯丙胺；7—亚甲基二氧基乙基苯丙胺；8—哌替啶；9—苯环利啶；10—美沙酮；11—可卡因；12—SKF-525a；13—奥沙西泮；14—四氢大麻酚；15—可待因；16—劳拉西泮；17—地西泮；18—氢可酮；19—羟考酮；20—替马西泮；21—二乙酰吗啡；22—氟硝西泮；23—硝西泮；24—氯硝西泮；25—阿普唑仑；26—维拉帕米；27—马钱子碱；28—曲唑酮

色谱柱：DB-35ms，15m×0.25mm，0.25μm

进样模式：不分流，280℃

程序升温条件：100℃（0.25min）→345℃（2.25min），40℃/min

载　气：He，35psi

检测器：MS，300℃

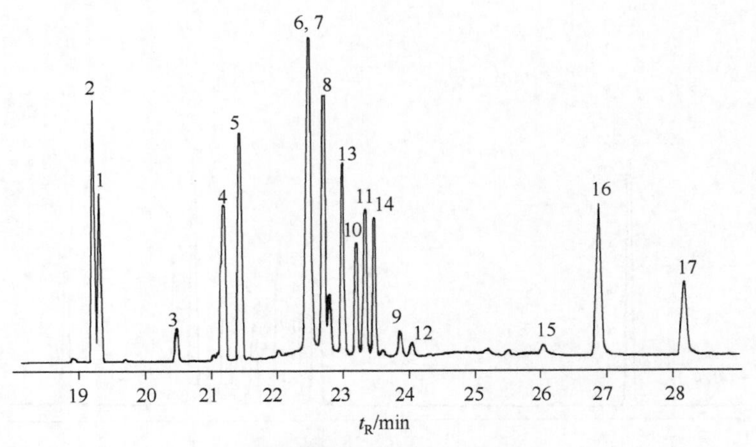

图 31-10 苯二氮草[10]

色谱峰：1—美达西泮；2—哈拉西泮；3—奥沙西泮；4—劳拉西泮；5—安定；6—地莫西泮；7—去甲地西泮；8—氯巴占；9—替马西泮；10—氟硝西泮；11—地洛西泮；12—溴西泮；13—普拉西泮；14—氟安定；15—氯硝西泮；16—阿普唑仑；17—三唑仑

色谱柱：DB-35ms，30m×0.25mm，0.25μm

进样模式：不分流，250℃

程序升温条件：50℃（0.5min）$\xrightarrow{25℃/min}$ 150℃ $\xrightarrow{10℃/min}$ 340℃（6min）

载　气：He，31cm/s

检测器：MS，280℃

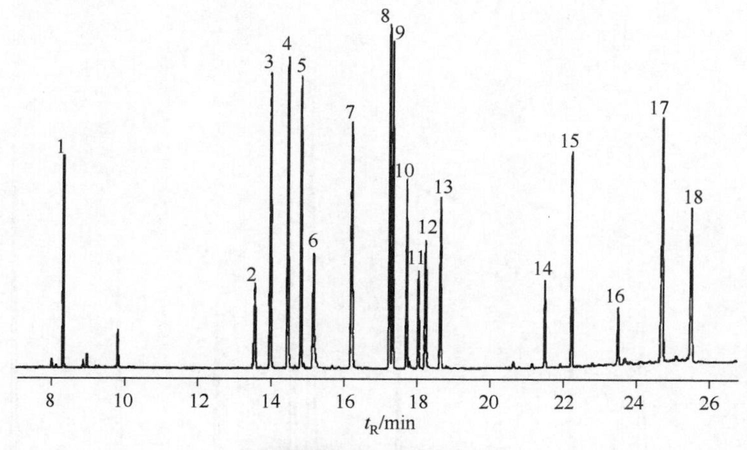

图 31-11　药物筛查[11]

色谱峰：1—尼古丁；2—咖啡因；3—苯乙派啶酮；4—利多卡因；5—PCP；6—苯巴比妥；7—美沙酮初级代谢产物；8—甲喹酮；9—美沙酮；10—可卡因；11—去甲丙咪嗪；12—卡马西平；13—曲米帕明；14—海洛因；15—芬太尼；16—伊菠加因；17—三唑仑；18—LSD

色谱柱：DB-1ms，30m×0.25mm，0.25μm

进样模式：冷不分流，50～250℃

程序升温条件：50℃（1min）$\xrightarrow{25℃/min}$ 125℃ $\xrightarrow{10℃/min}$ 325℃（5min）

载　气：He，40cm/s

检测器：MS，280℃

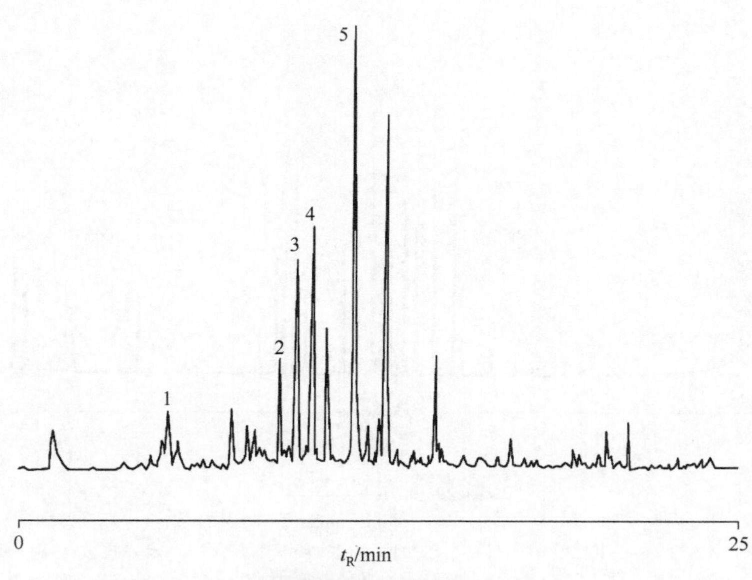

图 31-12　滥用药物[12]

色谱峰：1—安非他明；2—3,4-亚甲二氧基安非他明；3—3,4-亚甲基二氧基甲基安非他明；4—3,4-亚甲基二氧基-乙基安非他明；5—可铁宁

色谱柱：VF-DA，12m×0.20mm，优化的膜厚

进样量：1μL

程序升温条件：70℃（1.2min）$\xrightarrow{20℃/min}$ 200℃ $\xrightarrow{7℃/min}$ 270℃ $\xrightarrow{20℃/min}$ 320℃

载　气：He，1.0mL/min

检测器：MS

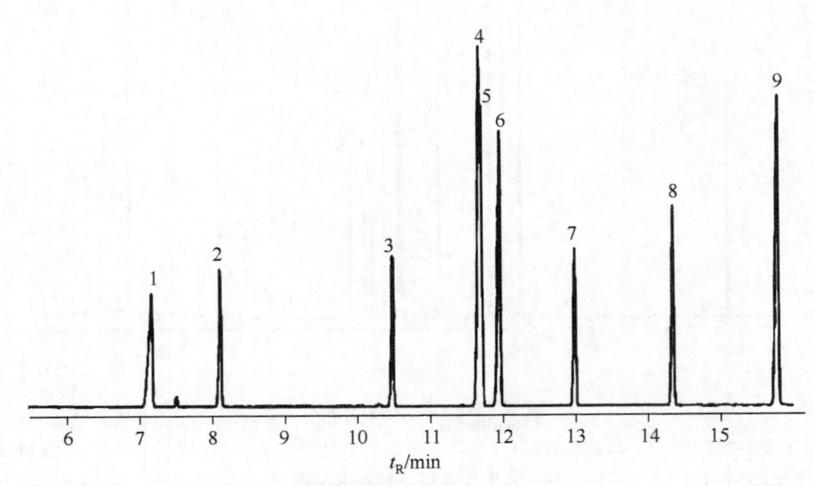

图 31-13 麻醉剂[13]

色谱峰：1—水杨酰胺；2—苯佐卡因；3—利多卡因；4—普鲁卡因；5—奈福泮；6—马比佛卡因；7—丁卡因；8—布他卡因；9—二丁卡因

色谱柱：DB-5ms EVDX，25m×0.20mm，0.33μm

进样模式：不分流，250℃

程序升温条件：55℃（1min）$\xrightarrow{25℃/min}$ 130℃ $\xrightarrow{15℃/min}$ 325℃

载　气：He，35cm/s

检测器：MS，280℃

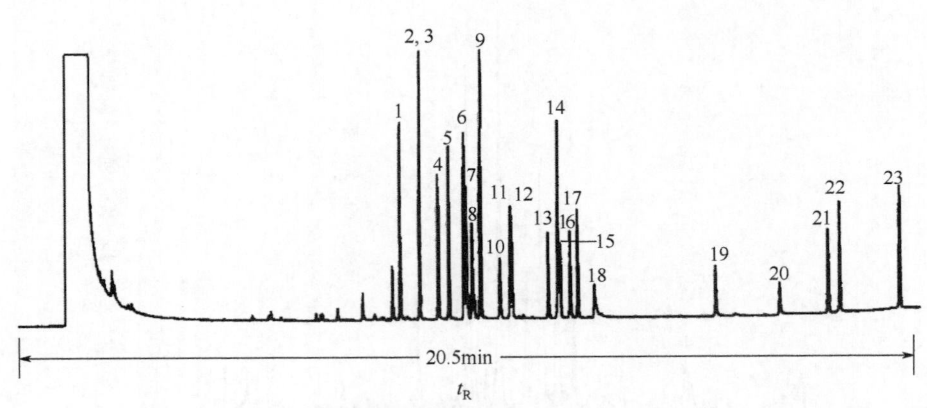

图 31-14 抗组胺药[14]

色谱峰：1—非尼拉敏；2—茶苯海明；3—苯海拉明；4—苯吡甲醇酸；5—苯托沙敏；6—曲吡那敏；7—美舍吡伦；8—氯曲素；9—氯环利嗪；10—卡比沙明；11—二苯拉明；12—溴苯吡胺；13—宋齐拉敏；14—氯环利嗪；15—甲氧苄二胺；16—曲普利啶；17—异丙嗪；18—安他唑啉；19—克立咪唑；20—安泰乐；21—氯苯甲嗪；22—脑益嗪；23—布克利嗪

色谱柱：DB-5，30m×0.32mm，0.25μm

进样模式：不分流，250℃

程序升温条件：55℃（1min）$\xrightarrow{30℃/min}$ 175℃ $\xrightarrow{10℃/min}$ 320℃（1min）

载　气：He，40cm/s

检测器：FID，300℃

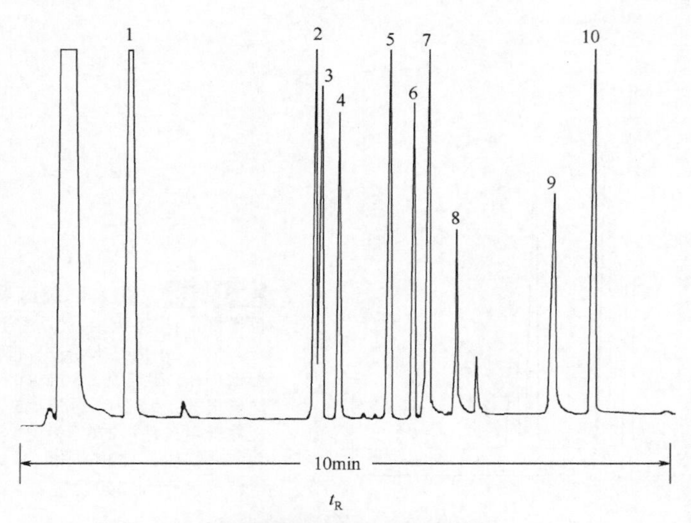

图 31-15　抗惊厥药[15]

色谱峰：1—乙琥胺；2—甲琥胺；3—苯琥胺；4—*N*-去甲基甲琥胺；5—苯乙基丙二酰胺；6—苯巴比妥；7—扑米酮；8—卡马西平；9—苯妥英；10—5-甲基-5-戊苯基乙内酰脲

色谱柱：DB-1，30m×0.53mm，1.50μm

进样模式：不分流，250℃

程序升温条件：160℃（2min）$\xrightarrow{15℃/min}$275℃

载　气：He，8mL/min

检测器：FID，300℃

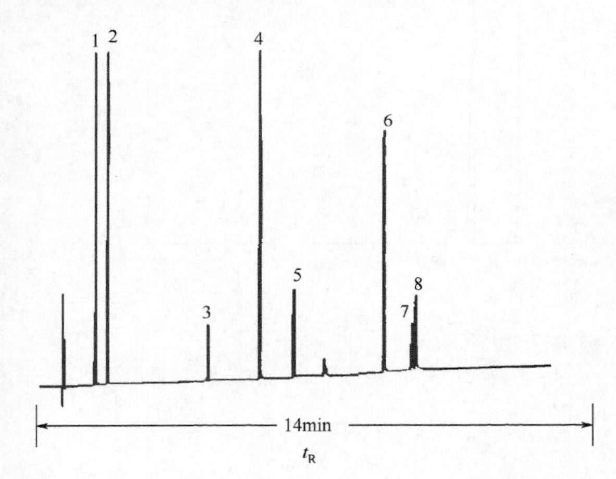

图 31-16　抗癫痫药物[16]

色谱峰：1—乙苯妥英；2—PEMA；3—*n*-己烯雌酚；4—苯巴比妥；5—10,11-环氧化卡马西平；6—扑米酮；7—苯妥因；8—内标

色谱柱：Ultra 2，25m×0.32mm，0.17μm

进样模式：分流比35∶1

程序升温条件：100℃ $\xrightarrow{15℃/min}$ 230℃

载　气：He，140psi

检测器：FID，300℃

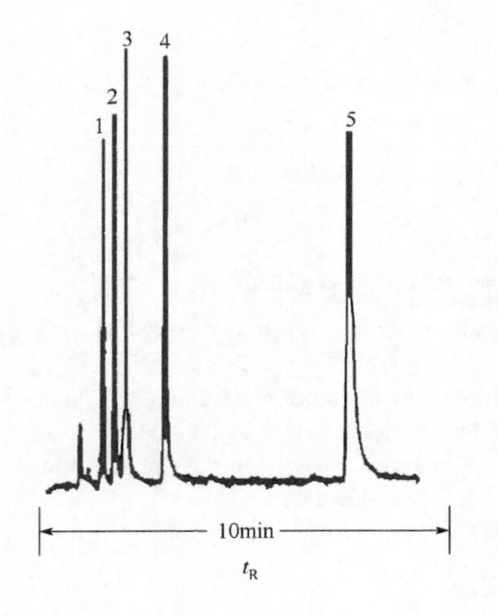

图 31-17　三环类抗精神病药[17]

色谱峰：1—三氟普马嗪；2—异丙嗪；3—普马嗪；4—氯普噻吨；5—硫利达嗪

色谱柱：Ultra 2，12m×0.20mm，0.33μm

进样模式：分流比75∶1

程序升温条件：250℃（3min）→290℃（10min），10℃/min

载　气：H_2，106cm/s

检测器：FPD

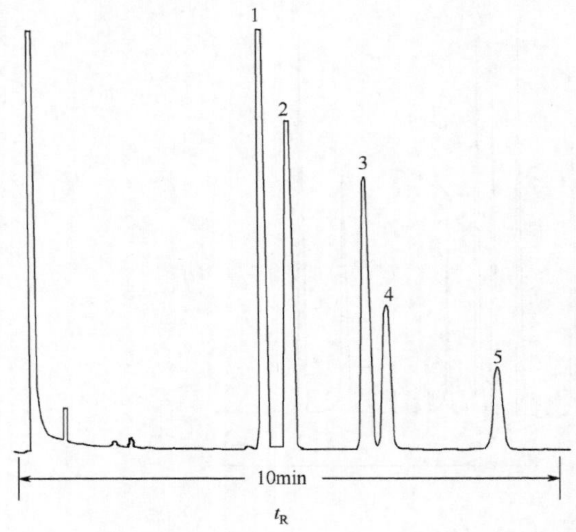

图 31-18 芬太尼类药物[18]

色谱峰：1—芬太尼；2—舒芬太尼；3—卡吩太尼；4—洛芬太尼；5—阿芬太尼

色谱柱：DB-1701，30m×0.53mm，1.0μm

进样模式：0.8μL，分流比5∶1，250℃

程序升温条件：270℃恒温

载　气：H_2，15mL/min

检测器：FID，300℃

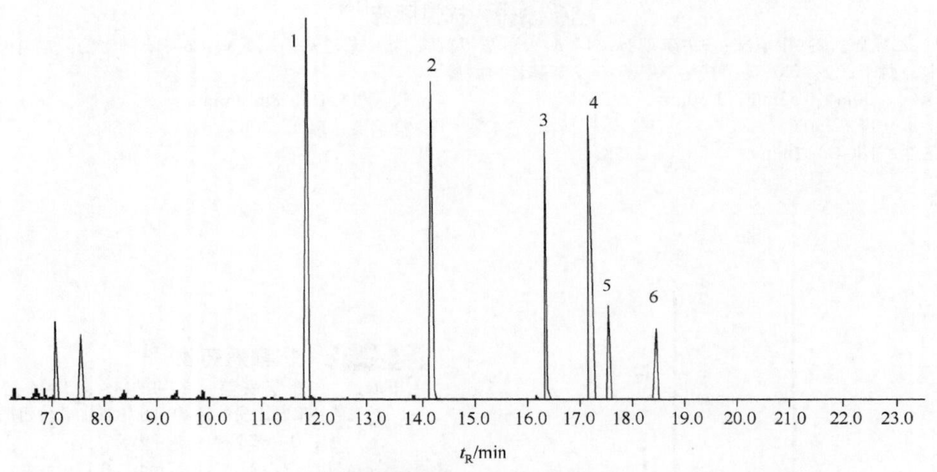

图 31-19 镇痛药物[19]

色谱峰：1—布洛芬；2—阿普洛尔；3—萘普生；4—心得安；5—酯洛芬；6—双氯芬酸

色谱柱：DB-5ms，30m×0.25mm，0.25μm

进样口温度：300℃

程序升温条件：80℃（0.5min）$\xrightarrow{10℃/min}$ 250℃（1min）$\xrightarrow{20℃/min}$ 300℃（3min）

载　气：He，1.7mL/min

检测器：MS

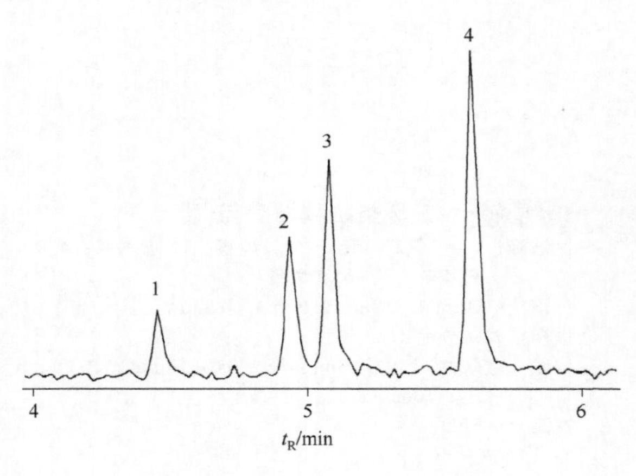

图 31-20 生育酚[20]

色谱峰：1—δ-生育酚；2—γ-生育酚；3—β-生育酚；4—α-生育酚

色谱柱：DB-17ms，30m×0.25mm，0.25μm

进样模式：1μL，分流比25∶1，310℃

程序升温条件：300℃（1min）→320℃（4min），25℃/min

载　气：He，40cm/s

检测器：MS，310℃

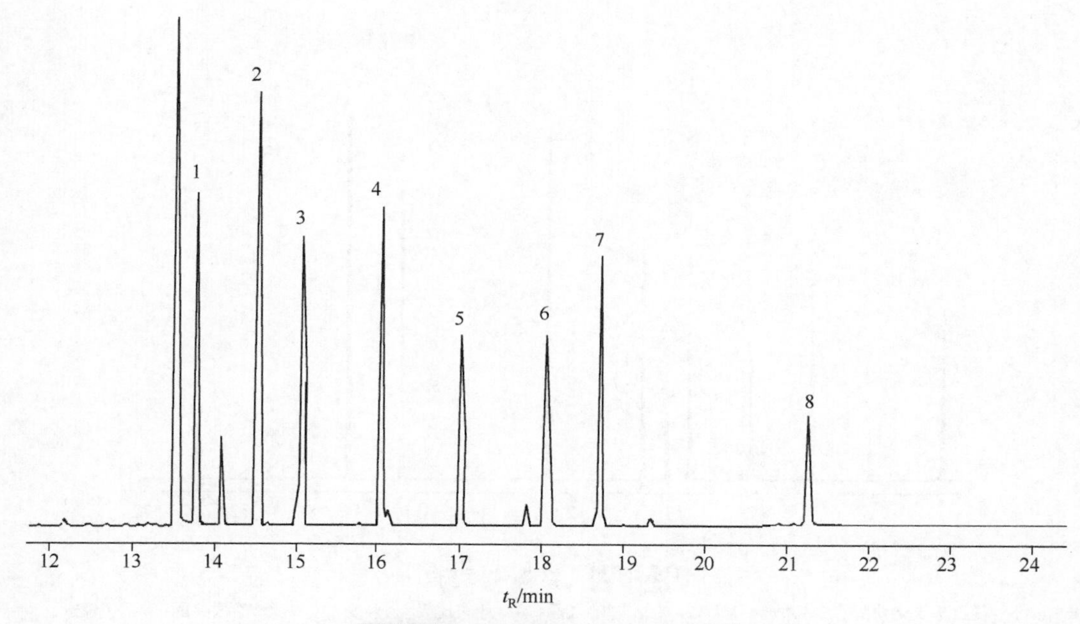

图 31-21　阻断剂和激动剂药物[21]

色谱峰：1—特布他林；2—柳丁氨醇；3—美托洛尔；4—心得安；5—心得乐；6—阿替洛；7—纳多洛尔；8—醋丁洛尔

色谱柱：Rtx-5，30m×0.25mm，0.25m，Restec

进样口温度：300℃

程序升温条件：100℃（1min）→300℃（10min），10℃/min

载　气：Ar，2.0mL/min

检测器：FID

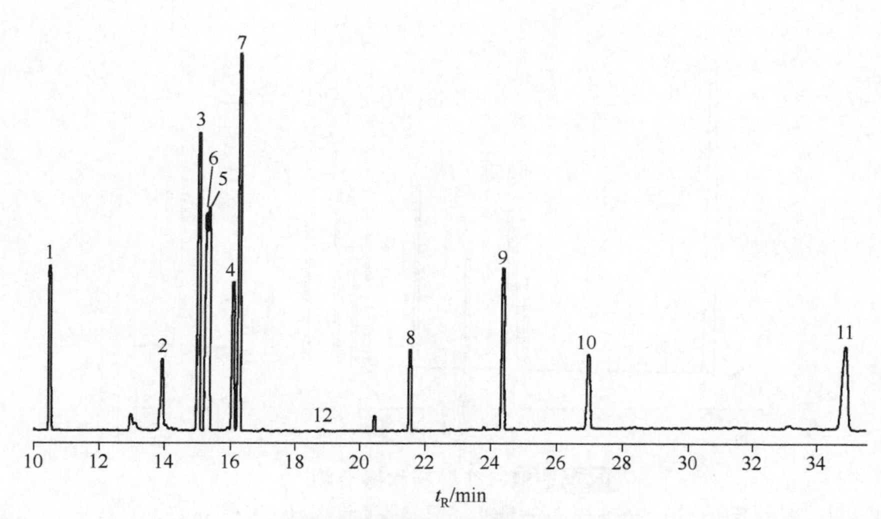

图 31-22　致幻药物[22]

色谱峰：1—甲米雷司；2—三甲氧苯乙胺；3—二甲基色胺；4—氯胺酮；5—噻恩环己哌啶；6—苯环利定；7—二乙基色胺；8—蟾蜍色胺；9—芬太尼；10—伊菠加因；11—LSD

色谱柱：DB-17ms，30m×0.25mm，0.25μm

进样模式：不分流，250℃

程序升温条件：50℃（0.5min）$\xrightarrow{25℃/min}$ 125℃ $\xrightarrow{10℃/min}$ 255℃ $\xrightarrow{25℃/min}$ 320℃（16min）

载　气：He，30cm/min

检测器：MS，300℃

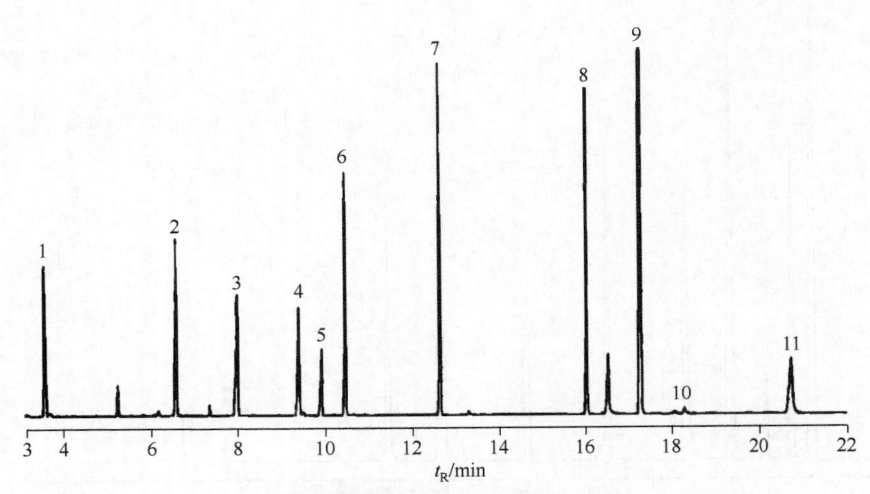

图 31-23 镇静催眠药[23]

色谱峰：1—氯乙基戊烯炔醇；2—炔己蚁胺；3—二乙吡啶二酮；4—他布比妥；5—安宁；6—苯乙派啶酮；7—甲喹酮；8—丙酰马嗪；9—氟哌啶醇；10—舒必利；11—氟哌利多

色谱柱：DB-5ms EVDX，25m×0.20mm，0.33μm

进样模式：不分流，250℃

程序升温条件：55℃（1min）$\xrightarrow{25℃/min}$ 130℃ $\xrightarrow{15℃/min}$ 325℃（4min）

载　气：He，35cm/s

检测器：MS，280℃

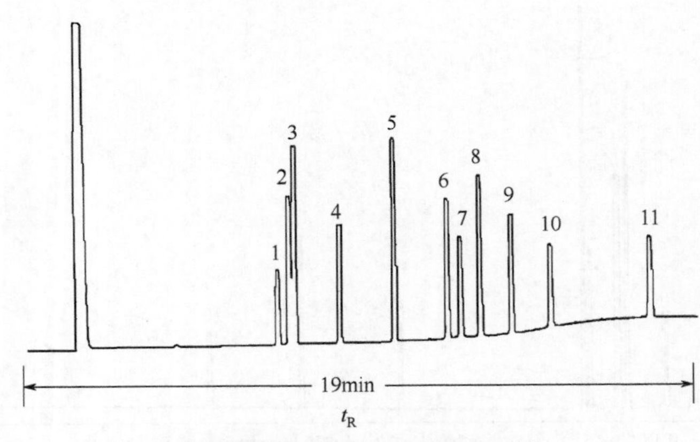

图 31-24 麻醉药和掺杂物[24]

色谱峰：1—咖啡因；2—氯胺酮；3—利多卡因；4—普鲁卡因；5—可卡因；6—可待因；7—吗啡；8—6-乙酰基可待因；9—二乙酰吗啡；10—奎宁；11—马钱子碱

色谱柱：DB-5，30m×0.32mm，0.25μm

进样模式：分流比1∶75，250℃

程序升温条件：140℃→320℃（4min），12℃/min

载　气：He，40cm/s

检测器：FID，300℃

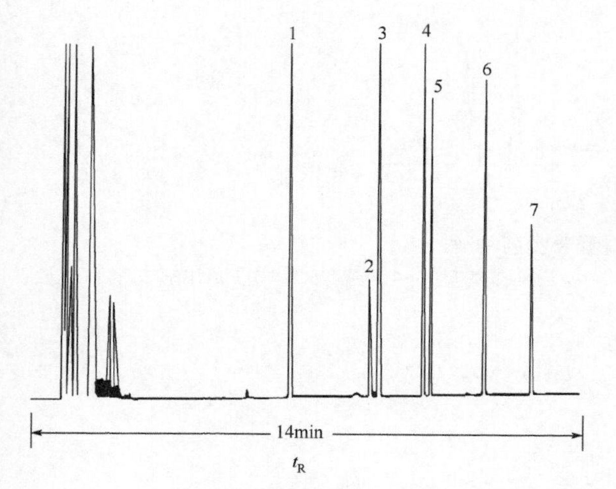

图 31-25　非处方镇痛药[25]

色谱峰：1—尼古丁；2—未知物；3—乙酰水杨酸；4—异丁苯丙酸；5—醋氨酚；6—未知物；7—咖啡因

色谱柱：DB-5，20m×0.18mm，0.40μm

进样模式：分流比1∶100，250℃

程序升温条件：100℃→240℃，10℃/min

载　气：He，38cm/s

检测器：FID，300℃

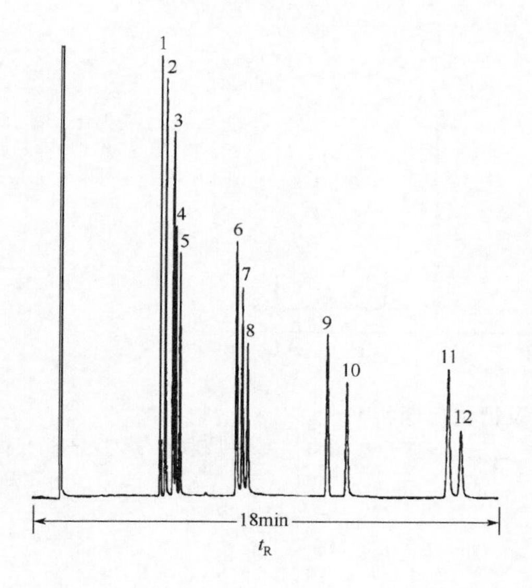

图 31-26　游离类固醇[26]

色谱峰：1—粪甾烷；2—5-β-雄酮；3—5-α-胆甾烷；4—雄酮；5—表雄酮；6—17-α-雌二醇；7—β-雌二醇；8—雌酮；9—孕酮；10—胆固醇；11—雌三醇；12—豆甾醇

色谱柱：DB-17，30m×0.25mm，0.15μm

进样模式：分流1∶100，250℃

程序升温条件：260℃恒温

载　气：H_2，44cm/s

检测器：FID，300℃

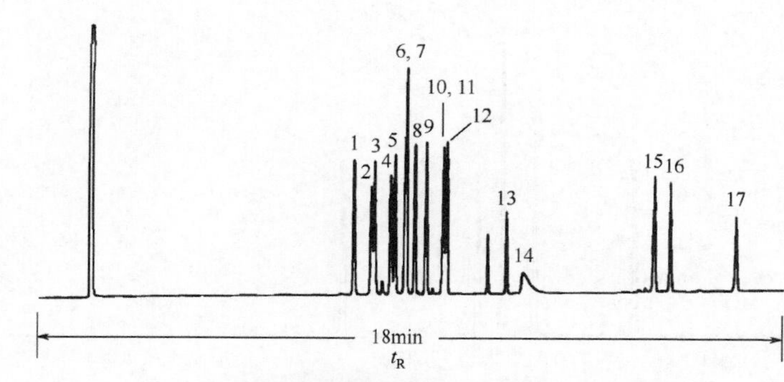

图 31-27　合成类固醇[27]

色谱峰：1—脱氢异雄酮；2—雄诺龙；3—19-去甲睾酮；4—美睾酮；5—睾酮；6—1-去氢睾酮；7—17α-甲睾酮；8—1-脱氢-17-α-甲基睾酮；9—诺乙雄龙；10—1-去氢睾酮醋酸酯；11—羟甲烯龙；12—19-去甲睾酮-17-丙酸酯；13—4-氯睾酮-17-乙酸酯；14—康力龙；15—1-去氢睾酮苯甲酸酯；16—19-去甲睾酮-17-癸酸酯；17—1-去氢睾酮十一烯酸酯

色谱柱：DB-1，30m×0.25mm，0.10μm

进样模式：分流比1∶40

程序升温条件：180℃→320℃（4min），10℃/min

载　气：He，40cm/s

检测器：FID

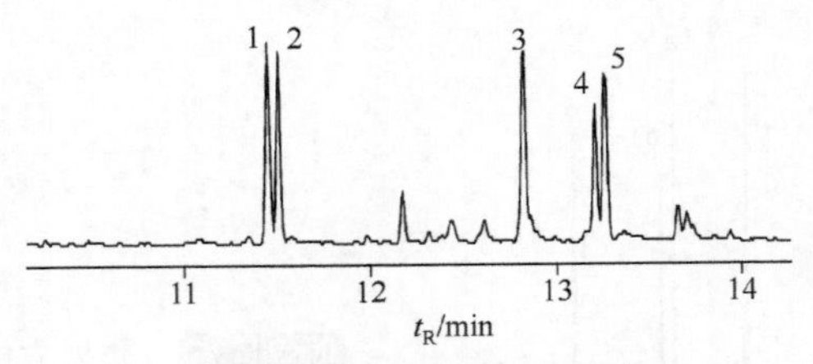

图 31-28 哌嗪类药物[28]

色谱峰：1—苄基哌嗪；2—1-（3-三氟甲基苯硼酸）哌嗪；3—*p*-羟基-苄基哌嗪；4—*p*-羟基-1-（3-三氟甲基苯硼酸）哌嗪；5—*m*-羟基-苄基哌嗪

色谱柱：DB-5ms，30m×0.25mm，0.25μm

载　气：He，1mL/min

进样模式：不分流，270℃

检测器：MS，250℃

程序升温条件：80℃（1min）→280℃，10℃/min

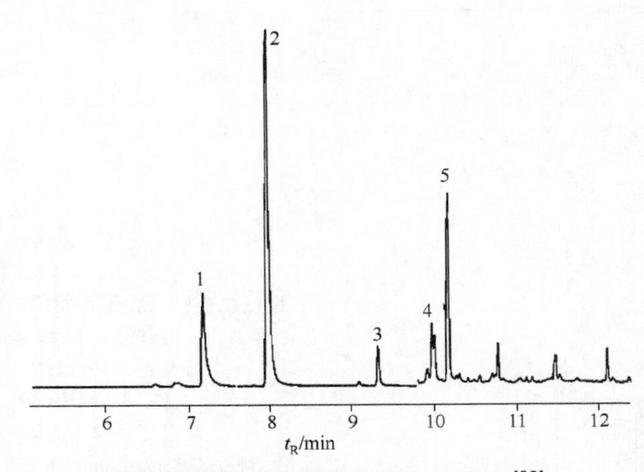

图 31-29 安非他明及衍生代谢物[29]

色谱峰：1—安非他明；2—甲基安非他明；3—亚甲基-二氧安非他明；4—亚甲基-二氧甲基安非他明；5—亚甲基-二氧乙基安非他明

色谱柱：DB-5ms，30m×0.25mm，0.25μm

载　气：He，1mL/min

程序升温条件：90℃（3min）→280℃（3min），20℃/min

检测器：MS

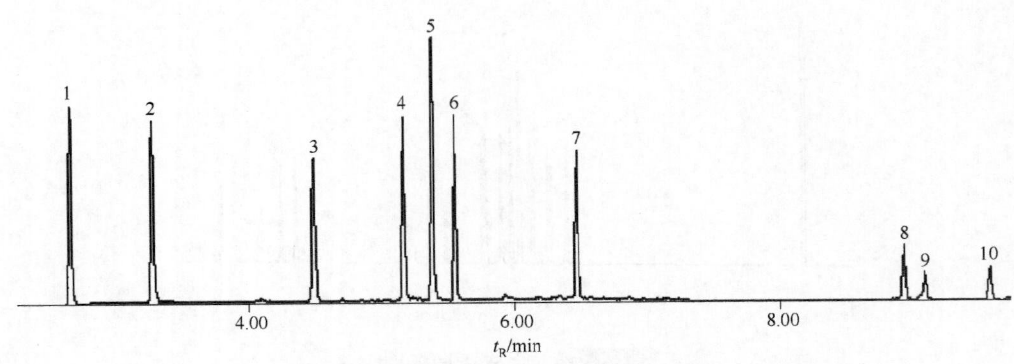

图 31-30 BSTFA 衍生化滥用药物[30]

色谱峰：1—安非他明；2—脱氧麻黄碱；3—亚甲基二氧苯丙胺；4—亚甲基二氧甲基苯丙胺；5—亚甲基二氧乙基苯丙胺；6—氯胺酮；7—去甲氯胺酮；8—吗啡；9—可待因；10—6-乙酰吗啡

色谱柱：HP-5ms，30m×0.25mm，0.25μm

载　气：He，1mL/min

进样口温度：不分流，230℃

检测器：MS

程序升温条件：150℃（0.2min）→280℃（3min），20℃/min

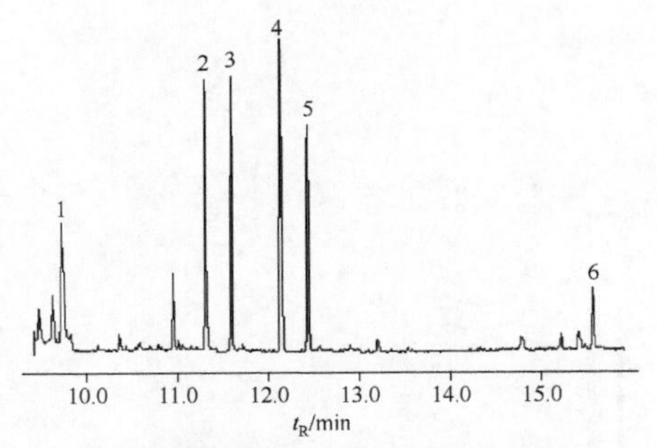

图 31-31　抗甲状腺药物[31]

色谱峰：1—1-甲基-2-巯基咪唑；2—2-硫脲嘧啶；3—6-甲基-2硫脲嘧啶；4—二甲基硫尿嘧啶（内标）；5—6-丙基-2-硫脲嘧啶；6—6-苯基-2-硫脲嘧啶

色谱柱：DB-5ms，30m×0.25mm，0.25μm

载　气：He，1.0mL/min

进样口温度：250℃

检测器：MS

程序升温条件：100℃（2min）$\xrightarrow{15℃/min}$ 260℃ $\xrightarrow{10℃/min}$ 290℃（5min）

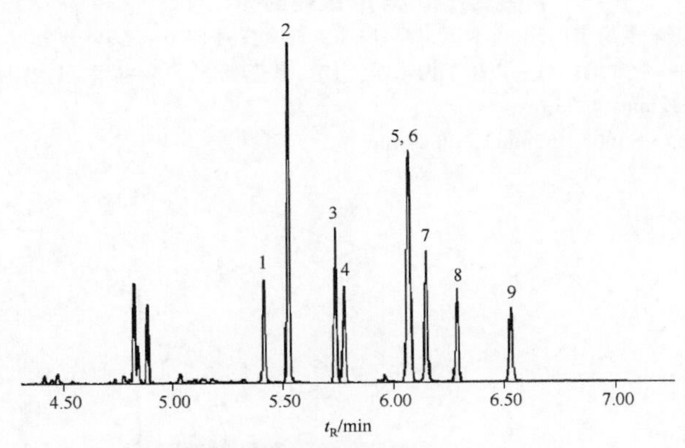

图 31-32　麻醉镇痛药（一）[32]

色谱峰：1—δ-四氢大麻酚；2—去甲西泮；3—去甲羟基安定；4—安定；5—氯羟去甲安定；6—溴氯苯基二氢苯并二氮杂酮；7—硝基安定；8—羟基安定；9—氯硝西泮

色谱柱：DB-35ms，30m×0.32mm，0.25μm

载　气：He，2mL/min

程序升温条件：90℃（1min）→330℃（4.5min），60℃/min

检测器：MS

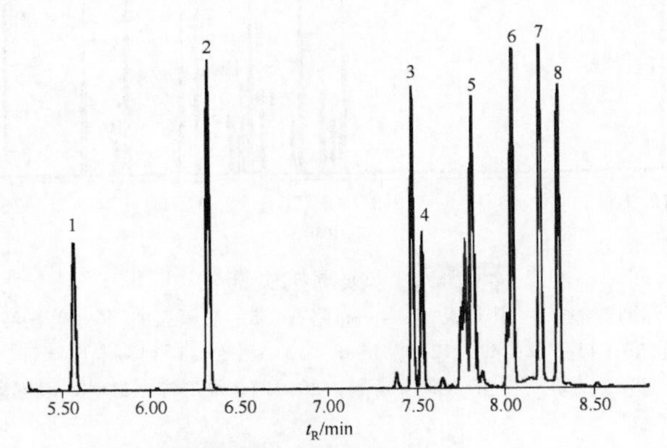

图 31-33　麻醉镇痛药（二）[32]

色谱峰：1—安非他命；2—甲基苯丙胺；3—3,4-亚甲二氧苯丙胺；4—甲基美西律；5—3,4-(亚甲二氧基苯基)；6—3,4-亚甲二氧基甲基苯丙胺；7—3,4-亚甲二氧基-*N*-乙基苯丙胺；8—*N*-甲基-1-(3,4-亚甲二氧基苯基)-2-丁胺

色谱柱：DB-5ms，30m×0.32mm，1.0μm

载　气：He，2mL/min

程序升温条件：90℃（1min）→330℃（4.3min），45℃/min

检测器：MS

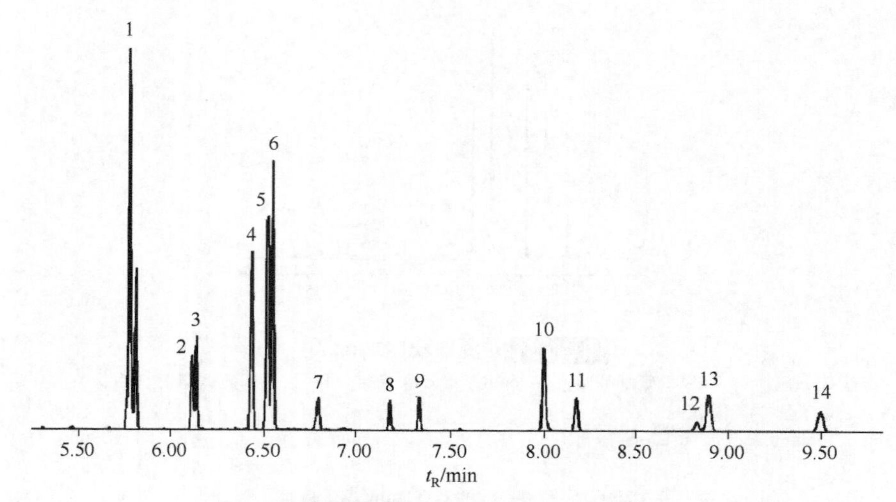

图 31-34 麻醉镇痛药（三）[32]

色谱峰：1—美沙酮；2—苯甲酰爱康宁；3—可卡因；4—吗啡；5—可待因；6—乙基吗啡；7—6-单乙酰吗啡；8—咪达唑仑；9—芬太尼；10—唑吡坦；11—去甲丁丙诺啡；12—阿普唑仑；13—福尔可定；14—丁丙诺啡

色谱柱：DB-35ms，30m×0.32mm，0.25μm

程序升温条件：130℃（3min）→300℃（2min），30℃/min

载　气：He，2mL/min

检测器：MS

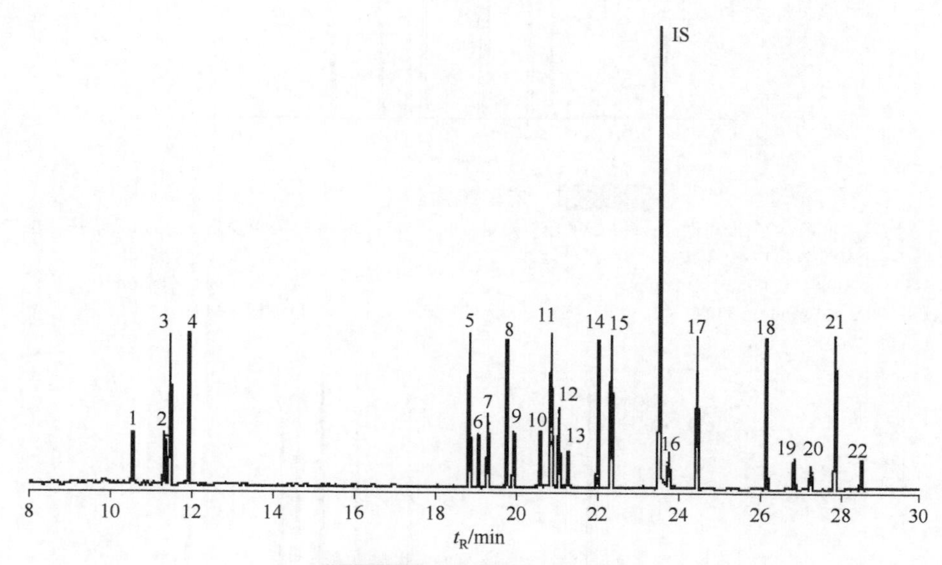

图 31-35 镇痛抗炎药物[33]

色谱峰：1—乙酰水杨酸；2—降固醇酸；3—扑热息痛；4—布洛芬；5—尼氟灭酸；6—美托洛尔；7—萘普生；8—氟尼辛；9—三氯生；10—心得安；11—甲灭酸；12—酪洛芬；13—乙嘧啶；14—卡巴咪嗪；15—双氯芬酸；16—苯基丁氮酮；17—氯霉素；18—氟苯尼考；19—雌激素酮；20—17β-雌二醇；21—甲砜霉素；22—17α-炔雌醇；IS—三苯基磷酸盐

色谱柱：DB-5，30m×0.25mm，0.25μm

进样口温度：280℃

程序升温条件：70℃（1min）$\xrightarrow{14℃/min}$ 150℃ $\xrightarrow{6℃/min}$ 290℃

载　气：He，1mL/min

检测器：MS

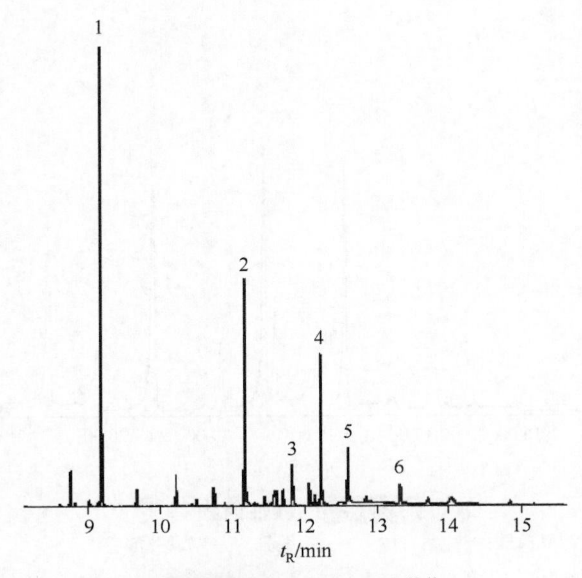

图 31-36　抗炎类药物[34]

色谱峰：1—布洛芬；2—氟灭酸；3—萘普生；4—甲灭酸；5—托芬那酸；6—甲氯芬那酸
色谱柱：HP-5ms，30m×0.25mm，0.25μm
进样口温度：250℃
程序升温条件：50℃（3min）→250℃（4.5min），30℃/min
载　气：He，1.0mL/min
检测器：MS

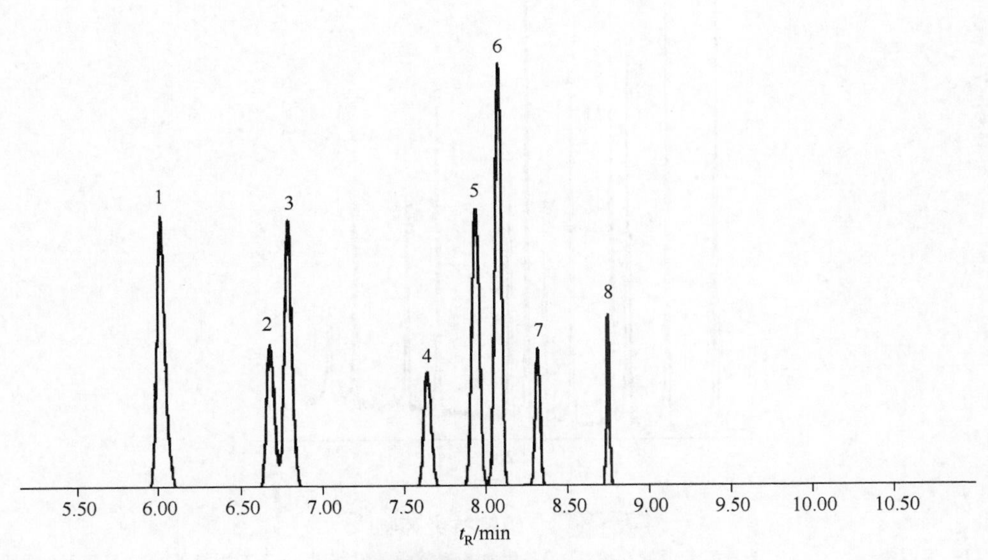

图 31-37　麻醉类药[35]

色谱峰：1—二氢可待因；2—蒂巴因；3—可待因；4—吗啡；5—氢可酮；6—6-单乙酰吗啡；7—二氢吗啡酮；8—氧可酮
色谱柱：HP-ULTRA-1交联100%甲基硅氧烷毛细管柱，12m×0.2mm，0.33μm
进样口温度：250℃
程序升温条件：160℃ $\xrightarrow{35℃/min}$ 195℃ $\xrightarrow{5℃/min}$ 230℃ $\xrightarrow{40℃/min}$ 290℃（2.5min）
载　气：He，1mL/min
检测器：MS

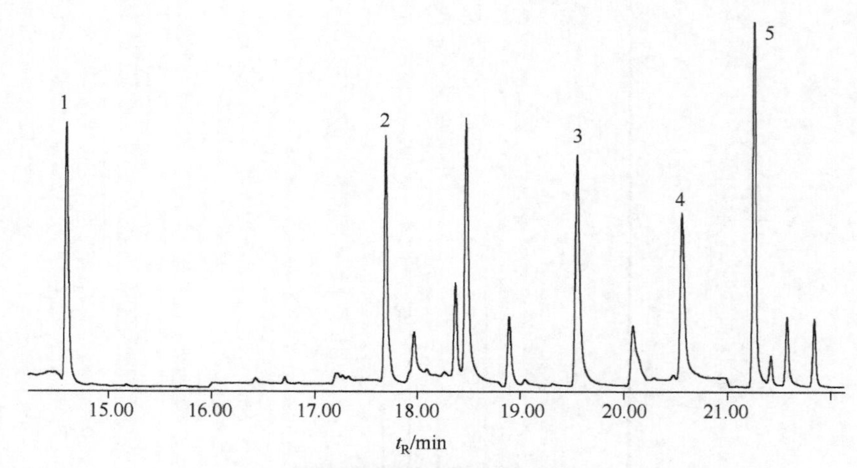

图 31-38 酸性药物[36]

色谱峰：1—布洛芬；2—二甲苯氧庚酸；3—萘普生；4—酪洛芬；5—双氯芬酸

色谱柱：DB-5ms，30m×0.25mm，0.25μm

进样口温度：280℃

程序升温条件：40℃（2min）$\xrightarrow{20℃/min}$120℃（1min）$\xrightarrow{10℃/min}$280℃（5min）$\xrightarrow{20℃/min}$300℃（5min）

载　气：He，1.5mL/min

检测器：MS

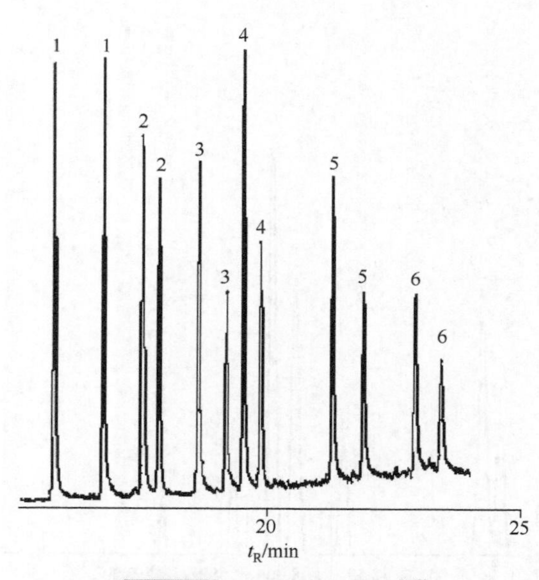

图 31-39 镇痛抗炎药物[37]

色谱峰：1—卡西酮；2—2-（乙胺基）苯丙酮盐酸盐；3—甲氧基麻黄酮；4—4-甲基-2-（甲氨基）-1-苯基丁-1-酮；5—甲氧非君；6—3,4-亚甲基双氧甲基卡西酮

色谱柱：HP-5ms，30m×0.25mm，0.25μm

进样口温度：250℃

程序升温条件：160℃（5min）$\xrightarrow{5℃/min}$250℃（1min）$\xrightarrow{5℃/min}$310℃（3min）

载　气：He，1mL/min

检测器：MS

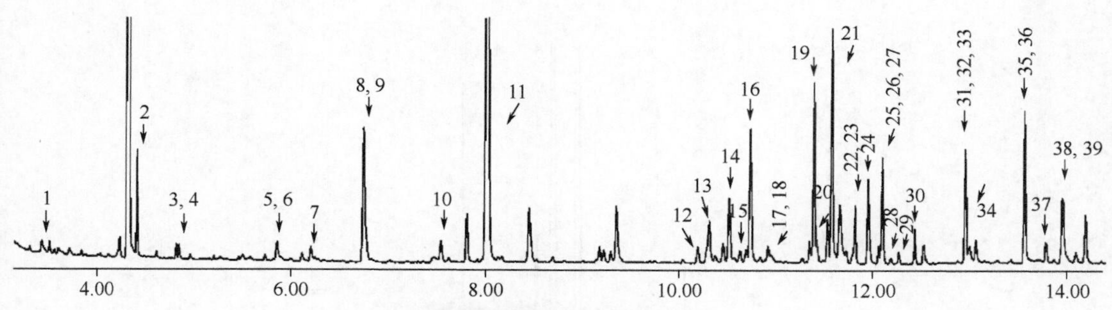

图 31-40　精神类药物[38]

色谱峰：1—丙戊酸；2—苯丙胺；3—甲基苯丙胺；4—苯丁胺；5—芽子碱甲酯；6—加巴喷丁；7—甲撑二氧苯丙胺；8—氘代5-二亚甲基双氧苯丙胺；9—二亚甲基双氧苯丙胺；10—甲基二乙醇胺；11—苯海拉明；12—可卡因；13—阿米普林；14—可卡乙碱；15—氯氮；16—氯美噻唑；17—苯甲酰爱康宁；18—大麻二醇；19—9-四氢大麻酚；20—去甲羟基安定；21—安定；22—磷酸可待因；23—大麻酚；24—氯丙嗪；25—3氘代-吗啡；26—吗啡；27—舍曲林；28—6-甲基安非他明；29—氟硝安定；30—帕罗西汀；31—四氢大麻酚；32—3氘代-9-四氢大麻酚；33—9-四氢大麻酚；34—氟胺安定；35—阿普唑仑；36—羟嗪；37—氟哌啶醇；38—羟哌氟丙嗪；39—氯雷他定

色谱柱：Ultra 1，16.5m×0.2mm，0.11μm

进样口和质谱接口温度：280℃

程序升温条件：70℃（2min）$\xrightarrow{30℃/min}$ 160℃ $\xrightarrow{5℃/min}$ 170℃ $\xrightarrow{20℃/min}$ 200℃ $\xrightarrow{10℃/min}$ 220℃ $\xrightarrow{30℃/min}$ 300℃

载　气：He，0.8mL/min

检测器：MS

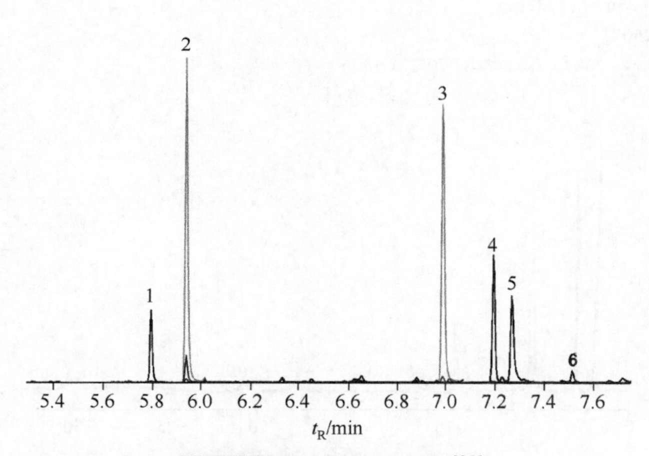

图 31-41　非甾族抗炎药[39]

色谱峰：1—降固醇酸；2—布洛芬；3—萘普生；4—双氯芬酸（人工制品）；5—酮洛芬；6—双氯芬酸

色谱柱：HP-5ms，30m×0.25mm，0.25μm

进样口温度：250℃

程序升温条件：50℃（3min）$\xrightarrow{120℃/min}$ 70℃ $\xrightarrow{70℃/min}$ 200℃ $\xrightarrow{45℃/min}$ 300℃（1min）

载　气：He

检测器：MS

第二节　中药类物质色谱图

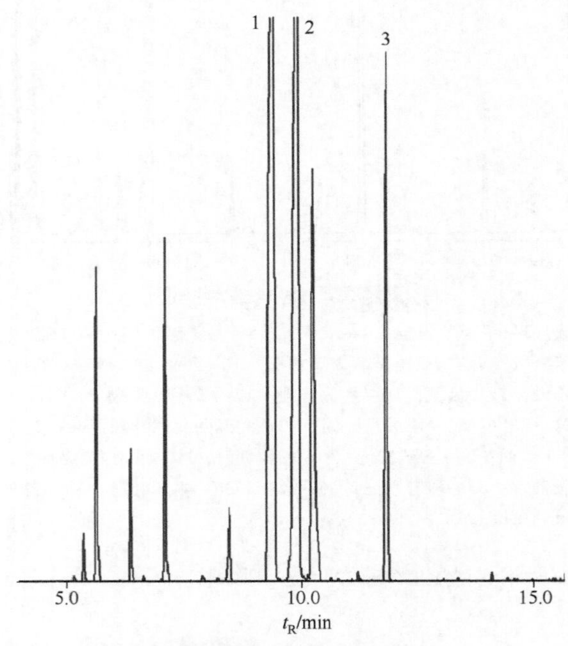

图 31-42　砂仁中精油[40]

色谱峰：1—莰酮；2—莰醇；3—莰醇乙酯

色谱柱：HP-5ms，30m×0.25mm，0.25μm

进样口和质谱接口温度：250℃

程序升温条件：50℃ $\xrightarrow{8℃/min}$ 200℃ $\xrightarrow{10℃/min}$ 270℃（5min）

载　气：He，1.0mL/min　　　　检测器：MS

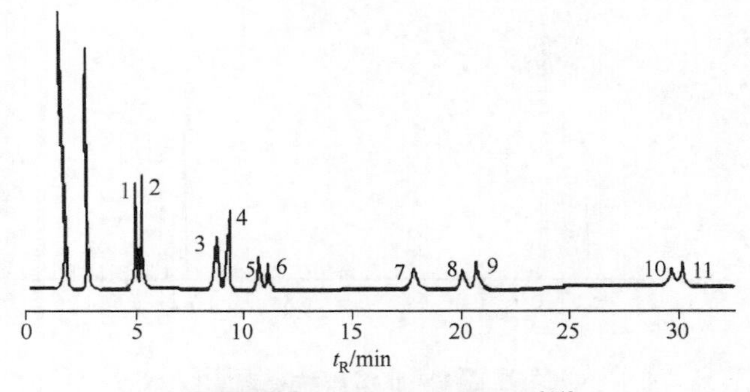

图 31-43　山柰小花中黄酮[41]

色谱峰：1—5-羟基-7-甲氧基黄酮；2—5-羟基-3,7-二甲氧基黄酮；3—5,7-二甲氧基黄酮；4—3,5,7-三甲氧基黄酮；5—5-羟基-3,7,4′-三甲氧基黄酮；6—5-羟基-7,4′-二甲氧基黄酮；7—5-羟基-3,7,3′,4′-四甲氧基黄酮；8—5,7,4′-三甲氧基黄酮；9—3,5,7,4′-四甲氧基黄酮；10—5,7,3′,4′-四甲氧基黄酮；11—3,5,7,3′,4′-五甲氧基黄酮

色谱柱：HP-50+，30m×0.32mm，0.15μm

进样口温度：270℃

程序升温条件：255℃（2min）$\xrightarrow{1℃/min}$ 260℃（15min）$\xrightarrow{5℃/min}$ 268℃ $\xrightarrow{0.5℃/min}$ 269℃（3min）$\xrightarrow{0.5℃/min}$ 270℃（5min）$\xrightarrow{1℃/min}$ 277℃（10min）

载　气：N_2，2.2mL/min　　　　检测器：FID

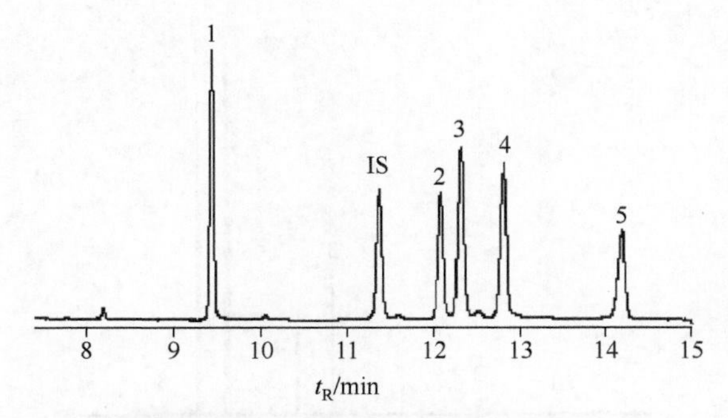

图 31-44　何首乌中蒽醌类化合物[42]

色谱峰：1—大黄酚；2—大黄素甲醚；3—大黄素；4—芦荟-大黄素；5—大黄酸；IS—表儿茶酸

色谱柱：EC-5，30m×0.32mm，1.0μm

进样口温度：250℃

程序升温条件：180℃（1min）→300℃（10min），30℃/min

载　气：He，600kPa

检测器：FID

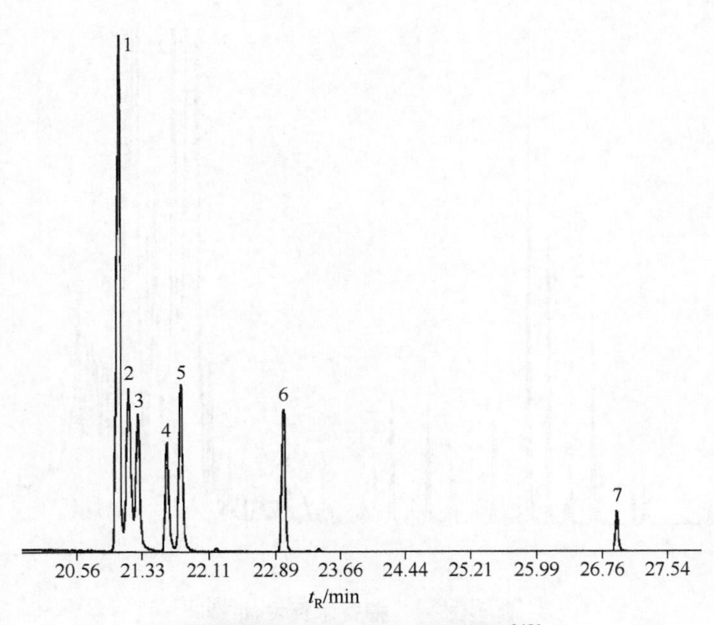

图 31-45　夏雪片莲中生物碱[43]

色谱峰：1—雪花莲胺；2—chlidantine；3—血根碱；4—epinorgalanthamine；5—表雪花莲胺；6—3-*O*-acetylsanguinine；7—*N*-formylnorgalanthamine

色谱柱：HP-5ms，30m×0.25mm，0.25μm

进样口温度：280℃

程序升温条件：100℃ $\xrightarrow{15℃/min}$ 180℃（1min） $\xrightarrow{5℃/min}$ 300℃（1min）

载　气：He，0.8mL/min

检测器：MS

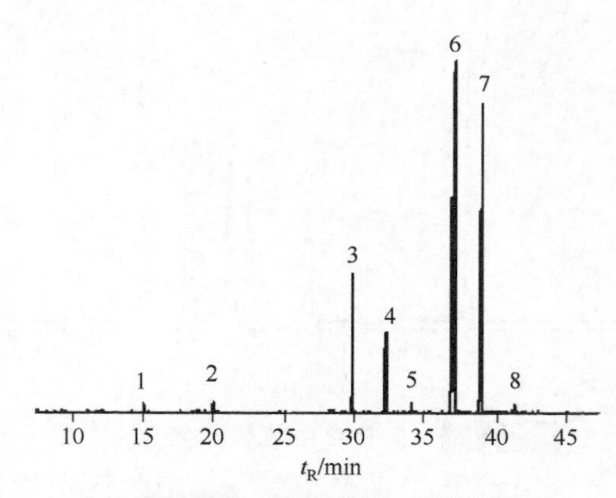

图 31-46 石菖蒲挥发油[44]

色谱峰：1—苯甲基溴；2—*N,N*-二乙基苄胺；3—甲基丁香酚；4—顺-甲基异丁香酚；5—反-甲基异丁香酚；6—*γ*-细辛醚；7—*β*-细辛醚；8—*α*-细辛醚

色谱柱：HP-5ms，30m×0.25mm，0.25μm　　载　气：He，1mL/min

进样口温度：280℃　　检测器：MS

程序升温条件：60℃（5min）→240℃（10min），2℃/min

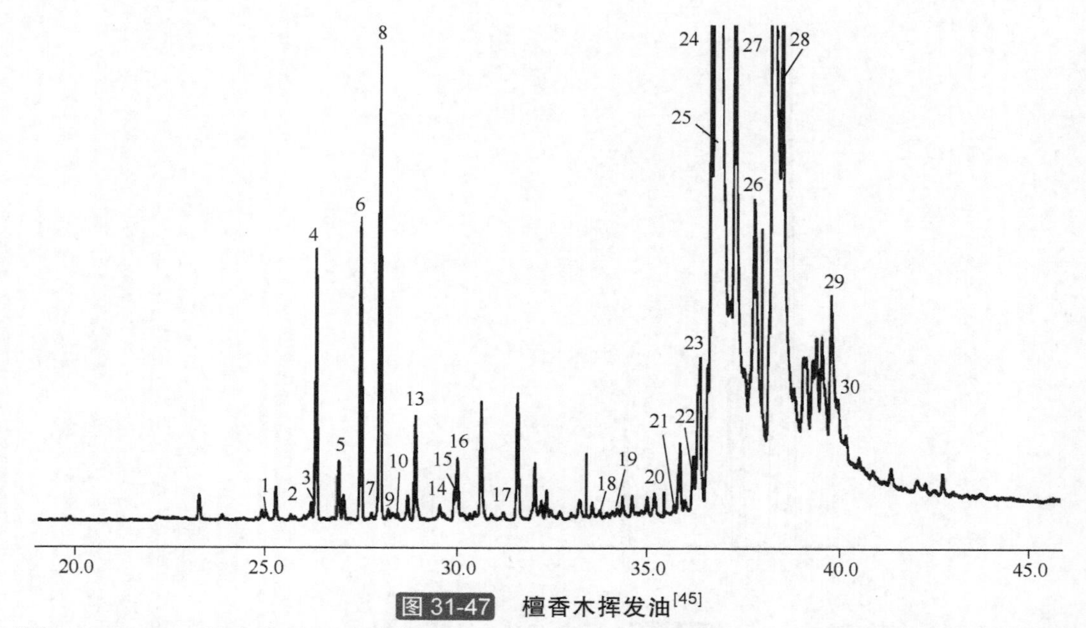

图 31-47 檀香木挥发油[45]

色谱峰：1—7-*epi*-sesquithujene；2—*α*-柏木萜烯；3—*α*-柏木烯；4—*α*-檀香萜烯；5—*α*-反式香柑油烯；6—*epi*-*β*-檀香萜烯；7—sesquisabinene；8—*β*-檀香萜烯；9—*β*-菖蒲二烯；10—10-*epi*-*β*-菖蒲二烯；13—Ar-姜黄烯；14—*β*-姜黄烯；15—*β*-红没药烯；16—*β*-姜黄烯；7—(*E*)-*α*-红没药烯；18—Helifolen-12-al；19—12-isoitalicenol；20—*α*-雪松醇；21—布蒙醇；22—(*Z*)-*α*-檀香醇；23—*α*-红没药醇；24—*α*-反式香柠檬醇；25—*epi*-*β*-檀香醇；26—*β*-檀香醇；27—*β*-檀香醇；28—(*E*)-nuciferol；29—*α*-乙酸檀香酯；30—*α*-乙酸檀香酯

色谱柱：SLB-5ms，30m×0.25mm，0.25μm　　载　气：He，35cm/s

进样口温度：280℃　　检测器：MS

程序升温条件：50℃→260℃，3℃/min

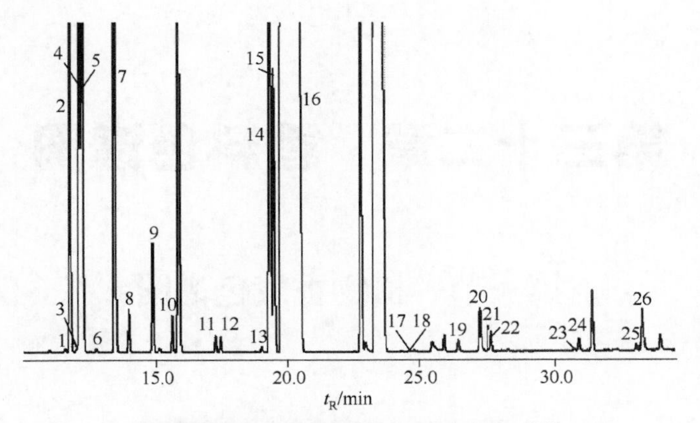

图 31-48　甜橙精油中手性化合物[46]

色谱峰：1—(−)-α-侧柏烯；2—(+)-α-侧柏烯；3—(−)-莰烯；4—(−)-α-蒎烯；5—(+)-α-蒎烯；6—(+)-莰烯；7—(+)-β-蒎烯；8—(−)-β-蒎烯；9—(+)-桧烯；10—(−)-桧烯；11—(−)-α-水芹烯；12—(+)-α-水芹烯；13—(−)-β-水芹烯；14—(−)-柠檬烯；15—(+)-β-水芹烯；16—(+)-柠檬烯；17—(+)-莰酮；18—(−)-莰酮；19—(−)-沉香醇；20—(+)-沉香醇；21—(−)-香茅醛；22—(+)-香茅醛；23—(+)-萜品-4-醇；24—(−)-萜品-4-醇；25—(−)-α-萜品醇；26—(+)-α-萜品醇

色谱柱：Megadex DETTBS，25m×0.25mm，0.25m

载　气：He，35cm/s

进样口温度：220℃

检测器：FID

程序升温条件：50℃→200℃，2.0℃/min

参考文献

[1] SGE capillary columns, 2015—2016: 30.
[2] SGE capillary columns, 2015—2016: 34.
[3] SGE capillary columns, 2015—2016: 34.
[4] SGE capillary columns, 2015—2016: 35.
[5] SGE capillary columns, 2015—2016: 34.
[6] SGE capillary columns, 2015—2016: 35.
[7] 安捷伦色谱与光谱产品目录，2015—2016: 637.
[8] 安捷伦色谱与光谱产品目录，2015—2016：637.
[9] 安捷伦色谱与光谱产品目录，2015—2016：639.
[10] 安捷伦色谱与光谱产品目录，2015—2016：639.
[11] 安捷伦色谱与光谱产品目录，2015—2016：640.
[12] 安捷伦色谱与光谱产品目录，2015—2016：642.
[13] 安捷伦色谱与光谱产品目录，2015—2016：643.
[14] 安捷伦色谱与光谱产品目录，2015—2016：644.
[15] 安捷伦色谱与光谱产品目录，2015—2016：643.
[16] 安捷伦色谱与光谱产品目录，2015—2016：644.
[17] 安捷伦色谱与光谱产品目录，2015—2016：644.
[18] 安捷伦色谱与光谱产品目录，2015—2016：645.
[19] Guo L, Lee H K. J Chromatogr A, 2012, 1235: 26-33.
[20] 安捷伦色谱与光谱产品目录，2015-2016：645.
[21] Caban M, Stepnowski P, Kwiatkowski M, et al. J Chromatogr A, 2011, 1218: 8110.
[22] 安捷伦色谱与光谱产品目录，2015—2016：646.
[23] 安捷伦色谱与光谱产品目录，2015—2016：646.
[24] 安捷伦色谱与光谱产品目录，2015—2016：647.
[25] 安捷伦色谱与光谱产品目录，2015—2016：647.
[26] 安捷伦色谱与光谱产品目录，2015—2016：648
[27] 安捷伦色谱与光谱产品目录，2015—2016：648.
[28] Tsutsumi H, Katagi M, Miki A, et al. J Chromatogr B, 2005, 819: 315.
[29] Chia K, Huang S. Anal Chim Acta, 2005, 539: 49.
[30] Wu Y, Lin K, Chen S, et al. Rapid Commun Mass Spectrom, 2008, 22: 887.
[31] Zhang L, Liu Y, Xie M X, et al. J Chromatogr A, 2005, 1074: 1.
[32] Gunnar T, Ariniemi K, Lillsunde P. Journal of Mass Spectrometry, 2005, 40(6): 739.
[33] Azzouz A, Ballesteros E. J Chromatogr B, 2012, 891, 12.
[34] Araujo L, Wild J, Villa N, et al. Talanta, 2008,75(1): 111.
[35] Lewis R J, Johnson R D, Hattrup R A. J Chromatogr B, 2005, 822: 137.
[36] Hu R, Yang Z, Zhang L. Talanta, 2011, 85: 1751.
[37] Stefan M, Jennifer A, Josef S, et al. J Chromatogr A, 2012, 1269 : 352.
[38] Pujadas M, Pichini S, Civit E, et al. J Pharm Biomed Anal, 2007, 44(2): 594.
[39] Noche G, Laespada M, Pavón J, et al. J Chromatogr A, 2011, 1218: 6240.
[40] Deng C, Yao N, Wang A, et al. Anal Chim Acta, 2005, 536: 237.
[41] Sutthanut K, Sripanidkulchai B, Yenjai C, et al. J Chromatogr A, 2007,1143: 227.
[42] Zuo Y, Wang C, Lin Y, et al. J Chromatogr A, 2008, 1200: 43.
[43] Berkov S, Bastida J, Viladomat F, et al. Phytochem Anal, 2008, 19: 285.
[44] 曾志，叶雪宁，沈妙婷，等. 分析测试学报，2011，30（4）：407.
[45] Sciarrone D, Costa R, Ragonese C, et al. J Chromatogr A, 2011, 1218: 137.
[46] Sciarrone D, Schipilliti L, Ragonese C, et al. J Chromatogr A, 2010, 1217: 1101.

第三十二章　香料色谱图

第一节　植物香气色谱图

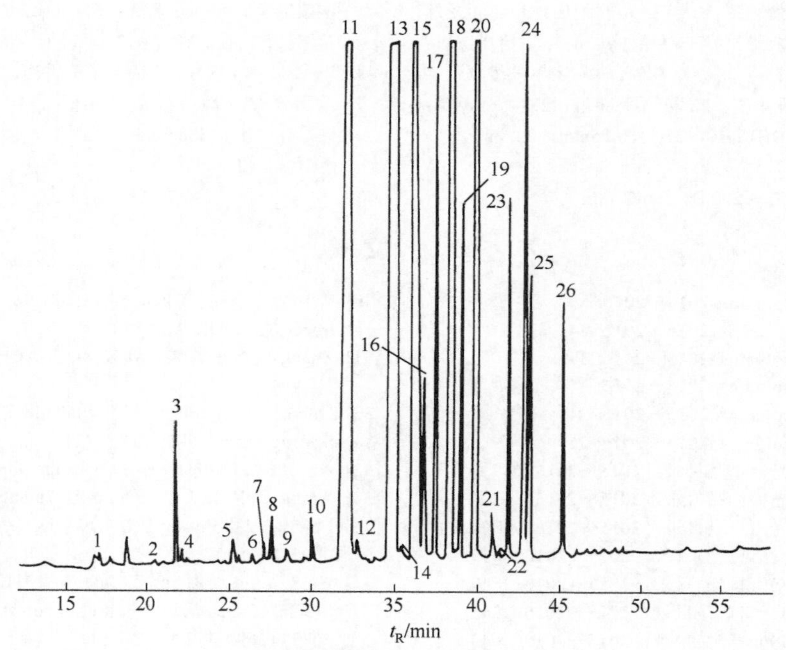

图 32-1　玫瑰头香[1]

色谱峰：1—1-己醇；2—香叶烯；3— γ-松油烯；4—冬青油烯水合物；5—百里酚；6—顺-玫瑰醚；7—反-玫瑰醚；8—芳樟醇；9—苯甲醇；10—香芳醛；11—苯乙醇；12—α,α,4-三甲基-3-环己烯-1-甲醇；13—β-香芳醇；14—橙花醇；15—牻牛儿醇；16—2-十一烷酮；17—牻牛儿醛；18—香茅醇乙酸酯；19—牻牛儿醇甲酸酯；20—牻牛儿醇乙酸酯；21—3,5-二甲基十三烷；22—香橙烯；23—丁子香酚；24—甲基丁子香酚；25—石竹烯；26—2-十三烷酮

色谱柱：OV-17，25m×0.20mm

柱　温：25℃（5min）→70℃，1min内→220℃，3℃/min

载　气：N_2，60mL/min

检测器：FID

气化室温度：250℃

检测器温度：250℃

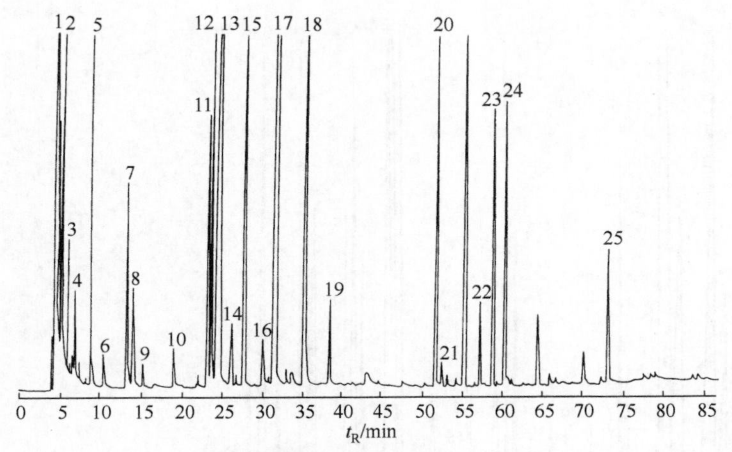

图 32-2　依兰鲜花头香[2]

色谱峰：1—乙醇；2—乙酸乙酯；3—羟基-2-丁酮；4—乙酸丙酯；5—甲苯；6—乙酸丁酯；7—邻二甲苯；8—对二甲苯；9—乙酸戊酯；10—α-蒎烯；11—香叶烯；12—3-己烯-1-醇-乙酸酯+2-己烯-1-醇-乙酸酯+3-己烯-1-醇；13—对甲基茴香醚+苯甲醛；14—β-柠檬烯；15—罗勒烯；16—苯甲酸甲酯；17—芳樟醇；18—乙酸苯甲酯；19—对丙基茴香醚；20—乙酸香叶酯；21—异石竹烯；22—葎草烯；23—古芸烯；24—γ-榄香烯；25—苯甲酸-2-甲基苯酯

色谱柱：OV-101，35m×0.28mm　柱　温：60℃（10min）→200℃（20min），2℃/min

载　气：N_2，16cm/s　检测器：FID　气化室温度：220℃

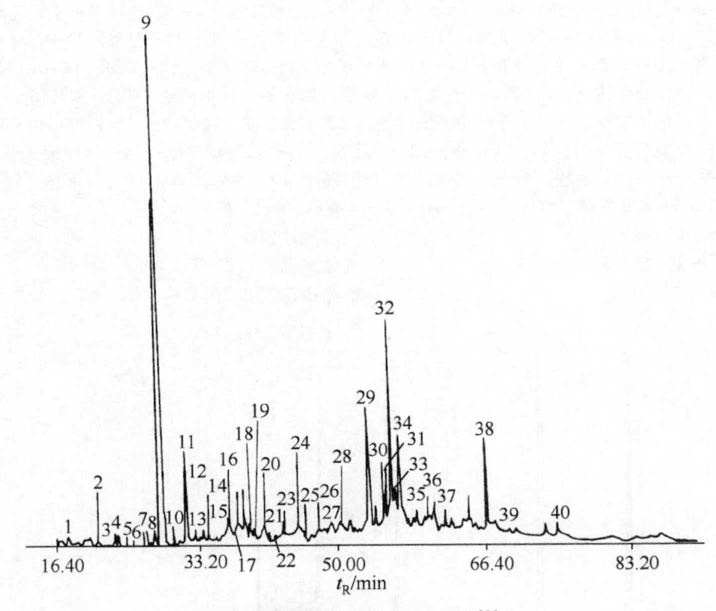

图 32-3　水仙花头香[3]

色谱峰：1—α,α,5-三甲基-5-乙基四氢-2-呋喃甲醇；2—3,7-二甲基-1,6-辛二烯-3-醇；3—6-甲基-3,5-庚二烯-2-酮；4—5,5-二甲基-2(5*H*)-呋喃酮；5—丁酸-顺-3-己烯酯；6—4-(1-甲基乙基)-苯甲醛；7—2-丙基-1*H*-咪唑；8—2-甲基-1-戊烯-1-酮；9—乙酸苄酯；10—2,2,6-三甲基-6-乙基四氢-2*H*-吡喃-3-醇；11—2-甲基-1-戊烯-3-醇；12—乙酸-2-苯乙酯；13—顺-5-甲基-四氢糠醇；14—苯甲醇；15—乙酸-2-己烯酯；16—乙酸苯丙酯；17—[2-(戊氧基)乙基]-环己烷；18—1,5-庚二烯-3,4-二醇；19—4,9-癸二酮；20—8-甲基-1-十一烯；21—乙酸-邻-甲氧基苄酯；22—2,5-二甲基-2-己醇；23—乙酸对盖-1,8二烯-4-酯；24—6-甲基-5-壬烯-4酮；25—2,6,6-三甲基-二环[3,1,1]-庚烷-3-醇；26—3,4-二甲基-2,5-二氢呋喃；27—2,5-二甲基-1,5-己二烯-3,4-二醇；28—顺-1,1,3,4-四甲基-环戊烷；29—3-甲基- 4-庚酮；30—2,2-二甲基-4,5-二-1-丙烯基-1,3-二噁茂烷；31—2,5-二甲基-2-己醇；32—2-甲基-3-戊酮；33—4-甲氧基-二环[2,2,2]辛-2-酮；34—2-甲基-2-(1-甲基乙基)-1,3-二噁茂烷；35—*N*-苯甲酰-*N*-(苯基甲基)-苯酰胺；36—1-(2-呋喃基)-2,3-二甲基-1,2-丁二醇；37—邻苯二甲酸二丁酯；38—十六烷酸；39—1-(2-呋喃基)-2,3-二甲基-1,4-丁二醇；40—9-顺-十八烯酸

色谱柱：SP-1000，30m×0.25mm　载　气：He

柱　温：60℃（5min）→240℃（15min），3℃/min　气化室温度：270℃

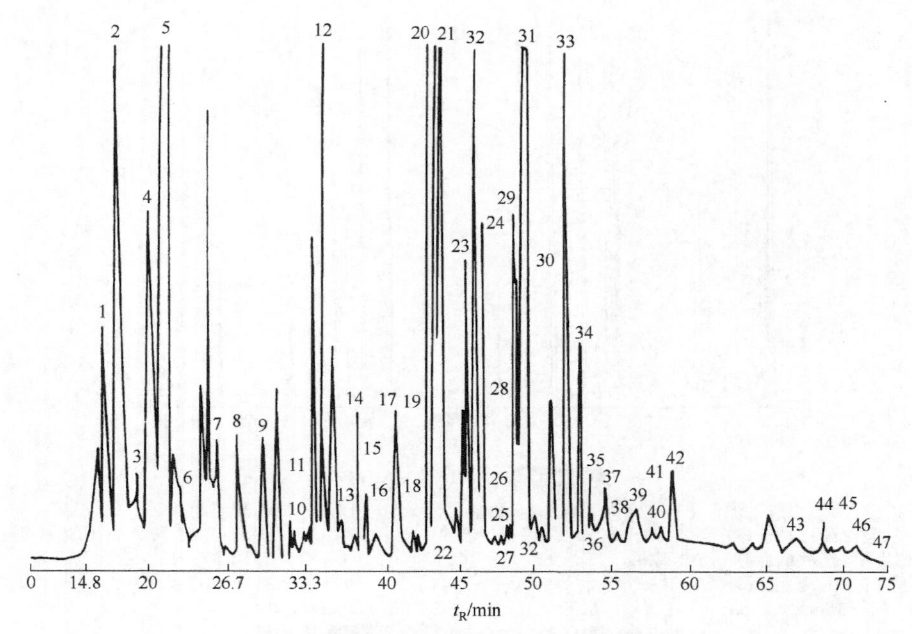

图 32-4 小花茉莉鲜花香气[4]

色谱峰：1—环氧丙烷；2—丙酮；3—甲酸乙酯；4—3-甲基丁醇；5—乙酸乙酯；6—正丁醇；7—乙酸丙酯；8—丁酸-2-丙烯酯；9—2,2,3-三甲基环氧丙烷；10—乙酸丁酯；11—乙酸-2-甲基-2-丙烯-1-酯；12—叶醇；13—二甲基二硫化物；14—乙酸-顺-2-甲基环戊酯；15—甲酸-顺-3-己烯酯；16—3-己烯酸甲酯；17—苯甲醛；18—苯酚；19—6-甲基-5-庚烯-2-酮；20—乙酸-顺-3-己烯酯；21—5-乙烯基-5-甲基-2(3*H*)-二氢呋喃酮；22—8-（1-甲基亚乙基）-双环[5,1,0]辛烷；23—苯甲醇；24—1-环丙基-2-丙酮；25—苯乙酮；26—甲酸苯甲酯；27—2,2-二甲基-3,4-戊二烯-1-醇；28—顺氧化芳香醇；29—苯甲酸甲酯；30—反氧化芳樟醇；31—芳樟醇；32—苯乙醇；33—乙酸苯甲酯；34—苯甲酸乙酯；35—氧化芳樟醇C；36—水杨酸甲酯；37—α-萜品醇；38—十二烷；39—橙花醇；40—牻牛儿醇；41—牛儿醇；42—$C_{16}H_{26}O$；43—草烯；44—α-石竹烯；45—β-马榄烯；46—γ-杜松烯；47—苯酸-顺-3-己烯酯

色谱柱：OV-101，50m×0.24mm　　检测器：FID

柱　温：40℃（5min）→200℃，3℃/min　　气化室温度：270℃

载　气：N_2　　检测器温度：270℃

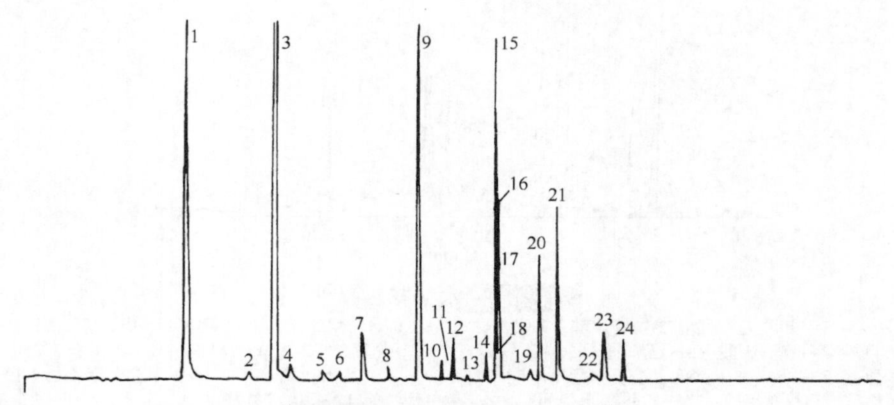

图 32-5 苹果中挥发性组分[5]

色谱峰：1—丁酸甲酯；2—异戊酸甲酯；3—丁酸己酯；4—乙酸丁酯；5—丁烯酸乙酯；6—乙基-2-甲基丁酸酯；7—乙酸异戊酯；8—丁酸丙酯；9—乙酸甲酯；10—α-蒎烯；11—莰烯；12—丁酸仲丁酯；13—3-甲基丁基丙酸酯；14—β-蒎烯；15—丁酸丁酯；16—香叶烯；17—丙酸乙基-3-甲基酯；18—α-水芹烯；19—对伞花烃；20—苎烯；21—丁酸戊酯；22—(*Z*)-罗勒烯；23—(*E*)—罗勒烯；24—辛酸甲酯

色谱柱：BP-1，50m　　载　气：He，25cm/s

柱　温：25℃→250℃，2℃/min　　检测器：FID

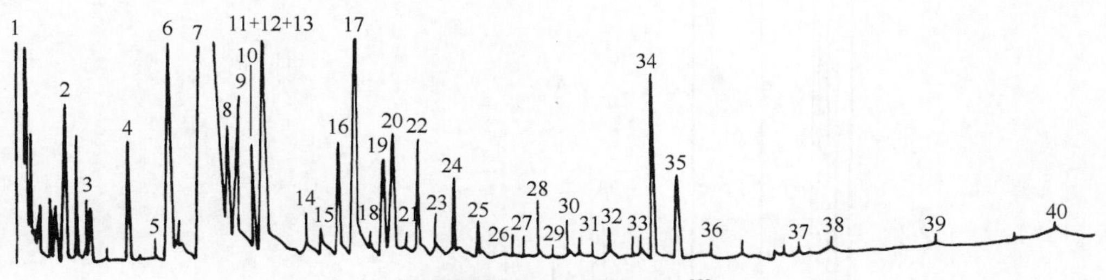

图 32-6 甜橙果肉香气[6]

色谱峰：1—乙醛；2—己烯醛；3—反-2-己烯-1-醇；4—α-蒎烯；5—桧烯；6—月桂烯；7—α-柠檬烯；8—γ-松油烯；9—反-芳樟醇氧化物；10—顺芳樟醇氧化物；11—芳樟醇；12—紫苏醛；13—香芹鞣酮；14—β-松油醇；15—檀烯醇；16—松油烯-4-醇；17—α-松油醇；18—紫苏醇；19—反香芹醇；20—顺香芹醇；21—橙花醛；22—香叶醇；23—香叶醛；24—甲酸香叶酯；25—香叶酸甲酯；26—乙酸香茅酯；27—乙酸橙花酯；28—α-玷㺃烯；29—β-荜澄茄烯；30—n-十二醛；31—β-石竹烯；32—α-古芸烯；33—γ-木罗烯；34—别-香树烯；35—δ-杜松烯；36—(E)-橙花叔醇；37—α-杜松醇；38—β-甜橙醛；39—诺卡酮；40—2-甲基二十烷

色谱柱：SE54，30m×0.24mm

柱 温：60℃→200℃，3℃/min

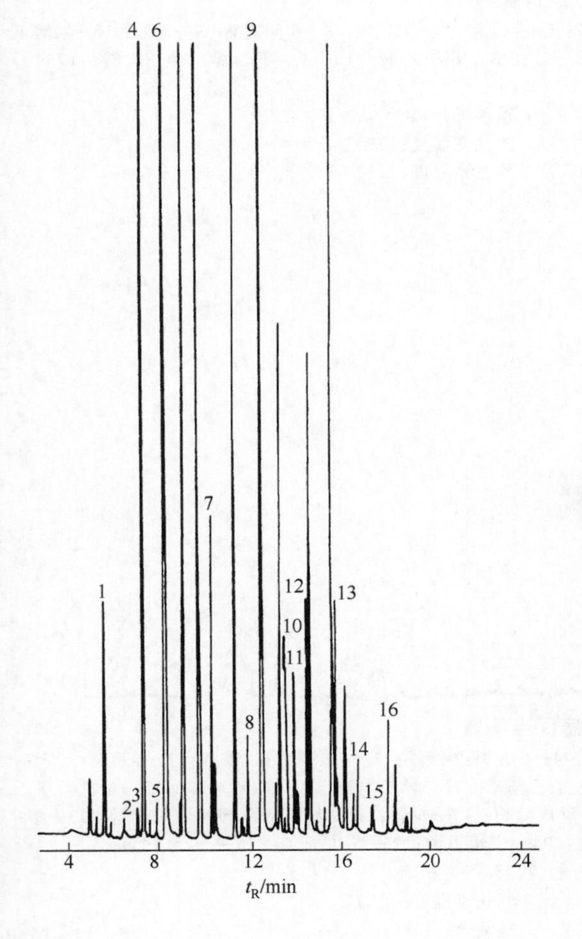

图 32-7 香蕉香气[7]

色谱峰：1—乙醛；2—丙酮；3—乙酸甲酯；4—乙酸乙酯；5—甲醇；6—乙醇；7—丁酸乙酯；8—异丁醇；9—乙酸异戊酯；10—乙酸正戊酯；11—己酸甲酯；12—异戊醇或反-2-己烯醛；13—乙酸己酯；14—乙酸-顺-3-己烯酯；15—己醇；16—辛酸甲酯或顺-3-己烯醇

色谱柱：CBJ-WAX，60m×0.25mm，0.25μm

柱 温：50℃（5min）→200℃，10℃/min

载 气：He，1mL/min

检测器：FID

检测器温度：230℃

进样方式：顶空法

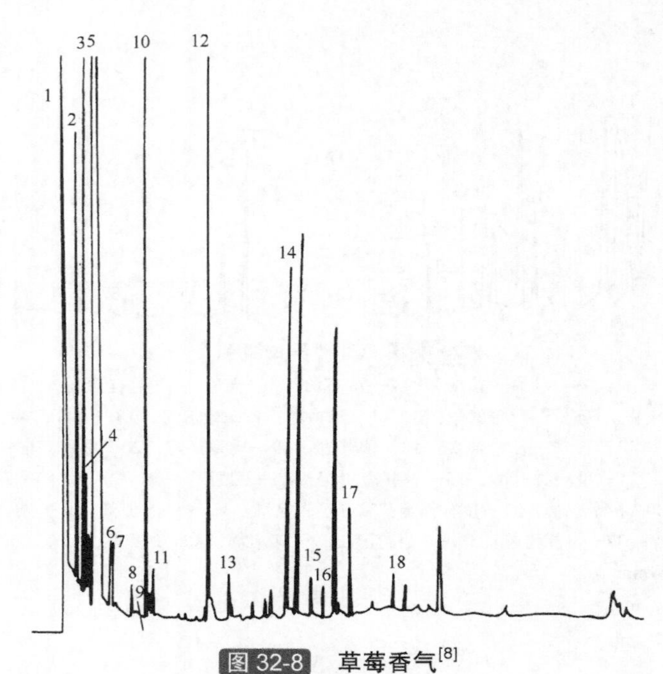

图 32-8 草莓香气[8]

色谱峰：1—乙醚；2—丙酮；3—乙酸乙酯；4—甲醇；5—乙醇；6—仲丁醇；7—双乙酰；8—丁酸乙酯；9—丙醇；10—乙酸正丁酯（内标）；11—己酸甲酯；12—己酸乙酯；13—乙偶姻；14—乙酸；15—1,3-丁二醇；16—丙酸；17—丁酸；18—己酸

色谱柱：FFAP，50m×0.22mm　　检测器：FID

柱　温：50℃（10min）→200℃（30min），5℃/min　　气化室温度：230℃

载　气：N_2，0.5mL/min；分流比=50∶1　　检测器温度：230℃

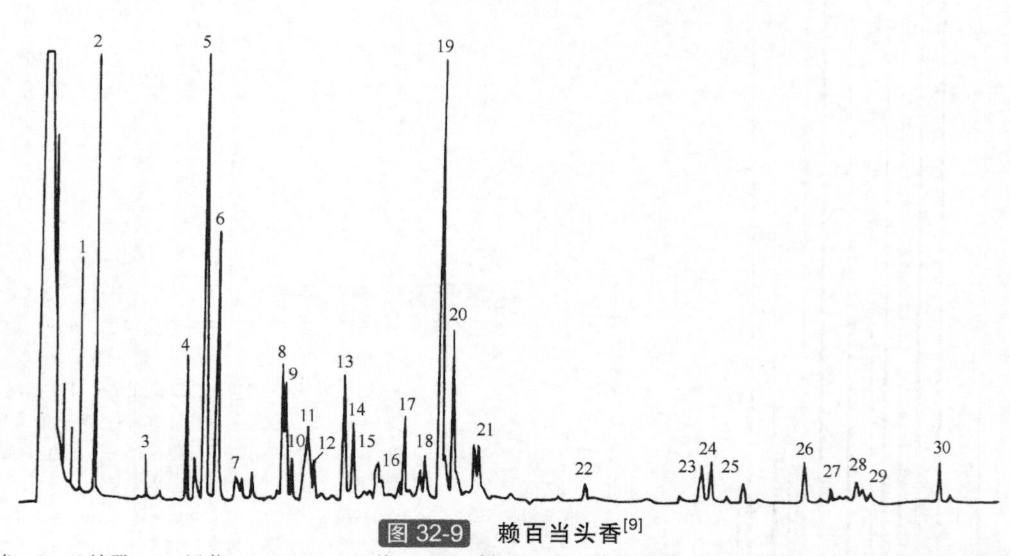

图 32-9 赖百当头香[9]

色谱峰：1—乙缩醛；2—甲苯；3—2,3,5-三甲基-1,3-已二烯；4—6-甲基-2-庚酮；5—α-蒎烯；6—莰烯；7—6-甲基-5-庚烯-2-酮；8—对伞花烃；9—2,2,6-三甲基环已酮；10—二乙基苯；11—异佛尔酮；12—二乙基苯；13—对乙烯基乙苯；14—间乙烯基乙苯；15—间二乙烯基苯；16—反玫瑰醚；17—樟脑；18—松茨酮；19—异松茨酮；20—萘；21—马鞭草烯酮；22—乙酸龙脑酯；23—α-木罗烯；24—广藿香烯；25—α-珐琂烯；26—γ-木罗烯；27—α-愈创木烯；28—2,6-二叔丁基-4-甲基-苯酚；29—δ-杜松烯；30—刺柏脑

色谱柱：OV-101，25m×0.22mm　　气化室温度：230℃

柱　温：60℃→200℃，2℃/min　　检测器：FID

载　气：N_2，15cm/s

第二节　精油与植物提取物色谱图

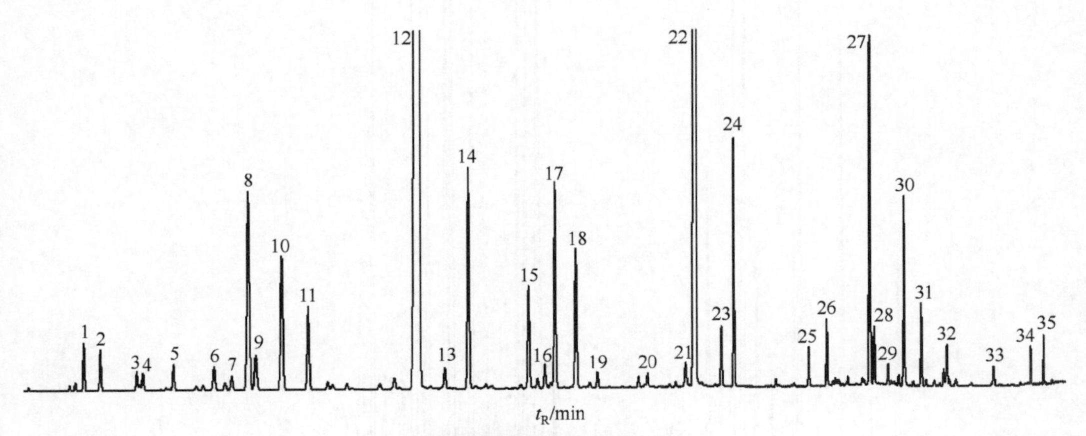

图 32-10　薰衣草油[10]

色谱峰：1—α-蒎烯；2—莰烯；3—1-辛烯-3-醇；4—3-辛酮；5—β-月桂烯；6—3-蒈烯；7—邻异丙基甲苯；8—桉树脑；9—D-柠檬烯；10—β-反式-罗勒烯；11—β-顺-罗勒烯；12—β-芳樟醇；13—辛烯-1-醇乙酸酯；14—樟脑；15—龙脑；16—薰衣草醇；17—松油烯-4-醇；18—α-萜品醇；19—丁酸己酯；20—枯茗醛；21—顺-香叶醇；22—乙酸芳樟酯；23—乙酸龙脑酯；24—乙酸薰衣草酯；25—乙酸橙花酯；26—乙酸香叶酯；27—石竹烯；28—α-檀香萜烯；29—α-香柑油烯；30—β-法尼烯；31—大根香叶烯D；32—γ-杜松烯；33—氧化石竹烯；34—tau-杜松醇；35—α-红没药醇

色谱柱：DB-1，30m×0.25mm　　柱　温：62～310℃

载　气：He　　检测器：MSD

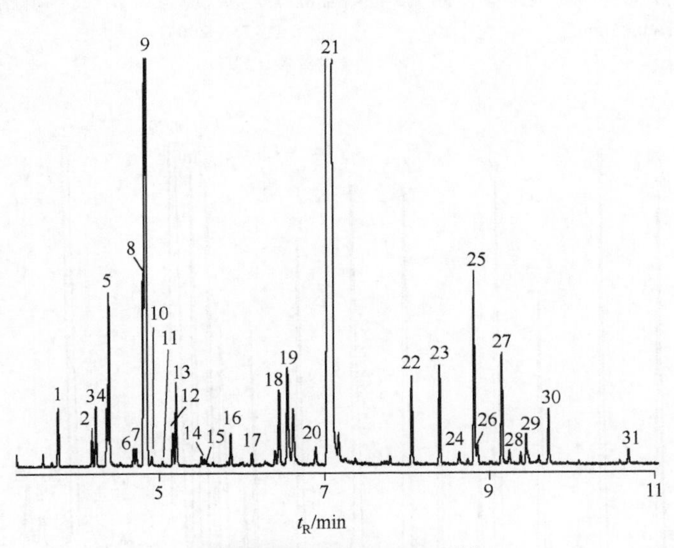

图 32-11　荷兰薄荷油[11]

色谱峰：1—α-蒎烯；2—桧烯；3—β-蒎烯；4—3-辛醇；5—月桂烯；6—α-萜品烯；7—异丙醇；8—1,8-桉油精；9—柠檬烯；10—顺-罗勒烯；11—反-罗勒烯；12—γ-松油烯；13—反式-水合桧烯；14—异松油烯；15—芳樟醇；16—三辛酯醋酸；17—异薄荷酮；18—萜品烯-4-醇；19—二氢香芹酮；20—反-香苇醇；21—左旋香芹酮；22—反式-二氢香芹乙酸酯；23—顺-乙酸葛屡酯；24—顺-茉莉酮；25—β-波旁烯；26—α-波旁烯；27—β-丁香烯；28—α-可巴烯；29—反-β-法尼烯；30—吉玛烯-d；31—绿花白千层醇

色谱柱：DB-1，20m×0.18mm　　柱　温：40～290℃

载　气：He　　检测器：MSD

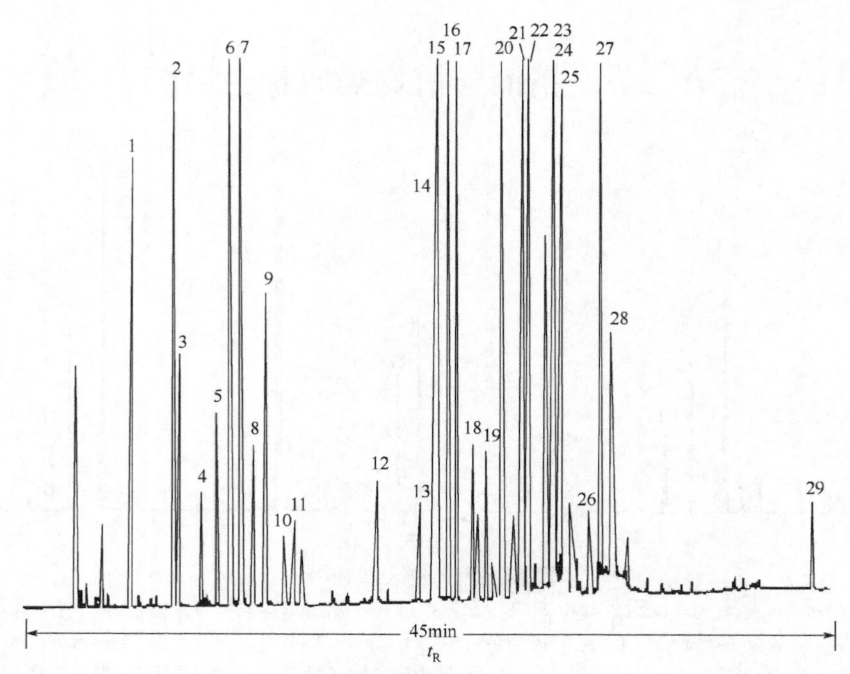

图 32-12 薄荷油[12]

色谱峰：1—α-蒎烯；2—β-蒎烯；3—桧烯；4—香叶烯；5—α-萜品烯；6—(+/–)-柠檬烯；7—1,8-桉油酚；8—顺-罗勒烯；9—萜品烯；10—γ-伞花烃；11—γ-萜品油烯；12—3-辛醇；13—1-辛烯-3-醇；14—反-水合桧烯；15—(+/–)-薄荷酮；16—甲代呋喃；17—D-异薄荷酮；18—β-波旁烯；19—芳樟醇；20—乙酸薄荷酯；21—新薄荷醇；22—萜品烯-4-醇；23—β-石竹烯；24—(+/–)-薄荷醇；25—长叶薄荷酮；26—α-萜品醇；27—大根香叶烯-D；28—胡椒酮；29—绿花白千层醇

色谱柱：DB-WAX，60m×0.25mm　　柱　温：75～200℃

载　气：He　　检测器：FID

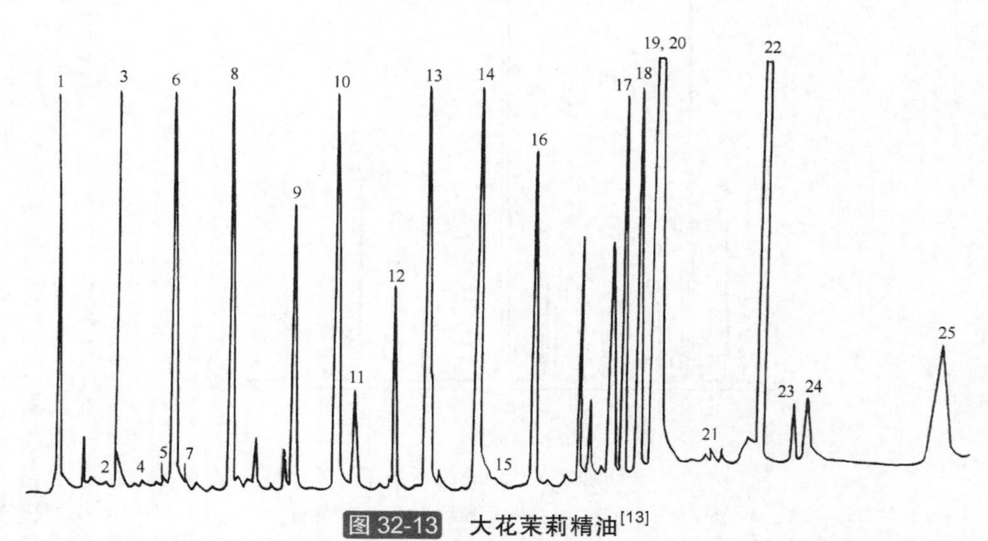

图 32-13 大花茉莉精油[13]

色谱峰：1—乙醇；2—正十六烷；3—芳樟醇；4—正十七烷；5—苯甲酸甲酯；6—金合欢烯；7—正十八烷；8—乙酸苄酯；9—苄醇；10—茉莉酮；11—正二十一烷；12—对甲苯酚；13—十六碳酸甲酯；14—异叶绿醇；15—正二十三烷；16—邻氨基苯甲酸甲酯；17—吲哚；18—反，反香叶基芳樟醇；19—叶绿醇；20—亚麻油酸甲酯；21—N-乙酰基-邻氨基苯甲酸甲酯；22—苯甲酸苄酯；23—邻苯二甲酸二丁酯；24—十六碳酸；25—角鲛油萜

色谱柱：二乙二醇丁二酸酯SCOT柱，50m×0.4mm　　载　气：He

柱　温：100℃（1min）→200℃，2℃/min　　检测器：FID

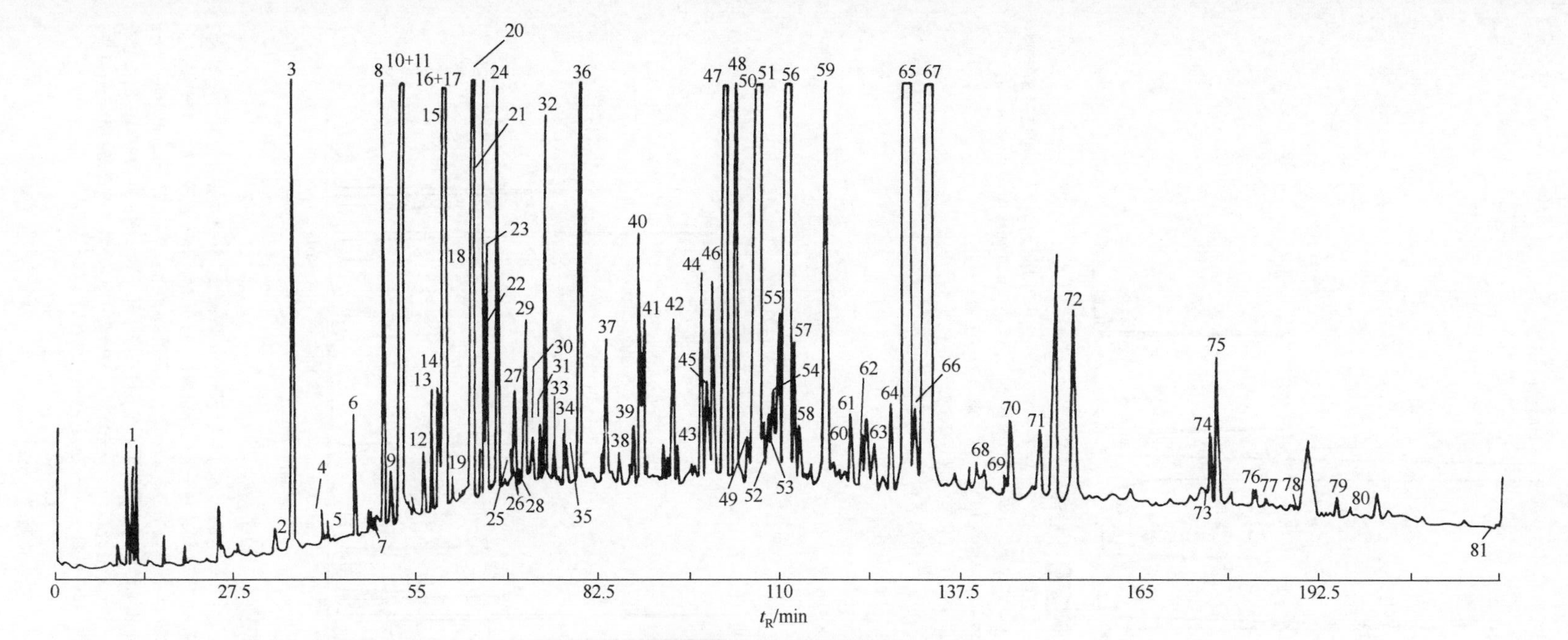

图 32-14 小花茉莉精油[14]

色谱峰：1—丙酮；2—乙酸-2-甲基-2-丙烯-1-酯；3—叶醇；4—1-（2-甲基-2-环戊烯-1-基）-乙酮；5—甲酸-顺-3-己烯酯；6—苯甲醛；7—6-甲基-5-庚烯-2-酮；8—乙酸-顺-3-己烯酯；9—2,3,5-三甲基-1,5-庚二烯；10—2,5-二甲基-1,5-己二烯-3,4-二醇；11—苯甲醇；12—甲酸苯甲酯；13—顺氧化芳樟醇；14—苯甲酸甲酯；15—反氧化芳樟醇；16—芳樟醇；17—苯乙醇；18—苯乙腈；19—1-壬炔；20—乙酸苯甲酯；21—苯甲酸乙酯；22—氧化芳樟醇C；23—丁酸-顺-3-己烯酯；24—水杨酸甲酯；25—α-萜品醇；26—4-蒈烯；27—橙花醇；28—甲酸环己烯酯；29—牻牛儿醇；30—牻牛儿醛；31—水杨酸乙酯；32—萜烯醇；33—吲哚；34—2,6-二甲基喹啉；35—反-甲基-2-（丙烯基）环戊烷；36—邻氨基苯甲酸甲酯；37—α-荜澄茄烯；38—茉莉酮；39—甲基邻氨基苯甲酸甲酯；40—α-玷㊣烯；41—β-榄香烯；42—β-石竹烯；43—(Z)-β-金合欢烯；44—α-葎草烯；45—α-香柠檬烯；46—γ-木罗烯；47—α-石竹烯；48—α-木罗烯；49—β-马榄烯；50—γ-杜松烯；51—β-红没药烯；52—δ-芹子烯；53—β-广藿香烯；54—白菖烯；55—N-(2-甲基-4-喹啉基)乙酰胺；56—苯酸-顺-3-己烯酯；57—苯甲酸己酯；58—苯酸-2-乙酰胺甲酯；59—斯巴醇；60—α-广藿香烯；61—愈创醇；62—1-氯-7-十七碳炔；63—倍半萜烯；64—α-杜松烯；65—榧烯醇；66—苯酸-2-羟基-1-甲基乙酯；67—3,8,8-三甲基-6-甲烯-1H-3A-7-亚甲基八氢甘菊环；68—3,7,11-三甲基-2,6,10-十二碳三烯-1-醇；69—六甲基-1,3,5-环壬三烯；70—苯酸-2,2-二甲基丙酯；71—2-十五碳炔-1-醇；72—苯甲酸苯甲酯；73—1,2,4-三乙基-5-甲基苯；74—2,3,4,5-四甲基-三环[3,2,1,0,2,7]辛-3-烯；75—1,3,3-三甲基-2-（3-甲基-2-甲烯-3-亚丁烯基）环己醇；76—1,4-双(苯甲基)-2,3,5-三氧环[2,1,0]戊烷；77—4,4-二甲基-1-（2,7-辛二烯）环丁烯；78—乙酸-2-乙基-5(1-甲基乙烯基)环乙酯；79—十六烷酸甲酯；80—棕榈酸；81—3,7,11-三甲基-2,6,10-十二碳三烯-1-醇

色谱柱：OV-101，50m×0.24mm　　检测器：FID

柱　温：（5min）→200℃　　气化室温度：270℃

载　气：N_2　　检测器温度：270℃

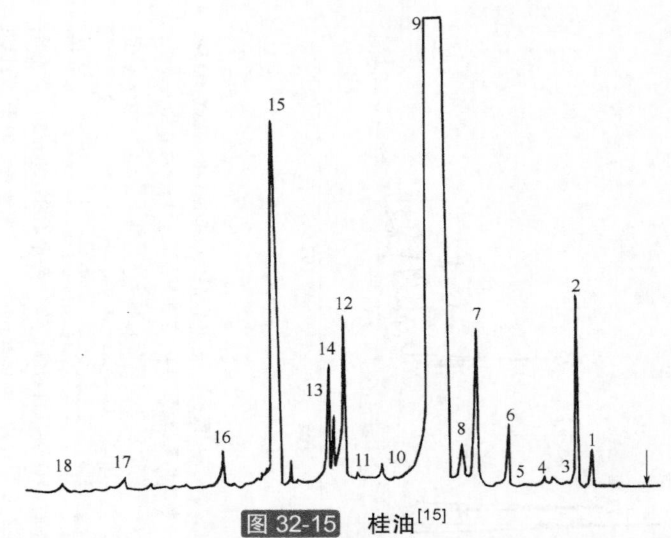

图 32-15 桂油[15]

色谱峰：1—乙烯基苯；2—苯甲醛；3—水杨醛；4—苯乙酮；5—苯乙醇；6—苯丙醛；7—顺肉桂醛；8—2-甲氧基苯甲醛；9—反-肉桂醛；10—桂醇；11—玷吧烯；12—香豆素；13—乙酸肉桂酯；14—顺-2-甲氧基肉桂醛；15—反-2-甲氧基肉桂醛；16—乙酸-2-甲氧基内桂酯；17—苯甲酸苯甲酯；18—苯甲酸苯乙酯

色谱柱：OV-101SCOT，30m×0.29mm　　气化室温度：240℃

柱　温：100℃→230℃，1.5℃/min　　检测器温度：242℃

检测器：FID

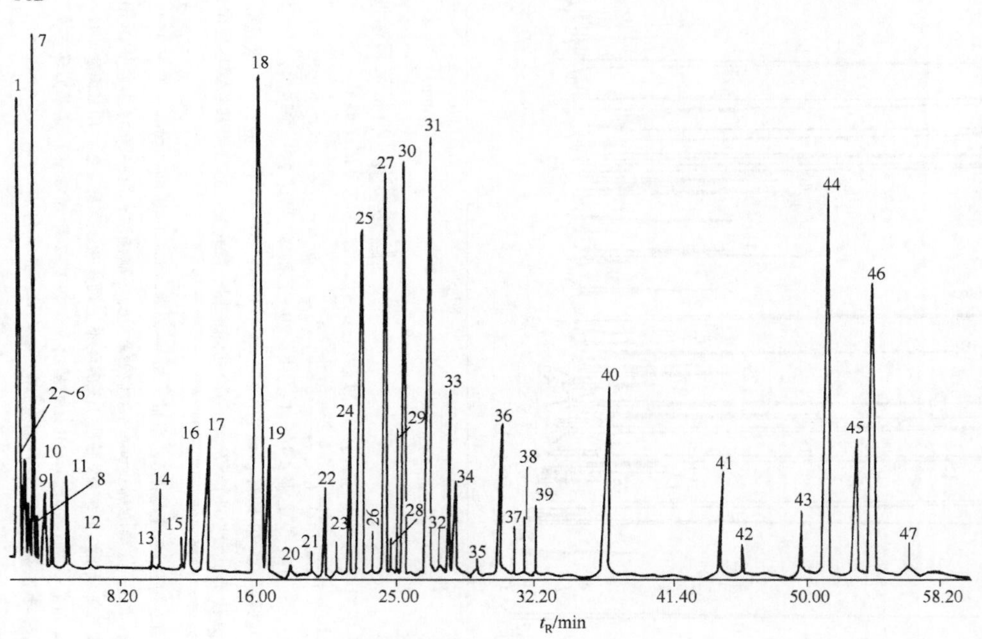

图 32-16 橘子皮油[16]

色谱峰：1—乙醇；2—乙酸乙酯；3—异丁醇；4—正丁醇；5—2-戊醇；6—β-香叶烯；7—柠檬烯；8—1,8-桉叶油素；9—戊醇；10—乙酸戊酯；11—环己酮；12—甲基庚烯酮；13—壬醛；14—氧化柠檬烯；15—庚醇；16—乙酸辛酯；17—癸醛；18—芳香醇；19—辛醇；20—乙酸壬酯；21—4-香芹盖烯醇；22—2,6-二甲基-5-庚烯-1-醇；23—乙酸癸酯；24—乙酸香茅酯；25—壬醇；26—香叶醛；27—α-松油醇；28—香芹酮；29—橙花醛；30—顺乙酸香叶酯；31—反乙酸香叶酯；32—紫苏醛；33—癸醇；34—香茅醇；35—橙花醇；36—香芹烯醇；37—对-1,8(10)-盖二烯-9-醇；38—香叶醇；39—十二醇；40,46,47—未知物；41—茬油醇；42—辛酸；43—壬酸；44—百里香酚；45—癸酸

色谱柱：Carbowax 20M，30m　　载　气：He

柱　温：60℃（10min）→170℃，2℃/min　　检测器：MS

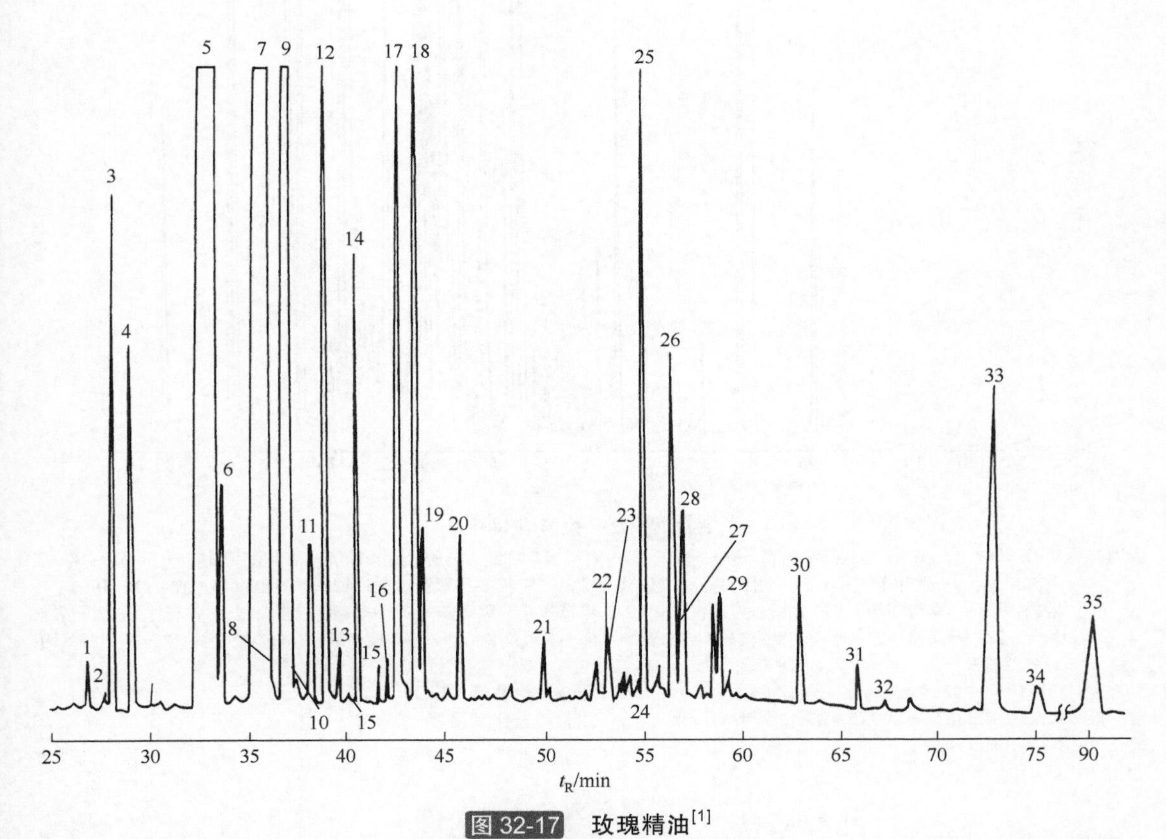

图 32-17　玫瑰精油[1]

色谱峰：1—顺玫瑰醚；2—反玫瑰醚；3—芳樟醇；4—苯甲醇；5—苯乙醇；6—α,α,4-三甲基-3-环己烯-1-甲醇；7—β-香茅醇；8—橙花醇；9—牻牛儿醇；10—2-十一烷酮；11—牻牛儿醛；12—乙酸香茅醇酯；13—甲酸牻牛儿醇酯；14—乙酸牻牛儿醇酯；15—2,5-二甲基十三烷；16—香橙烯；17—丁子香酚；18—甲基丁子香酚；19—石竹烯；20—十三烷酮；21—1,2,3-三甲氧基-5-(2-丙烯基)-苯；22—4,4a,5,6,7,8-六氢-4，4a-二甲基-6-(1-甲基乙烯基)-2-(3*H*)-萘酮；23—3,6,8,8-四甲基-1*H*-3a,7-亚甲基八氢-6-奥醇；24—橙花叔醇；25—法尼醇；26—努特卡酮；27—9-十一烯-2-醇；28—去氢白菖蒲烯；29—榄香醇；30—二十一烷；31—1，2-苯二甲酸异丁酯；32—二十二烷；33—二十三烷；34—二十四烷；35—二十五烷

色谱柱：OV-17，25m×0.20mm

柱　温：25℃（5min）→70℃，1min内→220℃，3℃/min

载　气：N_2

检测器：FID

气化室温度：250℃

检测器温度：250℃

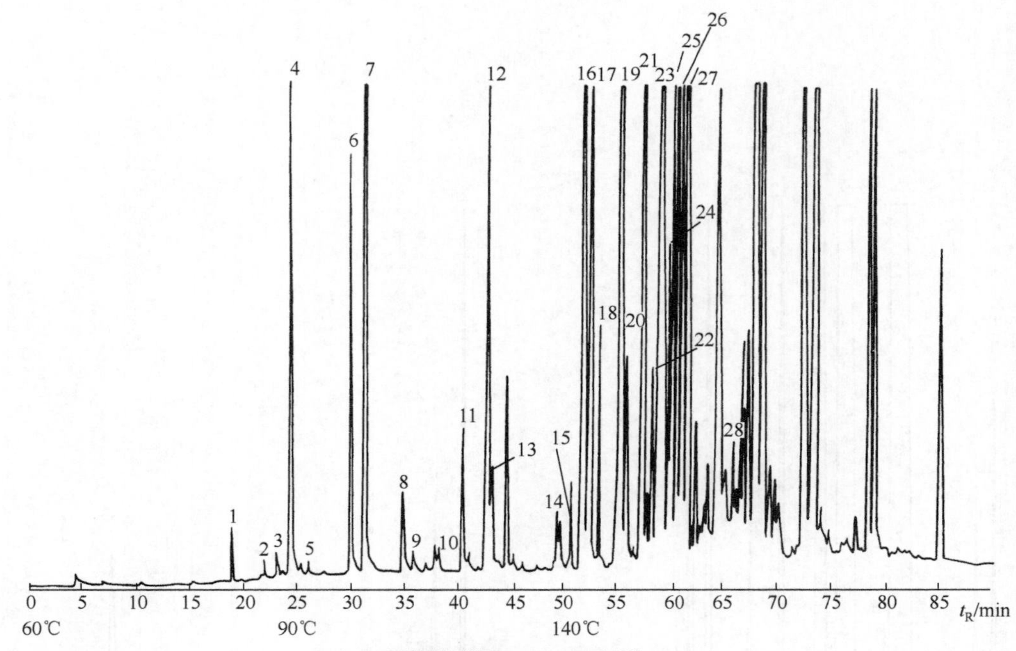

图 32-18 依兰花油[2]

色谱峰：1—α-蒎烯；2—6-甲基-5-庚烯-2-酮；3—香叶烯；4—对甲基茴香醚；5—β-柠檬烯；6—苯甲酸甲酯；7—芳樟醇；8—乙酸苯甲酯；9—苯甲酸乙酯；10—对丙基茴香醚；11—2,3-二甲基-5-甲氧基苯酚；12—香叶醇；13—香叶醛；14—丁子香酚；15—α-荜澄茄烯；16—乙酸香叶酯；17—1,2-二甲氧基-4-异丙烯基苯；18—β-荜澄茄烯；19—β-石竹烯；20—β-法尼烯；21—葎草烯；22—别香树烯；23—γ-木罗烯；24—α-木罗烯；25—β-红没药烯；26—δ-杜松烯；27—(–)-白菖烯；28—兰桉醇

色谱柱：OV-101，35m×0.28mm

柱　温：60℃（10min）→200℃（20min），2℃/min

载　气：N_2，16cm/s

检测器：FID

气化室温度：220℃

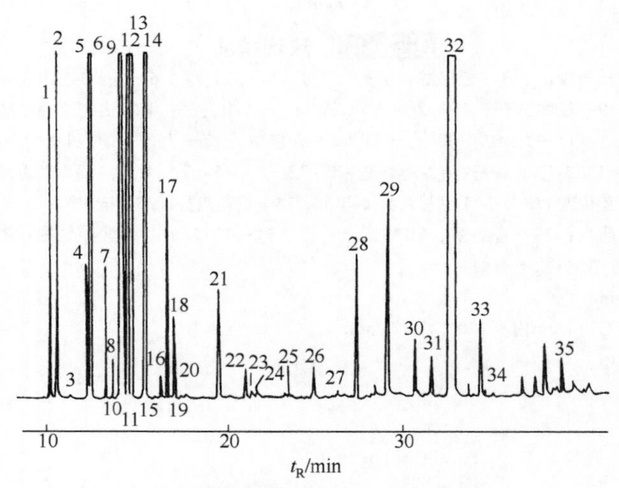

图 32-19 罗汉橙叶精油[17]

色谱峰：1—α-侧柏烯；2—α-蒎烯；3—莰烯；4—香桧烯；5—月桂烯；6—β-蒎烯；7—α-水芹烯；8—α-松油烯；9—柠檬烯；10—顺-α-罗勒烯；11—β-水芹烯；12—反-β-罗勒烯；13—对伞花烃；14—γ-松油烯；15—顺芳樟醇氧化物；16—正辛醇；17—α-异松油烯；18—芳樟醇；19—正壬醛；20—1,3-二甲基苯乙烯；21—香茅醛；22—4-松油醇+癸醛；23—冰片；24—α-松油醇；25—乙酸芳香酯；26—δ-榄香烯；27—百里香酚；28—β-榄香烯；29—β-丁香烯；30—α-草烯；31—γ-木罗烯；32—N-甲基邻氨基+苯甲酸甲酯；33—橙花叔醇；34—β-榄香醇；35—β-桉叶醇

色谱柱：OV-17，50m×0.25mm

柱　温：70℃→230℃，4℃/min

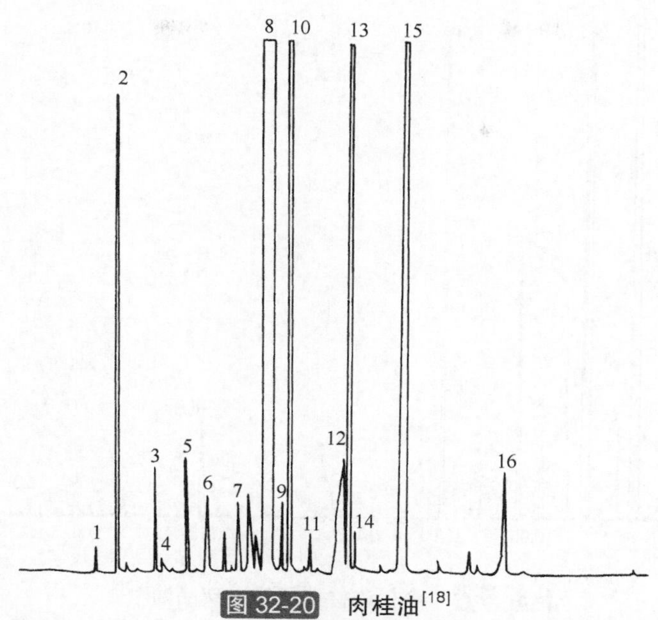

图 32-20　肉桂油[18]

色谱峰：1—苏合香烯；2—苯甲醛；3—水杨醛；4—苯乙酮；5—苯乙醇；6—苯乙醛；7—顺式肉桂醛；8—反式肉桂醛；9—肉桂醇；10—十三烷（内标）；11—丁香酚；12—香豆素；13—乙酸肉桂酯；14—顺式邻甲氧基肉桂醛；15—反式邻甲氧基肉桂醛；16—邻甲氧基乙酸肉桂酯

色谱柱：OV-101，50m×0.2mm

柱　温：100℃→200℃，3℃/min

载　气：N_2，50mL/min

检测器：FID

气化室温度：230℃

检测器温度：230℃

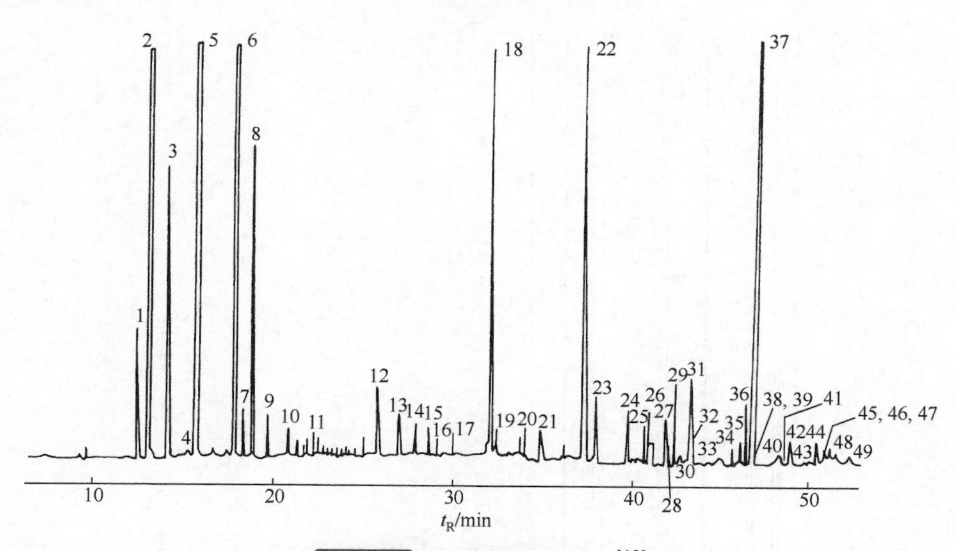

图 32-21　筒花杜鹃挥发油[19]

色谱峰：1—α-守烯；2—α-蒎烯；3—莰烯；4—桧烯；5—β-蒎烯；6—香叶烯；7—对伞花烃；8—柠檬烯；9—γ-松油烯；10—芳香醇；11—香茅醇；12—松香芹醇；13—冰片；14—4-松油醇；15—α-松油醇；16—月桂醇；17—乙酸芳樟酯；18—乙酸冰片酯；19—α-玷㶲烯；20—α-荜澄茄烯；21—β-香柠檬烯；22—β-石竹烯；23—α-古芸烯；24—α-香柠檬烯；25—α-檀香烯；26—葎草烯；27—β-古芸烯；28—β-芹子烯；29—菖蒲二烯；30—香木兰烯；31—愈创木醇；32—α-毛罗烯；33—β-红没药烯；34—γ-杜松烯；35—δ-杜松烯；36—反-β-法尼烯；37—檀香醇；38—1-葎草醇；39—1(2*H*)萘酮；40—α-柏木烯；41—2(1*H*)萘酮；42—异醋酸冰片酯；43—γ-芹子烯；44—β-桉叶油醇；45—α-杜松烯；46—1-香树烯；47—α-斯潘连醇；48—异菖蒲二醇；49—桧脑

色谱柱：OV-101，50m×0.25mm

柱　温：70℃→230℃，4℃/min

载　气：N_2，20cm/s；分流比=80∶1

检测器：FID

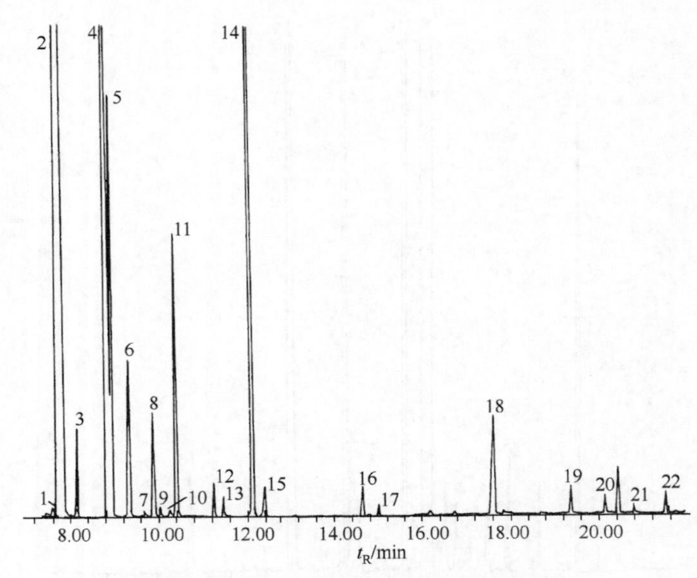

图 32-22 冷杉边材萃取液中萜品油[20]

色谱峰：1—α-侧柏烯；2—α-蒎烯；3—莰烯；4—桧烯；5—β-蒎烯；6—月桂烯；7—α-水芹烯；8—3-蒈烯；9—α-松油烯；10—p-伞花烃；11—柠檬烯；12—γ-松油烯；13—烩烯水合物；14—异松油烯；15—芳樟醇；16—4-松油醇；17—α-松油醇；18—乙酸龙脑酯；19—香茅醇乙酸酯；20—牻牛儿醇乙酸酯；21—长叶烯；22—α-葎草烯

色谱柱：DB-5，30m×0.25mm，0.25μm
检测器：MS
柱 温：35℃ $\xrightarrow{5℃/min}$ 185℃ $\xrightarrow{20℃/min}$ 300℃（9.25min）
气化室温度：200℃
载 气：He，1.1mL/min

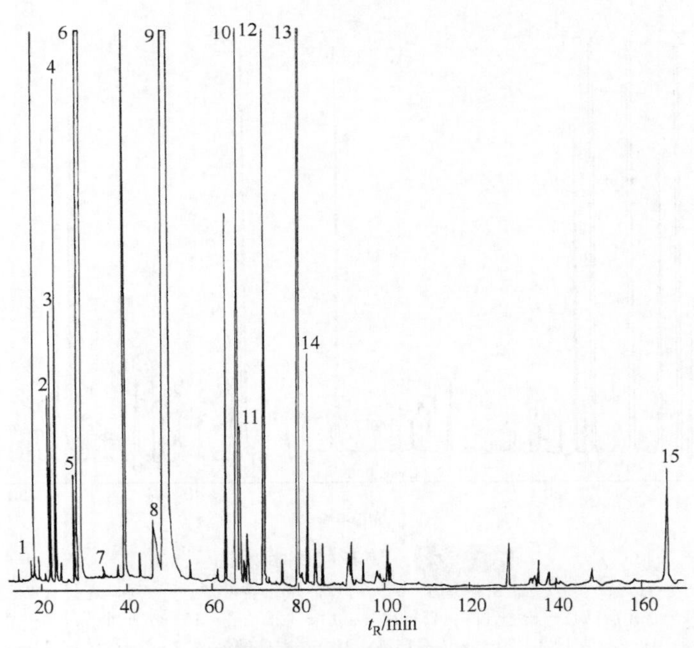

图 32-23 香紫苏油[21]

色谱峰：1—月桂烯；2—桉叶油素；3—柠檬烯；4—3-蒈烯；5—1-甲基-6-异丙基二环[3,1,0]己烷；6—沉香醇；7—龙脑；8—橙花醇；9—乙酸芳樟醇；10—金合欢烯；11—玷烯；12—石竹烯；13—γ-松油烯；14—γ-榄香烯；15—香紫苏醇

色谱柱：SE-30 SCOT柱，50m×0.31mm
检测器：FID
柱 温：70℃→200℃，1.5℃/min
气化室温度：230℃
载 气：N_2
检测器温度：230℃

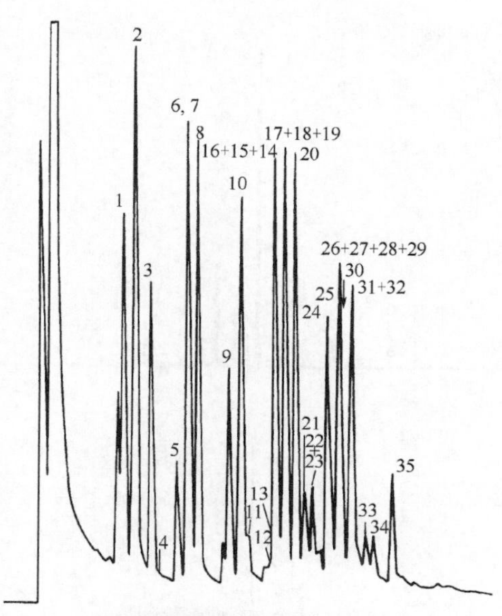

图 32-24　萜烯[22]

色谱峰：1—α-蒎烯；2—莰烯；3—β-蒎烯；4—香叶烯；5—苎烯；6—1,8-桉树脑；7—对伞花烃；8—γ-萜基烯；9—芳香醇；10—葑酮；11—α-苧酮；12—香茅醛；13—异蒲勒醇；14—薄荷醇；15—薄荷酮；16—异冰片；17—樟脑；18—冰片；19—异薄荷酮；20—α-萜基醇；21—香茅醇；22—橙花醇；23—乙酸里哪酯；24—辘牛儿醇；25—橙花醛；26—蒲勒酮；27—乙酸薄荷酯；28—乙酸冰片酯；29—乙酸异冰片酯；30—香芹酮；31—胡椒酮；32—辘牛儿醛；33—乙酸橙花酯；34—乙酸萜基酯；35—乙酸辘牛儿酯

色谱柱：3%OV-17，Gas Chrom Q（100～120目），3m×2.3mm　　载　气：N_2，35mL/min

柱　温：60℃→165℃，8℃/min　　检测器：FID

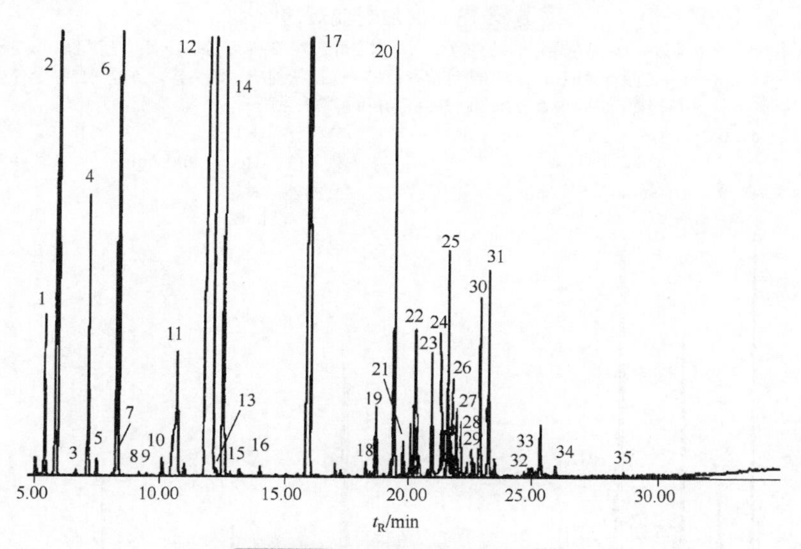

图 32-25　海南砂仁香精油[23]

色谱峰：1—α-蒎烯；2—崁烯；3—β-蒎烯；4—β-香叶烯；5—α-水芹烯；6—D-柠檬烯；7—桉叶素；8—*cis*-β-松油醇；9—*cis*-芳樟醇氧化物；10—(+)-4-蒈烯；11—3,7-二甲基-1,6-辛二烯-3-醇；12—樟脑；13—异龙脑；14—龙脑；15—薄荷醇；16—α-松油醇；17—乙酸龙脑酯；18—古巴烯；19—β-榄香烯；20—石竹烯；21—α-金合欢烯；22—α-石竹烯；23—大根香叶烯D；24—γ-榄香烯；25—(*S*)-1-甲基-4-(5-甲基-亚甲基-4-己烯)-环己烯；26—α-荜澄茄系；27—β-倍半水芹烯；28—*trans*-γ-红没药烯；29—耳草萜烷醇；30—(*E*)-3,7,11-三甲基-1,6,10-十二烷三烯-3-醇；31—1-羟基-1,7-二甲基-4-异丙基-2,7-环癸二烯；32—*tau*-杜松醇；33—α-杜松醇；34—檀香醇；35—檀香醇

色谱柱：HP-5MS，30m×0.25mm，0.25μm　　载　气：He，1mL/min

进样口温度：270℃　　检测器：MS

程序升温条件：50℃(2min) $\xrightarrow{6℃/min}$ 200℃ $\xrightarrow{10℃/min}$ 280℃

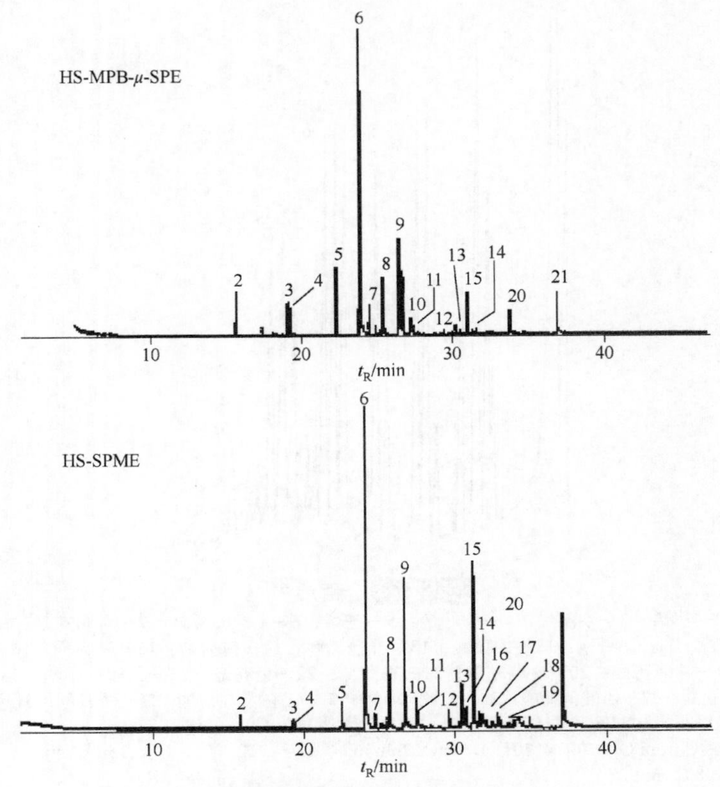

图 32-26 保加利亚玫瑰[24]

色谱峰：2—α-蒎烯；3—柠檬烯；4—p-伞花烃；5—芳樟醇；6—苯乙醇；7—2-异丙基-5-甲基-2-己烯醛；8—苯甲酸甲酯；9—香茅醇；10—香叶醇；11—乙酸香茅酯；12—乙酸薄荷酯；13—乙酸松油酯；14—异石竹烯；15—金合欢烯；16—二苯醚；17—β-石竹烯；18—γ-杜松烯；19—β-愈创木烯；20—α-异甲基紫罗兰酮

色谱柱：DB-624，30m×0.25mm，1.4μm
分流比：1∶30
进样口温度：240℃
载　气：He，1.0mL/min
程序升温条件：50℃→220℃（10min），5℃/min
检测器：MS

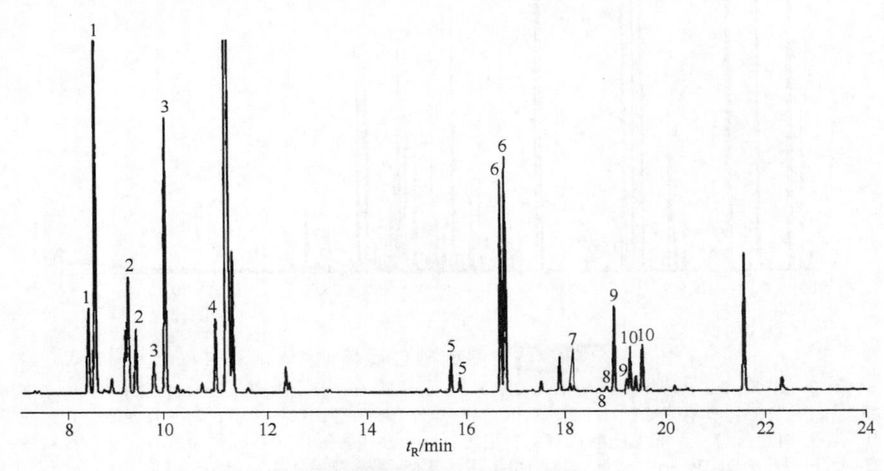

图 32-27 迷迭香油[25]

色谱峰：1—(+/–)-α-蒎烯；2—(+/–)-莰烯；3—(+/–)-β-蒎烯；4—(+/–)-柠檬油精；5—(+/–)-芳樟醇；6—(+/–)-樟脑；7—(+/–)-萜品烯-4-醇；8—(+/–)-异龙脑；9—(+/–)-龙脑；10—(+/–)-α-萜品醇

色谱柱：CycloSil-B，30m×0.25mm
柱　温：55～180℃
载　气：H_2
检测器：FID

第三节　其他香料色谱图

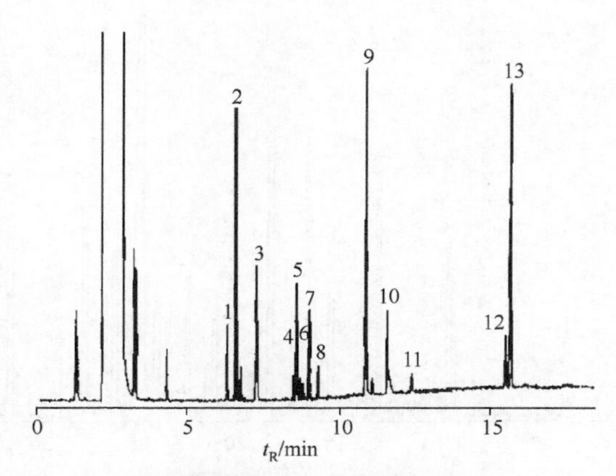

图 32-28　香料混合物[26]

色谱峰：1—葑酮；2—守酮；3—苯甲醛；4—反-香芹醇；5—法尼醇；6—顺-香芹醇；7—反-法尼醇；8—柠檬醛；9—香酚；10—香兰素；11—反-异丁子香酚；12—反-惕格酸香茅酯；13—顺-惕格酸香茅酯

色谱柱：Ultra 2,25m×0.32mm

载　气：He

柱　温：80~210℃

检测器：IRD

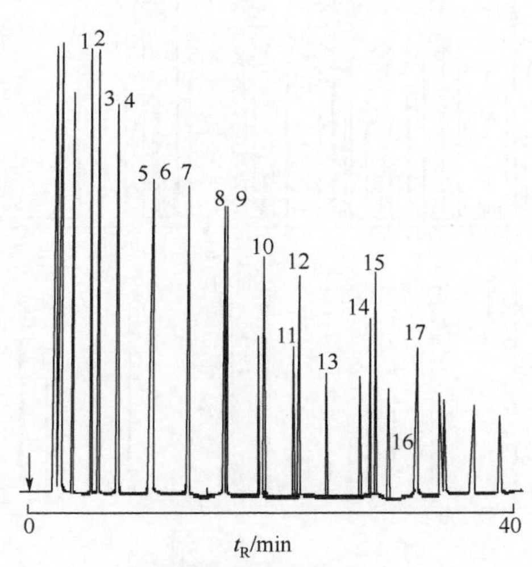

图 32-29　香精[27]

色谱峰：1—吡啶；2—2,4,5-三甲基噁唑；3—3-甲基吡啶；4—1-戊醇；5—庚酸乙酯；6—1-己醇；7—1-庚醇；8—里哪酯；9—1-辛醇；10—1-壬醇；11—香茅醇；12—1-癸醇；13—3-乙酰吡啶；14—茴香醛；15—肉桂醛；16—δ-癸内酯；17—茴香醇

色谱柱：CP—Wax 52CB，50m×0.32mm，0.2μm

柱　温：60℃→260℃，3℃/min

载　气：N_2，39cm/s

检测器：FID

气化室温度：250℃

检测器温度：275℃

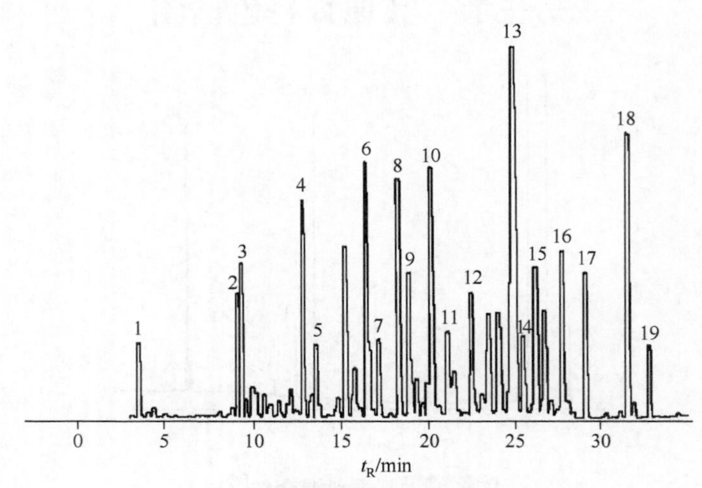

图 32-30 香水[28]

色谱峰：1—柠檬酸油精；2—芳樟醇；3—乙酸芳樟酯；4—乙酸苄酯；5—香茅醇；6—苯乙醇；7—α-甲基紫罗兰酮；8—香芹酚和香叶醇；9—水杨酸异戊酯；10—水杨酸正戊酯；11—乙酸枯烯酯；12—乙酰基柏木烯；13—邻苯二酸二乙酯；14—吐纳麝香；15—香豆素；16—二甲苯麝香；17—苯甲酸苄基酯；18—水杨酸苄酯；19—酮麝香

色谱柱：HP-1，30m×0.25mm　　柱　温：80～250℃

载　气：He　　检测器：MSD

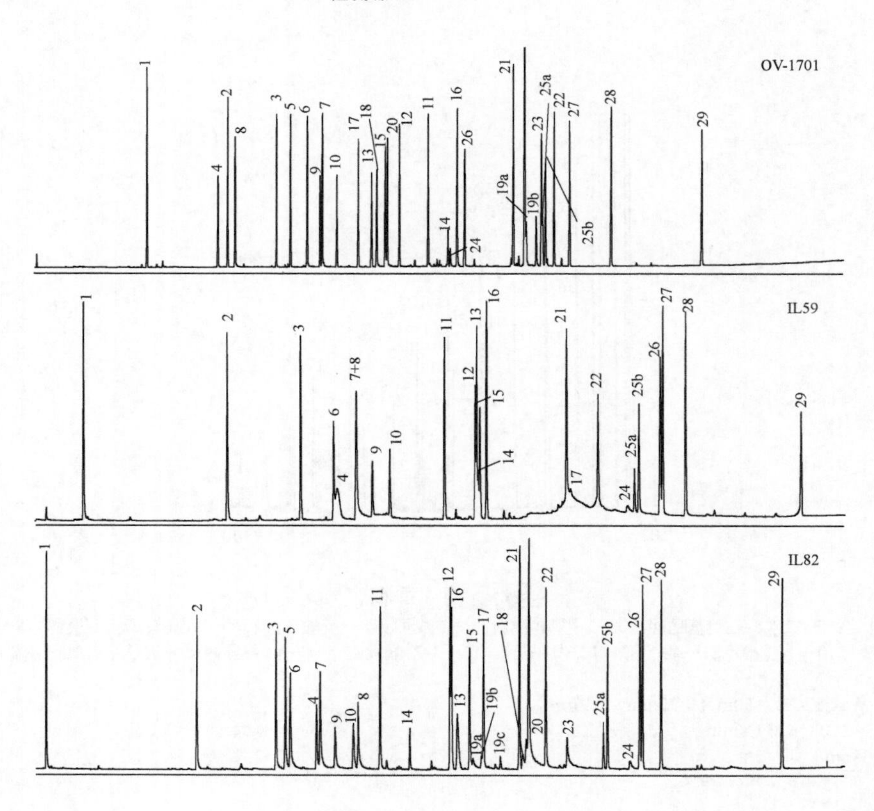

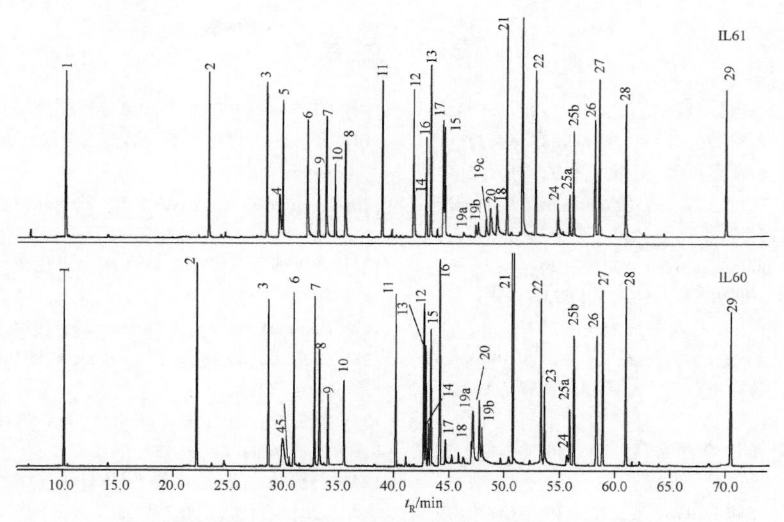

图 32-31　不同柱子上香味过敏原的分离[29]

色谱峰：1—柠檬烯；2—芳樟醇；3—草蒿脑；4—苯乙醛；5—辛酸甲酯；6—香茅醇；7—香叶醇；8—苄醇；9—橙花醛；10—香叶醛；11—α-异甲基紫罗兰酮；12—香油酚；13—羟基香草醛；14—α-紫罗兰酮；15—丁香酚；16—铃兰醛；17—肉桂醛；18—茴香醇；19—金合欢醇同分异构体；20—肉桂醇；21—戊基肉桂醛；22—己基肉桂醛；23—α-戊基肉桂醇；24—香草醛；25—新铃兰醛同分异构体；26—香豆素；27—苯甲酸苄酯；28—水杨酸苄酯；29—肉桂酸苄酯

色谱柱：OV-1701（30m×0.25mm，0.25μm），SLB-IL59（IL59），SLB-IL60（IL60），SLB-IL61（IL61），SLB-IL82（IL82）（30m×0.25mm，0.20μm）

柱　温：40℃（1min）→270℃（2min），3℃/min　　载　气：He，35.3cm/s

进样口温度：270℃　　检测器：FID

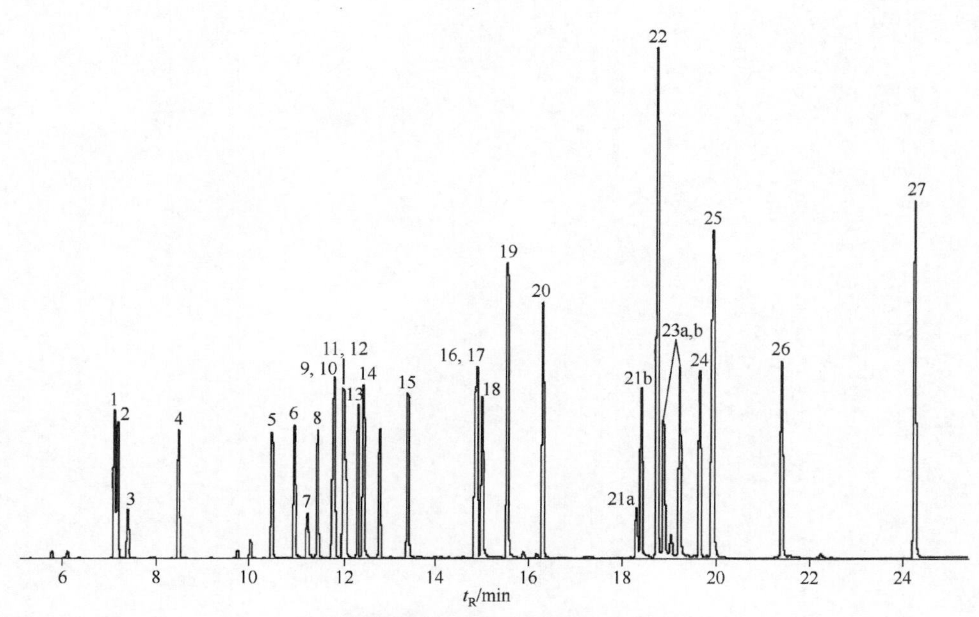

图 32-32　香精香料致敏剂[26]

色谱峰：1—柠檬酸油精；2—苯甲醇；3—苯乙二甲缩醛；4—芳樟醇；5—庚炔羧酸甲酯；6—香茅醇；7—橙花醛；8—香叶醇；9—柠檬醛（香茅醛）；10—肉桂醛；11—茴香醇；12—羟基香茅醛；13—辛炔羧酸甲酯；14—肉桂醇；15—香酚；16—香豆素；17—乙酸桂酯；18—异丁子香酚；19—紫萝酮；20—铃兰醛(BMHCA)；21a—新铃兰醛1；21b—新铃兰醛2；22—戊基肉桂醇；23a—法尼醇1；23b—法尼醇1；24—己基肉桂醛；25—苯甲酸酯；26—柳酸苄酯；27—桂酸苄酯

色谱柱：HP-5，30m×0.25mm　　载　气：He

柱　温：50~300℃　　检测器：MSD

参 考 文 献

[1] 李兆琳，赵凡智，陈能煜，等. 色谱，1988，6：18.
[2] 马莲，郑瑶青，孙亦梁，等. 色谱，1988，6：11.
[3] 戴亮，杨兰萍，郭友嘉，等. 色谱，1992：10，280.
[4] 郭友嘉，戴亮，任清，等. 第九次全国色谱学术报告会文集，1993：235.
[5] Bartley J P. Chromatographia, 1987, 23:129.
[6] 林正奎, 华映芳. 植物学报, 1998, 30: 623.
[7] Shimamadzu. Applicatior News, C180-0027.
[8] 朱建设. 第九次全国色谱学术报告会文集，1993：265.
[9] 黎光，郑瑶青，孙亦梁，等. 分析测试通报，1991，10（2）：12.
[10] 安捷伦色谱与光谱产品目录. GC 和 GC-MS 应用（2015-2016）：556.
[11] 安捷伦色谱与光谱产品目录. GC 和 GC-MS 应用（2015-2016）：555.
[12] 安捷伦色谱与光谱产品目录. GC 和 GC-MS 应用（2015-2016）：565.
[13] 黄暹延，吴惠勤，黄励岗，等. 全国第二届毛细管色谱报告会文集，1984：389.
[14] 郭友嘉，戴亮，杨兰萍，等. 色谱，1993，11：191.
[15] 郭振德，刘莉玫，陈雪亮，等. 色谱，1987，5：31.
[16] 吴筑平，刘密新，华玉新. 色谱，1987，5：326.
[17] 黄远征，何宗英，陈树群，等. 第九次全国色谱学术报告会文集，1993：259.
[18] GB 11424-89. 中国国家标准汇编，1992，129：274.
[19] 蒲自连，梁建，赵蕙. 第十次全国色谱学术报告会文集，1995：116.
[20] Kimball B A, Craver R K, Johrston J J, et al. HRC, 1995, 18: 211.
[21] 姜庚信，朱建设. 第九次全国色谱学术报告会文集，1993：253.
[22] Lemberkovics E. J Chromatogr, 1984, 286: 293.
[23] Deng C, Wang A, Shen S, et al. J Pharm Biomed Anal, 2005, 38: 326.
[24] Won Mi-Mi, Cha Eun-Ju, Yoon Ok-Kyung, et al. Anal Chim Acta, 2009, 631: 54.
[25] 安捷伦色谱与光谱产品目录. GC 和 GC-MS 应用（2015-2016）：567.
[26] 安捷伦色谱与光谱产品目录. GC 和 GC-MS 应用（2015-2016）：563.
[27] Chrom pack-News, 1986, 13(3): 4.
[28] 安捷伦色谱与光谱产品目录. GC 和 GC-MS 应用（2015-2016）：560.
[29] Cecilia C, Carlo B, Chiara C, et al. J Chromatogr A, 2012, 1268: 130.

第三十三章　食品色谱图

第一节　食物色谱图

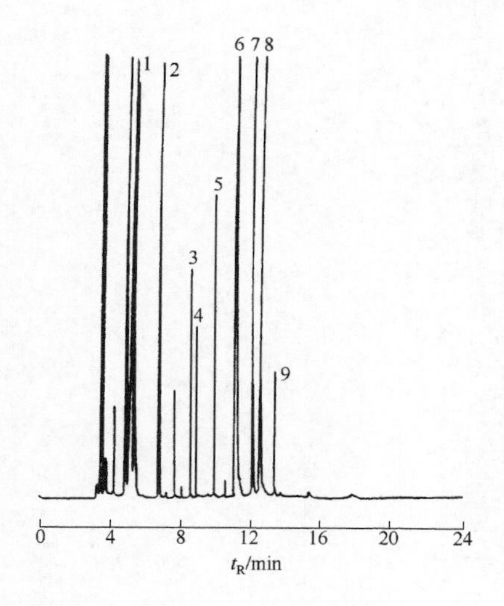

图 33-1　芹菜[1]

色谱峰：1—α-蒎烯；2—莰烯；3—β-蒎烯；4—桧烯；5—香叶烯；6—柠檬烯；7—β-伞花烃；8—γ-松油烯；9—p-伞花烃

色谱柱：PEG-20M，50m×0.25mm，0.3μm

柱　温：50℃→210℃，4℃/min

载　气：He，44cm/s

检测器：FID

气化室温度：120℃

检测器温度：250℃

进样方式：顶空法

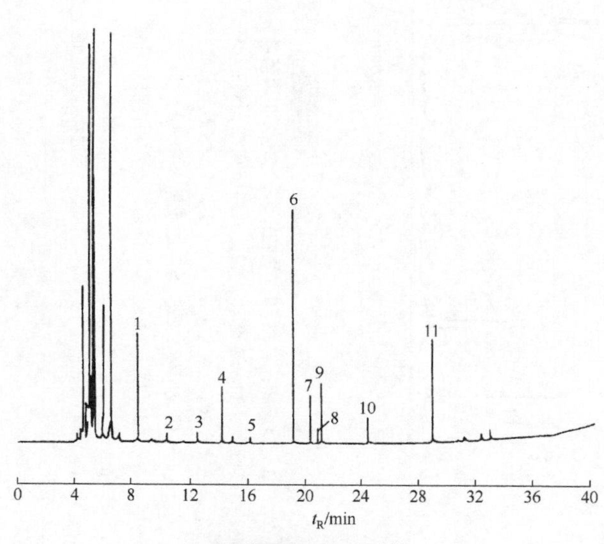

图 33-2　洋葱[1]

色谱峰：1—己醛；2—2-甲基-2-戊醛；3—甲基丙基二硫化物；4—2,4-二甲基噻吩；5—反-1-丙烯基甲基二硫化物；6—二丙基二硫化物；7—顺-1-丙烯基丙基二硫化物；8—烯丙基丙基二硫化物；9—反-1-丙烯基丙基二硫化物；10—丙酸；11—二丙基三硫化物

色谱柱：PEG-20M，50m×0.25mm，0.3μm

柱　温：50℃→210℃，4℃/min

载　气：He，44cm/s

检测器：FID

气化室温度：120℃

检测器温度：250℃

进样方式：顶空法

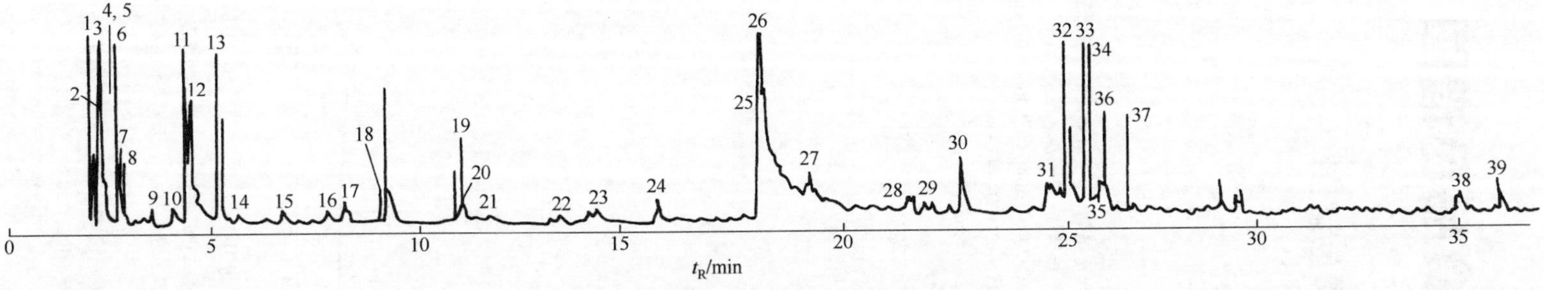

图33-3 香菜[2]

色谱峰：1—甲丙醚；2—二甲基膦；3—异戊醇；4—3-甲基呋喃；5—2-甲基-3-丙基顺环氧乙烷；6—3,3-二甲基-2-丁醇；7—4,4-二甲基-2-戊醇；8—1-甲硫基丙烯；9—2-甲基反环戊醇；10—1,5-二甲基-1*H*-吡唑；11—乙烯醇；12—3,3′-硫代二丙烯；13—2,2,3,4-四甲基戊烷；14—1,2-二噁烷；15—2-蒈烯；16—顺-十氢化萘；17—顺-蒎烷；18—苎烯；19—3,4-二氢异噻唑；20—2-壬醇；21—十一烷；22—顺-罗勒烯；23—*N,N*′-二甲基乙基二硫代酰胺；24—正壬醛；25—正癸醛；26—1-己基-3-甲基环戊烷；27—四氢里哪醇；28—1,2,3,4-连四硫庚环；29—香茅酸甲酯；30—1,9-壬二醇；31—1,10-癸二醇；32—AR-姜黄烯；33—α-姜烯；34—D-大牻牛儿烯；35—α-法尼烯；36—β-甜没药烯；37—顺-β-法尼烯；38—正丙酸香茅酯；39—正丙酸牻牛儿酯

色谱柱：DB-5，30m×0.24mm，0.25μm　　检测器：离子阱

柱　温：80℃（5min）→200℃（15min），4℃/min　　进样方式：顶空进样

载　气：He，2×10^6Pa

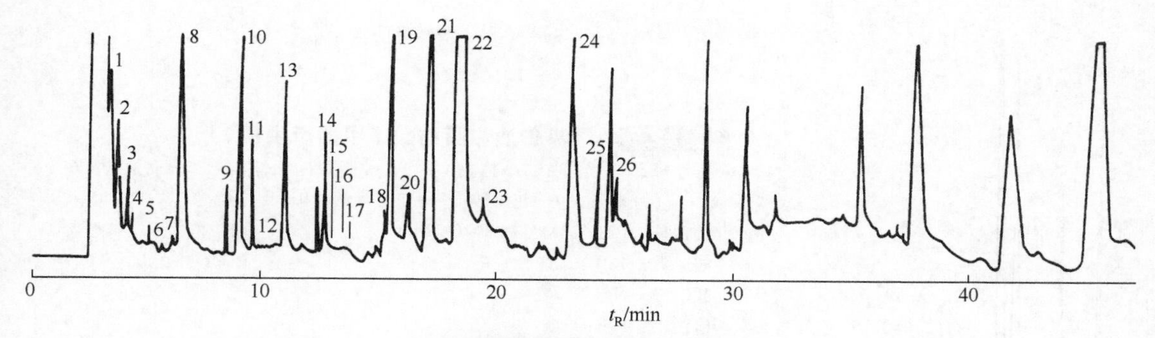

图 33-4　榨菜挥发物[3]

色谱峰：1—乙酸乙酯；2—3-丁烯腈；3—1-戊烯-3-醇；4—1,1-二乙氧基乙烷；5—1-己烯-3-醇；6—糖醛；7—2-甲基-2-戊烯醛；8—烯丙基异硫氰酸酯；9—苯甲醛；10—二甲基三硫；11—1,3-二乙基苯；12—苯甲醇；13—柠檬烯；14—芳樟醇；15—苯乙醛；16—苯乙醇；17—苯乙腈；18—辛酸乙酯；19—1-烯丙基-4-甲氧基苯；20—3-苯基丙腈；21—1-甲氧基-4-(1-丙烯基)苯；22—7-甲氧基苯并呋喃；23—*β*-甜没药烯；24—2-苯乙基异硫氰酸酯；25—花侧柏烯；26—2,5-二甲基十三烷

色谱柱：OV-101，33m×0.26mm　　柱　温：80℃→250℃，5℃/min

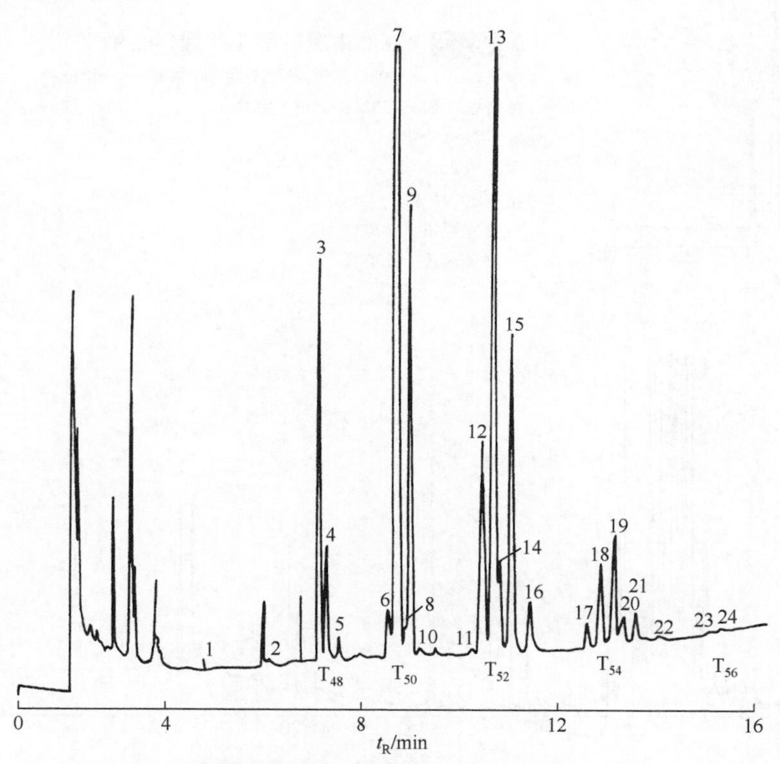

图 33-5　棕榈树油（酯化衍生物）[4]

色谱峰①：1—MPP；2—MOM；3—PPP；4—MOP；5—MLP；6—PPS；7—POP；8—MOO；9—PLP；10—MLO；11—PSS；12—POS；13—POO；14—PLS；15—PLO；16—PLL；17—SOS；18—SOO；19—OOO；20—SLO；21—OLO；22—OLL；23—SOA；24—AOO

色谱柱：50%苯基甲基硅氧烷，25m×0.25mm，0.10μm

柱　温：340℃（1min）→355℃，1℃/min

载　气：H_2，10kPa

检测器：FID

① 酸的代号：M—十四酸；P—十六酸；S—十八酸；O—油酸；L—亚油酸；A—二十酸

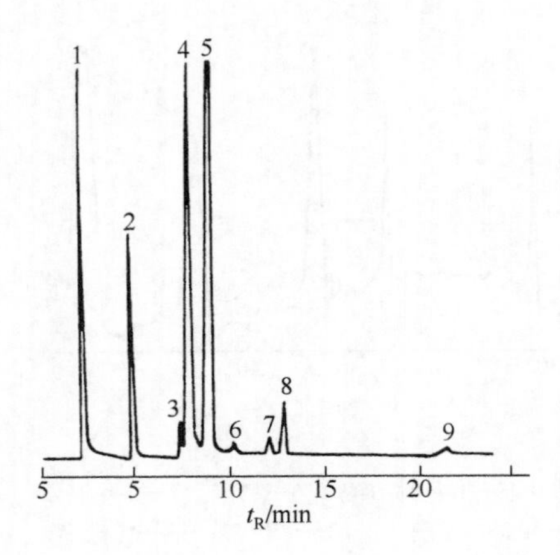

图 33-6　酸枣仁油中脂肪酸（甲酯衍生物）[5]

色谱峰：1—溶剂；2—棕榈酸；3—硬脂酸；4—油酸；5—亚油酸；6—亚麻酸；7—花生酸；8—花生烯酸；9—山芋酸

色谱柱：PEG-20M，26m×0.22mm

柱　温：180℃

载　气：N_2

检测器：FID

气化室温度：200℃

检测器温度：200℃

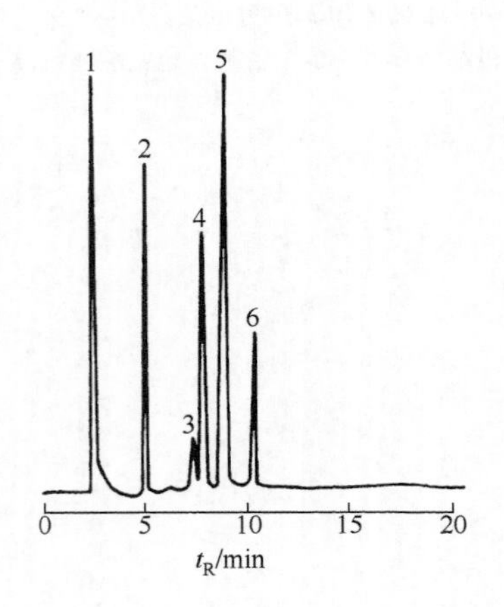

图 33-7　豆油中脂肪酸（甲酯衍生物）[5]

色谱峰：1—溶剂；2—棕榈酸；3—硬脂酸；4—油酸；5—亚油酸；6—亚麻酸

色谱柱：PEG-20M，26m×0.22mm

柱　温：180℃

载　气：N_2

检测器：FID

气化室温度：200℃

检测器温度：200℃

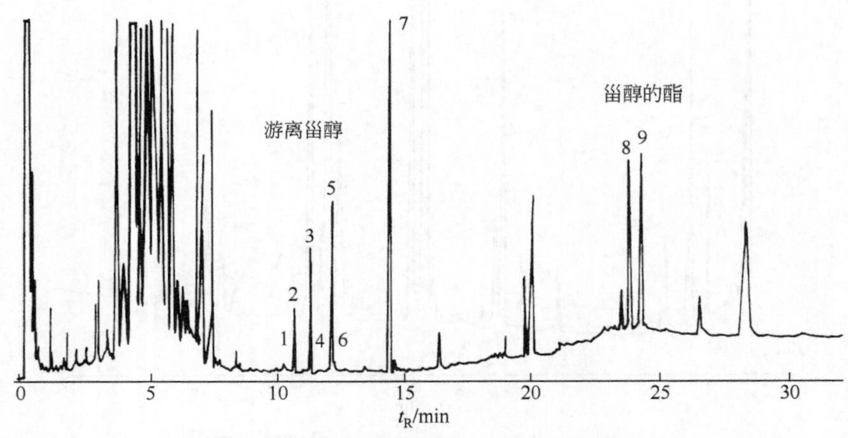

图 33-8　硅烷化菜籽油（甲酯衍生物）[6]

色谱峰：1—胆甾醇；2—菜籽甾醇；3—芸苔甾醇；4—豆甾醇；5—β-谷甾醇；6—Δ^5-燕麦甾醇；7—桦木酮（内标）；8—芸苔十八碳酯；9—β-谷氨酸十八碳酯

色谱柱：DB-5，10m×0.32mm，0.1μm

柱　温：100℃（1min）→350℃（10min），10℃/min

载　气：H_2，2.9mL/min

检测器：FID

检测器温度：360℃

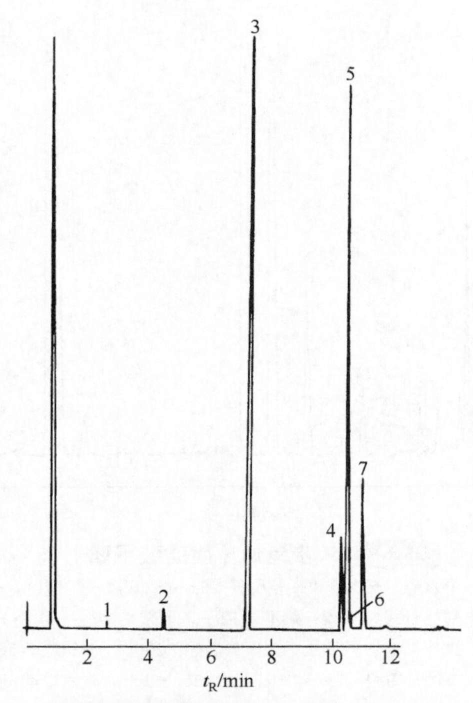

图 33-9　棉籽油（甲酯衍生物）[7]

色谱峰：1—十二酸；2—十四酸；3—十六酸；4—9,12-十八碳二烯酸；5—顺-6-十八碳烯酸；6—反-6-十八碳烯酸；7—十八酸

色谱柱：BP1，50m×0.22mm，0.25μm

柱　温：140℃→200℃，4℃/min

检测器：FID

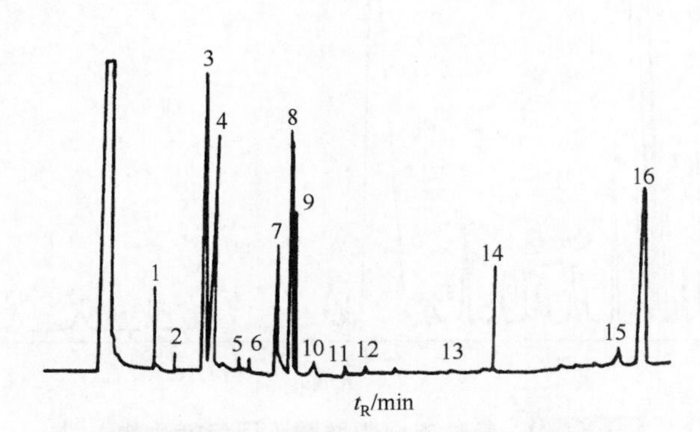

图 33-10　马面鲀鱼油（甲酯衍生物）[8]

色谱峰：1—十四酸；2—十五酸；3—十六酸；4—十六碳一烯酸；5—十七酸；6—十七碳一烯酸；7—十八酸；8,9—十八碳一烯酸；10—十八碳二烯酸；11—十八碳三烯酸；12—十八碳四烯酸；13—二十碳四烯酸；14—二十碳五烯酸；15—二十二碳五烯酸；16—二十二碳六烯酸

色谱柱：PEG-20M，30m×0.25mm

柱　温：185℃（8min）→240℃，5℃/min

载　气：Ne

检测器：MS

气化室温度：280℃

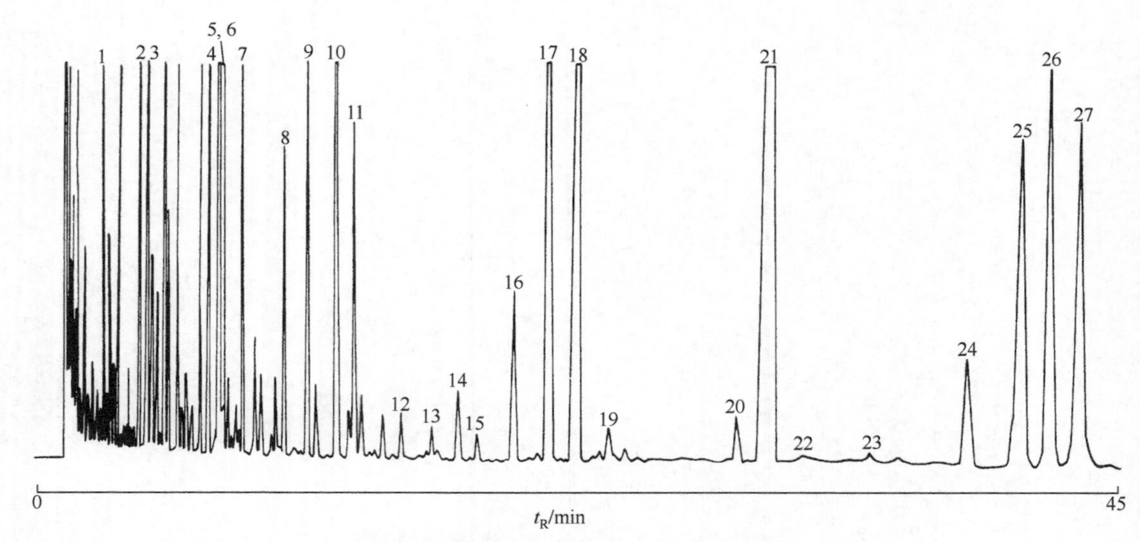

图 33-11 步鱼油（脂肪酸甲酯）[7]

色谱峰：1—十四酸；2—十六酸；3—十六碳一烯酸；4—十八酸；5,6—十八碳一烯酸；7—十八碳二烯酸；8—十八碳三烯酸；9—十八碳四烯酸；10—二十酸；11—二十碳一烯酸；12—二十碳二烯酸；13,15—二十碳三烯酸；14,16—二十碳四烯酸；17—二十碳五烯酸；18—二十二酸；19—二十二碳一烯酸；20—二十一碳五烯酸；21—二十三酸（内标物）；22—二十二碳四烯酸；23,24—二十二碳五烯酸；25—二十四酸；26—二十二碳六烯酸；27—二十四碳一烯酸

色谱柱：DB-WAX，30m×0.25mm，0.25μm　　检测器：FID

柱　温：200℃　　气化室温度：250℃

载　气：He，35cm/s（200℃）　　检测器温度：300℃

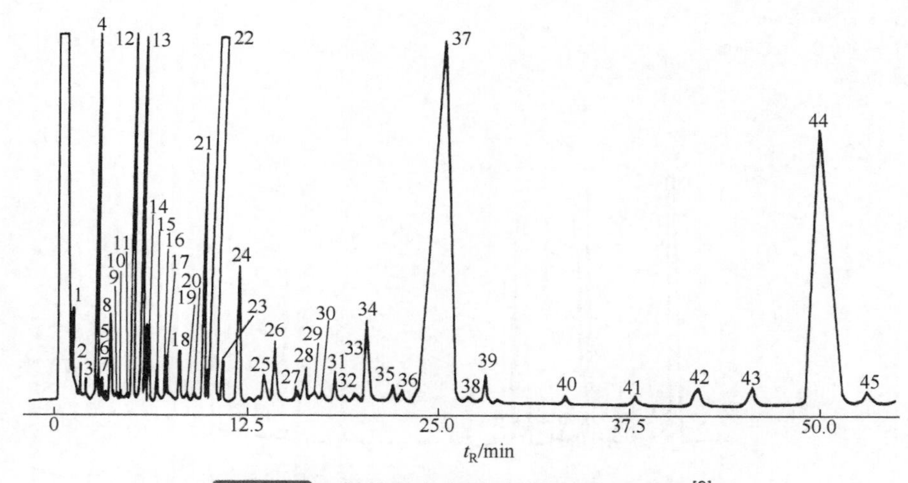

图 33-12 虾蛄肉中脂肪酸（甲酯衍生物）[9]

色谱峰：1—正辛酸；2—正癸酸；3—正十一酸；4—正十二酸；5—十二碳一烯酸；6—正十三酸；7—十三碳一烯酸；8—正十四酸；9—十四碳一烯酸；10—正十五酸；11—十五碳一烯酸；12—正十六酸；13—十六碳一烯酸；14,15—十六碳二烯酸；16—支键十七烷酸；17—十六碳三烯酸；18—十七碳一烯酸；19—正十七酸；20—十七碳一烯酸；21—正十八酸；22—十八碳一烯酸；23,24—十八碳二烯酸；25,26,27—十八碳三烯酸；28,29—十八碳四烯酸；30—正二十酸；31—二十碳一烯酸；32—二十碳二烯酸；33,35—二十碳三烯酸；34,36—二十碳四烯酸；37—二十碳五烯酸；38—正二十二酸；39—二十二碳一烯酸；40—二十一碳五烯酸；41—二十二碳三烯酸；42—二十二碳四烯酸；43—二十二碳五烯酸；44—二十二碳六烯酸；45—正二十四酸

色谱柱：PEG-20M，50m×0.35mm　　检测器：FID

柱　温：170℃→192℃，5℃/min　　气化室温度：250℃

载　气：N_2，1.5mL/min　　检测器温度：250℃

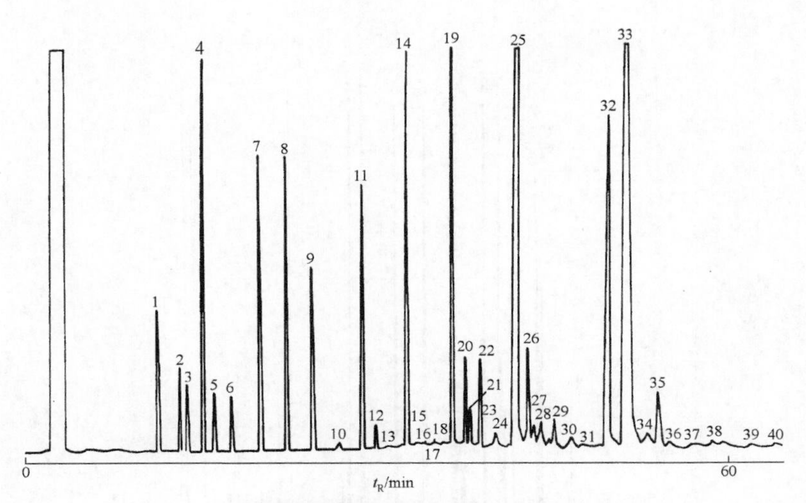

图 33-13　奶脂中游离酸[10]

色谱峰①：1—乙酸；2—丙酸；3—异丁酸；4—丁酸；5—异丁酸；6—戊酸；7—己酸；8—庚酸；9—辛酸；10—壬酸；11—癸酸；12—十碳烯酸；13—十一酸；14—十二酸；15—十二碳烯酸；16—十三碳异构酸；17—十三酸；18—十四碳异构酸；19—十四酸；20—十四碳烯酸+十五碳异构酸；21—十五碳反异构酸；22—十五酸；23—十五碳烯酸；24—十六碳异构酸；25—十六酸；26—十六碳烯酸；27—十七碳异构酸；28—十七碳反异构酸；29—十七酸；30—十七碳烯酸；31—十八碳异构酸；32—十八酸；33—十八碳烯酸；34,35—十八碳二烯酸；36—十九酸；37—十八碳三烯酸；38—十八碳共轭二烯酸；39—二十酸；40—二十碳烯酸

色谱柱：FFAP-CB，25m×0.32mm，0.3μm

柱　温：40℃（0.2min）$\xrightarrow{25℃/min}$100℃（0.2min）$\xrightarrow{10℃/min}$240℃（17min）

载　气：He，60kPa　　检测器：FID　　检测器温度：280℃

① 乙酸～辛酸（即峰1～9）系添加的酸，原样中无这9个酸。

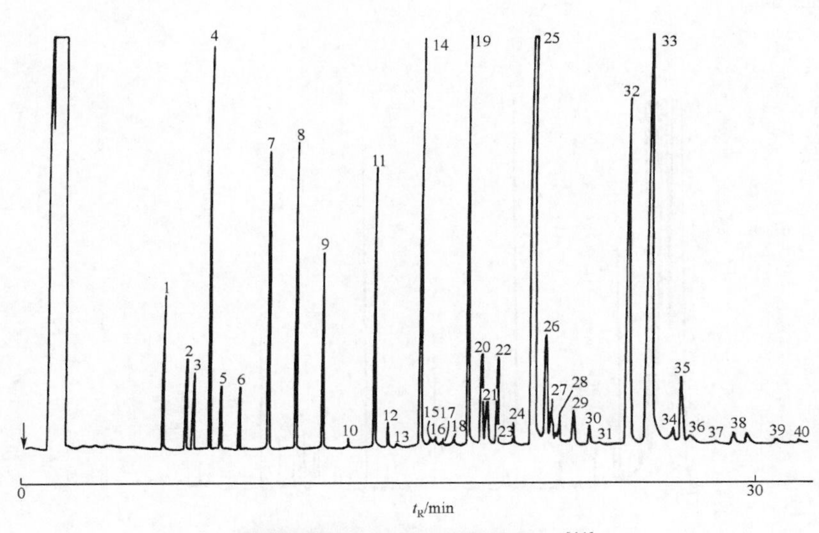

图 33-14　奶油中游离脂肪酸[11]

色谱峰：1—乙酸；2—丙酸；3—甲基丙酸；4—丁酸；5—3-甲基丁酸；6—戊酸；7—己酸；8—庚酸；9—辛酸；10—壬酸；11—癸酸；12—十碳烯酸；13—十一酸；14—十二酸；15—十二碳烯酸；16—十三碳异构酸；17—十三碳酸；18—十四碳异构酸；19—十四酸；20—十四碳烯酸+十五碳异构酸；21—十五碳反异构酸；22—十五酸；23—十五碳烯酸；24—十四碳异构酸；25—十六酸；26—十六碳烯酸；27—十七碳异构酸；28—十七碳反异构酸；29—十七酸；30—十七碳烯酸；31—十八碳异构酸；32—十八酸；33—十八碳烯酸；34，35—十八碳二烯酸；36—十九酸；37—十八碳三烯酸；38—十八碳共轭烯酸；39—二十酸；40—二十碳烯酸

色谱柱：FFAP，25m×0.32mm　　检测器：FID

柱　温：65℃→240℃，10℃/min　　进样方式：冷柱上进样

载　气：He，2mL/min

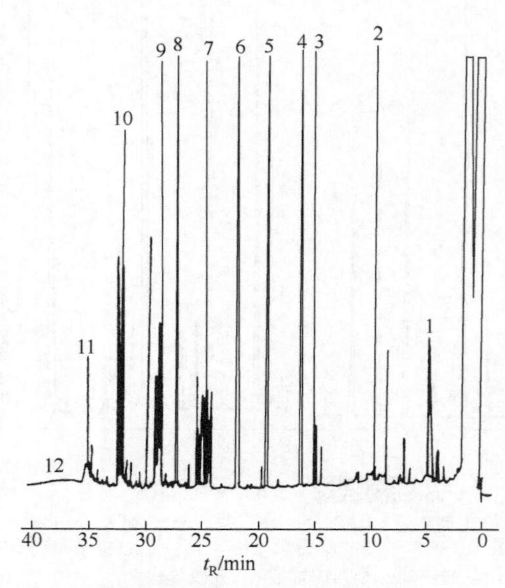

图 33-15 蔗糖式甘油酯[12]

色谱峰：1—甘油；2—月桂酸；3—单月桂酸甘油酯；4—内标；5—蔗糖；6—1,2-二月桂酸甘油酯+1,3-二月桂酸甘油酯；7—单月桂酸蔗糖酯；8—三月桂酸甘油酯；9—二月桂酸蔗糖酯；10—三月桂酸蔗糖酯；11—四月桂酸蔗糖酯；12—五月桂酸蔗糖酯

色谱柱：PS 264，10m×0.32mm　　检测器：FID

柱　温：70℃（4min）→400℃，10℃/min　　检测器温度：420℃

载　气：H_2，25mL/min

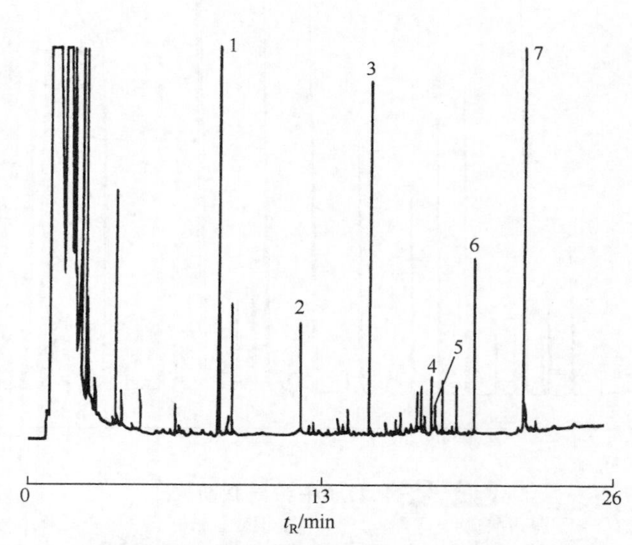

图 33-16 醋中多元醇（硅烷衍生物）[13]

色谱峰：1—丙三醇；2—赤藓醇；3—阿糖醇；4—甘露醇；5—山梨糖醇；6—肌醇；7—苯基-β-吡喃苷葡萄糖（内标）

色谱柱：SE-54，25m×0.32mm，0.4μm　　检测器：FID

柱　温：80℃（3min）→300℃（10min），10℃/min　　气化室温度：300℃

载　气：H_2，2.1mL/min　　检测器温度：300℃

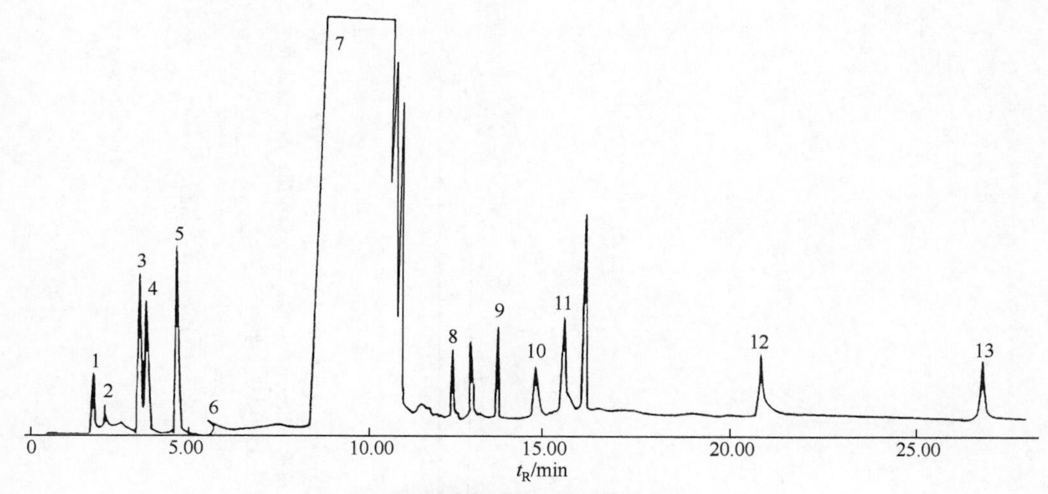

图 33-17 食用蟹味油[14]

色谱峰：1—水；2—乙醇；3—2-甲基-1,3-二噁烷；4—2-甲基-1,3-二噁烷异构体；5—三聚乙醛；6—乙酸；7—1,2-丙二醇；8—壬酸乙酯；9—癸酸乙酯；10—2-乙基-3-羟基-4-吡喃酮；11—甘油；12—十二酸乙酯；13—3-甲氧基-4-羟基苯甲醛

色谱柱：XE-60，25m×0.25mm，0.5μm

柱 温：80℃（10min）$\xrightarrow{20℃/min}$ 140℃（8min）$\xrightarrow{20℃/min}$ 180℃（20min）

载 气：He

检测器：MS

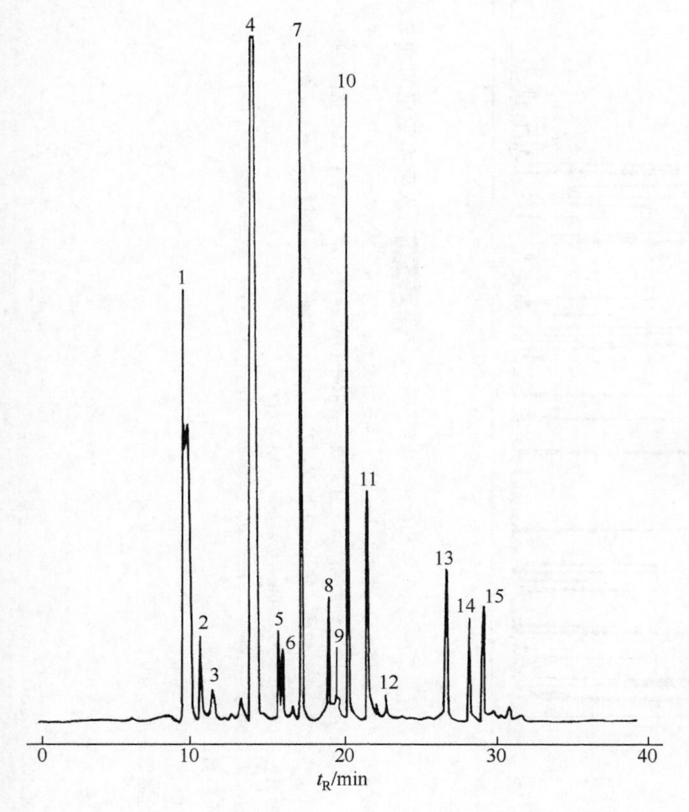

图 33-18 橡皮糖[15]

色谱峰：1—乙醇；2—丙酮；3—甲酸乙酯；4—乙酸乙酯；5—乙酸异戊酯；6—二乙醚；7—丙酸乙酯；8—异丁酸乙酯；9—乙酸异丁酯；10—丁酸乙酯；11—糠醛；12—不饱和化合物；13—丁烯酸乙酯；14—酯类；15—苎烯

色谱柱：甲基硅氧烷，100m×0.32mm

柱 温：60℃（5min）→260℃，8℃/min

检测器：FT-IR

进样方式：顶空法

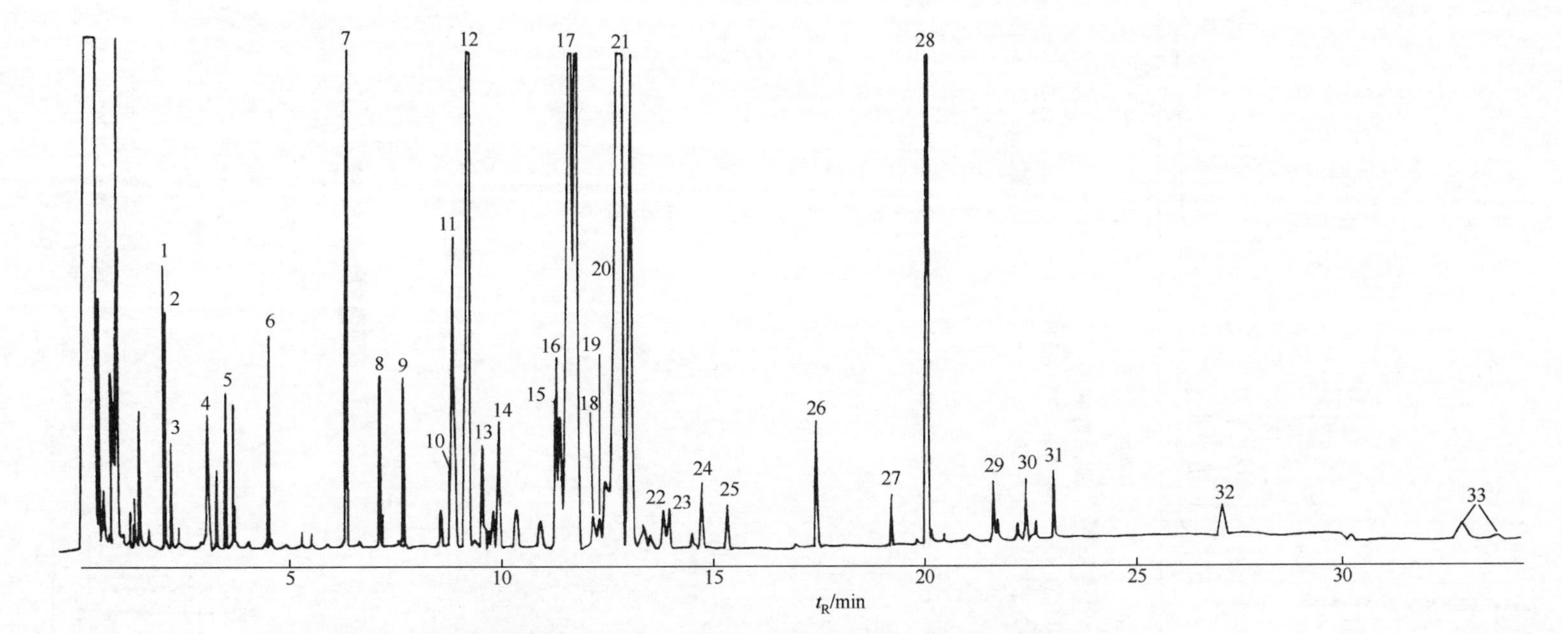

图33-19 水果中常见的糖与酸类组分（TMS-衍生物）[16]

色谱峰：1—乙醇酸；2—乳酸；3—草酸；4—山梨酸；5—苯甲酸；6—丁二酸；7—苹果酸；8—庚二酸；9—酒石酸；10—阿拉伯糖；11—木糖；12—柠檬酸+异柠檬酸；13—鼠李糖；14—奎尼酸；15—甘露糖醇；16—山梨糖醇；17—果糖；18—抗坏血酸；19—半乳糖；20—甘露糖；21—葡萄糖；22—十六烷酸；23—咖啡酸；24—亚油酸；25—十八烷酸；26—二十烷酸；27—二十二烷酸；28—蔗糖；29—麦芽糖；30—绿原酸；31—异麦芽糖；32—棉籽糖；33—麦芽三糖

色谱柱：CP-Sil 5CB，10m×0.25mm，0.12μm

柱　温：60℃（1min）$\xrightarrow{12℃/min}$84℃$\xrightarrow{14℃/min}$168℃（4min）$\xrightarrow{10℃/min}$270℃（12min）

检测器：FID

气化室温度：300℃

检测器温度：300℃

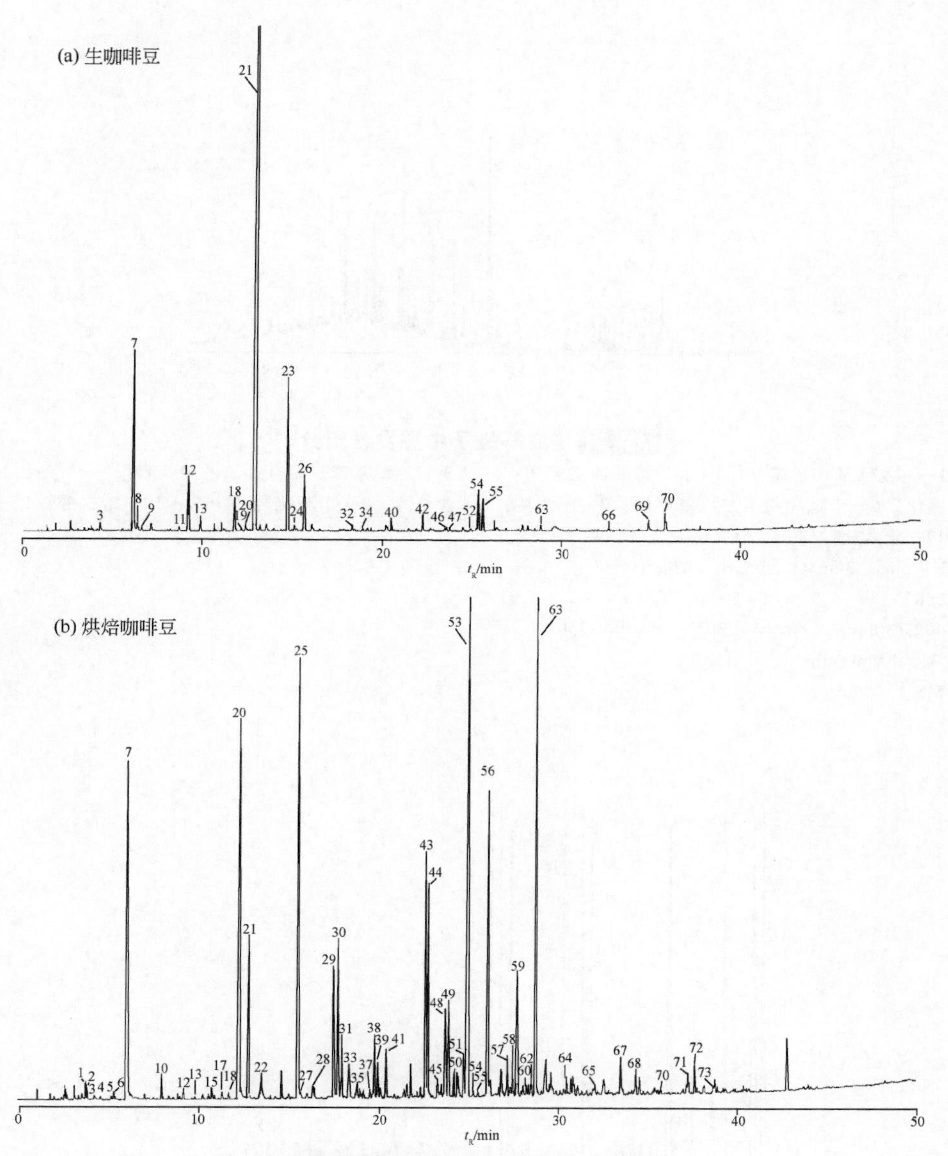

图 33-20　咖啡豆中挥发性组分[17]

色谱峰：1—2-甲基丁醛；2—3-甲基丁醛；3—乙醇；4—2,5-二甲基呋喃；5—2,3-丁二酮；6—3-甲基-2-丁酮；7—乙腈；8—α-蒎烯；9—α-苧烯；10—2,3-戊二酮；11—己醛；12—β-蒎烯；13—桧烯；15—*N*-甲基吡咯；17—2-乙烯基-5-甲基呋喃；18—β-月桂烯；19—α-松油烯；20—吡啶；21—苧烯；22—吡嗪；23—γ-松油烯；24—反-β-罗勒烯；25—甲基吡嗪；26—对伞花烃；27—2,5-二甲基吡咯；28—3-羟基-2-丁酮；29—2,5-二甲基吡嗪；30—2,6-二甲基哌嗪；31—2-乙基吡嗪；32—2-甲基-5-庚烯-6-酮；33—2,3-二甲基吡嗪；34—己醇；35—1-羟基-2-丁酮；37—3-乙基吡啶；38—2-乙基-6-甲基吡嗪；39—2-乙基-5甲基吡嗪；40—壬醛；41—2-乙基-3-甲基吡嗪；42—1-辛烯-3-醇；43—糠醛；44—过氧化乙酰丙酮；45—2-糠基-5-甲基硫醚；46—2-癸酮；47—癸醛；48—甲酸糠酯；49—2-乙酰呋喃；50—吡咯；51—3,3-二甲基-2-丁酮；52—2-壬烯醛；53—乙醇糠酯；54—芳樟醇；55—乙酸芳樟酯；56—5-甲基糠醛；57—2-糠硫基呋喃；58—*N*-甲基-2-甲酰基吡咯；59—γ-丁内酯；60—2-呋喃甲基丙酮；61—2,5-二氢-3,5-二甲基-2-呋喃酮；62—2-乙酰基-1-甲基吡咯；63—糠醇；64—庚酰氯；65—1-(5-甲基-2-呋喃)-2-丙酮；66—二乙二醇丁醚；67—糠基吡咯；68—2-甲氧基苯酚；69—苯甲醇；70—苯乙醇；71—2-乙酰基吡咯；72—糠基醚；73—吡咯-2-甲醛

色谱柱：Omega wax 250，30m×0.25mm，0.25μm　　载　气：He，34cm/s
气化室：260℃　　检测器：MS
柱　温：40℃（5min）$\xrightarrow{4℃/min}$ 230℃ $\xrightarrow{50℃/min}$ 280℃（2min）

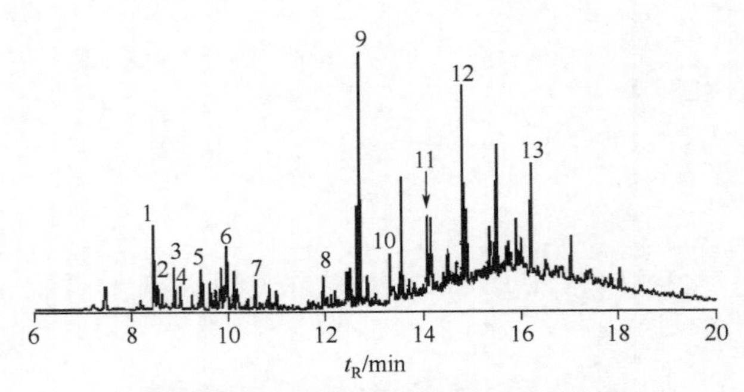

图 33-21 海鲜蛏子中挥发性组分[18]

色谱峰：1—1-乙烯基-3-乙基苯；2—1-乙烯基-4-乙基苯；3—1,3-二乙烯基苯；4—1,4-二乙烯基苯；5—十氢化-2,6-二甲基萘烷；6—十氢化-2,3-二甲基萘烷；7—十六烷；8—雪松烯；9—丁基化羟基甲苯；10—雪松醇；11—十七烷；12—十八烷；13—二十烷

色谱柱：HP-5ms，30m×0.25mm，0.25μm

气化室：250℃

柱 温：40℃(3min) $\xrightarrow{15℃/min}$ 230℃ $\xrightarrow{20℃/min}$ 250℃

载 气：He，1.0mL/min

检测器：MS

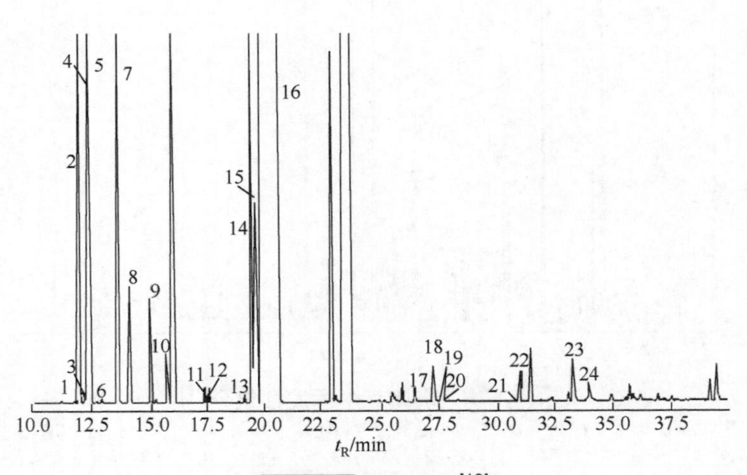

图 33-22 橘皮油[19]

色谱峰：1—(–)α-侧柏烯；2—(+)α-侧柏烯；3—(+)α-蒎烯；4—(–)α-蒎烯；5—(–)莰烯；6—(+)莰烯；7—(+)β-蒎烯；8—(–)β-蒎烯；9—(+)桧烯；10—(–)桧烯；11—(–)α-水芹烯；12—(+)α-水芹烯；13—(–)β-水芹烯；14—(+)β-水芹烯；15—(–)柠檬烯；16—(+)柠檬烯；17—(–)香茅醛；18—(+)香茅醛；19—(–)芳樟醇；20—(+)芳樟醇；21—(+)松油烯-4-醇；22—(–)松油烯-4-醇；23—(–)α-松油醇；24—(+)α-松油醇

色谱柱：Megadex DETTBS-β，25m×0.25mm，0.25μm

气化室：250℃

柱 温：50℃→200℃，2.0℃/min

载 气：He，35.0cm/s

检测器：FID

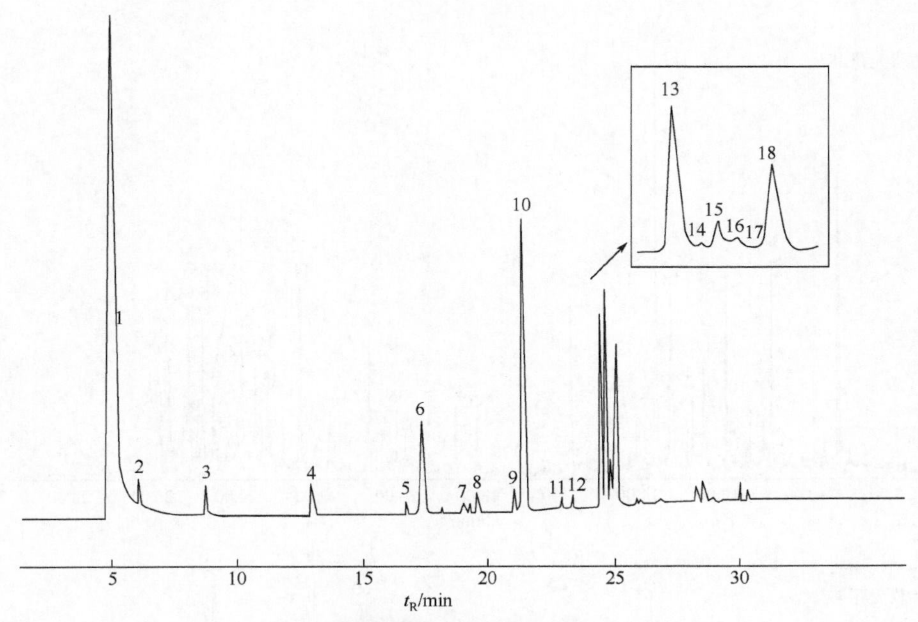

图 33-23　脱水乳脂[20]

色谱峰：1—甲基己酸酯；2—辛酸甲酯；3—癸酸甲酯；4—月桂酸甲酯；5—蔻烯酸甲酯；6—肉豆蔻甲酯；7—十五碳烯酸甲酯；8—十五烷酸甲酯；9—棕榈油酸甲酯；10—棕榈酸甲酯；11—十七烯酸甲酯；12—十七烷酸甲酯；13—油酸甲酯；14—反-油酸甲酯；15—亚油酸甲酯；16—反-亚油酸甲酯；17—亚麻酸甲酯；18—硬脂酸甲酯

色谱柱：IL 1离子液体涂层毛细管柱，20m×0.25mm

载　气：N_2，1.5mL/min

进样口温度：250℃

柱　温：70℃（1min）→170℃(15min)，4℃/min

检测器：FID

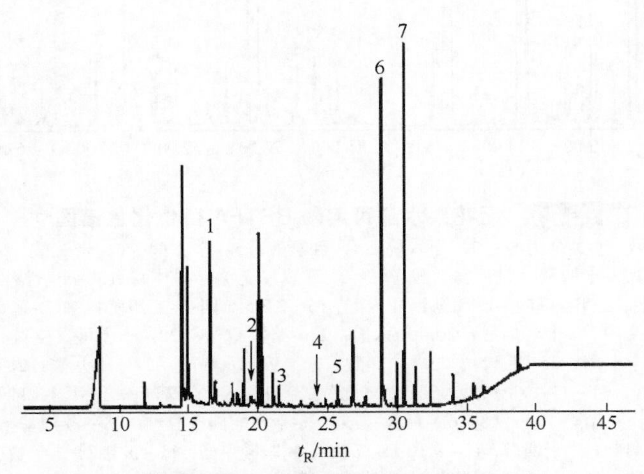

图 33-24　食醋中的糠醛类组分[21]

色谱峰：1—呋喃甲醛；2—2-乙酰基呋喃；3—5-甲基呋喃醛；4—呋喃酸；5—2-糠酸甲酯；6—5-羟甲基糠醛；7—5-乙酰氧基甲基-2-呋喃醛

色谱柱：CPSil 8CB，60m×0.25mm，1μm

柱　温：40℃(2min) $\xrightarrow{5℃/min}$ 150℃ $\xrightarrow{10℃/min}$ 280℃(10min)

载　气：He，1.2mL/min

检测器：MS

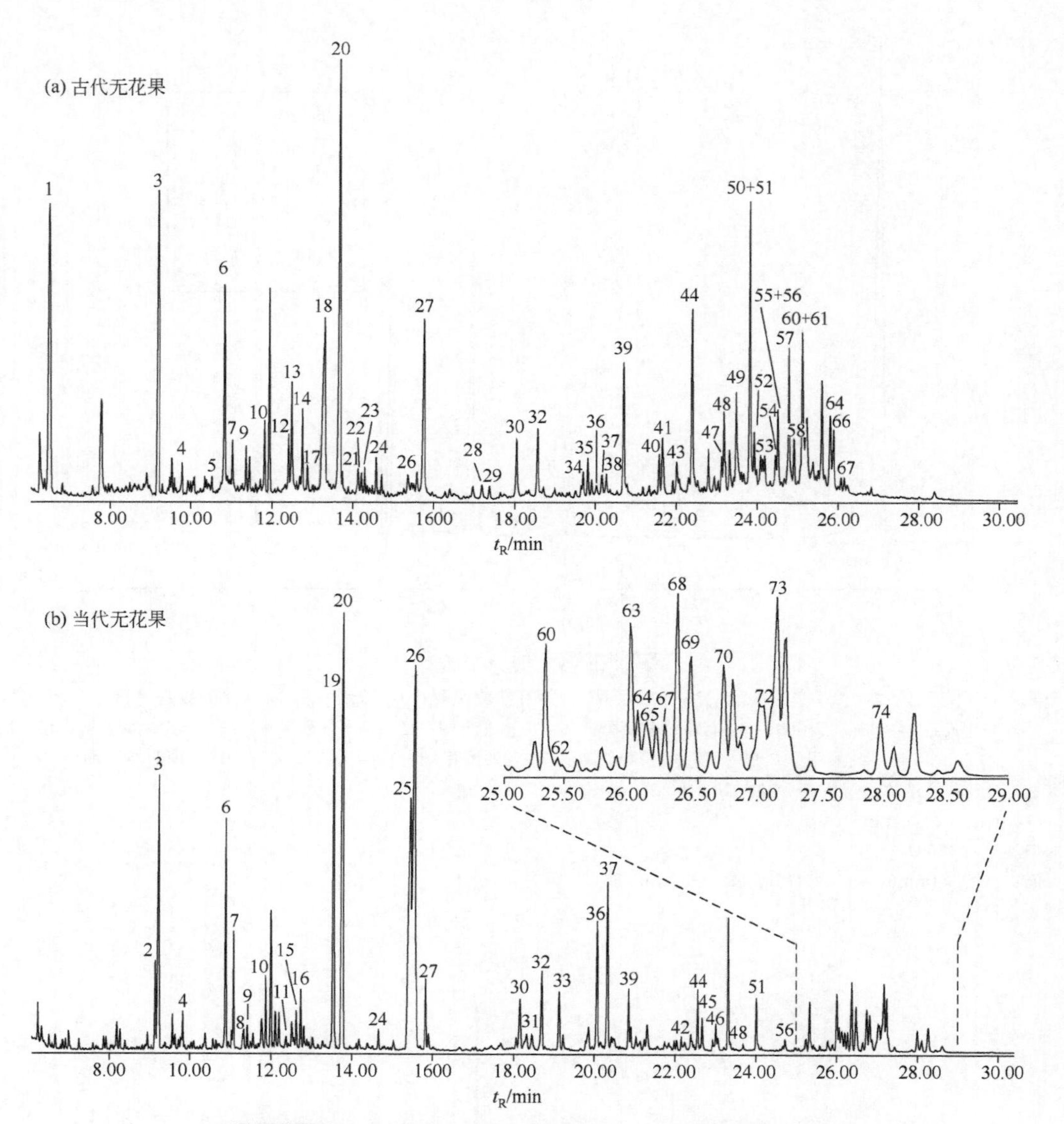

图 33-25 无花果水解可溶物 BSTFA 衍生化色谱图[22]

色谱峰：1—亚砷酸；2—2-羟基-3-苯丙酸；3—十六烷；4—月桂酸；5—辛二酸；6—十三酸；7—异香草酸；8—顺-香豆酸；9—壬二酸；10—十四酸；11—癸二酸；12—十五酸（支链异构体）；13—十五酸（支链异构体）；14—十五酸；15—2,3,5,6-四-*O*-三甲基硅基-D-葡萄糖酸内酯；16—2,3,5,6-四-*O*-三甲基硅基-D-葡萄糖酸内酯异构体；17—*p*-香豆酸；18—硫8；19—9-十六烯酸；20—十六酸；21—异阿魏酸；22—十七酸（支链异构体）；23—十七酸（支链异构体）；24—十七酸；25—9,12-十二碳二烯酸；26—9-十八烯酸；27—十八酸；28—十九酸；29—1-二十醇；30—ω-羟基-十六酸；31—11-二十烯酸；32—二十酸；33—10,16-二羟基十六酸甲酯；34—二十一酸；35—1-二十二醇；36—ω-羟基-十八烯酸；37—9,8,7,6,5-羟基，ω-羟基-十六酸共洗脱物；38—ω-羟基-十八酸；39—二十二烷酸；40—二十三烷酸；41—1-二十四醇；42—9,10,18-三羟基-硬脂酸甲酯；43—ω-羟基-二十酸；44—二十四酸；45—9,10-环氧-18-羟基十八酸；46—9,10,18-三羟基-十八烷酸；47—二十五烷酸；48—1-二十六醇；49—ω-羟基-二十二烷酸；50—肾固醇；51—二十六烷酸；52—表粪（甾）烷醇；53—粪甾烷；54—胆固醇；55—胆固烷醇；56—1-二十八烷；57—ω-羟基二十四酸；58—3,12-二羟基-卓兰-24-羧甲酯酸；59—麦角固醇；60—二十八酸；61—24-乙基粪甾醇；62—豆甾醇；63—β-香树脂醇；64—β-谷甾醇；65—帕克醇；66—豆甾烷醇；67—α-香树精；68—羽扇豆醇；69—帕克乙酸；70—β-乙酸香树脂醇酯；71—二十三酸；72—α-乙酸香树脂醇酯；73—乙酸羽扇豆醇酯；74—ψ-蒲公英甾醇

色谱柱：HP-5ms，30m×0.25mm，0.25μm　　载　气：He，1.2mL/min

气化室：280℃　　检测器：MS

柱　温：80℃(2min) $\xrightarrow{10℃/min}$ 200℃(3min) $\xrightarrow{10℃/min}$ 280℃(3min) $\xrightarrow{20℃/min}$ 300℃(30min)

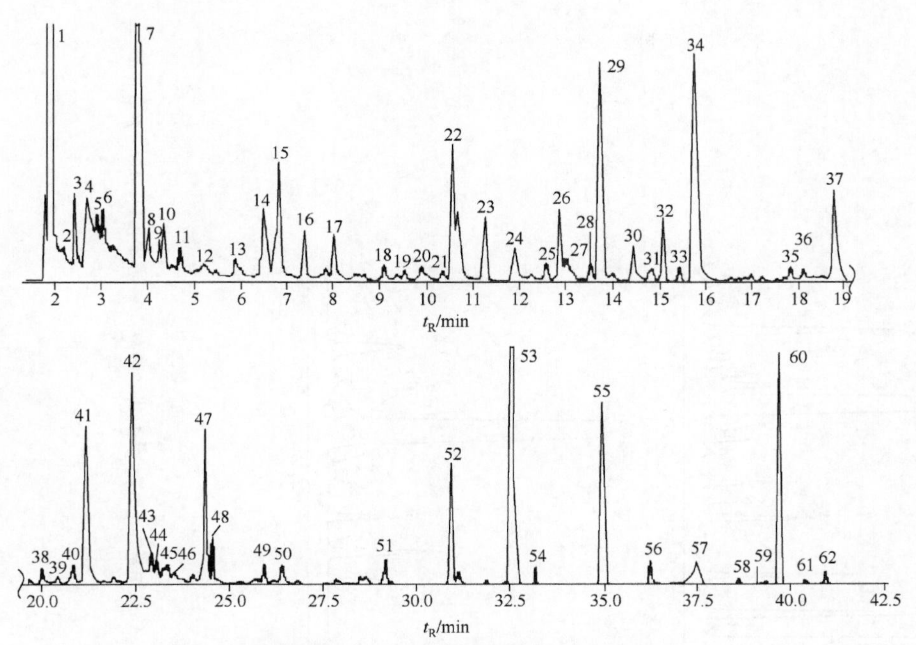

图 33-26 北极虾虾头的挥发性成分[23]

色谱峰：1—三甲胺；2—正庚烷；3—二甲硫；4—正辛烷；5—乙酸甲酯；6—乙酸乙酯；7—2-丁酮；8—2 -甲基丁醛；9—2-乙基呋喃；10—正癸烷；11—1-戊烯-3-酮；12—2,3-戊二酮；13—己醛；14—正十一烷；15—3 -甲基-丁基乙酸酯；16—3-戊烯-2-酮；17—正丁醇；18—2-甲基-2-戊烯醛；19—1-戊烯-3-醇；20—吡啶；21—正十二烷；22—辛醛；23—正十三烷；24—*N*,*N*-二甲基甲酰胺；25—6-辛烯-2-酮；26—庚酸乙酯；27—6-甲基-5-庚烯-2-酮；28—1-辛烯-3-醇；29—2-乙基-1-己醇；30—顺,反-3,5-辛二烯-2-酮；31—反,反-3,3-辛二烯-2-酮；32—2-甲基十六烷

色谱柱：SupelcowaxTM-10，30m×0.25mm，0.25μm

载　气：He，0.7mL/min

气化室：250℃

检测器：MS

柱　温：40℃(5min)→250℃(10min)，2.5℃/min

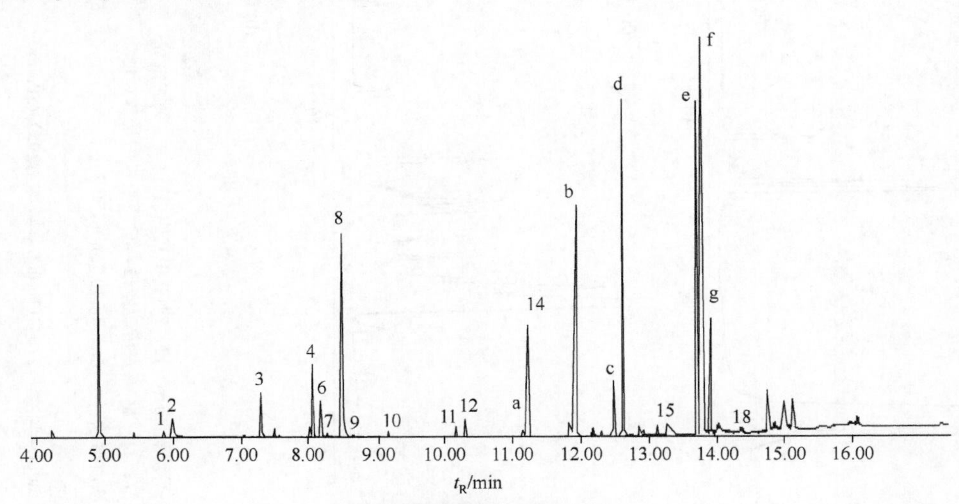

图 33-27 酱油[24]

色谱峰：1—甘氨酸；2—丙氨酸；3—缬氨酸；4—亮氨酸；6—异亮氨酸；7—苏氨酸；8—正亮氨酸(IS)；9—脯氨酸；10—天门冬氨酸；11—谷氨酸；12—甲硫氨酸；14—苯丙氨酸；15—赖氨酸；18—酪氨酸；a—肉豆蔻酸；b—十五酸；c—棕榈油酸；d—棕榈酸；e—亚油酸；f—油酸；g—硬脂酸

色谱柱：HP-5ms，30m×0.25mm，0.25μm

柱　温：70℃(2min)→280℃(10min)，10℃/min

气化室：250℃

检测器：MS

载　气：He，1mL/min

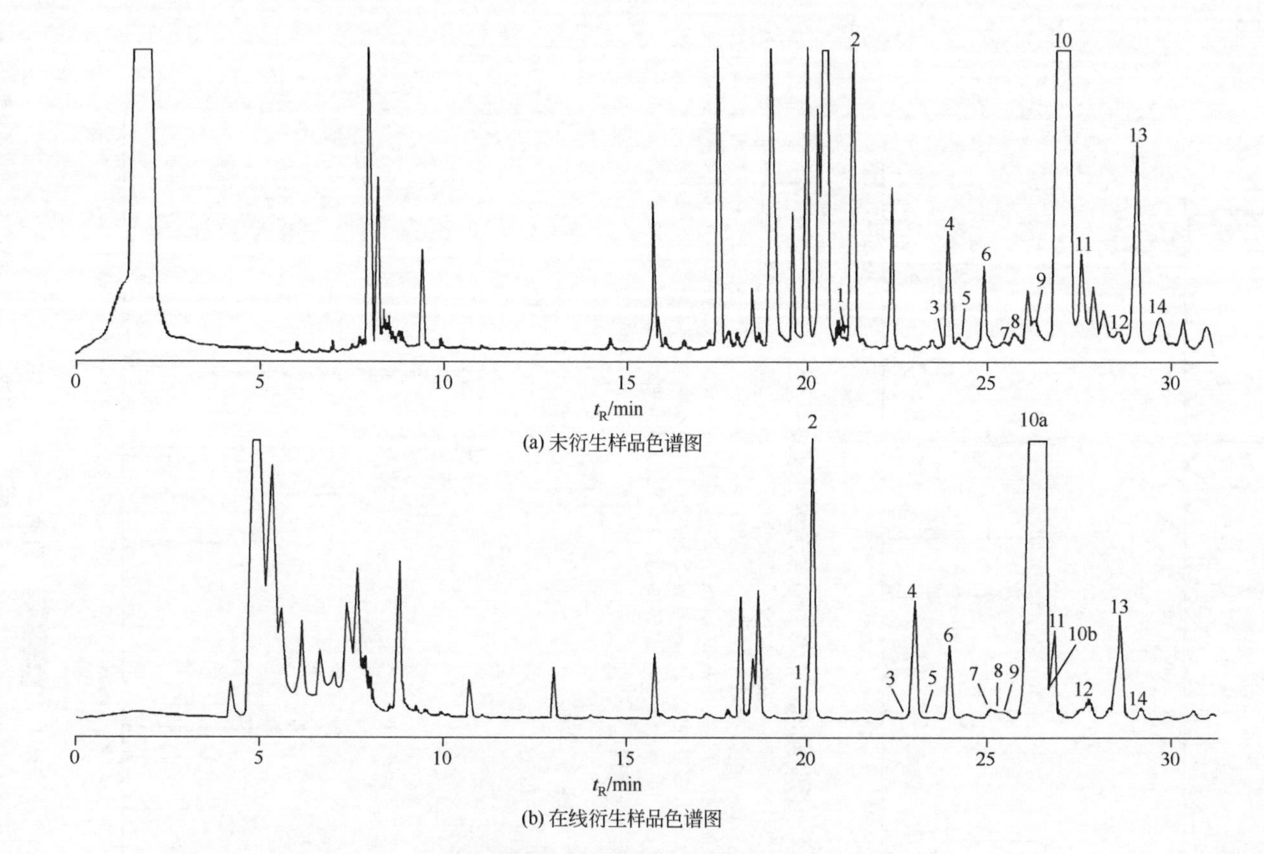

图 33-28 食用油中甾醇类组分[25]

色谱峰：1—胆固醇；2—甾烷醇(内标)；3—24-亚甲基胆甾醇；4—菜油甾醇；5—菜油甾烷醇；6—豆甾醇；7—Δ^7-菜油甾醇；8—$\Delta^{5,23}$-豆甾二烯醇；9—赤桐甾醇；10a—β-谷甾醇；10b—二氢谷甾醇；11—Δ^5-燕麦甾醇；12—$\Delta^{5,24}$-豆甾二烯醇；13—Δ^7-豆甾烯醇；14—Δ^7-燕麦甾醇

色谱柱：5%苯甲基硅油涂渍熔融石英柱，60m×0.25mm，0.25μm

进样口温度：80℃

程序升温条件：80℃ (5.5min)$\xrightarrow{40℃/min}$220℃(1min) $\xrightarrow{30℃/min}$295℃(30min)

载　气：He

检测器：FID

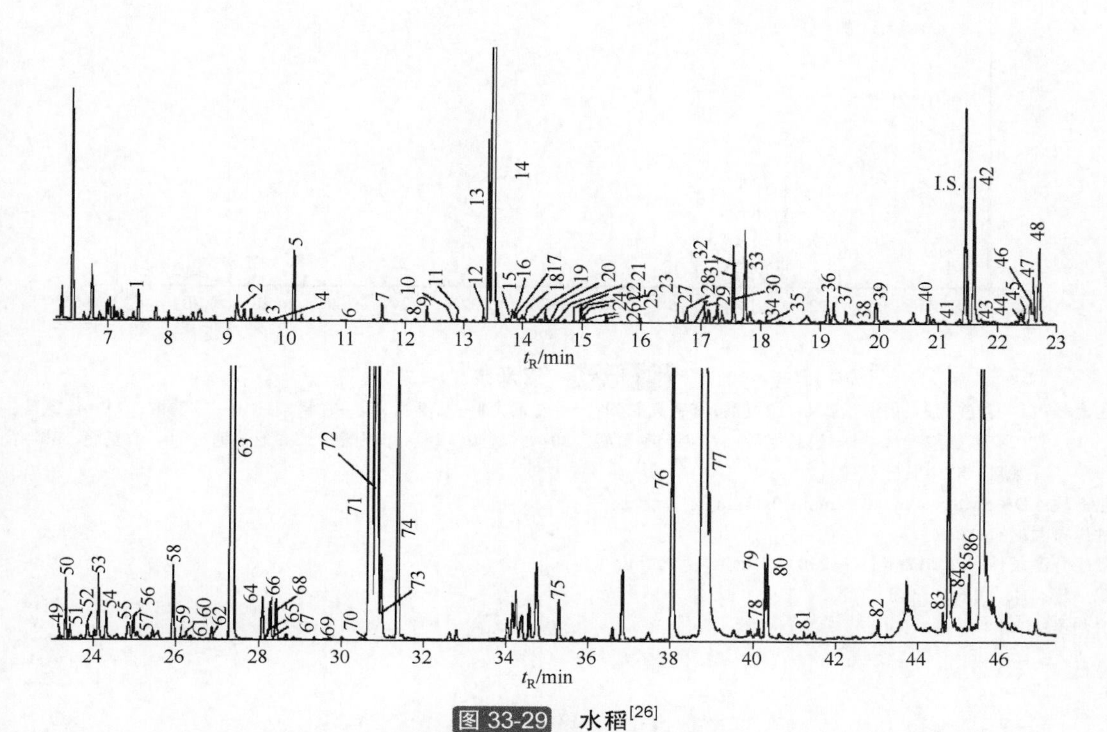

图 33-29　水稻[26]

色谱峰：1—乙二醇；2—乳酸；3—羟基乙酸；4—丙酮酸；5—丙氨酸；6—3-羟基丙酸；7—甲基膦酸酯；8—丙二酸；9—缬氨酸；10—4-羟基丁酸；11—尿素；12—2-氨基乙醇；13—磷酸；14—丙三醇；15—异亮氨酸；16—烟酸；17—脯氨酸；18—甘氨酸；19—琥珀酸；20—羟基乙酸；21—尿嘧啶；22—富马酸；23—丝氨酸；24—壬酸；25—2-哌啶酸；26—苏氨酸；27—癸酸；28—氨基丙二酸；29—*β*-谷氨酸；30—苹果酸；31—焦谷氨酸；32—天冬氨酸；33—4-氨基丁酸；34—半胱氨酸；35—苏糖酸；36—谷氨酸；37—苯丙氨酸；38—十二酸；39—天冬酰胺；40—阿拉伯糖醇；41—甘油-2-磷酸酯；42—甘油-3-磷酸酯；43—核糖酸；44,46,47—果糖；45—甘露糖；48—柠檬酸；49—*β*-D-呋喃半乳糖；50—豆蔻酸；51,54—半乳糖；52—*α*-甲基葡糖苷；53,58—葡萄糖；55—甘露醇；56—山梨（糖）醇；57—酪氨酸；59—泛酸；60—葡萄糖酸；61—1-肌糖；62—2-肌糖；63—十六烷酸；64—肌醇；65—阿魏酸；66,67—*N*-乙酰-D-葡萄糖胺；68—油酸甲酯；69—十七烷酸；70—色氨酸；71—亚油酸；72—油酸；73—11-顺-十八碳烯酸；74—十八酸；75—花生酸；76—棕榈酸甘油酯；77—蔗糖；78—海藻糖；79—亚油酸甘油酯；80—油酸甘油酯；81—二十四酸；82—二磷酸甘油；83—菜油甾醇；84—豆甾醇；85—*β*-谷甾醇；86—棉子糖

色谱柱：DB-5，30m×0.25mm，0.25μm

进样口温度：300℃

程序升温条件：60℃（4min）$\xrightarrow{8℃/min}$ 170℃ $\xrightarrow{4℃/min}$ 250℃ $\xrightarrow{10℃/min}$ 320℃（10min）

载　气：He，40cm/s

检测器：MS

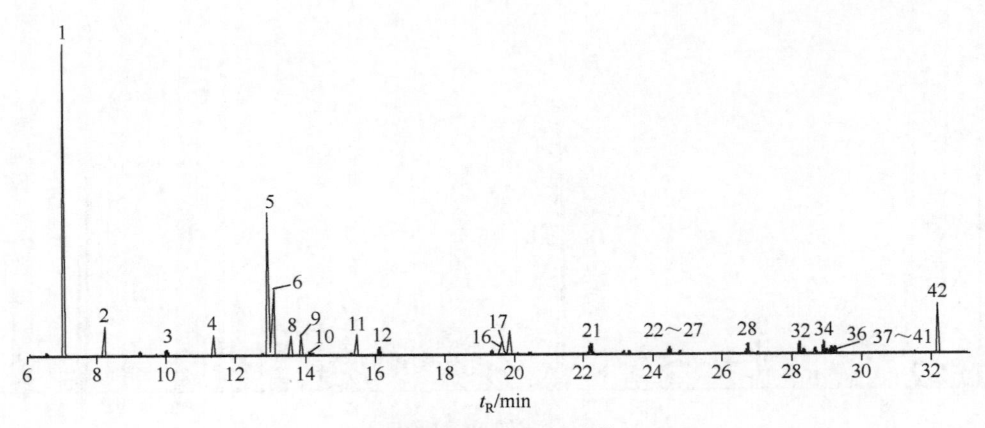

图 33-30 玉米浆[27]

色谱峰：1—乳酸；2—丙氨酸；4—缬氨酸；5—亮氨酸；6—甘油；8—脯氨酸；9—甘氨酸；10—甘油酸；11—丝氨酸；12—苏氨酸；16—5－酮脯氨酸；17—天冬氨酸；20—谷氨酸；28—柠檬酸；32—葡萄糖；34—赖氨酸；36—酪氨酸；42—肌醇

色谱柱：DB-5MS，30m×0.25mm，0.25μm

进样口温度：280℃

程序升温条件：70℃(2min)→290℃(10min)，5℃/min

载　气：He，0.6mL/min

检测器：MS

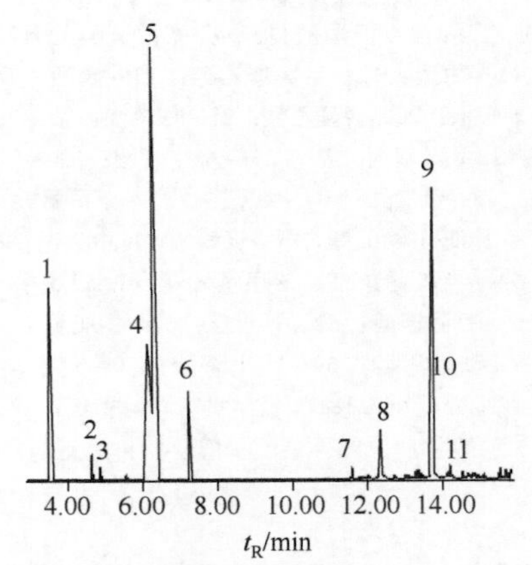

图 33-31 桉叶油[28]

色谱峰：1—α-蒎烯；2—β-蒎烯；3—香桧烯；4—柠檬烯；5—1,8-桉树酚；6—对伞花烃；7—芫妥醇；8—松油烯-4-醇；9—α-松油醇；10—乙酸4-松油烯醇酯；11—D-香芹酮

色谱柱：SolGel-WAX™，30m×0.25mm，0.25μm

柱温箱：40℃(1min)→220℃(5min)，8℃/min

载　气：He，1.8mL/min

进样口温度：250℃

检测器：MS

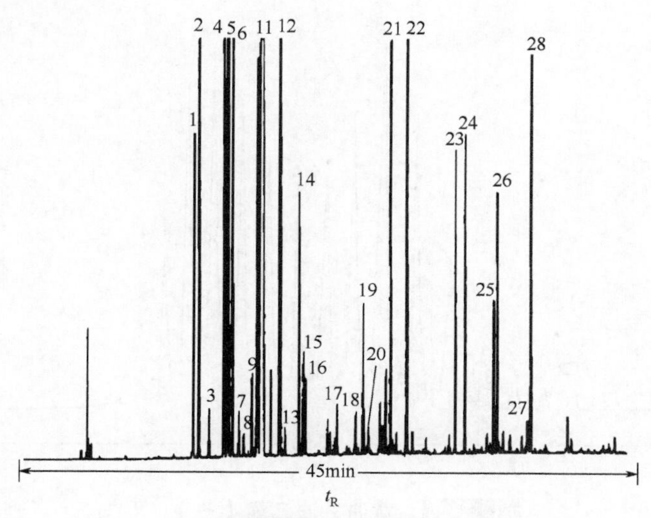

图 33-32 柠檬油[29]

色谱峰：1—α-守酮；2—β-守酮；3—莰烯；4—桧烯；5—β-蒎烯；6—香叶烯；7—辛醛；8—α-水芹烯；9—α-萜品烯；11—δ-柠檬酸油精；12—γ-松油烯；13—辛醇；14—萜品烯；15—芳樟醇；16—壬醛；17—香茅醛；18—萜品烯-4-醇；19—α-萜品醇；20—癸醛；21—橙花醛；22—香叶醛；23—橙花醇乙酸酯；24—乙酸香叶酯；25—β-石竹烯；26—反-α-香柑油烯；27—α-草烯；28—β-没药烯

色谱柱：DB-5 127-5022，20m×0.10mm，0.10μm

载 气：H_2，流速为60cm/s，于40℃下测量

柱温箱：40℃（3min）→185℃（3min），30℃/min

进 样：分流，275℃，分流比1：275

检测器：FID

氮气尾吹气：30mL/min

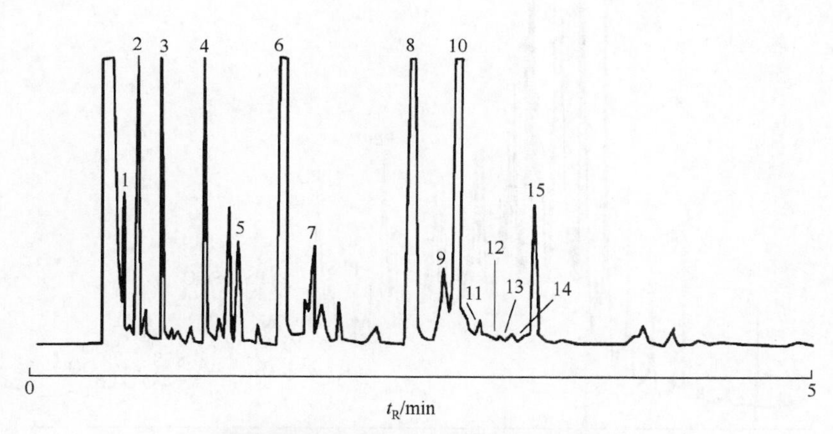

图 33-33 黄油中的 FAME 异构体[29]

色谱峰①：1—C8：0；2—C10：0；3—C12：0；4—C14：0；5—C14：1；6—C14：1；7—C16：1,9-顺式；8—C16：1,9-顺式；9—C18：1，反式；10—C18：1,9-顺式；11—C18：1,13-顺式；12—C18：2,9-反式，12-反式；13—C18：2,9-顺式，12-反式；14—C18：2,9-反式，12-顺式；15—C18：2,9-顺式，12-顺式

色谱柱：VF-23ms CP8822，30m×0.25mm，0.25μm

载 气：H_2，70kPa

柱温箱：185℃

进 样：分流，1：100；温度275℃

检测器：FID

① 化合物代号，如C8：0中，8表示C的个数，0表示双键的个数，余同。

第三篇

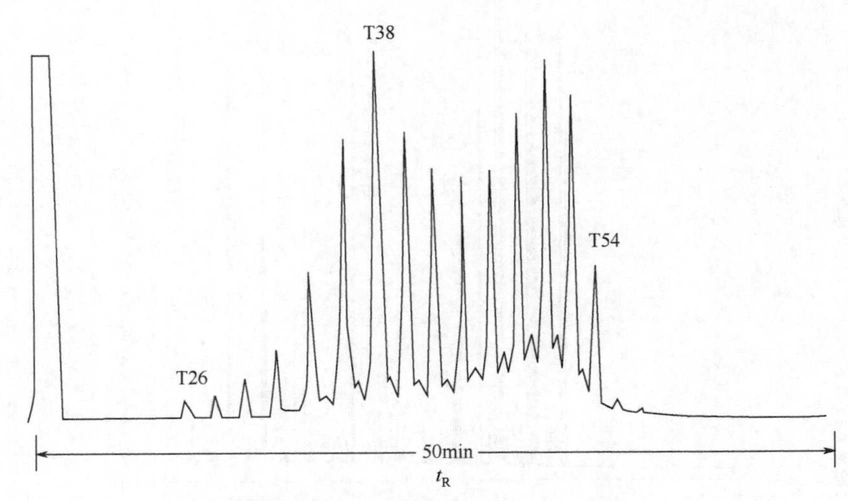

图 33-34 黄油甘油三酯（一）[29]

色谱峰：T=总碳数

色谱柱：DB-5ht 123-5731，30m×0.32mm，0.10μm

载　气：H_2，流速为55cm/s，于250℃下测量

柱温箱：35℃ $\xrightarrow{70℃/min}$ 250℃ $\xrightarrow{5℃/min}$ 400℃(20min)

检测器：FID，400℃

氮气尾吹气：30mL/min

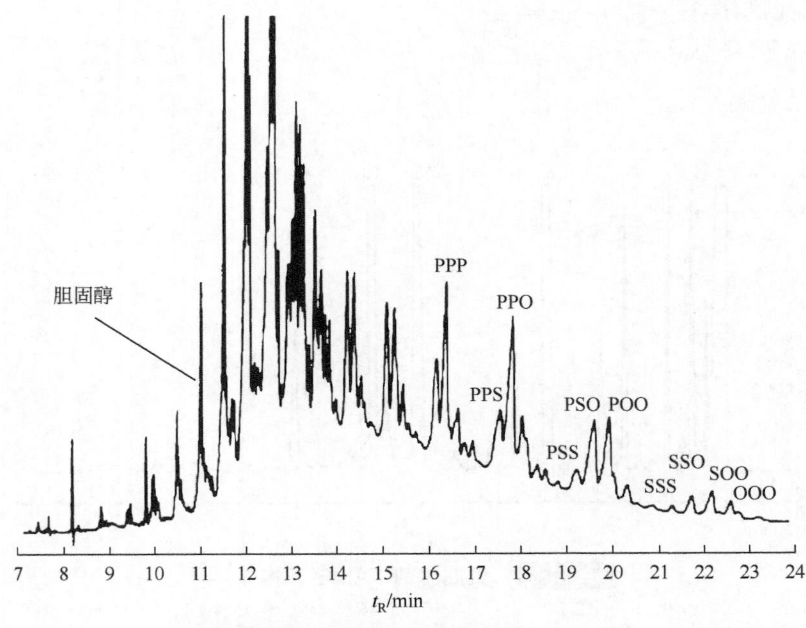

图 33-35 黄油甘油三酸酯（二）[29]

色谱峰：P=棕榈酸，十六酸，C16∶0；S=硬脂酸，十八酸，C18∶0；O=十八烯酸，顺-9-十八酸，C18∶1

色谱柱：DB-17ht 123-1831，30m×0.32mm，0.15μm

载　气：H_2，40cm/s

柱温箱：250℃→365℃(1min)，5℃/min

进　样：冷柱头

检测器：FID，400℃

氮气尾吹气：30mL/min

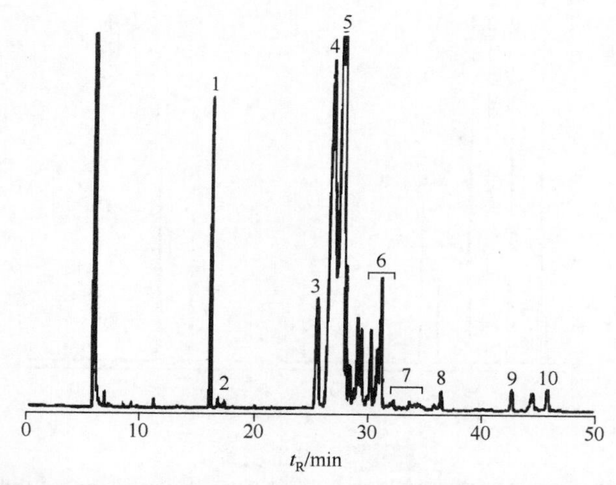

图 33-36　芥花籽油人造黄油中部分氢化的脂肪酸甲酯 AOCS 方法[29]

色谱峰：1—C16：0 棕榈酸甲酯；2—C16：1棕榈油酸甲酯；3—C18：0 硬脂酸甲酯；4—C18：1反-油酸甲酯和多种异构体；5—C18：1顺-油酸甲酯和多种异构体；6—C18：2反-多种异构体；7—C18：2顺-多种异构体；8—C18：3次亚麻油酸酯；9—C20：0亚麻酸甲酯；10—C20：1 11-二十碳烯酸甲酯

色谱柱：DB-23 122-2362，60m×0.25mm，0.25μm

载　气：He，15cm/s (0.44mL/min)，于150℃下测量

柱温箱：150℃→200℃（10min），1.3℃/min

进　样：分流，210℃；分流比1：100

检测器：FID，210℃

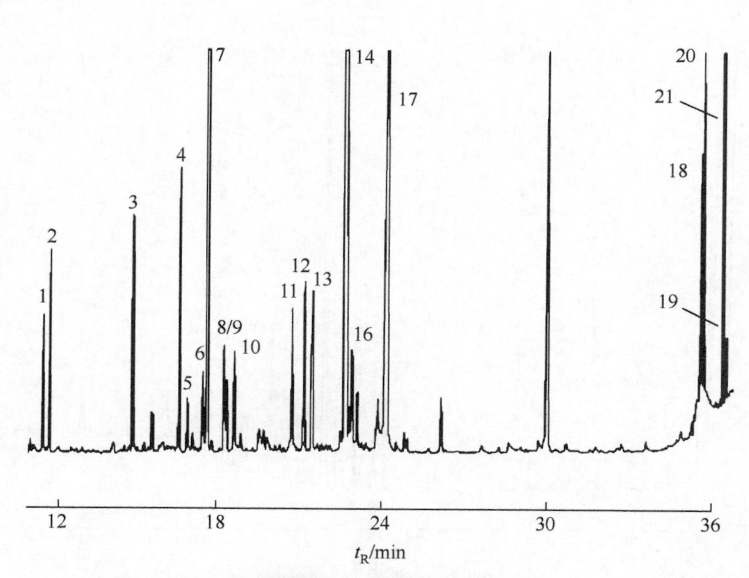

图 33-37　TMS 衍生糖[29]

色谱峰：1—苏醇；2—丁四醇；3—鼠李糖1；4—鼠李糖2；5—木糖1；6—阿糖醇；7—核糖醇；8—3-*O*-甲基葡糖1；9—木糖2；10—鼠李糖醇；11—3-*O*-甲基葡糖2；12—葡糖醛酸-1,5-内酯；13—核酸糖2；14—甘露醇；15—山梨醇（未标识）；16—半乳糖醇；17—葡糖醛酸；18—乳果糖；19—乳糖；20—蔗糖；21—海藻糖

色谱柱：VF-1ms CP8912，30m×0.25mm，0.25μm

载　气：He，1.0mL/min

柱温箱：105℃ $\xrightarrow{4℃/min}$ 240℃ $\xrightarrow{20℃/min}$ 300℃

检测器：MS

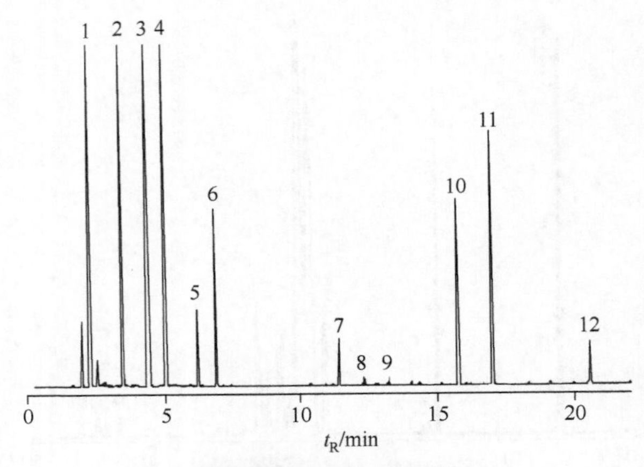

图 33-38 草莓糖浆[29]

色谱峰：1—乙酸乙酯；2—丁酸乙酯；3—乙酸异戊酯；4—乙酸戊酯；5—丁酸异戊酯；6—丁酸戊酯；7—苯甲酸乙酯；8—香茅醇；9—香叶醇；10—3-苯基环氧羧酸乙酯；11—草莓醛；12—苯甲酸酯

色谱柱：HP-INNOWax 19091N-213，30m×0.32mm，0.50μm

载　气：He，40cm/s，11.7psi (60℃)

柱温箱：60℃（1min）→250℃（2min），10℃/min

检测器：FID，275℃

第二节　烟、酒与饮料色谱图

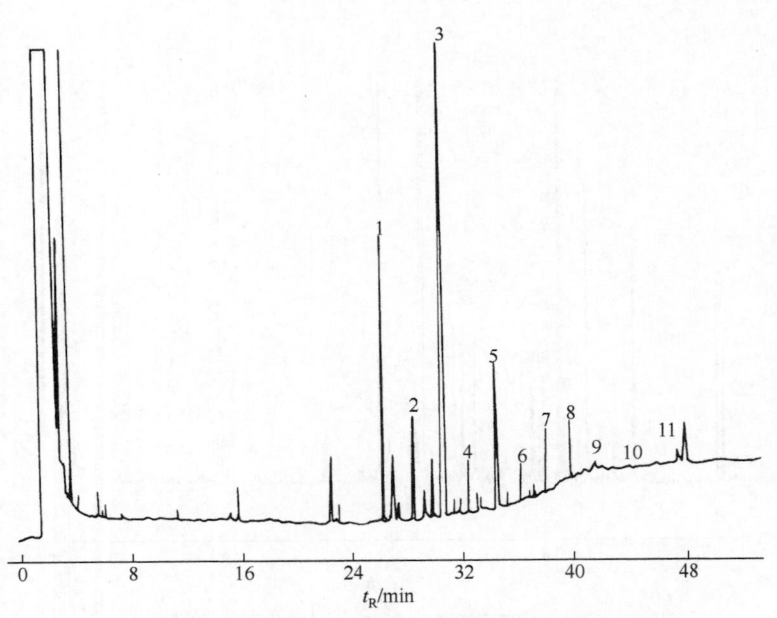

图 33-39 烟草中脂肪醇（TMS 衍生物）[30]

色谱峰：1—正二十醇；2—正二十一醇；3—正二十二醇；4—正二十三醇；5—正二十四醇；6—正二十五醇；7—正二十六醇；8—正二十七醇；9—正二十八醇；10—正二十九醇；11—正三十醇

色谱柱：SE-54，25m×0.3mm

柱　温：130℃ $\xrightarrow{20℃/min}$ 150℃ $\xrightarrow{4℃/min}$ 300℃

载　气：H_2，30cm/s

检测器：FID

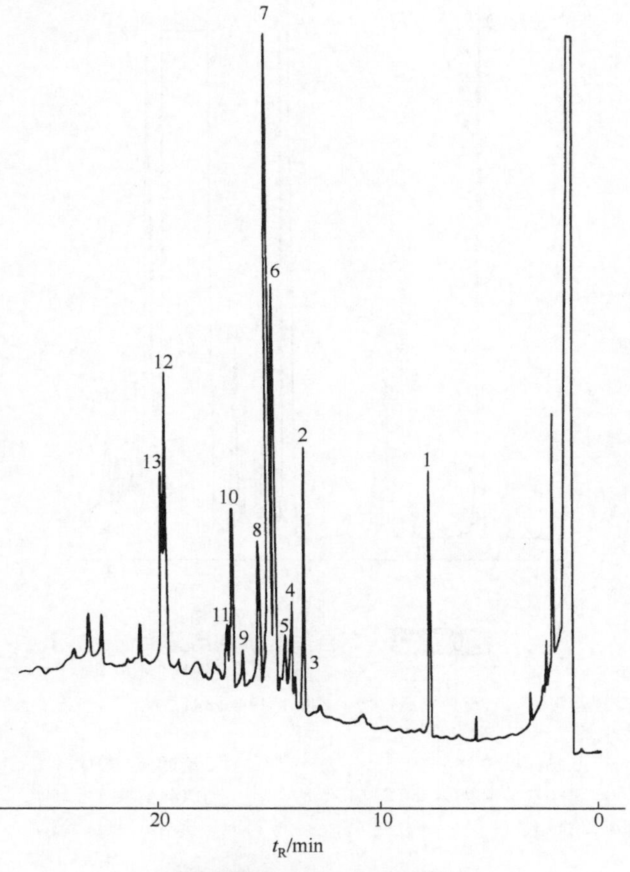

图 33-40 香烟冷凝物[31]

色谱峰：1—尼古丁；2—2-甲基咪唑；3—2-乙基咪唑；4—2,4(5)-二甲基咪唑；5,8,11—甲基咪唑；6—咪唑；7,9—4(5)-甲基咪唑；10—4(5)-乙基-咪唑；12—3-羟基吡啶；13—甲基取代的-3-羟基吡啶

色谱柱：Carbowax 20M，25m×0.22mm 载 气：He

柱 温：120℃（2min）→190℃，2℃/min 检测器：MS

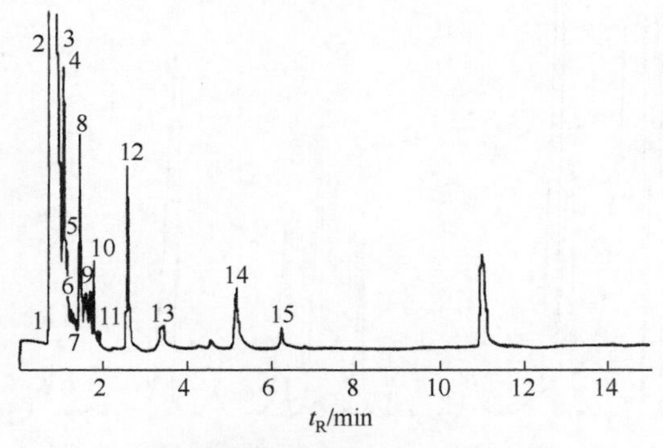

图 33-41 茅台酒香气[32]

色谱峰：1—乙醛；2—乙醇；3—正丙醇；4—乙酸乙酯；5—异丁醇；6—3-甲基丁醛；7—正丁醇；8—1,1-二乙氧基乙烷；9—丙酸乙酯；10—异戊醇；11—异丁酸乙酯；12—丁酸乙酯；13—异戊酸乙酯；14—糠醛；15—己酸乙酯

色谱柱：HP-1，12.5m×0.2mm 检测器：MS

柱 温：50℃ 气化室温度：250℃

载 气：He

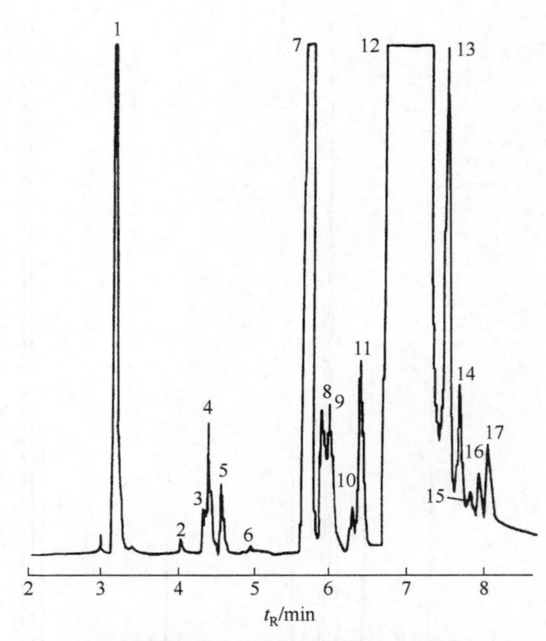

图 33-42 茅台酒低沸点组分[33]

色谱峰：1—乙醛；2—正丙醛；3—异丁醛；4—丙酮；5—甲酸乙酯；6—二乙氧基甲烷；7—乙酸乙酯+乙缩醛；8—甲醇；9—2-丁酮；10—2-甲基丁醛；11—异戊醛；12—乙醇；13—丙酸乙酯；14—异丁酸乙酯；15—未知物；16—乙酸丙酯；17—2-戊酮

色谱柱：HP-INNOWax，30m×0.25mm，0.25μm　　检测器：FID

柱　温：40℃（2min）$\xrightarrow{5℃/min}$ 80℃ $\xrightarrow{10℃/min}$ 260℃（10min）　　气化室温度：250℃

载　气：N_2，21.9cm/s；分流比=33∶1　　检测器温度：280℃

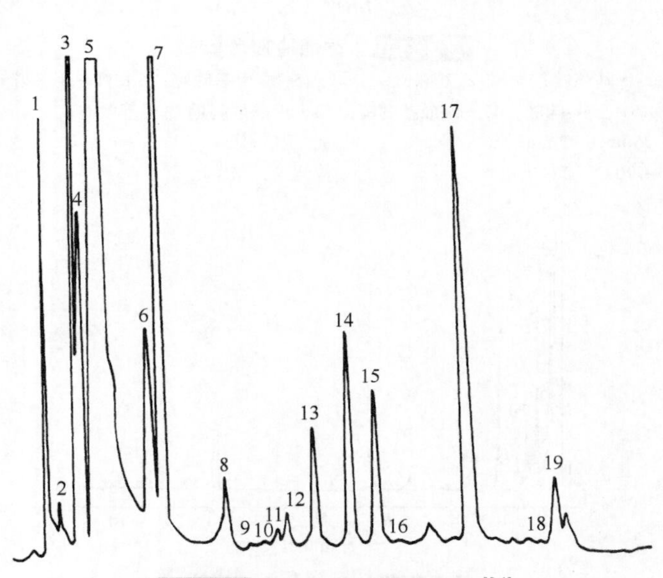

图 33-43 茅台酒醇与酯组分[34]

色谱峰：1—乙醛；2—甲酸乙酯；3—乙酸乙酯；4—乙缩醛+甲醇；5—乙醇；6—仲丁醇；7—正丙醇+丁酸乙酯；8—异丁醇；9—第二戊醇；10—乙酸异戊酯；11—戊酸乙酯；12—正丁醇；13—乙酸正戊酯（内标）；14—异戊醇；15—己酸乙酯；16—正戊醇；17—乳酸乙酯；18—辛酸乙酯；19—糠醛

色谱柱：10% PEG20M，载体Shimalite（60～80目），3m×2mm　　载　气：N_2，28mL/min

柱　温：60℃（3min）→125℃（5min），5℃/min　　检测器：FID

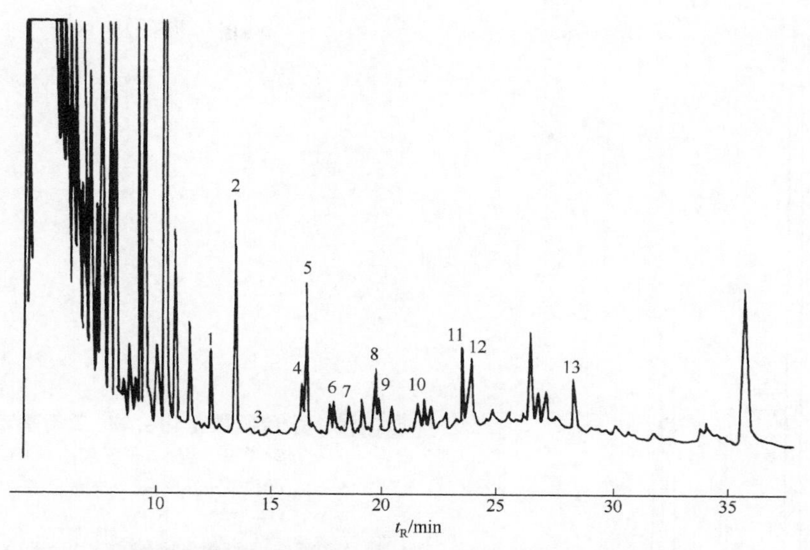

图 33-44　茅台酒酚类化合物（TMS 衍生物）[35]

色谱峰：1—对羟基苯甲醛；2—苯丙酸；3—间羟基苯乙酮；4—水杨酸；5—香草醛；6—邻羟基苯乙酸；7—邻羟基苯丙酸；8—对羟基苯甲酸；9—对羟基苯乙酸；10—邻苯二甲酸；11—对羟基苯丙酸；12—香草酸；13—4-羟基-3-甲氧基苯丙酸

色谱柱：SE-30，40m×0.25mm　　检测器：FID

柱　温：160℃→230℃，3℃/min　　气化室温度：260℃

载　气：N_2，18.5cm/s　　检测器温度：260℃

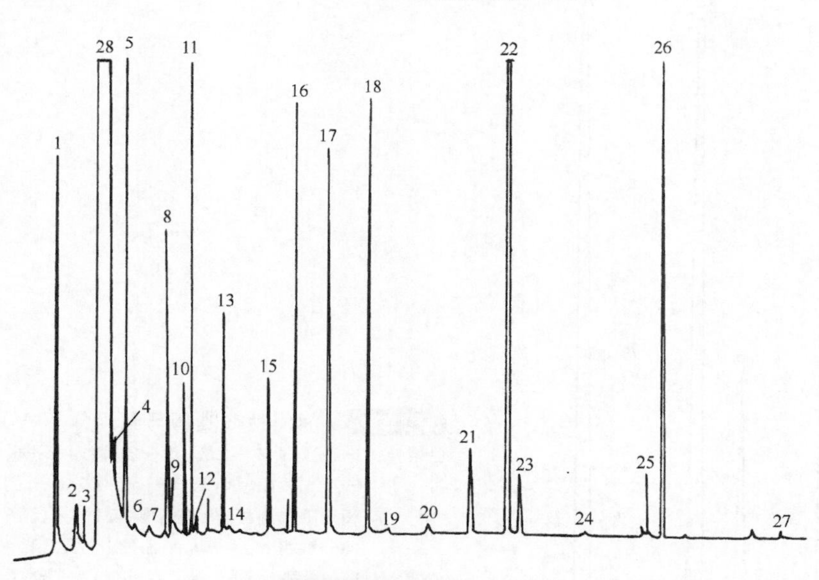

图 33-45　泸州特曲酒[36]

色谱峰：1—乙醛；2—甲醇；3—甲酸乙酯；4—异丙醇；5—乙酸乙酯；6—丙酸甲酯；7—双乙酰；8—正丙醇；9—乙酸叔丁酯；10—仲丁醇；11—乙缩醛；12—丙酸乙酯；13—异丁醇；14—异丁酸乙酯；15—正丁醇；16—丁酸乙酯；17—乙酸丁酯；18—异戊醇；19—3-羟基-2-丁酮；20—正戊醇；21—戊酸乙酯；22—乳酸乙酯；23—乙酸戊酯；24—糠醛；25—正己醇；26—己酸乙酯；27—庚酸乙酯；28—乙醇

色谱柱：20%苯二甲酸二壬酯+7% Tween-80，60m×0.3mm　　检测器：FID

柱　温：60℃（8min）→90℃（32min），4℃/min　　气化室温度：180℃

载　气：N_2　　检测器温度：180℃

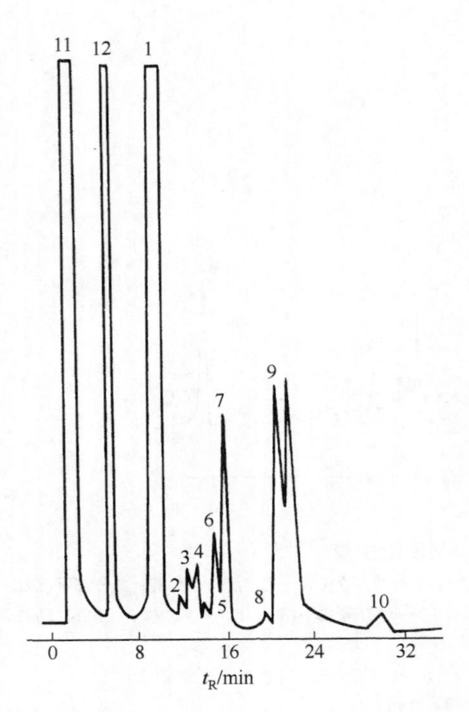

图 33-46 茅台酒羰基化合物(二硝基苯肼衍生物)[34]

色谱峰：1—乙醛；2—丙酮；3—丙醛；4—异丁醛；5—丁酮；6—丁二酮；7—异戊醛；8—正己醛；9—糠醛；10—苯甲醛；11—溶剂；12—蒽

色谱柱：5% SE-30，硅烷化120载体（60～80目），1.5m×3mm

柱　温：190℃→240℃，3℃/min

检测器：FID

气化室温度：280℃

检测器温度：250℃

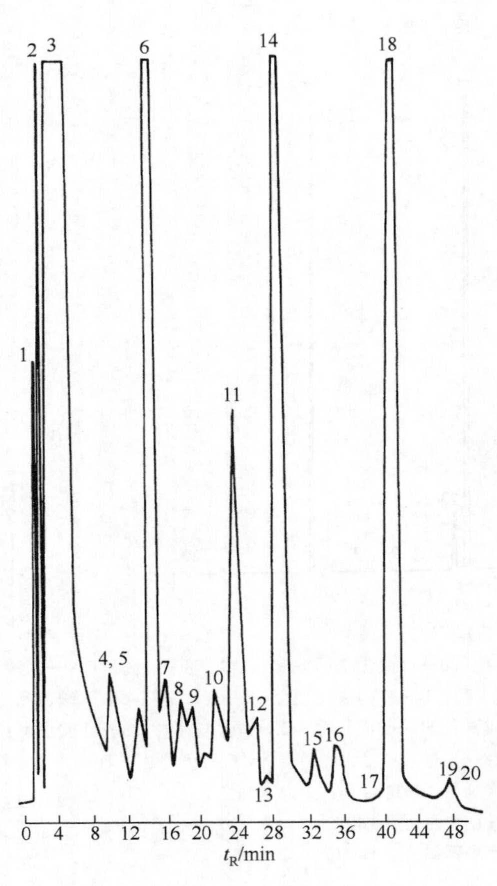

图 33-47 泸州特曲酒醇与酯组分（一）[34]

色谱峰：1—甲醇；2—乙醛；3—乙醇；4—正丙醇；5—叔丁醇；6—乙酸乙酯+仲丁醇；7—异丁醇；8—正丁醇；9—新戊醇；10—第二戊醇+丙酸乙酯；11—异戊醇；12—正戊醇；13—糠醛；14—乳酸乙酯+丁酸乙酯；15—正己醇；16—戊酸乙酯+乙酸正戊酯；17—庚醇；18—己酸乙酯；19—辛醇；20—庚酸乙酯

色谱柱：上试402载体（80～100目），2m×2mm

柱　温：80℃（1min）→200℃，3℃/min

载　气：N_2，25mL/min

检测器：FID

气化室温度：200℃

检测器温度：200℃

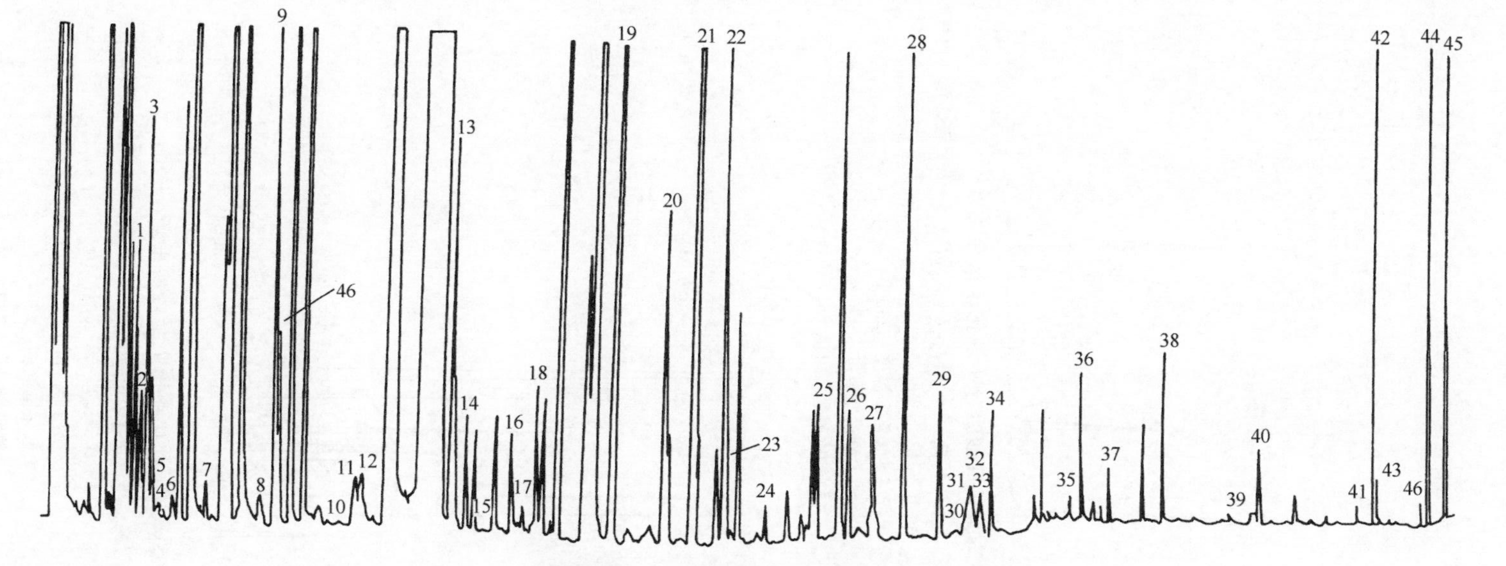

图 33-48　泸州特曲酒醇与酯组分（二）[34]

色谱峰：1—丙酸乙酯；2—异丁酸乙酯；3—乙酸丙酯；4—乙酸异丁酯；5—异戊酸乙酯；6—叔戊醇；7—叔己醇；8—戊醇-3；9—乙酸异戊酯；10—乙酸正戊酯；11—丙酸异戊酯；12—仲己醇；13—丁酸戊酯；14—乙酸正己酯；15—环戊醇；16—乙酰甲基甲醇；17—戊酸丁酯；18—异己醇；19—乙酸正庚酯；20—环己醇；21—辛酸乙酯；22—己酸异戊酯；23—庚醇；24—乙酰乙酸乙酯；25—壬酸乙酯；26—辛酸；27—乳酸异戊酯；28—2,3-丁二醇；29—丁二酸二甲酯；30—癸酸己酯；31—苯甲酸乙酯；32—糠醇；33—壬醇；34—丁二酸二乙酯；35—癸醇；36—苯乙酸乙酯；37—月桂酸乙酯；38—β-苯乙醇；39—月桂醇；40—肉豆蔻酸乙酯；41—肉豆蔻醇；42—棕榈酸乙酯；43—肉桂醇；44—油酸乙酯；45—丁酸丙酯；46—十八酸乙酯

色谱柱：PEG-20M，50m×0.33mm
柱　温：70℃（4min）→180℃，4℃/min
载　气：N_2，16cm/s
检测器：FID
气化室温度：220℃
检测器温度：220℃

第三篇

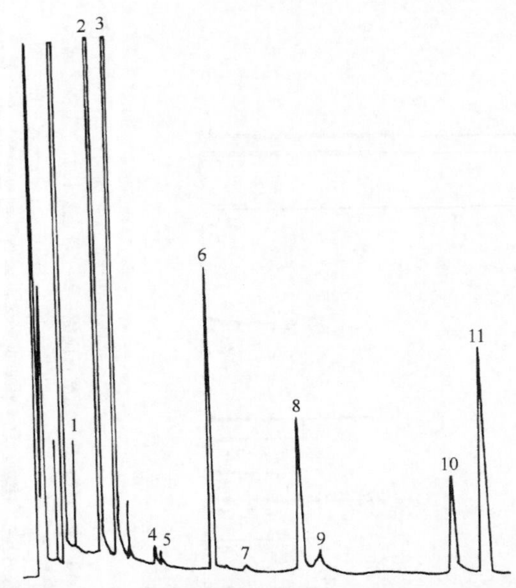

图 33-49 泸州特曲酒有机酸组分（溴化苄衍生物）[34]

色谱峰：1—甲酸；2—溴化苄；3—乙酸；4—丙酸；5—异丁酸；6—丁酸；7—异戊酸；8—α-乙基丁酸（内标）；9—戊酸；10—乳酸；11—己酸

色谱柱：新戊二醇癸二酸聚酯，50m×0.3mm

柱　温：150℃

载　气：N_2，18cm/s

气化室温度：250℃

检测器温度：250℃

检测器：FID

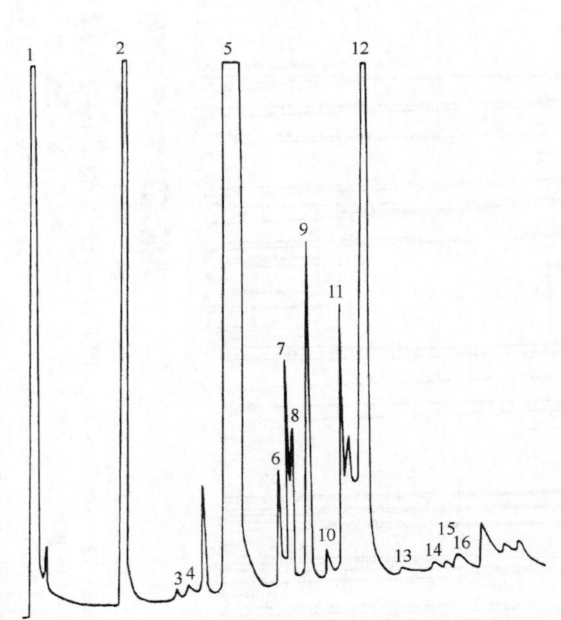

图 33-50 泸州特曲酒羰基化合物（苯腙衍生物）[34]

色谱峰：1—氯仿；2—蒽（内标）；3—蒽酮；4—甲醛；5—乙醛；6—丙酮；7—丙醛；8—丙烯醛；9—异丁醛；10—丁酮；11—正丁醛；12—异戊醛；13—戊醛；14—α-甲基戊醛；15—2-己酮；16—己醛

色谱柱：SE-30，60m×0.3mm

柱　温：190℃（4min）→240℃，4℃/min

载　气：N_2，0.8mL/min

检测器：FID

气化室温度：280℃

检测器温度：280℃

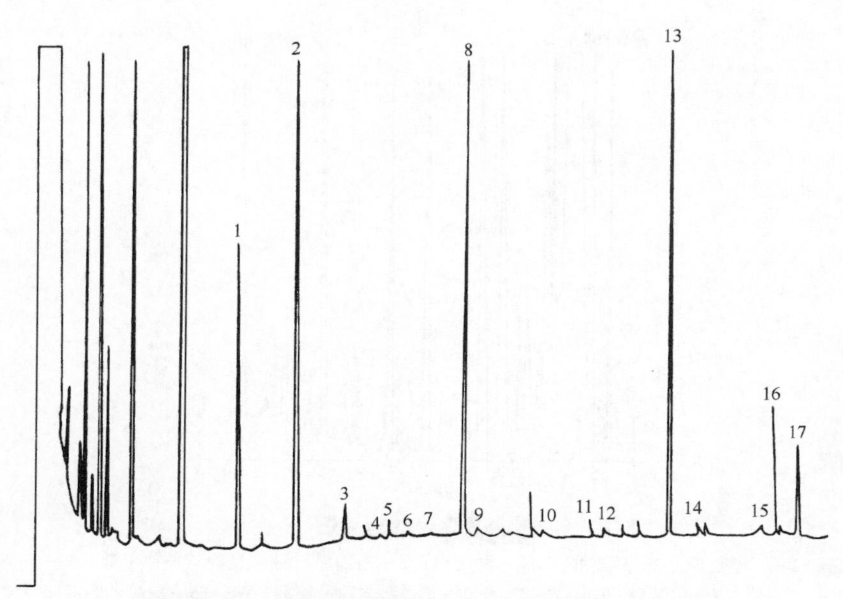

图 33-51 泸州特曲酒有机酸组分（甲酯衍生物）[34]

色谱峰：1—庚酸；2—辛酸；3—壬酸；4—丁二酸；5—癸酸；6—苯甲酸；7—异丁烯二酸；8—苯乙酸衍生试剂；9—月桂酸；10—阿魏酸；11—十四酸；12—肉桂酸；13—棕榈酸；14—十六碳烯酸；15—十八酸；16—油酸；17—亚油酸

色谱柱：SE-30，60m×0.3mm

柱 温：80℃（8min）→200℃，8℃/min

载 气：N_2

检测器：FID

气化室温度：250℃

检测器温度：250℃

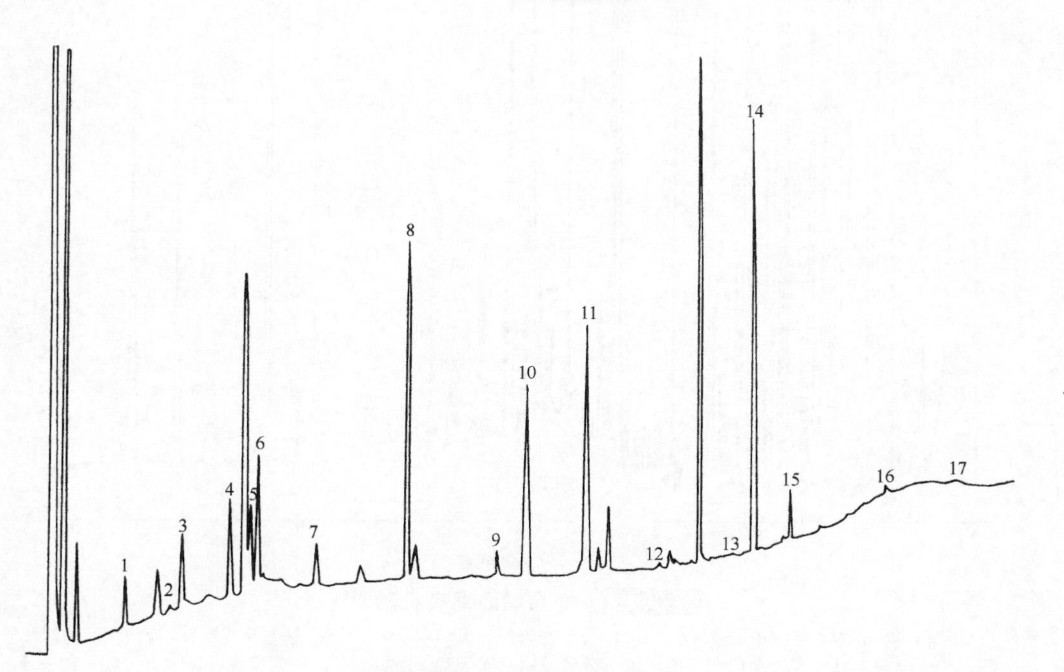

图 33-52 汾酒中酸类[37]

色谱峰：1—乙酸；2—丙酸；3—异丁酸；4—正丁酸；5—2-甲基丁酸；6—异戊酸；7—正戊酸；8—正己酸；9—正庚酸；10—乳酸；11—辛酸；12—壬酸；13—癸酸；14—丁二酸；15—苯甲酸；16—苯乙酸；17—苯丙酸

色谱柱：Carbowax 20M SCOT柱，38m×0.3mm

检测器：FID

柱 温：60℃（4min）→200℃，3℃/min

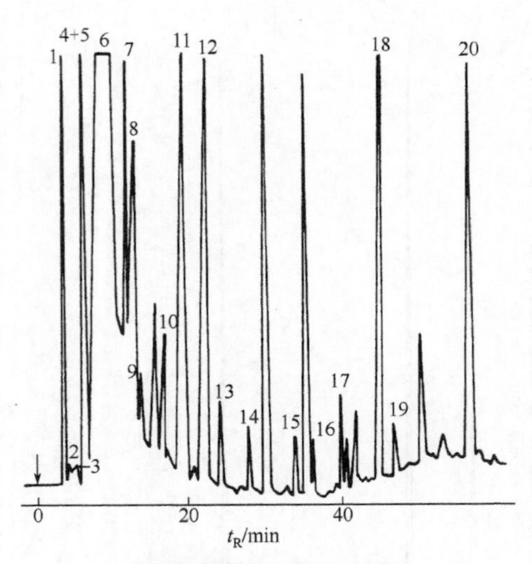

图 33-53 湘泉酒[38]

色谱峰：1—乙醛；2—甲酸乙酯；3—异丁醛；4—乙酸乙酯；5—乙缩醛；6—乙醇；7—仲丁醇；8—丁酸乙酯；9—正丙醇；10—异丁醇；11—正丁醇；12—异戊醇；13—正戊醇；14—庚酸乙酯；15—辛酸乙酯；16—糠醛；17—丙酸；18—丁酸；19—异戊酸；20—己酸

色谱柱：PEG-20M，50m×0.25mm　　载　气：N_2

柱　温：45℃（5min）→160℃（25min），2.5℃/min　　检测器：FID

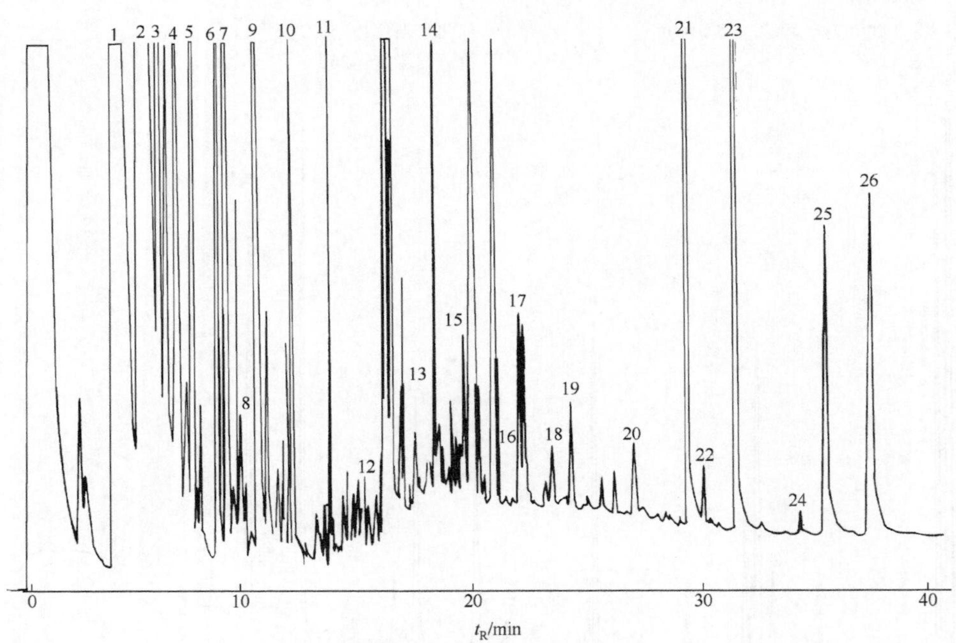

图 33-54 茅台酒游离有机酸[39]

色谱峰：1—醋酸；2—丙酸；3—异丁酸；4—丁酸；5—异戊酸；6—戊酸；7—2-乙基丁酸（内标1）；8—异己酸；9—己酸；10—庚酸；11—辛酸；12—壬酸；13—癸酸；14—十一酸（内标2）；15—苯甲酸；16—十三酸；17—苯乙酸；18—苯丙酸；19—肉豆蔻酸；20—十五酸；21—棕榈酸；22—棕榈油酸；23—十七酸（内标3）；24—硬脂酸；25—油酸；26—亚油酸

色谱柱：FFAP，25m×0.20mm

柱　温：120℃（2min）→240℃（30min），8℃/min

检测器：FID

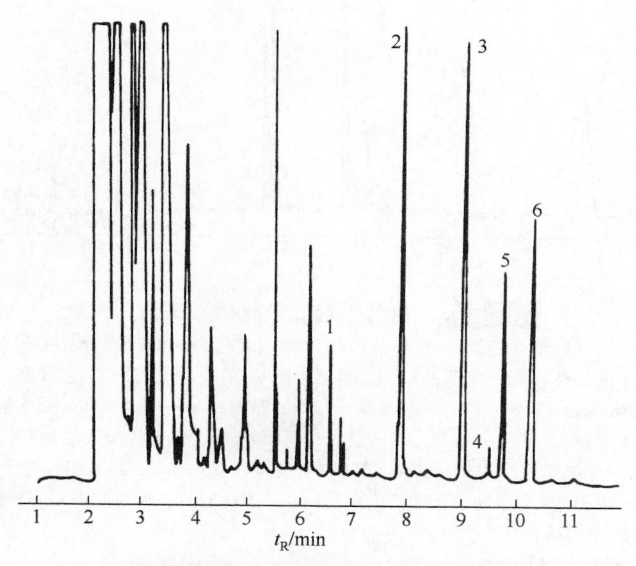

图 33-55　白酒高碳脂肪酸乙酯[33]

色谱峰：1—肉豆蔻酸乙酯；2—棕榈酸乙酯；3—十一酸；4—硬脂酸乙酯；5—油酸乙酯；6—亚油酸乙酯

色谱柱：FFAP，25m×0.32mm，0.25μm　　检测器：FID

柱　温：120℃（1min）→220℃（10min），20℃/min　　气化室温度：250℃

载　气：N_2，19.6cm/s；分流比=32∶1　　检测器温度：250℃

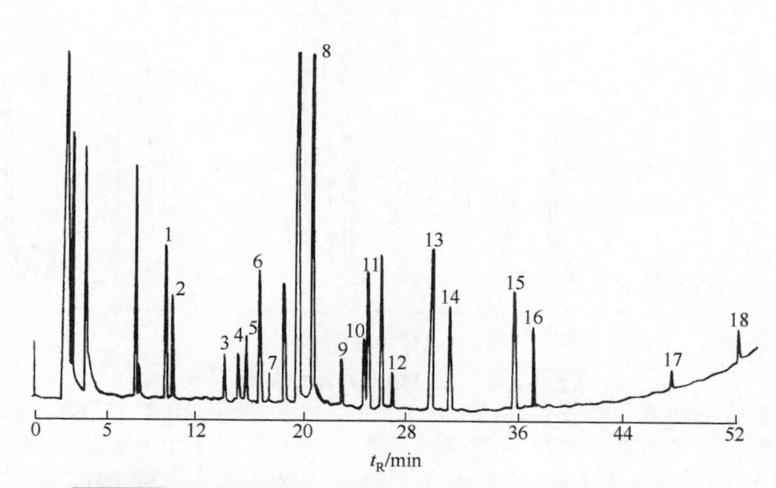

图 33-56　白酒基酒中氨基酸（*N*-HFB 异丙基衍生物）[40]

色谱峰：1—丙氨酸；2—甘氨酸；3—缬氨酸；4—苏氨酸；5—丝氨酸；6—亮氨酸；7—异亮氨酸；8—脯氨酸；9—半胱氨酸；10—羟脯氨酸；11—天冬氨酸；12—蛋氨酸；13—谷氨酸；14—苯丙氨酸；15—赖氨酸；16—酪氨酸；17—精氨酸；18—色氨酸

色谱柱：OV-1，25m×0.25mm，0.25μm　　检测器：FID

柱　温：110℃（5min）→270℃，3℃/min　　气化室温度：250℃

载　气：H_2，110kPa　　检测器温度：250℃

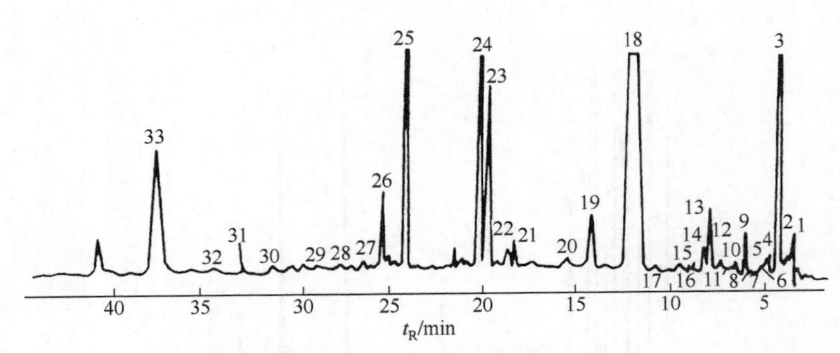

图 33-57 白兰地酒二硫化碳萃取液[41]

色谱峰：1—乙酸乙酯；2—1,1-二乙氧基乙烷；3—甲醇；4—丙酸乙酯；5—异丁酸乙酯；6—乙酸丙酯；7—1-丙醇；8—乙酸异丁酯；9—丁酸乙酯；10—甲苯；11—乙酸正丁酯+2-甲基-1-丙醇+2-乙基丁醛；12—2-甲基-2-丁醇+甲基丁基酮；13—乙酸异戊酯+丁醇；14—甲酸戊酯；15—乙基苯；16—间二甲苯+对二甲苯；17—邻二甲苯；18—乙酸戊酯+2-甲基-1-丁醇+3-甲基-1-丁醇；19—己酸乙酯+1-戊醇；20—甲酸三乙基酯；21—2-乙基-1-丁醇；22—2-甲基-1-戊醇；23—庚酸乙酯；24—1-己醇；25—辛酸乙酯；26—苯乙醚+糠醛；27—癸酸异戊酯；28—壬酸甲酯+2-甲基丁硫醇；29—1-辛醇；30—壬酸乙酯；31—1-壬醇；32—癸酸甲酯；33—癸酸乙酯

色谱柱：Carbowax 20M，50m×0.33mm

柱　温：82℃（17min）→130℃，24℃/min

载　气：H_2，30cm/s

检测器：FID

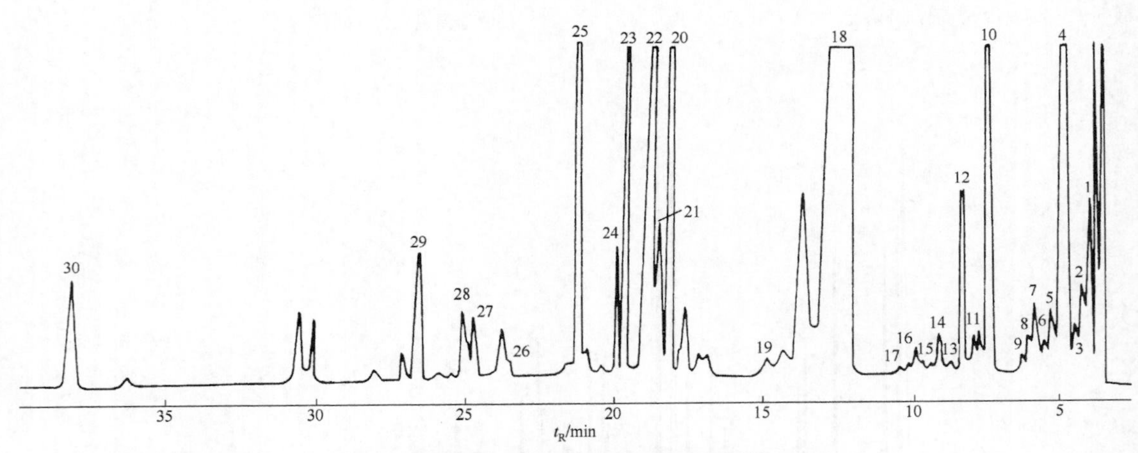

图 33-58 白兰地酒乙醚萃取液[41]

色谱峰：1—甲酸乙酯+2-甲基丙醇+丙醛+2-甲基丙醛；2—乙酸甲酯；3—2-丙醇+甲乙酮+1-丁醛；4—乙醇+3-甲基丁醛；5—丙酸乙酯；6—乙酸丙酯+1-戊醛+2-丁醇；7—1-丙醇；8—乙酸异丁酯；9—乙酸正丁酯+2-乙基丁醛+2-甲基-1-丙醇；10—2-甲基-2-丁醇+甲丁酮；11—乙酸异戊酯；12—2-戊醇+苄基甲基醚；13—甲酸戊酯；14—1-丁醇；15—苯甲醇+乙基苯；16—间二甲苯+对二甲苯；17—邻二甲苯；18—乙酸戊酯+3-甲基-1-丁醇；19—1-戊醇；20—2-乙基-2-丁醇；21—乙基碳酸酯；22—2-甲基-1-戊醇；23—庚酸乙酯；24—1-己醇；25—1-乙氧基-1-丙氧基乙烷；26—辛酸乙酯；27—苯乙醚+糠醛；28—己酸异丙酯；29—苯酸甲酯+乙酸乙基氢硫基酯+壬酸甲酯；30—癸酸乙酯

色谱柱：Carbowax 20M，50m×0.33mm

柱　温：82℃（17min）→130℃，24℃/min

载　气：H_2，30cm/s

检测器：FID

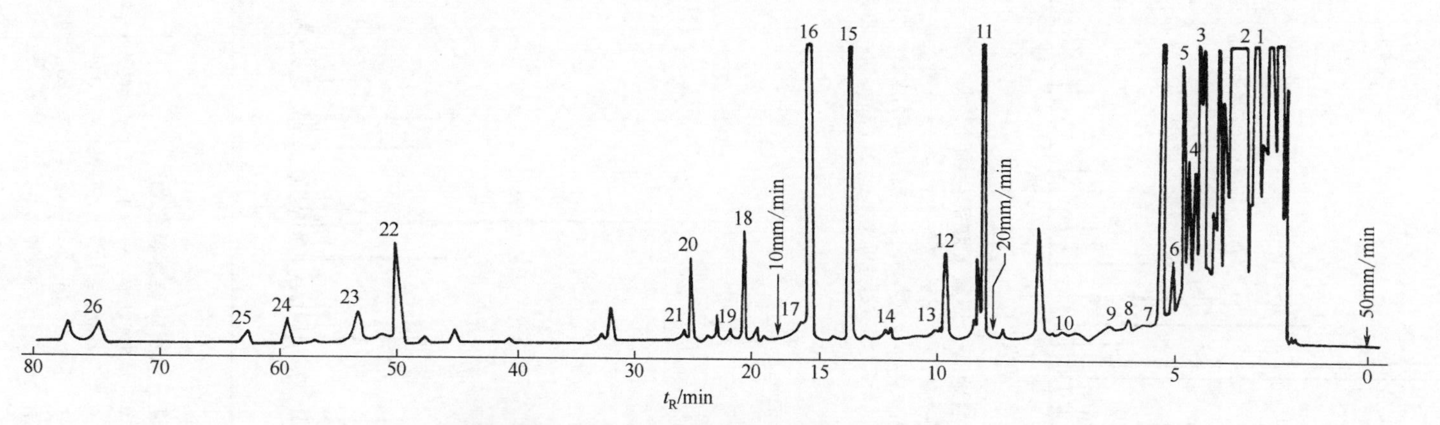

图33-59 白兰地酒中有机酸（甲酯衍生物）[41]

色谱峰：1—乙酸；2—乙醇+丙酸+乙酸乙酯+2-甲基丙酸+苯；3—正丁酸；4—2-甲基丁酸；5—3-甲基丁酸；6—丁酸乙酯+甲苯；7—正戊酸；8—乙基苯；9—间二甲苯+对二甲苯；10—邻二甲苯；11—正己酸；12—己酸乙酯；13—5-甲基己酸；14—正庚酸；15—乳酸；16—乳酸乙酯+苯乙醇；17—2-乙氧基乙醇；18—正辛酸；19—1,3-二乙氧基-2-丙醇；20—正壬酸；21—辛酸乙酯；22—4-氧代戊酸；23—糠酸；24—丁二酸二甲基酯；25—正癸酸；26—苯甲酸

色谱柱：Carbowax 20M，56m×0.32mm

柱　温：84℃

载　气：H_2，30cm/s

检测器：FID

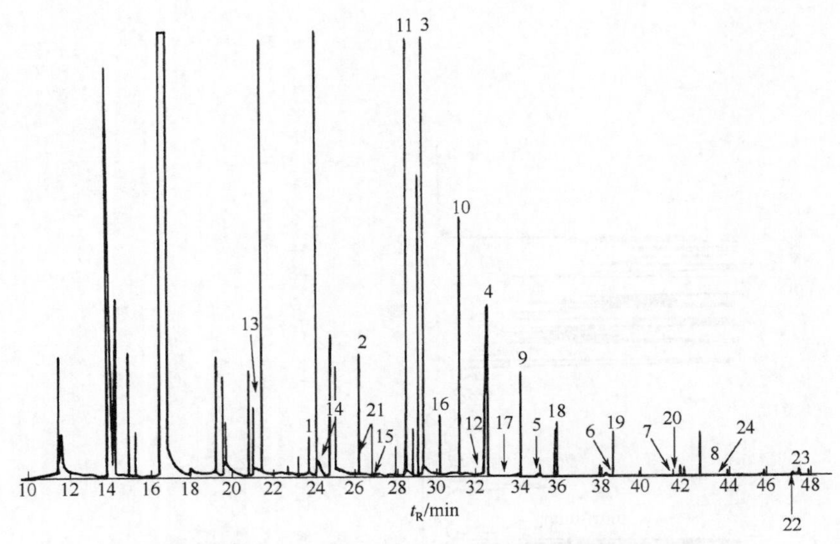

图 33-60 法国白兰地酒（五氟苄胺衍生物）[42]

色谱峰：1—丁醛；2—戊醛；3—己醛；4—庚醛；5—辛醛；6—壬醛；7—癸醛；8—十一醛；9—苯甲醛；10—β-环柠檬醛；11—糠醛；12—5-甲基糠醛；13—2-丁酮；14—2-戊酮；15—2-己酮；16—2-庚酮；17—2-辛酮；18—2-壬酮；19—2-癸酮；20—2-十一酮；21—3-己酮；22—反-1-(2,3,6-三甲基苯基)-2-丁烯-1-酮；23—反-4-(2,3,6-三甲基苯基)-3-丁烯-2-酮；24—2,3-丁二酮

色谱柱：CP-Sil 5 CB，50m×0.2mm，0.12μm

柱　温：35℃（0.7min）$\xrightarrow{20℃/min}$ 60℃（3.4min）$\xrightarrow{4℃/min}$ 250℃

检测器：MS（离子选择检测为m/z=181，35eV）

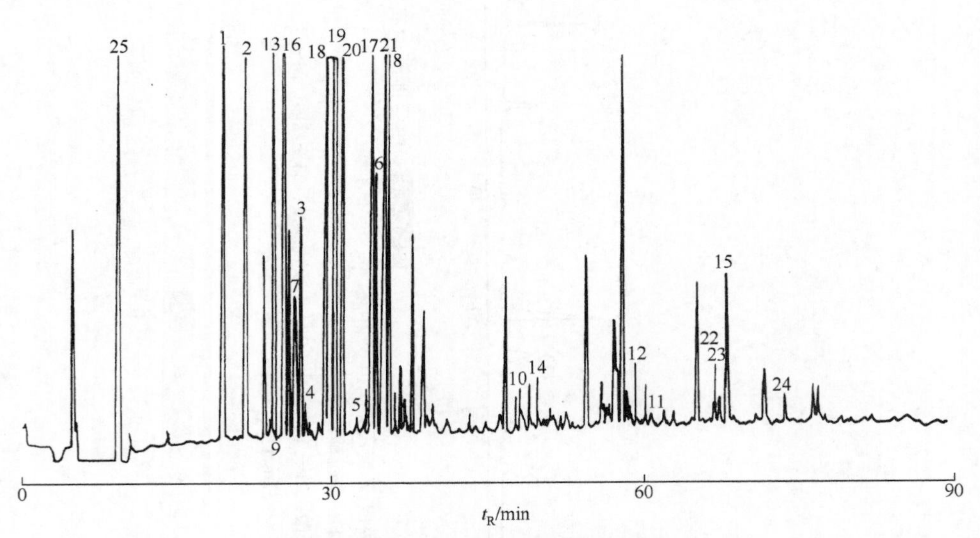

图 33-61 威士忌酒中杂环氮化物[43]

色谱峰：1—吡啶；2—2-甲基吡啶；3—3-甲基吡啶；4—4-甲基吡啶；5—2,4,6-三甲基吡啶；6—4-乙基吡啶；7—3-乙基吡啶；8—5-乙基-2-甲基吡啶（内标物）；9—2-异丙基吡啶；10—2-乙酰基吡啶；11—3-乙酰基吡啶；12—4-乙酰基吡啶；13—噻唑；14—2-乙酰基噻唑；15—苯并噻唑；16—2-甲基吡嗪；17—2,3-二甲基吡嗪；18—2,5-二甲基吡嗪；19—2,6-二甲基吡嗪；20—2-乙基吡嗪；21—2,3,5-三甲基吡嗪；22—喹啉；23—2-甲基喹啉；24—6-甲基喹啉；25—吡咯烷

色谱柱：Supercowax 10，30m×0.25mm

载　气：He，1mL/min

柱　温：50℃（8min）→250℃（30min），2℃/min

检测器：FID

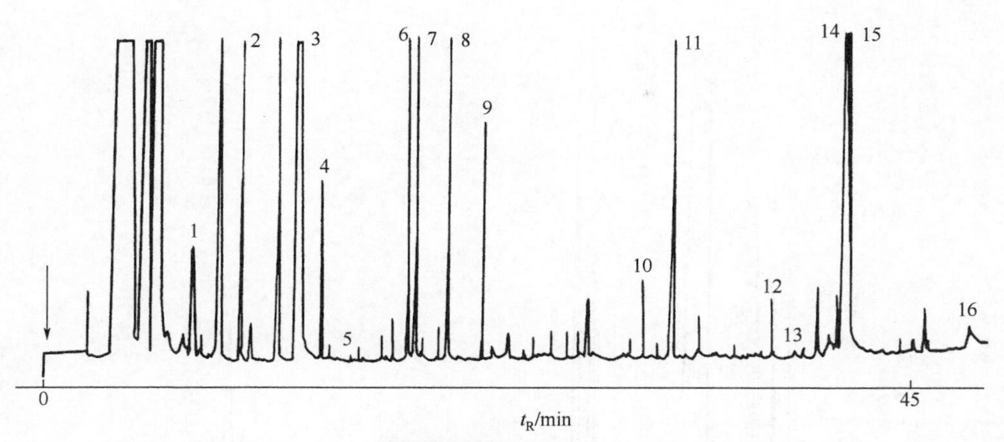

图 33-62　红酒[44]

色谱峰：1—丁酸乙酯；2—乙酸异戊酯；3—异戊醇；4—己酸乙酯；5—乙酸己酯；6—乙酸乙酯；7—己醇；8—3-辛醇（内标物）；9—辛酸乙酯；10—癸酸乙酯；11—丁二酸二乙酯；12—乙酸苯乙基酯；13—十二酸乙酯；14—2-苯基乙醇；15—2,6-二叔丁基对甲酚；16—辛酸

色谱柱：CP-Wax 52 CB，50m×0.25mm，0.2μm

柱　温：45℃（1min）→240℃，3℃/min

载　气：H_2，56kPa

检测器：FID

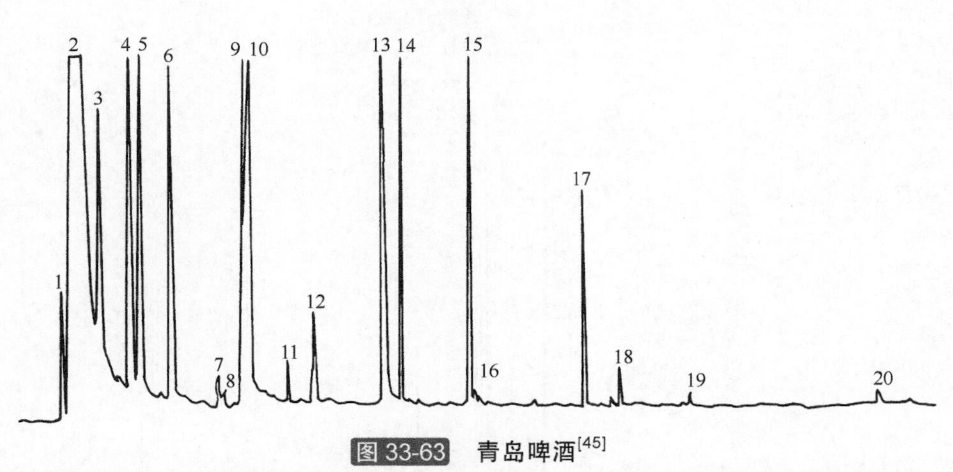

图 33-63　青岛啤酒[45]

色谱峰：1—乙醛；2—乙醇；3—正丙醇；4—乙酸乙酯；5—异丁醇；6—正丁醇（内标物）；7—丙酸乙酯；8—乙酸丙酯；9—异戊醇；10—活性戊醇；11—乙酸异丁酯；12—丁酸乙酯；13—乙酸异戊酯；14—乙酸-2-甲基丁酯+戊酸乙酯（内标物）；15—己酸乙酯；16—乙酸己酯；17—辛酸乙酯；18—乙酸苯乙酯；19—癸酸乙酯；20—十二酸乙酯

色谱柱：SE-54，25m×0.31mm，1.05μm

柱　温：40℃（5min）$\xrightarrow{5℃/min}$ 100℃ $\xrightarrow{10℃/min}$ 180℃（10min）

载　气：N_2，17.6cm/s

检测器：FID

进样方式：动态顶空进样

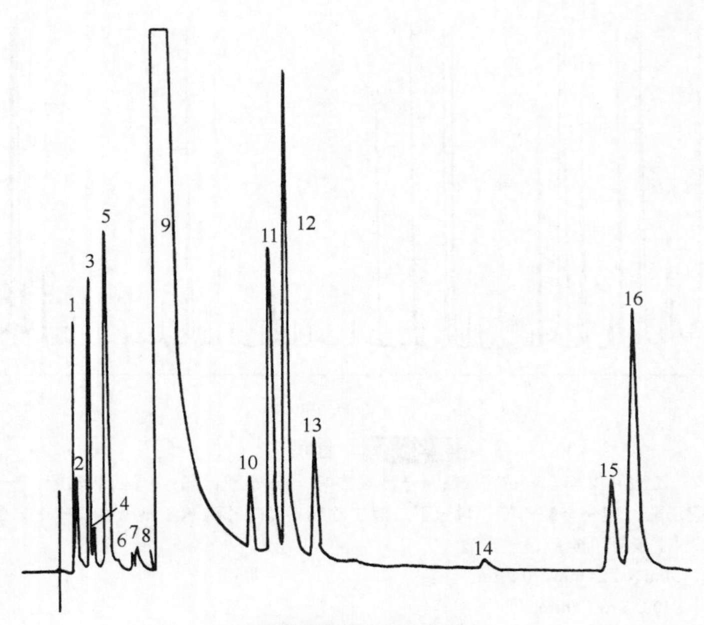

图 33-64 啤酒[46]

色谱峰：1—乙醛；2—二甲硫；3—甲酸乙酯；4—丙酮；5—乙酸乙酯；6—丙酸乙酯；7—甲醇；8—2-丙醇；9—乙醇；10—正丙醇；11—乙酸异戊酯；12—4-庚酮（内标）；13—2-甲基丙醇；14—辛酸乙酯；15—旋光戊醇；16—异戊醇

色谱柱：Carbowax 400，100m×0.5mm

柱　温：65.5℃

载　气：N_2

检测器：FID

气化室温度：150℃

检测器温度：150℃

进样方式：顶空进样

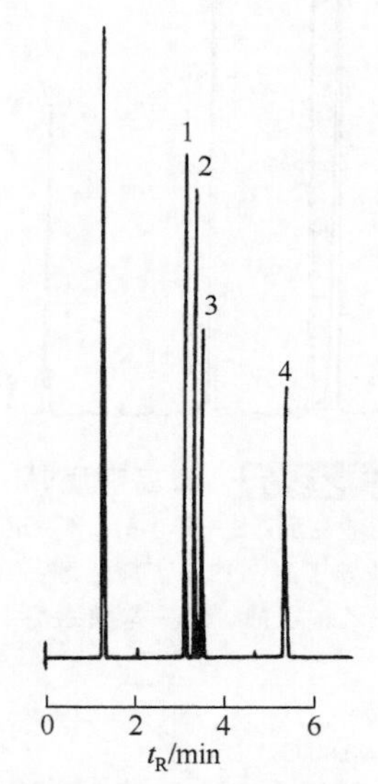

图 33-65 食品抗氧化剂[47]

色谱峰：1—BHA；2—BHT；3—叔丁基氢醌；4—4-羟基甲基-2,6-二叔丁基酚酮

色谱柱：BP5，25m×0.32mm，0.5μm

检测器：FID

柱　温：180℃→230℃，8℃/min

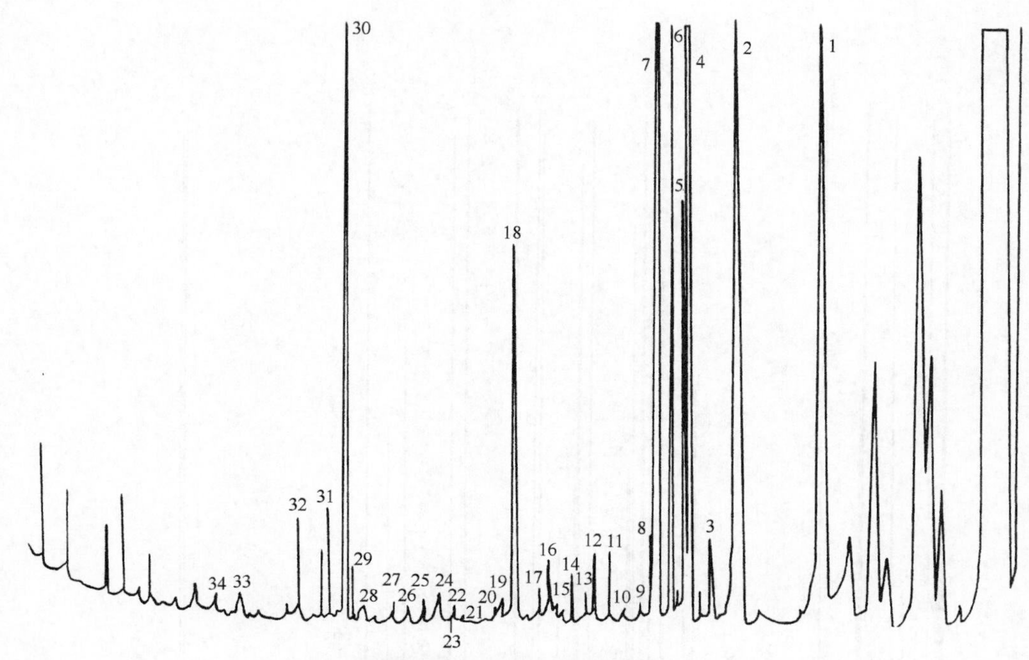

图 33-66 葡萄汁中挥发性组分[48]

色谱峰：1—3-甲基丁醇；2—3-羟基-2-丁酮；3—1-戊烯-3-醇；4—甲酸已酯；5—4-甲基戊醇；6—甲酸-反-3-已烯酯；7—反-2-已烯-1-醇；8—环已醇；9—7-辛烯-4-醇；10—1-辛烯-3-醇；11—1,4-二氯苯；12—2-乙基已醇；13—苯已醛；14—*S*-2,3-丁二醇；15—二甲基亚硫酰；16—里哪醇；17—6-甲基庚醇；18—*R*-2,3-丁二醇；19—5-甲基-2-异丙基环已醇；20—壬醇；21—3-甲硫基丙醇；22—甘菊环；23—1,3-二甲氧基苯；24—乙酸2-苯乙酯；25—diapers牛儿醇；26—苯甲醇；27—二甲基磺酰；28—苯乙醇；29—苯并噻吩唑；30—3-羟基-二氢呋喃-2-酮；31—呋喃-3-乙酸-4-已基(2,5-二甲氧基)酯；32—2,5-二丁基[3,10]已烷-2-酮；33—4-乙基苯酚；34—4-甲基-3-乙基-1-氢茂-2,5-二酮

色谱柱：Superox-4空心柱

柱 温：25℃（10min）→250℃，3℃/min

载 气：N_2

检测器：FID

气化室温度：150℃

检测器温度：250℃

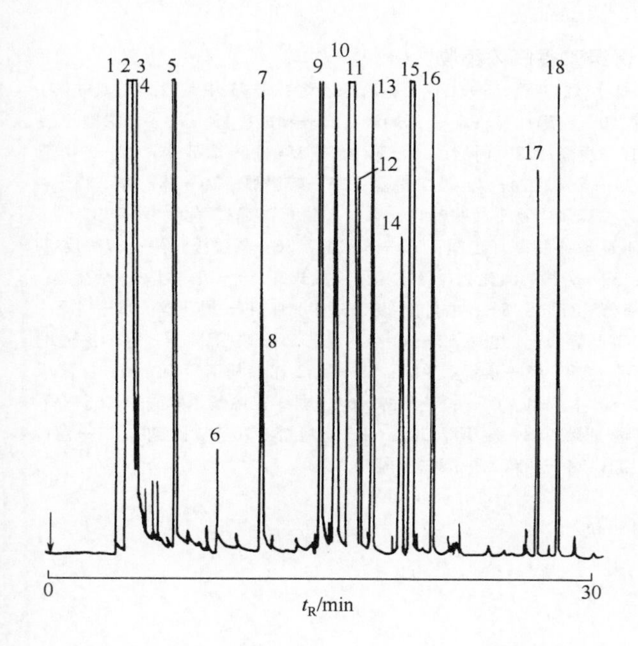

图 33-67 苹果汁[49]

色谱峰：1—乙醛；2—乙醇；3—戊烷；4—二甲硫；5—乙酸乙酯；6—正丁醇；7—丙酸乙酯；8—乙酸丙酯；9—甲苯；10—2-甲基丁酸甲酯；11—已醛；12—丁酸乙酯；13—乙酸丁酯；14—反-2-已醛；15—异戊酸乙酯；16—乙酸异戊酯；17—乙酸-2-已酯；18—苎烯

色谱柱：CP-Sil 5 CB，50m×0.25mm，0.4μm

柱 温：40℃（10min）→210℃，5℃/min

载 气：He

检测器：FID

进样方式：顶空法

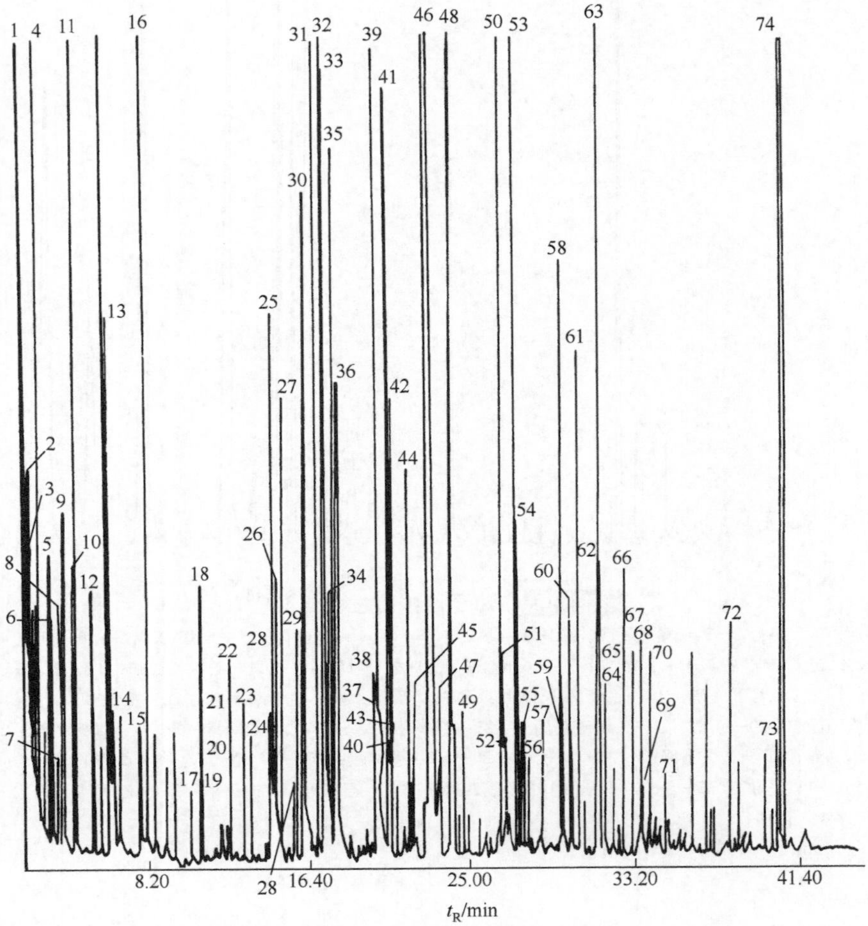

图 33-68 炒青绿茶香气浓缩物[50]

色谱峰：1—乙酸乙酯；2—2-戊酮；3—2-甲基丁醛；4—1-戊烯-3-醇；5—1,1-二氧乙基乙烷；6—3-甲基-2,3-二氢呋喃；7—吡啶；8—反-2-戊烯醛；9—反-2-戊烯-1-醇；10—己醇；11—反-2-己烯醇；12—糖醛；13—顺-δ-己烯醇甲酸酯；14—1,2-二乙基环丁烷；15—1-戊烯-3-酮；16—庚醛；17—丙酸；18—苯甲醛；19—1-辛烯-3-醇；20—2-甲基吡嗪；21—2,5-二甲基吡嗪；22—异戊基呋喃；23—辛醇；24—2,4-庚二烯醛；25—苯甲醇；26—苯乙醛；27—γ-萜品烯；28—反-2-辛烯醛；29—苯乙酮；30—芳香醇氧化物Ⅰ（呋喃型，顺）；31—芳樟醇氧化物Ⅱ（呋喃型，反）；32—芳樟醇；33—1,5-辛二烯-3-醇；34—4-羟基-4-甲基环己酮；35—苯乙醇；36—醋酸橙花酯；37—反-2-壬烯醛；38—芳樟醇氧化物Ⅲ（吡喃型，顺式）；39—芳樟醇氧化物Ⅳ（吡喃型，反式）；40—萘；41—α-萜品醇；42—水杨酸甲酯；43—苯乙醇甲酸酯；44—5-羟基癸酸乙酯；45—α-香叶醛；46—香叶醇；47—橙花醇；48—吲哚；49—茶螺烷；50—顺-3-己烯醇己酸酯；51—反-3-己烯醇己酸酯；52—δ-癸内酯；53—顺-茉莉酮；54—α-玷玶烯；55—α-雪松烯；56—β-丁香烯；57—β-倍半水芹烯；58—β-紫罗兰酮；59—反-2-己烯基丁酸酯；60—α-葎草烯；61—2,6-二(1,1-二甲基乙基)-4-甲基苯酚；62—δ-杜松烯；63—橙花叔醇；64—顺-3-己烯基苯甲酸酯；65—顺-3-己烯醇-顺-3-己烯酯；66—α-雪松醇；67—α-荜澄茄烯；68—α-荜澄茄醇；69—榧叶醇；70—杜松醇T；71—蒽；72—6,10,14-三甲基-2-十五烷酮；73—十六酸甲酯；74—邻苯二甲酸二丁酯

色谱柱：DB-5，30m×0.2mm

柱　温：40℃（3min）$\xrightarrow{2℃/min}$ 60℃ $\xrightarrow{5℃/min}$ 250℃（10min）

检测器：MS

气化室温度：200℃

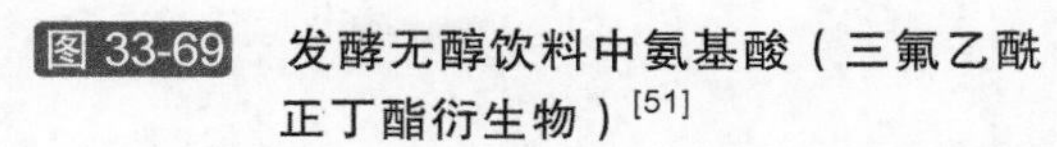

图 33-69　发酵无醇饮料中氨基酸（三氟乙酰正丁酯衍生物）[51]

色谱峰：1—丙氨酸；2—甘氨酸；3—丝氨酸；4—脯氨酸；5—天冬氨酸；6—赖氨酸；7—酪氨酸；8—天冬素；9—精氨酸；10—组氨酸；11—半光氨酸；12—亮氨酸（内标物）

色谱柱：OV-101，30m×0.29mm

柱　温：90℃ $\xrightarrow{10℃/min}$ 100℃（3min）$\xrightarrow{10℃/min}$ 250℃（16min）

载　气：N_2，26.8cm/s

检测器：FID

气化室温度：230℃

检测器温度：250℃

第三篇

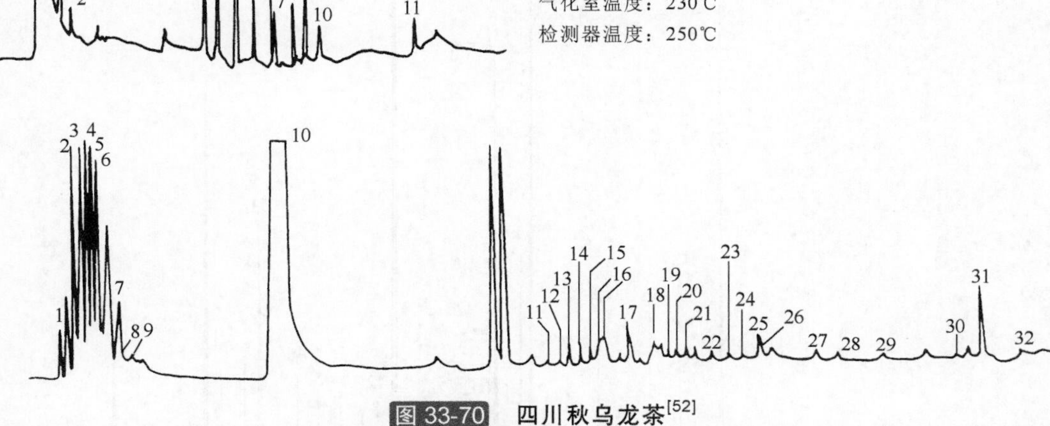

图 33-70　四川秋乌龙茶[52]

色谱峰：1—乙醛；2—乙醚（溶剂）；3—2-甲基丙醛；4—异丙醇；5—2-丁酮；6—乙酸乙酯；7—正丁醇；8—噻吩；9—正戊醛；10—2-戊醇；11—苯乙酮；12—1-辛醇；13，18—反芳樟醇氧化物（呋喃型）；14—顺芳樟醇氧化物（呋喃型）；15—芳樟醇；16—*β*-苯乙醇；17—苯乙醛；19—1-壬醇；20—水杨酸甲酯；21—辛酸乙酯；22—甲酸香叶酯；23—橙花醛；24—香叶醛；25—吲哚；26—香荆芥酚；27—乙酸橙花酯；28—乙酸香叶酯；29—*β*-紫罗兰酮；30—*δ*-杜松烯；31—橙花叔醇；32—茉莉酮酸甲酯

色谱柱：SE-30 SCOT柱，36m×0.32mm

柱　温：60℃（2min）→210℃，4℃/min

载　气：N_2，20cm/s

检测器：FID

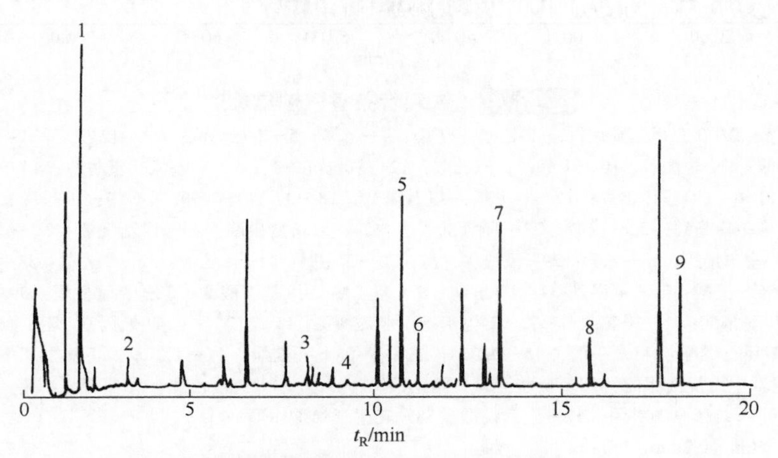

图 33-71　喇叭茶叶挥发油[53]

色谱峰：1—2,5-二氢呋喃或2-甲基-2-丙烯醛；2—2,4-己二烯醛；3—2-甲基-6-亚甲基-3,7-辛二烯-2-醇；4—2,4-辛二烯醛；5—2,6-二亚甲基-7-辛烯-3-酮；6—2-亚甲基-6-甲基-5,7-辛二烯-3-醇；7—2,4-十一碳二烯醛；8—喇叭烯；9—喇叭醇

色谱柱：DB-624，30m×0.32mm，1.8μm

柱　温：60℃→280℃，10℃/min

载　气：He

检测器：MS

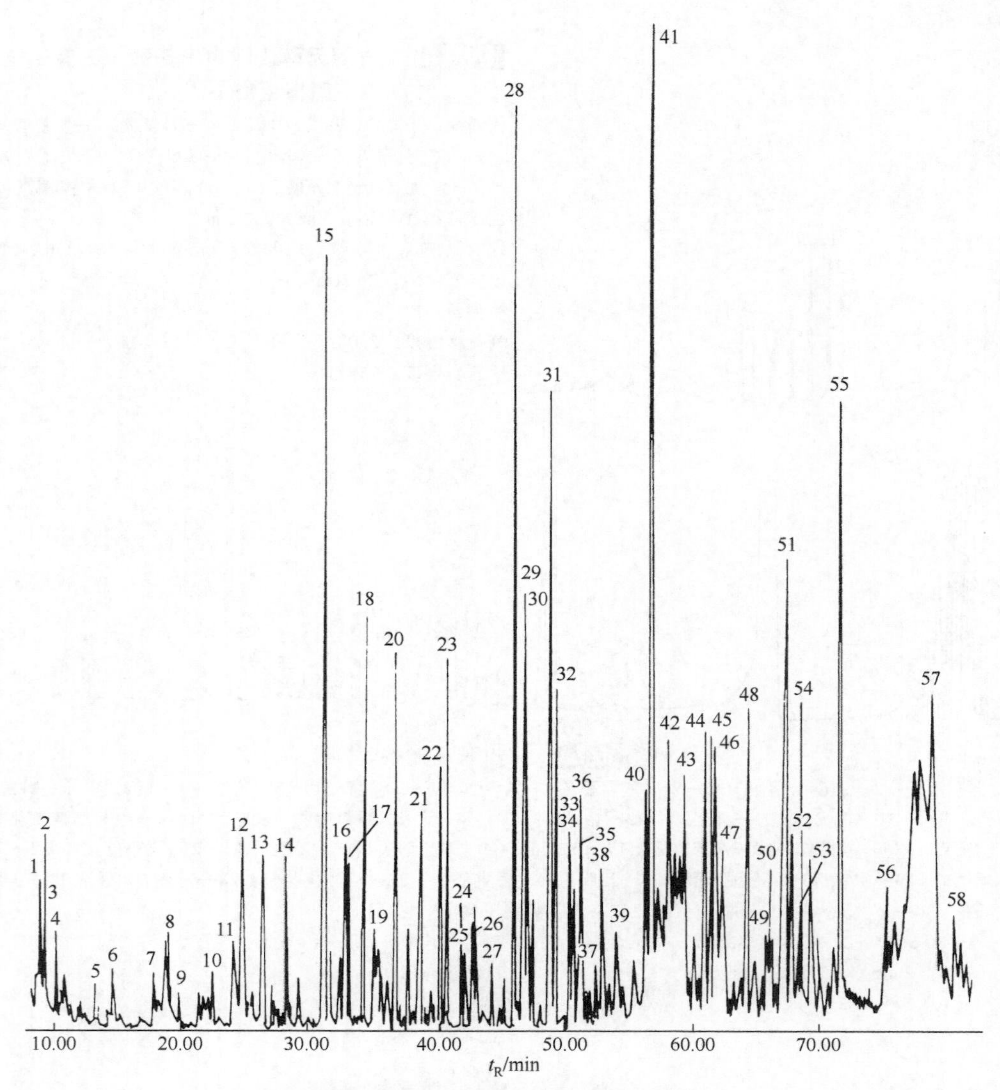

图 33-72 铁观音茶香气浓缩物[54]

色谱峰：1—己醛；2—2,4,6-三甲基癸烷；3—2-乙基-1-丁醇；4—乙苯；5—2-己烯醛；6—1-戊醇；7—2-己烯醇；8—6-甲基-5-庚烯-2-酮；9—辛酮-4；10—壬醛；11—乙酸；12—氧化沉香醇；13—反-氧化沉香醇；14—苯甲醛；15—沉香醇；16—2，6-二甲基环己醇；17—2-甲基-4-氨基苯酚；18—3-己烯醇己酸酯；19—甲基甲氧基苯；20—3-甲基丁酸；21—α-萜品醇；22—戊酸；23—环氧沉香醇；24—水杨酸甲酯；25—甲基吡嗪；26—α-法尼烯；27—2,7-二甲基-2,6-辛二烯醇；28—己酸；29—反牻牛儿醇；30—苯甲醇；31—苯乙醇；32—苯乙腈；33—苯并噻唑；34—顺-茉莉酮；35—庚酸；36—4-甲基-3-乙基吡咯；37—苯乙醇-2-甲基丁酸酯；38—β-紫罗酮；39—二羟基-5-丙基-2-呋喃酮；40—辛酸；41—橙花叔醇；42—2-甲基苯甲醇乙酸酯；43—2(2′-甲基-1′-烯丙基-)环丁酮；44—6-甲基-3-(1-甲乙基-)2-环己烯酮；45—壬酸；46—6,10,14-三甲基-2-十五烷酮；47—1,2-苯二甲酸二丁酯；48—己酸癸酯；49—14-甲基十五烷酸甲酯；50—癸酸；51—顺-法尼醇；52—十六烷酸乙酯；53—茉莉甲酯；54—1,5-二溴-1-戊烯；55—吲哚；56—咖啡因；57—十六烷酸；58—花生三烯酸甲酯

色谱柱：HP-20M，50m×0.2mm，0.2μm

柱　温：50℃（1min）→190℃（10min），2℃/min

载　气：He，0.5mL/min

检测器：MS

气化室温度：200℃

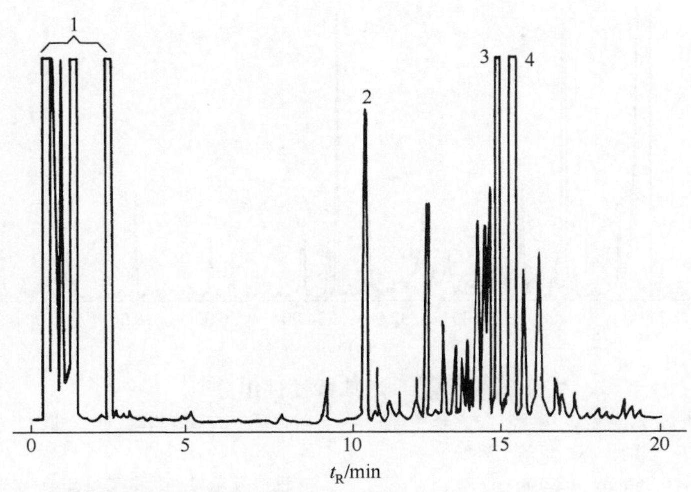

图 33-73　蜂王浆中脂肪酸（TMS 衍生物）[55]

色谱峰：1—溶剂组分；2—癸酸；3—10-羟基癸酸；4—10-羟基癸烯-2-酸

色谱柱：SE-30，12m×0.22mm

柱　温：50℃（1min）→280℃（3min），10℃/min

载　气：N_2，18cm/s

检测器：FID

气化室温度：240℃

检测器温度：300℃

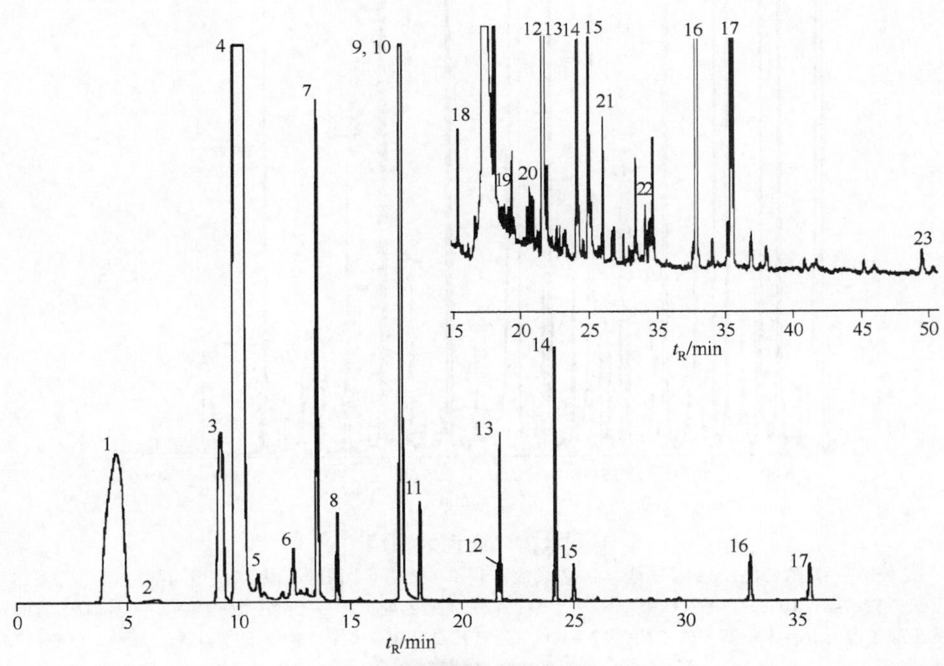

图 33-74　红酒[56]

色谱峰：1—脱附气体；2—乙醛；3—乙酸乙酯；4—乙醇；5—异戊酸乙酯；6—1-丙醇；7—异丁醇；8—乙酸异戊酯；9—2-甲基丁醇；10—3-甲基丁醇；11—己酸乙酯；12—正己醇；13—乳酸乙酯；14—辛酸乙酯；15—乙酸；16—癸酸乙酯；17—丁二酸二乙酯；18—正丁醇；19—正戊醇；20—3-甲基-1-戊醇；21—2-乙基-1-己醇；22—芳樟醇；23—乙酸苯乙酯

色谱柱：Stabilwax-DA，60m×0.32mm，1μm

进样口温度：200℃

载　气：He，1.5mL/min

程序升温：40℃（1min）$\xrightarrow{7℃/min}$ 110℃ $\xrightarrow{3℃/min}$ 130℃ $\xrightarrow{7℃/min}$ 160℃(38min)

检测器：MS

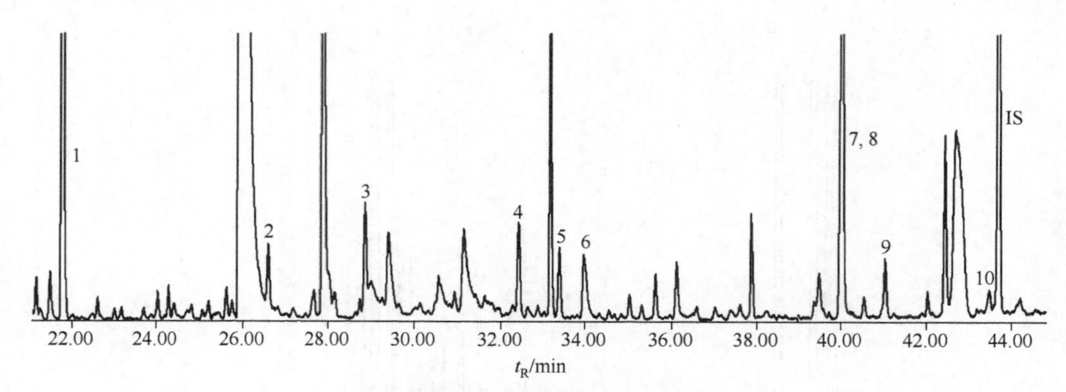

图 33-75 烟草挥发性组分[57]

色谱峰：1—6-甲基-5-庚烯-2-酮；2—糠醛；3—苯甲醛；4—γ-丁内酯；5—苯乙酮；6—糠醇；7—烟碱；8—苯甲醇；9—苯乙醇；10—苯酚；IS—甲基丁香酚

色谱柱：DB-wax，60m×0.25mm，0.32μm

程序升温条件：40℃(1min)→230℃(5min)，6℃/min

进样口温度：240℃

检测器：MS

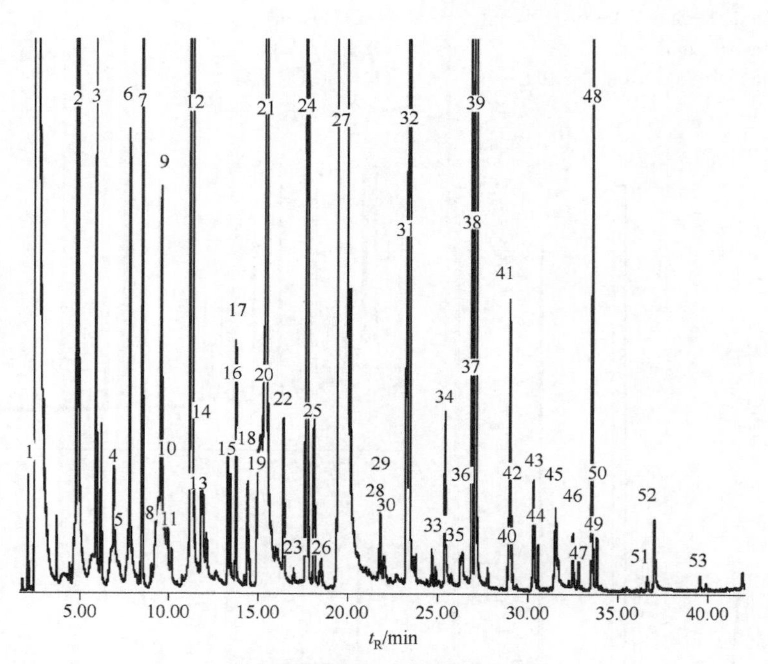

图 33-76 洋河大曲酒[58]

色谱峰：1—乙醛；2—乙酸乙酯；3—异戊醛；4—2-戊酮；5—2-戊醇；6—丙酸乙酯；7—缩乙醛；8—二甲基二硫；9—2-甲基丙酸乙酯；10—3-甲基-1-丁醇；11—丁酸；12—丁酸乙酯；13—乙酸丁酯；14—2-羟基丙酸乙酯；15—2-甲基丁酸乙酯；16—3-甲基丁酸乙酯；17—1,1-二乙氧基-2-甲基丙烷；18—乙酸异戊酯；19—1-己醇；20—丁酸丙酯；21—戊酸乙酯；22—己酸甲酯；23—丁酸二甲基丙酯；24—1,1-二乙氧基-3-甲基丁酸乙酯；25—异己酸乙酯；26—二甲基三硫；27—己酸乙酯；28—丁酸异戊酯；29—丁酸戊酯；30—3-羟基己酸乙酯；31—己酸丙酯；32—庚酸乙酯；33—环己甲酸乙酯；34—己酸-2-甲基丙酯；35—苯甲酸乙酯；36—丁二酸二乙酯；37—己酸丁酯；38—丁酸己酯；39—辛酸乙酯；40—苯乙酸乙酯；41—己酸异戊酯；42—乙酸苯乙酯；43—己酸戊酯；44—壬酸乙酯；45—1,1-二乙氧基-2-苯乙烷；46—苯丙酸乙酯；47—3,5-二甲基-2-正戊基吡嗪；48—己酸己酯；49—糠醇酯；50—癸酸乙酯；51—丁酸苯乙酯；52—2-羟基-3-苯基丙酸甲酯；53—辛酸己酯

色谱柱：DB-5，30m×0.32mm，0.25μm

载 气：N_2，2mL/min

进样口温度：250℃

检测器：MS

柱 温：40℃（2min）$\xrightarrow{4℃/min}$ 230℃（5min）→250℃

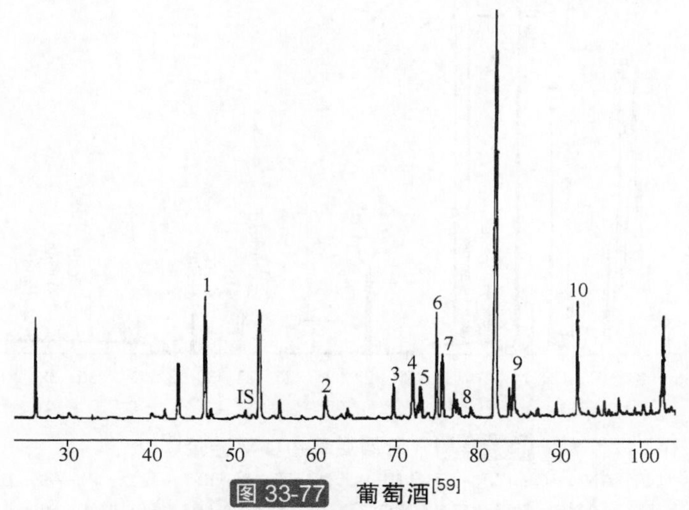

图 33-77　葡萄酒[59]

色谱峰：1—芳樟醇；2—α-松油醇；3—香茅醇；4—橙花醇；5—β-突厥烯酮；6—橙花基丙酮；7—α-紫罗兰酮；8—香叶醇；9—β-紫罗兰酮；10—橙花叔醇

色谱柱：Stabilwax，30m×0.25mm，0.25μm

柱　温：40℃（1min）$\xrightarrow{1℃/min}$ 120℃（2min）$\xrightarrow{1.7℃/min}$ 180℃（1min）$\xrightarrow{25℃/min}$ 220℃（10min）

载　气：He

气化室：250℃

检测器：MS

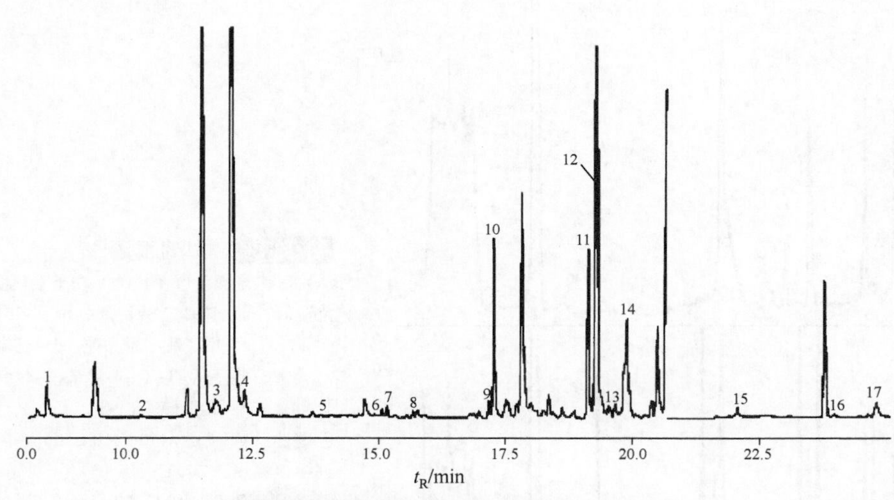

图 33-78　葡萄酒中挥发性橡木成分[60]

色谱峰：1—糠醛；2—5-甲基糠醛；3—糠醇；4—4,5-二甲基-2-糠醛（IS）；5—丙位庚内酯（IS）；6—愈创木酚；7—顺-威士忌内酯；8—β-紫罗兰香酮；9—γ-壬内酯；10—4-乙基愈创木酚；11—丁子香酚；12—4-乙基苯酚；13—对乙烯基愈创木酚；14—3,4-二甲基苯酚（IS）；15—4-乙烯基苯酚；16—香兰素；17—香草乙酮

色谱柱：CP-WAX 52 CB，30m×0.32mm，0.25μm

载　气：He，1.0 mL/min

检测器：MS

柱　温：40℃(3min)→230℃，7℃/min

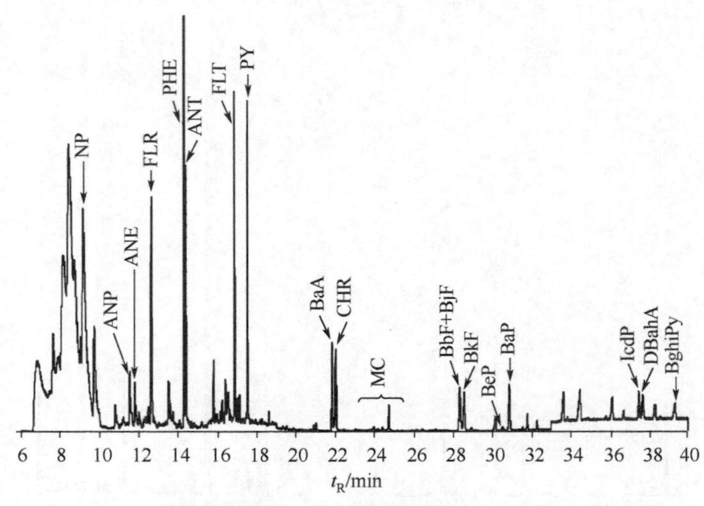

图 33-79 无烟烟草中多环芳烃[61]

色谱峰：NP—萘；ANP—苊烯；ANE—苊；FLR—芴；PHE—菲；ANT—蒽；FLT—荧蒽；PY—芘；BaA—苯并[*a*]蒽；CHR—䓛；1-MC—1-甲基䓛；3-MC—3-甲基䓛；4-MC+—4-甲基䓛+；6-MC—6-甲基䓛；BbF—苯并[*b*]荧蒽+；BjF—苯并[*j*]荧蒽；BkF—苯并[*k*]荧蒽；BeP—苯并[*e*]芘；BaP—苯并[*a*]芘；IcdP—茚并[1,2,3-*cd*]芘；DBahA—二苯并[*a,h*]蒽；BghiPy—苯并[*g,h,i*]芘

色谱柱：DB-5MS，60m×0.25mm，0.25μm

进样口温度：250℃

程序升温条件：80℃ $\xrightarrow{15℃/min}$ 275℃（5min） $\xrightarrow{5℃/min}$ 285℃（10min） $\xrightarrow{20℃/min}$ 315℃（15min）

载　气：He，1.2mL/min　　检测器：MS

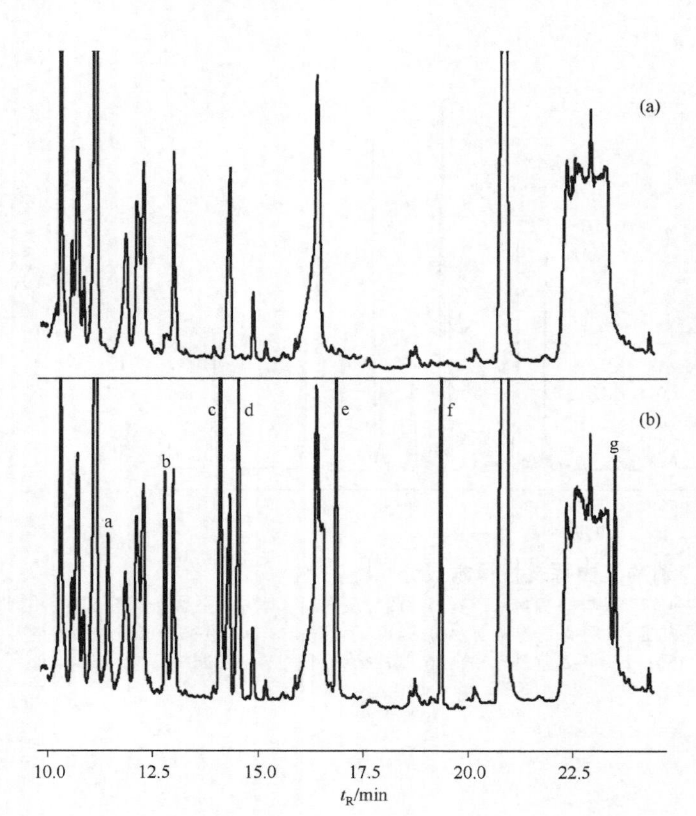

图 33-80 白葡萄酒[62]

(a) 白葡萄酒色谱图；(b) 白葡萄酒加标色谱图

色谱峰：a—巯基乙酸甲酯；b—2-甲硫基乙醇；c—甲硫基-乙酸甲酯；d—己硫醇；e—3-甲硫基丙醇；f—4-甲硫基-4-甲基-2-戊酮；g—3-甲硫基己醇

色谱柱：VF-5ms，50m×0.25mm，0.25μm

进样口温度：200℃

程序升温条件：40℃（2min） $\xrightarrow{7℃/min}$ 64℃（0.5min） $\xrightarrow{1℃/min}$ 67℃（0.5min） $\xrightarrow{10℃/min}$ 93℃（0.5min） $\xrightarrow{5℃/min}$ 150℃（0min） $\xrightarrow{50℃/min}$ 230℃（5min）

载　气：He，1mL/min

检测器：MS

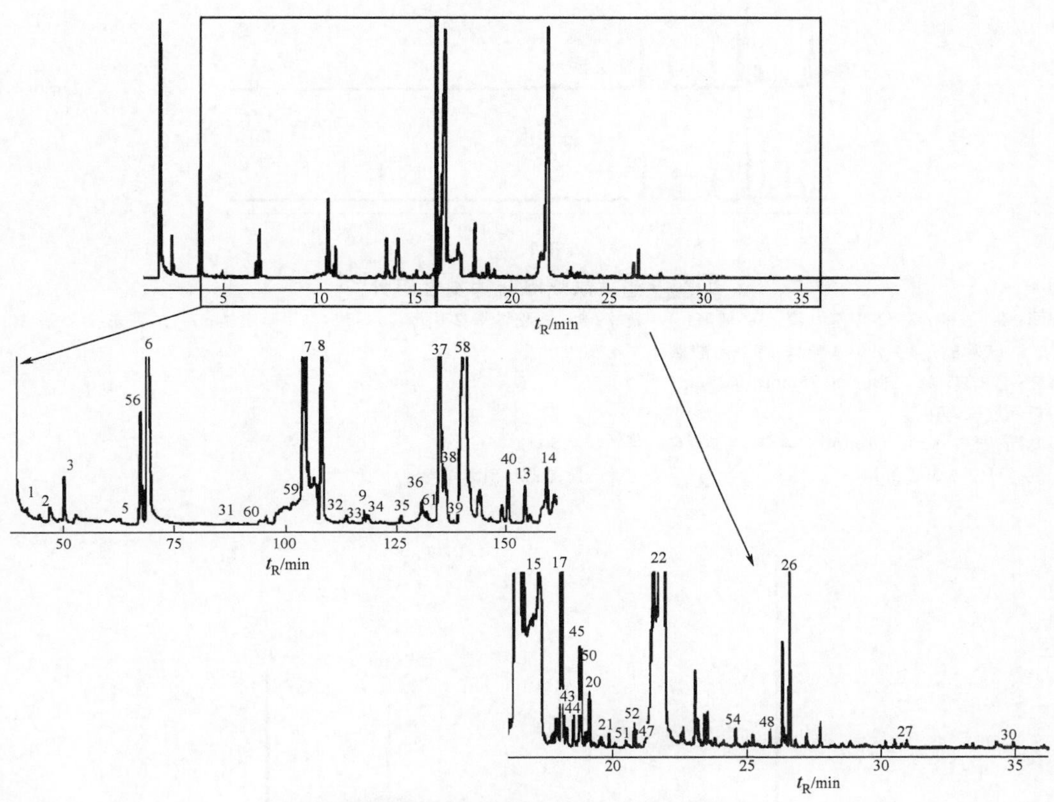

图 33-81 白葡萄酒中挥发性组分[63]

色谱峰：1—异丁酸乙酯；2—乙酸异丁酯；3—丁酸乙酯；4—丁酸甲酯；5—异戊酸乙酯；6—乙酸异戊酯；7—己酸乙酯；8—乙酸己酯；9—2-己烯酸乙酯；10—糠酸乙酯；11—乙酸丙酯；12—正庚酸乙酯；13—丁酸芳樟酯；14—丁二酸二乙酯；15—辛酸乙酯；16—己酸异戊酯；17—乙酸苯乙酯；18—苹果酸二乙酯；19—辛酸丙酯；20—壬酸乙酯；21—癸酸甲酯；22—癸酸乙酯；23—反-4-癸烯酸乙酯；24—辛酸异戊酯；25—癸酸丙酯；26—月桂酸乙酯；27—十四酸乙酯；28—十五酸乙酯；29—9-十六碳烯酸乙酯；30—十六酸乙酯；31—α-蒎烯；32—柠檬烯；33—蒎烯；34—顺-β-罗勒烯；35—顺-氧化芳樟醇；36—异松油烯；37—β-芳樟醇；38—脱氢芳樟醇；39—顺-玫瑰醚；40—橙花醚；41—β-松油醇；42—α-松油醇；43—橙花醇；44—香叶醇；45—不明化合物；46—不明化合物；47—橙花醇乙酸酯；48—金合欢醇；49—橙花叔醇；50—α-没药醇；51—紫罗兰酮；52—α-紫罗兰酮；53—1,1,6-三甲基-1,2-二氢萘；54—β-大马酮；55—β-紫罗兰酮；56—顺-3-己烯醇；57—正己醇；58—苯甲醇；59—苯己醇；60—己酸；61—苯甲醛；62—3-羟基-2-丁酮；63—2-壬酮；64—威士忌内酯；65—糠硫醇；66—4-乙烯基愈创木酚

色谱柱：VF-5，30m×0.25mm，0.25μm

进样口温度：280℃

程序升温条件：40℃（1min）$\xrightarrow{5℃/min}$ 250℃(5min) $\xrightarrow{5℃/min}$ 300℃

载　气：He，1mL/min

检测器：MS

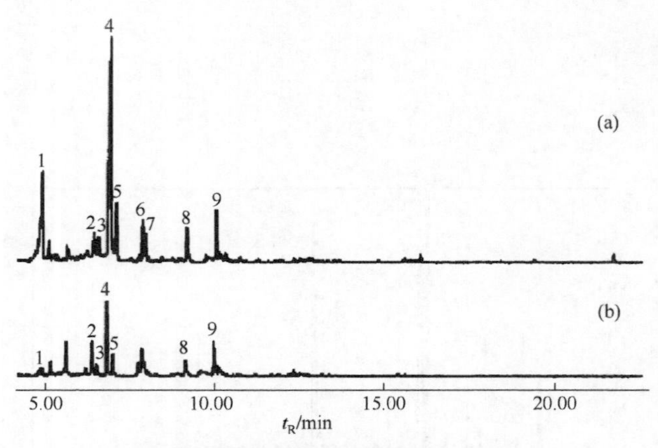

图 33-82 烘焙咖啡挥发性组分[64]

色谱峰：1—乙酸；2—2-甲基吡嗪；3—糠醛；4—麸醇；5—乙酰氧基-2-丙酮；6—2,5-二甲基吡嗪；7—二羟基-2-甲基-3(2*H*)-呋喃酮；8—5-甲基糠醛；9—乙酸糠酯

色谱柱：TRB-5MS，30m×0.25mm，0.25μm

进样口温度：270℃

程序升温条件：45℃（1min）$\xrightarrow{5℃/min}$ 200℃ $\xrightarrow{20℃/min}$ 250℃（5min）

载　气：He，1.3mL/min　　　检测器：MS

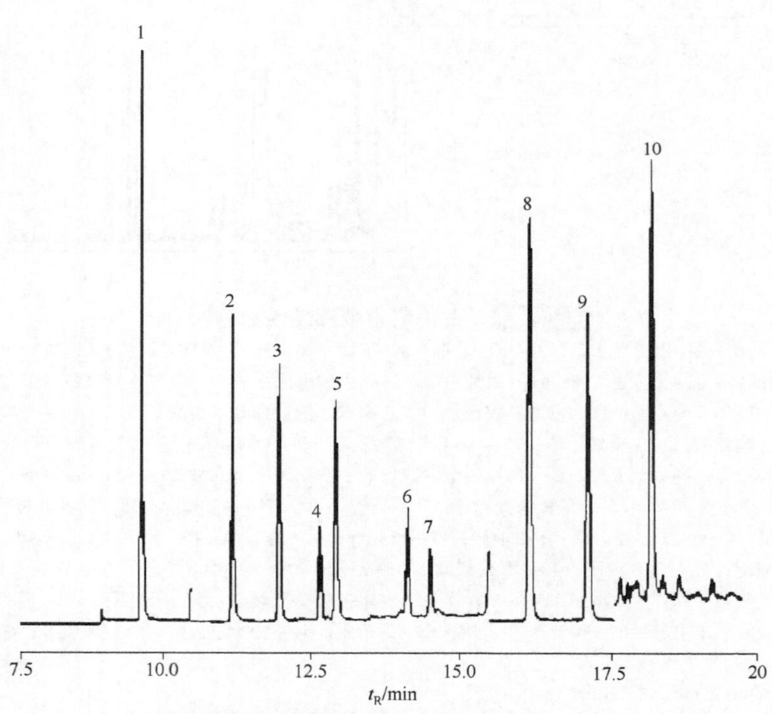

图 33-83 葡萄酒中软木塞污染物[65]

色谱峰：1—2,4,6-三氯苯甲醚；2—4-碘苯甲醚；3—4-乙基-2-甲氧基苯酚；4—4-甲基苯酚；5—2,3,4,6-四氯苯甲醚；6—4-乙基苯酚；7—4-乙烯基-2-甲氧基苯酚；8—2,4,6-三溴苯甲醚；9—五氯苯甲醚；10—4-乙烯苯酚

色谱柱：CP-WAX 52-CB，30m×0.25mm，0.25m

气化室：250℃

柱　温：35℃（1min）$\xrightarrow{20℃/min}$ 170℃（1min）$\xrightarrow{3℃/min}$ 210℃（12min）

载　气：He，1mL/min

检测器：MS

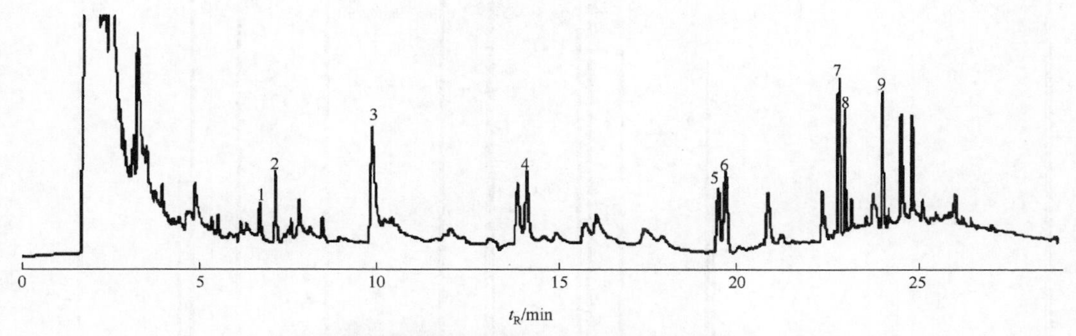

图 33-84 葡萄酒中软木塞污染物[66]

色谱峰：1—4-碘苯甲醚；2—2,4,6-三氯苯甲醚；3—2,4,6-三氯酚；4—2,3,4,6-四氯苯甲醚；5—2,4,6-三溴苯甲醚；6—2,3,4,6-四氯酚；7—五氯苯甲醚；8—2,4,6-三溴苯酚；9—五氯苯酚

色谱柱：HP-5ms，30m×0.25mm，0.25μm

载　气：He，1.2mL/min

进样口温度：250℃

柱　温：130℃(1min) $\xrightarrow{3℃/min}$ 150℃(10min) $\xrightarrow{15℃/min}$ 250℃ (4min)

检测器：ECD（300℃）

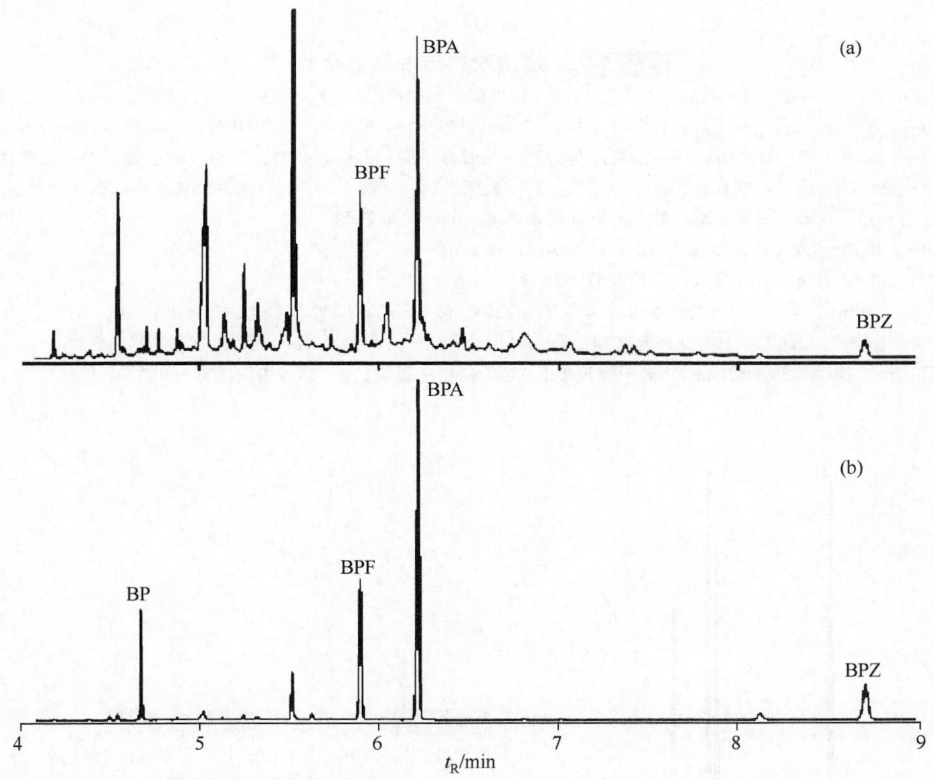

图 33-85 运动饮料（a）及苏打水（b）中双酚类物质[67]

色谱峰：BP—双酚；BPF—双酚F；BPA—双酚A；BPZ—双酚Z

色谱柱：HP-5ms，30m×0.25mm，0.25μm

柱　温：75℃→275℃（6min），50℃/min

载　气：He，1mL/min

检测器：MS

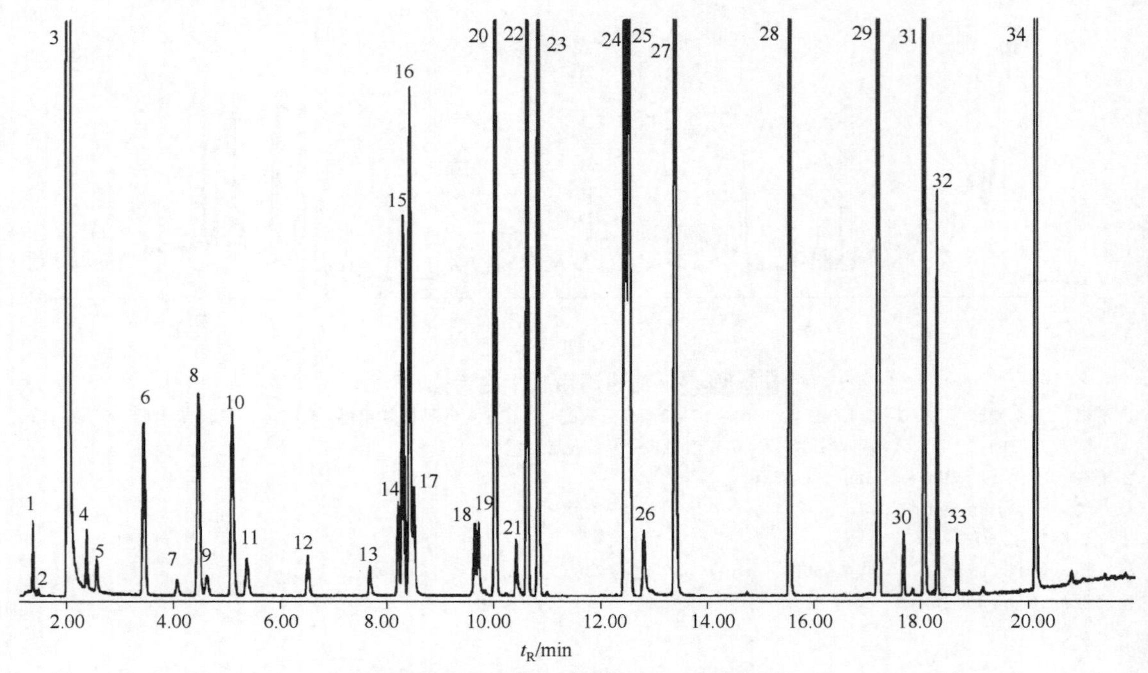

图 33-86 发酵饮料标准品混合物[29]

色谱峰：1—乙醛；2—甲醇；3—乙醇；4—丙酮；5—异丙醇；6—异丁醛；7—正丙醇；8—丁醛；9—2,3-丁二酮(VDK)；10—乙酸乙酯；11—仲丁醇；12—异丁醇；13—正丁醇；14—2,3-戊二酮(VDK)；15—丙酸乙酯；16—乙酸丙酯；17—3-戊醇；18—异戊醇；19—活性戊醇；20—乙酸异丁酯；21—正戊醇；22—丁酸乙酯；23—己醛；24—乙酸异戊酯；25—活性乙酸戊酯；26—1-己醇；27—庚醛；28—辛醛；29,30—1,3,5-三氧杂环己烷（杂质）；31—辛酸乙酯；32—1-苯甲酸苯乙酯；33—3-甲氧基苯甲醛；34—癸酸乙酯

色谱柱：DB-624 Ultra Inert 123-1334UI，30m×0.32mm，1.80μm

载　气：He，2.3 mL/min，恒流模式，温度设置为35℃

柱温箱：35℃ (5min) $\xrightarrow{10℃/min}$ 100℃(1.5min) $\xrightarrow{15℃/min}$ 220℃ (3.0min) $\xrightarrow{25℃/min}$ 250℃(2.8min)

进样口：分流/不分流，220℃，1μL，分流比20：1

MSD限流器：全扫描模式30～400amu，离子源温度230℃，四极杆温度150℃，传输线温度260℃

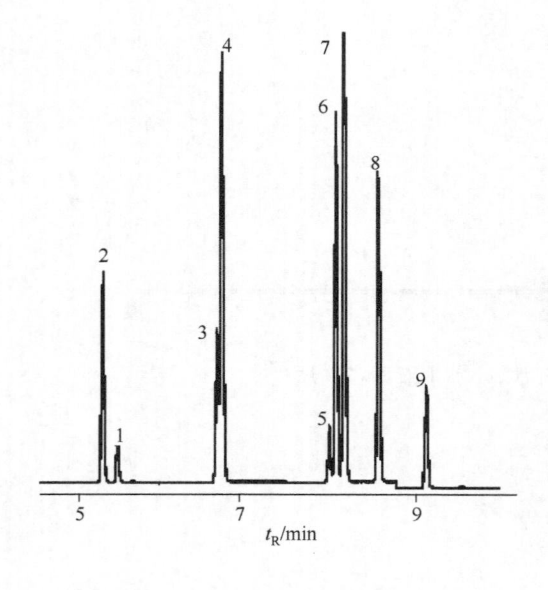

图 33-87 饮用水中挥发性物质[28]

色谱峰：1—二氟苯；2—苯；3—甲苯-d_8；4—甲苯；5—氯苯-d_5；6—乙苯；7—对二甲苯和间二甲苯；8—邻二甲苯；9—对溴氟苯

色谱柱：BP624，25m×0.22mm，1.2μm

载　气：He，15psi

柱温箱：50℃(2min)→170℃，15℃/min

检测器：MS

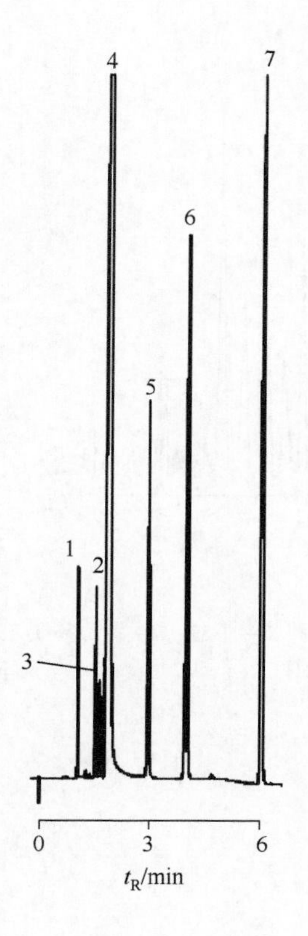

图 33-88　苏格兰威士忌[28]

色谱峰：1—乙醛；2—乙酸乙酯；3—甲醇；4—乙醇；5—丙醇；6—2-甲基-1-丙醇；7—2-甲基-1-丁醇和3-甲基-1-丁醇

色谱柱：BP20，12m×0.53mm，1.0μm

柱温箱：55℃(3min)→120℃，10℃/min

检测器：FID

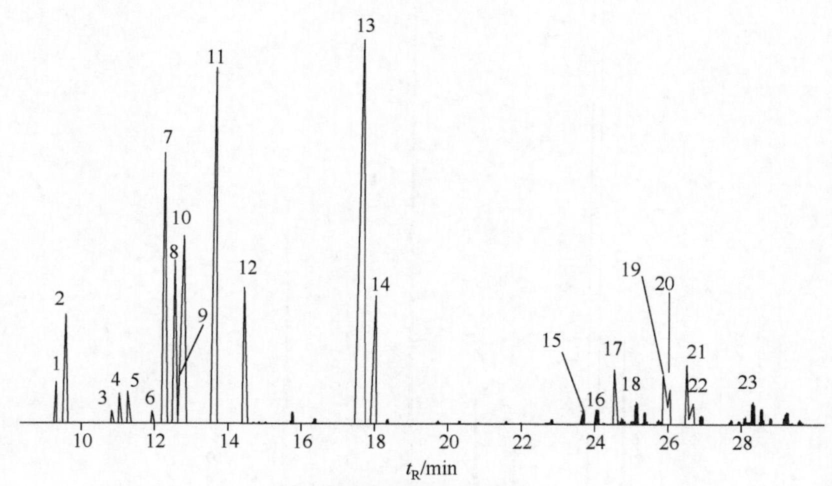

图 33-89　茶树油[28]

色谱峰：1—侧柏烯；2—α-蒎烯；3—香烩烯；4—3-辛醇；5—β-蒎烯；6—α-水芹烯；7—α-松油烯；8—对伞花烃；9—柠檬烯；10—1,8-桉叶油素；11—γ-松油烯；12—异松油烯；13—松油烯-4-醇；14—α-松油醇；15—α-古芸烯；16—反-β-丁香烯；17—香橙烯；18—别香橙烯；19—喇叭烯；20—大根香叶烯B；21—α-杜松烯；22—1s,顺-菖蒲烯；23—蓝桉醇

色谱柱：BP20，30m×0.25mm，0.25μm

柱温箱：40℃(1min)→200℃，5℃/min

检测器：MS

载　气：He，7.0psi，1.0 mL/min

进样口温度：250℃

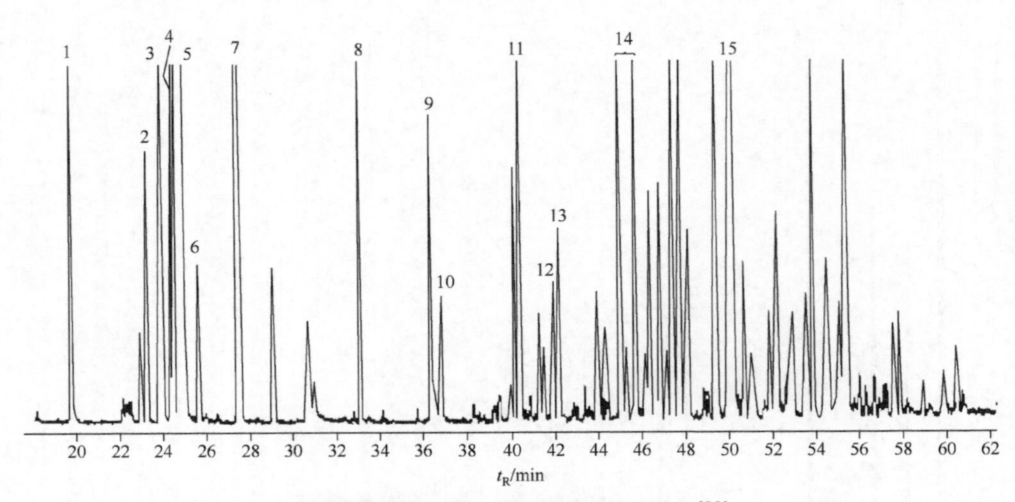

图 33-90 柑橘味碳酸饮料(苏打水)[29]

色谱峰：1—S-(−)-柠檬油精；2—对异丙基苯；3—(+)-柠檬油精；4—辛醇；5—γ-萜品烯；6—壬醇；7—2-乙基-1-己醇；8—芳樟醇；9—正癸醇；10—萜品烯-4-醇；11—苯乙醇；12—α-萜品醇；13—BHT

色谱柱：CycloSil-B 112-6632，30m×0.25mm，0.25μm

载　气：He，37cm/s，于40℃下测量

柱温箱：40℃→190℃，2℃/min

进　样：分流比为1∶5；聚丙烯酸酯纤维，85μm

检测器：MSD，280℃传输管线

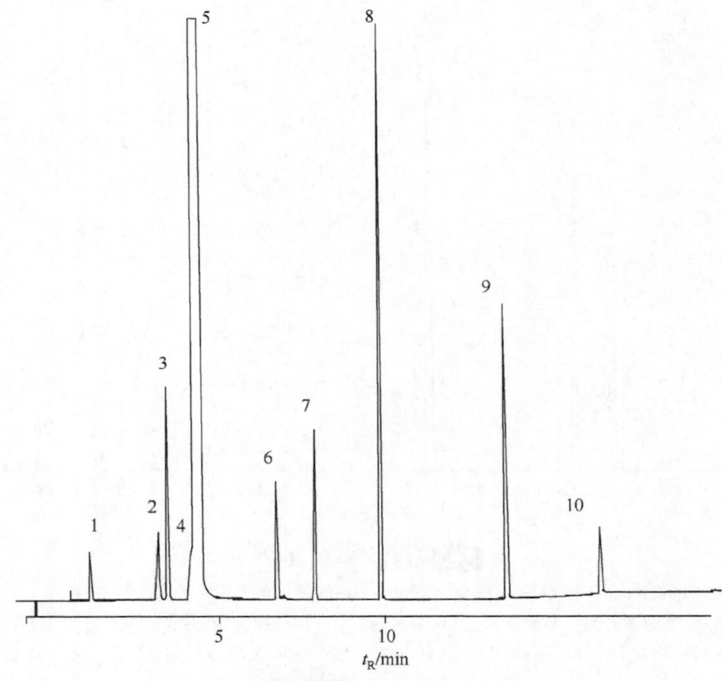

图 33-91 葡萄酒[28]

色谱峰：1—乙醛；2—乙酸乙酯；3—甲醇；4—异丙醇；5—乙醇；6—丙醇；7—异丁醇；8—异戊醇；9—乙酸；10—未知物

色谱柱：BP20，25m×0.32mm，1.0μm

柱温箱：40℃(2min) $\xrightarrow{5℃/\text{min}}$ 50℃ $\xrightarrow{15℃/\text{min}}$ 190℃

载　气：H_2，6psi

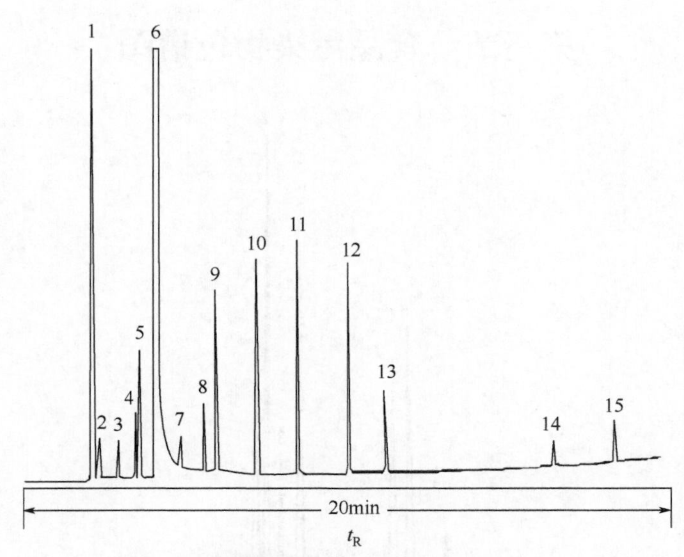

图 33-92　酒精饮料标样[29]

色谱峰：1—乙醛；2—丙酮；3—甲酸乙酯；4—乙酸乙酯；5—甲醇；6—乙醇；7—双乙酰；8—仲丁醇；9—正丙醇；10—异丁醇；11—正丁醇；12—异戊醇；13—正戊醇；14—乙酸；15—丙酸

色谱柱：HP-FFAP 19091F-105，50m×0.20mm，0.33μm

载　气：H_2

柱温箱：60℃（4min）→200℃（2min），6℃/min

检测器：FID

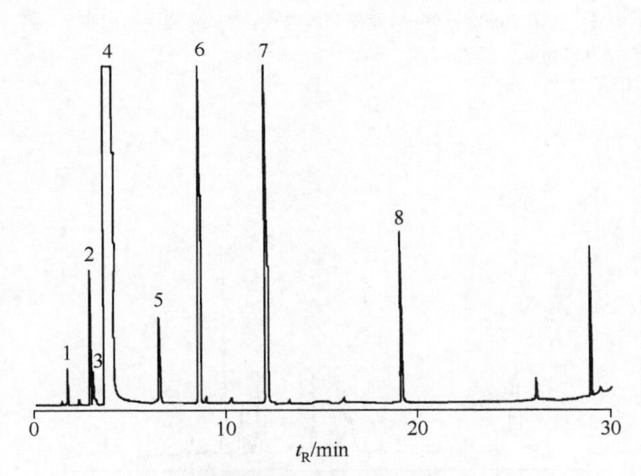

图 33-93　波旁威士忌[29]

色谱峰：1—乙醛；2—乙酸乙酯；3—甲醇；4—乙醇；5—乙酸；6—正丙醇；7—异丁醇；8—2-甲基-1-丁醇或3-甲基-1-丁醇

色谱柱：HP-INNOWax 19091N-133，30m×0.25mm，0.25μm

载　气：He，33cm/s，15.5psi (35℃)，1.5mL/min，恒流模式

柱温箱：35℃（5min）$\xrightarrow{5℃/min}$ 150℃ $\xrightarrow{20℃/min}$ 250℃（2min）

进　样：分流，220℃，分流比25∶1

检测器：FID，280℃

第三节 食品污染物色谱图

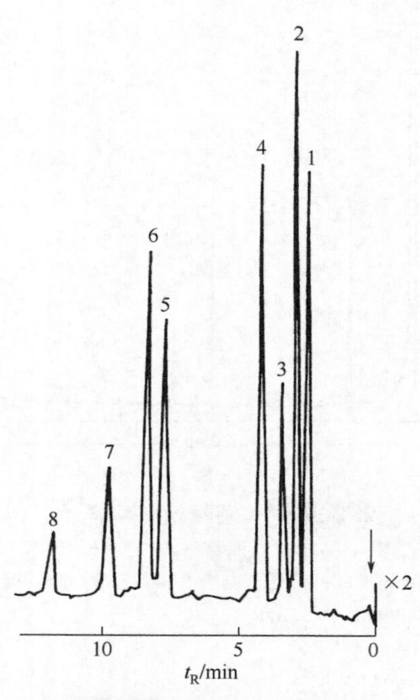

图 33-94 肉中亚硝胺[68]

色谱峰：1—*N*-亚硝基二甲基胺；2—*N*-亚硝基二乙基胺；3—*N*-亚硝基二异丙基胺（内标物）；4—*N*-亚硝基二丙基胺；5—*N*-亚硝基二丁基胺；6—*N*-亚硝基哌啶；7—*N*-亚硝基吡咯烷；8—*N*-亚硝基吗啉

色谱柱：CP-Wax 57 CB，10m×0.32mm，1.27μm

柱　温：50℃（0.5min）→105℃，25℃/min

载　气：He，50kPa

检测器：热能分析器

气化室温度：200℃

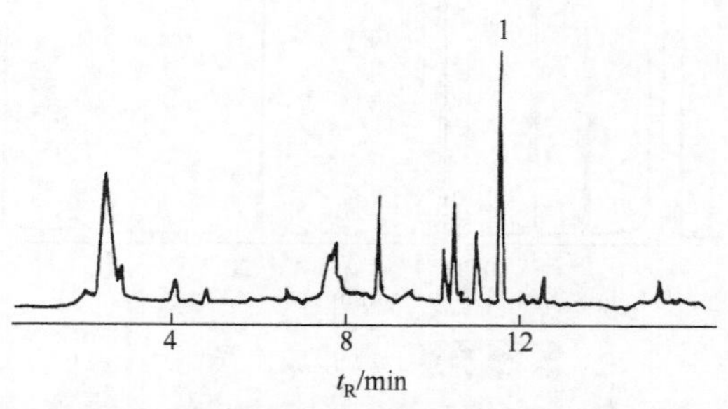

图 33-95 禽肉中克球酚（乙酰衍生物）[69]

色谱峰：1—克球酚

色谱柱：HP-5，25m×0.32mm，0.25μm

柱　温：50℃（2min）$\xrightarrow{30℃/min}$ 180℃（1min）$\xrightarrow{4℃/min}$ 260℃（5min）

载　气：N_2，25cm/s

检测器：ECD

气化室温度：270℃

检测器温度：300℃

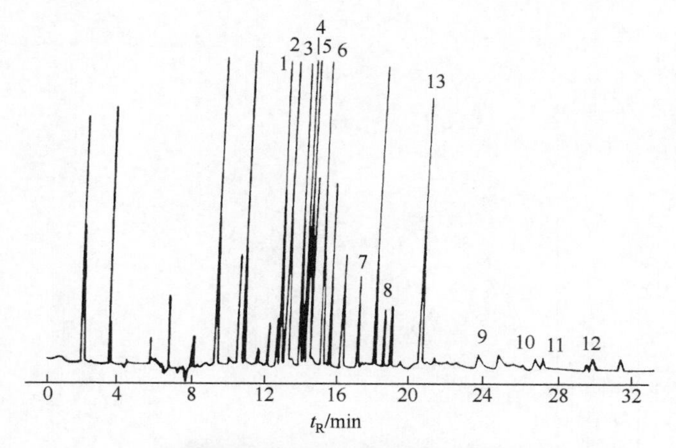

图 33-96　人参中有机氯农药[70]

色谱峰：1—α-六六六；2—六氯苯；3—β-六六六；4—γ-六六六；5—五氯硝基苯；6—δ-六六六；7—七氯；8—艾氏剂；9—*p,p*-滴滴伊；10—*o,p*-滴滴涕；11—*p,p*-滴滴滴，12—*p,p*-滴滴涕；13—环氧七氯（内标物）

色谱柱：SE-54，25m×0.22mm，0.33μm

柱　温：150℃（2min）$\xrightarrow{5℃/min}$230℃（10min）$\xrightarrow{10℃/min}$250℃（10min）

载　气：N_2

检测器：ECD

气化室温度：300℃

检测器温度：300℃

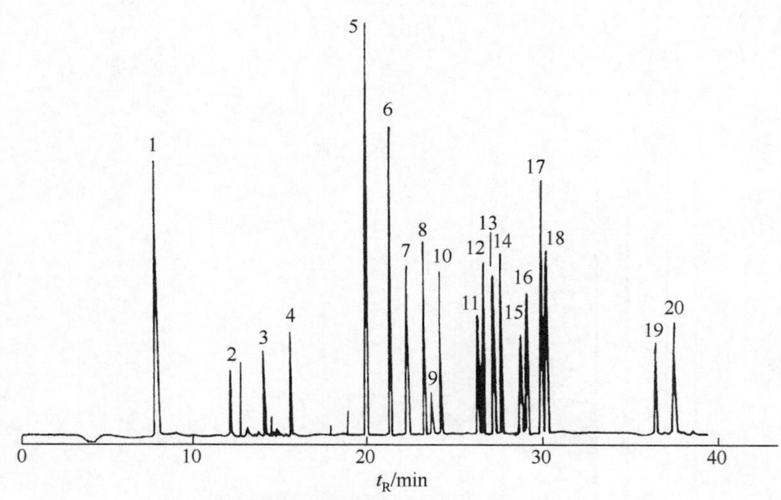

图 33-97　柑橘中有机磷农药[71]

色谱峰：1—敌百虫（2.0ng）；2—治螟磷（1.6ng）；3—敌敌畏（2.0ng）；4—甲胺磷（3.8ng）；5—甲拌磷（0.6ng）；6—二嗪农（1.5ng）；7—乙拌磷（0.8ng）；8—异稻瘟净（0.7ng）；9—久效磷（11.0ng）；10—乐果（2.0ng）；11—毒死蜱（0.5ng）；12—甲基对硫磷（2.0ng）；13—马拉硫磷（2.0ng）；14—杀螟硫磷（2.0ng）；15—乙基对硫磷（0.5ng）；16—甲基异柳磷（0.5ng）；17—水胺硫磷（2.0ng）；18—稻丰散（3.0ng）；19—乙硫磷（0.5ng）；20—三硫磷（1.9ng）

色谱柱：BP-10，25m×0.22mm

柱　温：60℃（2min）$\xrightarrow{10℃/min}$200℃（0.2min）$\xrightarrow{2℃/min}$250℃（1min）

载　气：N_2，17cm/s

检测器：FPD

气化室温度：270℃

检测器温度：270℃

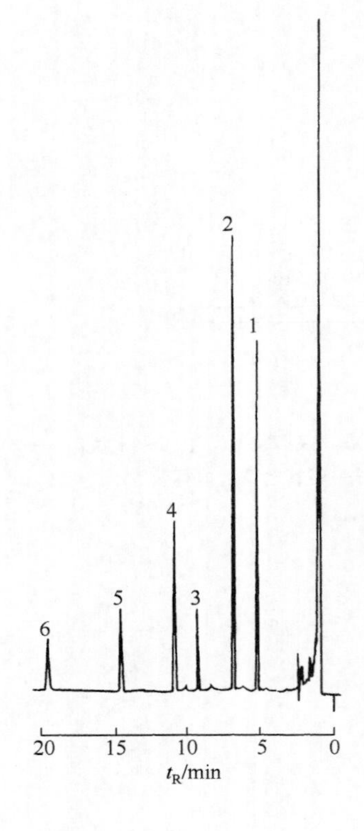

图 33-98 苹果中农药[72]

色谱峰：1—百菌清；2—烯菌酮；3—毒死蜱（内标物）；4—克菌丹；5—α-硫丹；6—β-硫丹

色谱柱：OV-101，25m×0.32mm，0.5μm

柱　温：190℃

载　气：H_2，3mL/min

检测器：ECD

检测器温度：275℃

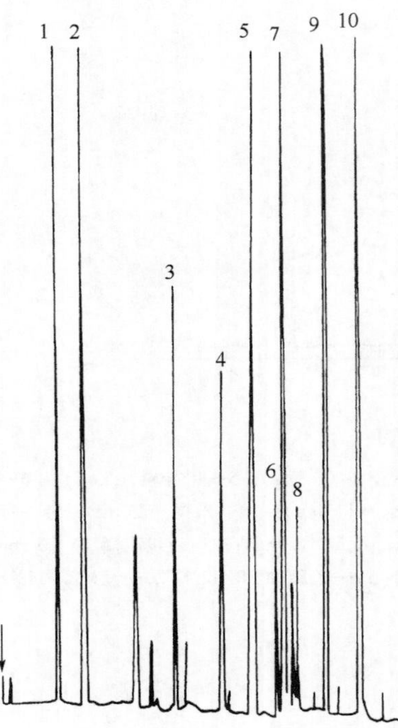

图 33-99 牛奶中有机氯农药[73]

色谱峰：1—六氯苯；2—林丹；3—艾氏剂；4—环氧七氯；5—p'-滴滴伊；6—狄氏剂；7—p,p'-滴滴伊；8—异艾氏剂；9—o,p'-滴滴涕；10—p,p'-滴滴涕

色谱柱：SE-52，25m×0.32mm，0.15μm

柱　温：40℃（1min）$\xrightarrow{20℃/min}$ 140℃ $\xrightarrow{3℃/min}$ 220℃

载　气：H_2，2mL/min

检测器：ECD

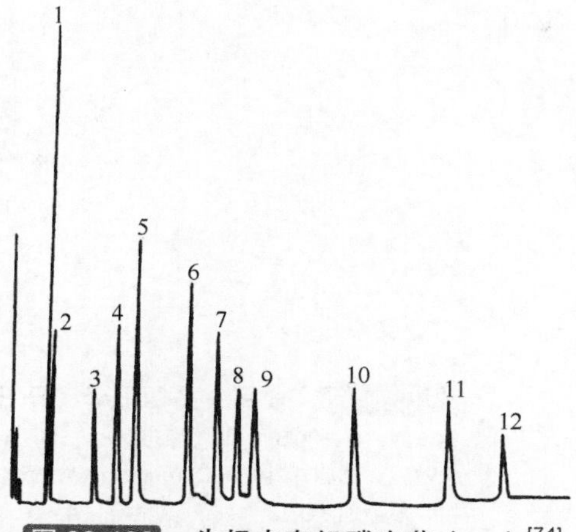

图 33-100 牛奶中有机磷农药（一）[74]

色谱峰：1—速灭磷E；2—速灭磷Z；3—甲基一〇五九S；4—特丁磷；5—地虫磷；6—甲基一六〇五；7—马拉松；8—α-毒虫畏；9—β-毒虫畏；10—三硫磷；11—亚胺硫磷；12—氯亚磷

色谱柱：DB-17，30m×0.53mm，1.0μm

柱　温：150℃→250℃（5min），3℃/min

载　气：H_2

检测器：FPD（P型）

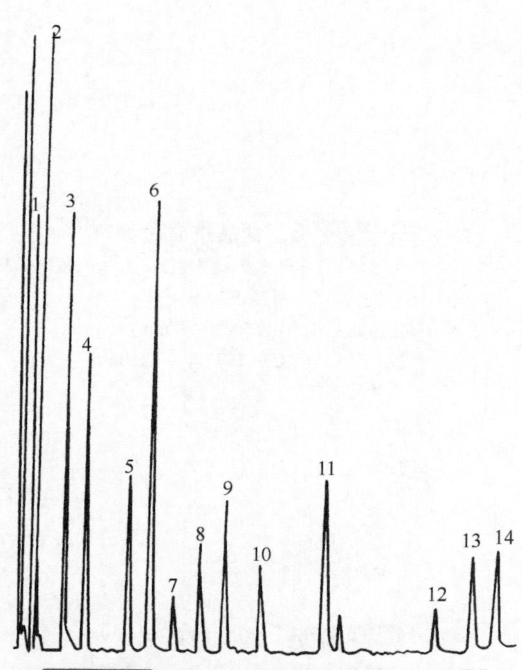

图 33-101 牛奶中有机磷农药（二）[74]

色谱峰：1—敌敌畏；2—甲胺磷；3—高灭磷；4—灭克磷；5—二嗪农；6—乐果；7—皮蝇磷；8—毒死蜱；9—倍硫磷；10—脱叶磷；11—乙硫磷；12—亚胺硫磷；13—谷硫磷；14—蝇毒磷

色谱柱：DB-17，30m×0.53mm，1.0μm

柱　温：150℃→250℃（5min），3℃/min

载　气：H_2

检测器：FPD（P型）

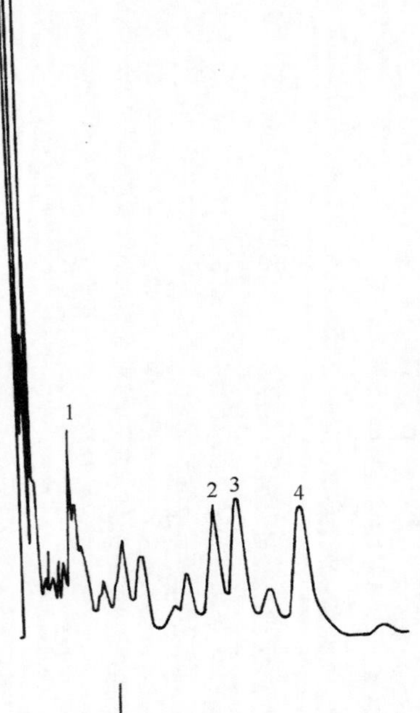

图 33-102 食品中多氯联苯（PCB_n）[75]

色谱峰：1—PCB_3，主要峰；2～4—PCB_5，主要峰

色谱柱：3% OV-101，Chromosorb W AW-DMCS（80～100目），2m×3mm

柱　温：210℃

载　气：N_2

检测器：ECD

气化室温度：230℃

检测器温度：250℃

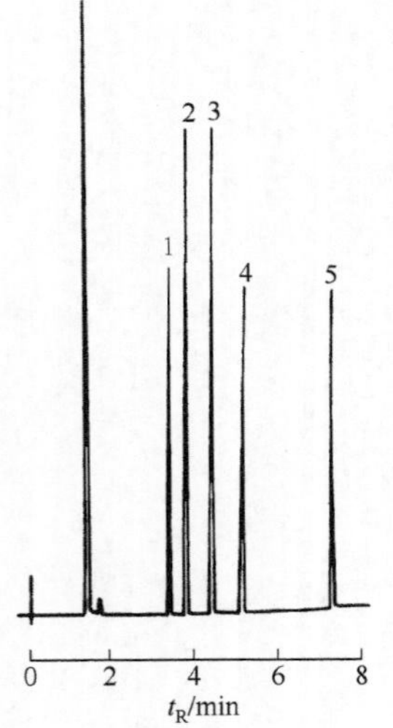

图 33-103 食品抗微生物剂[76]

色谱峰：1—甲基巴拉本；2—乙基巴拉本；3—丙基巴拉本；4—丁基巴拉本；5—庚基巴拉本

色谱柱：BP5，25m×0.32mm，0.5μm

柱　温：160℃→280℃，15℃/min

检测器：FID

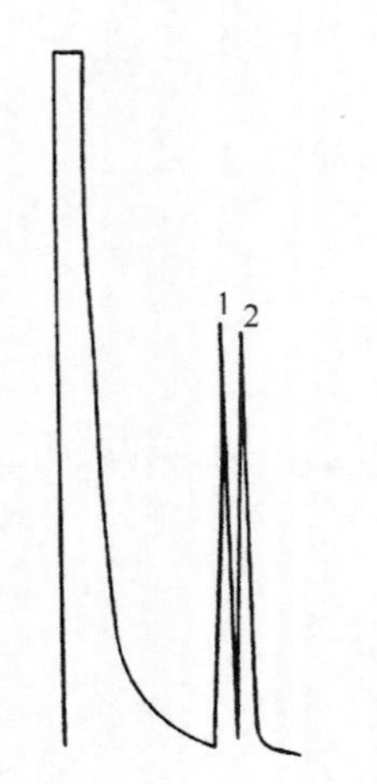

图 33-104 酚类抗氧化剂[77]

色谱峰：1—叔丁基对羟基茴香醚；2—二叔丁基羟基甲苯

色谱柱：5% OV-17，Celite（60～80目），2m×3mm

柱　温：160℃

载　气：N_2，50mL/min

检测器：FID

气化室温度：250℃

检测器温度：250℃

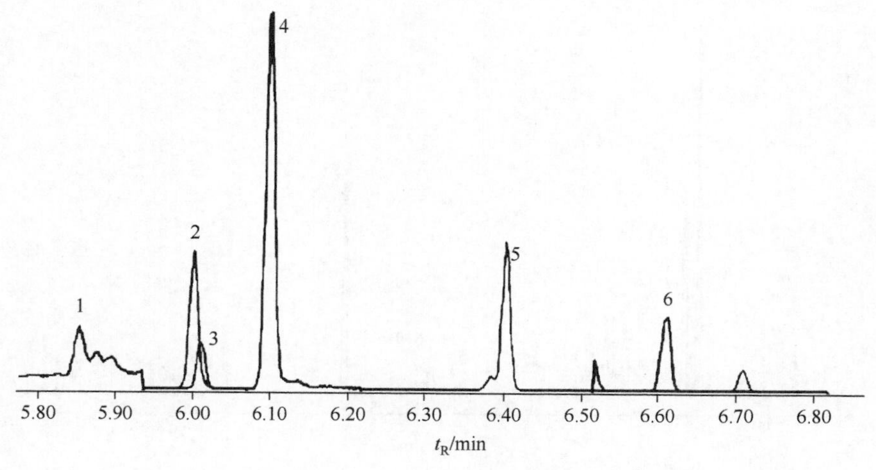

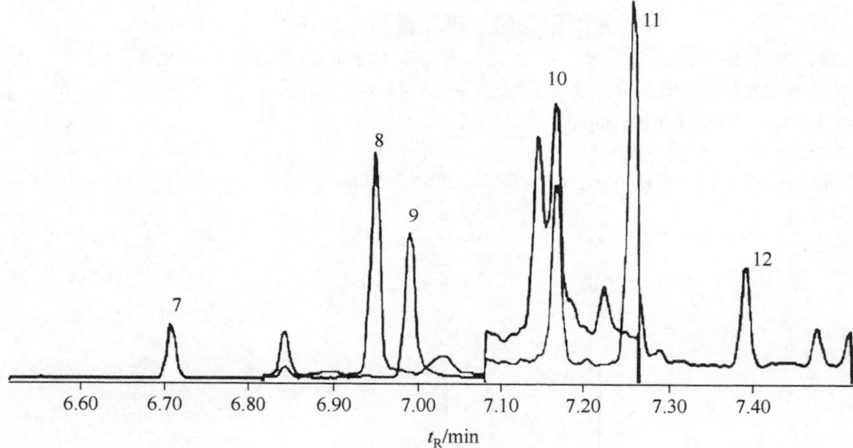

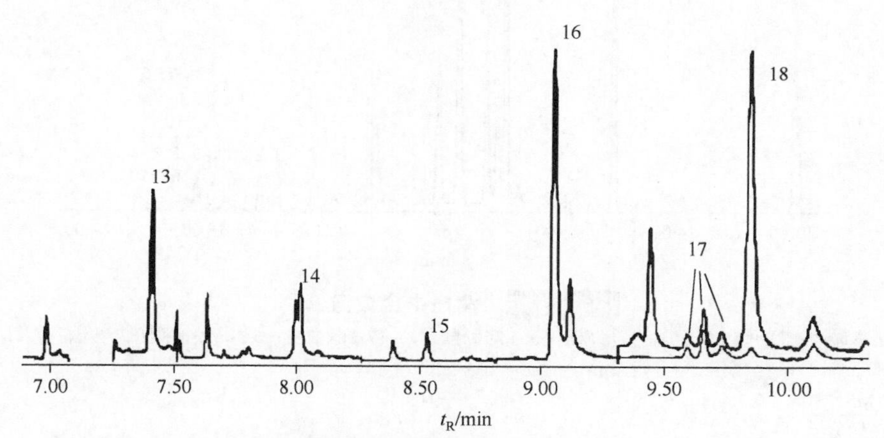

图 33-105 婴儿食品中的杀虫剂[78]

色谱峰：1—乐果；2—特丁津；3—二嗪磷；4—嘧霉胺；5—甲基毒死蜱；6—杀螟硫磷；7—毒死蜱；8—嘧菌环胺；9—戊菌唑；10—克菌丹；11—杀扑磷；12—醚菌酯；13—腈菌唑；14—戊唑醇；15—伏杀硫磷；16—双苯三唑醇；17—氯氰菊酯；18—醚菊酯

色谱柱：CP-Sil 8 Low-Bleed MS，15m×0.15mm，0.15μm

柱 温：120℃（1min）→ 290℃（5min），30℃/min

载 气：He，0.5 mL/min

检测器：MS

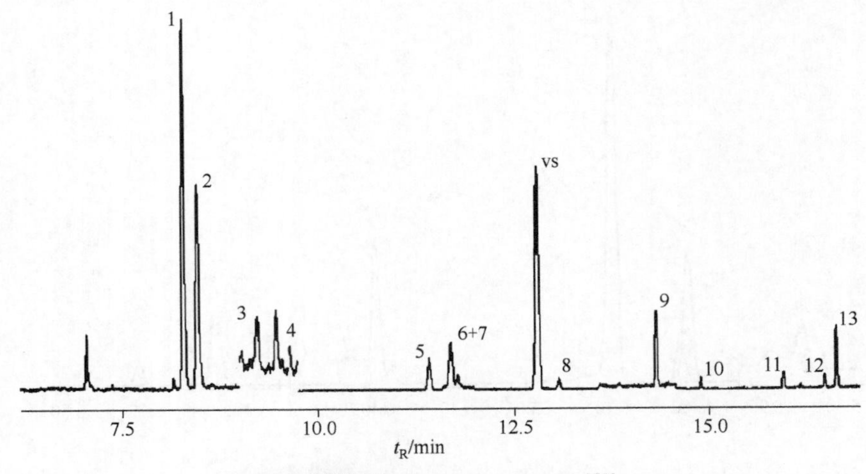

图 33-106 婴儿食品中农药[79]

色谱峰：1—丙线磷；2—硫线磷；3—六氯苯；4—氧化乐果；5—氟虫腈；6—乐果；7—七氯；8—艾氏剂；9—氟虫腈；10—反式环氧七氯；11—狄氏剂；12—异狄氏剂；13—除草醚

色谱柱：Zebron ZB-50(30m×0.25mm×0.25μm)

进样口温度：280℃；

柱　温：90℃（1min）$\xrightarrow{20℃/min}$ 200℃（6min）$\xrightarrow{20℃/min}$ 280℃（5min）

载　气：He，1mL/min

检测器：MS

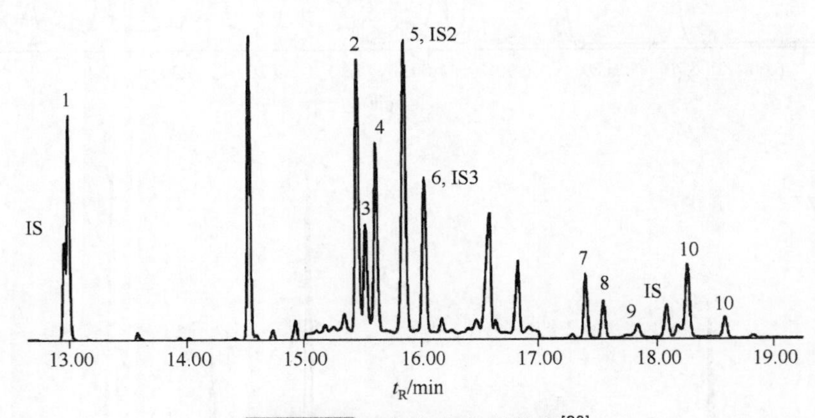

图 33-107 禽肉中合成激素[80]

色谱峰：1—己烯雌酚；2—雌二醇；3—17α-睾酮；4—雌酚酮；5—17β-雌二醇；6—17β-睾酮；7—赤霉醇；8—β-赤霉醇；9—雌三醇；10—孕酮(三甲硅烷基化衍生物)

色谱柱：DB-1MS，30m×0.25mm，0.25μm

进样口温度：250℃

柱　温：120℃（2min）$\xrightarrow{15℃/min}$ 250℃ $\xrightarrow{5℃/min}$ 300℃(5min)

载　气：He，1mL/min

检测器：MS

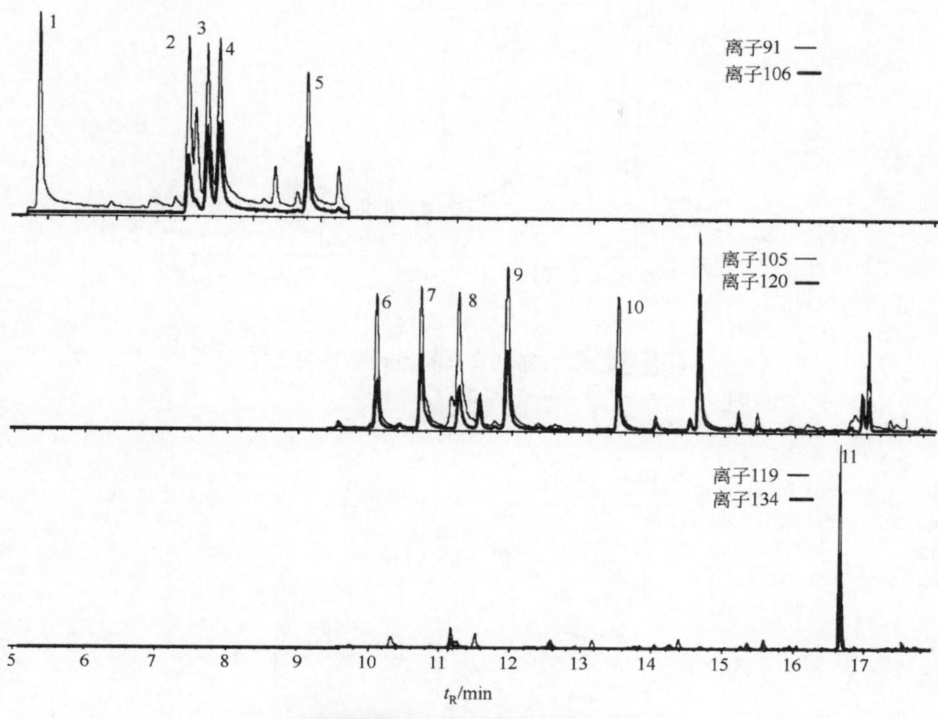

图 33-108 橄榄油中芳香烃[81]

色谱峰：1—甲苯；2—乙苯；3—间二甲苯；4—对二甲苯；5—邻二甲苯；6—3-乙基甲苯；7—1,3,5-三甲基苯；8—2-乙基甲苯；9—1,2,4-三甲苯；10—1,2,3-三甲苯；11—1,2,4,5-四甲苯

色谱柱：Supelcowax-10和HP-5ms，30m×0.25mm，0.25μm

进样口温度：265℃

柱 温：40℃（3min）$\xrightarrow{4℃/min}$ 75℃ $\xrightarrow{8℃/min}$ 250℃（10min）

载 气：He，38cm/s

检测器：MS

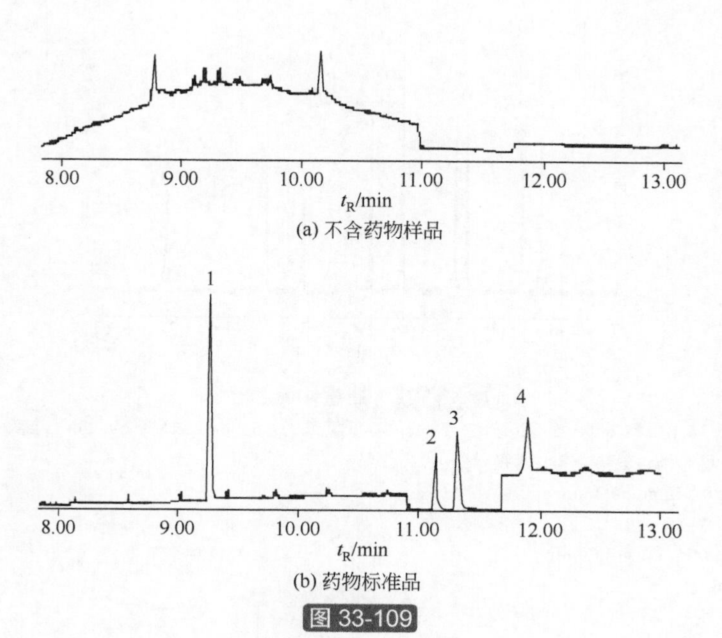

(a) 不含药物样品

(b) 药物标准品

图 33-109

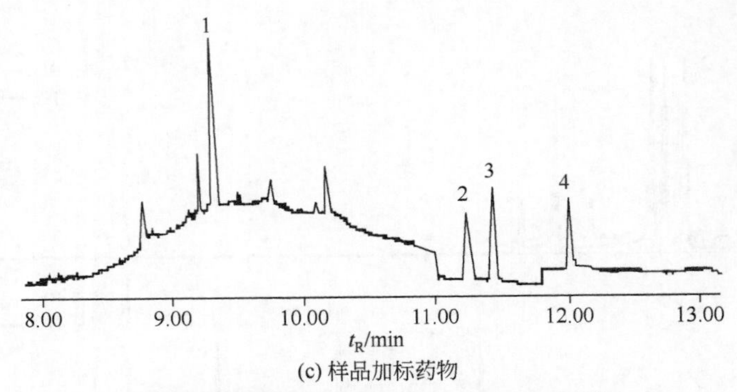

(c) 样品加标药物

图 33-109 肉中苯二氮类物质残留[82]

色谱峰：1—地西泮；2—艾司唑仑；3—阿普唑仑；4—三唑仑

色谱柱：DB-5MS，30m×0.25mm，0.25μm

进样口温度：300℃

柱 温：100℃ (1min)→310℃ (4min)，25℃/min

载 气：He，1.1mL/min

检测器：MS

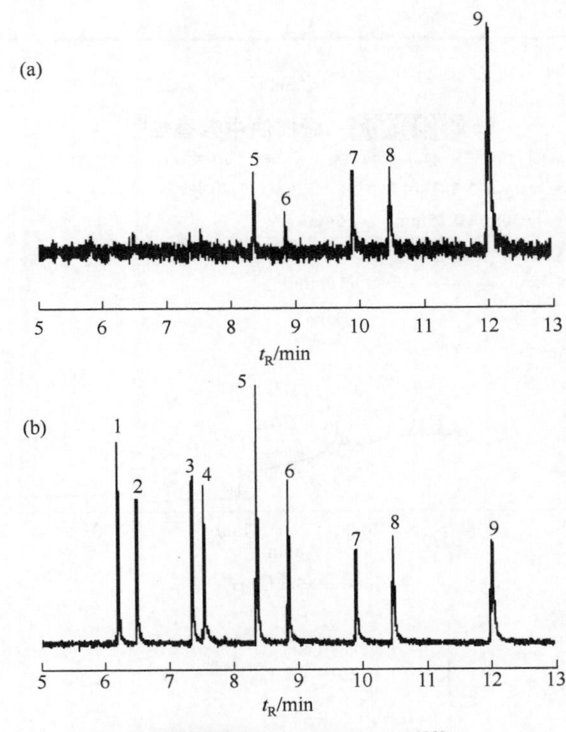

图 33-110 蜂蜜中氯酚[83]

色谱峰：1—2-氯酚；2—2,4-二氯苯酚；3—2,4,6-三氯酚；4—五氯苯酚；5—4-氯苯酚；6—2,6-二氯酚；7—2,4,5-三氯苯酚；8—2,3,4,6-四氯苯酚；9—2,3,4,5-四氯苯酚

色谱柱：HP-5，30m×0.32mm，0.25μm

进样口温度：200℃

柱 温：40℃→180℃ (4min)，15℃/min

载 气：He，4mL/min

检测器：MS

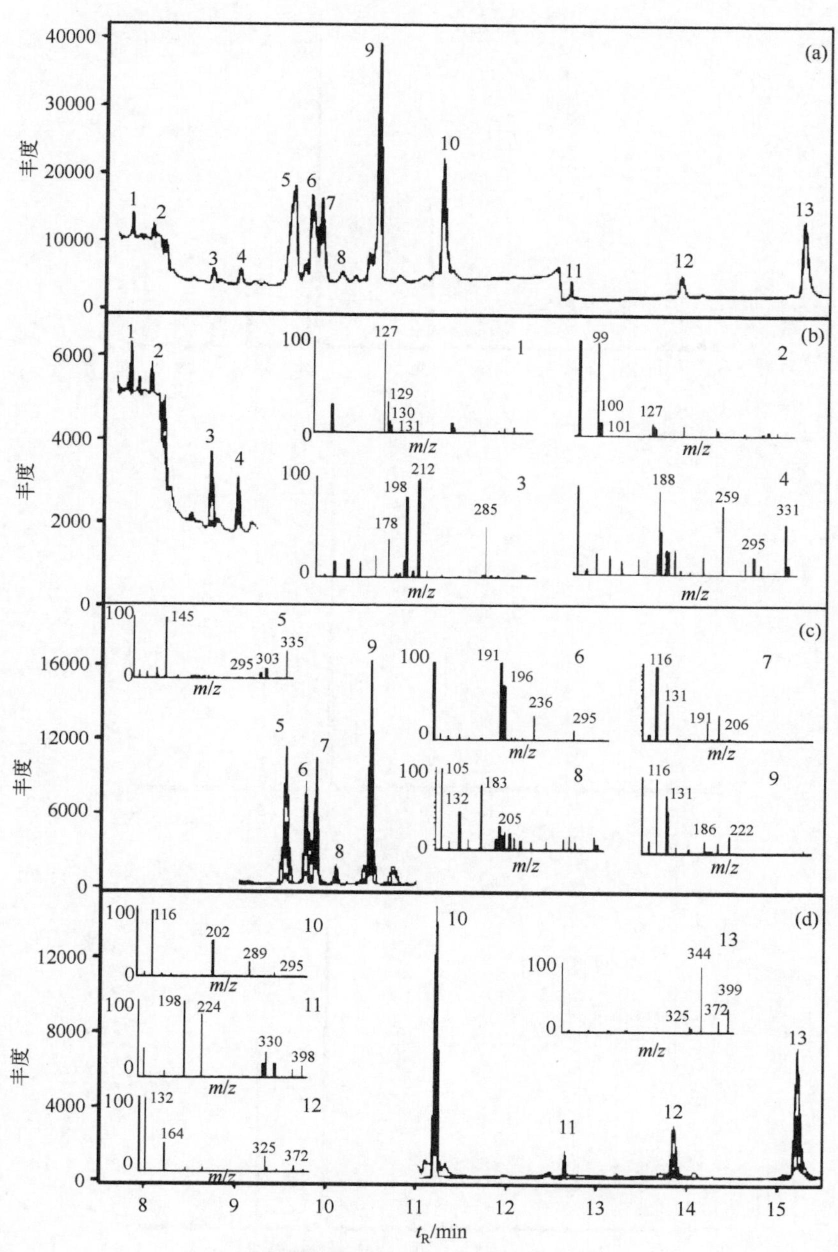

图 33-111 水果中杀真菌剂[84]

色谱峰：1—敌菌酮；2—恶霉灵；3—乙烯菌核利；4—乙菌利；5—啶氧菌酯；6—苯氧菌胺；7—醚菌酯；8—恶霜灵；9—肟菌酯；10—醚菌胺；11—噁唑菌酮；12—唑菌胺酯；13—嘧菌酯

色谱柱：HP-5ms UI，30m×0.25mm，0.25μm

进样口温度：250℃

程序升温条件：70℃(3min) $\xrightarrow{50℃/min}$ 250℃ $\xrightarrow{10℃/min}$ 320℃(2min)

载　气：He，0.5 mL/min

检测器：MS

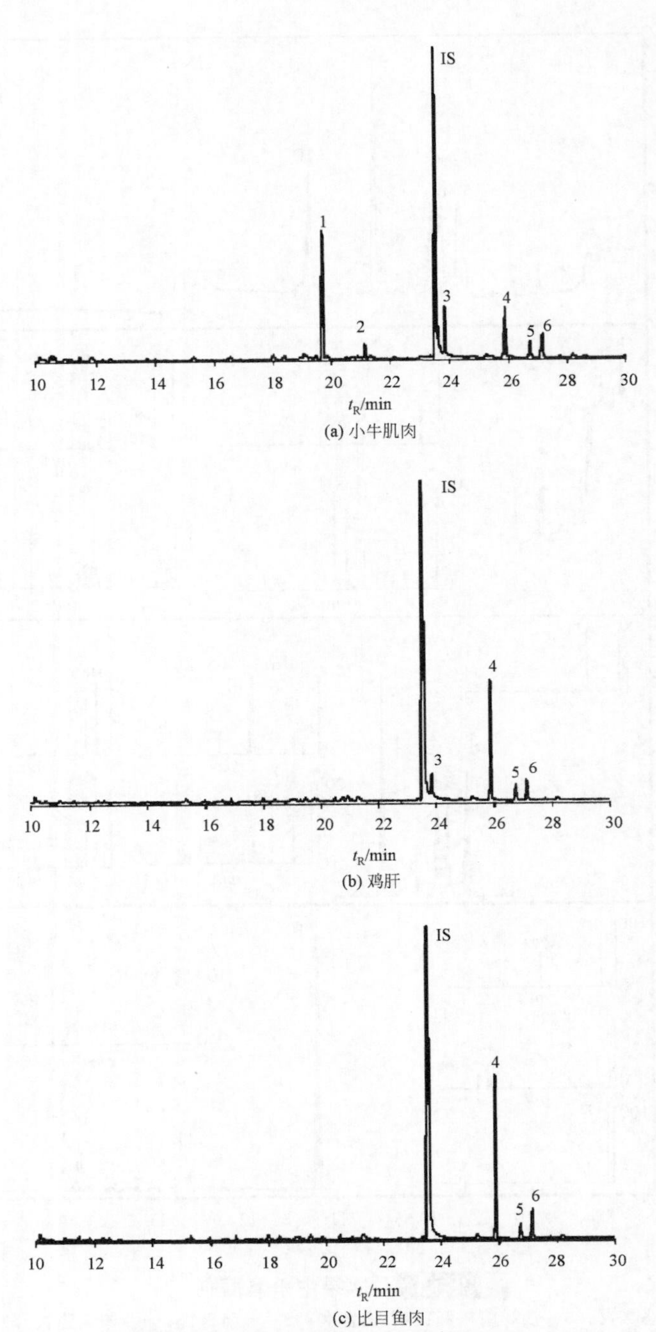

图 33-112 食用动物组织中的药物残留[85]

色谱峰：1—氟尼辛；2—乙胺嘧啶；3—保泰松；4—氟苯尼考；5—雌酮；6—17-雌二醇；IS—内标物（磷酸三苯酯）

色谱柱：DB-5，30m×0.25mm，0.25μm

进样口温度：270℃

程序升温：70℃（1min）$\xrightarrow{14℃/min}$ 150℃ $\xrightarrow{6℃/min}$ 290℃

载　气：He，1mL/min

检测器：MS

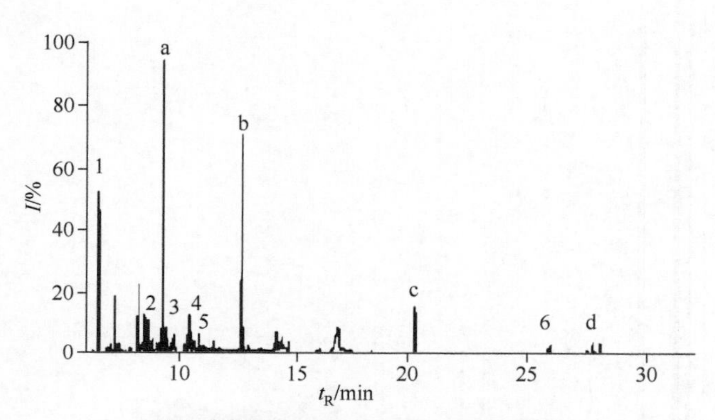

图 33-113 鱼组织中多环芳烃[86]

色谱峰：1—萘；2—苊烯；3—芴；4—菲；5—荧蒽；6—苯并[k]荧蒽；a—苊-d_{10}；b—菲-d_{10}；c—䓛-d_{10}；d—苝-d_{12}；注：a,b,c,d为内标

色谱柱：HP-5ms，30m×0.25mm，0.25μm

进样口温度：260℃

程序升温条件：60℃（1min）$\xrightarrow{20℃/min}$180℃（1min）$\xrightarrow{10℃/min}$230℃（4min）$\xrightarrow{5℃/min}$300℃（5min）→310℃

载　气：He，1mL/min

检测器：MS

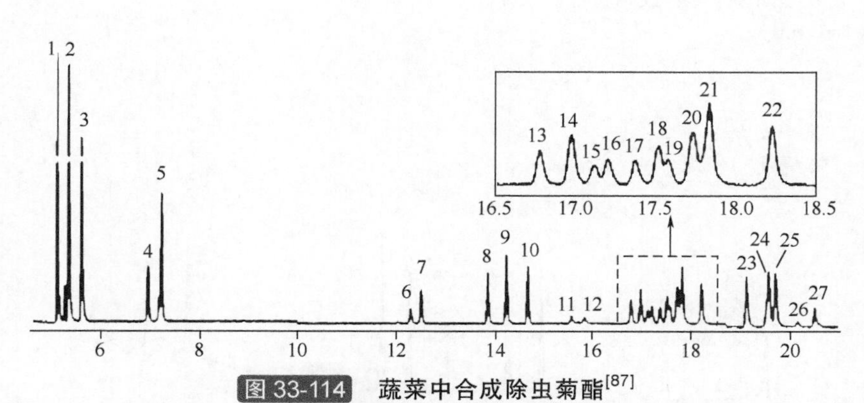

图 33-114 蔬菜中合成除虫菊酯[87]

色谱峰：1—七氟菊酯；2—芬氟司林；3—四氟苯菊酯；4—丙烯菊酯；5—丙炔菊酯；6—胺菊酯（2），联苯菊酯；7—甲氰菊酯；8—高效氯氟氰菊酯（1）；9—高效氯氟氰菊酯（2），氟丙菊酯（1）；10—氟丙菊酯（2）；11—氯菊酯（1）；12—菊酯（2）；13—氟氯氰菊酯（1）；14—氟氯氰菊酯（2）；15—氟氯氰菊酯（3）；16—氟氯氰菊酯（4）；17—氯氰菊酯（1）；18—氯氰菊酯（2），反-氯氰菊酯-d_6（1）；19—氯氰菊酯（3）；20—氯氰菊酯（4），反-氯氰菊酯-d_6（2）；21—氟氰戊菊酯（1）；22—氟氰戊菊酯（2）；23—氰戊菊酯（1）；24—氰戊菊酯（2），氟胺氰菊酯（1）；25—氟胺氰菊酯（2）；26—溴氰菊酯（1）；27—溴氰菊酯（2）

色谱柱：HP-5ms，30m×0.25mm，0.25μm

进样口温度：300℃

程序升温条件：100℃(2min)$\xrightarrow{30℃/min}$220℃$\xrightarrow{1℃/min}$225℃$\xrightarrow{5℃/min}$280℃$\xrightarrow{20℃/min}$300℃

检测器：MS

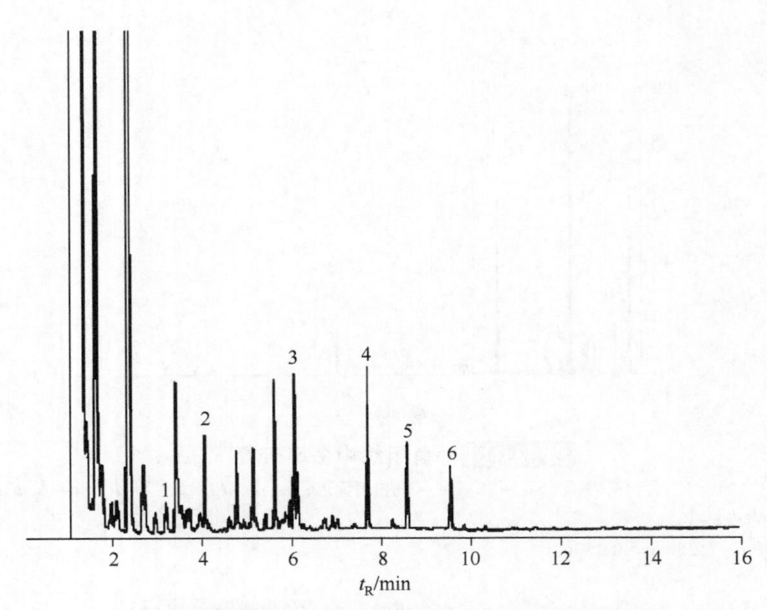

图 33-115 瓶装牛奶中邻苯二甲酸酯[88]

色谱峰：1—邻苯二甲酸二甲酯（DMP）；2—邻苯二甲酸二乙酯（DEP）；3—邻苯二甲酸二丁酯（DBP）；4—邻苯二甲酸丁基苄酯（BBP）；5—邻苯二甲酸二异辛酯（DIOP）；6—邻苯二甲酸二正辛酯（DNOP）

色谱柱：KB-1，30m×0.25mm，0.25μm

进样口温度：290℃

程序升温条件：150℃(2.0min)→285℃(10.0min)，25℃/min

载　气：N_2，1.7mL/min

检测器：FID

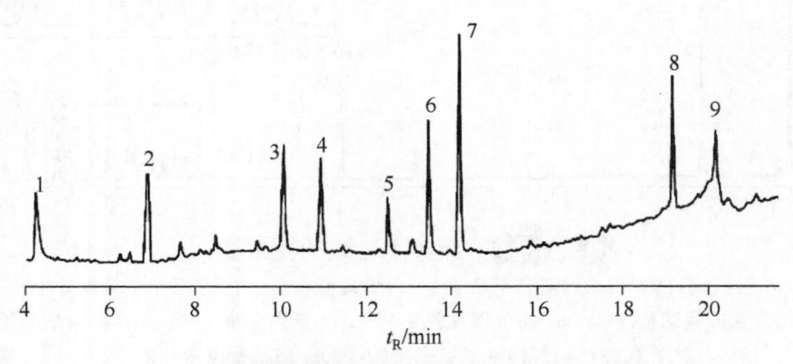

图 33-116 罐装肉中硝铵[89]

色谱峰：1—*N*-二甲基亚硝胺；2—*N*-亚硝基甲基乙基胺；3—*N*-亚硝基二乙胺；4—*N*-亚硝基吡咯烷；5—*N*-亚硝基吗啉；6—*N*-二丙基亚硝胺；7—*N*-亚硝基哌啶；8—*N*-亚硝基二丁胺；9—*N*-亚硝基二苯胺

色谱柱：HP-5ms UI，30m×0.25mm，0.25μm

进样口温度：230℃

程序升温条件：70℃（3min）$\xrightarrow{15℃/min}$ 140℃ $\xrightarrow{5℃/min}$ 200℃ $\xrightarrow{10℃/min}$ 250℃

载　气：He，0.5mL/min

检测器：MS

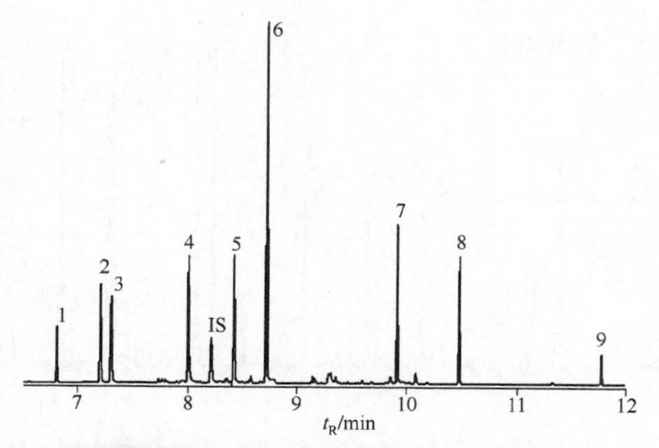

图 33-117 蔬菜中烷基酚和邻苯二甲酸酯[90]

色谱峰：1—邻苯二甲酸二甲酯；2—对叔辛基苯酚；3—4-辛基酚；4—4-正壬基酚；5—萘；6—邻苯二甲酸二乙酯；7—邻苯二甲酸二正丁酯；8—邻苯二甲酸丁苄酯；9—邻苯二甲酸二正辛酯

色谱柱：DB-17MS，30m×0.25mm，0.25μm

载　气：He，1mL/min

升温程序：75℃(0.5min) $\xrightarrow{25℃/min}$ 200℃ $\xrightarrow{50℃/min}$ 275℃(5min)

检测器：MS

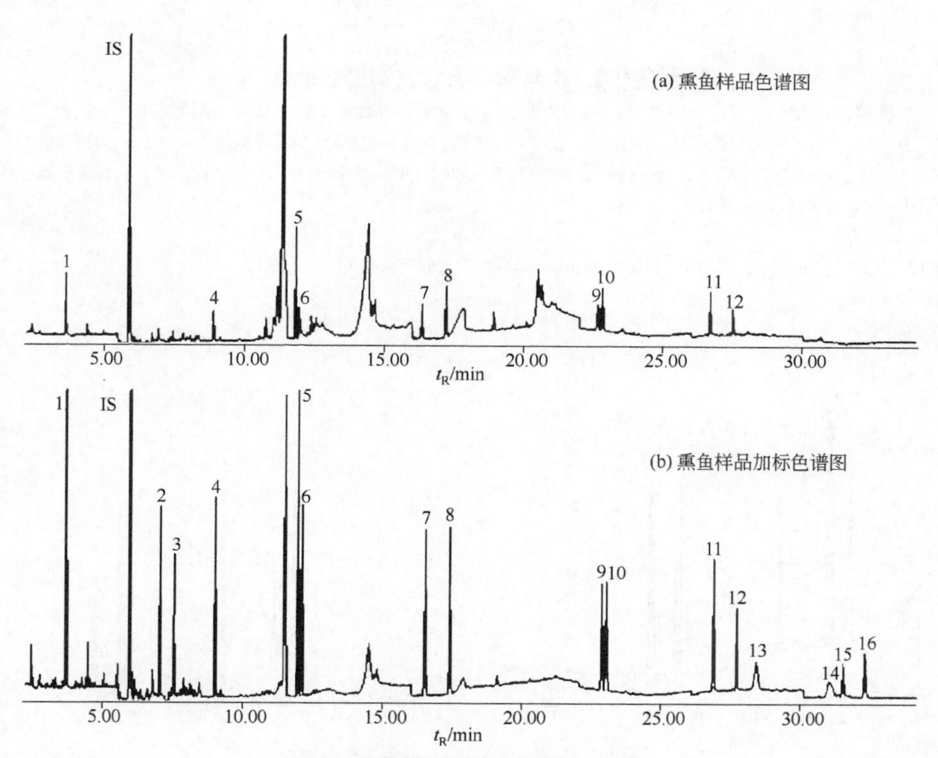

图 33-118 熏鱼中多环芳烃[91]

色谱峰：1—萘；2—苊烯；3—2-溴萘；4—苊；5—芴；6—菲；7—蒽；8—莹蒽；9—芘；10—苯并[a]蒽；11—1,2-苯并菲；12—苯并[b]荧蒽；13—苯并[a]芘；14—茚并[1,2,3-cd]芘；15—二苯并[a,h]蒽；16—苯并[g,h,i]芘；IS—内标

色谱柱：HP-5 MS，30m×0.25mm，0.25μm

程序升温：120℃（1min） $\xrightarrow{7℃/min}$ 200℃（1min） $\xrightarrow{5℃/min}$ 250℃（1min） $\xrightarrow{20℃/min}$ 290℃（10min）

载　气：He，1mL/min　　　　检测器：MS

进样口温度：290℃

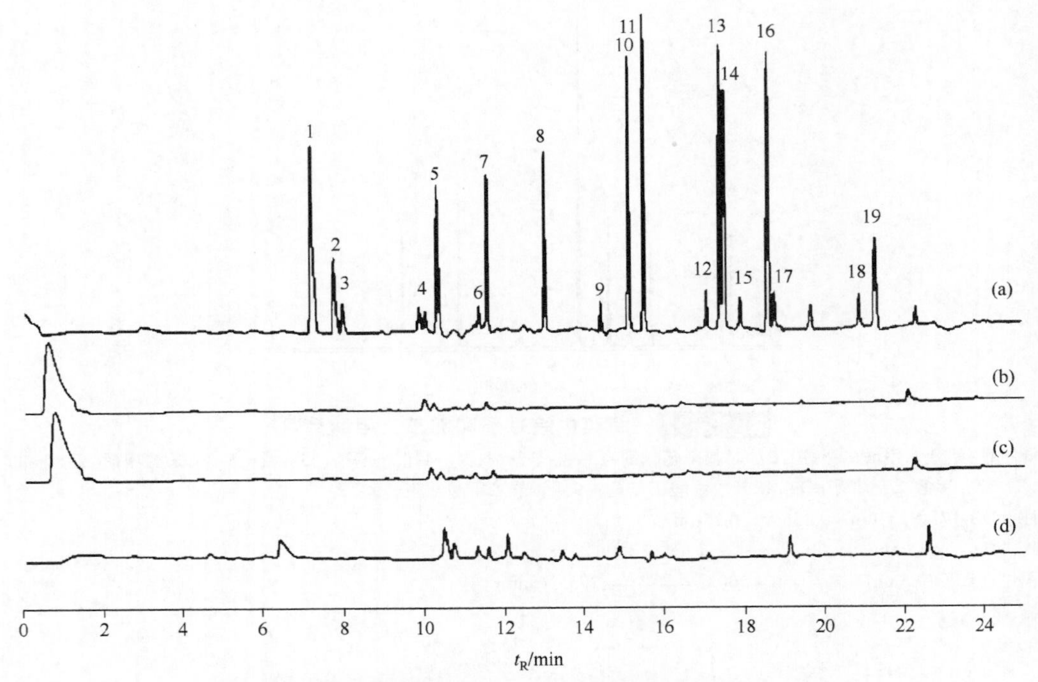

图 33-119 牛脂肪中有机氯和多氯联苯[92]

色谱峰：1—六氯苯；2—*β*-六六六；3—林丹；4—2,4,4′-三氯联苯；5—七氯；6—2,2,4-三氯联苯；7—艾氏剂；8—环氧七氯；9—2,2′,4,5,5′-五氯联苯；10—狄氏剂；11—*p,p*′-滴滴伊；12—2,3,4,4,5-五氯联苯；13—*p,p*′-滴滴滴；14—*o,p*′-滴滴涕；15—2,2,4,4,5,5-六氯联苯；16—*p,p*′-滴滴涕；17—2,2′,3,4,4′,5′-六氯联苯；18—2,2,3,4,4,5,5-七氯联苯；19—灭蚁灵

色谱柱：OV-5，15m×0.25mm，0.1μm

进样口温度：220℃

程序升温条件：100℃(0min) $\xrightarrow{30℃/min}$ 110℃(0min) $\xrightarrow{5℃/min}$ 250℃(0min)

载　气：He，1mL/min

检测器：ECD

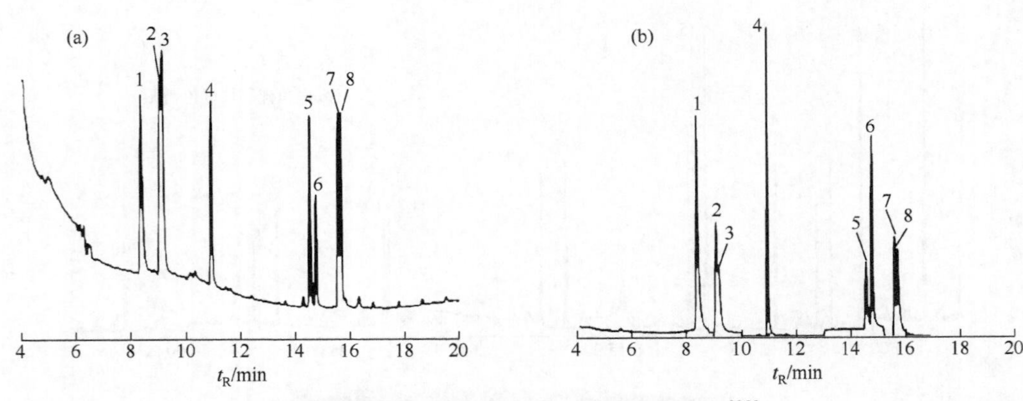

图 33-120 软包装饮料中 8 种光引发剂[93]

色谱峰：1—苯甲酮；2—1-羟基环己基苯基酮；3—对-*N,N*-二甲氨基苯甲酸乙酯；4—2,2-二甲氧基-1,2-二苯基-乙酮；5—对-*N,N*-二甲氨基苯甲酸-2-乙基己酯；6—2-甲基-1-(4-甲硫基苯基)-2-(4-吗啉基)-1-丙酮；7—4-异丙基硫杂蒽酮；8—2-异丙基硫杂蒽酮

色谱柱：VF-5MS，30m×0.25mm，0.25μm

载　气：He，1mL/min

进样口温度：300℃

检测器：MS

程序升温条件：120℃ (1min)→300℃(10min)，8℃/min

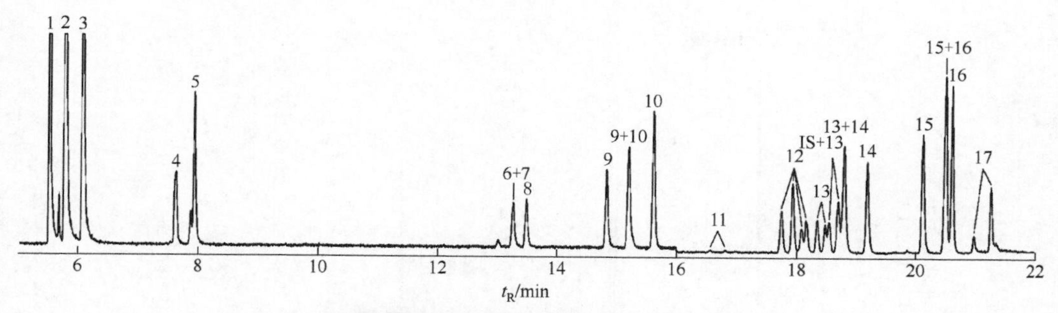

图 33-121　蔬菜中拟除虫菊酯类农药[94]

色谱峰：1—七氟菊酯；2—五氟苯菊酯；3—四氟苯菊酯；4—丙烯菊酯；5—炔酮菊酯；6—胺菊酯；7—联苯菊酯；8—甲氰菊酯；9—三氟氯氰菊酯；10—氟丙菊酯；11—氯菊酯；12—氟氯氰菊酯；IS—内标（反-氯氰菊酯-d_6）；13—氯氰菊酯；14—氟氰戊菊酯；15—氰戊菊酯；16—氟胺氰菊酯；17—溴氰菊酯

色谱柱：HP-5ms，30m×0.25mm，0.25μm

进样口温度：300℃

柱　温：100℃（0min）$\xrightarrow{30℃/min}$ 220℃(0min) $\xrightarrow{1℃/min}$ 225℃(0min) $\xrightarrow{5℃/min}$ 280℃(0min) $\xrightarrow{20℃/min}$ 300℃(11min)

载　气：He，40cm/s

检测器：MS

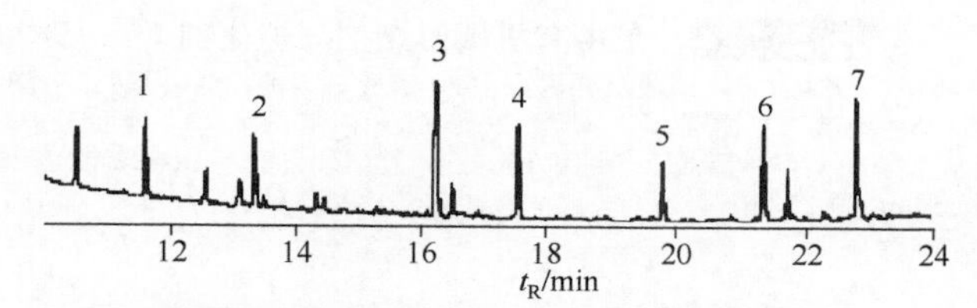

图 33-122　白葡萄酒中邻苯二甲酸酸酯[95]

色谱峰：1—邻苯二甲酸二甲酯；2—邻苯二甲酸二乙酯；3—蒽（IS）；4—邻苯二甲酸二丁酯；5—邻苯二甲酸丁苄酯；6—邻苯二甲酸二异丁酯；7—邻苯二甲酸二(2-乙基)己酯

色谱柱：SE-54，30m×0.25mm，0.25μm

进样口温度：270℃

载　气：He，1.0 mL/min

程序升温条件：100℃(1min) →300℃(5min)，10℃/min

检测器：IT/MS

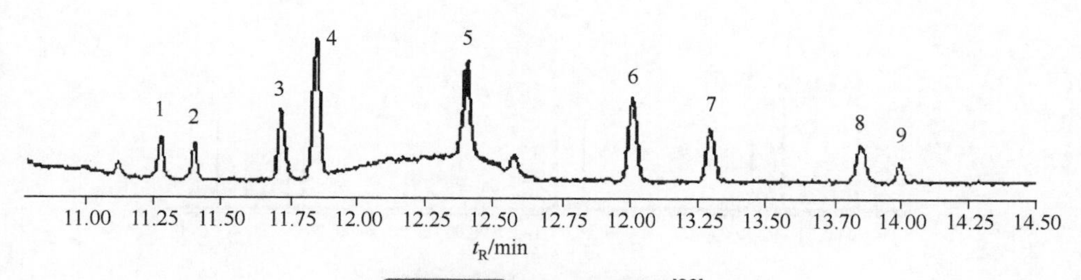

图 33-123　牛奶中激素[96]

色谱峰：1—17α-乙炔雌二醇；2—17α-雌二醇；3—雌三醇；4—17β-雌二醇；5—雌激素酮；6—17α-羟孕酮；7—甲羟孕酮；8—黄体酮；9—乙酸炔诺酮

色谱柱：DB-5MS，30m×0.25mm，0.25μm

进样口温度：280℃

载　气：He，1.0mL/min

程序升温条件：100℃(1min) $\xrightarrow{30℃/min}$ 200℃(1min) $\xrightarrow{15℃/min}$ 280℃(10min)

检测器：MS

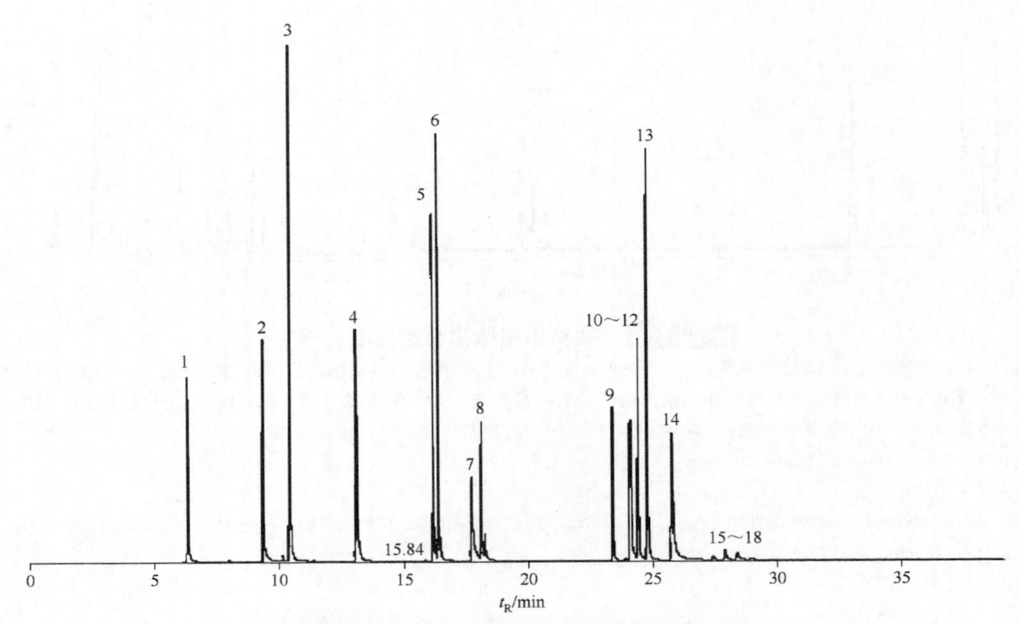

图 33-124 鱼中有机磷阻燃剂与塑化剂[97]

色谱峰：1—磷酸三甲酯；2—磷酸三乙酯；3—磷酸三异丙酯；4—磷酸三丙酯；5—磷酸三丁酯-d_{27}；6—磷酸三丁酯；7—磷酸三(2-氯乙基)酯；8—磷酸三氯丙酯；9—磷酸三(2,3-二氯丙基)酯；10—磷酸三丁氧乙酯；11—磷酸三苯酯；12—磷酸-2-乙基己基二苯酯；13—磷酸三辛酯；14—三苯基氧膦；15～18—磷酸三甲苯酯异构体

色谱柱：DB-5 MS，30m×0.25mm，0.25μm

进样口温度：280℃

载　气：He，0.8 mL/min

程序升温条件：80℃（1.0min）$\xrightarrow{10℃/min}$ 180℃（1.0min）$\xrightarrow{2℃/min}$ 300℃（10min）

检测器：MS

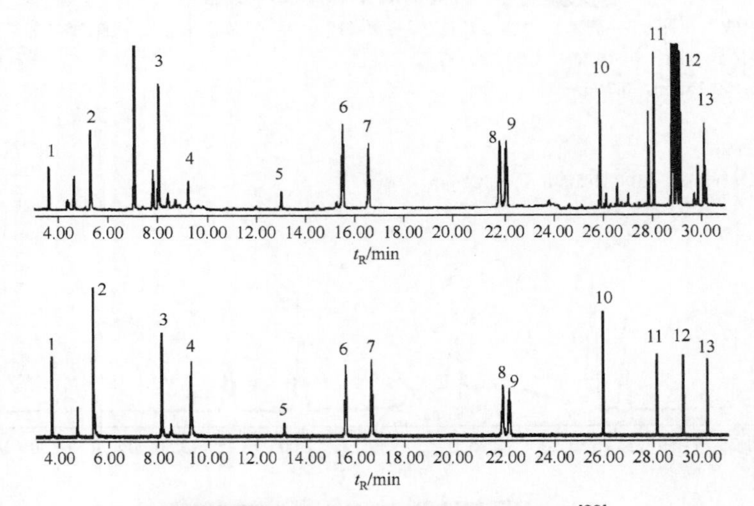

图 33-125 苹果基质中的有机磷农药[29]

色谱峰：1—乙酰甲胺磷；2—甲胺磷；3—速灭磷；4—高灭磷；5—二溴磷；6—二嗪农；7—乐果；8—毒死蜱；9—马拉硫磷；10—杀扑磷；11—TPP（代用标准品）；12—亚胺硫磷

色谱柱：DB-35ms Ultra Inert 121-3822UI，20m×0.18mm，0.18μm

进样口：1 μL 不分流进样；250℃，0.25min 时吹扫流量60mL/min，2min 时载气节省开启，流量20mL/min

载　气：He，恒压模式，95℃时为43.5psi

柱温箱：95℃(1.3min) $\xrightarrow{15℃/min}$ 125℃ $\xrightarrow{5℃/min}$ 165℃ $\xrightarrow{2.5℃/min}$ 195℃ $\xrightarrow{20℃/min}$ 280℃(3.75min)

后运行反吹：5min于280℃，反吹时PCM 1 压力为70psi（1psi=6894.76Pa），进样口压力为2psi

检测器：MS，传输线温度310℃，离子源温度310℃，四极杆温度150℃

FPD

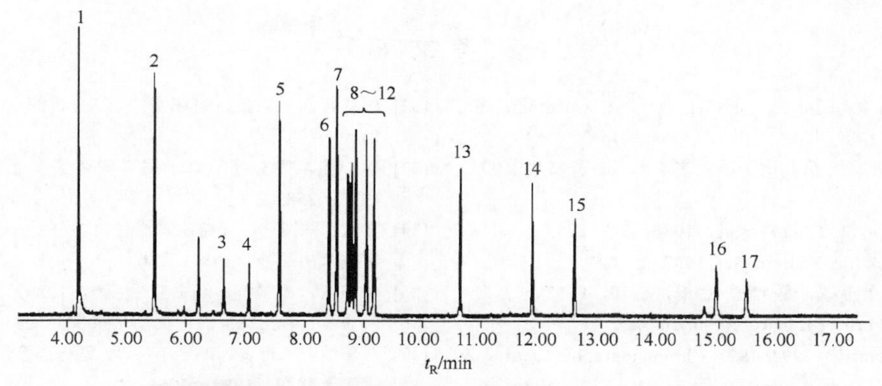

图 33-126　橄榄油提取物中的有机磷农药残留[29]

色谱峰：1—甲胺磷；2—高灭磷；3—氧化乐果；4—二嗪农；5—乐果；6—甲基嘧啶磷；7—甲基对硫磷；8—马拉硫磷；9—毒死蜱；10—杀螟松；11—对硫磷；12—倍硫磷；13—杀扑磷；14—三硫磷；15—磷酸三苯酯（代用标准品）；16—谷硫磷；17—乙基谷硫磷

色谱柱：DB-35ms Ultra Inert 122-3832UI，30m×0.25mm，0.25μm

进样口：2μL不分流进样；250℃，0.25min时吹扫流量60mL/min，2min 时载气节省开启，流量20mL/min

载　气：He，恒压模式，95℃ 时为28.85psi

柱温箱：95℃(0.5min) $\xrightarrow{25℃/min}$ 210℃ $\xrightarrow{10℃/min}$ 250℃(0.5min) $\xrightarrow{20℃/min}$ 290℃(4.5min)

后运行反吹：7.5min时于290℃，反吹时Aux EPC压力为54psi，进样口压力为2psi

检测器：MS：传输线温度300℃，离子源温度300℃，四极杆温度150℃

FPD：230℃，氢气流量75 mL/min，空气流量100 mL/min，载气+尾吹气（N_2）流量60mL/min

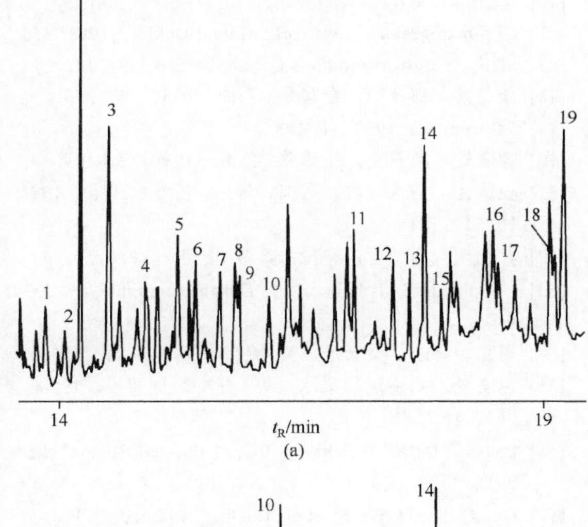

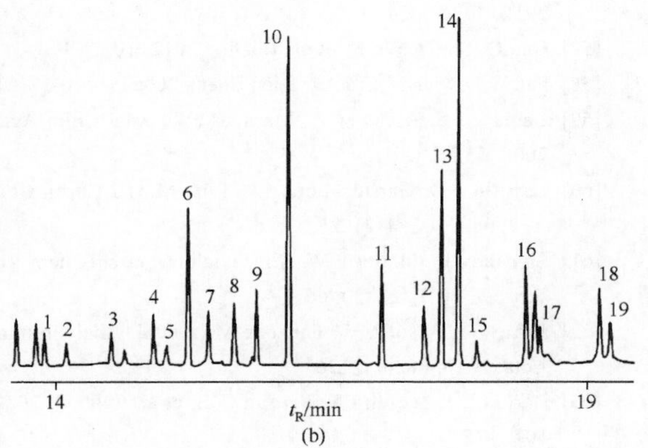

图 33-127　葵花籽油中的农药[29]

（a）图

色谱峰：1—β-HCH；2—γ-HCH；3—δ-HCH；4—乙烯菌核利；5—甲基嘧啶磷；6—马拉硫磷；7—氨吡啶磷硫；8—乙基对硫磷；9—甲基嘧啶磷；10—溴硫磷；11—o,p'-DDE；12—α-硫丹；13—p,p'-DDE；14—o,p'-DDD；15—狄氏剂；16—p,p'-DDD；17—b硫丹；18—p,p'-DDT；19—硫丹硫酸盐

（b）图

色谱峰：1—β-HCH；2—γ-HCH；3—δ-HCH；4—乙烯菌核利；5—甲基对硫磷；6—甲基嘧啶磷；7—杀螟松；8—毒死蜱；9—乙基嘧啶磷；10—Promofos；11—o,p'-DDE；12—α-硫丹；13—p,p'-DDE；14—o,p'-DDD；15—狄氏剂；16—p,p'-DDD；17—β-硫丹；18—p,p'-DDT；19—硫丹硫酸酯

色谱柱：VF-5ms CP8960，60m×0.25mm，0.25μm

载　气：He，1.2mL/min，恒流模式

柱温箱：70℃（3.0min）$\xrightarrow{25℃/min}$ 190℃ $\xrightarrow{10℃/min}$ 320℃（10min）

检测器：（a）MS/MS离子阱，全扫描

（b）MS/MS

参 考 文 献

[1] Shinohara A, Sato A, Ishii H, et al. Chromatographia, 1991, 32: 358.

[2] 李玫，薛献席. 第九次全国色谱学术报告会文集. 1993：242.

[3] 林正奎，华映芳. 植物学报，1986，28：299.

[4] Chrompack Inc. J Chrom Sci, 1987, 25: 427.

[5] 郭秀兰，吴英敏，葛全庭. 色谱，1990，8：396.

[6] Plank C, Lorbeer E. HRC, 1993, 16: 483.

[7] J&W Scientific. 1994~1995 Chromatography Catolog & Reference Guide. 1995: 170.

[8] 王加宁，田玉增，关亚风，等. 分析测试通报，1992，11（5），37.

[9] 张强. 色谱，1996，14：385.

[10] Chrompack. The Chrompack General Catolog. 1994: 77.

[11] De Jong C, Badings H T. HRC, 1990, 13: 94.

[12] Rarrer R, Herbery H. HRC, 1992, 15: 585.

[13] Antonelli A, Camacihi A, Versari A. HRC, 1994, 17: 553.

[14] 修正佳，朱大模，许国旺，等. 第十届全国色谱学术报告会文集. 1995：236.

[15] Kolb B, Liebhardt B, Ettre L S. Chromatographia, 1986, 21: 305.

[16] Morvai M, Molnar-Perl I. Chromatographia, 1992, 34: 502.

[17] Mondello L, Costa R, Tranchida P Q, et al. J Sep Sci, 2005, 28(9-10): 1101.

[18] Zhang Z, Li G, Luo L, et al. Anal Chim Acta, 2010, 659: 151.

[19] Schipilliti L, Tranchida P Q, Sciarrone D, et al. J Sep Sci, 2010, 33(4-5): 617.

[20] Álvarez J G, Gomis D B, Abrodo P A, et al. Anal Bioanal Chem, 2011, 400(5): 1209.

[21] Manzini S, Durante C, Baschieri C, et al. Talanta, 2011, 85(2): 863.

[22] Ribechini E, Pérez-Arantegui J, Colombini M P. J Chromatogr A, 2011, 1218(25): 3915.

[23] 解万翠，杨锡洪，章超桦，等. 分析化学，2011，39（12）：1852.

[24] Leggio A, Belsito E L, De Marco R, et al. J Chromatogr A, 2012, 1241: 96.

[25] Toledano R M, Cortés J M, Andini J C, et al. J Chromatogr A, 2012, 1256: 191.

[26] 周佳，王霜原，常玉玮，等. 色谱，2012，30（10）：1037.

[27] 高赟，卢华，戴秀君，等. 分析化学，2012，40（9）：1374.

[28] SGE, Applications Guide. 1960-2010.

[29] 安捷伦公司. GC 和 GC-MS 色谱柱和消耗品必备手册（2015/2016）.

[30] Arrendale R F, Chortylc O T. HRC&CC, 1985, 8: 62.

[31] Moree-Testa P, Saint-Jalm Y, Testa A. J Chromatogr, 1984, 290: 263.

[32] 程誌青，吴惠勤，何守明，等. 分析测试学报，1996，15（5）：8.

[33] 蔡心尧，尹建军. 第十届全国色谱学术报告会文集. 1995：258.

[34] 贡献，陈周平. 气相色谱法与白酒分析. 四川：四川科学技术出版社，1989：150.

[35] 付书玉，胡国栋，龚书宝. 色谱，1985，3：111.

[36] 张秀琴. 第五届全国色谱学术报告会文集. 1985: 345.

[37] 邓瑞焯，顾寄寅，冯惠年，等. 第一届全国毛细管色谱报告会文集，1984：405.

[38] 李杜，周继红，詹益兴. 色谱，1996，14：414.

[39] 胡国栋，程劲松，朱叶. 色谱，1994，12：265.

[40] Vasconcelos A M P, Chaves das H J, Neves. HRC, 1990, 13: 494.

[41] 李浩春. 食品与发酵工业，1977，（1）：15.

[42] Vidal J P, Estreguil S, Cantagrel R. Chromatographia, 1993, 36: 183.

[43] Viro M. Chromatographia, 1984, 19: 448.

[44] J Chrom Sci, 1992, 30: 153.

[45] 刘峰，陆久瑞，蔡心尧，等. 第八次全国色谱学术报告会文集，1991：246.

[46] Jennings W G. Application of Glass Capillary Gas Chromatography. New York: Marcel Deklcer, 1981: 555.

[47] SGE, Analytical Products Catalogue. 1993, 94: 64.

[48] 李茂盛，邵令娴，金鑫荣. 色谱，1987，5：359.

[49] J Chrom Sci, 1993, 31: 488.

[50] 曾晓雄，庞新文，汪琢成. 色谱，1990，8：169.

[51] 史景江，胡永革，岳凤岗，等. 分析测试通报，1991，10（4）：81.

[52] 林正奎，华映芳，谷豫江，等. 色谱，1986，4：74.

[53] Ylipahkala T M, Jalonen J E. Chromatographia, 1992, 34: 159.

[54] 周昱，魏宏，吴天送，等. 色谱，1994，12：355.

[55] 赵文元，刘晓达，梁冰，等. 分析测试通报，1990，9（4）：16.

[56] Laaks J, Letzel T, Schmidt T C, et al. Anal Bioanal chem, 2012, 403(8): 2429.

[57] Gao Q, Sha Y, Wu D, et al. Talanta, 2012, 101: 198.

[58] Fan W L, Qian M C. J Agr Food Chem, 2005, 53 (20): 7931.

[59] Camara J S, Alves M A, Marques J C. Anal Chim Acta, 2006, 555(2): 191.

[60] Carrillo J D, Garrido-Lopez A, Tena M T. J Chromatogr A, 2006, 1102 (1-2): 25.

[61] Stepanov I, Villalta P W, Knezevich, A. et al. Chem Res Toxicol. 2010, 23 (1): 66.

[62] Jofré V P, Assof M V, Fanzone M L, et al. Anal Chimica Acta, 2010, 683(1): 126.

[63] Barros E P, Moreira N, Pereira G E, et al. Talanta, 2012, 101: 177.

[64] Rodrigues C, Portugal F C M, Nogueira J M F. Talanta, 2012, 89: 521.

[65] Pizarro C, Sáenz-González C, Pérez-del-Notario N, et al. J Chromatogr A, 2011, 1218(12): 1576.

[66] Pizarro C, Sáenz-González C, Pérez-del-Notario N, et al. J Chromatogr A, 2012, 1248: 60.

[67] Cacho J I, Campillo N, Viñas P, et al. J Chromatogr A, 2012, 1247: 146.

[68] Gavinelli M, Airoldi L, Fanelli R. HRC & CC, 1986, 9: 257.

[69] 牟峻，荣会，陈明岩，等. 色谱，1996，14：478.

[70] 王元鸿，荣会. 分析化学，1994，22：931.

[71] 庄无忌，周昱. 色谱，1994，12：203.

[72] Bicchi C, Damato A, Tonutti I. Chromatographia, 1985, 20: 219.

[73] Barcarolo R, Tealdo E,Tutta C. HRC & CC, 1988, 11: 539.

[74] Erney D R. HRC, 1995, 18: 59.

[75] GB 9675—88. 中国国家标准汇编，1992，120：176.

[76] SGE. Analytical Products 1993/1994 Catalogue. 1994: 64.

[77] 万建荣，洪玉箐，奚印慈，等. 水产食品化学分析手册. 上海：上海科学技术出版社，1993：339.

[78] Hercegova A, Domotorova M, Matisova E, et al. J Chromatogr A, 2005, 1084 (1-2): 46.

[79] Leandro C C, Fussell R J, Keely B J. J Chromatogr A, 2005, 1085 (2): 207.

[80] Seo J, Kim H Y, Chung B C, Hong J K. J Chromatogr A, 2005, 1067 (1-2): 303.

[81] Vichi S, Pizzale L, Conte L S, Buxaderas S, Lopez-Tamames E. J Chromatogr A, 2005, 1090 (1-2): 146.

[82] Wang L P, Zhao H X, Qiu Y M, Zhou Z Q. J Chromatogr A, 2006, 1136(1): 99.

[83] Campillo N, Penalver R, Hernandez-Cordoba M. J Chromatogr A, 2006, 1125 (1): 31.

[84] Viñas P, Martínez-Castillo N, Campillo N, et al. J Chromatogr A, 2010, 1217(42): 6569.

[85] Azzouz A, Souhail B, Ballesteros E. Talanta, 2011, 84(3): 820.

[86] 尹怡，郑光明，朱新平，等. 分析测试学报，2011，30（10）：1107.

[87] Shen C, Cao X, Shen W, et al. Talanta, 2011, 84(1): 141.

[88] Yan H, Cheng X, Liu B. J Chromatogr B, 2011, 879(25): 2507.

[89] Campillo N, Viñas P, Martínez-Castillo N, et al. J Chromatogr A, 2011, 1218(14): 1815.

[90] Cacho J I, Campillo N, Vinas P, et al. J Chromatogr A, 2012, 1241: 21.

[91] Ghasemzadeh-Mohammadi V, Mohammadi A, Hashemi M, et al. J Chromatogr A, 2012, 1237: 30.

[92] Andrade A S, Sacheto D, Hoff R B, et al. J Sep Sci, 2012, 35(17): 2233.

[93] 张耀海，焦必宁，周志钦. 分析化学，2012，40（10）：1037.

[94] 沈伟健，曹孝文，刘一军，等. 色谱，2012，30（11）：1172.

[95] Cinelli G, Avino P, Notardonato I, et al. Anal Chim Acta, 2013, 769: 72.

[96] Xu X, Liang F, Shi J, et al. Anal Chim Acta, 2013, 790: 39.

[97] Ma Y, Cui K, Zeng F, et al. Anal Chim Acta, 2013, 786: 47.

第三十四章　农药色谱图

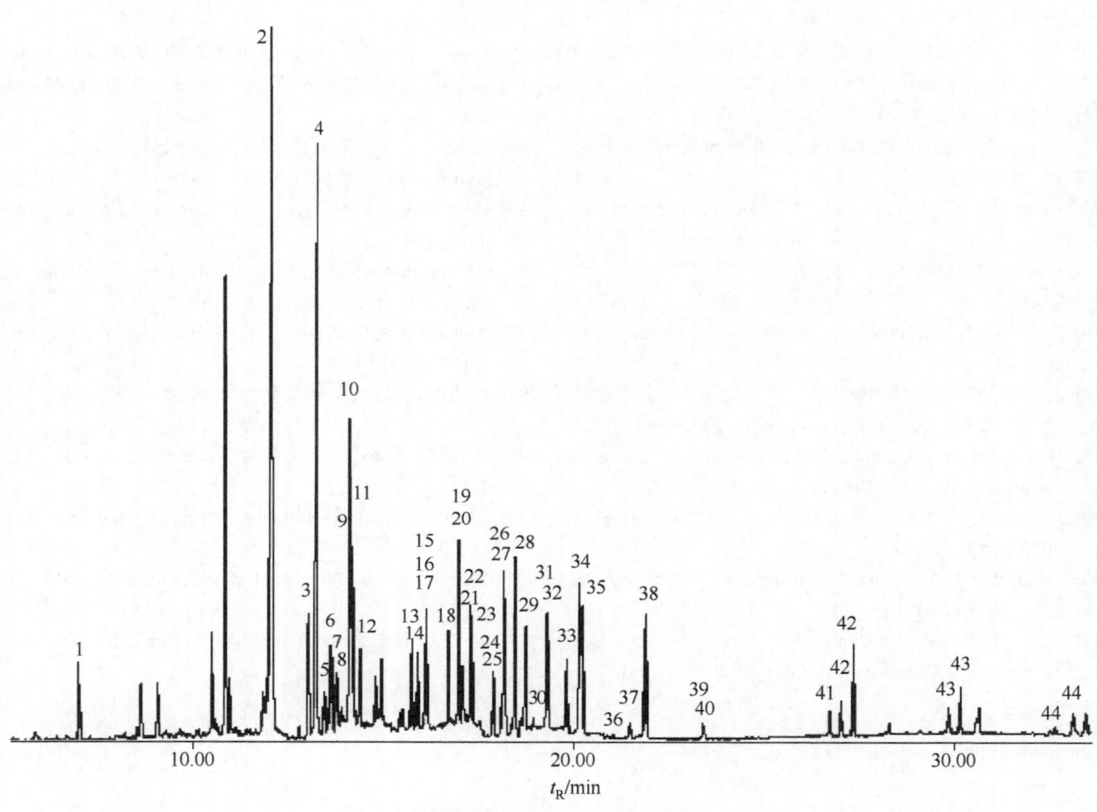

图 34-1　土壤加标农药[1]

（脱乙基阿特拉津和乐果的浓度是其他农药的10倍，而γ-氯丹的浓度是其他农药的1/10）

色谱峰：1—敌敌畏；2—脱乙基阿特拉津；3—六氯苯；4—乐果；5—西玛津；6—阿特拉津；7—扑灭津；8—γ-六六六；9—特丁津；10—炔苯酰草胺；11—地虫硫磷；12—二嗪磷；13—嗪草酮；14—甲基对硫磷；15—西草净；16—甲草胺；17—七氯；18—杀螟硫磷；19—马拉硫磷；20—异丙甲草胺；21—艾氏剂；22—毒死稗；23—对硫磷；24—异艾氏剂；25—毒虫畏E；26—二甲戊灵；27—环氧七氯；28—毒虫畏Z；29—腐霉利；30—γ-氯丹；31—杀虫畏；32—硫丹-1；33—苯线磷；34—4,4′-滴滴伊；35—狄氏剂；36—异狄氏剂；37—硫丹-2；38—4,4′-滴滴滴；39—硫丹硫酸盐；40—4,4′-滴滴涕；41—保棉磷；42—氯氟氰菊酯；43—氯氰菊酯；44—溴氰菊酯

色谱柱：HP-5ms，30m×0.25mm，0.25μm

柱　温：80℃（2min）$\xrightarrow{15℃/min}$180℃（4min）$\xrightarrow{10℃/min}$230℃（5min）$\xrightarrow{10℃/min}$290℃（5min）

载　气：He，载气流速1mL/min

检测器：MS

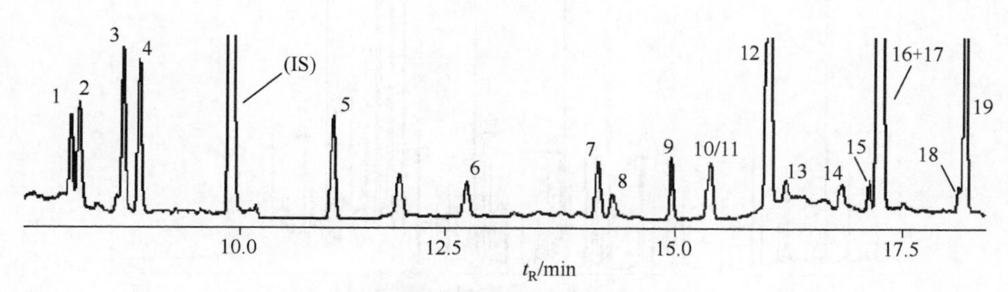

图 34-2 有机氯农药[2]

色谱峰：1—α-六六六；2—六氯苯；3—β-六六六；4—γ-六六六；5—七氯；6—艾氏剂；7—氧化氯丹；8—反式环氧七氯；9—反式氯丹；10—顺式氯丹；11—α-硫丹；12—p,p'-滴滴伊；13—狄氏剂；14—异狄氏剂；15—β-硫丹；16—p,p'-滴滴滴；17—o,p'-滴滴涕；18—硫丹硫酸盐；19—p,p'-滴滴涕；IS—内标δ-六六六

色谱柱：VF-5ms phase，30m×0.25mm，0.25μm

柱 温：100℃（1.5min）$\xrightarrow{20℃/min}$ 200℃（6min）$\xrightarrow{10℃/min}$ 260℃（1min）$\xrightarrow{10℃/min}$ 280℃（2.5min）

载 气：He，1mL/min

检测器：MS

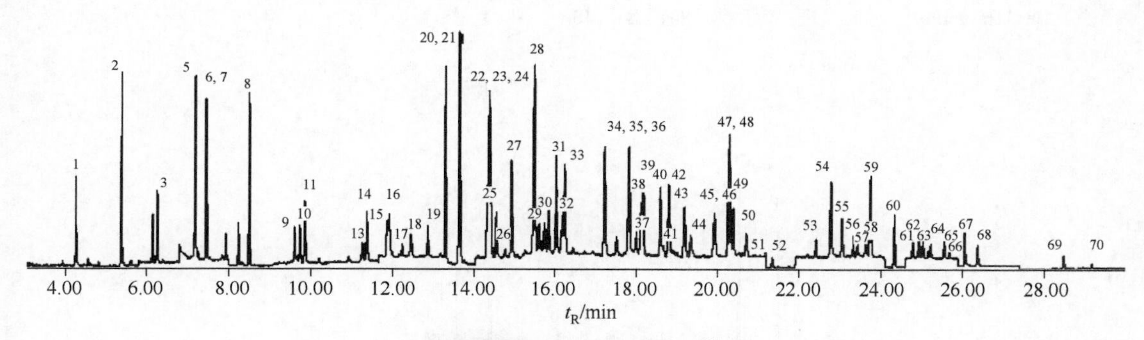

图 34-3 水中加标农药[3]

色谱峰：1—敌敌畏；2—敌草腈；3—土菌灵；4—敌百虫；5—氯苯甲醚；6—异丙威；7—禾草敌；8—仲丁威；9—氟乐灵；10—乙丁氟灵；11—戊菌隆；13—西玛津；14—阿特拉津；15—二嗪磷；16—炔苯酰草胺；17—乙拌磷；18—咯喹酮；19—异稻瘟净；20—溴丁酰草胺；21—特草灵；22—甲草胺；23—甲基立枯磷；24—氟硫草定；25—西草净；26—甲霜灵；27—百菌清；28—戊草丹；29—杀螟硫磷；30—马拉硫磷；31—杀草丹；32—毒死稗；33—倍硫磷；34—异戊乙净；35—异柳磷；36—甲代隆；37—二甲戊灵；38—稻丰散；39—哌草丹；40—腐霉利；41—克菌丹；42—四氯苯酞；43—杀扑磷；44—α-硫丹；45—敌草胺；46—抑草磷；47—丙草胺；48—氟酰胺；49—稻瘟灵；50—噻嗪酮；51—氨基草枯醚；52—噁唑磷；53—β-硫丹；54—灭锈胺；55—敌瘟磷；56—草枯醚；57—丙环唑 1；58—丙环唑 2；59—噻吩草胺；60—稗草畏；61—哒嗪硫磷；62—哌草磷；63—苯硫膦；64—异菌脲；65—莎稗磷；66—治草醚；67—吡丙醚；68—苯噻酰草胺；69—苯酮唑；70—醚菊酯

色谱柱：ADB-XLB毛细管柱，30m×0.25mm，0.1μm

柱 温：80℃（1min）$\xrightarrow{20℃/min}$ 140℃ $\xrightarrow{4℃/min}$ 200℃ $\xrightarrow{8℃/min}$ 300℃（5min）

载 气：He，1.6mL/min

检测器：MS

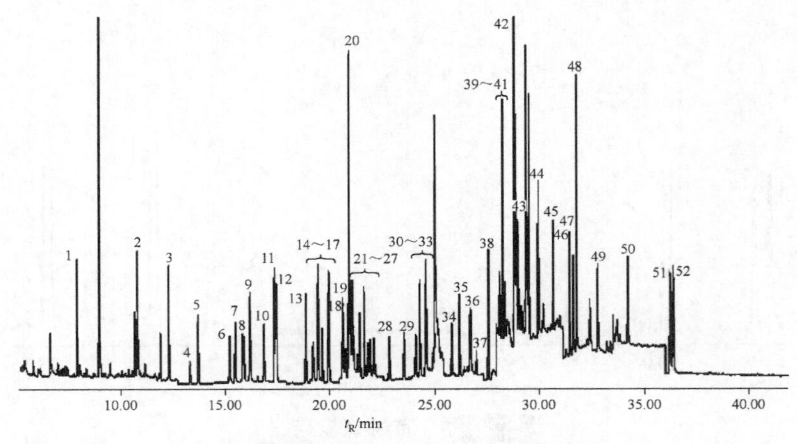

图 34-4 胡萝卜汁中加标农药[4]

色谱峰：1—茵草敌；2—禾草敌；3—毒草胺；4—乙丁烯氟灵；5—氟乐灵；6—西玛津；7—阿特拉津；8—林丹；9—特丁津；10—二嗪磷；11—百菌清；12—野麦畏；13—嗪草酮；14—甲基对硫磷；15—甲基立枯磷；16—甲草胺；17—扑草净；18—特丁净；19—杀螟硫磷；20—甲基嘧啶磷；21—苯氟磺胺；22—艾氏剂；23—马拉硫磷；24—异丙甲草胺；25—倍硫磷；26—毒死稗；27—三唑酮；28—仲丁灵；29—二甲戊灵；30—稻丰散；31—腐霉利；32—杀扑磷；33—硫丹Ⅰ；34—丙溴磷；35—噁草酮；36—环丙唑；37—硫丹Ⅱ；38—乙硫磷；39—呋酰胺；40—苯霜灵；41—硫丹硫酸盐；42—环嗪酮；43—氟苯嘧啶醇；44—溴螨酯；45—三氯杀螨砜；46—λ-氯氟氰菊酯；47—氯苯嘧啶醇；48—吡菌磷；49—蝇毒磷；50—α-氯氰菊酯；51—氟胺氰菊酯Ⅰ；52—氟胺氰菊酯Ⅱ

色谱柱：石英毛细管柱（ZB-5MS），5%苯基聚硅氧烷作为固定相，30m×0.25 mm，0.25μm

柱　温：70℃（2min）$\xrightarrow{25℃/min}$ 150℃ $\xrightarrow{3℃/min}$ 200℃ $\xrightarrow{8℃/min}$ 280℃（10min）

载　气：He，1mL/min　　检测器：MS

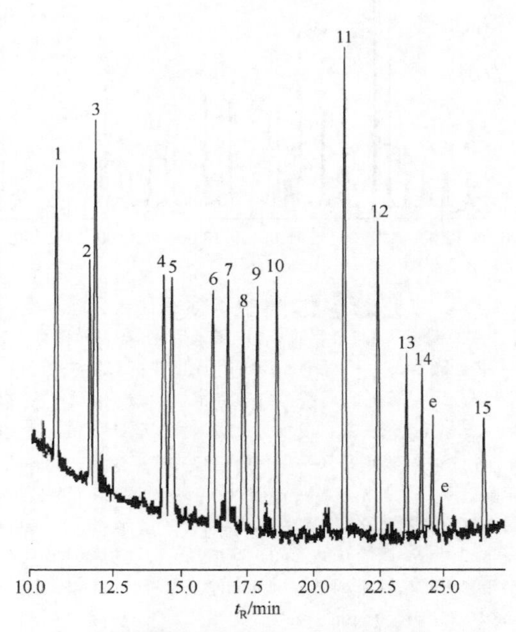

图 34-5 地表水中加标农药[5]

色谱峰：1—α-六六六；2—β-六六六；3—二嗪磷；4—马拉氧磷；5—甲草胺；6—杀螟硫磷；7—马拉硫磷；8—毒死蜱；9—对硫磷；10—必灭松（内标）；11—硫丹I；12—4,4′-滴滴伊；13—异狄氏剂；14—硫丹II；15—4,4′-滴滴涕；e—内源的

色谱柱：5%苯基–95%聚二甲基硅烷，30m低流失的毛细管柱（0.25μm液膜）

进样口温度：255℃

柱　温：70℃（1min）$\xrightarrow{25℃/min}$ 182℃（0.5min）$\xrightarrow{2℃/min}$ 190℃（2min）$\xrightarrow{0.4℃/min}$ 193℃ $\xrightarrow{15℃/min}$ 217℃ $\xrightarrow{2℃/min}$ 244℃（2min）

载　气：He，0.7mL/min　　检测器：MS

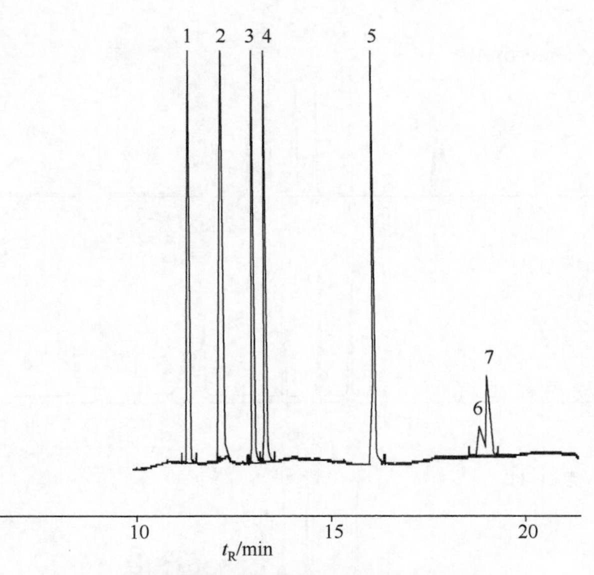

图 34-6　蜂蜜中的农药药[6]

色谱峰：1—二嗪磷；2—甲基对硫磷；3—马拉硫磷；4—毒死稗；5—乙硫磷；6—保棉磷；7—伏杀硫磷

色谱柱：HP-1毛细管色谱柱，12m×0.25mm，0.3μm

柱　温：60℃（1min）$\xrightarrow{30℃/min}$ 120℃ $\xrightarrow{10℃/min}$ 250℃（5min）

载　气：N_2

载气流速：0.8mL/min

检测器：NPD

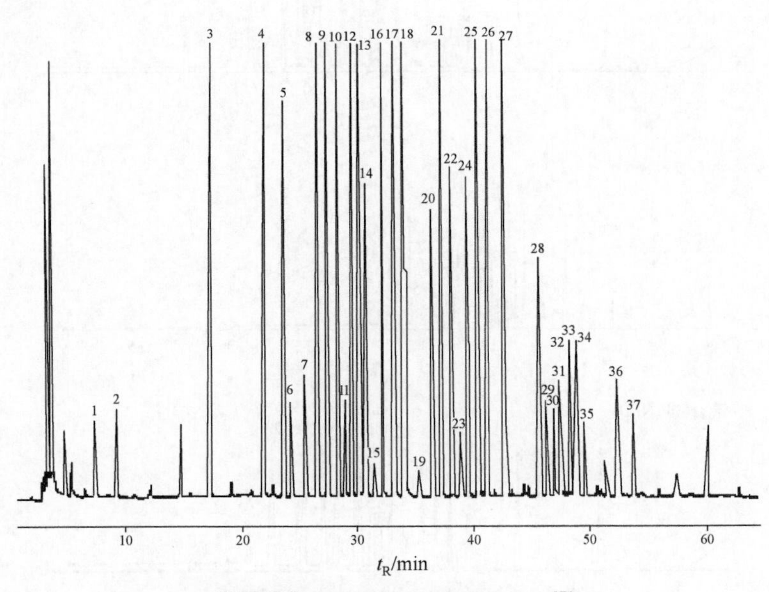

图 34-7　超临界土壤中的农药[7]

色谱峰：1—敌敌畏；2—利谷隆；3—氟乐灵；4—六氯苯；5—氯硝胺；6—二嗪磷；7—乐果；8—百菌清；9—乙烯菌核利；10—艾氏剂；11—异丙甲草胺；12—三唑酮；13—毒死稗；14—三氯杀螨醇；15—三唑醇；16—硫丹R；17—已唑醇；18—抑霉唑；19—噻嗪酮；20—硫丹â；21—乙环唑；22—丙环唑；23—戊唑醇；24—禾草灵；25—溴螨酯；26—甲氧氯；27—三氯杀螨砜；28—咪鲜胺；29～31—氟氯氰菊酯（Ⅰ,Ⅱ,Ⅲ；总和）；32～34—氯氰菊酯（Ⅰ,Ⅱ,Ⅲ；总和）；35—喹禾灵；36,37—氰戊菊酯（Ⅰ,Ⅱ；总和）

色谱柱：HP-608，30m×0.25mm，0.25μm

柱　温：45℃（1min）$\xrightarrow{20℃/min}$ 150℃(5min) $\xrightarrow{4℃/min}$ 250℃（20min）

载　气：H_2　　载气线速度：45cm/s　　检测器：^{63}Ni ECD

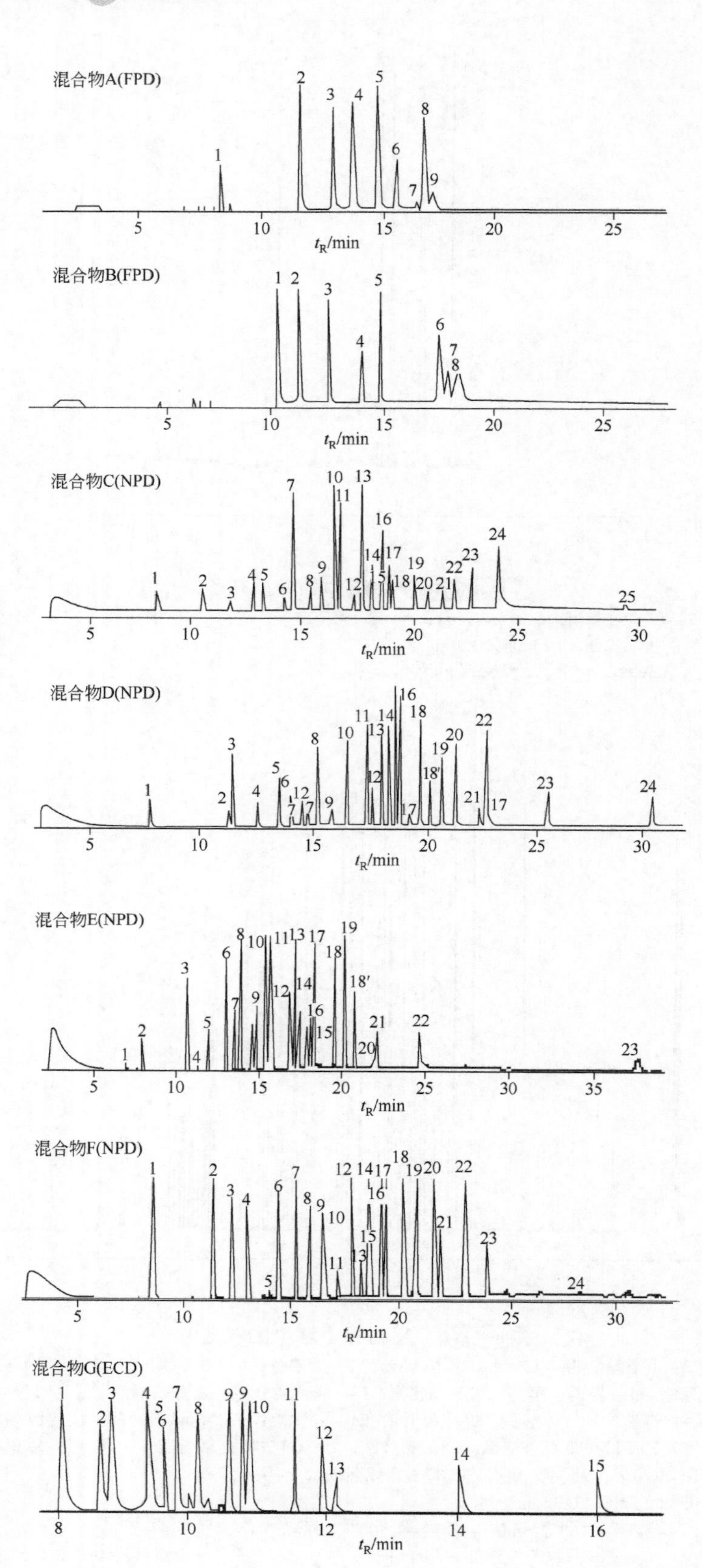
混合物A(FPD)
混合物B(FPD)
混合物C(NPD)
混合物D(NPD)
混合物E(NPD)
混合物F(NPD)
混合物G(ECD)
t_R/min

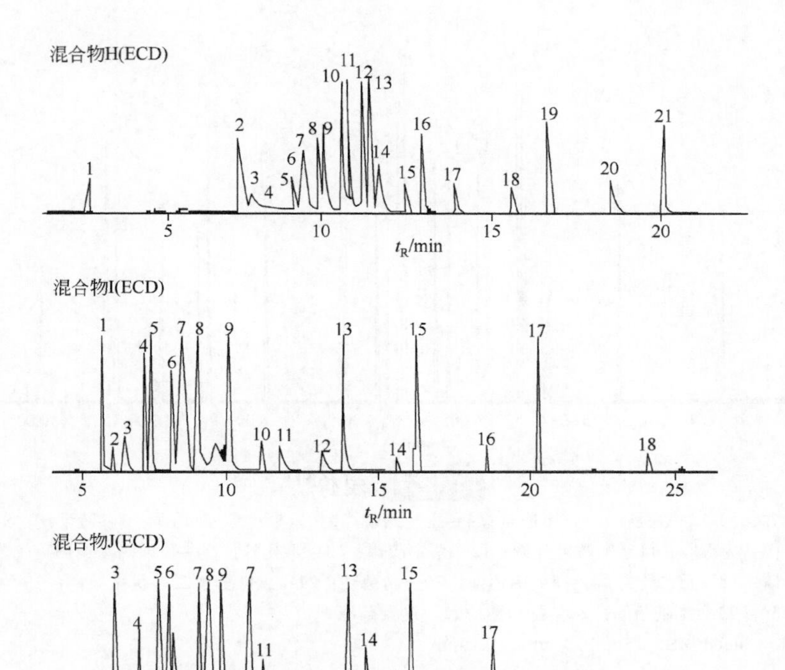

图 34-8 食品[8]

色谱柱：（1）FPD-GC的色谱柱DB-210，30m×0.25μm；柱温：60℃（2min）$\xrightarrow{15℃/min}$ 250℃（5min）；

（2）NPD-GC的色谱柱DB-17，30m×0.25μm；柱温：100℃（2min）$\xrightarrow{10℃/min}$ 270℃（6min）；

（3）ECD-GC的色谱柱DB-5，30m×0.25μm；柱温：150℃（2min）$\xrightarrow{40℃/min}$ 260℃（6min）

载　气：He　　检测器：FPD/NPD/ECD

载气流速：2mL/min

色谱峰：

A　1—甲基吡啶磷；2—辛硫磷；3—乙拌磷；4—溴硫磷；5—脱叶磷；6—苯线磷；7—蚜灭磷；8—哒嗪硫磷；9—保棉磷

B　1—速灭磷；2—特丁硫磷；3—氧化乐果；4—磷胺；5—稻瘟灵；6—哌草磷；7—莎稗磷；8—吡菌磷

C　1—茵草敌；2—苯胺灵；3—醚磺隆；4—毒草胺；5—二苯胺；6—炔苯酰草胺；7—阿特拉津；8—溴丁酰草胺；9—灭蝇胺；10—莠灭净；11—三唑酮；12—苯酰草胺；13—异戊乙净；14—多效唑；15—丙森锌；16—苯硫威；17—烯效唑；18—麦草氟甲酯；19—咯菌腈；20—苯霜灵；21—氟吡酰草胺；22—稗草畏；23—呋线威；24—亚胺硫磷；25—苯酮唑

D　1—二丙烯草胺；2—氟胺磺隆；3—禾草敌；4—戊菌隆；5—猛杀威；6—噁虫威；7—异噁草酮；8—硅氟唑；9—特草定；10—四氟醚唑；11—戊菌唑；12—除草定；13—双苯酰草胺；14—己唑醇；15—噻嗪酮；16—氟硅唑；17—吡喃草酮；18—苯氧菌胺（*E*）；18′—苯氧菌胺（*Z*）；19—戊唑醇；20—氟草敏；21—苯氧威；22—双甲脒；23—氯苯嘧啶醇；24—腈苯唑

E　1—敌草隆；2—氟磺隆；3—氟乐灵；4—克菌丹；5—氯苯胺灵；6—螺环菌胺；7—乙氧喹啉；8—西玛津；9—噻吩草胺；10—扑草净；11—去草净；12—三唑醇；13—氰草津；14—丙草胺；15—吲唑酯；16—咪草酸甲酯；17—粉唑醇；18—嘧草醚（*Z*）；18′—嘧草醚（*E*）；19—丁硫克百威；20—烟嘧磺隆；21—氰氟草酯；22—联苯三唑醇；23—苯醚甲环唑

F　1—霜霉威；2—丙硫克百威；3—二甲威；4—残杀威；5—苯敌草；6—野麦畏；7—丁苯吗啉；8—甲草胺；9—甲霜灵；10—乙霉威；11—灭虫威；12—嘧菌环胺；13—灭藻醌；14—哌草丹；15—氟酰胺；16—敌草胺；17—乙嘧酚磺酸酯；18—氧环唑；19—丙环唑；20—氯吡嘧磺隆；21—乙螨唑；22—环嗪酮；23—吡丙醚；24—噻草酮

G　1—四氯硝基苯；2—氯硝胺；3—五氯硝基苯；4—氟硫草定；5—皮蝇硫磷；6—噻唑烟酸；7—氯酞酸二甲酯；8—氟虫腈；9—反式氯丹；10—顺式氯丹；11—乙氧氟草醚；12—嘧螨酯；13—肟菌酯；14—吡草醚；15—氯甲酰草胺

H　1—氯氟吡氧乙酸；2—氟铃脲；3—杀铃脲；4—唑呋草；氟酰亚胺；5—氟虫脲；6—烯啶虫胺；7—百菌清；8—定虫隆；9—异丙甲草胺；10—三氯杀螨醇；11—双氯氰菌胺；12—噁草酮；13—环氟菌胺；14—苯嗪草酮；15—炔草酯；16—禾草灵；17—解毒喹；18—碘甲磺隆；19—乙氧苯草胺；20—噻虫啉；21—嘧菌酯

I　1—乙丁烯氟灵；2—解草噁唑；3—解草酮；4—乙草胺；5—苯氟磺胺；6—异噁唑草酮；7—四氯苯酞；8—噻螨酮；9—氰菌胺；10—氟啶胺；11—氯草敏；12—啶虫脒；13—三氯杀螨砜；14—吡唑醚菌酯；15—氟喹唑；16—嘧螨醚；17—茚虫威；18—氟噻甲草酯

J　1—噻节因；2—吡嘧磺隆；3—乙烯菌核利；4—酞菌酯；5—丙烯菊酯；6—氟菌唑；7—*α*-硫丹；*β*-硫丹；8—噻呋酰胺；9—苄氯三唑醇；10—乙酯杀螨醇；11—唑酮草酯；12—氧氧灵；13—溴螨酯；14—砜嘧磺隆；15—乳氟禾草灵；16—哒螨灵；17—咪鲜胺；18—丙炔氟草胺；19—氟烯草酸

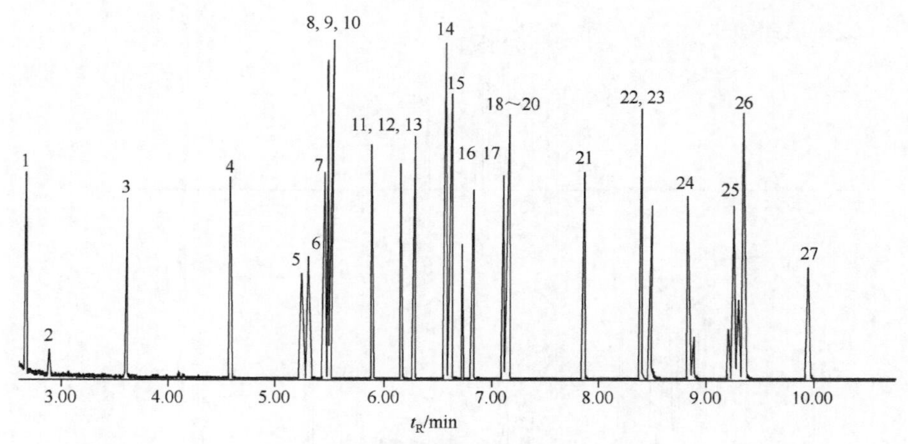

图 34-9 农药[9]

色谱峰：1—正十二烷；2—敌敌畏；3—正十四烷；4—正十六烷；5—乐果；6—西玛津；7—特丁津；8—二嗪磷；9—正十八烷；10—嘧霉胺；11—甲基毒死蜱；12—杀螟硫磷；13—毒死蜱；14—环丙嘧啶；15—戊菌唑；16—克菌丹；17—杀扑磷；18—正二十二烷；19—嘧菌酯；20—腈菌唑；21—戊唑醇；22—伏杀硫磷；23—正二十六烷；24—联苯三唑醇；25—氯氰菊酯；26—醚菊酯；27—溴氰菊酯

色谱柱：CP-Sil 8 low bleed/MS，15m×0.15mm，0.15μm

柱　温：100℃（1.13min）→300℃（1.29min），24℃/min

载　气：He，1.2mL/min

检测器：MS

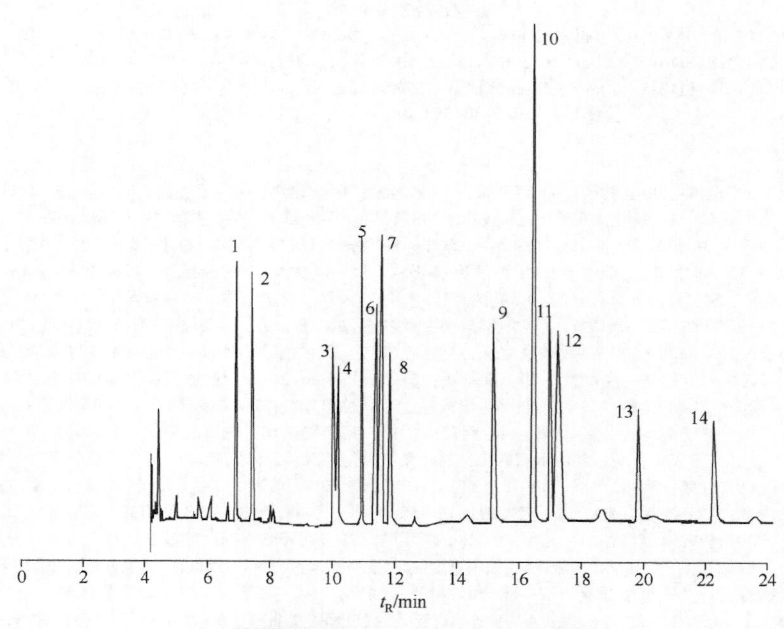

图 34-10 鸡、猪、羊肌肉[10]

色谱峰：1—氟乐灵；2—禾草敌；3—脱乙基特丁津；4—脱乙基阿特拉津；5—扑灭津；6—阿特拉津；7—特丁津；8—西玛津；9—甲草胺；10—扑草净（内标）；11—莠灭净；12—异丙甲草胺；13—二甲戊灵；14—氰草津

色谱柱：J&W DB 17ms，30m×0.25mm，0.17μm

柱　温：50℃ $\xrightarrow{30℃/min}$ 190℃ $\xrightarrow{10℃/min}$ 200℃ $\xrightarrow{2℃/min}$ 210℃（3min） $\xrightarrow{30℃/min}$ 280℃

载气：He，1.2mL/min

检测器：MS

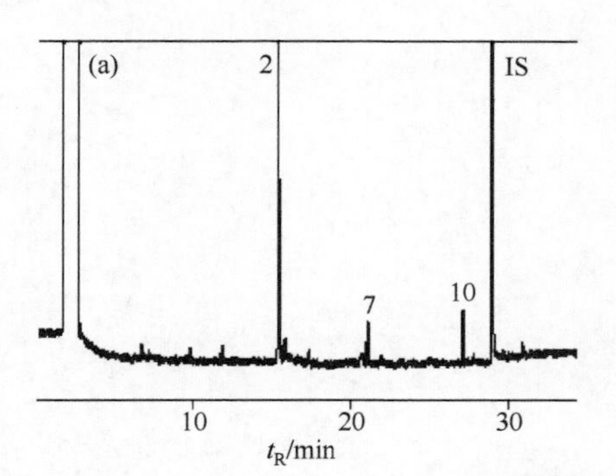

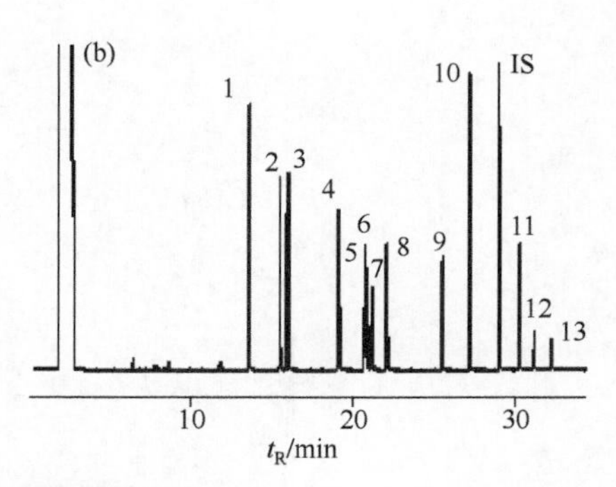

图 34-11 农业用水[11]

（a）加标的；（b）经SPME处理后的

色谱峰：1—甲拌磷；2—二嗪磷；3—乙拌磷；4—甲基对硫磷；5—杀螟硫磷；6—毒死稗；7—马拉硫磷；8—倍硫磷；9—丙溴磷；10—乙硫磷；11—伏杀硫磷；12—保棉磷；13—蝇毒磷

色谱柱：ZB-35，30m×0.25mm，0.15μm，Phenomenex，USA

柱　温：50℃（2min）$\xrightarrow{20℃/min}$ 150℃ $\xrightarrow{5℃/min}$ 175℃ $\xrightarrow{10℃/min}$ 275℃（5min）

载　气：He，35cm/s

检测器：FPD

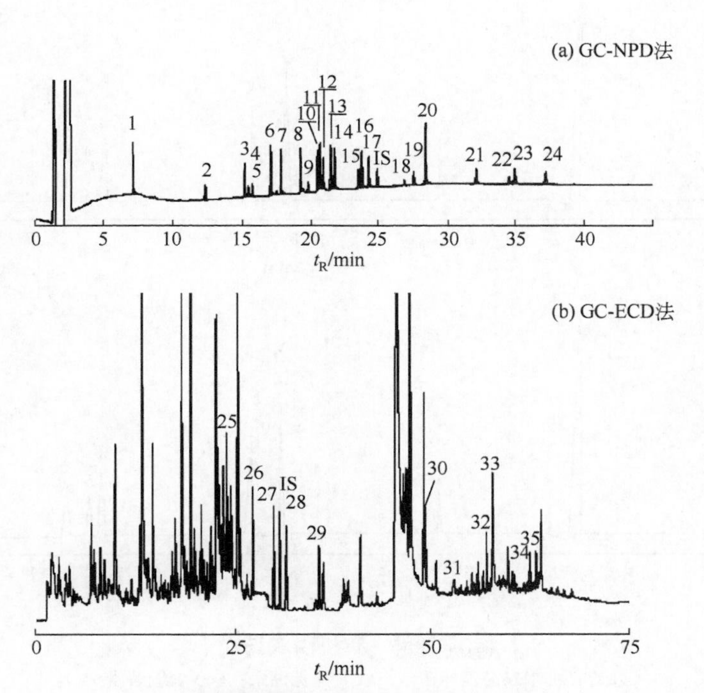

图 34-12 橄榄油中农药[12]

色谱峰：1—甲胺磷；2—氧化乐果；3—乐果；4—西玛津；5—莠去津；6—二嗪磷；7—乙嘧硫磷；8—甲基对硫磷；9—扑草净；10—杀螟硫磷；11—甲基嘧啶磷；12—马拉硫磷；13—倍硫磷；14—毒死稗；15—灭蚜磷；16—喹硫磷；17—杀扑磷；18—噻嗪酮；19—倍硫磷亚砜；20—乙硫磷；21—亚胺硫磷；22—保棉磷；23—伏杀硫磷；24—益棉磷；25—敌草索；26—α-硫丹；27—乙氧氟草醚；28—β-硫丹；29—硫丹硫酸酯；30—λ-氯氟氰菊酯；31—氯菊酯；32—氯菊酯；33—α-氯氰菊酯；34—氰戊菊酯；35—溴氰菊酯

色谱柱：Zebron ZB-5石英毛细管柱，30m×0.25mm，0.25μm

柱　温：100℃（1min）$\xrightarrow{5℃/min}$ 210℃（16min）$\xrightarrow{3℃/min}$ 285℃（10min）

载　气：He

检测器：ECD/NPD

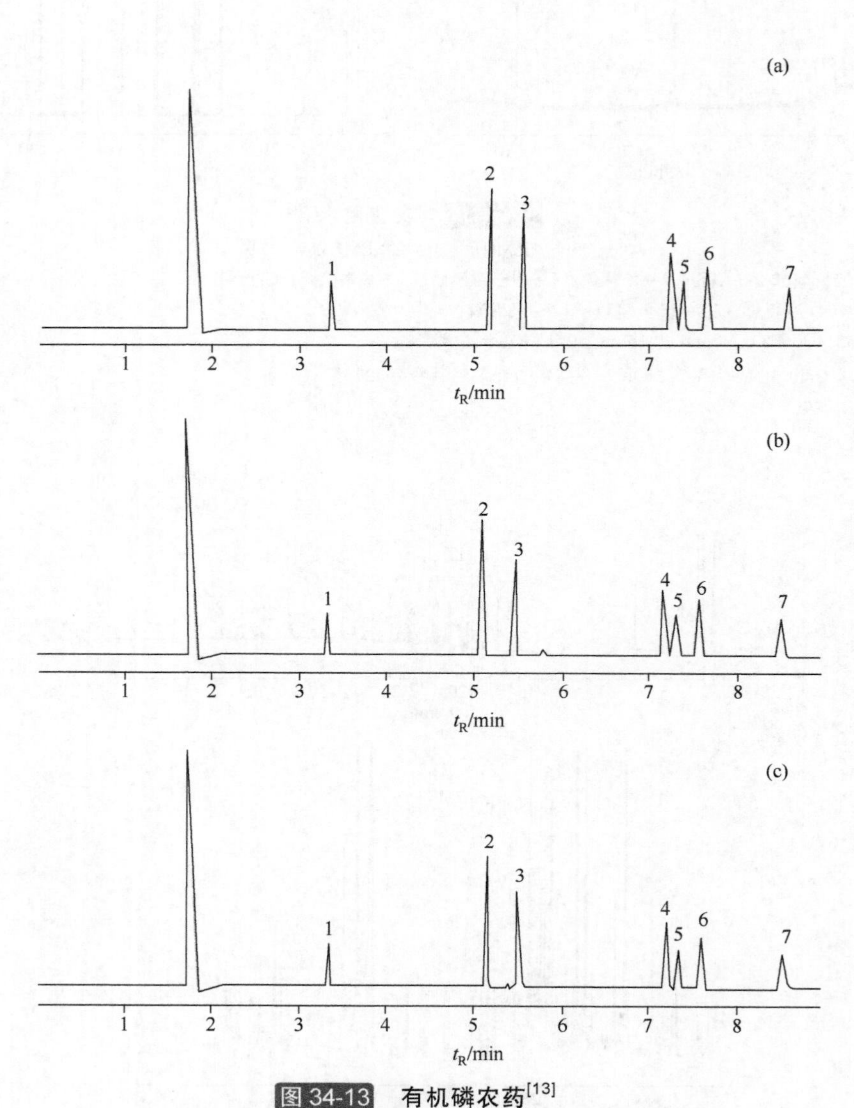

图 34-13 有机磷农药[13]

（a）有机磷农药混标溶液；（b）加标湖水；（c）加标苹果汁

色谱峰：1—敌敌畏；2—磷酸三正丁酯；3—甲拌磷；4—杀螟硫磷；5—马拉硫磷；6—对硫磷；7—喹硫磷

色谱柱：HP-5毛细管柱，30m×0.32mm，0.25μm

柱　温：125℃（2min）$\xrightarrow{75℃/min}$ 200℃（1min）$\xrightarrow{10℃/min}$ 220℃（3min）

载　气：N_2

检测器：FPD

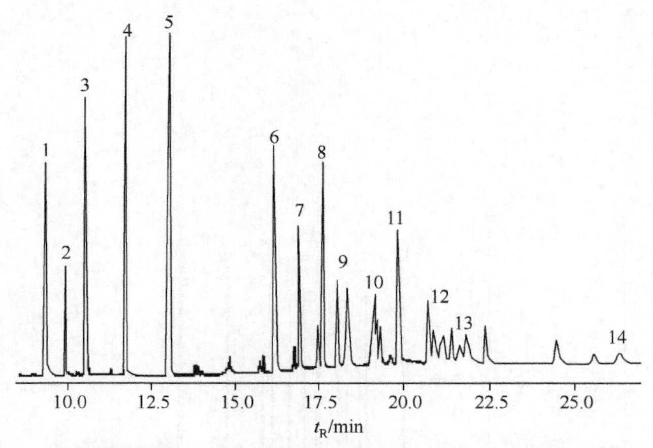

图 34-14 被污染空气中拟除虫菊酯类农药[14]

色谱峰：1—邻苯基苯酚；2—残杀威；3—右旋烯炔菊酯；4—四氟苯菊酯；5—丙烯菊酯；6—增效醚；7—胺菊酯；8—苯醚菊酯；9—氯氟氰菊酯；10—苯醚氰菊酯；11—氯菊酯；12—氟氯氰菊酯；13—氯氰菊酯；14—溴氰菊酯

色谱柱：CP Sil8 CB 低流失的毛细管柱，25m×0.25mm，0.25μm

柱 温：60℃（2min）$\xrightarrow{20℃/min}$ 230℃ $\xrightarrow{5℃/min}$ 270℃（5min）$\xrightarrow{5℃/min}$ 290℃

载 气：He 检测器：MS

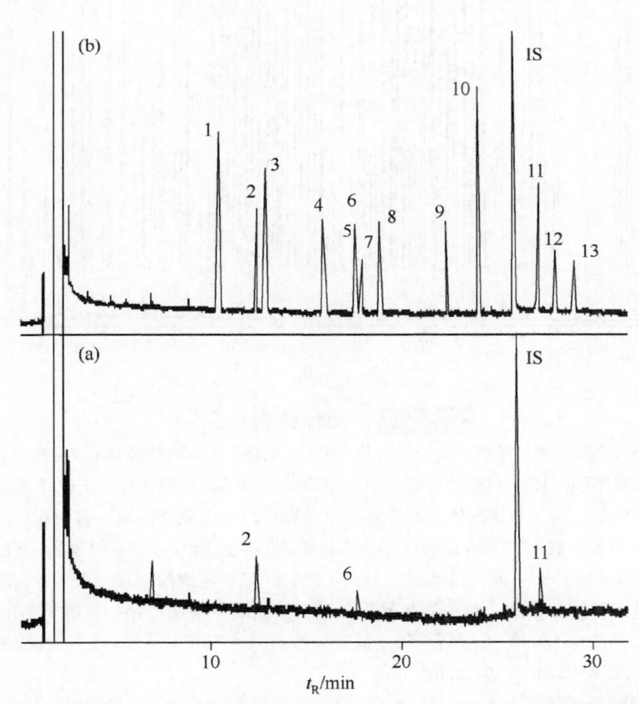

图 34-15 经分散液相微萃取处理后的河水（a）和加标有机磷农药的河水（b）[15]

色谱峰：1—甲拌磷；2—二嗪磷；3—乙拌磷；4—甲基对硫磷；5—杀螟松；6—毒死蜱；7—马拉硫磷；8—倍硫磷；9—丙溴磷；10—乙硫磷；11—伏杀硫磷；12—保棉磷；13—蝇毒磷

色谱柱：ZB-35毛细管柱，30m×0.25mm，0.15μm

固定相：65%甲基-35%苯基聚硅氧烷(Phenomenex, USA)

柱 温：100℃（2min）$\xrightarrow{25℃/min}$ 150℃ $\xrightarrow{5℃/min}$ 175℃ $\xrightarrow{2℃/min}$ 195℃ $\xrightarrow{10℃/min}$ 275℃（5min）

载 气：高纯He 检测器：FPD

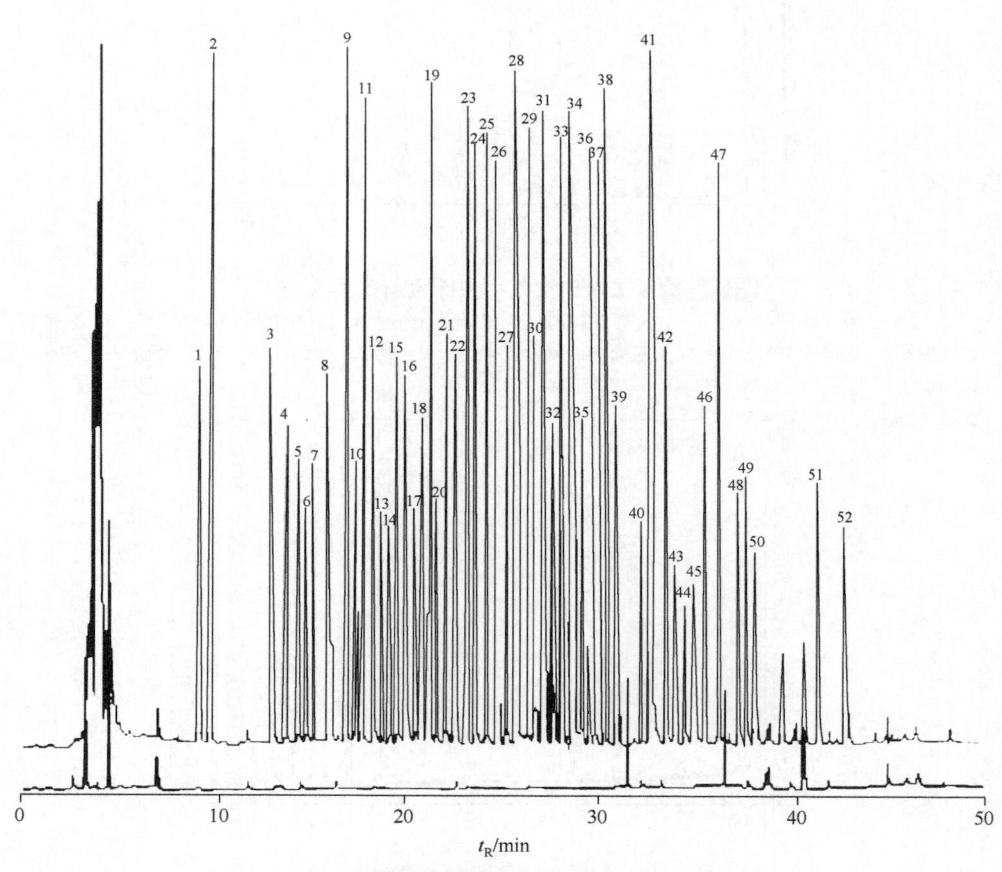

图 34-16 加标蜂蜜样品[16]

色谱峰：1—敌敌畏；2—利谷隆；3—氟乐灵；4—六氯苯；5—西玛津；6—阿特拉津；7—林丹；8—特丁津；9—二嗪磷；10—百菌清；11—嗪草酮；12—甲基对硫磷；13—甲草胺；14—氯菊酯；15—三氯杀螨醇；16—杀螟硫磷；17—甲基嘧啶磷；18—艾氏剂；19—马拉硫磷；20—异丙甲草胺；21—倍硫磷；22—毒死稗；23—三唑酮；24—抑霉唑；25—二甲戊灵；26—稻丰散；27—腐霉利；28—杀扑磷；29—α-硫丹；30—丙溴磷；31—环丙唑醇；32—β-硫丹；33—乙硫磷；34—苯霜灵；35—硫丹硫酸盐；36—环嗪酮；37—溴螨酯；38—丙环唑；39—g-氯氟氰菊酯；40—定菌磷；41—戊唑醇；42—咪鲜胺；43—氟氯氰菊酯；44—氟氯氰菊酯；45—氟氯氰菊酯；46—甲氧氯；47—三氯杀螨砜；48—氯氰菊酯；49—氯氰菊酯；50—氯氰菊酯；51—氟胺氰菊酯；52—氟胺氰菊酯

色谱柱：LM-5毛细管柱，35m×0.25mm，0.25μm

固定相：5%苯基-95%二甲基聚硅氧烷

柱　温：60℃ $\xrightarrow{25℃/min}$ 150℃（1min）$\xrightarrow{3℃/min}$ 200℃（1min）$\xrightarrow{8℃/min}$ 290℃（8min）

载　气：He

检测器：MS

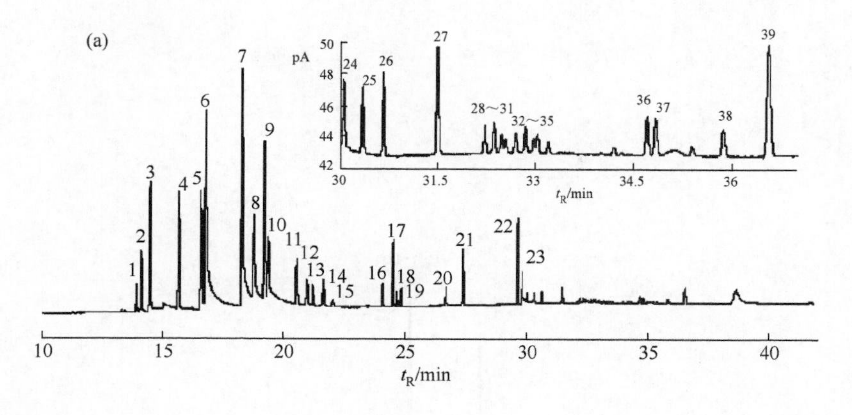

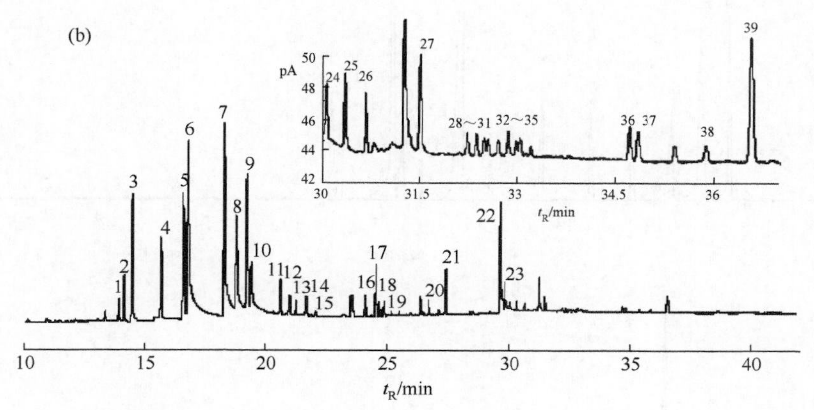

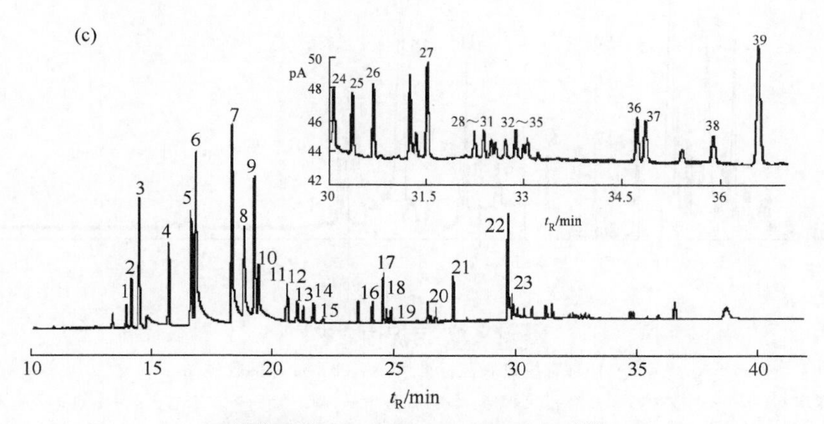

图 34-17 加标辣椒和番茄样品[17]

（a）标准溶液；（b）加标红辣椒样品；（c）加标番茄样品

色谱峰：1—炔苯酰草胺；2—嘧霉胺；3—二嗪磷；4—抗芽威；5—甲基毒死蜱；6—甲基立枯磷；7—甲基嘧啶磷；8—马拉硫磷；9—毒死蜱；10—三唑酮；11—嘧菌环胺；12—二甲戊灵；3—甲苯氟磺胺；14—三唑醇Ⅰ；15—三唑醇Ⅱ；16—咯菌腈；17—噻嗪酮；18—乙氧氟草醚；19—醚菌酯；20—苯霜灵；21—戊唑醇；22—伏杀硫磷；23—吡丙醚；24—λ-氯氟氰菊酯Ⅰ；5—λ-氯氟氰菊酯Ⅱ；26—氟丙菊酯；27—哒螨灵；28—氟氯氰菊酯Ⅰ；29—氟氯氰菊酯Ⅱ；30—氟氯氰菊酯Ⅲ；31—氟氯氰菊酯Ⅳ；32—氯氰菊酯Ⅰ；33—氯氰菊酯Ⅱ；34—氯氰菊酯Ⅲ；35—氯氰菊酯Ⅳ；36—氟胺氰菊酯Ⅰ；37—氟胺氰菊酯Ⅱ；38—溴氰菊酯；39—嘧菌酯

色谱柱：HP-5ms石英毛细管柱，30m×0.25mm，0.25μm

程序升温条件：70℃（2min）$\xrightarrow{25℃/min}$ 150℃ $\xrightarrow{3℃/min}$ 200℃ $\xrightarrow{8℃/min}$ 280℃（10min）

载　气：He

检测器：NPD

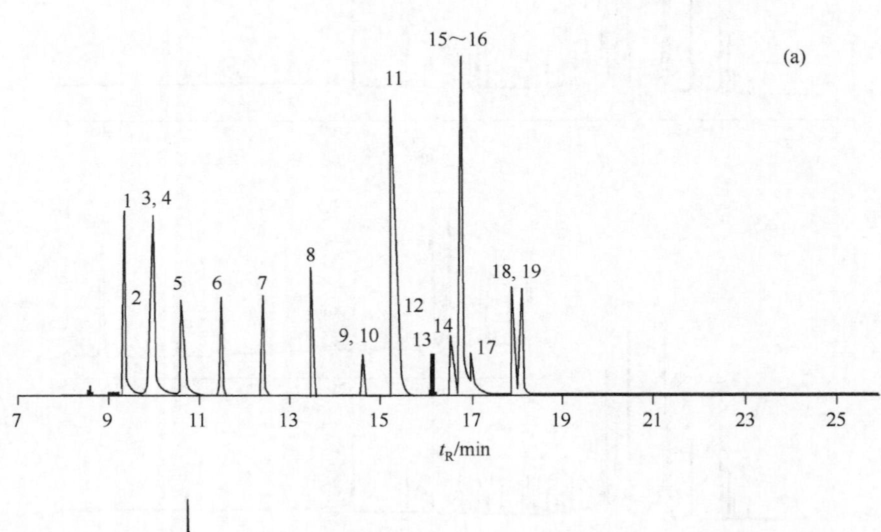

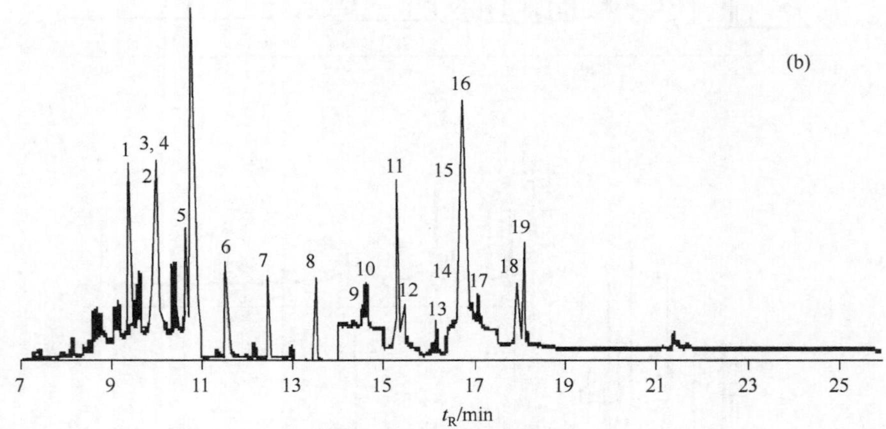

图 34-18 污泥中农药[18]

（a）16种有机氯农药标准溶液；（b）加标回收样品

色谱峰：1—α-六六六；2—β-六六六；3—林丹同位素-d_6(内标)；4—林丹；5—δ-六六六；6—七氯；7—艾氏剂；8—环氧七氯；9—α-硫丹同位素-d_4(内标)；10—α-硫丹；11—*p*,*p*'-滴滴伊；12—狄氏剂；13—异狄氏剂；14—β-硫丹；15—*p*,*p*'-滴滴滴同位素-d_8(内标)；16—*p*,*p*'-滴滴滴；17—异狄氏剂醛；18—硫丹硫酸盐；19—*p*,*p*'-滴滴涕

色谱柱：ZB-5MS，30m×0.25mm，0.25μm

固定相：5%苯基-95%甲基聚硅氧烷

柱　温：100℃（3min）$\xrightarrow{20℃/min}$ 200℃ $\xrightarrow{4℃/min}$ 250℃ $\xrightarrow{8℃/min}$ 280℃（1min）

载　气：He

检测器：MS

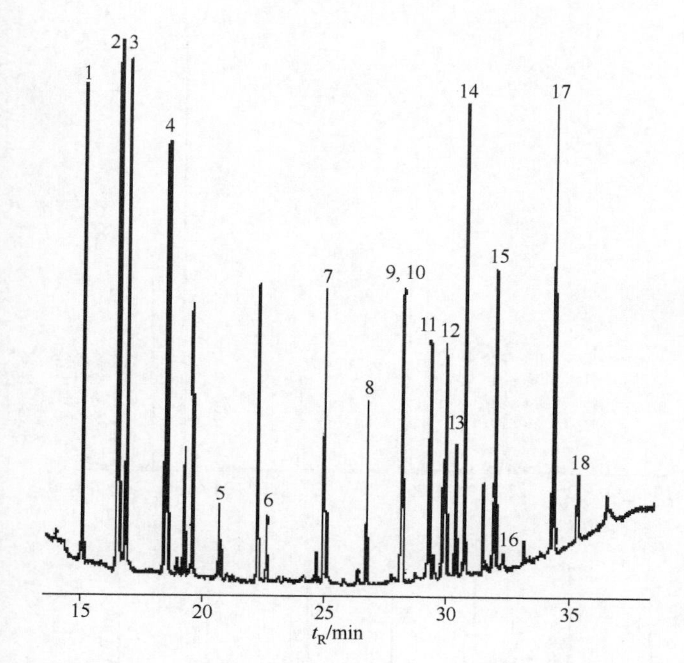

图 34-19 有机氯农药[19]

色谱峰：1—α-六六六；2—β-六六六；3—γ-六六六；4—δ-六六六；5—七氯；6—艾氏剂；7—环氧七氯；8—α-硫丹；9—p,p'-滴滴伊；10—狄氏剂；11—异狄氏剂；12—β-硫丹；13—p,p'-滴滴滴；14—异狄氏剂醛；15—硫丹硫酸盐；16—p,p'-滴滴涕；17—异狄氏剂酮；18—甲氧氯

色谱柱：VF-5ms，30m×0.25mm，0.25μm

柱 温：70℃（2min）$\xrightarrow{15℃/min}$ 160℃（5min）$\xrightarrow{3.5℃/min}$ 240℃（5min）

载 气：He 检测器：MS

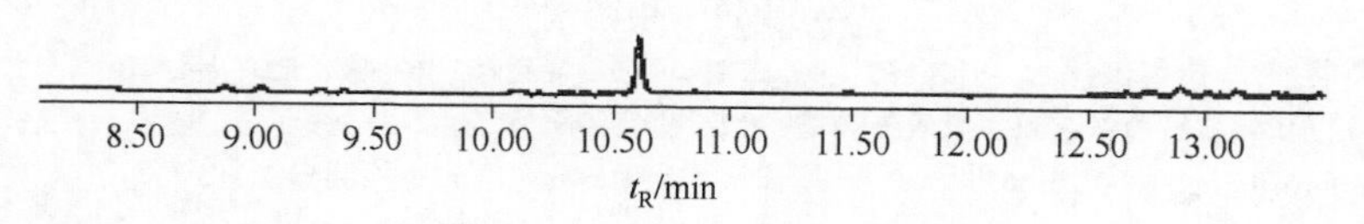

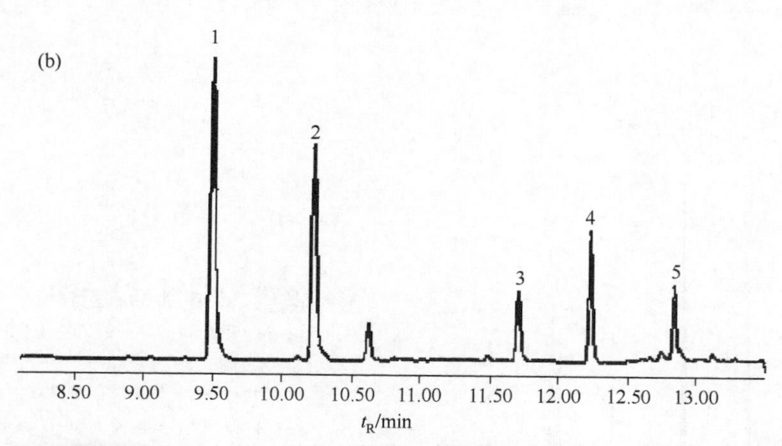

图 34-20 经 DLLME-LSC 处理后的海水样品（a）和 5 种有机磷农药加标海水样品（b）[20]

色谱峰：1—七氯；2—艾氏剂；3—硫丹 I；4—狄氏剂；5—硫丹 II

色谱柱：HP-5ms，30m×0.25mm，0.25μm

柱 温：150℃（2min）→300℃（4min），10℃/min

载 气：He

检测器：MS

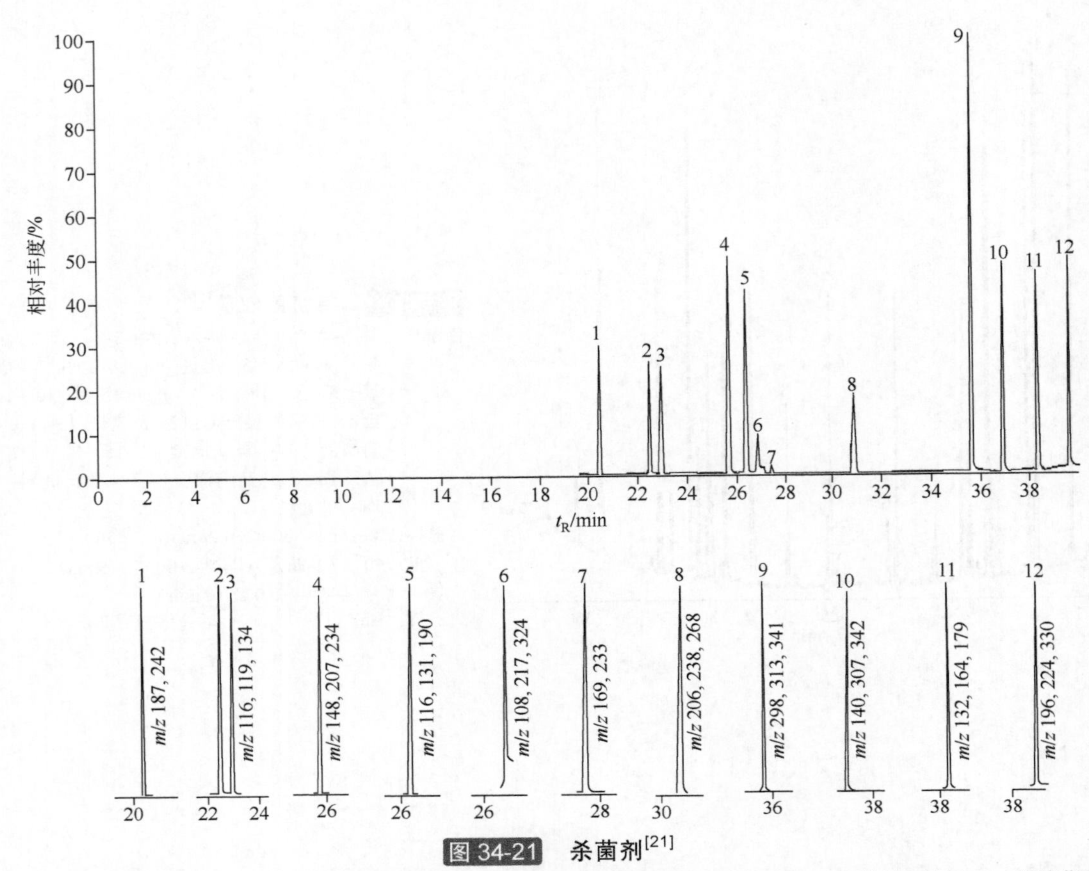

图 34-21 杀菌剂[21]

色谱峰：1—苯酰草胺；2—丙森锌1；3—丙森锌2；4—苯霜灵；5—肟菌酯；6—氰霜唑；7—磷酸三苯酯；8—咪唑菌酮；9—氟喹唑；10—啶酰菌胺；11—吡唑醚菌酯；12—噁唑菌酮

色谱柱：SPB-5，30m×0.25mm，0.25μm　　载　气：He　　检测器：MS

柱　温：60℃（2min）$\xrightarrow{10℃/min}$ 150℃（2min）$\xrightarrow{20℃/min}$ 210℃（5min）$\xrightarrow{2℃/min}$ 220℃（5min）$\xrightarrow{10℃/min}$ 310℃（5min）

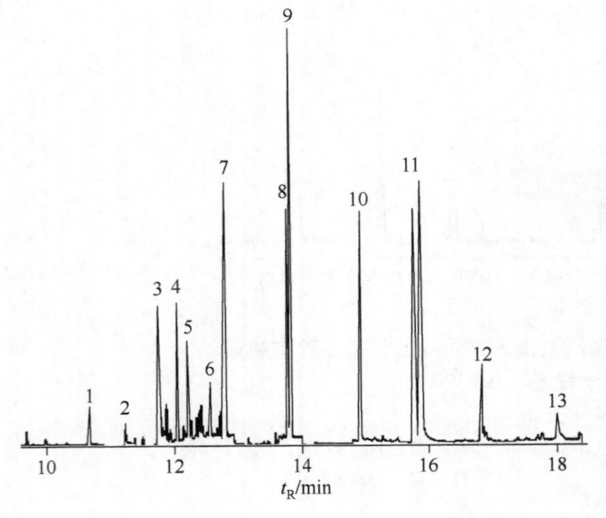

图 34-22 茶中加标农药[22]

色谱峰：1—灭线磷；2—甲基乙拌磷；3—特丁硫磷；4—七氟菊酯；5—异稻瘟净；6—乙烯菌核利；7—八氯二丙醚；8—异柳磷；9—稻丰散；10—溴虫腈；11—丙环唑；12—苯硫磷；13—λ-氯氟氰菊酯

色谱柱：HP-5ms，30m×0.25mm，0.25μm

柱　温：50℃（1min）$\xrightarrow{15℃/min}$ 240℃ $\xrightarrow{5℃/min}$ 300℃（10min）

载　气：He

检测器：MS

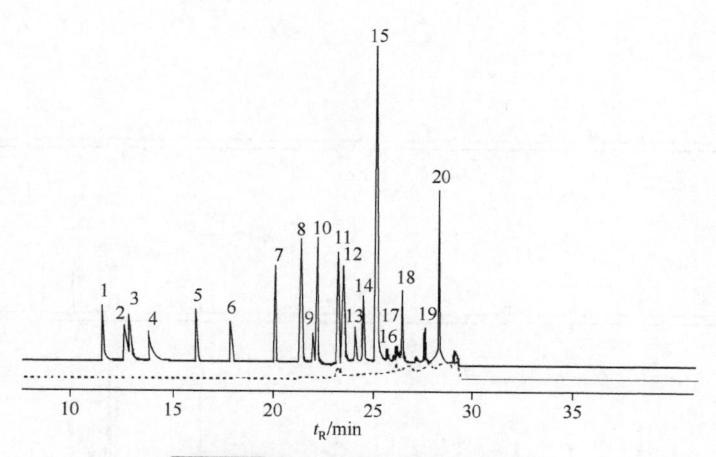

图 34-23 胡萝卜中有机氯农药[23]

色谱峰：1—α-六六六；2—β-六六六；3—γ-六六六；4—δ-六六六；5—七氯；6—艾氏剂；7—环氧七氯；8—γ-氯丹；9—α-硫丹；10—α-氯丹；11—狄氏剂；12—p,p'-滴滴伊；13—异狄氏剂；14—β-硫丹；15—p,p'-滴滴滴；16—异狄氏剂醛；17—硫丹硫酸盐；18—p,p'-滴滴涕；19—异狄式剂酮；20—甲氧氯

色谱柱：TRB-5MS，30m×0.25mm，0.25μm

柱 温：70℃（2min）$\xrightarrow{25℃/min}$ 200℃ $\xrightarrow{8℃/min}$ 280℃（10min）

载 气：He 检测器：MS

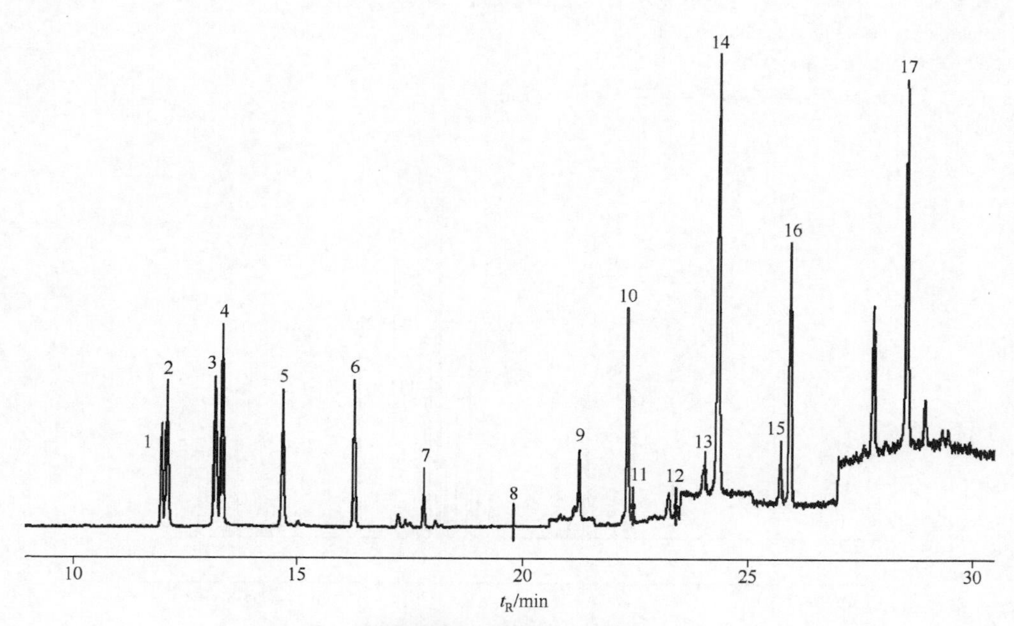

图 34-24 加标鱼饲料[24]

色谱峰：1—α-六六六；2—六氯苯；3—β-六六六；4—γ-六六六；5—δ-六六六；6—七氯；7—艾氏剂；8—环氧七氯；9—α-硫丹；10—p,p'-滴滴伊；11—狄氏剂；12—异狄氏剂；13—β-硫丹；14—p,p'-滴滴滴；15—硫丹硫酸酯；16—p,p'-滴滴涕；17—甲氧氯

色谱柱：Four-5 MS石英毛细管柱，30m×0.25mm，0.25μm

固定相：5%苯基-95%甲基聚硅氧烷

柱 温：98℃（2min）$\xrightarrow{20℃/min}$ 160℃ $\xrightarrow{4℃/min}$ 260℃（7.90min）

载 气：He

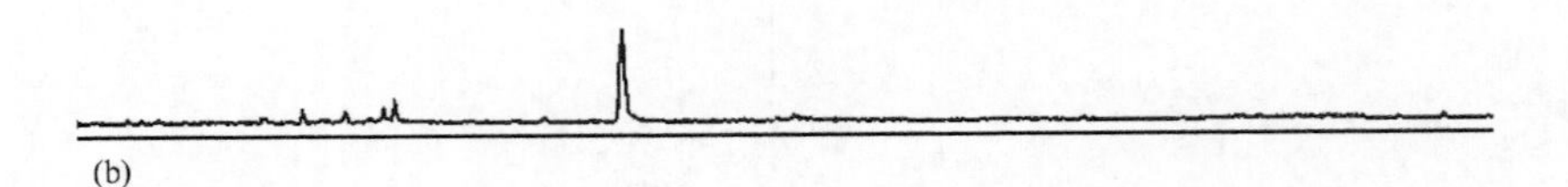

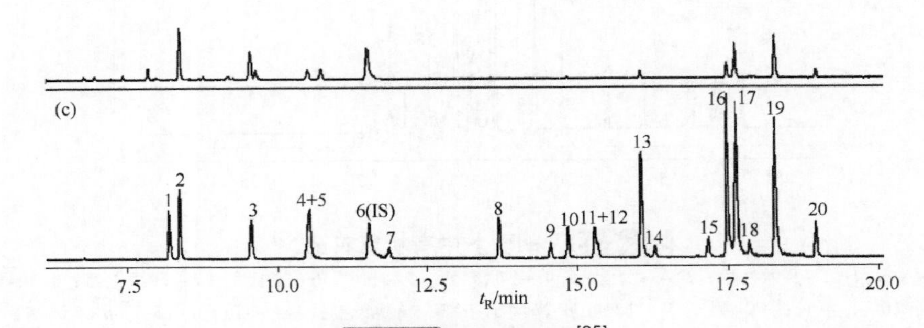

图 34-25 土壤样品[25]

（a）空白；（b）样品；（c）校正溶液

色谱峰：1—六氯苯；2—α-六六六；3—γ-六六六；4—β-六六六；5—七氯；6—艾氏剂（内标）；7—氧化氯丹；8—反式环氧七氯；9—反式氯丹；10—顺式氯丹；11—α-硫丹；12—p,p'-滴滴伊；13—狄氏剂；14—异狄氏剂；15—o,p'-滴滴涕；16—p,p'-滴滴滴；17—β-硫丹；18—p,p'-滴滴涕；19—硫丹硫酸盐

色谱柱：Zebron ZB-50，30m×0.25mm, 0.25μm

固定相：50%苯基-50%甲基聚硅氧烷

柱　温：100℃（1min）$\xrightarrow{20℃/min}$ 200℃ $\xrightarrow{10℃/min}$ 300℃（3min）

载　气：He（99%）　　检测器：MS

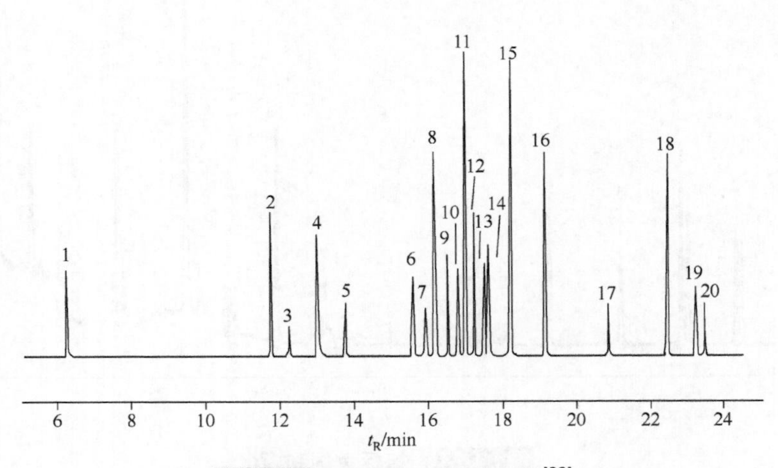

图 34-26 韭菜中有机磷农药[26]

色谱峰：1—敌敌畏；2—治螟磷；3—甲拌磷；4—乐果；5—二嗪磷；6—甲基毒死蜱；7—甲基对硫磷；8—皮蝇磷；9—甲基嘧啶磷；10—杀螟硫磷；11—马拉硫磷；12—毒死稗；13—倍硫磷；14—对硫磷；15—甲基异柳磷；16—喹硫磷；17—丙溴磷；18—乙硫磷；19—三唑磷；20—三硫磷

色谱柱：TR-5MS，30 m×0.25 mm，0.25μm

柱　温：50℃（1min）$\xrightarrow{25℃/min}$ 150℃ $\xrightarrow{5℃/min}$ 240℃ $\xrightarrow{30℃/min}$ 300℃（5min）

载　气：He　　检测器：MS

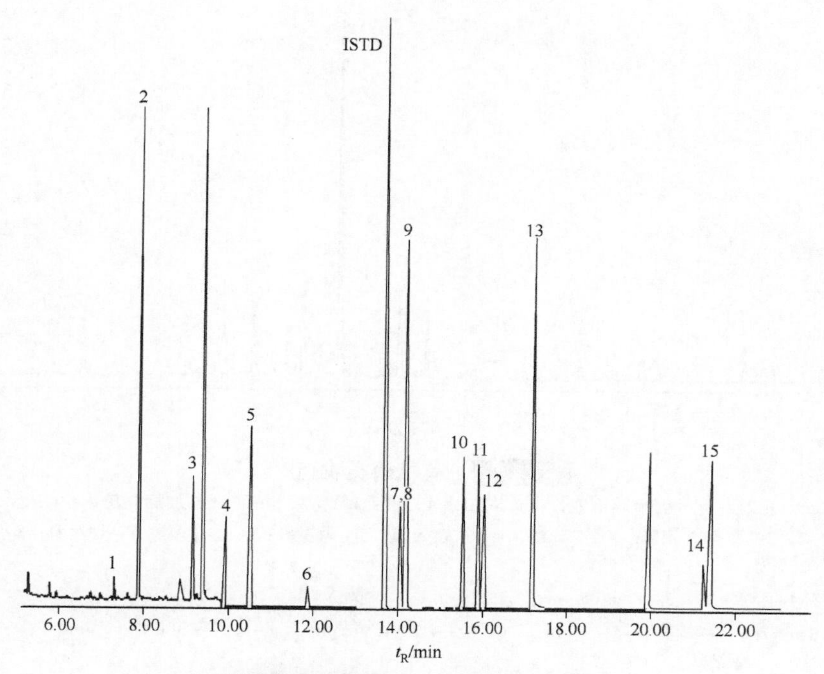

图 34-27　地下水中有机氯农药[27]

色谱峰：1—土菌灵；2—氯苯甲醚；3—毒草胺；4—氟乐灵；5—六氯苯；6—百菌清；7—氰草津；8—毒死稗；9—敌草索；10—反式氯丹；11—顺式氯丹；12—反式九氯；13—乙酯杀螨醇；4—顺-氯菊酯；15—反-氯菊酯

色谱柱：HP-5ms，30m×0.25mm，0.25μm　　载气：He（纯度99.999%）

柱　温：90℃（3min）→220℃，30℃/min　　检测器：MS

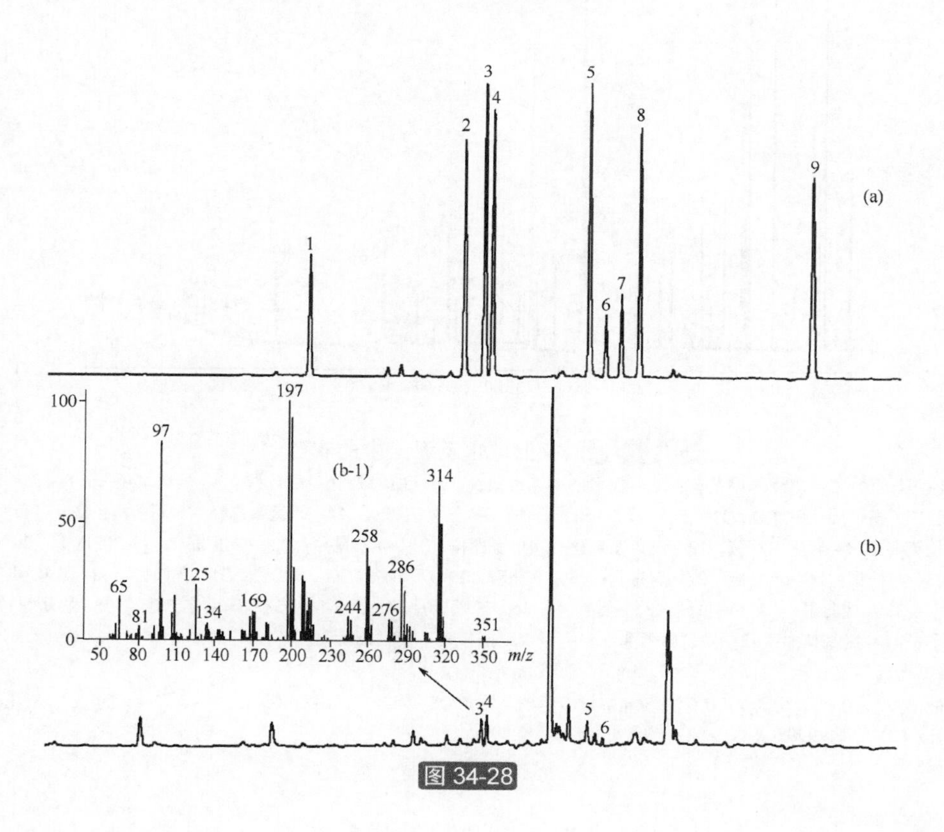

图 34-28

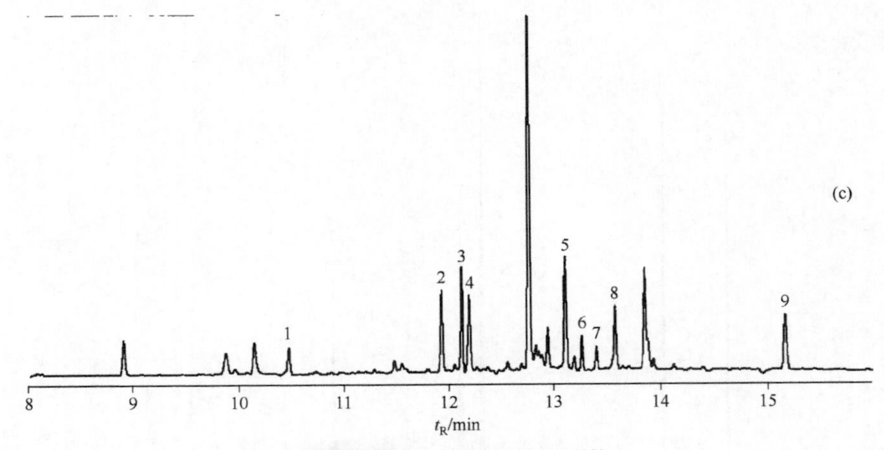

图 34-28 有机磷类农药[28]

（a）OPPs溶于水的标准溶液；（b）农田水中OPPs.(b-1) 毒死蜱；（c）加标农田水中OPPs

色谱峰：1—二溴磷；2—甲基对硫磷；3—毒死蜱；4—杀螟硫磷；5—丙溴磷；6—杀扑磷；7—噁唑磷；8—乙硫磷；9—伏杀硫磷

色谱柱：DB-608石英毛细管柱，30m×0.25mm，0.25μm

柱　温：100℃（1min）$\xrightarrow{15℃/min}$ 160℃（1min）$\xrightarrow{20℃/min}$ 200℃（1min）$\xrightarrow{25℃/min}$ 300℃（7min）

载气：N_2　　检测器：FPD

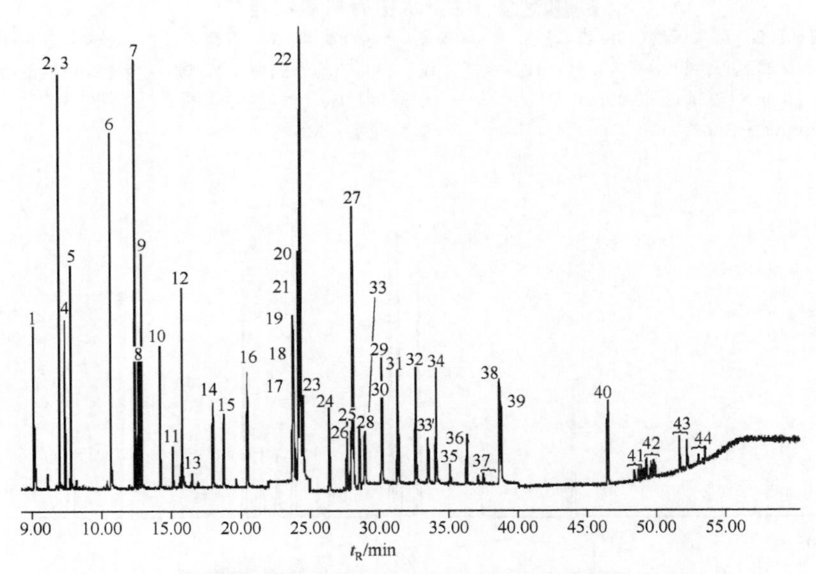

图 34-29 农业排水及泥土中的农药[29]

色谱峰：1—辛硫磷；2—二甲基硝基苯；3—异丙威；4—敌敌畏；5—虫螨威；6—敌克松；7—四氯二甲苯；8—灭线磷；9—磷酸三丁酯；10—甲拌磷；11—乐果；12—阿特拉津；3—五氯硝基苯；14—百菌清；15—异稻瘟净；16—乙草胺；17—马拉硫磷；18—异丙甲草胺；19—三氯杀螨醇；20—毒死稗；21—水胺硫磷；22—二溴联苯；23—三唑酮；24—异柳磷；25—喹硫磷；26—氟虫腈；27—腐霉利；28—杀扑磷；29—丁草胺；30—稻瘟灵；31—丙溴磷；32—噻嗪酮；33—硫丹Ⅰ；33′—硫丹Ⅱ；34—溴虫腈；35—噁霜灵；36—三唑磷；37—丙环唑；38—磷酸三苯酯；39—炔螨特；40—哒螨灵；41—氯氰菊酯；42—氟氯氰菊酯；43—氰戊菊酯；44—溴氰菊酯

色谱柱：HP-5ms毛细管色谱柱，30m×0.25mm，0.25μm

柱　温：55℃（2min）$\xrightarrow{20℃/min}$ 160℃（5min）$\xrightarrow{2℃/min}$ 200℃ $\xrightarrow{4℃/min}$ 240℃（3min）$\xrightarrow{5℃/min}$ 290℃（5min）

载　气：He（纯度99.9999%）

检测器：MS

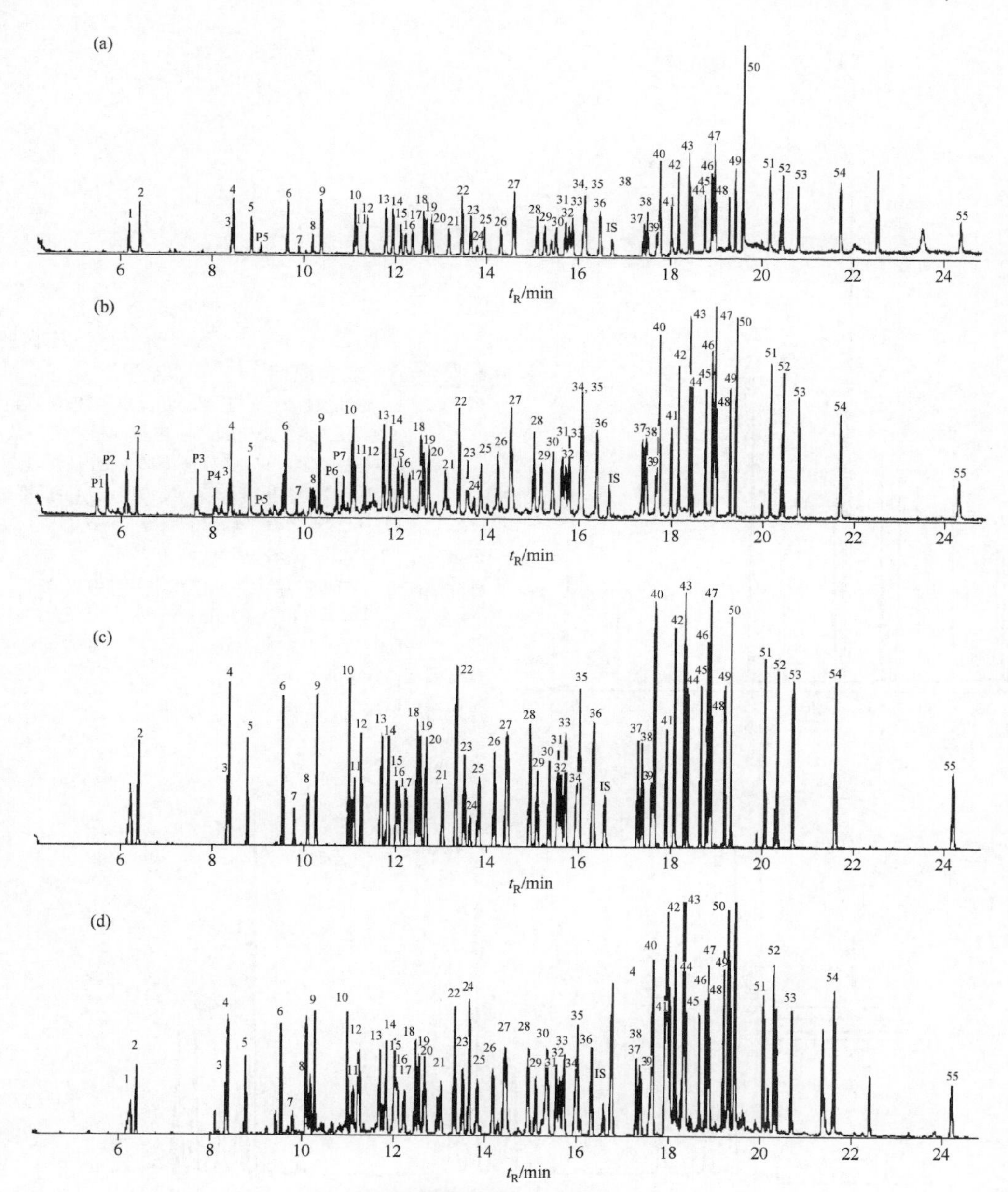

图 34-30　粉葛加标样品[30]

（a）TSL；（b）TPSL；（c）PTV-LVI-SV；（d）经改进的QuEChERS

色谱峰：1—甲胺磷；2—敌敌畏；3—安果；4—速灭磷；5—速灭威；6—异丙威；7—灭多威；8—氧化乐果；9—残杀威；10—治螟磷；11—久效磷；12—甲拌磷；13—乐果；14—克百威；15—*β*-六六六；16—五氯硝基苯；17—林丹；18—地虫硫磷；19—二嗪磷；20—百菌清；21—*δ*-六六六；22—异稻瘟净；23—五氯苯胺；24—敌稗；25—甲基对硫磷；26—七氯；27—甲霜灵；28—甲基嘧啶磷；29—甲基-五氯苯硫酸盐；30—马拉硫磷；31—毒死稗；32—艾氏剂；33—倍硫磷；34—三唑酮；35—水胺硫磷；36—甲基溴磷松；37—稻丰散；38—腐霉利；39—反氯丹；40—*α*-硫丹；41—克线磷；42—*p,p'*-滴滴伊；43—狄氏剂；44—异狄氏剂；45—*β*-硫丹；46—噁霜灵；47—*p,p'*-滴滴滴；48—*o,p'*-滴滴涕；49—三硫磷；50—*p,p'*-滴滴涕；51—甲氰菊酯；52—三氯杀螨砜；53—顺式氰戊菊酯；54—蝇毒磷；55—*λ*-氯氟氰菊酯；IS—内标

色谱柱：HP-5ms，20m×0.18mm，0.18mm

柱　温：80℃（1min）$\xrightarrow{12℃/min}$ 186℃ $\xrightarrow{3.5℃/min}$ 190℃（1min）$\xrightarrow{4℃/min}$ 210℃ $\xrightarrow{38℃/min}$ 280℃（6min）

载气：高纯He（>99.999%）　　　　检测器：MS

载气流速：0.6mL/min

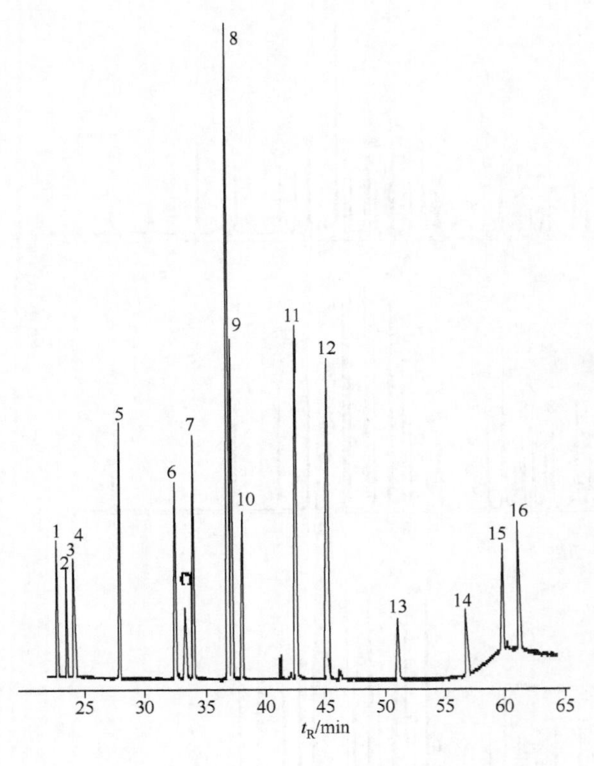

图 34-31 农药混标[31]

色谱峰：1—毒草胺；2—乙丁烯氟灵；3—氟乐灵；4—乙丁氟灵；5—六氯化苯；6—甲基毒死蜱；7—敌稗；8—马拉硫磷；9—毒死稗；10—倍硫磷；11—毒虫畏；12—杀扑磷；13—噻嗪酮；14—戊唑醇；15—吡丙醚；16—联苯三唑醇

色谱柱：TR-5MS，30m×0.25mm，0.25m

柱 温：60℃（1min）$\xrightarrow{5℃/min}$ 170℃ $\xrightarrow{1℃/min}$ 200℃ $\xrightarrow{15℃/min}$ 280℃（5min）

载 气：He

载气流速：1mL/min

检测器：MS

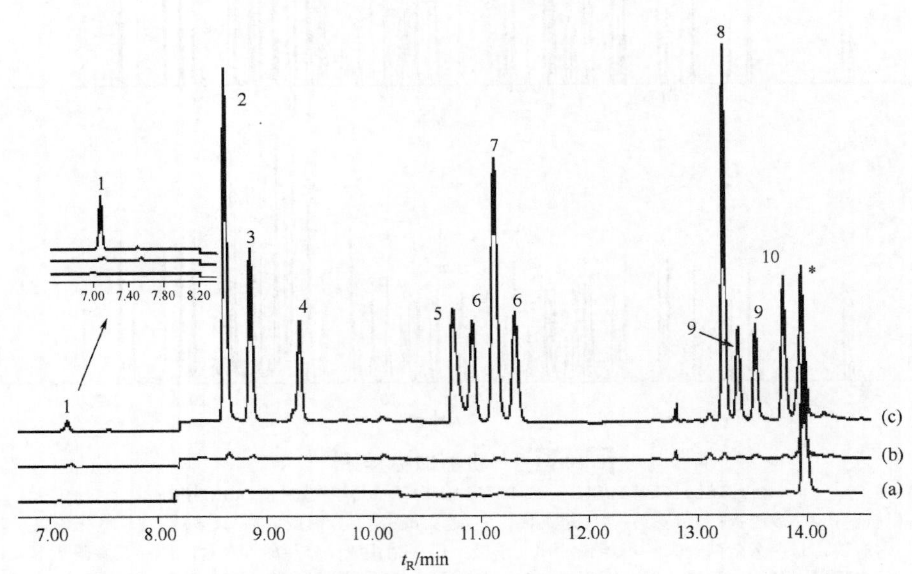

图 34-32 白葡萄酒中农药[32]

（a）流程空白；（b）未加标的白葡萄酒样品；（c）加标的白葡萄酒样品

色谱峰：1—甲霜灵；2—嘧菌环胺；3—戊菌唑；4—腐霉利；5—咯菌腈；6—丙森锌；7—氟硅唑；8—苯霜灵；9—丙环唑；10—戊唑醇；*—未确认峰

色谱柱：HP-5ms，30m×0.25mm，0.25m

柱 温：180℃（2min）$\xrightarrow{5℃/min}$ 215℃（3min）$\xrightarrow{20℃/min}$ 285℃（10min）

载 气：He　　　　检测器：MS

载气流速：1.2mL/min

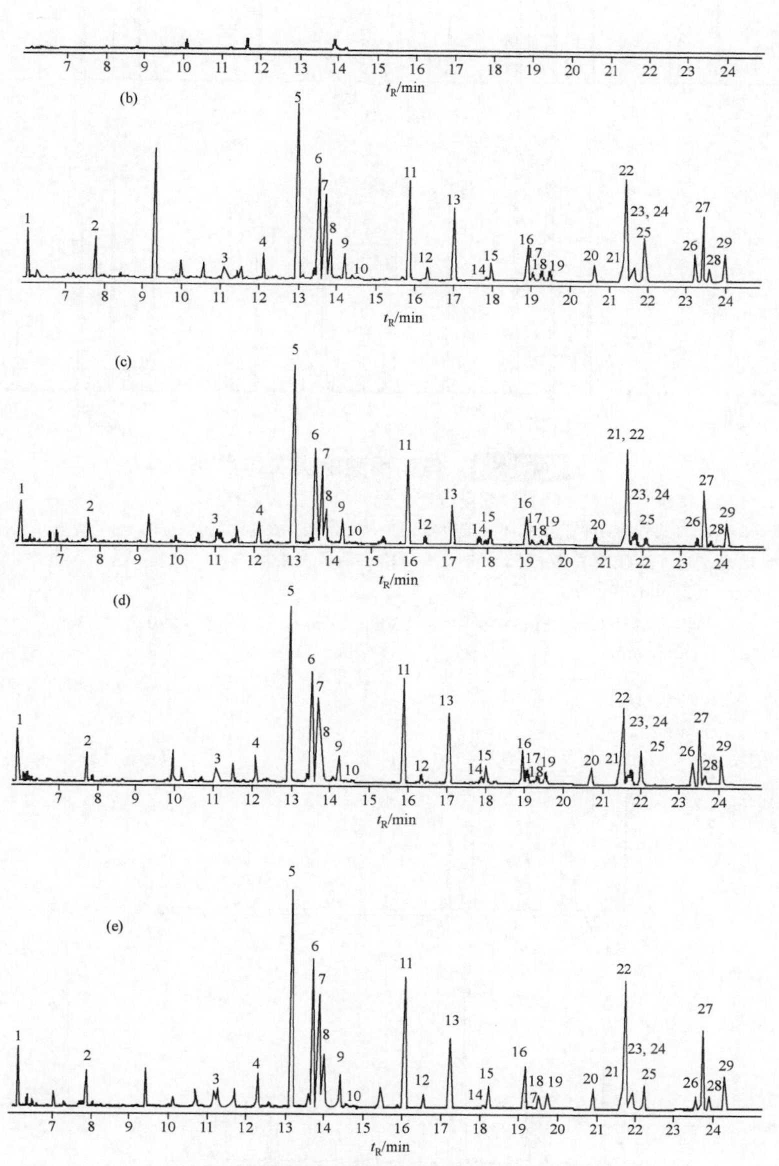

图 34-33 卷心菜加标农药[33]

未加标卷心菜（a）和添加10.0μg/kg被分析物分别按方法Ⅰ（b）、方法Ⅱ（c）、方法Ⅲ（d）和50μg/L多农药校正标准溶液（e）

色谱峰：1—二丙烯草胺；2—土菌灵；3—乙丁烯氟灵；4—甲基乙拌磷；5—噁草酮；6—五氯硝基苯；7—特丁硫磷；8—炔苯酰草胺；9—二嗪磷；10—敌乐胺；11—除线磷；12—乙烯菌核利；13—皮蝇磷；14—利谷隆；15—甲基嘧啶磷；16—毒死稗；17—氰草津；18—水胺硫磷；19—毒壤磷；20—二甲戊灵；21—稻丰散；22—氯杀螨；23—腐霉利；24—反氯丹；25—杀扑磷；26—碘硫磷；27—丙硫磷；28—丙溴磷；29—萎锈灵

色谱柱：DB-5ms石英毛细管柱（30m×0.25mm，0.25μm）

柱　温：70℃（2.0min）$\xrightarrow{25℃/min}$ 150℃ $\xrightarrow{3℃/min}$ 200℃ $\xrightarrow{30℃/min}$ 280℃（2.0min）

载　气：He（99.999%）　　检测器：MS

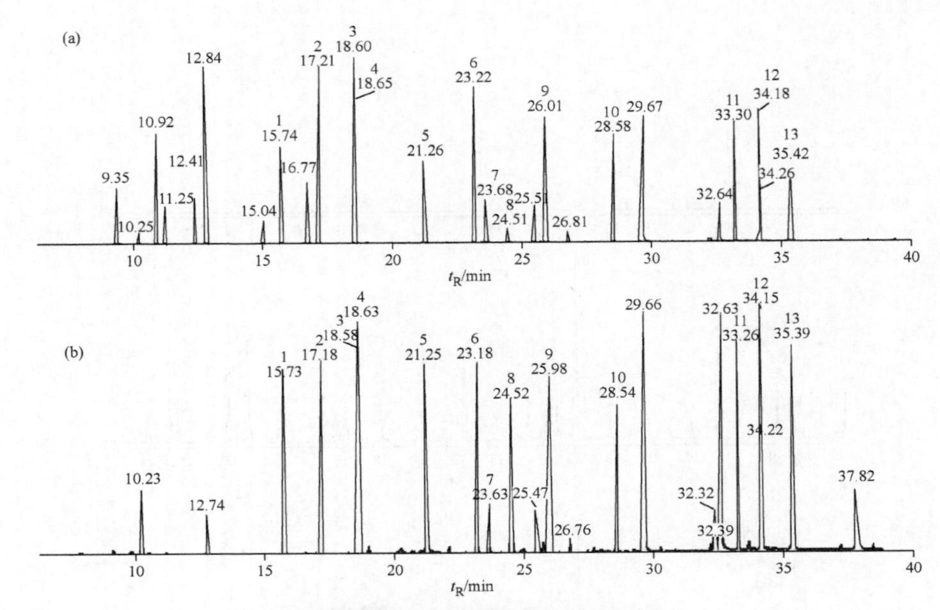

图 34-34 氨基甲酸酯类农药[34]

（a）常规不分流进样；（b）柱头进样

色谱峰：1—速灭威；2—异丙威；3—仲丁威；4—残杀威；5—克百威；6—抗蚜威；7—乙硫苯威；8—甲萘威；9—乙霉威；10—唑蚜威；11—丁硫克百威；12—呋线威；13—丙硫克百威

色谱柱：DB-5MS，25m×0.25mm，0.25m

柱 温：50℃（2min）$\xrightarrow{10℃/min}$150℃（1min）$\xrightarrow{5℃/min}$230℃（1min）$\xrightarrow{15℃/min}$270℃（15min）

载 气：He（99.999%），1.0mL/min 检测器：MS

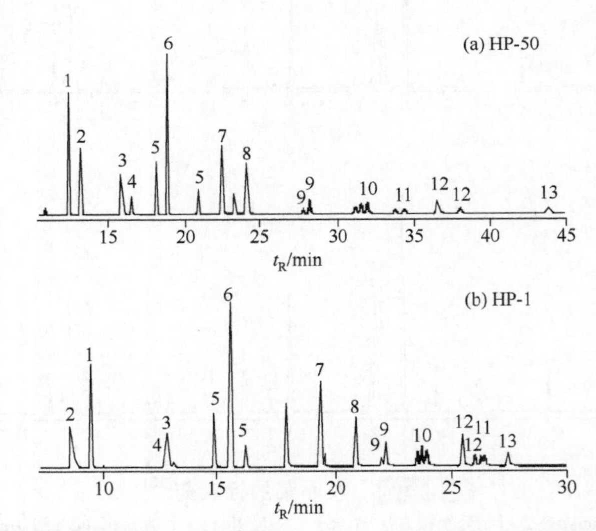

图 34-35 有机氯农药和拟除虫菊酯类农药混合标准溶液[35]

色谱峰：1—五氯硝基苯；2—*β*-六六六；3—曲唑酮；4—三氯杀螨醇；5—硫丹；6—*p,p'*-滴滴伊；7—甲氰菊酯；8—*λ*-氯氟氰菊酯；9—氯菊酯；10—氯氰菊酯；11—氟胺氰菊酯；12—氰戊菊酯；13—溴氰菊酯

色谱柱：HP-50毛细管柱（30m×0.53mm，1.0μm），HP-1毛细管柱（30m×0.53mm，1.5μm）

柱 温：150℃（2min）→270℃（29min），6℃/min

载 气：高纯N_2（纯度≥99. 999%），1.0mL/min

检测器：ECD

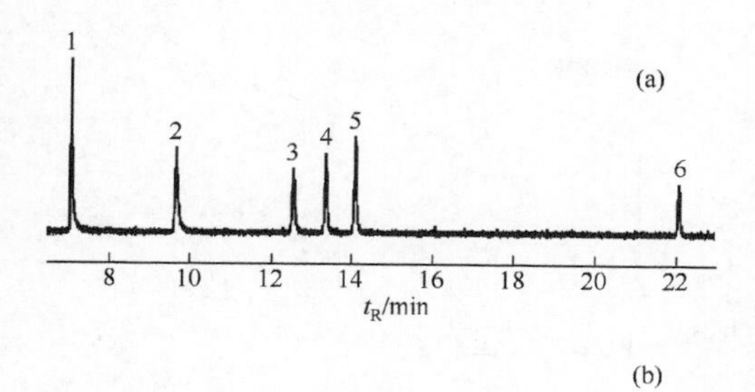

(b)

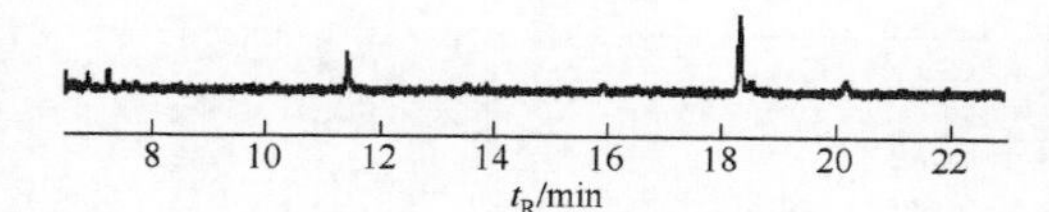

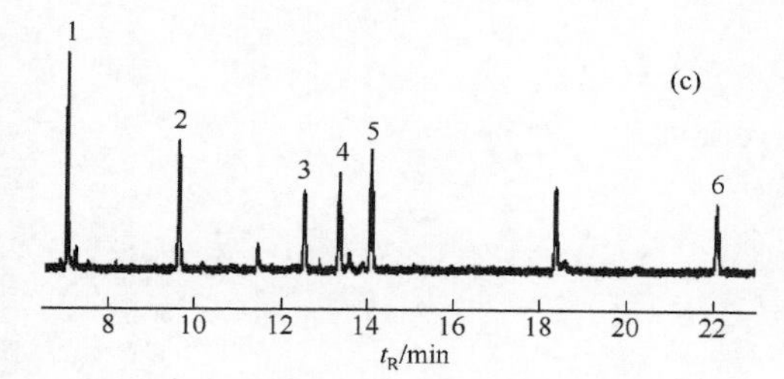

图 34-36　大蒜中农药[36]

（a）混合标准溶液；（b）空白大蒜样品；（c）加标大蒜样品

色谱峰：1—甲胺磷；2—乙酰甲胺磷；3—氧化乐果；4—百治磷；5—久效磷；6—蚜灭磷

色谱柱：DB-1 701毛细管柱，30m×0.32mm，0.25μm

进样口温度：220℃

程序升温条件：60℃（1min）$\xrightarrow{20℃/min}$ 150℃ $\xrightarrow{5℃/min}$ 230℃ $\xrightarrow{15℃/min}$ 280℃（3min）

载　气：N_2（纯度99.999%），2.0mL/min

检测器：FPD

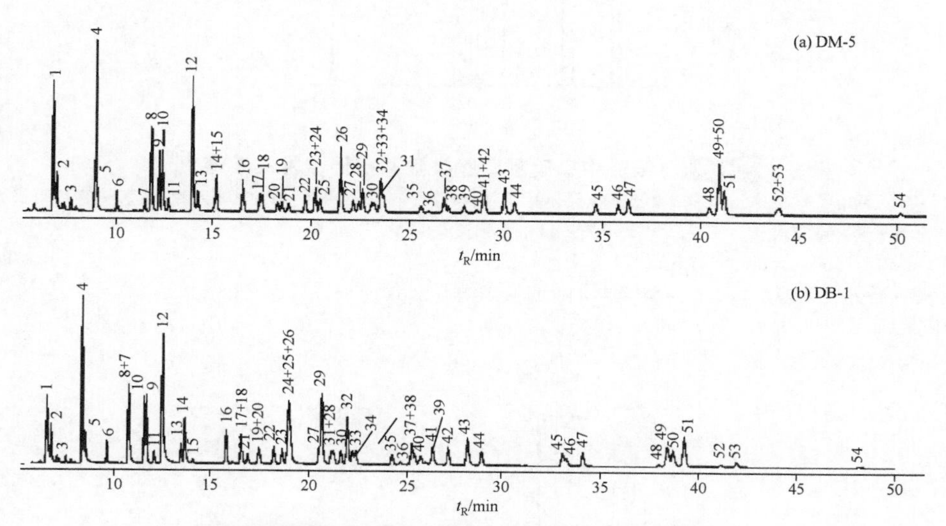

图 34-37　动物性食品中有机磷农药残留[37]

色谱峰：1—甲胺磷；2—敌敌畏；3—乙拌磷亚砜；4—速灭磷；5—乙酰甲胺磷；6—虫螨畏；7—庚烯磷；8—氧化乐果；9—内吸磷-O；10—甲基内吸磷；11—灭线磷；12—久效磷；13—甲拌磷；14—乐果；15—内吸磷-S；16—特丁硫磷；17—二嗪磷；18—乙拌磷；19—乙嘧硫磷；20—异稻瘟净；21—安果；22—磷胺；23—甲基对硫磷；24—甲基毒死蜱；25—甲基立枯磷；26—磺吸磷；27—杀螟硫磷；28—甲基嘧啶磷；29—甲拌磷亚砜；30—马拉硫磷；31—甲拌磷砜；32—倍硫磷；33—对硫磷；34—毒死稗；35—甲基异柳磷；36—顺式毒虫畏；37—反式毒虫畏；38—灭蚜磷；39—杀扑磷；40—蚜灭磷；41—乙拌磷砜；42—杀虫畏；43—苯线磷；44—丙溴磷；45—乙硫磷；46—三唑磷；47—敌瘟磷；48—苯线磷亚砜；49—苯线磷砜；50—哒嗪硫磷；51—苯硫磷；52—保棉磷；53—伏杀硫磷；54—蝇毒磷

色谱柱1：DM-5 毛细管柱，30m×0.32mm，0.25μm

色谱柱2：DB-1 毛细管柱，30m×0.32 mm，0.25μm

柱　温：60℃（2min）$\xrightarrow{25℃/min}$ 150℃ $\xrightarrow{2℃/min}$ 260℃ $\xrightarrow{30℃/min}$ 290℃（5min）

载　气：N_2（纯度＞99.999%），20mL/min

检测器：PFPD

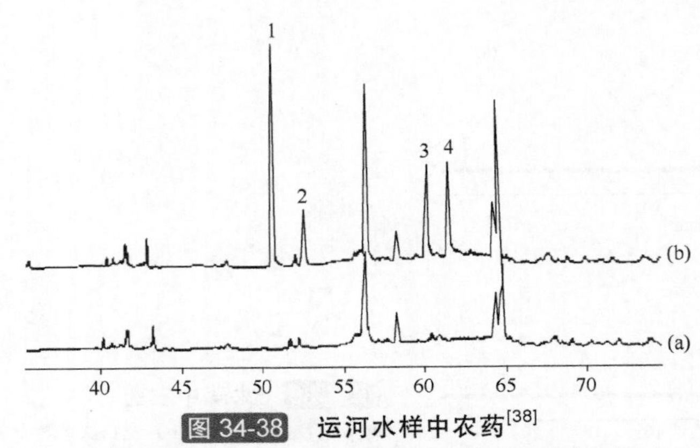

图 34-38 运河水样中农药[38]

（a）空白运河水样；（b）加标运河水样（氨基甲酸酯农药）

色谱峰：1—猛杀威；2—灭害威；3—灭虫威；4—甲萘威

色谱柱：DB-5MS，30m×0.25mm，0.25μm

柱　温：90℃（2min）$\xrightarrow{15℃/min}$ 145℃ $\xrightarrow{5℃/min}$ 165℃ $\xrightarrow{30℃/min}$ 260℃（2min）

载　气：He，1.7mL/min　　检测器：MS

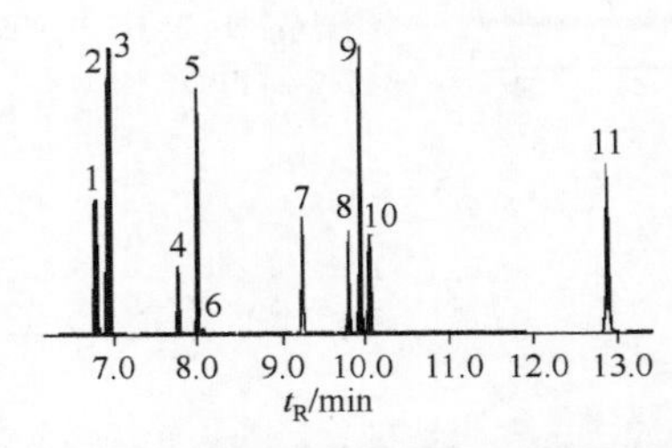

图 34-39 粮谷中二硝基苯胺类除草剂混合标准溶液[39]

色谱峰：1—乙丁烯氟灵；2—氟乐灵；3—乙丁氟灵；4—环丙氟灵；5—氯乙氟灵 6—氨基乙氟灵；7—氨基丙氟灵；8—双丁乐灵；9—异丙乐灵；10—二甲戊乐灵；11—磺乐灵

色谱柱：TR-5MS，15m×0.25mm，0.25μm

柱　温：50℃（1min）$\xrightarrow{25℃/min}$ 150℃ $\xrightarrow{10℃/min}$ 220℃ $\xrightarrow{35℃/min}$ 290℃（5min）

载　气：He

检测器：MS

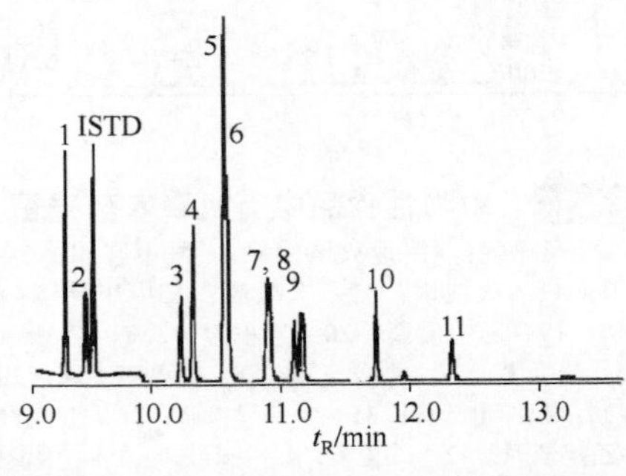

图 34-40 蔬菜与水果中三唑类农药和环氧七氯标准物质[40]

色谱峰：1—抑芽唑；2—三唑酮；3—己唑醇；4—多效唑；5—氟硅唑；6—烯效唑；7—烯唑醇；8—腈菌唑；9—丙环唑；10—戊唑醇；11—糠菌唑

色谱柱：DB-1701，30m×0.25mm，0.25μm　　载　气：He，1.2mL/min

柱　温：40℃/min→250℃ $\xrightarrow{15℃/min}$ 280℃ $\xrightarrow{30℃/min}$ 300℃（2min）→290℃　　检测器：MS

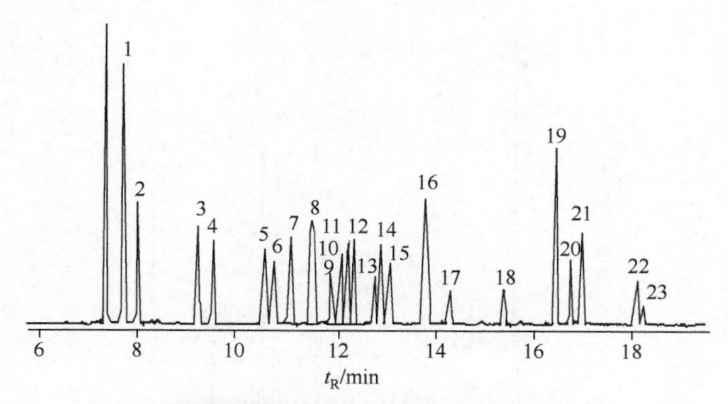

图 34-41　水样中有机磷农药[41]

色谱峰：1—治螟磷；2—甲拌磷；3—二嗪农；4—乙拌磷；5—甲基毒死蜱；6—甲基对硫磷；7—皮蝇磷；8—杀螟松；9—马拉硫磷；10—毒死蜱；11—倍硫磷；12—对硫磷；13—溴硫磷；14—嘧啶磷；15—甲基异硫磷；16—稻丰散；17—杀扑磷；18—丙溴磷；19—乙硫磷；20—三唑磷；21—三硫磷；22—哒嗪硫磷；23—亚胺硫磷

色谱柱：DB-5熔融弹性毛细管柱，30m×0.32mm，0.25μm

柱　温：100℃（2min）$\xrightarrow{20℃/min}$180℃$\xrightarrow{10℃/min}$240℃（5min）

载　气：N_2，2mL/min

检测器：FPD

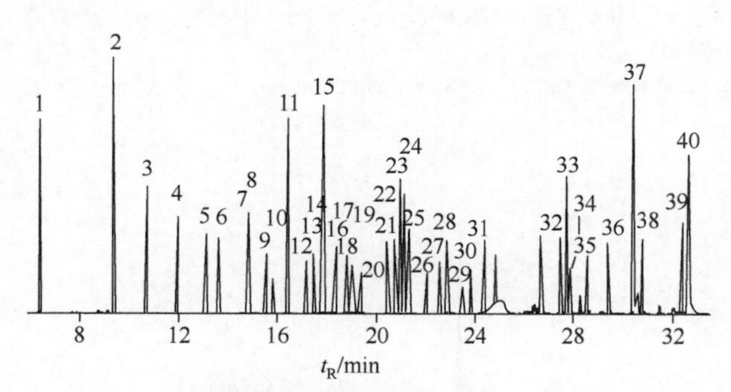

图 34-42　竹笋加标农药[42]

色谱峰：1—敌敌畏；2—速灭威；3—异丙威；4—仲丁威；5—氟乐灵；6—甲拌磷；7—异噁草酮；8—扑灭津；9—二嗪磷；10—乙拌磷；11—异稻瘟净；12—甲基毒死蜱；13—甲草胺；14—甲霜灵；15—扑草净；16—甲基嘧啶磷；17—马拉硫磷；18—毒死蜱；19—倍硫磷；20—三唑酮；21—氟虫清；22—稻丰散；23—腐霉利；24—氟菌唑；25—氯杀螨；26—抑草磷；27—丙溴磷；28—腈菌唑；29—异狄氏剂；30—精吡氟禾草灵；31—乙硫磷；32—溴螨酯；33—甲氧滴滴涕；34—咪唑菌酮；35—伏杀硫磷；36—氯苯嘧啶醇；37—联苯三唑醇；38—哒螨酮；39—醚菊酯；40—氟硅菊酯

色谱柱：DB-5MS，30m×0.25mm，0.25μm

柱　温：40℃（1min）$\xrightarrow{30℃/min}$130℃（1min）$\xrightarrow{5℃/min}$250℃（4min）$\xrightarrow{10℃/min}$280℃（2.5min）

载　气：He，1.2mL/min

检测器：MS

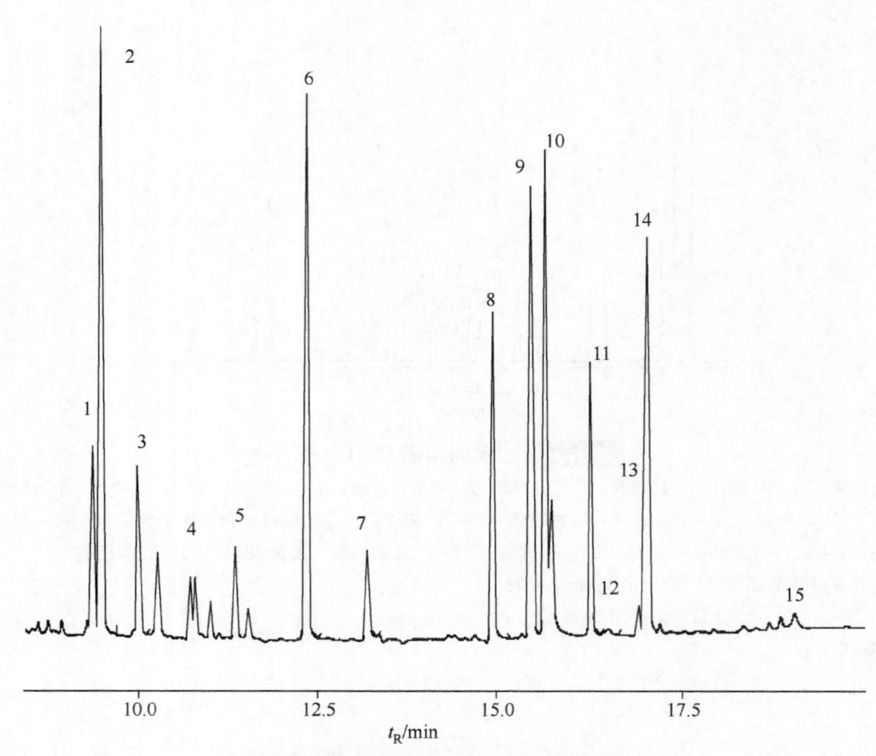

图 34-43 土壤中的有机氯农药[43]

色谱峰：1—α-六六六；2—六氯苯；3—β-六六六；4—林丹；5—δ-六六六；6—艾氏剂；7—α-硫丹；8—内标物；9—*p,p'*-滴滴伊；10—狄氏剂；11—异狄氏剂；12—β-硫丹；13—*p,p'*-滴滴滴；14—*o,p'*-滴滴涕；15—甲氧氯

色谱柱：SLB-5MS，30m×0.25mm，0.25μm

柱　温：40℃（2min）$\xrightarrow{30℃/min}$ 220℃（5min）$\xrightarrow{10℃/min}$ 270℃（1min）

载　气：He，1.3mL/min

检测器：ECD

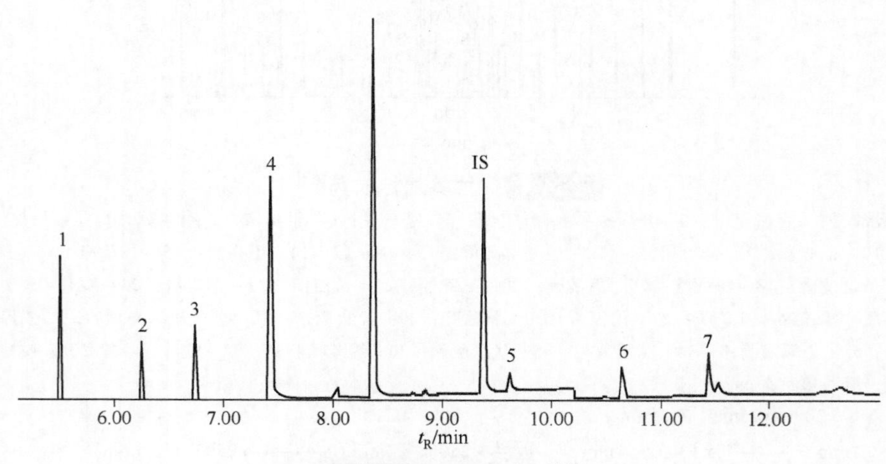

图 34-44 加标黄瓜[44]

色谱峰：1—二嗪磷；2—甲基毒死蜱；3—马拉硫磷；4—戊菌唑；5—戊唑醇；6—伏杀硫磷；7—联苯三唑醇

色谱柱：TRB-5MS石英毛细管柱，30m×0.25mm，0.25μm

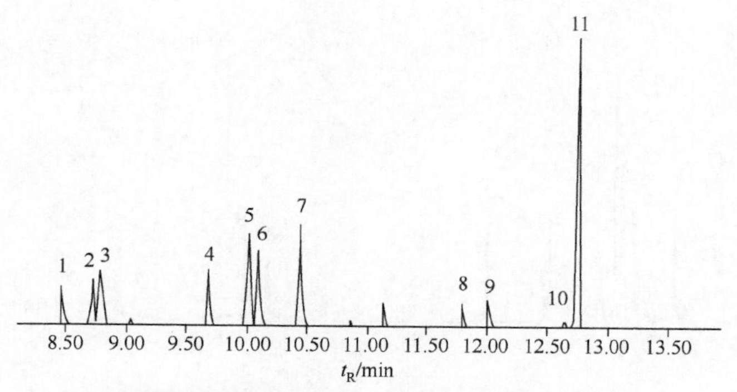

图 34-45　加标 Zayandeh-rood 河水[45]

色谱峰：1—阿特拉津；2—林丹；3—二嗪磷；4—莠灭净；5—特丁净；6—杀螟硫磷；7—倍硫磷；8—α-硫丹；9—丙溴磷；10—β-硫丹；11—乙硫磷

色谱柱：TRB-5 MS，30m×0.25μm，0.25μm

柱　温：100℃（3min）$\xrightarrow{30℃/min}$ 220℃（3min）$\xrightarrow{20℃/min}$ 280℃（5min）

检测器：MS

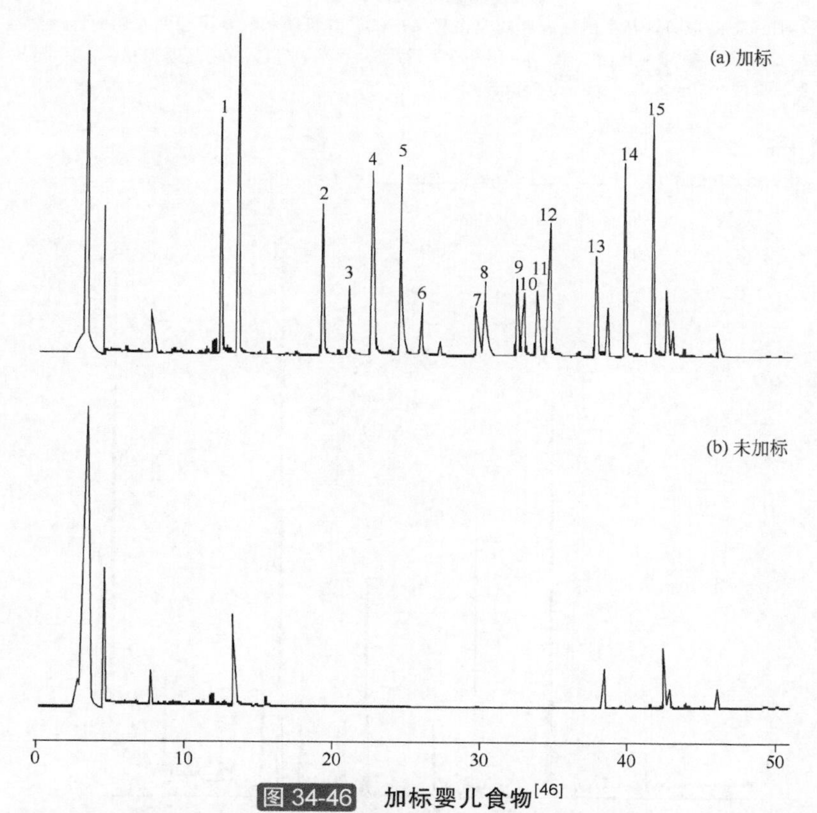

图 34-46　加标婴儿食物[46]

色谱峰：1—乙拌磷亚砜；2—灭线磷；3—硫线磷；4—乐果；5—特丁硫磷；6—乙拌磷；7—甲基毒死蜱；8—马拉氧磷；9—杀螟硫磷；10—甲基嘧啶磷；11—马拉硫磷；12—毒死蜱；13—特丁硫磷砜；14—乙拌磷砜；15—丰索磷

色谱柱：Equity™-5f石英毛细管柱，30m×0.25mm，0.25μm，5%苯基-95%甲基聚硅氧烷

柱　温：50℃（1min）$\xrightarrow{10℃/min}$ 160℃（5min）$\xrightarrow{1.5℃/min}$ 190℃ $\xrightarrow{16℃/min}$ 280℃（8min），总运行时间50.6min

载　气：N_2，1mL/min

检测器：NPD

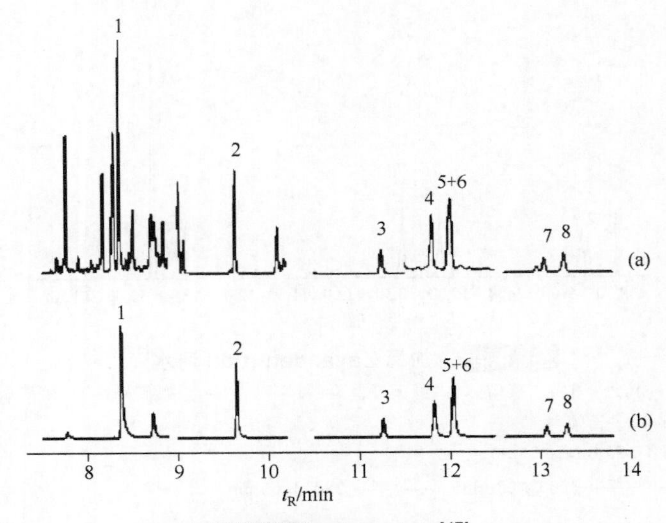

图 34-47 加标人参[47]

（a）加标有机磷和氨基甲酸酯农药的空白样品；（b）有机磷和氨基甲酸酯农药的标准溶液

色谱峰：1—异丙威；2—甲拌磷；3—异稻瘟净；4—甲基毒死蜱；5—甲基对硫磷；6—甲基立枯磷；7—马拉硫磷；8—毒死蜱

色谱柱：DB-5MS毛细管柱（30m×0.25mm，0.25μm）

载　气：He

载气温度：1.58mL/min

柱　温：50℃（1min）$\xrightarrow{20℃/min}$ 190℃ $\xrightarrow{2℃/min}$ 210℃ $\xrightarrow{10℃/min}$ 250℃（10min）

检测器：MS

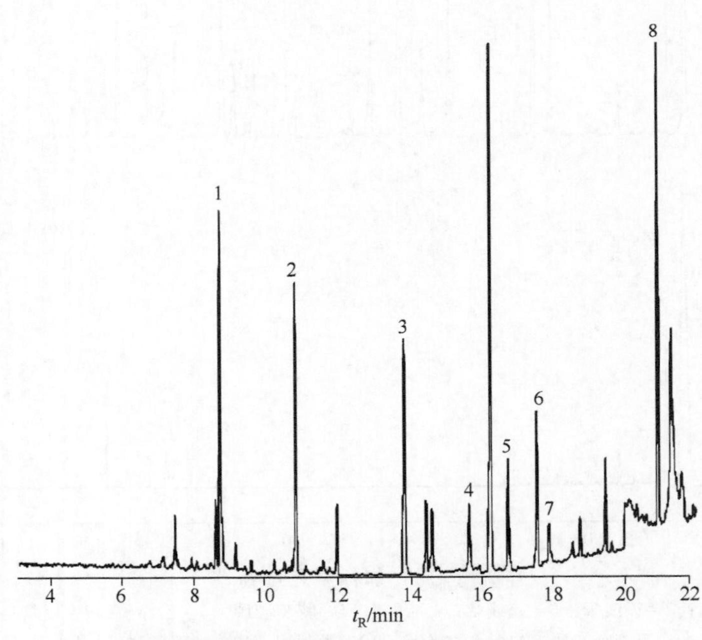

图 34-48 花粉中加标有机氯农药[48]

色谱峰：1—林丹；2—七氯；3—环氧七氯；4—α-硫丹；5—狄氏剂；6—异狄氏剂；7—β-硫丹；8—甲氧氯

色谱柱：Equity-5TM石英毛细管柱，5%苯基-95%甲基聚硅氧烷，30m×0.25mm，0.25μm

载　气：He，1mL/min

柱　温：85℃（1min）$\xrightarrow{40℃/min}$ 180℃ $\xrightarrow{3.5℃/min}$ 205℃（4min）$\xrightarrow{10℃/min}$ 290℃（4min）

检测器：MS

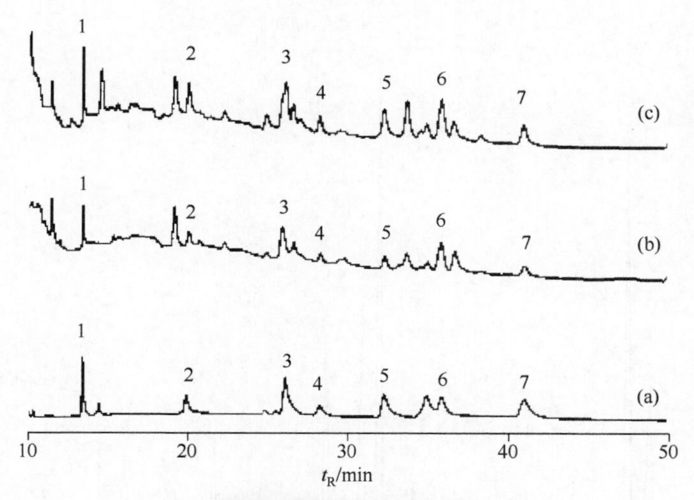

图 34-49 菊酯农药[49]

（a）1.0μg/L菊酯标准溶液；（b）菊酯加标1.0μg/kg的卷心菜样品；（c）菊酯加标1.0μg/kg的黄瓜样品

色谱峰：1—甲氰菊酯；2—苄氯菊酯；3—氯氰菊酯；4—氟氰戊菊酯；5—氰戊菊酯；6—氟胺氰菊酯；7—溴氰菊酯

色谱柱：DB-5石英毛细管柱，30m×0.25mm，0.25μm

载　气：N_2，1mL/min

柱　温：180℃（1min）→240℃（43min），10℃/min

检测器：ECD（300℃）

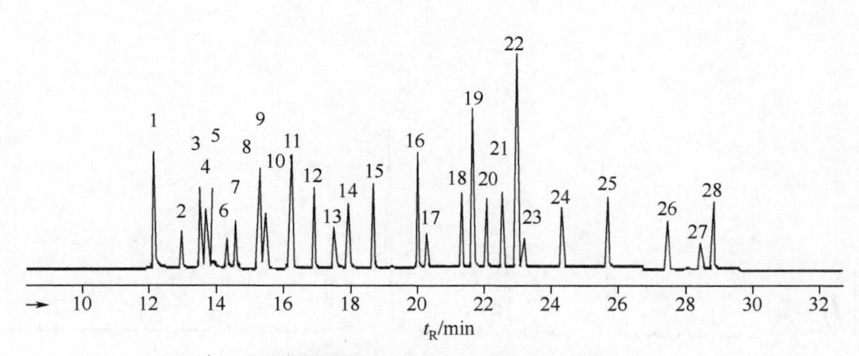

图 34-50 黄芪中农药混标[50]

色谱峰：1—异丙威；2—硫线磷；3—六氯苯；4—α-六六六；5—二嗪磷；6—五氯硝基苯；7—γ-六六六；8—β-六六六；9—抗蚜威；10—七氯；11—甲基嘧啶磷；12—马拉硫磷；13—对硫磷；14—溴硫磷；15—丁草胺；16—*p,p'*-滴滴伊；17—狄氏剂；18—*o,p'*-滴滴涕；19—*p,p'*-滴滴滴；20—硫丙磷；21—*p,p'*-滴滴涕；22—联苯菊酯；23—丁硫克百威；24—甲氰菊酯；25—氯氟氰菊酯；26—丙硫克百威；27—氯菊酯Ⅰ；28—氯菊酯Ⅱ

色谱柱：DB-35MS 石英毛细管柱，30m×0.25mm，0.25μm

载　气：He，1mL/min

柱　温：60℃（2min）$\xrightarrow{15℃/min}$220℃（4min）$\xrightarrow{10℃/min}$260℃（4min）$\xrightarrow{5℃/min}$280℃（4min）

检测器：MS

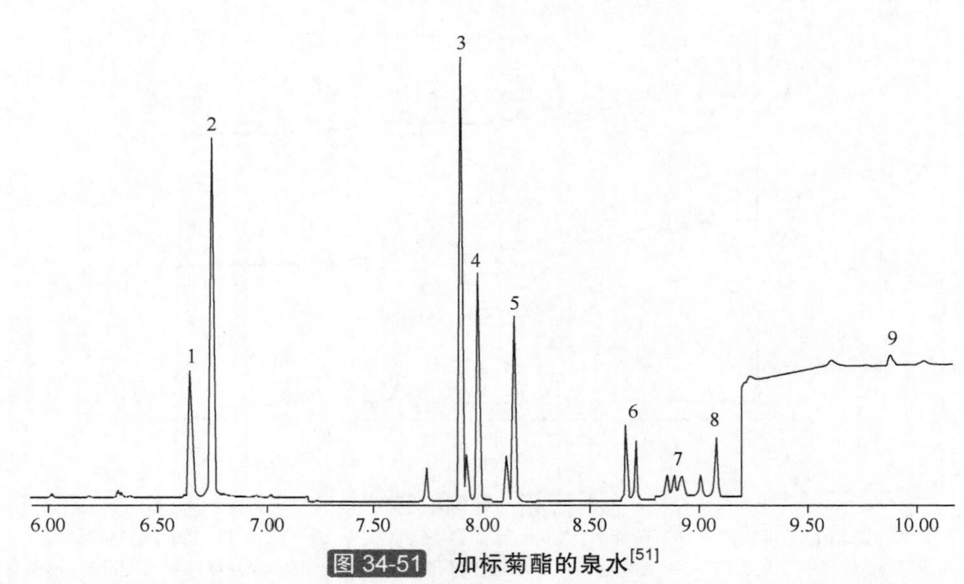

图 34-51 加标菊酯的泉水[51]

色谱峰：1—杀蚊灵；2—炔丙菊酯；3—联苯菊酯；4—胺菊酯；5—苯醚菊酯；6—氯菊酯；7—氟氯氰菊酯；8—氯氰菊酯；9—溴氰菊酯

色谱柱：BPX5，30m×0.25mm，0.25μm

柱　温：100℃（2min）$\xrightarrow{45℃/min}$ 220℃(0min) $\xrightarrow{25℃/min}$ 320℃(2min)

载　气：He，1.5mL/min

检测器：MS

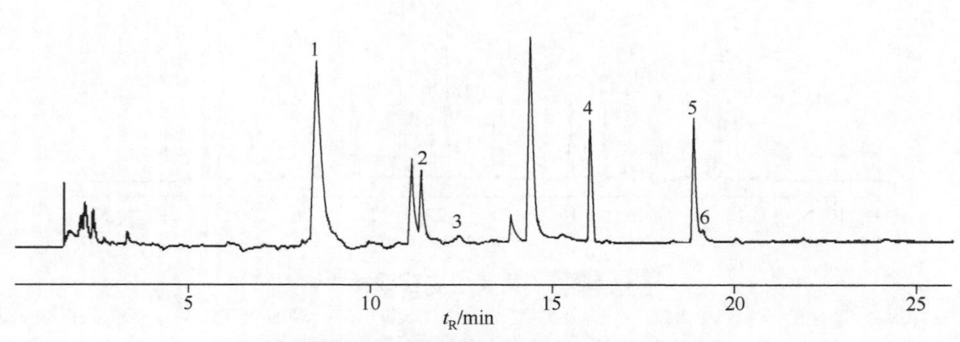

图 34-52 大鼠腹腔脂肪组织中的农药[52]

色谱峰：1—*o,p'*-三氯杀螨醇；2—狄式剂；3—*β*-硫丹；4—*p,p'*-三氯杀螨醇；5—顺-氯菊酯；6—反-氯菊酯

色谱柱：VF-5MS，30m×0.25mm，0.25μm

柱　温：200℃（4min）→280℃（6min），5℃/min

载　气：N_2，1mL/min

检测器：ECD

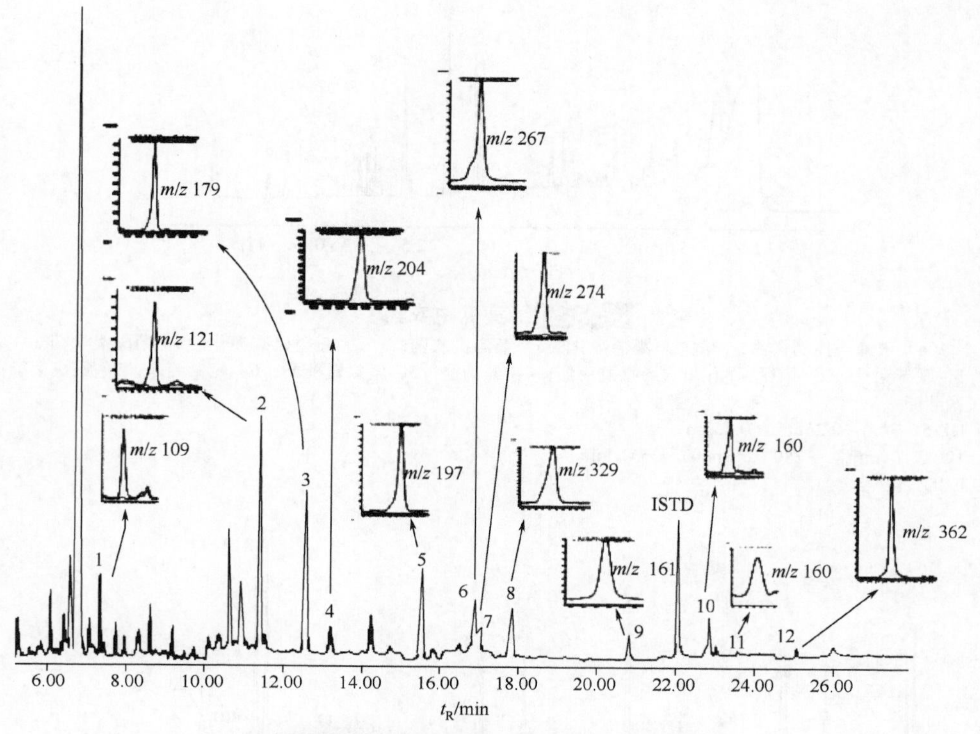

图 34-53　葡萄酒中加标有机磷农药[53]

色谱峰：1—敌敌畏；2—甲拌磷；3—二嗪磷；4—异稻瘟净；5—毒死稗；6—毒虫畏；7—稻丰散；8—杀虫畏；9—三唑磷；10—亚胺硫磷；11—保棉磷；12—蝇毒磷

色谱柱：HP-5ms，30m×0.25mm，0.25μm

柱　温：80℃（2min）$\xrightarrow{15℃/min}$200℃（3min）$\xrightarrow{5℃/min}$240℃（0min）$\xrightarrow{15℃/min}$280℃（3min）

载　气：He，1mL/min

检测器：MS

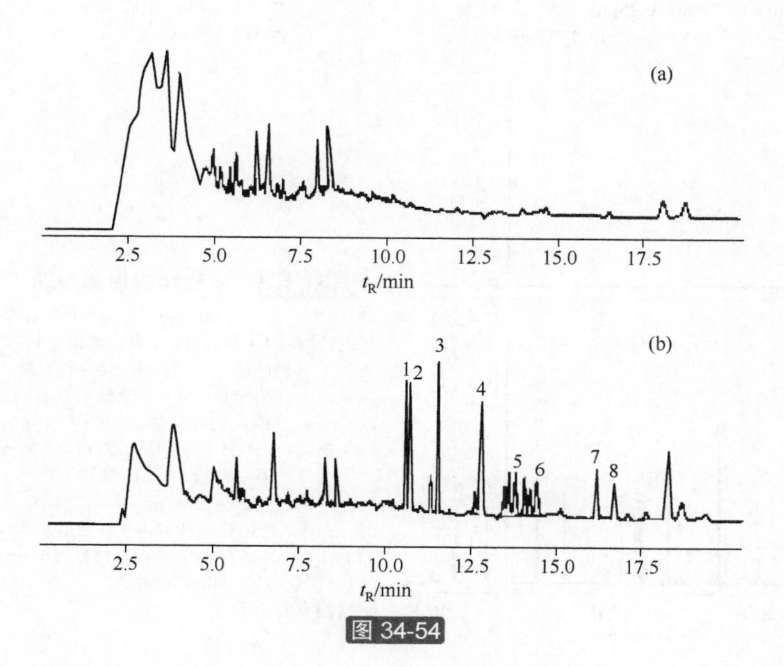

图 34-54

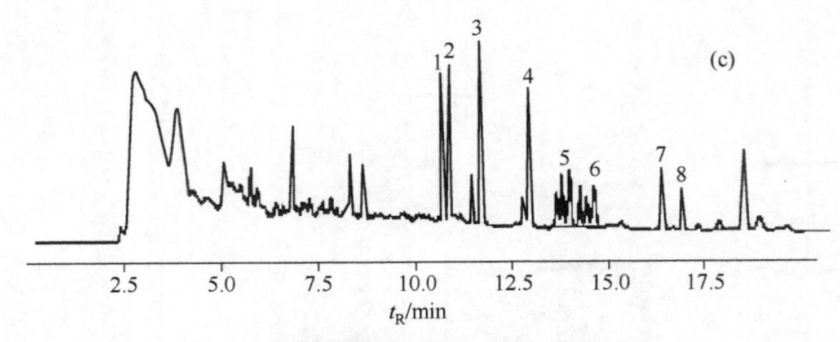

图 34-54 黄瓜中农药[54]

（a）未清洁控制样品；（b）石墨烯净化的8个菊酯类农药；（c）石墨化碳净化的8个菊酯类农药

色谱峰：1—联苯菊酯；2—甲氰菊酯；3—氯氟氰菊酯；4—氯菊酯；5—氟氯氰菊酯；6—氯氰菊酯；7—氰戊菊酯；8—溴氰菊酯

色谱柱：HP-5，30m×0.25mm，0.25μm

柱　温：120℃（1min）→280℃(13min)，25℃/min

检测器：ECD

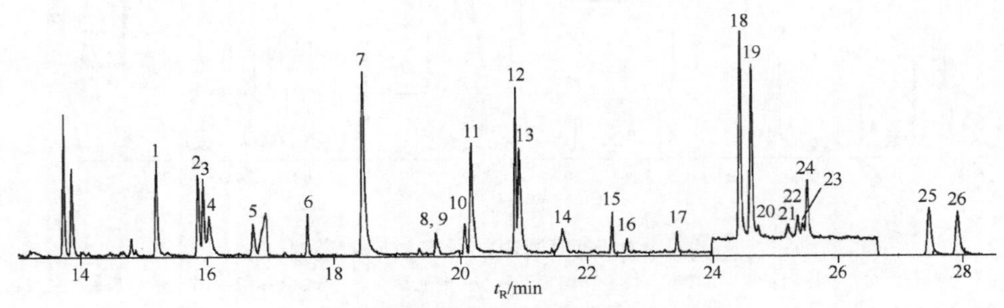

图 34-55 红茶中农药[55]

色谱峰：1—α-六六六；2—γ-六六六-d_6；3—β-六六六；4—γ-六六六；5—δ-六六六；6—丙烷；7—三氯杀螨醇；8—α-硫丹；9—α-硫丹-d_4；10—p,p'-滴滴伊；11—噻嗪酮；12—o,p'-滴滴涕-d_8；β-硫丹；13—o,p'-滴滴涕；p,p'-滴滴滴；14—p,p'-滴滴涕；15—联苯菊酯；16—甲氰菊酯；17—氯氟氰菊酯；18—顺式氯菊酯；19—反式氯菊酯；20—哒螨灵；21—氟氯氰菊酯；22—氟氯氰菊酯；23—氟氯氰菊酯；24—氟氯氰菊酯；25—氰戊菊酯；26—高氰戊菊酯

色谱柱：DB-5，30m×0.25mm，0.25μm

载　气：He，1mL/min

柱　温：60℃（1min）→280℃(15min)，10℃/min

检测器：MS

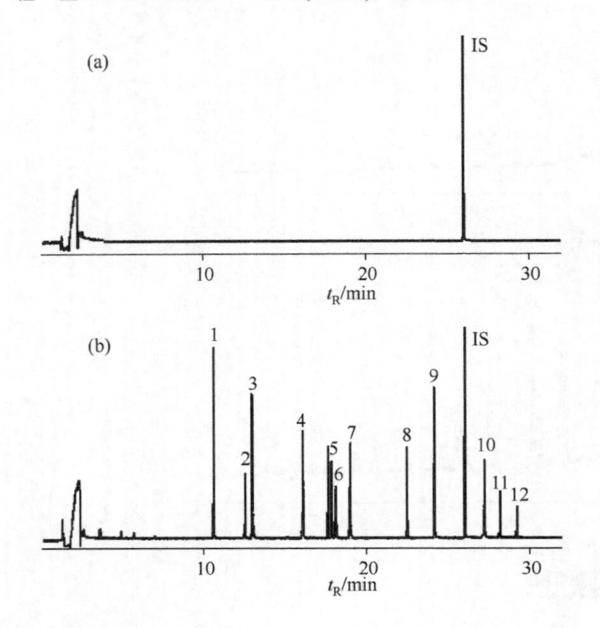

图 34-56 水样中有机磷农药[56]

（a）井水；（b）加标井水

色谱峰：1—甲拌磷；2—二嗪磷；3—乙拌磷；4—甲基对硫磷；5—杀螟松；6—毒死稗；7—马拉硫磷；8—倍硫磷；9—丙溴磷；10—乙硫磷；11—伏杀硫磷；12—保棉磷；IS—内标

色谱柱：ZB-35毛细管柱，30m×0.25mm，15μm（65%甲基-35%苯基聚硅氧烷）

柱　温：100℃（1min）$\xrightarrow{25℃/min}$ 150℃ $\xrightarrow{5℃/min}$ 175℃ $\xrightarrow{2℃/min}$ 195℃ $\xrightarrow{10℃/min}$ 275℃（5min）

载　气：H_2，80mL/min

检测器：FPD

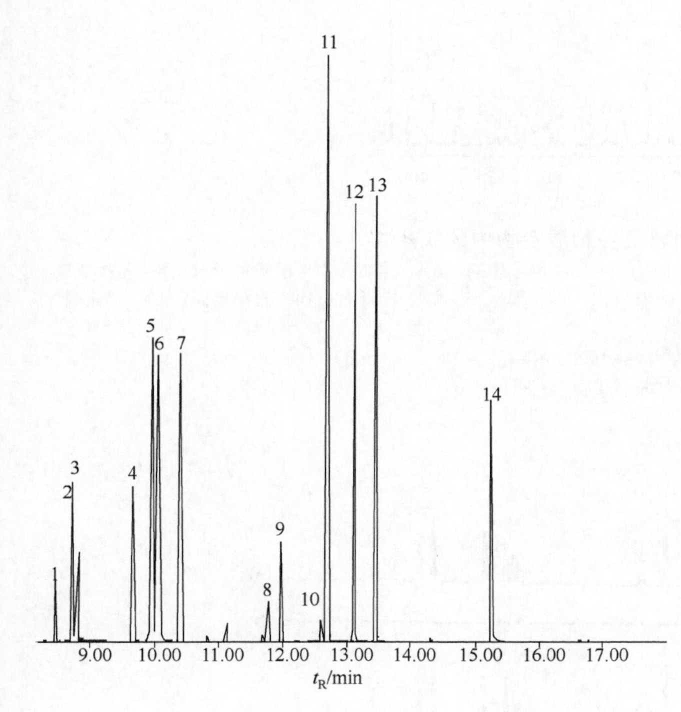

图 34-57　加标河水[57]

色谱峰：1—阿特拉津；2—林丹；3—二嗪磷；4—莠灭净；5—特丁净；6—杀螟硫磷；7—倍硫磷；8—α-硫丹；9—丙溴磷；10—β-硫丹；11—乙硫磷；12—炔草酸；13—氟吡乙禾灵；14—噁唑禾草灵

色谱柱：HP-1MS，60m×0.25mm，0.25μm

柱　温：100℃（3min）$\xrightarrow{70℃/min}$ 270℃（11min）$\xrightarrow{10℃/min}$ 290℃（7min）

载　气：He，1mL/min

检测器：FPD

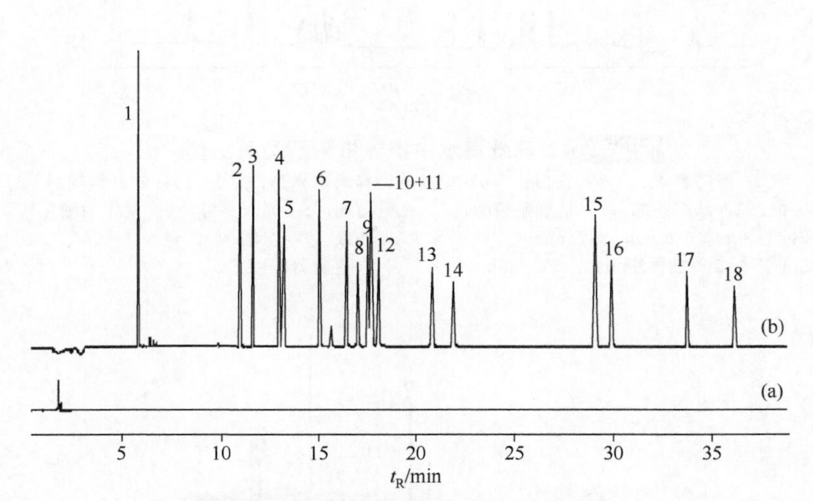

图 34-58　中药保健酒中的有机磷农药[58]

（a）对照品；（b）加标样品

色谱峰：1—敌敌畏；2—甲拌磷；3—乐果；4—二嗪磷；5—乙拌磷；6—甲基对硫磷；7—杀螟硫磷；8—马拉硫磷；9—倍硫磷；10—毒死蜱；11—对硫磷；12—水胺硫磷；13—喹硫磷；14—杀扑磷；15—乙硫磷；16—三唑磷；17—亚胺硫磷；18—伏杀硫磷

色谱柱：DB-5，30m×0.25mm，0.25μm

柱　温：60℃（1min）$\xrightarrow{30℃/min}$ 180℃（5min）$\xrightarrow{5℃/min}$ 200℃（10min）$\xrightarrow{5℃/min}$ 250℃（5min）

载　气：He，1.3mL/min

检测器：FPD

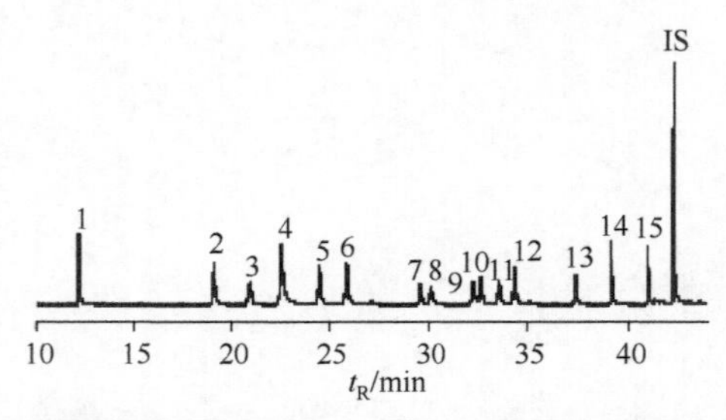

图 34-59 面粉及谷物混合物中的农药[59]

色谱峰：1—乙拌磷亚砜；2—灭线磷；3—硫线磷；4—乐果；5—特丁硫磷；6—乙拌磷；7—甲基毒死蜱；8—马拉氧磷；9—杀螟硫磷；10—甲基嘧啶磷；11—马拉硫磷；12—毒死稗；13—特丁硫磷砜；14—乙拌磷砜；15—丰索磷

色谱柱：Equity™-5，30m×0.25mm，0.25μm

柱　温：50℃（1min）$\xrightarrow{10℃/min}$160℃（5min）$\xrightarrow{1.5℃/min}$190℃$\xrightarrow{16℃/min}$280℃（8min）

载　气：He，1mL/min　　检测器：NPD

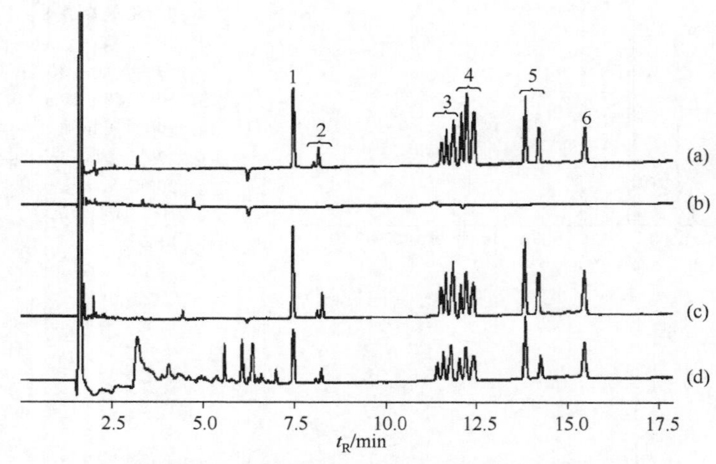

图 34-60 养殖海水中拟除虫菊酯类杀虫剂[60]

（a）参考标准；（b）空白；（c）加标的饱和海水样品；（d）加标的海水样品

色谱峰：1—联苯菊酯；2—苯醚菊酯；3—氟氯氰菊酯；4—氯氰菊酯；5—氰戊菊酯；6—溴氰菊酯

色谱柱：Supel SPB-5，30m×0.25mm，0.25mm　　载　气：N_2，1mL/min

柱　温：240℃（3min）→290℃（5min），5℃/min　　检测器：ECD

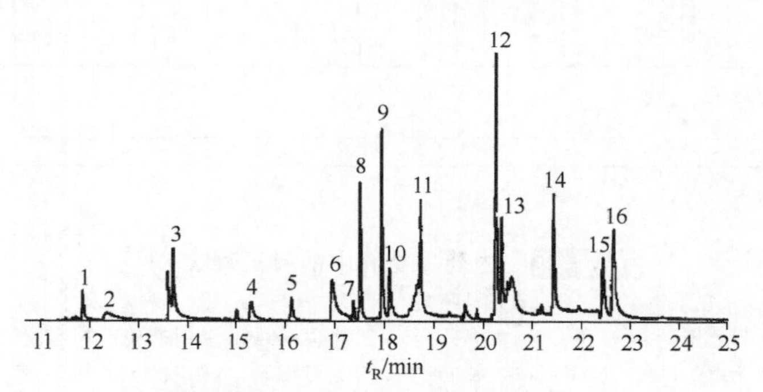

图 34-61 中草药植物中的农药[61]

色谱峰：1—δ-六六六；2—莠去津；3—乙草胺；4—三唑酮；5—α-硫丹；6—腐霉利；7—β-硫丹；8—丁草胺；9—丙草胺；10—o,p'-滴滴涕；11—p,p'-滴滴涕；12—联苯菊酯；13—甲氰菊酯；14—高效氯氟氰菊酯；15—氯菊酯Ⅰ；16—氯菊酯Ⅱ

色谱柱：HP-5ms，5%苯基-95%甲基聚硅氧烷弹性石英毛细管柱，30m×0.25mm，0.25μm

柱　温：60℃（2min）$\xrightarrow{13℃/min}$200℃（5min）$\xrightarrow{25℃/min}$260℃（15min）

载　气：He，1mL/min　　检测器：MS

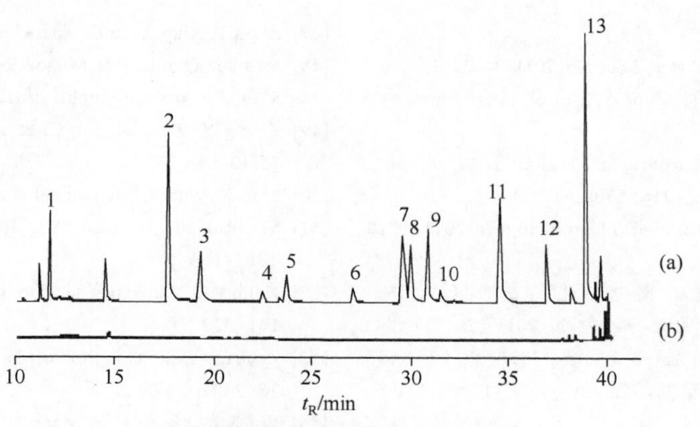

图 34-62 加标婴儿食物[62]

（a）加标；（b）未加标

色谱峰：1—乙拌磷亚砜；2—灭线磷；3—硫线磷；4—特丁硫磷；5—乙拌磷；6—甲基毒死蜱；7—杀螟硫磷；8—甲基嘧啶磷；9—马拉硫磷；10—毒死蜱；11—特丁硫磷砜；12—乙拌磷砜；13—丰索磷

色谱柱：Equity™-5，5%苯基-95%甲基硅氧烷石英毛细管柱，30m×0.25mm，0.25μm

柱 温：50℃（1min）$\xrightarrow{10℃/min}$ 160℃（5min）$\xrightarrow{1.5℃/min}$ 190℃ $\xrightarrow{16℃/min}$ 280℃（8min）

载 气：He，1.0mL/min

检测器：NPD

参 考 文 献

[1] Goncalves C, Alpendurada M F. Talanta, 2005, 65(5): 1179.

[2] Patel K, Fussell R J, Hetmanski M, et al. J Chromatogr A, 2005, 1068(2): 289.

[3] Nakamura S, Daishima S. Anal Bioanal Chem, 2005, 382(1): 99.

[4] Albero B, Sanchez-Brunete C, Tadeo J L. Talanta, 2005, 66(4): 917.

[5] Tahboub Y R, Zaater M F, Al-Talla Z A. J Chromatogr A, 2005, 1098(1-2): 150.

[6] Herrera A, Perez-Arquillue C, Conchello P, et al. Anal Bioanal Chem, 2005, 381: 695.

[7] Rissato S R, Galhiane M S, Apon B M, et al. J Agric Food Chem, 2005, 53: 62.

[8] Hirahara Y, Kimura M, Inoue T. et al. J Health Sci, 2005, 51: 617.

[9] Kirchner M, Matisova E, et al. J Chromatogr A, 2005, 1090: 126.

[10] Bruzzoniti M C, Sarzanini C, et al. Anal Chim Acta, 2006, 578(2): 241.

[11] Ahmadi F, Assadi Y, et al. J Chromatogr A, 2006, 1101(1-2): 307.

[12] Amvrazi E G, Albanis T A. J Agric Food Chem, 2006, 54: 9642.

[13] Xiao Q, Hu B, et al. Talanta, 2006, 69: 848.

[14] Barro R, Garcia-Jares C, et al. J Chromatogr A, 2006, 1111: 1.

[15] Berijani S, Assadi Y, et al. J Chromatogr A, 2006, 1123 (1): 1.

[16] Rissato S, Galhiane M, Dealmeida M, et al. Food Chemistry, 2007, 101(4): 1719.

[17] Fenoll J, Hellin P, Martinez C, et al. Food Chemistry, 2007, 105(2): 711.

[18] Sánchez-Brunete C, Miguel E, Tadeo J L. Talanta, 2008, 74(5): 1211.

[19] Cortada C, Vidal L, Tejada S, et al. Anal Chim Acta, 2009, 638: 29.

[20] Tsai W C, Huang S D. J Chromatogr A, 2009, 1216: 5171.

[21] González-Rodríguez R M, Cancho-Grande B, et al. J Chromatogr A, 2009, 1226: 6033.

[22] Wu F, Lu W, Chen J, et al. Talanta, 2010, 82: 1038-1043.

[23] Barriada-Pereira M, Serodio P, Gonzalez-Castro M, et al. J Chromatogr A, 2010, 1217: 119.

[24] Nardelli V, dell'Oro D, Palermo C. J Chromatogr A, 2010, 1217: 4996.

[25] Rashid A, Nawaz S, Barker H. J Chromatogr A, 2010, 1217: 2933.

[26] Qu L J, Zhang H, Zhu J H. Food Chemistry, 2010, 122: 327.

[27] Zacharis C K, Tzanavaras P D, Roubos K, et al. J Chromatogr A, 2010, 1217: 5896.

[28] Su Y S, Jen J F. J Chromatogr A, 2010, 1217: 5043.

[29] Yang X B, Ying G G, Kookana R S. J Environ Sci Health

B, 2010, 45(2): 152.
[30] Du G, Song Y, Wang Y. et al. J Sep Sci, 2011, 34: 3372.
[31] Borrás E, Sánchez P, Munoz A, et al. Anal Chim Acta 2011, 699: 57.
[32] Rodríguez-Cabo T, Rodríguez I, Ramil M, et al. J Chromatogr A, 2011, 1218: 6603.
[33] Zhao Y, Shen H, Shi J, et al. J Chromatogr A, 2011, 1218: 5568.
[34] 胡艳云，徐业平，姚剑，等. 分析化学，2011，(3)：330.
[35] 赵海香，贾艳霞，丁明玉，等. 色谱，2011，29（5）：443.
[36] 苏建峰，卢声宇，陈晶，等. 色谱，2011，29（7）：643.
[37] 杨立新，李荷丽，苗虹，等. 色谱，2011，29（10）：1010.
[38] Lee J, Lee H K. Anal Chem, 2011, 83: 6856.
[39] 陈其勇，葛宝坤，韩红芳. 分析测试学报，2011，30（5）：573.
[40] 葛娜，刘晓茂，李学民. 分析测试学报，2011，30（12）：1351.
[41] 李晓晶，陈安，黄聪. 分析测试学报，2011，30（3）：326.
[42] 王进，岳永德，等. 分析测试学报，2011，30（2）：161.
[43] Correia-Sa L, Fernandes V C, et al. J Sep Sci, 2012, 35(12): 1521.
[44] Bagheri H, Es'haghi A, Es-haghi A, Mesbahi N. Anal Chim Acta, 2012, 740: 36.
[45] Bagheri H, Alipour N, Ayazi Z. Anal Chim Acta, 2012, 740: 43.
[46] Gonzalez-Curbelo M A, Asensio-Ramos M, Herrera-Herrera A V, Hernandez-Borges J. Anal Bioanal Chem, 2012, 404(1): 183.
[47] Zhou T, Xiao X, Li G. Anal Chem, 2012, 84, (13): 5816.
[48] Vazquez-Quintal P E, Muñoz-Rodríguez D, Medina-Peralta S, et al. Chromatographia, 2012, 75(15-16): 923.
[49] Zhang Y, Wang X, Lin C, et al. Chromatographia, 2012, 75(13-14): 789.
[50] Mao X, Wan Y, Yan A, et al. Talanta, 2012, 97: 131.
[51] San Roman I, Alonso M L, Bartolome L, et al. Talanta, 2012, 100: 246.
[52] Netto P T, Rodrigues de Marchi M R, et al. Talanta, 2012, 101: 322.
[53] Zacharis C K, Christophoridis C, et al. J Sep Sci, 2012, 35: 2422.
[54] Wu X L, Zhang H Y, Meng L X, et al. Chromatographia, 2012, 75: 1177.
[55] 潘煜辰，伊雄海，邓晓军，等. 色谱，2012，30(11)：1159.
[56] Samadi S, Sereshti H, Assadi Y. J Chromatogr A, 2012, 1219: 61.
[57] Bagheri H, Ayazi Z, Es'haghi A, Aghakhani A. J Chromatogr A, 2012, 1222: 13.
[58] Liu Q, Kong W, Qiu F, et al. J Chromatogr B, 2012, (885-886): 90.
[59] Gonzalez-Curbelo M A, Dionis-Delgado S, Asensio-Ramos M, Hernandez-Borges J. J Sep Sci, 2012, 35(2): 299.
[60] Shi X Z, Song S Q, Sun A L, et al. Analyst, 2012, 137 (2): 437.
[61] Liu X-L, Li X-S, Liu S-W, et al. Chinese J Anal Chem, 2013, 41(4): 553.
[62] Gonzalez-Curbelo A, Hernandez-Borges M, Borges-Miquel J M, et al. J Chromatogr A, 2013, 313: 166.

第三十五章　环境物质色谱图

第一节　大气污染物色谱图

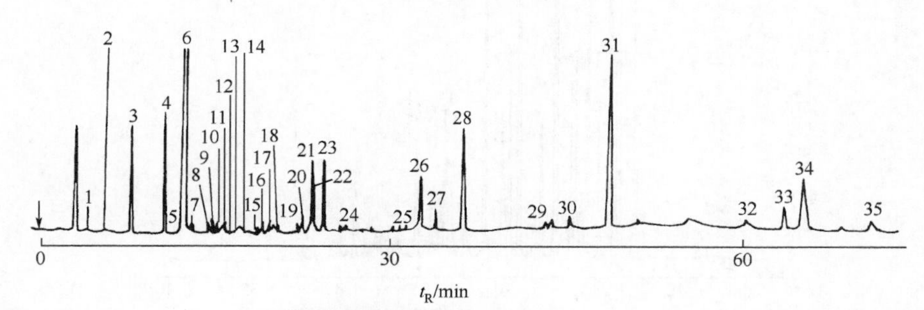

图 35-1　炼油厂空气（一）[1]

色谱峰：1—乙烷；2—乙烯；3—丙烷；4—丙烯；5—乙炔；6—甲基丙烷；7—正丁烷；8—反-2-丁烯；9—1-丁烯；10—2-甲基-1-丙烯；11—顺-2-丁烯；12,13—甲基丁烷；14—正戊烷；15—反-2-戊烯；16—1-戊烯；17—甲基丁烯；18—顺-2-戊烯；19—甲基环戊烷；20—环己烷；21—2-甲基戊烷；22—3-甲基戊烷；23—正己烷；24—C_6不饱和烃；25—C_7支链烷烃；26—2-甲基己烷+3-甲基己烷；27—正庚烷；28—苯；29—C_8支链烷烃；30—正辛烷；31—甲苯；32—正壬烷；33—乙基苯；34—间二甲苯+对二甲苯；35—邻二甲苯

色谱柱：Al_2O_3/KCl PLOT柱，50m×0.32mm　　载　气：He

柱　温：0℃ $\xrightarrow{10℃/min}$ 135℃ $\xrightarrow{2℃/min}$ 205℃　　检测器：FID

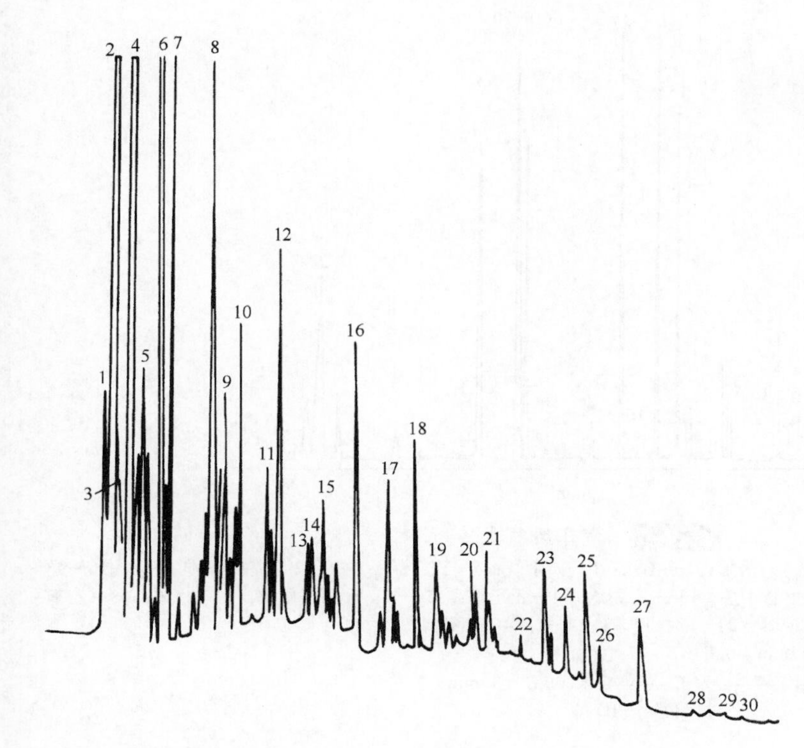

图 35-2　炼油厂空气（二）[2]

色谱峰：1—乙烷+乙烯；2—丙烷+丙烯；3—甲醚；4—异丁烷；5—正丁烯；6—丙酮+异戊烷+乙醚；7—正戊烷；8—2-甲基环戊烷；9—3-甲基戊烷；10—正己烷；11—甲基环戊烷；12—苯；13—环己烷；14—2-甲基己烷；15—3-甲基己烷；16—正庚烷；17—1,1-甲基乙基环戊烷；18—甲苯；19—2,5-二甲基己烷；20—二甲基环己烷；21—正辛烷；22—2,4-二甲基庚烷；23—对二甲苯；24—间二甲苯；25—苯乙烯；26—邻二甲苯；27—正壬烷；28—罗勒烯；29—4-甲基壬烷；30—三甲苯

色谱柱：角鲨烷，45m×0.25mm

柱　温：20℃→90℃，4℃/min

载　气：He

检测器：MS

气化室温度：120℃

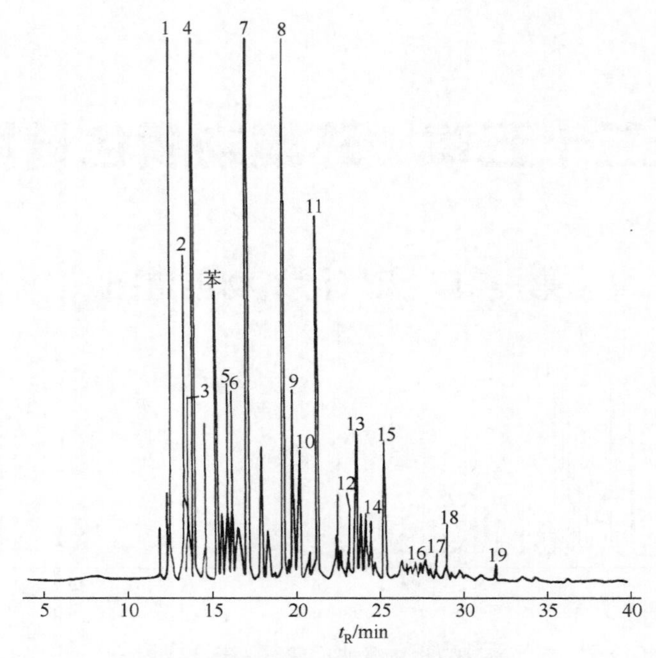

图 35-3 炼油厂空气（三）[78]

色谱峰：1—4-甲基戊烯-1；2—己烯-1-+2-甲基-1-戊烯；3—己烷；4—反-2-己烯；5—2-甲基己烷+2,3-二甲基戊烷；6—3-甲基己烷；7—庚烷；8—甲苯；9—2-甲基庚烷；10—3-乙基己烷；11—辛烷；12—乙基苯；13—对二甲苯+间二甲苯；14—邻二甲苯；15—壬烷；16—乙基甲苯；17—1,2,4-三甲基苯；18—癸烷；19—十一烷

色谱柱：DB-1，30m×0.53mm　　检测器：FID

柱　温：35℃（5min）$\xrightarrow{5℃/min}$ 100℃ $\xrightarrow{8℃/min}$ 200℃ $\xrightarrow{5℃/min}$ 250℃　　检测器温度：270℃

载　气：N_2

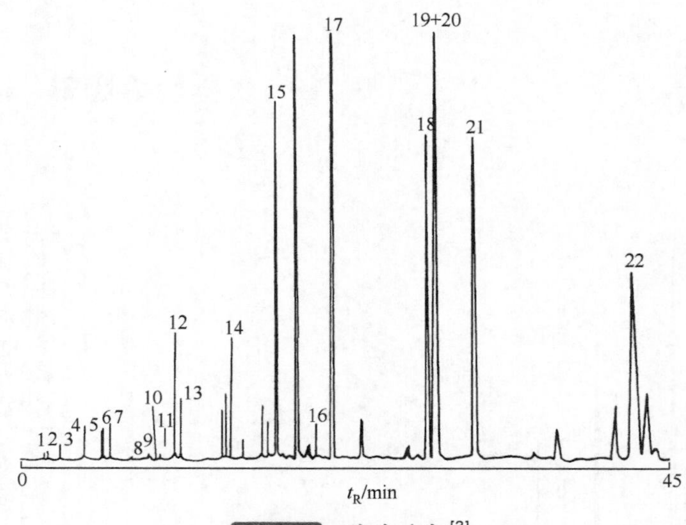

图 35-4 汽车废气[3]

色谱峰：1—乙烷；2—乙烯；3—丙烷；4—丙烯；5—乙炔；6—异丁烷；7—正丁烷；8—反-2-丁烯；9—1-丁烯；10—异丁烯；11—顺-2-丁烯；12—2-甲基丁烷；13—正戊烷；14—正己烷；15—苯；16—正辛烷；17—甲苯；18—乙基苯；19—间二甲苯；20—对二甲苯；21—邻二甲苯；22—1,2,4-三甲基苯

色谱柱：Al_2O_3/KCl PLOT柱，25m×0.32mm，0.5μm

柱　温：50℃（2min）$\xrightarrow{5℃/min}$ 75℃ $\xrightarrow{10℃/min}$ 125℃ $\xrightarrow{15℃/min}$ 200℃（30min）

载　气：He，70kPa　　检测器：FID

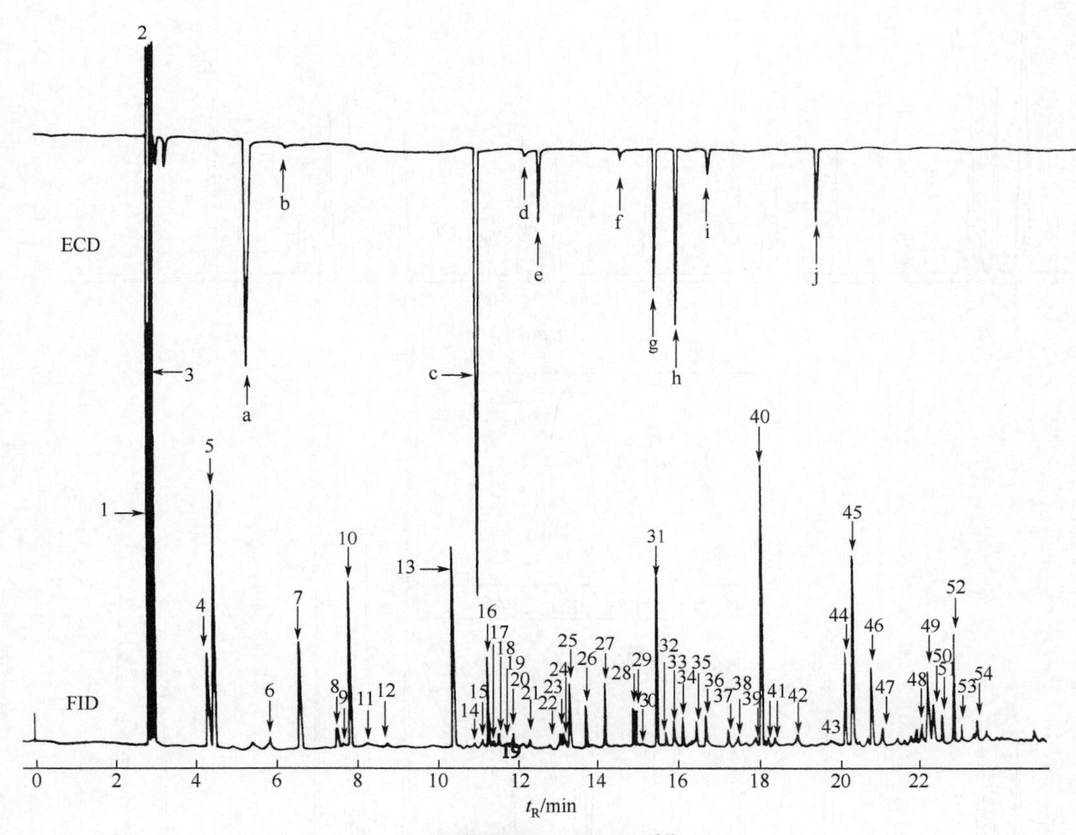

图 35-5　城市空气[4]

色谱峰：1—乙烯；2—乙炔；3—乙烷；4—丙烯；5—丙烷；6—氯甲烷；7—异丁烷；8—异丁烯+1-丁烯；9—1,3-丁二烯；10—正丁烷；11—反-2-丁烯；12—顺-2-丁烯；13—异戊烷；14—1-戊烯；15—2-甲基-1-丁烯；16—正戊烷；17—2-甲基丁二烯；18—反-2-戊烯；19—顺-2-戊烯；20—2-甲基-2-丁烯；21—2,2-二甲基丁烷；22—3-甲基-1-戊烯；23—环戊烷；24—2,3-二甲基丁烷；25—2-甲基戊烷；26—3-甲基戊烷；27—正己烷；28—甲基环戊烷；29—2,4-二甲基戊烷；30—三氯乙烷；31—苯；32—环己烷；33—2-甲基己烷；34—3-甲基己烷；35—2,2,4-三甲基戊烷；36—正庚烷；37—甲基环己烷；38—2,5-二甲基己烷；39—2,3,4-三甲基戊烷；40—甲苯；41—2-甲基庚烷；42—3-甲基庚烷；43—正辛烷；44—乙基苯；45—对二甲苯+间二甲苯；46—邻二甲苯；47—正壬烷；48—正丙基苯；49—1,3-甲基乙基苯+1,4-甲基乙基苯；50—1,3,5-三甲基苯；51—1,2-甲基乙基苯；52—1,2,4-三甲基苯；53—正癸烷；54—对缴花烃；a—二氯二氟乙烷；b—氯甲烷；c—三氯氟甲烷；d—二氯甲烷；e—三氯三氯乙烷；f—三氯甲烷；g—三氯乙烷；h—四氯化碳；i—三氯乙烯；j—四氯乙烯

色谱柱：甲基硅氧烷，50m×0.32mm，1.2μm

柱　温：−40℃（3min）→180℃，10℃/min

载　气：He，10^5Pa→1.75×10^5Pa，3000Pa

检测器：FID和ECD

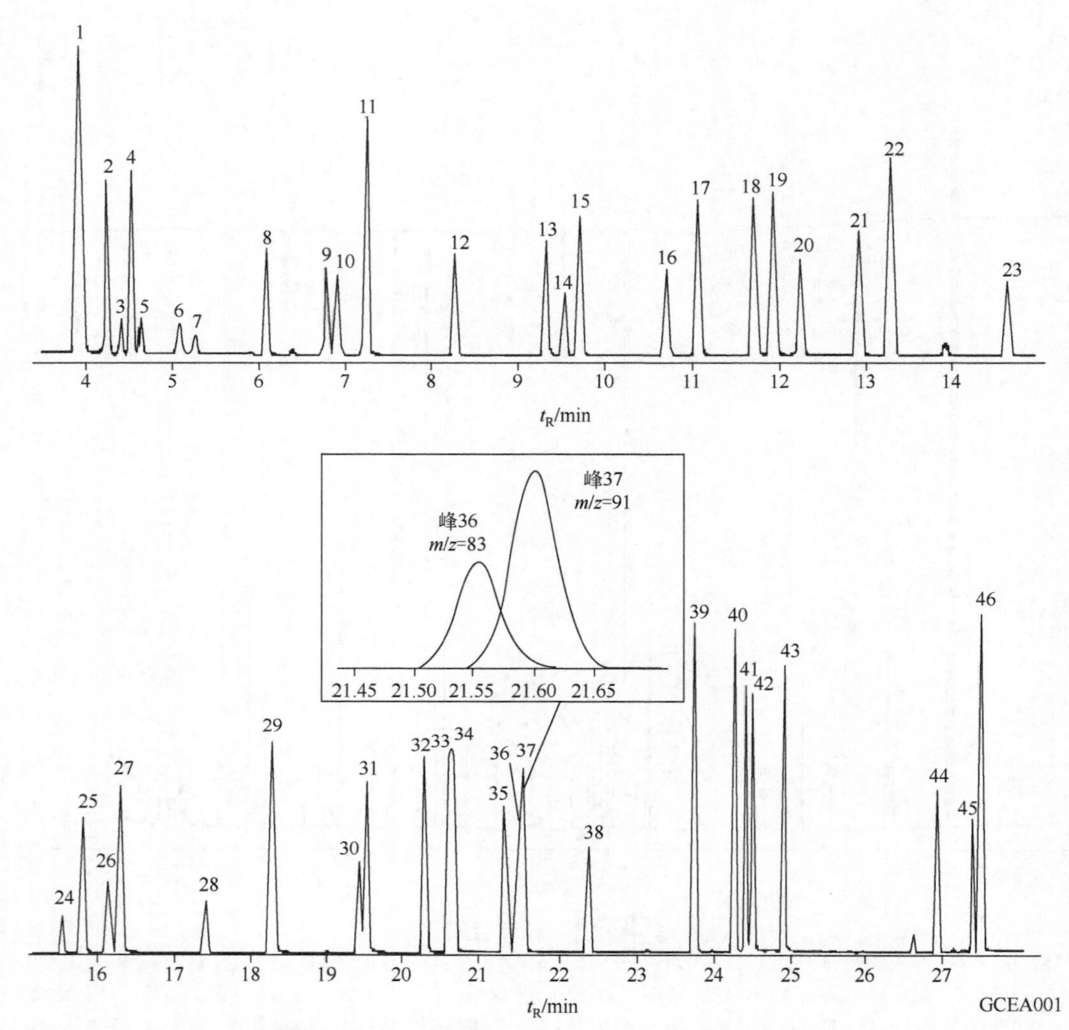

图 35-6 空气中挥发性烃——US EPA 方法 TO-14[5]

色谱峰：1—CO_2；2—氟里昂 12（二氯二氟甲烷）；3—氯代甲烷；4—氟里昂 114（1,2-二氯-1,1,2,2-四氟乙烷）；5—氯乙烯；6—溴甲烷；7—氯乙烷；8—氟里昂11（三氯氟甲烷）；9—1,1-二氯乙烯；10—二氯甲烷；11—氟里昂113（1,1,2-三氯-1,2,2-三氟乙烷）；12—1,1-二氯乙烷；13—顺-1,2-二氯乙烯；14—溴氯甲烷（IS）；15—氯仿；16—1,2-二氯乙烷；17—1,1,1-三氯乙烷；18—苯；19—四氯化碳；20—1,4-二氟苯（内标）；21—1,2-二氯丙烷；22—三氯乙烯；23—顺-1,3-二氯丙烯；24—反-1,3-二氯丙烯；25—1,1,2-三氯乙烷；26—甲苯-d_8 (SS)；27—甲苯；28—1,2-二溴乙烷；29—四氯乙烯；30—氯苯-d_5 (SS)；31—氯苯；32—乙苯；33—间二甲苯；34—对二甲苯；35—苯乙烯；36—1,1,2,2-四氯乙烯；37—邻二甲苯；38—4-溴氟苯（SS)；39—1,3,5-三甲苯；40—1,2,4-三甲苯；41—1,3-二氯苯；42—1,2-二氯苯；43—1,4-二氯苯；44—1,2,4-三氯苯；45—1,2-二溴苯（内标）；46—六氯-1,3-丁二烯

色谱柱：DB-1 123-1063，60m×0.32mm，1.00μm

载　气：He，25cm/s测量CO_2，35℃下恒流模式

柱温箱：35℃（5min）$\xrightarrow{5℃/min}$ 120℃ $\xrightarrow{30℃/min}$ 220℃（5min）

检测器：MSD (m/z 40~250全扫描)

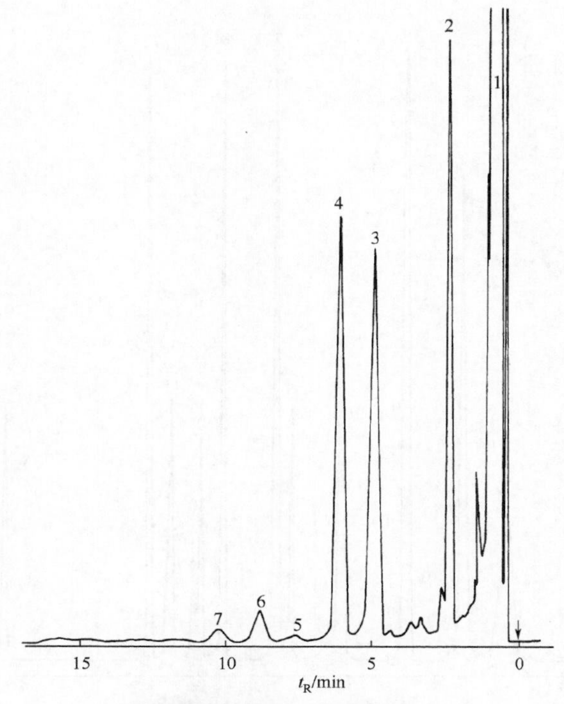

图 35-7　城市燃气中萘[6]

色谱峰：1—溶剂；2—茚；3—正十六烷（内标物）；4—萘；5—硫茚；6—β-甲基萘；7—α-甲基萘

色谱柱：6.5% 丁二酸乙二醇聚酯，201酸洗载体（60～80目），2m×3mm

柱　温：130℃　　气化室温度：250℃

载　气：N_2，35mL/min　　检测器温度：140℃

检测器：FID

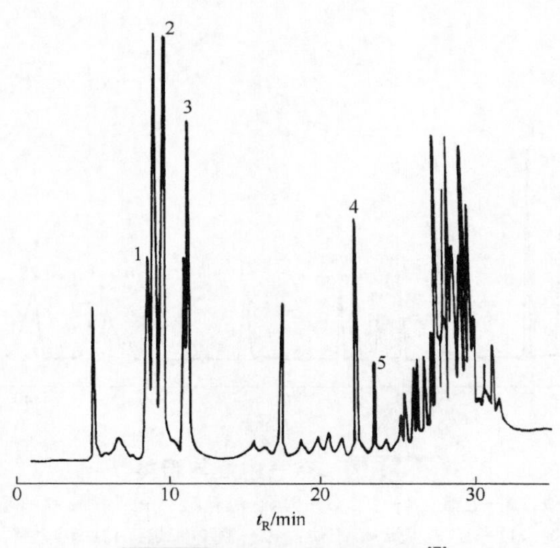

图 35-8　幼儿居室中空气[7]

色谱峰：1—乙醇；2—丙酮；3—2-甲基丁二烯；4—甲基异丁基酮；5—甲苯

色谱柱：RSL 160，25m×0.32mm，5μm　　检测器：FID

柱　温：40℃（5min）→200℃，10℃/min　　检测器温度：250℃

载　气：He，1mL/min

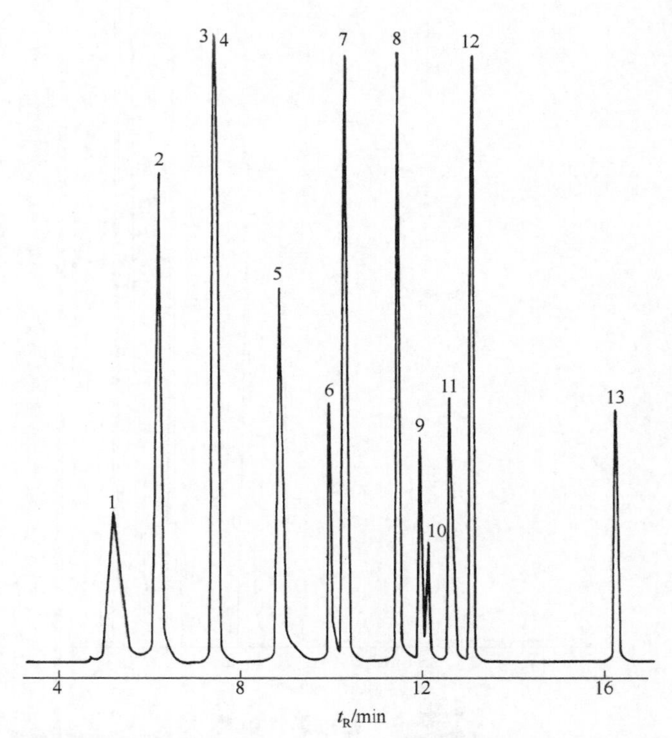

图 35-9 空气中挥发物——US EPA 方法 TO-2 与 TO-3[8]

色谱峰：1—氯乙烯；2—1,1-二氯乙烯；3—四氯化碳；4—1,1,1-三氯乙烷；5—3-氯丙烯；6—二氯甲烷；7—苯；8—丙烯腈；9—氯仿；10—四氯乙烯；11—甲苯；12—1,2-二氯乙烷；13—氯苯

色谱柱：Supelcowax 10，60m×0.75mm，1.0μm　　载　气：He，8mL/min

柱　温：35℃（4min）→160℃，8℃/min　　检测器：FID

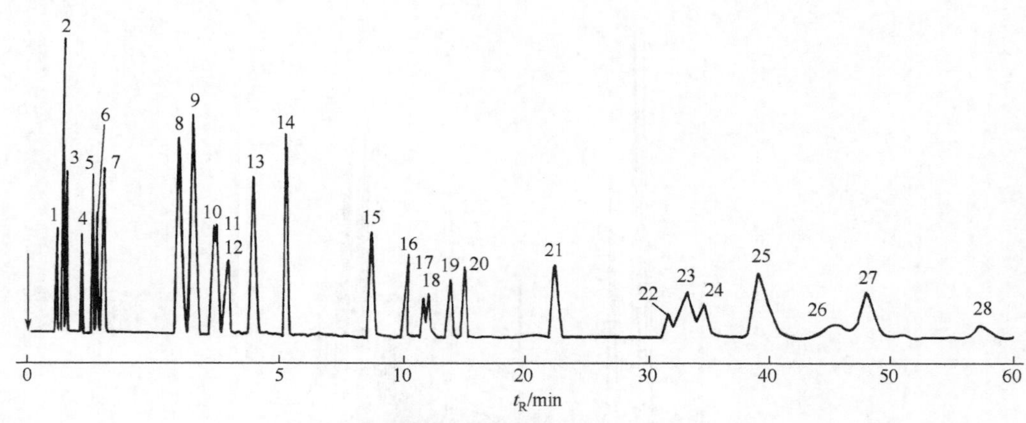

图 35-10 空气中烃与腈类[9]

色谱峰：1—甲烷；2—乙烯+乙炔；3—乙烷；4—氰；5—丙烯+氢氰酸；6—丙烷；7—丙二烯+丙炔；8—异丁烷；9—1-丁烯+异丁烯；10—丁烷；11—反-2-丁烯+1-丁炔；12—顺-2-丁烯；13—丙炔腈；14—乙腈；15—丙烯腈；16—1-戊烯；17—正戊烷；18—2-甲基-2-丁烯；19—环丙烷；20—丙腈；21—甲丙烯腈；22—异丁腈+3-甲基丙烷+1-己烯；23—氰基丙炔+顺或反巴豆腈；24—正己烷；25—3-丁烯腈；26—苯+丁腈+反-或顺-巴豆腈；27—环己烷+环己烯；28—环戊烷腈

色谱柱：PoraPLOTQ，10m×0.32mm　　载　气：H_2，2mL/min

柱　温：100℃　　检测器：FID

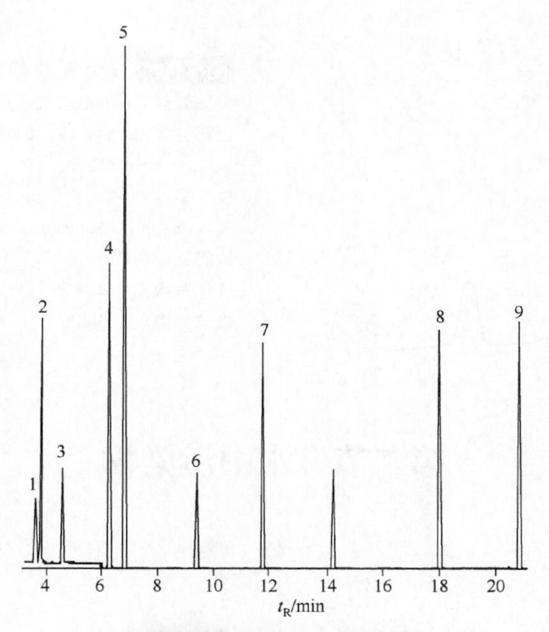

图 35-11 空气中硫化物[5]

色谱峰：1—硫化氢；2—羰基硫；3—甲硫醇；4—二甲硫醚；5—二硫化碳；6—溴氯甲烷；7—1,4-二氟苯；8—氯苯-d_5；9—4-溴氟苯

色谱柱：DB-5ms，123-5563，60m×0.32mm，1.00μm

载　气：He，1.5mL/min

柱温箱：35℃（5min）$\xrightarrow{6℃/min}$ 140℃ $\xrightarrow{15℃/min}$ 220℃（3min）

检测器：GC/MS 6890/5973N

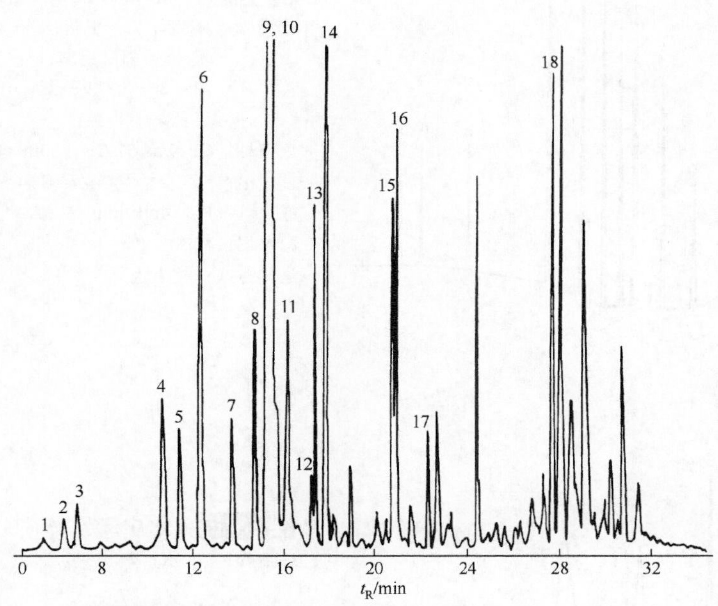

图 35-12 室内空气——US EPA 方法 TO-1[10]

色谱峰：1—2-甲基丁烷；2—三氯一氟甲烷；3—戊烷；4—2-甲基戊烷；5—3-甲基戊烷；6—己烷；7—甲基环戊烷；8——溴一氯甲烷（内标物）；9—1,1,1-三氯乙烷；10—四氯化碳；11—苯；12—庚烷；13—1,4-二氟苯（内标物）；14—三氯乙烯；15—甲苯-d_8；16—甲苯；17—四氯乙烯；18—4-溴氟苯

色谱柱：DB-624，30m×0.53，3.0μm　　载　气：He，7mL/min

柱　温：10℃（5min）→180℃（10min），5℃/min　　检测器：MS

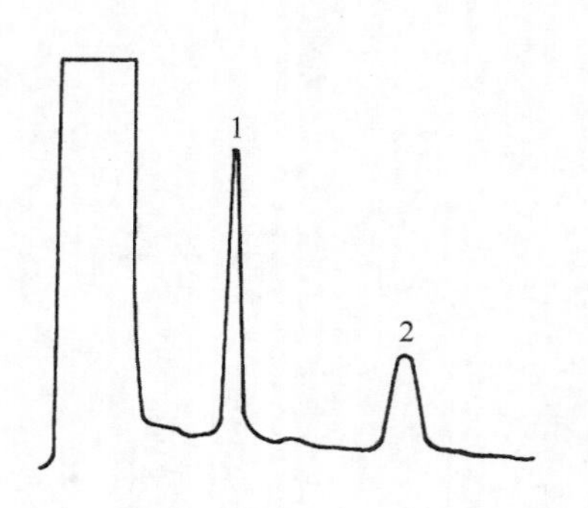

图 35-13 大气中苯乙烯（溴化处理）[11]

色谱峰：1—四溴乙烷（内标）；2—二溴化苯乙烯

色谱柱：3% OV-17，Chromosorb W HP（80～100目），1m×2mm

柱　温：130℃

载　气：N_2，30mL/min

检测器：FID

气化室温度：250℃

检测器温度：300℃

第二节　水中污染物

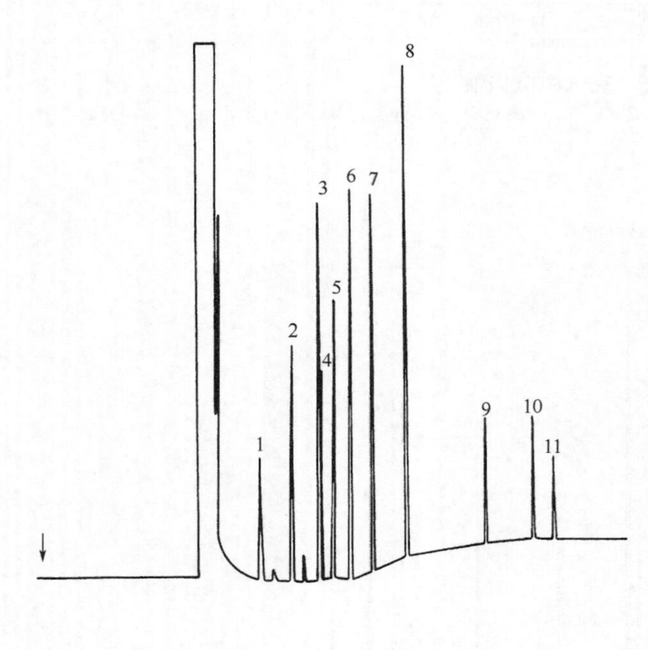

图 35-14 水中芳烃[12]

色谱峰：1—苯；2—甲苯；3—对二甲苯；4—间二甲苯；5—邻二甲苯；6—苯乙烯；7—甲基苯乙烯；8—茚；9—萘；10—2-甲基萘；11—1-甲基萘

色谱柱：CP-Wax 57 CB，50m×0.32mm

柱　温：55℃ $\xrightarrow{4℃/min}$ 75℃ $\xrightarrow{15℃/min}$ 190℃

载　气：H_2，4mL/min

检测器：FID

进样方式：柱上进样

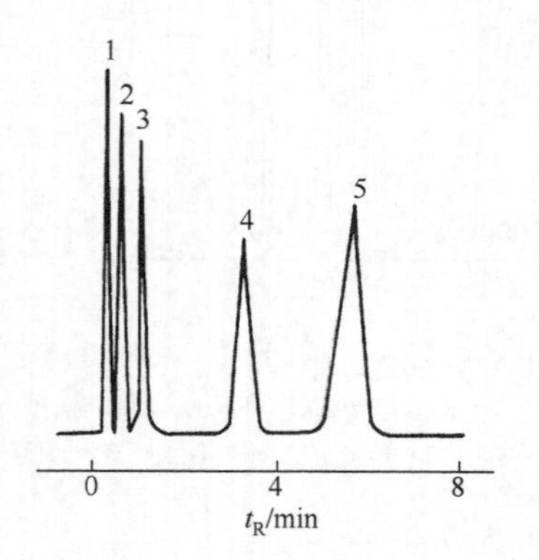

图 35-15 水中二元醇[13]

色谱峰：1—水；2—环氧乙烷；3—环氧丙烷；4—乙二醇；5—丙二醇

色谱柱：Porapak Q（60～80目），2m×4.7mm

柱　温：158℃

载　气：H_2，60mL/min

检测器：TCD

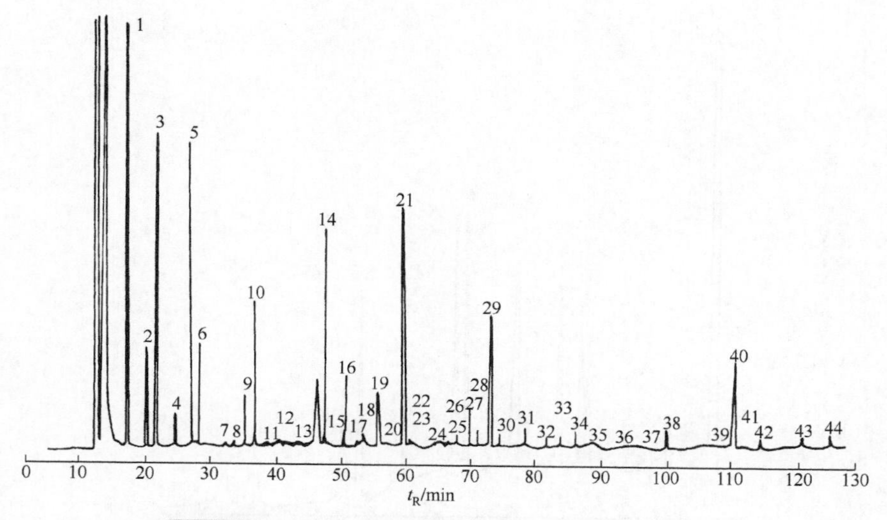

图 35-16　煤气化废水中有机酸（甲酯衍生物）[14]

色谱峰：1—正丙酸甲酯；2—异丁酸甲酯；3—正丁酸甲酯；4—异戊酸甲酯；5—正戊酸甲酯；6—草酸二甲酯；7—2-甲基硫环丙烷；8—异己酸甲酯；9—丙二酸二甲酯；10—正己酸甲酯；11—丁二酸二甲酯；12—4-甲基戊酸甲酯；13—4-乙基戊酸甲酯；14—正庚酸甲酯；15—5-酮己酸甲酯；16—2-甲基丁二酸二甲酯；17—异辛酸甲酯；18—苯甲酸甲酯；19—8-烯-1-癸醇；20—5-烯辛酸甲酯；21—正辛酸甲酯；22—4-乙氨基戊酸甲酯；23—4,7-二烯壬酸甲酯；24—1,5-二烯壬酸甲酯；25—3-氧代辛酸甲酯；26—邻甲基苯甲酸甲酯；27—间甲基苯甲酸甲酯；28—对甲基苯甲酸甲酯；29—正壬酸甲酯；30—2,6-二甲基辛酸甲酯；31—3-乙基-4-烯辛酸甲酯；32—2-甲酰基苯甲酸甲酯；33—4-甲酰基苯甲酸甲酯；34—异癸酸甲酯；35—正癸酸甲酯；36—α-氰基肉桂酸甲酯；37—2,4,5-三甲基苯甲酸甲酯；38—正十一酸甲酯；39—苯酰胺基乙酸甲酯；40—卡尼精；41—正十二酸甲酯；42—7-甲氧基香豆素；43—2-羟基-辛二酸二甲酯；44—未知物

色谱柱：DB-5，25m×0.31mm

柱　温：60℃（3min）→230℃，4℃/min

检测器：FID

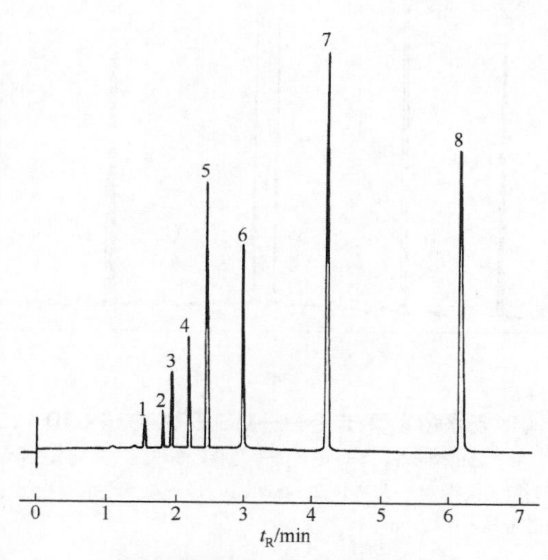

图 35-17　水中游离酸[15]

色谱峰：1—乙酸；2—丙酸；3—异丁酸；4—正丁酸；5—未知物；6—正戊酸；7—正己酸；8—正庚酸

色谱柱：BP21，25m×0.22mm，0.25μm

柱　温：140℃

检测器：FID

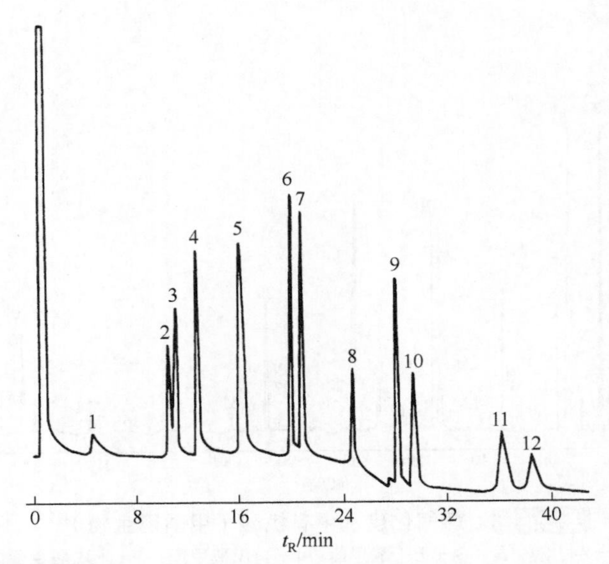

图 35-18 废水中多环芳烃——US EPA 方法 610（一）[16]

色谱峰：1—萘；2—苊烯；3—苊；4—芴；5—菲+蒽；6—荧蒽；7—芘；8—䓛；9—苯并[*b*]荧蒽+苯并[*k*]荧蒽；10—苯并[*a*]芘；11—茚并[1,2,3-*cd*]芘+二苯并[*a,h*]蒽；12—苯并[*g h i*]苝

色谱柱：3% OV-17，Chromosorb W AW-DCMS（100～120目），1.8m×2mm

柱 温：100℃（4min）→280℃，8℃/min

载 气：N_2，40mL/min

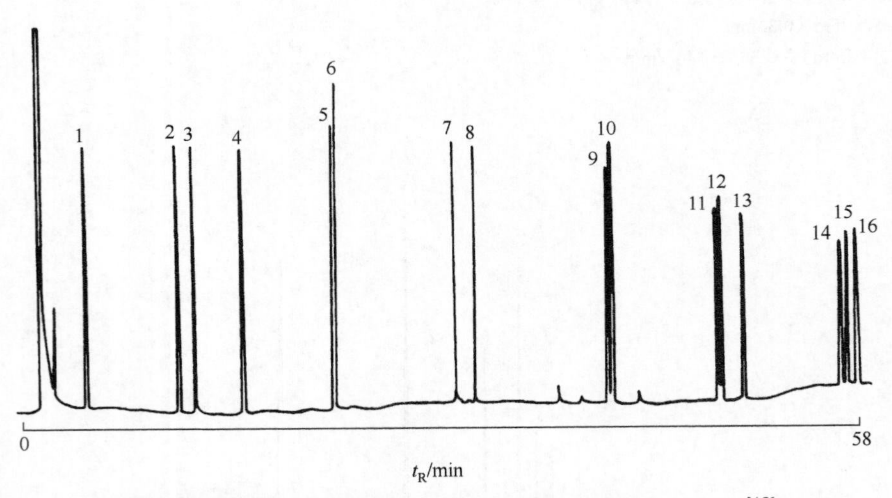

图 35-19 废水中多环芳烃——US EPA 方法 610（二）[16]

色谱峰：1—萘；2—苊烯；3—苊；4—芴；5—菲；6—蒽；7—荧蒽；8—芘；9—苯并[*a*]蒽；10—䓛；11—苯并[*b*]荧蒽；12—苯并[*k*]荧蒽；13—苯并[*a*]芘；14—茚并[1,2,3-*c d*]芘；15—二苯并[*a,h*]蒽；16—苯并[*g h i*]苝

色谱柱：CP-Sil PAH CB，25m×0.25mm，0.12μm

柱 温：70℃→300℃，3℃/min

载 气：H_2，30cm/s

检测器：FID

气化室温度：325℃

检测器温度：350℃

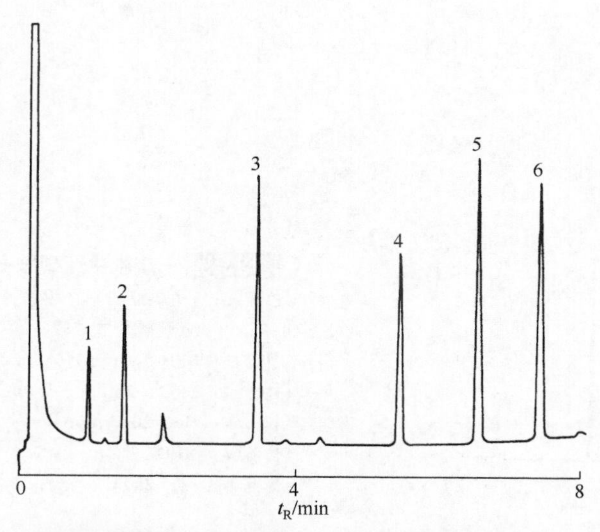

图 35-20 苯二甲酸酯——US EPA 方法 606[17]

色谱峰：1—苯二甲酸二甲酯；2—苯二甲酸二乙酯；3—苯二甲酸二正丁酯；4—苯二甲酸丁基苯酯；5—苯二甲酸双(2-乙基己基)酯；6—苯二甲酸二正辛酯

色谱柱：DB-1，15m×0.53mm，1.5μm

柱 温：150℃→275℃，15℃/min

载 气：He

检测器：FID

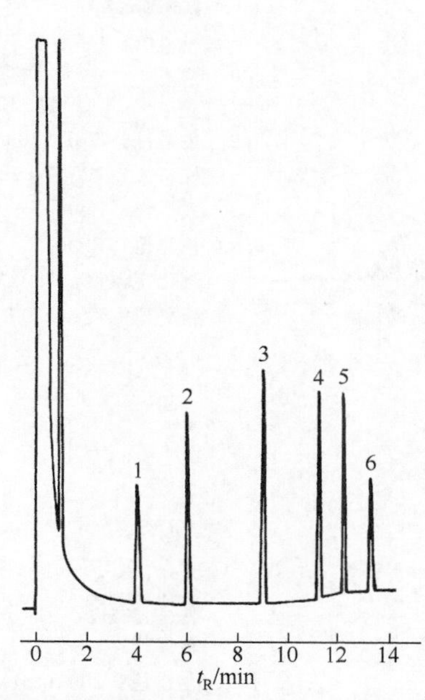

图 35-21 邻苯二甲酸酯——US EPA 方法 606[18]

色谱峰：1—邻苯二甲酸二甲酯；2—邻苯二甲酸二乙酯；3—邻苯二甲酸二正丁酯；4—邻苯二甲酸丁基苯酯；5—邻苯二甲酸双(2-乙基己基)酯；6—邻苯二甲酸二正辛酯

色谱柱：SPB-5，15m×0.53mm，1.5μm

柱 温：115℃（4min）→250℃（5min），16℃/min

载 气：He，30mL/min

检测器：FID

检测器温度：300℃

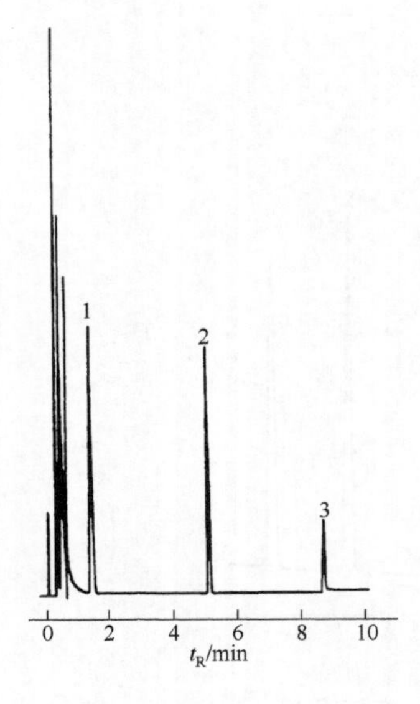

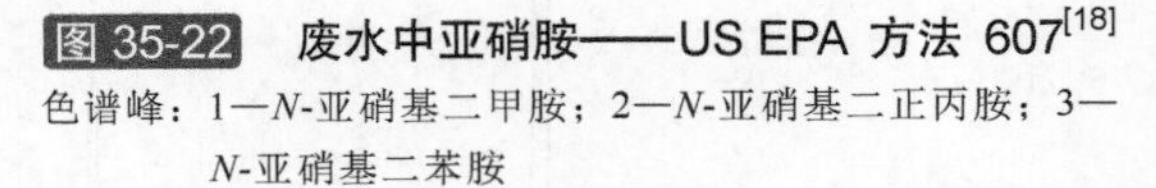

图 35-22 废水中亚硝胺——US EPA 方法 607[18]

色谱峰：1—*N*-亚硝基二甲胺；2—*N*-亚硝基二正丙胺；3—*N*-亚硝基二苯胺

色谱柱：SPB-5，15m×0.53mm，1.5μm

柱　温：35℃（2min）→200℃（1min），20℃/min

载　气：He，20mL/min

检测器：NPD

检测器温度：250℃

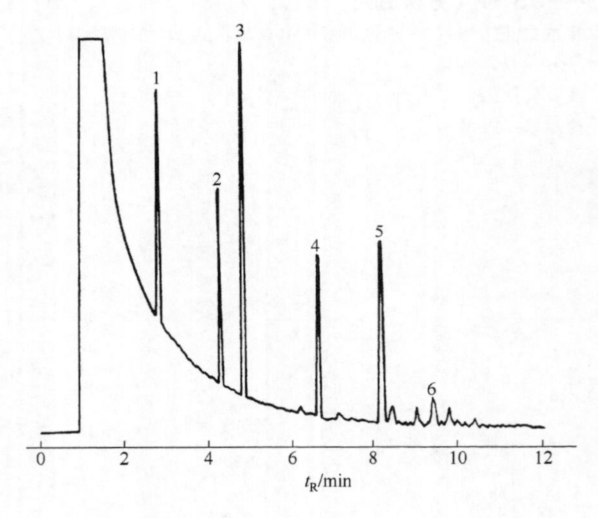

图 35-23 增塑剂[19]

色谱峰：1—邻苯二甲酸二丁酯；2—癸二酸丁二酯；3—二十二烷（内标物）；4—己二酸二(2-乙基己基)酯；5—邻苯二甲酸二(2-乙基己基)酯；6—磷酸三甲苯酯

色谱柱：DBI，30m，0.25μm

柱　温：200℃→280℃（2min），5℃/min

载　气：He

检测器：FID

气化室温度：280℃

检测器温度：330℃

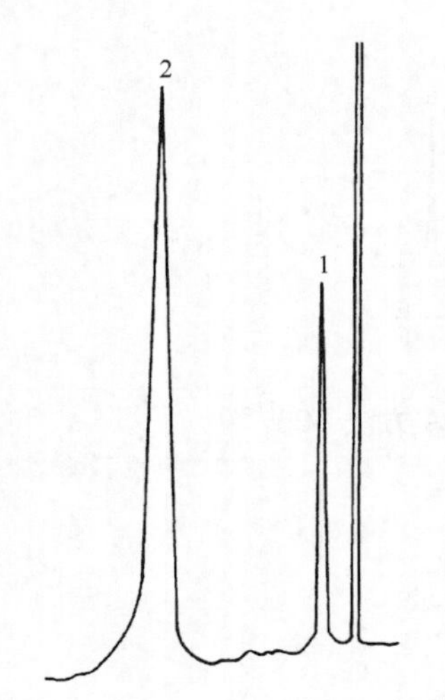

图 35-24 水源水中乙醛与丙烯醛[18]

色谱峰：1—乙醛；2—丙烯醛

色谱柱：20% Carbowax 20M，6021釉化载体（60～80目），2m×4mm

柱　温：76℃

载　气：N_2，40mL/min

检测器：FID

气化室温度：160℃

检测器温度：150℃

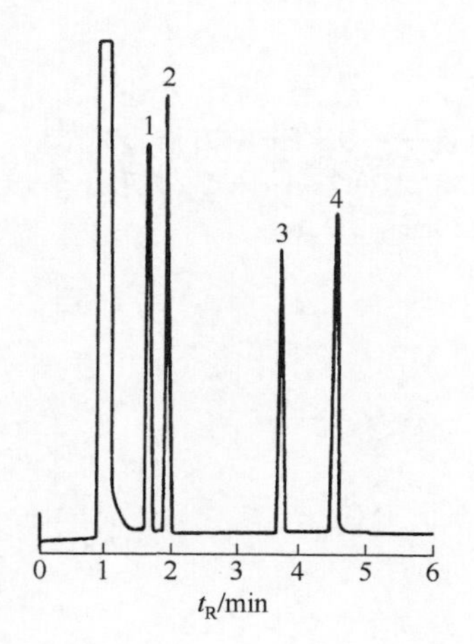

图 35-25 硝基芳烃——US EPA 方法 609[20]

色谱峰：1—硝基苯；2—异佛尔酮；3—2,6-二硝基甲苯；4—2,4-二硝基甲苯

色谱柱：DB-210，30m×0.53mm，1.0μm

柱 温：165℃→220℃，15℃/min

载 气：He，10mL/min

检测器：FID

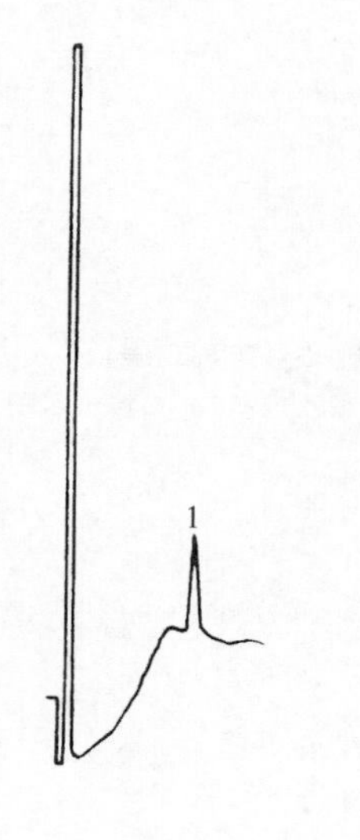

图 35-26 水中微量丙烯酰胺[21]

色谱峰：1—丙烯酰胺

色谱柱：10% PEG-6000，Shimalite（60～80目），1.5m×3mm

柱 温：160℃

载 气：He，80mL/min

检测器：NPD

气化室温度：200℃

检测器温度：200℃

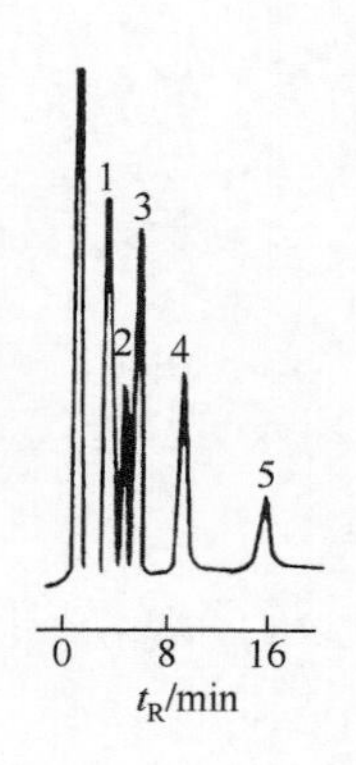

图 35-27 水中三卤代甲烷[22]

色谱峰：1—三氯甲烷；2—四氯化碳；3—溴二氯甲烷；4—二溴一氯甲烷；5—三溴甲烷

色谱柱：10% OV-101，Chromosorb W HP（80～100目），2m×3mm

柱 温：70℃

载 气：N_2，25mL/min

检测器：ECD

气化室温度：160℃

检测器温度：160℃

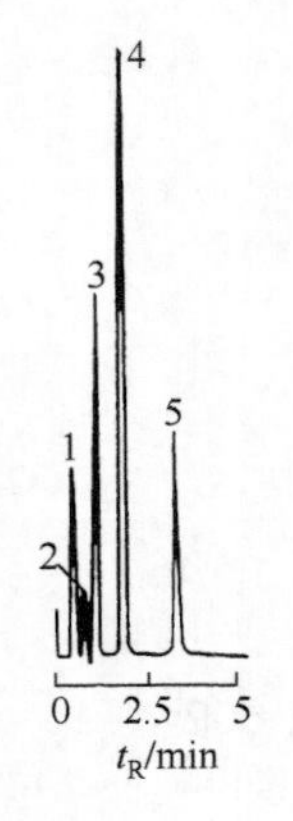

图 35-28 饮用水中三卤代甲烷——US EPA 方法 501[20]

色谱峰：1—正戊烷；2—氯仿；3—一溴二氯甲烷；4—一氯二溴甲烷；5—溴仿
色谱柱：Heliflex AT-1000，10m×0.53mm，1.2μm
柱　温：100℃
载　气：N_2，3mL/min
检测器：ECD

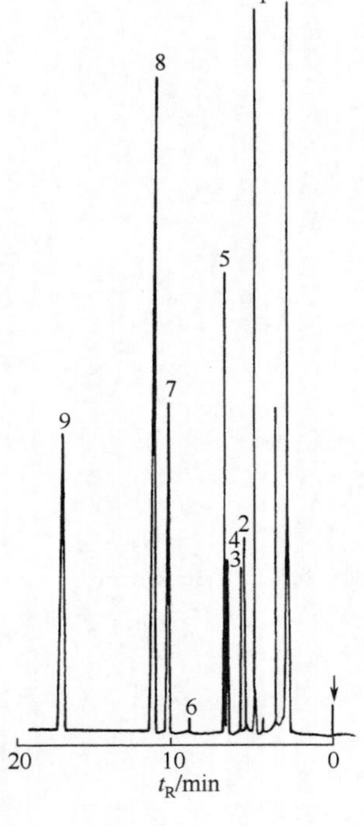

图 35-29 水中卤代烃[23]

色谱峰：1—氯仿；2—1,1,1-三氯乙烷；3—四氯化碳；4—三氯乙烯；5—二氯-溴甲烷；6—1,1,2-三氯乙烷；7—二溴一氯甲烷；8—四氯乙烯；9—溴仿
色谱柱：SE-54，50m×0.32mm
柱　温：80℃
载　气：N_2
检测器：ECD
进样方式：顶空法，80℃

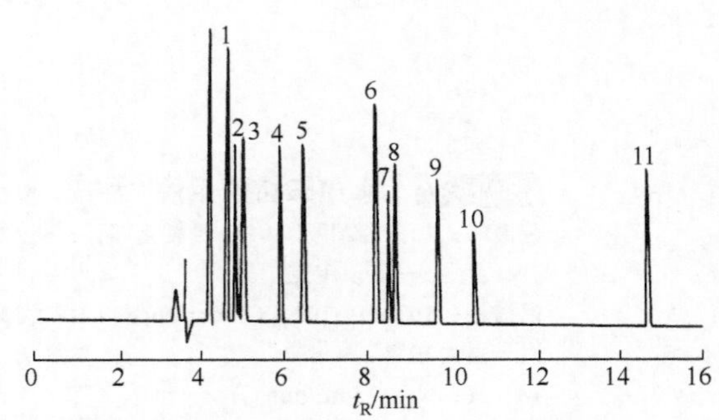

图 35-30 饮用水中卤代烃——US EPA 方法 504[10]

色谱峰：1—氯仿；2—1,1,1-三氯乙烷；3—四氯化碳；4—三氯乙烯；5—二氯一溴甲烷；6—四氯乙烯；7—二溴一氯甲烷；8—1,2-二溴乙烷；9—1,2-二溴丙烷；10—溴仿；11—1,2-二溴-3-氯丙烷
色谱柱：DB-624，30m×0.25mm，1.0μm　　检测器：MS
柱　温：40℃（0.5min）→200℃，10℃/min　　气化室温度：200℃

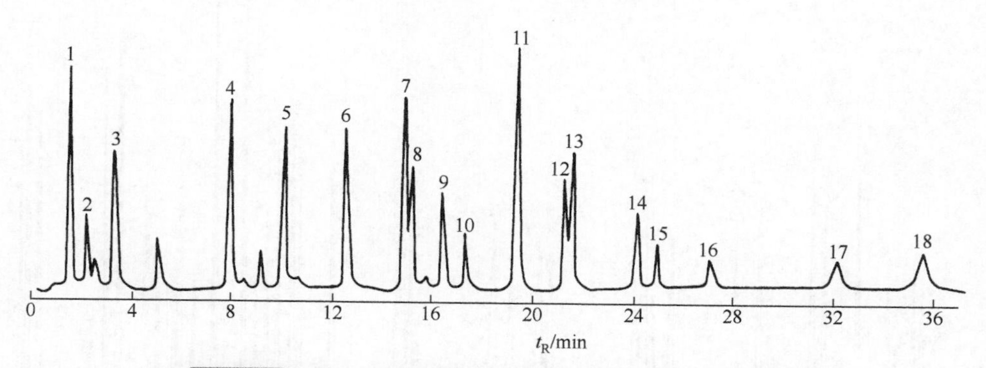

图 35-31 废水中可汽提卤代烃——US EPA 方法 601[16]

色谱峰：1—氯甲烷；2—溴甲烷；3—氯乙烷；4—1,1-二氯乙烷；5—反-1,2-二氯乙烯；6—1,1,1-三氯乙烷；7—1,2-二氯丙烷；8—反-1,3-二氯丙烯；9—顺-1,3-二氯丙烯；10—1,2-二溴乙烷；11—1,1,1,2-四氯乙烷；12—1,2,3-三氯丙烷；13—1,1,2,2-四氯乙烷；14—氯苯；15—1-氯环已烷；16—溴苯；17—2-氯甲苯；18—1,4-二氯苯

色谱柱：1% SP-1000，Carbopack（60～80目），2.43m×2.5mm

柱　温：45℃（3min）→220℃（15min），8℃/min

载　气：He，40mL/min

检测器：电导检测器

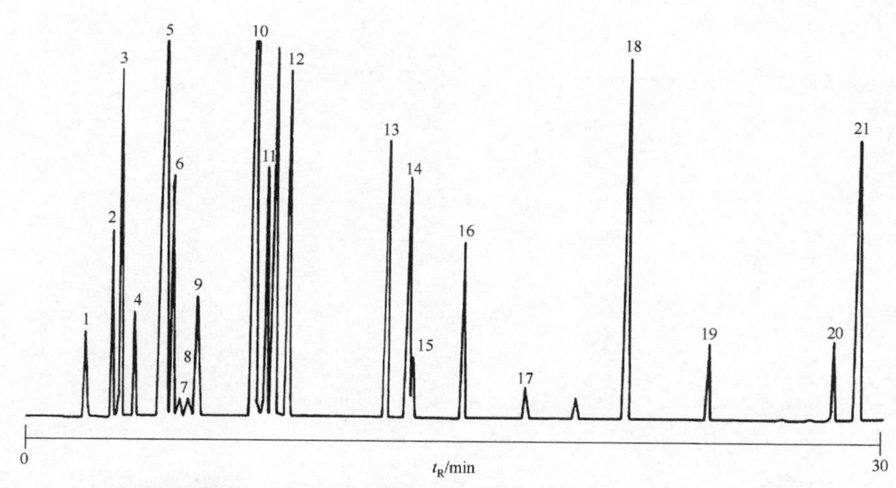

图 35-32 饮用水中可汽提卤代烃——US EPA 方法 501.1[10]

色谱峰：1—三氯一氟甲烷；2—二氯甲烷；3—反-1,2-二氯乙烯；4—1,1-二氯乙烷；5—2,2-二氯丙烷+顺-1,2-二氯乙烯；6—一溴一氯甲烷；7—氯仿；8—1,1,1-三氯乙烷；9—四氯化碳；10—三氯乙烯；11—1,2-二氯丙烷；12—一溴二氯甲烷；13—1,1,2-三氯乙烷+1,3-二氯丙烷+四氯乙烯；14—二溴一氯甲烷；15—1,2-二溴乙烷；16—1,1,1,2-四氯乙烷；17—溴仿；18—1,2,3-三氯丙烷+1,1,2,2-四氯乙烷；19—五氯乙烷；20—双-2-氯异丙基醚；21—1,2-二溴-3-氯丙烷

色谱柱：DB-624，30m×0.53mm，3.0μm

柱　温：35℃（5min）→135℃，4℃/min

载　气：He，8mL/min

检测器：ECD

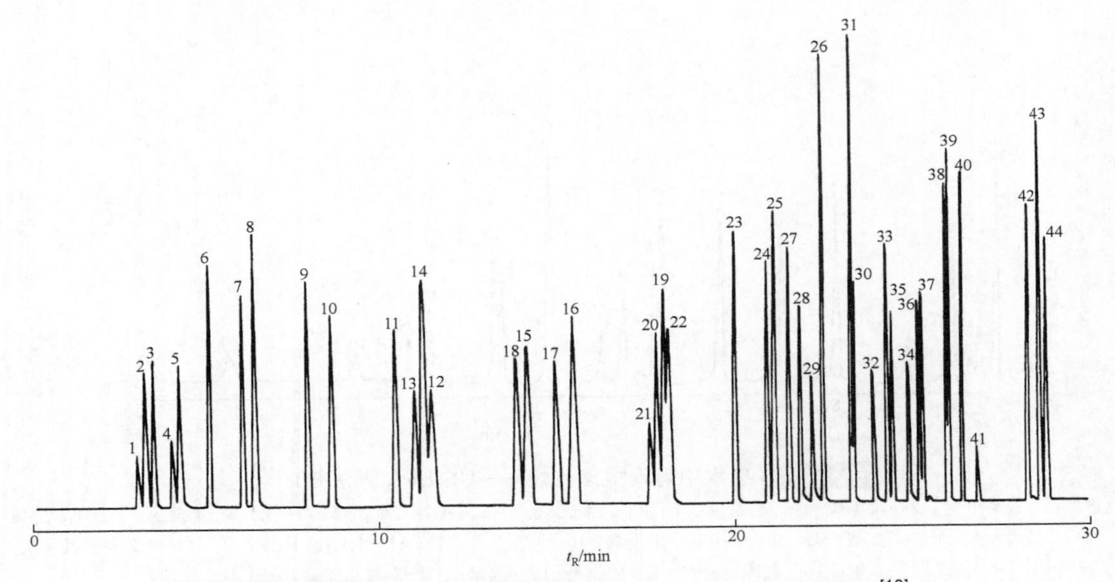

图 35-33 饮用水中可汽提卤代烃——US EPA 方法 502-2[10]

色谱峰：1—二氯二氟甲烷；2—氯甲烷；3—氯乙烯；4—溴甲烷；5—氯乙烷；6—三氯一氟甲烷；7—1,1-二氯乙烯；8—二氯甲烷；9—反-1,2-二氯乙烯；10—1,1-二氯乙烷；11—顺-1,2-二氯乙烯；12—2,2-二氯丙烷；13——溴一氯甲烷；14—氯仿；15—1,1,1-三氯乙烷；16—四氯化碳；17—1,1-二氯丙烯；18—1,2-二氯乙烷；19—三氯乙烯；20—1,2-二氯丙烷；21—二溴甲烷；22——溴二氯甲烷；23—顺-1,3-二氯丙烯；24—反-1,3-二氯丙烯；25—1,1,2-三氯乙烷；26—四氯乙烯；27—1,3-二氯丙烷；28—二溴一氯甲烷；29—1,2-二溴乙烷；30—氯苯；31—1,1,1,2-四氯乙烷；32—溴仿；33—1,1,2,2-四氯乙烷；34—溴苯；35—1,2,3-三氯丙烷；36—2-氯甲苯；37—4-氯甲苯；38—1,3-二氯苯；39—1,4-二氯苯；40—1,2-二氯苯；41—1,2-二溴-3-氯丙烷；42—1,2,4-三氯苯；43—六氯丁二烯；44—1,2,3-三氯苯

色谱柱：DB-VRX，75m×0.45mm，2.55μm

柱 温：35℃（12min） $\xrightarrow{5℃/min}$ 60℃（1min） $\xrightarrow{17℃/min}$ 200℃（3min）

载 气：He

电解液：正丙醇，50μL/min

检测器：ELCD（反应器气体：H_2，90mL/min）

反应管：NiCat™

反应器温度：950℃

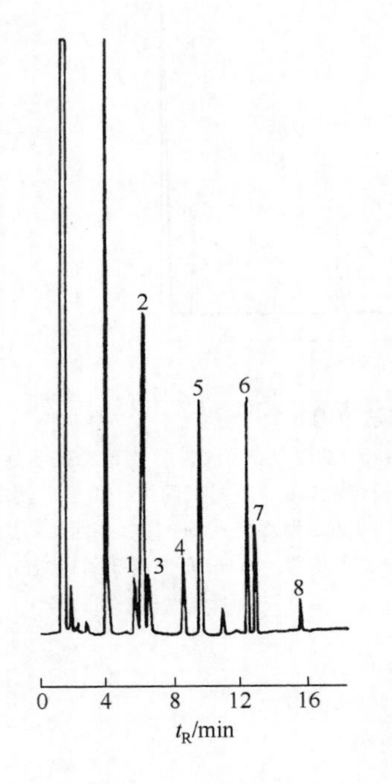

图 35-34 废水中卤代烃[24]

色谱峰：1—氯仿；2—1,1,1-三氯乙烷；3—四氯化碳；4—三氯乙烯；5—二氯一溴甲烷；6—四氯乙烯；7——氯二溴甲烷；8—溴仿

色谱柱：DB-624，30m×0.55mm，3μm

柱 温：45℃（7min）→120℃（5min），10℃/min

载 气：He，6.5mL/min

检测器：ECD

气化室温度：200℃

检测器温度：250℃

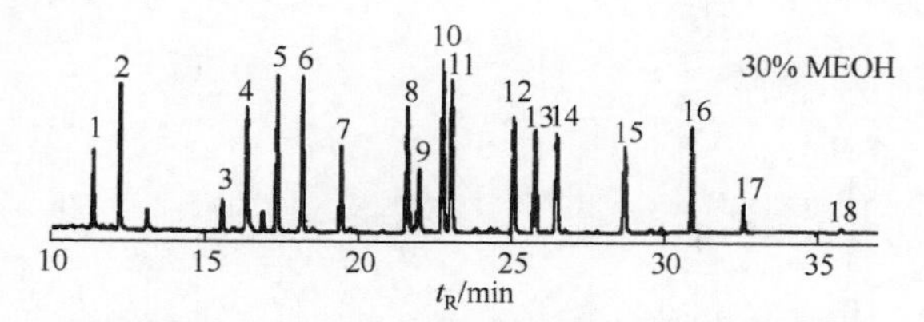

图 35-35 水中多溴联苯醚及其氧化物[25]

色谱峰：1—多溴联苯醚-17；2—多溴联苯醚-28；3—2′-甲氧基-多溴联苯醚-28；4—多溴联苯醚-71；5—多溴联苯醚-47；6—多溴联苯醚-66；7—2′-甲氧基-多溴联苯醚-68；8—多溴联苯-100；9—4′-甲氧基-多溴联苯醚-49；10—2′-甲氧基-6-氯-多溴联苯醚-68；11—多溴联苯醚-99；12—6′-甲氧基-多溴联苯醚-90；13—多溴联苯醚-85；14—多溴联苯醚-154；15—多溴联苯醚-153；16—多溴联苯醚-138；17—2′-甲氧基-多溴联苯醚-183；18—多溴联苯醚-190

色谱柱：DB-XLB毛细管柱，15m×0.25mm，0.25μm

进样口温度：250℃

程序升温条件：140℃（2min）$\xrightarrow{20℃/min}$ 200℃ $\xrightarrow{3℃/min}$ 270℃ $\xrightarrow{10℃/min}$ 300℃（7min）

载　气：He，1.5mL/min　　检测器：MS

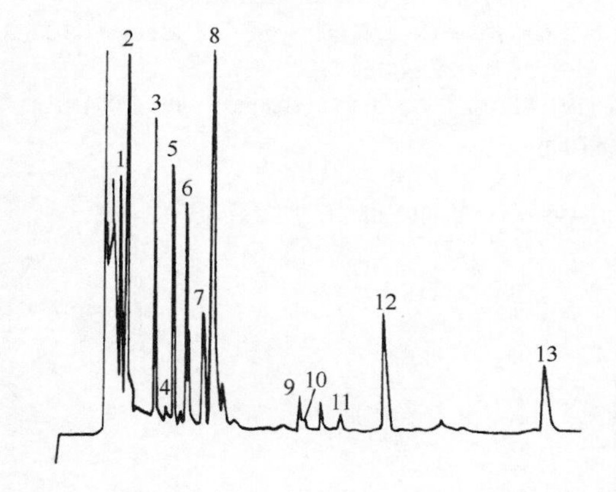

图 35-36 雨水中氯烷[26]

色谱峰：1—$CFCl_3$；2—CH_3I；3—$CHCl_3$；4—CH_2ClCH_2Cl；5—CH_3CCl_3；6—CCl_4；7—$CH_3CHClCH_2Cl$；8—$CHCl{=}CCl_2$；9—$CH_2ClCH_2CH_2Cl$；10—C_6H_5Cl；11—CH_2BrCH_2Br；12—$CCl_2{=}CCl_2$；13—$CHBr_3$

色谱柱：DBI，30m×0.32mm

柱　温：50℃

载　气：N_2

检测器：ECD

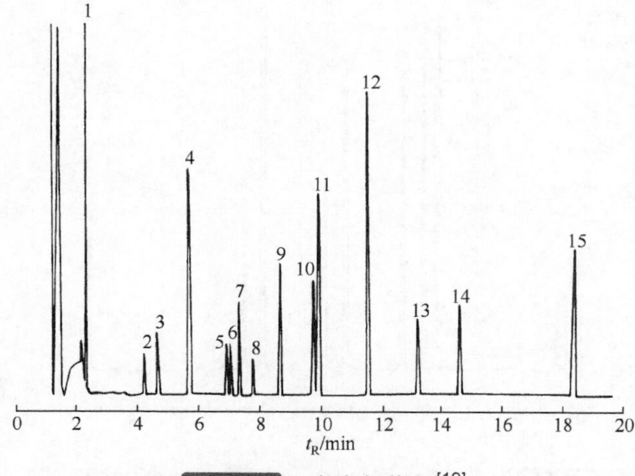

图 35-37 水中氯代烃[19]

色谱峰：1—1,1,1,2-四氯乙烷；2—1,4-二氯苯；3—1,2-二氯苯；4—六氯乙烷；5—2,4-二氯甲苯；6—2,6-二氯甲苯；7—1,3,5-三氯苯；8—3,4-二氯甲苯；9—1,2,4-三氯苯；10—1,2,3-三氯苯；11—六氯-1,3-丁二烯；12—1,1,2,2-四溴乙烷（内标物）；13—1,2,3,5-四氯苯；14—1,2,3,4-四氯苯；15—五氯苯

色谱柱：DBI，30m，0.25μm

柱　温：80℃（5min）→280℃（5min），5℃/min

载　气：He

检测器：ECD

气化室温度：280℃

检测器温度：350℃

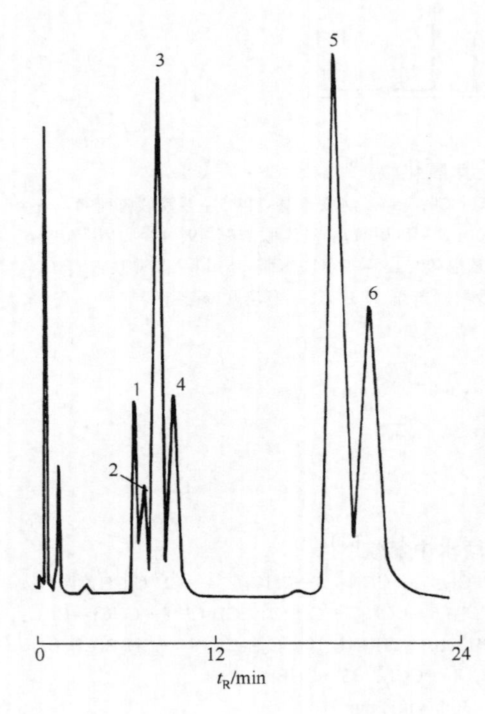

图 35-38 废水中氯代烃——US EPA 方法 612[16]

色谱峰：1—1,2-二氯苯；2—1,4-二氯苯；3—六氯乙烷；4—1,2-二氯苯；5—六氯丁二烯；6—1,2,4-三氯苯

色谱柱：1.5% OV-1+2.4% OV-225，Supelcoport（80～100目），1.8m×2mm

柱　温：75℃

载　气：5% CH_4+95% Ar，25mL/min

检测器：ECD

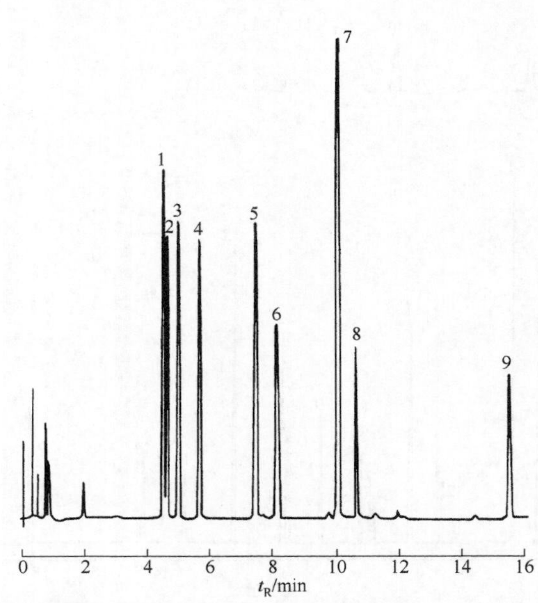

图 35-39 废水中氯代烃——US EPA 方法 612[8]

色谱峰：1—1,3-二氯苯（20ng）；2—1,4-二氯苯（20ng）；3—1,2-二氯苯（20ng）；4—六氯乙烷（0.1ng）；5—1,2,4-三氯苯（4ng）；6—六氯丁二烯（0.1ng）；7—六氯环戊二烯（0.1ng）；8—2-氯萘（40ng）；9—六氯苯（0.1ng）

色谱柱：SPB-5，15m×0.53mm，1.5μm

检测器：ECD

柱　温：50℃→175℃，8℃/min

检测器温度：250℃

载　气：He，10mL/min

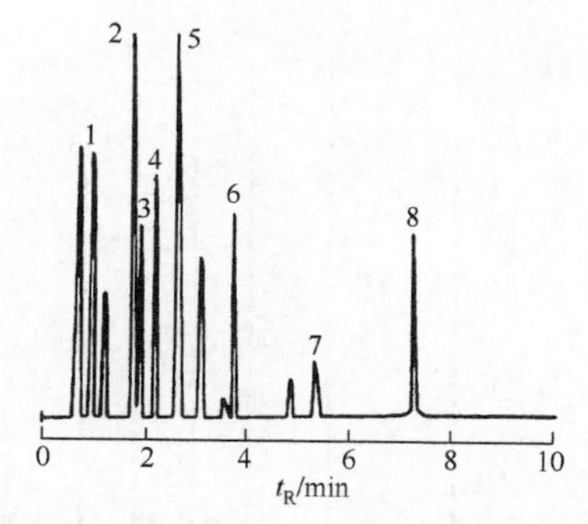

图 35-40　废水中氯代烃——US EPA 方法 612[20]

色谱峰：1—氯苯；2—六氯乙烷；3—1,3-二氯苯；4—1,2-二氯苯；5—六氯丁二烯；6—六氯环戊二烯；7—2-氯萘；8—六氯苯

色谱柱：DB-210，30m×0.53mm，1.0μm

载　气：He，10mL/min

柱　温：85℃ $\xrightarrow{10℃/min}$ 175℃ $\xrightarrow{15℃/min}$ 250℃

检测器：FID

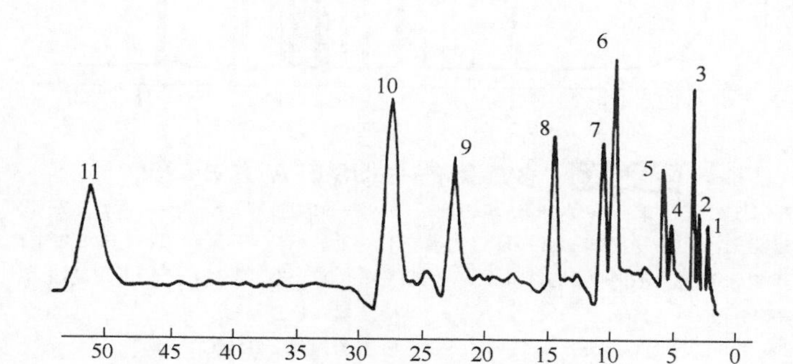

图 35-41　废水中氯苯[22]

色谱峰：1—对-二氯苯；2—间-二氯苯；3—1,3,5-三氯苯；4—邻-二氯苯；5—1,2,4-三氯苯；6—1,2,3,5-四氯苯；7—1,2,4,5-四氯苯；8—1,2,3-三氯苯；9—1,2,3,4-四氯苯；10—五氯苯；11—六氯苯

色谱柱：2%有机皂土+2% DC-200，101载体（80～100目）

检测器温度：150℃

柱　温：120℃

载　气：N_2，60mL/min

检测器：ECD

气化室温度：150℃

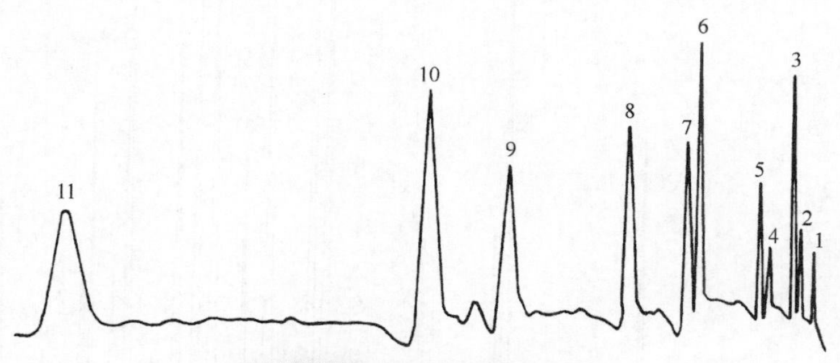

图 35-42　废水中氯代苯[29]

色谱峰：1—对二氯苯；2—间二氯苯；3—1,3,5-三氯苯；4—邻二氯苯；5—1,2,4-三氯苯；6—1,2,3,5-四氯苯；7—1,2,4,5-四氯苯；8—1,2,3-三氯苯；9—1,2,3,4-四氯苯；10—五氯苯；11—六氯苯

色谱柱：2% 有机皂土+2% DC-200，上试101白色硅烷化载体（80～100目），2m×3mm

柱　温：120℃

气化室温度：160℃

载　气：N_2，60mL/min

检测器温度：160℃

检测器：ECD

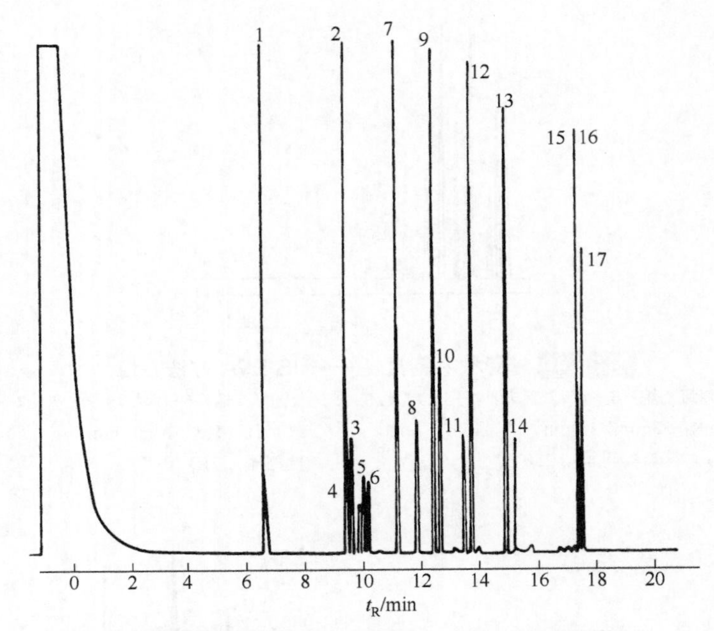

图 35-43 多氯联苯——US EPA 方法 525[8]

色谱峰：1—2-氯联苯；2—2,3-二氯联苯；3—六氯苯；4—西玛津；5—阿特拉津；6—γ-六六六；7—2,4,5-三氯联苯；8—六氯；9—2,2′,4,4′-四氯联苯；10—艾氏剂；11—环氧七氯；12—2,2′,3′,4,6-五氯联苯；13—2,2′,4,4′,5,6′-六氯联苯；14—异狄氏剂；15—甲氧滴滴涕；16—2,2′,3,3′,4,4′,6-七氯联苯；17—2,2′,3,3′,4,5′,6,6′-八氯联苯

色谱柱：PTE-5，30m×0.25mm，0.25μm　　检测器：FID

柱　温：120℃（4min）→320℃，10℃/min　　检测器温度：350℃

载　气：He，40cm/s

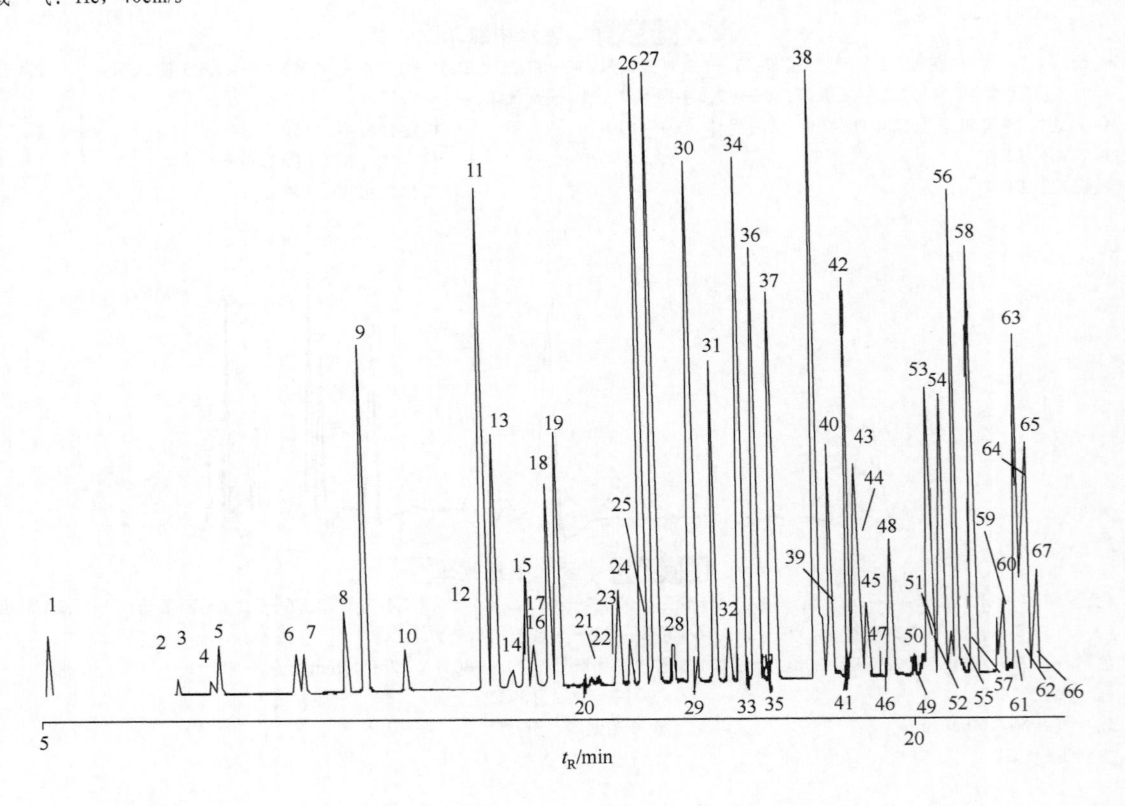

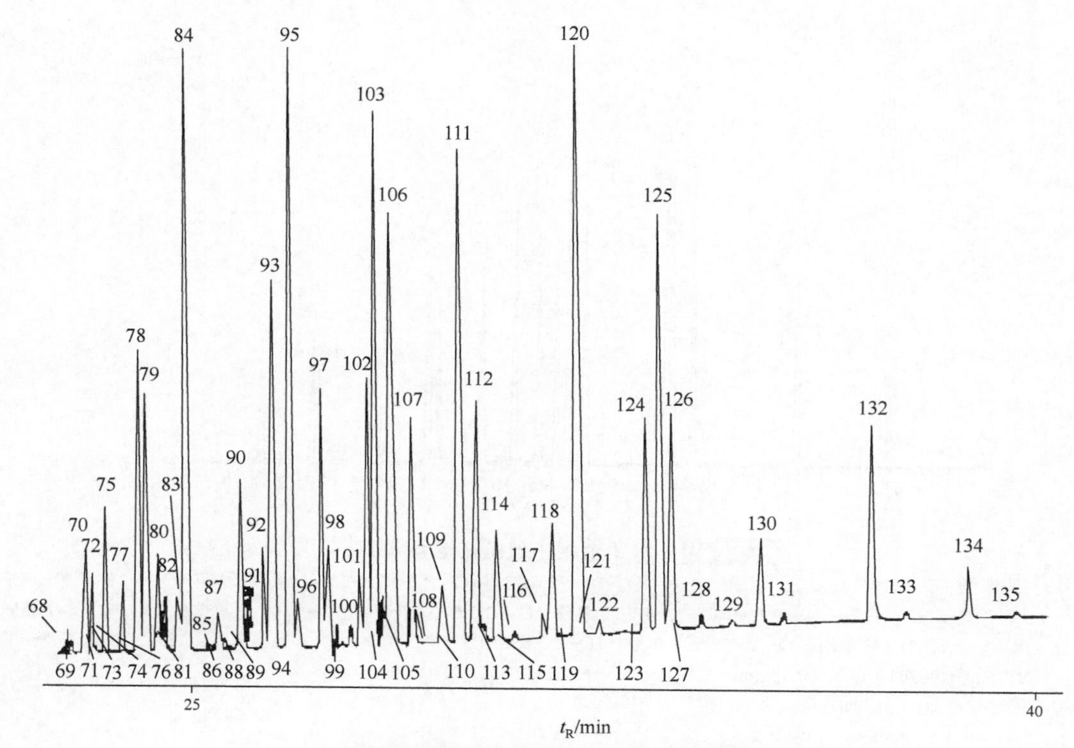

图 35-44　多氯联苯（PCB）检测[30]

色谱峰：1—PCB1；2—PCB2；3—PCB3；4—PCB10；5—PCB4；6—PCB9；7—PCB7；8—PCB6；9—PCB 8/5；10—PCB19；11—PCB18；12—PCB11；13—PCB17；14—PCB13；15—PCB24；16—PCB27；17—PCB15；18—PCB32；19—PCB16；20—PCB54；21—PCB23；22—PCB34；23—PCB29；24—PCB26；25—PCB25；26—PCB31；27—PCB8/53；28—PCB51；29—PCB21；30—PCB33/45/20；31—PCB22；32—PCB46；33—PCB36；34—PCB52/69；35—PCB43；36—PCB49；37—PCB47/48/75；38—PCB44；39—PCB59；40—PCB42；41—PCB35；42—PCB64；43—PCB71/103；44—PCB41；45—PCB37；46—PCB68；47—PCB100；48—PCB40；49—PCB57；50—PCB67；51—PCB63；52—PCB102；53—PCB95；54—PCB74；55—PCB121/155/91；56—PCB70；57—PCB80；58—PCB66；59—PCB96/55；60—PCB84/92；61—PCB125；62—PCB90；63—PCB101；64—PCB60；65—PCB56；66—PCB152；67—PCB99；68—PCB119；69—PCB83；70—PCB136；71—PCB86；72—PCB97；73—PCB89；74—PCB115；75—PCB87；76—PCB154；77—PCB85；78—PCB10/81；79—PCB151；80—PCB144；81—PCB147；82—PCB135；83—PCB77/82；84—PCB149；85—PCB124；86—PCB143；87—PCB134/107/131；88—PCB123；89—PCB133；90—PCB118；92—PCB143/114；93—PCB132/179；94—PCB122；95—PCB153；97—PCB141；98—PCB105；99—PCB137；100—PCB130；102—PCB163；103—PCB138；104—PCB160；105—PCB158/175；106—PCB187/182；107—PCB183/129；108—PCB126；109—PCB185；110—PCB159/202；111—PCB174/128；112—PCB177/201；113—PCB167；114—PCB171；115—PCB197；116—PCB173；117—PCB200；118—PCB156/172；119—PCB157；120—PCB180；121—PCB193；122—PCB191；123—PCB198；124—PCB199；125—PCB170；126—PCB190/196/203；127—PCB169；128—PCB208；129—PCB207；130—PCB195；131—PCB189；132—PCB194；133—PCB205；134—PCB206；135—PCB209.

色谱柱：HT8 phase，50m×0.22mm，0.25μm

柱　温：320℃

载　气：H_2，43cm/s

检测器：ECD

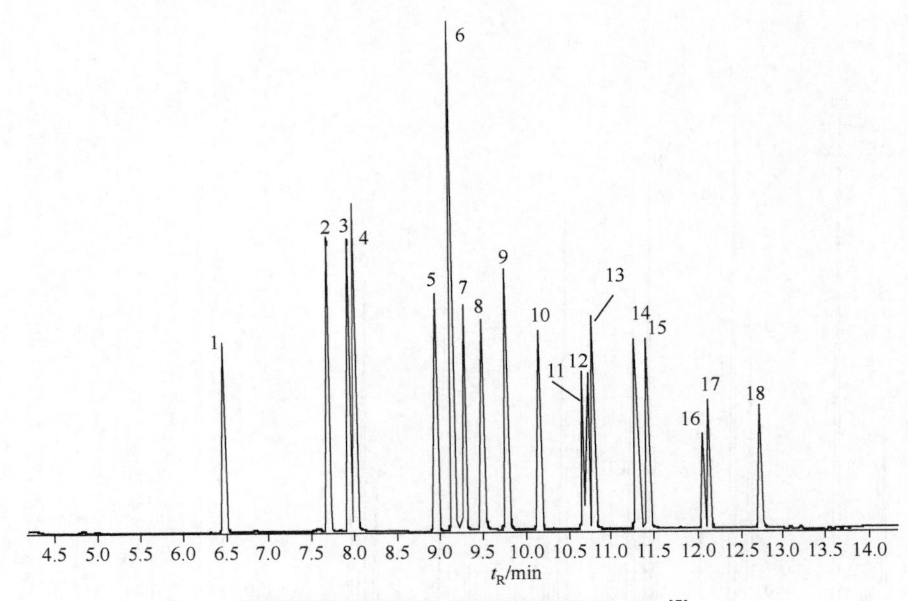

图 35-45 水和土壤中氯酚的含量测定[5]

色谱峰：1—苯酚；2—2-氯酚；3—3-氯酚；4—4-氯酚；5—2,6-二氯苯酚；6—2,4+2,5-二氯苯酚；7—3,5-二氯苯酚；8—2,3-二氯苯酚；9—3,4-二氯苯酚；10—2,4,6-三氯苯酚；11—2,3,6-三氯苯酚；12—2,3,5-三氯苯酚；13—2,4,5-三氯苯酚；14—2,3,4-三氯苯酚；15—3,4,5-三氯苯酚；16—2,3,5,6-四氯苯酚；17—2,3,4,6-四氯苯酚；18—2,3,4,5-四氯苯酚

色谱柱：VF-5ms CP8961，60m×0.32mm，0.25μm

柱 温：60℃→300℃，30℃/min

载 气：He，80kPa，0.8 bar，5.7psi

气化室温度：250℃

检测器：MS 280℃

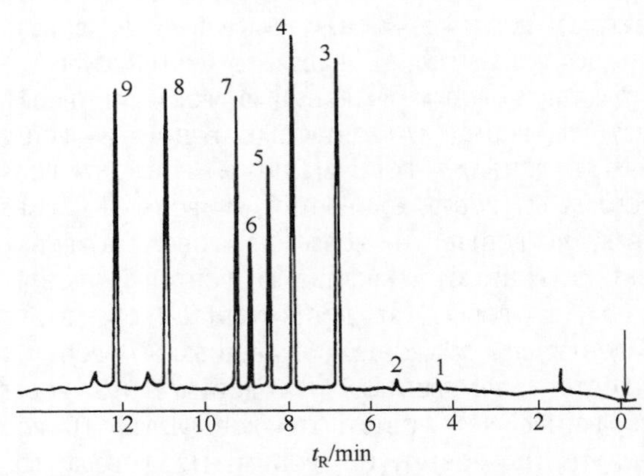

图 35-46 纸浆漂白液（氯代儿茶酚衍生物）[31]

色谱峰：1—3-氯代儿茶酚；2—4-氯代儿茶酚；3—3,6-二氯儿茶酚；4—3,5-二氯儿茶酚；5—3,4-二氯儿茶酚；6—4,5-二氯儿茶酚；7—3,4,6-三氯儿茶酚；8—3,4,5-三氯儿茶酚；9—四氯儿茶酚

色谱柱：SP-2100，25m×0.25mm

柱 温：90℃→190℃，4℃/min

载 气：N_2，1mL/min

气化室温度：300℃

检测器：ECD

检测器温度：300℃

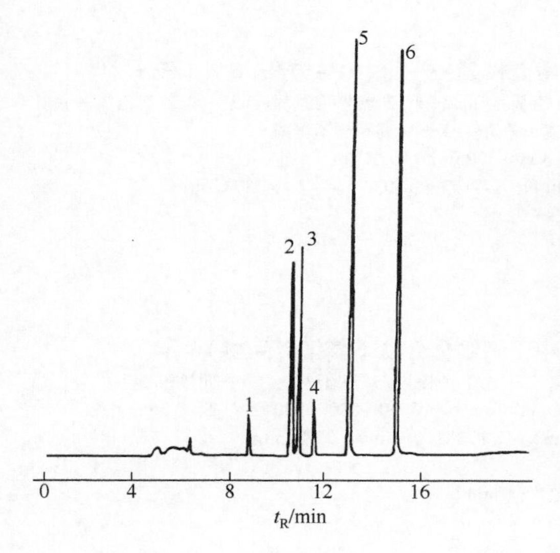

图 35-47 饮用水中卤代乙酸（甲酯衍生物）——US EPA 方法 552[8]

色谱峰：1—氯代乙酸；2—溴代乙酸；3—二氯代乙酸；4——溴一氯代乙酸；5—三氯代乙酸；6—二溴代乙酸

色谱柱：PTE-5，30m×0.25mm，0.25μm

柱　温：50℃（10min）→200℃，10℃/min

载　气：He，25cm/s

气化室温度：200℃

检测器：ECD

检测器温度：300℃

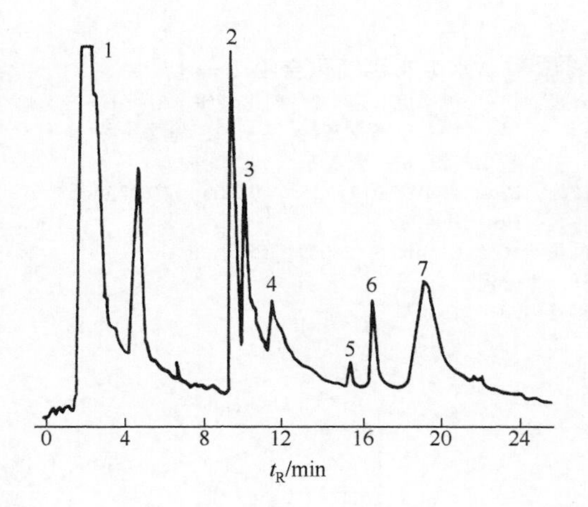

图 35-48 废水中卤代醚——US EPA 方法 611（一）[16]

色谱峰：1—己烷；2—双(2-氯乙基)醚；3—双(2-氯丙基)醚；4—双(2-氯乙氧基)甲烷；5—4-氯苯基苯基醚；6—4-溴苯基苯基醚；7—艾氏剂

色谱柱：Tenax GC（60～80目），1.8m×2mm

柱　温：150℃（4min）→310℃，16℃/min

载　气：40mL/min

检测器：Hall电导检测器

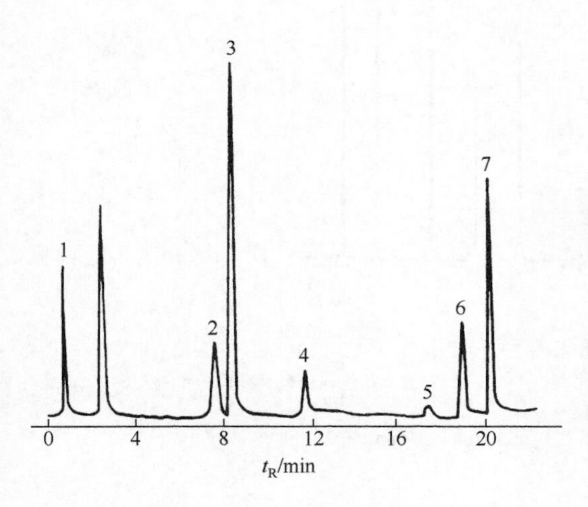

图 35-49 废水中卤代醚——US EPA 方法 611（二）[16]

色谱峰：1—己烷；2—双(2-氯丙基)醚；3—双(2-氯乙基)醚；4—双(2-氯乙氧基)甲烷；5—4-氯苯基苯基醚；6—4-溴苯基苯基醚；7—艾氏剂

色谱柱：3% SP-1000，Sapelcoport（100～120目），1.8m×2mm

柱　温：60℃（2min）→230℃（4min），8℃/min

载　气：40mL/min

检测器：Hall电导检测器

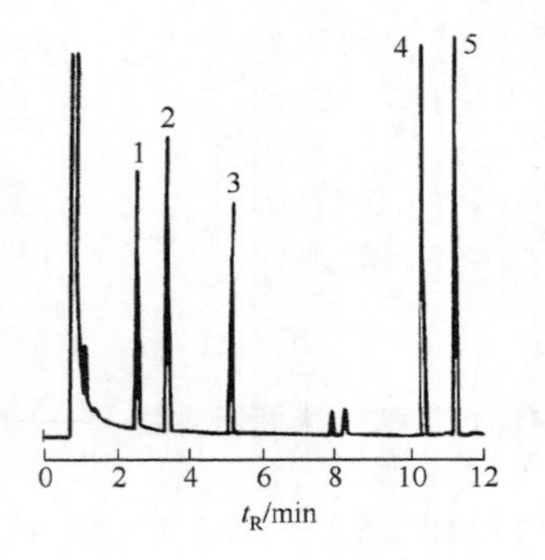

图 35-50 废水中卤代醚——US EPA 方法 611（三）[20]

色谱峰：1—双(2-氯乙基)醚；2—双(2-氯异丙基)醚；3—双(2-氯乙氧基)醚；4—4-氯苯基苯基醚；5—4-溴苯基苯基醚

色谱柱：DB-1301，30m×0.25mm，0.25μm

柱　温：100℃（3min）$\xrightarrow{10℃/min}$ 130℃ $\xrightarrow{15℃/min}$ 250℃/min

载　气：H_2，40cm/s

检测器：FID

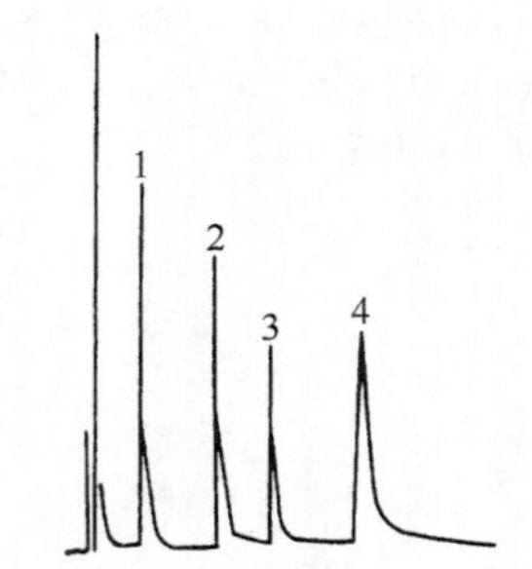

图 35-51 污水中丁基锡化合物（氢化衍生物）[32]

色谱峰：1—丁基锡；2—二丁基锡；3—三丁基锡；4—四丁基锡

色谱柱：3% OV-101，Chromsorb W HP（80～100目），2m×2mm

柱　温：40℃（2min）→ 170℃（5min），32℃/min

载　气：N_2

检测器：FPD（滤光片610nm）

气化室温度：200℃

检测器温度：220℃

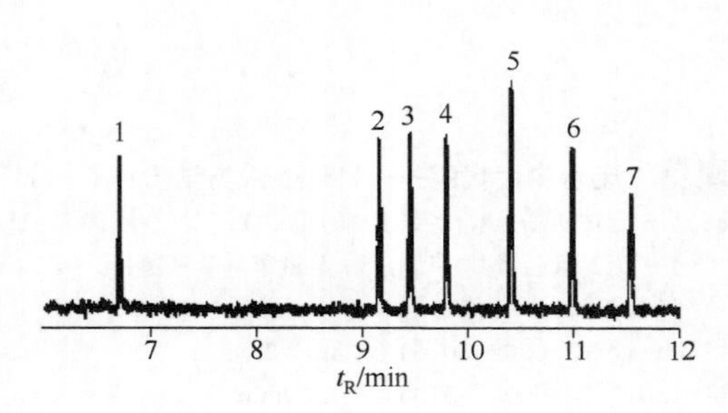

图 35-52 水中有机锡化合物（一）[5]

色谱峰：1—二甲基戊基锡；2—四丁基锡；3—甲基三戊基锡；4—三丁基戊基锡；5—二丁基戊基锡；6—丁基戊基锡；7—四戊基锡

色谱柱：HP-1 19091Z-012，25m×0.32mm，0.17μm

载　气：He，100kPa

柱温箱：50℃（1min）→260℃，15℃/min

进样：不分流

检测器：AED，330℃

样　品：1μL

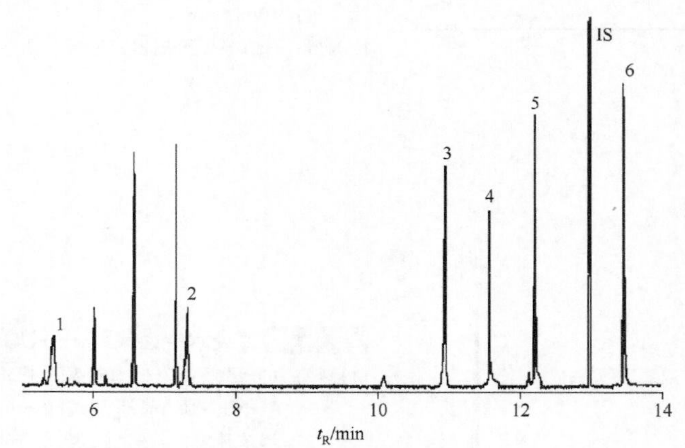

图 35-53 水中有机锡化合物（二）[33]

色谱峰：1—二甲基二氯化锡；2—甲基三氯化锡；3—丁基三氯化锡；4—二月桂酸二丁基锡；5—辛基三氯锡；6—二辛基二氯锡

色谱柱：HP-5ms毛细管柱，5%聚二苯基硅氧烷/95%聚二甲基硅氧烷，30m×0.25mm，0.25μm

程序升温条件：15℃→250℃(5min)，6℃/s

载　气：He（99.996%），1mL/min

检测器：QQQ，离子源、极杆温度和接口温度分别为230℃、150℃和300℃，在电子轰击能为70eV的情况下进行操作

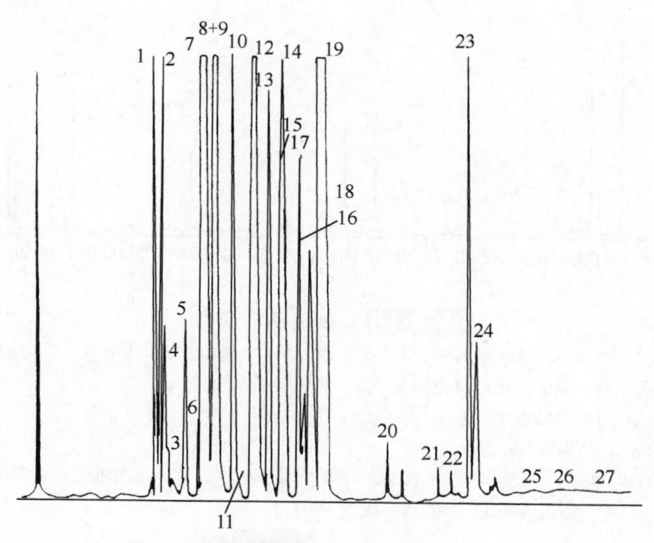

图 35-54 水中松油[34]

色谱峰：1—α-蒎烯；2—莰烯；3—α-萜烯；4—盖烯；5—β-蒎烯；6—α-水芹烯；7—1,4-桉叶素；8—α-罗勒烯；9—苎烯；10—Δ^3-蒈烯；11—香桃木烯醇；12—桧烯；13—葑醇；14—1,8-桉叶素；15—β-水芹烯；16—α-萜品油烯；17—龙脑；18—沉香醇；19—桂叶醇；20—α-萜品醇；21—菖蒲二烯；22—丁香烯；23—长叶烯；24—β-没药烯；25—α-香松烯；26—β-广藿香烯；27—斧柏烯

色谱柱：OV-101，27m×0.2mm

柱　温：80℃（8min）→200℃（12min），3℃/min

载　气：He

检测器：MS

气化室温度：230℃

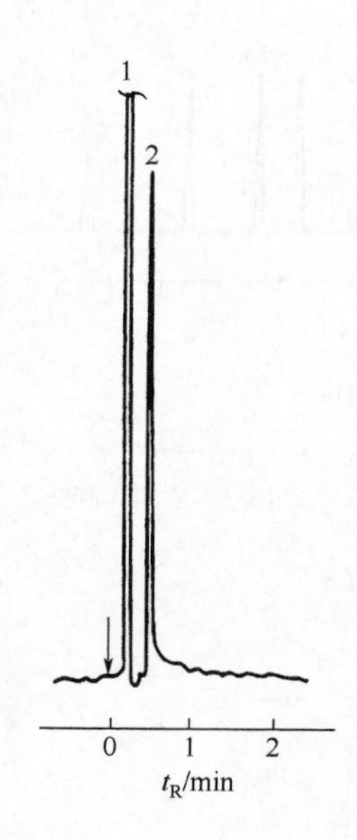

图 35-55 水中微量元素磷[35]

色谱峰：1—苯；2—元素磷

色谱柱：25% SE-30，6201载体，1m×2mm

柱　温：195℃

载　气：N_2，45mL/min

检测器：FPD

气化室温度：235℃

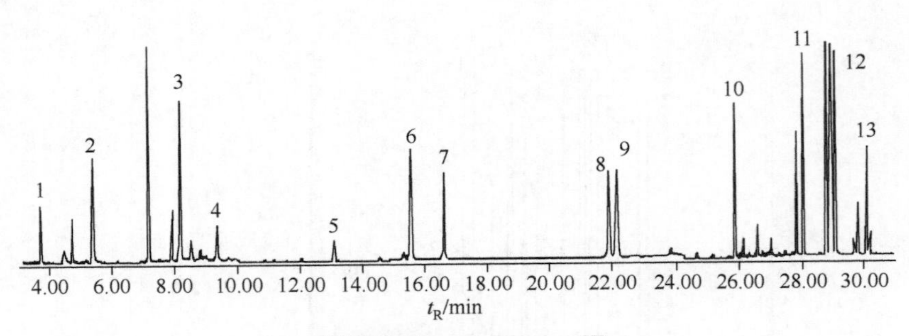

图 35-56 有机磷农药[5]

色谱峰：1—乙酰甲胺磷；2—甲胺磷；3—速灭磷；4—高灭磷；5—二溴磷；6—二嗪农；7—乐果；8—毒死蜱；9—马拉硫磷；10—杀扑磷；11—TPP（代用标准品）；12—亚胺硫磷

色谱柱：DB-35ms Ultra Inert，121-3822UI，20m×0.18mm，0.18μm

载　气：He，恒压模式，95℃ 时为 43.5psi

柱　温：95℃（1.3min）$\xrightarrow{15℃/min}$ 125℃ $\xrightarrow{5℃/min}$ 165℃ $\xrightarrow{2.5℃/min}$ 195℃ $\xrightarrow{20℃/min}$ 280℃（3.75min）

检测器：传输线温度310℃，离子源温度310℃，四极杆温度150℃

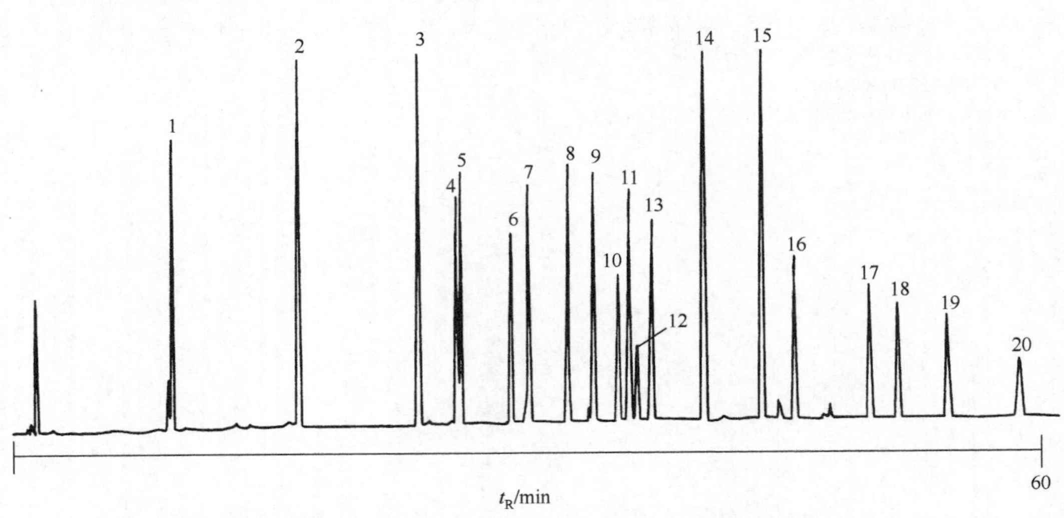

图 35-57 废水中有机磷杀虫剂——US EPA 方法 1618[10]

色谱峰：1—敌敌畏；2—敌百虫；3—灭克磷；4—甲拌磷；5—乐果；6—特丁磷；7—二嗪农；8—甲基一六〇五；9—皮蝇磷；10—马拉硫磷；11—乙基一六〇五；12—壤虫磷；13—脱叶亚磷A；14—杀虫威；15—丰索磷；16—乙丙硫磷；17—苯硫磷；18—保棉磷；19—乙基保棉磷；20—蝇毒磷

色谱柱：DB-1，30m×0.53mm，1.5μm

柱　温：100℃→ 250℃（10min），3℃/min

载　气：He，7mL/min

检测器：FPD

气化室温度：250℃

检测器温度：250℃

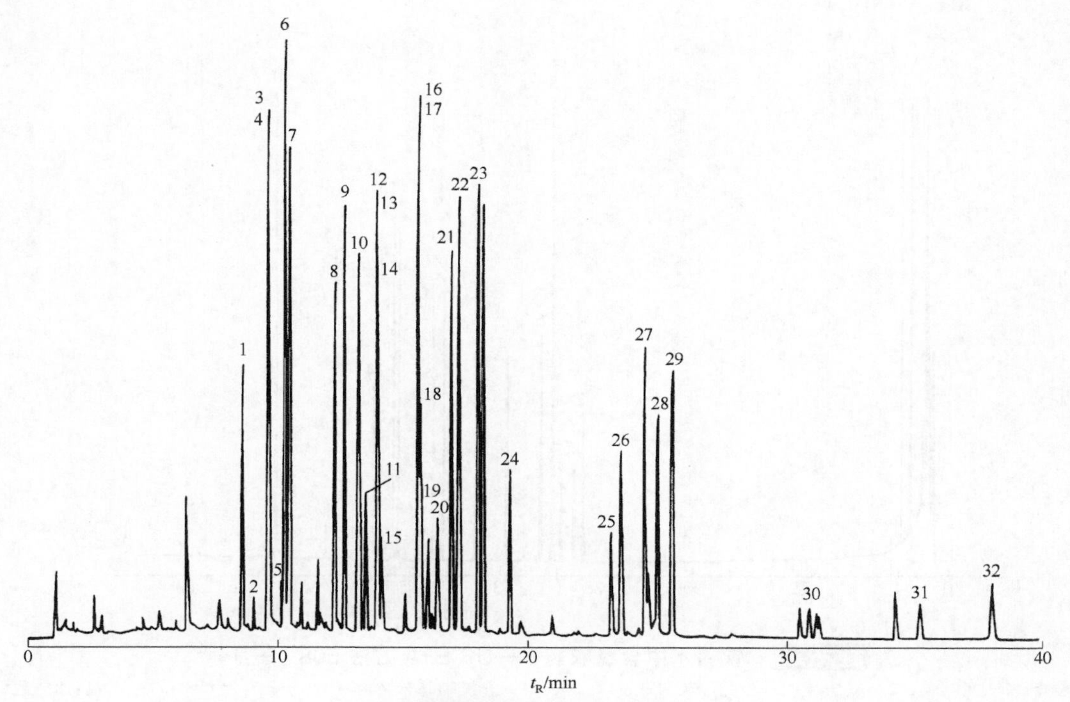

图 35-58　地下水中农药[36]

色谱峰：1—氟乐灵；2—甲拌磷；3—六氯苯；4—乐果；5—氯硝胺；6—林丹；7—五氯硝基苯；8—甲基毒死蜱；9—七氯；10—杀螟硫磷；11—马拉硫磷；12—艾氏剂；13—倍硫磷；14—毒死蜱；15—三氯杀螨醇；16—毒虫畏；17—灭蚜磷；18—克菌丹；19—灭菌丹；20—杀扑磷；21—硫丹A；22—杀螨酯；23—狄氏剂；24—硫丹B；25—亚胺硫磷；26—甲氧滴滴涕；27—三氯杀螨砜；28—伏杀磷；29—灭蚁灵；30—氯氰菊酯；31—氰戊菊酯；32—δ-迈秋灵

色谱柱：HP Ultra 2，25m×0.2mm，0.33μm

柱　温：90℃（1min）$\xrightarrow{30℃/min}$ 180℃ $\xrightarrow{4℃/min}$ 270℃（15min）

检测器：ECD

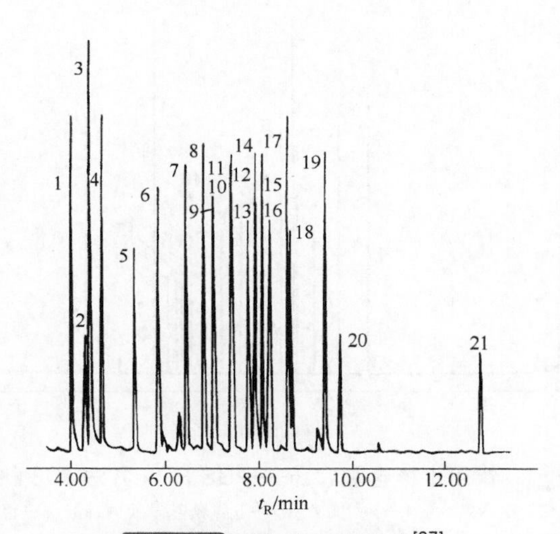

图 35-59　饮用水中农药[37]

色谱峰：1—α-六六六；2—β-六六六；3—γ-六六六；4—δ-六六六；5—七氯；6—艾氏剂；7—环氧七氯；8—γ-氯丹；9—硫丹Ⅰ；10—α-氯丹；11—4,4′-滴滴伊；12—狄氏剂；13—异狄氏剂；14—硫丹Ⅱ；15—4,4-滴滴滴；16—异狄氏剂醛；17—硫丹硫酸盐；18—4,4′-滴滴涕；19—异狄氏酮；20—甲氧滴滴涕；21—十氯联苯（内标物）

色谱柱：SPB-5，15m×0.20mm，0.25μm　　检测器：ECD

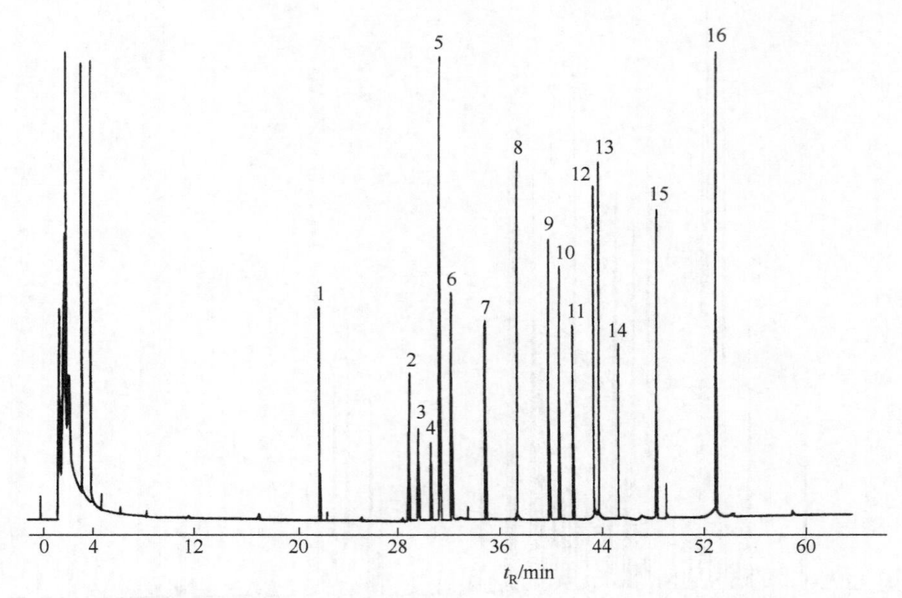

图 35-60 饮用水中含氯农药——US EPA 方法 508（一）[8]

色谱峰：1—氯唑灵；2—氟乐灵；3—六氯苯；4—*β*-六六六；4—五氯硝基苯（内标）；5—*δ*-六六六；7—七氯；8—敌稗；9—*γ*-氯丹；10—*α*-氯丹；11—4,4′-滴滴伊；12—乙酯杀螨醇；13—4,4′-滴滴滴；14—硫丹硫酸盐；15—甲氧滴滴涕；16—反-氯菊酯

色谱柱：PTE-5，30m×0.25mm，0.25μm　　检测器：TSD

柱　温：60℃→300℃，4℃/min　　检测器温度：325℃

载　气：He，30cm/s

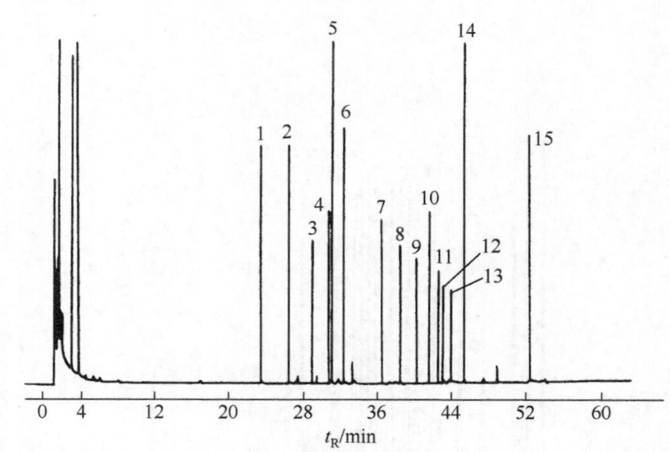

图 35-61 饮用水中含氯农药——US EPA 方法 508（二）[8]

色谱峰：1—草灭平；2—扑草胺；3—*α*-六六六；4—*γ*-六六六；5—五氯硝基苯（内标）；6—百菌清；7—艾氏剂；8—环氧七氯；9—硫丹Ⅰ；10—狄氏剂；11—异狄氏剂；12—硫丹Ⅱ；13—异狄氏剂醛；14—4,4′-滴滴涕；15—顺氯菊酯

色谱柱：PTE-5，30m×0.25mm，0.25μm　　检测器：ECD

柱　温：60℃→300℃，4℃/min　　检测器温度：310℃

载　气：He，30cm/s

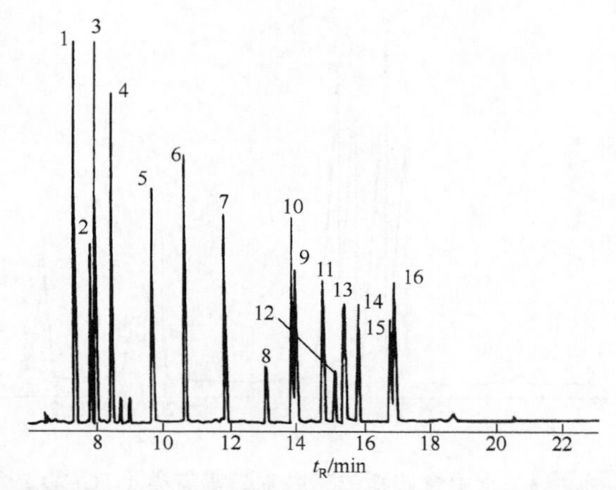

图 35-62 废水中有机氯农药——US EPA 方法 608[38]

色谱峰：1—α-六六六；2—β-六六六；3—γ-六六六；4—δ-六六六；5—七氯；6—艾氏剂；7—环氧七氯；8—硫丹Ⅰ；9—狄氏剂；10—4,4-滴滴伊；11—异狄氏剂；12—硫丹Ⅱ；13—4,4-滴滴滴；14—异狄氏剂醛；15—硫丹硫酸盐；16—4,4-滴滴涕

色谱柱：Ultra-2，25m×0.32mm，0.52μm
柱 温：80℃→175℃，30℃/min
载 气：He
检测器：ECD
气化室温度：250℃
检测器温度：350℃

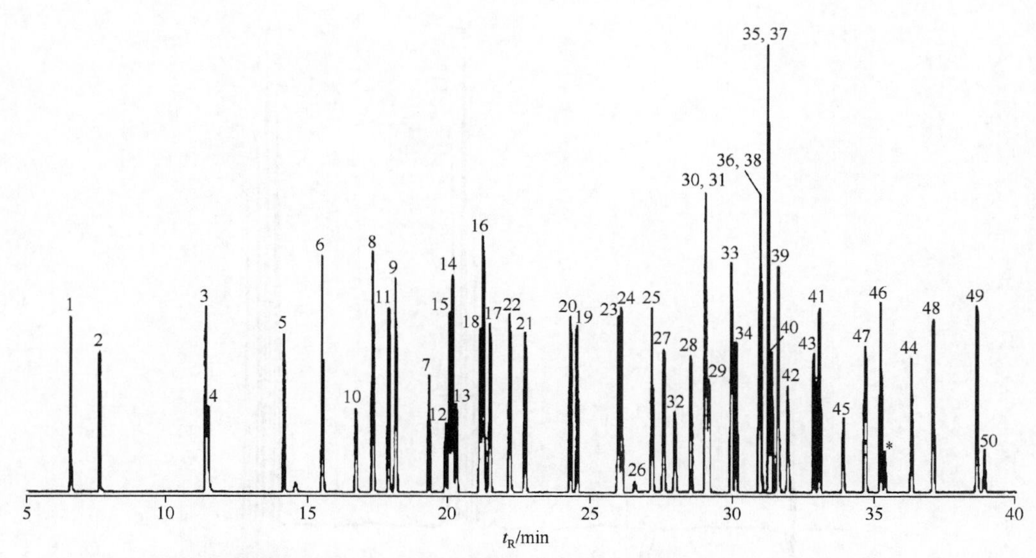

图 35-63 废水中有机氯农药——US EPA 方法 8081A[5]

色谱峰：1—1,2-二溴-3-氯丙烷；2—4-氯-3-硝基三氟甲苯（SS）；3—六氯戊二烯；4—1-溴-2-二甲基黄嘌呤（IS）；5—氯唑灵；6—地茂散；7—氟乐灵；8—2-溴联苯（SS）；9—四氯间二甲苯（SS）；10—α,α-二溴间二甲苯；11—毒草胺；12—燕麦敌 A；13—燕麦敌 B；14—六氯苯；15—α-六六六；16—五氯硝基苯（IS）；17—γ-六六六；18—β-六六六；19—七氯；20—甲草胺；21—δ-六六六；22—百菌清；23—艾氏剂；24—敌草索；25—异艾氏剂；26—开乐散；27—环氧七氯；28—γ-氯丹；29—反式七氯；30—α-氯丹；31—硫丹Ⅰ；32—克菌丹；33—p,p'-DDE；34—狄氏剂；35—乙酯杀螨醇；36—乙滴涕；37—丙酯杀螨醇；38—异狄氏剂；39—p,p'-DDD；40—硫丹Ⅱ；41—p,p'-DDT；42—乙醛异狄氏剂；43—硫丹硫酸盐；44—氯菌酸二丁酯（SS）；45—敌菌丹；46—甲氧滴滴涕；47—异狄氏剂酮；48—灭蚁灵；49—顺氯菊酯；50—反氯菊酯；*—未知物

色谱柱：DB-5ms，122-5532，30m×0.25mm，0.25μm
柱 温：300℃
载 气：He，流速为35cm/s，于50℃下测量
检测器：MSD

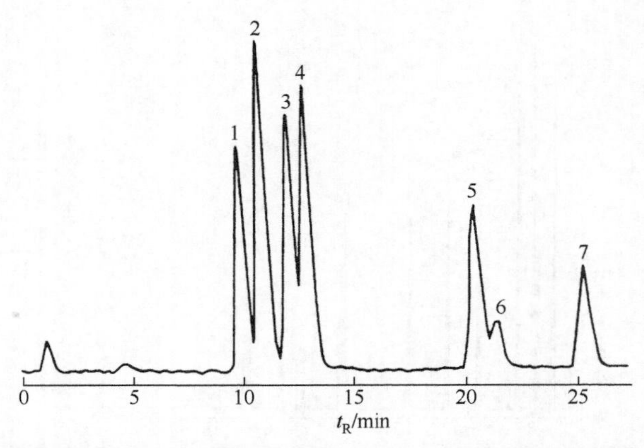

图 35-64 水中含四氯二苯并对二噁英类（TCDD）[39]

色谱峰：1—1,4,7,8-TCDD；2—2,3,7,8-TCDD；3—1,2,3,7-TCDD+1,2,3,8-TCDD；4—1,2,3,4-TCDD；5—1,2,7,8-TCDD；6—1,4,6,9-TCDD；7—1,2,6,7-TCDD

色谱柱：CP-Sil88，50m×0.22mm，0.20μm

柱　温：45℃（3min）→190℃，快速→240℃，5℃/min

载　气：He

检测器：MS

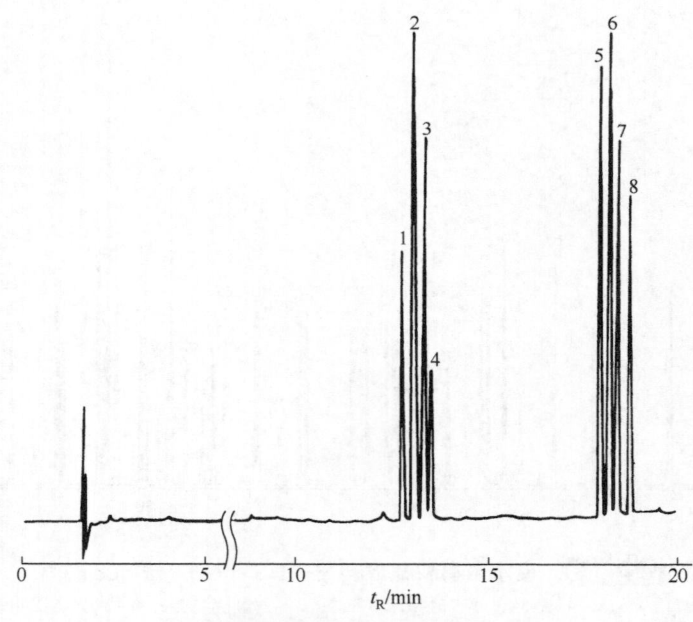

图 35-65 水中三氮杂苯[10]

色谱峰：1—扑灭津；2—阿特拉津；3—西玛津；4—特丁津；5—扑草净；6—莠灭净；7—西草净；8—去草净

色谱柱：DB-35，30m×0.25mm，0.25μm

柱　温：170℃（1min）$\xrightarrow{2℃/min}$ 195℃ $\xrightarrow{5℃/min}$ 230℃（3min）

载　气：He　　　　　　　　　气化室温度：250℃

检测器：NPD　　　　　　　　检测器温度：250℃

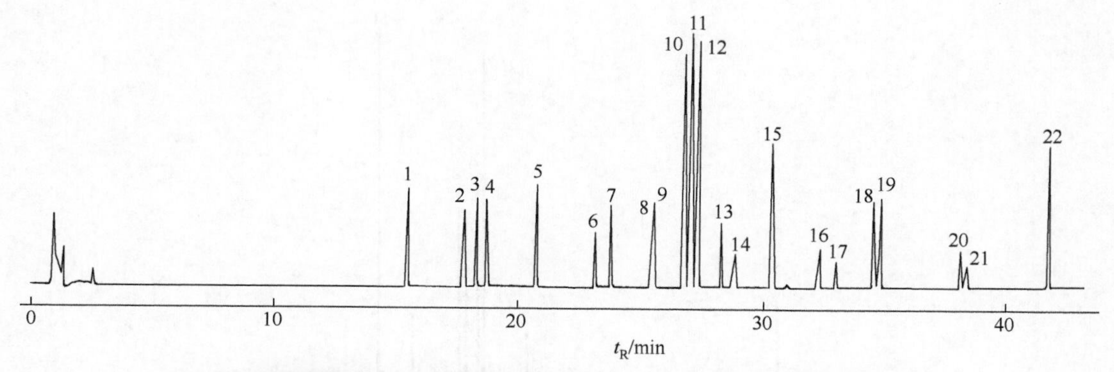

图 35-66 饮用水中含氮除莠剂——US EPA 方法 507[8]

色谱峰：1—扑草灭；2—苏达灭；3—灭草猛；4—克草猛；5—草达灭；6—扑草胺；7—草灭特；8—氟乐灵；9—氟草胺；10—西玛津；11—阿特拉津；12—扑灭津；13—卡乐施；14—特草定；15—赛克津；16—除草安；17—丙草安；18—异乐灵；19—胺硝草；20—恶草灵；21—氟硝草醚；22—六嗪同

色谱柱：PTE-5，30m×0.25mm，0.25μm

柱 温：60℃→300℃，4℃/min

载 气：He，30cm/s

检测器：TSD

检测器温度：325℃

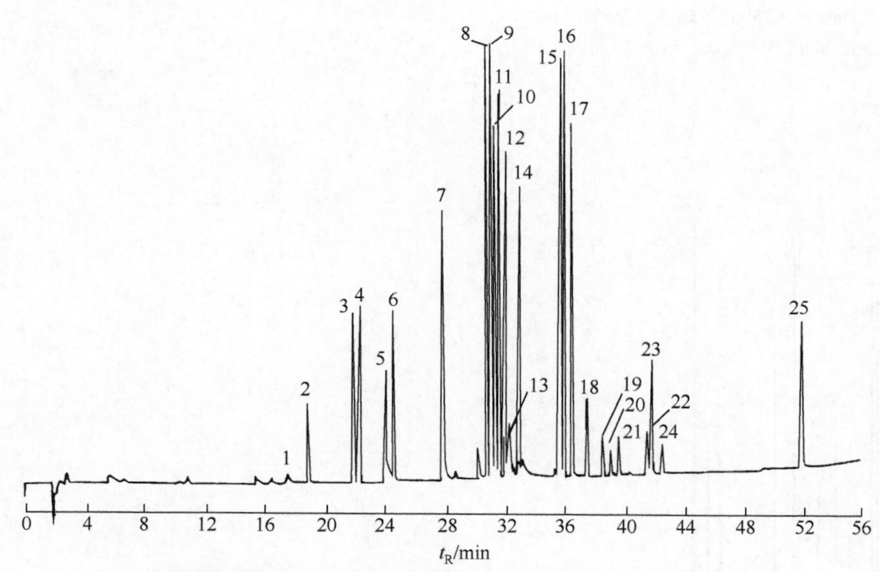

图 35-67 饮用水中农药——US EPA 方法 507[20]

色谱峰：1—敌敌畏；2—扑草灭；3—灭草猛；4—克草猛；5—丁唑隆；6—草达灭；7—灭克磷；8—阿特拉通；9—西玛津；10—阿特拉津；11—扑灭津；12—特丁磷；13—拿草特；14—乙拌磷；15—草不绿；16—莠灭净；17—去草净；18—丙草安；19,20—增效胺；21,24—脱叶亚磷；22—苏达灭；23—草萘安；25—异嘧菌醇

色谱柱：SE-54，30m×0.32mm，0.25μm

柱 温：60℃→300℃，4℃/min

载 气：He，1.45mL/min

检测器：NPD

检测器温度：300℃

第三篇

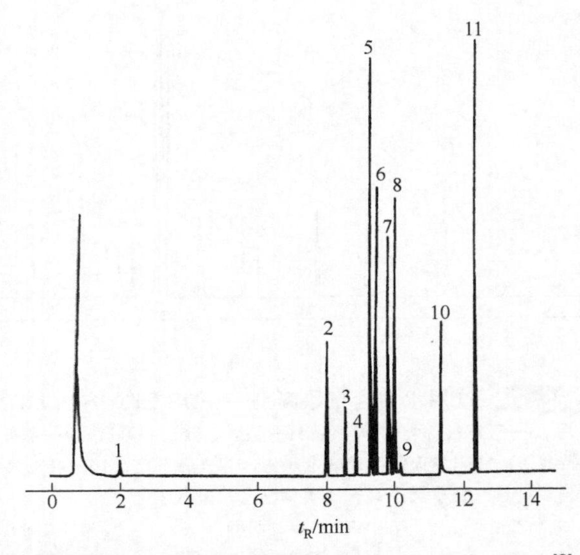

图 35-68 废水中除莠剂——US EPA 方法 615[8]

色谱峰：1—茅草枯；2—二氯甲氧苯酸；3—2,4-滴丙酸；4—2,4-滴；5—定草酯；6—2,4,5-涕丙酸；7—2,4,5-涕；8—地乐酚；9—2,4-滴丁酸；10—毒莠定；11—布来

色谱柱：SPB-608，15m×0.53mm，0.5μm

柱　温：60℃（1min）→280℃（5min），16℃/min

载　气：He，5mL/min

检测器：ECD

检测器温度：310℃

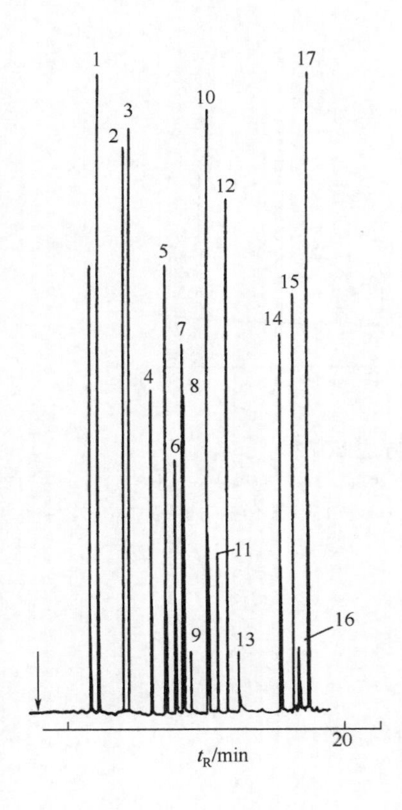

图 35-69 水中溶剂（一）[40]

色谱峰：1—乙腈；2—甲基乙基酮；3—仲丁醇；4—1,2-二氯乙烷；5—苯；6—1,1-二氯丙烷；7—1,2-二氯丙烷；8—2,3-二氯丙烷；9—氯甲代氧丙环；10—甲基异丁基酮；11—反-1,3-二氯丙烷；12—甲苯；13—未定；14—对二甲苯；15—1,2,3-三氯丙烷；16—2,3-二氯取代的醇；17—乙基戊基酮

色谱柱：CP-Sil 5CB，25m×0.32mm

柱　温：35℃（3min）→220℃，10℃/min

载　气：H_2

检测器：FID

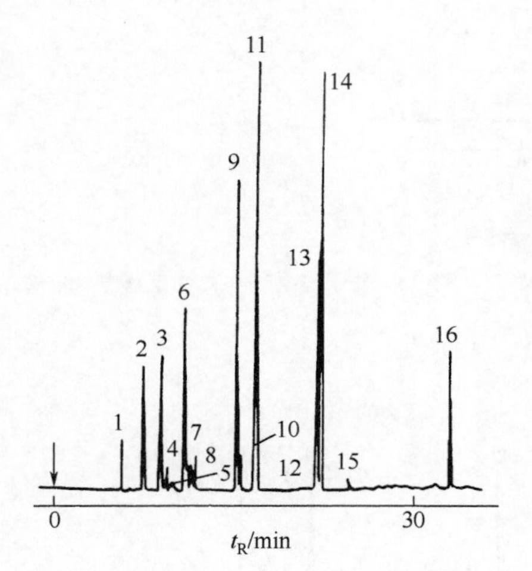

图 35-70 水中溶剂（二）[41]

色谱峰：1—丙酮；2—四氢呋喃；3—丁酮；4—甲醇；5—二氯甲烷；6—苯；7—丙醇-2；8—乙醇；9—甲基异丁基酮；10—三氯甲烷；11—甲苯；12—乙基苯；13—间二甲苯；14—对二甲苯；15—邻二甲苯；16—二甲基甲酰胺

色谱柱：CP-Wax 57CB，25m×0.32mm，1.2μm

柱 温：40℃（10min）→150℃，4℃/min

载 气：N_2

检测器：FID

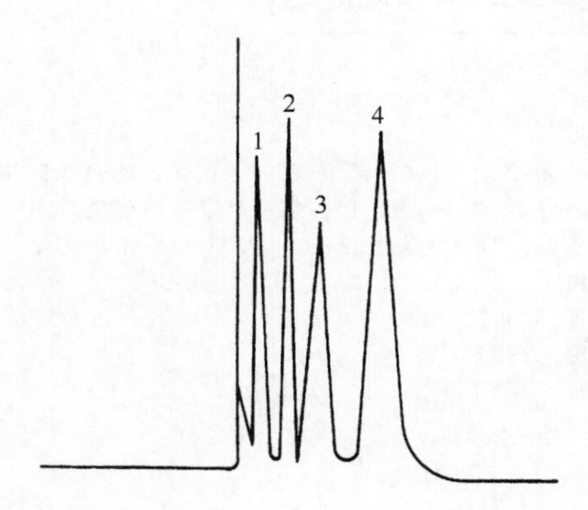

图 35-71 水中火炸药[42]

色谱峰：1—二硝基甲苯；2—三硝基甲苯；3—1,5-二硝基萘；4—黑索金

色谱柱：3%QF-1，Chromosorb G AW-DMCS（60～80目），1.5m×2mm

柱 温：180℃

载 气：N_2，100mL/min

检测器：ECD

气化室温度：210℃

检测器温度：250℃

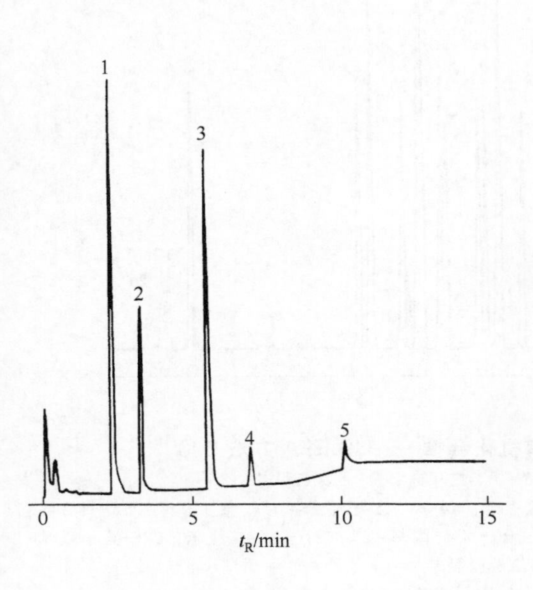

图 35-72 水中炸药[43]

色谱峰：1—2,6-二硝基甲苯；2—2,4-二硝基甲苯；3—2,4,6-三硝基甲苯；4—环三亚甲基三硝胺；5—2,4,6-三硝基苯替甲硝胺

色谱柱：DB-1，8.5m×0.25mm

柱 温：125℃（3min）$\xrightarrow{8℃/min}$ 150℃ $\xrightarrow{10℃/min}$ 190℃

载 气：He，64cm/s

气化室温度：190℃

检测器：ECD

检测器温度：190℃

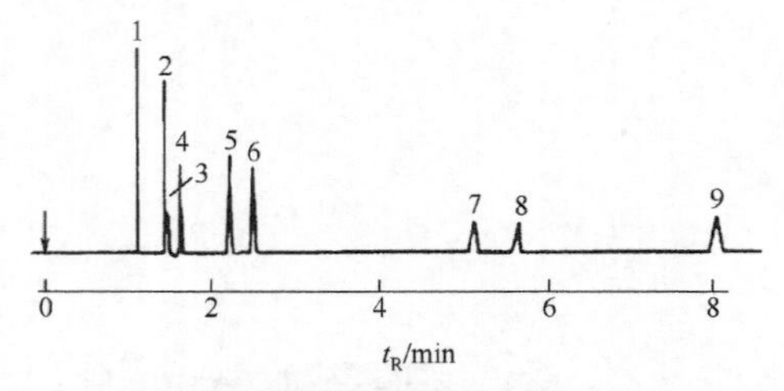

图 35-73 水中醇和酮[44]

色谱峰：1—丙酮；2—甲基乙基酮；3—二氯甲烷；4—异丙醇；5—甲基异丁基酮；6—仲丁醇；7—1-二异丁基酮；8—2-二异丁基酮；9—乙基戊基酮

色谱柱：CP-Wax 57 CB，10m×0.10mm，0.2μm　　载　气：N_2，150kPa

柱　温：60℃　　检测器：FID

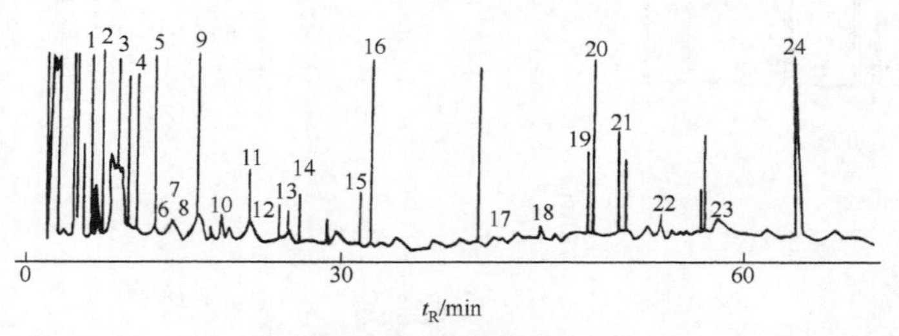

图 35-74 工厂地下水[27]

色谱峰：1—4-甲基-2-己酮；2—乙苯；3—对二甲苯；4—庚醛；5—5-甲基-2-庚酮；6—苯甲醛；7—丙苯；8—1,3,5-三甲苯；9—辛醛；10—苯乙酮；11—异佛尔酮；12—二甲酚；13—壬醇；14—萘；15—邻苯二甲酸二甲酯；16—六甲苯；17—α-六六六；18—蒽；19—C_{19}；20—邻苯二甲酸二丁酯；21—荧蒽；22—C_{21}；23—C_{23}；24—C_{25}

色谱柱：SE-30，50m×0.25mm　　检测器：FID

柱　温：70℃（2min）→265℃（60min），4℃/min　　气化室温度：260℃

载　气：N_2　　检测器温度：280℃

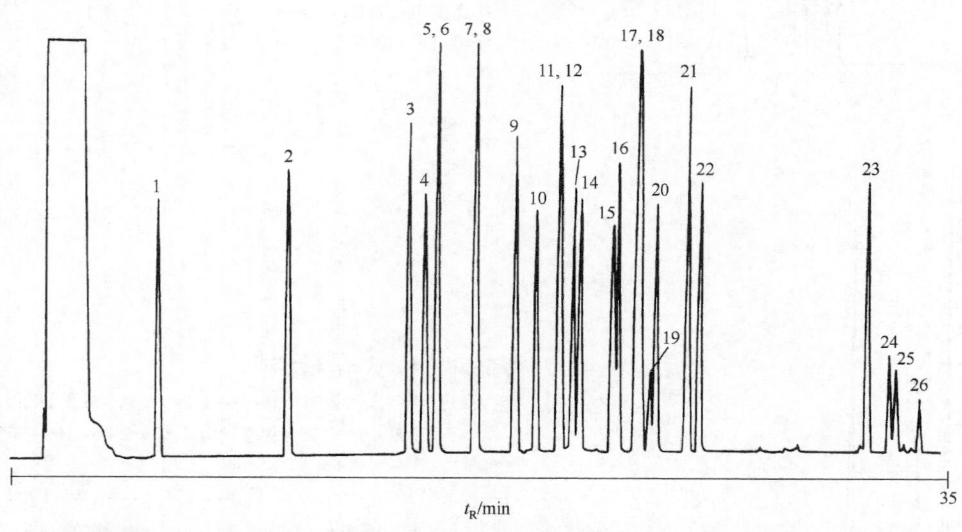

图 35-75 饮用水中可汽提芳烃与不饱和有机化合物——US EPA 方法 503[10]

色谱峰：1—苯；2—甲苯；3—氯苯；4—乙苯；5—1,3-二甲苯；6—1,4-二甲苯；7—1,2-二甲苯；8—苯乙烯；9—异丙基苯；10—溴苯；11—正丙基苯；12—2-氯甲苯；13—4-氯甲苯；14—1,3,5-三甲苯；15—叔丁基苯；16—1,2,4-三甲苯；17—1,3-二氯苯；18—仲丁基苯；19—1,4-二氯苯；20—4-异丙基甲苯；21—1,2-二氯苯；22—正丁基苯；23—1,2,4-三氯苯；24—萘；25—1,3-六氯丁二烯；26—1,2,3-三氯苯

色谱柱：DR-624，30m×0.53mm，3.0μm　　载　气：He，8mL/min

柱　温：40℃（5min）→135℃，3℃/min　　检测器：FID

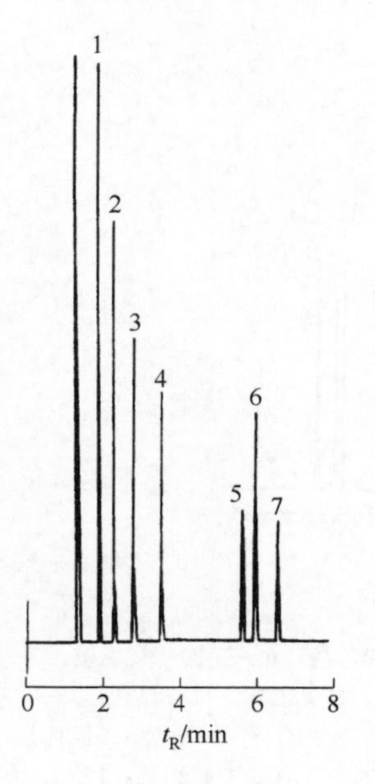

图 35-76 废水中可汽提芳烃——US EPA 方法 602[15]

色谱峰：1—苯；2—甲苯；3—乙基苯；4—氯苯；5—1,3-二氯苯；6—1,4-二氯苯；7—1,2-二氯苯

色谱柱：BP20，25m×0.53mm，1.0μm

柱　温：80℃→160℃，10℃/min

检测器：FID

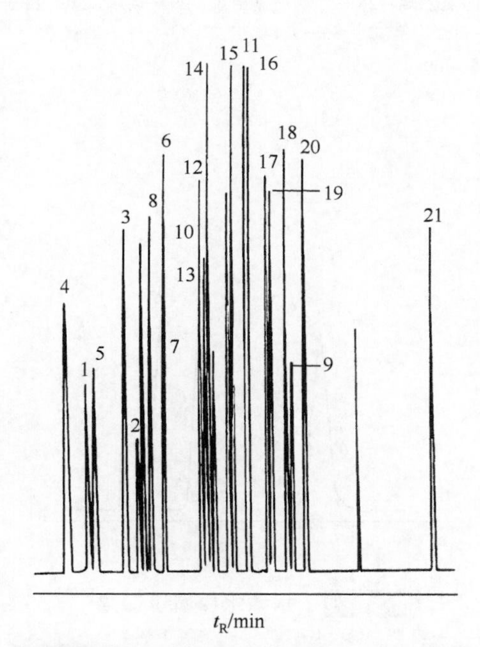

图 35-77 水中挥发性氯化合物与芳烃[45]

色谱峰：1—二氯甲烷；2—氯仿；3—1,1,1-三氯乙烷；4—四氯化碳；5—苯；6—三氯乙烷；7—一溴二氯甲烷；8—甲苯；9—二溴一氯甲烷；10—四氯乙烯；11—氯代苯；12—乙基苯；13—对二甲苯；14—间二甲苯；15—邻二甲苯；16—正丙基苯；17—1,3,5-三甲基苯；18—1,2,4-三甲基苯；19—仲丁基苯；20—正丁基苯；21—萘

色谱柱：DB-Wax，30m×0.53mm，1μm（不包括预柱）

柱　温：30℃（3min）$\xrightarrow{5℃/min}$ 110℃ $\xrightarrow{20℃/min}$ 175℃

载　气：He

气化室温度：200℃

检测器：FID

检测器温度：200℃

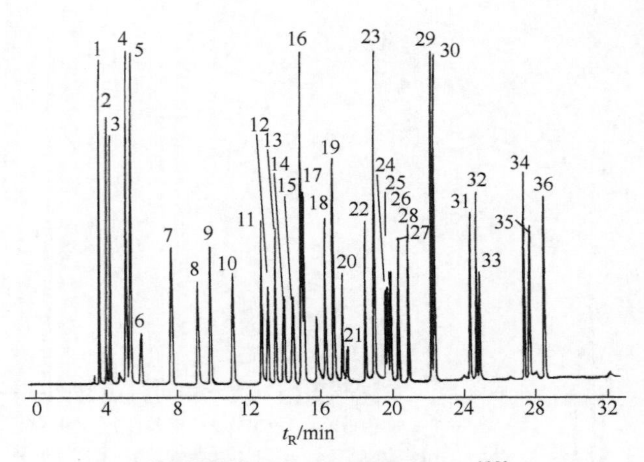

图 35-78 水中挥发性污染物[28]

色谱峰：1—二氯二氟甲烷；2—氯代甲烷；3—氯乙烯；4—溴代甲烷；5—氯代乙烷；6—三氯一氟甲烷；7—1,1-二氯乙烯；8—二氯甲烷；9—反-1,2-二氯乙烯；10—1,1-二氯乙烷；11—顺-1,2-二氯乙烯；12—氯仿；13—溴一氯甲烷；14—1,1,1-三氯乙烷；15—四氯化碳；16—苯；17—1,2-二氯乙烷；18—三氯乙烯；19—1,2-二氯丙烷；20—一溴二氯甲烷；21—2-氯乙基乙烯基醚；22—顺-1,3-二氯丙烯；23—甲苯；24—反-1,3-二氯丙烯；25—1-氯-2-溴丙烷；26—1,1,2-三氯乙烷；27—四氯乙烯；28—二溴一氯甲烷；29—氯苯；30—乙基苯；31—溴仿；32—1,4-二氯丁烷；33—1,1,2,2-四氯乙烷；34—1,2-二氯苯；35—1,4-二氯苯；36—1,3-二氯苯

色谱柱：VOCOL，60m×0.75mm，1.5μm

柱　温：10℃（6min）→170℃，6℃/min

载　气：He，10mL/min

检测器：FID

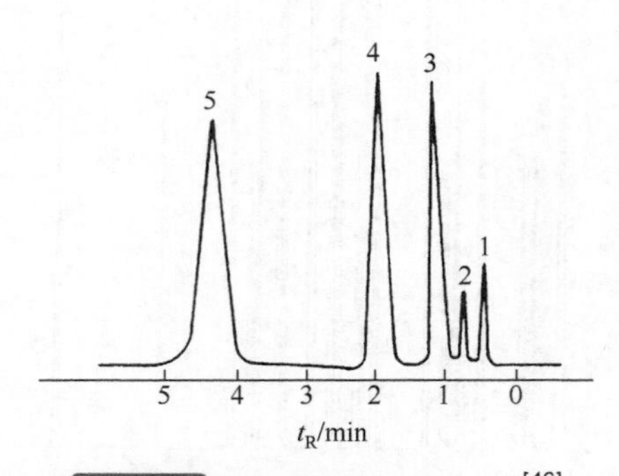

图 35-79 水源水中氯丁二烯[46]

色谱峰：1—乙烯基乙炔；2—乙醛；3—氯丁二烯；4—苯；5—二氯丁烯

色谱柱：将10%聚乙二醇己二酸酯，10%Apiezon L分别涂渍在60～80目的6201载体上，以5∶1比例混合

柱　温：90℃

载　气：N_2，30mL/min

检测器：FID

气化室温度：120℃

检测器温度：140℃

进样方式：顶空法

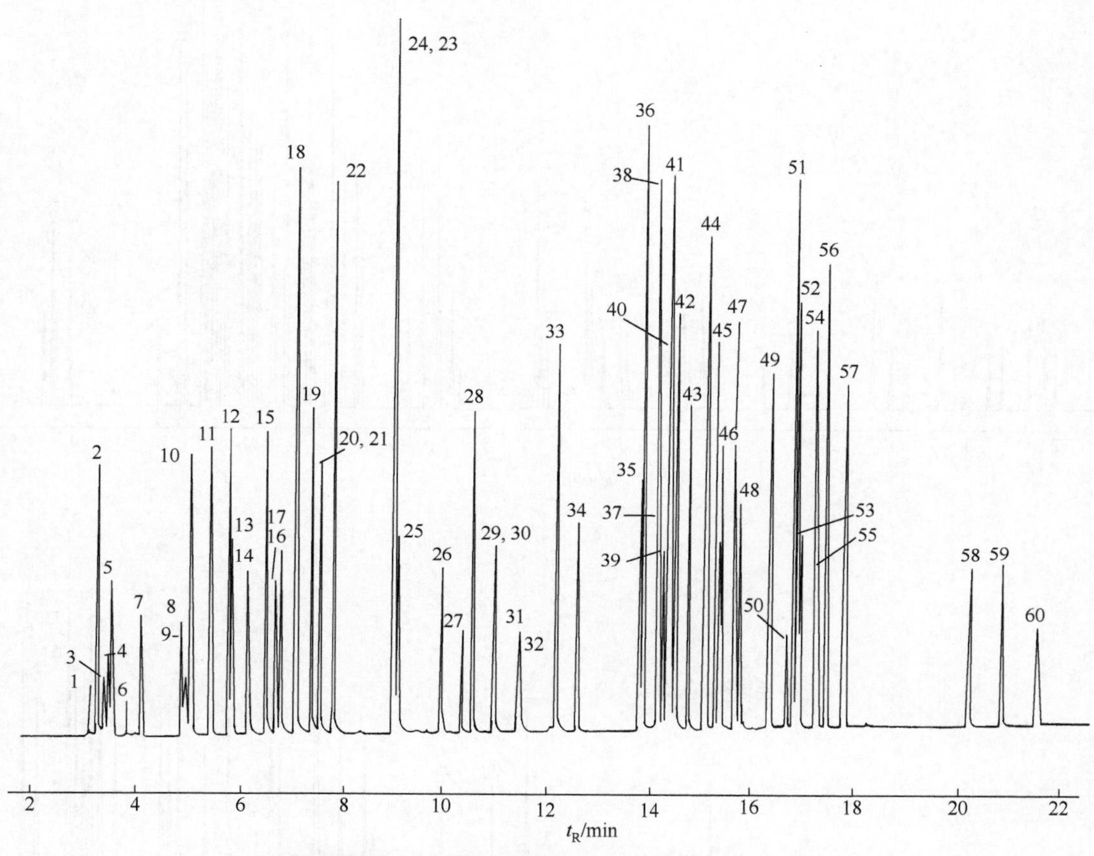

图 35-80 水中常见卤代烃与芳烃类污染物[47]

色谱峰：1—氯代甲烷；2—二氯二氟甲烷；3—溴代甲烷；4—氯乙烯；5—氯乙烷；6—三氯一氟甲烷；7—1,1-二氯乙烯；8—反-1,2-二氯乙烯；9—1,1-二氯乙烯；10—二氯甲烷；11—2,2-二氯丙烷；12—顺-1,2-二氯乙烯；13—1,1,1-三氯乙烷；14—四氯化碳；15—氯仿；16—1,1-二氯丙烯；17—1,2-二氯乙烷；18—苯；19—一溴一氯甲烷；20—三氯乙烯；21—反-1,3-二氯丙烯；22—1,2-二氯丙烷；23—二溴甲烷；24—一溴二氯甲烷；25—顺-1,3-二氯丙烯；26—1,3-二氯丙烷；27—1,1,2-三氯乙烷；28—四氯乙烯；29—1,2-二溴乙烷；30—二溴一氯甲烷；31—1,1,1,2-四氯乙烷；32—甲苯；33—氯代苯；34—乙基苯；35—异丙基苯；36—溴仿；37—溴代苯；38—对二甲苯；39—苯乙烯；40—1,2,3-三氯丙烷；41—间二甲苯；42—邻二甲苯；43—正丙基苯；44—1,1,2,2-四氯乙烷；45-特丁基苯；46—4-氯甲苯；47—仲丁基苯；48—2-氯甲苯；49—1,3-二氯苯；50—1,4-二氯苯；51—4-异丙基甲苯；52—六氯丁二烯；53—1,2-二氯苯；54—正丁基苯；55—1,2,4-三甲基苯；56—1,3,5-三甲基苯；57—1,2-二溴-3-氯丙烷；58—1,2,4-三氯苯；59—1,2,3-三氯苯；60—萘

色谱柱：Carbograph l+AT1000，60m×0.25mm

柱　温：35℃（2min）→230℃，120℃/min

载　气：He，30cm/s

检测器：FID

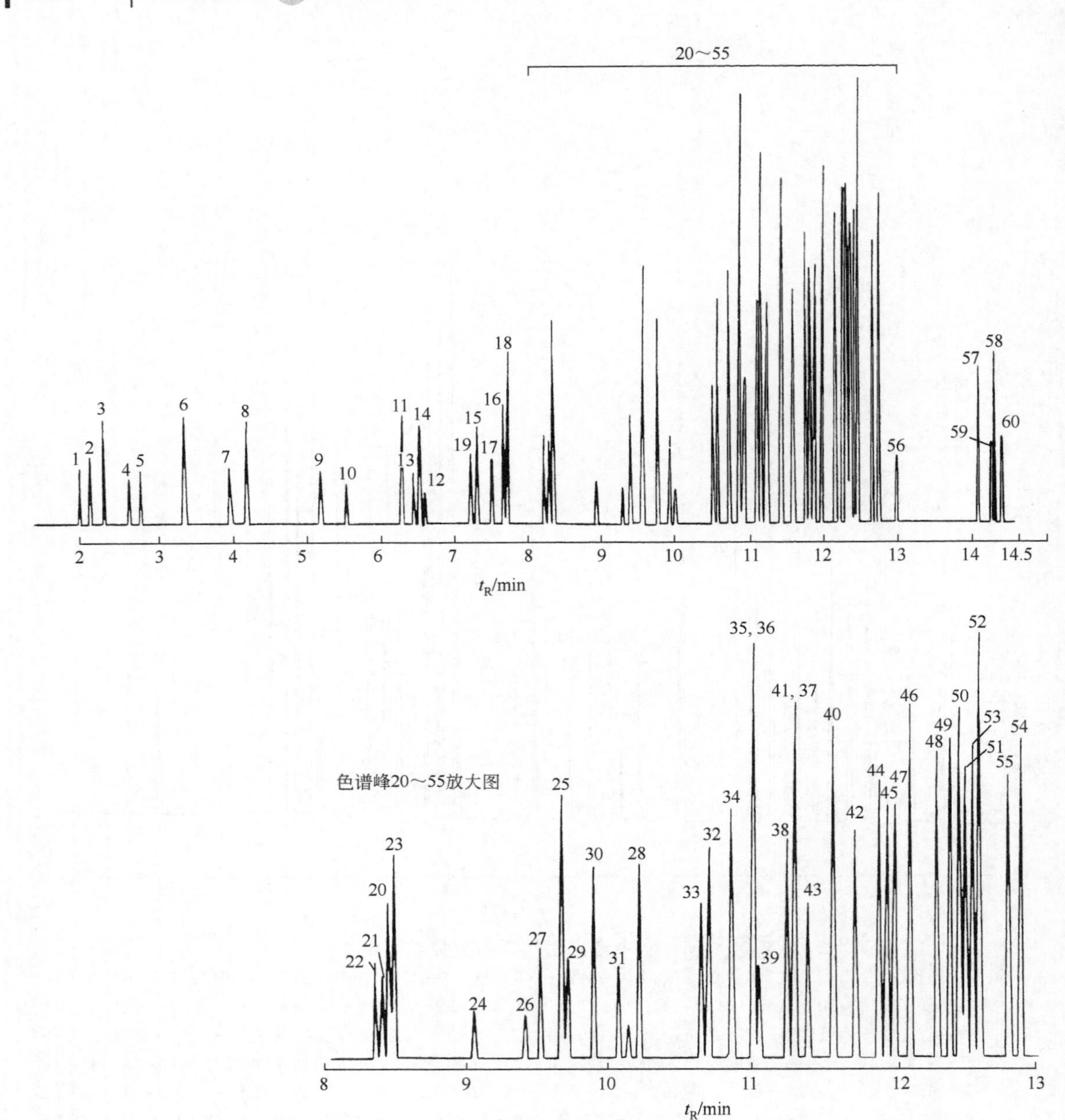

图 35-81 饮用水中易挥发有机物——US EPA 方法 524.2[10]

色谱峰：1—二氯二氟甲烷；2—氯代甲烷；3—氯乙烯；4—溴代甲烷；5—氯代乙烷；6—三氯一氟甲烷；7—1,1-二氯乙烯；8—二氯甲烷；9—反-1,2-二氯乙烯；10—1,1-二氯乙烷；11—顺-1,2-二氯乙烯；12—2,2-二氯丙烷；13—一溴一氯甲烷；14—氯仿；15—1,1,1-三氯乙烷；16—四氯化碳；17—1,1-二氯丙烯；18—苯；19—1,2-二氯乙烷；20—三氯乙烯；21—1,2-二氯丙烷；22—二溴甲烷；23—一溴二氯甲烷；24—顺-1,3-二氯丙烯；25—甲苯；26—反-1,3-二氯丙烯；27—1,1,2-三氯乙烷；28—四氯乙烯；29—1,3-二氯丙烷；30—二溴一氯甲烷；31—1,2-二溴乙烷；32—氯苯；33—1,1,1,2-四氯乙烷；34—乙苯；35—间二甲苯；36—对二甲苯；37—邻二甲苯；38—苯乙烯；39—溴仿；40—异丙苯；41—1,1,2,2-四氯乙烷；42—溴苯；43—1,2,3-三氯丙烷；44—正丙苯；45—2-氯甲苯；46—1,3,5-三甲苯；47—4-氯甲苯；48—叔丁基苯；49—1,2,4-三甲基苯；50—仲丁基苯；51—1,3-二氯苯；52—对异丙基甲苯；53—1,4-二氯苯；54—正丁基苯；55—1,2-二氯苯；56—1,2-二溴-3-氯丙烷；57—1,2,4-三氯苯；58—六氯丁二烯；59—萘；60—1,2,3-三氯苯

色谱柱：DB-VRX，30m×0.25mm，1.4μm　　载　气：He

柱　温：35℃（5min）→220℃（1min），20℃/min　　检测器：MS

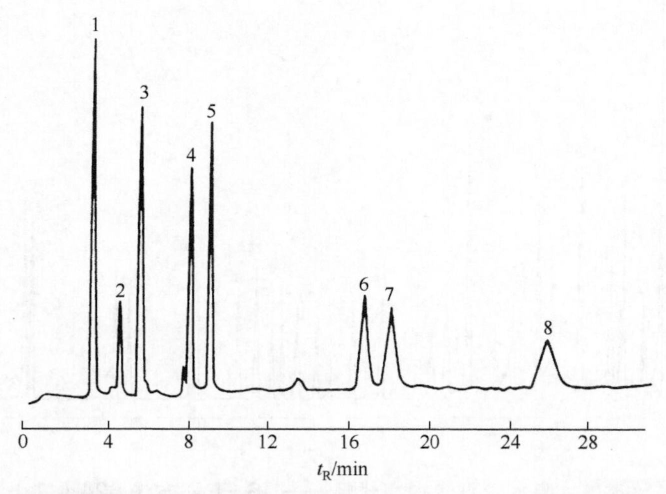

图 35-82 废水中可汽提芳烃——US EPA 方法 602[16]

色谱峰：1—苯；2—2,2,2-三氟甲苯；3—甲苯；4—乙苯；5—氯苯；6—1,4-二氯苯；7—1,3-二氯苯；8—1,2-二氯苯

色谱柱：5%SP-1200+1.75%Bentone-34，Supelcoper载体（100～120目），1.8m×2.2mm

柱　温：50℃（2min）→90℃，6℃/min

载　气：He，36mL/min

检测器：光离子检测器

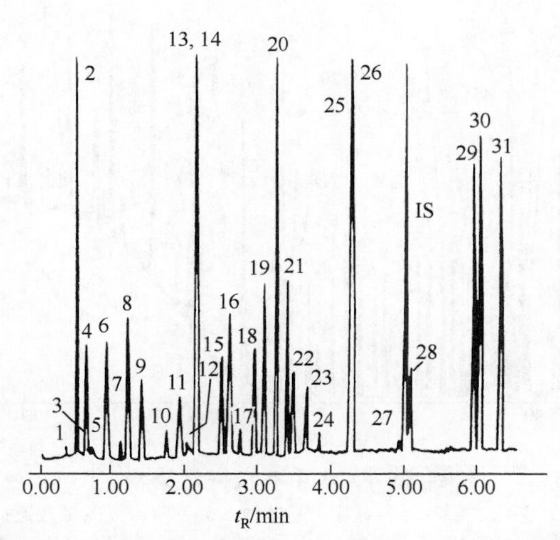

图 35-83 废水中可汽提卤代烃——US EPA 方法 624（一）[48]

色谱峰：1—氯甲烷；2—氯乙烯；3—溴甲烷；4—氯乙烷；5—三氯一氟甲烷；6—1,1-二氯乙烯；7—二氯甲烷；8—反-1,2-二氯乙烯；9—1,1-二氯乙烷；10—氯仿；11—1,1,1-三氯乙烷；12—四氯化碳；13—1,2-二氯乙烷；14—苯；15—三氯乙烯；16—1,2-二氯丙烷；17——溴二氯甲烷；18—2-氯乙基乙烯醚；19—顺-1,3-二氯丙烯；20—甲苯；21—反-1,3-二氯丙烯；22—1,1,2-三氯乙烷；23—四氯乙烯；24—二溴一氯甲烷；25—氯苯；26—乙基苯；27—溴仿；28—1,1,2,2-四氯乙烷；29—1,3-二氯苯；30—1,4-二氯苯；31—1,2-二氯苯

色谱柱：VOCOL，10m×0.20mm，1.2μm

柱　温：40℃（0.75min）→160℃，20℃/min

载　气：He，40cm/s（40℃）

检测器：MS

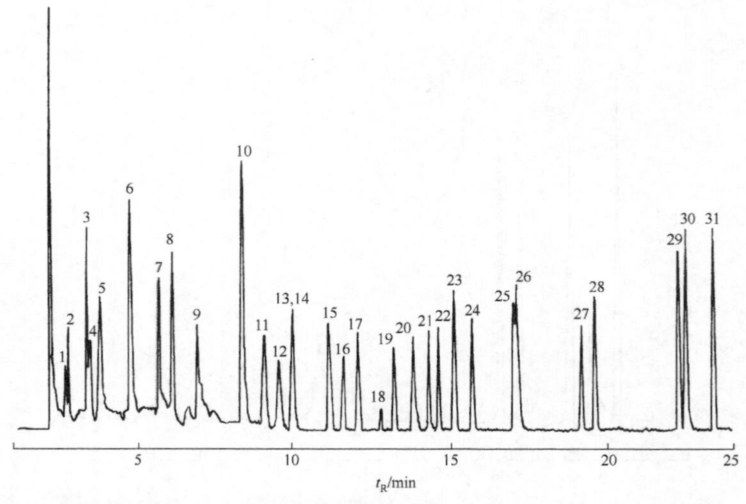

图 35-84 废水中可汽提卤代烃——US EPA 方法 624（二）[8]

色谱峰：1—氯甲烷；2—氯乙烯；3—溴甲烷；4—氯乙烷；5—三氯一氟甲烷；6—1,1-二氯乙烯；7—二氯甲烷；8—1,2-二氯乙烯；9—1,1-二氯乙烷；10—氯仿；11—四氯乙烷；12—四氯化碳；13—苯；14—1,2-二氯乙烷；15—三氯乙烯；16—1,2-二氯丙烷；17—一溴二氯甲烷；18—2-氯乙基乙烯醚；19—顺-1,3-二氯丙烯；20—甲苯；21—反-1,3-二氯丙烯；22—1,1,2-三氯乙烷；23—四氯乙烯；24—二溴一氯甲烷；25—氯苯；26—乙苯；27—溴仿；28—1,1,2,2-四氯乙烷；29—1,3-二氯苯；30—1,4-二氯苯；31—1,2-二氯苯

色谱柱：VOCOL，60m×0.53mm，3.0μm　　载　气：He，7.5mL/min

柱　温：35℃（4min）→200℃，6℃/min　　检测器：MS

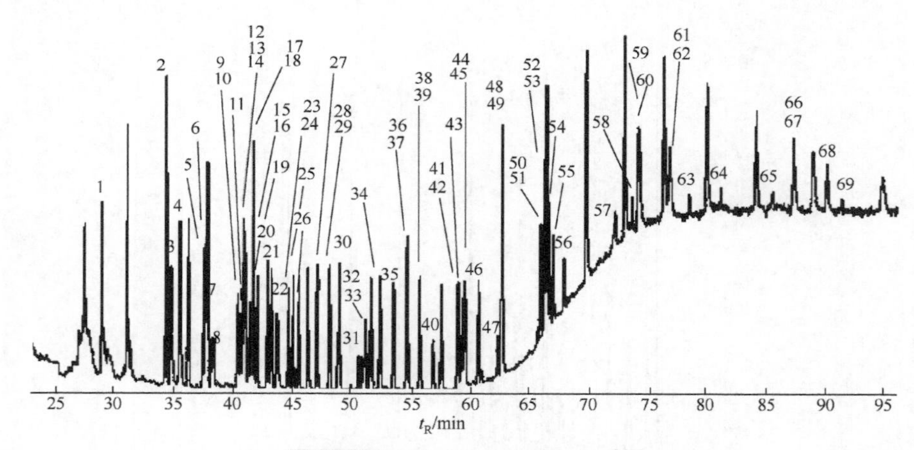

图 35-85 水中有机微污染物[49]

色谱峰：1—萘；2—苊烯；3—苊；4—五氯苯；5—对特辛基苯酚；6—芴；7—氯苯胺灵；8—氟乐灵；9—α-六氯环己烷；10—西玛津；11—阿特拉津；12—对辛基苯酚；13—六氯苯；14—特丁津；15—β-六氯环己烷；16—炔苯酰草胺；17—γ-六氯环己烷；18—菲；19—蒽；20—4-正壬基酚；21—嗪草酮；22—硫丹醇；23—2,4,4′—三氯联苯；24—甲草胺；25—2,2,5,5-四氯联苯；26—异丙甲草胺；27—毒死蜱；28—艾氏剂；29—二甲戊灵；30—毒虫畏；31—异艾氏剂；32—荧蒽；33—2,2,4,5,5-五氯联苯；34—芘；35—α-硫丹；36—*p,p*′-滴滴伊；37—狄氏剂；38—异狄氏剂；39—2,3,4,4,5-五氯联苯；40—2,4,4′-三溴联苯醚；41—*p,p*′-滴滴滴；42—β-硫丹；43—2,2′,4,4′,5,5′-六氯联苯；44—*p,p*′-滴滴涕；45—硫丹硫酸酯；46—2,2″,3,4,4′,5′-六氯联苯；47—苯并[*a*]蒽；48—䓛；49—2,3′,4′,6-四溴联苯醚；50—2,2′,3,4,4′,5,5′-七氯联苯；51—2,2′,4,4′—四溴联苯醚；52—2,3′,4,4′-四溴联苯醚；53—2,2′,4,4′,6-五溴联苯醚；54—2,2′,4,4′,5—五溴联苯醚；55—苯并[*b*]荧蒽；56—苯并[*k*]荧蒽；57—苯并[*a*]芘；58—2,2′,3,4,4′-五溴联苯醚；59—2,2′,4,4′,5,6′-六溴联苯醚；60—2,2′,4,4′,5,5′-六溴联苯醚；61—2,2′,3,4,4′,5′-六溴联苯醚；62—二苯并[*a,h*]蒽；63—茚并[1,2,3-*cd*]芘；64—苯并[*g,h,i*]苝；65—2,2′,3,4,4′,5′,6-七溴联苯醚；66—十溴联苯醚

色谱柱：SAPIENS-5MS，20m×0.10mm，0.10μm　　进样口温度：320℃

程序升温条件：80℃（1.2min）$\xrightarrow{90℃/min}$ 225℃ $\xrightarrow{15℃/min}$ 270℃ $\xrightarrow{150℃/min}$ 330℃（3.4min）

载　气：He，0.75mL/min　　检测器：MS

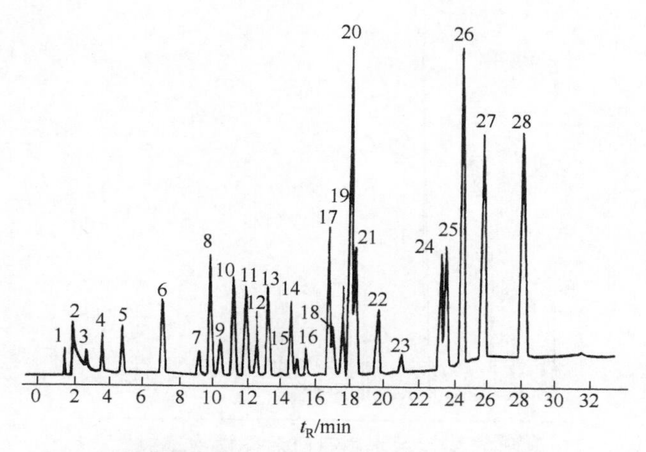

图 35-86 污水中有机污染物（一）[50]

色谱峰：1—氯甲烷；2—甲醇；3—氯乙烯+二氯二氟甲烷；4—溴甲烷；5—氯乙烷；6—二氯甲烷；7—三氯氟甲烷；8—1,1-二氯乙烯；9—溴氯甲烷；10—1,1-二氯乙烷；11—反-1,2-二氯乙烯；12—氯仿；13—1,2-二氯乙烷；14—1,1,1-三氯乙烷；15—四氯化碳；16—一溴二氯甲烷；17—1,2-二氯丙烷；18—反-1,3-二氯丙烯；19—三氯乙烯；20—苯；21—顺-1,3-二氯丙烯+1,1,2-三氯乙烷+氯二溴甲烷；22—1-氯-2-溴丙烷（内标物）；23—溴仿；24—1,1,2,2-四氯乙烯+1,1,2,2-四氯乙烷；25—1,4-二氯丁烷（内标物）；26—甲苯；27—氯苯；28—乙基苯

色谱柱：1% SP-1000，Carbopack B（60～80目）；2.66m×3mm
柱 温：45℃（3min）→220℃（15min），8℃/min
载 气：He，40mL/min
检测器：FID
气化室温度：200℃
检测器温度：250℃

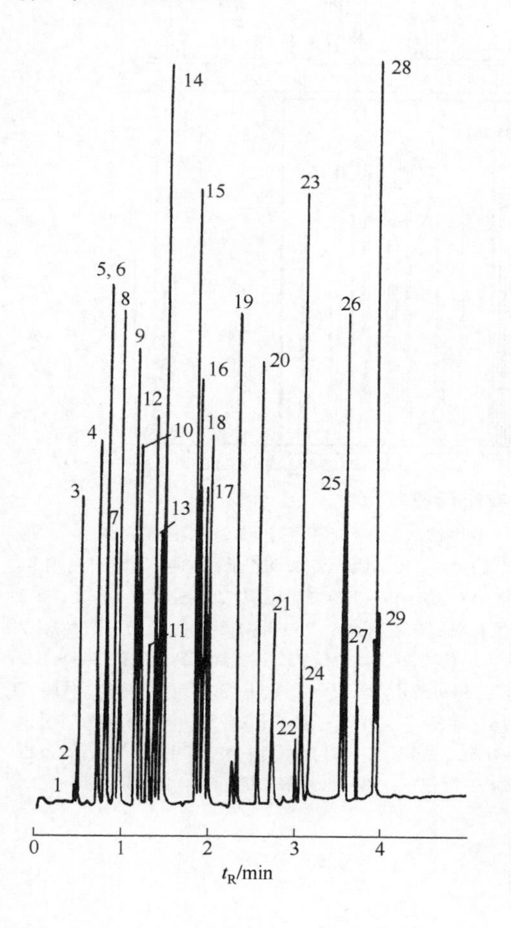

图 35-87 污水中有机污染物（二）[51]

色谱峰：1—三氯一氟甲烷；2—1,1-二氯乙烯；3—反-1,2-二氯乙烯；4—1,1,1-三氯乙烷；5—四氯化碳；6—顺-1,2-二氯乙烯；7—二氯甲烷；8—苯；9—三氯乙烯；10—氯仿；11—一溴一氯甲烷；12—1,2-二氯乙烷；13—反-1,3-二氯丙烯；14—甲苯；15—四氯乙烯；16—顺-1,3-二氯丙烯；17—1-氯-2-溴丙烷；18—2-氯乙基-乙烯基醚；19—一溴二氯甲烷；20—乙基苯；21—氯代苯；22—1,1,2-三氯乙烷；23—二溴一氯甲烷；24—1,4-二氯丁烷；25—溴仿；26—1,1,2,2-四氯乙烷；27—1,3-二氯苯；28—1,4-二氯苯；29—1,2-二氯苯

色谱柱：石墨化炭墨Vulcan+FFAP，9m×0.05mm
柱 温：30℃（1min）→200℃，30℃/min
载 气：He，40cm/s
检测器：FID

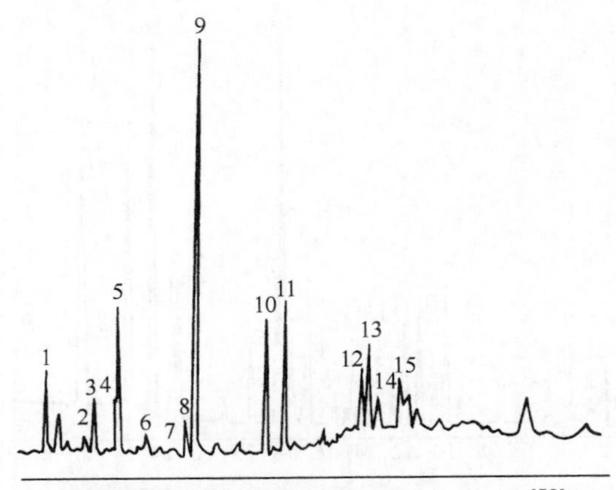

图 35-88 污水中有机污染物（三）[52]

色谱峰：1—二氯甲烷；2—溴氯代甲烷；3—1,1-二氯乙烷；4—三氯甲烷；5—乙醚；6—环己烷；7—二甲基二硫化物；8—三氯乙烯；9—苯；10—全氯乙烯；11—甲苯；12—间二甲苯+对二甲苯；13—邻二甲苯；14—氯代甲苯；15—二氯代苯

色谱柱：0.1% SP-1000，Carbopack C（80～100目），3m×3.2mm

柱 温：40℃（3min）→225℃，8℃/min

载 气：N_2，20mL/min

检测器：FID

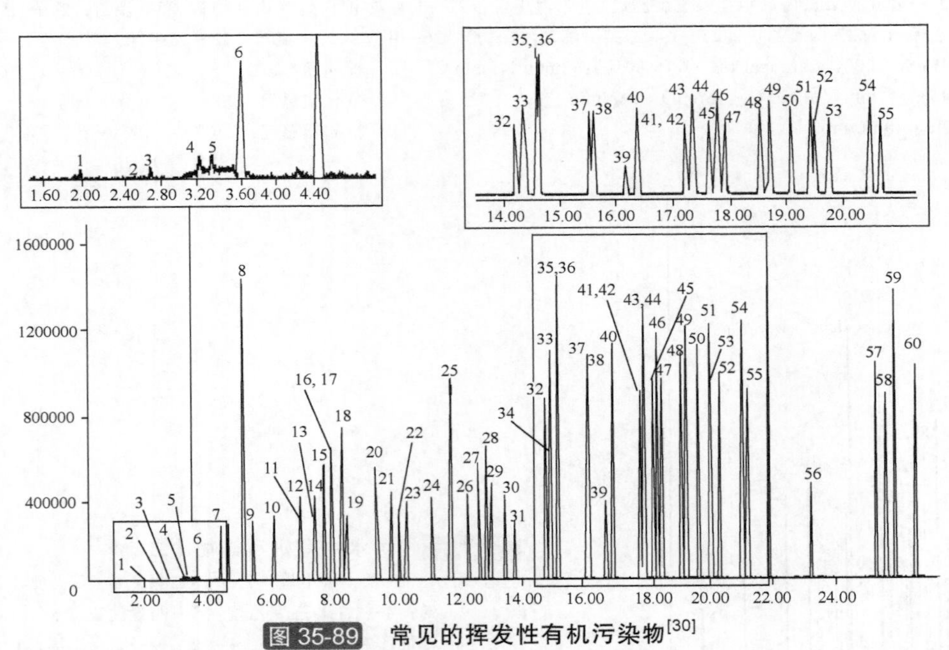

图 35-89 常见的挥发性有机污染物[30]

色谱峰：1—二氯二氟甲烷；2—氯甲烷；3—氯乙烯；4—溴甲烷；5—氯甲烷；6—三氯氟甲烷；7—1,1-二氯乙烯 8—二氯甲烷；9—反-1,2-二氯乙烯；10—1,1-二氯乙烷；11—2,2-二氯丙烷；12—顺-1,2-二氯乙烯；13—溴氯甲烷；14—氯仿；15—1,1,1-三氯乙烷；16—1,1-二氯丙烯；17—四氯化物；18—苯；19—1,2-二氯乙烷；20—三氯乙烯；21—1,2-二氯丙烷；22—二溴甲烷；23—溴氯甲烷；24—反-1,3-二氯丙烯；25—甲苯；26—顺-1,3-二氯丙烯；27—1,1,2-三氯乙烷；28—四氯乙烯；29—1,3-二氯丙烷；30—二溴氯甲烷；31—1,2-二溴甲烷；32—氯苯；33—乙苯；34—1,1,2-二溴氯甲烷；35—对二甲苯；36—间二甲苯；37—邻二甲苯；38—苯乙烯；39—三氯甲烷；40—异丙烷；41—溴苯；42—1,1,2,2-四氯乙烷；43—1,2,3-三氯丙烷；44—正丙醇；45—2-氯甲苯；46—1,3,5-三甲基苯；47—4-氯甲苯；48—叔丁基苯；49—1,2,4-三甲基苯；50—仲丁基苯；51—1,3-二氯苯；52—对异丙基甲苯；53—1,2-二氯苯；54—正丁基苯；55—1,4-二氯苯；56—1,2-二溴-3-氯丙烷；57—1,2,4-三氯代苯；58—六氯丁二烯；59—卫生球；60—1,2,3-三氯代苯

色谱柱：BPX-Volatiles，40m×0.18mm，1μm

柱 温：240℃

载 气：He

检测器：MS

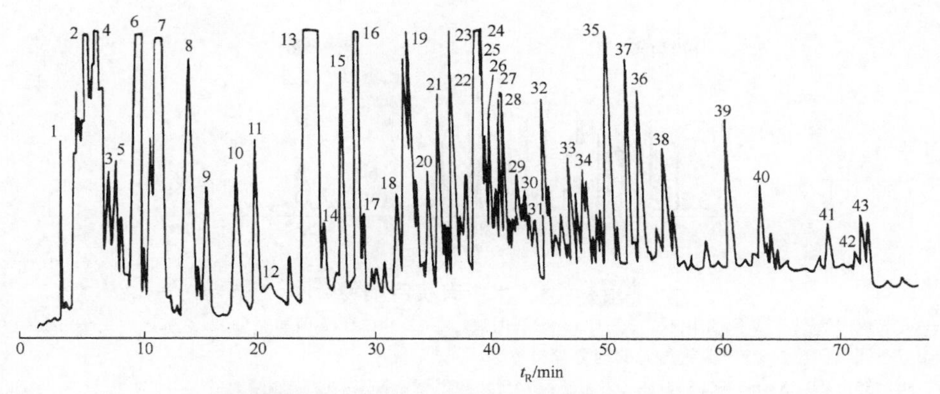

图 35-90　水中常见卤代烃与芳烃类污染物[53]

色谱峰：1—环戊二烯；2,3—二氯乙烯；4—二氯乙烷；5—氯仿；6—苯；7—三氯乙烯；8—氯苯；9—甲苯；10—四氯乙烯；11—三氯乙烷；12,13,15—二甲苯；14—蒎烯；16—苯乙烯；17,19,21—三甲苯；18—苯乙醛；20,22—乙基甲苯；23,26—二氯苯；24,25,27—二乙苯；28—茚十六氯乙烷；29,30—二甲基苯乙烯；31—二甲基乙苯；32—二甲基苯胺；33—硝基苯；34—甲基[1*H*]茚；35,36,38—三氯苯；37—萘；39,40—甲萘；41～43—二甲基萘

色谱柱：OV-17，45m×0.1mm　　载　气：He，1mL/min

柱　温：室温（5min）→50℃（5min）→160℃，3℃/min　　检测器：MS

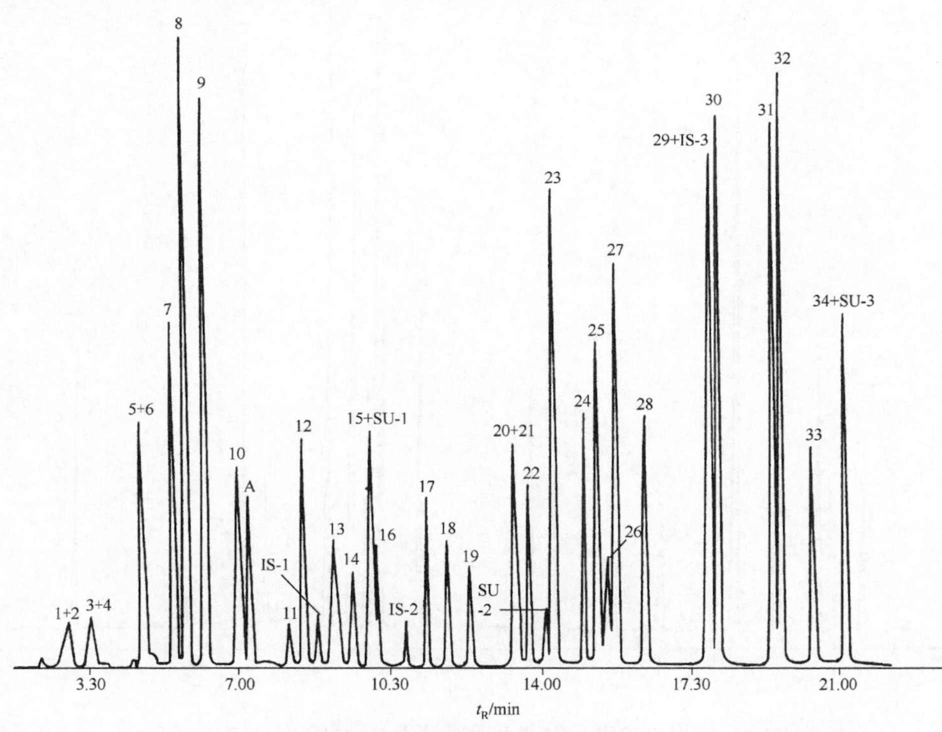

图 35-91　水中挥发性污染物[54]

色谱峰：1—氯甲烷；2—氯乙烯；3—溴甲烷；4—氯乙烷；5—1,1-二氯乙烯；6—丙酮；7—二硫化碳；8—二氯甲烷；9—反-1,2-二氯乙烯；10—1,1-二氯乙烷；11—2-丁酮；12—氯仿；13—1,1,1-三氯乙烷；14—四氯化碳；15—苯；16—1,2-二氯乙烷；17—三氯乙烯；18—1,2-二氯丙烷；19—溴二氯甲烷；20—2-氯乙基乙烯基醚；21—4-甲基-2-戊酮；22—顺-1,3-二氯丙烯；23—甲苯；24—反-1,3-二氯丙烯；25—1,1,2-三氯乙烷；26—2-已烷；27—四氯乙烯；28—二溴氯甲烷；29—氯苯；30—乙基苯；31—邻二甲苯；32—苯乙烯；33—溴仿；34—1,1,2,2-四氯乙烷；IS-1—溴氯甲烷；IS-2—1,4-二氟苯；IS-3—氯苯-d_5；A—乙酸乙烯基酯；SU-1—1,2-二氯乙烷；SU-2—甲苯-d_8；SU-3—对溴氟苯

色谱柱：VOCOL，60m×0.75mm　　检测器：MS

柱　温：10℃（3min）→120℃（1min），5℃/min　　气化室温度：250℃

载　气：He，10mL/min

第三篇

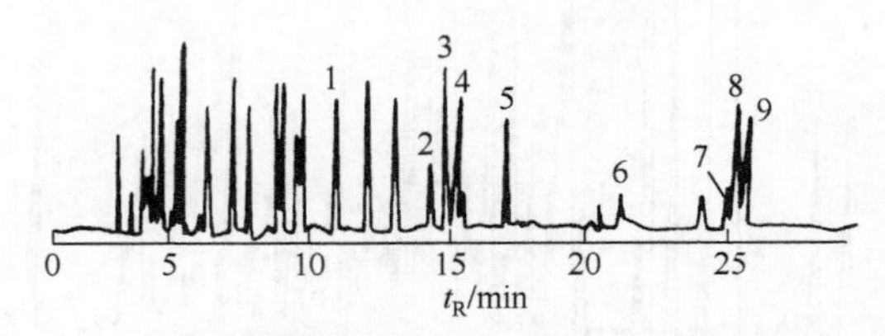

图 35-92 水中有机污染物[55]

色谱峰：1—正辛烷；2—1,3-二氯-2-丙醇；3—1,2,3-三氯丙烷；4—2,3-二氯-1-丙醇；5—2-乙基己醇；6—二氯丙基氯丙醇醚；7—四氯丙醚；8,9—四氯丙醚的同分异构体

色谱柱：SE-54，36m×0.25mm，0.25μm　　载　气：N_2

柱　温：35℃→240℃，5℃/min　　检测器：MS

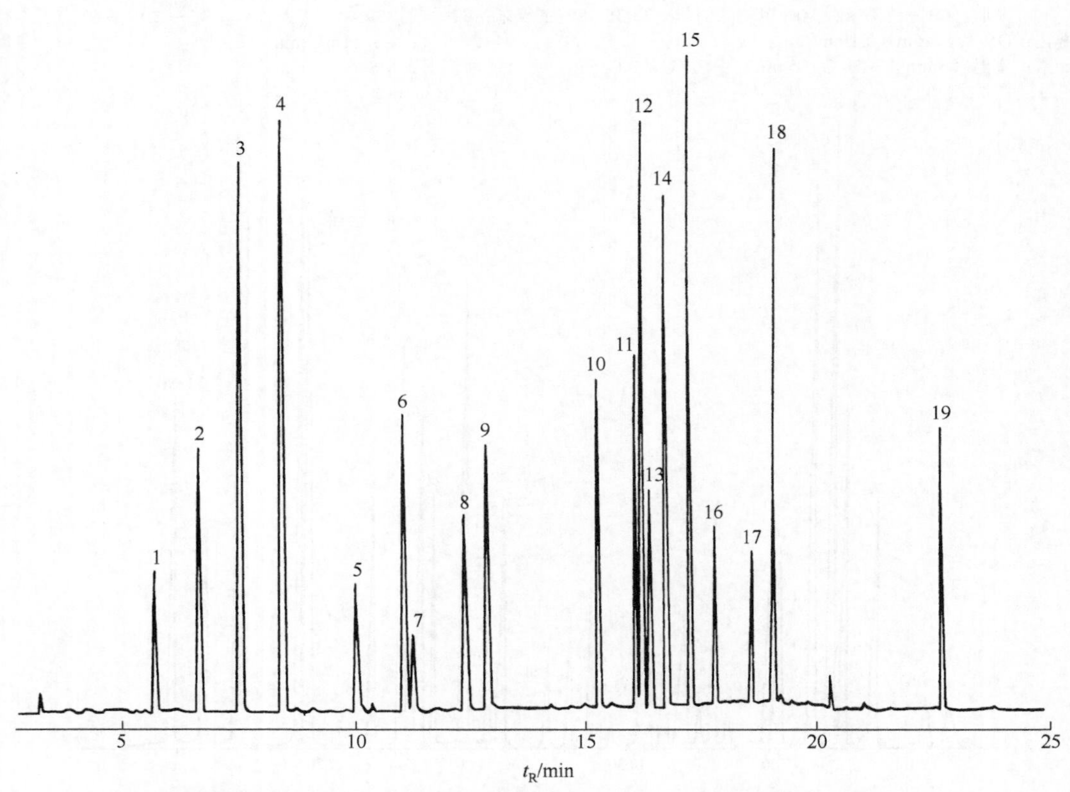

图 35-93 饮用水中氯化消毒产品及溶剂——US EPA 方法 551[10]

色谱峰：1—氯仿；2—1,1,1-三氯乙烷；3—四氯化碳；4—三氯乙腈；5—二氯乙腈；6—一溴二氯甲烷；7—三氯乙烯；8—氯醛合水；9—1,1-二氯-2-丙酮；10—三氯硝基甲烷；11—二溴一氯甲烷；12—一溴一氯乙腈；13—1,2-二溴乙烷；14—四氯乙烯；15—1,1,1-三氯丙酮；16—1,2-二溴丙烷（内标）；17—溴仿；18—二溴乙腈；19—1,2-二溴-3-氯丙烷

色谱柱：DB-5ms，30m×0.25mm，1.0μm

柱　温：35℃（9min）$\xrightarrow{10℃/min}$ 40℃（3min）$\xrightarrow{15℃/min}$ 150℃（1min）

载　气：He　　气化室温度：200℃

检测器：ECD　　检测器温度：300℃

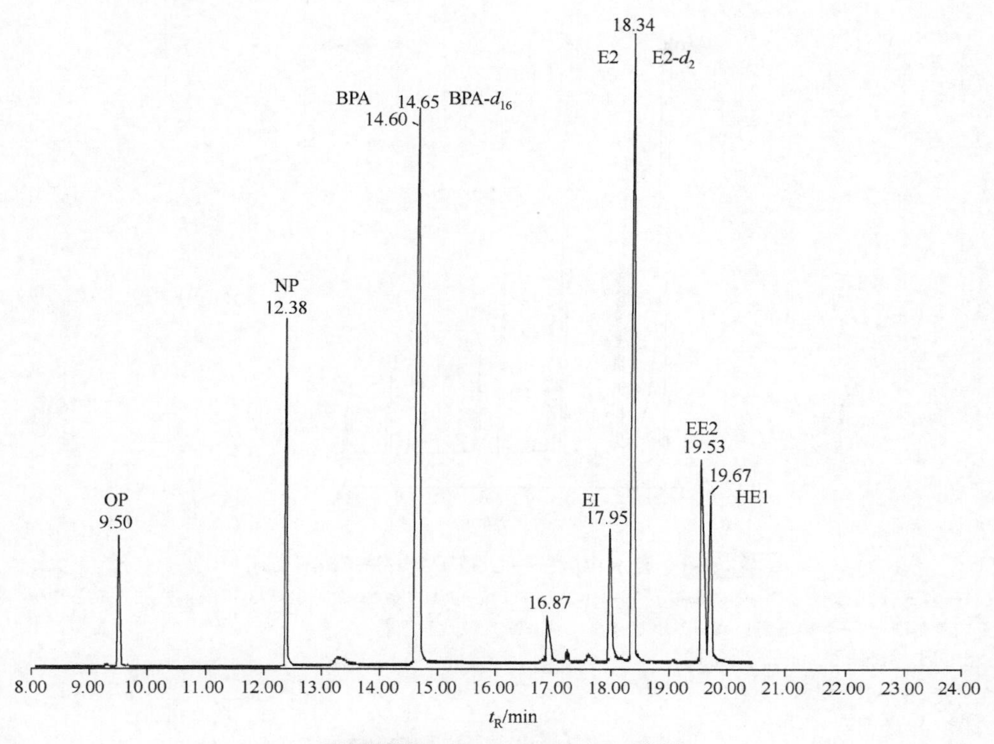

图 35-94　水中酚和甾醇激素[56]

色谱峰：OP—对叔辛基苯酚；NP—4-正壬基酚；BPA—双酚A；E1—雌酮；E2—17β-雌二醇；EE2—17α-乙炔基雌二醇；HE1—16α-羟基雌酮

色谱柱：HP-5，30m×0.25mm，0.25μm　　检测器：MS/MS

载　气：He，1.0mL/min

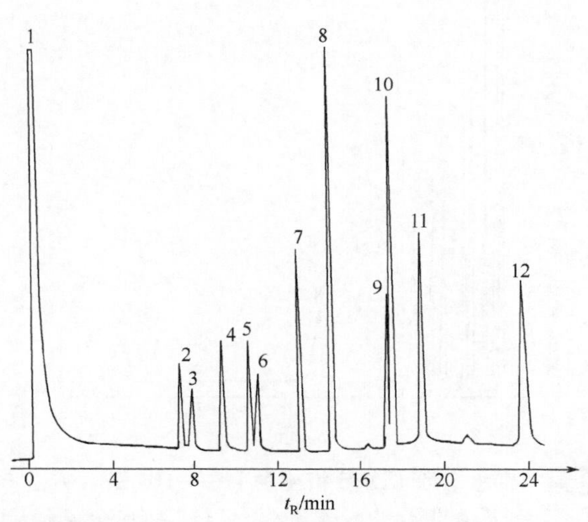

图 35-95　废水中酚——US EPA 方法 604（一）[8]

色谱峰：1—甲醇；2—邻氯酚；3—2-硝基酚；4—苯酚；5—2,4-二甲酚；6—2,4-二氯酚；7—2,4,6-三氯酚；8—4-氯-间甲酚；9—2,4-二硝基酚；10—2,6-二硝基对甲酚；11—五氯酚；12—4-硝基酚

色谱柱：1%SP-1240-DA，Supelcoport（100～120目），2m×2mm

柱　温：70℃（2min）→200℃，8℃/min　　检测器：FID

载　气：He，30mL/min　　检测器温度：250℃

第三篇

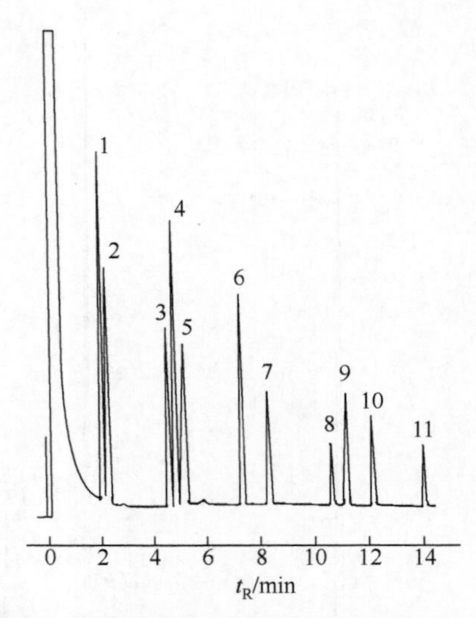

图 35-96 废水中酚——US EPA 方法 604（二）[8]

色谱峰：1—苯酚；2—氯酚；3—2-硝基酚；4—2,4-二甲酚；5—2,4-二氯酚；6—4-氯-3-甲酚；7—2,4,6-三氯酚；8—2,4-二硝基酚；9—4-硝基酚；10—2-甲基-4,6-二硝基酚；11—五氯酚

色谱柱：SPB-5，15m×0.53mm，1.5μm

柱　温：75℃（2min）→180℃（1min），8℃/min

载　气：He，15mL/min

检测器：FID

气化室温度：250℃

检测器温度：250℃

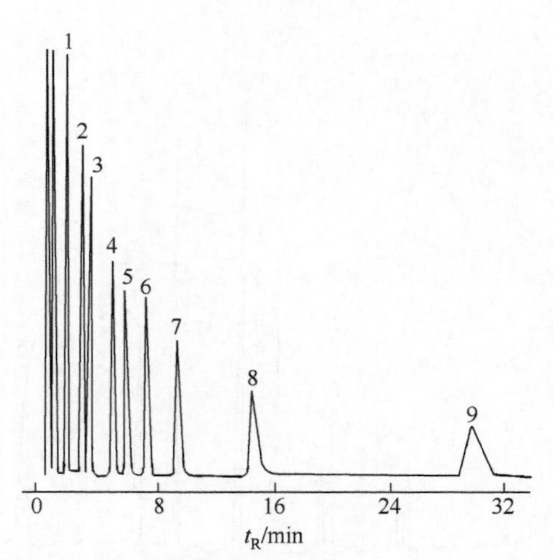

图 35-97 废水中酚（DFB 衍生物）——US EPA 方法 604[16]

色谱峰：1—酚；2—2,4-二氯酚；3—4-氯-3-甲酚；4—2-氯酚；5—2,4-二氯酚；6—2,4,6-三氯酚；7—2-硝基酚；8—4-硝基酚；9—五氯酚

色谱柱：5% OV-17，Chromosorb W AW-DMCS（80～100目），1.8m×2mm

柱　温：200℃

载　气：5% CH_4+95%He，30mL/min

检测器：ECD

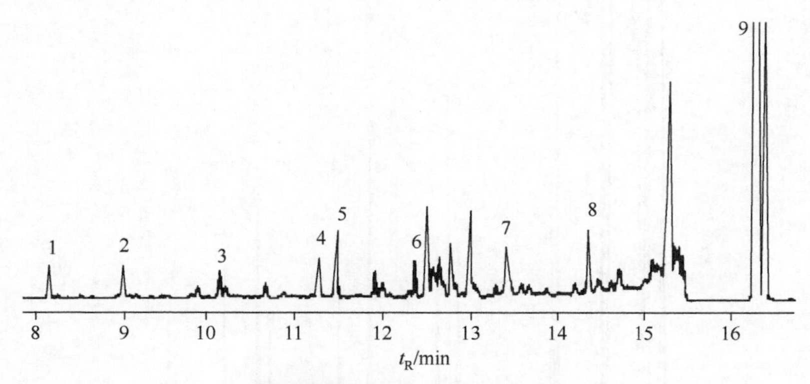

图 35-98 污水中烷基酚[57]

色谱峰：1—4-叔丁基苯酚；2—4-正丁基苯酚；3—4-正戊基苯酚；4—4-己基苯酚；5—对特辛基苯酚；6—4-庚基苯酚；7—4-正辛基苯酚；8—4-正壬基酚；9—双酚A和氘代双酚A

色谱柱：VF-5MS毛细管柱，5%聚二苯基硅氧烷+95%聚二甲基硅氧烷，30m×0.25mm，0.25μm

程序升温条件：50℃（2min）$\xrightarrow{30℃/min}$100℃$\xrightarrow{10℃/min}$200℃$\xrightarrow{30℃/min}$300℃（8min）

柱 温：280℃

载 气：He（99.996%），2.0mL/min

检测器：MS

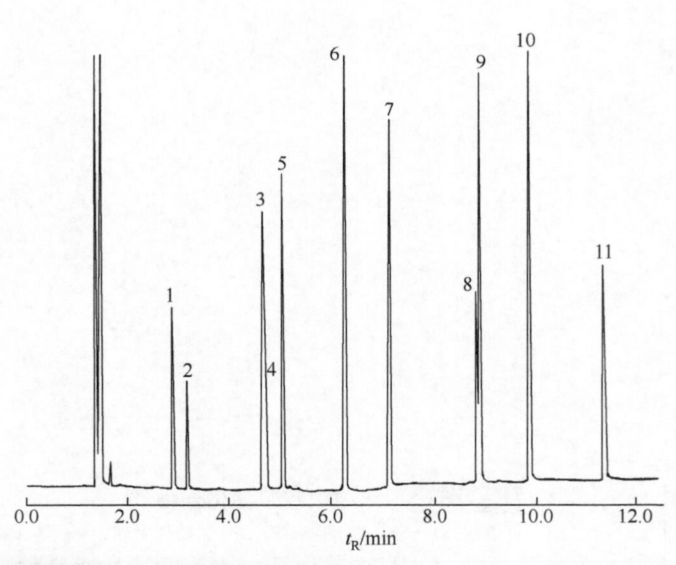

图 35-99 废水中酸性可萃取化合物——US EPA 方法 625[15]

色谱峰：1—苯酚；2—2-氯酚；3—2,4-二甲酚；4—2-硝基酚；5—2,4-二氯酚；6—4-氯-3-甲基酚；7—2,4,6-三氯酚；8—2,4-二硝基酚；9—4-硝基酚；10—2-甲基-4,6-二硝基酚；11—五氯酚

色谱柱：BPX5，25m×0.32mm，0.5μm

柱 温：125℃→250℃（5min），15℃/min

检测器：FID

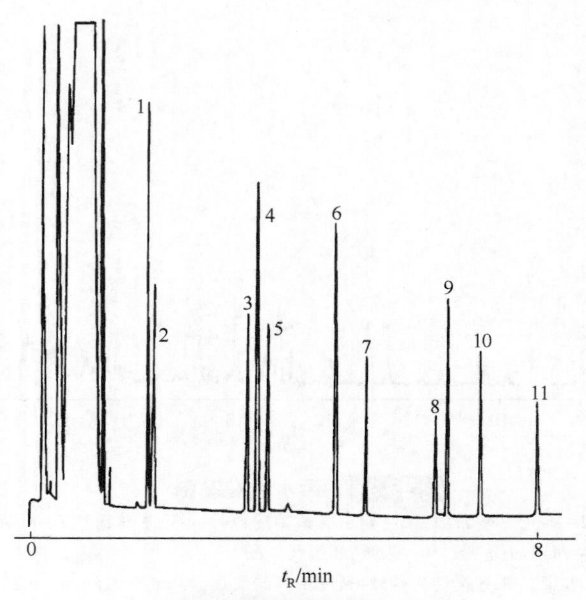

图 35-100 水中酚[39]

色谱峰：1—苯酚；2—2-氯苯酚；3—2-硝基苯酚；4—2,4-二甲基苯酚；5—2,4-二氯苯酚；6—对氯间甲酚；7—2,4,6-三氯苯酚；8—2,4-二硝基苯酚；9—4-硝基苯酚；10—4,6-二硝基邻甲酚；11—五氯苯酚

色谱柱：Ultra 2，25m×0.32mm，0.52μm　　检测器：FID

柱　温：40℃ $\xrightarrow{30℃/min}$ 70℃（1min） $\xrightarrow{20℃/min}$ 200℃（2min）

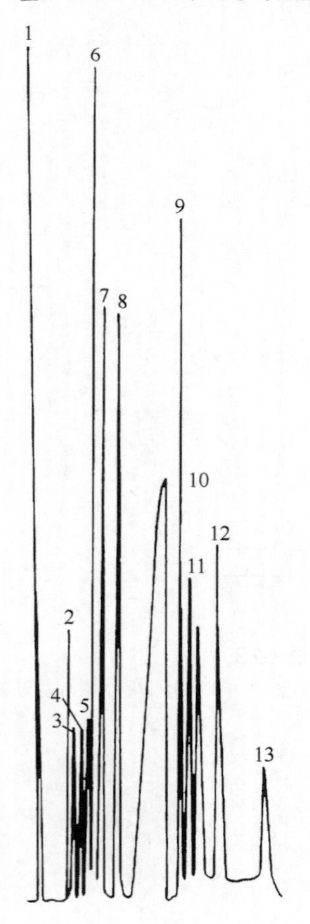

图 35-101 水中硝基苯类化合物[58]

色谱峰：1—苯；2—硝基苯；3—邻硝基甲苯；4—间硝基甲苯；5—对硝基甲苯；6—间硝基氯苯；7—对硝基氯苯；8—邻硝基氯苯；9—2,6-二硝基甲苯；10—2,5-二硝基甲苯；11—2,4-二硝基甲苯；12—2,4-二硝基氯苯；13—3,4-二硝基甲苯

色谱柱：5%FFAP，Chromosorb W HP（60～80目），1.8m×2.5mm

柱　温：160℃（8min）→210℃（10min），40℃/min

载　气：N_2

检测器：ECD

检测器温度：250℃

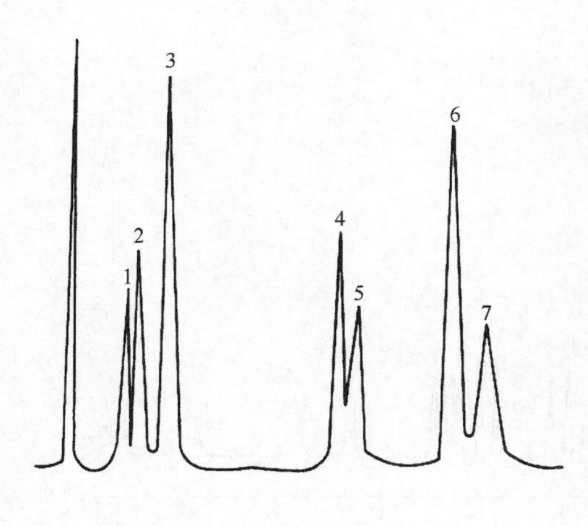

图 35-102 水源水中二硝基苯与硝基氯苯[59]

色谱峰：1—间硝基氯苯；2—对硝基氯苯；3—邻硝基氯苯；4—对二硝基苯；5—间二硝基苯；6—邻二硝基苯；7—2,4-二硝基苯

色谱柱：5%丁二酸二乙二醇聚酯，Chromosorb W（60～80目），2m×3mm

柱 温：160℃

检测器：ECD

气化室温度：200℃

检测器温度：200℃

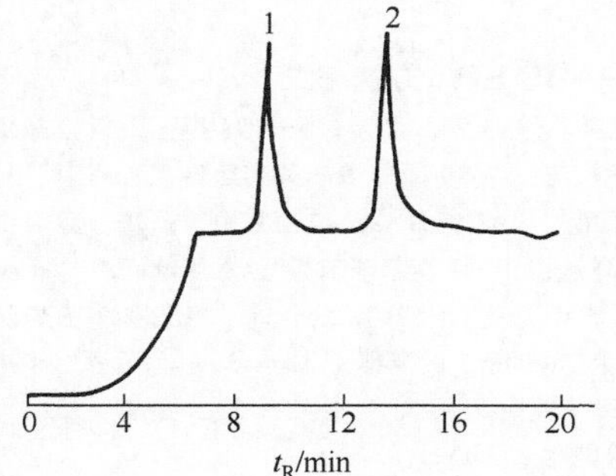

图 35-103 废水中丙烯醛和丙烯腈——US EPA 方法 603[16]

色谱峰：1—丙烯醛；2—丙烯腈

色谱柱：Carbowax 400，Porasil C（100～120目），1.8m×2.5mm

柱 温：45℃（2min）→85℃（12min），8℃/min

载 气：He，30mL/min

检测器：火焰离子检测器

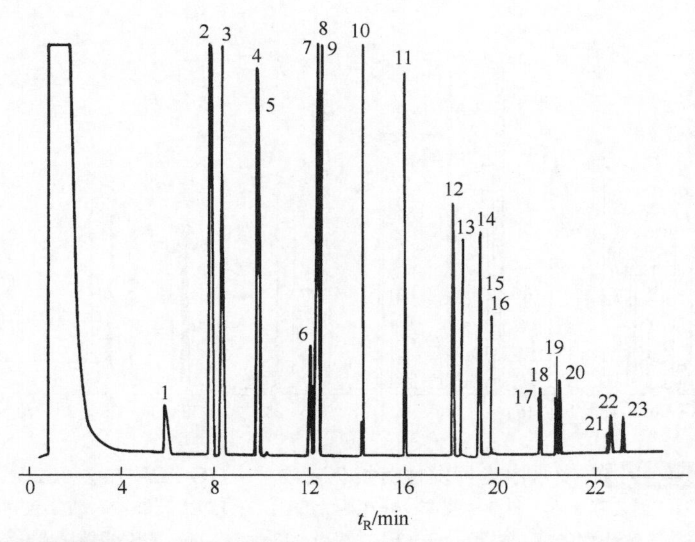

图 35-104 饮用水中半挥发有机化合物——US EPA 方法 525[8]

色谱峰：1—六氯环戊二烯；2—邻苯二甲酸二甲酯；3—苊-d_{10}；4—苊；5—邻苯二甲酸二乙酯；6—五氯酚；7—菲；8—菲-d_{10}；9—蒽；10—邻苯二甲酸二正丁酯；11—芘；12—邻苯二甲酸丁基苯基酯；13—双(2-乙基己基)己二酸酯；14—苯并[*a*]蒽；15—䓛；16—苯并[*a*]芘；17—邻苯二甲酸双(2-乙基己基)酯；18—苯并[*b*]荧蒽；19—苯并[*k*]荧蒽；20—苝-d_{12}；21—茚并[1,2,3-*cd*]芘；22—二苯并[*a,h*]蒽；23—苯并[*ghi*]苝

色谱柱：PTE-5，30m×0.25mm，0.25μm

柱 温：120℃（4min）→320℃，10℃/min

载 气：He，40cm/s

检测器：FID

检测器温度：350℃

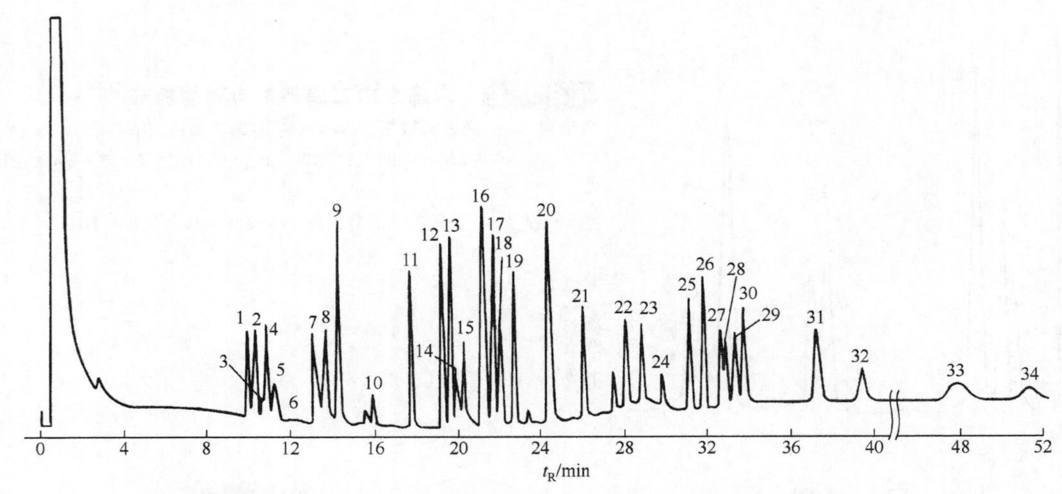

图 35-105 废水中碱性及中性有机化合物——US EPA 方法 625[8]

色谱峰：1—1,3-二氯苯；2—1,4-二氯苯-d_4；3—双（2-氯乙基）醚；4—六氯乙烷+1,2-二氯苯；5—双(甲基-2-氯乙基)醚；6—*N*-亚硝基-二正丙基胺；7—硝基苯+六氯丁二烯；8—1,2,4-三氯苯+异佛尔酮；9—萘+双(2-氯乙氧基)甲烷；10—六氯环戊二烯；11—2-氯萘；12—苊烯；13—苊；14—邻苯二甲酸二甲酯；15—2,6-二硝基甲苯；16—芴+4-氯苯基苯基醚；17—2,4-二硝基甲苯；18—邻苯二甲酸二乙酯+*N*-亚硝基二苯胺；19—4-溴苯基苯基醚+六氯苯；20—菲+蒽；21—邻苯二甲酸二正丁酯；22—荧蒽；23—芘；24—联苯胺；25—丁基苯基苯二甲酸酯；26—苯二甲酸双(2-乙基己基)酯；27—苯并[*a*]荧蒽；28—䓛；29—3,3′-二氯联苯胺；30—邻苯二甲酸二正辛酯；31—苯并[*b*]荧蒽+苯并[*k*]荧蒽；32—苯并[*a*]芘；33—茚并[1,2,3-*cd*]芘+二苯并[*a,h*]蒽；34—苯并[*ghi*]苝

色谱柱：3% SP-2250，Supelcoport（100～120目），2m×2mm　　检测器：FID

柱　温：50℃（4min）→270℃，8℃/min　　检测器温度：300℃

载　气：N_2，30mL/min

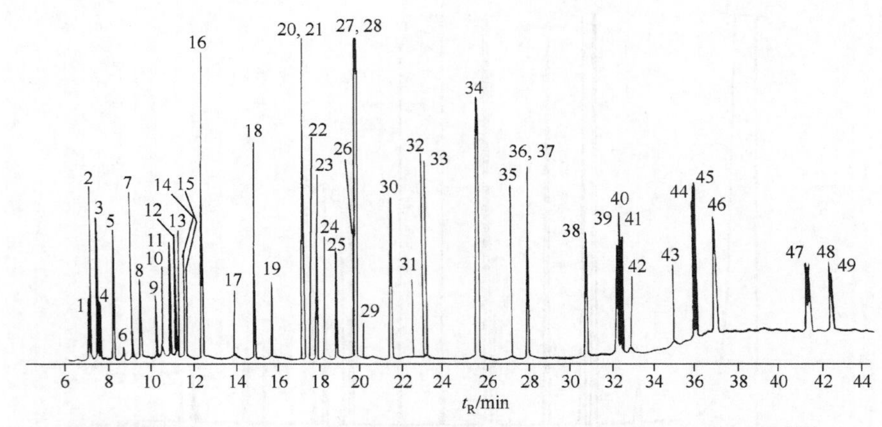

图 35-106 废水中半挥发性有机化合物——US EPA 方法 1625[15]

色谱峰：1—2-氯酚；2—双(2-氯乙基)醚；3—1,3-二氯苯；4—1,4-二氯苯；5—1,2-二氯苯；6—双(2-氯异丙基)醚；7—六氯乙烯；8—硝基苯；9—异佛尔酮；10—2-硝基酚；11—2,4-二甲酚；12—双(2-氯乙氧基)甲烷；13—2,4-二氯苯；14—1,2,4-三甲苯；15—萘；16—六氯丁二烯；17—对氯间甲酚；18—六氯戊二烯；19—2-氯萘；20—邻苯二甲酸二甲酯；21—苊烯；22—3,6-二硝基甲苯；23—苊；24—2,4-二硝基酚；25—4-硝基酚；26—芴；27—邻苯二甲酸二乙酯；28—4-氯苯基苯基醚；29—2-甲基-4,6-二硝基酚；30—4-溴苯基苯基醚；31—五氯酚；32—菲；33—蒽；34—邻苯二甲酸二正丁酯；35—荧蒽；36—芘；37—联苯胺；38—邻苯二甲酸丁基苯基酯；39—䓛；40—3,3-二氯联苯胺；41—苯并[*a*]蒽；42—邻苯二甲酸双(2-乙基己基)酯；43—邻苯二甲酸二正辛酯；44—苯并[*b*]荧蒽；45—苯并[*k*]荧蒽；46—苯并[*a*]芘；47—茚并[1,2,3-*cd*]芘；48—二苯并[*a,h*]蒽；49—苯并[*ghi*]苝

色谱柱：BPX625，25m×0.22mm，0.25μm

柱　温：50℃（2min）→290℃（10min），7℃/min　　检测器：MS

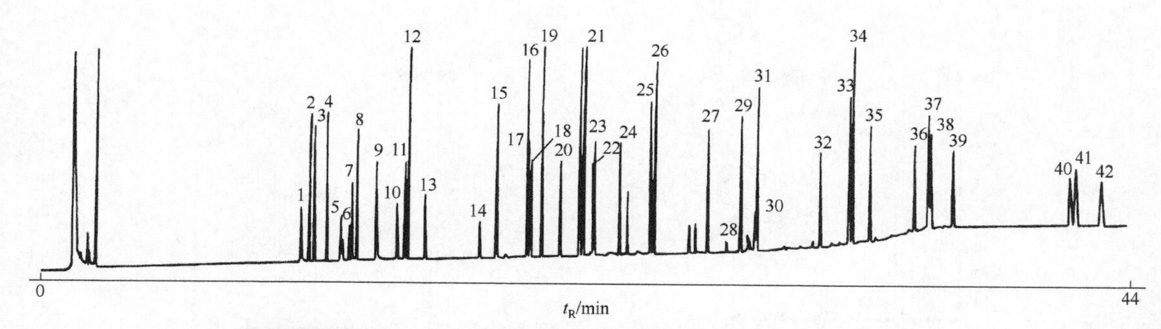

图 35-107　废水中酸性和中性抽提物——US EPA 方法 1625[60]

色谱峰：1—双(2-氯乙基)醚；2—1,3-二氯苯；3—1,4-二氯苯；4—1,2-二氯苯；5—双(2-氯异丙基)醚；6—六氯乙烷；7—*N*-亚硝基-二正丙基胺；8—硝基苯；9—异佛尔酮；10—双(2-氯乙氧烷)甲烷；11—1,2,4-三氯苯；12—萘；13—六氯丁二烯；14—六氯戊二烯；15—2-氯萘；16—苊烯；17—邻苯二甲酸二甲酯；18—2,6-二硝基甲苯；19—苊；20—芴；21—4-氯苯基苯基醚+邻苯二甲酸二乙酯；22—2,4-二硝基甲苯；23—*N*-亚硝基二苯基胺；24—4-溴苯基苯基醚；25—菲；26—蒽；27—邻苯二甲酸二正丁酯；28—芘；29—荧蒽；30—联苯胺；31—䓛；32—邻苯二甲酸丁基苄基酯；33—苯并[*a*]蒽；34—3,3′-二氯联苯胺；35—邻苯二甲酸双(2-乙基己基)酯；36—邻苯二甲酸二正辛酯；37—苯并[*b*]荧蒽；38—苯并[*k*]荧蒽；39—苯并[*a*]芘；40—茚并[1,2,3-*cd*]芘；41—二苯并[*a,h*]蒽；42—苯并[*ghi*]苝

色谱柱：DB-5，30m×0.25mm，0.25μm

柱　温：35℃（5min）→280℃（20min），8℃/min

载　气：H_2，53.7cm/s

检测器：FID

气化室温度：275℃

检测器温度：300℃

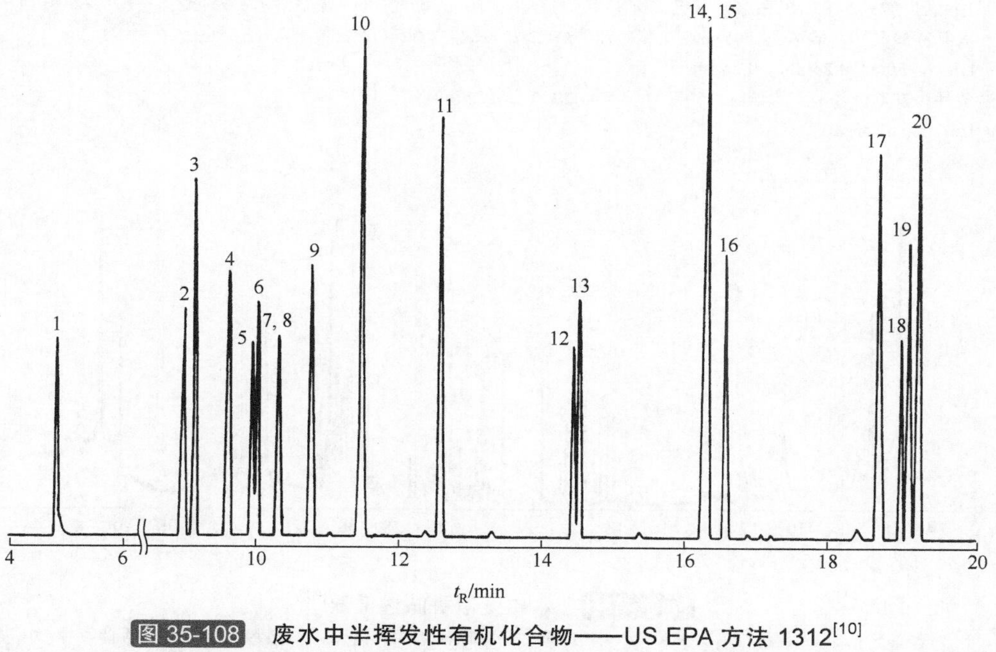

图 35-108　废水中半挥发性有机化合物——US EPA 方法 1312[10]

色谱峰：1—吡啶；2—双-2-氯乙基醚；3—2-氯酚；4—1,4-二氯苯；5—1,2-二氯苯；6—邻二甲酚；7—间二甲酚；8—对二甲酚；9—硝基苯；10—2,4-二甲酚；11—六氯丁二烯；12—2,4,6-三氯酚；13—2,4,5-三氯酚；14—2,4-二硝基酚；15—蒽；16—2,4-二硝基甲苯；17—六氯苯；18—β-六六六；19—五氯酚；20—γ-六六六

色谱柱：DB-5.625，30m×0.25mm，0.5μm

柱　温：40℃（1min）→280℃，12℃/min

载　气：He

检测器：MS

气化室温度：250℃

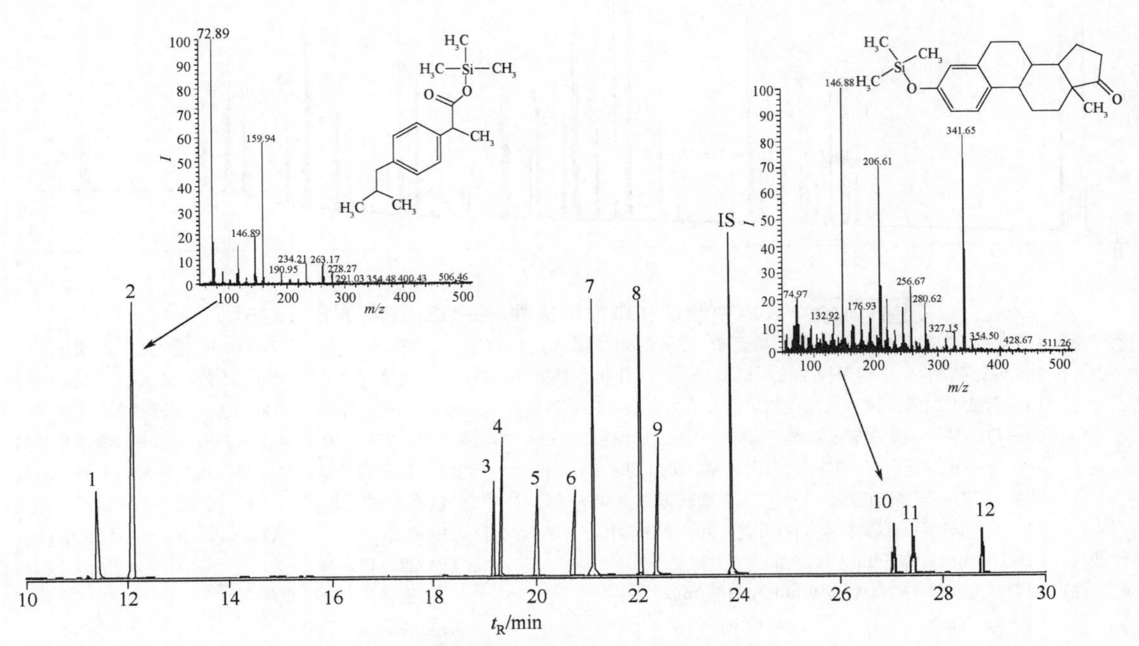

图 35-109 水中药物和激素[61]

色谱峰：1—氯贝酸；2—布洛芬；3—美托洛尔；4—萘普生；5—三氯生；6—普萘洛尔；7—酮洛芬；8—卡马西平；9—双氯芬酸；10—雌芬酮；11—雌二醇；12—炔雌醇；IS—内标(磷酸三苯酯)

色谱柱：DB-5，30m×0.25mm，0.25μm

程序升温条件：70℃(1min) $\xrightarrow{14℃/min}$ 150℃ $\xrightarrow{6℃/min}$ 290℃（10min）

载　气：He，1.0mL/min

检测器：MS

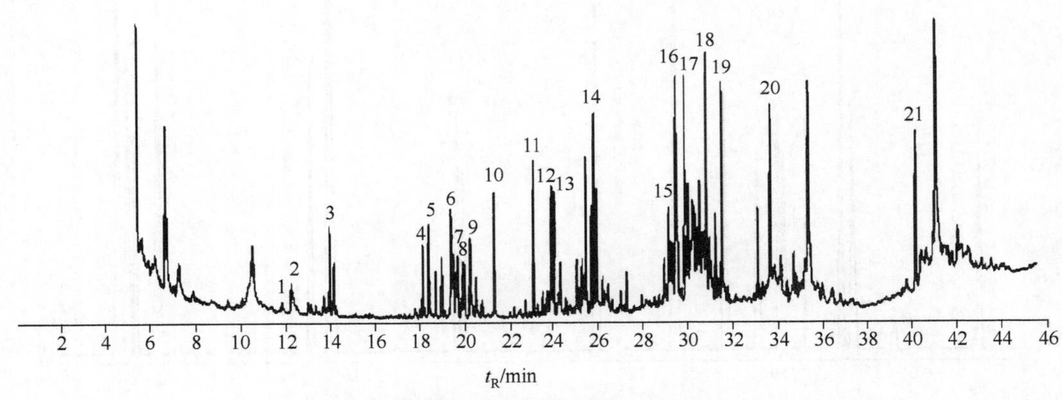

图 35-110 水中疑似香味过敏原[62]

色谱峰：1—柠檬油精；2—苯甲醇；3—芳樟醇；4—柠檬醛；5—香叶醇；6—肉桂醛；7—羟基香茅醛；8—大茴香醇；9—肉桂醇；10—丁香油酚；11—紫罗酮；12—异丁子香酚；13—香豆素；14—铃兰醛；15—新铃兰醛；16—戊基肉桂醇；17—金合欢醇；18—己基肉桂醛；19—苯甲酸苄酯，20—水杨酸苄酯；21—肉桂酸苄酯

色谱柱：DB-5，30m×0.25mm，0.25μm

载　气：He，1.2mL/min

程序升温：45℃（2min） $\xrightarrow{5℃/min}$ 100℃ $\xrightarrow{5℃/min}$ 150℃ $\xrightarrow{5℃/min}$ 200℃(5min) $\xrightarrow{8℃/min}$ 225℃(5min)

进样口温度：280℃

第三节　固体中污染物

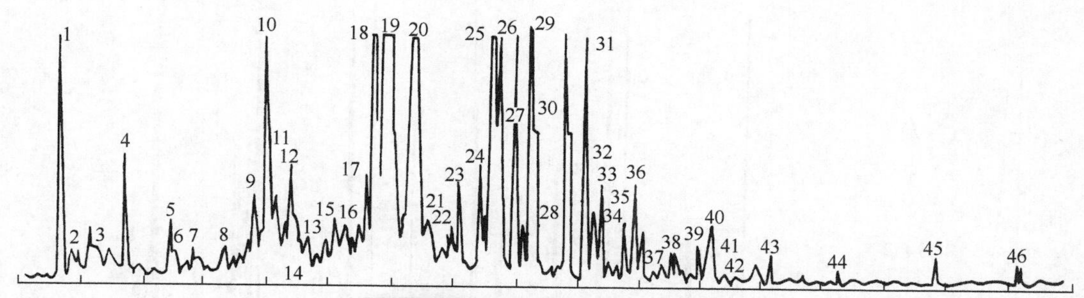

图 35-111　油田七样中的烃类[63]

色谱峰：1—二氧化碳；2—正丁烷；3—2,2-二甲基丁烷；4—正己烷；5—苯；6—3-甲基己烷；7—正庚烷；8—1,3-二甲基环戊烷；9—2,5-二甲基己烷；10—甲苯；11—1,3-二甲基环己烷；12—3-乙基己烷；13—1,2-二甲基环己烷；14—正辛烷；15—2,6-二甲基-3-庚烯；16—1-乙基-3-甲基环戊烷；17—正壬烷；18—乙苯；19—对二甲苯；20—间二甲苯；21—1-乙基-2-甲基环己烷；22—异丙苯；23—4-莰烯；24—丙苯；25—对乙基甲苯；26—间三甲苯；27—邻乙基甲苯；28—正癸烷；29—1,2,4-三甲苯；30—叔丁苯；31—2,3-二氢茚；32—对丙基甲苯；33—对二乙苯；34—十氢萘；35—1-乙基-3,5-二甲苯；36—2-乙基-1,4-对二甲苯；37—1,2,3,5-四甲苯；38—1,2,3,4-四甲苯；39—2-甲基-2,3-二氢茚；40—1-甲基-2,3-二氢茚；41—1,2,3,4-四氢萘；42—正十三烷；43—萘；44—正十四烷；45—正十五烷；46—正十六烷

色谱柱：BP5，50m×0.22mm

柱　温：50℃（1.67min）→220℃（1min），6℃/min

载　气：He，1.5mL/min

检测器：离子阱

气化室温度：260℃

进样方式：居里点裂解，358℃，10s

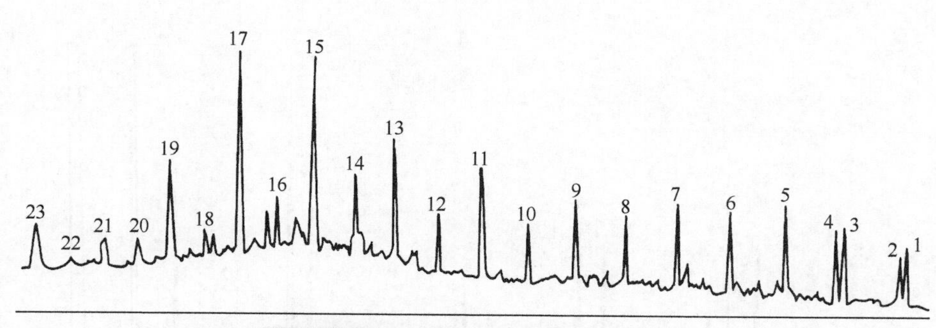

图 35-112　海洋中沉淀物中的烷烃[64]

色谱峰：1—十七烷；2—姥鲛烷；3—十八烷；4—植烷；5—十九烷；6—二十烷；7—二十一烷；8—二十二烷；9—二十三烷；10—二十四烷；11—二十五烷；12—二十六烷；13—二十七烷；14—二十八烷；15—二十九烷；16—三十烷；17—三十一烷；18—三十二烷；19—三十三烷；20—三十四烷；21—三十五烷；22—三十六烷；23—三十七烷

色谱柱：SE-30，22m×0.29mm

柱　温：75℃→270℃，4.5℃/min

载　气：N_2

检测器：FID

气化室温度：300℃

检测器温度：290℃

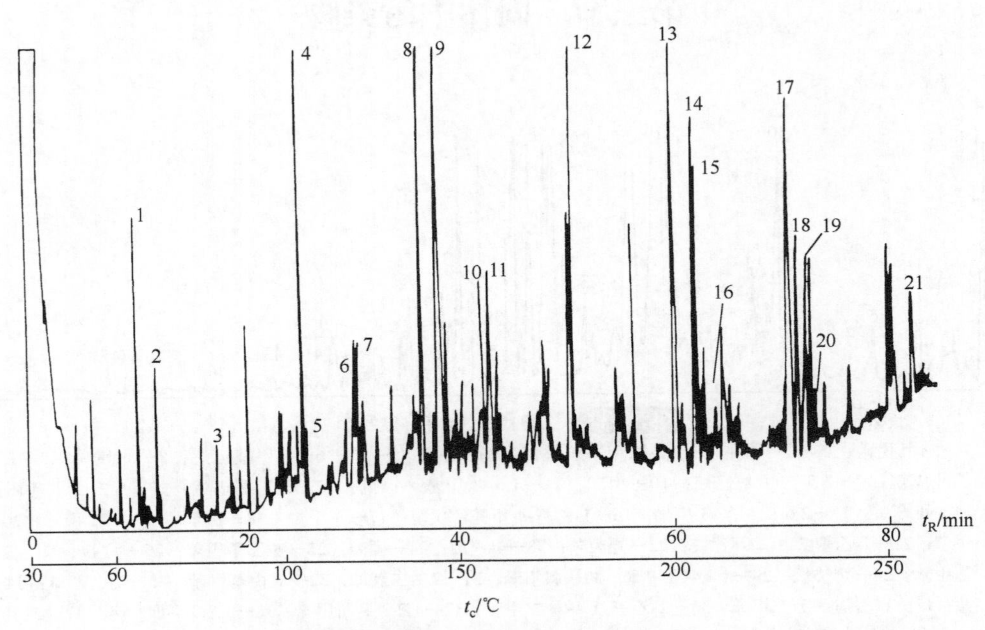

图 35-113 湖水沉淀物（一）[65]

色谱峰：1—联苯；2—苊烯；3—芴；4—菲；5—蒽；6—甲基菲；7—4,5-次甲基菲；8—荧蒽；9—芘；10—苯并[*a*]芴；11—苯并[*b*]芴；12—䓛或苯并[9,10]菲；13—苯并荧蒽；14—苯并[*e*]芘；15—苯并[*a*]芘；16—苝；17—二苯并蒽；18—茚并[1,2,3-*cd*]芘；19—苯并[*ghi*]苝；20—蒽；21—蔻

色谱柱：SE-52，20m×0.3mm　　载　气：H_2

柱　温：60℃→250℃，2℃/min　　检测器：FID

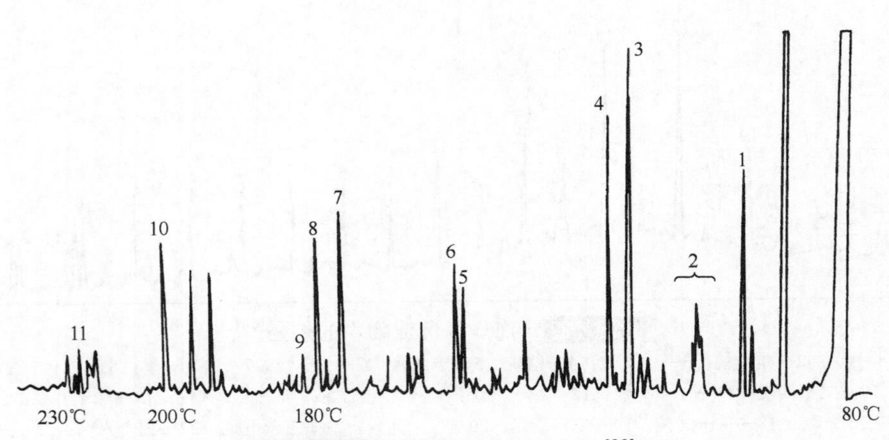

图 35-114 湖水沉淀物（二）[66]

色谱峰：1—菲；2—甲基菲+甲基蒽；3—荧蒽；4—芘；5—苯并蒽；6—䓛；7—苯并荧蒽；8—苯并芘；9—苝；10—苯并苝；11—晕苯

色谱柱：SE-52，13m×0.3mm　　载　气：H_2

柱　温：80℃→230℃，3℃/min　　检测器：FID

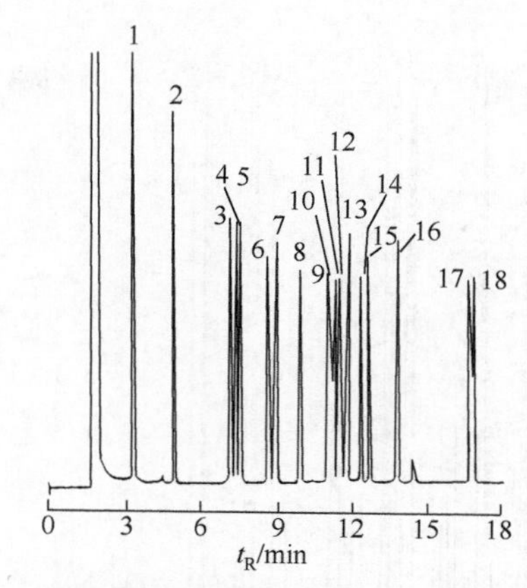

图 35-115　芳香族挥发性有机物——US EPA 方法 8020[20]

色谱峰：1—苯；2—甲苯；3—乙基苯；4—1,4-二甲苯；5—1,3-二甲苯；6—异丙基苯；7—1,2-二甲苯；8—正丙基苯；9—叔丁基苯；10—异丁基苯；11—1,2,3-三甲基苯；12—仲丁基苯；13—苯乙烯；14—1,4-异丙基苯；15—1,2,4-三甲基苯；16—正丁基苯；17—1,4-二异丙基苯；18—6-甲基苯乙烯

色谱柱：DB-WAX，30m×0.25mm，0.25μm

柱　温：50℃（1min）$\xrightarrow{4℃/min}$ 75℃ $\xrightarrow{10℃/min}$ 100℃

载　气：H_2，40cm/s

检测器：FID

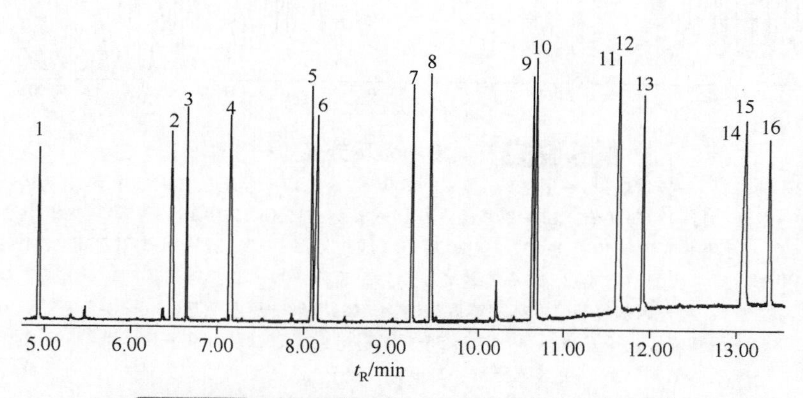

图 35-116　多环芳烃——US EPA 方法 8100[5]

色谱峰：1—萘；2—苊烯；3—苊；4—芴；5—菲；6—蒽；7—荧蒽；8—芘；9—苯并[a]蒽；10—䓛；11—苯并[b]荧蒽；12—苯并[k]荧蒽；13—苯并[a]芘；14—茚苯[1,,2,3-cd]芘；15—二苯并[a,h]蒽；16—苯并[g,h,i]苝

色谱柱：DB-5ms Ultra Inert，122-5532UI，30m×0.25mm，0.25μm

载　气：He，恒流30cm/s

柱温箱：40℃（1min）$\xrightarrow{5℃/min}$ 100℃ $\xrightarrow{10℃/min}$ 210℃（1min）$\xrightarrow{5℃/min}$ 310℃（8min）

进　样：分流/不分流进样，260℃，总流速53.7mL/min，0.5min 时吹扫流速50mL/min，载气节省功能流速80mL/min，3.0min 时开启

检测器：MSD离子源，温度300℃

四极杆温度：180℃

传输管线温度：290℃

扫描范围：50～550u

第三篇

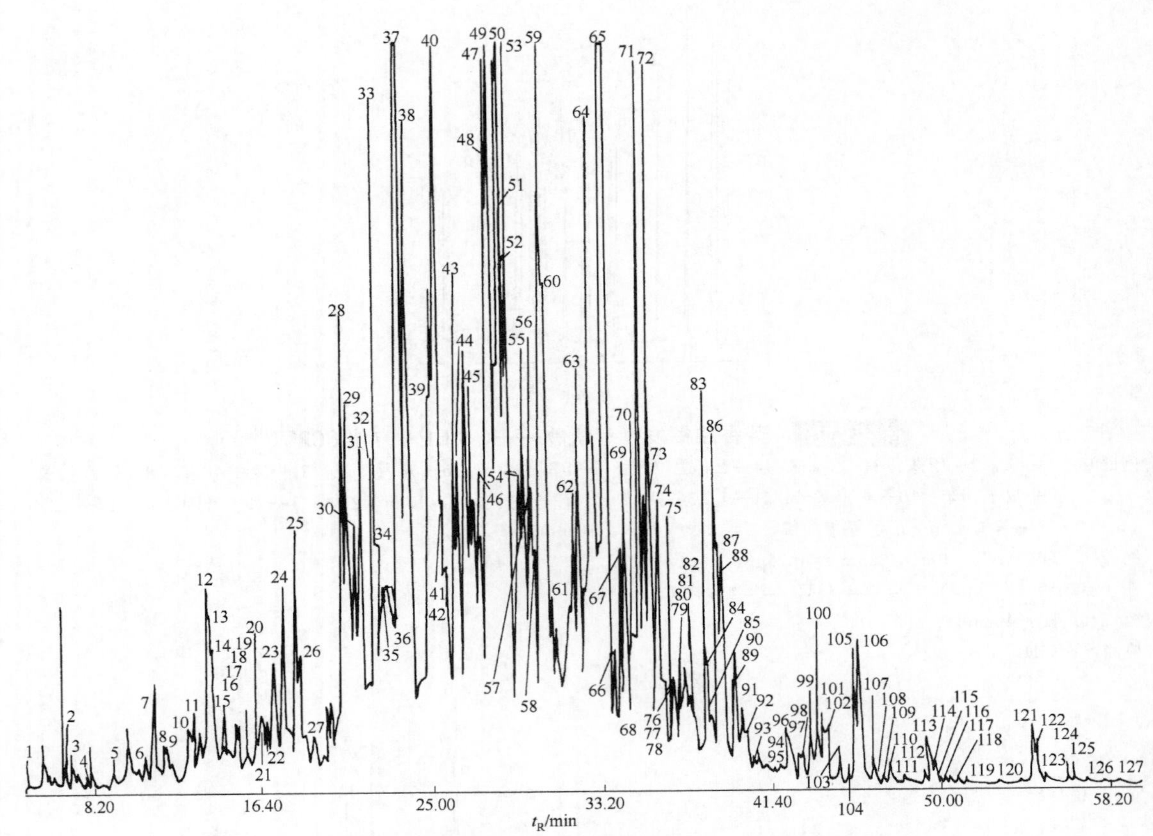

图 35-117　尘埃中多环芳烃（一）[67]

色谱峰：1—萘；2—喹啉；3—异喹啉；4—甲基萘；5—甲基喹啉；6,8,12—乙基萘（或二甲基）；7,10—乙基喹啉（或二甲基）；9—苊烯；11—甲基联苯；13—甲基噌啉；14—氧芴；15,16,17,18,19—丙基萘（或-甲乙基，或三甲基）；20—芴；21—丙基萘（或三甲基）；22—乙基联苯（或二甲基）；23,27—甲基丙基萘；24～26—甲基氧芴；28～30—甲芴；31—芴酮；32,34,35,36—乙基氧芴；33—硫芴；37—菲；38—蒽；39—氮蒽；40—咔唑；41—乙基芴（或二甲基）；42—丙基氧芴（或四甲基联苯）；43,45,57,58—甲基硫芴；44—1-苯基萘；46—苯并[*c*]噌啉；47,48,50,52,53—甲基菲（或甲基蒽）；49,54,55,56—甲基咔唑；51—4*H*-环戊基[*def*]菲；59—2-苯基萘；60—邻苯二甲酸酯；61—乙基硫芴（或二甲基硫芴）；62,63,64,65,67—乙基菲（或二甲基）；66—荧蒽；68—芘；69—苯并[*def*]硫芴；70,73,74，75,79—乙基环戊基菲；71—芘；72—甲基环戊基菲；76—三联苯；77,78,80—丙基菲（或三甲基，或甲乙基）；81—苯并[*a*]芴；82,84,85,89,92,93,94-丙基4*H*-环戊基菲（或三甲基）；83—苯并[*b*]芴；86,88,90,91—甲基芘；87—四甲基菲；95,96,98—乙基芘（或二甲基芘，或乙基荧蒽）；97—丙基芘（或三甲基芘）；99,102,103—苯并硫芴；100—苯并[*c*]菲；101—苯并氮蒽；104—苯并[*ghi*]荧蒽；105—苯并[*a*]蒽；106—䓛；107—三联苯；108—甲基苯并氮蒽；109,110,111—甲基苯并硫芴；112,113—甲基䓛（或甲基苯并蒽）；114—邻苯二甲酸酯；115,116—甲基苯并[*ghi*]荧蒽；117—联萘；118,119—二甲基苯并[*ghi*]荧蒽；120—二甲基苯并菲（或乙基䓛）；121—苯并[*j*]荧蒽；122—苯并[*b*]荧蒽；123—苯并[*k*]荧蒽；124—苯并[*e*]芘；125—苯并[*a*]芘；126—苝；127—甲基苯并芘

色谱柱：SE-30，30m×0.26mm

柱　温：50℃（1min）$\xrightarrow{25℃/min}$ 140℃（5min）$\xrightarrow{3℃/min}$ 300℃

载　气：H_2

检测器：MS

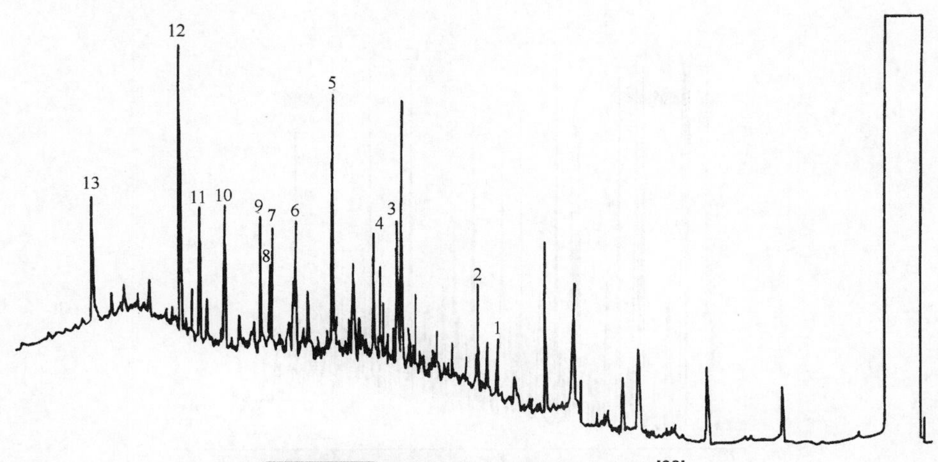

图 35-118 尘埃中多环芳烃（二）[68]

色谱峰：1—荧蒽；2—芘；3—苯并[*g,h,i*]荧蒽；4—环戊[*c,d*]芘+苯并[*a*]蒽+䓛；5—2,2-联萘（内标物）；6—苯并[*j*]荧蒽+ 苯并[*k*]荧蒽+苯并[*e*]荧蒽；7—苯并[*e*]芘；8—苯并[*a*]芘；9—6*H*-苯并[*c,d*]芘-6-酮；10—对四苯基；11—茚并[1,2,3-*cd*]芘；12—苯并[*ghi*]苝；13—晕苯

色谱柱：50%甲苯基甲基硅氧烷，10m　　检测器：FID

柱　温：70℃（1.5min）→305℃，7℃/min　　进样方式：不分流，于70℃ 1.5min

载　气：H_2，60cm/s

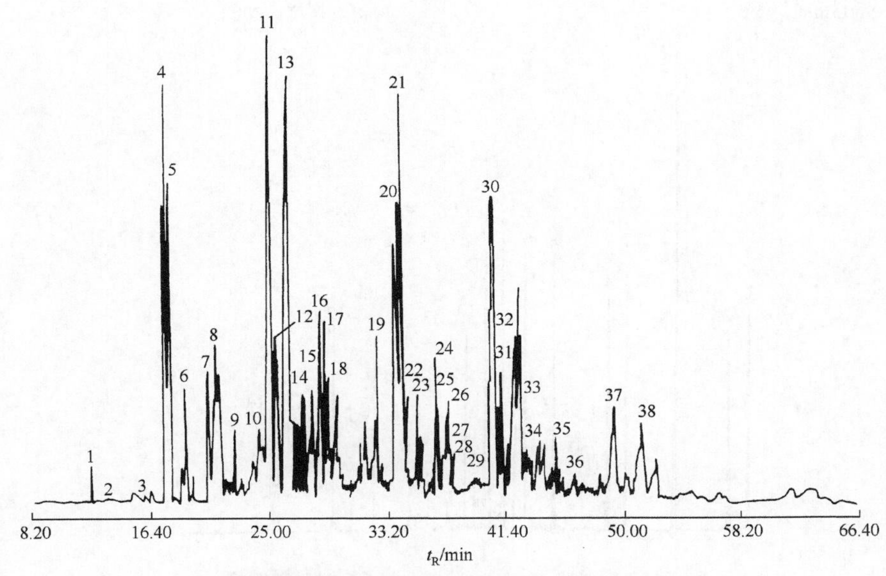

图 35-119 焦化厂悬浮颗粒中多环芳烃[69]

色谱峰：1—芴；2—4-甲基二苯并呋喃；3—甲基芴；4—菲；5—蒽；6—咔唑；7—甲基菲；8—4*H*-环戊[*def*]菲；9—苯基萘；10—二甲基菲；11—荧蒽；12—4,5-二氢芘；13—芘；14—2-氯二苯并[*b,e*]二噁烷；15—2-甲基芘；16—4-甲基芘；17—苯并[*b*]芴；18—1-甲基芘；19—苯并[*c*]菲；20—苯并[*c*]蒽；21—䓛；22—三亚苯；23—15*H*-环戊[*a*]菲；24—2-甲基三亚苯；25—甲基䓛；26—甲基苯并[*a*]蒽；27—2,2′-联二萘；28—二甲基苯并[*a*]蒽；29—二甲基苯并[*c*]菲；30—苯并[*k*]荧蒽；31—苯并[*j*]荧蒽；32—苯并[*e*]芘；33—苯并[*e*]芘；34—苝；35—胆蒽；36—1-二苯基亚甲基茚-1-氢；37—茚并[1,2,3,-*cd*]芘+二苯并[*a,h*]蒽；38—二苯并[*def,mno*]䓛

色谱柱：OV-101，25m×0.21mm　　检测器：FID

柱　温：170℃→290℃，4℃/min　　气化室温度：340℃

载　气：N_2，7mL/min　　检测器温度：340℃

第三篇

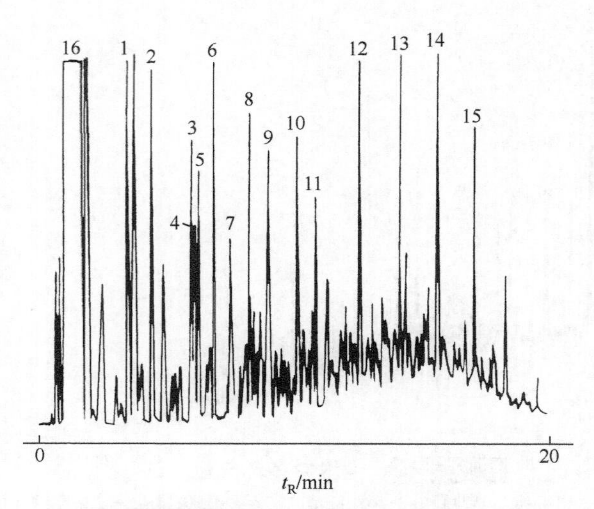

图 35-120 泥土中的航空汽油[70]

色谱峰：1—2-甲基己烷；2—正庚烷；3—甲苯；4—3-甲基庚烷；5—1,3-二甲基环己烷或1,4-二甲基环己烷；6—正辛烷；7—四甲基环戊烷或三甲基环己烷；8—间二甲苯+对二甲苯；9—正壬烷；10—三甲基辛烷；11—正癸烷；12—正十一烷；13—正十二烷；14—正十三烷；15—正十四烷；16—二氯甲烷（溶剂）

色谱柱：DB-5，15m×0.53mm，1.5μm　　检测器：FID

柱　温：10℃（3min）→225℃（2min），10℃/min　　气化室温度：300℃

载　气：He，9mL/min（45℃）　　检测器温度：300℃

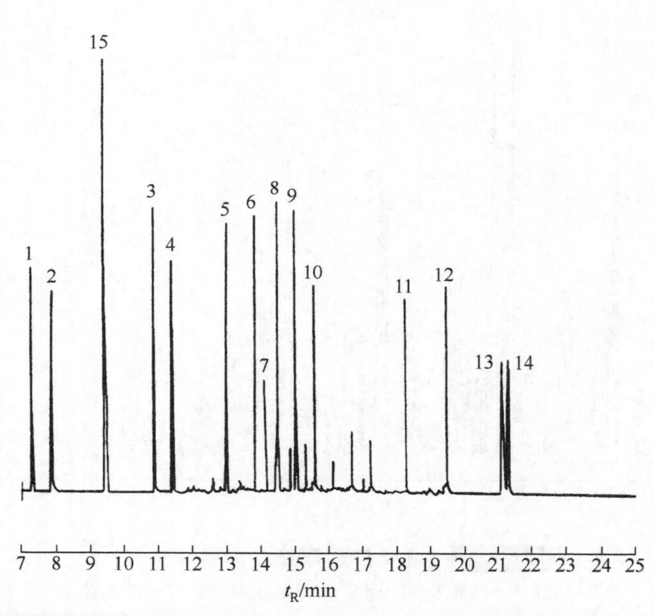

图 35-121 泥土中有机锡化合物（溴化戊基镁衍生物）[71]

色谱峰：1—$(CH_3)_3SnCl$；2—$(C_2H_5)_4Sn$；3—$(C_2H_5)_3SnBr$；4—$(CH_3)_2SnCl_2$；5—$(C_2H_5)_2SnCl_2$；6—$(C_4H_9)_4Sn$；7—CH_3SnCl_3；8—$(C_4H_9)_3SnCl$；9—$(C_4H_9)_2SnCl_2$；10—$C_4H_9SnCl_3$；11—$(C_6H_5)_2SnCl_2$；12—$(C_6H_5)_3SnCl$；13—$(C_6H_{11})_4Sn$；14—$(C_6H_5)_4Sn$；15—$(CH_3)_3C_6H_5Sn$（内标）

色谱柱：HP-5，25m×0.32mm，0.52μm　　检测器：原子发射检测器（Sn波长，270.651nm）

柱　温：55℃（5min）→260℃（10min），15℃/min　　进样方式：冷柱头进样

载　气：He，6mL/min

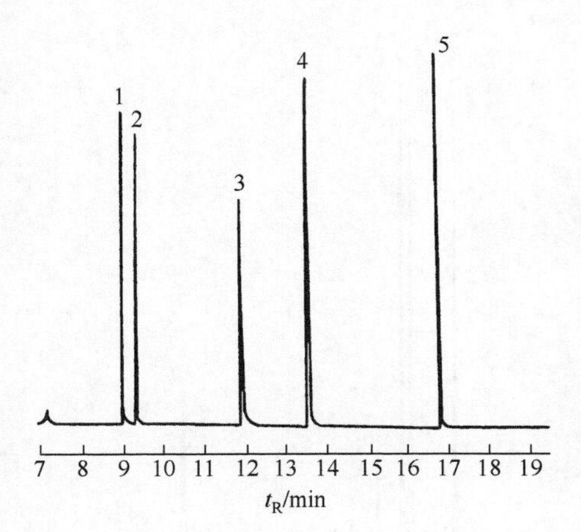

图 35-122 泥土中有机铅化合物（溴化戊基镁衍生物）[71]

色谱峰：1—$(CH_3)_3PbCl$；2—$(C_2H_5)_4Pb$；3—$(C_2H_5)_3PbCl$；4—$(C_3H_7)_3PbOOCCH_3$；5—$(C_5H_{11})_3PbOOCCH_3$

色谱柱：HP-5，25m×0.32mm，0.52μm

柱　温：55℃（5min）→260℃（10min），15℃/min

载　气：He，6mL/min

检测器：原子发射检测器（Pb，波长261.418nm）

进样方式：冷柱上进样

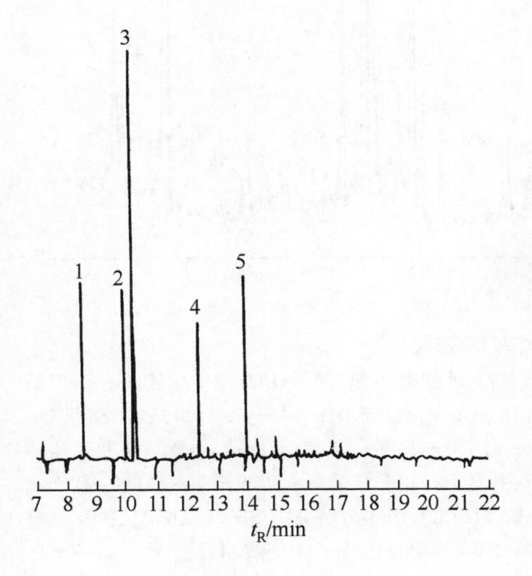

图 35-123 泥土中有机汞化合物（溴化戊基镁衍生物）[71]

色谱峰：1—CH_3HgCl；2—C_2H_5HgCl；3—$[(CH_3)_3SiCH_2]_2Hg$（内标）；4—$C_6H_5HgOOCCH_3$；5—$C_7H_{15}HgCl$

色谱柱：HP-5，25m×0.32mm，0.52μm

柱　温：55℃（5min）→260℃（10min），15℃/min

载　气：He，6mL/min

检测器：原子发射检测器（Hg，波长253.652nm）

进样方式：冷柱上进样

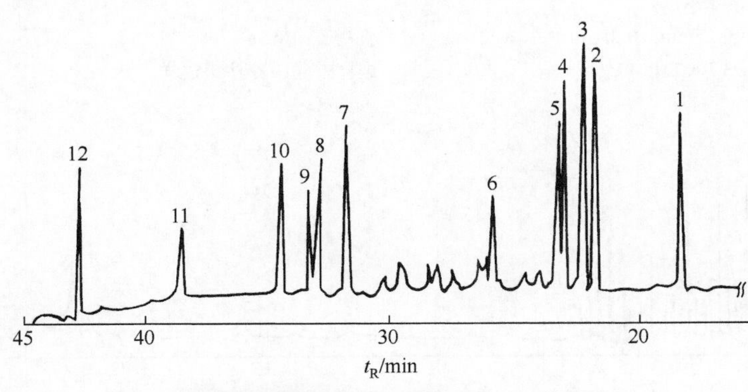

图 35-124 泥土中有机氯化物[72]

色谱峰：1—五氯苯；2—α-六六六；3—β-六六六；4—γ-六六六；5—δ-六六六；6—PCB；7—p,p′-DDE；8—p,p′-DDD；9—o,p′-DDT；10—p,p′-DDT；11—Aloclor 1260；12—十氯联苯

色谱柱：OV-101，12.5m×0.25mm

柱　温：40℃→270℃，10℃/min

载　气：N_2，2mL/min

检测器：ECD

气化室温度：260℃

检测器温度：285℃

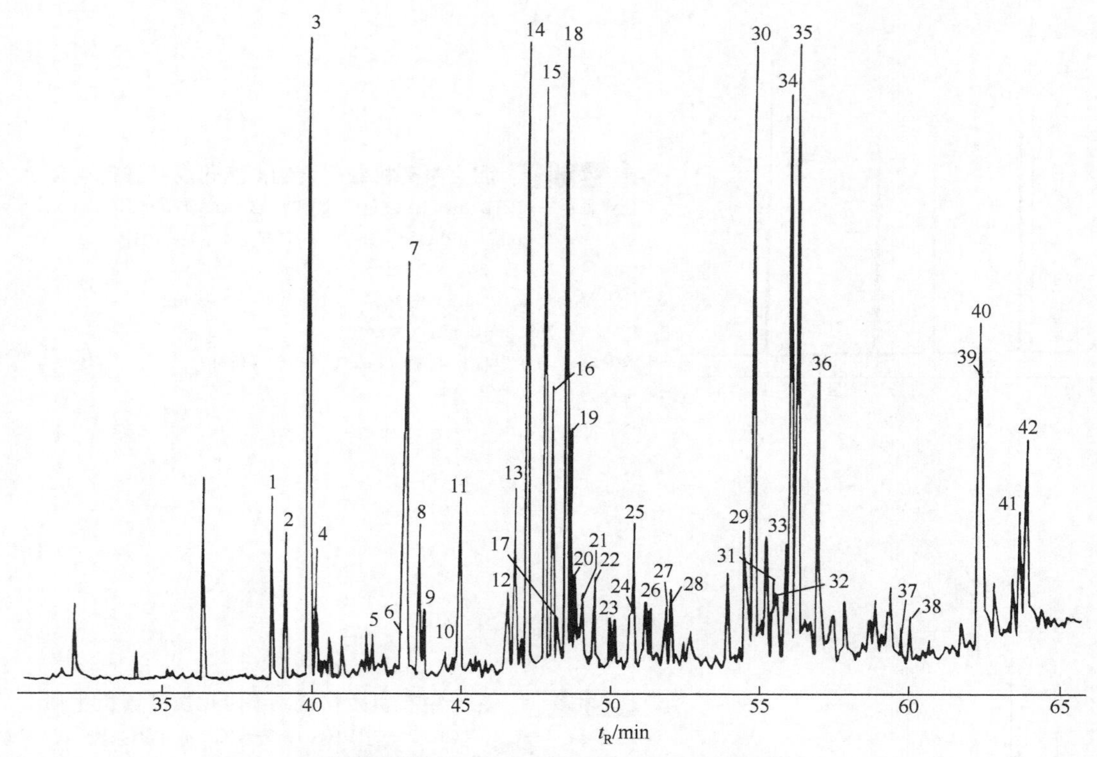

图 35-125 住宅褐煤燃烧炉的多环芳烃[73]

色谱峰：1—芴-9-酮；2—硫芴；3—菲；4—蒽；5—咕吨酮；6—3-甲基菲；7—菲那啉-1-酮；8—4*H*-环戊[*def*]菲；9—1-甲基菲；10—9,10-蒽醌；11—2-苯基萘；12—萘-1,8-二羧酸酐；13—环戊[*def*]菲酮；14—荧蒽；15—乙酰亚菲；16—菲并[4,5-*bcd*]噻吩；17—9-蒽腈；18—芘；19—苯并萘并呋喃；20—菲-9-羧基醛；21～23—苯并萘并呋喃异构体；24—苯并[*a*]芴；25—苯并[*b*]芴；26—4-甲基芘；27—2-甲基芘；28—1-甲基芘；29—苯并[*b*]萘并[2,1-*d*]噻吩；30—苯并[*ghi*]荧蒽；31—苯并[*b*]萘并[1,2-*d*]噻吩；32—苯并[*b*]萘并[2,3-*d*]噻吩；33—环戊[*cd*]芘；34—苯并[*a*]蒽；35—䓛；36—苯并蒽酮；37—2,1-联萘；38—2,2-联萘；39—苯并[*b*]荧蒽；40—苯并[*k*]荧蒽；41—苯并[*e*]芘；42—苯并[*a*]芘

色谱柱：SPB-5，30m×0.25mm，0.25μm　　检测器：MS

柱　温：40℃（2min）→300℃，4℃/min　　进样方式：冷柱头进样

载　气：He

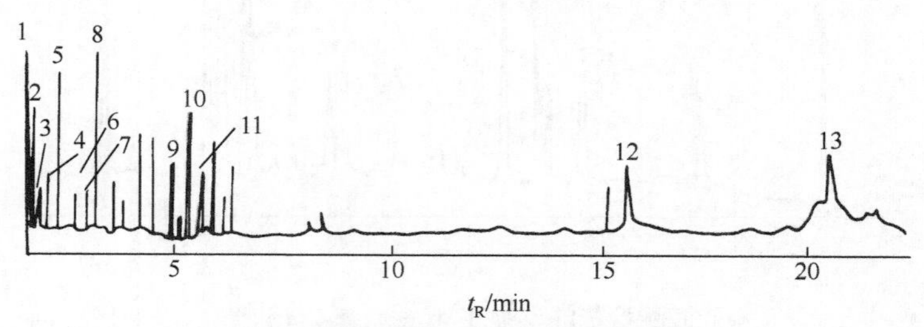

图 35-126 抽油烟机油烟凝聚物[74]

色谱峰：1—戊烷；2—己醛；3—2-庚烯醛；4—己酸；5—2,4-壬二烯醛；6—丁基环氧乙烷；7—2-壬烯醛；8—壬醛；9—2-癸烯醛；10—未知物；11—2,4-癸二烯醛；12—十六酸；13—十八酸

色谱柱：OV-101，25m×0.2mm，0.2μm　　检测器：MS

柱　温：100℃→200℃（5min），5℃/min　　气化室温度：240℃

载　气：He，100kPa

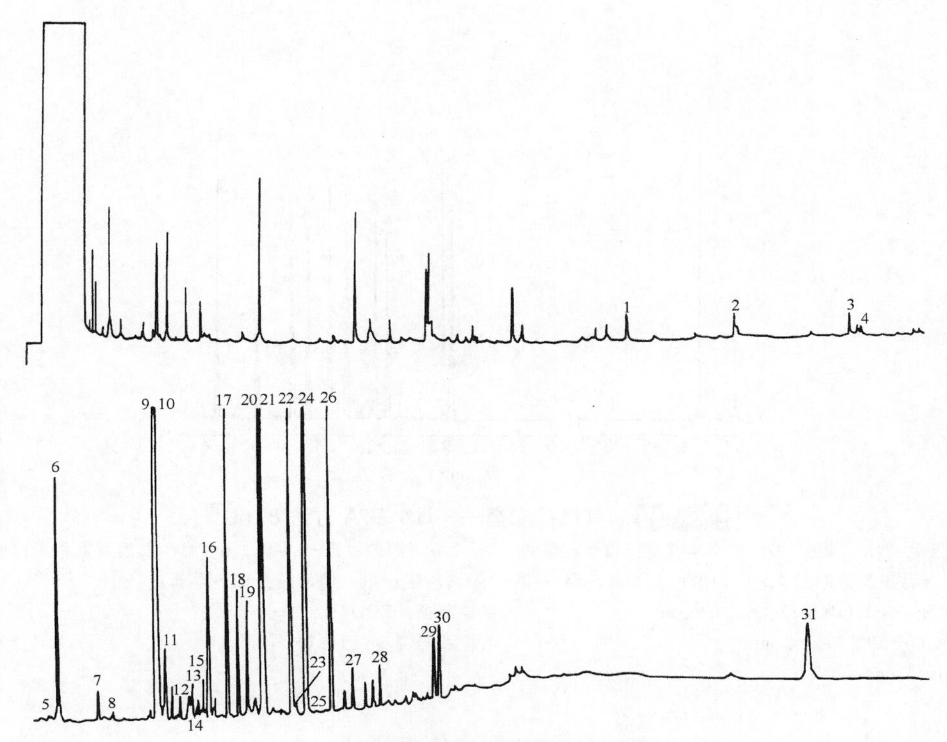

图 35-127 粗妥尔油[75]

色谱峰：1—β-石竹烯；2—2,6-双(1,1-甲基乙基)-4-甲酚；3—十四碳酸；4—十五烷酸；5—棕榈油酸；6—十六烷酸；7—14-甲基十六烷酸；8—十七烷酸；9—油酸；10—十八烷酸；11～16—十八碳二烯酸；17—海松酸；18—山达海松酸；19—顺-5,顺-11,顺-14-二十碳三烯酸；20—异海松酸；21—犬问荆酸；22—脱氢脱氢松香酸；23—脱氢松香酸；24—二十烷酸；25—松香酸；26—新松香酸；27—7,13,15-松香三烯-18-酸；28—氧代脱氢松香酸；29—二十二烷酸；30—二十四烷酸；31—β-谷甾醇

色谱柱：OV-1701，25m×0.25mm，0.25μm
柱　温：30℃（5min）→260℃（30min），4℃/min
载　气：H_2，30cm/s
检测器：FID
气化室温度：冷柱头进样
检测器温度：260℃

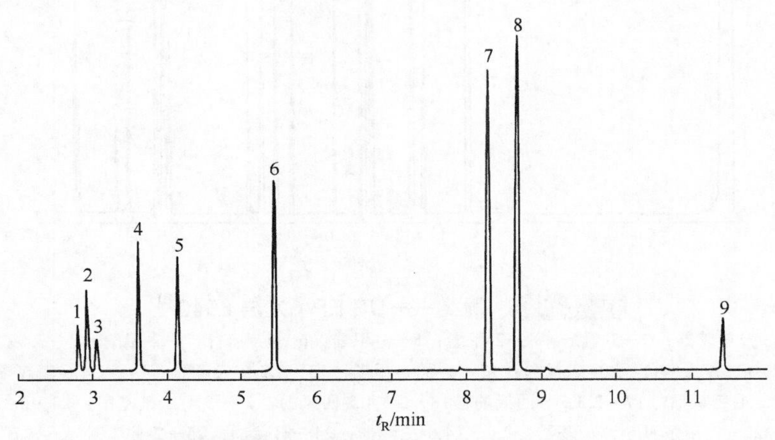

图 35-128 丙烯腈——US EPA 方法 8030[10]

色谱峰：1—乙醇；2—乙醚；3—丙烯醛；4—乙腈；5—丙烯腈；6—甲乙酮；7—甲基异丁基酮；8—三聚乙醛；9—丙烯酰胺
色谱柱：DB-624，30m×0.32mm，1.8μm
柱　温：35℃（3min）→175℃，15℃/min
载　气：He，35cm/s（35℃）
检测器：MS

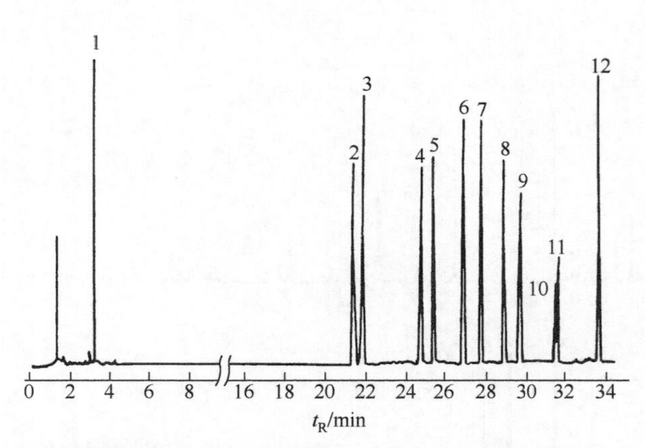

图 35-129 有机氯农药——US EPA 方法 8150[8]

色谱峰：1—茅草枯；2—2,4-二氯苯基乙酸；3—麦草畏；4—2,4-滴丙酸；5—2,4-滴；6—4,4′-二溴八氟联苯（内标物）；7—五氯酚；8—2,4,5-涕丙酸；9—2,4,5-涕；10—2,4-滴丁酸；11—地乐酚；12—毒莠定

色谱柱：PTE-5，30m×0.32mm，0.25μm　　检测器：ECD

柱　温：60℃→300℃，4℃/min　　检测器温度：310℃

载　气：He，30cm/s

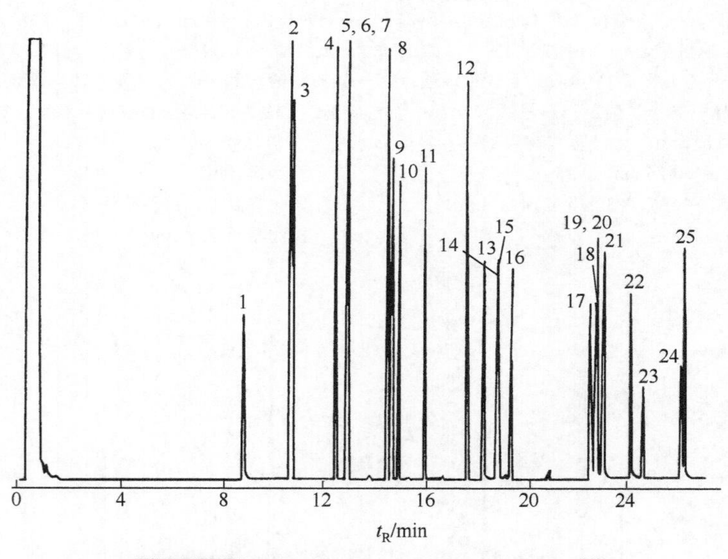

图 35-130 酚类——US EPA 方法 8040[8]

色谱峰：1—五氟酚；2—苯酚；3—2-氯酚；4—2-甲酚；5—3-甲酚；6—4-甲酚；7—2-溴酚；8—2,4-二甲酚；9—2-硝基酚；10—2,4-二氯酚；11—2,6-二氯酚；12—4-氯-3-甲酚；13—2,3,5-三氯酚；14—2,4,6-三氯酚；15—2,4,5-三氯酚；16—2,3,4-三氯酚；17—2,3,5,6-四氯酚；18—2,3,4,5-四氯酚；19—2,4-二硝基酚；20—2,3,4,6-四氯酚；21—4-硝基酚；22—2-甲基-4,6-二硝基酚；23—2,4,6-三溴酚；24—五氯酚；25—2-仲丁基-4,6-二硝基酚

色谱柱：SPB-608，30m×0.53mm，0.5μm　　检测器：FID

柱　温：40℃（4min）→250℃，8℃/min　　检测器温度：275℃

载　气：He

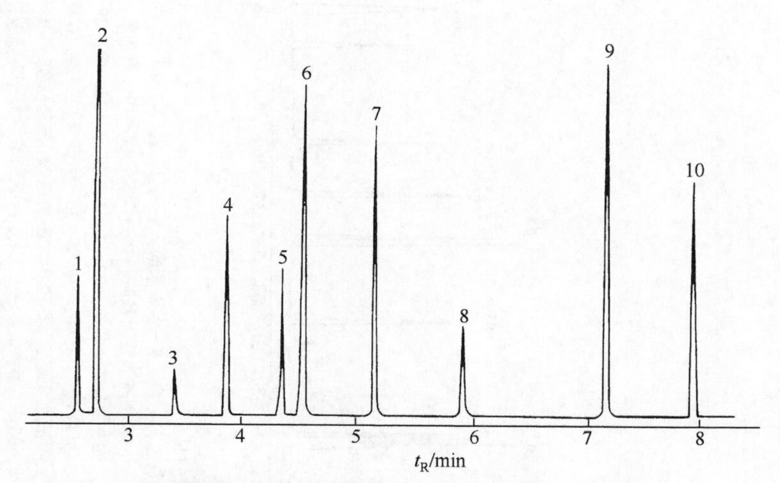

图 35-131 固体毒物——US EPA 方法 1311[10]

色谱峰：1—1,1-二氯乙烯；2—二氯甲烷；3—2-丁酮；4—氯仿；5—1,2-二氯乙烷；6—苯+四氯化碳；7—三氯乙烯；8—吡啶；9—四氯乙烯；10—氯苯

色谱柱：DB-5.625，30m×0.25mm，0.5μm

载　气：He

柱　温：40℃（1min）→140℃，120℃/min

检测器：MS

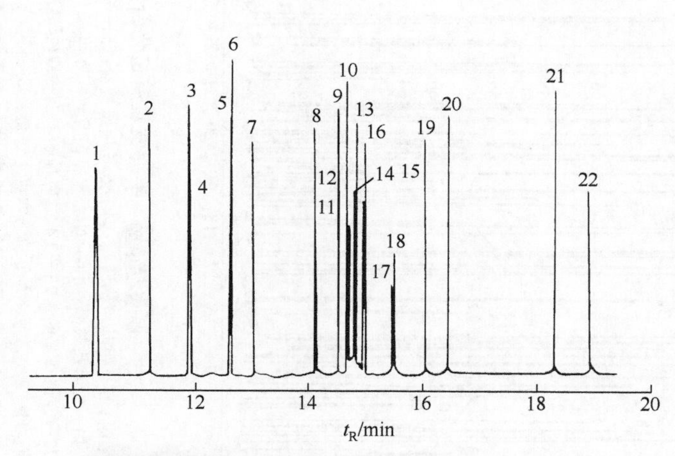

图 35-132 四氯二苯并对二噁英（TCDD）[76]

色谱峰：1—1,3,6,8-TCDD；2—1,3,7,9-TCDD；3—1,3,7,8-TCDD；4—1,3,6,9-TCDD；5—1,2,4,7-TCDD；6—1,2,4,8-TCDD；7—1,2,6,8-TCDD；8—1,4,7,8-TCDD；9—2,3,7,8-TCDD；10—1,2,3,4-TCDD；11—1,2,4,6-TCDD；12—1,2,4,9-TCDD；13—1,2,3,7-TCDD；14—1,2,3,8-TCDD；15—1,2,7,9-TCDD；16—1,2,3,6-TCDD；17—1,2,7,8-TCDD；18—1,4,6,9-TCDD；19—1,2,3,9-TCDD；20—1,2,6,9-TCDD；21—1,2,6,7-TCDD；22—1,2,8,9-TCDD

色谱柱：Silar 10C，20m×0.1mm

柱　温：80℃（2min）$\xrightarrow{2℃/min}$ 180℃ $\xrightarrow{4℃/min}$ 250℃ $\xrightarrow{12℃/min}$ 280℃（5min）

载　气：H_2，45cm/s

检测器：ECD

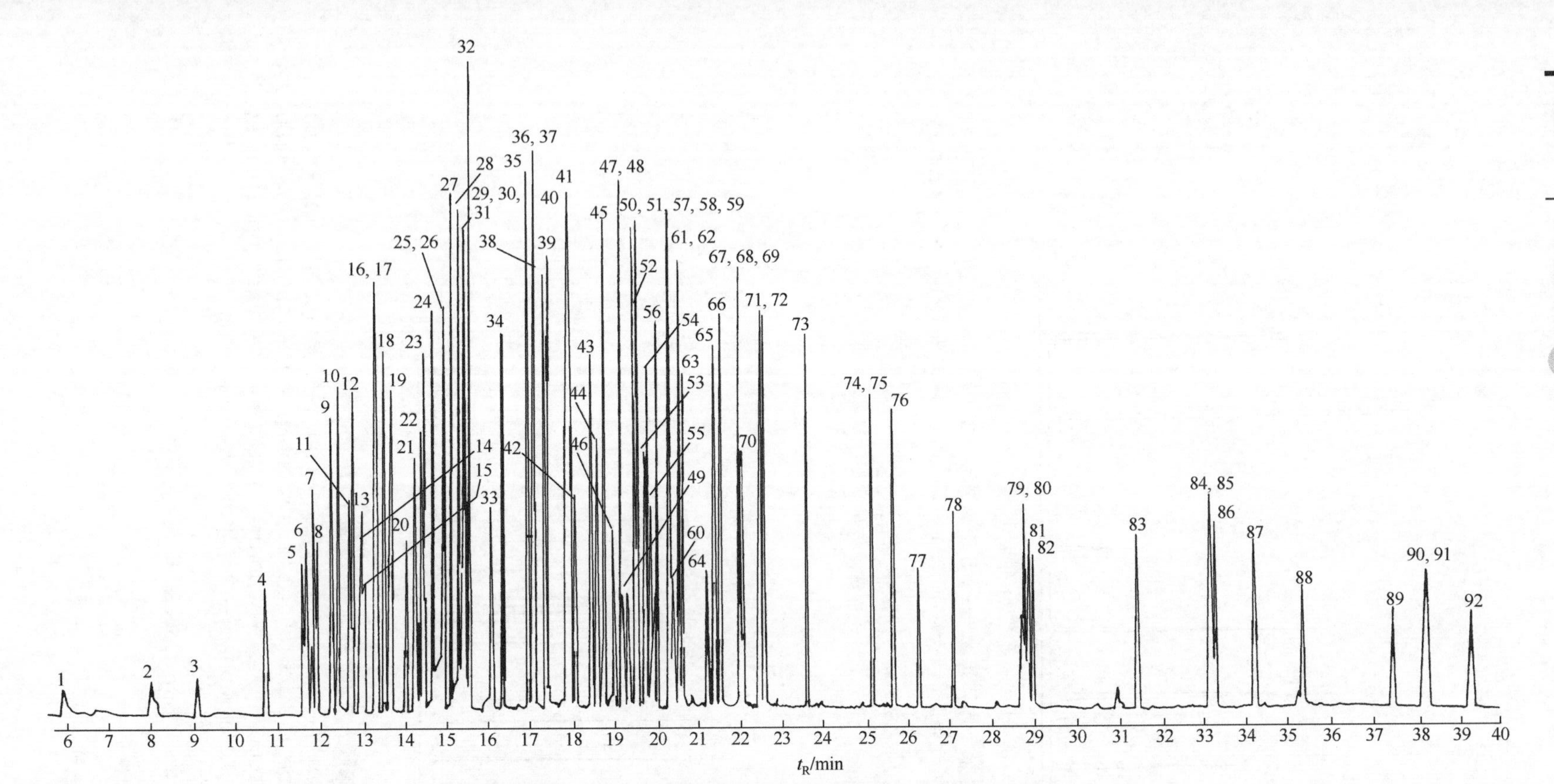

图 35-133 半挥发性有机化合物——US EPA 方法 8270[10]

色谱峰：1—*N*-亚硝基二甲基胺；2—皮考啉；3—甲基甲磺酸盐；4—乙基甲磺酸盐；5—苯酚；6—苯胺；7—双（2-氯乙基）醚；8—2-氯苯酚；9—1,3-二氯苯；10—1,4-二氯苯；11—苯甲醇；12—1,2-二氯苯；13—2-甲基苯酚；14—双(2-氯异丙基)醚；15—4-甲基苯酚；16—苯乙酮；17—*N*-亚硝基二正丙基胺；18—六氯乙烷；19—硝基苯；20—*N*-亚硝基哌啶；21—异佛尔酮；22—2-硝基苯酚；23—2,4-二甲基酚；24—双(2-氯乙氧基)甲烷；25—苯甲酸；26—2,4-二氯苯酚；27—1,2,4-三氯苯；28—萘；29—(*α*,*α*)-二甲基苯乙基胺；30—4-氯苯胺；31—2,6-二氯苯酚；32—六氯丁二烯；33—*N*-亚硝基-二正丁基胺；34—4-氯-3-甲基苯酚；35—2-甲基萘；36—六氯环戊二烯；37—1,2,4,5-四氯苯；38—2,4,6-三氯苯酚；39—2,4,5-三氯苯酚；40—2-氯萘；41—1-氯萘；42—2-硝基苯胺；43—邻苯二甲酸二甲酯；44—2,6-二硝基甲苯；45—苊烯；46—3-硝基苯胺；47—苊；48—2,4-二硝基苯酚；49—4-硝基苯酚；50—五氯苯；51—2,4-二硝基甲苯；52—二苯并呋喃；53—1-萘胺；54—2,3,4,6-四氯苯酚；55—2-萘胺；56—邻苯二甲酸二乙酯；57—4-氯苯基苯基醚；58—芴；59—4-硝基苯胺；60—4,6-二硝基-2-甲基苯酚；61—二苯基胺；62—*N*-亚硝基二苯基胺分解物；63—1,2-二苯基肼；64—非那西汀；65—4-溴苯基苯基醚；66—六氯苯；67—4-氨基联苯；68—五氯苯酚；69—五氯硝基苯；70—普那迈；71—蒽；72—菲；73—邻苯二甲酸二正丁酯；74—荧蒽；75—联苯胺；76—芘；77—对二甲基氨基偶氮苯；78—邻苯二甲酸丁基苯基酯；79—3,3′-二氯联苯胺；80—邻苯二甲酸双（2-乙基己基）酯；81—苯并[*a*]蒽；82—䓛；83—邻苯二甲酸正辛酯；84—7,12-二甲基苯并[*a*]蒽；85—苯并[*b*]荧蒽；86—苯并[*k*]荧蒽；87—苯并[*a*]芘；88—3-甲基氯蒽烯；89—二苯并[*a,j*]吖啶；90—茚并[1,2,3-*cd*]芘；91—二苯并[*a,h*]蒽；92—苯并[*ghi*]苝

色谱柱：DB-5ms，30m×0.25mm，0.5μm

柱　温：40℃（5min）$\xrightarrow{12℃/min}$ 290℃（6min）$\xrightarrow{20℃/min}$ 325℃（5min）

检测器：MS

载　气：He，34.4cm/s（150℃）

气化室温度：250℃

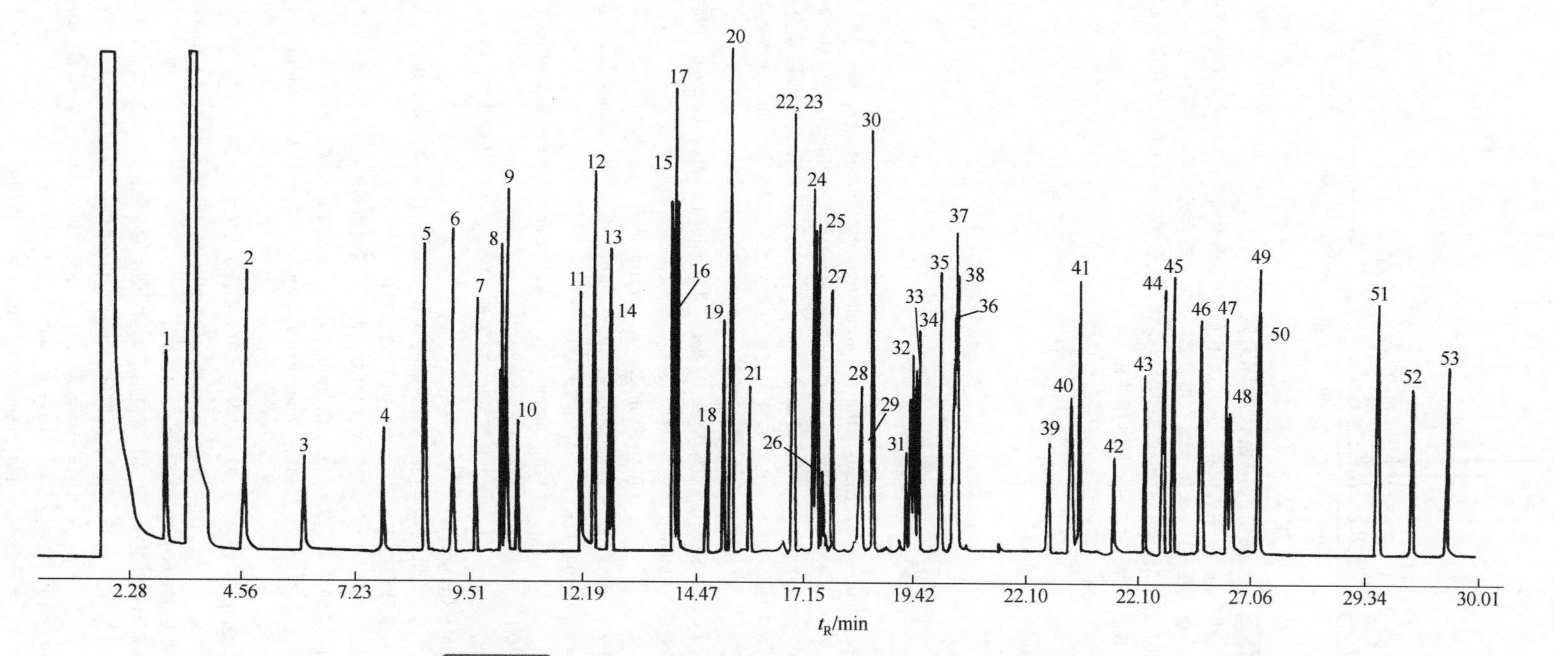

图35-134　半挥发性有机化合物——US EPA 方法 8270[8]

色谱峰：1—吡啶；2—2-皮考啉；3—甲磺酸甲酯；4—甲磺酸乙酯；5—苯胺；6—1,4-二氯苯-d_4（内标）；7—苯甲醇；8—苯乙酮；9—对甲苯胺；10—硝基苯-d_5（代用品）；11—二甲基苯基乙胺；12—萘-d_8（内标）；13—4-氯苯胺；14—六氯丙烯；15—1,4-苯二胺；16—黄樟脑；17—2-甲基萘；18—顺异黄樟脑；19—2-氟联苯；20—反异黄樟脑；21—2-硝基苯胺；22—苊-d_{10}（内标）；23—3-硝基苯胺；24—氧芴；25—五氯苯；26—1-萘胺；27—2-萘胺；28—5-硝基对甲苯胺；29—4-硝基苯胺；30—二苯胺；31—1,3,5-三硝基苯；32—燕麦敌（异构体）；33—非那西汀；34—燕麦敌（异构体）；35—4-氨基联苯；36—五氯硝基苯；37—菲-d_{10}（内标）；38—拿草特；39—4-硝基喹啉并-*N*-氧化物；40—盐酸噻吡二胺；41—异艾氏剂；42—联苯胺；43—4-三联苯-d_{14}（代用品）；44—4-二甲基胺基偶氮苯；45—氯代联苯胺；46—开蓬；47—3,3′-二氯联苯胺；48—2-乙酰胺基芴；49—䓛-d_{12}（内标）；50—3,3′-二甲基联苯胺；51—7,12-二甲基苯并蒽；52—苝-d_{12}（内标）；53—3-甲基胆蒽

色谱柱：PTE-5，30m×0.25mm，0.25μm　　载　气：He，35cm/s

柱　温：35℃（4min）→300℃，10℃/min　　检测器：MS

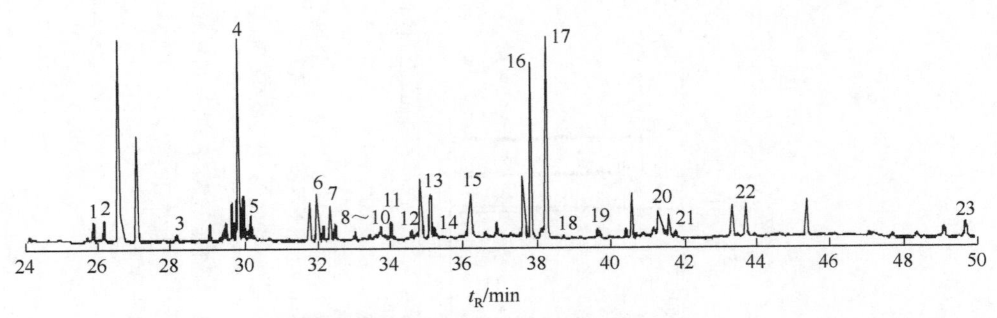

图 35-135 土壤中的中卤代多环芳烃[77]

色谱峰：1—9-氯代芴；2—5-溴代苊；3—2-溴代芴 ；4—9-氯代菲；5—9-氯代蒽；6—9-溴代菲；7—9-溴代苊；8—二氯代菲；9—9,10-二氯代蒽；10—1,9-二氯代菲；11—9,10-二氯代菲；12—2,7-二溴代芴；13—3-氯代荧蒽；14—8-氯代荧蒽；15—1-氯代芘 ；16—9,10-二溴代蒽；17—1-溴代芘；18—3,8-二氯代荧蒽；19—3,4-二氯代荧蒽；20—6-氯代䓛；21—7-氯代苯并蒽；22—7-溴代苯并蒽；23—6-溴代苯并芘

色谱柱：DB-5MS毛细管柱，60m×0.25mm，0.25μm

进样口温度：280℃

程序升温条件：100℃(1min) →300℃（10min)，5℃/min

载 气：He，1mL/min

检测器：MS

参 考 文 献

[1] De Zeeuw J, de Nils R C M, Hennch L T. J Chrom Sci, 1987, 25：71.

[2] 乔世俊，葛宁春，吴仁铭. 分析测试通报，1988, 7（2）：76.

[3] J Chrom Sci, 1993,31:196.

[4] Maiusha P, Koval M, Seiler W. HRC & CC, 1986, 9: 577.

[5] Agilent Technologies. 5991-5213CHCN_GC_Catalog. 2014, 531.

[6] GB 12209. 2—90. 中国国家标准汇编，1993，151：333.

[7] Calleux A, Turcant A, Premel Cabic A, et al. Chromatographia, 1993, 37: 58.

[8] Supelco. Chromatography Prodcts.1994: 676.

[9] Do L, Ranhn F. J Chromatogr, 1989, 481: 45.

[10] J &W Scientifc. 1994-1995 Chromatography Catalog & Reference Guide. 1995: 131.

[11] 黄文风，林应椿. 第九次全国色谱学术报告会文集. 1993：285.

[12] de Nijs R C M. Chrompeak News, 1983, 10(3): 9.

[13] Hollis O L. Anal Chem, 1966, 38: 309.

[14] 赵丽辉，王菊思. 环境化学，1986，8（3)：70.

[15] SGE. Acalytical Products 1993/1994 Catalogue. 1994: 72.

[16] 兰博顿 J E，利希滕伯格 J J 编. 城市和工业废水中有机化合物分析. 王克欧等编译. 北京：学术期刊出版社，1989：11.

[17] J Chrom Sci, 1988, 26: 537.

[18] GB 11934—89. 中国国家标准汇编，1993，147：263.

[19] Fresenius W, Quentin K E, Schneider W 著. 水质分析. 张曼平，等译. 北京：北京大学出版社，1991：320.

[20] Alltech. Chromatography Catalog 350. 1995: 34.

[21] 岛津. Gas Chromatograph Data Sheet, C A 180-924.

[22] 国家环保局《水和废水监测分析方法》编委会. 水和废水监测分析方法：第 3 版. 北京：中国环境科学出版社，1989：391.

[23] Kolb B. Auer M, Pospisil P. J Chromatogr, 1988, 279: 341.

[24] Shimadzu. Application News, C 180-0013.

[25] Su G-Y, Yu Y-J, Liu H-L, et al. Chinese J Anal Chem, 2013, 41(5): 754.

[26] Simmonds P G, Wilkinson R I, Terry K. HRC&CC, 1988, 11: 9.

[27] 魏爱雪，赵国栋，刘晓榜，等. 环境化学，1986，5（2)：17.

[28] Mosesman N H, Sidisky L M, Corman S D. J Chorom Sci, 1987, 25: 351.

[29] GB 11938—89. 中国国家标准汇编，1993，147：249.

[30] SGE Analytical Science. BR-0307. 2010: 31.

[31] Knuutrinen J, Tarhane J, Lahtipera M. Chromatographia, 1982,15: 9.

[32] 黄国兰，黄玉明. 分析化学，1994，22：1197.

[33] Cacho J I, Campillo N, Vinas P, et al. J Chromatogr A, 2013, 1279: 1.

[34] 李植生，徐盈，丘昌强. 色谱，1985，2：338.

[35] 董振盈. 色谱, 1987, 5: 118.

[36] Hernandey F, Morell L, Beltran J, et al. Chromatographia, 1993, 37: 303.

[37] Shirey R E. HRC, 1995, 18: 495.

[38] Klee M S, Chang I. HRC, 1991, 14: 18.

[39] J Chrom Sci, 1987, 25:315.
[40] Chrompack News, 1982, 9(2): 12.
[41] Chrompack News, 1985, 12(3): 10.
[42] GB/T 13904—92.
[43] Belkin F, Bishop R W, Sheely M V. J Chrom Sci, 1985, 23: 532.
[44] Chrompack News, 1984, 11(1): 3.
[45] Cochran J W, Henson J M. HRC, 1988, 11: 869.
[46] GB 11935—89. 中国国家标准汇编，1993，147：239.
[47] Lattanizi L, Attaran R M. Chromatographia, 1994, 38:114.
[48] Shizay R E. HRC, 1995, 18: 495.
[49] Cherta L, Beltran J, Portoles T, Hernandez F. Anal Bio Chem, 2012, 402 (7): 2301.
[50] Supelco. Supelco Catalog 18:12.
[51] Attaran Rezaii M, Lattanzi. Chromatographia, 1994, 38:235.
[52] Hewlett, Packard 赠送资料.
[53] 高毅飞，王仁萍，等. 色谱，1985，2：212.
[54] Lopey-Avla V, Wood R, Flanagan M, et al. J Chrom Sci, 1987, 25:286.
[55] 黄长荣，梁汉昌，韩守廷. 色谱，1996，147：421.
[56] Hibberd A, Maskaoui K, Zhang Z, et al. Talanta, 2009, 77: 1315.
[57] Marı´a P, Martı´nez-Moral Marı´a T, Tena. J Sep Sci, 2011, 34: 2513.
[58] GB 13194—91. 中国国家标准汇编，1993，166：392.
[59] GB 11939—89. 中国国家标准汇编，1993，147：253.
[60] Hayes M A. J Chrom Sci, 1988, 26:146.
[61] Azzouz A, Souhail B, Ballesteros E. J Chromatogr A, 2010, 1217: 2956.
[62] Tsiallou T P, Sakkas V A, Albanis T A. J Sep Sci, 2012, 35: 1659.
[63] 冯晓双，陈伟. 分析化学, 1995, 23: 453.
[64] 王玉芳，邱云佳，叶永荣. 全国第二届毛细管色谱报告会文集. 1984：268.
[65] Giger W, Schaffner C. Anal Chem, 1978, 50: 243.
[66] Grob K, Jr, Grob K. Chromatographia, 1977, 10: 254.
[67] 康致泉，边雅明，王广峰，等. 第四次全国色谱学术报告会文集. 1983：232.
[68] Buijten J, Blomberg L, Hoffman S, et al. J Chromatogr, 1984, 289: 143.
[69] 赵振华. 多环芳烃的环境健康化学. 北京：中国科学科技出版社，1993.
[70] Vandegrift S A, Kampbell D H. J Chrom Sci, 1988, 26:566.
[71] Liu Y, Lopey-Avila V, Alcaray M, et al. HRC, 1994, 17: 527.
[72] 孙安强，陈荣莉，孙维相. 第五次全国色谱学术报告会文集. 1995：329.
[73] Knobloch T, Engewald W. HRC, 1993, 16: 239.
[74] 卫煜英，曹艳平. 第十次全国色谱学术报告会文集. 1995：249.
[75] Nogueira J M F, Pereira J L C, Sandra P. HRC, 1995, 18: 425.
[76] Onuska F L, Wilkinson R L, Terry K. HRC & CG, 1988: 11: 9.
[77] Mo L-G, Ma S-T, Li H-R, et al. Chinese J Anal Chem, 2013, 41(12): 1825.
[78] Lo J G, Chen T Y, Tso T L. Chromatographia, 1994, 38: 151.

第三十六章　其他类化合物色谱图

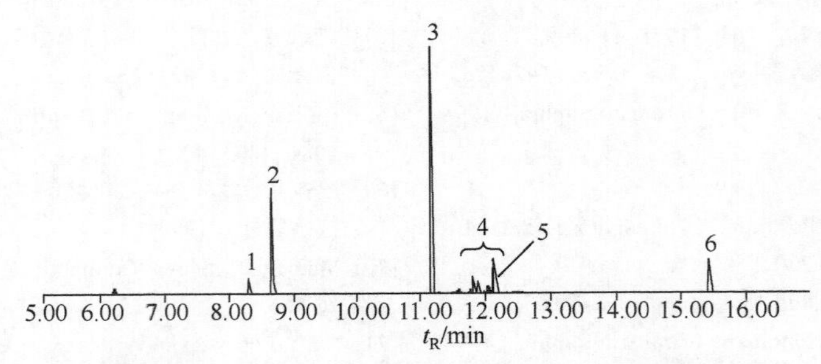

图 36-1　原位衍生后尿液中酚醛内分泌干扰物[1]

色谱峰：1—2,4-二氯酚；2—4-叔丁基苯酚；3—4-叔辛基酚；4—4-壬基酚异构体；5—五氯酚；6—双酚A.

色谱柱：DB-5MS，30m×0.25mm，0.5μm　　载气流速：1.2mL/min

程序升温条件：60℃→300℃（4min），15℃/min　　检测器：MS

载　气：He

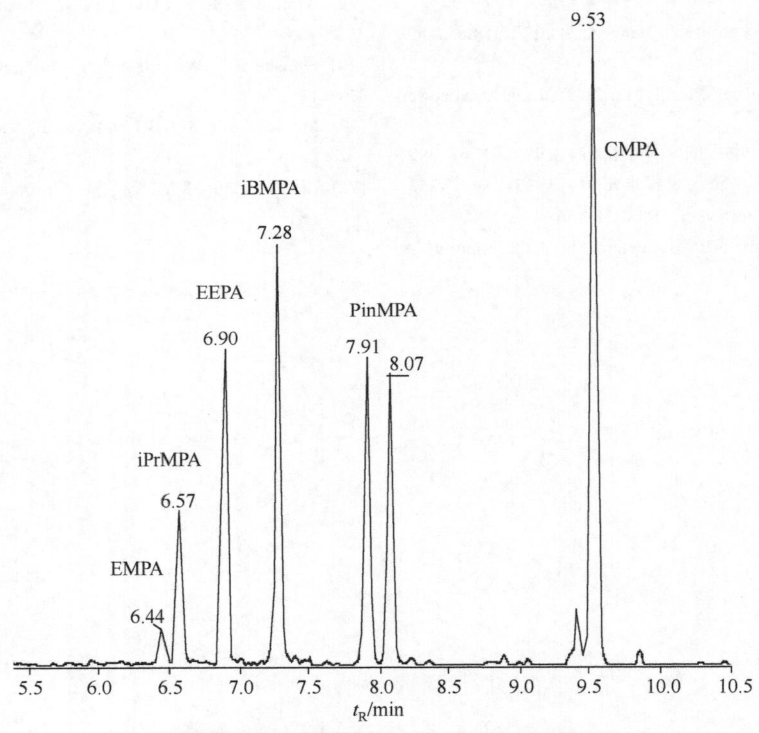

图 36-2　基于选择反应监测的烷基膦酸[2]

色谱峰：EMPA—乙基甲基膦酸；iPrMPA—异丙基甲基膦酸；EEPA—乙基乙基膦酸；iBMPA—异丁基甲基膦酸；PinMPA—吡呐基甲基膦酸；CMPA—环己基甲基膦酸

色谱柱：Restek Rtx-5MS毛细管柱，30m×0.25mm，0.25μm　　载　气：He

进样口温度：250℃　　载气流速：40cm/s

程序升温条件：60℃（1min）60℃ $\xrightarrow{30℃/min}$ 180℃ $\xrightarrow{10℃/min}$ 280℃（2min）　　检测器：MS

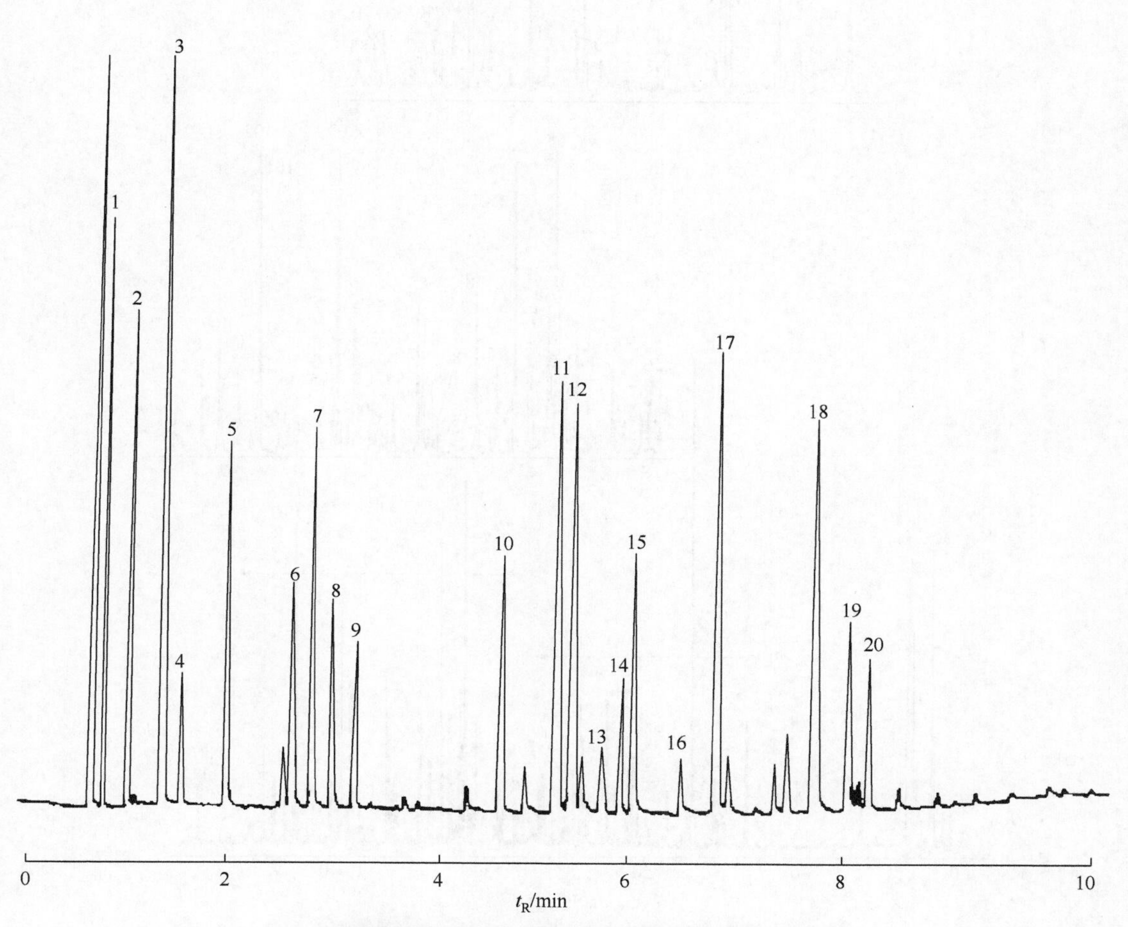

图 36-3 多环芳烃和有机氯农药混合物[3]

色谱峰：1—茚；2—萘；3—联苯；4—苊；5—苊；6—苊烯；7—七氯；8—芴；9—BHC；10—二苯并噻吩；11—DDE；12—硫丹；13—蒽；14—狄氏剂；15—4*H*-环戊菲；16—荧蒽；17—DDT；18—林丹；19—芘；20—咔唑

色谱柱：离子液体键合的石英毛细管柱

进样口温度：250℃

程序升温条件：175℃（1min）→335℃，20℃/min

载 气：He

载气流速：1mL/min

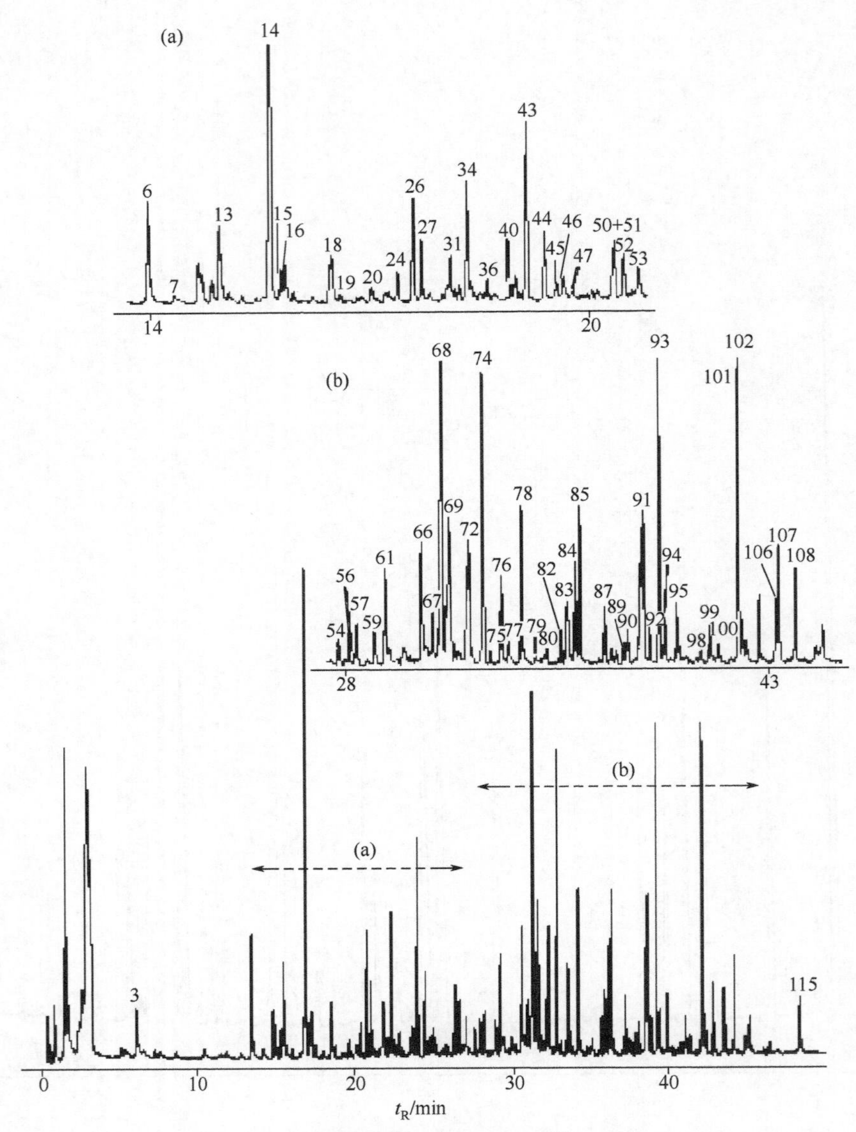

图 36-4 栎木材热解[4]

色谱峰：3—1,2-丙二醇；6—1,2-乙二醇单乙酸酯；7—环戊酮；13—2-甲基-2-丁烯醛；14—糠醛；15—糠醇；16—2-吡喃-2酮；18—5-甲基2(3*H*)-呋喃酮；19—4 -丙基-4*H*-1,2,4-三唑-3-胺；20—2*H*-吡喃-2-酮；24—5,6-二氢-2氢吡喃-2-酮；26—环己酮；27—2-呋喃甲醇异构体；31—未知；34—5-甲基糠醛；36—未知；40—3-甲基- 5-亚甲基-2(5*H*)-呋喃酮；43—1,4-二氢-1,4-二甲基-5*H*-四唑-5酮；44—甲基环戊烯醇酮；45—*N*,*N*-二甲基哌嗪；46—2,5-二甲基-3-亚甲基对二氧六环；47—4-乙基环己酮；50—未知；51—愈创木酚；52—未知；53—2-丙酰呋喃；54—麦芽酚；56—2,3-二氢-3,5-二羟基-6甲基-4*H*-吡喃—4酮；57—呋喃甲醇；59—*δ*-丁位癸内酯；61—3,5-二氢-3,5-二羟基-5甲基-4*H*-吡喃—4酮；66—未知；67—未知；68—5-(羟甲基)-2-糠醛；69—未知；72—未知；73—4,4-二甲基-5-氧代戊酸；74—1-(2-羟基-5-甲基苯基)乙酮；75—3-羟基-5-甲基-4*H*-吡喃-4-酮；76—未知；77—丁香酚的异构体；78—紫丁香醇；79—焦桐酚(连苯三酚)；80—异丁子香酚；82—未知；83—香兰素；84—丁子香酚；85—香草酸；87—4-丙基愈创木酚；89—夹竹桃麻素；90—丁香醛；91—左旋葡聚糖；92—香草甲基酮；93—乙酰藜芦酮；94—未知；95—2,6-二甲氧基-4-丙烯基-苯酚异构体；98—2,6-二甲氧基-4-丙烯基-苯酚异构体；99—2,6-二甲氧基-4-丙烯基-苯酚异构体；100—香草醇乙酯醚；101—肉豆蔻酸异丙酯；102—2,6-二甲氧基-4-丙烯基-苯酚；106—乙酰丁香酮；107—3-甲氧基桂皮酸；108—棕榈酸甲酯；115—2-烯丙基-3-乙氧基-4-甲氧基苯酚

色谱柱：RTX-20 WCOTTM，30m×0.25mm，1mm　　载气流速：1mL/min

程序升温：50℃（10min）→280℃，6℃/min　　检测器：MS

载　气：He

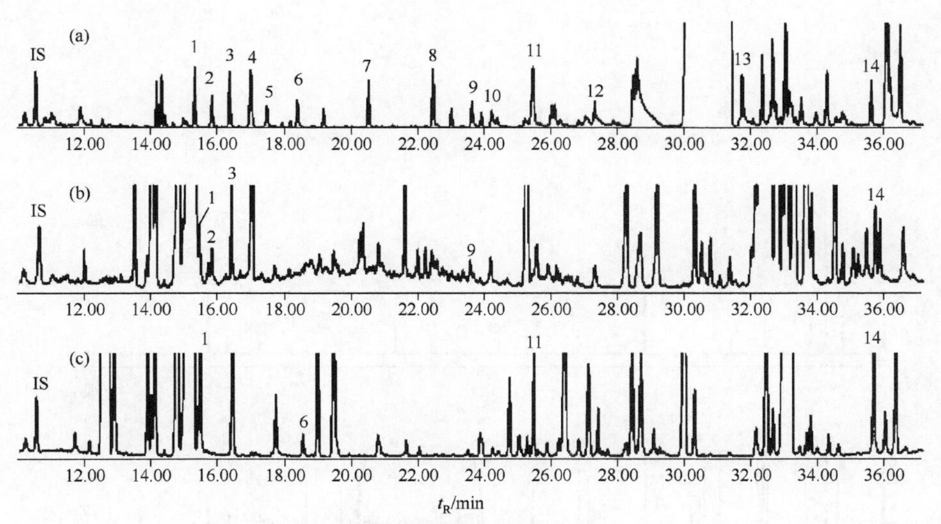

图 36-5　化妆品[5]

色谱峰：1—香茅醇；2—Z-柠檬橙；3—香叶醇；4—肉桂醛；5—茴香醇；6—肉桂醇；7—丁香酚；8—甲基丁香酚；9—香豆素；10—异丁香酚；11—异甲基紫罗兰酮；12—铃兰醛；13—戊基肉桂醛；14—α-己基肉桂醛

色谱柱：FSOT Mega 5-MS，30m×0.25mm，0.25μm

进样口温度：250℃

程序升温条件：0℃（1min）$\xrightarrow{80℃/min}$ 70℃（0min）$\xrightarrow{3℃/min}$ 180℃（0min）$\xrightarrow{15℃/min}$ 250℃（5min）

载　气：He

载气流速：1mL/min

检测器：MS

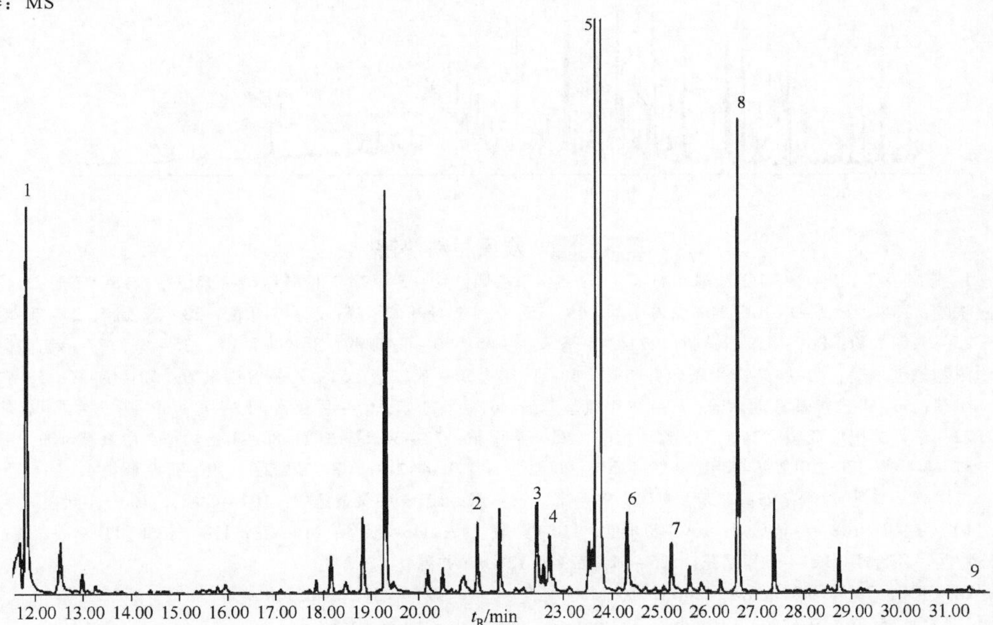

图 36-6　玩具中的挥发性物质[6]

色谱峰：1—苄醇；2—己内酰胺；3—1,4-壬内酯；4—洋茉莉醛；5—1-(1,1-二甲基乙基)-2-甲基-1,3-丙二醇异丁酸；6—乙基香兰素；7—香豆素；8—己二酸二异丁酯；9—苯甲酸苄酯

色谱柱：DB-17MS，30m×0.25mm，0.25m

载　气：He

进样口温度：250℃

载气流速：1.4mL/min

程序升温条件：40℃→295℃（2min），5℃/min

检测器：MS

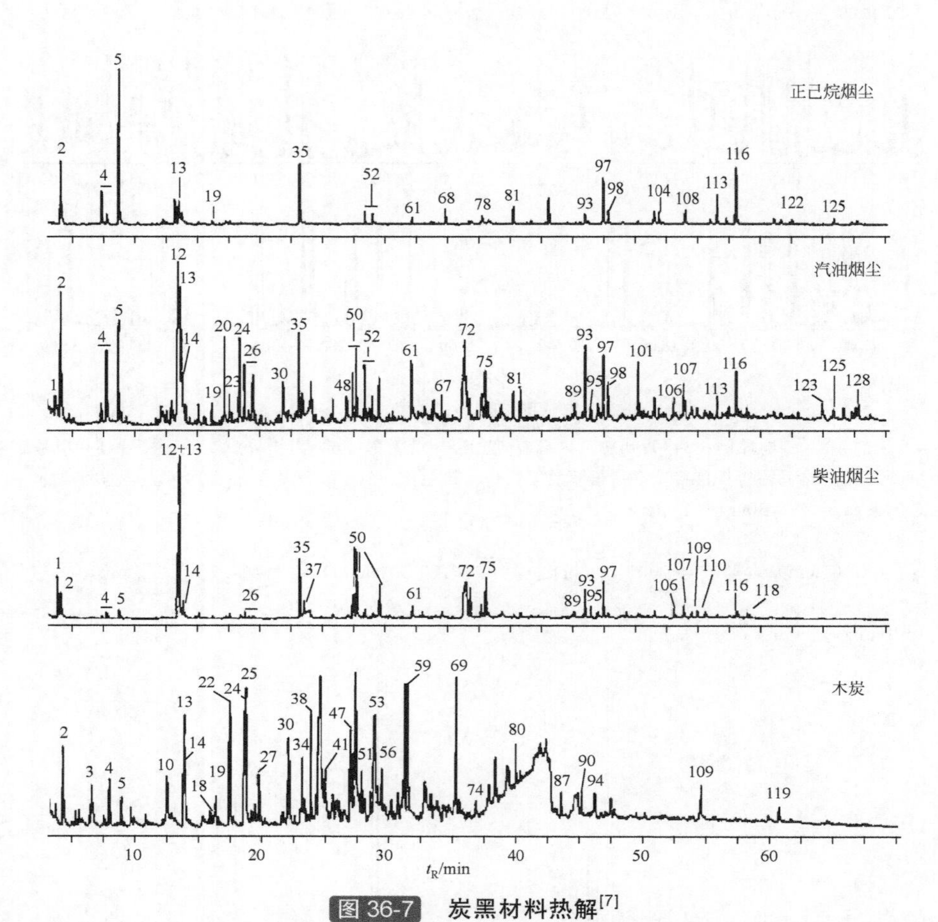

图 36-7 炭黑材料热解[7]

色谱峰：1—吡啶；2—甲苯；3—2-糠醛；4—C_2-苯；5—苯乙烯；10—5-甲基-2-糠醛；12—苯甲腈；13—苯酚；14—苯并呋喃；18—2-羟基-3-甲基-2-环戊烯-1-酮；19—茚；20—2-羟基苯甲醛；22—邻甲酚；23—苯乙腈；24—间/对甲酚；25—愈创木酚；26—甲苯基异腈；27—2-甲基苯并呋喃；30—C_2-苯酚；34—龙胆醛；35—萘；37—硫茚；38—4-甲基愈创木酚；41—4,7-二甲基苯并呋喃；48—喹啉；50—苯二腈；51—乙基愈创木酚；52—C_1-萘；53—二羟基甲苯；56—4-乙烯基愈创木酚；59—二甲氧基苯酚；61—联二苯；67—香豆素；68—苊；69—甲基-二甲氧基苯酚；72—苯邻二甲酰亚胺；74—乙酰愈创木酮；75—萘甲腈；78—3-苯基呋喃；80—4-乙烯基二甲氧基苯酚；81—芴；87—4-羟基-3,5-二甲氧基-苯甲醛；89—菲啶；90—2,6-甲氧基-4-(2-丙烯基)-苯酚；93—9*H*-芴-9-酮；94—1-(4-羟基-3,5-二甲氧基苯基)乙酮；95—二苯并噻吩；97—菲；98—蒽；101—夹氧杂蒽酮；104—C_1-菲；106—4-羟基-9-芴酮；107—蒽醌；108—1-苯基萘；109—棕榈酸；110—萘酰亚胺；113—荧蒽；116—芘；118—未知；119—硬脂酸；122—甲基多环芳烃；123—二甲基芘；125—苯并荧蒽；128—苯并蒽

色谱柱：DB-5MS，30m×0.32mm，0.25μm

载气流速：1mL/min

程序升温：35℃（5min）→300℃（10min），3℃/min

检测器：MS

载　气：He

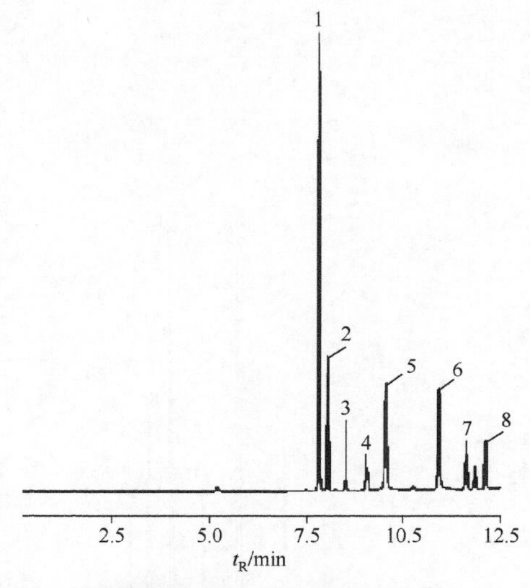

图 36-8　化妆品里的添加剂[8]

色谱峰：1—对羟基苯甲酸甲酯（MP）；2—二叔丁基对甲酚（BHT）；3—叔丁基羟基茴香醚（BHA）；4—尼泊金乙酯（EP）；5—对羟基苯甲酸异丙酯（IPP）；6—对羟基苯甲酸丙酯（PP）；7—对羟基苯甲酸异丁酯（IBP）；8—对羟基苯甲酸丁酯（BP）

色谱柱：DB-5MS，30m×0.25mm，0.25μm　　载　气：He

进样口温度：280℃　　载气流速：1.0mL/min

程序升温条件60 $\xrightarrow{25℃/min}$ 150℃ $\xrightarrow{3℃/min}$ 170℃ $\xrightarrow{30℃/min}$ 280℃　　检测器：MS

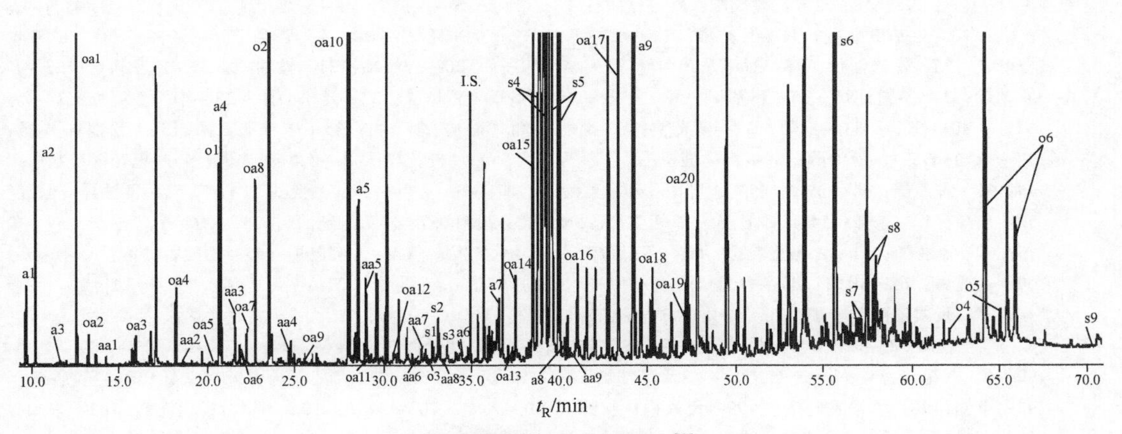

图 36-9　烟叶代谢物[9]

色谱峰：

糖　类：s1—木糖；s2—阿拉伯糖；s3—核糖；s4—果糖；s5—葡萄糖；s6—蔗糖；s7—松二糖；s8—麦芽糖；s9—蜜三糖

醇　类：a1—乙二醇；a2—1,2-丙二醇；a3—2,3-丁二醇；a4—甘油；a5—赤藓糖醇；a6—木糖醇；a7—阿拉伯醇；a8—山梨醇；a9—肌醇

氨基酸：aa1—L-丙氨酸；aa2—L-缬氨酸；aa3—L-脯氨酸；aa4—L-苏氨酸；aa5—L-天冬氨酸；aa6—L-谷氨酸；aa7—苯丙氨酸；aa8—天冬酰胺；aa9—酪氨酸

有机酸：oa1—乳酸；oa2—乙醇酸；oa3—β-羟基丙酸；oa4—丙二酸；oa5—哌啶酸；oa6—马来酸；oa7—丁二酸；oa8—甘油酸；oa9—2,4-二羟基丁酸；oa10—苹果酸；oa11—4-氨基丁酸；oa12—间羟基苯甲酸；oa13—莽草酸；oa14—柠檬酸；oa15—奎尼酸；oa16—D-葡糖酸；oa17—棕榈酸；oa18—咖啡酸；oa19—亚油酸；oa20—油酸

其他：o1—磷酸；o2—尼古丁；o3—糖酸内酯；o4—半乳糖苷；o5—东莨菪；o6—绿原酸

色谱柱：DB-5 MS熔融石英毛细管柱，50m×0.25mm，0.25μm　　载　气：He

进样口温度：290℃　　载气流速：40cm/s

程序升温条件：70℃（5min）→300℃（15min），4℃/min　　检测器：MS

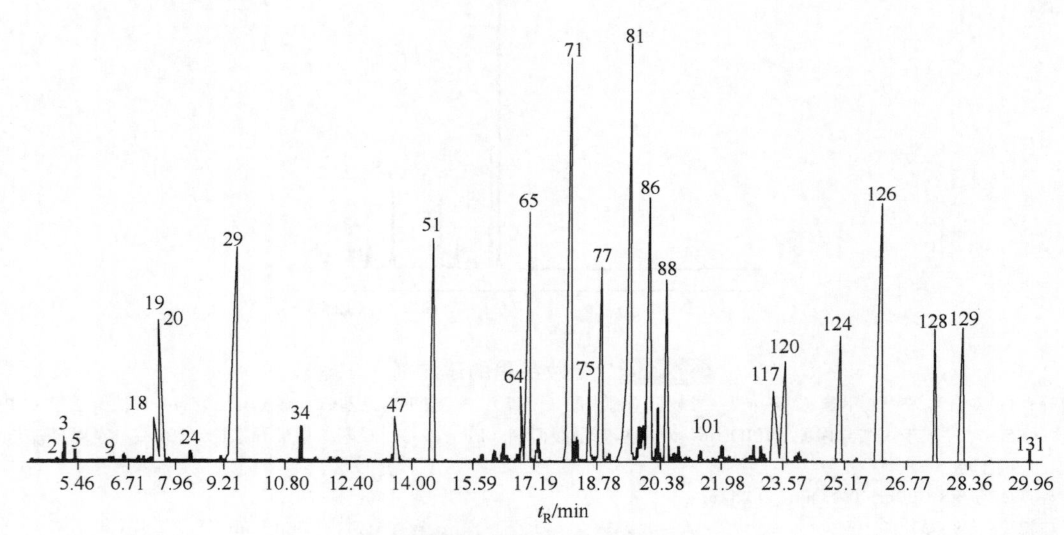

图 36-10 依兰树香精油[10]

色谱峰：1—2-甲基丁基乙酸酯；2—乙酸戊酯；3—梨醇酯；4—α-柏烯；5—α-蒎烯；6—莰烯；7—苯甲醛；8—桧烯；9—β-蒎烯；10—甲基庚烯酮；11—月桂烯；12—水芹烯；13—乙酸叶醇酯；14—δ-3-蒈烯；15—乙酸己酯；16—1,4-桉叶素；17—α-松油烯；18—对甲基苯甲醚；19—对伞花烃；20—柠檬烯；21—桉油精；22—*Z*-罗勒烯；23—*E*-罗勒烯；24—γ-松油烯；25—甲基丁二酸二甲酯；26—顺-氧化芳樟醇；27—异松油烯；28—苯甲酸甲酯；29—芳樟醇；30—葑醇；31—樟脑；32—薄荷酮；33—异龙脑；34—乙酸苄酯；35—苯甲酸乙酯；36—松油烯-4-醇；37—未知；38—α-松油醇；39—水杨酸甲酯；40—草蒿脑；41—橙花醇；42—乙酸松油酯；43—橙花醛；44—未知；45—香芹酮；46—未知；47—香叶醇；48—乙酸苯乙酯；49—香叶醛；50—反式茴香脑；51—乙酸异龙脑酯；52—未知；53—未知；54—未知；55—δ-榄香烯；56—丁酸苄酯；57—α-荜澄茄油萜；58—香茅醇乙酸酯；59—未知；60—丁香酚；61—乙酸橙花酯；62—环苜蓿烯；63—α-衣兰烯；64—α-可巴烯；65—乙酸香叶酯；66—未知；67—β-榄香；68—未知；69—香附烯；70—甲基丁香酚；71—β-石竹烯；72—β-可巴烯；73—未知；74—香橙烯；75—反式乙酸肉桂酯；76—未知；77—α-蛇麻烯；78—未知；79—未知；80—γ-衣兰油烯；81—大根香叶烯；82—紫穗槐烯；83—未知；84—α-衣兰油烯；85—未知；86—α-法呢烯；87—γ-荜澄茄烯；88—δ-荜澄茄烯；89—未知；90—反-橙花叔醇；91—未知；92—α-荜澄茄烯；93—未知；94—α-二去氢菖蒲烯；95—未知；96—榄香醇；97—未知；98—大根香叶烯B；99—反式橙花叔醇；100—未知；101—未知；102—石竹烯基乙醇；103—未知；104—大根香叶烯-4-醇；105—未知；106—石竹烯氧化物；107—未知；108—未知；109—愈创木醇；110—八氢四甲基萘甲醇；111—未知；112—草烯环氧化物II；113—未知；114—未知；115—库贝醇；116—未知；117—τ-兰油醇；118—δ-荜澄茄醇；119—未知；120—α-荜澄茄醇；121—顺-10-羟基卡拉烯；122—未知；123—未知；124—(*Z,E*)-金合欢醇；125—(*E,E*)-金合欢醛；126—苯甲酸苄酯；127—未知；128—(*E,E*)-金合欢醇乙酸酯；129—水杨酸苄酯；130—未知；131—苯甲酸香叶酯

色谱柱：HP-5MS毛细管柱，30m×0.25mm，0.25μm

载　气：He

载气流速：1mL/min

程序升温：60℃（1min）$\xrightarrow{5℃/min}$ 210 $\xrightarrow{10℃/min}$ 280℃（15min）

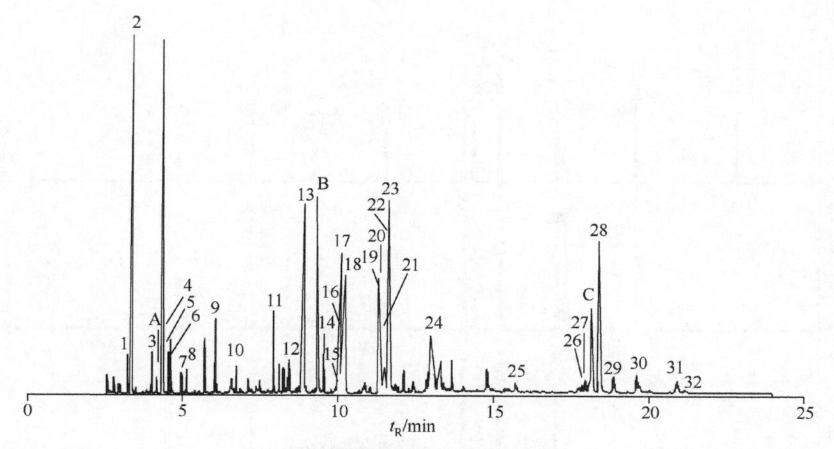

图 36-11　冰川水蚤[11]

色谱峰：1—丙氨酸；2—甘氨酸；3—缬氨酸；4—亮氨酸；5—异亮氨酸；6—脯氨酸；7—丝氨酸；8—苏氨酸；9—顺-4-羟基脯氨酸；10—苯丙氨酸；11—十四酸；12—十五酸；13—棕榈酸；14—十七酸；15—亚油酸；16—亚麻酸；17—油酸；18—硬脂酸；19—花生四烯酸；20—二十碳五烯酸；21—11,14-二十碳二烯酸；22—顺-11-二十烯酸异构体；23—顺-11-二十烯酸；24—二十二碳六烯酸；25—3,5-胆甾二烯；26—胆固醇；27—胆甾烷醇；28—未知；29—麦角甾醇；30～32—未知

色谱柱：VF-5MS，30m×0.25mm，0.25μm

进样口温度：250℃

程序升温条件：100℃（1min）$\xrightarrow{20℃/min}$250℃（2min）$\xrightarrow{10℃/min}$300℃（10min）

载　气：He　　载气流速：1mL/min　　检测器：MS

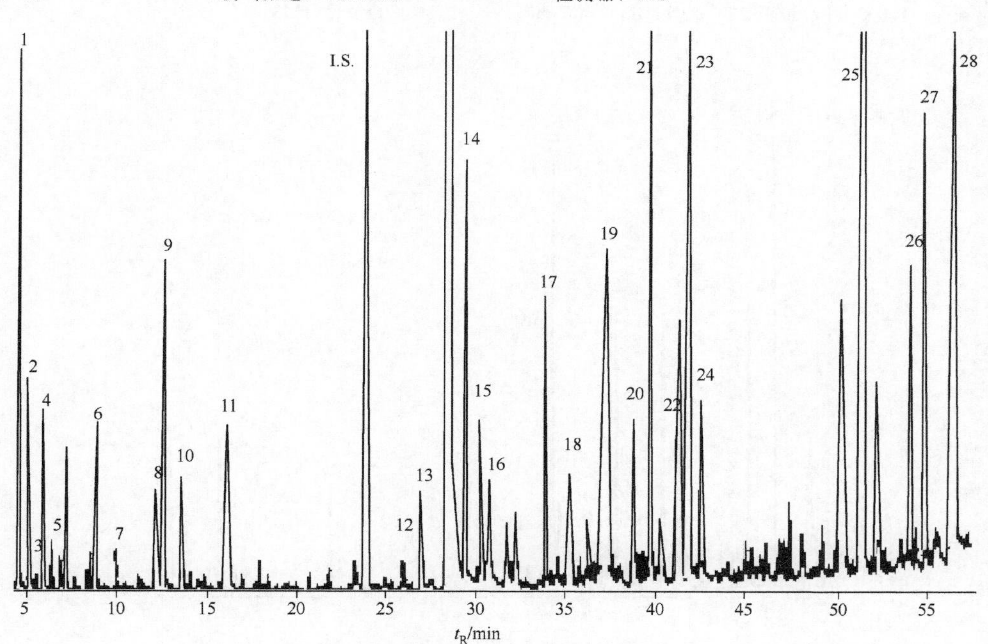

图 36-12　河南烤烟代谢物[12]

色谱峰：1—糠醛；2—2-呋喃甲醇；3—5-甲基呋喃酮；4—白头翁；5—2-乙酰基呋喃；6—安息香；7—甲基庚烯酮；8—苯甲醇；9—苯乙醛；10—2-乙酰基吡咯；11—苯乙醇；12—吲哚；13—4-乙烯基愈创木酚；14—茄酮；15—β-大马酮；16—*E*-β-二氢大马酮；17—香叶基丙酮；18—紫罗兰酮；19—二氢猕猴桃内酯；20—烯酮-1；21—烯酮-2；22—烯酮-3；23—烯酮-4；24—3-氧-α-紫罗兰醇；25—新植二烯；26—法尼基丙酮；27—棕榈酸甲酯；28—棕榈酸

进样口温度：280℃　　载气流速：2mL/min

程序升温条件：45℃（1min）→250℃（5min），2.5℃/min　　检测器：MS

载　气：He

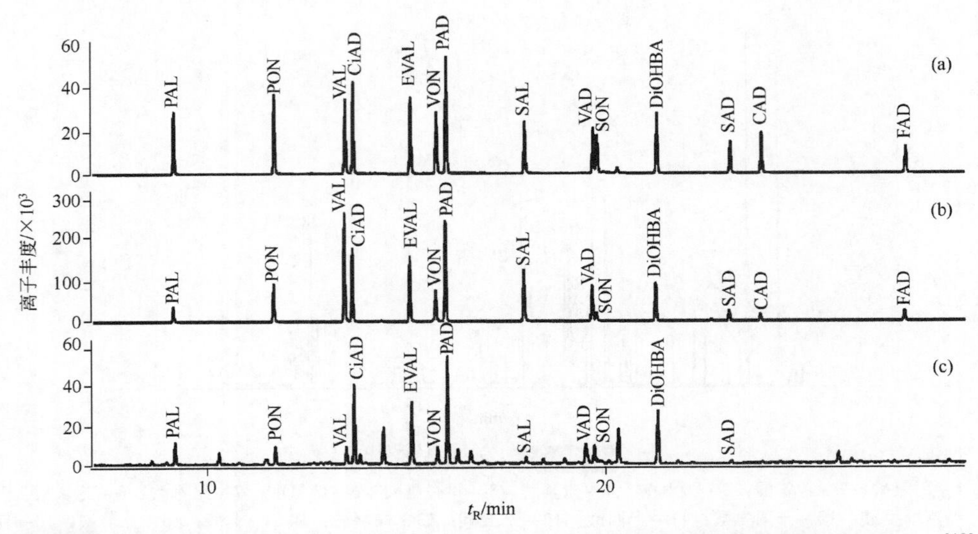

图 36-13 标准物混合物（a），泥炭土（b）和来自北冰洋的溶解有机物提取物（c）[13]

色谱峰：CiAD—肉桂酸；EVAL—乙基香兰素；PAL—对羟基苯甲醛；PON—对羟基苯乙酮；PAD—对羟基苯甲酸；VAL—香兰素；VON—香茶藨子；VAD—香草酸；SAL—丁香醛；SON—乙酰丁香酮；SAD—丁香酸；DiOHBA—3,5-二羟基苯甲酸；CAD—香豆酸；FAD—阿魏酸

色谱柱：DB-5，5%苯基-甲基聚硅氧烷毛细管柱，30m×250μm

进样口温度：300℃

载气流速：1.5mL/min

程序升温条件：100℃（1min）→270℃（16min），4℃/min

检测器：MS

载　气：He

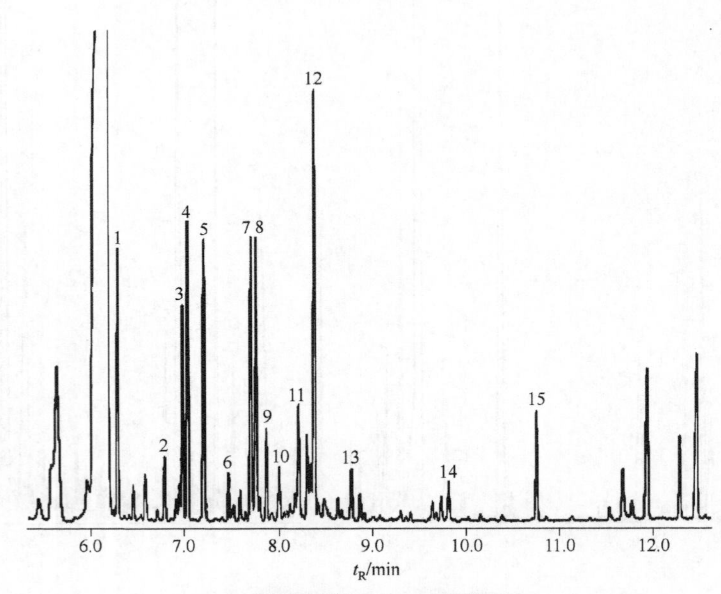

图 36-14 香精油[14]

色谱峰：1—香叶醛；2—丙酸芳樟酯；3—α-乙酸松油酯；4—乙酸橙花酯；5—乙酸香叶酯；6—癸酯；7—石竹烯；8—反-α-香柠檬烯；9—Z-β-法尼烯；10—α-蛇麻烯；11—大根香叶烯D；12—β-红没药醇；13—(E)-橙花叔醇；14—α-红没药醇；15—圆柚酮

色谱柱：20m 低极性柱

载　气：He

进样口温度：250℃

检测器：QP8030 MS

程序升温条件：50℃→305℃，15℃/min

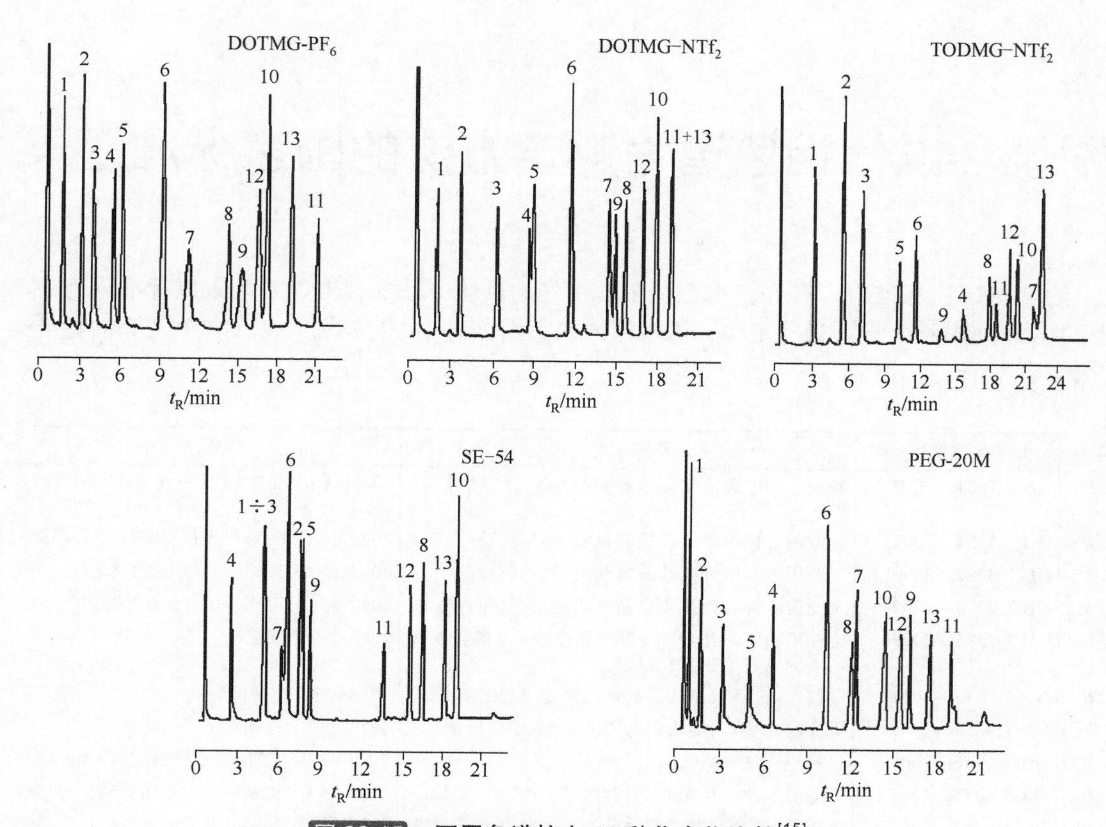

图 36-15　不同色谱柱上 13 种化合物比较[15]

色谱峰：1—正癸烷；2—正十一烷；3—1-辛醇；4—*N*,*N*-二甲基甲酰胺；5—1-壬醛；6—苯乙酮；7—*N*-甲基吡咯烷酮；8—十一酸甲酯；9—邻氯苯胺；10—月桂酸甲酯；11—1-溴-4-硝基苯；12—1-十一醇；13—月桂醇

色谱柱：DOTMG-PF_6，DOTMG-NTf_2，TODMG-NTf_2，SE-54和PEG-20M

程序升温：DOTMG-PF_6，DOTMG-NTf_2和SE-54：40℃（2min）→150℃，5℃/min

TODMG-NTf_2和PEG-20M：40℃（2min）→130℃，5℃/min

参 考 文 献

[1] Kawaguchi M, Sakui N, Okanouchi N, et al. J Chromatogr B, 2005, 820 (1): 49.

[2] Riches J, Morton I, Read R W, et al. J Chromatogr B, 2005, 816 (1-2): 251.

[3] Anderson J L, Armstrong D W. et al. Anal Chem, 2005, 77 (19): 6453.

[4] Nonier M F, Vivas N, Vivas de Gaulejac N, et al. J Anal Appl Pyrol, 2006, 75(2): 181.

[5] Sgorbini B , Ruosi M R, Cordero C, et al. J Chromatogr A, 2010, 1217 (16): 2599.

[6] Masuck I, Hutzler C, Luch A. J Chromatogr A, 2010, 1217(18): 3136.

[7] Song J Z, Peng P A. J Anal Appl Pyrol, 2010, 87 (1) : 129.

[8] Yang Z J, Tsai F J, Chen C Y. Anal Chim Acta, 2010, 668 (2): 188.

[9] Li Y, Pang T, Li Y, et al. J Sep Sci, 2011, 34: 1447.

[10] Babushok V I, Andriamaharavo N R. Chromatographia, 2012, 75 (11-12): 685.

[11] Pereira D M, Vinholes J, de Pinho P G, et al. Talanta, 2012, 100: 391.

[12] Li G, Wu D, Wang Y, et al. J Sep Sci, 2012, 35 (2): 334.

[13] Kaiser K, Benner R. Anal Chem, 2012, 84 (1): 459.

[14] Tranchida P Q, Zoccali M, Franchina F A, et al. J Sep Sci, 2013, 36 (3): 511.

[15] Qiao L, Lu K, Qi M, et al. J Chromatogr A, 2013, 1276: 112.

附录　以气相色谱为测定方法的国家标准题录

在我国国家标准中，有许多用色相色谱法作为试验方法的标准，本附录以标准号为序，将2016年前现行的标准做了汇编。国家标准在不断修订中，标准号中以GB/T开头的标准是经审定改为行业标准者。

序号	标准号	标准名称	备注
1	GB/T 2601—2008	酚类产品组成的气相色谱测定方法	2008-11-01 实施，代替 GB/T 2601—1981，GB/T 2604—1981
2	GB/T 3391—2002	工业用乙烯中烃类杂质的测定 气相色谱法	2003-04-01 实施，代替 GB/T 3391—1991
3	GB/T 3392—2003	工业用丙烯中烃类杂质的测定 气相色谱法	2003-12-01 实施，代替 GB/T 3392—1991
4	GB/T 3393—2009	工业用乙烯、丙烯中微量氢的测定 气相色谱法	2010-06-01 实施，代替 GB/T 3393—1993
5	GB/T 3394—2009	工业用乙烯、丙烯中微量一氧化碳、二氧化碳和乙炔的测定 气相色谱法	2010-06-01 实施
6	GB/T 4615—2013	聚氯乙烯 残留氯乙烯单体的测定 气相色谱法	2013 年第 22 号公告
7	GB/T 4919—1985	工业废水 总硝基化合物的测定 气相色谱法	1985-08-01 实施
8	GB/T 4946—2008	气相色谱法 术语	2009-02-01 实施，代替 GB/T 4946—1985
9	GB/T 6015—1999	工业用丁二烯中微量二聚物的测定 气相色谱法	2000-06-01 实施，代替 GB/T 6015—1985
10	GB/T 6017—2008	工业用丁二烯纯度及烃类杂质的测定 气相色谱法	2009-02-01 实施，代替 GB/T 6017—1999
11	GB/T 6022—2008	工业用丁二烯液上气相中氧的测定	2009-02-01 实施，代替 GB/T 6022—1999
12	GB/T 7131—1986	裂解气相色谱法鉴定聚合物	1987-10-01 实施
13	GB/T 7375—2006	工业用氟代甲烷类纯度的测定 气相色谱法	2006-11-01 实施，代替 GB/T 7375—1987
14	GB/T 7492—1987	水质 六六六、滴滴涕的测定 气相色谱法	1987-08-01 实施
15	GB/T 7601—2008	运行中变压器油、汽轮机油水分测定法(气相色谱法)	2009-08-01 实施，代替 GB/T 7601—1987
16	GB/T 7701.1—2008	煤质颗粒活性炭 气相用煤质颗粒活性炭	2009-05-01 实施
17	GB/T 7717.12—2008	工业用丙烯腈 第 12 部分：纯度及杂质含量的测定 气相色谱法	2009-02-01 实施，代替 GB/T 7717.12—1994
18	GB/T 8038—2009	焦化甲苯中烃类杂质的气相色谱测定方法	2010-04-01 实施，代替 GB/T 8038—1987
19	GB/T 8381.8—2005	饲料中多氯联苯的测定 气相色谱法	2006-02-01 实施
20	GB/T 8381.9—2005	饲料中氯霉素的测定 气相色谱法	2006-02-01 实施
21	GB/T 8661—2008	塑料 苯乙烯-丙烯腈共聚物残留丙烯腈单体含量的测定 气相色谱法	2009-02-01 实施，代替 GB/T 8661—1988
22	GB/T 8972—1988	水质 五氯酚的测定 气相色谱法	1988-08-01 实施
23	GB/T 8981—2008	气体中微量氢的测定 气相色谱法	2008-11-01 实施，代替 GB/T 8981—1988
24	GB/T 8984—2008	气体中一氧化碳、二氧化碳和碳氢化合物的测定 气相色谱法	2008-11-01 实施，代替 GB/T 8984.1—1997，GB/T 8984.2—1997，GB/T 8984.3—1997
25	GB/T 9722—2006	化学试剂 气相色谱法通则	2006-11-01 实施，代替 GB/T 9722—1988
26	GB/T 10410—2008	人工煤气和液化石油气常量组分气相色谱分析法	2009-04-01 实施，代替 GB/T 10410.1—1989，GB/T 10410.3—1989
27	GB/T 11060.10—2014	天然气 含硫化合物的测定 第 10 部分：用气相色谱法测定硫化合物	2014 年第 2 号公告
28	GB/T 11538—2006	精油 毛细管柱气相色谱分析 通用法	2006-10-01 实施，代替 GB/T 11538—1989
29	GB/T 11539—2008	香料 填充柱气相色谱分析 通用法	2008-12-01 实施，代替 GB/T 11539—1989，GB/T 14455.9—1993

续表

序号	标准号	标准名称	备注
30	GB/T 11731—1989	居住区大气中硝基苯卫生检验标准方法 气相色谱法	1990-07-01 实施
31	GB/T 11734—1989	居住区大气中甲基-1605 卫生检验标准方法 气相色谱法	1990-07-01 实施
32	GB/T 11737—1989	居住区大气中苯、甲苯和二甲苯卫生检验标准方法 气相色谱法	1990-07-01 实施
33	GB/T 11738—1989	居住区大气中甲醇、丙酮卫生检验标准方法 气相色谱法	1990-07-01 实施
34	GB/T 11741—1989	居住区大气中二硫化碳卫生检验标准方法 气相色谱法	1990-07-01 实施
35	GB/T 11890—1989	水质 苯系物的测定 气相色谱法	1990-07-01 实施
36	GB/T 11934—1989	水源水中乙醛、丙烯醛卫生检验标准方法 气相色谱法	1990-07-01 实施
37	GB/T 11935—1989	水源水中氯丁二烯卫生检验标准方法 气相色谱法	1990-07-01 实施
38	GB/T 11936—1989	水源水中丙烯酰胺卫生检验标准方法 气相色谱法	1990-07-01 实施
39	GB/T 11937—1989	水源水中苯系物卫生检验标准方法 气相色谱法	1990-07-01 实施
40	GB/T 11938—1989	水源水中氯苯系化合物卫生检验标准方法 气相色谱法	1990-07-01 实施
41	GB/T 11939—1989	水源水中二硝基苯类和硝基氯苯类卫生检验标准方法 气相色谱法	1990-07-01 实施
42	GB/T 11940—1989	水源水中巴豆醛卫生检验标准方法 气相色谱法	1990-07-01 实施
43	GB/T 12033—2008	造纸原料和纸浆中糖类组分的气相色谱的测定	2009-05-01 实施，代替 GB/T 12033—1989
44	GB/T 12688.1—2011	工业用苯乙烯试验方法 第 1 部分：纯度和烃类杂质的测定 气相色谱法	
45	GB/T 12688.9—2011	工业用苯乙烯试验方法 第 9 部分：微量苯的测定 气相色谱法	
46	GB/T 12701—2014	工业用乙烯、丙烯中微量含氧化合物的测定 气相色谱法	2014 年第 18 号公告
47	GB/T 13192—1991	水质 有机磷农药的测定 气相色谱法	1992-06-01 实施
48	GB/T 13194—1991	水质 硝基苯、硝基甲苯、硝基氯苯、二硝基甲苯的测定 气相色谱法	1992-06-01 实施
49	GB/T 13596—2004	烟草和烟草制品 有机氯农药残留量的测定 气相色谱法	2005-03-01 实施，代替 GB/T 13596—1992
50	GB/T 13610—2014	天然气的组成分析 气相色谱法	2014 年第 27 号公告
51	GB/T 13747.21—1992	锆及锆合金化学分析方法 真空加热气相色谱法测定氢量	1993-06-01 实施
52	GB/T 13904—1992	水质 梯恩梯、黑索金、地恩梯的测定 气相色谱法	1993-09-01 实施
53	GB/T 14188—2008	气相防锈包装材料选用通则	2008-10-01 实施，代替 GB/T 14188—1993，GB/T 14188—1996
54	GB/T 14204—1993	水质 烷基汞的测定 气相色谱法	1993-12-01 实施
55	GB/T 14454.15—2008	黄樟油 黄樟素和异黄樟素含量的测定 填充柱气相色谱法	2008-11-01 实施，代替 GB/T 14454.15—1993
56	GB/T 14520—1993	气相色谱分析法测定不饱和聚酯树脂增强塑料中的残留苯乙烯单体含量	1994-04-01 实施
57	GB/T 14550—2003	土壤中六六六和滴滴涕测定的气相色谱法	2004-04-01 实施，代替 GB/T 14550—1993
58	GB/T 14551—2003	动、植物中六六六和滴滴涕测定的气相色谱法	2004-04-01 实施，代替 GB/T 14551—1993
59	GB/T 14552—2003	水、土中有机磷农药测定的气相色谱法	2004-04-01 实施，代替 GB/T 14552—1993
60	GB/T 14553—2003	粮食、水果和蔬菜中有机磷农药测定的气相色谱法	2004-04-01 实施，代替 GB/T 14553—1993
61	GB/T 14571.2—1993	工业用乙二醇中二乙二醇和三乙二醇含量的测定 气相色谱法	1994-07-01 实施
62	GB/T 14670—1993	空气质量 苯乙烯的测定 气相色谱法	1994-05-01 实施

续表

序号	标准号	标准名称	备注
63	GB/T 14672—1993	水质 吡啶的测定 气相色谱法	1994-05-01 实施
64	GB/T 14676—1993	空气质量 三甲胺的测定 气相色谱法	1994-03-15 实施
65	GB/T 14677—1993	空气质量 甲苯、二甲苯、苯乙烯的测定 气相色谱法	1994-03-15 实施
66	GB/T 14678—1993	空气质量 硫化氢、甲硫醇、甲硫醚和二甲二硫的测定 气相色谱法	1994-03-15 实施
67	GB/T 15263—1994	环境空气 总烃的测定 气相色谱法	1995-06-01 实施
68	GB/T 16038—1995	车间空气中溶剂汽油的直接进样气相色谱测定方法	1996-07-01 实施
69	GB/T 16039—1995	车间空气中溶剂汽油的热解吸气相色谱测定方法	1996-07-01 实施
70	GB/T 16040—1995	车间空气中丁二烯的直接进样气相色谱测定方法	1996-07-01 实施
71	GB/T 16041—1995	车间空气中环己烷的直接进样气相色谱测定方法	1996-07-01 实施
72	GB/T 16042—1995	车间空气中环己烷的溶剂解吸气相色谱测定方法	1996-07-01 实施
73	GB/T 16043—1995	车间空气中苯的直接进样气相色谱测定方法	1996-07-01 实施
74	GB/T 16044—1995	车间空气中苯的溶剂解吸气相色谱测定方法	1996-07-01 实施
75	GB/T 16045—1995	车间空气中苯的热解吸气相色谱测定方法	1996-07-01 实施
76	GB/T 16046—1995	车间空气中甲苯的直接进样气相色谱测定方法	1996-07-01 实施
77	GB/T 16047—1995	车间空气中甲苯的溶剂解吸气相色谱测定方法	1996-07-01 实施
78	GB/T 16048—1995	车间空气中甲苯的热解吸气相色谱测定方法	1996-07-01 实施
79	GB/T 16049—1995	车间空气中二甲苯的直接进样气相色谱测定方法	1996-07-01 实施
80	GB/T 16050—1995	车间空气中二甲苯的溶剂解吸气相色谱测定方法	1996-07-01 实施
81	GB/T 16051—1995	车间空气中二甲苯的热解吸气相色谱测定方法	1996-07-01 实施
82	GB/T 16052—1995	车间空气中苯乙烯的直接进样气相色谱测定方法	1996-07-01 实施
83	GB/T 16053—1995	车间空气中苯乙烯的溶剂解吸气相色谱测定方法	1996-07-01 实施
84	GB/T 16054—1995	车间空气中苯乙烯的热解吸气相色谱测定方法	1996-07-01 实施
85	GB/T 16056—1995	车间空气中萘的溶剂解吸气相色谱测定方法	1996-07-01 实施
86	GB/T 16058—1995	车间空气中丙酮的直接进样气相色谱测定方法	1996-07-01 实施
87	GB/T 16059—1995	车间空气中丙酮的溶剂解吸气相色谱测定方法	1996-07-01 实施
88	GB/T 16060—1995	车间空气中丁酮的直接进样气相色谱测定方法	1996-07-01 实施
89	GB/T 16062—1995	车间空气中甲醇的直接进样气相色谱测定方法	1996-07-01 实施
90	GB/T 16063—1995	车间空气中甲醇的热解吸气相色谱测定方法	1996-07-01 实施
91	GB/T 16064—1995	车间空气中丙醇的直接进样气相色谱测定方法	1996-07-01 实施
92	GB/T 16065—1995	车间空气中丁醇的直接进样气相色谱测定方法	1996-07-01 实施
93	GB/T 16066—1995	车间空气中乙酸甲酯的直接进样气相色谱测定方法	1996-07-01 实施
94	GB/T 16067—1995	车间空气中乙酸乙酯的直接进样气相色谱测定方法	1996-07-01 实施
95	GB/T 16068—1995	车间空气中乙酸丙酯的直接进样气相色谱测定方法	1996-07-01 实施
96	GB/T 16069—1995	车间空气中乙酸丁酯的直接进样气相色谱测定方法	1996-07-01 实施
97	GB/T 16070—1995	车间空气中乙酸戊酯的直接进样气相色谱测定方法	1996-07-01 实施
98	GB/T 16071—1995	车间空气中乙醚的直接进样气相色谱测定方法	1996-07-01 实施
99	GB/T 16073—1995	车间空气中酚的溶剂解吸气相色谱测定方法	1996-07-01 实施
100	GB/T 16074—1995	车间空气中环氧乙烷的直接进样气相色谱测定方法	1996-07-01 实施
101	GB/T 16075—1995	车间空气中环氧乙烷的热解吸气相色谱测定方法	1996-07-01 实施
102	GB/T 16076—1995	车间空气中环氧氯丙烷的直接进样气相色谱测定方法	1996-07-01 实施
103	GB/T 16078—1995	车间空气中氯甲烷的直接进样气相色谱测定方法	1996-07-01 实施
104	GB/T 16079—1995	车间空气中二氯甲烷的直接进样气相色谱测定方法	1996-07-01 实施
105	GB/T 16080—1995	车间空气中三氯甲烷的直接进样气相色谱测定方法	1996-07-01 实施
106	GB/T 16081—1995	车间空气中三氯甲烷的溶剂解吸气相色谱测定方法	1996-07-01 实施
107	GB/T 16082—1995	车间空气中四氯化碳的直接进样气相色谱测定方法	1996-07-01 实施

续表

序号	标准号	标准名称	备注
108	GB/T 16083—1995	车间空气中四氯化碳的溶剂解吸气相色谱测定方法	1996-07-01 实施
109	GB/T 16084—1995	车间空气中溴甲烷的直接进样气相色谱测定方法	1996-07-01 实施
110	GB/T 16085—1995	车间空气中二氯乙烷的直接进样气相色谱测定方法（Apiezon L）	1996-07-01 实施
111	GB/T 16086—1995	车间空气中二氯乙烷的直接进样气相色谱测定方法（PEG 20M）	1996-07-01 实施
112	GB/T 16087—1995	车间空气中氯乙烯的直接进样气相色谱测定方法（DNP）	1996-07-01 实施
113	GB/T 16088—1995	车间空气中氯乙烯的直接进样气相色谱测定方法 (PEG 6000)	1996-07-01 实施
114	GB/T 16089—1995	车间空气中氯乙烯的热解吸气相色谱测定方法 (DNP)	1996-07-01 实施
115	GB/T 16090—1995	车间空气中氯丙烯的直接进样气相色谱测定方法	1996-07-01 实施
116	GB/T 16091—1995	车间空气中氯丁二烯的直接进样气相色谱测定方法	1996-07-01 实施
117	GB/T 16092—1995	车间空气中滴滴涕的气相色谱测定方法	1996-07-01 实施
118	GB/T 16093—1995	车间空气中六六六的气相色谱测定方法	1996-07-01 实施
119	GB/T 16094—1995	车间空气中四氟乙烯的直接进样气相色谱测定方法	1996-07-01 实施
120	GB/T 16095—1995	车间空气中乙腈的直接进样气相色谱测定方法	1996-07-01 实施
121	GB/T 16096—1995	车间空气中乙腈的溶剂解吸气相色谱测定方法	1996-07-01 实施
122	GB/T 16097—1995	车间空气中丙烯腈的溶剂解吸气相色谱测定方法	1996-07-01 实施
123	GB/T 16098—1995	车间空气中丙烯腈的直接进样气相色谱测定方法	1996-07-01 实施
124	GB/T 16099—1995	车间空气中丙烯腈的热解吸气相色谱测定方法	1996-07-01 实施
125	GB/T 16110—1995	车间空气中黄磷的气相色谱测定方法	1996-07-01 实施
126	GB/T 16111—1995	车间空气中二甲基甲酰胺的气相色谱测定方法	1996-07-01 实施
127	GB/T 16112—1995	车间空气中二硝基苯的气相色谱测定方法	1996-07-01 实施
128	GB/T 16113—1995	车间空气中三硝基甲苯的气相色谱测定方法	1996-07-01 实施
129	GB/T 16117—1995	车间空气中甲基对硫磷的气相色谱测定方法	1996-07-01 实施
130	GB/T 16118—1995	车间空气中乐果的气相色谱测定方法	1996-07-01 实施
131	GB/T 16120—1995	车间空气中敌敌畏的溶剂解吸气相色谱测定方法	1996-07-01 实施
132	GB/T 16121—1995	车间空气中对硫磷的溶剂解吸气相色谱测定方法	1996-07-01 实施
133	GB/T 16122—1995	车间空气中甲拌磷的溶剂解吸气相色谱测定方法	1996-07-01 实施
134	GB/T 16130—1995	居住区大气中苯胺卫生检验标准方法 气相色谱法	1996-07-01 实施
135	GB/T 16131—1995	居住区大气中正己烷卫生检验标准方法 气相色谱法	1996-07-01 实施
136	GB/T 16267—2008	包装材料试验方法 气相缓蚀能力	2008-10-01 实施，代替 GB/T 16267—1996
137	GB/T 16867—1997	聚苯乙烯和丙烯腈-丁二烯-苯乙烯树脂中残留苯乙烯单体的测定 气相色谱法	1997-12-01 实施
138	GB/T 17064—1997	车间空气中甲硫醇的气相色谱测定方法	1998-12-01 实施
139	GB/T 17065—1997	车间空气中偏二甲基肼的气相色谱测定方法	1998-12-01 实施
140	GB/T 17066—1997	车间空气中二乙胺的气相色谱测定方法	1998-12-01 实施
141	GB/T 17068—1997	车间空气中甲酸的气相色谱测定方法	1998-12-01 实施
142	GB/T 17069—1997	车间空气中丙酸的气相色谱测定方法	1998-12-01 实施
143	GB/T 17070—1997	车间空气中苄基氯的气相色谱测定方法	1998-12-01 实施
144	GB/T 17071—1997	车间空气中苄基氰的气相色谱测定方法	1998-12-01 实施
145	GB/T 17072—1997	车间空气中对硝基苯胺的溶剂解吸气相色谱测定方法	1998-12-01 实施
146	GB/T 17073—1997	车间空气中环己酮的溶剂解吸气相色谱测定方法	1998-12-01 实施
147	GB/T 17074—1997	车间空气中乙醛的溶剂解吸气相色谱测定方法	1998-12-01 实施

续表

序号	标准号	标准名称	备注
148	GB/T 17075—1997	车间空气中丁醇的溶剂解吸气相色谱测定方法	1998-12-01 实施
149	GB/T 17076—1997	车间空气中异丁醇的溶剂解吸气相色谱测定方法	1998-12-01 实施
150	GB/T 17079—1997	车间空气中乙酸甲酯的溶剂解吸气相色谱测定方法	1998-12-01 实施
151	GB/T 17080—1997	车间空气中乙酸乙酯的溶剂解吸气相色谱测定方法	1998-12-01 实施
152	GB/T 17081—1997	车间空气中乙酸丙酯的溶剂解吸气相色谱测定方法	1998-12-01 实施
153	GB/T 17082—1997	车间空气中乙酸丁酯的溶剂解吸气相色谱测定方法	1998-12-01 实施
154	GB/T 17083—1997	车间空气中乙酸戊酯的溶剂解吸气相色谱测定方法	1998-12-01 实施
155	GB/T 17084—1997	车间空气中 2-甲氧基乙醇的溶剂解吸气相色谱测定方法	1998-12-01 实施
156	GB/T 17085—1997	车间空气中 2-乙氧基乙醇的溶剂解吸气相色谱测定方法	1998-12-01 实施
157	GB/T 17086—1997	车间空气中 2-丁氧基乙醇的溶剂解吸气相色谱测定方法	1998-12-01 实施
158	GB/T 17088—1997	车间空气中 *N*-甲基苯胺的溶剂解吸气相色谱测定方法	1998-12-01 实施
159	GB/T 17089—1997	车间空气中 *N,N*-二甲基苯胺的溶剂解吸气相色谱测定方法	1998-12-01 实施
160	GB/T 17090—1997	车间空气中三氯乙烯的气相色谱测定方法	1998-12-01 实施
161	GB/T 17091—1997	车间空气中丁酮的溶剂解吸气相色谱测定方法	1998-12-01 实施，代替 GB/T 16061—1995
162	GB/T 17092—1997	车间空气中丙烯酸乙酯的溶剂解吸气相色谱测定方法	1998-12-01 实施
163	GB/T 17130—1997	水质 挥发性卤代烃的测定 顶空气相色谱法	1998-05-01 实施
164	GB/T 17131—1997	水质 1,2-二氯苯、1,4-二氯苯、1,2,4-三氯苯的测定 气相色谱法	1998-05-01 实施
165	GB/T 17132—1997	环境 甲基汞的测定 气相色谱法	1998-05-01 实施
166	GB/T 17281—1998	天然气中丁烷至十六烷烃类的测定 气相色谱法	1998-09-01 实施
167	GB/T 17377—2008	动植物油脂 脂肪酸甲酯的气相色谱分析	2009-01—20 实施，代替 GB/T 17377—1998
168	GB/T 17474—1998	烃类溶剂中苯含量测定法(气相色谱法)	1999-01-01 实施
169	GB/T 17530.2—1998	工业丙烯酸酯纯度的测定 气相色谱法	1999-06-01 实施
170	GB/T 17623—1998	绝缘油中溶解气体组分含量的气相色谱测定法	1999-08-01 实施
171	GB/T 18294.3—2006	火灾技术鉴定方法 第 3 部分：气相色谱法	2007-05-01 实施
172	GB/T 18294.5—2010	火灾技术鉴定方法 第 5 部分：气相色谱-质谱法	2011-06-01 实施
173	GB/T 18340.1—2010	地质样品有机地球化学分析方法 第 1 部分：轻质原油分析 气相色谱法	2011-02-01 实施，代替 GB/T 18340.1—2001
174	GB/T 18340.5—2010	地质样品有机地球化学分析方法 第 5 部分：岩石提取物和原油中饱和烃分析 气相色谱法	2011-02-01 实施，代替 GB/T 18340.5—2001
175	GB/T 18414.1—2006	纺织品 含氯苯酚的测定 第 1 部分：气相色谱-质谱法	2006-12-01 实施，代替 GB/T 18414.1—2001，GB/T 18414.2—2001
176	GB/T 18414.2—2006	纺织品 含氯苯酚的测定 第 2 部分：气相色谱法	2006-12-01 实施，代替 GB/T 18414.1—2001，GB/T 18414.2—2001
177	GB/T 18606—2001	气相色谱-质谱法测定沉积物和原油中生物标志物	2002-08-01 实施
178	GB/T 18682—2002	物理气相沉积 TiN 薄膜技术条件	2002-08-01 实施
179	GB/T 18932.10—2002	蜂蜜中溴螨酯、4,4′-二溴二苯甲酮残留量的测定方法 气相色谱/质谱法	2003-06-01 实施
180	GB/T 18932.20—2003	蜂蜜中氯霉素残留量的测定方法 气相色谱-质谱法	2004-06-01 实施
181	GB/T 18969—2003	饲料中有机磷农药残留量的测定 气相色谱法	2003-09-01 实施
182	GB/T 19186—2003	工业用丙烯中齐聚物含量的测定 气相色谱法	2003-12-01 实施
183	GB/T 19267.10—2008	刑事技术微量物证的理化检验 第 10 部分：气相色谱法	2009-03-01 实施，代替 GB/T 19267.10—2003

续表

序号	标准号	标准名称	备注
184	GB/T 19267.7—2008	刑事技术微量物证的理化检验 第7部分：气相色谱-质谱法	2009-03-01 实施，代替 GB/T 19267.7—2003
185	GB/T 19372—2003	饲料中除虫菊酯类农药残留量测定 气相色谱法	2004-05-01 实施
186	GB/T 19373—2003	饲料中氨基甲酸酯类农药残留量测定 气相色谱法	2004-05-01 实施
187	GB/T 19426—2006	蜂蜜、果汁和果酒中497种农药及相关化学品残留量的测定 气相色谱-质谱法	2007-03-01 实施，代替 GB/T 19426—2003
188	GB/T 19532—2004	包装材料 气相防锈塑料薄膜	2004-12-01 实施
189	GB/T 19648—2006	水果和蔬菜中 500 种农药及相关化学品残留量的测定 气相色谱-质谱法	2007-03-01 实施，代替 GB/T 19648—2005
190	GB/T 19649—2006	粮谷中 475 种农药及相关化学品残留量的测定 气相色谱-质谱法	2007-03-01 实施，代替 GB/T 19649—2005
191	GB/T 19650—2006	动物肌肉中 478 种农药及相关化学品残留量的测定 气相色谱-质谱法	2007-03-01 实施，代替 GB/T 19650—2005
192	GB/T 20020—2013	气相二氧化硅	2013 年第 17 号公告
193	GB/T 20377—2006	变性淀粉 乙酰化二淀粉己二酸酯中己二酸含量的测定 气相色谱法	2006-10-01 实施
194	GB/T 20749—2006	牛尿中 *β*-雌二醇残留量的测定 气相色谱-负化学电离质谱法	2007-03-01 实施
195	GB/T 21135—2007	烟草及烟草制品 空气中气相烟碱的测定 气相色谱法	2008-01-01 实施
196	GB/T 21541—2008	工业用氯代甲烷类产品纯度的测定 气相色谱法	2008-09-01 实施
197	GB/T 21914—2008	茶饮料中乙酸苄酯的测定 气相色谱法	2008-11-01 实施
198	GB/T 21926—2008	辐照含脂食品中 2-十二烷基环丁酮测定 气相色谱/质谱法	2008-11-01 实施
199	GB/T 22035—2008	乳及乳制品中植物油的检验 气相色谱法	2008-10-01 实施
200	GB/T 22110—2008	食品中反式脂肪酸的测定 气相色谱法	2009-01-01 实施
201	GB/T 22223—2008	食品中总脂肪、饱和脂肪（酸）、不饱和脂肪（酸）的测定 水解提取-气相色谱法	2008-10-01 实施
202	GB/T 22288—2008	植物源产品中三聚氰胺、三聚氰酸一酰胺、三聚氰酸二酰胺和三聚氰酸的测定 气相色谱-质谱法	2008-12-01 实施
203	GB/T 22501—2008	动植物油脂 橄榄油中蜡含量的测定 气相色谱法	2009-01—20 实施
204	GB/T 22507—2008	动植物油脂 植物油中反式脂肪酸异构体含量测定 气相色谱法	2009-01—20 实施
205	GB/T 22730—2008	牙膏中三氯甲烷的测定 气相色谱法	2009-08-01 实施
206	GB/T 22967—2008	牛奶和奶粉中 *β*-雌二醇残留量的测定 气相色谱-负化学电离质谱法	2009-05-01 实施
207	GB/T 22979—2008	牛奶和奶粉中啶酰菌胺残留量的测定 气相色谱-质谱法	2009-05-01 实施
208	GB/T 23200—2008	桑枝、金银花、枸杞子和荷叶中 488 种农药及相关化学品残留量的测定 气相色谱-质谱法	2009-05-01 实施
209	GB/T 23203.1—2013	卷烟 总粒相物中水分的测定 第1部分：气相色谱法	2013 年第 27 号公告
210	GB/T 23204—2008	茶叶中 519 种农药及相关化学品残留量的测定 气相色谱-质谱法	2009-05-01 实施
211	GB/T 23207—2008	河豚、鳗鱼和对虾中 485 种农药及相关化学品残留量的测定 气相色谱-质谱法	2009-05-01 实施
212	GB/T 23210—2008	牛奶和奶粉中 511 种农药及相关化学品残留量的测定 气相色谱-质谱法	2009-05-01 实施
213	GB/T 23213—2008	植物油中多环芳烃的测定 气相色谱-质谱法	2009-05-01 实施
214	GB/T 23216—2008	食用菌中 503 种农药及相关化学品残留量的测定 气相色谱-质谱法	2009-05-01 实施
215	GB/T 23228—2008	卷烟 主流烟气总粒相物中烟草特有 *N*-亚硝胺的测定 气相色谱-热能分析联用法	2009-06-01 实施

续表

序号	标准号	标准名称	备注
216	GB/T 23296.11—2009	食品接触材料 塑料中环氧乙烷和环氧丙烷含量的测定 气相色谱法	2009-09-01 实施
217	GB/T 23296.13—2009	食品接触材料 塑料中氯乙烯单体的测定 气相色谱法	2009-09-01 实施
218	GB/T 23296.14—2009	食品接触材料 高分子材料 食品模拟物中氯乙烯的测定 气相色谱法	2009-09-01 实施
219	GB/T 23296.17—2009	食品接触材料 高分子材料 食品模拟物中乙二胺与己二胺的测定 气相色谱法	2009-09-01 实施
220	GB/T 23296.18—2009	食品接触材料 高分子材料 食品模拟物中乙二醇与二甘醇的测定 气相色谱法	2009-09-01 实施
221	GB/T 23296.19—2009	食品接触材料 高分子材料 食品模拟物中乙酸乙烯酯的测定 气相色谱法	2009-09-01 实施
222	GB/T 23296.20—2009	食品接触材料 高分子材料 食品模拟物中己内酰胺及己内酰胺盐的测定 气相色谱法	2009-09-01 实施
223	GB/T 23296.2—2009	食品接触材料 高分子材料 食品模拟物中 1,3-丁二烯的测定 气相色谱法	2009-09-01 实施
224	GB/T 23296.23—2009	食品接触材料 高分子材料 食品模拟物中 1,1,1-三甲醇丙烷的测定 气相色谱法	2009-09-01 实施
225	GB/T 23296.3—2009	食品接触材料 塑料中 1,3-丁二烯含量的测定 气相色谱法	2009-09-01 实施
226	GB/T 23296.4—2009	食品接触材料 高分子材料 食品模拟物中 1-辛烯和四氢呋喃的测定 气相色谱法	2009-09-01 实施
227	GB/T 23296.5—2009	食品接触材料 高分子材料 食品模拟物中 2-(*N*,*N*-二甲基氨基)乙醇的测定 气相色谱法	2009-09-01 实施
228	GB/T 23296.6—2009	食品接触材料 高分子材料 食品模拟物中 4-甲基-1-戊烯的测定 气相色谱法	2009-09-01 实施
229	GB/T 23296.8—2009	食品接触材料 高分子材料 食品模拟物中丙烯腈的测定 气相色谱法	2009-09-01 实施
230	GB/T 23355—2009	卷烟 总粒相物中烟碱的测定 气相色谱法	2009-06-01 实施
231	GB/T 23356—2009	卷烟 烟气气相中一氧化碳的测定 非散射红外法	2009-06-01 实施
232	GB/T 23358—2009	卷烟 主流烟气总粒相物中主要芳香胺的测定 气相色谱-质谱联用法	2009-06-01 实施
233	GB/T 23376—2009	茶叶中农药多残留测定 气相色谱/质谱法	2009-05-01 实施
234	GB/T 2366—2008	化工产品中水含量的测定 气相色谱法	2008-10-01 实施，代替 GB/T 2366—1986
235	GB/T 23744—2009	饲料中 36 种农药多残留测定 气相色谱-质谱法	2009-09-01 实施
236	GB/T 23750—2009	植物性产品中草甘膦残留量的测定 气相色谱-质谱法	2009-08-01 实施
237	GB/T 23961—2009	低碳脂肪胺含量的测定 气相色谱法	2010-02-01 实施
238	GB/T 23986—2009	色漆和清漆 挥发性有机化合物(VOC)含量的测定 气相色谱法	2010-02-01 实施
239	GB/T 23990—2009	涂料中苯、甲苯、乙苯和二甲苯含量的测定 气相色谱法	2010-02-01 实施
240	GB/T 23992—2009	涂料中氯代烃含量的测定 气相色谱法	2010-02-01 实施
241	GB/T 24199—2009	纯吡啶中吡啶含量的气相色谱测定方法	2010-04-01 实施
242	GB/T 24281—2009	纺织品 有机挥发物的测定 气相色谱-质谱法	2010-01-01 实施
243	GB/T 24313—2009	蜂蜡中石蜡的测定 气相色谱-质谱法	2009-12-01 实施
244	GB/T 24417—2009	聚氯乙烯保鲜膜中己二酸二异壬酯的测定 气相色谱法	2009-12-01 实施
245	GB/T 24577—2009	热解吸气相色谱法测定硅片表面的有机污染物	2010-06-01 实施
246	GB/T 24800.10—2009	化妆品中十九种香料的测定 气相色谱-质谱法	2010-05-01 实施
247	GB/T 24800.11—2009	化妆品中防腐剂苯甲醇的测定 气相色谱法	2010-05-01 实施

续表

序号	标准号	标准名称	备注
248	GB/T 24800.9—2009	化妆品中柠檬醛、肉桂醇、茴香醇、肉桂醛和香豆素的测定 气相色谱法	2010-05-01 实施
249	GB/T 25223—2010	动植物油脂 甾醇组成和甾醇总量的测定 气相色谱法	2011-03-01 实施
250	GB/T 25225—2010	动植物油脂 挥发性有机污染物的测定 气相色谱-质谱法	2011-03-01 实施
251	GB/T 26388—2011	表面活性剂中二噁烷残留量的测定 气相色谱法	
252	GB/T 26411—2010	海水中 16 种多环芳烃的测定 气相色谱-质谱法	2011-06-01 实施
253	GB/T 26515.1—2011	精油 气相色谱图像通用指南 第 1 部分：标准中气相色谱图像的建立	
254	GB/T 26515.2—2011	精油 气相色谱图像通用指南 第 2 部分：精油样品气相色谱图像的利用	
255	GB/T 27523—2011	卷烟 主流烟气中挥发性有机化合物（1,3-丁二烯、异戊二烯、丙烯腈、苯、甲苯）的测定 气相色谱-质谱联用法	
256	GB/T 27524—2011	卷烟 主流烟气中半挥发性物质(吡啶、苯乙烯、喹啉)的测定 气相色谱-质谱联用法	
257	GB/T 27525—2011	卷烟 侧流烟气中苯并[*a*]芘的测定 气相色谱-质谱联用法	
258	GB/T 27730—2011	玩具产品中富马酸二甲酯含量的测定 气相色谱-质谱联用（GC-MS）法	
259	GB/T 27884—2011	煤基费托合成原料气中 H_2、N_2、CO、CO_2 和 CH_4 的测定 气相色谱法	
260	GB/T 27885—2011	煤基费托合成尾气中 H_2、N_2、CO_2 和 C_1～C_8 烃的测定 气相色谱法	
261	GB/T 27894.1—2011	天然气 在一定不确定度下用气相色谱法测定组成 第 1 部分：分析导则	
262	GB/T 27894.2—2011	天然气 在一定不确定度下用气相色谱法测定组成 第 2 部分：测量系统的特性和数理统计	
263	GB/T 27894.3—2011	天然气 在一定不确定度下用气相色谱法测定组成 第 3 部分：用两根填充柱测定氢、氦、氧、氮、二氧化碳和直至 C_8 的烃类	
264	GB/T 27894.4—2012	天然气 在一定不确定度下用气相色谱法测定组成 第 4 部分：实验室和在线测量系统中用两根色谱柱测定氮、二氧化碳和 C_1 至 C_5 及 C_{6+} 的烃类	2012 年第 28 号公告
265	GB/T 27894.5—2012	天然气 在一定不确定度下用气相色谱法测定组成 第 5 部分：实验室和在线工艺系统中用三根色谱柱测定氮、二氧化碳和 C_1 至 C_5 及 C_{6+} 的烃类	2012 年第 28 号公告
266	GB/T 27894.6—2012	天然气 在一定不确定度下用气相色谱法测定组成 第 6 部分：用三根毛细管色谱柱测定氢、氦、氧、氮、二氧化碳和 C_1 至 C_8 的烃类	2012 年第 41 号公告
267	GB/T 2795—2008	冻兔肉中有机氯及拟除虫菊酯类农药残留的测定方法 气相色谱/质谱法	2009-01-01 实施，代替 GB/T 2795—1981
268	GB/T 28124—2011	惰性气体中微量氢、氧、甲烷、一氧化碳的测定 气相色谱法	
269	GB/T 28643—2012	饲料中二噁英及二噁英类多氯联苯的测定 同位素稀释-高分辨气相色谱/高分辨质谱法	2012 年第 17 号公告
270	GB/T 28726—2012	气体分析 氦离子化气相色谱法	2012 年第 24 号公告
271	GB/T 28727—2012	气体分析 硫化物的测定 火焰光度气相色谱法	2012 年第 24 号公告
272	GB/T 28768—2012	车用汽油烃类组成和含氧化合物的测定 多维气相色谱法	2012 年第 28 号公告
273	GB/T 28769—2012	脂肪酸甲酯中游离甘油含量的测定 气相色谱法	2012 年第 28 号公告

续表

序号	标准号	标准名称	备注
274	GB/T 28901—2012	焦炉煤气组分气相色谱分析方法	2012 年第 28 号公告
275	GB/T 28971—2012	卷烟 侧流烟气中烟草特有 *N*-亚硝胺的测定 气相色谱-热能分析仪法	2012 年第 41 号公告
276	GB/T 29493.1—2013	纺织染整助剂中有害物质的测定 第 1 部分：多溴联苯和多溴二苯醚的测定 气相色谱-质谱法	2013 年第 2 号公告
277	GB/T 29493.3—2013	纺织染整助剂中有害物质的测定 第 3 部分：有机锡化合物的测定 气相色谱-质谱法	2013 年第 2 号公告
278	GB/T 29493.4—2013	纺织染整助剂中有害物质的测定 第 4 部分：稠环芳烃化合物（PAHs）的测定 气相色谱-质谱法	2013 年第 2 号公告
279	GB/T 29610—2013	橡胶制品 多溴联苯和多溴二苯醚的测定 气相色谱-质谱法	2013 年第 10 号公告
280	GB/T 29613.1—2013	橡胶 裂解气相色谱分析法 第 1 部分：聚合物（单一及并用）的鉴定	2013 年第 10 号公告
281	GB/T 29613.2—2014	橡胶 裂解气相色谱分析法 第 2 部分：苯乙烯/丁二烯/异戊二烯比率的测定	2014 年第 30 号公告
282	GB/T 29616—2013	热塑性弹性体 多环芳烃的测定 气相色谱-质谱法	2013 年第 10 号公告
283	GB/T 29635—2013	疑似毒品中海洛因的气相色谱、气相色谱-质谱检验方法	2013 年第 10 号公告
284	GB/T 29636—2013	疑似毒品中甲基苯丙胺的气相色谱、高效液相色谱和气相色谱-质谱检验方法	2013 年第 10 号公告
285	GB/T 29637—2013	疑似毒品中氯胺酮的气相色谱、气相色谱-质谱检验方法	2013 年第 10 号公告
286	GB/T 29669—2013	化妆品中 *N*-亚硝基二甲基胺等 10 种挥发性亚硝胺的测定 气相色谱-质谱/质谱法	2013 年第 17 号公告
287	GB/T 29670—2013	化妆品中萘、苯并[*a*]蒽等 9 种多环芳烃的测定 气相色谱-质谱法	2013 年第 17 号公告
288	GB/T 29672—2013	化妆品中丙烯腈的测定 气相色谱-质谱法	2013 年第 17 号公告
289	GB/T 29676—2013	化妆品中三氯叔丁醇的测定 气相色谱-质谱法	2013 年第 17 号公告
290	GB/T 29677—2013	化妆品中硝甲烷的测定 气相色谱-质谱法	2013 年第 17 号公告
291	GB/T 29747—2013	煤炭直接液化 生成气的组成分析 气相色谱法	2013 年第 18 号公告
292	GB/T 29784.2—2013	电子电气产品中多环芳烃的测定 第 2 部分：气相色谱-质谱法	2013 年第 21 号公告
293	GB/T 29784.4—2013	电子电气产品中多环芳烃的测定 第 4 部分：气相色谱法	2013 年第 21 号公告
294	GB/T 29785—2013	电子电气产品中六溴环十二烷的测定 气相色谱-质谱联用法	2013 年第 21 号公告
295	GB/T 29786—2013	电子电气产品中邻苯二甲酸酯的测定 气相色谱-质谱联用法	2013 年第 21 号公告
296	GB/T 29874—2013	塑料 氯乙烯均聚和共聚树脂 气相色谱法对干粉中残留氯乙烯单体的测定	2013 年第 22 号公告
297	GB/T 30088—2013	化妆品中甲基丁香酚的测定 气相色谱/质谱法	2013 年第 25 号公告
298	GB/T 30430—2013	气相色谱仪测试用标准色谱柱	2013 年第 27 号公告
299	GB/T 30431—2013	实验室气相色谱仪	2013 年第 27 号公告
300	GB/T 30491.1—2014	天然气 热力学性质计算 第 1 部分：输配气中的气相性质	2014 年第 2 号公告
301	GB/T 30492—2014	天然气 烃露点计算的气相色谱分析要求	2014 年第 2 号公告
302	GB/T 30518—2014	液化石油气中可溶性残留物的测定 高温气相色谱法	2014 年第 2 号公告
303	GB/T 30519—2014	轻质石油馏分和产品中烃族组成和苯的测定 多维气相色谱法	2014 年第 2 号公告
304	GB/T 30646—2014	涂料中邻苯二甲酸酯含量的测定 气相色谱/质谱联用法	

续表

序号	标准号	标准名称	备注
305	GB/T 30739—2014	海洋沉积物中正构烷烃的测定 气相色谱-质谱法	2014 年第 11 号公告
306	GB/T 30773—2014	气相色谱法测定 酚醛树脂中游离苯酚含量	2014 年第 18 号公告
307	GB/T 30919—2014	苯乙烯-丁二烯生橡胶 *N*-亚硝基胺化合物的测定 气相色谱-热能分析法	2014 年第 18 号公告
308	GB/T 30932—2014	化妆品中禁用物质二噁烷残留量的测定 顶空气相色谱-质谱法	2014 年第 18 号公告
309	GB/T 30942—2014	化妆品中禁用物质乙二醇甲醚、乙二醇乙醚及二乙二醇甲醚的测定 气相色谱法	2014 年第 18 号公告
310	GB/T 31400—2015	氟代烷烃 不凝性气体(NCG)的测定 气相色谱法	
311	GB/T 31407—2015	化妆品中碘丙炔醇丁基氨甲酸酯的测定 气相色谱法	
312	GB/T 31413—2015	色漆和清漆用漆基 脂松香的鉴定 气相色谱分析法	
313	GB/T 3144—1982	甲苯中烃类杂质的气相色谱测定法	1983-03-01 实施
314	GB/T 31566—2015	金属覆盖层 物理气相沉积铝涂层 技术规范与检测方法	
315	GB/T 31705—2015	气相色谱法本底大气二氧化碳和甲烷浓度在线观测方法	国标委综合［2008］118 号
316	GB/T 31707—2015	气相色谱法本底大气一氧化碳浓度在线观测数据处理方法	国标委综合［2009］59 号
317	GB/T 31709—2015	气相色谱法本底大气二氧化碳和甲烷浓度在线观测数据处理方法	国标委综合［2008］118 号
318	GB/T 31749—2015	禾草敌乳油有效成分含量的测定方法 气相色谱法	国标委综合［2008］154 号
319	GB/T 32190—2015	气相色谱用火焰光度检测器测试方法	国标委综合［2007］100 号
320	GB/T 32193—2015	气相色谱/超临界流体色谱用火焰离子化检测器测试方法	国标委综合［2007］100 号
321	GB/T 32205—2015	气相色谱用热导检测器测试方法	国标委综合［2007］100 号
322	GB/T 32206—2015	气相色谱用电导检测器测试方法	国标委综合［2007］100 号
323	GB/T 32207—2015	气相色谱用电子捕获检测器测试方法	国标委综合［2007］100 号
324	GB/T 32210—2015	便携式气相色谱-质谱联用仪技术要求及试验方法	国标委综合［2010］87 号
325	GB/T 32263—2015	高纯化合物 农残分析用化合物的测定 气相色谱-电子捕获检测器（ECD）法	
326	GB/T 32264—2015	气相色谱-单四极质谱仪性能测定方法	
327	GB/T 32384—2015	中间馏分中芳烃组分的分离和测定 固相萃取-气相色谱法	
328	GB/T 32484—2016	表壳体及其附件 气相沉积镀层	
329	GB/T 32492—2016	液化石油气中二甲醚含量气相色谱分析法	
330	GB/T 32613—2016	涂改类文具中氯代烃的测定 气相色谱法	
331	GB/T 32686—2016	光敏材料用多官能团丙烯酸酯单体中有机溶剂的测定 顶空进样毛细管气相色谱法	
332	GB/T 32693—2016	汽油中苯胺类化合物的测定 气相色谱质谱联用法	
333	GB/T 32699—2016	光敏材料用多官能团丙烯酸酯单体纯度（酯含量）的测定 毛细管气相色谱法	
334	GB/T 32760—2016	反刍动物甲烷排放量的测定 六氟化硫示踪—气相色谱法	国标委综合［2009］59 号
335	GB/T 32887—2016	电子电气产品中多氯联苯的测定 气相色谱-质谱法	
336	GB/T 32889—2016	电子电气产品中四溴双酚 A 的测定 气相色谱-质谱法	
337	GB/T 32947—2016	蜂蜡中二十八烷醇、三十烷醇的测定 气相色谱法	
338	GB/T 32952—2016	肥料中多环芳烃含量的测定 气相色谱-质谱法	

主题词索引

（按汉语拼音排序）

H

J

K

L

M

N

P

Q

R

S

T

W

X

Y

Z

其他

表 索 引

谱图索引

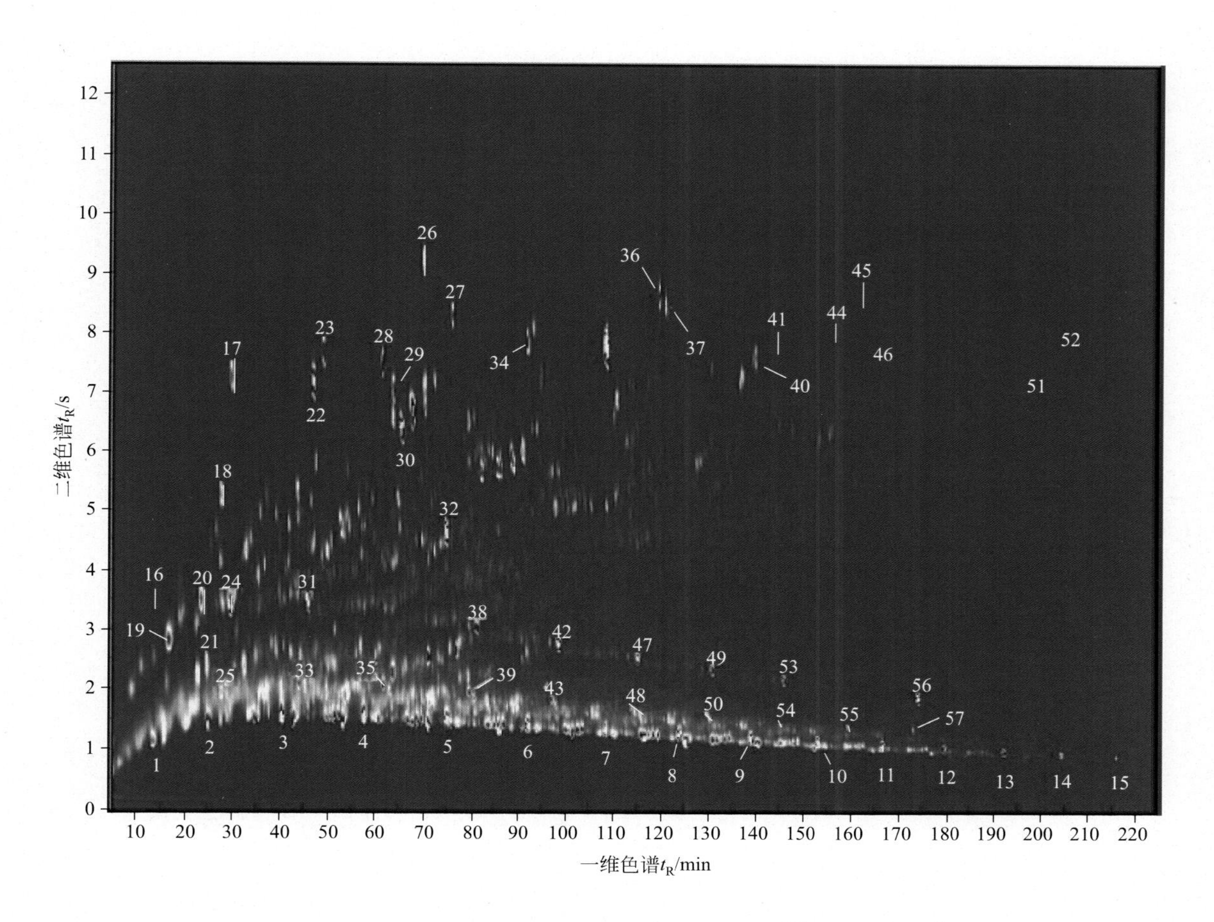

图 29-75 柴油全二维气相色谱图[62]

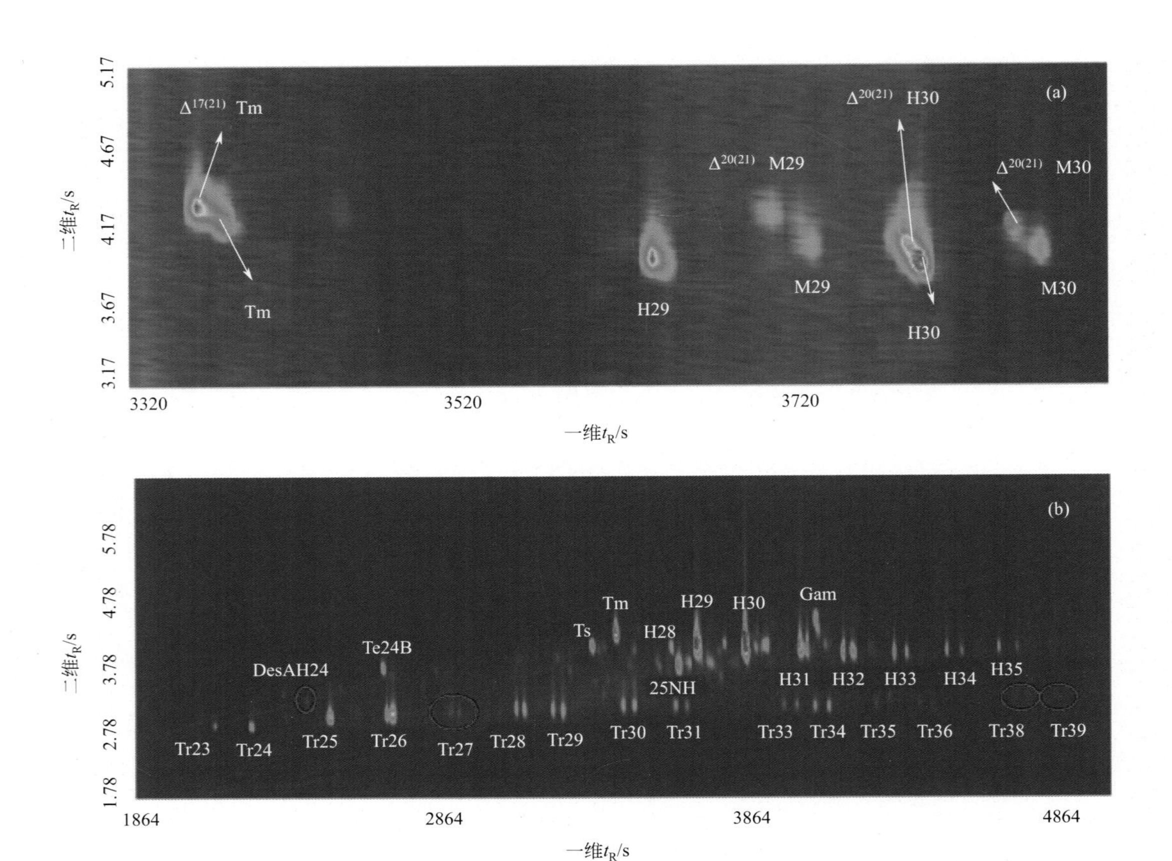

图 29-90 超重瓦斯油中生物标记物全二维气相色谱 / 飞行时间质谱图（*m/z* 191）[77]

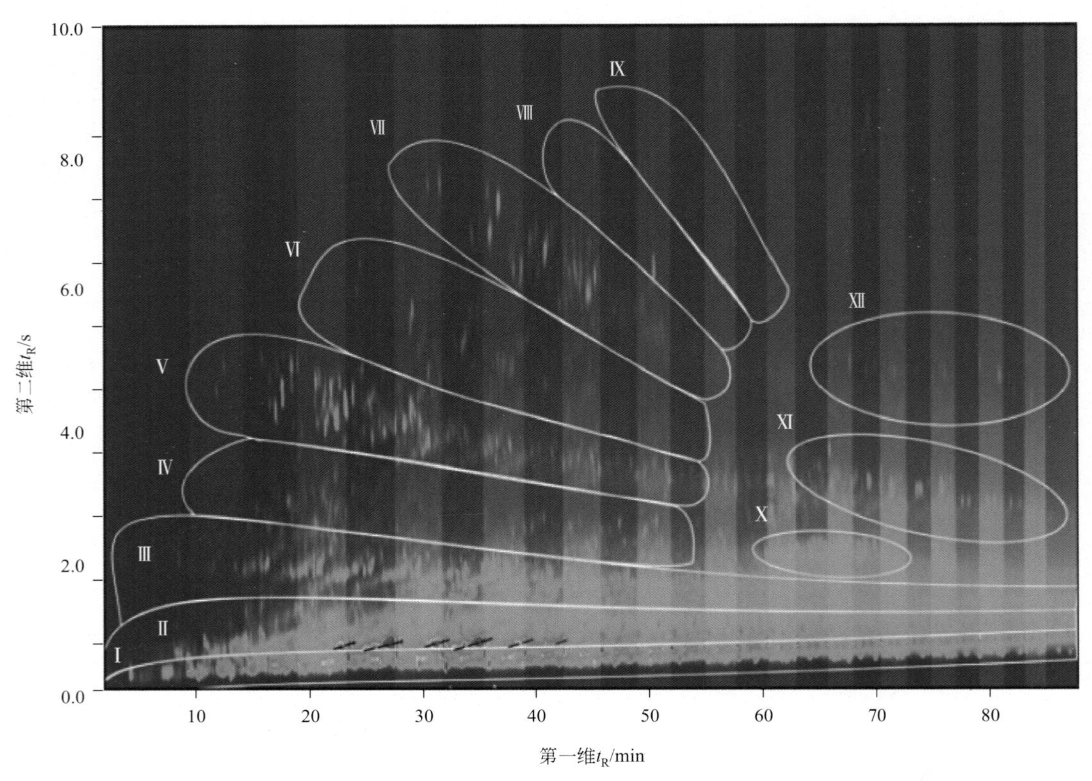

图 29-94 原油的全二维气相色谱图[81]

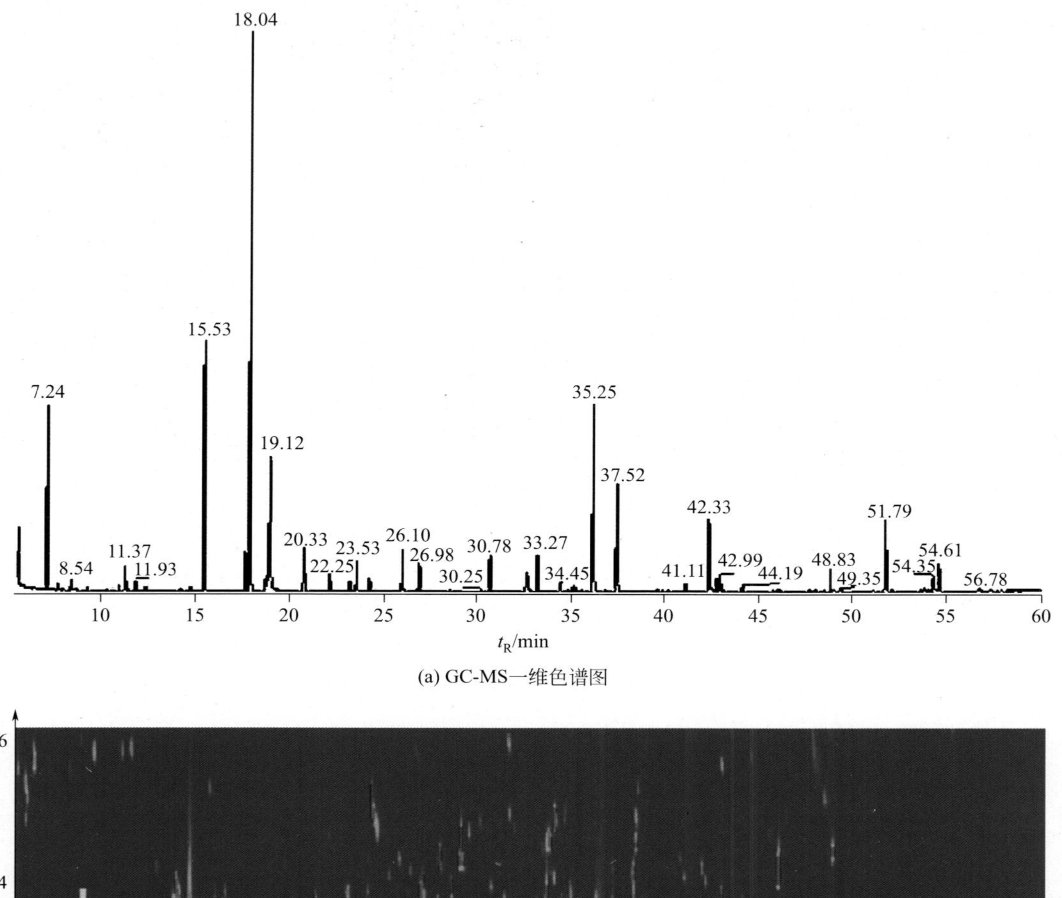

(a) GC-MS一维色谱图

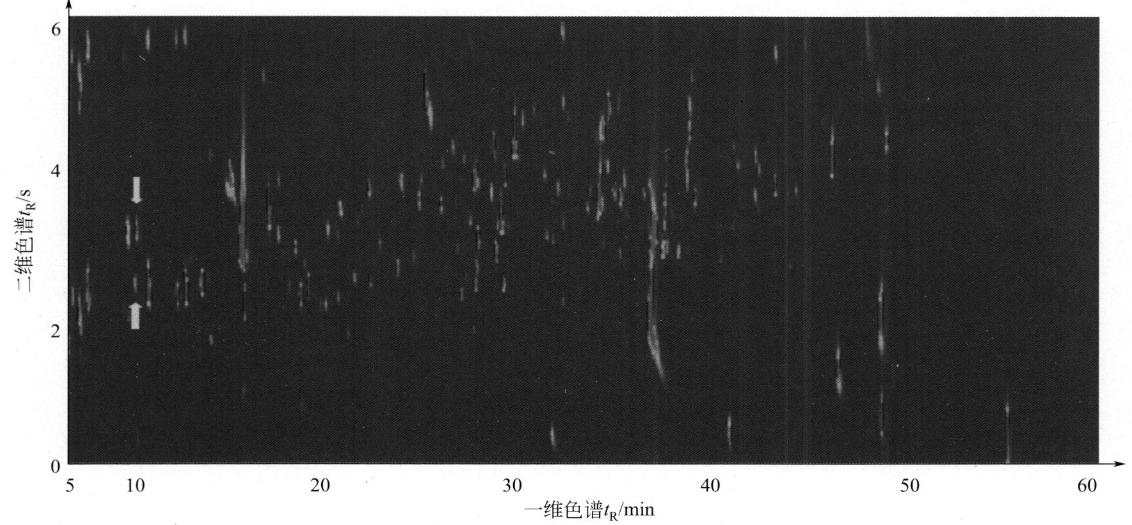

(b) GC×GC-MS二维色谱图黄色箭头处表明乳酸与羟基异丁酸的有效分离

图 30-23　儿童尿中的有机酸[22]

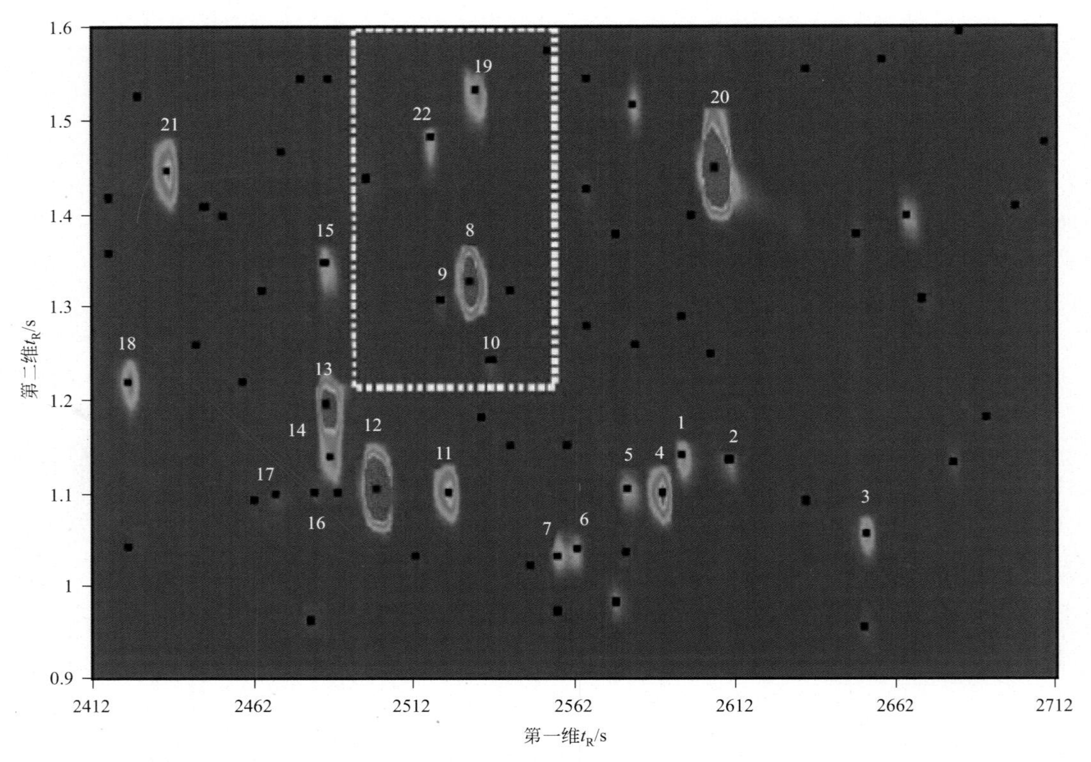

图 30-71　肥胖者的脾脏组织代谢组学色谱图 [68]

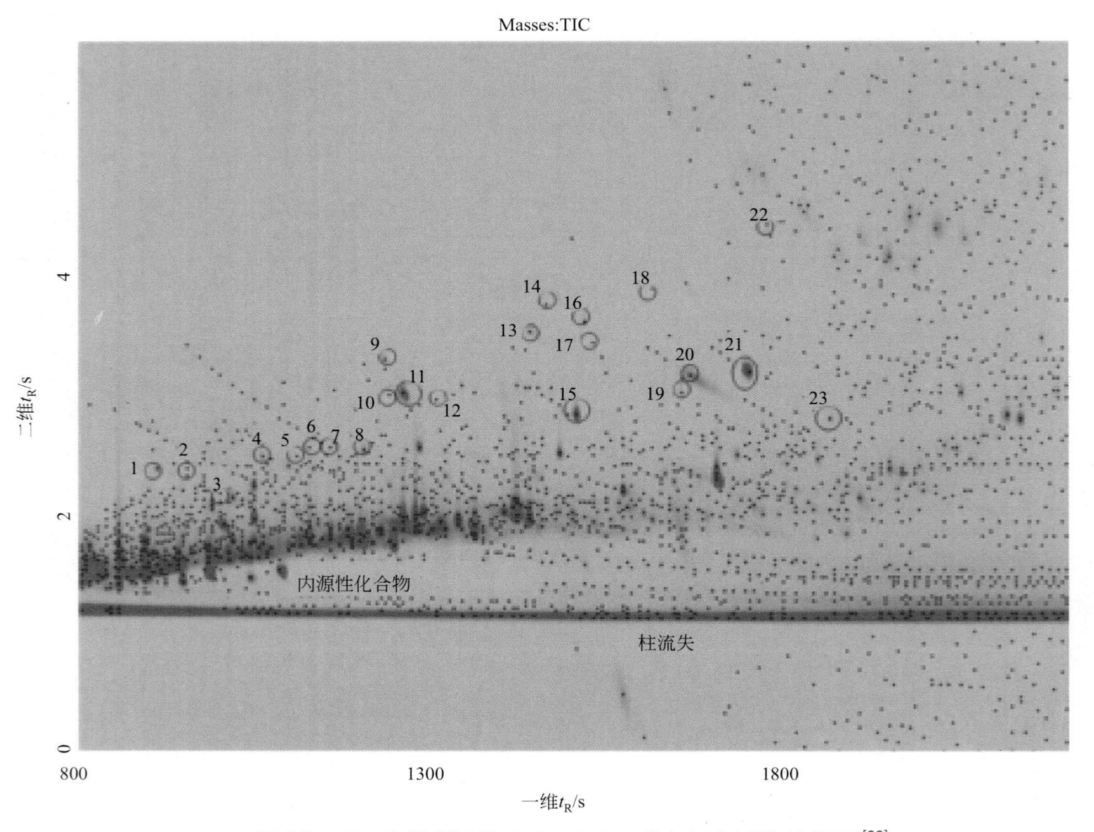

图 30-72　头发样品的 GC×GC 二维气相色谱等值线图 [69]